건축정보센터 편

시공문화사

머리말

인간이 생활하기 위한 하나의 건축물을 설계하기 위해서는 빛의 효과와 공간 체계, 색채, 재료 등 건물의 전체적인 기본 요소들을 고려해야 하는 것은 물론이지만, 이 요소들을 구성하고 있는 각 부분들 관계 또한 무시할 수 없다.

건축물의 용도 · 부지 · 내용 · 그레이드 등 모든 건축물은 저마다 얼굴이 틀린다. 개성이 강한 고유의 것이고, 어느 하나를 고르더라도 동일한 것은 있을 수 없다. 건축물은 1품 생산이기 때문에 그러한 발주 형식의 차이에 따라 제품 · 작품의 품질에 '차질' 이 생기는 일이 있다. 의장디자인 형태, 구조, 설비까지 같은 것은 없다, 그러나 그것을 지탱하고 있는 기술에는 공통된 기반이 되는 기술이 있다.

건축물을 짓는 기술 중 대부분은 공통의 기술이고, 표준의 기술이라 할 수 있는 것이다. 또한 이것들의 축적된 기술은 공업화 구조 등에 의하여 시대와 함께 크게 변하고 있다. 표준은 판단을 위한 근거이고, 기준과 같이 구속력은 없지만 이것을 지키는 일로서 일정한 품질확보가 가능해진다. 그러나 기준은 그대로 준수되면 좋다는 것은 아니고 그것을 모태로 독창적인 형태로 구성하는 것이 설계자의 중요한 일이다. 따라서 이 책에서 다루는 건축물 공통부위마다의 상세도는 건축물의 용도나 그레이드를 막론하고, 일반적으로 실시되고 있는 공통의 사고방식, 기반이 되는 아무림법을 제시한다. 이 책의 구성은 다음과 같다.

기초편에서는 디테일에 있어서 주의해야 할 사항과 참고사항, 그리고 국내에서 많이 사용되는 CAD 도면을 수록했다.

부분별 디테일 편에서는 패러핏, 발코니, 외벽 등 실외 각 부분과 벽, 바닥, 천장, 계단 등의 실내마무리를 다루었다.

용도별 디테일 편에서는 화장실, 욕실, 엔트런스, 주방, 주차장 등 용도에 따른 디테일을 정리하였다.

재료별, 마무리별 편에서는 타일, 벽돌, 석재 및 ALC패널 등 각 재료에 따른 디테일과 P.C 및 목조 디테일을 첨가했다.

철골조 디테일 편에서는 철골조에 대한 기초사항 및 실내의 각 부분에 대한 디테일을 다루었다.

마지막 사례별 디테일로서 실제 지어진 건물의 사진과 디테일을 상세하게 각 부분별로 정리 · 수록하였다.

실무에 꼭 필요한 디테일집을 만들기로 작정하고, 일을 진행하는 동안 다루어야 할 내용이 너무 방대함을 절감하고 벅참을 느낀 것이 사실이다. 자료를 수집하고 정리된 것은 여러 전문가들의 도움으로 이 책을 완성하게 되었고, 그 분들의 도움이 없었다면 불가능했을 것이다.

건축정보센터

차 례

제3장 CAD 도면

제4장 부분별 디테일

제5장 용도별 디테일

제6장 재료 · 마감별

제7장 철골조 디테일

기 초 · 공 통 · CAD · 부 분 , 용 도 별

1장 기초 사항

기초사항

지붕은 외벽과 함께 건물을 구성하는 중요한 부위이고 엄격한 자연 조건으로부터 방호하는 셸터의 역할로서 중요한 부위이다. 지붕의 형태에 따라 옥상 방수도 변화되는데, 여기서는 평지붕의 예를 소개하겠다. 일반적인 방수의 종류로서는,

- 아스팔트 방수
- 시트 방수
- 도포 방수
- 모르타르 방수

등이 있는데, 이 중에서 아스팔트 방수가 예로부터 많이 사용되어 신뢰성도 높고, 일반적으로 건물의 용도에 관계없이 실시되는 구법이다. 그 중에서도 아스팔트 방수의 외단열 구법은 구조 구체의 보호와 함께 실내의 열 관류를 빠르게 차단하고, 공조 부하상도 유효한 점에서, 널리 쓰는 구법이 되고 있다.

●치올림 콘크리트

지붕 슬래브와 일체 치기로 하고, 잇기를 하지 않는다. 패러핏 높이에 따라 부득이 이을 경우는, 건축 마감선 슬래브 꼭대기에서, 다시 100mm 이상 올린 위치로 하고, 이음부는 바깥 물매 잡음으로 한다.

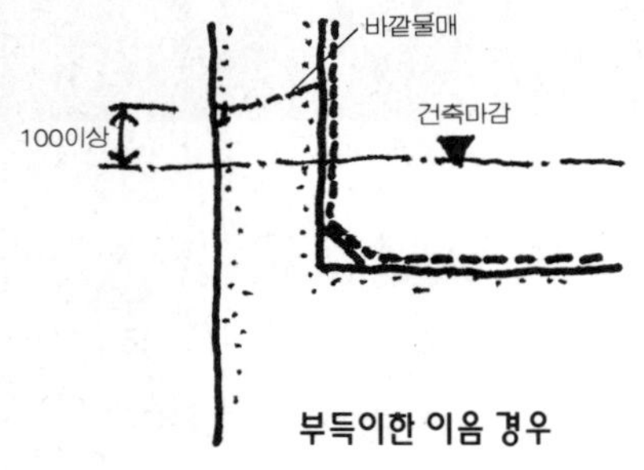

부득이한 이음 경우

●아스팔트 방수의 종류 선정

밀착 공법인가 절연 공법인가를 지붕 면적에 의한 거동의 크기에 따라 선정한다(작은 면적인 경우는 밀착).

●두겁 물매

쌓인 먼지가 풍우에 의하여 흘러 외벽면을 덮어 더러워지지 않도록 1/10 정도의 안물매를 잡는다. 천단 보호를 위하여 금속 두겁을 설치하는 것이 바람직하다.

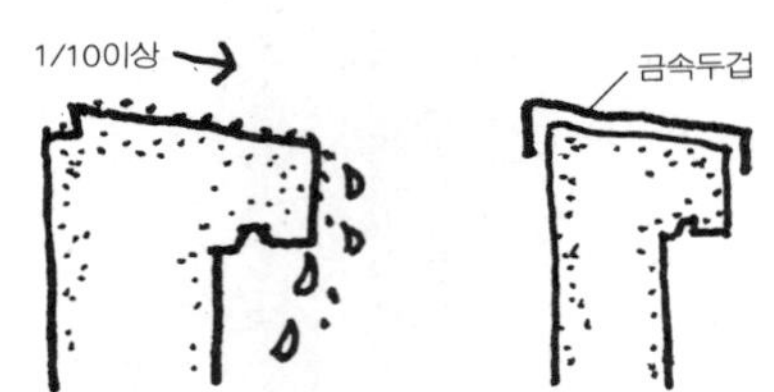

●방수재 치올림

콘크리트 턱까지 300mm 이상의 치올림을 세운다. 300mm 잡는 법은 건축 마감선 슬래브 천단부터 잡는다.

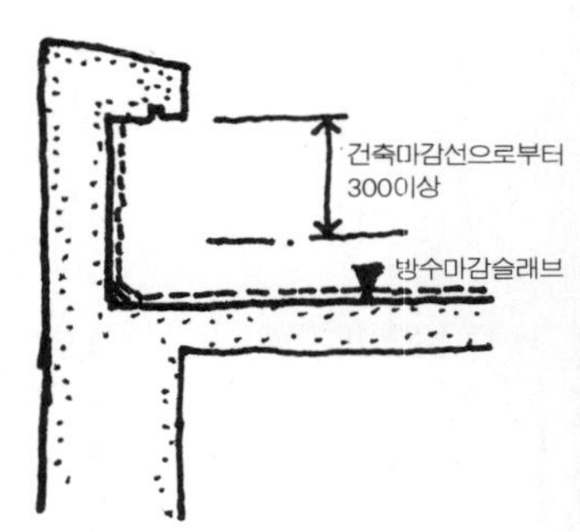

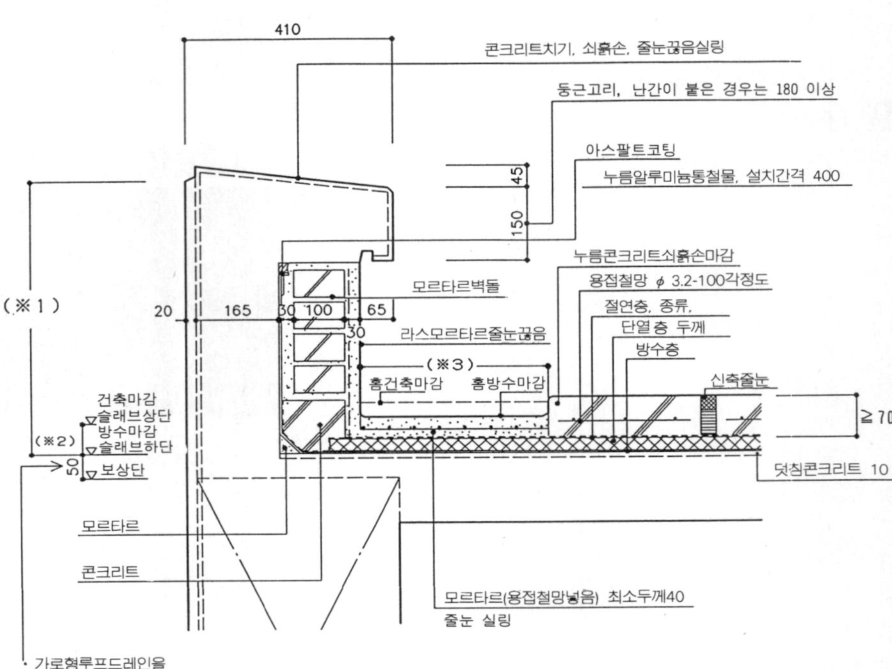

보호층둠 치올림벽돌 누름

●코너 면 접기

방수재와 누름 콘크리트가 열 응력으로 신축을 반복하고, 특히 단부에 응력이 모이기 쉽고, 방수재가 거동에 견딜 수 없어 파단하고, 누수 사고가 발생한다. 방수재가 스무드한 움직임이 되도록 모르타르 면 접기(플라스틱 면 접기는 압축으로 찌그러지는 경우가 있다)를 붙여 신축을 피하게 한다. 또한 누름 콘크리트가 예각이 되어, 선단부에서 누르고, 방수재를 파단시키지 않도록, 누름 콘크리트 두께의 1/2 이하의 모르타르 면 접기로 한다.

●슬래브 물매

방수재에 맞는 물매를 붙인다. 구조체 슬래브에 의하여 물매를 세우고, 누름 콘크리트의 두께에 의하여 물매를 붙이는 일은 하지 않는다.

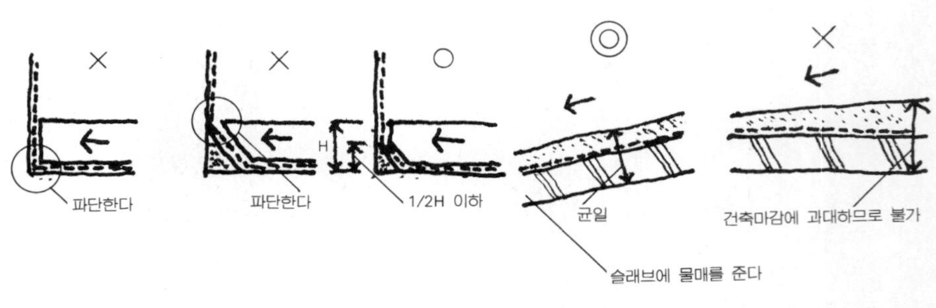

●방수재의 단부
안쪽에 물의 돌아다님 방지를 위하여 통과 철물로 밀어 고정한다. 그리고 실링재를 충전한다.
통과 철물은 스테인레스 또는 알루미늄재를 사용한다.

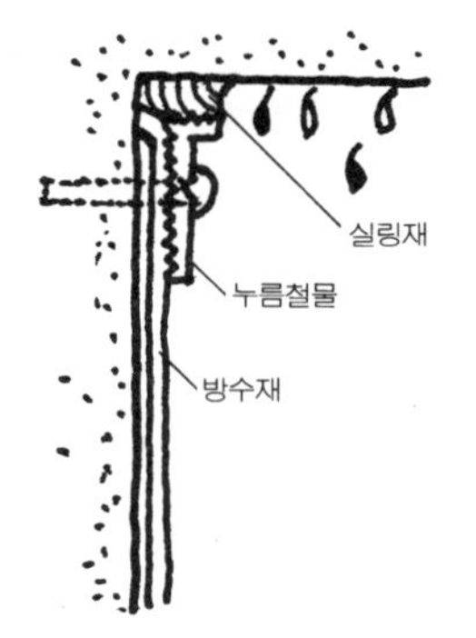

●콘크리트 턱
콘크리트 턱의 유무는 방수재의 종류와 치올림 치수의 크기에 따라 결정한다. 턱 붙이기의 경우는 일반적으로 치올림 높이가 커진다.
턱의 예상 치수는 150mm 이상 잡는다. 둥근 고리, 난간 등이 붙는 경우는 180mm 이상으로 한다. 설치용 철물의 앵커에 의하여 콘크리트의 파손, 투수가 생기지 않도록 유의한다.

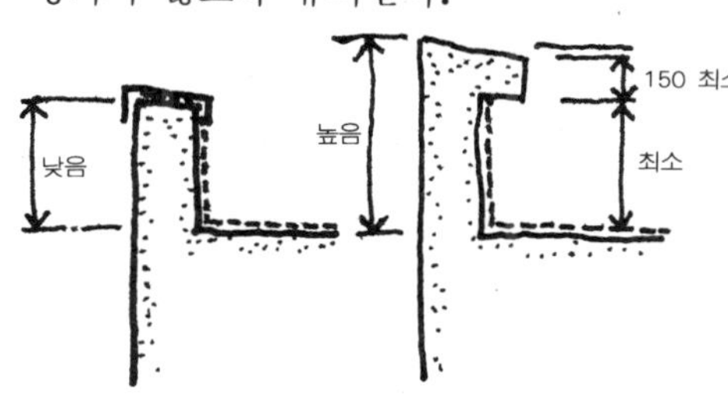

●치올림 PC판 등
방수재의 치올림부 보호를 위하여(자외선 직사에 의한 열화, 적설에 의한 측압의 반복, 물건의 충돌 파손 등) PC판이나 모르타르 벽돌상 블록이나, 논아스베스토 성형 복합판 등으로 보호한다.

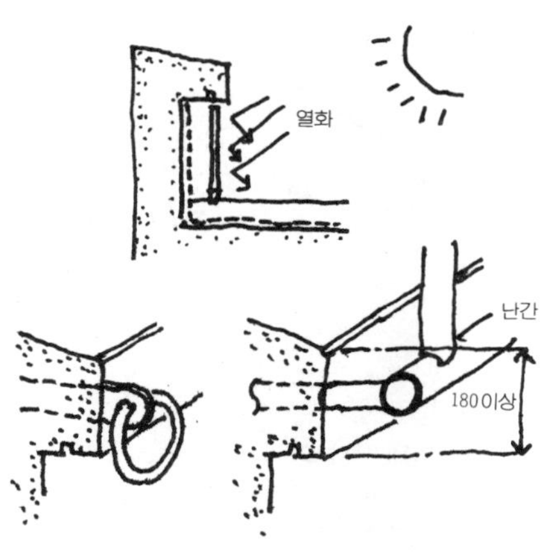

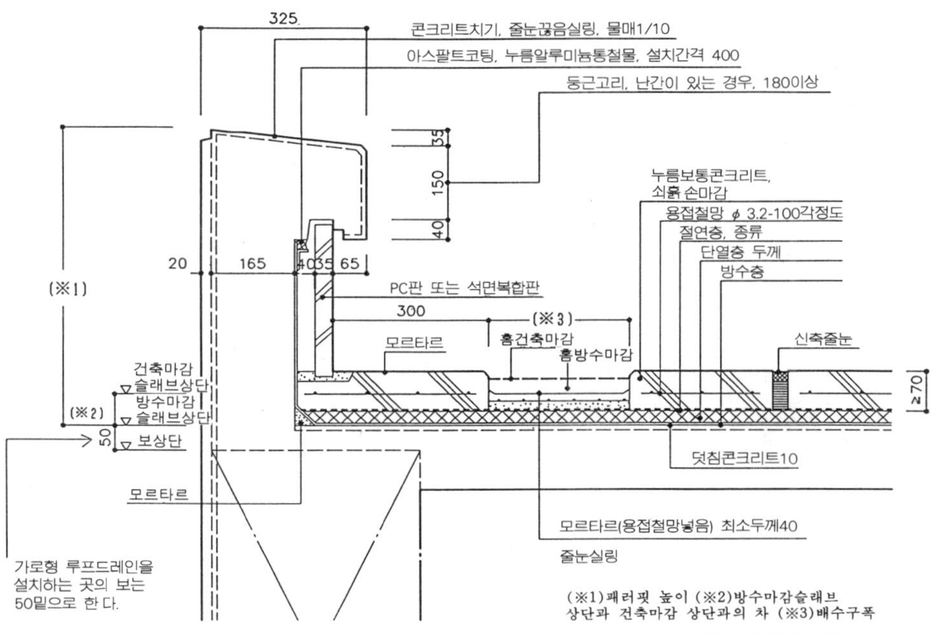

(※1) 패러펫 높이 (※2)방수마감슬래브 상단과 건축마감 상단과의 차 (※3)배수구폭

보호층둠 치올림PC판 누름

●기제 금속 두겁
금속 두겁은 옵션 조인트로 하고, 시트 방수의 아무림이나 ALC, PC판 등일 때 사용하는데, 방수재의 단부 아무림이나 비막이에 주의한다.

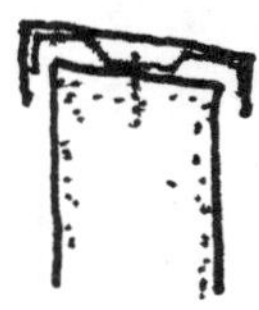

●배수구
흐름 물매는 모르타르 두께로 조정하고, 유수량은 도랑 폭으로 조정한다. 모르타르 최소 바름 두께는 40mm 이상으로 한다.

●신축 줄눈
방수 누름 콘크리트의 열 응력에 의한 신축에 의하여, 누름 콘크리트의 균열 방지와 함께 밀어올려짐 방지를 위하여, 신축 줄눈을 3m 간격 정도 이내마다 세운다. 특히 배수구, 샤프트 치올림부 등의 맞춤부에는 반드시 설치한다.

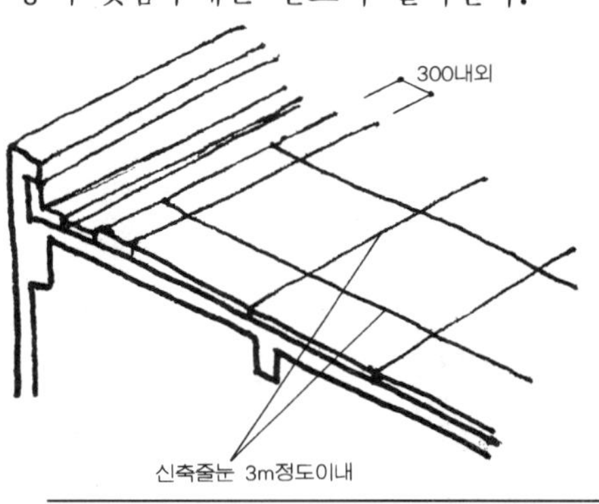

●절연층
누름 콘크리트가 열 응력에 의하여 신축하므로, 바탕의 단열재와 움직임을 분리하기 위하여, 루즈한 움직임이 되도록 절연재 필름을 끼워넣어 거동에 의한 비틀림을 피하며, 또한 단열재를 보호하는 역할도 있다.

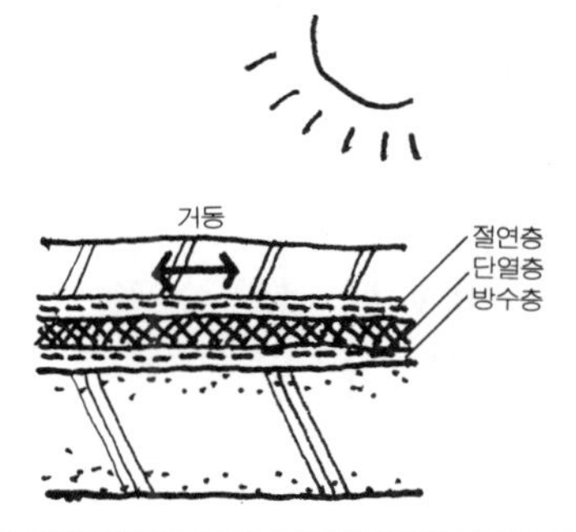

●유의 사항
· 이 그림은 아스팔트 방수에서의 예인데, 방수재의 종류에 따라 구법이 달라지므로 각기의 케이스마다 수밀성을 중심으로 검토한다.
· 최근은 설비 기기의 옥상 설치가 많고, 방수층을 다치는 일이 없도록 기기 架臺 기초는 중량에 따라서 구조 슬래브에서 치올려 세우기를 붙인다.

기초사항

●목조 물매 지붕

건물에 붙는 장식 통의 역사는 대체 언제부터일까.

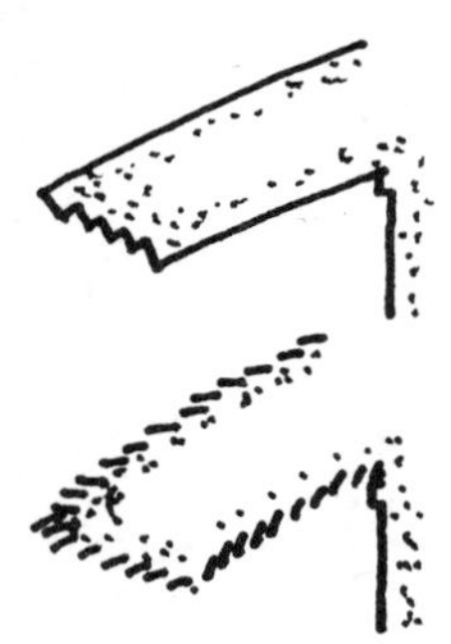

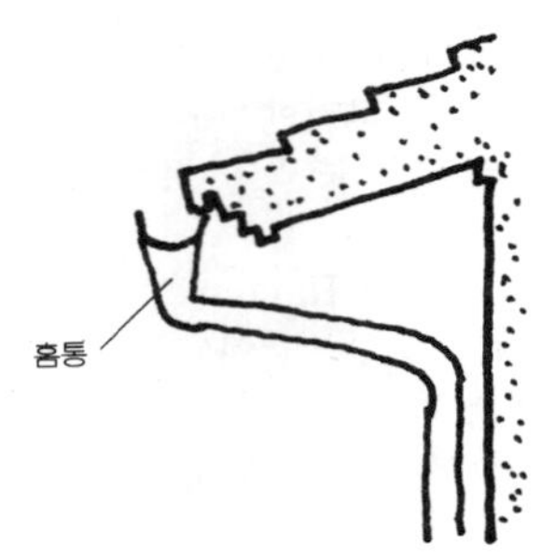

중세의 건물은, 목조 건축이고, 지붕 형상도 박공, 모임처마 등 여러 가지의 형이 있고, 같은 형의 지붕이라도 처마 홈통이 있는 건물과 없는 건물이 있다.

처마 홈통이 있더라도 「안강」이라 불리우는 세로홈통으로 이끄는 접속부가 있고, 장식 통상의 것은 없었다.
장식 통은 근대 건축 이후가 되어 출현하였다.

●장식 통

재질은 스테인레스제로 하고, 두께는 1 mm, SUS-304로 한다.
홈통과 세로홈통과는 직접 연결하지 말고, 에어 쿠션을 세워 물빠짐의 흐름을 스무드하게 한다.
케이싱은 중계점으로서의 중요한 커버재이고, 디자인상도 중요하다. 색조는 스테인레스 색 이외에, 발색 스테인레스 또는 폴리우레탄계 도장에 의한다. 도장의 경우는 내후성에 주의한다. 천단에는 통 안으로의 마른잎, 쓰레기 등 飛來物의 침입 방지와 점검용을 겸한 덮개를 설치한다.

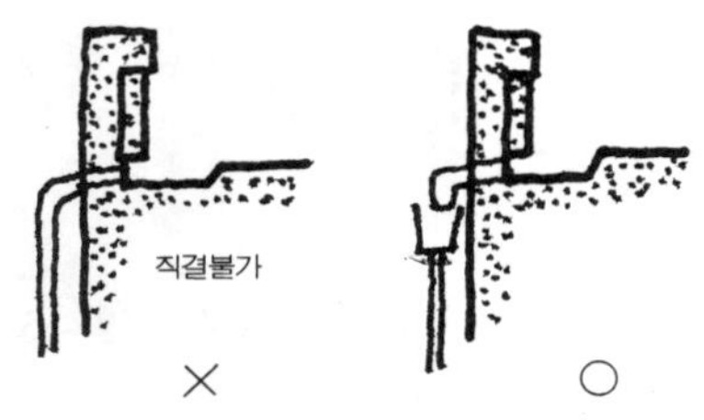

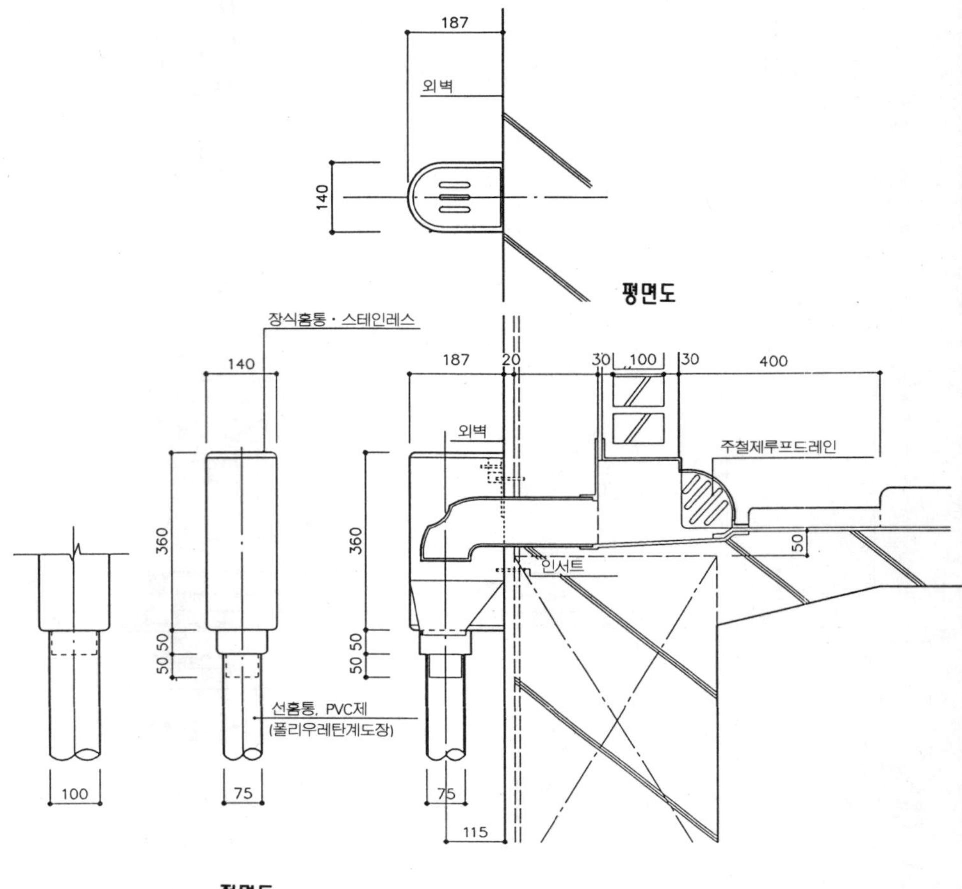

●호퍼 · 깔때기

홈통을 통과하여 온 빗물은 세로홈통에 직결하면 감압에 의하여 배수의 흐름이 나빠지므로, 일단 통 내로 방출하고, 비산된 빗물을 다시 한번 호퍼에 모아 세로홈통으로 떨어뜨려 넣는다.

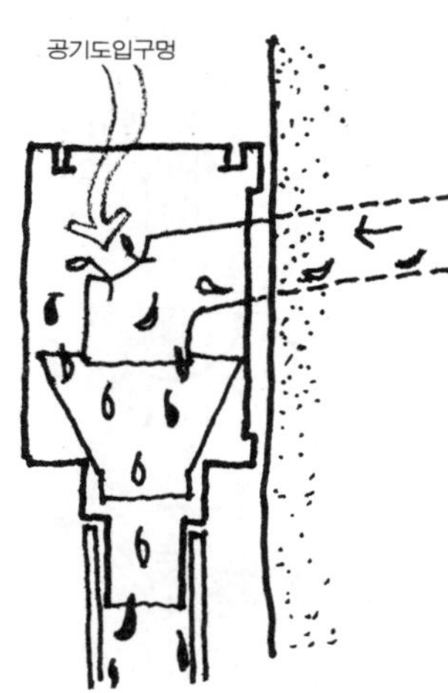

●보의 위치

횡인 드레인이 있는 경우는 매입 철물이 보의 철근과 접촉하지 않도록, 보의 천단 높이를 50mm 이하 내린다.

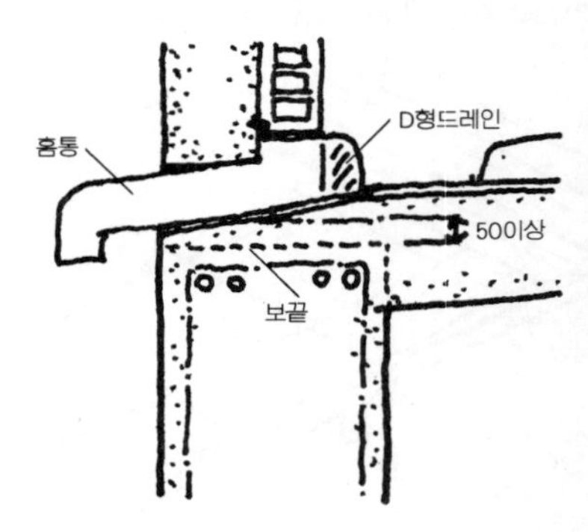

벽돌조나 석조, RC조의 서양관 건물에서는 지붕의 형이나 재료에 따라 비막이도 변화하고, 그 아무림법도 당연히 변하게 된다. 그전의 건물을 보더라도 장식 통, 세로홈통이 있는 것과 없는 건물이 있고, 외벽에 노출시키면 미관상 문제도 있어, 실내측에서 은폐 처리되어 있는 예도 있다. 그 후 플랫 지붕의 출현에 의해서도 변함 없이 세로홈통의 노출형에는 장식 통이 설치되어 있다.

●장식 통의 기능

장식 통의 기능은, 지붕면에서 받은 빗물을 모아, 세로 방향으로 낙하시키는 중계점의 비막이이고, 그 접속부의 치장 커버재를 장식 통이라 부르고 있다.

재질의 변화도 주물→동판 휜 것→스틸→플라스틱→스테인레스로 변천을 거쳐, 현재에 이르고 있다. 재종의 선정은 디자인, 내후성, 코스트에 따라 결정되는데, 건물의 오랜 사용을 생각하여 스테인레스제의 메인테넌스 프리로 하는 것이 바람직하다.

●횡인 드레인

횡인 드레인인가 세로형 드레인인가는 건물의 용도, 디자인, 그레이드에 따라 결정된다. 단시간 내에 지붕면 빗물을 처리할 수 있도록 배치와 개소, 사이즈를 결정한다(1개소/$300m^2$ 겨냥)

드레인의 형상은 방수 재료, 주변의 아무림에 의하는데, D형 드레인이 물빠짐이 좋다. 재질은 스틸의 주물이 많다.

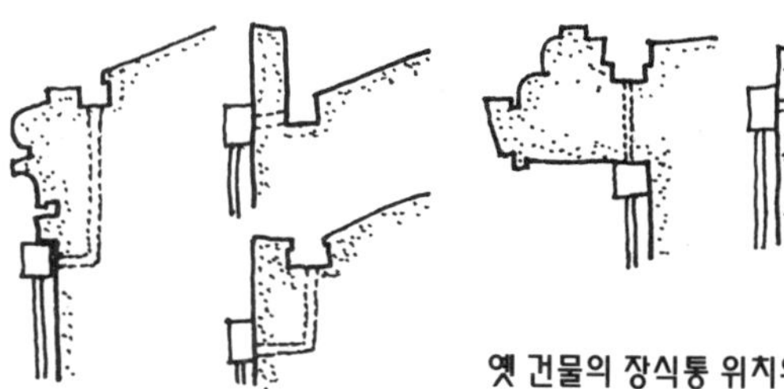

옛 건물의 장식통 위치의 여러 형태

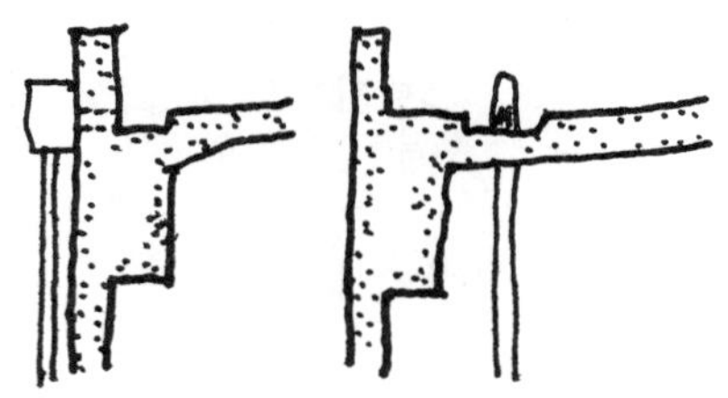

●선형 드레인

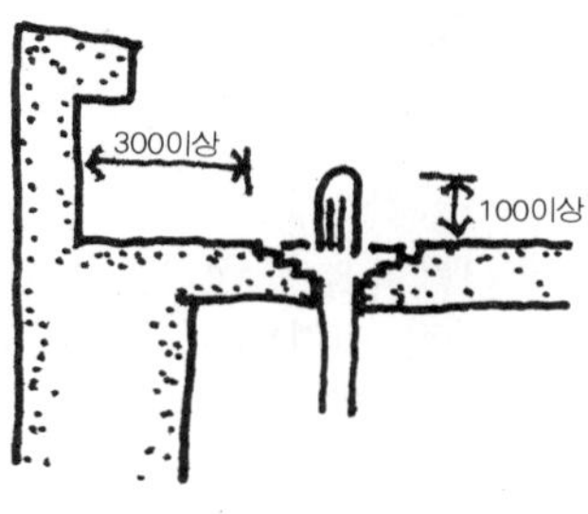

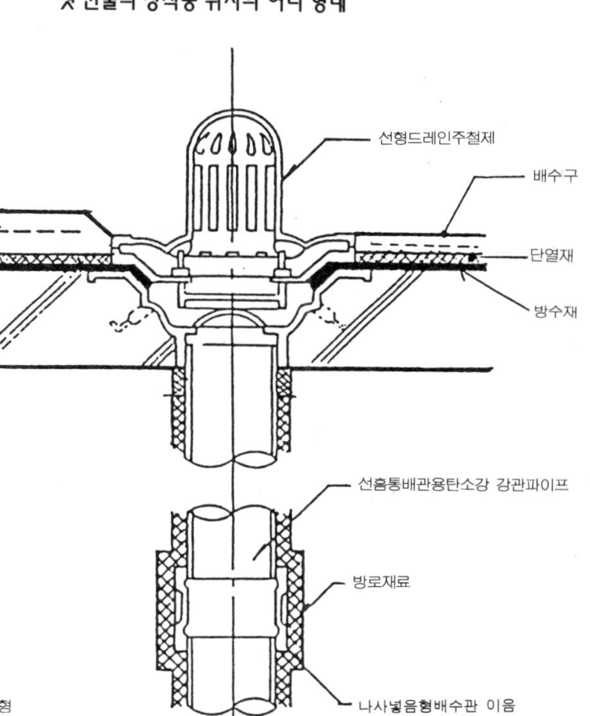

아스팔트방수 바깥단열구법실내관통형

●깔때기홈통

콘크리트 구체에 동시 쳐넣기로 하고, 재질은 주철관으로 한다. 깔때기홈통의 천단에는 점검용과 통 내부의 물 통과시 감압 방지를 위하여 구멍을 뚫어 둔다. 깔때기홈통의 쳐넣기 위치가 장식 통 부착 위치의 수직성에 직접 영향하므로, 시공시에는 충분한 주의가 필요해진다.

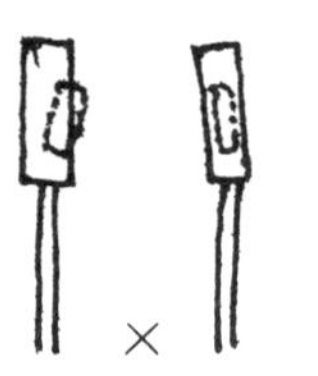

수직성의 확보

●안홈통

재료는 강관을 이용하고, 염화 비닐관은 이용하지 않는다. 방화 구획에 주의한다. 방로 감기를 한다.

●세로(선)홈통

재료는 경질 염화 비닐관 또는 탄소강 강관 백관 등.

경질 염화 비닐관 사용의 경우는, 신축이음새와 홈통받이 철물의 간격 @ 1.2m를 지킨다.

●유의 사항

- 우수 배수 계획은 환경, 지붕 형상, 면적 등을 배려하여, 안전하게 계획한다.
- 장식 통의 유무는 디자인에 따라 결정된다.
- 형은 심플하게 하고, 기성품의 채용이어도 된다.
- 횡인 드레인은 D형 드레인이 바람직하다.

- 철물류는 구체 쳐넣기로 하고, 나중 부착으로 하지 않는다.
- 쳐넣는 위치의 精度 확보와 시공성에 유의한다.

둥근 고리라 할지라도, 약간 정밀하게 하지 않는 쪽도 있을 것이다. 건물의 용도에 관계 없이, 일반적으로 옥상 주위에 설치되는 일이 많고, 건물을 오래 유지시켜 보존시키는 데에는 빠뜨릴 수 없는 점검용의 설비이다.

건물의 수명은 시설 용도, 구조 종별, 마감재, 시스템, 사용법의 빈도, 메인테넌스 등에 따라 변화되는데, 이러한 부속물도 강도와 내구성이 있는 메인테넌스 프리의 것으로 건물의 수명과 합치시키는 일이 바람직하다.

재질로서는 스테인레스(SUS-304)제가 바람직하고, 부득이 강제로 하는 경우는 방청 처리를 완전하게 하여, 정기적으로 메인테넌스하는 일이 중요하다.

●둥근 고리의 설치

건물의 메인테넌스상, 특히 외장재의 종류나 층수에 따라, 그 유용성은 변화된다. 예를 들면 고층 빌딩에서는 곤돌라의 설치에 따라 그 필요성은 없어진다. 저층 건물에서도 외장재의 메인테넌스상 필요한 일이 많고, 유리 커튼월, 타일 붙임, 뿜칠 타일 마무리 등 종류는 변하더라도 필요하다. 옥상의 설치 목적이라면, 3m 정도마다 세운다. 탑옥은 많이 있는 쪽이 편리하다

사용시는 1개소만의 사용은 피하고, 복수 개소를 와이어, 파이프 등으로 연속시켜, 힘을 분산 사용하는 일이 중요하고, 건물 관리자와 미리 확인하여 두는 일이다. 세트백하고 있는 건물에서는 대면측의 외벽에 세우고, 인장력으로 사용한다.

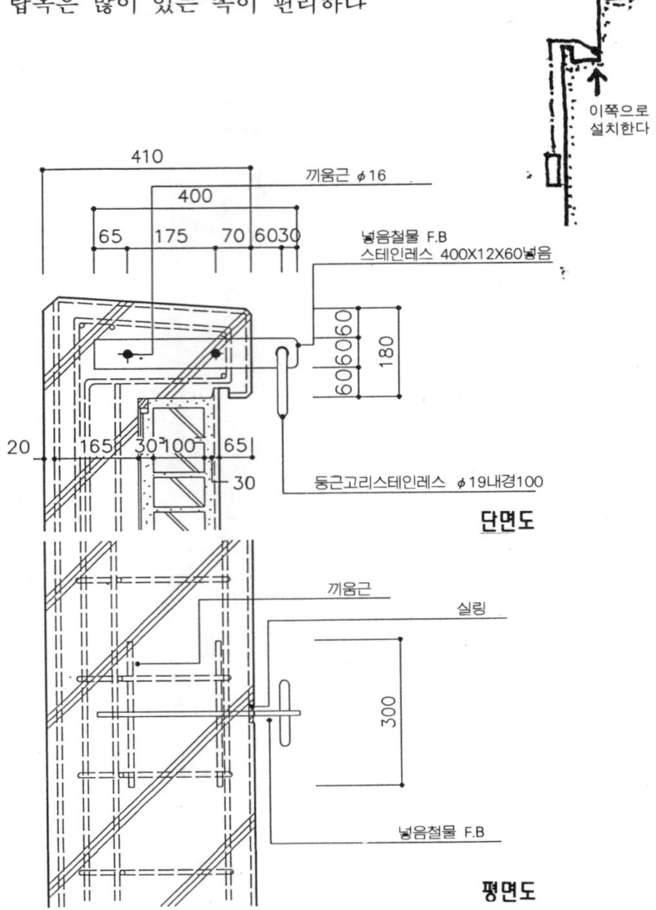

●비녀

여성의 머리에 꽂는 장식품의 형상에서 유래하고 있다. 반드시 2개 사용으로 한다.

끼움 플레이트의 구멍, 2개소로 통하고, 주위의 철근에 긴결한 다음, 콘크리트 치기 하여 고정한다.

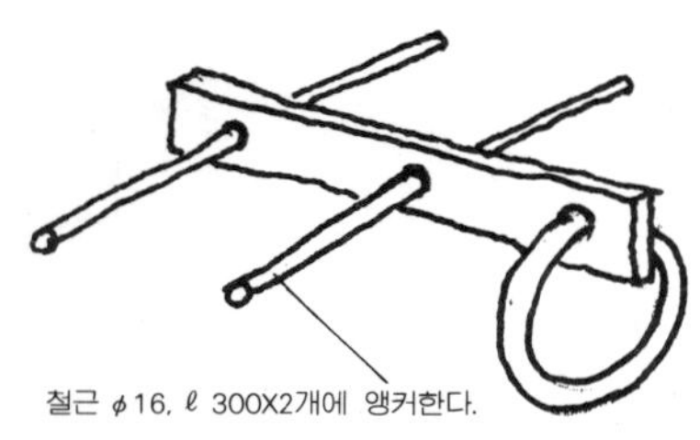

●둥근 고리

스테인레스제 ϕ19mm, 안지름 100mm 1개당 1톤 이상의 하중을 걸지 않는다. 곤돌라 매달기는 복수 개소를 병용한다.

상부에 인장력을 거는 일은 하지 않는다(휨이 생기지 않게 한다).
반드시 수평 방향으로 사용한다.

난간 등이 붙는 경우는 난간 횡가재와 둥근 고리의 회전에 의한 접촉을 클리어하도록 간격에 유의한다.

끼움 플레이트의 상단 콘크리트 덮개 두께는 70mm 이상 확보한다.

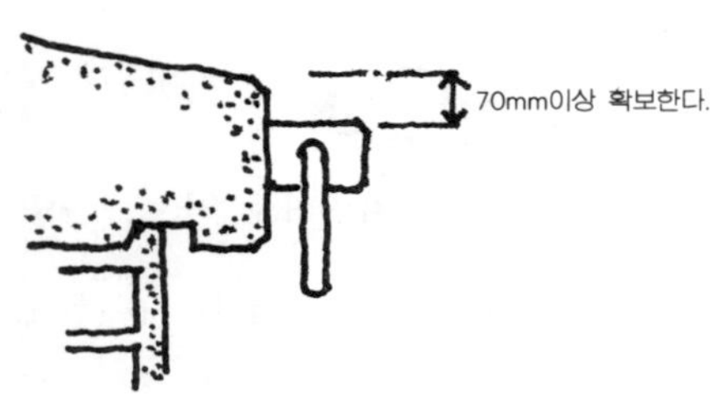

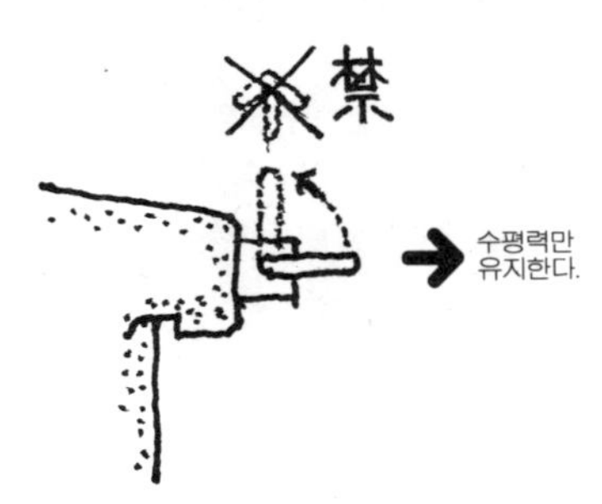

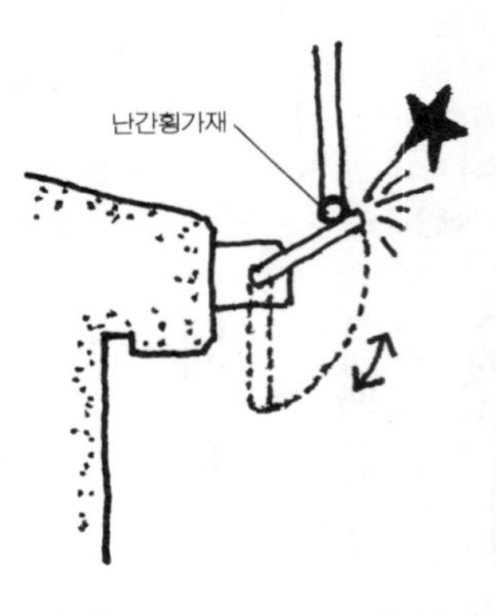

●트랩의 설치

트랩의 용도는 옥상 등의 높은 곳에 설치한 설비 기기류의 보수 점검에 사용한다. 탑옥 2층 이상에 걸치는 긴 트랩이나, 높은 곳에 있는 위험성 높은 위치에 세우는 것은 안전 상자 부착으로, 만일 발을 헛디뎌도 직접 낙하하지 않도록 보호재를 부착한 것으로 한다.

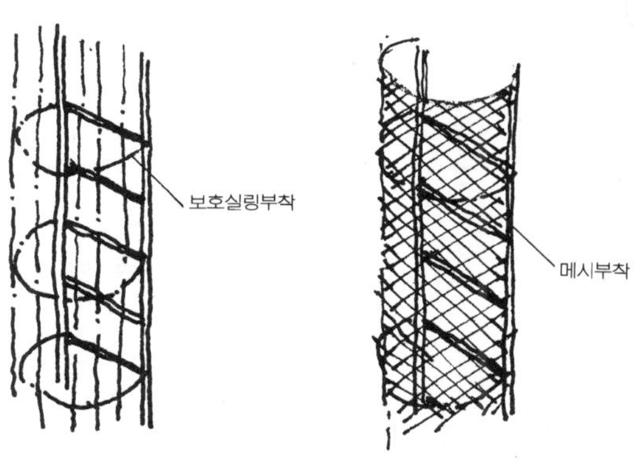

●트랩의 위치

위험 방지나 공포감을 없애기 위하여, 외벽 구석을 피하여 내측에 설치한다.

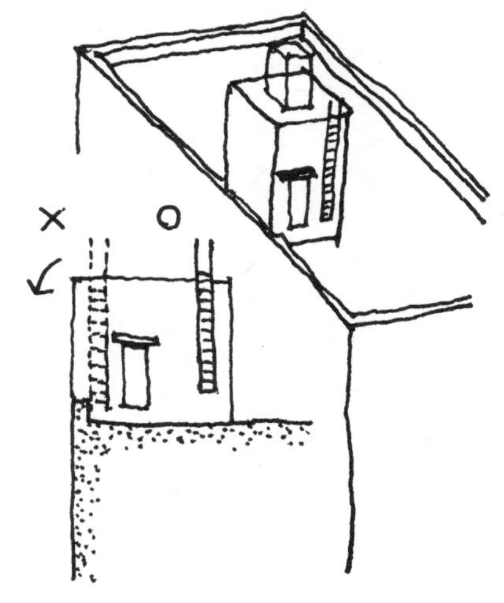

스테인레스・앵글형

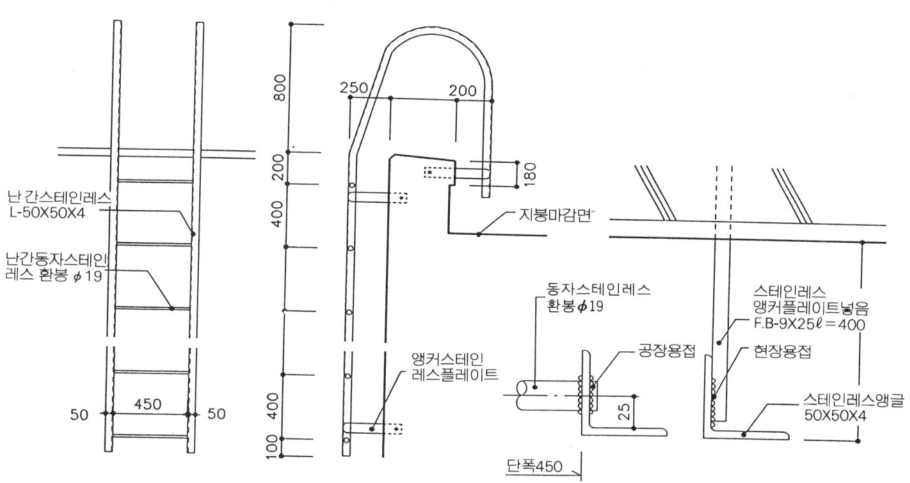

●난간

스테인레스 앵글 50×50×4

난간은 잡기 쉬운 일이 중요하고, 부재는 50mm 이상 크게 하지 않을 것. 환봉형도 있고, ϕ25~30mm가 바람직하다. 꼭대기부는 패러핏을 넘을 때까지 연장시킨다.

벽면으로부터의 거리는 250mm를 상한으로 하여 끌어내기를 지나치게 크게 하지 말 것. 난간 간격이 너무 넓으면 잡기 어렵고, 반대로 위험하므로 어깨폭 정도의 좁은 쪽이 사용하기 쉽다.

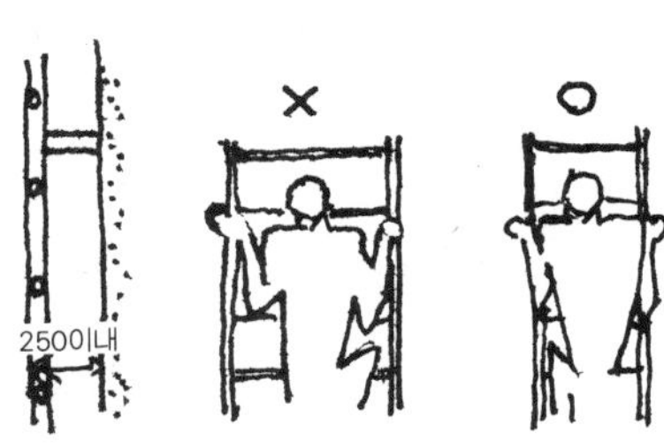

●동자

스테인레스 환봉 ϕ19mm

난간 앵글과 공장에서 용접한다. 앵글에 구멍을 뚫어, 환봉을 관통시킨 다음, 양면 용접할 것.

동자 간격은 400mm 정도로 하고, 너무 작게 하지 말 것(>350mm).

동자 폭은 450mm 정도로 하고, 지나치게 크게 하지 말 것(<500mm)

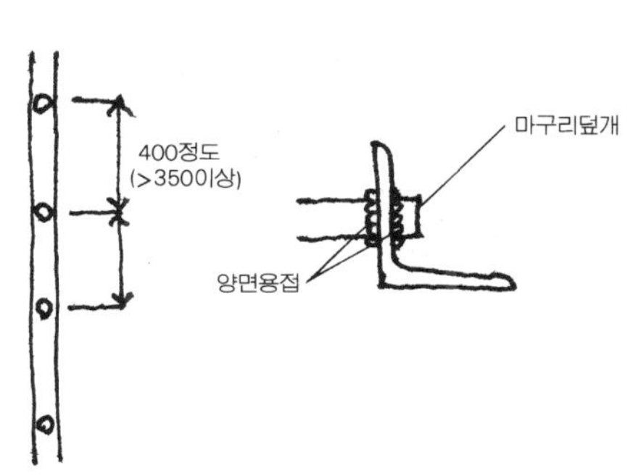

●앵커 플레이트

스테인레스 F. B. 9×25×400 비녀근 붙은 현장 쳐넣기로 한다. 사다리 난간 앵글과의 간격은 현장 용접으로 하고, 시공성에 유의한다. 간격은 1,500mm 이내로 한다.

트랩의 안전성, 내구성의 포인트는 이 접속부에 관계하고 있으므로, 精度에는 충분히 유의를 한다.

그림 예는 현장 용접이지만 아래 그림과 같이 볼트 사용에 의한 고정이어도 된다.

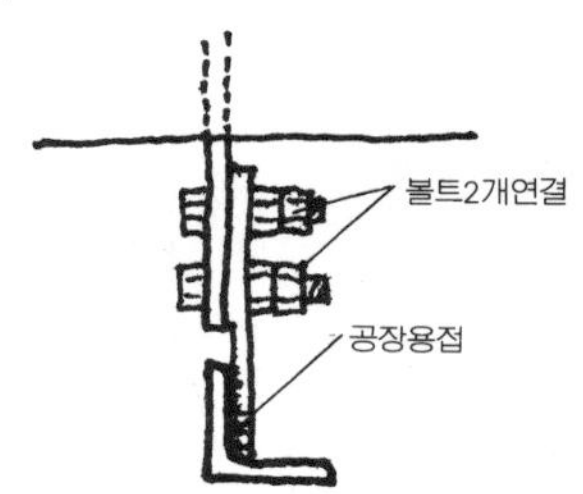

●유의 사항

- 재질은 원칙적으로 스테인레스제로 한다.
- 기제품형도 있지만, 강도를 확인한 뒤 채용한다.
- 사다리와 구체 부속 앵커 플레이트의 접속 고정의 정도에 주의한다.
- 어린이의 장난 방지상 바닥 위에서 1.5m 이상에 설치한다.
- 동자는 전체적으로 사다리 모양이 안전성이 높다.

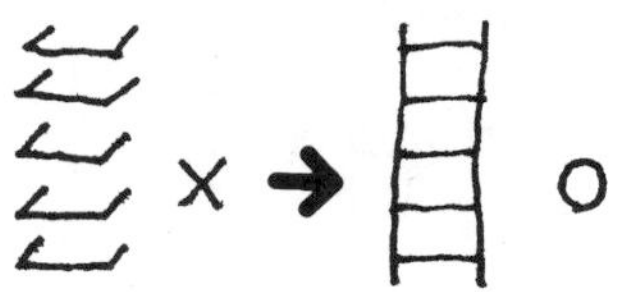

기초사항

하나의 건물에서도 각종 부재를 잇는 조인트부는 무수히 있다.
바닥, 벽, 천장재나 구조, 설비 기기에 이르기까지 모든 것이 고정 조인트되어 있다. 창호, 창 개구, 출입구, 커튼 월, 면진 바닥, 신축 줄눈 등 부위에 따라서는 가동 조인트도 있지만, 여기서는 건물의 구조 조인트에 대하여 쓰겠다.
건물은 구조상 안전할 뿐만 아니라, 사용상 지장이 초래하는 일이 생기지 않도록 미리 계획하는 일이 중요하다. 이러기 위해서는 구조 본체의 팽창, 수축, 부동 침하, 진동, 지진력 등의 변위량을 예측하고, 외력이 가해졌을 때에 구체가 손상을 받지 않는 공극 폭을 세우는 일이 필요하다.

●성능의 포인트
- 변위 추종성
- 수밀성(지수성)　　특히 중요한 성능
- 내화성(방화성)
- 단열성
- 기밀성
- 차음성

상기에서 특히 중요한 성능은 처음에 든 3가지의 성능이고, 해당 프로젝트마다 조건을 결정한다.

●부위, 아무림 계획
아래 그림은 일례이고, 달리 지붕 패러핏, 외벽, 커튼 월, 新舊 마춤부 등 각종 케이스가 다르므로 그 때마다 조건을 정하여 디테일을 계획한다.

●지진 진동에 의한 수평 방향, 변형량의 겨냥
특수한 유구조의 건물을 제외하고, 일반의 RC나 SRC의 건물은 대체로, 고유주기 $T=0.6$ sec 정도 이하로 생각되고, 150～200 gal 정도의 지진을 받을 경우의 최대 변위량은 개략 4～5cm 이하로 추정되는 경우가 많다. 수직 방향의 변위량 예상은 추정이 어렵지만, 오히려 지질의 성질에 의한 부동 침하의 추정에 의한 침하량의 예측이 중요하다.
오른쪽 그림 예에서는 최대 변위량 37 mm로 하고, 구체간의 틈새 치수는 75 mm로 한 예이다.

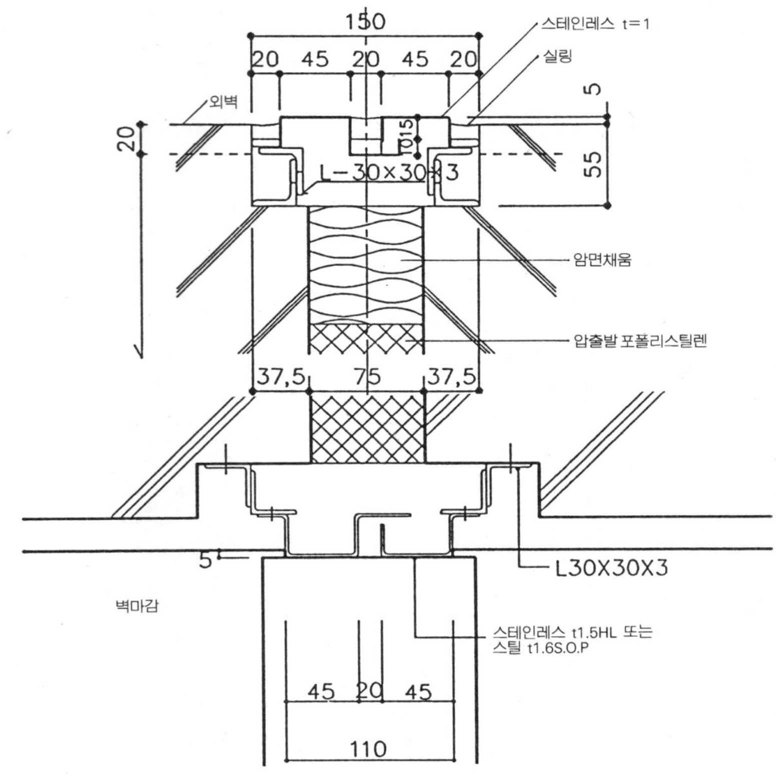

●외부측 치장 커버
스테인레스(SUS-304) $t=1.5$mm 헤어라인 마무리, 알루미늄제여도 된다.
기성품 철물이어도 되지만, 외견 치수가 커지므로 주의한다.
실링재는 탄성 실링재로 한다.

클리어런스는 모든 방향에서의 외력에 견디도록 하고, 오른쪽 그림은 클리어런스 10～20이므로 그것을 넘으면 변형, 파손하도록 한 예이다(구체 변위량 37 mm이고 치장재로 10mm).

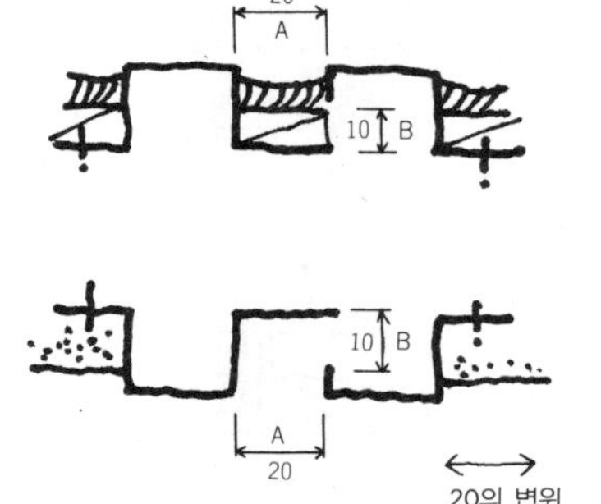

●실내측 치장 커버
재질은 스테인레스, 알루미늄, 스틸재 등에 의한다. 메인테넌스 프리를 고려하여 스테인레스제가 바람직하다.
바닥·벽·천장과 사방 모두 익스팬션 조인트로 한다.

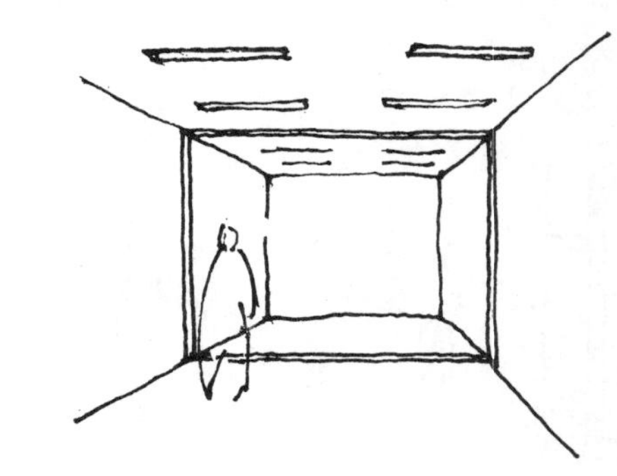

●익스팬션 조인트

다음과 같은 경우는 익스펜션 조인트를 설치한다.

1. 장대한 건물인 경우
2. 평면 형상이 복잡·불균형한 경우
3. 이종의 구조체가 만날 경우
4. 이종 기초인 경우
5. 부동 침하가 예측될 경우
6. 건물 중량이 크게 변화할 경우
7. 지진으로 건물의 변형에 차가 생길 경우
8. 건널 복도로 접속될 경우
9. 기존 건물에 증축할 경우

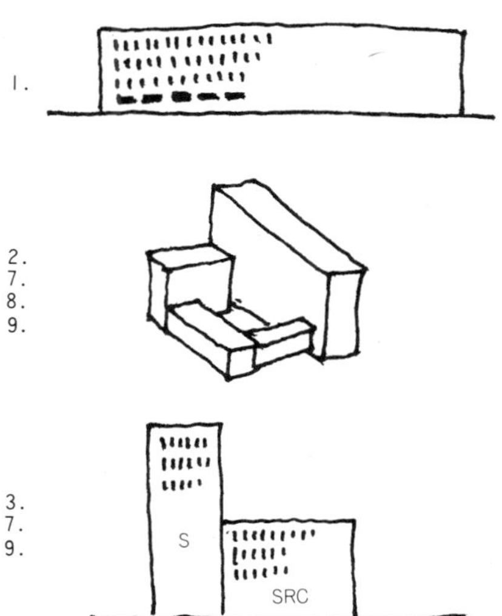

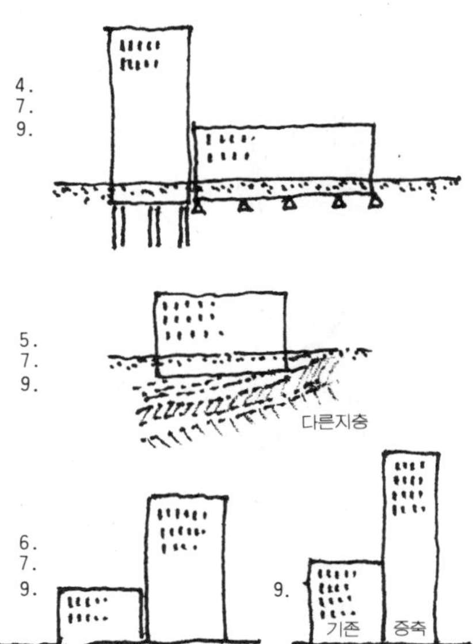

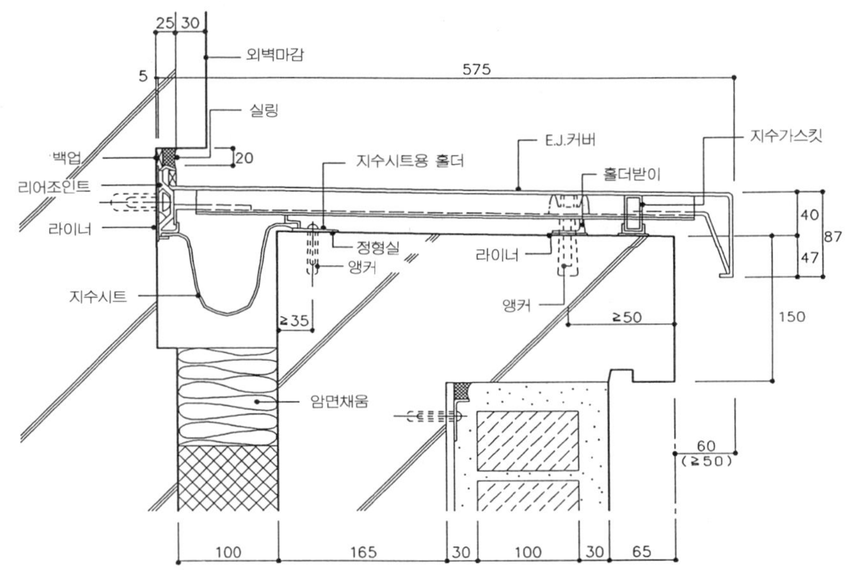

건물의 높이가 다른 패러핏 부위의 예. 최대 변위량 50mm로 하고, 구체간의 틈새 치수는 100mm로 한 예이다. 50mm를 넘는 외력이 가해졌을 경우는 익스팬션 조인트 커버재가 이탈한다.

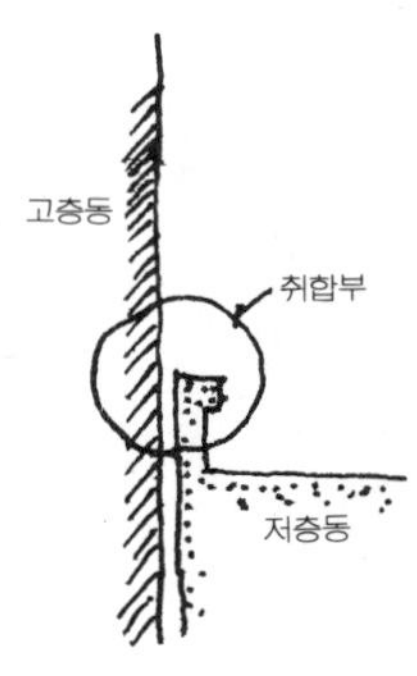

●구체 완충재

외력이 가해졌을 때의 완충재로서의 기능과 단열재, 기밀재, 거푸집재의 복합 기능을 아울러 가지게 하고 있다. 재질은 압출 발포 폴리스틸렌재로 한다.

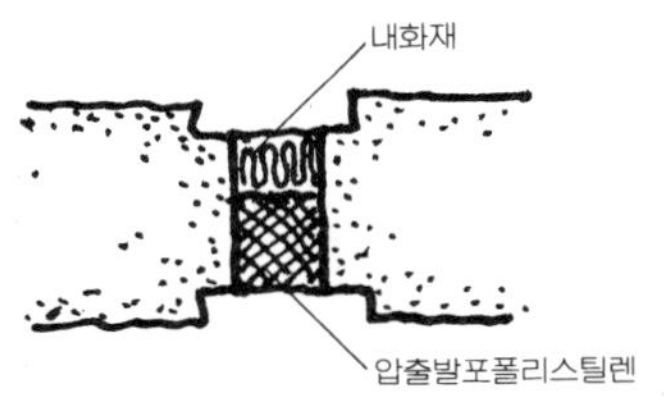

●내화재

건물에 요구되는 방화·내화 성능에 알맞게 내화재(암면 충전 등)를 삽입한다. 기제품 철물의 경우는 내화대 부착을 채용한다.

●유의 사항

- 조인트부의 구조는 단순한 형상으로 한다.
- 방화 구획, 내화 성능에 주의하고, 기성품 사용시 내화대 부착으로 한다.
- 기성품은 변위 추종성과 치수(너무 크지 않도록)를 확인한다(구체 변위량과 치장재 변위량을 확인한다).
- 치장 커버의 형상·사이즈는 디자인에 영향하므로 형을 연구한다.
- 재질은 메인테넌스를 고려하여, 스테인레스 또는 알루미늄제로 한다.
- 예상 이상의 외력이 가해져 파손하였을 경우는 철물을 용이하게 수선하기 쉬운 연구를 하여 둔다.
- 맞춤부의 천장을 건너는 설비 기구나 배관류도 익스팬션 방식으로 한다.

외벽의 콘크리트는 연구 개선이 추진되어 고강도의 성능을 가진 것도 서서히 보급되고 있는데, 시멘트 자체의 품질 향상과 함께 타설 기술의 연구와 개선에 따라서도 콘크리트의 균열을 방지하는 노력이 계속되고 있다.
균열 유발 줄눈과 이음 줄눈이 부적합하면, 예기치 못한 곳에 복잡한 균열이 생기고, 건물의 기능이 현저하게 떨어진다.
계획시 건물의 구조 형식, 규모, 외벽 형상, 층고, 환경, 공기, 타설 시기, 개구부 형상 등에 의하여, 미리 발생할 균열을 예측하고, 유발 줄눈을 설정하는 일이 중요하다. 균열을 앞쪽으로 일정 개소에 모으고, 불규칙한 갈라짐에 의한 폐해를 방지하도록 하는 것이다.

●균열이 발생하는 이유
콘크리트는 압축 강도에 비교하여 인장 강도가 극히 적고, 압축 강도의 대략 1/10～1/13이다.
더구나 인장 강도의 경우는 압축 강도의 경우보다도 재료의 성질, 시공의 영향, 환경 조건, 외력 등의 영향을 받기 쉽다. 그러한 콘크리트의 수축성에 의한 균열은 일반적으로 피하기 어렵다.

●유해한 균열 줄눈
유해한 균열 줄눈 폭은 다음과 같이 이야기되고 있다.
 내구성에서…0.3 mm 이상
 방수성에서…0.06mm 이상
(타일 붙임, 돌 붙임 등은 0.2mm 이상)

●계획시의 유의점
1. 건물의 길이가 60m를 넘는 것.
2. S조이고 외벽만 RC조.
3. 외벽 형상이 동일 평면(플래트 벽면)
4. 층고가 5m를 넘는 것.
5. 환경 조건이 엄격한 것.
6. 공기가 짧아 급시공의 것.
7. 콘크리트 타설 마무리의 것.
8. 창 개구부 주위.
9. 지붕 방수 · 단열재.
등의 여러 가지 조건을 감안하여, 균열 저감을 위한 배근 계획이나 줄눈 배치를 한다. 디자인에 따라서는 유발 줄눈은 보기 싫을 수 있지만, 건물을 오래 존속시키는 데에는 필요한 일이다.

●줄눈의 형상
형상은 스트레이트 줄눈형과, 2단 줄눈형이 있다.
· 두 형태의 사용법은 건물의 형상, 크기, 디자인 등에 따라 구분 사용을 한다.

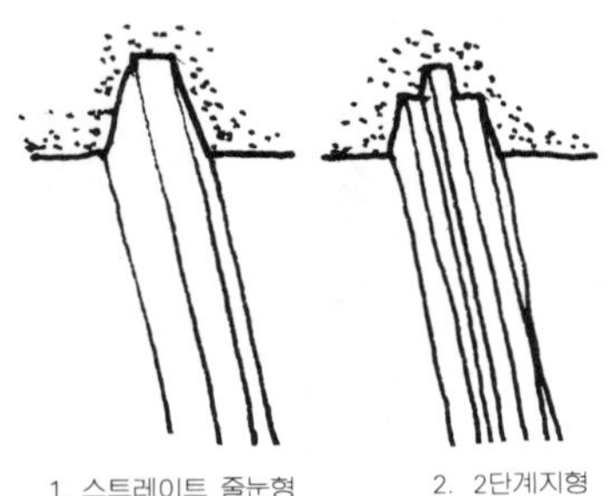
1. 스트레이트 줄눈형 2. 2단계지형

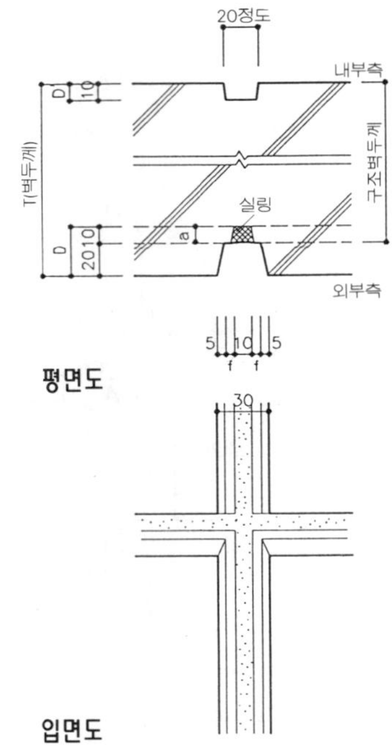

평면도

입면도

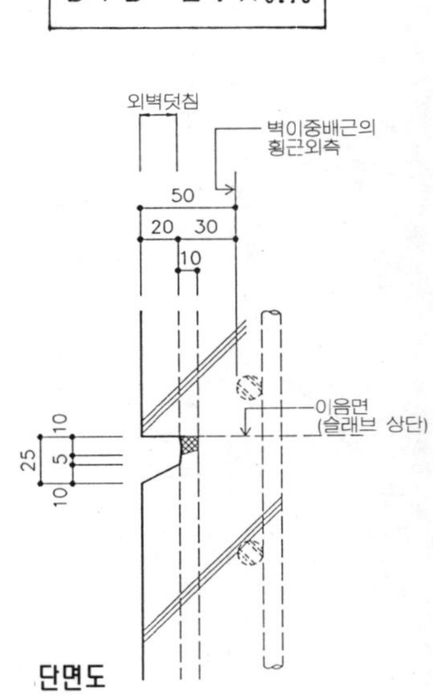

단면도

●단면 결손률
줄눈의 단면 결손률은 덧침을 포함한 벽 두께의 15% 이상으로 한다(단, 안줄눈을 두는 경우는 안팎 줄눈 깊이의 합계치로 한다).

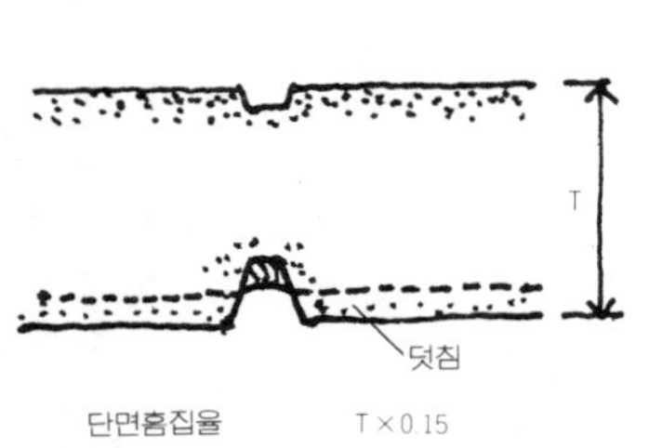

단면흠집율 T × 0.15

●구조 필요 벽 두께
구조 내력상 필요 벽 두께 내에 그림 예와 같은 크기 이내의 줄눈 깊이까지라면 포함하여도 좋다.

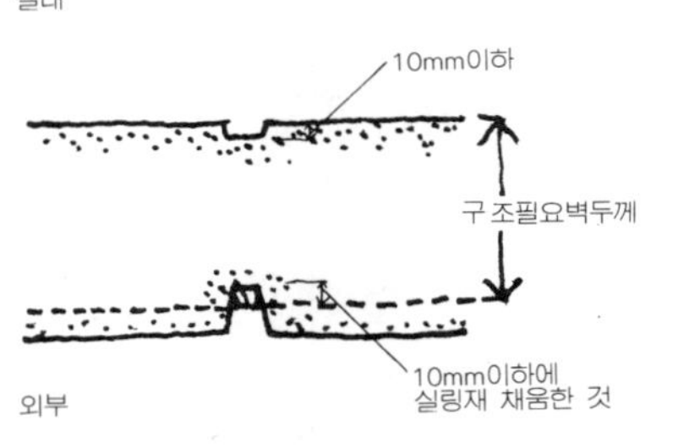

●스트레이트 줄눈의 크기
줄눈의 크기는 폭, 깊이 모두 7mm 이상으로 하고, 10mm 정도가 바람직하다.

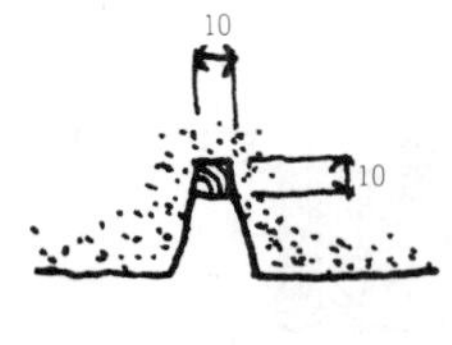

스트레이트 줄눈재

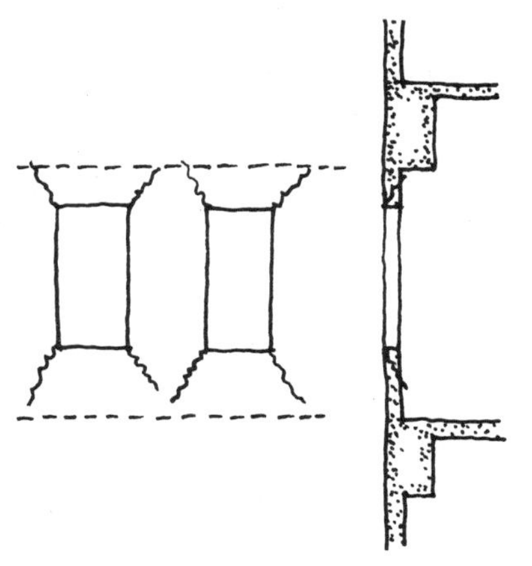

●실링재의 충전

실링재는 탄성 실링재로 하고, 아래의 크기 이내라면 3면 모두 접착으로 하고, 본드 브레이커로 절연하지 않아도 된다.

*10mm각 정도의 경우는 본드 브레이커는 불필요.

· 左記 이상의 줄눈 크기의 경우는 본드 브레이커를 2면 접착으로 하고, 한쪽으로 치우칠 실링재의 여윔을 방지하기 위하여 실링재의 신축 변위량을 균등히 한다.

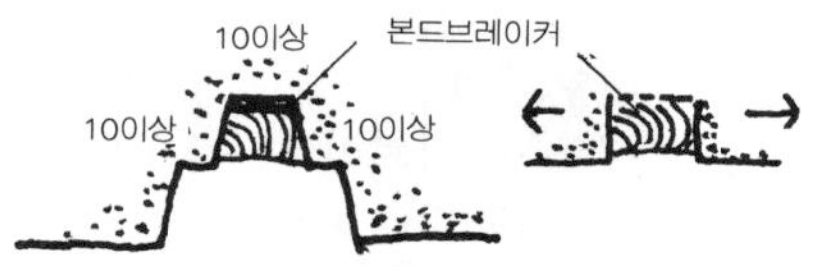

*10mm각 정도 이상의 경우는 본드 브레이커로 1면만 절연으로 한다.

1. 스트레이트 줄눈형

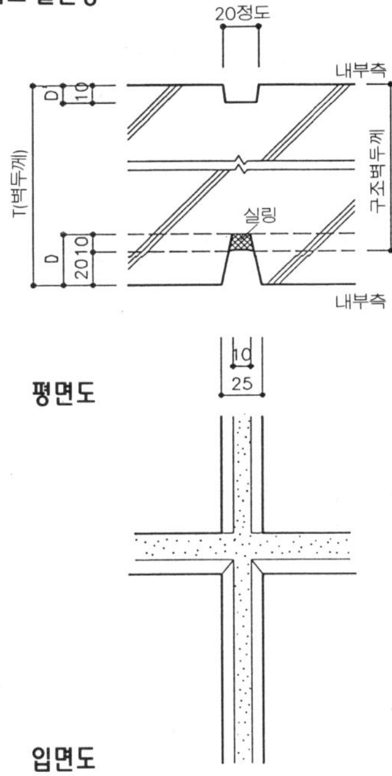

D + D' ≧ T × 0.15
f ≦ a × 0.5

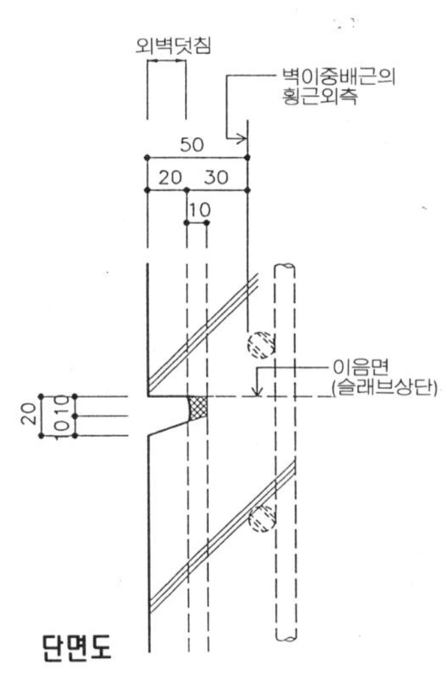

●줄눈부의 뿜칠 타일 범위

외벽 마무리에 뿜칠 타일로 하는 경우는, 구체 줄눈부 측면은 톱 코트만이 바람직하다. 또한 실링재의 표면에는 가능하다면 톱 코트를 걸지 않는다(톱 코트가 균열 박리를 일으켜, 미관을 해쳐 버린다.

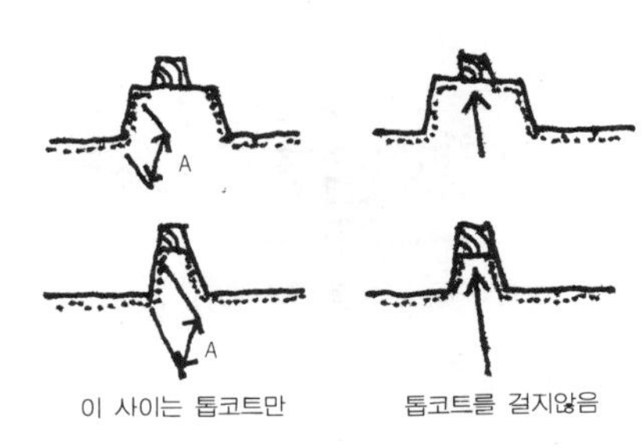

●2단 줄눈의 크기

줄눈의 크기는 폭, 깊이 모두 7mm 이상으로 하고, 10mm 정도가 바람직하다.

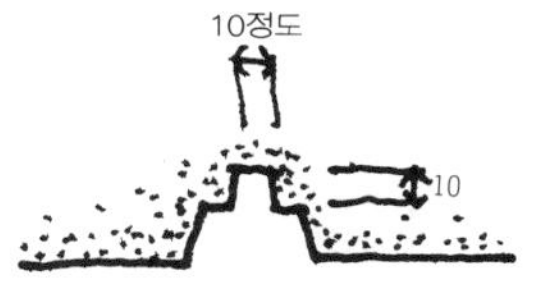

●2단 줄눈의 바탕 줄눈의 크기

*f*가 커지면 다시 이 들어간 모서리에 균열이 발생하므로 극력 작게 한다.

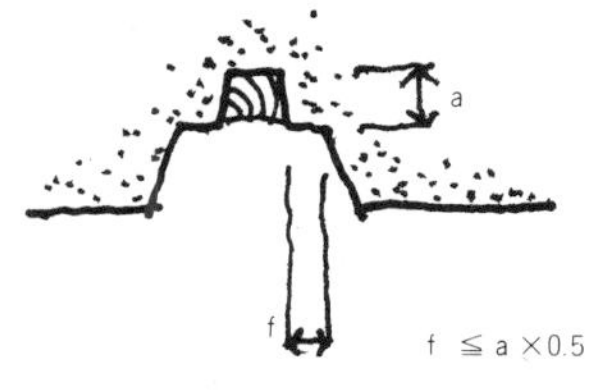

디자인상 폭넓은 줄눈은 오른쪽 그림과 같이 작은 줄눈을 2개 세운다.

●유의 사항

· 이 그림의 예는 콘크리트 치기의 예였는데, 디자인에 따라 줄눈의 깊이나 폭을 바꾼다든지, 개수, 위치를 충분히 주의하여 계획한다.

· 실내측의 안줄눈은 건식 마감재가 있을 경우는 줄눈부에 충전재는 불필요하다.

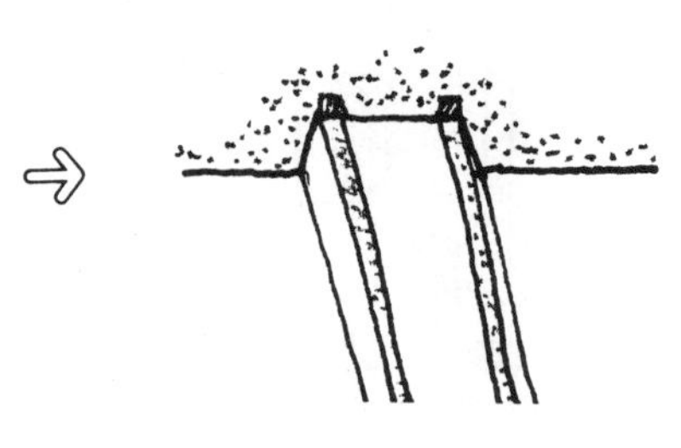

기초사항

타일은 예로부터 돌과 함께 사용되어 온 재료이고, 주위 환경과의 조화를 꾀하여 단일 소재여도 볼륨을 느끼게 하고, 손제작이고 흙의 향기 느낌을 내기 쉬우며, 색조나 텍스처나, 붙이기 패턴에 의하여, 빛과 그림자를 풍부하게 표현할 수 있는 폭이 있는 재료이다. 자유로움의 폭넓음은 다른 재료에서는 구할 수 없는 매력 있는 재료이고, 광범위한 용도 시설에 사용되고 있다.

타일 붙임에서 중요한 점은 經年에 의한 부상·박리·낙하 현상이 생기는 일이 있는 점이고, 또한 바탕 모르타르에 의한 에프로러센스(백화) 현상이 생기는 일이 있다. 손붙임 공법에 의한 타일의 박락 방지에는 시공상의 신뢰도에 관계하게 된다.

최근에는 타일 붙임 기술도 개량되고, 시공 精度도 개선, 향상되고 내구성도 좋아지고 있다.

이러한 사고를 막는 방법으로서,

· 현장 거푸집 앞부착 끼움 공법의 채용

· 타일 끼움 풀 PC판의 채용.

· 타일 끼움 하프 PC판의 채용.

등이 있고, 재래 공법에 비교하여 박리나 백화 현상은 감소하지만, 약간 코스트 업이 된다.

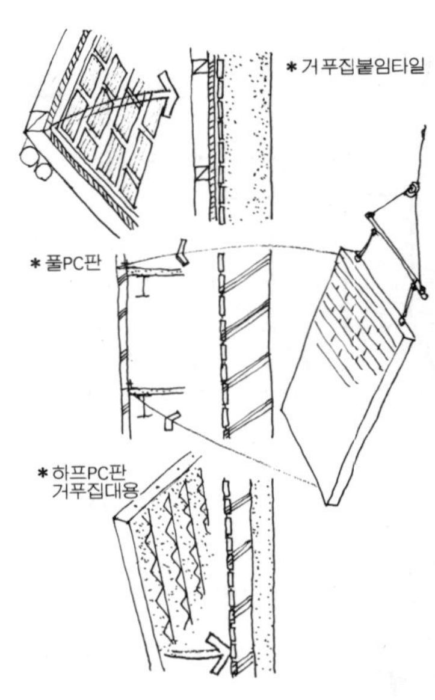

●외벽 타일의 재질

자기질 또는 석기질로 한다.

흡수율은 4% 이하.

흡수율에 따라서는 동결 파손하므로, 한랭지에서는 1% 이하 것을 사용한다.

안다리 형상은 바탕 모르타르와의 부착을 좋게 하기 위하여 리브를 붙인다(개미 형상).

타일에 있어 접착 강도는, 4 kgf/cm^2 이상으로 하고, 가려내기 조사에서 확인한다.

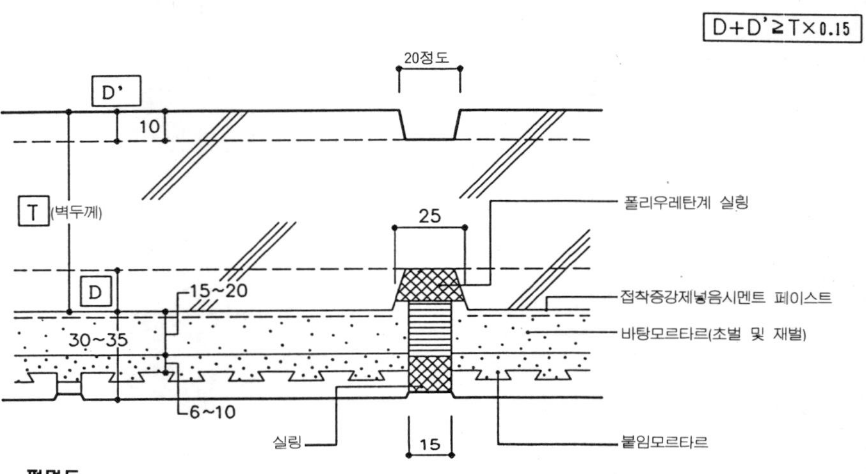

평면도

●주요 외벽 타일 붙임 구법(재래 구법)

1. 개량 쌓기 붙임 구법

3정괘 이상의 대형 타일용

재바름까지 모르타르 바탕 만들기를 하고, 타일 이면에 모르타르를 채우면서, 벽면 하수에서 상부로 쌓아올리기 방식으로 붙이는 구법.

2. 압착 붙임 공법

2정괘 이하의 모르타르용

부착한 모르타르가 굳기 전에, 타일을 밀어붙여 나무메 등으로 압착(가볍게 두들긴다), 벽면 상부에 하부로 붙이는 구법.

3. 밀착 붙임 공법

2정괘 이하의 타일용

부착한 모르타르가 굳기 전에, 타일면을(나무메로 두드리는 대신에) 충격 공구로 충격을 가하면서 압착시키는 공법.

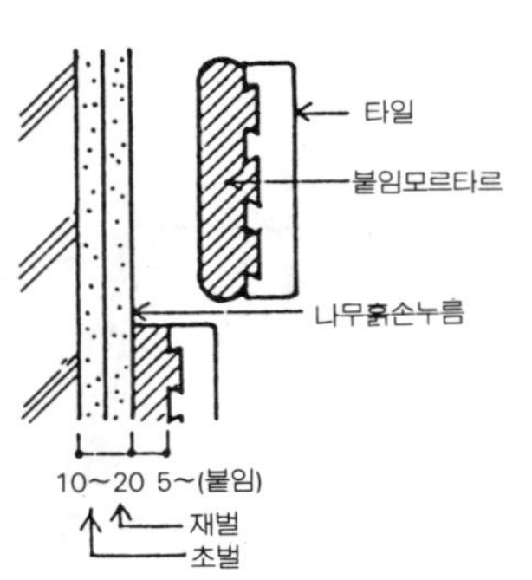

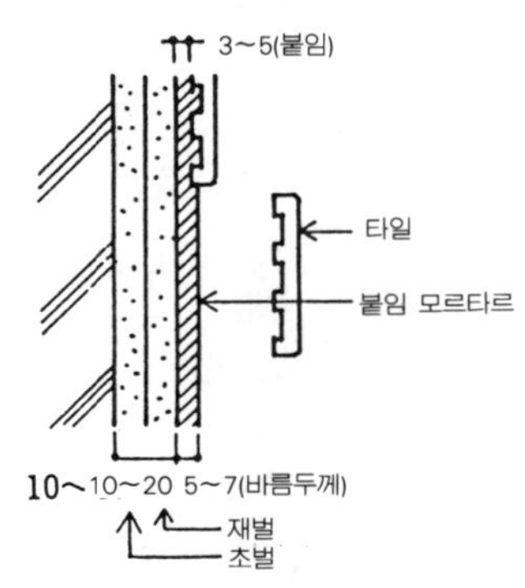

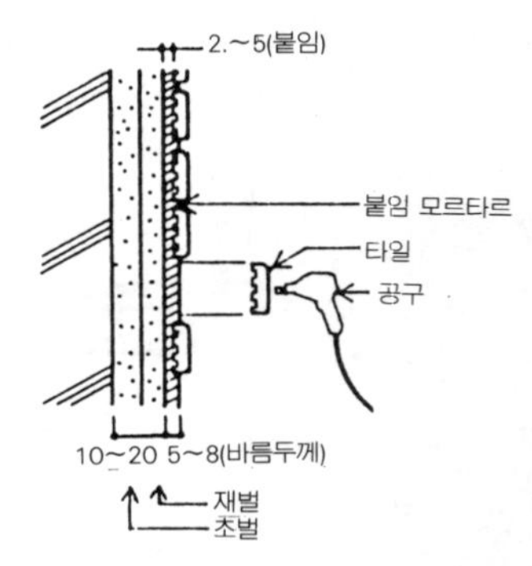

●신축 줄눈의 계획
· 수평 방향은 각 플로어마다.
· 수직 방향은 4m 간격 정도로 잡는다. 디자인 및 타일 나눔의 관련에 따라 적절히 간격을 바꾼다.

●구체 세로 줄눈
콘크리트 구체의 세로 줄눈은「콘크리트 외벽 유발 줄눈 계획」에 준하여 세운다. 타일의 신축 줄눈 위치를 먼저 타일 분할도에 의하여 정하고, 그 후 구체의 유발 줄눈 위치를 정한다.

●실링 줄눈
탄성 실링재를 수직, 수평으로 연속시킨다. 줄눈 폭은 15mm 정도로 한다. 일반 치장 줄눈(배합 줄눈 시멘트)부와, 외관이 바뀌므로 타일 줄눈 나누기는 구체 줄눈 나누기와 함께 종합적으로 판단하여 계획한다.
줄눈 폭은 그림 예에서는 15mm였지만, 타일 나누기와의 조정에 따라 바뀌는 경우도 있다.

●백 업재
유발 줄눈에서의 콘크리트 균열이 타일면에 영향을 미치지 않도록, 바탕 모르타르를 테 자르기 하는 역할과, 실링재의 백 업을 겸한다.

●웃인방
스테인레스 강선 등을 구체에 에폭시 접착재로 접착한다. 또한 타일 크기에 따라 충분히 검토한다.

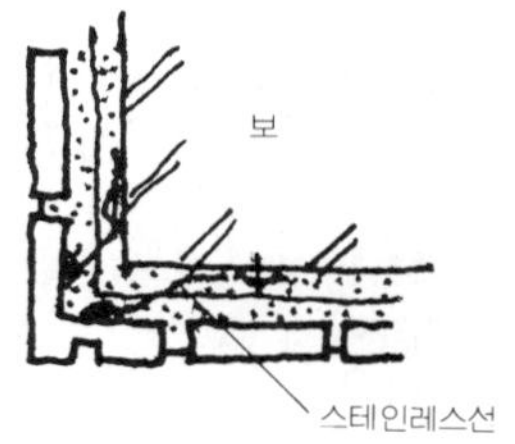

●이음 줄눈
각 플로어마다 세운다.
탄성 실링재를 충전한다.

●타일 신축 줄눈
탄성 실링재를 충전한다.
줄눈 폭은 15mm 정도로 한다.
가로 · 세로 모두 연속시킨다.

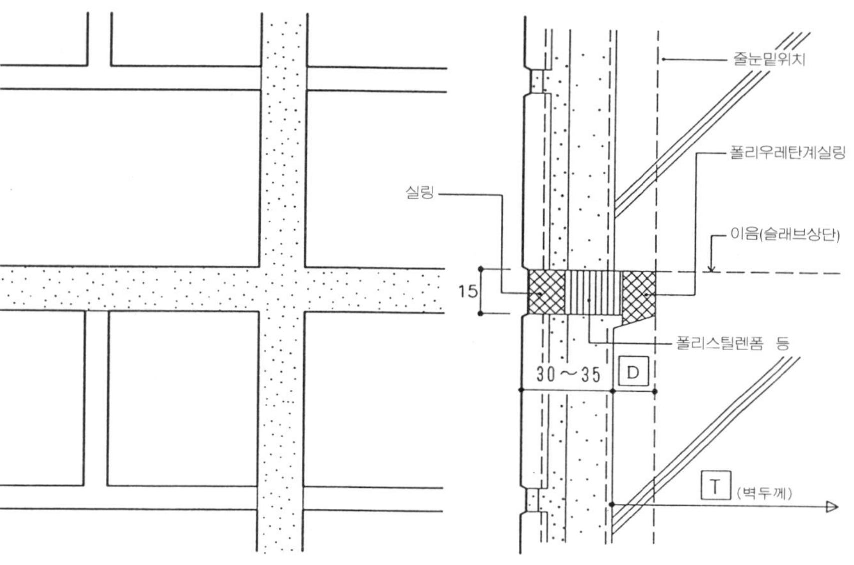

4. 개량 압착 붙임 공법
4정괘 이하의 타일.
바탕측과 타일측 쌍방에 모르타르를 바르고, 압착하면서 벽면 상부에서 하부로 붙이는 공법.

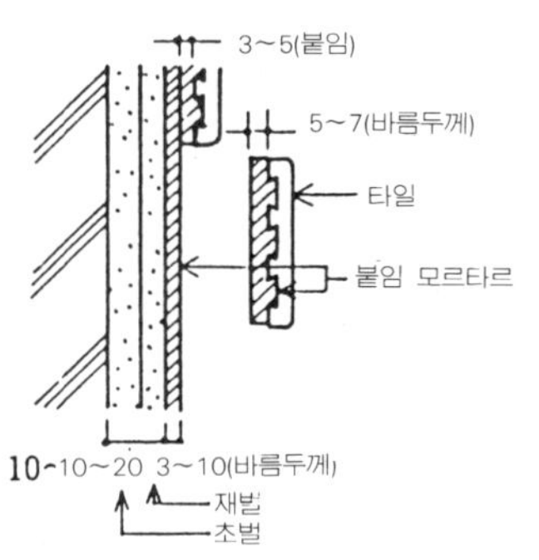

5. 개량 모자이크 타일 붙임 공법(KM 공법)
50각 정도의 유니트 타일용.
수평으로 놓여진 유니트 타일의 이면에 마스크를 씌우고, 미리 부착한 모르타르를 발라서 그것을 벽면으로 옮기고, 두들김 판 등을 사용하여 붙이는 공법.

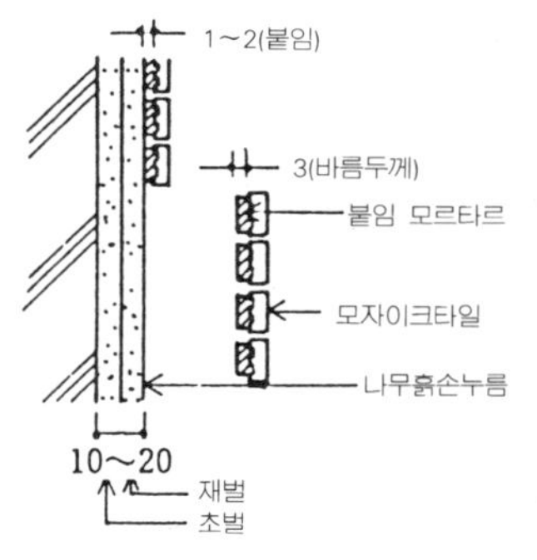

●유의 사항
타일의 박리 사고를 방지하는 방법으로서, 계획상 박리 낙하하여도 2차 재해(제3자 장애)를 일으키지 않는 일이 중요하다. 예를 들면 건물 주위에 화단을 세운다든지, 저층부의 돌출을 세운다든지, 차양이나 발코니를 세운다든지 하는 것도 방법의 하나이다.
또한 재래 공법(손붙임)에 의한 타일의 박리 · 낙하 방지로서, RC 구조 구체의 균열 유발 줄눈에 버금가는 타일의 신축 줄눈을 설치함으로써, 균열 및 박리 낙하를 방지할 수 있다.

●특수한 바탕
ALC판, 압출 성형 시멘트판 등에는 타일을 붙이지 않는 일이 원칙이다. 바탕재와의 부착 강도가 있어도, 판 자체의 외력에 대한 추종성이 나쁘고, 바탕널 자체의 비틀림이나 휨이 생기고, 계면 박리 낙하할 우려가 있으므로 충분히 유의한다.

석재는 아주 옛날부터 건조물의 구조재로서 사용되어 왔는데, 근대에 들어 그러한 조적재로부터 할석재로, 그리고 얇게 켠 석재로, 건물의 표면을 덮는 외장 마무리 재료의 붙임 석재로 되고 있다.

석재는 표면 마무리가 할석 그대로부터 본 갈기, 버너 마무리 등이나 색조도 흑색계, 다색계, 백색계로 다종류에 미치고, 그 표현에 따라서는 중후함에서 경쾌함까지, 고전에서 모던까지 그 표정이 크게 변화한다. 또한 돌의 크기와 줄눈의 취급에 따라서도 외관이 변화되어, 돌이 큰 돌 나누기이고 또한 줄눈 폭이 크고 깊은 것은 빛과 그림자의 풍부한 표정이 가능해지고, 돌에 대한 매력은 설계자에게 있어서도 끌리는 재료의 하나이다.

· 건축물에 사용되는 주요 석종은 외장용으로서는 화강석계이고, 내장용으로서는 대리석계와 화강석계가 사용된다.

●화강석의 특징

물리적 성질의 특징은 압축 강도가 1,200 kgf/cm² 이상으로 강인한 것. 비중은 2.7 정도(철 7.85, 알루미늄 2.7)이다. 결점은 중량이 무거운 점과, 두께에 따라서는 젖혀짐이 생기는 점(두께 25mm 정도에서도)이다. 또한 얼룩, 반점, 물들기 등 균일성에 결여되는 면을 오히려 적극적으로 패턴으로서 이용하는 매력도 있다(대리석의 예).

동종의 석재에서도 채석 시기·장소 등에 따라, 물성은 다른 점에 주의한다.

●외벽에 요구되는 성능

· 내풍압——건식은 풍압력으로 결정된다.

· 내진성——습식은 바탕 구체의 영향을 받기 쉽다. 건식은 설치 철물로 무브먼트 추종성을 확보한다.

· 수밀성——습식은 줄눈 부분의 줄눈재에 유의하고, 백화가 발생하지 않도록 탄성 실링이 바람직하다. 건식 구법은 바탕 철물을 모두 스테인레스제로 하고, 실 끊기가 생겨도 철물의 설치 강도의 저하가 일어나지 않도록 한다.

· 풍압력은 $P=C \cdot q$로 구한다.
지진 하중은 수평 하중은 1G, 수직 하중은 1.5G.

●돌 줄눈

돌의 두께를 느껴지도록 한 줄눈의 디자인을 중시하고, 표면 마무리의 종류와 함께 계획한다. 줄눈 부분의 자름새를, 갈기 마무리로 하고, 돌의 두께, 표정의 깊이를 표현한다든지 한다. 줄눈재는 습식의 경우, 시멘트나 폴리설파이드계 실링재로 한다. 건식의 경우는 반드시 폴리설파이드계 실링재로 한다. 실링재에 따라서는 석종과의 친밀감이 나쁘고, 오염이 발생하는 일이 있다.

●구체 신축 줄눈(습식, 건식 모두)

콘크리트 외벽 유발 줄눈 계획에 준하여 세운다.

●돌, 신축 줄눈(습식 구법)

신축 줄눈은, 바탕의 콘크리트 외벽 유발 줄눈 위치에 맞추는 것이 원칙이지만, 돌 분할에 따라서는 줄눈 위치가 통하지 않고 실링재의 색 틀림도 현저하고, 반드시 탄성 실링재를 채용하는 것이 좋다고는 할 수 없지만, 적어도 내민모서리부, 들어간 모서리부는 탄성 실링재를 연속적으로 통하는 쪽이 좋다.

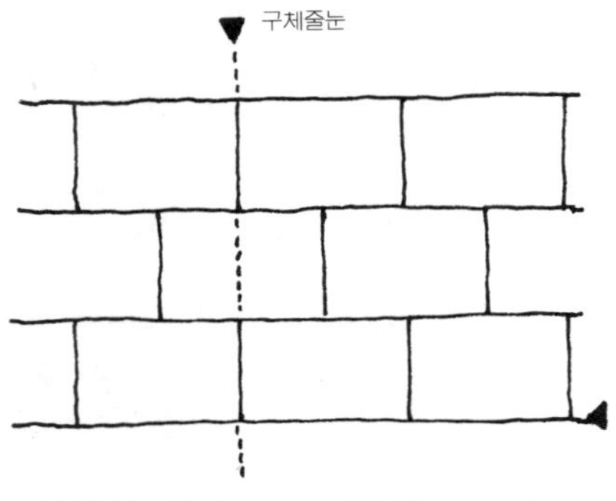

●돌, 신축 줄눈(건식 구법)

수평 줄눈은 일반 줄눈보다 크게 10mm 정도로 한다.

세로 줄눈의 신축 줄눈은 디자인에 영향을 주어 두드러지기 쉬우므로 충분한 주의를 한다.

건식 구법에서는 수평, 세로 줄눈 모두 탄성 실링재를 사용하여 면내 추종성을 좋게 한다.

●하중 수용 핀 꽂임촉

돌의 하중은 돌 꽂임촉 1매당 2개소에 받는다.

아래 그림 ▲표 부분

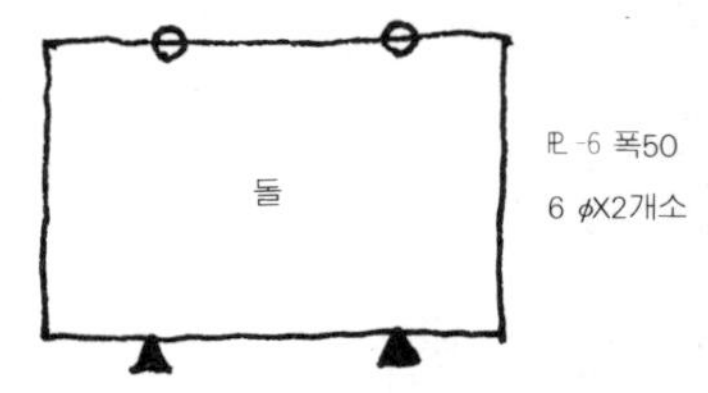

외력(면내, 면외)받이 핀 꽂임촉 돌 상부, 위의 그림 ○표부 2개소 받는다.
φ6×2개소 PL-4 폭 50

●커튼월화
건식 구법도 그 예이지만, 더욱 적극적으로, 외력(지진, 풍하중)을 고려한 건물의 움직임, 돌의 면내 무브먼트, 돌의 균일성, 철물 精度의 확보, 시공의 확실성 등을 고려하여, 경량화, 패널화에 의한 돌 끼움 PC판이나 돌 프레임 공법 등이 보급되어 왔다. 또한 석공 노무자의 감소와 함께 이후, 더욱 더 이러한 경향이 두드러진다.

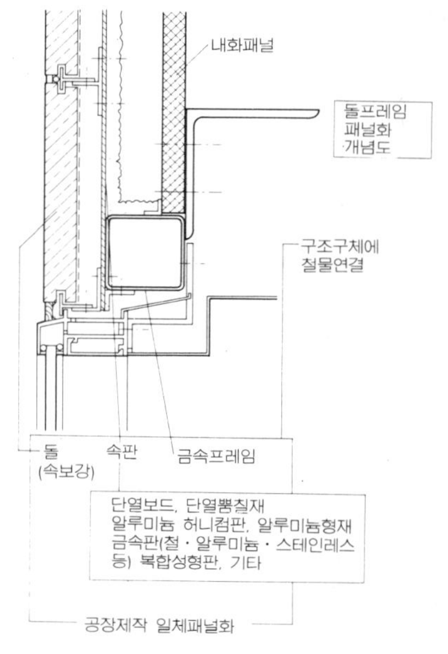

●돌의 크기
돌의 재종에 따라 다르지만, 가능한 한 크게 채용하여야 한다(작으면 빈상이 된다).

●돌의 두께
표면의 마무리에 따라 두께를 바꾼다.
습식――25 이상
건식――30 이상
건식에서는 설치 철물, 꽂임촉 사이즈가 습식에 비하여 커지고 강도가 저감하지 않도록 두께를 두껍게 한다(갈라짐, 떨어짐을 일으키지 않는다).

●돌의 표면 마무리
· 본갈기
· 물갈기
· 두들기기
· 메, 송곳
· 튼 피부
· 톱 자르기, 혹 내기
· 제트 버너
· 샌드 블러스트

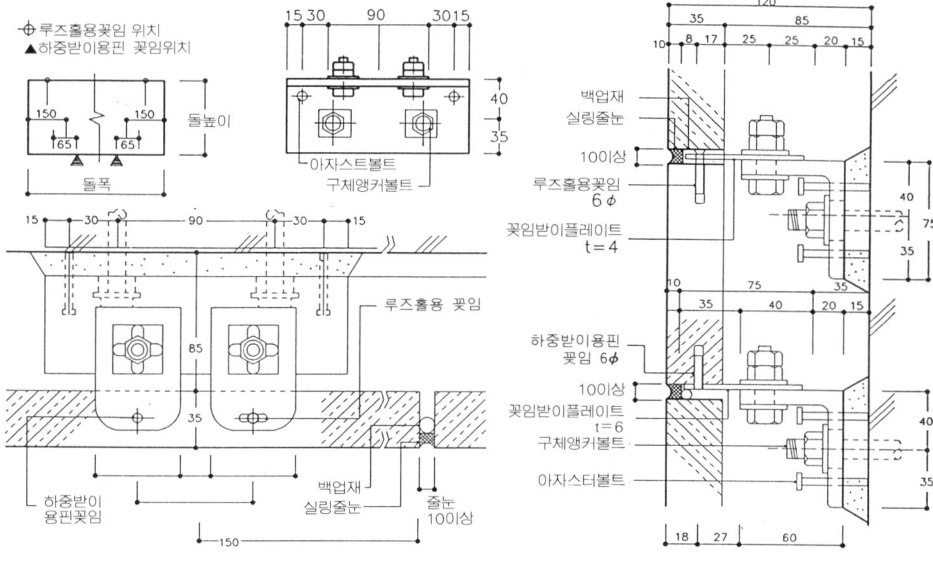

●설치 철물류
그림은 일례이지만, 사이즈는 해당 공사마다 정한다.
습식의, 세로근, 가로근 이외는 모두 스테인레스제(SUS-304)로 한다.
건식 구법이고 빈줄눈의 경우는 돌의 안쪽이 물길이 되므로, 구체의 수밀성과 돌 표면의 오염에 유의한다.

●내진용 루즈 홀
무브먼트가 가해졌을 때에 변위 추종성을 확보하기 위하여, 플레이트에 루즈 홀을 세워서 돌이 슬라이드하기 쉽게 한다.

변위 추종성 및 꽂임촉받이 플레이트 아무림상 A치수는 실링 치기의 경우 10mm 이상, 빈줄눈의 경우는 8mm 이상.

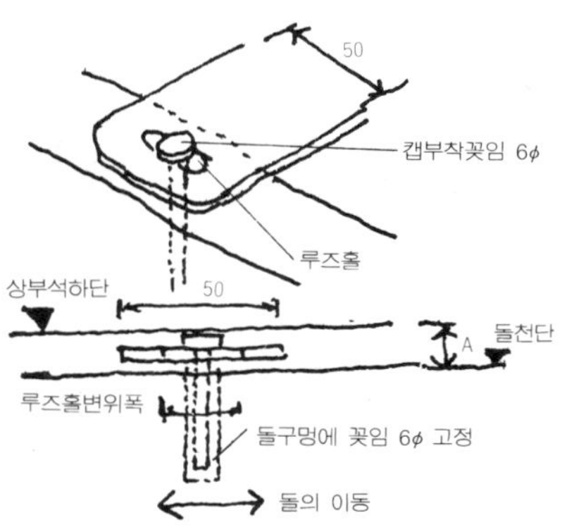

●유의 사항
· 감리 단계에서는 색, 무늬 맞추기 및 색조, 재종, 표면 마무리, 줄눈 나누기, 설치 철물, 새시 맞춤, 견본 작성, 제작 시간, 납기 등의 재료와는 다른 체크 포인트가 있다.
· 외벽에는 대리석계를 사용하지 않는다.
· 흡수율·투수율을 체크한다.
· 건식의 경우는 돌 줄눈이 커지기 쉽다.

외벽면을 플래트한 Skin으로서 横連 창면의 경쾌한 이미지로 하는 것이, 외관의 표현으로서 새로운 시대를 상징하는 조형으로서 인기를 얻고 있다.
同面 새시는 창과 벽면의 접점에 직접 비가 닿으므로, 비막이가 나쁜 것은 아닐까 하고 생각되기 쉽지만, 창이 벽면보다 후퇴되어 있으면 소용돌이가 생겨서 풍압이 증가하므로, 오히려 한면 쪽이 바람에 대한 성상은 유리하다. 또한 새시 표면에 묻은 대기 오염 미립자에 의한 알루미늄 침식 열화 현상을 막기 위하여, 벽면 동면에 의하여 균일하게 씻어내린 쪽이 좋다는 사고 방식도 있다. 그러나 버팀부, 세로틀, 세로 울거미 등은 유리면과는 다른 물길이 되기 쉽고, 건조시에 바로 밑의 징두리에 때의 줄기가 되어 남는 일이 있으므로, 더러워짐을 미리 예측하여 메인테넌스 방법도 배려하여 두는 일이 중요하다.

●1차 실(seal), 2차 실

1차와 2차 실의 거리를 되도록 멀리 하여 단차를 둔다. 플래싱(flashing)재를 병용하면 더욱 좋다. 2차 실재의 4주 연속성을 확인한다. 물의 도피로를 상정하여 물빼는 기구를 확인한다.
2차 실재는 성형 가스킷재 또는 탄성 실링으로 한다(병용도 가능).

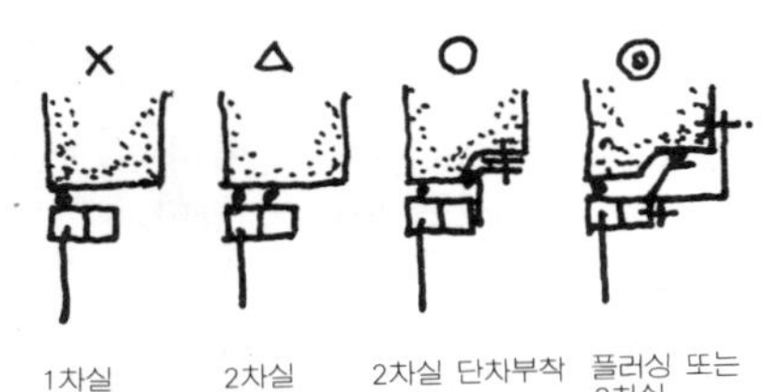

●개구부에 요구되는 성능

내풍, 수밀, 단열, 내화, 기밀, 차음, 내구, 외력에 대한 변형 추종성 등 여러 성능이 있지만, 동면 새시에서는 특히 수밀성이 중요한 포인트가 되고, 지붕, 외벽부와 동등의 성능을 요구받는다.
특히 새시틀과 구조 구체의 맞춤부가 중요하고, 구체부의 시공 精度가 직접 영향을 주기 쉽다.
그림은 징두리부 PC판의 예인데, 현장치기 재래 구법에 의한 구체의 경우는 충분히 아무림을 검토할 필요가 있다.

●설계 조건의 정리

· 외장재의 확인
  (사이즈, PC 끼움인가 뒤붙이기인가)
· 새시틀의 예견 치수
· 유리 두께의 확인(내풍압)
· 유리 홈 폭의 설정(실링)
· 유리 重心 위치와 새시 설치 위치
· 층간 변위량

上記를 미리 충분히 검토하고, 정리하여 둔다.

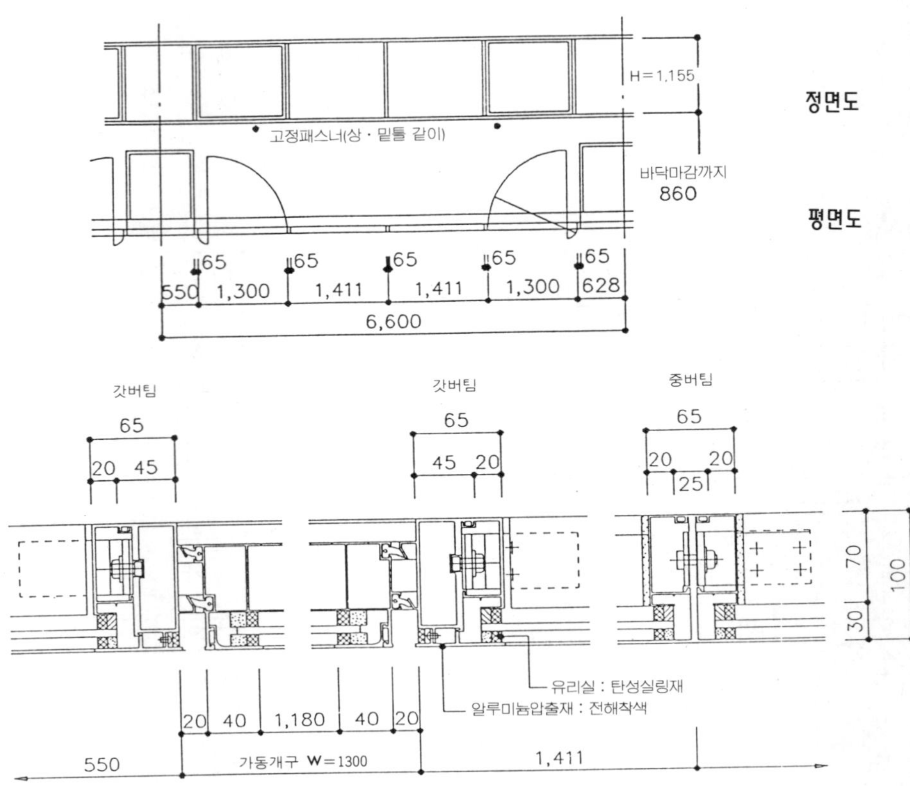

평면도

●층간 변위

층간 변위량이 PC판의 상층, 하층 각각의 플로어에 고정되어 있기 때문에, 직접 새시에 영향을 준다. 특히 창유리 치수의 종횡 비 프로포션에 따라, 로킹이나 스웨이의 움직임이 되고, 유리의 파손이 없도록 클리어런스를 설치한다.

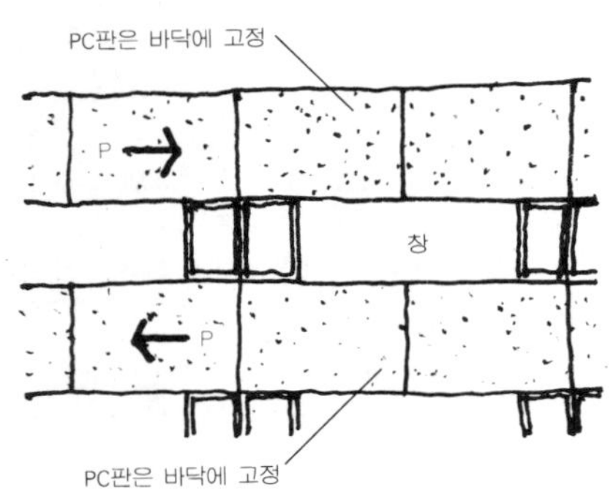

●버팀부

버팀재는 압출 상자형 單材로 하고, 위틀 윗면을 전하여 주는 물의 물빼기 기구를 겸한다. 버팀재가 조립물일 경우는 드레인 파이프를 끼워 물빼기 처리를 한다. PC판끼리의 조인트 바로 밑에 새시의 버팀이 오도록 하고, PC판의 물빼기를 바로 밑의 버팀 파이프로 유도하도록 한다.
유리면에 대한 면내 변형 외력이 가해졌을 경우, 접촉, 파손하지 않도록 에지 클리어런스를 충분히 취한다.

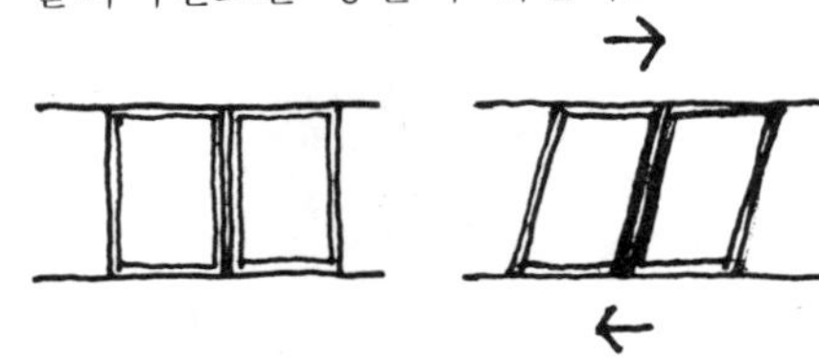

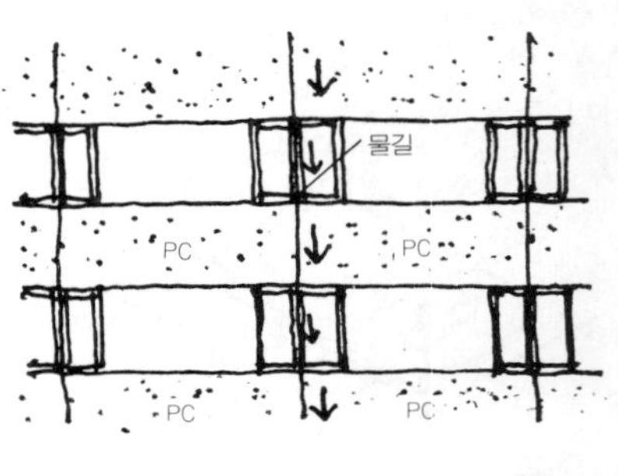

버팀부

●윗틀 에지 클리어런스
유리에 대한 면내 변형 외력이 가해졌을 경우에, 유리가 로킹하여 틀과 접촉, 파손하지 않도록 클리어런스를 충분히 취한다.

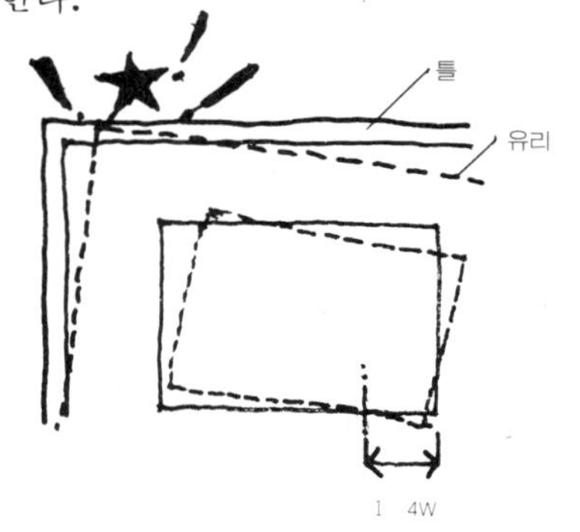

●상부 PC판의 세로 감압 공간 조인트 부로부터의 물길
배수구의 기능으로 하고, 세로재를 끼워서 아래쪽에 배수한다. 또는 PC판마다 각 층 물빼기를 설치한다.

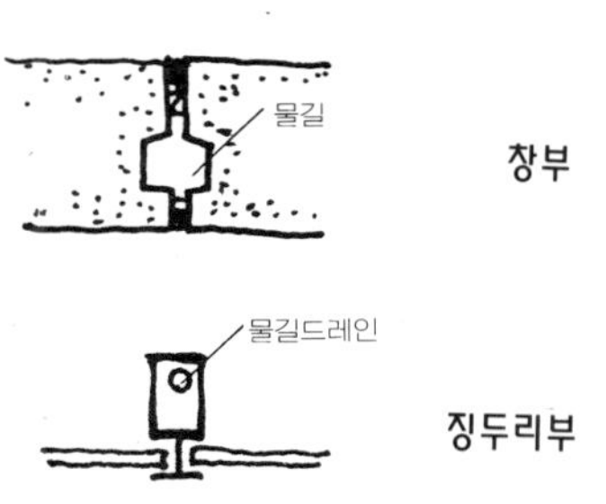

●상부 패스너
면외 응력에 견디는 브래킷으로 하고, 구체에 고정한다. 또한 새시의 열 수축에 따라갈 수 있도록 새시와의 사이에 미끄럼재를 끼워넣거나 루즈 홀로 한다.

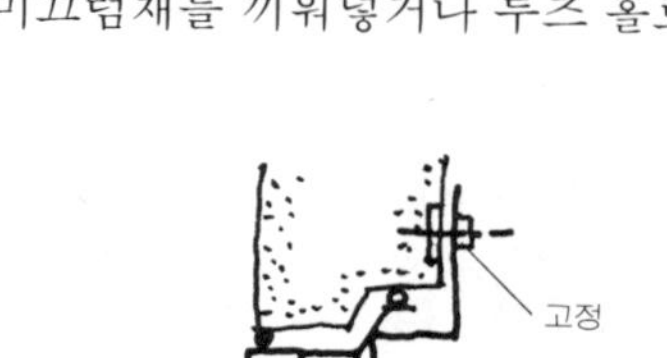

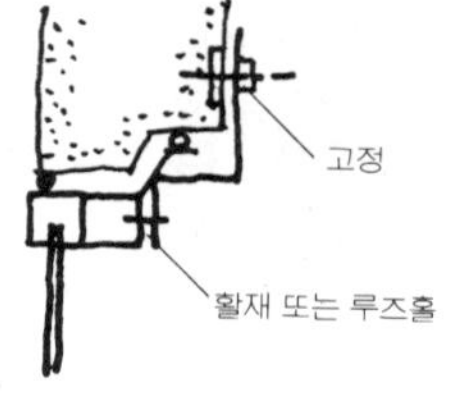

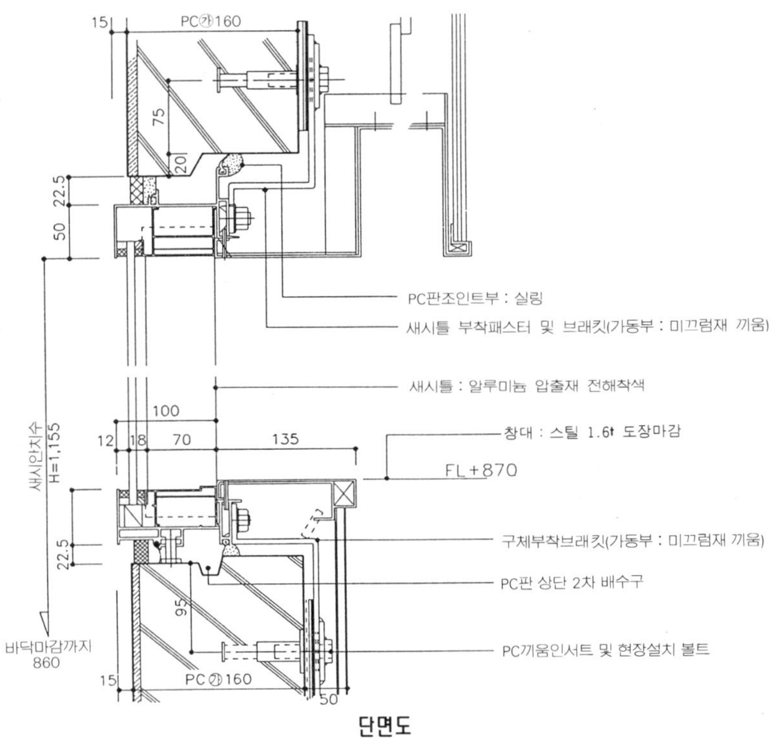

단면도

●하부 패스너
면외, 면내 응력 모두 고정 端으로서 하부 구체에 긴결한다. 또한 새시의 열 수축에 따라갈 수 있도록 미끄럼재를 끼워넣거나 루즈 홀로 한다.

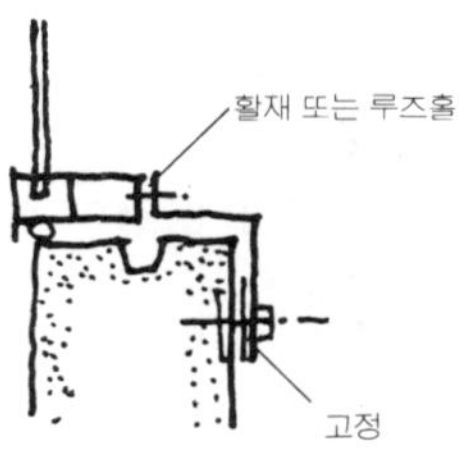

●유리 세팅 블록
새시 틀에 대한 면내 변형 외력이 가해졌을 경우에 유리가 로킹, 또는 슬라이드하도록 미끄럼재 붙임의 세팅 블록(합성 고무)을 삽입한다.

●하중받이 볼트 겸 높이 조정용 볼트
유리 위치가 새시의 전면으로 나오게 되므로 重心이 치우치므로, 새시의 휨이 생기지 않는 위치에 세우고, 또한 아래틀 설치 높이 조정용을 겸한다.

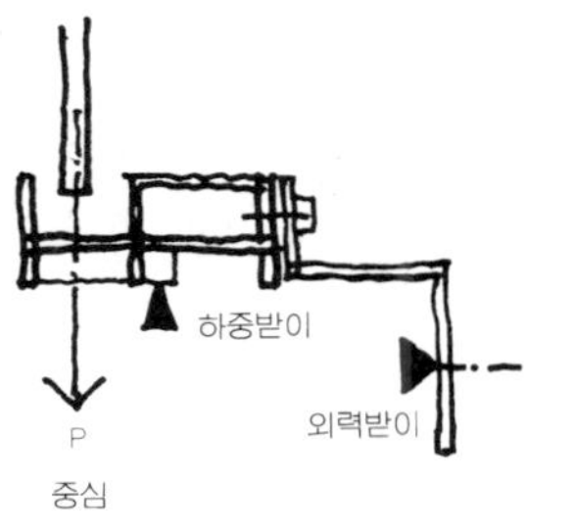

●유의 사항
- 그림은 PC판의 예인데, 현장 치기 구체의 경우도 마찬가지로 구체 현상, 유발 줄눈, 외장재, 온도 신축, 버팀의 좌굴 플래싱의 유무, 2차 실재의 연속성, 상하 틀의 긴쪽 조인트부의 위치와 아무림 등 검토 사항이 많고, 시공성에 유의한다.
- 버팀이나 윗틀 예상 폭은 유리의 면내 변형 외력에 의한 로킹이나 스웨이에 의한 접촉 파손이 없도록 에지 클리어런스를 취하고, 외관 치수 디자인을 위하여 너무 자세히 하지 않도록 한다.
- SSG 구법에 대해서는 다른 관점에서 검토가 필요.

기초사항

최근의 시가지에 있어 건물 외장재의 「오염(때)」이 심한 건물이 도처에 보인다.
건물의 외장재는 입지 주변 환경이나 의장, 형, 코스트, 공기 등의 여러 가지 조건을 고려하여 계획되고 있는데, 외장재료, 디테일, 형태 등의 외장재 성능의 차이에 따라 외벽면의 오염에 차이가 생겨 보기 싫은 모습을 볼 수 있다. 때문에, 준공시의 아름다운 외관을 손상시키고 있다.
시가지에 있어 자동차 배기 가스에 의한 공기 오염을 초래하는 것이 크다. 그러한 환경 오염 이외에 건물 자체에서도 세밀한 오염 대책이 필요하다. 예를 들면 외장재의 표면에 너무 많은 요철을 붙이지 않고, 때가 끼어도 두드러지지 않는 색조·텍스처로 한다. 물끊기 디테일을 연구한다. 실링재의 적절한 선택과 함께, 메인테넌스의 방법도 미리 시공주와 협의하여 실시하는 일 등이 중요하다.

●외장재의 선택
외장재는 여러 종류에 걸쳐 사용되고, 디자인이나 그레이드의 선택 폭이 많고, 주된 것은 석재계, 타일계, 금속계, 뿜칠 타일계 등이 있다.
고속 도로 옆, 교통량이 많은 교차점, 공장 지대, 바람이 강한 곳, 높은 곳 등 더러우지기 쉬운 부분을 예측하여 전체 디자인에서 재료와 형태를 연구한다.

●더러워지기 쉬운 건물 형상, 부위
1. 돔형의 지붕
2. 건물의 높이에 단차가 있는 곳
3. 건물의 모퉁이부, 꼭대기부
4. 창 개구부와 벽면 맞춤부
5. 빗물로 세정되지 않는 부분
등이 더러워지기 쉽고 복잡한 형상은 피하여, 비가 닿는 부분과 비가 닿지 않는 부분의 극단적인 차가 있는 곳은 표면이 비 흐르기가 쉽도록 한다.

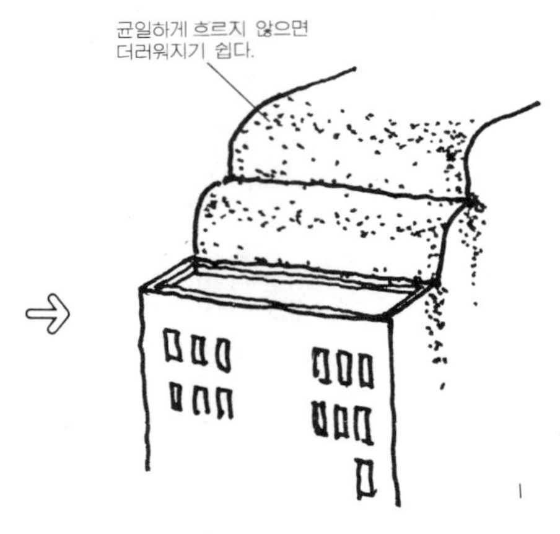

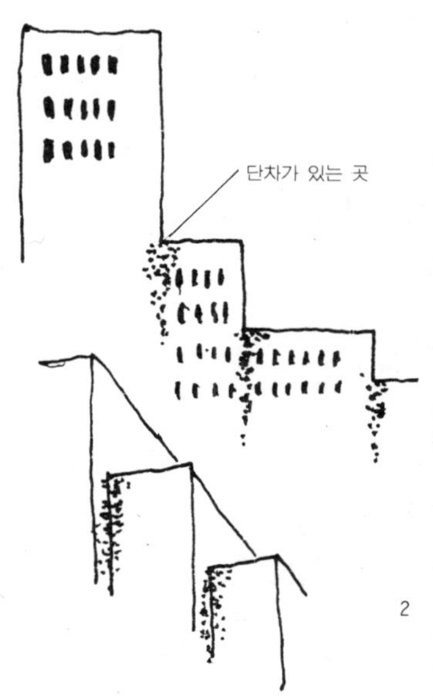

●부속 금속류와의 맞춤부
철골 계단, 치장 철물, 간판 루버 등 금속류는 재료의 열화에 따라 녹이 발생하여 주변부의 벽면을 오염시킨다.

- 철제품은 완전한 방청(용융 아연, 전기 아연 도금) 처리를 하고, 경우에 따라서는 방청 도료로 보완함으로써 완전히 실시한다.
- 루버는 오염 공기의 출입으로 때가 생기기 쉽기 때문에, 루버 위치를 직접 두드러지지 않는 위치로 한다든지, 물끊기의 연구나 두드러지지 않는 색조로 함으로써 방지한다.
- 금속과 외벽재의 맞춤부는 완충재를 끼워 절연하여 때가 확산되지 않도록 연구한다.

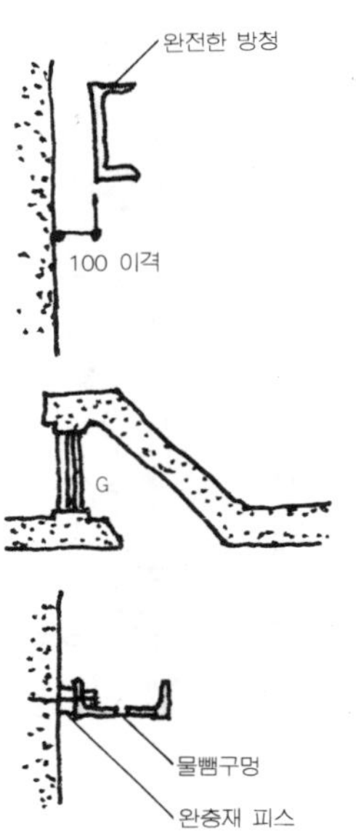

●실링재의 선택
최근의 사례에서 실링재에 때가 두드러지고 있다. 이것은 실링재가 점성을 띠어 먼지가 묻기 쉽고 청소하기 어렵기 때문에, 또한 seal재의 부분이 물길이 되기 때문에 조장되기 때문이다.

- 실리콘계, 변성 실리콘계는 적용 부위별의 선정에 충분히 주의한다. 또한 실리콘계는 실리콘 오일이 묻어서 대기 중의 오염 공기의 부착 산화물이나 곰팡이의 발생으로 오염이 두드러지는 경우가 있다.

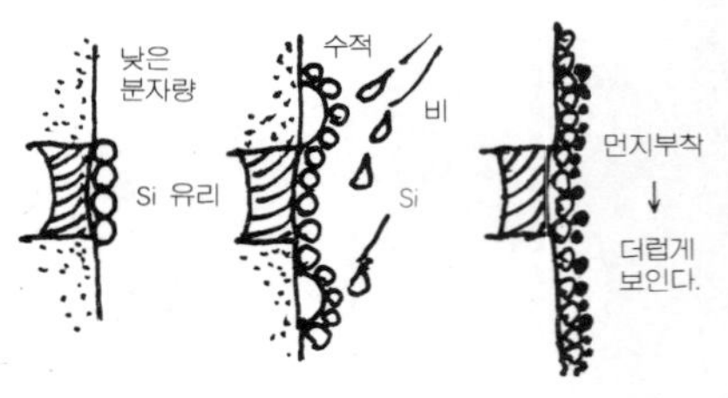

●표면 마무리
평활한 재료의 쪽이 더러워져도 원상 복구가 쉽고, 또한 청소하기 쉽다. 거친 재료는 때가 퇴적하기 쉽고 청소하기 어렵기 때문에 때 얼룩이 생긴다.

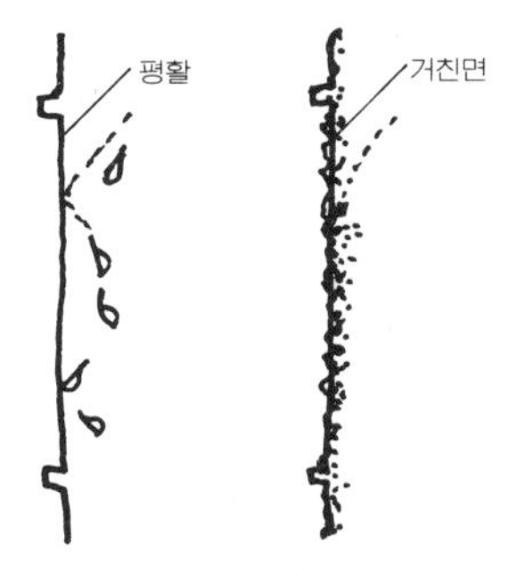

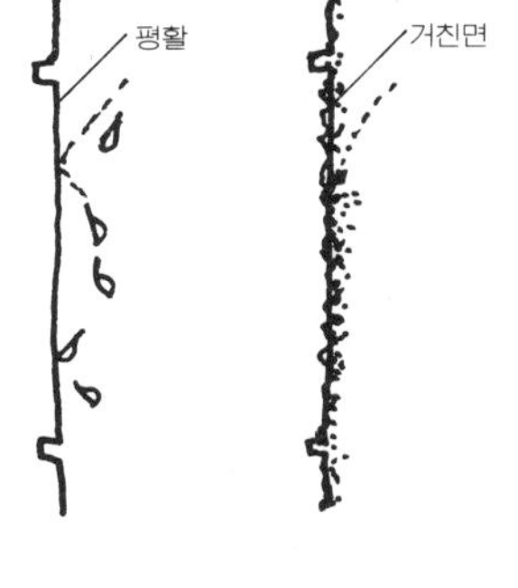

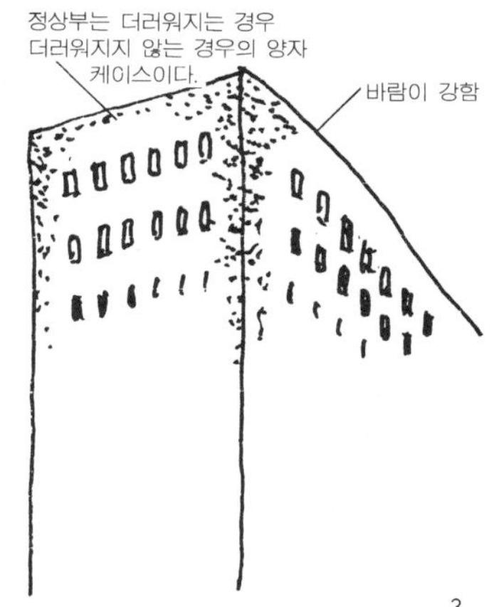

3

●색조
일반적인 경향으로는 밝은색계, 어두운색계의 것은 때가 두드러지기 쉽고, 중간색계는 그렇지 않다(특히 백색계의 것은 때가 두드러지기 쉽다).
어두운색계에서도 석재는 때가 있어도 잘 띄지 않고, 뿜칠 타일은 때가 띄기 쉽다. 타일의 중간색계는 때가 잘 띄지 않는다.

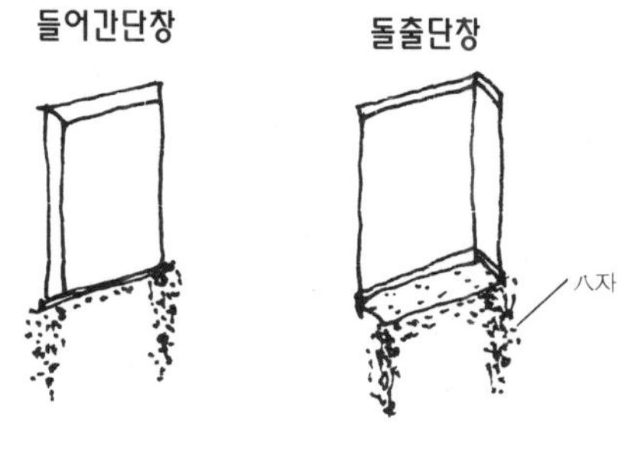

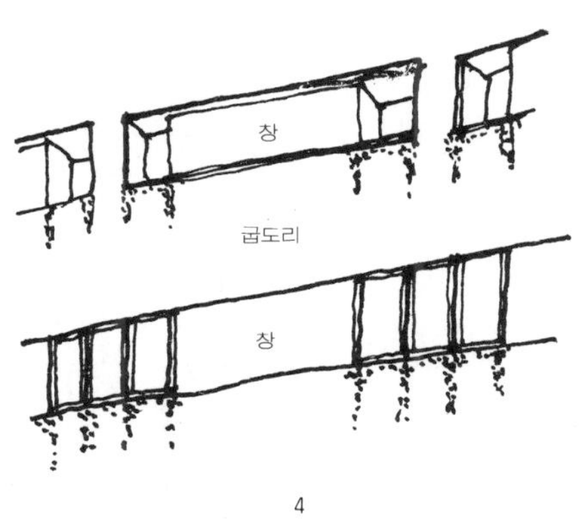

4

●재료별의 특색
· 석재
표면의 거친 면 마무리는 처음에 때가 잘 띄지 않지만, 시간이 지나면 원래대로 되지 않고 더러움이 진행된다. 연마, 버너 마무리는 때가 잘 띄지 않는다.
· 타일
상기의 석재와 같은 경향이 있다.
· 금속재
플래트면은 더러움이 생기기 쉽고 비교적 두드러지지 않는다.
재료의 에지, 바탕의 녹 등으로부터의 때도 있어 조인트부에 주의.
· 뿜칠 타일
뿜칠 바탕의 요철이 큰 것은 더러워지기 쉽고 청소도 곤란. 백색계 및 어두운 색계의 것은 때가 잘 띄기 쉽고, 바탕 에프로레센스의 때가 발생하기 쉽다.
· 유리면
외부로부터는 때가 비교적 두드러지지 않지만, 실내에서는 밖이 훤히 보이기 때문에 띄기 쉽다.

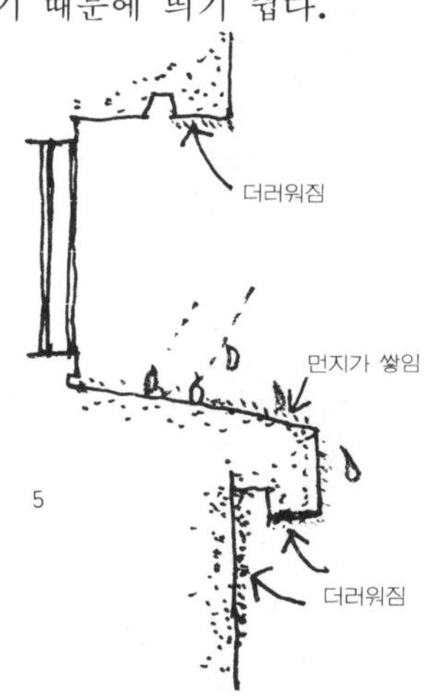

5

●외장청소시스템의 계획상의 목표 비교표

검토항목 \ 청소시스템	자동 곤돌라	유인 곤돌라 (궤도)	유인 곤돌라 (무궤도)	가설 곤돌라 (지지)	간이 매닮 (블랑코)	내부로부터 사람에의함 (창개구까지)
높이로의 대응	초고층	고층	중·고층	중층	중·저층	저층
창개구형식	FIX	제한없음	제한없음	제한없음	제한없음	개구필요
청소부위	창·벽	창·벽	창·벽	창·벽	창	창
안전성	◎	○	○	△	△	△
이니셜코스트	꽤 높음	높음	약간높음	보통	보통	보통
런닝코스트	안전	약간높음	약간높음	높음	보통	안전

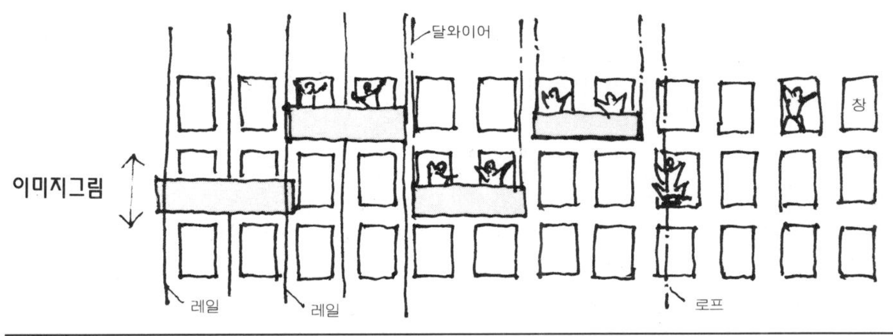

●외장 메인테넌스의 유의 사항
건물 규모, 용도, 높이, 형태, 외장재, 외벽 면적, 경제성 등에 따라 적절한 메인테넌스의 방법이 선택되는데, 여러 가지 조건에 따라 미리 곤돌라를 설치하는 것이 곤란한 때는, 발주자와 메인테넌스의 방법을 결정하고, 건물 준공 인도시에 설명해두는 일이 중요하다. 또한 곤돌라를 설치하는 경우도, 청소 점검 가능 범위, 운전 범위를 명확히 하여 둔다.
· 청소에 대하여 유　리…1회/월
외장재…1회/1～2년
· 보수 점검에 대하여
외장재의 보수 점검은 외장을 구성하는 재료에 따라 달라지고, 입지 환경이나 점검 설비의 유무에 따라서도 차이가 나는데, 대략 1～2년에 1회 정도 필요하다.

지상부의 지붕이나 외벽은 강우로부터의 물의 침투를 막는 지수성이 중요하지만, 지하 외벽의 경우는 흙에서 침입하여 오는 물을 차단하는 밀실한 콘크리트 구체를 만드는 일이 중요하다. 흙 속의 수분량은 입지 환경과 그 토질에 따라 크게 변화한다. 또한 그 일상 수위의 레벨도 계절에 따라 변화한다든지, 주변의 건물 상황에 따라서도 변하게 된다.

일반적으로는 점토층의 상부로 수맥의 흐름이 있고, 토압을 받음과 동시에 수압이 가해지고, 건물 구체부의 작은 극간을 거쳐 내부로 침입하여 온다.

●물의 침입 방지 계획

1. 구체 자체의 방수성을 높인다. (방수제 넣은 콘크리트 치기)
2. 구체의 외측에 바깥 방수층을 세운다. (아스팔트 방수, 볼크레이 방수)
3. 구체의 내측에 방수층을 세운다. (아스팔트 방수, 누름 콘크리트)
4. 구체의 내측에 배수 공간을 잡고, 다시 내측에 콘크리트 블록 쌓기 등의 벽을 구축한다.
5. 상기의 1~4의 조합 이외에, 이 항에서는 일반적으로 실시되는 일이 많은 4에 대하여 기술한다.

지층을 구성하는 평면 계획상, 물의 침수를 싫어하는 기능의 실(전기실 관계, 감시실, 관리실, 금고실, 서고, 용품고, 기타 거실)은 지하 외벽에 접한 위치를 피하여 레이아웃한다.

평면 계획상 부득이 외주부로 배치할 경우는 이중벽으로 완전한 물과의 차단을 꾀하도록 한다.

건물의 기능에 직접 관계되는 중요한 포인트이므로, 계획상의 배려와 함께 시공성에도 고려한다.

●덧침 콘크리트

필요 치수 A, B, C를 가산하고, 그 합계가 보의 폭을 넘는다면 그만큼(사선부) 보의 폭을 늘려 치기한다.

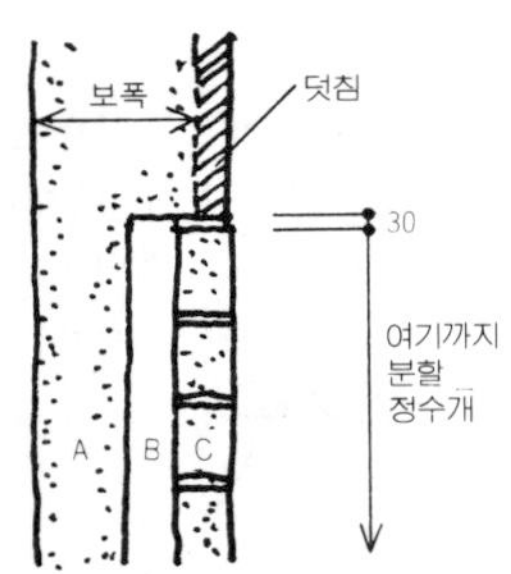

●상단의 물빼기 파이프

지층이 2층 이상에 걸칠 경우, 상층 지층의 물빼기 파이프. 염화 비닐제, ϕ 50mm로 하고, 콘크리트 블록에 물방울이 닿지 않도록 엘보 굽혀 붙임을 넣는다. 또는 세로홈통섕으로 하여 하부 배수구로 이끈다.

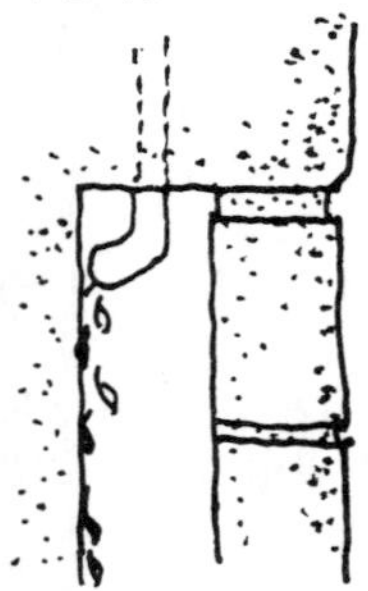

●지수판

건물 외주부의 이음부에, 동일 높이로 균일하게 돌린다. 철심 플레이트 넣기, 합성 고무계를 사용한다. 실내측의 조인트부는 방수제로 이음새 처리를 한다.

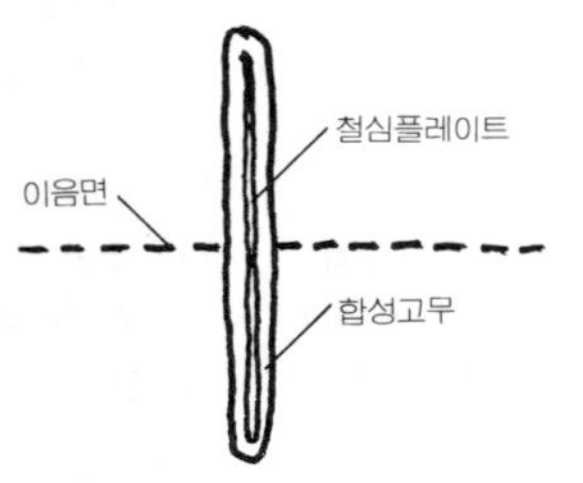

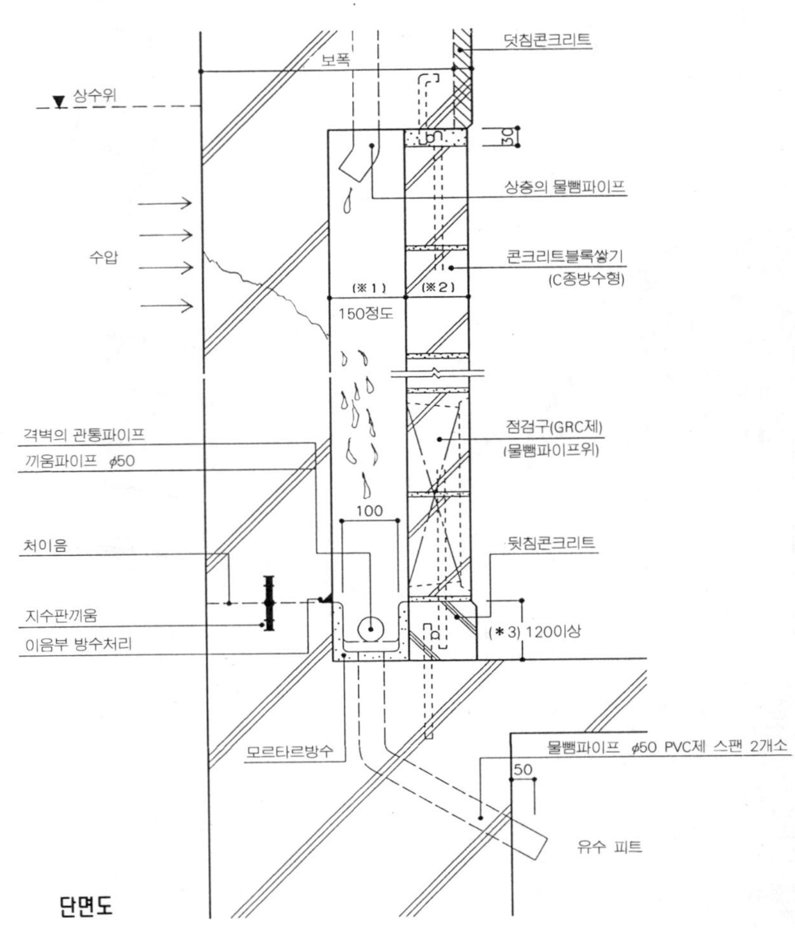

단면도

●갓돌 치올림 콘크리트

이음부의 수밀성에 유의하여 배수구 내의 미장 바름 후, 콘크리트 블록을 쌓아올려 간다. $H=120$mm 이상으로 하고, 상부 콘크리트 블록의 정수 나누기로 나머지 우수리를 여기서 조정한다.

●슬리브관

배수구의 물을 하부 이중 슬래브 용수 피트로 유도 배수한다. 염화 비닐 파이프 ϕ50mm, 2개소씩 세운다.

●콘크리트 블록

C종 방수형 블록으로 한다. 두께는 지점간 거리(또는 높이)의 1/25 이상의 두께로 한다($t=100$mm일 때는 2.5m까지). 높이 방향의 블록 분할은 보 밑에서 아래쪽을 향하여 나누고, 우수리분에서 배수 홈 갓돌 높이를 정한다.

●점검구

슬리브관 설치 옆에, 점검구, GRC제(유리 섬유 보강 콘크리트) 400mm각을 세운다(금속제로 하지 말 것).

●일상 수위
주변 환경이나 계절에 따라 수위면이 상하 변동하고, 그 때마다 수압이 변화되어, 물길도 변화한다. 바깥 방수로 지수하는 방법도 쓰지만, 주변부(인지 경계부)의 시공성 나쁨과, 방수재의 메인테넌스의 어려움에서 바깥 방수의 사례는 적고, 오히려「물은 침입하여 오는 것」이라는 사고 방식으로 하여 끌어들여진 물을 스무드하게 배출하는 기구를 만드는 방식이 바람직하다.
시공성이나 메인테넌스성에서 오른쪽 그림의 예는 비교적 적다.

●지하 외벽을 관통하는 설비
지하 외벽을 관통하는 배관은 구조 구체 타설시, 차양 붙은 강관 슬리브(SGP)를 동시 치기로 한다. 배관 사이즈에 적합한 슬리브관 사이즈로 하고, 1개마다 분할한다(복수 개, 겸용하지 않는다). 수밀성에 주의하여 시공한다.

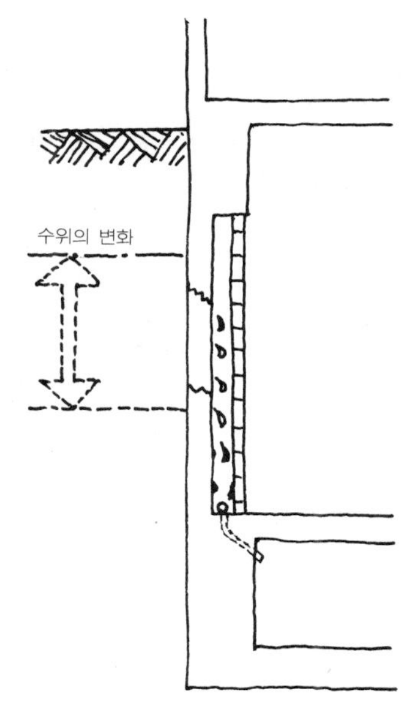

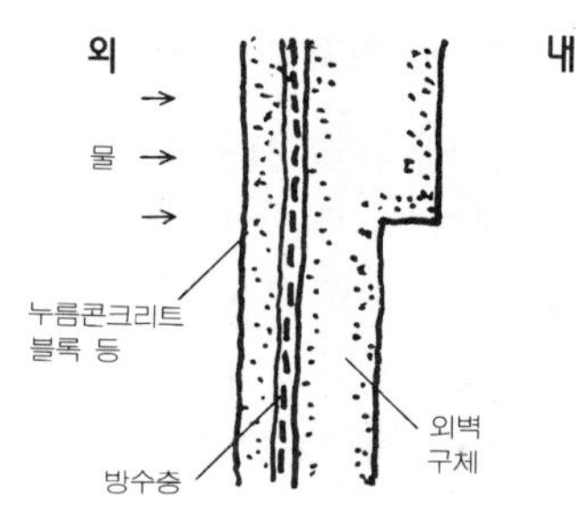

위의 그림과 같은 예는 비교적 적다. 실시에는 곤란이 따르는 일이 많고, 채용에 있어서는 충분한 검토가 필요하다.

외벽관통부의 방수처리

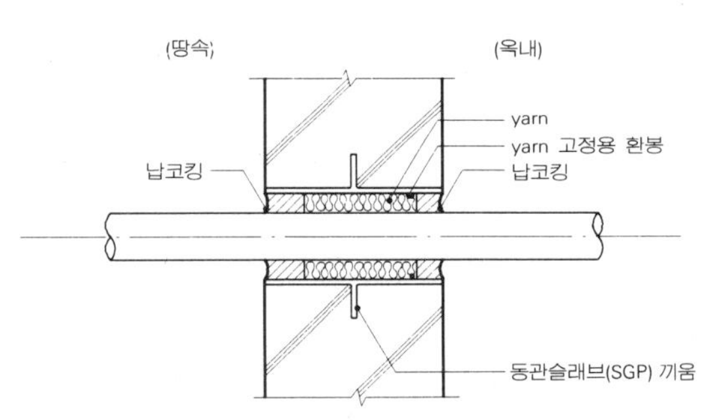

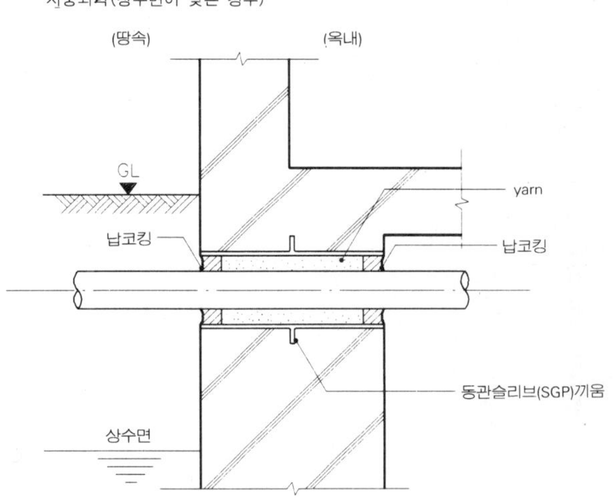

●윙 벽 슬리브관
이중벽의 윙 벽 사이를 횡단하는 개소에 세운다. 윙 벽의 하단부에 ϕ50mm의 파이프를 처넣는다.

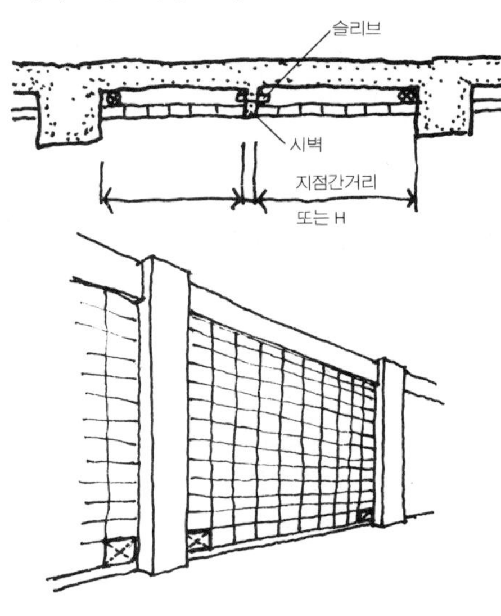

●윙 벽의 설치
경제적인 콘크리트 블록 두께를 정하고, 그것에 맞는 지점간 거리에 윙 벽을 설치한다. 층고가 큰 경우는 중간부에 연결보(중간보)를 세우고, 지점간 거리를 좁혀 콘크리트 블록이 두터워지지 않도록 한다.

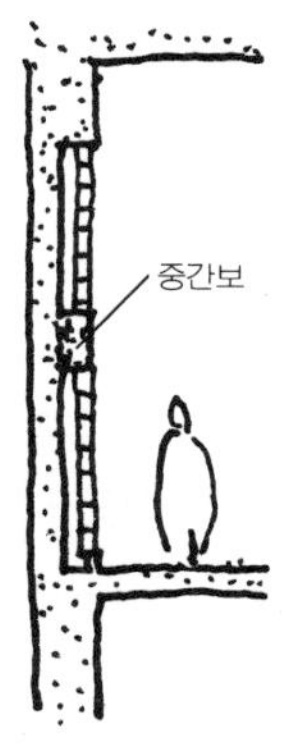

●유의 사항
· 건물을 구성 계획할 때에 습기를 싫어하는 방은 지층 가까이 배치를 피한다.
· 입지 환경에 맞는 구체 방수 구법을 검토한다.
· 지층 용도에 따라서는 이중, 삼중의 지수 구법을 병용하는 일도 있다.
·「물은 침입하여 오는 것」이라는 사고 방식을 갖고, 스무드하게 배수시키는 기구가 좋은 경우도 있다.
· 최근은 콘크리트 블록 쌓기 대신에 GRC, 스팬크리트, ALC, 석면 중공 성형판 등의 이중벽도 보급되고 있다.

기초사항

굴뚝이라는 말의 여운은 고풍스러운 이미지가 강하고, 현대에는 어쩐지 어울리지 않는다. 그래도 어쩐지 인간적인 면도 있는 것이다. 그러나 건물의 설비 기능을 유지하는 중요한 부위이기도 하다.

용도, 규모, 설비 방식에 따라서는 설치되어 있는 건물과 없는 건물이 있다. 보일러나 자가 발전기의 연도·굴뚝으로서 기계실에서 단시간에 대기로 확산시키는 것으로 도심에서는 공해 방지 대책의 규제와 기기의 개량 및 연료의 선정으로 개선되어 왔다.

예전에는 내화 벽돌 쌓기의 구법이 보통이었지만, 지금은 단열재 보강이나 단열 패널에 의한 조립 굴뚝에 의한 건식 구법이 널리 쓰이고 있다.

●굴뚝 꼭대기부, 높이, 아무림

꼭대기부의 두겁은 단열재의 보호를 위하여 스테인레스를 감는다. 보일러의 경우는 연도 내의 내림 L 치수는 지역에 따라 200~500mm 이상, 자가 발전기의 경우는 500~1,000mm 이상의 스테인레스판으로 보호한다.

끼워넣기 굴뚝의 경우는 단열재의 보호를 위하여 갓씌우기가 바람직하다.

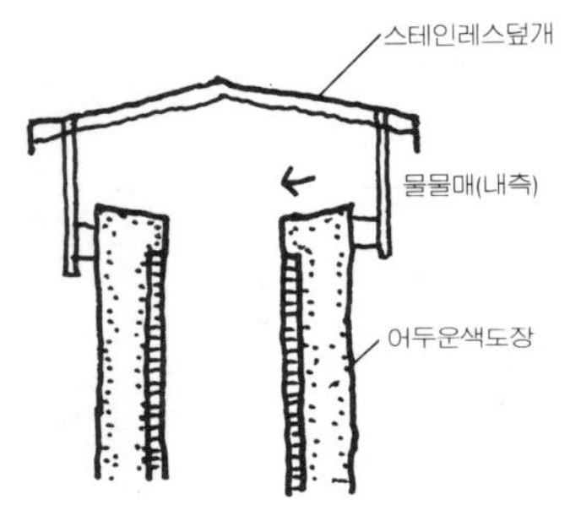

●고온에 의한 콘크리트 강도의 저하 방지

연도 내의 온도가 주변 구체를 통하여 실내측으로 열이 전달되지 않도록 빠르게 차단할 필요가 있다.

구체에 열이 전해져도 일정 온도 상승에서 중지한다.

배출 가스 온도는 보일러의 종류, 연료, 용량에 따라 크게 변화한다. 운전 시간도 연간 운전하는 호텔, 병원, 복지 시설이나 겨울철만 운전되는 시설 등 사용 방법에 따라서도 변화된다.

일반적으로 구체에 열이 가해졌을 경우 콘크리트 조성상 100~300°C 함유수의 방출이 있고, 400°C에서 결정수가 탈수하며, 650°C에서 석회석이 변태한다고 한다. 콘크리트 허용 온도는 구조체가 100°C 이하가 되도록 설계한다. 구체 보호의 의미에서 150mm의 거리를 두어 굴뚝의 위치를 결정한다.

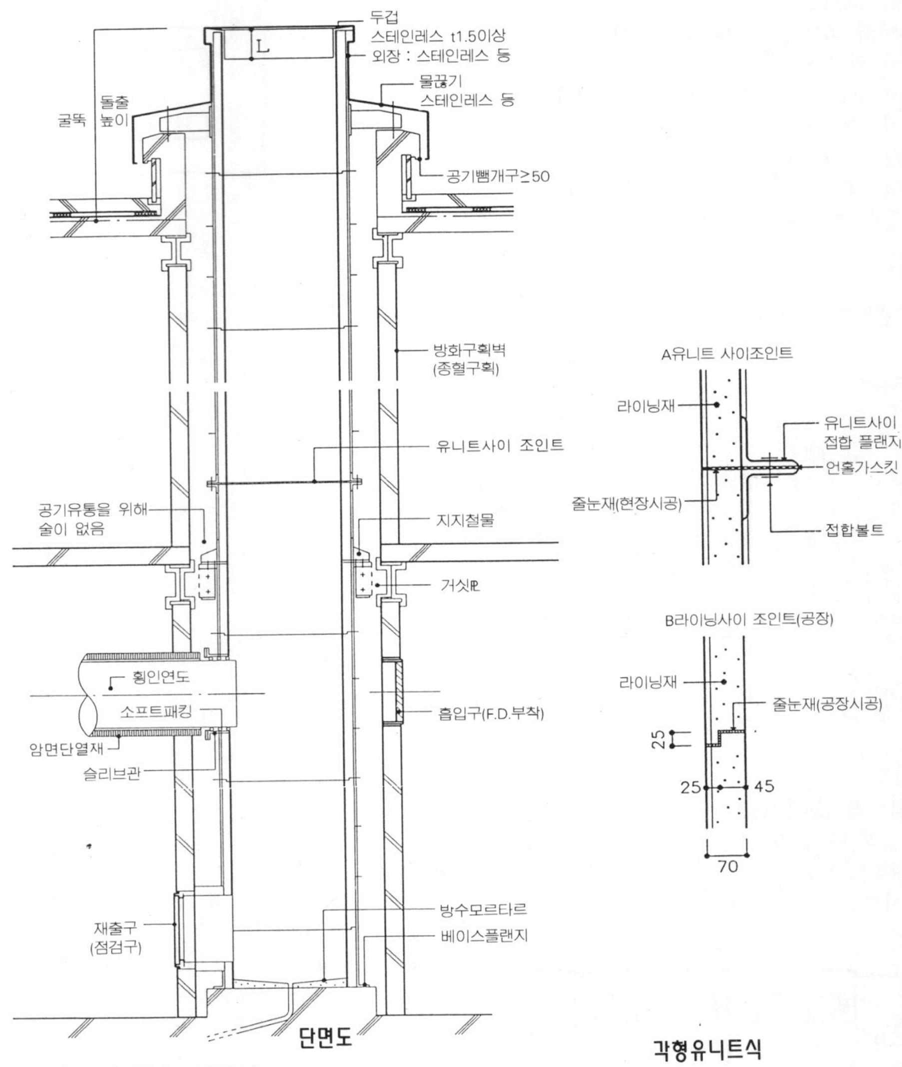

단면도

●바닥 슬래브의 지지 철물

굴뚝을 지탱하는 구조재와 바닥 맞춤의 지지 철물은 각 층 모두 열 수축을 배려하고, 루즈 홀의 볼트 죄기로 한다(용접으로 고정하지 않는다).

●연도의 신축 이음새

횡인 연도와의 맞춤부는 신축 이음새로 하고 매단 지지 철물도 롤러상 받이대로 하여, 열 수축의 움직임에 추종할 수 있도록 한다.

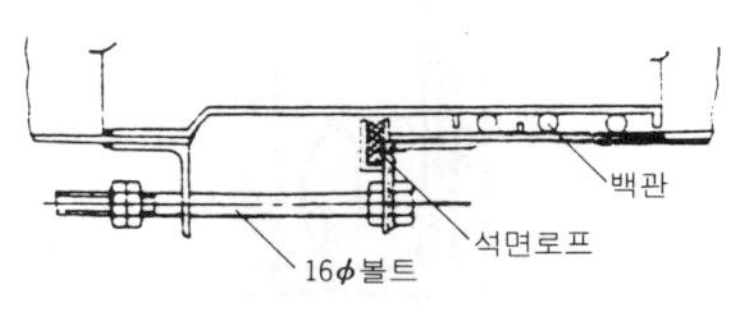

상세도

각형유니트식

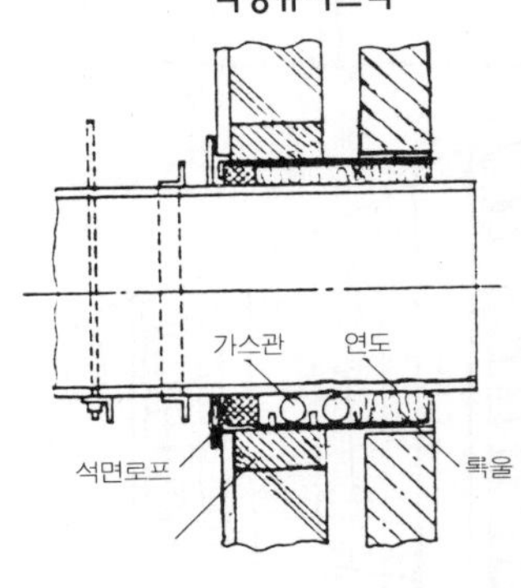

평면상세연도인 경우

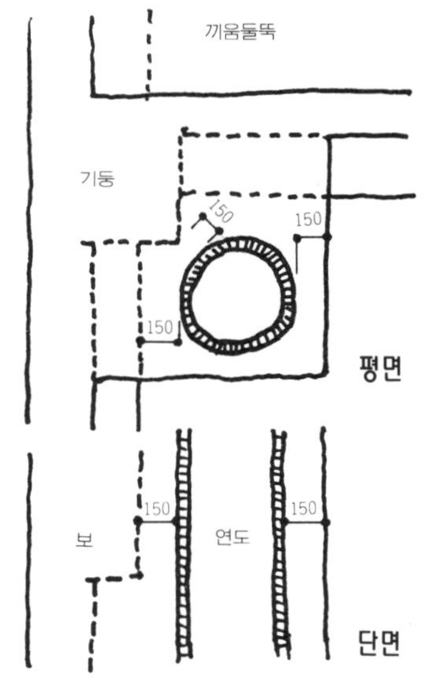

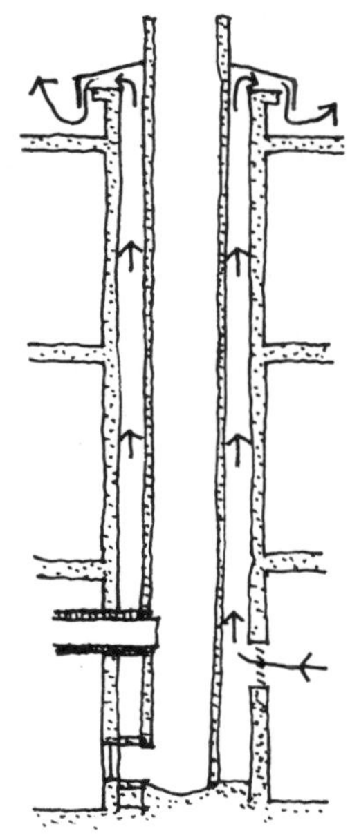

●공기층 잡기

공기층은 단열재와 구조 구체 사이에 두고, 그 목적은 구체에 대한 열 영향을 적게 하기 위한 이격이다. 밀폐시키면 열이 가득 찬다. 따라서 그 사이의 공기를 통풍시킴으로써 온도의 상승을 막아 열의 전달을 억제한다. 그 때문에 급기구와 배기구를 반드시 설치하여 열을 대류시켜 벗어난다. 크기는 흡기구 1, 배기구 1.5~2.0의 비율로 한다.
흡기구는 대류나마 생기면 좋으므로 기계실의 어느 위치에서도 기능한다. 각층의 바닥 슬래브에서 폐쇄하지 않도록 주의하고, 오히려 주위의 세로 구멍 방화 구획벽을 완전하게 실시한다.

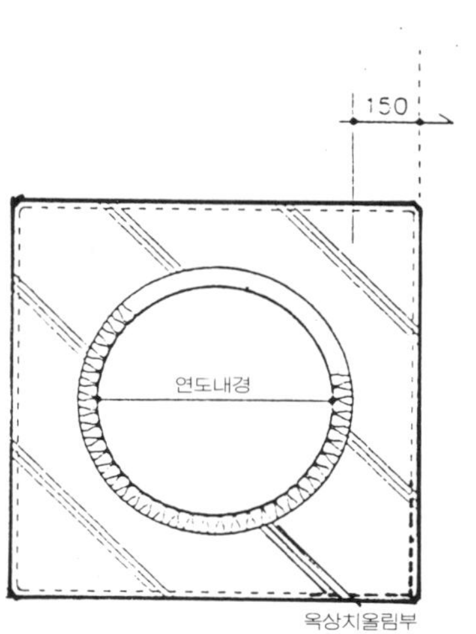

끼움굴뚝식
(규산질 섬유적층 라이닝재)

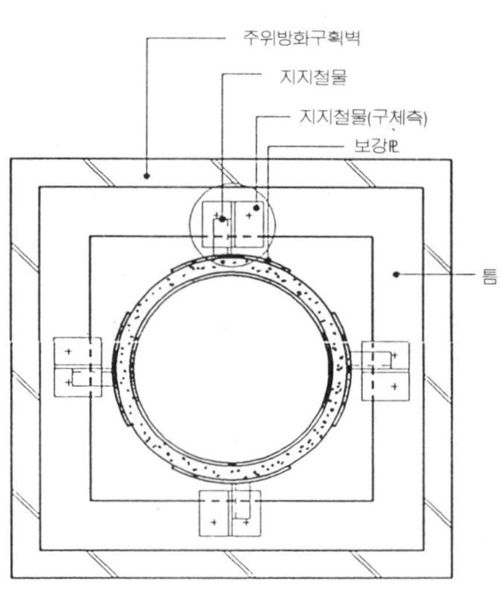

둥근형강판 굴뚝식
(규산질섬유층 라이닝재)

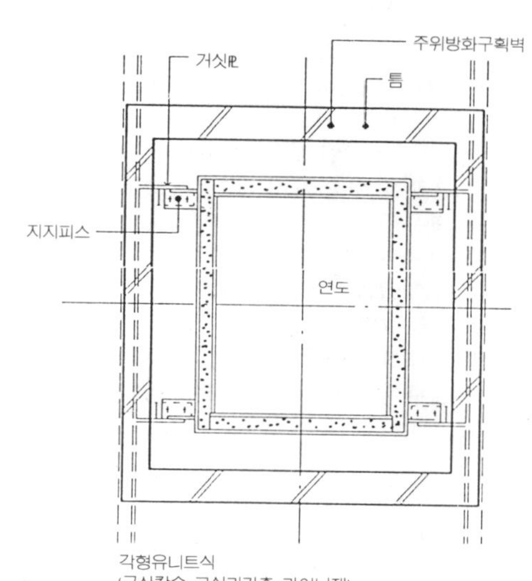

각형유니트식
(규산칼슘 고실리카층 라이닝재)

●굴뚝 밑부분의 재 출구와 물빼기

밑부분에는 점검구로서의 재 출구를 설치한다. 보일러의 연소 효율이 오르고, 재가 실제로 모이는 일은 적지만, 점검구는 필요하다.
꼭대기부에서 날아든 빗물용의 물빼기 파이프를 설치한다. 꼭대기부의 갓 유무에 관계 없이 설치한다.

●단열 재료

규산질 섬유 적층 라이닝재, 또는 규산 칼슘 고 실리카층 라이닝 댄 것 등 내산성, 내열성에 뛰어난 굴뚝용으로 개발된 강도가 있는 것을 사용한다.
예전의 내화 벽돌재 조적 구법은 재료로서는 좋아도, 시공성 및 내진성의 나쁨에서 특수 공업용 굴뚝 이외에는 별로 사용되지 않게 되었다.

●유의 사항

· 끼움 굴뚝의 경우, 콘크리트면의 최고 온도를 100°C 이하가 되지 않도록 단열재의 두께를 정한다.
· 배출 가스 온도는 보일러의 종류나 연료, 용량에 따라 200~300°C로 폭이 있으므로 확인한다.
· 자가 발전기 전용 굴뚝은 고온(400~500°C)이 되므로, 단열 재료, 두께에 유의한다.
· 소각로는 연소 온도가 높으므로, 부득이 겸용일 경우는 단열재를 두껍게 한다. 단열재는 규산 칼슘 고실리카층 라이닝 댄 것으로 한다.
· 그림 예의 종단면도는 사각형 유니트식, 규산 칼슘 고실리카층 라이닝 댄 것으로 L형강으로 조립한 예이다. 주위의 방화 구획 벽재의 기밀성에 유의한다.

기초사항

개구부 중 창, 셔터 등과 마찬가지로, 문은 공간의 바깥~안이나 안~안을 칸막이하는 용도마다 수시로, 물건이나 사람의 출입을 클로즈하는 문으로서의 기능이 있다.
재질에 의한 분류는 스테인레스, 스틸, 알루미늄, 나무, 유리 등이 있고, 기능에 따른 분류는 일반문, 방화문, 기밀문, 단열문, 방음문 등으로 나뉜다.
여기서는 일반적인 범용식으로서의 스틸제 외벽 붙은 여닫이문에 대하여 쓰겠다.

●방화문의 성능
갑종, 을종 방화문의 성능에 맞는 강판의 두터운 구조로 하고, 갑종 방화문은 화재의 확대 방지를 주목적으로 하며, 을종 방화문은 다른 장소에서 발생한 화재로부터의 연소를 막는 것이 큰 목적이다. 갑종, 을종 모두 개폐 방식에 맞는 장치 부착으로 한다.
방화 성능·구조에 대해서는, 건축법 시행령 제64조 2, 3항에 의하여 규정되어 있다.

●외부 문의 재질
풍우가 직접 닿는 문은 내풍압, 수밀, 기밀 등의 성능 강도가 필요해지므로 일반적으로 스테인레스제, 스틸제, 알루미늄제로 한다. 창호 강도와 함께 부속 철구의 강도에도 유의한다.
돌풍이나 강풍시에 문의 개폐에 지장이 생기지 않도록, 문과 틀의 철구 종류나 바탕 보강을 충분히 검토한다. 개폐 장치로서는 도어 체크, 도어 클로저나 쇠장식(떨림 방지)을 사용한다.

●문
문의 시방은 각 건물마다의 방화, 기밀, 단열, 방음 등의 필요 제성능에 따라 정해지는데, 여기서는 일반 범용 출입구 문으로서는, 방화문의 성능에 맞춘 아연도금 강판 $t=1.6$mm의 양면 플래시로 한다.
문이 직접 거실에 면하는 경우는 문의 실내측에 결로를 일으키지 않도록, 안에 단열재를 채운다. 기타 외부용 문도 단열재 채움이 바람직하다.
서큐리티를 필요로 하는 외부 문은 강판 두께를 늘린다든지, 전기 잠금 카드록, 전기 시스템 등을 사용하여, 전체 관리 시스템과의 관련에 따라 결정한다.

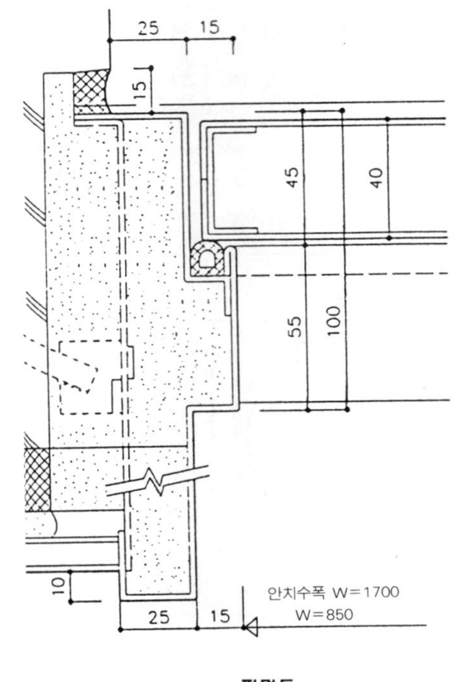

평면도

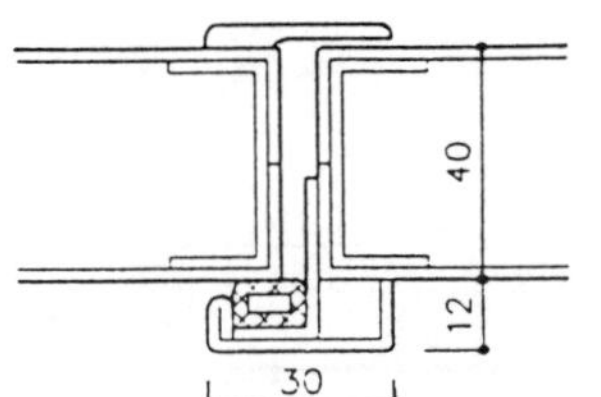

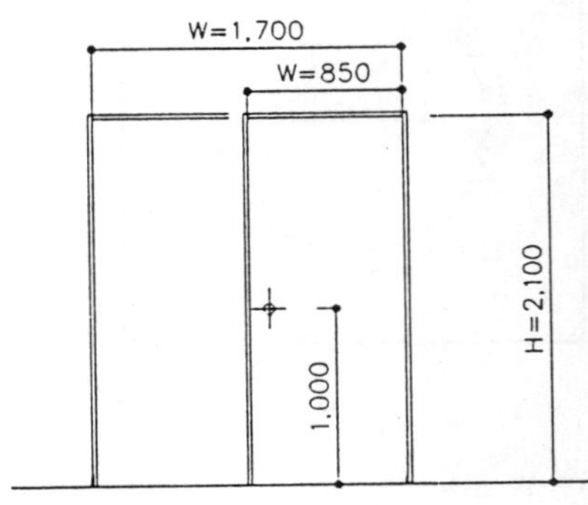

●3방틀
틀재는 아연 도금 강판, 두께는 $H=2.5$m 이하는 1.6mm, $H=2.5$m를 넘을 때는 2.3mm로 한다. 철물의 부착 부분은 안대기 널재로 보강한다.

●기밀재
틀과 문의 맞춤부는 합성 고무계의 가스킷 성형품을 4방 돌리고, 기밀성과 함께 개폐시 발생하는 소음을 방지하는 역할이 있다. 양여닫이 타입의 경우도 맞춤부에 반드시 설치한다.

●문 위치, 차양 설치
문의 위치가 외벽면보다 대폭으로 실내측으로 후퇴하지 않는 한, 디자인을 배려한 작은 조명 기구도 차양 내의 수납된 위치에 설치한다. 작은 차양이 없는 경우는 비막이에 유의한다.

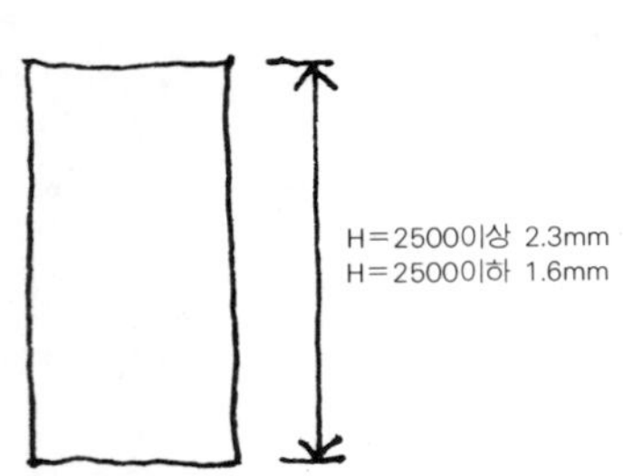

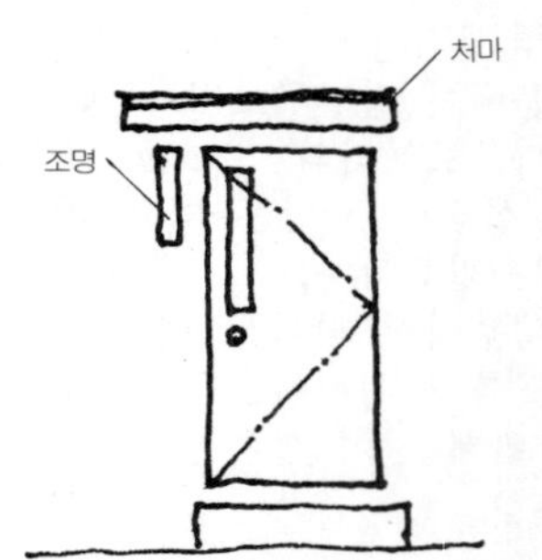

●방수·단열성의 확보

방수 성능 확보를 위하여, 틀과 주위 구체 맞춤부에 방수 모르타르를 채운다. 단열 성능 확보는 문에 단열재 채움 이외에, 틀 내부에도 단열재를 4둘레 삽입하고, 히트 브리지가 생기지 않도록 한다.

●안전 확인 유리

출입이 많은 문(통용구 문 등)에서는 양여닫이, 외여닫이를 막론하고, 불의의 개방시에 충돌 사고가 발생하며, 부상을 입는 일이 있다. 그것을 방지하기 위하여 부분적으로 망입 유리의 사용으로 사람의 동향을 파악하고, 충돌 방지의 연구를 한다.

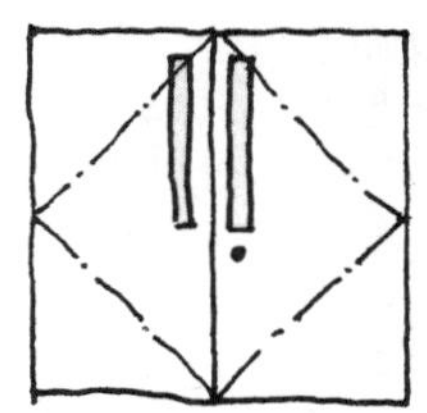

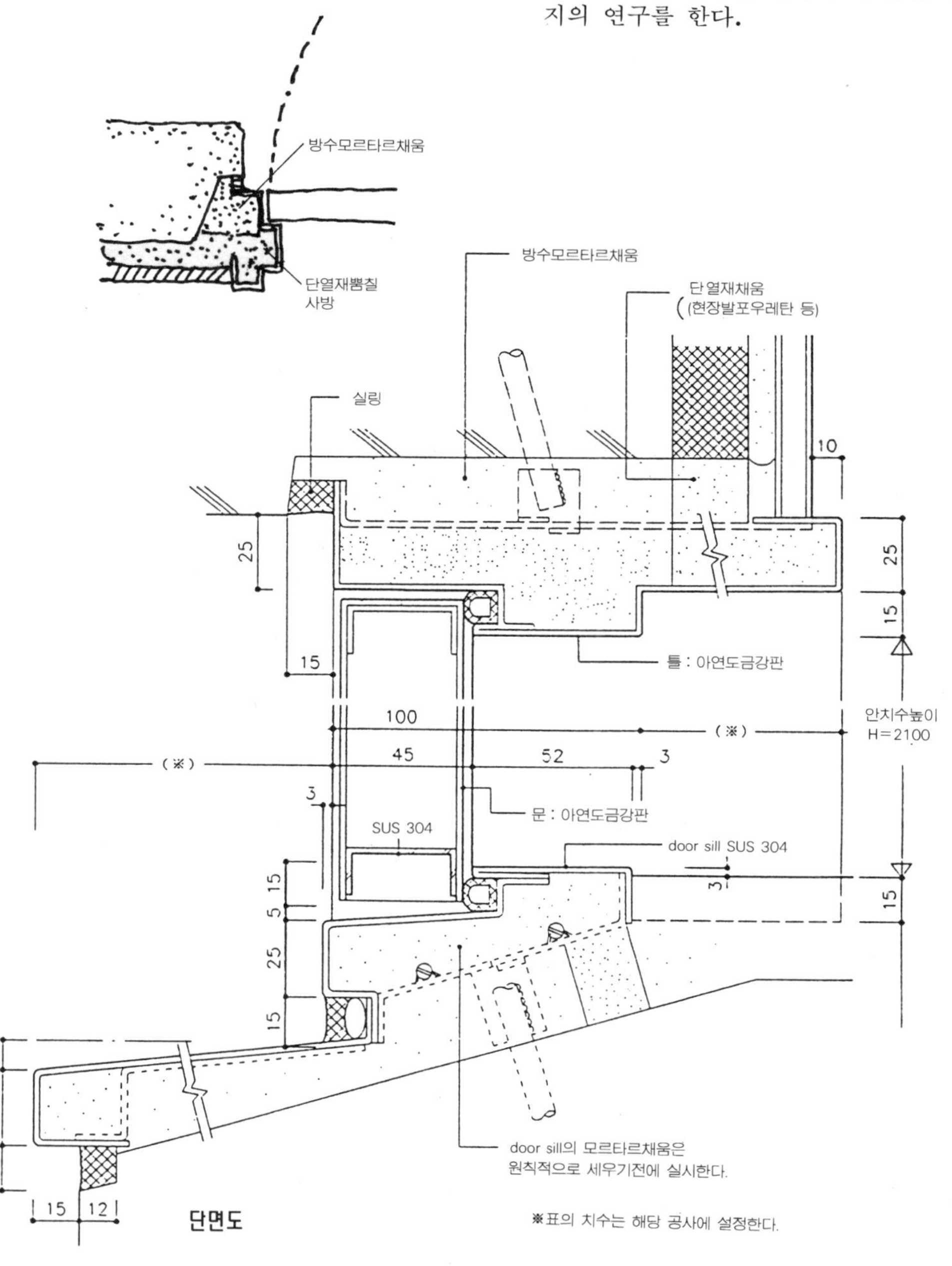

단면도

※표의 치수는 해당 공사에 설정한다.

●창호 철물

- 백 세트 치수는 개폐시에 손가락을 끼는 일이 일어나지 않도록 76mm 이상으로 한다.
- 비상문의 잠금 방법은 시공주와 충분히 협의한다.
- 철물류는 스테인레스제로 한다.
- 피보트 힌지의 설치는 세로틀 부착이 좋다. 중량형은 바닥에 부착한다. h=2.1m를 넘는 것은 중간 달기 철물 부착으로 한다.
- 도어 클로저는 패럴렐형으로 한다.

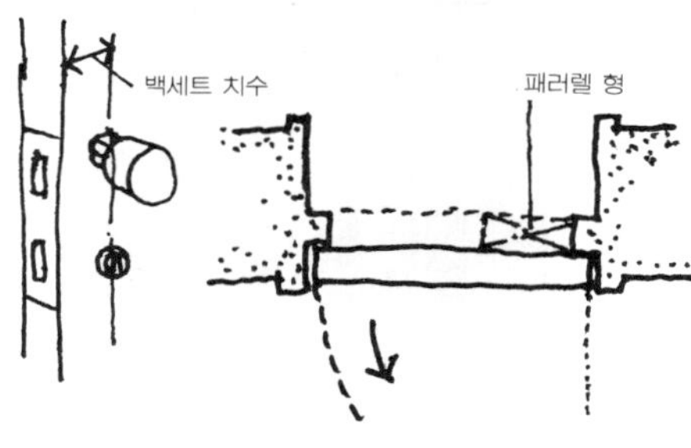

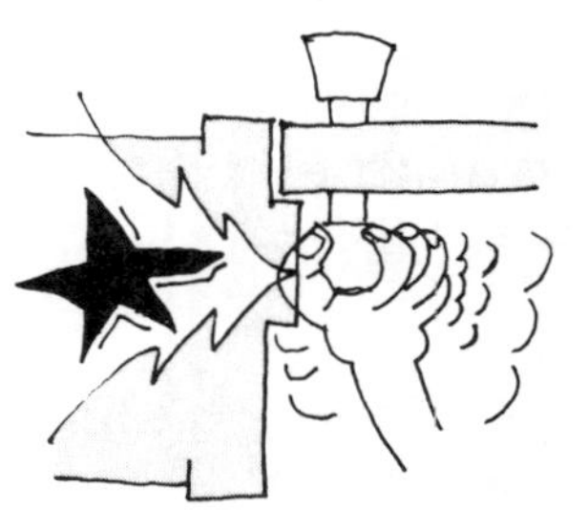

●도어실(door sill)

외부 출입구는 비막이위 단차가 생기기 쉽고, 걸려 넘어진다든지, 전도한다든지 하는 일이 있다. 어정쩡한 단차는 피하고, 오히려 완전한 비막이의 단차 붙은 도어실을 설치한다. 재료는 스테인레스 SUS-304, t=1.5mm 또는 2.0 mm로 한다.

도어실 하부는 공동으로 되지 않도록 모르타르와 단열재의 충전을 하고, 히트 브리지를 일으키지 않도록 한다.

●유의 사항

- 문 여는 방법은 비막이위에서 바깥 열림으로 하는 일이 많다.
- 개방으로 사용하는 경우를 상정하고, 위치, 크기, 여는 방향 등을 정한다.
- 비상구 문은 사용자의 이용을 최우선으로 하고, 그다지 어렵지 않은 시스템으로 한다.

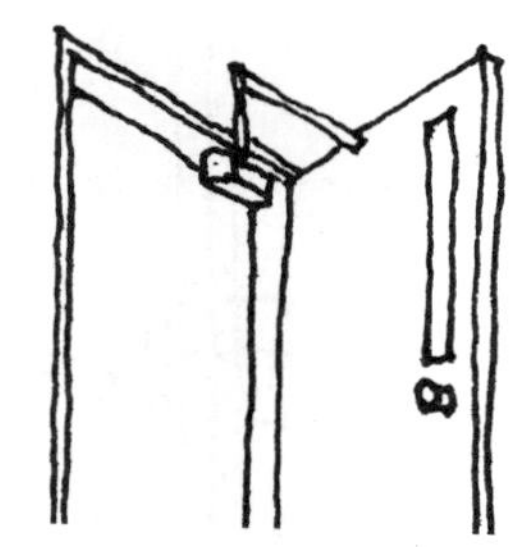

기초사항

건물의 내부를 구성하는 바닥, 벽, 천장 중 벽체로서는 건물을 받치고 있는 주요 구조 구체벽과 구조체가 아닌 벽으로 분류된다.
내부벽의 심재로서는 목조 RC, ALC, 결량 형강, PC 등이 있다.
사용법의 변화에 대응하기 쉽고 플렉시빌리티를 가지게 하기 위해서와 시공성의 개선을 위하여, 건식화의 구법에 의한 일이 많고, 특히 경량 형강 칸막이가 일반적으로 되어 있다. 그리고 최근에는 논스터드에 의한 구법도 보급되고 있다.

●내부벽에 요구되는 성능

· 내화성, 방화성
· 차음성
· 흡음성
· 내충격성
· 기밀성

여러 가지 성능 중 내화성, 차음성은 특히 중요하고, 용도 시설이나 방화 성능에 의한 요구 품질을 명확히 한다.
호텔 객실, 공동 주택 경계벽, 회의실 등의 차음성을 요구받는 실은 시방 구법과 함께 시공성에 의한 누설 손실을 적게 하도록 주의한다.

●스터드 기둥

기둥재는 경량 형강 [－65×40×0.8을 사용하고, 상부 런너와 하부 런너 사이에 삽입한다. 기둥 간격은 보드를 한쪽면 2매씩 붙일 경우는 450mm 간격으로 하고, 한쪽면 1매씩 붙일 경우는 300mm 간격으로 좁게 하여 강도의 저하를 방지한다.

●벽면의 높이에 의한 스터드 기둥의 사이즈 업

3.5m 이하의 경우는 예상 65타입.
3.5m를 넘는 경우는 예상 75.90타입을 사용하여 강도 업을 꾀한다.

●상부 런너

상층 바닥 슬래브 밑면에 LGS재 [－67×40×6.8을 터커에 설치한다. 바닥재와의 극간이 생기지 않도록 고정한다. 덱 플레이트의 골과 직교하는 경우에 방화 구획의 벽은 공극부에 모르타르나 암면을 충분히 채움한다.

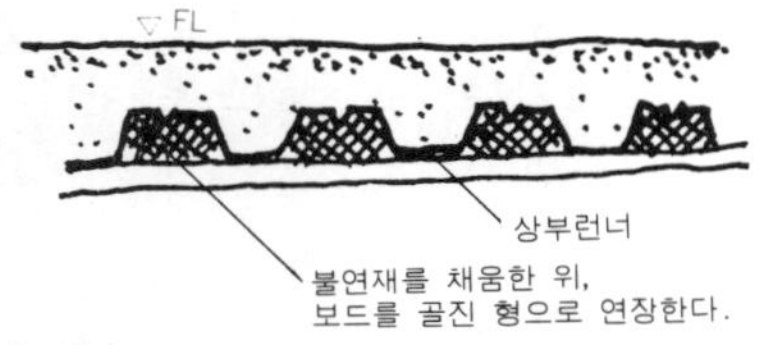

단면도

축조도

평면도

차음경량형간막이벽

●떨림 고정

스터드의 비틀림 방지용 떨림 방지재에 LGS재 [－25×14×1.4를 1.2m 간격 이내마다 가로로 설치한다.

●픽처 레일

벽면에 매다는 것이 있을 경우는 미리 바탕에 보강재를 설치한다.
단품의 경량 매달기의 경우는 금속 확장 철물이어도 된다.

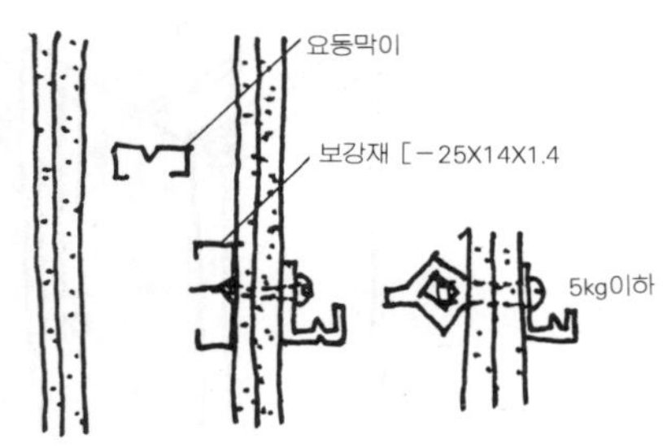

●하부 런너

바닥면 슬래브 위에 경량 형강재 [－67×40×0.8을 메카니컬 앵커로 설치한다.

●보드 상단, 하단부의 맞춤

바닥면에서 습기를 부르기 쉬우므로 보드를 10mm 정도 떼어, 코킹재를 충전한다.

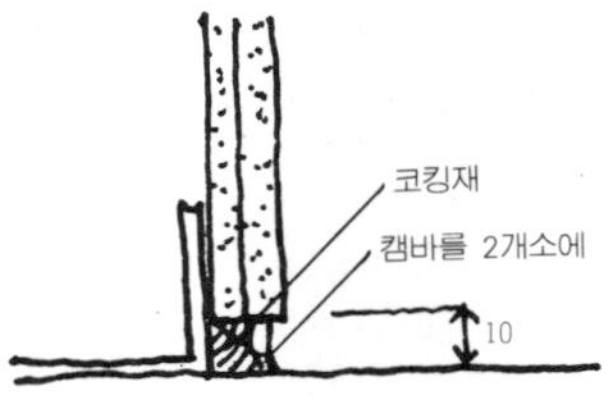

●벽면 보드재

석고 보드 바탕 붙임 t=12mm, 또는 9mm. 마무리 석고 보드재는 12mm로 한다. 보드의 조인트부는 바탕 붙임부의 조인트와 위 붙임부의 조인트가 겹치지 않도록 비켜서 붙인다.
복도와 거실 경계 등 차음을 필요로 하는 부분의 칸막이는 보드 2매 모두 천장밑 슬래브 아래까지 붙인다.

주) 그림은 간이형 차음벽(30 dB 정도)의 예인데, 내화벽으로는 되지 않는다. 내화 구조의 벽으로 하는 경우는 메이커별의 개별 인정품의 구조·시방으로 한다.

●계획상의 포인트

- 벽의 요구 성능에 맞춘 벽구조 구성재의 선정.
- 시공성을 고려한 벽구조 구성재 선정.
- 장래 위치의 변경이 수반되지 않는 방화 구획의 벽은 내력벽을 겸하여 현장 치기 콘크리트벽이 바람직하다.
- 방화 구획벽으로, 내력벽을 겸하지 않는 것은 건식벽으로 하도록 한다.
- 일반벽은 장래의 플렉시빌리티를 생각하여, 건식벽이 바람직하다(기제 파티션 등).
- 내화·방화 성능을 요구받는 벽은 개별 인정품을 사용한다.

●KG 월

- 논스터드 구법이 있다.
- 차음 성능 D-50 정도, 2시간 내화

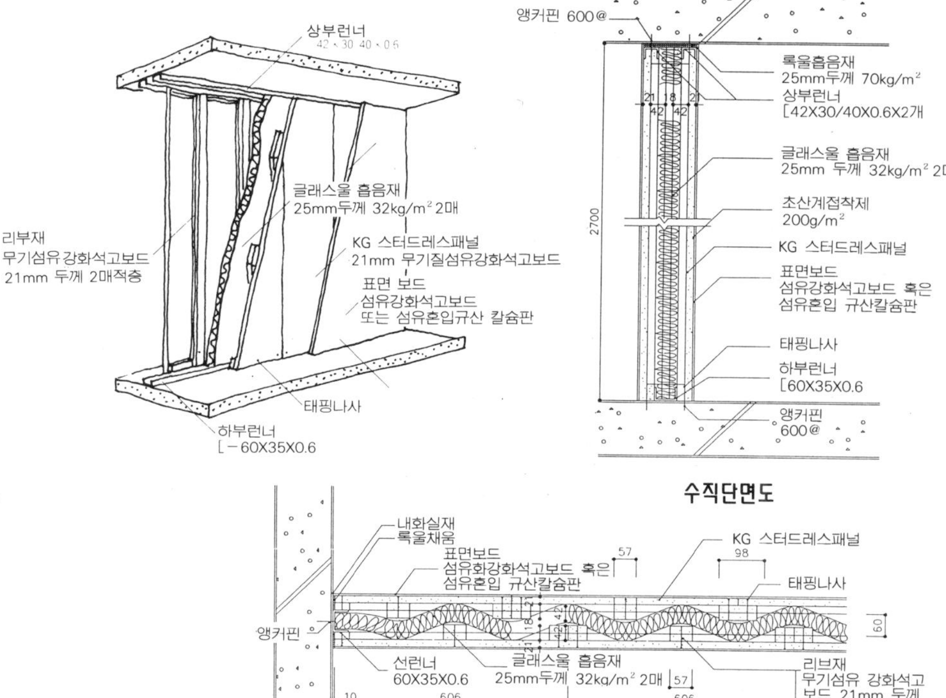

수직단면도

수평단면도

건식내화차음간막이벽 KG월 2시간 내화성능

●보드 양단부의 맞춤

양끝의 벽 맞춤부는 보드를 10mm 정도 떼어 록울재 채움 뒤, 다시 내화 실링재를 채운다.

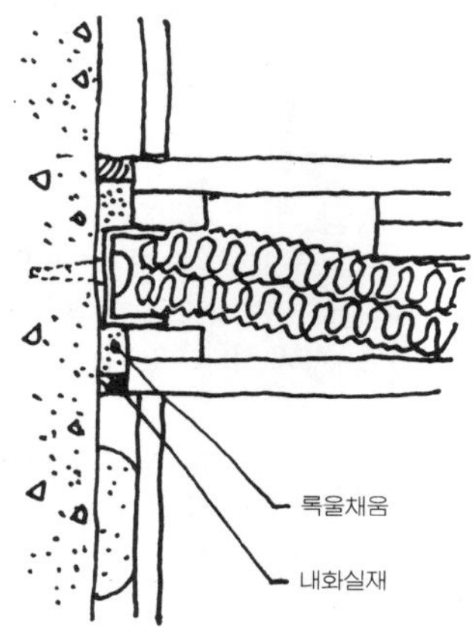

●유의 사항

- 차음·내화 경량 형강 칸막이벽의 석고 보드재는 준불연 또는 불연재로 하고, 그 조합은 메이커별 인정품에 의한다.
- KG 월은 내화 차음벽이므로 방화, 차음의 시공에 주의할 것. 특히 4둘레 맞춤부는 정성스럽게 시공한다.

●시공 순서

1. 하부 런너를 세운다.
2. 상부 런너 2개를 20mm 간격으로 설치한다.
3. 하부 런너의 외면을 定木으로 상부 런너에 리브 붙은 패널을 끼운다.
4. 중간 글라스울재를 충전 부착.
5. 반대측의 리브 붙은 패널을 상부 런너의 가이드에 끼워넣어 고정.
6. 4주위에 충전재를 넣는다.

기초사항

계단은 높이가 다른 상하간을 사람이 이동하는 공간이고, 평면, 단면 계획과 마찬가지로 중요한 의미를 가진다. 치장 계단으로서의 공간 연출성과 피난 계단으로서의 기능을 아울러 가진 것이다. 특히 메인 플로어에서 서브 플로어로의 이동용 치장 계단은 그 공간을 구성하는 중요한 요소이고, 예로부터의 명건축에는 높은 연출성을 갖고 장비되어 있다. 그러나 최근에는 건물의 고층화와 함께 중층 빌딩에서도 엘리베이터나 에스컬레이터로의 고속이고 대량 수송이 가능해졌기 때문에, 긴급시의 피난 계단으로서의 기능만이 많아지고 있다.

●계단의 형상에 따른 종류

• 직진계단

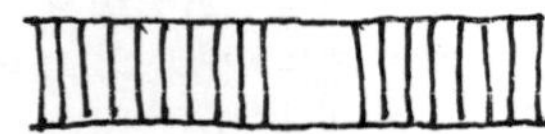

• 돌음계단

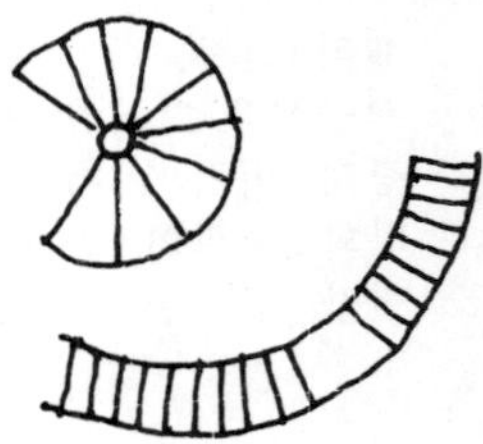

• 꺾임계단

• 나선계단
(곡선계단)

여기서는 일반적인 꺾인 계단에 대하여 쓰겠다.

●물매의 겨냥

건물의 용도, 규모에 따라 규정되어 있지만, 계획상의 겨냥으로서 이하의 제안식을 주로 이용하고 있다.

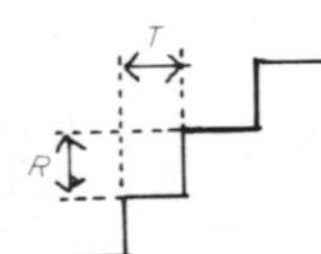

- $2R+T=$ 60~65 cm
- $R+T=$ 43~45 cm
- $R\times T=$450~500 cm

기타 건축법 및 시행령에 따라서 건물의 종류, 규모에 따라 R, T값이 정해져 있다.

●꺾인 계단의 포인트

계획상 중요한 점은 중간 층계참이고, 「1단 비키기」로 계획하는 일이다.
평면적으로 비킴으로써 슬래브 안의 절곡, S조의 따냄옆판, 난간, 걸레받이 등의 아무림이, 디자인상, 구조상 명쾌해지고, 아름답게 마무리하기 쉽다.

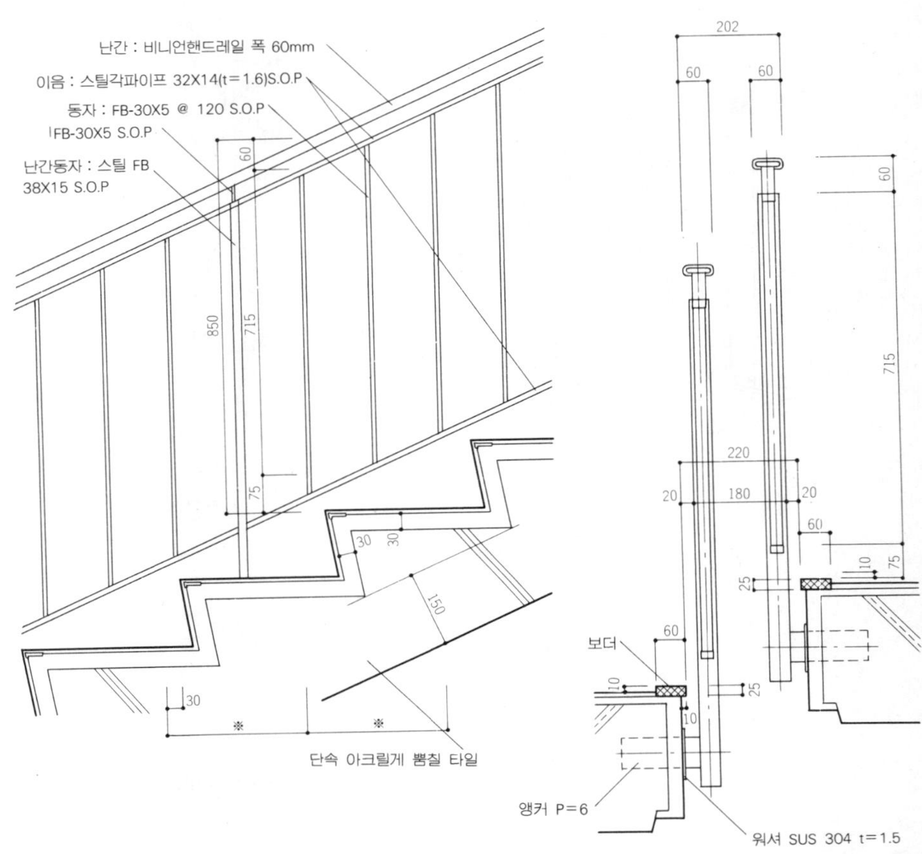

RC조 방향
단 안쪽이 깨끗하게 아무려진다. 난간도 깨끗하다.

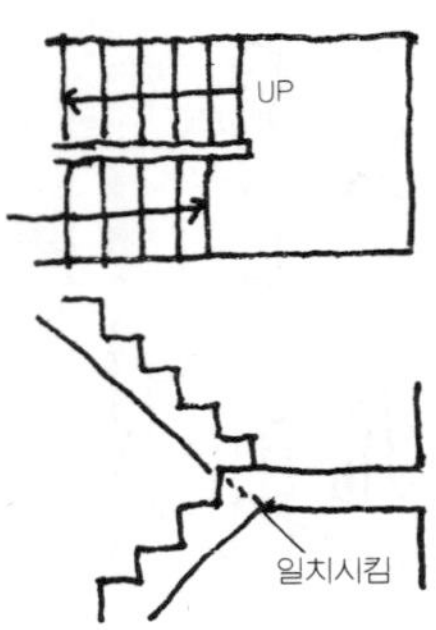

S조 방향
도리가 깨끗하게 아무려진다. 난간도 깨끗하다.

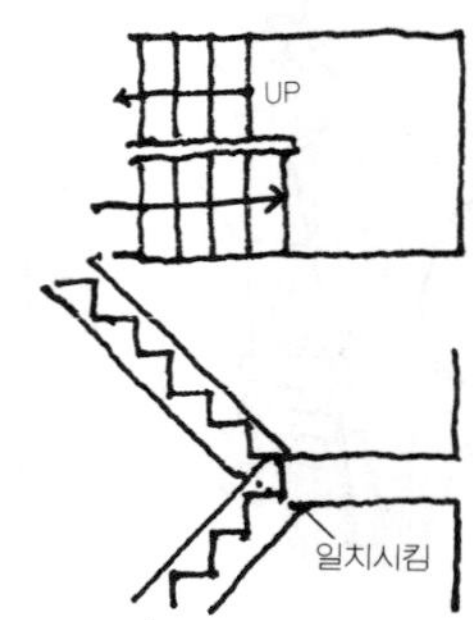

●난간

승강의 보조로서 이용한다. 쥐기 쉬운 높이(750~850mm), 재료, 마무리, 사이즈가 있다.
마무리 도장은 벗겨지기 쉬우므로 피하여야 한다.
바탕 마무리의 것이 바람직하다.
사이즈는 순간적으로 쥐는 굵기 ϕ45mm 정도가 적절하다.
난간의 단부는 둥글림을 붙이고, 걸리지 않도록 연구한다.
층계참 수평부나 트임부의 난간 높이는 1.1m 이상 확보한다.

●사람·물건의 통행
계단실을 통과, 이용하는 것은 대부분이 사람이다. 단 폭은 한번에 피난하는 최대 인원 수 처리로 결정되지만, 점포, 복합 용도 빌딩 등 폭원의 할증이 있는 이외에는 일반적으로는 법적인 규제치와 개소 수가 있으면 만족하는 일이 많다. 물건의 통행에서는 중량물은 엘리베이터를 이용하는 일이 많고, 드물게 저층 아파트먼트에서 피아노의 반입에서 영향을 받는 일이 있다.

●기본 부위의 구성
- 디딤면(단판)
- 챌면(챌판)
- 난간
- 난간동자
- 구조체(슬래브, 따냄엽판)
- 내장 마감재는 천장, 벽은 바탕·마무리 모두 불연 재료로 한다.

●안전성
발을 헛디뎌 미끄러진다든지 걸린다든지 또한, 난간동자의 사이에서 사람이 추락하지 않도록 한다. 상시 폐쇄문은 마주친 머리의 충돌을 막도록 어느 넓이를 확보하도록 한다.

난간동자 : 스틸각파이프 25X25 SOP
난간 : 스틸각파이프 50X26 SOP
휨이음 : 스틸각파이프 25X25 SOP
이음 스틸각파이프 25X25 SOP
180
30
30 270
300
난간동자
얇은도리 스틸 RL 12 SOP
디딤면 : 콘크리트인두누름 비닐타일
브래킷 FB-6X25 SOP
1,200 120 1,200

●내구성
단코 부분에 집중적으로 하중이 걸린다. 앵커 붙은 논슬립 철물로 견고하게 고정한다. 또한 난간도 층계참에 가까운 부분에 잡아서 돌아들게 되므로, 손상한다든지 더러워지기 쉽다.

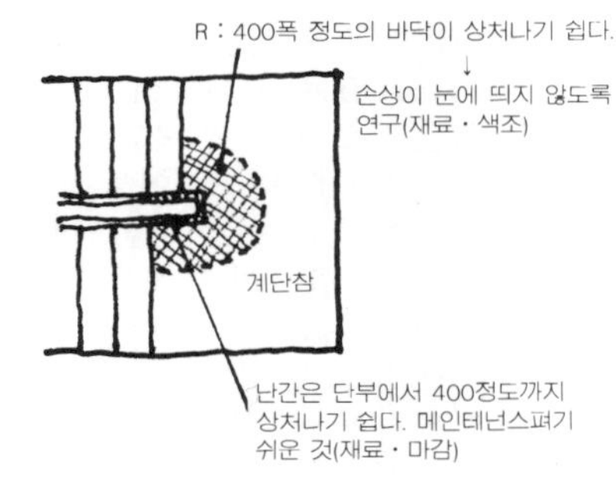

●난간동자
불특정 다수의 사람이 이용하는 시설의 난간동자 간격은 110mm 이하로 하여, 어린이의 전락을 방지한다. 디자인상 개구를 수반하는 형이나 유리상의 것은 낙하하지 않도록 안전의 연구를 한다.
너무 디자인을 우선하면, 접촉하는 난간보다도 관상용의 난간이 되어 버리고, 기능적이지 못한 계단이 된다.

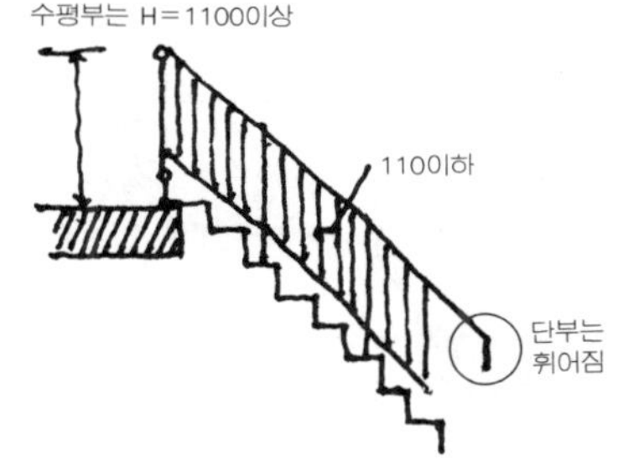

●유의 사항
- 계단실 출입구는 세로 방화 구획에 의하여 갑종 또는 을종 방화문이 되고, 문 중량이 늘어 개폐시의 불편함이 생기기 때문에 상시 개방식으로 하는 일이 있다.
  그러나 세로로 트여 있기 때문에, 겨울철의 최상층 벽면이 결로하는 일이 있으므로, 환기와 결로 방지 대책을 한다.
- 조명 기구는 메인테넌스 하기 쉬운 설치 위치에 주의.
- 철골 계단은 고체 전파음이 발생하므로, 디딤면은 콘크리트 치기로 하거나 PC판으로 하는 등의 연구를 한다.
- 평면 계획상 자연광이 스며드는 개구부 붙은 쾌적한 계단실이 바람직하다.

기초사항

고도 정보화 시대를 맞아, 건물의 정보화도 급속히 진전하고, 오피스를 비롯한 모든 용도 시설에 고도의 정비 설비가 구축되기에 이르렀다. 종래 사무소 빌딩에서는 오피스 레이아웃의 변화에 대응하기 어려운 구조 바닥 내에 매설된 배관 방식이었다. 현재에는 이중 바닥 구조로서 그 공극부를 프리한 배관 스페이스로 하고 있는 것이 많고, 오피스 빌딩에 대한 정보 제공을 플렉시블한 것으로 하고 있다.

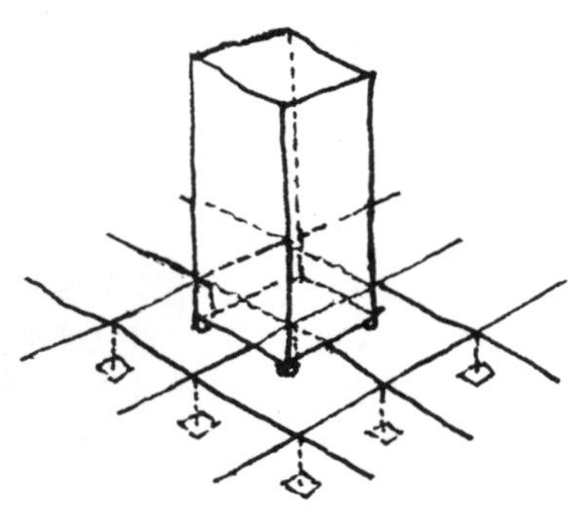

일반 오피스에서는, 특정한 층만 장비하는 일보다도, 더욱 프리한 대응을 가능하다고 하기 위하여, 간이형 OA 플로어를 전관 장비하는 쪽이, 보다 플렉시블하고 다이내믹한 오피스 빌딩이 구축된다. 정보량이 많은 전산실에서는 $H=200\sim400$mm 정도의 대형 프리 액세스 플로어를 채용하고, 와이어링의 호환성을 더욱 좋게 하고 있다. 일반적으로 정방형의 플로어 패널을 페데스탈이라 불리우는 支持脚으로 지정 높이로 보호 유지하는 시스템이다.

●바닥의 성능

- 정숙성, 보행감
- 내충격성
- 내마모성
- 강성(300~500 kg, 휨 1.5~2mm)
- 방오성, 방염성
- 대전 방지성(인체 대전압 2 kV 이하)

프리 액세스 플로어 패널의 기능 하중은 4매의 패널로 1대의 기계를 받친다는 가정으로, 패널 중앙부에 집중 하중을 주었을 경우의 휨량이 1.5~2.0mm 범위에서의 하중치를 4배한 것을 이용하는 일이 많다. 이것은 지지각에 걸리는 하중이기도 하다.

●일반 오피스용 간이형 OA 플로어

낮은 바닥식, $H=60\sim150$mm를 일반적으로 OA 플로어라 부르고, 종래의 매입 배관 방식에 비교하여도 현격한 배선 기능을 가지고, 플렉시블한 바닥이 된다. 건물의 각 플로어에 채용하면, 각 층고의 상승에 따른 전체 건물 높이의 증가나 바닥 하중 늘리기, 바닥 재료의 증액 등에 의하여 코스트 업이 되는 일이 난점이다. 바닥면의 표면 마무리재는 타일 카페트, 비닐 타일, 멜라민 치장판 등이 있고, 바탕 구조재로서는 알루미늄 다이캐스트, 프레스 강판, GRC, 규산 칼슘판, 목제 팁재 등이 있다.

낮은 바닥식은 높이 조정의 精度 확보가 어렵고, 시공성에 충분히 주의한다.

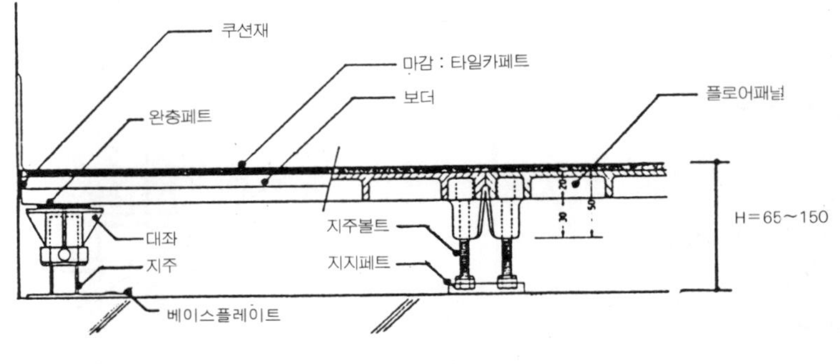

간이OA플로어의 예

●내진성(간이 OA 플로어)

지지각과 패널이 일체인 간이 OA 플로어는 낮은 바닥식이기 때문에, 사이즈가 작으므로 내진성은 비교적 있고, 별로 문제는 되지 않지만, 플로어 패널과 지지각이 분리된 타입은 주의가 필요하다.

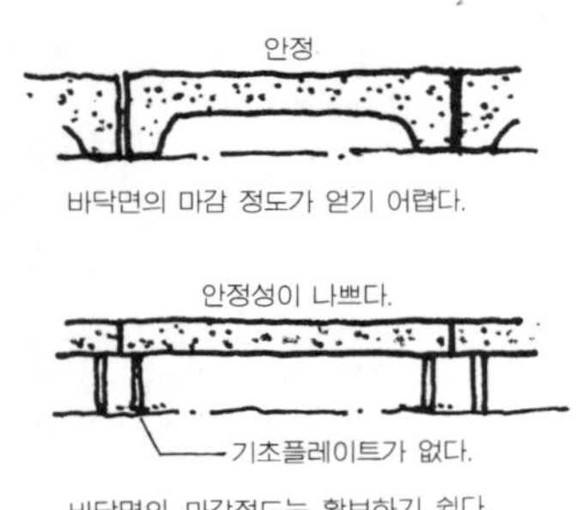

●대전 방지 바닥재

OA 기기에 대한 정전기 발생에 의한 오작동 방지상 대전 방지 처리의 카페트나 도전 바닥재를 사용한다. 또한 카페트 방염 가공품일 것도 필요하다.

역시 초경도의 내마모성과 대전 방지 효과를 부여한 고압 멜라민 치장판을 사용하는 일도 있다.

종래의 와이어링

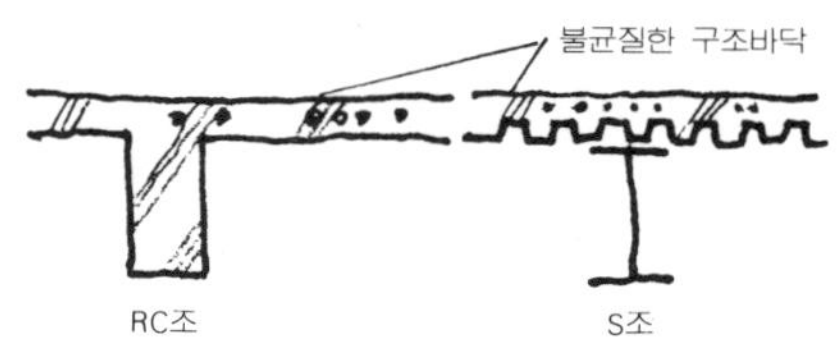

앞으로의 와이어링

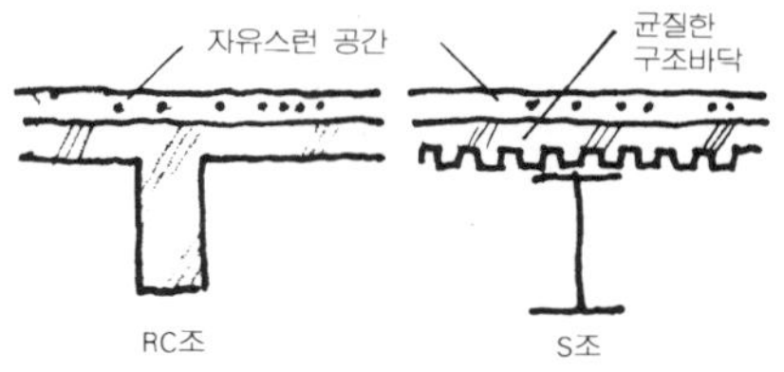

●종류
간이 OA 플로어
프리 액세스 플로어

●재질
· 알루미늄 다이캐스트
· 스틸
· 허니컴 코어 복합판
· 목질계 복합판
· 무기질계
(규산 칼슘, 석면 시멘트, GRC, CFRC 등)

●표면 마무리
마무리재는 비닐 타일과 카페트가 일반적이다. 그러나 특히 전산실 바닥은 먼지와 정전기를 싫어하므로 타일 카페트보다 고압 멜라민 치장판을 사용하는 일이 많다.

●전산실 프리 액세스 플로어
H=200mm 이상의 높은 바닥식이 본격적인 프리 액세스 플로어이고, 그 공간에 대량의 정보용 배관 스페이스로서 사용한다. 또한 컴퓨터로부터의 발열에 대하여 방의 공조 조건을 일정히 하여, 머신의 기능 레벨을 보호 유지하기 위하여, 취출의 서플라이, 천장 리턴의 공조 방식에 더한 바닥 구축을 위하여 높은 바닥식으로 할 때에도 사용한다. 특히 내진성이 있는 강도를 요구받는 바닥 시스템을 선정하는 일이 필요 조건이 된다.

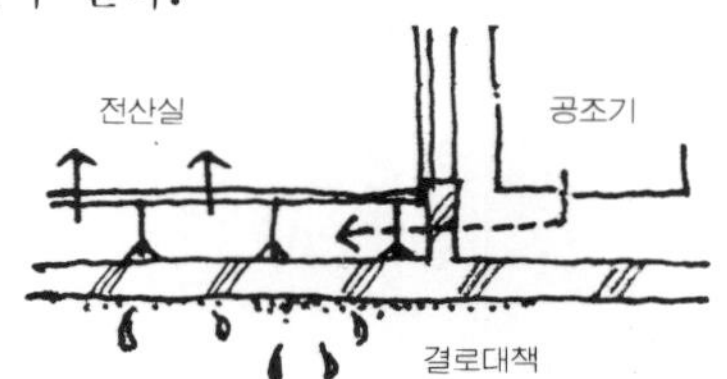

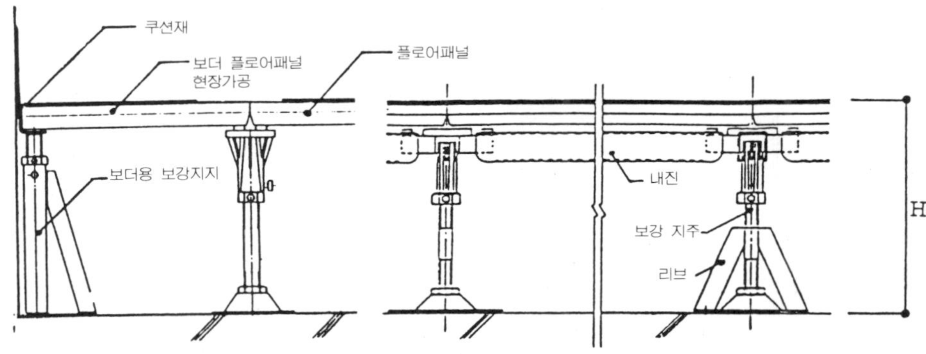

전산실 향한 프리액세스 플로어의 예

●전산실의 서큐리티
풍부한 고도 정보화 사회를 구축하기 위해서는 컴퓨터 서큐리티 대책이 중요하다.「전자 계산기 시스템 안전 대책 기준」으로 설비, 기술, 운용의 기준이 정해져 있고, 시설의 그레이드에 따라서는 이것을 적용하는 일이 있다. 상세한 기술 기준이 정해져 있으므로, 계획에 있어 기준의 그레이드 분류에 더해진 안전성, 신뢰성의 배려를 한다. 바닥 구조에 대해서는 견고한 불연 바닥으로 하여 방수 바닥으로 하는 일이 있다.

●내진성(프리 액세스 플로어)
지진 대책으로서 바닥의 강도를 향상시키는 방법으로서는
· 패널의 지지각을 내진 구조로 한다.
· 바닥 패널의 탈락을 막는 방식
· 전산기의 기기를 고정하는 방식
등이 있는데, 제품에 따라 내진 강도, 몇 갈(gal)까지 견디는가에는 폭이 있다. 선정에는 미리 설정한 고유 주기의 차이에 따른 수평 진도에 대한 적합성을 검토한 뒤 선정한다.
본격적 면진 바닥(3차원 방식)으로서 이중 바닥을 댐퍼 등으로 면진 성능을 가지게 한, 보다 안전성이 높은 것도 있다.

●바닥밑의 방진, 방수 대책
콘크리트 슬래브의 마무리는 모노리시크 마무리 후 방진 도장하여 미세한 분말의 발생을 막는다. 그리고 방수 바닥으로서 방수재 도포를 하는 일이 있다.
機電 검인정 시설에 있어서는 그레이드에 따라 방수재를 실시하는 일이 있다.

●유의 사항
· 내하중 강도 · 휨에 대해서는 측정 방법의 기준이 없어 제각각이므로 제품의 특징을 확인한 뒤 채용한다.
· 내진 대책은 프리 액세스 플로어의 내진성을 올림과 동시에, 기기 자체, 전원, 공조기, 배관 등 진동 특성에 대응하여 밸런스 좋게 내진 그레이드를 갖게 하는 일이 중요하다.

건물을 구성하는 부위 중, 대개의 부분이 공협화·규격화된 제품으로 구성되어 있는데, 특히 천장 부위의 공업화가 현저하다. 재래 구법에서는 일단 천장 내에 장치된 기기류를 점검한다든지 경신한다든지 하는 일이 곤란하고, 그 호환성에 결여되어 있다. 그것을 돕기 위하여 점검구가 늘어나 미관을 해치는 일조차 있었다.

현재는 실내 환경(소리, 열, 視, 기타)의 균질화나 정보화 시대에서 실의 사용법이 변하기 쉽고, 플렉시빌리티와 다기능을 요구받는 일이 많아졌다. 그것에 맞는 각종 기기류의 천장 내, 천장면에 대한 설치의 다기능함을 요구받고, 더구나 일정의 기준에 더하여 천장의 레이아웃을 함으로써 아름답고 정연한 천장면이 시스템 구성되기에 이르렀다.

그리고 경량화·불연화·내진성의 향상과 함께, 시공성의 개선도 꾀해지고, 시스템 천장은 큰방 집무 공간의 천장에서 범용 구법이 되고 있다.

한편, 공동 주택, 호텔, 병원 등 사무소 빌딩 이외의 시설에서는 시스템 천장은 거의 사용되지 않는다.

●천장재의 기능

- 흡음성
- 단열성
- 방화성(불연성)
- 기밀성
- 내충격성
- 내구성
- 내진성
- 메인테넌스성

천장에 요구되는 기능 중 흡음성, 내구성, 불연성, 내진성, 메인테넌스성이 특히 중요하다.

●내진성

시스템 천장은 재래 구법(붙임 구법)에 비하여 일반적으로 내진성에 뒤떨어지고, 외력이 가해졌을 때에 외주벽 맞춤부나 설비 기기 주변부의 패널이 박리, 낙하하는 일이 있다.

일반 오피스에서도 특히, 계산 센터, 중앙 감시실, 24시간 사용실, 천장 품이 큰 실에서는 구조체의 흔들림, 천장 내 설비 기기류의 중량, 천장 바탕재와의 관련을 종합적으로 내진성을 검토하고, 내진 구법으로 하는 일이 필요하다.

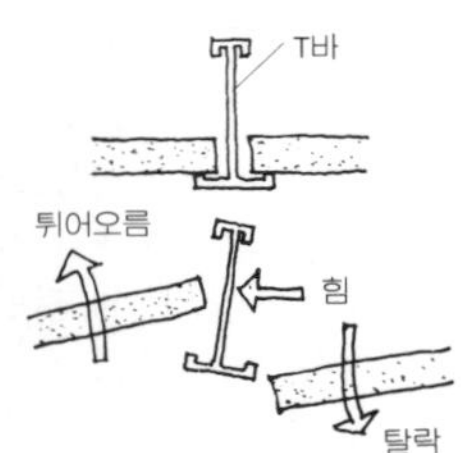

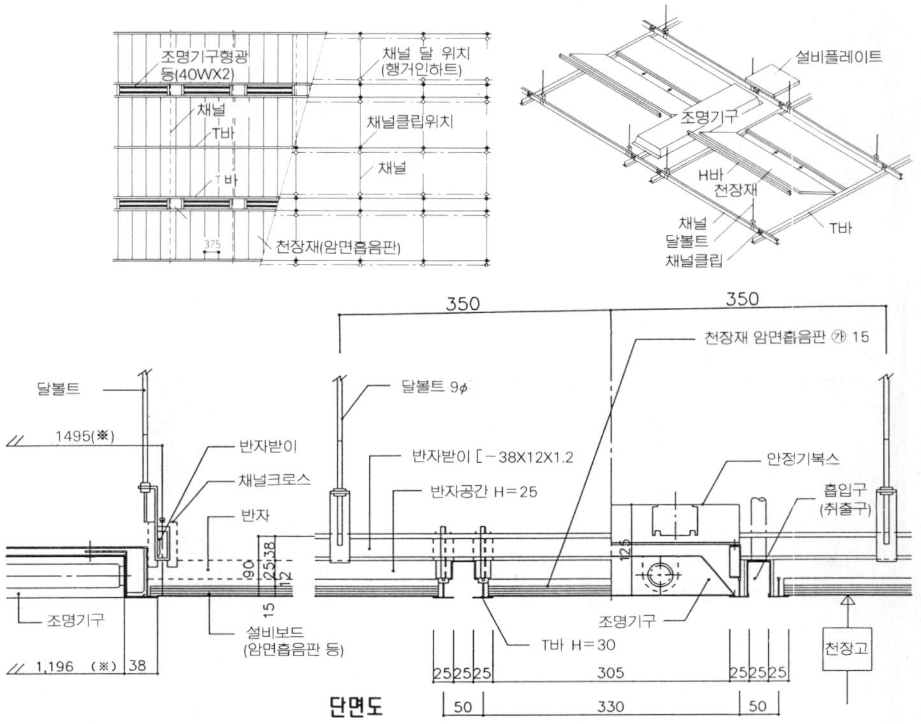

단면도

●내진 기본 특성

지반면의 입력 지진동의 기준 진도 $K_0 = 0.3$에 대하여, 시스템 천장의 부재가 낙하하지 않는다.

시스템 천장의 강성을 높이고 천장을 매달고 있는 구조체와 천장이 같은 움직임이 되도록 하여, T bar로부터 패널 등이 벗겨지기 어렵고, 또한 벗겨져도 낙하하지 않도록 한다. 반자틀, 반자틀받이재의 조인트는 용접 등에 의하여 견고히 고정한다. 분단된 경우는 같은 재로 골형에 접속시킨다.

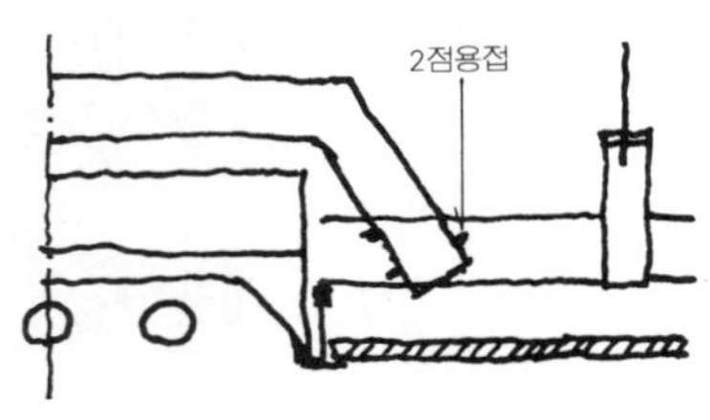

●브레이스 넣기

브레이스의 각도는 45°를 원칙으로 하여, 달볼트 및 반자틀받이는 각각 2점 이상의 개소에서 용접한다.

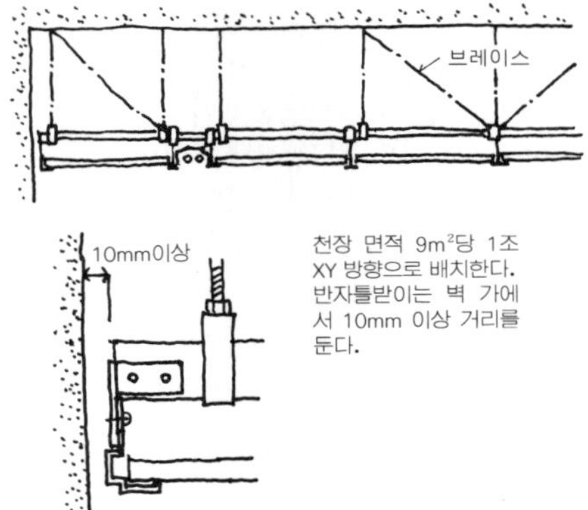

●방연 수직벽

수직벽은 천장과 같은 움직임이 되도록 고정하고, 또한 천장 내에 브레이스를 세우는 일에 의하여 내진성을 높인다.

수직벽재는 불연재로서 보드, 스틸 패널, 망입 유리, 글라스 울 크로스 등을 사용하고, 고정벽, 가동 수직벽 형식이 있다. 수직벽의 방향이 T바에 병행형과 직행형이 있으므로, 그것에 맞는 보강을 검토한다.

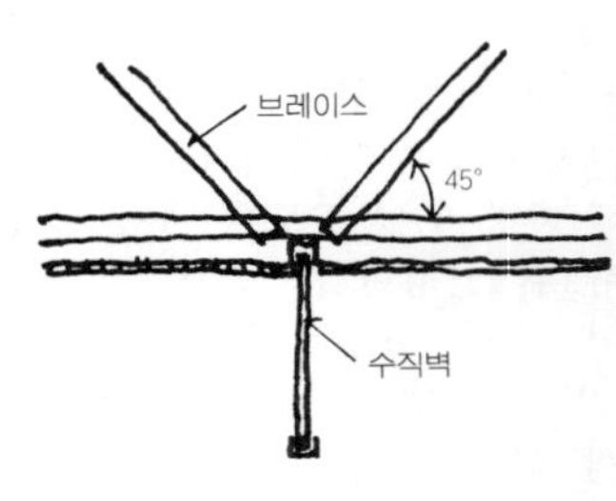

●천장 기능의 복합화

실의 사용법 변경에 재빨리 대응하고, 쾌적한 실내 환경으로 하기 위한 설비 기기 시스템의 호환성과 복합화가 가능해졌다.

모듈은 건물의 용도에 맞는 기준 스팬을 베이스로, 실의 환경에 맞춘 여러 기능·설비를 레이아웃하면서 최적 모듈을 결정한다.

오피스의 예에서는 기준 스팬 6.0~6.4m까지의 1/2 모듈을 베이스로, 각기마다 설비 패널의 라인을 세우는 일이 많다.

●종류

• 라인형
라인상 설비패널

• 크로스형
패널상 유니트

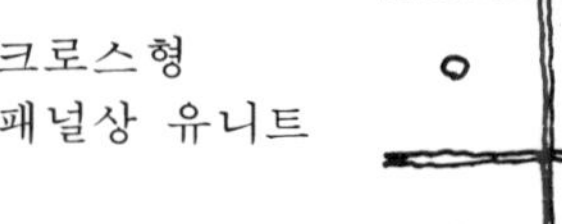

• 스퀘어형
ㅁ자형 설비패널

●천장재

시스템 천장재는 시스템 천장용 암면 흡음판을 사용한다. 일반적인 재래 천장에서 사용하는 석고 보드판, 규산 칼슘계, 글라스 울계 등은 사용하지 않는다.

판 폭, 길이는 각 공사마다 결정하지만, 두께는 15mm 이상을 사용한다. 불연, 단열, 흡음성에 뛰어나 널리 보급되고 있는 재료이다. 흡음 특성도 좋고 경량인 점에서 작업성도 좋다.

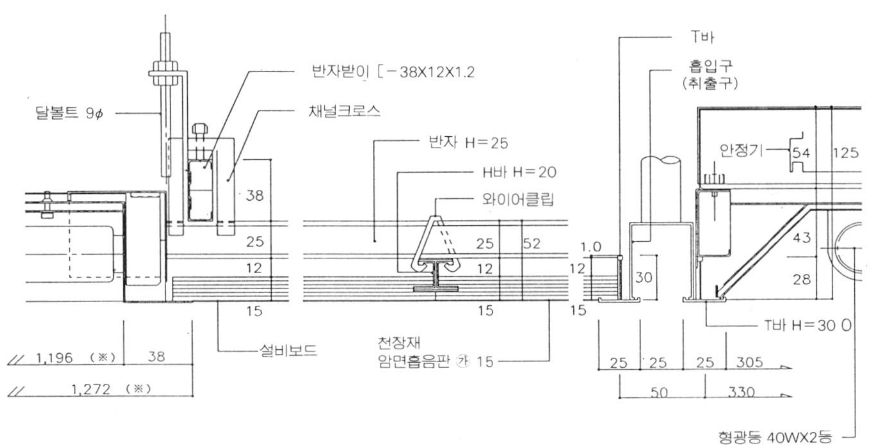

단면상세도

●설비 기기류

천장에 접속하는 덕트류·조명 기구, 스프링클러 배관·스피커·감지기 등의 설비 기기류는 설비 모듈 패널에 준거한 중에서 레이아웃한다. 역시 천장 내 은폐부는 천장 바탕 철물류와 접촉하지 않도록 레이아웃하고, 또한 슬래브에서 단독으로 달아내려, 외력이 가해졌을 때에 흔들림이 전달되지 않도록 내진 보강한다.

●H바 고정 철물

H바는 양끝에서 반자틀받이로부터의 달철물에 의하여 긴결한다. 천장면의 평활성에 큰 영향을 주는 철물이다. T바와 H바의 교점은 반드시 고정 철물을 사용한다.

T바와 채널연결

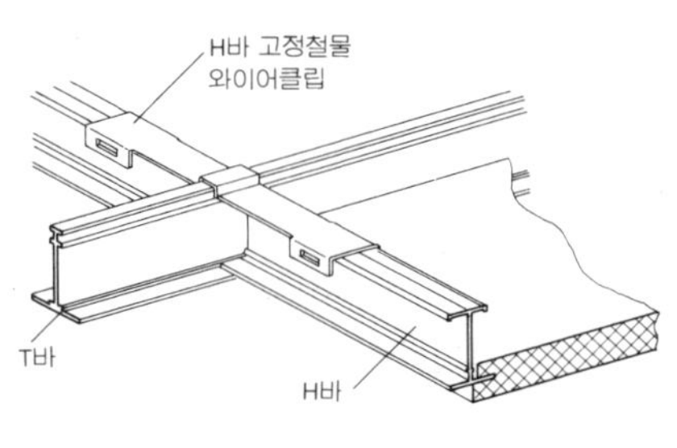

크로스 T바연결

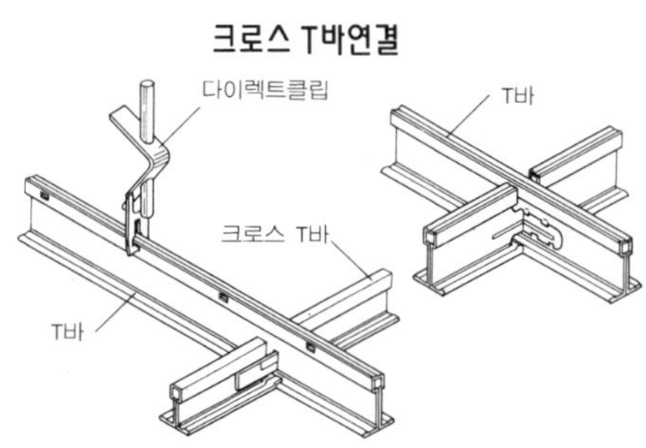

●유의 사항

· 메인테넌스의 용이함
각 설비 기기의 보수·점검의 용이함과 기기 경신시의 교체하기 쉬움의 보수성이 좋은 것이 메리트이다. 또한 큰 면적이기 때문에 외력이 가해졌을 때, 패널이 낙하하기 쉬우므로 미리 그 대책을 세워두는 일이 중요하다.
· 각 부재, 패널 등이 벗겨지기 어렵고, 또한 벗겨지더라도 낙하하지 않도록 한다.
· 상정 라인 이외에는 장래, 칸막이의 자유도가 없는 일이 있다.

2장 공통 사항

공통사항

철근 콘크리트조의 개요

RC조는 압축에 강하고 인장에 약한 재료인 콘크리트에 대하여, 인장력을 받는 위치에 철근을 넣어 보강한 일종의 복합체이다. 일반적인 장점·단점에 대해서는 「처음에」에서 쓴 것과 같다. 종래 구조물의 내진성을 나타내는 지표는 「강도」였지만, 「강도」와 함께 「끈기」가 요구되고 있다. 철골이나 철골 철은 콘크리트(SRC조)와 같이 끈기 강한 재료라면, 비틀림이 있는 부분이 항복하여도, 그것이 곧바로 파손되지 않고 저항이 계속하므로, 다른 부분의 작용과 이 저항의 합으로 저항하여 준다. 따라서 끈기 강한 재라면, 전체가 항복할 때까지 모든 재가 저항한다. 이것에 반하여 무른(약한) 재는 서서히 파손될 우려가 있다. RC조는 이 중간정도의 재이고, 차츰 파손되는 콘크리트와 끈기 있는 철근으로 되어 있기 때문에, 그 파괴 성상은 복잡하다. 따라서 개개의 건물 구조 특성은 가능하다면 명쾌하게 하고, 그 특성을 잘 적합시킨 구조 계획으로 할 필요가 있다. 즉 주 부재가 수평 내력을 보호 유지하는 변형 능력에 뒤떨어진 경우는 강인한 구조로 하여야만 하고, 소수일지라도 작은 수평 변형으로 연직 하중을 지탱할 수 없는 기둥이 있는 경우는 구조 전체를 강인하게 하여야만 한다. 따라서 라멘의 변형 능력에 기대하는 경우는 변형 능력이 작은 부재(짧은 기둥 등)를 피하고, 극력 균등하고 진성이 풍부한 라멘을 형성하도록 계획하여야만 한다. 또한 「강도」나 「끈기」를 가진 RC 구조물을 구축하는 데는 구조 계산상의 여러 가지 가정(예를 들면 콘크리트피복 두께 확보, 철근의 정착·이음새 길이의 확보 등)을 만족시키는 시공, 시공 능력을 감안한 디테일의 설계, 시공 실태나 시공 능력의 구조 설계에 대한 반영 등의 시공적인 요인도, 설계와 동등 혹은 그것 이상의 비중으로 중요하다.

즉 「설계」와 「시공」이 합리적으로 일치하였을 때, 강하고 끈기 있는 구조물이 탄생하는 것이다.

콘크리트의 종류

콘크리트의 종류		사 용 골 재	
		조골재	세골재[2]
중량콘크리트		중량골재	중량골재·모래·자갈·슬래그모래
보통 콘크리트	자갈 콘크리트	자갈	모래·자갈·슬래그 모래
	쇄석 콘크리트	쇄석	모래·자갈·슬래그 모래
	고로 슬래그 쇄석 콘크리트	슬래그쇄석	모래·자갈·슬래그 모래
경량 콘크리트	1 종	인공경량골재	모래·자갈·슬래그 모래
	2 종	인공경량골재	인공경량골재 또는 굵은 모래·잔모래·슬래그 모래를 가한 것
	3 종	천연경량골재 또는 부산경량골재(강도의한 구분 300[1]이상)	모래·자갈·슬래그 모래
	4 종	천연경량골재 또는 부산경량골재(강도의한 구분 200[1]이상)	모래·자갈·슬래그 모래
	5 종	천연경량골재 또는 부산경량골재(강도의한 구분 200[1]이상)	천연경량골재 또는 부산경량골재(강도의한 구분 200[1]이상)

〔주〕 (1) KSF 2534(구조용경량골재)에 의함
(2) 모래·자갈·슬래그모래는 그것을 혼합하여 쓰는 경우포함

철근의 종류

규격번호	종	별	
KS D 3504	철근 콘크리트용 봉강	열간압정봉강	1종 SR24
			2종 SR30
		열간압정이형봉강	1종 SD24
			2종 SD30
			3종 SD35
			4종 SD40
			5종 SD50
KS D 3527	철근콘크리트용 재생봉강	재생환강	1종 SRR24
			2종 SRR40
		재생이형봉강	1종 SDR24
KS D 7017	용접철망		

철근의 정착 및 겹쳐이음의 길이[1]

철근의종류	콘크리트 설비기준 강도의 범위(kg/㎠)	정착의 길이			겹쳐이음의 길이[3]
		일 반	하단부 작은보	하단부 바닥슬래브 지붕슬래브	
SR24	210이상 270(240)[4]이하	$35d$[2]혹이음	$25d$ 훅이음	15cm 훅이음	$35d$ 훅이음
SRR24	135이상 210미만	$45d$ 훅이음			$45d$ 훅이음
SD30	210이상 270(240)[4]이하	$35d$ 또는 $25d$ 훅이음	$25d$ 또는 $15d$훅이음	$10d$내지 $15d$이상	$40d$ 또는 $30d$ 훅이음
SD35	135이상 210미만	$40d$ 또는 $30d$ 훅이음			$45d$ 또는 $35d$ 훅이음
SD40	210이상[4] 270(240)이하	$40d$ 또는 $30d$ 훅이음			$45d$ 또는 $35d$ 훅이음

〔주〕
(1) 미만의 훅은 정착 및 겹쳐이음의 길이에는 포함하지 않음
(2) d는 환강에는 지름, 이형철근에는 호칭명으로 사용되는 치수로 한다.
(3) 지름이 다른 철근의 겹쳐이음 길이는 가는 부분의 d를 사용한다.
(4) ( )안은 경량 콘크리트의 경우
(5) 표에 없는 종류의 철근을 사용하는 경우 하단근 정착의 길이 이외는 별도의 규정에 의한다.
(6) 보 및 슬래브근의 정착을 위하여 중간 구부림에 대해서는 표중 정착의 길이 L에 관계없이 기둥 및 보의 중심을 넘어 구부린다.

철근에 대한 콘크리트의 피복두께의 최소값[3] (cm)

구조부분의 종별 \ 콘크리트의 종류			보통 콘크리트	경량 콘크리트
흙이 접하지 않는 부분	상슬래브 옥근슬래브	사상	2	2
	내력벽이외의 벽	사상	3	3
	기둥 보 내력벽	옥내 사상	3	3
		옥내 사상	3	3
		옥외 사상	3	4
		옥외 사상	4[1]	4
	옹 벽		4	4
흙에 접하는 부분	기둥, 보, 바닥 슬래브		4	5[2]
	기초, 옹벽		6	7[2]

〔주〕
(1) 콘크리트의 품질 및 시공방법에 따라, 담당의 승인을 얻어 3cm로 하는 것이 좋다.
(2) 경량콘크리트 1종 및 2종에 적용한다.
(3) 고로 시멘트 C종, 실리카 시멘트 C종 및 플라이애시시멘트 C종을 쓰는 경우는 배합, 부재의 크기등으로 정하고 담당의 승인을 얻는다.

가구종별

건물은 그 Life circle, 수평력·연직력 등 여러 가지 외력을 받는데, 그것에 대항하여 건물의 형태를 유지하는 것이 가구(架構)이다.

RC조의 가구는 그 형상(봉상의 것으로 구성, 면상의 것으로 구성 등)으로 포착하는 것과 역학적인 면에서 포착하는 일이 가능하다.

통상은 역학적인 면에서, 구조 해석이 평면 역학으로 취급되는 것(라멘 구조, 벽식 구조, 아치 구조 등) 및 3차원(입체)으로 취급되는 것(셸 구조, 절판 구조 등)으로 대별하여 생각할 수 있다.

RC조에 있어서는 절점을 강으로서 다루는 라멘 구조가 가장 일반적으로 널리 보급되어 있지만, 부재를 곡선상으로 휨 모멘트의 영향을 적게 한 아치 구조나, 가구 전체를 균일한 단일 부재로 구성하고, 3차원적인 힘의 균형과 함께 전체의 강성을 얻는 셸 구조 절판 구조 등 다양한 가구 형식이 고안되어 있으므로, 각 형식이 가진 이점을 정확히 파악하고, 가장 적합한 형식을 선정하는 일이 안전하고 경제적이고도 넉넉한 공간을 가진 건물의 창조에 빠뜨릴 수 없는 조건이다.

철근콘크리트조의 가구종별

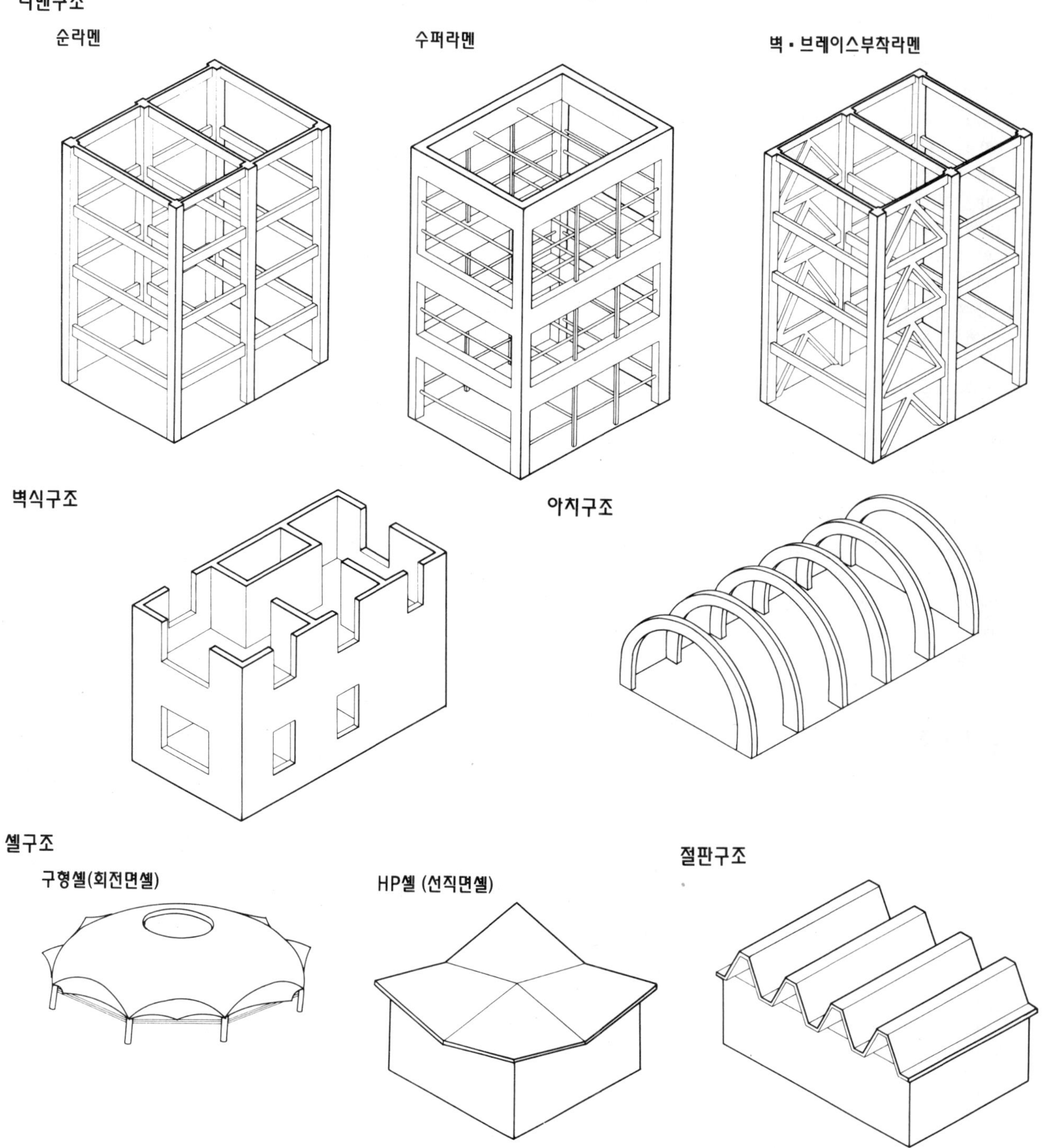

공통사항

기 초

건물(상부 구조)의 하중을 지지 지반에 전하는 것이 기초이다. 아무리 상부 구조가 화려하여도, 기초의 양부에 따라서는 사상누각으로 되어 버린다. 따라서 건물의 용도·규모, 부지 조건, 지반의 성질, 공사기간, 그리고 기능성, 안전성, 시공성, 경제성 등을 종합적으로 검토하여 형식이나 공법의 결정이 이루어져야만 한다.

기초는 대별하여 지지 지반에 직접 건물을 싣는「직접 기초」와 지지 지반과의 사이에 말뚝을 끼워 축력을 전하는「말뚝 기초」로 구분할 수 있다. 통상 설계에 앞서 지반 조사를 한다. 이것은 근처의 실시 예나 지반도를 검토함과 동시에 보링에 의하여 토질의 분포 상태(기둥 평면도), 伊값(표준 관입 시험), 상수면의 위치 등을 파악하여, 이것들의 데이터에 입각하여 가장 적합한 기초를 선정한다.

양호한 지반으로 지내력이 충분하다면 직접 기초가 이용되지만, 침하·부동 침하 등에 의하여 상부 구조에 유해한 영향을 주지 말 것, 언 흙이나 빗물에 의한 씻어내림을 막는 밑둥잡이 등의 주의가 필요하다.

지지 지반이 깊고 직접 기초가 적절하지 않을 경우는 말뚝 기초가 채용된다. 말뚝 기초에는 여러 가지의 공법이 있고, 적용 조건에 따라 그 신뢰성이 크게 좌우되므로, 특히 신중히 설계하여야만 한다.

지질

건물을 건전하게 지지하는 데는 적절한 기초의 선정이 가장 중요한데, 그것을 위한 조건으로서 지반의 성상을 정확히 파악하는 일이 필요 불가결하다. 건물은 특수한 공법을 제외하고 양질의 지지 지반 위에 세우는 일이 원칙이지만, 양질의 지반이란 건물의 하중에 따라 유해한 침하를 일으키지 않는, 지진이나 큰비에 의하여 붕괴나 액화 현상을 일으키지 않는 등의 조건을 만족시킨 안정된 지질이고, 일반적으로는 홍적층 및 제3기층 이전의 지질을 가리킨다.

홍적층은 주로 대지·구릉지·충적층 하부에 분포하고, 사력층·토반층으로 이루어진다.

제3기층은 산악 지대에 많고, 암반류를 주로 한 대단히 강고한 지지 지반이다. 그러나 지표에 노출되어 있는 풍화토는 지내력이 별로 얻어지지 않는 경우 많으므로, 주의한다.

이것들 양질의 지반에 대하여 하천을 중심으로 한 평야부·델타 지대·곡간부 등 건물 건설의 기회가 많은 지형에 분포하는 충적층은 주로 부드러운 점성토·사질토 등으로 이루어지고, 일반적으로 지지 지반으로서는 부적절하므로, 그 하부의 지지 지반까지 하중을 전하기 위하여 말뚝 기초의 채용을 검토하여야만 한다. 지반은 지역·지방마다 그 특성이 매우 다르므로, 건설에 있어서는 그 때마다 지지 지반을 조사 하여, 상부 구조의 하중이 지반에 전달되었을 때의 거동을 추정하는 충분한 자료를 갖출 필요가 있다. 우선 지반 조사는 기왕의 자료(지형도, 지질도, 기둥 평면도, 지질 시험 자료, 도처의 기설 구조물의 검토 자료 등)의 조사와 현지 답사에 의한 지형의 관찰을 한다.

이것들의 정보에 의하여 기초 형식을 일단 설정한다. 그리고 보링이나 사운딩 등에 의하여 정확한 지질 성상을 파악하고, 기초의 설계를 한다.

주상도의 예

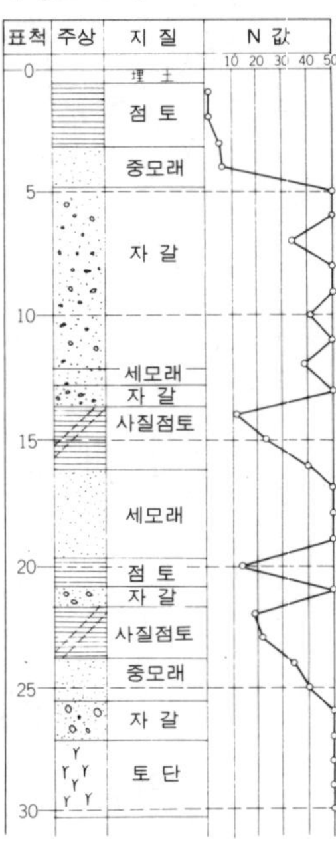

기초구법의 분류

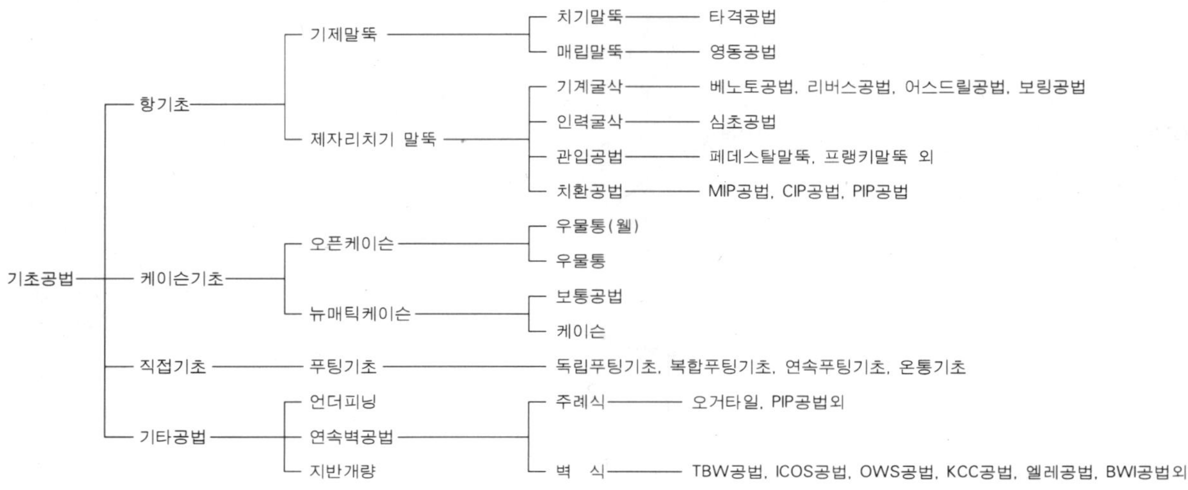

말뚝

기제매입말뚝

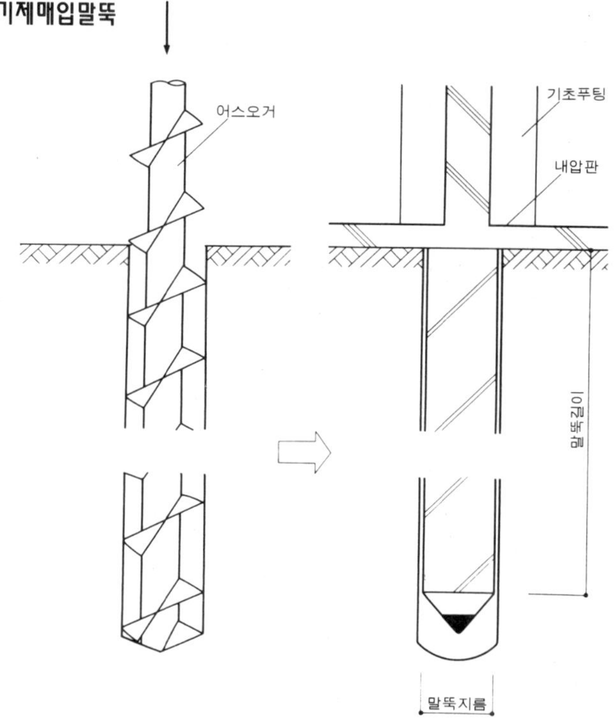

- 시공중 말뚝체파괴가 끝까지 별로 없다.
- 허용지지력이 일반적으로 저하한다.
- 시공관리가 어렵다.

심초공법

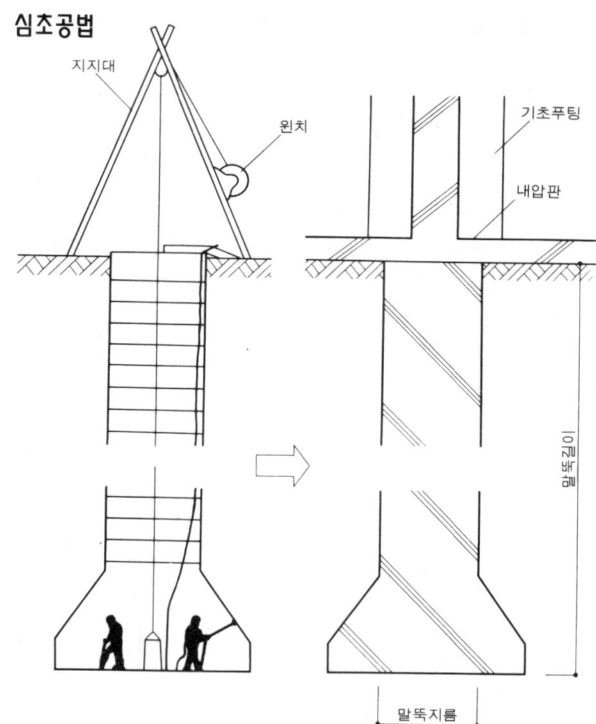

- 내력적인 신뢰성이 높다.
- 대구경의 말뚝이 가능
- 지하수량이 많은 층에는 곤란을 수반
- 시공중 안전대책이 필요

베노토공법

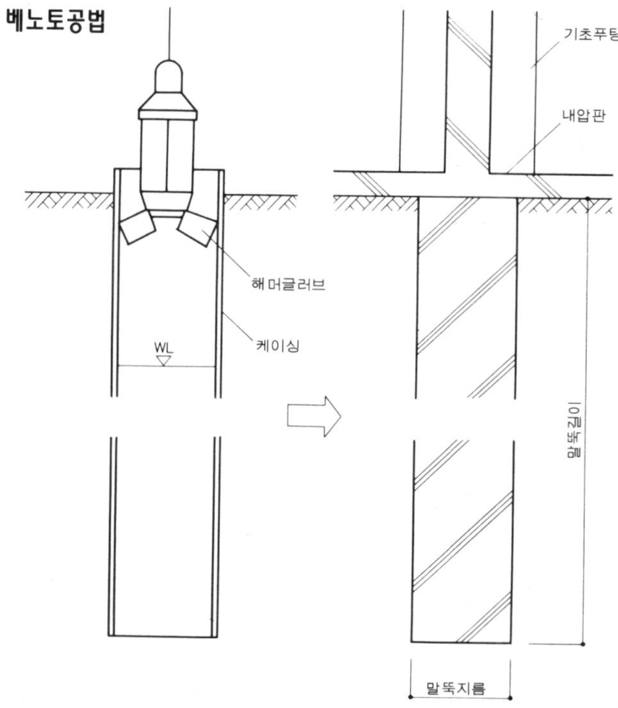

- 연약지반에도 가능
- 최대지름 2m까지 가능
- 지반에 따라 시공심도에 한계가 있다.

어스드릴공법

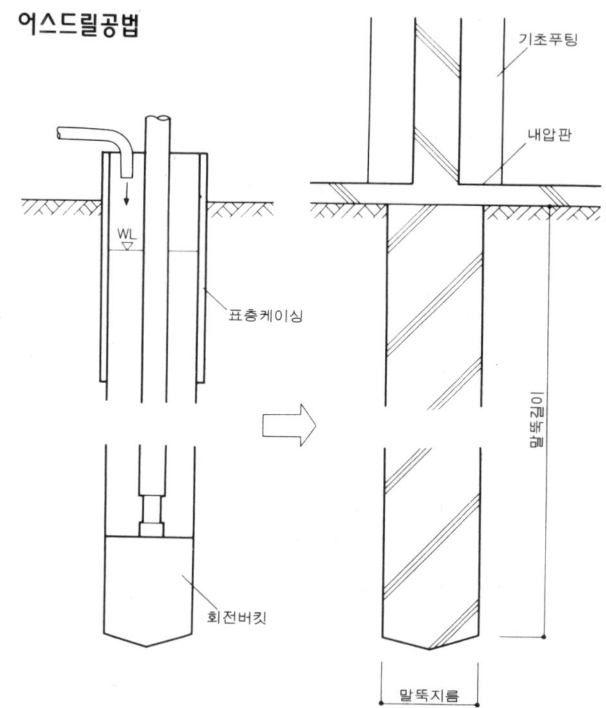

- 좁은 장소에서의 시공이 가능
- 코스트가 비교적 저렴하다.
- 연약지반에는 신뢰성이 약하다.

공통사항

푸팅기초

독립 기초

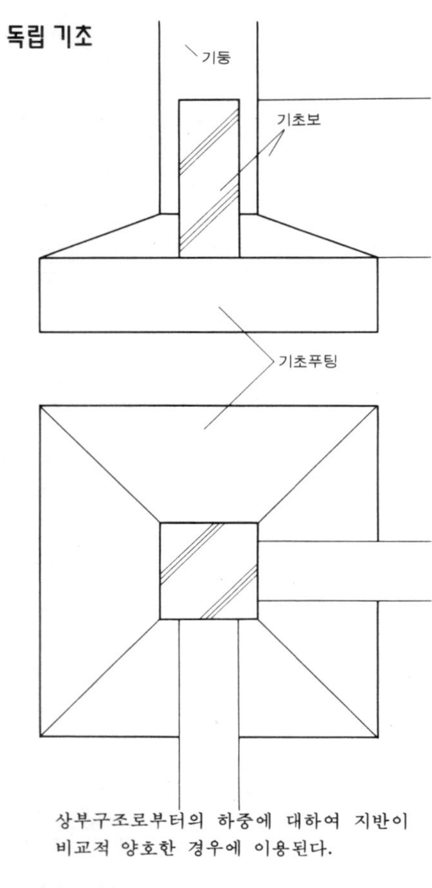

상부구조로부터의 하중에 대하여 지반이 비교적 양호한 경우에 이용된다.

복합기초

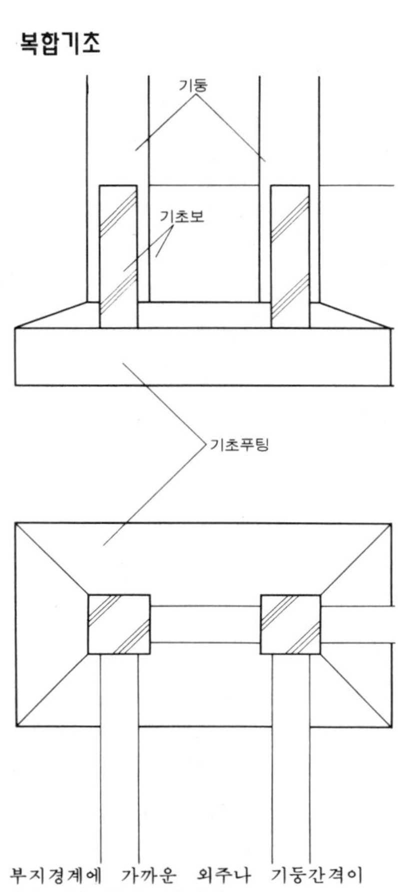

부지경계에 가까운 외주나 기둥간격이 좁은 경우 등에 이용된다.

연속기초(벽식의 경우)

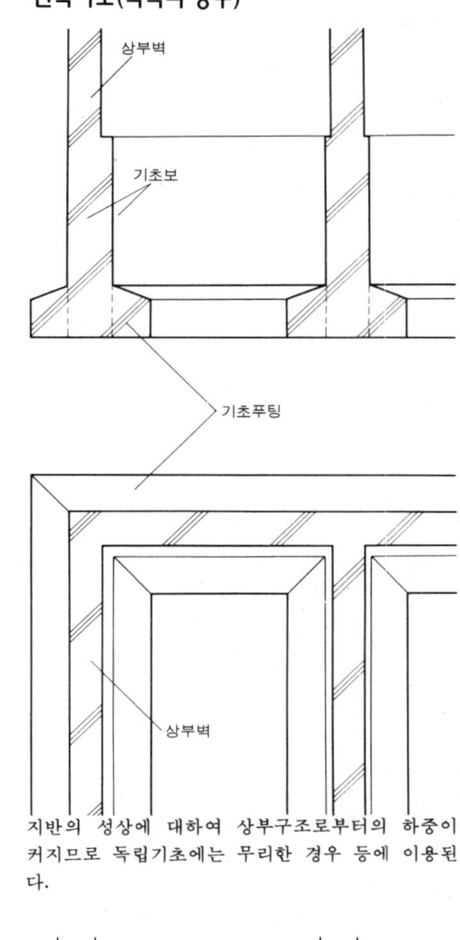

지반의 성상에 대하여 상부구조로부터의 하중이 커지므로 독립기초에는 무리한 경우 등에 이용된다.

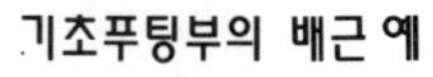

기초푸팅부의 배근 예

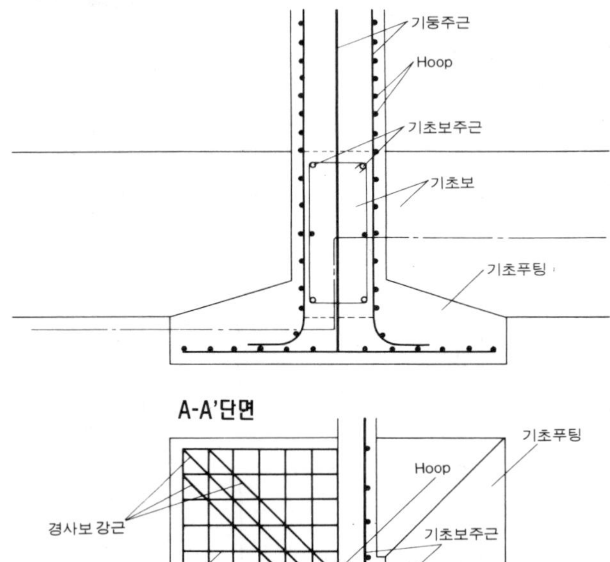

온통기초

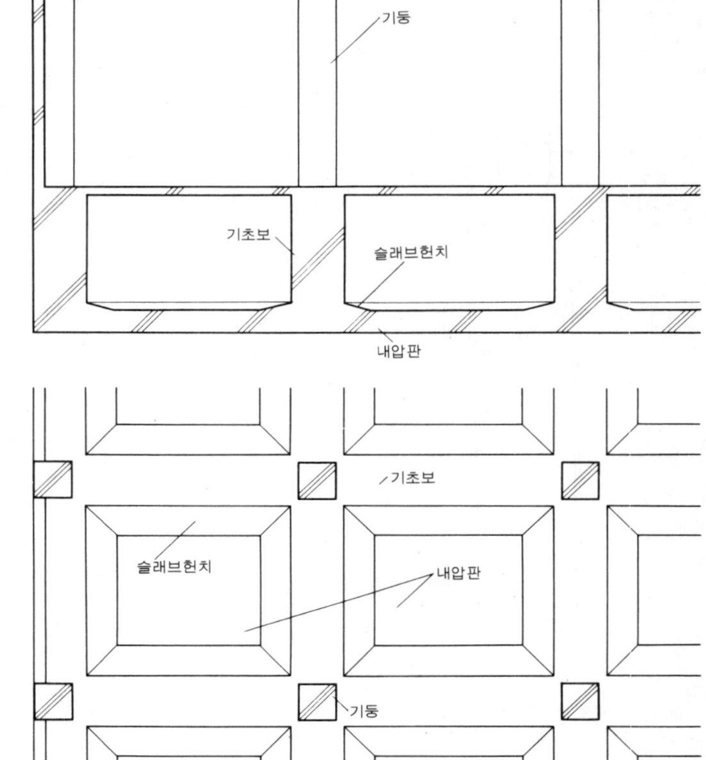

상부구조의 하중이 커지므로 독립기초나 연속기초에는 충분하게 지지하기 어려운 경우 등에 이용된다.

연속지하벽

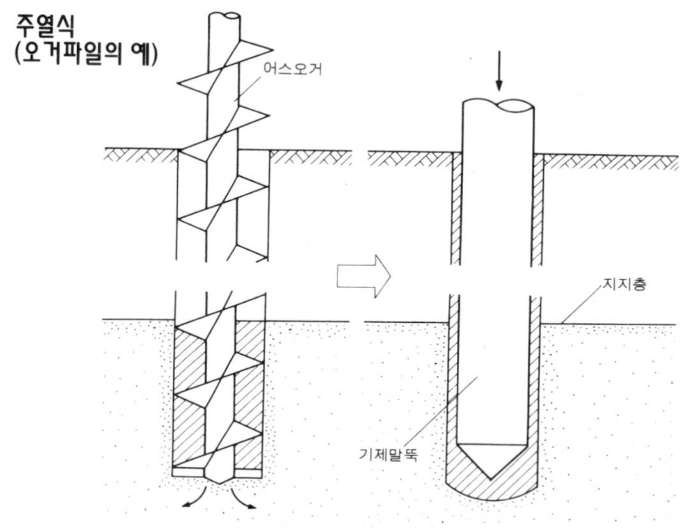

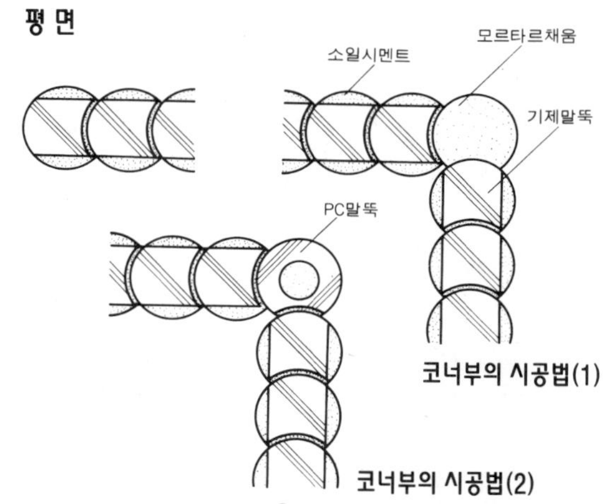

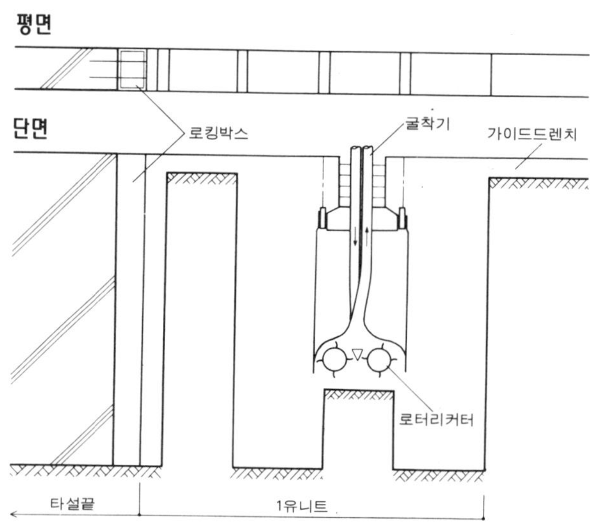

각종공법일람

공법명	주요한 시공기계	굴삭방식: 크램셸	굴삭방식: 버킷(그외)	굴삭방식: 퍼커션	굴삭방식: 로타리	굴삭방식: 기타	굴삭토의 배출방식: 정순환	굴삭토의 배출방식: 역순환	굴삭토의 배출방식: 굴삭기
소레탄시	CIS－58			○				○	
	CIS－71			○	○			○	
	KELLY	○						○	
	크램셸(OWS)	○						○	
이코스	비트			○	○		○	○	
	크램셸	○	○						○
FEW	크램셸	○							○
엘제	엘제굴삭기		○						○
	F형, H형		○						○
TBW	TBW 굴삭기				○			○	
TM	TM형		○					○	
OCW	OCW형	○			○			○	○
SHUT	SHUT형 비트			○	○		○		
	SHUT로터리				○			○	
HB	HB버킷	○							○
	톨만버킷	○							○
MDB	MDS－1500형	○							
BW	BW록월드릴				○			○	
SSS	BW록월드릴				○			○	
	크램셸	○							○
톨만	톨만	○	○						○

옹 벽

L형식

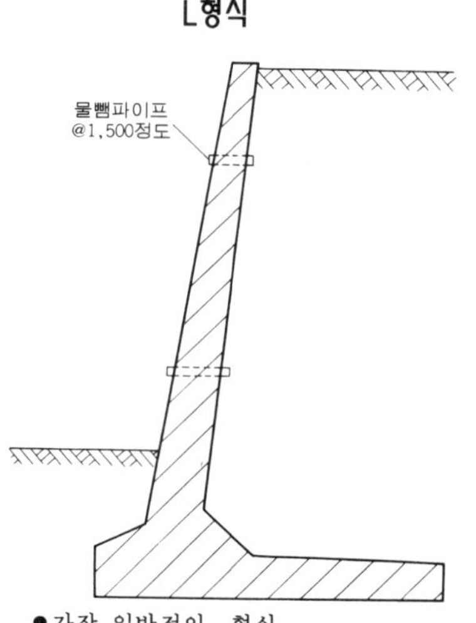

● 가장 일반적인 형식
● H＝4～6m에 이용된다.
● 부지에 제약이 있는 경우에 유리

중력식

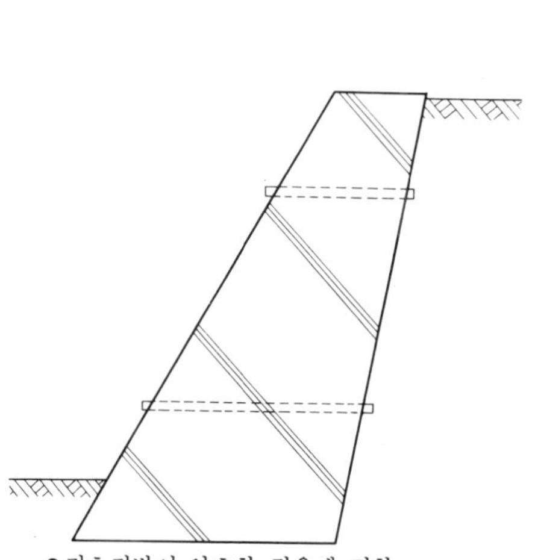

● 기초지반이 양호한 경우에 적합
● H＝2～3까지

건물에 부수한 형식(드라이에어리어 등)

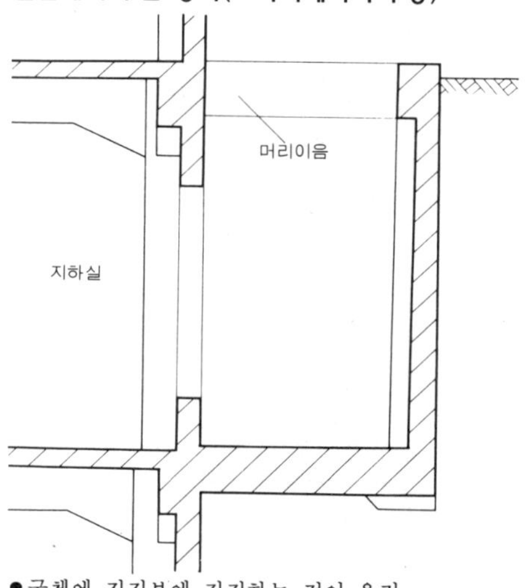

● 구체에 지지보에 지지하는 것이 유리

공통사항

기둥·보

기둥·보는 일반적인 라멘 구조에서, 기본 골조를 형성하는 것이다. 보에는 큰 보와 작은 보가 있다. 큰 보는 기둥과 기둥을 잇는 보이고, 수직 하중 및 지진시에 저항하며, 작은 보는 수직 하중만을 담당하고, 슬래브의 하중을 큰 보에 전한다. 기둥은 휨·전단 이외에 축력을 받기 때문에, 좌굴이라는 문제가 생긴다. 지진시에 주근의 좌굴을 막기 위하여 후프가 감기는데, 그 처음·끝단의 아무림에는 주의가 필요하다. 기둥·보의 디테일에서 가장 주의하여야 할 점은 기둥과 보의 장부내기 부분이다. 자칫하면 실제의 시공(콘크리트 치기)이 곤란한 설계를 하기 쉬운데, 기둥·보를 단독으로 생각하는 것이 아니라, 그 맞춤(철근이 배근 상황, 덮개 두께 등)에 대해서도 충분한 고려를 한 디테일로 하는 일이 중요하다.

보

종단면

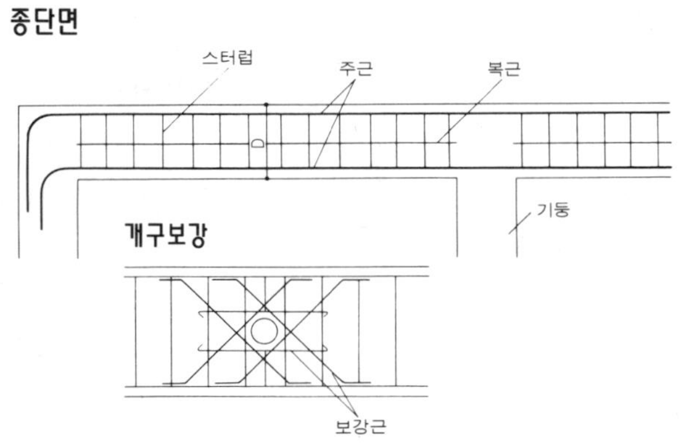

종단면(펀치있는 경우)

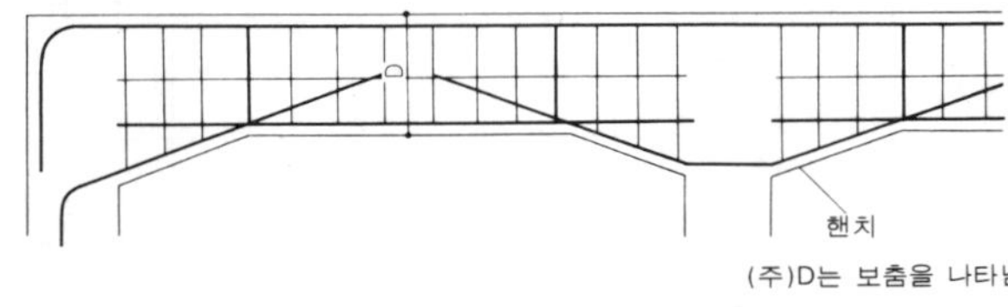

햄치의 배근(절중법)

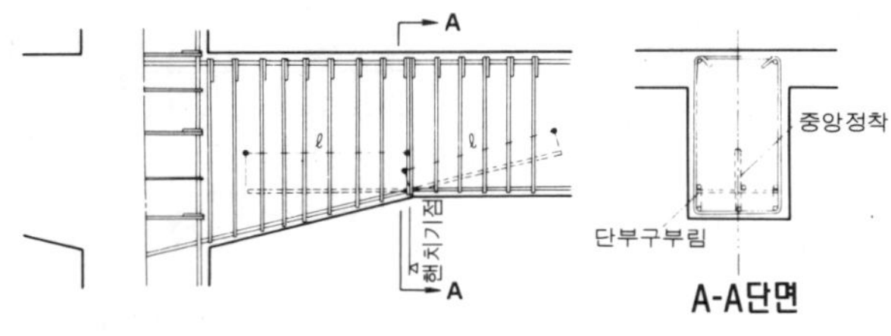

보널(더블T판)

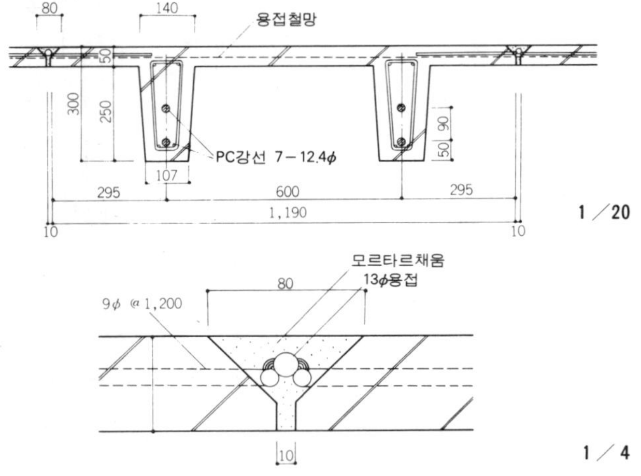

T형보

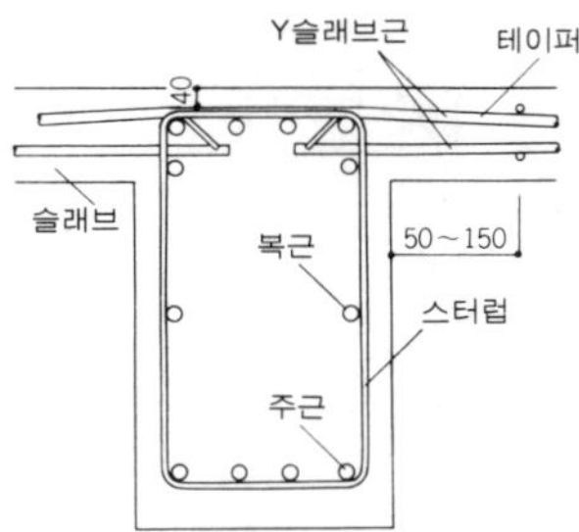

벽부착보

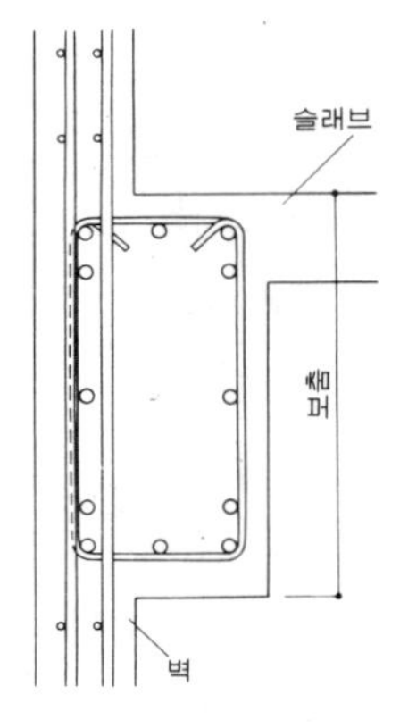

조이스트빔

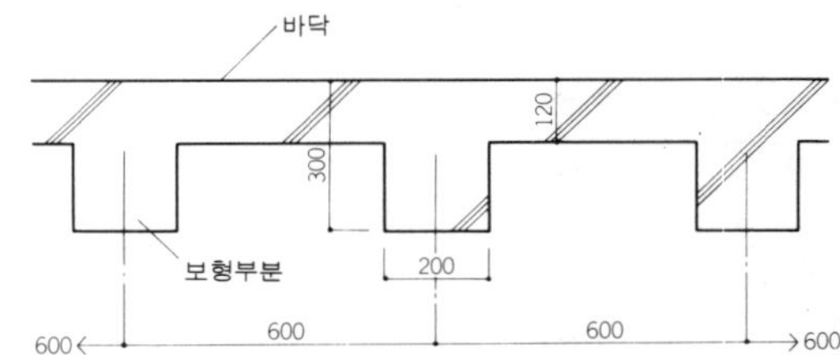

PC작은보(프리스트레스를 도입한 예)

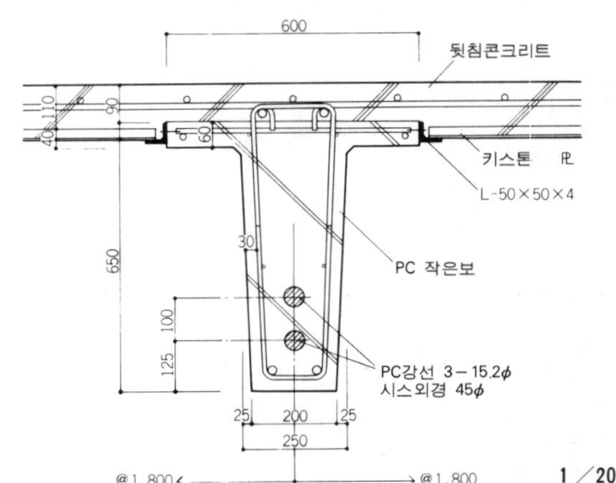

기둥

종단면

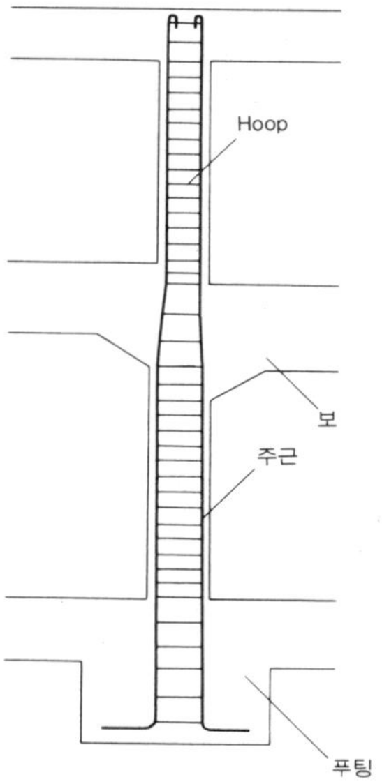

Hoop
보
주근
푸팅

사각형기둥

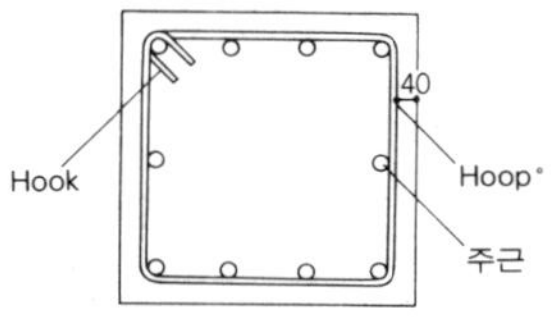

40
Hook
Hoop
주근

원형기둥

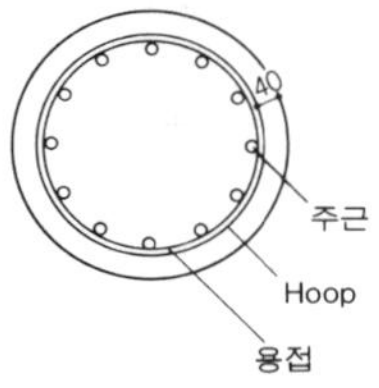

40
주근
Hoop
용접

벽부착기둥

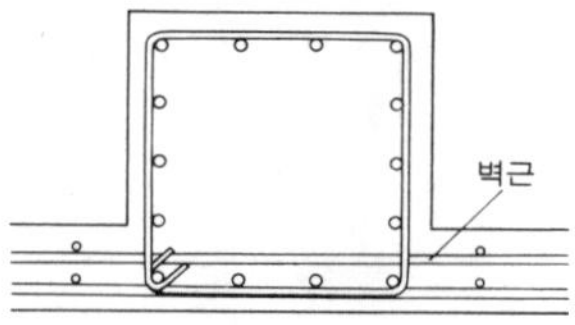

벽근

십자기둥

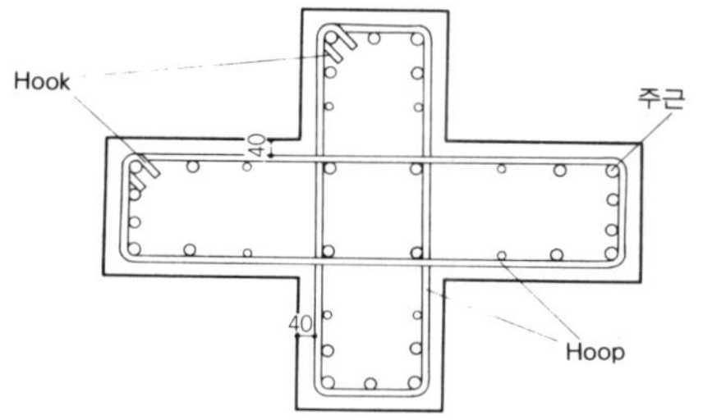

Hook
주근
40
40
Hoop

T형기둥(벽부착)

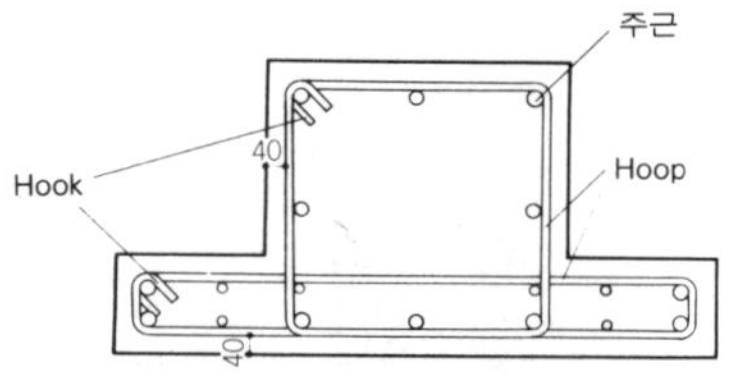

주근
Hook
40
Hoop
40

각스파이럴후프

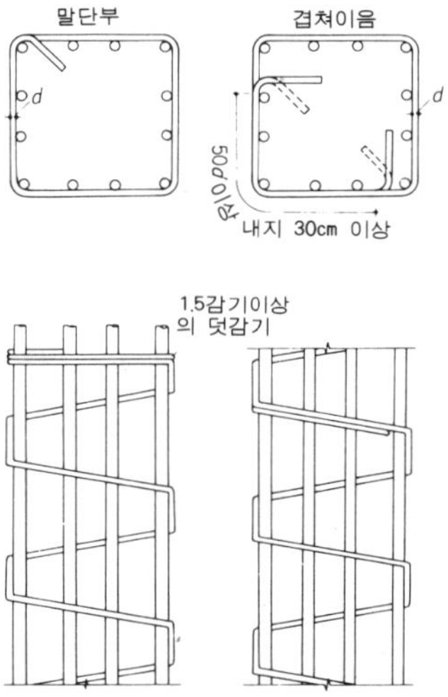

말단부
d
겹쳐이음
d
50d 이상
내지 30cm 이상
1.5감기이상
의 덧감기

원형스파이럴후프

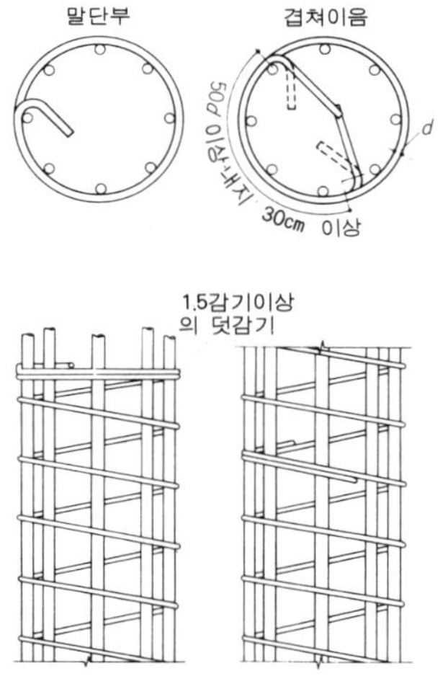

말단부
겹쳐이음
d
50d 이상 내지
30cm 이상
1.5감기이상
의 덧감기

주두의 배근

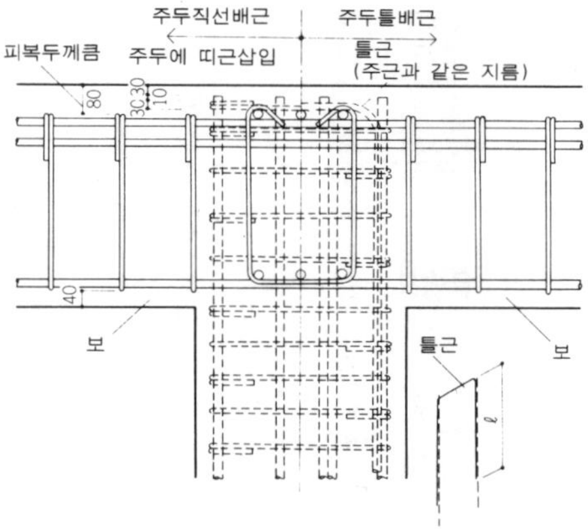

주두직선배근
주두틀배근
피복두께큼
주두에 띠근삽입
틀근
(주근과 같은 지름)
80
3C30
10
40
보
틀근
보
ℓ

기둥~보맞춤 부

평면

보
40
40
기둥
보
40
40

단면

40
40
기둥
보
40
6d
40

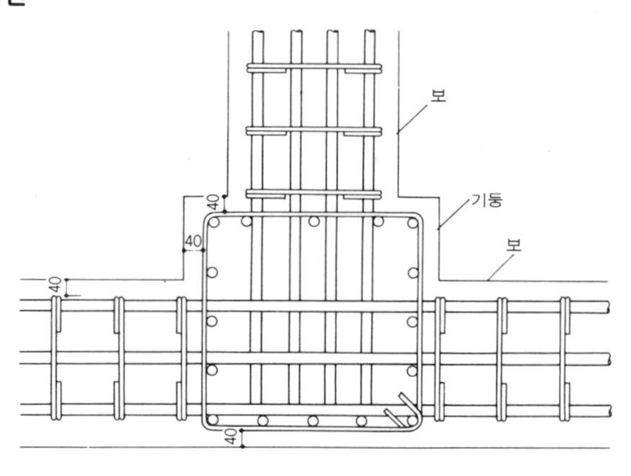

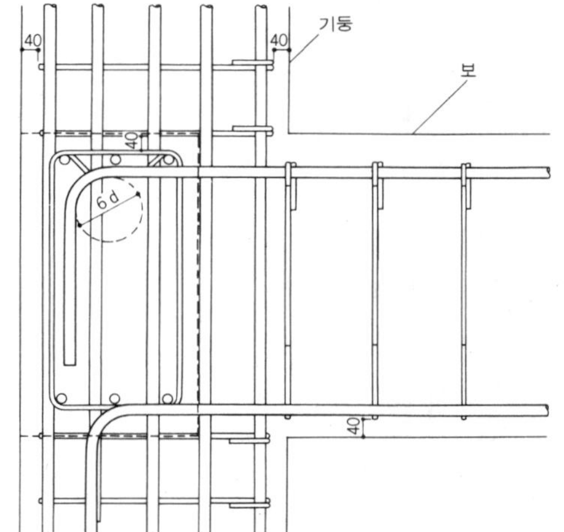

공통사항

지붕 · 바닥

바닥에는 바닥에 실리는 하중을 장기에 걸쳐 지탱하는 일 및 지진력을 각 층의 내진 요소(라멘·벽·브레이스 등)에 분배하는 일의 2가지 역할이 있다. 따라서 장기 하중에 대하여 고장이 없을 것 및 면 내의 전단력에 대하여 강할 것이 필요하다.

특히 장기 하중에 대해서는, 단순히 배근 계산뿐 아니라, 비틀림의 검토(특히 큰 면적의 경우, 편지지 슬래브인 경우 등)가 필요하고, 시공면에서는 철근(특히 上筋)의 처짐에 주의하여야만 한다. 또한 바닥에 개구가 있을 경우는 장기의 면, 면 내 강성의 면 함께 충분한 검토가 필요하고, 큰 면적의 바닥일 경우는 작은 보도 포함하여 비틀림의 검토를 한다. 지붕은 구조 위 바닥과 같이 취급되는데, 일반 바닥의 검토에 덧붙여 옥상 적재물(고가수조·쿨링 타워 등)이나 적설의 하중을 예상하여 두어야만 한다.

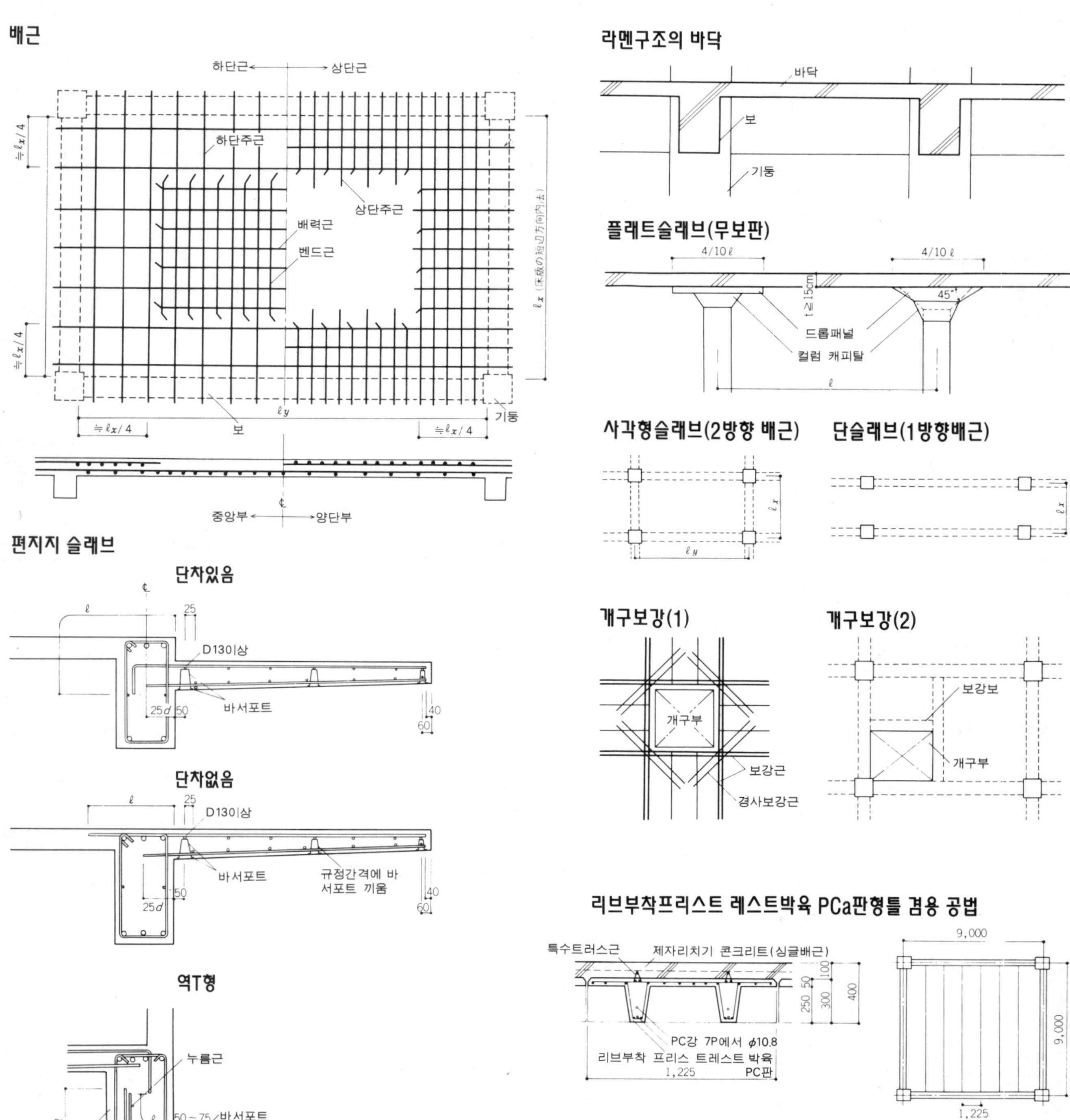

벽

벽은 내진(력)벽과 비내진(력) 벽으로 나뉜다. 벽의 강성은 기둥에 비하여 높고, 편재하면 지진시에 건물이 비틀림 진동을 일으켜 불리하므로, 평면적으로 균형적으로 배치하여야만 한다. 종래 비내진 벽은 구조 계산에 채용되고 있지 않았는데, 최근의 지진 해 예에서 구조체에 중요한 영향을 줌이 밝혀졌다.

특히 수직벽·징두리벽은 기둥의 변형능력을 구속하고, 파괴를 일으키기 쉽게 하므로, 구조체와 벽 사이에 극간(슬리트 줄눈)을 세우는 수법이 채용되고 있다. 시공면에서는 보·주근과의 아무림, 복근일 경우의 덮개 두께, 철근 사이의 클리어런스 등에 주의한다. 또한 극단적으로 얇은 벽은 콘크리트가 충분히 채워지지 않을 우려가 있으므로 특히 주의를 요한다.

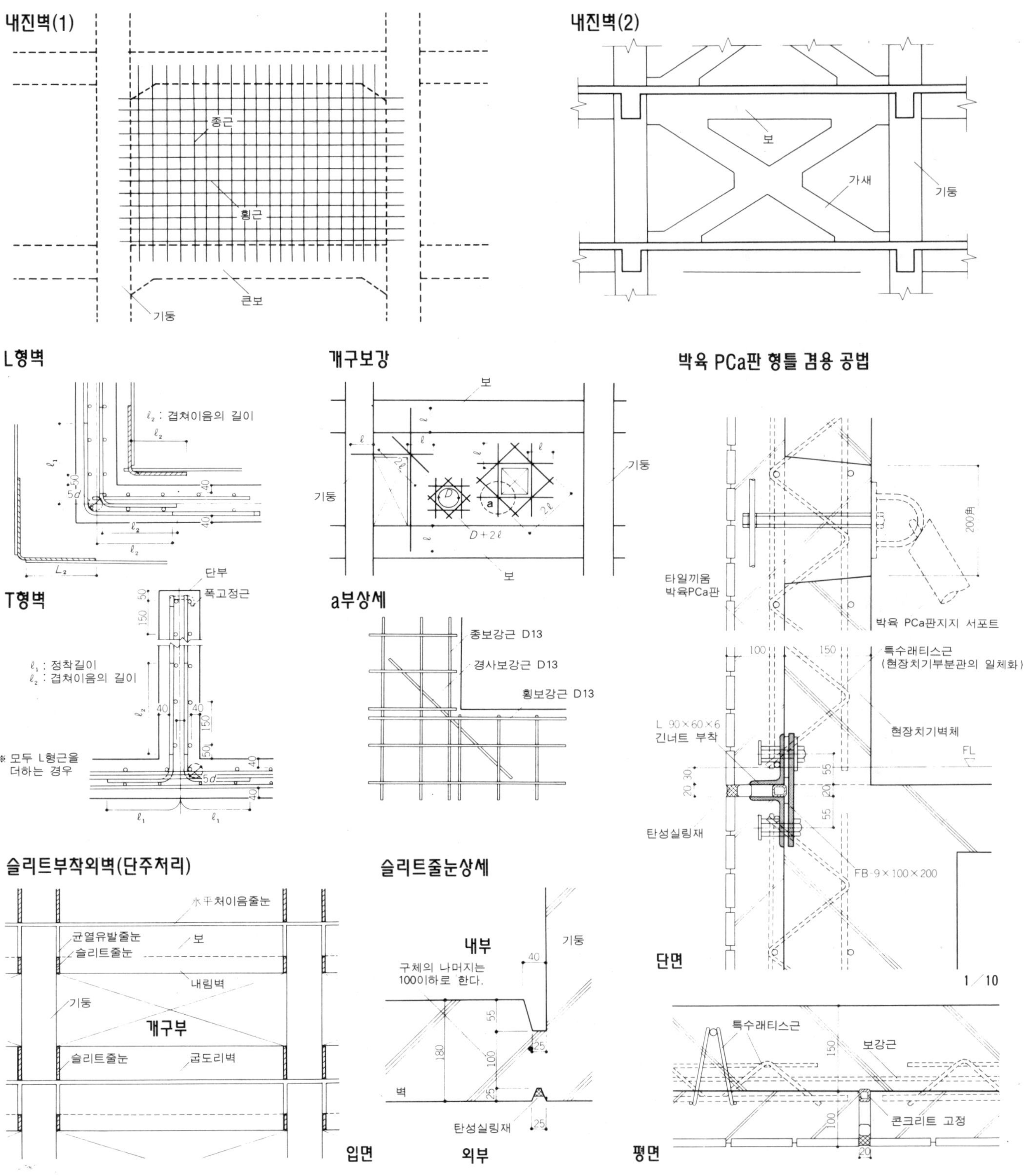

참고구조도

기초・1층보평면상세도

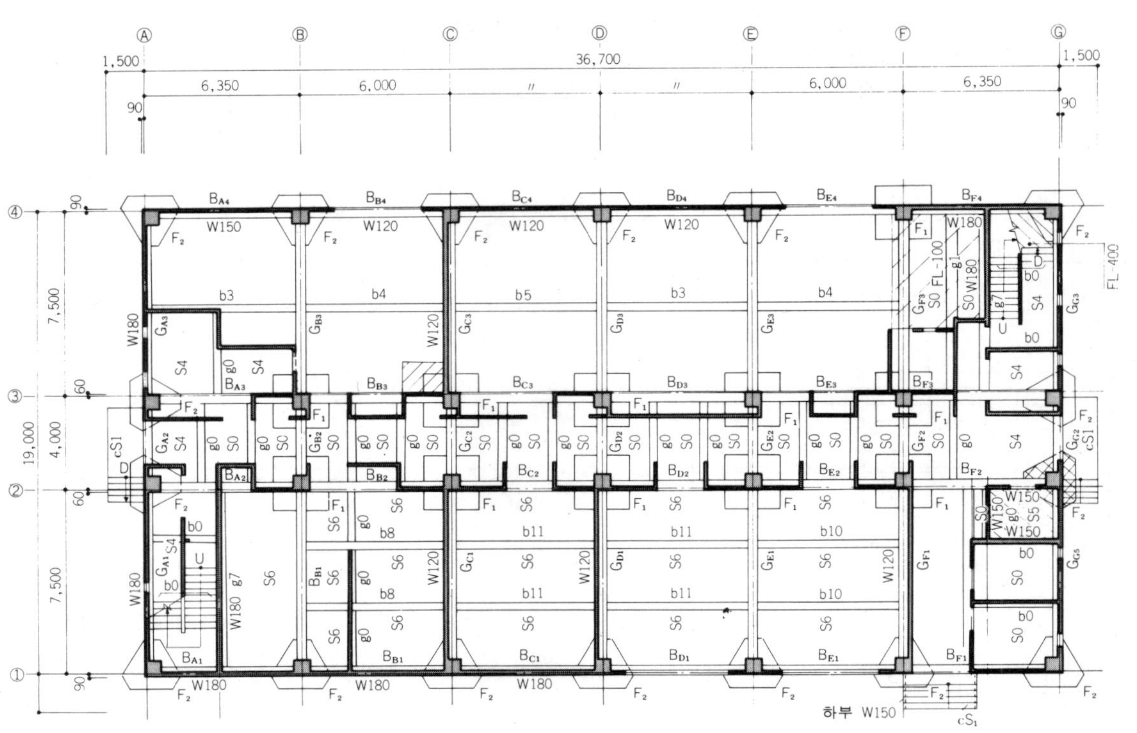

말뚝평면상세도

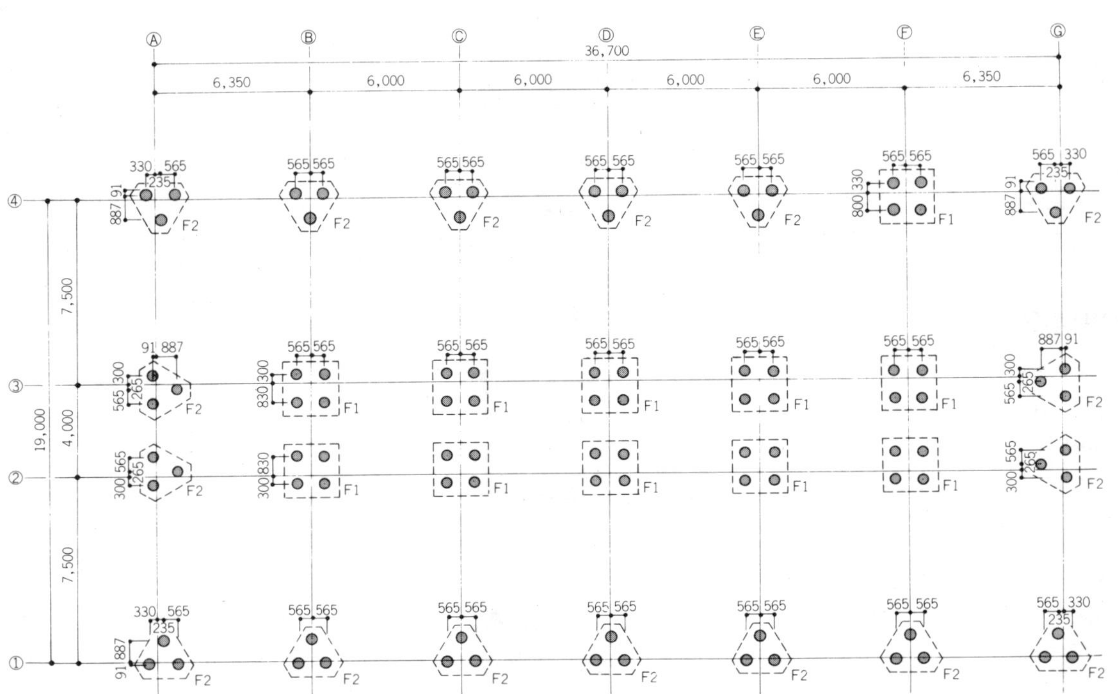

기준층보평면상세도

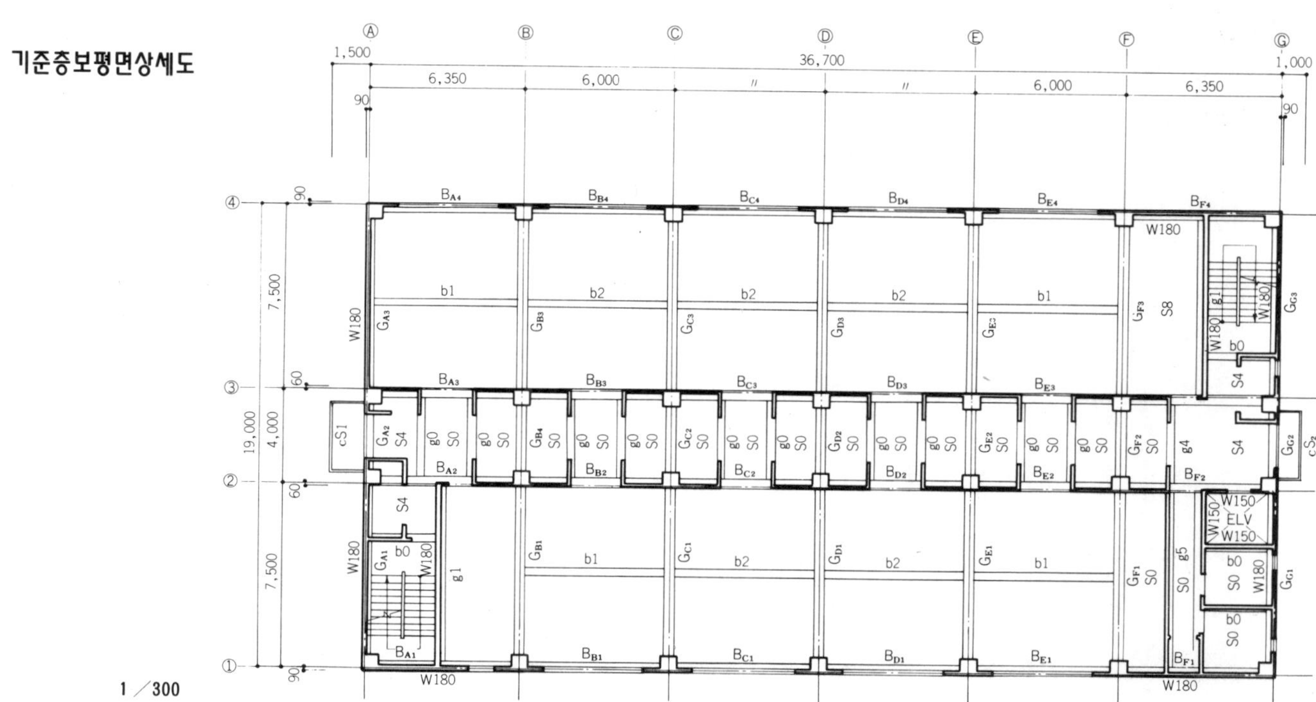

1 ／300

기둥 리스트

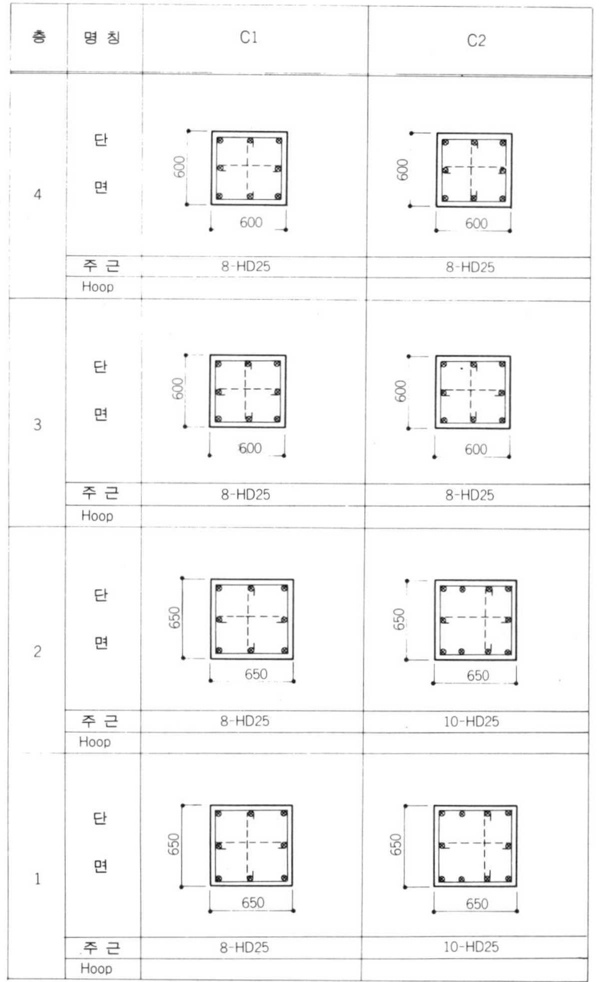

층	명칭	C1	C2
4	단면	600 × 600	600 × 600
	주근	8-HD25	8-HD25
	Hoop		
3	단면	600 × 600	600 × 600
	주근	8-HD25	8-HD25
	Hoop		
2	단면	650 × 650	650 × 650
	주근	8-HD25	10-HD25
	Hoop		
1	단면	650 × 650	650 × 650
	주근	8-HD25	10-HD25
	Hoop		

보리스트(부분)

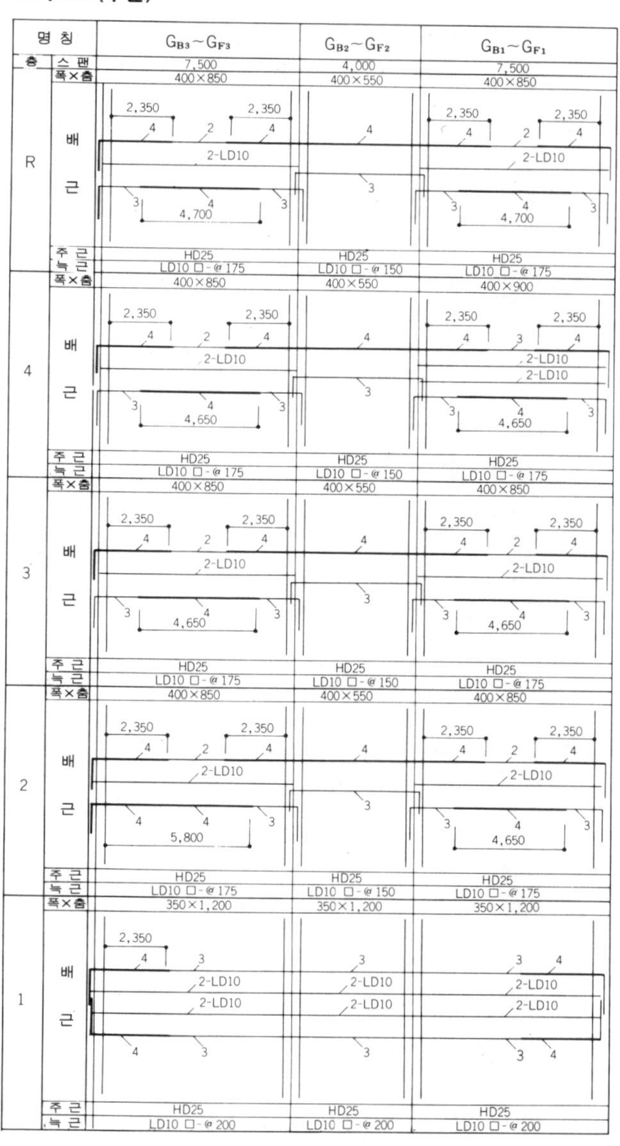

층	명칭	G_{B3}~G_{F3}	G_{B2}~G_{F2}	G_{B1}~G_{F1}
	스팬	7,500	4,000	7,500
R	폭×춤	400×850	400×550	400×850
	배근	2,350 4 2 4 2,350 / 2-LD10 / 3 4 3 / 4,700	4 / 3	2,350 4 2 4 2,350 / 2-LD10 / 3 4 3 / 4,700
	주근	HD25	HD25	HD25
	늑근	LD10 □-@175	LD10 □-@150	LD10 □-@175
4	폭×춤	400×850	400×550	400×900
	배근	2,350 4 2 4 2,350 / 2-LD10 / 3 4 3 / 4,650	4 / 3	2,350 4 3 4 2,350 / 2-LD10 / 2-LD10 / 3 4 3 / 4,650
	주근	HD25	HD25	HD25
	늑근	LD10 □-@175	LD10 □-@150	LD10 □-@175
3	폭×춤	400×850	400×550	400×850
	배근	2,350 4 2 4 2,350 / 2-LD10 / 3 4 3 / 4,650	4 / 3	2,350 4 2 4 2,350 / 2-LD10 / 3 4 3 / 4,650
	주근	HD25	HD25	HD25
	늑근	LD10 □-@175	LD10 □-@150	LD10 □-@175
2	폭×춤	400×850	400×550	400×850
	배근	2,350 4 2 4 2,350 / 2-LD10 / 4 4 3 / 5,800	4 / 3	2,350 4 2 4 2,350 / 2-LD10 / 3 4 3 / 4,650
	주근	HD25	HD25	HD25
	늑근	LD10 □-@175	LD10 □-@150	LD10 □-@175
1	폭×춤	350×1,200	350×1,200	350×1,200
	배근	2,350 4 3 / 2-LD10 / 2-LD10 / 4 3	3 / 2-LD10 / 2-LD10 / 3	3 4 / 2-LD10 / 2-LD10 / 3 4
	주근	HD25	HD25	HD25
	늑근	LD10 □-@200	LD10 □-@200	LD10 □-@200

©중심배근상세

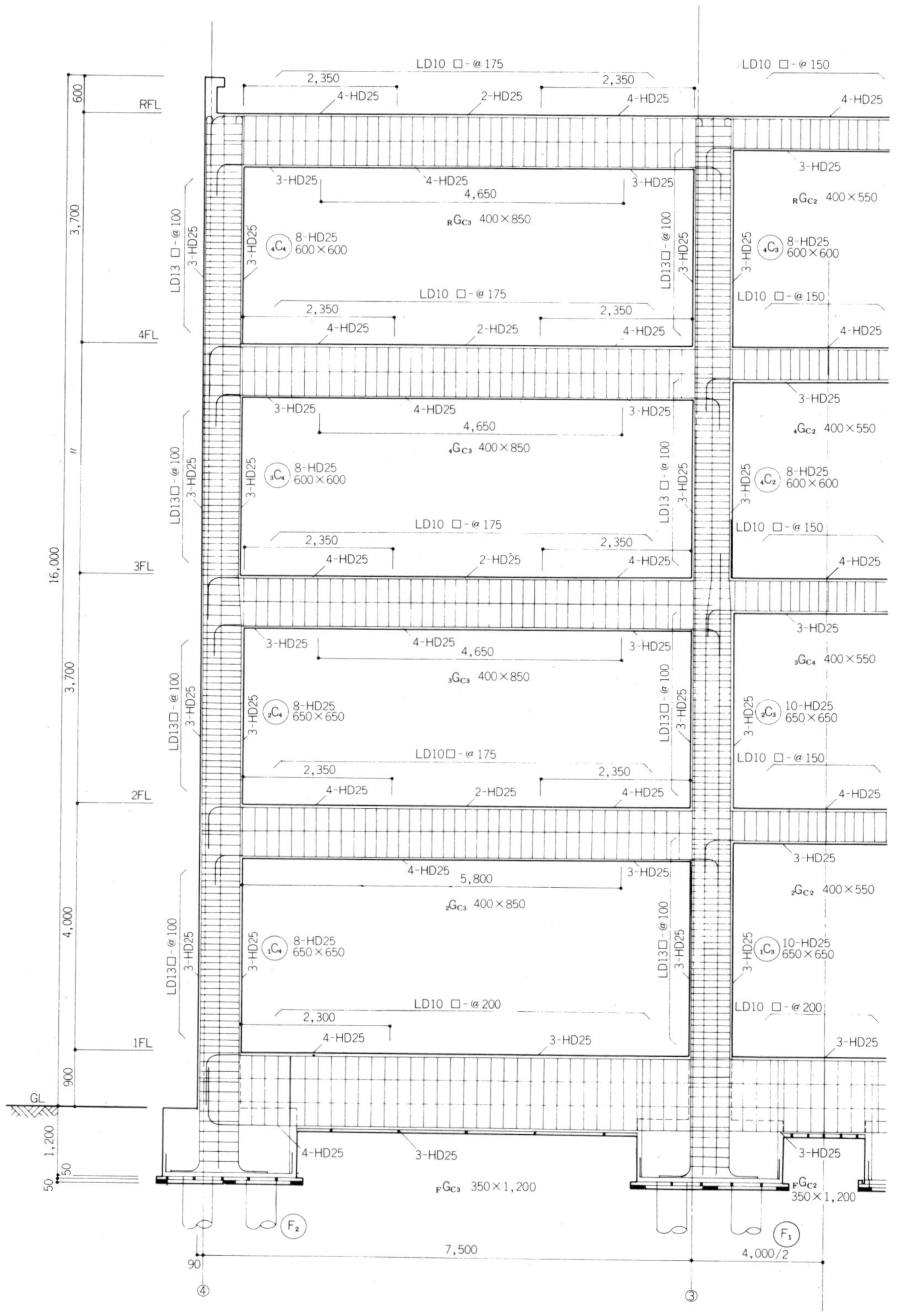

1／100

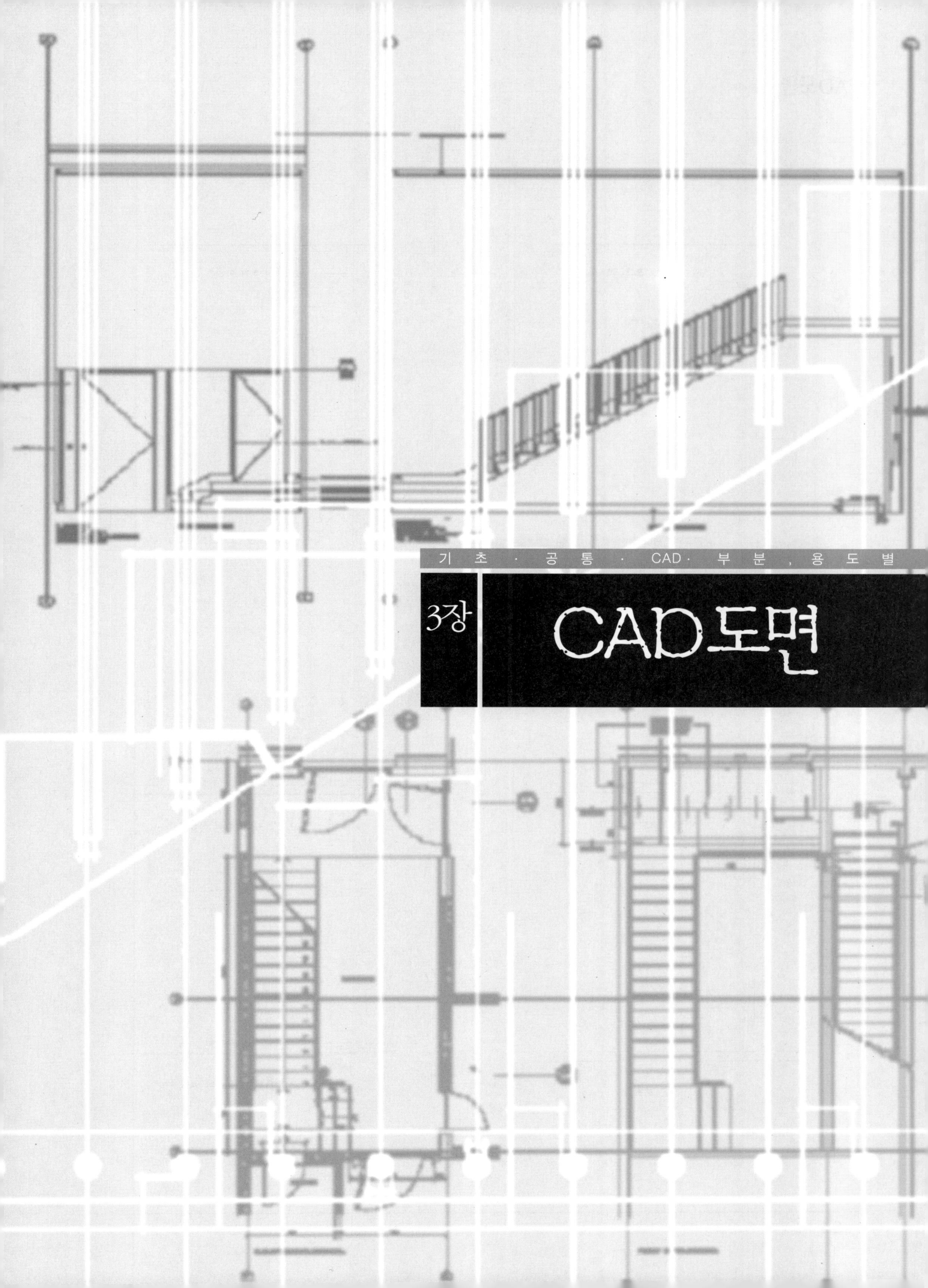

기 초 · 공 통 · CAD · 부 분 , 용 도 별
3장
CAD 도면

마감상세

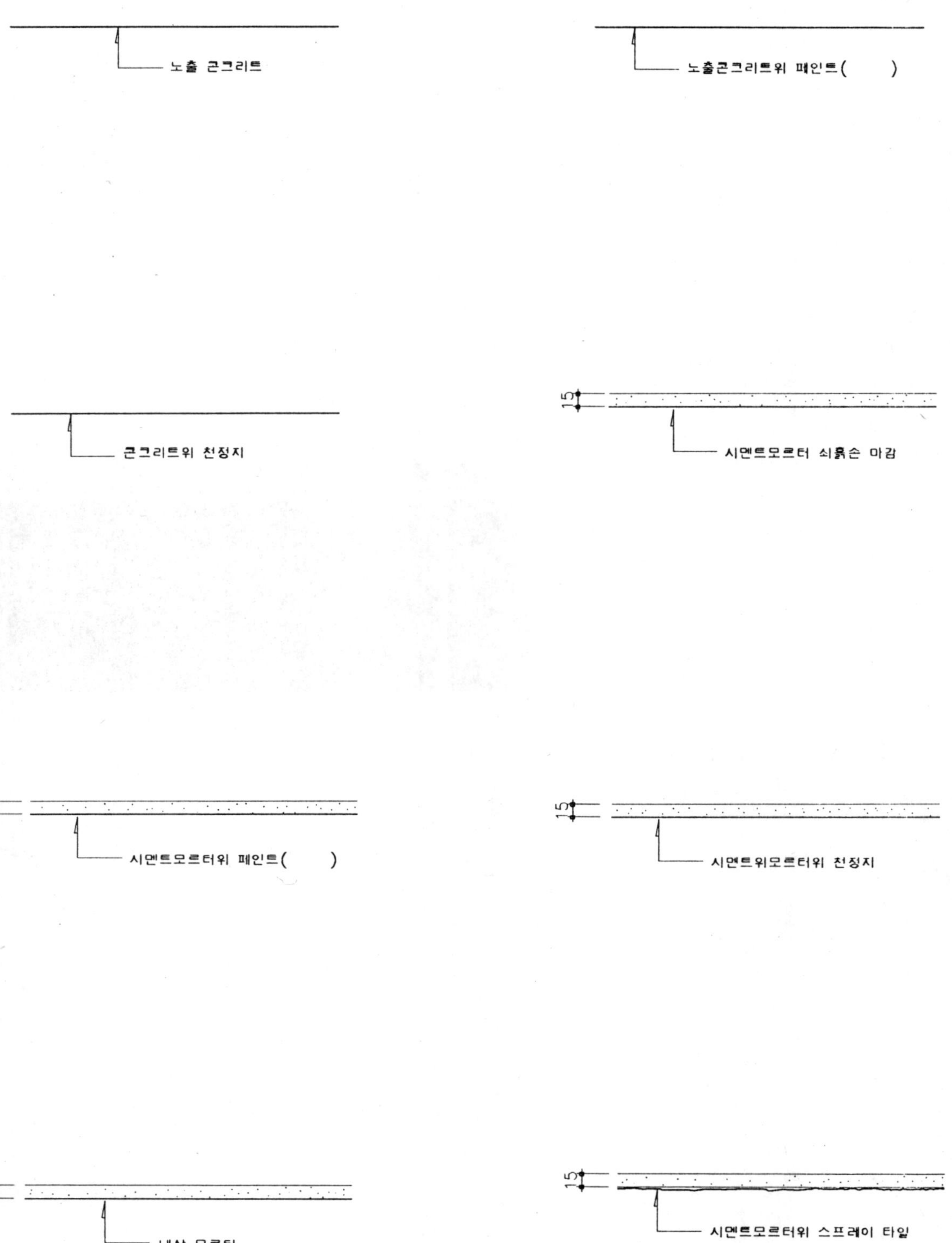

노출 콘크리트
노출콘크리트위 페인트(　　　)
콘크리트위 천정지
15
시멘트모르터 쇠흙손 마감
15
시멘트모르터위 페인트(　　　)
15
시멘트위모르터위 천정지
15
내산 모르터
15
시멘트모르터위 스프레이 타일

마감상세

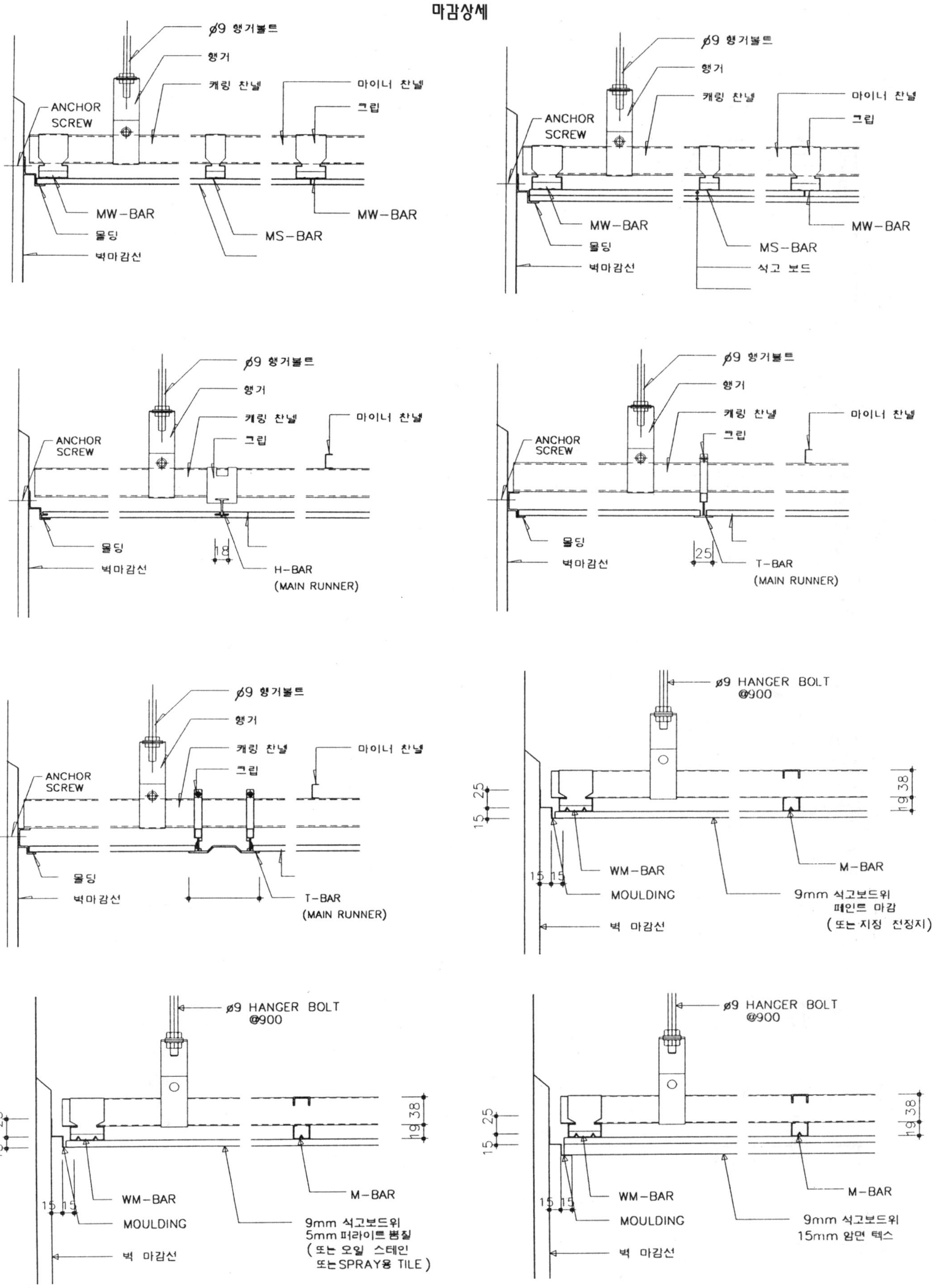
ø9 행거볼트
행거
캐링 찬넬
마이너 찬넬
그립
ANCHOR SCREW
MW-BAR
몰딩
MS-BAR
벽마감선
석고 보드
H-BAR (MAIN RUNNER)
T-BAR (MAIN RUNNER)
18
25
ø9 HANGER BOLT @900
WM-BAR
M-BAR
MOULDING
9mm 석고보드위 페인트 마감 (또는 지정 천정지)
벽 마감선
9mm 석고보드위 5mm 퍼라이트 뿜칠 (또는 오일 스테인 또는SPRAY용 TILE)
9mm 석고보드위 15mm 암면 텍스
15
25
19
38

CAD 도면

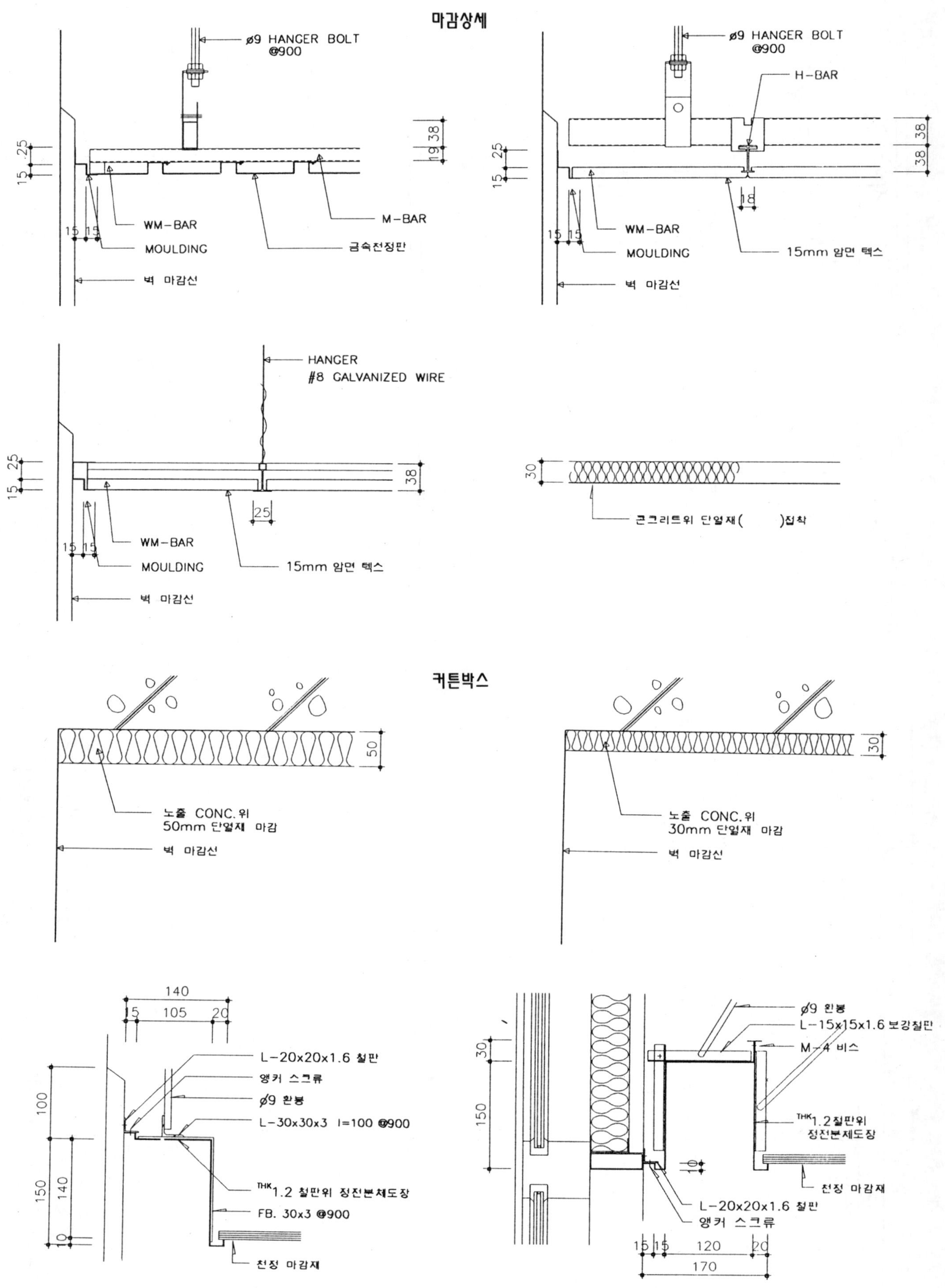

마감상세
ø9 HANGER BOLT @900
WM-BAR
M-BAR
MOULDING
금속천정판
벽 마감선
ø9 HANGER BOLT @900
H-BAR
WM-BAR
MOULDING
15mm 암면 텍스
벽 마감선
HANGER #8 GALVANIZED WIRE
WM-BAR
MOULDING
15mm 암면 텍스
벽 마감선
콘크리트위 단열재( )접착
커튼박스
노출 CONC.위 50mm 단열재 마감
벽 마감선
노출 CONC.위 30mm 단열재 마감
벽 마감선
L-20x20x1.6 철판
앵커 스크류
ø9 환봉
L-30x30x3 l=100 @900
THK1.2 철판위 정전분체도장
FB. 30x3 @900
천정 마감재
ø9 환봉
L-15x15x1.6 보강철판
M-4 비스
THK1.2철판위 정전분체도장
천정 마감재
L-20x20x1.6 철판
앵커 스크류

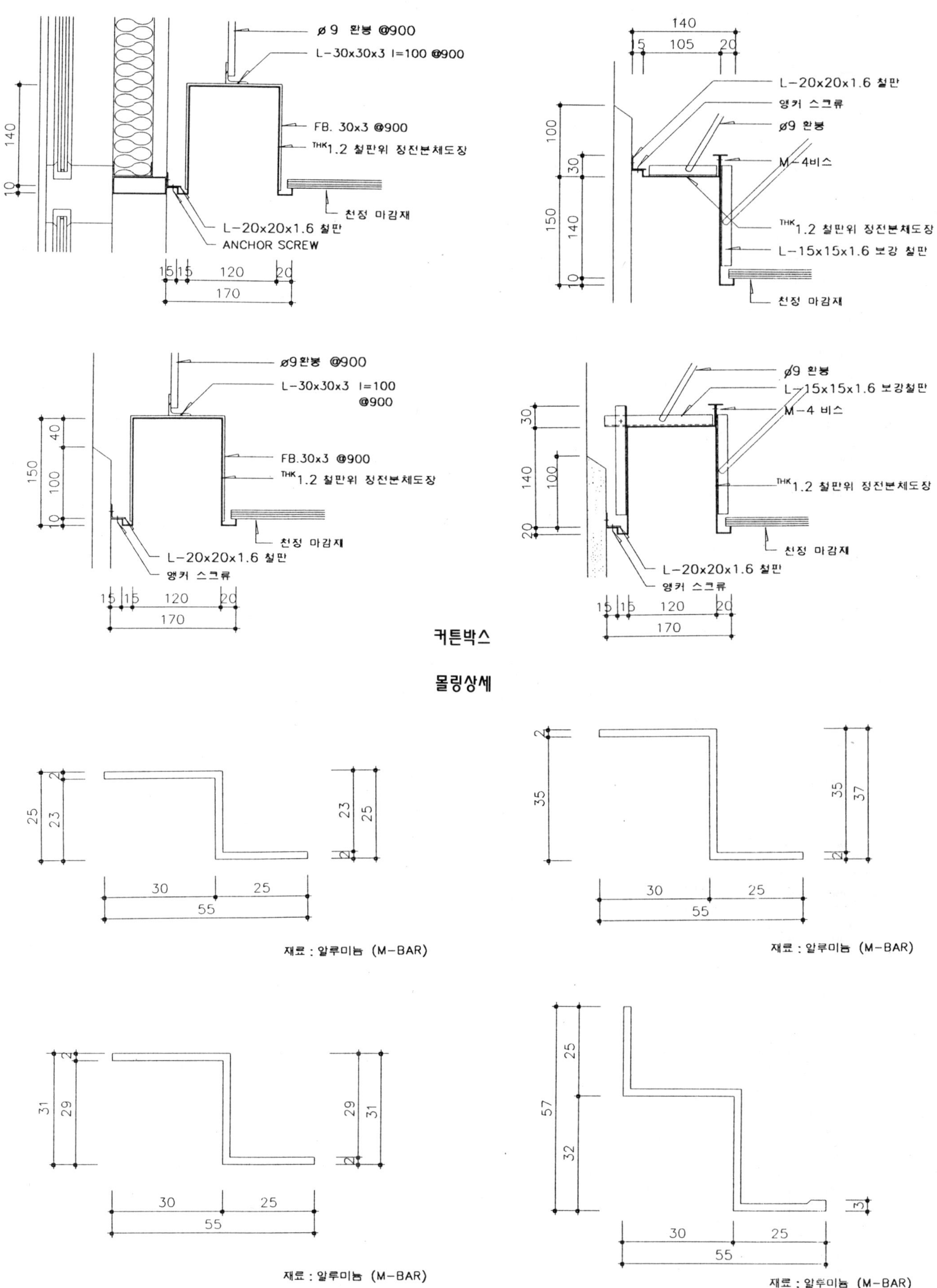
ø9 환봉 @900
L-30x30x3 l=100 @900
FB. 30x3 @900
THK1.2 철판위 정전분체도장
천정 마감재
L-20x20x1.6 철판
ANCHOR SCREW
140
10
15 15 120 20
170
140
15 105 20
L-20x20x1.6 철판
앵커 스크류
ø9 환봉
M-4비스
THK1.2 철판위 정전분체도장
L-15x15x1.6 보강 철판
천정 마감재
100
30
150
140
10
ø9환봉 @900
L-30x30x3 l=100
@900
FB.30x3 @900
THK1.2 철판위 정전분체도장
천정 마감재
L-20x20x1.6 철판
앵커 스크류
150
40
100
10
15 15 120 20
170
ø9 환봉
L-15x15x1.6 보강철판
M-4 비스
THK1.2 철판위 정전분체도장
천정 마감재
L-20x20x1.6 철판
앵커 스크류
30
140
100
20
15 15 120 20
170
커튼박스
몰링상세
25
23
2
30 25
55
재료 : 알루미늄 (M-BAR)
35
37
2
30 25
55
재료 : 알루미늄 (M-BAR)
31
29
2
30 25
55
재료 : 알루미늄 (M-BAR)
57
25
32
3
30 25
55
재료 : 알루미늄 (M-BAR)

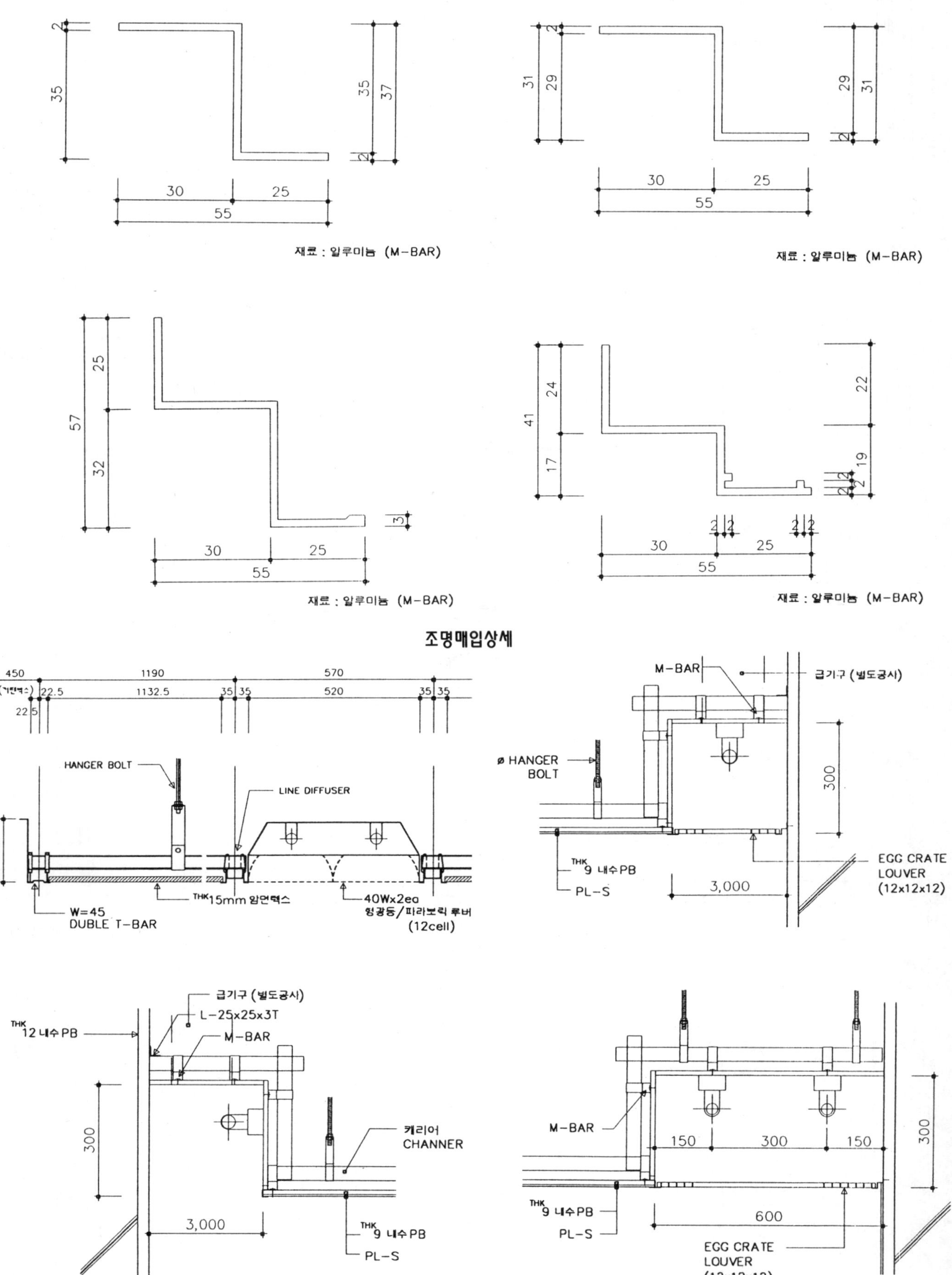
몰딩상세
재료 : 알루미늄 (M-BAR)
재료 : 알루미늄 (M-BAR)
재료 : 알루미늄 (M-BAR)
재료 : 알루미늄 (M-BAR)
조명매입상세
HANGER BOLT
LINE DIFFUSER
W=45
DUBLE T-BAR
THK 15mm 암면텍스
40Wx2ea
형광등/파라보릭 루버
(12cell)
M-BAR
급기구 (별도공사)
ø HANGER
BOLT
THK 9 내수PB
PL-S
EGG CRATE
LOUVER
(12x12x12)
급기구 (별도공사)
L-25x25x3T
THK 12 내수PB
M-BAR
케리어
CHANNER
THK 9 내수PB
PL-S
M-BAR
THK 9 내수PB
PL-S
EGG CRATE
LOUVER
(12x12x12)

마감상세

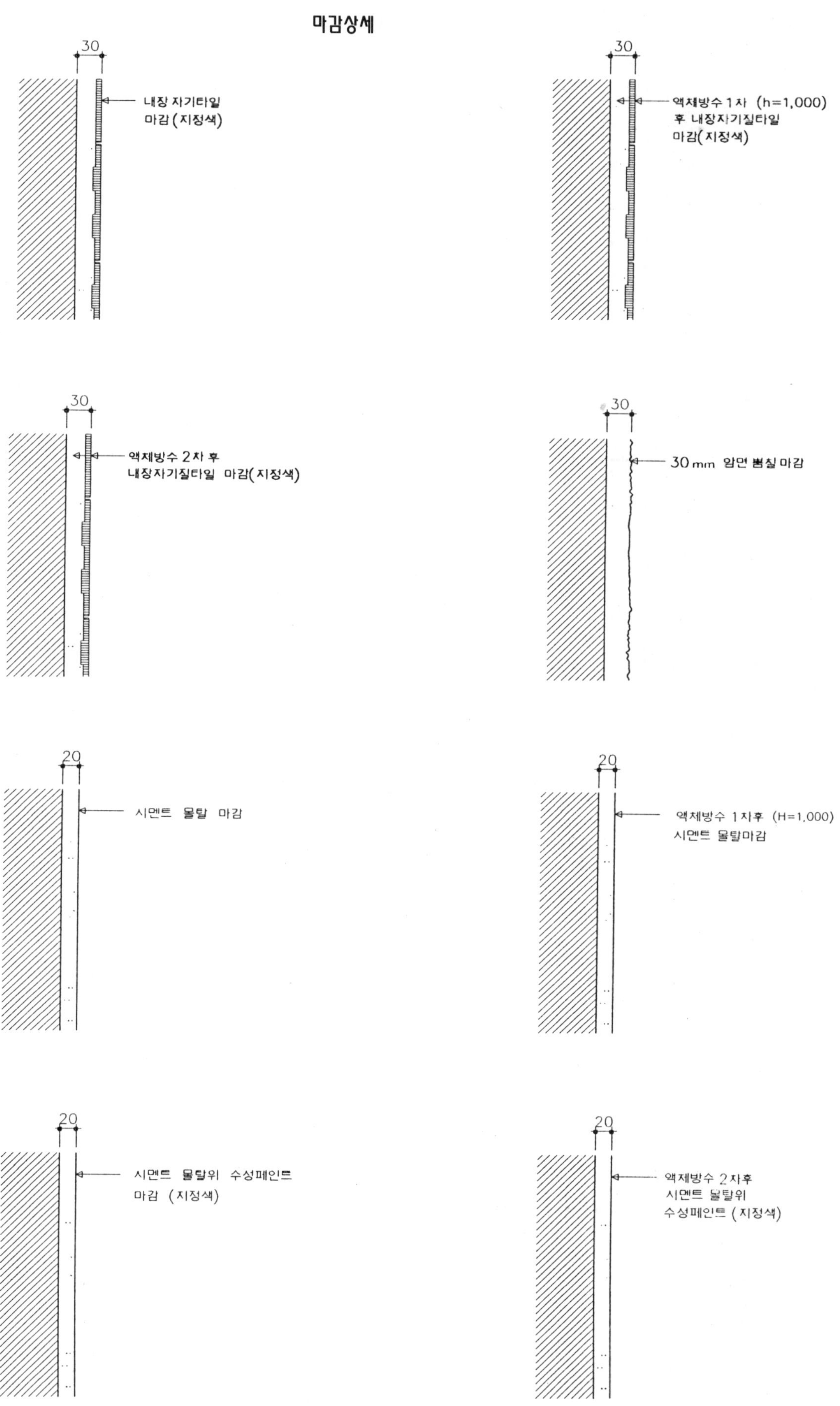
30
내장 자기타일
마감 (지정색)
30
액제방수 1차 (h=1,000)
후 내장자기질타일
마감(지정색)
30
액제방수 2차 후
내장자기질타일 마감(지정색)
30
30mm 암면 뿜칠 마감
20
시멘트 몰탈 마감
20
액제방수 1차후 (H=1,000)
시멘트 몰탈마감
20
시멘트 몰탈위 수성페인트
마감 (지정색)
20
액제방수 2차후
시멘트 몰탈위
수성페인트 (지정색)

마감상세

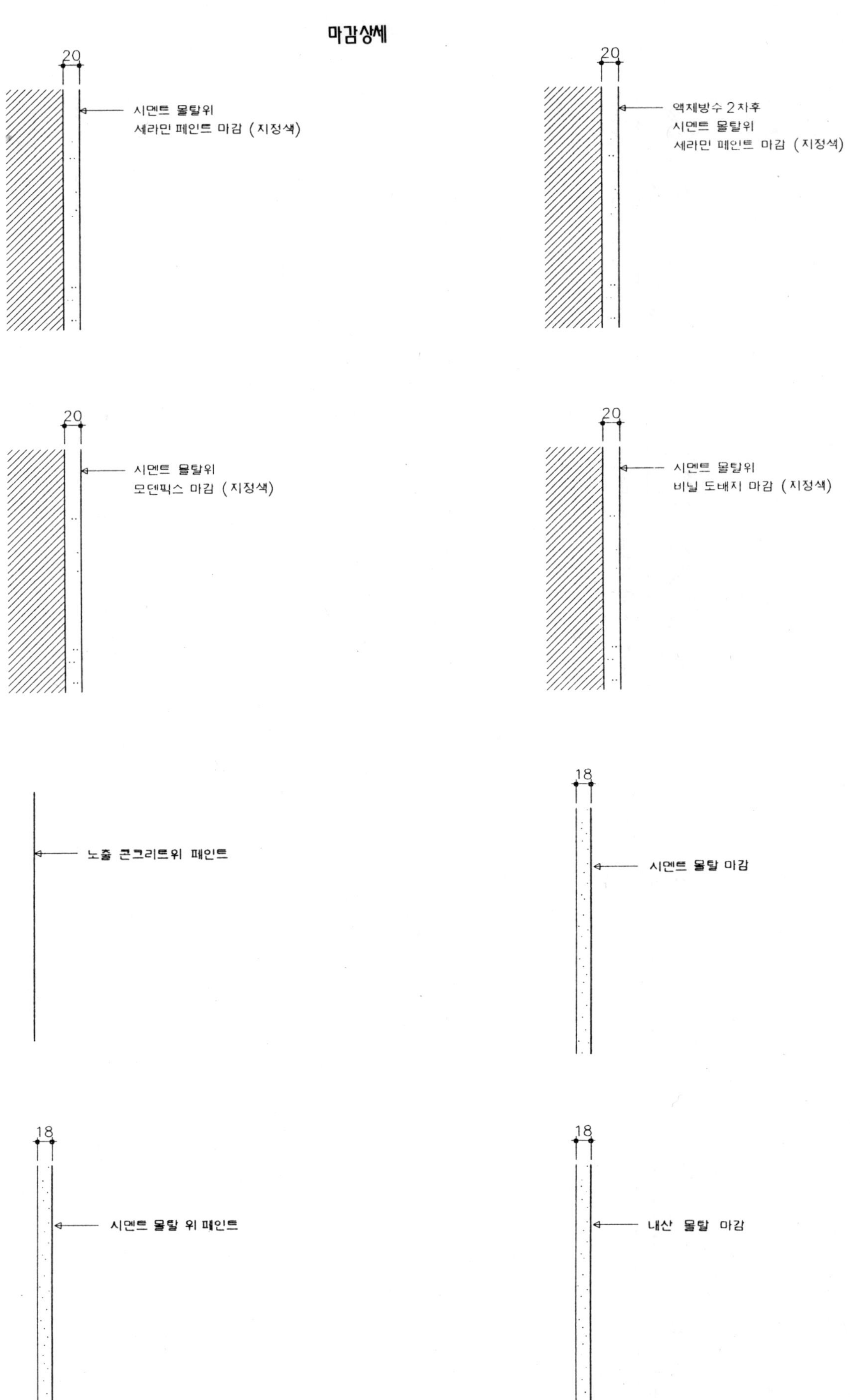
20
시멘트 몰탈위
세라민 페인트 마감 (지정색)
20
액제방수 2차후
시멘트 몰탈위
세라민 페인트 마감 (지정색)
20
시멘트 몰탈위
모노픽스 마감 (지정색)
20
시멘트 몰탈위
비닐 도배지 마감 (지정색)
노출 콘크리트위 페인트
18
시멘트 몰탈 마감
18
시멘트 몰탈 위 페인트
18
내산 몰탈 마감

마감상세

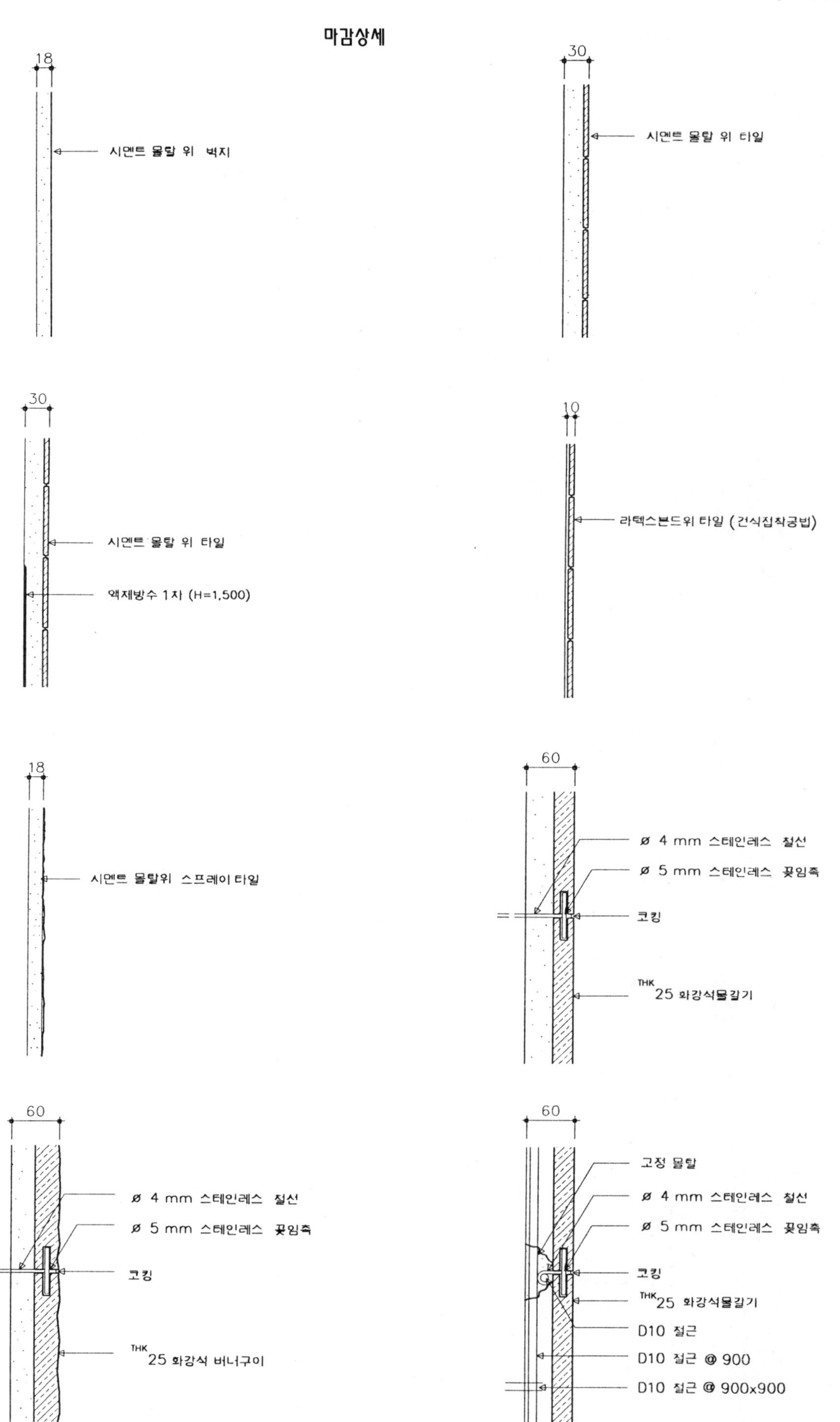
18
시멘트 몰탈 위 벽지
30
시멘트 몰탈 위 타일
30
시멘트 몰탈 위 타일
액체방수 1차 (H=1,500)
10
라텍스본드위 타일 (건식접착공법)
18
시멘트 몰탈위 스프레이 타일
60
Ø 4 mm 스테인레스 철선
Ø 5 mm 스테인레스 꽂임촉
코킹
THK 25 화강석물갈기
60
Ø 4 mm 스테인레스 철선
Ø 5 mm 스테인레스 꽂임촉
코킹
THK 25 화강석 버너구이
60
고정 몰탈
Ø 4 mm 스테인레스 철선
Ø 5 mm 스테인레스 꽂임촉
코킹
THK 25 화강석물갈기
D10 철근
D10 철근 @ 900
D10 철근 @ 900x900

CAD도면

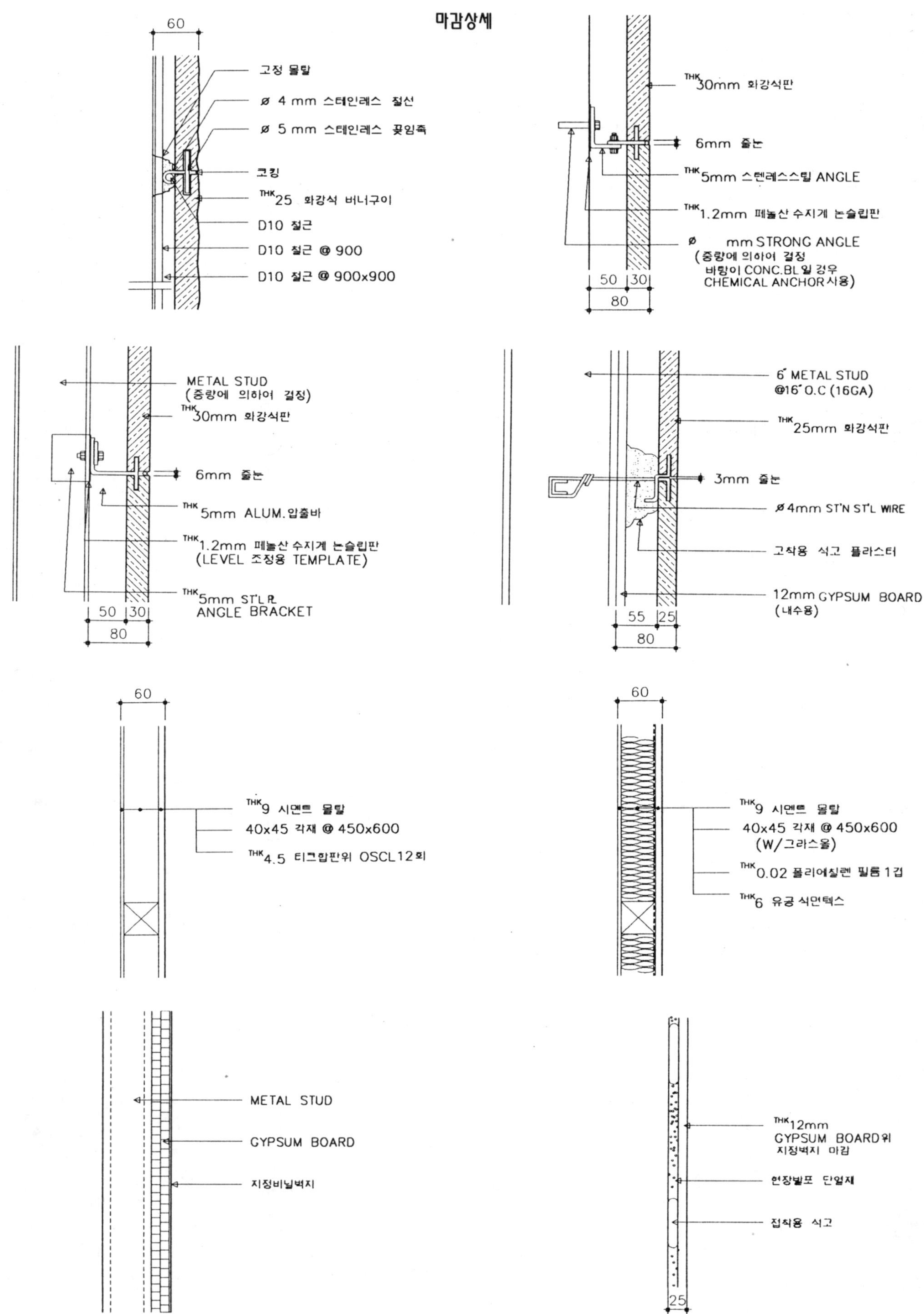

마감상세
60
고정 몰탈
ø 4 mm 스테인레스 철선
ø 5 mm 스테인레스 꽂임촉
코킹
THK25 화강석 버너구이
D10 철근
D10 철근 @ 900
D10 철근 @ 900x900
THK30mm 화강석판
6mm 줄눈
THK5mm 스텐레스스틸 ANGLE
THK1.2mm 페놀산 수지계 논슬립판
ø mm STRONG ANGLE
(중량에 의하여 결정
바탕이 CONC.BL일 경우
CHEMICAL ANCHOR사용)
50 30
80
METAL STUD
(중량에 의하여 결정)
THK30mm 화강석판
6mm 줄눈
THK5mm ALUM.압출바
THK1.2mm 페놀산 수지계 논슬립판
(LEVEL 조정용 TEMPLATE)
THK5mm ST'L R ANGLE BRACKET
50 30
80
6" METAL STUD
@16" O.C (16GA)
THK25mm 화강석판
3mm 줄눈
ø4mm ST'N ST'L WIRE
고착용 석고 플라스터
12mm GYPSUM BOARD
(내수용)
55 25
80
60
THK9 시멘트 몰탈
40x45 각재 @ 450x600
THK4.5 티크합판위 OSCL12회
60
THK9 시멘트 몰탈
40x45 각재 @ 450x600
(W/그라스울)
THK0.02 폴리에칠렌 필름 1겹
THK6 유공 석면텍스
METAL STUD
GYPSUM BOARD
지정비닐벽지
THK12mm
GYPSUM BOARD위
지정벽지 마감
현장발포 단열재
접착용 석고
25

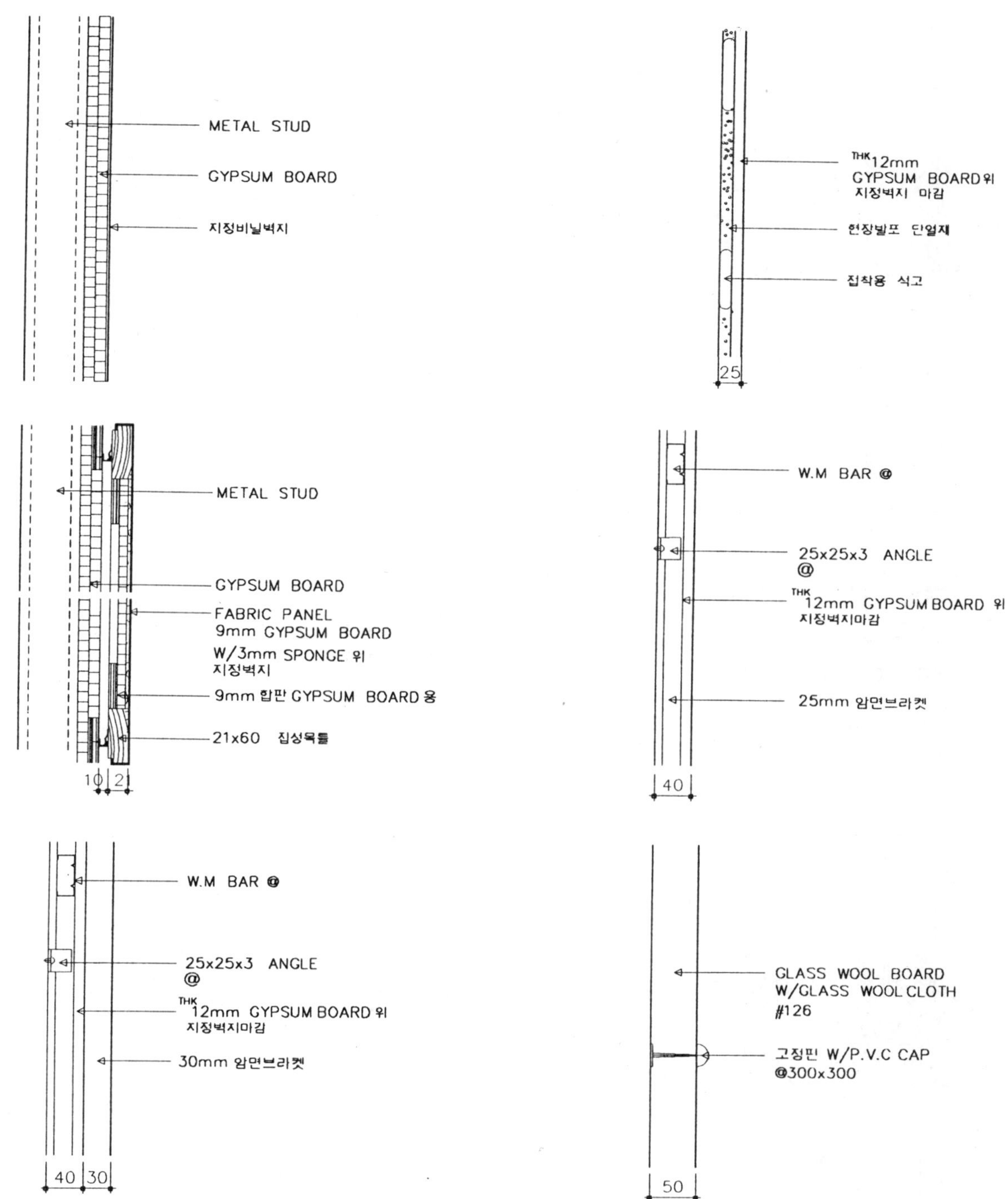
METAL STUD
GYPSUM BOARD
지정비닐벽지
THK 12mm
GYPSUM BOARD위
지정벽지 마감
현장발포 단열재
접착용 석고
25
METAL STUD
GYPSUM BOARD
FABRIC PANEL
9mm GYPSUM BOARD
W/3mm SPONGE 위
지정벽지
9mm 합판 GYPSUM BOARD 용
21x60 집성목틀
10
21
W.M BAR @
25x25x3 ANGLE
@
THK 12mm GYPSUM BOARD 위
지정벽지마감
25mm 암면브라켓
40
W.M BAR @
25x25x3 ANGLE
@
THK 12mm GYPSUM BOARD 위
지정벽지마감
30mm 암면브라켓
40
30
GLASS WOOL BOARD
W/GLASS WOOL CLOTH
#126
고정핀 W/P.V.C CAP
@300x300
50

마감상세

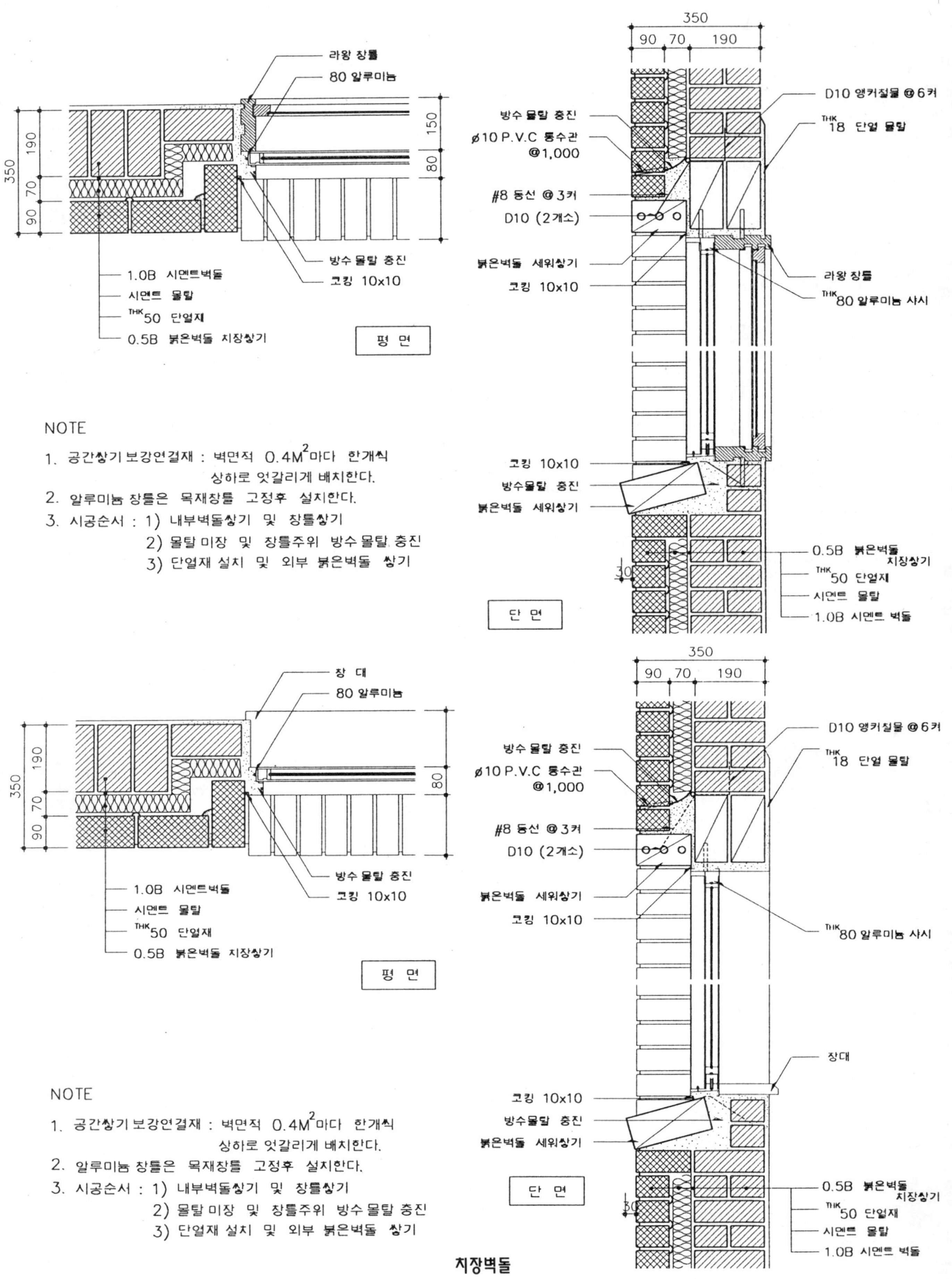

350
90 70 190
라왕 장틀
80 알루미늄
150
80
190
70
90
방수 몰탈 충진
코킹 10x10
1.0B 시멘트벽돌
시멘트 몰탈
THK50 단열재
0.5B 붉은벽돌 치장쌓기
평 면
D10 앵커철물 @6커
THK18 단열 몰탈
방수 몰탈 충진
ø10 P.V.C 통수관 @1,000
#8 동선 @3커
D10 (2개소)
붉은벽돌 세워쌓기
코킹 10x10
라왕 장틀
THK80 알루미늄 사시
30
단 면
NOTE
1. 공간쌓기 보강연결재 : 벽면적 0.4M2마다 한개씩 상하로 엇갈리게 배치한다.
2. 알루미늄 창틀은 목재창틀 고정후 설치한다.
3. 시공순서 : 1) 내부벽돌쌓기 및 창틀쌓기
2) 몰탈 미장 및 창틀주위 방수 몰탈 충진
3) 단열재 설치 및 외부 붉은벽돌 쌓기
창 대
장대

치장벽돌

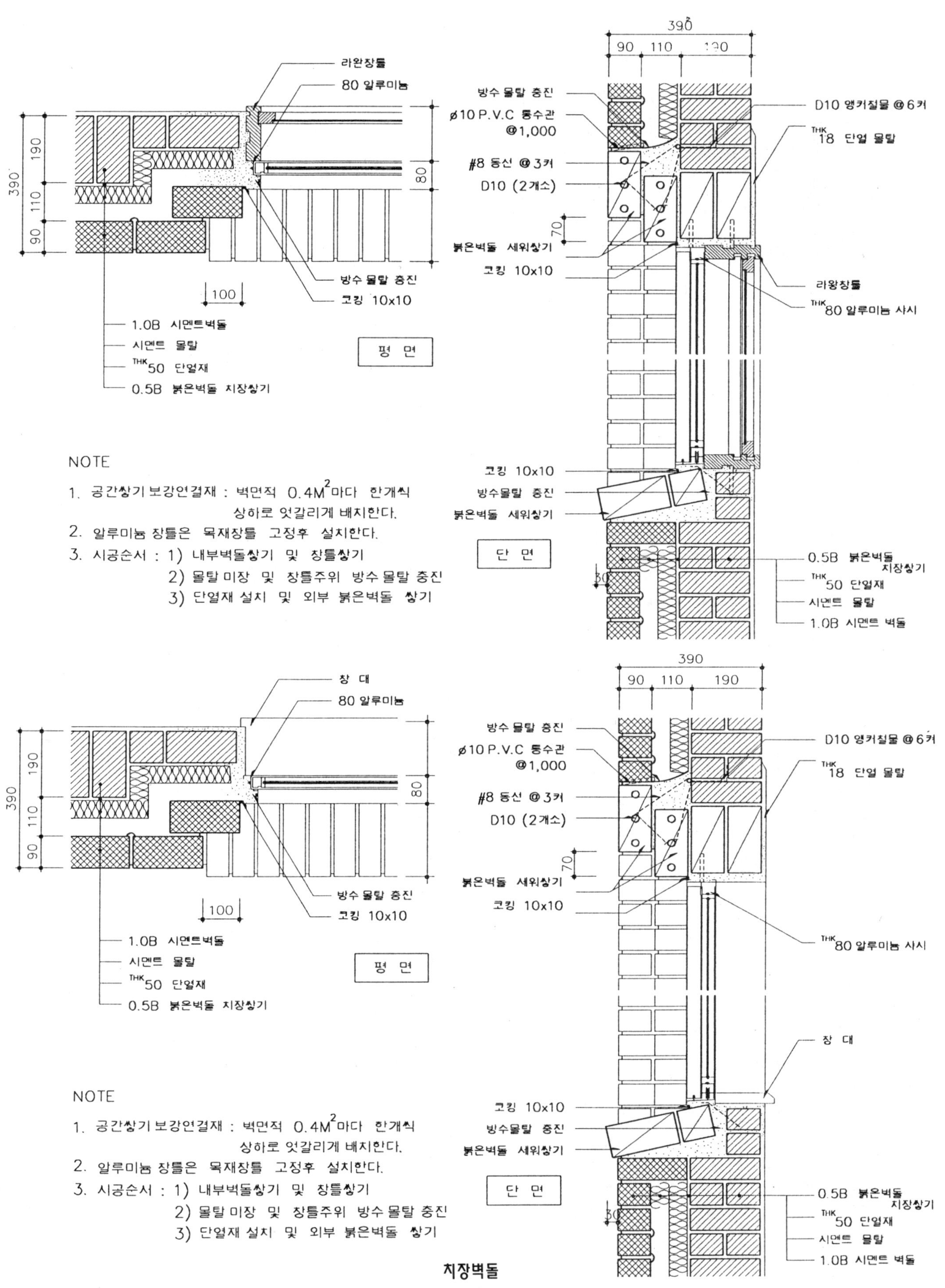

NOTE

1. 공간쌓기 보강연결재 : 벽면적 0.4M² 마다 한개씩 상하로 엇갈리게 배치한다.
2. 알루미늄 창틀은 목재창틀 고정후 설치한다.
3. 시공순서 : 1) 내부벽돌쌓기 및 창틀쌓기
   2) 몰탈 미장 및 창틀주위 방수 몰탈 충진
   3) 단열재 설치 및 외부 붉은벽돌 쌓기

NOTE

1. 공간쌓기 보강연결재 : 벽면적 0.4M² 마다 한개씩 상하로 엇갈리게 배치한다.
2. 알루미늄 창틀은 목재창틀 고정후 설치한다.
3. 시공순서 : 1) 내부벽돌쌓기 및 창틀쌓기
   2) 몰탈 미장 및 창틀주위 방수 몰탈 충진
   3) 단열재 설치 및 외부 붉은벽돌 쌓기

치장벽돌

CAD도면

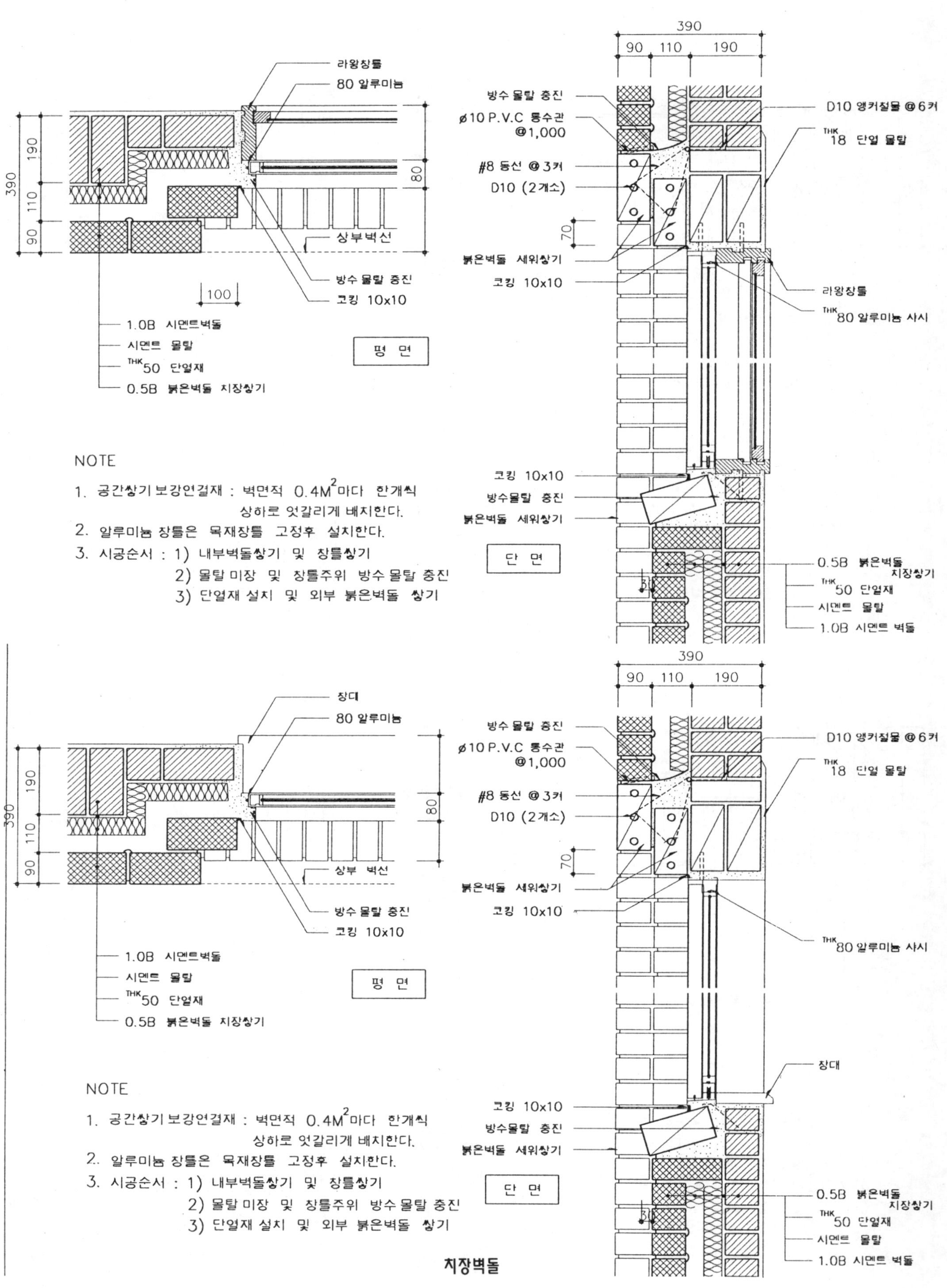

라왕창틀
80 알루미늄
390
190
110
90
80
상부벽선
방수 몰탈 충진
코킹 10x10
100
1.0B 시멘트벽돌
시멘트 몰탈
THK50 단열재
0.5B 붉은벽돌 치장쌓기
평 면
NOTE
1. 공간쌓기 보강연결재 : 벽면적 0.4M2마다 한개씩 상하로 엇갈리게 배치한다.
2. 알루미늄 창틀은 목재창틀 고정후 설치한다.
3. 시공순서 : 1) 내부벽돌쌓기 및 창틀쌓기
2) 몰탈 미장 및 창틀주위 방수 몰탈 충진
3) 단열재 설치 및 외부 붉은벽돌 쌓기
390
90
110
190
방수 몰탈 충진
ø10 P.V.C 통수관 @1,000
#8 동선 @3켜
D10 (2개소)
70
붉은벽돌 세워쌓기
코킹 10x10
D10 앵커철물 @6켜
THK18 단열 몰탈
라왕창틀
THK80 알루미늄 사시
코킹 10x10
방수몰탈 충진
붉은벽돌 세워쌓기
단 면
30
0.5B 붉은벽돌 치장쌓기
THK50 단열재
시멘트 몰탈
1.0B 시멘트 벽돌
장대
80 알루미늄
390
190
110
90
80
상부 벽선
방수 몰탈 충진
코킹 10x10
1.0B 시멘트벽돌
시멘트 몰탈
THK50 단열재
0.5B 붉은벽돌 치장쌓기
평 면
NOTE
1. 공간쌓기 보강연결재 : 벽면적 0.4M2마다 한개씩 상하로 엇갈리게 배치한다.
2. 알루미늄 창틀은 목재창틀 고정후 설치한다.
3. 시공순서 : 1) 내부벽돌쌓기 및 창틀쌓기
2) 몰탈 미장 및 창틀주위 방수 몰탈 충진
3) 단열재 설치 및 외부 붉은벽돌 쌓기
390
90
110
190
방수 몰탈 충진
ø10 P.V.C 통수관 @1,000
#8 동선 @3켜
D10 (2개소)
70
붉은벽돌 세워쌓기
코킹 10x10
D10 앵커철물 @6켜
THK18 단열 몰탈
THK80 알루미늄 사시
장대
코킹 10x10
방수몰탈 충진
붉은벽돌 세워쌓기
단 면
30
0.5B 붉은벽돌 치장쌓기
THK50 단열재
시멘트 몰탈
1.0B 시멘트 벽돌

치장벽돌

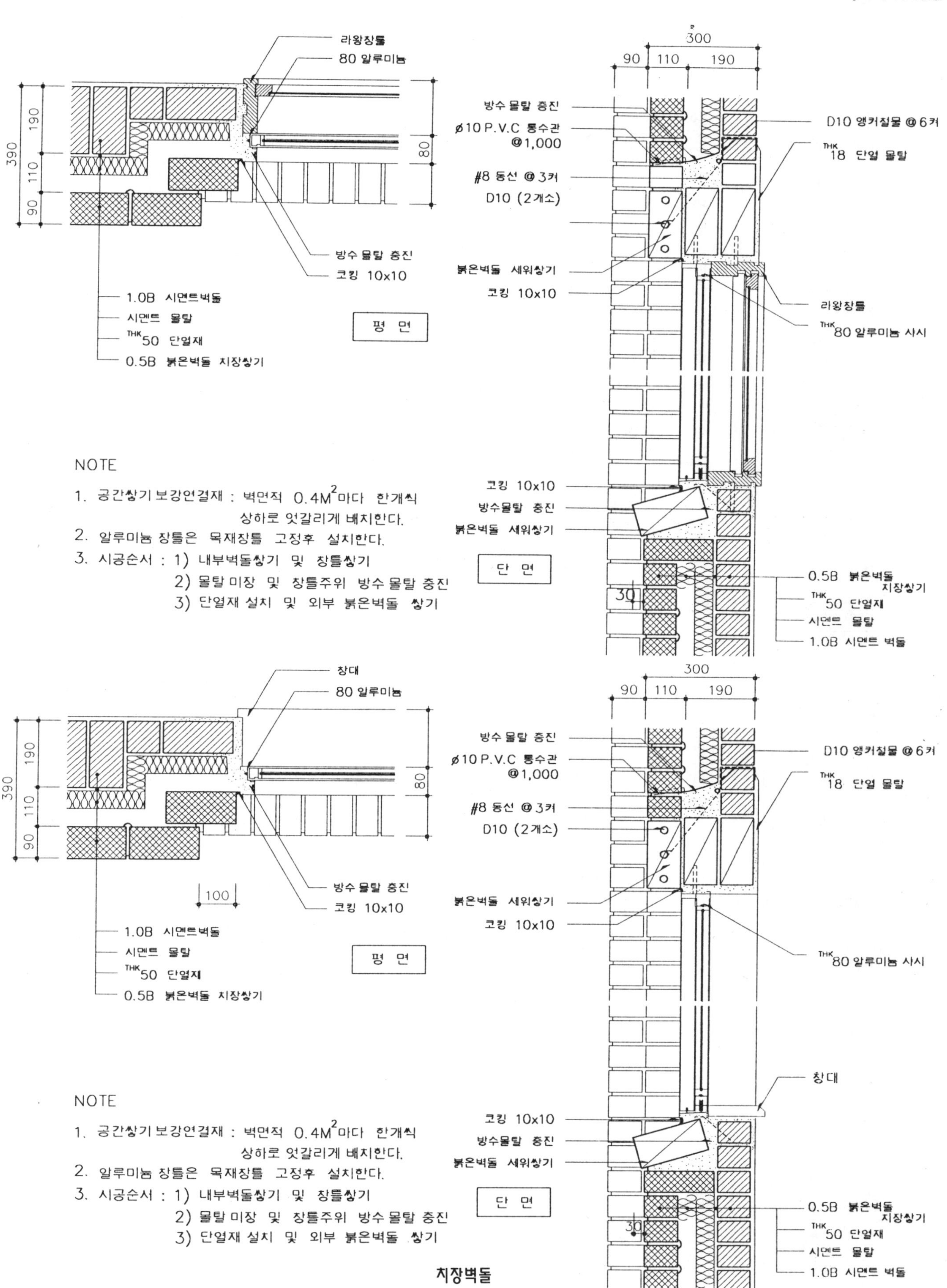

라왕창틀
80 알루미늄
390
190
110
90
80
방수 몰탈 충진
코킹 10x10
1.0B 시멘트벽돌
시멘트 몰탈
THK50 단열재
0.5B 붉은벽돌 치장쌓기
평 면
300
90
110
190
방수 몰탈 충진
ø10 P.V.C 통수관 @1,000
#8 동선 @3켜
D10 (2개소)
붉은벽돌 세워쌓기
코킹 10x10
D10 앵커철물 @6켜
THK18 단열 몰탈
라왕창틀
THK80 알루미늄 사시
코킹 10x10
방수몰탈 충진
붉은벽돌 세워쌓기
단 면
0.5B 붉은벽돌 지장쌓기
THK50 단열재
시멘트 몰탈
1.0B 시멘트 벽돌
30
NOTE
1. 공간쌓기 보강연결재 : 벽면적 0.4M2마다 한개씩 상하로 엇갈리게 배치한다.
2. 알루미늄 창틀은 목재창틀 고정후 설치한다.
3. 시공순서 : 1) 내부벽돌쌓기 및 창틀쌓기
2) 몰탈 미장 및 창틀주위 방수 몰탈 충진
3) 단열재 설치 및 외부 붉은벽돌 쌓기
창대
80 알루미늄
390
190
110
90
80
100
방수 몰탈 충진
코킹 10x10
1.0B 시멘트벽돌
시멘트 몰탈
THK50 단열재
0.5B 붉은벽돌 치장쌓기
평 면
300
90
110
190
방수 몰탈 충진
ø10 P.V.C 통수관 @1,000
#8 동선 @3켜
D10 (2개소)
붉은벽돌 세워쌓기
코킹 10x10
D10 앵커철물 @6켜
THK18 단열 몰탈
THK80 알루미늄 사시
창대
코킹 10x10
방수몰탈 충진
붉은벽돌 세워쌓기
단 면
0.5B 붉은벽돌 지장쌓기
THK50 단열재
시멘트 몰탈
1.0B 시멘트 벽돌
30
NOTE
1. 공간쌓기 보강연결재 : 벽면적 0.4M2마다 한개씩 상하로 엇갈리게 배치한다.
2. 알루미늄 창틀은 목재창틀 고정후 설치한다.
3. 시공순서 : 1) 내부벽돌쌓기 및 창틀쌓기
2) 몰탈 미장 및 창틀주위 방수 몰탈 충진
3) 단열재 설치 및 외부 붉은벽돌 쌓기

치장벽돌

CAD 도면

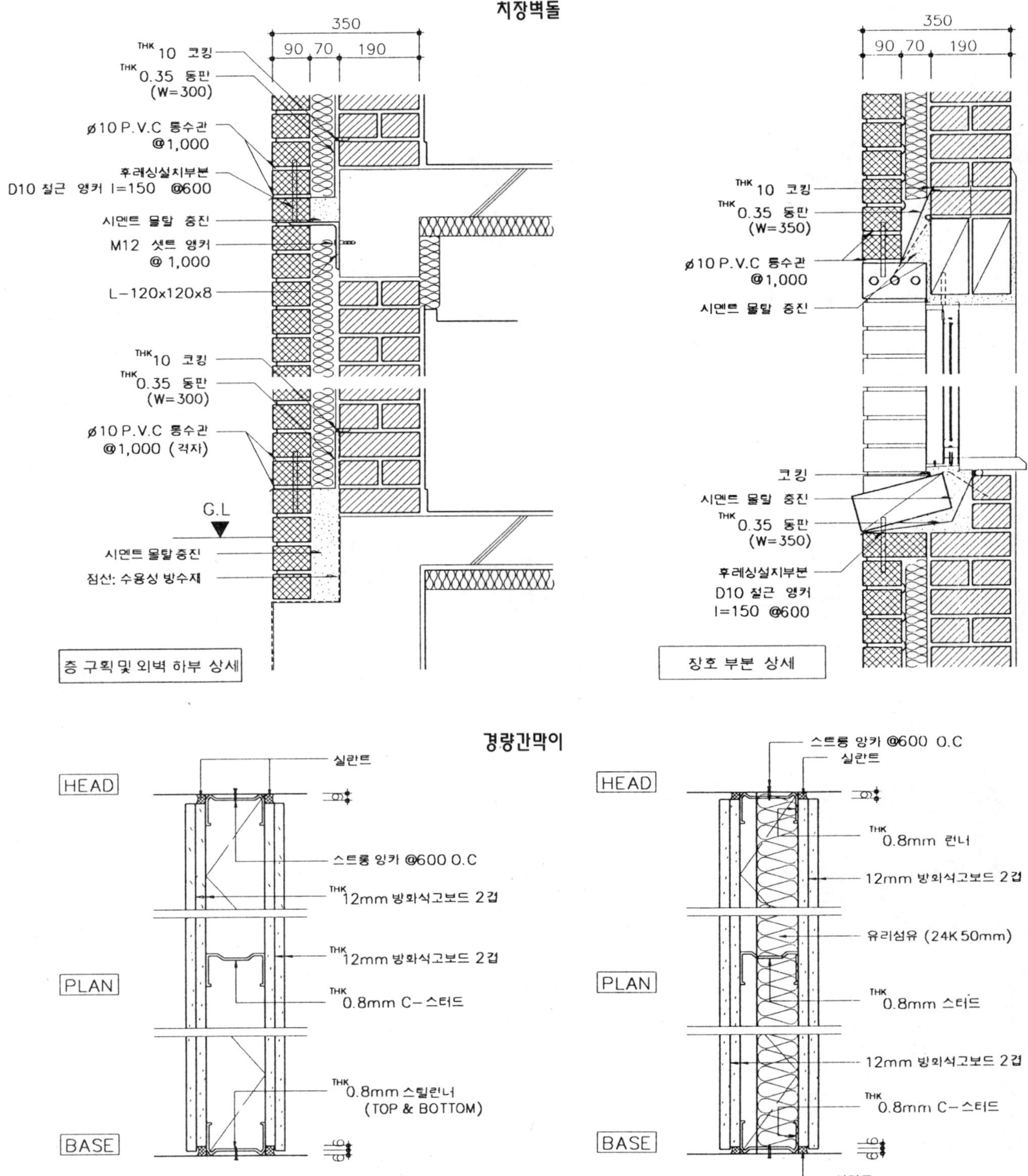

치장벽돌
350
90 70 190
THK 10 코킹
THK 0.35 동판 (W=300)
ø10 P.V.C 통수관 @1,000
후레싱설치부분 D10 철근 앵커 l=150 @600
시멘트 몰탈 충진
M12 셋트 앵커 @ 1,000
L-120x120x8
THK 10 코킹
THK 0.35 동판 (W=300)
ø10 P.V.C 통수관 @1,000 (격자)
G.L
시멘트 몰탈 충진
점선: 수용성 방수재
층 구획 및 외벽 하부 상세
THK 10 코킹
THK 0.35 동판 (W=350)
ø10 P.V.C 통수관 @1,000
시멘트 몰탈 충진
코킹
시멘트 몰탈 충진
THK 0.35 동판 (W=350)
후레싱설치부분 D10 철근 앵커 l=150 @600
창호 부분 상세
경량칸막이
HEAD
PLAN
BASE
실란트
스트롱 앙카 @600 O.C
THK 12mm 방화석고보드 2겹
THK 12mm 방화석고보드 2겹
THK 0.8mm C-스터드
THK 0.8mm 스틸런너 (TOP & BOTTOM)
THK 0.8mm 런너
12mm 방화석고보드 2겹
유리섬유 (24K 50mm)
THK 0.8mm 스터드
12mm 방화석고보드 2겹
THK 0.8mm C-스터드
실란트

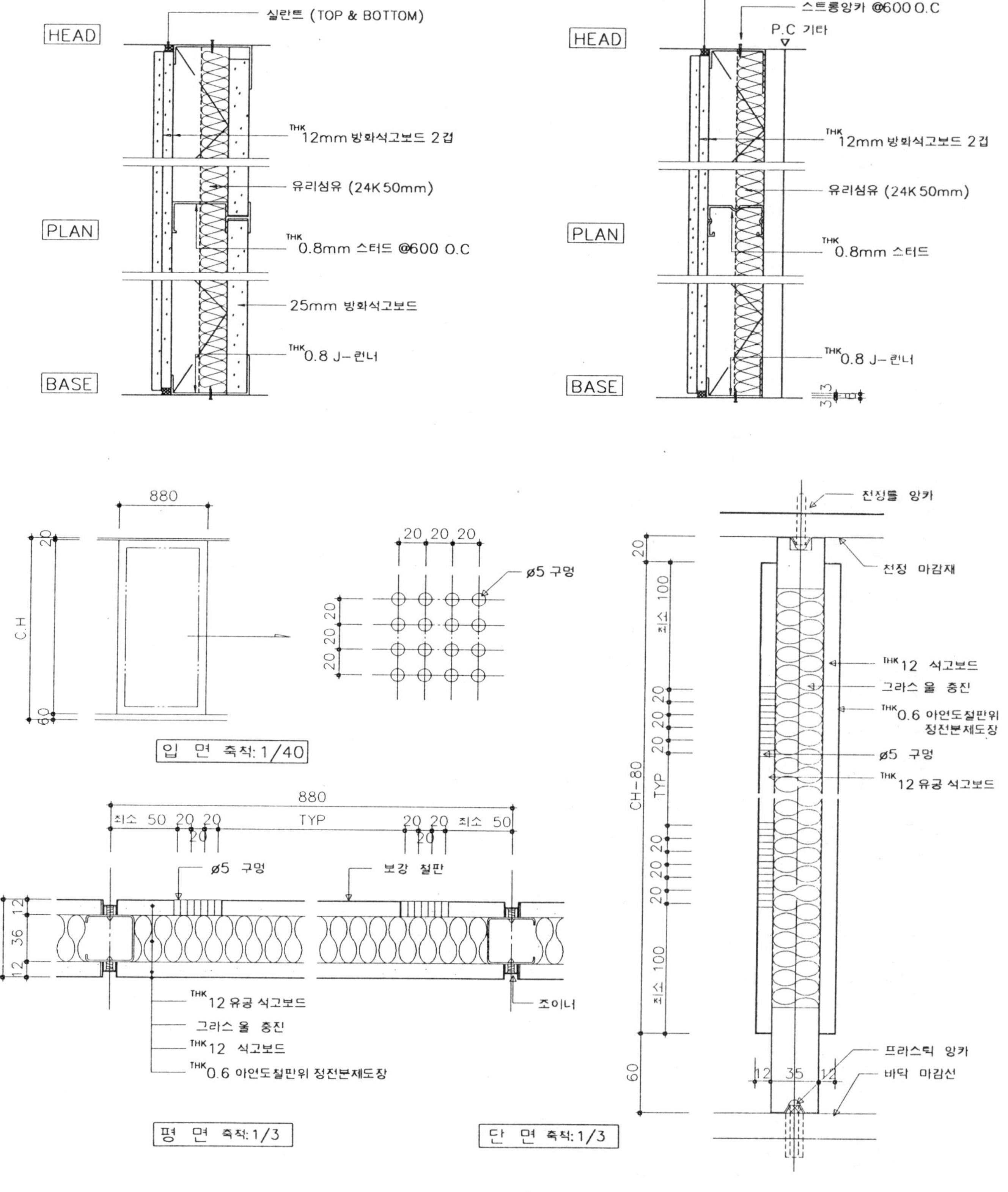

HEAD
PLAN
BASE
실란트 (TOP & BOTTOM)
THK 12mm 방화석고보드 2겹
유리섬유 (24K 50mm)
THK 0.8mm 스터드 @600 O.C
25mm 방화석고보드
THK 0.8 J-런너
스트롱앙카 @600 O.C
P.C 기타
THK 0.8mm 스터드
880
C.H
ø5 구멍
입 면 축척: 1/40
최소 50
TYP
보강 철판
THK 12 유공 석고보드
그라스 울 충진
THK 12 석고보드
THK 0.6 아연도철판위 정전분체도장
조이너
평 면 축척: 1/3
천장틀 앙카
천정 마감재
CH-80
플라스틱 앙카
바닥 마감선
단 면 축척: 1/3

경량간막이

CAD도면

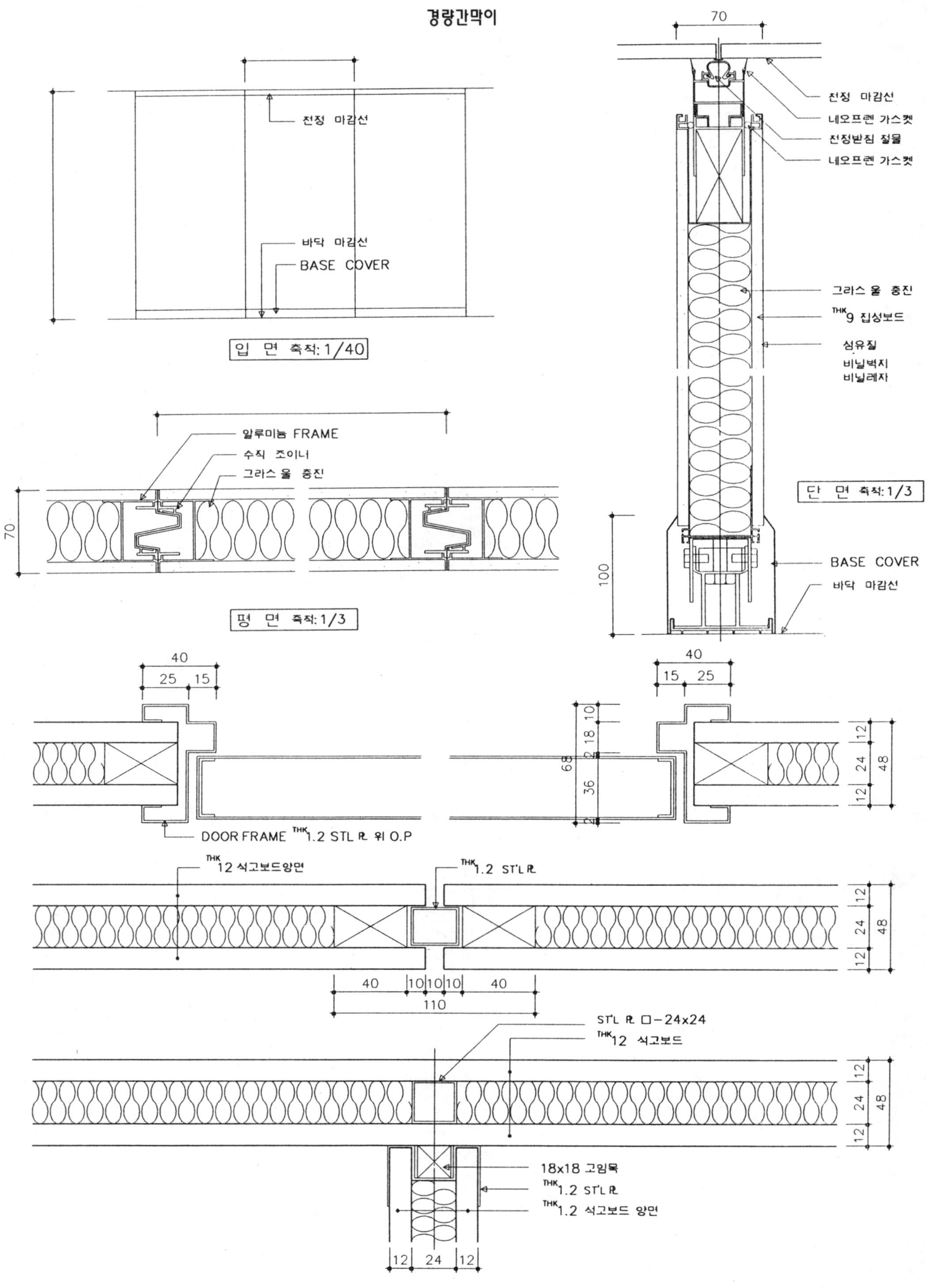

경량간막이
천정 마감선
바닥 마감선
BASE COVER
입 면 축척:1/40
알루미늄 FRAME
수직 조이너
그라스 울 충진
70
평 면 축척:1/3
70
천정 마감선
네오프렌 가스켓
천정받침 철물
네오프렌 가스켓
그라스 울 충진
THK9 집성보드
섬유질
비닐벽지
비닐레자
단 면 축척:1/3
100
BASE COVER
바닥 마감선
40
25 15
40
15 25
DOOR FRAME THK1.2 STL PL 위 O.P
10 18 2 36 2
68
12 24 12
48
THK12 석고보드양면
THK1.2 ST'L PL
12 24 12
48
40 10 10 10 40
110
ST'L PL □-24x24
THK12 석고보드
12 24 12
48
18x18 고임목
THK1.2 ST'L PL
THK1.2 석고보드 양면
12 24 12

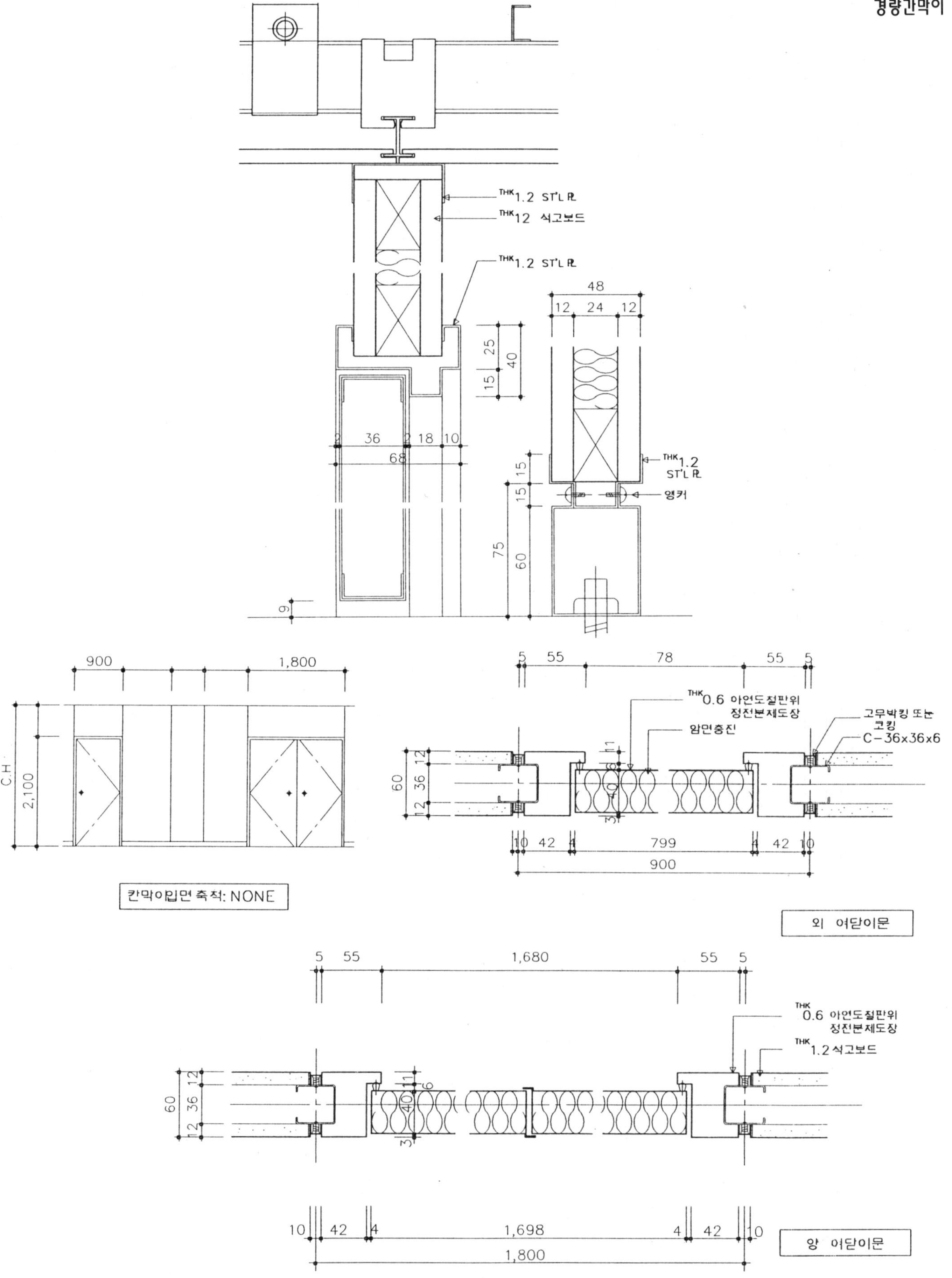
THK1.2 ST'L PL
THK12 석고보드
THK1.2 ST'L PL
48
12 24 12
25
40
15
2 36 2 18 10
68
15
15
THK1.2 ST'L PL
앵커
75
60
9
900
1,800
C.H
2,100
칸막이입면축척: NONE
5 55 78 55 5
THK0.6 아연도철판위 정전분체도장
암면충진
고무박킹 또는 코킹
C-36x36x6
60
12
36
12
10 42 4 799 4 42 10
900
외 여닫이문
5 55 1,680 55 5
THK0.6 아연도철판위 정전분체도장
THK1.2 석고보드
10 42 4 1,698 4 42 10
1,800
양 여닫이문

CAD 도면

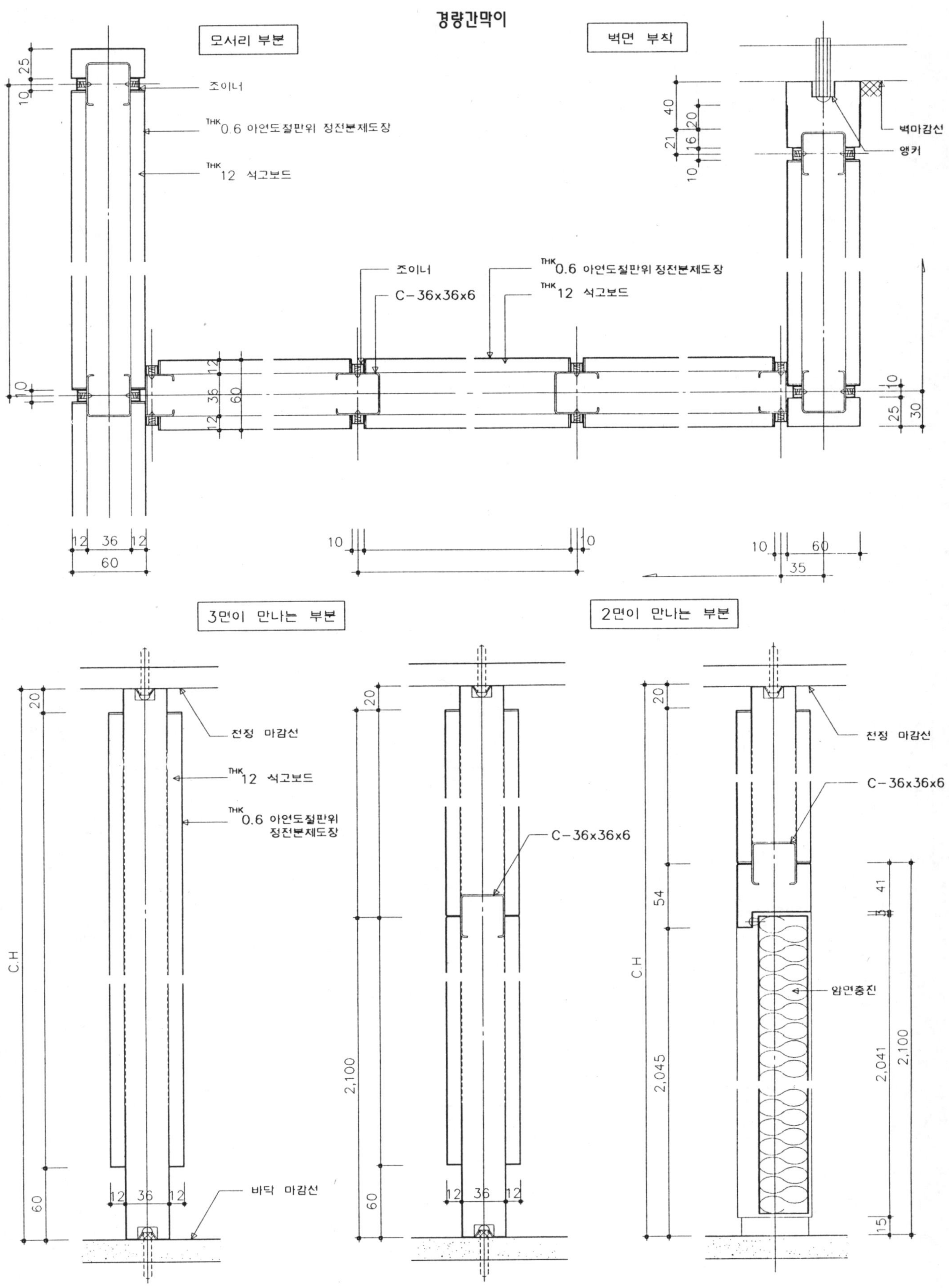

경량간막이
모서리 부분
벽면 부착
조이너
THK 0.6 아연도철판위 정전분체도장
THK 12 석고보드
C-36x36x6
벽마감선
앵커
3면이 만나는 부분
2면이 만나는 부분
천정 마감선
바닥 마감선
암면충진
C.H
2,100
2,045
2,041

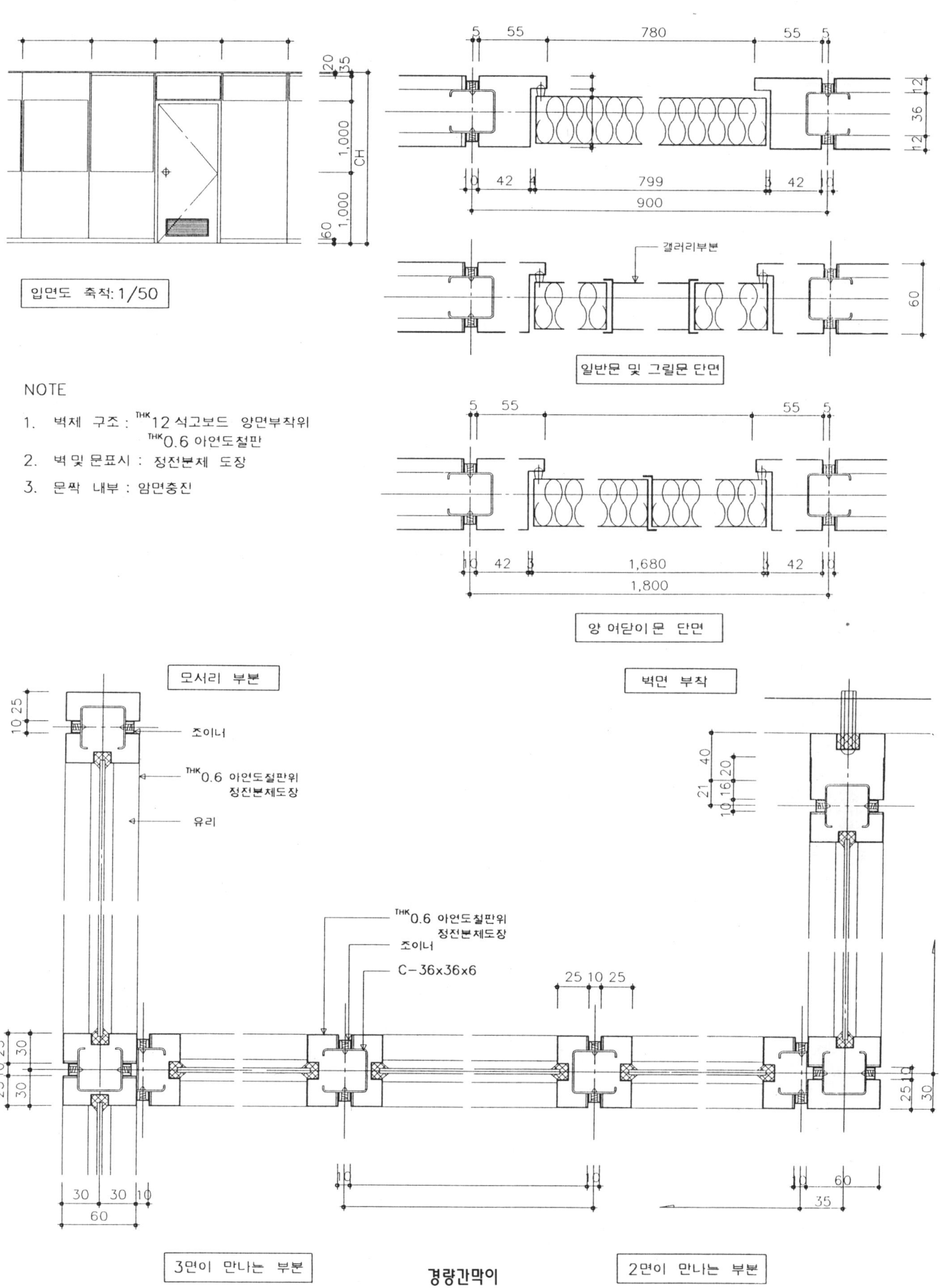

입면도 축척: 1/50
NOTE
1. 벽체 구조 : THK12 석고보드 양면부착위 THK0.6 아연도철판
2. 벽 및 문표시 : 정전분체 도장
3. 문짝 내부 : 암면충진
일반문 및 그릴문 단면
갤러리부분
양 여닫이문 단면
모서리 부분
벽면 부착
조이너
THK0.6 아연도철판위 정전분체도장
유리
C-36x36x6
3면이 만나는 부분
2면이 만나는 부분

경량간막이

CAD도면

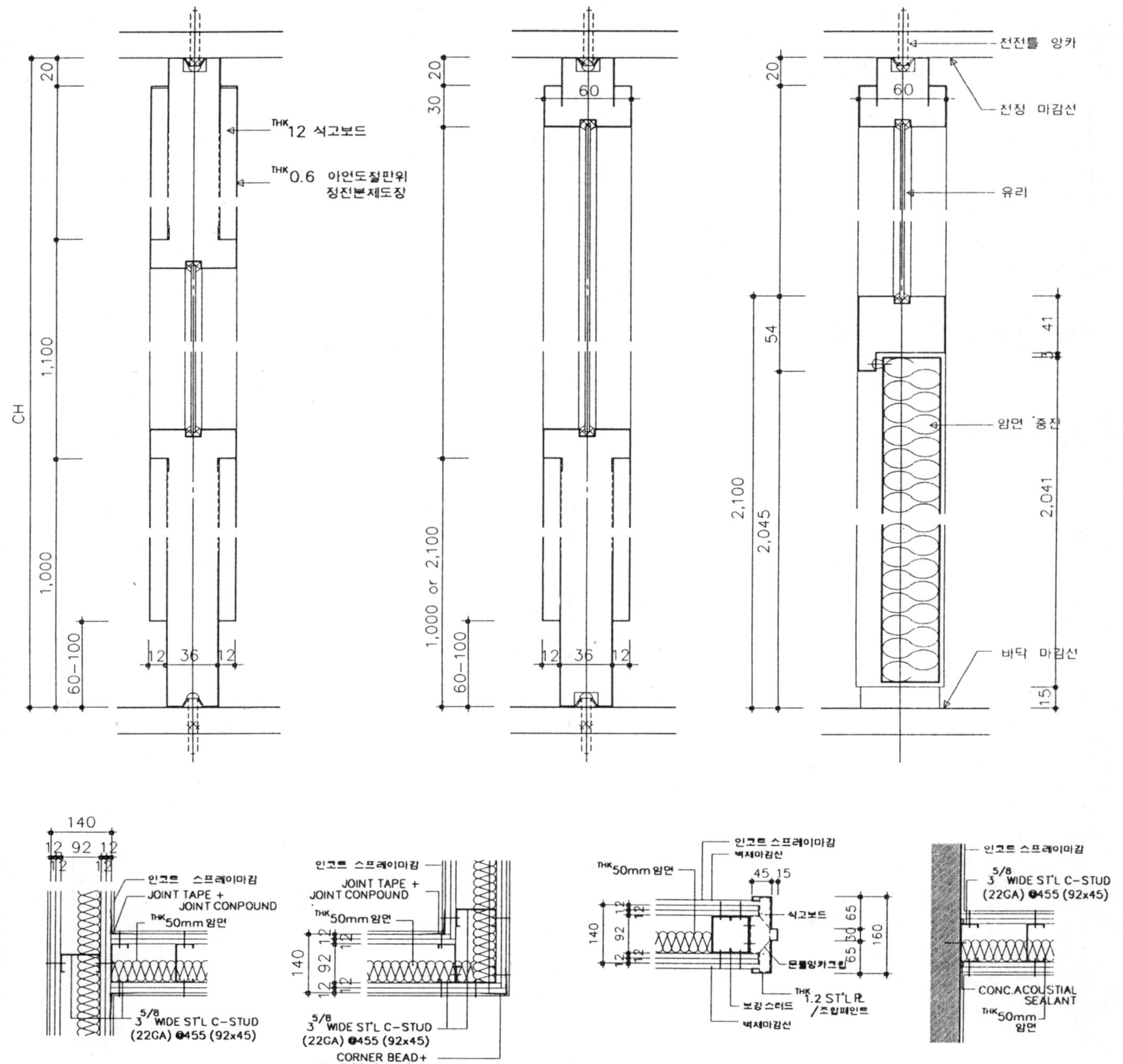
THK12 석고보드
THK0.6 아연도철판위 정전분체도장
전전틀 앙카
전정 마감선
유리
암면 충진
바닥 마감선
CH
1,100
1,000
60-100
1,000 or 2,100
2,100
2,045
2,041
인코트 스프레이마감
JOINT TAPE + JOINT CONPOUND
THK50mm 암면
3 5/8 WIDE ST'L C-STUD (22GA) @455 (92x45)
CORNER BEAD+ JOINT CONPOUND
벽체마감선
석고보드
보강스터드
THK1.2 ST'L PL /조합페인트
CONC.ACOUSTIAL SEALANT

경량간막이

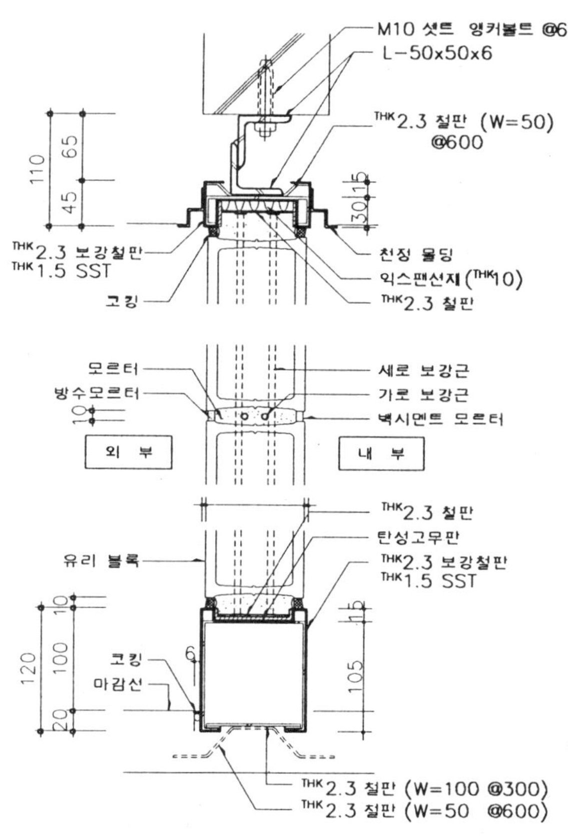

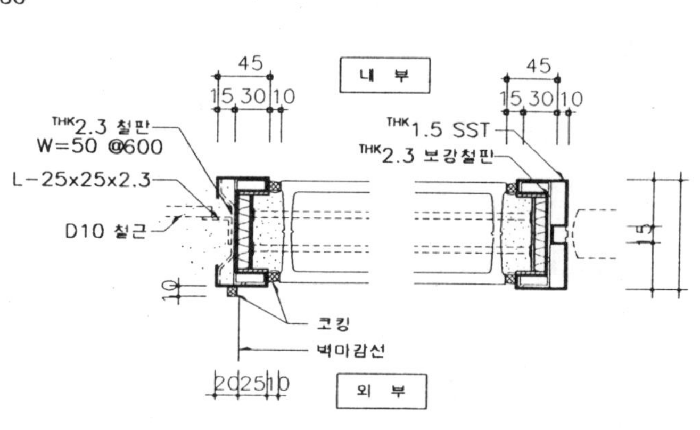

NOTE

- 철판은 아연도금철판임
- 표준 보강근 일람표 (아연도금)

유리블록크기	세로 보강근 2-ø6 (사다리형)	가로 보강근 2-ø6 (사다리형)
115x115	4단마다	4단마다
145x145	4단마다	4단마다
190x190	3단마다	3단마다
145x300	4단마다	4단마다

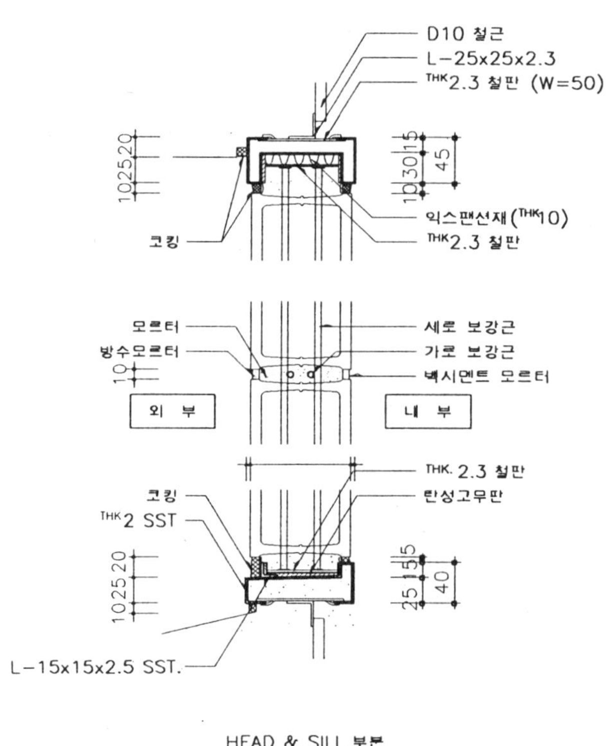

HEAD & SILL 부분

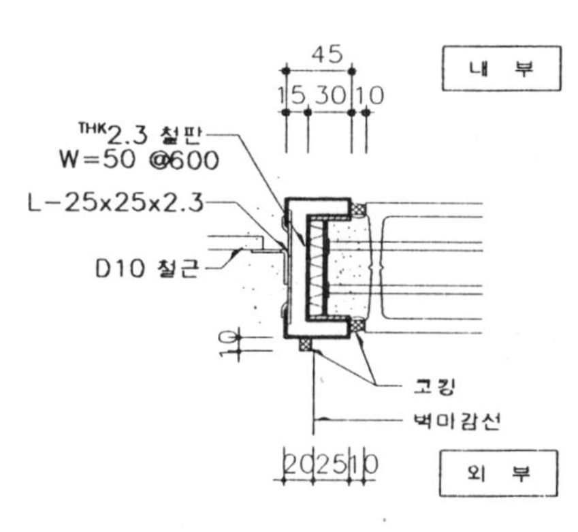

JAMB 부분

NOTE

- 철판은 아연도금철판임
- 표준 보강근 일람표 (아연도금)

유리블록크기	세로 보강근 2-ø6 (사다리형)	가로 보강근 2-ø6 (사다리형)
115x115	4단마다	4단마다
145x145	4단마다	4단마다
190x190	3단마다	3단마다
145x300	4단마다	4단마다

유리블록

CAD도면

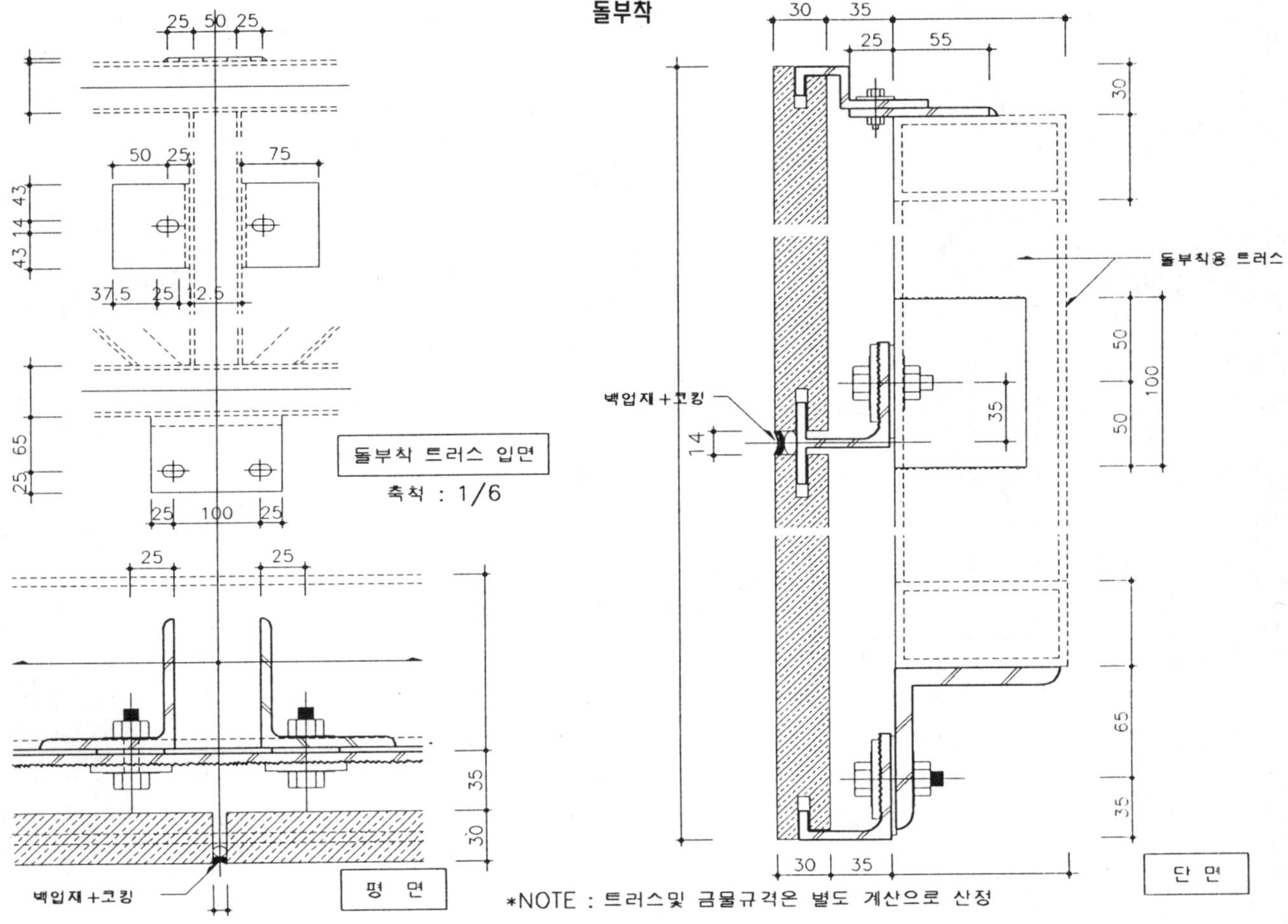
돌부착
25 50 25
50 25
75
43 14 43
37.5 25 12.5
25 65
돌부착 트러스 입면
축척 : 1/6
25 100 25
25
25
35
30
백업재+코킹
평 면
*NOTE : 트러스및 금물규격은 별도 계산으로 산정
30 35
25 55
30
돌부착용 트러스
백업재+코킹
14
35
50
100
50
65
35
30 35
단 면

마감상세

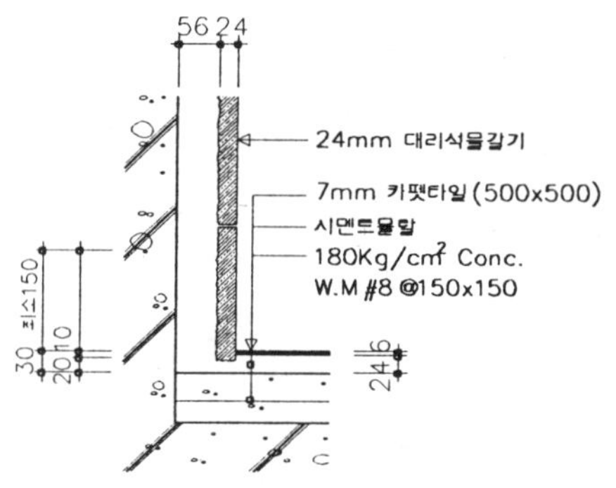

56
24
24mm 대리석물갈기
7mm 카펫타일(500x500)
시멘트몰탈
180Kg/cm² Conc.
W.M #8 @150x150
최소150
30
20
10
10
24
6

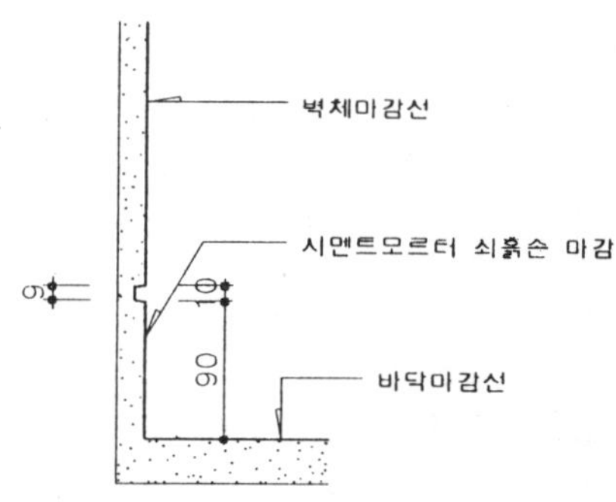

벽체마감선
시멘트모르터 쇠흙손 마감
9
10
90
바닥마감선

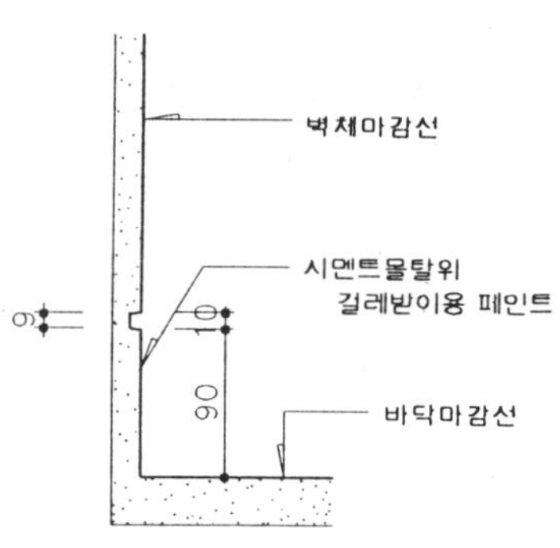

벽체마감선
시멘트몰탈위
걸레받이용 페인트
9
10
90
바닥마감선

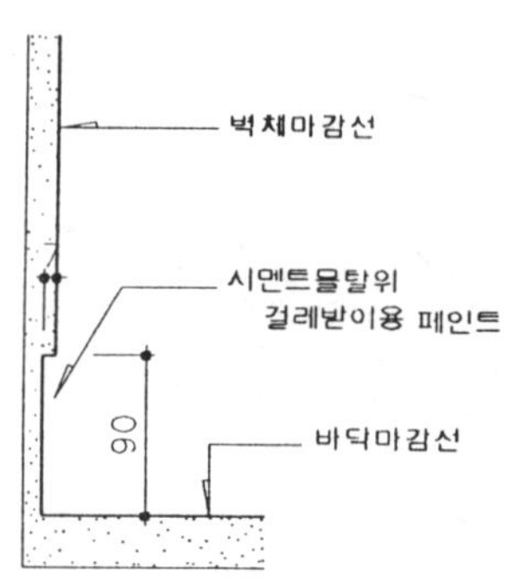

벽체마감선
시멘트몰탈위
걸레받이용 페인트
90
바닥마감선

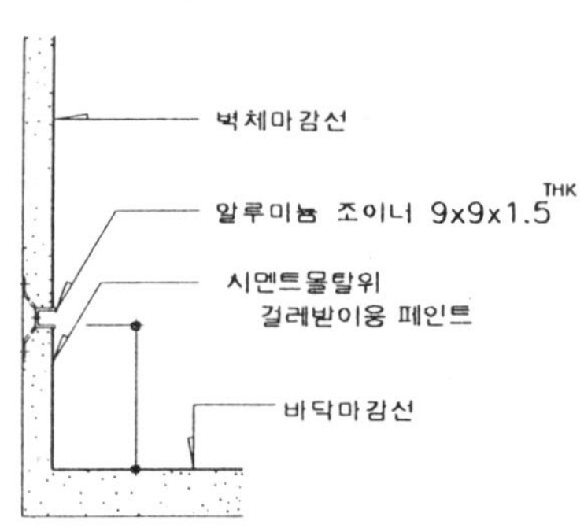

벽체마감선
알루미늄 조이너 9x9x1.5 THK
시멘트몰탈위
걸레받이용 페인트
바닥마감선

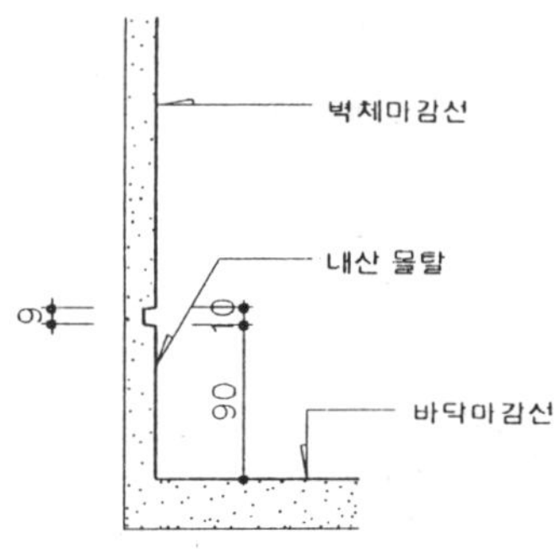

벽체마감선
내산 몰탈
9
10
90
바닥마감선

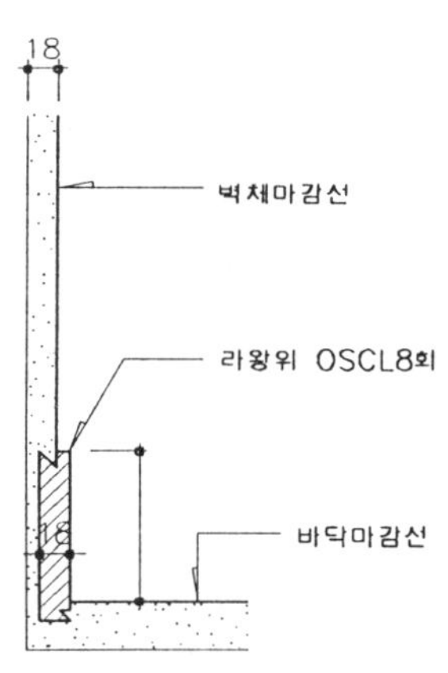

18
벽체마감선
라왕위 OSCL8회
15
바닥마감선

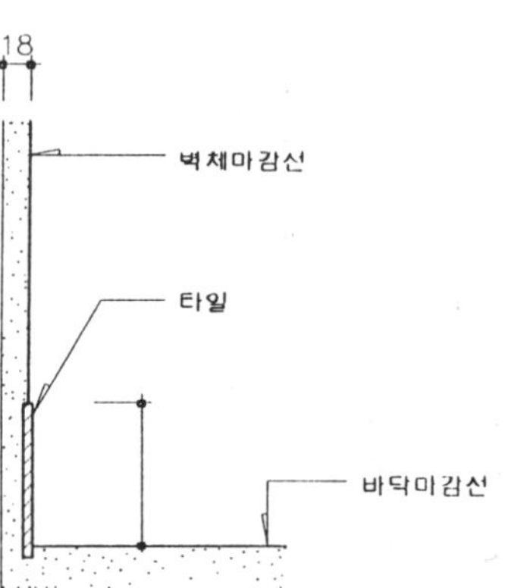

18
벽체마감선
타일
바닥마감선

마감상세

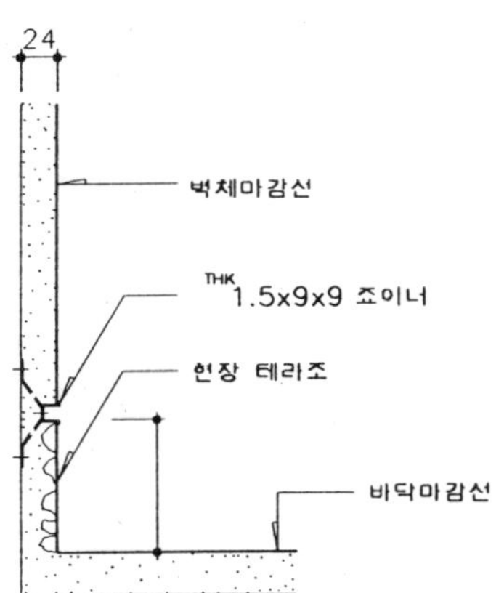
24
벽체마감선
THK 1.5x9x9 조이너
현장 테라조
바닥마감선

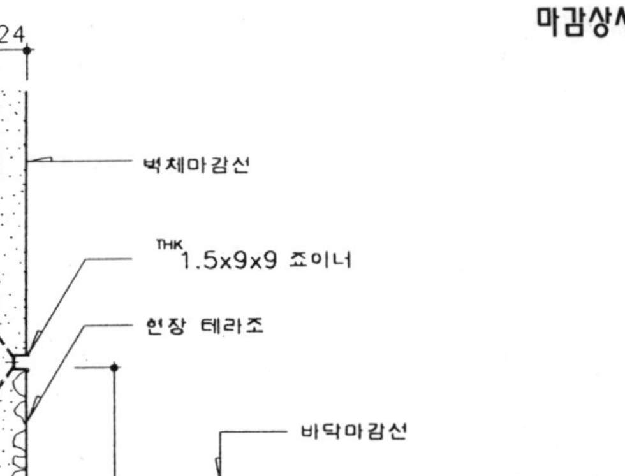

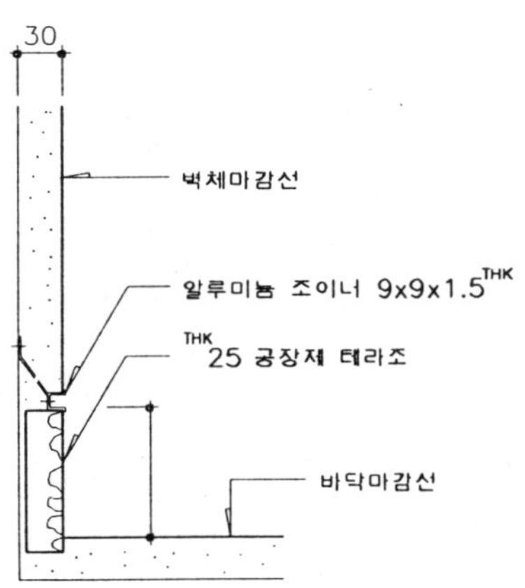
30
벽체마감선
알루미늄 조이너 9x9x1.5 THK
THK 25 공장제 테라조
바닥마감선

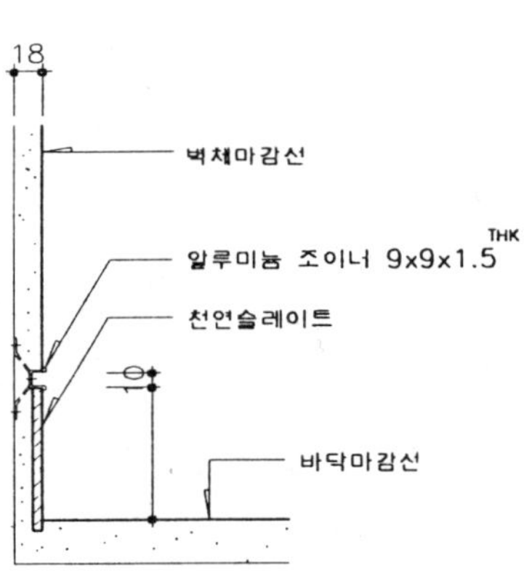
18
벽체마감선
알루미늄 조이너 9x9x1.5 THK
천연슬레이트
바닥마감선

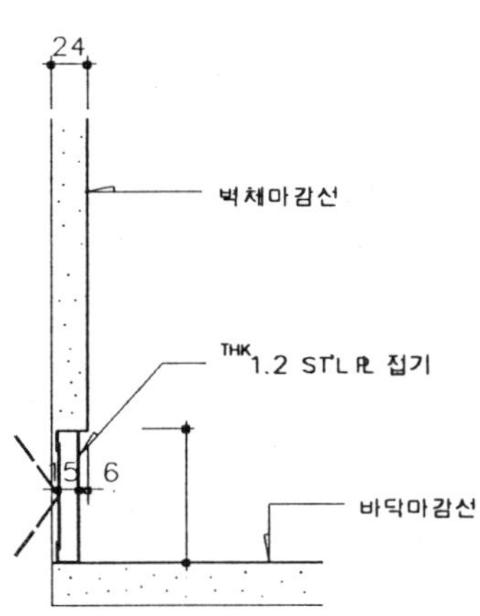
24
벽체마감선
THK 1.2 ST'L PL 접기
5
6
바닥마감선

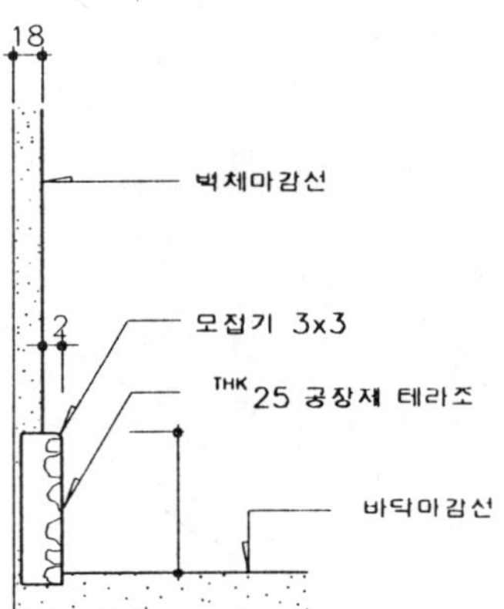
18
벽체마감선
2
모접기 3x3
THK 25 공장제 테라조
바닥마감선

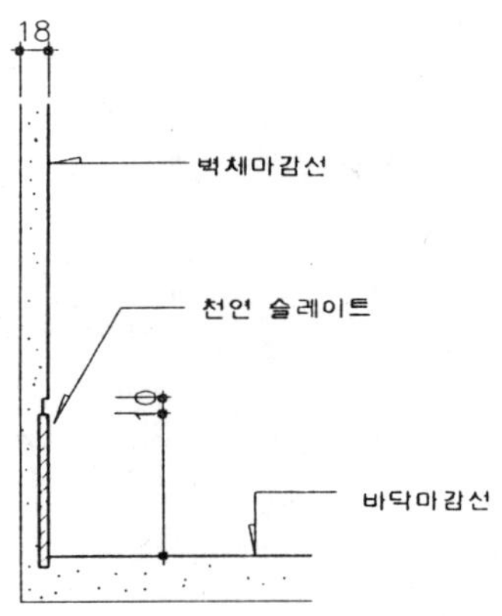
18
벽체마감선
천연 슬레이트
바닥마감선

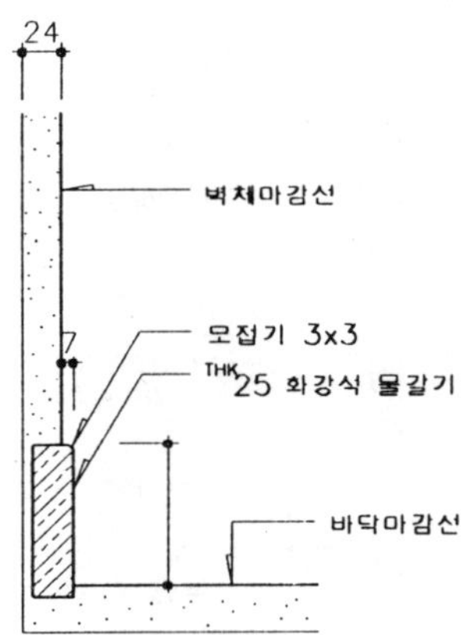
24
벽체마감선
7
모접기 3x3
THK 25 화강석 물갈기
바닥마감선

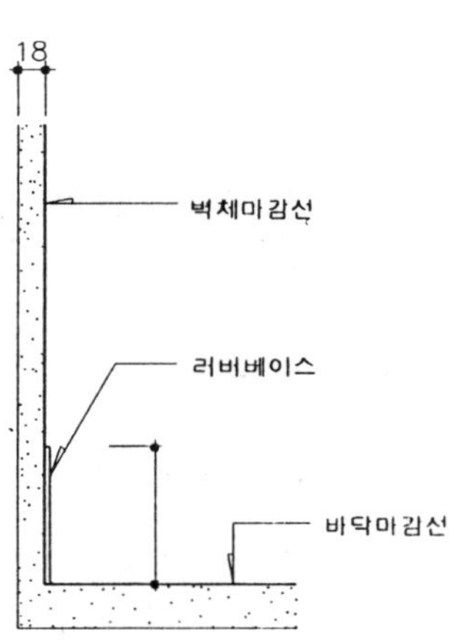
18
벽체마감선
러버베이스
바닥마감선

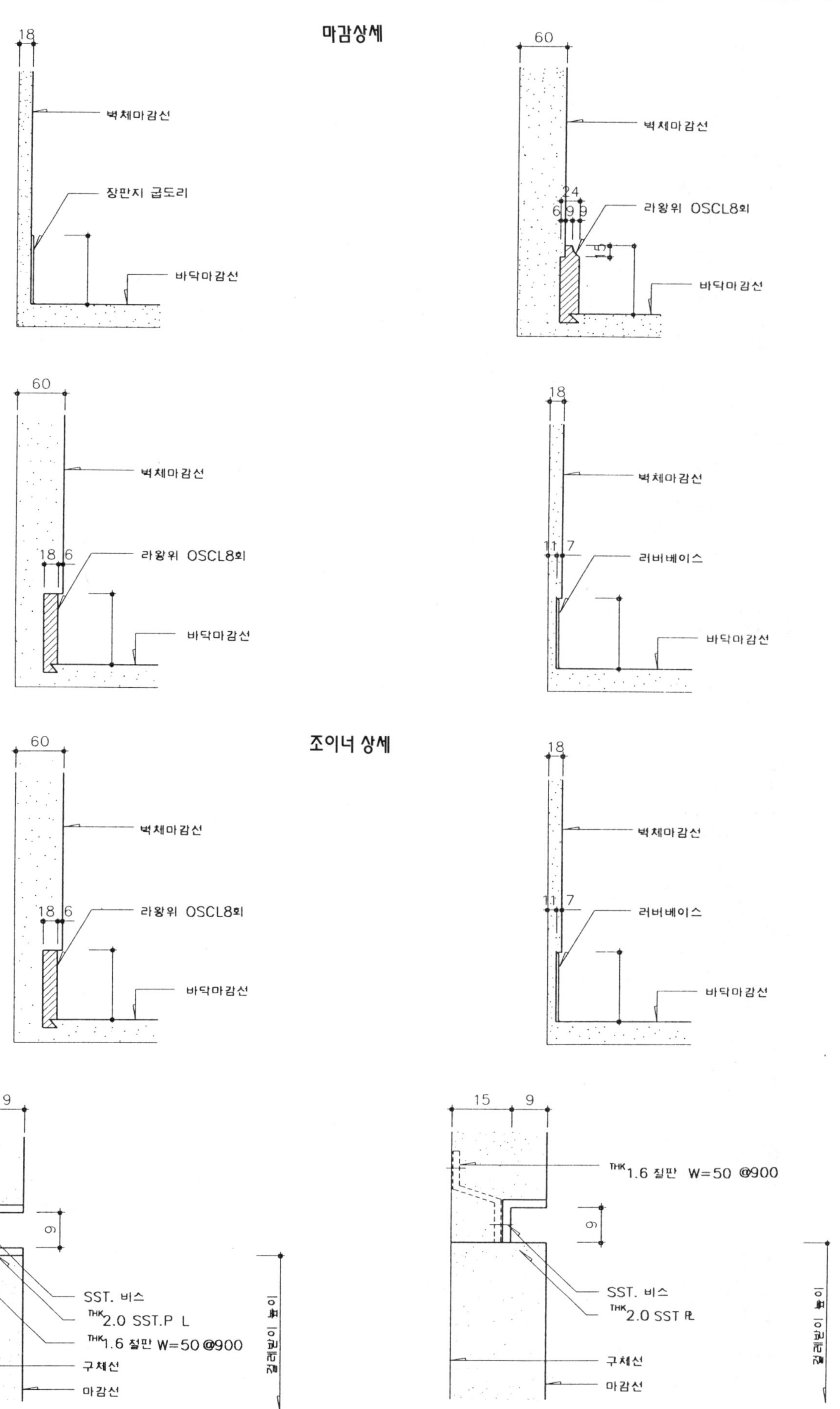
마감상세
18
벽체마감선
장판지 굽도리
바닥마감선
60
벽체마감선
24
6 9 9
라왕위 OSCL8회
15
바닥마감선
60
벽체마감선
18 6
라왕위 OSCL8회
바닥마감선
18
벽체마감선
11 7
러버베이스
바닥마감선
조이너 상세
60
벽체마감선
18 6
라왕위 OSCL8회
바닥마감선
18
벽체마감선
11 7
러버베이스
바닥마감선
15 9
9
SST. 비스
THK 2.0 SST.P L
THK 1.6 철판 W=50 @900
구체선
마감선
걸레받이 높이
15 9
THK 1.6 철판 W=50 @900
9
SST. 비스
THK 2.0 SST PL
구체선
마감선
걸레받이 높이

CAD도면

조이너상세

20
8
12
7
조이너
고정 모르터
구체선
마감선

NOTE
1. 조이너에 도장할 경우 : 방청처리

8
20
12
7
고정 모르터
조이너
마감선

NOTE
1. 조이너에 도장할 경우 : 방청처리

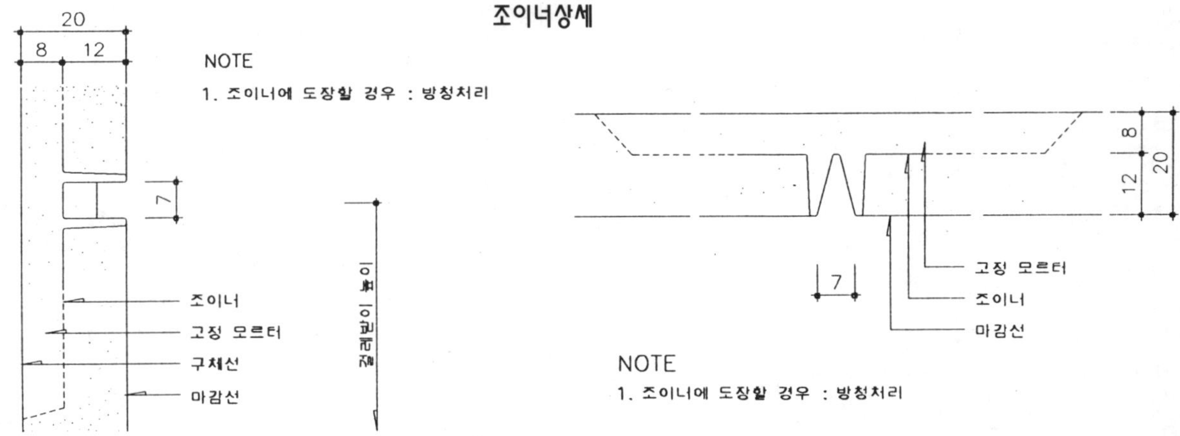

코너비드상세

마감선
고정 몰탈 @300
(시멘트 : 모래 = 1 : 2)
#28 함석 코너비트
노출 부분
방청페인트 도장

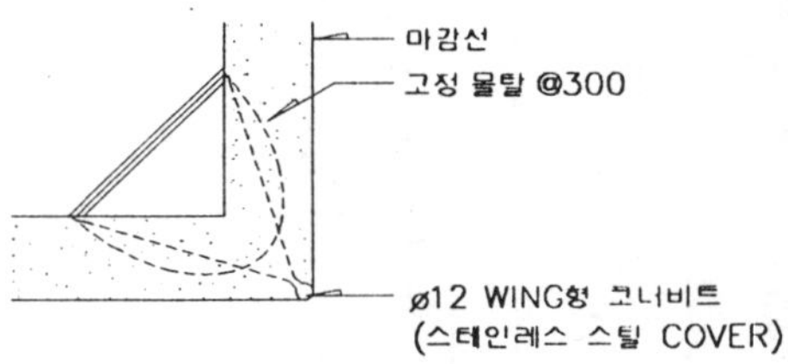

마감선
고정 몰탈 @300
ø12 WING형 코너비트
(스테인레스 스틸 COVER)

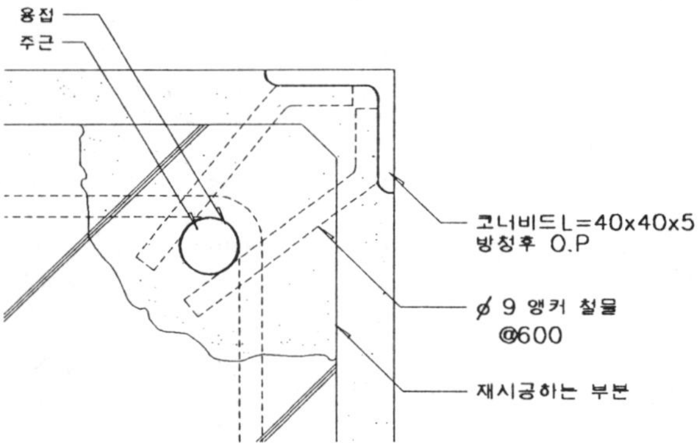

용접
주근
코너비드L=40x40x5
방청후 O.P
ø 9 앵커 철물
@600
재시공하는 부분

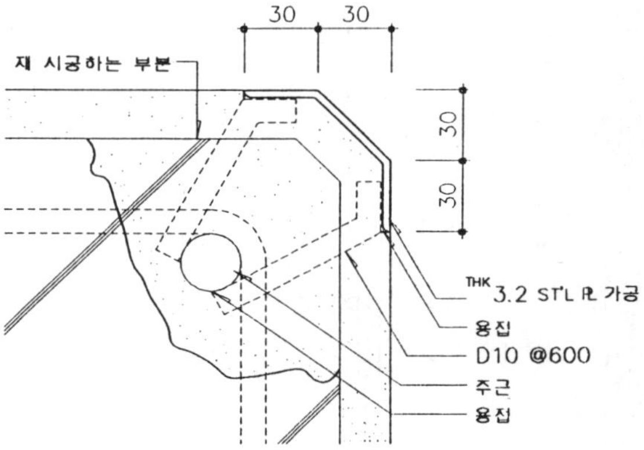

30
30
재 시공하는 부분
30
30
THK 3.2 ST'L PL 가공
용접
D10 @600
주근
용접

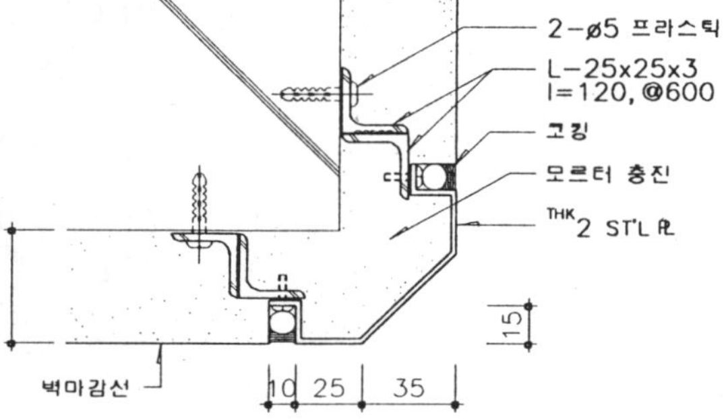

2-ø5 프라스틱 볼트
L-25x25x3
l=120, @600
코킹
모르터 충진
THK 2 ST'L PL
15
벽마감선
10
25
35

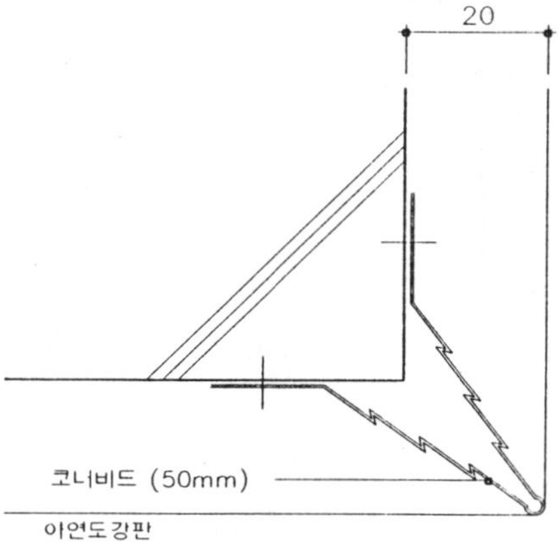

20
코너비드 (50mm)
아연도강판

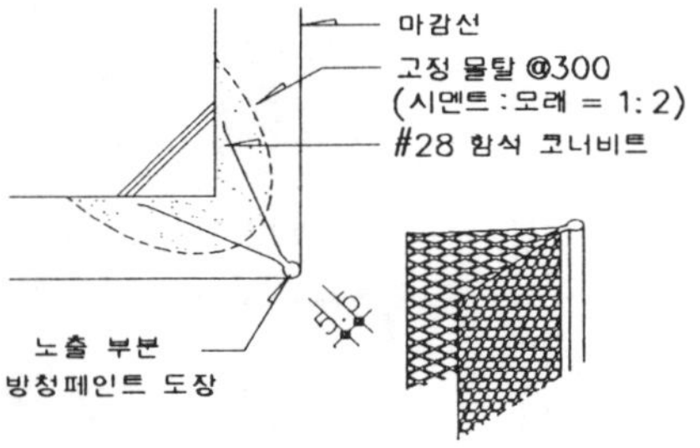

코너비드

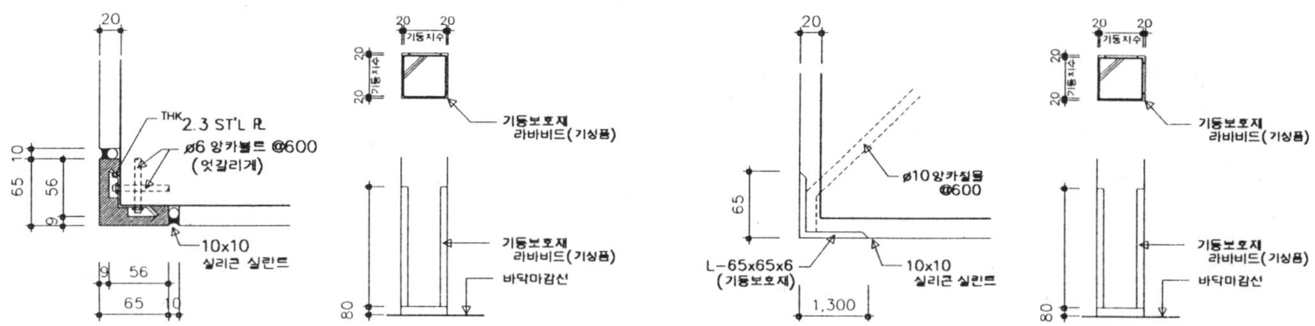
20
THK 2.3 ST'L PL
ø6 앙카볼트 @600
(엇갈리게)
10
65
56
9
10x10
실리콘 실란트
9
56
65
10
20
20
기둥치수
20
20
기둥치수
기둥보호재
라바비드(기성품)
기둥보호재
라바비드(기성품)
바닥마감선
80
20
ø10 앙카칠봉
@600
65
L-65x65x6
(기둥보호재)
10x10
실리콘 실란트
1,300
20
20
기둥치수
20
20
기둥치수
기둥보호지
라바비드(기성품)
기둥보호지
라바비드(기성품)
바닥마감선
80

마감상세

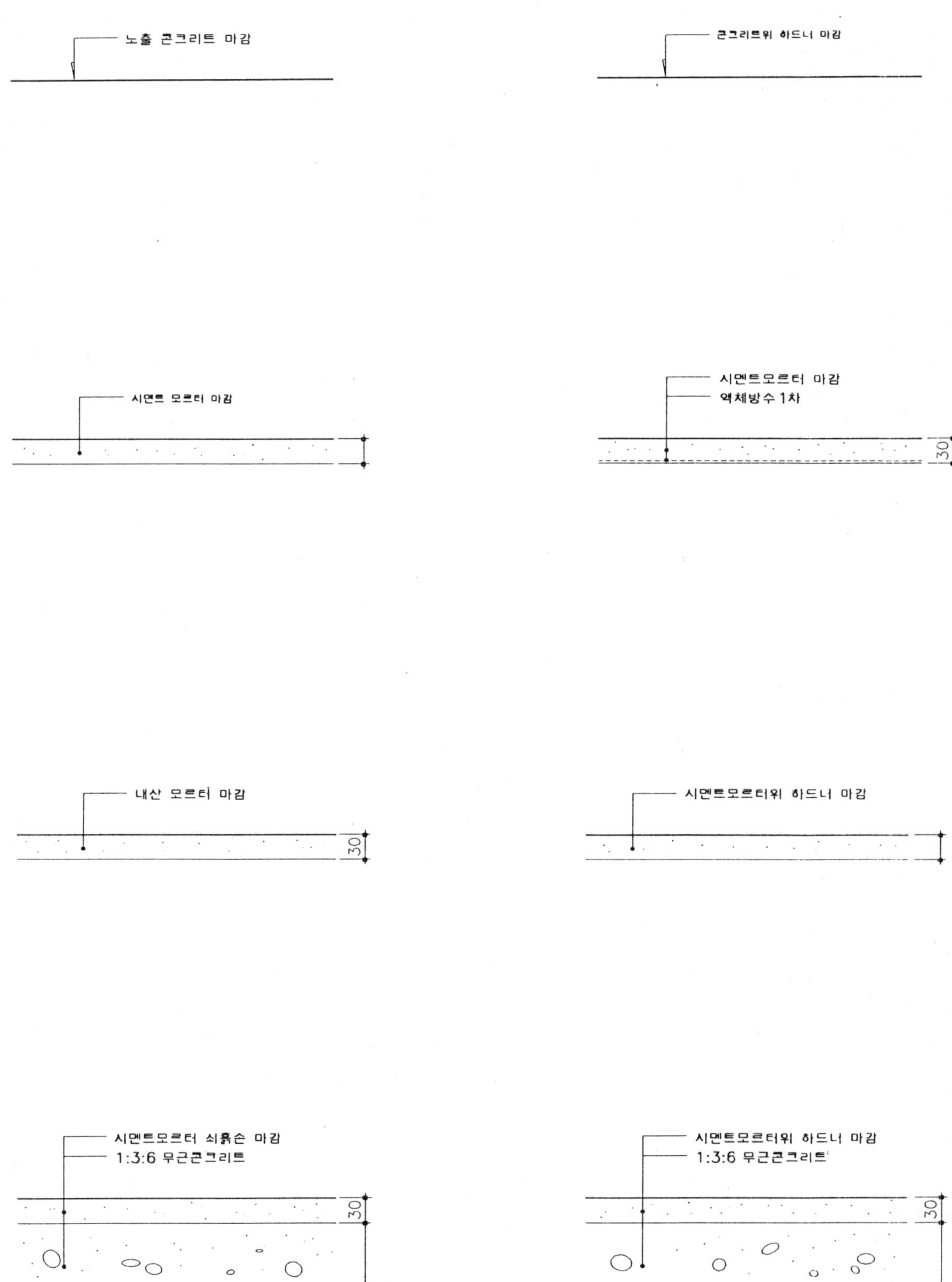
노출 콘크리트 마감
콘크리트위 하드너 마감
시멘트 모르터 마감
시멘트모르터 마감
액체방수 1차
30
내산 모르터 마감
30
시멘트모르터위 하드너 마감
시멘트모르터 쇠흙손 마감
1:3:6 무근콘크리트
30
시멘트모르터위 하드너 마감
1:3:6 무근콘크리트
30

마감상세

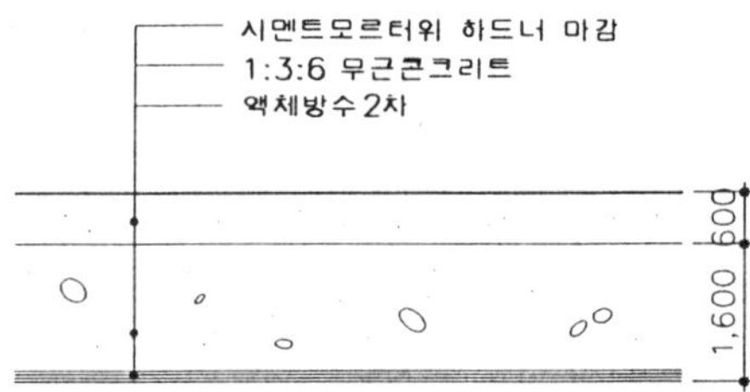
시멘트모르터위 하드너 마감
1:3:6 무근콘크리트
액체방수2차
600
1,600

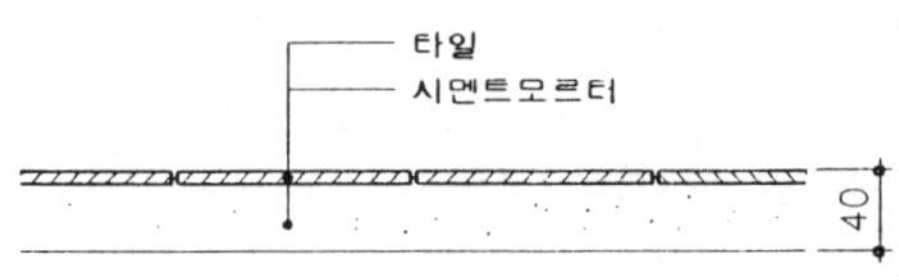
타일
시멘트모르터
40

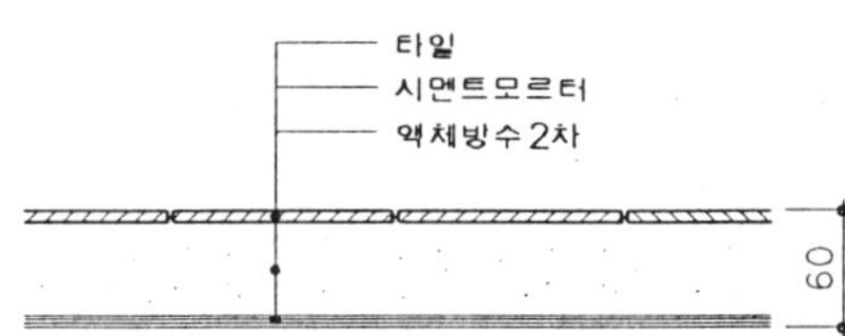
타일
시멘트모르터
액체방수2차
60

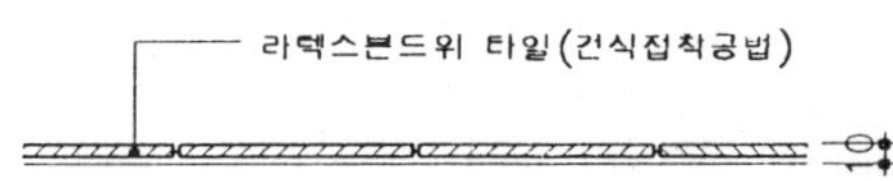
라텍스본드위 타일(건식접착공법)
10

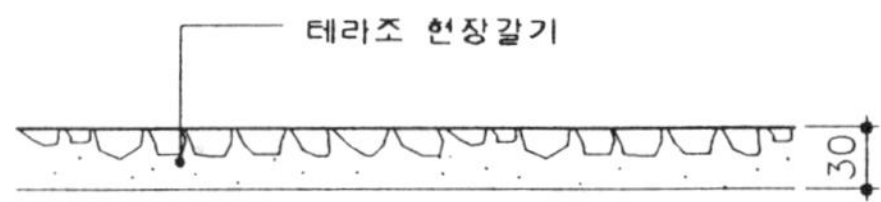
테라조 현장갈기
30

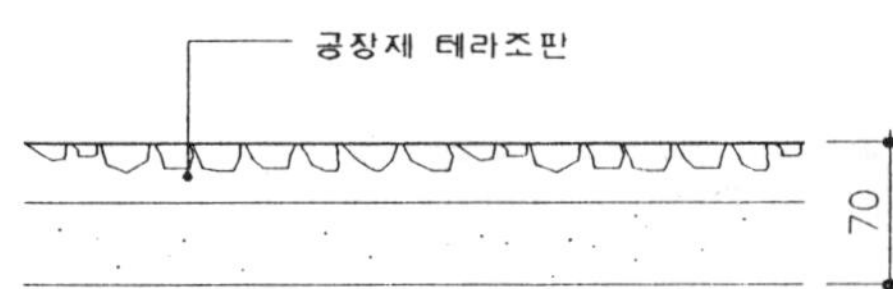
공장제 테라조판
70

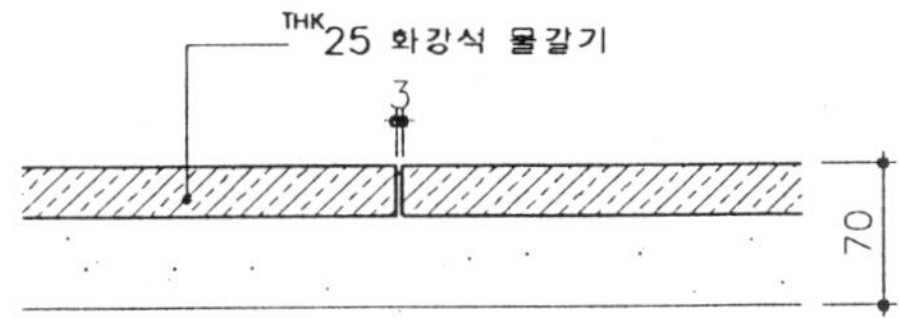
THK25 화강석 물갈기
3
70

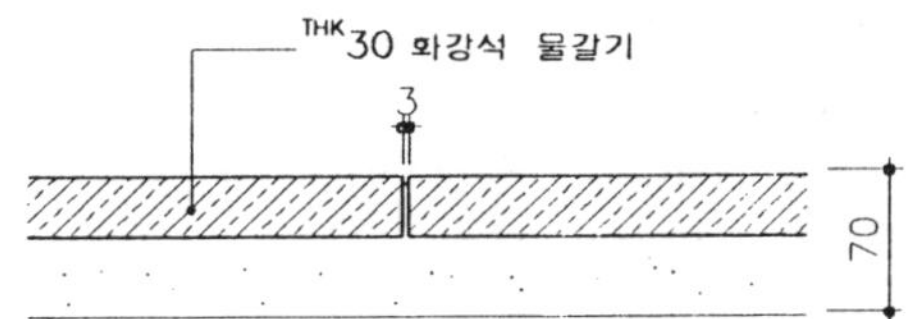
THK30 화강석 물갈기
3
70

마감상세

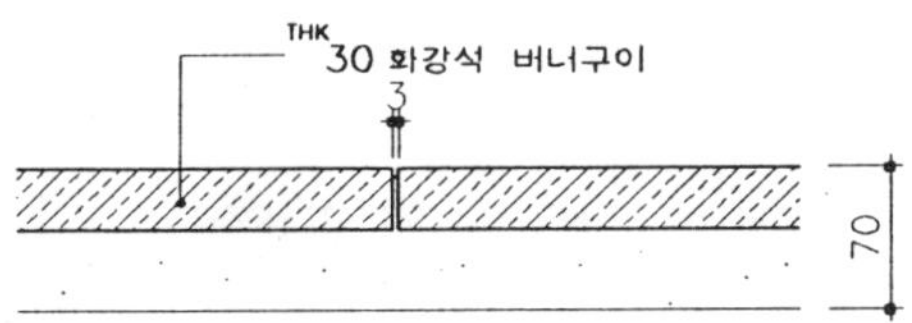
THK30 화강석 버너구이
3
70

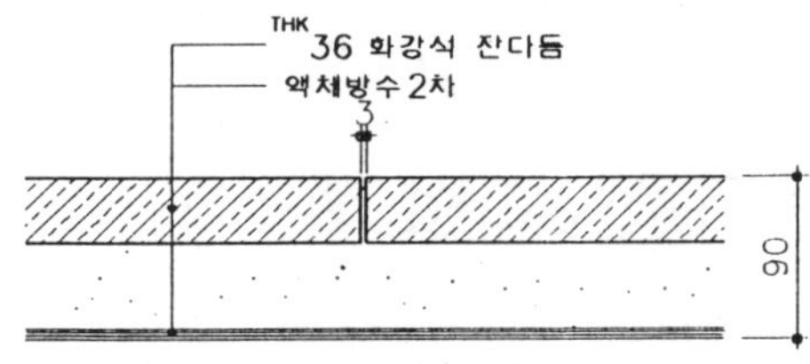
THK36 화강석 잔다듬
액체방수2차
3
90

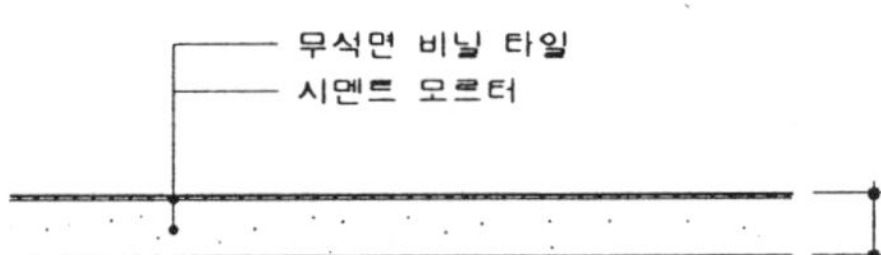
무석면 비닐 타일
시멘트 모르터

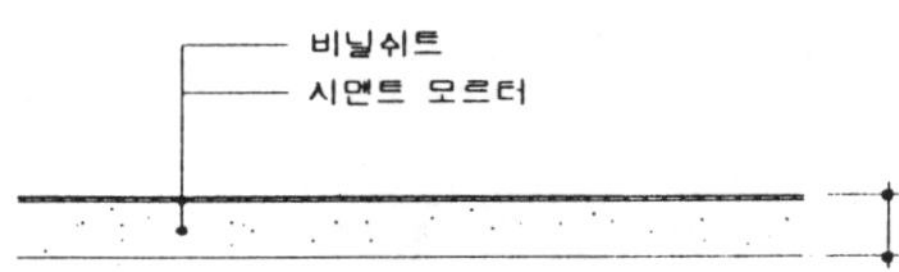
비닐쉬트
시멘트 모르터

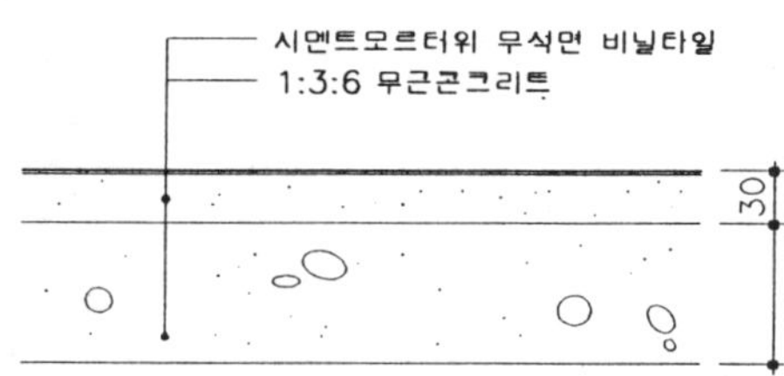
시멘트모르터위 무석면 비닐타일
1:3:6 무근콘크리트
30

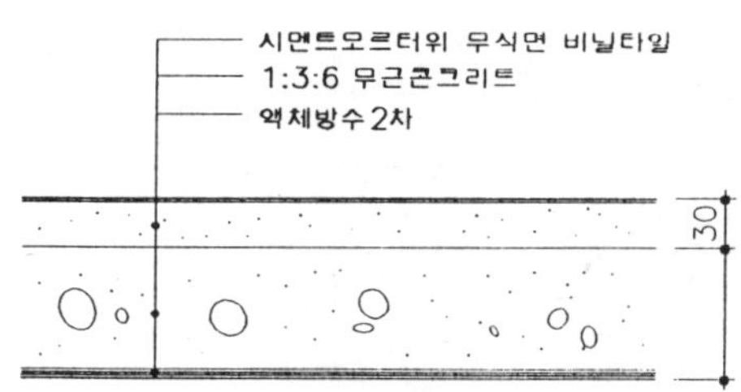
시멘트모르터위 무석면 비닐타일
1:3:6 무근콘크리트
액체방수2차
30

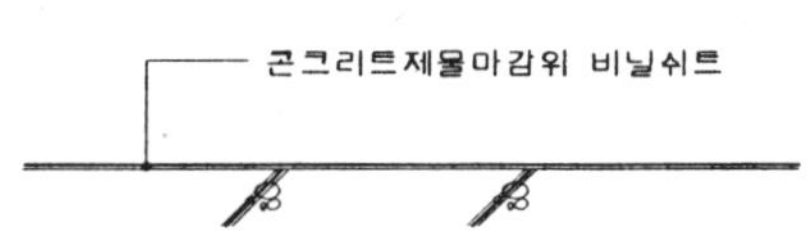
콘크리트제물마감위 비닐쉬트

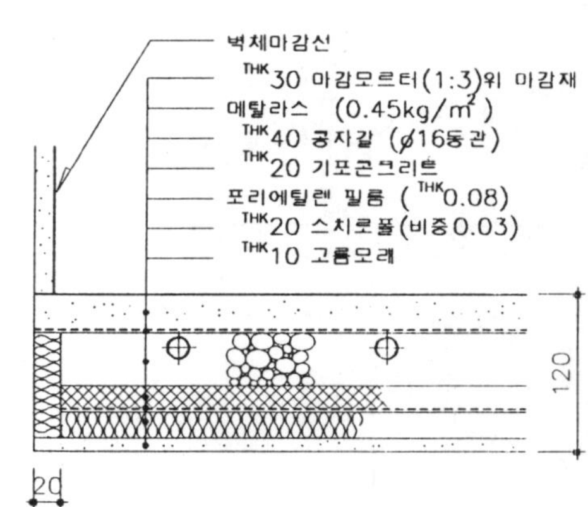
벽체마감선
THK30 마감모르터(1:3)위 마감재
메탈라스 (0.45kg/m²)
THK40 콩자갈 (ø16동관)
THK20 기포콘크리트
포리에틸렌 필름 (THK0.08)
THK20 스치로폴(비중0.03)
THK10 고름모래
120
20

마감상세

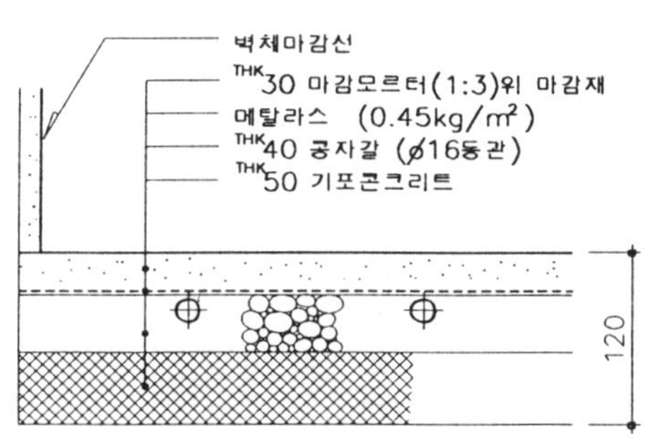
벽체마감선
THK30 마감모르터(1:3)위 마감재
메탈라스 (0.45kg/m^2)
THK40 공자갈 (ø16동관)
THK50 기포콘크리트
120

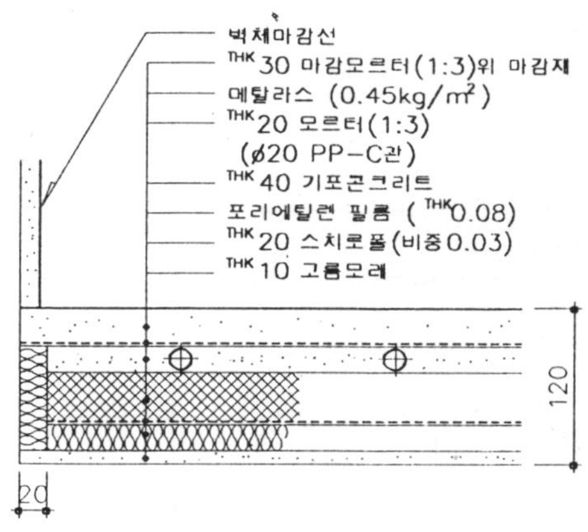
벽체마감선
THK30 마감모르터(1:3)위 마감재
메탈라스 (0.45kg/m^2)
THK20 모르터(1:3)
(ø20 PP-C관)
THK40 기포콘크리트
포리에틸렌 필름 (THK0.08)
THK20 스치로폴(비중0.03)
THK10 고름모레
120
20

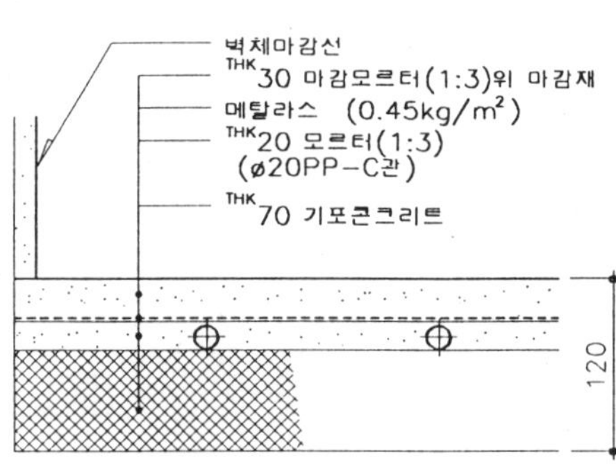
벽체마감선
THK30 마감모르터(1:3)위 마감재
메탈라스 (0.45kg/m^2)
THK20 모르터(1:3)
(ø20PP-C관)
THK70 기포콘크리트
120

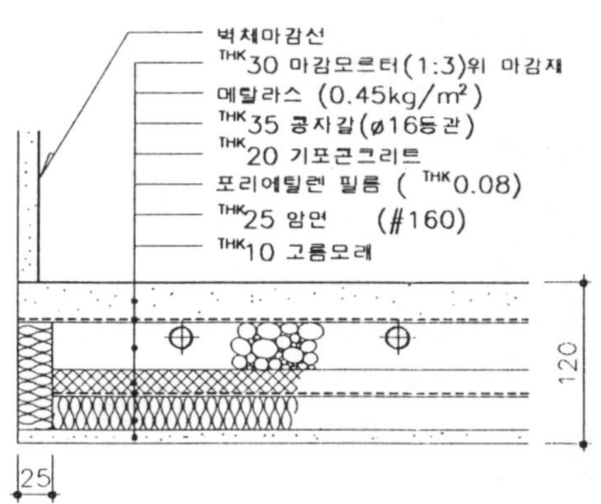
벽체마감선
THK30 마감모르터(1:3)위 마감재
메탈라스 (0.45kg/m^2)
THK35 공자갈(ø16동관)
THK20 기포콘크리트
포리에틸렌 필름 (THK0.08)
THK25 암면 (#160)
THK10 고름모레
120
25

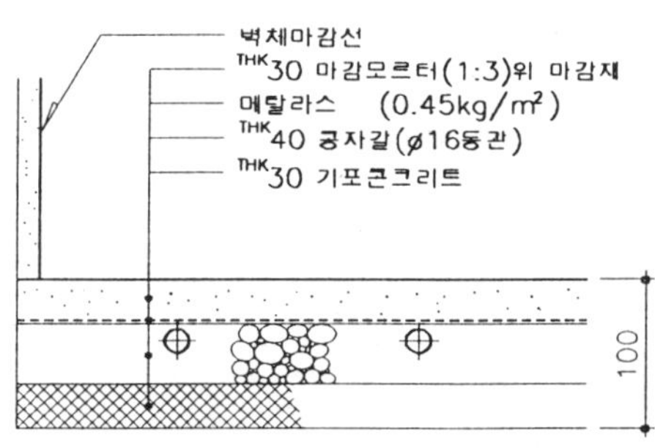
벽체마감선
THK30 마감모르터(1:3)위 마감재
메탈라스 (0.45kg/m^2)
THK40 공자갈(ø16동관)
THK30 기포콘크리트
100

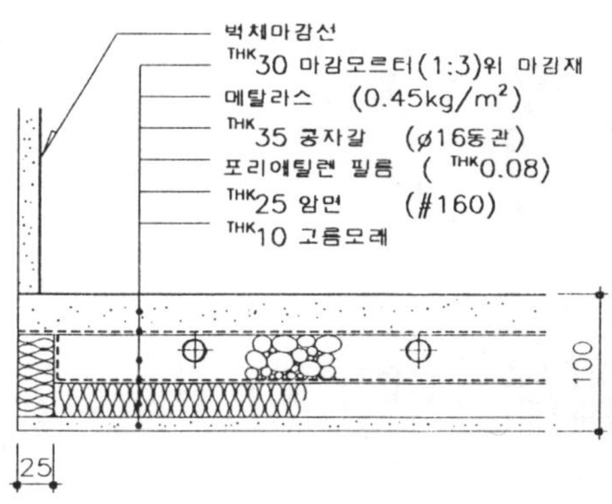
벽체마감선
THK30 마감모르터(1:3)위 마감재
메탈라스 (0.45kg/m^2)
THK35 공자갈 (ø16동관)
포리에틸렌 필름 (THK0.08)
THK25 암면 (#160)
THK10 고름모레
100
25

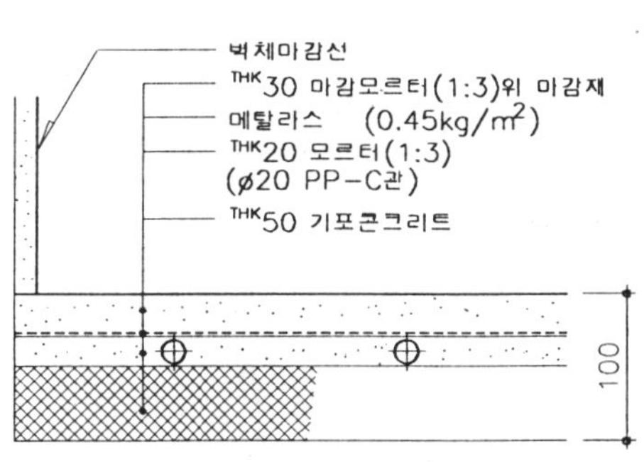
벽체마감선
THK30 마감모르터(1:3)위 마감재
메탈라스 (0.45kg/m^2)
THK20 모르터(1:3)
(ø20 PP-C관)
THK50 기포콘크리트
100

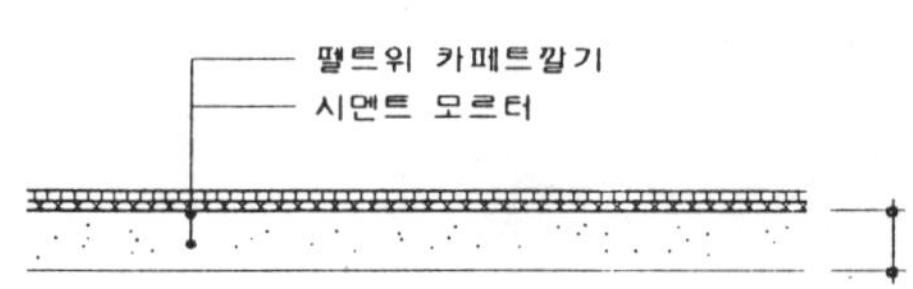
펠트위 카페트깔기
시멘트 모르터

마감상세

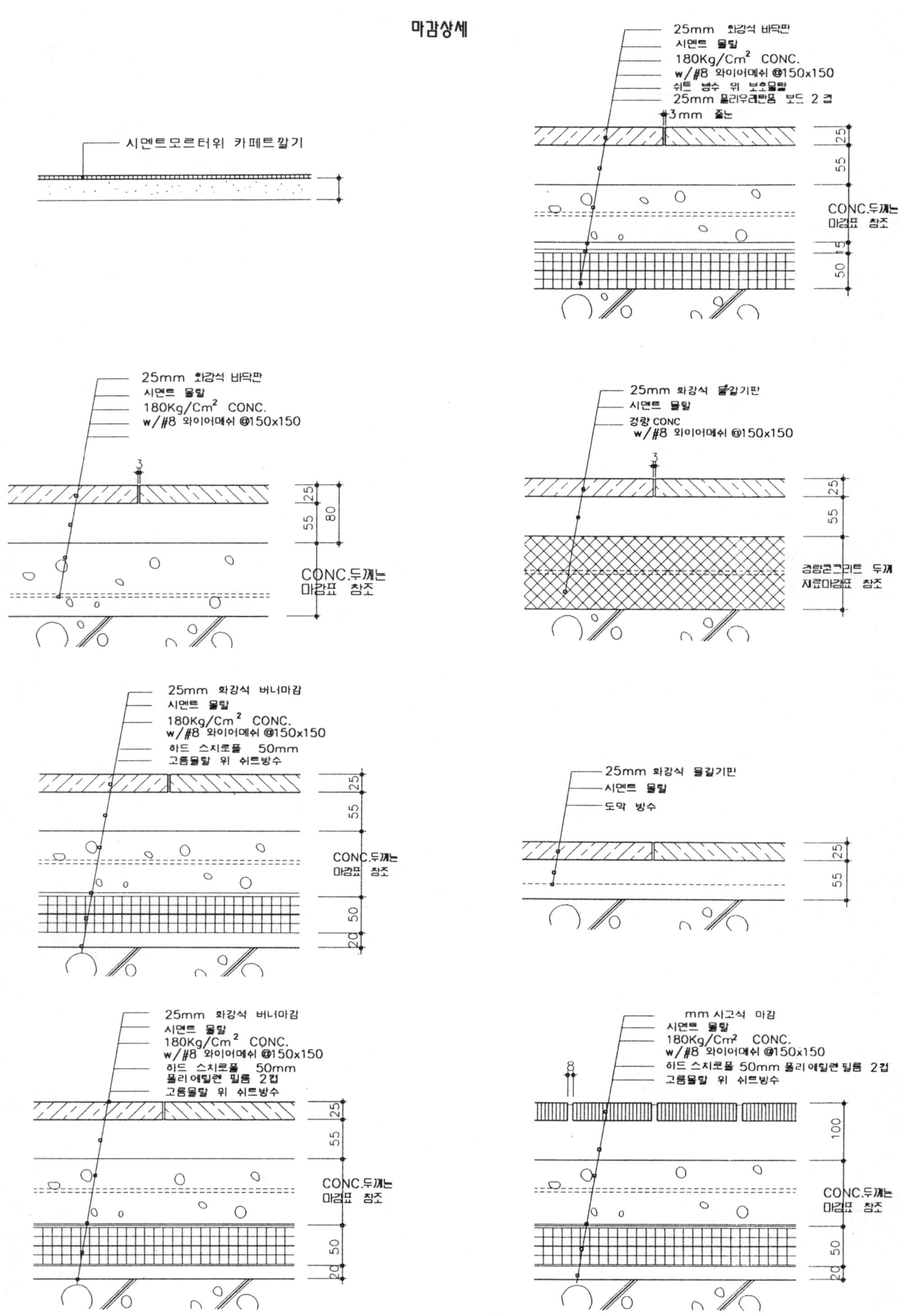
시멘트모르터위 카페트깔기
25mm 화강석 바닥판
시멘트 몰탈
180Kg/Cm² CONC.
w/#8 와이어메쉬 @150x150
쉬트 방수 위 보호몰탈
25mm 폴리우레탄폼 보드 2 겹
3mm 줄눈
25
55
CONC.두께는 마감표 참조
15
50
25mm 화강석 바닥판
시멘트 몰탈
180Kg/Cm² CONC.
w/#8 와이어메쉬 @150x150
3
25
55
80
CONC.두께는 마감표 참조
25mm 화강석 물갈기판
시멘트 몰탈
경량 CONC
w/#8 와이어메쉬 @150x150
3
25
55
경량콘크리트 두께 자료마감표 참조
25mm 화강석 버너마감
시멘트 몰탈
180Kg/Cm² CONC.
w/#8 와이어메쉬 @150x150
하드 스치로폴 50mm
고름몰탈 위 쉬트방수
25
55
CONC.두께는 마감표 참조
50
20
25mm 화강석 물갈기판
시멘트 몰탈
도막 방수
25
55
25mm 화강석 버너마감
시멘트 몰탈
180Kg/Cm² CONC.
w/#8 와이어메쉬 @150x150
하드 스치로폴 50mm
폴리에틸렌 필름 2겹
고름몰탈 위 쉬트방수
25
55
CONC.두께는 마감표 참조
50
20
mm 사고석 마감
시멘트 몰탈
180Kg/Cm² CONC.
w/#8 와이어메쉬 @150x150
하드 스치로폴 50mm 폴리에틸렌 필름 2겹
고름몰탈 위 쉬트방수
8
100
CONC.두께는 마감표 참조
50
20

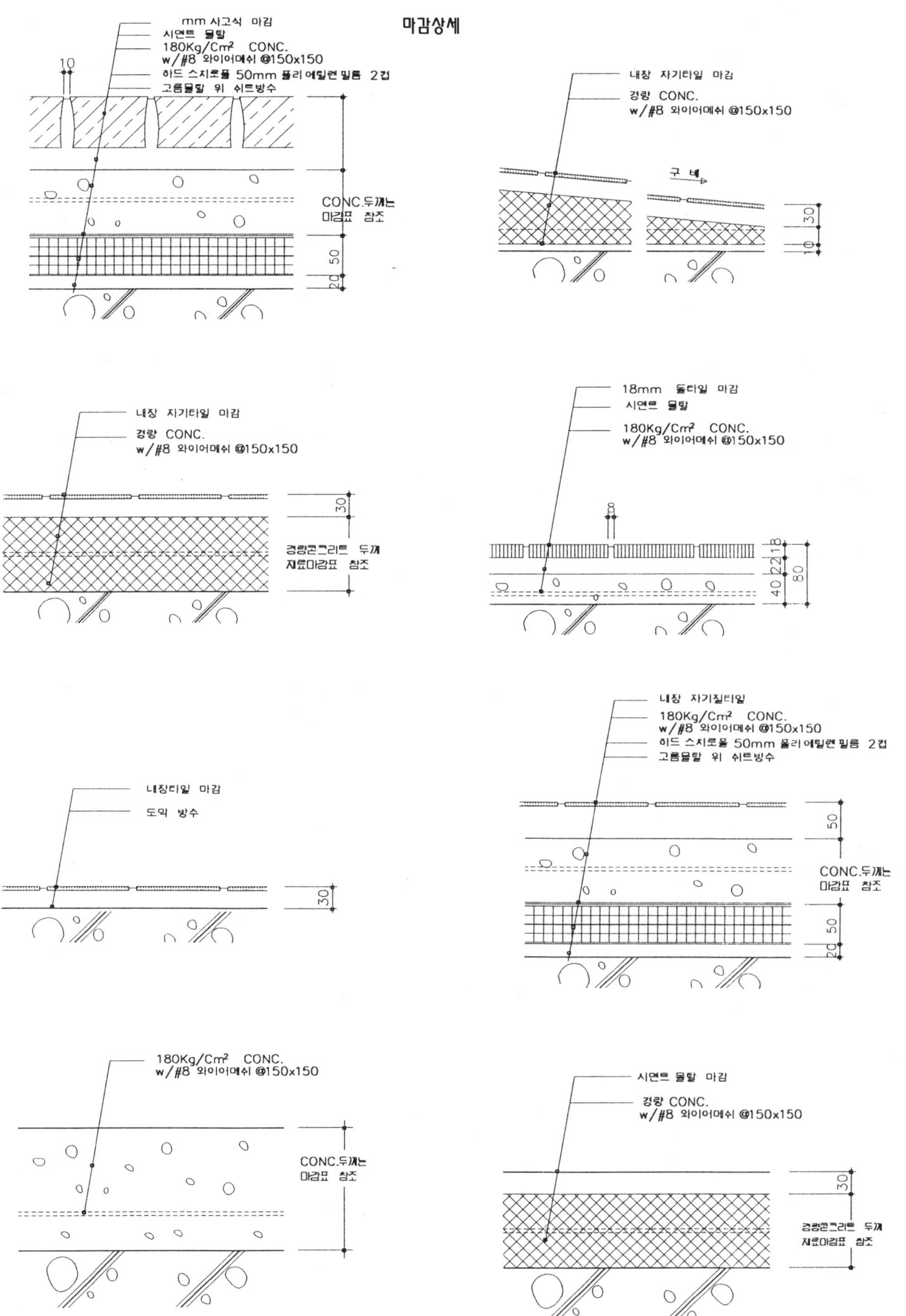
마감상세
mm 사고석 마감
시멘트 몰탈
180Kg/Cm² CONC.
w/#8 와이어메쉬 @150x150
하드 스치로폴 50mm 폴리에틸렌 필름 2겹
고름몰탈 위 쉬트방수
10
CONC.두께는
마감표 참조
50
20
내장 자기타일 마감
경량 CONC.
w/#8 와이어메쉬 @150x150
구 배
30
10
내장 자기타일 마감
경량 CONC.
w/#8 와이어메쉬 @150x150
30
경량콘크리트 두께
재료마감표 참조
18mm 돌타일 마감
시멘트 몰탈
180Kg/Cm² CONC.
w/#8 와이어메쉬 @150x150
18
22
40
80
내장타일 마감
도막 방수
30
내장 자기질타일
180Kg/Cm² CONC.
w/#8 와이어메쉬 @150x150
하드 스치로폴 50mm 폴리에틸렌 필름 2겹
고름몰탈 위 쉬트방수
50
CONC.두께는
마감표 참조
50
20
180Kg/Cm² CONC.
w/#8 와이어메쉬 @150x150
CONC.두께는
마감표 참조
시멘트 몰탈 마감
경량 CONC.
w/#8 와이어메쉬 @150x150
30
경량콘크리트 두께
재료마감표 참조

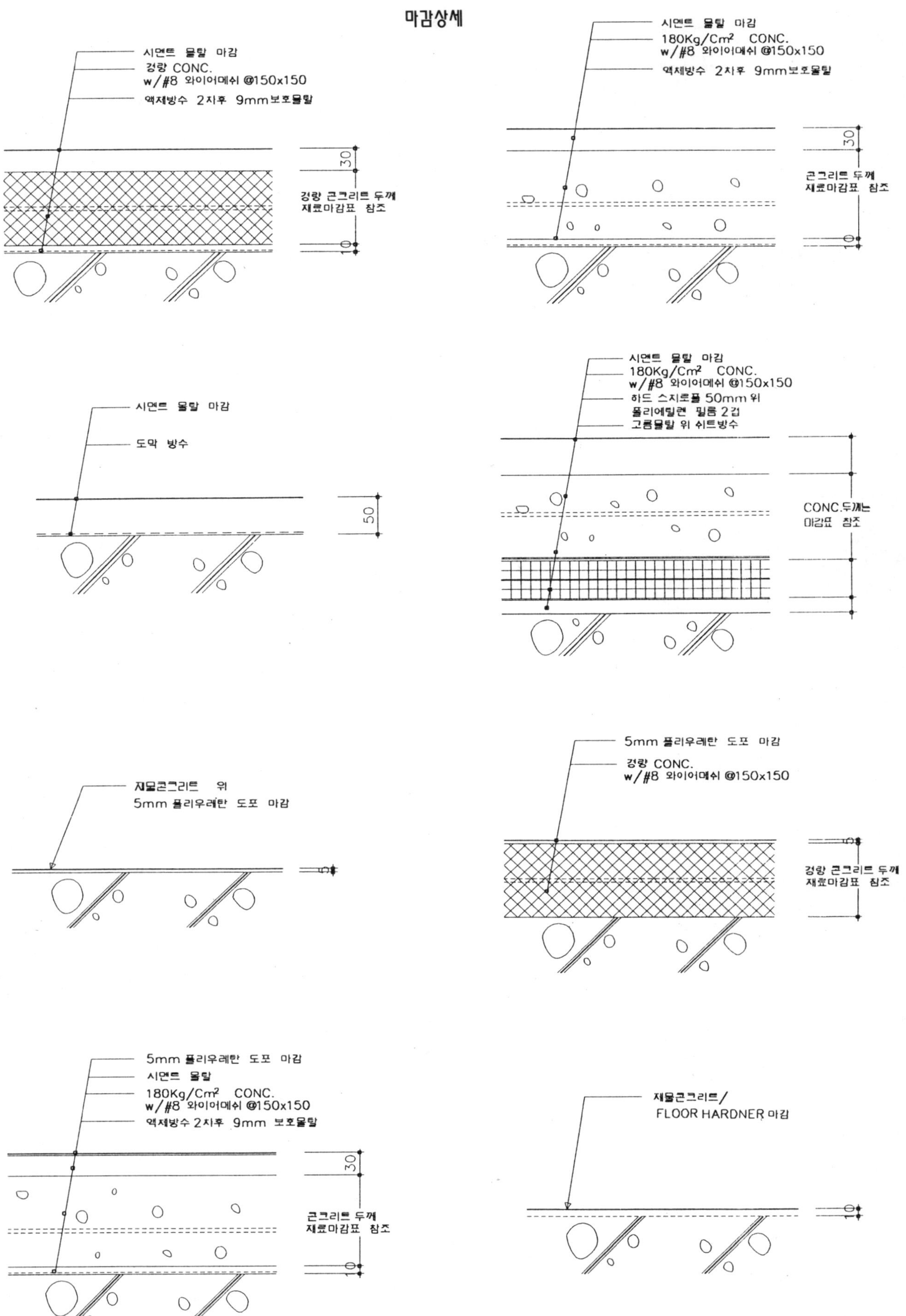
마감상세
시멘트 몰탈 마감
경량 CONC.
w/#8 와이어메쉬 @150x150
액제방수 2차후 9mm보호몰탈
30
경량 콘크리트 두께
재료마감표 참조
10
시멘트 몰탈 마감
180Kg/Cm² CONC.
w/#8 와이어메쉬 @150x150
액제방수 2차후 9mm보호몰탈
30
콘크리트 두께
재료마감표 참조
10
시멘트 몰탈 마감
도막 방수
50
시멘트 몰탈 마감
180Kg/Cm² CONC.
w/#8 와이어메쉬 @150x150
하드 스치로폴 50mm 위
폴리에틸렌 필름 2겹
고름몰탈 위 쉬트방수
CONC.두께는
마감표 참조
제물콘크리트 위
5mm 폴리우레탄 도포 마감
5mm 폴리우레탄 도포 마감
경량 CONC.
w/#8 와이어메쉬 @150x150
경량 콘크리트 두께
재료마감표 참조
5mm 폴리우레탄 도포 마감
시멘트 몰탈
180Kg/Cm² CONC.
w/#8 와이어메쉬 @150x150
액제방수 2차후 9mm 보호몰탈
30
콘크리트 두께
재료마감표 참조
10
제물콘크리트/
FLOOR HARDNER 마감
10

마감상세

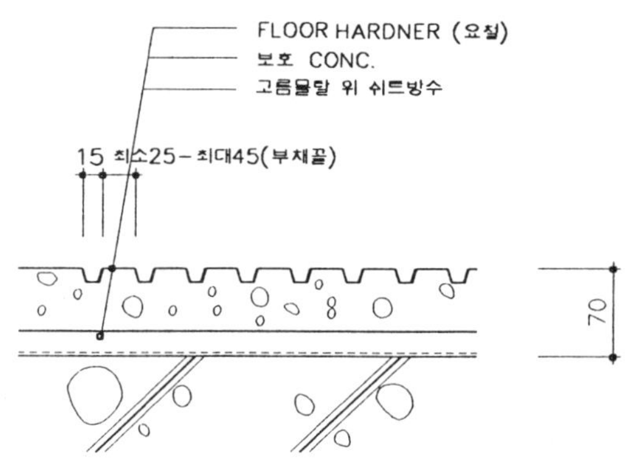
FLOOR HARDNER (요철)
보호 CONC.
고름몰탈 위 쉬트방수
15 최소25－최대45(부채꼴)
70

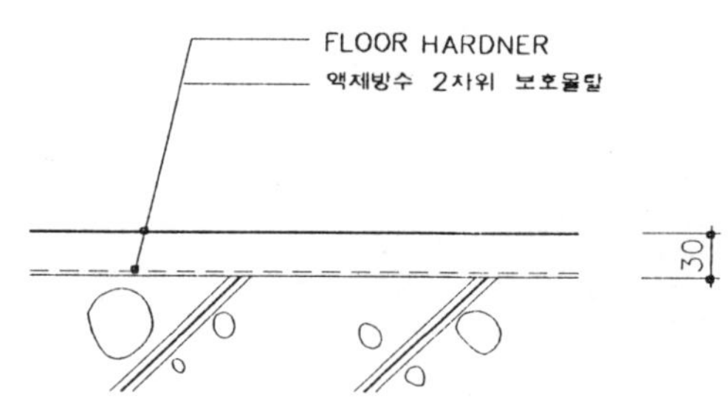
FLOOR HARDNER
액체방수 2차위 보호몰탈
30

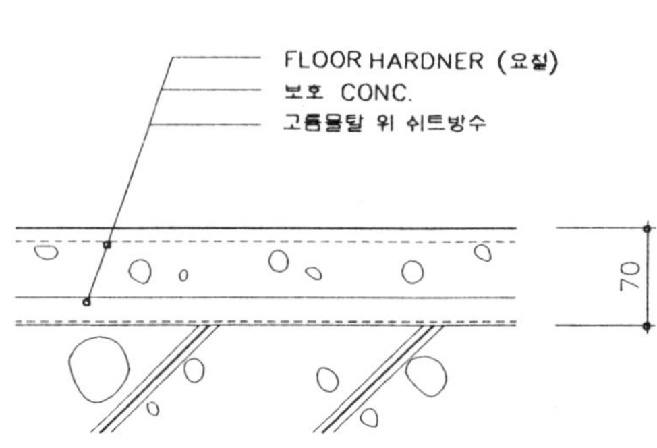
FLOOR HARDNER (요철)
보호 CONC.
고름몰탈 위 쉬트방수
70

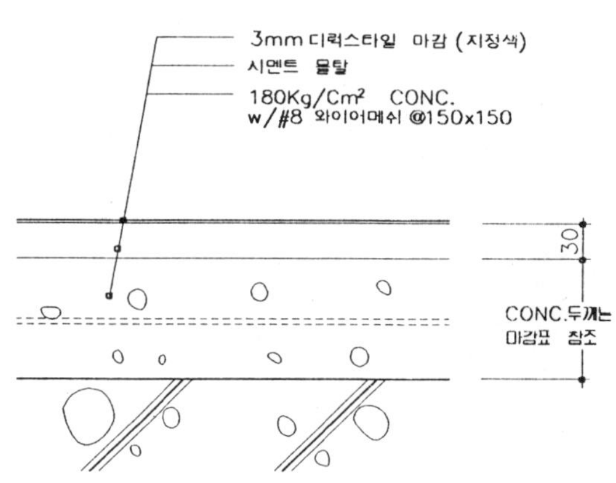
3mm 디럭스타일 마감 (지정색)
시멘트 몰탈
180Kg/Cm² CONC.
w/#8 와이어메쉬 @150x150
30
CONC.두께는
마감표 참조

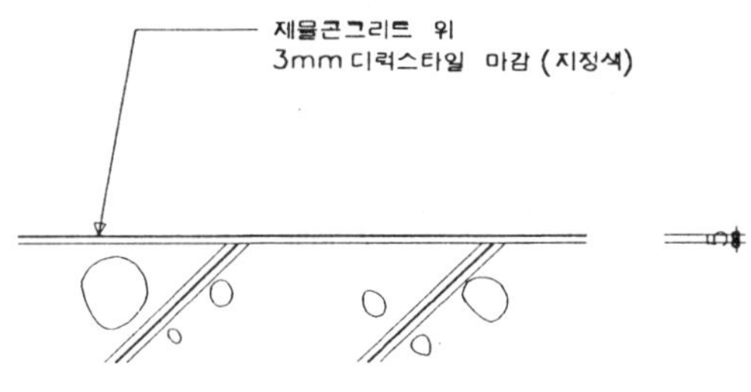
제물콘크리트 위
3mm 디럭스타일 마감 (지정색)
5

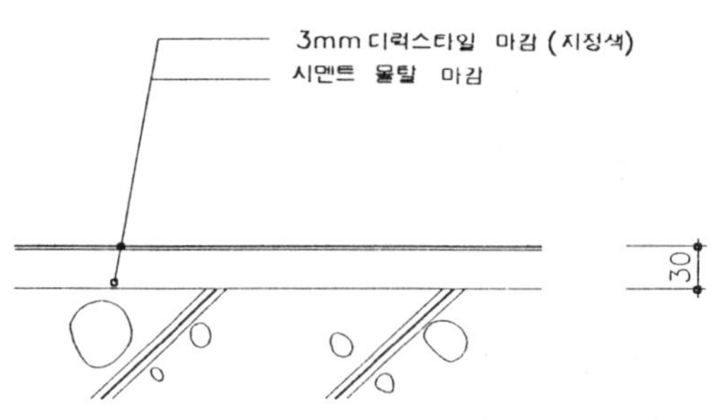
3mm 디럭스타일 마감 (지정색)
시멘트 몰탈 마감
30

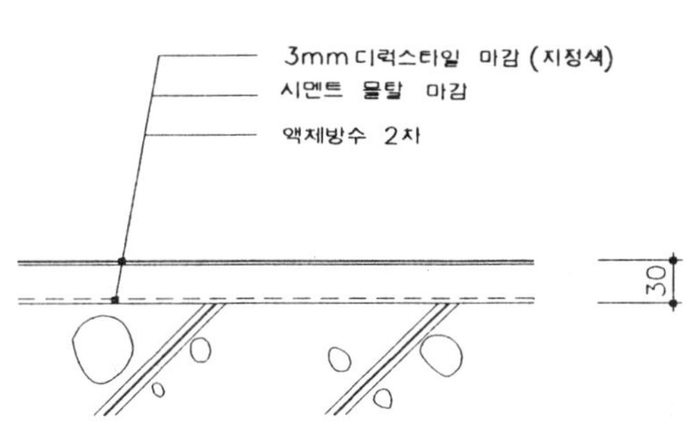
3mm 디럭스타일 마감 (지정색)
시멘트 몰탈 마감
액체방수 2차
30

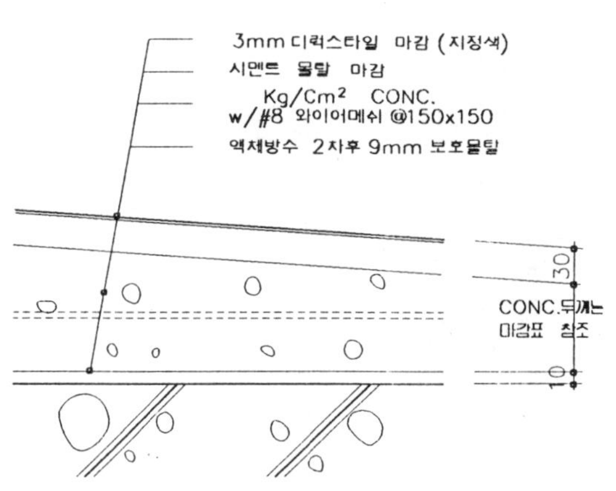
3mm 디럭스타일 마감 (지정색)
시멘트 몰탈 마감
Kg/Cm² CONC.
w/#8 와이어메쉬 @150x150
액체방수 2차후 9mm 보호몰탈
30
CONC.두께는
마감표 참조
10

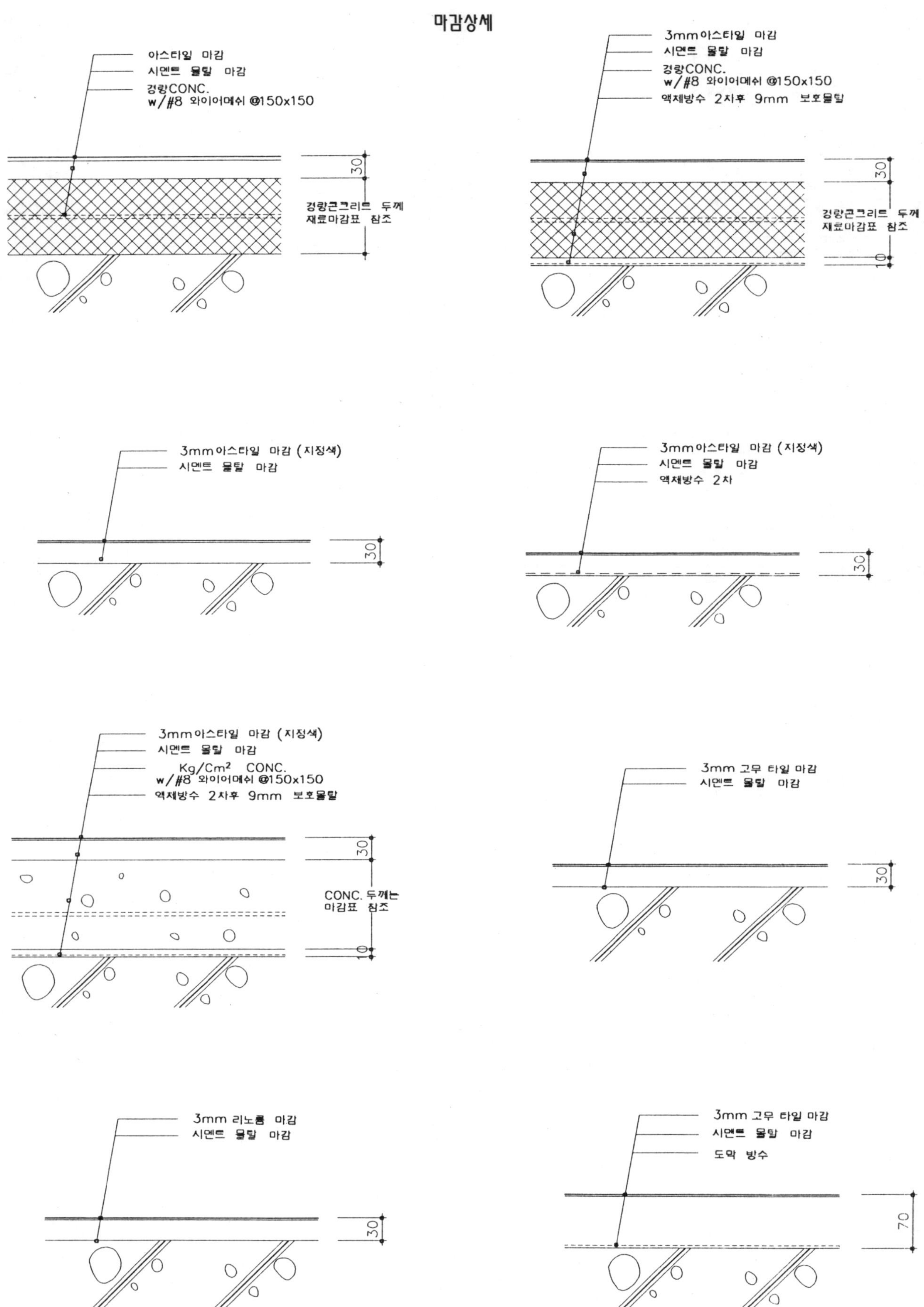
마감상세
아스타일 마감
시멘트 몰탈 마감
경량CONC.
w/#8 와이어메쉬 @150x150
30
경량콘크리트 두께
재료마감표 참조
3mm아스타일 마감
시멘트 몰탈 마감
경량CONC.
w/#8 와이어메쉬 @150x150
액체방수 2차후 9mm 보호몰탈
30
경량콘크리트 두께
재료마감표 참조
10
3mm아스타일 마감 (지정색)
시멘트 몰탈 마감
30
3mm아스타일 마감 (지정색)
시멘트 몰탈 마감
액체방수 2차
30
3mm아스타일 마감 (지정색)
시멘트 몰탈 마감
Kg/Cm2 CONC.
w/#8 와이어메쉬 @150x150
액체방수 2차후 9mm 보호몰탈
30
CONC. 두께는
마감표 참조
10
3mm 고무 타일 마감
시멘트 몰탈 마감
30
3mm 리노륨 마감
시멘트 몰탈 마감
30
3mm 고무 타일 마감
시멘트 몰탈 마감
도막 방수
70

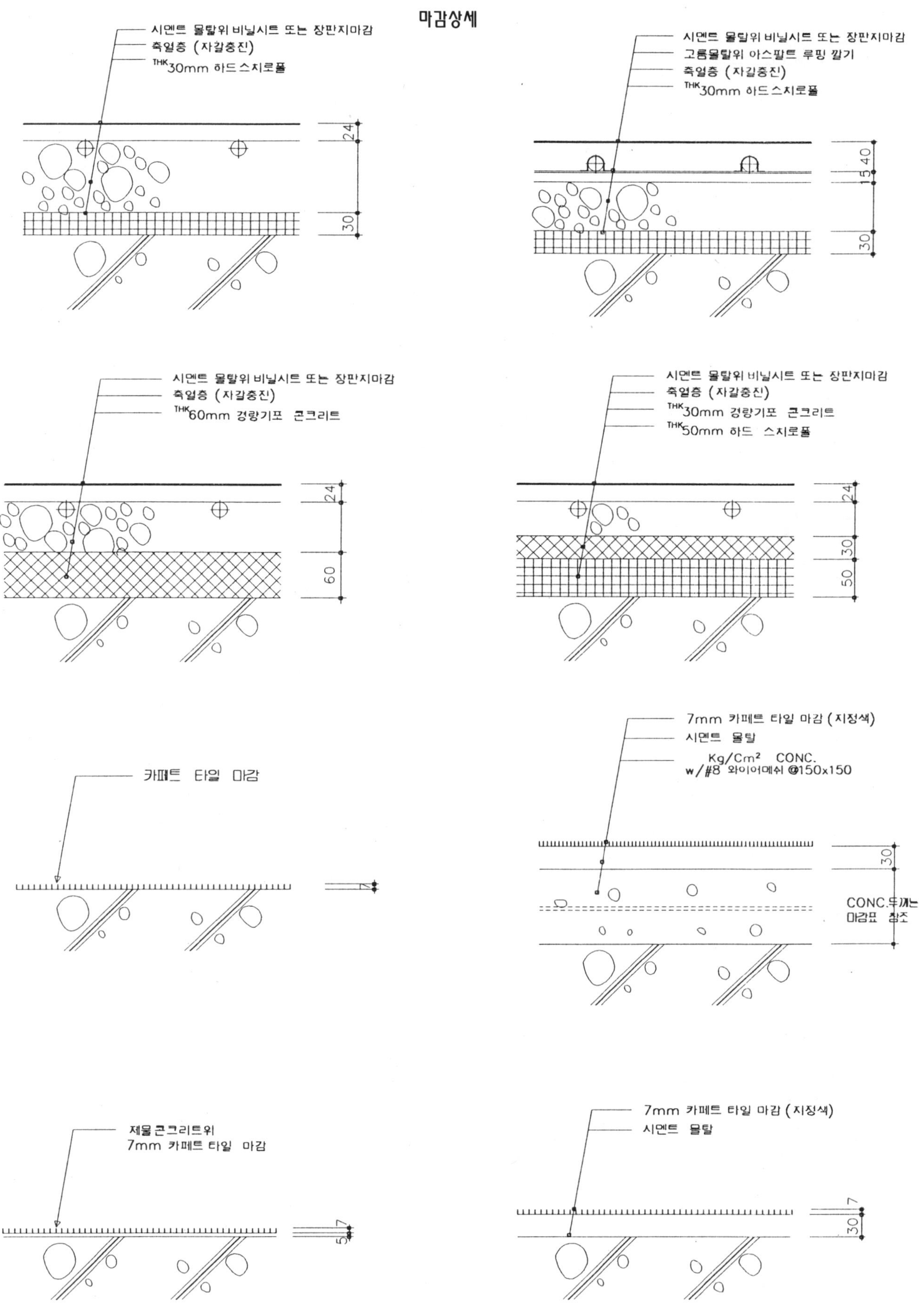

마감상세
시멘트 몰탈위 비닐시트 또는 장판지마감
축열층 (자갈충진)
THK30mm 하드스치로폴
시멘트 몰탈위 비닐시트 또는 장판지마감
고름몰탈위 아스팔트 루핑 깔기
축열층 (자갈충진)
THK30mm 하드스치로폴
시멘트 몰탈위 비닐시트 또는 장판지마감
축열층 (자갈충진)
THK60mm 경량기포 콘크리트
시멘트 몰탈위 비닐시트 또는 장판지마감
축열층 (자갈충진)
THK30mm 경량기포 콘크리트
THK50mm 하드 스치로폴
카페트 타일 마감
7mm 카페트 타일 마감 (지정색)
시멘트 몰탈
Kg/Cm² CONC.
w/#8 와이어메쉬 @150x150
CONC.두께는 마감표 참조
제물콘크리트위
7mm 카페트 타일 마감
7mm 카페트 타일 마감 (지정색)
시멘트 몰탈

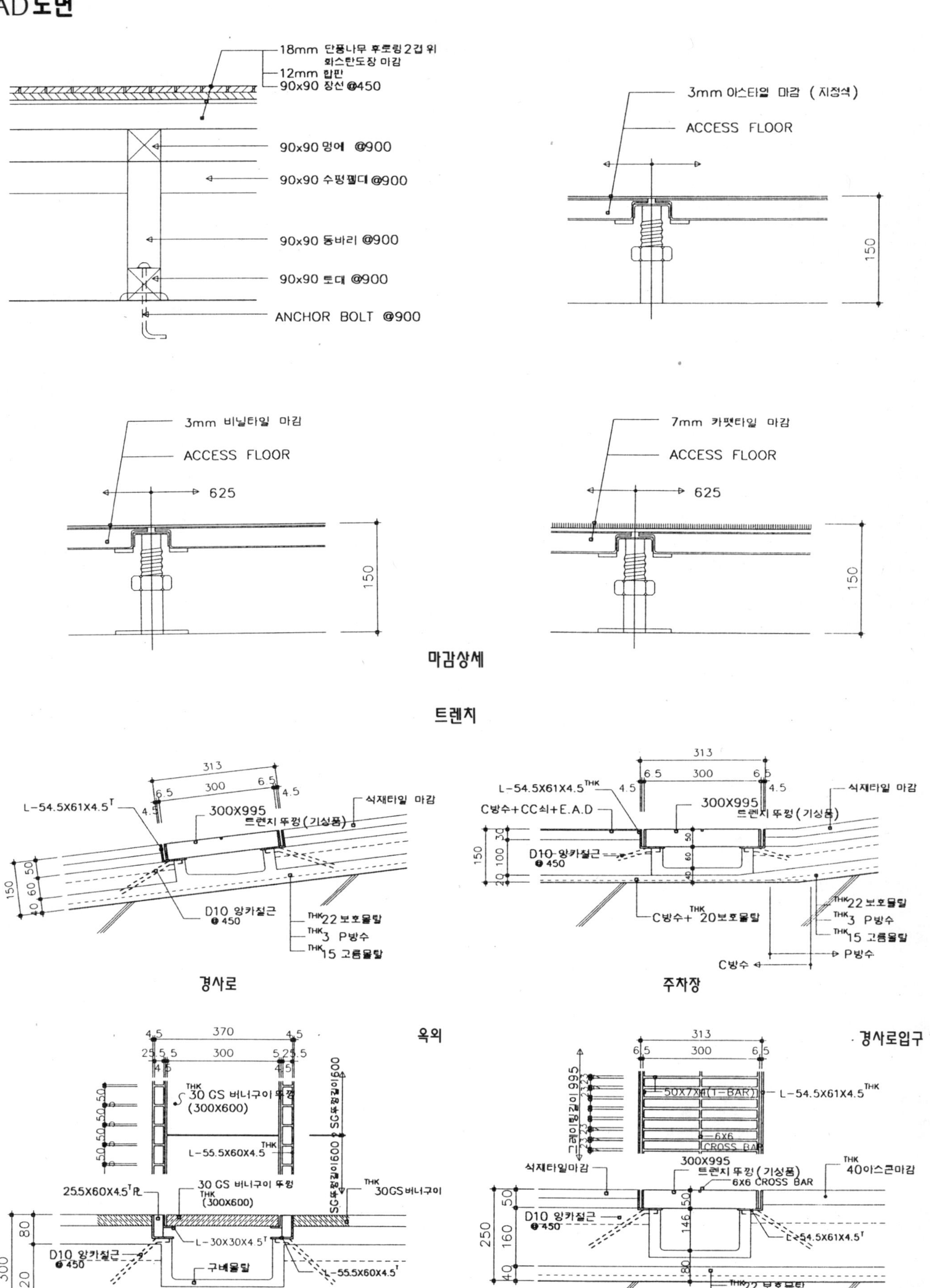
18mm 단풍나무 후로링 2겹 위
와스탄도장 마감
12mm 합판
90x90 장선 @450
90x90 멍에 @900
90x90 수평꿸대 @900
90x90 동바리 @900
90x90 토대 @900
ANCHOR BOLT @900
3mm 아스타일 마감 (지정색)
ACCESS FLOOR
150
3mm 비닐타일 마감
ACCESS FLOOR
625
150
7mm 카펫타일 마감
ACCESS FLOOR
625
150
마감상세
트렌치
313
300
L-54.5X61X4.5
300X995
트렌치 뚜껑(기성품)
석재타일 마감
D10 앙카철근
@450
22 보호몰탈
3 P방수
15 고름몰탈
경사로
C방수+CC쇠+E.A.D
C방수+ 20보호몰탈
C방수
P방수
주차장
옥외
370
300
30 GS 버너구이 뚜껑
(300X600)
L-55.5X60X4.5
25.5X60X4.5 PL
30GS버너구이
L-30X30X4.5
구배몰탈
L-55.5X60X4.5
SG뚜껑길이1600
경사로입구
그레이팅길이 995
50X7X4(T-BAR)
6X6
CROSS BAR
석재타일마감
6X6 CROSS BAR
40이스콘마감
L-54.5X61X4.5

트렌치 · 단면상세

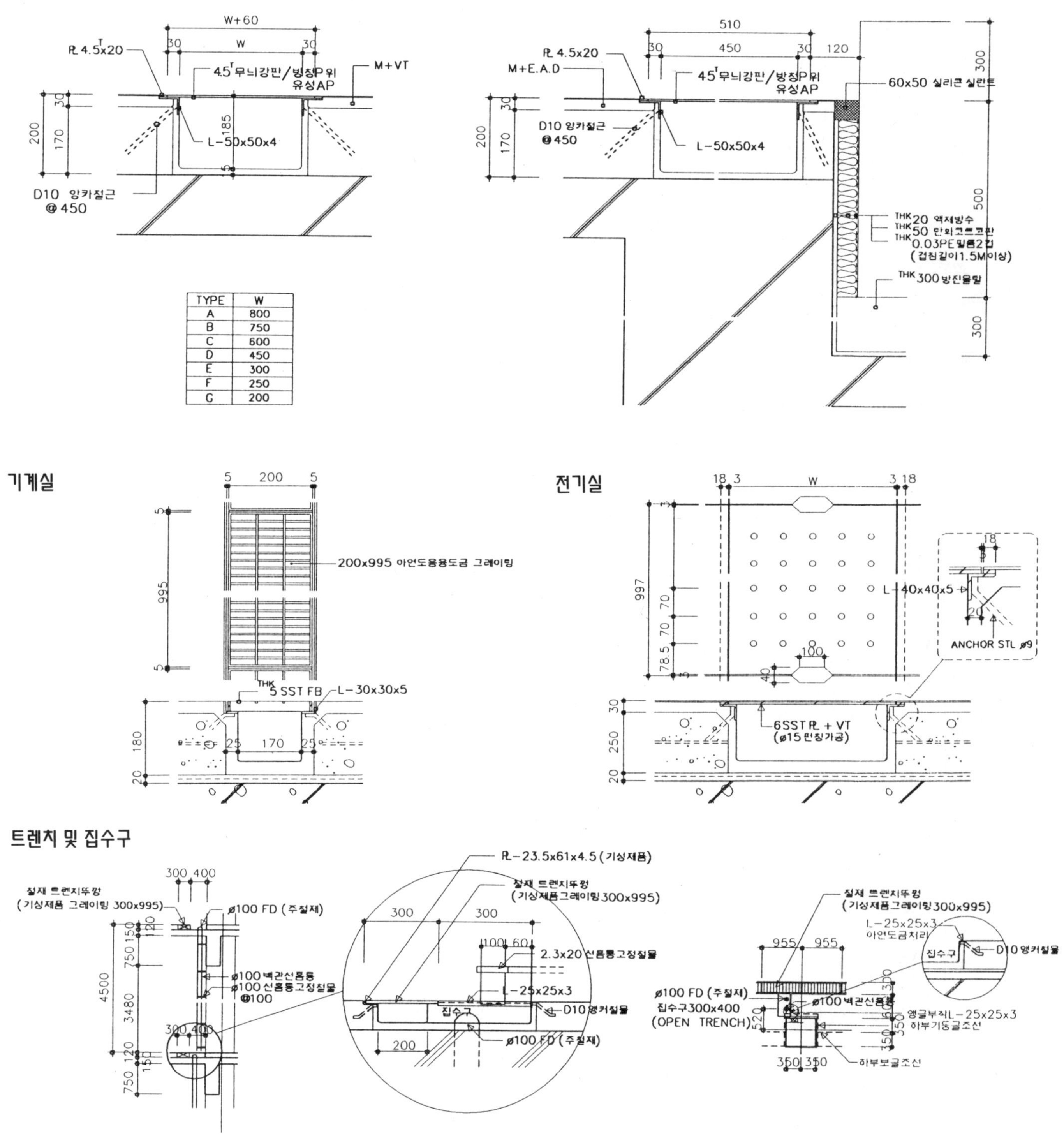

TYPE	W
A	800
B	750
C	600
D	450
E	300
F	250
G	200

CAD도면

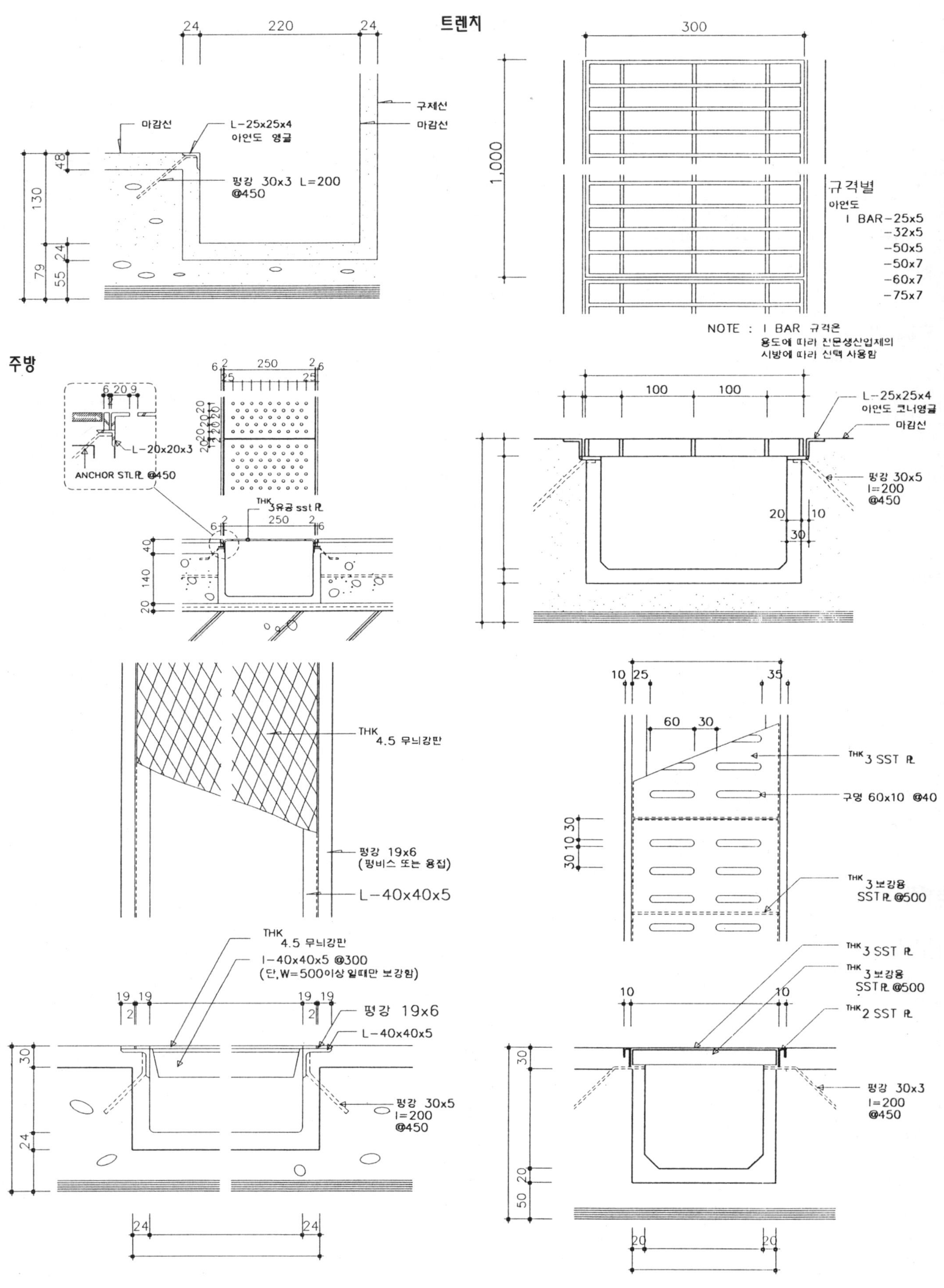
트렌치
24
220
24
구체선
마감선
마감선
L-25x25x4
아연도 앵글
48
130
평강 30x3 L=200
@450
24
79
55
300
1,000
규격별
아연도
I BAR-25x5
-32x5
-50x5
-50x7
-60x7
-75x7
NOTE : I BAR 규격은
용도에 따라 전문생산업체의
시방에 따라 선택 사용함
주방
100
100
L-25x25x4
아연도 코너앵글
마감선
평강 30x5
l=200
@450
ANCHOR STL PL @450
L-20x20x3
250
THK 3유공 sst PL
40
140
20
THK 4.5 무늬강판
평강 19x6
(평비스 또는 용접)
L-40x40x5
THK 3 SST PL
구멍 60x10 @40
THK 3 보강용
SST PL @500
THK 4.5 무늬강판
I-40x40x5 @300
(단,W=500이상 일때만 보강함)
평강 19x6
L-40x40x5
평강 30x5
l=200
@450
THK 3 SST PL
THK 3 보강용
SST PL @500
THK 2 SST PL
평강 30x3
l=200
@450

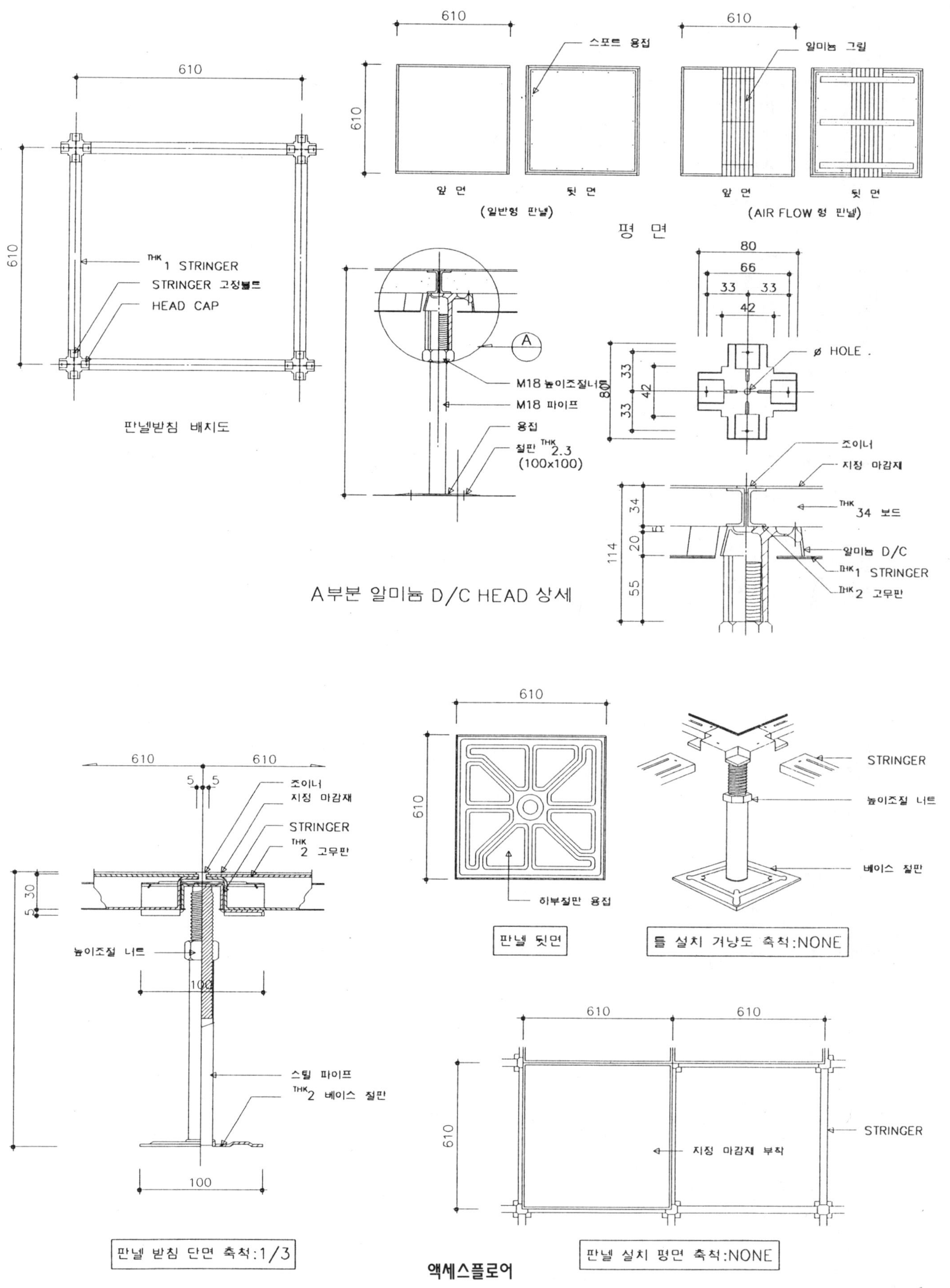

610
THK 1 STRINGER
STRINGER 고정볼트
HEAD CAP
판넬받침 배치도
스포트 용접
알미늄 그릴
앞 면
뒷 면
(일반형 판넬)
(AIR FLOW 형 판넬)
평 면
80
66
33
42
ø HOLE .
M18 높이조절너트
M18 파이프
용접
철판 THK 2.3 (100x100)
A부분 알미늄 D/C HEAD 상세
조이너
지정 마감재
THK 34 보드
알미늄 D/C
THK 1 STRINGER
THK 2 고무판
114
34
20
55
5
30
지정 마감재
STRINGER
THK 2 고무판
높이조절 너트
100
스틸 파이프
THK 2 베이스 철판
판넬 받침 단면 축척:1/3
하부철판 용접
판넬 뒷면
높이조절 너트
베이스 철판
틀 설치 겨냥도 축척:NONE
지정 마감재 부착
판넬 설치 평면 축척:NONE

액세스플로어

액세스플로어

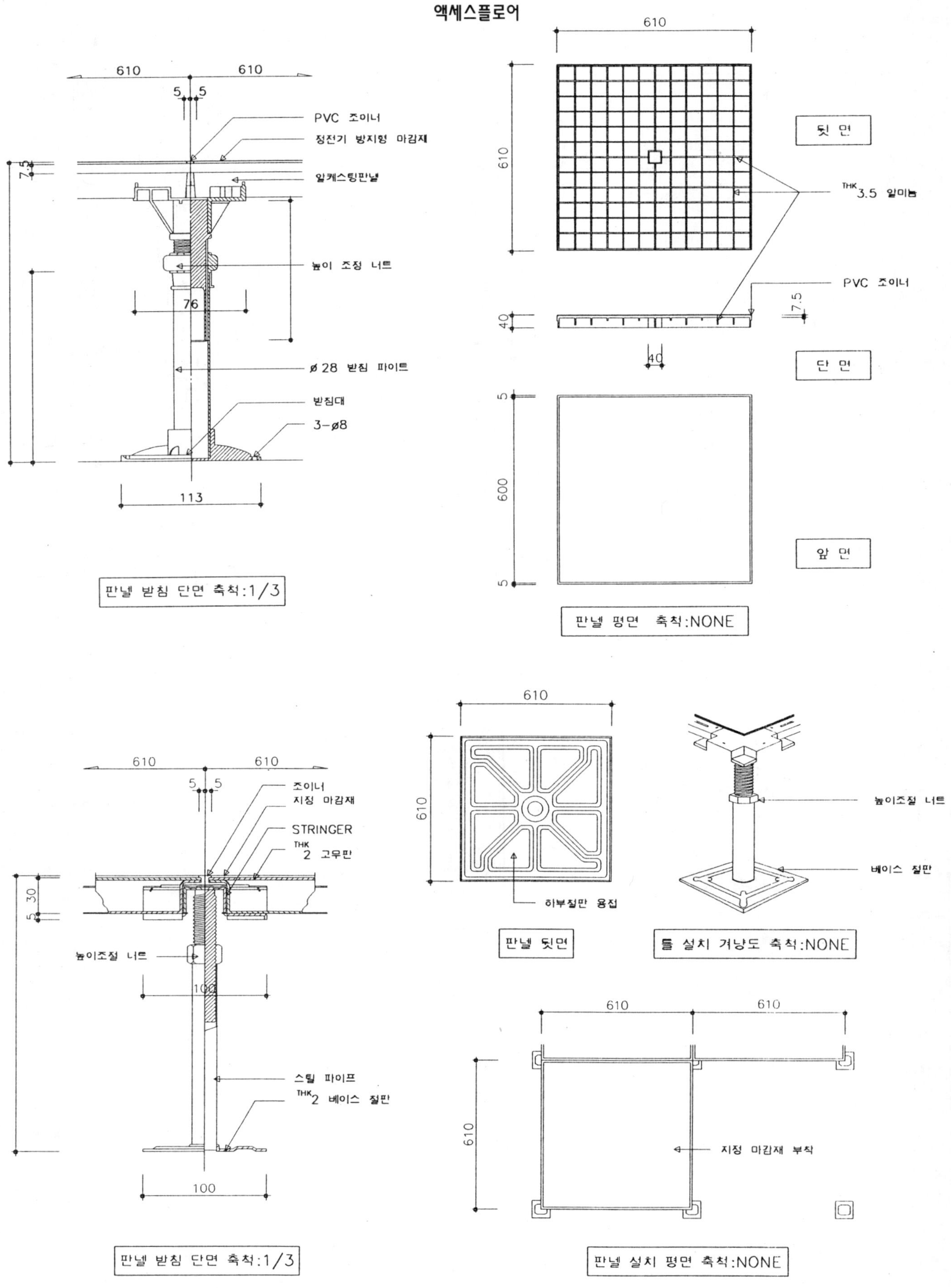
610
610
5
5
PVC 조이너
정전기 방지형 마감재
7.5
알케스팅판넬
높이 조정 너트
76
ø 28 받침 파이트
받침대
3-ø8
113
판넬 받침 단면 축척:1/3
610
610
뒷 면
THK3.5 알미늄
PVC 조이너
40
7.5
40
단 면
5
600
5
앞 면
판넬 평면 축척:NONE
610
610
5
5
조이너
지정 마감재
STRINGER
THK 2 고무판
30
5
높이조절 너트
100
스틸 파이프
THK2 베이스 철판
100
판넬 받침 단면 축척:1/3
610
610
하부철판 용접
판넬 뒷면
높이조절 너트
베이스 철판
틀 설치 겨냥도 축척:NONE
610
610
610
지정 마감재 부착
판넬 설치 평면 축척:NONE

문틀상세

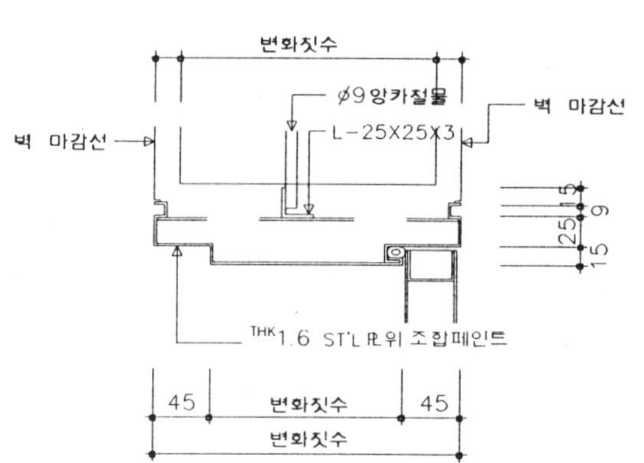
변화칫수
ø9앙카철물
L-25X25X3
벽 마감선
벽 마감선
15
9
25
15
THK1.6 ST'L 위 조합페인트
45
변화칫수
45
변화칫수

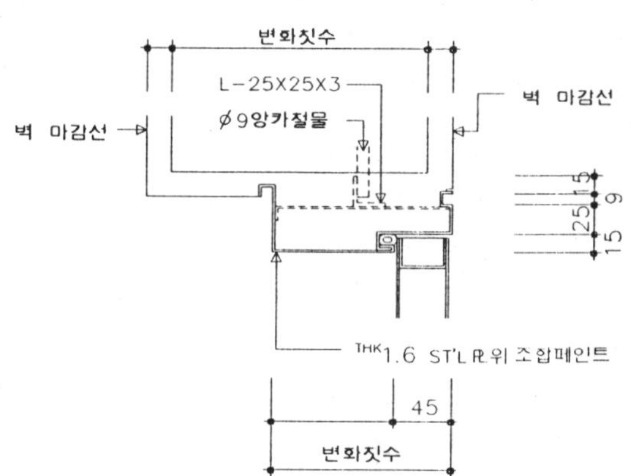
변화칫수
L-25X25X3
ø9앙카철물
벽 마감선
벽 마감선
15
9
25
15
THK1.6 ST'L 위 조합페인트
45
변화칫수

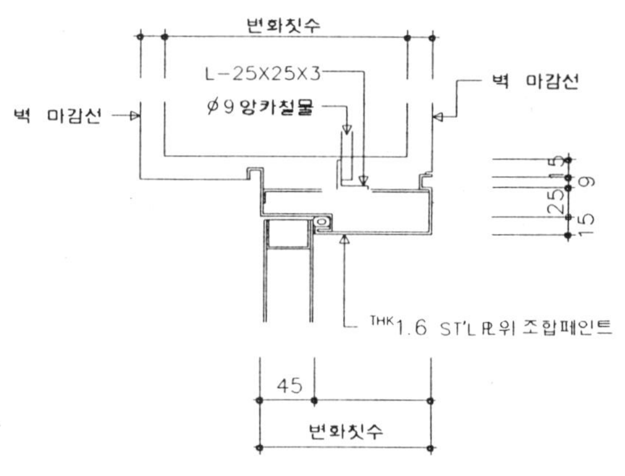
변화칫수
L-25X25X3
ø9앙카철물
벽 마감선
벽 마감선
15
9
25
15
THK1.6 ST'L 위 조합페인트
45
변화칫수

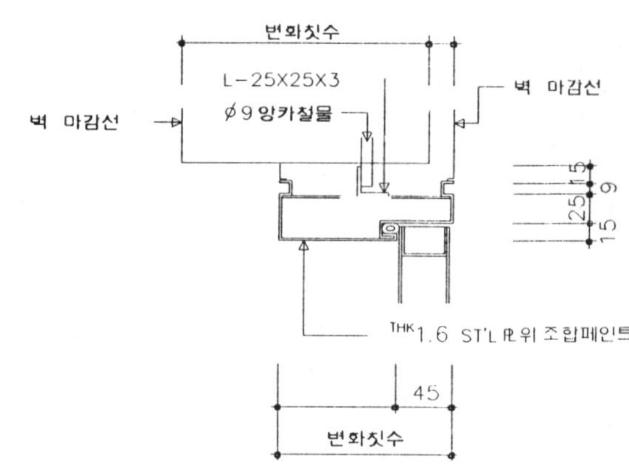
변화칫수
L-25X25X3
ø9앙카철물
벽 마감선
벽 마감선
15
9
25
15
THK1.6 ST'L 위 조합페인트
45
변화칫수

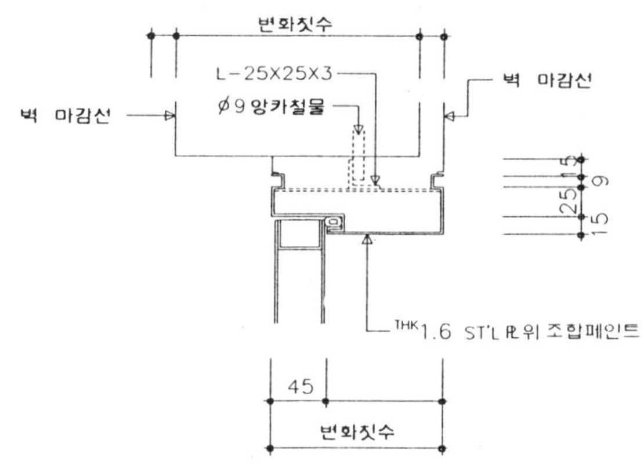
변화칫수
L-25X25X3
ø9앙카철물
벽 마감선
벽 마감선
15
9
25
15
THK1.6 ST'L 위 조합페인트
45
변화칫수

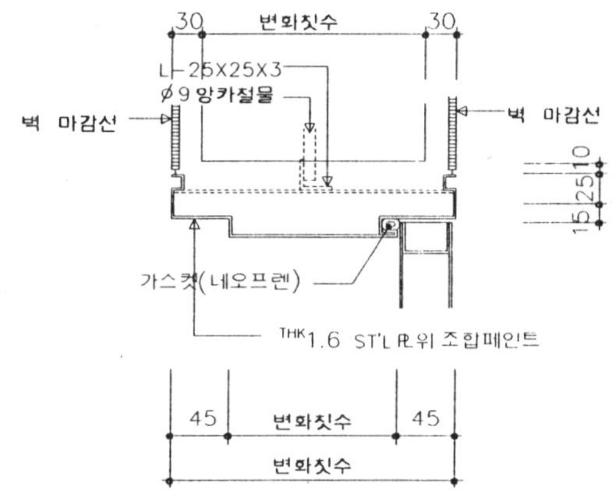
30
변화칫수
30
L-25X25X3
ø9앙카철물
벽 마감선
벽 마감선
10
25
15
가스켓(네오프렌)
THK1.6 ST'L 위 조합페인트
45
변화칫수
45
변화칫수

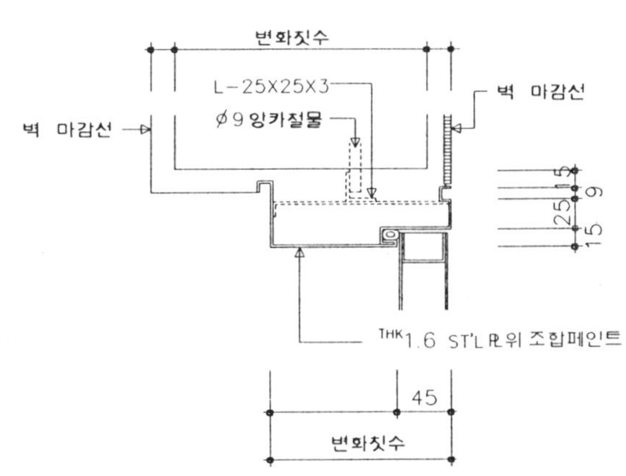
변화칫수
L-25X25X3
ø9앙카철물
벽 마감선
벽 마감선
15
9
25
15
THK1.6 ST'L 위 조합페인트
45
변화칫수

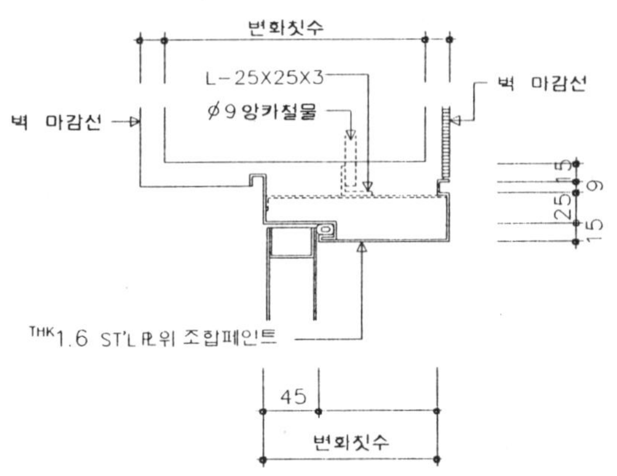
변화칫수
L-25X25X3
ø9앙카철물
벽 마감선
벽 마감선
15
9
25
15
THK1.6 ST'L 위 조합페인트
45
변화칫수

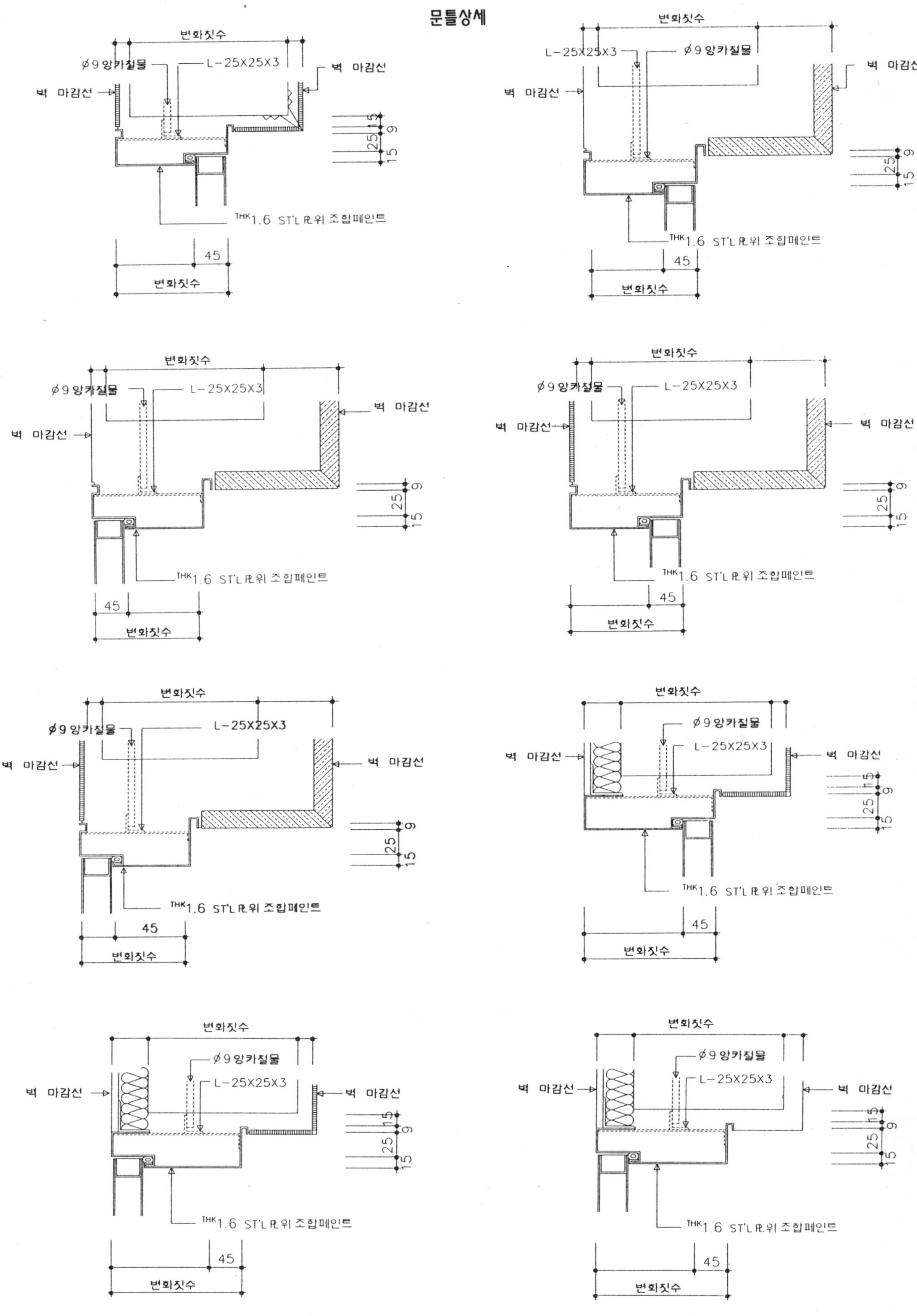
문틀상세
변화칫수
φ9 앙카철물
L-25X25X3
벽 마감선
THK1.6 ST'L 위 조합페인트
45
25
15
9

문틀상세

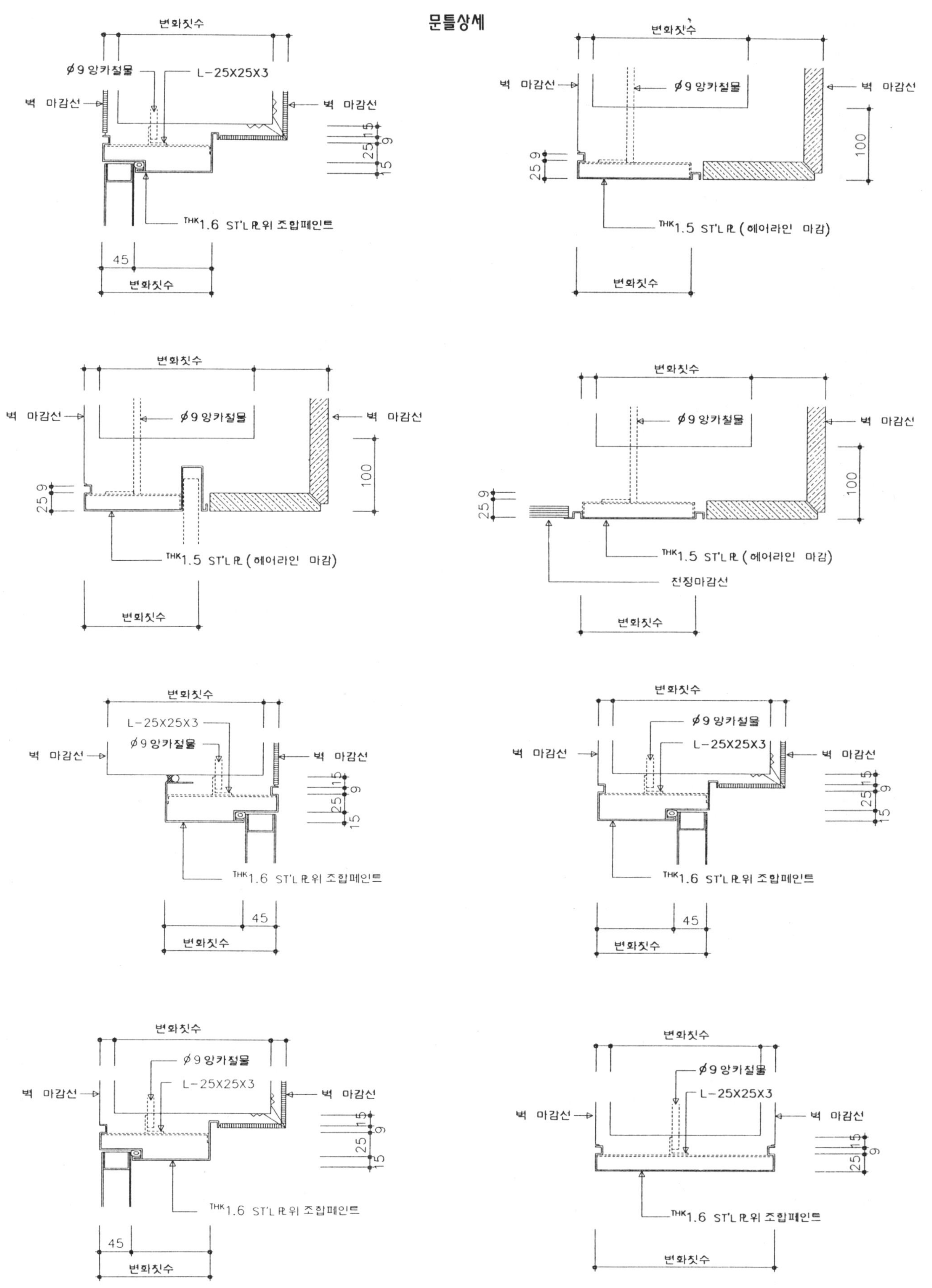

변화칫수
ϕ9 앙카철물
L-25X25X3
벽 마감선
THK1.6 ST'L PL위 조합페인트
THK1.5 ST'L PL(헤어라인 마감)
천정마감선
45
100
25
15
9

CAD 도면

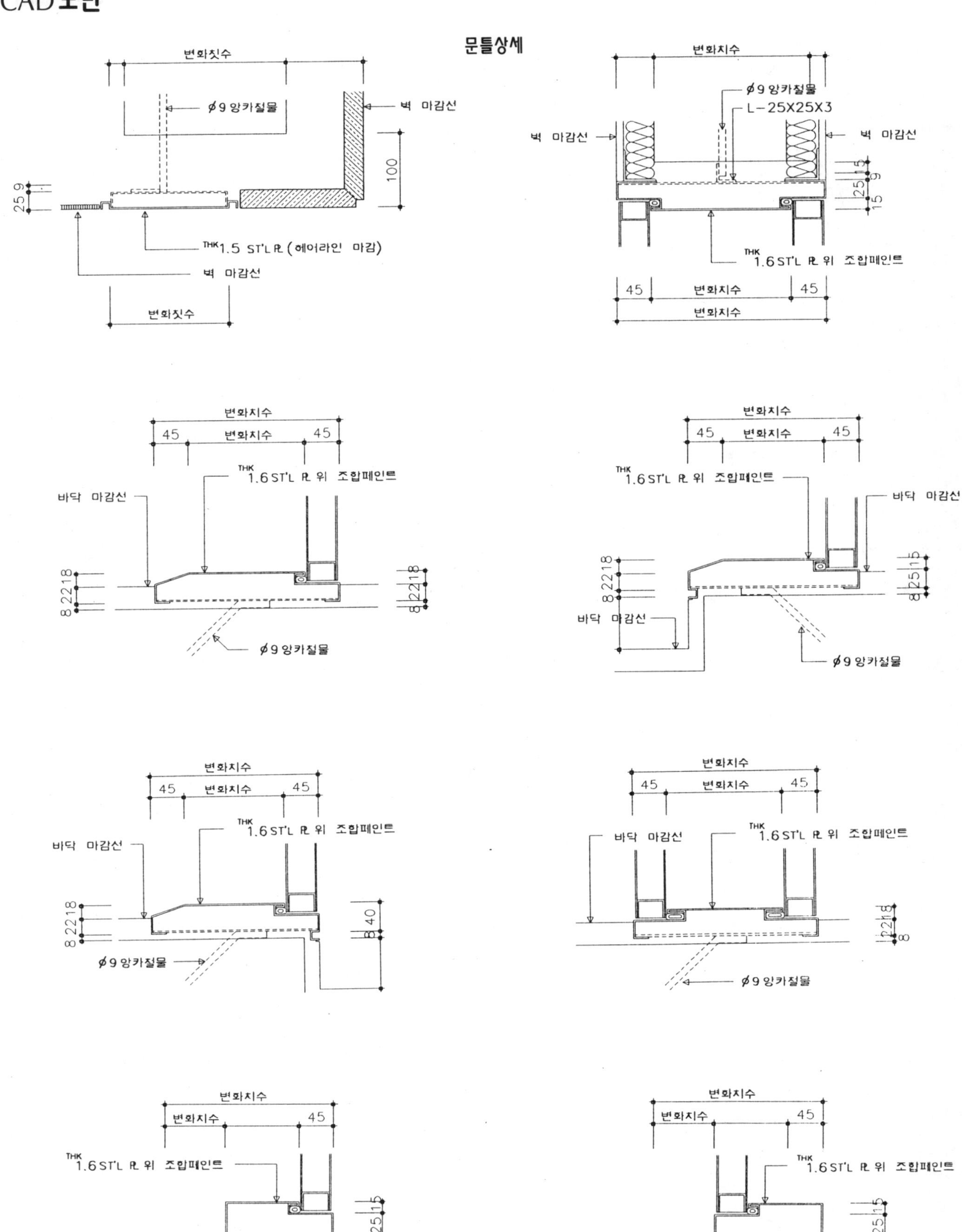

문틀상세
변화칫수
ø9 앙카철물
벽 마감선
100
25 9
THK 1.5 ST'L PL (헤어라인 마감)
벽 마감선
변화칫수
변화치수
ø9 앙카철물
L-25X25X3
벽 마감선
벽 마감선
THK 1.6 ST'L PL 위 조합페인트
45
변화치수
45
변화치수
변화치수
45
변화치수
45
THK 1.6 ST'L PL 위 조합페인트
바닥 마감선
ø9 앙카철물
변화치수
45
변화치수
45
THK 1.6 ST'L PL 위 조합페인트
바닥 마감선
바닥 마감선
ø9 앙카철물
변화치수
45
변화치수
45
THK 1.6 ST'L PL 위 조합페인트
바닥 마감선
ø9 앙카철물
변화치수
45
변화치수
45
바닥 마감선
THK 1.6 ST'L PL 위 조합페인트
ø9 앙카철물
변화치수
변화치수
45
THK 1.6 ST'L PL 위 조합페인트
ø9 앙카철물
20
20
변화치수
변화치수
45
THK 1.6 ST'L PL 위 조합페인트
ø9 앙카철물
20
변화치수
20

문틀상세

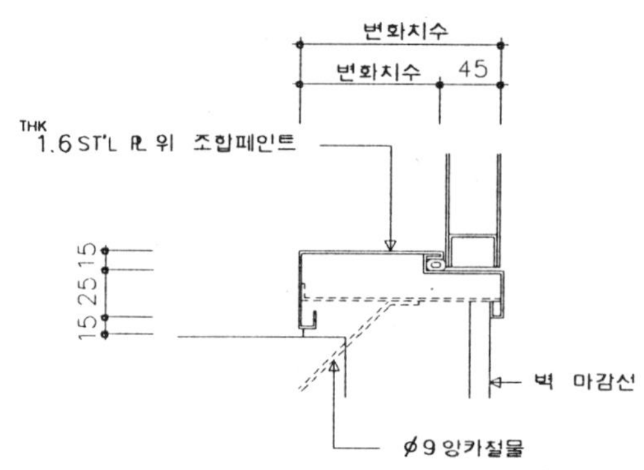

변화치수
변화치수 45
THK 1.6 ST'L PL 위 조합페인트
15 25 15
벽 마감선
Ø9 앙카절물

철제문틀

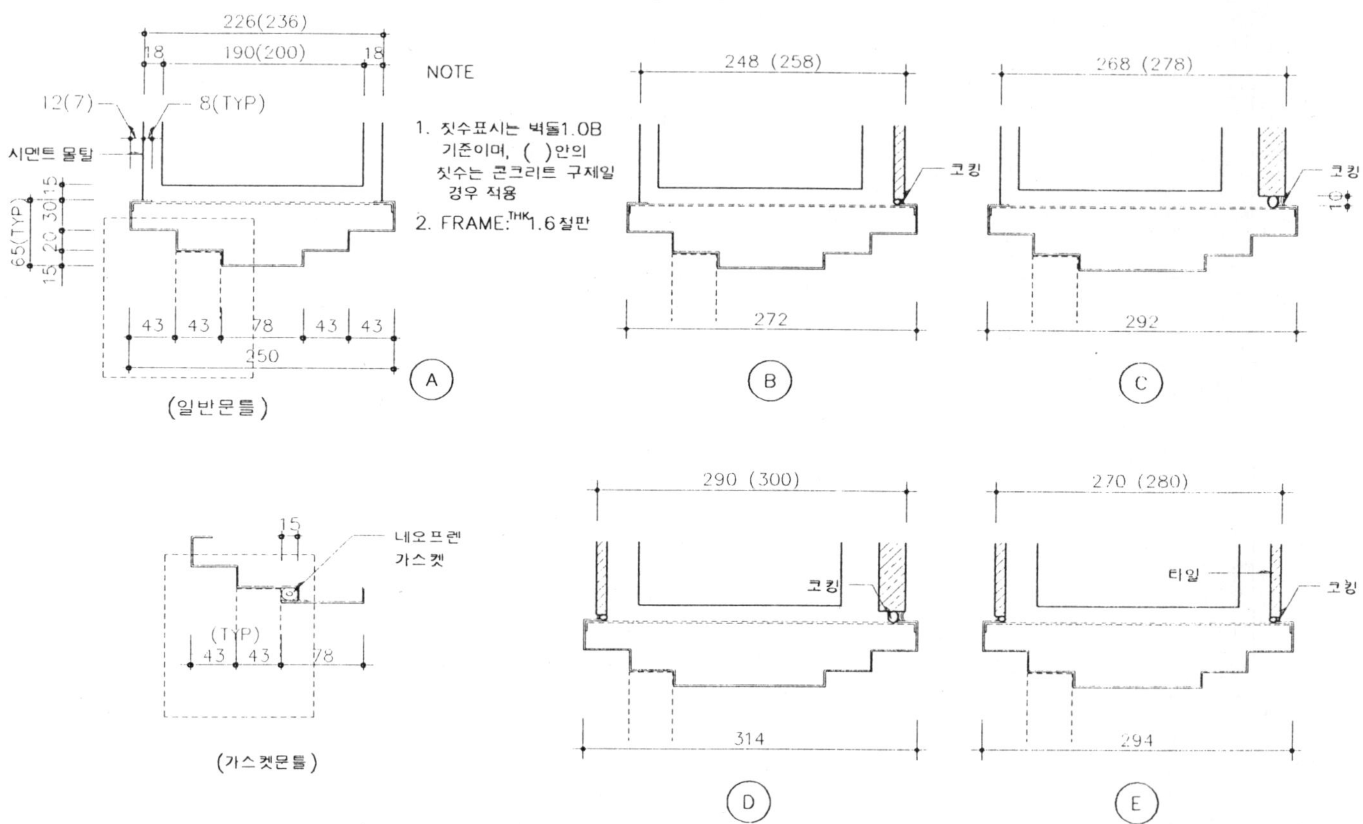

226(236)
18 190(200) 18
12(7)
8(TYP)
시멘트 몰탈
65(TYP)
15 30 20 15
43 43 78 43 43
250
A
(일반문틀)
NOTE
1. 칫수표시는 벽돌1.0B 기준이며, ( )안의 칫수는 콘크리트 구제일 경우 적용
2. FRAME: THK 1.6철판
248 (258)
코킹
272
B
268 (278)
코킹
10
292
C
15
네오프렌 가스켓
(TYP)
43 43 78
(가스켓문틀)
290 (300)
코킹
314
D
270 (280)
타일
코킹
294
E

철제문틀

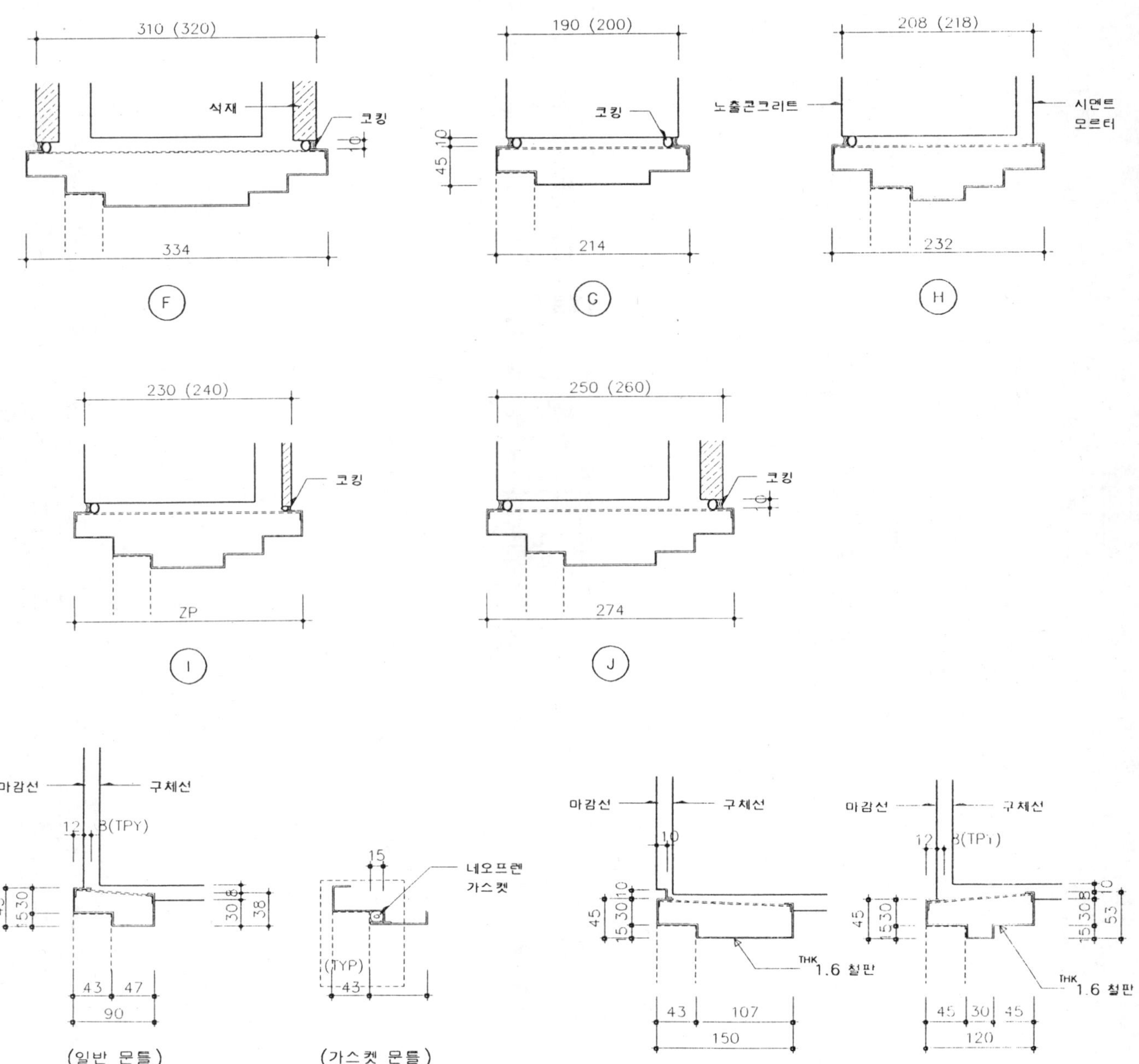
310 (320)
석재
코킹
10
334
F
190 (200)
코킹
45
10
214
G
208 (218)
노출콘크리트
시멘트
모르터
232
H
230 (240)
코킹
I
250 (260)
코킹
10
274
J
마감선
구체선
12
8(TPY)
45
15
30
30
8
38
43
47
90
(일반 문틀)
15
네오프렌
가스켓
(TYP)
43
(가스켓 문틀)
마감선
구체선
10
45
15
30
10
THK
1.6 철판
43
107
150
마감선
구체선
12
8(TPY)
45
15
30
30
8
10
53
THK
1.6 철판
45
30
45
120

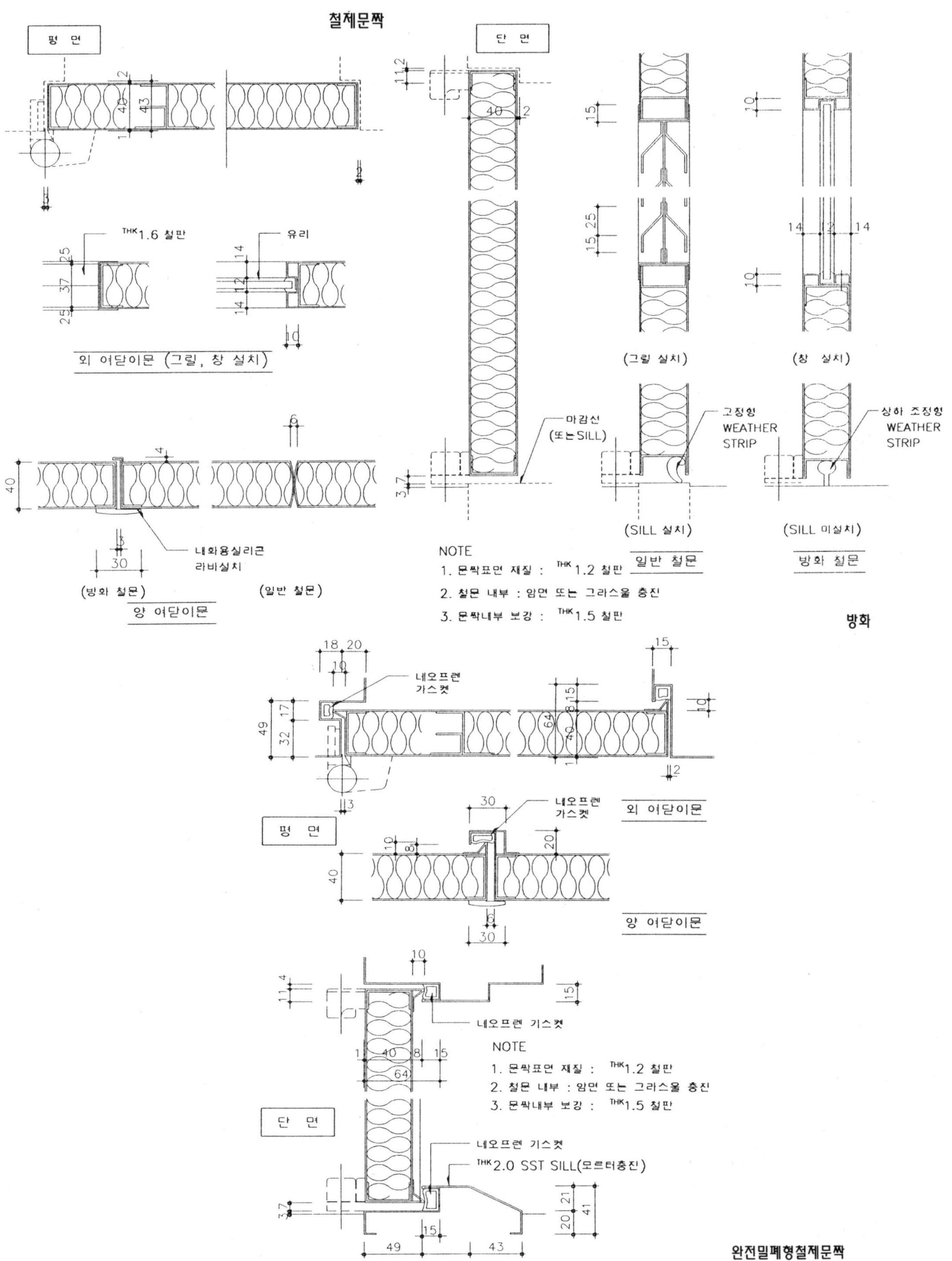

철제문짝
평 면
단 면
THK1.6 철판
유리
외 여닫이문 (그릴, 창 설치)
(그릴 설치)
(창 설치)
마감선
(또는SILL)
고정형
WEATHER
STRIP
상하 조정형
WEATHER
STRIP
(SILL 설치)
(SILL 미설치)
일반 철문
방화 철문
내화용실리콘
라비설치
(방화 철문)
(일반 철문)
양 여닫이문
NOTE
1. 문짝표면 재질 : THK1.2 철판
2. 철문 내부 : 암면 또는 그라스울 충진
3. 문짝내부 보강 : THK1.5 철판
방화
네오프렌
가스켓
평 면
외 여닫이문
양 여닫이문
네오프렌 가스켓
NOTE
1. 문짝표면 재질 : THK1.2 철판
2. 철문 내부 : 암면 또는 그라스울 충진
3. 문짝내부 보강 : THK1.5 철판
단 면
네오프렌 가스켓
THK2.0 SST SILL(모르터충진)
완전밀폐형철제문짝

CAD도면

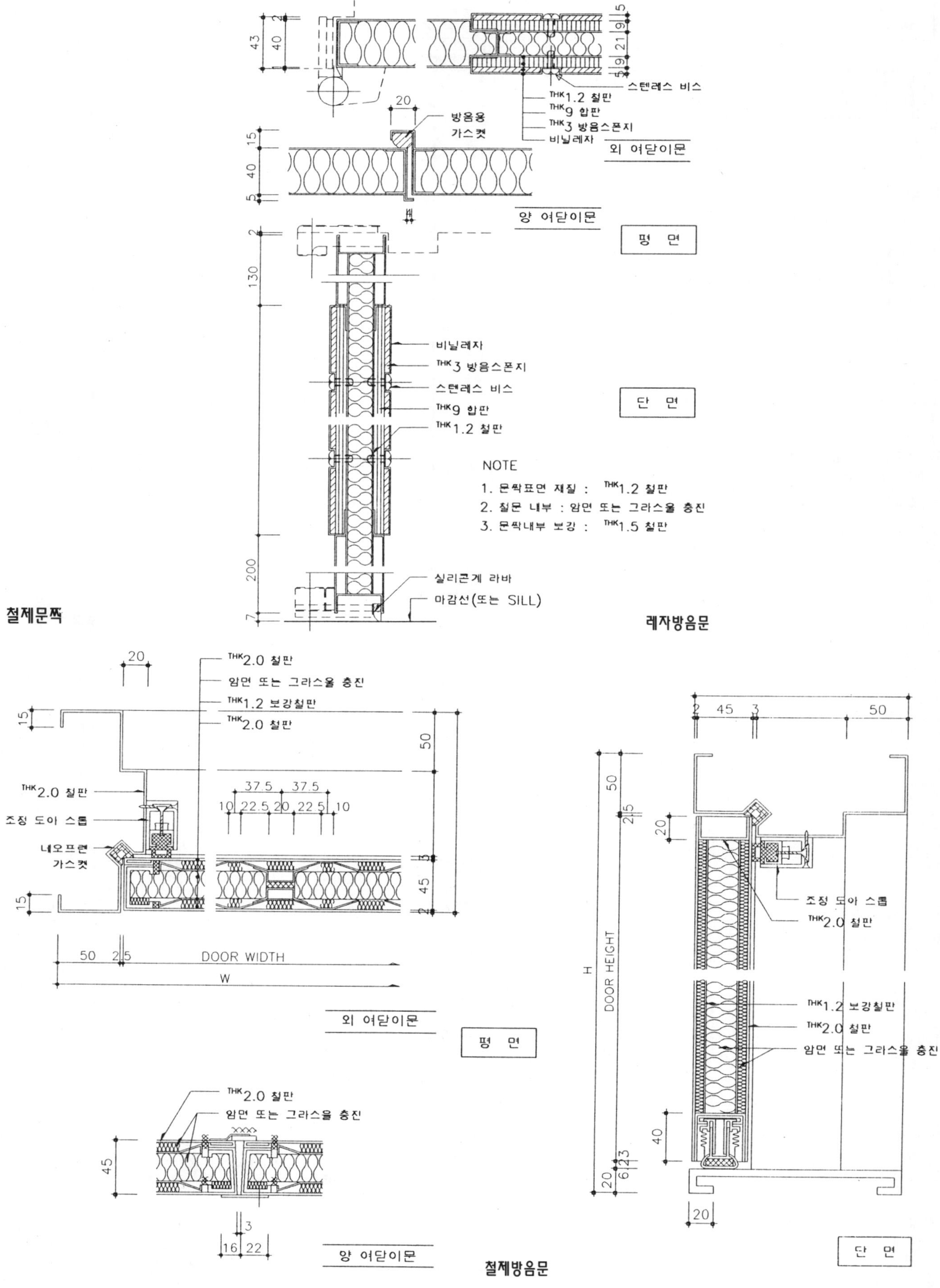

스텐레스 비스
THK1.2 철판
THK9 합판
THK3 방음스폰지
비닐레자
외 여닫이문
방음용 가스켓
양 여닫이문
평 면
비닐레자
THK3 방음스폰지
스텐레스 비스
THK9 합판
THK1.2 철판
단 면
NOTE
1. 문짝표면 재질 : THK1.2 철판
2. 철문 내부 : 암면 또는 그라스울 충진
3. 문짝내부 보강 : THK1.5 철판
실리콘계 라바
마감선(또는 SILL)
철제문짝
레자방음문
THK2.0 철판
암면 또는 그라스울 충진
THK1.2 보강철판
THK2.0 철판
THK2.0 철판
조정 도어 스톱
네오프렌 가스켓
DOOR WIDTH
W
외 여닫이문
평 면
DOOR HEIGHT
H
조정 도어 스톱
THK2.0 철판
THK1.2 보강철판
THK2.0 철판
암면 또는 그라스울 충진
THK2.0 철판
암면 또는 그라스울 충진
양 여닫이문
철제방음문
단 면

알루미늄 커튼월창

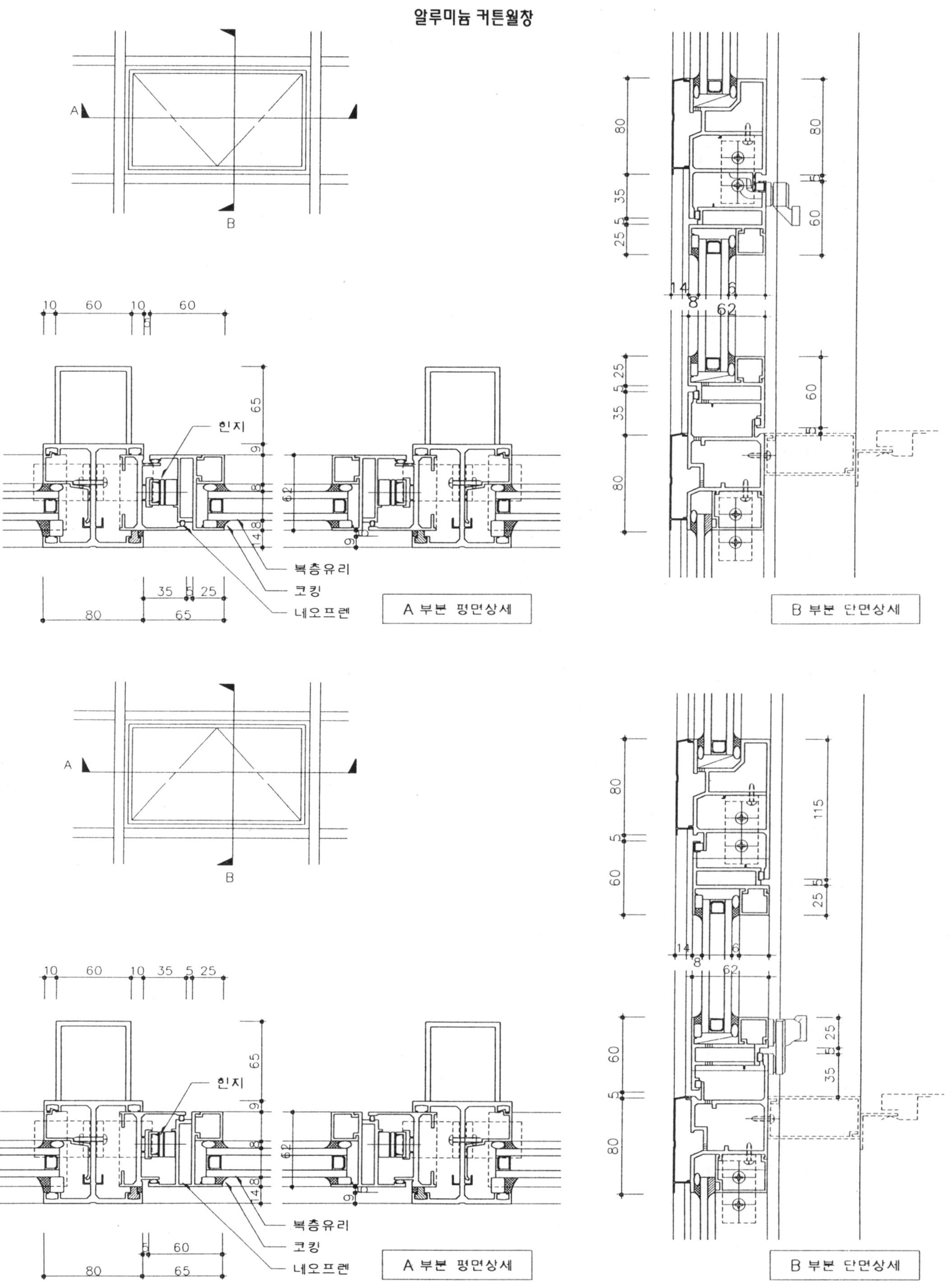

알루미늄커튼월창

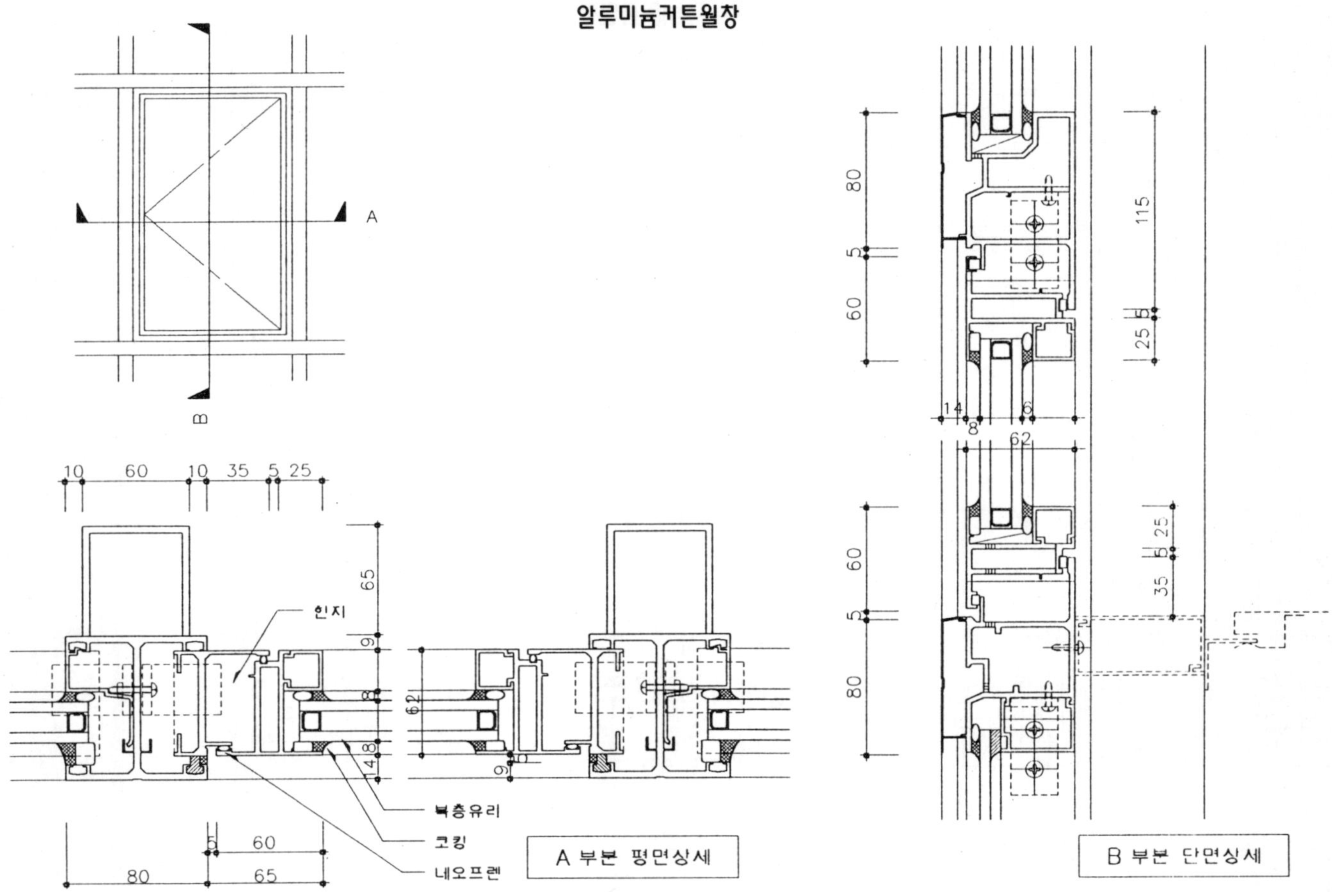

스테인레스 스틸 Sill

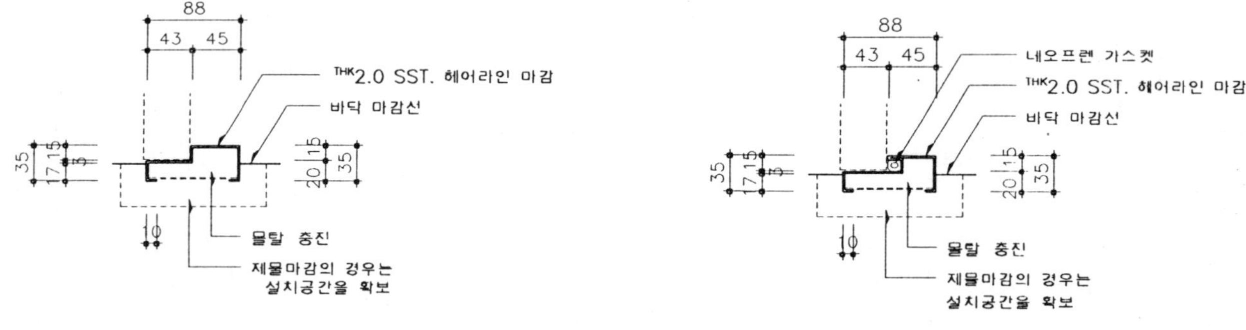

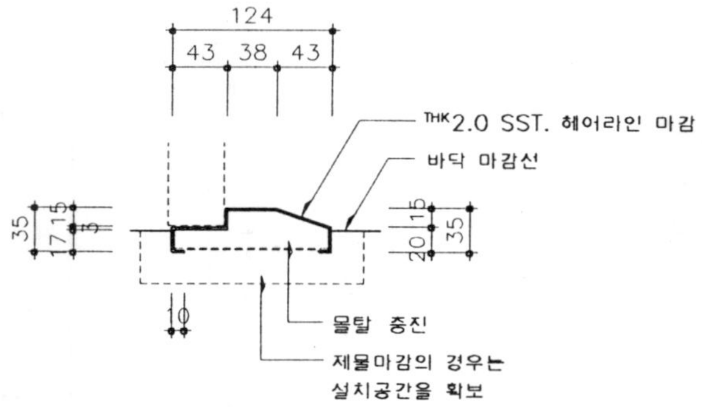

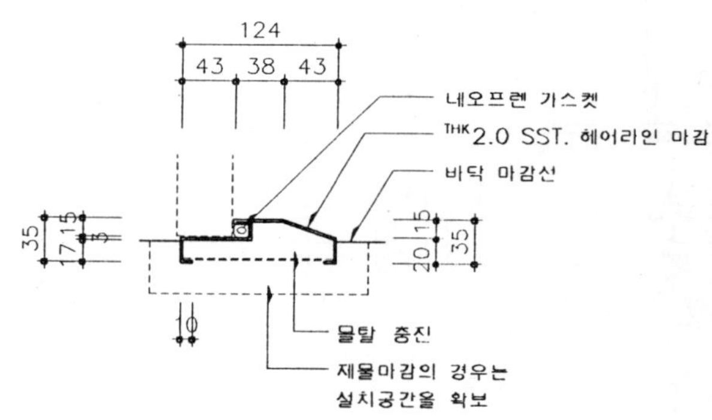

액체방수

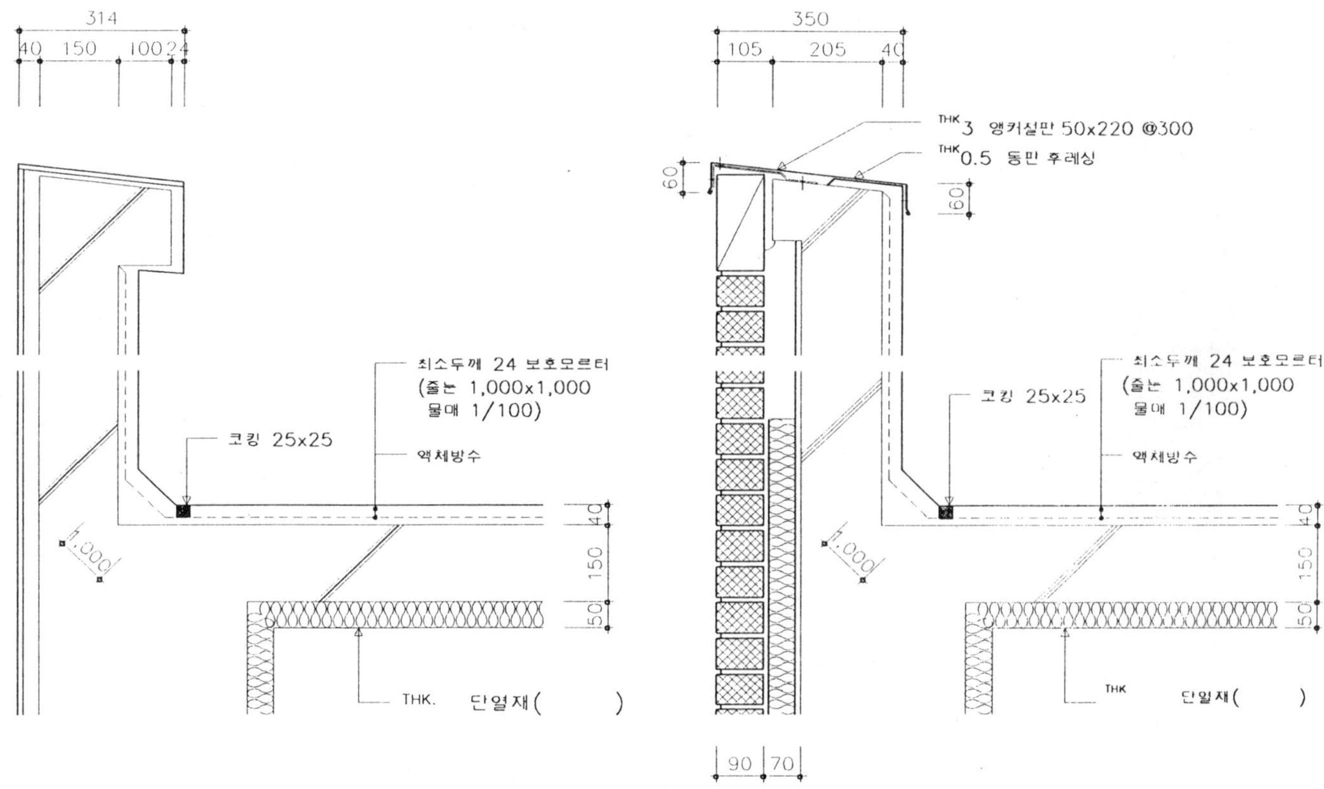
314
40 150 100 24
최소두께 24 보호모르터
(줄눈 1,000x1,000
물매 1/100)
코킹 25x25
액체방수
40
150
50
1,000
THK. 단열재( )
350
105 205 40
THK 3 앵커철판 50x220 @300
THK 0.5 동판 후레싱
60
60
90 70

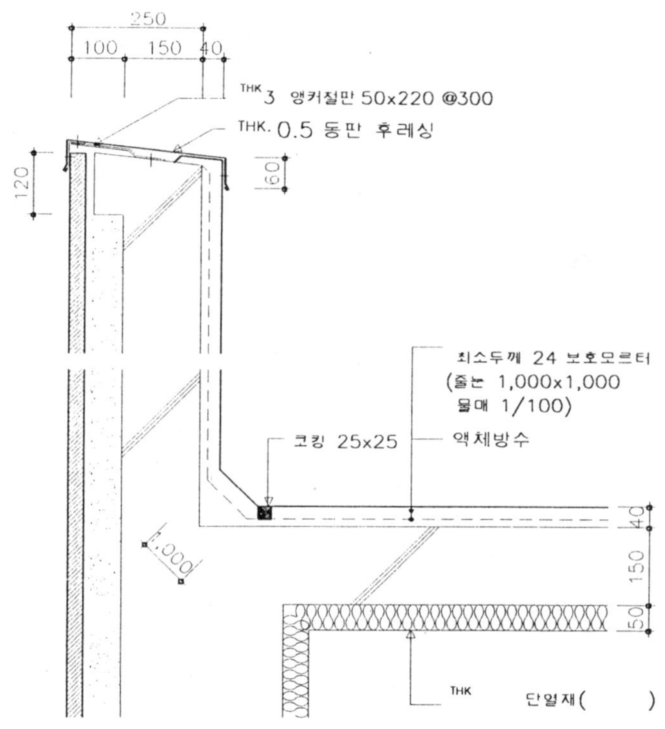
250
100 150 40
THK 3 앵커철판 50x220 @300
THK. 0.5 동판 후레싱
120
60
최소두께 24 보호모르터
(줄눈 1,000x1,000
물매 1/100)
코킹 25x25
액체방수
40
150
50
1,000
THK 단열재( )

지붕시트방수(외단열)

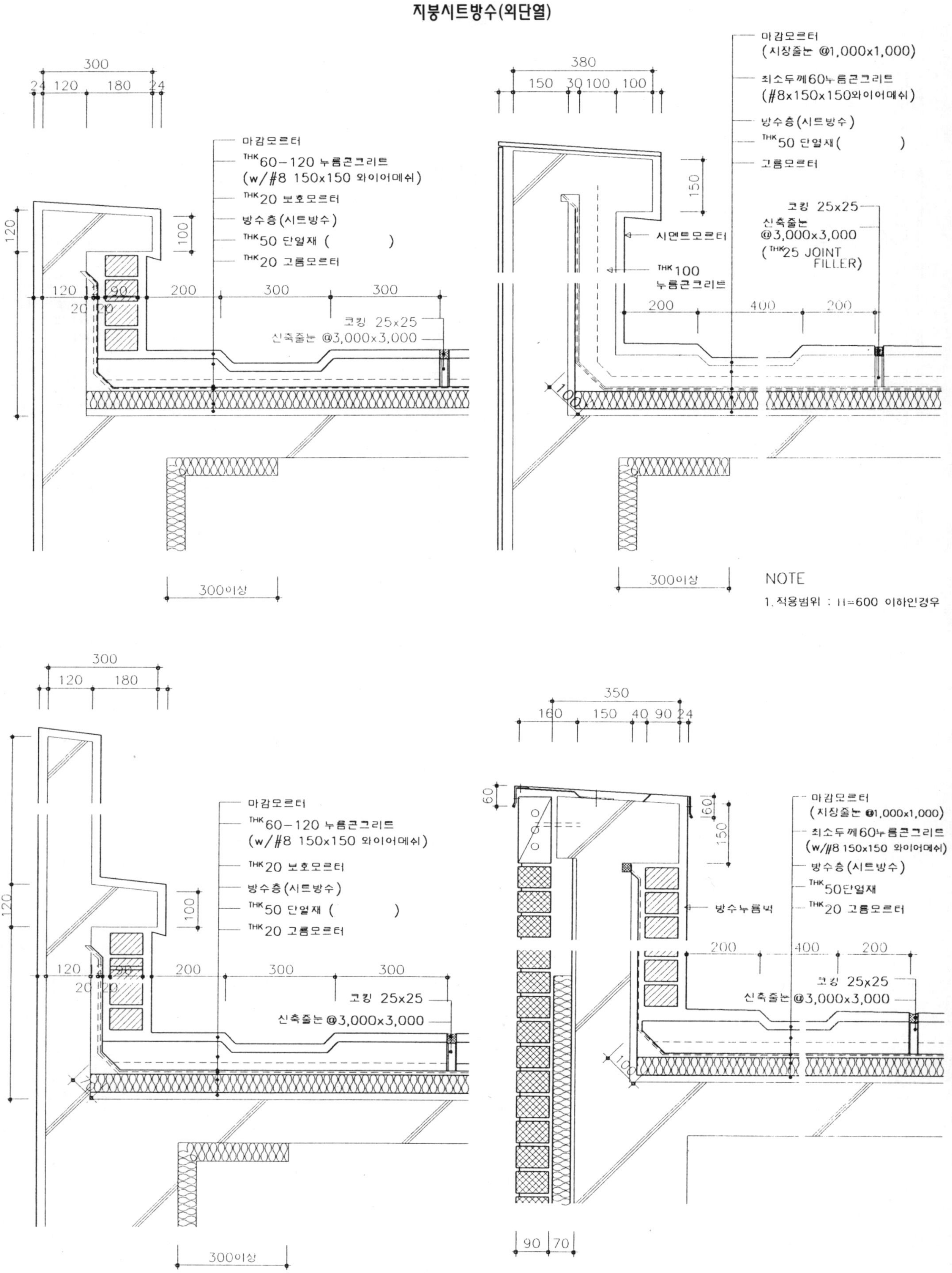

마감모르터
THK60-120 누름콘크리트
(w/#8 150x150 와이어메쉬)
THK20 보호모르터
방수층(시트방수)
THK50 단열재 ( )
THK20 고름모르터
코킹 25x25
신축줄눈 @3,000x3,000
300이상
마감모르터
(지창줄눈 @1,000x1,000)
최소두께60누름콘크리트
(#8x150x150와이어메쉬)
방수층(시트방수)
THK50 단열재( )
고름모르터
시멘트모르터
THK100
누름콘크리트
코킹 25x25
신축줄눈
@3,000x3,000
(THK25 JOINT
FILLER)
300이상
NOTE
1. 적용범위 : H=600 이하인경우
마감모르터
THK60-120 누름콘크리트
(w/#8 150x150 와이어메쉬)
THK20 보호모르터
방수층(시트방수)
THK50 단열재 ( )
THK20 고름모르터
코킹 25x25
신축줄눈 @3,000x3,000
300이상
마감모르터
(지창줄눈 @1,000x1,000)
최소두께60누름콘크리트
(w/#8 150x150 와이어메쉬)
방수층(시트방수)
THK50단열재
THK20 고름모르터
방수누름벽
코킹 25x25
신축줄눈 @3,000x3,000

지붕시트방수(외단열)

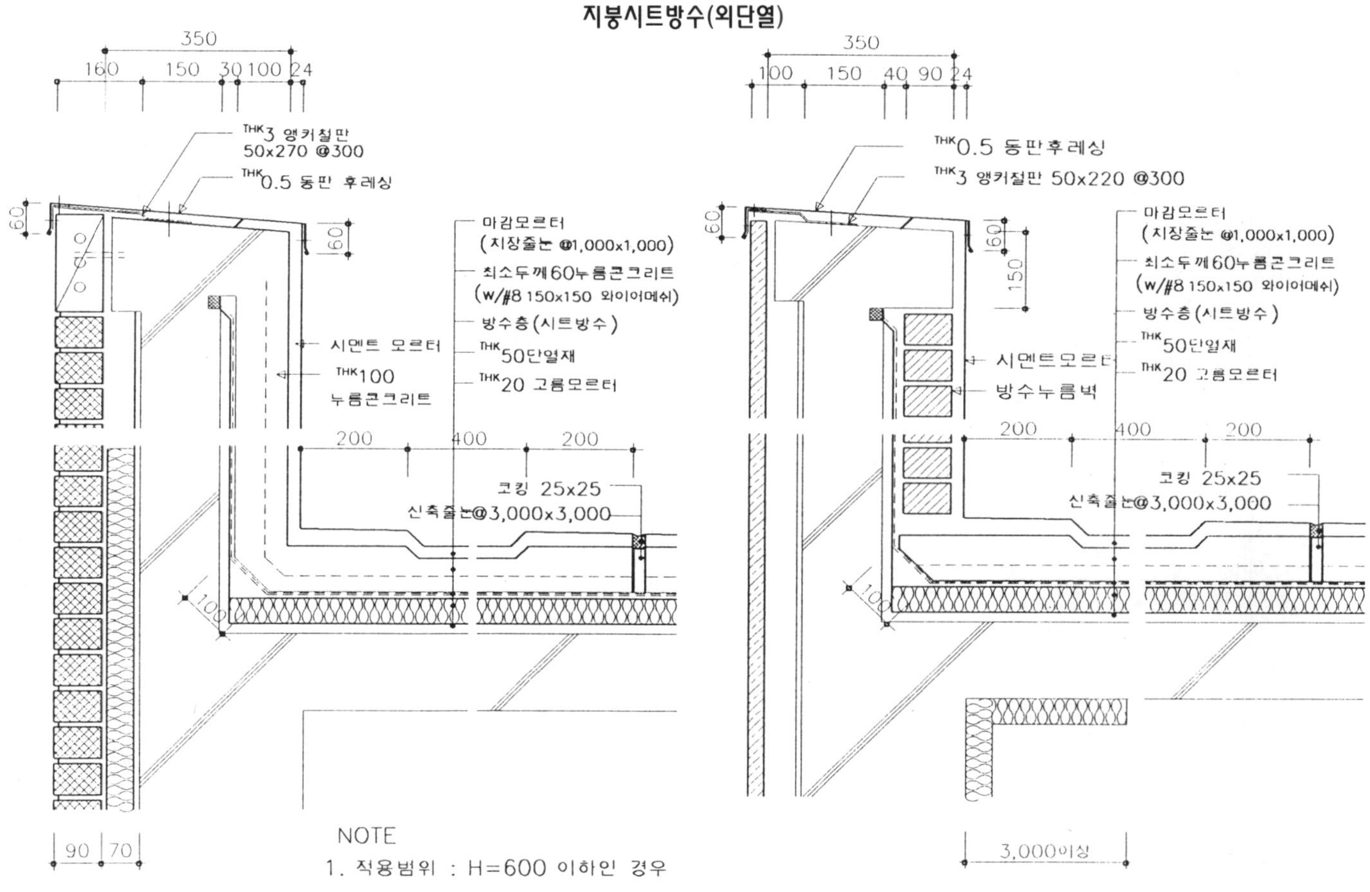

지붕시트방수(내단열)

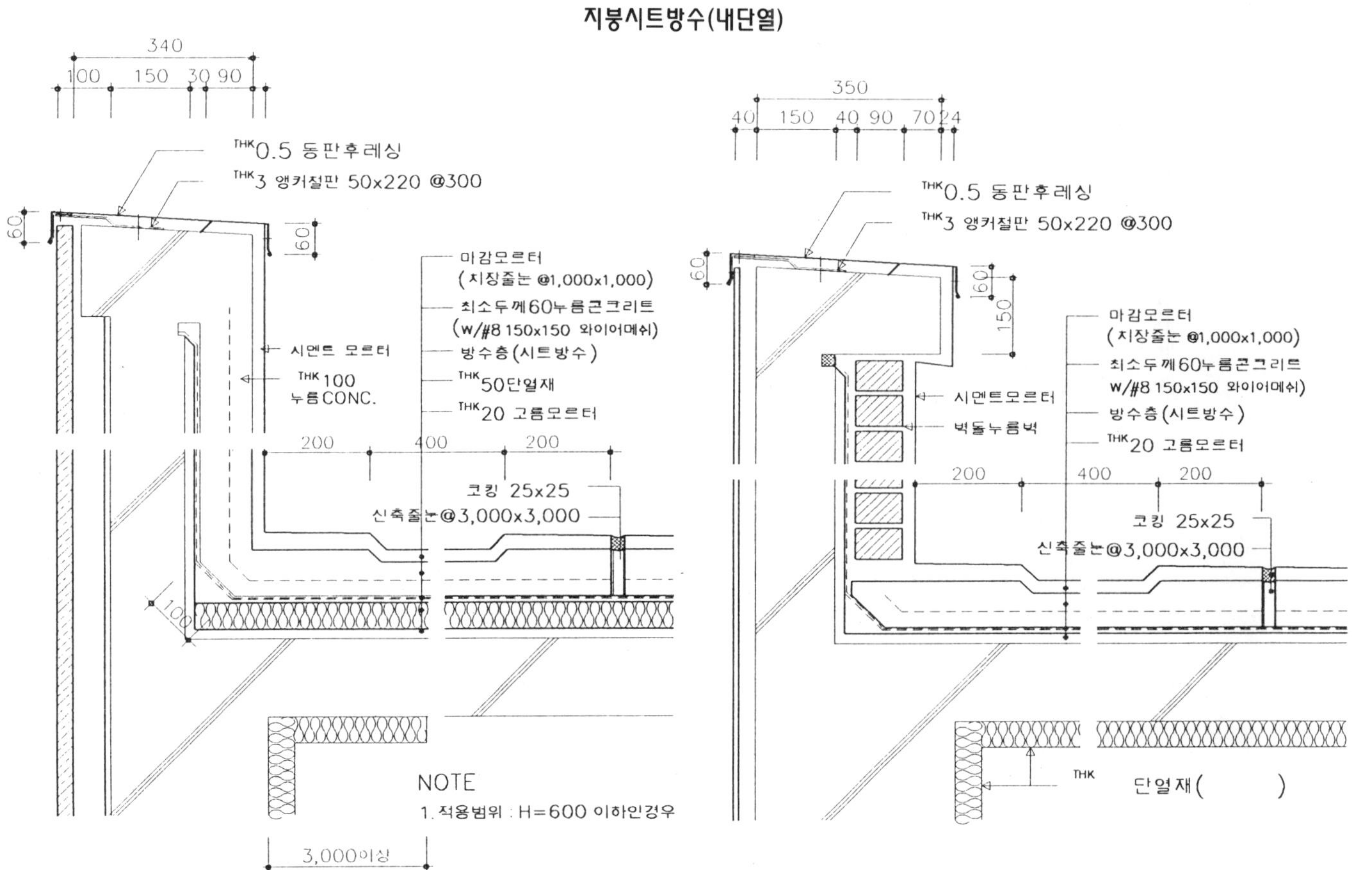

지붕시트방수(내단열)

옥상 출입구 방수턱

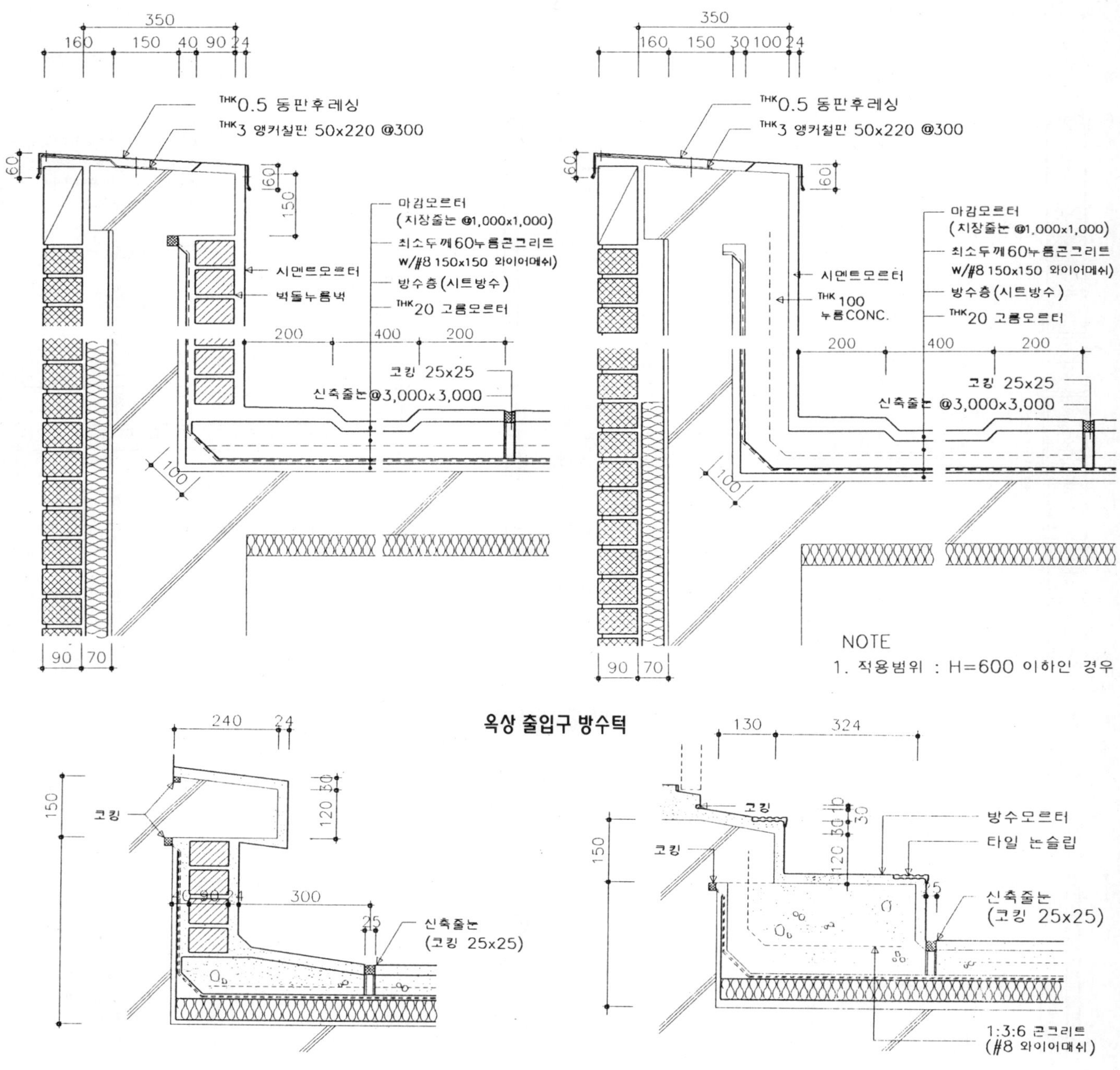

방습벽

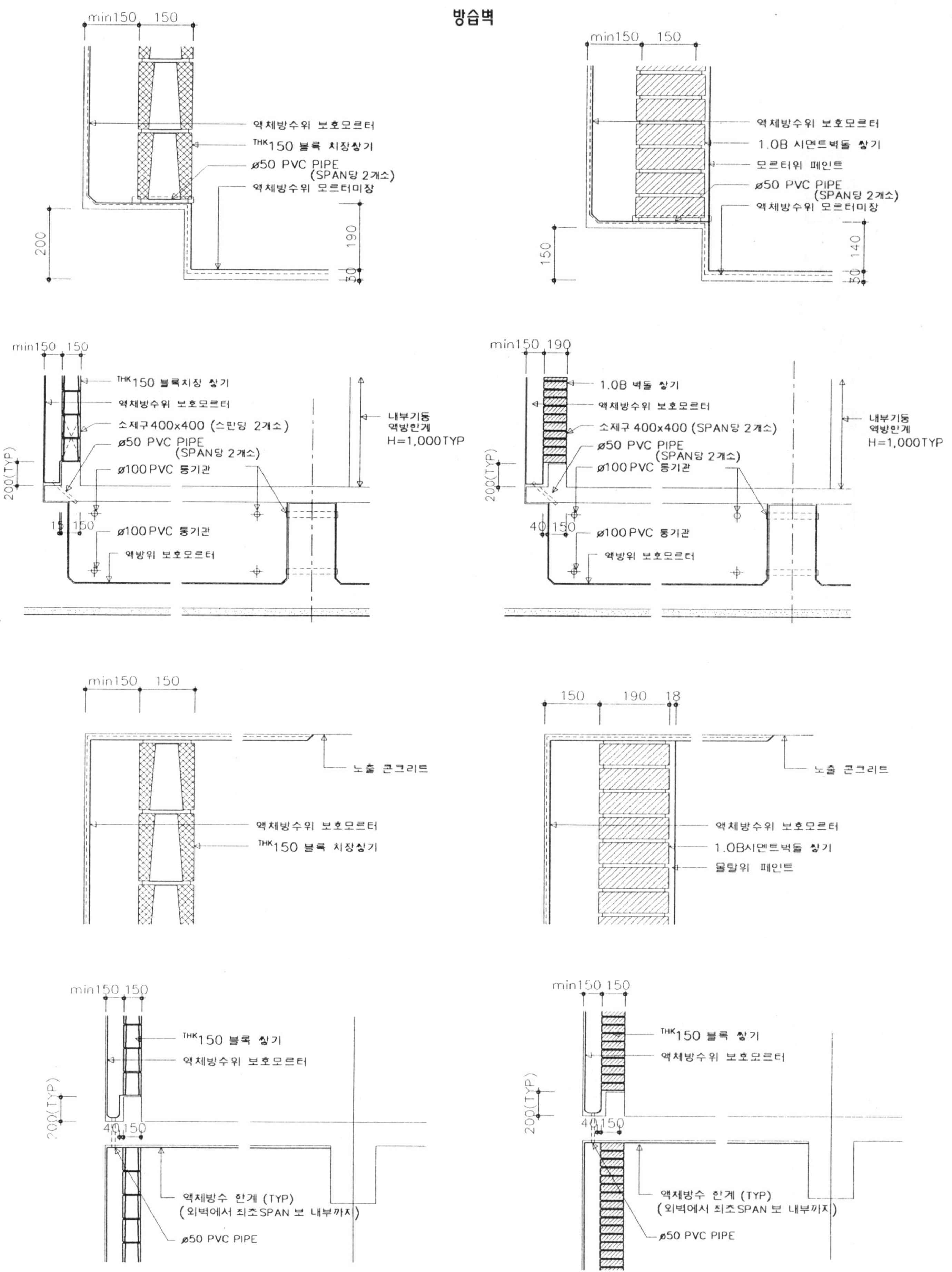
min150 150
액체방수위 보호모르터
THK150 블록 치장쌓기
ø50 PVC PIPE (SPAN당 2개소)
액체방수위 모르터미장
200
190
50
min150 150
액체방수위 보호모르터
1.0B 시멘트벽돌 쌓기
모르터위 페인트
ø50 PVC PIPE (SPAN당 2개소)
액체방수위 모르터미장
150
140
50
min150 150
THK150 블록치장 쌓기
액체방수위 보호모르터
소제구 400x400 (스판당 2개소)
ø50 PVC PIPE (SPAN당 2개소)
ø100PVC 통기관
200(TYP)
15 150
ø100PVC 통기관
액방위 보호모르터
내부기둥 액방한계 H=1,000TYP
min150 190
1.0B 벽돌 쌓기
액체방수위 보호모르터
소제구 400x400 (SPAN당 2개소)
ø50 PVC PIPE (SPAN당 2개소)
ø100PVC 통기관
200(TYP)
40 150
ø100PVC 통기관
액방위 보호모르터
내부기둥 액방한계 H=1,000TYP
min150 150
노출 콘크리트
액체방수위 보호모르터
THK150 블록 치장쌓기
150 190 18
노출 콘크리트
액체방수위 보호모르터
1.0B시멘트벽돌 쌓기
몰탈위 페인트
min150 150
THK150 블록 쌓기
액체방수위 보호모르터
200(TYP)
40 150
액체방수 한계 (TYP)
(외벽에서 최초SPAN 보 내부까지)
ø50 PVC PIPE
min150 150
THK150 블록 쌓기
액체방수위 보호모르터
200(TYP)
40 150
액체방수 한계 (TYP)
(외벽에서 최초SPAN 보 내부까지)
ø50 PVC PIPE

CAD도면

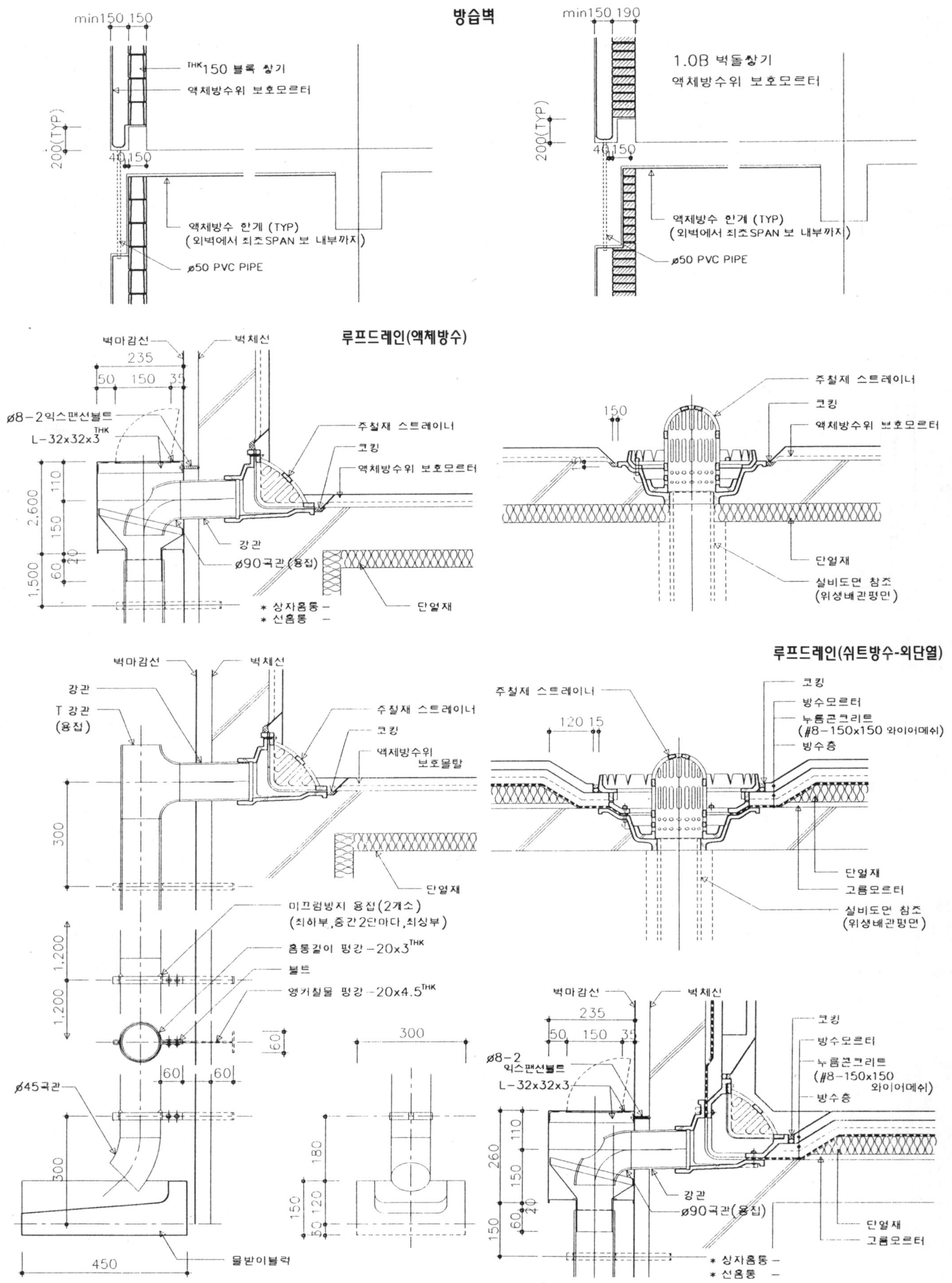

방습벽
min150 150
THK150 블록 쌓기
액체방수위 보호모르터
200(TYP)
40 150
액체방수 한계 (TYP)
(외벽에서 최초SPAN 보 내부까지)
ø50 PVC PIPE
min150 190
1.0B 벽돌쌓기
액체방수위 보호모르터
루프드레인(액체방수)
벽마감선
벽체선
235
50 150 35
ø8-2익스팬션볼트
L-32x32x3THK
주철재 스트레이너
코킹
액체방수위 보호모르터
강관
ø90국관(용접)
* 상자홈통 -
* 선홈통 -
단열재
실비도면 참조
(위생배관평면)
루프드레인(쉬트방수-외단열)
T 강관
(용접)
액체방수위 보호몰탈
방수모르터
누름콘크리트
(#8-150x150 와이어메쉬)
방수층
120 15
고름모르터
미끄럼방지 용접(2개소)
(최하부,중간2단마다,최상부)
홈통걸이 평강 -20x3THK
볼트
앵커철물 평강 -20x4.5THK
ø45국관
300
450
물받이블럭

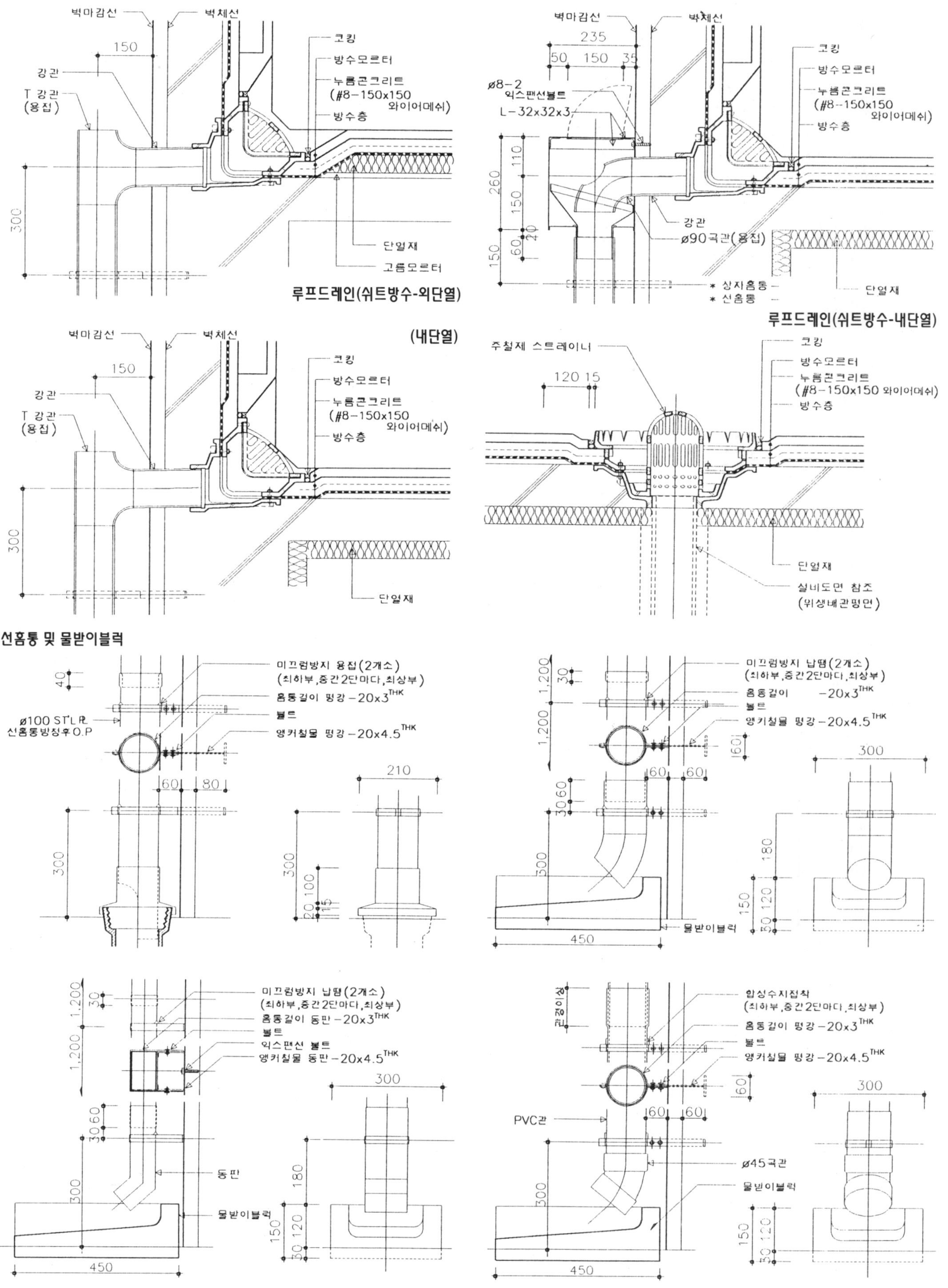

벽마감선
벽체선
150
강관
T 강관 (용접)
코킹
방수모르터
누름콘크리트 (#8-150x150 와이어메쉬)
방수층
단열재
고름모르터
300
루프드레인(쉬트방수-외단열)
235
50 150 35
ø8-2 익스팬션볼트
L-32x32x3
ø90곡관(용접)
상지홈통
선홈통
루프드레인(쉬트방수-내단열)
(내단열)
주철재 스트레이너
120 15
설비도면 참조 (위생배관평면)
선홈통 및 물받이블럭
미끄럼방지 용접(2개소) (최하부,중간2단마다,최상부)
홈통걸이 평강 -20x3THK
볼트
앵커철물 평강 -20x4.5THK
ø100 ST'L P. 선홈통방청후 O.P
미끄럼방지 납땜(2개소) (최하부,중간2단마다,최상부)
홈통걸이 동판 -20x3THK
익스팬션 볼트
앵커철물 동판 -20x4.5THK
동판
물받이블럭
합성수지접착 (최하부,중간2단마다,최상부)
PVC관
ø45곡관
450

CAD도면

스페니쉬 기와

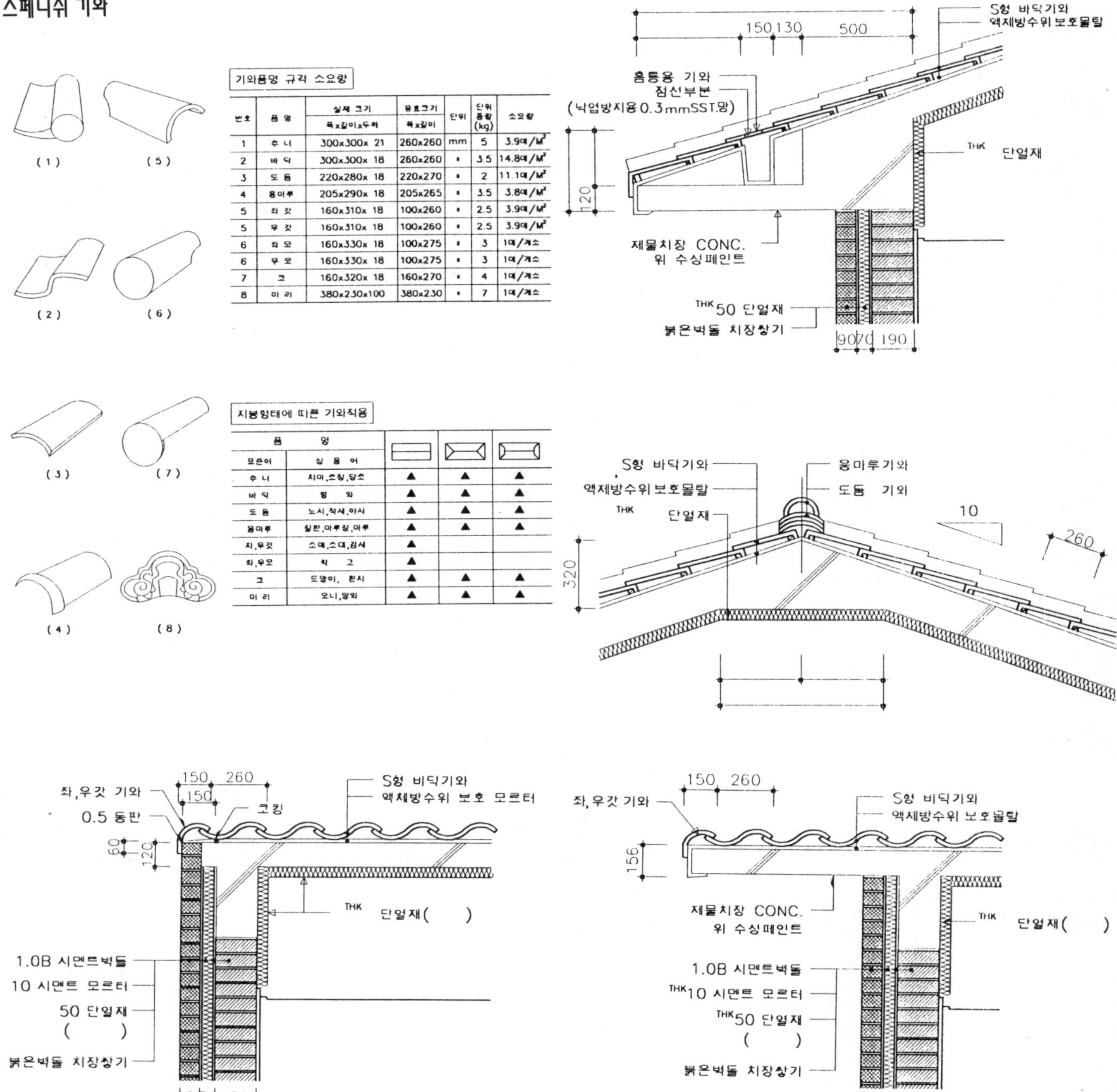

기와품명 규격 소요량

번호	품 명	실제 크기 폭x길이x두께	유효크기 폭x길이	단위	단위 중량 (kg)	소요량
1	수 니	300x300x 21	260x260	mm	5	3.9매/M²
2	바 닥	300x300x 18	260x260	"	3.5	14.8매/M²
3	도 돔	220x280x 18	220x270	"	2	11.1매/M²
4	용미루	205x290x 18	205x265	"	3.5	3.8매/M²
5	좌 갓	160x310x 18	100x260	"	2.5	3.9매/M²
5	우 갓	160x310x 18	100x260	"	2.5	3.9매/M²
6	좌 모	160x330x 18	100x275	"	3	1매/개소
6	우 모	160x330x 18	100x275	"	3	1매/개소
7	그	160x320x 18	160x270	"	4	1매/개소
8	미 리	380x230x100	380x230	"	7	1매/개소

지붕형태에 따른 기와적용

품 명				
표준어	실 용 어			
수 니	치마,초장,당초	▲	▲	▲
바 닥	평 와	▲	▲	▲
도 돔	노시,적새,아시	▲	▲	▲
용미루	실판,마루장,마루	▲	▲	▲
자,우갓	소매,소대,검사	▲		
좌,우모	석 고	▲		
그	도영이, 환지	▲	▲	▲
미 리	오니,망와	▲	▲	▲

4장 부분별 디테일

부분별 DETAIL

디테일부위분류표

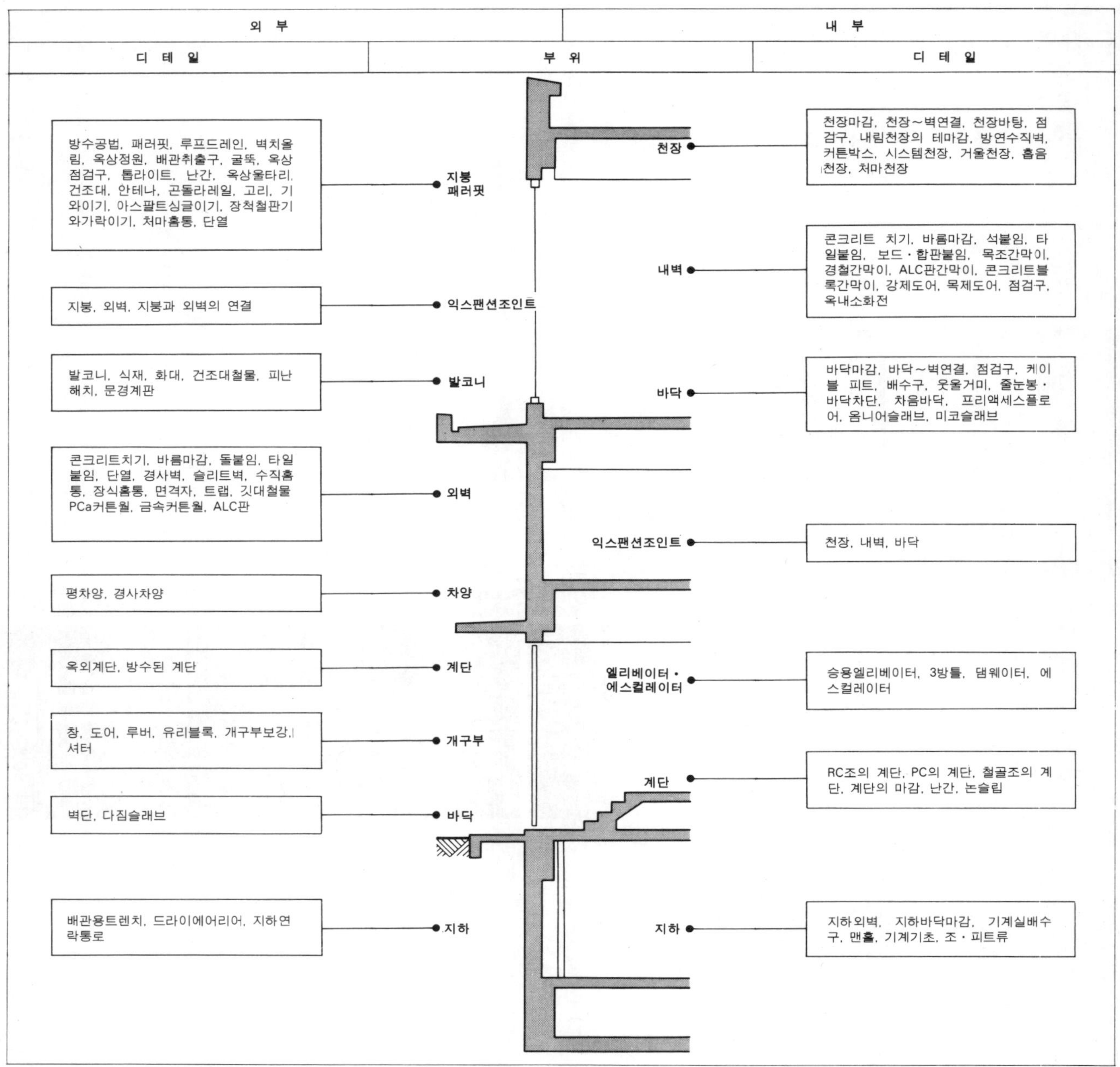

지붕 · 패러핏, ROOF · PARAPET

기능 지붕은 외벽과 함께 건물의 외부를 구성하고, 우로나 눈을 비롯하여 직사 일광·바람·소리·온습도·충격이나, 시선·외적을 차단한다는 기능을 가지고 있다. 특히 우리 나라와 같은 다우의 기후인 토지에서는 「비막이」라는 점이 지붕면의 디테일에서는 최대의 포인트이다. 이 비막이를 비롯한 각 기능을 맡기 때문에, 여러 형태의 지붕 형상이 각종 재료, 구법, 내부 공간의 구성 등에 따라 오늘날까지 고려되어 왔는데, 이것은 건축의 외관을 정하는 데에서의 큰 요소이고, 반대로 디자인상에서 지붕의 형상이나 구법이 결정되는 경우도 제법 많다.

형상 지붕의 형상은, 기후·풍토·재료·구법·디자인상과 종합하여 결정되는데, 일반적으로는 지붕의 가장 기본적 기능인 비막이라는 점에서, 물매 지붕과 평지붕의 2가지를 베이스로, 각종의 지붕 형상이 고안되어 왔다. 그 구체적인 형상으로서, 물매 지붕에서는 박공이나 외쪽 지붕, 의장상의 연구를 가한 모임, 네모, 합각 지붕, 또한 채광이나 통풍을 고려한 것에 톱니 지붕이나 솟을 지붕이 있고, 기타 돔, 각종 셸, 꺾인 널 등 다종 다양하지만, 평지붕에는 변형이 적고, 패러핏이 있는 것과 없는 것으로 나뉜다.

각부의 명칭 지붕면은 물매, 평지붕 모두 일반적으로 배수를 좋게 하기 위하여 경사시킨다. 수평면에 대하여 지붕면이 이루는 각도를 물매라 하고, 분자를 1로 한 분수로 나타낸다. 이 지붕면에 물이 흐르는 방향을 흐름이라 하고, 경사가 높은 부분, 낮은 부분을 각각 건축 마감선, 방수 마감선이라 부른다. 건축 마감선 부분이 모여서 만드는 오목한 곳이 골이고, 비막이상 가장 주의를 요한다. 또한 합각머리·외쪽 지붕의 양측면을 박공이라 하고, 벽면에서 돌출하고 있는 지붕의 부분이 처마이다.

물매 지붕 물매는 그 토지의 강우량의 다소나 풍압, 적설량, 지붕 이기 재료 등에 따라 결정되는데, 지붕 면적이나 물매 길이도 결정의 중요한 요소이다. 이와 같은 지붕에서는 상당량의 빗물이 흐르므로, 물매를 급하게 하여 배수를 좋게 한다든가, 지붕 이기재의 선택 등에 주의를 요한다. 또한 적설 지방에서 눈 쓸기를 하지 않는 곳에서는 눈이 미끄러지기 쉽도록 물매를 급하게 할 필요가 있다.

주체 구조와 마무리 지붕의 주체 구조는 지붕의 자중을 받치는 것과 동시에, 지붕에 가해지는 외력을 지지하고, 또한 지붕 이기 재료의 바탕으로서의 역할을 갖는다. RC조 지붕의 주체 구조는 현장 치기 콘크리트와 공장에서 제작된 프리캐스트 콘크리트, 프레스트레스트 콘크리트, ALC 등이 있고, 평지붕, 물매 지붕이나 셸 등, 각종의 형상이 가능하다.

지붕의 마무리는 일반적으로 물매 지붕은 바탕을 만든 위에 마감재를 이어 나열하는 형식이 많고, 평지붕은 지붕 전체를 방수 재료로 일체로 덮는 형식이 많다. RC조에서도 나무 바탕이나 펄라이트 모르타르 바탕 위에 기와, 금속, 아스팔트 싱글 이기 등의 물매 지붕의 예도 많다. 방수 재료로 일체로 덮는 경우는 그대로 노출하는 경우와 방수층 위에 콘크리트 누르기로 하는 경우가 있고, 전자는 비보행 후자는 보행 지붕에 사용되는 경우가 많다.

패러핏

패러핏은 외벽면의 top, 건물의 스카이 라인을 형성하고, 디자인적으로는 중요한 부위이지만, 설계나 시공의 불비에 의하여 종종 누수의 원인이 되고, 비막이상도 중요한 부위이다. 평지붕의 경우, 이 패러핏 부분에 방수층을 치올리고, 벽돌 등으로 누른다. 이 방수층이 소정의 치올림 치수가 있는 점과 적정한 방수층 단말 처리와 벽돌 누르기 및 두겁 콘크리트의 균열 방지와 물끊기 처치 등이 디테일상의 포인트이다.

부분별 DETAIL

방수공법

방수법의 분류와 적용

방수공법 \ 방수부위		지붕 보행	지붕 경보행	지붕 비보행	처마	발코니 보행	발코니 경보행
아스팔트방수	누름층 있음	◎			○	◎	◎
	노출			◎			
시트방수	EPT 브틸고무시트노출		○	◎	◎		○
	비가아황브틸고무시트누름층	○				○	
	염화비닐시트용접공법노출		○	○	○	○	○
도막방수	우레탄고무계				○	○	○
시 멘 트 방 수					◎		

◎ : 적합 ○ : 조건에 따라 사용가능

패러핏

방수층의 치올림은 일반적으로 300mm 이상을 확보하는 일이 바람직하다. 최근의 방수층 고장은 단말 주위가 대부분이므로, 방수층의 치올림 단말은 실이나 철물로 확실히 처리한다. 두겁은 콘크리트 두겁 위를 금속으로 씌우는 방법이 가장 바람직하지만, 콘크리트만의 두겁으로 하는 경우는 균열 유발 줄눈을 올바르게 두어 균열로부터의 누수를 막는다.

아스팔트방수(보행용)벽돌누름

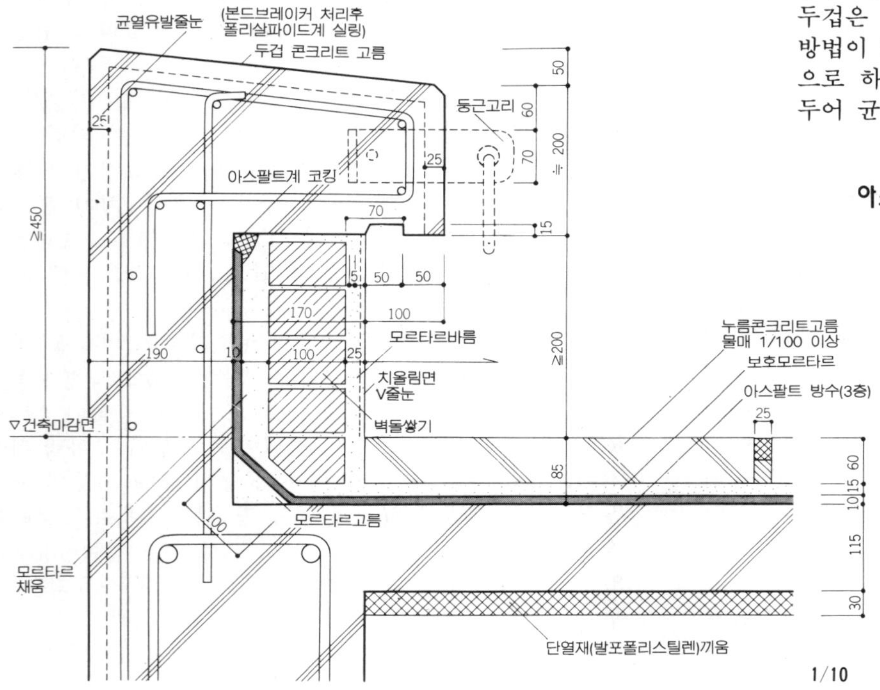

아스팔트 방수(보행용) 콘크리트 누름

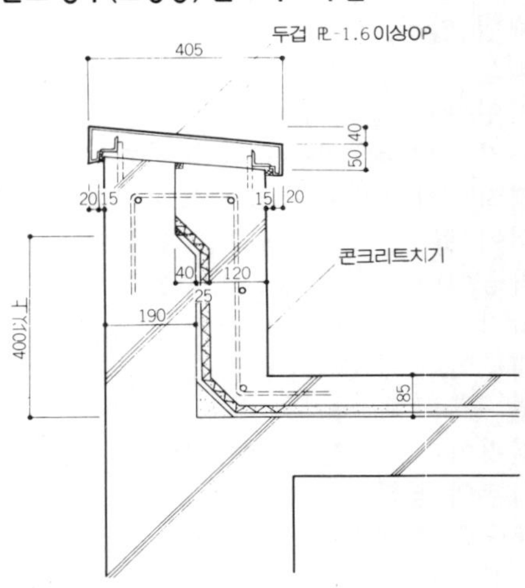

신축줄눈

신축 줄눈은 누름 콘크리트의 늘어남 영향이 치올림부에 미치지 않도록 세우는 것으로, 일반적으로 중앙부의 줄눈 간격은 3m 내외, 주변부는 패러핏 치올림에서 300~600mm 사이에 세우고, 줄눈 폭은 중앙부에서 20mm, 주변부에서 25mm가 표준이다. 또한 신축 줄눈재는 누름 콘크리트의 늘어남 영향에 따라갈 수 있는 것으로 하여, 발포 스티롤판 小端 세우기 위에 용융 아스팔트를 주입한 것이 좋다.

스티롤+아스팔트콤파운드

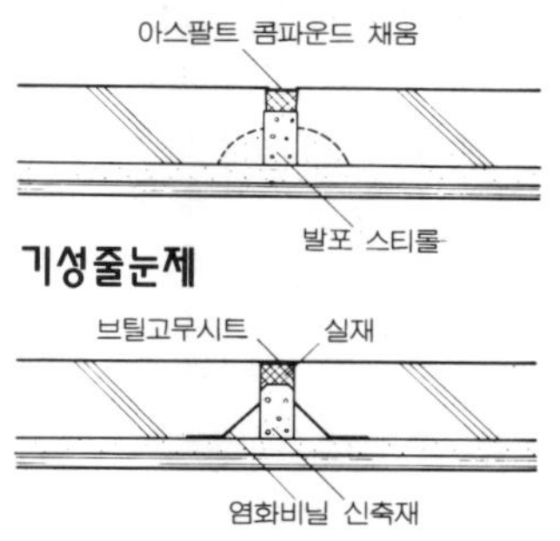

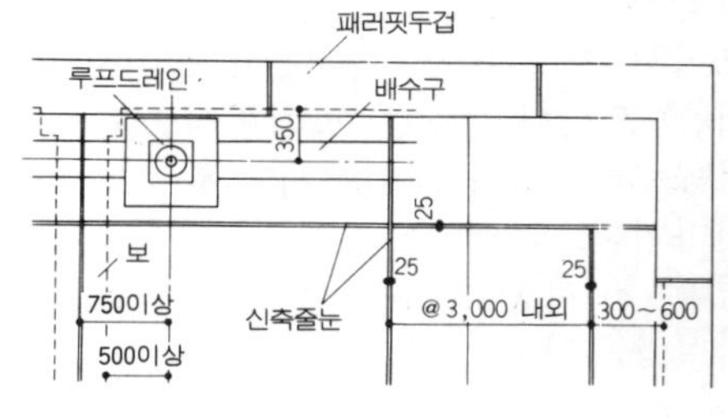

노출방수(비보행용)

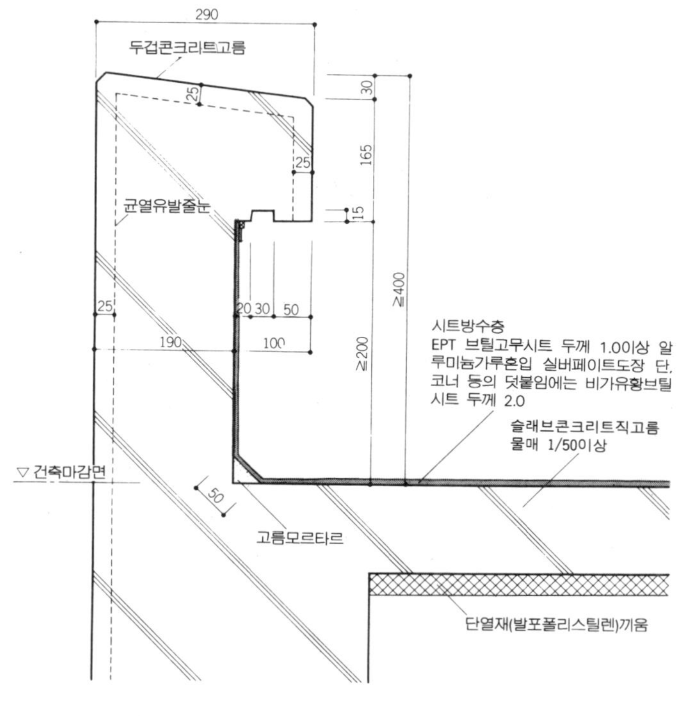

1／10

시트단말아무림

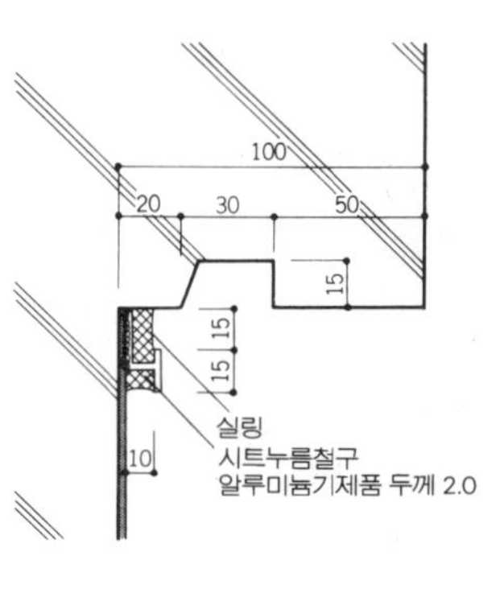

1／2

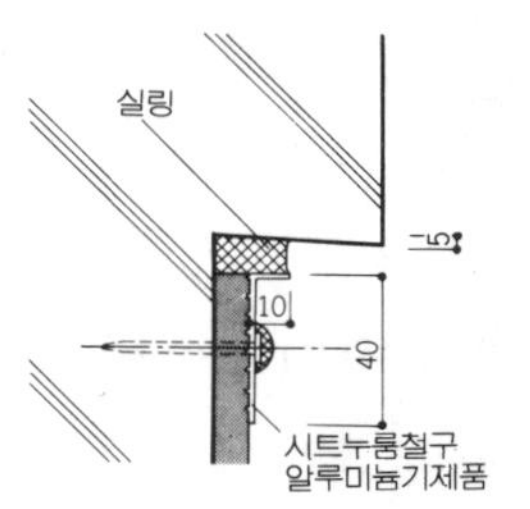

1／2

두겁패턴

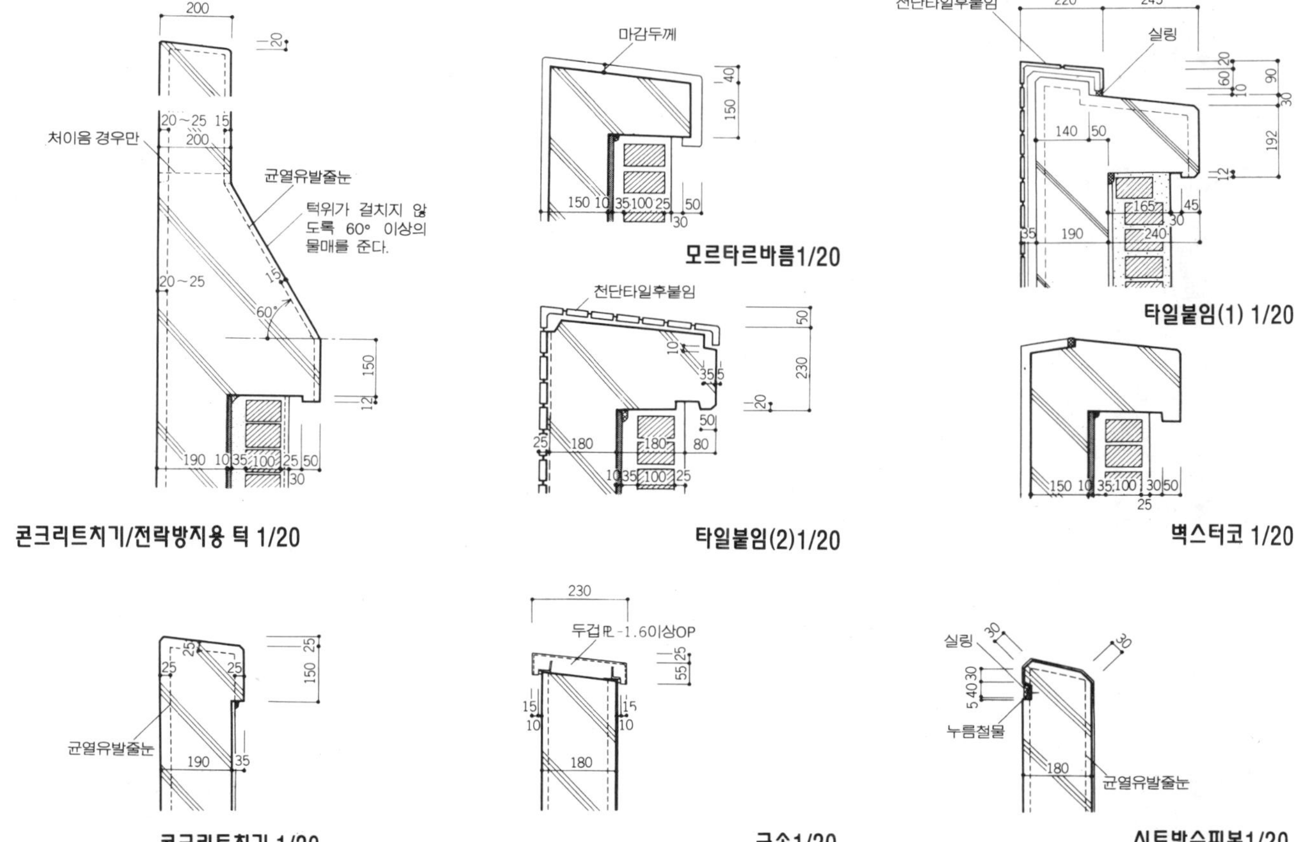

콘크리트치기/전락방지용 턱 1/20

모르타르바름1/20

타일붙임(1) 1/20

타일붙임(2)1/20

벽스터코 1/20

콘크리트치기 1/20

금속1/20

시트방수피복1/20

부분별 DETAIL

루프드레인

배수할 지붕 면적을 산출하고, 여유를 가지고 루프 드레인의 수와 지름을 결정한다. 그때 당해 지붕으로부터 치올려져 있는 탑옥 등의 벽을 흘러내리는 빗물도 산입하는 일에 주의한다. 또한 평면적으로 치우치지 않고, 신속하게 배수할 수 있는 위치에 배치한다. 드레인은 배수 능력이나 채우기 어려움에서 세로형을 원칙으로 하고, 깔때기 홈통을 슬래브 아래로 내지 않는 경우 등에 가로형을 사용한다. 가로형의 경우는 보 천단의 결손이 생기므로 100mm 정도 보 천단을 내린다. 또한 어느 경우도 콘크리트 쳐넣기를 원칙으로 한다. 스트레이너(쓰레기막이의 격자)는 세로형에서는 키가 큰 것, 가로형에서는 북 모양으로 돌출한 것이 바람직하다.

가로형드레인/아스팔트방수(보행용)

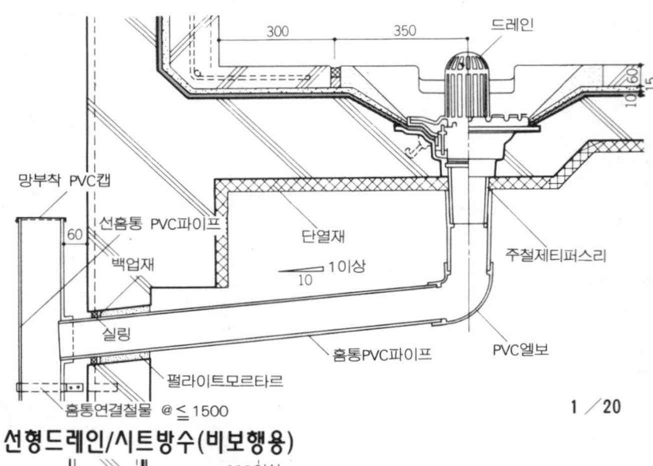

1/20

선형드레인/시트방수(비보행용)

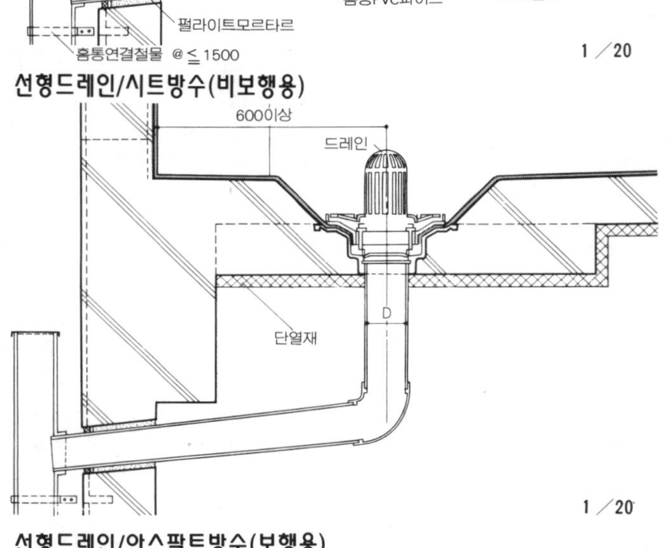

1/20

선형드레인/아스팔트방수(보행용)

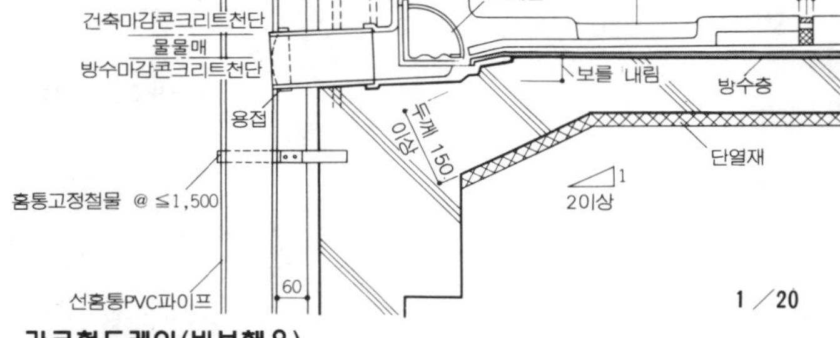

1/20

가로형드레인(비보행용)

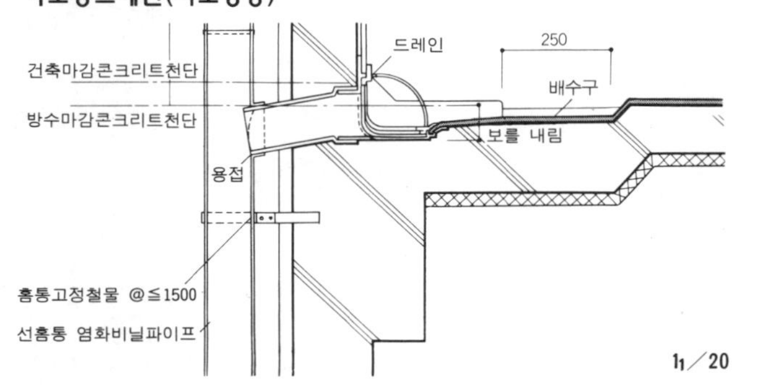

1/20

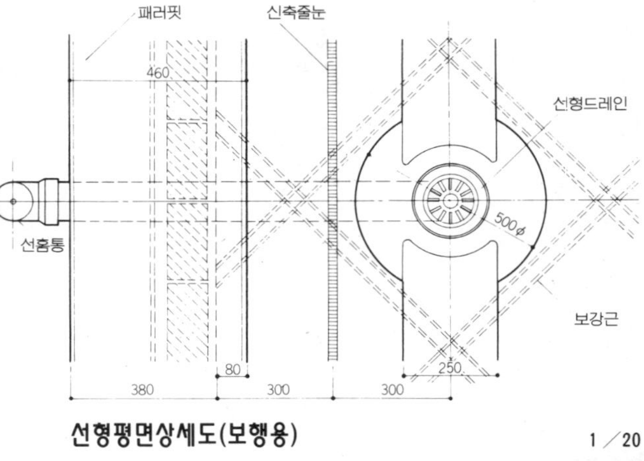

선형평면상세도(보행용)

1/20

가로형평면상세도(보행용)

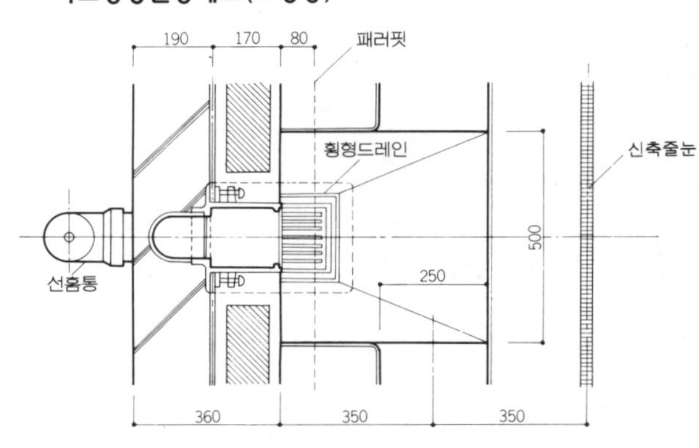

1/20

벽치올림

벽 치올림은 벽 부착의 패러핏이고, 기본적인 주의 사항은 패러핏과 같다. 그러나 벽 치올림의 아무림은 지하가 있는 엔트런스나 중정, 저층부의 옥상 광장 등, 사용 빈도가 높은 옥상에 많이 이용되므로, 턱을 세우지 않는 케이스가 많다. 그 경우는 비막이상 불리하므로, 단말의 처리나 치올림의 누르기에 충분히 주의하여야 한다.

아스팔트방수/콘크리트턱

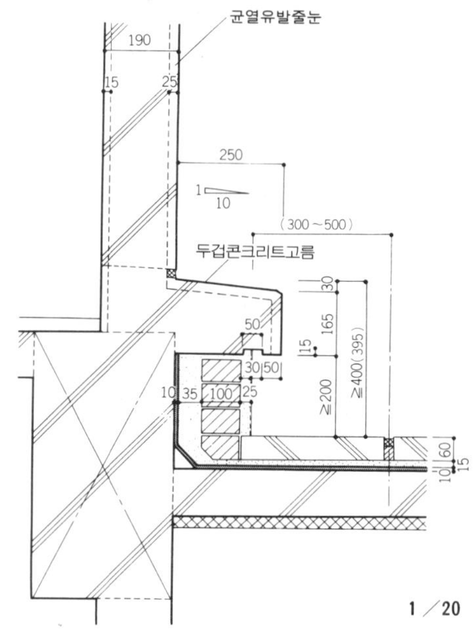

시트방수/턱있음

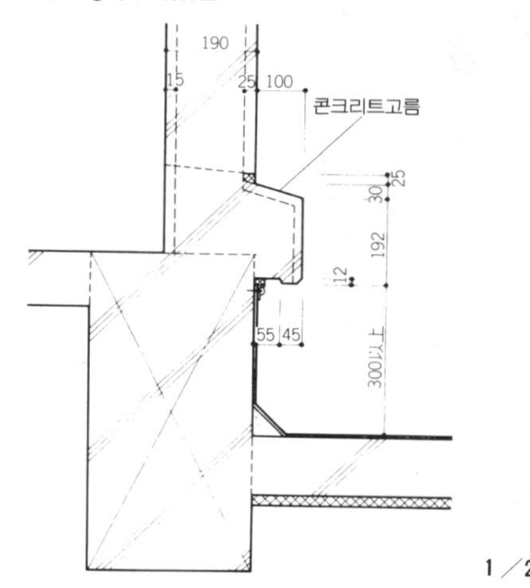

아스팔트/시트방수겸용/턱없음

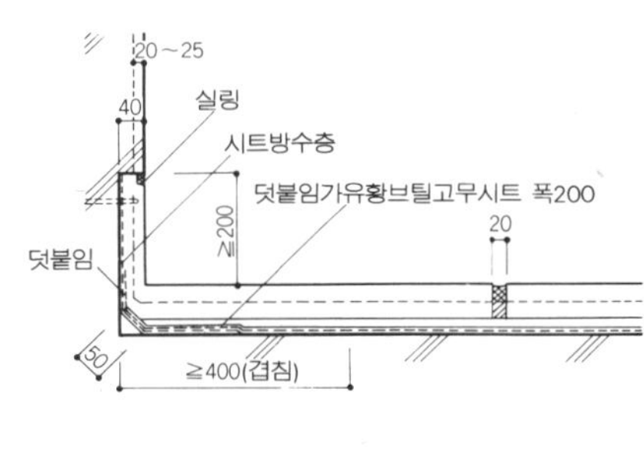

시트방수/턱없음

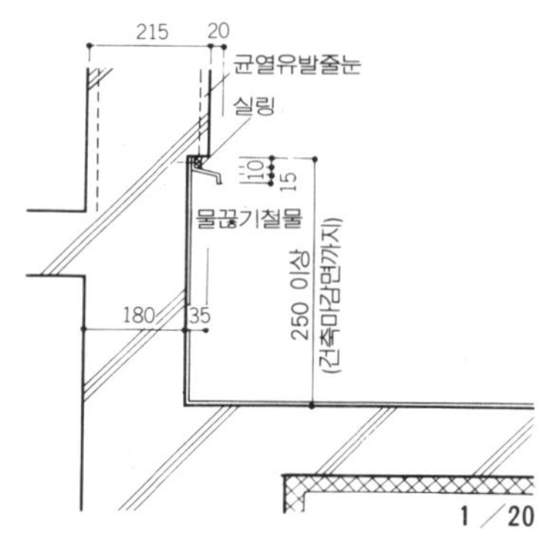

시트방수/턱없음(기성철물)

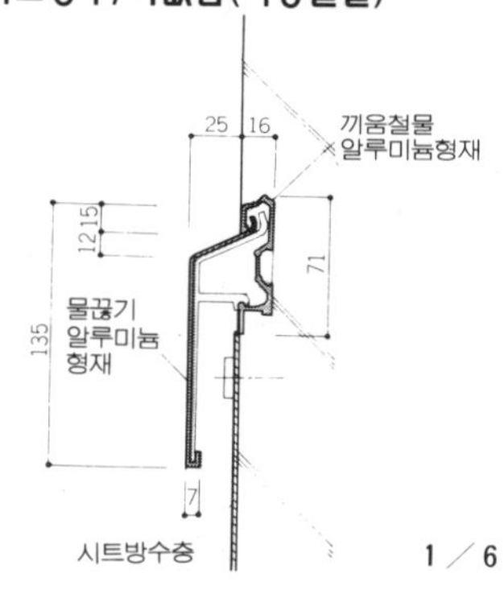

출입구주위

턱올자른경우

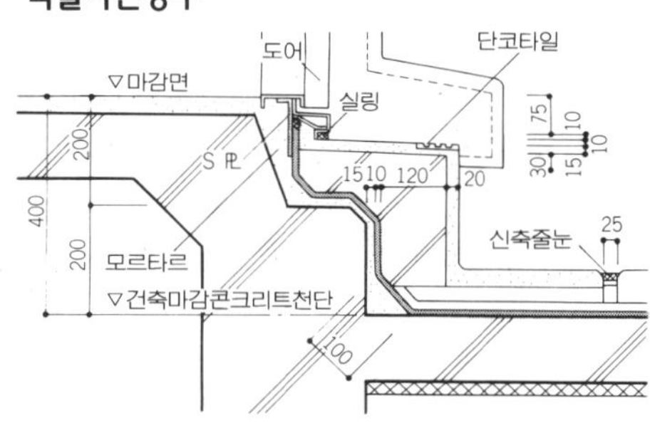

턱올 자른 경우의 평면

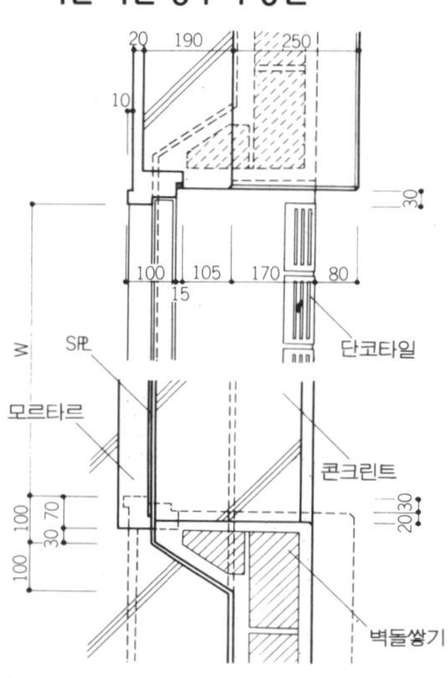

턱올 통과한 경우

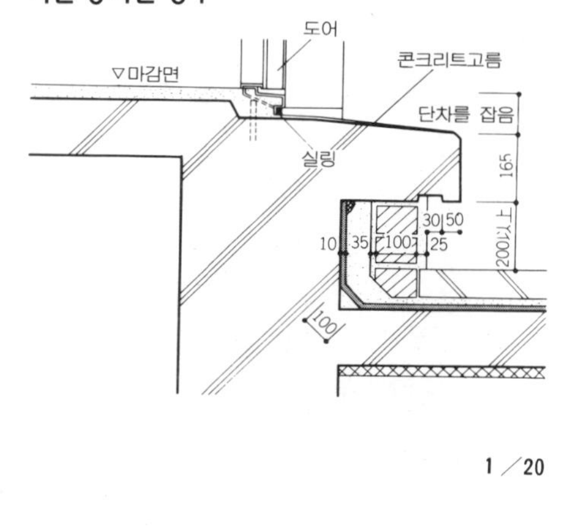

부분별 DETAIL

옥상정원

옥상의 식재 부분은 방수층 위에 물을 머금은 흙이 항상 실려 있고, 방수층의 내구성상 대단히 불리하다. 따라서 방수층에 대한 영향을 완화하기 위해서는 플랜트 박스로 하는 것이 바람직하다. 누름 콘크리트 위에 직접 흙을 까는 경우는 방수 시방의 그레이드를 올리고, 누름 콘크리트를 두껍게 하는 등의 대처를 요한다.

또한 방수 치올림부에 흙이 접하지 않도록 아무리는 일이 바람직하지만, 접하는 경우는 방수 치올림 천단을 흙의 천단보다 150mm 이상 높게 한다. 식재 부분의 배수는 토사를 포함하고 있으므로, 집수부에 샌드 피트를 설치하여, 배수관에 대한 토사의 유입을 막는다.

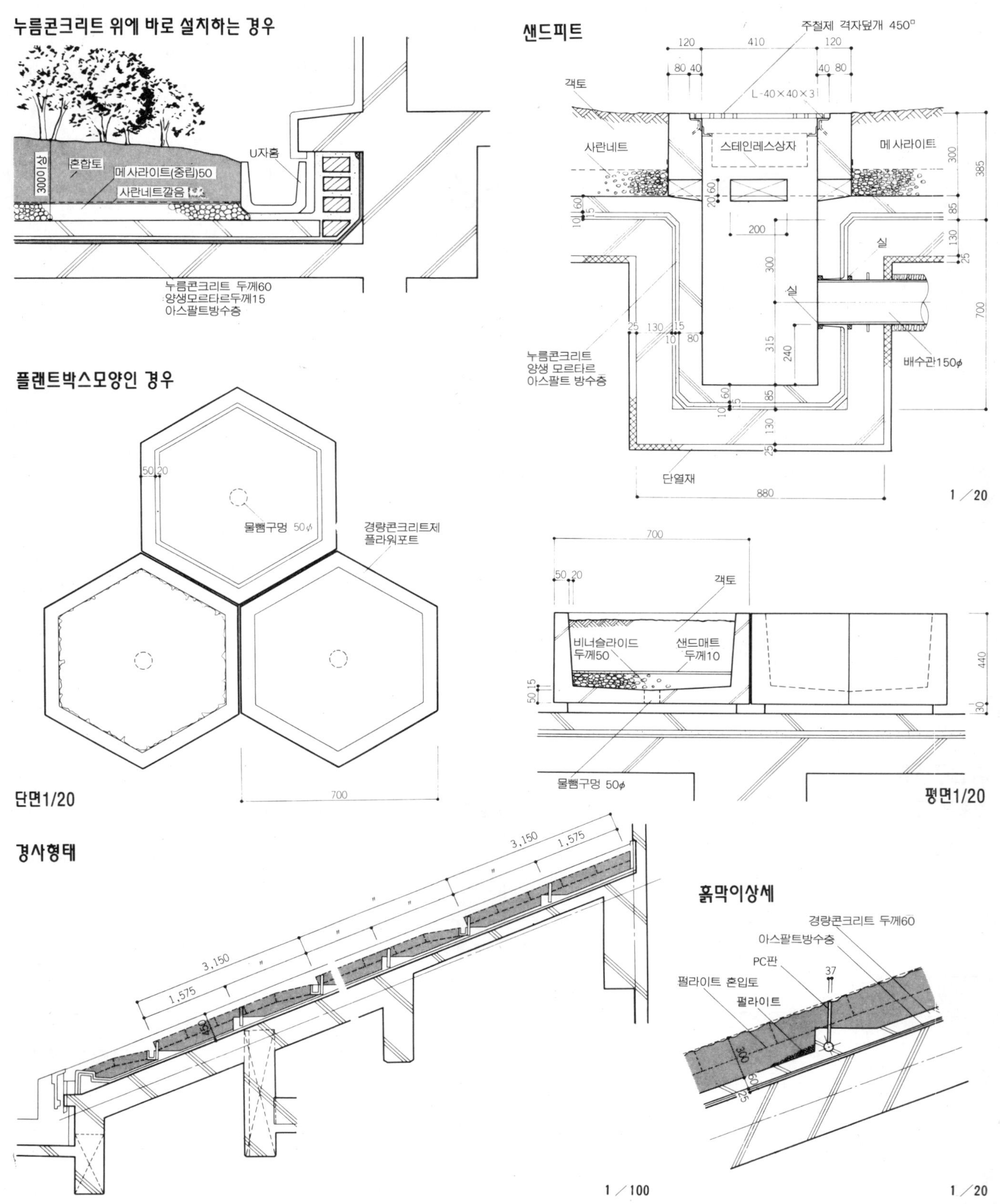

배관취출구

2개 이하인 경우

모르타르방수
강관
60
60
코킹
실링
실링
400
150
150
10 15
처이음
강관슬리브

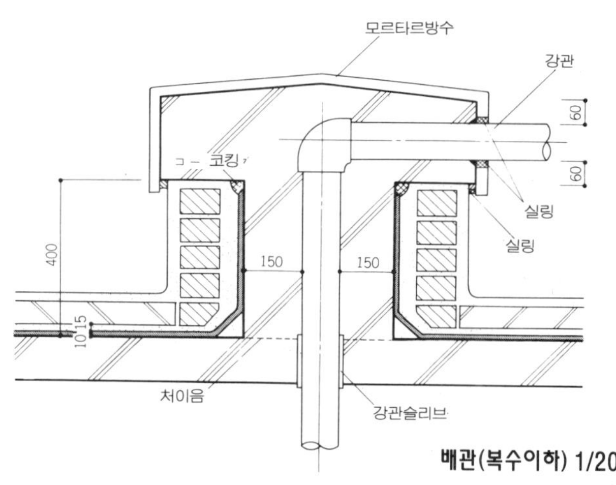

배관(복수이하) 1/20

3개 이상인경우

모르타르방수
실링
강관
150~200
20
120
실링
처이음
150
150~200
150
400

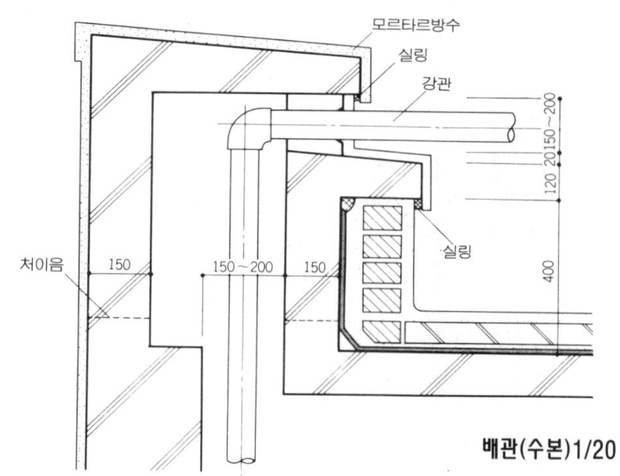

배관(수본)1/20

굴 뚝

현재의 굴뚝 구축법은 기제의 석면 성형 라이닝판을 콘크리트에 쳐넣는 공법이 주류인데, 연료 종별이나 굴뚝 내 예상 온도에 따라 라이닝판의 적절한 재질이나 두께를 선택하는 일이 중요한 포인트이다.

갓을 두지 않는 경우는 우수 유입에 의한 급냉으로 라이닝판이 파손하는 일이 있으므로, 라이닝판 상단을 굴뚝 천단에서 600mm 정도 내린다.

석면라이닝판형태

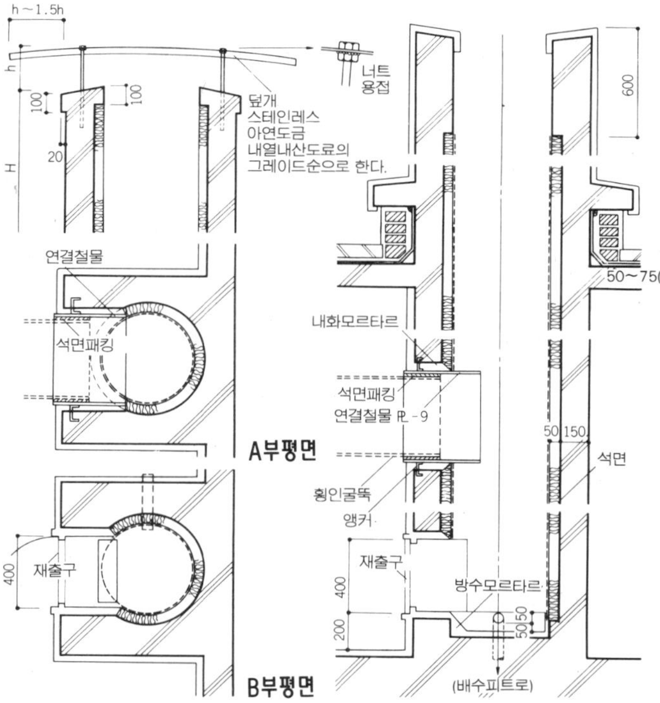

h~1.5h
h
100
100
H
20
너트
용접
덮개
스테인레스
아연도금
내열내산도료의
그레이드순으로 한다.
600
연결철물
석면패킹
50~75(공기층)
내화모르타르
석면패킹
연결철물 PL-9
50
150
석면
A부평면
횡인굴뚝
앵커
재출구
400
재출구
400
200
방수모르타르
50
50
(배수피트로)
B부평면

1 ／40

내화벽돌형태

정상부
평면
150~200
114
안지름
내화벽돌
114
버팀(서로)
하부정면
하부
철판감기28#
내열도료
철판 두께4~8
연도
75
석면패킹
규조토
하드시멘트
통기루버
(외부에 나가지
않는 경우에만
설치)
외부
450
600
재出口
내화벽돌
통기구
걸철물(자물쇠부착)
중유인 경우
150
200
앵글문
석탄인 경우

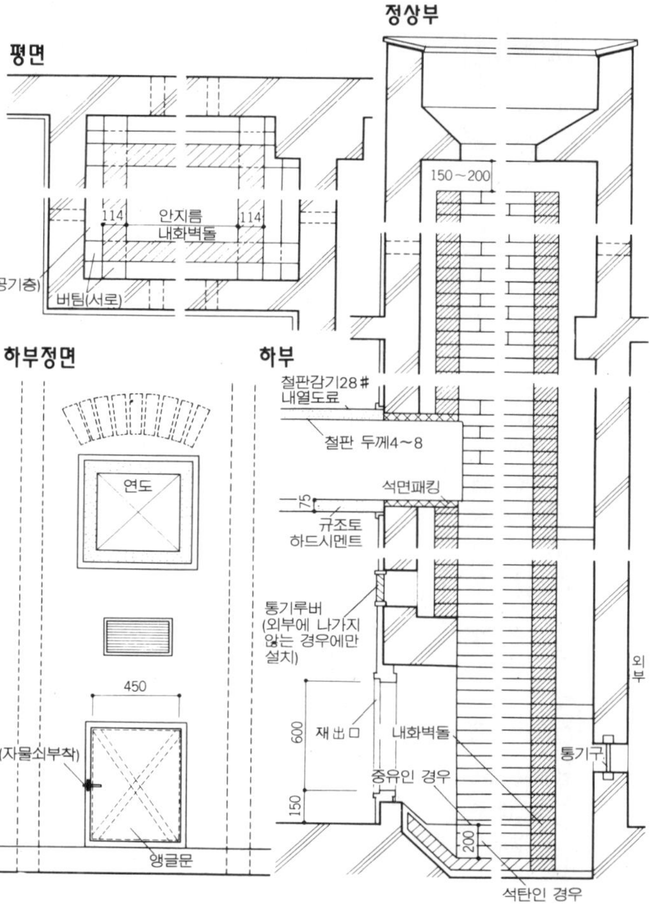

1 ／40

옥상점검구

단 면

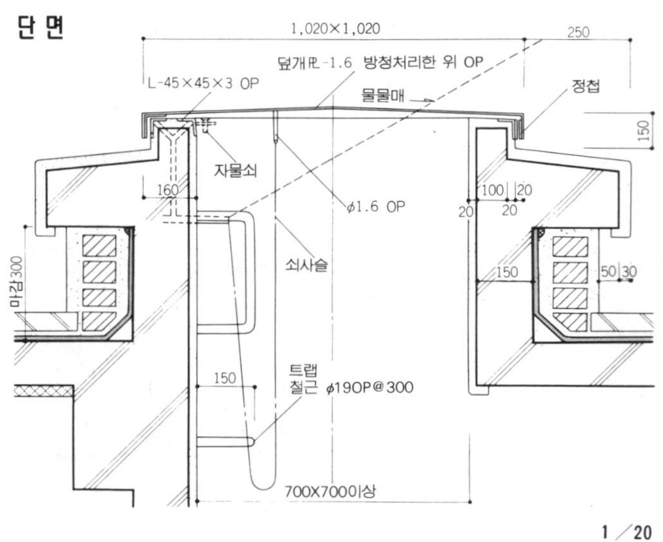

1/20

평 면

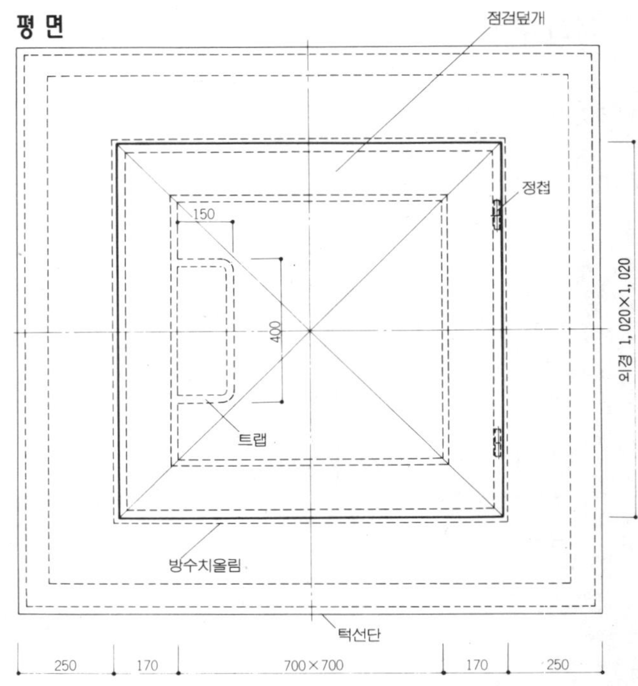

1/20

톱라이트

합성수지제돔

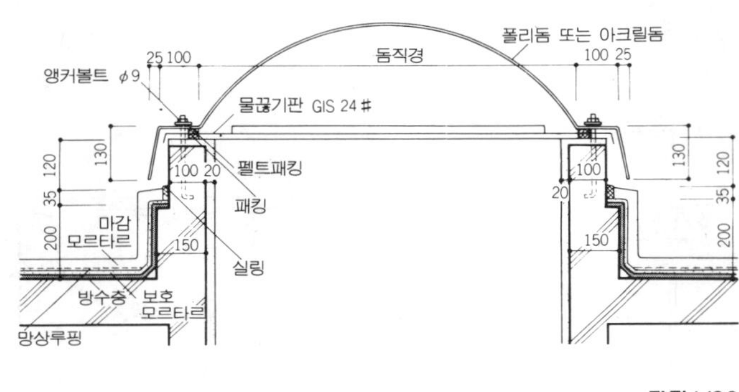

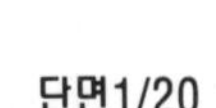
단면1/20

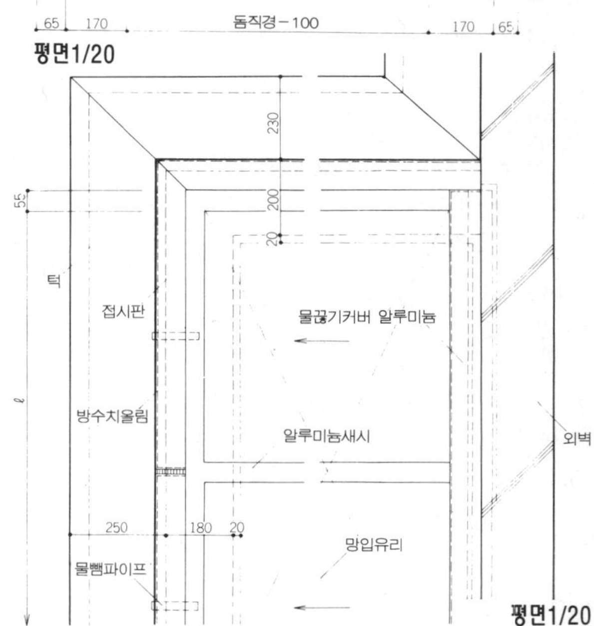

평면1/20

유리형태

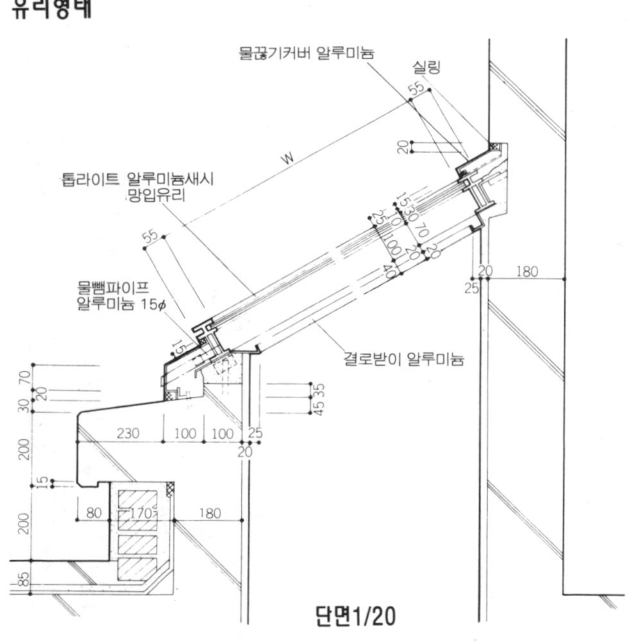

단면1/20

평면1/20

난 간

옥상설치

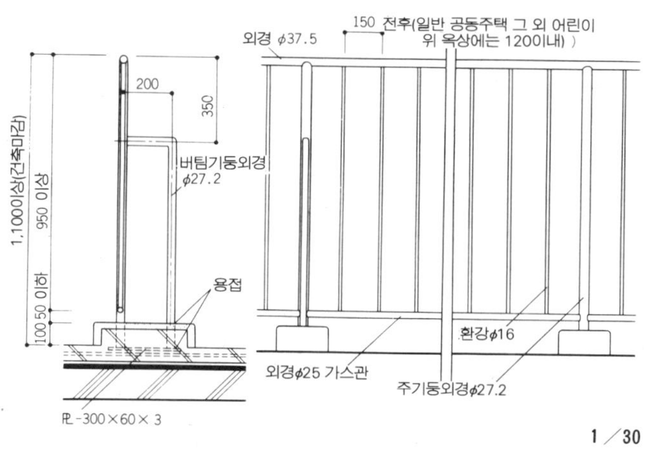

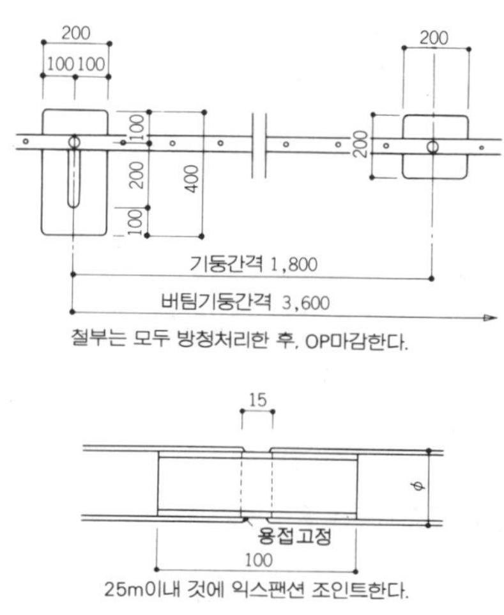

두겁조인트부 1/5

패러핏부착(1)

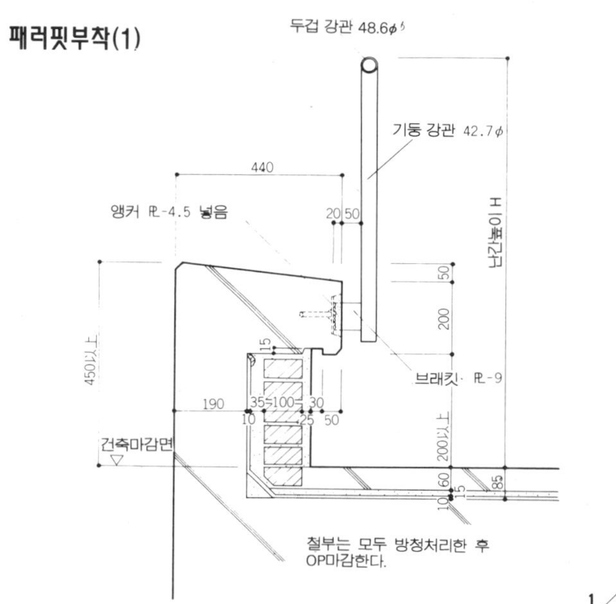

패러핏부착(2)

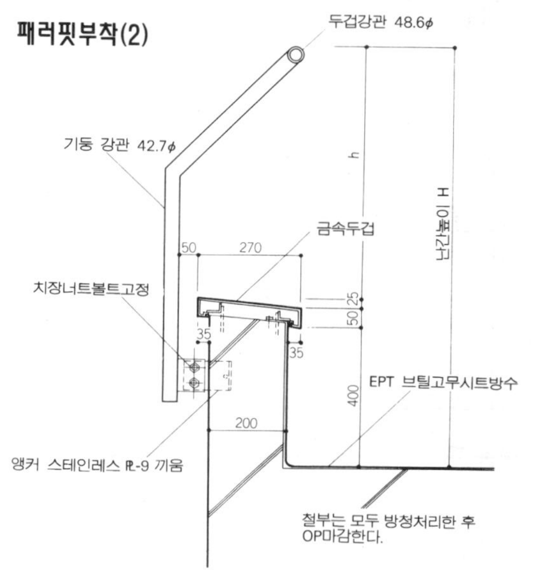

두겁높이가 650 이하인 경우는 h를 1,100 이상으로 한다. 1／20

옥상팬스

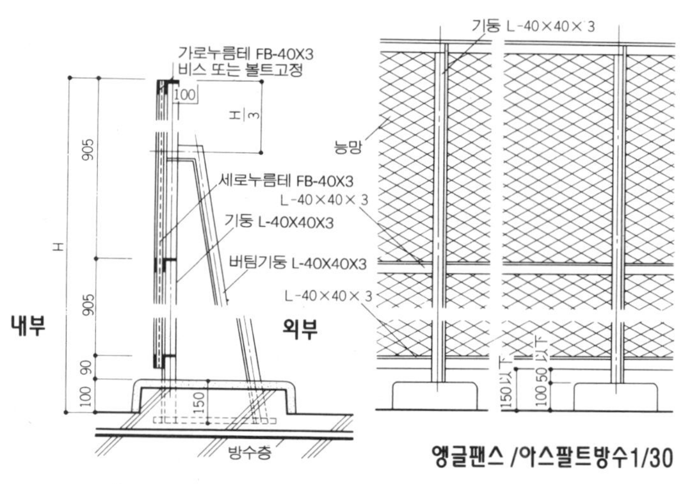

앵글팬스 /아스팔트방수1/30

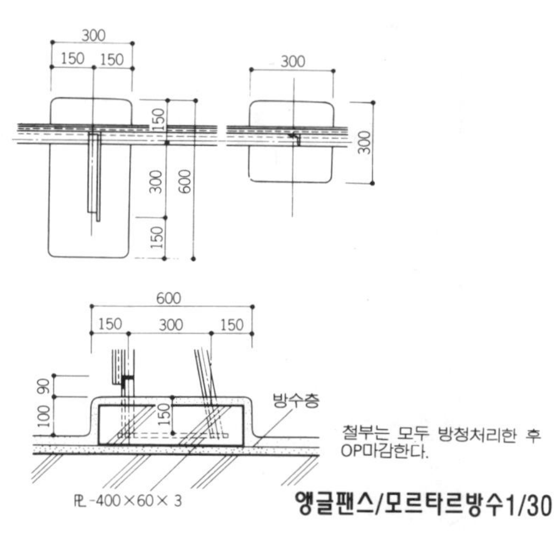

앵글팬스/모르타르방수1/30

부분별 DETAIL

물건걸이

안테나

곤돌라레일

단 면

평 면

고리

평강형태

환강형태

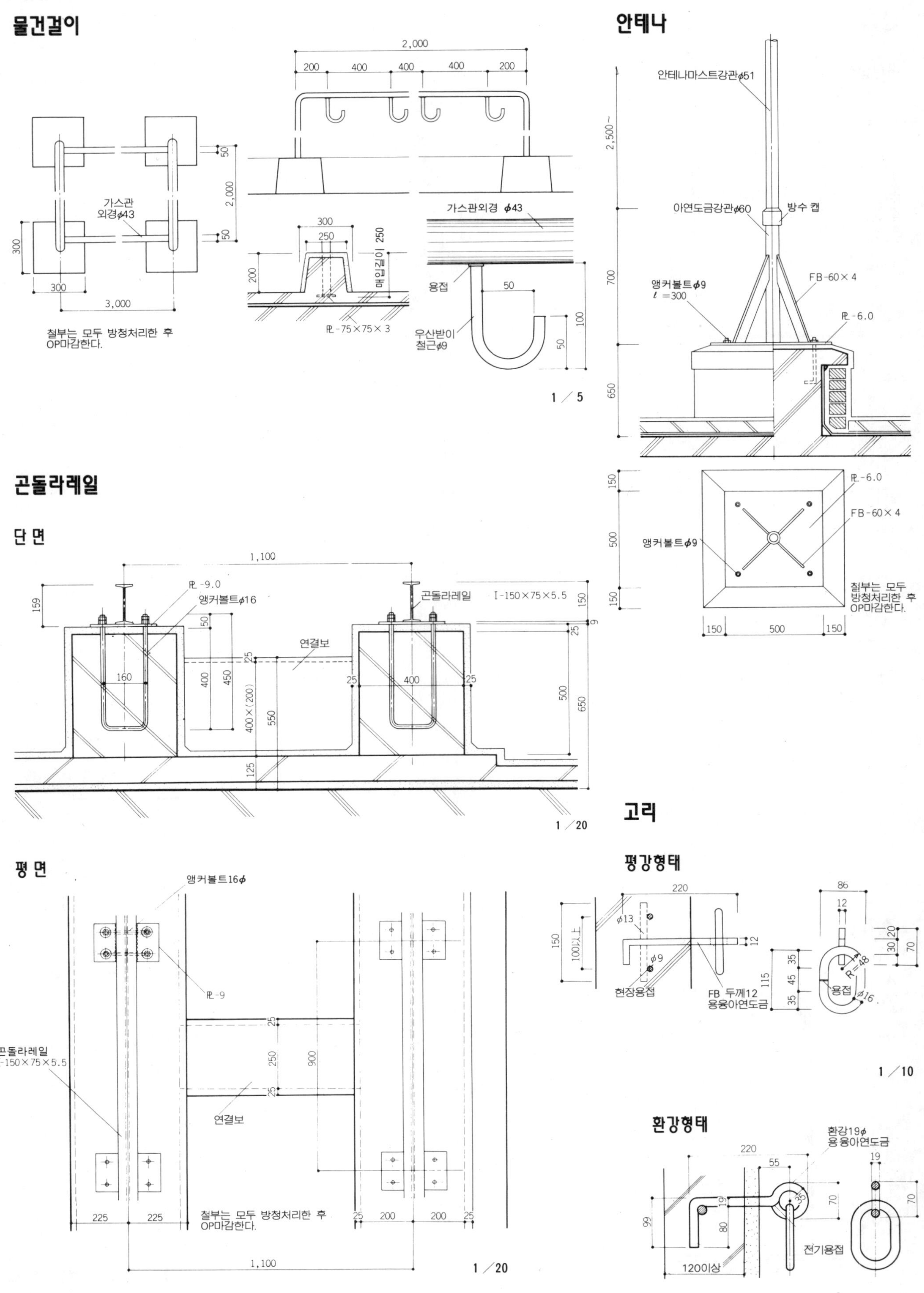

기와이기

RC 슬래브에 대한 기와 고정은 콘크리트 쳐넣기의 나무 벽돌 또는 슬래브 위에 바른 펄라이트 모르타르에 기와가락을 붙이고, 기와를 못 병용으로 거는 공법이 일반적이다. 특히 완물매의 기와 이기는 빗물이 기와 안으로 돌아다닐 가능성이 크므로, 슬래브면에 아스팔트 루핑을 깐다. 또한 기와는 맞춤부 비막이의 자유성이 적으므로, 벽 치올림시나 골 부분에는 반드시 금속제의 숨긴 홈통을 세운다.

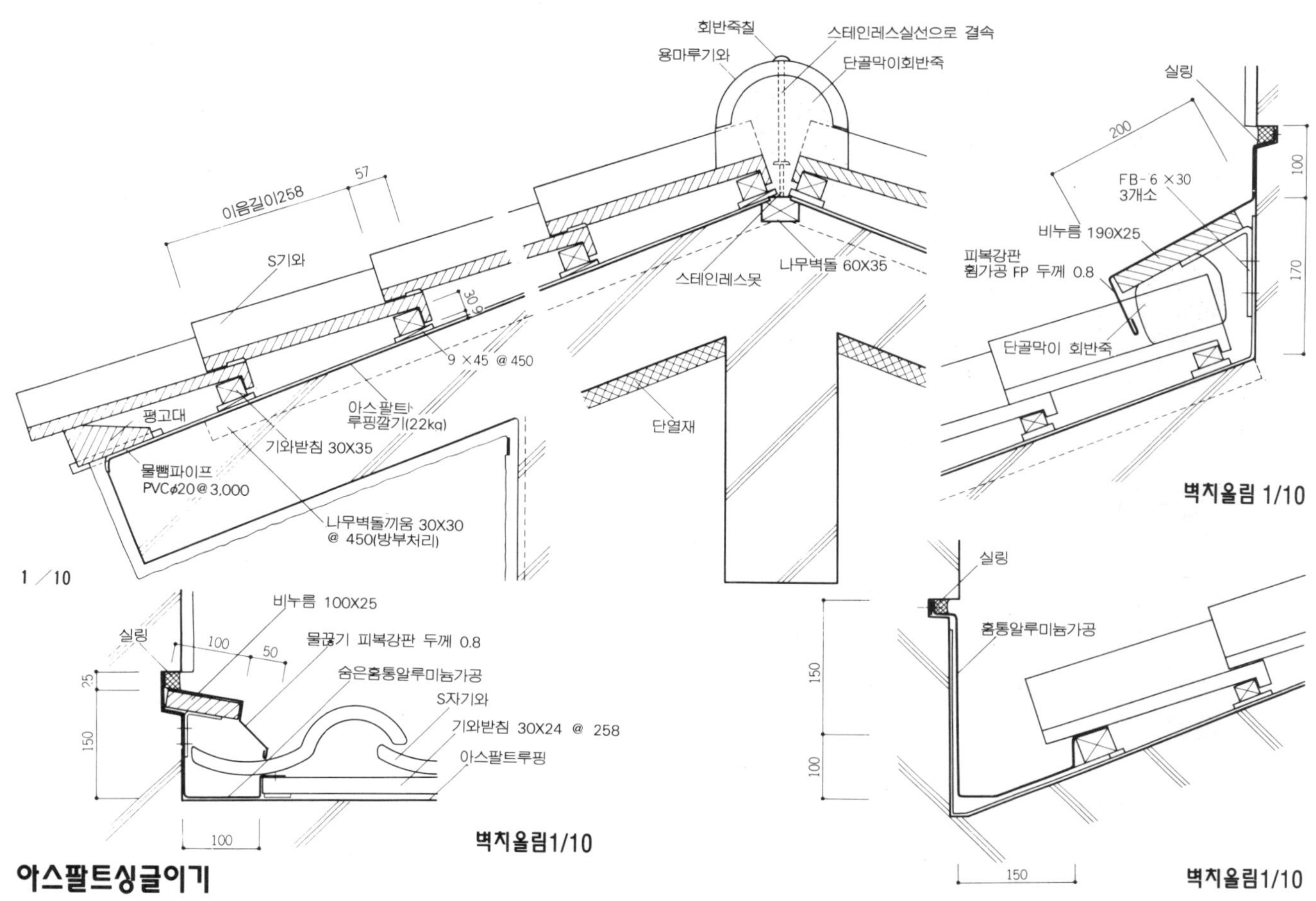

아스팔트싱글이기

아스팔트 싱글 이기는 접착제로 바탕면에 부착하는 공법이 일반적이지만, 바람의 불어침 등에 대처하기 위하여, 못치기를 병용하는 일이 바람직하다.

못치기한 바탕으로서 메시 넣은 펄라이트 모르타르 발라지는데, 이 경우 펄라이트 모르타르의 흘러내림을 방지하기 위하여, 슬래브에서 보조근을 내고, 이것에 메시 긴결하는 일을 잊어서는 안 된다.

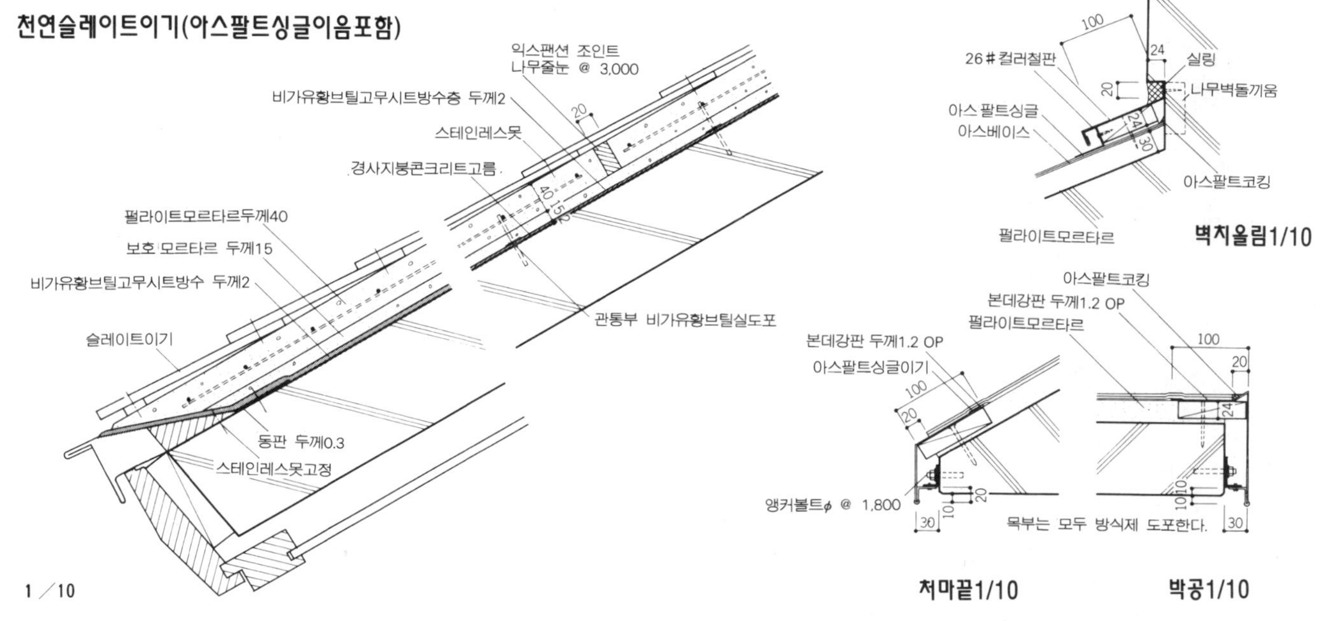

부분별 DETAIL

장척철판기와가락이기

아스팔트 싱글 이기와 마찬가지로, 부착 바탕에는 펄라이트 모르타르를 이용하는 일이 많으므로, 같은 주의가 필요하다. 철판 이기는 이기 재료 자체가 경량이기 때문에, 불어침에 의한 깨짐 등, 바람에 의한 사고가 많다. 따라서 처마끝·박공은 플래트 바 등에 의한 강고한 바탕을 만들어, 그것에 이기 재료의 철판을 단단히 고정하는 디테일과 시공이 요구된다.

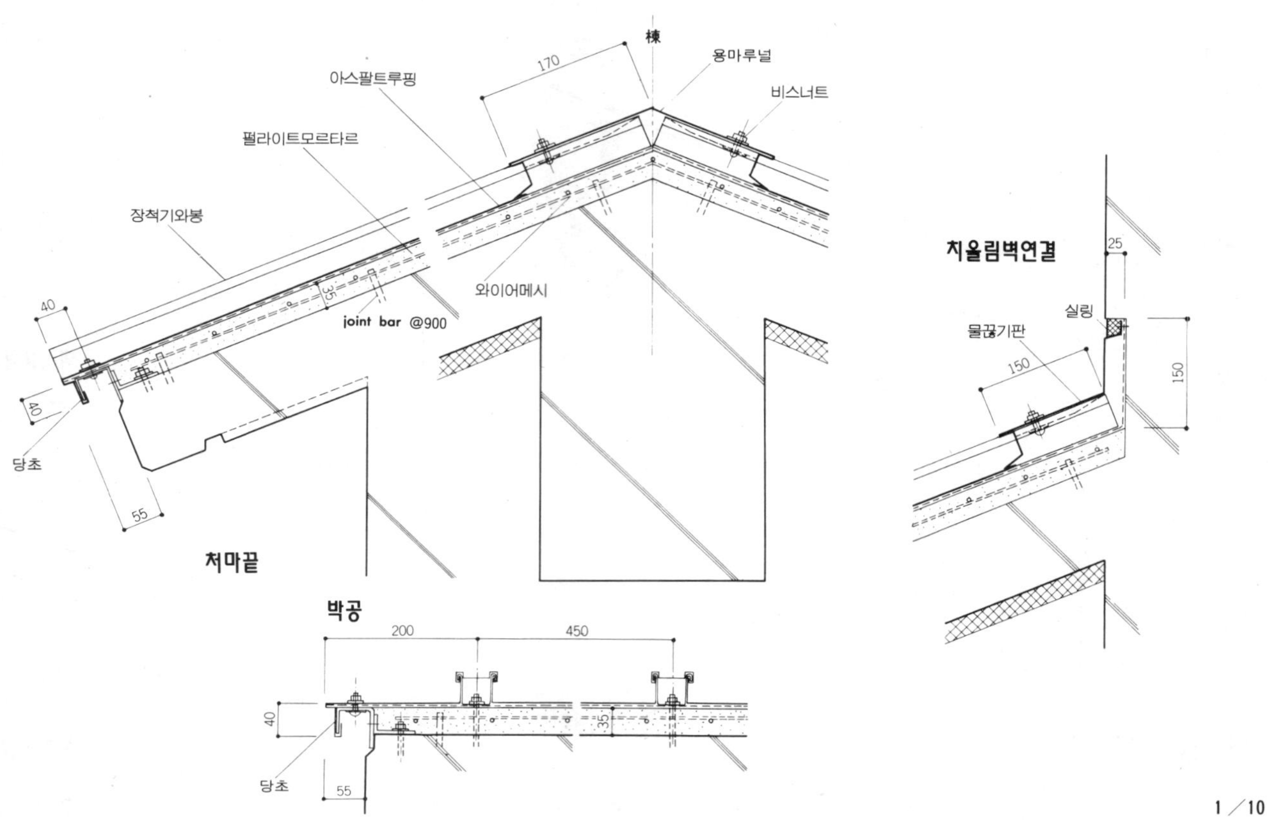

처마홈통

상자홈통

반둥근처마홈통

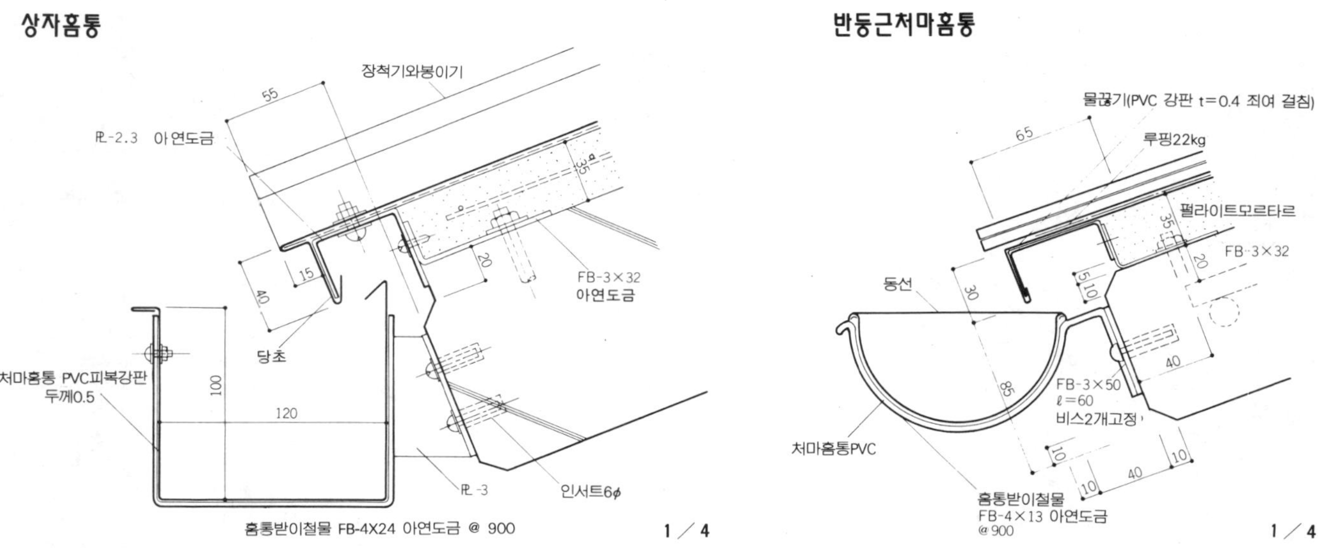

단 열

RC조의 지붕 단열에서는 지붕 슬래브 내측(아래)에 발포 폴리스틸렌판을 끼우는 공법이 가장 많이 이용되고 있다. 단열면에 결손이 있으면 히트 브리지가 되어 결로의 원인이 되므로, 특히 보 부분이나 루프 드레인 주위 등 결손되기 쉬운 부분에서는 단열선이 연속하도록 주의한다. 현장 발포 우레탄의 뿜칠 공법은 결손 방지에는 유효하다. 최근 최상층의 직천장화, 내장의 불연화, 태양열로부터의 구체 보호 등의 needs에서, 슬래브의 외측(위측)에 단열재를 설치하는 외단열 공법이 보급되어 왔다. 현재 몇 종의 공법이 실시되고 있지만, 어느 것이나 단열재와 방수층이 만나므로, 방수층에 파단이나 열화 등의 악영향을 미치지 않도록, 시방이나 아무림을 설정하여야 한다.

단열재의 종류와 적용—사용빈도가 많은것

종 류		열전도율 (kcal/m·h·℃)	주 요 용 도
합성수지계 발 포 체	발포폴리스틸렌	0.024~0.032	RC조끼움·후붙임, 단열방수
	경질발포우레탄	0.021	RC조의 후붙임·뿜칠, 덱PL으로의 뿜칠
	발포폴리에틸렌	0.030~0.032	금속지붕으로의 붙임, 노출단열방수
	우레아수지발포체	0.035	목조, RC조의 기존개수
무기질섬유	록울	0.030~0.033	목조·S조의 부설, RC조의 보조적 사용
	글래스울	0.035	
	연질섬유판	0.042	목조벽, 지붕바탕

평지붕슬래브밑단열(1)

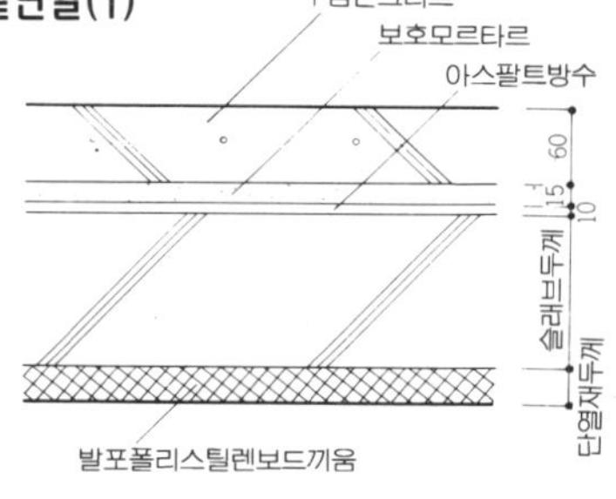

1/10

평지붕슬래브밑단열(2)

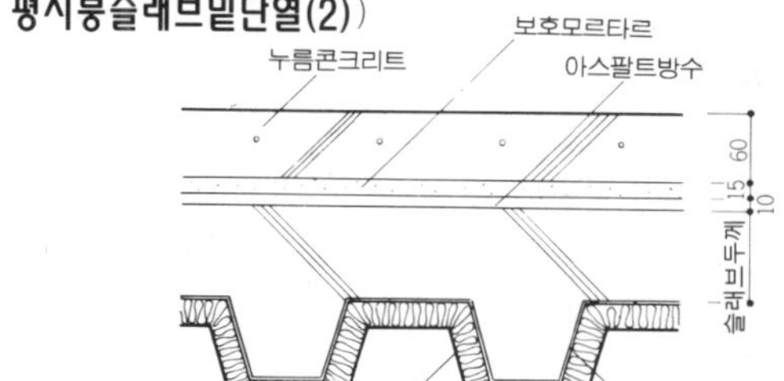

1/10

평지붕슬래브위단열(보행용)

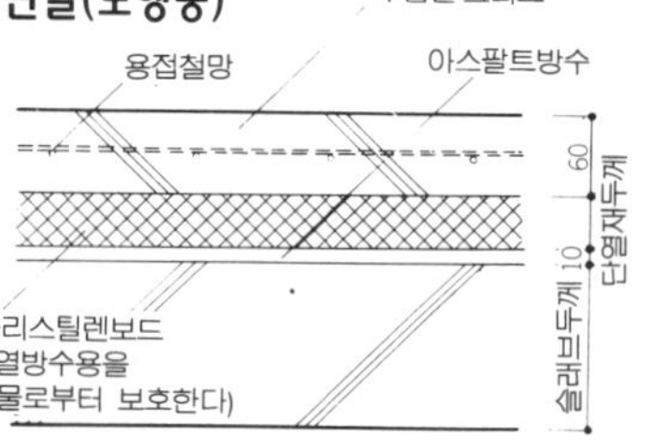

1/10

평지붕슬래브위단열(비보행용)

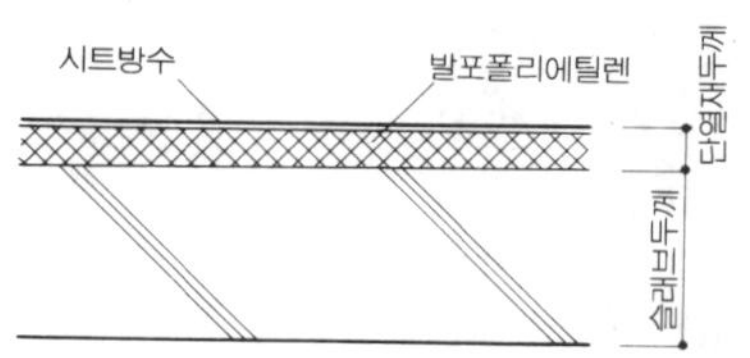

1/10

경사지붕의 단열

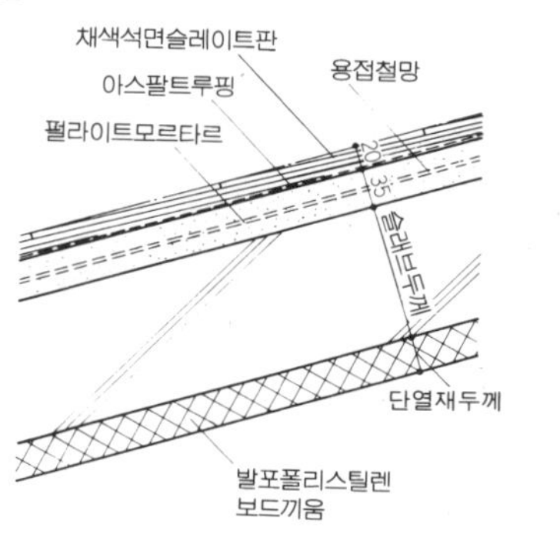

1/10

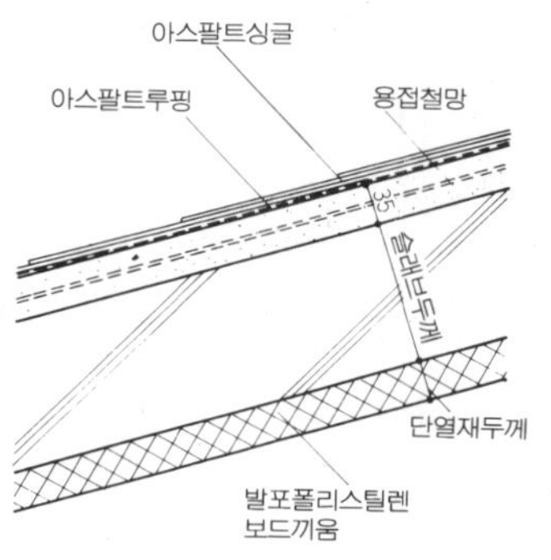

1/10

발코니 · 처마, BALCONY · EAVES

발코니와 차양과의 공통점은, 각각 건물의 외주면에 부속, 혹은 돌출하여, 건물의 기능 유지나 생활 공간의 쾌적성 · 안전성을 유지하는, 셀터의 일부로서의 역할을 맡고 있는 점이다.

발코니

발코니는 외부 공간을 향하여 오픈된 건축 공간으로, 특히 집합 주택의 거주 공간에서는 유일한 장으로서, 가족의 일광욕이나 어린이의 놀이터, 세탁이나 빨래 건조를 위한 주부의 작업장, 또한 4계절의 꽃들로 둘러싸인 화단, 그리고 비상시에는 피난 통로로, 그 기능은 다종 다양하다. 따라서 그 디테일도 이것들 각종의 기능을 만족하는 것이어야만 하지만, 그 포인트는 방수와 안전 설계이다. 집합 주택의 누수 사고는 대부분 발코니로부터이고, 방수 설계의 불비가 그 원인의 태반이다. 실내로 물의 침입을 막기 위하여 발코니의 바닥면을 실내 바닥면보다 10cm 이상은 내리고, 불가능한 경우는 콘크리트로 치올림한다. 지붕에 비하여 작은 면적이라, 배수 설계도 약간 소홀히 보기 쉽지만, 거실에 가까운 만큼 보다 신중히 기해야 한다.

보통 세로홈통은 발코니의 선단과 외벽 옆의 위치에 설치하는 경우가 있는데, 어느 경우도 빗물이 정체하지 않는 적절한 물매와 세로홈통 관경이 필요하다. 방수 시방의 선정은 발코니의 주용도나 하층의 상황에 의하는데, 하층에 거실이나 이중 천장이 있는 경우는 원칙적으로 아스팔트 방수를 배려한다. 발코니의 비막이 포인트는 발코니 선단 부분과 건물 본체 맞춤 부분의 처리에서, 특히 개구부 창호의 하단 맞춤 부분은 최소한 도막 방수재를 도포하고, 이 사이로부터의 실내 침입수를 완전히 차단한다.

또한 발코니의 바닥판은 균열 누수의 예가 많다. 넓은 면적, 길이가 있는 발코니는 벽면과 마찬가지로 균열 대책 줄눈을 소정의 위치에 세울 필요가 있다.

유아의 놀이터로서, 특히 집합 주택의 발코니는 세부에 걸친 치밀한 안전 설계가 필요하다. 특히 난간은 건물의 디테일상도 큰 요소이지만, 안전 확보의 기능상 가장 중요하다. 난간의 높이 치수 등, 물론 법의 규정에 의한 것 외에, 유아가 전락하는 원인이 되는 위험한 발 걸림부나 극간이 없도록, 두겁이나 난간동자 주위의 디테일에는 신중한 주의가 필요하다.

차양(처마)

차양은 벽면에서 돌출하여, 출입의 사람 · 외벽 · 개구부에 대하여 일사나 풍우로부터 보호하는 기능을 갖는다. 이 부분은 종종 바람에 못이겨 천장재가 박리 · 박락한다든지, 또한 적설이나 고드름 등으로 손상을 받기 쉽고, 또한 화재시에는 가장 연소를 받기 쉬우므로, 재료의 선택이나 디테일에는 주의를 요한다. 디자인적으로는 건물의 외관상 큰 액센트가 된다. 그 형상, 재료 모두 많지만, 디테일상의 포인트는 비막이로 끝난다. 표면 마무리재에는 기능에 맞는 적절한 방수 시방을 선정하고, 또한 방수층의 단말 처리 방법이나 외벽 구체와의 맞춤부 아무림 등이 주의 사항이다. 빗물을 집수하지 않고, 그대로 흘리는 차양의 경우 그 차양 선단은 물끊기가 좋은 재료나 형상을 고르고, 때나 얼룩이 생기지 않도록 한다.

특히 현관 차양은 의장상에서 큰 요소가 되므로, 기능면의 요소를 신중히 검토한 디테일이 요망된다.

발코니

밑층으로 실이 없고, 처마천장도 없는경우

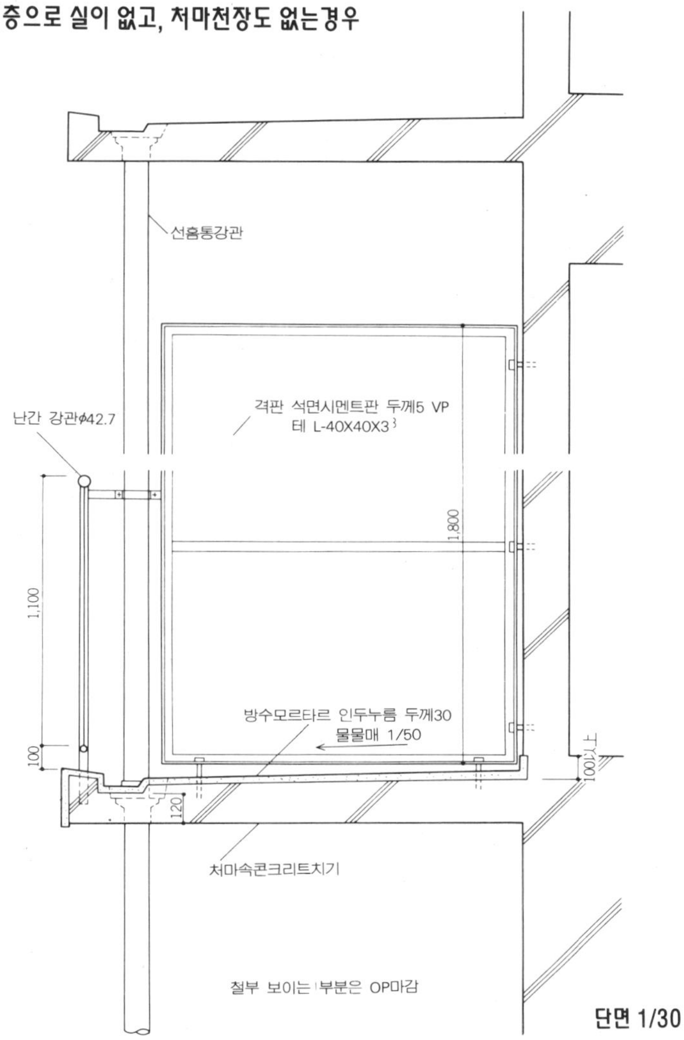

선홈통강관
난간 강관ϕ42.7
격판 석면시멘트판 두께5 VP
테 L-40X40X3
1,800
1,100
100
방수모르타르 인두누름 두께30
물물매 1/50
100以上
120
처마속콘크리트치기
철부 보이는 부분은 OP마감

단면 1/30

드레인
격판
선홈통
난간
발코니
실내
배수구
격판

평면1/30

선단상세(1)

두겁강관ϕ42.7
엄지기둥
강관ϕ34
@1500
동자
환강ϕ13
@120
가로연결
강관ϕ27.2
선홈통 강관
1,100
100
15
200
120
15
방수모르타르 인두누름
30
150
80
중이음형 발코니드레인끼움

1 / 10

선단상세(2)

선홈통강관
난간 콘크리트치기
15
1,200
120
12 13
100
FL
방수모르타르
인두누름
지지철물
FB-32×3
30
150
80
100
루프드레인끼움

1 / 10

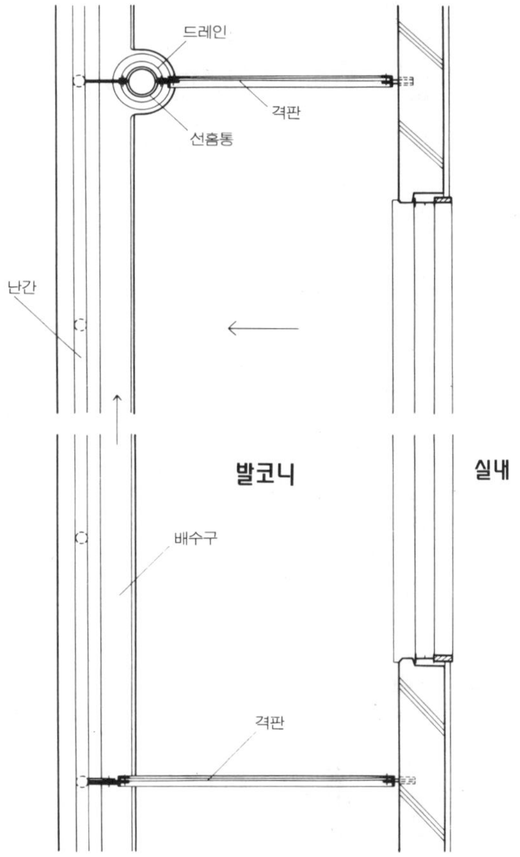

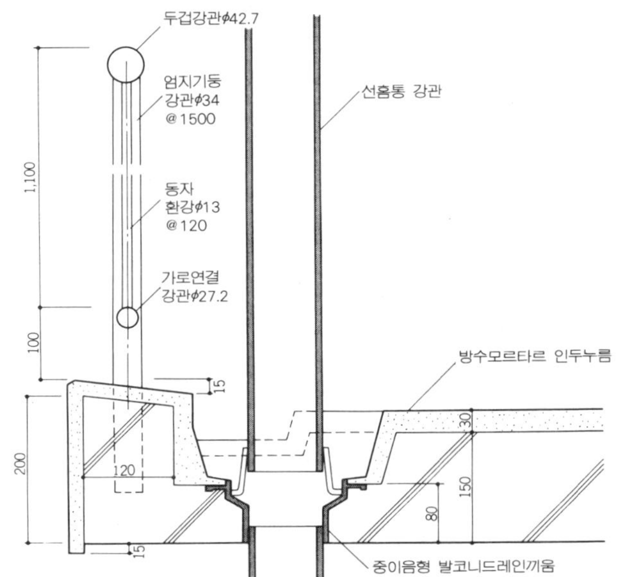

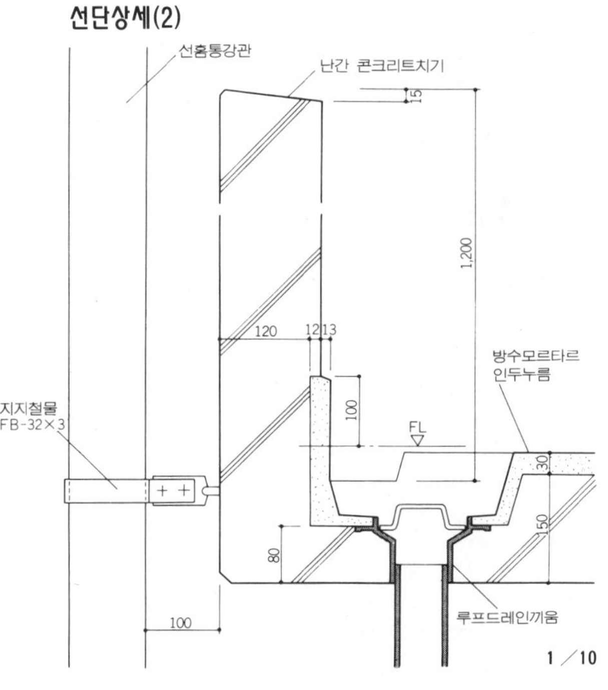

부분별 DETAIL

밑층이 없는경우(콘크리트난간)

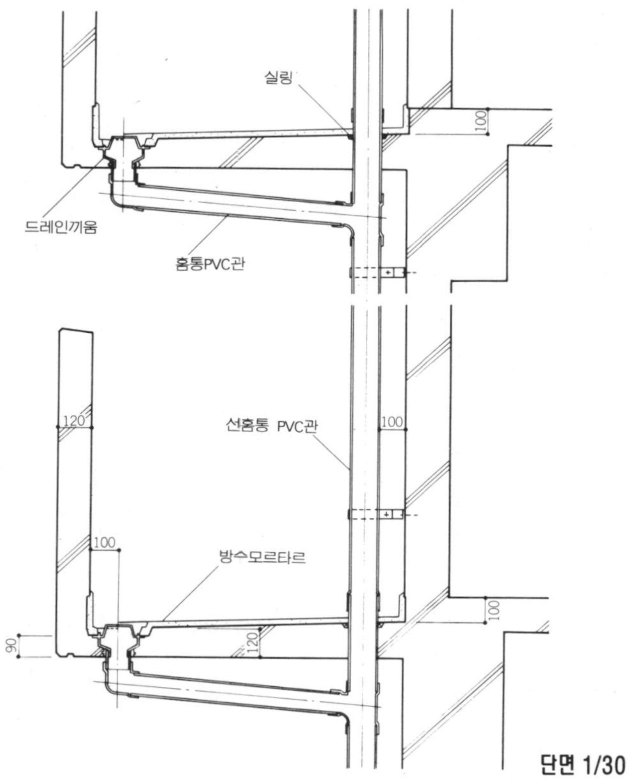

단면 1/30

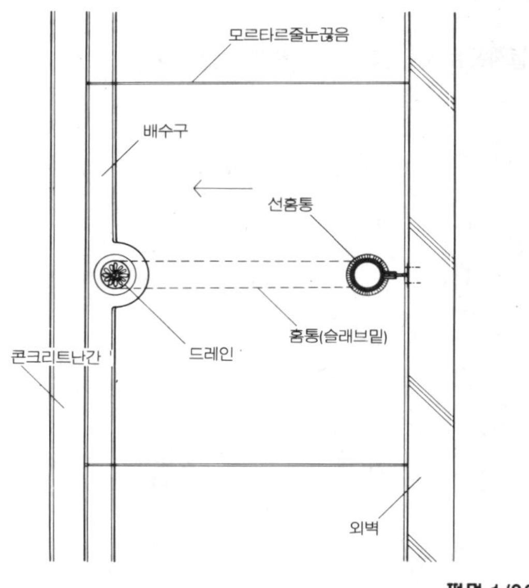

평면 1/30

밑층으로 처마천장이 있는경우

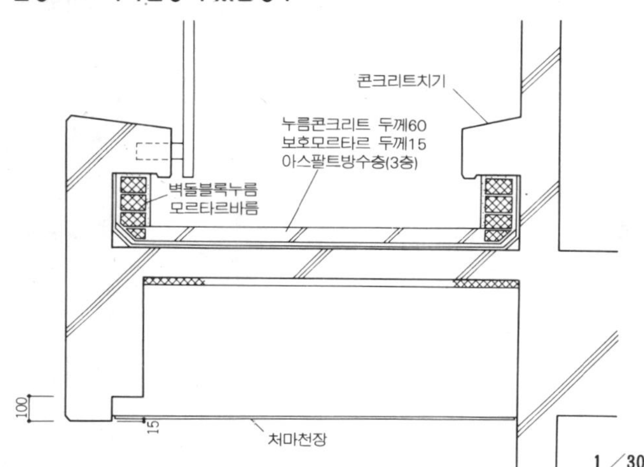

1 / 30

세트백의 경우

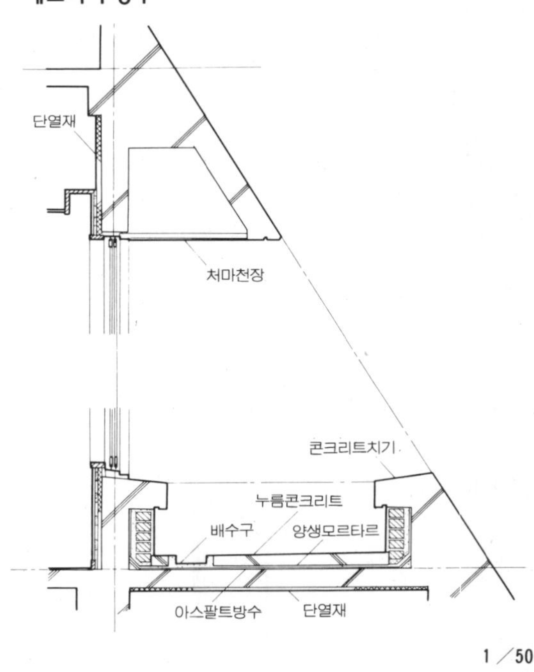

1 / 50

출입구주위

치올림없는경우

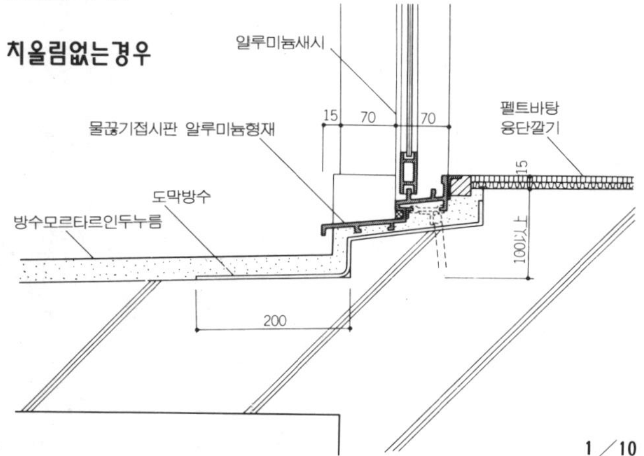

1 / 10

치올림을 설치하는경우

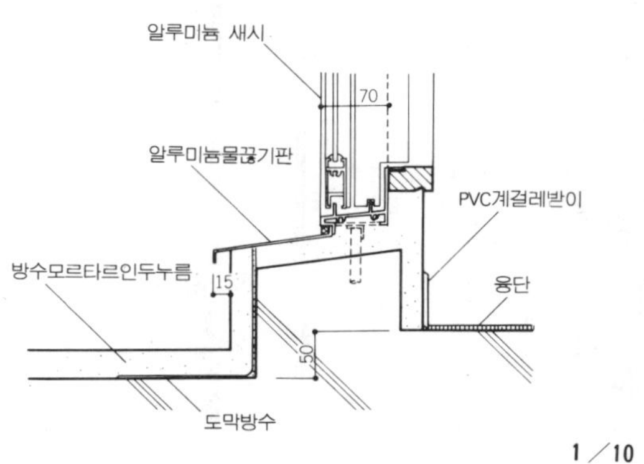

1 / 10

식재

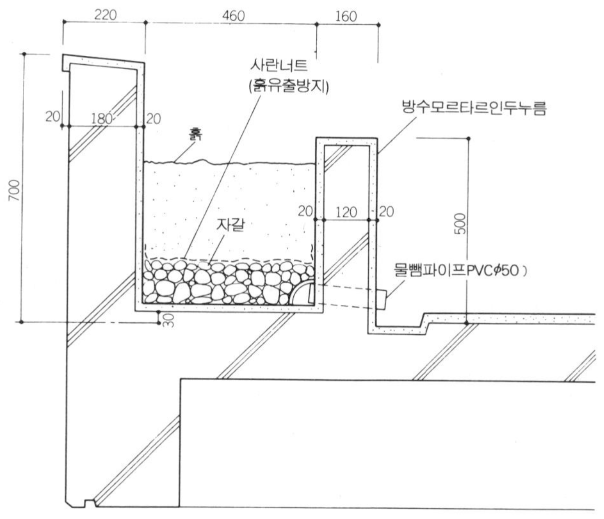

화단

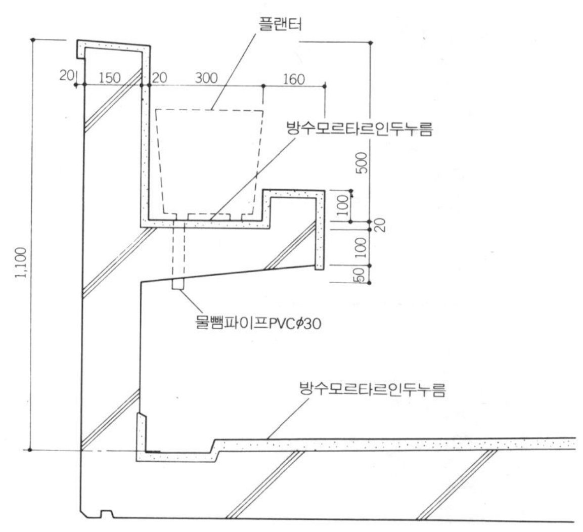

걸이철물

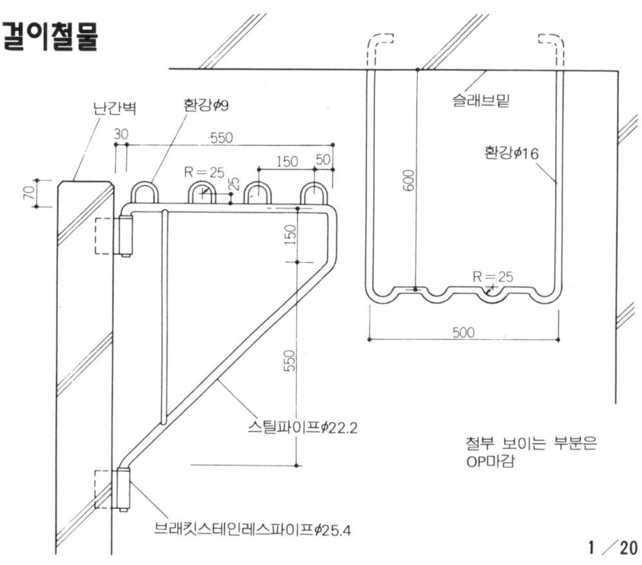

피난해치

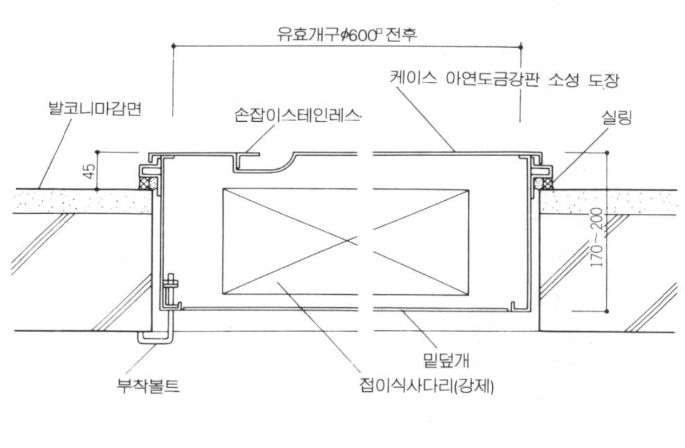

문거울격판

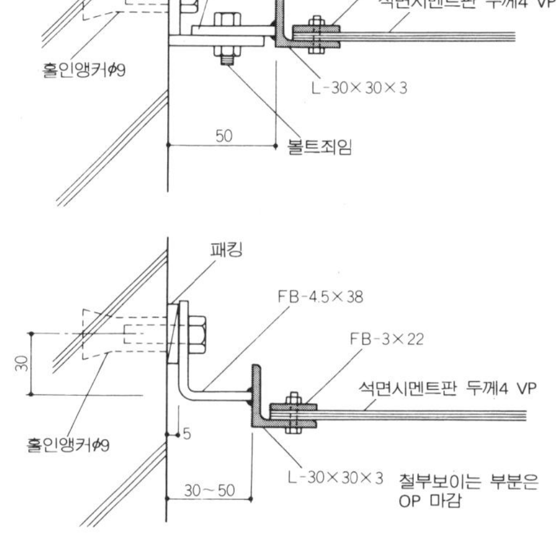

선홈통과 일체인경우

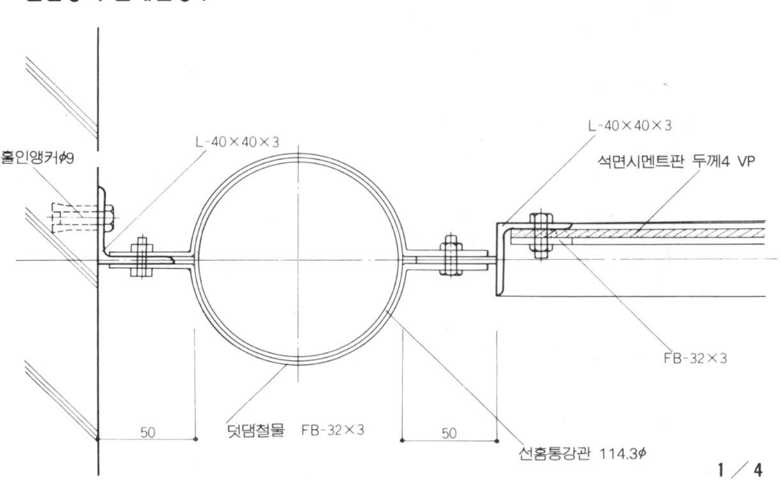

부분별 DETAIL

처마

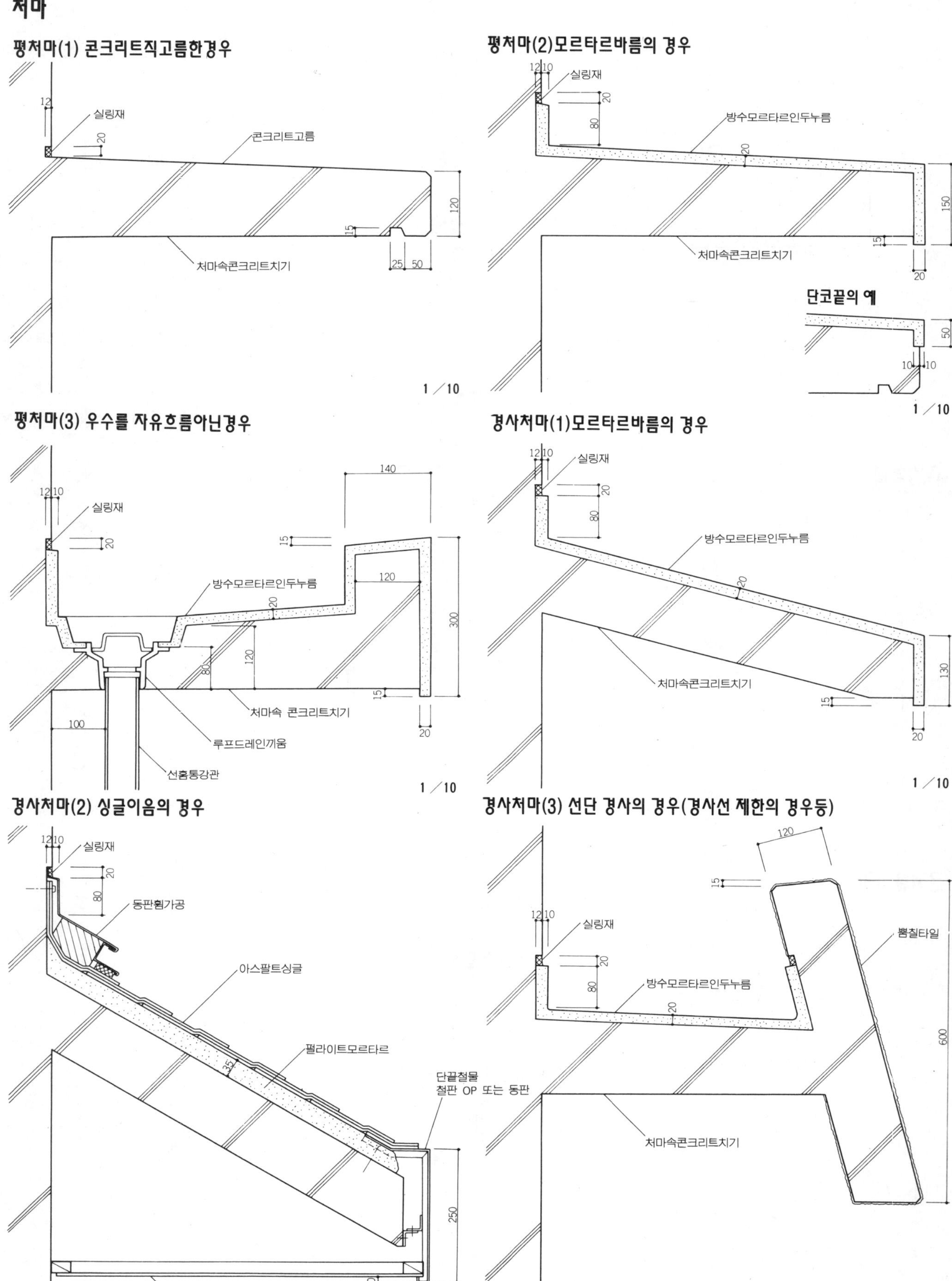

철근 콘크리트조 발코니

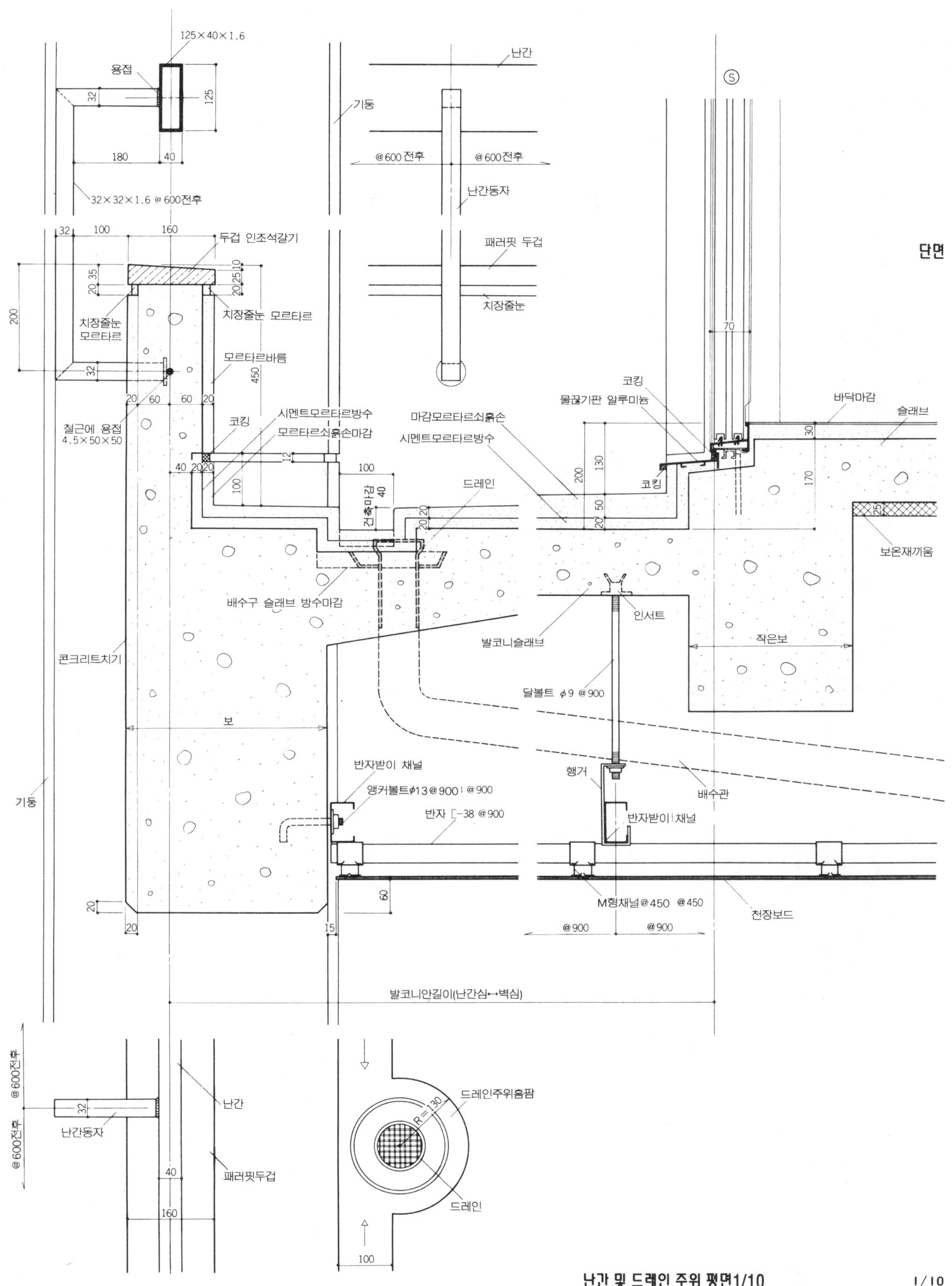

난간 및 드레인 주위 평면1/10

1/10

철근콘크리트조 플랜트박스

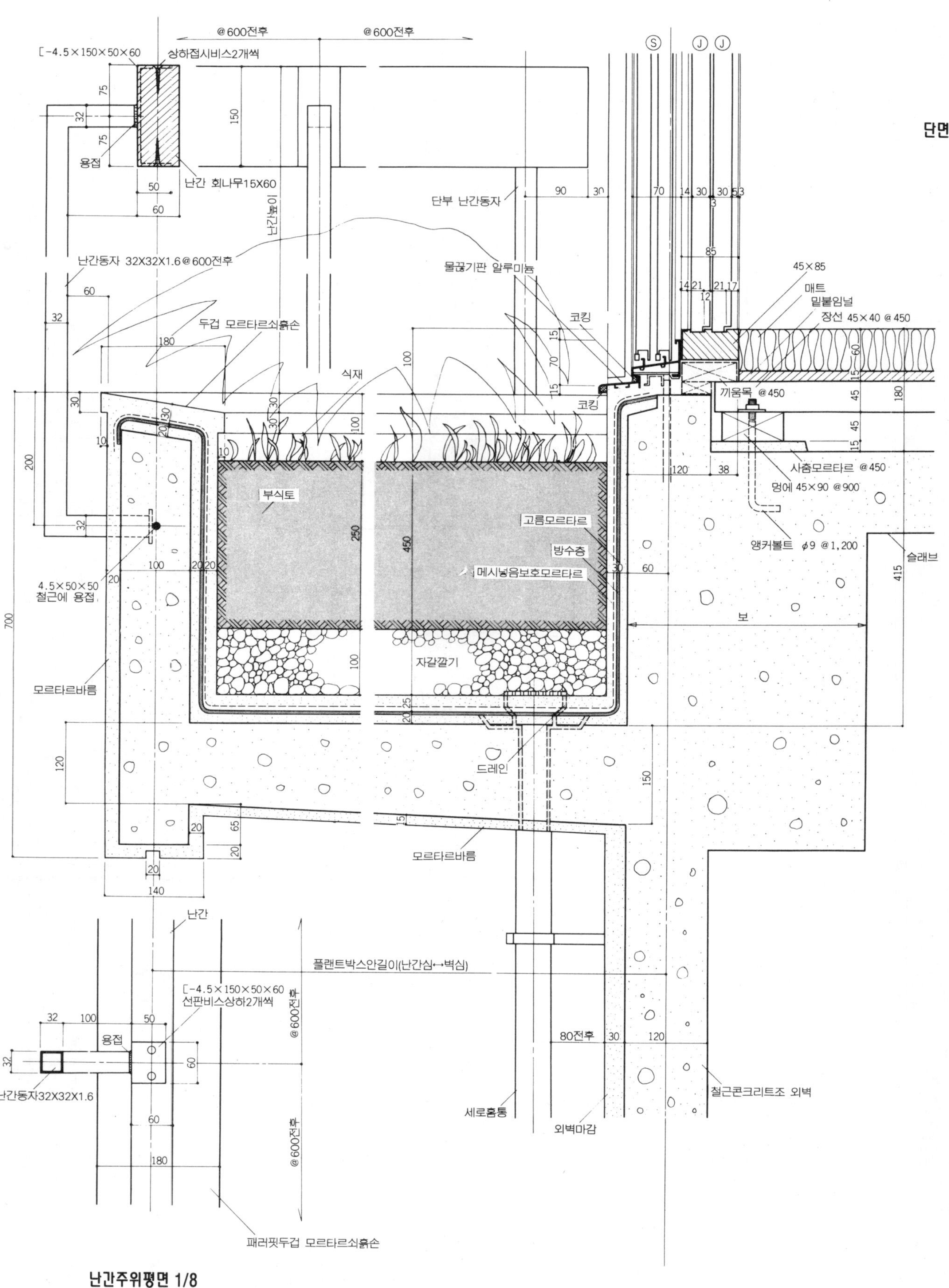

난간주위평면 1/8

기능 외벽은 지붕과 함께 비 · 바람 · 열 · 소리 · 시선 등의 차단과 풍압이나 충격 등의 하중에 견디는 강도와 내구성을 가진 셸터로서의 역할을 맡는 부위이다. 그러나 지붕과 달리 지상이나 바닥에 가까워 인간의 생활 영역에 밀착된 위치에 있는 만큼, 그 요구 성능은 다종 다양하다.

내, 외벽을 포함하여 벽은 건축 공간의 성격을 결정하는데 아주 큰 비중을 가진 부위라는 인식이 디테일 설계상 매우 필요하다. 특히 외벽의 경우 과혹안 외적 조건에 대하여 벽 1매라는 單體로 응하여야만 하므로, 재료의 선택이나 디테일에 주의를 요한다. 예를 들면 방수 기능도 수직 부위이기 때문에 지붕에 비하여 물처리는 용이하게 보이지만, 개구부나 발코니, 차양과의 맞춤, 그리고 콘크리트 균열의 문제 등 방수 약점이 되는 곳이 많은 만큼, 외벽의 방수 설계 웨이트는 아주 크다. 최근 외벽의 성능 요소로서 단열 · 차음 성능이 중요시되어 왔다. 고온 · 다습한 우리 나라는 외벽의 단열 · 보온에 의한 결로 방지는 당연히 필요하지만, 외벽의 열 부하 삭감이라는 에너지 절감적인 면에서 그 단열성에 대하여 재검토되고 있고, 또한 도시의 소음 공해가 커짐에 따라, 외벽의 차음 성능 요구도 높아져 왔다. 화재에 대해 특히 RC조 외벽의 경우는 내화 시간 · 연소 방지 등에 대하여 최저한, 법의 기준을 맞춰야 할 필요가 있다. 외부로부터의 시선 차단은 외벽의 큰 기능의 하나인데, 채광을 위한 개구부에서는 장지나 커튼, 블라인드가 이 역할을 맡는다. 최근 거울면 효과에 의하여 외부로부터의 시선을 차단하는 열선 반사 유리가 많은 건물에서 사용되고 있다.

벽체의 형식 외벽의 구법은 일반적으로는 그 주체 구조와 마무리 구법으로 나뉜다. 주체 구조는 그것을 구성하는 재료에 따라 목조 · S조 · RC조 · 콘크리트 블록조 등으로 분류된다.

일반적으로 외벽을 구조 내력상에서 분류하면, 내력벽(beaving wall)과 비내력벽(curtain wall)으로 나뉜다. 이것을 RC조의 외벽으로 보면, 벽식 구조의 내력벽, 기둥 · 기둥으로 둘러싸인 라멘 구조로 수평력을 부담하는 내진벽, 그리고 건물에 가해진 외력에 저항할 필요가 없는 장벽의 3가지로 대별된다. RC조 외벽의 특징은 구조물과 일체로 만들어진 조형상의 자유도가 있는 점이 크고, 내진 · 내화 · 내구 · 차음성 등에도 가장 뛰어난 구법이라 할 수 있다. 다만 RC조 외벽의 최대 문제점은 현장 치기 콘크리트 시공의 나쁨에 의하여 방수 · 내구성 등의 성능이 확보하기 어렵다는 점이고, 엄밀한 시공 관리가 요망된다. 이것들의 문제점 해소와 시공의 합리화가 결부되어, 이른바 외벽 커튼 월이 RC조의 건물에서도 많이 채용되기에 이르렀다.

마무리 외장재는 외벽 구체와 함께 엄격한 외부 조건에 견디어야만 한다. 따라서 재료의 선정과 그 디테일에 대해서는 신중한 검토가 필요하다.

RC조의 마무리 구법을 분류하면, 콘크리트 치기 마무리와 같이 구조체 자체가 그대로 외벽 마무리면이 되는 것과, 표면에 마무리를 배려하는 것으로 대별된다. 표면 마무리재에는 우선 판류 부착 마무리가 있고, RC조의 경우에는 금속판 붙임이 비교적 많다. 바름벽 마무리는 모르타르 바름이 가장 일반적이지만, 외장재로서는 균열 발생 등의 문제점도 많다. 부착 마무리 중 타일 · 돌 붙임 등은 오늘날에도 많이 사용되고, 타일의 앞부착이나 건식 돌 붙임 등, 공법의 개량도 활발하다. 기타 도장 마무리를 비롯한 뿜칠 타일이나 치장용 각종 뿜칠재에 의한 뿜칠 마무리 등, 외장 마무리 재료는 다종 다양하다.

외벽 균열 RC조에는 콘크리트의 숙명이라고도 하여야 할 균열의 문제가 있고, 특히 외벽에서는 건물의 미관을 해칠 뿐아니라, 마무리재의 박리 · 박락이라는 중대 사고로 연결된다. 커튼 월 공법은 이 문제 해결과 시공의 절감화를 꾀한 것인데, 콘크리트 균열 대책으로서도 슬럼프치 · 벽 두께에 일정한 기준을 세운다든지, 균열 유발 줄눈을 두는 등 콘크리트의 품질 관리 활동이 높아지고 있다. 또한 마무리재에 대해서도 전술한 것과 같이 타일을 거푸집에 선부착하여 콘크리트와 일체로 넣는 등, 균열 대책상 유효한 공법이 개발되어 왔다. 이와 같이 외벽은 건물 중에서 요구 성능과 구법의 조합이 다종 다양하고, 이 후 더욱 공업화되어가는 부위이므로, 디테일 설계의 역할은 특히 중요하다.

부분별 DETAIL

콘크리트치기

콘크리트의 기질을 살려, 그대로 마무리로 한 것이다. 그 수법으로서는 거푸집을 벗긴 채로인 것, 콘크리트면을 쪼개 마무리로 한 것, 미리 거푸집에 모양을 만든 것 등이 있다. 거푸집은 여러 가지의 소폭판, 내수 합판, 강제 거푸집 등, 어느 것이나 정도 높은 거푸집을 짤 필요가 있다. 콘크리트의 바탕 마무리의 경우는 표면 마무리재에 의한 방수 피막이 형성되지 않으므로, 콘크리트의 균열 대책에 충분히 유의한다. 줄눈 부분에 균열을 집중시킨 균열 유발 줄눈의 설치 등은 아주 유효하다.

표면패턴

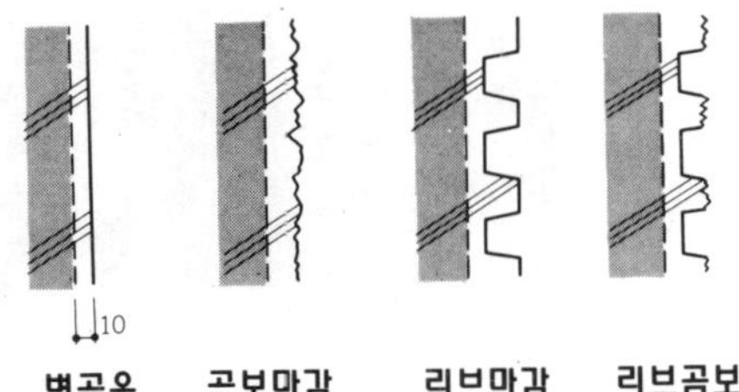

내민모서리·들어간모서리

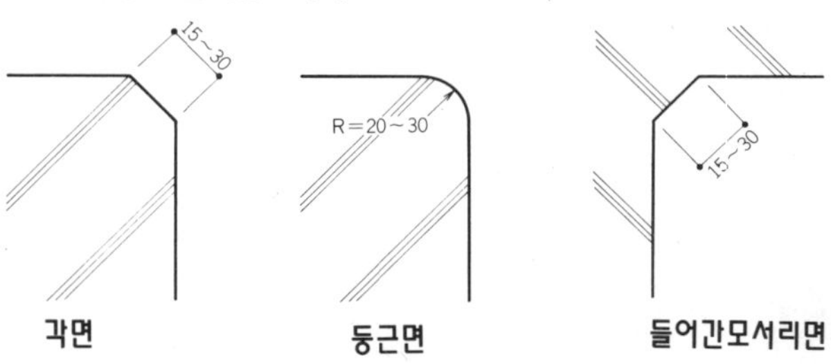

균열유발줄눈

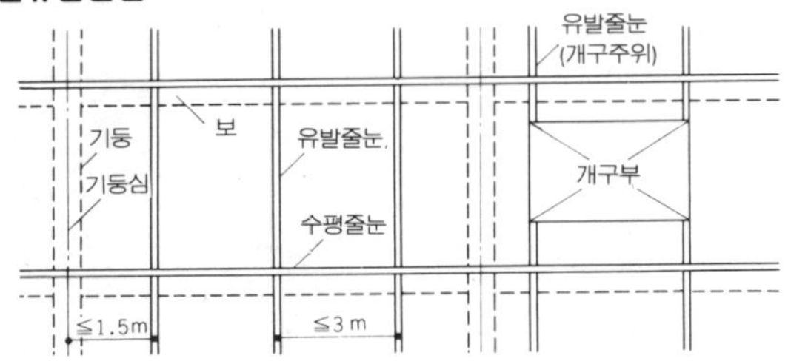

줄눈형상

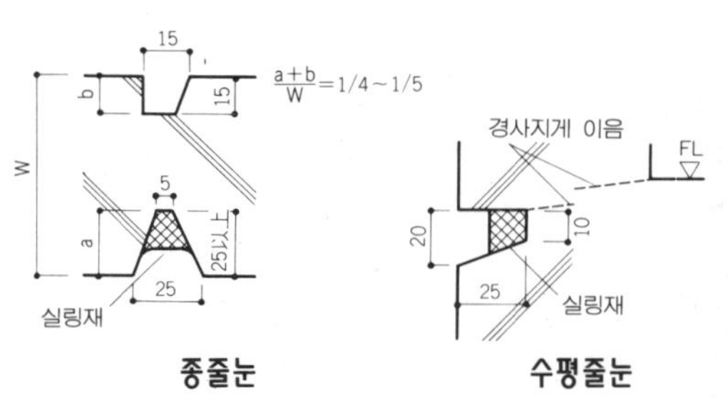

바름마감

마감의 종류

모르타르

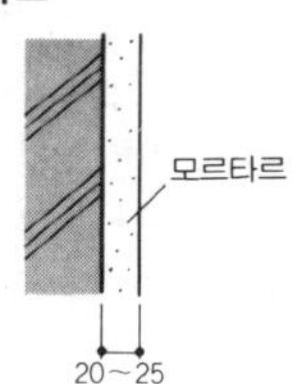

리신뿜칠

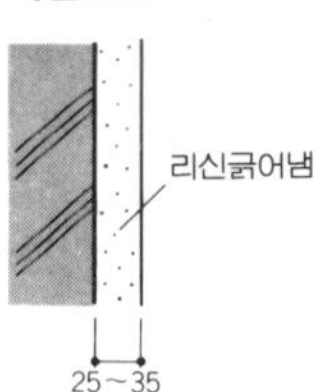

바름벽은 원재료를 현장에서 배합하여 시공하므로, 기능상의 숙련도에 따라 마무리나 품질이 좌우되고, 또한 몇 층이나 겹쳐 바르므로, 기상 조건 등도 중요한 요소가 된다. 따라서 균열이 발생하기 쉽다는 문제점은 있지만, 바름벽으로서의 멋이나 차음·단열성 등이 비교적 양호한 장점이 있고, 예로부터 사용되고 있는 공법이다. 바름 마무리의 종류는 모르타르 바름, 리신 마무리, 건 뿜칠 마무리, 긁어내기 마무리, 인조석 갈기·두드려 바름, 씻어내기 등 다종 다양하다.

인조석연마

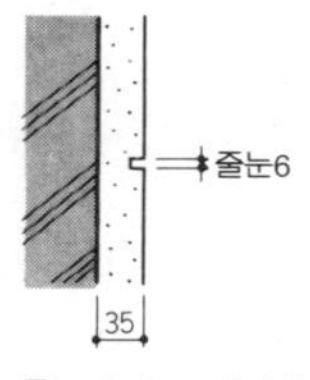

줄눈나눔은 $1m^2$이내로 한다.

인조석바름다듬

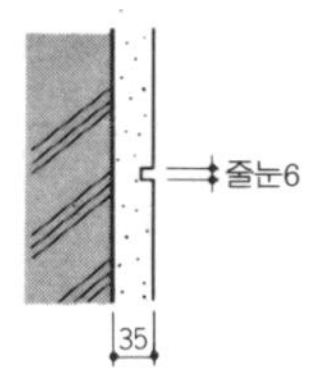

줄눈나눔은 $2m^2$이내로 한다.

인조석씻어내기

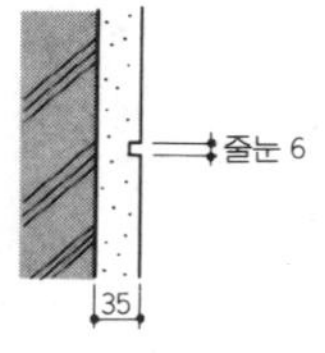

줄눈나눔은 $2m^2$이내로 한다.

걸레받이주위

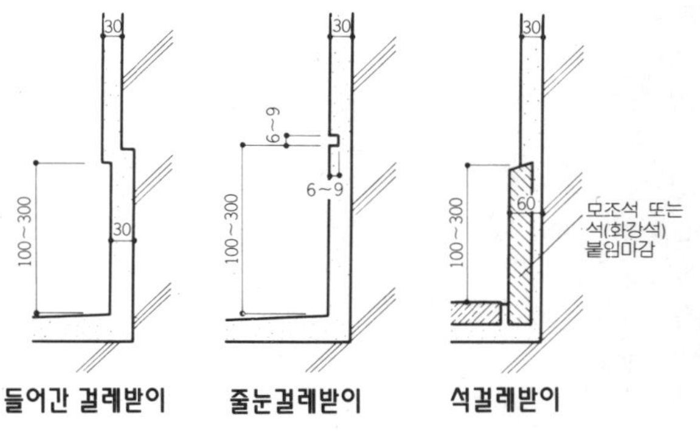

돌붙임

일반적으로 흡수성도 적고, 표면도 딱딱하고, 인공재에는 없는 천연재의 아름다움이 선호되어, 화강암 등은 외장재로서 가장 많이 사용되고 있다. 그 외에 안산암·사암 등도 사용되는데, 대리석은 빗물에 침식되기 쉽고, 또한 산에도 약하므로, 외장재로서는 좋지 않다. 표면 마무리로서는 혹내기, 끌갈기, 메 두들기기, 화염 마무리, 갈기 등이다. 또한 이것들 자연석의 깬돌을 이용하여 색조나 마무리를 자연석을 본뜬 것에 인조석 블록 등이 있다. 공법으로서는 꽂임촉을 이용하여 황동선, 모르타르로 고정하는 것이 일반적이고, 최근 철물 설치만의 건식 공법이 일부 실용화되고 있다.

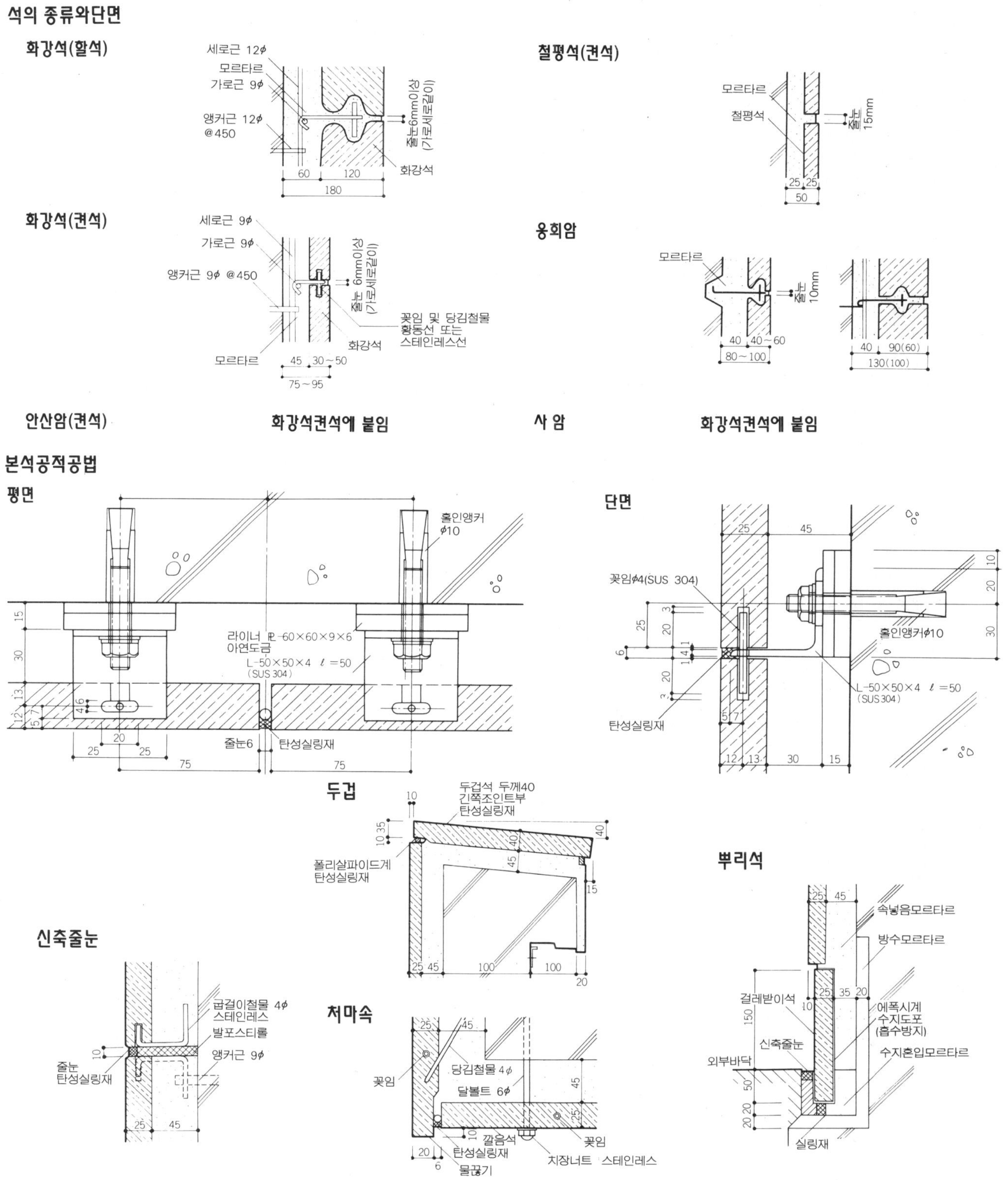

타일붙임

타일은 장석, 도석, 규사 등과 점토를 소성한 것이고, 성분에 따라 자기질, 석기질, 도기질, 토기질 등으로 나뉜다. 동해를 받기 쉬운 외주벽에는 자기질 또는 석기질인 것을 사용한다. 표면의 마무리는 유약 바르기와 무유약의 것이 있고, 형상은 그 크기에 따라 2정괘, 소구, 각, 모자이크 타일 등이 있다. 부착 공법은 쌓아올려 붙이기와 압착 붙임 공법이 있는데, 타일의 박락 방지와 시공의 합리화를 목적으로 거푸집에 미리 타일을 고정하고, 콘크리트를 타설하는 공법이 최근 실용화되고 있다.

타일의 종류와 공법

모자이크타일

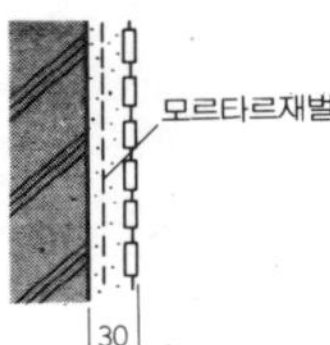

유리모자이크

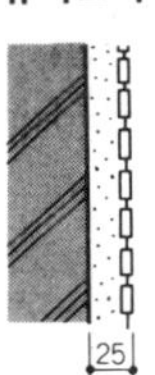

말구 2걸이타일 각타일

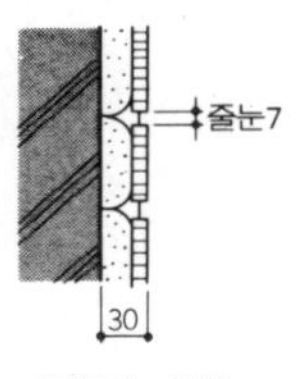

(타일두께10이하)

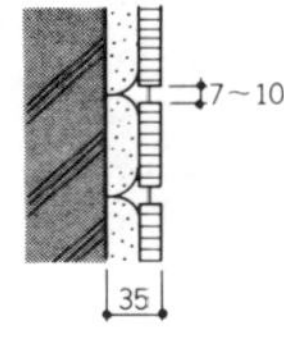

(타일두께11~15)

말구 2걸이타일 각타일(압착붙임)

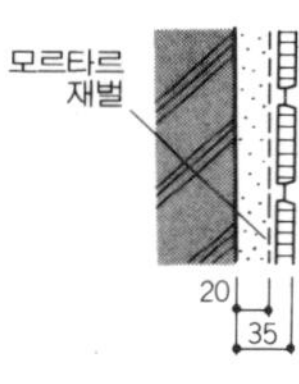

(타일두께10이하)

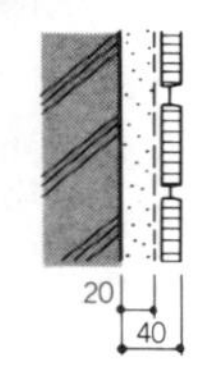

(타일 두께 11~15)

경질타일(76, 97, 108, 152) (압착붙임)

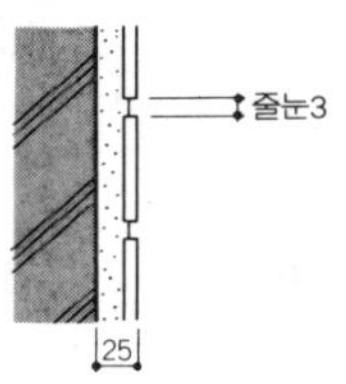

타일치기공법

공법	공법의 설명	약 도	적용 타일	장 점	단 점
줄눈증가법	거푸집에 타일 베이스를 부착하여, 타일을 1매씩 붙박는 방법과, 타일 베이스에 미리 타일을 붙박은 유니트를 거푸집에 부착하는 방법이 있다.	타일베이스, 양면점착 테이프, 타일, 거푸집	45 2점괘 ∫ 3점괘	①줄눈의 마무리 양호 ②고무 베이스는 타일의 치수 차를 흡수하기 쉽고 전용 가능하다.	①스티롤 베이스는 그대로 버리게 되고, 폐재 처리에 문제가 있다. ②거푸집의 설치 방법이 한정된다.
타일 유니트법	거푸집에 타일 유니트를 할당에 따라 부착한다.	가줄눈, 크라프트지 또는 플라스틱필름, 타일, 거푸집	47각 ∫ 마구리	①시멘트 페이스트가 타일 표면에 돌려지기 어렵다. ②거푸집 벗기기가 용이	①유니트 상호간의 조인트 시공이 필요 ②임시 줄눈 제거에 품이 걸린다.
바로붙임	대형의 특수 타일을 거푸집에 부착하기 때문에, 거푸집에 줄눈봉을 붙이고, 이것에 타일을 못치기에 의하여 고정한다.	대형타일, 모르타르, 못고정, 거푸집, 비계	3점괘이상의 대형 타일	①대형의 특수 타일 끼움 가능 ②폐재가 적다.	①거푸집의 강성이 필요 ②부착에 품이 걸린다.

두겁

금속두겁

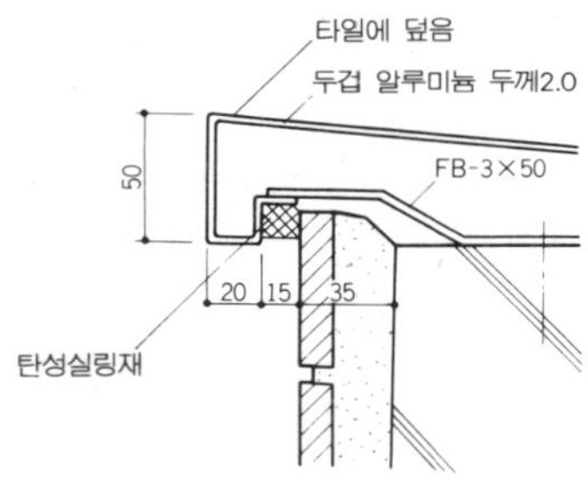

웃인방

금속물끊기

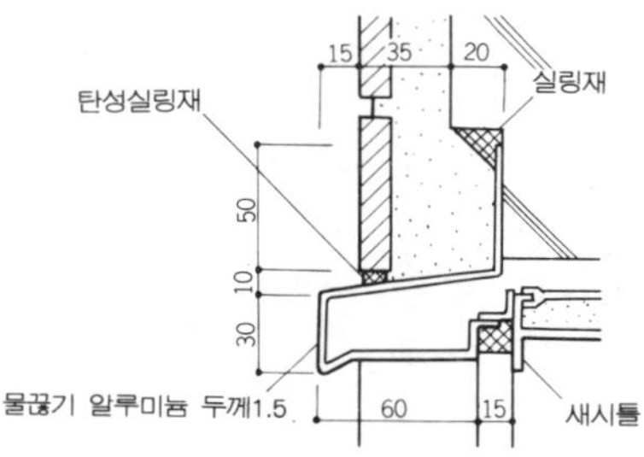

신축줄눈

종줄눈

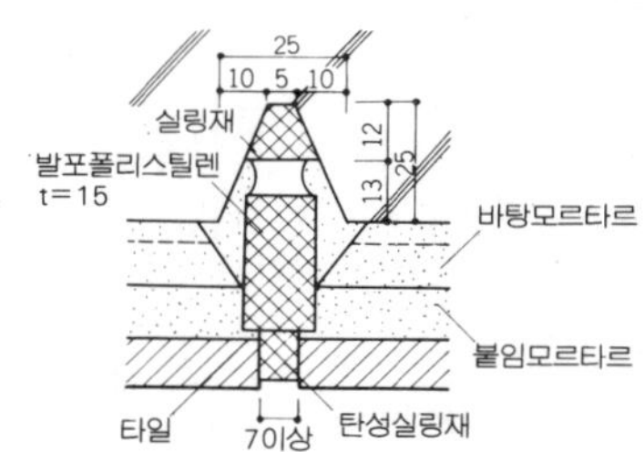

타일붙임주위

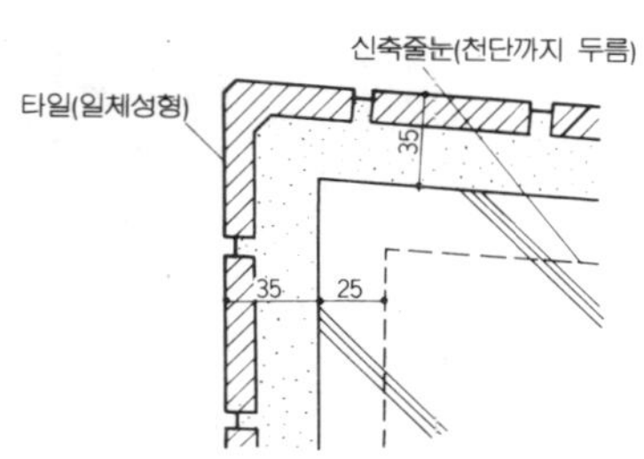

타일붙임주위

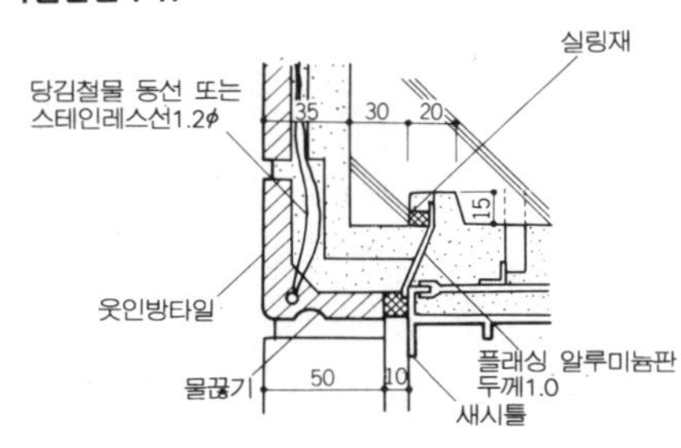

횡줄눈

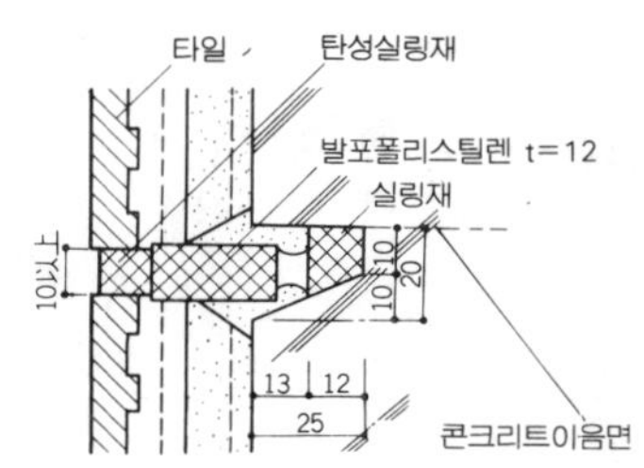

단 열

RC조 외벽의 단열은 발포 폴리스틸렌판 또는 경질 우레탄 보드를 콘크리트에 쳐넣고, 석고 보드 등을 GL 공법으로 부착하는 공법, 또는 단열재와 마무리의 판(합판·석고 보드·플렉시블 보드 등)을 미리 공장에서 일체화한 복합판을 넣는 방법이 주류이다. 복합판을 GL 공법과 같이 콘크리트와의 사이에 극간을 두어 붙이는 공법은 그 공기층에서 내부 결로가 발생하기 쉬우므로 피하는 쪽이 좋다. 성형 단열재를 나중 붙일 수밖에 없는 경우는 콘크리트면의 바탕 조정을 한 뒤, 적절한 접착제를 이용하여 극간 없이 밀착시킨다. 최근 현장 발포 우레탄을 뿜칠하고, 그 위에 석고 보드 등을 GL 공법으로 부착하는 공법이 보급하고 있다. 이것은 시공이 간편하고 새시 주위 등의 단열 결손이 생기지 않는 등 이점이 많은 공법이지만, 뿜칠 두께의 관리에 주의를 요한다. 근년 태양열로부터의 구체 보호, 내부 결로 방지, 열 부하 경감 등의 목적에서, 단열재를 콘크리트 구체의 외측에 배치하는 외단열 공법이 실시되고 있다. 이 경우 단열재가 흡습하지 않도록 배려와 단열재를 보호하는 외피의 선정이 포인트가 된다.

일반내단열

폼폴리스틸렌보드끼움+석고보드GL공법

폼폴리스틸렌보드
석고보드
9~12
필요두께
20~30

복합판끼운

복합판
(폼폴리스틸렌보드 또는 경질우레탄보드에 미리 합판·석면판 등을 붙여 일체시킨 판)
필요두께
6~12

우레탄뿜칠+석고보드GL공법

현장발포우레탄
9~12
필요두께
15~20
석고보드

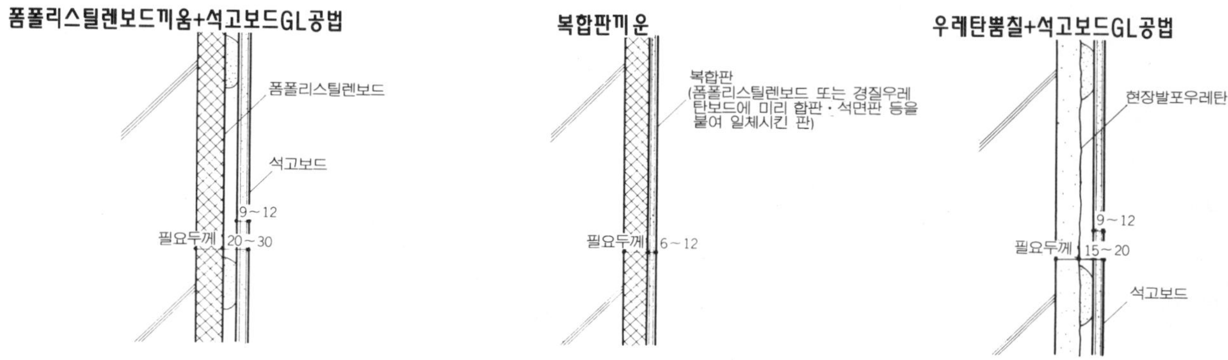

외단열—알루미늄패널의 예

콘크리트 구체의 외측에 단열재(경질 글래스 울)를 부착하고, 외피로서 알루미늄 패널로 덮은 예. 단열재와 외피 사이에 공기층을 세우고, 방열과 방습을 하고 있다.

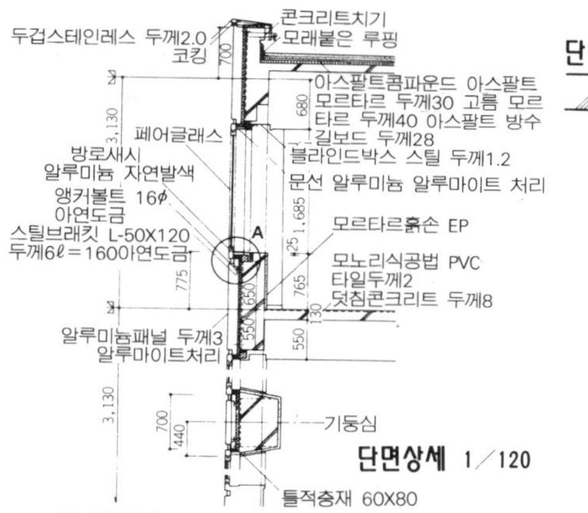

콘크리트치기
모래붙은 루핑
두겁스테인레스 두께2.0
코킹
아스팔트콤파운드 아스팔트 모르타르 두께30 고름 모르타르 두께40 아스팔트 방수
페어글래스
길보드 두께28
블라인드박스 스틸 두께1.2
방로새시
알루미늄 자연발색
문선 알루미늄 알루마이트 처리
앵커볼트 16ϕ
아연도금
모르타르흙손 EP
스틸브래킷 L-50X120
두께6ℓ=160아연도금
모노리식공법 PVC
타일두께2
덧침콘크리트 두께8
알루미늄패널 두께3
알루마이트처리
기둥심
틀적충재 60X80

단면상세 1/120

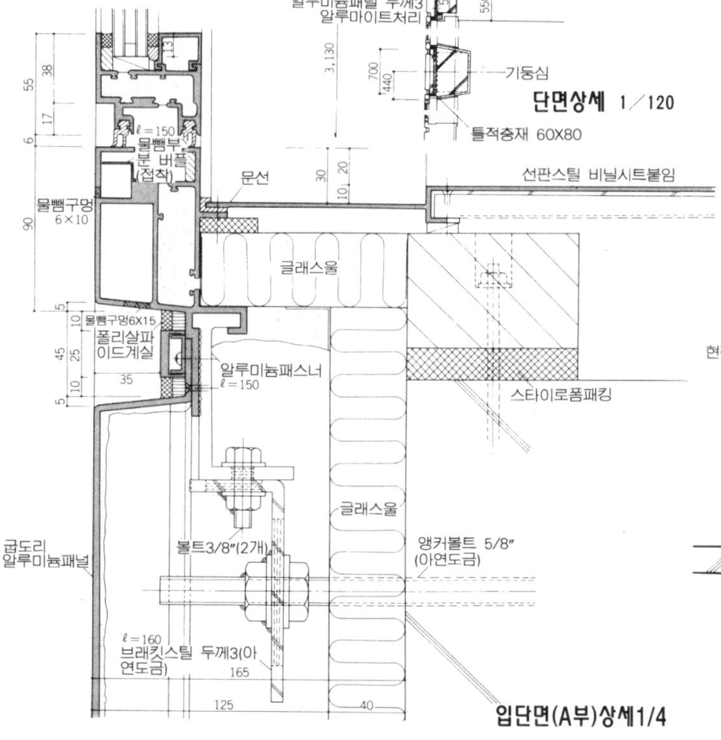

ℓ=150
물빼부분 버플(접착)
물뺌구멍 6×10
문선
선판스틸 비닐시트붙임
글래스울
물뺌구멍6X15
폴리살파이드계실
알루미늄패스너
ℓ=150
스타이로폼패킹
글래스울
굽도리 알루미늄패널
볼트3/8″(2개)
앵커볼트 5/8″
(아연도금)
ℓ=160
브래킷스틸 두께3(아연도금)

입단면(A부)상세1/4

외단열—Pca판의 예

구체의 외측에 단열재(폼 폴리스티렌 보드)를 쳐넣고, 그것을 PC판으로 덮은 예. 공기층도 세우고 있다

단면

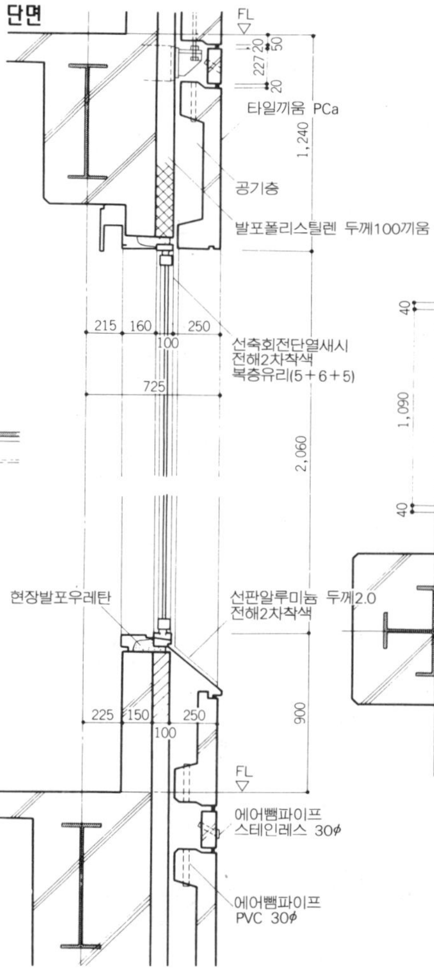

FL
타일끼움 PCa
공기층
발포폴리스틸렌 두께100끼움
선축회전단열새시
전해2차착색
복층유리(5+6+5)
현장발포우레탄
선판알루미늄 두께2.0
전해2차착색
에어빼파이프
스테인레스 30ϕ
에어빼파이프
PVC 30ϕ

평면

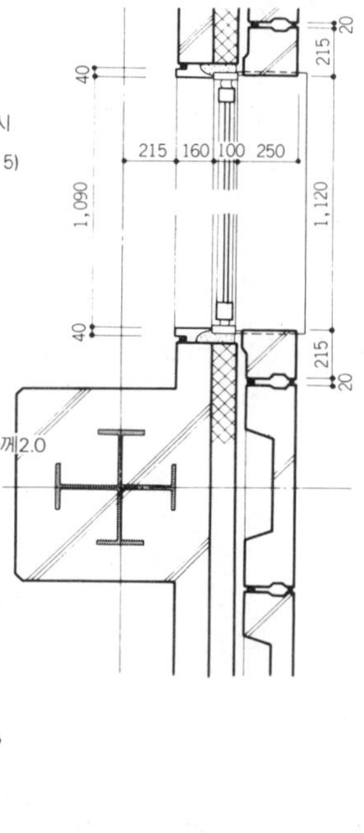

1/40

경사벽

경사벽은 벽과 지붕의 중간적인 존재인데, 방수라는 관점에서는 수직면보다 훨씬 과혹하므로, 지붕에 준하여 생각하여야 한다.
따라서 뿜칠 마무리의 경우는 탄성 고무계 등 방수성이 있는 것이 바람직하고, 타일 붙임·이기 마무리 등으로 물매가 느슨한 경우는 방수층(시트·도막)을 하는 일이 바람직하다.
또한 타일 붙임이나 이기 마무리에서는 바탕 모르타르층의 탈락을 막는 조치(앵커 근에 대한 긴결 등)를 잊어서는 안 된다.

치기뿜칠타일

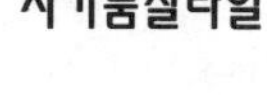

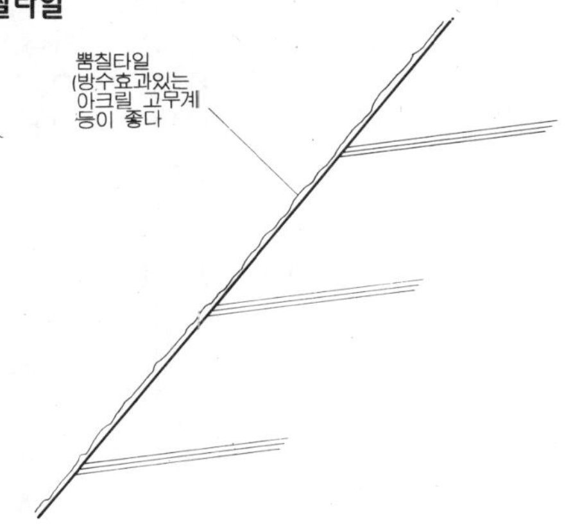

타일붙임

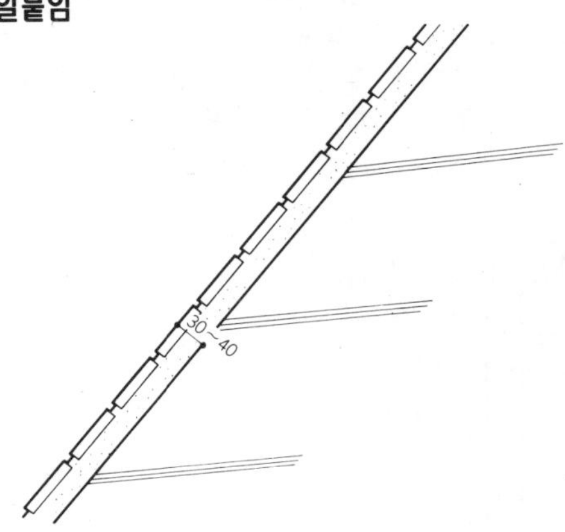

아스팔트싱글이기

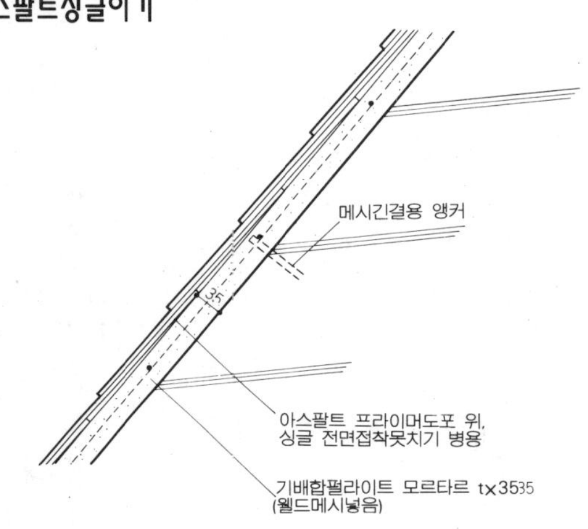

방수위타일붙임

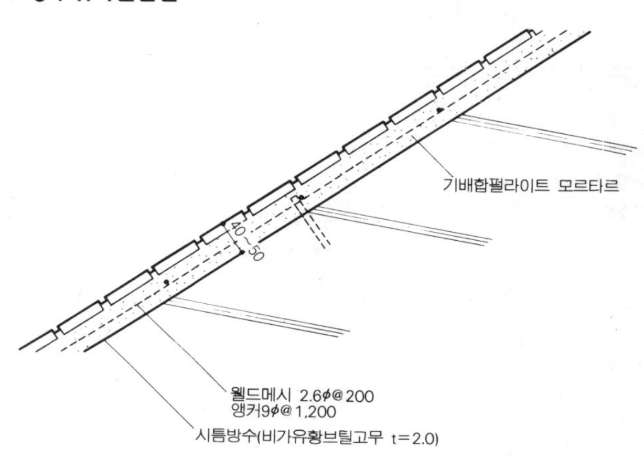

슬리트벽

최근의 지진 해의 예에서, 특히 수직벽·징두리벽 등은 기둥의 변형 능력을 구속하고, 파괴를 일으키기 쉽게 하는 점이 알려졌으므로, 신내진 설계에서는 이것들의 벽과 기둥 사이의 극간(슬리트)을 세우는 수법이 도입되고 있다. 이 슬리트를 세우는 경우는 지진시에 유효한 단면 형상으로 함과 동시에, 방수면에서 약점이 되므로, 확실한 실링이나 기제 줄눈제의 사용으로, 빗물의 침입을 막는 배려가 필요하다.

기성줄눈재에의한 처리

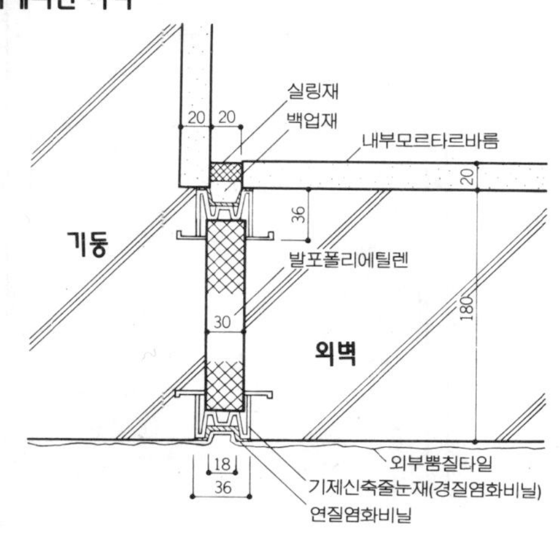

실링에의한 처리

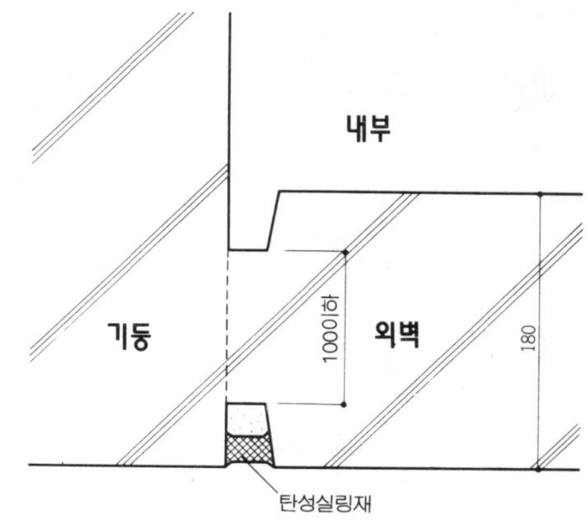

자유흐름홈통

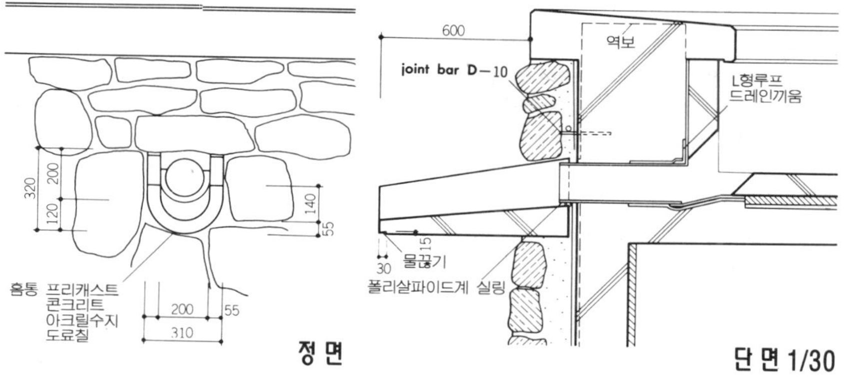

장식통

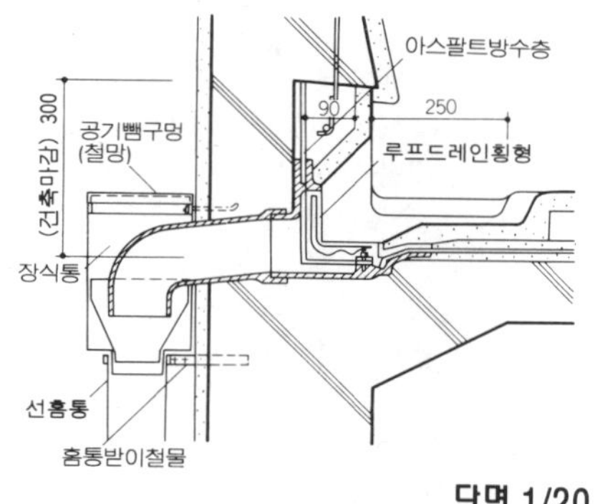

면격자

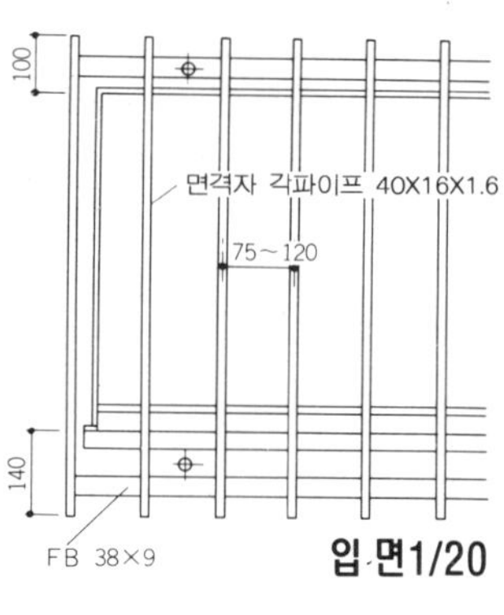

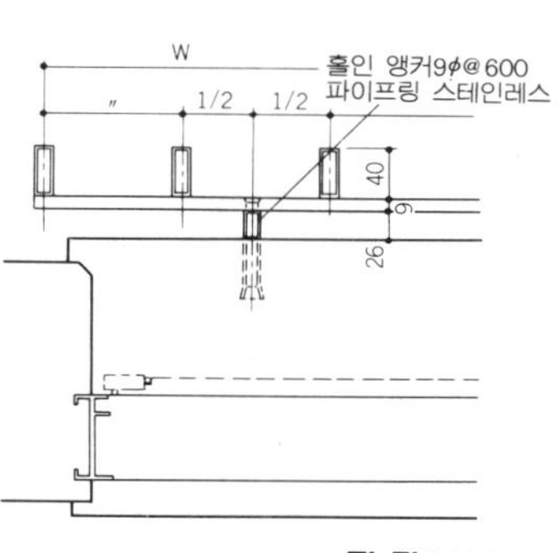

개구부내에 설치하는 경우

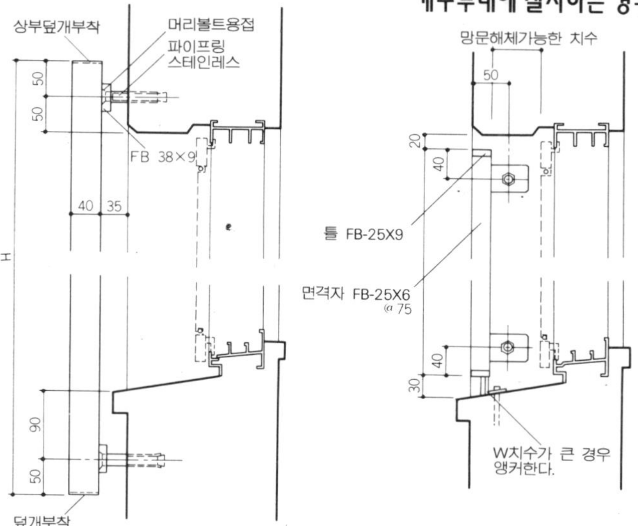

트랩

앵글형

환강형

환강 φ22
L-40×40×5
FB-6×50
(H)관계자이외의 사용을 금하는 경우는 1800

철부는 용융아연 도금 OP 마감

앵글형상세

세로골조여부착

깃대철물

면붙임형

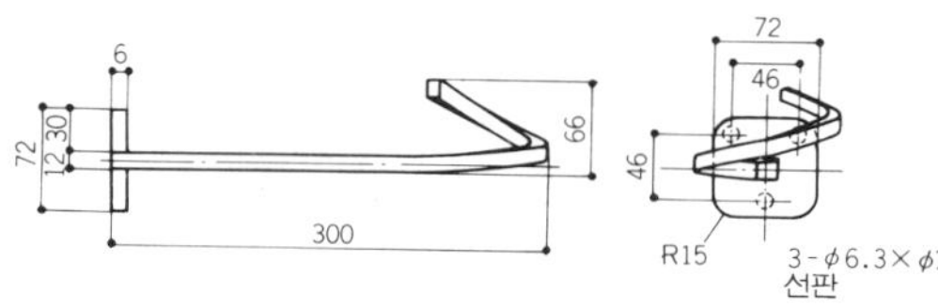

매입형

치수표 치수단위 m/m

호 칭	A	B	C	D	E	F
350m/m	344	168	92	12	4	77
280m/m	277	136	84	10	4	63

재질은 스테인레스

부분별 DETAIL

커튼월

커튼 월(curtain wall)이란, 건물의 외주를 구성하는 비내력벽으로, 구체에 패스너를 끼워 설치된다. 성능으로서는 내풍압 · 내진 · 내충격 · 단열 · 차음 · 수밀 · 기밀 · 내구성 등이 요구된다. 커튼 월을 재료적으로 분류하면, 금속계와 콘크리트계로 나뉜다. 금속(메탈) 커튼 월에는 알루미늄, 스테인레스 스틸, 스틸, 알루미늄 캐스트가 주로 사용되고, 콘크리트 커튼 월에서는 경량 골재 콘크리트, 발포 콘크리트, ALC판 등이 이용되고 있다. 버팀(마리온)식은 버팀을 일정한 간격으로 배치하고, 각 층의 바닥이나 보의 선단에 설치하여 이 버팀 사이에 벽 패널이나 창을 끼워넣어가는 방법으로, 메탈 커튼 월에 많은 방식이다. 패널 방식이란, 창과 벽을 일체로 한 패널을 마찬가지로 부착하는 방법이고, 콘크리트 커튼 월에 비교적 많은 타입이다. 이것들 커튼 월의 설치에 있어서는 지진이나 온도 신축에 의한 건물의 변형에 대응한 디테일이 요구된다. 지진에 대해서는 지진 입력을 커튼 월에 전하지 않는 면진 공법이 일반적으로 채용된다. 패널식에 있어서는 패스너에 루즈 홀을 세워 패널을 슬라이드 또는 회전시켜, 건물의 층간 변위를 흡수한다. 버팀식에서는 버팀은 건물과 함께 변형시켜, 유리의 먹이기 대신에 변위를 흡수하는 방법이 취해진다. 커튼 월 부재의 온도 신축에 대해서도, 각각 부재 지지부에 루즈 홀을 세우고, 부재를 변형시키지 않는 배려가 필요하다. 또한 일반적으로, 커튼 월은 결로 방지나 냉난방시의 부하 경감을 위하여, 단열성을 높일 필요가 있다. 보통 단일 재료만으로는 금속, 콘크리트 모두 불충분하고, 글래스 울, 암면 등의 단열재 병용이 필요하다. 비막이에서는 조인트부의 처리가 포인트이고, 단순히 실링재에 의할 뿐 아니라, 침입수의 2차적 배수 처리까지 고려할 필요가 있다. 실링재는 허용 변형률을 답습하여 여유 있는 줄눈 설계하에서 사용하여야 하는데, 어쨌든 내구 연한이 짧은 재료이므로, 근년 줄눈 내외의 등기압 이론을 응용한 오픈 조인트 공법이 각광을 받고, 실시 예가 늘고 있다. 커튼 월은 구조체와 절리하여 생각되므로, 공장 생산이 가능하고, 품질의 향상, 현장 작업의 생력화 · 합리화가 꾀해지는 등, RC 구조에서도 종종 채용되고 있다.

커튼월의종류

재료에 의한 분류

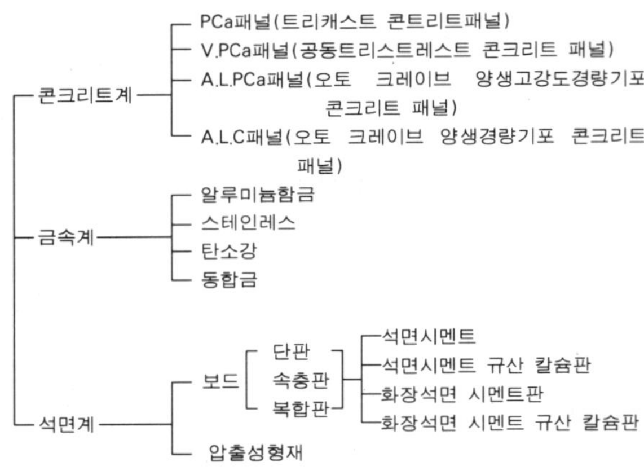

구법에 의한 분류

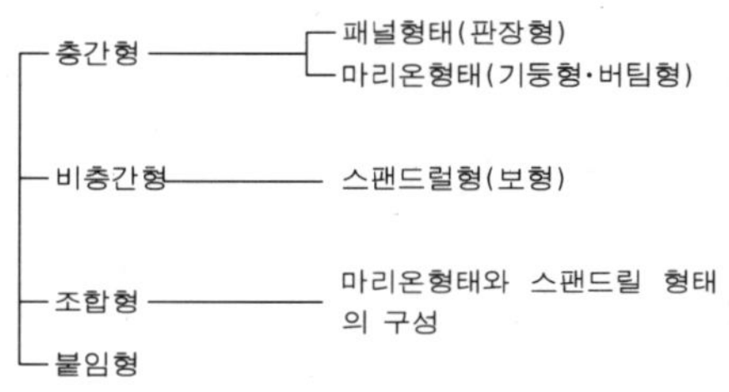

변형흡수방식과 줄눈설계

변형흡수방식

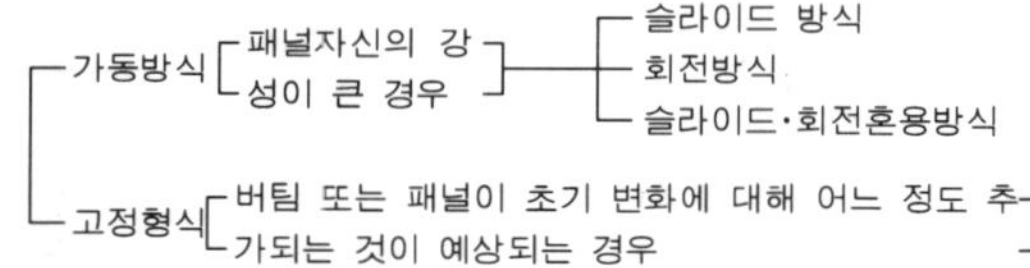

줄눈설계

온도 변화에 따른 조인트의 움직임, 바람 · 지진에 의한 층간 변위, 피착체의 재질 및 크기, 고정 방법, 줄눈 폭과 깊이의 관계, 시공 시기 등을 고려하여 최대 변형량을 상정하고, 실링재의 허용 변형률의 한계를 넘지 않도록 줄눈 폭을 결정한다.

$$\text{설계줄눈폭} \geq \frac{\text{줄눈의 변형량}}{\text{실링의 허용변형율}} \times 100 + \text{설계줄눈폭치수의 허용차}$$

실링재의 종류와 성능

실링재의 허용변형율(%)

실링재의 종류		인장		압축		전단	
		M1(주1)	M2(주3)	M1	M2	M1	M2
실리콘계	일성분형	10	–	10	–	10	–
	이성분형	20	40	20	30	30	60(40)
변성실리콘계		15	30	15	20	20	40(30)
폴리살파이드계		15	30	15	20	20	40(30)
우레탄계		15	30	15	20	20	40(–)
아크릴계		7	15	7	10	10	20(–)
SBR계		7	15	7	10	10	20(–)
브틸고무계		3	–	3	–	3	–

(주1) 허용변형율은 KASS 해설 참조
(주2) M1……장기(열에 의한 신축)의 허용값을 나타냄
(주3) M2……단기(풍·지진에 의한 신축)의 허용값을 나타냄
(주4) ( )내의 수치는 그레이딩의 경우를 나타냄

프리캐스트콘크리트커튼월

Pca콘크리트 커튼월의 형태

패널형(판상형)

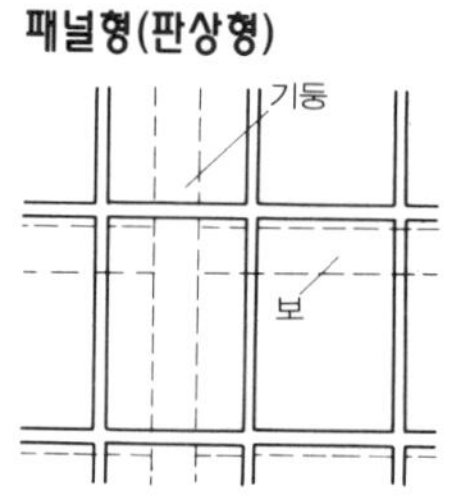

마리온형(기둥형)

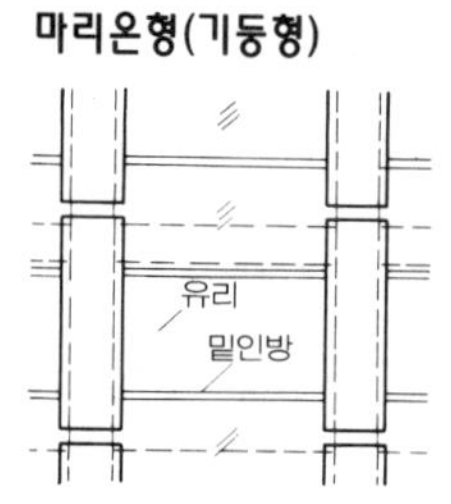

스팬드럴형(보형)

스팬드럴과 마리온의 조합

줄눈

종줄눈

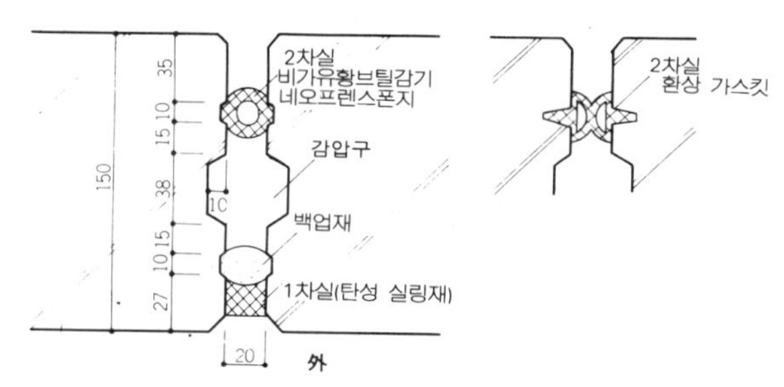

횡줄눈

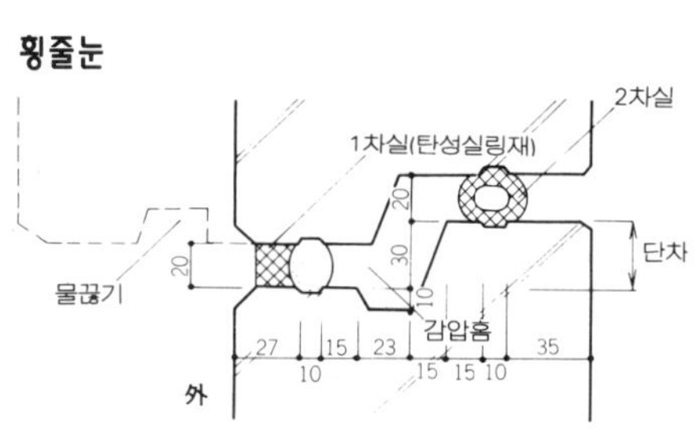

오픈조인트

종줄눈

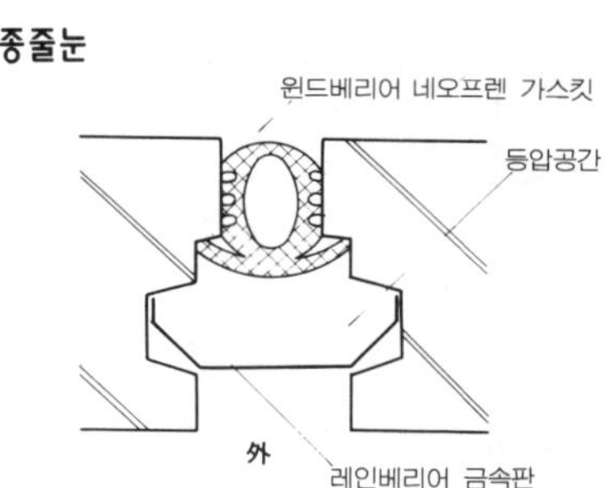

횡줄눈

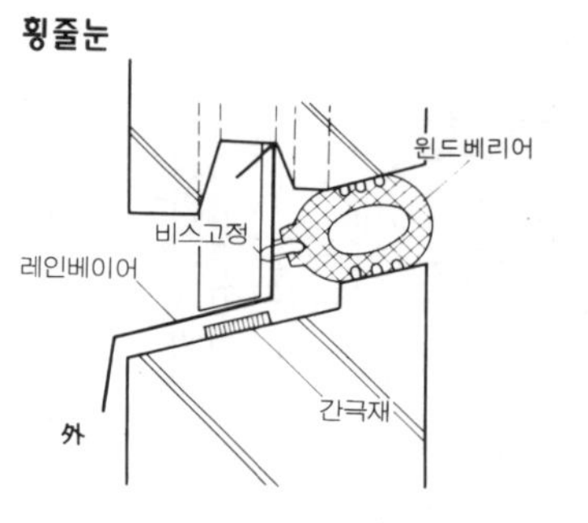

개구부

새시후부착

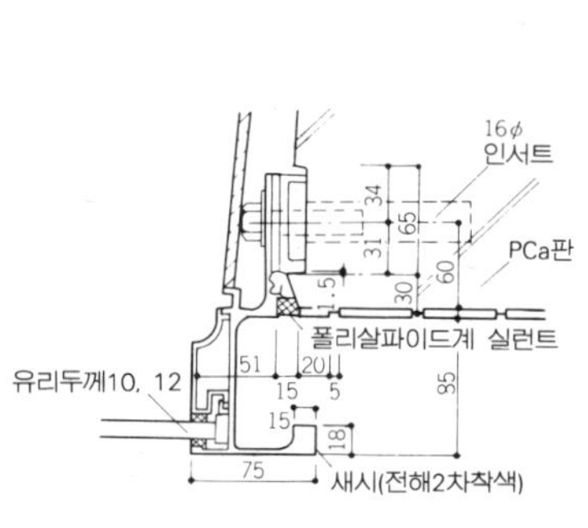

새시선부착

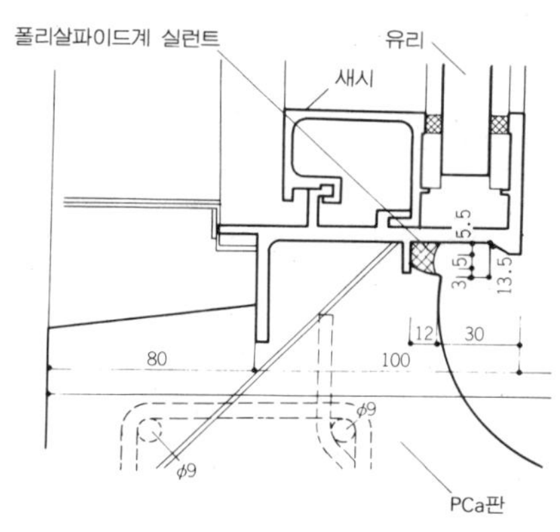

그레이딩가스킷

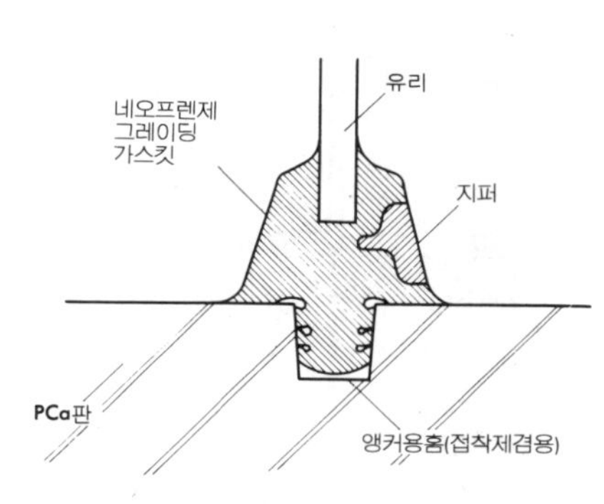

부분별 DETAIL

패널형태

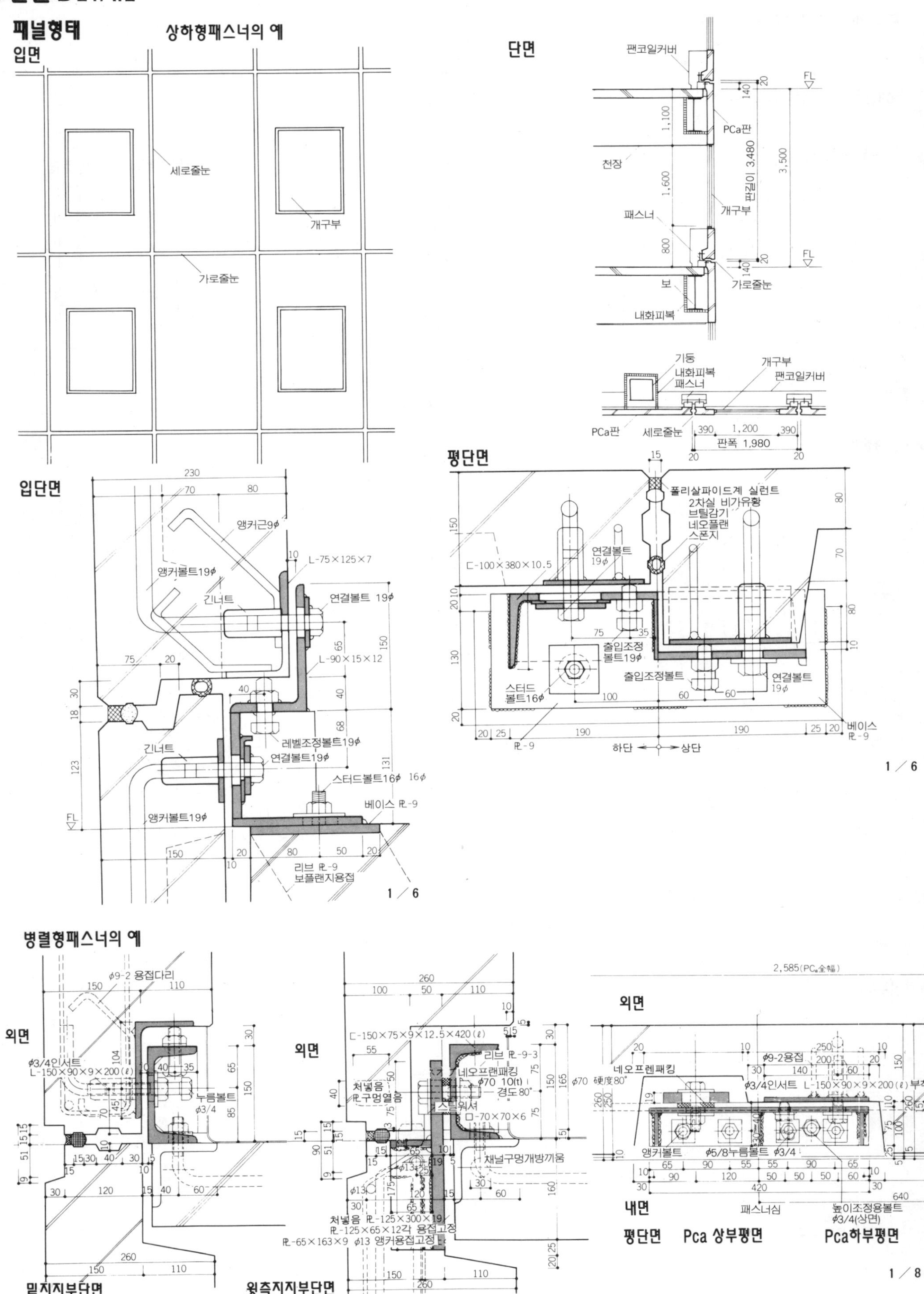

기둥 • 보형태

입면 • 단면

평면

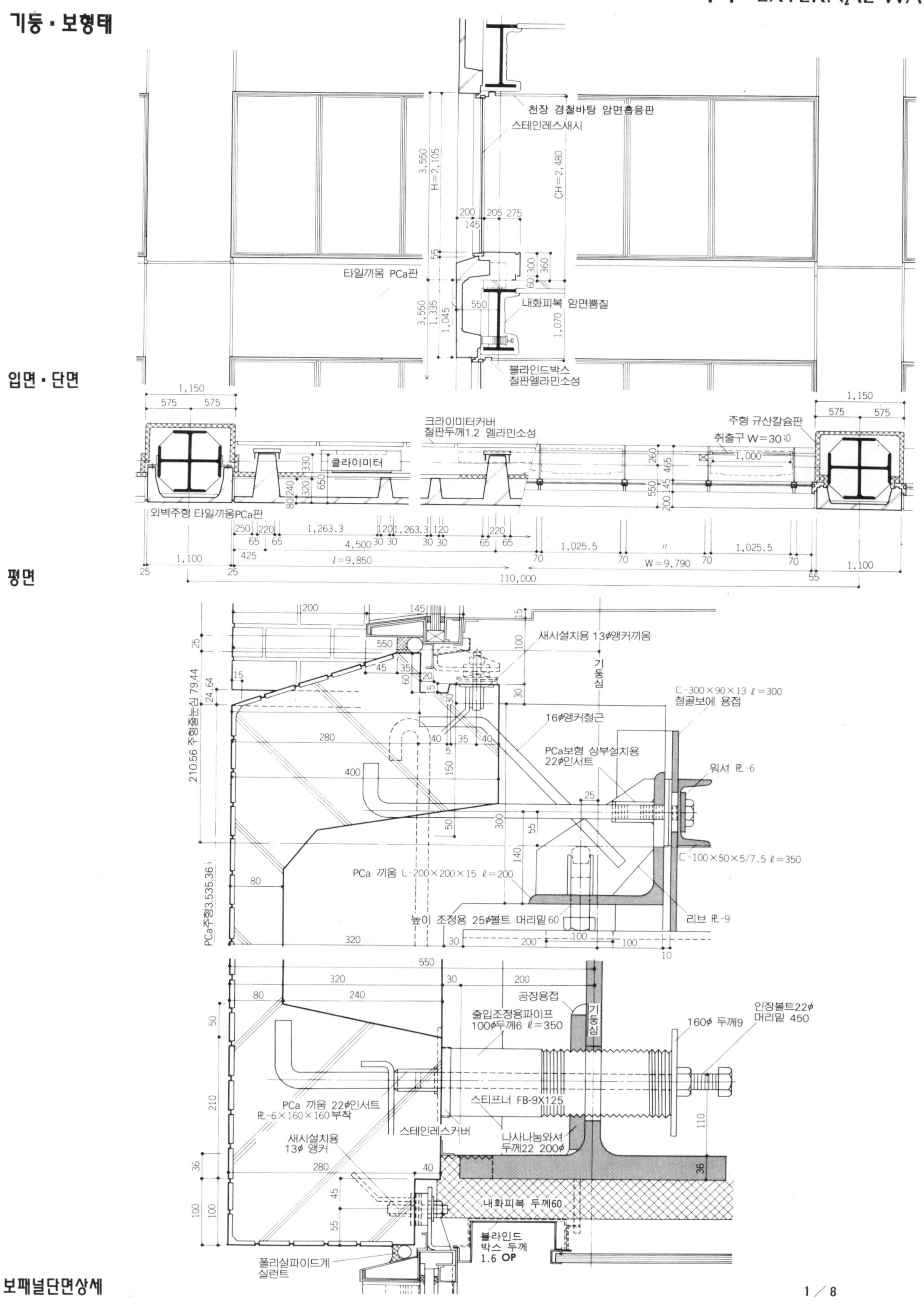

보패널단면상세

금속커튼월

금속커튼월의 형태

패널형(판상형)

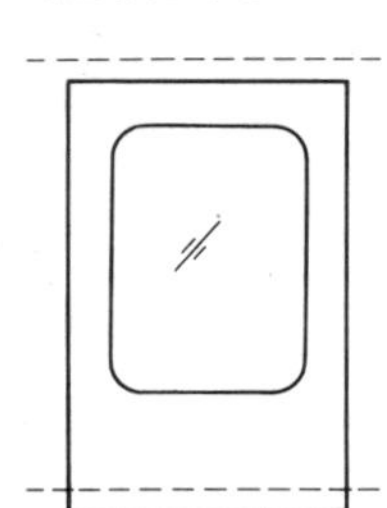

마리온형(버팀형)

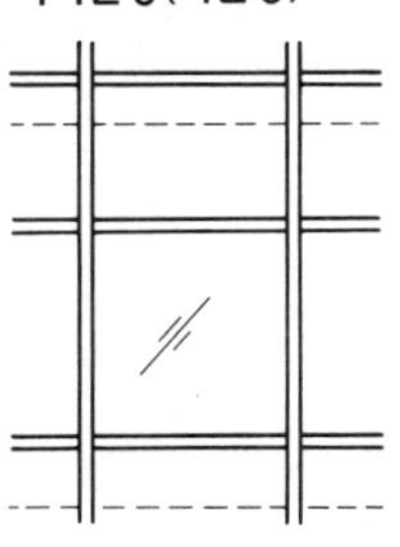

스팬드럴형(보형)

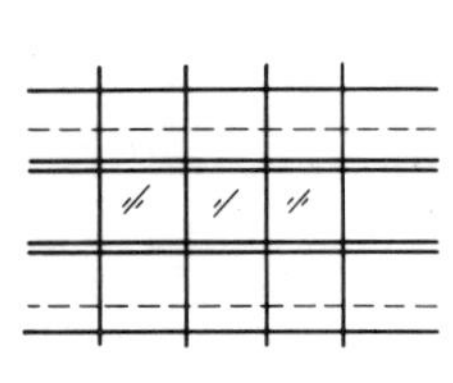

스팬드럴형과 마리온형의 조합

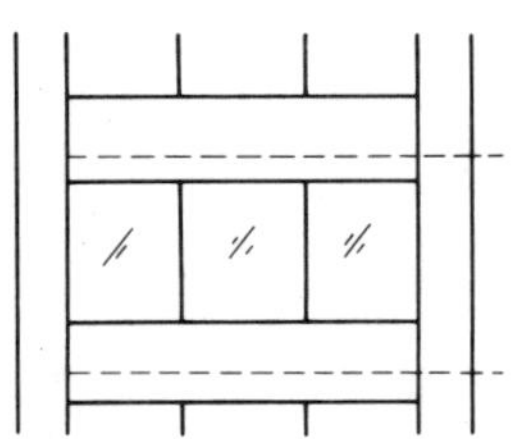

변형과 유리의 클리어런스

마리온 타입이나 스팬드럴 타입의 경우, 버팀의 강성이 낮기 때문에, 층간 변위가 생길 경우는 버팀은 변위 그대로 변형한다. 따라서 변위의 흡수는 버팀의 유리 홈 내에서의 틀과 유리의 클리어런스로 할 수밖에 없다. 필요 클리어런스(C)는, 변형량 (Δ)에 따라 아래 식이 된다.

- 유리의 회전이 기대되는 경우(h/b>1)　　$\Delta = 2C \times (1 + h/b)$
- 유리의 회전이 기대되지 않을 경우(h/b<1)　　$\Delta = 2C$

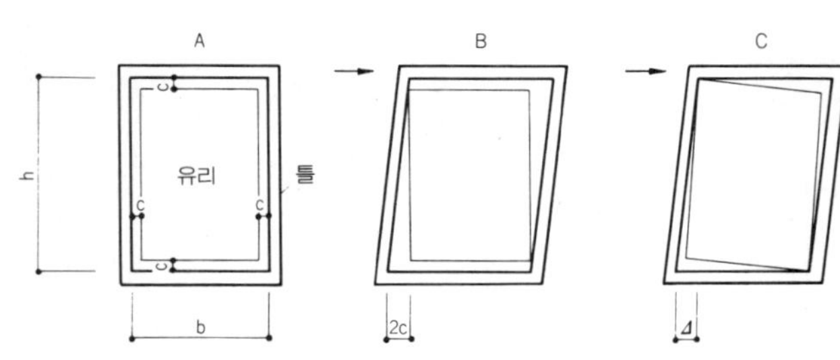

오픈조인트

마리온 타입의 버팀
· 중인방 내에 등압 공간
· 외기 도입구를 세워,
오픈 조인트로 한 예.

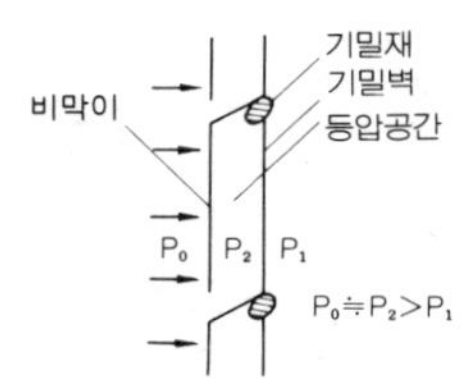

오픈조인트의 기본구성

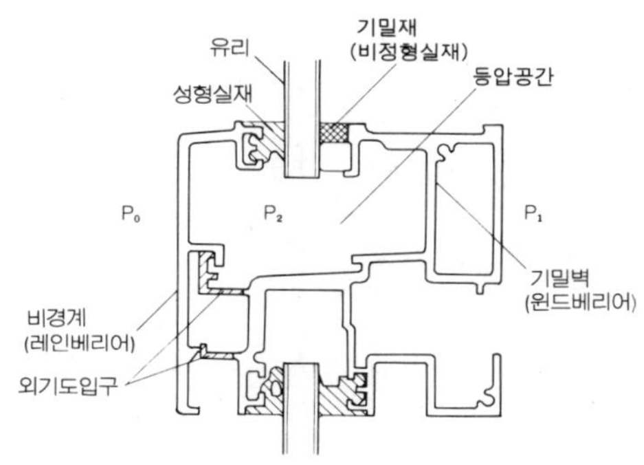

이종금속접촉면의 전식방지

이종 금속의 접촉부에 빗물이 날아든다든지 하면, 전식이 촉진되므로, 아래 표와 같이 이종 금속 접촉 경계면에 전기적 절연재를 세움과 동시에, 빗물이 직접 닿지 않도록 디테일의 배려가 필요하다.

구성 \ 랭크		A 침수·습윤상태에 의한 경우(해수, SO^2·H_2S 함유우수, 화학약품의 분위기를 포함)	B 침수, 습윤이 두려운 경우(실 Sill나눔 등)	C 결로에 의해 경미한 습윤상태가 고려되어야 할 경우
철 ↕ 알루미늄	철측	아연도금 접촉부 징크로메이트 도장(2회칠)	아연도금 접촉부 징크로메이트 (1회칠)	좌　　동
	알루미늄측	알루마이트 처리 +접촉부도장 (역청질도장, 우레탄계 15μ이상, 타르에폭시)	알루마이트 처리 +접촉부도장 (우레탄계 7μ이상 등)	무　처　리
스테인레스 ↕ 알루미늄	스테인레스측	접촉부도장 (아크릴계, 우레탄계)	무　처　리	좌　　동
	알루미늄	알루마이트처리+접촉부 도장(아크릴계, 우레탄계)	좌　　동	좌　　동
철 ↕ 동	철측	합성수지 패킹	역청질도장	징크로메이트도장
	동측	무　처　리		

마리온형태

입 면

단 면

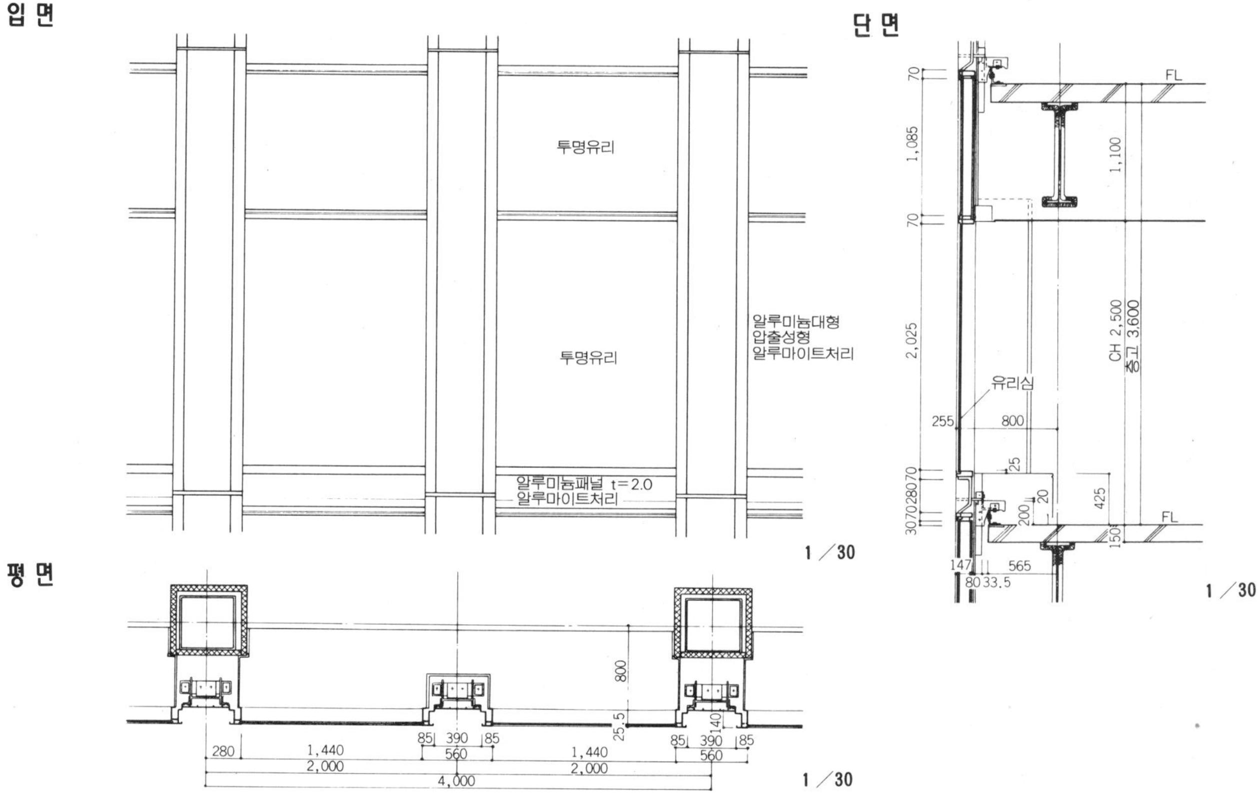

횡단면상세

단면상세

패스너상세

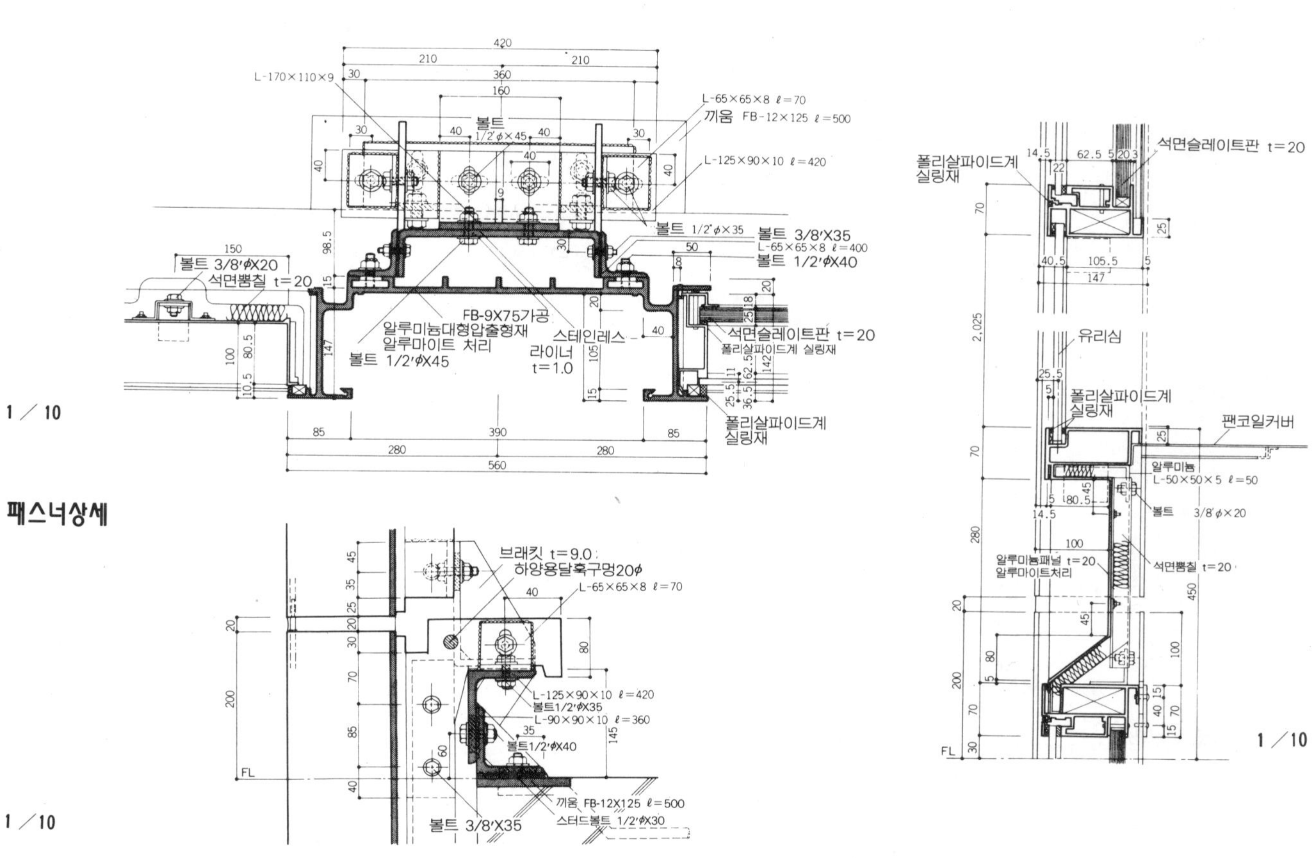

부분별 DETAIL

알루미늄캐스트패널형태

입 면

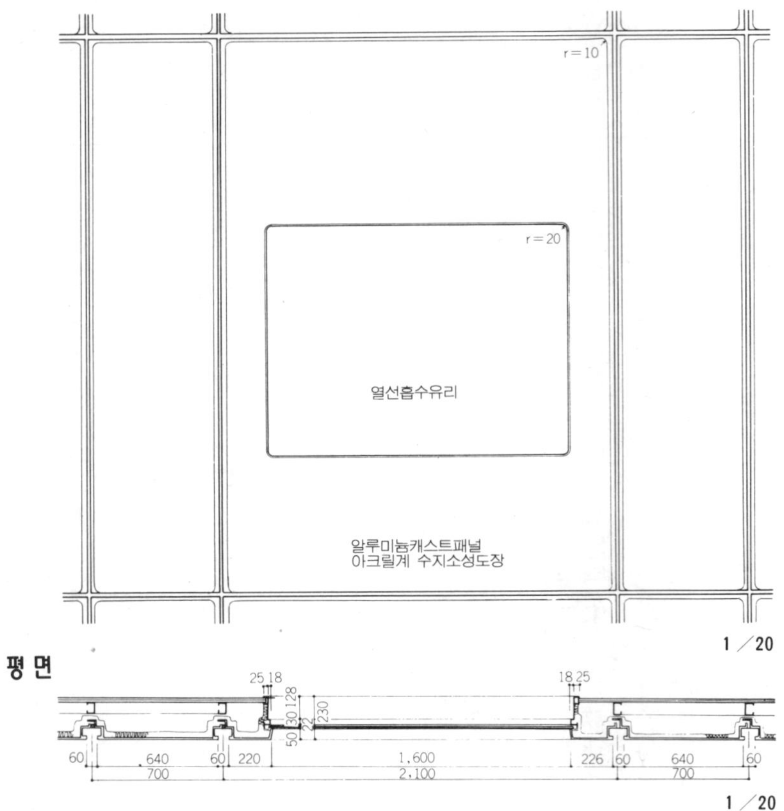

단 면

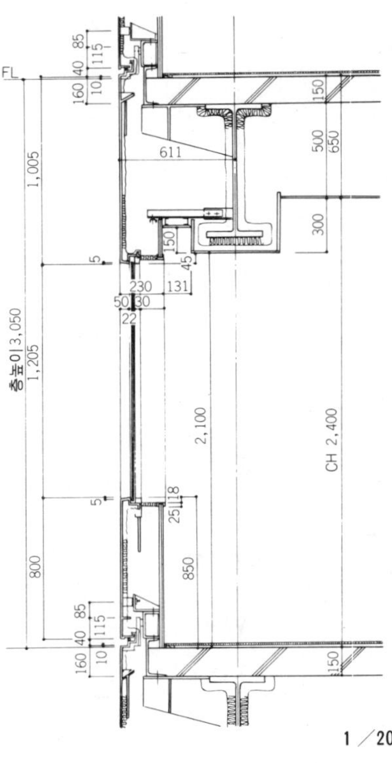

평단면상세

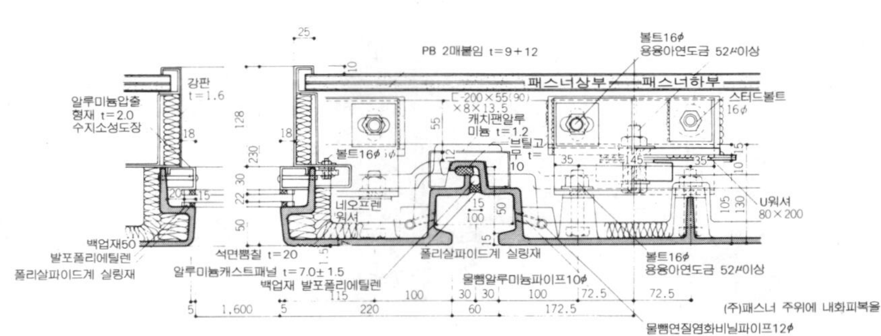

입단면상세

FL
네오프렌고무
150
151
45
25 18
강판 t=1.6
FP
2,100
급도리높이850
18 25
비닐레자붙임바탕
PB 2매붙임 t=9+12
플레이트가공 t=9.0
60
스터드볼트
16φ
200×90
×8×13.5
110
45
128
볼트16φ 용융아연도금
강판 t=1.6
알루미늄압출형재 t=2.0
아크릴계수지소성도장
볼트16φ
물뺌파이프
연질염화비닐12φ
캐치편알루미늄 t=1.2
석면뿜칠 t=20
네오프렌U워셔
스틸U워셔
용융아연도금
고무
폴리살파이드계 실링재
버플플레이트 알루미늄
t=1.2 ℓ=100
1,205
800
85
115
70
40
(주)패스너 주위에 내화피복을 한다.
1/10

ALC판

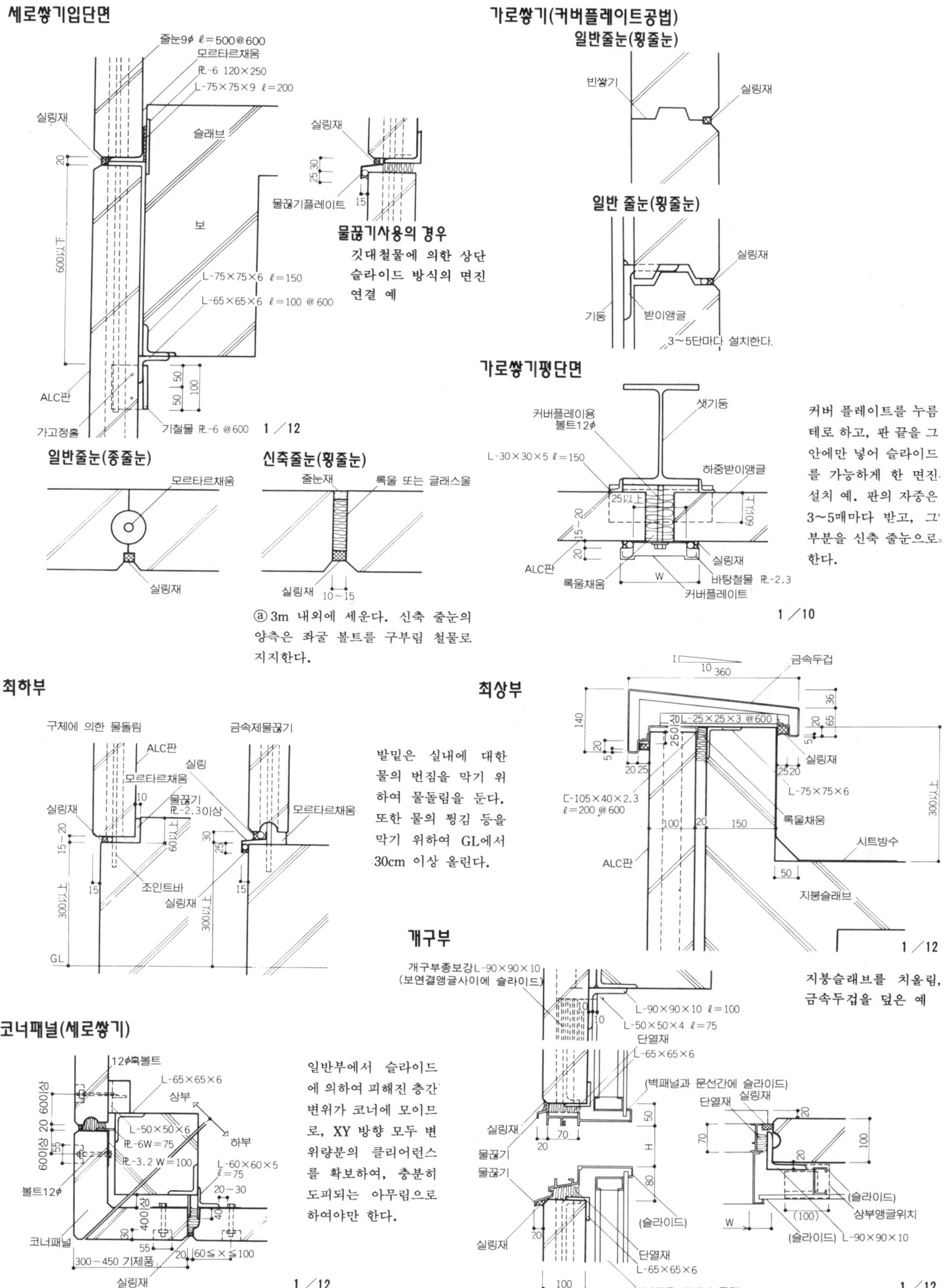
세로쌓기입단면
줄눈9φ ℓ=500@600
모르타르채움
PL-6 120×250
L-75×75×9 ℓ=200
실링재
슬래브
보
600以上
L-75×75×6 ℓ=150
L-65×65×6 ℓ=100 @600
ALC판
가고정홀
기철물 PL-6 @600
1／12
실링재
물끊기플레이트
물끊기사용의 경우
깃대철물에 의한 상단 슬라이드 방식의 면진 연결 예
가로쌓기(커버플레이트공법)
일반줄눈(횡줄눈)
빈쌓기
실링재
일반 줄눈(횡줄눈)
실링재
기둥
받이앵글
3~5단마다 설치한다.
가로쌓기평단면
샛기둥
커버플레이트용 볼트12φ
L-30×30×5 ℓ=150
하중받이앵글
25以上
60以上
ALC판
록울채움
실링재
바탕철물 PL-2.3
커버플레이트
1／10
커버 플레이트를 누름테로 하고, 판 끝을 그 안에만 넣어 슬라이드를 가능하게 한 면진 설치 예. 판의 자중은 3~5매마다 받고, 그 부분을 신축 줄눈으로 한다.
일반줄눈(종줄눈)
모르타르채움
실링재
신축줄눈(횡줄눈)
줄눈재
록울 또는 글래스울
실링재 10~15
ⓐ3m 내외에 세운다. 신축 줄눈의 양측은 좌굴 볼트를 구부림 철물로 지지한다.
최하부
구체에 의한 물돌림
ALC판
실링
모르타르채움
물끊기 PL-2.3이상
실링재
60以上
조인트바
실링재
300以上
GL
금속제물끊기
모르타르채움
발밑은 실내에 대한 물의 번짐을 막기 위하여 물돌림을 둔다. 또한 물의 튕김 등을 막기 위하여 GL에서 30cm 이상 올린다.
최상부
금속두겁
L-25×25×3 @600
실링재
L-75×75×6
C-105×40×2.3 ℓ=200 @600
록울채움
시트방수
ALC판
지붕슬래브
300以上
1／12
지붕슬래브를 치올림, 금속두겁을 덮은 예
코너패널(세로쌓기)
12φ훅볼트
L-65×65×6
상부
L-50×50×6
PL-6W=75
하부
PL-3.2 W=100
L-60×60×5 ℓ=75
볼트12φ
코너패널
300~450 기제품
60≦×≦100
실링재
1／12
일반부에서 슬라이드에 의하여 피해진 층간 변위가 코너에 모이므로, XY 방향 모두 변위량분의 클리어런스를 확보하여, 충분히 도피되는 아무림으로 하여야만 한다.
개구부
개구부종보강L-90×90×10 (보연결앵글사이에 슬라이드)
L-90×90×10 ℓ=100
L-50×50×4 ℓ=75
단열재
L-65×65×6
(벽패널과 문선간에 슬라이드)
단열재
실링재
물끊기
(슬라이드)
단열재
L-65×65×6
벽바탕은 외벽과 독립
(슬라이드)
상부앵글위치
(슬라이드) L-90×90×10
1／12

개구부 · OPENING

기능 외벽은 벽체부와 개구부로 나뉘고, 개구부는 이른바 커튼 월이라 부리우는 전체면 창호인 것과 기둥 · 보나 월 거더로 둘러싸인 창, 작은 창이 있는 것으로 나뉘는데, 여기서는 후자의 디테일을 나타낸다.

통상 개구부란 창과 출입구의 총칭으로서 사용되는 부위이고, 이 부위는 차단과 투과라는 2가지의 상반된 기능을 가지고 있는 것이 특징적이다. 외벽 · 지붕 · 바닥과 같은 부위와 마찬가지로, 풍우나 열 · 소리 등의 차단은 당연하지만, 개구부에는 사람이나 물건의 출입, 광선 · 시선 · 공기 등을 필요에 따라서 투과시켜야만 하는 기능이 요구된다. 혼재하는 이 2가지의 요구 기능을 우선 정확히 파악할 것, 이것이 개구부 디테일의 포인트이다.

일반적으로 개구부의 투과 기능은 채광 · 통풍 · 환기 · 통행 · 투시의 각 기능으로 나뉜다. 채광을 위한 개구부 면적은 건축 법규의 규정이 있지만, 실내 공간의 쾌적한 밝기의 확보는 환경 위생적으로도 중요하다. 또한 개구부에 의한 통풍 환기도, 고온 · 다습한 우리 나라에는 필요 불가결하다. 공기조화의 발달로 인하여 빌딩의 개구부는 붙박이가 많지만, 최근에 들어 에너지 절감의 입장에서 통풍 환기 가능한 창이 재검토되고 있다.

통행 기능은 건물의 용도, 출입구의 성격, 통행량 등에 따라 결정되고, 특히 통행량이 많은 상업 빌딩에서는 그 개폐 조작이 자동적으로 할 수 있는 자동 도어가 많이 사용되고 있다. 또한 시선 · 조망 등의 투시 기능은 상업 빌딩의 쇼윈도 등이 그 대표적인 예로, 최근에는 대형 유리의 조인트레스 구법을 이용하여 효과를 올리고 있다. 개구부의 차단 기능으로서는 차음 · 단열 · 방로 · 수밀 · 내풍 · 내진 성능 등이 중요하다.

개구부의 차음 성능은 유리 자체의 질량과 창호의 기밀성으로 결정되고, 따라서 차음 성능을 높이기 위해서는 이중 유리나 이중창으로 하는 일, 붙박이 창 등 기밀성 높은 창호나 유리 블록을 사용하는 일 등이 들어진다. 개구부에 있어 유리의 단열 성능은 일반 벽의 반분 이하이고, 특히 단열성을 높이는 건물에 있어서는 복층 유리 · 이중 새시 · 단열 새시 등을 고려한다. 또한 열선 흡수 유리나 열선 반사 유리 등은 직사 일광에 의한 열을 막기 위하여 유효하게 사용된다. 일반 유리로는 완전히 결로를 막기는 어려우므로, 그 대책을 미리 고려하여 둔다. 새시에 결로받이를 세워, 유리면에서 전해져 떨어지는 결로수를 받는 방법, 물빼기 구멍을 세워서 외부로 배출하는 등의 결로 대책을 강구한다. 수밀 성능은 붙박이, 가동 등의 타입에 따라 다르지만, RC조의 경우는 수밀성이 비교적 높은 알루미늄 새시가 많이 사용되고, 이 경우는 새시와 구체 맞춤부의 비막이가 포인트이다. 내풍 성능은 틀 · 울거미 · 유리 두께의 검토, 내진 성능은 지진시의 변화에 따라 창호 · 유리에 파손 · 탈락이 없을 것 등의 검토가 필요해진다.

재료 개폐 방식 등 일반적으로 창 장지 · 출입구문 등을 총칭하여 창호라 하고, 창호를 박는 틀을 창호틀이라 부른다. 창호 재료는 목제와 금속제 창호가 있고, 금속 재료에는 보통 강재, 스테인레스강, 알루미늄 등이 있고, 이 중 알루미늄 새시는 주택에서 빌딩까지 폭넓게 사용되고, 건축 구성재 중 현재 가장 진보하여 보급률 높은 재료라 할 수 있다.

금속제 창호의 설치는 최근에는 특수 플라스틱 창틀까지 설치하는 콘크리트벽에 미리 묻는 금속과 창호틀의 이면에 설치 철물을 용접하여 고정 후, 틀 주위를 완전히 모르타르를 충전하는 것이 보통이다.

최근 이 틀 주위의 수밀성 향상과 시공의 절감화를 꾀하기 위하여, 새시의 선부착 공법이 적극적으로 채용되고 있다. 이 공법은 새시를 거푸집의 조립시에 설치하여 콘크리트와 동시 치기를 하는 것으로, 누수의 원인이 되기 쉬운 모르타르 채우기와 그 시공을 생략할 수 있다.

개폐 방식에 따라 개구부를 대별하면, 붙박이창과 가동창이 있고, 붙박이창은 채광을 주목적으로 하고, 개폐는 할 수 없다. 가동창은 미서기 · 외미닫이 · 여닫이 · 회전 · 미끄럼 · 내밈창 등, 출입구문에서는 여닫이 · 미닫이 · 접이 · 회전 도어 등이 각각의 용도에 따라 선택된다.

기타 특수 창호로서 셔터가 있다. 셔터는 개구부 전체를 개폐할 수 있는 창호로 방풍 · 방화 · 방연 · 방범 등의 역할을 맡고, 차고 · 공장 · 은행 등의 출입구나 쇼 윈도의 전면 등에 많이 세워진다.

창

선부착 내부마감

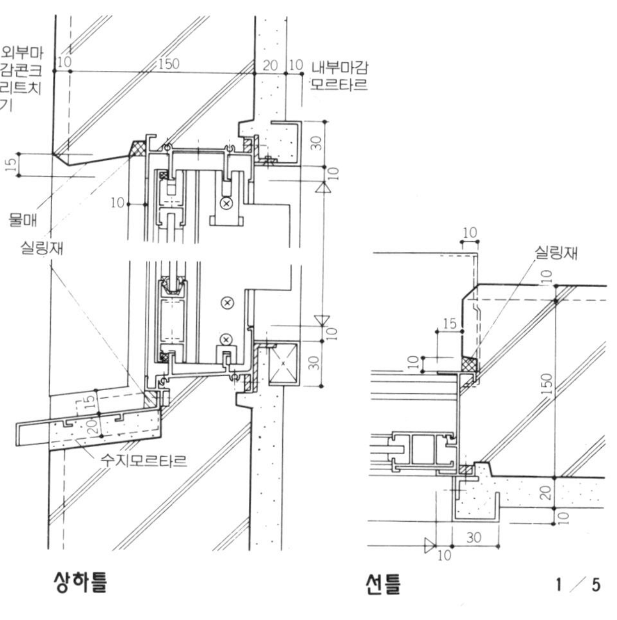

물끊기선판은 뒤붙임 한다(밑틀주위의 콘크리트 충진성 향상을 위해)

선부착 · 내부마감

내부마감 모르타르

문선(알루미늄형재)

물매

윗틀

선틀 1／5

문선

윗틀

목제 바름주위

밑틀

목제 바름주위

후부착 내부마감

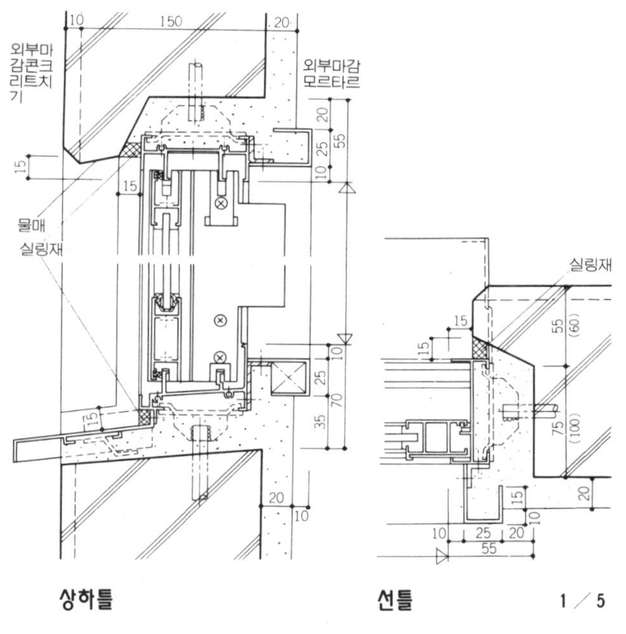

선부착 내외마감(단열재끼움)

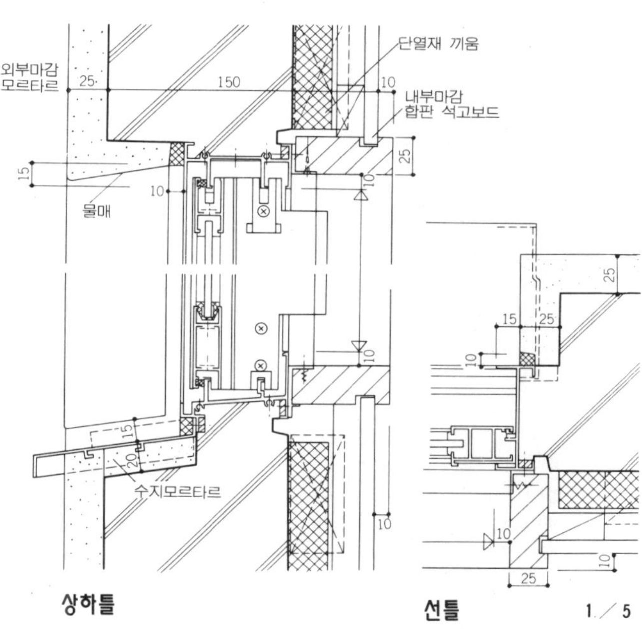

후부착 외부타일붙임

타일속에 침입한 물이 틀속으로 들어가므로 금속판의 플래싱이나 브틸시트로 지수한다.

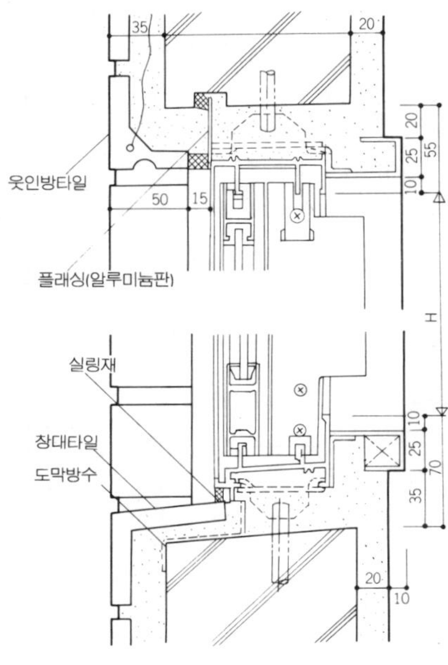

1 / 5

루버후부착

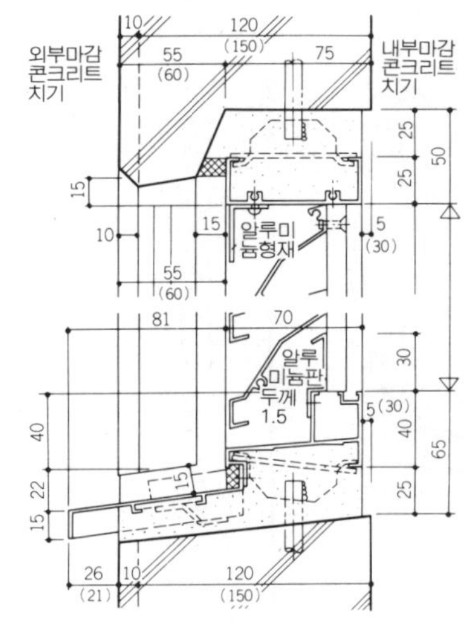

1 / 5

유리블록

사방모두, 미끄럼재나 쿠션재로 테를 나누고, 층간변위에 대응한다. 줄눈은 방수제칠위, 방수모르타르로 하고, 철근에는 아연도금을 한다.

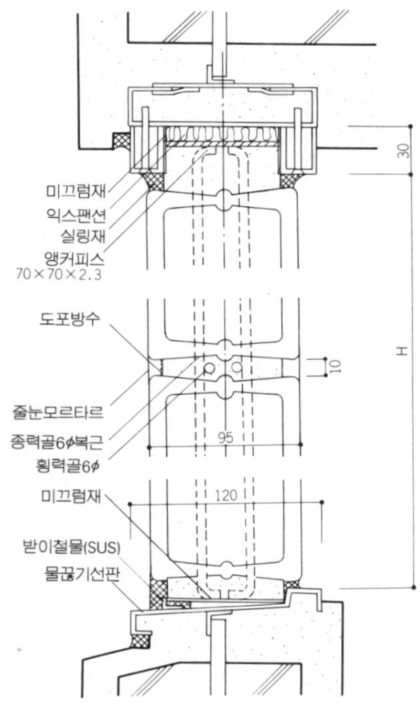

1 / 5

개구부의 철근보강—모서리각부의 경사 움직임 방지

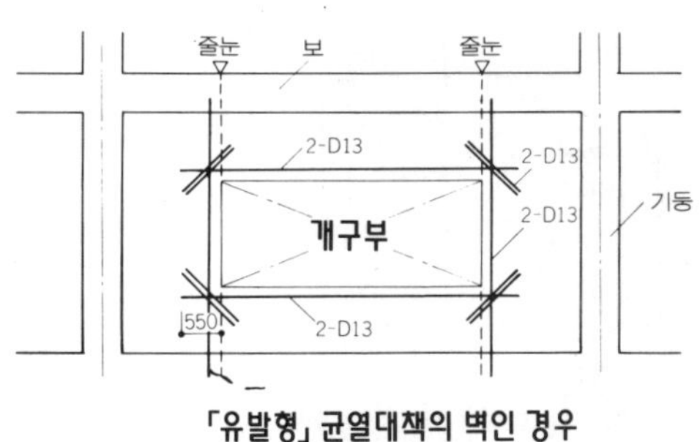

「유발형」 균열대책의 벽인 경우

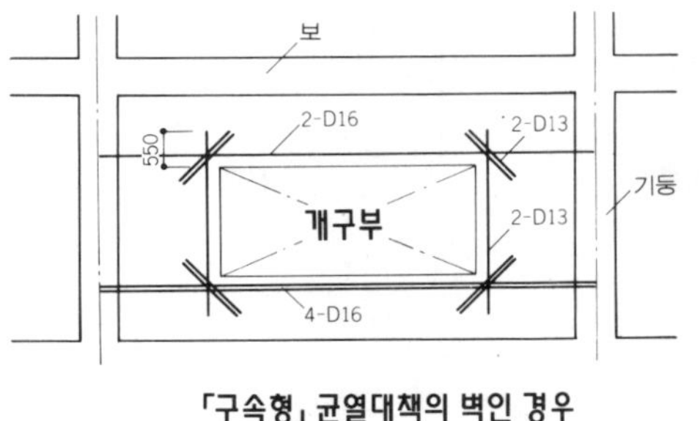

「구속형」 균열대책의 벽인 경우

목조심벽 • 널빈지 • 망문 • 유리문 • 장지

철근콘크리트조 기둥 • 알루미늄새시+장지

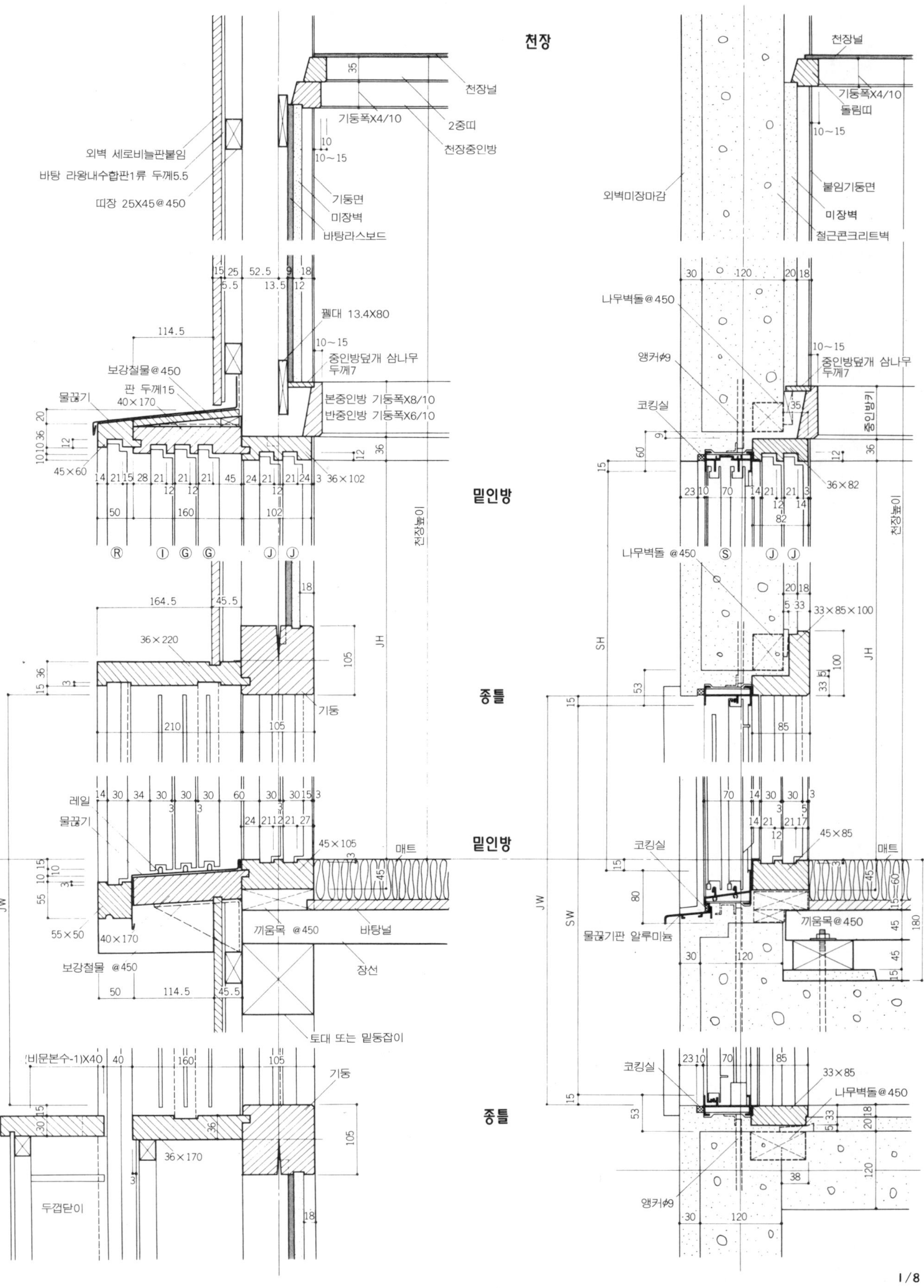

1/8

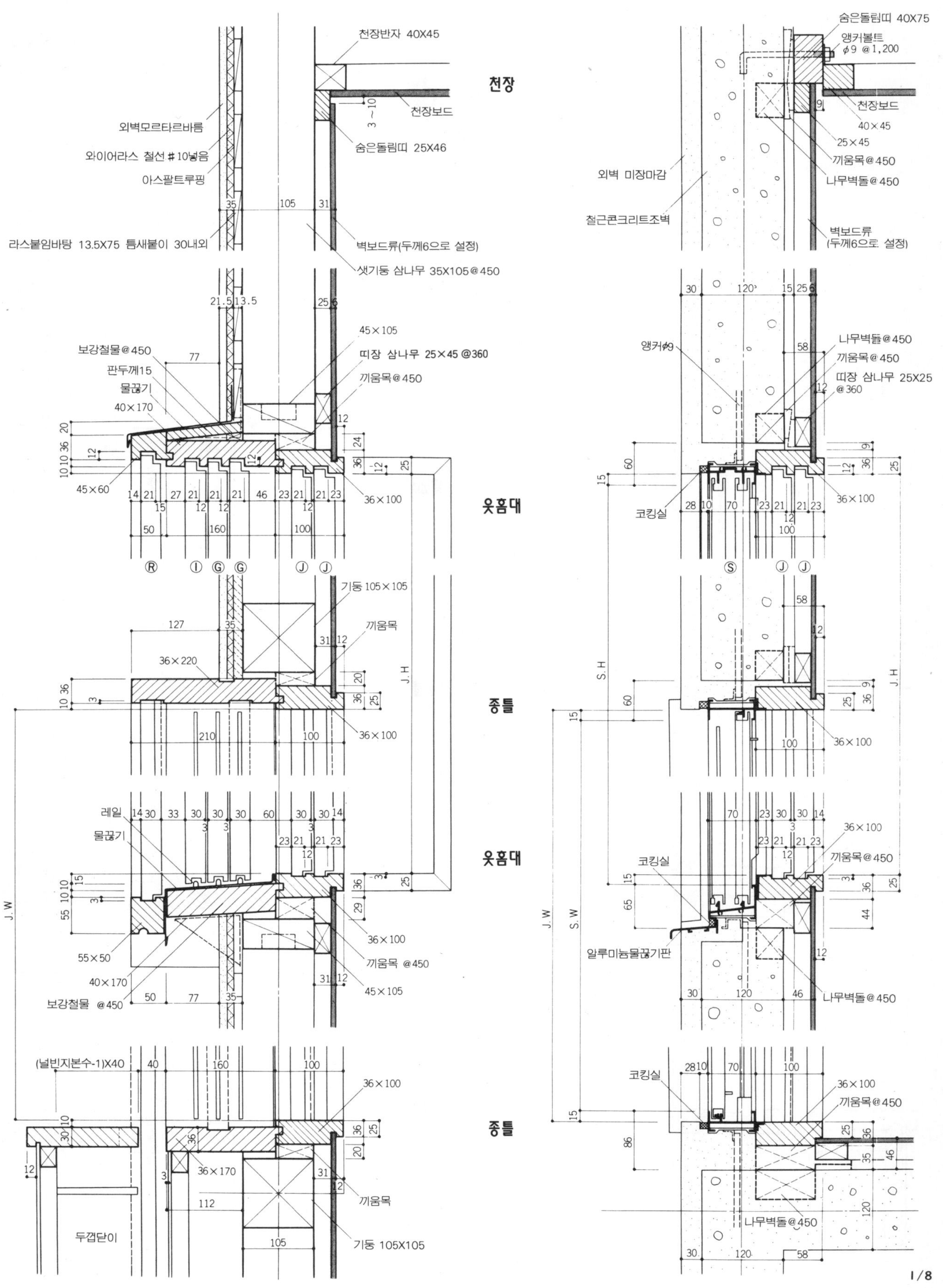

목조평벽 • 널빈지 • 망문 • 유리문 • 장지
철근콘크리트조보드벽 • 알루미늄새시+장지
천장
웃홈대
종틀
웃홈대
종틀
천장반자 40X45
천장보드
숨은돌림띠 25X46
외벽모르타르바름
와이어라스 철선 #10넣음
아스팔트루핑
라스붙임바탕 13.5X75 틈새붙이 30내외
벽보드류(두께6으로 설정)
샛기둥 삼나무 35X105@450
보강철물@450
판두께15
물끊기
띠장 삼나무 25×45 @360
끼움목@450
기둥 105×105
끼움목
레일
물끊기
보강철물 @450
(널빈지본수-1)X40
두껍닫이
기둥 105X105
숨은돌림띠 40X75
앵커볼트
φ9 @1,200
천장보드
끼움목@450
나무벽돌@450
외벽 미장마감
철근콘크리트조벽
벽보드류
(두께6으로 설정)
앵커φ9
띠장 삼나무 25X25
@360
코킹실
알루미늄물끊기판
1/8

목조평벽 · 널빈지+망문+유리문

철근콘크리트조외벽치기 · 알루미늄새시

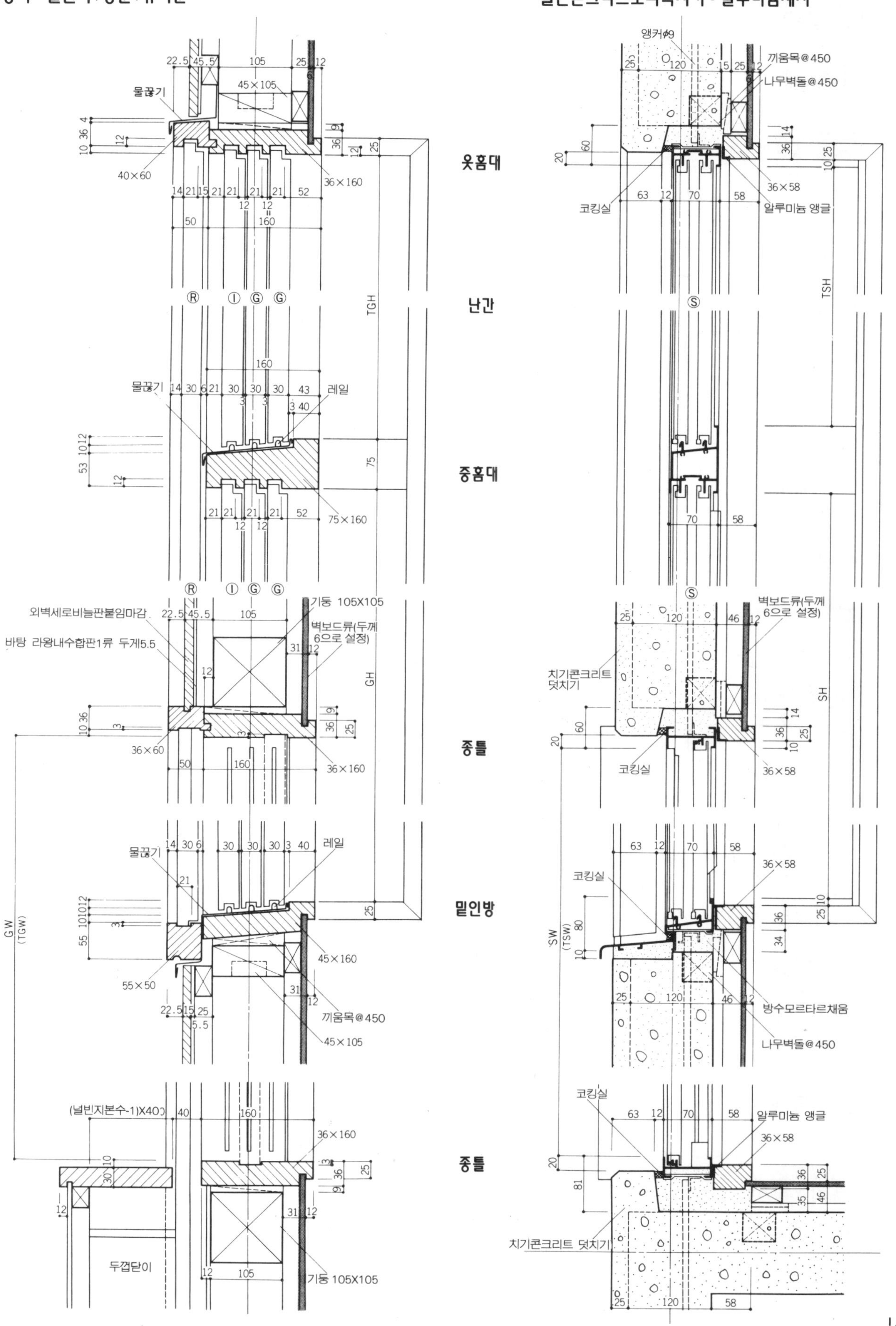

1/8

부분별 DETAIL

도어

후부착 금속물끊기

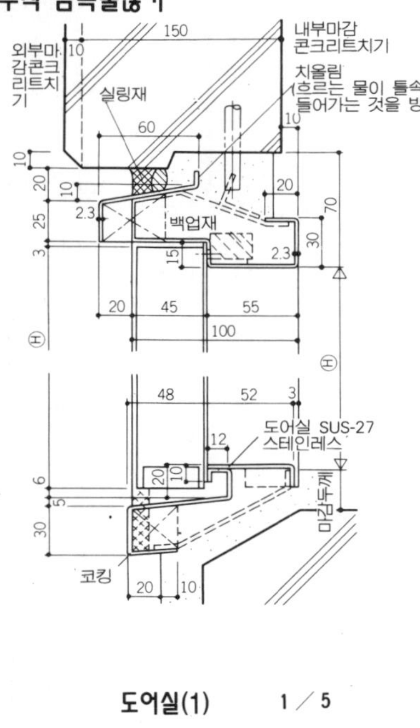

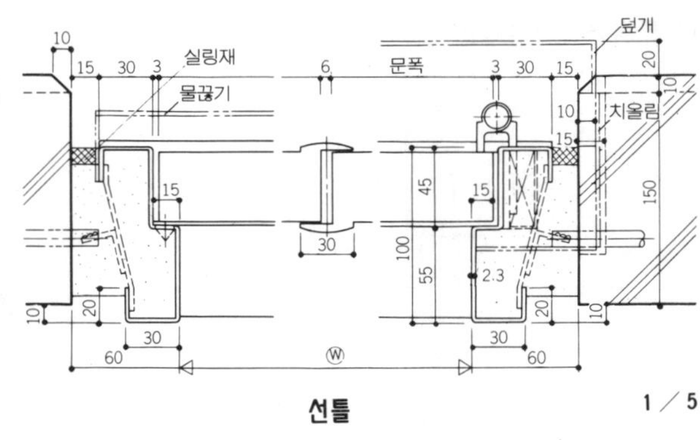

선틀 1／5

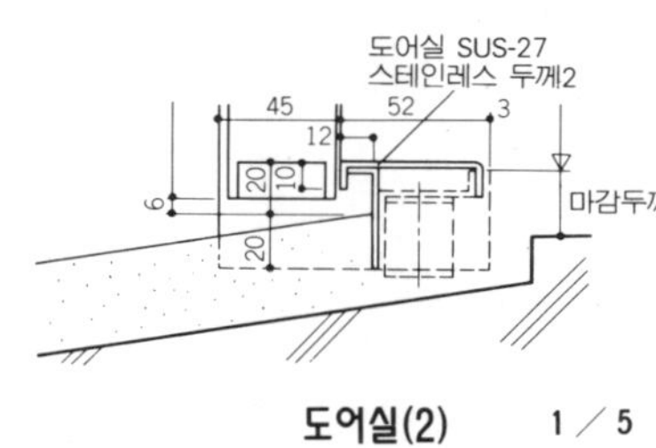

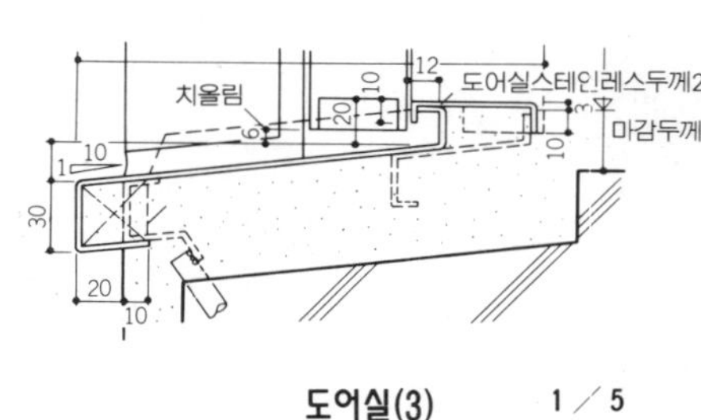

도어실(1) 1／5　　도어실(2) 1／5　　도어실(3) 1／5

후부착콘크리트물끊기

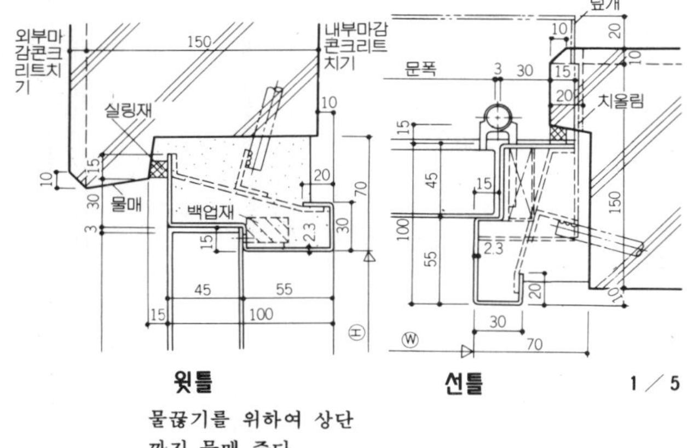

윗틀　　선틀 1／5

물끊기를 위하여 상단까지 물매 준다.

후부착 외부타일붙임

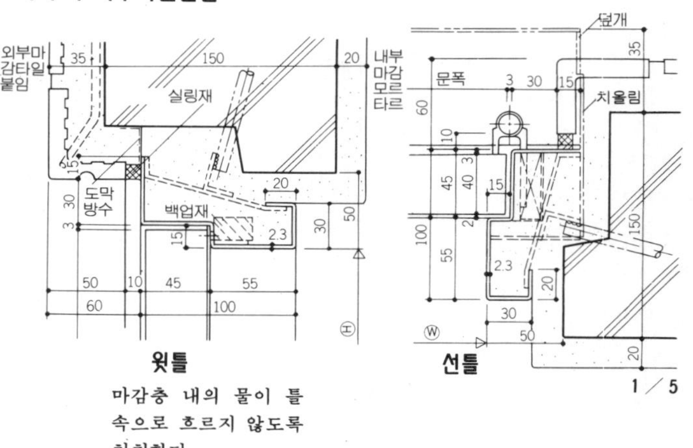

윗틀　　선틀 1／5

마감층 내의 물이 틀속으로 흐르지 않도록 처치한다.

선부착콘크리트물끊기

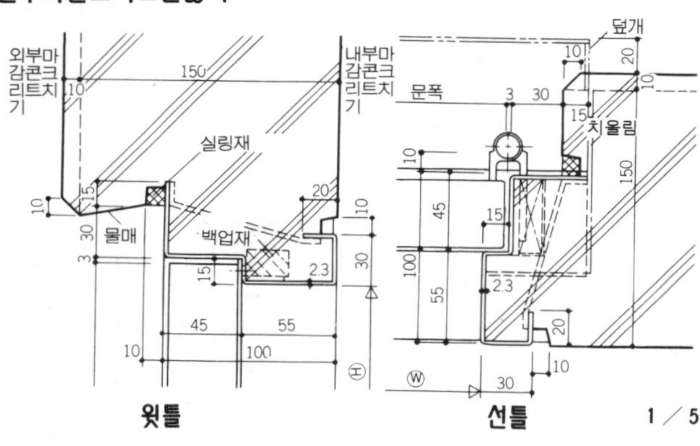

윗틀　　선틀 1／5

선부착 금속물끊기

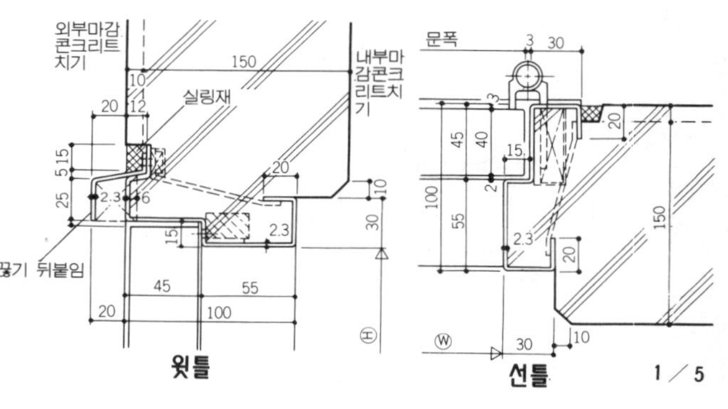

윗틀　　선틀 1／5

차양 등이 없는 벽면에는 되도록 피한다.

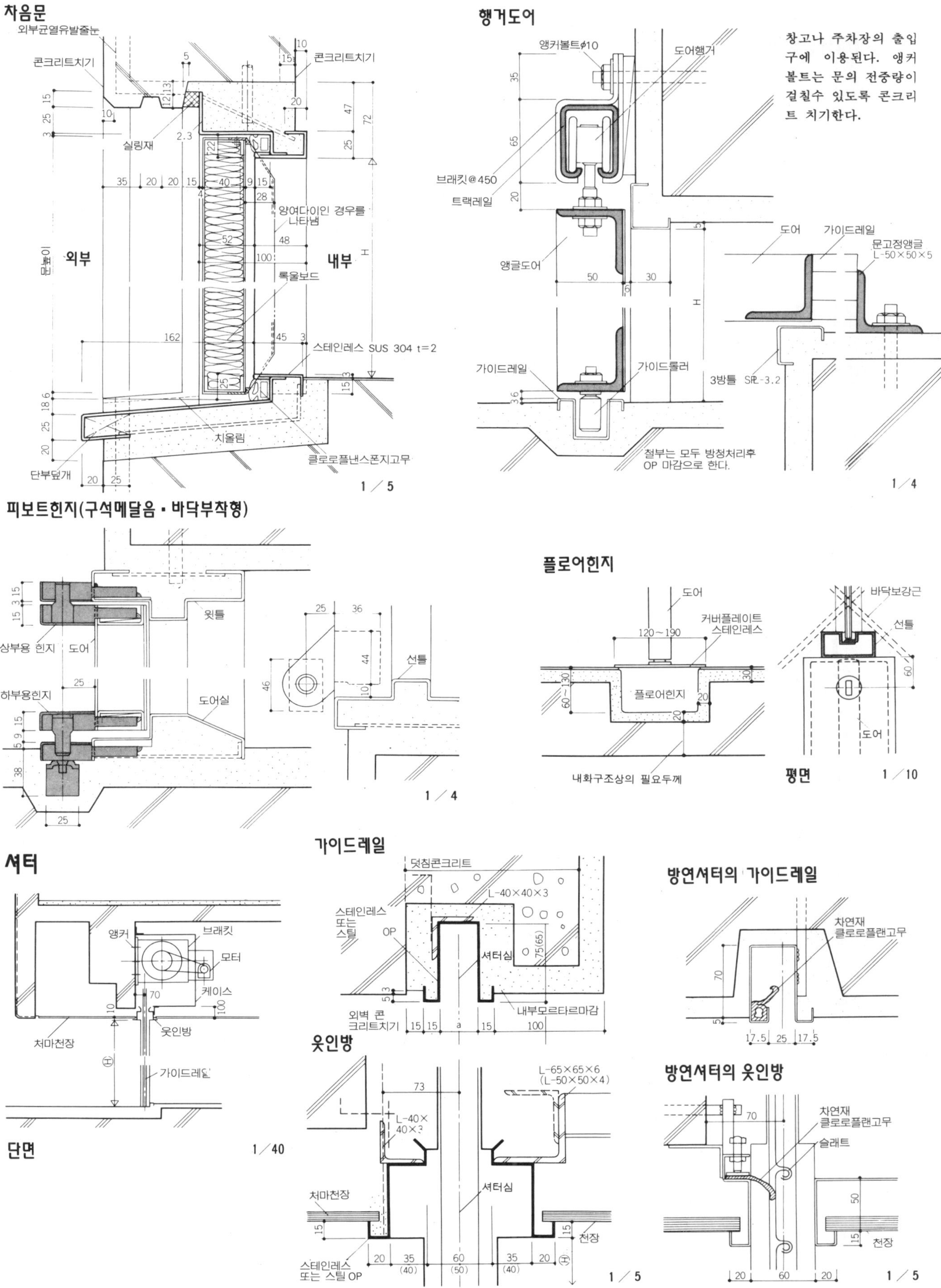
차음문
외부균열유발줄눈
콘크리트치기
실링재
외부
내부
양여다이인 경우를 나타냄
록울보드
스테인레스 SUS 304 t=2
치올림
단부덮개
클로로플랜스폰지고무
1/5
행거도어
창고나 주차장의 출입구에 이용된다. 앵커볼트는 문의 전중량이 걸칠수 있도록 콘크리트 치기한다.
앵커볼트ø10
도어행거
브래킷@450
트랙레일
앵글도어
가이드레일
가이드롤러
도어
문고정앵글 L-50×50×5
3방틀 SPL-3.2
철부는 모두 방청처리후 OP 마감으로 한다.
1/4
피보트힌지(구석메달음 · 바닥부착형)
상부용 힌지
도어
웃틀
하부용힌지
도어실
선틀
1/4
플로어힌지
도어
커버플레이트 스테인레스
플로어힌지
내화구조상의 필요두께
바닥보강근
선틀
도어
평면
1/10
셔터
앵커
브래킷
모터
케이스
웃인방
처마천장
가이드레일
단면
1/40
가이드레일
덧침콘크리트
L-40×40×3
스테인레스 또는 스틸 OP
셔터심
외벽 콘크리트치기
내부모르타르마감
웃인방
L-65×65×6 (L-50×50×4)
L-40×40×3
처마천장
셔터심
천장
스테인레스 또는 스틸 OP
1/5
방연셔터의 가이드레일
차연재 클로로플랜고무
방연셔터의 웃인방
차연재 클로로플랜고무
슬래트
천장
1/5

문틀(상시개방형방화문180° 열림)

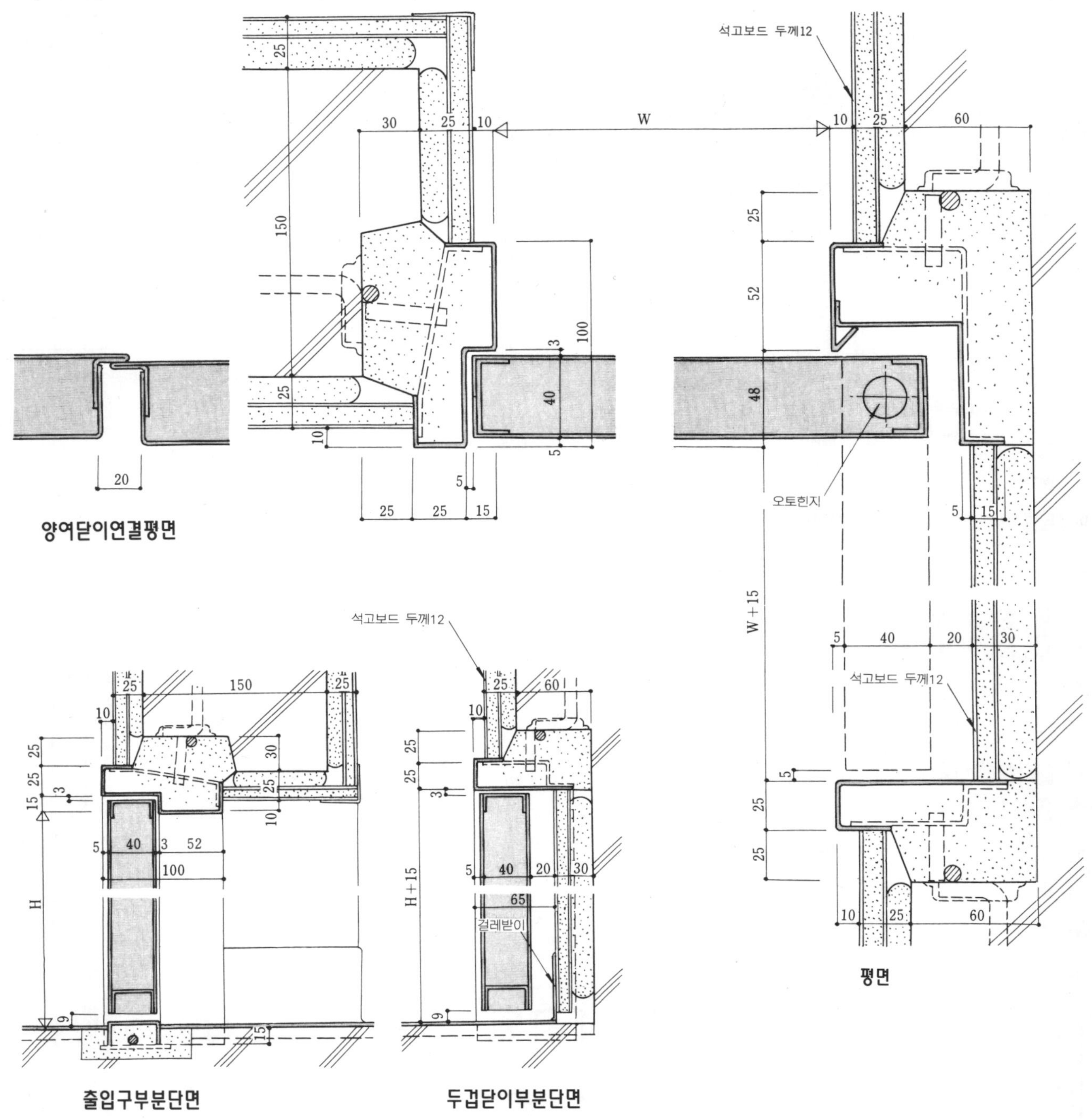

축척=1/3,1/5

문틀(상시개방형방화문 90°열림)

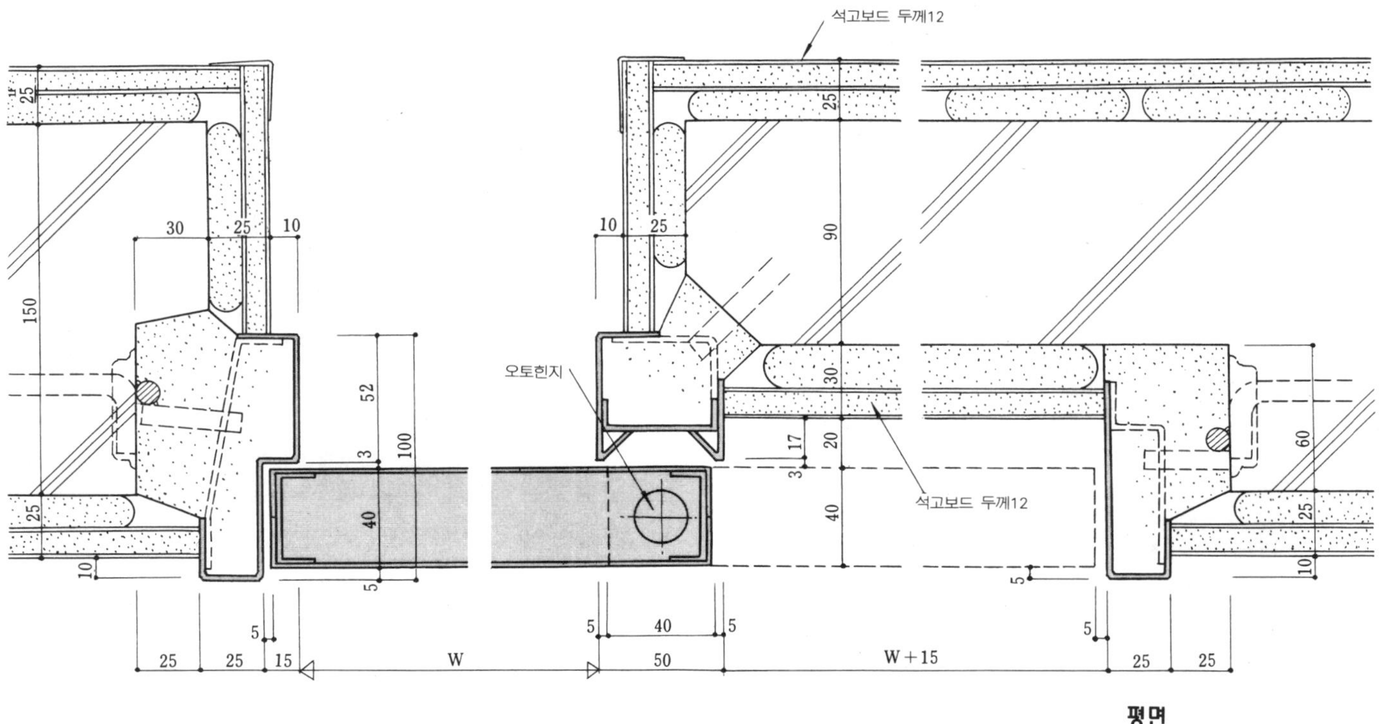

평면

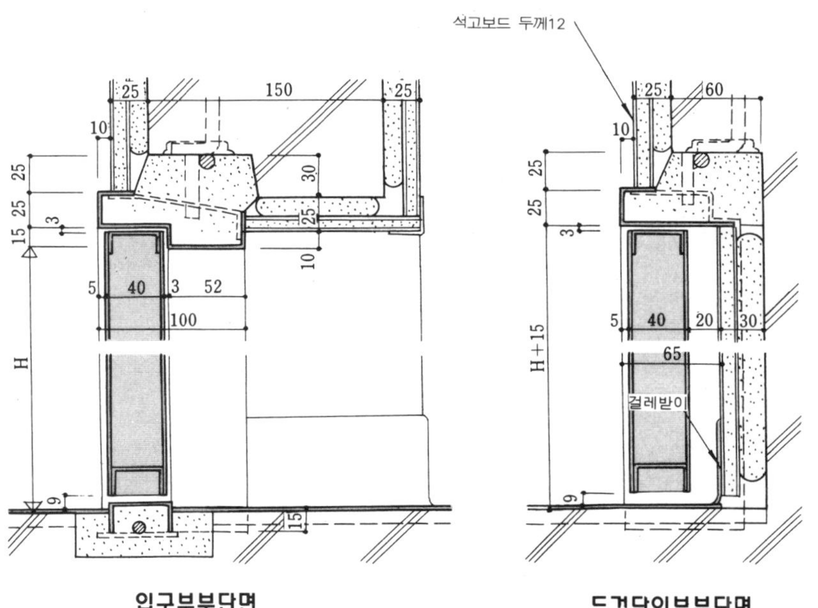

입구부분단면

두겁닫이부분단면

축척=1/3,1/5

내벽 · INTERIOR WALL

기능 외벽과 마찬가지로 내벽도 구조상의 내력벽과 장막벽이 있고, 평면 계획상은 우선 구조적인 내력벽이 정해지고, 그 다음에 용도 · 기능적인 칸막이로서의 장막벽이 정해진다. 장막벽으로서의 칸막이벽은 이 후 변경 대응 정도에 따라, 고정식이나 가동식이 선택된다.
내벽에 요구되는 기능은 외벽만큼 과혹하지는 않지만, 그 수는 대단히 많다.
내충격성은 내벽의 특징적인 요구 성능으로, 가구나 사람이 맞부딪쳤을 때에, 내벽의 마무리가 손상을 받지 않는 강도를 말한다. 또한 내벽의 단열성은 이웃 방도 같은 거주 조건이라면 열의 이동은 없지만, 특수한 방이나 온도차가 있을 경우는 고려한다. 특히 콘크리트 외벽의 내면 벽은 단열이 필요하고, 단열재 끼움이나 뒤붙임, 뿜칠 등 여러 가지 구법이 있다. 내벽의 방화성에 대해서는 방화 구획, 내장 제한, 방연 수직벽 등 규제가 많은데, 주방 · 탕비실 등 화기 사용의 방은 특히 주의한다. 욕실 · 주방 등 물가라 불리우는 방의 내벽은 내수성이 요구된다. 징두리벽 등은 바닥의 방수층을 치올릴 필요가 있고, 그 단말 처리와 마무리의 관련 등 디테일상의 처리도 신중을 요한다. 중공 공기층에 글래스 울을 두껍게 충전한다든지, 또한 상층 바닥 아랫면까지 극간없이 구획할 필요가 있다. 흡음성을 요구받는 경우는 반사음끼리가 공명하지 않도록 실 형상을 고려한다든가, 내벽에 있어서는 그 마무리에 흡음 효과가 있는 재료를 사용한다. 내벽의 요구 성능은 또한 때가 잘 끼지 않는 점, 눈에 띄지 않는 점 등의 내오염성, 청소하기 쉬움, 교체하기 쉬움의 메인테난스성, 퇴색성, 상해성, 발음성 등 수많다. 그리고 질감 · 색조 · 감촉 등의 디자인적 요소도 내벽의 경우는 중요하다.

구법 RC조인 경우 내벽의 주체 구조는 콘크리트 블록, 경량 형강, 목재, ALC판 등이 있고, 그 내벽에 요구되는 성능에 따라 선택한다. 마무리의 형태는 걸레받이 또는 잡걸레받이 · 징두리벽이나 벽 등으로 구성되는 것이 보통이다. 걸레받이는 벽과 바닥에 접하는 부분으로, 구두코나 청소 도구 등으로 손상을 받지 않도록 보호한 것으로, 사람이나 물건이 닿는 빈도가 많은 내벽의 내모서리도, 코너 비드나 보호재를 설치하는 처치가 필요하다.
내벽의 마무리재는 다종 다양하지만, 구법적으로 대별하면, 벽체에 직접 마무리를 하는 것과 벽체에 프레임 · 바탕을 세운 위에 마무리하는 경우로 나뉜다. 벽체에 직접 마무리를 하는 경우 약간의 바탕 처리는 필요하지만, 바름벽에서 타일 · 돌 붙임 등 많은 마무리를 포함한다. 바름벽의 마무리면은 평활하고, 균열이 생기지 않도록 소요 간격으로 줄눈을 잡고, 특히 바탕 재료가 다른 부분을 동일 면에서 마무리할 경우는 그 위치에서 줄눈을 잡는 일은 균열 방지상 유효하다.
타일 붙임은 일반적으로 화장실 · 주방 등의 물가에 많이 사용되고, 방수층과의 만남이나 온도 변화가 심한 장소에서는 바탕이나 타일의 팽창 · 수축에 의한 타일의 박락에 주의를 요한다.
벽체의 바탕이나 프레임은 목조나 경량 형강으로 구성되고, 그 위에 널 붙임 · 합판 · 보드 붙임 등의 건식 공법이 RC조의 경우에 많다. 보드 등의 조인트는 균열이 들기 쉬우므로, 줄눈을 세우는 일이 바람직하다. 보드류 중에서 바탕재를 세우지 않고, 접착제 등 모르타르로 직접 벽체에 부착하는 석고 보드 GL 공법이 많이 사용되고 있다.
내벽에는 본격적인 칸막이 이외에 경량 칸막이 또는 간이 칸막이라 불리우는 것이 있다. 이것도 실내를 칸막는 장막벽의 일종이고, 차음, 프라이버시 등 별로 엄격하게 요구되지 않는 방의 구획에 이용되고, 바닥 하중의 저감, 가동성, 공기 단축 등에 메리트가 있다. 경량 칸막이는 알루미늄의 압출형재나 강판 패널을 사용한 것이 많고, 공장 제품으로서 각 사로부터 시판되고 있다. 경량 칸막이에는 가동형과 고정형이 있고, 각각의 용도에 따라 선정되고, 그 칸막이의 종류는 차음 · 내화 · 테넌트용 칸막이를 비롯 학교 건축용, 전산실 · 수납 가구용 칸막이, 그리고 토일렛 부스에서 로 타입의 칸막이까지 다종 다양한 것이 있다.

콘크리트치기 · 바름마감

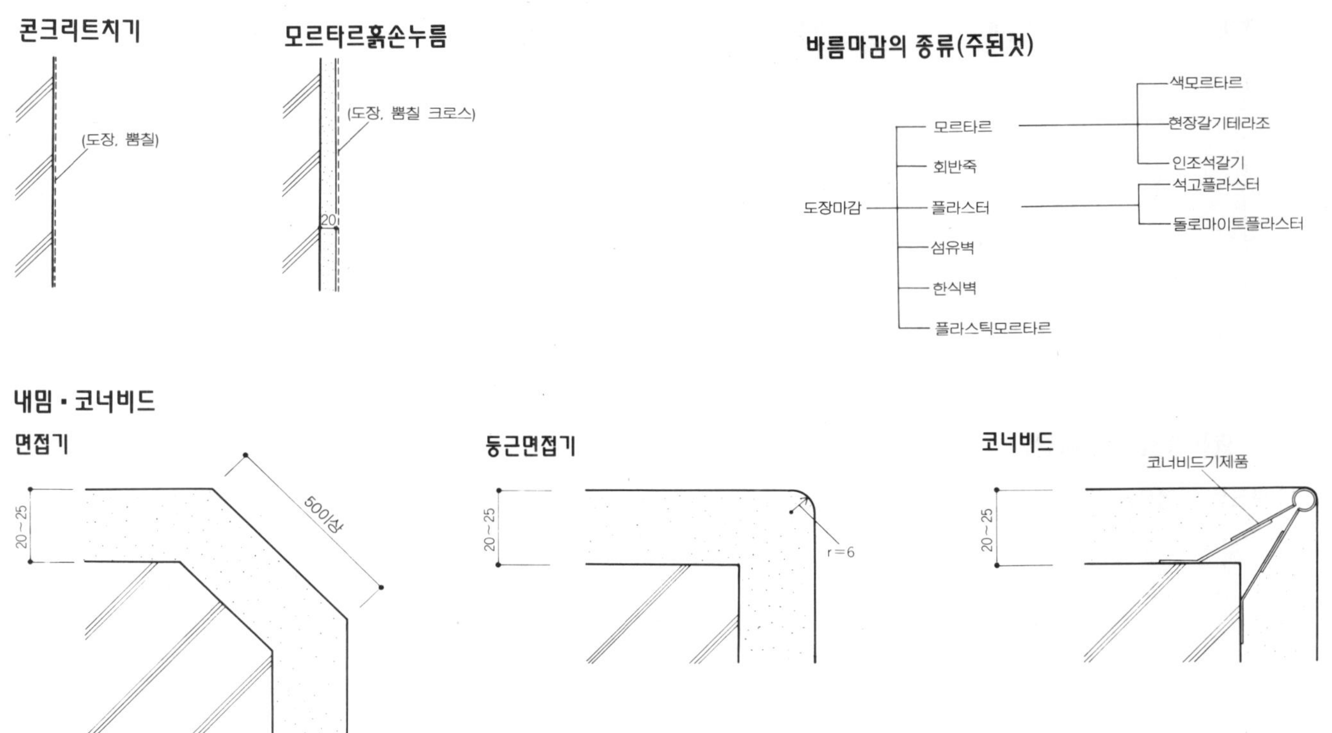

돌붙임

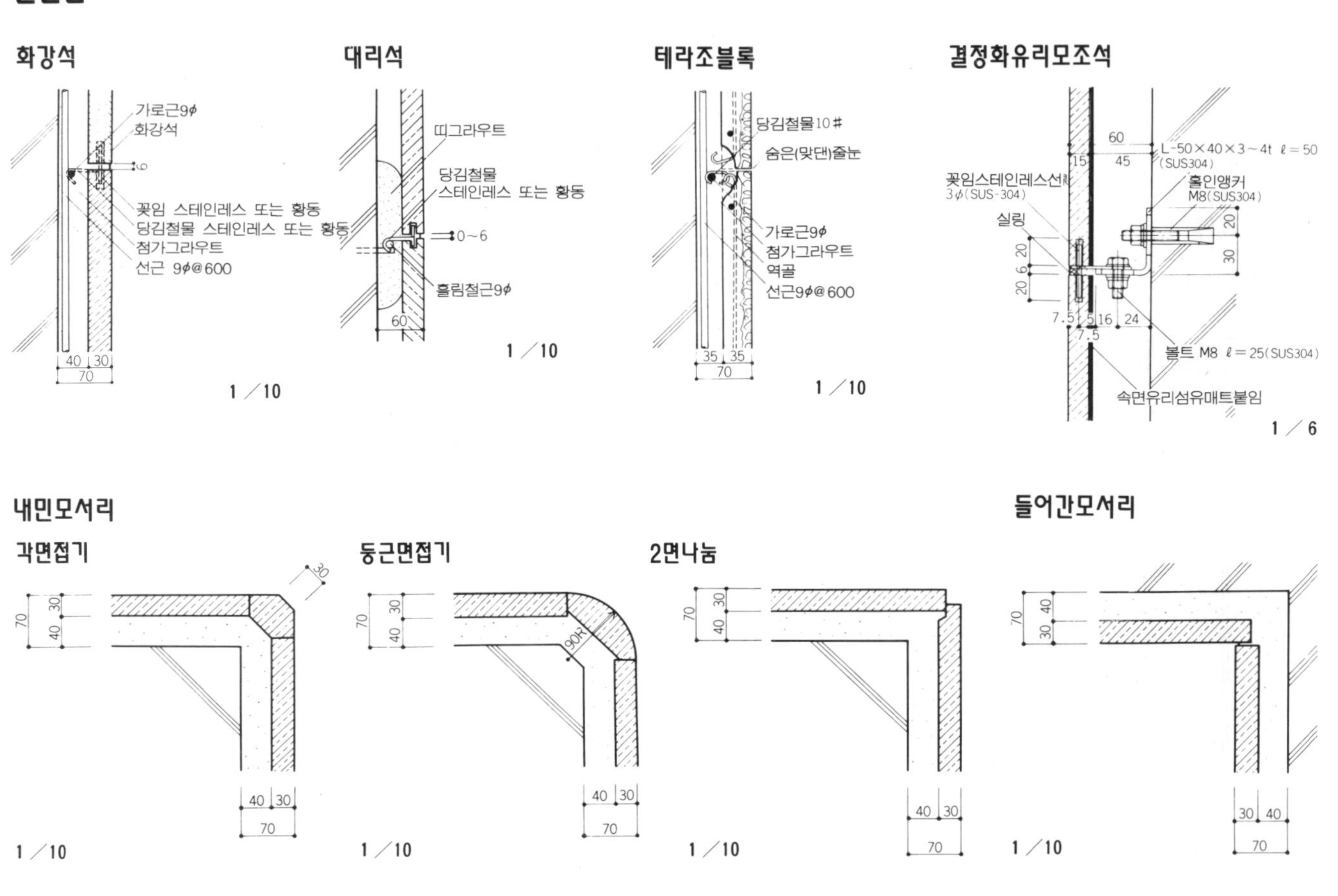

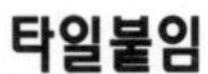

부분별 DETAIL

타일붙임

타일(자기)

타일(반자기)

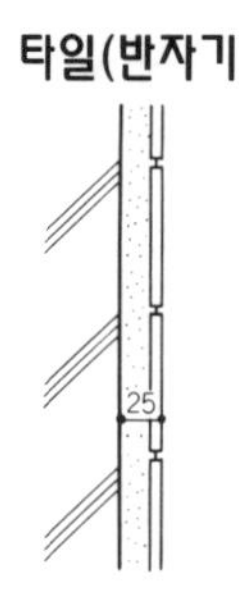

내밈

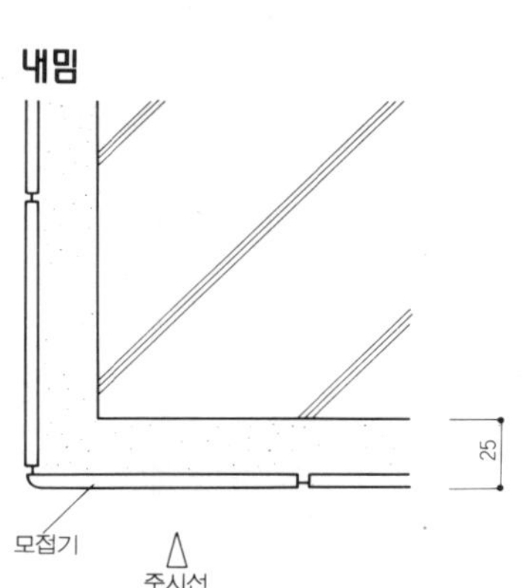

들어감

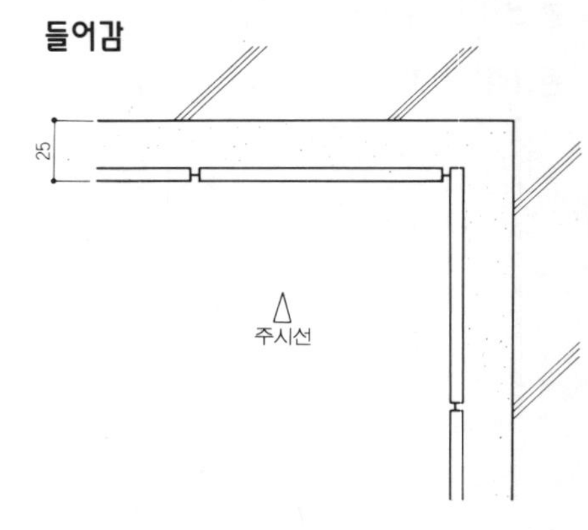

보드・합판붙임(RC 바탕)

석고보드GL공법붙임

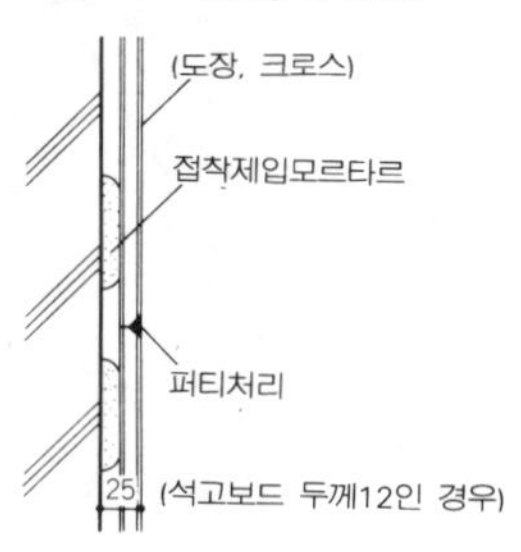

붙임합판

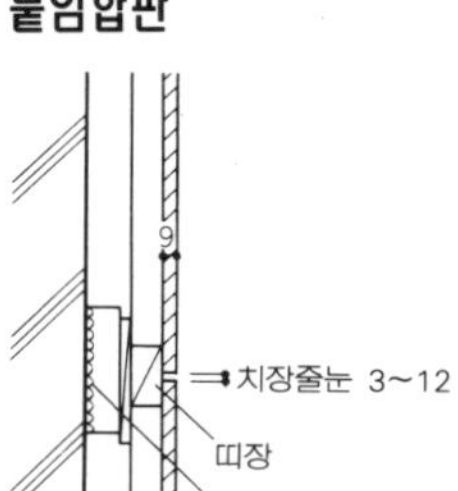

붙임한판(띠장붙임)

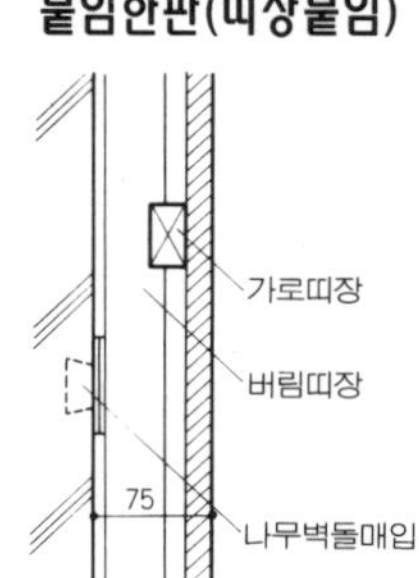

유공합판

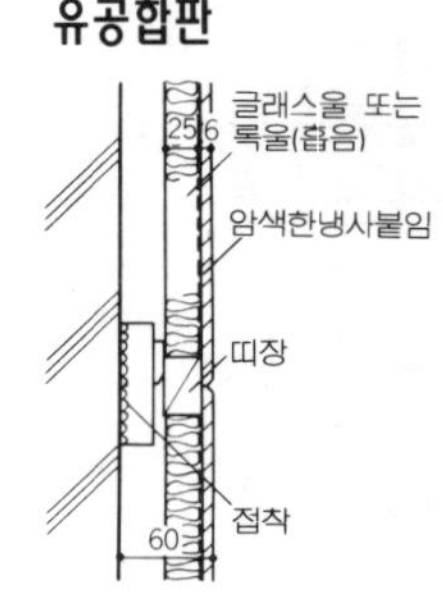

내밈(1)

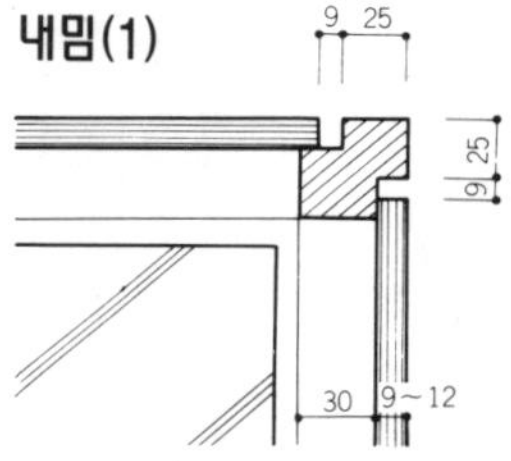

내밈(2)

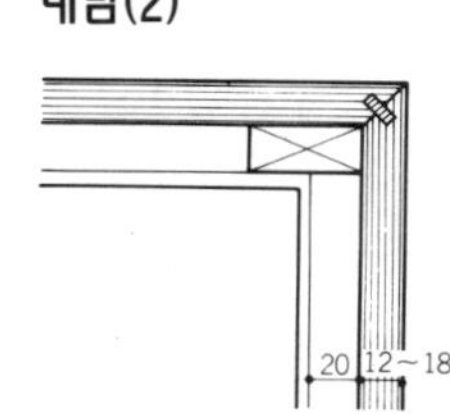

들어감(1)

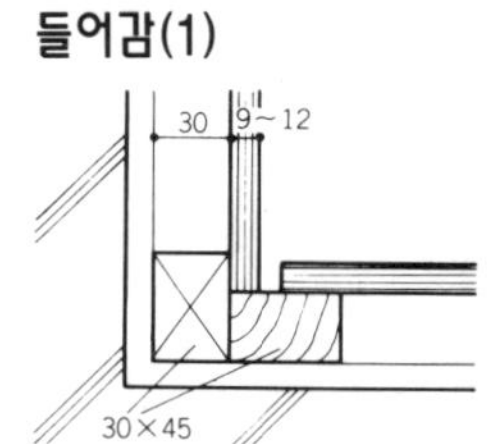

들어감(2)

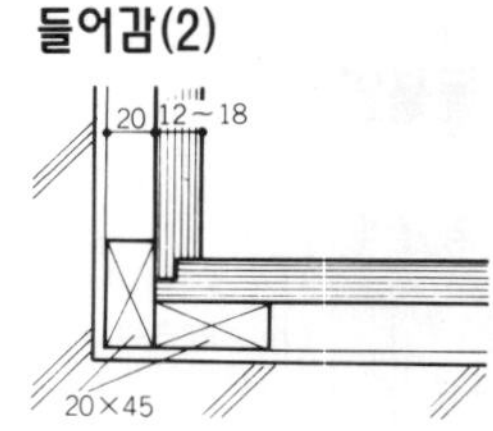

목조간막이

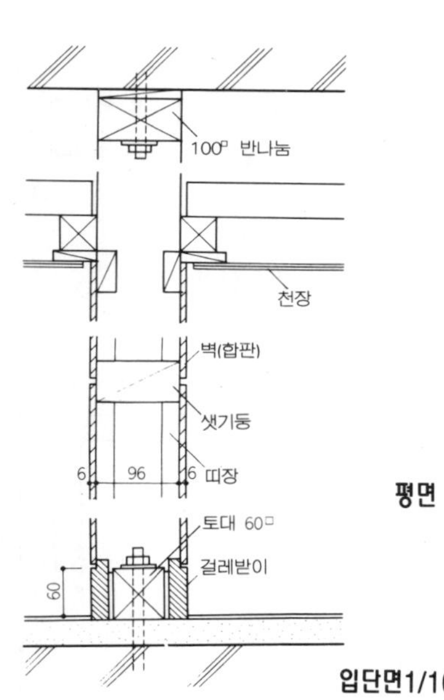

평면

입단면1/10

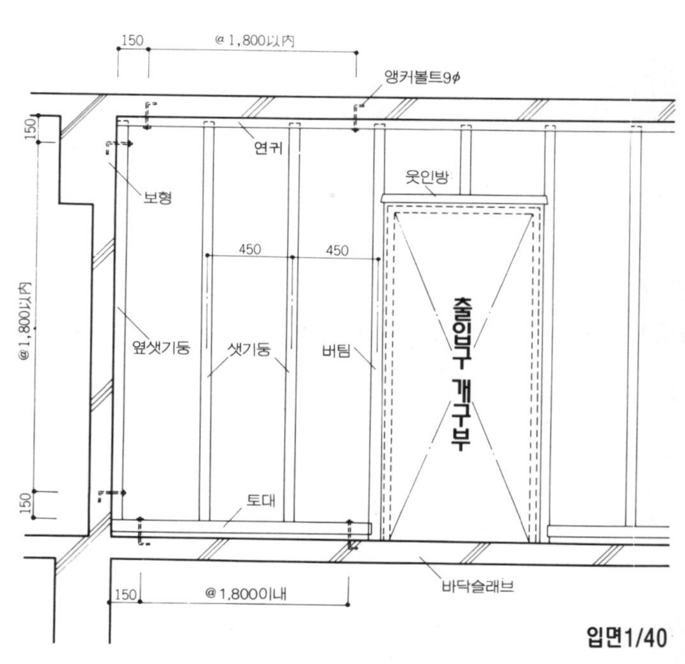

입면1/40

경량철간막이

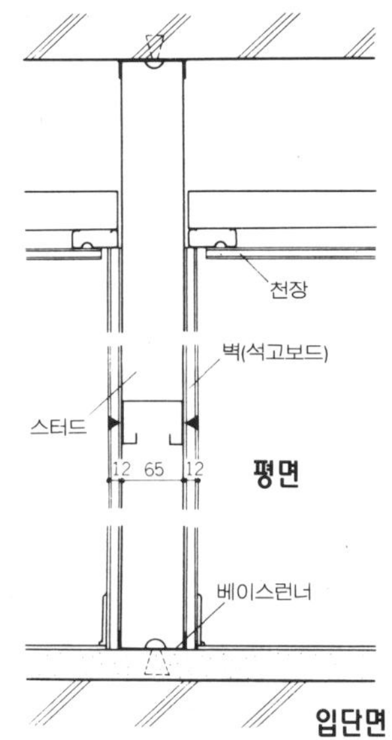

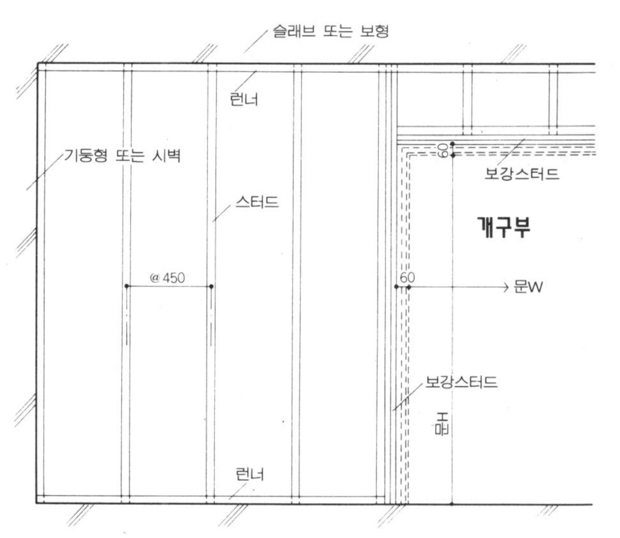

ALC판간막이

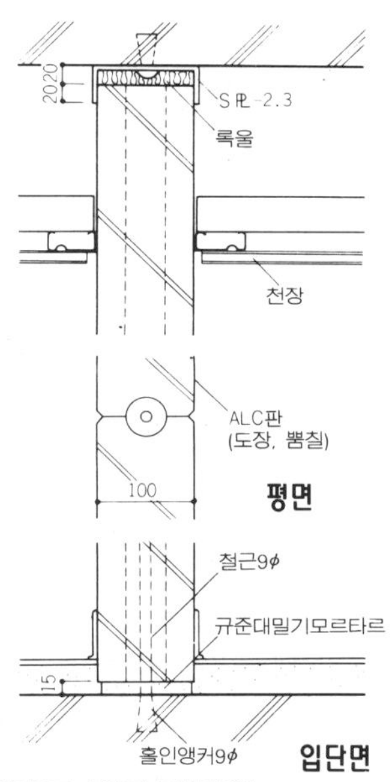

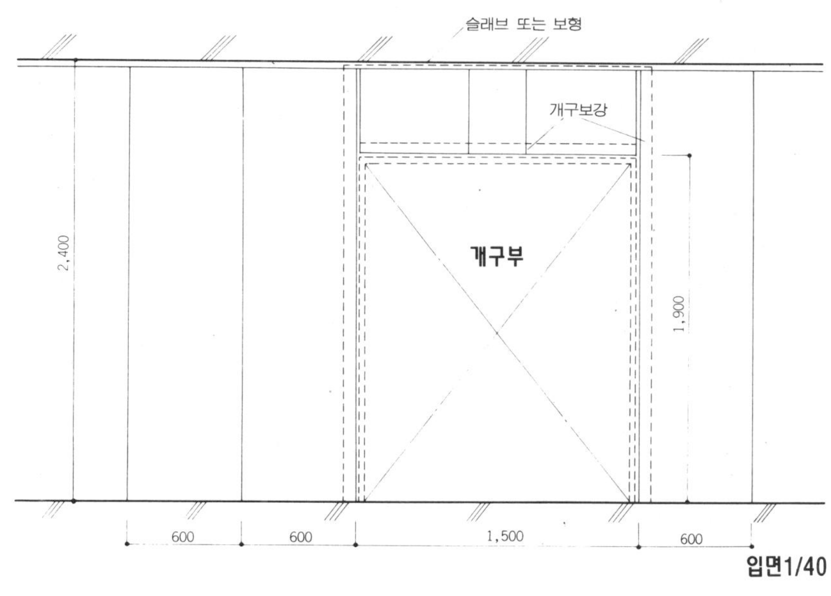

콘크리트 블록 간막이

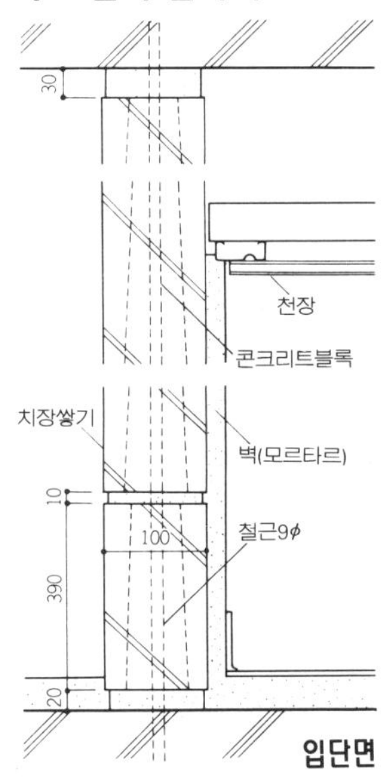

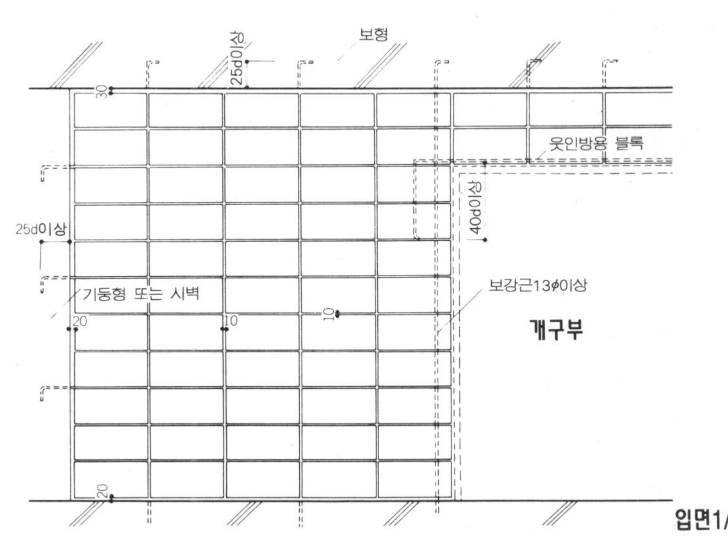

부분별 DETAIL

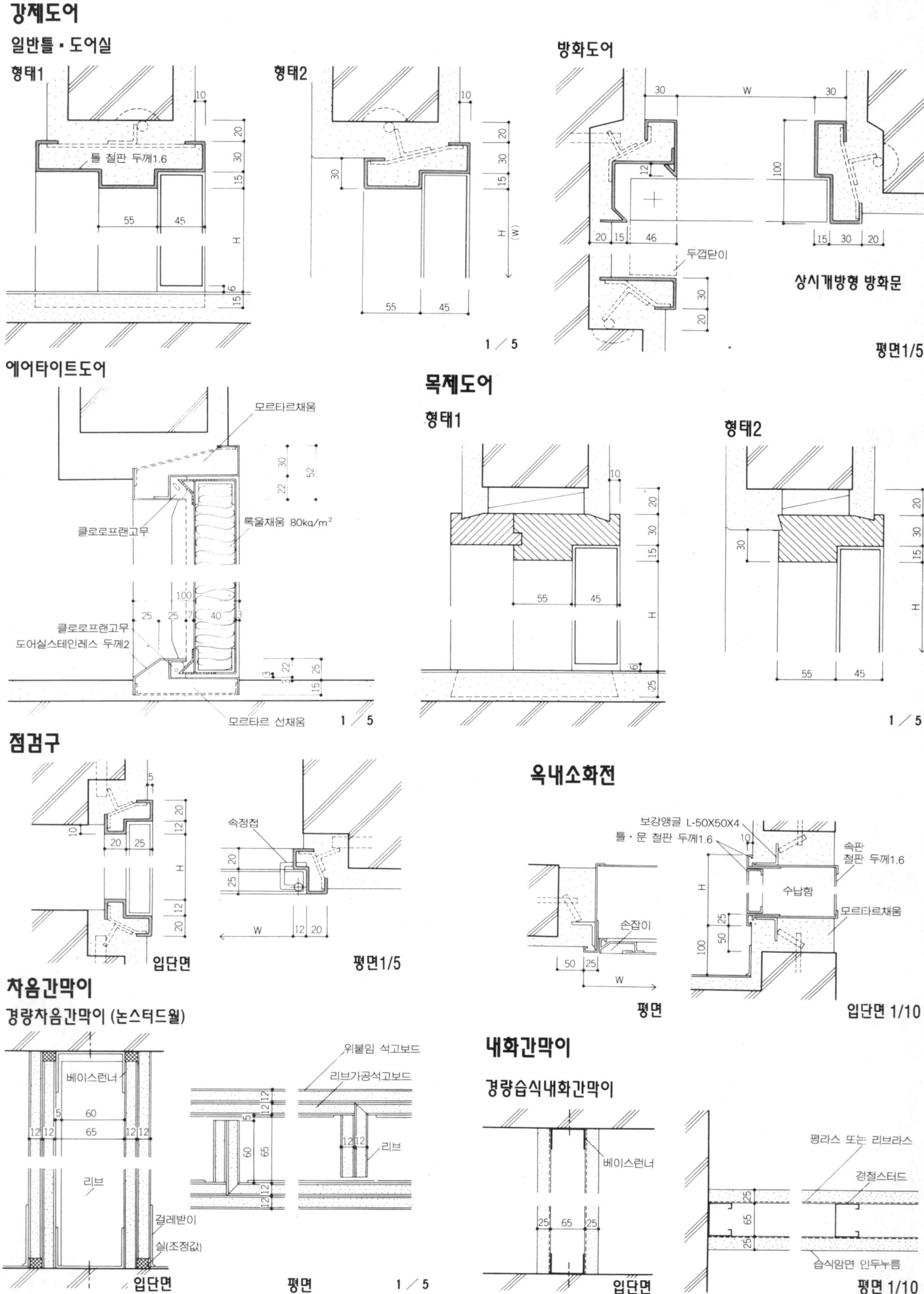

강제도어
일반틀 · 도어실
형태1
틀 철판 두께1.6
형태2
방화도어
두겁닫이
상시개방형 방화문
평면1/5
1/5
에어타이트도어
모르타르채움
클로로프랜고무
록울채움 80kg/m²
클로로프랜고무
도어실스테인레스 두께2
모르타르 선채움
1/5
목제도어
형태1
형태2
1/5
점검구
속정첩
입단면
평면1/5
옥내소화전
보강앵글 L-50X50X4
틀 · 문 철판 두께1.6
속판 철판 두께1.6
수납함
모르타르채움
손잡이
평면
입단면 1/10
차음간막이
경량차음간막이 (논스터드월)
베이스런너
리브
걸레받이
실(조정값)
위붙임 석고보드
리브가공석고보드
리브
입단면
평면
1/5
내화간막이
경량습식내화간막이
베이스런너
평라스 또는 리브라스
경철스터드
습식암면 인두누름
입단면
평면 1/10

기능 바닥은 건축물의 공간에서 하한면을 구성하고, 그 위에서 사람이 생활하고, 또한 생활에 필요한 물건을 놓는 부위이다. 따라서 바닥의 기능을 이것들의 적재 하중을 받는 일이 중요한 요소이고, 또한 항상 사람·물건이 직접 접촉한다든지 이동한다든지 하므로, 내마모, 내충격성이나 발디딤의 감촉성, 안 더러워짐, 미끄러지지 않음 등이 필요하다. 이것들의 기능은 바닥이 놓여지는 위치나 사용 상황에 따라 크게 다르다. 바닥의 위치·사용 상황을 대별하면, 테라스·발코니·쪽통로 등의 옥외 바닥과 옥내 바닥으로 나뉜다. 옥외의 바닥은 사람이 실리는 일 외에, 내수성·내후성·안전성 등의 기능이 요구된다. 옥내의 바닥을 그 위치에서 보면, 일반층의 바닥, 옥외에 접하는 바닥, 최하층의 바닥 등이 있고, 이 중 필로티의 상부에 있는 옥외에 접하는 바닥이나 최하층의 바닥에서는 우선 단열성이 문제가 되고, 최하층·지하층의 바닥은 지면에 근접하고 있으므로 물이나 습기에 대한 배려가 필요해진다. 다음에 용도상에서 바닥 기능을 분류하면, 우선 주택과 같은 맨발로 오르는 바닥이 있고, 따스함이나 감촉의 좋음이 특히 중요하고, 다다미·융단류가 잘 이용된다. 역의 플랫폼·집회 시설 등 대군집이 이용하는 바닥에서는 내마모성, 미끄러지지 않음, 상처나기 어려운 점 등이 중요한 조건이 된다. 체육관 등 스포츠 시설 등의 바닥에서는 튼튼한 것, 미끄러지기 어렵고, 적당한 탄력성이 필요하다. 또한 병원의 바닥에서는 청결함이 중요하고 흡진성이 적은, 먼지가 나기 어려운, 소리가 나기 어려운, 청소가 용이할 것 등이 필요한 조건이다. 수술실이나 특수한 방에서는 내약품성·X선 차단성·전도성이 요구된다. 발음성이나 흡음성이 특히 중요시되는 것은 스튜디오나 미술관·전시장 등의 바닥이다. 또한 전자계산기실의 바닥에서는, 프리 액세스 플로어를 사용하여 바닥 아래에 배선 가능하도록 고려한다. 욕실·변소 등의 물을 사용하는 방에서는 고장으로 물이 아래층으로 샌다든지 침투하지 않도록 방수성이 요구된다.

구법 바닥의 주체 구조는 건축물의 주체 구조여서 바닥에 가해지는 외력이나 바닥의 자중을 지지함과 동시에, 바닥 마무리재의 바탕이기도 하고, 또한 고층 건물에서는 수평의 방화 구획의 역할을 가진다. 바닥의 주체 구조의 종류는 목질계, 철강계, 콘크리트계의 바닥으로 나뉜다. RC조에 있어 콘크리트계의 바닥에는 현장에서 주조하는 일체식 구조 바닥과 기제 콘크리트의 보·슬래브 등으로 조립된 조립 구조 바닥과 양자를 병용한 바닥이 있다. 일체식 구조 바닥에는 보 지지·플래트 슬래브·조이스트 슬래브·특수 리브 지지·버림 거푸집 등의 구법에 의한 바닥이 있고, 조립 구조 바닥에는 평판·리브 붙이기·구멍 뚫기·조이스트 바닥판 등이 있다. 박육 프리캐스트판을 이용한 중공 슬래브는 기제 프리캐스트판을 걸쳐, 거푸집 대신에 그 위에 현장 콘크리트 치기를 하여 일체화 슬래브를 구성한다고 한다. 일체식과 조립식이 병용된 것이라 할 수 있다.

바닥 마무리 바닥 마무리는 통상 바탕을 중개로 하여 바닥 구조를 결합하는데, 콘크리트 직접 누름 마무리와 같이 바닥 구조체가 그대로 마무리 바닥이 되는 것도 있다. 목제 바닥에는 띠천판·플로어링 보드 등의 장척판으로 마무리한 널 붙임 바닥, 목재의 나뭇결·자연색을 이용하여 기하학적인 무늬를 그려 마무리하는 고급 바닥인 쪽매 붙임, 또한 바탕널이나 반침·광 등의 바닥은 합판·보드 붙임을 사용한다. 그 밖에 목질계의 부착 바닥이 있고, 이것은 단척·소편상의 널빤지를 블록상 등으로 가공한 바닥 마무리재를 목조 바탕이나 모르타르 바탕으로 마무리한 바닥으로, 그 종류에는 플로어링 블록 붙임·파켓류 붙임이 있다. 또한 고무·아스팔트 크마론·염화 비닐·유지계 등이 있고, 형상은 타일상과 시트상의 것이 있다. 콘크리트 바탕에 바름 마무리하는 바닥에는 모르타르 바름·인조석 바름·합성 수지 바름 등의 바름 바닥이 있다. 또한 콘크리트 바탕에 깔아서 마무리하는 바닥에는 매트 깔기·융단 깔기·회삼물·나무 벽돌·벽돌 깔기 바닥 등이 있다. 그 외에 돌 붙임에는 화강암 등의 경석이 일반적으로 이용되고, 타일 붙임 바닥에서는 흡수성이 작은 자기질·석기질의 타일이 이용된다. 바닥의 특수 구법으로서는 프리 액세스 바닥 등의 이중 바닥 이외에 전도 바닥·방진 바닥·방음 바닥·방수 바닥·방습 바닥·단열 바닥·내약품 바닥·난방 바닥 등이 있고, 요구 성능에 따라 선정된다.

부분별 DETAIL

바닥마감

콘크리트직누름

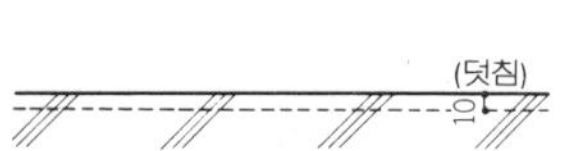

모르타르흙손누름

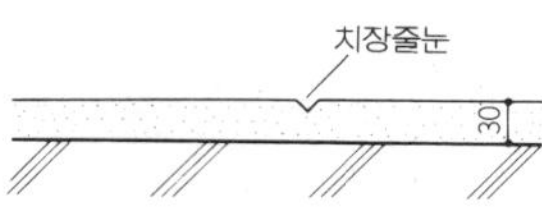

현장갈기테라조

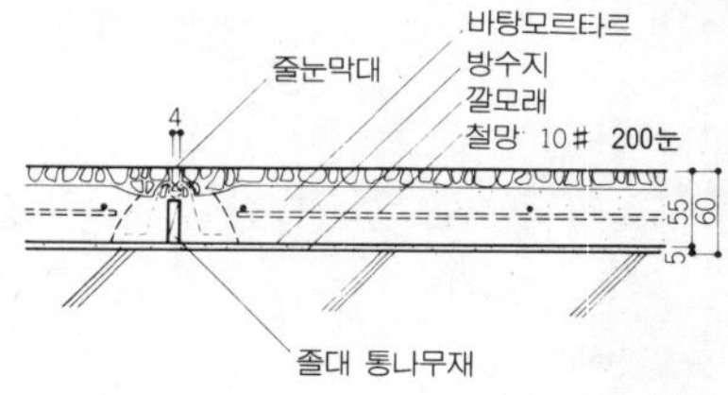

플라스틱계시트

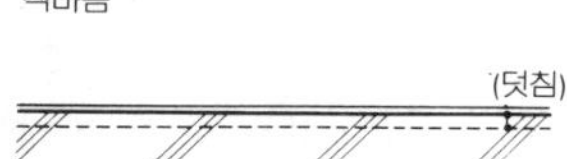

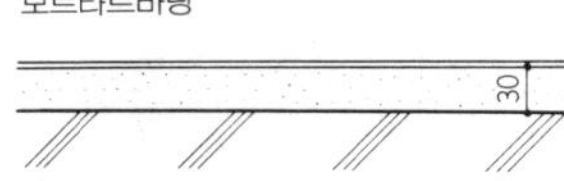

카페트

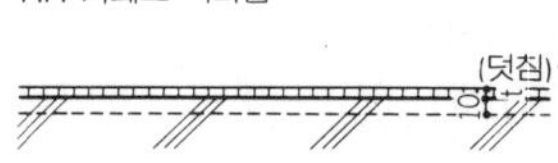

펠트+카페트

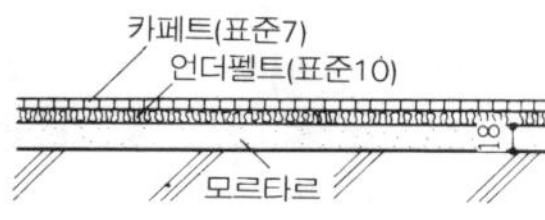

목제바닥(바로붙임)

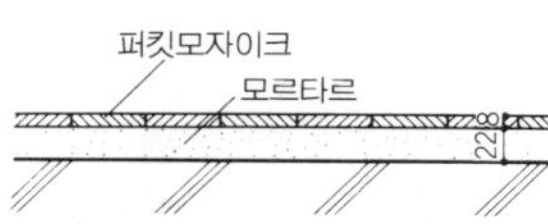

목제바닥(바탕짬)

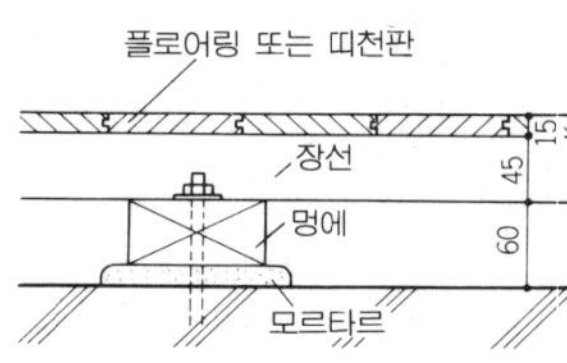

타일

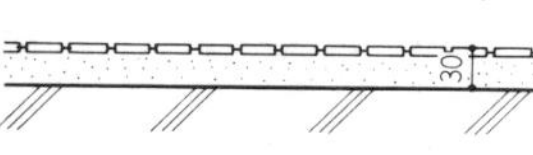

타일

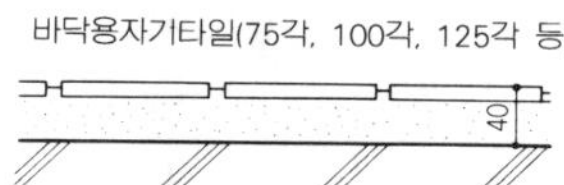

타일

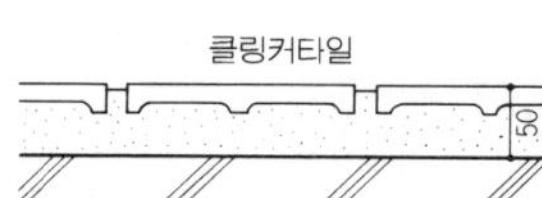

매트

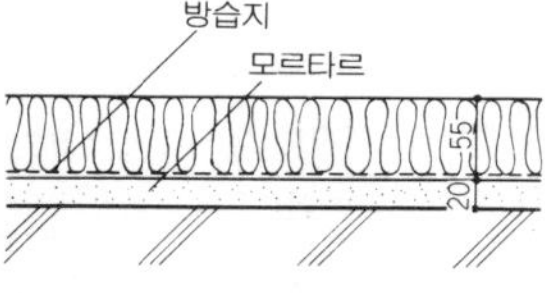

매트

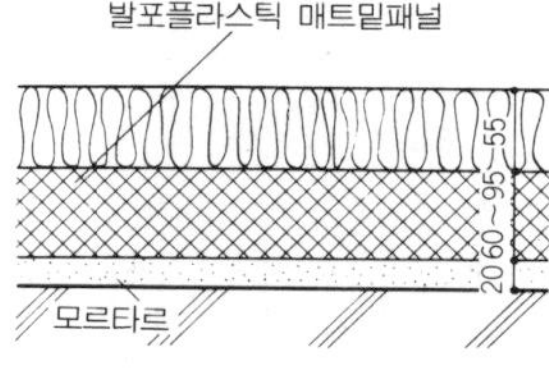

매트(바탕짬)

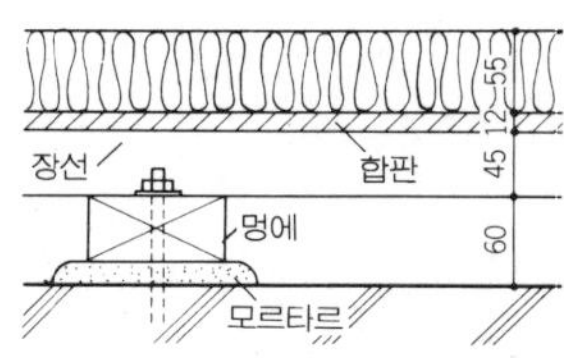

석·테라조블록

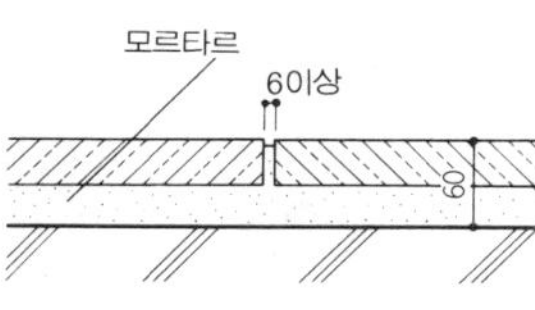

석

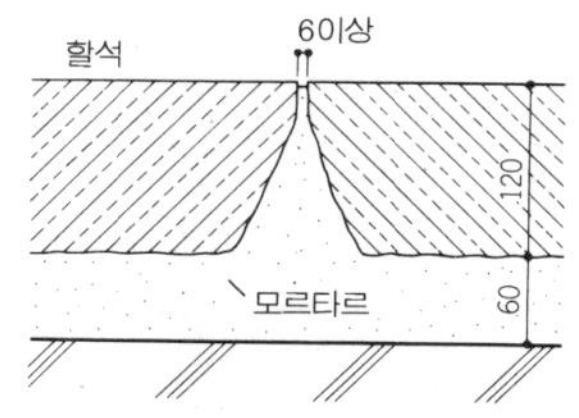

벽돌세움

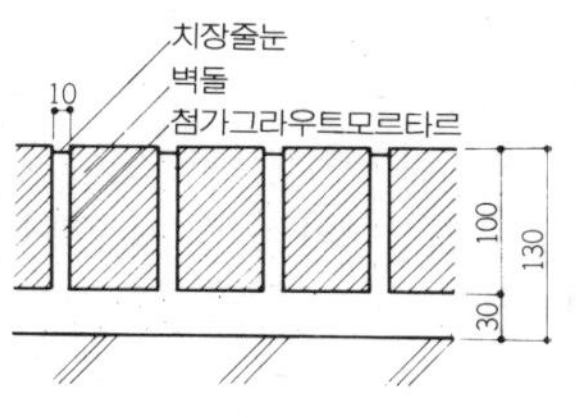

1/10

바닥~벽연결(걸레받이주위)

모르타르~플라스틱계 타일

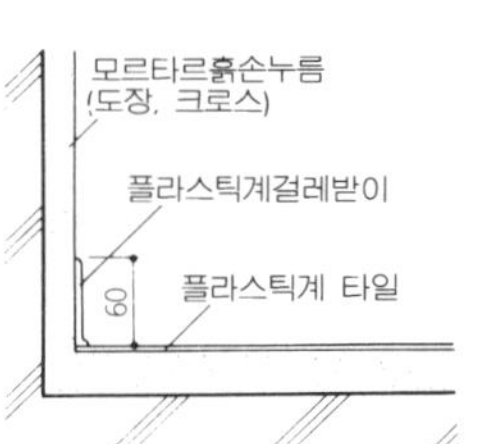

보드~플라스틱계타일

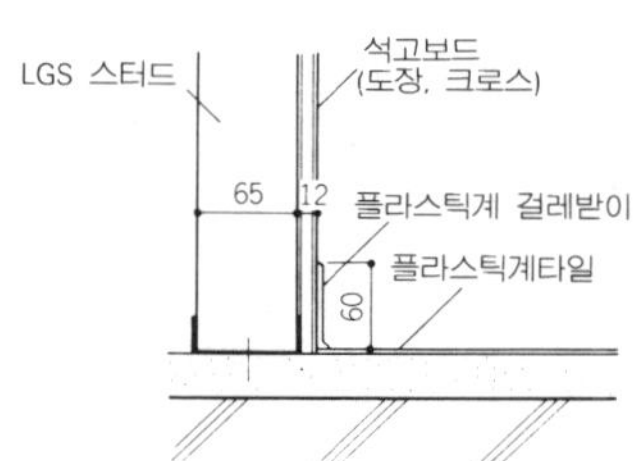

모르타르~염화비닐계시트

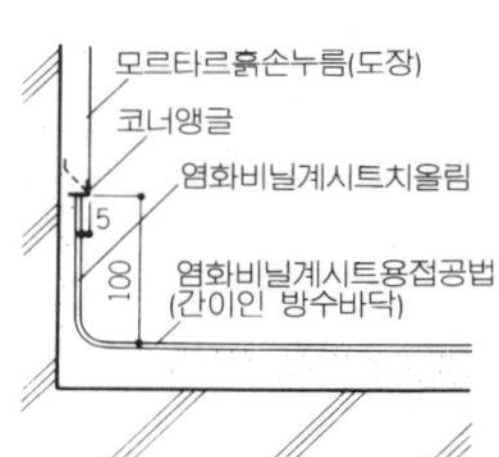

모르타르~카페트

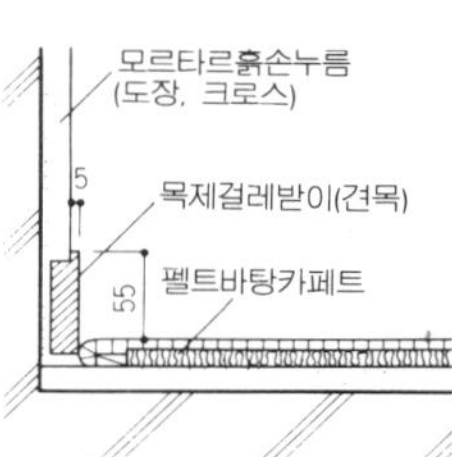

판석~카페트

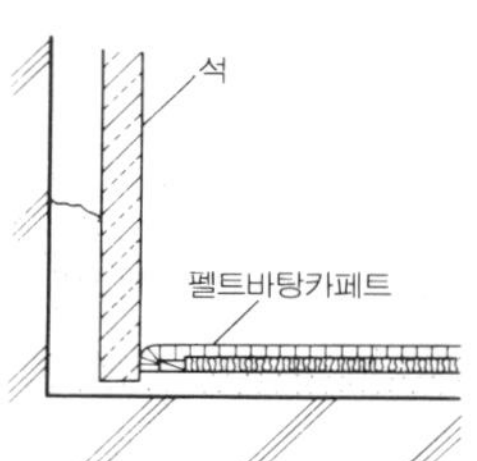

모르타르~파케트

모르타르~플로어링

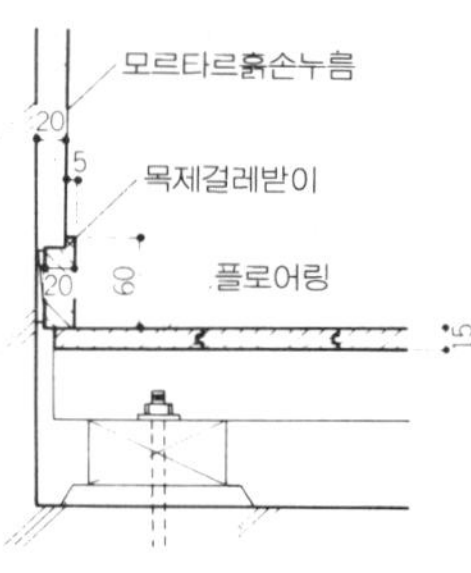

모르타르~바닥용자기타일

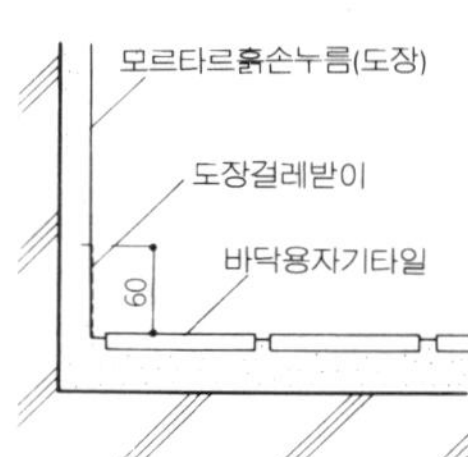

반자기타일~모자이크타일

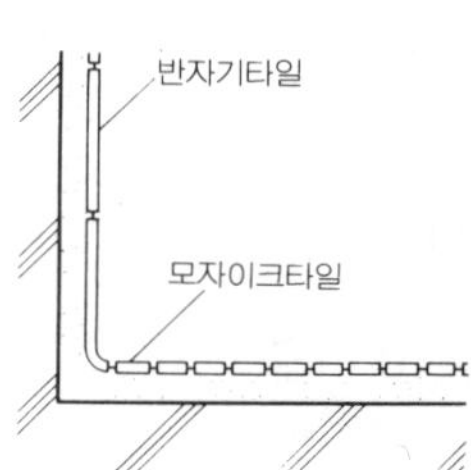

모르타르~매트

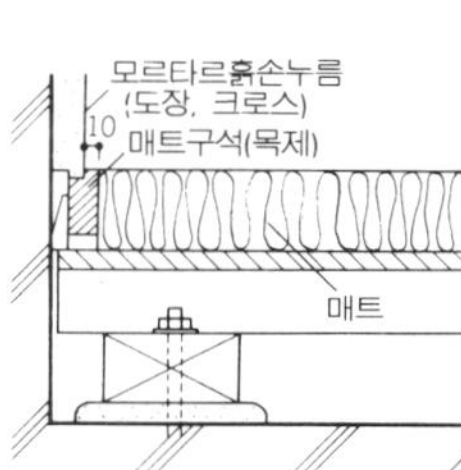

판석~판석

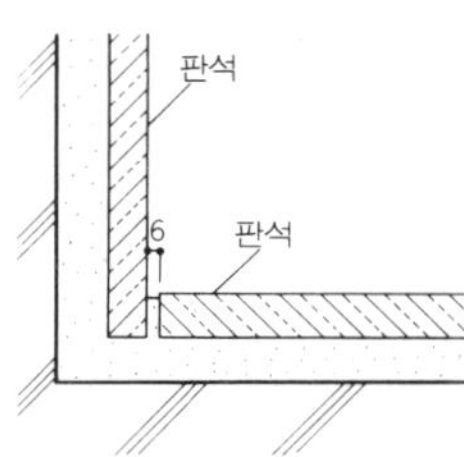

판석~판석

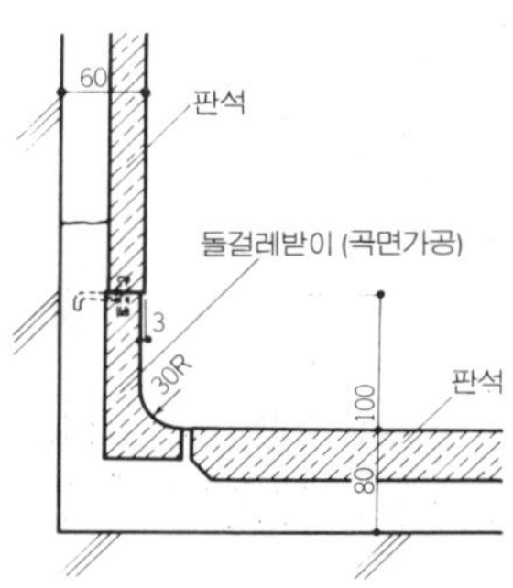

1/10

부분별 DETAIL

점검구

줄강판제

알루미늄제

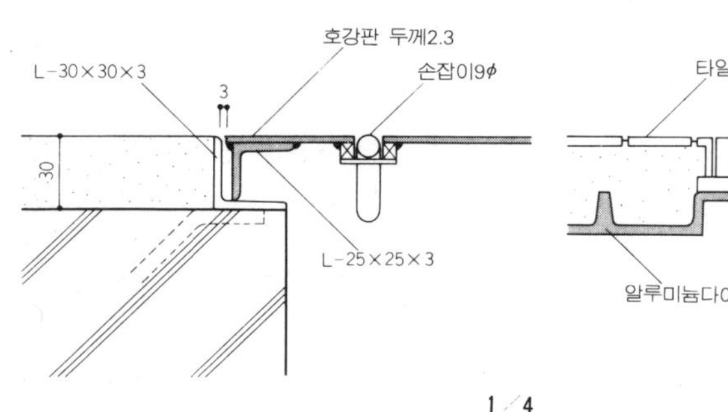

케이블피트

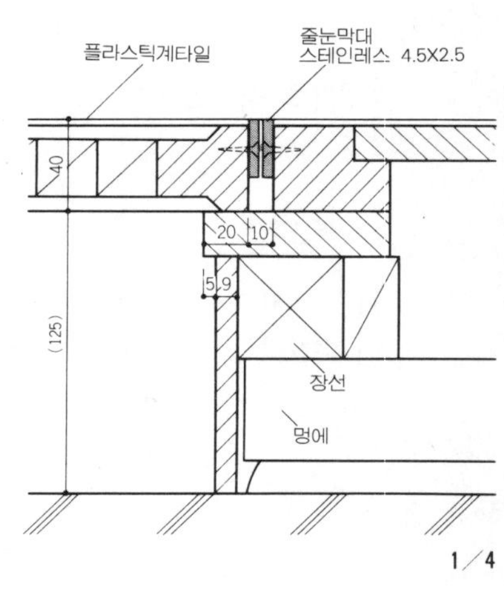

배수구

욕실용

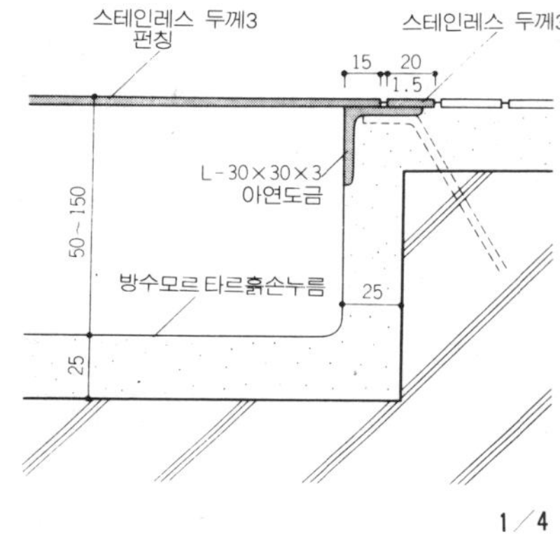

주방용

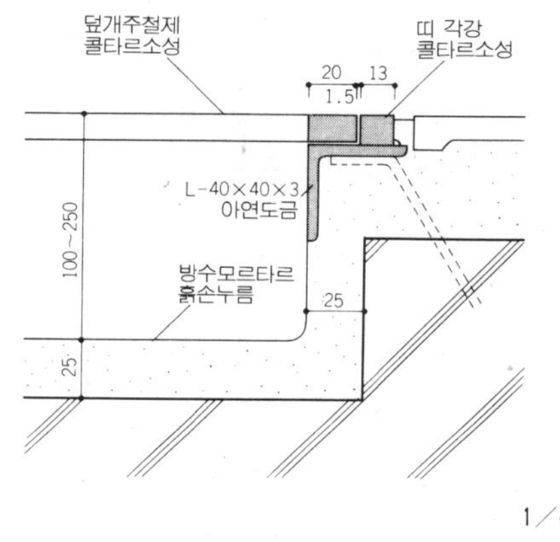

윗울거미

바닥단차가큰경우

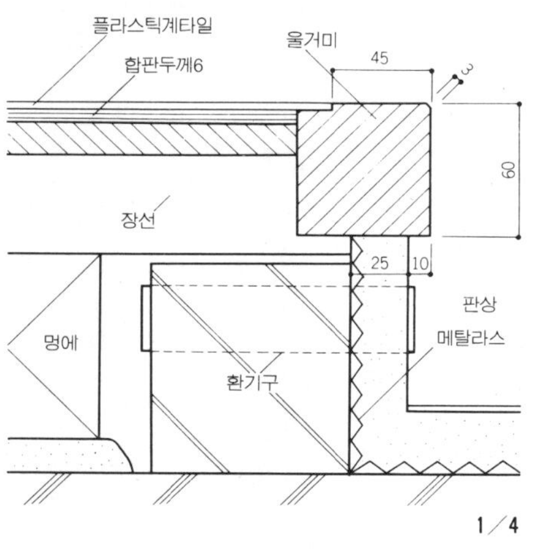

바닥단차가작은경우

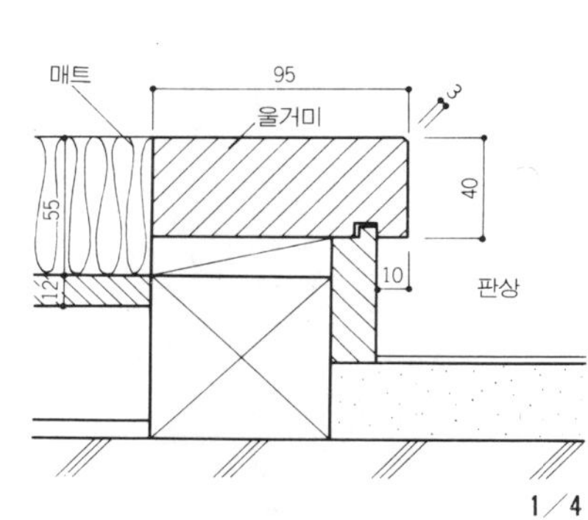

줄눈봉・바닥차단

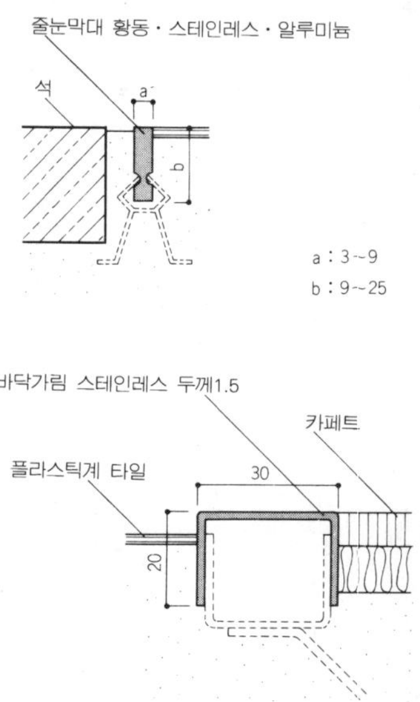

차음바닥

부상공법

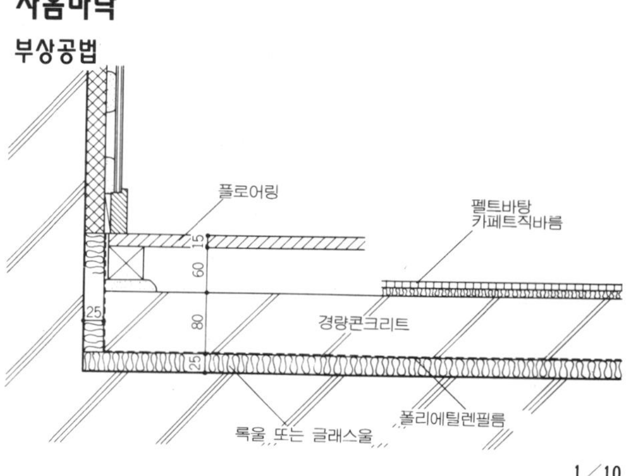

1/10

치상공법

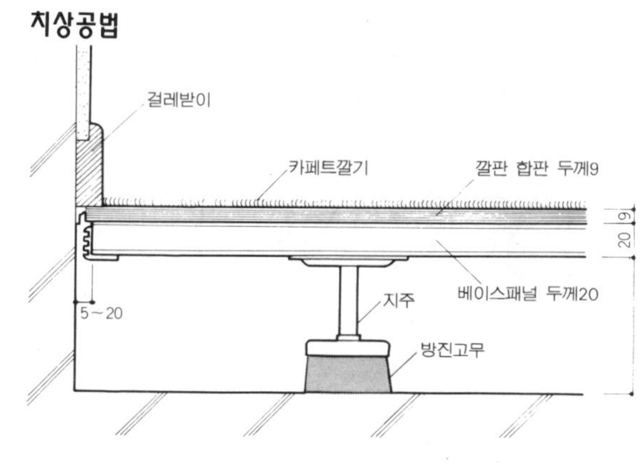

1/10

프리액세스플로어

아스베스토형태

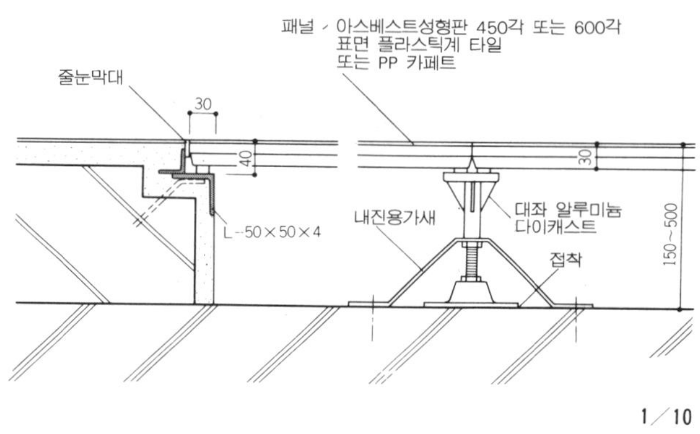

1/10

다이캐스트형태

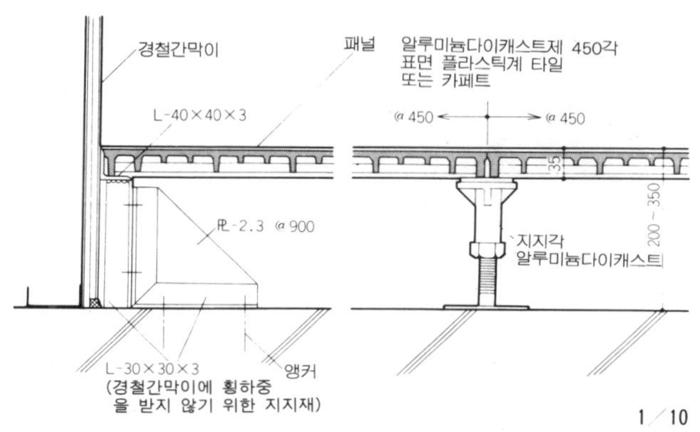

1/10

얇은Pca판을 사용한 중공슬래브

강성이 높고, 긴스팬이 가능하여 클립변형이 적다.

뒷침 콘크리트
특수트러스근
중공부 형틀(발포폴리스틸렌판)
65
130
250
55
형틀겸용박육 PCa판
150
420
75
@570
570
@570

1/10

특수리브부착슬래브

연직강성이 높고, 서포트 불필요, 시공중의 하중을 밑층으로 전하지 않음

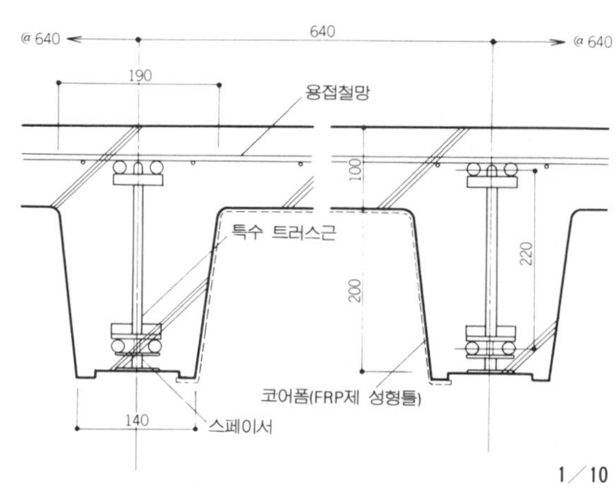

1/10

부분별 DETAIL

벽단

구체에서 올린것

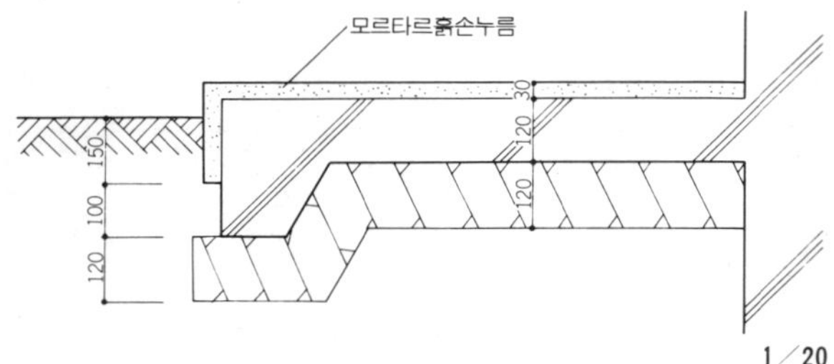

구체에서 올린것

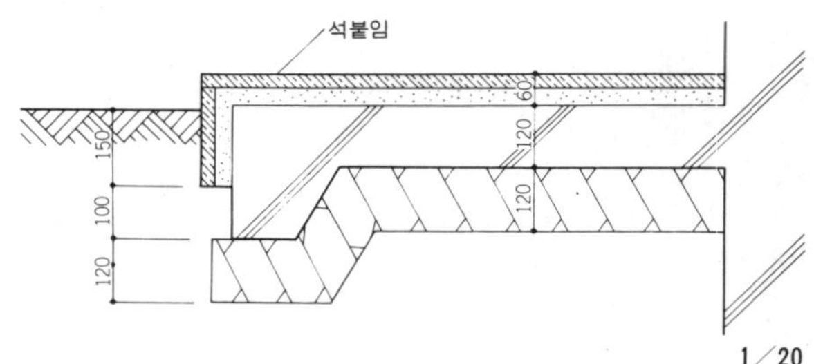

구체에서 분리한것

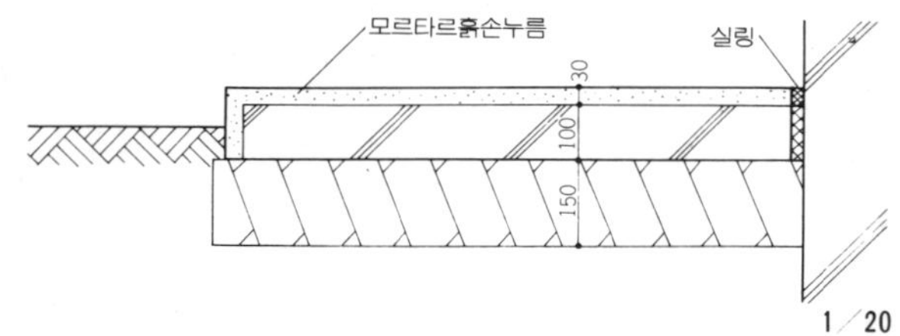

구체에서 분리한것

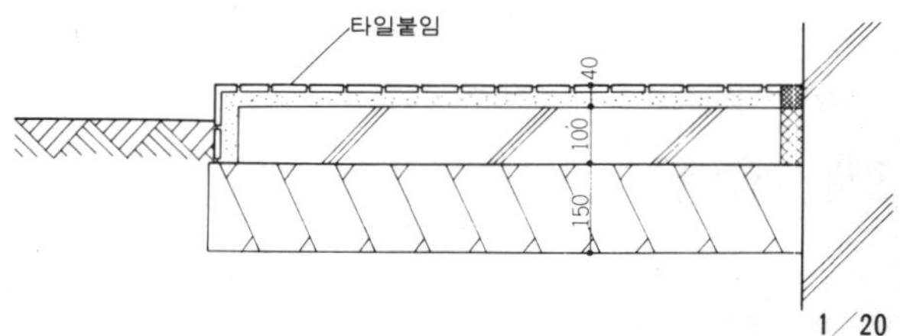

구체에서 분리한것

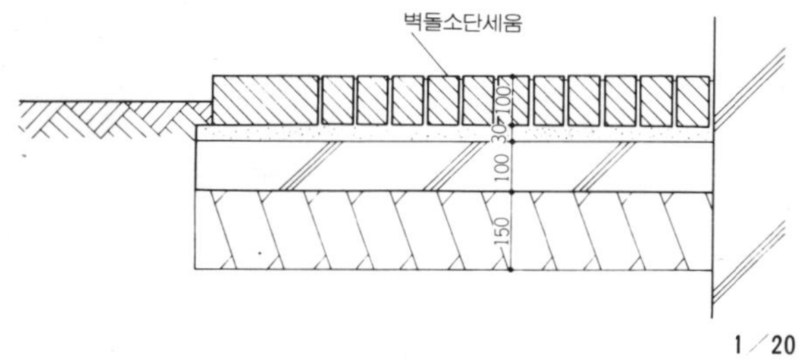

구체에서 분리한것

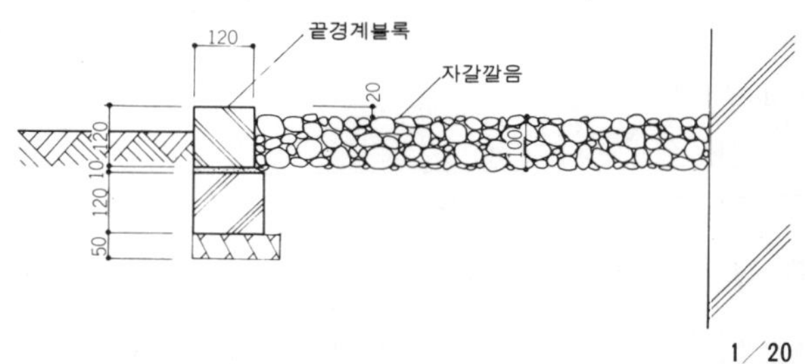

다짐슬래브

다짐슬래브(1)

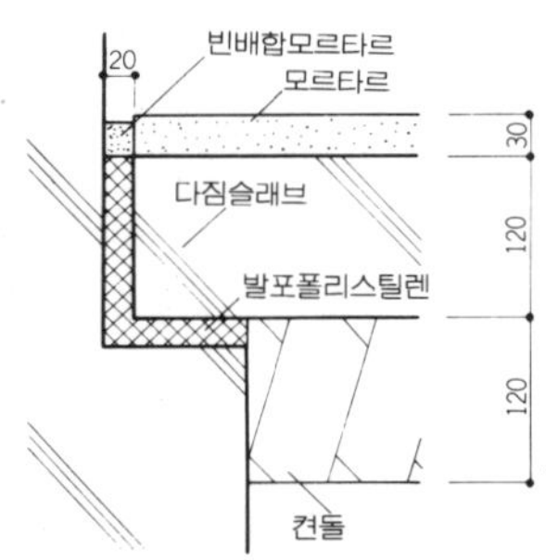

다짐슬래브(2)

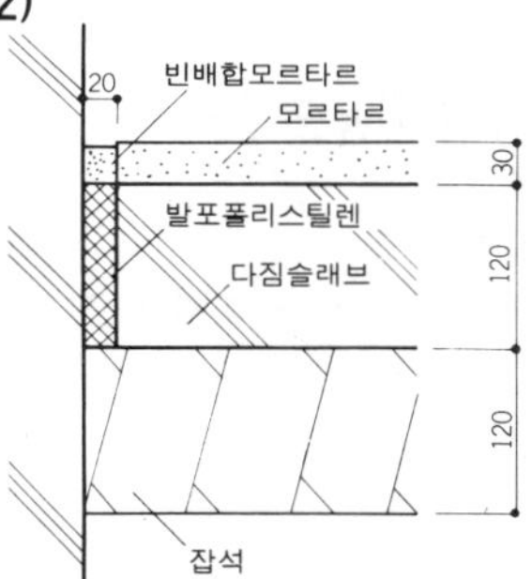

신축줄눈

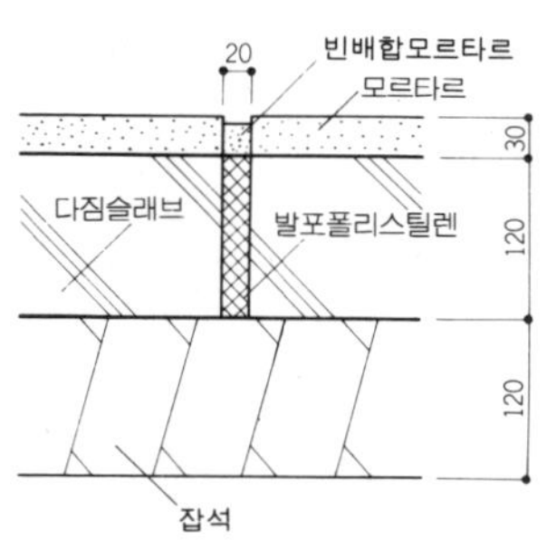

단열 • 방습

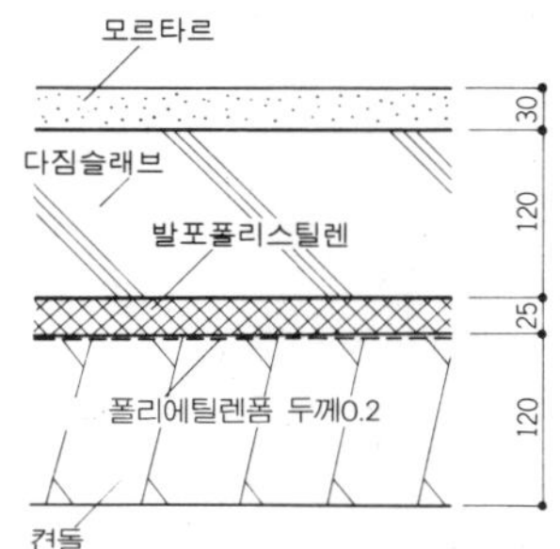

기능 천장은 통상 인간이 직접 접촉하는 일이 없는 부위이고, 일반적으로는 자중에 견디기만 해도 되고, 성능의 요구 정도는 다른 부위보다는 가볍다. 그러나 한편으로 심리적 · 감각적인 것을 인간에게 주는 중요한 역할이 있어, 그 공간의 의장을 구성하는 중요한 요소의 하나이다.

천장의 요구 성능 중 특히 중요한 것은 내화 성능이고, 천장에 옮겨 붙은 불은 크게 확산하기 쉬우므로, 가능한 한 난연화 · 불연화를 꾀한다. 주방과 같이 요리 등을 할 때 나오는 화기나 기름에 대해서는 특히 고려가 필요하다.

방의 흡음을 높이는 경우에는 주로 천장면에서 처리하는 일이 유효하고, 거실 · 회의실 · 스튜디오 · 극장 · 음악실 · 체육관 등, 각기의 사용 목적에 맞춘 흡음 조정을, 이 부위에서 하고 있다. 내습 · 내수성은 욕실 등에서는 절대 조건이고, 또한 결로하기 쉬운 재료 · 구법의 경우는 물매 · 물끊기를 해서 물방울을 처리할 필요가 있다.

또한 방의 균일한 밝기에서라면, 빛의 반사성이 중요하고, 반대로 변퇴색성도 문제가 된다. 천장면의 작업은 上向의 부자연스러운 자세임을 생각하면, 청소가 불편하고, 그 의미에서 때가 잘 끼지 않는 재료를 고르는 일도 중요하고, 특히 덕트 취출구 부근, 조명 기구의 바로 위 등은 더러워지기 쉬우므로 주의를 요한다.

형태 천장의 가장 일반적인 형은 하나의 평면으로 구성된 천장으로, 이 면이 수평인 것을 평천장, 경사진 것을 물매 천장이라고 하고, 욕실의 천장 등에 많다. 2개 이상의 면을 조합한 천장에는 배밑 천장 · 꺾인 천장 등이 있고, 또한 부분적으로 다른 면보다 1단 낮게 붙인 천장을 내림 천장이라 한다. 그 외에 원형 돔 등의 곡면 천장이나 꺾인 천장 · 요철 천장 등이 있다.

천장 바탕 구조 바닥 안쪽을 그대로 내보이는 천장에서는 천장 바탕 구조는 없지만, 이른바 이중 천장으로 할 경우 바닥과 천장재의 상호를 잇는 천장 바탕 구조가 존재한다. 그 구성 재료에는 목조와 철골조가 있는데, 주로 건물의 불연화에서 경량 철골에 의한 천장 바탕이 많이 사용된다. 천장 바탕 구조의 구성은 목조 · 철골조 모두 공통이고, 보통 달목받이, 달목, 반자틀받이, 반자틀 등으로 이루어지고, 천장의 키가 큰 경우는 흔들림 고정을 세운다.

마무리 천장의 마무리 재료는 내벽 마무리 재료의 대부분이 이용되는데, 강도는 벽만큼 요구되지 않지만, 경량인 것이 바람직하다. 모르타르, 플라스터 등의 바름 천장은 이음새가 없는 직결된 형도 자유로운 천장면을 만들 수 있는데, 건조 · 양생에 일시를 요하고, 균열이 발생하기 쉬운 점이 문제이다. 바름 바탕에는 콘크리트, 메탈 라드, 라드 보드 등이 있는데, 콘크리트 바탕 이외는 피한다. 널 붙임 천장에는 반자틀 천장 · 격자틀 천장 · 평판 붙임 천장이 있고, 반자틀 · 격자틀 천장은 주로 한식 건축에 이용된다. 평판 붙임 천장은 두께 12~15mm, 폭 100mm 전후의 널을 으깬 머리못으로 치고, 붙이는 쪽에는 맞춤 붙임 · 깔눈 붙임 · 눈판 붙임 · 들이댄 면잡이 붙임 등이 있다. 내벽에 사용되는 합판 · 보드류는 모두 천장에 사용할 수 있지만, 벽만큼 강도는 필요로 하지 않으므로 두께가 얇아도 된다. 합판 · 보드류 붙이기는 밑면 붙임이 많고, 퍼티 처리하여 연속면에 보이게 하는 조인트 공법 등도 있다. 기타 특히 천장에 이용하는 재료로서, 연질 섬유판이나 암면 흡음판이 있다. 종이 · 크로스류도, 천장은 손을 대어 더러워지는 일이 적으므로 종종 이용된다. 금속판은 알루미늄 띠상의 장척 성형판이 처마 천장 등에 잘 사용된다. 또한 플라스틱 성형판은 욕실 등의 사용이 많다. 석면 · 암면 등의 뿜칠 천장은 내화 · 단열 · 흡음 · 결로 방지 등에 효과가 있고, 또한 같은 목적으로 한 것에 발포 폴리스틸렌판을 끼운 천장이 있다.

천장과 벽의 조합에는 기능 · 디자인상의 요구에서, 여러 가지의 경우가 고려되고 있다.

시스템 천장은 프래패브화에 의한 시공성의 향상이나 공간의 균일성 · 유연성을 갖춘 것으로, 설비 기기류 1식을 짜넣은 타입도 있고, 주로 사무소 건축에 이용하며, 기타 천장의 특수 공법에는 거울 천장 · 빛 천장 등이 있다.

천장면에는 조명 기구, 감지기, 공조의 취출, 스프링클러 등의 설비 기기류 이외에, 천장 점검구 · 방연 수직벽 · 커튼 박스 등이 있고, 그 맞춤부의 디테일에 대해서는 신중한 조정과 검토가 필요하다.

부분별 DETAIL

천장마감

콘크리트치기

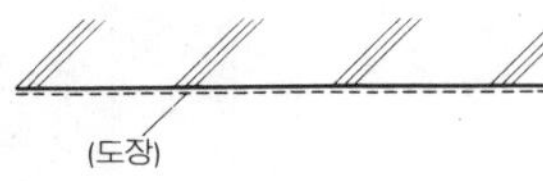

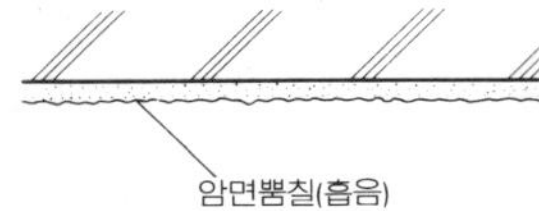

모르타르벽

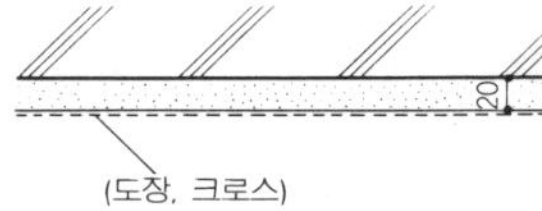

보드

밑줄눈붙임

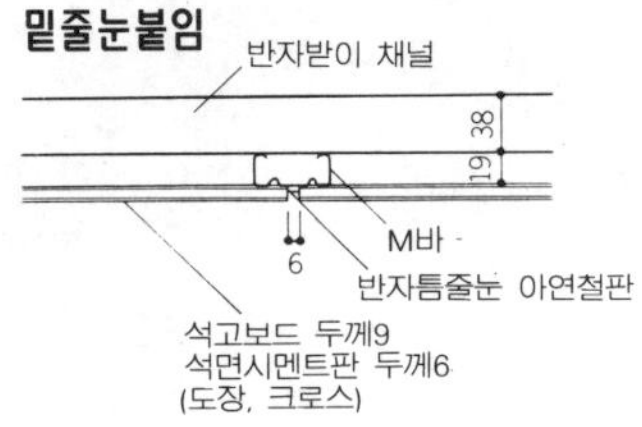

조인트공법

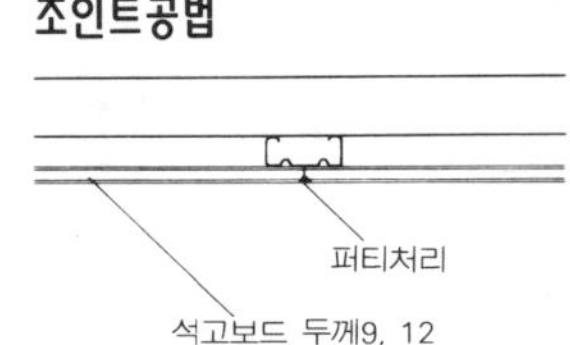

합판

밑줄눈붙임

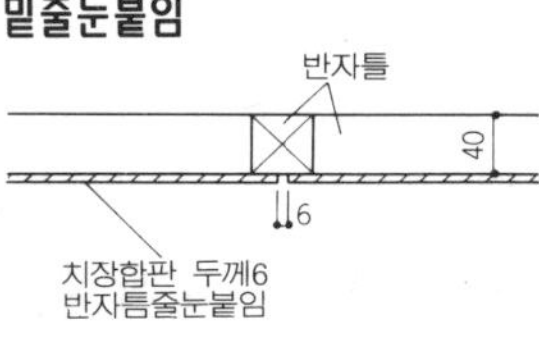

살대천장

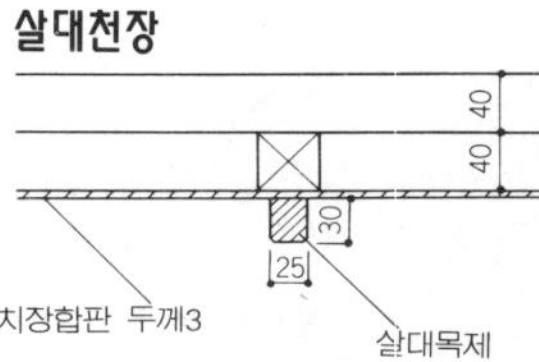

암면흡음판

깔아붙임공법

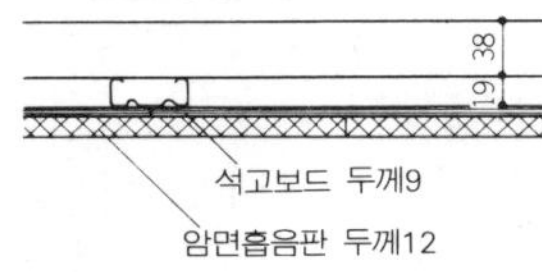

바로붙임공법

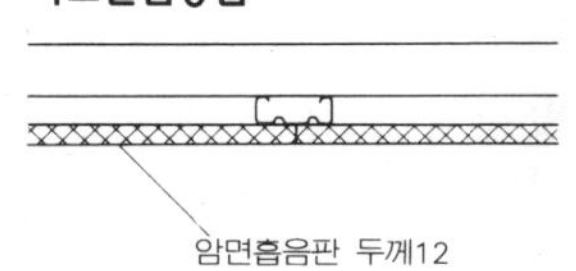

알루미늄성형판

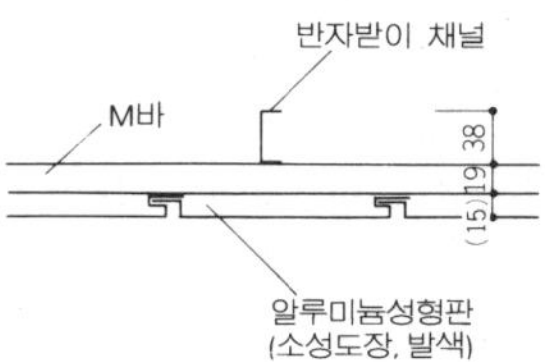

플라스틱성형판

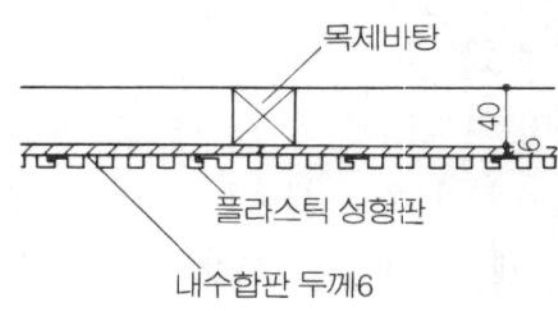

단열천장(1)

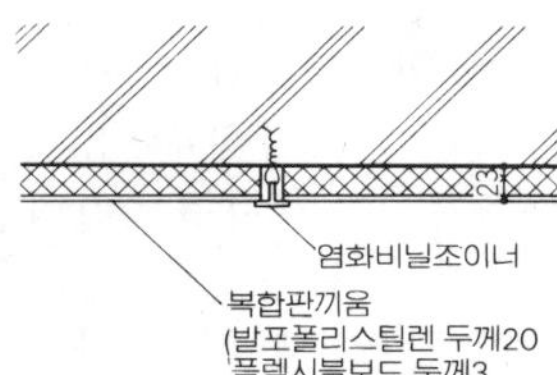

단열천장(2)

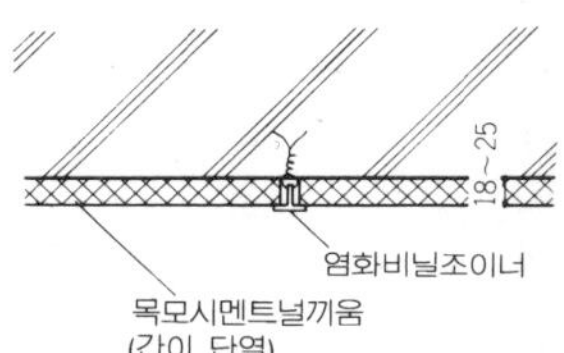

단열천장(3)

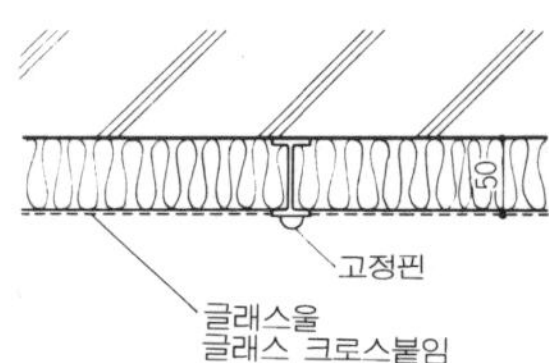

단열천장(4)

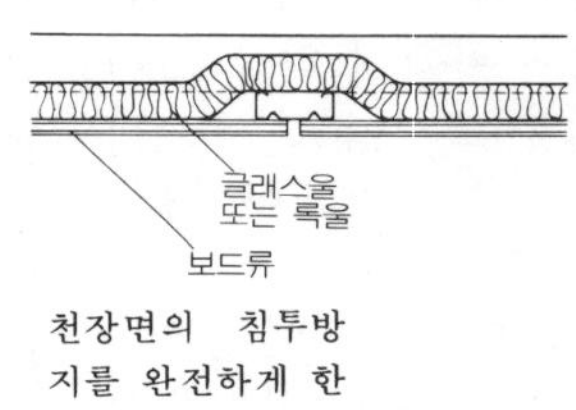

천장면의 침투방지를 완전하게 한다.

천장~벽연결

보드치기

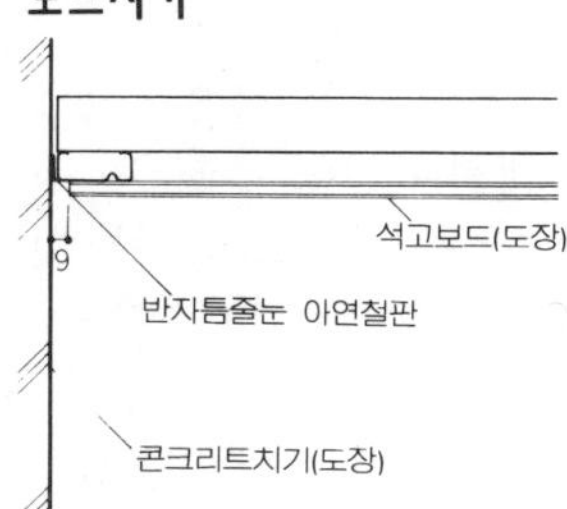

보드~모르타르(1)

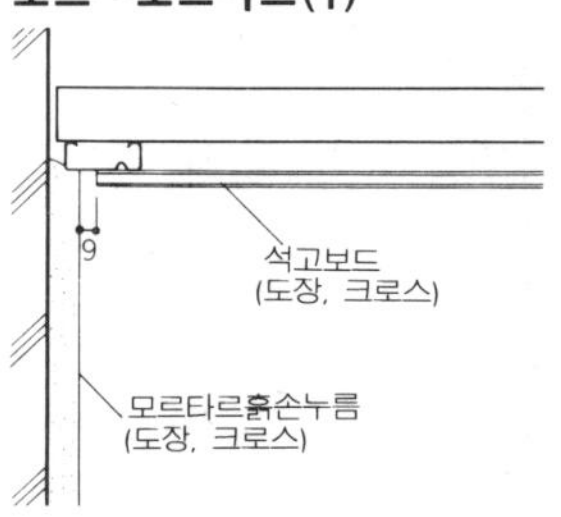

보드~모르타르(2)

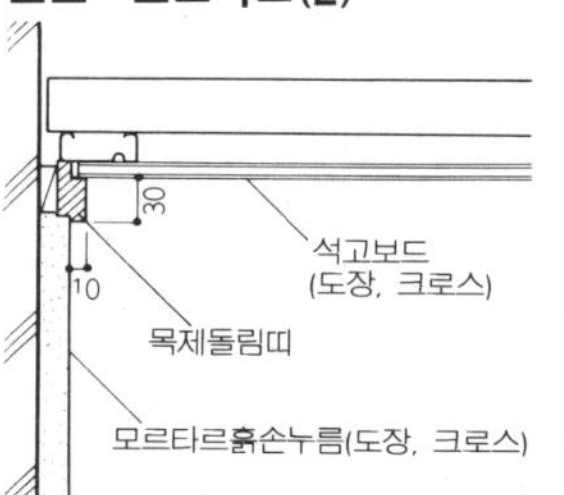

보드~보드

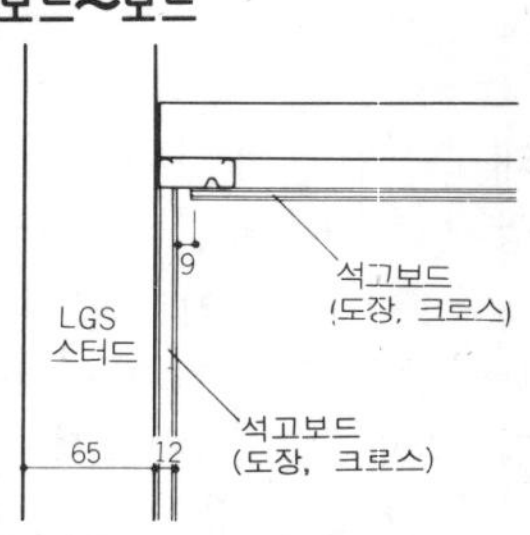

보드~타일·석

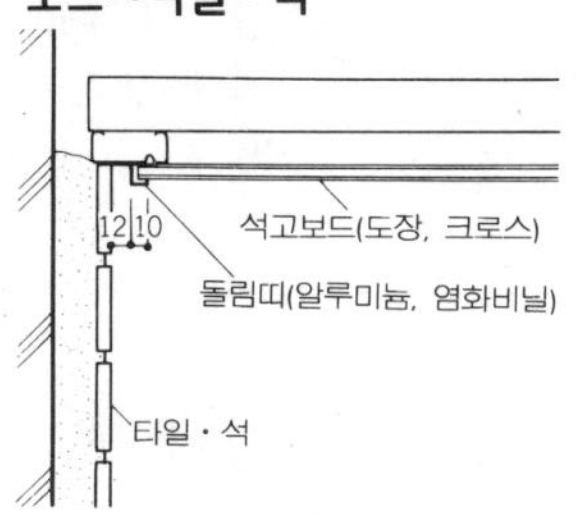

암면흡음판~모르타르

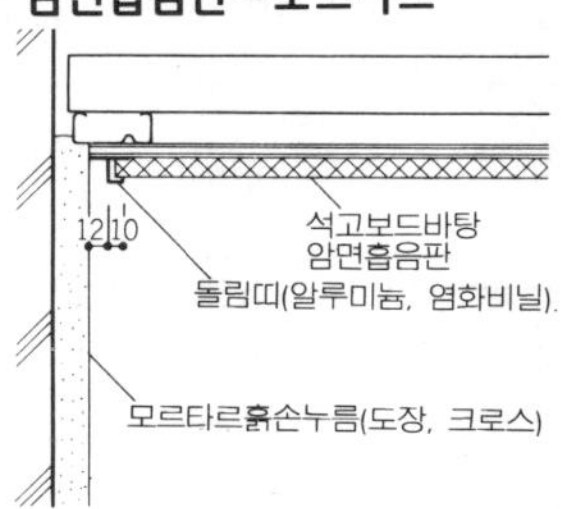

알루미늄성형판~타일·석

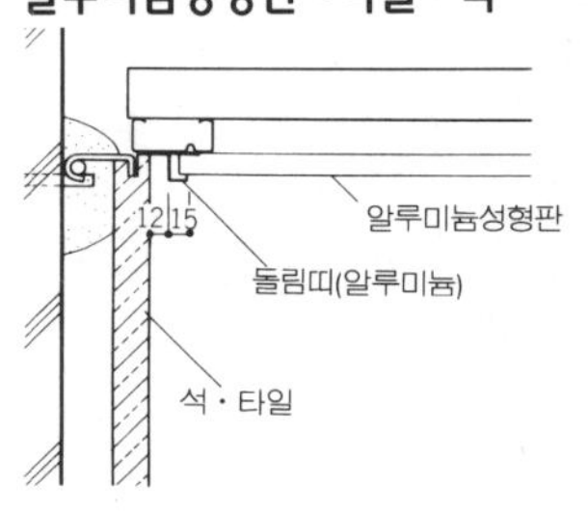

플라스틱성형판~타일

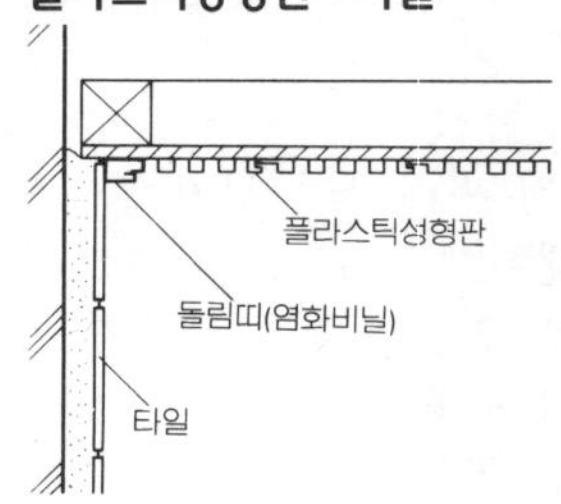

천장바탕

강제바탕

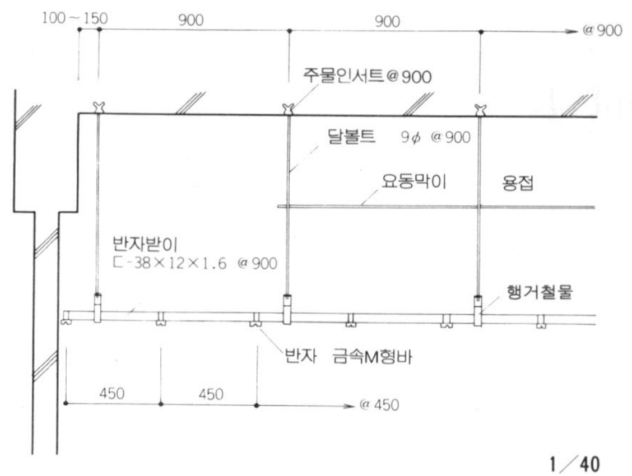

목제바탕

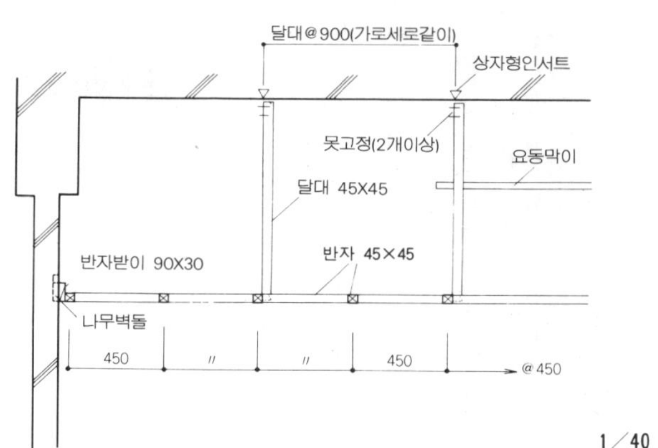

점검구

금속제

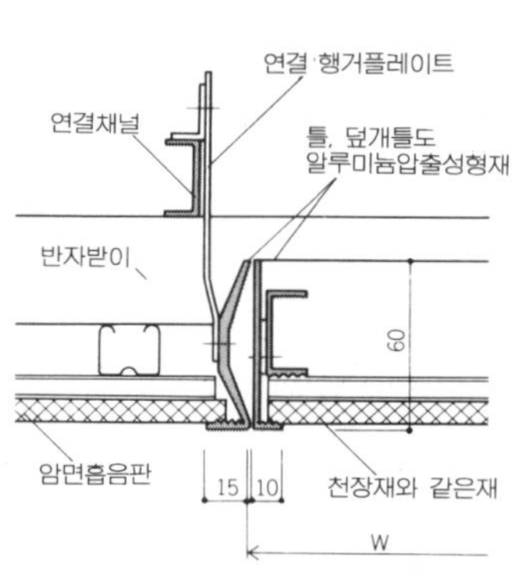

목제

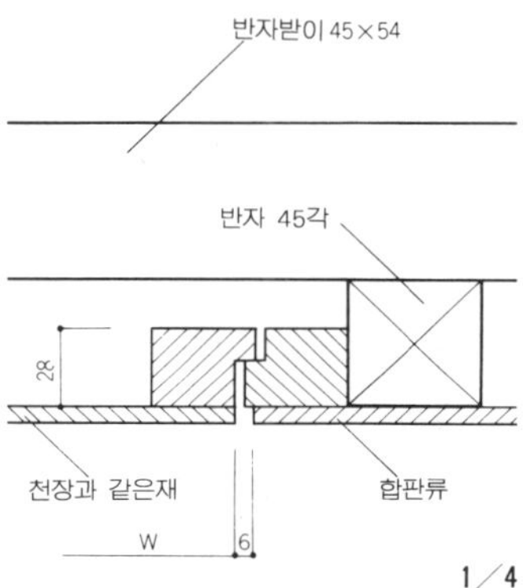

내림천장차단테

목제

알루미늄제

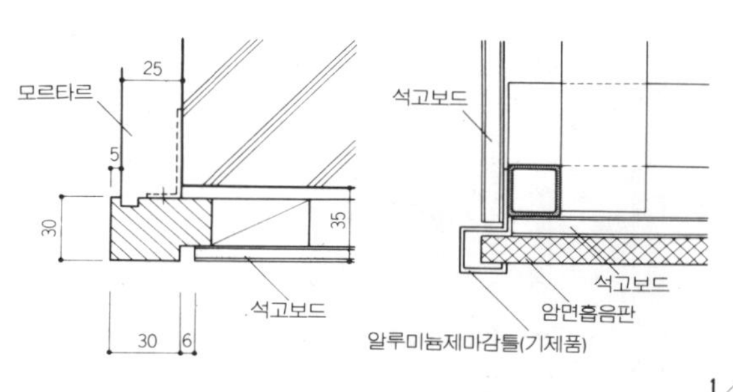

방연수직벽

유리고정형태

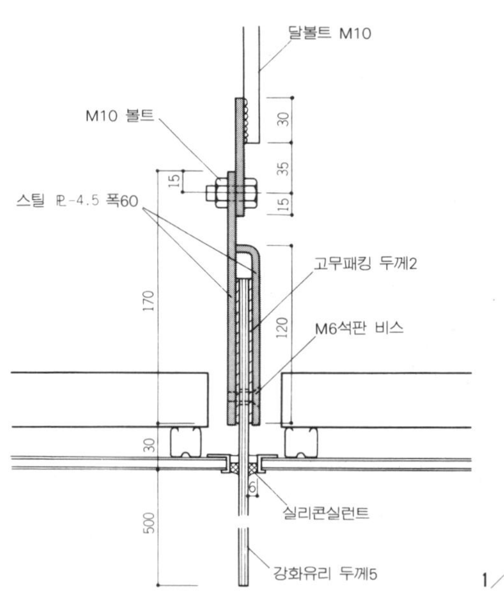

패널가동형태

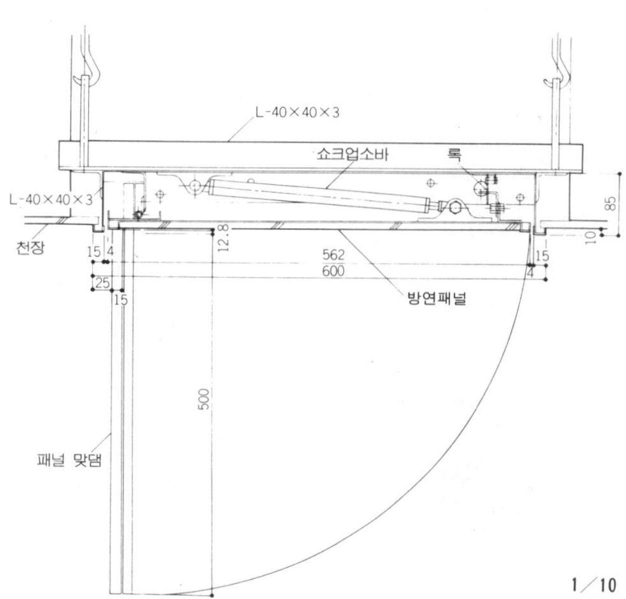

부분별 DETAIL

커튼박스

목제

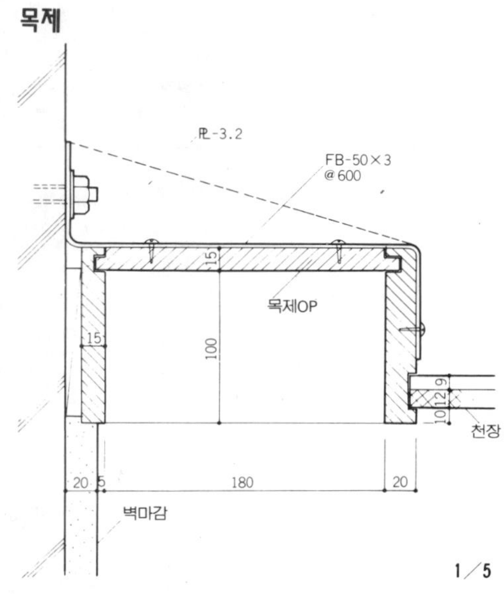

금속제

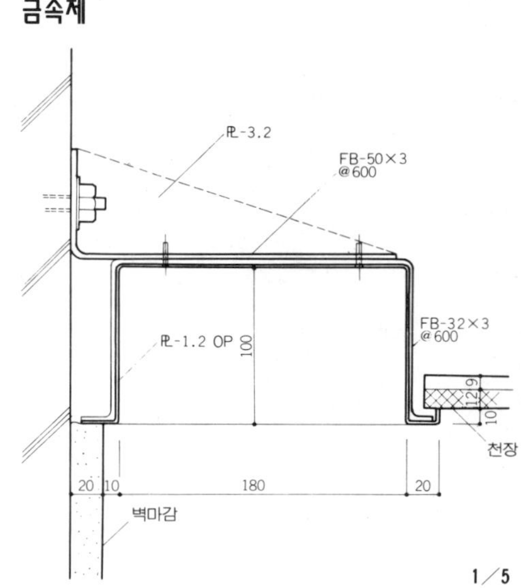

시스템천장

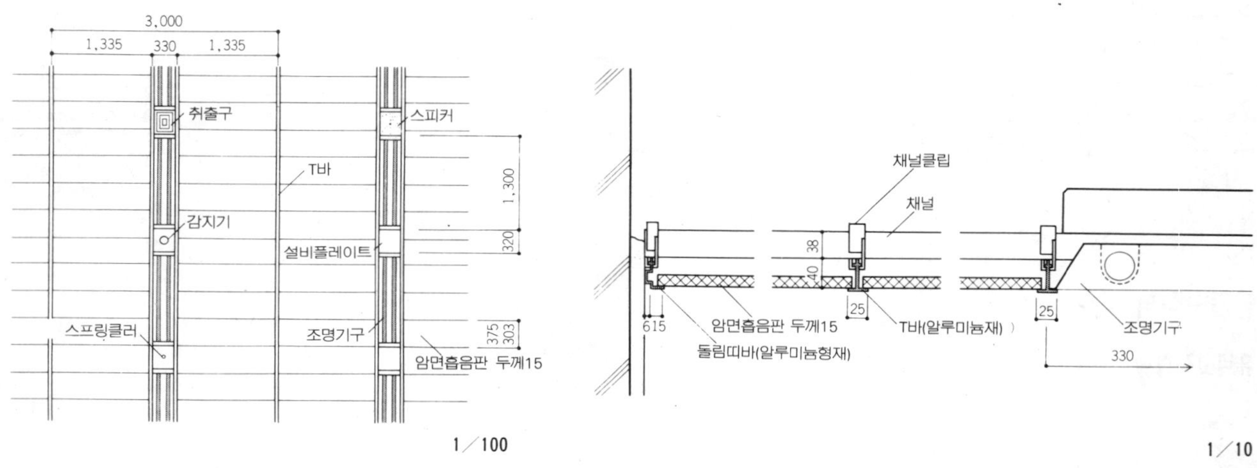

거울천장

형태(1)~누름테

형태(2)코너철물

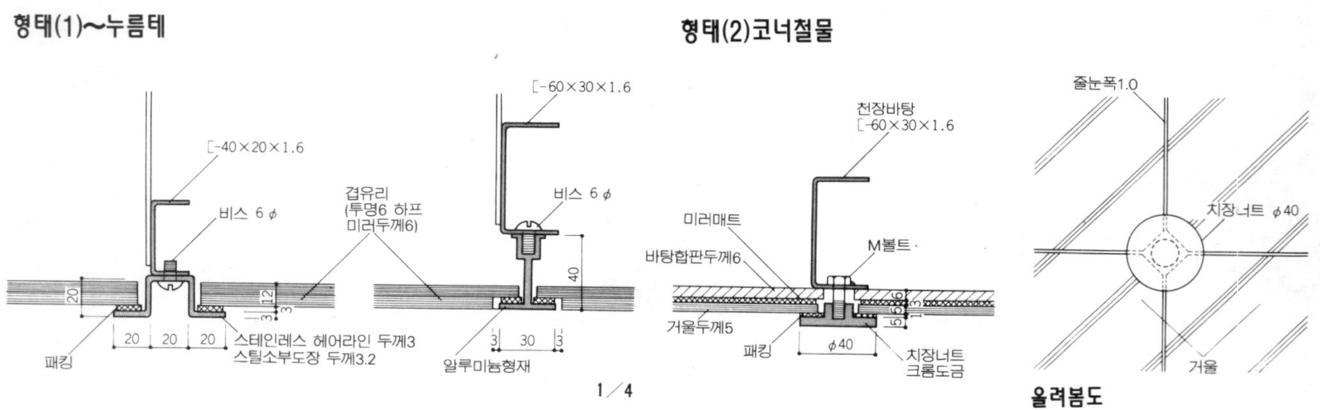

블라인드박스 • 커튼박스(알루미늄제)

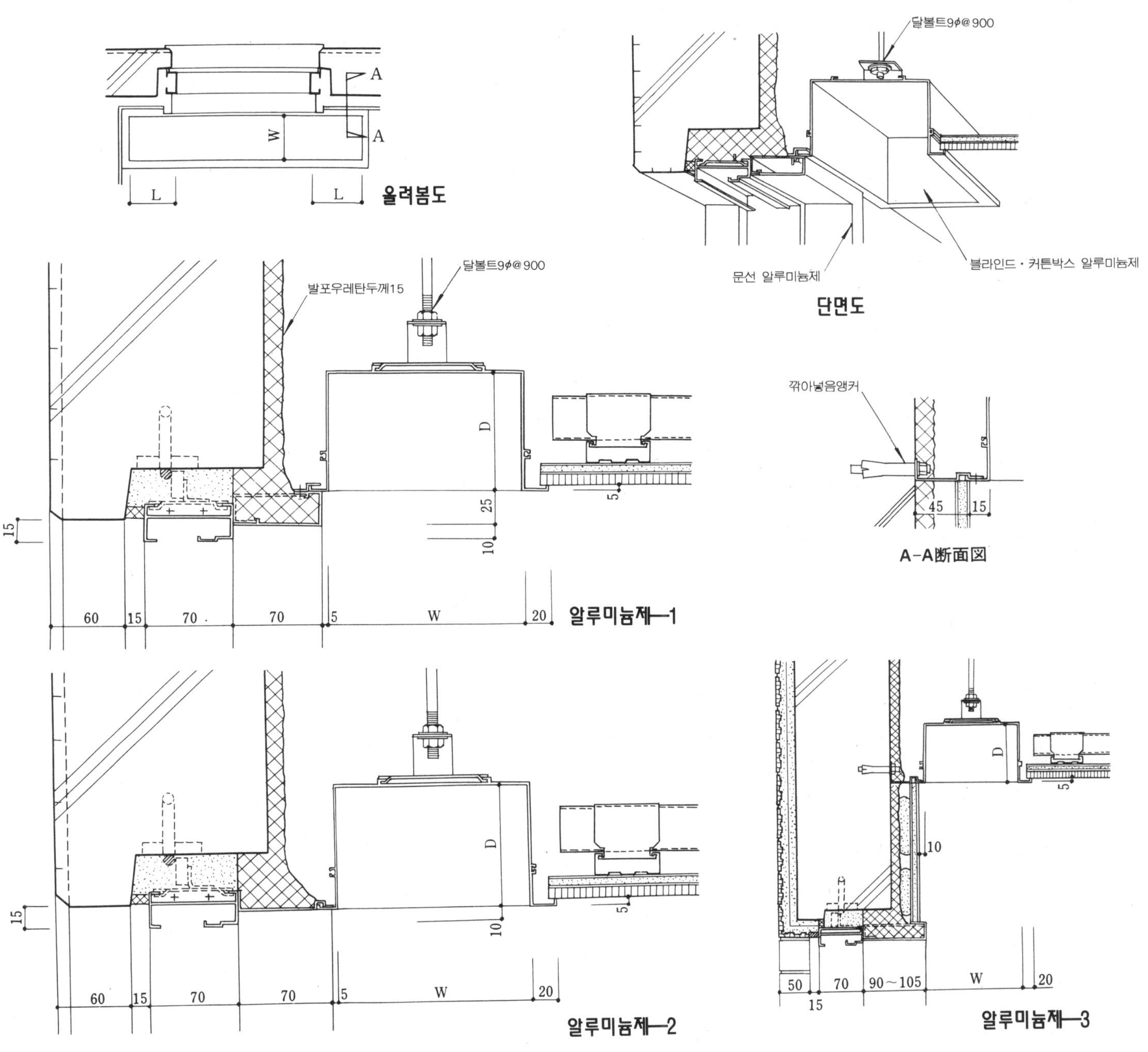

축척=1/5,1/10

블라인드박스 · 커튼박스(목제강제)

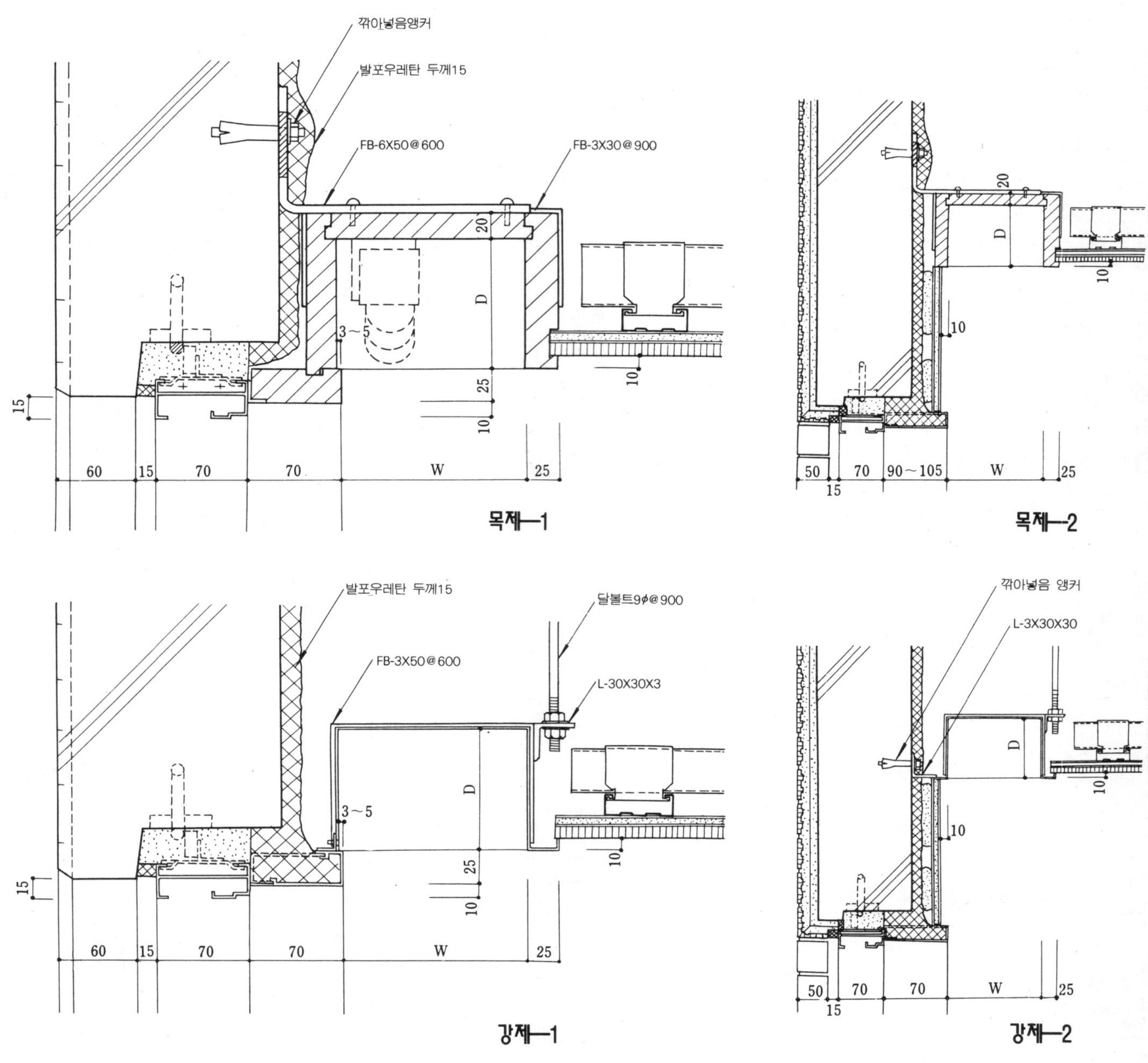

축척=1/5,1/10

루버천장(광천장)

달행거
루버 스틸휨가공
멜라민소성도장
60
90
10
65
T런너
알루미늄형재
15
패널W=910)
15
15
940
@940

단면상세 1/6

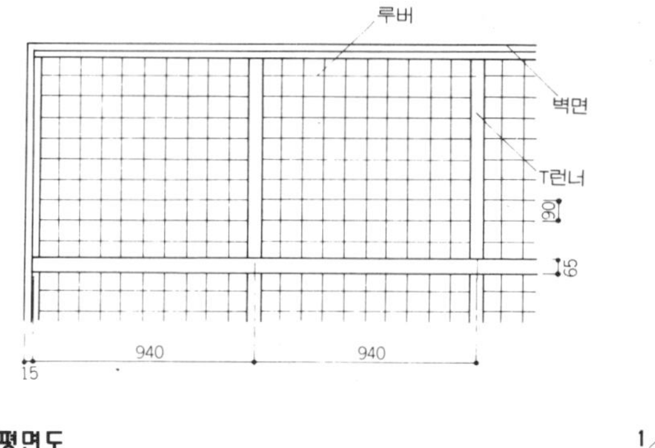

천장평면도 1/40

패널천장

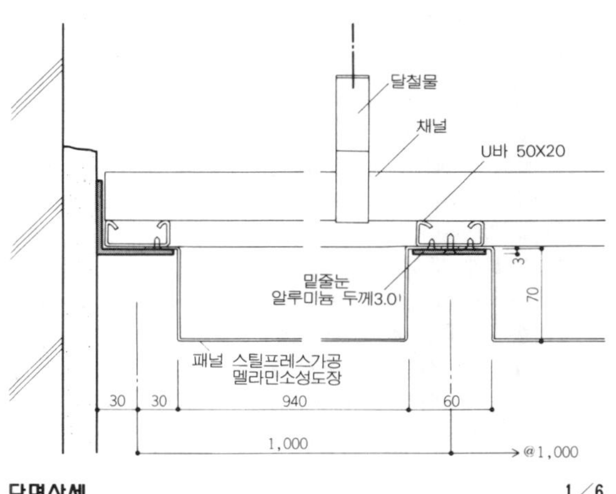

단면상세 1/6

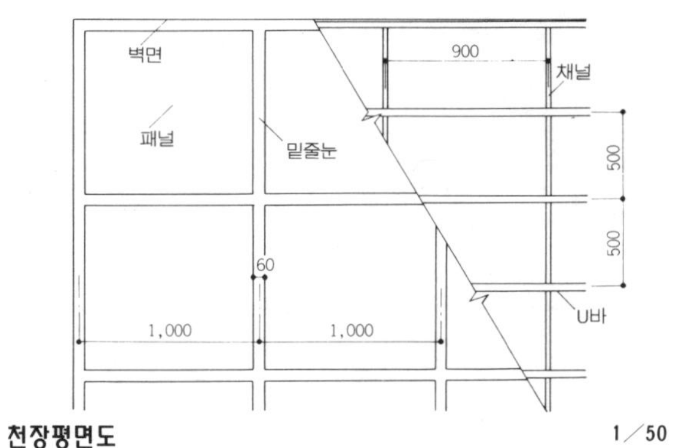

천장평면도 1/50

처마천장

처마 천장은 외부 천장이므로, 내부 천장에는 없는 과혹한 조건이 맡겨진다. 우선 비받이가 되므로, 흡수율이 낮은 재료 또는 흡수하여도 강도가 저하하지 않는 재료를 선택할 필요가 있다. 다음에 특히 높은 장소의 처마 천장에서는 바람의 통과에 의하여 강한 引壓이 작용하므로, 바탕재의 사이즈 업과 함께 보드도 둥근머리 비스 등으로 견실하게 고정하는 일이 바람직하다. 그리고 1층 엔트런스 주위 등의 처마 천장은 공기가 모이기 쉽고, 알루미늄 성형 등을 이용할 경우 부식의 우려가 있으므로, 알루미늄 피막을 두껍게 하는 등의 배려가 필요하다.

보드붙임

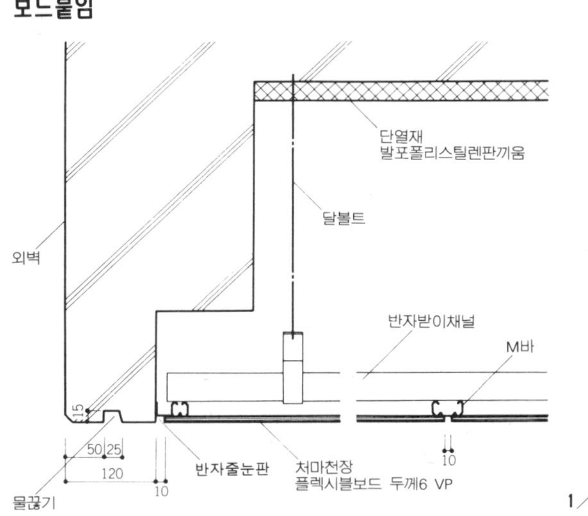

1/10

알루미늄스팬드릴

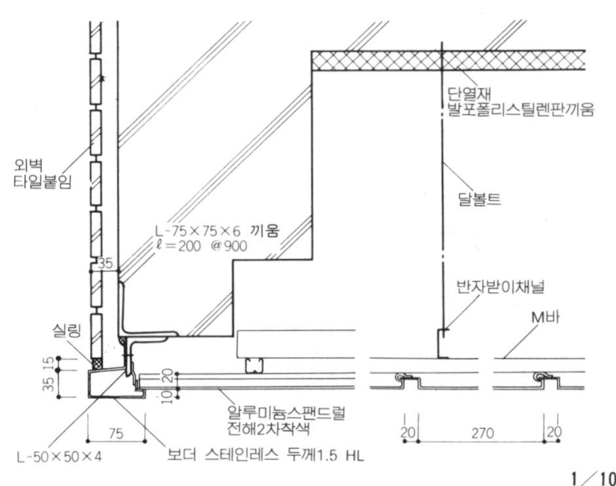

1/10

실내마감의 짜임

실내 마무리재는 다종 다채롭고, 한편 내장의 공사는 목공·미장·도장·창호·배선 등의 다업종이 복잡하게 얽혀 있다. 또한 각 부위의 항에서 썼듯이, 내부 공간에 요구되는 기능이나 성능도 다기에 걸치므로, 이것들의 여러 가지 요소가 내부 공간의 구성면, 즉 바닥·벽·천장면에서 각각 아름답게 정리되고, 그 요구에 정확히 대응한 재료와 구법이 선택되는 일이, 이 디테일 설계의 스타트이다. 보통 시공 순서라면 물건을 만드는 데에는 순서가 있고, 이 순서의 양부가 공정이나 마무리의 정도를 좌우한다. 특히 내장부와 같이 다업종이 복잡하게 얽혀 있는 곳에서는 그 순서 프로세스가 필요하다. 예를 들면 같은 돌재료에서도, 벽의 걸레받이 돌은 바닥돌보다도 선행되어야 하고 시공 순서를 생각하지 않은 상세도는 그것이 아무리 아름답게 아무려져 있더라도, 결코 좋은 디테일이라고는 할 수 없다. 그 설치 순서와 그 처리는 그대로 접합부의 처리로 통한다. 마무리재에는 반드시 접합부가 있고, 특히 공장 생산품에서는 그 부품간에서 접합부를 낳는다. 디테일의 양부는 조인트 설계에서 결정된다고 해도 과언이 아니다. 조인트 설계에서는 오차와 정도의 개념을 파악하여 둘 필요가 있다. 접합부라는 것은 단순히 재료의 단말처리라는 것이 아니라, 제품 오차나 시공 오차를 이 접합부에 흡수하여 시공성을 높이고, 또한 마무리면의 미관 유지를 꾀하는 것이고, 디자인적으로도 큰 포인트가 되고 있다. 내장재로 구성하는 내부 공간은 직접 사람의 눈이나 손에 닿는 일뿐 아니라, 사람에 의하여 좋은 감응을 주는 공간조성임을 생각할 때, 치밀하고 감촉좋은 조합이나 디테일의 추구가 요망된다.

사무소건축에 있어서 빈도가 높은 짜임

마감 \ 실명: 바닥	벽	천장	고급사무실	고급 회의실·응접실	일반사무실	일반 회의실·응접실	복도EV홀	현관홀	식당	전산기실	전화교환실	창고	계단실	화장실	탕비실	욕실	주방	기계실	주차장
콘크리트직누름 모르타르흙손 누름(바름바닥 포함)	콘크리트치기 모르타르흙손누름 (도장)	콘크리트치기(뿜칠)										○						○	○
		석고보드도장										○							
		석면시멘트판도장															○		○
	타일	석면시멘트판 도장															○		
	글래스울, 록울	콘크리트치기(뿜칠)																○	
	콘크리트 치기 모르타르 흙손누름	석면시멘트 판도장													○	○		○	
		플라스틱 성형판															○		
	파일	석면흡음판						○											
		석면시멘트 판도장												○	○		○		
		금속성형판						○											
		플라스틱 성형판														○			
	석, 테라조 블록	금속성형판						○											
플라스틱계 타일	콘크리트 치기 모르타르흙손 누름	치기, 모르타르(도장)									○	○							
		석고보드 도장			○		○		○		○								
		석면흡음판			○	○	○		○	○									
	크로스 붙임	석면흡음판					○		○										
	유공합판	석면흡음판								○	○								
장척염화비닐시트 (패턴물, 방수용)	모르타르 흙손 누름(도장)	치기, 모르타르(도장)											○						
		석면흡음판			○	○	○		○										
		석면 시멘트판 도장												○	○				
	크로스붙임	석고보드 크로스붙임	○	○															
		석면흡음판	○			○	○		○										
	타일	석면시멘트판도장												○	○				
카 페 트	모르타르 흙손 누름(도장)	치기, 모르타르(도장)											○						
		석면흡음판				○	○		○	○									
	크로스 붙임	석고보드 크로스 붙임	○	○															
		석면흡음판	○	○		○													
	유공합판	석면흡음판								○	○								
	연부합판	석고보드 크로스 붙임		○															
		석면흡음판		○															
퍼킷, 플로어링	모르타르 흙손 누름(도장)	석면흡음판								○									
석, 테라조 블록	타일	석면흡음판							○										
		금속성형판							○										
	석, 테라조 블록	석면 시멘트 판도장													○				
		석면흡음판							○										
		금속성형판							○										

기능 지중에 매몰하여 건축의 내부 공간을 만들어 내는 지하의 외각으로는, 기초 · 외주벽 · 접지 바닥 · 물탱크 · 피트류 및 드라이 에어리어 등이 있다. 이것들 지하 구조체는 토압 · 지하수압 및 그 복합압에 견디는 일, 지중에 함유하는 수분에 대하여 방습하는 일, 지중 온도와 지하실의 온도차에 의한 결로를 막는 일, 지중 진동을 차단하는 일 등이 그 요구되는 기능이다. 이 중 압력이 걸린 물은 콘크리트 구조체의 이음부나 균열부에 침투하여 누수 등을 일으키고, 또한 일단 문제가 일어나면 다른 부위와 달리 큰 피해가 발생하는 만큼, 지하 구조체의 디테일상 포인트는 방수 처리이다.

지하 방수 지하 방수의 방법에는 지중 부분의 외주부를 전체면 방수층으로 싸는 외방수 공법과 지하 외벽의 내측에 방수층을 두는 내방수 공법이 있다. 외방수는 지하 외벽의 외측에 방수층을 시공하기 때문에 보나 슬래브에서 방수층이 절단되지 않고, 지하수가 직접 구체로 스며들지 않으므로, 구체 보호상에서도 이상적인 공법이다. 그러나 무너짐 방지와 구체 사이의 방수 시공에 필요한 스페이스의 확보나 공기 · 공비 등의 점에서 문제도 많아, 그 검토가 필요하다. 외방수층은 되메우기시 토사의 침하 · 압밀에 의하여 손상할 우려가 있으므로, 벽돌 등에 의하여 보호층을 세운다. 이와 같이 외방수는 되메우기 후의 수리는 전혀 불가능해지므로, 완벽한 방수 설계가 필요하다. 내방수는 지하 외벽 주위의 방수 공법 중 가장 많이 사용되고 있지만, 지붕 방수 · 외방수와 달리 방수층의 안쪽에서 수압을 받는다는 위치에 놓여 있다. 그 때문에 바탕측의 원인이 되는 豆板 · 콜드 조인트 · 이음 개소 등의 결함은 정성스러운 보수를 한다. 방수 재료에는 아스팔트 방수와 모르타르 방수가 있고, 모르타르 방수가 일반적으로 잘 사용되고 있다.

또한 내방수층은 슬래브 등으로 구절되기 때문에, 외벽에 접하는 바닥 · 천장의 일부까지 방수를 하여야 할 필요가 있다. 지하 외벽은 지하수압의 변동이나 콘크리트의 균열, 방수층의 경년 열화에 의한 누수 대책을 고려하여야 하고, 지하 외벽은 실내 환경에 따라서 결로하기 쉽기 때문에, 전기실 · 중요 창고 · 거실 등에 있어서는 내측에 콘크리트 블록 쌓기 등으로 이중벽으로 하고 있다. 외벽과의 사이에는 배수구를 설치하여, 파이프에 의하여 바닥밑 피트에 배수할 수 있도록 하고, 또한 이 파이프의 메인테넌스를 위하여 그 부근에 점검구를 설치한다. 전기 · 전화의 인입은 지층에 있고, 외부의 핸드 홀에 괸 물이 배관 내를 매개로 하여 누수에 이르는 케이스가 많으므로, 정성스러운 방수 처리가 필요하다.

槽 · 피트 槽 · 피트류에 있어 방수의 문제점은 물의 증감에 따라 수압이 변화하고, 방수층이 압축 · 인장의 반복을 받는 점, 그리고 지하수가 콘크리트의 결함 부분에서 스며 나와 방수층을 수조측으로 밀어내는 점 등이다. 따라서 방수층 위에 누름 콘크리트를 타설하거나, 또는 구체와의 접착성이 좋은 방수 재료를 선택하는 일 등이 중요하다. 또한 조류는 이중 슬래브 내에 두는 경우가 많고, 그 경우 저반부에 물매를 잡기 어려우므로, 일부에 배수 피트를 설치하여 배수하기 쉽도록 배려한다. 축열조는 냉온수를 보온할 목적으로 저수조에 단열재를 부가한 것이다. 이 단열재의 설치 위치는 방수층을 만들어 단열재를 넣는 경우와 단열재 위에 방수층을 만드는 경우가 있는데, 단열재의 흡수성 문제도 있어 현재는 후자의 경우가 많고 건물의 외주부에 용수조를 설치하고, 축열조를 내부측에 두어 단열재를 용수측에 세우는 등, 조류의 배치상 연구도 유효하다. 또한 특히 냉수조의 외측이나 직상에 거실이나 전기실 등이 있는 경우는 방로 대책을 강구하여야만 한다.

드라이 에어리어 드라이 에어리어는 지하실의 채광 · 환기 · 출입용 등의 목적에서 세워지는 것으로 그 바닥 전체면과 징두리 부분에는 방수층을 만들고, 바닥에는 물매를 붙여 배수 구멍을 두는 배수 피트 등에 배수한다. 배구 구멍은 루프 드레인을 사용하는 경우도 있지만, 집배수 능력이 높은 집수통의 설치가 바람직하다.

역시 강우 · 적설시에 수위가 상승하는 대책으로서, 창 아래의 징두리 높이는 500mm 이상은 잡기 바란다.

EXP.J. 지하에 익스팬션 조인트를 설치할 경우는 건물의 거동에 대응함과 동시에, 지하수에 대한 방수성의 배려가 필요하다.

부분별 DETAIL

지하외벽

내방수의경우

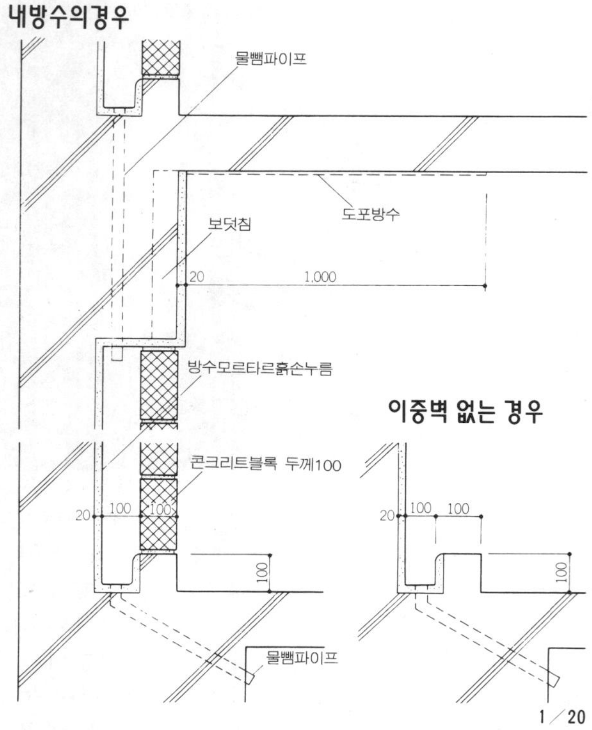

외방수의경우

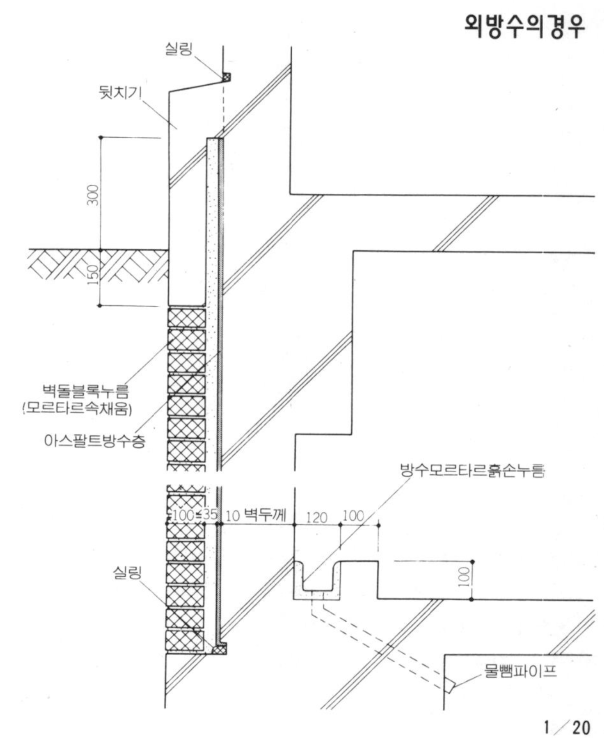

이중벽점검구

강판제

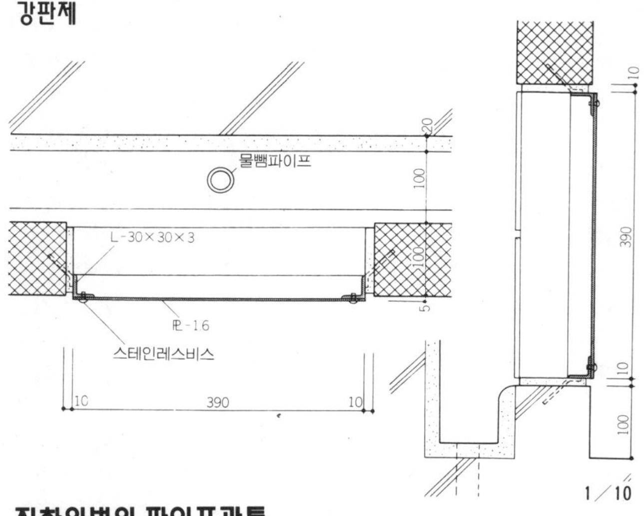

프리캐스트판제

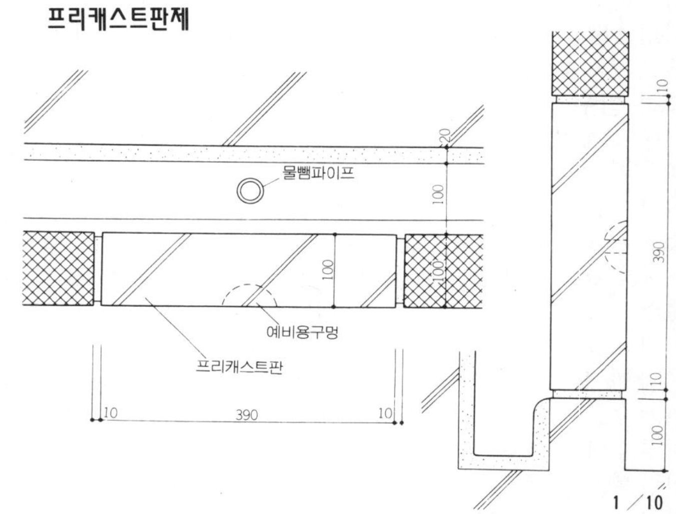

지하외벽의 파이프관통

전기케이블의 경우

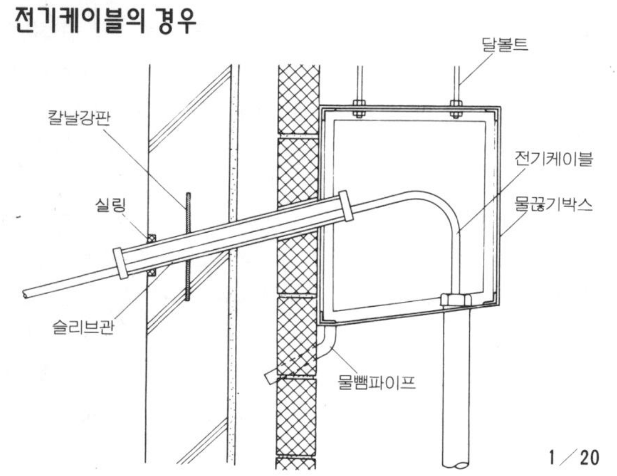

일반배관의 경우

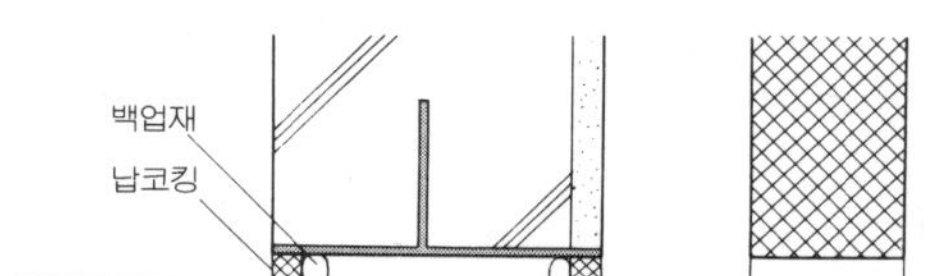

지하바닥마감

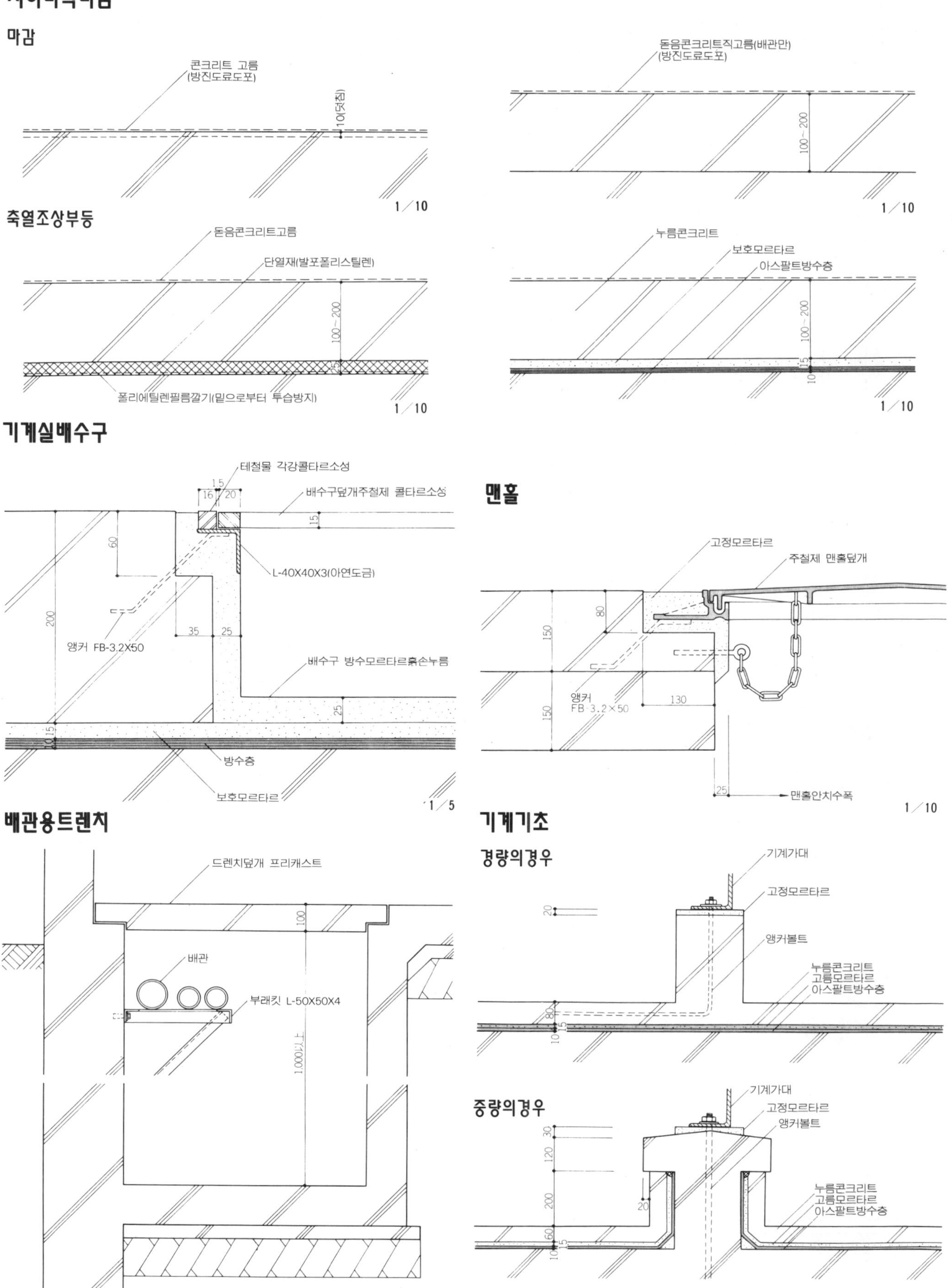

마감
콘크리트 고름
(방진도료도포)
10(덧침)
1/10
돋음콘크리트직고름(배관만)
(방진도료도포)
100~200
1/10
축열조상부등
돋음콘크리트고름
단열재(발포폴리스틸렌)
100~200
폴리에틸렌필름깔기(밑으로부터 투습방지)
1/10
누름콘크리트
보호모르타르
아스팔트방수층
100~200
1/10
기계실배수구
테철물 각강콜타르소성
배수구덮개주철제 콜타르소성
L-40X40X3(아연도금)
앵커 FB-3.2X50
배수구 방수모르타르흙손누름
방수층
보호모르타르
1/5
맨홀
고정모르타르
주철제 맨홀덮개
앵커
FB-3.2×50
맨홀안치수폭
1/10
배관용트렌치
드렌치덮개 프리캐스트
배관
부래킷 L-50X50X4
1,000以上
1/20
기계기초
경량의경우
기계가대
고정모르타르
앵커볼트
누름콘크리트
고름모르타르
아스팔트방수층
중량의경우
기계가대
고정모르타르
앵커볼트
누름콘크리트
고름모르타르
아스팔트방수층
1/20

부분별 DETAIL

조 · 피트류

축열조(1)—바깥주위에 용수조를 설치한 경우

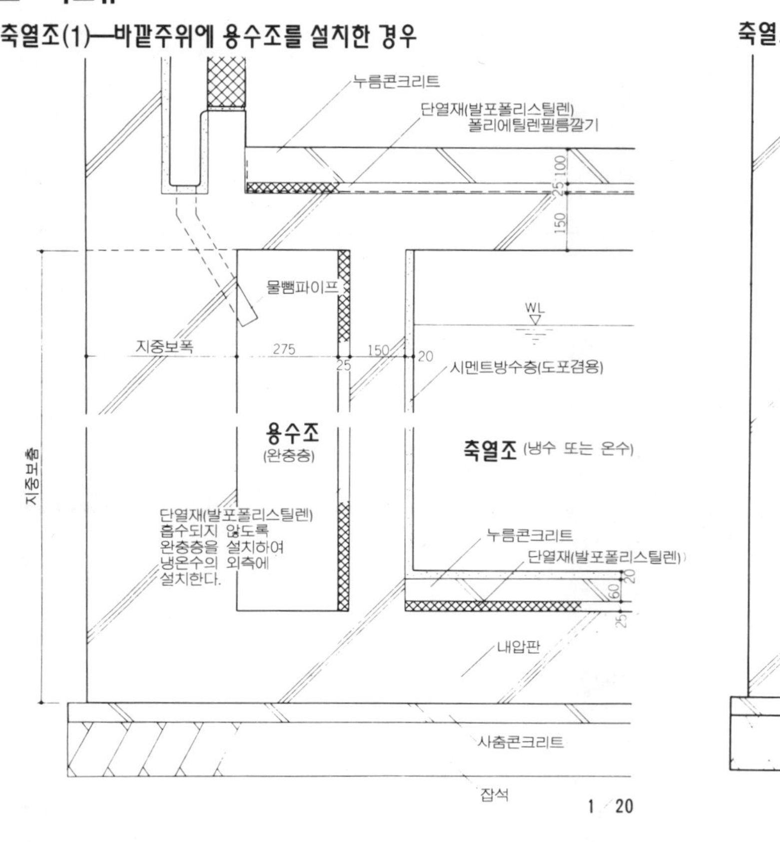

축열조(2) 내측단열층 방수의 경우

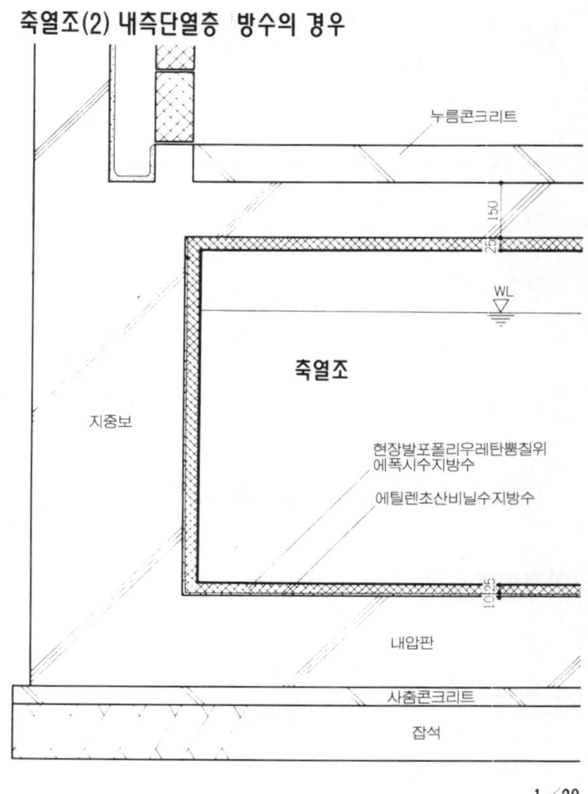

Sump (내압판에 설치하는경우)

기초편치단부
D = 내압판두께
2D이상
시멘트방수(도포겸용)
Sump
30
기초보
500이하
내압판
D
D
45°
D
D

1/20

오수조 · 잡배수조

100
150
물뺌파이프
오수조
잡배수조
지중보춤
지중보폭
30
시멘트방수(도포겸용)
30
내압판
사춤콘크리트
잡석

1/20

연통관

WL
통기관 염화비닐ϕ50
연통관 ϕ450~600
죽은 물이 고이지
않도록 평면, 단면과
도 지그자그로 배치한다.
기초보
또는
격벽
배기관 염화비닐ϕ100~150

1/50

드라이에어리어

밑층에 방이 있는 경우

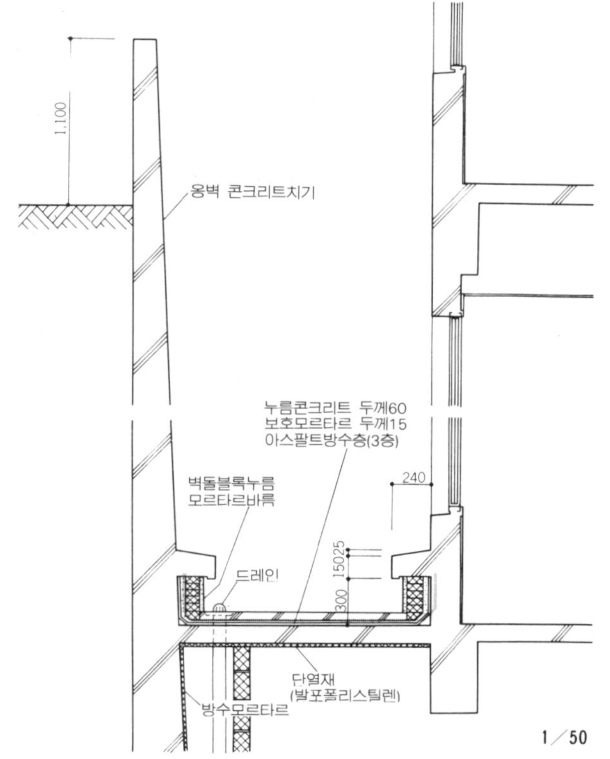

밑층에 방이 없는경우

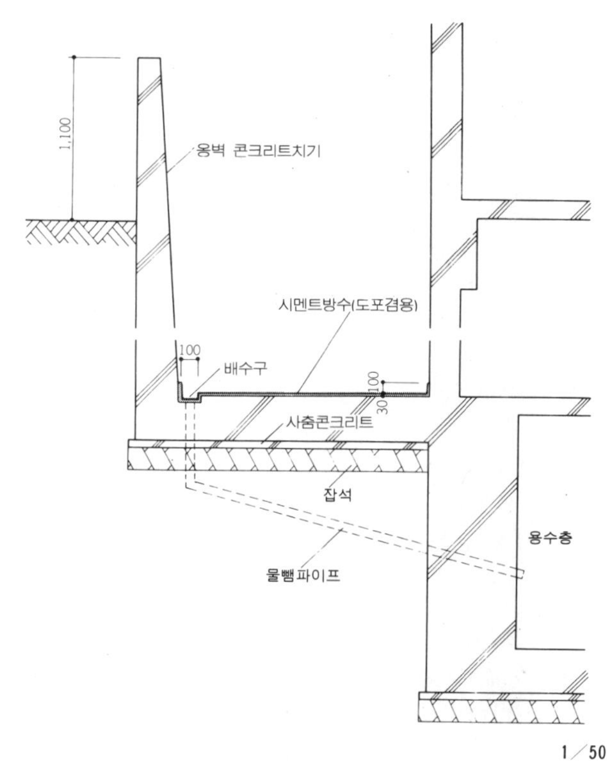

빗물이 집중하기 쉬우므로, 배수용량을 크게 잡고, 드레인은 2개소 이상 둔다.

지하연락통로

단면

지하수위가 낮은 경우

지하수위가 높은 경우

익스팬션조인트

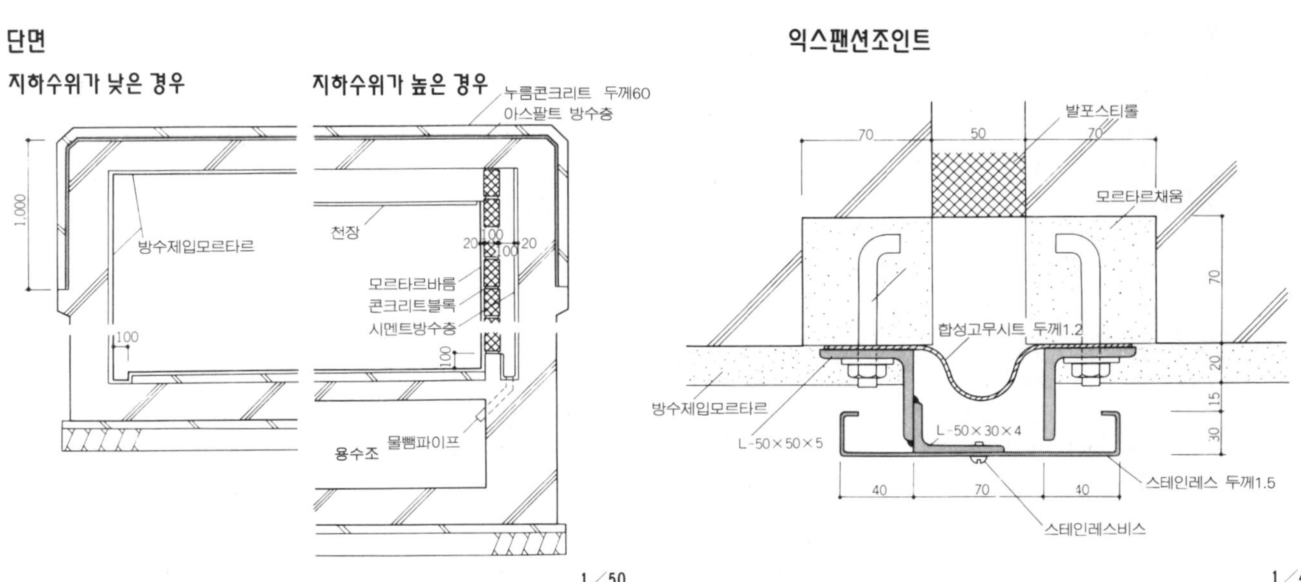

계단 · STAIRS

기능 계단은 상하층으로 사람이 승강하기 위하여 단 형상으로 이루어진 일종의 바닥을 가진 특수한 부위이다. 따라서 계단은 사람이 일상 이용하는 데에 안전하고, 승강하기 쉬운 것이 중요하고, 특히 계단은 사람을 상하층으로 나르는 수직의 교통 부분인 만큼 위험한 사고를 일으키기 쉽고, 계단의 물매나 폭 치수, 난간의 높이나 그 강도 등에 대해서는 법의 규정을 준수함과 동시에, 안전면의 디테일에는 세심한 배려가 필요하다. 또한 계단의 승강하기 쉬움은 디딤면·챌면 치수를 고려하여야만 한다. 일반적으로 많이 사용되는 치수는 디딤면 26~30cm, 챌면 16~20cm, 노인이나 유아를 대상으로 할 경우는 디딤면 28~32cm, 챌면 14~16cm가 추장되고 있다. 그리고 계단은 화재·지진 등 재해시에 중요한 피난 통로가 되므로, 계단의 수·위치·배연 설비·방화문·내부 마무리 등에 대하여 검토가 필요하다.

형식 계단의 형식을 평면형으로 보면, 직선 계단·절곡 계단·꺾임 계단·곡선 계단의 4종이 있고, 이것들이 각종이 바리에이션으로 나뉘어, 각각의 용도에 따라 선정된다. 구조적으로 분류하면 목조 계단·철골 계단·콘크리트 계단이 있고, 철골 계단은 RC조에서도 공기 단축이나 공사 중의 가설 이용도 겸하는 목적에서 적극적으로 채용되고 있다.

架構工法 계단 자체의 가구로서는 우선 편지지 가구가 있고, 이것은 벽 또는 보에서 단 바닥을 편지지하는 방식으로, 콘크리트 계단에 예가 많다. 보 가구 방식은 상층과 하층의 보에 단 바닥을 지지하는 가구이고, 이것에는 단 바닥의 중앙에 보를 세우는 중앙 보 계단과 단 바닥의 양측에 보를 세우는 측도리 계단이 있고, 목조·철골조·콘크리트조의 모든 것에 사용되는 가구 방식이다. 판 가구는 단 바닥 자체를 지지 가구로 하는 것으로, 콘크리트조가 일반적이다.

구법 목조 계단의 구법에는 측도리 계단이 가장 일반적이고, 그 외에 상자 계단·따낸 옆판 계단 등이 있다. 콘크리트 계단은 콘크리트로 단 바닥을 만들고, 모르타르 바탕 위에 플라스틱계의 타일 등을 붙이는 예가 많다. 이 경우 단코에는 보강과 미끄럼 방지를 겸하여, 논슬립 철물을 부착한다. 돌이나 타일 붙임 등은 일반 바닥 마무리에 준한다. 철골 계단에는 여러 가지의 구법이 있는데, 가장 간단한 것에는 홈 형강의 측도리에 Z형으로 가공한 체커 플레이트의 디딤판을 앵글 피스로 설치한 계단이 있다.

철판의 디딤판은 발음성이 크므로, 빈도·중요도가 높은 계단에서는 강판 디딤판 위에 염화 비닐계 타일을 붙인다든지, 강판 위에 모르타르를 발라 타일 바탕과 발음 방지를 겸하는 예 등이 많다.

마무리 계단의 마무리에는 디딤면·챌면·보더·단 옆·단 안쪽·난간 등이 있고, 이 중에서 디딤면이 계단의 성능에 직접 영향한다. 그 요구 성능으로서는 내충격·내마모·내구성·내미끄럼·발음이 적을 것 등이 중요하다. 옥외 계단에서는 다시 내수·방수성이 필요해지고, 방수층을 만든 위에 단 바닥을 세운다. 계단의 마무리 재료에는 실내용으로서 모르타르·비닐, 고무계의 타일 또는 시트·돌·카핏 등이 있고, 옥외 계단에는 돌·벽돌·자기 타일·모르타르 등이 잘 사용된다. 단코는 특히 내충격·내마모·내미끄럼에 대하여 높은 성능이 요구되므로, 금속제·고무제·경질 비닐제·자기 타일제 등의 논슬립이 설치된다. 챌면·보더·단 옆 등의 요구 성능은 디딤면 정도는 아니지만, 그 마무리의 대비에서 디딤면과 같은 계통의 재료가 사용되는 일이 많다. 단 안쪽에 미장 마무리를 하는 일은 계단의 진동 등으로 박리·박락의 우려가 있으므로 되도록 피하고, 얇게 바름 정도의 마무리로 한다.

난간은 두겁·난간동자·패러핏 등으로 이루어지고, 승강자의 유도나 안전의 확보를 꾀하는 것이다. 난간의 높이, 난간동자의 간격 치수 등에 대해서는, 특히 노인·유아에 대한 충분한 안전성의 배려가 필요하다. 난간은 감촉의 좋음, 쥐기 쉬움, 청결성 등이 형·재질을 결정하는 조건이다. 또한 난간은 사람이 기대고, 부딪힌다든지 하였을 때 그 수평력과 충격력에 견딜 수 있는 강도가 필요하다. 보통 바닥 슬래브에서 편지지식으로 지지하거나, 버팀 기둥을 잡아 수평력을 부담시키는 경우도 있고, 어느 것이나 디자인과의 대비로 선정된다.

계단-체크포인트1

건축법에 따른 계단유효화치수의 확보

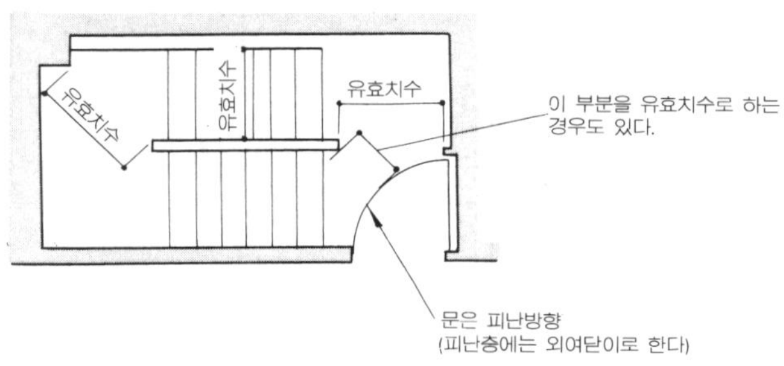

*1 : 유효치수는 통로의 가장 좁은 부분을 수평으로 측정할 것.

돌음계단

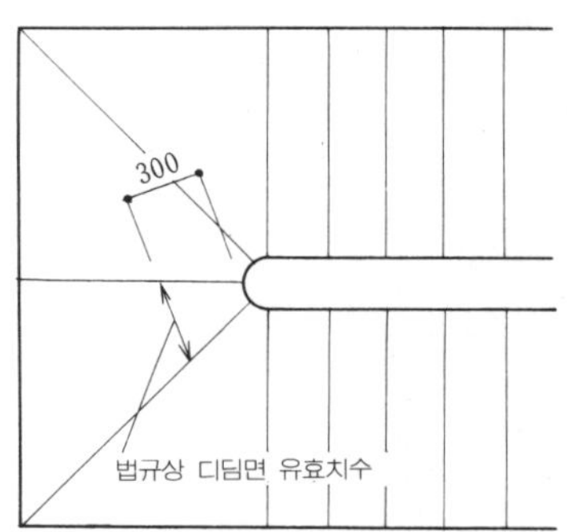

*2 : 계단참을 설치하지 않는 경우도 있다.

유효높이 및 난간높이의 확보

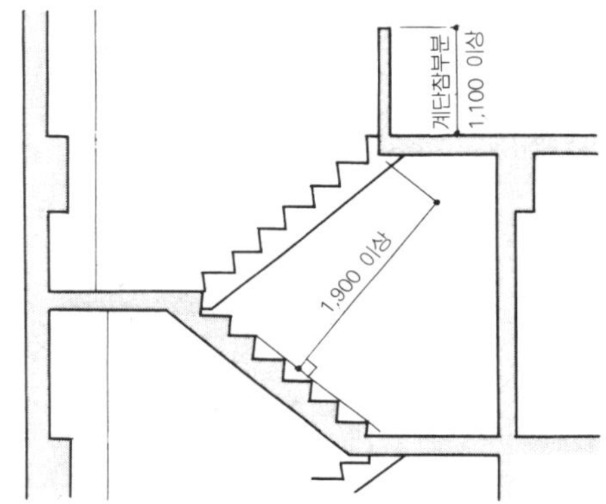

기둥단차의 덧침콘크리트 및 보형부의 아무림

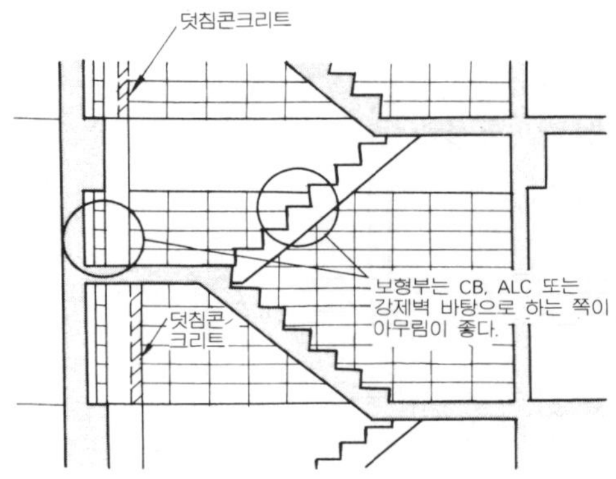

보형단면의 확보

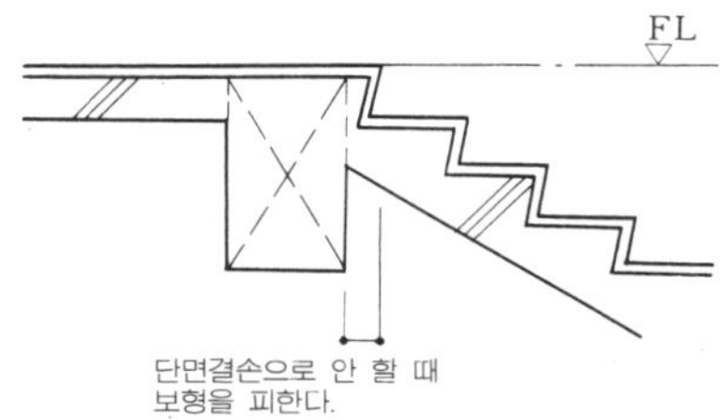

계단-체크포인트 2

계단참에 단이 있는경우

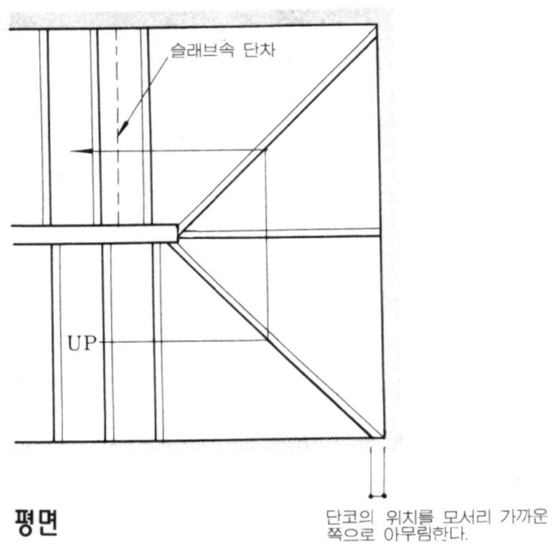

평면 단코의 위치를 모서리 가까운 쪽으로 아무림한다.

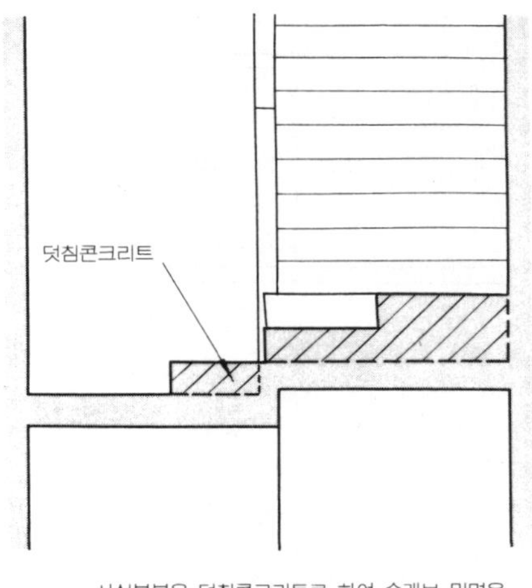

단면 사선부분은 덧침콘크리트로 하여 슬래브 밑면을 그림과 같이 하는 아무림이 좋다.

보더사이의 클리어런스

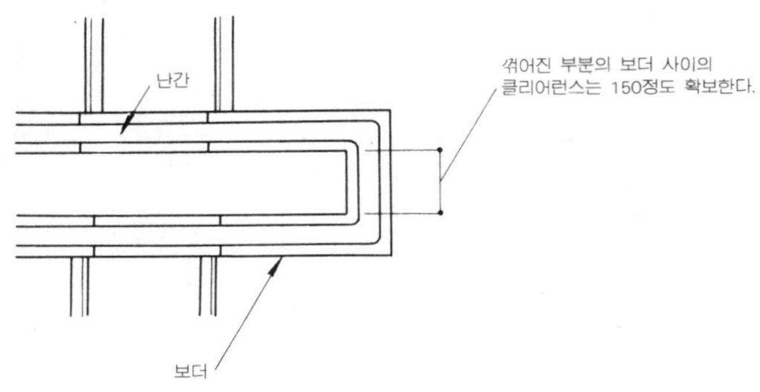

난간간격

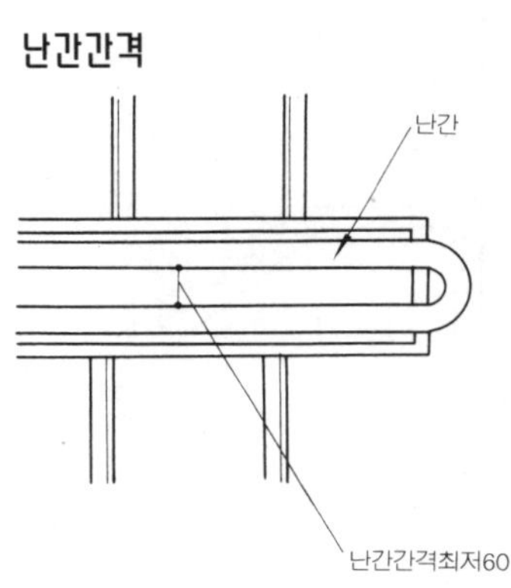

난간의 아무림

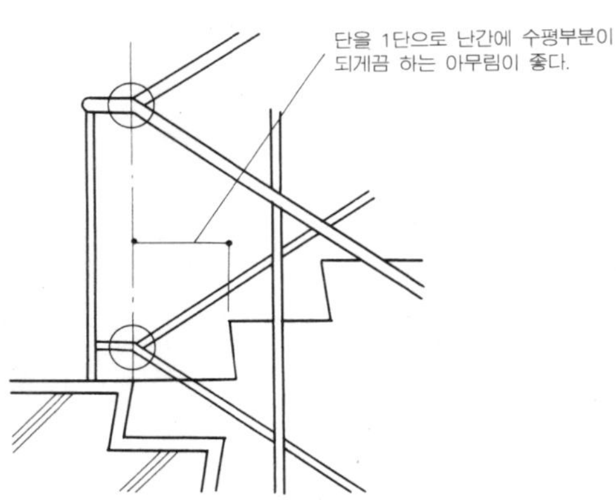

RC조의계단

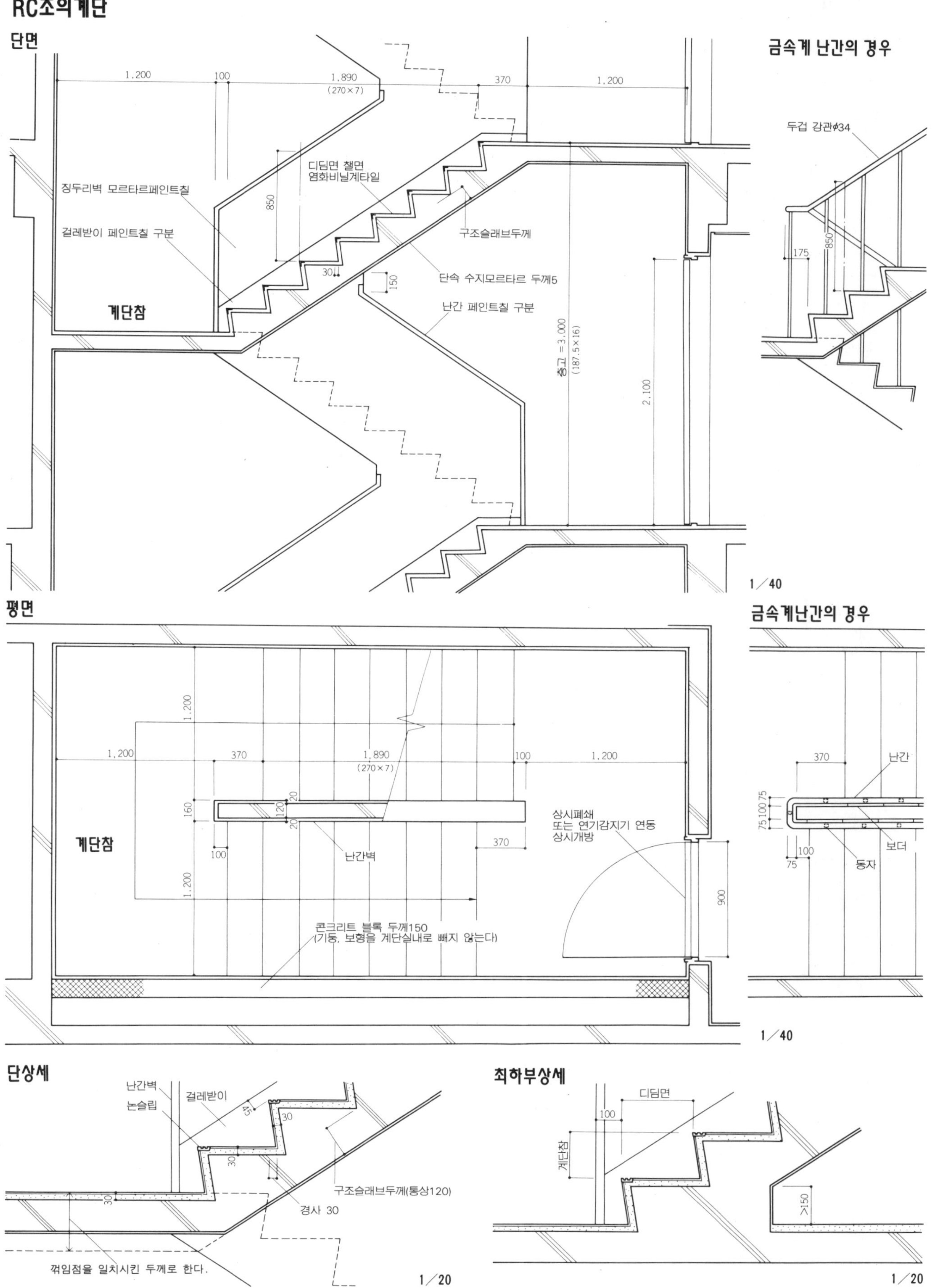

단면
1,200
100
1,890
(270×7)
370
1,200
디딤면 챌면
염화비닐계타일
징두리벽 모르타르페인트칠
850
걸레받이 페인트칠 구분
구조슬래브두께
30
150
단속 수지모르타르 두께5
난간 페인트칠 구분
계단참
층고=3,000
(187.5×16)
2,100
1/40
금속계 난간의 경우
두겁 강관φ34
175
850
평면
1,200
1,200
370
1,890
(270×7)
100
1,200
160
120
20
20
계단참
100
난간벽
370
상시폐쇄
또는 연기감지기 연동
상시개방
900
콘크리트 블록 두께150
(기둥, 보형을 계단실내로 빼지 않는다)
금속계난간의 경우
370
난간
75
100
75
100
75
보더
동자
1/40
단상세
난간벽
논슬립
걸레받이
45
30
30
30
구조슬래브두께(통상120)
경사 30
꺾임점을 일치시킨 두께로 한다.
1/20
최하부상세
디딤면
100
계단참
>150
1/20

부분별 DETAIL

RC조옥외계단

입면

파이프φ34 OP
파이프φ42.7 OP
환강φ13 OP
벽 콘크리트치기 뿜칠타일
측면 모르타르흙손누름
단속 콘크리트치기
1,110
2,100
층높이=3,000
(187.5×16)
150
150
1/40

출입구단면

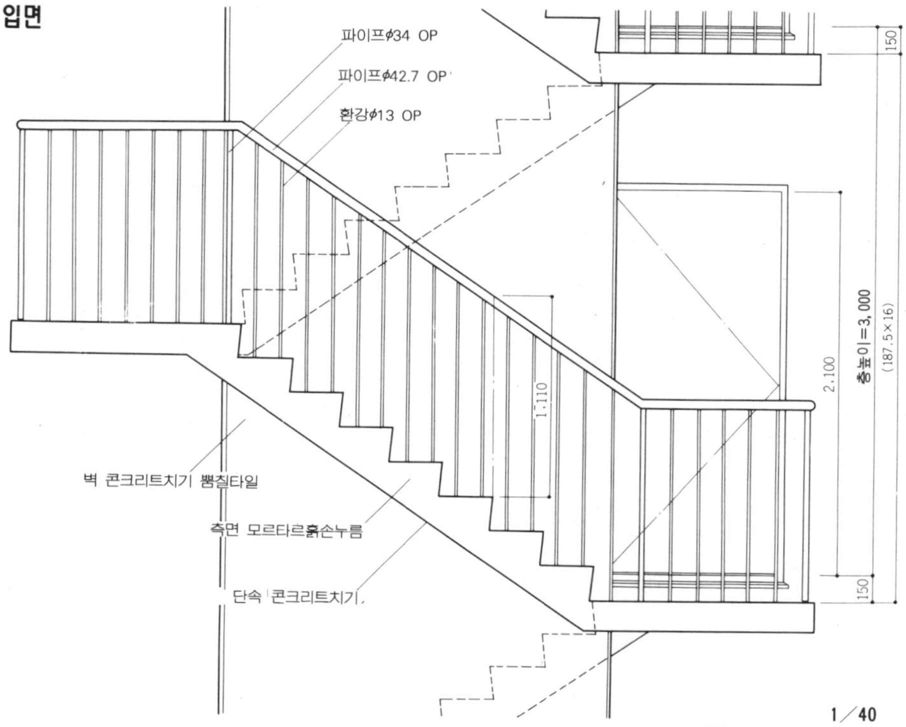

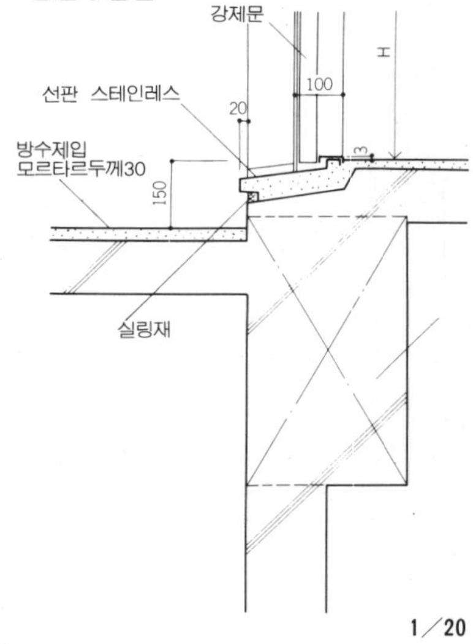

강제문
선판 스테인레스
방수제입
모르타르두께30
실링재
100
20
150
H
3
1/20

평면

900
강제문
계단참
1,000
1,890
(270×7)
100
1,000
900
200
900
50
100
난간벽
측구
UP

단상세

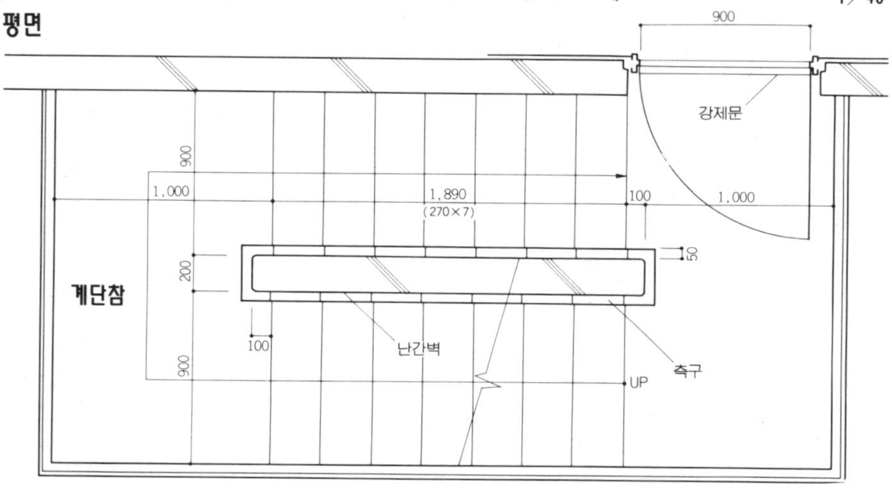

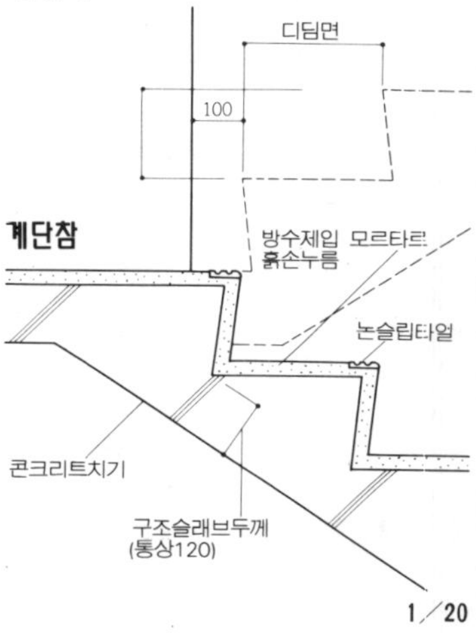

디딤면
100
계단참
방수제입 모르타르
흙손누름
논슬립타일
콘크리트치기
구조슬래브두께
(통상120)
1/20

방수처리계단

옥상주위 단상세

패러핏
500
빗물의 유입을 방지하기 위하여 강구를 1단 올린다.
계단참
논슬립
15
30
150
30
20
30
메시근
보호모르타르
아스팔트 방수3층
누름층미끄럼고정
1/20

계단참방수치올림상세

실링재
50
30
30
15
150
누름콘크리트
80
방수누름철물
알루미늄
고정부착@450
메시근φ3.2
30
60
15
10
방수층
계단참
1/20

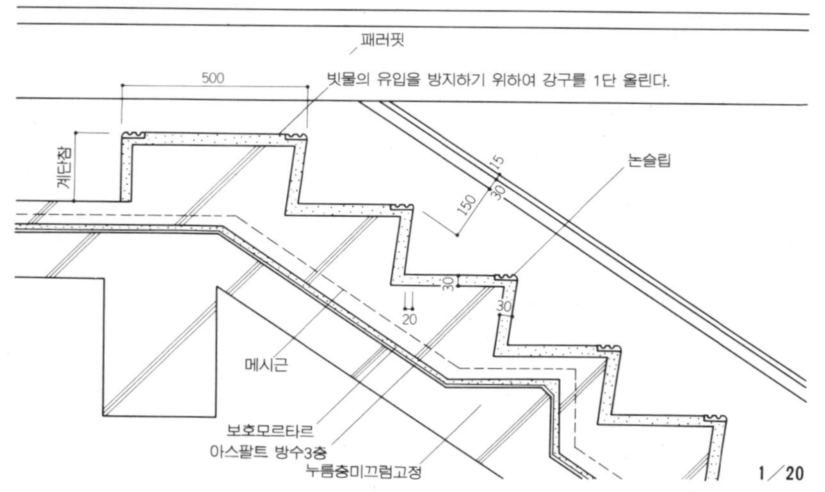

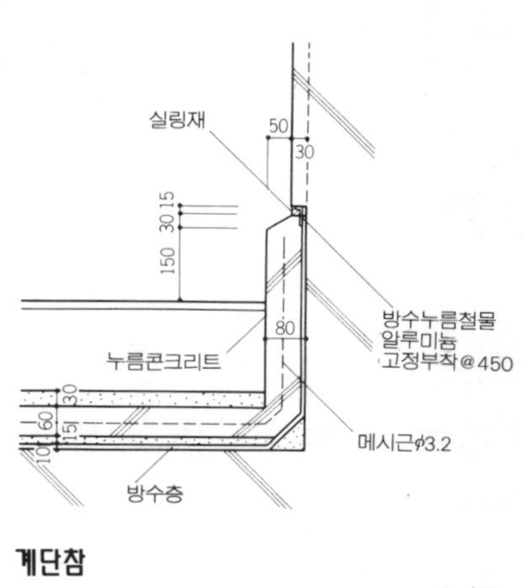

PC계단

평면

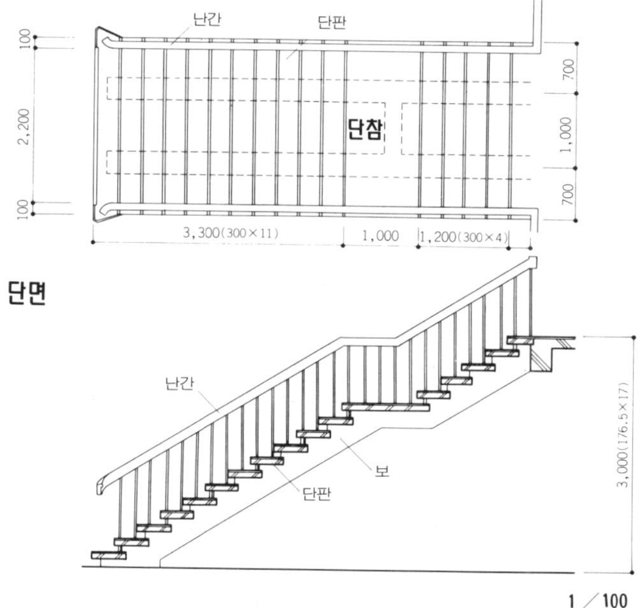

단면

1／100

현장 치기 콘크리트제의 2개의 보에 두께 80의 프리캐스트 콘크리트제 단판을 건너지른 예. 경쾌함을 표현하기 이하여, 단판은 되도록 얇게 하는 경향이 있지만 필요 강도의 체크를 게을리 하여서는 안 된다.

단판상세

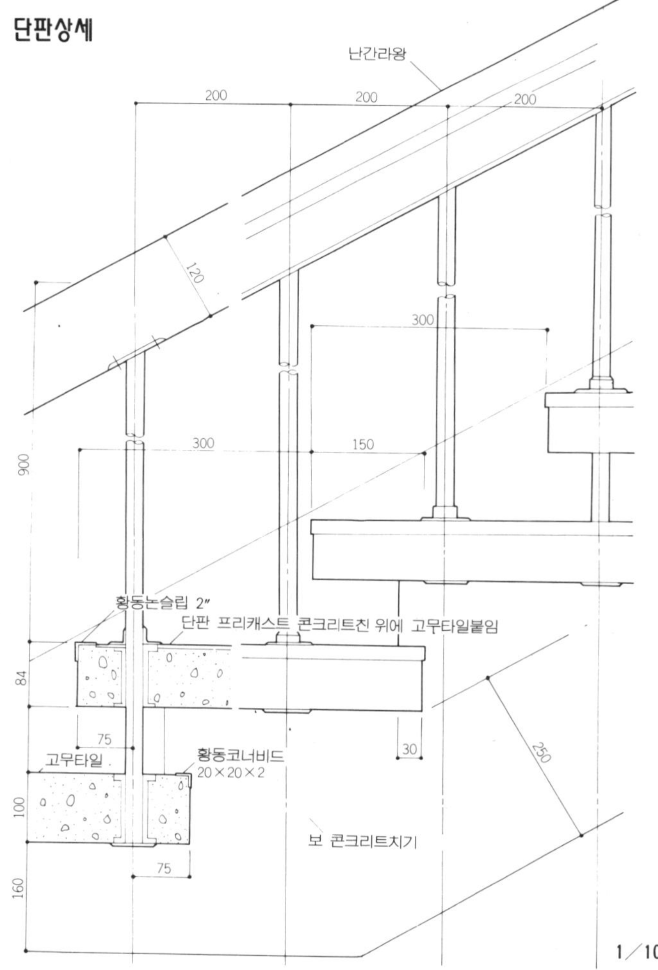

1／10

난간상세

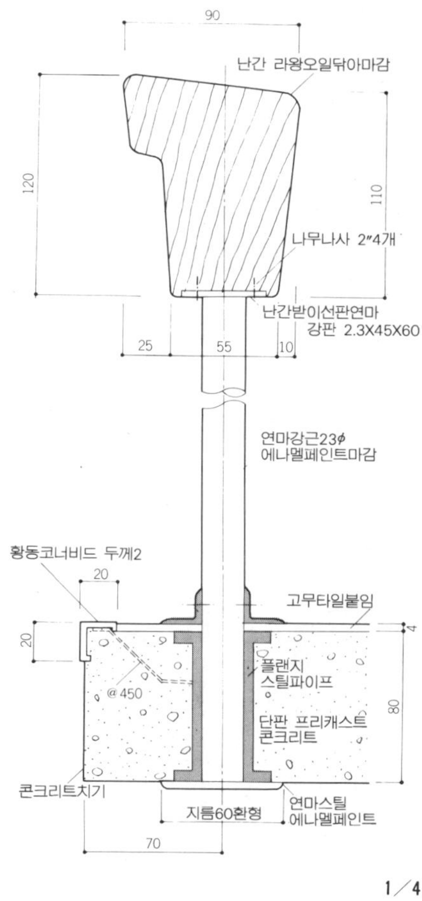

1／4

부분별 DETAIL

철골조 계단

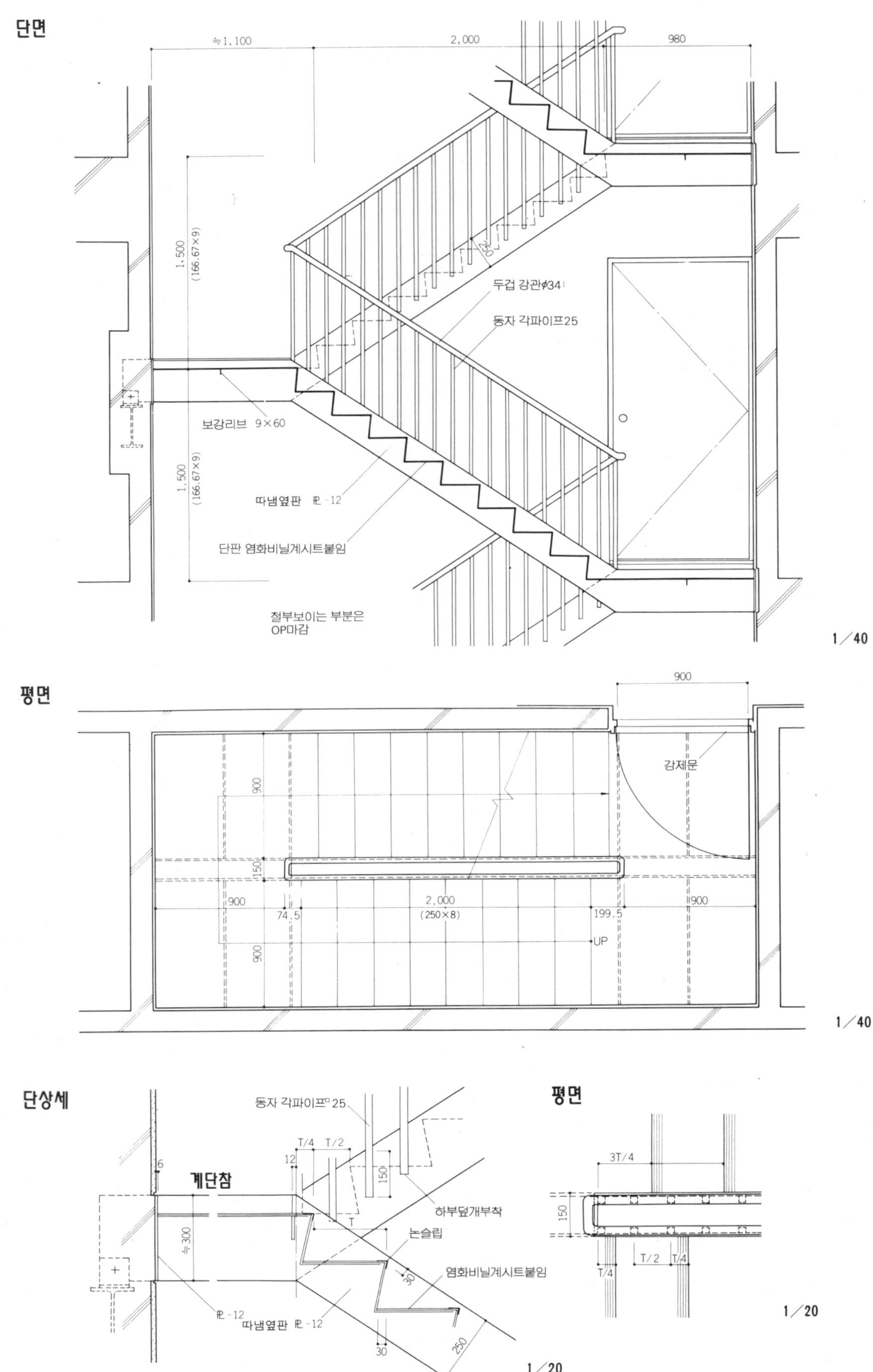

계단의마감

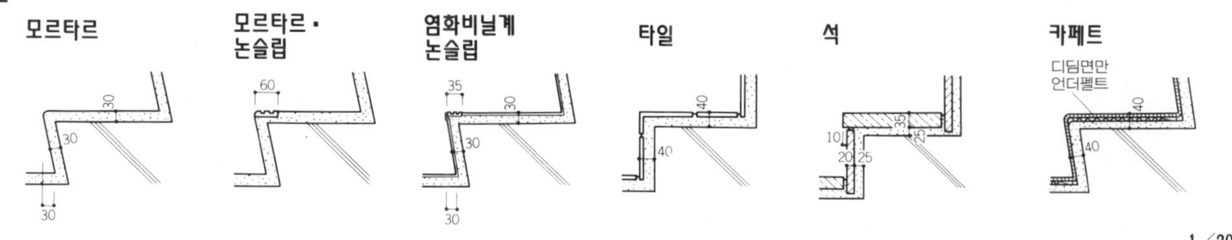

철골계단

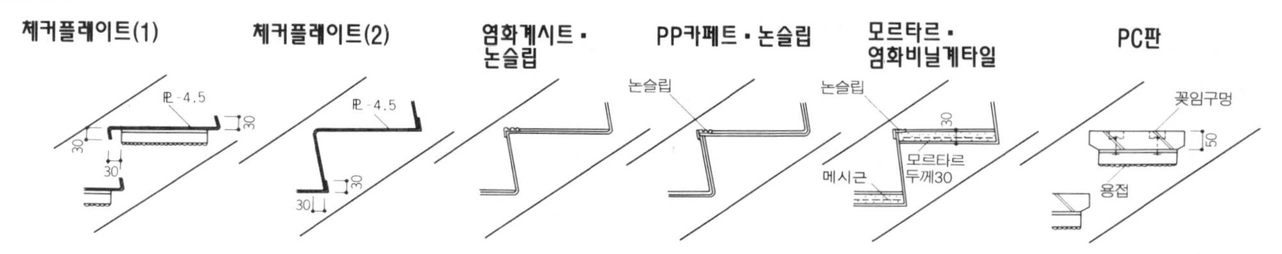

난간의 종류

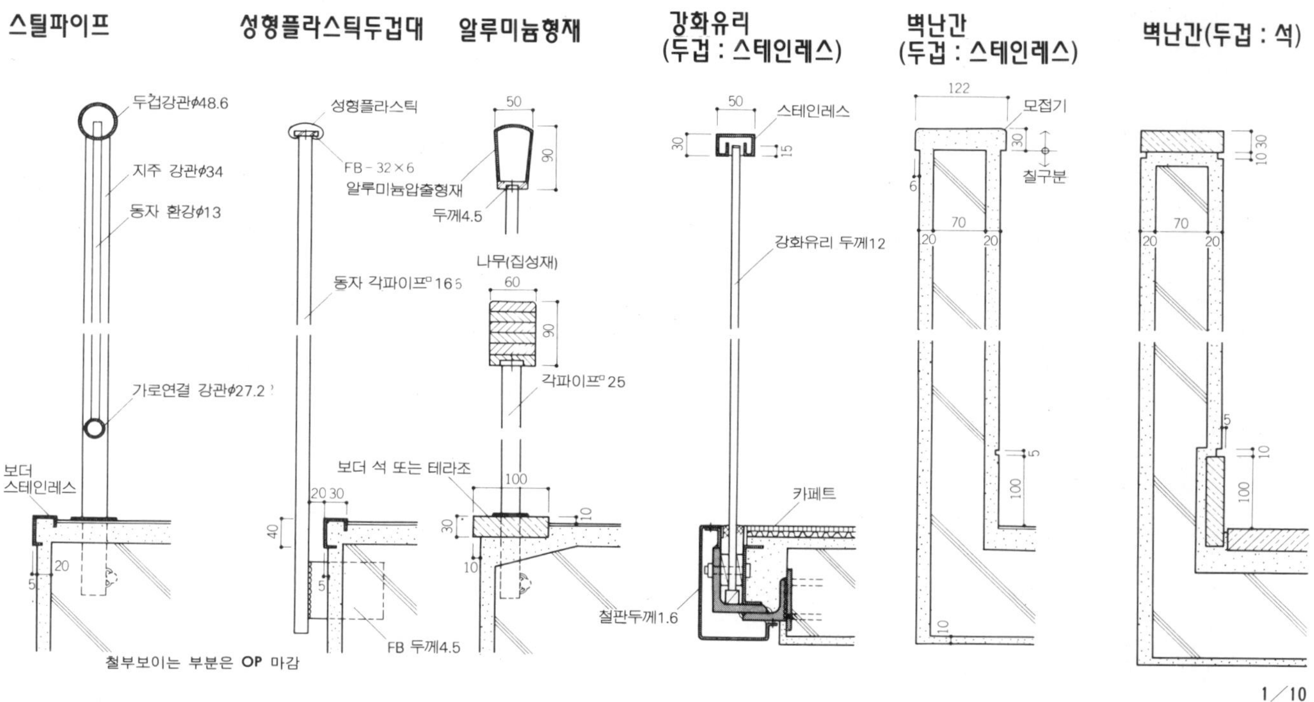

논슬립의 종류

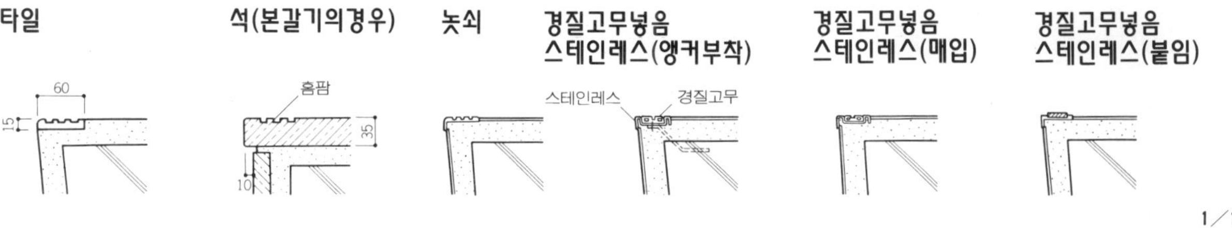

내부계단(RC조)

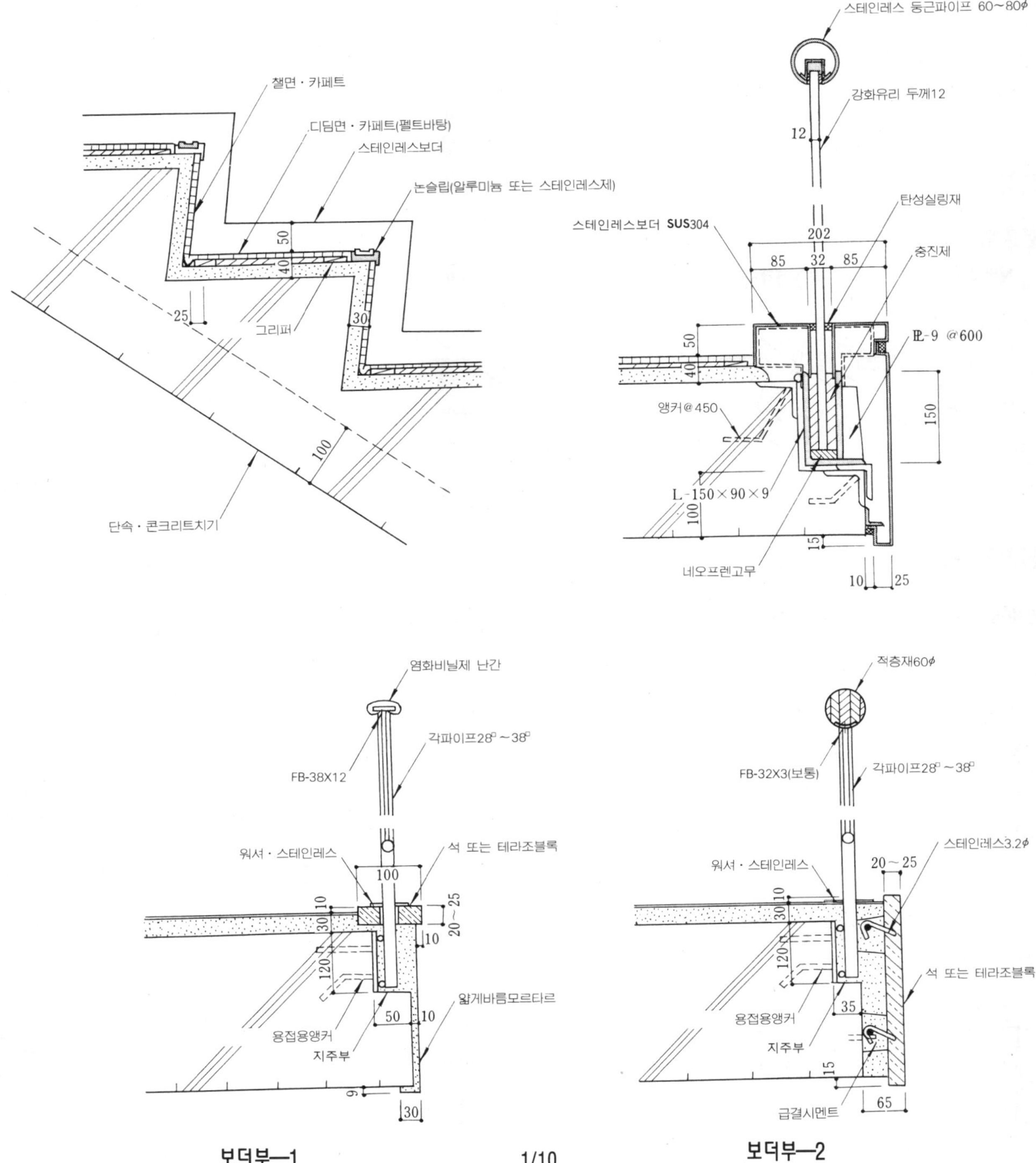
챌면 · 카페트
디딤면 · 카페트(펠트바탕)
스테인레스보더
논슬립(알루미늄 또는 스테인레스제)
그리퍼
단속 · 콘크리트치기
스테인레스 둥근파이프 60~80φ
강화유리 두께12
탄성실링재
스테인레스보더 SUS304
충진제
PL-9 @600
앵커@450
L-150×90×9
네오프렌고무
염화비닐제 난간
각파이프28□~38□
FB-38X12
워셔 · 스테인레스
석 또는 테라조블록
용접용앵커
지주부
얇게바름모르타르
적층재60φ
FB-32X3(보통)
스테인레스3.2φ
급결시멘트
보더부—1
1/10
보더부—2

내부계단(철골조)

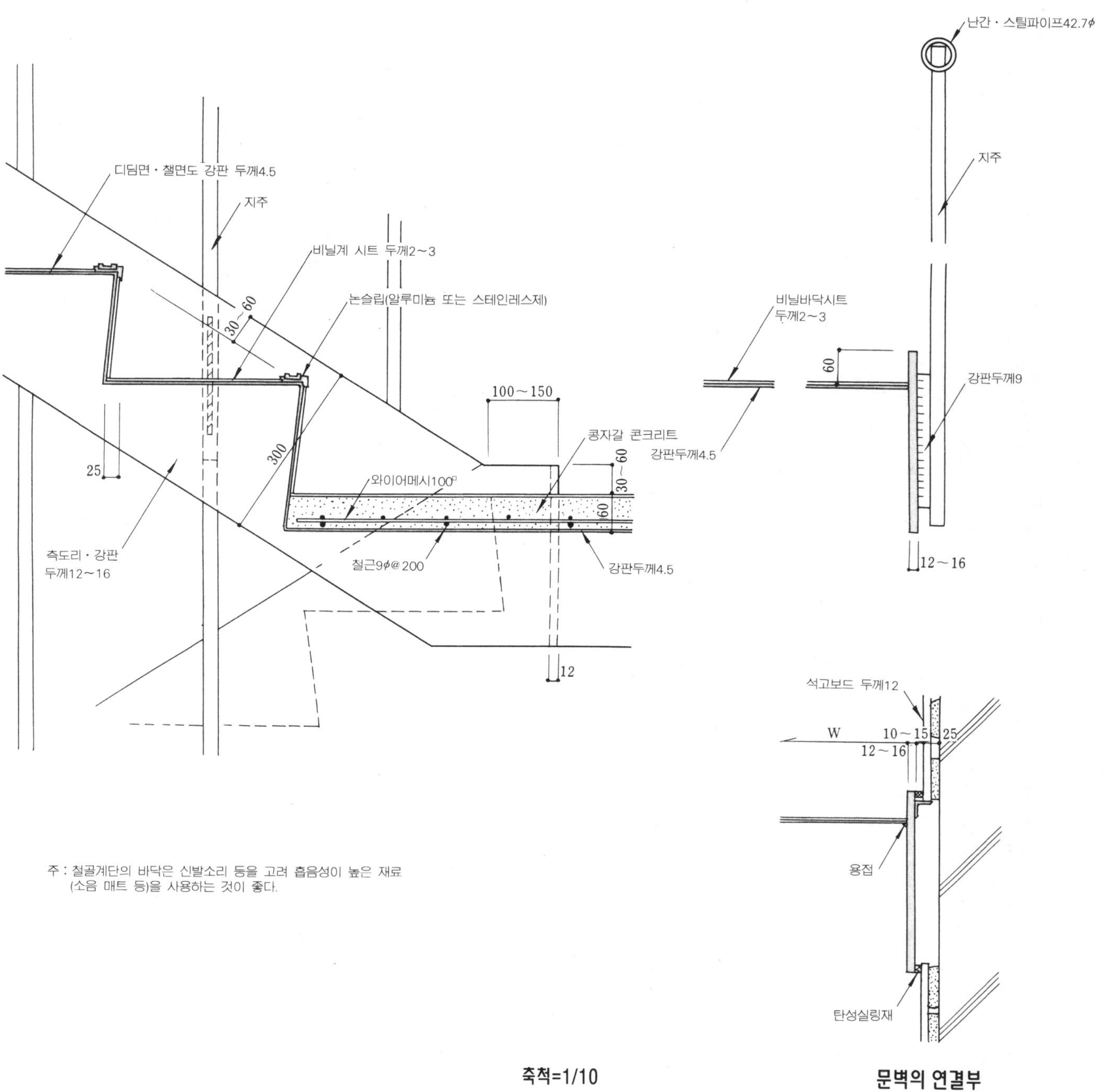

주 : 철골계단의 바닥은 신발소리 등을 고려 흡음성이 높은 재료
(소음 매트 등)을 사용하는 것이 좋다.

축척=1/10

문벽의 연결부

엘리베이터 · 에스컬레이터, ELE · ESC

엘리베이터나 에스컬레이터는 전력이나 유압력 등의 동력에 의하여, 사람이나 물건을 수직 방향으로 운반하는 장치로, 일반 빌딩 · 백화점 · 역사 · 맨션 등에 있어 운송력 높은 수직의 중요한 교통 수단이다.

엘리베이터에는 승용 · 인하 공용 · 침대용 · 하물용 · 자동차용 등이 있고, 각기에 따라 법규상, 구조나 각부의 안전률 잡는 법 등이 다르다. 이 중 사람의 수송을 목적으로 하는 승용 엘리베이터가, 사무소 빌딩 · 호텔 · 고층 맨션 등에 많이 사용되고, 상업 빌딩 등에서는 전망용(시슬) 엘리베이터가 사용된다.

엘리베이터의 구조에는 로프식과 유압식이 있고, 로프식 엘리베이터의 구동 방법에는 드럼식과 트랙션식이 있고, 로프와 권상기의 망 차 사이의 마찰력으로 구동시키는 트랙션 방식을 대부분의 엘리베이터가 현재 채용하고 있다. 엘리베이터의 주요 부분으로는 케이지, 문 개폐 장치, 로프, 권상기, 제어 장치, 균형 추, 레일 등이 있고, 건물측에는 승장 · 승강로 · 피트 · 기계실 등이 있다. 이 주요 부분 중 케이지는 사람이나 물건을 싣는 케이지실과 이것을 받치는 케이지 틀로 이루어져 있고, 케이지 틀은 4모서리에 설치된 가이드슈로 레일에 안내된다. 레일은 케이지 · 균형 추의 양측에 승강기 벽에 고정하여 수직으로 세워, 그 승강을 안내함과 동시에, 비상 정지가 작동하였을 때 케이지의 낙하를 받친다. 유압 엘리베이터는 유압 잭의 밀어올리는 힘에 의하여, 케이지를 상승시키고, 자동으로 강하시키는 구조를 가진 것으로, 로프식과는 구동 부분은 다르지만, 케이지 · 승장 · 안전 장치의 일부는 같은 것이다. 승강로의 크기는 케이지와 그 부속 설비의 설치되는 스페이스로 정해지고, KS 규격에 그 표준 치수가 제정되어 있다. 승강로의 구조는 내화 구조인 점과, 레일, 승장의 문 장치가 견고하게 지지되는 것이 필요하고, RC조의 경우는 벽 두께 120mm 이상으로 한다. 승강로의 상부에는 케이지가 천장에 충돌하지 않도록 꼭대기에 소정 치수의 클리어런스를 잡고, 하부에는 완충기를 설치하기 위하여 소정의 깊이 치수의 피트를 설치하고, 시멘트 방수 정도를 한다. 기계실의 넓이는 승강로 면적의 2배 이상이라는 규정이 있고, 보수 · 점검에 필요한 스페이스를 확보한다. 기타 기기 발열에 대한 환기 · 공조를 할 것, 기기 소음 · 진동에 대한 배려를 비롯, 채광 · 방화 · 방진 등의 대책이 필요하다. 유압 엘리베이터의 승강로는 직접식이고, 피트 하부에 유압 잭 매입구가 필요한 외에는, 로프식과 별 차는 없다. 기계실의 넓이는 보수에 지장이 없다면 2배가 안 되어도 되지만, 환기 · 소음 등의 배려는 로프식과 같다.

덤웨이터는 주로 요리 · 소하물 등을 운반하는 것으로, 엘리베이터와 달리 사람은 탈 수 없으므로, 안전 장치는 엘리베이터에 비하여 간이하다. 덤웨이터의 종류는 물건의 출입구 위치에 따라 2종류 있다. 테이블형은 바닥면에서 750mm 정도에 출입구를 두고, 적재 하중은 100kg 정도, 플로어형은 출입구와 바닥면이 같은 레벨로 적재 하중 100~200kg의 것이 많다. 승강로 · 기계실의 구조는 내화 구조가 바람직하다.

에스컬레이터는 엘리베이터에 비하여 수송 능력이 훨씬 커서, 기다리지 않고 연속적으로 타는 점 또한 개방적이고 파노라마 효과가 있는 점에서, 백화점 · 점포 · 역사 · 극장 등 사람이 혼잡한 장소에 적합한 수송 설비이다. 에스컬레이터의 주요부는 구동 장치 · 이동 계단 · 난간 · 손잡이 등과, 이것들의 기기류와 승객 등의 모든 하중을 지지하는 철골 구조의 트러스로 이루어진다. 구체의 보에 이 트러스의 상하 단부가 걸쳐져 설치되고, 양정(올림 고도) 5m를 넘는 것은 중간에서 트러스를 지지하는 보가 필요해진다. 경사각은 30°, 속도는 30m/min을 표준으로 하고, 난간 유효 폭은 1,200mm 이하의 규정이 있고, 표준 기종으로서 1,200형(어른 2명 병렬 가능)과 800형(어른과 어린이가 병렬 가능)이 있다. 에스컬레이터의 세로 연결, 즉 배열을 결정하는 경우는 손님의 흐름에 주의하고, 가능한 한 점유 면적이 작고, 또한 이어서 탈 때에 보행 거리가 짧은 것이 바람직하다. 그 대표적인 배열 방법에는 단열 겹침형 · 단열 승계형 · 복렬 교차형 · 복렬 평행 승계형의 4종이 있다. 어느 경우도 승객을 항상 안전하게 수송하기 위하여, 그 주위의 안전 대책에는 신중히 유의한다.

승용엘리베이터(로프식) (치수는 6인승,60m/min의 근사치수)

승강로평면

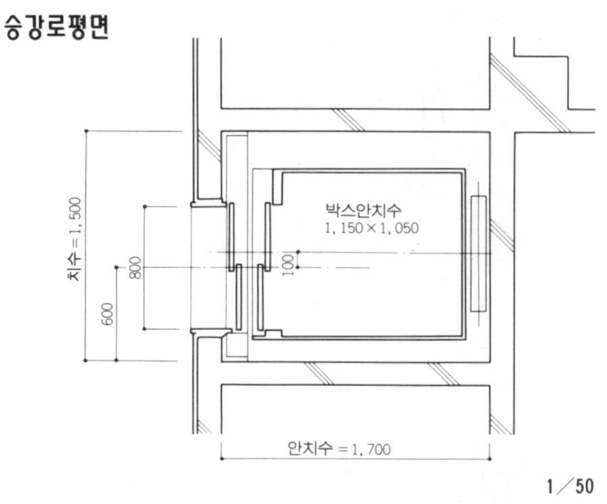

1/50

단면

시트노출방수
목모시멘트판 끼움
트롤리빔
권상기
엘리베이터 기계실
신더콘크리트 두께100
기계대
기계실유효 H=2,000
100
슬래브두께
오버헤드=4,500 4,500
케이지
2,100
층고X층수
피트
카운터웨이트
시멘트방수
완충기
피트깊이=1,600

1/50

전망용(시슬)엘리베이터 평면

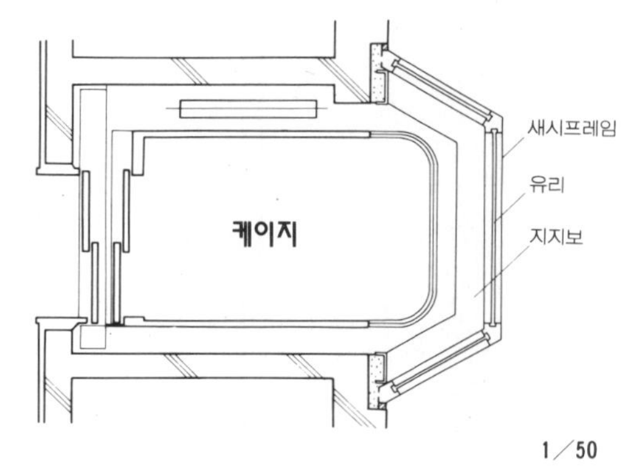

1/50

엘리베이터 기계실평면

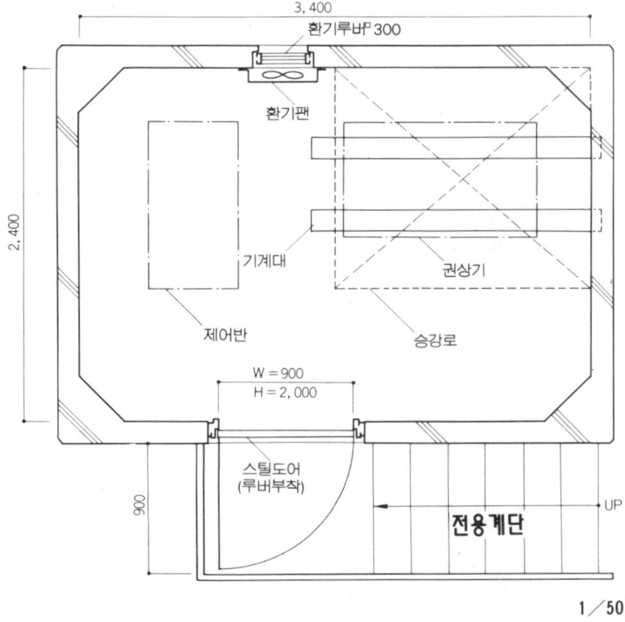

1/50

부분별 DETAIL

삼방틀

모르타르　　철판 · 스테인레스 석 · 테라조블록

천장

인디케이터

막판

윗틀

문

밑인방

막판형식의 경우　1/10

댐웨이터

테이블형단면(치수는50㎏,30m/min의 근사치수)

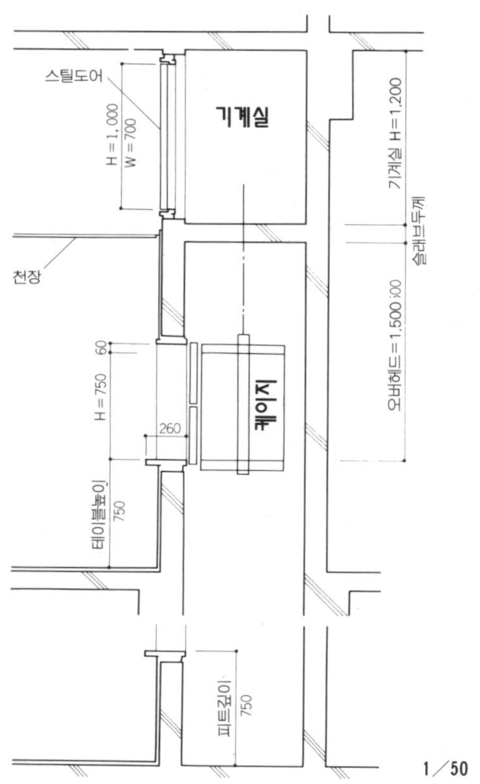

플로어형단면 (치수는 300㎏,30m/min의 근사치수)

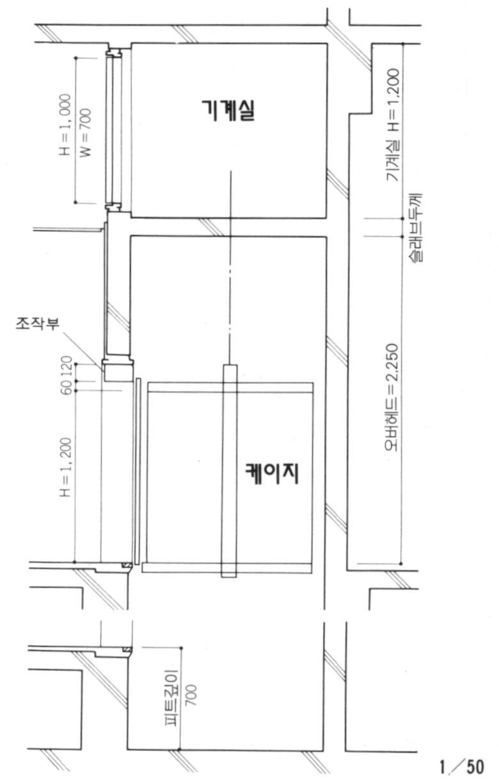

테이블형 평면

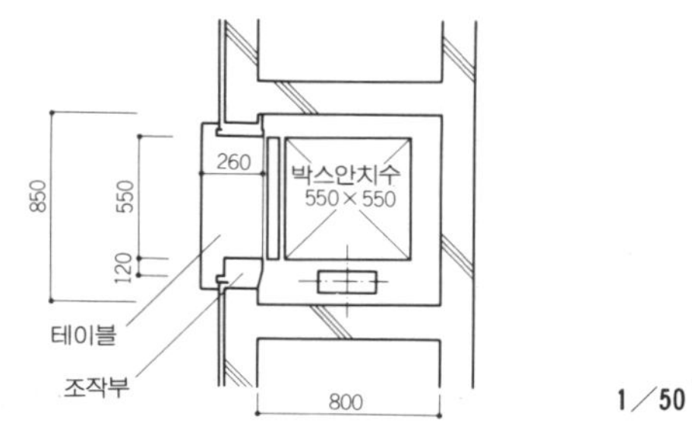

플로어형평면

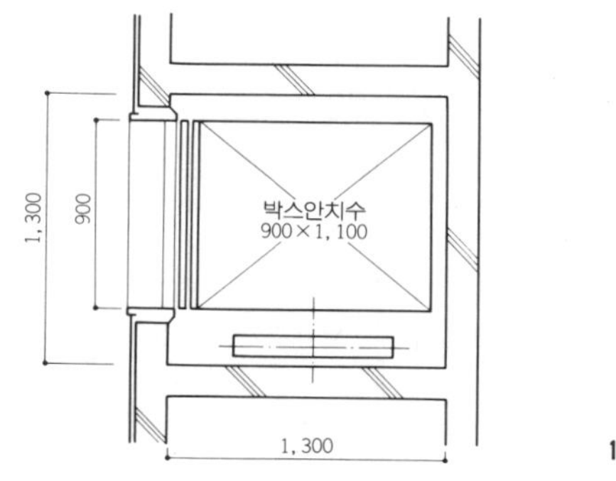

에스컬레이터

에스컬레이터의 구성

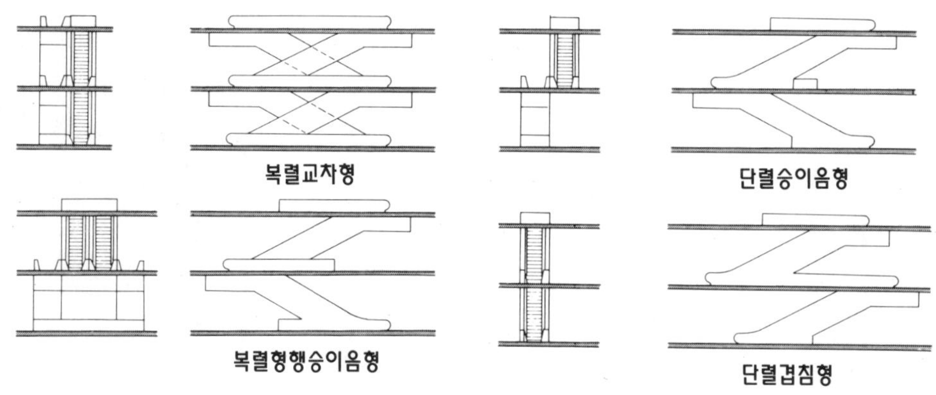

단면(치수는 유효폭600인경우의 근사치수)

가
A
1,600
1,150
난간
2,100 이상
700
950
930
30°
에스컬레이터본체
층고=3,000
1,100
1,200
2,100
√3H=5,196
2,500

㉮단면

930
600
B
1,300

1／100

구체지지부분(A)

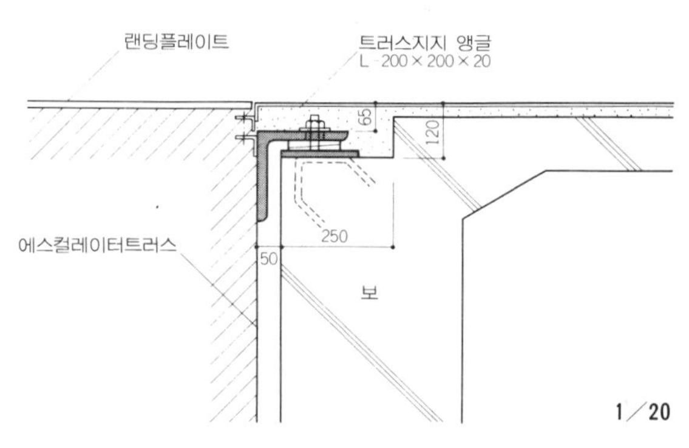

1／20

측면연결(B)

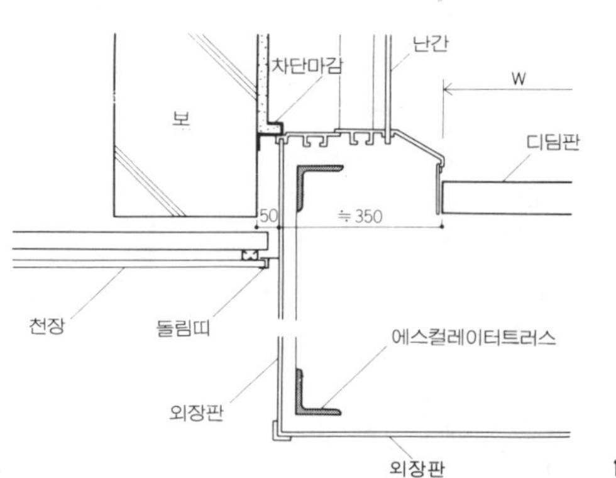

1／20

익스팬션조인트 · EXPANSION JOINT

● 건물의 조인트와 익스팬션 조인트

건물에는 대단히 많은 조인트가 존재한다. 이것들의 조인트는 고정 접합 및 가동 접합의 2종류로 대별된다. 고정 접합은 조인트 부분에서 피접합체끼리가 상대 변위를 일으키지 않을 경우의 접합법으로, 피접합체끼리를 서로 고정하여 일체로 하는 것이다. 한편, 가동 접합은 주로 사용 목적에서 요구되는 경우 및 역학적 목적에서 요구되는 경우 등에 이용된다. 사용 목적에서 요구되는 가동 접합은 창호와 창호 틀의 조인트(경첩 · 도르레 등)가 대표적인 예이다. 그것에 대하여 역학적 목적에서 요구되는 경우에는 방진 · 면진 공법과 신축 이음새가 있다. 이 중 신축 이음새는 구조체끼리의 접속에 이용되는 이른바 익스팬션 조인트와, 부분적으로 이용되는 조인트(금속 두겁 · 난간 등의 신축 이음새, 덕트 · 파이프류의 신축 이음새, 방수 누름층의 신축 줄눈 등)로 나뉜다. 어느 것이나 특정의 변형을 흡수하고, 실용상의 장애를 방지하는 일을 목적으로 하여 설치하는 것이다. 이 중 본 항에서 취급하는 익스팬션 조인트(이하 EXP. J로 줄인다)는 신축 이음새 중의 구조체끼리의 접속에 이용되는 것 및 그것에 부수하는 마무리의 조인트를 말한다.

● 건물 거동과 EXP. J

건물에는 온도 변화, 건조 수축, 부동 침하, 지진 진동 등 여러 가지의 응력이 작용하는데, 이것들의 응력이 과대해져서, 건물에 유해한 장애 발생이 예상될 경우, 그것을 미연에 콘트롤하는 수단으로서 EXP. J가 설치된다. 온도 변화에는 외기온의 변화(日변화 · 年변화), 일사량의 변화, 냉난방에 의한 변화, 고온을 내는 설비에 의한 변화 등이 있고, 이것들에 의하여 건물은 항상 변형하고 있다. 또한 콘크리트는 응고가 끝난 후 약 1년간 서서히 수축하고, 이것에 의해서도 건물은 변형한다. 이것들의 변형이 장애가 되어 나타나는 전형이 콘크리트의 균열이다. 이 균열을 막기 위하여, 장대한 건물에서는 적당한 간격으로, 또한 특히 균열이 들기 쉬운 부분에 EXP. J가 설치된다. 건물 하부의 지질이 장소에 따라 다를 경우, 건물이 장대한 경우, 건물의 중량에 치우침이 있을 경우, 블록에 따라 기초 형식이 다를 경우 등에는 부동 침하가 생기기 쉽다. 부동 침하의 우려가 있을 경우는 적절한 위치에 EXP. J를 설치하여 건물을 분리하고, 부동 침하의 경감을 꾀함과 동시에, 침하에 의한 마무리재 등의 파손을 막는다. 또한 진동 특성이 다른 블록으로 구성된 건물에서는 지진시에 각각 다른 흔들림법을 취한다. 이 때의 발생 응력에 의한 장애를 방지하기 위하여, 이것들의 블록은 EXP. J로 접속하여야만 한다.

● EXP. J의 성능과 공법

EXP. J에 요구되는 공법적 성능은 역학적 성능(힘 전달의 차단, 변위의 흡수), 일반 구조적 성능(방수성 · 내화성 · 단열성 등), 시공성 · 보수성의 3종류로 대별된다. 역학적 성능은 말하자면 EXP. J의 플렉시빌리티이고, 변형 추종 능력이다. 이 추종성을 설정함에 있어서, 지극히 거의 발생하지 않을 듯한 큰 변형에조차 추종할 수 있을 큼지막한 EXP. J를 구축하는 일은 득책이 아니다. 적당한 가능 변형량을 정하여, 그것을 넘은 변형이 발생하였을 경우에는 파괴하여 변형을 흡수하도록 설계하여야 한다. 단, 그 때에는 파괴 후의 수리가 용이하게 될 듯한 재료나 아무림으로 해두어야만 한다. EXP. J 부재의 가능 변형량은 지진 변형에 설정하는 것이 통상이고, 80~100gal 정도의 지진에 대하여 추종할 수 있도록 설계하는 것이 일반적이다. 또한 변형은 전후, 좌우, 상하의 3방향에 발생하므로, 각기에 추종 가능한 아무림으로 하지 않으면 안 된다. 건물의 외주 및 지하에 세워지는 EXP. J에는 당연히 방수성이 요구된다. 통상시 및 가능 변형량의 범위 내에서는 변형 능력을 저해하지 않고 방수성을 확보할 수 있는 아무림으로 하는 일이 EXP. J 설계의 최대 포인트이다. 일반적 방법으로서, EXP. J 커버 등을 연구하는 방법(모자형, 미로형 등), 수밀한 층을 세우는 방법(고무 시트, 지수판, 변형 가능한 금속 박판 등), 침입한 빗물을 배수 홈통 등에 의하여 배수하는 방법 등이 다용되고 있지만 적용 부위, 주변 조건 변형 특성, 보수 조건 등을 종합적으로 검토하여, 최적의 공법을 선택하여야만 한다.

지붕

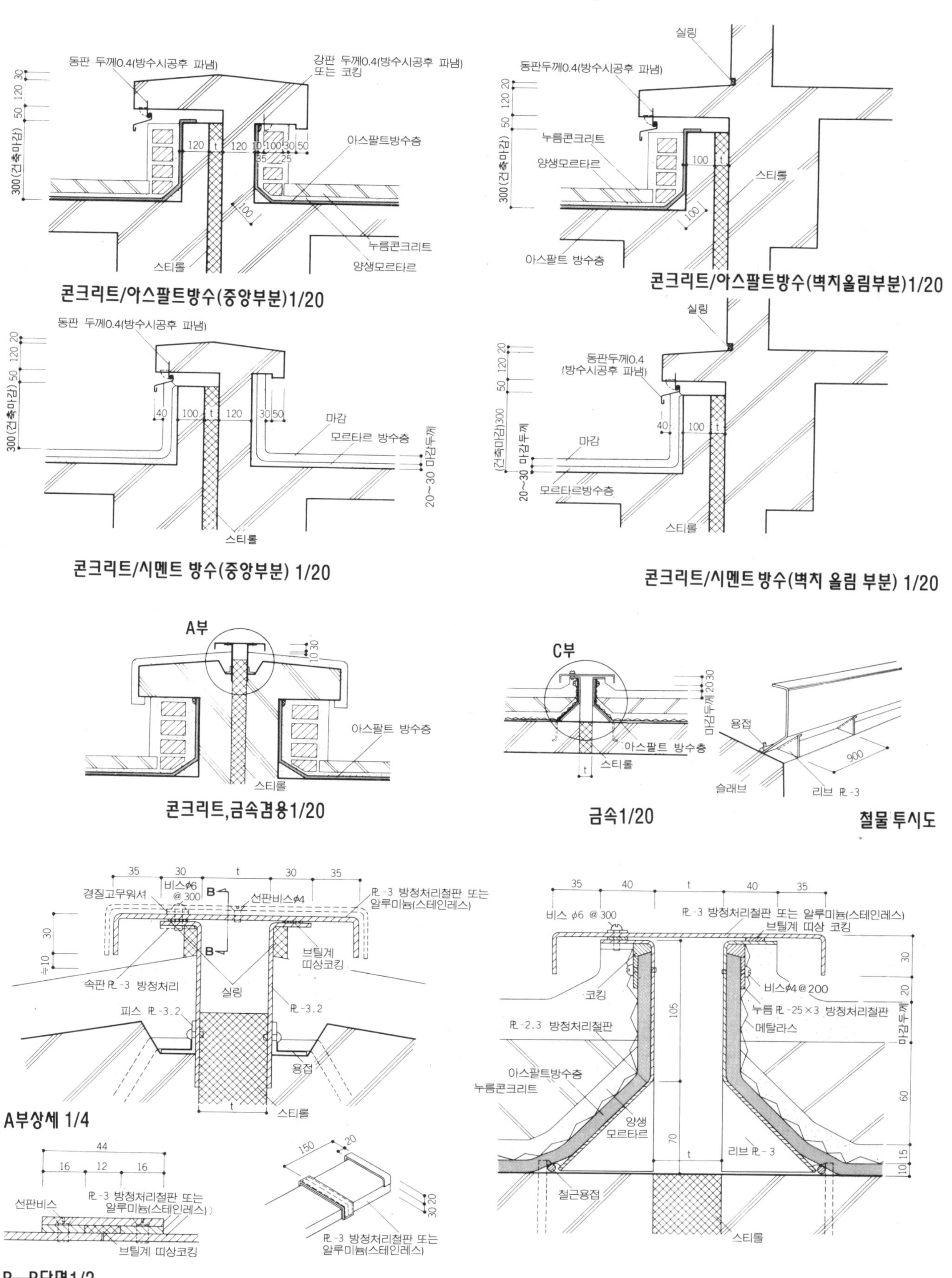

동판 두께0.4(방수시공후 파냄)
강판 두께0.4(방수시공후 파냄) 또는 코킹
아스팔트방수층
누름콘크리트
양생모르타르
스티롤
300(건축마감)
콘크리트/아스팔트방수(중앙부분)1/20
실링
동판두께0.4(방수시공후 파냄)
누름콘크리트
양생모르타르
아스팔트 방수층
콘크리트/아스팔트방수(벽치올림부분)1/20
마감
모르타르 방수층
마감두께
콘크리트/시멘트 방수(중앙부분) 1/20
콘크리트/시멘트 방수(벽치 올림 부분) 1/20
A부
아스팔트 방수층
콘크리트,금속겸용1/20
C부
용접
슬래브
리브 PL-3
금속1/20
철물 투시도
경질고무워셔
비스ϕ6 @300
선판비스ϕ4
PL-3 방청처리철판 또는 알루미늄(스테인레스)
속판 PL-3 방청처리
브틸계 띠상코킹
실링
피스 PL-3.2
용접
A부상세 1/4
선판비스
B—B단면1/2
비스 ϕ6 @300
브틸계 띠상 코킹
코킹
비스ϕ4@200
누름 PL-25×3 방청처리철판
PL-2.3 방청처리철판
메탈라스
아스팔트방수층
누름콘크리트
양생 모르타르
리브 PL-3
철근용접
C부상세 1/4

부분별 DETAIL

외벽

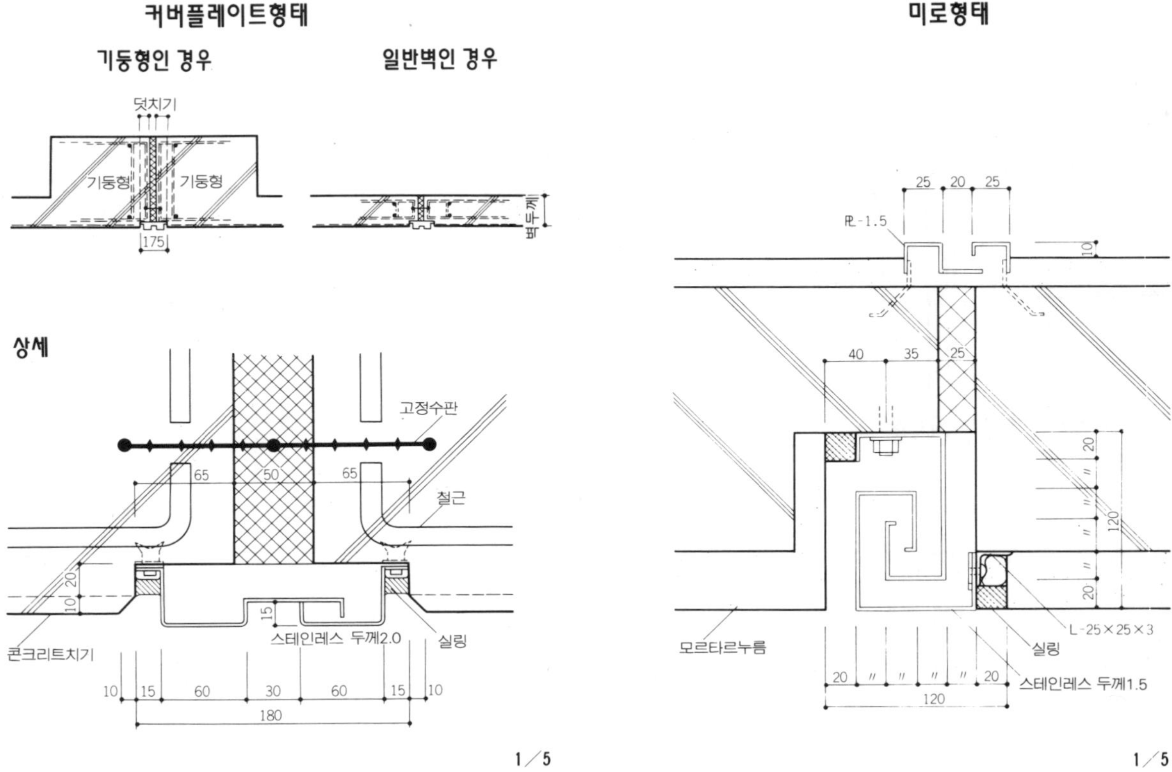

지붕과 외벽의 연결

평면

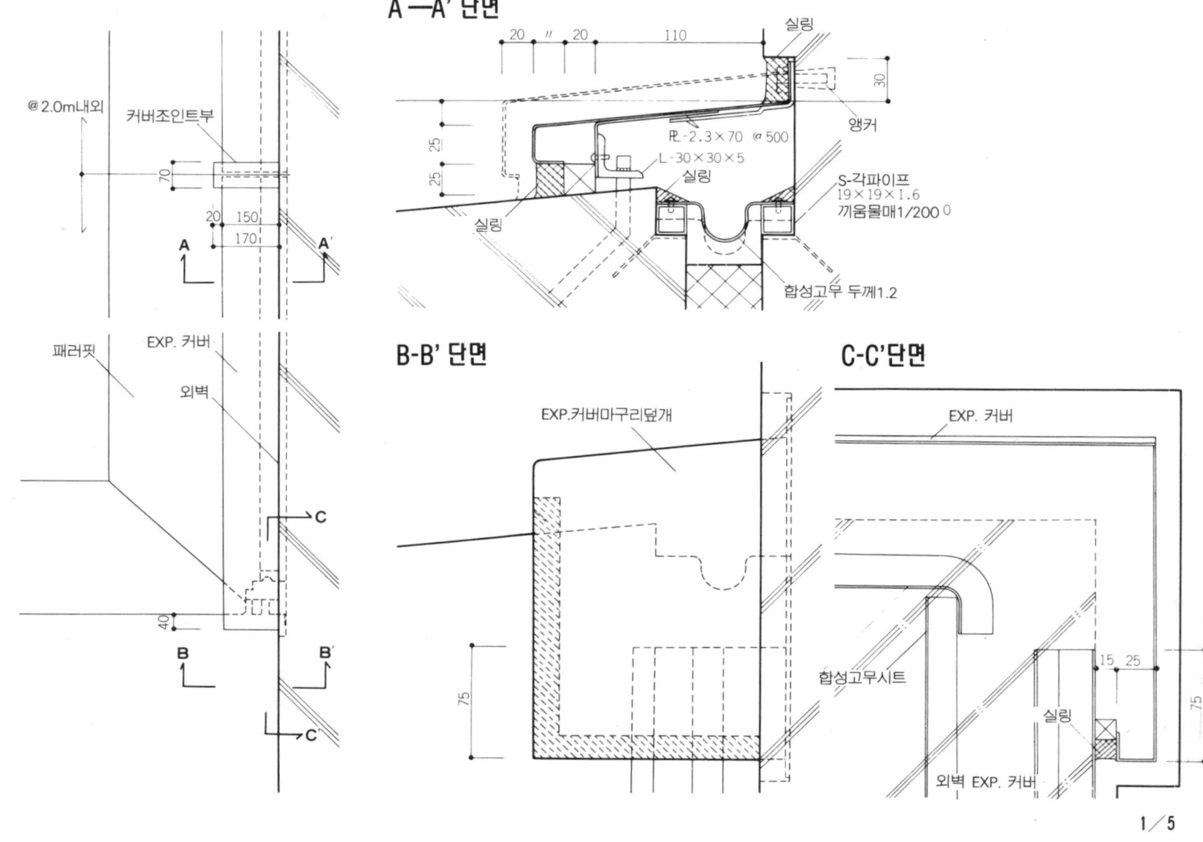

천장

경철바탕인 경우

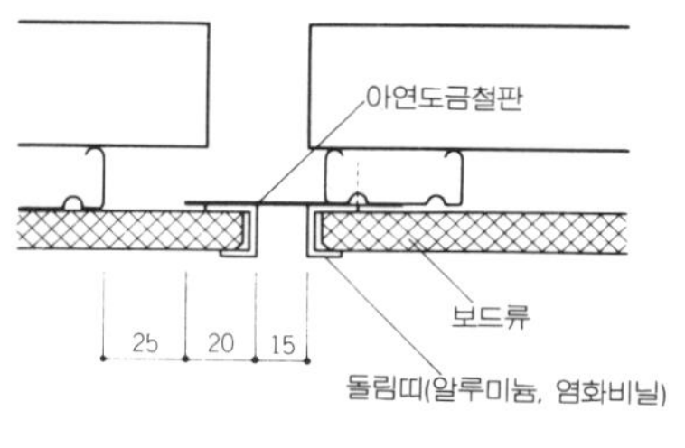

목조바탕인 경우

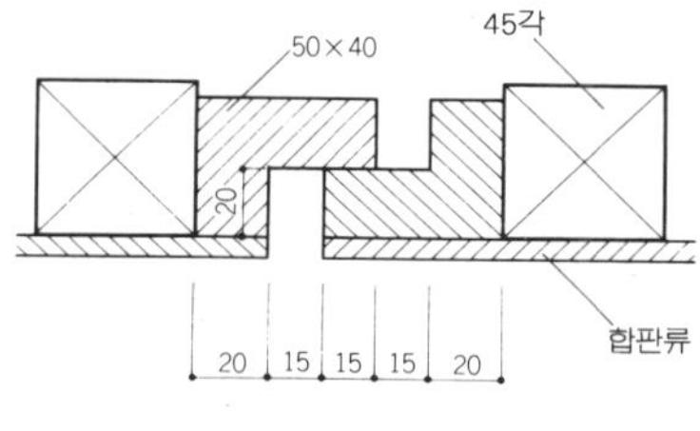

직천장인 경우

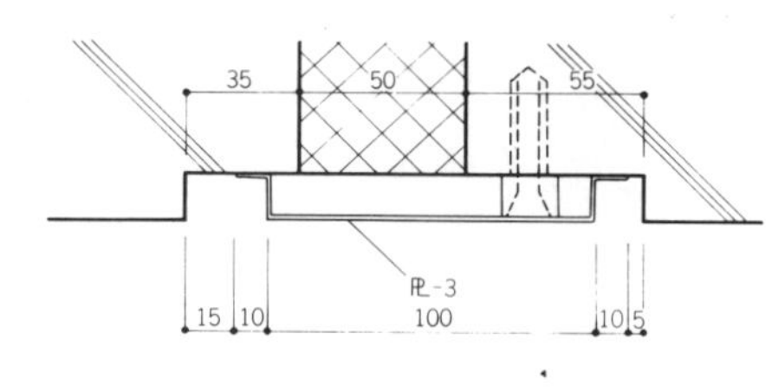

내벽

줄판형식

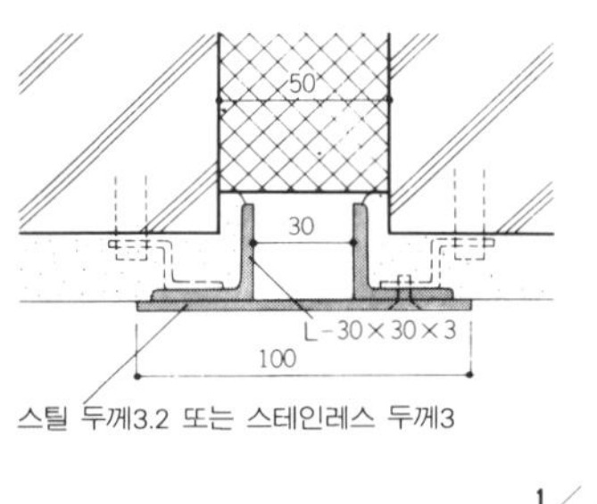

줄눈형식

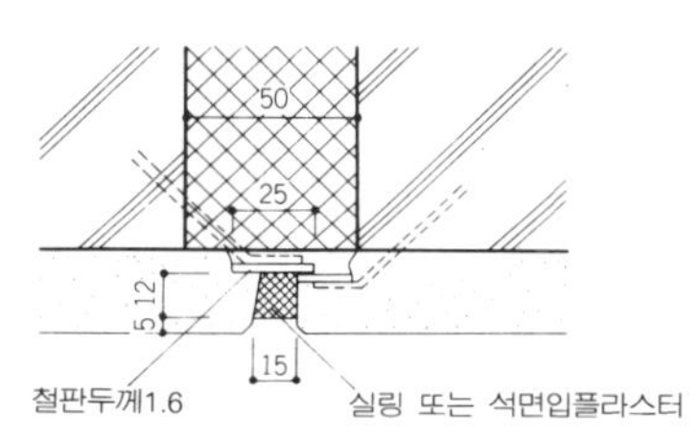

콘크리트치기인 경우

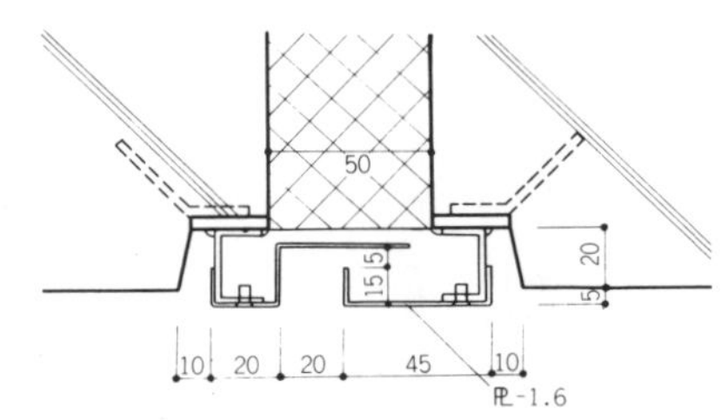

바닥

커버플레이트 형식

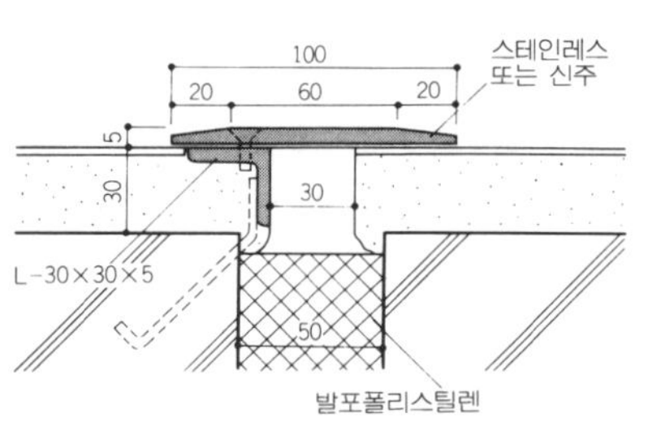

융단깔기의 경우

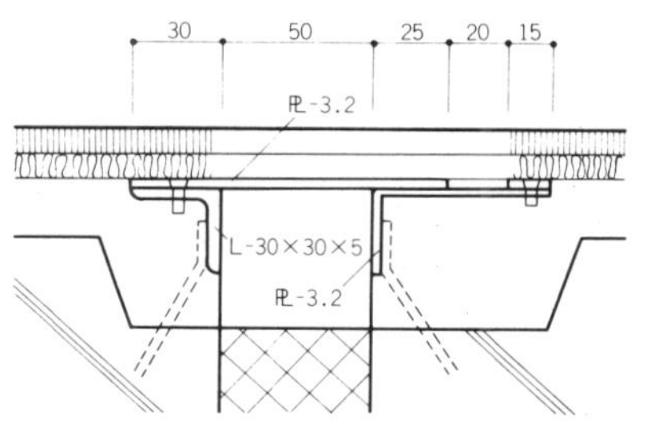

걸레받이부분의 EXP.Joint

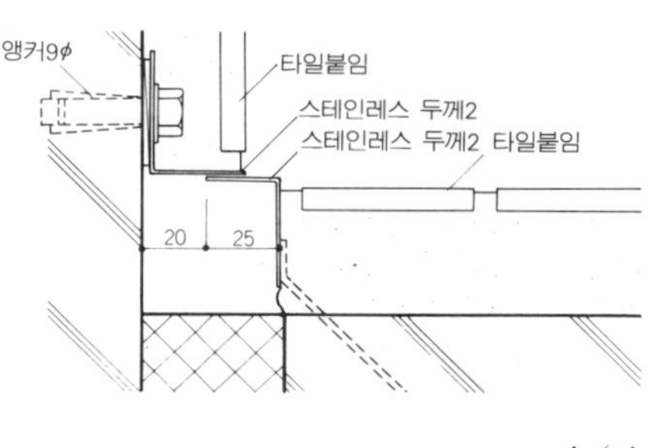

5장 용도별 디테일

용도별 DETAIL

화장실

유틸리티 스페이스 중 화장실은 더러워지기 쉽고, 특히 더러워지면 두드러지므로, 바닥·벽 등은 청결성이 있고 청소하기 쉬운 재료를 선정하여 항상 청결히 유지하여야 한다. 변소의 바닥 방수는 그 넓이, 사용 상황, 아래층의 거실 유무, 관리 상황 등에 따라 방수의 필요성이나 방수 시방 등이 결정된다. 일반적으로 공공 시설·백화점 등 불특정 다수의 사람이 모여 사용하는 화장실은 더러워지기 쉬우므로, 상시 바닥의 물세척이 필요하고, 아스팔트 방수로 하는데, 다만 상시 바닥에 물이 있는 욕실 등에 비하면 방수 시방의 그레이드는 낮아도 된다. 또한 실내이므로, 온도 변화에 의한 구체 수축의 추종성 등은 별로 문제가 되지 않는다. 방수층의 치올림 치수는, 최저 100mm 이상이 필요하고, 단말 처리 후 메탈라스 등으로 눌러 마무리한다. 아래층에 거실 등이 없고, 상시 물을 사용하지 않는 화장실에서는 시멘트 방수 정도여도 된다. 어느 경우나 방수의 누름 콘크리트 위에 무유약 모자이크 타일 붙임이 많고, 물매를 붙여 배수 구멍을 만든다. 최근의 오피스 빌딩의 화장실은 바닥 청소시 걸레 닦기 정도로 하는 일이 많고, 이 경우 장척 염화비닐 시트 붙임이 잘 사용된다. 화장실 벽은 청결성·청소성에서 무유약 타일 붙임이 가장 많고, 모르타르의 도장 마무리나 멜라민 치장판도 사용된다. 큰 화장실의 스크린에는 치장 합판이나 테라조 블록 등이 있고, 높이는 1,900mm 정도로 한다. 수세기·소변기의 배관류를 구체로 넣으면 장래 메인테난스시에 문제가 되므로, 콘크리트 블록을 쌓는 라이닝으로 한다. 또한 고장·청소시의 물이 옥외로 유출하지 않도록, 바닥 레벨은 일반부보다 15mm 정도 내리고, 또한 방수층은 출입구 도어실에 완전히 조인트하여 누수를 차단한다.

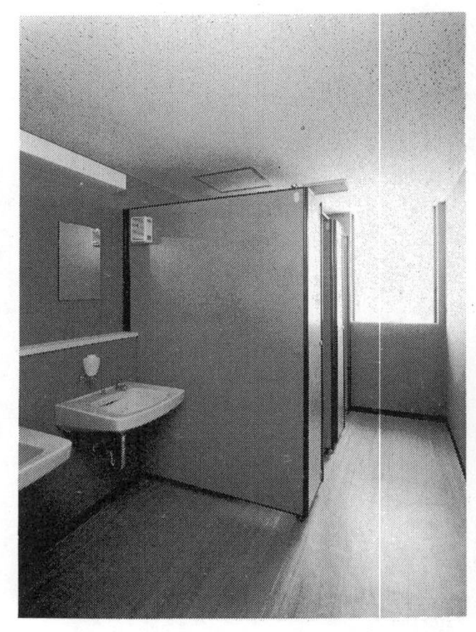

바닥마감과 방수아무림

바닥마감

25각모자이크타일붙임

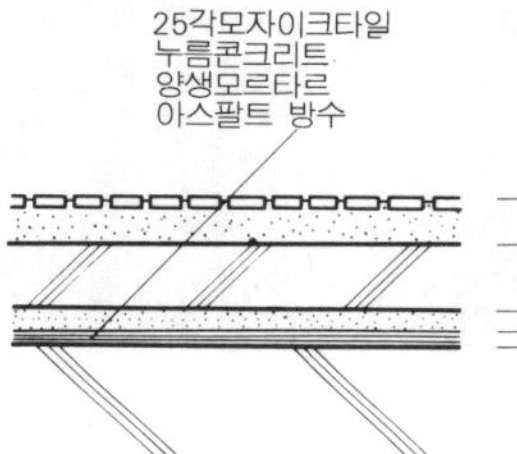

장척염화비닐시트붙임

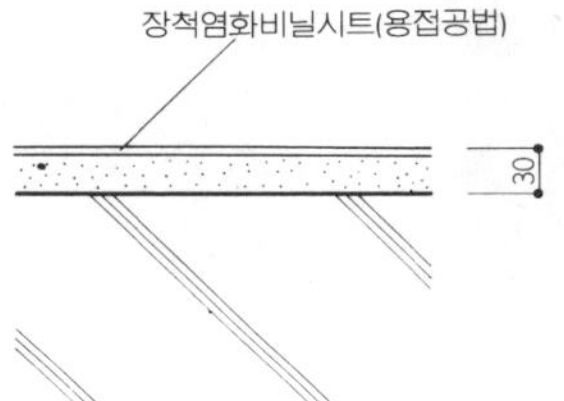

방수치올림

25각모자이크타일붙임

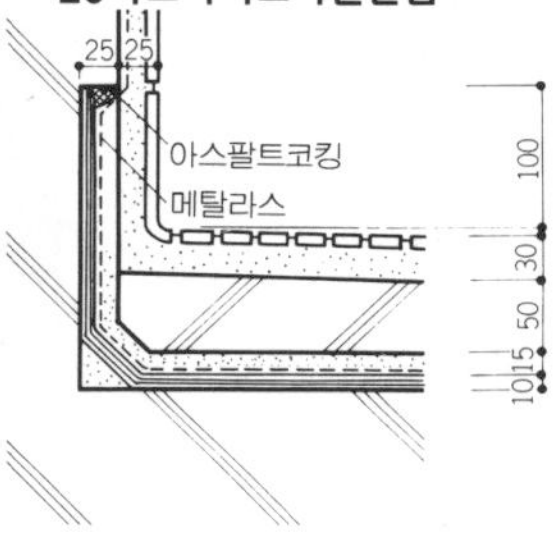

장척염화비닐시트붙임

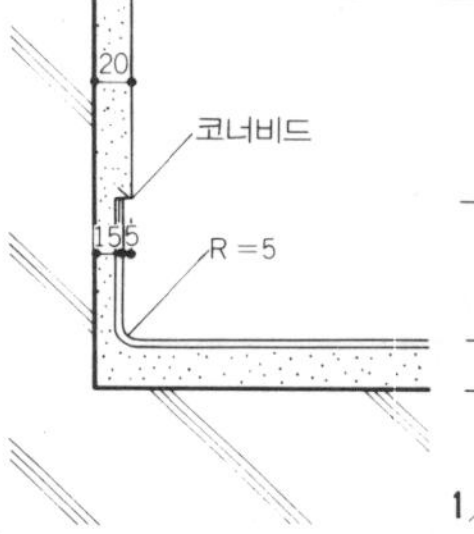

절충변기

평면

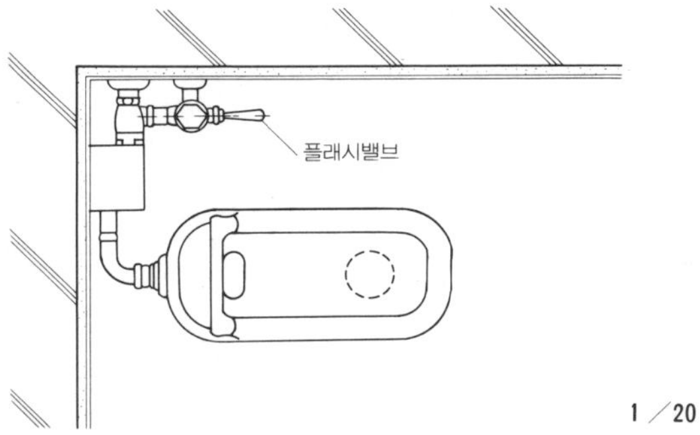

평면

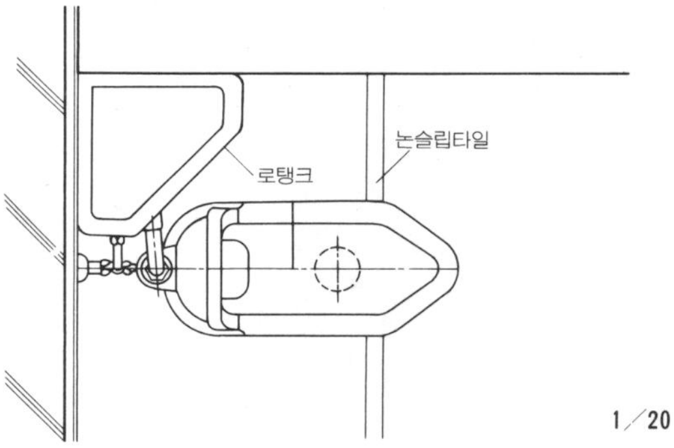

단면

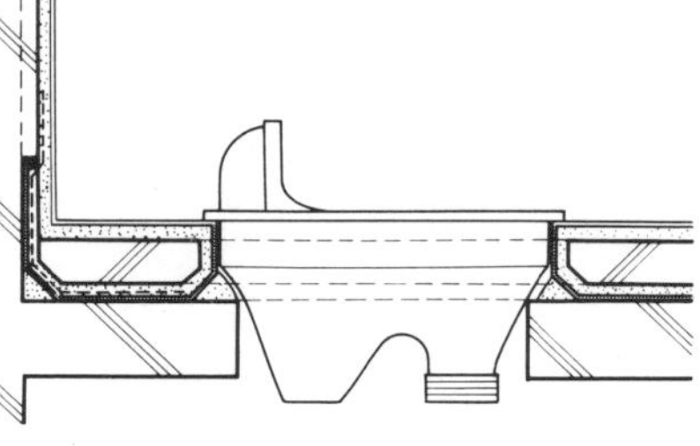

단면

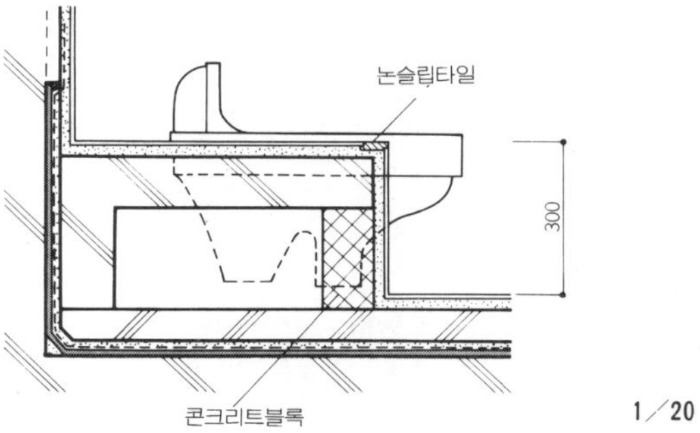

양식변기

U트랩형식

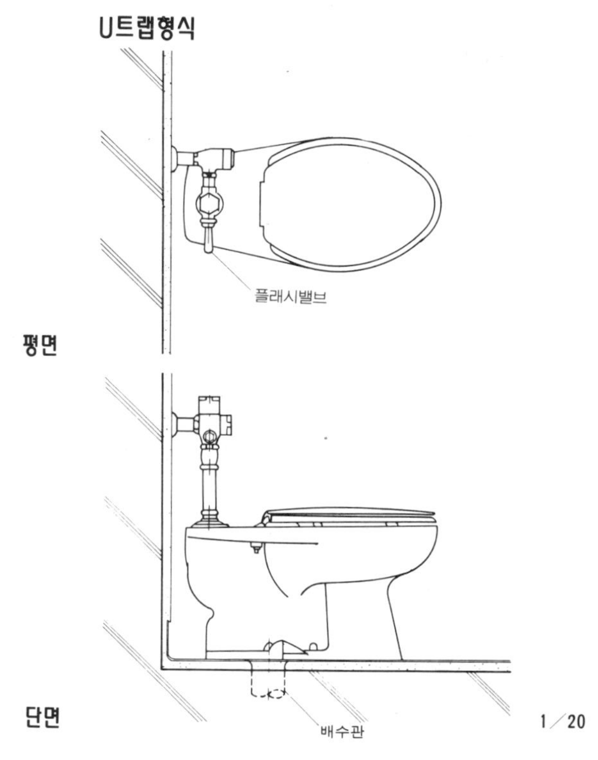

P트랩형식

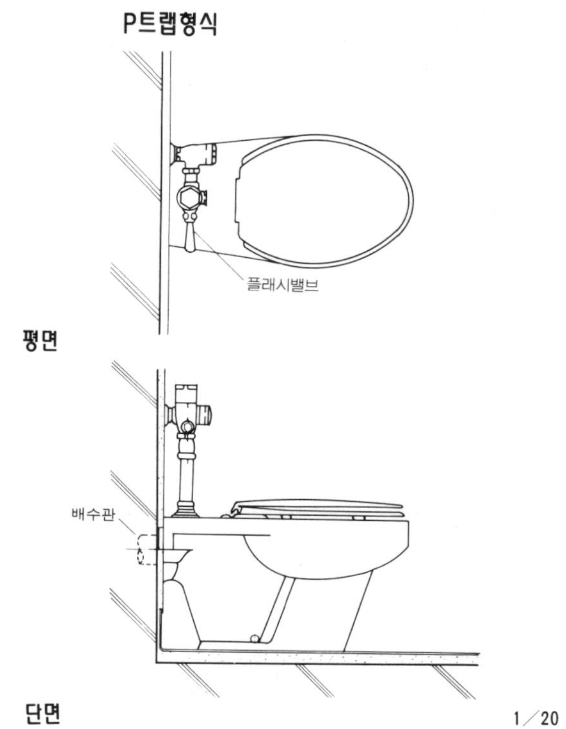

소변기

벽걸이스툴형

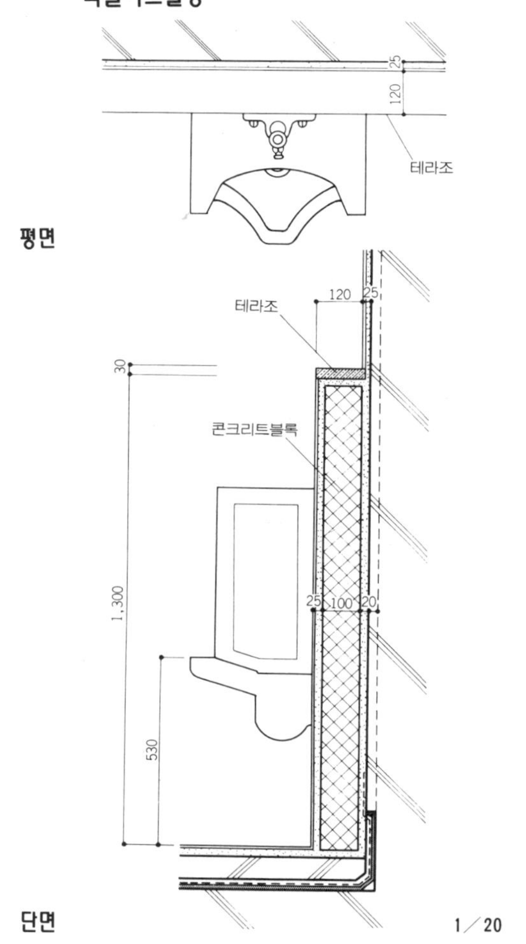

스툴형

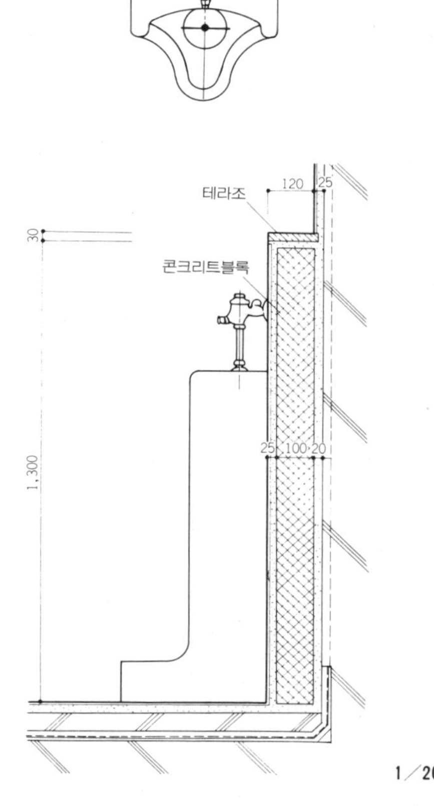

용도별 DETAIL

토일렛부스

치장합판플래시

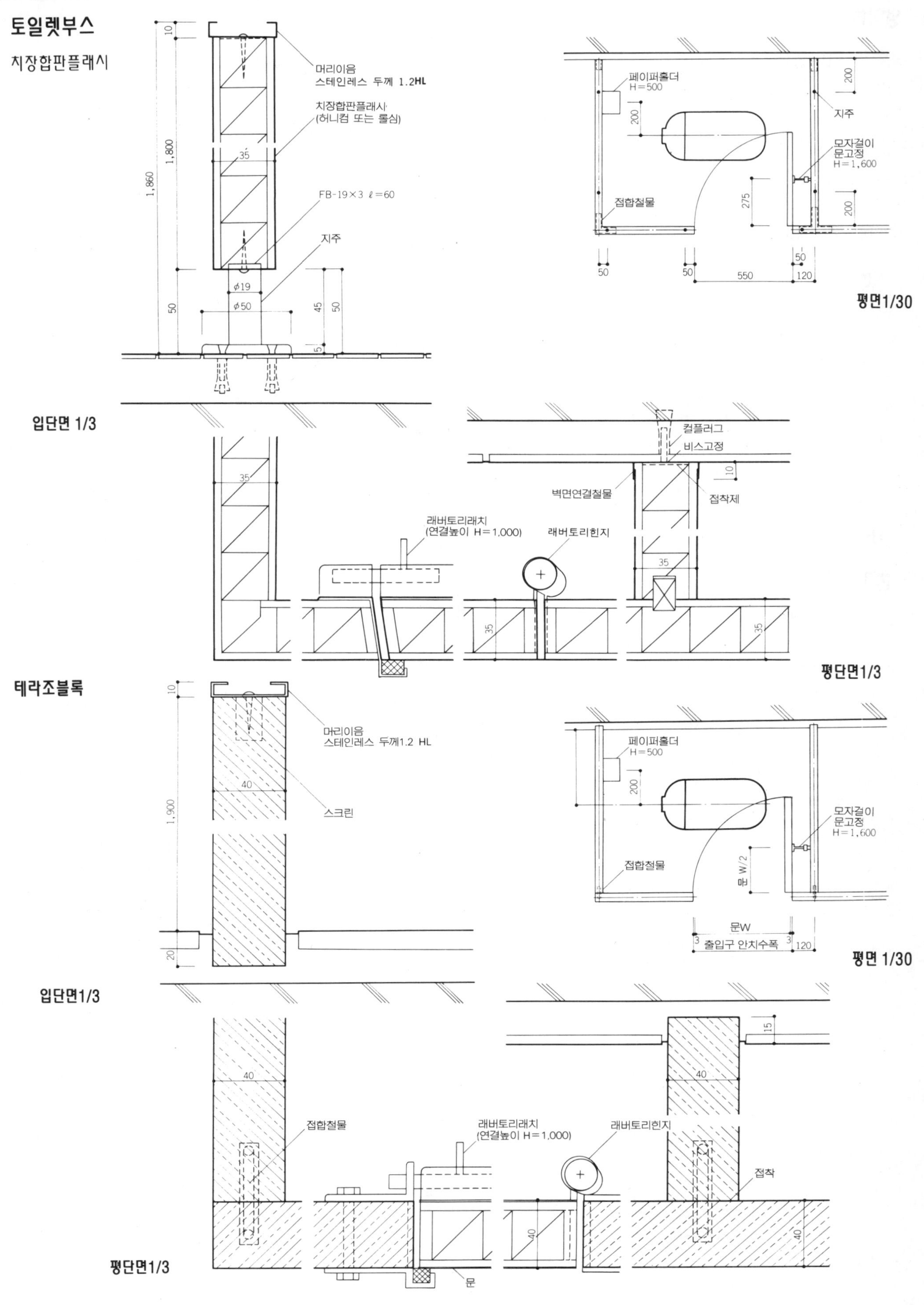

세면기

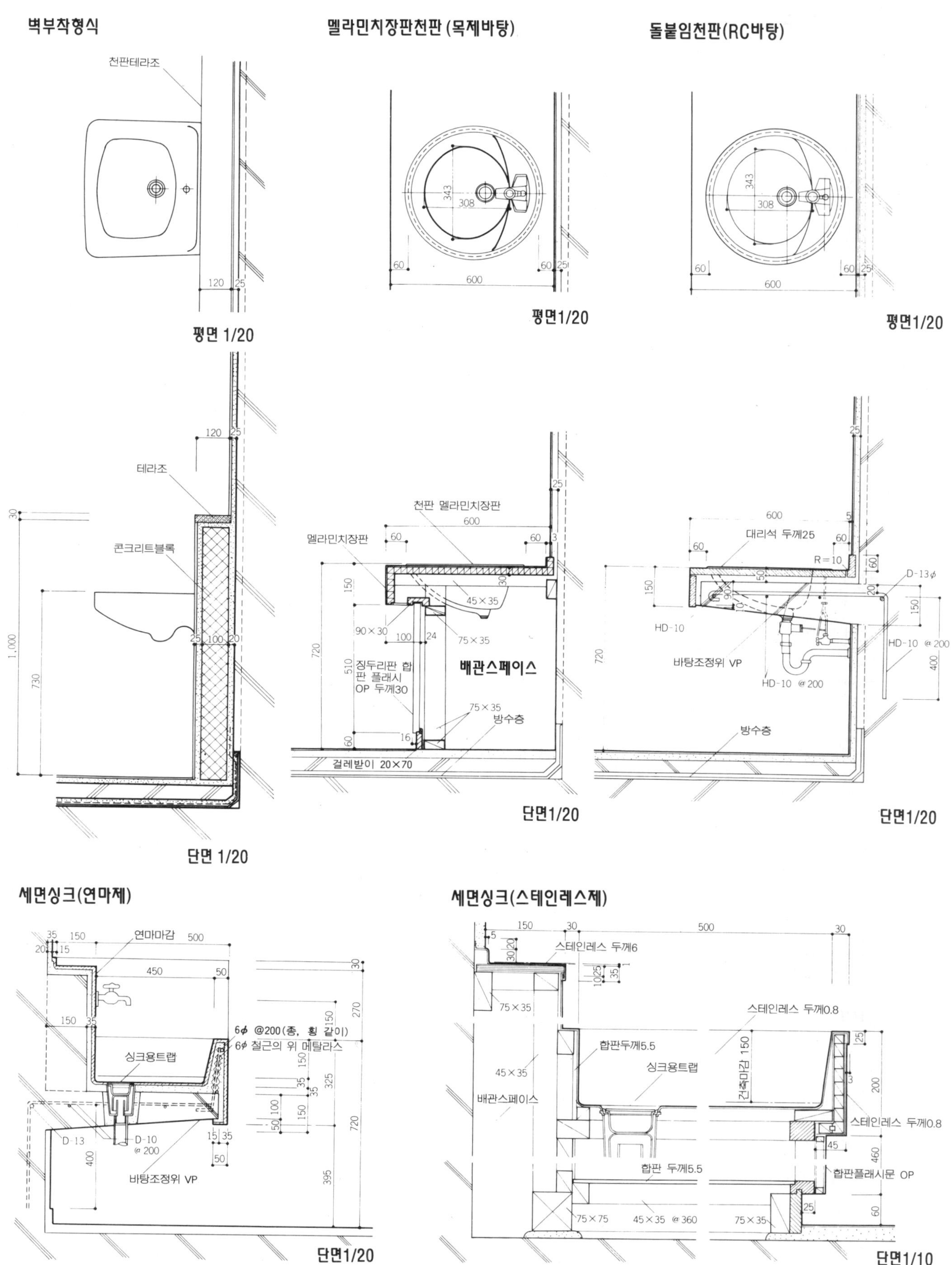
벽부착형식
멜라민치장판천판(목제바탕)
돌붙임천판(RC바탕)
천판테라조
평면 1/20
평면1/20
평면1/20
테라조
콘크리트블록
단면 1/20
천판 멜라민치장판
멜라민치장판
징두리판 합판 플래시 OP 두께30
배관스페이스
방수층
걸레받이 20×70
단면1/20
대리석 두께25
바탕조정위 VP
방수층
단면1/20
세면싱크(연마제)
연마마감
6ϕ @200(종, 횡 같이)
6ϕ 철근의 위 메탈라스
싱크용트랩
바탕조정위 VP
단면1/20
세면싱크(스테인레스제)
스테인레스 두께6
스테인레스 두께0.8
합판두께5.5
싱크용트랩
배관스페이스
건축마감 150
스테인레스 두께0.8
합판 두께5.5
합판플래시문 OP
단면1/10

토일렛부스-1(기제품)

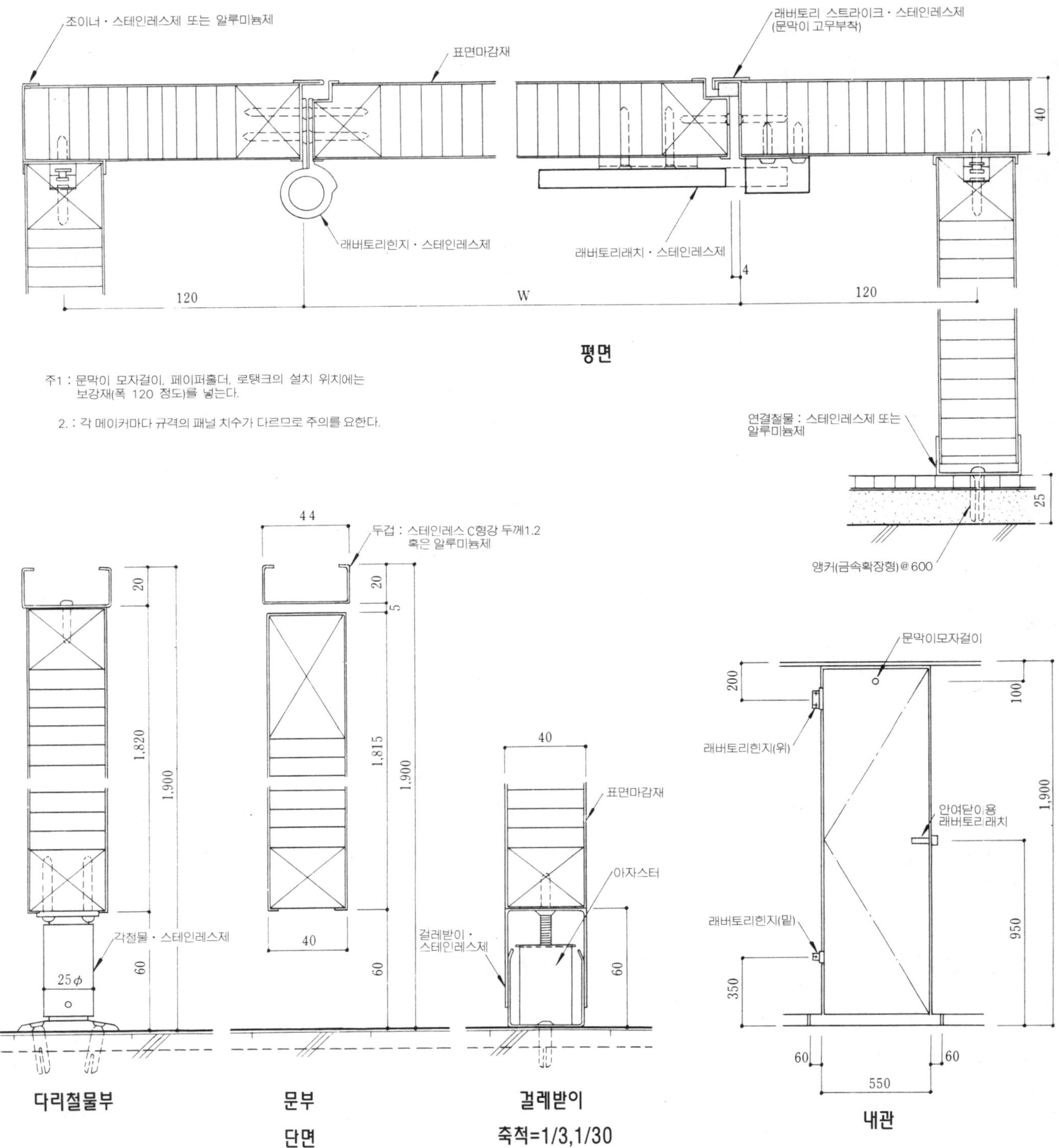
조이너 · 스테인레스제 또는 알루미늄제
표면마감재
래버토리 스트라이크 · 스테인레스제
(문막이 고무부착)
40
래버토리힌지 · 스테인레스제
래버토리래치 · 스테인레스제
4
120
W
120
평면
주1 : 문막이 모자걸이, 페이퍼홀더, 로탱크의 설치 위치에는
보강재(폭 120 정도)를 넣는다.
2. : 각 메이커마다 규격의 패널 치수가 다르므로 주의를 요한다.
연결철물 : 스테인레스제 또는
알루미늄제
25
앵커(금속확장형)@600
44
두겁 : 스테인레스 C형강 두께1.2
혹은 알루미늄제
20
1,820
1,900
20
5
1,815
1,900
40
60
각철물 · 스테인레스제
25φ
60
40
표면마감재
아자스터
걸레받이 ·
스테인레스제
60
문막이모자걸이
200
100
래버토리힌지(위)
안여닫이용
래버토리래치
1,900
950
래버토리힌지(밑)
350
60
60
550
다리철물부
문부
단면
걸레받이
축척=1/3,1/30
내관

토일렛부스-2(대리석)

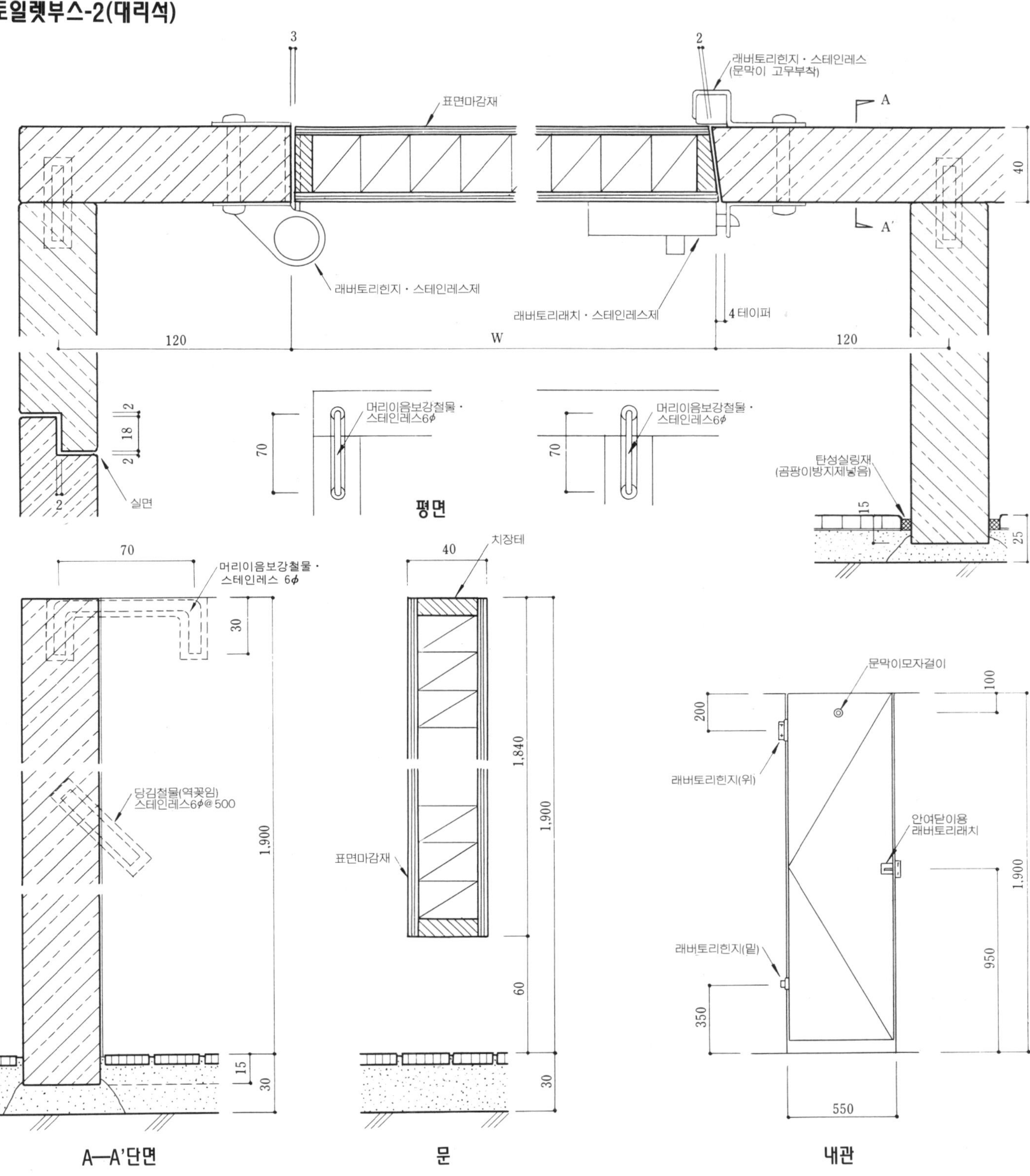

축척=1/3,1/5,1/30

라이닝천판

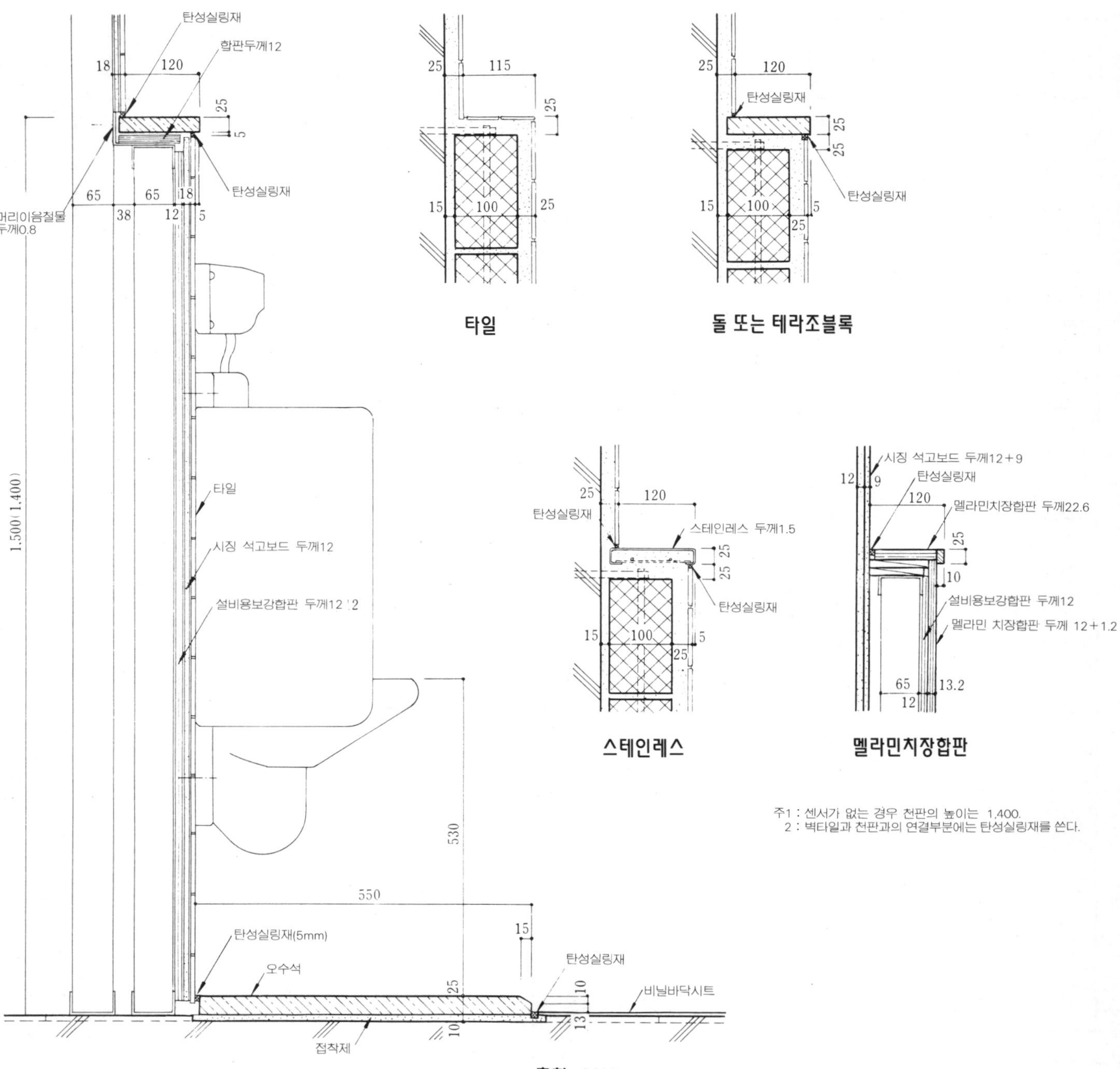

축척=1/10

주1 : 센서가 없는 경우 천판의 높이는 1,400.
2 : 벽타일과 천판과의 연결부분에는 탄성실링재를 쓴다.

세면대

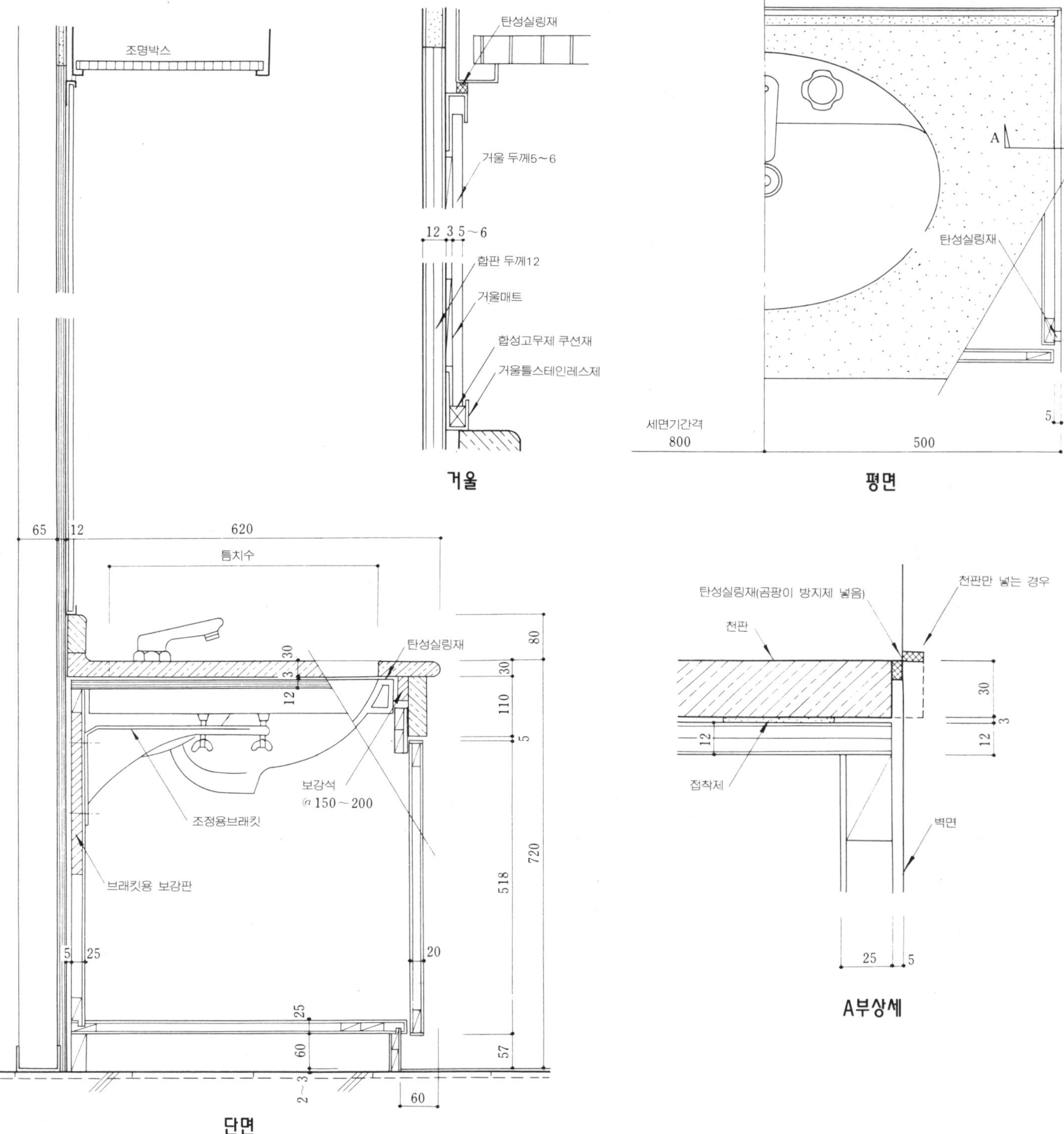

축척=1/10,1/3,1/30

체크포인트

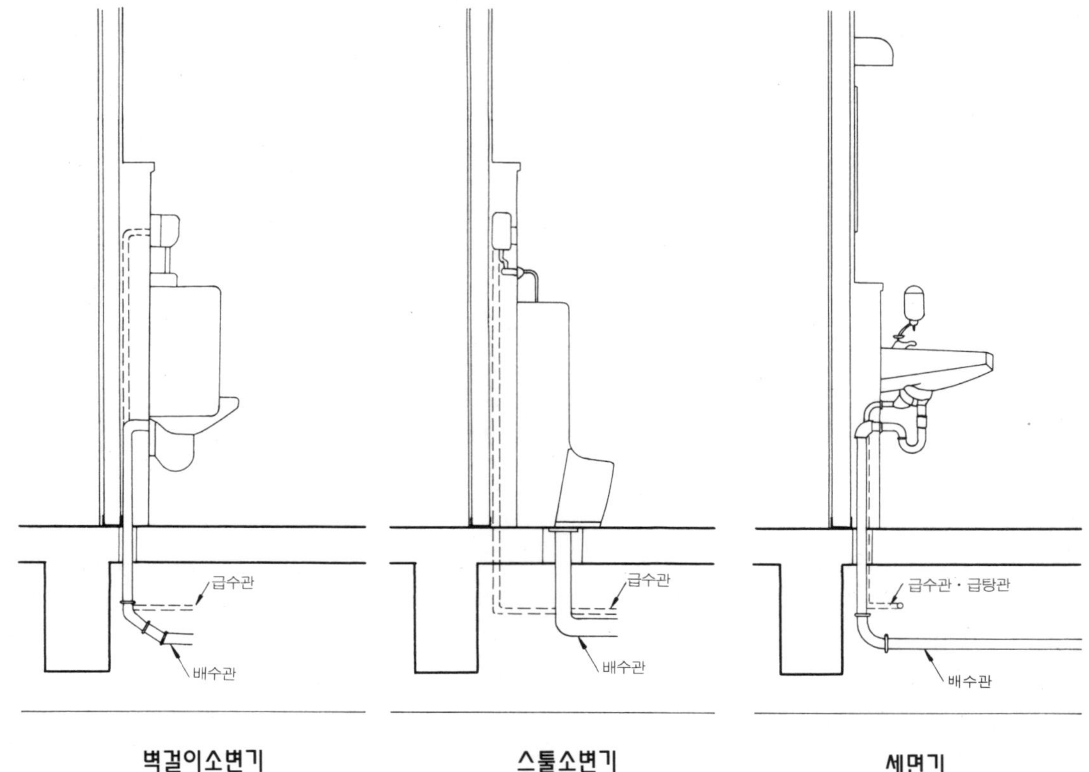

주1 : 배관은 보위치를 피한다.

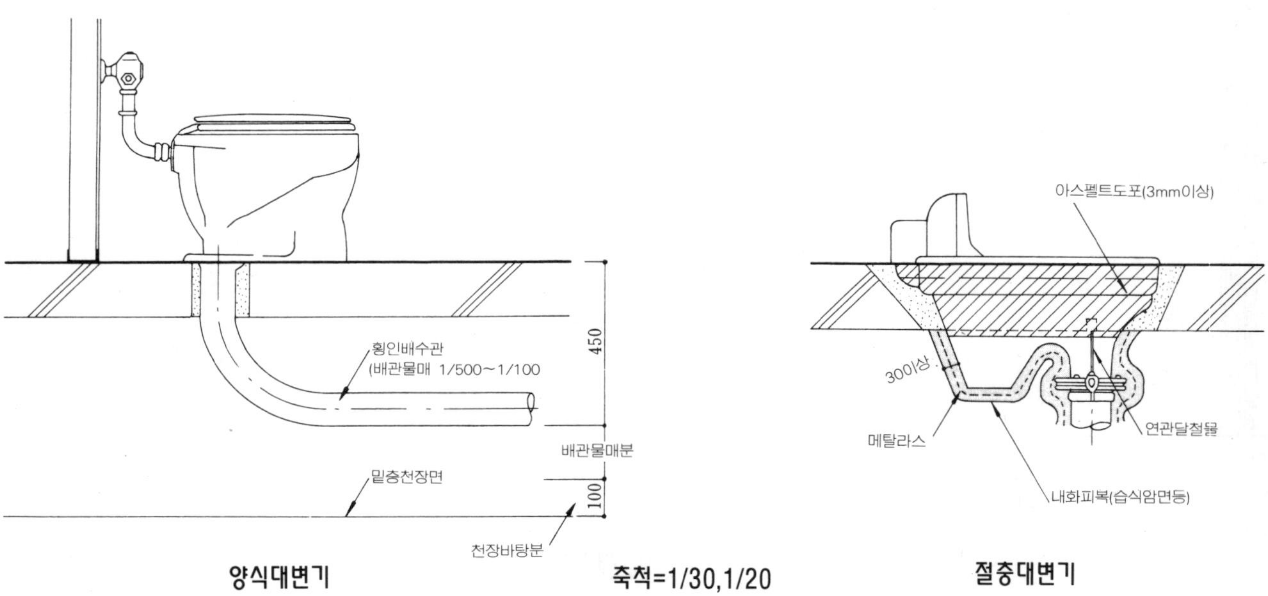

축척=1/30,1/20

욕실

욕실은 상시 물을 사용하기 때문에, 바닥은 최하층에 있는 경우를 제외하고 반드시 방수를 배려하고, 청소하기 쉬운 타일·돌 등으로 마무리한다. 방수 시방은 아스팔트 방수가 보통이고, 방수층의 치올림은 씻는 곳 바닥면에서는 100mm 올리고, 욕조부에서는 그 천단에서 150mm 잡아, 모두 단말 처리하여 라드 누름 위에 마무리한다. 또한 샤워 주위는 그 샤워헤드 위까지 방수층을 치올리는 일이 바람직하다. 욕조 내의 단열재는 물을 머금으면 단열 성능이 저하하므로, 흡수율이 낮은 고밀도 발포 폴리스틸렌을 사용하거나, 욕조 아래의 슬래브 안쪽에 단열재를 넣는다.

욕조는 이것들 현장 시공의 것과 공장 생산에 의한 기제품으로서 법랑·플라스틱·스테인레스제 등의 것이 있다. 씻는 곳 선반 주위는 선반 위의 방수층 치올림, 수도꼭지의 높이나 간격 등의 치수·아무림에 주의한다. 욕조의 출입구 주위에서는 욕실 바닥면은 탈의실 바닥보다 150mm 정도 내릴 것, 방수층은 디딤 난간 부분에 대서 코킹하고, 탈의실측에 물이 돌려지지 않도록 주의한다. 벽의 마무리재는 내수성이 있어 청결하고 청소하기 쉬울 것이 조건이고, 시유 타일·나무·돌·모르타르 등이 많이 사용된다. 천장은 김이 서려 결로하기 쉬우므로, 노송나무·플라스틱 성형판·펄라이트 등, 방습성·단열성이 높은 재료를 선정한다. 또한 환기 효과를 충분히 고려하고, 급기·배기가 적정히 행해지도록 배려한다. 천장면이나 창면의 결로는 각각 결로받이를 세워서, 결로수가 욕조나 씻는 곳에 낙하하지 않도록, 또한 마무리재의 안쪽에 돌지 않을 듯한 아무림을 고려한다. bath 유니트는 균질성·공기 단축의 면에서 집합 주택·호텔 등에서 사용되는 예가 많은데, 현장 시공과의 맞춤 부분이 포인트가 된다.

바닥마감

25 모자이크타일붙임

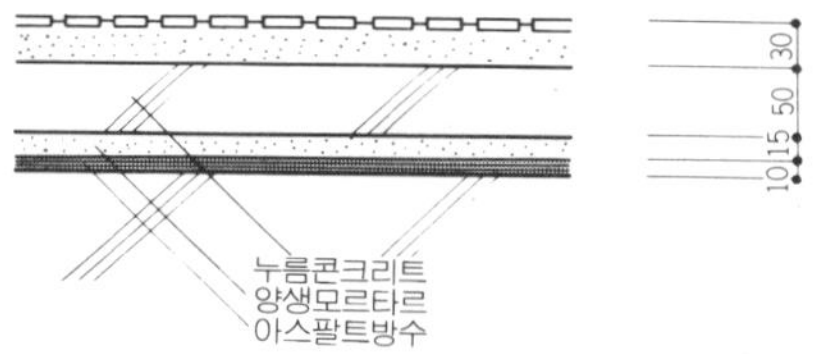

75각바닥용자기타일붙임

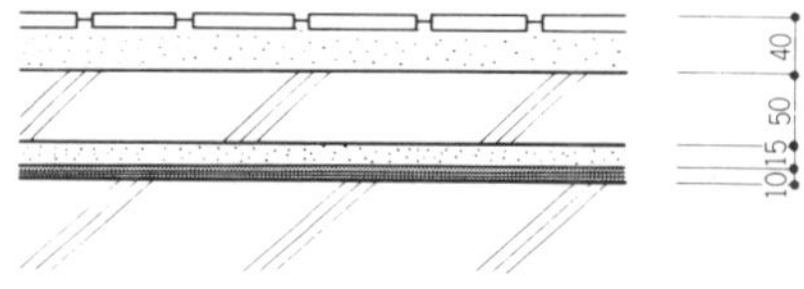

석붙임

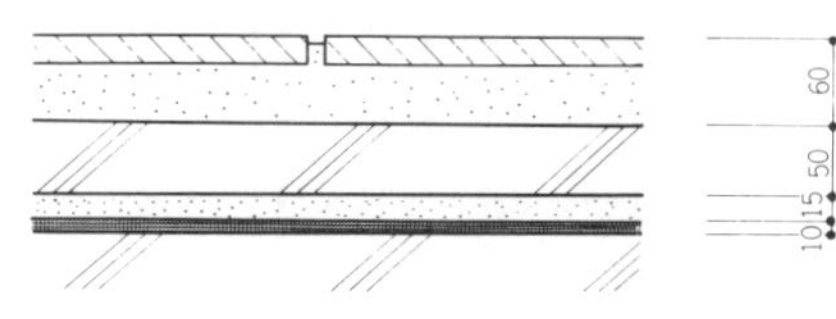

1/10

안미끄럽게 마감하는 것이 좋다(원반무늬 등)

방수치올림

벽부분

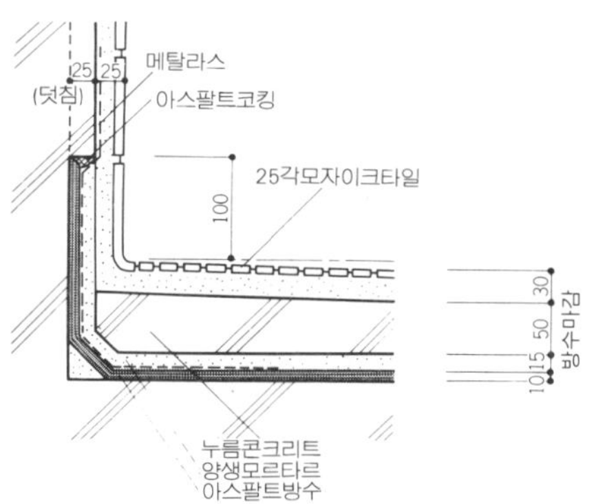

테라조도어실부분

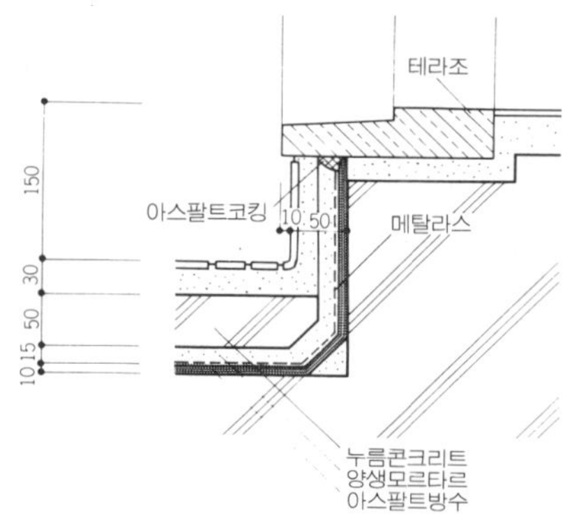

알루미늄도어실부분

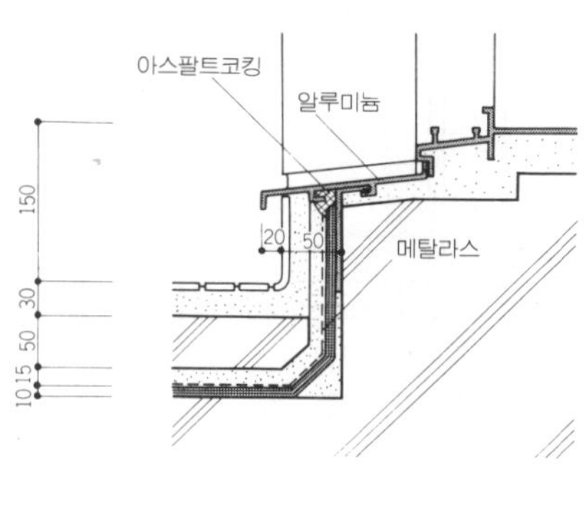

1/10

용도별 DETAIL

세면장선반

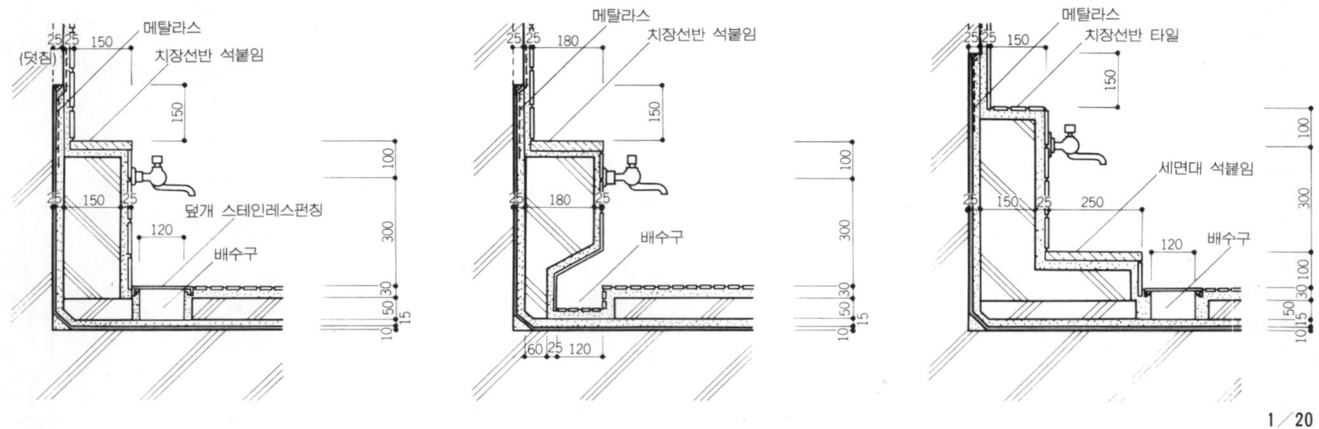

1/20

플로어드레인과 방수관통

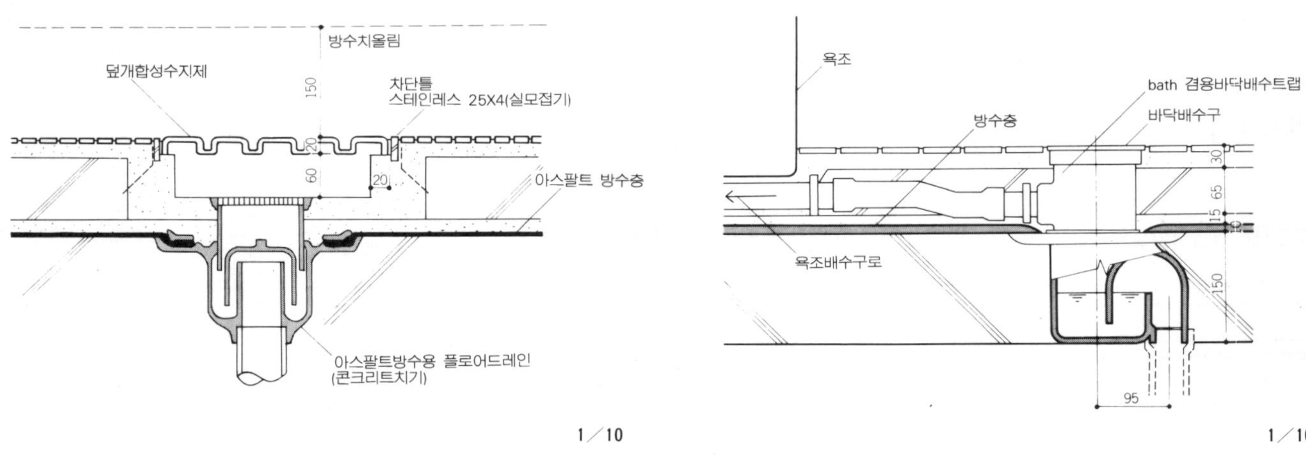

1/10

bath겸용바닥배수트랩

1/10

욕조

콘크리트욕조

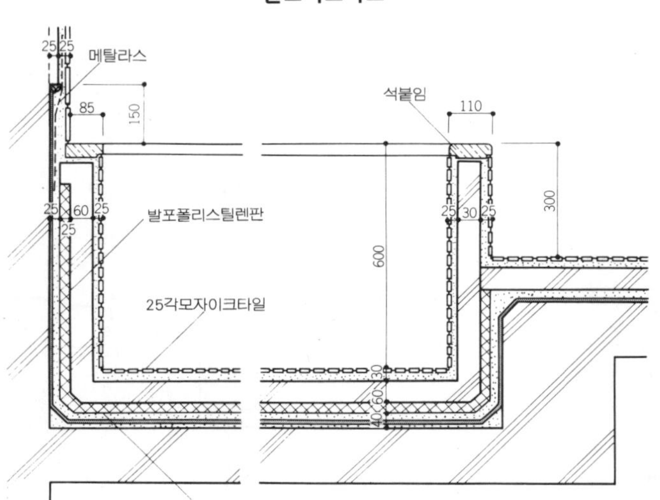

반매입기제욕조

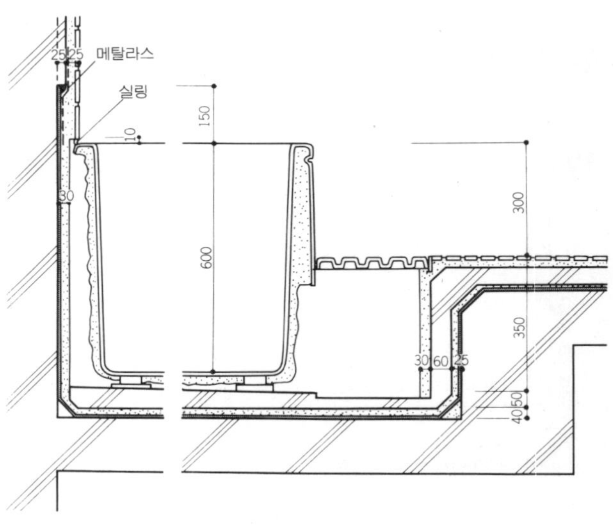

단열재는 흡수율이 낮은 것(고밀도 발포 폴리스틸렌 등)을 쓴다.
본래는 구체의 외측에 단열하는 것이 좋다.

1/20

돌붙임대욕조

평면

단면

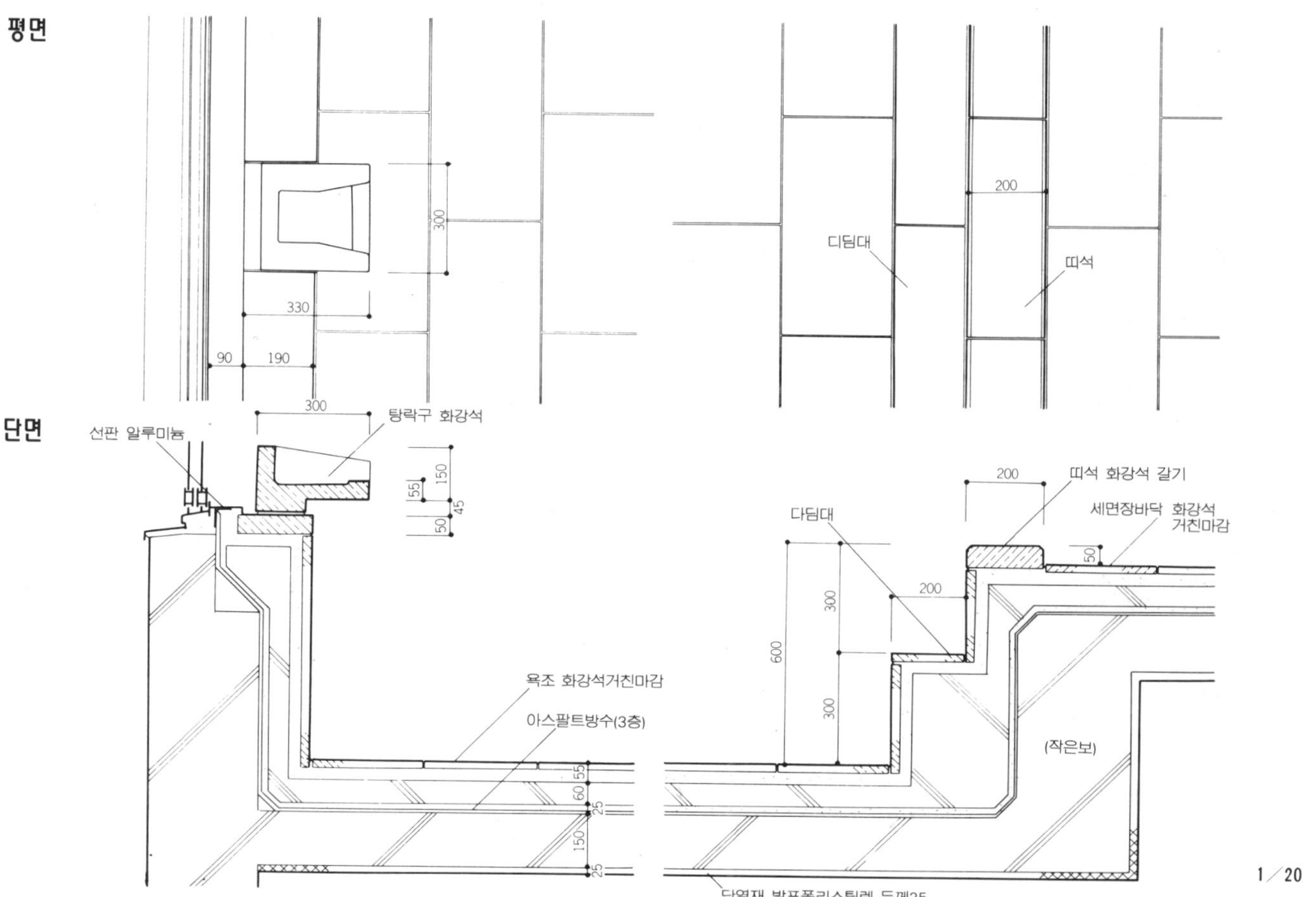

유니트bath

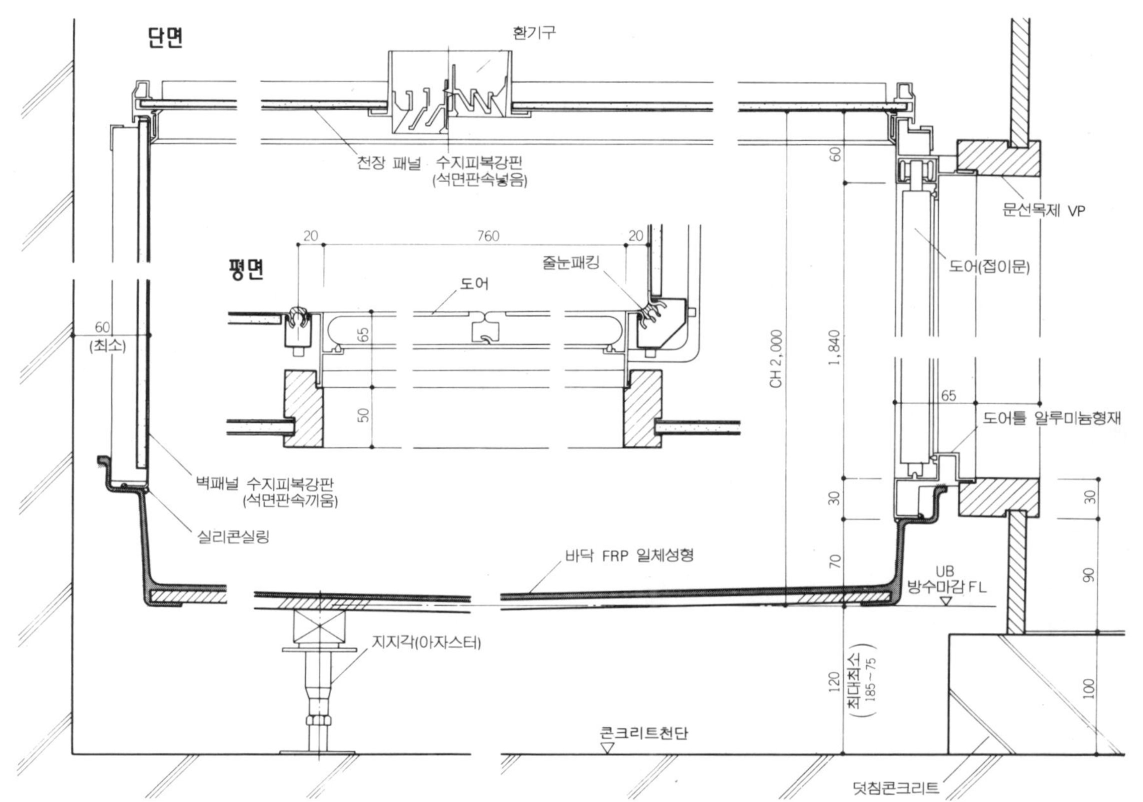

용도별 DETAIL

엔트런스

엔트런스는, 풍우의 불어닥침을 막음과 동시에, 사람이 빈번하게 출입한다는, 차단과 통과라는 상반하는 2가지의 기능을 갖는 것이 특징적이다. 그런 만큼 출입구의 높이·폭·개폐 방식에서 플로어 힌지, 도어 체크 등 개폐 장치의 자세한 아무림까지 충분히 주의한다. 엔트런스는 풍우의 불어닥침이나 빗물의 들이침이 많으므로, 아래층이 있을 경우는 방수 처리하고, 마무리재로서는 돌·타일 붙임 등이 많다. 사람이 빈번하게 출입하는 빌딩의 엔트런스 등은 이 풍우의 불어닥침을 이중으로 차단하는 의미에서, 방풍실을 두는 경우가 많다. 방풍실은 철골조가 많고, 지붕 방수는 드라이 공법으로 하는 일이 많다. 이 경우 의장적으로도 그다지 방수 치올림이 잡히지 않으므로, 방수층의 단말 처리 등 정성스러운 검토가 필요하다. 방풍실 아래층이 있을 경우는 물론 방수 처리가 필요하고, 그 범위, 물매, 치올림, 치내림, 창호틀과의 아무림 등에 대하여 검토한다. 또한 자동 도어로 매트식인 경우는 습기나 물을 싫어하므로, 매트 아래에는 물이 괴지 않도록 배수구를 세운다.
사무소 빌딩이나 상업 빌딩의 엔트런스에는 서스펜트 유리 스크린이 많이 이용된다. 이 스크린은 달철물에 의하여 유리를 상부에서 달아내리는 구법으로, 휨에 의한 내부 응력이나 세팅 블록에 의한 국부 응력도 없고, 자중에 의한 완전한 유리 평면이 얻어지기 때문에 영상 효과가 좋고, 대형 유리의 사용도 가능하고, 또한 리브 글라스를 사용하여 연속한 유리 개구부를 만들 수 있다. 엔트런스 주위에는 접수 카운터·안내판·깃대 철물·신발 닦기 매트·족세장 등의 부속 시설이 있고, 각각의 용도에 따라 형식·재질·설치 방법 등이 결정된다.

마감·방수

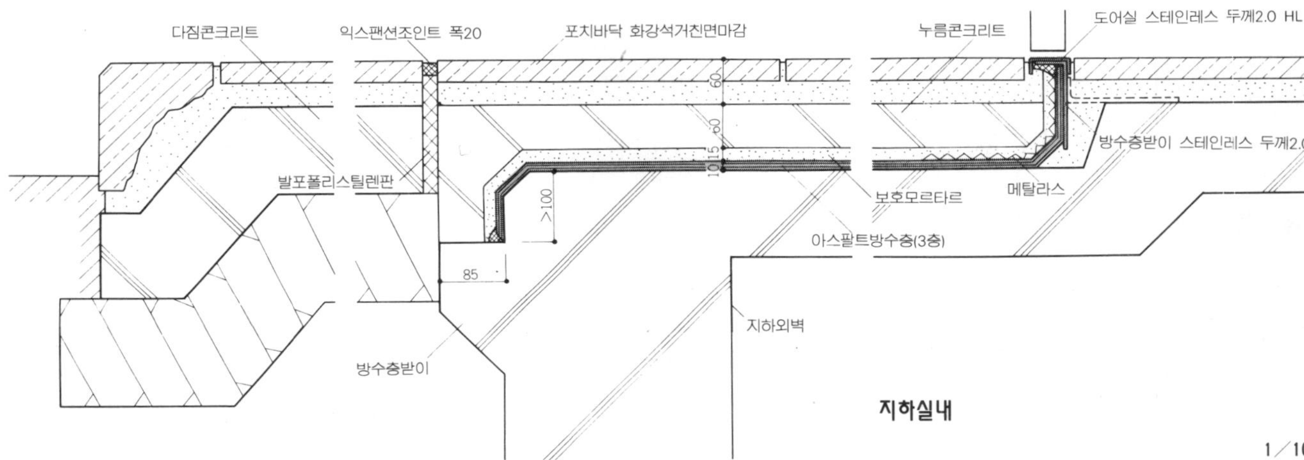

발씻는곳

신발닦기매트

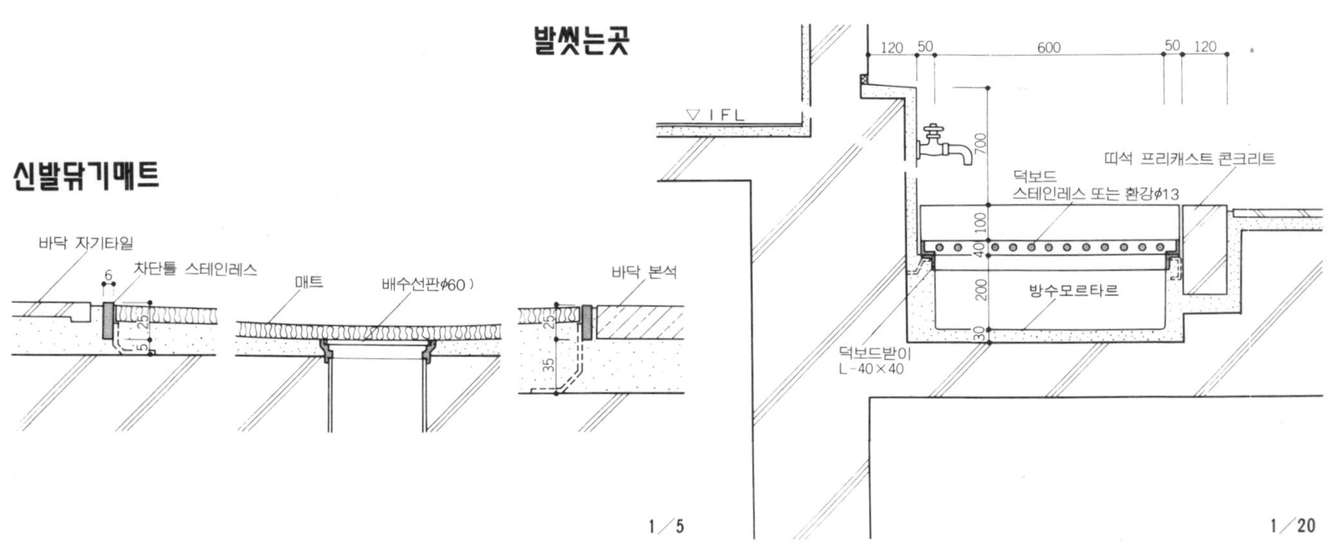

신발매트

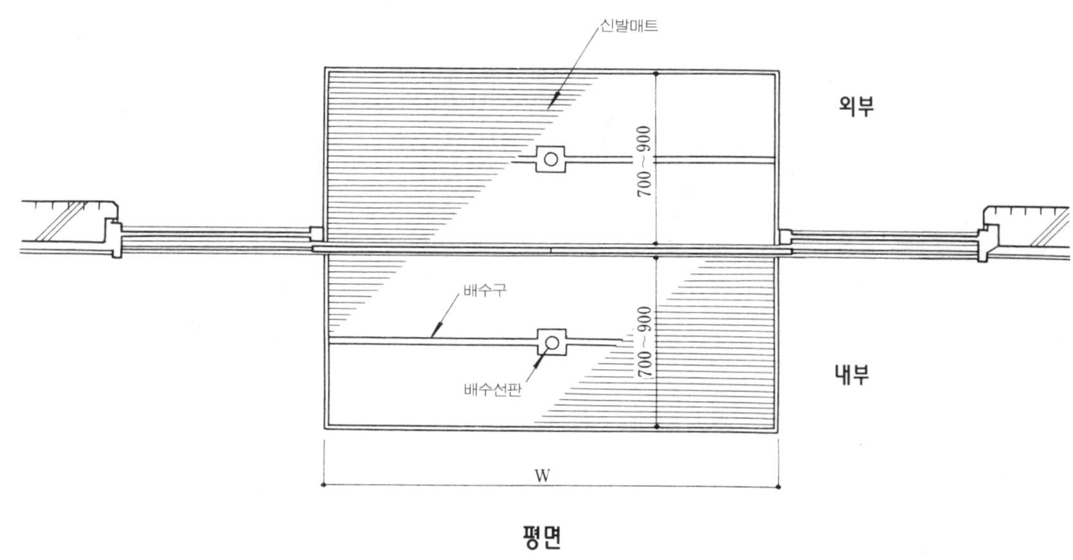

평면

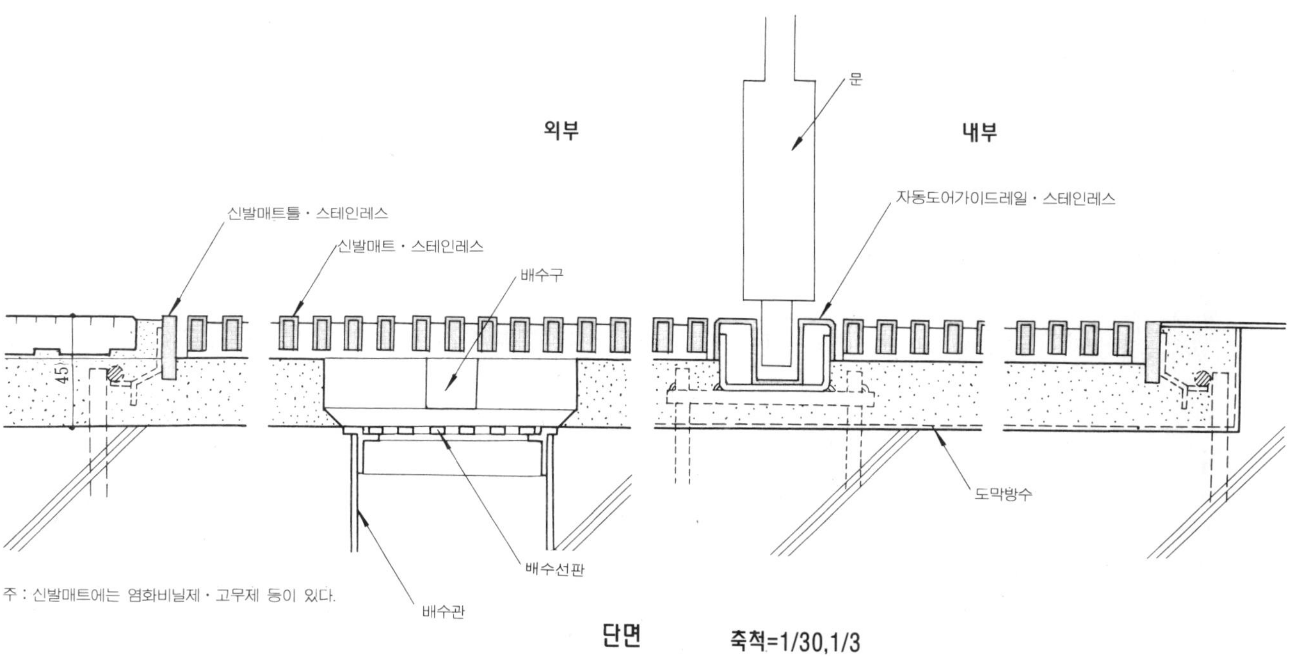

주 : 신발매트에는 염화비닐제 · 고무제 등이 있다.

단면　축척=1/30,1/3

용도별 DETAIL

방풍실

평면

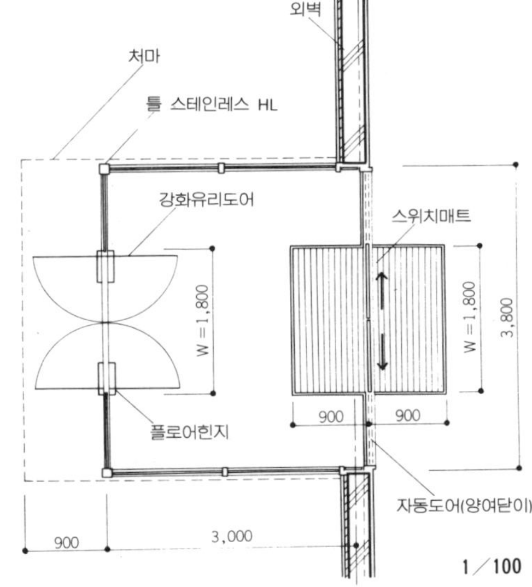

단면

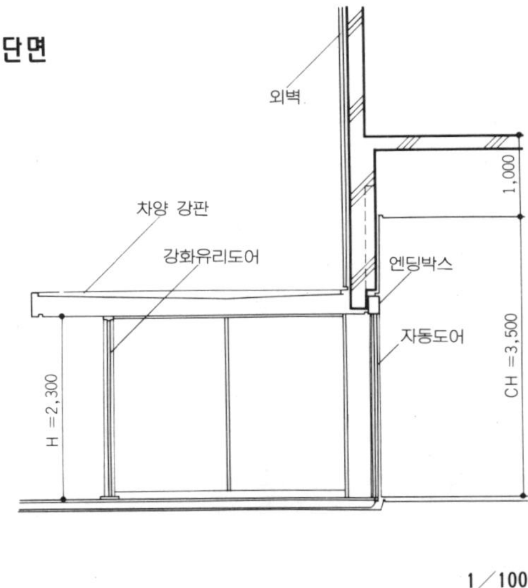

평면상세

강화유리 도어

플로어힌지

100

100

버팀 스테인레스 HL

30

자동도어 강화유리

스위치매트

강화유리 Fix
상하틀 스테인레스

틀 스테인레스 HL

130

1/10

자동도어

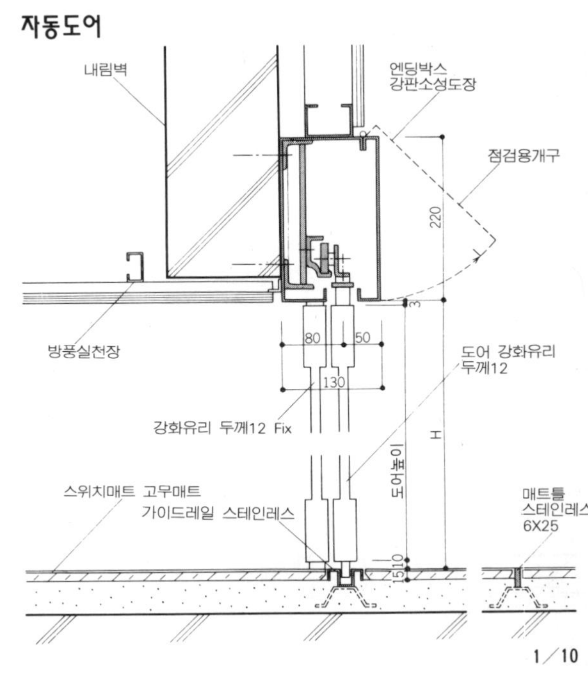

처마상세

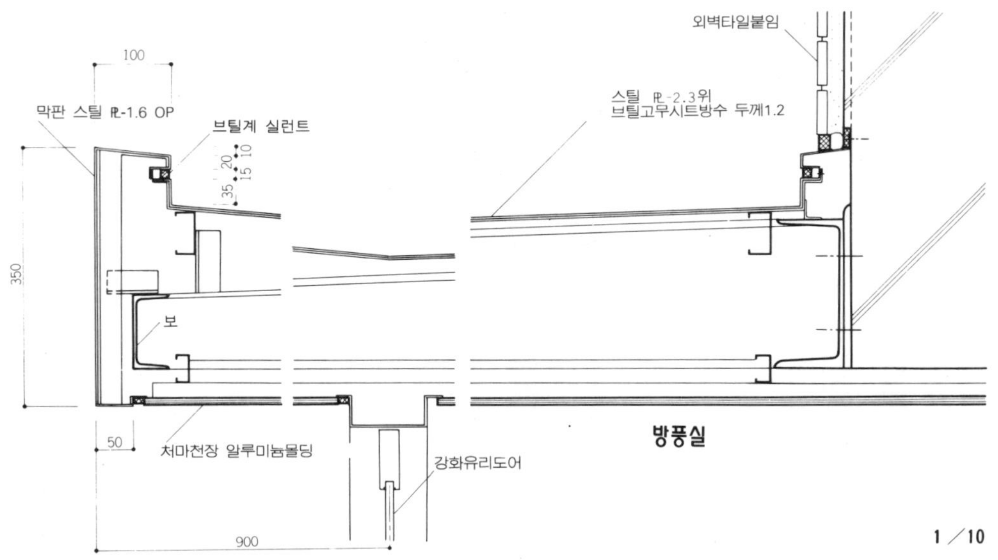

서스펜드유리스크린

입면

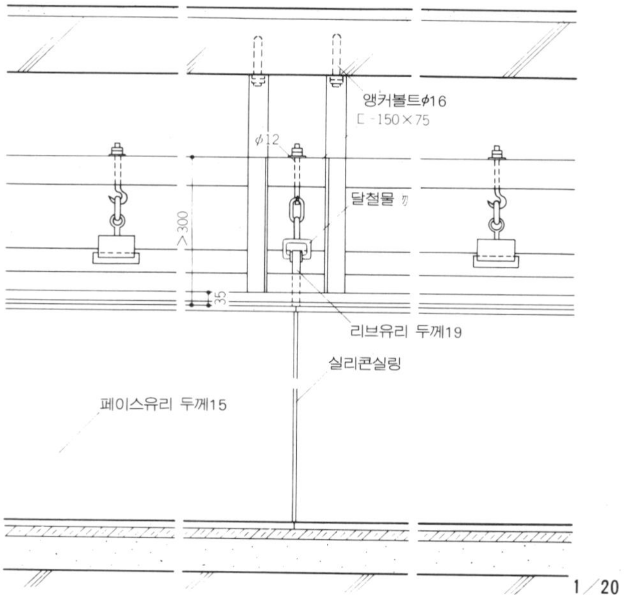

단면

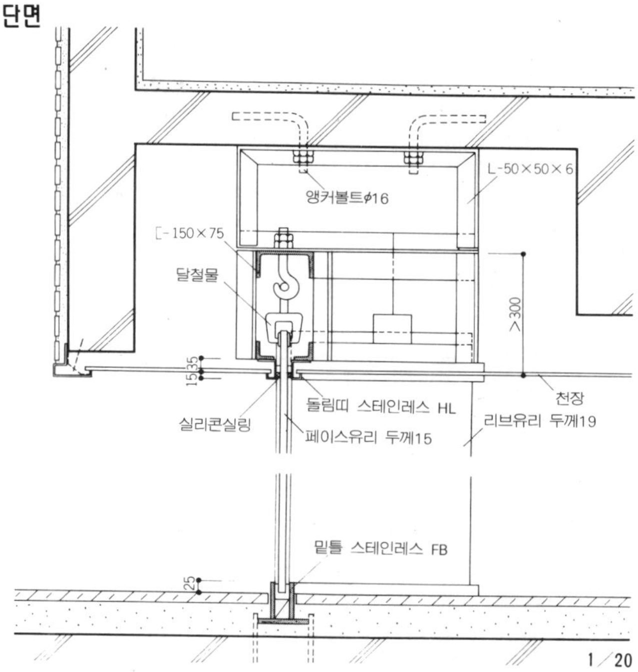

유리스크린 선틀

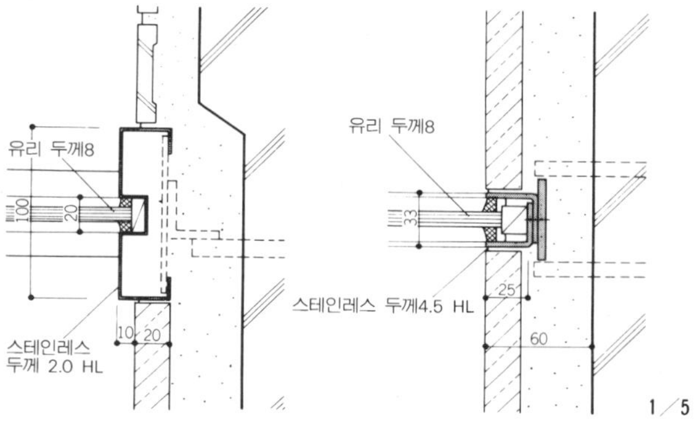

유리스크린밑틀

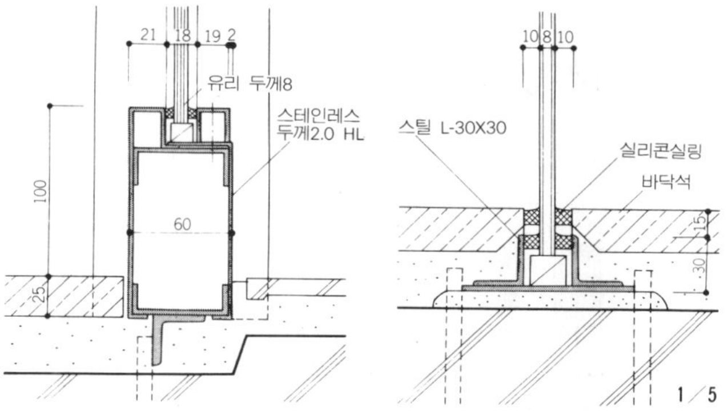

카운터

영업카운터

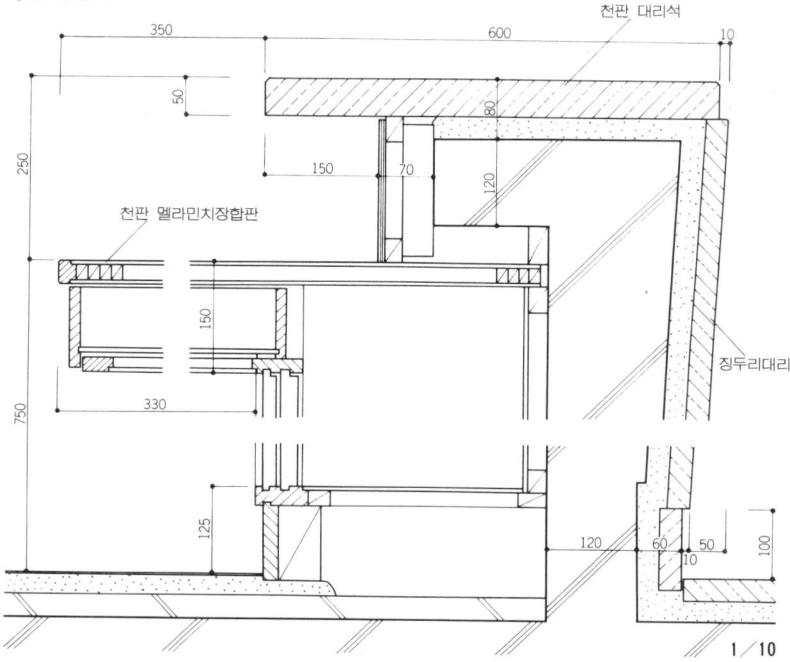

접수카운터

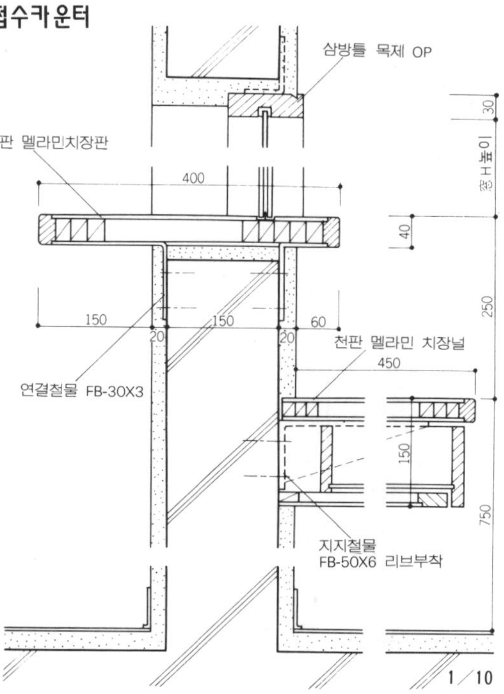

용도별 DETAIL

주방

주택 등의 소인수용 부엌은 거주성이 높은 방이고 일반 거실에 준하여 마무리를 한다. 다인수의 손님에 대한 서비스를 대상으로 한 레스토랑·오피스의 주방에서는 여러 가지 디테일상의 문제점이 많다.

주방은 다량의 물을 상시 사용하므로, 아스팔트 방수로 옥상 방수와 같은 정도의 그레이드가 요구된다. 방수 치올림 치수, 그 단말 처리, 출입구 주위 등의 아무림은 욕실 등의 물가 주위의 디테일에 준하지만, 주방의 경우는 특히 그리스 트랩·배수구 주위의 디테일에 유의한다. 그리스 트랩은 방수 시공 후 스테인레스 등의 기제품으로 나중 부착하는 경우가 많은데, 맞춤부에서 벗겨짐을 일으켜 방수층을 파단하지 않도록 주의하고, 또한 트랩의 방수 대책도 필요에 따라 강구한다. 물매는 일반적으로 누름 콘크리트로 잡는데, 이 경우 배관의 위치·물매·교차 치수 등 사전에 설비면과 조정을 하여, 누름 콘크리트 두께나 물매를 결정한다. 또한 바닥 배수구는 100~200mm 정도의 깊이와 물매가 잡히도록 설치하고, 그 위치 관계는 주방 기구의 배치와 조정하여 결정한다. 주방의 바닥 마무리재는 조리 후의 청소를 용이하게 하기 위하여, 바닥·벽 모두 물 세척에 적합한 타일류의 사용이 많다. 천장은 다량의 김이나 기름류가 부착하기 쉬우므로, 석면판 등 불연판 도장 마무리의 예가 많다. 해치를 설치할 경우는 요리의 출입이 스무드하게 이루어지도록 배치·높이 치수 등에 유의한다. 창호가 들어가지 않는 오픈 해치가 기능적이지만, 눈가림의 창호를 필요로 하는 경우는 행거문이나 치올리는 문(튕김문)으로 한다. 고층 빌딩에서 최상층에 전망을 겸하는 레스토랑이 많고, 이 경우 주방의 작업음이 문제이고, 차음 바닥으로 소리의 전달을 절연한다.

바닥마감과 방수아무림

클린커타일

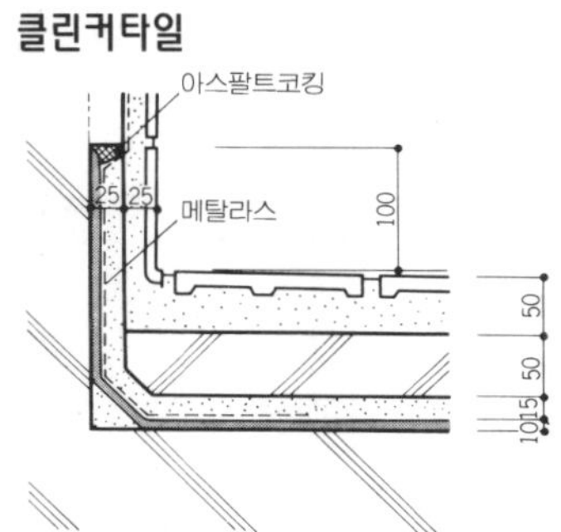

바름바닥

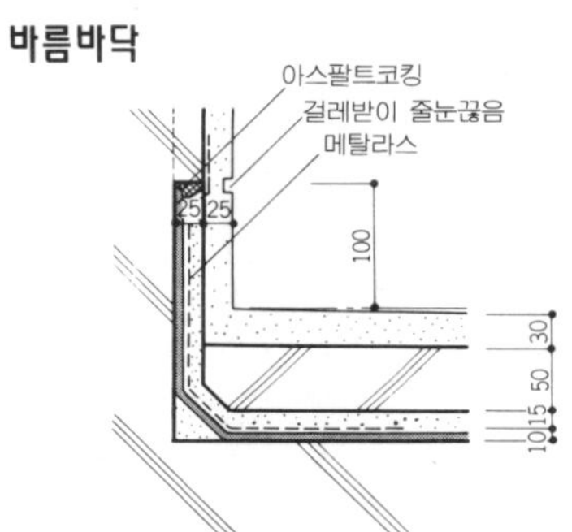

염화비닐계시트 (간이주방인 경우)

1/10

출입구

단차 적은 경우

단차 큰 경우

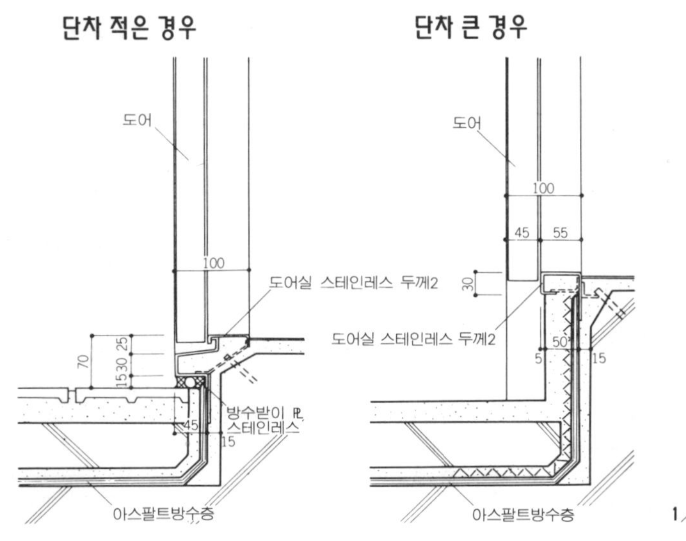

1/10

환기팬용개구

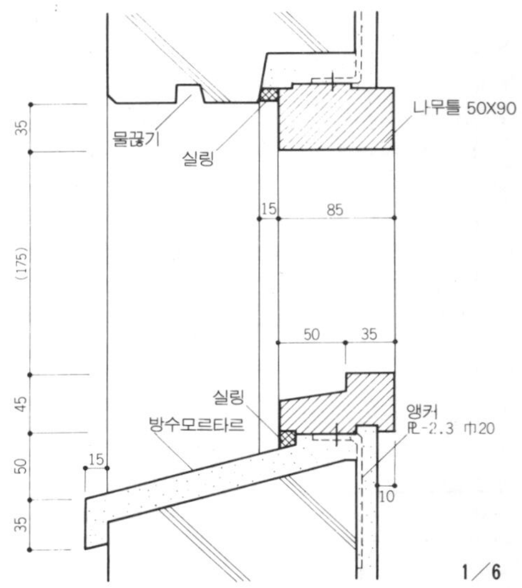

1/6

싱크대 · 달문선반

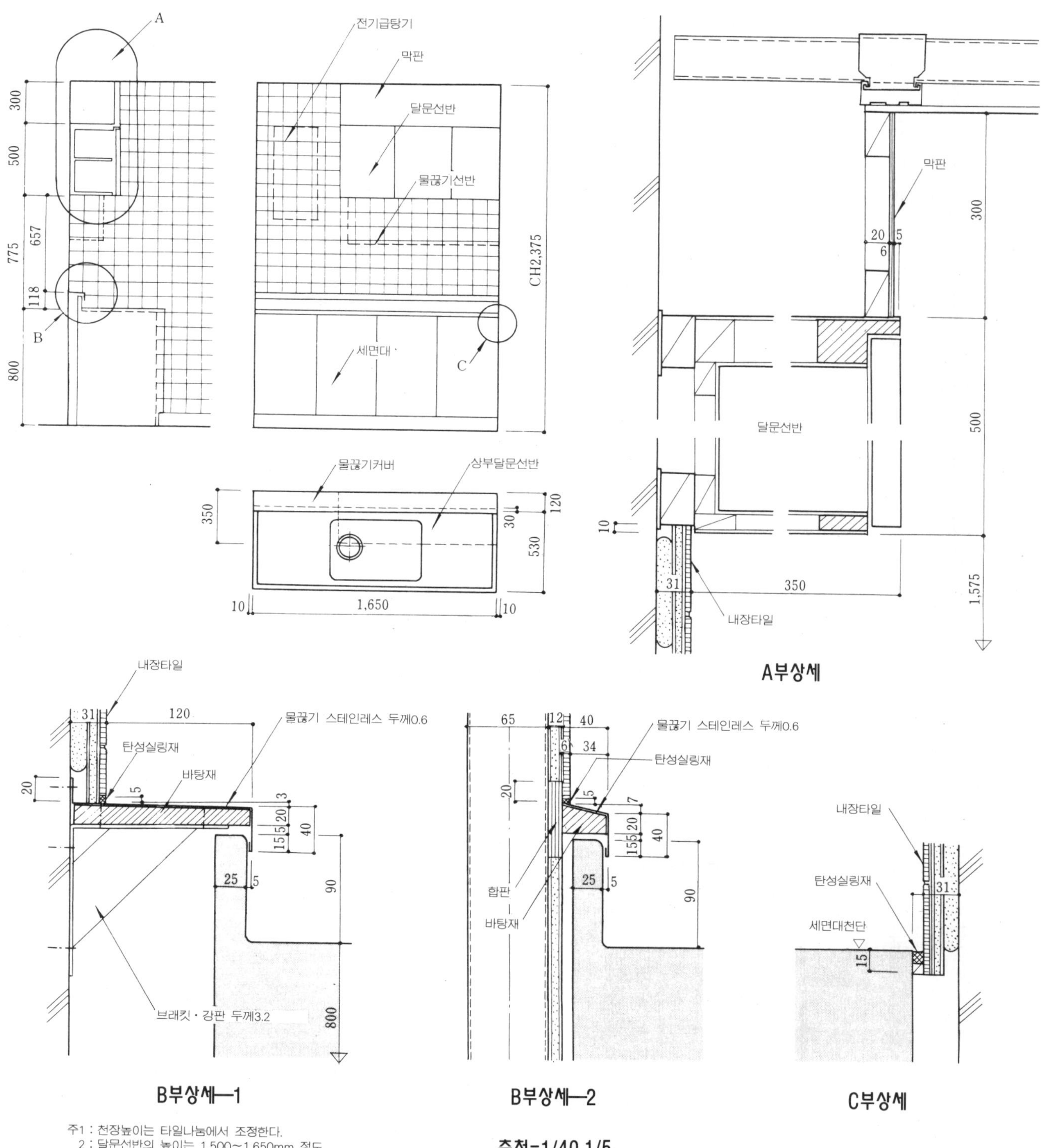

주1 : 천장높이는 타일나눔에서 조정한다.
2 : 달문선반의 높이는 1,500~1,650mm 정도

축척=1/40,1/5

싱크와 달문선반

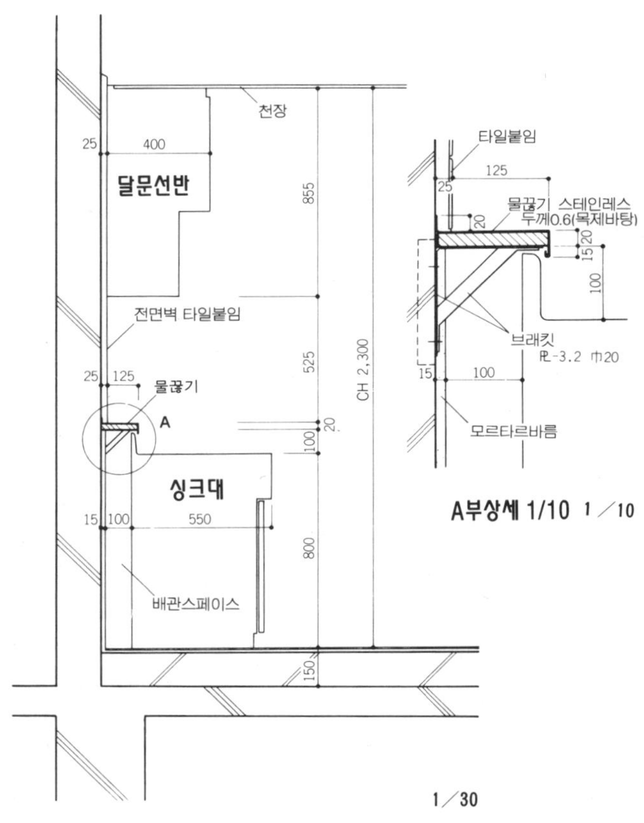

주방카운터

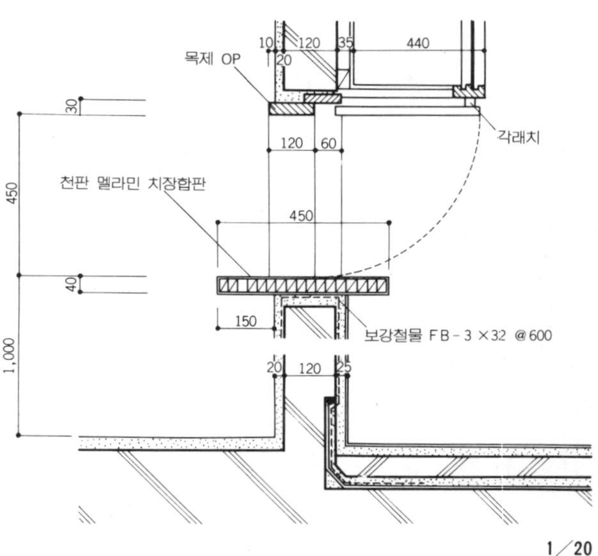

그리스트랩

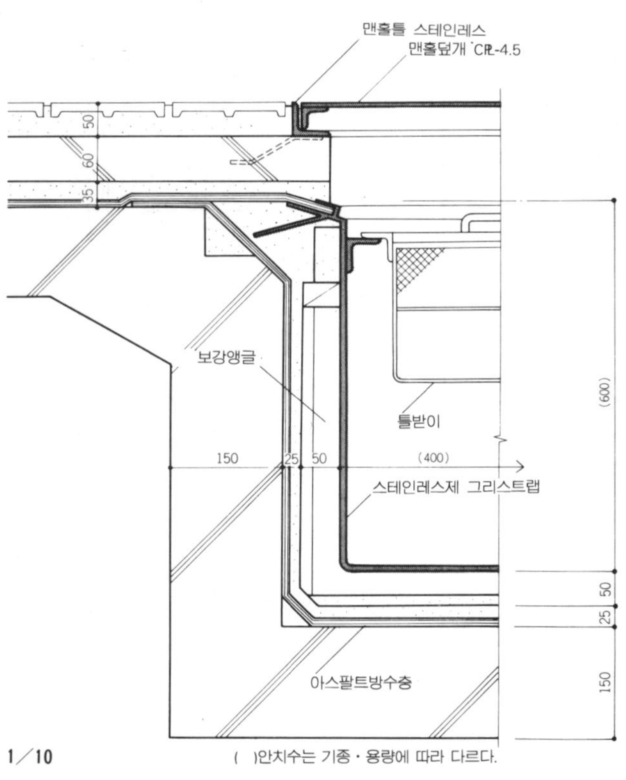

( )안치수는 기종・용량에 따라 다르다.

차음바닥

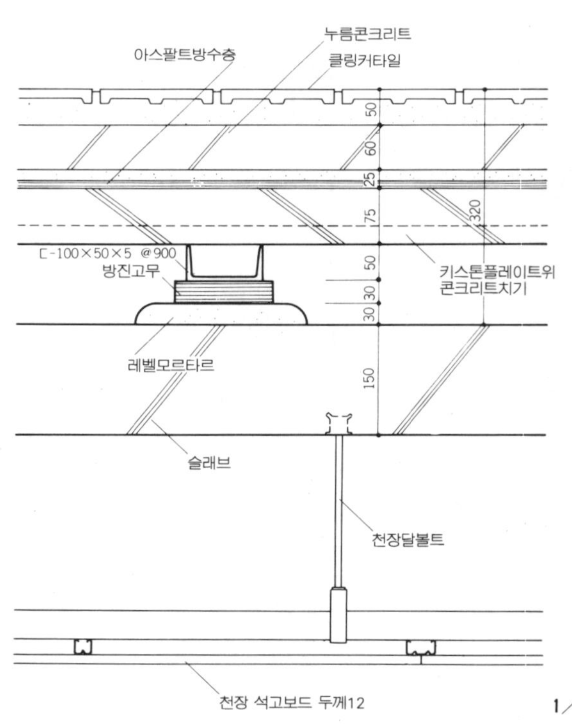

그리스트랩(2조식내화형)

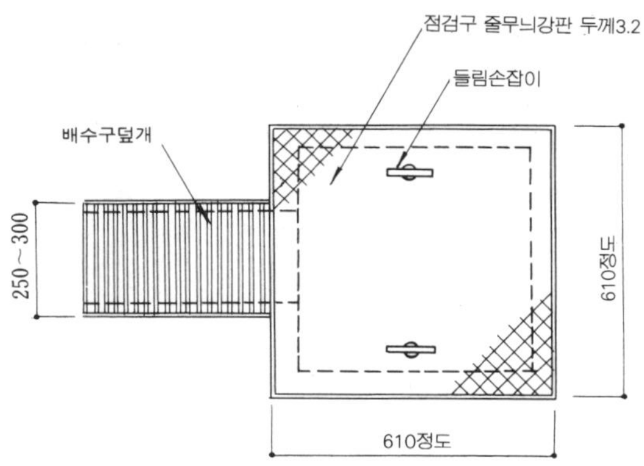

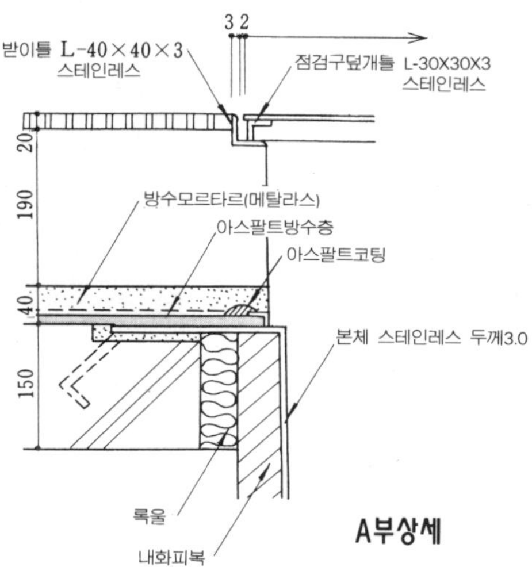

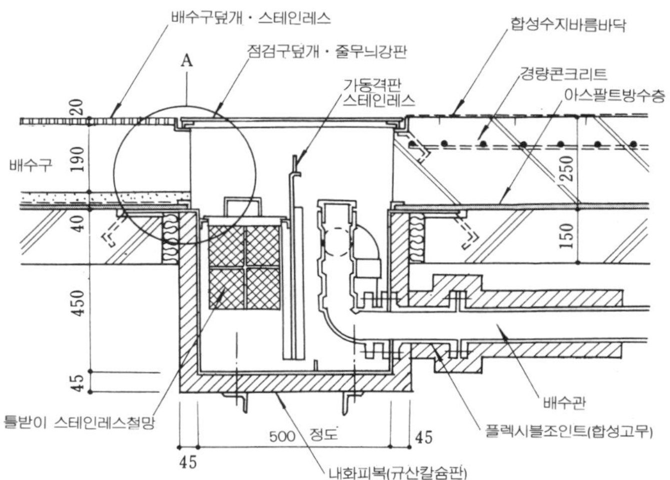

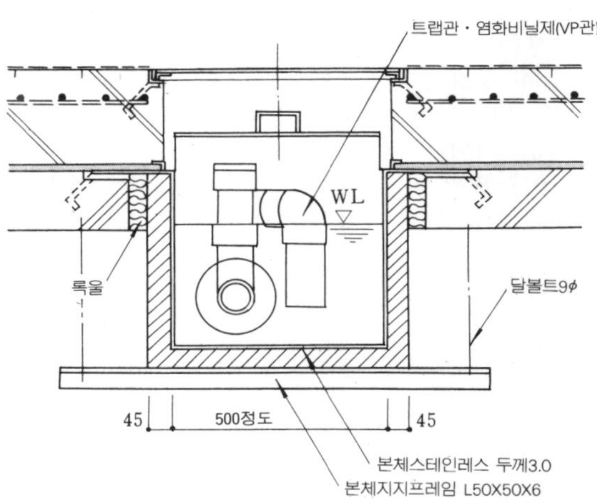

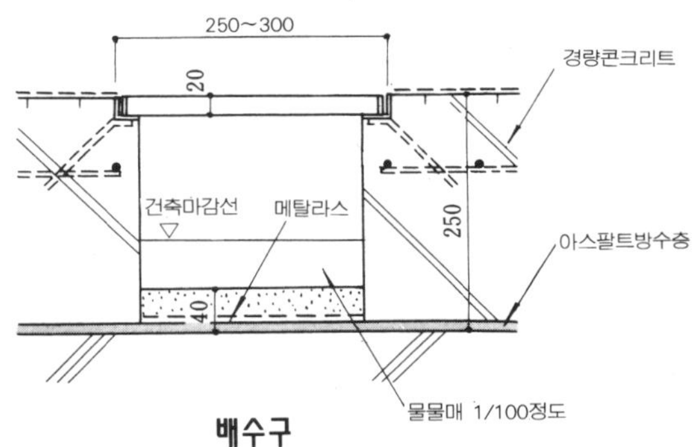

배수구

주1 : 그림은 2조식 그리스트랩이지만, 외에 단조식, 3조식, 4조식 등이 있다.
사용식수(인/일)에 따라 용량 및 형식을 결정한다.
2 : 슬래부로부터 달아낸 방식외에 슬래브를 상자모양으로 방수층을 설치하고, 기제품의 그리스 트랩을 사용하는 방시기도 있다.

주차장

주차장의 시설은 일반적으로 옥외·옥상 주차장 시설과 옥내 주차장 시설로 대별되고, 이 중 옥내 주차장 시설을 차고의 형식으로 분류하면, 평가식·지하식·다층식 차고로 나뉜다.

이들 차고는 주차장법·건축법·소방법 등 법적 규제가 많고, 주차장을 계획할 때는 법령에 관련하는 문제점의 조정이 중요하지만, 디테일상의 문제점도 대단히 많고, 특히 방수 아무림이 중요하다.

주차장은 특히 지하 주차장의 경우, 차가 날라오는 빗물, 경사로로부터 침입하는 빗물, 세차나 청소에 의한 물, 이것들의 방수 대책이 완전하지 않으면 지하 여러 실의 중대한 사고가 생길 수 있다. 주차장의 방수는 일반적으로 아스팔트 방수를 한 뒤 누름 콘크리트 직접 마무리, 또는 모르타르 마무리가 보통이다. 일반적으로 주차장의 벽은 콘크리트 타설인 경우가 많고, 방수층의 단말 처리에 주의하여, 그 위를 콘크리트 또는 프리캐스트 콘크리트 블록 등으로 누르고, 차의 접촉에 의한 방수층의 파손을 막는다.

주차장 내에 설치하는 배수구는 소규모한 주차장을 제외하고는 콘크리트 구체로서 방수하고, 또한 배수에는 기름이 섞여 있으므로 그 단말에는 가솔린 트랩을 세운다. 경사로는 방수재를 비스듬히 길게 깔기 때문에 벗겨짐을 일으키는 일이 있으므로, 누름 콘크리트에 와이어 메시 등을 깔아넣는다. 경사로의 표면 마무리는 슬립하기 어려운 재료로 하여, 진공 콘크리트 직접 고르기 링 줄눈이나 異形 클링커 타일 붙임이 많다. 턴테이블 내는 차가 묻혀들이거나 청소시의 물이 괴고, 아래층이 거실 등일 경우는 아스팔트 방수 콘크리트 누르기로 하고, 물매를 붙여 반드시 배수 구멍을 둔다. 주차장에는 건물과 차를 보호하는 여러 가지의 양생 설비가 필요하고, 바닥에는 정차 금지 표지, 벽·기둥의 네모서리부에는 철물이나 합성 고무 등을 부착한다.

마감·방수

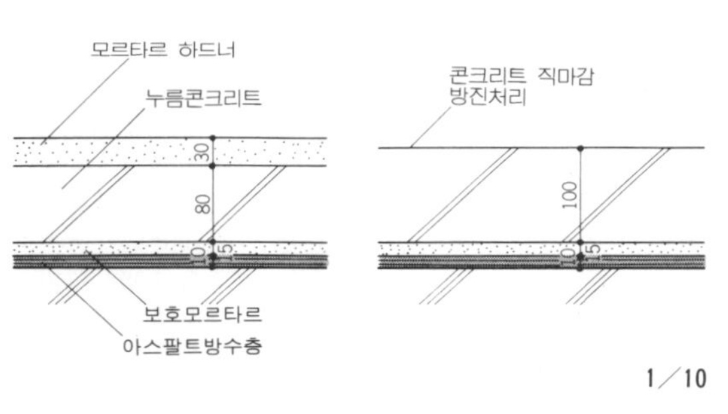

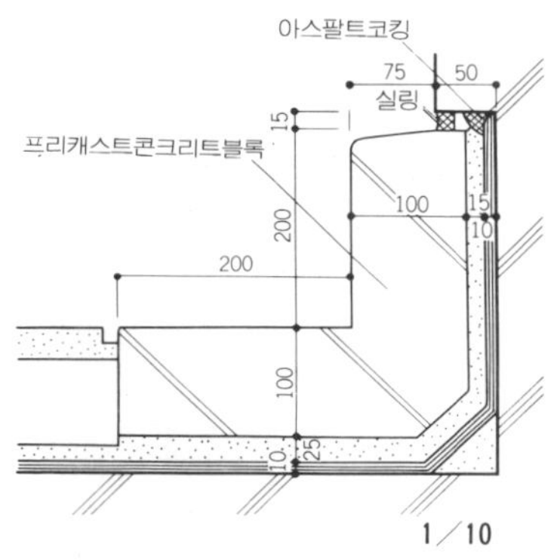

1/10

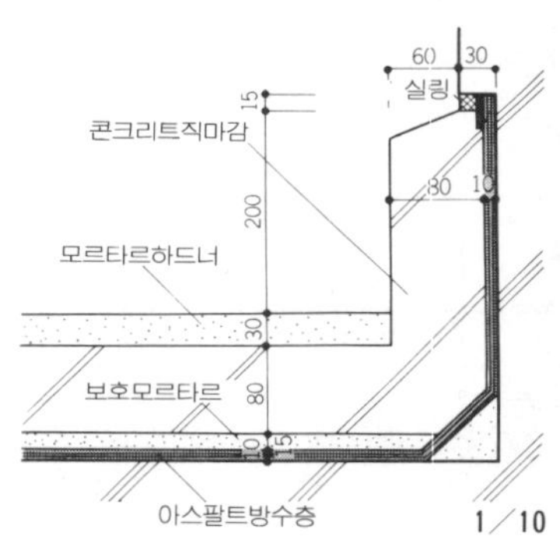

1/10

1/10

배수구

경량창용

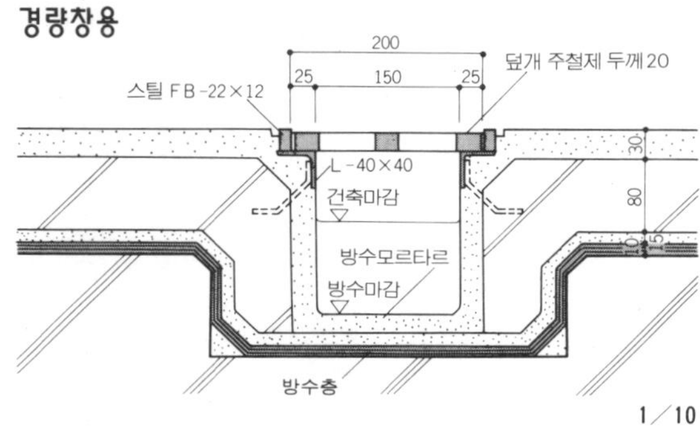

1/10

중량차용

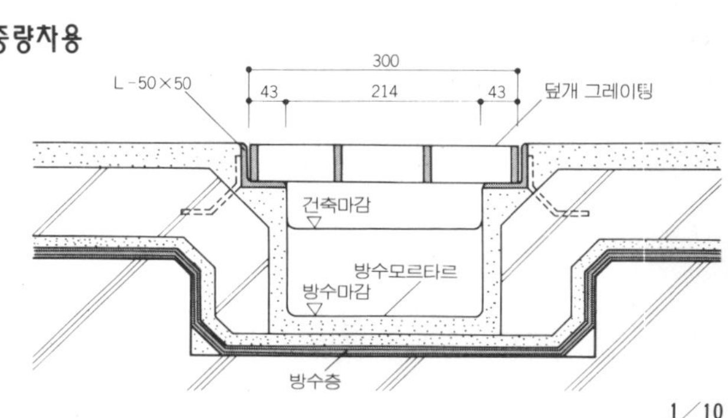

1/10

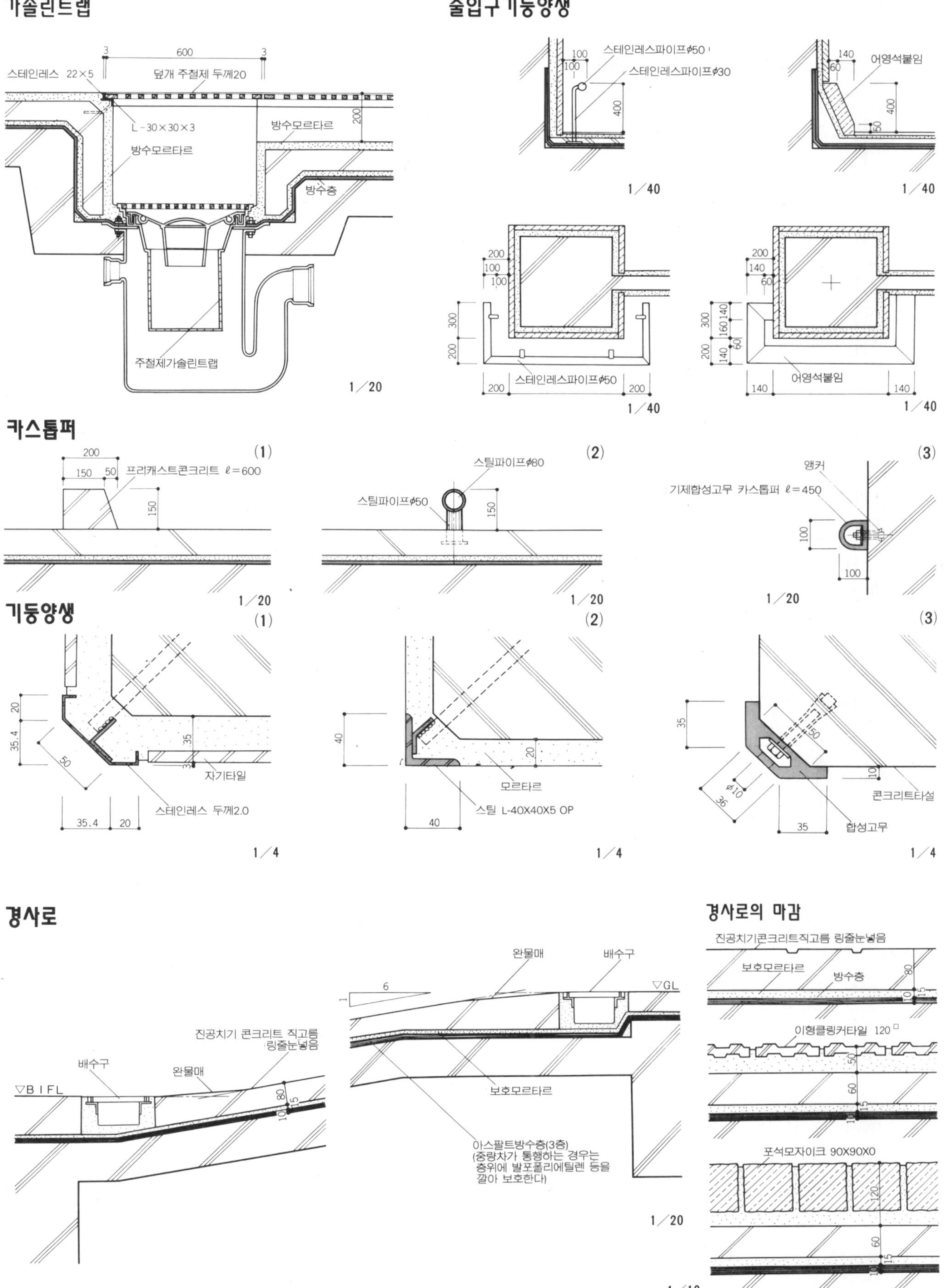
가솔린트랩
600
스테인레스 22×5
덮개 주철제 두께20
L-30×30×3
방수모르타르
방수모르타르
방수층
주철제가솔린트랩
1/20
출입구기둥양생
스테인레스파이프φ50
스테인레스파이프φ30
어영석붙임
스테인레스파이프φ50
어영석붙임
1/40
카스톱퍼
프리캐스트콘크리트 ℓ=600
스틸파이프φ80
스틸파이프φ50
앵커
기제합성고무 카스톱퍼 ℓ=450
1/20
기둥양생
자기타일
스테인레스 두께2.0
모르타르
스틸 L-40X40X5 OP
콘크리트타설
합성고무
1/4
경사로
진공치기 콘크리트 직고름 링줄눈넣음
배수구
완물매
▽B I F L
완물매
배수구
▽GL
보호모르타르
아스팔트방수층(3층)
(중량차가 통행하는 경우는 층위에 발포폴리에틸렌 등을 깔아 보호한다)
1/20
경사로의 마감
진공치기콘크리트직고름 링줄눈넣음
보호모르타르
방수층
이형클링커타일 120□
포석모자이크 90X90X0
1/10

용도별 DETAIL

카리프트

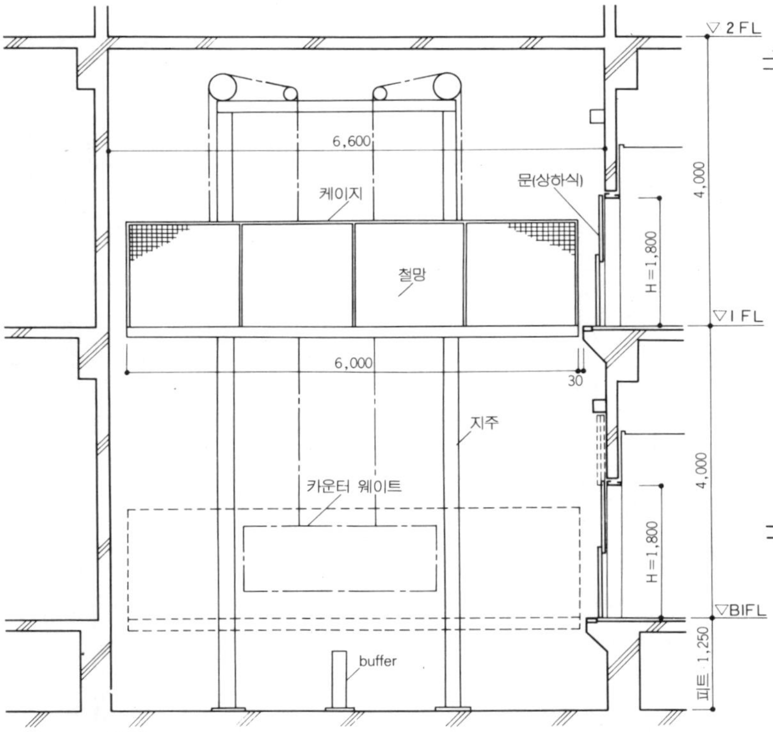

▽2FL
6,600
케이지
문(상하식)
4,000
H=1,800
철망
▽1FL
6,000
30
지주
카운터 웨이트
4,000
H=1,800
▽BIFL
buffer
피트 1,250

단면 단면 1/100

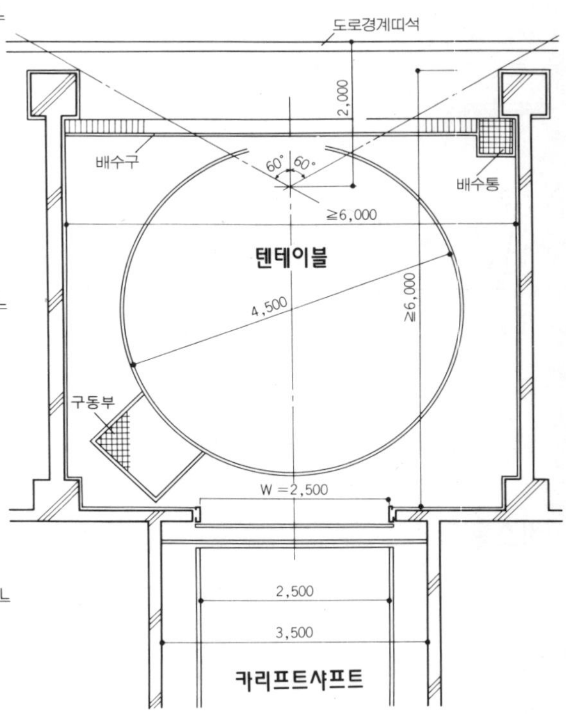

도로경계띠석
2,000
배수구
60° 60°
배수통
≥6,000
턴테이블
4,500
≥6,000
구동부
W=2,500
2,500
3,500
카리프트샤프트

평면 1/100

턴테이블

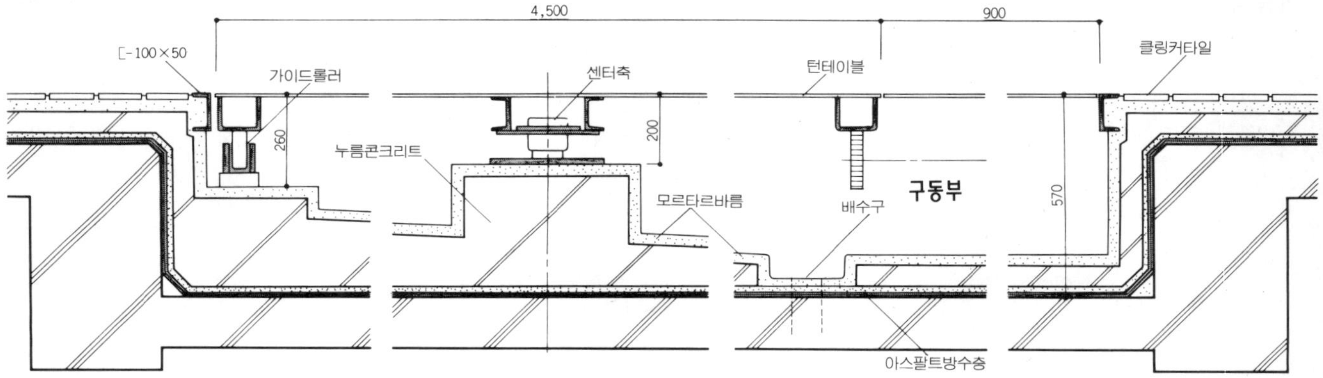

4,500
900
[-100×50
가이드롤러
센터축
턴테이블
클링커타일
260
200
누름콘크리트
모르타르바름
배수구
구동부
570
아스팔트방수층

1/20

세차장

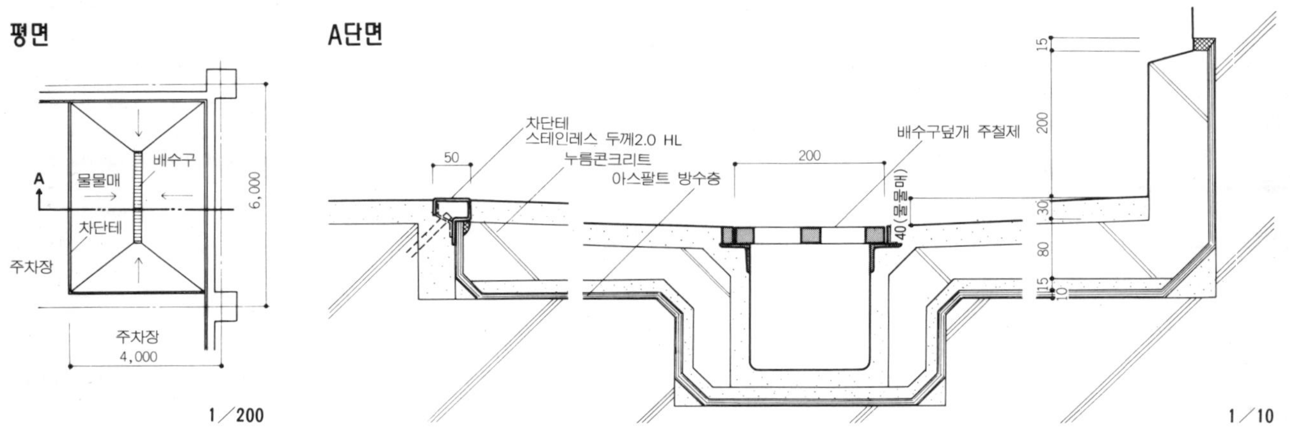

기타실

금고실

금고실의 바닥·벽·천장·문 등의 외피는 방화·방범 기타 모든 파괴력에 대하여 충분한 강도를 가져야만 한다.
그 외피의 콘크리트 두께는 규모에 따라 두께를 늘리지만, 일반적으로 450mm 내외로 하고, 스틸크리트 등의 보강근을 넣고, 다시 금고 내를 스틸라이닝하는 경우도 있다. 금고실에는 금고문과는 달리 맨홀 문을 세워서, 금고 내의 환기 등을 꾀한다. 금고문은 전문업자의 설계·제작·설치로 되는 것이 보통이다.

스틸라이닝상세

천장행거
L-65×65×6
연강판 두께12
70
띠장 16X65
줄눈 폭2
띠장받이 16X65X200
연강판 두께12
50
30

1/60

단면

180 700 450
70
3,800
감시복도
스틸라이닝 두께12
금고실
금고실구체 스틸 크리트넣음(6면같이)
30 450 320
3,000
80 450
70 450
문틀 주철제
금고문 주철제
전실
안문(격자문)
2,060
50
바다 모르타르의 위 플라스틱타일
스틸라이닝 두께12

1/10

금고문평면

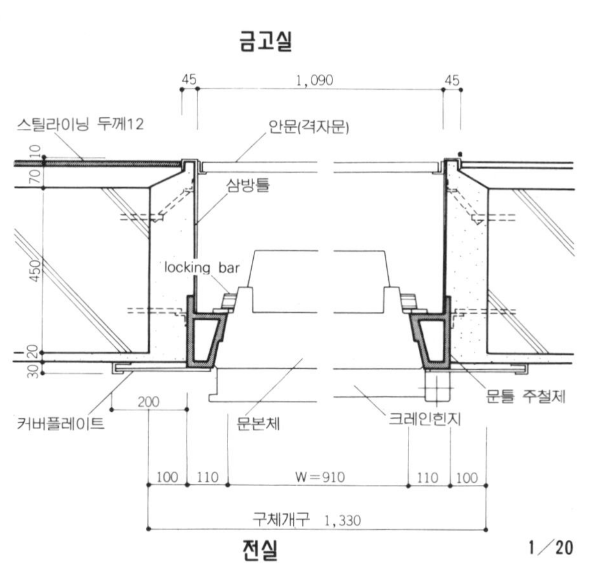

1/20

금고문단면

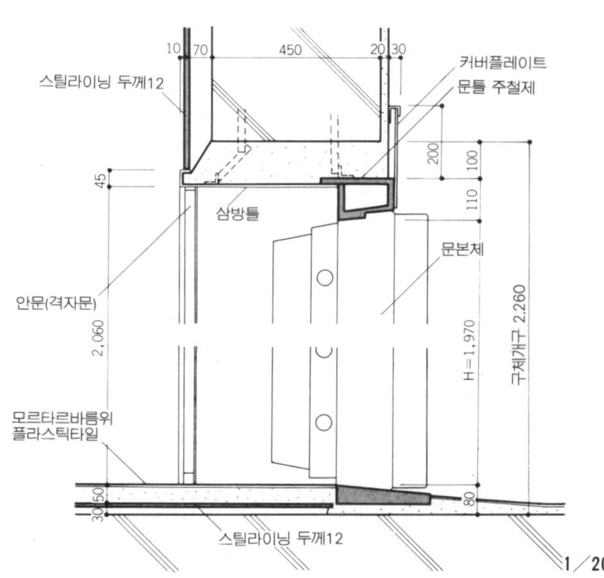

1/20

냉장실

일반의 냉장실일 경우, 외부로부터의 침임하는 열에는 단열재를 끼워 대처하고, 또한 냉장실과 주위에 온도차가 클 경우는 방습층을 설치, 항온실과 같은 경우는 단열재의 양측에 방습층이 필요하다. 바닥은 제법 많은 하중이 걸리므로 콘크리트 타설하는데, 그 수분이 바닥 단열재에 침투하지 않도록 방수층을 배려한다. 역시 출입구는 단열 문을 세워 외부로부터의 열·습기의 유입을 막는다.

최근 단열 패널에 의한 냉장실의 프리패브 공법이 활발히 이용되고 있다.

재래공법

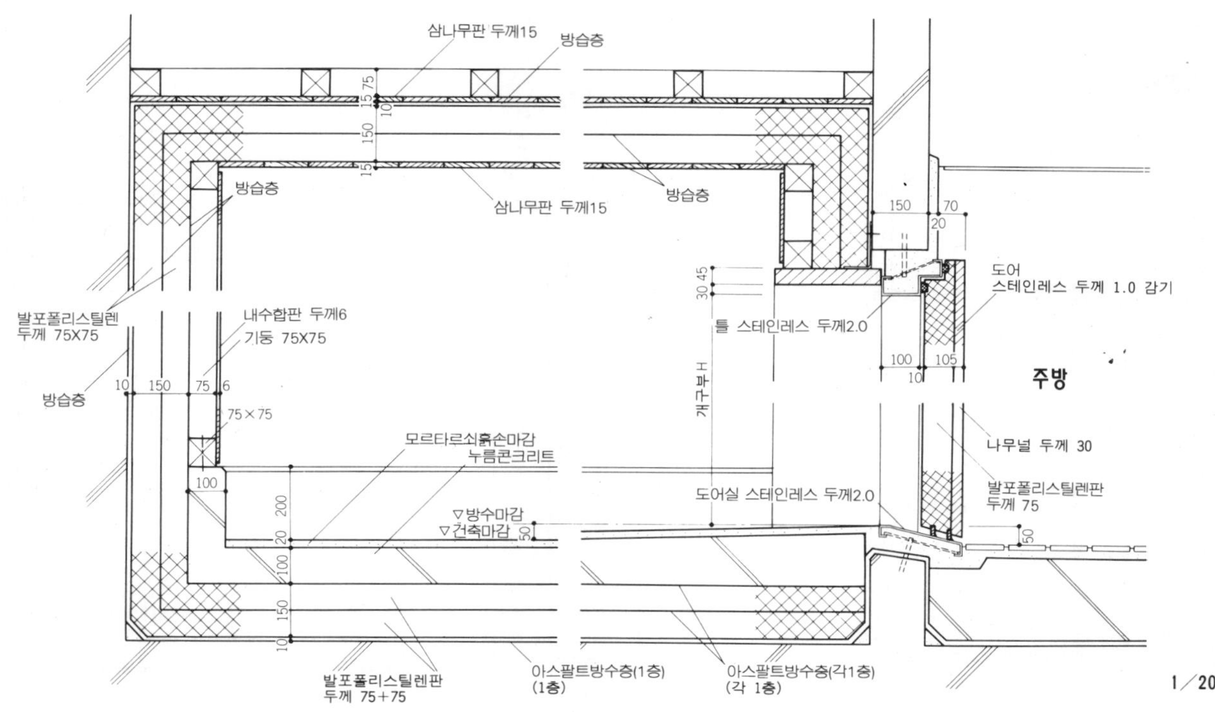

프리패브공법

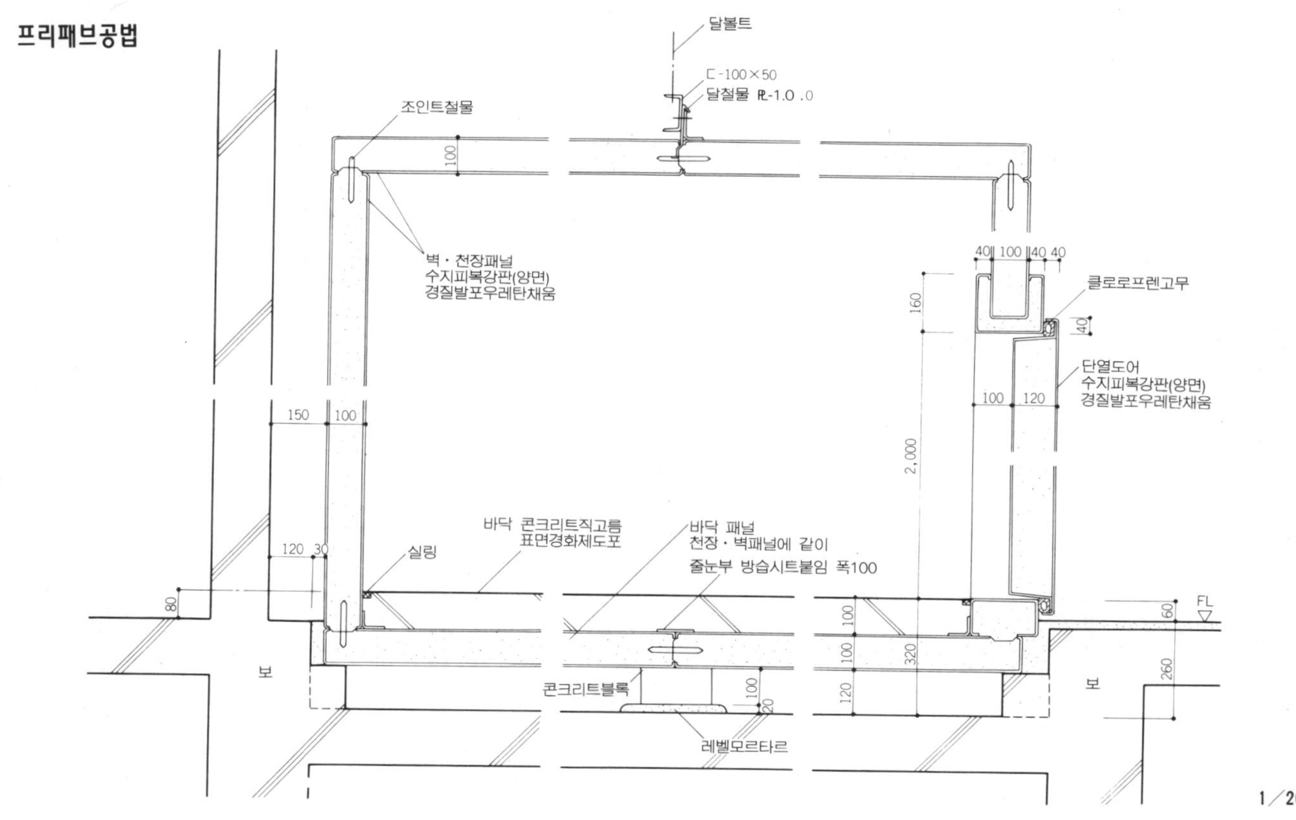

재 료 · 마 감 별 분 , 철 골 조

6장 재료 · 마감별

타일은 내구성, 내열성, 내수성, 내마모성이나, 또한 산이나 알칼리 등에 대한 내약품성 등에도 뛰어난 메인테난스 프리에 가까운 마무리 재료이다. 그리고 타일 붙임 구법은 Seamless로 마무리할 수 있다는 점에서도 이상적인 구법이다.

그러나 타일 붙임은 자칫하면 균열이나 박리를 수반하는 위험성도 내포하고 있다. 그 원인들의 태반은 설계 단계에서의 공법 선택이나 아무림에 기인하는 것과, 시공에서의 작업 문제 등에 기인하는 것이다.

타일 붙임 공법에는 대별하여 가장 일반적인 후부착의 손부착 공법과 거푸집 선부착(타일 쳐넣기) 공법, 그리고 건식 공법(접착 붙임)이 있는데, 여기서는 그 중에서 현재 현장에서 많이 시공되며 비교적 균열이나 박리 대책에 효과를 올리고 있는 표준적인 공법과 아무림을 든다.

소형의 외장 타일 붙임으로서는 밀착 붙임 후 줄눈 채우기 공법, 비교적 대형의 타일 붙임에도 적합한 거푸집 선부착 공법, 그리고 내장 타일 붙임에는 물 주위에 적합한 쌓아올려 붙임 공법, 바닥 타일 붙임의 각종, 또한 대형 특수 타일의 붙이는 법으로 나누고, 각각 공법별의 해석과 그것들의 디테일의 기본적인 아무림의 그림 예를 나타낸다.

1. 외장 타일 붙임

(1) 밀착 붙임 후 줄눈 채우기 공법

설계상의 유의점

1) 자기질이나 석기질의 마구리, 그정괘 타일 정도의 외장 타일 붙임에 적용.

2) 비탕면은 원칙적으로 콘크리트 타설의 직부착 공법으로 한다(콘크리트 타설면의 정도에 문제가 있다든지, 소규모인 경우에 바탕 조정 모르타르로 하는 경우는 바탕 모르타르의 박리에 대한 주의가 필요하다.

3) 타일의 부착은 전용 공구를 사용한 비브라트 공법에 의한다. 그 후 다시 줄눈재에 의한 줄눈 채우기를 한다.

4) 요소에 신축 줄눈을 설치

① 직부착 공법에서는 콘크리트 구체의 익스팬션 줄눈과 타일의 신축 줄눈은 같은 위치로 한다.

② 바탕을 조정 모르타르로 할 경우는 가로·세로 모두 바탕 모르타르의 신축 줄눈과 같은 위치로 한다.

5) 타일은 습식 타일에서 개미형의 뒷발 높이는 1.5~2mm 정도 필요(극단으로 높은 것은 반대로 뒷발의 근원에 공극이 생기기 쉽다).

6) 나중 줄눈 채우기

① 발라넣기 줄눈은 고무 흙손으로 바름 줄눈을 한 뒤, 줄눈재를 안쪽면과 보다 한층 밀착시키기 위하여, 줄눈 흙손으로 줄눈 누르기를 한다.

② 흙손 채우기 줄눈(1개 줄눈)은, 줄눈부에 흙손으로 1개 1개 채운다(튜브식으로 되어 있는 기성 줄눈재를 사용할 경우도 나중에 줄눈 흙손으로 반드시 누른다).

7) 타일 오물이나 산 세척은 시멘트분에 염산 액이 닿으면, 그 부분이 중성화하여 타일면에 부착되어 있는 시멘트 모르타르를 용해 제거시키는 점을 이용하는데, 이 경우 치장 줄눈 부분의 시멘트도 스며들므로, 가능하다면 산 세척을 요하지 않도록 하는 것이 바람직하다.

시공상의 요점

1) 여름철의 일사나 겨울철에 있어 동해에 대한 양생을 생각하여 둔다(겨울철은 기온 5℃ 이하에서는 시공을 중지한다).

2) 타일 부착 바탕에 대하여

① 콘크리트 직부착일 경우는 폼타이 절단 후, 먼지, 때, 레이턴스를 제거하고, 콘크리트면의 정도를 체크.

② 바탕 조정 모르타르로 할 경우

(가) 타일의 두께 +5~8mm 정도 예상한 모르타르 바탕의 정도, ±2mm/2m 이내의 나무 흙손 누름면으로 한다(양생 2주간 이상).

(나) 바탕 모르타르의 들뜸이나 균열의 검사를 하고, 먼지, 때, 레이턴스 등은 제거.

3) 부착하기 전에 중인방 강조물 등의 동선(ϕ1mm정도)의 접착 상태를 확인.

4) 부착 모르타르에 대하여

① 바탕면에 부착 모르타르, 혹은 기성 배합 모르타르를 2회 바른다(3~5mm+2~3mm 정도, 계절에도 따르지만 반죽하여 두는 시간은 30~40분 이내).

② 1회째는 얇게 바른다(바탕의 건조 정도에 따라서는 바탕면의 흡입 얼룩 조정으로서 미리 물적시기를 한다). 2회째는 연달아서 두께를 지키면서 바른다.

③ 바르는 범위는 기후, 기혼, 바탕의 상태에도 따르지만, 일단의 목표로서는 1~2m 정도로 하며, 적절히 가감한다(모르타르의 보수성이 있는 사이에 타일 붙이기를 끝내는 것이 원칙, 계절에도 따르지만 발라 두는 시간—open time은 20~30분 정도).

④ 혼화제(보수제의 역할을 하고, 보통의 시멘트 응결 시간으로는 너무 짧아 드라이 아웃을 일으켜 버리므로, 응결 억제를 한다)는 MC제(메틸 셀룰로즈계) 또는 합성 고분자 에멀션계 혼화제(합성 고무 라텍스(SBR), 에틸렌 초산 비닐(EVA), 아크릴 수지계 등) 등으로 한다.

5) 타일 부착

① 타일을 밀어 붙인 위에서 전용의 충격 공구(비브라트)로, 모르타르 중의 타일을 매입하듯이 누르면서, 타일면 2점 이상에 진동을 주어 부착한다(이면에 기공이 생기지 않도록 한다. 줄눈부에서 부착 모르타르 두께의 약 1/2 정도가 나올 때까지 밀어 넣는다).

② 줄눈 고치기를 할 경우는, 15분 정도 이내에 한다.

6) 줄눈 나누기의 원칙

① 가로 줄눈과 세로 줄눈의 관계는 가로 줄눈 : 세로 줄눈을 약 10 : 8의 비로 하는 것이 좋다(10mm : 8mm, 5mm : 4mm가 일반인 경우의 외장과 내장의 표준 줄눈 폭).

② 반단 치수가 나올 경우

(가) 줄눈 폭을 다소 잘라 채운다(줄눈 흙손의 크기는 3mm 폭을 최소로 하여, 4.5, 6, 7.5, 9, 12, 15mm 등이 있다).

(나) 반단을 넣을 경우, 분할 치수를 연구하여 되도록 큰 치수로 하는 것이 좋다(본래의 3/4 이상, 적어도 반 더하기 이하로는 하지 않는다).

(다) 반단을 아무릴 때에는 되도록 두드러지지 않도록 사각형 끝에 넣거나, 중심부에 넣는다.

7) 나중 줄눈 채우기

① 타일의 들뜸, 아무림 불량, 면의 둘쑥날쑥 등의 검사 후, 타일 부착 후 약 1~5시간(계절에 따라 조정)을 지나 일단 줄눈 파기를 한다.

② 줄눈 채우기는 부착 모르타르가 충분히 경화한 후(여름·겨울에 따라 다르지만, 부착 모르타르 경화 후의 수축이 거의 끝난 시기, 10~14일 경과 후), 줄눈 저부 및 타일 측면을 정성스럽게 청소, 물적시기를 한 후, 줄눈 흙손으로 도포한다.

③ 가수 후의 줄눈재 방치 시간이 긴 것은 불합격(줄눈용으로 만든 기성 배합 모르타르도 있지만, 줄눈재로서의 조건은 방수성이 있고, 백화가 생기지 않고, 접착력도 있어 균일한 마무리

로 얼룩이 적고, 퇴색하지 않을 것).

④ 줄눈면의 깊이가 일정해지도록 완전히 채우고, 줄눈 모르타르를 바탕 줄눈부의 구속을 좋게 하도록 줄눈 누르기를 충분히 한다(줄눈재에 의한 줄눈 채우기는 타일의 부착 강도를 늘리고, 방수의 역할도 한다).

8) 산 세척의 원칙은 때가 덜끼어을 때 재빨리, 부지런히, 그리고 엷은 세제를 이용하여 어디까지나 물 세척을 주체로 한다.

① 짙은 염산(30%) 또는 공업용(35%) 정도를 사용.

② 엷은 염산 용액(상기의 염산을 3~10배로 타고, 배율은 때의 정도에 따라 결정한다)이나 중성 세제로 씻는다.

③ 타일면, 줄눈의 부분을 충분히 물적시기한다(급수의 여지가 없어질 때까지, 중간 작업 중, 가장 배려하여야 할 중요한 포인트이다).

④ 새시나 급배수 철물 등은 산에 먹혀들지 않도록 양생하여 둔다(폴리에틸렌의 봉지로 덮기, 오일 양생(그리스를 바른다) 등).

⑤ 물 세척을 한다(완전히 산을 씻어 내린다. 약간이라도 남아 있어서는 안 된다. 이 작업의 중요한 포인트이다).

(2) 거푸집 선부착(타일 쳐넣기) 공법

1. 거푸집 선부착 공법의 특징

① 손 부착 공법과 같은 복잡한 시공상의 열화 요인을 가지고 있지 않다.

② 밀실한 콘크리트를 침으로써, 타일과 구체가 일체가 되어 큰 들뜸, 박리가 생기지 않는다.

③ 줄눈부로부터의 에프로레센스가 적다.

④ 타일은 뒷발이 큰 자기질 또는 석기질로 한다(단, 한랭지에서는 자기질이 바람직하다).

2. 거푸집 선부착 공법의 종류

1) 타일 시트법

설계상의 유의점

① 모자이크 타일이나 2정괘 정도 이하의 외장 타일에 적용.

② 타일 시트의 형상은 타일 메이커 등에 따라 다르다.

③ 타일 시트를 거푸집 내면에 임시 부착하고, 콘크리트 타설에 의하여 구체 부분과 일치시킨다.

시공상의 요점

① 타일 시트는 합성 수지의 베이스 시트에 타일을 접착하고, 줄눈부에는 임시 줄눈재를 베푼다.

② 시트간 조인트부의 마무리가 나쁠 때가 있으므로 주의

2) 줄눈 늘림법

설계상의 유의점

① 小口平~4정괘 정도의 외장 타일에 적용.

② 줄눈 틀재에 미리 타일을 끼워넣은 타일 유니트, 또는 줄눈재를 거푸집에 선부착하고, 이것에 타일을 임시 부착하여 콘크리트 타설에 의하여 일체화시킨다.

③ 타일의 치수 오차가 크면 줄눈 늘리기에 타일이 꼭 맞지 않는다든지, 타일 주위에 콘크리트가 묻는다든지 한다.

시공상의 요점

① 줄눈 늘리기는 발포 스티롤제나 고무제에 의한다.

② 특수 알루미늄 거푸집에 고무 줄눈을 부착하고, 이것에 타일을 끼워넣어 가는 알루미늄 전용 거푸집법도 있다.

3) 잔목법

설계상의 유의점

① 대형·특수 형상의 외장 타일에 적용.

② 거푸집에 줄눈재를 부착하고, 이것에 타일을 못치기로서 임시 부착하고, 콘크리트 타설에 의하여 구체 부분과 일체화시킨다.

③ 콘크리트 타설 후의 허니컴 유무가 타일의 양측으로부터는 파악하기 어렵다.

시공상의 요점

① 타일 나누기에 맞추어 바깥 거푸집에 잔목을 부착하고, 잔목에 타일 못으로 부착한다.

② 줄눈부에는 쳐넣기시의 시멘트 누설을 막기 위하여 테이프, 모르타르 채우기 등의 처치를 한다.

3. 거푸집의 선부착 공법의 문제점과 주의

① 의외로 품이 들고, 공사비가 높은 편이다.

② 타일의 제품 결정 시기가 구체 공사 착공 전이 되어 중간 관계가 큰일이다.

③ 건물의 형상·규모에 따른 제약을 받기 쉽다.

④ 거푸집의 강성 및 정도를 향상시킬 필요가 있다.

⑤ 콘크리트의 균열 대책을 완전히 강구해야 한다.

⑥ 타일 안쪽의 콘크리트 구체 상태가 파악되지 않는다.

2. 내장 타일 쌓아올려 붙임 공법

설계상의 유의점

① 100각 이상의 반자기질(도기질) 내장 타일에 적용.

② 내장 타일은 크기의 호칭명은 같더라도, 실치수는 메이커에 따라 다르다.

③ 부착 모르타르를 타일 안쪽면에 올리고, 타일을 1매씩 바탕에 밀어 붙이듯이 하여 쌓아올려 간다. 접착력은 양호하지만 시공 능률은 낮다.

④ 부착 모르타르 경화시의, 수축에 의한 균열이나 박리 등의 영향이 적다.

⑤ 마무리 정도는 양호하지만, 타일공의 숙련·경험이 필요.

⑥ 내민 모서리에는 면잡이 이형 타일(2방 면잡이, 한쪽 면잡이 등), 바닥 부착은 안걸레받이형 타일(서니태리 베이스 등)을 사용.

⑦ 분할 단부에는 반재 이하는 사용하지 않는다.

⑧ 출입구의 틀류, 화장실 부스의 격판, 바닥의 단차 등은 줄눈에 맞춘 쪽이 보기 좋다.

⑨ 라이닝 천판이나 개구 틀과의 맞춤 줄눈은 줄눈용 실(실리콘계 실링 등)재를 채운다.

시공상의 요점

① 바탕은 쇠꼬챙이 긁기의 모르타르 바탕 고른 면(양생 2주간 이상)으로 한다.

② 밀어넣듯이 타일을 1매씩 하단부터 상단에 걸쳐 붙인다(1일의 붙임 높이는 1.2m 내외).

③ 주시선(눈높이)이 향하는 정면의 벽(발견면)은 심나누기(타일 심나누기와 줄눈 심나누기가 있다)하는데, 측면의 벽(돌아보는 면)은 한쪽나누기(한 단에서 분할하여, 다른 끝에 반 단을 넣는 일, 한쪽 누름이라고도 한다)로 한다(이웃하는 2매가 반 단일 경우는 단면은 마주치기로 한다). 또한 출입 모서리에서의 이형 타일은 출입구에서 본 방향을 주시선으로 하고, 내민 모서리는 강조물을 사용하는 면을, 들어간 모서리는 삼키는 면을 주시선에 직각으로 한다.

④ 수전 등의 급배수 설비 배관 배치 위치는 줄눈 심에 맞춘다.

⑤ 부착시에 타일의 유약 바른 면을 흙손으로 두들기면 상처가 나기 쉬우므로 피할 것.

⑥ 붙임 교체가 많을 때는 생 시멘트나 빈흙(시멘트 : 건조 모래=1 : 2 정도)을 뿌리는 일이 있는데, 너무 다량이면 그 정도 만큼이 부배합이 되고, 뒷날의 트러블 원인이 된다.

⑦ 모르타르의 물먹이기를 확인하여 줄눈파기를 한다(붙이기가 끝나고 모르타르 경화 후 2~3시간 이내). 특히 가로 줄눈을 조심스럽게(주의 깊게) 깊이 3~4mm 정도까지 판다.

3. 바닥의 타일 붙임

(1) 고름 모르타르 붙임 공법

설계상의 유의점

1) 바닥용 자기질 100각 타일 등의 붙이는 방법

① 자기질 타일 붙임의 바닥 공법 중에서는 정도가 가장 좋다. 특히 물매를 필요로 하는 경우는 최적

② 요소에 신축 줄눈(실리콘계 실링재 충전)의 설치.

2) 모자이크 타일 붙임

① 규모가 작을 경우는 깔모르타르를 자, 두들김판, 나무 흙손으로 물매를 잡으면서 평편하게 한다. 바로 여물반죽(혼화제는 넣지 않는 시멘트 페이스트)를 1mm 정도 두께로 흙손으로 고른다.

② 규모가 클 경우는 무른 반죽 모르타르 자밀기, 나무 흙손 누름에 의한 물매 등을 잡은 바탕으로 한다. 10시간 정도 지난 후, 여물반죽(혼화제 넣은 시멘트 페이스트)를 2~3mm 두께로 바른다.

시공상의 요점

1) 바닥용 자기질 100각 타일 등의 붙이는 방법

① 깔모르타르를 깔고, 물매를 잡아 나무 흙손으로 고르며 누른다.

② 부착 페이스트나 MC 혼화제 넣은 모르타르를 바르고, 그 위에 타일 붙이기를 한다.

2) 모자이크 타일 붙이는 방법

① 여물반죽의 비침이 벗겨졌을 때를 예상하여 가볍게 모자이크 타일을 깐다. 손바닥으로 4방향으로 늘리면서 결정한다.

② 두들김판, 중간목 흙손으로 여물반죽이 대지에 닿지 않을 정도까지 일정하게 두들긴다(타일 두께의 1/2~1/3 정도까지 부풀린다).

③ 젖은 브러시로 대지를 적셔서, 대지를 벗긴다.

2) 압착 붙임 공법

설계상의 유의점

① 대규모 면적, 동해나 빈번한 보행 등의 장소를 비롯, 모든 내부의 바닥에 가장 많이 이용되고 있다.

② 타일은 자기질(또는 석기질)의 것으로 하고, 물매가 없는 평탄한 장소에 적용.

③ 요소에 신축 줄눈(실리콘계 실링재 충전)의 설치

시공상의 요점

① 모르타르 나무 흙손 누름 자 밀기 바탕.

② 부착 모르타르를 깔아 고르고, 자밀기하여 타일을 붙인다(안쪽이 약간 움푹해질 때까지).

③ 줄눈의 통과는 만날 때마다이고, 평면 精度는 평면 자를 댄다(이것은 바닥에서는 가장 중요한 일이다).

(3) 깔모르타르 붙임 공법

설계상의 유의점

① 통상은 클링커 타일 등 120각 이상의 대형 타일이나 뒷발 높이가 가지런하지 않은 바닥 타일 붙임에 적용(모자이크 타일 등 120각 미만의 타일에는 부적).

② 차도 등의 빈번한 보행 장소나, 한랭지 등에는 적용할 수 없다.

시공상의 요점

① 콘크리트 위에 깔모르타르(손바닥으로 쥐었을 때 지그시 수분이 배는 정도, 깔 모자이크의 경우보다 약간 수분은 많게 한다)를 깐다.

② 부착 페이스트를 흘려 타일을 놓고, 나무 망치나 흙손의 손잡이로 가볍게 두들기면서 마무리系에 맞추어 부착한다(시멘트 가루를 뿌리는 방법도 있다).

4. 대형 특수 타일 붙임

설계상의 유의점

① 손 부착 공법으로는 붙지 않는 200각 정도 이상의 대형 특수 자기 타일 붙임에 적용.

② 벽의 돌붙임과 마찬가지로, 바탕 철근에 타일을 결속선 등으로 고정하고, 속넣기 모르타르로 압착한다.

③ 타일 상부에 ϕ5mm 정도의 결속선용 구멍이 2개소 정도 필요.

시공상의 요점

① 마무리 교체의 확인과 바탕 가로근 위치의 체크.

② 아래쪽부터 붙여 올리고, 바탕근에 결속 후, 타일면의 수평을 조정하면서 속넣기 모르타르로 단단히 압착 고정한다.

1. 외장타일붙임

● 밀착붙임후 줄눈채움 공법

밀착붙임후 줄눈채움 공법에 사용되는 외장 타일의 치수

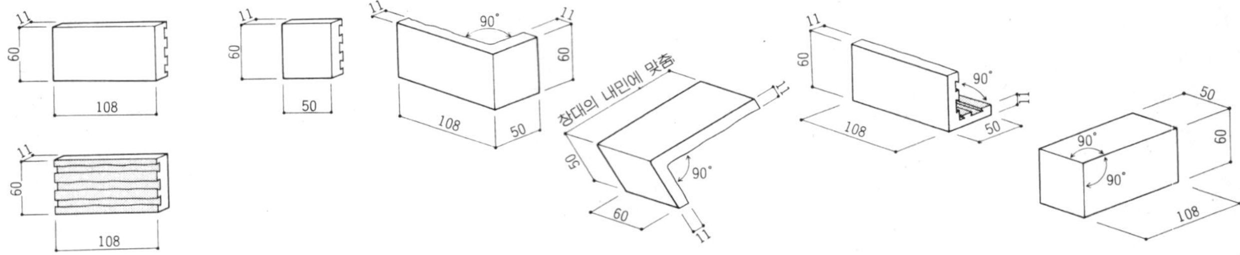

마구리타일-중량 140~150g/매

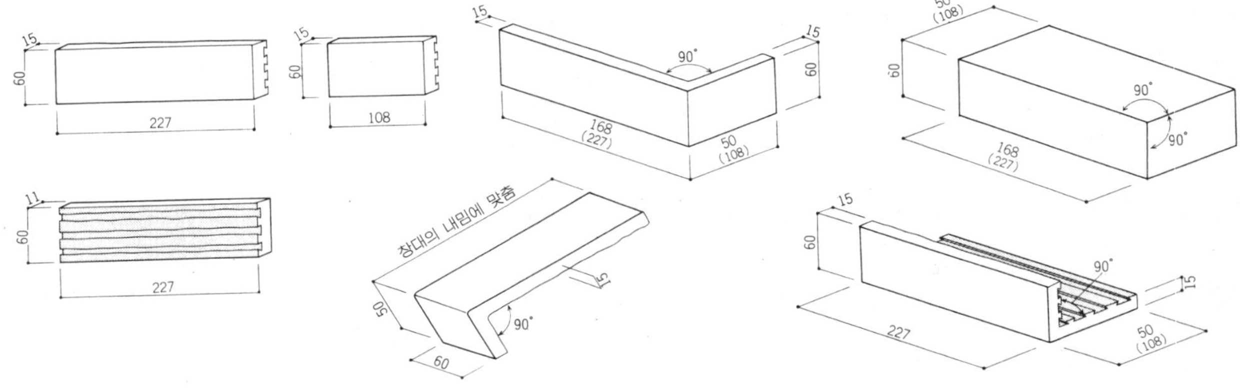

2면떼기타일-중량 약 360g/매

외장타일의 줄눈 분할의 종류

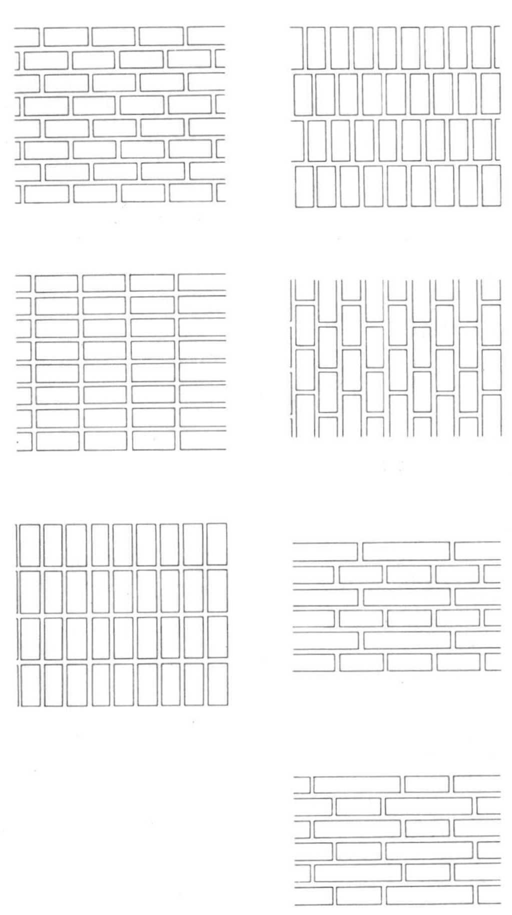

밀착붙임(비브라트) 공법

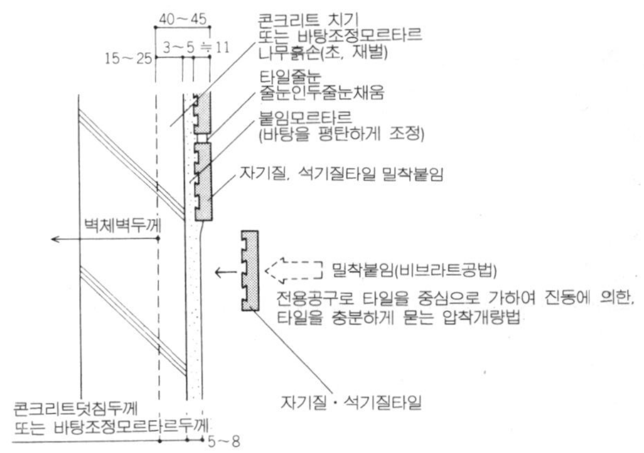

치장줄눈의 형상

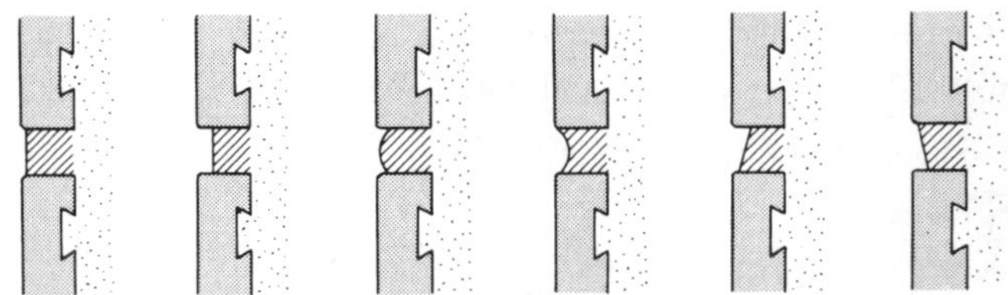

1. 평줄눈

① 평줄눈 : 1~2mm(면 내) 정도 오목한 것으로, 흙손 줄눈, 바름 줄눈 어느 것으로나 마무리, 가장 일반적이다.

② 잠긴 줄눈 잡티 폭이 많으므로, 잠긴 줄눈 또는 깊은 줄눈이라 부르고, 흙손 줄눈 마무리로 한다(깊은 줄눈의 경우에도 줄눈 모르타르를 타일 두께의 반분 이상은 확보한다).

2. 테두리 줄눈, 역테두리 줄눈은 장식적인 줄눈으로 둥근 줄눈 흙손으로 마무리한다.

3. struck joint, 역struck joint는 빗물이 체류하지 않으므로 한랭지에 알맞다.

두겁·걸레받이의 아무림

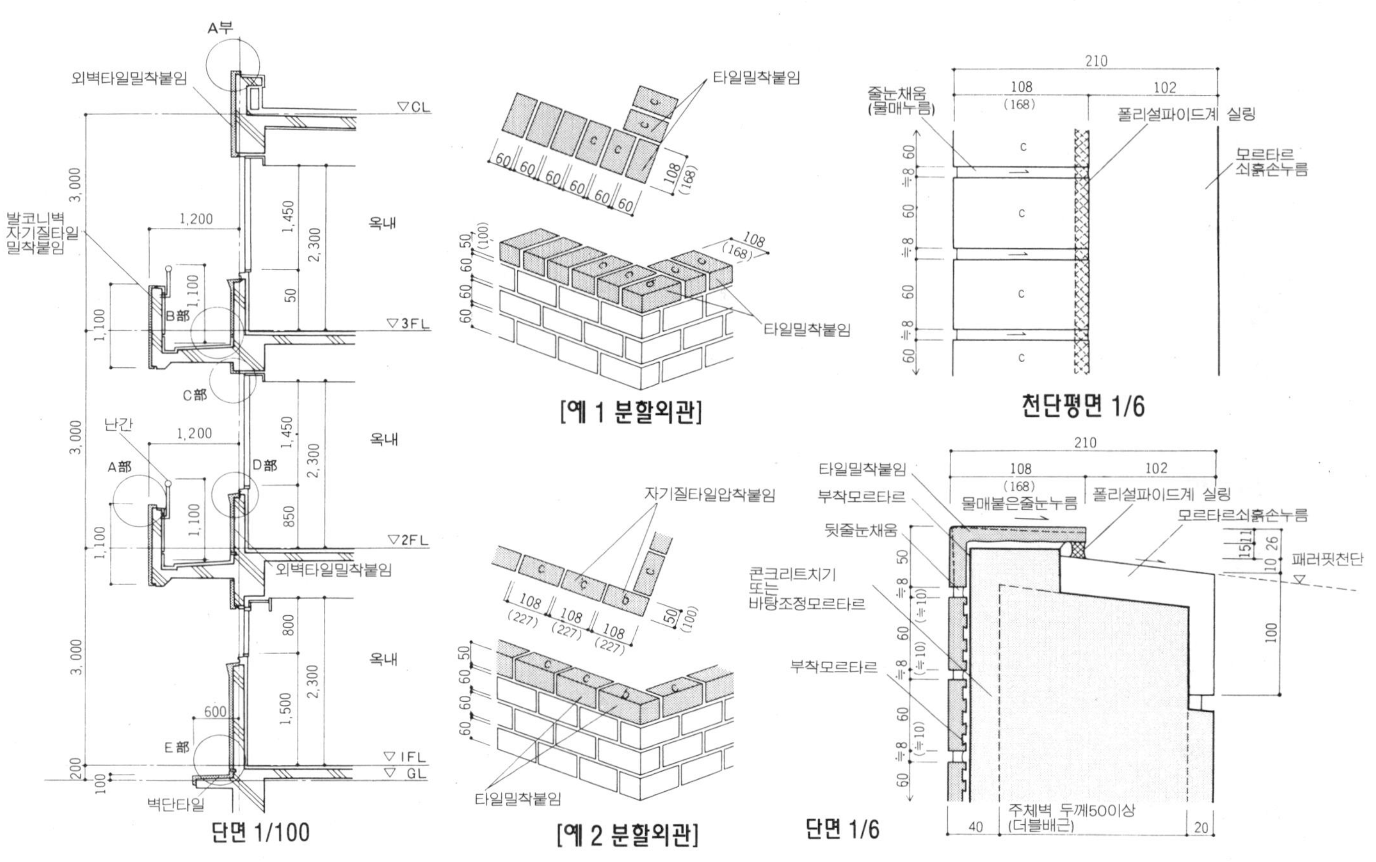

걸레받이

B부분 걸레받이

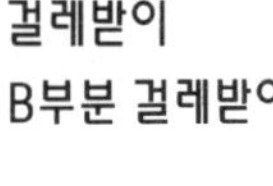

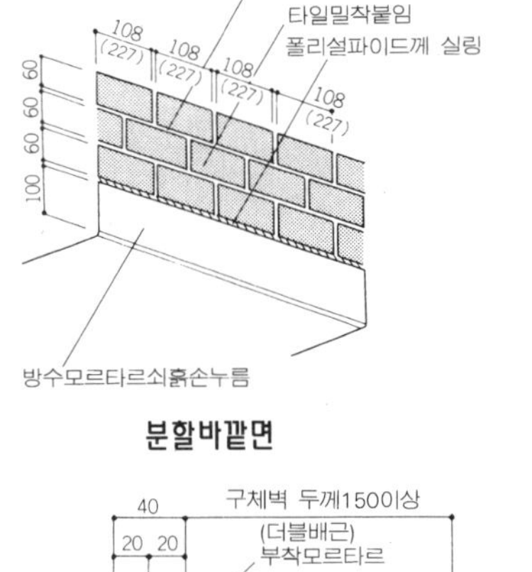

분할바깥면

단면 1/6

E부분걸레받이

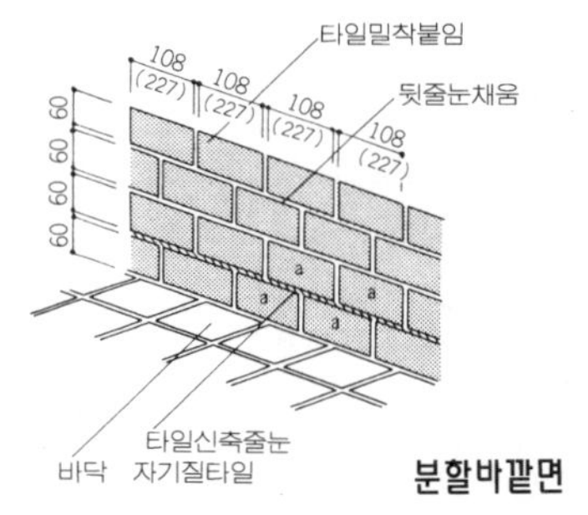

분할바깥면

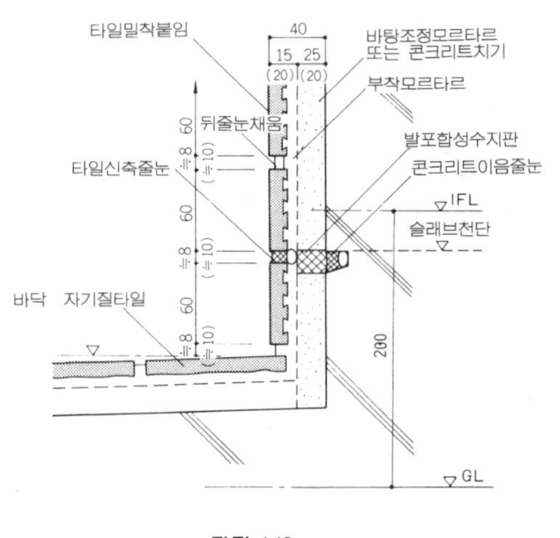

단면 1/6

외벽내밈 • 들어감 모서리 • 개구부의 아무림

G부분들어간모서리

타일밀착붙임
타일밀착붙임
50 (108)
108 (227)
50 (108)
108 (227)
60 60 60 60

바깥면

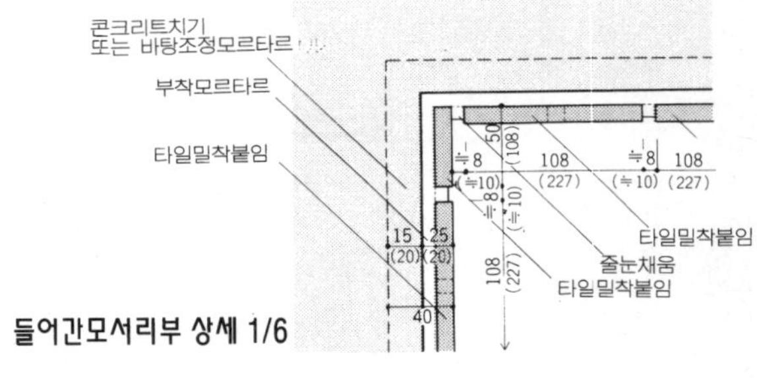

들어간모서리부 상세 1/6

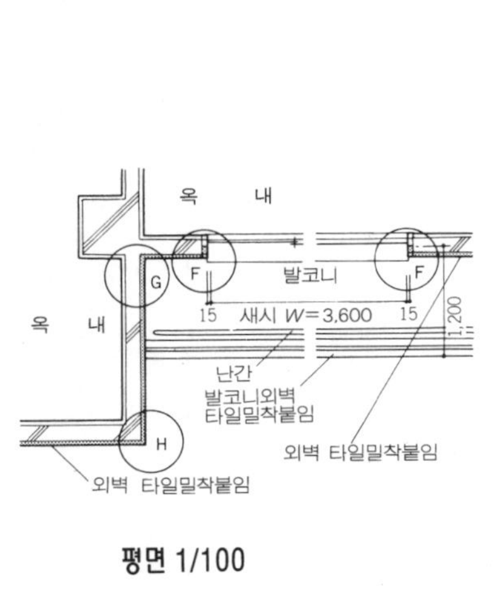

평면 1/100

H부분내민모서리

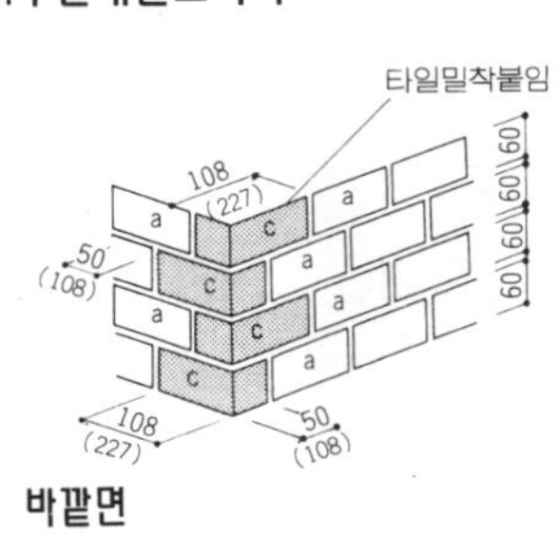

바깥면

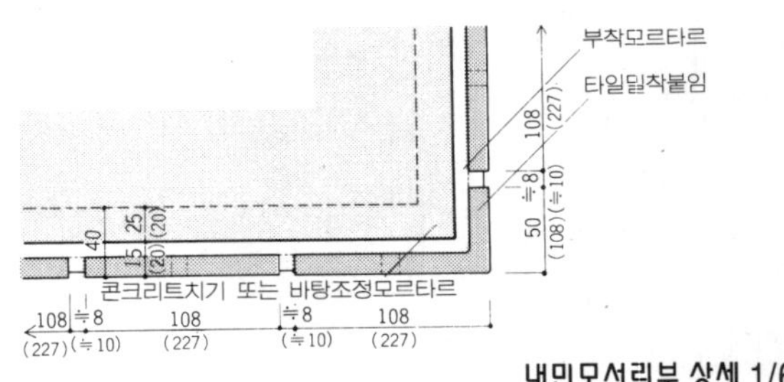

내민모서리부 상세 1/6

개구부 아무림 예 1

F부분

보드붙임
단열재충전
25 10
새시 W
10 25
문선
10
45
55
문선
70
폴리설파이드계 실링
10
구체벽 두께150이상 더블배근
d
d
d
108 (168)
25 (20)
15 (20)
40
≒10
108 (227)
(≒8) (≒10)
108 (227)
(≒8) (≒10)
60 (≒8) (≒10)
60
(≒8) (≒10)
50 (108)
(≒8) (≒10)
108 (227)
뒷줄눈채움
외벽 타일밀착붙임
15
새시 W
15
개구 W 타일분할
외벽 타일분할
싸기 타일밀착붙임
면대 타일밀착붙임
부착모르타르
콘크리트치기
또는 방탕조정모르타르
외벽 타일밀착붙임

상세 1/6

C, D부분

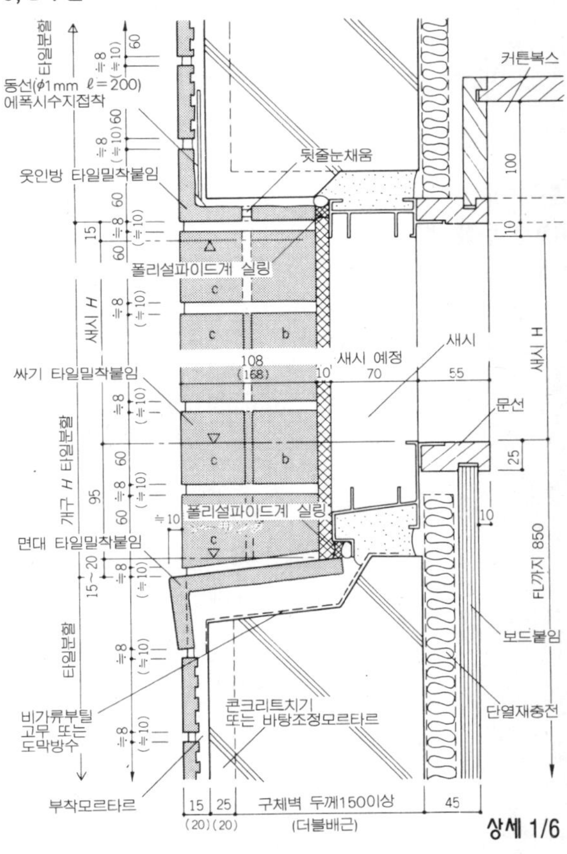

상세 1/6

타일의 가공

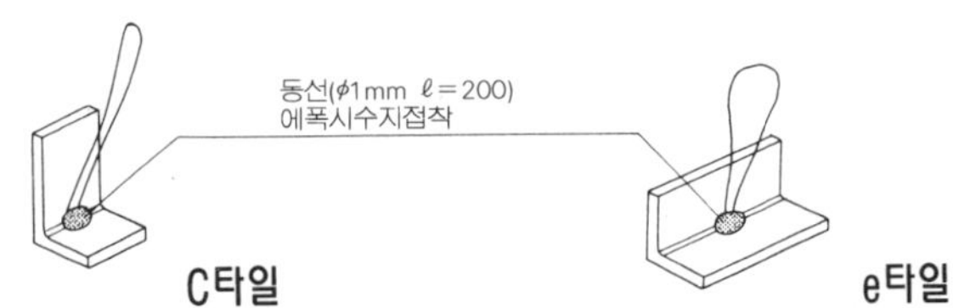

C타일　　　e타일

면대부분의 분할외관

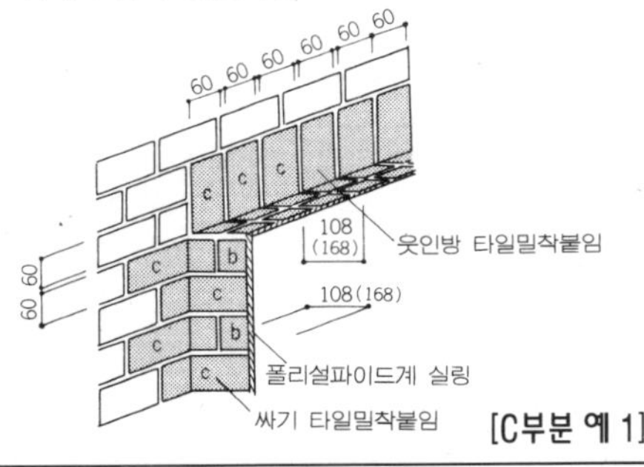

[C부분 예 1]

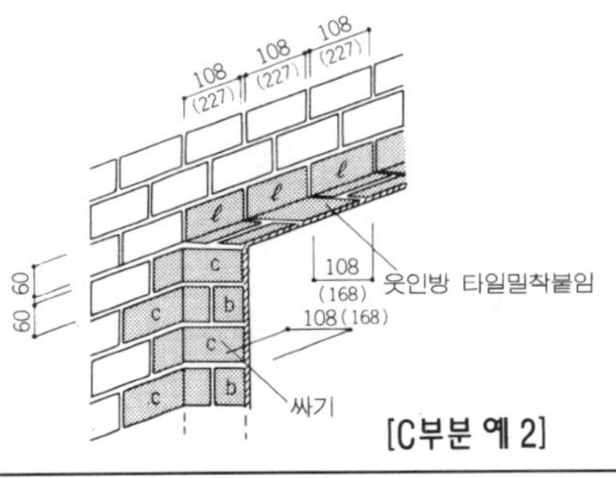

[C부분 예 2]

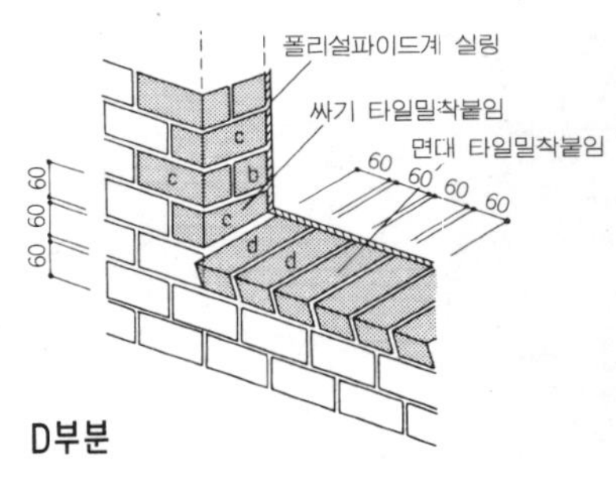

D부분

C, D부분 아무림 예 2

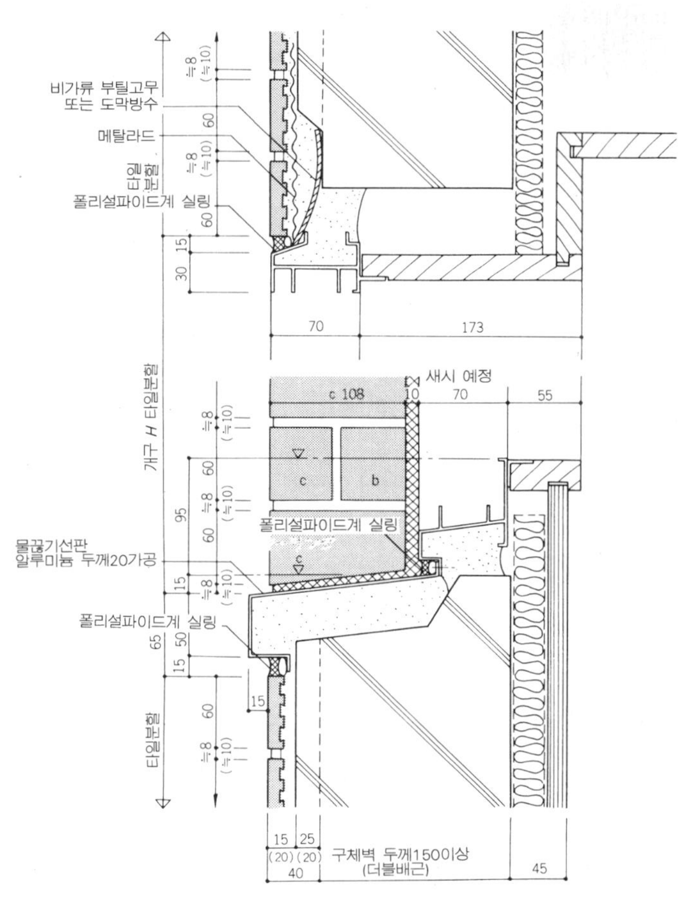

상세 1/6

C, D부분 아무림 예 3

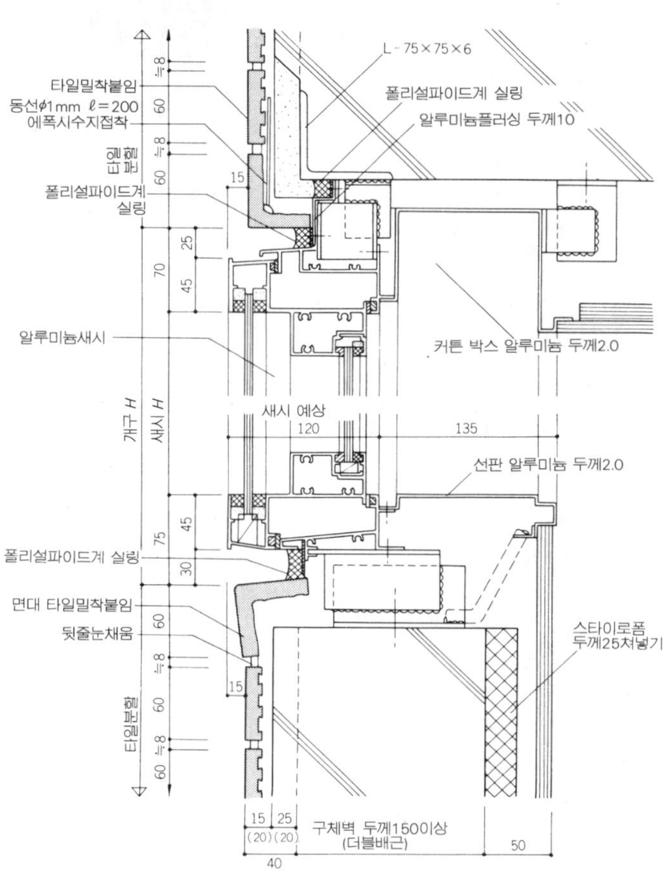

단면상세 1/6

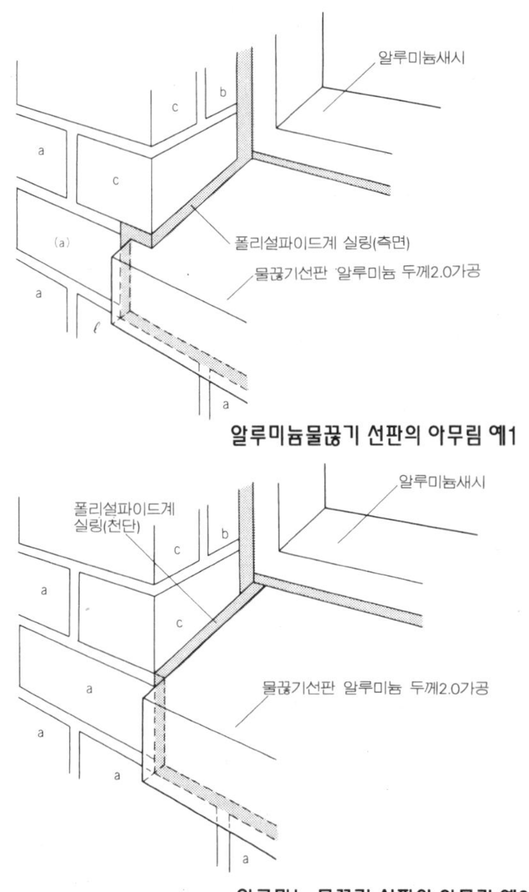

알루미늄물끊기 선판의 아무림 예1

알루미늄 물끊기 선판의 아무림 예2

선판 문선 알루미늄 두께2.0

스타이로폼 두께25 처넣기

구체벽 두께150이상 (더블 배근)

새시 예상 120

부착모르타르

알루미늄 새시

새시 W

개구 W

외벽 타일분할

폴리설파이드계 실링

콘크리트치기 또는 바탕조정모르타르

뒷줄눈채움

강조물 타일밀착붙임

평면상세 1/6

외장타일의 신축줄눈

익스팬션쳐이음 부분의 수평줄눈 및 세로줄눈 간격

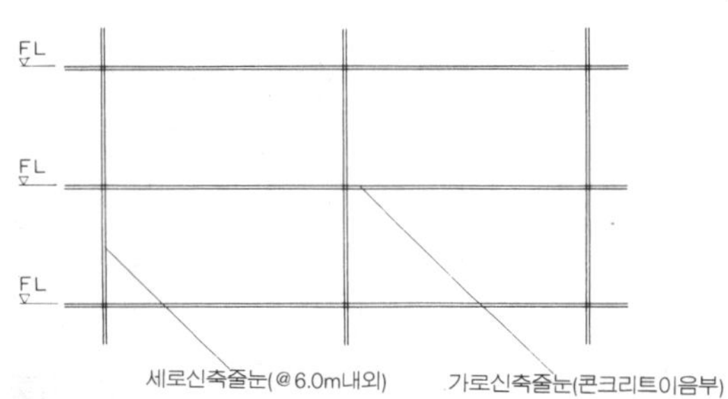

세로 신축 줄눈을 [형으로 넣는 경우

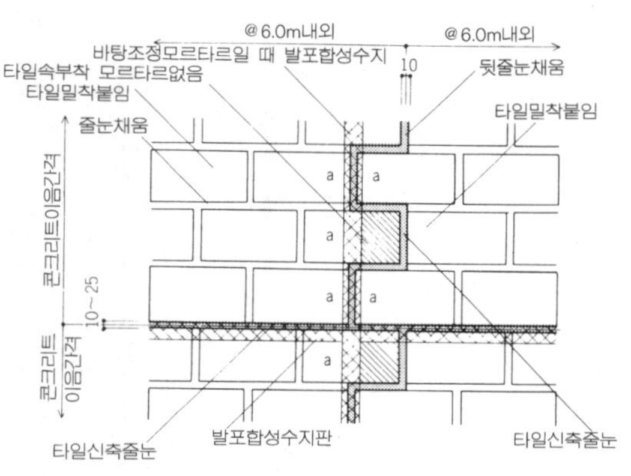

입면 1/10

세로신축줄눈을 통하는 경우

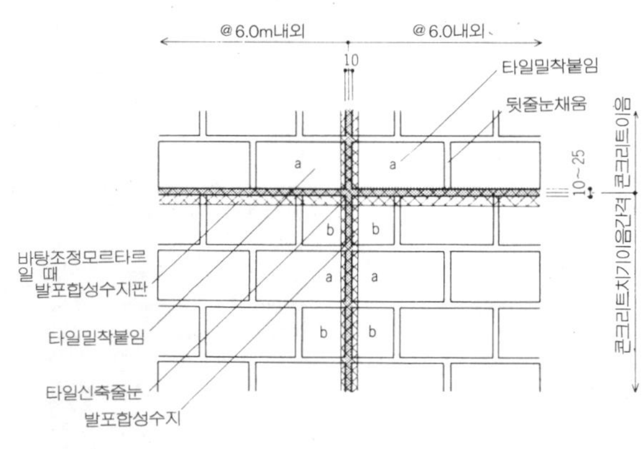

입면 1/10

세로줄눈의 아무림

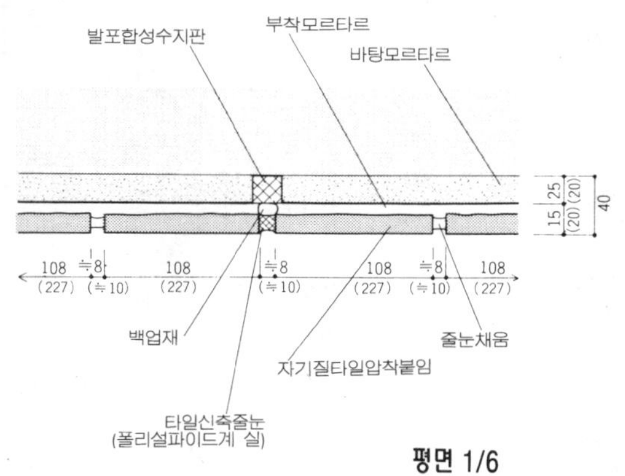

평면 1/6

콘크리트 구체 부분의 줄눈

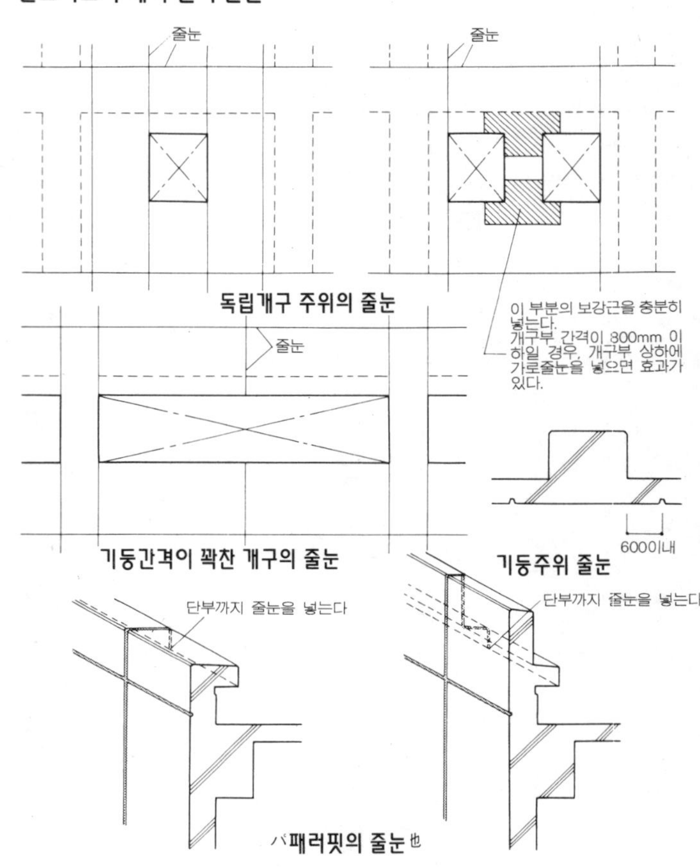

수평줄눈의 아무림

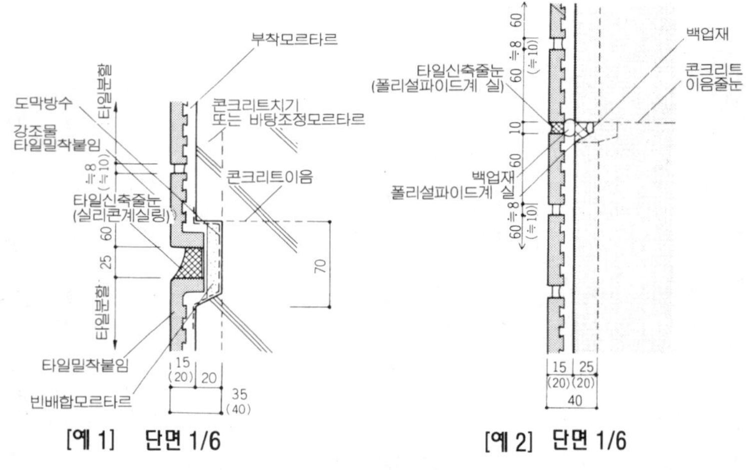

[예 1] 단면 1/6

[예 2] 단면 1/6

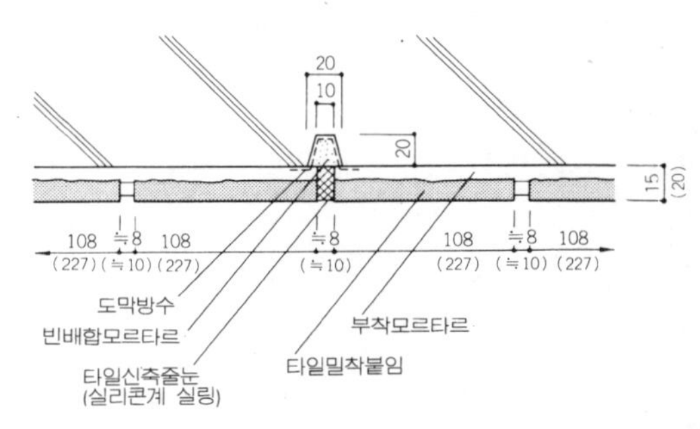

평면 1/6

● 거푸집선부착(타일쳐넣기)공법

타일시트법

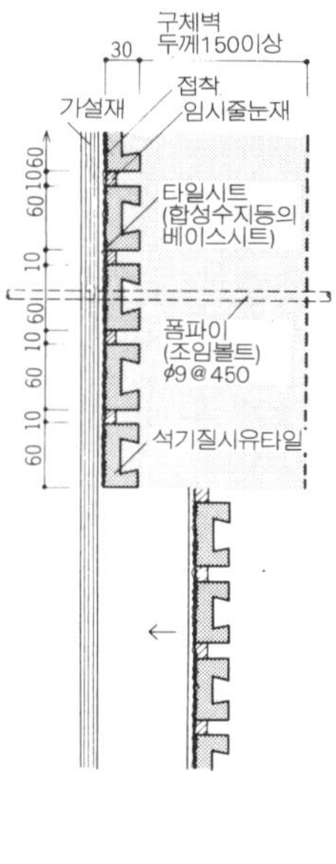

단면 1/10

줄눈통법

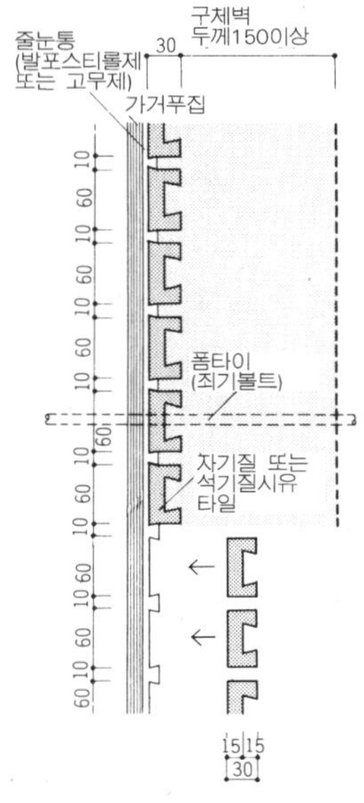

단면 1/10

사다리법

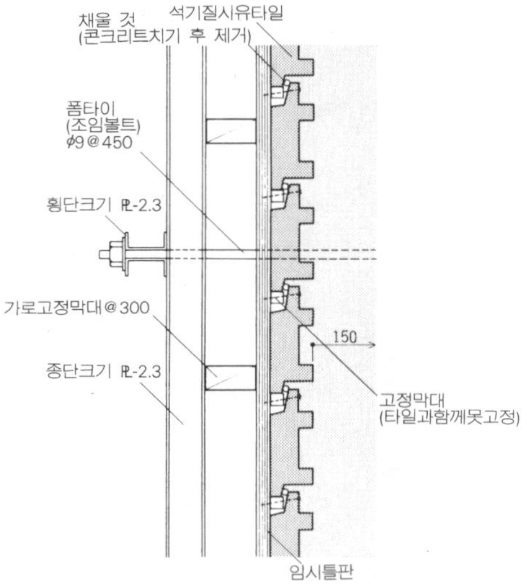

단면 1/10

타일시트법 · 줄눈통법의 타일 분할

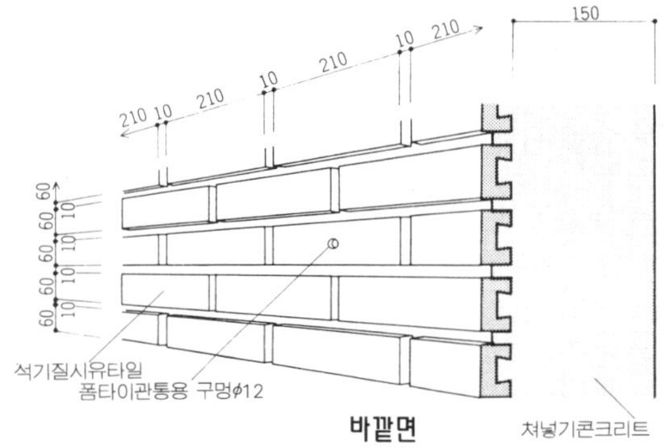

바깥면

사다리법의 쳐넣기 타일

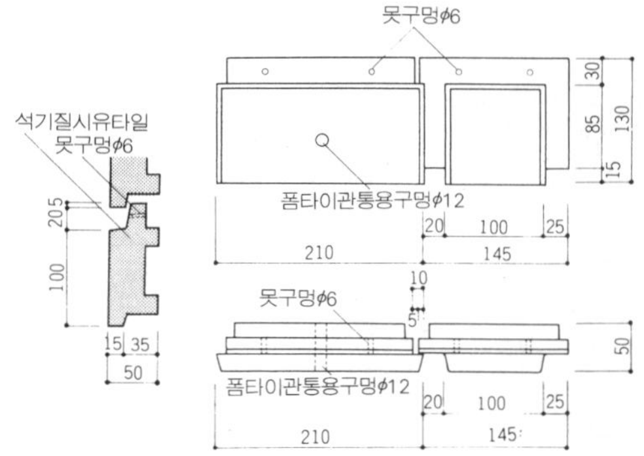

상세 1/10

사다리법의 아무림 상세

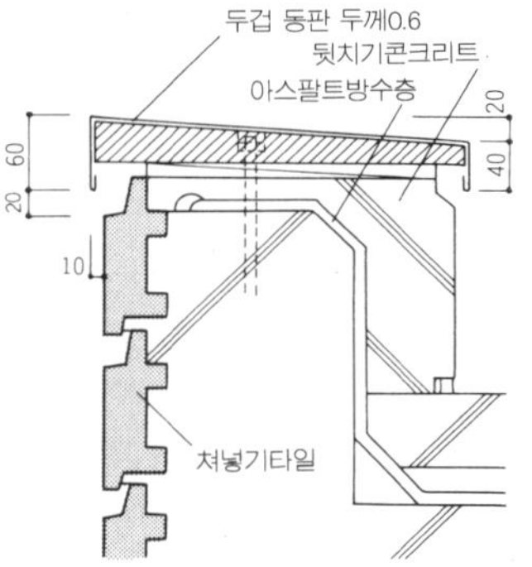

패러핏 · 두겁의 아무림 1/10

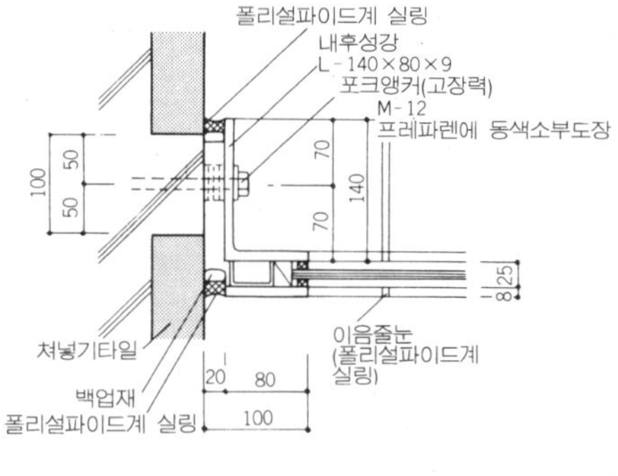

개구부의 아무 림(스틸새시) 1/10

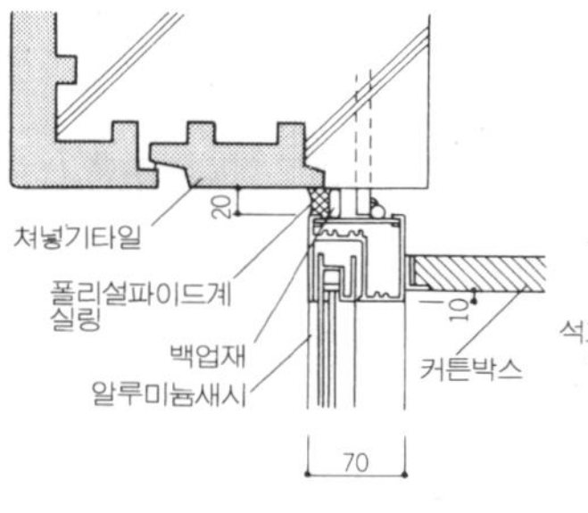

개구부 주위의 아무림(알루미늄새시) 1/10

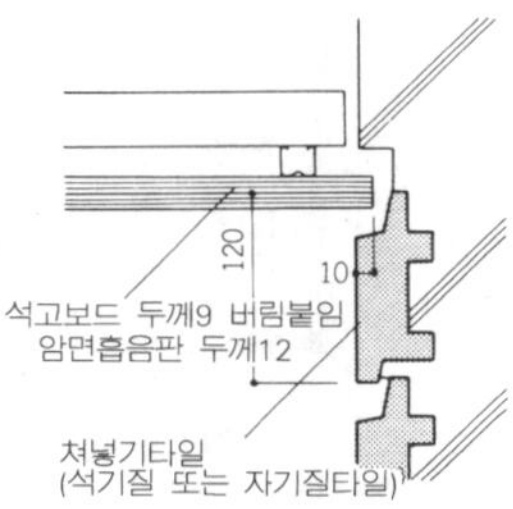

천장마감의 아무림 1/10

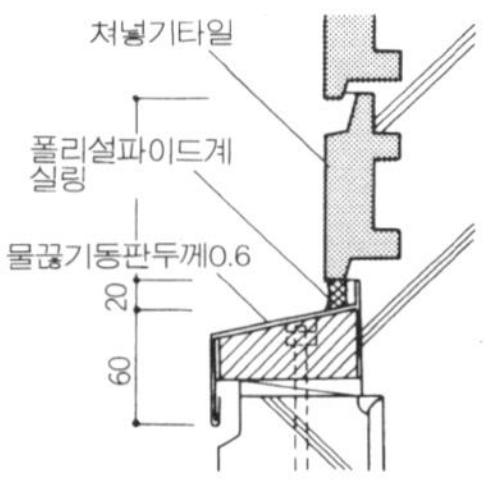

방수의 아무림 1/10

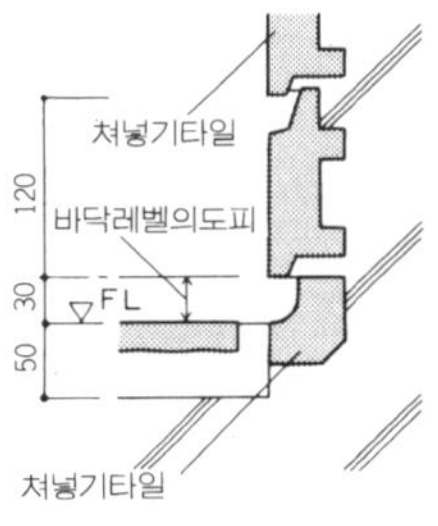

바닥과의 아무림 1/10

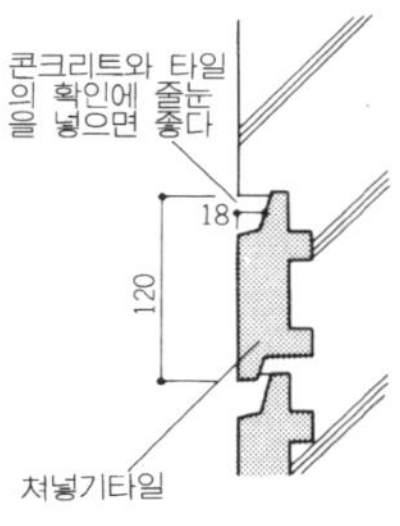

치장 콘크리트와의 아무림 1/10

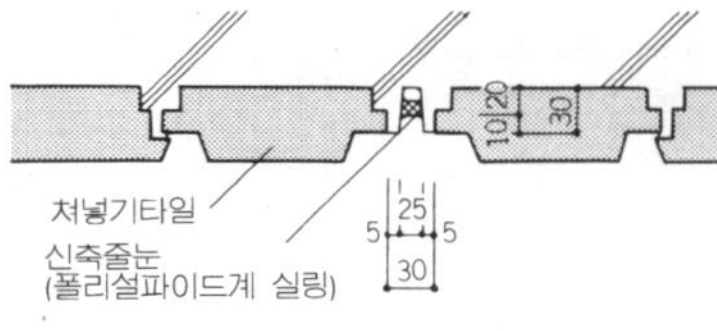

구체 익스팬션 줄눈 1/10

2. 내장타일 쌓아올려붙임 공법

● 타일의 종류와 붙임법

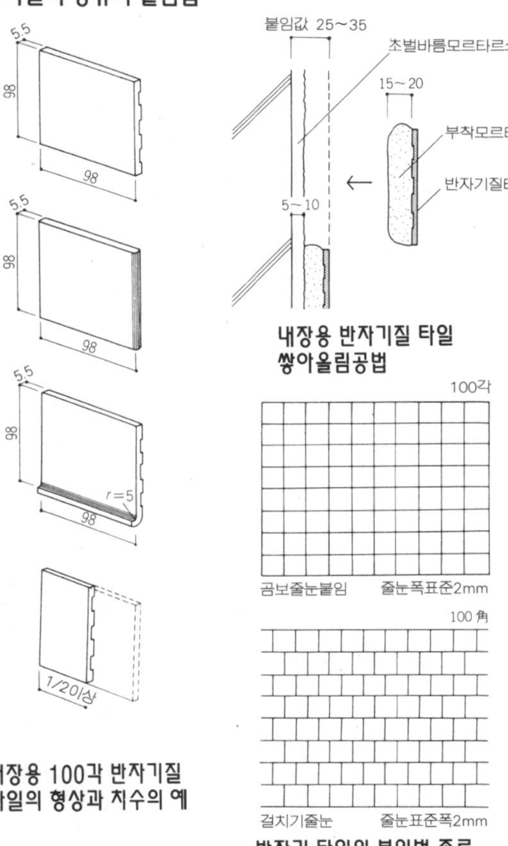

내장용 100각 반자기질 타일의 형상과 치수의 예

내장용 반자기질 타일 쌓아올림공법

반자기 타일의 붙임법 종류

● 개구부 주위의 아무림

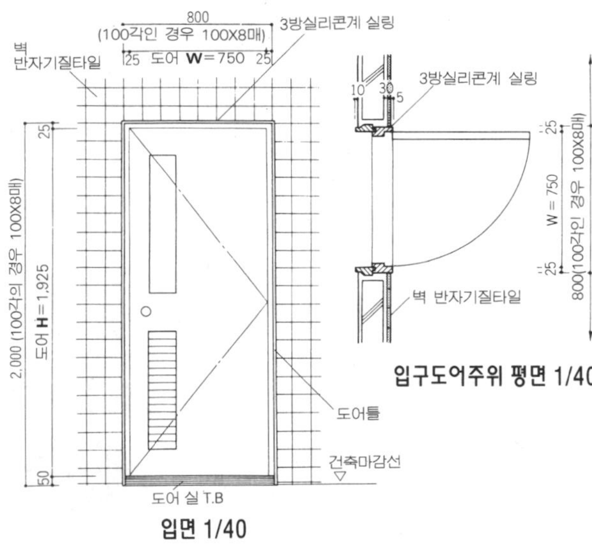

입면 1/40

입구도어주위 평면 1/40

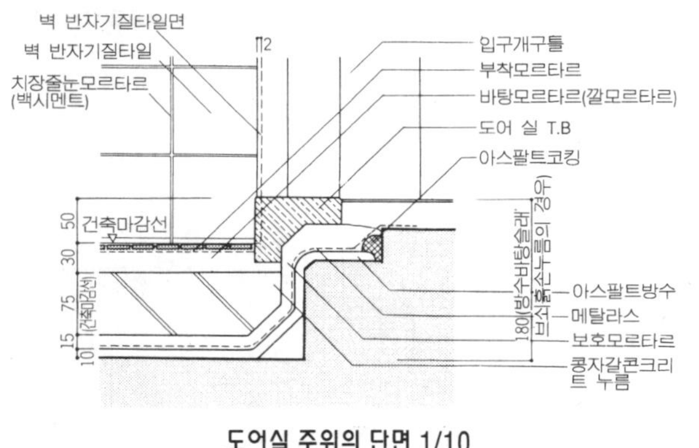

도어실 주위의 단면 1/10

● 바닥 • 걸레받이와의 연결

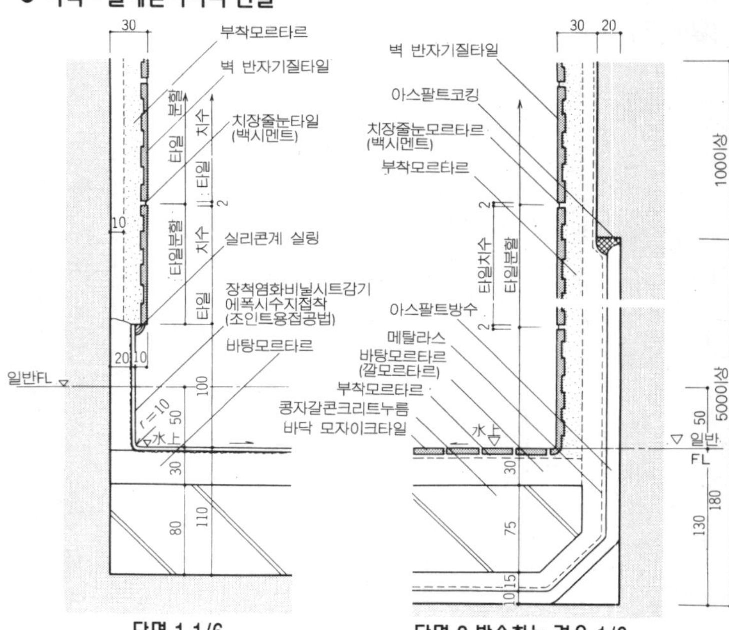

단면 1 1/6

단면 2 방수하는 경우 1/6

● 벽내밈들어감모서리의 아무림

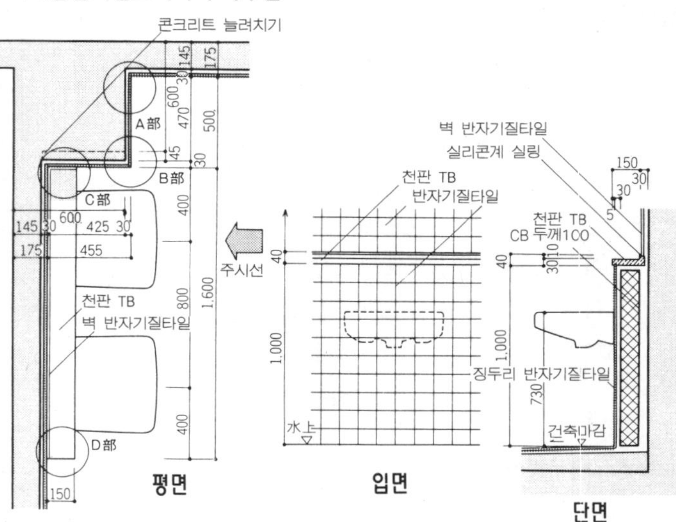

평면

입면

단면

라이닝천판과 세면기 주위 1/40

벽 반자기질타일

A부 상세

콘크리트 늘려치기

주시선

B부 상세

벽 반자기질타일

C部詳細

천판 TB

징두리 반자기질타일

측면 징두리 반자기질타일

E부 상세

D부 상세

벽의 분할 평면 (100각 타일의 예) 1/10

● 변기 주위의 아무림

부스격판과의 연결

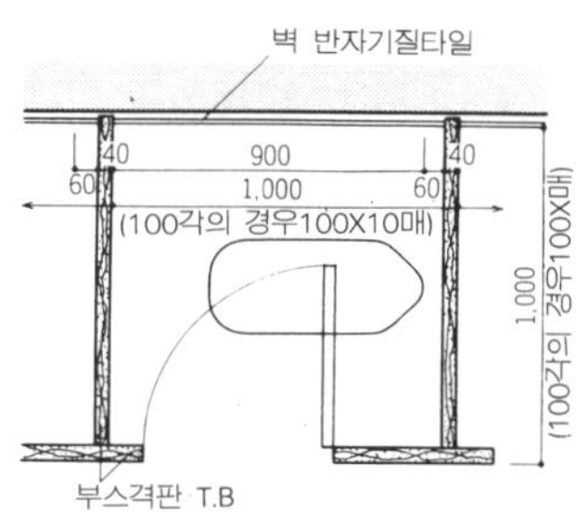

평면 1/40

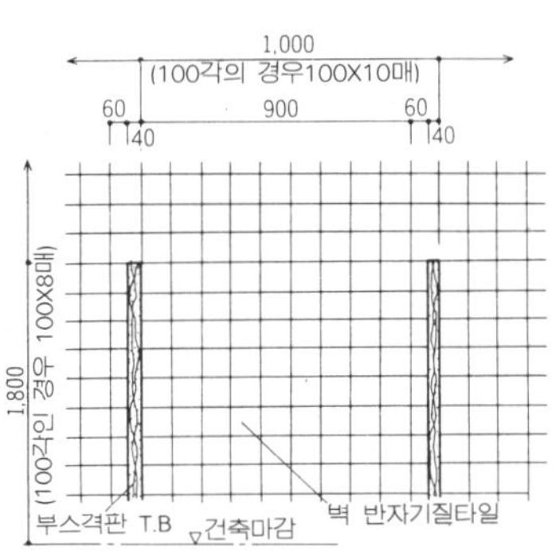

입면 1/40

절충식변기주위

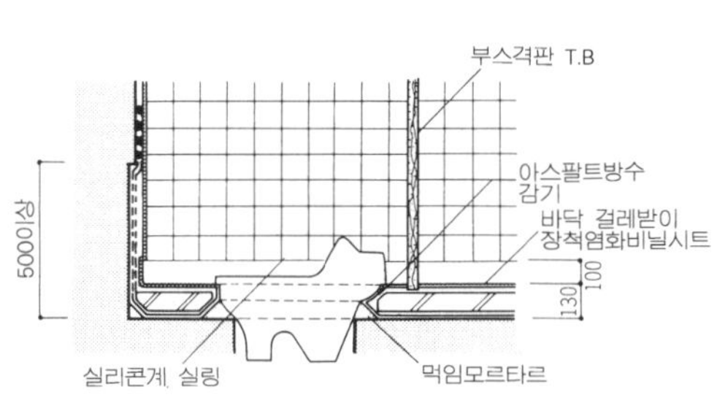

입・단면 1 1/40

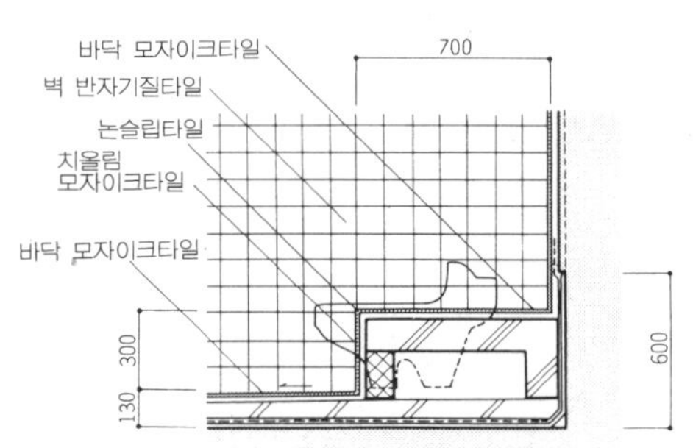

입・단면 2 1/40

소변기주위

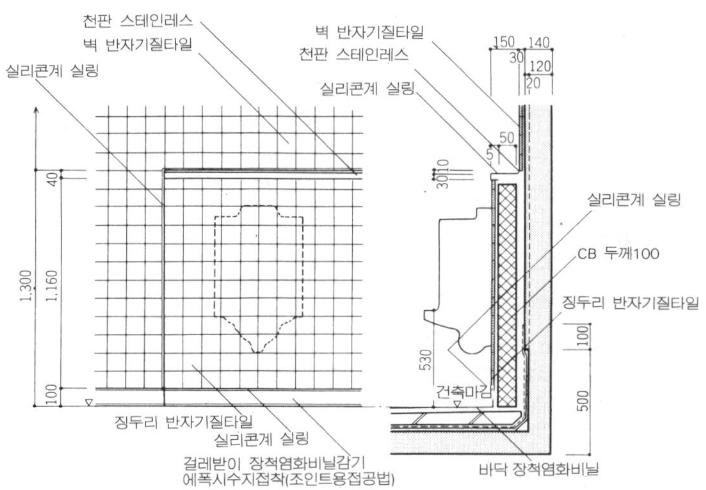

입면 1/40　　단면 1/40

● 욕실 주위의 아무림

세면장 주위

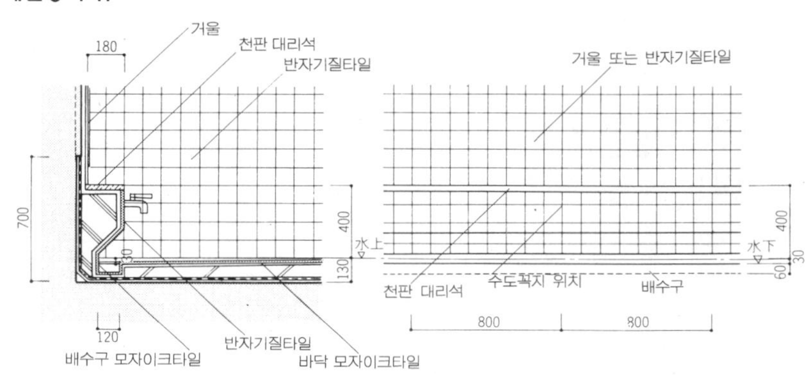

단면 1/40　　입면 1/40

욕조주위

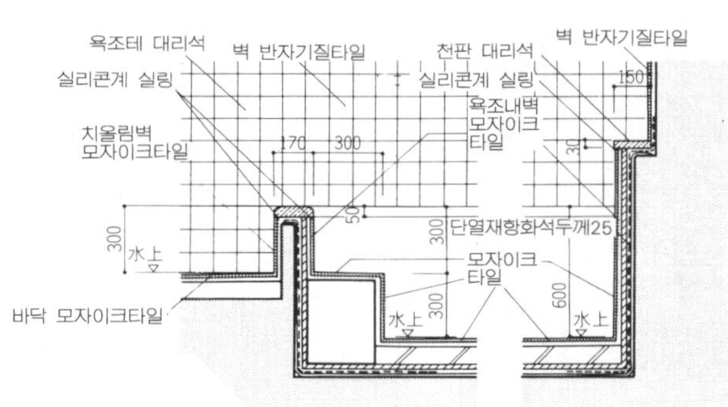

입・단면 1/40

● 천장과의 연결

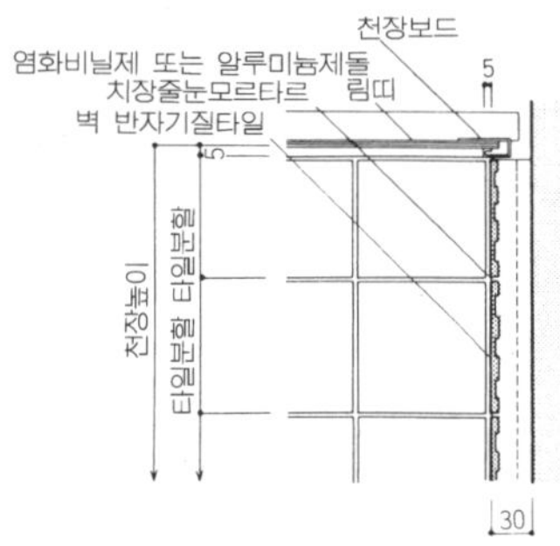

플래트 천장의 예 입・단면 1/10

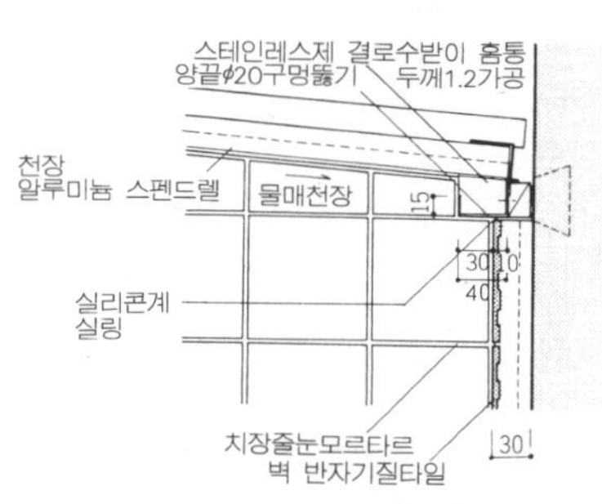

욕실 등의 물매 천장의 예 입・단면 1/10

3. 바닥의 타일붙임

● 고름모르타르붙임공법

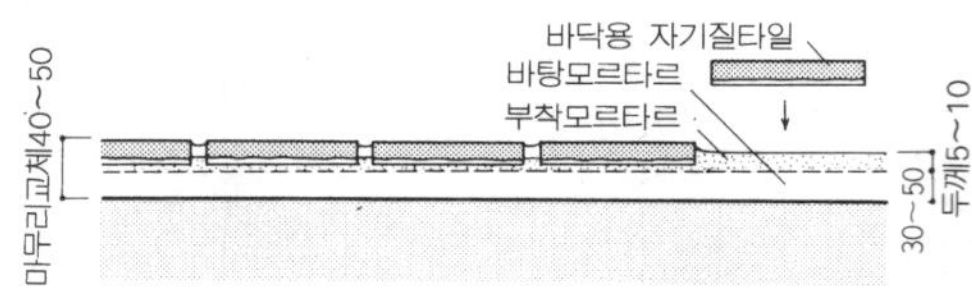

단면 1/10

● 압착붙임공법

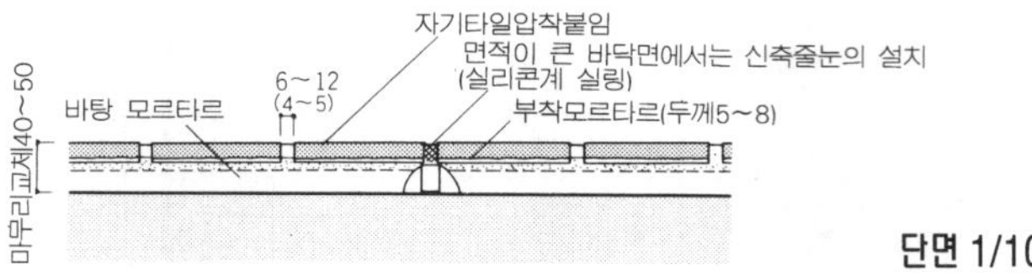

단면 1/10

● 깔음 모르타르붙임공법

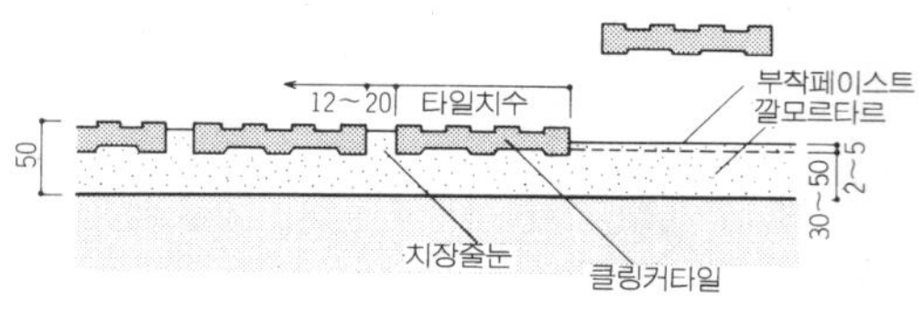

단면 1/10

● 방수가 있는 경우의 바닥타일 아무림

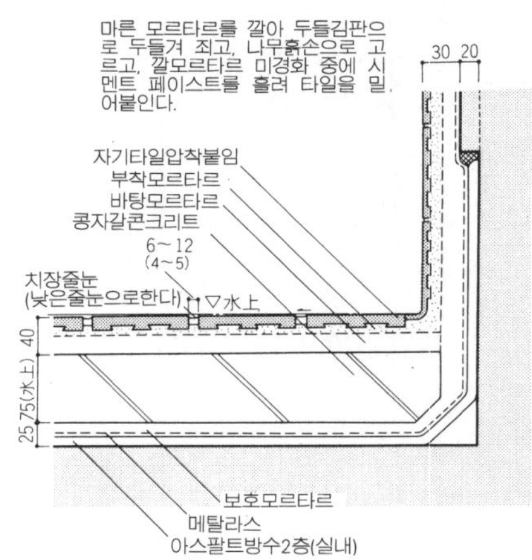

단면 1/10

4. 대형특수타일붙임

● 입면

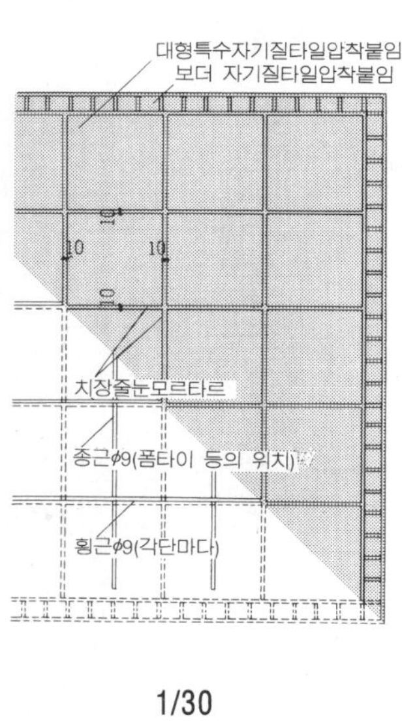

1/30

● 단면

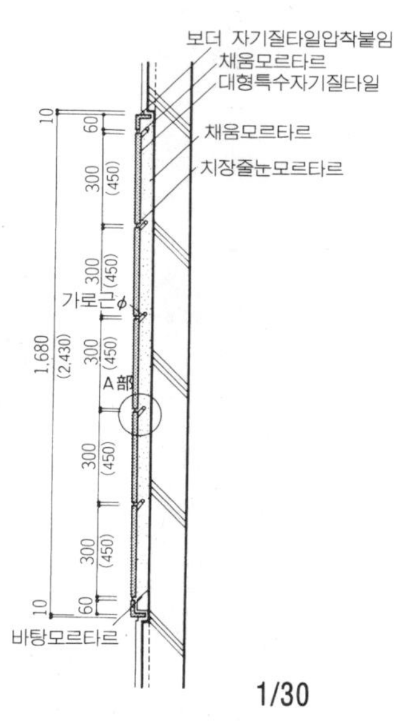

1/30

● 대형특수자기질 타일

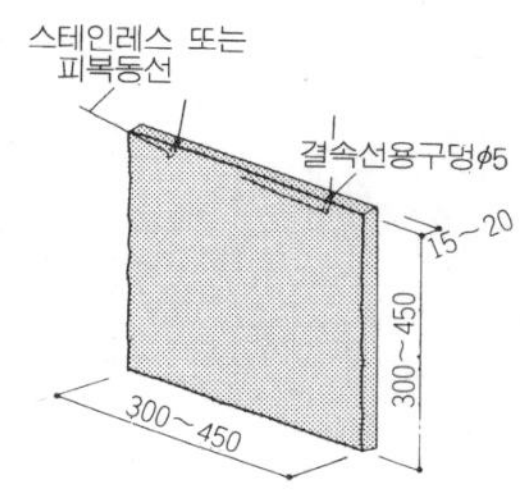

● A부분의 아무림

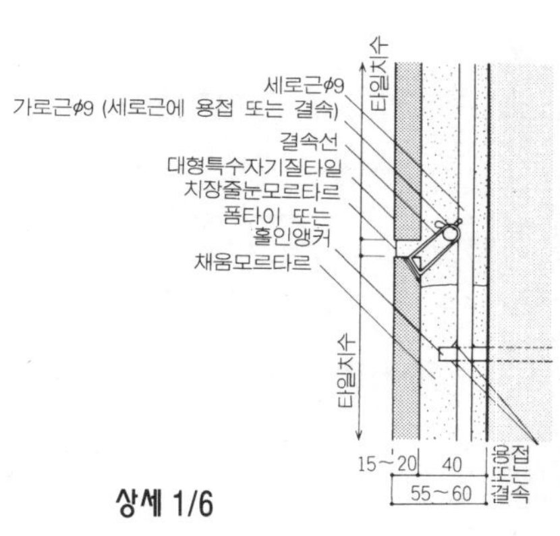

상세 1/6

● B부분의 아무림

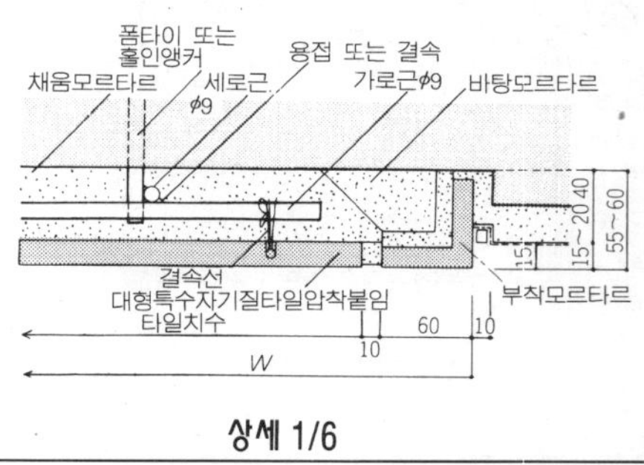

상세 1/6

● 평면

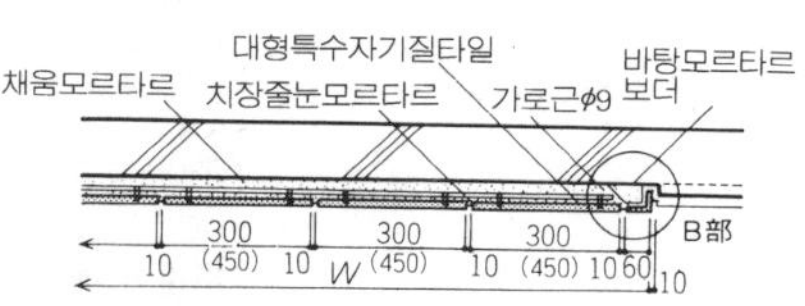

1/30

벽돌쌓기

벽돌은 내후성에서 말하면, 구체 콘크리트를 열화로부터 보호하는 가장 뛰어난 재료의 하나이고, 또한 벽돌 쌓기의 건물은 다른 재료에 비하여 외관의 따스함도 있어, 최근 건물의 외장 마무리에 많이 채용되기에 이르렀다. 그러나 지진이 많은 나라에서는 벽돌을 순수하게 쌓는 형만으로 건물을 구성하는 일은 어렵고, 실제로는 쌓인 벽돌을 철물 등을 이용하여 구체에 결부하는 방법을 취한다. 이 벽돌의 쌓기에는 구체와 마무리 사이에 극간을 남겨 두는 「中空式」과 모르타르로 메우는 「속넣기식」이 있다. 양자 모두 마무리를 하기 전에 구체의 상태를 표리 양 면에서 확인할 수 있다는 이점이 있다. 구체는 통상 수축하고, 온도나 습도의 변화에 따라 신축하므로, 마무리재와 구체의 사이에 움직임의 갭이 생긴다. 이것이 마무리재 박리 원인의 하나가 되고 있는데, 중공식의 이중벽으로 마무리하는 수법은 구체와 분리한 상태로 벽돌이 있고, 철물 등으로 구체와 결부되어 있으므로, 구체의 움직임을 직접 골라 취하는 일은 없다.

또한 통기 외단열로 할 경우, 구체 바깥 둘레에서 완전한 열기가 만들어져, 구체가 거대한 축열체가 되기 때문에, 실내의 온도 변화를 적게 할 수 있다. 그리고 이것은 또한 구체 콘크리트, 단열재, 공기층, 벽돌로 분리한 형으로 구성되기 때문에, 소리의 진동파가 차단되어 차음벽으로서도 효과적이다.

한편, 「속넣기식」의 경우는 이미 쳐올린 구체를 가지고 작업을 하므로, 마무리의 精度는 확보하기 쉽지만, 구체, 모르타르, 벽돌과 일체가 되어 구체의 움직임 영향을 직접 받게 되므로, 특히 신축 줄눈에 대한 배려가 중요하다.

그리고 또한 벽돌 쌓기에 공통된 주의로서, 시멘트, 벽돌 등을 사용한 건물에는 피할 수 없는 에프로레센스(백화)의 방지 대책을 생각하여야만 하는 점이다. 그렇게 하지 않으면 공들인 건물의 외관을 해치게 된다.

여기서는 「중공식」과 「속넣기식」 벽돌 쌓기 모두 실제 현장에서 시공되고 있는 표준적인 아무림의 예를 들고, 그것들의 해설과 디테일의 기본적인 그림 예를 나타낸다.

1. 중공 벽돌 쌓기(통기 외단열 이중벽 구조)

설계상의 유의점

(1) 벽돌의 크기(폭×길이×높이)나 강조물에는 제조소마다 몇 가지의 종류가 있으므로, 분할이나 철근의 보강 요령, 구체와의 앵커 방법은 사전의 체크가 필요.

(2) 벽돌은 성형 후의 수축이 적고, 균열 등이 발생하지 않는, 흡수율이 작은 경질의 것을 선택한다(특히 한랭지에서는 석기질인 것보다 자기질 정도의 흡수율이 작은 것을 사용한 쪽이 좋다).

(3) 큰 면적을 조적할 경우는 코스트는 비교적 높지만, 벽체를 경량화하고, 모르타르의 부착 강도도 늘려 보강근과 함께 내진성을 크게 하는 다공형의 벽돌 블록이 유효하다. 또한 다공형의 空洞은 통기 외단열 구조로서의 단열 성능도 향상시킨다.

(4) 벽돌 블록의 배근 앵커이기도 한 외벽면의 보더에는 벽체에 대한 잡기로서 가로 방향과 세로 방향이 있다.

1) 가로 방향은 벽돌 블록의 받이대를 겸한다. 시공적으로도 각 가로 줄눈 사이에서 독립한 시공이 가능해지고, 벽돌의 중량이나 팽창, 수축에서 오는 좌굴, 부풀음, 균열 등의 무브먼트를 억누르는 데 유효.

2) 세로 방향은 벽돌 블록과 구체의 신축 피하기는 스팬 중앙부의 유발 줄눈으로 잡고, 다시 면외 응력이 작용하기 어렵도록 세로 리브와의 사이에는 발포 폴리에틸렌판 등을 삽입하면 좋다.

(5) 특수 중공 벽돌 블록의 경우도, 벽돌은 중공층을 가지고 쌓고, 벽돌의 하중을 받는 철물을 수평으로 세워 그것에 실은 상태에서 벽돌을 쌓는다. 철물 자체는 교차근으로 구체와 직접 결부.

(6) 구체의 외측을 단열하는 경우는 성능적으로 단열재의 두께나 공기층의 두께 검토가 필요. 또한 공기층 내의 공기가 외기와 스무드하게 흐르기 때문에, 통기구, 통기 슬리트 등의 위치나 크기의 검토가 필요.

(7) 구체와의 신축 도피, 벽돌 자체의 중량이나 팽창 수축에서 오는 좌굴, 부풀음, 균열 등의 무브먼트를 억제하기 위하여, 익스팬션 줄눈을 고려한다.

(8) 방수를 위하여 쌓기 줄눈 위에 다시 발라넣기 마무리 줄눈이나 뒤채우기 치장 줄눈을 방수제 넣은 모르타르로 하면 보다 효과적이다.

시공상의 요점

(1) 마무리 먹줄 먹힘, 출입 모서리나 신축 줄눈의 위치 등을 정확히 잡은 뒤, 할당 시공도에 따라 쌓아올린다.

(2) 앵커나 보강근의 철물류는 스테인레스제 또는 방청을 위하여 아연 도금 등을 한 것이나 비철 금속인 것으로 한다.

(3) 콘크리트 벽에서 앵커를 내고, 벽돌 줄눈에 넣은 보강근과 용접이나 결속을 함으로써 고정한다.

(4) 필요에 따라서 개구 주위에는 모르타르로 속넣기를 하여 고정한다.

(5) 타일 줄눈 등으로부터 들어온 물이 빠지도록, 하부에 외측을 향하여 물길을 둔다.

2. 속넣기 벽돌 쌓기

설계상의 유의점

(1) 기본적인 평면이나 단면 계획에서, 설계 당초부터 벽돌 치수의 모듈에 실어 계획하면, 전체가 깨끗하게 아무려진다.

(2) 속넣기 모르타르에 의한 레이턴스가 나기 쉬우므로, 에프로레센스 방지 대책은 특히 중요.

(3) 콘크리트 구체의 수축과 마무리재의 수축 차이로 인하여, 균열이나 박리가 생기기 쉬우므로, 보강근이나 구체의 앵커, 신축 줄눈 등에는 특히 배려한다.

시공상의 요점

(1) 경미한 것을 제외하고, 각 층의 이음 부분에는 벽돌의 하중을 받기 위한 철물(L−50×50×6 정도)을 부착하며, 각 층의 익스팬션을 겸한다.

⑤ 높이 10m 이상의 벽돌 쌓기에 대해서는 6단 정도마다 구체면에 당김 철물로 벽돌을 고정한다.

(3) 개구의 중인방 부분은 벽돌을 콘크리트에 바로 쳐넣는 것도 하나의 방법.

3. 벽돌 쌓기의 에프로레센스(백화) 방지 대책

(1) 벽돌은 소성 온도 1,200℃ 이상, 흡수율 5% 이하의 제품으로 한 쪽이 좋다(비교적 낮은 온도(950℃ 전후)에서 소성된 벽돌은 원료에 함유하여 에프로렌센스로서 추출하는 가용 성분이, 다른 성분과 충분히 반응하지 않고 벽돌 내에 존재하고 있어서, 흡수율도 높고, 모르타르 중의 함유수나 2차수(빗물, 세정수 등)를 흡수한다).

(2) 쌓기 모르타르나 속넣기 모르타르, 줄눈 모르타르에 대한 배려.

1) 골재의 선정은 콘크리트용 골재에 준한 품질의 체크가 필요(골재 내에 에프로렌센스로서 추출하는 가용 성분이 함유되어 있으면, 잉여수의 증발과 함께 그것들이 추출한다).

2) 물 시멘트 비를 낮게 억누른다(물 시멘트 비가 크면 잉여수가 증대한다. 이 잉여수가 증발할 때 가용 성분의 용출을 낳고, 시멘트 경화체 표면에서 석출한다. 잉여수의 흔적이 모세관으로서 남아 2차수의 침입로가 된다. 이 때문에 1차 백화뿐 아니라, 2차 백화가 발생하기 쉽게 된다).

3) 모르타르는 물 시멘트 비를 가능한 한 낮게 함께 동시에, 혼화제(백화 방지제)의 첨가에 의하여, 모세관의 작용을 방해하고, 가용 성분을, 추출하지 않는 조직으로 변하여, 워커빌리티가 얻어지는 것으로 한다.

4) 시공에 영향이 없는 워커빌리티가 양호한 모르타르가 되도록, 시멘트량을 정한다(워커빌리티가 나쁜 모르타르는 치밀도의 저하를 수반한다. 쌓기 모르타르나 채움 모르타르의 배합비(용적비)는, 모래 : 시멘트=2 : 1 정도로 한다).

(3) 벽돌이나 줄눈 모르타르면에서, 빗물, 세정수 등을 침투시키지 않기 위하여, 발수제를 도포 침투시켜 지수성의 향상을 꾀한다.

1. 중공식 벽돌쌓기 (통기 외단 열이중벽 구조)

● 철근으로 보강한 다공형 벽돌 블록쌓기

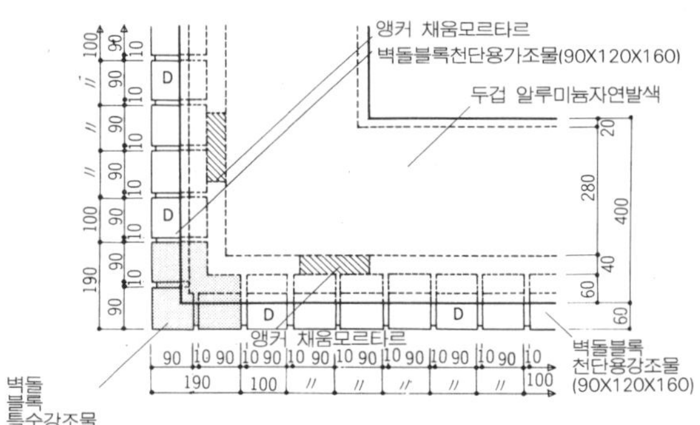

두겁부분 평면 1/20

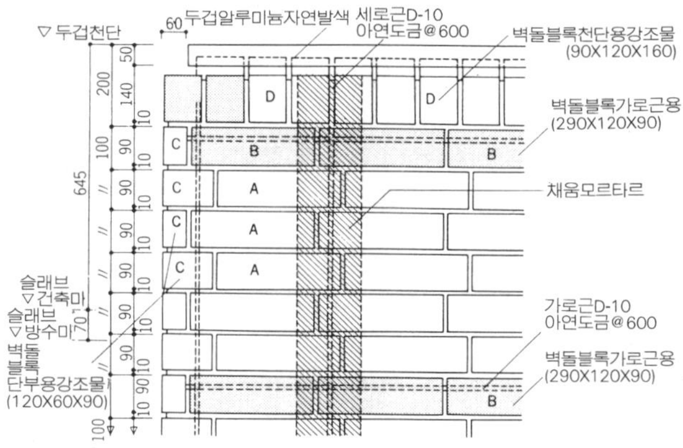

외벽 상부 입면 1/20

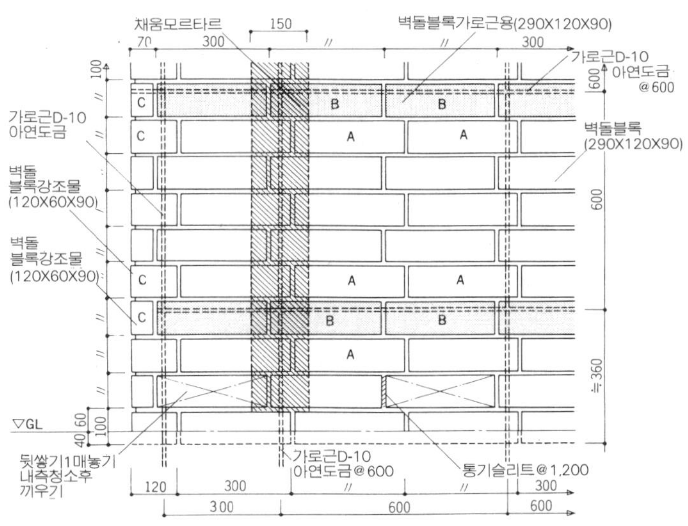

코너하부입면 1/20

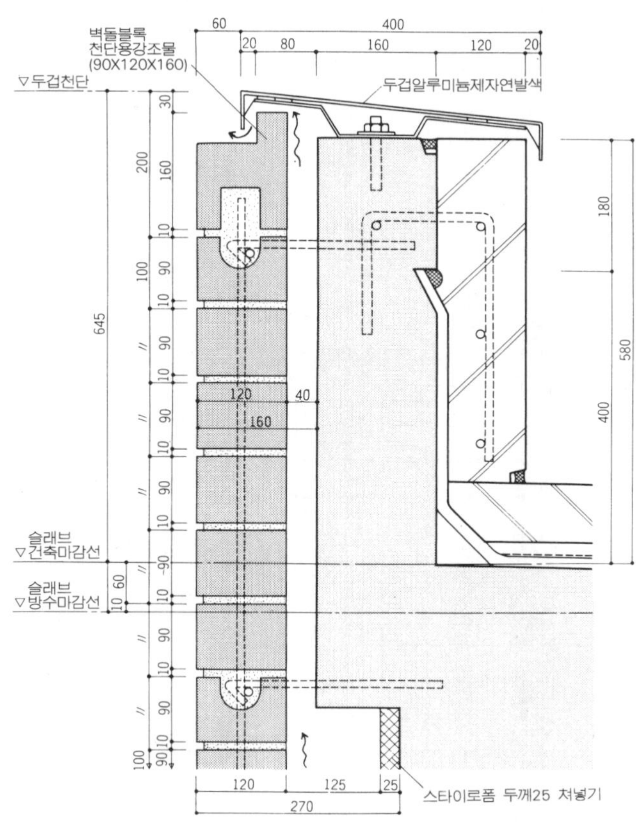

상부 단면 1/10

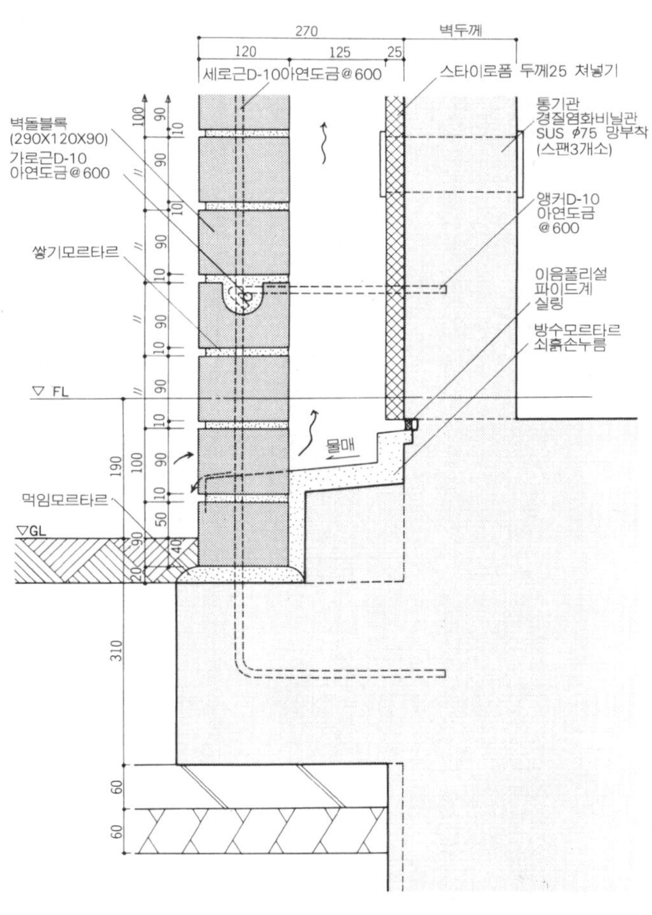

하부 단면 1/10

비교적 많이 쓰이는 벽돌블록의 특성

치수 W×L×H	150×290×90(65)	120×290×90(65)	100×210×60
중량/개	5kg	4kg	1.9kg
압축강도	750kgf/cm² 전후		
흡수율	4% 전후		
열관류율	평균 2.23kcal/m²·h·℃		
차음성	30.7dB/125Hz, 41.6dB/500Hz		

벽돌의 색은 상비색의 적벽돌 이외에, 제조소마다 주문색으로서 그을린 색, 갈색, 라이트 베이지 등이 있다.

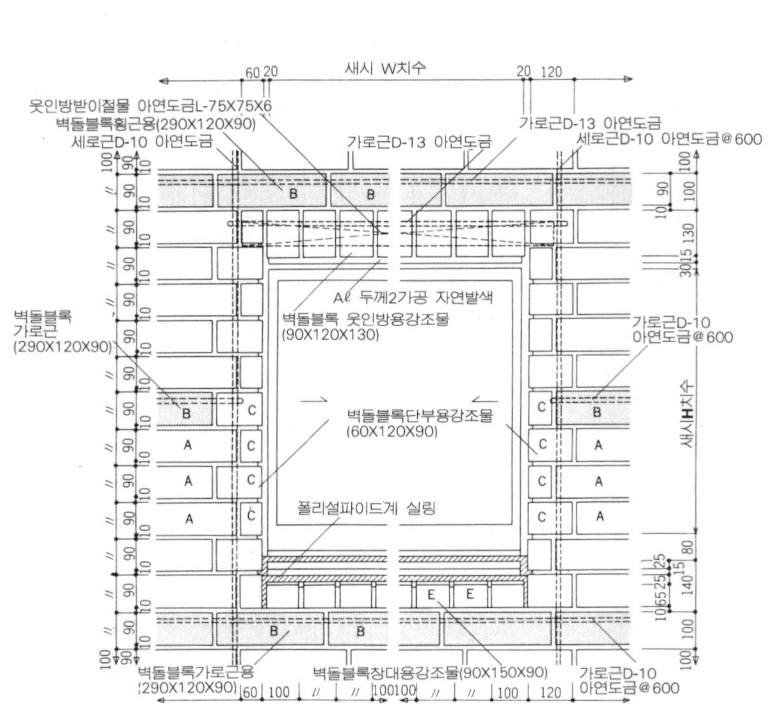

개구부 입면 1/20

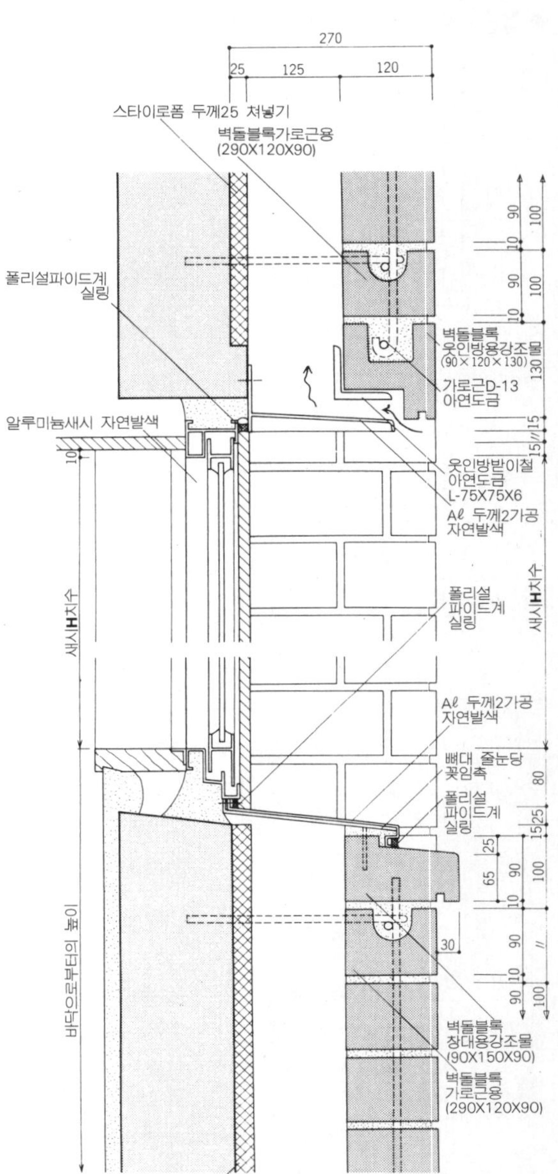

개구부분 단면 1/10

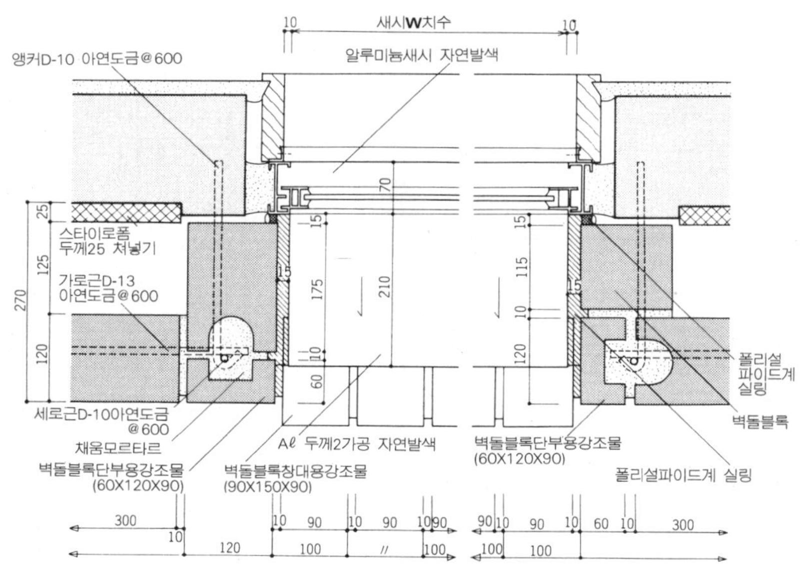

개구부분 평면 1/10

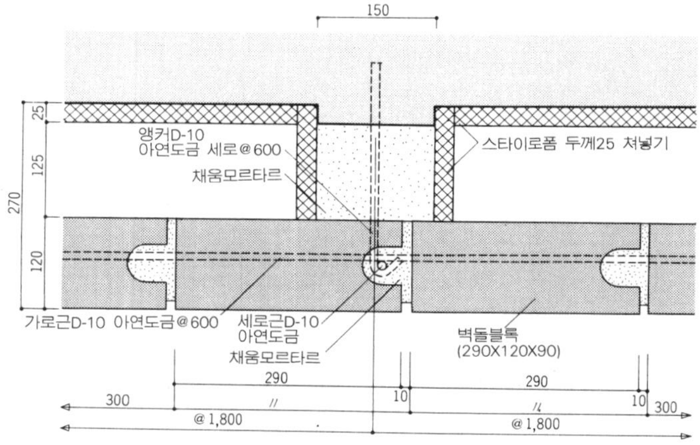

외벽 평면 1/10

300X300매정도
130
140
70
300X300매정도
벽돌블록용가로근용
(290X120X90)
120
120
60
10
10
10
10
채움모르타르
가로근D-10 아연도금
@600
B
B
C
C
B
A
A
C
C
A
A
세로근D-10 아연도금
채움모르타르
세로근D-10 아연도금
벽돌블록(150X120X90)

외벽 익스팬션 부분 입면 1/20

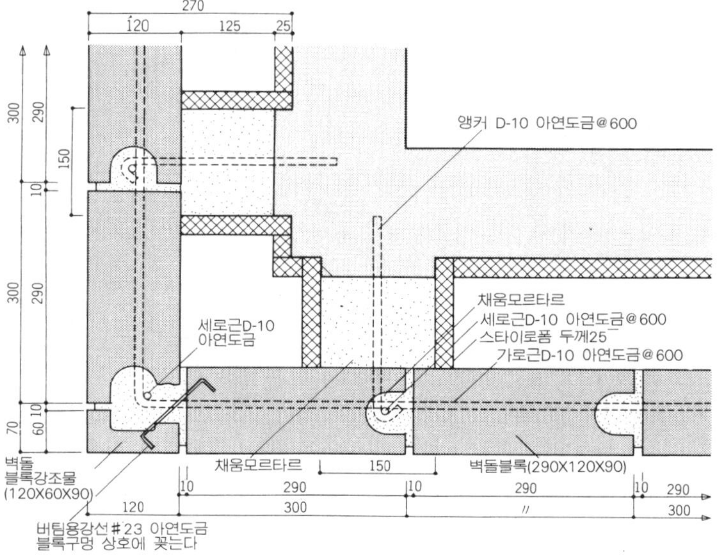

코너 부분 평면 1/10

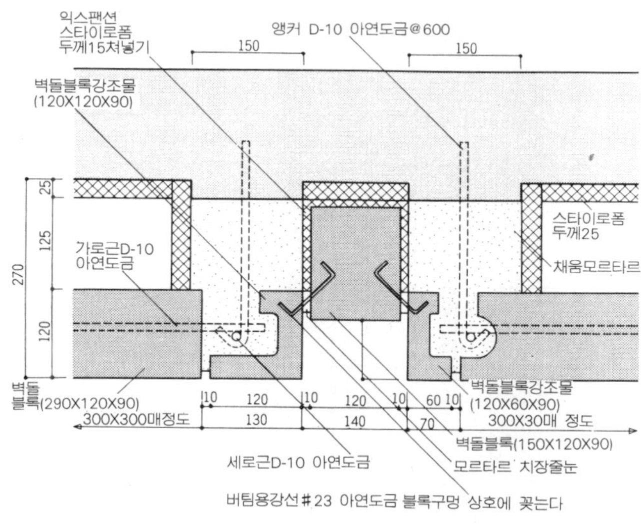

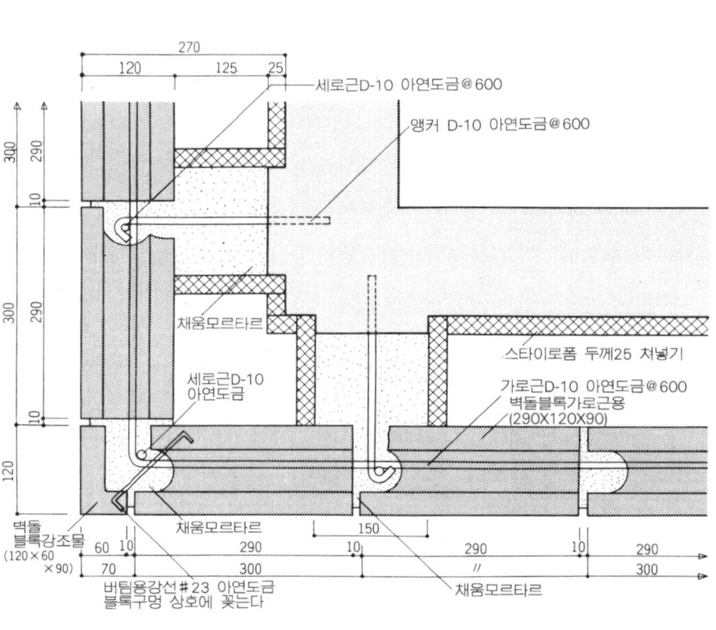

코너 부분 횡근 블록 평면 1/10

외벽 익스팬션 부분 상세 1/10

● 횡방향 보더를 받이대로 한 다공형 벽돌 블록쌓기
횡방향 보더울 치기한 콘크리트로 한 예

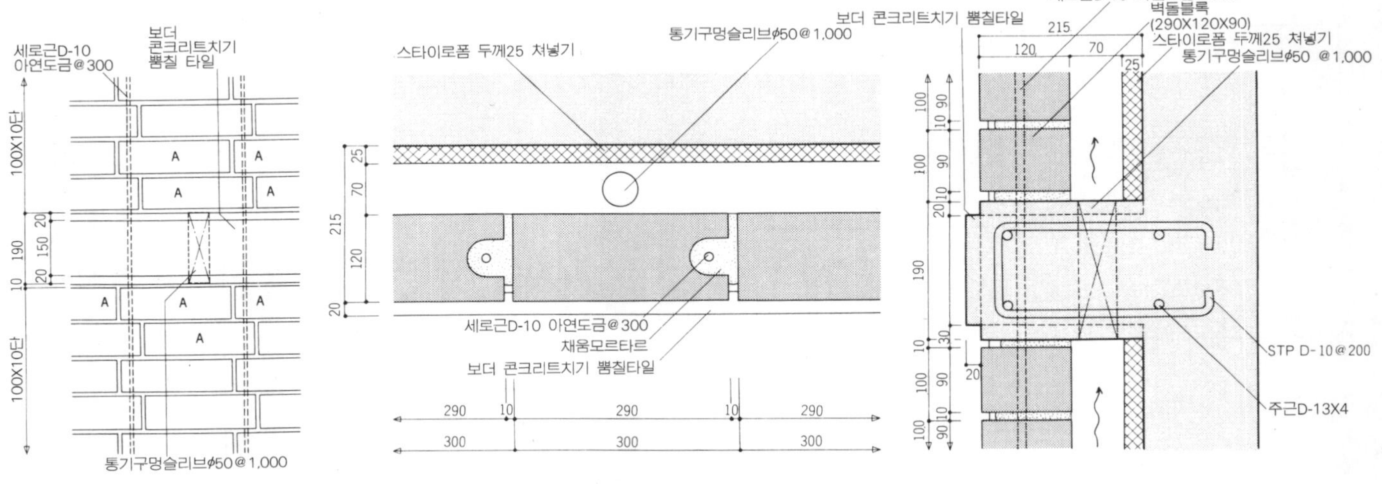

외벽 입면 1/20　　평면 1/10　　단면 1/10

● 횡방향 보더를 PC로 한 예

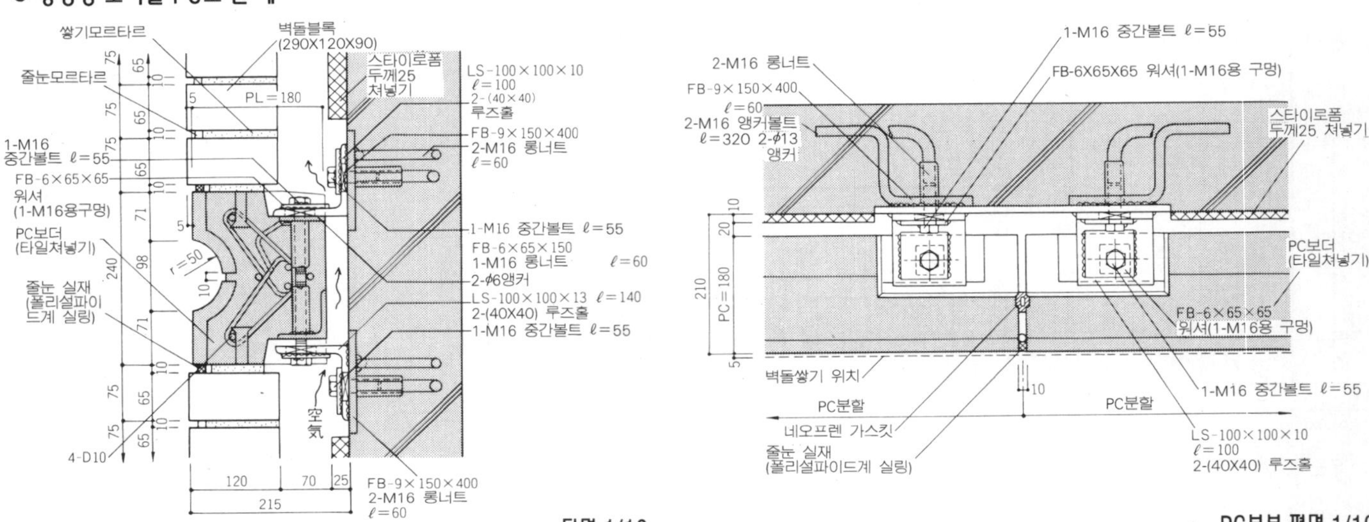

단면 1/10　　PC부분 평면 1/10

● 횡방향 보더를 형강으로 한 예

석기질유공벽돌
(210X100X60)
쌓기모르타르
철근φ9
가로@420
통기구멍φ20
줄눈 실재
(폴리설파이드계
실링)
앵커볼트장식커버
보더
[-200X80X7.5X11
내후성강
웨저코트
프레파렌 처리
석기질벽돌
세로쌓기
록울
현장뿜칠 두께40
염화비닐 엘보φ25
방충망부착
스타이로폼
두께100 처넣기

단면 1/15

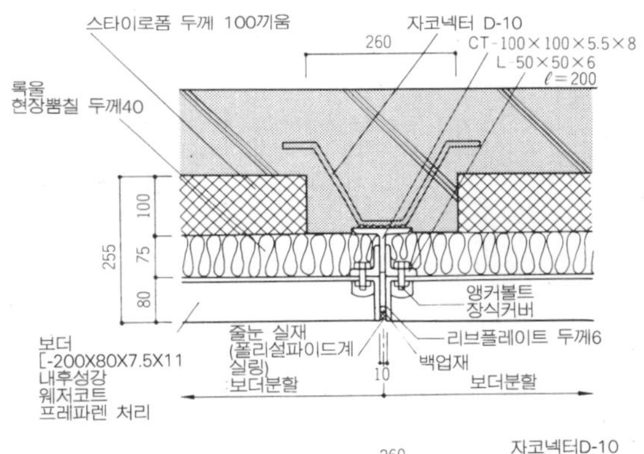

형강보더 부분 평면 1/15

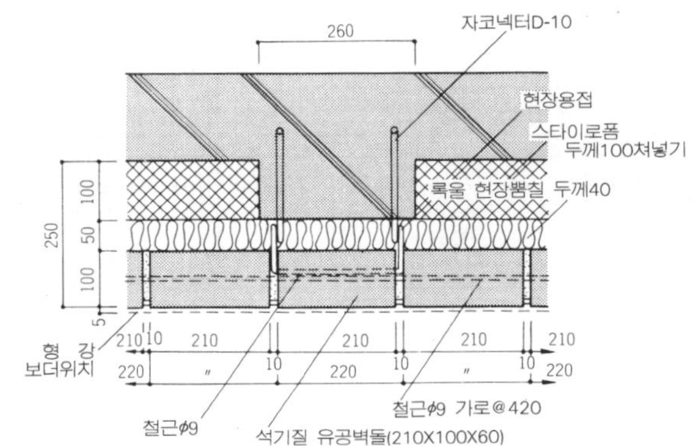

벽돌 부분 평면 1/15

● 종방향 보더를 배근 앵커로 한 다공형 벽돌블록 쌓기

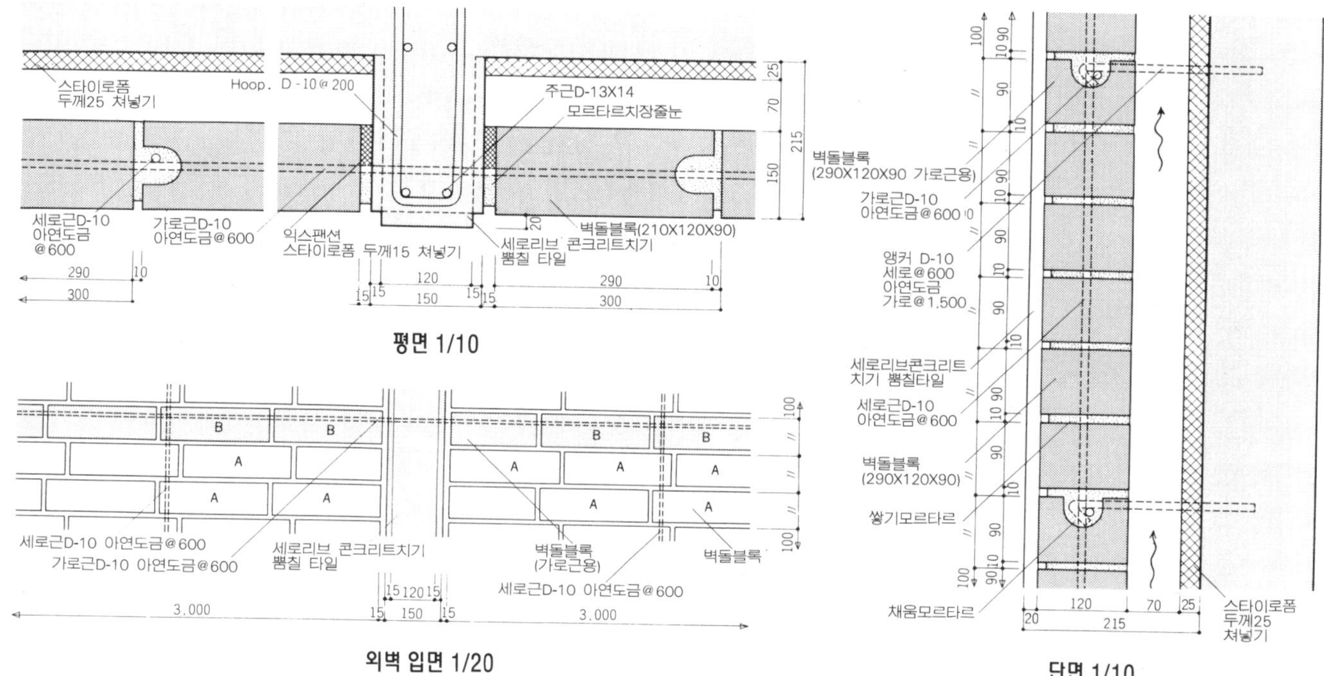

● 철근으로 보강한 특수 중공(세로구멍) 벽돌쌓기

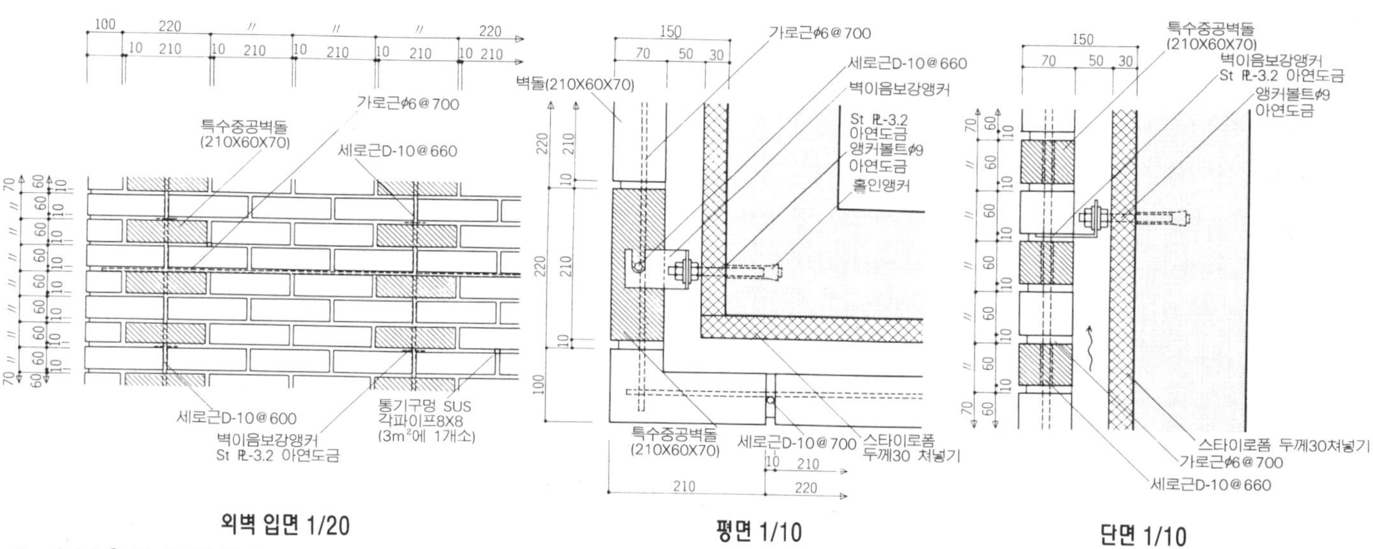

2. 속넣음식 벽돌쌓기

● 치장벽돌쌓기

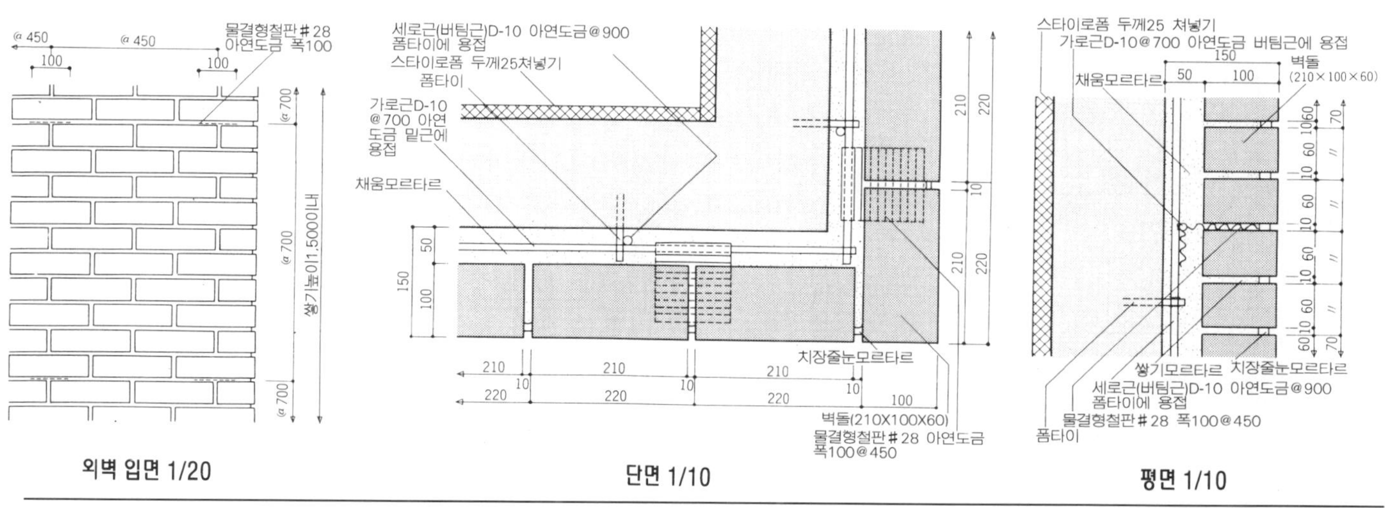

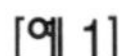

● 특수중공(가로구멍) 벽돌쌓기

[예 1]

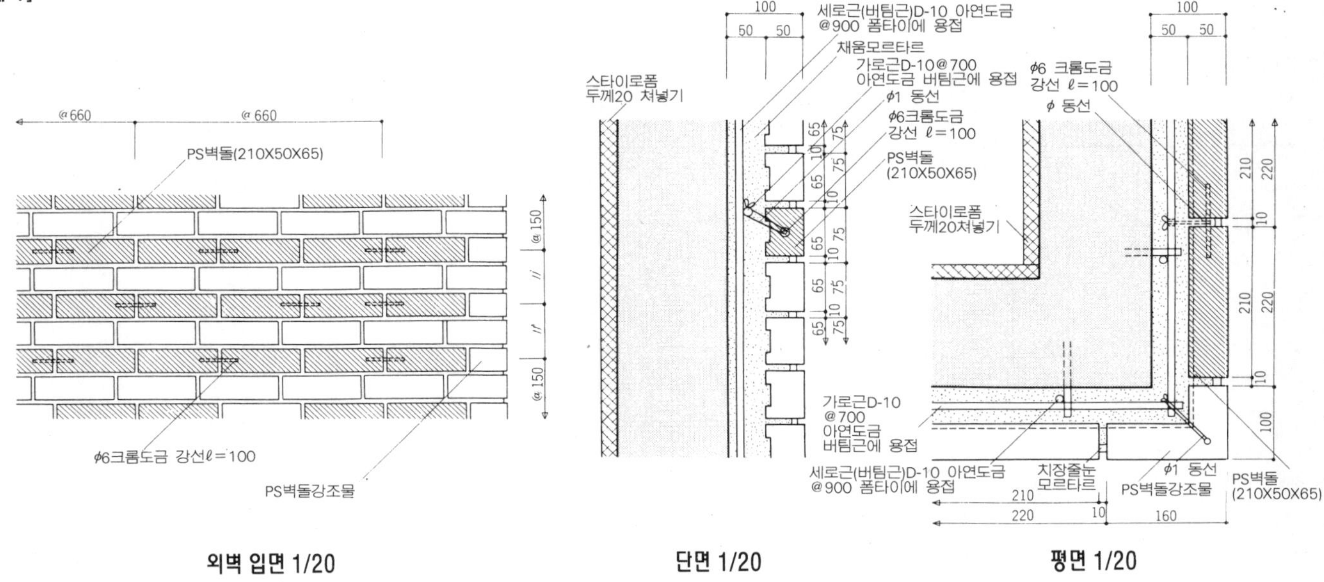

@660
@660
PS벽돌(210X50X65)
@150
@150
φ6크롬도금 강선ℓ=100
PS벽돌강조물

외벽 입면 1/20

100
50
50
세로근(버팀근)D-10 아연도금
@900 폼타이에 용접
채움모르타르
가로근D-10@700
아연도금 버팀근에 용접
스타이로폼
두께20 처넣기
φ1 동선
φ6크롬도금
강선 ℓ=100
PS벽돌
(210X50X65)

단면 1/20

100
50
50
φ6 크롬도금
강선 ℓ=100
φ 동선
스타이로폼
두께20처넣기
가로근D-10
@700
아연도금
버팀근에 용접
세로근(버팀근)D-10 아연도금
@900 폼타이에 용접
치장줄눈
모르타르
φ1 동선
PS벽돌강조물
PS벽돌
(210X50X65)
210
220
160

평면 1/20

[예 2]

하중받이철물
450
450
A
B
각층 이음받이철물
PS벽돌

단면 1/20

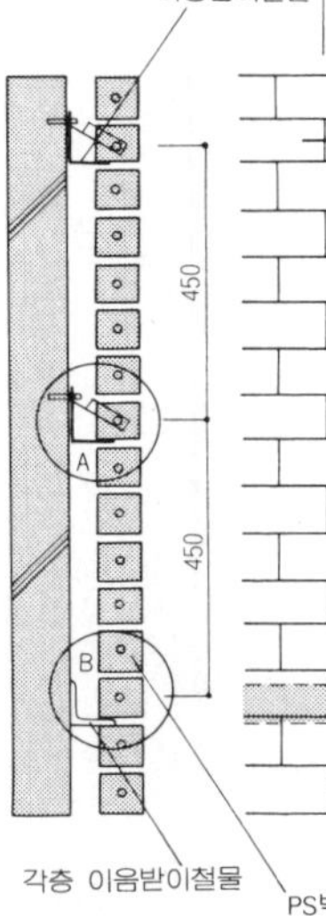

≒220
1,100
550
550
하중받이철물
SUS 31철물
50
각층 이음받이철물(통과)

벽돌쌓기 받이 철물 설치 위치도

50
φ9 철근
아연도금 흠부착
150
FB-100X40X50 두께3.2
아연도금 흠부착
휨가공
100
150
50
40

하중받이철물

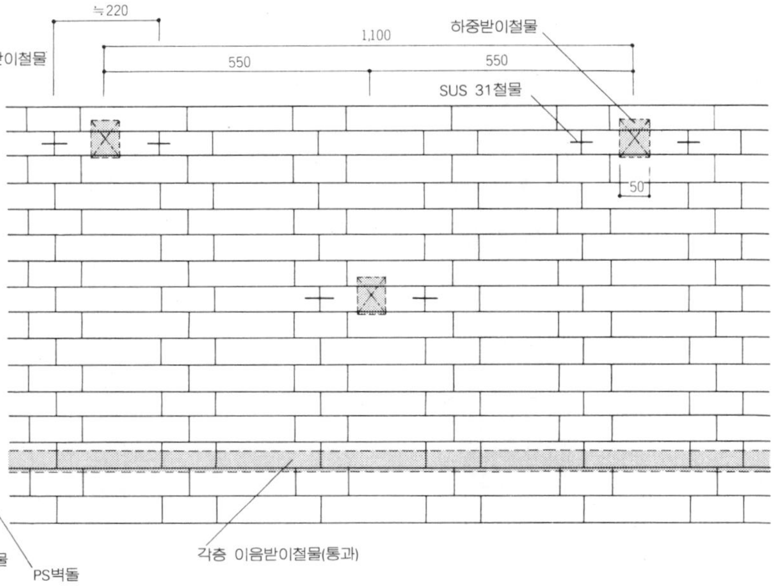

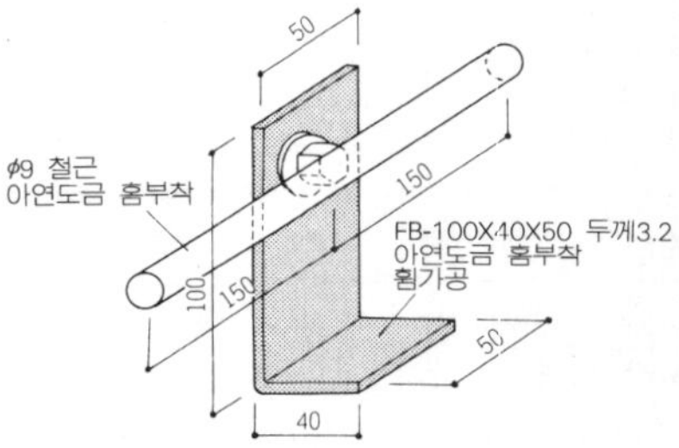

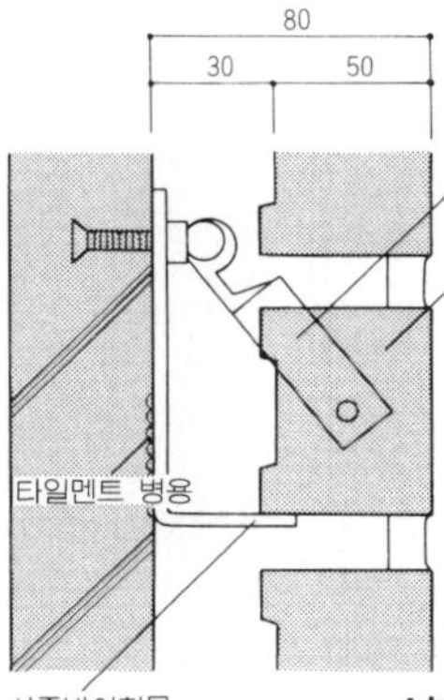

80
30
50
당김철물
PS벽돌
(210X60X50)
15
60
75
타일멘트 병용
하중받이철물

A부 상세 1/4

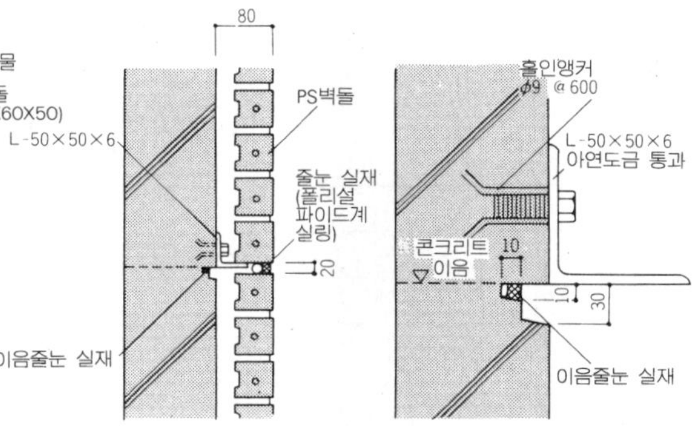

80
PS벽돌
L-50×50×6
줄눈 실재
(폴리설
파이드계
실링)
20
이음줄눈 실재
홀인앵커
φ9 @600
L-50×50×6
아연도금 통과
콘크리트
이음
10
10
30
이음줄눈 실재

B부 상세 1/4

φ9
당김철물
65
SUS 두께0.2
45
100
SUS φ6

당김철물

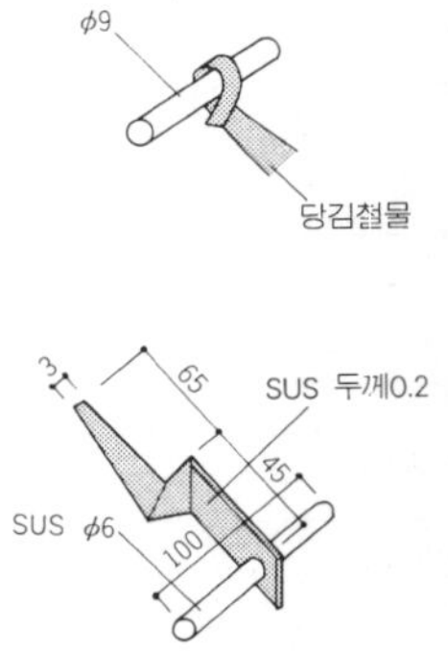

석재쌓기

석재는 인공으로 만들어지지 않는 깊이나 중후함을 가져다 주며, 내구성에 뛰어난 메인테난스 프리에 가까운 재료이다. 그러나 그것을 일단 마무리 재료로서 사용한 돌붙임의 건물은 중공후 외부로부터의 침입수가 원인인 에프로레센스(백화)나, 젖은 색이 발생하고, 공들인 돌붙임을 보기 싫게 하고 있는 경우가 많은 것도 현상이다.

또한 돌붙임에 있어서는 지진이나 풍압, 그리고 구체의 수축 등에 대한 안전성의 배려는 보다 빠뜨릴 수 없는 것이 있고, 그것들 건물의 움직임에 대응하기 위한 익스팬션 조인트를 유효하게 한다든지, 중인방 등 낙하하기 쉬운 부위에 이용하는 석재에 낙하 방지에 대한 연구는 타일 붙임 공법의 경우와 모두 같지만, 석재는 타일보다도 크고 무겁기 때문에, 보다 주의가 필요하다.

최근 외장의 돌붙임에 있어, 유구조 건물에 대한 대응이나, 경제성에서 돌이 대폭으로 얇아져서, 습식에서는 돌이 난폭해져 불안정해지는 일도 있고, 풍하중이라든가 전단력을 철물에 담당시켜, 돌 자체에는 힘이 걸리지 않는 건식의 공법이 개발되어 왔다.

그런 한편으로는 건식 공법도 내구성이나 강도에서 돌 두께가 커지고, 또한 부착 철물의 정도, 강도, 수량 등이 보다 높고, 많이 요구되고, 전체적으로는 많은 코스트 업이 피해지지 않고, 장래의 고장이나 결함을 개량한 습식 공법도, 그 나름으로 상당하는 물건에 대하여 금후도 채용되리라 여겨진다.

여기서는 바닥의 돌붙임, 벽의 돌붙임, 기타 잡석 붙임과 각 부위마다 나누어 현재 현장에서 많이 시공되고, 돌붙임이 가진 숙명적인 과제의 대책에 비교적 효과를 올리고 있는 공법을 들어, 각기의 해설과 디테일의 기본적인 그림 예를 나타낸다.

1. 돌붙임에 공통한 설계상의 유의점

(1) 석재의 강도에 관계하는 물성은 암석의 成因이나 광물 결정 및 그 가공 방향과 돌결의 방향이나 함수 상태에 따라 다르다.

(2) 주의하여야만 할 판상 석재의 풍화성(돌은 큰 블록에서 사용하면, 그다지 큰 결점은 나타나지 않지만, 얇은 판상으로 가공되어 긴 세월에 걸쳐 외기에 노출되어 있으면, 온도 변화의 반복이나 빗물의 침투, 그리고 동결 융해의 반복으로, 석재의 결정이 풀어져 서서히 물러진다. 또한 먼지나 빗물에 포함되어 있는 酸類때문에, 긴 세월 지남에 석재의 표면이 거칠어진다든지 한다).

(3) 외장재로서는 검은 돌, 무른 돌, 포러스한 돌은 주의가 필요(검을수록 실링이나 콘크리트와의 관계에 열 영향이 나기 쉽다. 무르면 설치 철물이 기능하지 못한다. 포러스한 돌은 흡수량이 많아 더러워지기 쉽다).

(4) 돌의 크기(가능한 줄눈 나누기)와 두께의 체크

(5) 돌나누기의 돌에는 설치 철물의 위치를 확실히 명기한다(바닥 위 H=2m 이상의 경우는 특히 주의).

(6) 줄눈 폭(치장 줄눈·신축 줄눈·맹줄눈 등)과 분할 체크, 줄눈 마무리 깊은 줄눈·평줄눈 등)의 검토.

(7) 내민 모서리, 들어간 모서리, 合端, 마구리 시말의 검토(특히 모서리부의 이지러지기 쉬운 장소는 면잡이를 한다).

(8) 사용 장소 및 돌에 맞는 표면 마무리로 한다(두들김 정도, 연마, 마무리의 종류 및 가공 정도의 확인을 한다. 또한 합단 및 먹히는 부분은 20~30mm를 외관과 같은 마무리로 한다).

(9) 빗물 등 직접 물이 닿는 장소에 사용하는 석재의 물끊기나 물돌림, 물빼기 구멍의 검토.

2. 돌붙임에 공통된 시공상의 요점

(1) 가공 전에 석재의 검사, 확인을 한다(재료마다 녹, 반점, 균열층, 때, 손상 등이 없고, 특히 대리석은 색, 무늬에 얼룩이 없는 좋은 재일 것).

(2) 현장 반입 전에 부위별로 부호, 번호 등을 메겨, 사용 장소가 틀리지 않도록 한다.

(3) 적절한 양생 방법, 재료일 것.

① 석질에 적합할 것.

② 석재의 설치 방법에 적합할 것(설치시에 양생재가 벗겨져 버리는 일이 없도록).

③ 만일 젖을 경우라도 돌에 때를 제거하기 쉬운 재료, 방법을 취한다.

(4) 설치, 붙이는 바탕의 점검을 한다.

① 석종, 돌 두께, 돌 안쪽의 상태에 맞는 마무리 교체일 것.

② 설치 바탕(교차로 또는 홀인 앵커, 종횡근), 설치 철물(패스너, 당김 철물, 꽂임촉, 꺾쇠)류의 방청 등 확인.

③ 쓸데 없는 철근 등이 노출하고 있어서, 돌 안쪽에 직접 철근이나 철사가 닿는 일이 없도록 한다.

(5) 붙이는 장소마다의 석재 구분 검사를 한다.

① 바닥에 늘어놓아 보아, 무늬나 색조가 현저한 상위는 없는가를 체크한다.

② 현장 치수에 의한 석재 치수의 보정 검사.

(6) 한랭기의 시공은 기온이 2℃ 이하가 되는 경우에는 시공을 중지한다.

(7) 혹의 검사를 한다.

(8) 갈기 마무리의 돌면은 줄눈 마무리 후 폴리싱 파우더 등으로 갈아서 마무리한다.

(9) 양생 방법은 미리 정해 계획하여 둘 것(마무리 표면은 설치가 끝날 때마다 더러워진 곳을 청소하고, 강인한 비닐 시트류를 마스킹 테이프로 봉함 붙이기로 하고, 내민 모서리·창대 등으로 특히 보호를 필요로 하는 부분에는 합성 수지제나 목제 등의 양생 커버를 설치한다).

3. 바닥의 돌붙임

설계상의 유의점

(1) 할당 치수에 맞는 마무리가 아니면, 균열을 유발하는 원인이 된다.

(2) 바닥에 눌려 깨뜨려짐을 막기 위하여, 누름 콘크리트나 모르타르 등은 벽면 가까이에서 큰 익스팬션 줄눈(실링재 충전)을 취한다.

(3) 사용 장소와 돌에 맞는 표면 마무리로 한다(사람이 걷는 곳은 배수나 미끄러지지 않음, 그리고 더러워지지 않음을 고려하여, 물갈기, 제트 버너, 두들기기, 샌드 블러스트 마무리 등으로 한다. 그렇게 하지 않는 곳은 정벌갈기 등 돌의 아름다움을 충분히 이끌어내는 등).

(4) 외부나 물 주위 부분 바닥의 돌붙임에 있어, 에프로레센스나 젖은색 방지 대책.

1) 방법-1

① 바탕 콘크리트에 포러스 콘크리트(입경 15~9mm 정도의 거친 골재만의 다공질 콘크리트)를 이용하여, 돌 안쪽에 배수성과 통기성을 갖추고, 침입수의 배수와 돌의 건조를 촉진한다.

② 바닥돌은 포러스 콘크리트의 말단을 배수구로, 또한 다른 편을 공동을 세운 벽면에 접속하는 일로 에프로레센스, 젖은색 방지의 구조를 만든다.

2) 방법-2

① 바닥 외주 전체에 배수구를 세운다.

② 깔돌의 안쪽면에는 에폭시 수지계 에프로레센스 방지용제 등을 도포.

③ 돌붙임은 깔모르타르로 고정.

④ 줄눈은 줄눈 실재(변성 실리콘 실링) 충전(빗물 등은 돌 줄눈 1개마다에 세운 플라스틱 성형 줄눈재의 극간을 통하여, 그 아래의 쇄석층 안을 지나, 주위의 홈으로 흐르도록 한다).

(5) 계단석의 경우, 특히 미끄러짐에 대하여 주의가 필요. 또한 디딤면에 물매나 걸레받이돌 등의 면잡이를 베푼다.

4. 벽의 돌붙임

(1) 습식 붙임 공법

설계상의 유의점

1) 내장에서는 띠그라우트 공법이나, 당김 철물 부근만을 모르타르 채우기 한 경단 모르타르 공법(빈쌓기 방식)으로 한다.

① 대리석은 채움 그라우트의 벌어짐에 의하여 광택을 잃으므로, 실내 벽면은 빈쌓기, 긴결부의 채움그라우트만으로 고정.

② 너무 딱딱하여 층이 나쁜 것, 부드러운 돌 등의 경우는 젖혀짐이 있으므로 전체 그라우트.

2) 외장은 습식의 전체 그라우트 방식(속넣기 모르타르 충전)으로 한다.

① 할당 치수에 맞는 마무리로 한다. 돌 안쪽과 바탕 콘크리트면의 간격이 적으면, 그라우트 두께가 감소하여 충분한 접착이 되지 않는다.

② 돌줄눈 안쪽에 물빼기를 취하고, 침입수의 배수를 하며, 또한 공기의 유통을 가능하게 하여, 내부의 건조 촉진을 꾀한다. 또한 속넣기 모르타르 천단을 ⌂형으로 하여 도포 방수를 하고, 양 사이드의 줄눈 안쪽 공동에 물이 흐르기 쉽게 한다.

③ 구체면에는 도포 방수를 베풀어, 돌 안쪽에 침입한 물을 건물 내부로 들이지 않는다.

④ 돌 표면으로부터의 물 침투 및 돌 안쪽면으로부터의 물 표출을 방지하기 위하여, 코팅 등의 안쪽면 처리를 한다.

㈎ 검은 돌이라면 「벌어짐 방지」, 하얀 계통의 석재라면 방청 처리도 필요.

㈏ 대리석 등에서는 모르타르가 닿는 돌 안쪽에는 내알칼리성 합성 수지 에멀션 등의 방수제 도포(광택이 없어지지 않는 사문암이나 백화가 생겨도 별표가 않나는 백색계를 사용하는 것도 하나의 방법).

㈐ 연석(사암 등)은, 접지부(뿌릿돌, 측구, 바탕돌 등)의 안쪽은, 특히 흡수 방지 수지 등을 도포하거나, 또는 안쪽면에 방수 매트 겹쳐 붙이기를 한다.

⑤ 줄눈으로부터의 물의 침입을 방지하기 위하여 실 줄눈(폴리설파이드계 실링)으로 한다(2액형 실리콘 실링재라면, 스며나오고 있는 실리콘 오일에 의한 때가 돌면에 나온다. 이것은 석재에 침투하는 성질을 가지고 있다.

⑥ 속넣기 모르타르가 외기온, 온도의 변화에 따라, 모르타르에 인장이 생기고, 돌이 너무 얇으면 붙임돌에 젖혀짐, 휨이 생기는 경우가 있다.

⑦ 모르타르가 충전되어 있기 때문에, 풍압의 영향이 적고, 또한 물체 등의 충격에 대하여 갈라짐 정도로 끝난다.

3) 신축 줄눈의 고려(구체와 일체이기 때문에, 구체에 변형이 생겼을 때, 붙임돌에도 에지의 결손, 갈라짐 등의 변형이 생기는 경우가 있다).

시공상의 요점

1) 순서적으로 붙이는 작업을 한다.

① 마무리 먹줄에 맞추고, 내민 모서리, 들어간 모서리 등의 기준이 되는 곳을 정확히 정돈하고, 하단의 돌에 충격을 주지 않도록 하고, 하단 돌과의 사이에 합성 수지제(또는 납제) 등의 먹이는 재를 먹이고, 가로 줄눈 합단에 당김 철물 및 꽂임촉을, 각각 2개씩, 또한 내민 모서리에는 꺾쇠를 이용하고, 눈 엇갈림이 없도록 고정하여, 속넣기 모르타르를 충전한다.

② 경석 붙임 박판의 경우는 특히 돌 안쪽을 잘 청소하여 부착을 좋게 한다.

2) 테랏초 블록, 인조석

① 테랏초 블록, 인조석류의 시공 개소별의 試作 견본품의 검사, 확인을 한다.

㈎ 돌 거푸집이나 삽입 철근의 검사

㈏ 종석의 종류, 알맹이의 크기, 색깔 등.

㈐ 크기나 형상과 두께의 체크.

㈑ 마무리의 정도.

② 테랏초 블록 붙임의 체크.

㈎ 걸레받이의 설치는 바탕 청소 후, 쐐기를 박아 수평 및 수직으로 엇갈림이 없도록 설치하고, 속넣기 모르타르를 전체면에 채워 고정한다.

㈏ 벽 부분의 설치는 테랏초 블록의 상부에 2개의 받이 철물을 세워 두고, 당김 철물로 바탕 철근에 고정한다. 하부는 2개의 받이 철물에 앵커용재를 설치하여 둔다.

3) 속넣기, 그라우트 채우기 시공의 검사, 확인을 한다.

① 모르타르 배합(용적비)의 검토와 확인(입자가 거칠고 공극이 많은 것이라면 빗물의 침입, 기타에 의하여 수산화 석회가 씻어내질 우려가 있다. 또한 염류를 포함하는 물 또는 골재는 이용하지 않는다. 백화가 생기기 쉽게 된다).

② 속넣기 주입 그라우트용 모르타르 W/C 비를 작게 한다(수량이 많은 배합물은 그만큼 공극이 많은 모르타르가 되므로 좋지 않다. 시공성은 나쁘지 않고 수량이 줄기 때문에 분산제를 사용하는 것도 유효).

③ 내장 대리석의 경우는 가로 줄눈의 상하에 걸쳐 폭 100mm 정도에 모르타르를 충전(띠흙탕), 빈쌓기를 한다. 비교적 큰 돌의 경우는 바닥 위 2.0m 정도까지, 돌 안쪽의 곳곳에 대서 모르타르 채우기, 바탕 콘크리트와의 이음새를 취한다.

④ 외장의 속넣기 모르타르의 충전은 줄눈부에 공동을 위한 채우기를 하고, 모르타르의 유출을 고정하여 두고, 돌의 크기에 따라 채움 그라우트는 2~3회로 나누어, 높이 250mm 정도씩 한다. 돌 상단에서 40mm 정도 내린 위치에서 고정하여 천단에 물매를 붙인다(주입 그라우트의 경화 정도를 계산하고, 순차 줄눈부의 채운 것을 제거한다).

4) 줄눈 채우기, 줄눈 마무리 검사.

① 줄눈 seal재 등 치장 줄눈 채우기는 원칙적으로 물 세척 종료 후에 한다.

② 줄눈은 소정의 형상대로 자세히, 극간이 없도록 seal재나 모르타르를 충분히 압입하여 밑채우기를 하고, 치장 줄눈은 치장 줄눈 모르타르(물이 닿는 곳에는 방수제를 넣는다)로 형상이

똑같아지도록 평활히 마무리한다.

③ 대리석 붙임의 줄눈은 원칙적으로 맹줄눈으로 하고, 系面을 붙인다. 치장 줄눈 바르기를 하는 경우는 대리석의 색에 따른 안료 넣기, 백색 시멘트 등에 의한 줄눈재를 이용하고, 평줄눈 마무리로 한다.

④ 연질의 돌(사암·응회암 등)은 흡수성이 높고, 줄눈 모르타르의 수분을 흡수하여 모르타르의 경화가 부족한 일이 일어나므로 이것들의 석재 합단에는 충분히 쳐서 시공한다.

5) 청소의 확인

① 설치 완료 후, 적당한 시기에 돌면은 깨끗한 물(돌의 청소에는 원칙적으로 염산류는 사용하지 않는다)을 이용하여, 강철끌, 와이어 브러시 등으로 닦아 부착된 모르타르 등을 제거, 청소한다.

② 대리석에는 물을 사용하지 않고, 건조한 청정의 면포·펠트류로 닦아 마무리한다.

(2) 건식 돌붙임 공법

설계상의 유의점

1) 풍압에 대해서는 모르타르가 충전되어 있지 않는 만큼, 돌 두께에 의한 영향이 생기는 경우도 있다(돌의 두께는 30mm 이상).

2) 석재의 강도와 설치 철물 강도의 확인이 필요(풍압력에 대하여 안전한가, 용접부는 적절한가, 두께, 사이즈, 지지점, 비스의 간격, 볼트의 사이즈, 용접 길이 등).

3) 구체와의 앵커나 돌의 꽂임촉 등의 철물류는 녹슬지 않는 스테인레스제의 것 등을 사용한다.

4) 철물의 설치 정도에 따라, 외벽 돌붙임의 평활함이 결정되므로, 미세조정이 가능한 연구를 철물에 한다.

5) 돌 줄눈을 sealless의 빈 줄눈, 또는 실 줄눈(폴리설파이드계 실링)으로서 물과의 접촉을 적게 하고, 돌의 안쪽면 통기를 한다.

6) 창 주위에는 물끊기용의 프러싱을 넣어, 침수를 방지한다.

7) 모르타르를 사용하지 않으므로 백화가 생기지 않는다. 또한 돌 안쪽에 공간이 있기 때문에, 시공 후 녹, 스며듦 등의 때가 생기는 일이 없고, 침입한 물이 괴지 않으므로 동결하지 않는다.

8) 지진, 수축 등 구체에 변형이 생겨도 돌 안쪽에 공간이 있기 때문에, 붙임돌에 직접적인 영향은 적지만, 물체 등의 충격으로 붙임돌이 파손하는 일도 있다.

시공상의 요점

1) 구체 精度의 확보

2) 판석의 力石 등의 돌의 접착 상태 확인(나사 붙은 스테인레스 핀의 길이, 구멍 뚫기 지름, 구멍에 용융 유황 등의 충전, 돌면 실리콘 접착재 등).

3) 精度 좋게 설치한 후, 당김 철물(스테인레스 철사 2mm)로 구체에 꽂임촉을 파고, 임시 고정을 한다. 당김 철물은 제트 시멘트로 고정한다.

4) 싱글 패스너 방식의 경우

부분적인 돌붙임의 때나 마무리가 적을 때에 사용하는데, 구체 정도를 크게 요구받아, 전후 및 고저의 조정이 어렵고, 작업 능률은 그다지 좋지 않다.

5) 더블 패스너 방식의 경우

① 1차 패스너는 패스너가 수평 줄눈에 오도록 상하의 조정을 하고, 또한 구체의 혹을 조정 나사로 조정하고, 2차 패스너가 수평이 되도록 한다.

② 2차 패스너는 돌의 꽂임촉에 맞추어 상하 좌우의 조정을 한다. 패스너의 조정이 끝난 시점에서, 1차 패스너와 구체의 극간을 제트 시멘트로 굳힌다.

6) 실 줄눈으로 할 경우, 실링용의 프라이머는 돌을 더럽히지 않는 것으로 한다. 또한 실링재의 백업재 재질(독립 기포 발포체의 보수 능력이, 건조에 대하여 속눈에 나오는 경우가 있으므로 주의)이나 형상, 경도의 검토를 한다.

7) 모르타르 응결의 기간이 없기 때문에, 설치 공정은 1단째, 2단째로 시공이 된다(속넣기 모르타르를 충전할 경우, 1~2일간에 1단분 정도의 시공밖에 할 수 없다).

5. 잡석 붙임

시공상의 요점

(1) 난간, 가로대 등의 설치는 바탕 청소 후 합단의 받이 철물에 앵커용재를 설치하여 두고, 다른 끝은 받이 철물을 당김 철물로 바탕 철물에 고정하고, 그대로 엇갈림이 없도록 속넣기 모르타르를 충전하여 고정한다.

(2) 벽에 테랏초 블록의 막이판을 설치할 경우는 미리 설치할 철물로 지지하여 두고, 기울기, 비틀림 등이 생기지 않도록 모르타르 등으로 고정한다.

1. 바닥의 돌붙임

● 외부의 화강석 등의 깔석붙임

실줄눈
줄눈폭(3~6mm)
1매의 돌크기
450X900이하
실줄눈
줄눈폭
(3~6mm)
1매의 돌크기
450X900이하

통과줄눈 승마줄눈

큰면적의 경우는(실링재충전) 줄눈을 세운다.

● 내부의 대리석 • 모조석 등의 깔석붙임

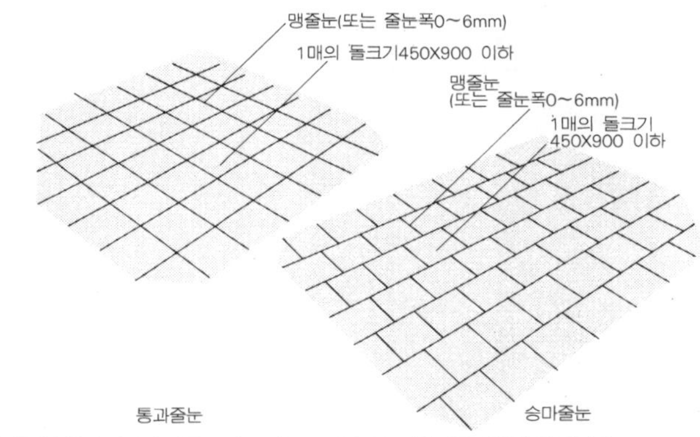

대리석 등에서 돌에 의하여 자국이 있을 경우, 전체면에 눈메우기를 베푼다. 큰 면적의 경우는 (실링재 충전) 줄눈을 세운다. 에폭시수지 등의 코팅에 의한다.

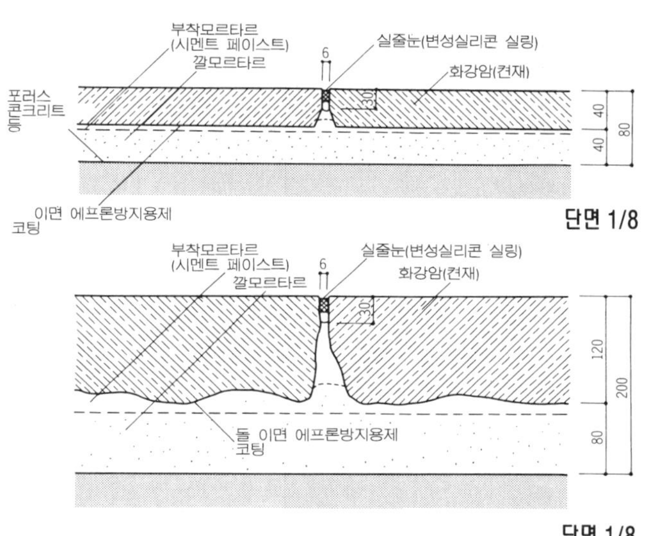

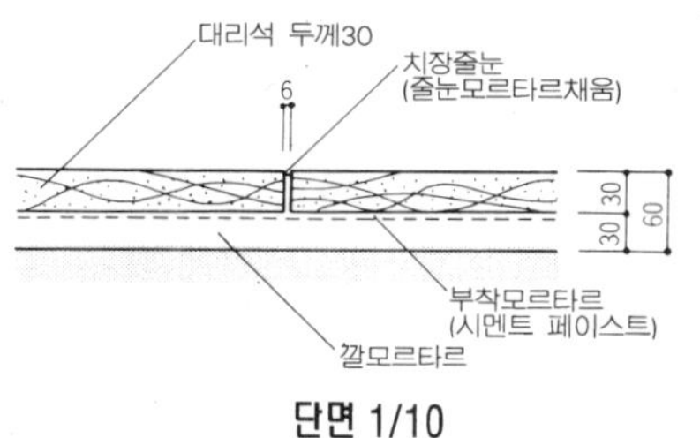

단면 1/10

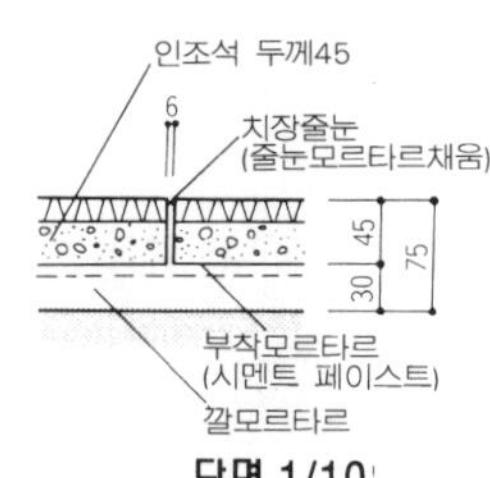

단면 1/10

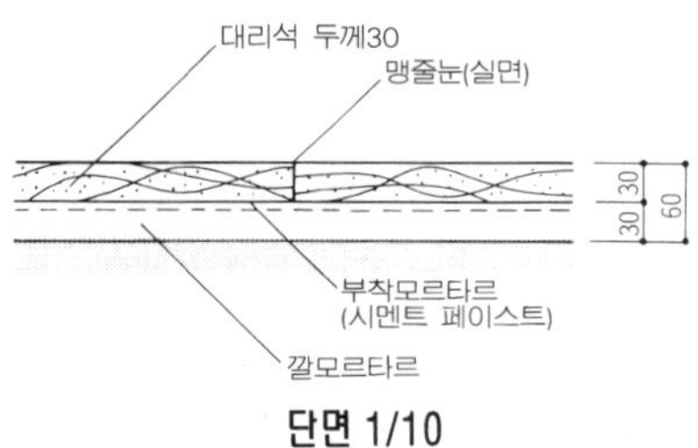

단면 1/10

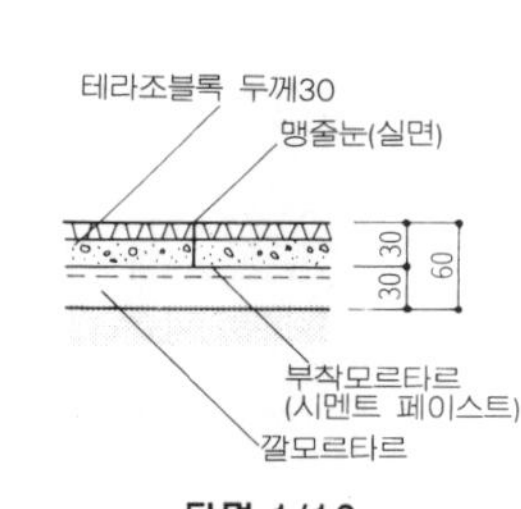

단면 1/10

● 돌붙임 계단

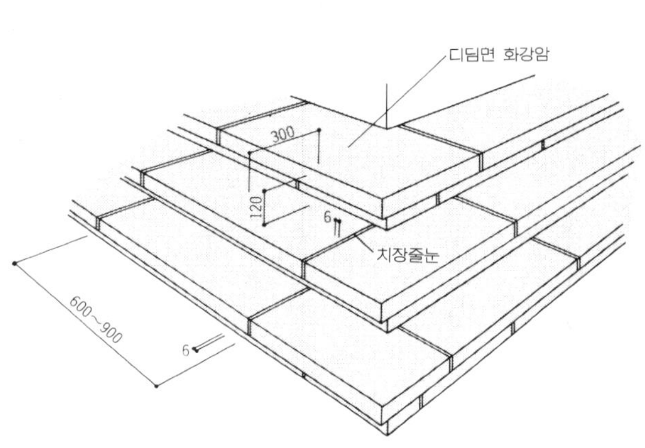

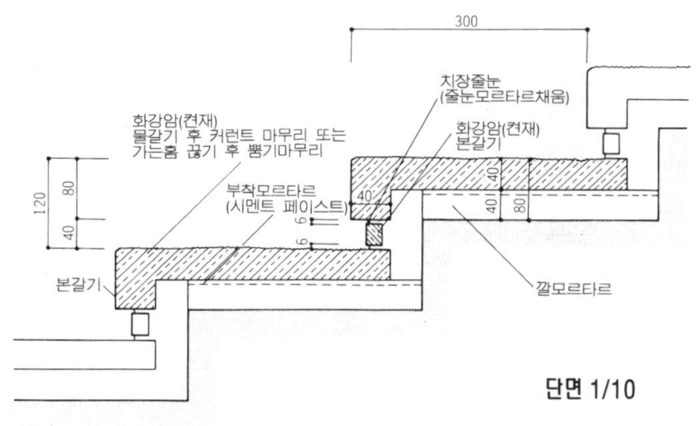

단면 1/10

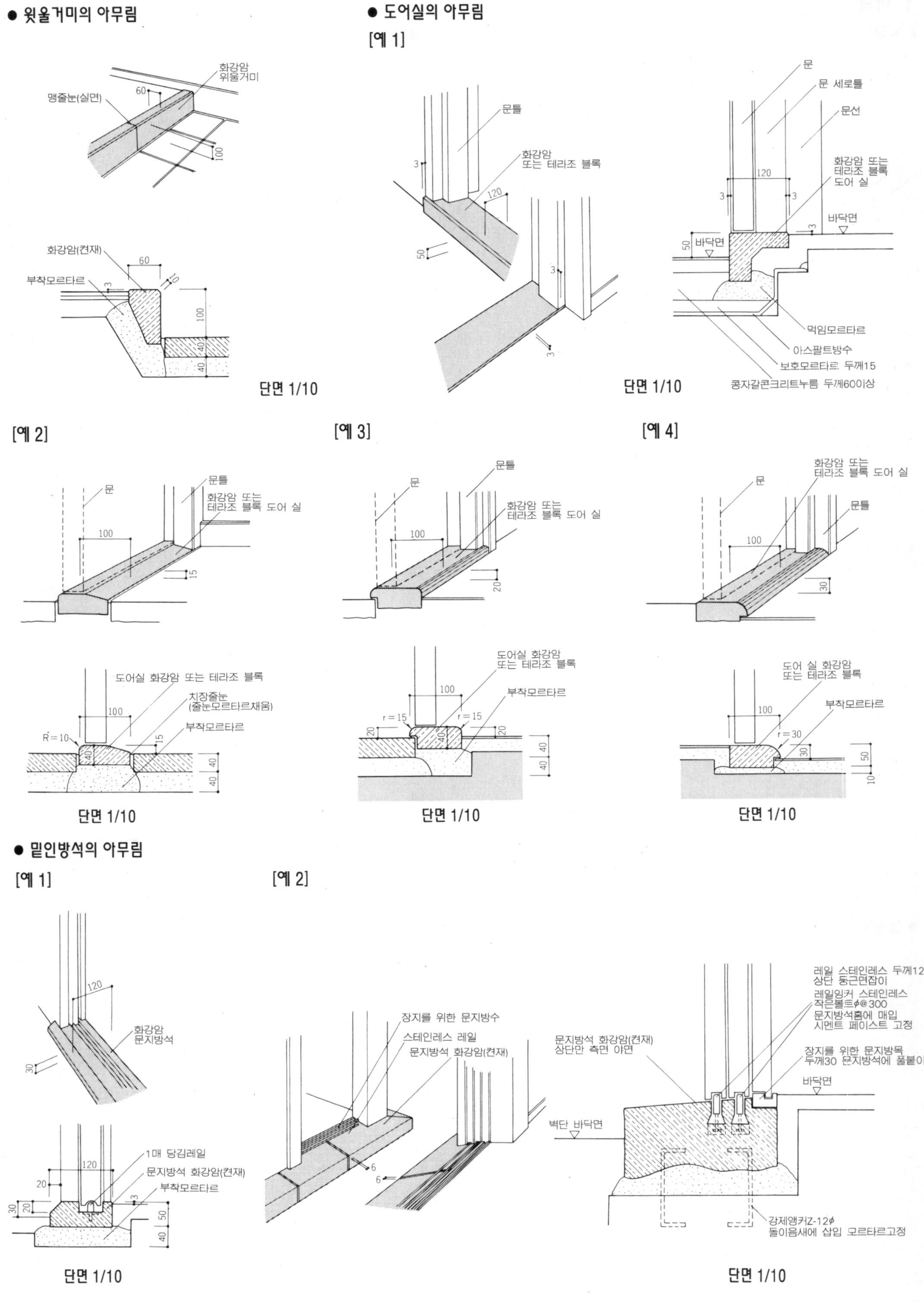

● 윗울거미의 아무림
화강암
위울거미
맹줄눈(실면)
60
100
화강암(켠재)
부착모르타르
60
10
3
100
40
40
단면 1/10
● 도어실의 아무림
[예 1]
문틀
화강암
또는 테라조 블록
3
120
50
3
3
문
문 세로틀
문선
화강암 또는
테라조 블록
도어 실
120
3
3
바닥면
3
50
바닥면
먹임모르타르
아스팔트방수
보호모르타르 두께15
콩자갈콘크리트누름 두께60이상
단면 1/10
[예 2]
문
문틀
화강암 또는
테라조 블록 도어 실
100
15
도어실 화강암 또는 테라조 블록
치장줄눈
(줄눈모르타르채움)
부착모르타르
R=10
100
40
15
40
40
단면 1/10
[예 3]
문틀
문
화강암 또는
테라조 블록 도어 실
100
20
도어실 화강암
또는 테라조 블록
부착모르타르
100
r=15
r=15
20
40
20
40
40
단면 1/10
[예 4]
화강암 또는
테라조 블록 도어 실
문
문틀
100
30
도어 실 화강암
또는 테라조 블록
부착모르타르
100
r=30
30
50
10
단면 1/10
● 밑인방석의 아무림
[예 1]
120
화강암
문지방석
30
120
1매 당김레일
문지방석 화강암(켠재)
부착모르타르
20
30
20
3
50
40
단면 1/10
[예 2]
장지를 위한 문지방수
스테인레스 레일
문지방석 화강암(켠재)
6
6
레일 스테인레스 두께12
상단 둥근면잡이
레일잉커 스테인레스
작은볼트ϕ@300
문지방석홈에 매입
시멘트 페이스트 고정
문지방석 화강암(켠재)
상단만 측면 야면
장지를 위한 문지방목
두께30 문지방석에 풀붙이기
바닥면
벽단 바닥면
강제앵커Z-12ϕ
돌이음새에 삽입 모르타르고정
단면 1/10

● 깔석 유리 붙박이의 아무림

[예 1]

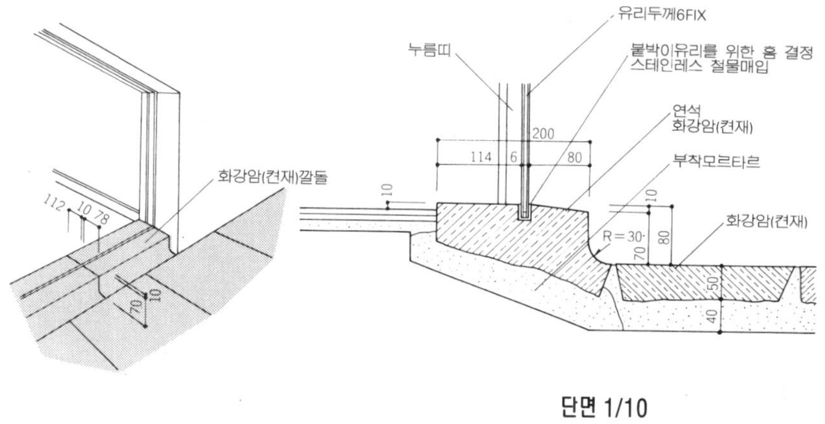

단면 1/10

[예 2]

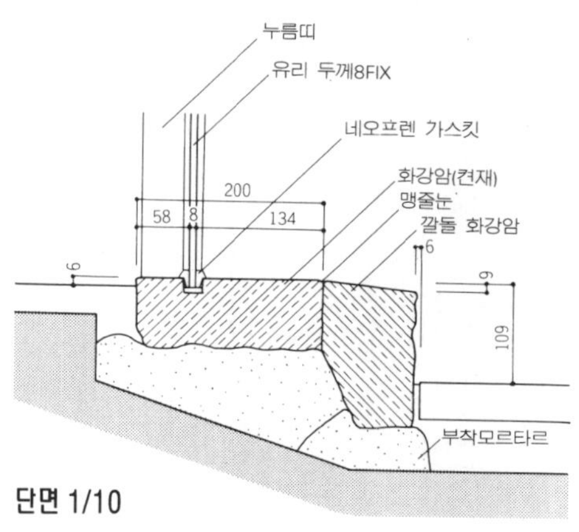

단면 1/10

2. 벽의 돌붙임

● 습식 붙임 공법

석연결 철물

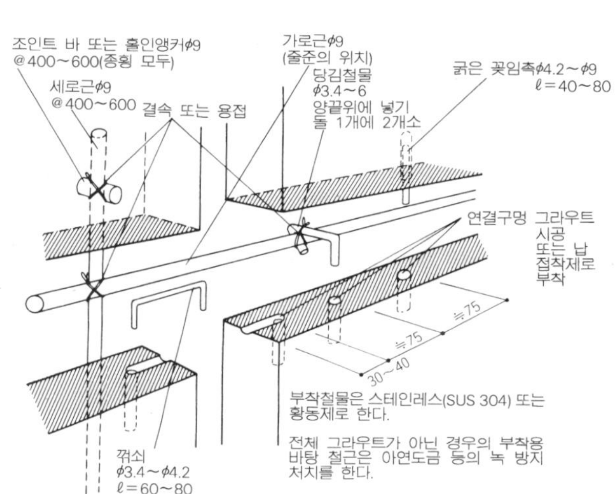

● 모조석 • 테라조 블록 등의 부착철물

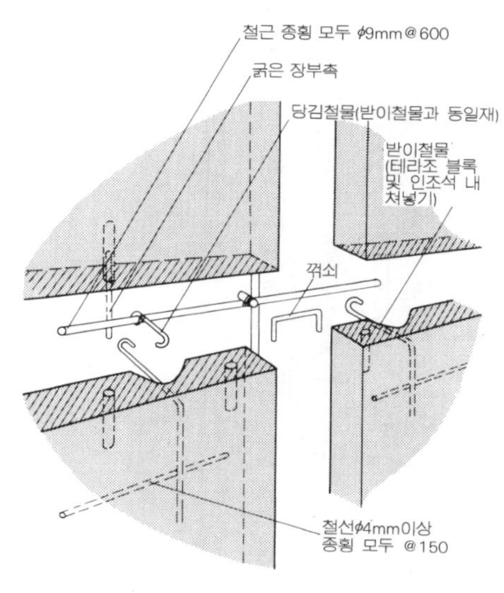

● 내장의 습식붙임

대리석 붙임띠 그라우트 공법

꺾쇠
당김철물
꽂임촉
띠 그라우트
(석고시멘트)
맹줄눈(실면)
대는 그라우트(연결)
까는 그라우트
걸레받이
2,000까지 대는 그라우트
@≦1,200
@≦600 @≦600
걸레받이 높이
걸레받이 +50

입면 1/50

70
띠그라우트
대리석붙임
고정그라우트
(연결)
맹줄눈(실면)
고정그라우트
(연결)
걸레받이
깔그라우트
걸레받이 높이
걸레받이 +50

단면 1/50

70
30 40
세로근φ9
당김철물
꽂임촉 꺾쇠
맹줄눈(실면)
띠 그라우트
(석고시멘트)
대리석 두께30

断面 1/10

대리석 두께30
당김철물
가로근φ9
(가로줄눈의 위치)
꺾쇠
맹줄눈(실면)

평면 1/10

테라조 블록 단자 모르타르 공법

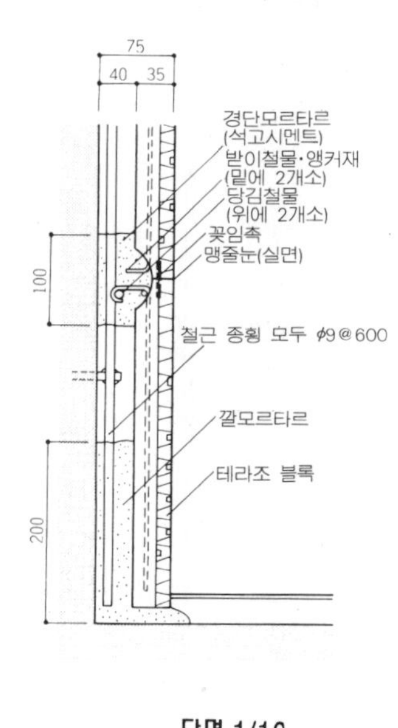

단면 1/10

걸레받이의 아무림

들어간 걸레받이

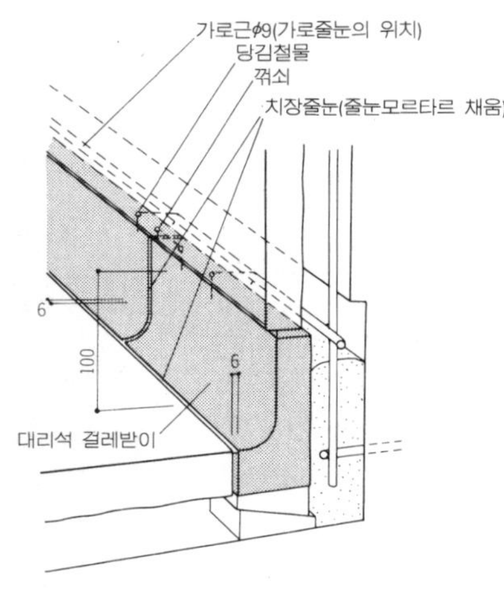

70
30 40
치장줄눈
(줄눈모르타르채움)
대리석걸레받이
두께30(켠재)
6
100
10
쐐기먹임
6
채움그라우트
폭100
먹임 모르타르

단면 1/10

벽면과 플러시

70
30 40
대리석 두께30(켠재)
속채움 모르타르
200
치장줄눈(줄눈모르타르채움)
바닥면
6

단면 1/10

벽면과 플러시

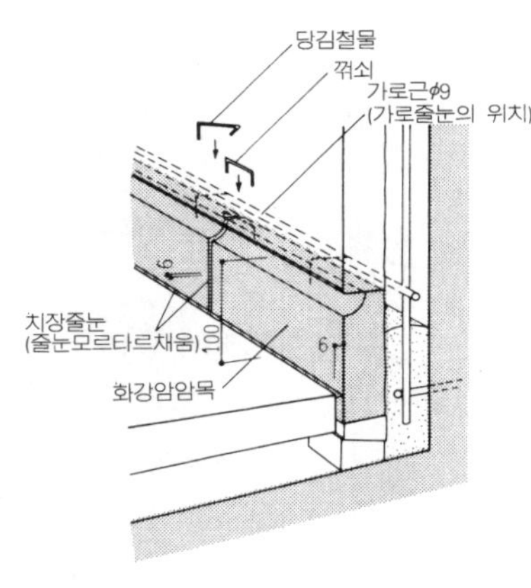

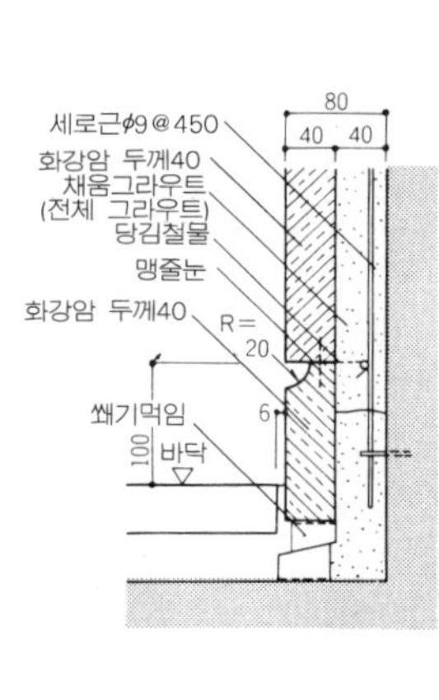

단면 1/10

내밈 걸레받이

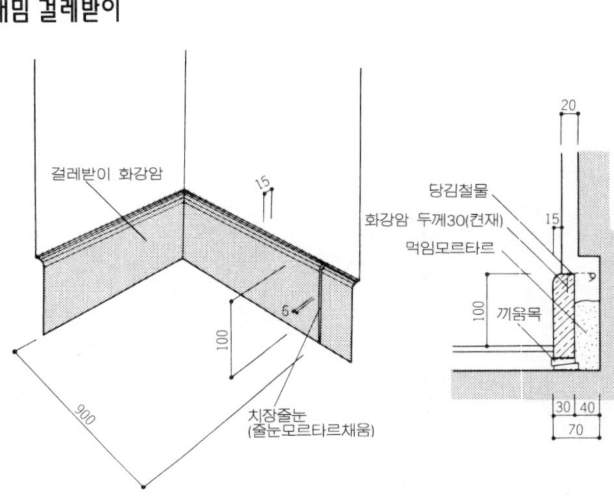

걸레받이(나온걸레받이) 1/10

단면 1/10

석과 창호의 아무림

[예 1]

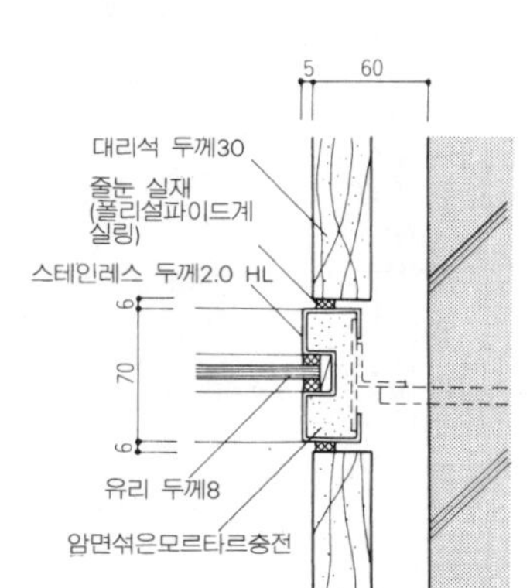

평면 1/6

[예 2]

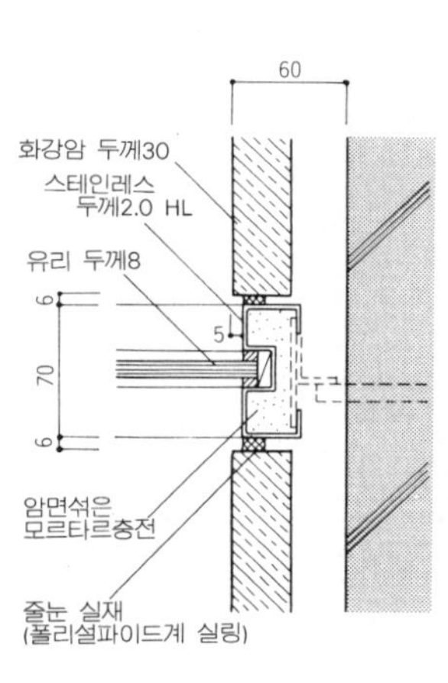

평면 1/6

[예 3]

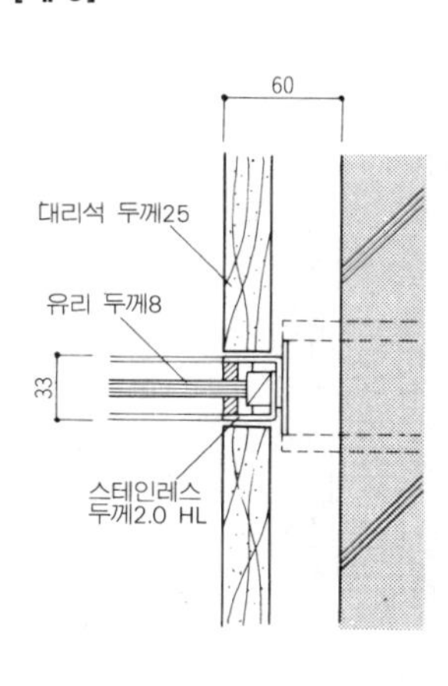

평면 1/6

[예 4]

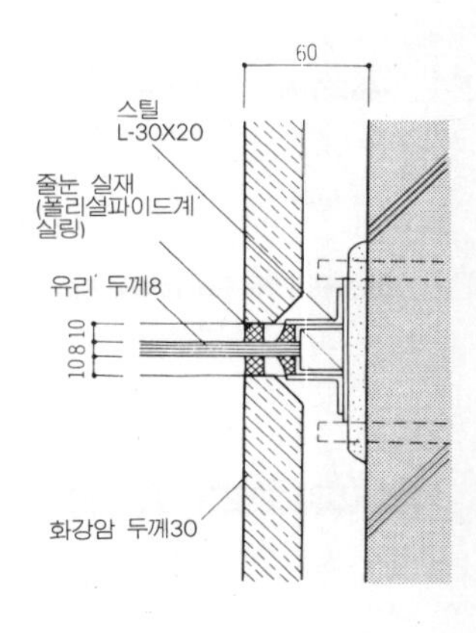

평면 1/6

벽의 내밈 들어감 모서리의 아무림

[내밈 모서리 예 1]

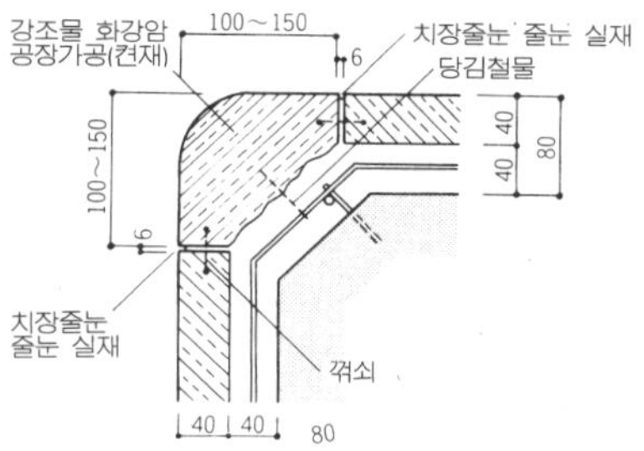

평면 1/10

[내밈 모서리 예 2]

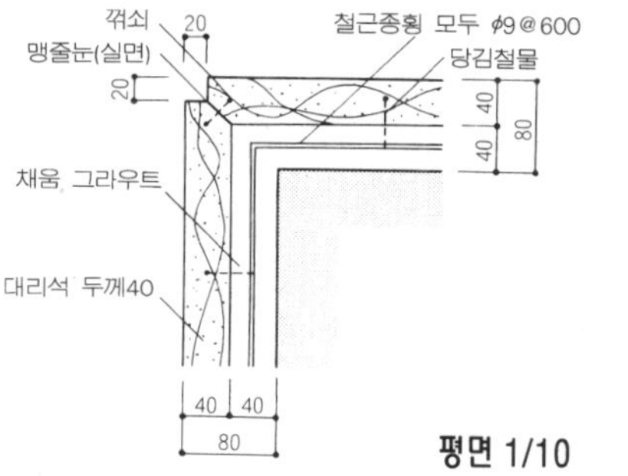

평면 1/10

[내밈 모서리 예 3]

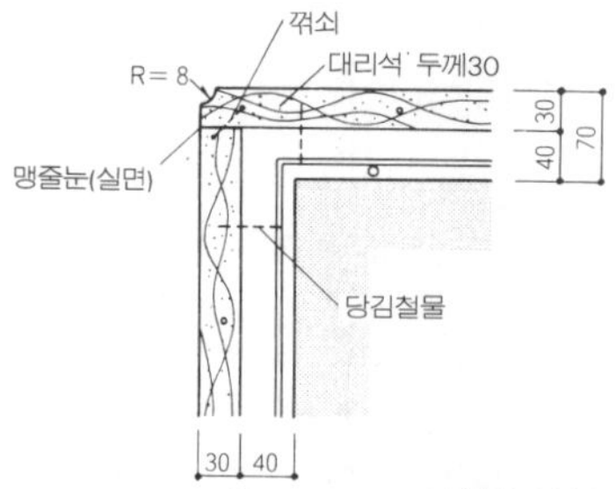

평면 1/10

[내밈 모서리 예 4]

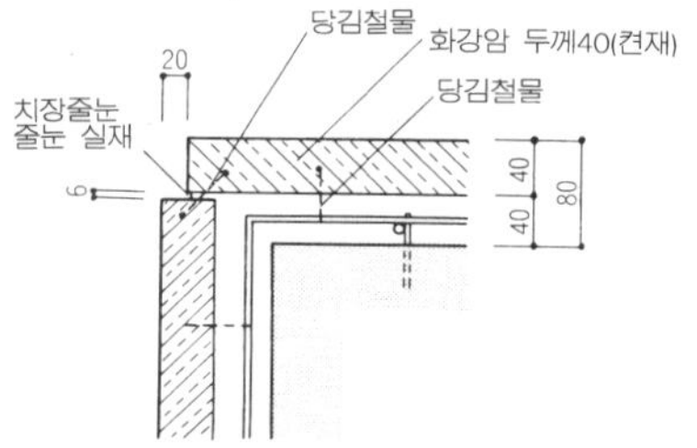

평면 1/10

[내밈 모서리 예 5]

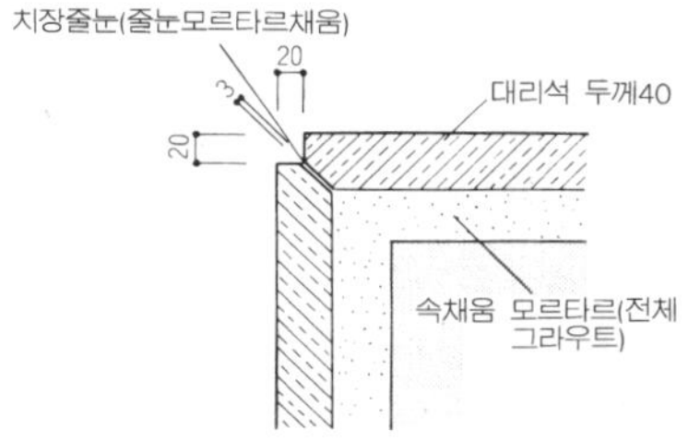

평면 1/10

[내밈 모서리 예 6]

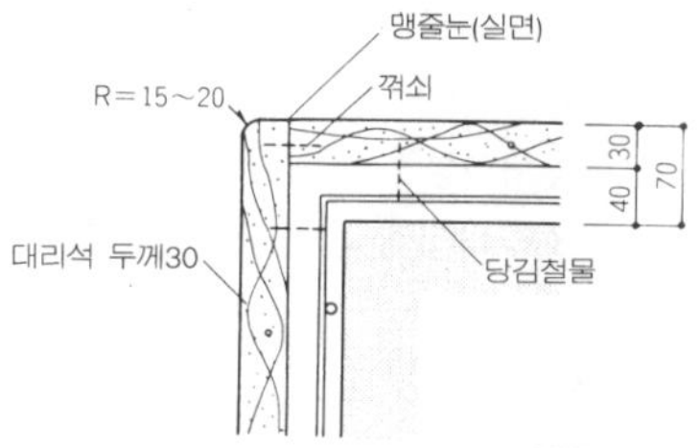

평면 1/10

[내밈 모서리 예 7]

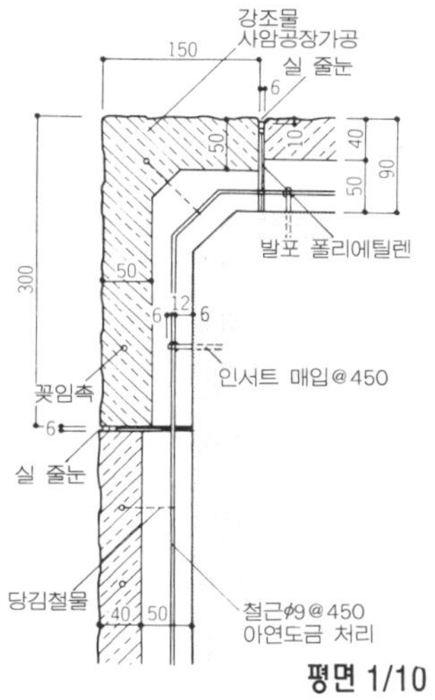

평면 1/10

[내밈 모서리 8]

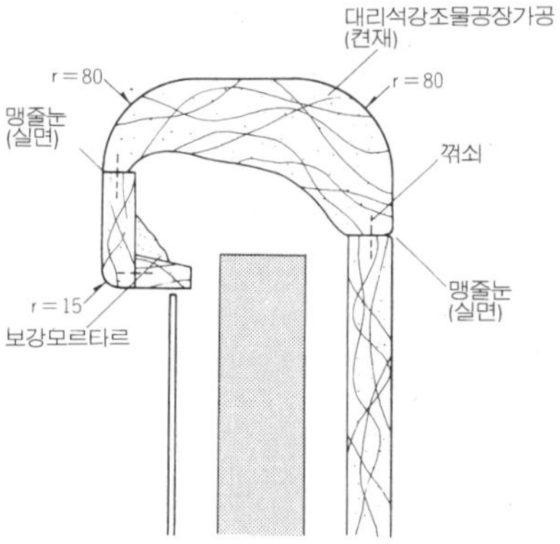

평면 1/10

[내밈 모서리 예]

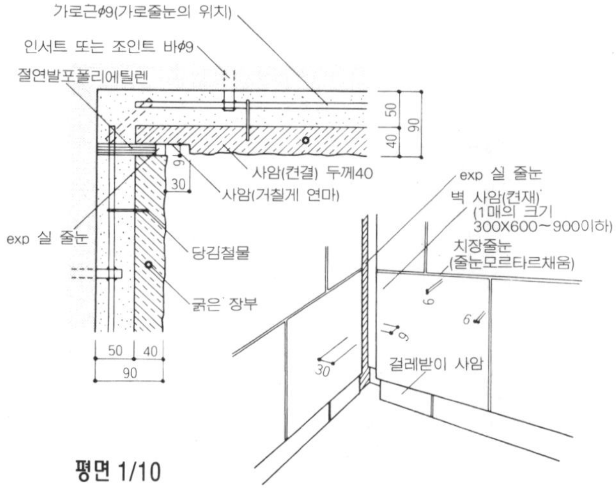

평면 1/10

● 외장의 습식 붙임

화강석 붙임 전그라우트 방식

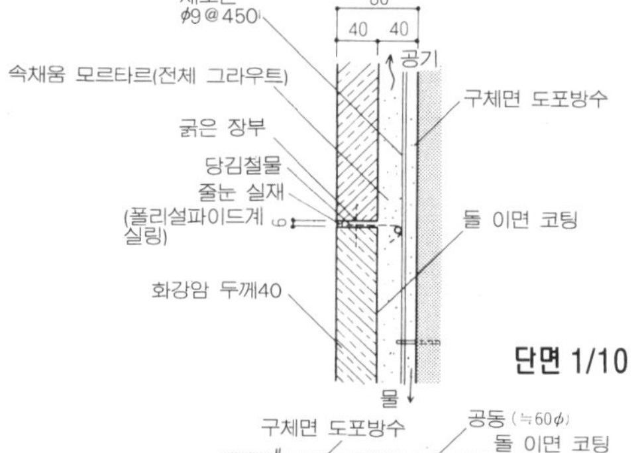

단면 1/10

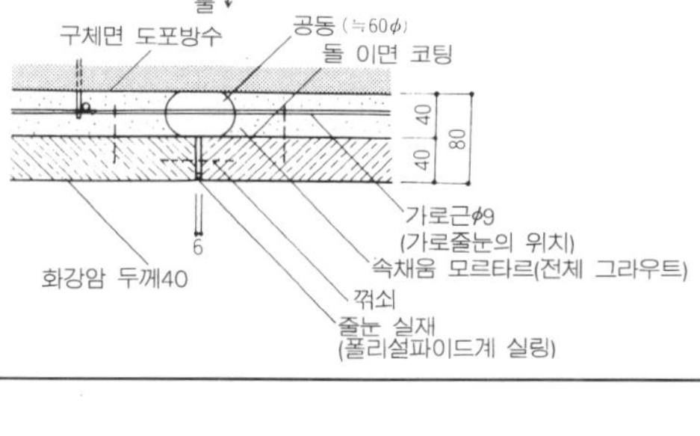

평면 1/10

대리석붙임 전그라우트 방식

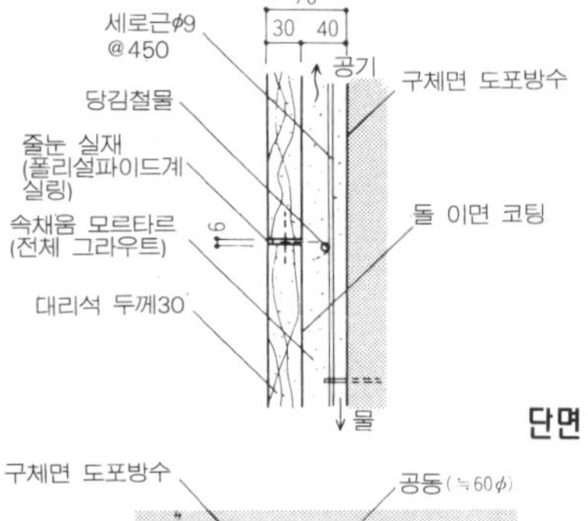

단면 1/10

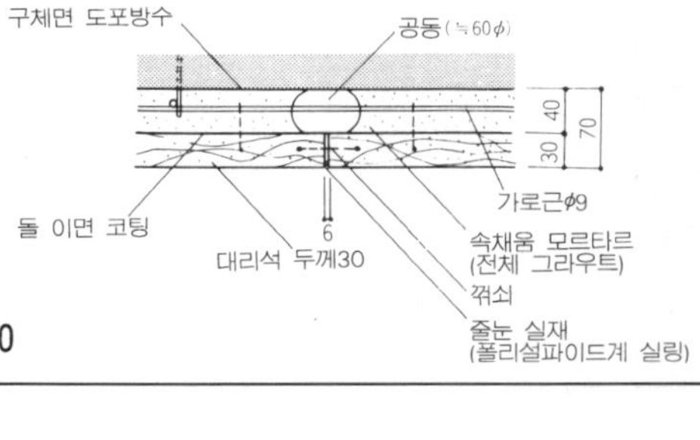

평면 1/10

야석쌓기의 아무림

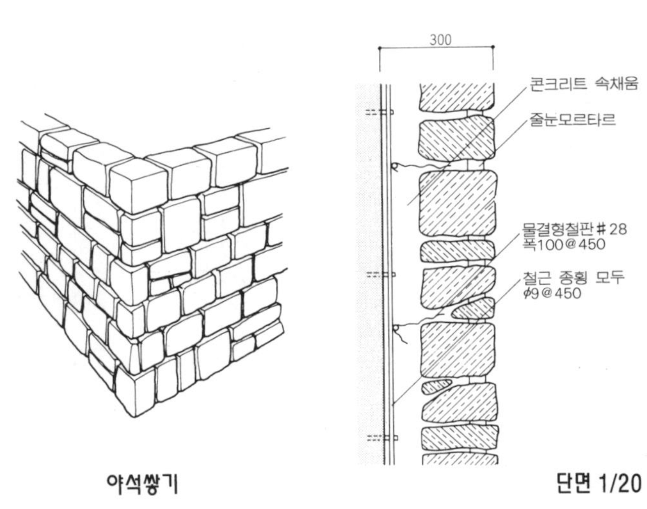

야석쌓기

단면 1/20

할석 쌓기의 아무림

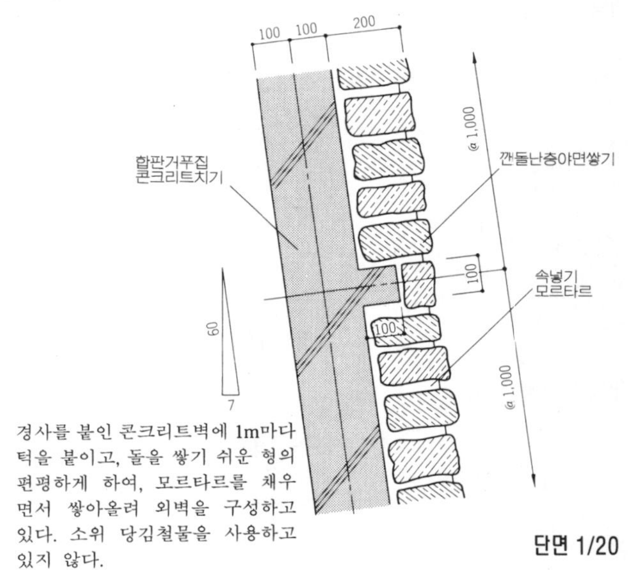

경사를 붙인 콘크리트벽에 1m마다 턱을 붙이고, 돌을 쌓기 쉬운 형의 편평하게 하여, 모르타르를 채우면서 쌓아올려 외벽을 구성하고 있다. 소위 당김철물을 사용하고 있지 않다.

단면 1/20

막석박판붙임의 아무림

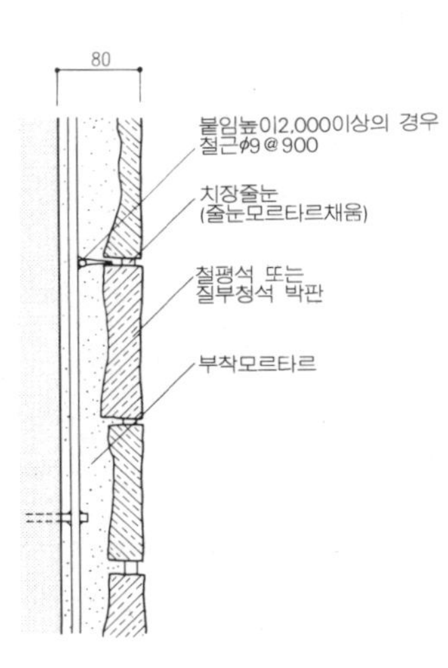

단면 1/10

측구 및 외걸레받이의 아무림

[측구의 아무림 예]

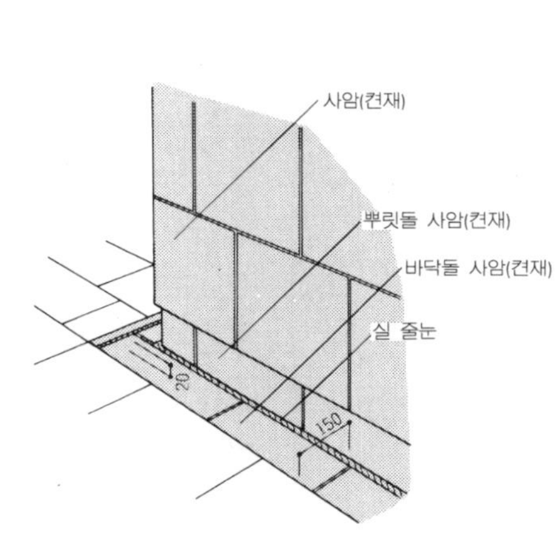

걸레받이

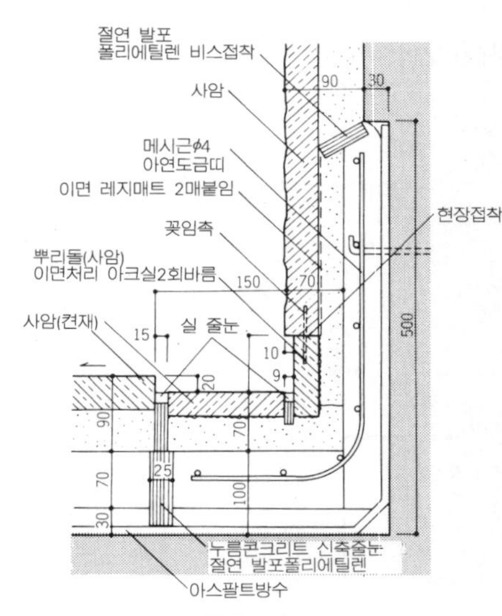

단면 1/10

막석 마구리붙임의 아무림

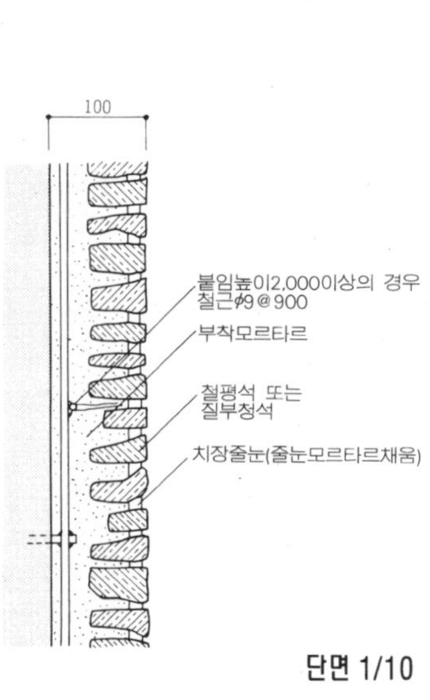

단면 1/10

[걸레받이의 아무림 예]

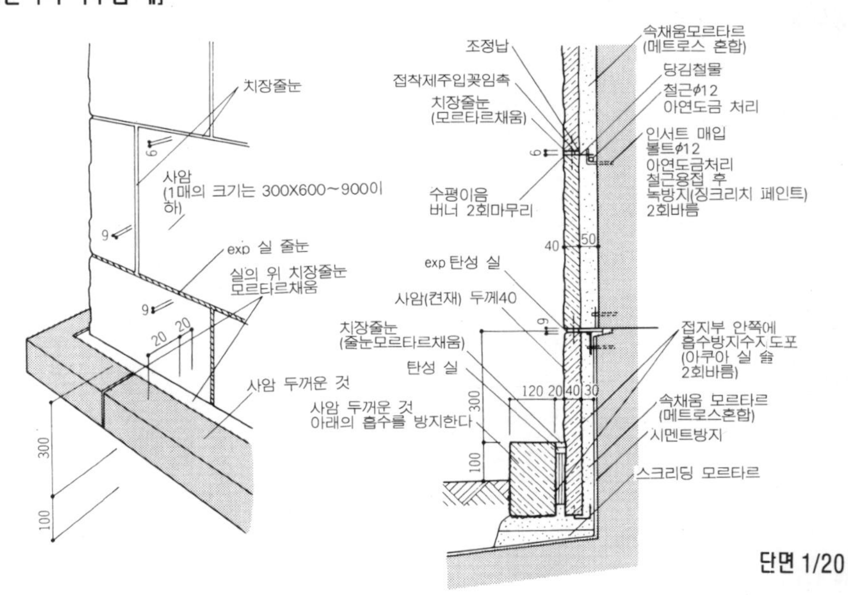

단면 1/20

웃인방·창대의 아무림

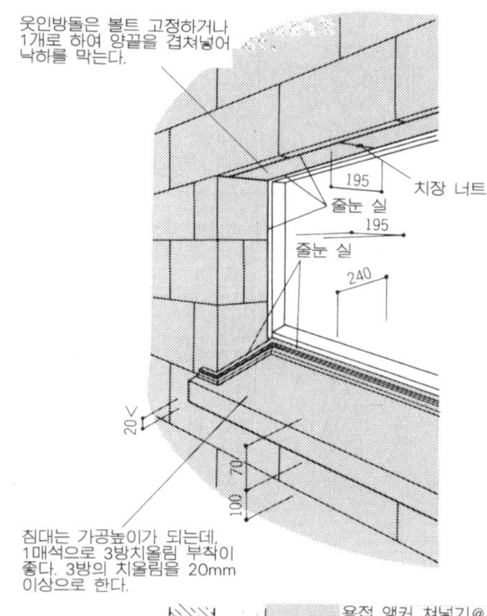

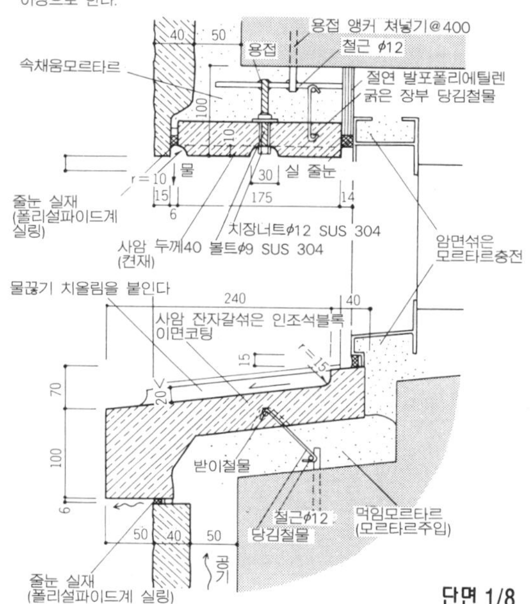

단면 1/8

패러핏 두겁의 아무림
[금속제 두겁의 예]

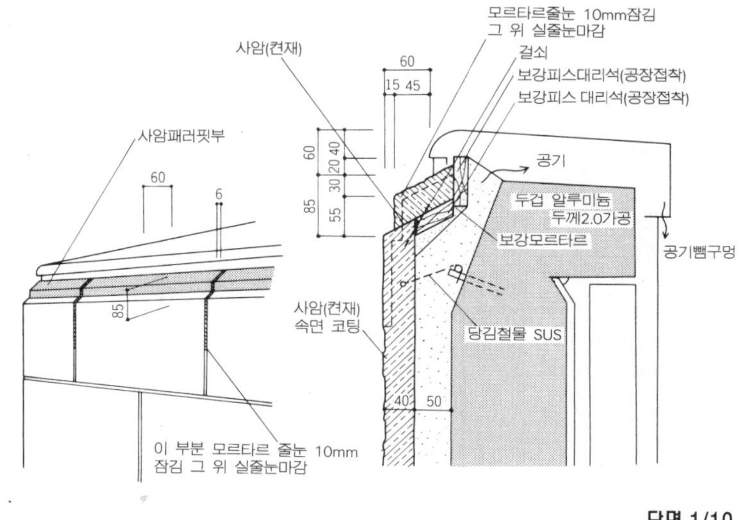

단면 1/10

[두겁석의 예]

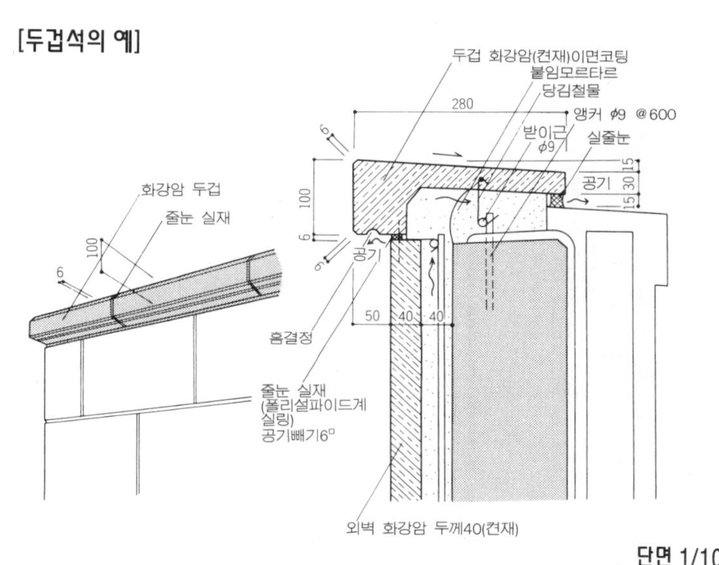

단면 1/10

● 건식붙임 공법
싱글패스너 방식

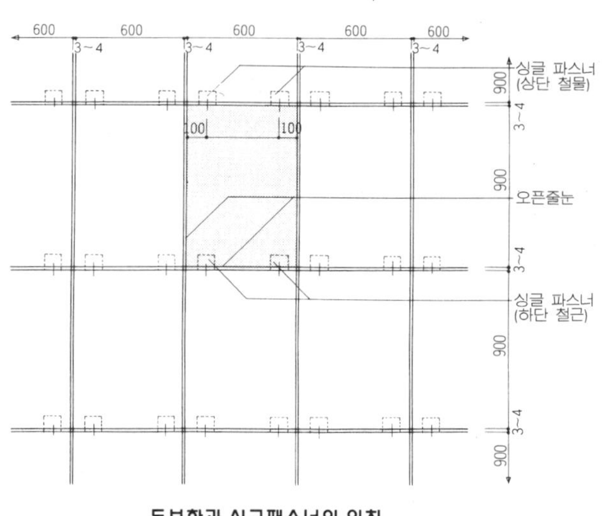

돌분할과 싱글패스너의 위치

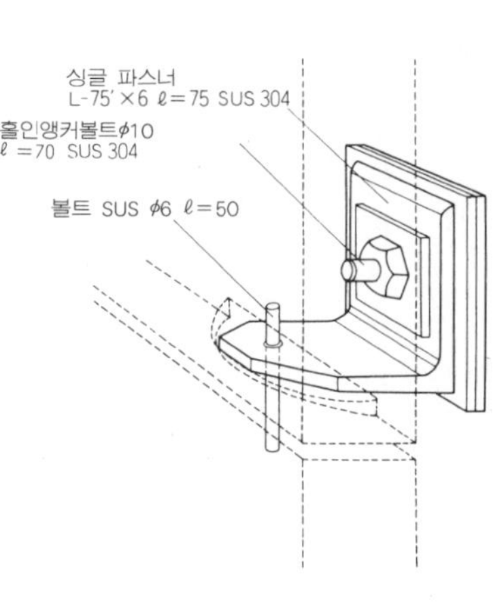

싱글패스너방식에 의한 석재 설치 예

싱글패스너 방식에 의한 돌붙임상세

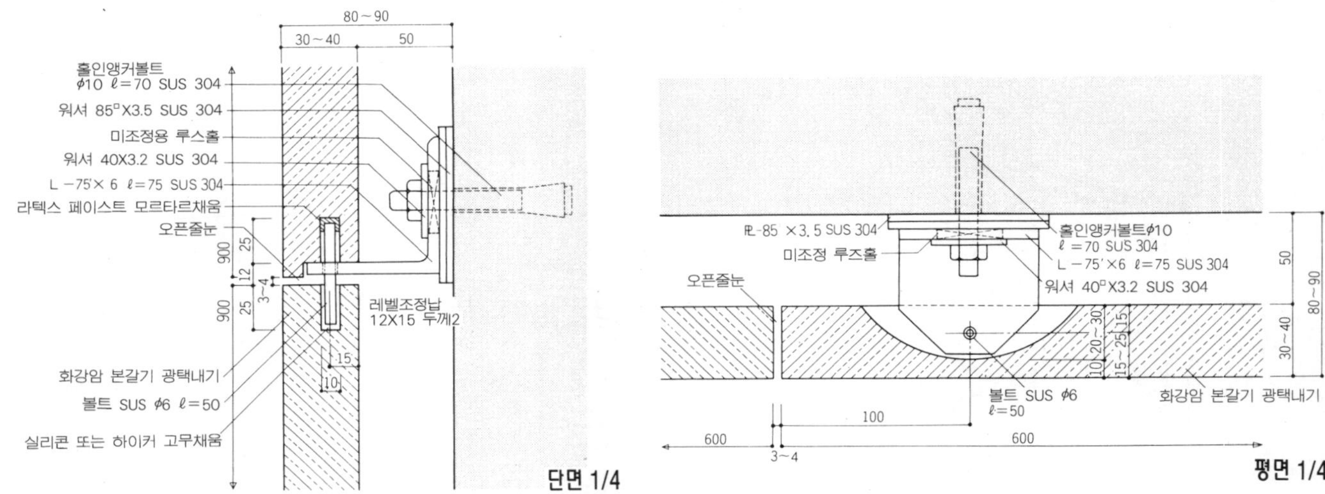

● 더블패스너 방식

[type A] [type B]

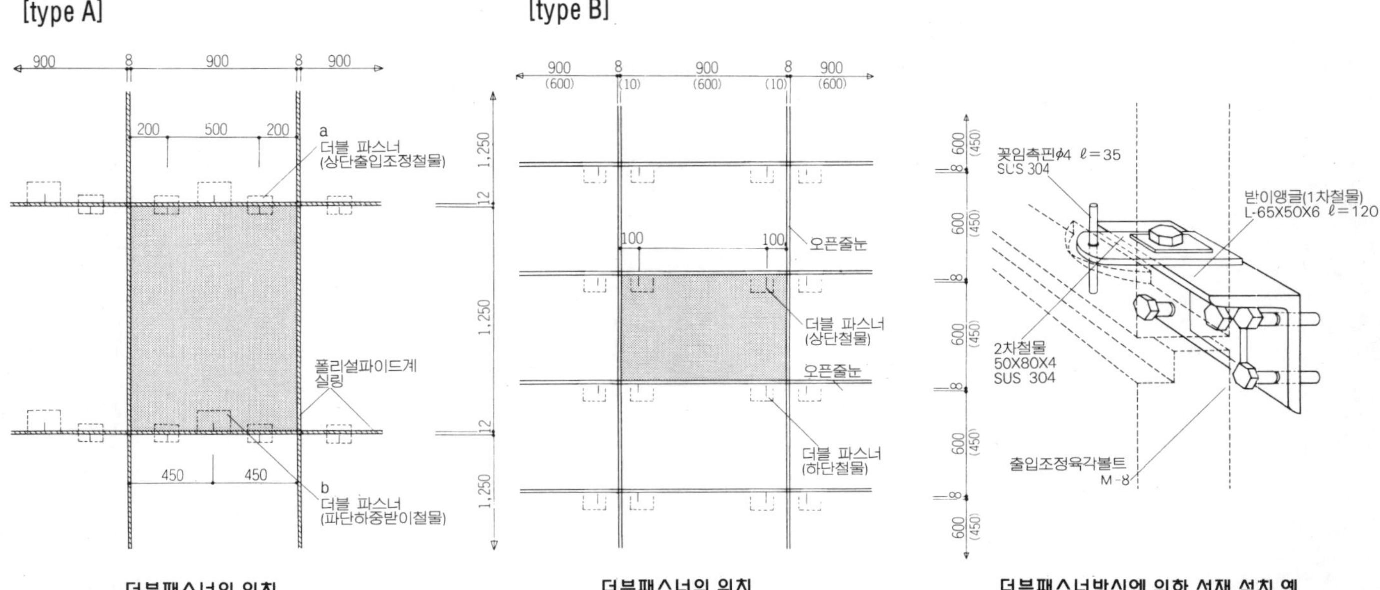

더블패스너의 위치 더블패스너의 위치 더블패스너방식에 의한 석재 설치 예

type A에 따른 돌붙임 상세
상단출입 조정 부분

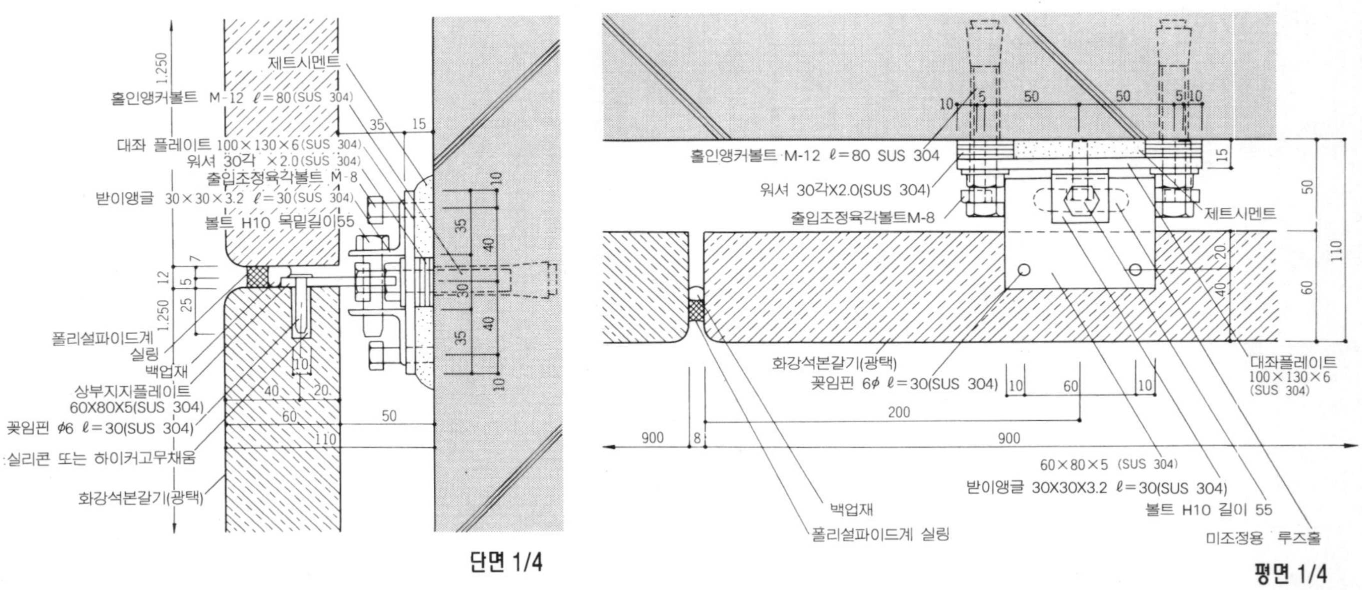

하단하중받이 부분

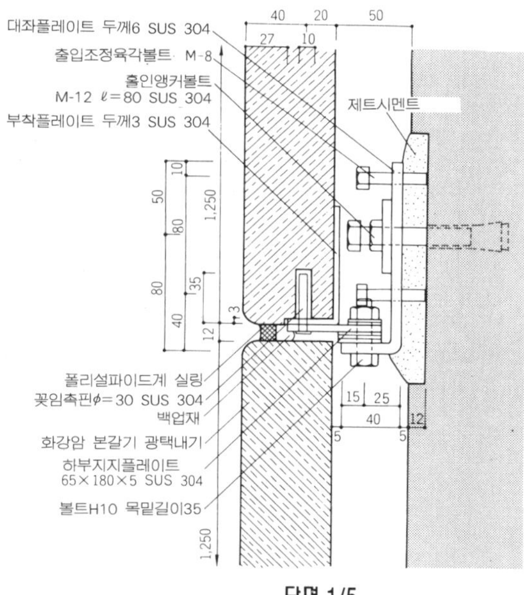

단면 1/5

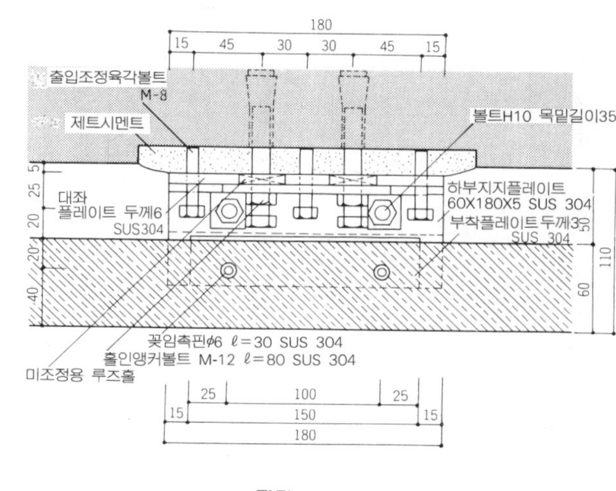

평면 1/5

type B에 따른 돌붙임상세

[예 1 상세]

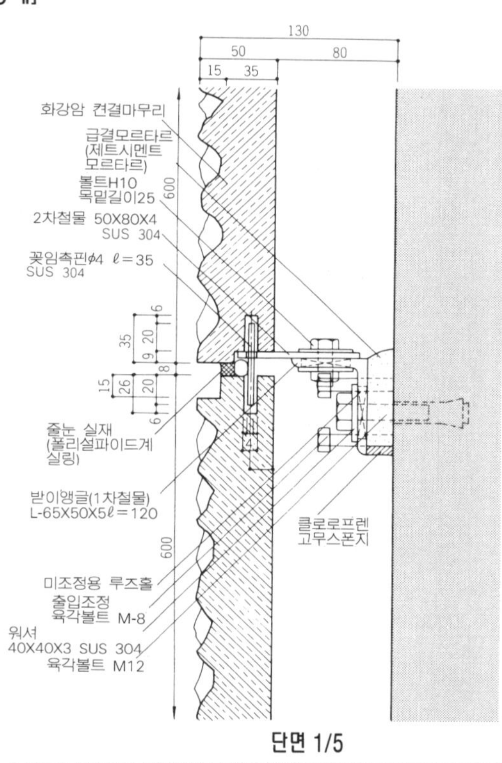

단면 1/5

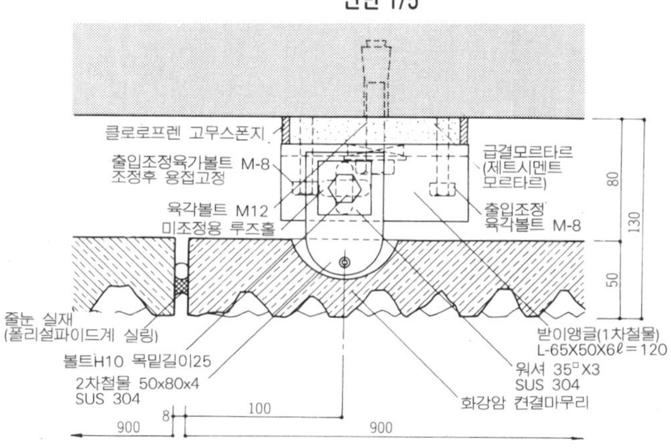

평면 1/5

[예 2 상세]

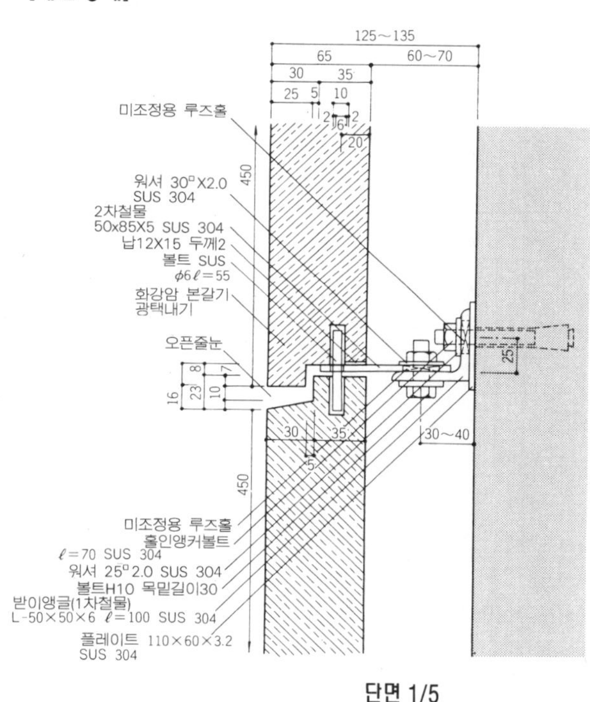

단면 1/5

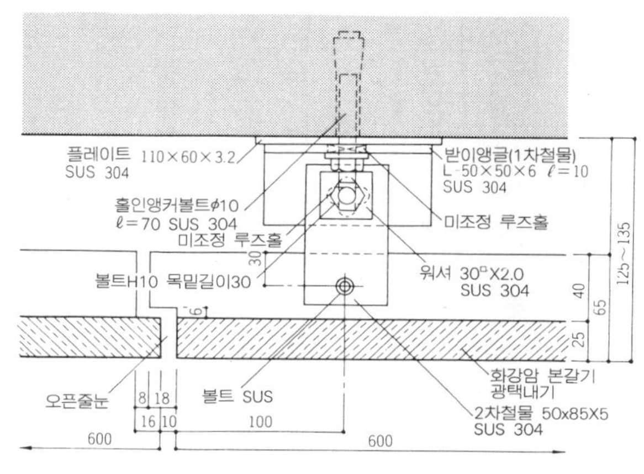

평면 1/5

3. 잡석붙임

● 라이닝 천판의 아무림

● 굽도리석 두겁의 아무림

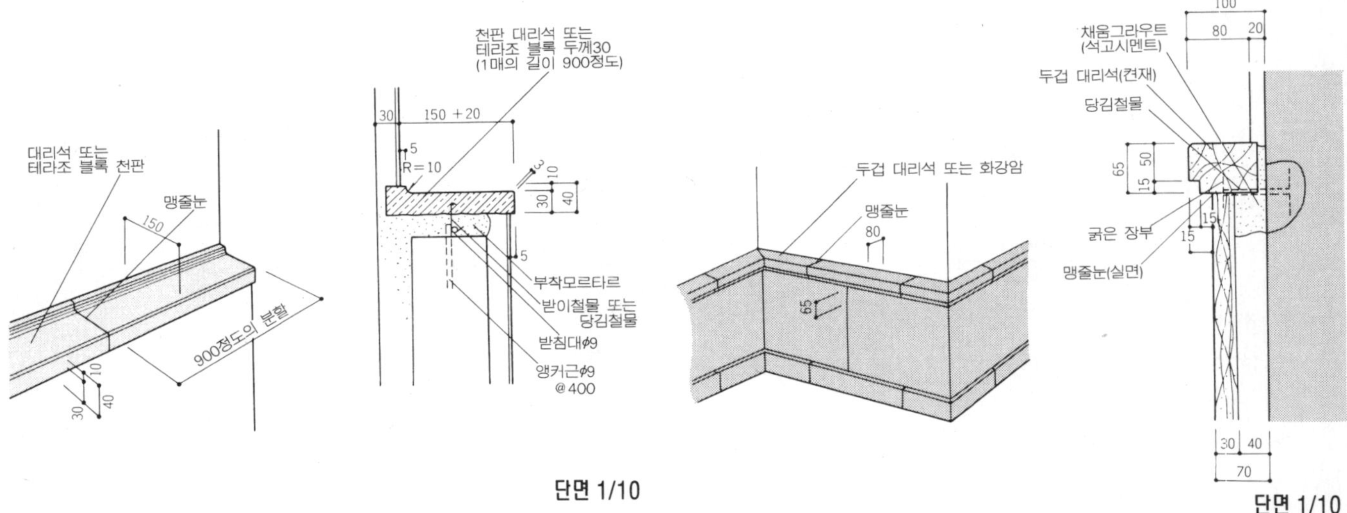

● 계단 난간 두겁의 아무림

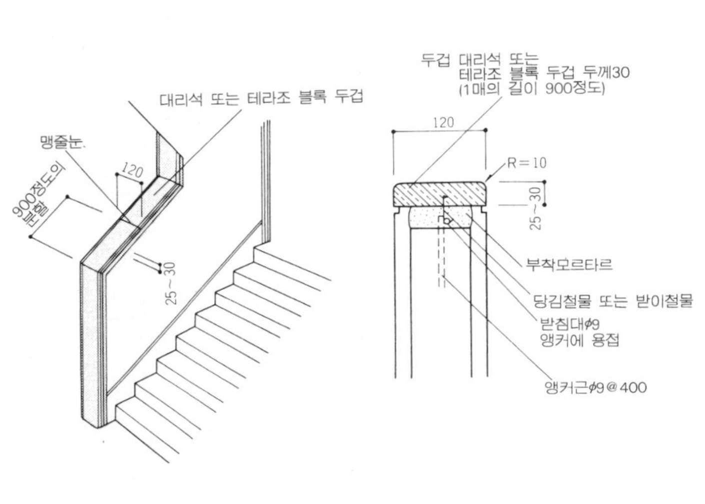

● 테라조 블록 화장실 스크린의 아무림

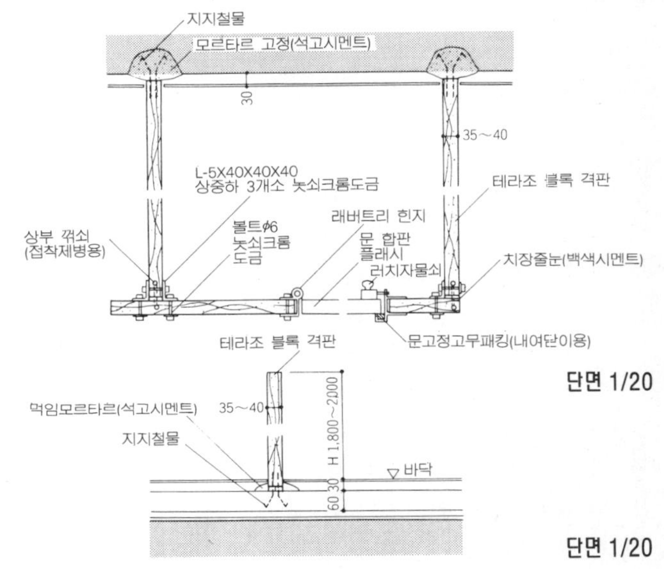

● 싱크대 천판석의 아무림

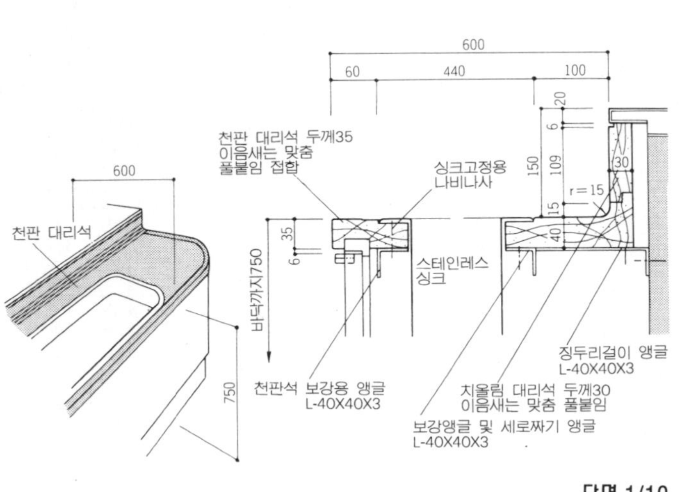

● 돌붙임 카운터의 아무림

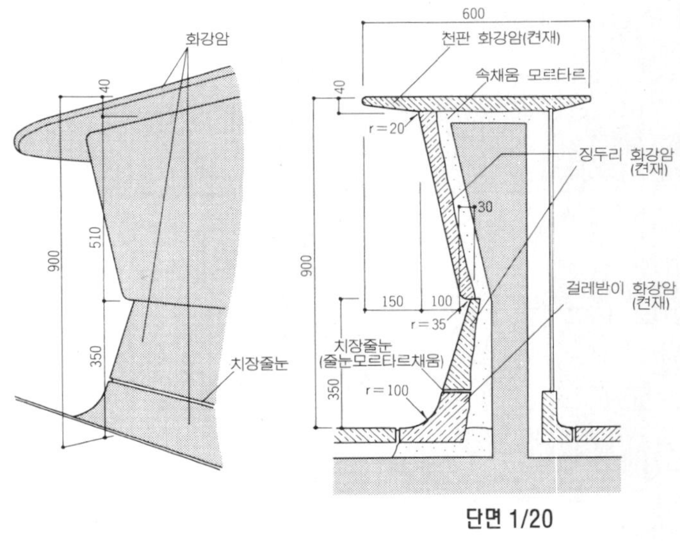

현장 치기 콘크리트의 내구성 문제나 마무리의 상태, 그리고 아무림상의 精度 문제, 혹은 타일이나 돌을 마무리재로서 붙인다든지, 설치한 경우의 박리나 탈락의 문제 등, 건축 공사에 있어 콘크리트 공사를 현장 내에서의 1차 작업으로 할 경우에는 여러 가지 문제가 있다.

건축 공사에 있어 PC 콘크리트에는 여러 가지 사용법이 있지만, 가장 많은 사용법으로서, 외벽 마감재인 PC 콘크리트 판으로 덮는 방법이 있다.

콘크리트 구체의 움직임에서 마무리재가 영향을 받지 않는 하나의 공법으로서, 콘크리트 구체와 절연한 상태로 마무리하는 공법이 고려되어 왔다. 말하자면 이중벽이라고도 하게 되는데, 내측의 콘크리트와 외측의 PC 콘크리트판의 「외피」이고, 외벽에 요구되는 성능을 분담시키고자 하는 것이다. 그 이점은 구체 콘크리트의 타설 결과를 확인할 수 있고, 또한 필요해지면 보수도 확실히 할 수 있다는 점과 「외피」의 교체도 건물의 내부 기능을 다치지 않고 비교적 용이하게 할 수 있는 점이다.

또한 공장 생산품의 「외피」는 품질 관리가 확실히 되고, 콘크리트 구체의 균열 등으로부터 마감재가 영향을 받는 일은 없다.

그리고 단열, 방로, 방수 등 외벽의 성능 레벨을 올리는 데에도 적합한 점이다.

외벽 성능의 분담 방법은 통상 내화 성능이나 기밀 성능은 콘크리트가 부담하고, 방수나 내후 성능 등은 PC 콘크리트판의 「외피」에 부담시키는 일이 많다. 또한 「외피」와 구체간의 공간을 통풍에 이용하여 열을 차단하고, 콘크리트 벽의 외단열을 하면, 결로가 일어나더라도 대류 공기에 의하여 제거되는 등, 「외피」의 디테일에 따라 여러 가지 성능이 발휘 가능하게 된다. PC 콘크리트판의 조인트에 사용되는 부정형 실링재의 내구성에 대하여는 자외선, 오존 등에 의한 열화나 온도 무브먼트에 의한 반복 변형에 대한 추종 성능의 적음, 그리고 실링 교체시에 다액의 공사비를 필요로 하는 등, 결점도 확실히 파악하게 되어, 종래부터의 단순한 실링 방수에 의하여 끊긴 디테일이 반성되고 있다. 그리고 커튼 월 공법도 등압 이론에 입각한 오픈 조인트 공법이 개발되고 있다. 기타의 PC 콘크리트 사용법으로서는 치장 부재로서 현장 치기 콘크리트로 쳐넣는 방법이나, 옥상이나 지붕의 방수 누름 등과 같이 모르타르로 고정하면서 깔아 늘어놓는다든지, 가로대나 계단 등과 같은 부품으로서 볼트나 용접에 의하여 설치하는 방법 등이 있다. 이것들의 디테일 해설과 기본적인 그림 예를 나타낸다.

설계상의 유의점

1. 구체(콘크리트조나 철골조 등)와의 고정 방법 검토(층간 변위에 대한 대응은 패널 자체에 변형을 흡수하는 능력이 전혀 없으므로, 커튼 월 등의 경우는 패스너에 의하여 처리한다).

2. PC 콘크리트 부재의 크기와 분할의 검토(PC판 1매의 크기와 중량, 내부 배근이나 보강 리브의 크기와 형상).

3. 세부의 아무림은 공작도나 현치수도를 그리고, 중요한 것은 견본품을 試作하여 확인.

(1) 콘크리트라는 재료가 요구하는 치수나, 형상의 검토(배근에 대한 피복의 확보나 콘크리트의 예각적 단면의 배제 등).

(3) PC 패널에 새시가 설치될 경우의 새시의 아무림, 새시 앵커나 맞춤 줄눈 실링에 대한 검토.

(3) PC 콘크리트 부재를 현장 치기 콘크리트로 쳐넣을 경우는, 접합부에는 신축 줄눈을 세운다.

4. PC 콘크리트 접합부의 처리 방법

(1) 누수의 3요소

① 빗물이 외벽 표면에 있을 것.

② 외벽에 물을 통하는 극간이 있을 것.

③ 물을 실내측에 이동시키는 외력이 존재할 것.

(2) 조인트 줄눈부의 누수를 막는 방수 기구의 검토.

1) 부정형 실링재(실리콘계, 폴리설파이드계, 우레탄계 등으로, 시공 전에는 페이스트상이고, 시공 후에 경화(加硫)하여 고무상의 탄성체가 된다).

② 정형의 실링재(가스킷 등 처음부터 성형된 것).

2) 오픈 조인트의 경우(줄눈부가 어떤 안길이를 가지고 있을 때의 구법으로, 줄눈 내에 외기를 도입하여 등압 공간을 만들고, 외부측에 비막이(레인 베리어)를, 내부측에 기밀 벽(윈도 베리어)을 세움으로써, 물을 이동시키는 힘을 배제한다).

(3) 조인트 줄눈의 구법 검토

1) 드라이 조인트 방식

① 실링재를 사용하지 않는 조인트 방식(이중벽 공법 등).

② 실링재를 표면에 노출시키지 않는 조인트 구법(등압 원리를 이용한 오픈 조인트 구법 등).

2) 실링 조인트 방식

① 2차측 seal을 시행하고(더블 실링), 조인트부의 배수 기구를 고려한다.

② 실링재의 사용 조건·환경 조건을 고려한다.

③ 실링재에 과도한 응력이나 비틀림이 일어나지 않도록 한다.

④ 실링 조인트의 메인테난스를 고려한다.

⑤ 조인트 무브먼트, 실링재의 허용 신축률, 시공 정도, 시공 기술을 고려한다.

(4) 실링 방수의 검토

1) 조인트 무브먼트(실링재 추종성의 검토)

2) 층간 변위 무브먼트에 대한 고려

① 층간 변위의 크기가 1/300 정도이고, 줄눈부의 수밀성·기밀성 저하가 없도록 한다.

② 층간 변위의 크기가 1/200 정도이고, 줄눈부의 부분적 보수만으로 끝나도록 한다.

(5) 실링재에 요구되는 성능

① 수밀성·기밀성

② 내피로성·접착성

③ 복원성

④ 내후성·내열성이나 내한성(겨울에 시공한 외장의 실링 줄눈에는 항상 압축 응력만이 가해지고, 한여름에 시공하면 인장 응력만이 줄눈부에 걸리게 된다. 실링재는 압축에 지극히 약하므로, 시공 시기에 따라 예기치 않는 결과가 생기는 일이 있으므로 주의)·내수성(흡수하고 있는 콘크리트와의 접착성이나 내알칼리성에 대한 검토)·내약품성.

⑤ 내오염성(빗물에 접하는 실링 줄눈의 주위는 오염이 두드러지고, 심할 때에는 곰팡이의 발생도 보인다. 줄눈부에 비가 가능한 한 닿지 않는 형상으로 하거나, 오물이 눈에 띄지 않는 마무리나 색을 고려할 필요도 있다).

5. PC 콘크리트 패널의 표면 마무리 종류와 검토

① 거푸집의 나무결을 치장으로 한, 타설 그대로의 결이나 표면 두들기기 마무리(손으로 마무리한 것이나 기계적으로 하는 것).

② 콘크리트 타설한 뿜칠 마무리(뿜칠 타일, 리신, 세라스킨, 특수 도료 뿜칠 등).

③ 자갈 씻어내기 마무리(거푸집 박리제를 이용하여, 표면 콘크리트의 경화를 지연시키고, 여분의 시멘트를 씻어내린다든지, 브러시 등으로 떨어뜨린다든지 하는 방법이 있다).

④ 갈기 모자이크 타일 쳐넣기, 자기질 타일 쳐넣기.

⑤ 대리석의 깬돌 쳐넣기, 어영석(버너 마무리, 본갈기 등. 열변형이나 열 팽창에 따라 표면재가 갈라진다든지, 젖혀진다든지, 박리한다든지 할 우려가 있고, 특히 어두운 색계의 돌을 사용할 경우는 직접광의 흡수가 크므로 주의가 필요) 쳐넣기 등이 있다.

6. PC 콘크리트 패널의 설치 방법 검토

(강성이 비교적 작은 금속 패널은 약간 면 내외의 변위를 낳는데, 강성이 큰 PC 부재 등은 거의 면 내외의 변위를 일으키지 않는다)

① PC 콘크리트판의 고정 방식

② 로킹 방식(회전 방식) 주로 패널의 회전에 의한 층간 변위를 흡수한다.

③ 슬라이딩 방식(수평 이동 방식) 주로 패널의 수평 변위에 의하여 층간 변위를 흡수한다.

시공상의 요점

1. PC 콘크리트 제작시의 점검

(1) PC 콘크리트의 단면형이나 표면 마무리, 크기에 의한 거푸집의 재질, 정도의 확인(일반적으로는 철판제 거푸집이지만,

목제 거푸집의 경우는 두께 25mm 정도는 요구된다).

1) 크기(치수)나 패널일 경우 보강 리브 등의 형상 체크.

2) 조인트 줄눈부의 실링재 부착이나 아무림 상태는 좋은가.

3) 돌의 쳐넣기일 경우는 석재와 콘크리트의 부착력만에 기대하지 말고, 스테인레스 등의 철물로 앵커를 취한다.

(2) 시멘트, 골재, 물 등의 품질 확인

1) 제조 공장의 시멘트 마무리 껍질의 색조를 체크(특히 타설 마무리에는 주의).

2) 공기를 생각하여 조강 시멘트의 사용도 가능.

3) PC 부재의 두께, 또는 지름이 12cm 이하인 경우는 골재

● 조인트부에서의 우수 침입의 메커니즘

우수 침입의 메커니즘		대 책
(1) 중력의 작용	줄눈내에 아랫쪽으로 향하는 경로가 있으면 우수는 자중으로 침입한다. 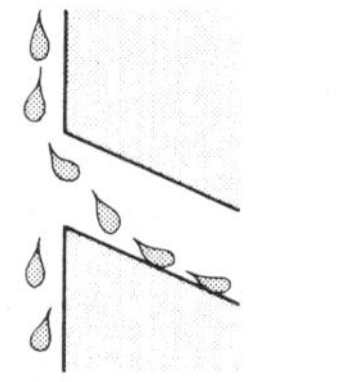 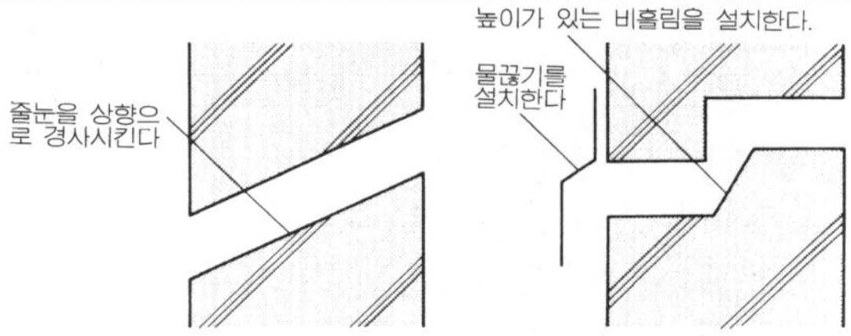	줄눈을 상향으로 경사시킨다 / 높이가 있는 비흘림을 설치한다. / 물끊기를 설치한다
(2) 모세관 현상	간격 너비가 0.5mm정도일 때 일어난다.	에어 포켓으로 되는 공간을 설치한다. 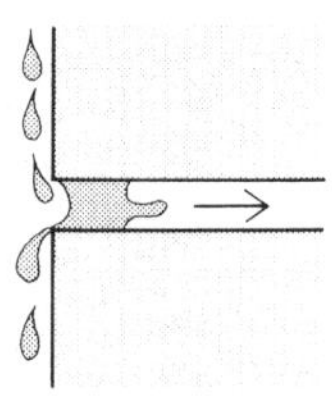 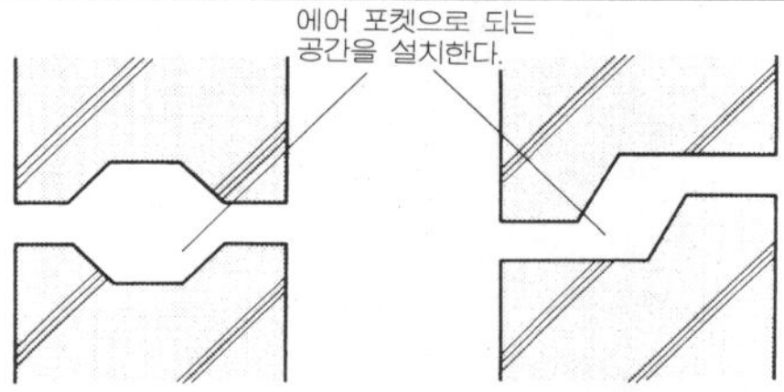
(3) 기압의 차	풍압 등으로 건축물의 내외에 생기는 기압차에 의한 공기의 이동으로 우수가 침입한다. 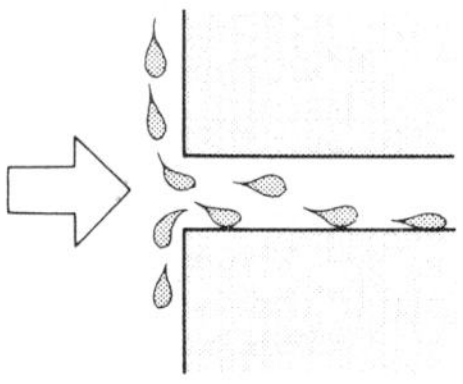 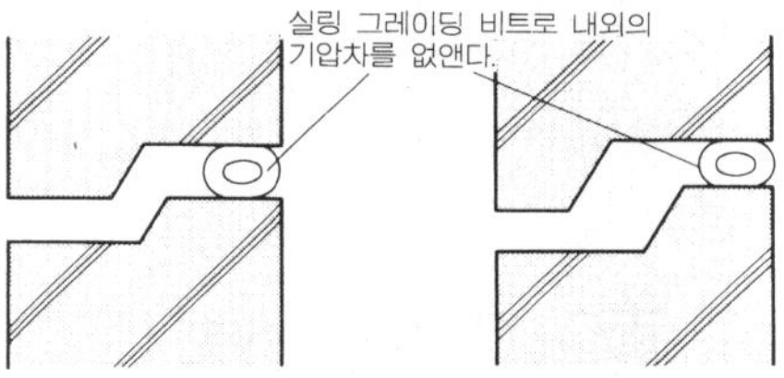	실링 그레이딩 비트로 내외의 기압차를 없앤다.
(4) 운동 에너지	중력이나 바람의 영향으로 빗방울이 날려 들어간다. 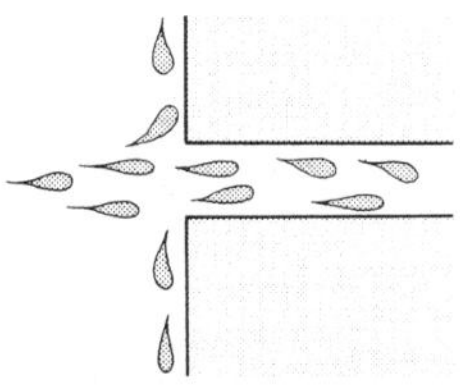 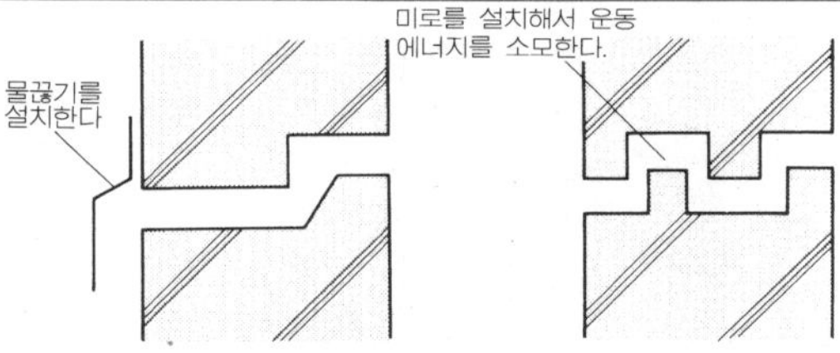	물끊기를 설치한다 / 미로를 설치해서 운동에너지를 소모한다.
(5) 표면 장력	표면 장력으로 외벽의 표면을 타고 들어간다. 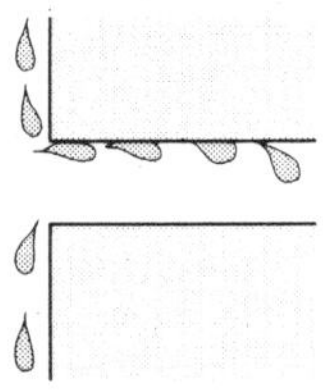 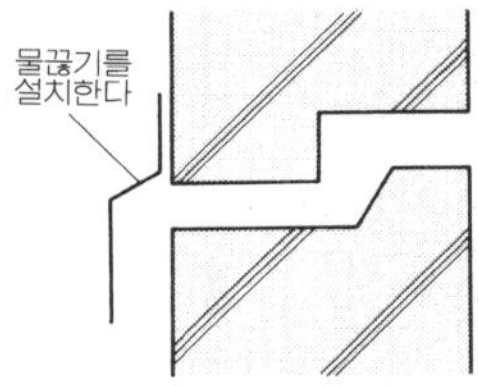	물끊기를 설치한다
(6) 기류의 작용	기류에 의해 빗방울이 침입한다. 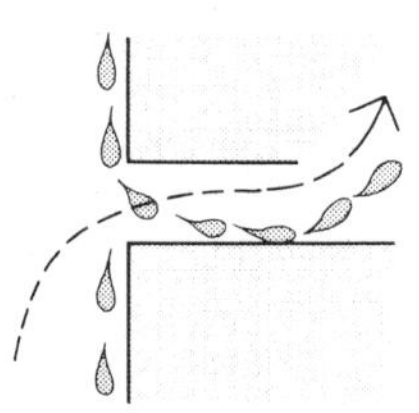 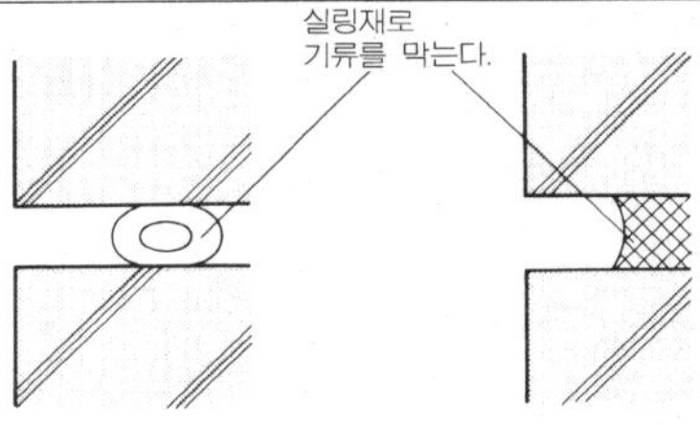	실링재로 기류를 막는다.

의 최대 입경은 10mm일 것.

(3) 배합에 의한 강도 및 슬럼프는 시험 반죽에 의하여 정할 것.

1) 4주 압축 강도는 250kg/m^2 정도 이상은 요구된다.

2) 슬럼프는 2~6cm 정도가 좋다.

3) AE제 등 혼화제는 기준량을 확인한다.

(4) PC 콘크리트 내의 배근, 보강근, 인서트 등의 체크.

1) 패널 두께 60~120mm 정도의 평지에서는 8# 메시 @100 mm, 또는 10# 메시 @150mm 정도로 한다.

2) 보강 리브 내 배근은 앵커를 위해서도 중요하고, 굵은 철근을 넣는다.

(5) 쳐넣기는 진동 치기로 한다.

1) 공장 제작에서의 경우는 상용 진동 설비를 이용한다.

2) 현장 제작의 경우는 진동기를 동시에 거푸집 내외에 사용하여, 완전한 죄기를 한다.

(6) 양생에 대한 확인

1) 공장 제작의 경우는 증기 양생 등.

2) 현장 제작의 경우는 직접 시트 등을 걸어 쳐넣기 후 5일간을 수시로 살수를 하며, 습윤 상태를 지킨다(그 사이 위치, 기타 이동, 전위는 하지 않고 양생 계속).

2. 현장 설치(부착)시의 확인

(1) 바탕의 조정은 설치하는 부분의 콘크리트 또는 철골 등의 녹, 먼지, 페인트, 기름, 기타의 이물을 완전히 제거하고, 콘크리트에 있어서는 습윤한 상태로 지킨다.

(2) 다소의 침입수가 있을 수 있는 조인트를 설계할 경우는 패스너 등 금속 부분의 내식을 고려하여, PC 콘크리트의 설치 철물은 스테인레스제를 하고, 스틸의 경우는 아연 도금 섞은 반죽(또는 용융 아연 도금 바름)일 것. 또한 용접 개소는 용접 후 반드시 녹 방지를 한다.

(3) PC 콘크리트 설치는 둘쑥날쑥이나 수평 등을 바르게 조절한다(커튼 월 설치 등은 높이 조정 볼트 및 루즈 홀 등에 의한 둘쑥날쑥, 상하·수평 방향의 조정 확인).

(4) PC 콘크리트 설치부의 볼트 죄기나, 앵커 용접 등은 소정의 강도가 얻어지고 있는가 확인.

(5) 조인트부의 콘크리트 및 채움 모르타르는 밀어 죄기와 태핑을 하여 철물의 주위, 그리고 구석구석까지 충전한다. 설치 등에 이용하는 모르타르의 배합비는 1 : 2.5로 하고, 연질도는 정착부의 상황에 따라 결정한다.

(6) 프라이머의 종류와 seal 상태의 확인(가로 세로 줄눈 모두 부정형 실링재에 의할 경우는 백업재를 포함한 실의 아무림 상태를 잘 확인하여 둔다).

PC 콘크리트 조인트부의 실링

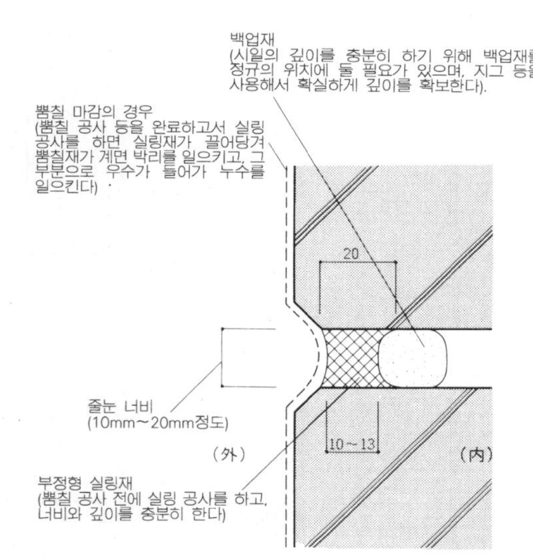

등압 원리와 오픈 조인트

등압 공간
①등압 공간의 용량과 공기 도입 구멍의 크기 조절이 중요하다(외기와의 압력을 같게 한다)
②비흘림으로부터 들어온 우수를 기밀벽에 접근해서 처리한다.

비흘림(레인배리어)
①날려 들어오는 빗방울을 저지한다.
②압력 조정 구멍(공기 도입구)——외기와 등압 공간의 압력을 같게 한다.
③등압 공간에 들어간 물을 배수한다.

오픈 조인트의 장점

① 배수 기구가 쉽다.

② 기밀재가 안에 들어있으므로 내구성이 있다.

③ 기밀재에 약간의 결함이 있어도 즉시 누수하지 않는다.
내외의 기압차가 7kg/m_2이내라면 적합하다.

1. PC 콘크리트판 이중벽 공법

● 종방향 고정식 조인트부 부정형 실링

횡방향은 줄눈투과 프리

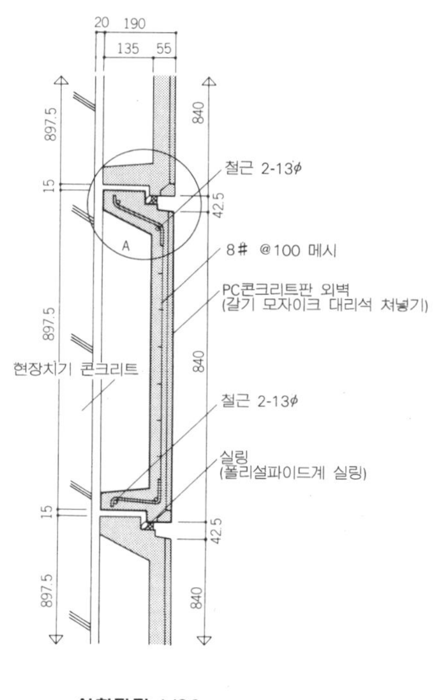

설치단면 1/20

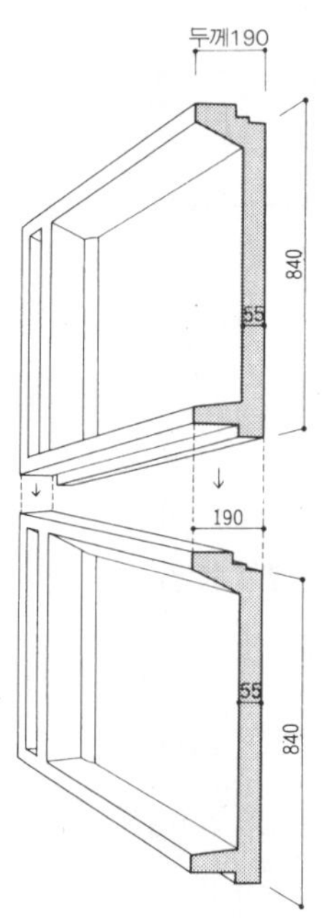

PC패널 외관

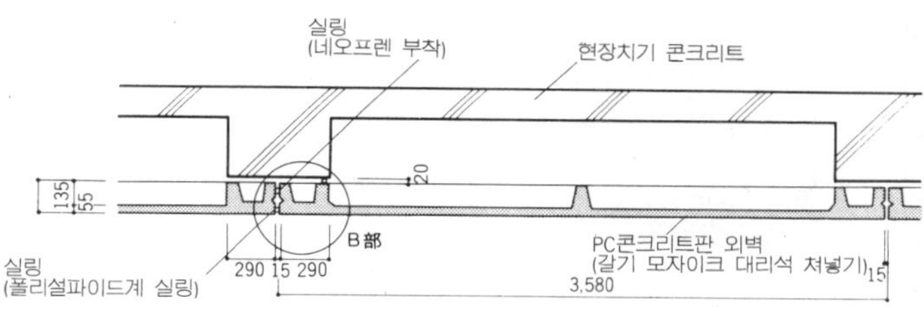

설치평면 1/60

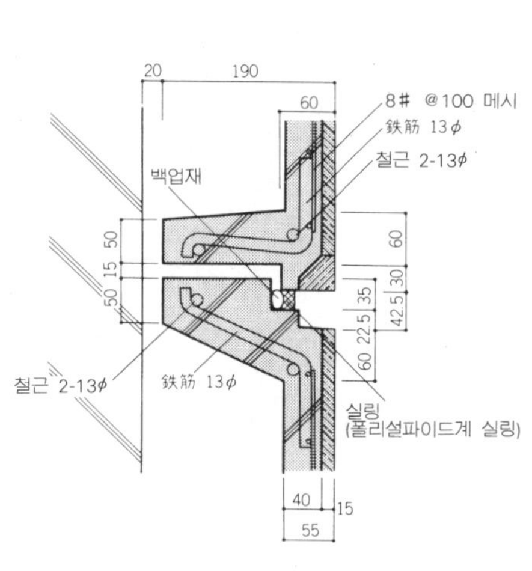

A부 상세 1/10

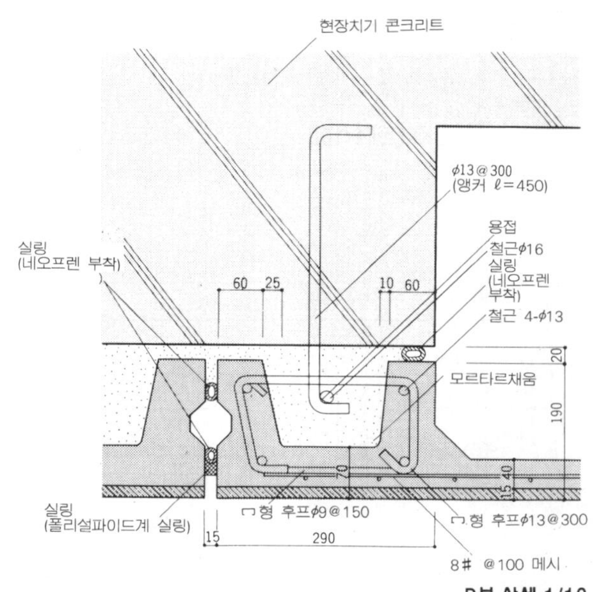

B부 상세 1/10

● 횡방향은 거듭 경사벽을 피복

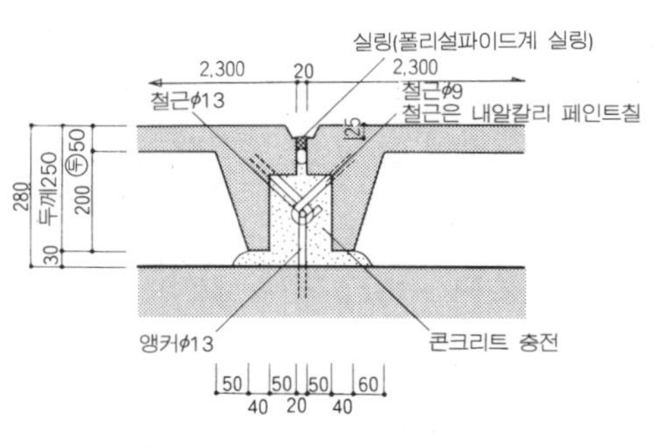

횡단면 1/20

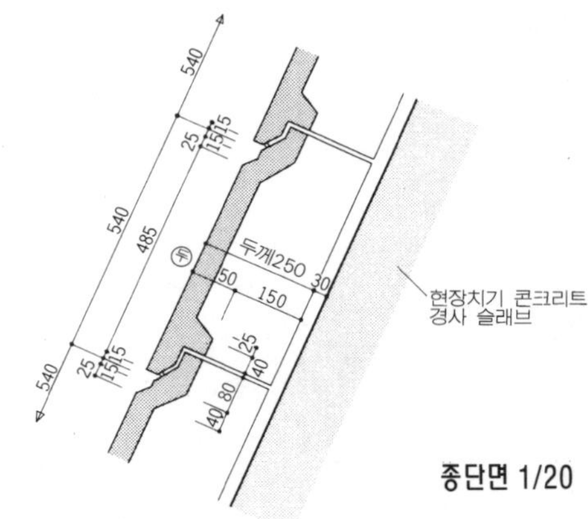

종단면 1/20

● 달아 맴식(조인트부 부정형 실링)

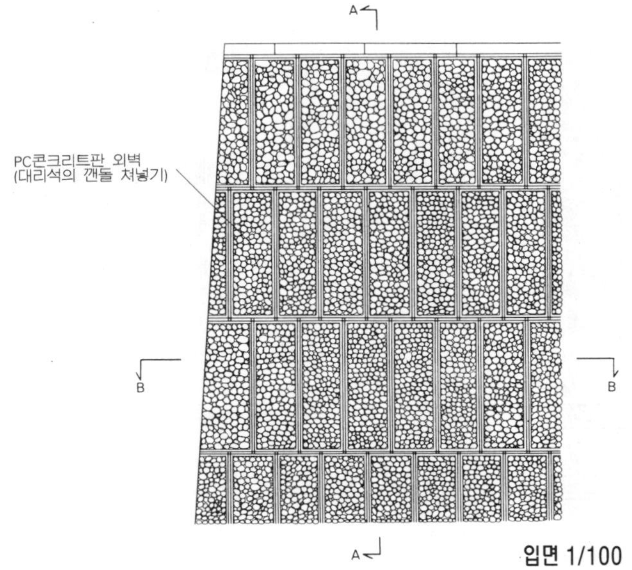

입면 1/100

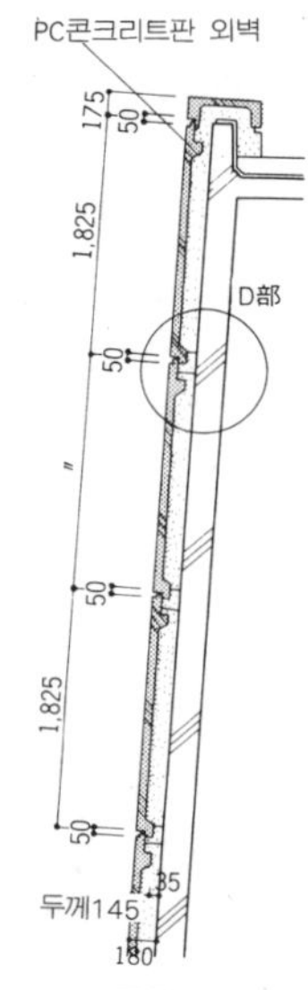

A-A 단면 1/100

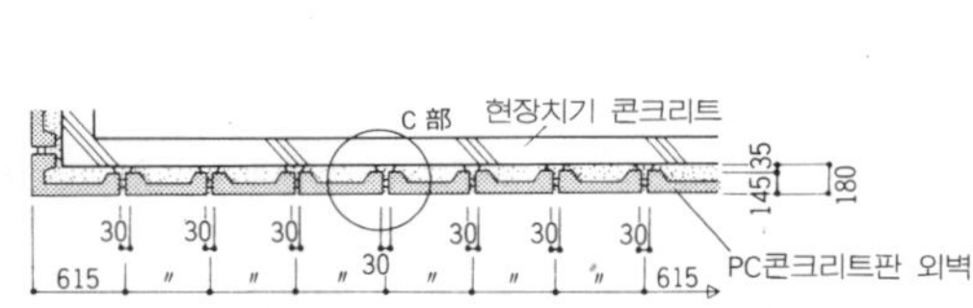

B-B 단면 1/100

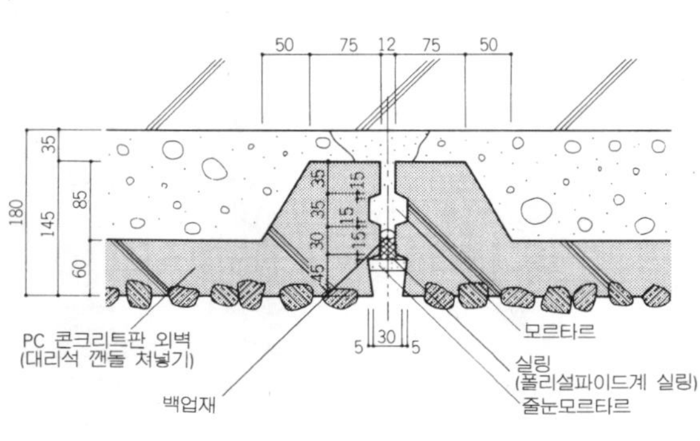

C부 상세 1/10

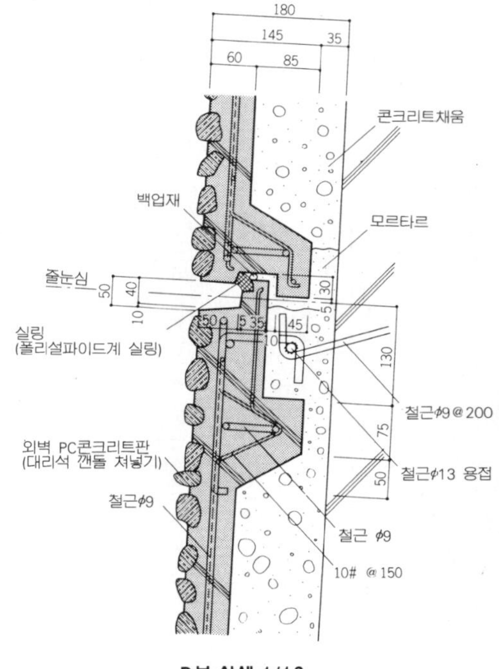

D부 상세 1/10

● 횡방향고정식(드라이 조인트 방식)

타일처널기방법

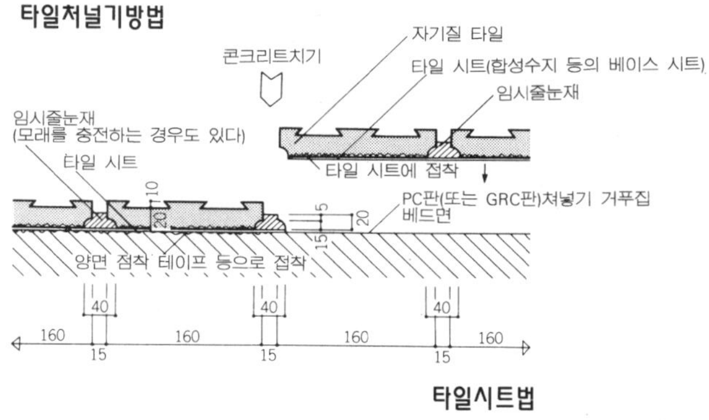

타일시트법

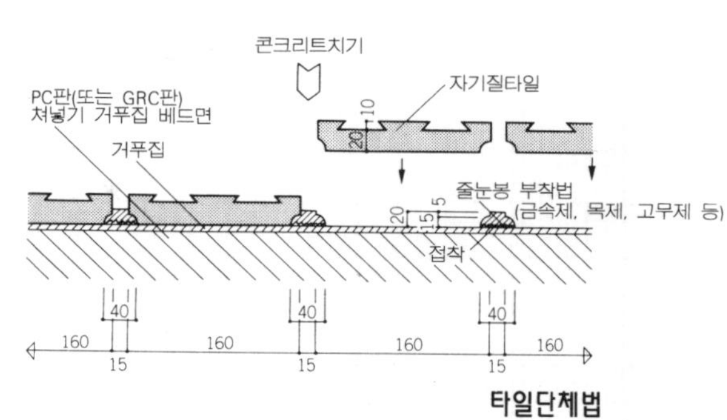

타일단체법

기타 방법 설치 줄눈법 : 타일을 배열하면서 동시에 줄눈 보강재를 설치한다.
줄눈틀법 : 경질 고무제, 발포 스티롤제의 줄눈틀재를 사용한다.

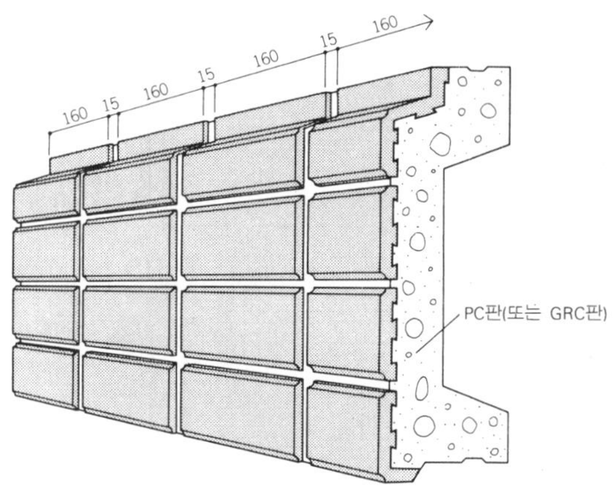

PC판 또는 GRC판 외관

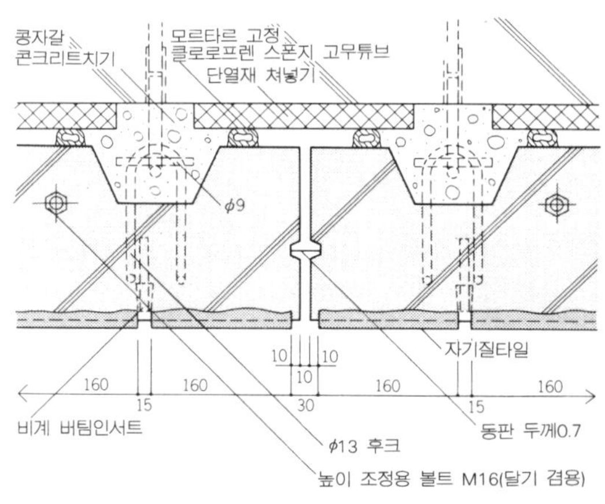

평면 1/10

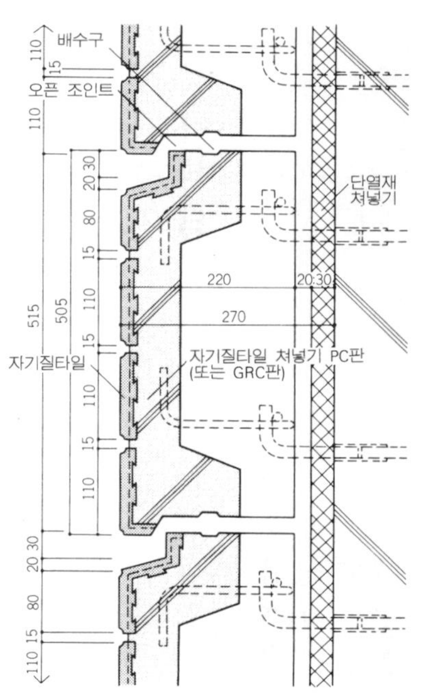

단면 1/10

● 상하좌우 고정식(조인트부 정형 실링)

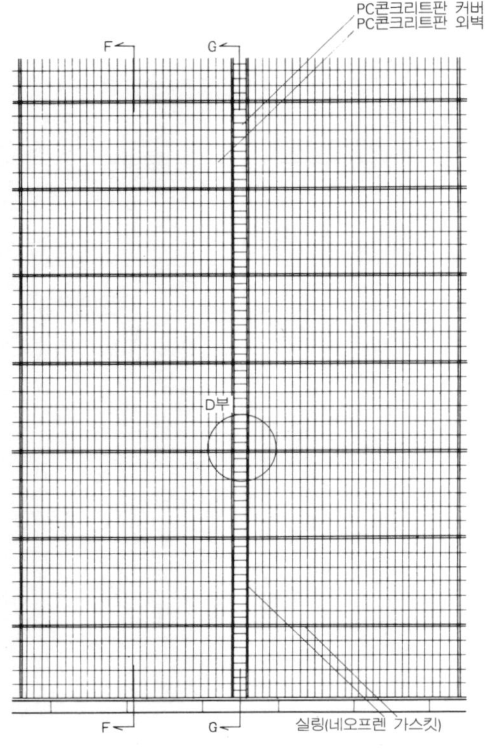

입면 1/100

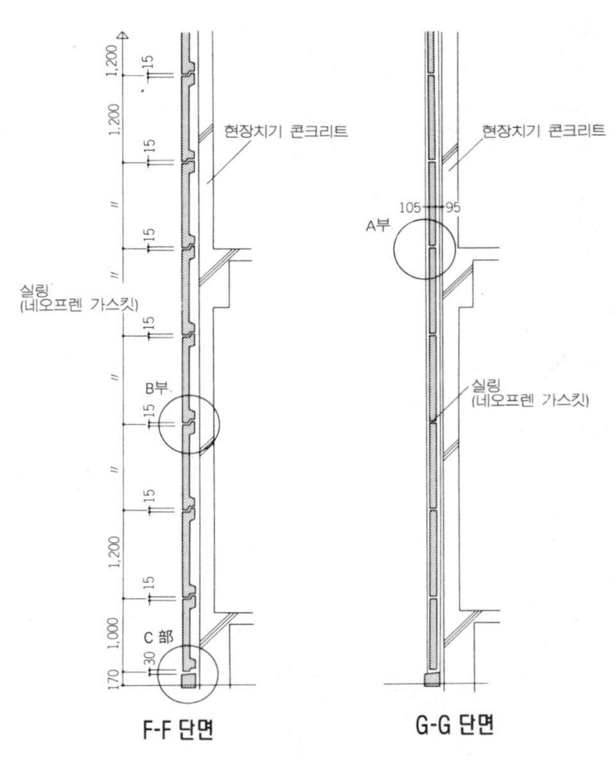

단면 1/100

현장치기 콘크리트
E부
PC콘크리트판 외벽
실
(네오프렌 가스킷)

평면 1/100

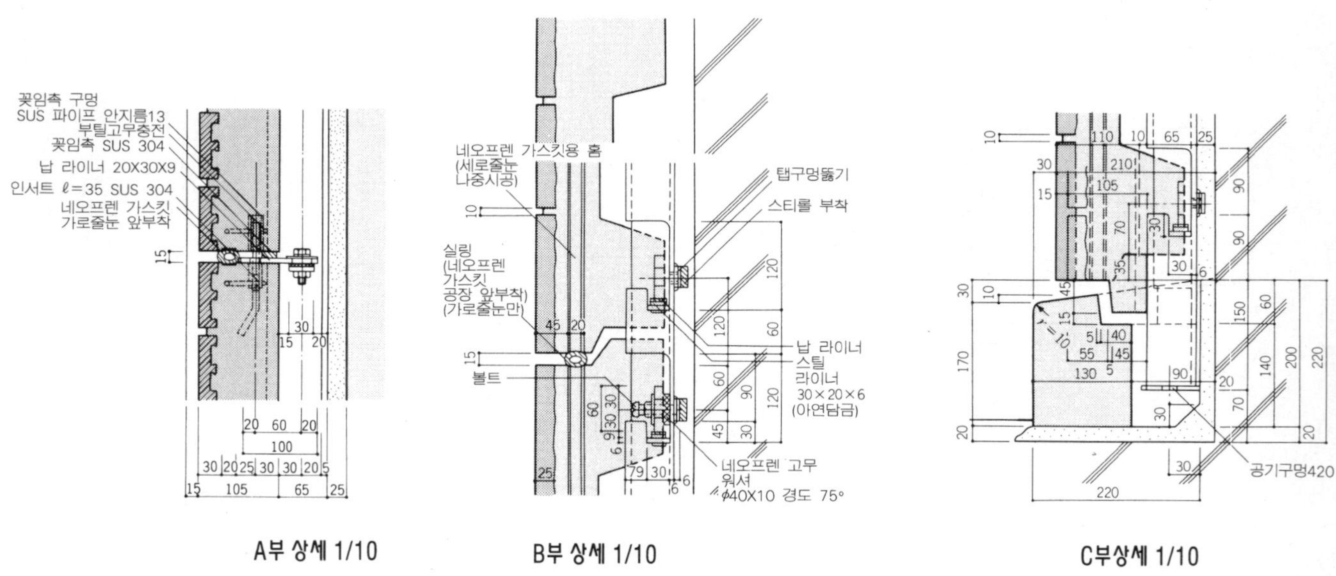

A부 상세 1/10

B부 상세 1/10

C부상세 1/10

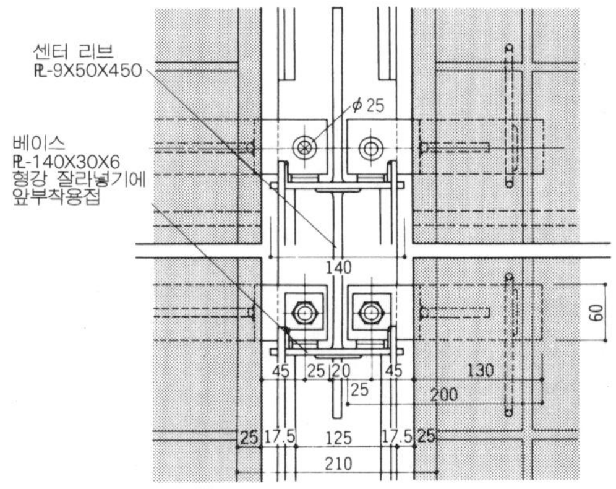

D부 상세 1/10

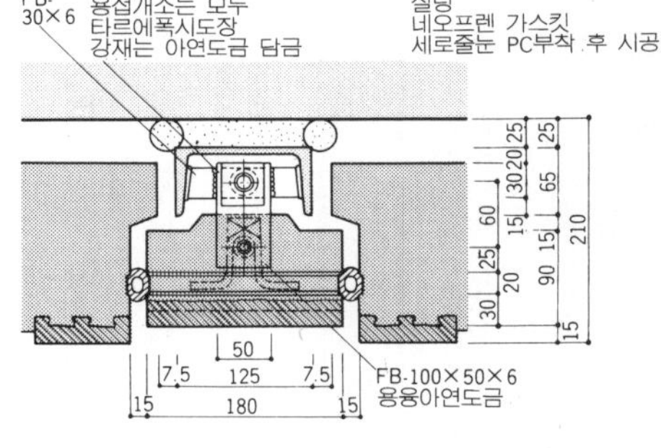

E부 상세 CPC커버) 1/10

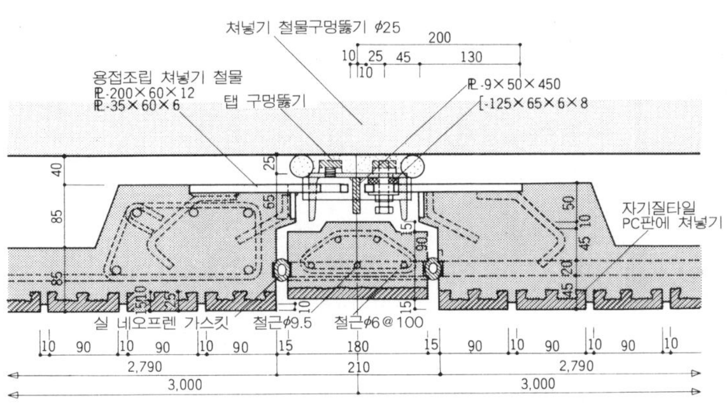

E부 상세(패턴 1) 1/10

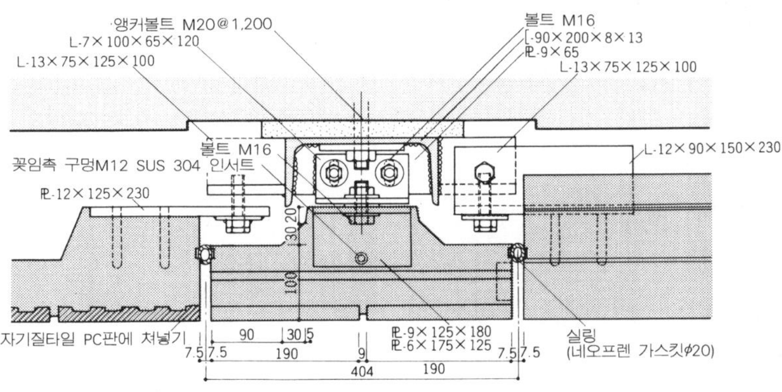

E부 상세(패턴 2) 1/10

2. PC 콘크리트판 커튼월 공법

[예 1 조인트부 부정형 실링]

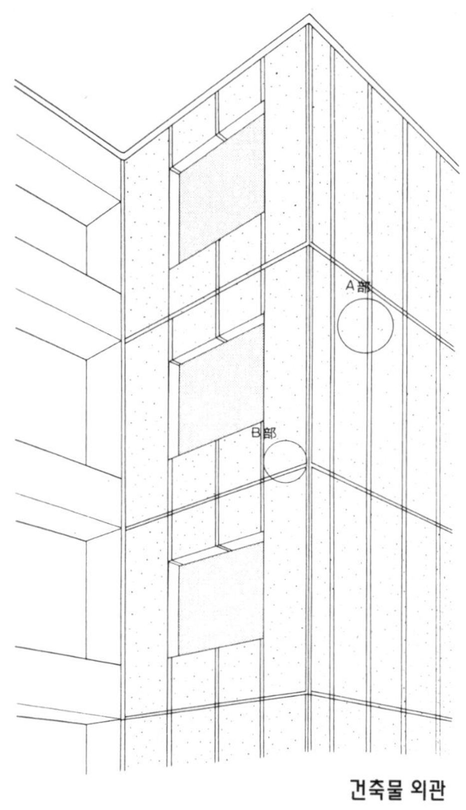

건축물 외관

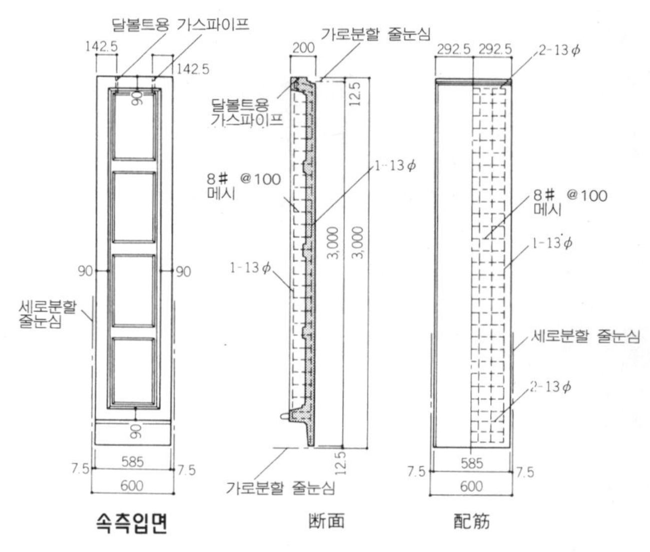

PC패널 1/60

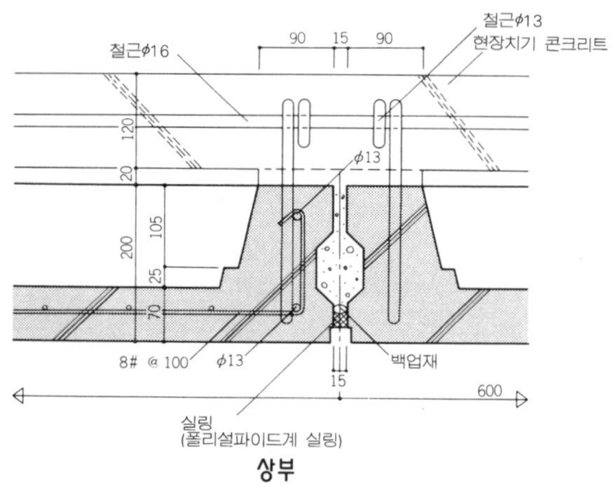

상부

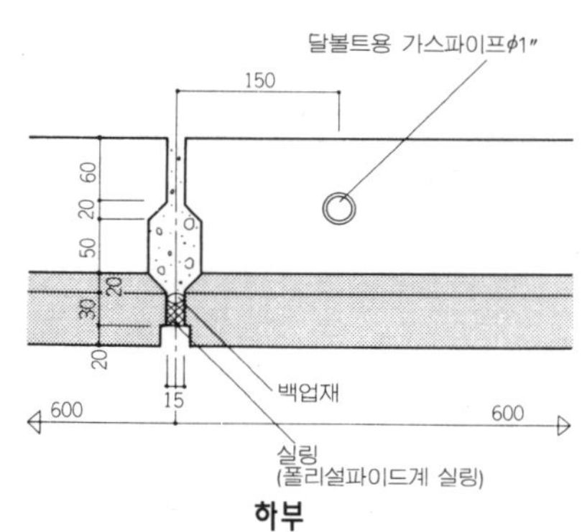

하부

A부상세 1/12

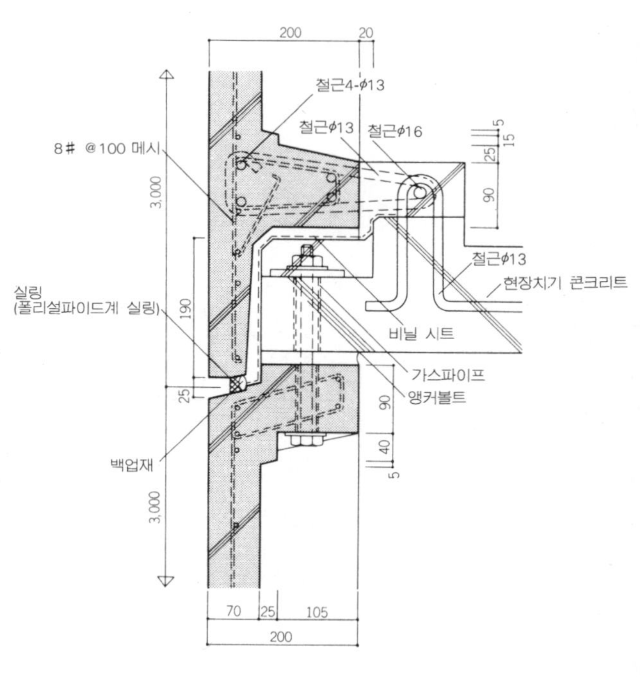

B부 상세 1/10

[예 2 새시주위의 아무림]

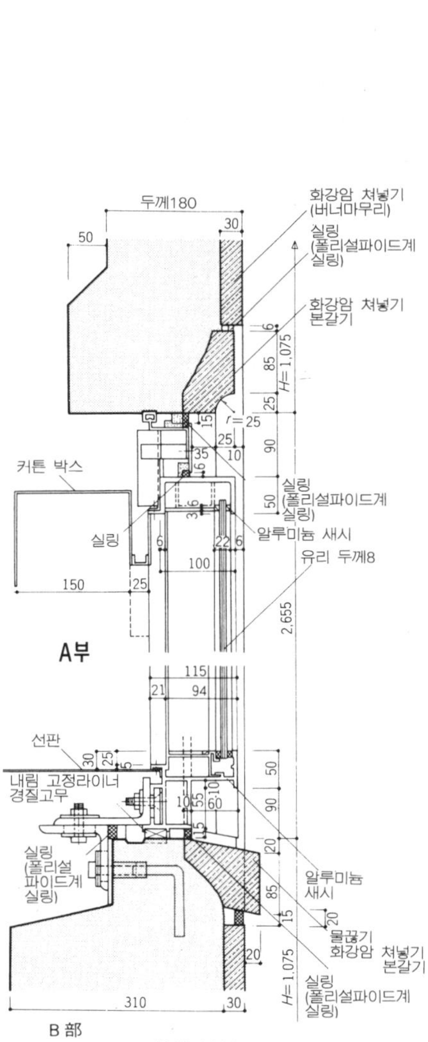

두께180
50
30
화강암 쳐넣기
(버너마무리)
실링
(폴리설파이드계
실링)
화강암 쳐넣기
본갈기
H=1,075
r=25
커튼 박스
실링
(폴리설파이드계
실링)
알루미늄 새시
유리 두께8
실링
150
25
100
2,655
A부
115
21
94
선판
내림 고정라이너
경질고무
실링
(폴리설
파이드계
실링)
알루미늄
새시
물끊기
화강암 쳐넣기
본갈기
실링
(폴리설파이드계
실링)
310
30
B部

상세 1/10

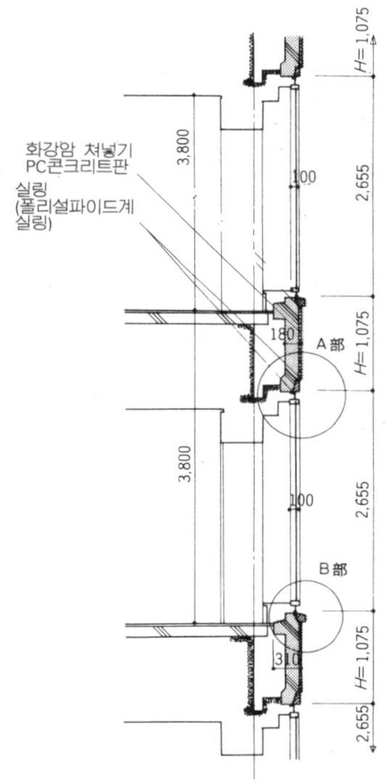

화강암 쳐넣기
PC콘크리트판
실링
(폴리설파이드계
실링)
3,800
100
2,655
H=1,075
180
A部
B部
310

단면 1/100

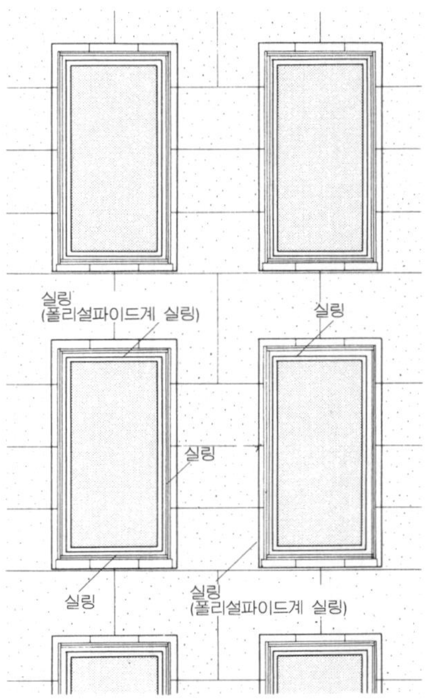

실링
(폴리설파이드계 실링)
실링
실링
실링
실링
(폴리설파이드계 실링)

입면 1/100

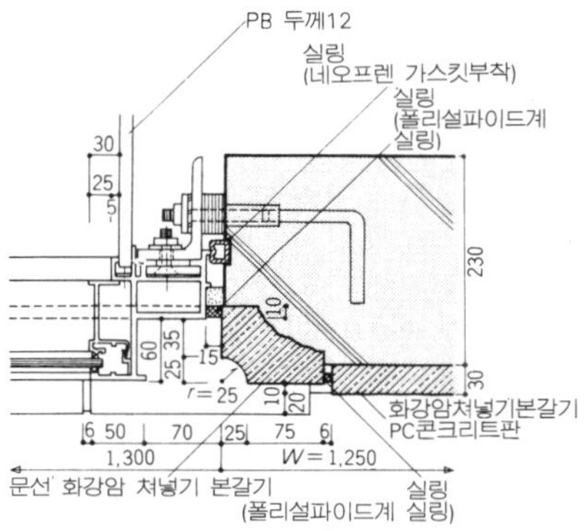

PB 두께12
실링
(네오프렌 가스킷부착)
실링
(폴리설파이드계
실링)
230
r=25
화강암쳐넣기본갈기
PC콘크리트판
1,300
W=1,250
문선 화강암 쳐넣기 본갈기
실링
(폴리설파이드계 실링)

C부 상세 1/10

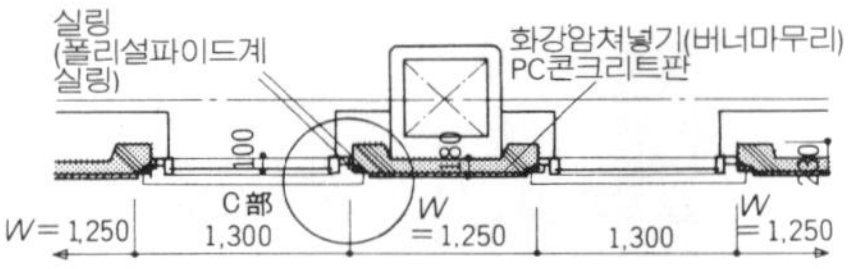

실링
(폴리설파이드계
실링)
화강암쳐넣기(버너마무리)
PC콘크리트판
C部
W=1,250
1,300
W=1,250
1,300
W=1,250

평면 1/100

[예 3 조인트부 더블 실링 방식]

2,700
3,950
화강암쳐넣기(버너마무리)
PC콘크리트판 1패널

입면 1/100

FL
3,950
3,950
40
250
50
화강암쳐넣기(버너마무리)
PC콘크리트판 외벽
1차 실(네오프렌 가스킷)
2차 실(폴리설파이드계 실링)
F部
FL
40

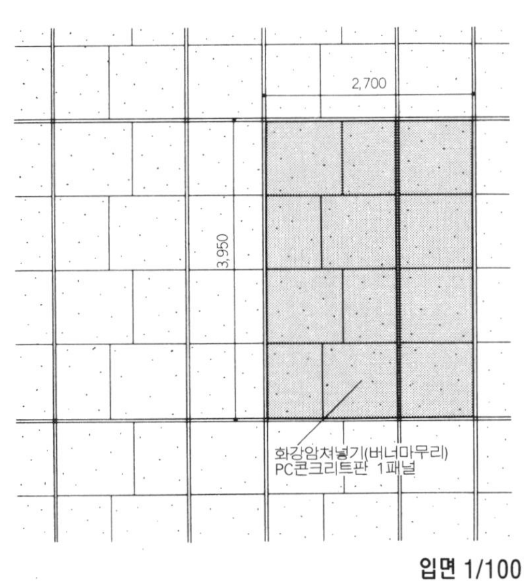

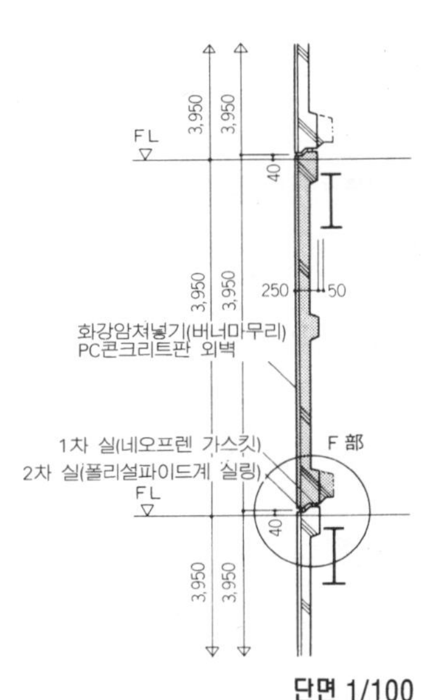

단면 1/100

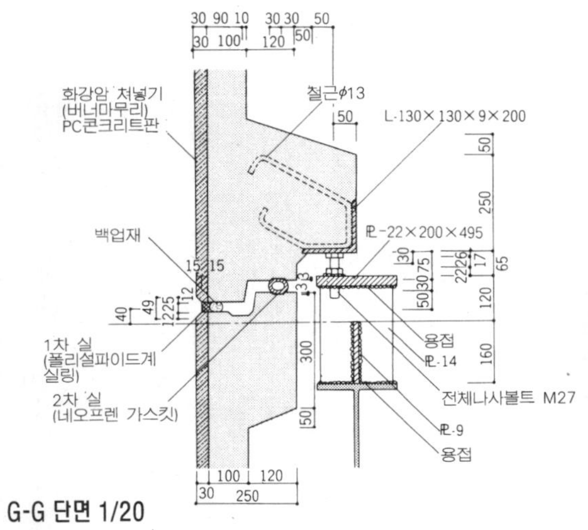

G-G 단면 1/20

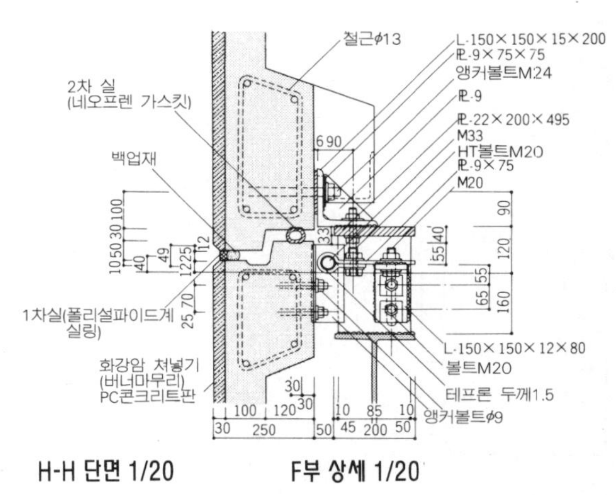

H-H 단면 1/20 F부 상세 1/20

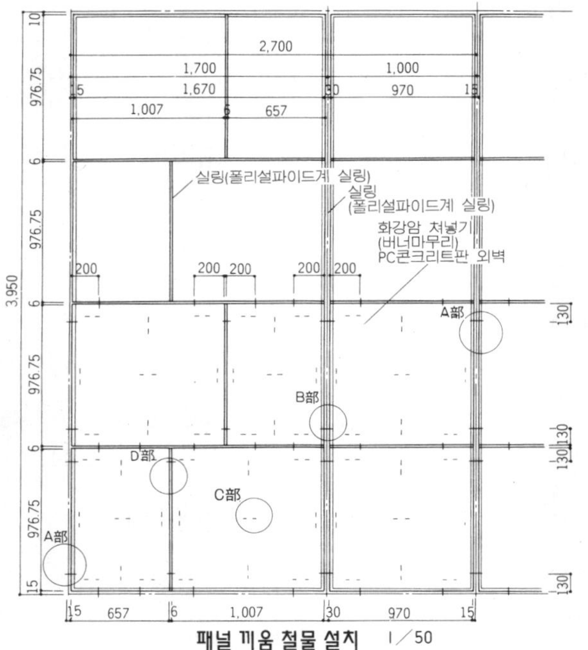

패널 끼움 철물 설치 1/50

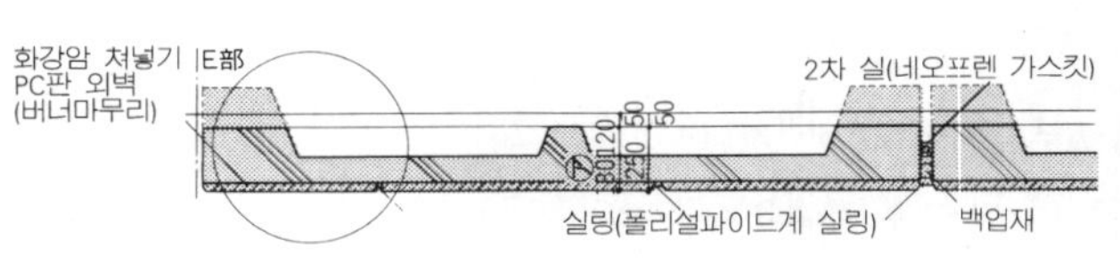

화강석 끼움 PC콘크리트판 평면 1/50

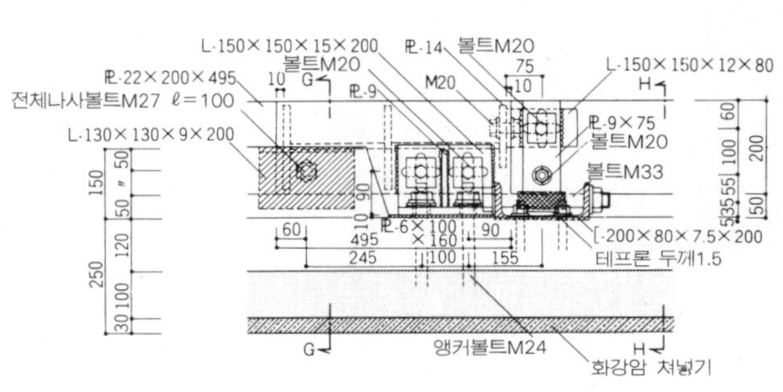

E부 상세 1/20

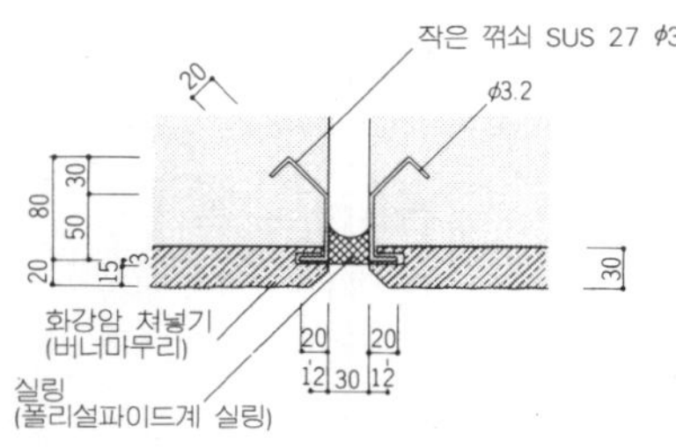

A부 상세 1/10

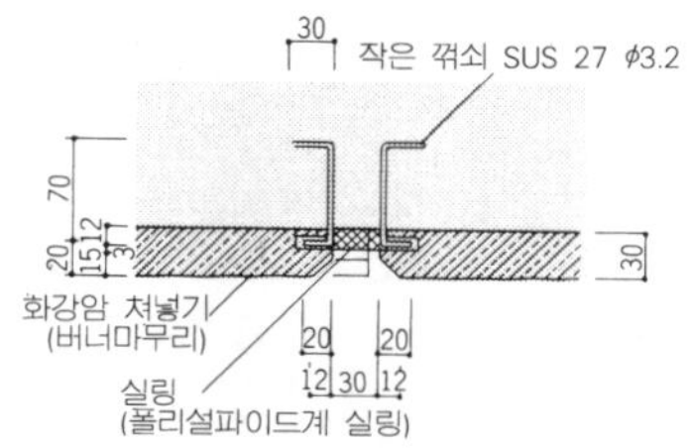

B부 상세 1/10

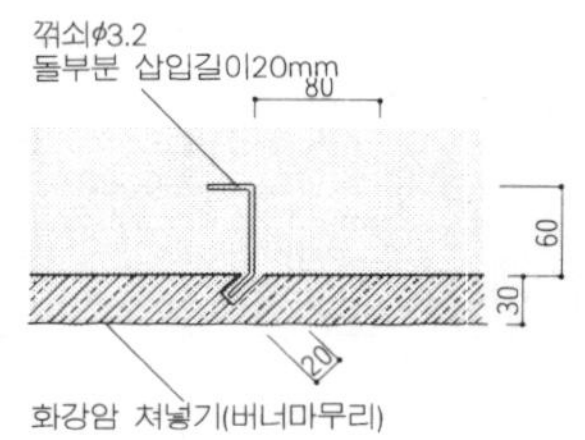

C부 상세(패널 1) 1/10

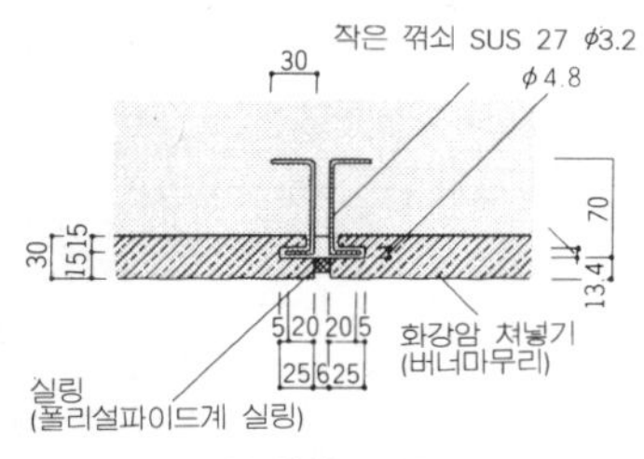

D부 상세 1/10

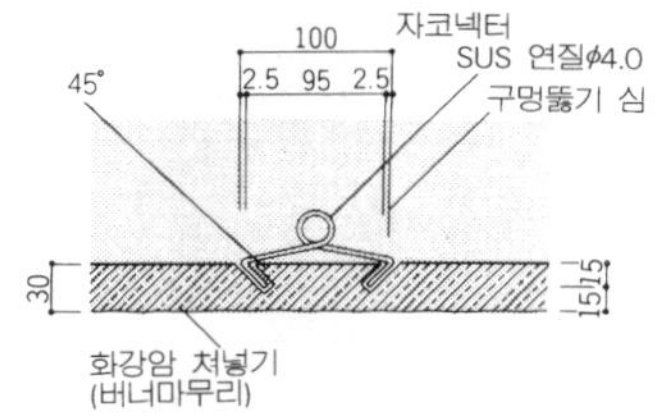

C부 상세(패턴 2) 1/10

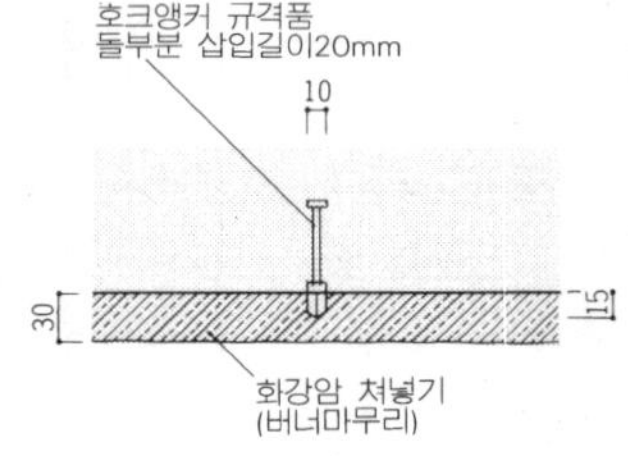

C부 상세(패턴 3) 1/10

3. PC 콘크리트 부재 끼움

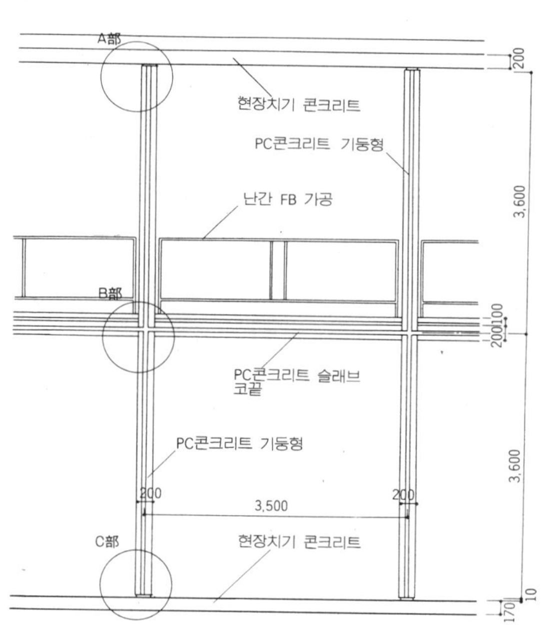

발코니 입면 1/100

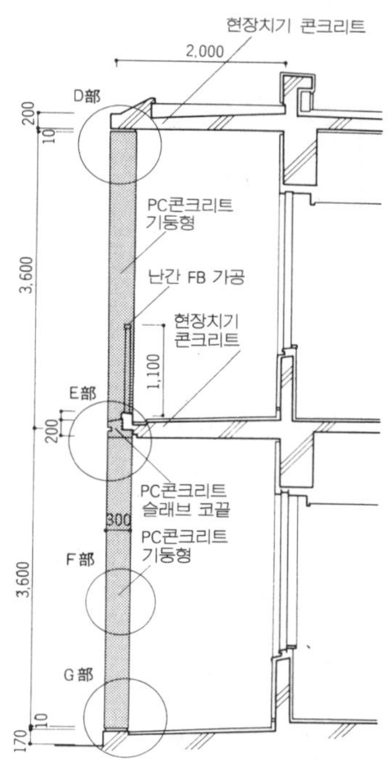

발코니 단면 1/100

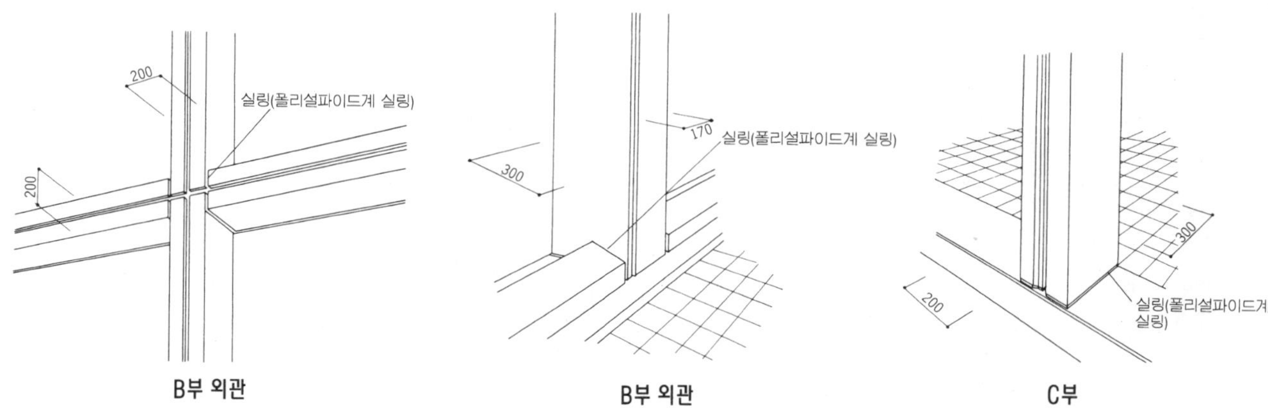

B부 외관

B부 외관

C부

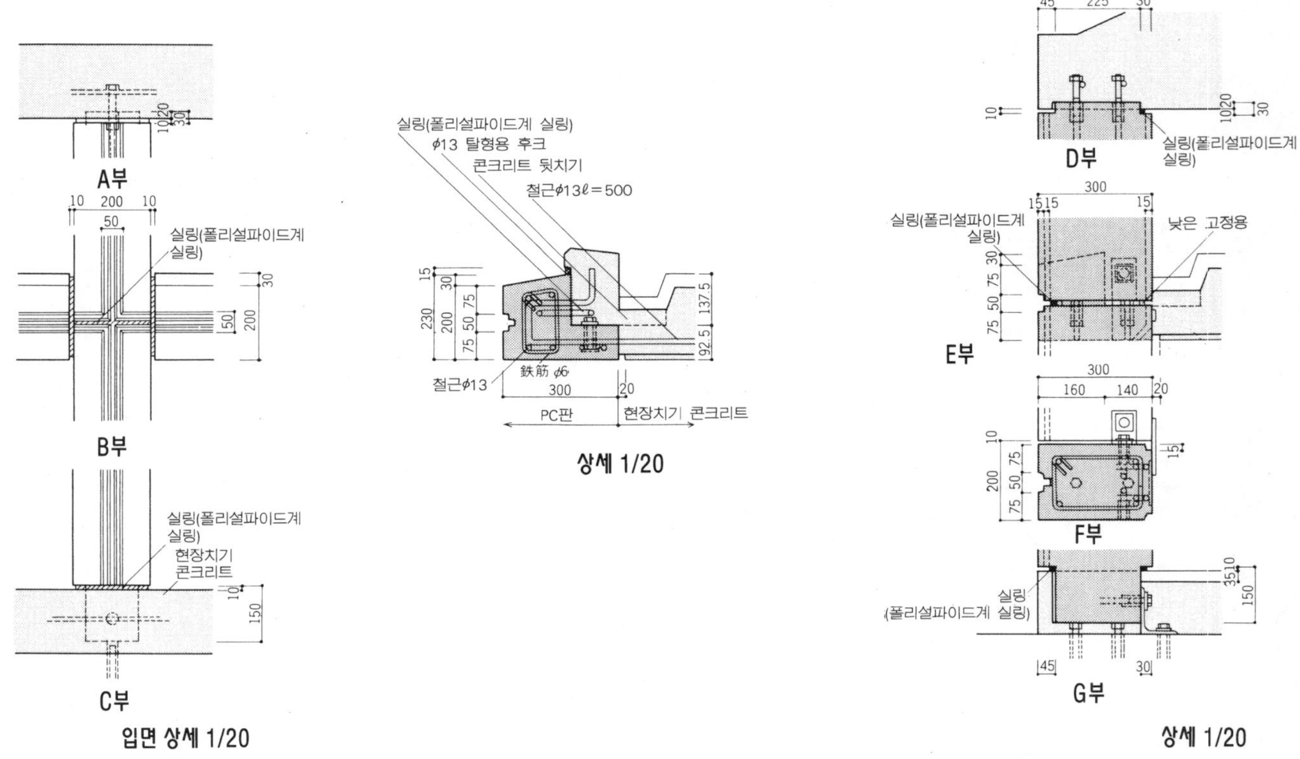

4. 지붕을 피복 PC 콘크리트판

● 옥상 방수누름 • 보호 • 마감

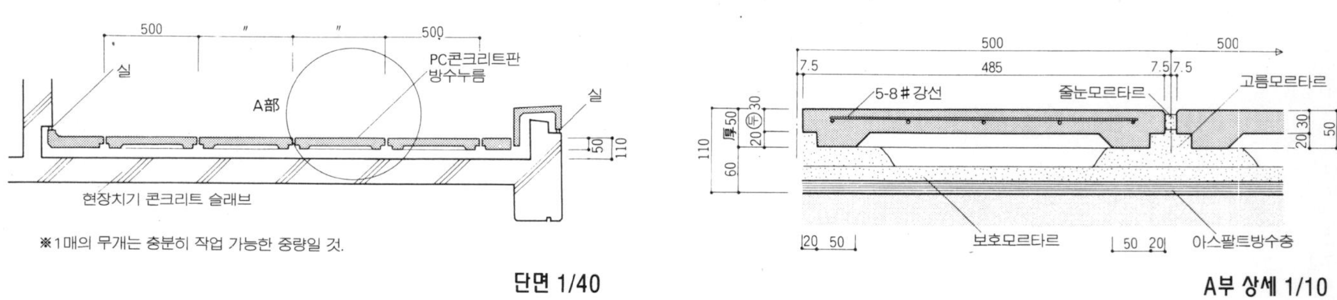

● 경사지붕을 피복한 PC 콘크리트판

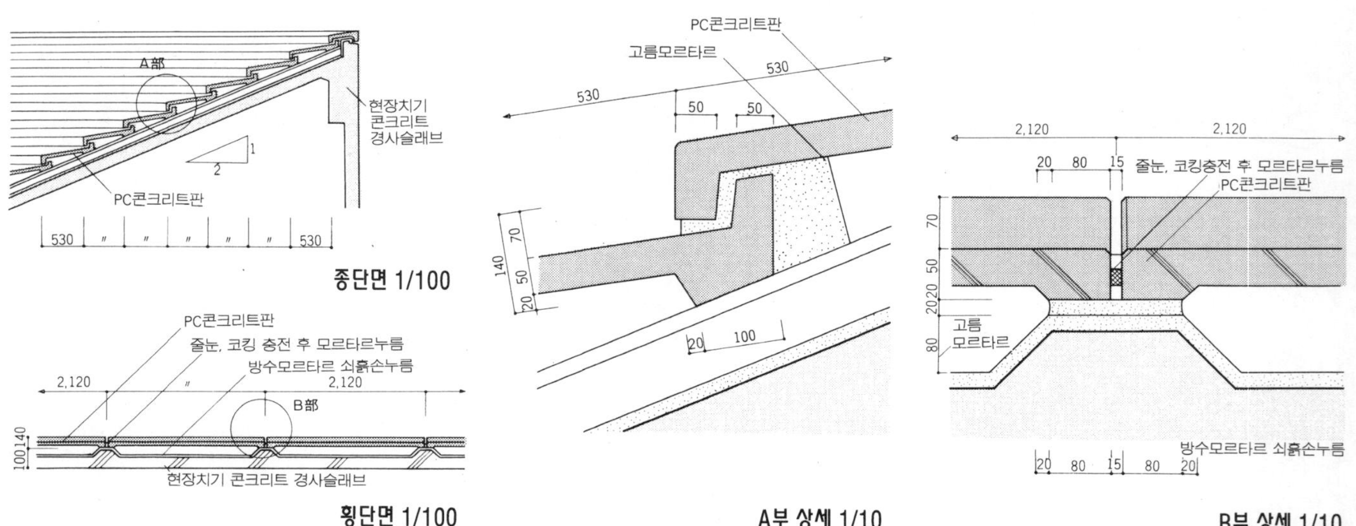

5. PC 콘크리트에 따른 부품

● 난간 · 두겁 · 걸레받이

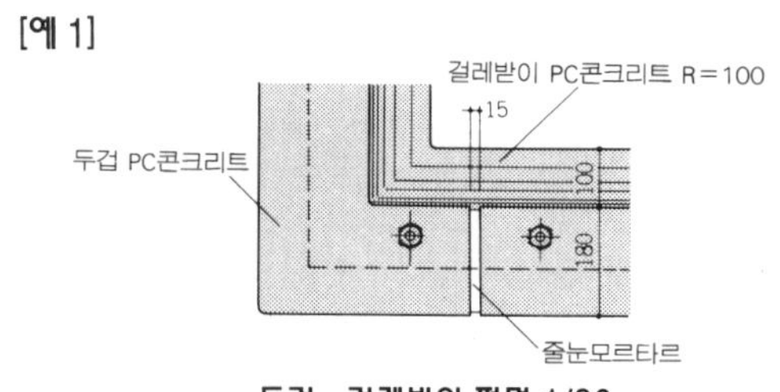

두겁 · 걸레받이 평면 1/20

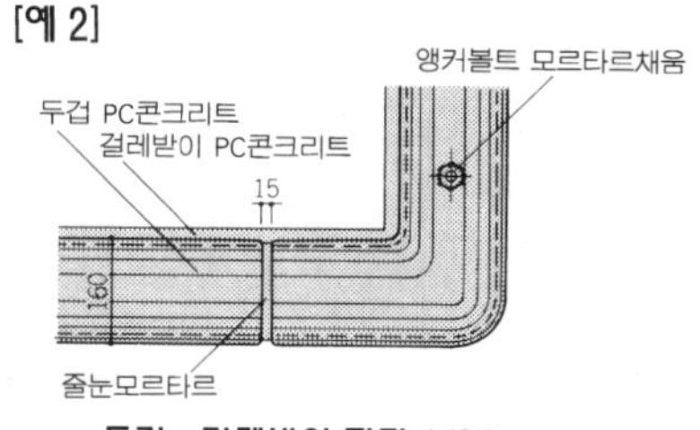

두겁 · 걸레받이 평면 1/20

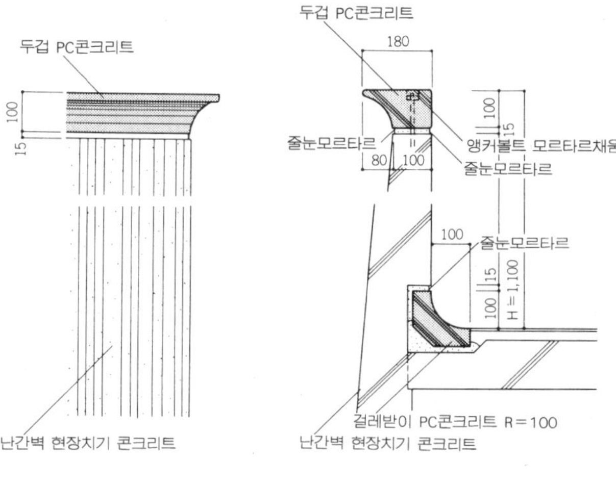

두겁 입면 1/20

두겁 · 걸레받이 단면 1/20

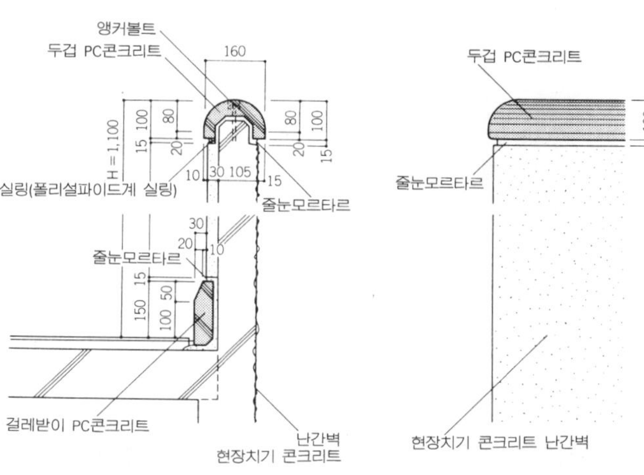

두겁 · 걸레받이 단면 1/20

두겁 입면 1/20

● 계단(보+단판)

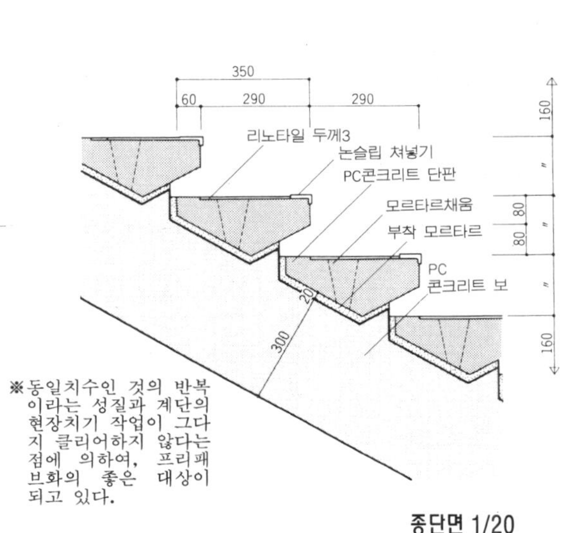

※동일치수인 것의 반복이라는 성질과 계단의 현장치기 작업이 그다지 클리어하지 않다는 점에 의하여, 프리패브화의 좋은 대상이 되고 있다.

종단면 1/20

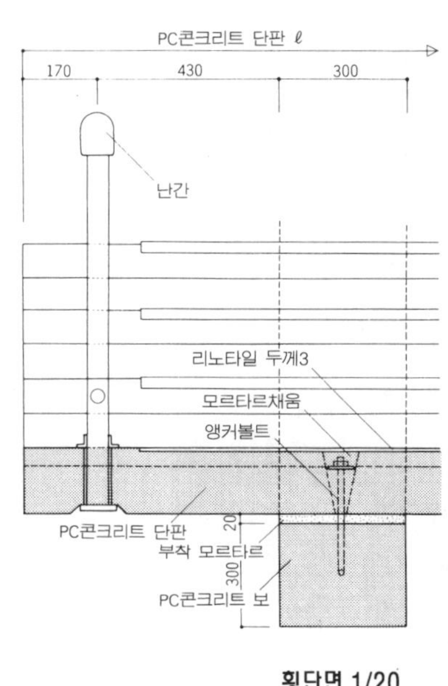

횡단면 1/20

● 패러핏 두겁

조인트 줄눈모르타르
두겁 PC콘크리트

PC콘크리트 두겁 평면 1/20

● 아스팔트 방수 누름

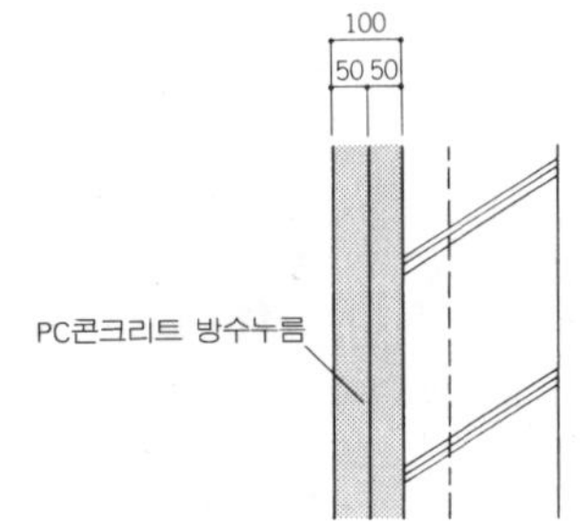

PC콘크리트 블록 방수 누름 평면 1/20

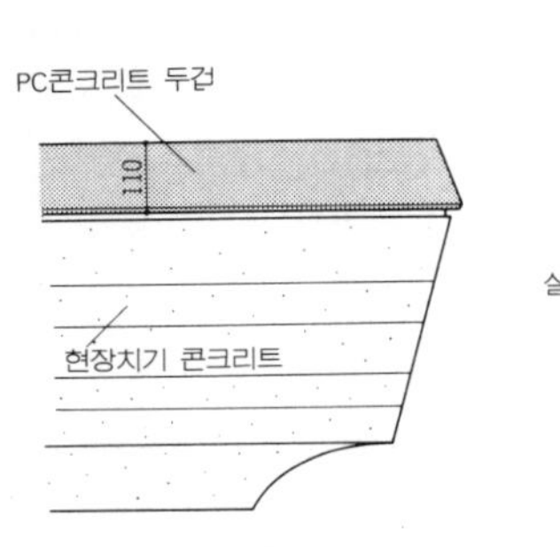

PC콘크리트 두겁 입면 1/20

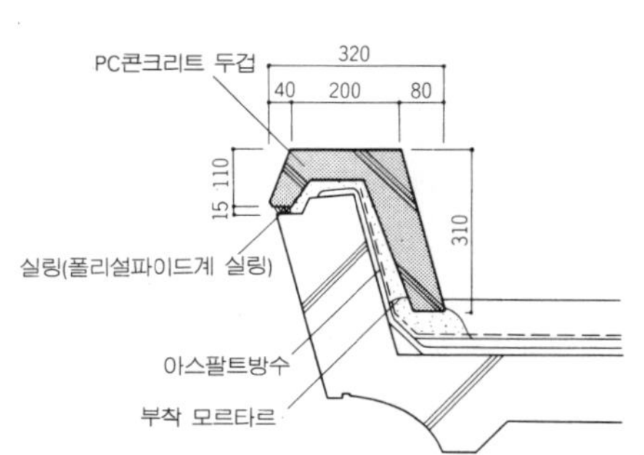

PC콘크리트 두겁 단면 1/20

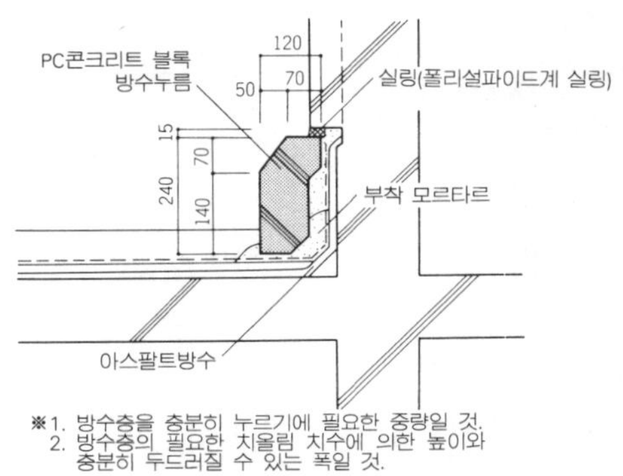

PC콘크리트 블록 방수 누름 단면 1/20

● PC 콘크리트 부착 차양

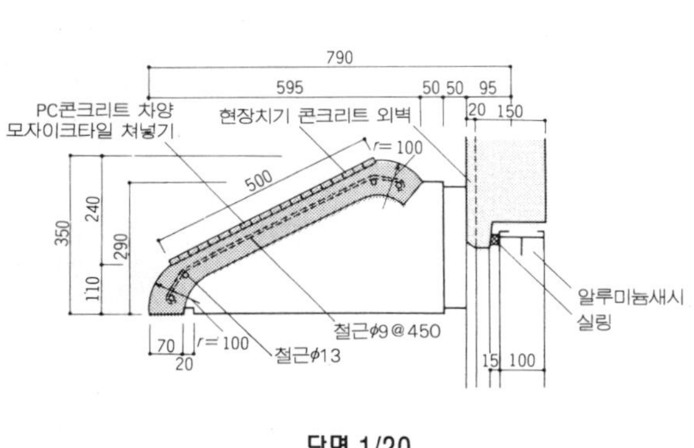

단면 1/20

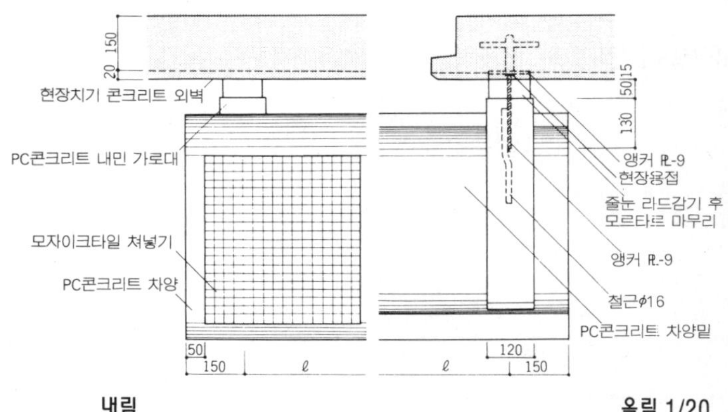

내림

올림 1/20

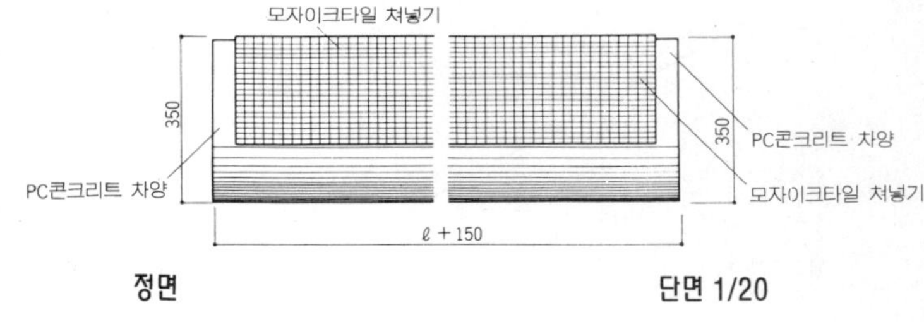

정면

단면 1/20

철근φ16
라드감기 후 모르타르 마무리
앵커 PL-9
200
50
철근φ16
현장용접
140 50 15 80

설치 1/20

근년 금속 재료의 물리적, 화학적 성질의 개발이나 개량의 진전에는 눈부신 것이 있고, 금속판에 의한 외장의 마무리는 메탈릭한 질감을 좋아하는 최근의 건축 디자인에도 많이 등장하고 있다. 건축의 금속 외장재로서 필요한 점은 내식성이 있고, 열이나 자외선 등에도 안정되어 있을 것, 그리고 건축의 외장재로서 강인하고, 또한 경량일 것, 즉 메인테난스 프리에 가까운 마감 재료이고, 또한 코스트적으로도 값쌀 것 등이 필요하다.

이러한 금속 재료를 패널로 성형하고, 여러 가지 안대기재 등을 대어, 구체에 설치하는 것인데, 최근은 고층 빌딩의 외장에도 많이 채용되기에 이르렀다. 공법의 선정에 있어서는 금속판 패널 자체의 열에 의한 신축이나, 풍압이나 지진시에 의한 갈라짐이나 탈락 등에 대한 부착법의 연구가 필요하다.

패널 조인트부의 처리는 실레스의 오픈 조인트 공법의 개발도 활발해지고 있는데, 코스트의 면을 생각하면 아직 실링재의 성능에 기대하지 않으면 안 될 면도 있다.

이 분야에서도 최근 여러 가지 공법이나 마무리가 시도되고 있는데, 여기서는 현재 실제로 현장에서 비교적 많이 행해지고 있는, 금속판 성형 패널과 캐스트 알루미늄 패널에 의한 외장 마무리를 공법별로 들고, 그 해설과 대표적인 아무림의 그림 예를, 바탕과 구체의 관계도 포함하여 나타낸다.

설계상의 유의점

1. 금속 재료의 종류와 재 두께나, 패널의 두께와 형상, 분할 크기(패널의 1매당)의 체크

(1) 재 두께나 패널 두께, 패널 분할 크기에서 패널의 플래트 네스를 고려한 보강 리브, 안대기재 등의 체크(앵글 틀의 위 규칼판을 안대기재로서 압연 납 등을 전체면 접착하는 경우는 박리 방지를 위하여 @300mm 정도의 납 용접을 병용한다).

(2)캐스트 알루미늄 패널의 경우는 형상(탈형 각도에 제약이 있다)이나 치수(정도는 프리캐스트 콘크리트와 같은 정도, 길이 2m에서 ±2mm 정도의 오차)의 체크(특수한 형상이나 크기에 따라서는 설계의 단계에서 사전에 샘플을 만들어 확인하여 둔다. 볼트는 1피스당 4개소 이상은 필요).

2. 내화, 차음, 단열, 결로 등의 방지 대책

(1) 패널의 안대기재 종류와 두께의 법적 규제나 성능의 확인을 하여 둔다.

(2) 금속 패널과 콘크리트 등, 외벽과의 이중벽 사이의 통풍이나 대류에 의한 단열을 위하여 위쪽과 하부에 공기 빼기 구멍(환기공)을 취한다.

(3) 외단열을 위하여 구체에 단열재 등을 쳐넣을 경우는 패스너 주위는 시멘트계 단열재로 고정한다.

(4) 층마다의 방화 구획일 경우는 층간 막이널의 법적인 아무림과 재료의 체크를 한다.

3. 코스트를 생각하면서 금속 표면의 마무리 검토를 한다.

(1) 보다 메인테난스 프리를 생각하면, 알루미늄은 전해 착색이나 알루마이트 처리, 스테인레스는 헤어 라인, 또는 거울면 마무리나 컬러 스테인레스 등, 스틸의 경우는 불소 수지 도료나 법랑 등의 소성 마무리, 캐스트 알루미늄의 경우는 아크릴계 수지 도료 소성 등이 좋다.

(2) 캐스트 알루미늄 패널이고, 면적이 큰 경우는 주물 특유의 표면의 휨을 두드러지지 않게 하는 데에, 엠보스나 리브상의 텍스처를 붙이는 것도 좋다.

4. 패널의 두께나 설치 공법에 의한 구체로부터의 마무리 체크

5. 설치 방법이나 공법의 체크

(1) 금속 재료의 열에 의한 신축을 고려한 설치 방법으로 한다.

(2) 지진력, 풍압력에 의한 층간 변위는 금속 패널에 파괴나 탈락이 없고, seal의 성능을 포함하여 메인테난스에 품이 적은 것으로 하여 둔다(1/150 정도의 층간 변위에 대한 변형의 흡수를 고려하여 둔다. 로킹 방식이나 스웨이 방식 등이 있다.

(3) 금속 패널의 커튼 월일 경우, 패스너 맞춤부나 패널 안쪽 보강 리브에 발음 방지제의 부착을 검토한다(팽창 수축이나 풍압에 의한 갈라지는 소리).

6. 패널 사이의 조인트부 처리(온도 신축, 빗물 등)의 방법 검토

(1) 조인트 줄눈의 처리는 실 아무림인가(실의 경우는 부정형 실링재 충전인가 가스킷 등 정형 실링재 아무림인가, 또한 일중 실인가, 이중 실인가), 오픈 조인트 그대로인가.

(2) 금속의 종류에 의한 조인트부의 줄눈 폭 크기는 팽창 계수의 관계도 체크한다.

(3) 캐스트 알루미늄 패널의 경우는 실 받이를 일체 주조로 하고, 그 형상이나 치수를 체크하여 둔다.

(4) 패널 최하부 및 새시 맞춤부에는 공기 빼기나 패널 안측에 침입한 빗물, 결로수 등의 물빼기용 구멍을 세운다.

7. 실링의 종류 검토

(1) 패널 조인트 줄눈부에서 부정형 실링재의 경우는 실리콘계 실링재나 또는 폴리설파이드계 실링재로 한다.

(2) 불소 수지 도장 및 법랑 마무리의 경우는 표면의 비점착성이 높으므로, 실재 및 프라이머의 선정에 있어서는 특히 고려한다.

(3) 정형 실재의 아무림일 경우는 형상과 크기 및 고정방법의 고려를 한다.

8. 주변과의 맞춤 체크를 한다.

(다른 종류의 금속끼리 접촉하여 마주칠 경우는 특히 전식에 주의)

9. 패널 설치용 조성재의 방청 처리

(1) 패스너, 볼트, 비스 등은 스테인레스제로 한다.

(2) 스틸 조성재는 아연 도금이나 징크로메이트 방청 처리로 한다.

(3) 캐스트 알루미늄 패널 등의 볼트는 스테인레스(l=60 정도).

시공상의 요점

1. 시공도, 제작도의 체크

(1) 설계도와의 대조로 패널의 확인을 한다.

1) 재 두께, 패널의 두께, 형상, 분할 치수의 확인.

2) 패널의 안쪽의 플랜지, 보강 리브, 설치 볼트 자리 등의 높이 확인.

(2) 설치 바탕재(별도 공사 모두)의 확인을 하여 둔다.

1) 바탕재의 위치와 피치, 패스너(1차 패스너, 2차 패스너 모두), 스터드 볼트, 브래킷 등의 형상, 치수, 재 두께 및 용접 개소의 확인을 한다.

2) 금속 재료의 차이에 의한 가공성이나 소성 도장시의 비틀림량 검토나, 매달기에 의한 비틀림량의 차이가 일어나지 않는 매달기 기구의 연구 등을 하여둔다.

(3) 시공시의 설치 조정은 고려하고 있는가(상하, 좌우 방향에 대하여, 루즈 홀이나 미조정 볼트 등이 고려되어 있는가).

(4) 설치 후의 패스너 등, 설치 바탕류의 점검이 가능하게 되어 있는가(가까이에 점검구 등이 세워지는가).

(5) 다른 주변부와의 마무리재 맞춤의 체크는 하였는가.

1) 異種 금속끼리 노출되어 접촉하여 마주치는 일은 없는가.

2) 맞춤 개소는 눈틈새인가, 또는 seal을 하게 되어 있는가.

2. 제품 검사

(1) 시공도, 패널 제작도에 의한 형상의 확인이나 치수 체크.

1) 재 두께나 패널의 두께, 패널의 크기 체크.

2) 안대기재 등이 있을 경우는 설치 상태를 확인한다.

3) 캐스트 알루미늄 패널의 주조 후 젖혀짐은 없는가.

(2) 마무리 상태 등 사전에 결정하고 있는 샘플과의 대조에 의한 확인.

1) 소성 도장 등의 종류와 그 색조나 텍스처의 확인을 한다.

2) 알루미늄판 성형 패널의 경우는 합금의 조성 차이에 의한 발색의 변화, 또한 압연 방향의 차이에서 오는 빛반사의 변화에 의한 색조와 텍스처가, 패널마다 다른 경우가 있으므로 주의한다(극단적인 경우는 별도로 하고, 선별하여 사용 장소를 한정하는 등의 배려도 필요).

3) 법랑 유약 소성의 경우는 법랑의 두께(일반적으로는 0.1~0.6mm)나 표면 광택, 표면 마무리 상태의 확인을 한다.

4) 캐스트 알루미늄 패널이고 표면에 리브가 있을 경우의 형상, 크기나 표면 마무리의 텍스처나 색깔의 상태를 확인한다.

(3) 패널 조인트부의 실링 받이 상태, 가스킷 등 정형 실링재의 아무림 형편이나 고정 상태를 확인한다.

(4) 공장에서 임시 맞춰보고, 전체의 아무림이나 조인트부의 줄눈 폭, 다른 마무리 부분과의 맞춤 상태에 지장은 없는가 체크한다.

(5) 마무리나 설치 바탕과의 관계는 좋은가(플랜지 높이나 볼트 지름 및 피치나, 설치 앵커 등의 위치와 피치 등).

3. 현장 설치시의 체크

(1) 시공도에 따라 설치 바탕의 先매입 앵커나 先매입 패스너 등의 위치나 설치 상태의 점검을 한다.

(2) 바탕재를 구성한 후, 용접 개소나 방청이 벗겨져 버린 개소 등에는 확실히 방청 도료를 발라 둔다.

(3) 현장에 반입된 제품은 수량이나 제품 검사시의 지적 사항에 대하여 체크를 한다. 또한 현장 내 보관 상태의 점검을 한다.

(4) 패널의 할당 먹줄은 시공도와 맞게 되어 있는가 확인한다.

(5) 루즈 홀, 높이 조정 볼트 등에 의한 수평, 출입 등의 조정, 설치 상태의 확인을 한다.

(6) 패널 조인트부를 부정형 실링재에 의할 경우는 미리 발포 폴리에틸렌 등의 백업재를 줄눈부에 충전하여, 소정의 두께를 확보한다.

(7) 마스킹 테이프나 표면의 양생 시트를 벗기고, 표면의 손상 유무 등을 체크하여 둔다. 상처, 찌그러진 개소가 있을 경우는 보수재 등으로 보수를 하여 둔다.

(8) 설치 후의 클리닝 상태 점검을 한다.

1. 금속판 성형 패널에 의한 외장

● 패널 속넣기 종류

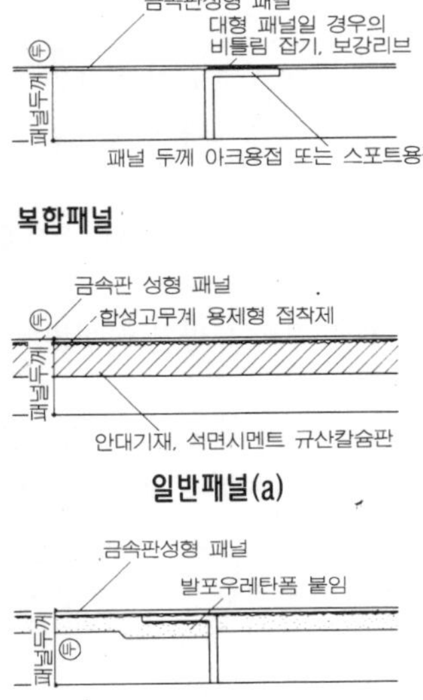

일반패널(b)

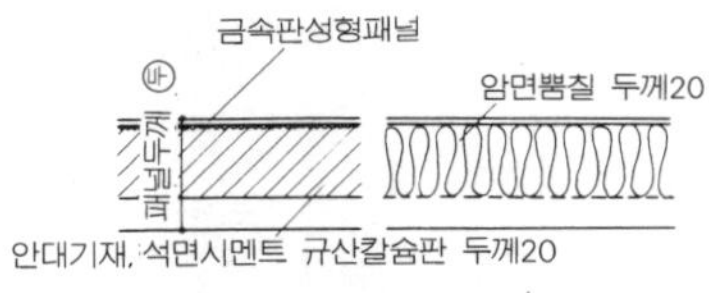

내화패널(a)

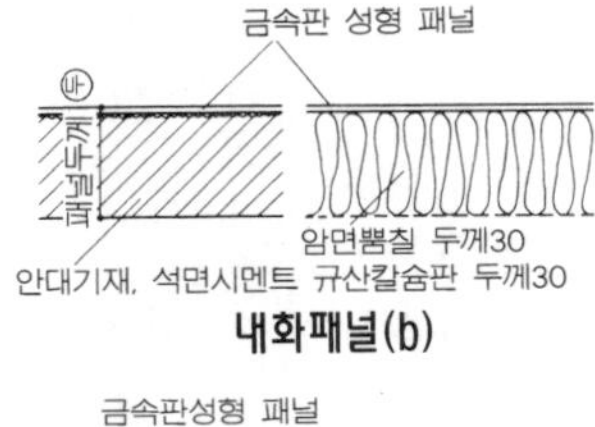

내화패널(b)

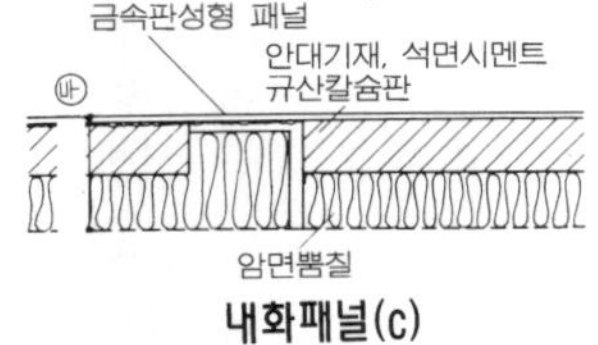

내화패널(c)

㊦는 금속판 성형 패널두께를 나타냄.

속치기의 목적으로는 패널의 플래트네스, 단열성, 차음성의 향상, 결로의 방지 등의 목적이다.

● 두겁 패널 조인트부 상세

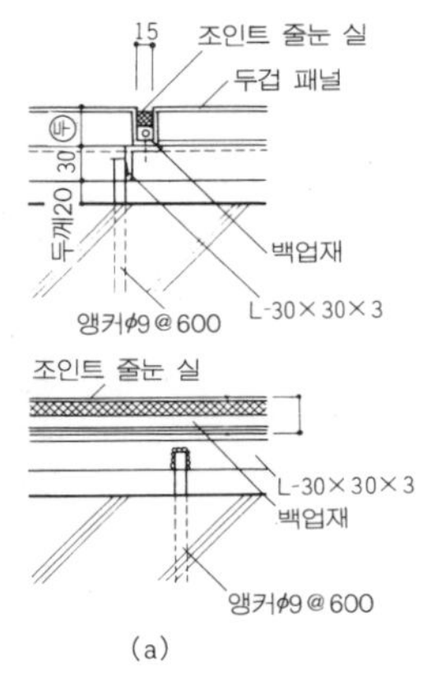

(a)

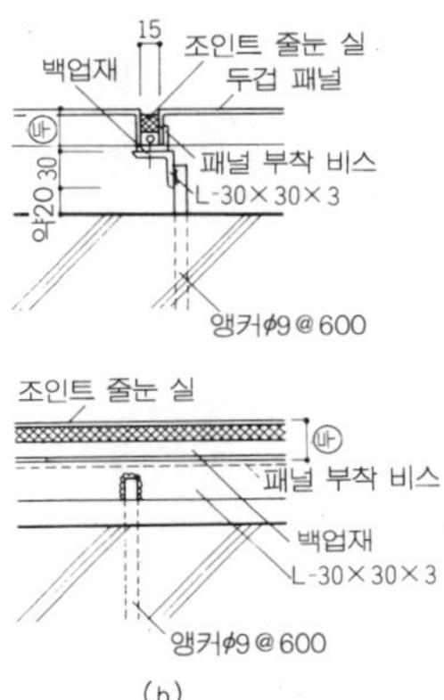

(b)

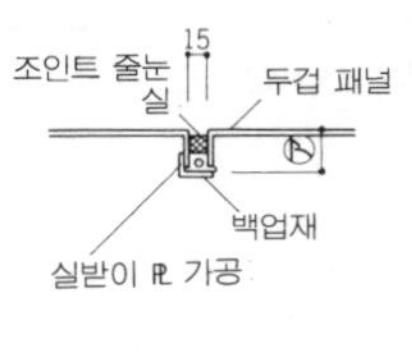

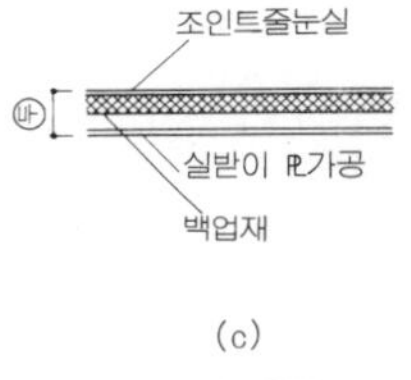

(c)

단면 1/10

● 패널 조인트부와 바탕철물로의 연결 방법

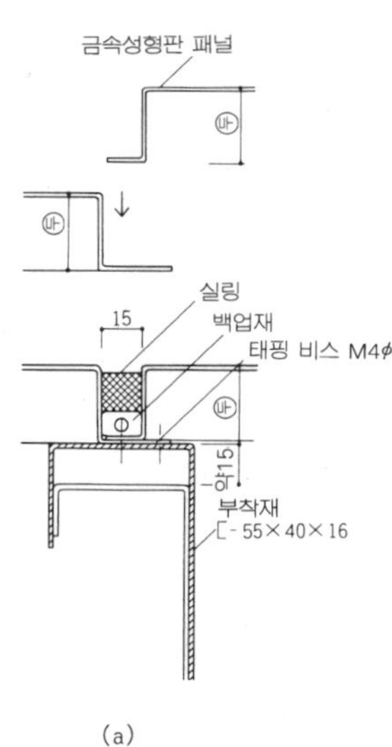

(a)

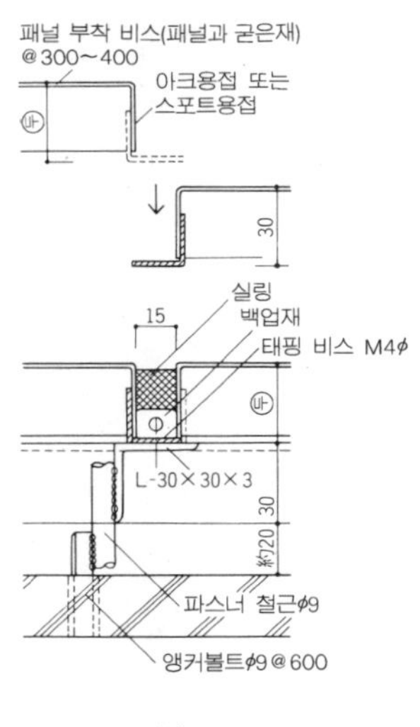

(b)

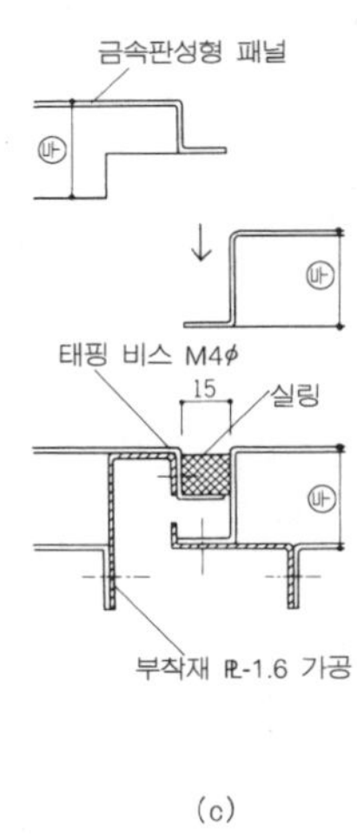

(c)

단면 1/4

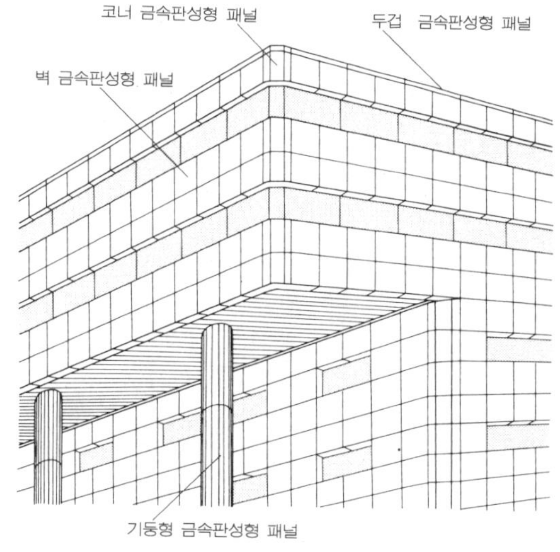

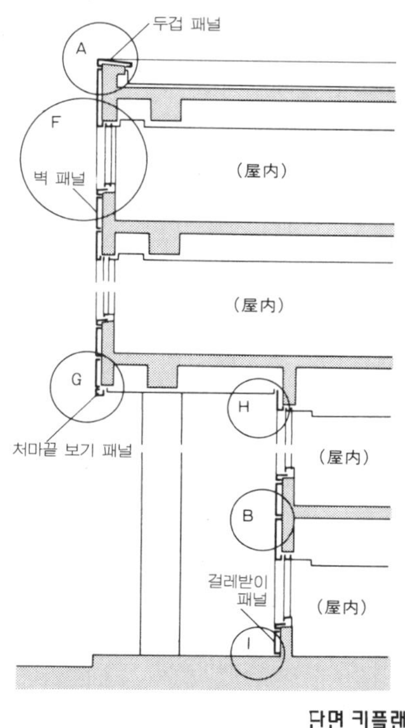

단면 키플랜

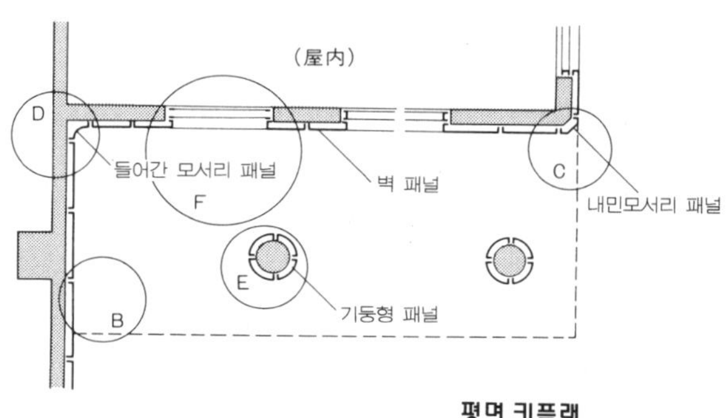

평면 키플랜

● 두겁의 아무림 — A부 상세

[예 1]

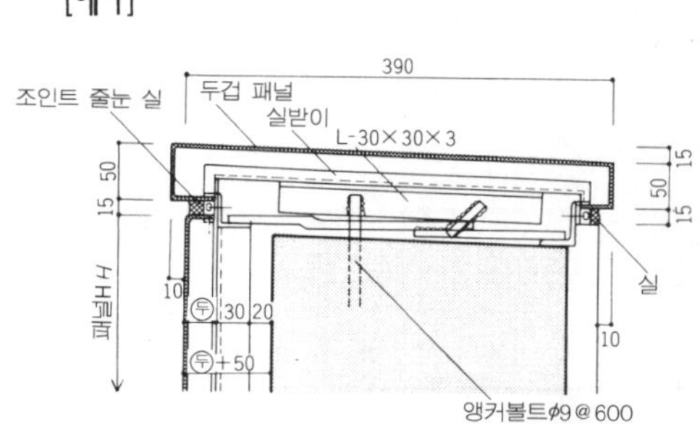

단면 1/10

[예 2]

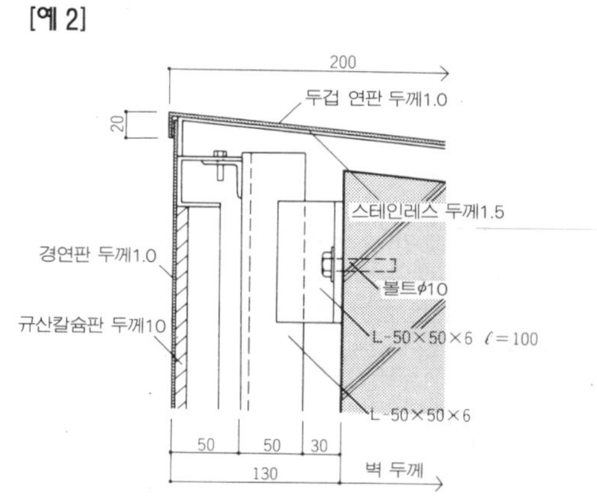

단면 1/7

[예 3]

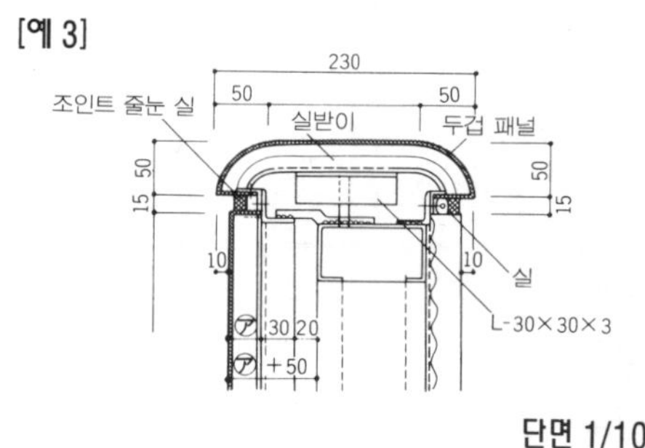

단면 1/10

● 벽의 아무림

B부 상세

[예 1]

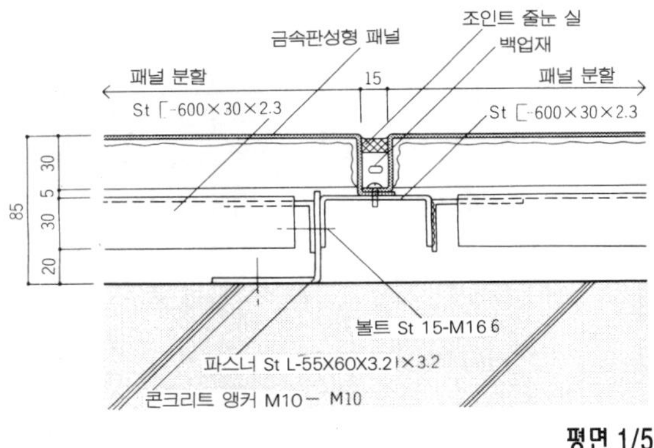

평면 1/5

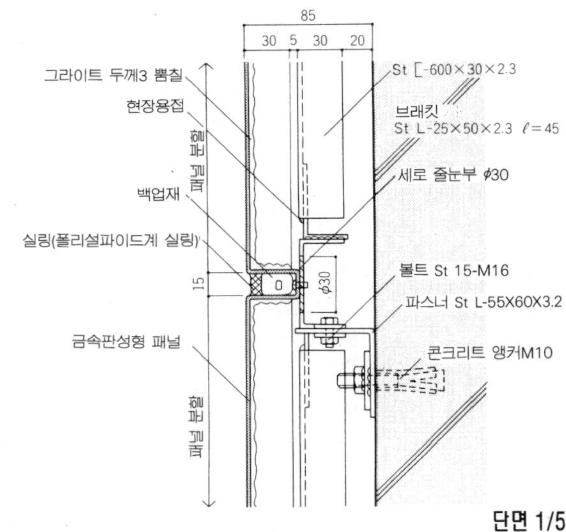

단면 1/5

[예 2]

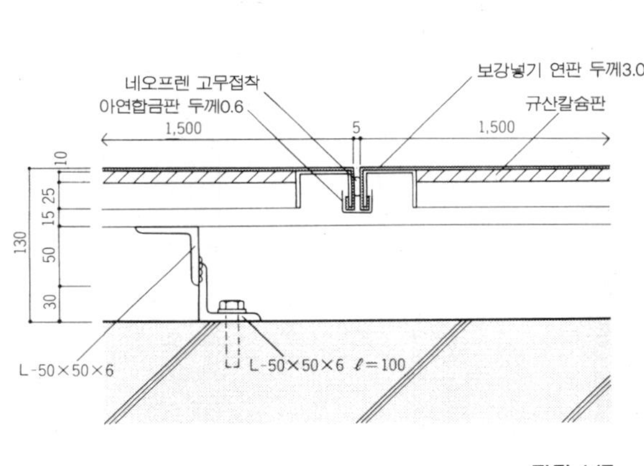

평면 1/7

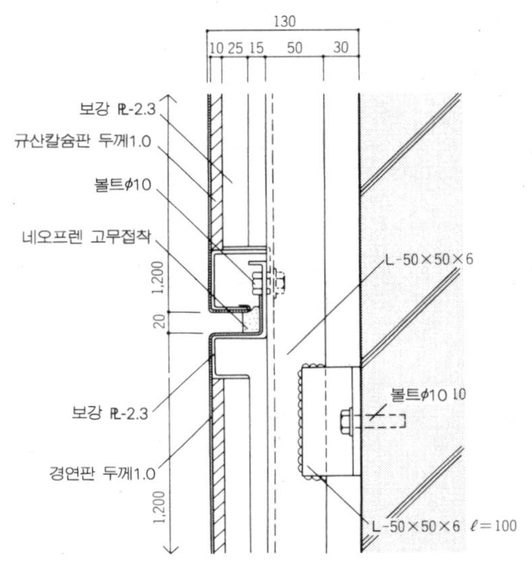

단면 1/7

[예 3]

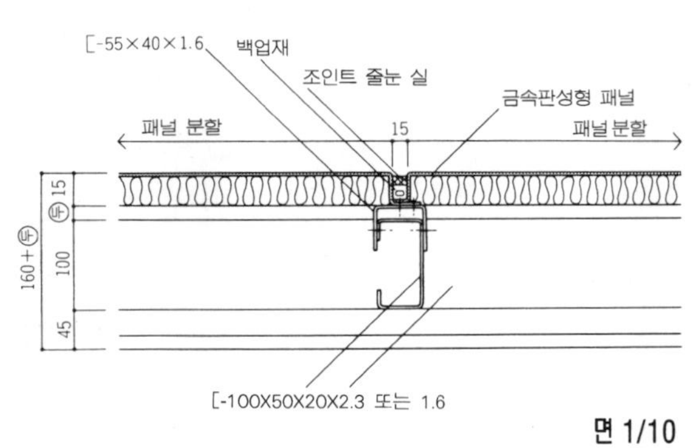

면 1/10

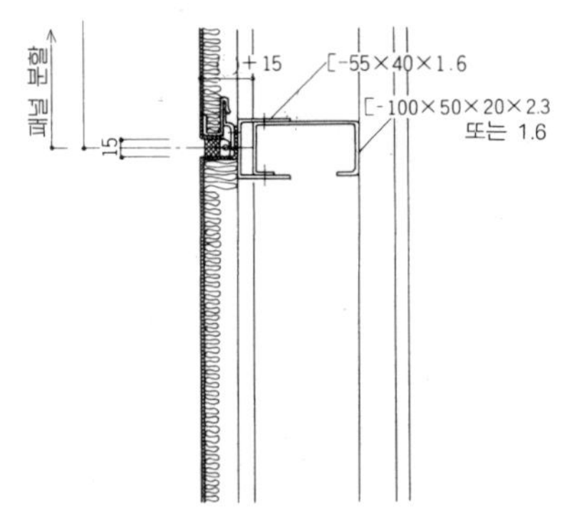

단면 1/10

[예 4 밑줄눈에 스테인레스 판을 사용한 오픈 조인트]

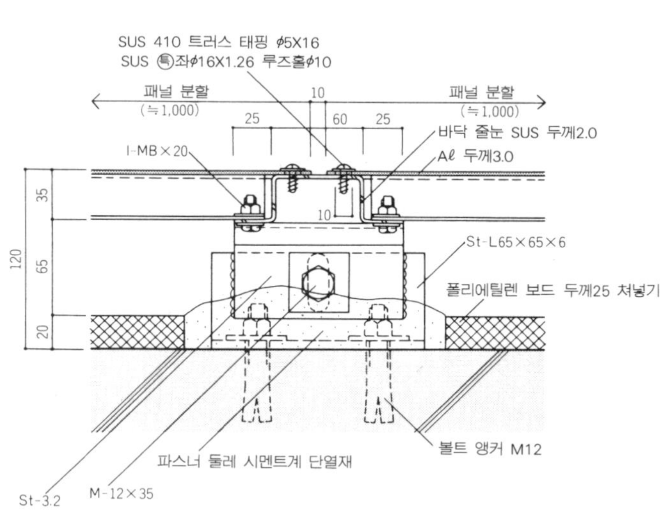

평면 1/5

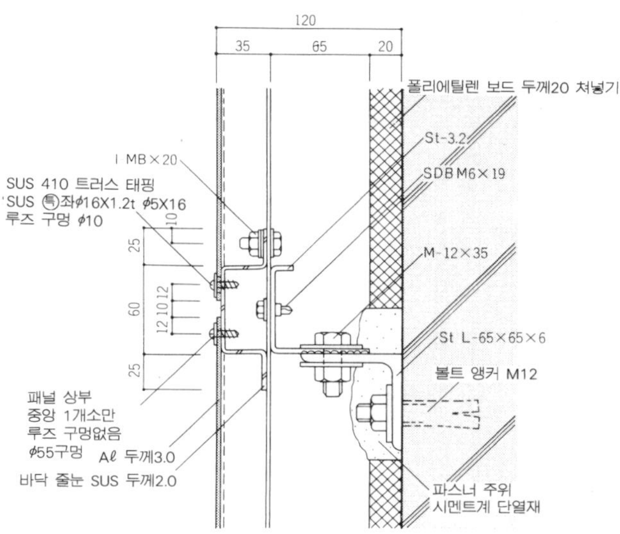

단면 1/5

[예 5 밑줄눈의 알루미늄 패널을 골조에 볼트로 고정]

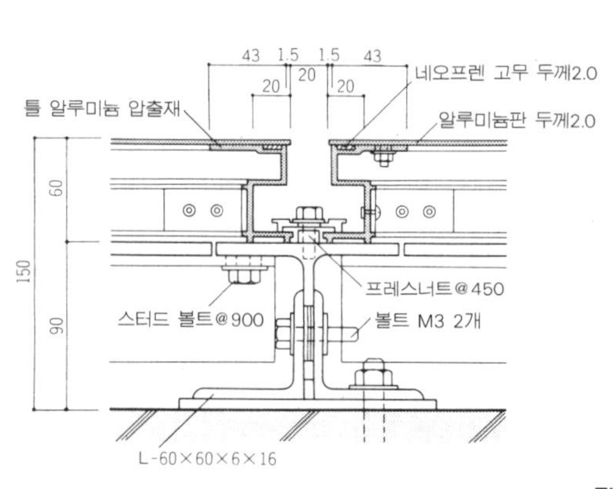

평면 1/5

단면 1/5

● 커튼월 공법의 예

조인부 상세

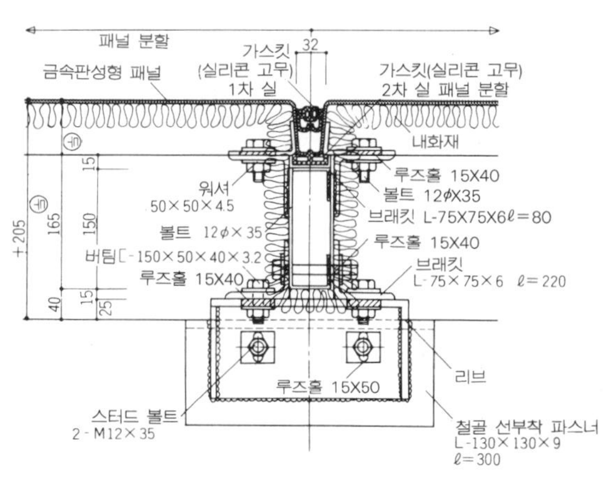

평면 1/10

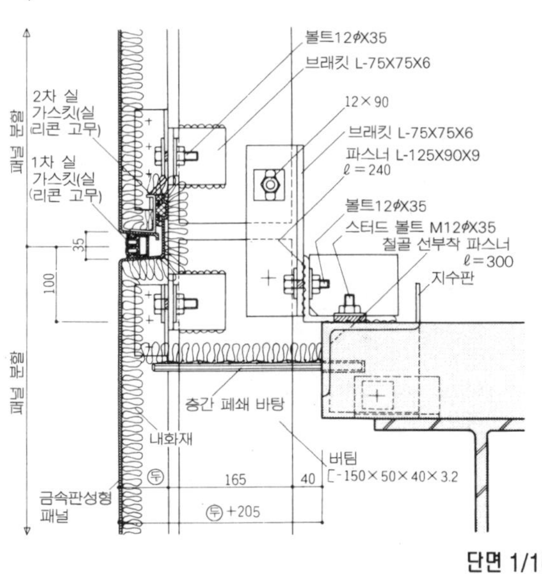

단면 1/10

● 금속판 성형 패널과 다른 마감재와의 연결 예

석 — 패널 연결

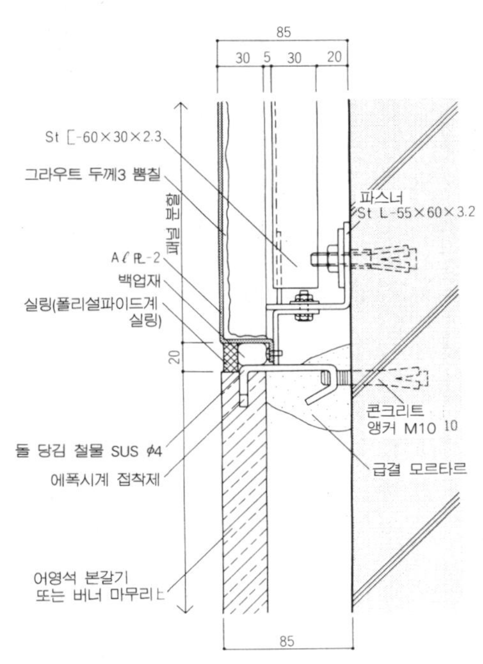

단면 1/5

패널 — 석연결

[예 1]

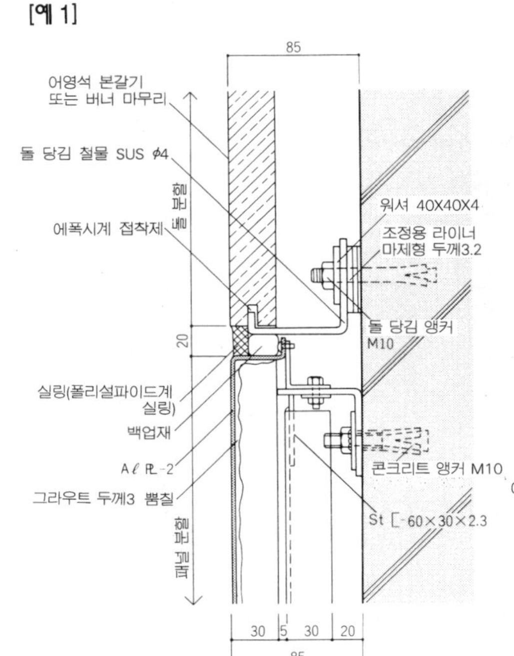

단면 1/5

패널 — 석연결

[예 2]

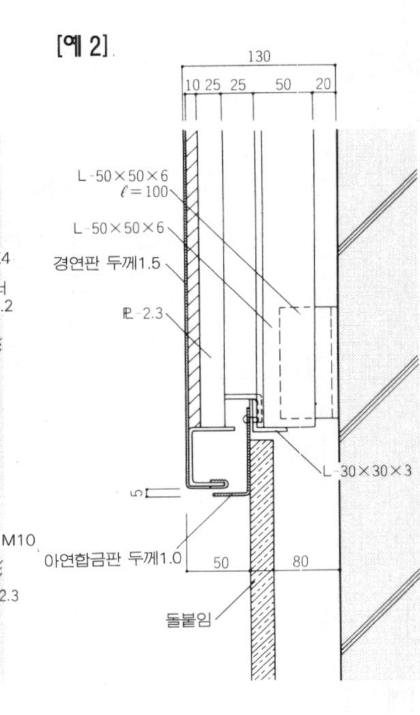

단면 1/7

패널 — 타일 연결

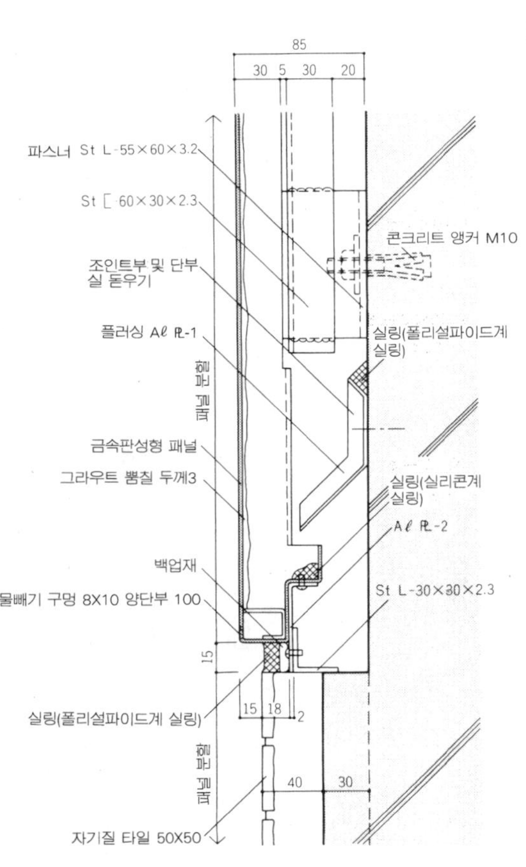

단면 1/5

패널 — 치장 연결

[예 1]

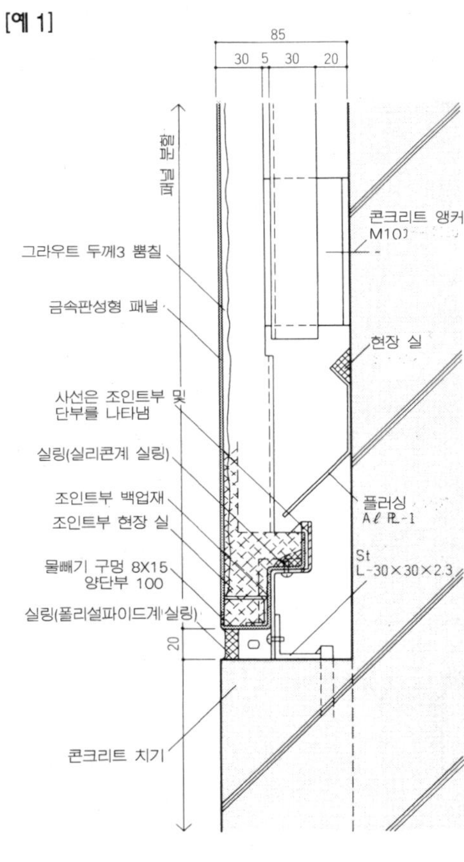

단면 1/5

패널 — 치장

[예 2]

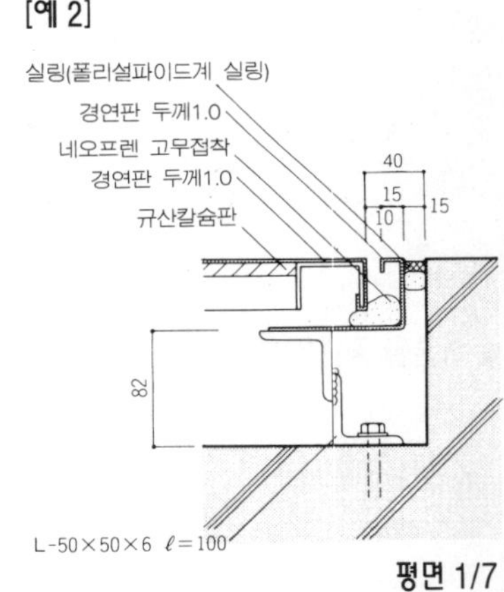

평면 1/7

● 벽의 내민모서리 - C부 상세

[예 1]

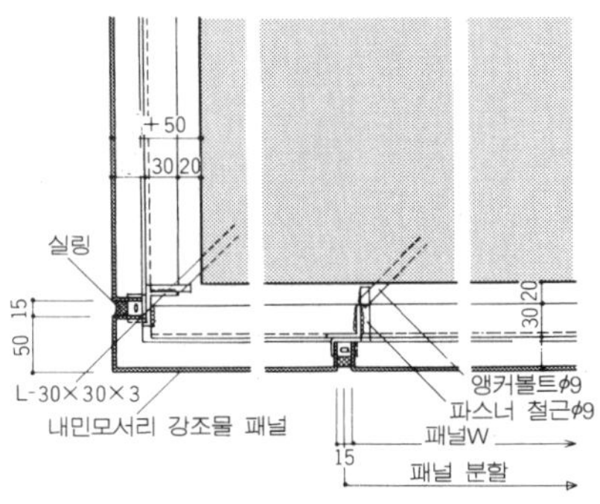

평면 1/10

[예 4]

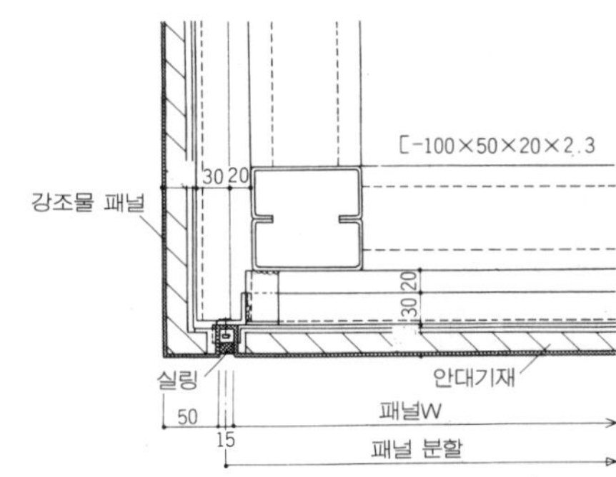

평면 1/10

[예 2]

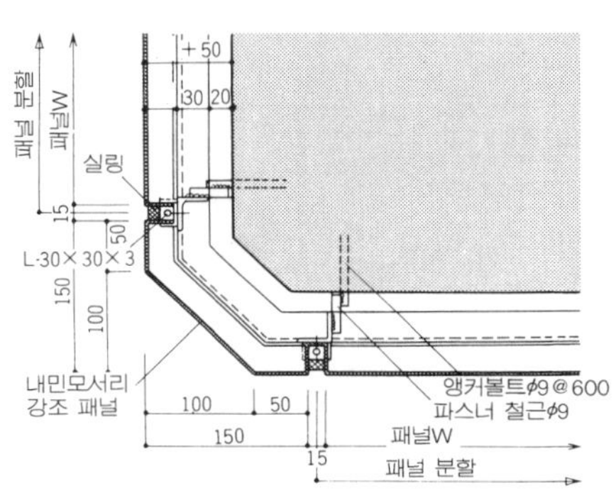

평면 1/10

[예 5]

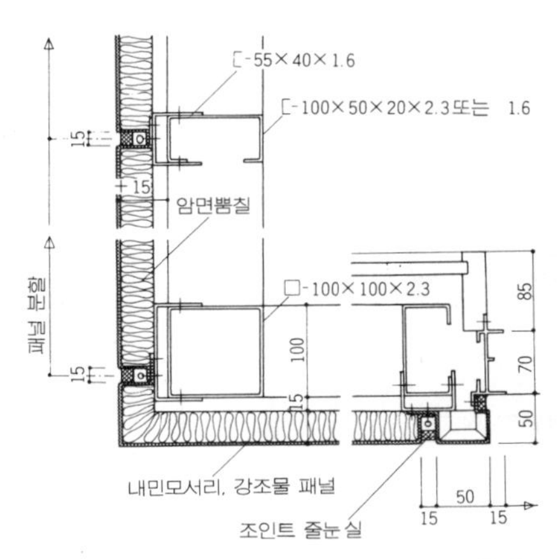

평면 1/10

[예 3]

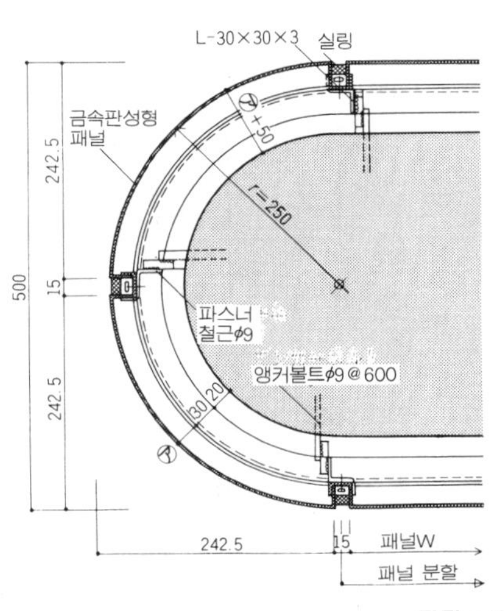

평면 1/10

[예 6]

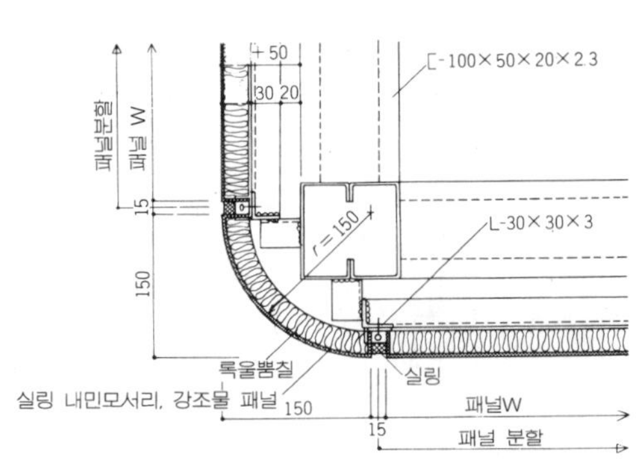

평면 1/10

● 벽의 들어간 모서리와 둥근기둥 ─D, E부 상세

[예 1]

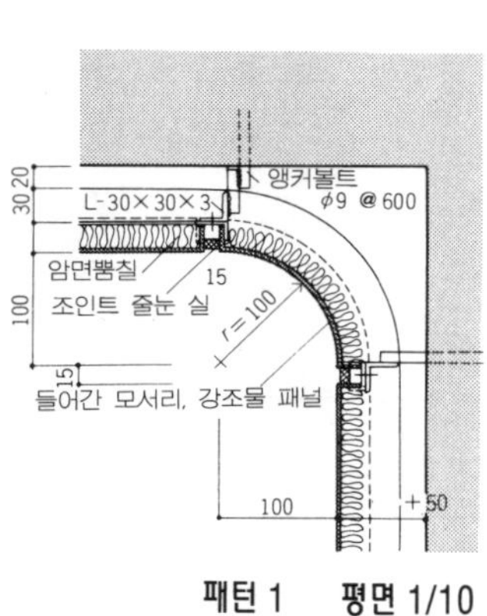

패턴 1 평면 1/10

[예 2]

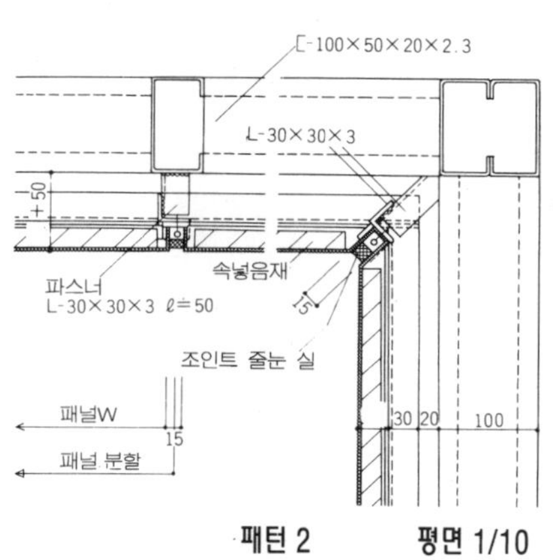

패턴 2 평면 1/10

[둥근기둥형]

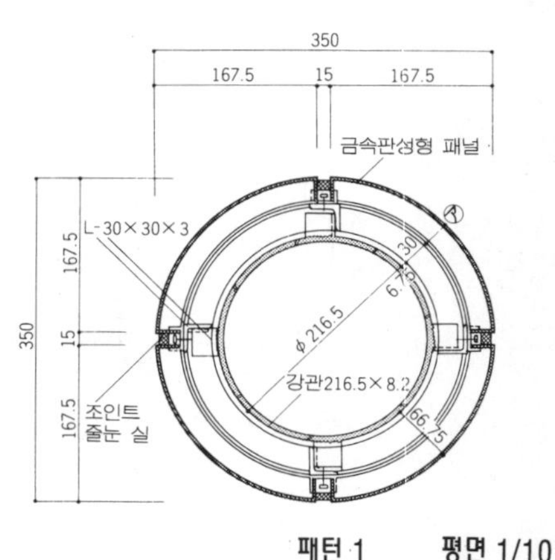

패턴 1 평면 1/10

● 개구부 아무림 ─ F부 상세

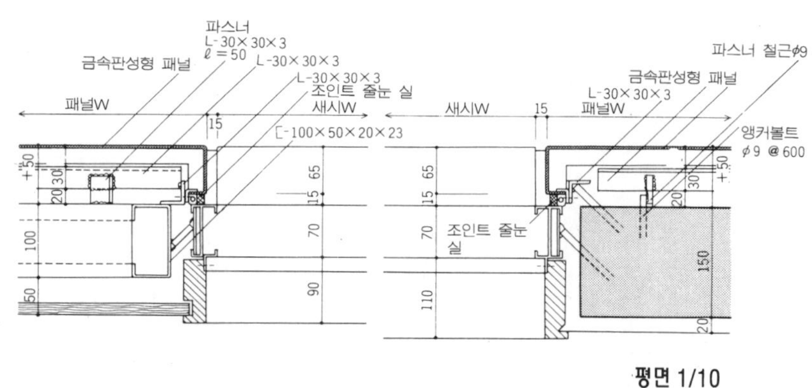

평면 1/10

[예 2]

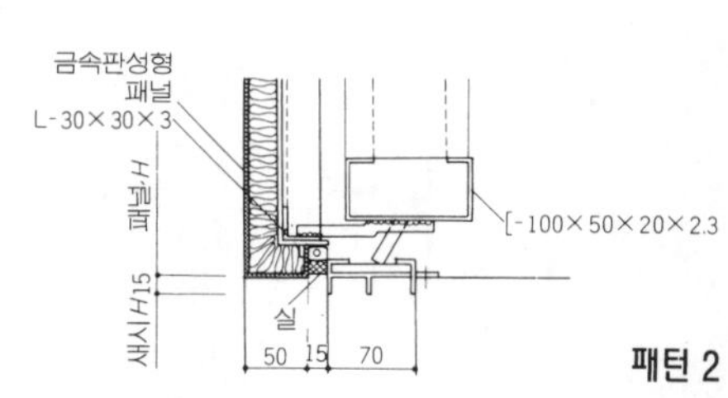

패턴 2

윗틀 단면 1/10

[예 1]

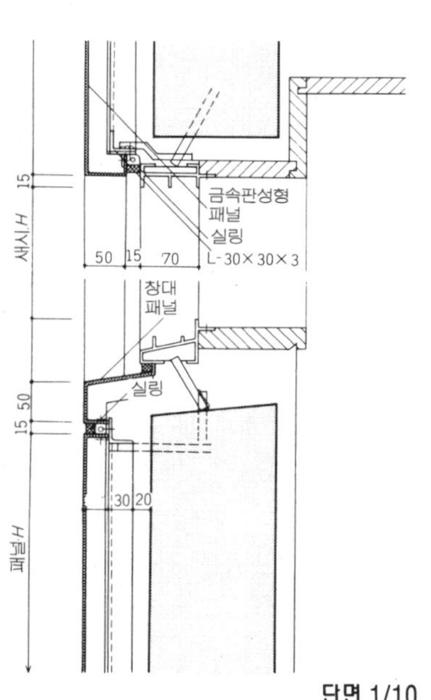

단면 1/10

[예 3]

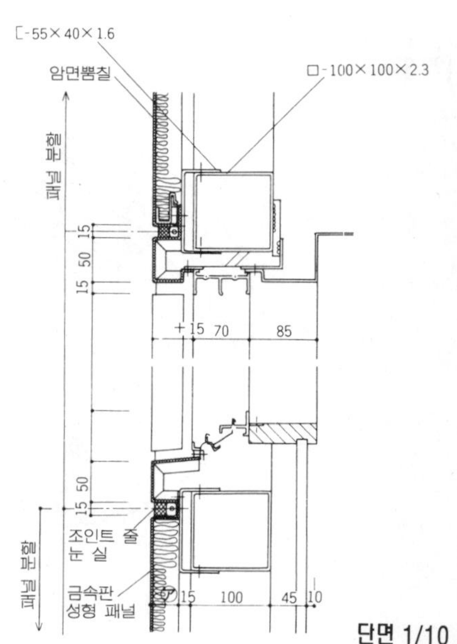

단면 1/10

● 처마끝과 연결—G, H부 상세

[G부 예 1]

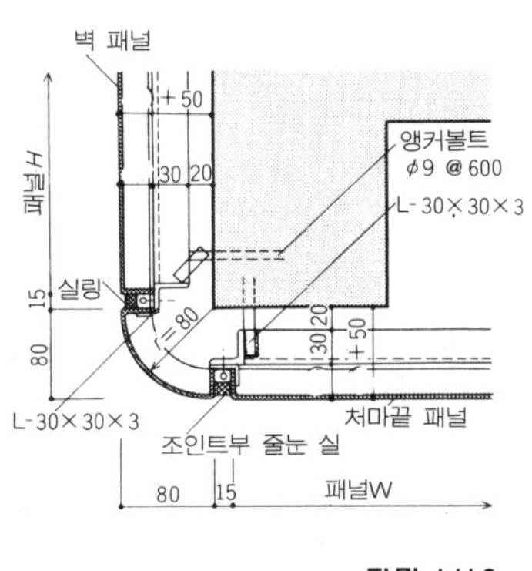

단면 1/10

[H부]

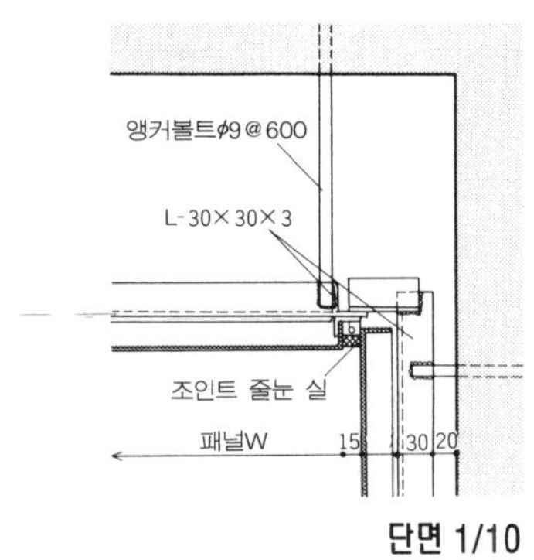

단면 1/10

[G부 예 2]

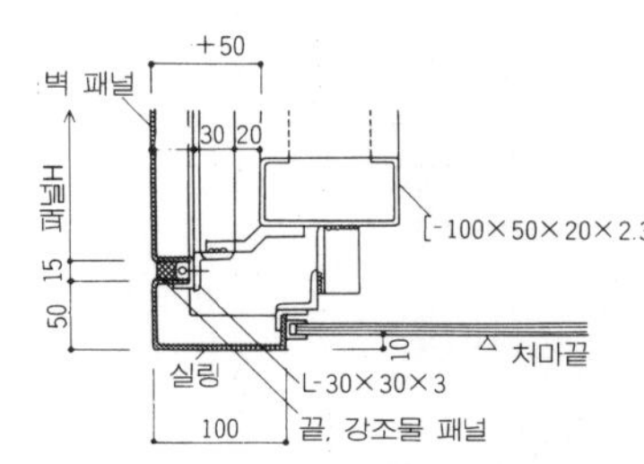

단면 1/10

● 걸레받이와 바닥과의 연결— I 부 상세

[예 1]

[예 2]

[예 3]

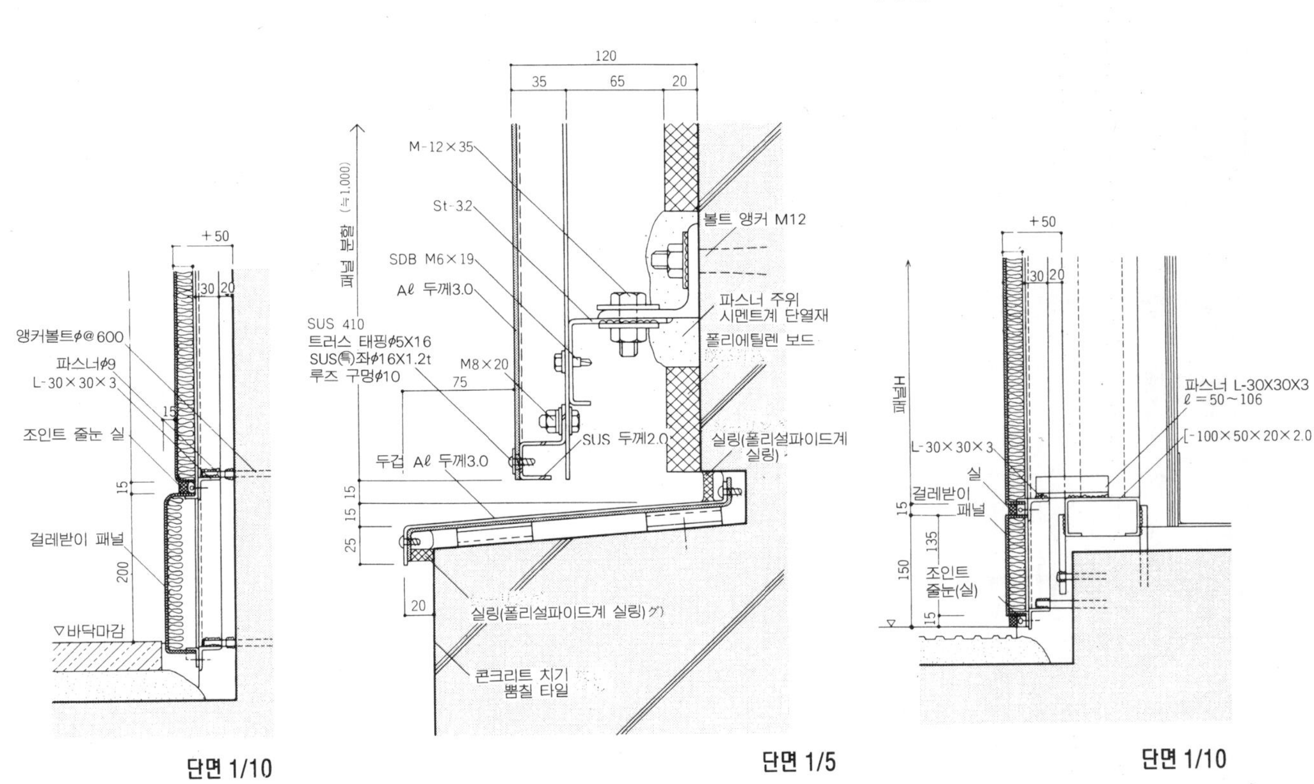

단면 1/10

단면 1/5

단면 1/10

2. 캐스트알루미늄 패널에 의한 외장

● 당김철물 꽂임에 의한 연결

조인트부 줄눈 1겹 실의 아무림 예

상세

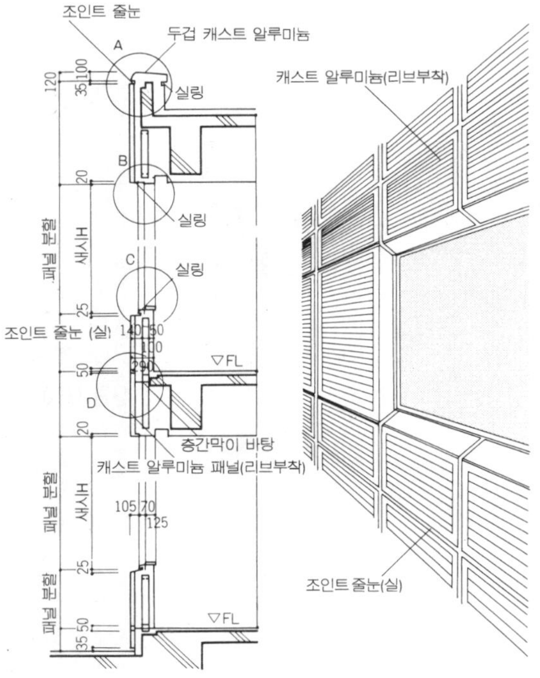

조인트 줄눈
두겁 캐스트 알루미늄
캐스트 알루미늄(리브부착)
실링
패널 분할
새시H
조인트 줄눈 (실)
▽FL
층간막이 바탕
캐스트 알루미늄 패널(리브부착)
조인트 줄눈(실)

단면 1/100

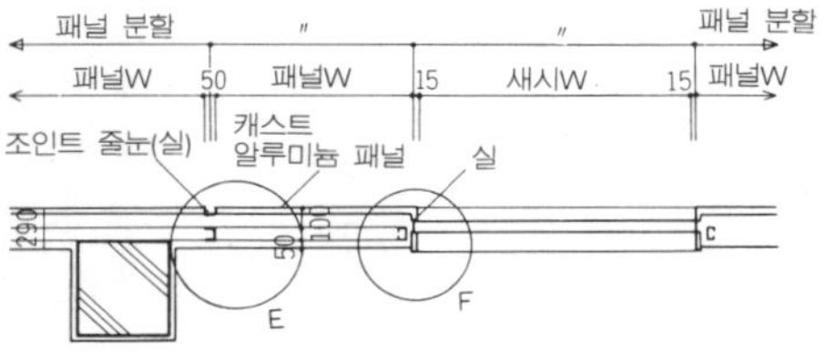

패널 분할
패널W
새시W
조인트 줄눈(실)
캐스트 알루미늄 패널
실

평면 1/100

상세

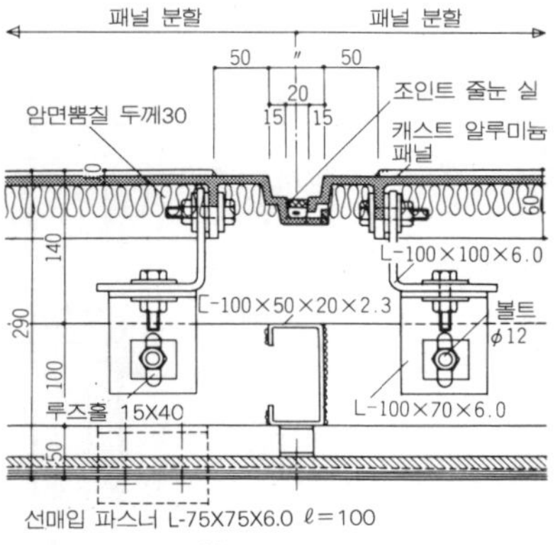

패널 분할
암면뿜칠 두께30
조인트 줄눈 실
캐스트 알루미늄 패널
L-100×100×6.0
⊏-100×50×20×2.3
볼트 φ12
루즈홀 15X40
L-100×70×6.0
선매입 파스너 L-75X75X6.0 ℓ=100

E부

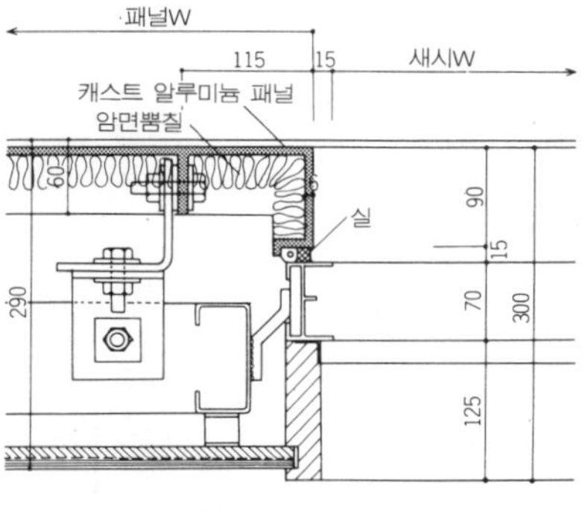

패널W
새시W
캐스트 알루미늄 패널
암면뿜칠
실

F부

평면 1/10

상세

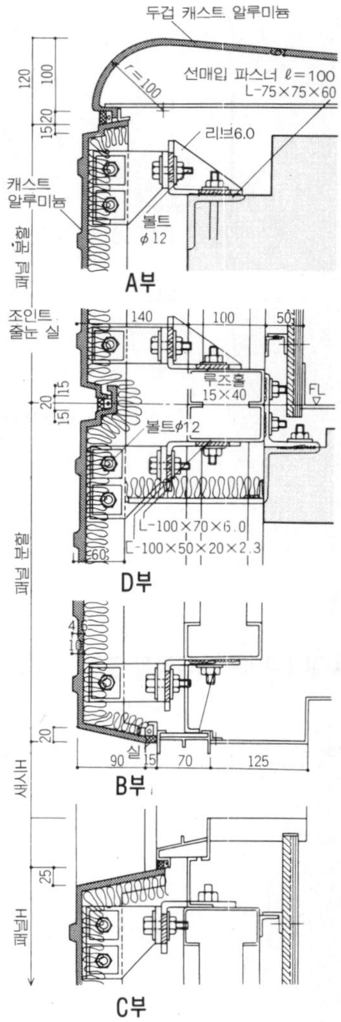

두겁 캐스트 알루미늄
선매입 파스너 ℓ=100
L-75×75×60
리브6.0
캐스트 알루미늄
볼트 φ12
A부
조인트 줄눈 실
루즈홀 15×40
볼트φ12
L-100×70×6.0
⊏-100×50×20×2.3
D부
B부
C부

단면 1/10

● 조인트부 줄눈 2겹 실의 아무림 예

E, F부상세

새시W
패널 분할
유리 스페이서
코킹
캐스트 알루미늄 패널
1차실(폴리설파이드계)
1차 실용 백업재(발포폴리에틸렌)
유리(Fix)
누름띠 알루미늄 압출형재
주입 볼트φ16
물빼기 구멍φ10
2차실 네오프렌 스폰지 중공재

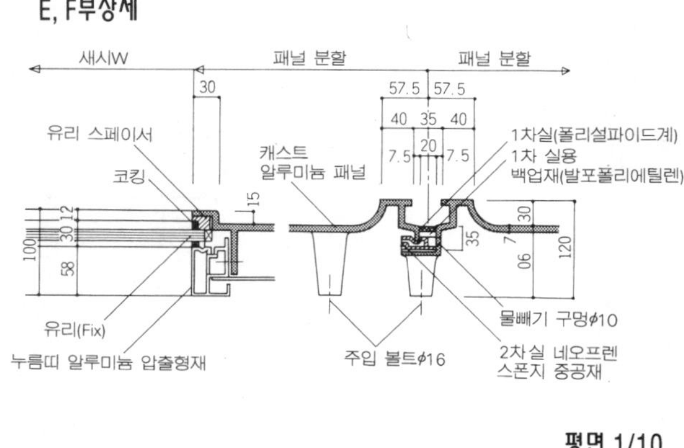

평면 1/10

B, D상세

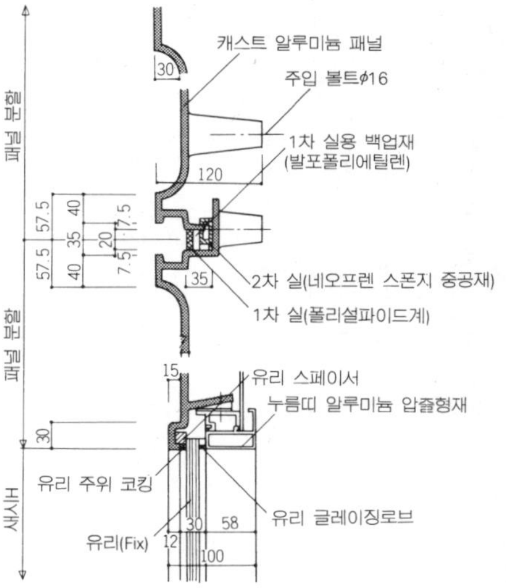

캐스트 알루미늄 패널
주입 볼트φ16
1차 실용 백업재 (발포폴리에틸렌)
2차 실(네오프렌 스폰지 중공재)
1차 실(폴리설파이드계)
유리 스페이서
누름띠 알루미늄 압출형재
유리 주위 코킹
유리(Fix)
유리 글레이징로브
패널 분할
새시H

단면 1/10

● 하부에 물빼기 구멍을 둔 예

상세

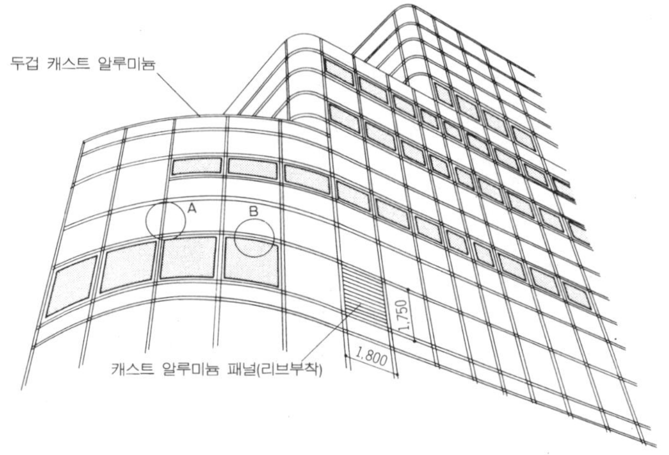

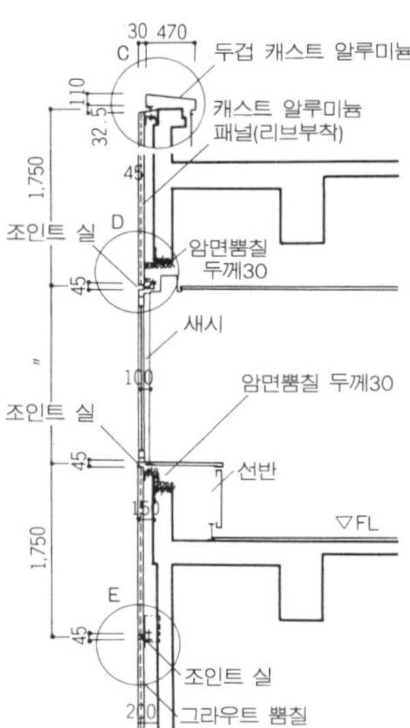

단면 1/100

A부 상세

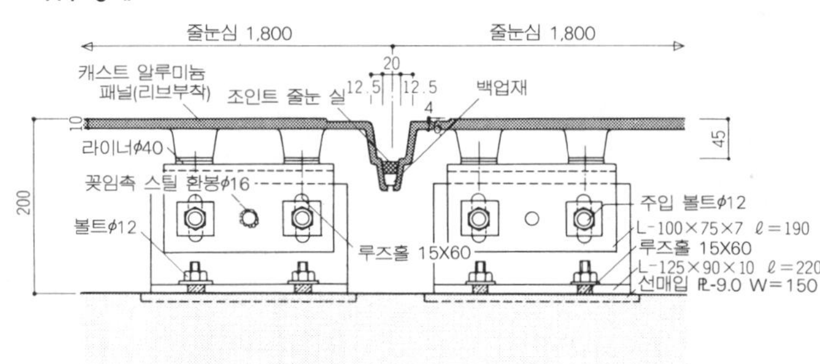

평면 1/10

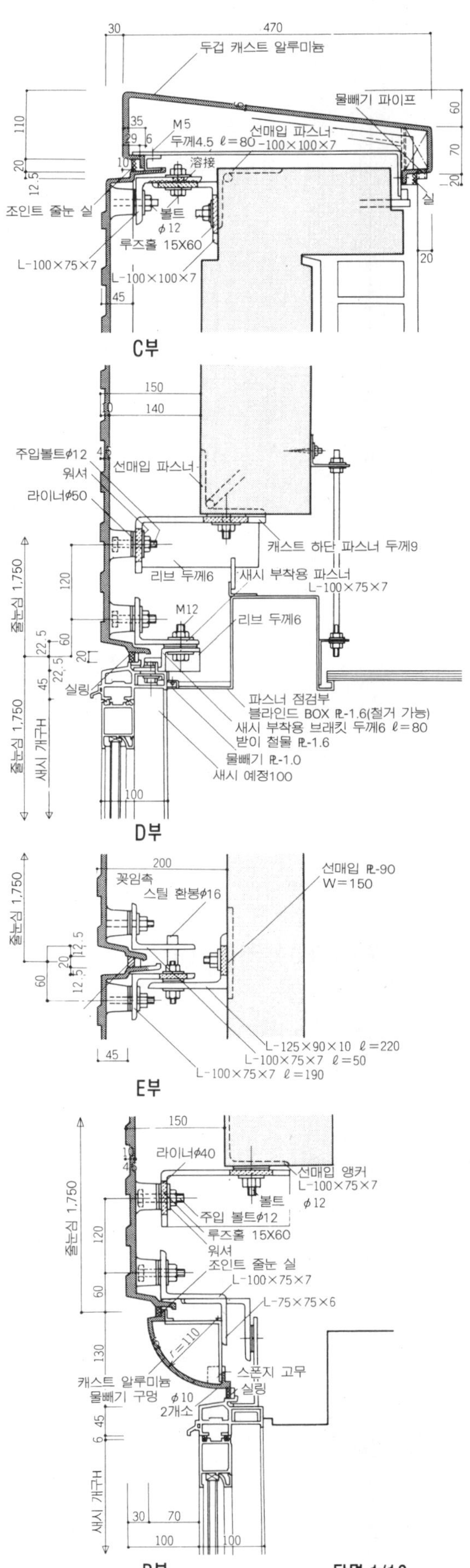

단면 1/10

● 2중벽내 통기구를 둔 예

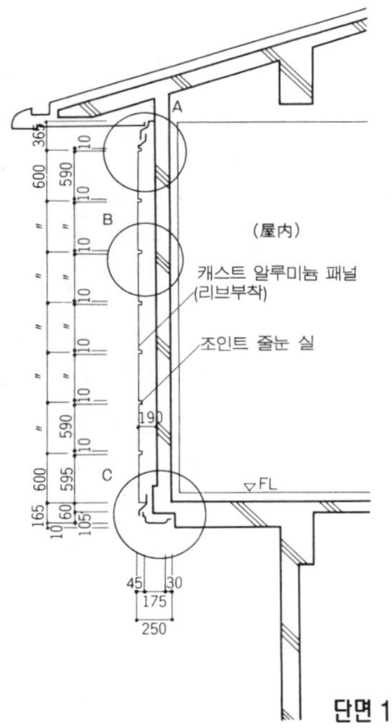

A
B
C
(屋內)
캐스트 알루미늄 패널
(리브부착)
조인트 줄눈 실
▽FL

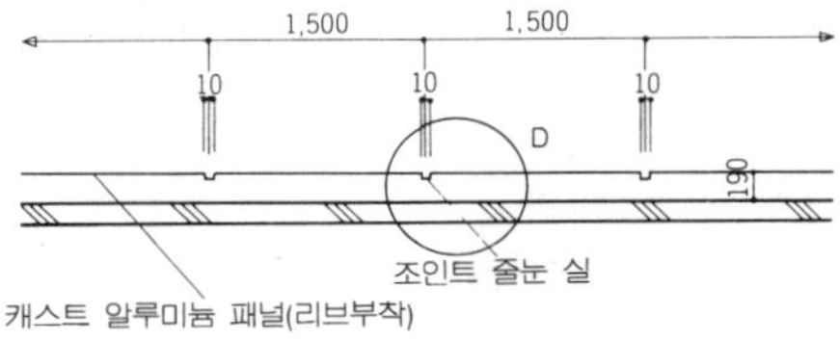

1,500
1,500
D
조인트 줄눈 실
캐스트 알루미늄 패널(리브부착)

평면 1/100

단면 1/100

D부 상세

패널 분할
패널 분할
패널W
패널W
조인트 줄눈 실
캐스트 알루미늄 패널
(리브부착)
주입볼트ϕ12
라이너ϕ25
꽂임촉 스틸 환봉ϕ16
볼트ϕ12

평면 1/10

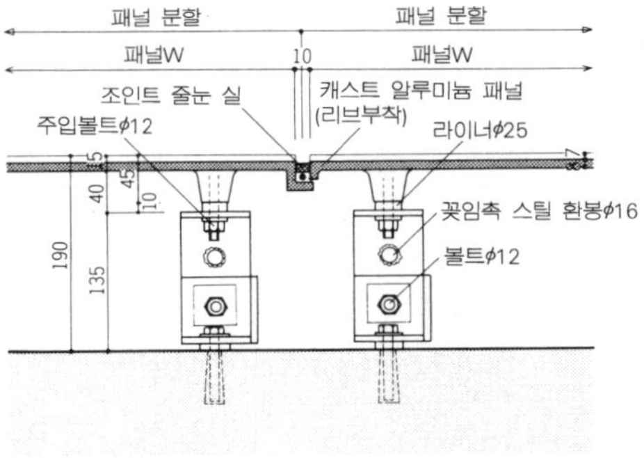

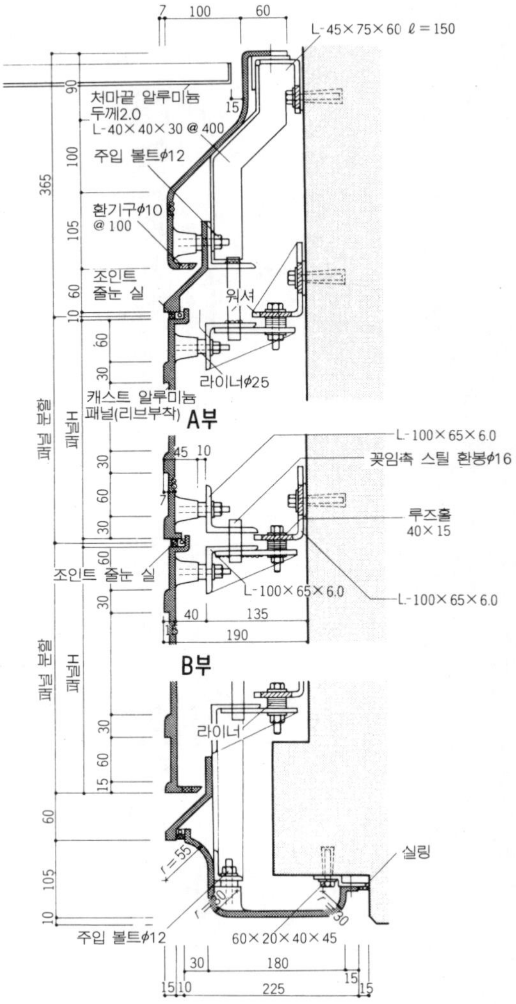

L-45×75×60 ℓ=150
처마끝 알루미늄
두께2.0
L-40×40×30 @400
주입 볼트ϕ12
환기구ϕ10
@100
조인트
줄눈 실
와셔
라이너ϕ25
캐스트 알루미늄
패널(리브부착)
패널 분할
패널H
L-100×65×6.0
꽂임촉 스틸 환봉ϕ16
루즈홀
40×15
조인트 줄눈 실
L-100×65×6.0
L-100×65×6.0
라이너
실링
주입 볼트ϕ12
60×20×40×45

A부

B부

C부

● 캐스트 알루미늄 패널 콘크리트 치기

세로조인트
줄눈 실
A
A'
B
650
650
가로조인트
줄눈 실
캐스트 알루미늄
콘크리트 쳐넣기

조인트 줄눈 실
골조로서의 철골 패널을
거푸집으로서 고정
앵커볼트ϕ13
조인트 줄눈 실
C
▽FL
캐스트 알루미늄 패널
콘크리트 쳐넣기

B-B 단면 1/100

A-A부 상세

띠장 L-75X75X6
앵커볼트ϕ13
백업재
(경질우레탄수지)
조인트 줄눈 실
캐스트 알루미늄
패널(리브부착)

A-A부

PL6
鉄骨
L-50×50×4
PL6
볼트2-ϕ9

A'-A'부

C부 상세

앵커볼트ϕ13
띠장L-75×75×6
캐스트 알루미늄
패널(리브부착)
(거푸집으로서 고정)
골조로서의 철골
조인트 줄눈 실
주근 구멍
▽FL
패널 분할
볼트ϕ9
PL6
내알칼리 도료 도포

C부

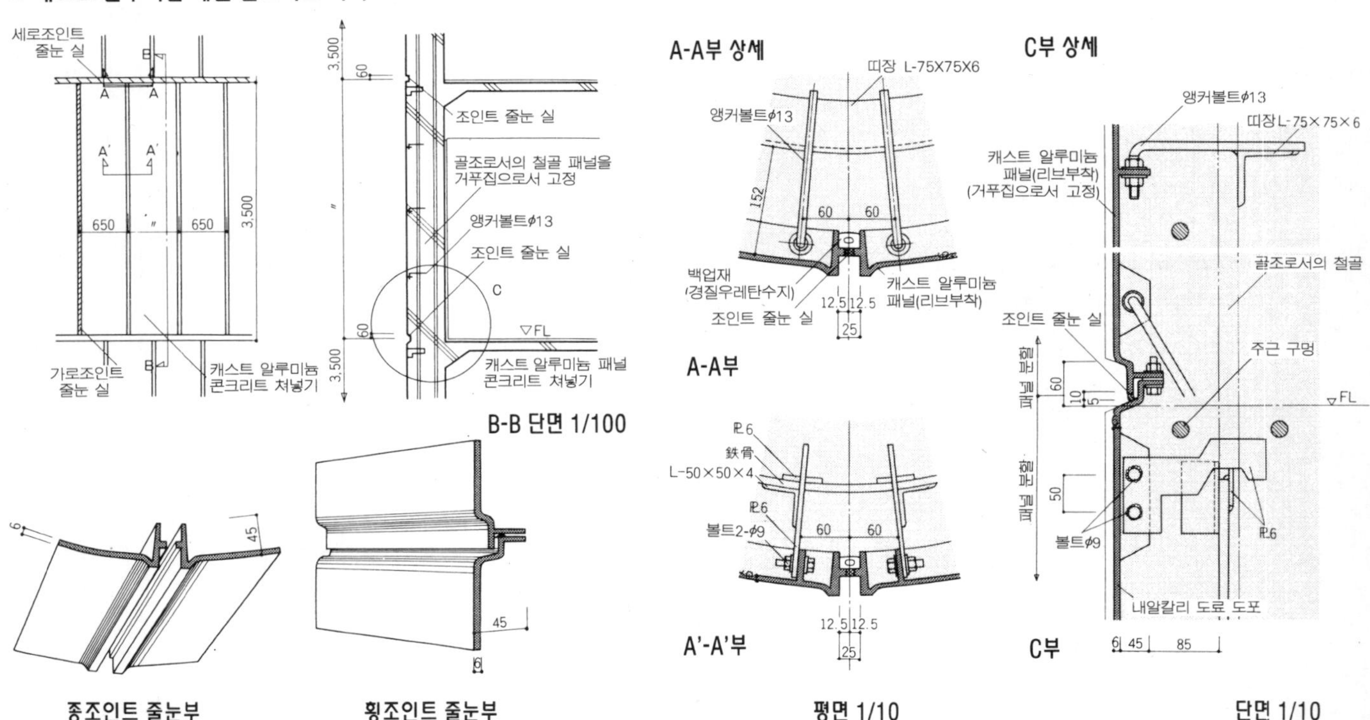

종조인트 줄눈부

횡조인트 줄눈부

평면 1/10

단면 1/10

● 오픈조인트에 의한 커튼월 공법

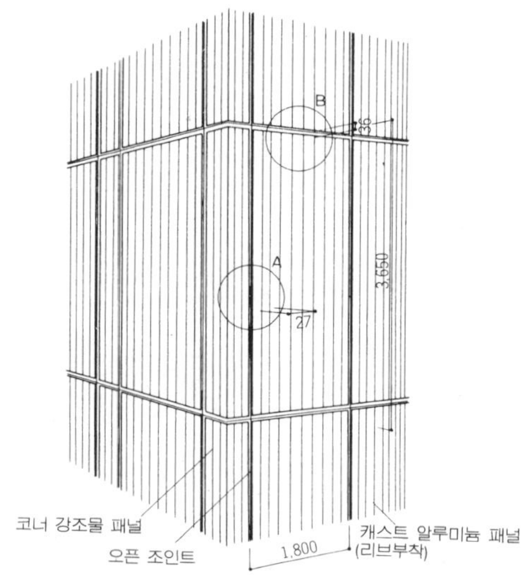

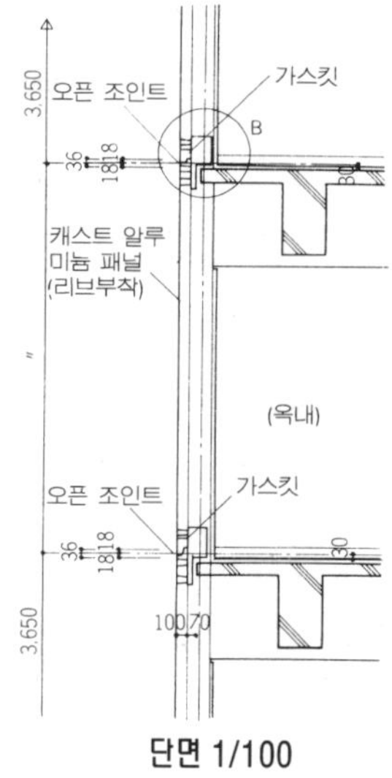

단면 1/100

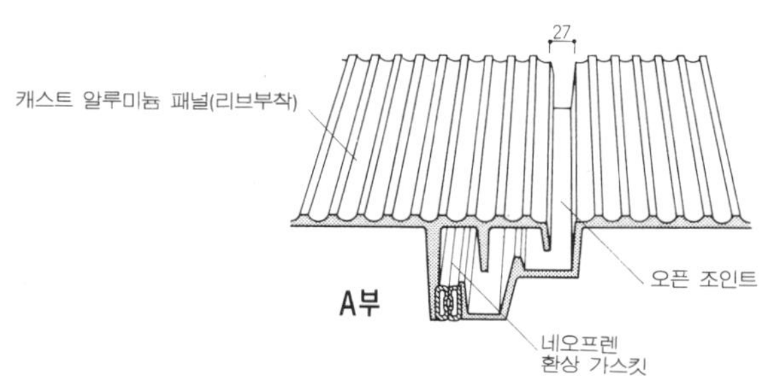

A부

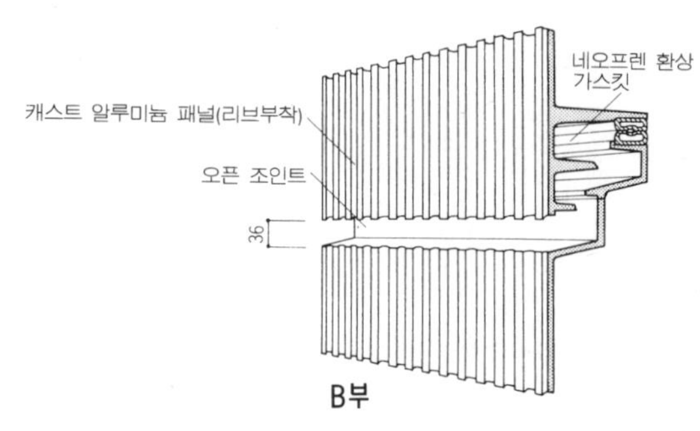

B부

A부 상세

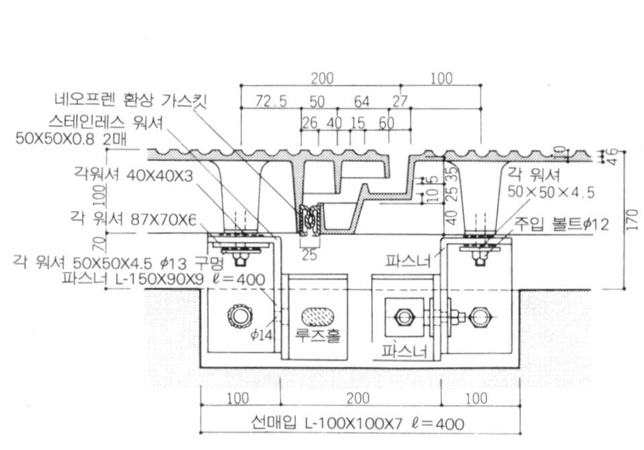

평면 1/10

B부 상세

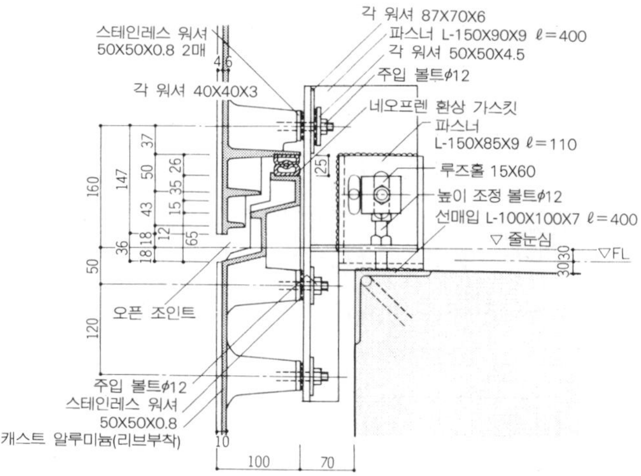

단면 1/10

● 알캐스트 부재

두겁의 아무림 예

[예 1]

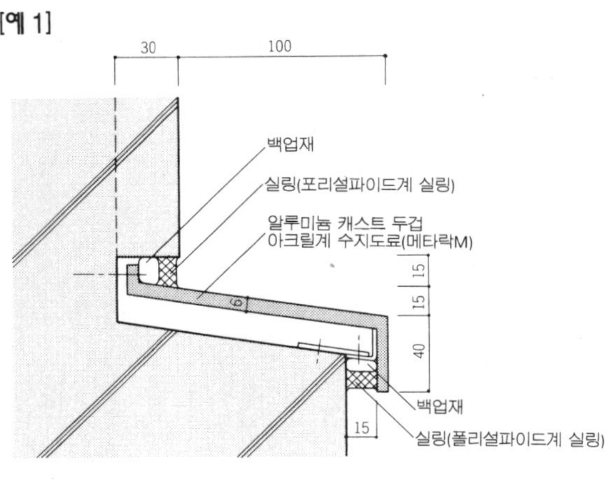

단면 1/4

[예 2]

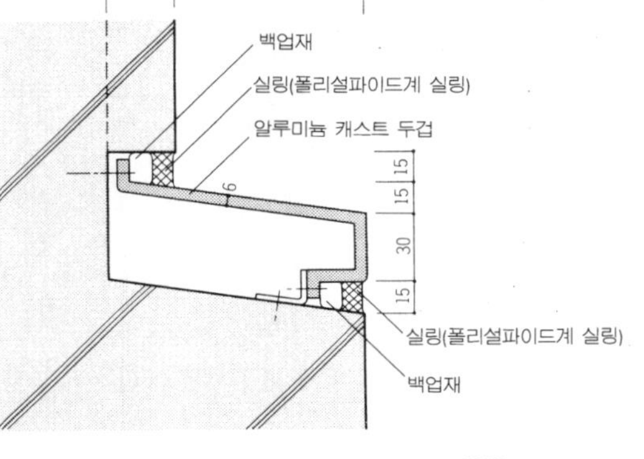

단면 1/4

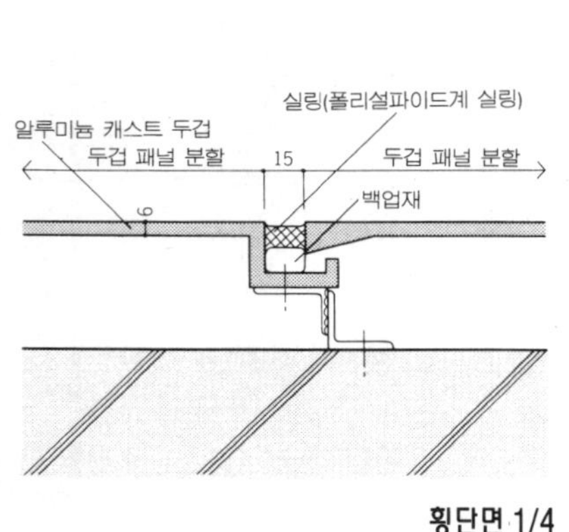

횡단면 1/4

막판의 아무림 예

[예 1]

단면 1/6

[예 2]

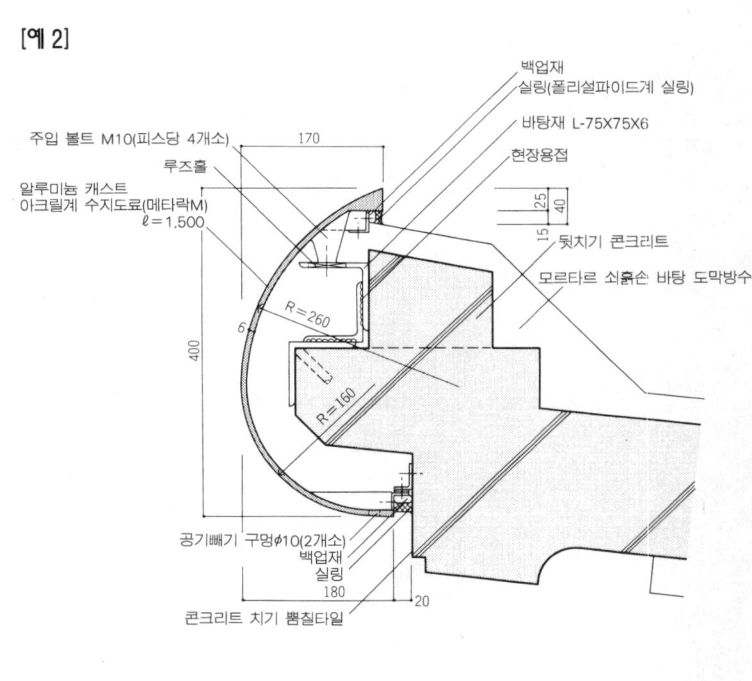

단면 1/9

건물에서 결로나 누수에 대한 고려가 가장 필요하고, 또한 사용 빈도도 높고, 내구성이 요구되며, 또한 사고나 부상에 대한 일상의 안전성 배려에서 빠뜨릴 수 없는 것에 창호가 있다.

대별하면 스틸이나 알루미늄제 등의 강제 창호와 목제의 창호 등이 있는데, 디테일을 생각할 경우의 유의점이나 요점에는 창호에 공통인 것과 그것들 각기에 특유한 것이 있다.

창호에 요구되는 기능으로서의, 수밀, 기밀, 차음, 방화성 등은 문이나 장지 등 창호 자체의 성능이나 구조뿐 아니라, 주변의 틀이나 door sill과의 아무림 관계를 빼고는 그 기능을 충분히 발휘할 수 없다.

또한 최근 특히 디자인도 많이 발전하였다. 스틸 새시에 있어 내후성 형강이 가진 에지의 샤프함을 겨냥한 아무림이나, 부정형 실링재만에 의하는 것이 아니라, 내후성 등 품질도 개량된, 가스킷 등 정형 실링재를 사용한 새시 주위의 아무림법 등이 있다. 이것은 PC 콘크리트판 등에 새시를 건식 공법으로 설치하는 경우, 더블 실링 방식의 아무림법으로서도, 최근 다용되기에 이르고 있다. 그리고 해외의 예에서는 잘 보이지만, 우리 나라의 기후 풍토에서는 아직 연구의 여지가 있는, 정형 실링재를 사이에 기워, 눈판으로 압입하여 조립하는 커튼 월 공법 등도 서서히 시도되고 있다.

또한 등압 이론을 응용하여 외표면의 내측에 공간을 만들고, 그 공간(등압 공간)에서는 어느 부분도 외기압과 동등의 기압 차로서 누수를 막는 새로운 커튼 월 공법이 있다.

이것들을 실제로 현장에서 행해지고 있는 구체적인 예를 기초로, 최근의 목제 창호의 디테일도 곁들여 해설과 아무림의 그림 예를 나타낸다.

설계상의 유의점

1. 창호 공통

(1) 설치 장소나 위치 등에 의한 창호 종류의 체크

1) 강제나 목재 등 재질.

2) 방화·방음 등 성능.

(2) 여는 방법과 개폐 방식이나 문 죄기와 잠금 방식의 체크.

(3) 필요 유효 개구 폭(틀 안치수 W치수)과 높이(틀 안치수 H치수)나, 틀 예상 치수, 또한 문이나 장지의 W와 H치수나 예상 치수의 체크.

(4) 방화 구획, 배연 구획의 체크와 필요 방화문(갑종, 을종 등)의 체크.

(5) 방음 창호의 필요 개소와 요구되는 차음 성능의 구조(AT, SAT 등) 체크.

(6) 도어루버의 유무와 필요 개구 면적의 확보.

(7) 기계실 등에 대한 대형 설비 기계류의 반입 경로와 문 치수의 체크.

(8) 일상의 안전에 대한 배려.

① 개구부의 단 차로 걸려 넘어지기 쉬운 곳이나 휠체어, 왜건차가 지나는 곳 등의 바닥면은 가능한 한 평활하게 가지런히 아무리도록 한다(이 경우 외부에 면한 문이나 물가의 경우는 문 하부에 고무제 물돌림을 붙인다든지, 바로 앞에 그레이팅 붙은 배수구를 만들어 극간풍이나 물의 역류를 막는다).

② door sill의 처리 방법

(A) 외부나 물가에 면한 도어실에서, 폭이 커지기 쉬운 곳은 위에 오르면 물이나 진흙에 의하여 미끄러지기 쉬우므로 주의(펀칭 메탈을 선판에 용접하거나 논슬립 시트를 접착 붙임하여 미끄럼 방지 대책을 한다).

(B) 직접 외부에 면하는 출입구 문의 경우 GL과 내부 바닥(FL)의 높이나, 바닥의 물매와 마무리 바닥재와 도어실 등의 아무림을 체크.

③ 창대의 높이는 낙하 방지를 생각하면, 난간과 마찬가지로 1,100mm 정도의 높이는 요구된다. 시계(視界)가 차단될 때는 창대는 약간 낮게 하고, 실내의 1,100mm 높이에 난간이나 창의 내측에 bar를 세운다.

④ 외부에 면한 창호의 경우는 강풍에 의하여 흔릴리며, 기분 나쁜 소리가 난다든지, 도어가 열린다든지, 급하게 닫힌다든지 하는 일이 없도록 한다.

⑤ 가능한 한 유리를 끼워 들여다볼 수 있는 문으로 하고, 개폐에 의한 부딪힘을 막는다.

(4) 벽돌이나 타일 등과 맞추는 개소의 창호 치수는 벽돌이나 타일의 분할 치수에 맞춘다.

(10) 강제 창호의 외벽에 대한 설치법에는 새시 주위를 모르타르 등의 속넣기에 의한 내측에 정형 실링재(가스킷 등)를 사용하는 건식 공법이 있다.

2. 스틸제 창호

(1) 플러시 도어의 경우

1) 강판(표면판, 바탕널 등)의 두께와 구조에 의한 창호 강도(kgf/cm^2)나 내부 충전재의 유무, 강판 재질의 체크.

2) 외부에 면하여 비바람 등이 직접 닿는 문의 기밀성($m^2/h \cdot m^2$)이나 수밀성(kgf/m^2)에 대한 체크.

3) 갑종 방화문에 있어 강판의 두께와 구조, door sill이나 틀의 맞춤 체크, 또한 상시 폐쇄식이거나 연기 감지 연동 붙은 자동 개폐식의 필요가 있는가의 확인.

4) 방화문 등에서 벽 매입일 경우의 구체 벽 두께 확보.

(2) 스틸제의 창틀 등에서 형강을 커트한 틀은 휘는 것과 달리 단면이 작게 끝나므로, 스렌더로 되지만, 현장에 반입 후 연속창으로서 현장에서 용접하여 조립할 경우, 틀의 비틀림 고치기 등에서 가공 품이 드는 경우가 있으므로 주의.

(3) 스틸 마리온 타이프 커튼 월 공법

1) 알루미늄의 버팀만으로는 강도가 유지되지 않는 천장이 높은 건물이나, 대형 개구부 등에 적합하다.

2) 비바람에 직접 노출되는 외부에는 부식에 강한 알루미늄 눈판을 사용한다. 스틸 형강은 직접 외부로 노출시키지 않는다.

3. 알루미늄제 창호

(1) 알루미늄의 알칼리성 재료나, 다른 금속에 접촉하는 면의 절연 처리 검토(접촉 부분에 수지 도료나 역청질 도료 등의 절연 도료를 도포).

(2) 알루미늄의 표면 처리(양극 산화 피막, 양극 산화 도장 복합 피막, 전해 착색 피막, 자연 발색 등)의 검토.

(3) 연속창, 단창 새시 접합부의 부정형 실링재는 실리콘계 또는 폴리설파이드계로 한다.

(4) 압출 형재의 형상이나 틀, 장지의 예상 치수와 창호 성능의 확인.

1) 건물이 서는 장소나 설치하는 지상 높이에 의한 창호 강도(kgf/cm^2)의 체크.

2) 기밀성($m^3/h \cdot m^2$)의 체크(수치가 작을수록 성능이 좋다. 차음 성능에도 영향이 있고, 기밀 성능이 좋은 것은 열 손실을 감소시켜 에너지 절감 타이프가 된다).

3) 수밀성(kgf/cm)의 체크(빗물을 수반하는 순간 최대 풍속이나 설치 지상 높이에 의한 새시로부터의 누수를 막는다).

4) 새시에는 물빼기 구멍이 있고, 내측의 치켜올림이 큰 것으로 한다(물빼기 구멍을 세우지 않았기 때문에, 실링재의 자외선 열화를 일으킨 부분으로부터 빗물이 새시 속으로 들어가 내측으로 누수하는 일이 있다).

(5) 커튼 월 공법

1) 극간 양측의 기압 차를 없앤, 등기압 이론에 의한 커튼 월 방수 공법을 고려한다(외기압과 커튼 월 틀 중공 층 내의 기압 차를 없앰으로써, 빗물의 침입을 막는 방법).

2) 커튼 월 조인트부의 단면 실링재 깊이를 충분히 취한다(접착면이 알루미늄 부재의 두께밖에 없으면, 접착 파괴나 응집 파괴를 일으키는 원인이 된다).

4. 목제 창호

(1) 창호 재료의 재종, 품질 등의 체크.

(2) 상세의 검토.

① 문 바탕의 구조.

② 부재의 예상, 예견 치수.

③ 맞춤의 상태(맞춤 부분, 문고정 부분 등).

④ 유리나 루버와 징두리판의 아무림.

⑤ 면과 누름띠 등의 크기와 모양.

⑥ 장부나 작은 구멍 등의 크기와 모양 등.

(3) 건축 중에서 가장 안정도를 필요로 하는 창호에는 곧은결을 사용한다(목재 중에서 곧은결의 목재가 섬유 방향은 물론, 섬유에 직각 방향도 안정도가 높다.

시공상의 요점

1. 제품의 검사

(1) 창호에 공통

1) 조립 치수 정도 검사(치수 측정에 의한 허용 차의 체크).

2) 目視에 의한 외관 마무리 상태의 체크(이 검사는 도장 등을 하지 않는 바탕 그대로 한다).

① 현저한 젖혀짐, 휨은 없는가.

② 엇갈림, 공극(특히 구석 장부 맞춤 극간 등).

③ 표면 처리의 상태는 어떤가.

④ 설치 철물의 안쪽판이나 손잡이 열쇠 구멍 등의 위치 확인.

⑤ 앵커 개소(@450mm 이하)의 확인.

3) 매달기 끝을 확인한 뒤, 작동, 매달아넣기 상태나 흐트러짐 등 할당 치수의 체크.

(2) 강제 창호의 경우

1) 스틸 패널 용접면의 마무리 보수 상태의 체크.

2) 각 증명서의 수리와 확인.

① 창호 강재 검사 증명서.

② 우레탄 발포재나 록울, 글라스울 등 내부 충전재의 제품 증명과 충전 사진.

③ 녹 방지 도료의 제품 증명증(도료의 색 확인).

(3) 목제 창호(플러시 도어)의 경우.

1) 내부 바탕재의 설치나 아무림 상태의 체크.

2) 플러시 문 등은 톱날을 넣은 심재를 사용한다(심이 되는 재의 섬유 방향을 토막토막 잘라 버림으로써, 스페이서로서의 역할밖에 할 수 없게 되고, 심이 되는 재에 의한 변형은 없어진다).

3) 울거미, 테재의 깎기 상태 체크.

4) 나무 나사나 고정 못류의 죄기 상태의 확인.

5) 맞춤이나 도어 주위의 아무림 상태에 가지런하지 않은 것은 없는가.

6) 부속 철물의 설치 위치나 조각 상태의 체크.

2. 현장 설치의 점검

(1) 창호에 공통

1) 설치 위치(먹줄)의 확인(구체 벽심과 새시 심의 치수 관계 체크, FL에서 새시 밑틀 높이의 체크 등).

2) 한 번 임시 고정한 상태에서 전체를 체크.

3) 앵커 부분의 용접 상태 확인.

4) 본설치 후의 주위 모르타르(또는 방수 모르타르) 채움의 상태 확인.

5) 개폐나 문 죄기 상태는 비틀림이나 극간이 없고 잠금의 상태도 양호할 것.

6) 설치 후도 공사용의 출입구로서 사용하는 경우는 상처, 오염 방지를 위하여 양생한다.

(2) 강제 창호의 경우

1) 스틸 문 등 상하 마구리 방청 마무리는 세우기 전에 확인하여 둔다.

2) 현장에서의 제품 보관은 실내의 통풍이 좋은 청결한 장소에서, 10cm각 정도의 침목 위에, 비틀림이나 변형을 일으키지 않도록 수직 방향으로 쌓고, 평쌓기는 피한다.

3) 실링재의 충전은 모르타르나 콘크리트가 충분히 건조하고 나서 한다.

(3) 목제 창호의 경우

1) 임시 매달아넣기에 의한 창호 정도의 체크.

2) 문고정이나 맞춤부에서 문 주위의 극간이 가지런하지 않은지의 체크.

3) 도장 마무리일 경우의 마구리면 도장의 확인(상부 마구리면은 환기부로 도장은 하지 않는다).

1. 스틸제 창호

● 플러시문

문의 종류와 모양

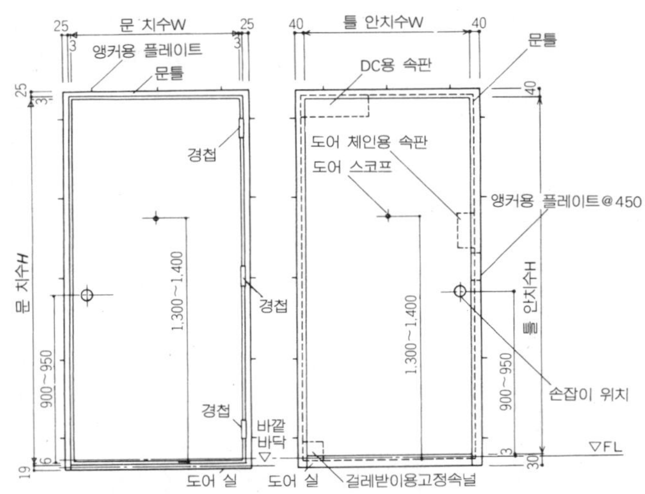

편여닫이문-외여닫이 형태

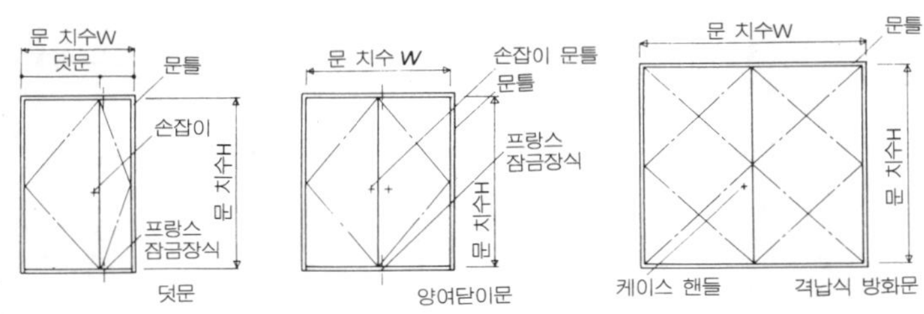

스틸제 플러시문의 종류

수밀·기밀·차음문의 아무림 방화문의 아무림

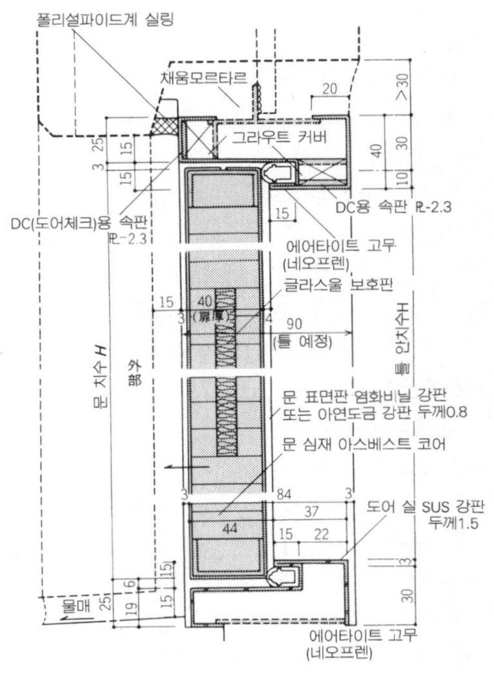

단면 1/4

도어실의 아무림

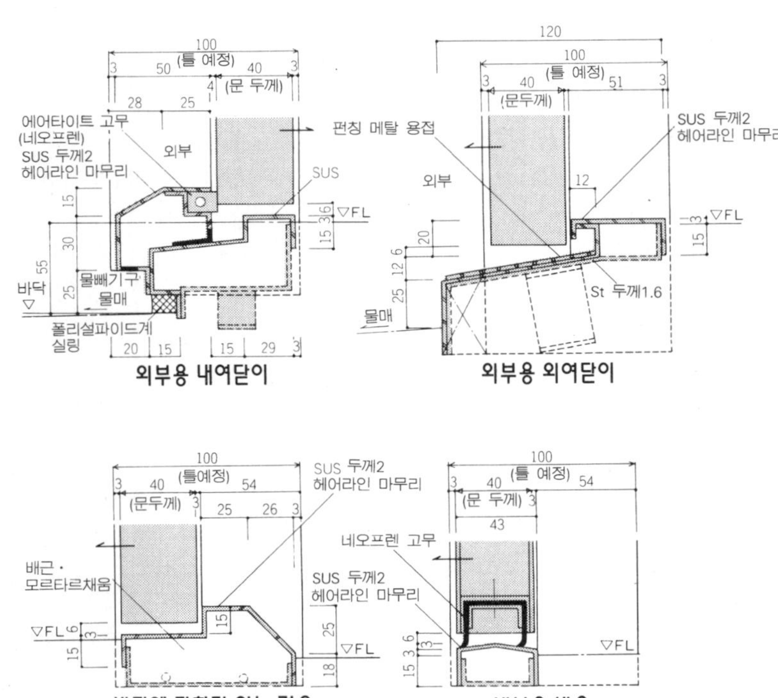

외부용 내여닫이

외부용 외여닫이

바닥에 단차가 있는 경우

내부용 방음

상세 1/4

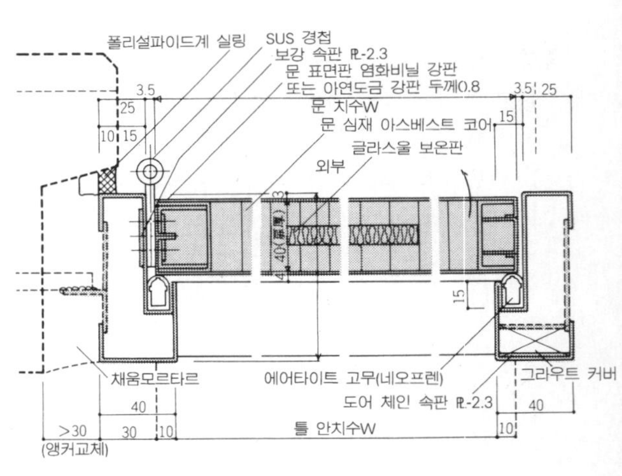

평면 1/4

방화문의 아무림

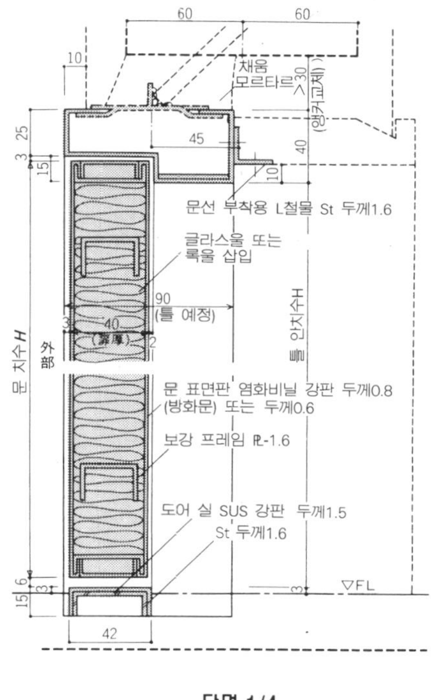

단면 1/4

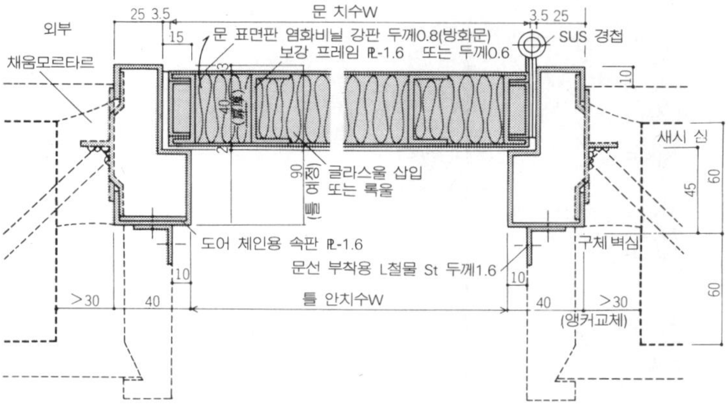

평면 1/4

방화 • 수밀문의 아무림

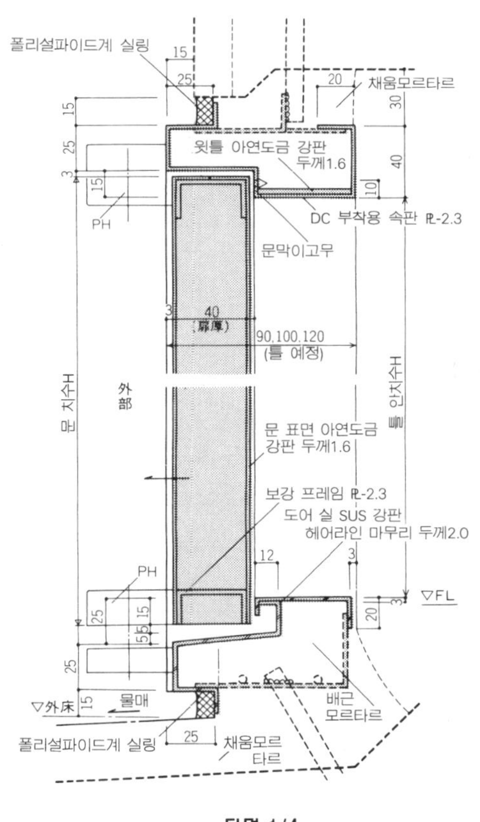

단면 1/4

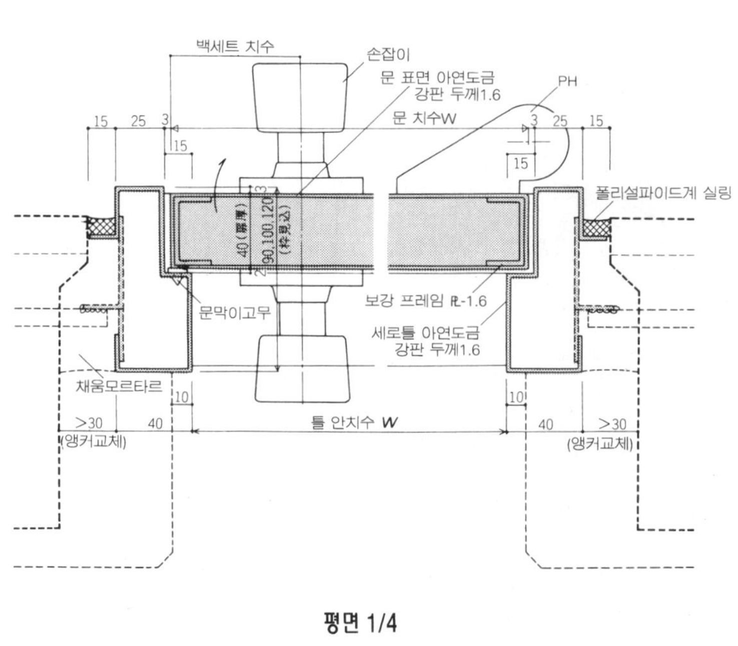

평면 1/4

방음 • 방화문의 아무림

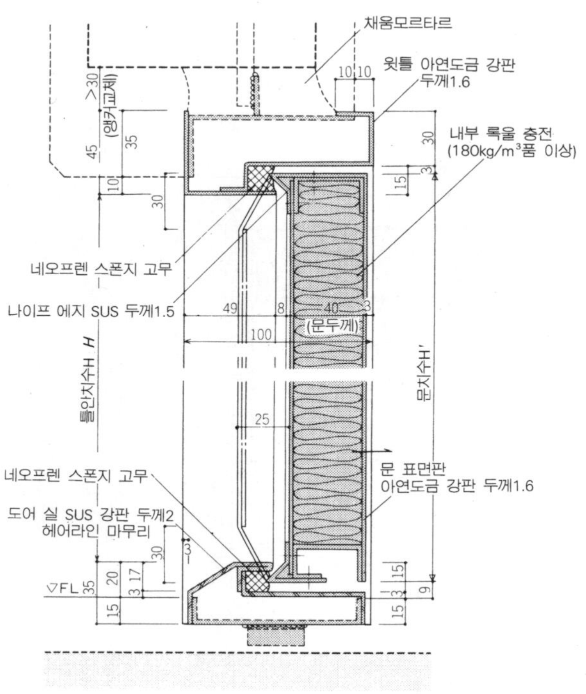

단면 1/4

격납식 방화문의 아무림

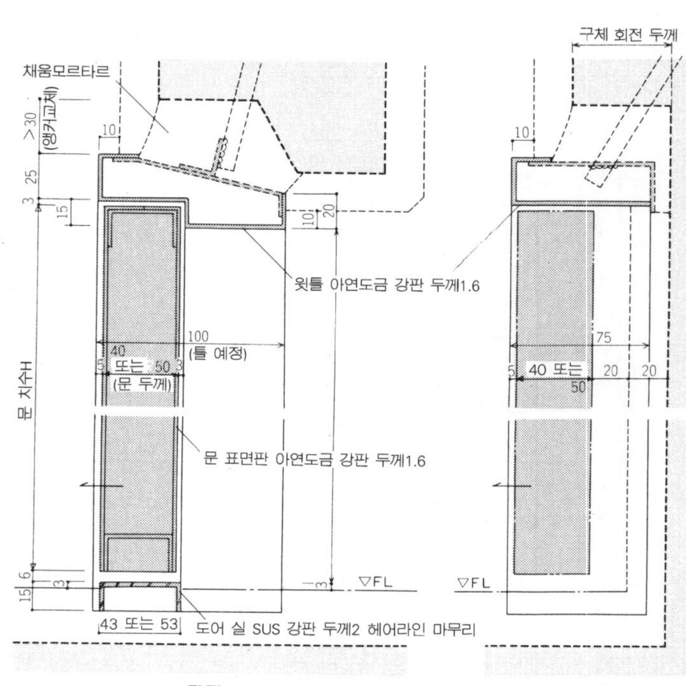

단면 1/4

두껍닫이측 단면 1/4

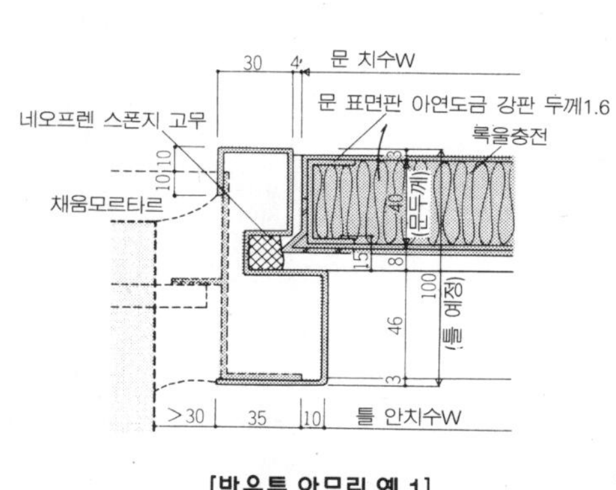

[방음틀 아무림 예 1]

[방음틀 아무림 예 2]

평면 1/4

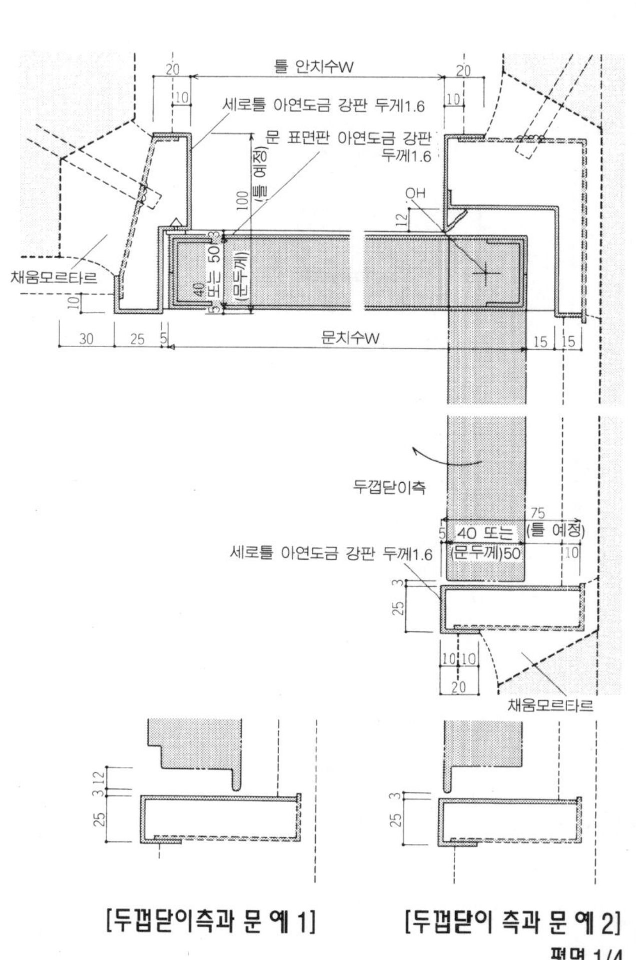

[두껍닫이측과 문 예 1]

[두껍닫이 측과 문 예 2]

평면 1/4

문맞담부의 아무림

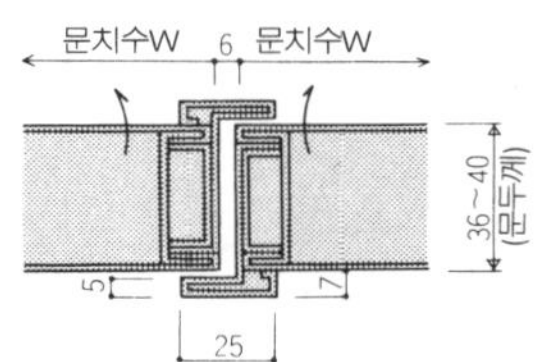

[방화문용 예 1]

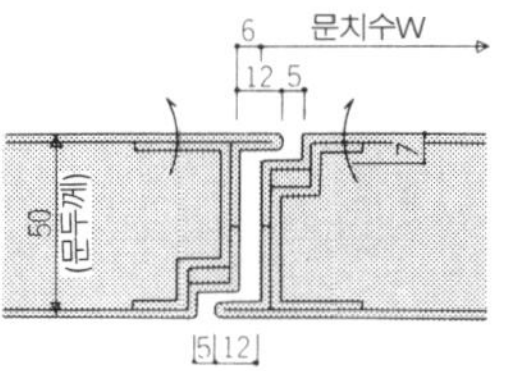

[방화문용 예 2]

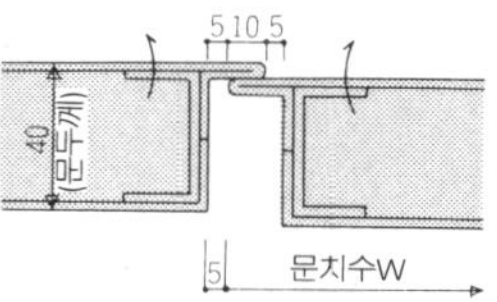

[방화문용 예 3]

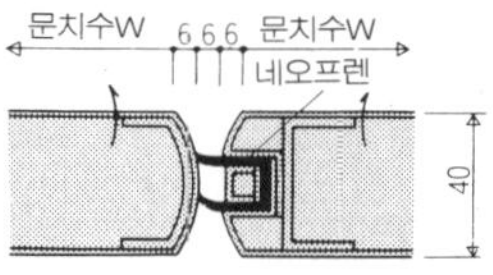

[기밀사용 예 1]

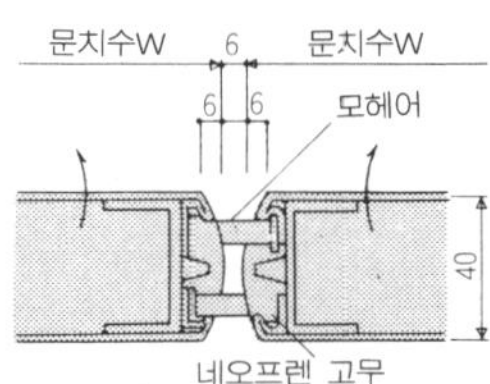

[기밀사용 예 2]

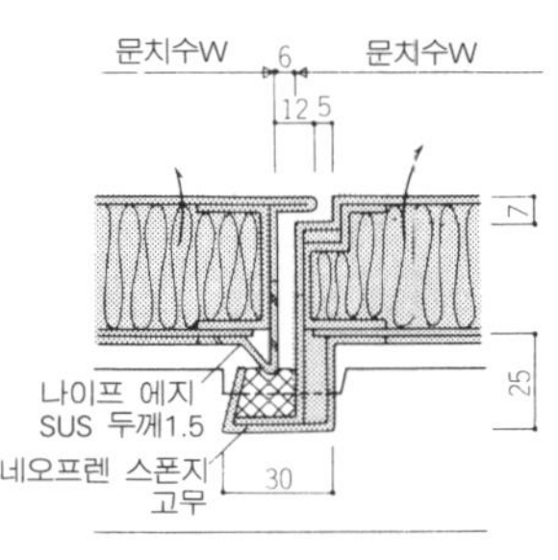

[방음문]

상세 1/4

● 스틸제 창

형강에 의한 외여닫이창의 아무림

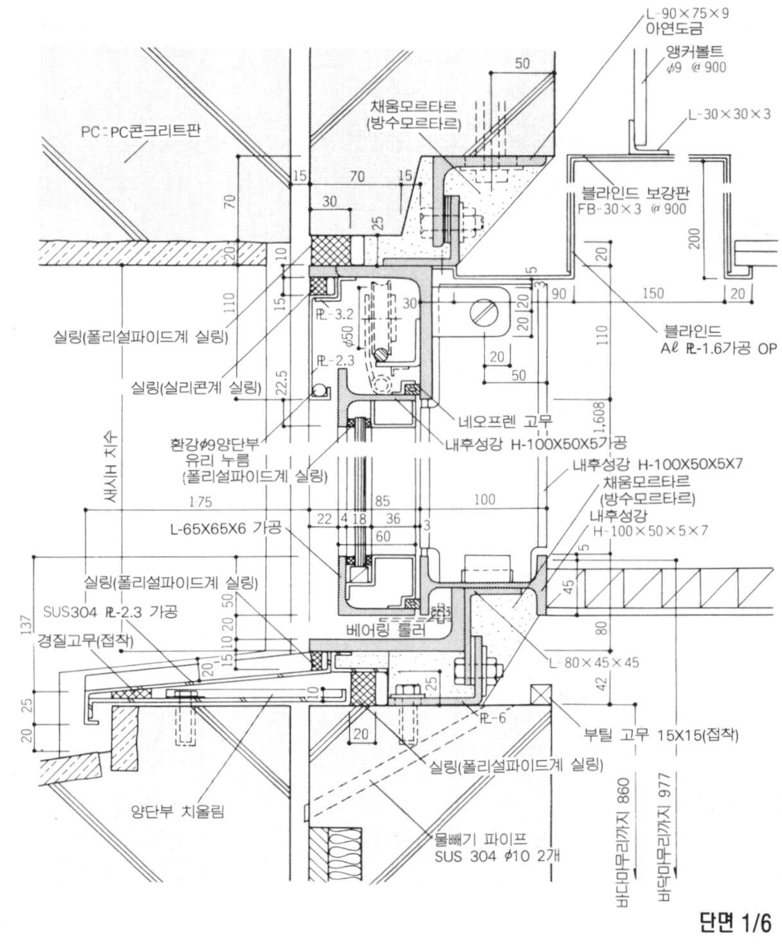

단면 1/6

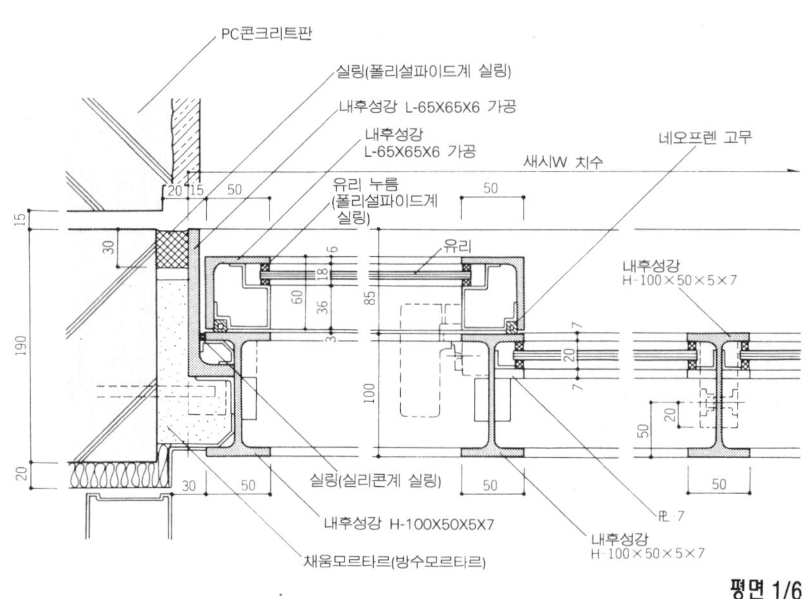

평면 1/6

● FIX 창의 아무림

[형강에 의한 새시틀 예 1]

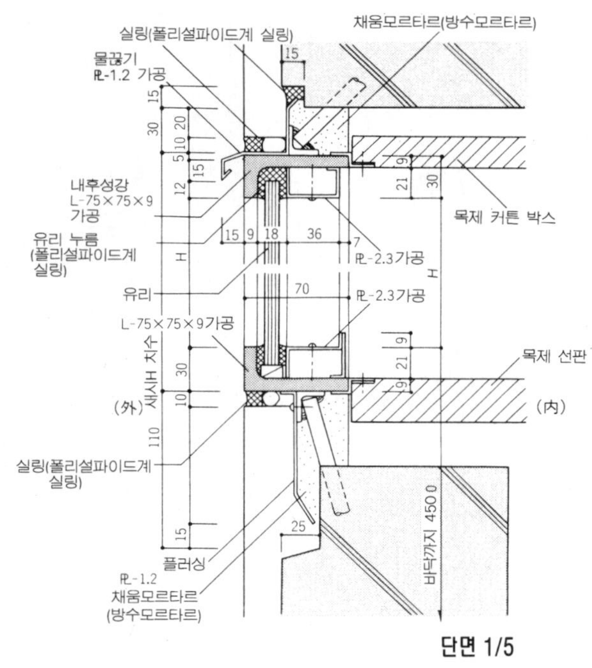

단면 1/5

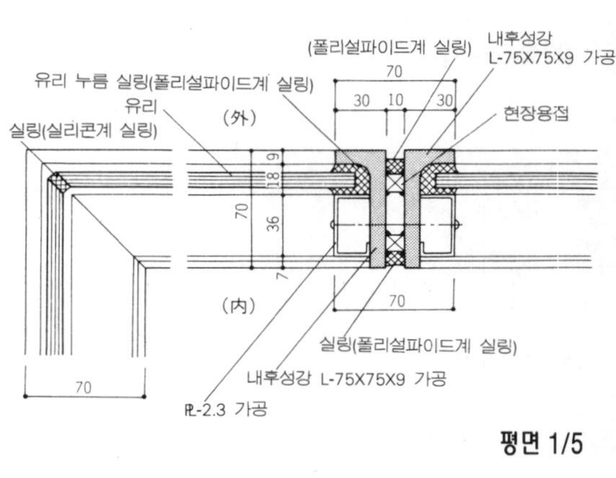

평면 1/5

[형강에 의한 새시틀 예 2]

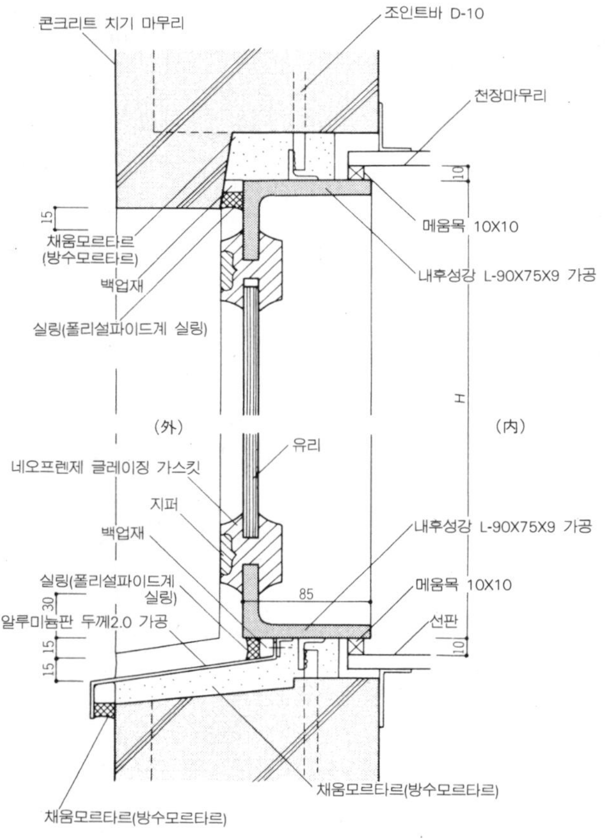

단면 1/5

[스틸휨가공 새시틀]

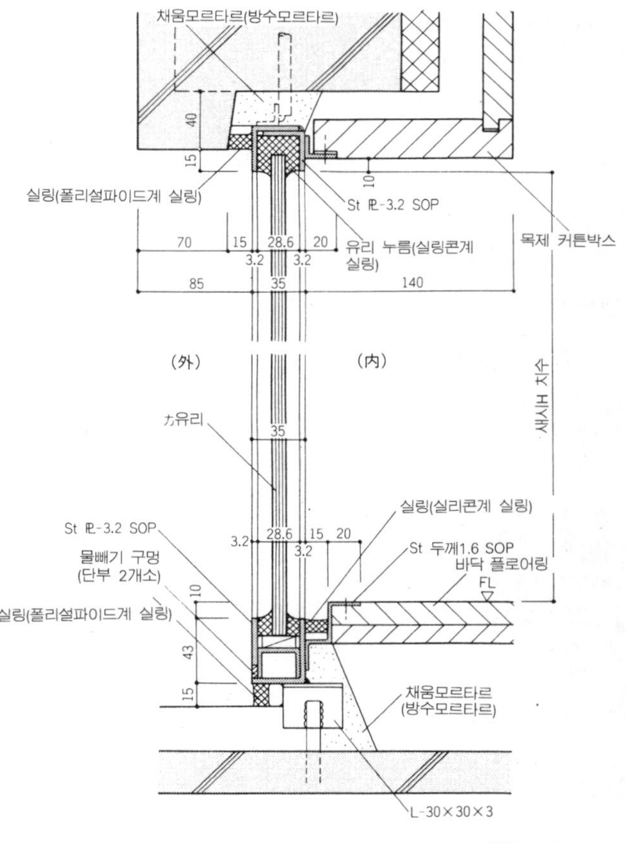

단면 1/5

● 스틸커튼월

1. 스틸 멀리온 타입의 커튼월에서는 철골 강도와 샛기둥, 가로재 간격은 풍압 등의 강도에 의해 결정한다.
2. 풍우에 직접 닿는 외부에는 내후성강 이외는 모두 부식에 강한 알루미늄 틈막이대를 사용한다. 스틸형강은 외부에 노출시키지 않는다.

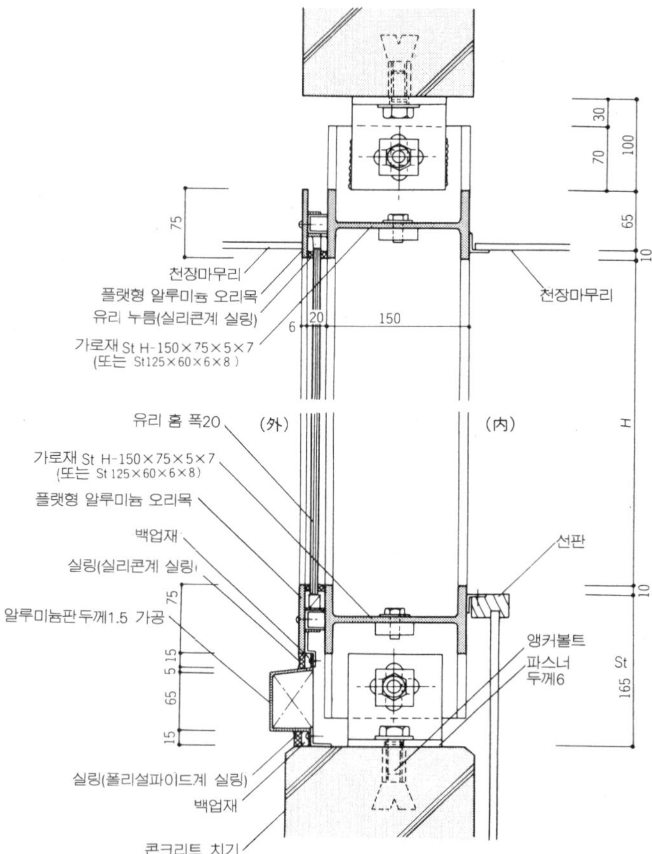

최상·하부 단면 1/8

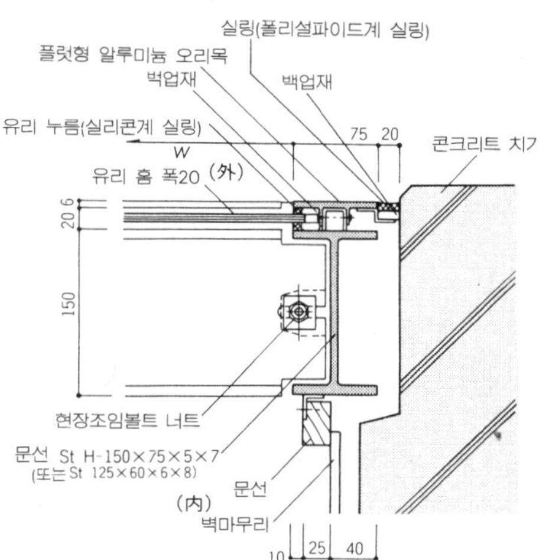

단부버팀 평면 1/8

[예 1]

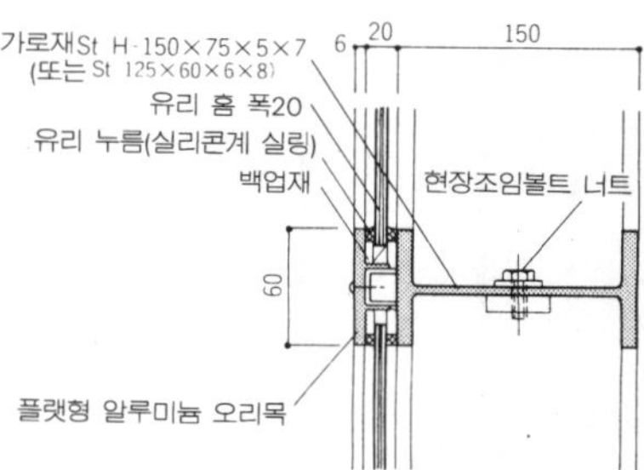

[예 2]

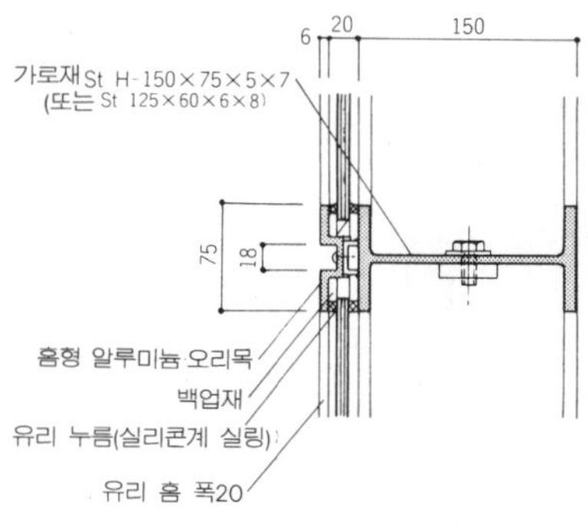

종단면 1/8

[예 1]

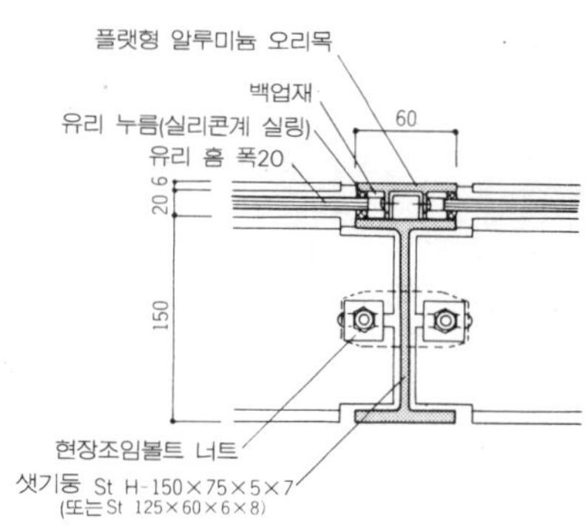

[예 2]

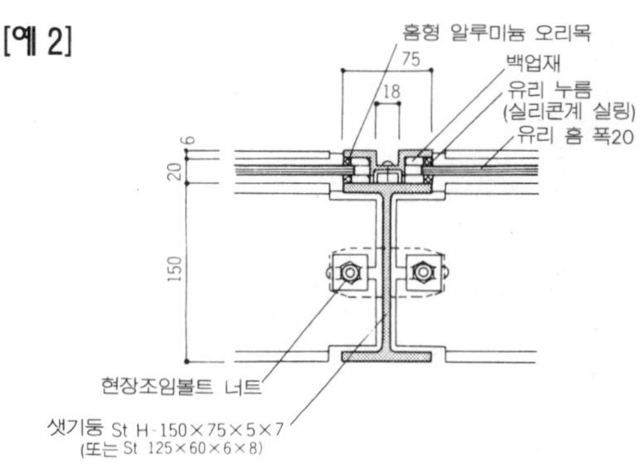

횡단면 1/8

2. 알루미늄제 창호

● 새시의 각종 아무림 미서기 • 외여닫이 • 올거미도어의 모양

알루미늄제 미서기 • 외여닫이 • 올거미 도어의 종류

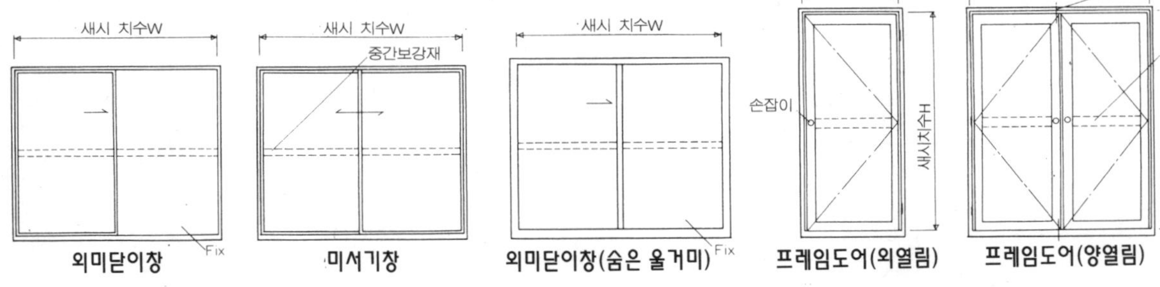

미서기창의 아무린

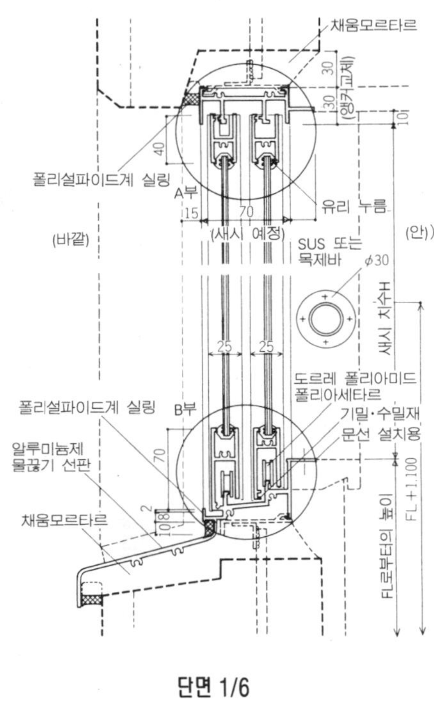

단면 1/6

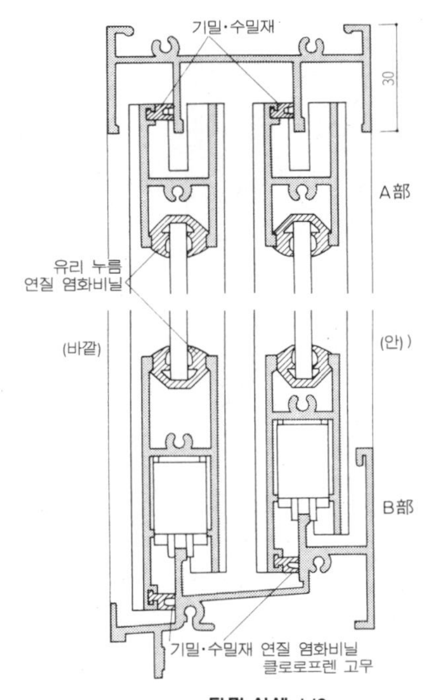

단면 상세 1/2

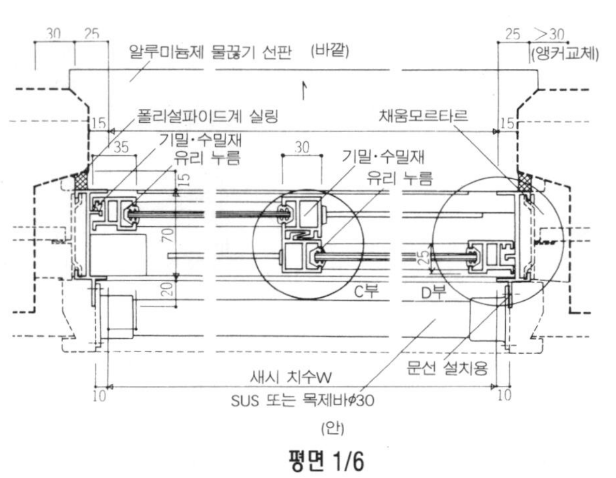

평면 1/6

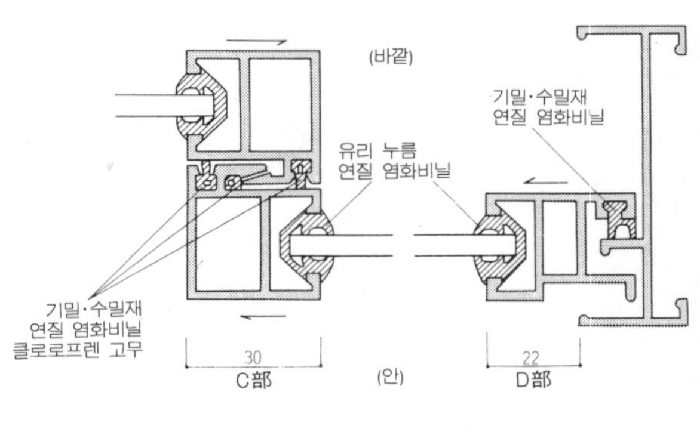

평면 상세 1/2

외여닫이창의 아무림

울거미 • 싱글글래스

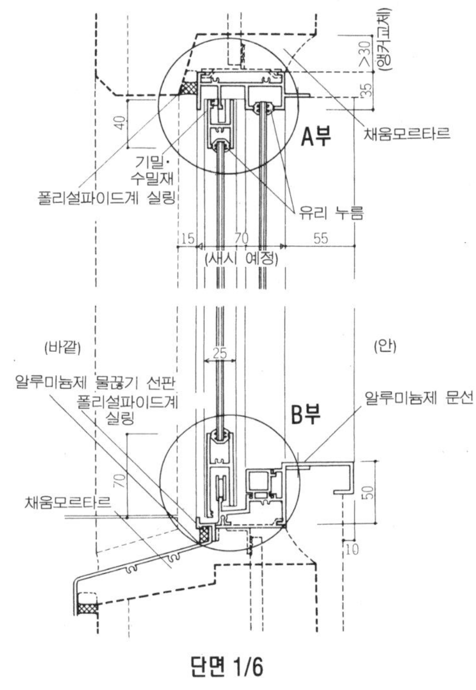

단면 1/6

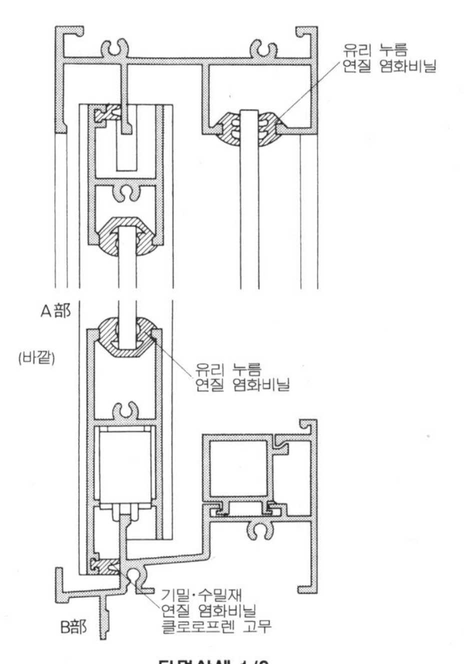

단면상세 1/2

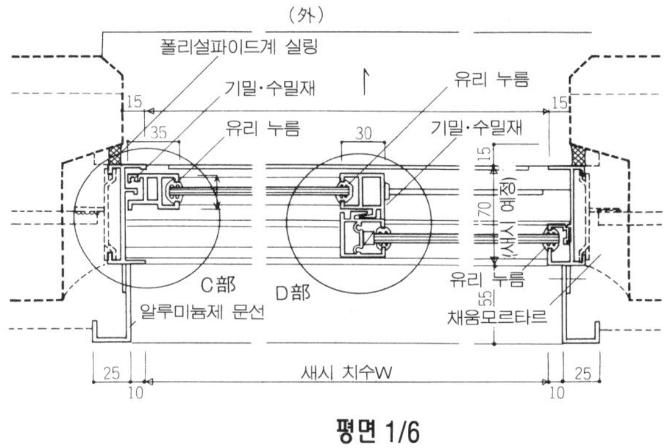

평면 1/6

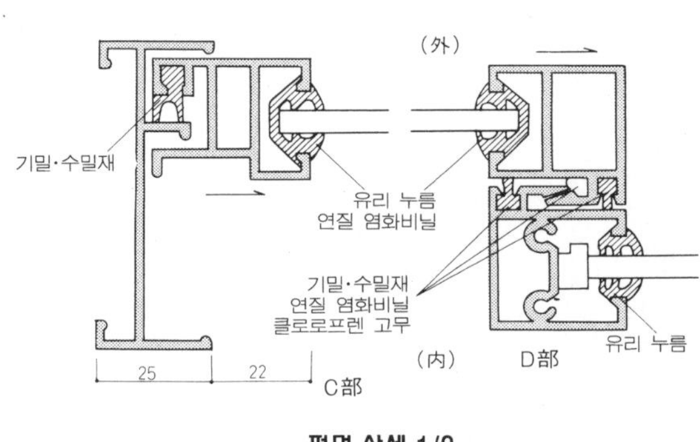

평면 상세 1/2

울거미 • 페어글래스

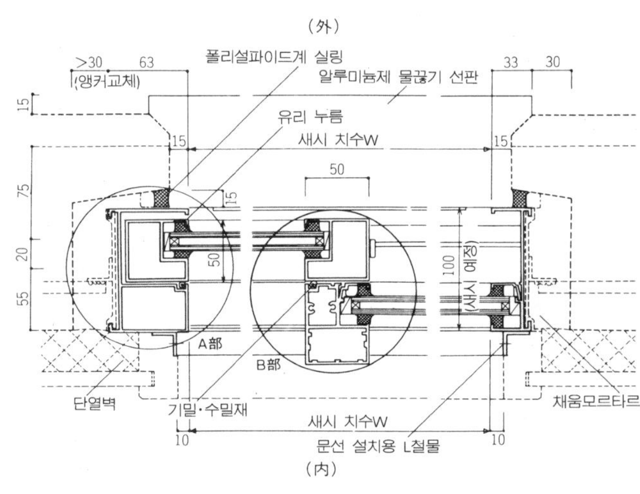

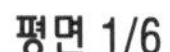

평면 1/6

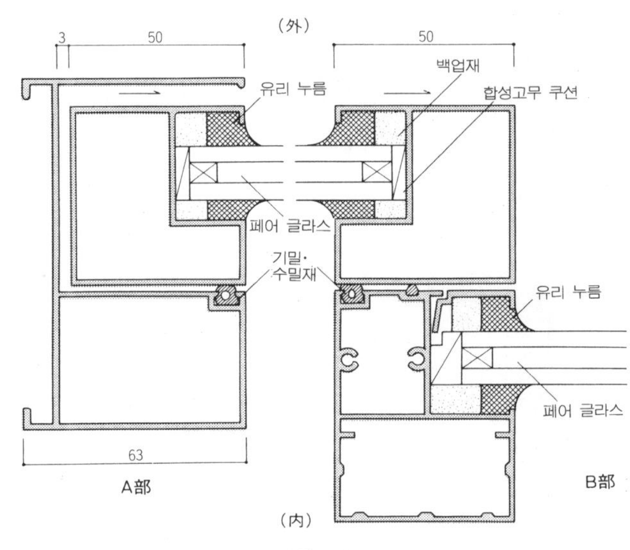

평면 상세 1/2

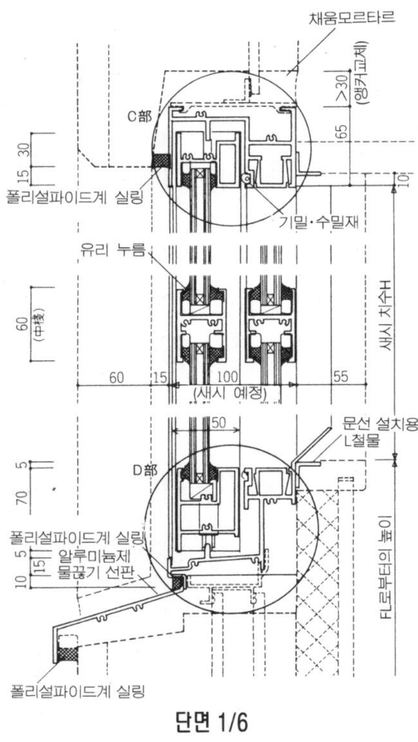

단면 1/6

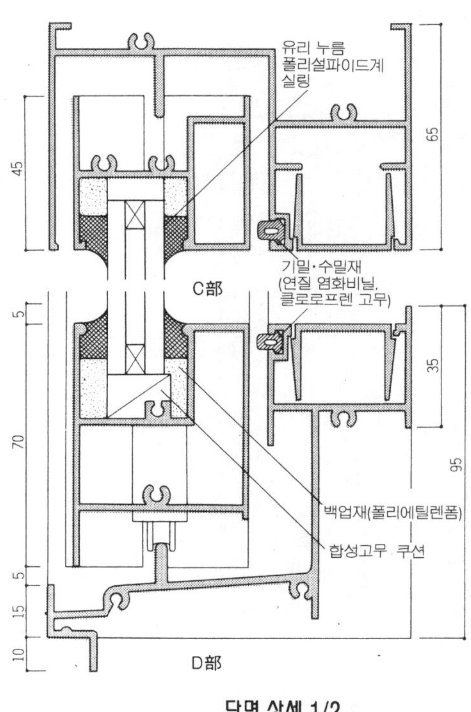

단면 상세 1/2

올거미도어의 아무림

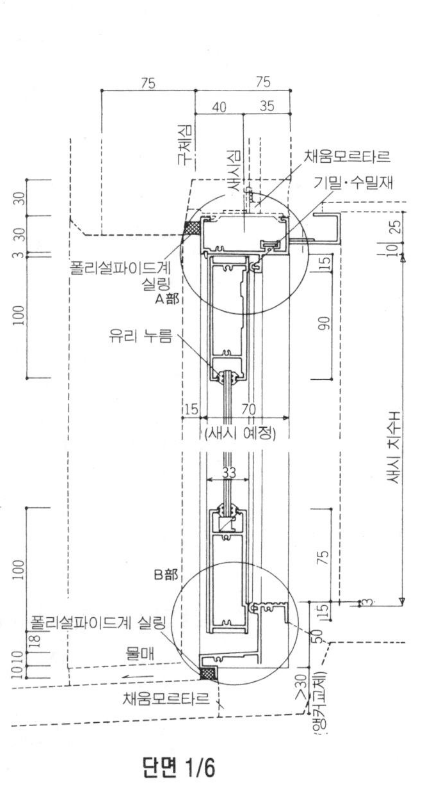

단면 1/6

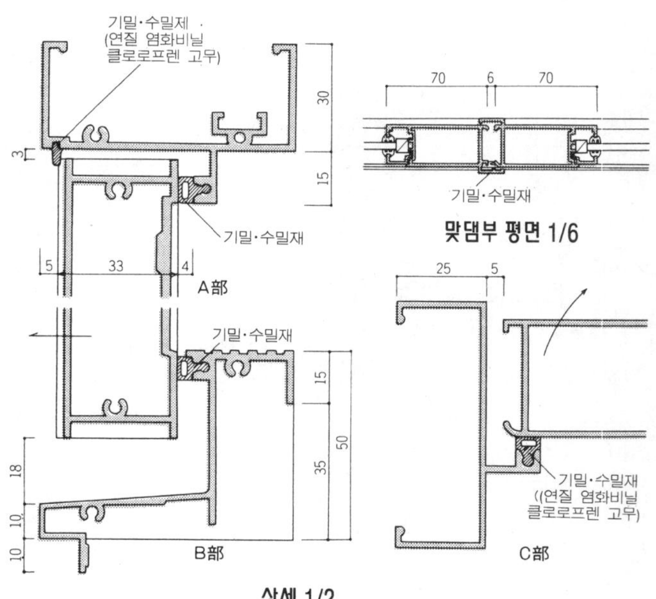

평면 1/6

맞댐부 평면 1/6

상세 1/2

● 건식공법에 의한 새시 연결

[예 1 더블 실링 방식]

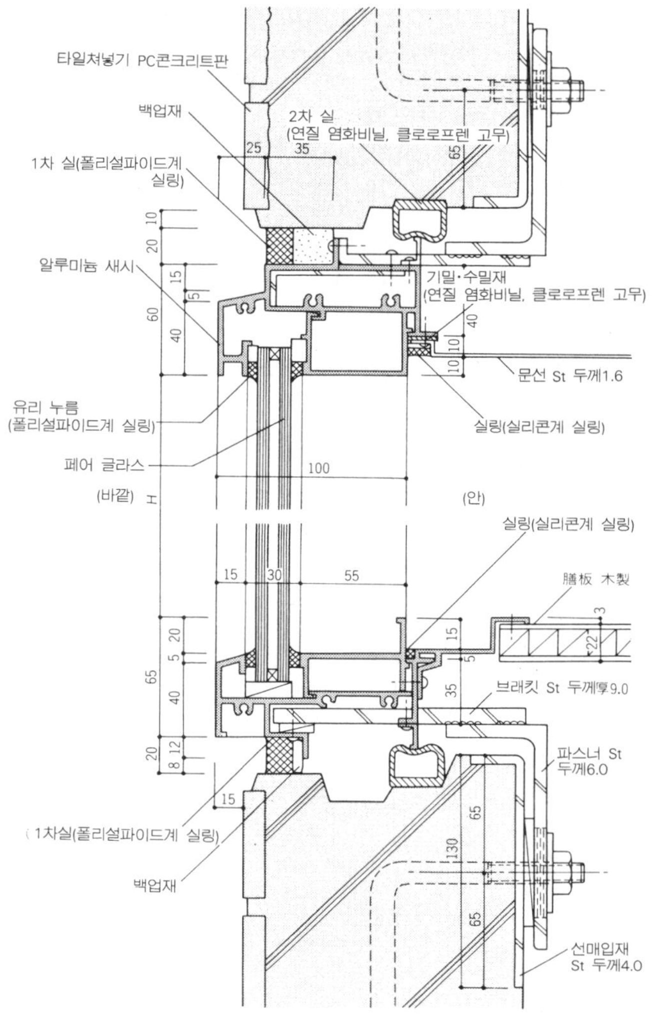

타일쳐넣기 PC콘크리트판
백업재
2차 실
(연질 염화비닐, 클로로프렌 고무)
1차 실(폴리설파이드계 실링)
알루미늄 새시
기밀·수밀재
(연질 염화비닐, 클로로프렌 고무)
문선 St 두께1.6
유리 누름
(폴리설파이드계 실링)
실링(실리콘계 실링)
페어 글라스
(바깥)
(안)
실링(실리콘계 실링)
膳板 木製
브래킷 St 두께9.0
파스너 St
두께6.0
1차실(폴리설파이드계 실링)
백업재
선매입재
St 두께4.0

단면 1/4

[예 2]

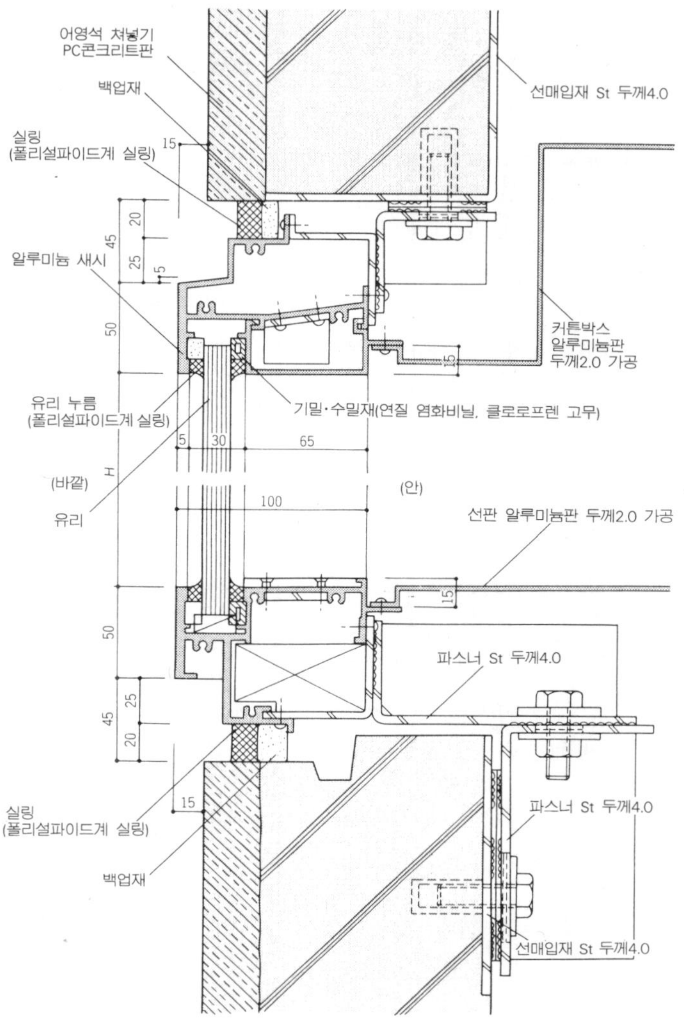

어영석 쳐넣기
PC콘크리트판
백업재
선매입재 St 두께4.0
실링
(폴리설파이드계 실링)
알루미늄 새시
커튼박스
알루미늄판
두께2.0 가공
유리 누름
(폴리설파이드계 실링)
기밀·수밀재(연질 염화비닐, 클로로프렌 고무)
(바깥)
(안)
유리
선판 알루미늄판 두께2.0 가공
파스너 St 두께4.0
실링
(폴리설파이드계 실링)
파스너 St 두께4.0
백업재
선매입재 St 두께4.0

단면 1/4

백업재
(바깥)
유리 누름(폴리설파이드계 실링)
1차실(폴리설파이드계 실링)
타일 쳐넣기
PC콘크리트판
페어 글라스
알루미늄 새시
2차 실(연질 염화비닐, 클로로프렌
고무)
벽 마무리
(안)

평면 1/4

유리 누름(폴리설파이드계 실링)
(바깥)
실링(폴리설파이드계 실링)
백업재
유리
기밀·수밀재(연질 염화비닐,
클로로프렌 고무)
어영석 쳐넣기 PC콘크리트판
알루미늄 새시
기밀·수밀재
(연질 염화비닐, 클로로
프렌 고무)
알루미늄 새시
(안)

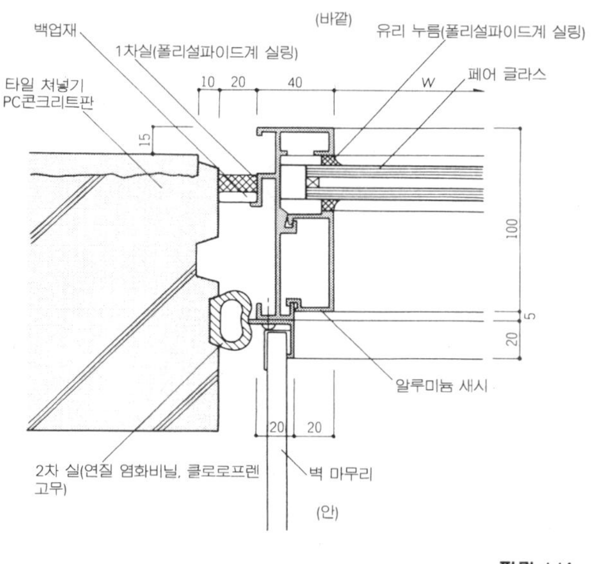

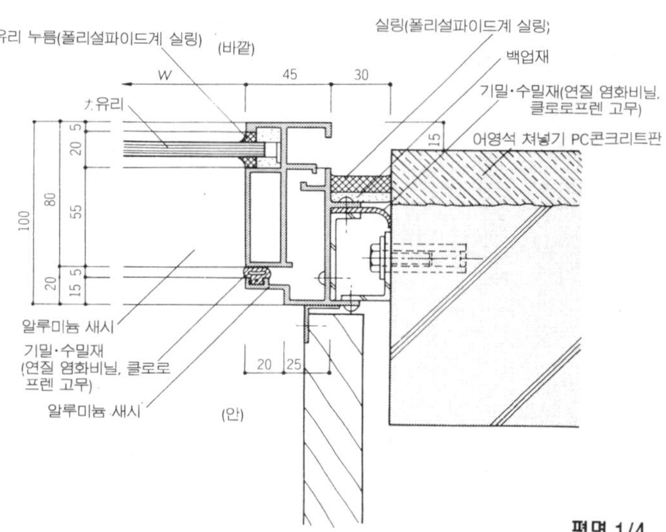

평면 1/4

● 알루미늄커튼월

단열재 충전 패널
연질 염화비닐, 클로로프렌 고무
알루미늄 오리목
알루미늄 새시
연질 염화비닐, 클로로프렌 고무
연질 염화비닐, 클로로프렌 고무
(바깥)
(안)
페어 글라스
단열재 충전
알루미늄판 두께2.0 가공
백업재
실링(폴리설파이드계 실링)
바닥 마무리
실링(폴리설파이드계 실링)
백업재
콘크리트 치기 마무리

단면 1/5

알루미늄 오리목
페어 글라스
연질 염화비닐, 클로로프렌 고무
연질 염화비닐, 클로로프렌 고무
알루미늄 방립
연질 염화비닐, 클로로프렌 고무

평면 1/5

● 새시주위의 누수 대책

새시에 물빼기구멍을 설치

실링재의 접착에 자외선 열화가 일어나더라도 물빼기 구멍을 얻도록 안쪽의 치올림을 크게 하여 우수가 새시 속에 들어가더라도 안쪽으로 누수는 되지 않는다.

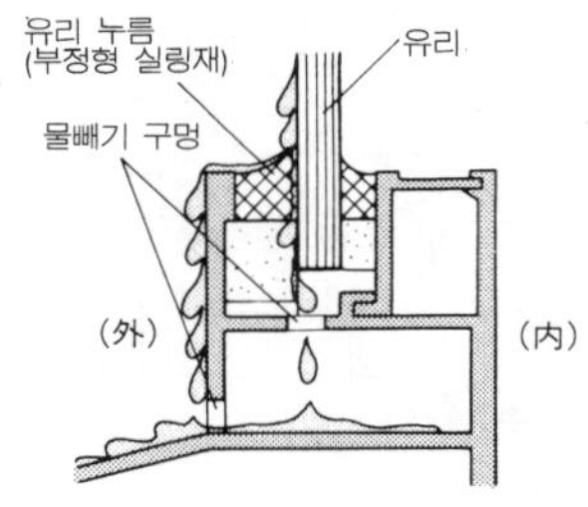

등압구조의 새시

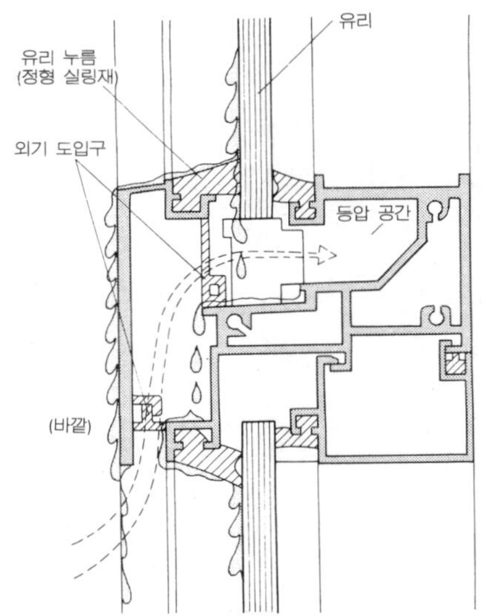

등기압 시스템
비흘림의 일부에 외기를 도입하는 개구부를 설치하여 비흘림의 뒤에 있는 중공층을 외기압과 같게 하고, 풍압은 그 실내쪽에 위치하는 기밀벽으로 완전하게 받는다.

실링깊이를 충분하게 함

커튼월 조인트부의 단면에서 접착면이 알루미늄 부재의 두께뿐이면 접착 파괴를 일으킨다.

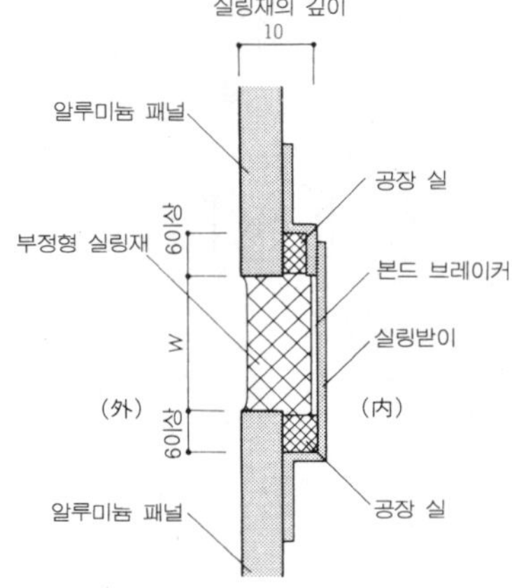

3. 목제창호

● 합판 플러시 문의 모양과 바탕구조

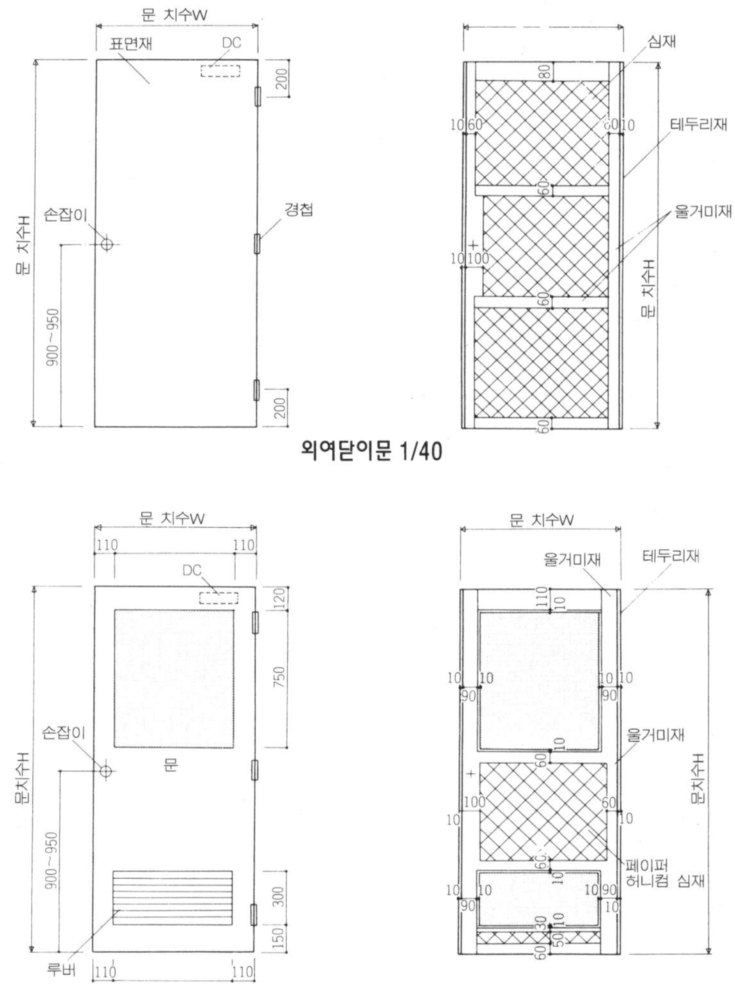

외여닫이문 1/40

틀 • 루버부착외여닫이문 1/40

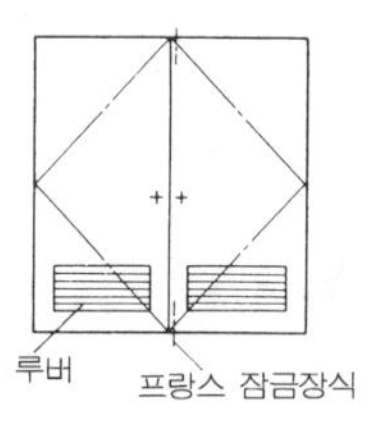

양여닫이문 문선부착 양여닫이문

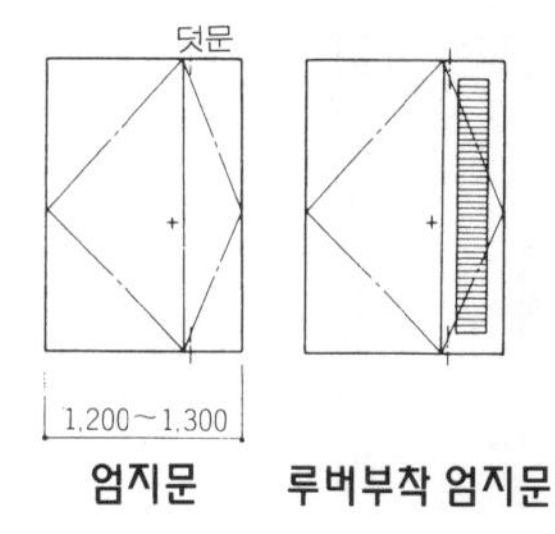

루버부착 양여닫이문

덧문

1,200~1,300

엄지문 루버부착 엄지문

● 합판플러시 문과 틀과의 아무림

맹문

틀부착문

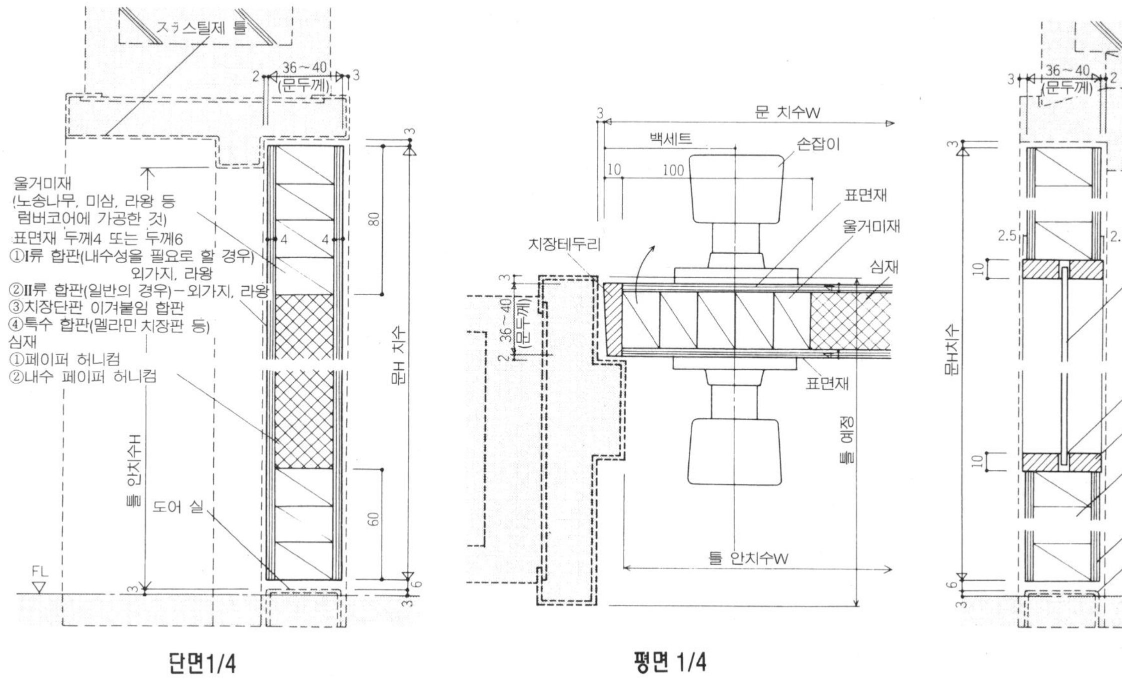

단면1/4 평면 1/4

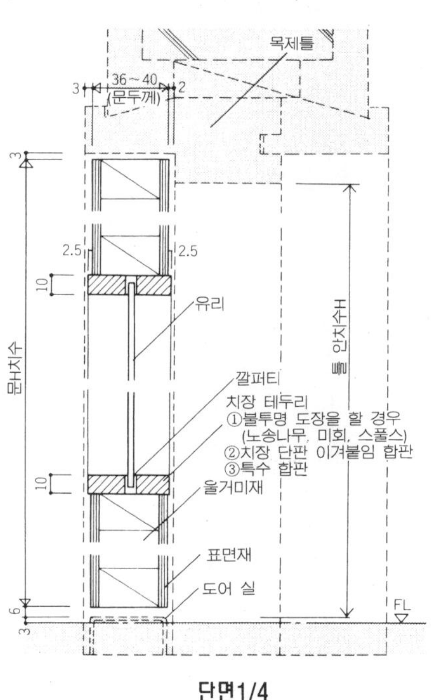

단면1/4

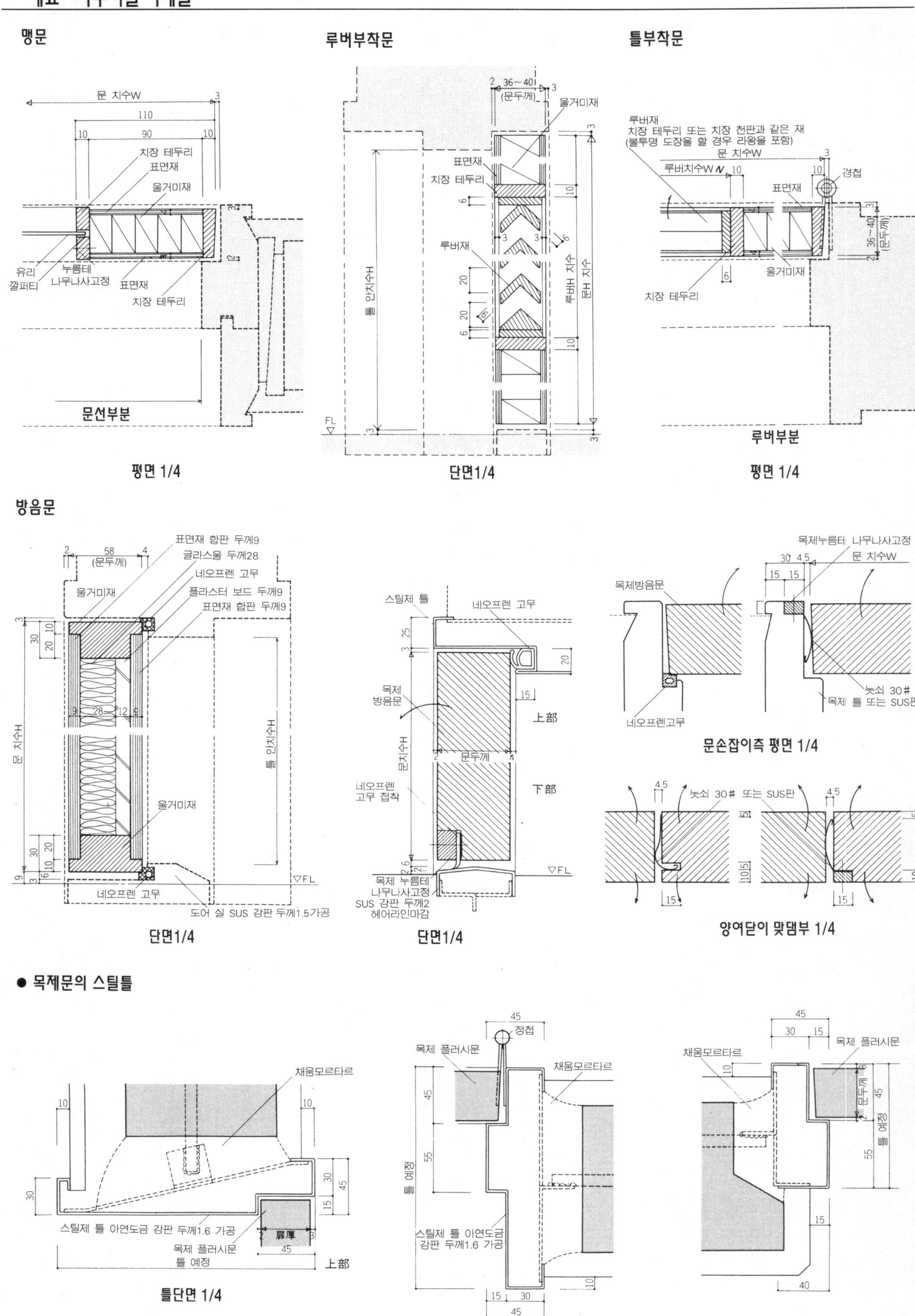

맹문
루버부착문
틀부착문
문 치수W
치장 테두리
표면재
울거미재
유리
깔퍼티
누름테
나무나사고정
치장 테두리
문선부분
평면 1/4
(문두께)
루버재
틀 안치수H
루버H 치수
문H 치수
단면1/4
치장 테두리 또는 치장 천판과 같은 재
(불투명 도장을 할 경우 라왕을 포함)
루버치수W
경첩
루버부분
평면 1/4
방음문
표면재 합판 두께9
글라스울 두께28
네오프렌 고무
플라스터 보드 두께9
표면재 합판 두께9
문 치수H
네오프렌 고무
도어 실 SUS 강판 두께1.5가공
단면1/4
스틸제 틀
목제 방음문
문치수H
문두께
네오프렌 고무 접착
上部
下部
목제 누름테 나무나사고정
SUS 강판 두께2 헤어라인마감
단면1/4
목제누름테 나무나사고정
목제방음문
네오프렌고무
놋쇠 30#
목제 틀 또는 SUS판
문손잡이측 평면 1/4
놋쇠 30# 또는 SUS판
양여닫이 맞댐부 1/4
● 목제문의 스틸틀
채움모르타르
스틸제 틀 아연도금 강판 두께1.6 가공
목제 플러시문
틀 예정
扉厚
上部
틀단면 1/4
정첩
스틸제 틀 아연도금 강판 두께1.6 가공
발밑틀평면 1/4
틀평면 1/4

방수의 기본이 되는 것이 멤브레인식 방수 공법이다.

옥상의 방수 공법으로서, 가장 많이 행해지고 있는 것이, 보행용 아스팔트 방수, 비보행용 아스팔트 방수(노출 방수)이고, 다음으로 시트 방수나 도막 방수 등이다.

이것들을 연속 일체화하여 신뢰성 높은 방수층을 형성하기 위해서는 부착용의 아스팔트나 접착제, 그리고 루핑, 시트, 도막 등의 품질이 우수하여야만 하는 것은 당연하지만, 붙임 마무리인 치켜올림이나 치켜내림, 출입 모서리의 코너부 아무림 등도 중요한 점이다.

방수의 부풀음은 여러 가지 누수 사고의 결점이 되고, 그 해소 방법이 요구되고 있다. 이 부풀음의 원인은 방수 공사의 슬래브 내에 남아 있던 수분이 태양열에 의하여 따뜻해져 서서히 기화하여 수증기가 되고, 도피처를 찾아 방수재를 밀어 일어난다. 따라서 바탕의 건조를 충분히 하고, 슬래브 내의 잔류 수분을 완전히 제거하고 방수 공사를 하는 일이 중요하다.

방수층의 파단에 연결되는 콘크리트 바탕의 균열이나 조인트부의 움직임에 의한 국부응력이, 방수층에 걸리는 일이 있다. 이것을 완화시키는 공법으로서 메이커마다 여러 가지의 절연 공법이 현재 개발되고 있다. 또한 옥상은 외벽과 달리 동서남북이라는 방향성이 없고, 하루 종일 강한 여름의 일사를 받는다든지, 겨울의 한기에 노출되어, 비나 눈이 얼어붙을 수 있는 조건에 노출되어 있다. 그리고 냉난방을 하는 건물 내부에서 보면, 옥상은 열이 바깥으로 빠져나가기 쉬운 개소이고, 겨울에는 특히 결로가 발생하는 개소이기도 하다. 이러한 점에서 거주 환경의 악화를 막기 위해서는 옥상 슬래브나 벽에 단열재를 넣는 일이 필요해진다.

그것에 비하여 옥상 방수는 옥상과 달리 온도 변화가 적고, 바탕의 움직임이 작은 이점은 있지만, 설비가 많아지기 때문에, 변기나 배관 등이 슬래브 등 바탕을 관통하여 복잡한 아무림이 되는 개소가 많고, 옥상과는 다른 디테일의 배려가 필요해진다.

여기서는 이것들 방수재가 구체와 만나는 데에, 건물을 누수 사고로부터 지키기 위하여, 어떠한 아무림으로 하여야만 하는가, 현재 많이 행해지고 있는 공법 중에서 성과를 올리고 있는 디테일을 각각의 방수 공법마다 들어, 그 해설과 아무림의 기본 그림 예를 나타낸다.

설계상의 유의점

1. 콘크리트 바탕

(1) RD(roof drain) 쳐넣기

1) 원칙적으로 가로형 드레인의 금지

① 세로형에 비하여 극단으로 배수가 떨어진다(물매 1/100의 경우, 배수 용량이 약 1/3 정도가 된다).

② 가로형은 패러핏 치켜올림 콘크리트 구체 근원에 구조상 약한 부분을 만든다.

2) 지붕 면적 100~300m² 정도에 하나의 비율로 드레인을 설치한다. 최저 2개소는 세운다.

(2) 슬래브의 콘크리트 직접 마무리

1) 슬래브의 균열 방지 대책으로서

① 슬래브는 두꺼울수록 균열 방지 대책상 바람직하다.

② 슬래브 면적은 25m²(5m×5m) 정도 이내로서, 이것을 넘는 경우는 작은 보를 넣는다.

③ 철근 전체 단면의 콘크리트 단면에 대한 비율은 0.3% 이상으로서 전체 폭에 균등하게 철근을 배치한다.

2) 물매는 콘크리트 구체로 취한다. 콘크리트 누르기는 1/50~1/100. 노출 방수, 자갈 누름, 시트 방수 등의 경우는 1/20~1/50 정도로 한다.

(3) 패러핏 턱의 콘크리트 하단 높이는 건축 마감선 콘크리트 슬래브 천단에서,

1) 콘크리트 누름에서는 +400~600mm의 범위로서, 평면부 누름 콘크리트의 천단에서 +250mm 이상으로 한다.

2) 노출 방수나 시트 방수에서는 +250~600mm 정도의 범위로 한다(반대로 방수 치켜올림을 600mm 이상으로 하면, 일사열을 받아 아스팔트가 용해하여, 방수층이 늘어뜨려질 우려가 있다).

2. 단열 공법

(1) 내단열 공법에서의 주의사항

1) 슬래브 밑에 넣은 단열재(스타이로 폼이나 목모 시멘트판 등)나 뿜칠 단열재(우레탄 폼 등)의 두께는 장기간에 대한 성능 저하를 예상하여 20% 이상의 여유를 갖게 한다.

2) 콘크리트 슬래브의 온도 변화가 크기(연간 60℃ 정도 이상) 때문에, 균열이나 움직임이 일어나기 쉽다. 또한 한쪽면 건조이기 때문에 슬래브의 건조가 나쁘다.

3) 단열재가 흡습하기 쉬운 위치에 있기 때문에, 슬래브 밑이나 단열재 상호의 간격, 달철물의 주변에서 국부 결로를 일으키기 쉽다.

(2) 외단열 공법의 효과

1) 슬래브의 온도 변화를 작게(연간 20℃ 정도 이하) 할 수 있으므로, 슬래브 콘크리트의 균열이나 무브먼트가 적어 구체를 보호한다.

2) 슬래브 콘크리트의 무브먼트가 단열재로 완충되고, 단열재 상부에 적층된 방수층에, 바탕의 균열이나 움직임의 영향을 직접 미치지 않는다.

3) 단열재는 슬래브의 온도 상승을 작게 하고, 바탕에 포함된 수분의 기화·팽창이 억제되어 방수층의 부풀음을 방지한다.

4) 슬래브 아래면에 단열재가 오는 내단열 공법의 경우, 결로는 슬래브의 실내측에 발생한다. 외단열 공법의 경우는 결로가 발생하여도 약간의 양으로 그치고, 그 위치는 단열재의 외측이 된다.

5) 내부의 직접 마무리가 가능하다.

6) 화재가 발생하였을 경우, 유기 단열재는 연소하여 유독 가스를 내는데, 단열재가 외측에 있으므로 그 걱정이 없다.

3. 두겁

(1) 두겁이나 옥상 부분에는 원칙적으로 모르타르 바름은 하지 않는다(외부 마무리에 사용되는 모르타르 바름은, 건조 수축, 열 팽창, 흡수 팽창 등 엄격한 조건 하에 노출된다).

(2) 금속성 두겁은 원칙적으로 조인트 실의 불필요한 드라이 조인트 방식의 아무림으로 한다. 오더 가공의 경우는 길이 3m 이내마다 열에 의한 신축을 고려한 신축 줄눈을 취하여, 실링재(2성분형 실리콘계 실링재)를 충전한다. 줄눈은 실링재가 끊겨 물이 안으로 들어가도, 줄눈 밑을 통하여 외부로 흐르는 기구로 한다.

(3) 콘크리트 타설 두겁의 경우는 외벽의 세로 신축 줄눈을 두겁까지 돌리고, 더구나 가능한 한 자세한 피치로 치장 줄눈을 넣는다.

4. 아스팔트 방수

(1) 바탕의 영향을 받지 않도록 절연 공법으로 한다. 특히 노출 방수로 슬래브 밑이 덱 플레이트나 단열재 쳐넣기 등, 슬래브 밑에서의 건조가 기대되지 않을 때에는 방수층에서 충분한 탈기 공법을 채용한다(탈기 장치는 방수층의 20~100m²에 1개소 정도는 필요).

(2) 아스팔트 방수에 사용되는 재료

1) 구멍 뚫린 아스팔트 루핑은 바탕의 균열이나 움직임으로부터의 방수층 보호에 사용한다.

① 1종은 주로 펄프나 양모, 목면 등의 유기 섬유를 원료로 하여 펠트상으로 녹여 건조시킨 러그 원지를 기재로 한 것.

② 2종은 무기질 시트인 유리 섬유나 석면 섬유를 기재로 하고 있다. 절연면에 보통의 모래 가루가 아니라, 모래 알갱이가 붙어 있어 노출 방수에 이용된다.

2) 방수용 아스팔트는 KS의 1종부터 4종까지 있지만, 통상 건축 공사에 사용되는 것은 3종과 4종이고, 4종이 한랭지(연간의 겨울날이 90일 이상 있는 지역)에서 3종은 그것 이외의 지역에서 사용.

3) 아스팔트 루핑(스트레치 루핑의 보호층 형성을 위한 재료), 러그 원지에 스트레이트계(함침용) 아스팔트를 함침시켜, 그 표리에 브라운계 아스팔트로 피복시키고, 그 표면에 광물질 분말을 살포, 35kg품과 45kg품이 있지만 35kg품이 표준.

4) 스트레치 루핑

심은 주로 합성 섬유(폴리에스테르, 비닐론 등)의 부직포를 시트상으로 한 기포에 아스팔트(방수 공사용 아스팔트의 2종이나 4종 상당품)를 함침 피복한 후, 표면에 광물질의 분말이나 입자를 살포 밀착한 것.

5) 모래 묻힌 스트레치 루핑

스트레치 루핑을 노출 방수용의 모래 묻힌 루핑으로 한 것으로, 표면에 광물질의 입자를 밀착한 것.

6) 망상 루핑

합성 섬유의 粗布(開目 직포)에 아스팔트를 함침시킨 개목 상태의 시트.

7) 아스팔트 코킹(방수층의 단부나 드레인 주위, 관통부 주위의 seal에 사용) 방수 공사용 아스팔트의 3종이나 4종을 용제요 용해하여, 이것에 섬유나 운모 가루, 골석 가루(타르크), 탐산 칼슘 등의 무기질 충전재를 배합한 것.

5. 보행용 아스팔트 방수

(1) 누름 콘크리트 등의 신축 줄눈

1) 주변은 방수 치켜올림부 마무리면에서 600mm 정도의 위치에 세우고, 중간은 종횡 3~3.5m 간격 정도로 할당한다. 줄눈 폭은 주변부의 것은 30mm 정도, 기타의 것은 25mm로 한다.

2) 배수구가 있을 경우에는 배수구의 턱에서 300mm 떨어진 곳에 세운다.

3) 신축 줄눈이 배수구에 직각으로 부딪히는 곳에서는 홈 안에도 신축 줄눈을 통한다. 배수구의 신축 줄눈으로 둘러싸인 부분은 중간의 약 1.5m 지점에도 1개 세운다.

4) 방수층 위에 기초를 만드는 경우는 그 주위에도 신축 줄눈을 돌린다.

(2) 한랭지에서의 치켜올림 누르기는 타설 콘크리트로 하거나 PC판 누르기로 하는 쪽이 바람직하다.

(3) 배수구의 콘크리트 또는 모르타르 두께는 40mm 이상으로 한다. 내부는 용접 철망으로 보강한다.

6. 비보행용 아스팔트 방수

(1) 모래 묻힌 루핑은 스트레치 루핑의 3류의 모래 묻힌 스트레치 루핑으로 한다.

(2) 방수층의 추켜올림 말단부는 턱 밑에서 30mm 정도 내린 지점까지 루핑 전층을 치켜올리고, 말단부를 철물(스테인레스제, 알루미늄제 등)로 고정한다.

철물 고정은 400mm 정도의 간격으로 구체에 앵커한다. 철물과 턱 하단의 사이는 아스팔트 코킹을 충전한다.

7. 시트 방수

(1) 염화 비닐 수지 시트

1) 온도에 따라 크게 변화(수축이 가류 고무보다 크고 또한 가열 시간의 증대에 따라 수축이 진행)한다. 이것을 바탕에 강하게 접착 구속함으로써 막게 되므로, 보다 시공의 확실함이 요구된다.

2) 재료의 성질을 이용한 上記와 전혀 반대의 절연 공법이 있다. 이것은 최초는 느슨해져 있고, 시트가 점점 수축하게 되어 딱 붙는 상태로 만든다.

(2) 노출 방수 공법으로서 사용할 때는 온도가 40℃ 이상이 되면 조그만 힘에 변화하게 되고, 부풀음 현상이 생기기 쉽게 되므로 주의.

(3) 시트 방수 위에 누름 콘크리트를 타설하는 공법의 경우는 시트를 이중 붙임으로 한다. 각기의 시트 붙임 조인트를 비켜서 붙이면 결점에 대하여 다소 안전률이 높아진다.

8. 도막(우레탄 고무계) 방수

(1) 바탕의 균열 등에 대한 방수층의 저항을 고려한 보강재 넣은 방수 공법이나 밑붙임 완충재 넣은 공법이 있다.

1) 보강재 넣기의 삽입 효과

① 바탕에 균열이 발생하여도, 방수층의 동시 파괴나 클립 파단의 위험을 경감할 수 있다.

② 보강재에 균일하게 발라넣기 때문에, 균일한 도막 두께가 만들어진다.

③ 치켜세움부, 혹은 경사면에서 보강재가 미경화의 바름막을 보호 유지하여 늘어짐을 막는다.

2) 밑붙임 완충재의 삽입 효과

① 방수층이 일체되어 바탕 거동에 대한 추종 효과가 있다.

② 통기 효과가 기대되어, 방수층의 부풀음 방지에 기여한다.

③ 바탕의 요철에 대해서도 밑붙임 완충재가 추종하기 때문에, 방수재의 평활 바탕으로서 이용된다.

시공상의 요점

1. 콘크리트 슬래브

(1) 슬래브의 필요 없는 구멍은 미리 줄눈봉을 넣고 두고, 실링하고 나서 절연 테이프를 붙여, 루핑의 보강 붙임을 할 것.

(2) 지붕 슬래브에는 원칙적으로 설비 배관류는 묻지 않는다. 균열의 원인이 된다.

(3) 출입 모서리 스팬의 슬래브를 보강한다(범위는 스팬 1/2 이상으로 하고, 상단 근의 간격이 @100mm 이하가 되도록 바닥 슬래브 근과 같은 지름의 근에 의한 보강).

(4) 쇠흙손 누름 나무 흙손 밀기로서 충분히 평활한 면으로 한다(쇠흙손만에 의한 마무리면은 건조에 불리하여 프라이머가 침투하기 어렵고, 아스팔트가 밀착하지 않는 일도 있다).

(5) 방수 마감에서는 루프 드레인 방향으로 슬래브 물매를 조여들어 간다.

2. 패러핏 치켜올림의 콘크리트

(1) 슬래브와 일체 치기가 원칙. 쳐이을 경우는 건축 마감선 슬래브 천단에서 +100mm 이상 올린 위치로 하고, 쳐이은 면은 바깥 물매로 한다.

(2) 치켜올림 콘크리트 타설면의 보수는 방수층 늘어짐 방수로서 밀착 붙임으로 하기 때문에, 거푸집의 엇갈려 철거하기나, 쳐이음부의 처리 등 결함 부분의 보수만으로 그친다(수지 모르타르의 보수 정도).

3. 알루미늄제 두겁의 부식

(1) 휨 가공시 벤더 등의 칼날에 의하여 표면의 양극 산화 피막이 파괴되므로, 가공 후에 클리어 도장 등에 의한 피막 처리를 반드시 실시한다.

(2) 공사 중에 양생 비닐 필름이 벗겨져 빗물이 들어가고, 여름의 일사열을 받아 이것이 일시적으로 전해액의 역할을 맡아 산화 피막이 화학 반응을 일으키는 경우가 있다. 부식을 피하기 위해서도 클리어 도장은 해두는 쪽이 좋다.

4. 아스팔트 방수

(1) 흡수·투수성이 작은 용융 아스팔트를 구석구석까지 미치게 하고, 루핑과 적층 일체화하는 일이 아스팔트 방수에는 절대 조건이다.

(2) 루핑의 조인트 겹침 부분의 틈이나 주름 및 출입 모서리 코너부의 들뜸은 직접 박리로 연결된다. 특히 차양 부분의 배수구 등 시공시에 루핑을 바르게 분할하지 않고 1매물로 시공하면, 누름 콘크리트 타설시 등에 인장되어 틈이 생기는 경우가 있으므로 주의한다.

(3) 최상층의 루핑 단부가 턱 밑에서 40mm의 위치에 오도록 하고, 아래층이 될수록 30mm 정도씩 짧게 한다. 말단부는 두꺼워지지 않도록 한다.

(4) 아스팔트 프라이머(바탕 조정제)

1) 콘크리트 슬래브 표면에서 건조하고 있는 듯이 보여도, 내부에는 제법 다량의 수분이 포함되어 있다. 이것에 고온의 아스팔트를 흘리면, 그 열에 의하여 폭발적으로 기화 팽창하여 아스팔트 안의 수분이 기포가 되어 모인다든지, 콘크리트 바탕 표면에 수증기를 모은다든지 하게 되고, 아스팔트가 접착 불량을 일으켜 벗겨지게 된다.

2) 도포 후 1~5시간에 용제가 휘발하여 마르는데, 큰 공극 등이 있으면 그 안에 들어간 프라이머의 용제는 한참 동안 휘발하지 않고 체류하고 있는 일이 있다. 체류 용제가 있으면 그 위에 흘린 아스팔트가 용융 연화하여 방수층의 부풀음이나 주름을

발생시키는 원인이 된다.

5. 보행용 아스팔트 방수

(1) 신축 줄눈

10 보호 모르타르, 또는 폴리에틸렌 필름까지 이르도록 세울 것.

2) 기성 줄눈재를 모르타르 등으로 고정할 경우, 콘크리트의 두께는 표면에서 30mm 이상으로 한다(너무 얇으면 콘크리트의 갈라짐 원인이 된다).

(2) 치켜올림 누름

1) 누름 벽돌의 경우, 밑에 조정 모르타르를 깔고, 무늬가 들어가지 않도록 할당할 것.

2) 누름 벽돌의 경우에는, 도제 또는 모르타르제의 것을 이용, 안쪽에 방수층의 늘어짐 방지를 위하여 모르타르를 충전한다.

3) 치켜올림 마무리 모르타르 쇠흙손 누르기할 때는 간격 1m 정도마다 V줄눈을 세운다.

4) 배수구에는 1/200 이상의 물매를 잡을 것.

6. 비보행용 아스팔트 방수

(1) 부풀음 방지를 위하여 바탕은 충분히 건조시킨다.

(2) 물매는 반드시 콘크리트 구제로 잡는다.

I. 시트 방수

(1) 출입 모서리 각부에는 보강 시트 붙임을 한다.

(2) 누수 결함이 많지만 시트의 조인트부에 집중하고 있는 일이 많다. 시트끼리는 접착하고 있지만 단부의 귀 부분에 접착제가 붙어 있지 않았기 때문에 벗겨짐이 있다든지, seal의 솟음이 부족하기 때문에 틈이 있다든지 하므로 주의할 것.

(3) 감는 버릇이 붙어 있으므로 시트의 표리 수축의 차이 때문에 끝이 튀어오르는 일이 있다. 시트를 패러핏 천단의 반대측 끝까지 가져가서, 철물 등으로 단단히 고정. 고정 피치는 900 mm 이하가 바람직하다.

8. 도막(우레탄 고무계) 방수

(1) 작업시에 기온이나 온도의 영향을 받기 쉬우므로 기상 조건에 유의할 것. 특히 고온·다습의 시공은 요주의.

(2) 도막에 맞는 프라이머가 아니면, 방수층 박리의 원인이 되므로 주의.

(3) 방수층 위에서의 작업에 의한 손상이나 파단에 주의할 것.

2. 내부 아스팔트 방수

설계상의 유의점

(1) 방수를 하는 부분은 슬래브가 일반 FL보다 낮아지므로, 층 밑에 대한 영향을 고려하여 둔다.

(2) 층 밑이 중요도가 높은 방의 경우는 상층 실내에서는 이중 바닥 공법을 취한 쪽이 좋다.

(3) 옥내도 물매를 잡는 일이 바람직하다. 1/100 이상으로 한다(물매는 누름 콘크리트 등으로 잡고, 안에 용접 철망을 삽입).

(4) 출입구의 단차는 방수 바닥의 마무리면에서 물돌리기를 고려하면 50~150mm는 요구된다(단차를 없애고자 할 때는 부분적인 슬로프로 한다).

(5) 실내의 용도나 부위에 따라 방수층의 치켜올림은 충분히 잡는다.

(6) 급수·가스 등의 배관류는 방수층의 관통을 피하여 라이닝 블록 내로 통과한다.

시공상의 요점

(1) 옥내이기 때문에 바탕의 충분한 건조를 기대할 수 없으므로, 사전에 충분히 검사할 것.

(2) 배관에 앞서 방수 시공을 하는 것을 원칙으로 한다. 배관시에 방수층을 손상시키지 않도록 충분히 양생한다(보호 모르타르 등).

(3) 급배수관, 가스관 등 여러 가지 관통물은 움직이지 않도록 완전히 고정시켜 둘 것.

1) 방수 시공 전에 위치를 정하여 둔다.

2) 방수층 부착부의 배관 루트 감기는 제거한다.

3) 연판 차양의 용접을 하여 고정한다.

4) 관통 파이프 주위는 방수층을 동선 감기로 한다.

(4) 방수 바탕인 고름 모르타르는 요철 없이 평활하게 마무리한다.

1. 옥상 방수

1. 아스팔트 방수

● 아스팔트 방수의 구성

(A-1)

9. 아스팔트(2.0kg/m²)
8. 스트레치루핑 2류
7. 아스팔트(1.0kg/m²)
6. 스트레치루핑 2류
5. 아스팔트(1.0kg/m²)
4. 아스팔트루핑 35kg품
3. 아스팔트(1.5kg/m²)
2. 구멍빔아스팔트루핑 2종
1. 아스팔트프라이머(0.3ℓ/m²)

4층 3층 2층 1층

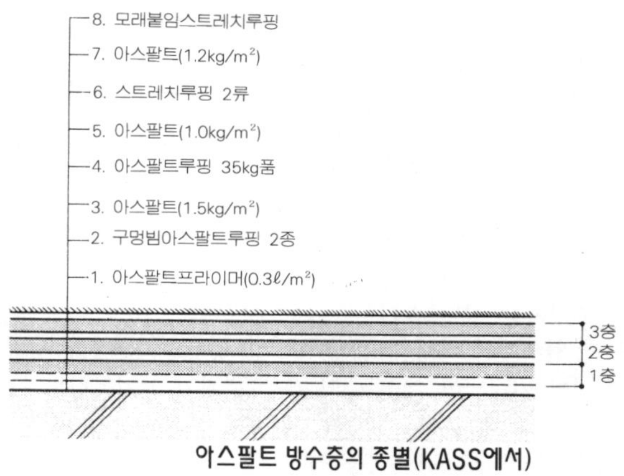

아스팔트 방수층의 종별(KASS에서)

● 보행용 아스팔트 방수

치올림 벽돌누름 패러핏 천단 콘크리트 직마감

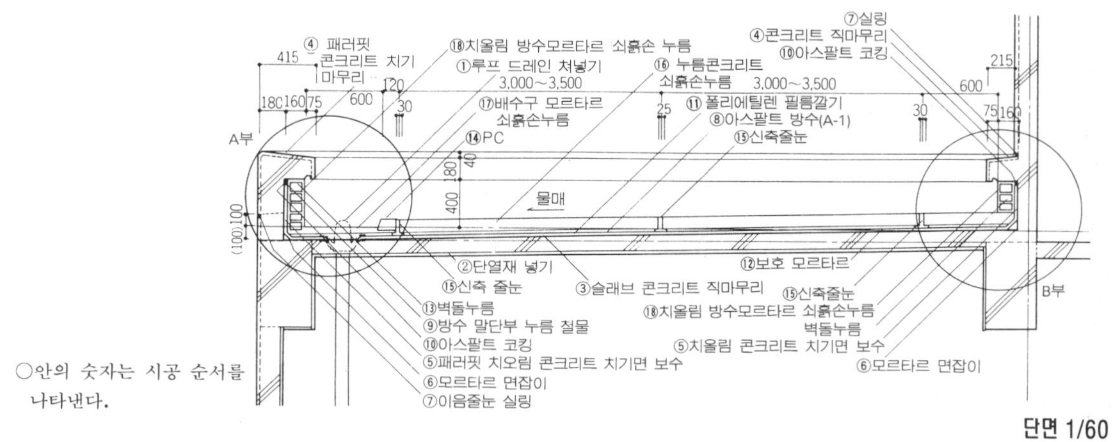

단면 1/60

[A부 아무림]

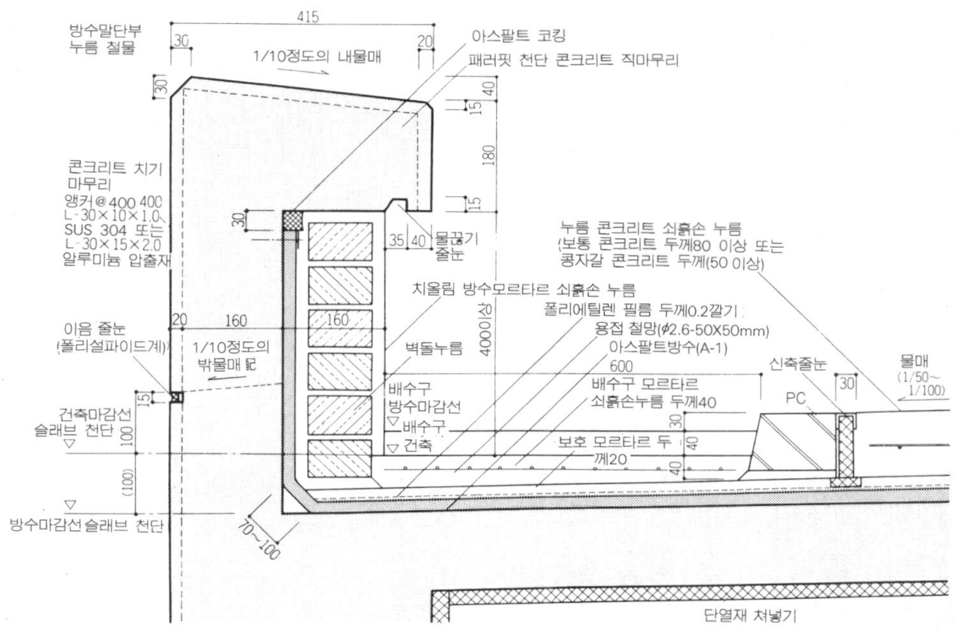

A부 상세 1/12

[B부 아무림]

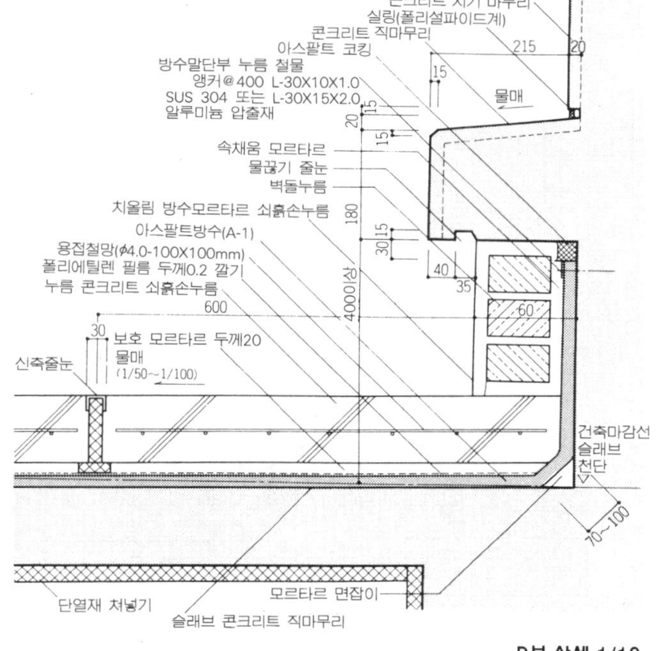

B부 상세 1/12

● 패러핏 배근요령과 둥근고리 고정 마감

3-D13
D10@200
정착 길이
3-D13
D10@200

패러핏의 배근요령

비녀근 D13ϕ ℓ=600
실링(주위)
물매
PL-12
D13
둥근고리19ϕ

고리고정의 마감

● 자갈깔기 방수누름 아무림

건축마감치올림부 단면 1/12

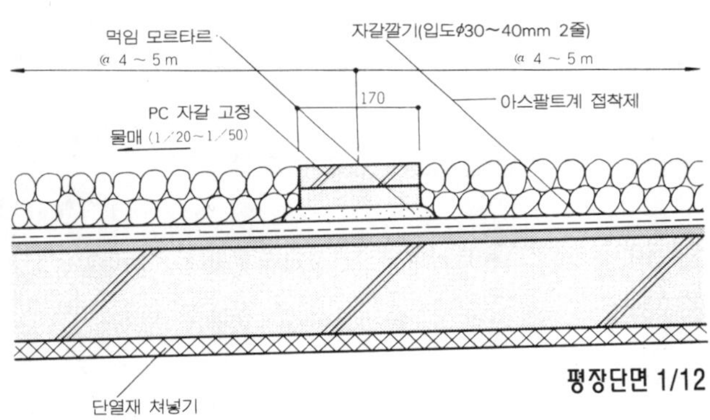

평장단면 1/12

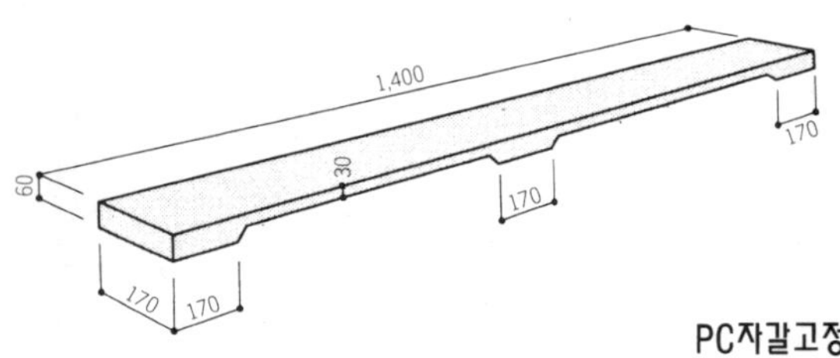

PC자갈고정

1. 자갈이 작으면 풍우에 의해 이동하거나 강풍시에는 비산할 우려가 있으므로 되도록 큰 것(ϕ30~40mm정도)을 사용한다.
2. 자갈을 깨끗한 물로 잘 씻은 것을 사용한다.
3. 자갈은 두 줄 정도로 한다.
4. 풍우에 의한 자갈의 이동을 방지하기 위해 4~5m의 박스형에 자갈 고정을 설치하여 드레인 주위, 배수 낙수구 등에 자갈이 흘러들어갈 우려가 있는 개소에 반드시 설치한다.

● 내밈 · 들어간 모서리 및 방수 말단부의 아무림

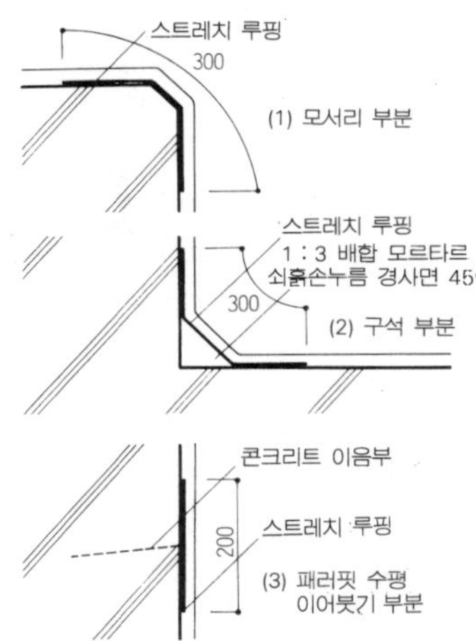

a. 스트레치 루핑에 의한 덧붙임 보강

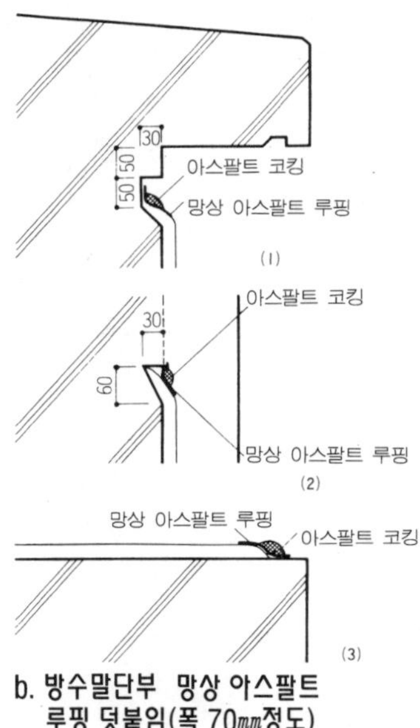

b. 방수말단부 망상 아스팔트 루핑 덧붙임(폭 70㎜정도)

● 아스팔트 방수용 드레인부의 아무림

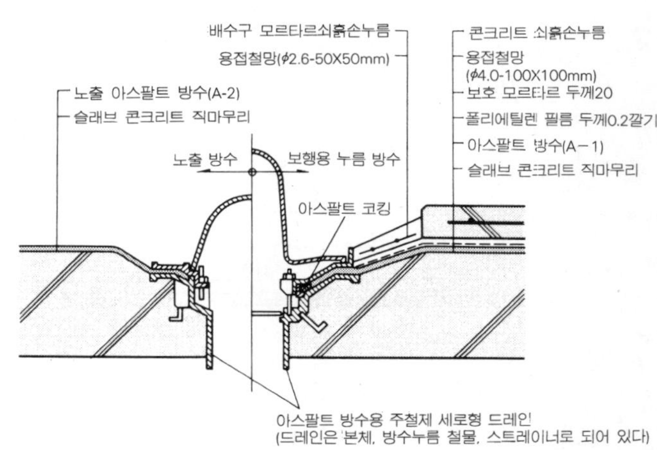

● 치올림 콘크리트 치기 누름 금속제 두겁

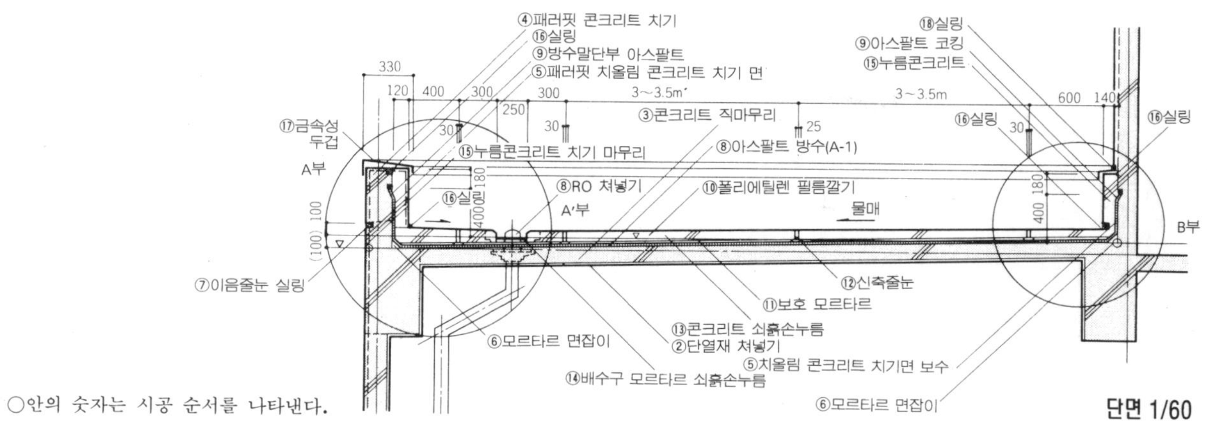

○안의 숫자는 시공 순서를 나타낸다.

단면 1/60

[A · A'부 아무림]

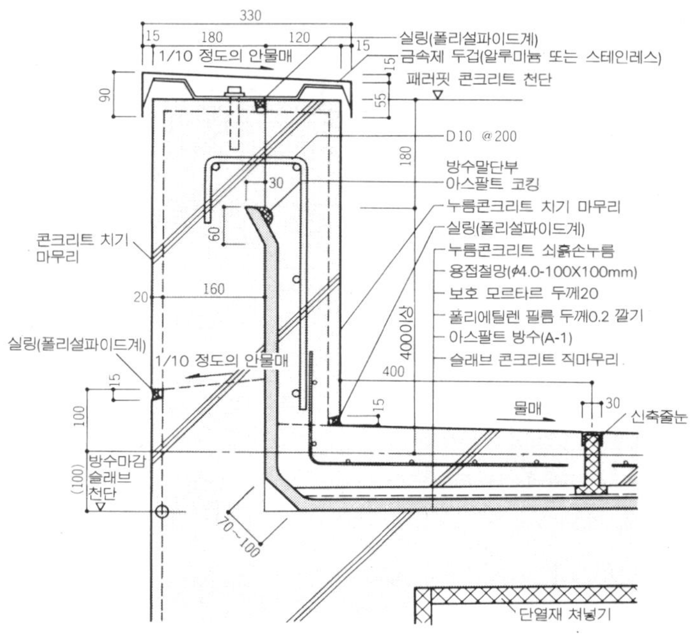

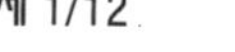

A부 상세 1/12

누름콘크리트 쇠흙손누름
용접철망(φ4.0-100X100mm)
보호 모르타르 두께20
폴리에틸렌 필름 두께0.2깔기
아스팔트 방수(A-1)
슬래브 콘크리트 직마무리
용접철망(φ2.6-50X50mm)
300 250
배수구
모르타르 쇠흙손누름
두께40(방수마감선)
물매 1/50~1/100
신축줄눈
건축마감 슬래브 천단
물매
콘크리트 쇠흙손누름押え
(보통 콘크리트 두께80 이상 콩자갈 콘크리트 두께60 이상)
단열재 쳐넣기

A'부 상세 1/12

[B부 아무림]

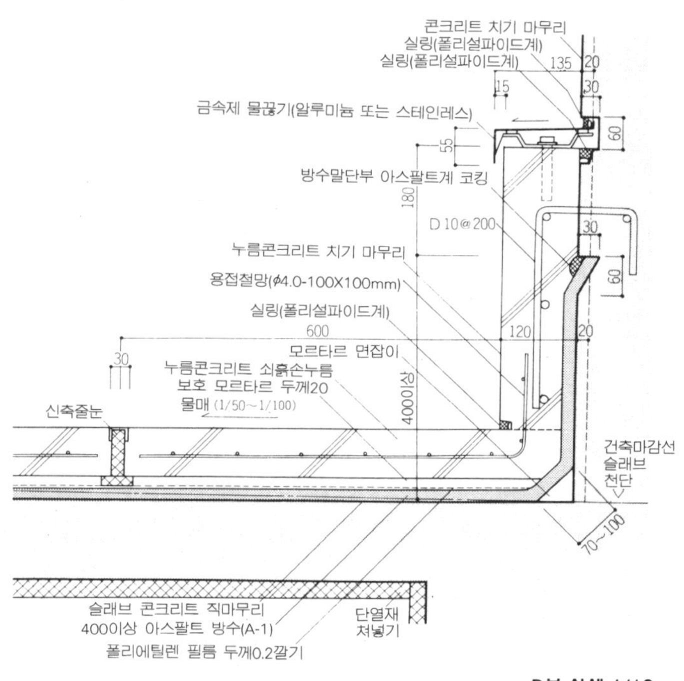

B부 상세 1/12

[B부 (PC누름 예)]

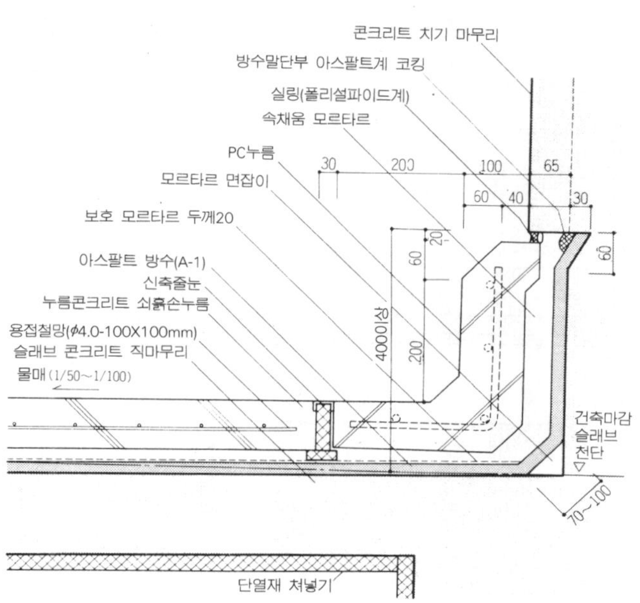

B부 상세 1/12

● 보행용 단열 아스팔트 방수

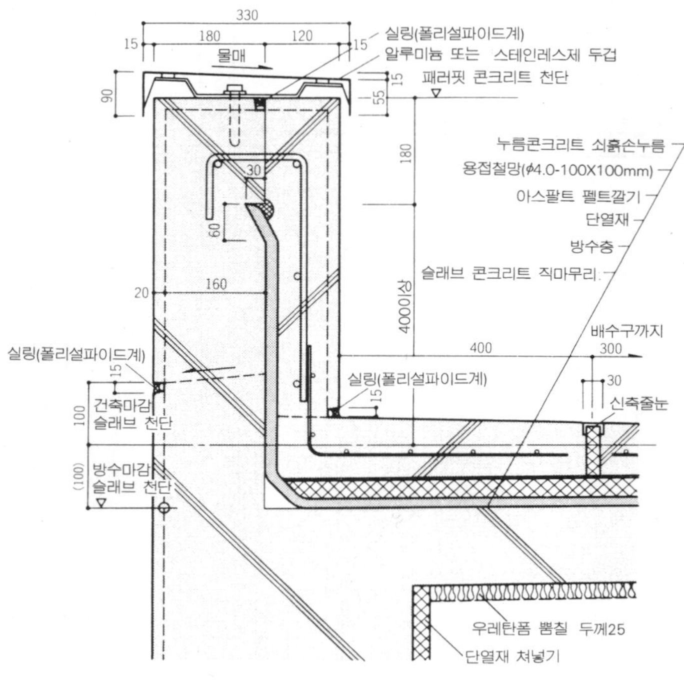

방수마감치올림부 상세 1/12

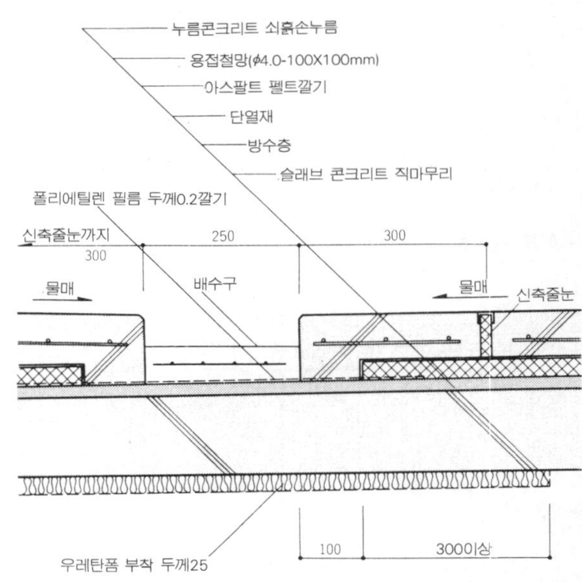

배수구 주위 상세 1/12

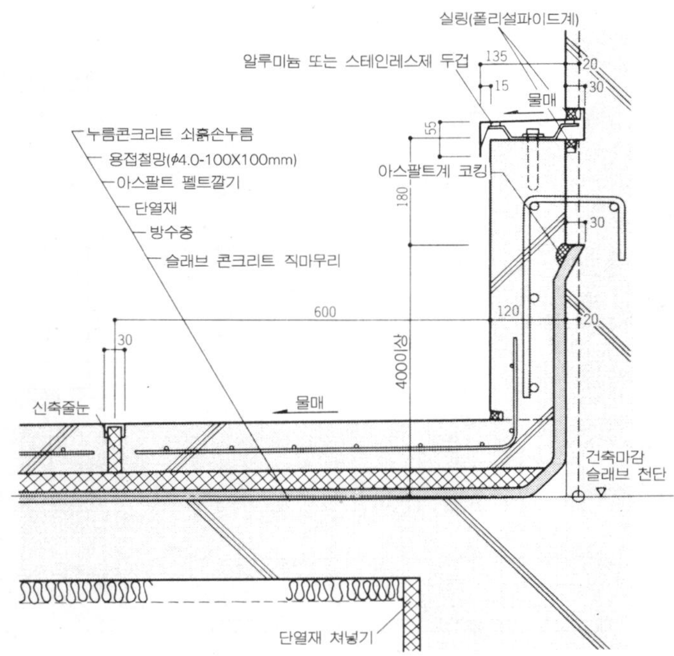

건축 마감치올림부 상세 1/12

1. 단열재를 깔지 않은 방수 누름층 부분(배수구 외)에는 폴리에틸렌 필름(두께 0.15mm 이상)을 깐다.
2. 단열재는 압출성형의 껍질있는 폴리스틸렌폼으로 한다.
3. 단열재의 두께는 장기에 대한 성능 저하를 예상해서 20% 이상 여유을 가질 것.
4. 단열층과 누름 콘크리트의 사이에는 절연층을 설치한다. 이 층에 사용하는 재료는 통기성이 있더라도 콘크리트를 칠 때 콘크리트 페이스트 등이 단열층의 조인트 사이에 흘러들어가지 않는 성능을 지닌 것으로 한다. 통상 아스팔트 펠트를 깐다.
5. 단열층의 두께를 고려해서 치올림 높이를 결정한다.

● 차양 상부 아스팔트 방수와 배수구

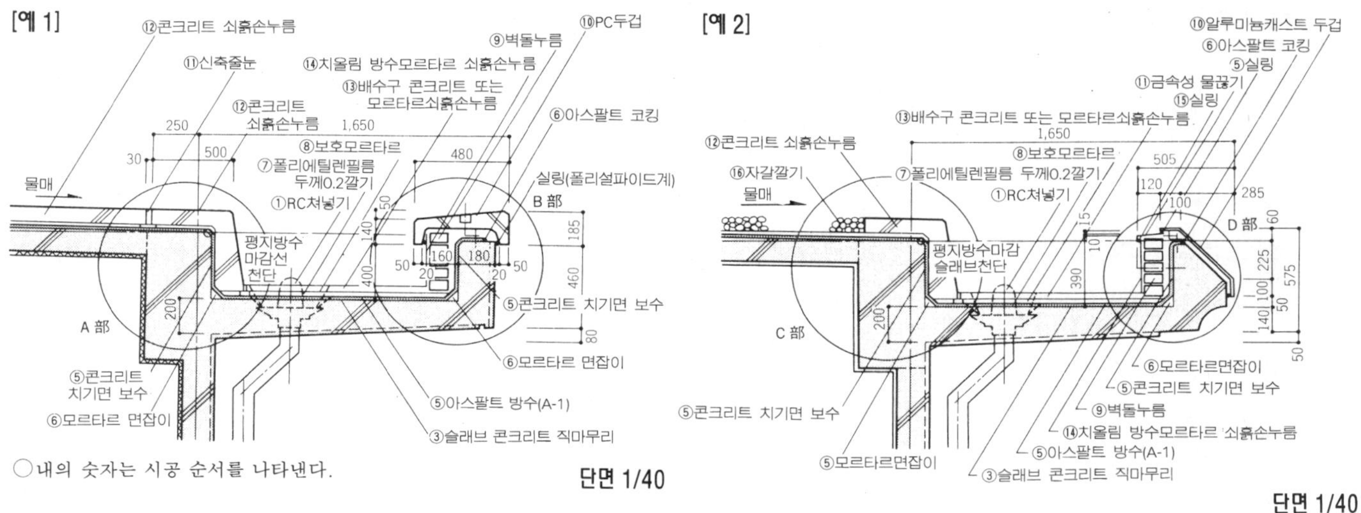

[예 1 PC 두겁 아무림]

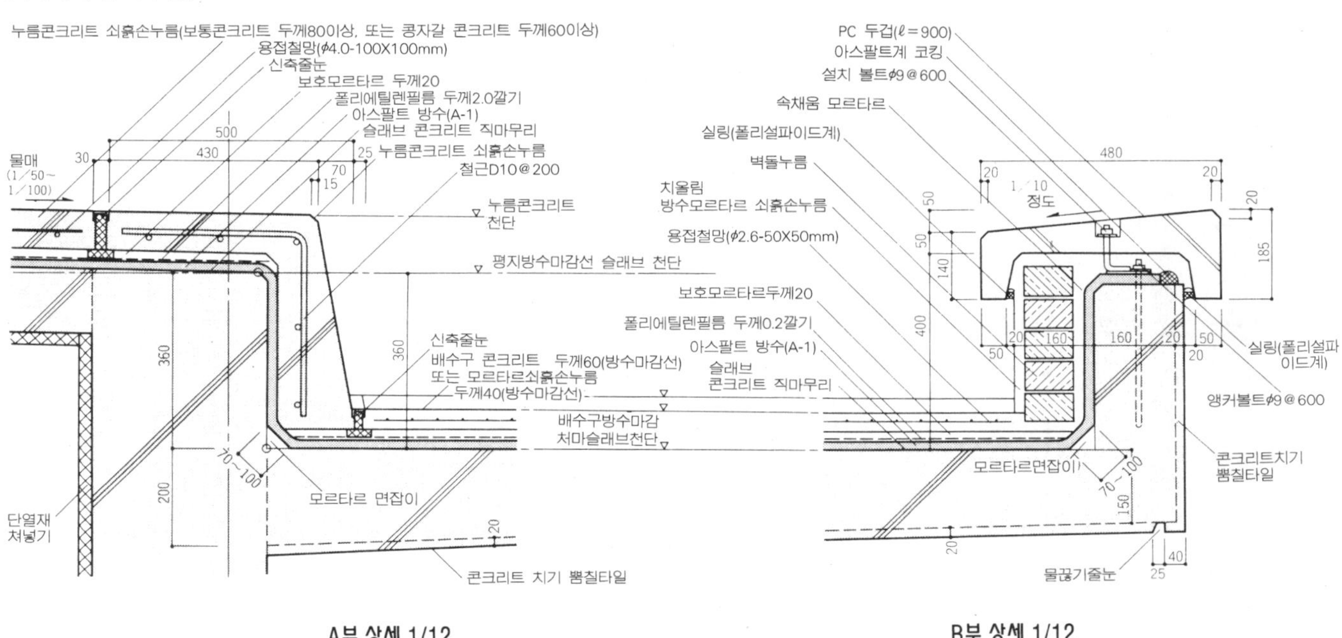

[예 2 알캐스트 두겁 아무림]

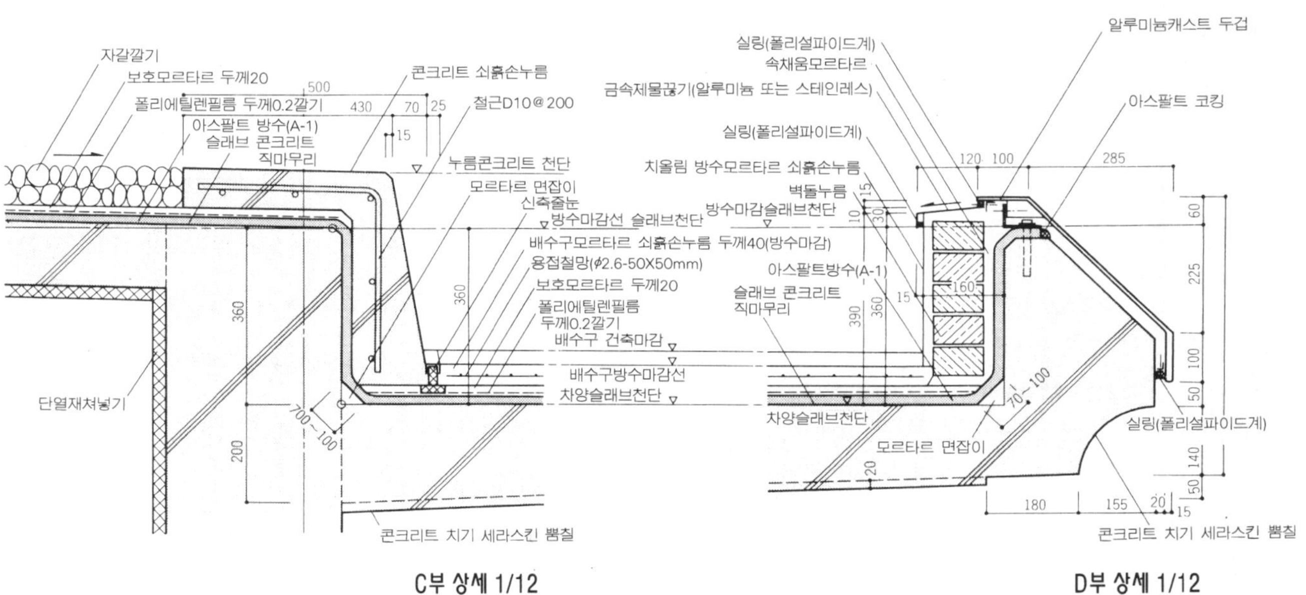

● 비보행용 아스팔트 방수

노출 아스팔트 방수

[예 1]

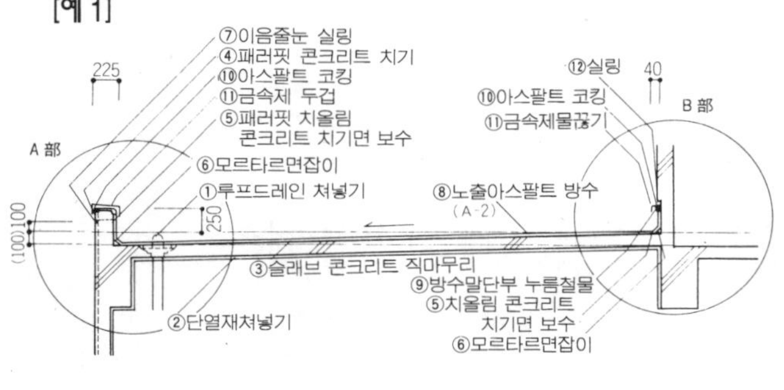

[예 2]

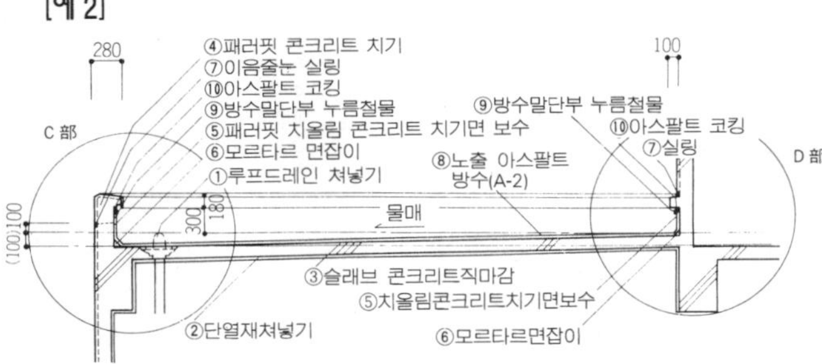

[예 3]

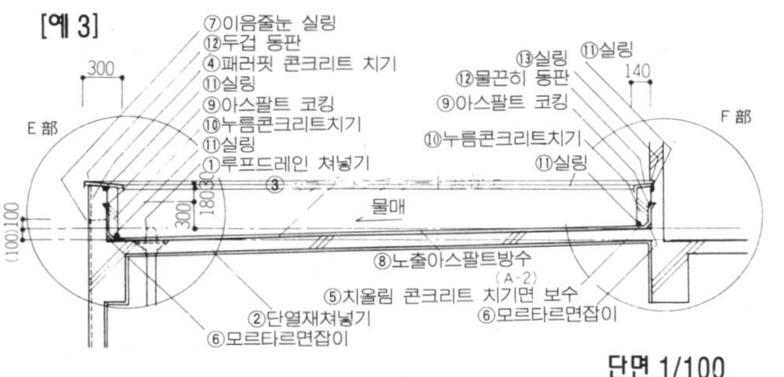

단면 1/100

○안의 숫자는 시공 순서를 나타낸다.

[예 1 금속제 두겁 아무림]

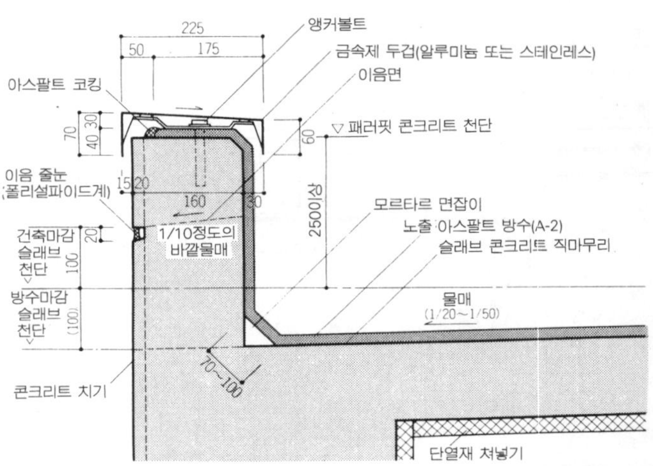

A부 상세 1/12

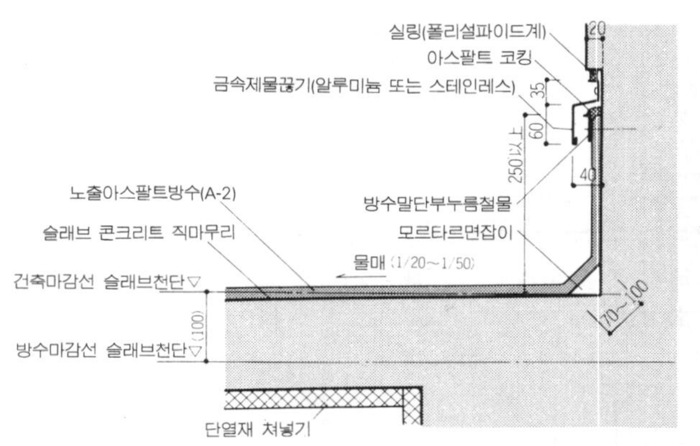

B부 상세 1/12

[예 2 패러핏 천단 콘크리트 직마감 아무림]

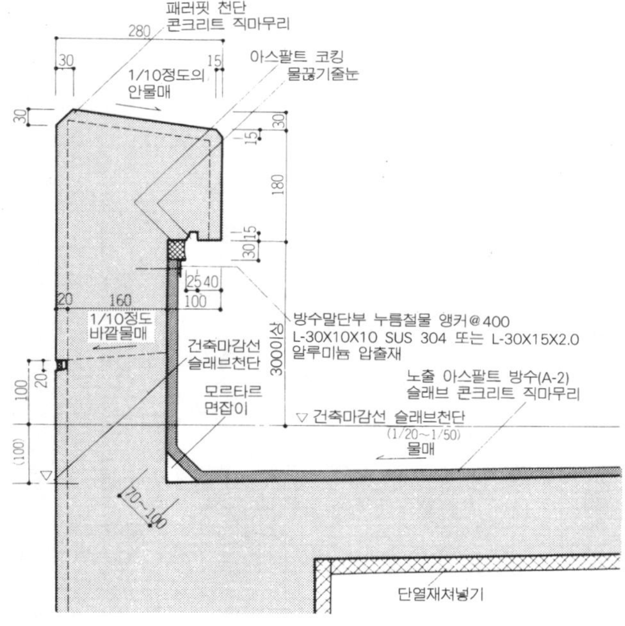

C부 상세 1/12

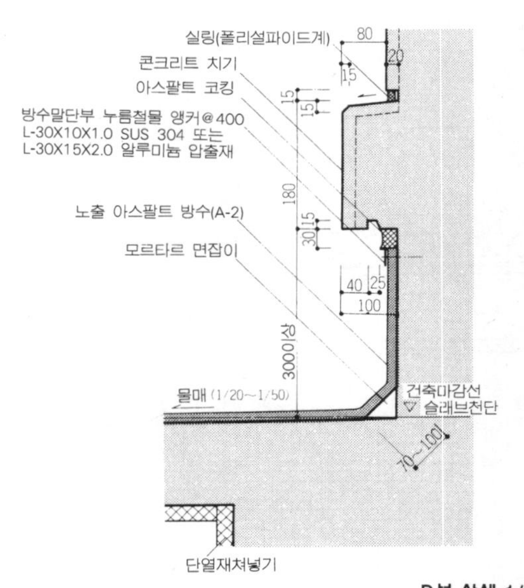

D부 상세 1/12

[예 3 두겁동판 아무림]

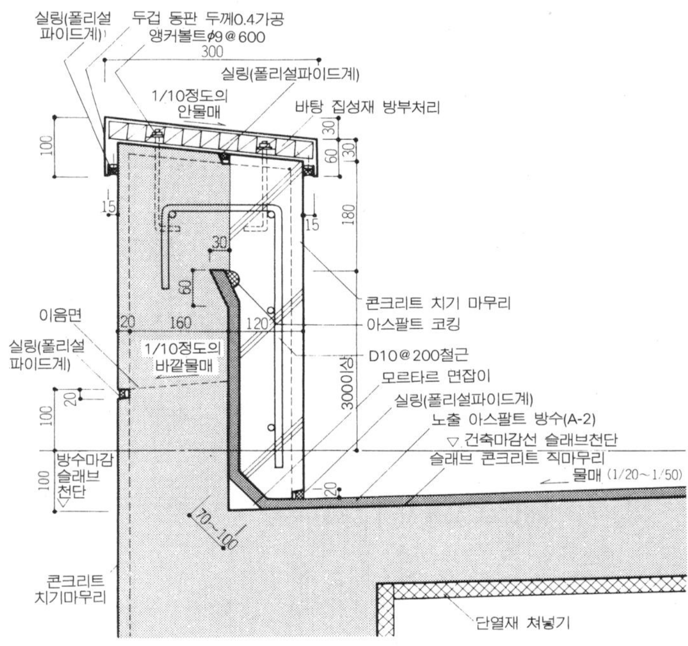

E부 상세 1/12

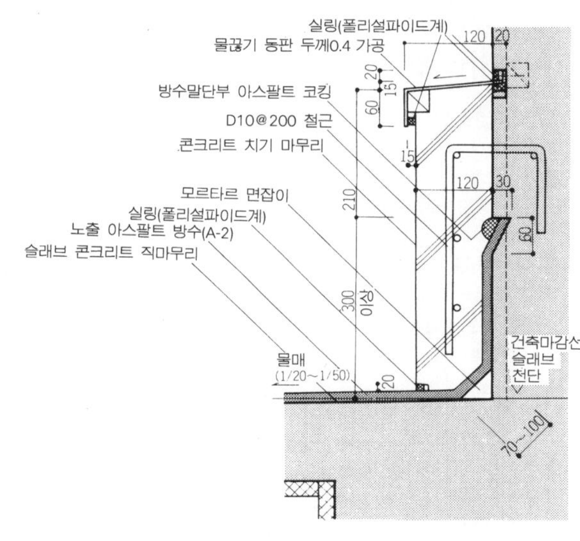

F부 상세 1/20

● 단열노출 아스팔트 방수

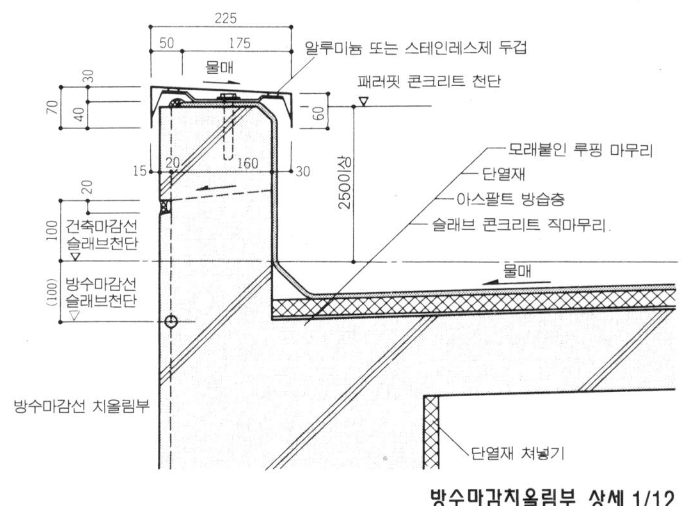

방수마감치올림부 상세 1/12

실링(폴리설파이드계)
아스팔트계 코킹
모래붙인 루핑 마무리
알루미늄 또는 스테인레스제 물끊기
단열재
아스팔트 방습층
방수말단부 알루미늄 또는 스테인레스제 누름철물
슬래브 콘크리트 직마무리
2500이상
물매
건축마감선 슬래브 천단
방수마감선 슬래브천단
단열재쳐넣기

건축마감치올림부 상세 1/12

2. 시트 방수

● 시트 방수재의 종류와 단면 구조

시트방수재의 종류

(1) 합성 고무계
- (가) 가황고무계(사용되는 비율 약 75%)
- (나) 비가황고무계(사용되는 비율 약 8%)

(2) 합성수지계
- (가) 염화비닐 수지계(사용되는 비율 약 12%)
- (나) 에틸렌 초산비닐 수지계(사용 빈도 적음)

(3) 고무화 아스팔트계
사용 빈도 적음

가황이란 원료 고무의 유동성이 감소하여서 강도나 탄성 등의 물성이 강화되는 불가역적인 화학 과정을 말한다. 고무 상호간의 분자가 결합하여 가교(망눈 구조)가 성립한다.

시트방수재의 단면구조

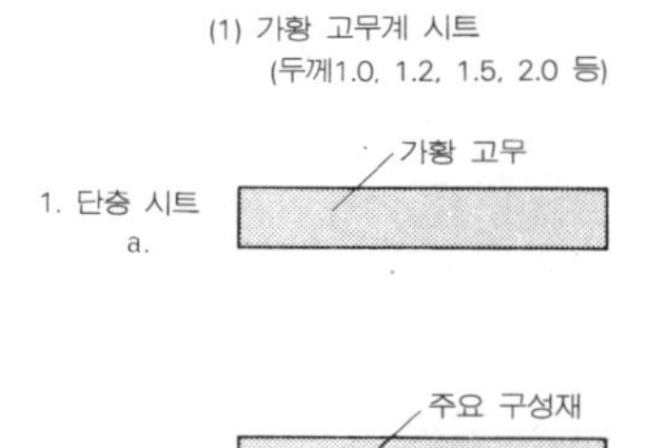

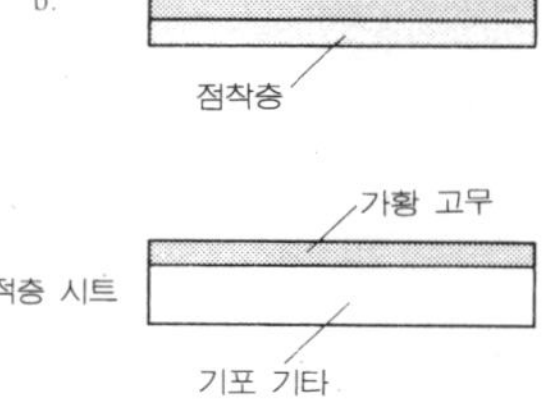

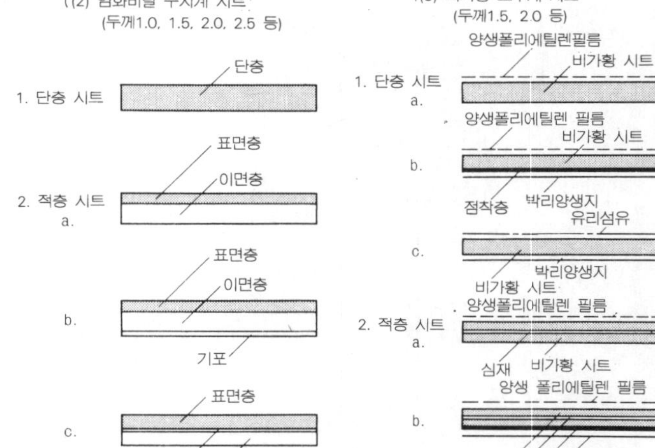

● 노출시트 방수

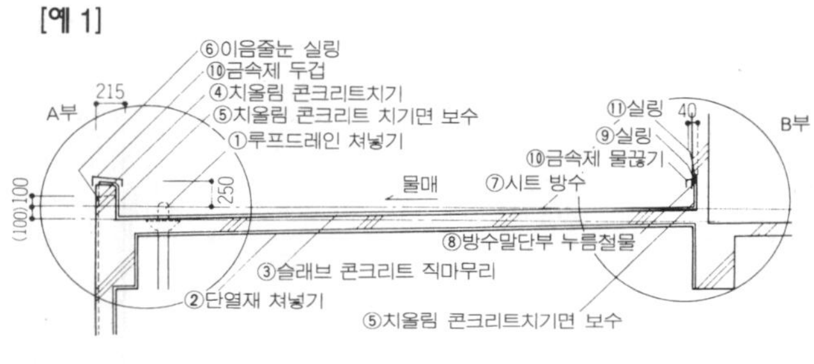

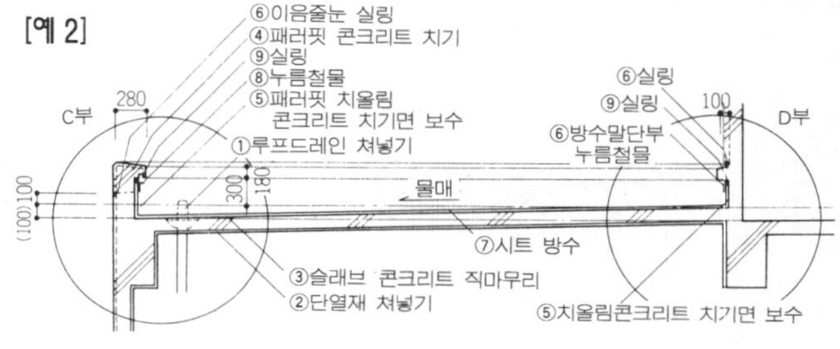

○내의 숫자는 시공 순서를 나타낸다.

단면 1/100

[예 1 금속두겁 아무림]

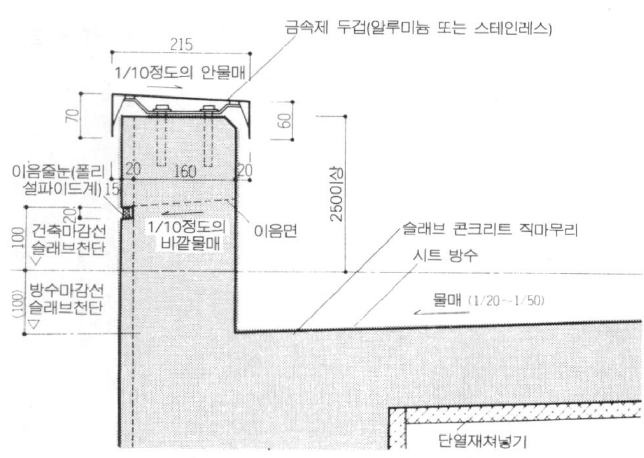

A부 상세 1/12

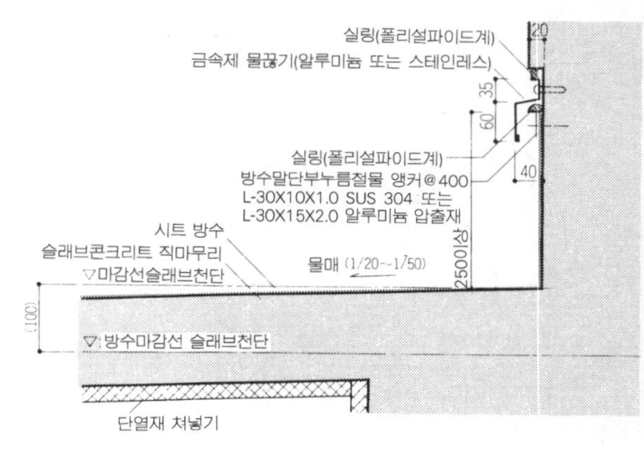

B부 상세 1/12

[예 2 패러핏 천단 콘크리트 직마감 아무림

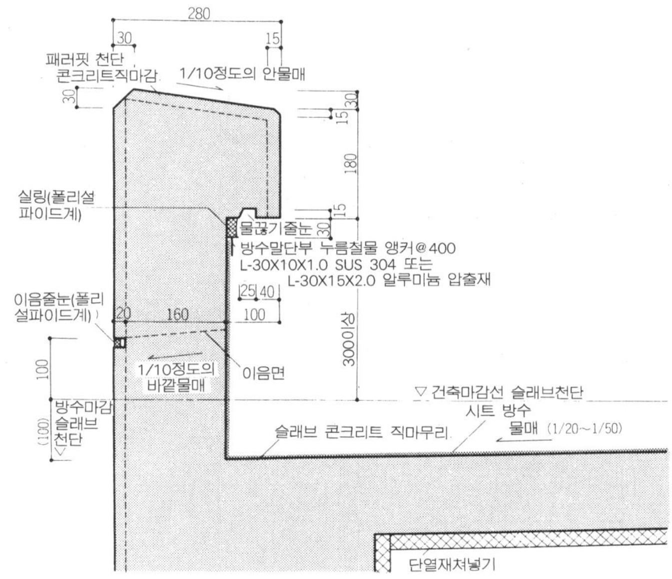

C부 상세 1/12

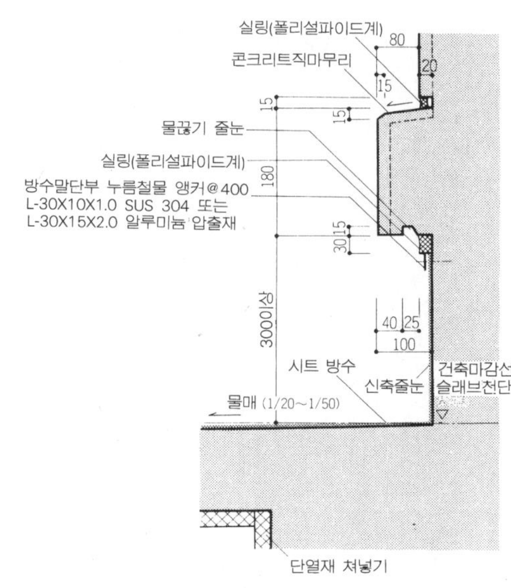

D부 상세 1/12

● 단열 노출시트 방수

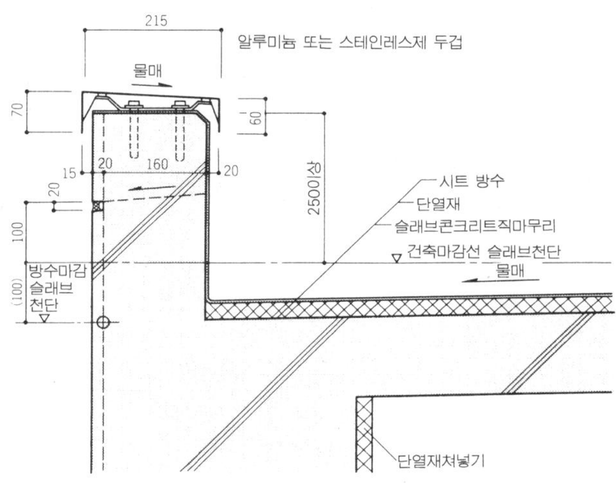

방수마감치올림부 상세 1/12

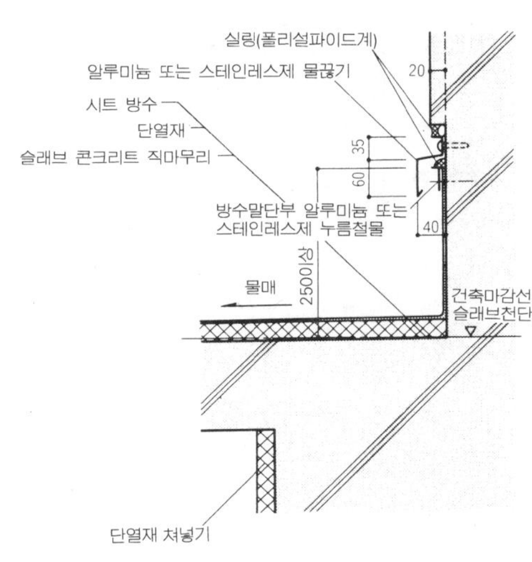

건축마감치올림부 상세 1/12

3. 도막 방수

● 우레탄 고무계 도막 방수재의 방수층

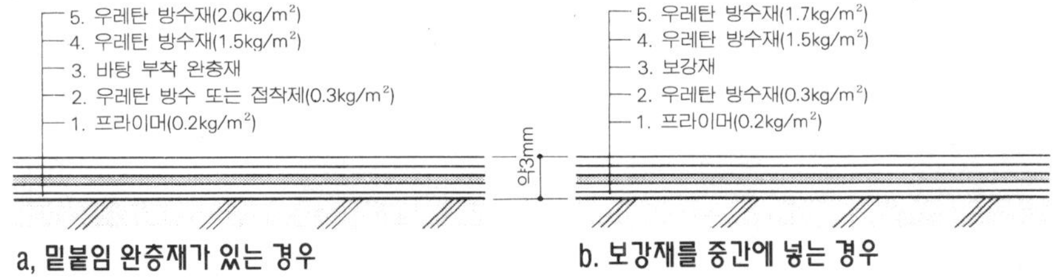

a. 밑붙임 완충재가 있는 경우

b. 보강재를 중간에 넣는 경우

● 차양의 아무림

[예 1]

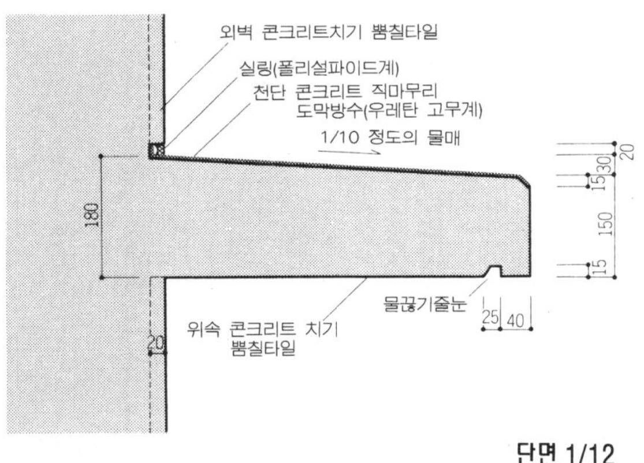

단면 1/12

[예 2]

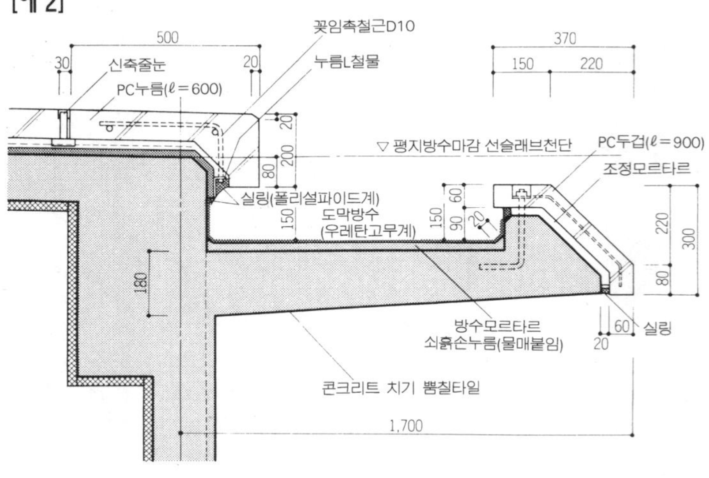

단면 1/20

[예 3]

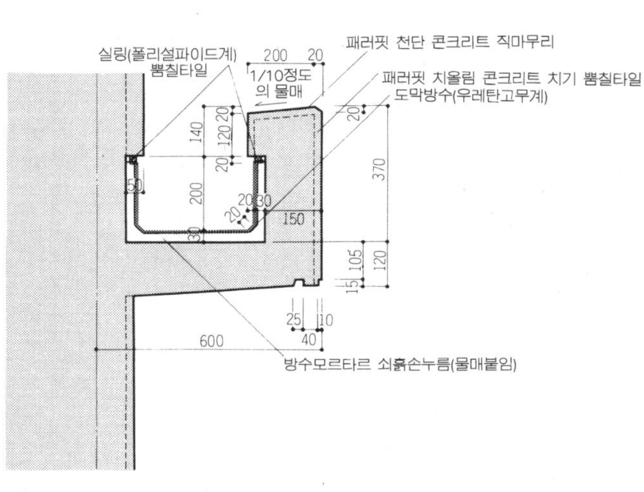

단면 1/20

● 옥상 설비기계 기초의 아무림

[예 1]

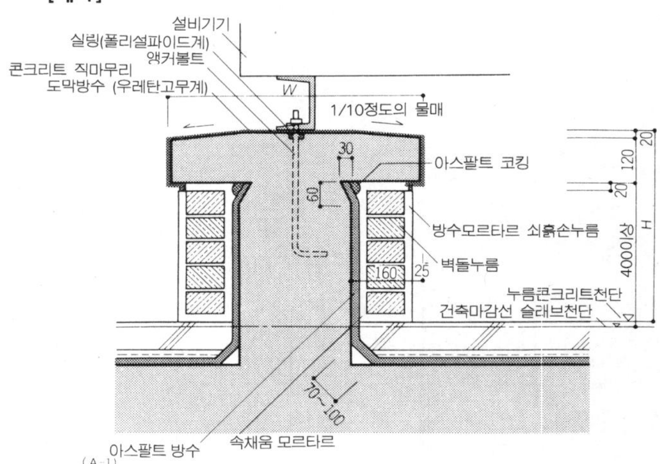

단면 1/20

[예 2]

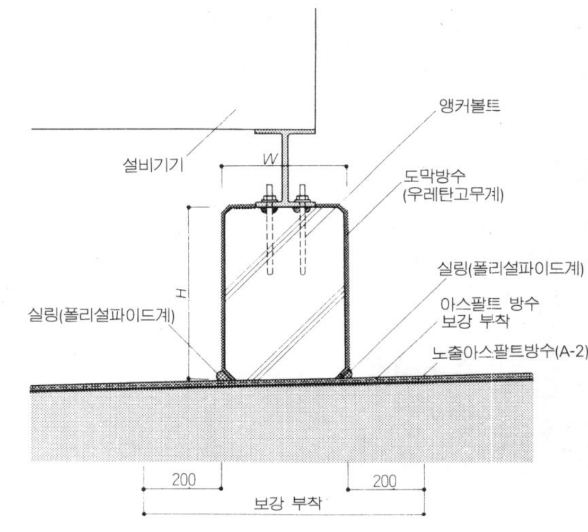

단면 1/20

● 옥상설비배관 취출구의 아무림

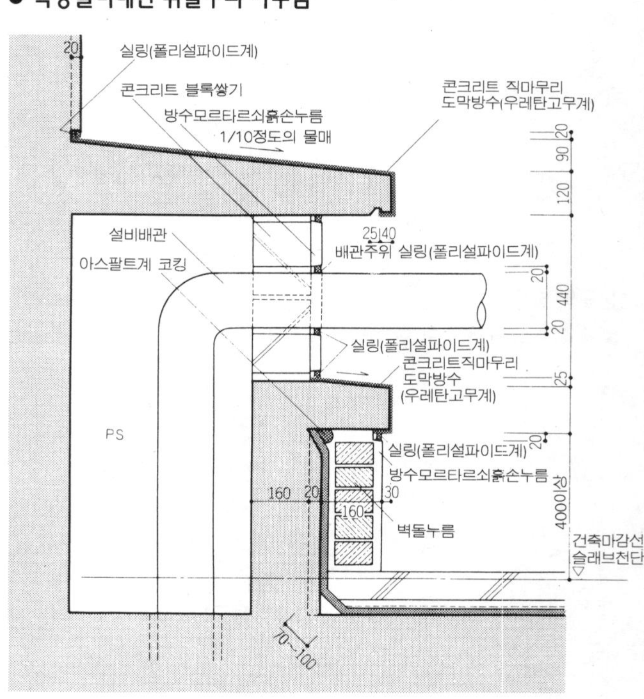

단면 1/20

2. 내부 아스팔트 방수

● 아스팔트 방수층의 구성

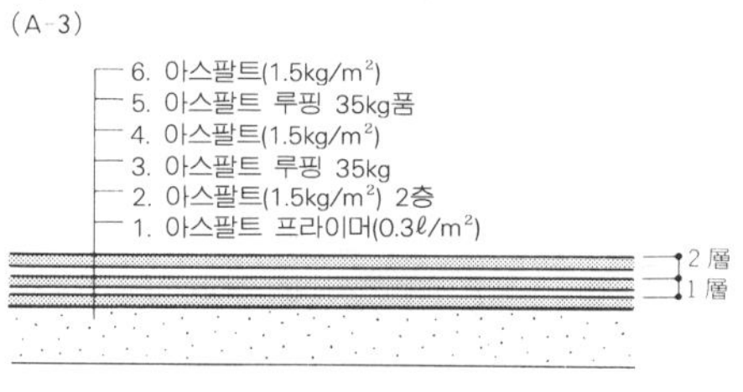

아스팔트 방수층의 종별

변소

1. 변소 등의 고정물에 방수층을 붙일 때는 특히 정성껏 시공해야 하며, 잘 밀착해서 붙인면 끝까지 치올림한다.
2. 대변기 주위의 격판 등은 방수 누름 시공 후에 설치한다.
3. 방수층은 높이를 충분히 잡는다.
4. 다량의 물을 사용해서 청소를 하는 경우에는 물매를 두어야 한다.

욕실

1. 벽면은 목욕물이 튀지 않는 높이까지 방수층의 치올림을 충분하게 한다(욕조가 벽 근처에 설치되는 경우나 샤워 주위에는 특히 주의).
2. 씻는 곳의 물매는 배수구를 향해서 약간 흠을 만든다.

● 화장실 대변기 주위의 방수 아무림

[예 1]

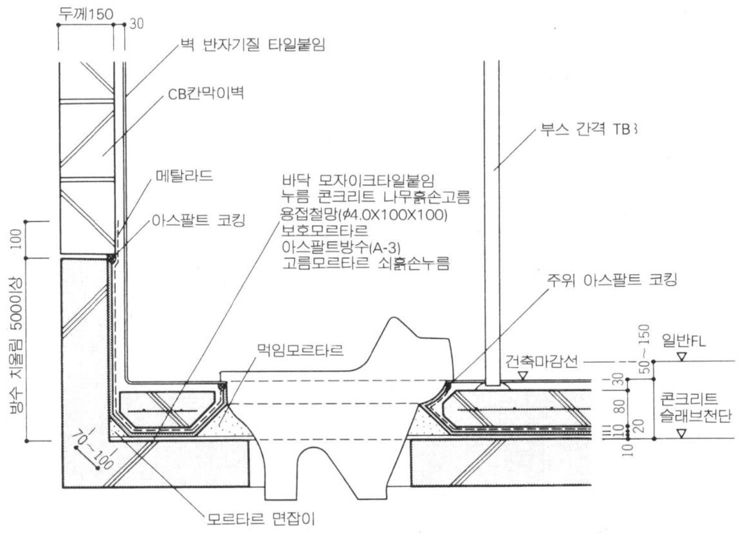

단면 1/20

[예 2]

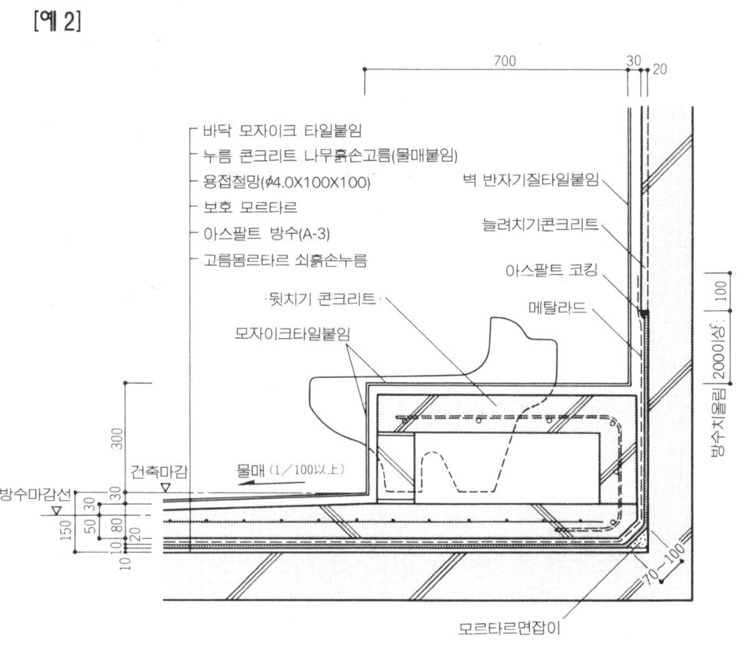

단면 1/20

● 화장실 소변기 주위의 아무림

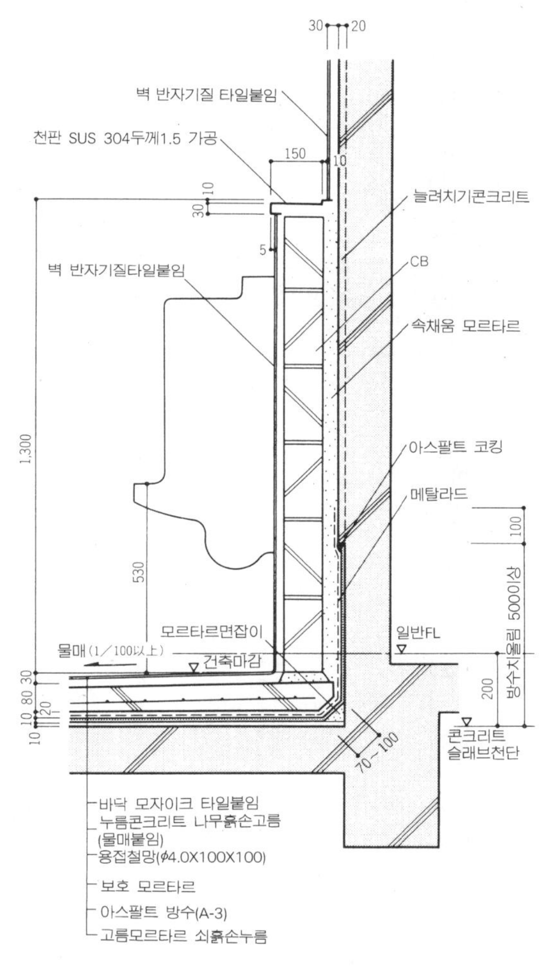

단면 1/20

4. 물주의 출입구 도어실

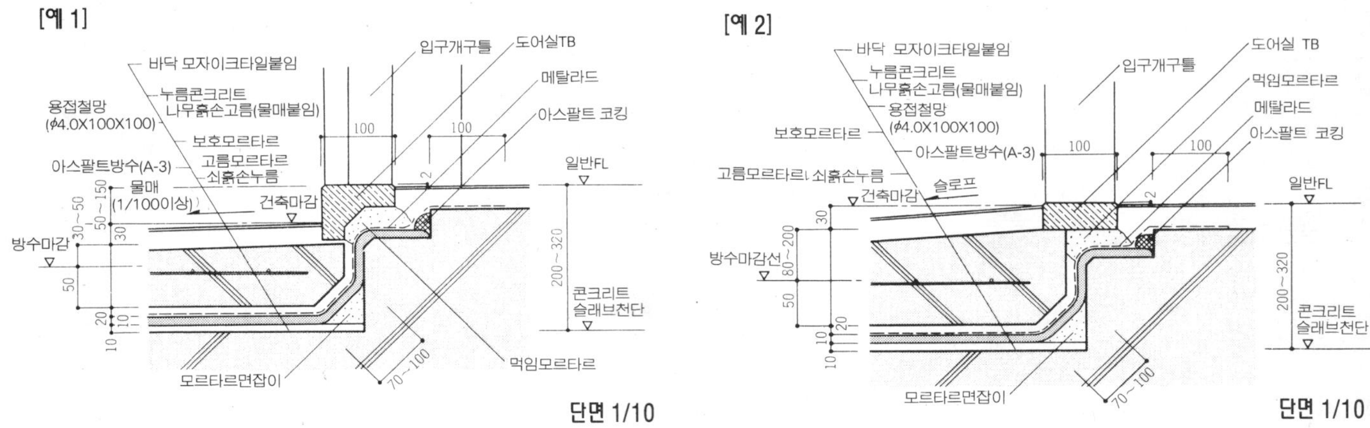

5. 욕실 씻는 곳 주위 아무림

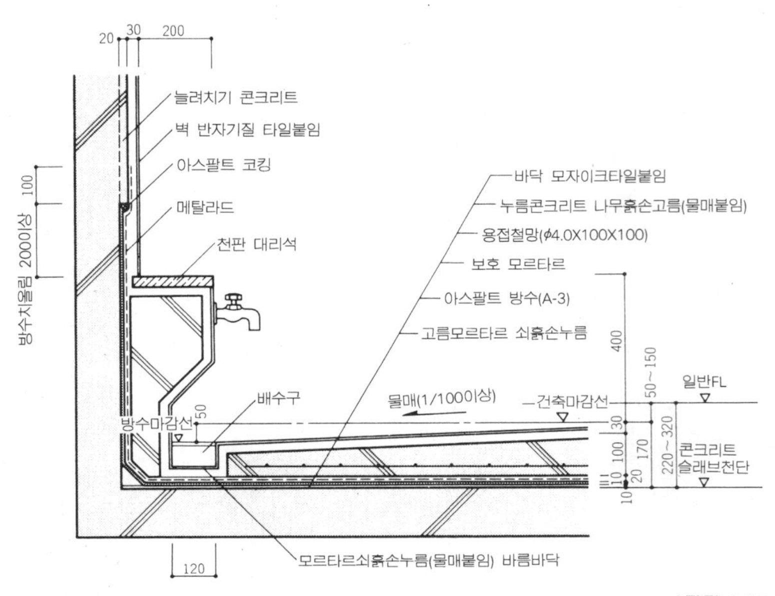

6. 욕실 샤워 주위의 아무림

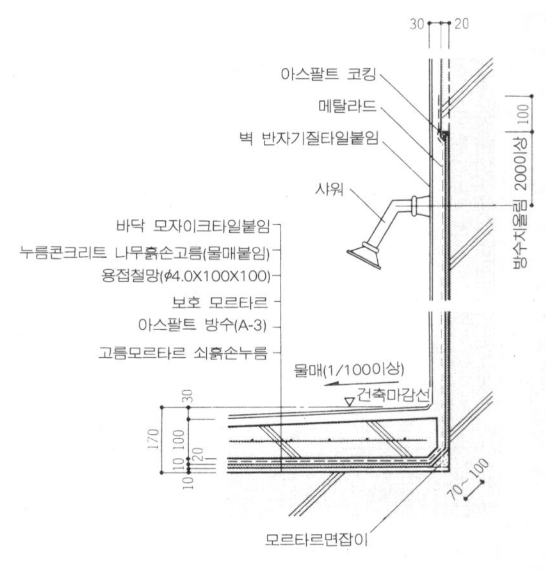

7. 욕조내 아무림

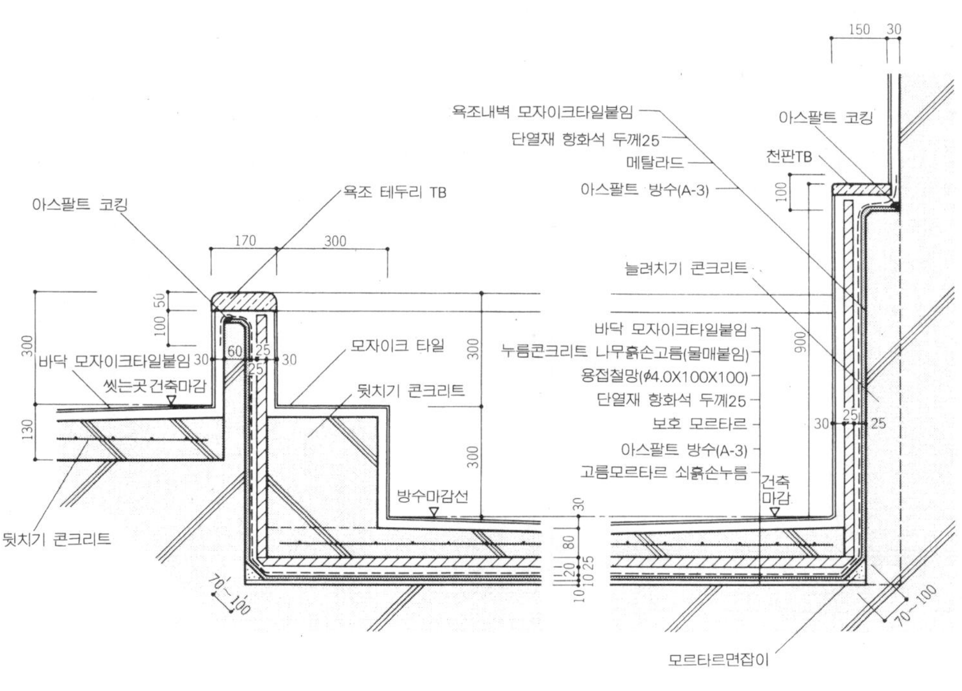

지붕과 처마

<thema>

지붕은 건물의 디자인적 인상을 특징짓는 가장 큰 요소이고, 처마밑은 우리가 건물을 올려다볼 때 가장 눈에 띄는 부분이기도 하고, 설계자로서 디자인에 가장 신경써야 하는 곳이다.

그러나 지붕에는 빗물이나 추위·더위를 막는다든지, 처마 내기는 외벽의 방수성이나 창 등의 개부구 일조나 채광의 조정 등, 건물에 있어 지붕과 처마 밑의 역할이나 기능에는 단순한 디자인만으로는 결정할 수 없는 중요한 요소도 포함하고 있다.

그리고 또한 지역이나 지방의 풍토나 전통에 의한, 지붕의 형식이나 물매, 이기 재료 등에는 다양한 것이 있고, 지붕이나 처마를 생각할 때 그것들에 대한 배려도 잊어서는 안 된다.

그 지붕과 처마밑의 디테일 중에서, 여기서는 현재 실제로 비교적 많은 현장에서 행해지고 있는 동판 이기 지붕, 금속판 기와가락 이기 지붕, 기와 이기 지붕, 천연 슬레이트, 컬러 베스트 지붕의 대표 예를 든다.

그리고 그것을 목조 바탕, RC슬래브 바탕마다 정리하고, 동시에 그것들의 처마밑 아무림 예도 몇 가지 들어, 해설과 기본 그림 예를 나타낸다.

설계상의 유의점

(1)지붕 이기재

1) 동판 평이기

① 동판은 전식이 있으므로, 다른 금속과 접촉하여 이용하지 않는다(철판 지붕에 동의 빗물 홈통은 접촉하고 있지 않으면 지장이 없다).

② 긴 시간에 표면이 산화하여 녹청이 나오고, 비 등으로 흘러내려 처마밑이나 주위를 더럽히는 일이 있으므로 주의.

2) 금속판 기와가락 이기

① 기와봉은 서까래 지점에 기와가락(眞木)을 부착하여 금속판을 치켜세우는 방법과, 眞木을 사용하지 않고 吊子로 치켜올리는(장척 철판 기와봉 이기 등) 방법이 있다.

② 처마끝의 외 천단은 금속판으로 덮고, 목조의 경우는 서까래 끝의 방부를 생각하여 외는 약간 내밀게 한다. 박공 끝의 아무림에는 박공널, 모르타르 바름 등의 마무리가 있다.

③ 들보는 부채널을 이용하여 기와가락의 키와 같은 치수의 반자 서까래에 못고정으로 한다든지, 들보 싸기 철판과 평판을 돌려감기로 하는 방법과, 별도로 마룻대를 사용한다든지, 또는 장척 철판을 사용하여 들보로 잇지 않는 방법 등이 있다.

④ 박공 단부는 일반적으로 기와가락을 치켜세우지 않는다(치켜세우는 경우는 강우시 박공으로부터의 물방울 낙하를 막기 위하여, 단부를 특히 튼튼하게 하고, 물좁기를 단단히 부착할 것).

3) 기와 이기

① 결이 기와 처마 끝의 평기와는 둥근기와 또는 一자 기와를 이용한다. 합각머리 지붕의 박공측 내기(깎은 처마)는, 깊은 쪽이 일반적으로 형이 좋다고 되어 있다.

② 목조에서 특히 처마 내기를 깊게 할 경우는 서까래의 치수(키)를 크게 하는 등의 배려가 필요.

③ 박공의 아무림법에는 목조의 경우 중도리의 마구리를 보이는 방법과 모르타르 바름 채우기로 하는 방법이 있다(박공널을 부착하여 중도리를 보이는 아무림으로 할 경우는 마구리는 금속판으로 싸거나 페인트 등을 마구리면에 발라 빗물을 막는 배려가 필요).

4) 천연 슬레이트, 컬러 베스트 이기

① 목조의 경우 반자널은 다른 이기재 바탕과 같고, 구조용 합판 두께 12mm 이상 또는 삼나무널 두께 15mm로 하고, 그 위에 아스팔트 루핑을 깐다.

② 처마 끝, 박공, 들보 등은 강조물 컬러 철판 #24 정도를 사용한다. 이는 방법에는 1자 이기, 마름모 이기 등이 있다.

(2) 빗물 홈통

1) 일반적으로 처마가 깊을 경우는 흘러내려도 좋지만, 세로 홈통 대신에 필요에 따라 쇠사슬, 노끈 등의 빗물 내리기재를 사용하는 방법도 있다.

2) 드레인 주위에는 마른 잎이나 쓰레기 등이 채워져도 용이하게 청소가 되도록 벗겨내기 가능한 동, 또는 스테인레스제의 보호 네트 등을 씌운다.

3) 안홈통의 문제점과 주의점

① 빗물량을 충분히 소화할 수 있는 크기로 한다. 만일 채우기를 하여 오버 플로하여도, 반드시 처마 꼭대기 외부에 유출하여 버릴 듯한 비막이를 생각하여 둔다.

② 홈통 자체의 물매를 충분히 붙이고, 빠르게 빗물이 흘러나오도록 품을 충분히 잡는다.

③ 교환 가능한 설치 방법을 택한다. 가능하면 만일의 방수를 위하여, 바닥 홈통과 실제로 빗물을 흘리는 홈통의 이중 구조로 하여 두면 좋다.

(3) 한랭지에 있어 배려

1) 한랭지에서는 박공 만들기로 「박공 넣기」의 쪽이 안전.

2) 일반적으로는 적설 한랭 지방의 건물은 외벽면을 지키기 위해서도, 가능한 한 처마나 차양을 낸 쪽이 좋다.

3) 한랭지 처마 끝에서의 처마 홈통은 눈의 압력이나 고드름 등에 의하여 파손하기 때문에, 통상은 이용하지 않는 쪽이 좋다.

4) 눈에 대하여

① 조속히 자연 낙하시켜 버리는 데는, 지붕재는 컬러 철판, 아연 도금 철판, 내후성 강판, 동판 등의 금속질계로 한다. 물매도 4/10~6/10으로 아주 급하게 한 쪽이 좋다.

② 지붕에 상시 눈을 실어 두고, 그 적설량의 상황을 보아 일제히 「눈내리기」를 하는 경우가 있는데, 이 경우도 금속질계에 한정된다. 또한 들보 부분에는 「눈분산」 등을 생각해 둔다.

5) 물에 대하여

① 고드름 발생 방지로서는, 土藏의 「배치 지붕」에 보이듯이 지붕 밑의 온도를 외기와 같게 하여 두는 방법도 효과적이다.

② 특히 남쪽에 면하고 있지 않는 「골」에서 반드시라고 하여도 좋을 만큼 얼음의 해를 받으므로 「골」은 만들지 않는 쪽이 바람직하다(「매달려 흐르는 현상」이라 하여, 「골」 밑이 빙결하여 그 곳에 하루 종일 녹은 물이 괸다. 그 물이 모세관 현상으로 역류하여 실내로 들어오는 경우가 있다).

(4) 처마 끝과 처마밑

1) 처마 끝이 두꺼워지는 것을 방지하기 위해, 코 감추기에 단이나 면을 잡는 방법이 있다. 목조에서는 코 감추기와 천장 끊기재 사이에 환기 슬리트를 세워 단차를 크게 보이는 방법 등도 있다.

2) 처마 끝의 끊는 법에는 처마 천장을 코 감추기로 같은 재로 하는 방법과, 코 감추기로 단속하는 방법이 있다.

3) 코 끝의 맞춤에서는 처마 천장을 수평으로 붙이는 경우와, 지붕 물매에 맞추는 방법이 있다.

4) 처마 끝의 벽 끝 처리는 돌림띠를 넣어 끊는 것이 보기가 좋아 일반적.

5) 환기구는 일반적으로는 박공측에 세우기보다, 처마 끝에서 공기를 끌어들여 지붕에서 방출시키는 방법의 쪽이 효과적이다.

시공상의 요점

(1) 금속판 기와가락 이기 등에서, 바탕 목조의 경우는 외는 서까래 마구리에서 3cm 이상 내밀게 하여 물끊기 좋게 한다. 박공 끝의 박공널도 같고 외의 끝까지 3cm 이상 확보한다.

(2) 기와 이기의, 처마 끝 기와는 배대기에서 약 6~10cm 내서 가지런히 한다. 합각머리 지붕의 박공측 내기는 일반적으로 45~75cm이지만, 기와 폭에 의하여 반자름이 되지 않는 치수로 정할 것.

(3) 기와 지붕의 경우, 기와가 상하 좌우 깔끔하게 나누어져 있지 않으면, 지붕을 약간 떨어져서 비스듬히 올려다보았을 때, 매우 울퉁불퉁하지만 두드러지지 않게 보이므로 주의.

(4) 천연 슬레이트, 컬러 베스트 이기는 바탕재에 32mm 아연 도금 못 4개 고정으로 한다. 처마 끝, 박공, 들보 등의 강조물의 컬러 철판은 컬러 못, 아연 도금 못으로 고정한다.

(5) 홈통에 사용하는 재료는, 아연 도금 철판, 동판, 스테인레스판, 알루미늄판, 염화 비닐 등으로 한다. 금속판의 감기 등 꺾

지붕의 기본 형식

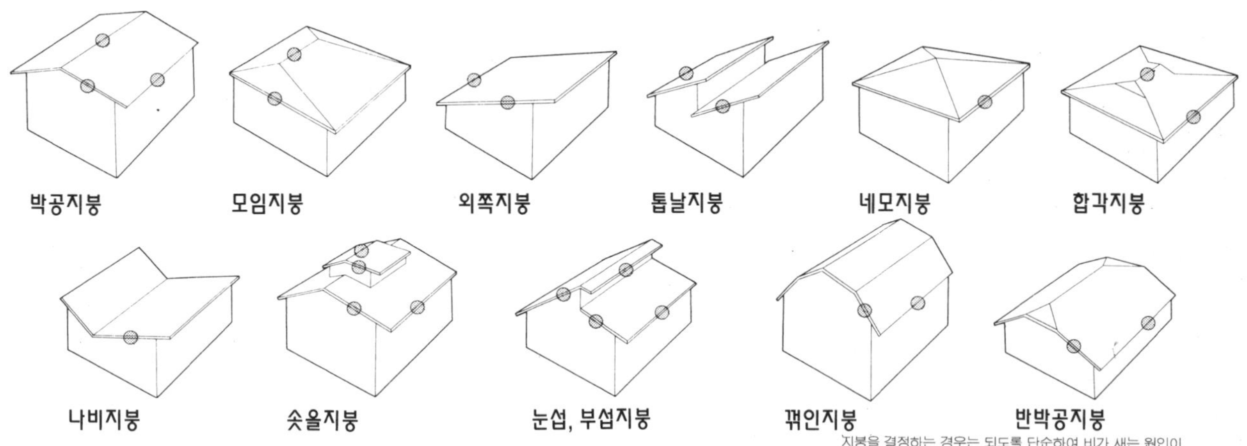

지붕을 결정하는 경우는 되도록 단순하여 비가 새는 원인이 되는 골이 없는 형을 선택한다.

평지붕과 반지붕

둥실한 지붕

처마 끝을 따라서 급한 물매로 되는 곡선. 처마 끝에 가까울수록 수량이 증가하여 강우량이 많은 나라에서는 매우 합리적인 지붕이다.

휘어진 지붕

지붕에 내린 비는 지붕 윗쪽일수록 급경사이기 때문에 가속되어서 아랫쪽은 완만하더라도 단숨에 떨어진다. 이것은 소위 수학상의 최속낙하곡선(사이크로이드 곡선)으로 절의 지붕 등은 모두 이 곡선에 가까운 커브다.

지붕이기재와 필요 물매

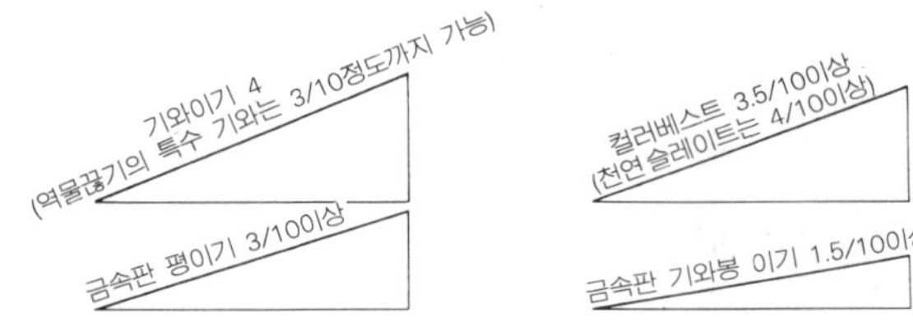

(1) 지붕 공사에서 지붕 비계를 짤 수 없는 한계는 4/10물매까지이다.
(2) 처마에 가까울수록 우량이 많으므로, 일반적으로 길이가 길수록 지붕의 물매는 급하게 된다.

지붕흐름길이와 처마홈통, 세로 홈통의 개략 치수

A흐름길이	B처마홈통 폭	C처마홈통 깊이	D선홈통 지름	E선홈통간격
1.5m 未滿	8.0cm	0.5B	4.5cm	7.2未滿
1.5~5.5m	10.0 〃		6.0 〃	7.2~11.0m
5.5~7.2m	12.5 〃		8.0 〃	
7.2~11.0m	15.0 〃	0.6B	10.0 〃	
11.0~15.4m	19.0cm		13.0cm	

(1) 처마홈통의 경사는 1/100~1/200 이상으로 되도록 급한 물매가 좋다.
(2) 처마홈통에의 낙수구에 나뭇잎이나 쓰레기가 쌓이는 경우가 많으므로 필요에 따라 철망을 걸치는 등의 연구가 중요하다.

처마돌림 치장방법과 단골막이 환기구

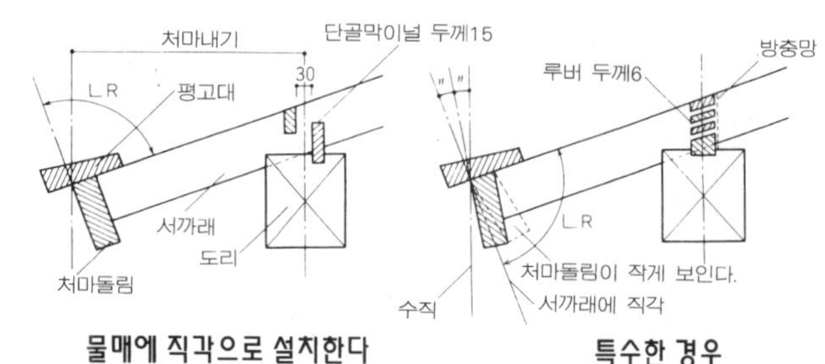

물매에 직각으로 설치한다

특수한 경우

지붕물매와 처마홈통위치

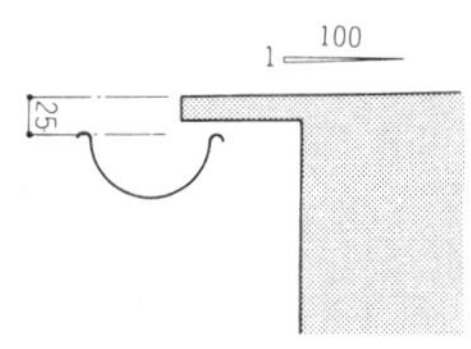

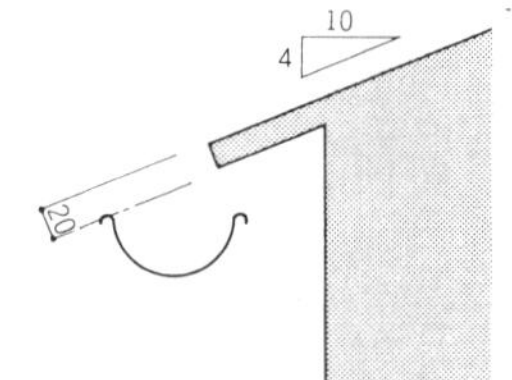

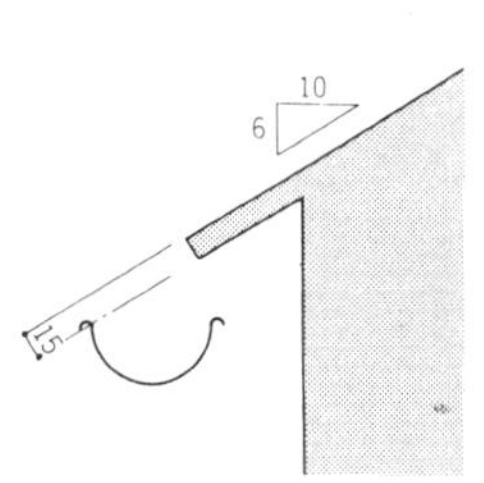

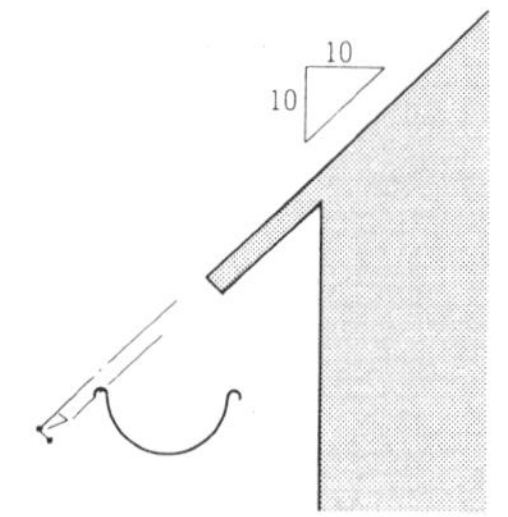

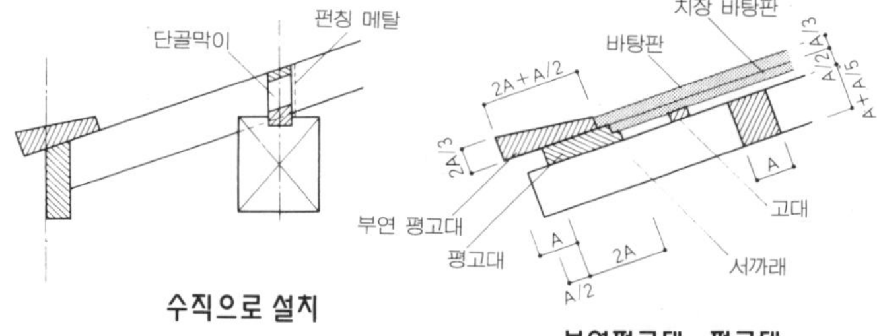

수직으로 설치

부연평고대 · 평고대

①평고대는 지붕틀 서까래의 진동 방지와 처마 끝의 치장을 겸한 재로 미송, 삼나무 등을 사용한다.

②지붕틀재의 부식 방지나 여름의 쾌적하게 보내기 위해 처마도리나 서까래 사이 부분을 환기구로 한다거나 처마 속에 환기구를 설치한다. 어느 것이나 비흘림(한랭지에서는 방설)과 방충에 주의해야 한다.

③부연평고대는 평고대 위에 설치한 가로재로 처마 끝이나 박공의 치장이 목적인 재로 2중으로 하는 등 의장에 따라 결정한다.

금속판의 판취급

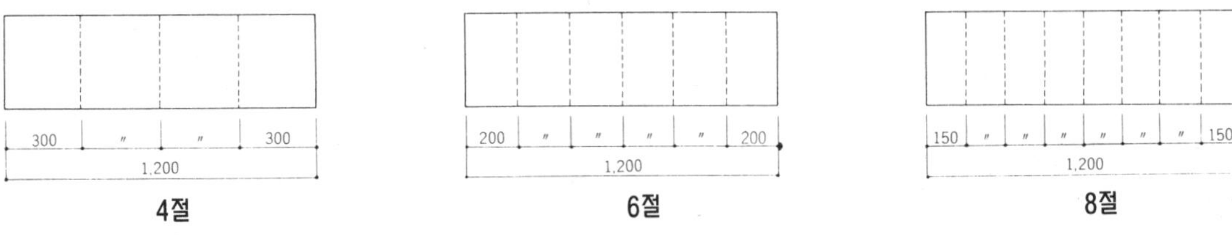

금속판의 이음과 공법

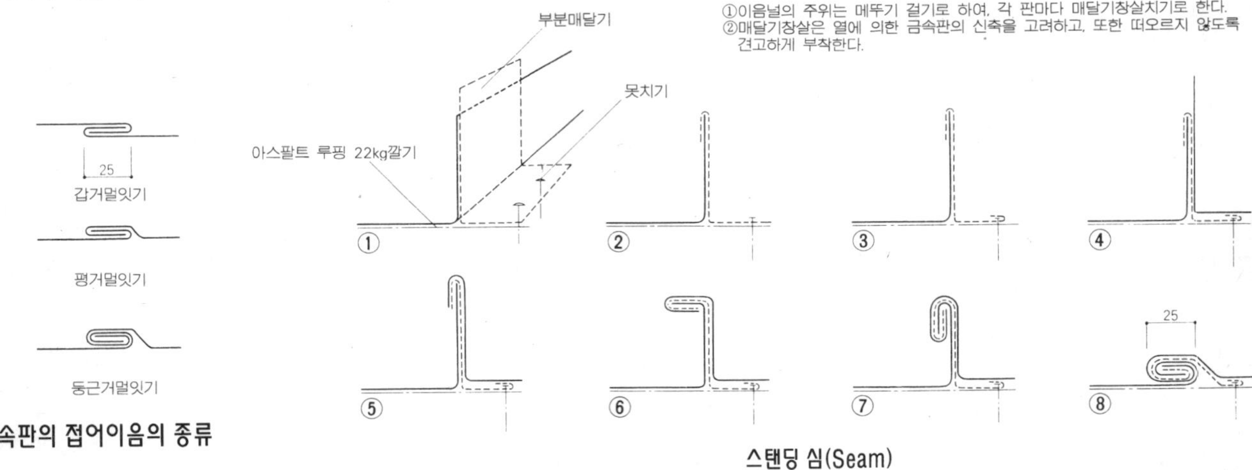

금속판의 접어이음의 종류

스탠딩 심(Seam)

1. 동판이기 지붕

● 목조서까래 구조 지붕의 경우

[예 1]

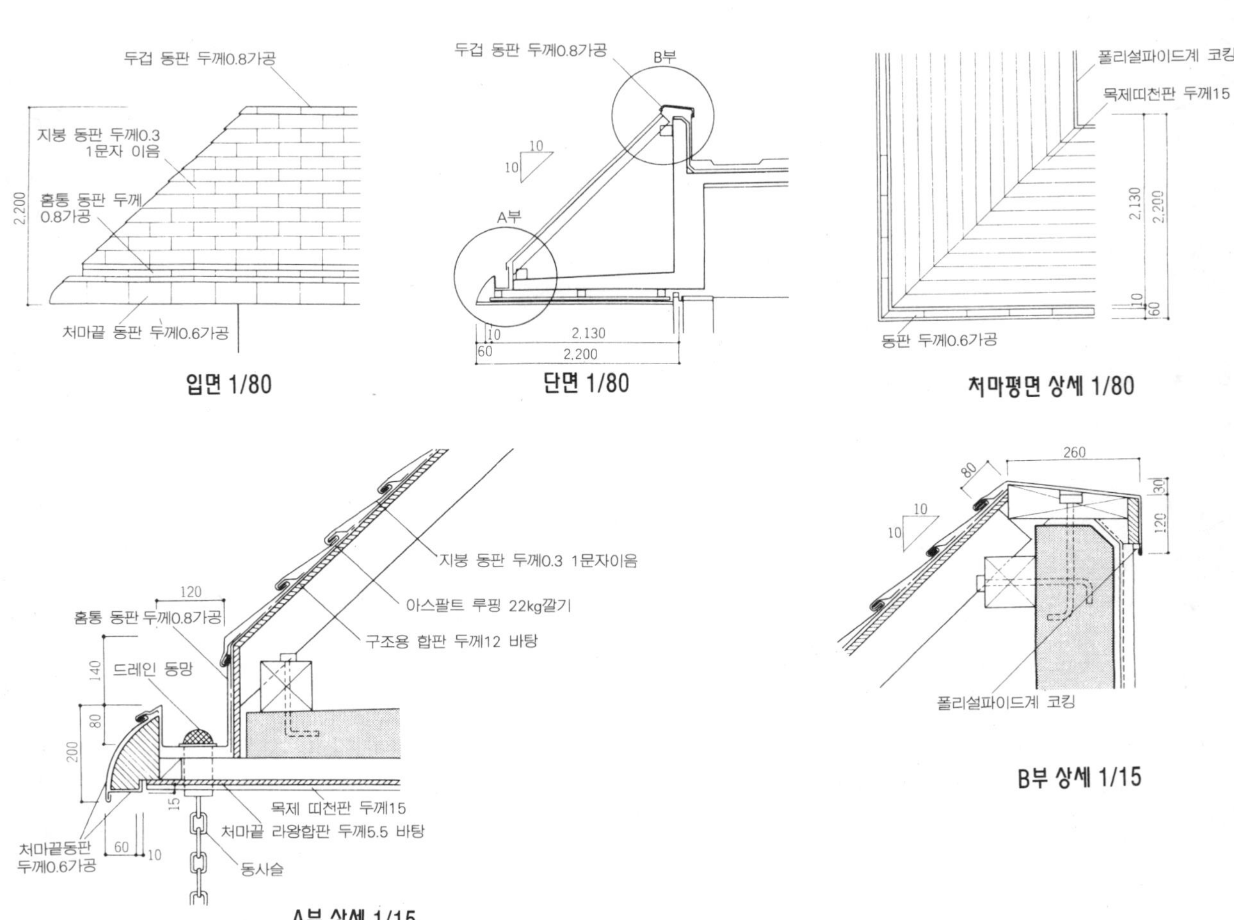

입면 1/80

단면 1/80

처마평면 상세 1/80

A부 상세 1/15

B부 상세 1/15

[예 2]

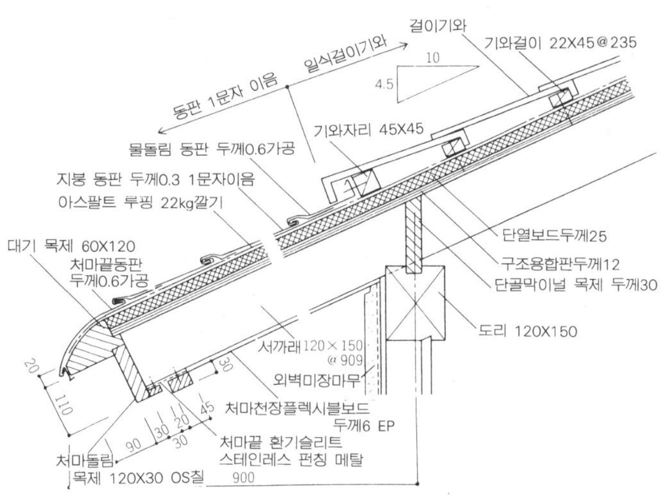

단면 상세 1/15

[예 3]

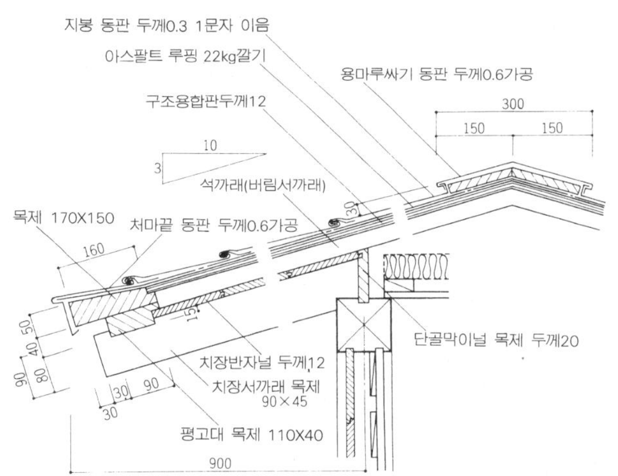

단면 상세 1/15

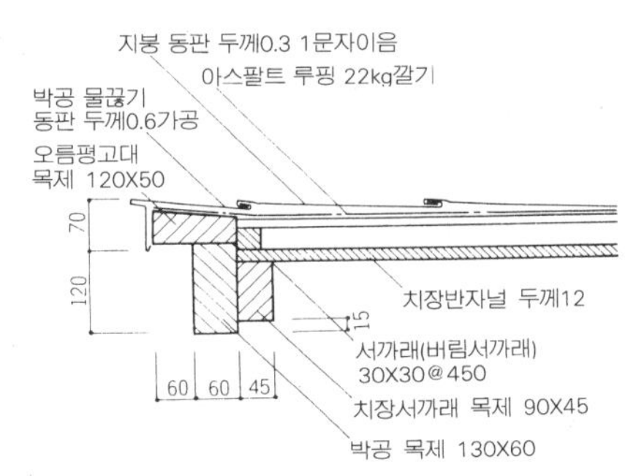

박공 상세 1/15

● RC슬래브 구조 지붕의 경우

[예 1]

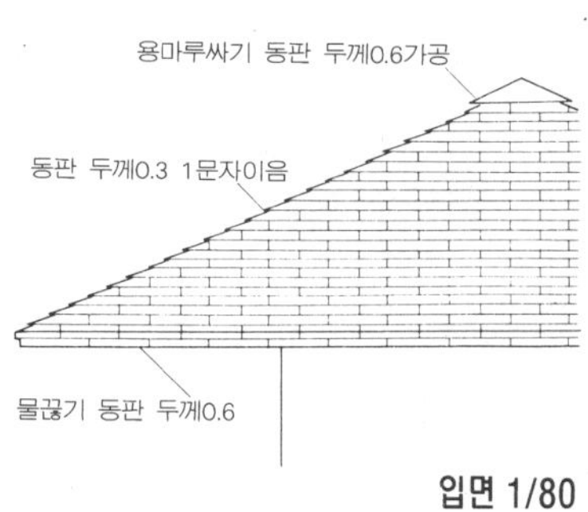

입면 1/80

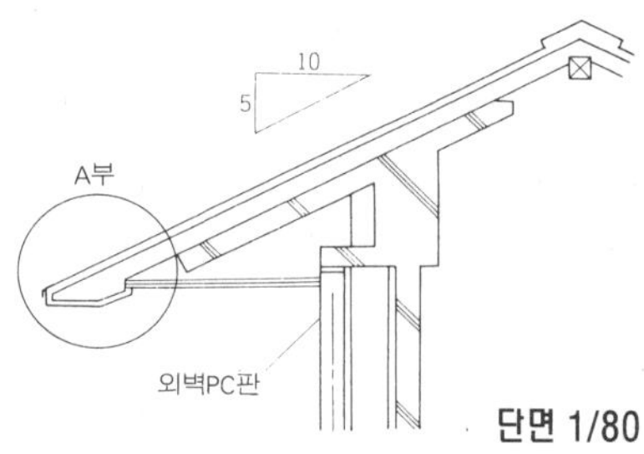

단면 1/80

처마평면상세 1/80

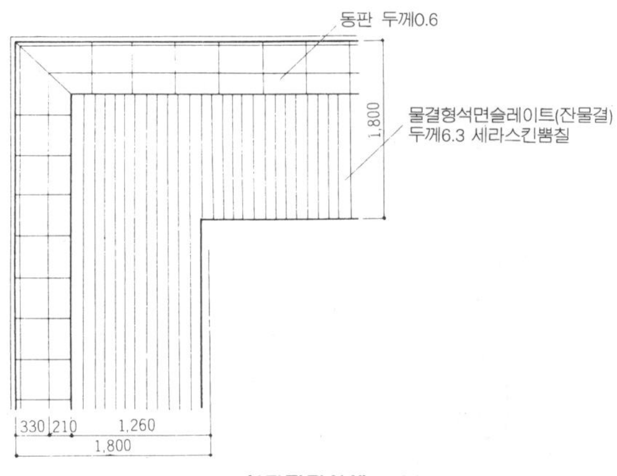

A부 상세 1/15

[예 2]

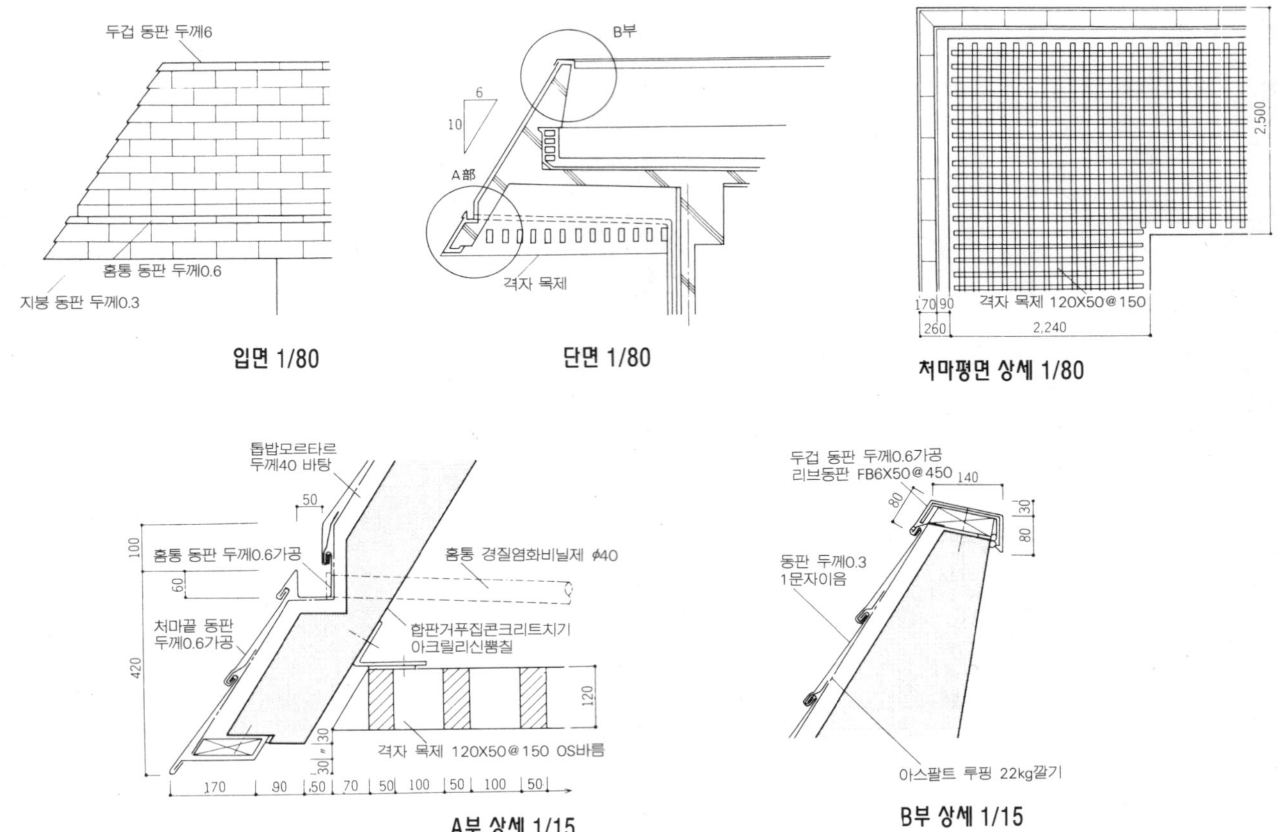
두겁 동판 두께6
홈통 동판 두께0.6
지붕 동판 두께0.3
입면 1/80
B부
A部
격자 목재
단면 1/80
격자 목재 120X50@150
처마평면 상세 1/80
톱밥모르타르 두께40 바탕
홈통 동판 두께0.6가공
홈통 경질염화비닐제 φ40
처마끝 동판 두께0.6가공
합판거푸집콘크리트치기 아크릴리신뿜칠
격자 목재 120X50@150 OS바름
A부 상세 1/15
두겁 동판 두께0.6가공
리브동판 FB6X50@450
동판 두께0.3 1문자이음
아스팔트 루핑 22kg깔기
B부 상세 1/15

[예 3]

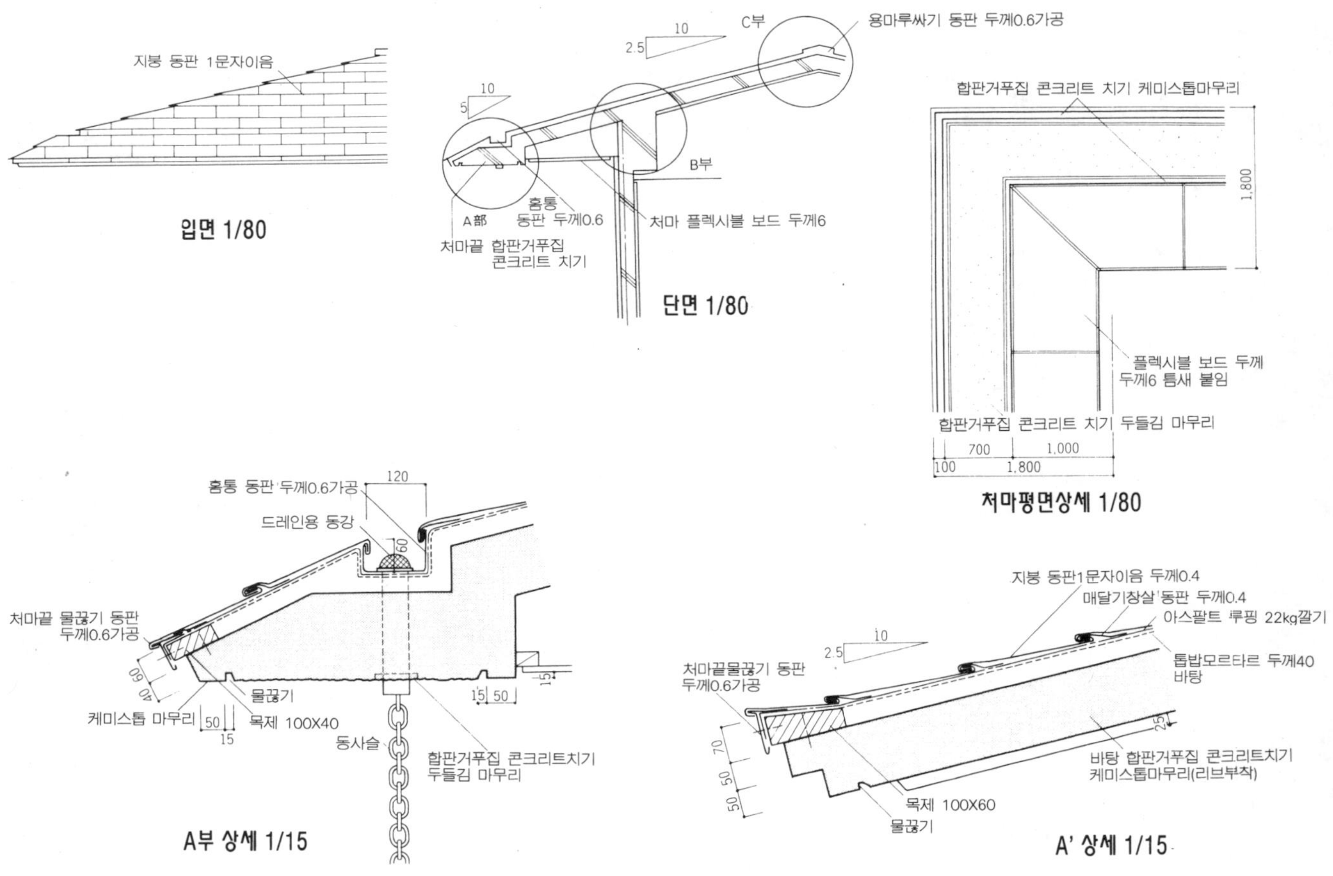
지붕 동판 1문자이음
입면 1/80
C부
용마루싸기 동판 두께0.6가공
B부
A部
홈통 동판 두께0.6
처마 플렉시블 보드 두께6
처마끝 합판거푸집 콘크리트 치기
단면 1/80
합판거푸집 콘크리트 치기 케미스톱마무리
플렉시블 보드 두께 두께6 틈새 붙임
합판거푸집 콘크리트 치기 두들김 마무리
처마평면상세 1/80
홈통 동판 두께0.6가공
드레인용 동강
처마끝 물끊기 동판 두께0.6가공
물끊기
케미스톱 마무리
목제 100X40
동사슬
합판거푸집 콘크리트치기 두들김 마무리
A부 상세 1/15
지붕 동판1문자이음 두께0.4
매달기창살 동판 두께0.4
아스팔트 루핑 22kg깔기
톱밥모르타르 두께40 바탕
처마끝물끊기 동판 두께0.6가공
바탕 합판거푸집 콘크리트치기 케미스톱마무리(리브부착)
목제 100X60
물끊기
A' 상세 1/15

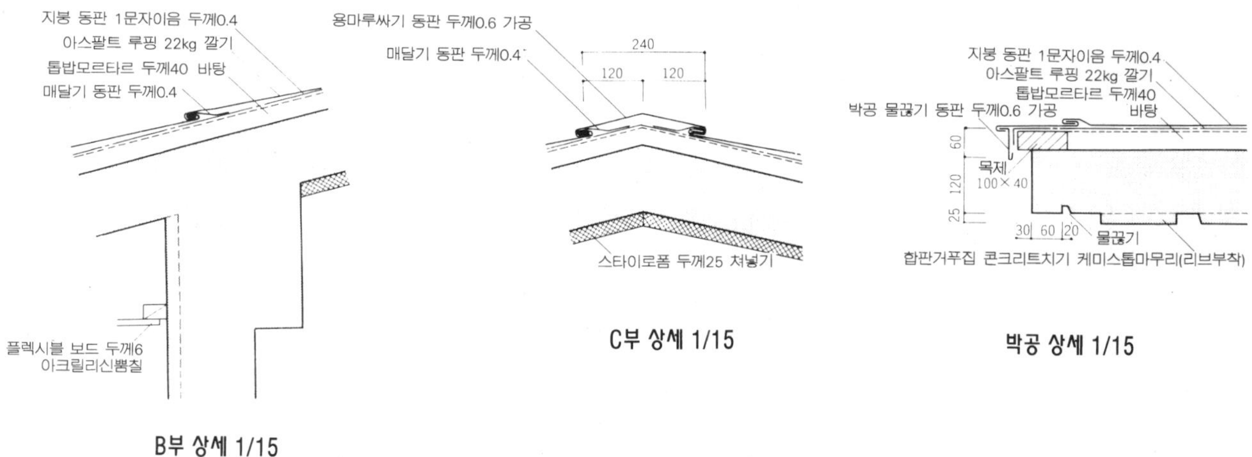

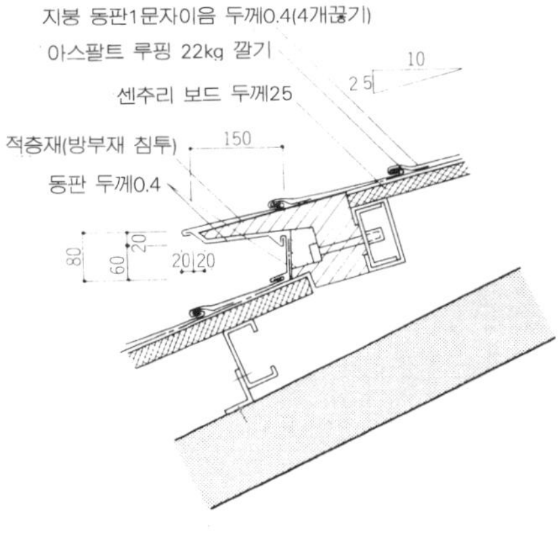

지붕 동판 1문자이음 두께0.4
아스팔트 루핑 22kg 깔기
톱밥모르타르 두께40 바탕
매달기 동판 두께0.4
플렉시블 보드 두께6
아크릴리신뿜칠

B부 상세 1/15

용마루싸기 동판 두께0.6 가공
매달기 동판 두께0.4
240
120
120
스타이로폼 두께25 처넣기

C부 상세 1/15

지붕 동판 1문자이음 두께0.4
아스팔트 루핑 22kg 깔기
톱밥모르타르 두께40
바탕
박공 물끊기 동판 두께0.6 가공
60
120
25
목제
100×40
30 60 20
물끊기
합판거푸집 콘크리트치기 케미스톱마무리(리브부착)

박공 상세 1/15

[예 4]

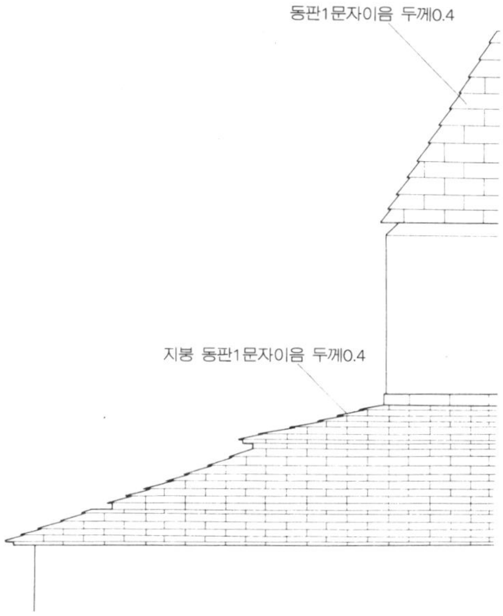

동판1문자이음 두께0.4
지붕 동판1문자이음 두께0.4

입면 1/80

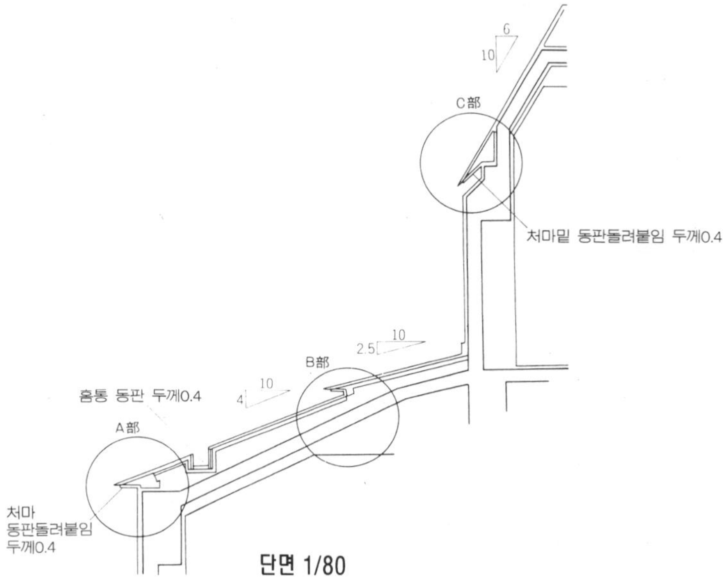

6
10
C部
처마밑 동판돌려붙임 두께0.4
10
2.5
B部
10
4
홈통 동판 두께0.4
A部
처마
동판돌려붙임
두께0.4

단면 1/80

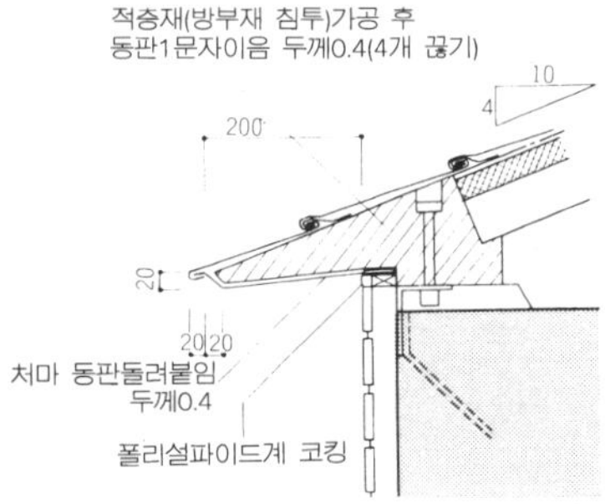

적층재(방부재 침투)가공 후
동판1문자이음 두께0.4(4개 끊기)
10
4
200
20
20 20
처마 동판돌려붙임
두께0.4
폴리설파이드계 코킹

A부 상세 1/15

지붕 동판1문자이음 두께0.4(4개끊기)
아스팔트 루핑 22kg 깔기
10
2.5
센추리 보드 두께25
적층재(방부재 침투)
150
동판 두께0.4
80
60
20
20 20

B부 상세 1/15

6
10
적층재(방부재침투) 가공 후
동판1문자이음 두께0.4(4개끊기)
폴리설파이드계 실링
130
처마밑동판두께0.4
200
20
200
140
외벽 자기질타일밀착붙임

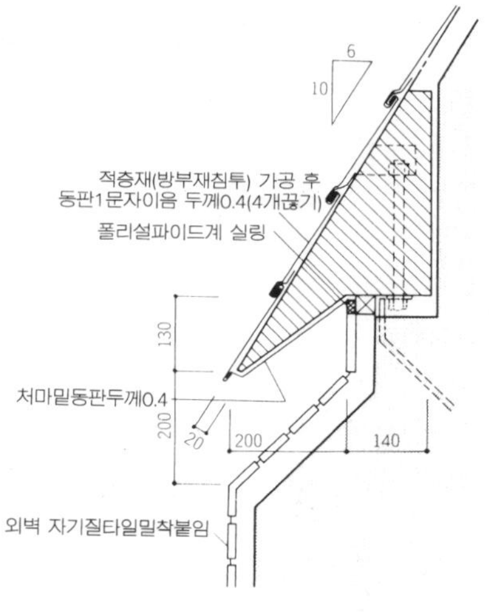

C부 상세 1/15

금속판처마끝의 아무림

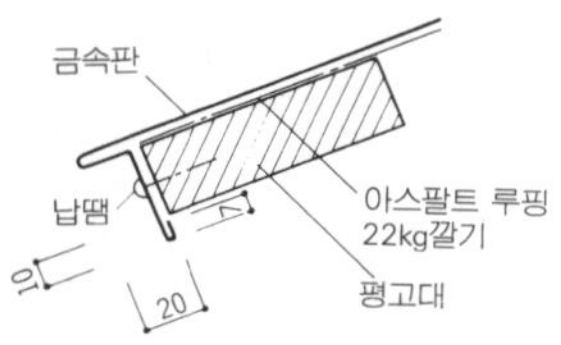

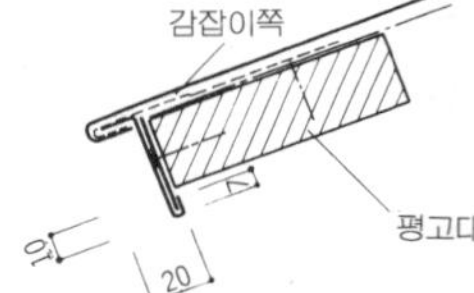

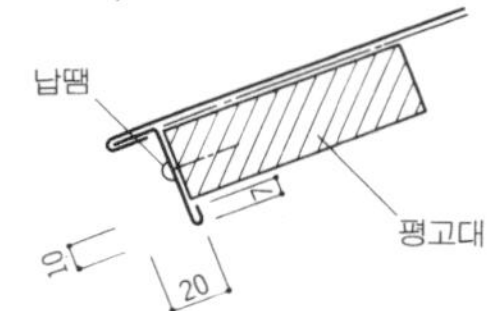

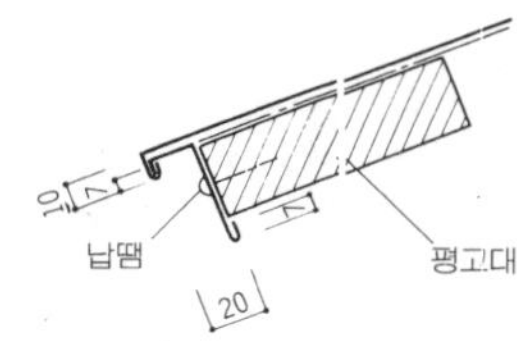

금속판 기와가락이기 공정

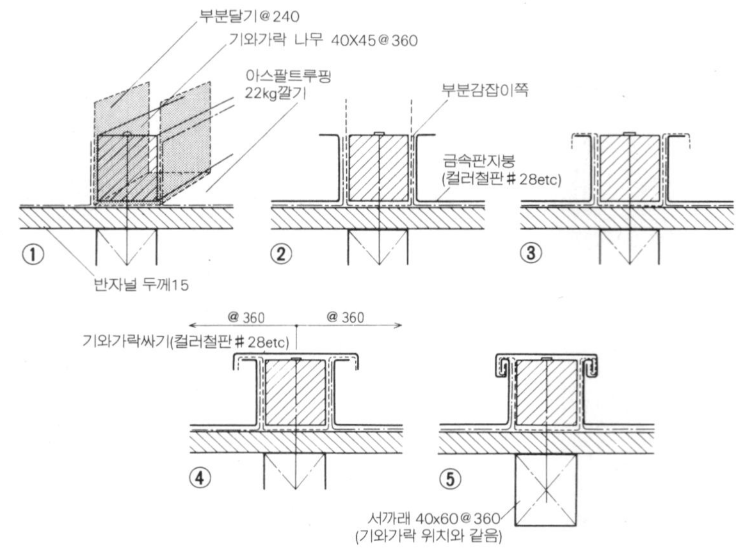

①금속판의 규격 치수가 너비 914mm를 2절로 해서 너비 475mm, 기와봉 양단에서의 치올림 및 거멀잇기 값을 고려하여 기와가락 간격은 36~40cm, 따라서 서까래 간격도 36~40cm로 한다. 단열재 위의 보강대는 바탕의 서까래에 충분히 긴결시켜서 못의 움직임에 주의한다.

②금속판의 두께는 일반적으로 #28~#30을 사용한다. 바람이 강한 산악 지대에서는 #24 등의 두꺼운 판을 사용하는 것이 좋다.

컬러철판의 규격

종별	두께(mm)		치수
평판	#31	0.27	914 × 1.829
	#30	0.30	
	#29	0.35	
	#28	0.40	
	#26	0.50	
	#24	0.60	
장척평판	#31	0.27	폭914
	#30	0.30	
	#29	0.35	
	#28	0.40	
	#26	0.50	

2. 금속판 기와가락이기 지붕

● 목조서까래 구조 지붕의 경우

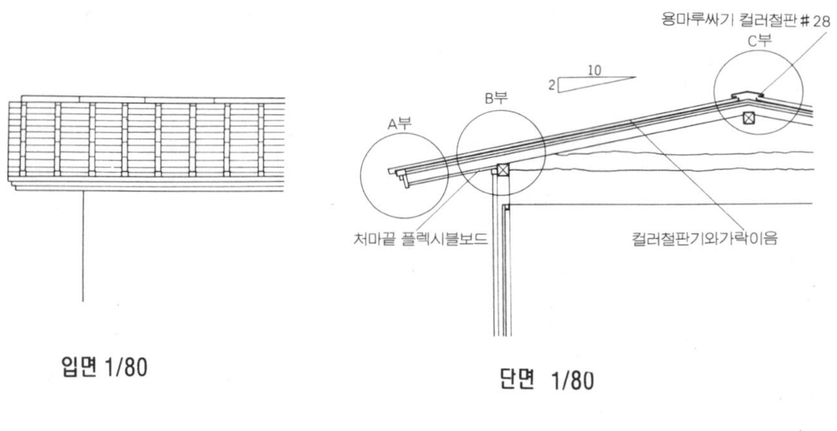

입면 1/80

단면 1/80

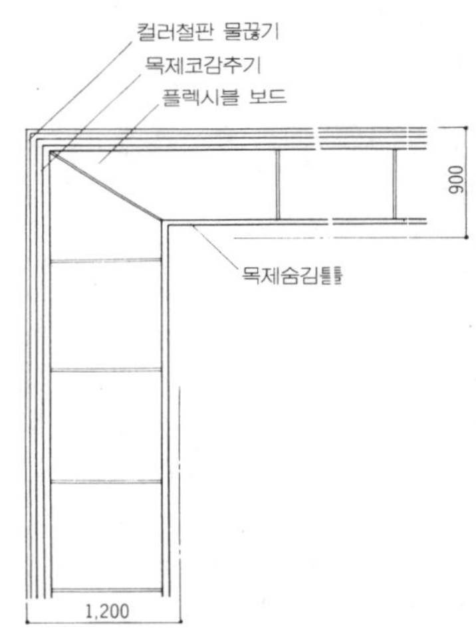

처마평면상세 1/80

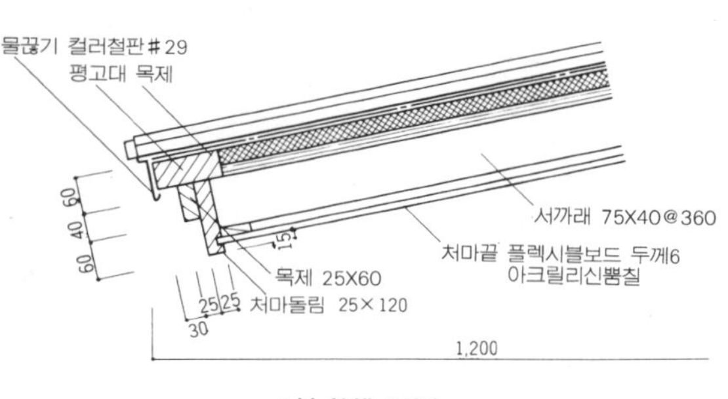

A부 상세 1/15

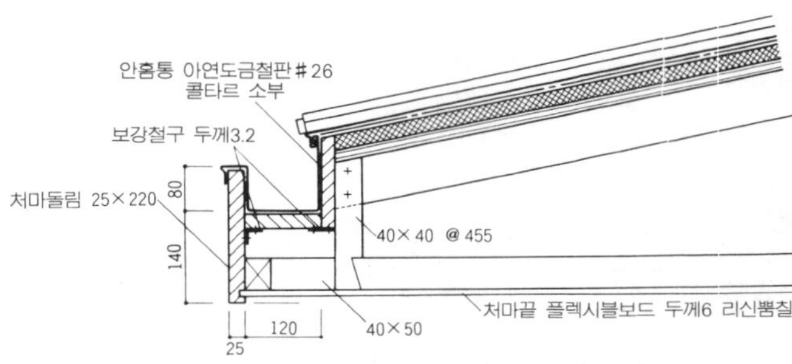

A'부 상세 1/15

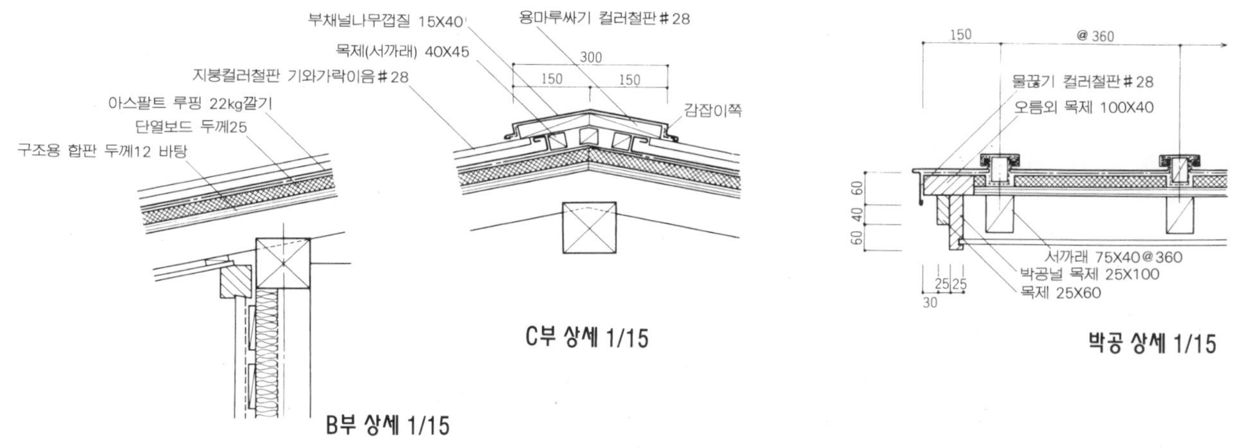

부채널나무깝질 15X40
목제(서까래) 40X45
지붕컬러철판 기와가락이음#28
아스팔트 루핑 22kg깔기
단열보드 두께25
구조용 합판 두께12 바탕

B부 상세 1/15

용마루싸기 컬러철판#28
300
150
150
감잡이쪽

C부 상세 1/15

150
@360
물끊기 컬러철판#28
오름의 목제 100X40
60
40
60
서까래 75X40@360
박공널 목제 25X100
목제 25X60
25
25
30

박공 상세 1/15

장착 장척 컬러 철판 기와가락이기 상세

부분 감잡이쪽 ℓ=90 #28
지붕 컬러철판#28이상
@300
90
채널 볼트φ6
90
아스팔트 루핑 22kg 깔기
[-100×50×20×2.3 @900
L-60×45×5
센추리 보드 두께30
중도리와 중도리간 비스고정
▽ 보천단
@600
중도리간격@600
1／12

@321~418
@321~418
36
캡막대 컬러철판#28
부분 감잡이쪽
ℓ=90 #28
지붕 컬러철판#28이상
30
아스팔트 루핑
22kg깔기
센추리보드 두께30
채널볼트φ6
중도리 채널
1／5

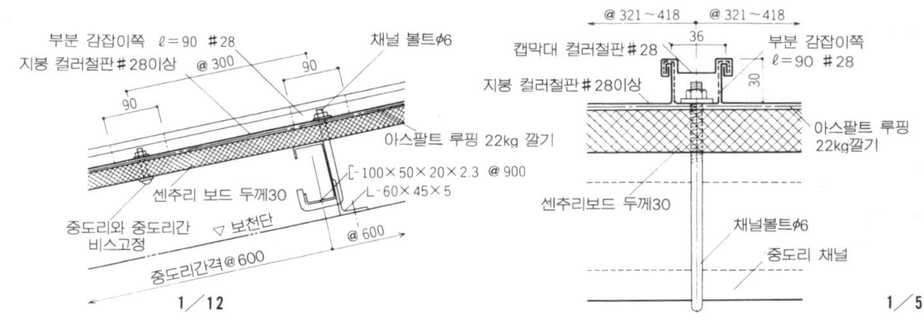

● RC 슬래브 구조 지붕의 경우

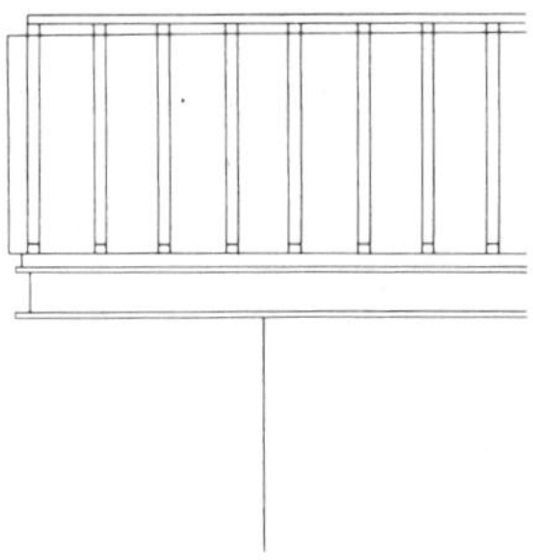

입면 1/80

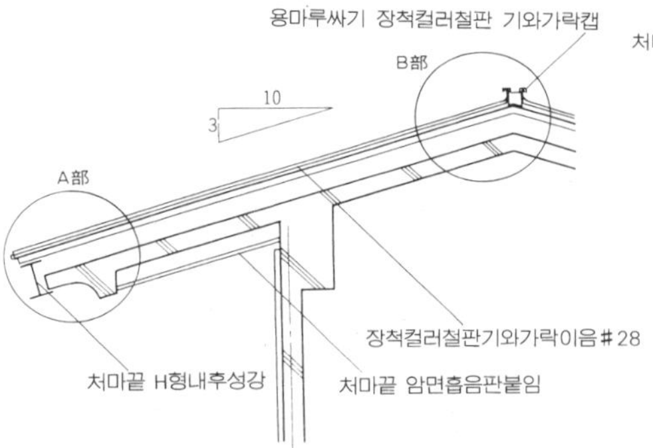

용마루싸기 장척컬러철판 기와가락캡
B部
10
3
A部
장척컬러철판기와가락이음#28
처마끝 H형내후성강
처마끝 암면흡음판붙임

단면 1/80

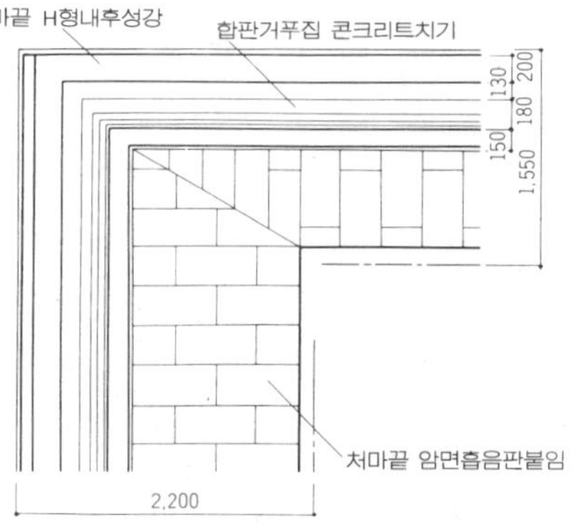

처마끝 H형내후성강
합판거푸집 콘크리트치기
130
200
180
150
1,550
처마끝 암면흡음판붙임
2,200

처마평면 상세 1/80

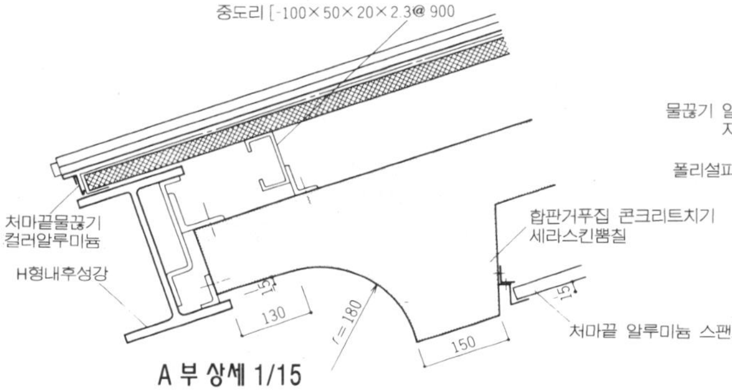

중도리 [-100×50×20×2.3@900
처마끝물끊기
컬러알루미늄
H형내후성강
합판거푸집 콘크리트치기
세라스킨뿜칠
15
130
r=180
150
15
처마끝 알루미늄 스팬드렐

A 부 상세 1/15

지붕 장척컬러철판기와가락이음#28
아스팔트 루핑 22kg깔기
센추리 보드 두께30바탕
중도리 [-100×50×20×2.3@900
홈통 알루미늄판 두께0.4가공
두겁 알루미늄압출형재 자연발색
200
250
루프드레인
물끊기 알루미늄압출형재
자연발색
폴리설파이드계 코킹
280
30
L-60×60×4
테두리
알루미늄판가공두께2.0
자연발색
50
15
10
150
190
20
320
20
25
합판거푸집 콘크리트 치기
아크릴리신뿜칠

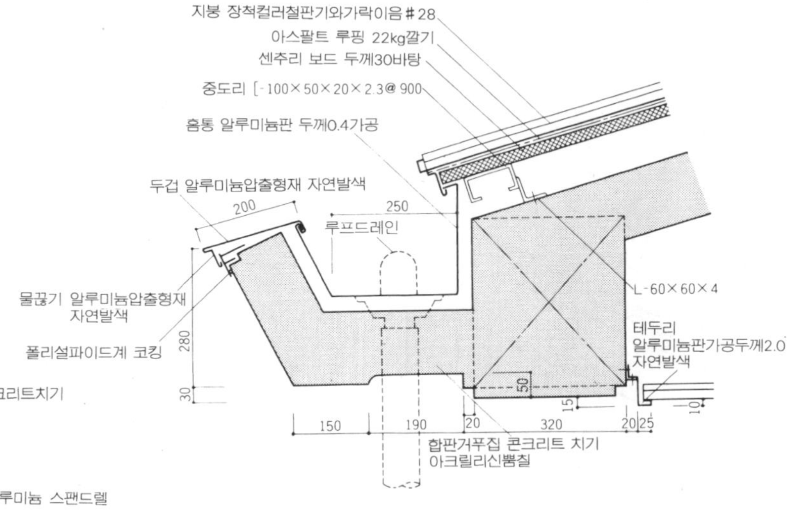

A'부 상세 1/15

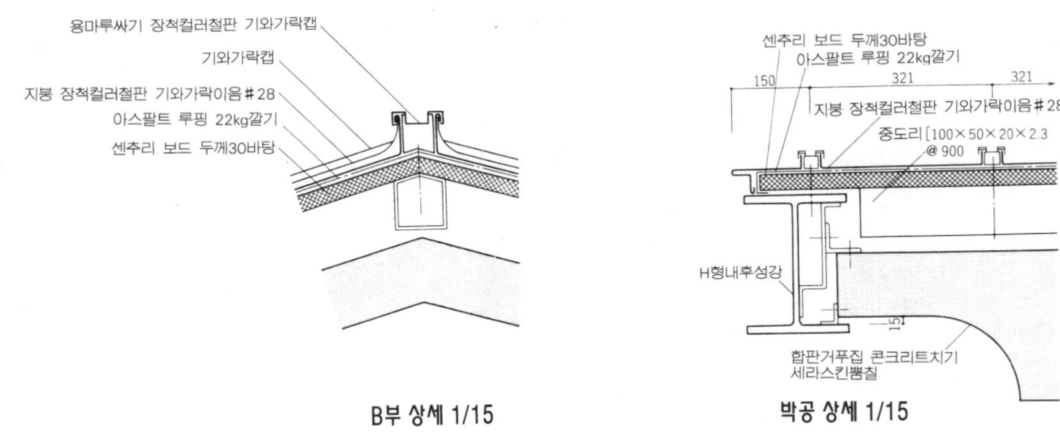

B부 상세 1/15

박공 상세 1/15

3. 기와 이기 지붕

● 목조서까래 목조 지붕 기와이기

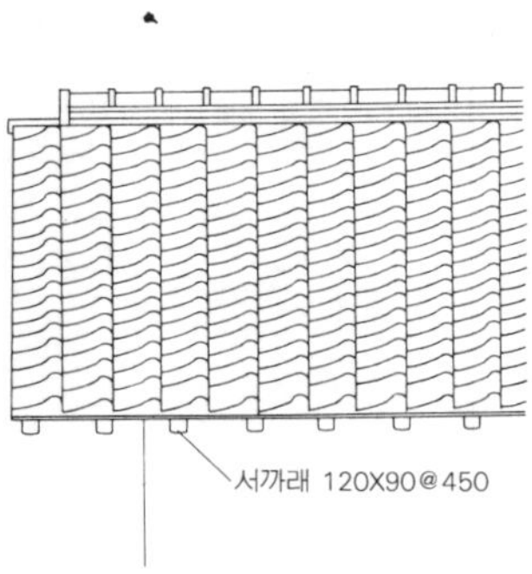

서까래 120X90@450

입면 1/80

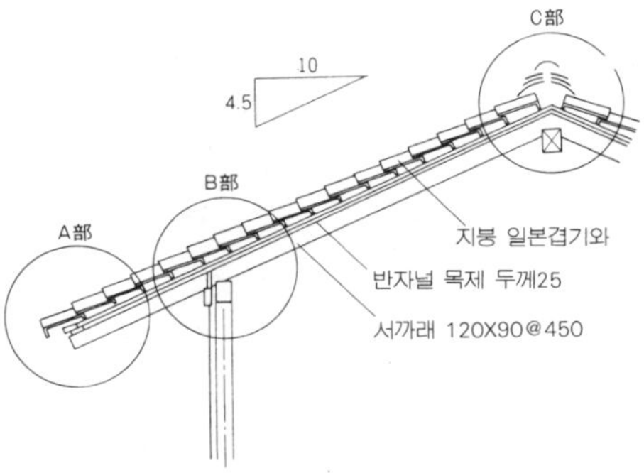

10
4.5
C部
B部
A部
지붕 일본겹기와
반자널 목제 두께25
서까래 120X90@450

단면 1/80

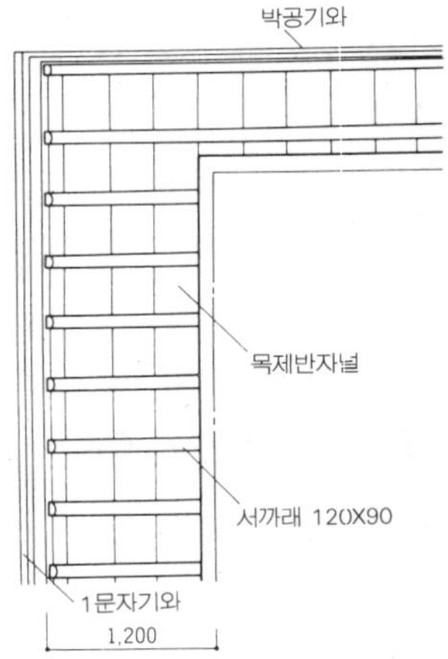

박공기와
목제반자널
서까래 120X90
1문자기와
1,200

처마평면 상세 1/80

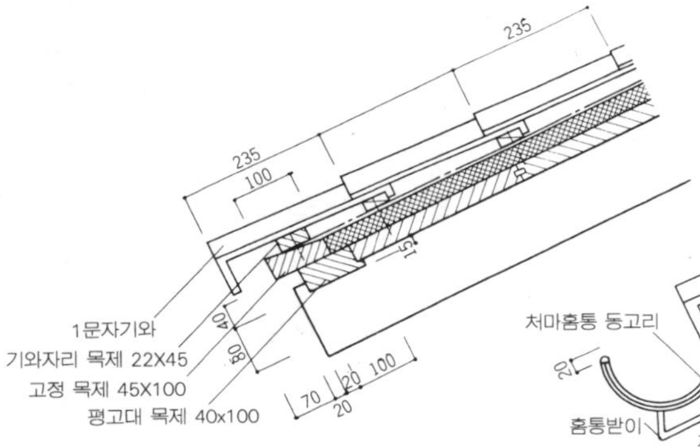

235
235
100
15
1문자기와
기와자리 목제 22X45
고정 목제 45X100
평고대 목제 40x100
40
80
70
20
100
20

A 부 상세 1/15

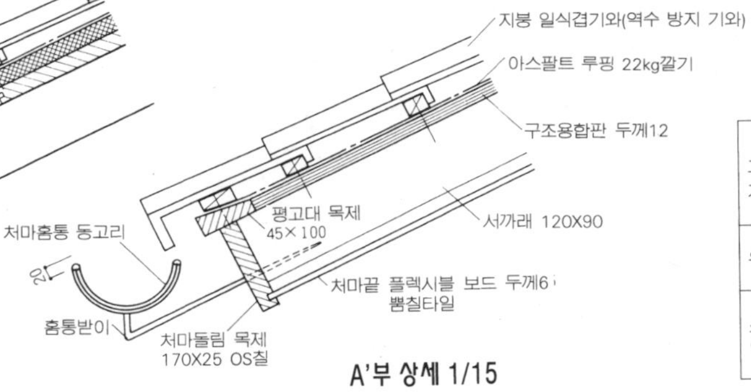

지붕 일식겹기와(역수 방지 기와)
아스팔트 루핑 22kg깔기
구조용합판 두께12
처마홈통 동고리
평고대 목제 45×100
서까래 120X90
20
처마끝 플렉시블 보드 두께6
뿜칠타일
홈통받이
처마돌림 목제 170X25 OS칠

A'부 상세 1/15

그을린 기와	굽기 직전에 소나무잎을 태워그을려 은회색을 낸 것. 내구성에 뛰어나다. 그러나 약간의 흡수성이 있으므로 한랭지에서는 동결하여 깨지는 일이 있다.
유약기와	성형 후 표면에 유약을 발라 구운 도기기와. 흡수성이 없으므로 동해의 우려는 적다.
소금구이기와	소성 중에 염분을 넣은 것. 적갈색으로 우량품은 흡수성이 적고 한랭지용이지만 최근은 행해지지 않게 되었다.

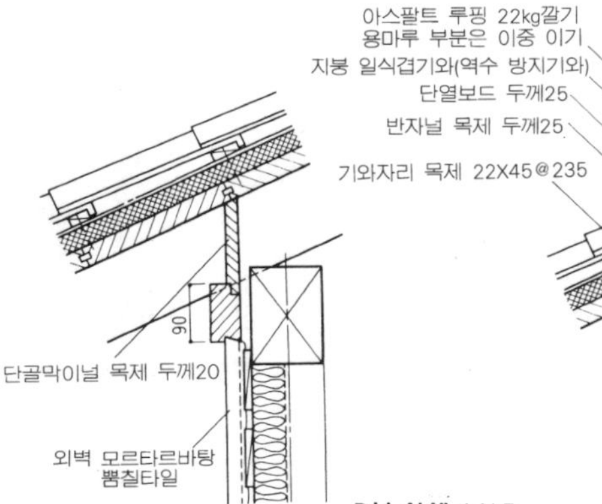

아스팔트 루핑 22kg깔기
용마루 부분은 이중 이기
지붕 일식겹기와(역수 방지기와)
단열보드 두께25
반자널 목제 두께25
기와자리 목제 22X45@235
90
단골막이널 목제 두께20
외벽 모르타르바탕
뿜칠타일

B부 상세 1/15

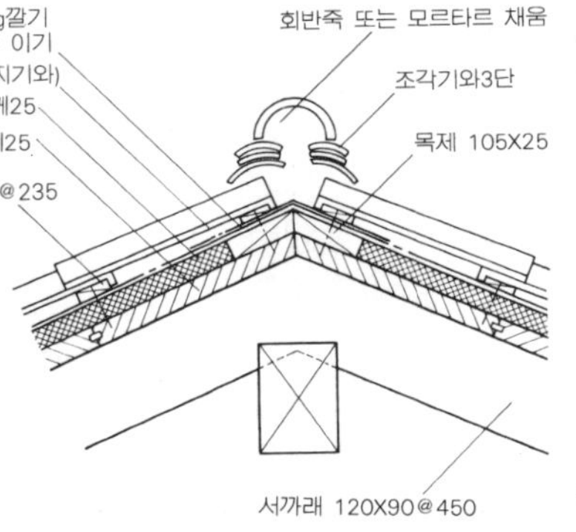

회반죽 또는 모르타르 채움
조각기와3단
목제 105X25
서까래 120X90@450

C부 상세 1/15

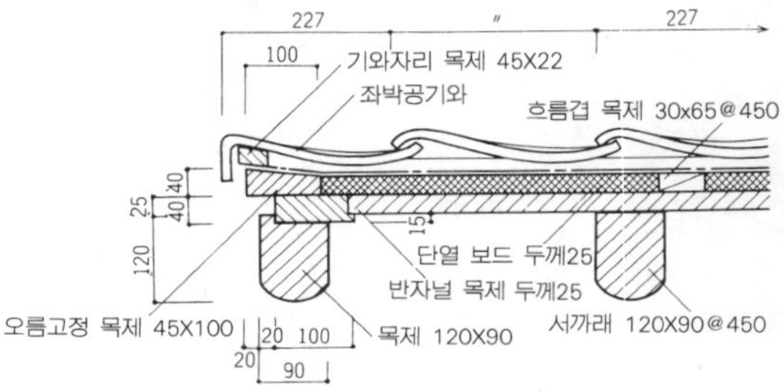

227
227
100
기와자리 목제 45X22
좌박공기와
흐름겹 목제 30x65@450
40
40
25
15
120
단열 보드 두께25
반자널 목제 두께25
오름고정 목제 45X100
20
100
목제 120X90
서까래 120X90@450
20
90

박공 상세 1/15

● RC 슬래브 구조 지붕 S기와이기

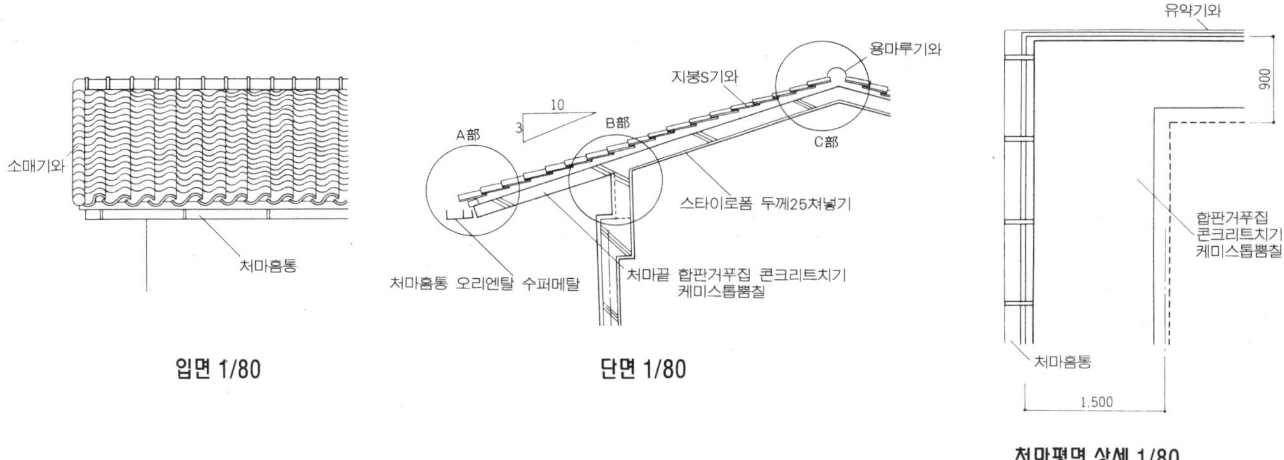

입면 1/80

단면 1/80

처마평면 상세 1/80

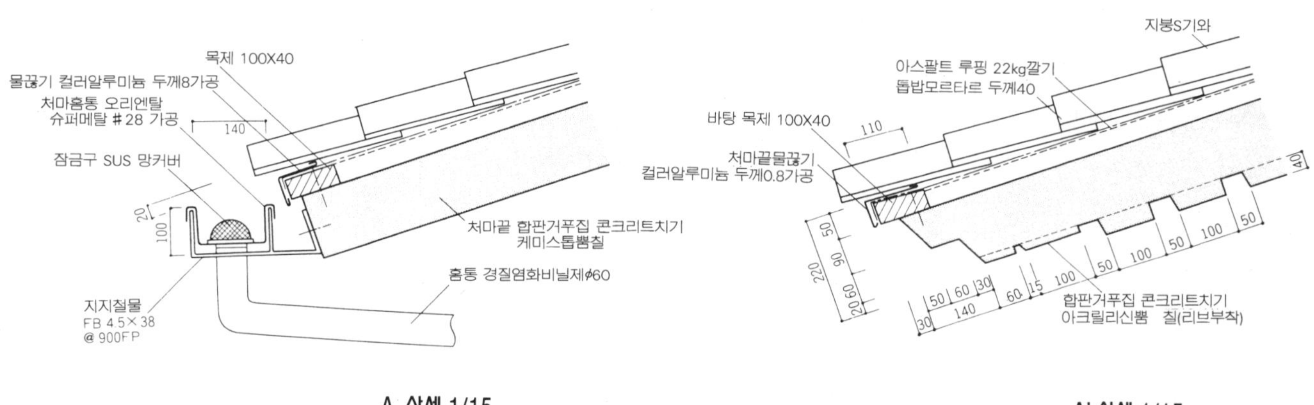

A 상세 1/15

A' 상세 1/15

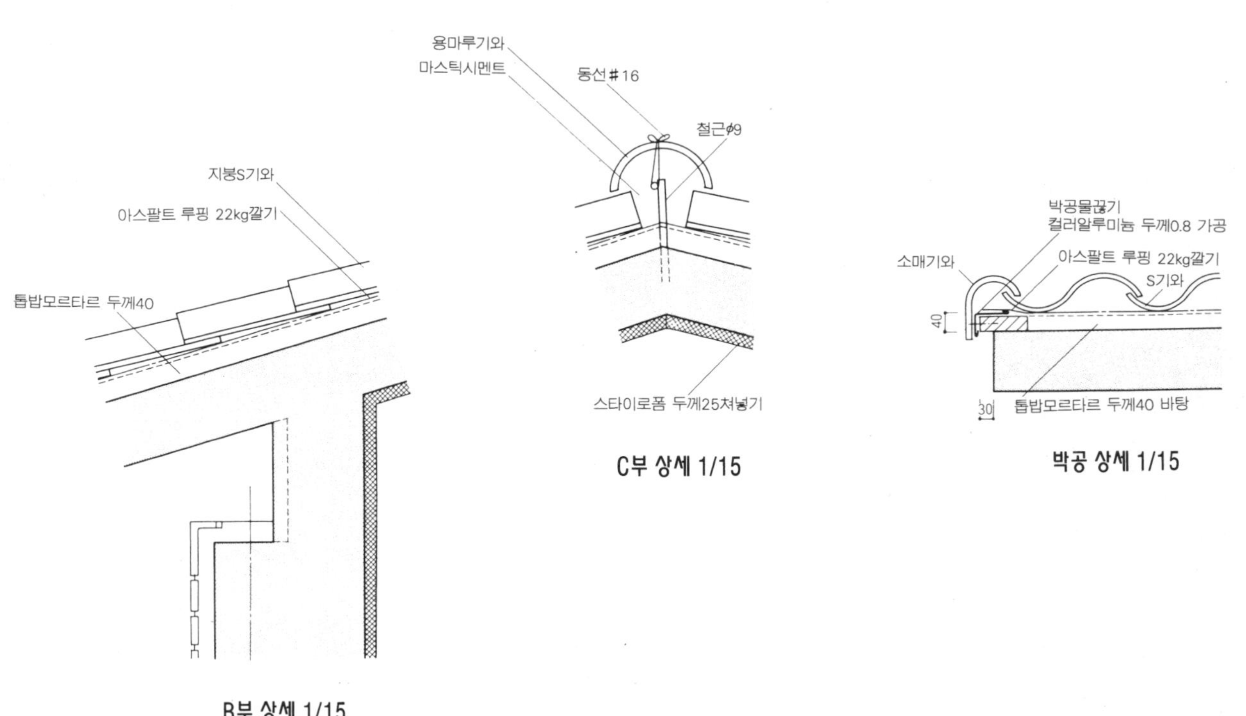

B부 상세 1/15

C부 상세 1/15

박공 상세 1/15

4. 천연슬레이트 • 컬러베스트 이기 지붕

● 목조서까래 구조 지붕 천연슬레이트 이기

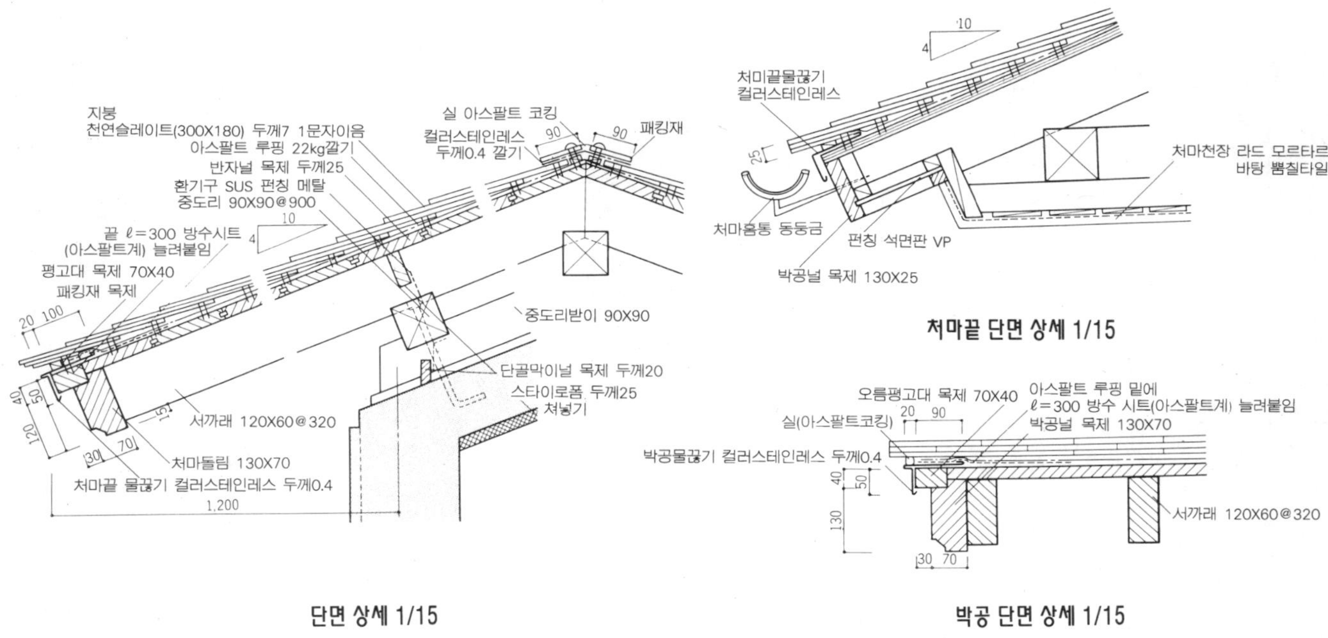

지붕
천연슬레이트(300X180) 두께7 1문자이음
아스팔트 루핑 22kg깔기
반자널 목제 두께25
환기구 SUS 펀칭 메탈
중도리 90X90@900
끝 ℓ=300 방수시트
(아스팔트계) 늘려붙임
평고대 목제 70X40
패킹재 목제
실 아스팔트 코킹
컬러스테인레스
두께0.4 깔기
패킹재
중도리받이 90X90
단골막이널 목제 두께20
스타이로폼 두께25
쳐넣기
서까래 120X60@320
처마돌림 130X70
처마끝 물끊기 컬러스테인레스 두께0.4
1,200

단면 상세 1/15

처마끝물끊기
컬러스테인레스
처마천장 라드 모르타르
바탕 뿜칠타일
처마홈통 동동금
펀칭 석면판 VP
박공널 목제 130X25

처마끝 단면 상세 1/15

오름평고대 목제 70X40
아스팔트 루핑 밑에
ℓ=300 방수 시트(아스팔트계) 늘려붙임
실(아스팔트코킹)
박공널 목제 130X70
박공물끊기 컬러스테인레스 두께0.4
서까래 120X60@320

박공 단면 상세 1/15

● 목조서까래 구조 지붕 컬러베스트이기

용마루싸기 컬러철판#29
용마루겹받이 100X5
지붕 컬러베스트콜로니얼이음
아스팔트 루핑 22kg 깔기
단열 보드 두께25
구조용 합판두께12바탕
코끝 ℓ=300
방수 시트(아스팔트계) 늘려붙임
서까래 105 2분할
단골막이널 목제 두께30
외벽 구조용합판 두께9
아스팔트 루핑 22kg깔기
라드모르타르바탕 뿜칠타일
처마천장 플렉시블
보드 두께6 뿜칠타일
처마끝 환기슬리트
펀칭 메탈 SUS
컬러베스트콜로니얼
겹쳐쌓기
처마끝물끊기
컬러철판#29
처마돌림 목제 20X70
1,200

단면 상세 1/15

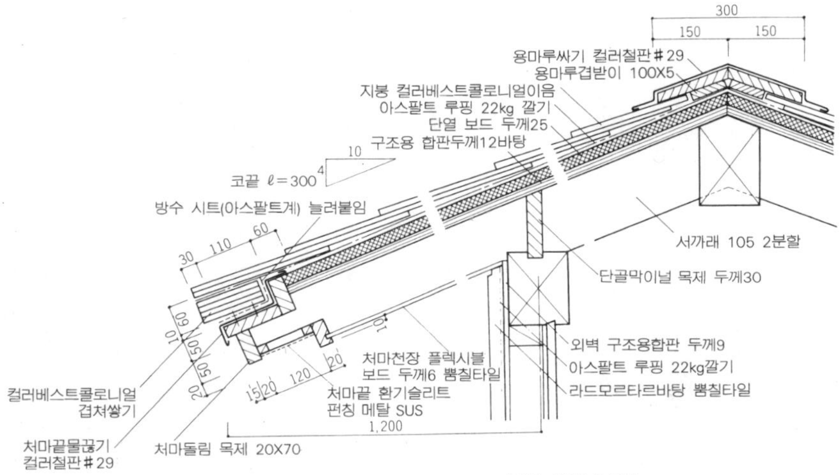

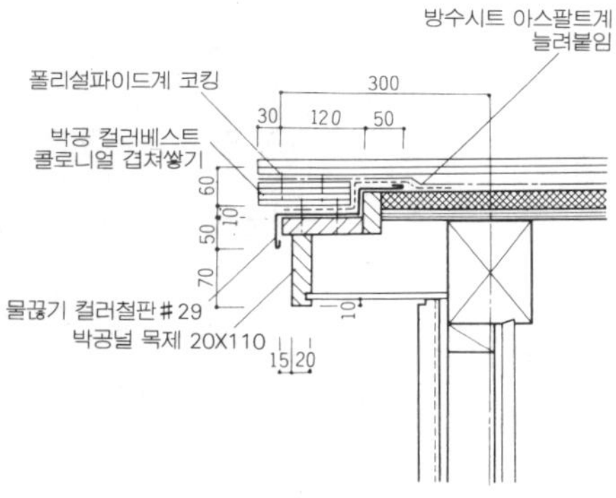

방수시트 아스팔트계
늘려붙임
폴리설파이드계 코킹
박공 컬러베스트
콜로니얼 겹쳐쌓기
물끊기 컬러철판#29
박공널 목제 20X110

박공 단면 상세 1/15

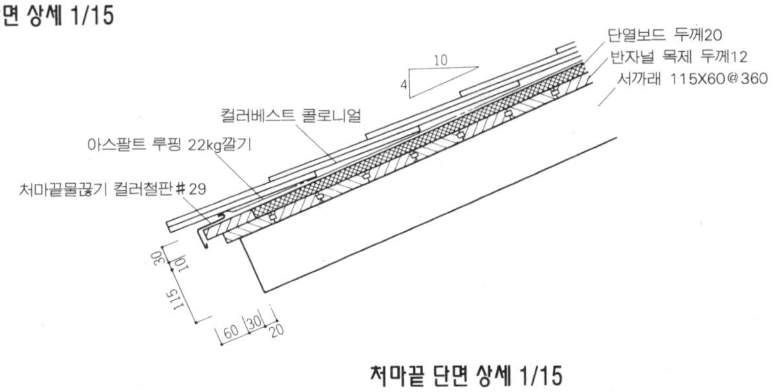

단열보드 두께20
반자널 목제 두께12
서까래 115X60@360
컬러베스트 콜로니얼
아스팔트 루핑 22kg깔기
처마끝물끊기 컬러철판#29

처마끝 단면 상세 1/15

● RC 슬래브 구조 지붕 컬러 베스트 이기

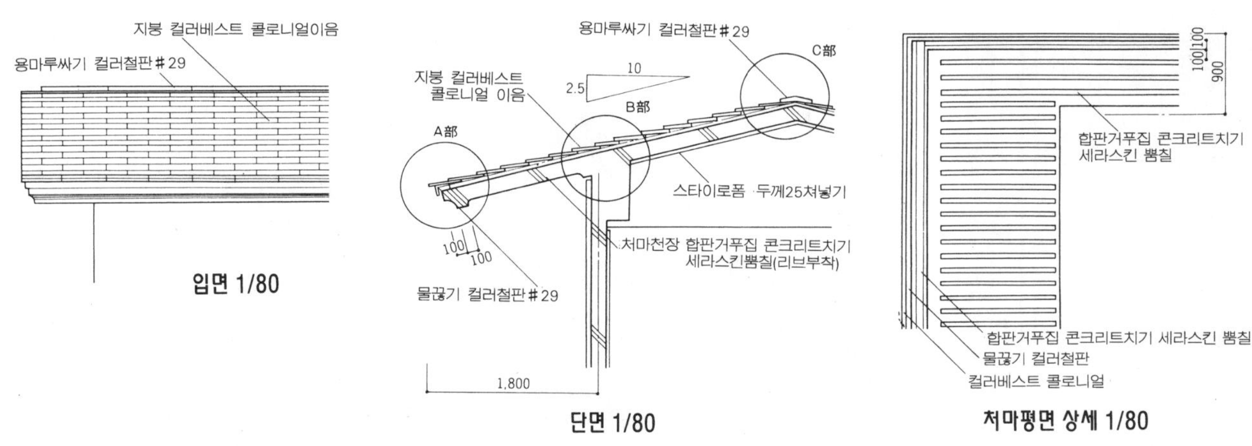

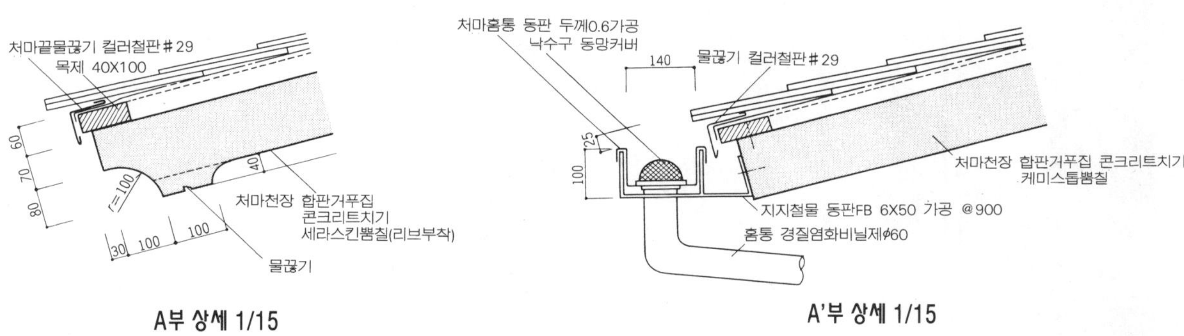

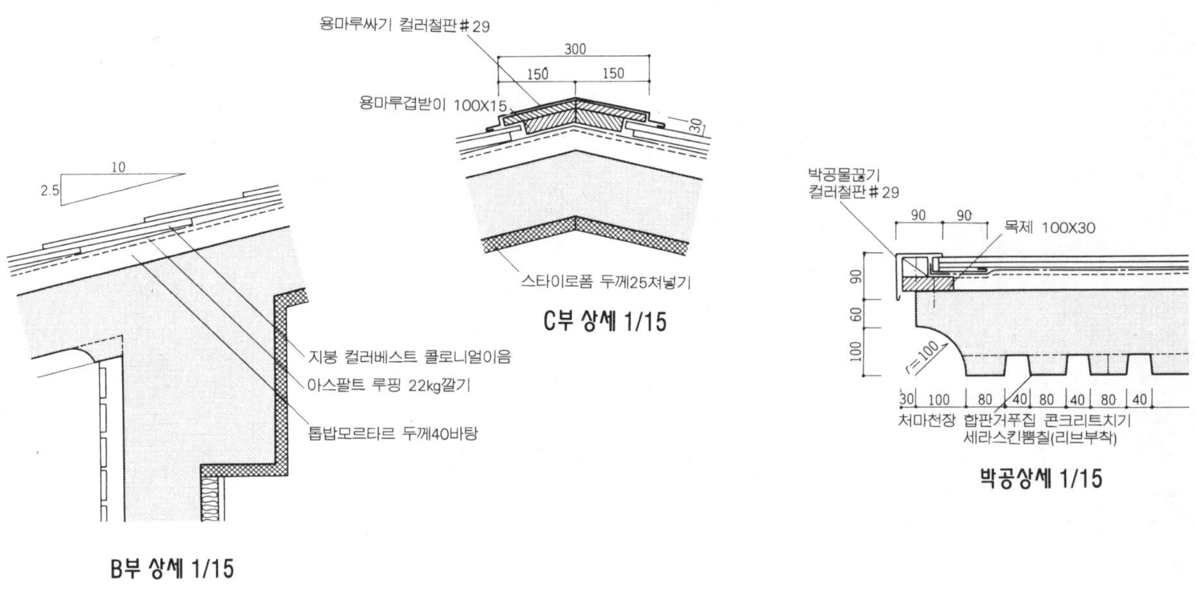

디테일을 알려면, 우선 목공사부터 시작한다고 하듯이, 목재의 설치 방법이나 이음새나 장부내기 방법, 맞춤이나 코너의 아무림 등에는 목공사 독특의 전통에 길러진, 약속사나 결정에 의한 여러 가지 방법이 있다. 바리에이션까지 포함하면, 그것들은 수많은 디테일이 될 것이다.

목조의 건축을 설계할 경우, 나무를 재료학적으로만 포착한다든지, 물리적인 성질만을 문제로 할뿐 아니라, 더욱 나무결을 통하여야 하기 때문에 붙이는 것이어도 좋다든가, 이곳은 곧은 결로 한다든가, 널결이어야 좋다 따위의, 자연이 탄생시킨 독특한 나무결의 아름다움 등 심미안에 호소하는 요소도 중요하게 하여야 하는 것이다.

새김(조각)이나 가공 조립 등 실제의 시공은 전통적인 기능자인 목수의 팔에 맡기는 부분도 있겠지만, 원목부터 가치가 있는 목재를 취하기 위한 나무 잡기나, 그것으로부터 만들어진 이음널 등 목재를 어떻게 선택하고, 어떻게 사용하는가도 중요한 사항이다. 또한 디테일을 생각할 경우 나무의 元末이나 등과 배등, 그리고 실제의 재료 준비나 조작재의 가공 방법 등을 파악하는 일도 중요한 일이다. 또한 목공사에서 특히 주의하여야만 하는 목재의 건조 정도나 방부·방의 처리에 관한 일도, 설계자로서 마찬가지로 단순한 형 위의 디테일뿐 아니라, 알아 두어야 하는 사항이기도 하다.

여기서는 RC의 건물 내부 마무리에 한정하여, 비교적 목공사로서 취급되는 빈도가 높은, 걸레받이, 벽의 합판 붙임, 벽 출입모서리, 천장 끊기, 돌림띠, 창호틀 주위나 커튼 박스와 액자틀, 그리고 일실 주위의 아무림 등을 들어, 그것들의 해설과 기본적인 디테일의 그림 예를 나타낸다.

설계상의 유의점

(1) 목재의 단면 치수 확인(마감재는 마무리 치수 보였다 숨었다 하는 재는 두드러지는 치수로 명기한다).

(2) 구조재, 바탕재, 조작재, 명목류의 수종과 품질의 지정을 한다(품질은 1등, 2등, 無節, 上小節, 小節 등).

(3) 토대나 물이 닿는 부분에는 노송, 삼나무, 밤나무재를 사용한다(이것들의 목재에는 부후균의 생육을 저해하는 물질을 포함하여 잘 썩지 않는다. 특히 심지재에는 많이 포함되므로 토대나 기둥은 심지재를 사용하는 쪽이 좋다).

(4) 외관 부분의 중요한 집성재는 규격품으로 하고, 등급은 1로 한다. 집성재의 치수는 모두 마무리 치수로 지정한다(집성재는 물리적으로 안정시키고, 냉난방의 인공 환경 중에서도 비틀림이나 갈라짐이 없어야 한다).

(5) 목조에 있어서는 조작 부분의 면잡이 등 모서리 보호의 배려가 필요(떡갈나무 등을 사용하여도 모서리는 상처나기 쉽고, 또한 프로포션 등 의장적으로도 면잡이의 영향이 크므로, 치수 등 확실히 명기한다).

(6) 합판류를 사용할 경우는 표판의 수종, 접착제에 의한 종류별(Ⅰ~Ⅲ류 등), 등급, 그리고 치수 등의 지정을 한다(합판류는 난연 처리재로 한 쪽이 방화상 좋다).

(7) 겹쳐붙임 합판류의 체크

1) 이음판(표면 치장 단판)의 종류, 두께의 지정을 한다.

① 이음판의 크기는 마무리 할당의 기초가 되므로, 판의 크기에 주의.

② 이음판의 할당은 종횡 방향 모두 나무결 곧은결을 맞춘 쪽이 보기가 좋다.

③ 코너 등의 내민 모서리는 켠 재를 사용한다.

2) 기재(合板)의 지정을 한다(라왕합판, 규산 칼슘판, FB, PB 등).

3) 내장 제한이 있을 경우는 겹쳐붙임 공법의 확인을 한다.

① 일반 겹쳐붙임 공법(라왕 합판 Ⅰ류 기재+보통 접착제+치장 단판)

② 준불연 겹쳐붙임 공법(규산 칼슘판, FB, PB 등 불연·준불연 기재+초산 비닐계 접착제+이음판 두께에 법적 규제가 있다. 제품에는 각 메이커마다 인정품이 있으므로 조사 확인을 하여 둔다).

(8) 장척 합판 떠천판의 체크.

1) 재종의 재정을 한다(노송나무, 적송, 라왕 등).

2) 표면 치장 단판의 지정을 한다(마디없는 판결, 붉은 기미 무지, 흰 기미 무지, 무도장, 슬라이스 커트 두께 등).

3) 대판 합판의 지정을 한다.

4) 형상 치수의 지정을 한다(두께, 폭, 길이 등).

5) 테 가공의 지정을 한다(긴쪽 방향, 本實, 系面 잡이 가공 등).

6) CL 바르기로 하는 경우는 지정한다.

(9) 방부·방의 처리제의 지정

1) 라왕재는 규격의 방의 1종 처리재일 것.

2) 주요 구조재가 목조인 경우는 방충 처리 완료재로 한다.

3) 방부·방충 처리의 범위는 마감재가 물 걸림이 되는 부분의 나타났다 숨는 부분, 또한 지반에서 1m 이내의 범위로 한다.

4) 콘크리트, 모르타르 등에 접촉하는 목재면에는 모두 페놀계 방부제를 2회 도포한다.

5) 콘크리트 매입 이외의 목재 긴결을 위한 철물은 녹 방지 도장을 한 것으로 한다.

(10) 목조 간막이

1) 샛기둥은 기둥 폭의 1/2 또는 1/3을 사용한다.

2) 층고가 높을 경우, 전후 좌우에 비틀림이 생기기 쉬우므로, 중간에 기둥과 같은 치수의 층도리를 끼운다.

3) 띠장은 대패 깎기 마무리로 하고, 샛시둥에 못치기로 한다. 간격은 45cm 이하로 할당한다.

4) 교차근(기둥의 3할 정도)에는 깨넣기 없이, 샛기둥의 쪽을 깨넣도록 아무린다.

5) 간막이벽의 천장밑은 석고 보드 두께 9mm를 양면 못치기 고정으로 하며, 슬래브 하단까지 극간 없이 붙인다.

(11) 문틀 등

1) 벽 부착은 먼지(잡티) 결정한다. 문막이는 틀재와 동일재로 한다.

2) 틀재에 문선이 붙을 경우 홈붙이기로 한다.

시공상의 요점

(1) 목재 조서(목재 내역 명세서), 명목, 명죽, 종별표에 의한 재료의 확인.

(2) 구조 부착용 철물 명세서에 의한 철물의 확인(견본품, 형상, 치수, 규격 증표 등의 확인).

(3) 일반 목재는 「목재 규격」에 의한 것으로 하고, 합판은 합판검사회의 합격표가 있는 것으로 한다(용재는 규격에 따른 마켓 사이즈가 있으므로 켠 각재 규격 치수 등에 주의할 것).

1) 구조·조작재의 재종 확인(가공 전의 목재 등에 씌어진 문자는, 저장하고 있을 때에 읽기 쉽도록 元口에서 末口에 걸쳐 종서로 되어 있다).

2) 조작재의 등급과 정도의 확인(등급 기준은 4면 중 최악의 면에서 판정하는데, 외관의 결점에 대한 강조물의 기준은 각 면에 대하여 판정한다).

① 1등, 2등의 체크(통나무를 깎아 각재를 만들 경우, 본래의 통나무 굵기에 주의).

② 마디 정도의 체크(마디 없는 것, 上小節, 小節).

3) 목재 창고 등에서의 입회 검사로, 결함이 있는 불합격재는 마크를 붙여 제외한다(마구리 나누기·심나누기·눈주위·기름병·기름조목·단락·섬유 경사 등).

4) 통나무 등과 같이 면적비(긴 지름과 짧은 지름의 비)가 1에 가까울 듯한 재목의 건조 갈라짐을 막기 위하여, 기둥 등에는 등나누기(톱날을 넣는다)를 한다.

5) 목재 조서에 의한 1개마다의 치수 확인.

6) 합판류는 표판의 색깔, 무늬, 수량 등의 체크도 한다.

(4) 단단한 수종의 확인(염지, 산대 등).

(5) 조작재 등의 모서리 면 가공도, 가공업자를 정하는 단계에서 소지하고 있는 면잡이 기계나 루터 머신으로, 어느 범위의 면 가공이 가능한가 확인하여 둔다.

(6) 목재의 건조 정도 확인(기건 함수율인 대기 중에서의 평균 함수율은 지역이나 시기에 따라 다르지만, 약 13~18% 정도의 범위이다).

1) 함수율의 체크

① 구조재, 천장 반자틀, 띠장 18% 이하.

② 조작재 12% 이하 등.

2) 콘크리트 위에 장선을 묻고, 플로어링 등을 붙일 경우, 뒤집기 장선의 부착은 느슨하지 않도록 바탕의 건조와 장선의 건조 수축에 주의(목재는 15% 정도로 건조시켜 사용하는 것이 바람직하다).

(7) 방부·방충 처리는 규격에 의한 CCA(크롬·동·비소 화합물) 또는 PFC(페놀류, 무기 불소 화합물)의 가압 주입 처리에 의한다(방부·방의 처리 완료 증명서 등의 확인).

(8) 방부제 등의 미도포재는, 현장에서 가공 완료한 목재에, 주로 크레오소트 등을 바른다(나무 벽돌 등은 매입 전에 발라 둔다).

(9) 바탕이 콘크리트일 경우의 목재 설치 방법(나무 벽돌, 접착제, 드라이 우드 등)의 검토 및 설치 바탕재(나무 벽돌, 인서트 등)의 위치 및 설치 상태의 확인.

(10) 못의 길이 등 확인.

1) 보통 판 두께의 2~2.5배(구조재 2.5~3배) 이상의 못을 사용하면 목재가 갈라질 우려가 있다. 또한 건조가 완료되지 않은 목재에 못을 사용하면, 녹이 생겨 수명도 짧아지므로 주의.

2) 못 이음새는 비교적 강성이 크고, 볼트 이음새는 흠이 많으므로 죄기에 주의.

(11) 나무 축 세우기 검사의 확인을 한다.

(12) 틀의 설치는 틀림이 생기지 않도록 단단히 부착한다.

1) 콘크리트 또는 CB 벽에 부착할 경우, 틀 안쪽에 back 페인트를 칠하고, 앵커 철물을 50cm 간격으로 나무 나사 고정으로 하고, 콘크리트 못, 접착제 등으로 부착하여 모르타르로 고정한다.

2) 목조 축조에 부착할 경우, 상하 틀의 모서리 모양을 기둥에 쳐넣어 못치기, 중간은 50cm 간격으로 평철물(3mm×19mm)을 이용하여 나무 나사 고정으로 한다.

(13) 바닥판을 붙이기 전에 바닥 밑의 나무 조각이나 톱밥 등의 청소 확인을 하여 둔다.

기둥 모접기

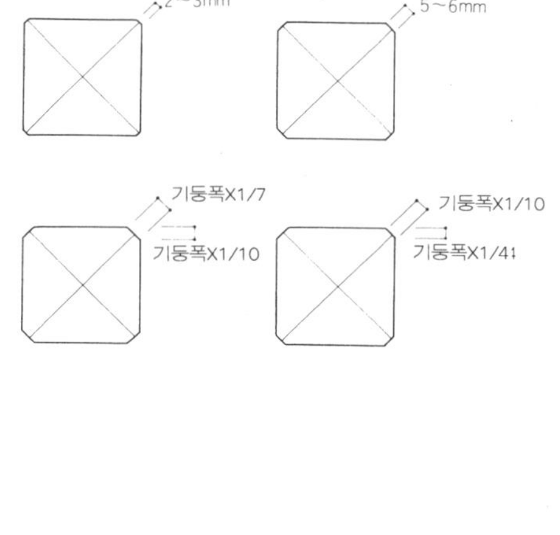

각종 판붙임 내밈모서리

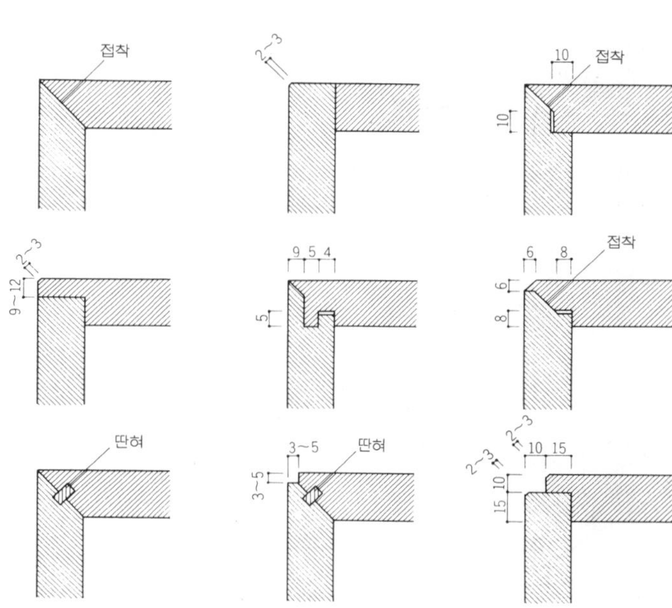

● 면의 종류

1. 걸레받이의 아무림

[예 1]

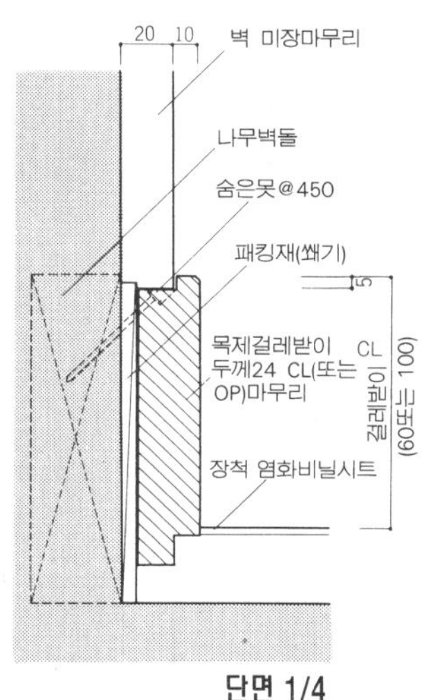

단면 1/4

[예 2]

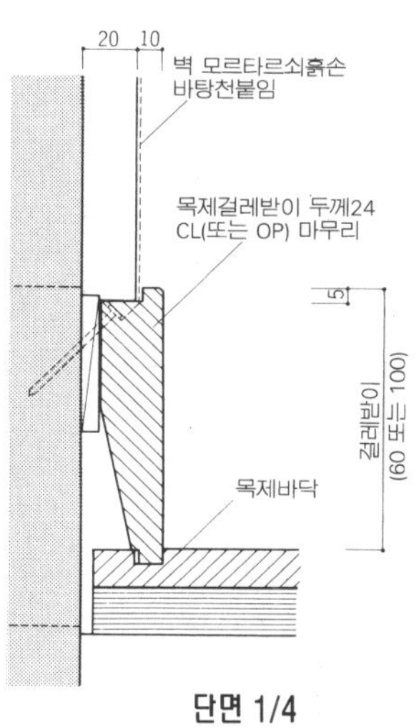

단면 1/4

[예 3]

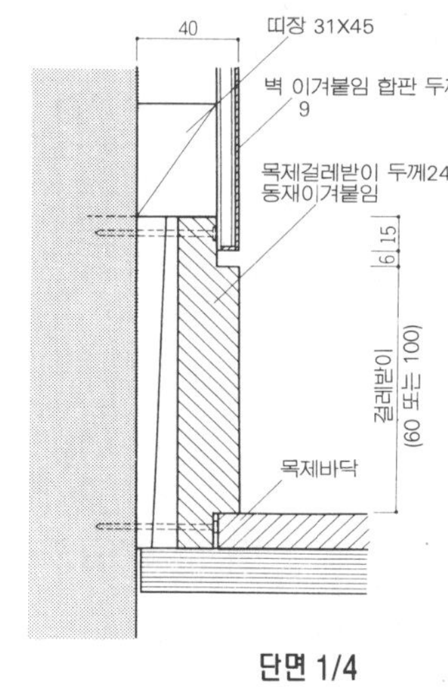

단면 1/4

[예 4]

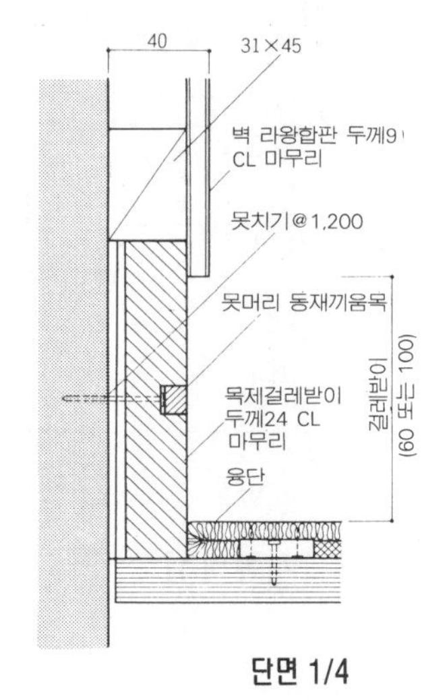

단면 1/4

2. 벽합판 붙이 아무림

● 이겨붙임합판깔줄눈

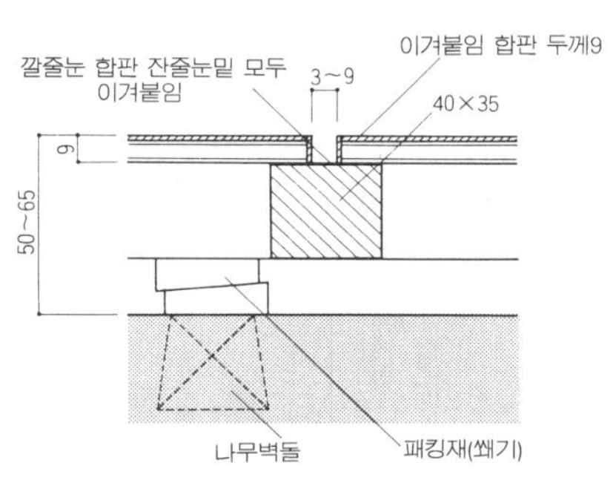

평면 1/4

● 라왕합판 틈줄눈

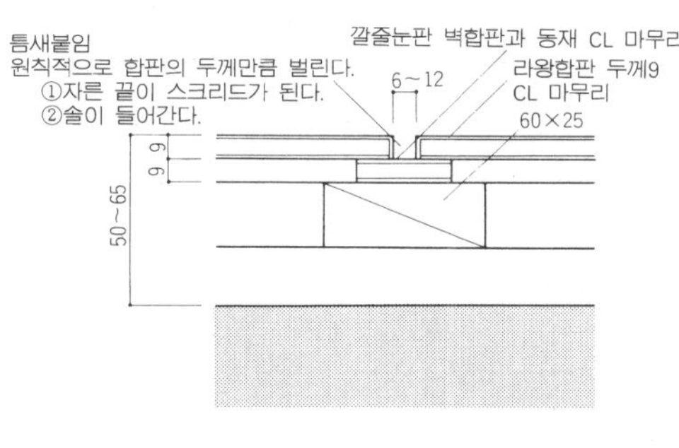

평면 1/4

● 라왕합판 목제조이너

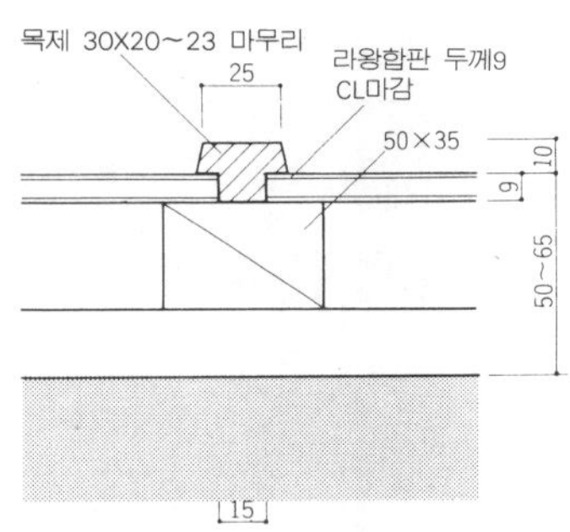

평면 1/4

● 천붙임 맞댐

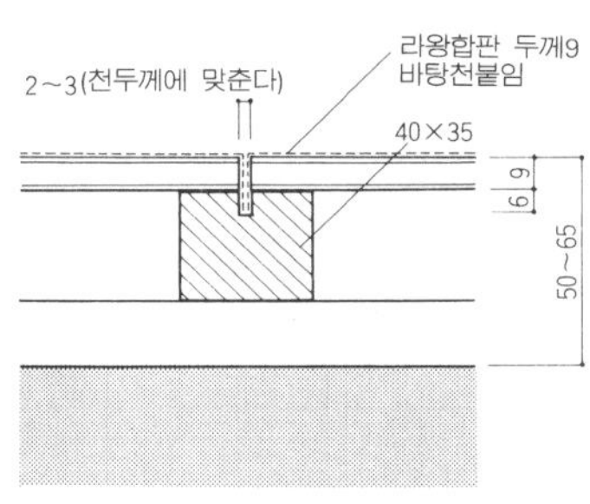

평면 1/4

● 천붙임 틈줄눈

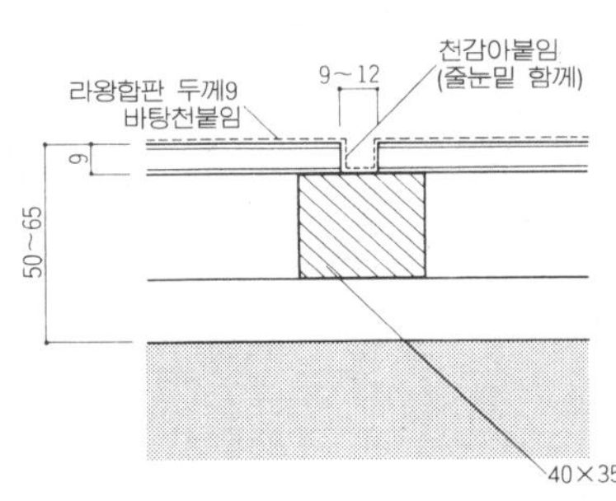

평면 1/4

● 천붙임 목제누름테 누름

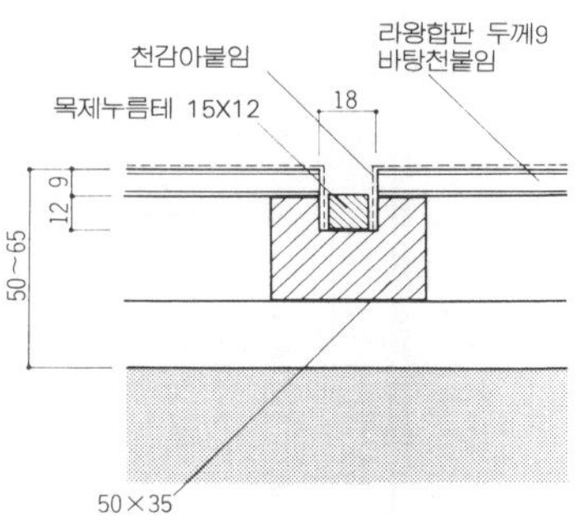

평면 1/4

3. 벽내밈·들어감 모서리의 아무림

[내민모서리 예 1]

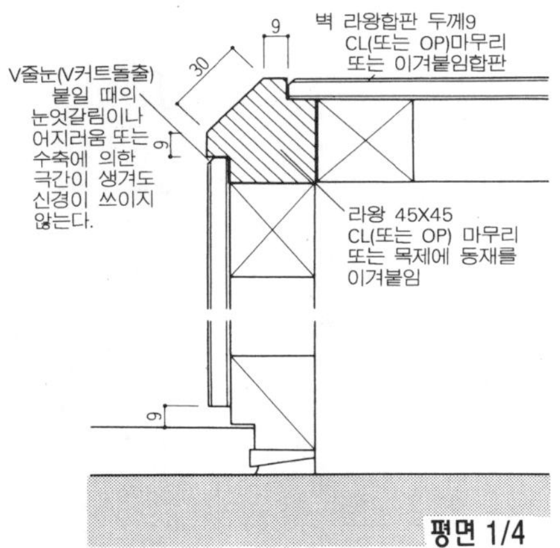

내민모서리

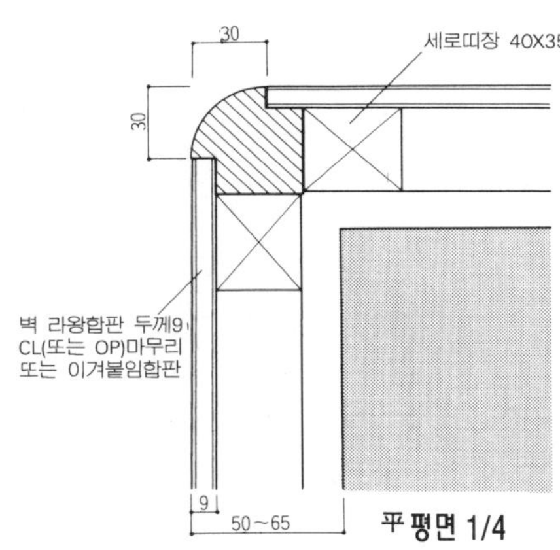

[들어간 모서리 예 1]

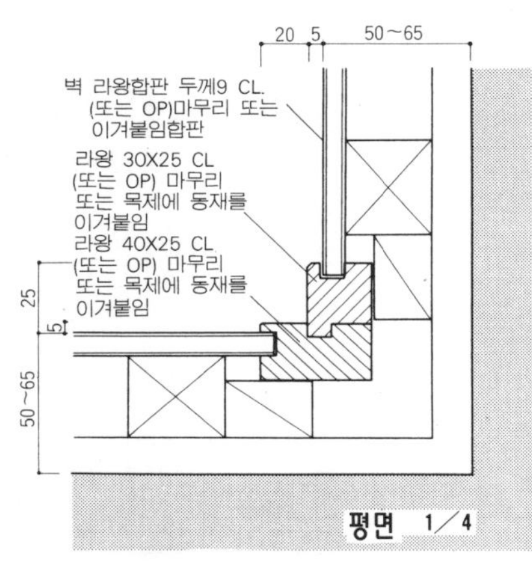

[들어간 모서리 2]

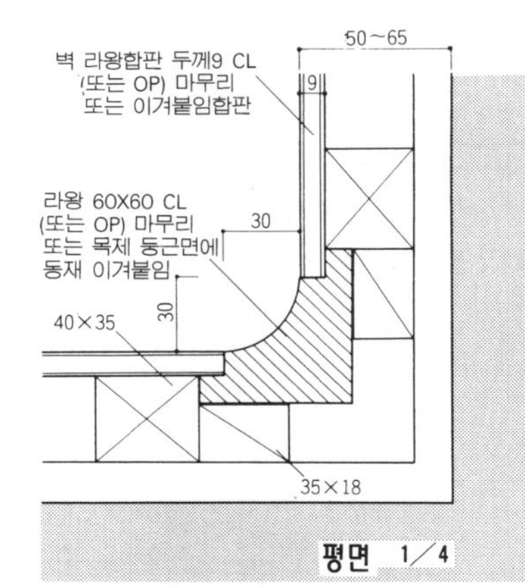
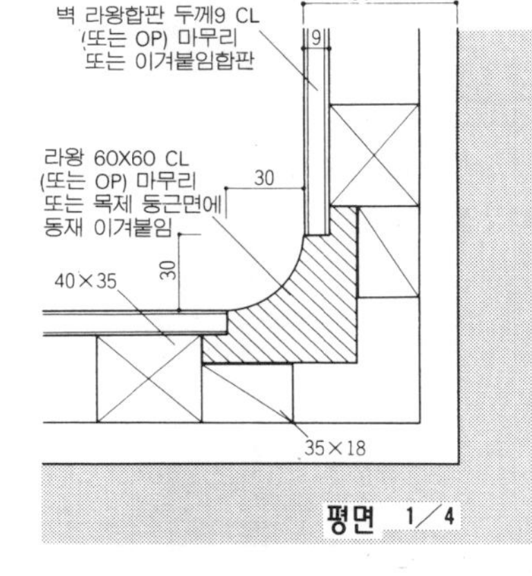

4. 천장 테차단의 아무림

[예 1]

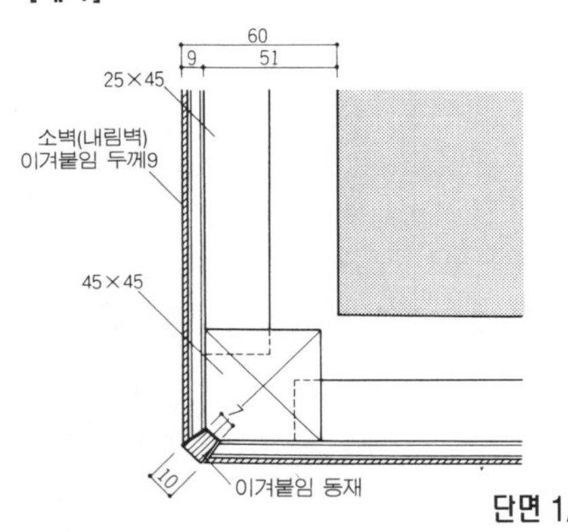

[예 2]

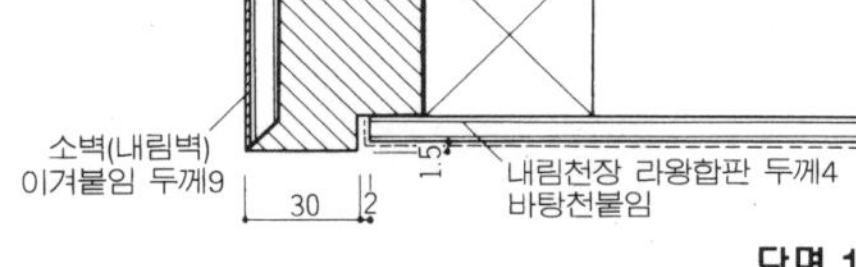

[예 3]

45×39
소벽(내림벽)
라왕합판
두께4 CL
마무리
45×39 @450
10
10
내림천장 라왕합판 CL 마무리
라왕 45X35 CL 마무리
단면 1/4

[예 4]

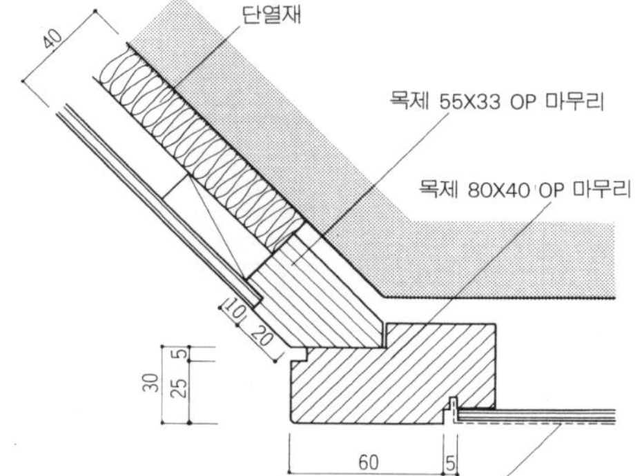

5. 돌림띠와 벽의 아무림

[예 1]

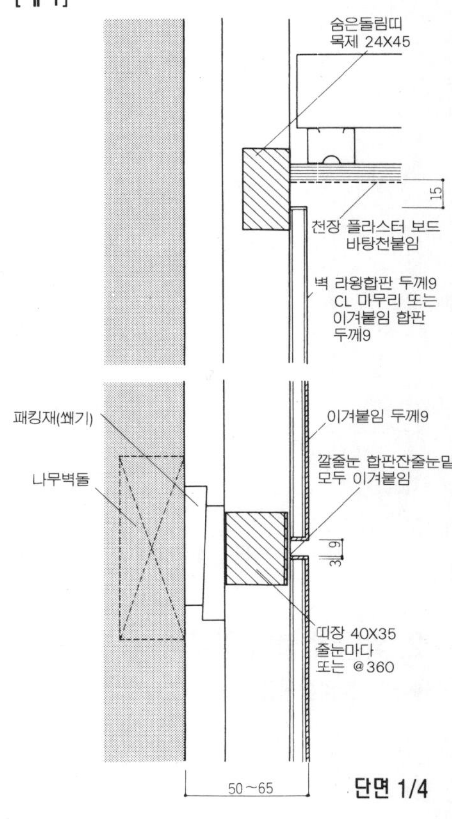

[예 2]

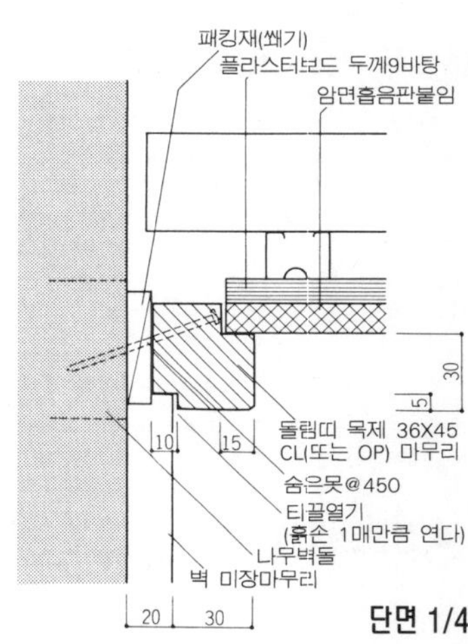

[예 3]

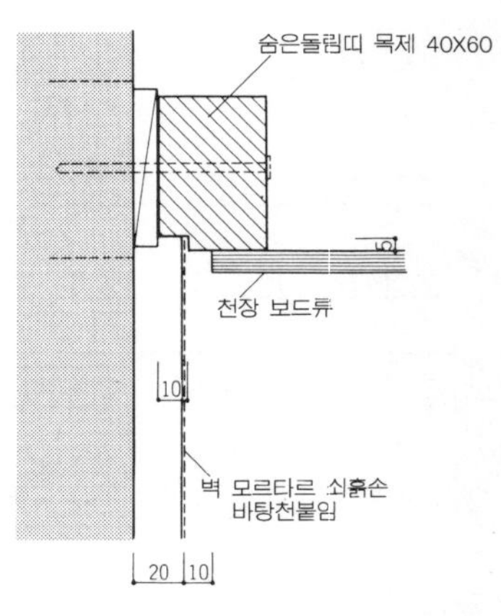

6. 창호틀 둘레의 아무림

● 여닫이문

선틀아무림

[예 1]

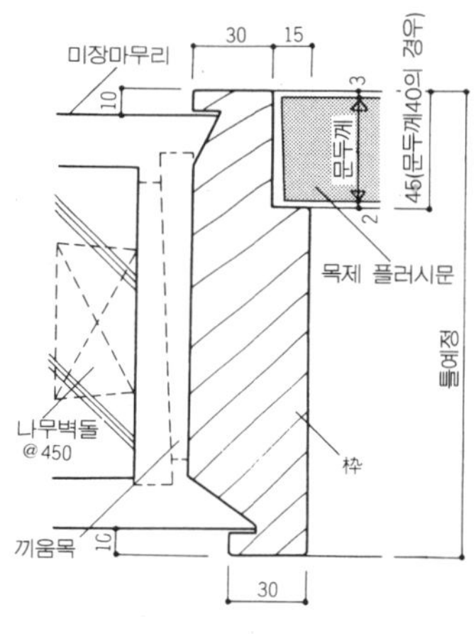

단면 1/4

[예 2]

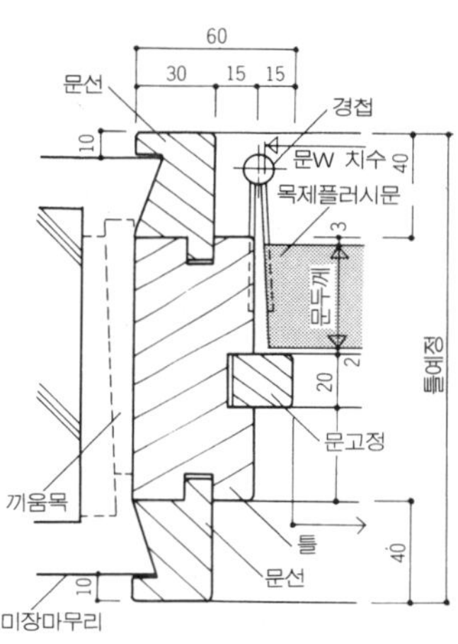

발밑평면 1.4

[예 3]

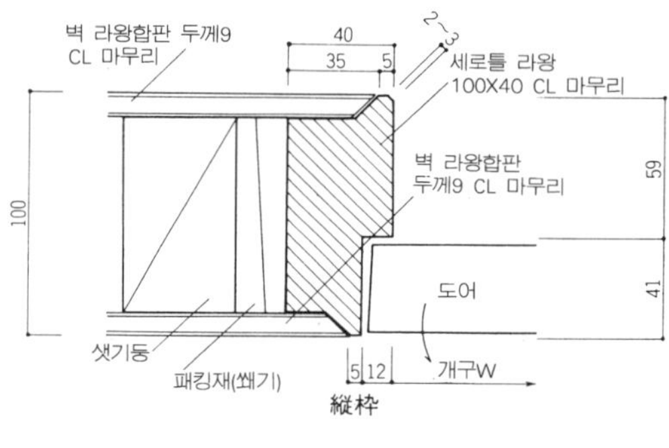

세로틀 평면 1/4

[예 4]

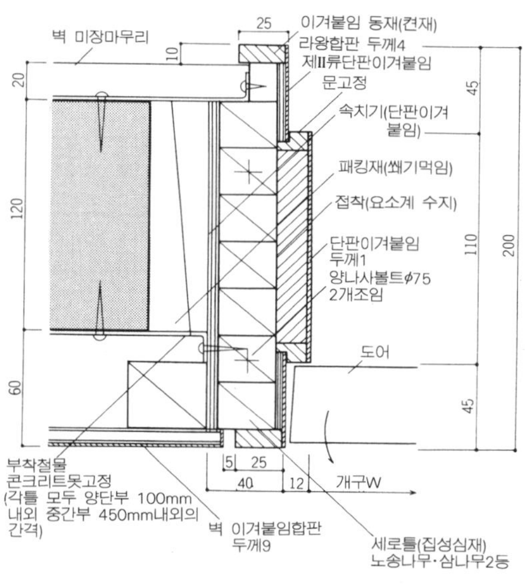

세로틀

평면 1/4

윗틀아무림

[예 1]

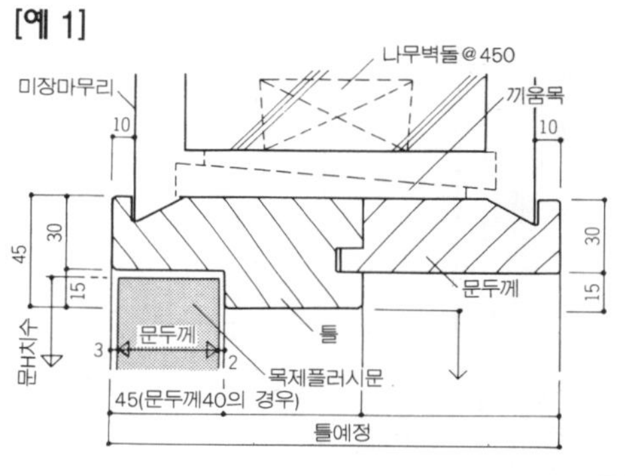

단면 1/4

[예 2]

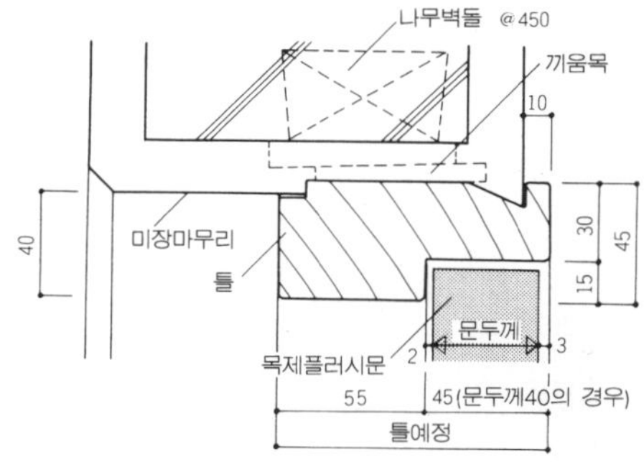

단면 1/4

[예 3]

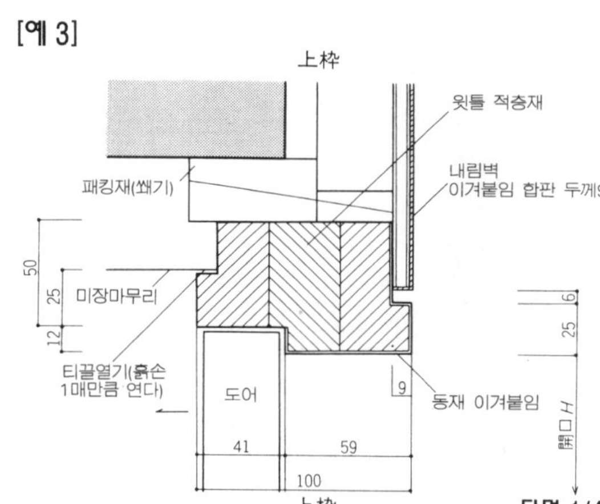

단면 1/4

[예 4]

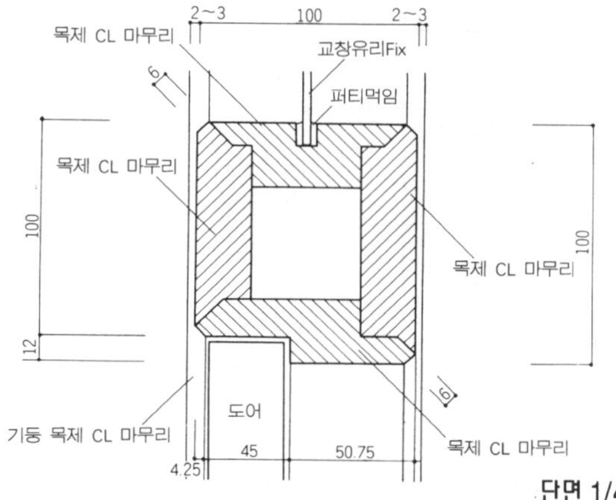

단면 1/4

● 미서기문

격납형태 아무림

[예 1]

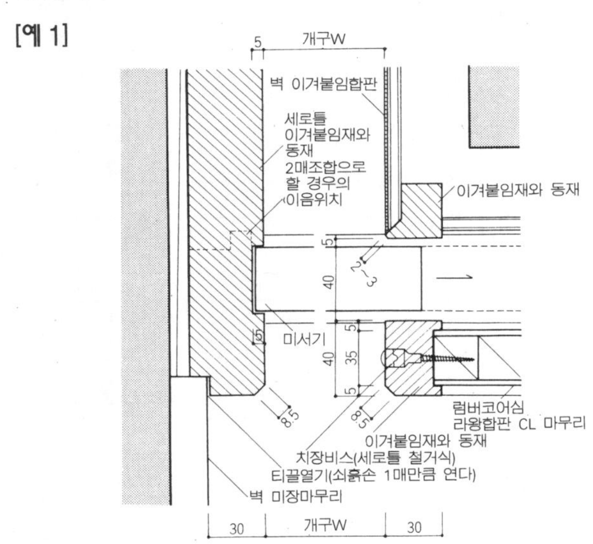

평면 1/4

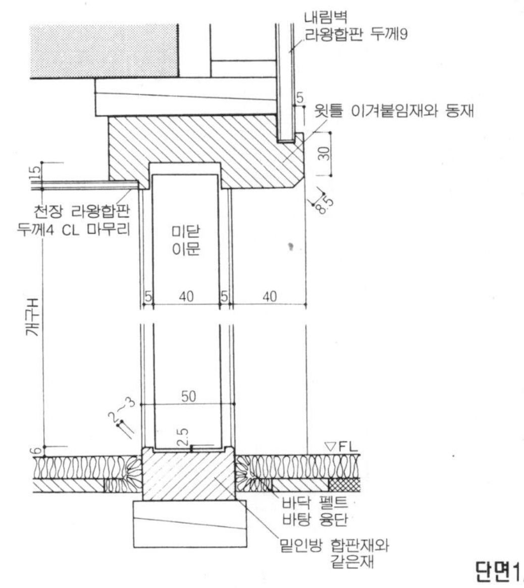

단면1/4

[예 2]

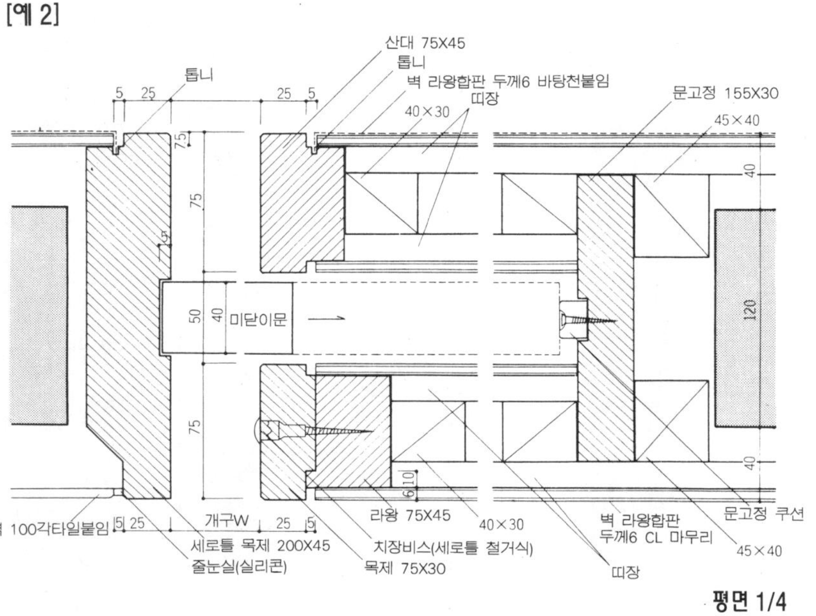

평면 1/4

노출형태 아무림

[예 1]

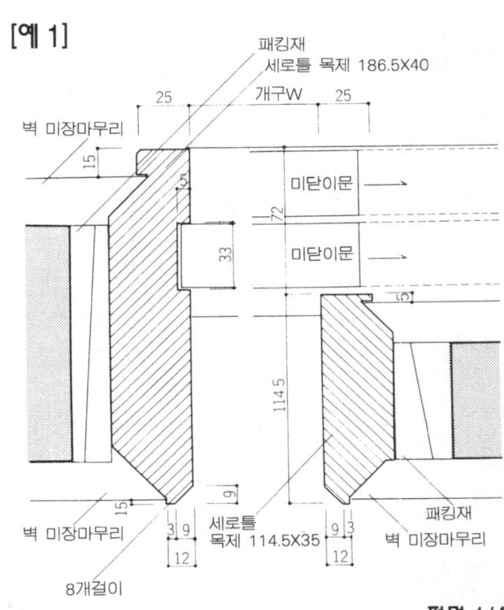

평면 1/4

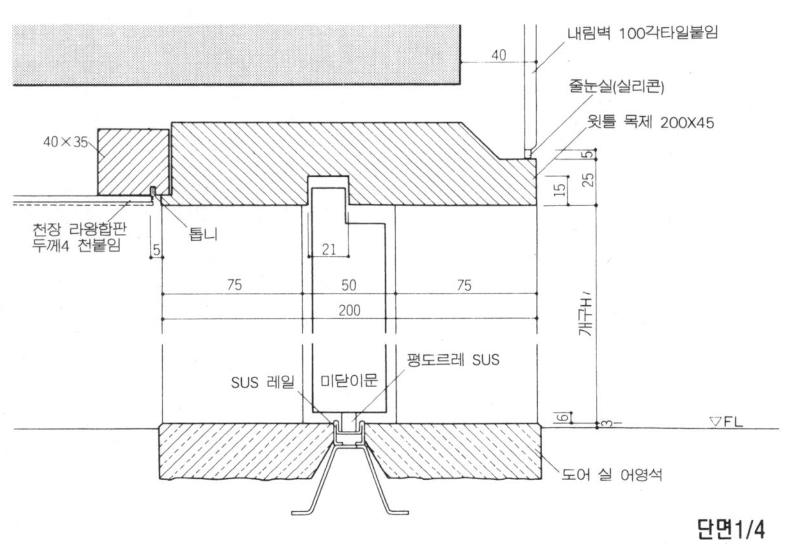

단면1/4

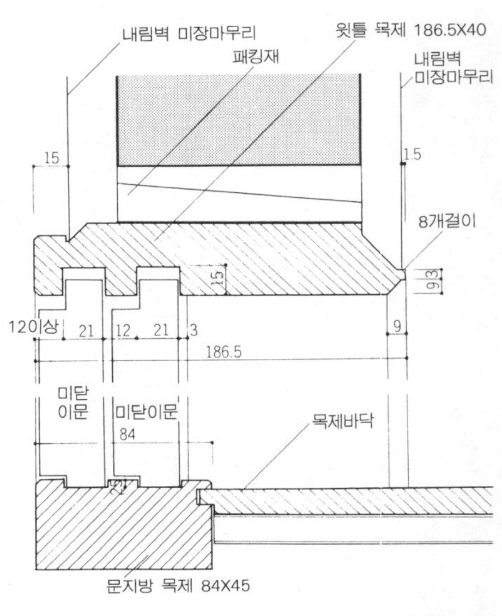

단면1/4

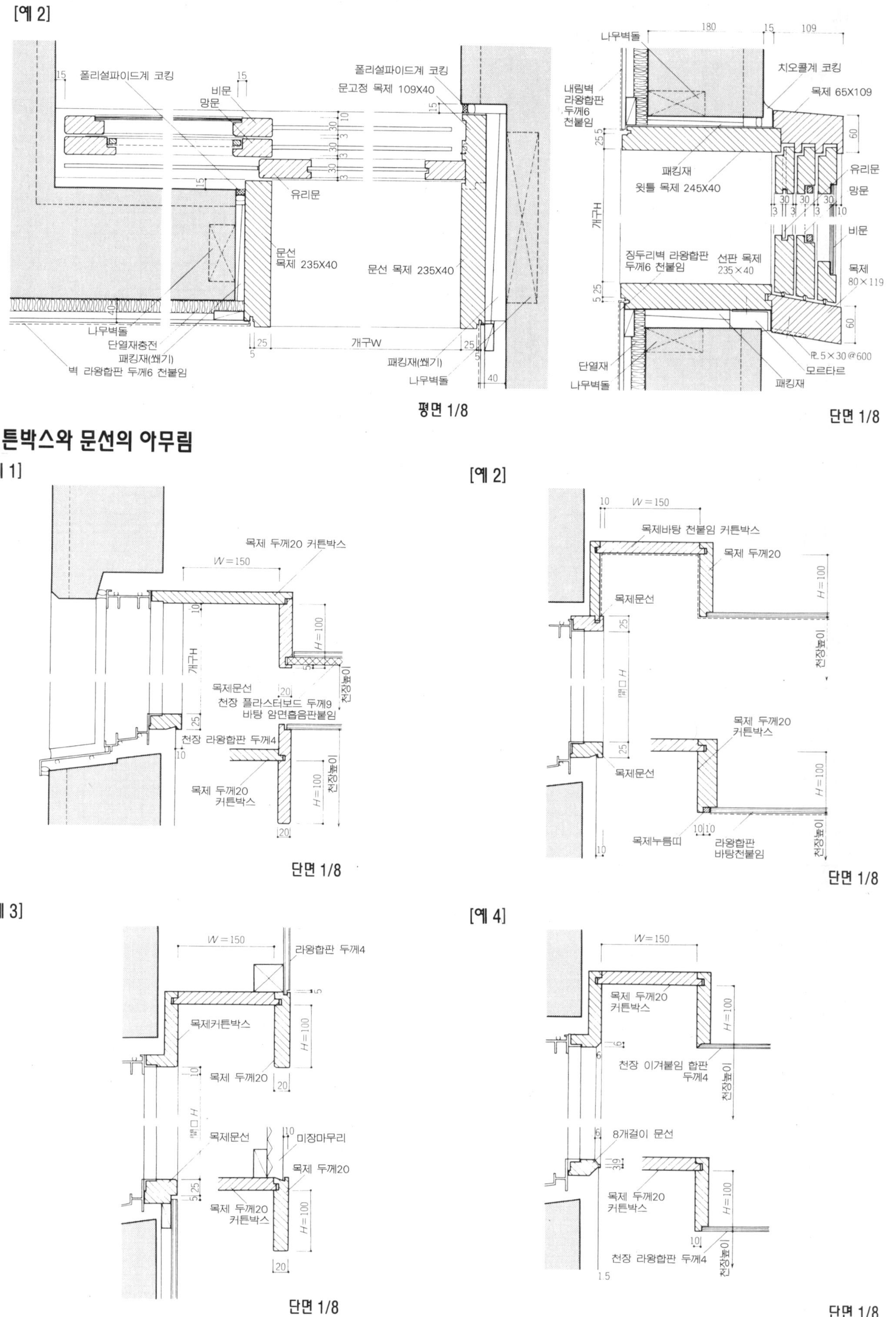
[예 2]
폴리설파이드계 코킹
비문
망문
유리문
문선 목제 235X40
나무벽돌
단열재충전
패킹재(쐐기)
벽 라왕합판 두께6 천붙임
문고정 목제 109X40
문선 목제 235X40
개구W
나무벽돌
내림벽 라왕합판 두께6 천붙임
치오콜계 코킹
목제 65X109
패킹재
윗틀 목제 245X40
개구H
징두리벽 라왕합판 두께6 천붙임
선판 목제 235×40
목제 80×119
단열재
모르타르
평면 1/8
단면 1/8
커튼박스와 문선의 아무림
[예 1]
목제 두께20 커튼박스
W=150
개구H
목제문선
천장 플라스터보드 두께9 바탕 암면흡음판붙임
천장 라왕합판 두께4
목제 두께20 커튼박스
천장높이
H=100
단면 1/8
[예 2]
목제바탕 천붙임 커튼박스
목제 두께20
목제문선
목제 두께20 커튼박스
목제누름띠
라왕합판 바탕천붙임
천장높이
단면 1/8
[예 3]
라왕합판 두께4
목제커튼박스
목제 두께20
목제문선
미장마무리
목제 두께20 커튼박스
단면 1/8
[예 4]
목제 두께20 커튼박스
천장 이겨붙임 합판 두께4
8개걸이 문선
천장 라왕합판 두께4
천장높이
단면 1/8

8. 한실주위의 아무림

● 마루틀

지반층의 마루틀

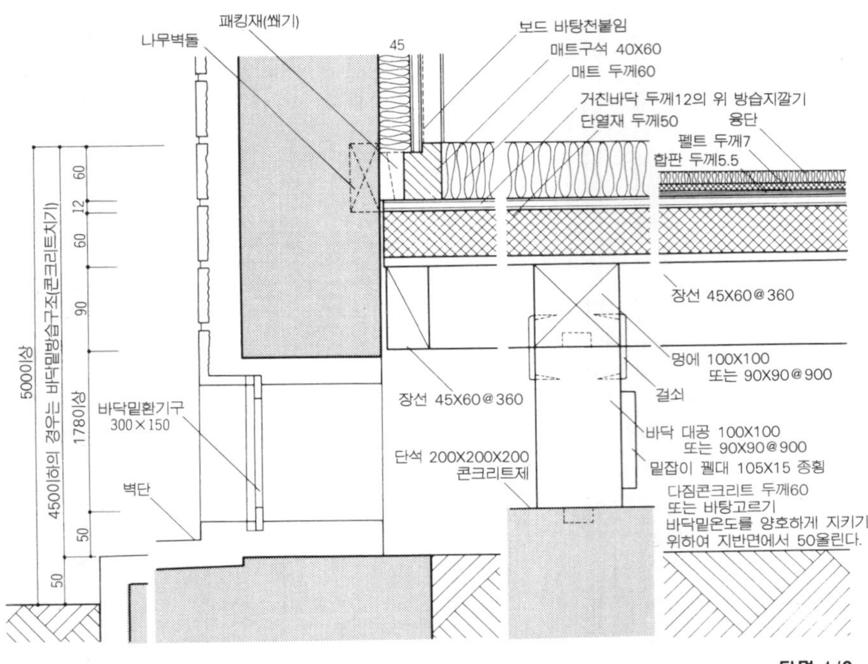

단면 1/8

중간층멍에 · 장선틀

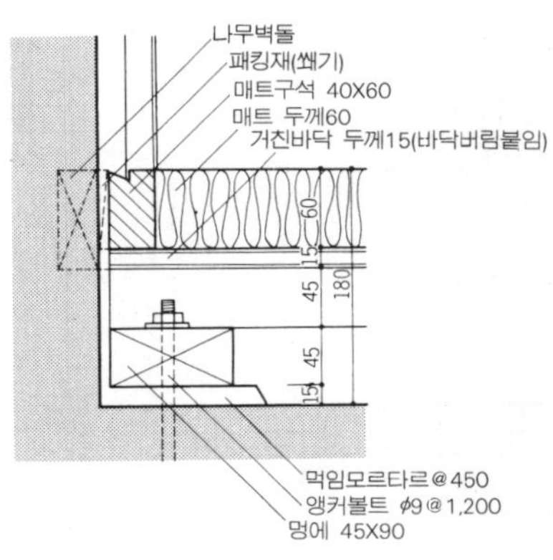

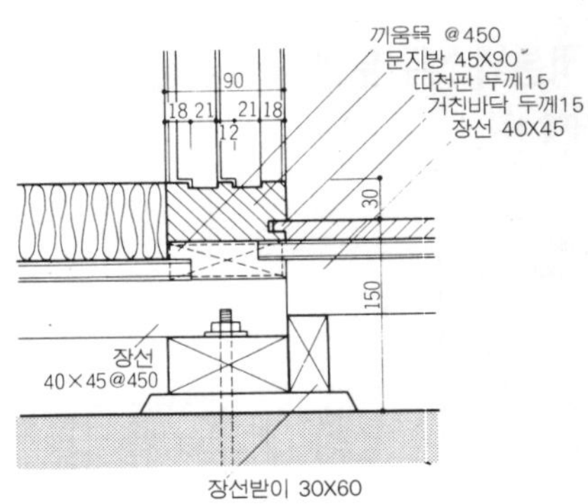

중간층 납작마루틀

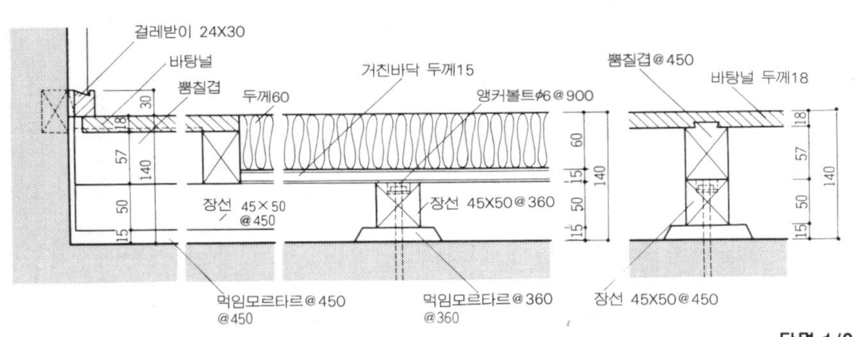

단면 1/8

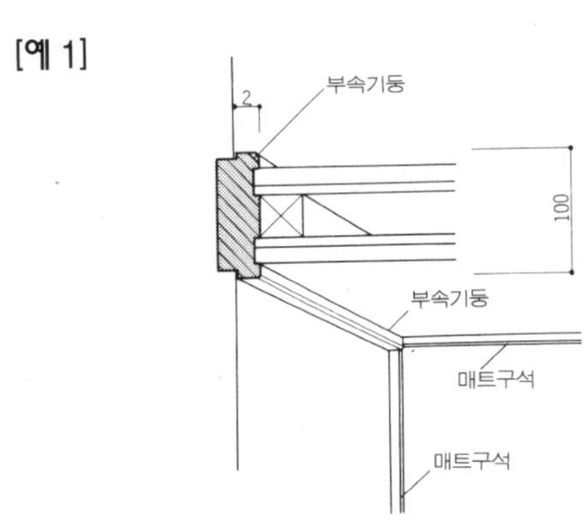

단면 1/8

● 부속기둥

[예 1]

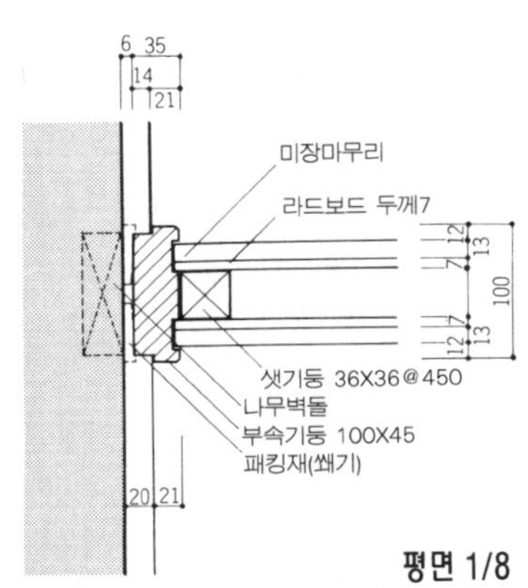

평면 1/8

[예 2] [예 3] [예 4]

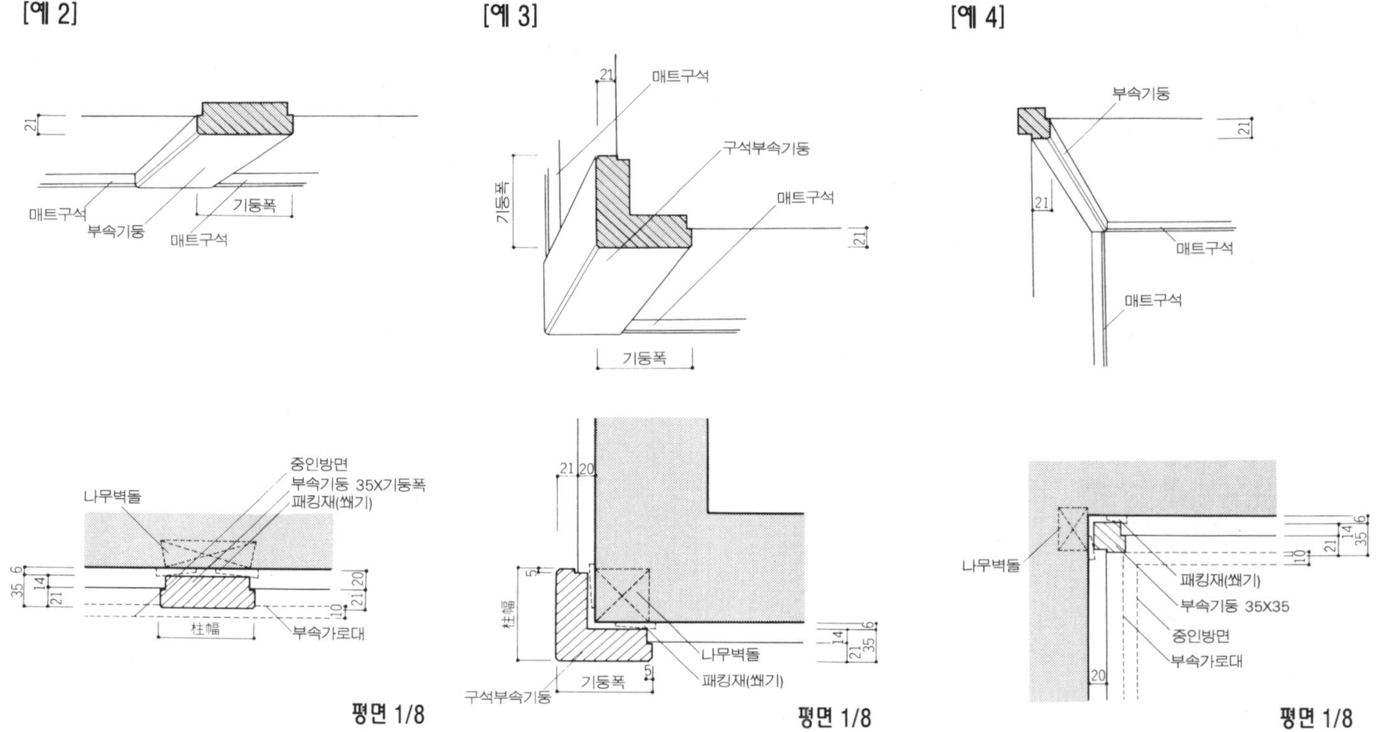

● 웃홈대 · 중인방의 아무림

부속홈대

부속홈대와 중인방

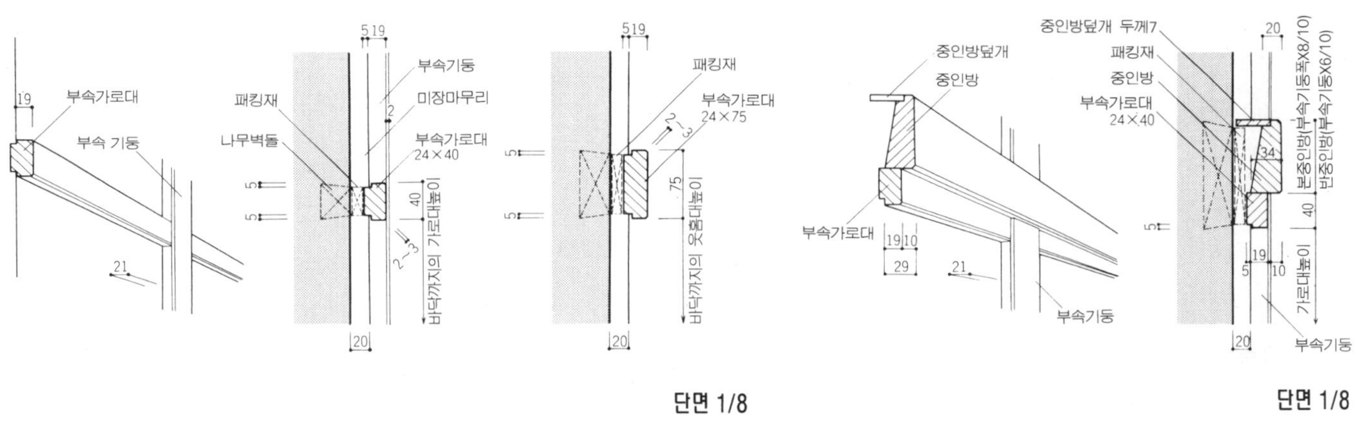

웃홈대

[예 1] [예 2]

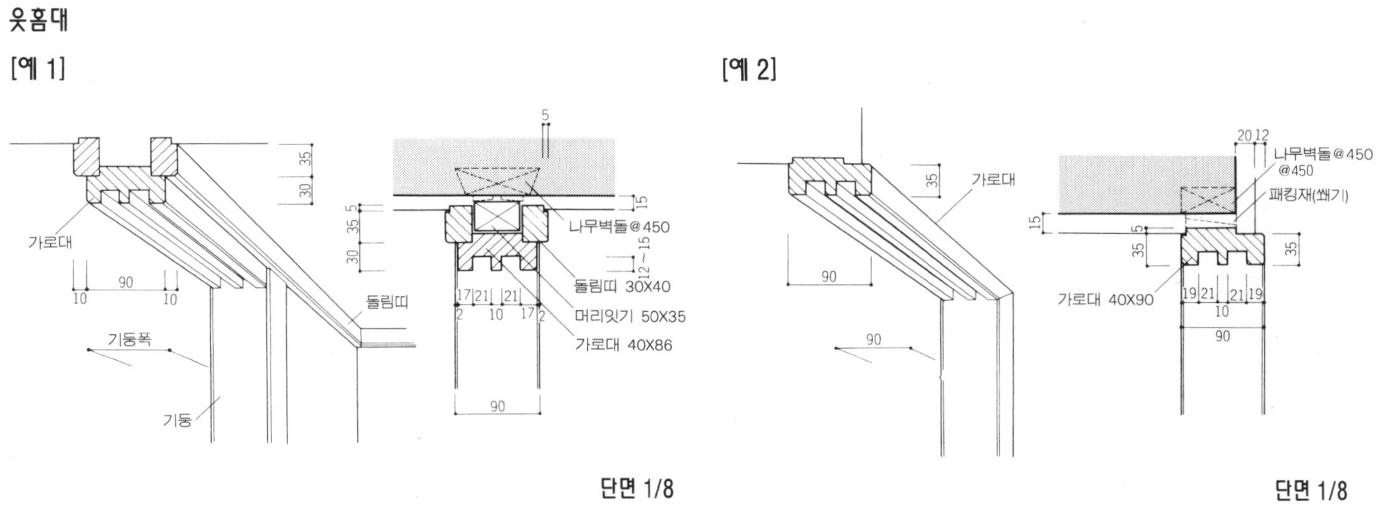

중홈대와 중인방

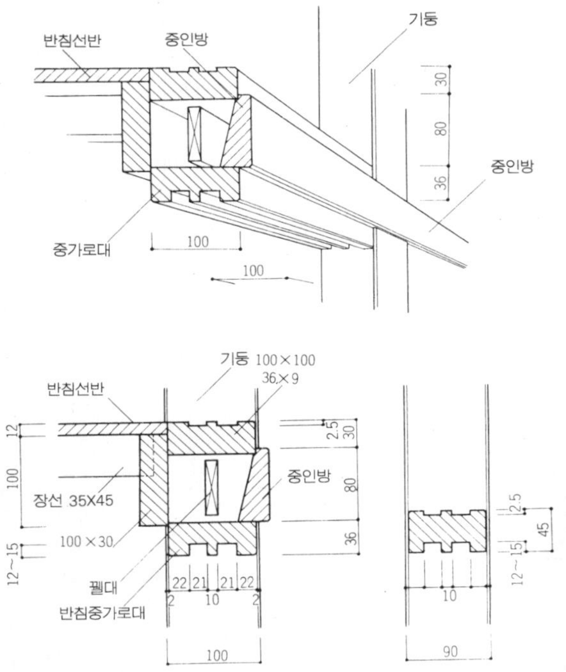

반침선반
중인방
기둥
30
80
36
중인방
중가로대
100
100
기둥 100×100
36×9
반침선반
12
100
장선 35X45
100 ×30
12~15
굄대
반침중가로대
2.5
30
중인방
80
36
22 21 21 22
2 10 2
100
2.5
45
15
12~15
10
90

단면 1/8

● 돌림띠의 아무림

[예 1]

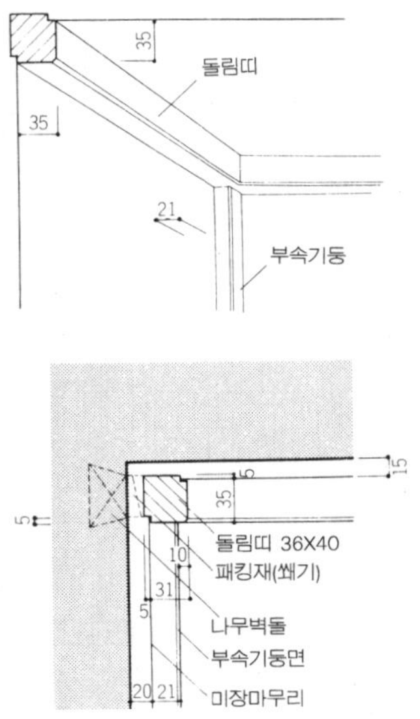

35
돌림띠
35
21
부속기둥
15
5
35
5
돌림띠 36X40
패킹재(쐐기)
10
31
5
나무벽돌
부속기둥면
20 21
미장마무리

[예 2]

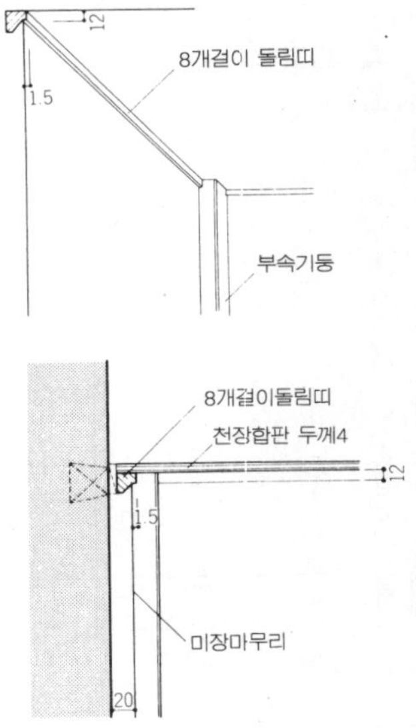

12
8개걸이 돌림띠
1.5
부속기둥
8개걸이돌림띠
천장합판 두께4
12
15
미장마무리
20

단면 1/8

중홈대

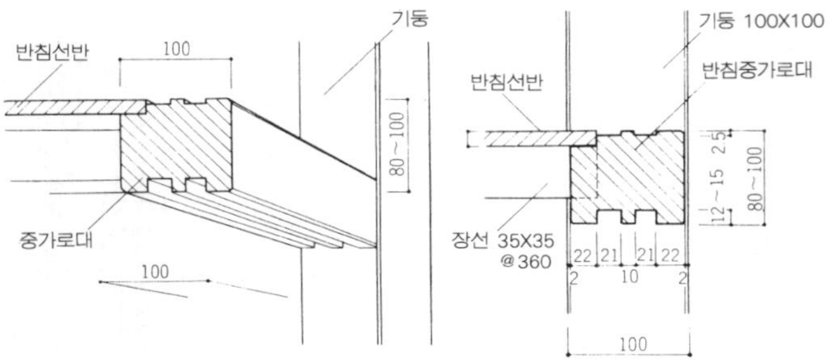

기둥
반침선반
100
80~100
중가로대
100
기둥 100X100
반침중가로대
반침선반
12~15
2.5
80~100
장선 35X35
@360
22 21 21 22
2 10 2
100

단면 1/8

[예 3]

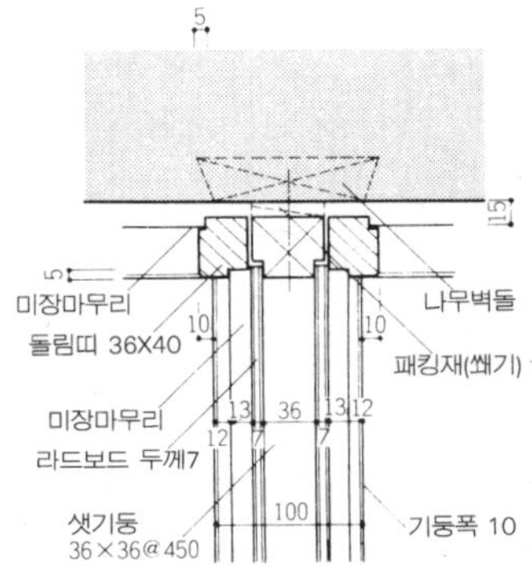

5
15
5
미장마무리
나무벽돌
돌림띠 36X40
10
10
패킹재(쐐기)
미장마무리
13 36 13 12
12 7 7
라드보드 두께7
100
샛기둥
36×36@450
기둥폭 10

단면 1/8

[예 4]

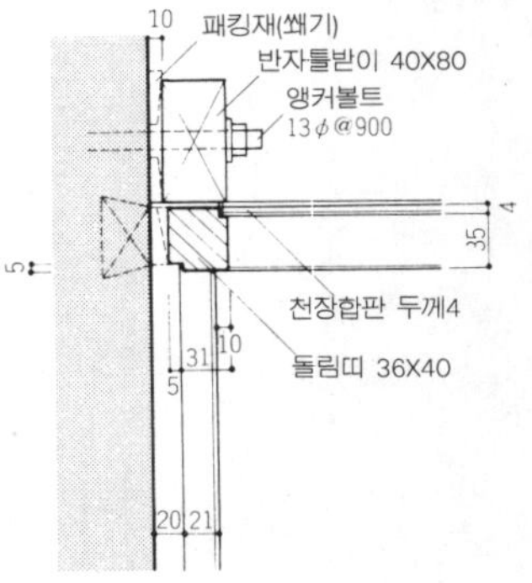

10
패킹재(쐐기)
반자틀받이 40X80
앵커볼트
13ϕ@900
4
35
5
천장합판 두께4
31 10
5
돌림띠 36X40
20 21

단면 1/8

● 판치장올림 천장의 아무림

달목 30X36@910
반자틀받이 45X45
@910
반자틀 40X45@455
3~5
목제 두께12~18
깔줄눈판 20X7~9
4~7
목제 두께12~18
달볼트ϕ@910
반자틀받이 40X45@455
반자틀 40X45@455
면잡이
목제 두께12~18
20~
목제 두께12~18
오리목 20~27X9
널반자틀하단동재이겨붙임
널반자틀
붙임합판 두께5.5
줄눈작은면 동재이겨붙임
3~6
목제 두께12~18
반자널대기널치기 두께X40
12~15
목제 두께12~18
톱니
널반자틀 17X45@455
천감기
6
합판 두께5.5 바탕천붙임

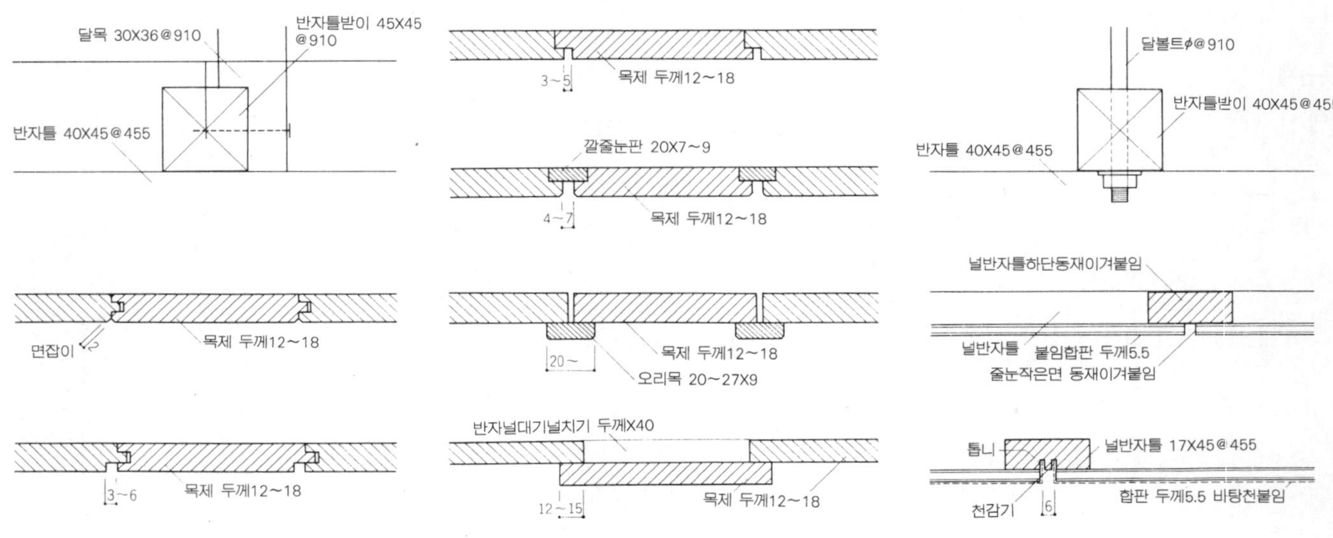

단면1/4

<thema>

건물과 외부 주위의 접점이고, 외부로부터의 출입구이기도 한 현관 주위나 쪽문 등 건물의 근처는 외구와의 관계를 빼고는 생각할 수 없다.

그리고 또한 단정하게 아무려진 외구는 그 건물 전체를 외측에서 조여들어, 한층 두드러지게 하여 준다.

그러나 이것들 외구 주에는 너무 급한 슬로프나 너무 높은 단차, 그리고 준공하자마자 갈라진다든지, 뒤집혀 버린 갓돌이나, 침하한다든지 물웅덩이가 생겨 버린포장, 균열이 생긴다든지 지진이 일어나면 넘어질 수밖에 없는 월이나 옹벽 등도 가끔은 본다.

그것들의 결함의 대부분은 설계 단계에서의 배려나, 시공의 완전함으로 막을 수 있는 것이다.

여기서는 외구 중에서도 특히 클레임이 붙기 쉽고, 안전성의 관점에서도 주의하여야 할 부분이나 구축물을 들고, 실제로 현장에서 행해지고 있는 그것들의 표준적인 공법의 해설과 디테일의 그림 예를 나타낸다.

설계상의 유의점

(1) 옥외의 슬로프와 계단이나 단차

1) 슬로프의 물매는 1/20(5%) 이하로 한다. 1회에 오르는 레벨 차는 휠체어도 고려하면 원칙적으로 60cm 정도 이하로 한다.

2) 휠체어 등을 고려한 슬로프의 갓돌 등에 의한 끊기의 단차는 2cm 이하로 한다.

3) 계단의 디딤면 폭은 30cm 이상으로 한다. 챌면은 15cm 이하 10cm 이상으로 하고, 단에는 2cm 정도의 구르기를 붙인다.

4) 계단에서 오르는 전체의 높이는 5m 이하로 하고, 높이 3 m 이내마다 층계참을 세운다.

5) 슬로프나 계단의 층계참 수평 부분은 안길이 1.5m 이상이 바람직하다.

6) 슬로프나 계단의 폭원은 유효 1.2m 이상은 요구된다.

7) 난간의 높이는 디딤면 중앙에서 난간 상단까지의 높이로 한다. 1개의 경우는 $H=80 \sim 85$cm 정도로 하고, 2개의 경우는 $H=65$cm와 85cm의 2단으로 한다.

8) 슬로프나 계단의 난간은 시점, 종점에서 수평 부분에 45 cm 이상 늘린다.

9) 난간이 있는 슬로프나 계단에는 $H=30 \sim 35$cm 정도의 걸레받이(줄눈 나누기여도 된다)를 붙이는 일이 바람직하다.

10) 옥외에 있어서는, 슬로프나 계단의 상단에 도로가 접속하고 있을 경우는 반드시 주정차 금지 표지, 혹은 자동차 전락 방지 울타리를 세울 것.

(2) 설계 GL로부터의 쪽문 높이는 지반의 높이와 배수 물매를 고려하면서, 현관 등에서 어프로치의 단차가 너무 높아진다든지, 급물매의 슬로프가 되지 않도록 한다.

(3) 갓돌

1) PC 콘크리트 갓돌의 조인트 줄눈은 폭 10 mm, 깊이는 3~5mm 정도로 하고, 줄눈 모르타르의 배합은 시멘트 1 : 모래 2로 한다.

2) 벽돌 갓돌의 벽돌은 붉은 벽돌 등으로 1등 위굽기(210mm ×100mm×60mm)로 한다. 줄눈은 치장 줄눈으로 하고, 깊이는 3~5mm 정도로 한다.

3) 호박돌 갓돌로 돌을 2단 이상 쌓아올릴 경우는 골쌓기(돌면의 대각선이 수직이 될 듯한 쌓기)로서 줄눈을 맞춘다.

(4) 포장

1) 물웅덩이가 생기지 않도록, 통이나 배수구를 향하여 1/50~1/100 정도의 물매를 잡는다.

2) 아스팔트·깬돌·모래포장에서의 각 층 마무리는 100m²당의 수량을 명기한다.

3) 모래 포장의 양질토는 흑토, 적토 또는 진사토를 표준으로 하여, 불순물을 포함하지 않는 균질한 것으로 한다.

4) 콘크리트 직마무리 공원 길 등의 치장 줄눈의 간격은 폭원에 따라 @2.0~4.0m로 한다.

5) 타일 포장의 타일은 무유약의 자기질 타일, 또는 석기질 타일로 한다. 클링커 타일의 경우는 식염 유약 또는 무유약의 석기질로 한다.

6) 나무 벽돌 포장의 나무 벽돌은, 죽은 마디 또는 썩지 않는 양질의 소나무, 당송, 느티나무 등으로, CCA 가압 주입에 의한 방부 처리를 한 것으로 한다. 치장 줄눈의 높이는 3~5mm 정도로 한다.

7) 돌붙임 포장의 자연석은 철평석, 청석, 단파석 등으로서, 치장 줄눈의 폭은 10mm 내외, 깊이는 3~5mm 정도로 한다.

8) 자갈 씻어내기, 매입 포장의 자갈은 강자갈 또는 나지석으로 한다.

(5) 월(wall)

1) 콘크리트 타설의 내민 모서리 부분은 10mm 내외의 면잡이를 한다. 콘크리트 타설에서 두들기기 마무리의 경우는 거친 두들김 마무리 정도로 하고, 천단의 양 단부는 천단면에서 20~30mm 정도 타설면을 남긴다.

2) 콘크리트 블록 월의 블록 두께는 150mm 이상으로 한다. 월 높이가 1.5m 정도의 받침은 @2.0m를 표준으로 하고, 반절 블록을 사용한다. 월 높이 1.5~2.8의 받침은 철근 콘크리트조로 하고, @3.2m 이내로 한다. 보강근은 지진시를 고려하여 가로, 세로 모두 @400mm가 바람직하다.

(6) 돌쌓기

1) 호박돌은 ϕ15~30cm 정도의 환형 안산암, 또는 화강암으로 한다(ϕ15~20cm를 무마디 하고, ϕ15cm 이하 5cm 정도까지의 것을 막돌이라 한다).

2) 깬돌·잡석의 재질은 화강암 또는 안산암, 혹은 동등 이상의 경석으로 한다. 쌓는 법은 줄쌓기(아래의 2개의 積石에 거의 반씩 걸어, 위의 하중이 아래의 적석에 거의 균등하게 걸리는 쌓기)로 하고, 줄눈 폭은 10mm 이하를 표준으로 하여 쇠메 주기를 친밀감 좋게 한다.

3) 돌쌓기의 신축 줄눈은 약 @20m를 표준으로 하여, 돌쌓기의 높이가 변화하는 개소나 곡선부의 시점, 종점 등에 세워 기초까지 끊는다. 줄눈재는 삼나무널 2등 두께 9mm 정도로 한다.

(7) 깬돌 쌓기 옹벽

1) 신축 줄눈은 약 @20m를 표준으로 하여, 끊는 법은 돌쌓기와 같게.

2) 물빼기 구멍의 안지름은 ϕ30~50mm로 하고, 옹벽 높이가 1.5m 이상에 대해서는 ϕ75mm로 한다. 속넣기 잡석에 이르도록 세워 지그자그로 배치한다.

시공상의 요점

(1) PC 콘크리트 갓돌로 곡선부 등의 보충 개소는 배합(용적비) 시멘트 1 : 모래 2 : 자갈 4 정도의 콘크리트를 치고, 물끌기 형편을 가늠하여 쇠흙손으로 마무리 치장 줄눈 끊기를 한다.

(2) 포장

1) 아스팔트 포장

① 전압은 2.7t 정도의 진동 롤러로 하고 1층 5회전압을 표준으로 한다.

② 유제의 살포에 있어, 갓돌 기타를 더럽히지 않도록 유의하고, 필요에 따라 임시 울타리 등의 양생을 한다.

2) 깬돌·모래 포장

① 모래·깬돌은 균일하게 깔아 고르고, 살수, 전압 및 혹 조정을 반복하여 소정의 두께로 마무리한다.

② 전압은 1.0t 정도의 진동 롤러로 하고, 1층 5회전압 정도를 한다.

③ 각 마무리면의 고저 오차는 노상 20mm, 중층 10mm, 표층 5mm 이내일 것.

치장 모래는 두께 3mm 정도로 균일하게 깔아 고르고, 전압과 브러싱을 반복하여 마무리한다.

⑤ 표층 안정제는 염화 마그네슘, 또는 염화 칼슘으로 하고,

균일하게 살포하여 적당 정도의 살수를 하면서 전압한다.

3) 콘크리트 컬러 평판 포장

① 모래로 깔아 채울 경우는 모래를 두께 30~50mm 깔아 고르고, 평판은 맹줄눈으로 하여 그대로 깔고, 버팀목을 세워 해머 등으로 두들기면서 혹 다듬기를 하여 정착시킨다. 그 후 모래를 살포하여 공극을 충전한다. 또한 여분의 모래는 제거한다.

② 모르타르 줄눈의 경우는 모르타르 충전 후 반드시 줄눈 흙손으로 누른다.

③ 곡선부 등에서 평판 보충 개소는, 배합비(용적비) 시멘트 1 : 모래2 : 자갈4 정도의 콘크리트를 치고, 물끌기 형편을 가늠하여 쇠흙손으로 마무리하여 치장 줄눈 끓기를 한다.

4) 타일, 벽돌 포장의 치장 줄눈은 깊이 2~3mm 내외로 한다.

5) 평판, 타일, 벽돌 포장의 할당으로 우수리가 생길 경우는 현장 가공 또는 현장 치기에 의하여 아무림 좋게 마무리한다.

6) 나무 벽돌 포장

① 나무 벽돌의 설치는 마구리를 윗면으로 한다.

② 나무 벽돌의 베이스가 되는 모르타르면의 배수 물매는 약간 느슨하게 잡고, 나무 벽돌 포장 주변부의 포장 정지점에 물빼기를 잡는다.

③ 치장 줄눈의 깊이는 12~15mm 정도로 한다. 아스팔트 시공 완료 후 즉각 모래(가는결)를 균일하게 살포하여 줄눈을 보호한다.

7) 소포석 포장의 치장 줄눈 깊이는 5~10mm 정도로 한다.

8) 자갈 씻어내기 포장은 모르타르 밑바름을 두께 20mm 이상 하고, 브러시 등으로 자갈면의 찌끼를 닦아 내면서 돌의 나열을 조정하여 마무리한다.

9) 자갈 매입 포장은 기초 콘크리트 위에 모르타르의 위바름을 두께 20mm 이상 한 후, 자갈을 10cm 내외의 간격으로 장방형으로 매입하는 찌끼 끌기를 하여 마무리한다.

(3) 월

1) 콘크리트 월

① 철근의 최소 씌우기 두께는 벽의 노출면에 있어서는 40mm, 콘크리트가 흙에 접하는 면에 있어서는 50mm 이상으로 한다.

② 두들기기 마무리이고, 치장 줄눈 등이 있을 경우는 폭 10mm 정도의 갓틀을 남기고, 주의하여 깎는다. 또한 나무콘, P콘 구멍은 모르타르로 충전한다.

2) 벽돌 월의 벽돌은 미리 수중에 담이 적당히 흡수시키고 나서 시공한다. 표면을 청소하고, 물 세척, 줄눈 치기를 하여 치장 줄눈 마무리로 하고, 줄눈의 깊이는 2~3mm 정도로 한다. 또한 1일의 쌓기 높이는 1.2m 내외로 한다.

3) 소포석 월은 돌의 대소에 주의하고, 줄눈의 어지러움이 없도록 5~10mm의 깊은 줄눈 마무리로 한다.

4) 돌붙임 월은 형의 조합 등 돌 상호의 친밀에 유의함과 동시에, 줄눈은 5~10mm의 깊은 줄눈으로 하고, 낮은 줄눈이 되지 않도록 한다.

1. 옥외의 슬로프와 계단

● 슬로프

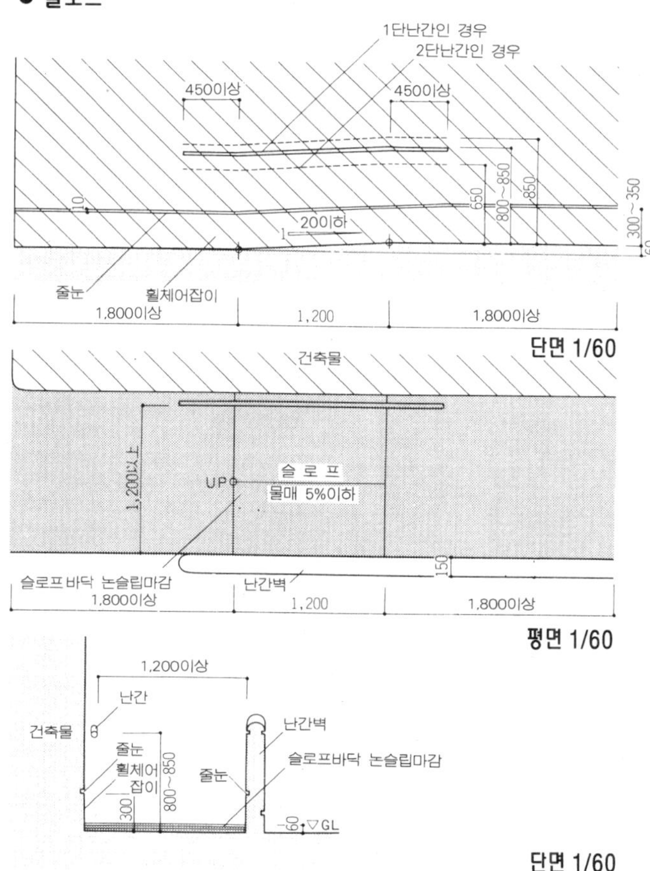

● 계단

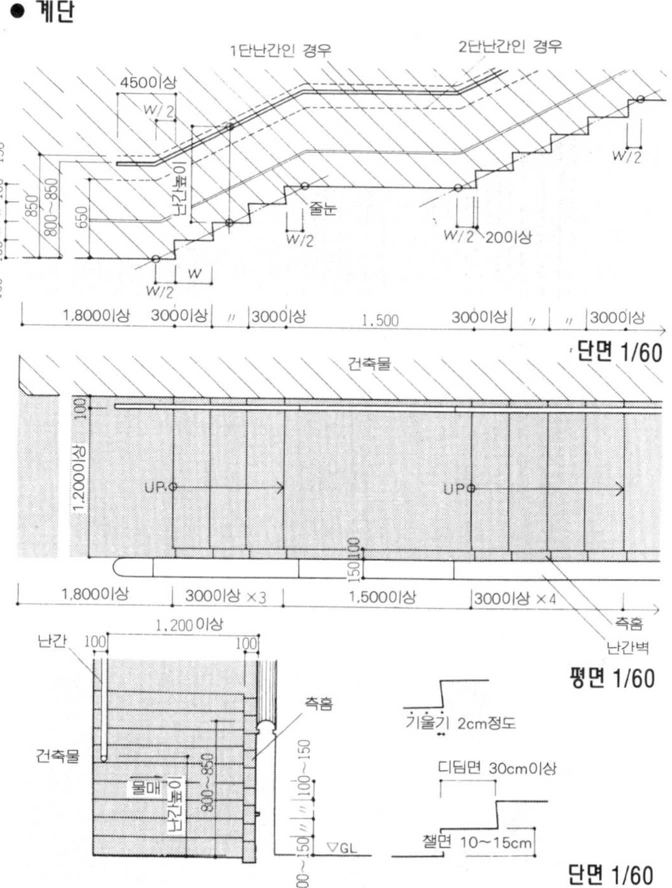

2. 현관 포치의 슬로프와 단차

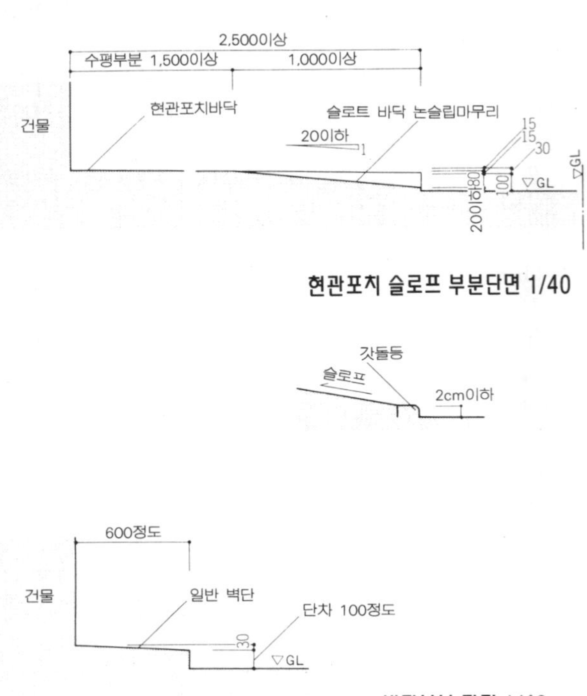

현관포치 슬로프 부분단면 1/40

벽단부분 단면 1/40

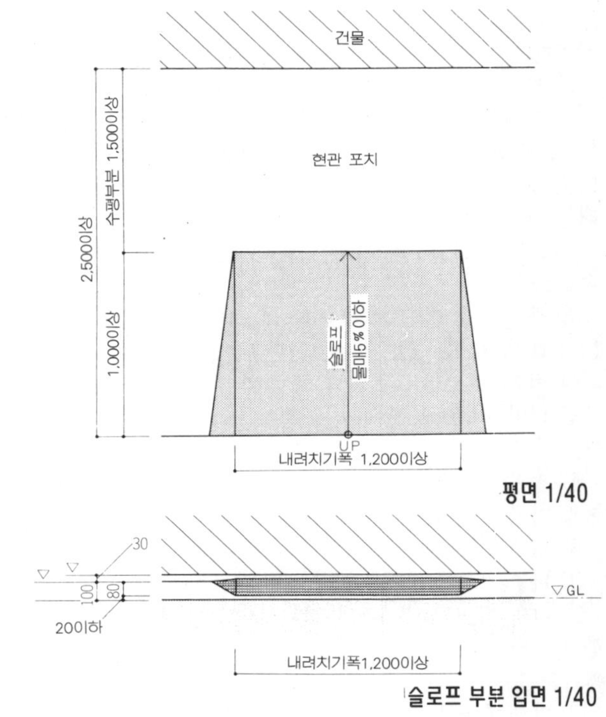

평면 1/40

슬로프 부분 입면 1/40

3. 벽단

● 철평석 또는 화강석 막붙임

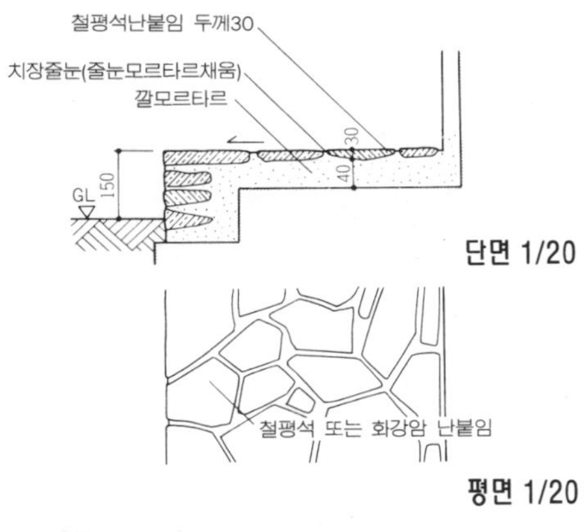

평면 1/20

● 대곡석붙임

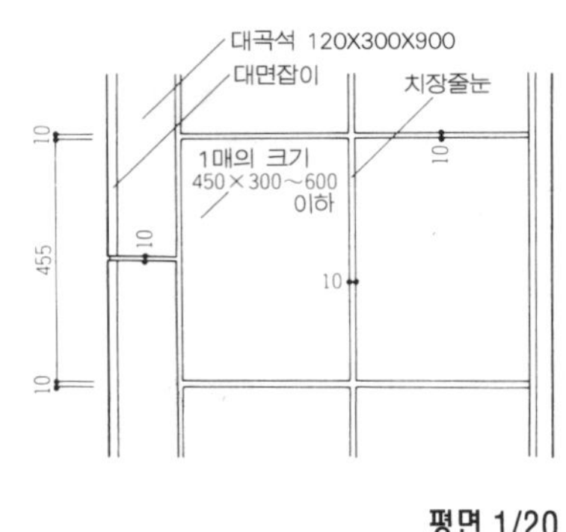

평면 1/20

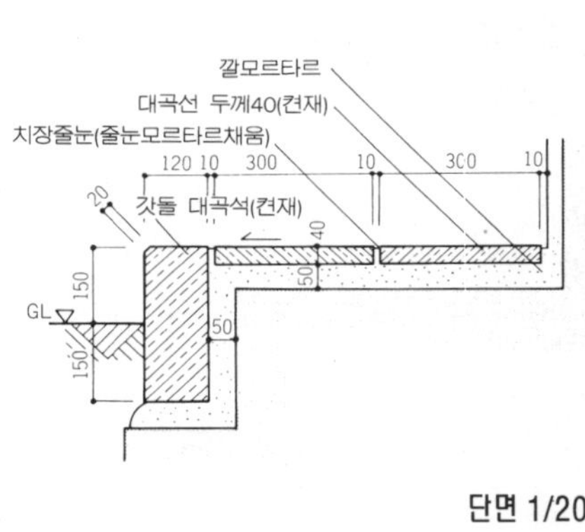

단면 1/20

● 돌씻어내기

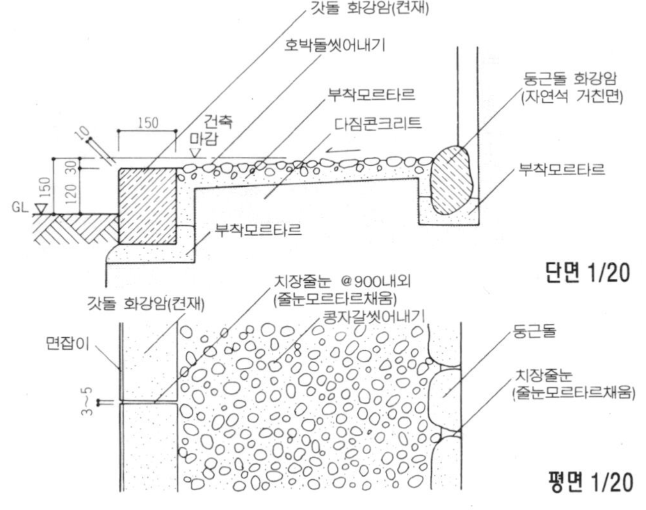

단면 1/20

평면 1/20

● 자갈깔기

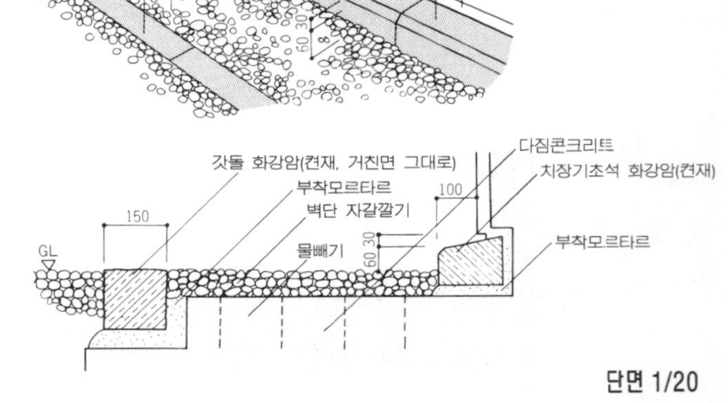

단면 1/20

● 모르타르 흙손 마감 줄눈끊음

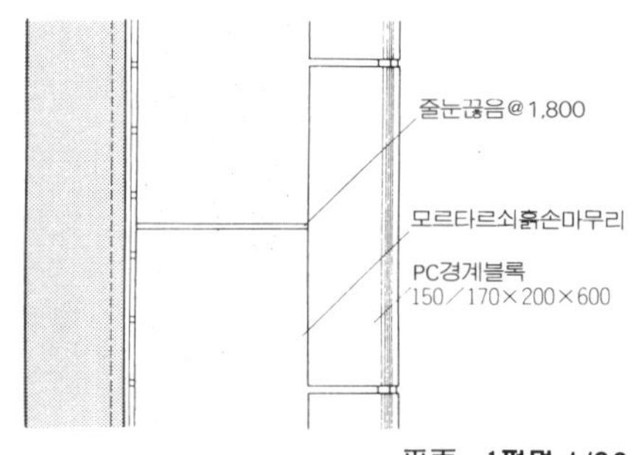

平面 1평면 1/20

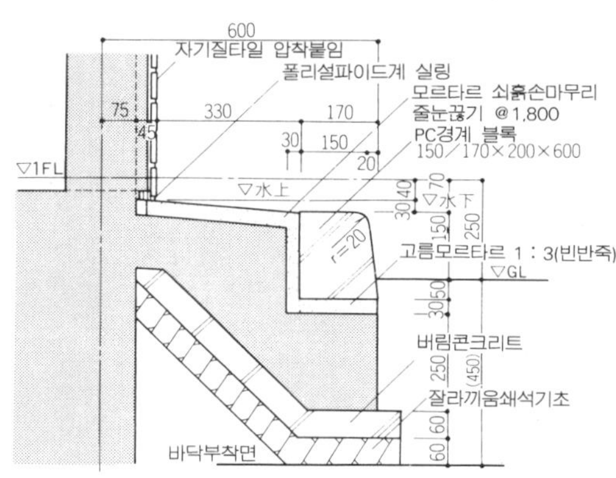

단면 1/20

● 콘크리트 흙손 마감 또는 도드락 마감

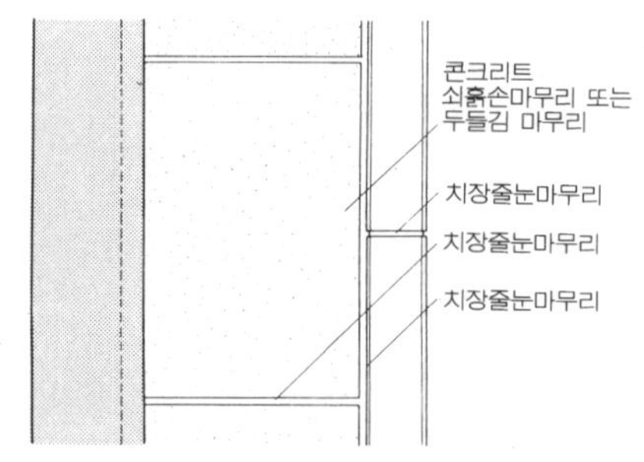

평면 1/20

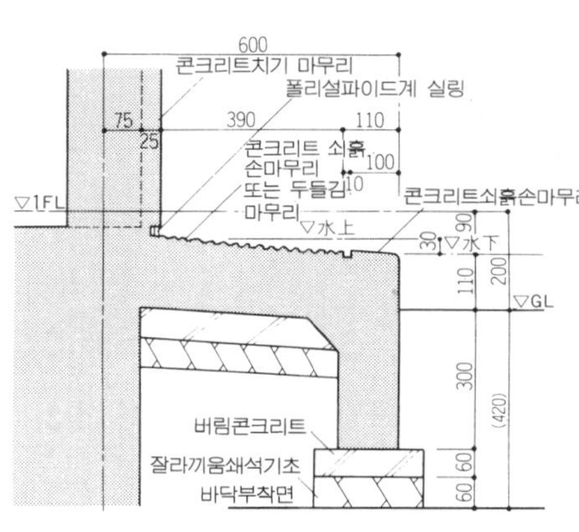

단면 1/20

● 자기질 타일 압착붙임

[예 1]

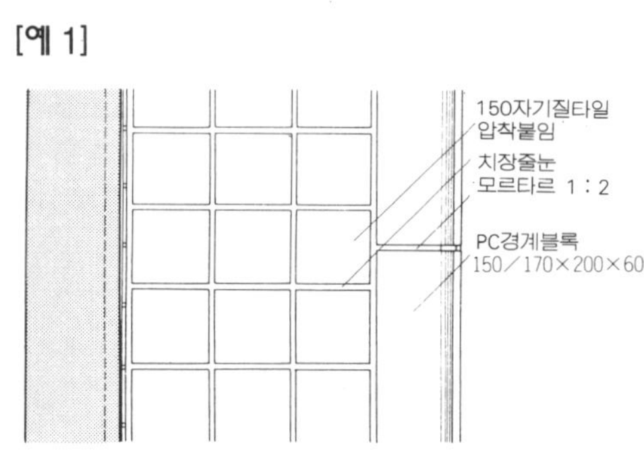

평면 1/20

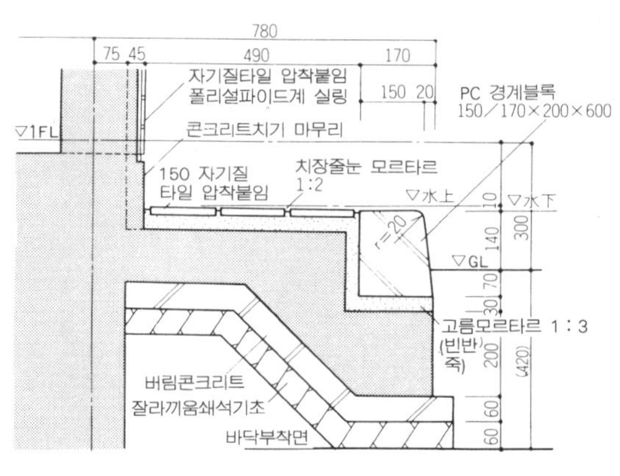

단면 1/20

[예 2]

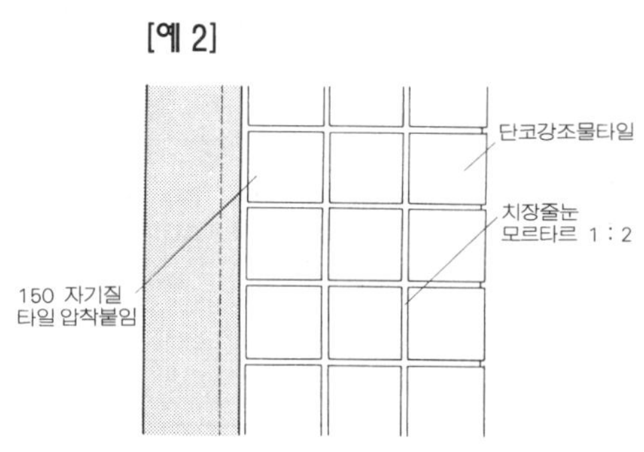

평면 1/20

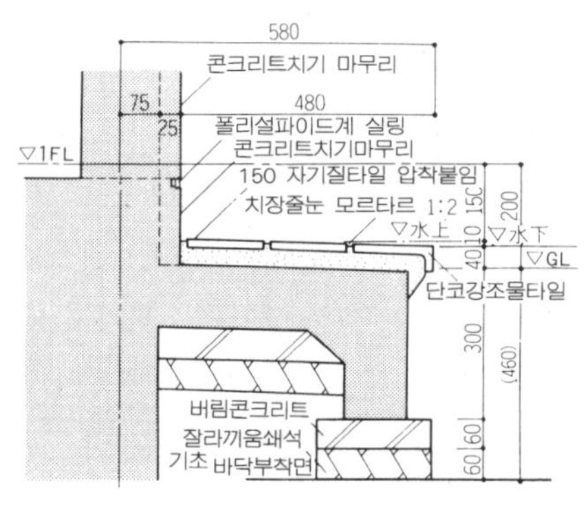

단면 1/20

띠석

● PC콘크리트 테석

[예 1]

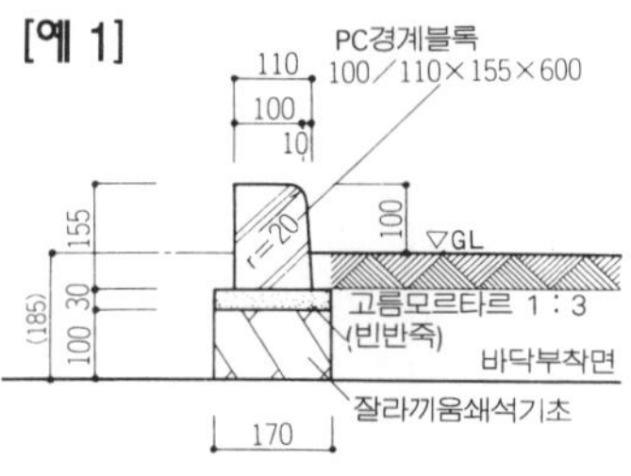

[예 2]

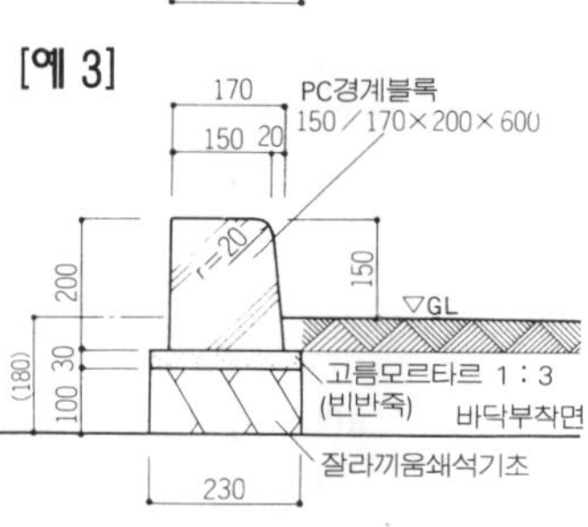

[예 3]

[예 4]

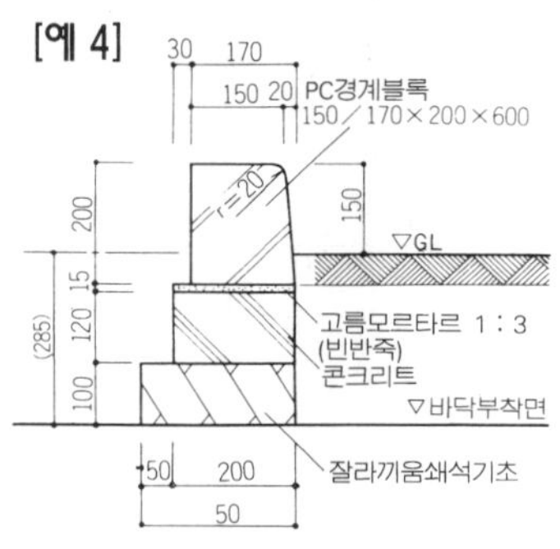

[예 5]

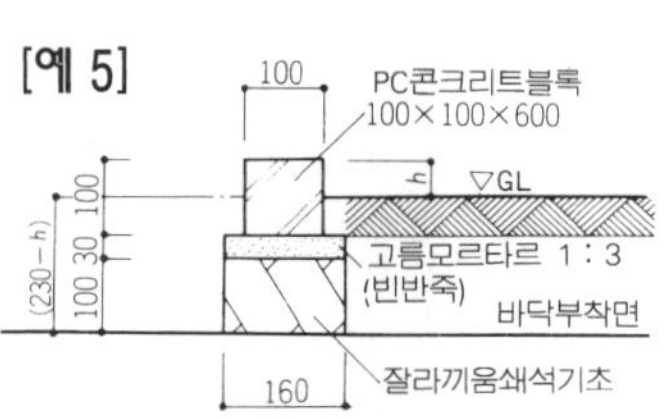

[예 6]

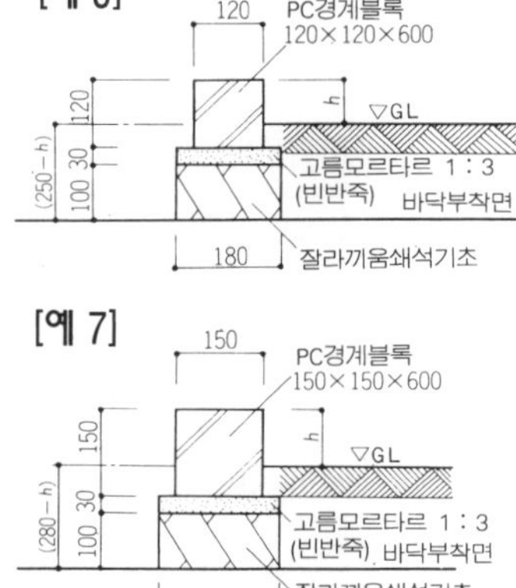

단면 1/20

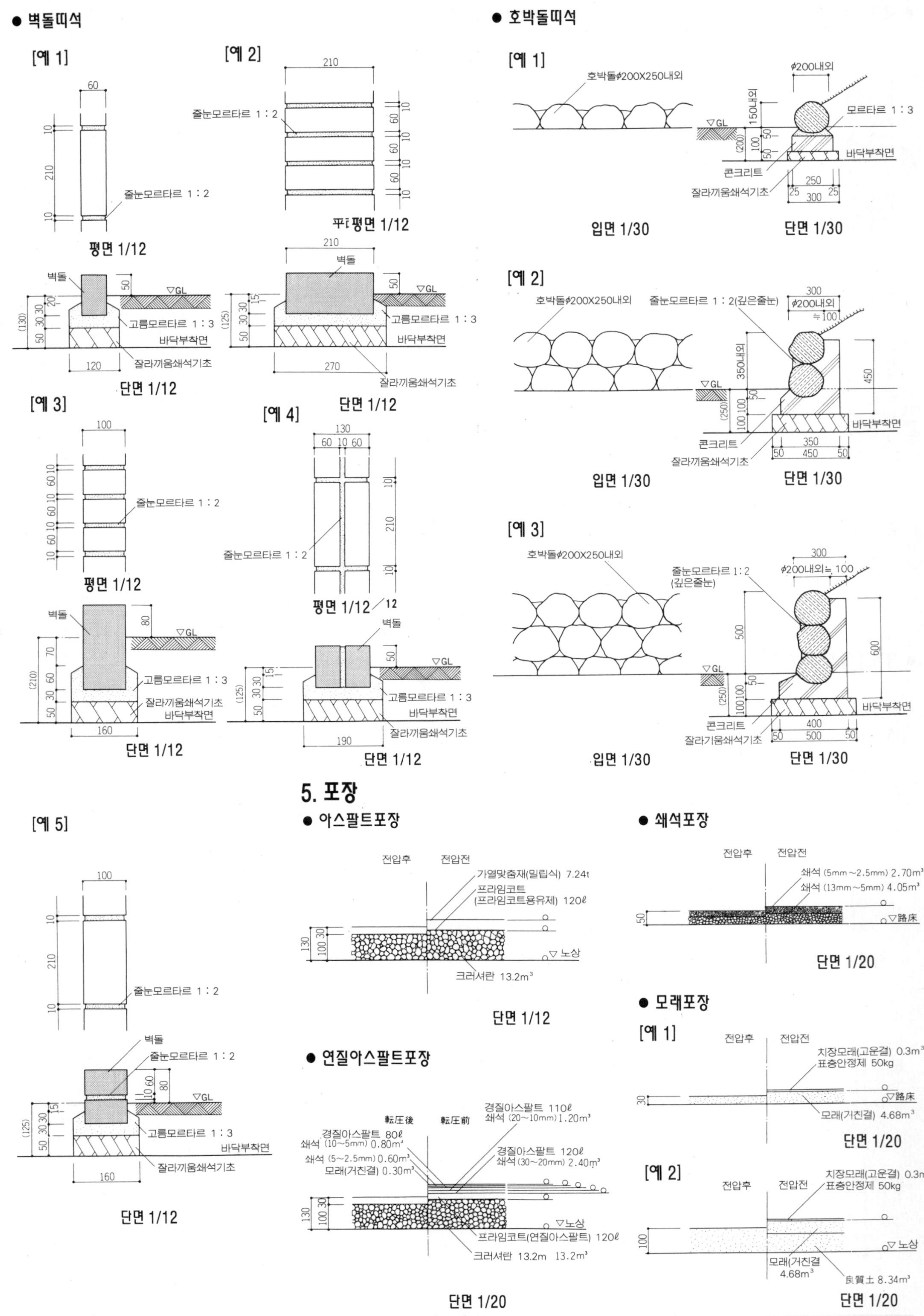
● 벽돌띠석
[예 1]
줄눈모르타르 1 : 2
평면 1/12
벽돌
▽GL
고름모르타르 1 : 3
바닥부착면
잘라끼움쇄석기초
단면 1/12
[예 2]
줄눈모르타르 1 : 2
평면 1/12
벽돌
▽GL
고름모르타르 1 : 3
바닥부착면
잘라끼움쇄석기초
단면 1/12
[예 3]
줄눈모르타르 1 : 2
평면 1/12
벽돌
▽GL
고름모르타르 1 : 3
잘라끼움쇄석기초
바닥부착면
단면 1/12
[예 4]
줄눈모르타르 1 : 2
평면 1/12
벽돌
▽GL
고름모르타르 1 : 3
바닥부착면
잘라끼움쇄석기초
단면 1/12
● 호박돌띠석
[예 1]
호박돌φ200X250내외
φ200내외
모르타르 1 : 3
▽GL
바닥부착면
콘크리트
잘라끼움쇄석기초
입면 1/30
단면 1/30
[예 2]
호박돌φ200X250내외
줄눈모르타르 1 : 2(깊은줄눈)
φ200내외
≒100
350내외
▽GL
바닥부착면
콘크리트
잘라끼움쇄석기초
입면 1/30
단면 1/30
[예 3]
호박돌φ200X250내외
줄눈모르타르 1 : 2
(깊은줄눈)
φ200내외≒100
▽GL
바닥부착면
콘크리트
잘라끼움쇄석기초
입면 1/30
단면 1/30
5. 포장
[예 5]
줄눈모르타르 1 : 2
벽돌
줄눈모르타르 1 : 2
▽GL
고름모르타르 1 : 3
바닥부착면
잘라끼움쇄석기초
단면 1/12
● 아스팔트포장
전압후
전압전
가열맞춤재(밀립식) 7.24t
프라임코트
(프라임코트용유제) 120ℓ
▽ 노상
크러셔란 13.2m³
단면 1/12
● 연질아스팔트포장
轉圧後
轉圧前
경질아스팔트 110ℓ
쇄석 (20~10mm) 1.20m³
경질아스팔트 80ℓ
쇄석 (10~5mm) 0.80m³
쇄석 (5~2.5mm) 0.60m³
모래(거친결) 0.30m³
경질아스팔트 120ℓ
쇄석 (30~20mm) 2.40m³
▽노상
프라임코트(연질아스팔트) 120ℓ
크러셔란 13.2m 13.2m³
단면 1/20
● 쇄석포장
전압후
전압전
쇄석 (5mm~2.5mm) 2.70m³
쇄석 (13mm~5mm) 4.05m³
▽路床
단면 1/20
● 모래포장
[예 1]
전압후
전압전
치장모래(고운결) 0.3m³
표층안정제 50kg
▽路床
모래(거친결) 4.68m³
단면 1/20
[예 2]
전압후
전압전
치장모래(고운결) 0.3m³
표층안정제 50kg
▽ 노상
모래(거친결)
4.68m³
良質土 8.34m³
단면 1/20

● 콘크리트포장

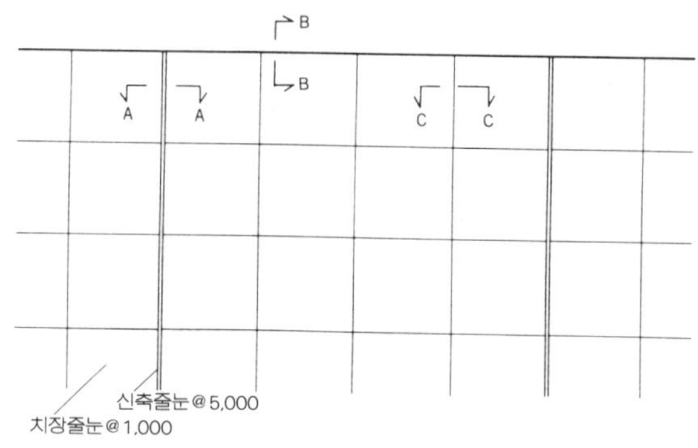

[예 1]

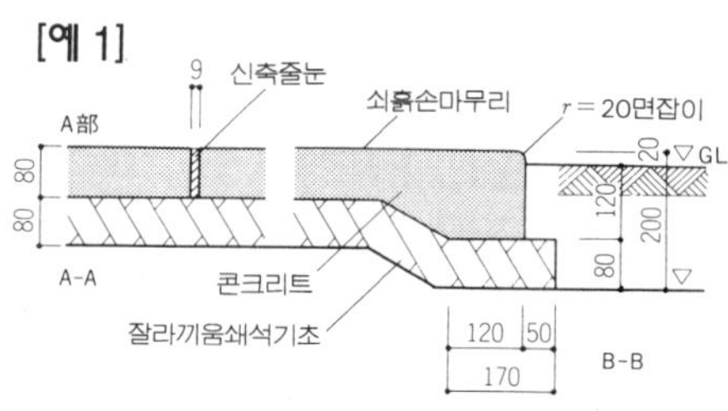

단면 1/20

[예 2]

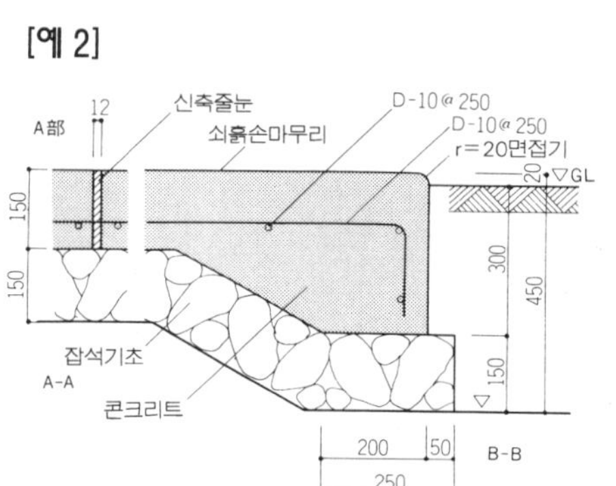

단면 1/20

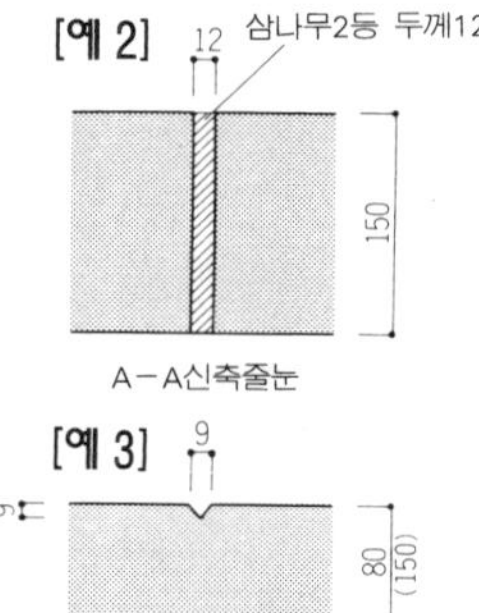

줄눈상세 1/10

● 콘크리트 산책로

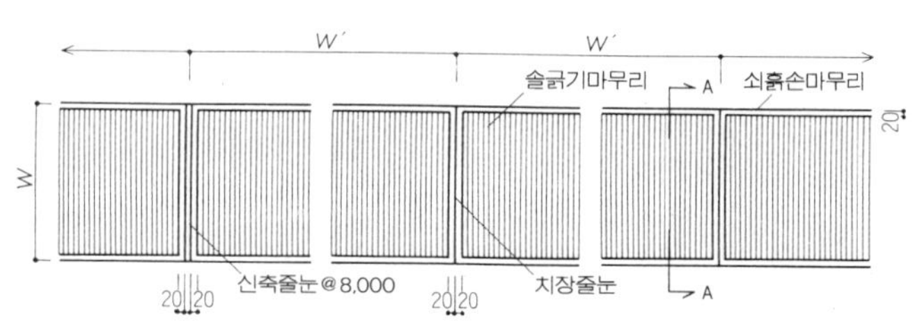

평면 1/20

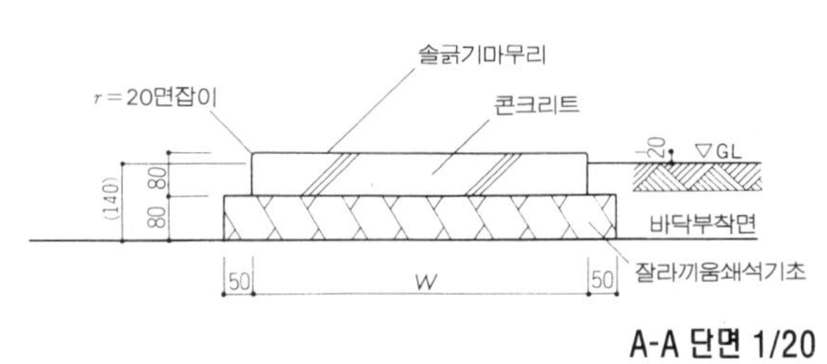

A-A 단면 1/20

● 콘크리트 컬러 평판포장

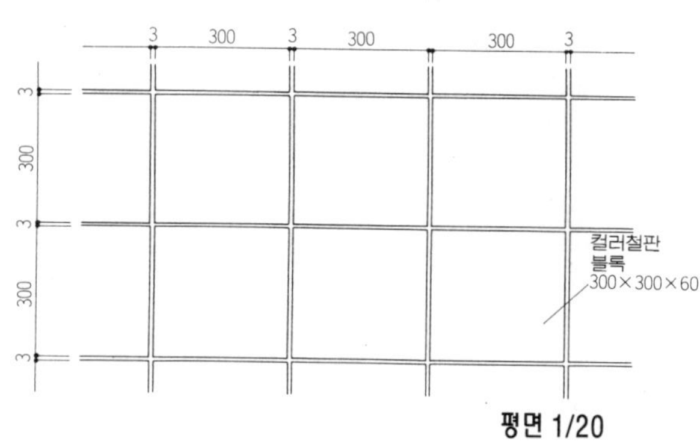

평면 1/20

[예 1]

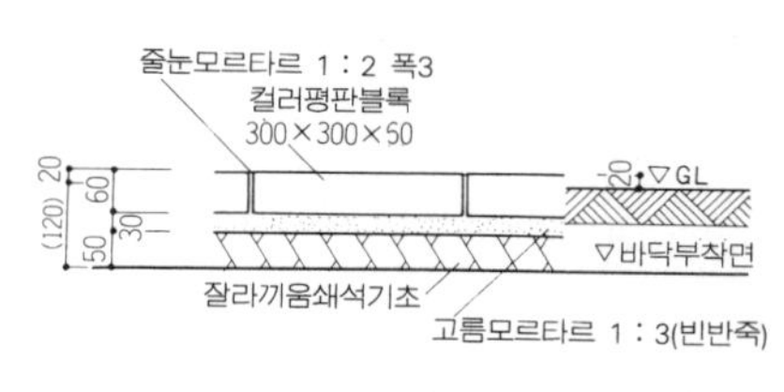

단면 1/20

[예 2]

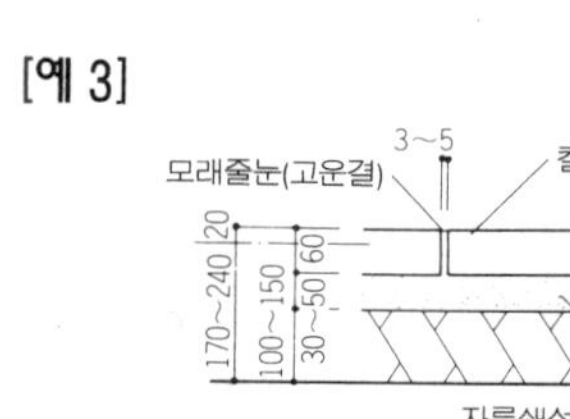

단면 1/20

[예 3]

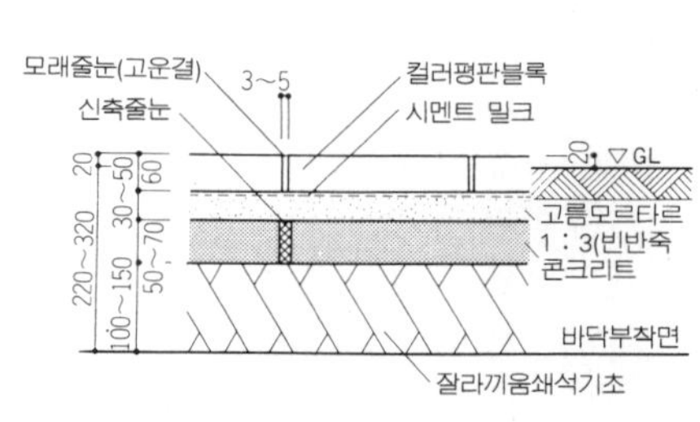

단면 1/20

[예 4]

단면 1/20

[예 5]

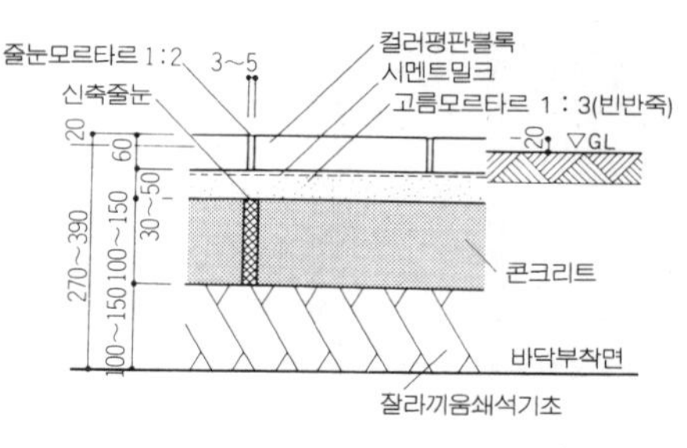

단면 1/20

● 타일포장

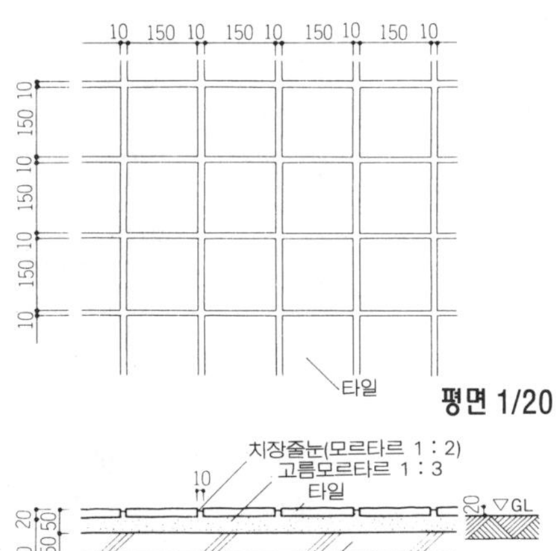

● 벽돌포장

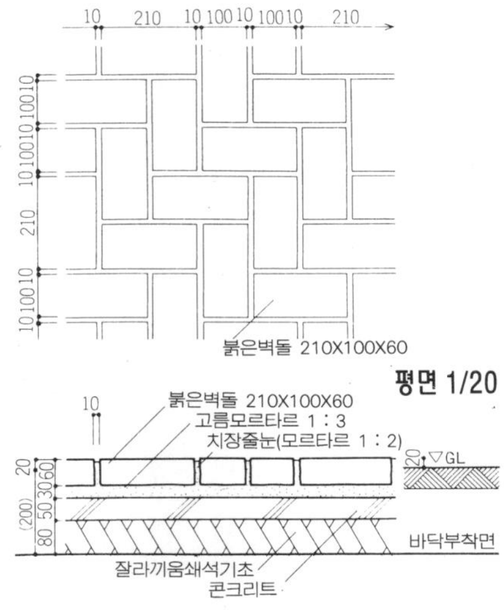

● 나무벽돌포장

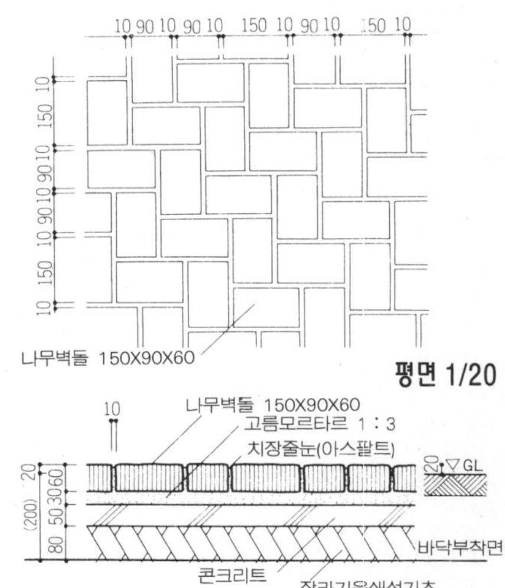

● 돌붙임포장

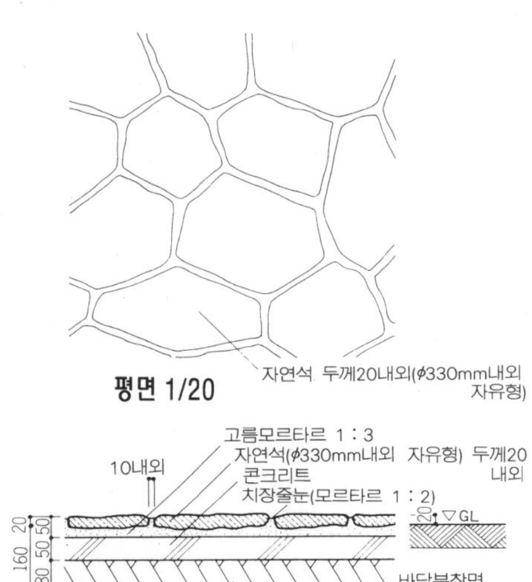

● 소포석포장

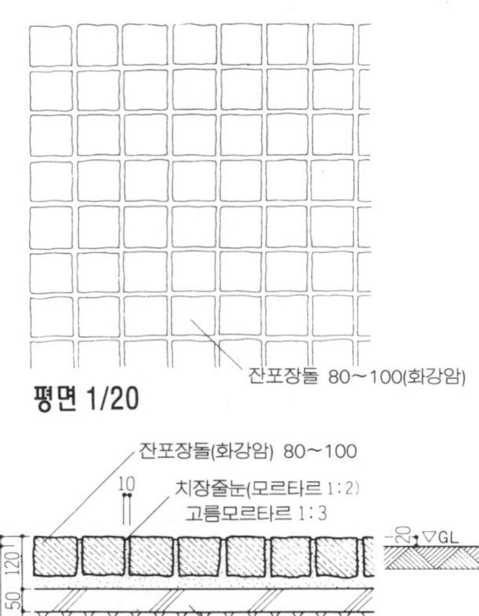

● 자갈묻음포장

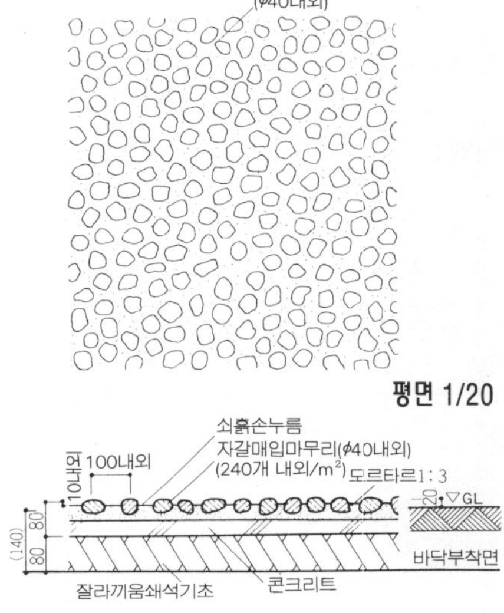

● 자갈씻어내기포장

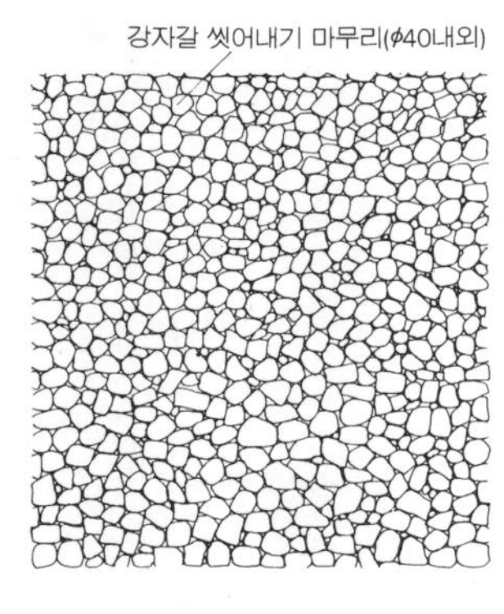

6. 월(Wall)

● 콘크리트월

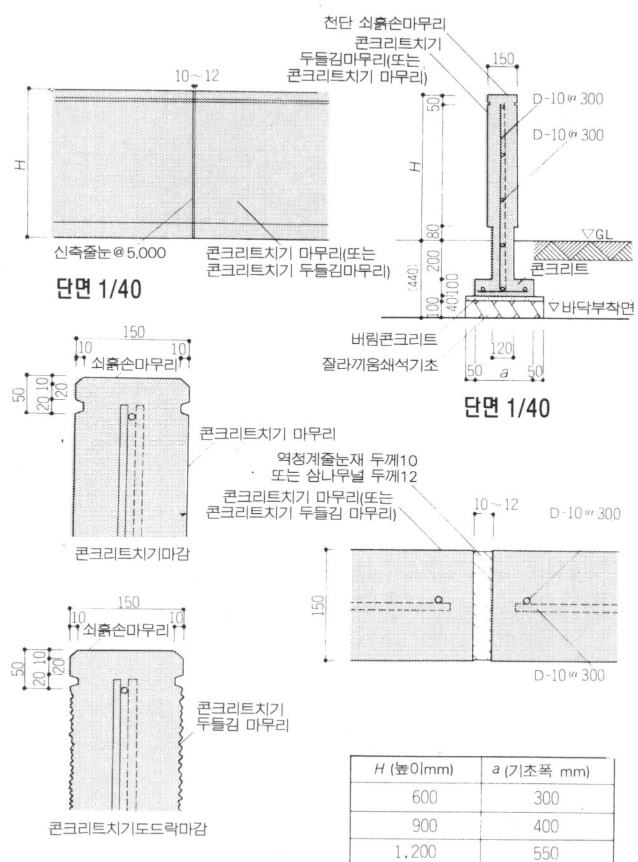

H (높이mm)	a (기초폭 mm)
600	300
900	400
1,200	550

● 돌붙임월

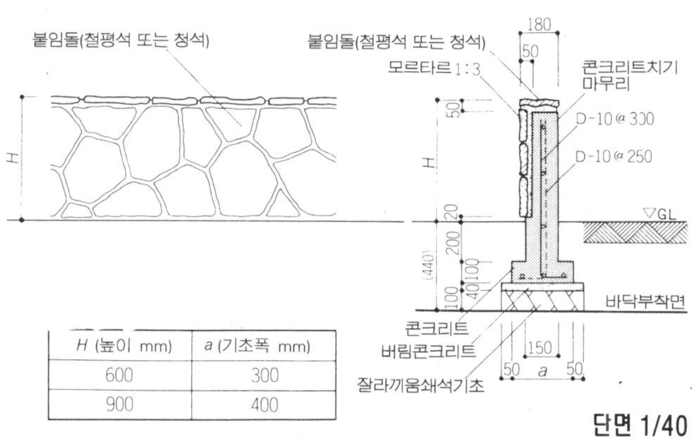

H (높이 mm)	a (기초폭 mm)
600	300
900	400

● 소단쌓기월

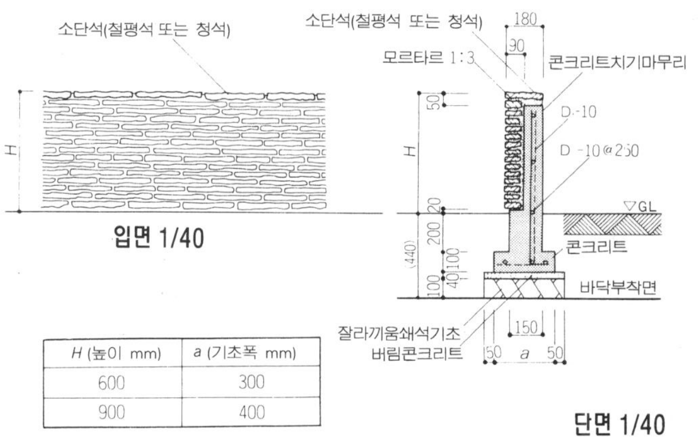

H (높이 mm)	a (기초폭 mm)
600	300
900	400

● 벽돌월

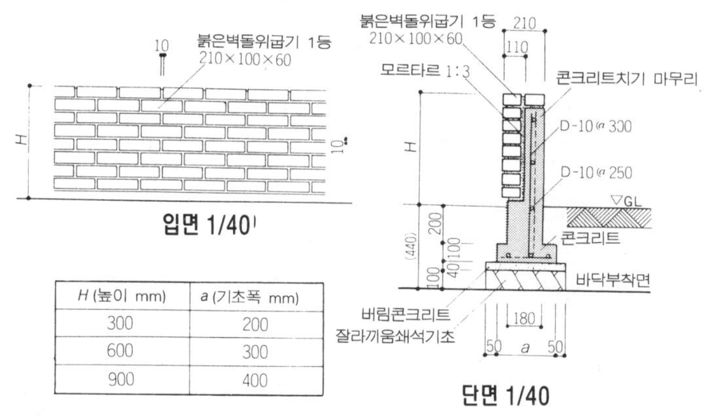

H (높이 mm)	a (기초폭 mm)
300	200
600	300
900	400

● 소포석월

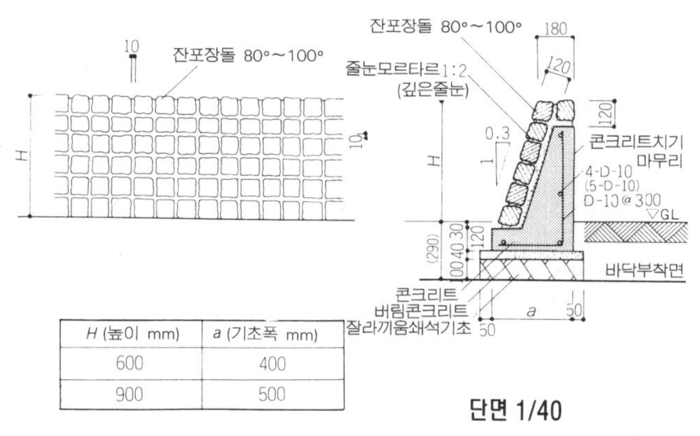

H (높이 mm)	a (기초폭 mm)
600	400
900	500

● 대곡석월

[예 1]

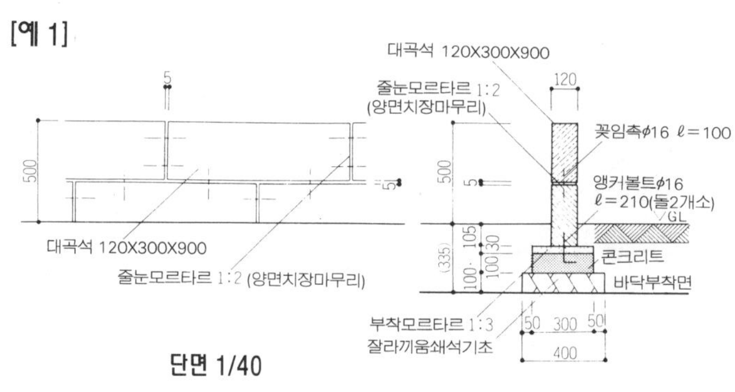

[예 2]

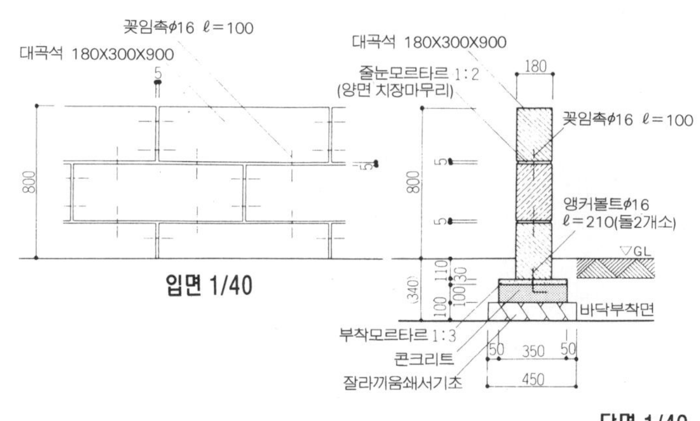

● 콘크리트블록월

[예 1]

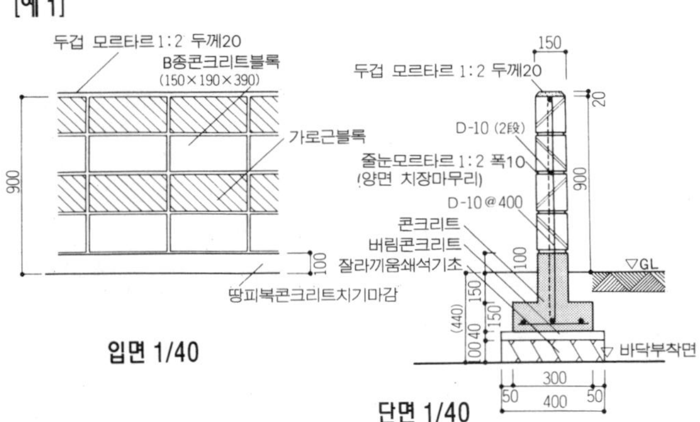

입면 1/40

단면 1/40

[예 2]

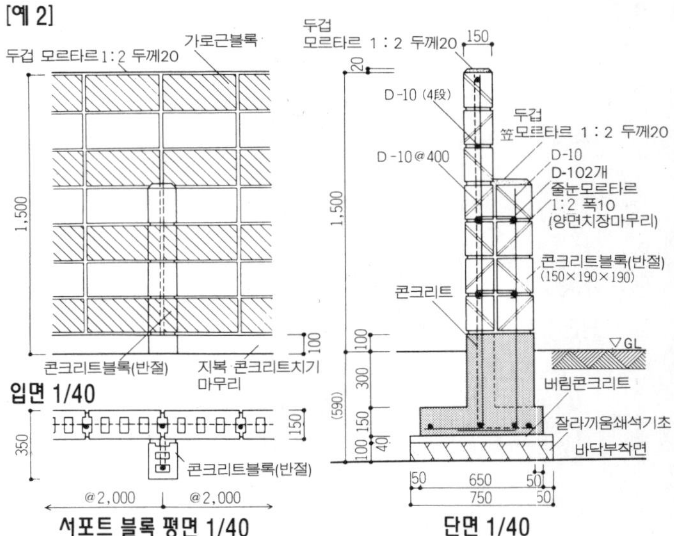

입면 1/40

서포트 블록 평면 1/40

단면 1/40

[예 3]

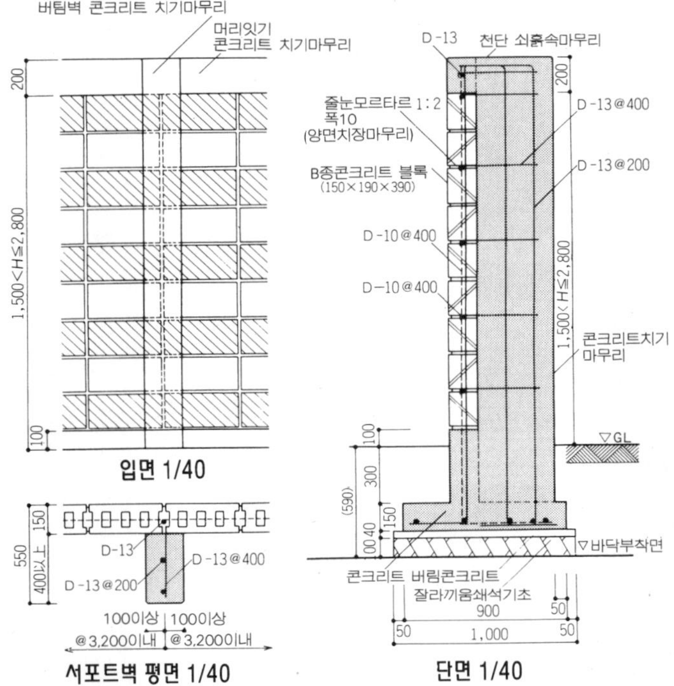

입면 1/40

서포트벽 평면 1/40

단면 1/40

7. 돌쌓기

● 호박돌쌓기

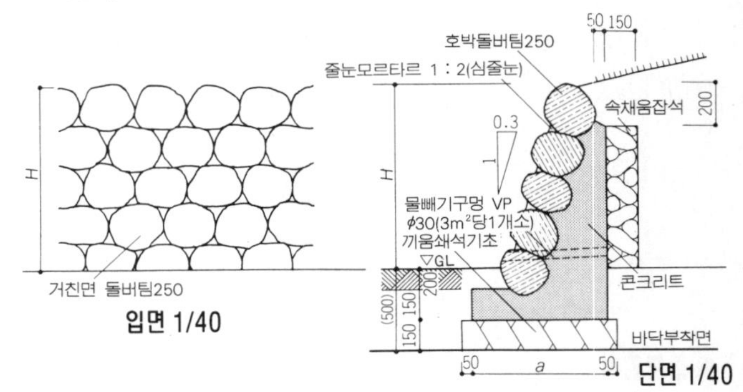

입면 1/40

단면 1/40

H (높이 mm)	a (기초폭 mm)
600	550
900	650
1,200	750

H (높이 mm)	a (기초폭 mm)
600	500
900	650
1,200	750

8. 할석쌓기 옹벽

● 절토용

모르타르쇠흙손마무리
400
1,000이하
300
깬돌
0.3
1
2,000
속채움잡석
물빼기구멍 VP ϕ75
(3m²당1개소이상)
▽GL 바닥부착면
50
300
버림콘크리트
350
200 300
속채움콘크리트
콘크리트
바닥부착면
잡석기초
770
950
1,050
50
50

단면 1/60

● 성토용

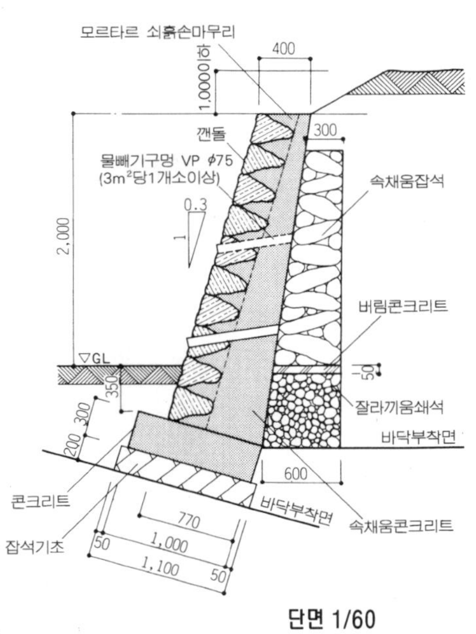

단면 1/60

● 잡석쌓기

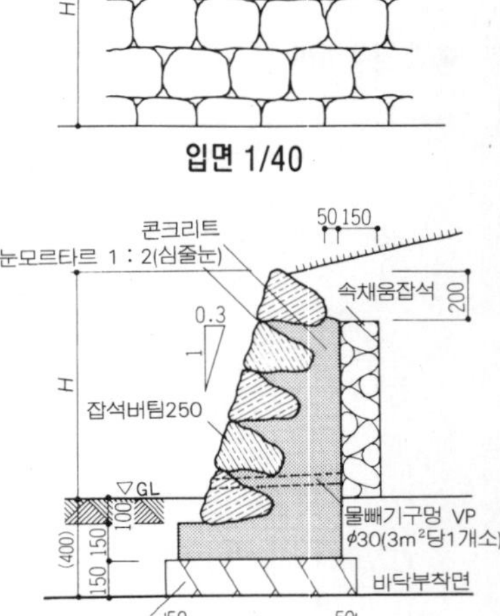

입면 1/40

단면 1/40

재료 · 마감별분, 철골조

7장 철골조 디테일

<thema>

철강 산업의 획기적인 고도성장은 세계적 수준으로 철강 생산고를 달성하였으며, 또, 기술개발에 의한 강재성능의 고도화나 제품종목의 다양화는 각 부문의 산업계에 철강의 수요도를 증가시켰다. 특히 건축부문에 있어서 철골조의 현저한 진출과 보급은 그 생산 형태와 구성기구의 프리패브적 체질이 현대 사회가 요구하는 건축 생산의 공업화에 일치되는 점에 있다고 생각된다.

철골조 설계의 디테일 부문의 기초적 입문으로서, 일반적인 중소규모 철골조 건축의 경우를 대상으로 구조 및 구조 디테일의 해설을 가하여 구체 바탕 마무리의 기본적인「아무림」과 각 부위별 표준 디테일을 들어 철골조 디테일의 특성을 인식하도록 배려하였다.

철골조 디테일의 설계는 그 기초 지식으로서 철골조의 체질을 정확히 파악하는데서부터 시작한다. 이것을 구별하면 강재의 재질적 특성, 구조체로서의 특성으로 구분된다.

강재의 재질적 특성

(1) 강재는 공장에서 생산되므로, 형상·성능도 규격화되어 재질이 균일성을 갖는데서 강도나 성질이 비교적 명확하다.

(2) 강재는 다른 구조재에 비교하여 강도가 크므로 단면이 작게된다.

(3) 강재는 탄성·인성이 풍부한데다 강도도 높고 합리적인 건축 구조재라 할 수 있다.

(4) 강재는 불연이지만 내화재는 아니다.

강재는 고열에 의해 급격히 응력도가 저하하는 성질을 가졌다. 화재시 가구재로서의 응력에 대응이 불가능한 경우 변형·좌굴 등의 현상을 일으키며 구조재로서의 기능을 상실한다. 때문에 내화피복을 필요로 하는 까닭이다.

(5) 대기에 접하는 금속은 대기 중의 산소·수분과 화합하여 금속과의 산화물, 수산화물, 탄산염 등을 혼합한 생성물로서 녹을 발생한다. 철재의 녹경우 산화제1철(적녹), 산화제 2철(흑녹)의 2종류가 있으나 적녹은 철재의 내부까지 침식하여 구조상의 결함이 되는 수도 있다. 또 이종금속이 접촉되는 곳에 물이 닿으면 물을 매개로서 전지현상이 생겨 전위가 낮은 편의 금속이 화학변화하여 서서히 용해 부식하는 전식작용이 생긴다. 전위가 낮은쪽에서 높은 쪽을 열거하면 Mg－Al－Mn－Zn－Cr－Fe－Co－Ni－Pb－Cu－Au 등이다.

금속 발녹의 조건으로서

① 대기부식/비, 눈, 결로 등 물이 원인

② 산·염류부식/공업지대의 아황산가스, 유황가스, 해안지방의 염풍, 해수 등이 원인

③ 전식

④ 토양부식/토양중의 수분, 박테리어 등에 의한 국부적인 부식 등을 말할 수 있다.

이상의 발녹조건 중에서 물과 산소에만 의한 대기부식이 가장 많은 것이 일반적인 현상이다. 따라서 발녹대책의 기본은 물과의 접촉을 어떻게 회피하느냐에 있다.

(6) 강재는 온도차에 의한 팽창·수축 결로 등의 현상에 비교적 민감하게 작용한다.

(7) 강재는, 재질적으로 현장에서의 후가공이 어려우므로 다른 구조재보다 치밀한 시공 공정도가 요구된다.

(8) 강재는 다른 재료와의 결합이 용이하지는 않다.

구조체로서의 특성

(1) 철골조의 주체인 철골 공사를 들면 강재 그 자체가 한번 공장에서 생산된 제품이며, 구조부재로서의 공작·가공이나 방녹도장도 공장에서 실시된다. 현장에서의 작업은 반입된 구조부재를 짜서 세우는데부터 시작하는 공정을 진행하므로 구체 그 자체가 이미 프리패브 시스템으로 성립된다. 따라서 그후의 시방도 같은 구성을 채택하는 것이 가장 자연적이며 구조체의 특성을 살리는 방법이라 할 수 있다. 철골조는 다른 구조체에 비교하여, 프리패브 공법에 기본적으로 적합한 구조체이다. 프리패브는, 현대 사회가 요구하는 건축 생산의 공업화 자체의 것으로 현장 작업의 경감, 현장 스페이스의 능률화 공기의 단축 등등 과밀화한 도시 건설의 현상에 어울리는 합리적인 구성 공법이다.

(2) 소규모인 점포 빌딩에서 대스팬 건축물이나 초고층 빌딩에 이르기까지 다른 구조체로서는 불가능한 규모 범위와 형태의 다양성을 갖는다.

(3) 중소규모의 건물인 경우 철골조의 경량성은 기초부담을 경감하고, 말뚝이나 기초 공사 규모의 경제성에 관련된다. 이것은 공사비의 절약뿐 아니라 인근대책에도 유리하다.

(4) 철근 콘크리트조와 비교하여 구체나 축부의 가구공법은 복잡하지만, 구체단면이 작으므로 공간의「로스」가 적다.

(5) 철골조와 철근 콘크리트조는 구성 형태 구분에서－요소 구성과 일체 구성 구조 형태 구분에서－유구조와 강구조가 있다.

대조적인 이 형태는 상호 장점과 단점을 가지나 일반적으로 방화성·내식성은 재질면에서 방수성·방음성은 일체성의 구성에 따라 철근 콘크리트조가 우수하다. 따라서 철골조는 그 형태상의 (－)면을 커버하는 설계가 필요하며 디테일면에서도 배려할 문제가 많다. 더구나 철골조의 디테일은 복잡을 피하여 심플한 아무림이 조건이므로 종합적인 검토와 명쾌한 정리가 중요하다.

(6) 비내화성의 강재를 주요 구조재로 하는 철골조는 항상 내화피복의 문제가 뒤따른다.

(7) 유구조에서 철골조의 거동은 비교적 큰점에서 항상 변위에 대응할 수 있는 설계를 고려해 둘것.

(8) 집중 하중의 부담은 반드시 구조 구체에 앵커되도록, 설계단계에서 체크한다. 이상 강재나 철골조의 주요한 특성을 열거하였으나 강재는 건축재로서 무조건 적재라고는 할 수 없으며, 구조체로서의 커버해야 할 몇가지 문제점을 갖는 것이 이해된다. 이러한 점을 대비하여 건축 성능의 관점에서 철골조 디테일 설계의 포인트를 표시한다.

디테일 설계의 포인트

내 화

건축물은 법정 방화성능상에서 내화 건축물 간이 내화 건축물(외벽 내화 건축물, 불연 내화 건축물) 기타로 구분되며, 각각 방화에 관한 규정이 적용된다. 철골조를 상기의 건축물에 인정시키는데는 규정의 방화처리를 필요로 하며, 내화 피복도 그 하나이다. 내화구조란, 건물의 층수와 부위별로 보통 화재에 몇시간 이상 견딜수 있는냐 하는 내화시간에 따라 구분되며 건설부장관이 지정한 구조이다.

따라서 내화 피복의 시방도 내화 시간을 기준으로 하여 건설

부의 고시에 의해 규정되었다.

피복재의 선택에는 건물 전체의 설계 의도를 기본으로 천장이나 柱型의 디자인도 고려하여 뿜칠재료냐, 성형판이냐를 결정한다. 또 재료의 지정번호, 지정연월일, 품목명 부분 내화성능의 구분 등의 확인의 선결이다. 내화피복의 공비에 미치는 영향은 중소규모일수록 높게 되므로 사전에 충분히 연구하여 합리적인 방화구조 규모를 선택해야 한다.

내장에 있어서는 건물의 용도·구조·규모에 따라서 내장제한의 규정이 있으며 허용재료로서 「불연재료」「준불연재료」「난연재료」가 지정되었다. 내장재의 선택에도 건설부지정번호의 확인이 중요하다. 발화에서 「플래시 오버(flash over)」에 이르는 화재성장의 과정에 있어서 천장재의 착화가 원인이 되어 가옥전체에 화염이 충만하는 「플래시 오버」 현상이 발생한다. 발화에서 「플래시 오버」까지의 초기소화와 피난의 허용시간을 정하는 목표가 된다. 이것이 천장면의 방화성을 특히 중시하는 까닭이다. 또한 마무리재의 성능은 바탕재와 조합하여 그 효과를 완전하게 하는 것으로 천장에 대한 금속바탕 사용은 오늘날 상식으로 되어 있다.

방 수

구조체로서의 특성에서 전술한 바와 같이 철골조의 구성은 철근 콘크리트조와 같은 이음을 갖지않은 일체구성과는 달리 각 엘레멘트를 구체에 장치하는 요소 구성으로 성립되므로 항상 조인트 부분을 수반하여 지붕·외벽의 외부 구성으로서도 형태나 구성재의 취급은 다양하며 「아무림」도 복잡해지기 쉽다. 또 유구조의 체질에서 비교적 큰 변위가 예상된다. 따라서 심플로 통합하는 구성상의 정리를 토대로하여 간극을 허용지않는 조인트 디테일의 취급, 변위에 대한 저항 또는 추종의 설계 등이 철골조의 성질을 근거로 한 방수대책의 기본이라 할 것이다.

철골조의 지붕에는 이기지붕형식, 옥상형식 2가지가 채택된다. 이기지붕은 가급적 지붕을 심플로 하여 스무스한 물매를 도모하고 물매나 풍습 조건과 이기 재료에 알맞는 충분한 경사를 취하여 물의 고임을 피하며, 풍해 등의 대책도 고려한다. 또 누수에는 평탄한 부분에서 처마둘레나 드레인둘레 등의 모서리 부분이나 수직부분에 많으므로 설계상의 배려와 세심한 시공을 요한다. 방수 시방으로서 철골조의 변위에 대해서 추수성이 부족한 모르타르방수나 바름두께가 얇은 도막방수는 피해야 한다. 조인트부분에 채워지는 실링재도 철골조의 거동성, 패널구성에 대한 긴줄눈, 온도변화가 큰 우리 나라의 기후성 등을 배려하여 등급이 높은 것을 사용하는 일이다.

구체와의 일체성이 부족한 철골조의 외벽구성에서 거기에 장치되는 새시의 안정이 문제가 된다. 지진·풍압 등의 외력작용에 의한 개구부 상태는 누수의 원인이 되므로 그 개구부 규모에 알맞는 패널보강 샛기둥, 띠장 수직재 등의 바탕보강이 필요하다.

이상 종합적 견지에서 철골조는 그 기구상 고도의 방수처리를 요구하므로 방수·실링·외장 뿜칠 등의 각 재료와 시공에는 높은 시방이 요구된다.

내 식

현행의 법적 내용연한은 철근 콘크리트조가 75년이며, 노출철골조는 45년으로 되어있다. 중소규모의 철골조에 있어서 골재는 비교적 경량인 것이 사용되므로, 그러한 것을 부식으로부터 어떻게 커버하느냐가 큰 과제가 된다.

강제의 발녹조건으로서, 재질 특성의 항목에서 앞서 말한 바와 같이 대기부식, 산 또는 염에 의한 부식, 전식, 기타를 들었으나 물 또는 물을 매개로 하는 경우가 가장 많다. 여기서 방녹은 강재 그 자체를 대기중의 수분이나 산소와 직접 접촉시키지 않는 방녹처리, 건물로서의 내식 대책으로 구별된다.

방녹처리(녹막이)

방녹처리의 방법에는 방녹도장과 표면처리가 있다.

방녹도장

금속중에서 특히 강재의 발녹을 막기 위해 방녹도료(녹막이페인트)를 강재의 바탕면에 직접 도장하는 방법. 철골 공사의 공작공정중에서는 마지막의 공정에 속한다. 방녹도료로서는 연단, 염기성크롬산연, 연시아나미드, 징크로미트 등을 안료로 히비클(전색제)에는 건성유 푸탈산수시, 바니스, 합성수지바니스를 사용한 것이 쓰인다.

표면처리

① 도금방법/아연도금, 징크크로미트 도금, 카드미움도금, 크롬도금 등

② 화학적 처리방법/파카라이징 및 본데라이징법, 용융도금법, 메타리콘처리 등

③ 금속착색법

건물로서의 내식대책

철골조는 물의 침입이 고려되기 쉬운 요소를 많이 지닌 구성체이므로 만일의 누수에 대비하여 철골 구체 및 바탕 부재의 내식디테일을 연구할 필요가 있다.

① 철골가구체 또는 부재의 조합중에서 특히 물이 고이기 쉬운 장소는 부식 감후를 고려하여 재료 두께를 조정한다. 또 부재의 커트된 마구리 부분은 방수, 도막도 얇게되기 쉬우므로 물에 닿지않도록 주의한다.

② 이음·맞춤이 복잡한 경우는 「물빼기」를 마련하여 물돌림을 도모하던가 또는 재료두께를 조정한다.

③ 용접 부분은 바탕처리의 용해박리나 산화물의 혼입 등에서 부식도가 높으므로 현장에서의 재생처리나 산화물의 청소가 필요하다. 또 용접 부분의 미소한 간극은 모세현상에 의한 침수가 고려되므로 연속용접으로 하던가 또는 코킹충전 등으로 밀폐한다.

④ 금속 공사에 있어서 채양끝, 처마 천장, 홈통의 지지재 등에 이종금속을 사용하는 경우 강재와의 접촉부에 물이 흐르면 전식현상을 일으키므로 주의를 할 것.

⑤ 처마, 채양, 발코니 등의 내민 부분에는 「물끊기」를 만들어 물돌림을 막는다.

⑥ 지장이 없다면 철골조의 프레임을 노출시키는 편이 발녹의 조기발견과 도장의 재생에 유리하다.

결 로

철골조에 있어서 결로는 강재의 부식에 직접 관련되므로 그 처리는 중요한 과제가 된다.

결로란 벽, 천장, 바닥 등의 표면 내부의 온도가 공기의 노점온도 이하로 내려 건축재의 표면에 이슬을 맺게하는 작용을 가리킨다. 일반 현상으로서 외벽둘레의 벽면 등에 옥외와 녹내의 온도차와 습도가 작용하여 온도가 높은 옥내측에 결로가 생긴것은 흔히 경험되는 바이다.

대책의 요점으로는 열이 통하기 어려운 재료를 사용하여 습기를 차단하고, 통풍을 잘하는 것이 고려된다.

결로에 대비하여 다음 점을 고려한다.

<thema>

① 구체재나 바탕재는 배수가 잘되는 단면의 것을 선택하고, 그 구성도 극력단순화를 검토하여 물이 체류되기 쉬운 부분을 만들지 않도록 연구를 한다. 구조체가 집중하는 부분은 결로되기 쉬운 경향이 있다.

② 벽체는 구체와의 사이에 클리어런스를 마련하여 구체에 물돌림을 막는다.

③ 결로가 예상되는 부분에는 「물빼기」를 준비한다.

④ 대개 외부에 접한 북쪽·서쪽벽은 결로되기 쉽다.

⑤ 지붕이나 슬래브 하단은 천장을 만들어 적당한 공기층을 마련한다. 노출천장은 결로대책상 피해야 한다.

⑥ 설비 계획으로서 방습 장치, 환기 장치 등을 검토한다.

⑦ 철골조의 하층 바닥은 보통 지반에 접한 다짐콘크리트 취급이 많으나 다짐바닥의 습기는 주각 부분의 부식에 관련되는 점에서 밑창 콘크리트 상부에 방습 시트를 까는 등 투습의 방지를 고려할 필요가 있다.

차 음

소리의 문제는 해마다 그 원인이 다양화, 복잡화하여 건물을 둘러싸는 소음의 범람은 지금도 사회문제로서 그 해결을 재촉하는 것이 현실이다. 따라서 건물에는 더욱더 고도의 차음성이 요구되는 시대가 되었다.

철골조의 구성 양식은 각 엘리멘트의 조합으로 성립되고, 더구나 비교적 가벼운 패널이 채택되는 경우가 많다. 건식공법에서는 패널의 제품 오차, 작업면에서의 조립정도면에서 공법 그 자체가 극간이 생기기 쉬운점과 또 패널의 경량성은 재질적으로 큰 차음 효과가 기대될 수 없다. 따라서 철골조는 철근 콘크리트조에 비교하여 구성의 일체성과 엘리멘트의 중요성이 부족한 점에서, 소리(공기전송음과 고체전송음)가 전파되기 쉬운 구조체라 할 수 있다. 소리 콘트롤은 외부에서 소리를 차단하는 차음성과 내부음의 투과를 막는 흡음성으로 구별된다.

차음 효과를 재료별로 선택하면, 콘크리트 블록, 석재 등과 같이 재질이 치밀하며, 단위체적당의 중량이 클수록 그 효과가 크지고 성능은 투과율, 투과손실, 차음도로서 수치로 나타낸다.

흡음이란 음의 에너지를 흡수하는 작용을 가리키며 흡음재는 각종 변환기구를 구비하여 음의 에너지 일부를 열에너지로 변환하여 소리를 흡수하는 재료로서 그 변환기구에 따라서 다공질형, 막진동형, 관통공형 등의 종류로 분류된다.

철골조의 특성에서 소리 문제를 고려하여 보면 다음과 같다. 외벽재는 비교적 차음도가 높은 재질을 선택하던가 방음재와의 병용을 고려한다.

실내의 칸막이벽은 천장면에서 그치지 말고, 슬래브 하단까지 연장하는 것도 필요에 따라서 배려한다.

외부, 내부도 극간에 대한 검토를 디테일에 계획한다.

다음에 차음 데이터로서, 각종 벽체의 평균 투과손실을 게재한다.

·콘크리트 두께 100 양면 플라스터 마무리 두께 12-48 dB ·콘크리트 블록 두께 100 양면 플라스터 마무리 두께 15-43dB ·ALC판(경량 기포콘크리트판) 두께 100 양면SM 플라스터 마무리 두께 3-43dB ·유리블록 두께 95-33dB ·유리두께 3-23dB 두께 6-25dB, 두께 10-28dB ·철판두께 0.7-20dB, 두께 4.5-23dB 목조바탕←벽두께마무리재 내측에서 45°

·양면석고보드-두께 7 글래스울 두께 25 충전-33dB ·양면석고보드 두께 7-30dB ·양면합판 두께 3 록울 두께 50충전 -27dB 목조바탕 벽두께마무리재 내측에서 100 ·양면합판 두께 4-23dB

목조 바탕인 경우에는 바탕의 형태에 따라 다소의 변화가 있다. 이상의 데이터로 표시된 바와 같이 경량의 재료일수록 소리를 투과되기 쉽다.

디테일 설계의 의의

건축 생산의 공업화는 건축 구성 요소 세부까지 대형 기업에 의해 제품화되고 건축 공법은 각 콤퍼넨트의 조합에 의한 완전한 프리패브체제로 바뀌어 가고 있다. 특히 철골조는 구체 그 자체의 특성이 그 점에 있는데서 이 경향이 가장 현저하며 그 반영은 설계 및 디테일 설계의 여하에 큰 변혁을 가져오며, 설계는 「어떻게 하는가」에서 「어떠한 제품으로 마무리 하는가」에 웨이트가 짜지며 디테일 설계도 설계자가 생각하는 분야가 감소하여 서브시스템에서 재료로서 제출된 표준상세, 부착상세가 일반설계에 트레이스되는 케이스가 많다. 이것은 부분적 전문 지식의 분업화 그 디테일을 전체로 하여 제조된 부품이라는 점과 오더메이드는 코스트면에서 비싸다는 점 애프터케어나 책임 범위 문제 기타 많은 조건에서 기재품을 취급하는 이상 필연적인 결과라 할 수 있다. 여기에, 디테일은 고찰할 것을 생략하고 많은 제품 디테일에 정통한 것이 능률적·실용적으로 되어왔다.

반면 이 경향은 손수 만든 설계 개성을 차츰 상실시켜 늘어선 건물의 개별성은 디자인에 의하는 것보다, 극언하면 설치된 콤퍼넨트의 패턴차에 의하는 현상에까지 발전되어 왔다. 여기에 이르러 설계 업무도 콘베이어적으로 프리래브 시스템에 추종하는 편이성을 반성하고, 더욱 창조하는 디자인, 생각에는 디테일의 분야를 중시하여 거기에 설계 개성의 의의를 발견하는 노력을 해야한다.

또한 철골조의 일반 디테일은 다른 구조체의 일반디테일과 비교하면 계통적으로 기준이 되는 경우가 적다. 그것은 급속한 철골조의 진전과 구체측부의 다양성에 의하는 것으로 생각된다.

본장의 Ⅰ. 철골조의 개요 Ⅱ. 부위별 디테일 Ⅲ. 철골조공정으로 되었다.

Ⅰ. 철골조의 개요

철골조의 기본 구조 형태의 해설. 부위별에 그 형태 이음이나 맞춤의 구조 디테일 철골조 독자의 공법인 접합디테일 등을 들 수 있다. 단 모델 평면을 기반으로 기본 설계도 구조도의 일부를 발전시켜 구체적인 참고도 하였다.

Ⅱ. 부위별디테일

철골조의 표준적인 마무리 디테일의 해설. 부위별로 구체, 바탕, 마무리 관계나 아무림 방법을 들었다. 철골조 디테일의 특징을 파악하는데 유의하였다.

Ⅲ. 철골조의 공정

철골 가공 공정, 현장 공사 공정의 해설. 공정표에 따라 사진이나 도해를 사용하여 그 공정을 기재하였다.

형강의 종류

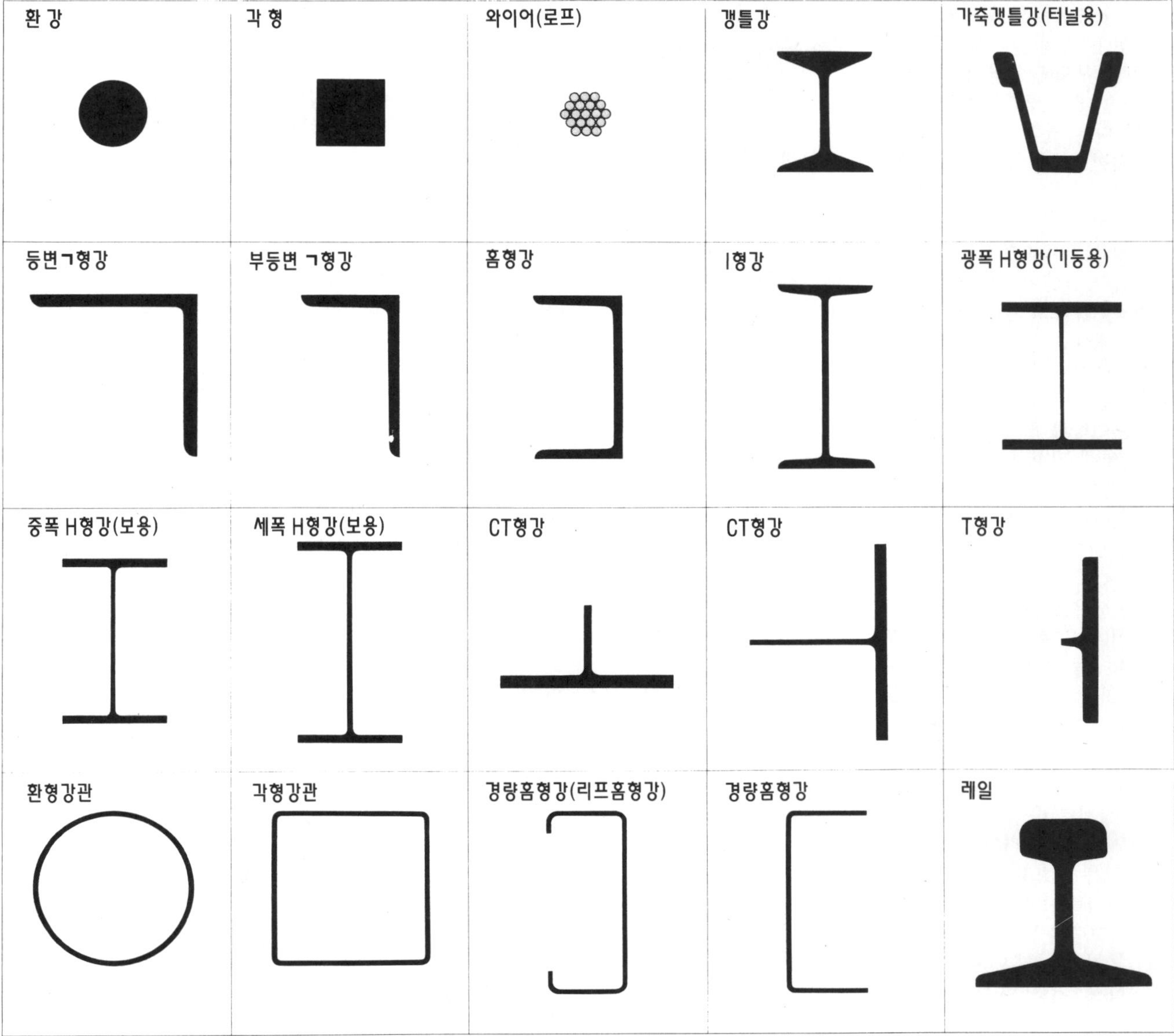
환 강
각 형
와이어(로프)
갱틀강
가축갱틀강(터널용)
등변ㄱ형강
부등변 ㄱ형강
홈형강
I형강
광폭 H형강(기둥용)
중폭 H형강(보용)
세폭 H형강(보용)
CT형강
CT형강
T형강
환형강관
각형강관
경량홈형강(리프홈형강)
경량홈형강
레일

현재재 구조재로서 사용되고 있는 철은, 「鋼」이라 하며, 탄소의 함유량 1.7%미만의 것으로 1.7%이상의 것을 「주철」이라 부른다. 철골 구조에 사용하는 강중에서, 품질규격 SS41에는 탄소함유량 0.16~0.25% 정도로 「연강」이라 부른다.

강재는 다른 건축 구조재와 비교하면 탄성이 높고 강도가 높으며 인성이 크다. 対비중강도에(허용응력도를 비중으로 나눈 치)는 콘크리트와 비교하여 약 6배 이상 목재와는 약 2배이상이다. 또 인성이 큰 것에는 파괴하는데 까지 소모되는 에너지가 크다는 것을 의미하며, 인장하여 파괴할 때까지에 20~30%가 늘며 끈기가 강한 성질을 나타낸다. 더우기 가소성이 있으며 단순한 인장·압축도 같은 강도로 콘크리트재와 같이 압축에는 강하지만 인장에는 극히 무르지 않다고 한다. 응력도의 방향성도 균등하며 목재와 같이 섬유방향에의 하중이 가해지는데 따라 강도치가 다른 경우도 없다.

강재는 이상과 같이 강도상의 우수 성질을 가진 한편 부식하기 쉽고 열에 저항성이 없다는 약점을 갖는다. 즉 저온에는 무르고 고온에는 연화한다. 300℃이상에서 강도는 반감하며, 500℃이상에서는 강도의 저하가 심하고 구조재에는 적당치 않다. 열에 대한 이런 특성이 건축가구재로서 내화피복을 필요로 한다.

강도가 높은 재료이기 때문에 다른 재료에서는 생각지 못할만큼 단면이 작은 부재이다.

이것은 건물 전체의 경량화에는 적당하지만 압축재로서는 좌굴·국부좌굴 등 여러 가지 현상을 일으키기 쉽다.

이상의 특성을 포함하여 각각의 약점을 커버하는데 따라 장점을 살려 강구조는 경량에서 튼튼한 구조체를 만들 수 있다.

과거 지진파 기록과 그것이 건물에 준 영향 자료의 수집을 바탕으로, 실제로 작용하는 지진력을 분석 해석하고, 또, 그 계산을 가능케 한 컴퓨터의 출현에 따라 건축 구조의 내진 이론은 오늘과 같은 진보를 가져왔다. 건물의 지진응답 해석 등에서, 인간의 경험을 초과한 이론 선행에 의한 설계가 가능하게 되고, 여기에 초고층건축의 현실을 보게 되었다.

그러나 지진에 의한 재래 건물의 피해 상황도 복잡화되는 것이 현실이며 「건축법시행령」의 구조관계 내진 규정이 있다.

내진 구조란, 중력에 대해서 지진에 의한 수평 방향의 힘이 작용하는데 대항할 수 있는 구조이다. 이 수평력은 수평방향의 가속도에 의해 결정하고, 같은 가속도라면 질량에 비례한다. 즉 경량이라면 지진력을 받는 일이 작게 된다.

즉, 건물은 평면 방향, 상하층방향 함께 강성 밸런스가 취해져, 지진력이 부분적으로 집중하지 않도록 설계되는 것이 내진적이라고 할 수 있다.

건축법에서는 평면적 밸런스를 편심률로 상하층 방향 밸런스를 강성률로 표현하며, 이 수치가 편심률 0.15이상, 강성률 0.6 이하의 경우에는 내진 성능의 체크로서 허용응력도 설계에 의한 1차 설계의 범위를 초과한 2차 설계에 의한 종국강도의 안전을 확인하도록 되어 있다.

지진은 지반의 진동 현상에서 지반에 의해 특유한 고유 진동주기를 갖고 있다. 건물도 지진력이 작용하면 그에 고유한 주기로 진동한다. 이 지반과 건물이 고유 주기 관계와 건물의 상하 방향의 중량분포에 따라 입력가속도가 정해진다.

일반적으로 고유주기가 짧은 강구조에서는 건물 기초에서 가해지는 가속도보다도 보다 큰 가속도를 받는다. 고유주기가 긴 구조에서는 건물 기초에 가하는 가속도에 비하여 그 증가 방법이 강구조보다 적은 가속도밖에 받지 않는다고 한다. 철골 구조는, 철근 콘크리트조보다 고유주기가 크다. 너무 크게되면 건물의 요동 즉 변위가 크게 된다.

건축법에서는 이 변위를 층간변형각으로 규정하며 층고를 변형량으로 나눈 수치를 1/200이하, 또는 변형량에 대해서 특별한 조치를 한 경우는 1/120이하까지로 한다. 층간변형각이 1/200이란, 구조층고가 3m의 층에서는 변형량을 1.5cm이하로 억제한다는 것을 의미한다.

철골 구조는 그 특성으로서 비교적 경량화가 가능하며 고유주기의 관계에서 지진력을 약화하고, 또는 흡수하는 것과, 구조상 밸런스가 잡힌 설계를 고려하는데 따라 충분한 내진성을 갖게 할 수가 있다. 또 층간 변형각을 억제하는데 따라 전체의 강성을 높이며 지진시에 생기는 내외장재, 장벽, 설비 등의 낙탈, 손상을 보다 작게하여 건물의 안전을 도모할 수가 있다.

철골조의 가구종별

철골의 골조 구조는 일반적으로 라멘 구조, 트러스 구조, 아치 구조 평면 역학으로서 취급하는 것과 입체 트러스 구조, 셸구조, 달구조 및 막구조 등의 3차원 즉 입체로서 취급하지 않으면 안되는 것으로 구별된다.

라멘 구조

결점을 강으로 취급하는 구조 형식이며 각 부재에는 휨모멘트, 전단력, 축방향력이 생긴다. 일반적인 빌딩 건축이나, 공장 등의 ㄱ형 라멘이 가장 많이 보급된다.

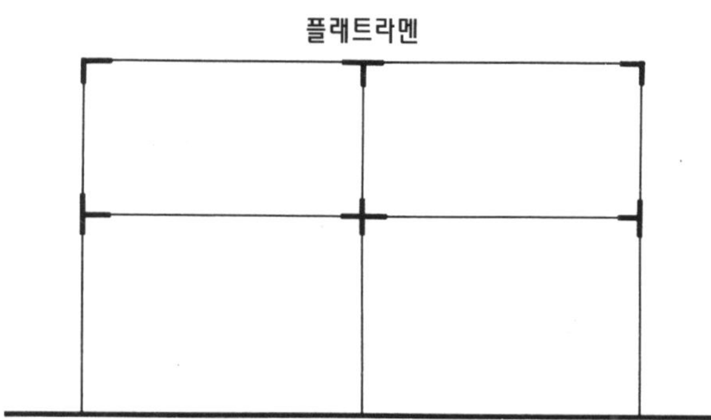

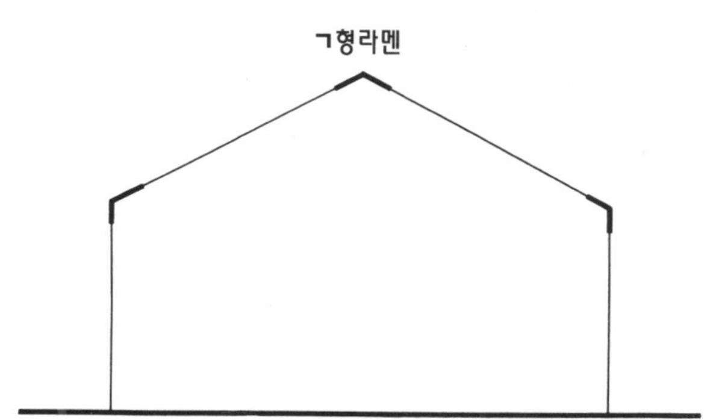

트러스 구조

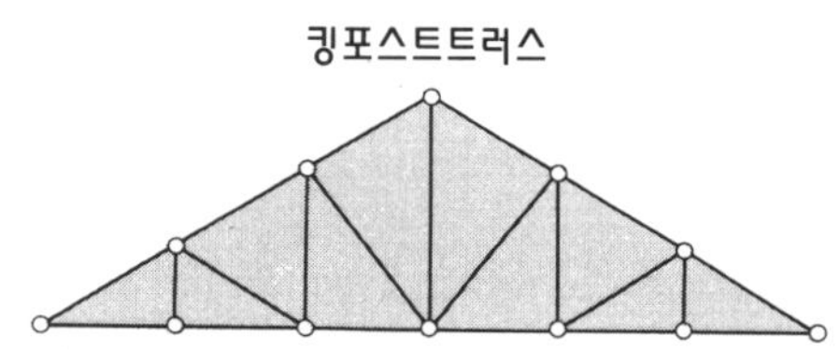

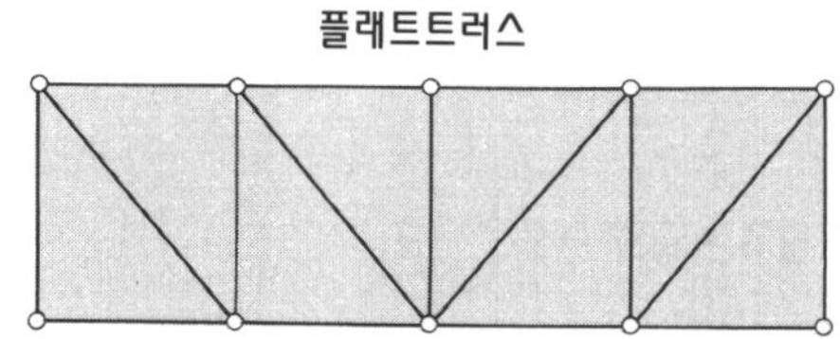

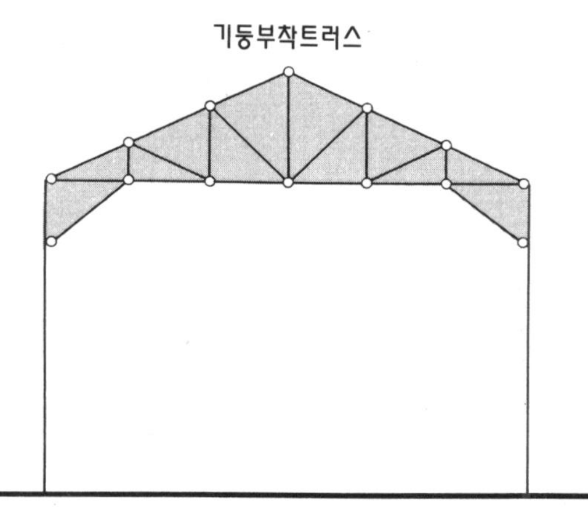

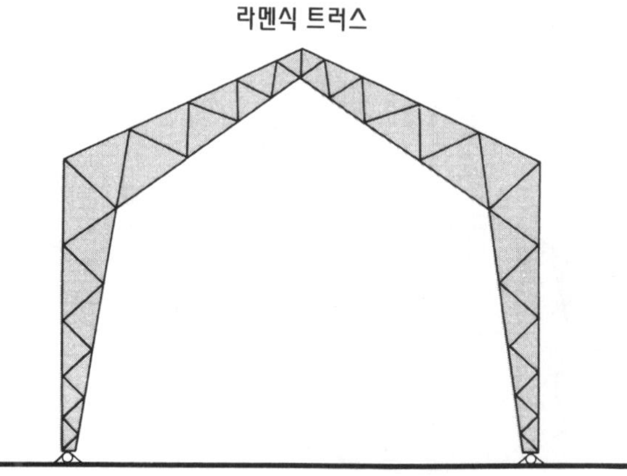

아치 구조

부재를 곡선상으로 구부려서 휨모멘트의 영향을 보다 적게 한 구조 형식이다. 하중은 주로 축압축력에 의해 지지점에 전달된다.

단일재 아치

조립재 트러스식 아치

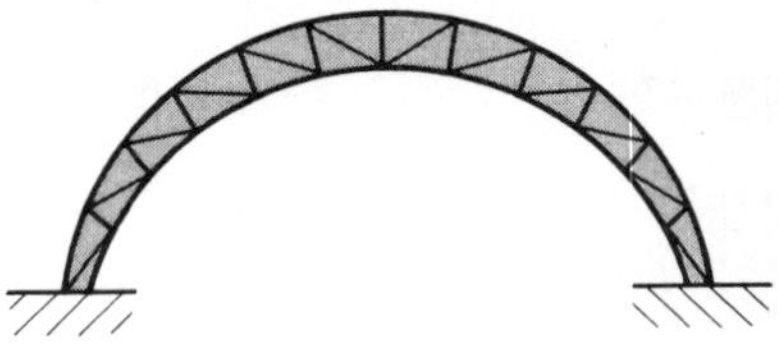

로마식

고딕식

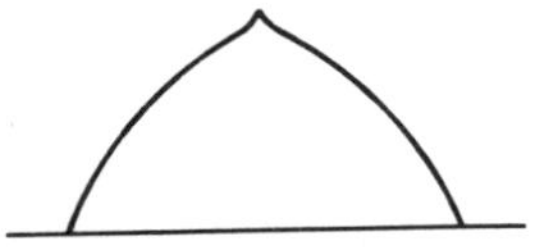

아라비아식

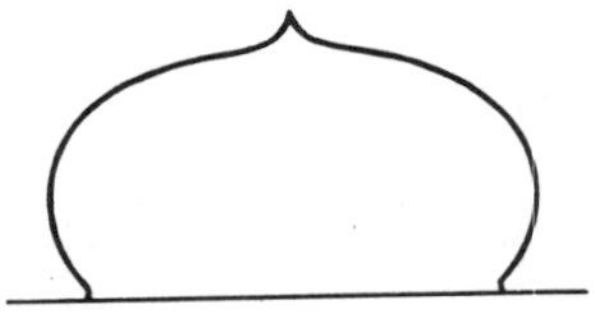

철골아치교

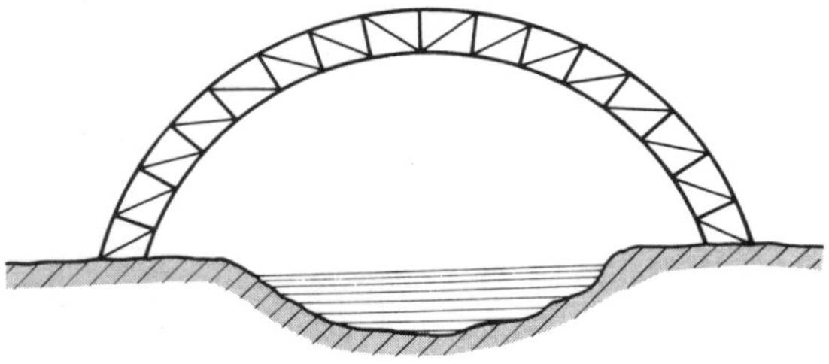

아치식 라멘가구

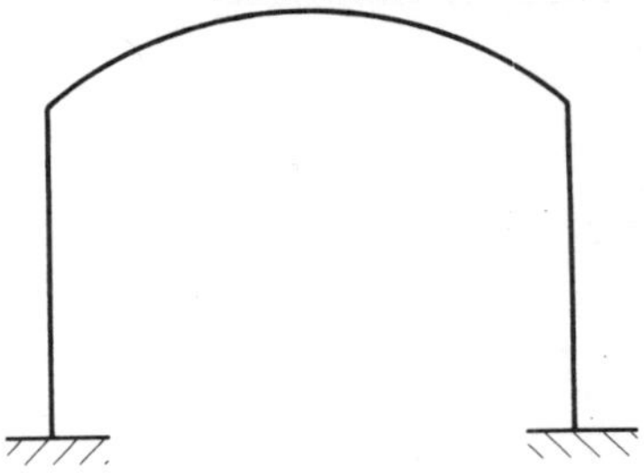

입체로서 취급되는 골조 구조

가구 전체를 균일한 단일 부재로 구성하여 3차원적인 힘의 균형과 함께 전체의 강성을 얻어 외력에 대처하는 구조 방식이며 일반적으로 입체 트러스라 한다. 절판 구조, 달구조, 셸구조, 막구조, 입체 구조로서 취급하는 스페이스 프레임이라고도 말한다.

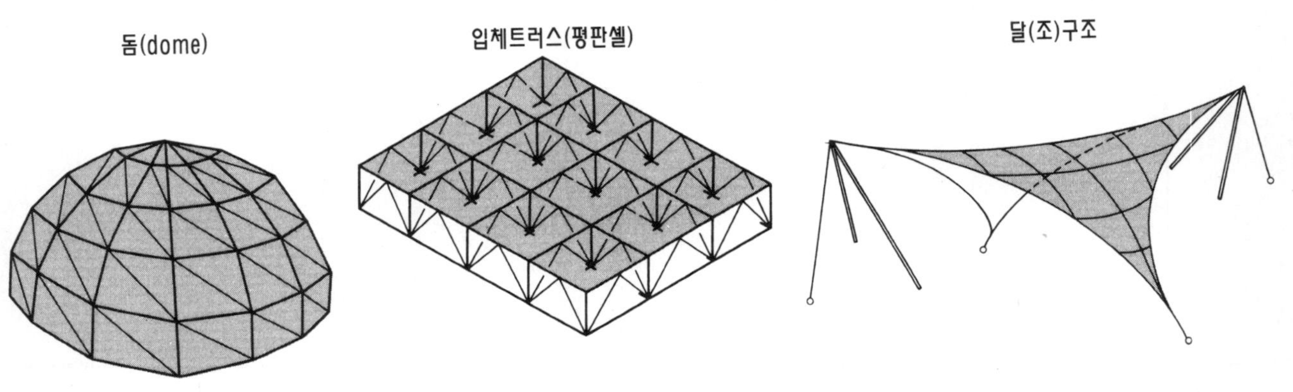

말 뚝

말뚝의 시공별에 의한 특징

① 타입말뚝／기제말뚝을 현장에서 타입하고 지지력을 얻는 것이다. 기제말뚝의 종류로서는 목말뚝, 철근 콘크리트 말뚝(RC말뚝), 프리캐스트 콘크리트 말뚝(PC말뚝), 강말뚝 등이 있다. 목말뚝 이외는 공장제품으로 규격품이다.

말뚝은 지지력을 얻는 방법에 따라 말뚝 선단지반의 내력을 의존하는 지지말뚝과 말뚜주변과 지반의 마찰력을 의존하는 마찰말뚝으로 구분된다.

장 점

・공장제작의 기제말뚝을 사용하므로 제품의 신뢰성이 있다.
・타격에너지에 따라 용이하게 지지력이 산정된다.
・공기가 짧다.

단 점

・충격에 의해 타입하므로 소음이 크다.
・지반에 타입되므로 주변에 진동을 준다.

② 매입말뚝／현장에서 지반에 구멍을 뚫고 그 속에 기제말뚝을 설치하여 모르타르 또는 시멘트 밀크 등을 주위에 채워서 지지력을 얻는 말뚝이다.

지지력은 선단 지반에 의하는 것과 주변 마찰력에 의하는 것으로 구별하기 어렵고 선단에 지지 지반이 없는 경우는 마찰말뚝이 된다.

장 점

・소음이 적다.
・진동이 적다.

단 점

・지지력이 적다.
・현장의 시공정도에 의한 영향이 크다.
・굴착기 시멘트 밀크 타설용구 배트 운반차 등의 기재가 폭주한다.
・공기가 길다.

③ 현장 치기 콘크리트 말뚝／현장에서 지지 지반까지 구멍을 뚫고 실시하며, 철근을 세워 콘크리트를 타설해서 말뚝을 만들며 지지력을 선단지반에서 받는다. 「현장채움말뚝」「현장치기 콘크리트말뚝」이라고도 한다. 시공법에 따라 다음과 같은 공법이 있다.

・베노트공법

말뚝의 종류

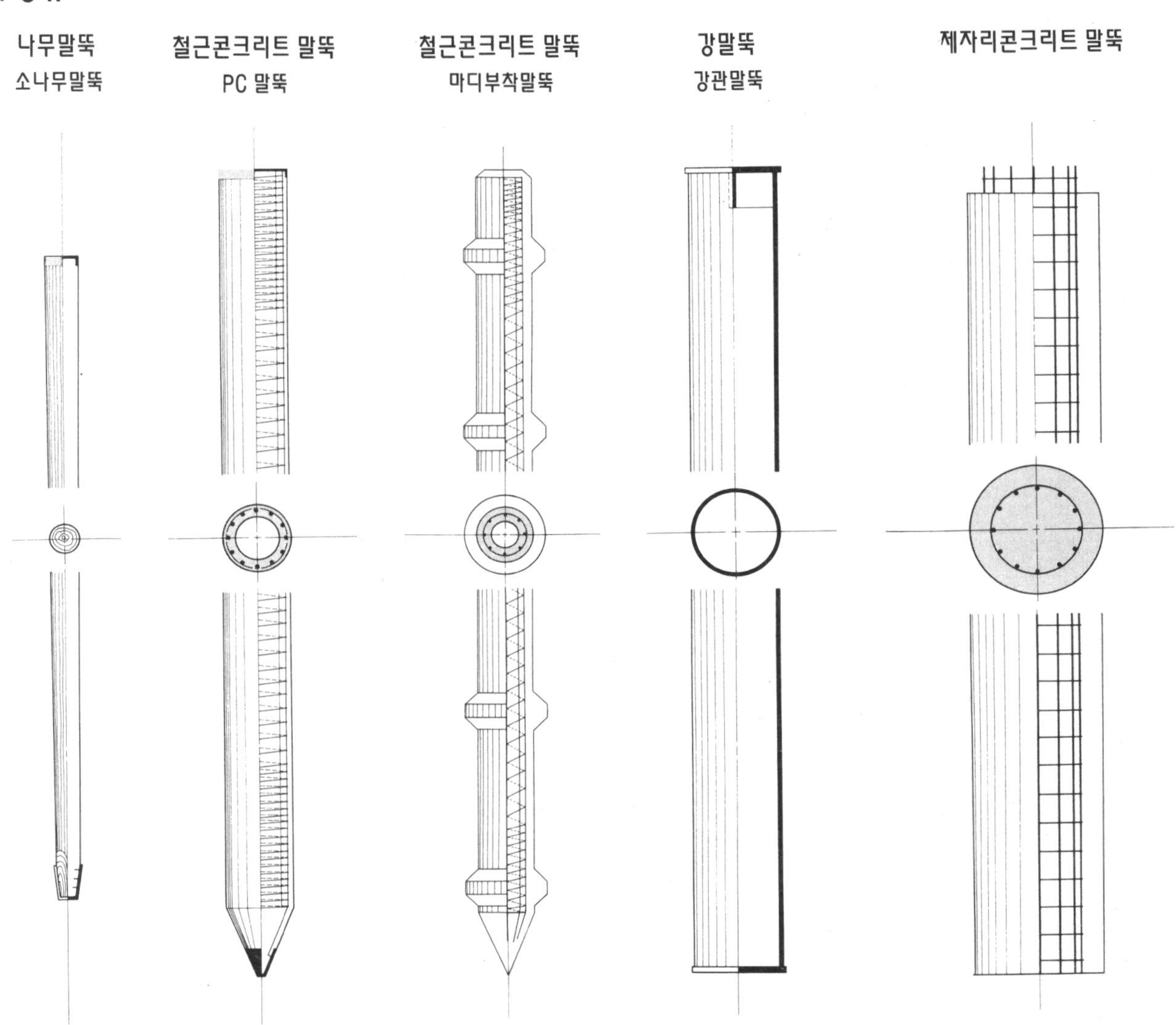

말뚝박기 기초

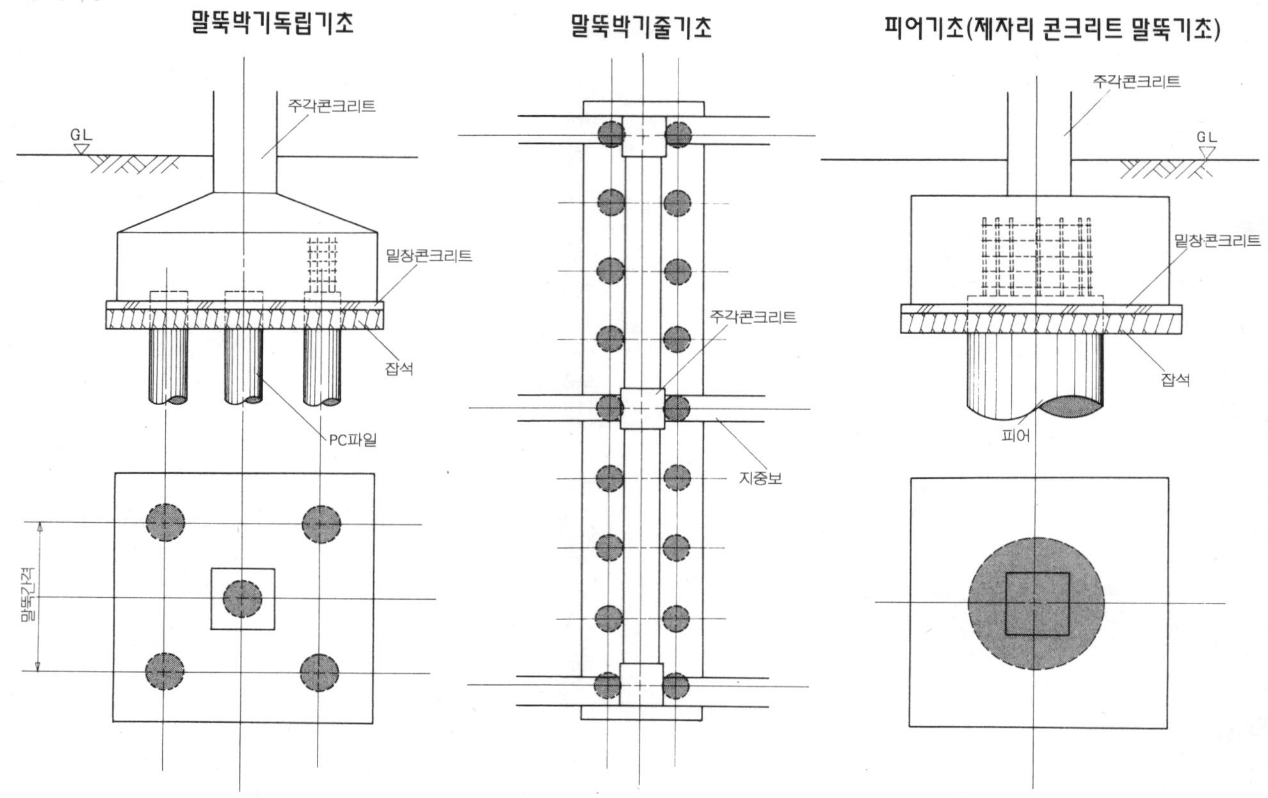

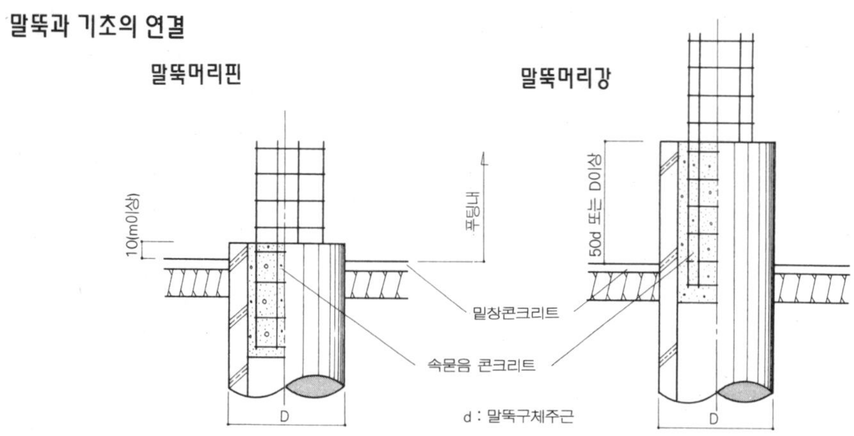

· 어스드릴공법
· 리버스서큘레이션공법
· BH공법

장 점
· 소음이 적다.
· 진동이 적다.

단 점
· 현장에서 만드는 말뚝이며, 시공정도가 지지력에 직접 영향된다. 또 시공이 지중에서 실시되므로, 눈으로 확인하기가 불가능하다.
· 공기가 길다.
· 굴착기, 수조, 배토 운반차 등의 기재가 현장에 폭주한다.

기초는 건물의 용도, 규모, 주위의 환경 상황, 지하 지반의 성질 조건에 따라 최적하고 충분한 기능성, 안정성, 시공성, 경제성을 종합적으로 고려하여 결정한다. 기초의 선정은 우선 지질조사에서 시작하여 대강의 조사와 상세조사의 2단계를 거쳐서 실시한다. 대강에서는 부근의 지반도(도시지반도등)에 의해 지질을 미리 조사하고, 또 인근 건물의 위치, 구조, 기초 상황을 조사하여 시공시에 트러블이 없도록 해둔다.

상세 조사에서는 보링에 의해 지질조사를 하며 지층의 깊이, 지층의 두께, 토질상황 표준관입시험(N값) 및 지하수의 위치 등의 자료를 작성한다. 또 필요에 따라서 토질의 샘플을 채취하여 토질시험을 하며, 각각의 토질 상황이나 특성을 파악해 둔다. 이상의 조사를 기본으로 각종 공법 중에서 가장 적당한 기초를 선정한다. 이 경우 기초는 건물의 하중을 지지하며 침하도괴나 활동에 대해서 충분히 안전하며, 확실히 시공이 가능한 것이 중요하다. 또 지반지지력도를 확인하기 위해 지반의 하중을 가해보는 재하시험 방법도 있다. 기초 공사는 단순히 시공이 가능하다는 공학적 견해에 머무르지 않고 사회성의 견지에서 소음

직접기초

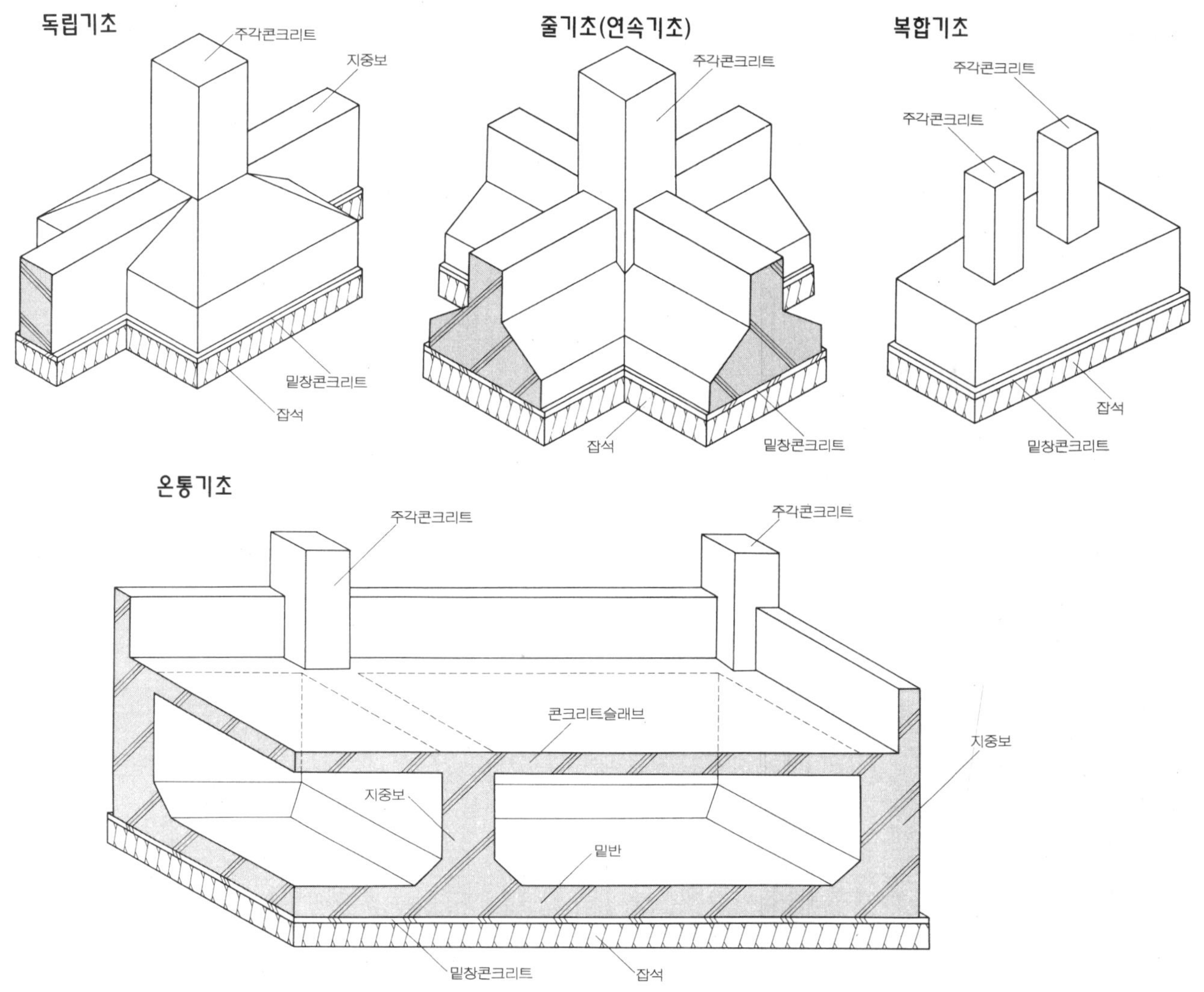

진동이나 교통의 정체 등 공사공해에 대처하는 자세가 중요하다. 또 동일 건물의 기초는 다른 종류의 기초병용을 취하는 것이 원칙이다.

기초는 대별하여 지지 지반에 직접 지지시키는 「직접기초」와 간접으로 지지시키는 「말뚝기초」로 구분된다.

직접 기초

직접기초의 지지력도는 지질조사 또는 재하시험에 의해 구해진 지반의 허용 지내력도 이하에서 침하 등에 의해 상부구조에 유해한 영향을 주지않는 것이 요점이다. 또 기초의 밑넣기 깊이는 우수에 의한 세굴이나 한냉지에 있어서 동상현상에 의한 부풀음, 지지의 지반에 주는 영향 등의 검토에 의해 적절한 깊이에 설치해야 한다.

직접 기초의 형태는 상부 하중이나 지내력도에 의해 독립기초, 줄기초(연속기초), 복합기초, 전체기초가 있다. 주위상황에서 아무림상 편심기초로 하는 경우가 있으나 이에 의한 편심모멘트의 영향은 지중보에 의해 확실하게 대처시킨다.

말뚝 기초

말뚝 기초는 지반의 상황에 따라 직접 기초가 적절하지 않은 경우에 채택되며 건물의 전하중을 기초에서 말뚝, 말뚝에서 지반에 전달하여 지지하는 것이다.

말뚝은 시공이 가능하며, 신뢰할 수 있는 내력이 있으며, 말뚝 기초의 하중은 충분한 내구성을 가진 허용내력 이내가 아니면 안 된다.

동일 건물에는 원칙으로 재료의 종류나 시공법이 다른 말뚝의 혼용은 피해야 한다. 따라서 지지말뚝과 마찰말뚝도 혼용해서는 안 된다.

말뚝의 지지력은 재하시험, 지지력 산정식 및 말뚝박기의 타격 에너지에 따라 구하는 것이다. 지지말뚝 등 지반침하의 우려가 있는 지층을 꾀뚫는 경우는 마찰력에 의한 영향을 충분히 배려할 필요가 있다.

말뚝의 선정은 기초 선정과 같은 뜻이며 기제말뚝을 타입하느냐, 소정의 장소에 천공하여, 이에 기제말뚝을 매입하느냐, 또는 현장 치기 콘크리트 말뚝을 채택하느냐는 상부가구 지반의 상황 및 주위의 환경 조건 등에 따라 안전성, 시공성, 경제성, 사회성을 고려하여 결정한다.

주 각

H형강주각—핀형태

철골H형강 기둥
앵커볼트
베이스플레이트
주각콘크리트
모르타르
철골H형강 기둥
베이스플레이트
앵커볼트

H형강주각—고정형태

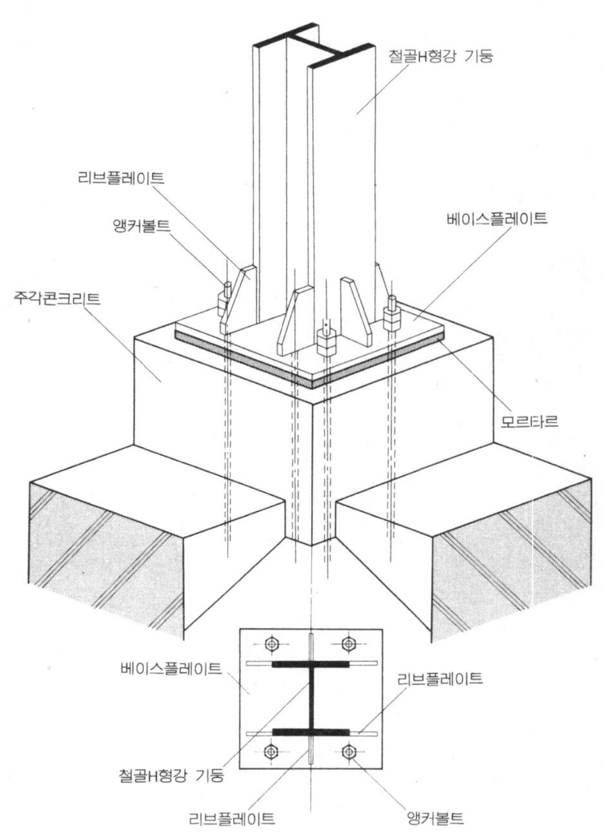

H형강 조립기둥 주각—고정형태(밀잡이 콘크리트 형식)

기둥싸기콘크리트
철골H형강조립기둥
앵커볼트
베이스플레이트
모르타르
철골H형강조립기둥
베이스플레이트
앵커볼트

각파이프주각—핀형태

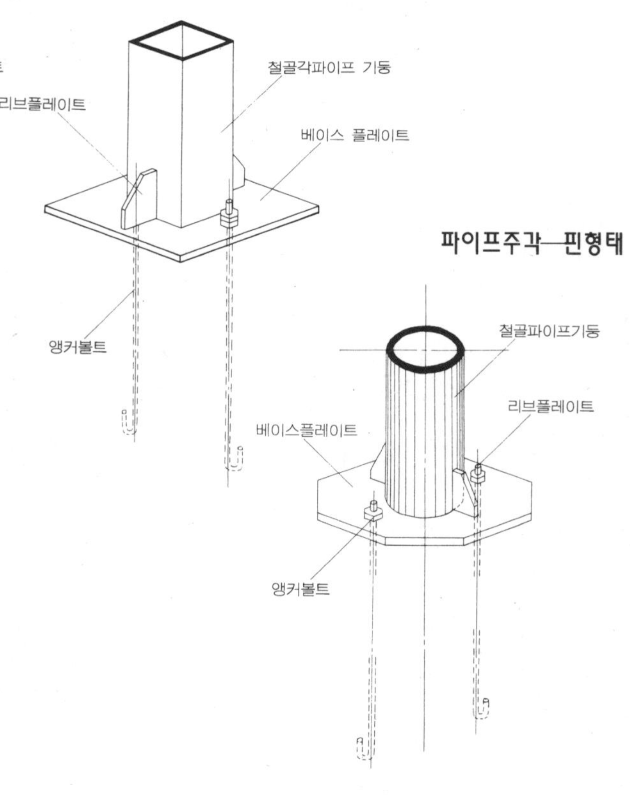

주 각

고정형태

리브플레이트
앵커볼트
스티프너
앵커볼트
리브플레이트
베이스플레이트
리브플레이트

핀형태—1

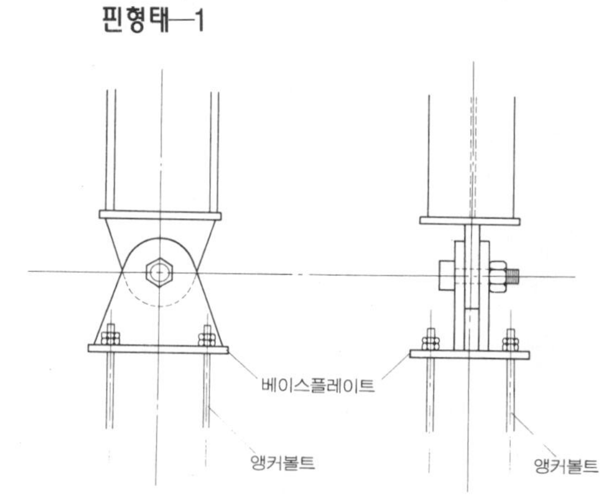

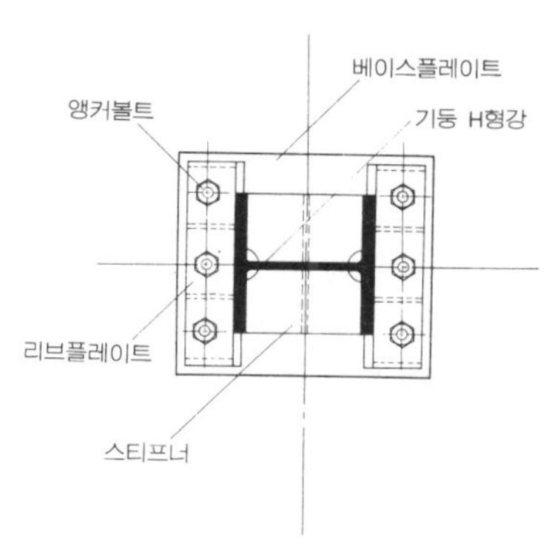

핀형태—2

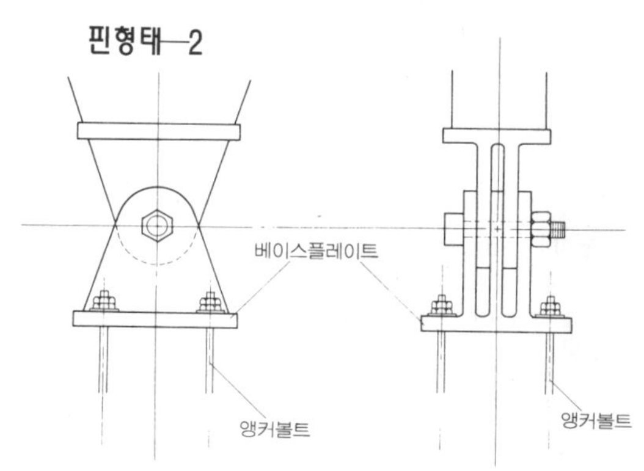

상부 가구와 기초와의 접점이 주각이다. 주각은 핀 고정 및 그 중간에 반고정의 3종류 지점으로 가정한다.

토목 공사에서는 교량과 같은 단순한 정정구조라는 점에서 핀 롤러 등의 지점을 작성하는 경우 설계의 가정에 따라 실용상의 핀 롤러를 제작하여 시공하는데 따라 안전성을 얻는다.

건축에서는 익스팬션조인트 등 특수한 경우를 제외하고 롤러 단을 만드는 일은 없으나 핀으로 가정하는 절점은 있다. 단, 사실상의 핀으로 하는 것은 제작 시공이 곤란하며 또 수가 많기 때문에 핀에 가가운 상태를 핀으로 가정한다.

고정단에 대해서는 완전한 고정단을 만들기는 어려우나 고정도를 높이는 노력을 하는데 따라 상대적으로 고정단으로 가정한다.

건축학회의「강구조규준」에서는 주각을 고정으로 가정하는 경우,

① 윙플레이트와 리브를 사용하여, 베이스 플레이트의 변형을 저지하는 동시에 기둥주재와의 접합을 완전하게 하던가 또는 철근 콘크리트에 의해 피복하고 기초와 일체로 한다.

② 베이스 플레이트 밑면과 기초상면을 밀착시킨다. 이하생략

③ 주각의 전단력이 베이스 플레이트 밑면과 콘크리트와의 마찰력으로 전달되는 경우는 마찰력계수를 0.4로 한다.

특히 ①②의 조건중에 엄격한 것이 있으며, 충분한 시공정도가 요구된다.

①의 조건중 철근 콘크리트에 의해 피복하여 기초와 일체가 되는 쪽을 채택하면, ②의 조건도 만족하며 주각 고정이 되기 쉽다. 이 철근 콘크리트를 밑잡이 콘크리트라 한다. 이것은 철골기둥 보다 피복 두께를 10cm이상으로 하여 철골과 콘크리트의 부착력에 의해 전달된 응력은 철근 콘크리트 기둥의 응력으로 처리된다.

고정단의 문제로서는 다음에 기초 자체의 회전이 그 정도에 따라 고정도에 미치는 영향이 크다. 베이스 플레이트와 기초의 결합이 충분히 만족된 경우 기초 자체가 강강한 지중보에 따라 회전을 저지하였을 때는 좋지만 대스팬 가구는 이 스팬방향에 지중보가 없는 경우가 많고, 문제가 생기기 쉽다.

일반적으로 기초 하단에 인장 응력이 생기지 않는 경우를 고정으로 보는 최저조건으로 한다. 이상과 같이 기초의 회전 및 ①, ②, ③의 조건 등에서 고정도가 상태적으로 낮다고 판단되는 경우를 핀과 고정의 중간적 존재로서 반고정으로 표현한다.

· 핀단/축력 N과 전단력 Q를 지지하여 전달한다. 휨모멘트에 대해서는 자유롭게 회전한다.

· 고정단/축력 N, 전단력 Q, 휨모멘트 M의 전체를 지지하여 전달한다.

· 반고정단/축력 N, 전단력, Q, 휨모멘트 M의 일부를 지지하여 전달한다.

주 각

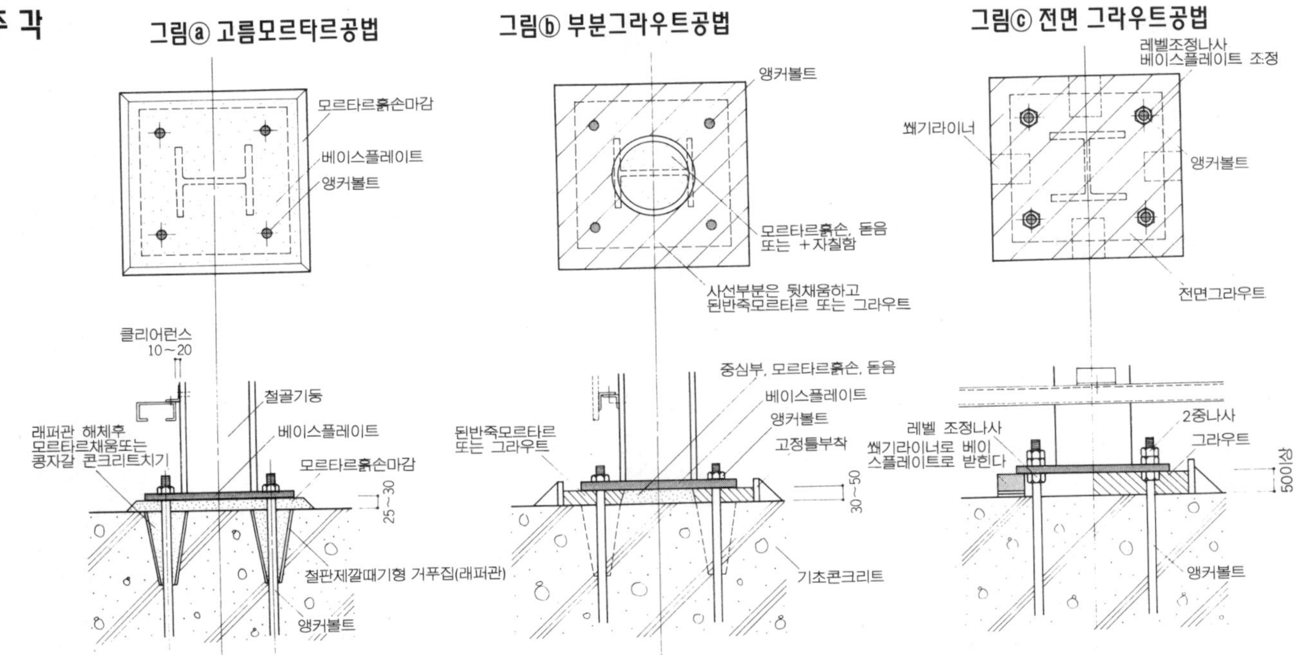

주각세트 공법은 주각 베이스 플레이트 저면과 하부의 철근콘크리트기초 또는 구체와의 취급 아무림 방법으로 특수공법을 제외하고 3종류가 있으며, 앵커볼트의 설치에 관해서 고려할 필요가 있다.

앵커볼트 설치공법은 가동매입공법(소형앵커볼트매입에 적당하다), 고정매입공법(대형앵커볼트매입에 적당하다), 후장치 공법(경미한 것) 등의 공법에 따라 설치된다.

그림 ⓐ의 고름모르타르공법이란, 모르타르흙손으로 기둥 밑면에 대는 부분을 베이스 플레이트 보다 약간 크게 25~50mm 두께로 마무리하여 주각을 세트한다. 단, 기둥과 베이스 플레이트의 직각 정도의 영향을 받기쉽고, 플레이트와 모르타르의 밀착도에 결점이 있다. 따라서 소규모 건축에 적당하다.

그림 ⓑ의 부분 그라우트 공법은 기초 중앙에 세울때에 자중에 견딜 수 있는 면적의 모르타르 또는 잔자갈 콘크리트 등으로 덩어리를 만들어 라이너를 장치하는 등 세우기를 하여 베이스 플레이트 장치후 된비빔모르타르 또는 그라우트를 주위부터 충분히 다져서 베이스 플레이스와 모르타르의 밀착도를 증가시키는 공법으로 중간 규모 건축에 적당하다.

그림 ⓒ의 전면 그라우트 공법은 그림과 같이 주각을 앵커볼트의 너트(레벨조정용)을 레벨조정한 위에 장치하며, 베이스 플레이트는 쐐기 내지 라이너로 받으며, 세우기를 하고 후에 된비빔 모르타르를 충분히 주의해서 다지든가, 무수축모르타르를 중력식으로 흘려넣던가 거푸집을 마련하여 팽창성모르타르를 압입펌프로 그라우트하여 기초와 베이스 플레이트를 충분히 밀착시키는 공법으로서 대규모 건축에 적합하다.

목재, 강재, 콘크리트 강도비교

	비중	장기허용응력도(kg/cm²)				종국강도 (kg/cm²)
		압축	인장	휨	전단	
목 재(삼나무)	0.43	60	70	70	5	600
강 재(SS400)	7.85	1,600	1,600	1,600	900	4,100
콘크리트(Fc 210)	2.3	70	(7)	—	7	210

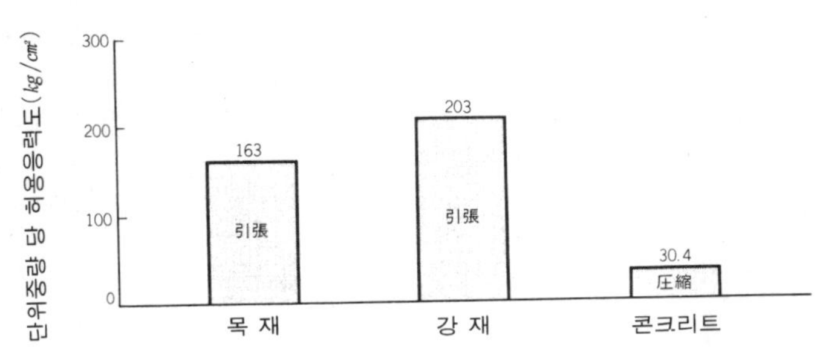

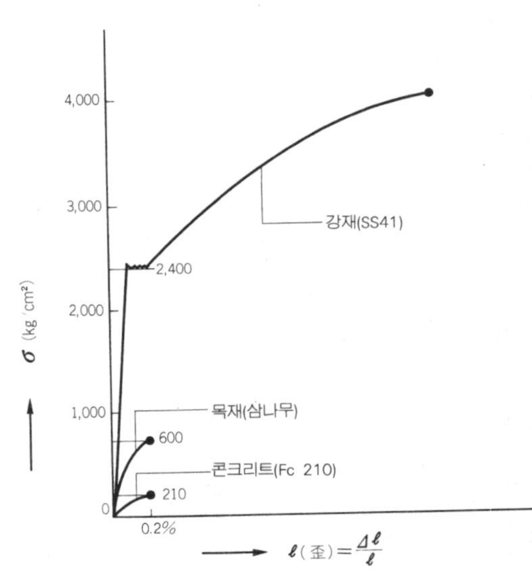

기둥 · 보

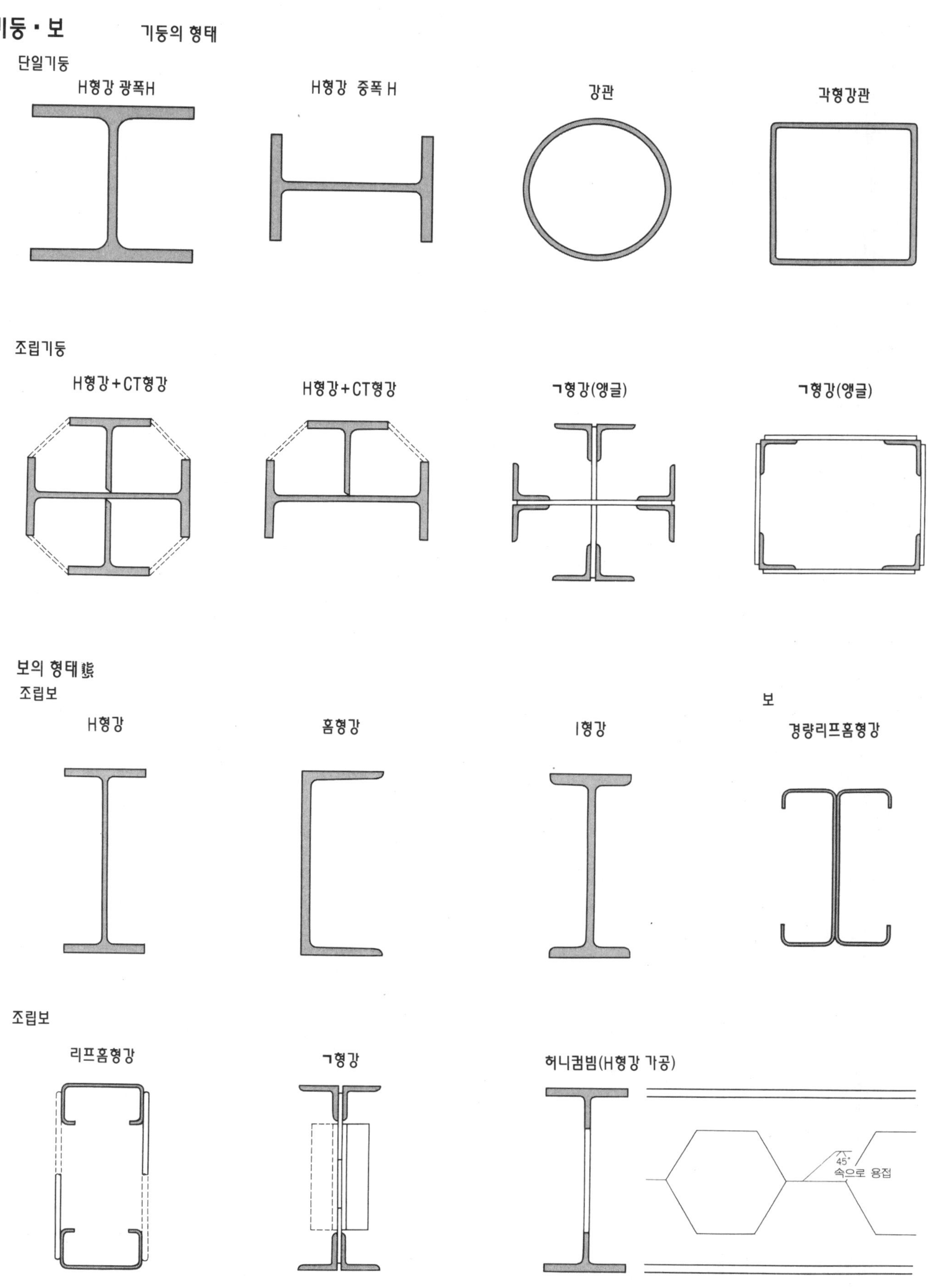
기둥의 형태
단일기둥
H형강 광폭H
H형강 중폭 H
강관
각형강관
조립기둥
H형강+CT형강
H형강+CT형강
ㄱ형강(앵글)
ㄱ형강(앵글)
보의 형태
조립보
H형강
홈형강
I형강
보
경량리프홈형강
조립보
리프홈형강
ㄱ형강
허니컴빔(H형강 가공)
45°
속으로 용접

기둥 · 보

기둥이음

H형강 기둥 용접

현장세움시 가조임볼트

2 45°

PL-t

2 45°

t

PL-t

t

보이음

H형강 보 고력볼트

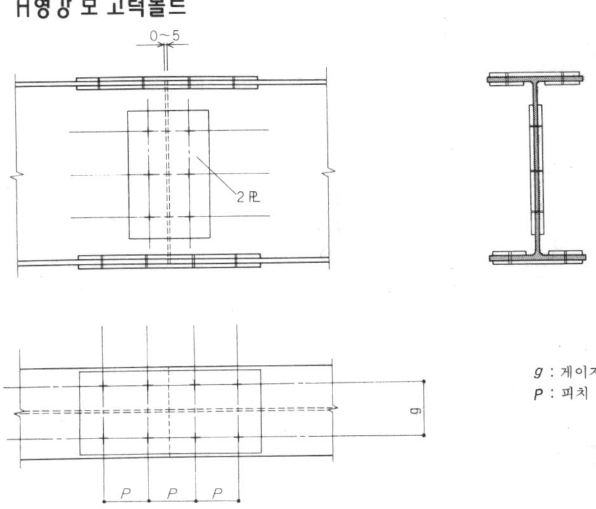

ㄱ형강(앵글) 기둥 리베트 · 고력볼트

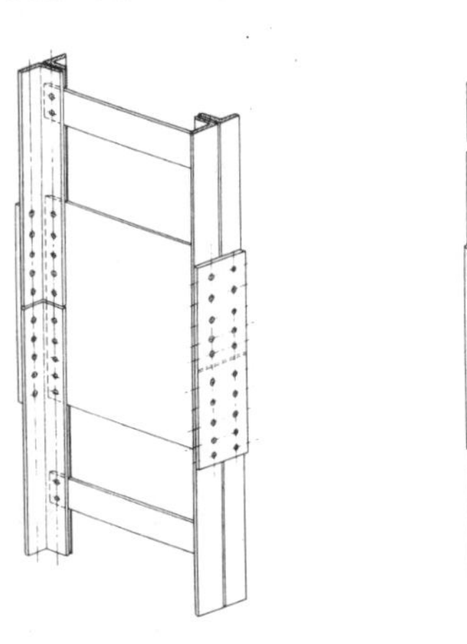

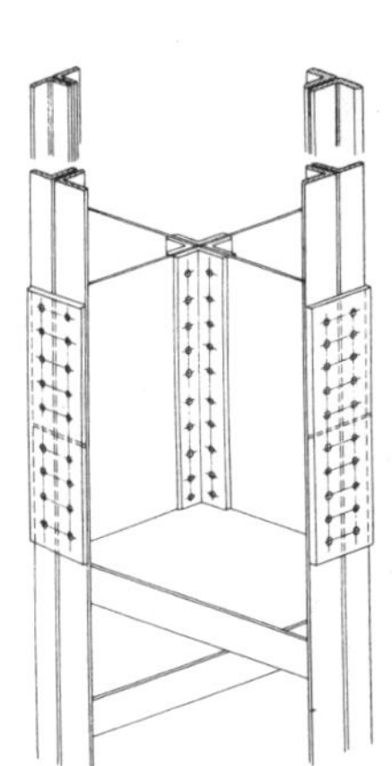

ㄱ형강(앵글) 보 리베트 · 고력볼트

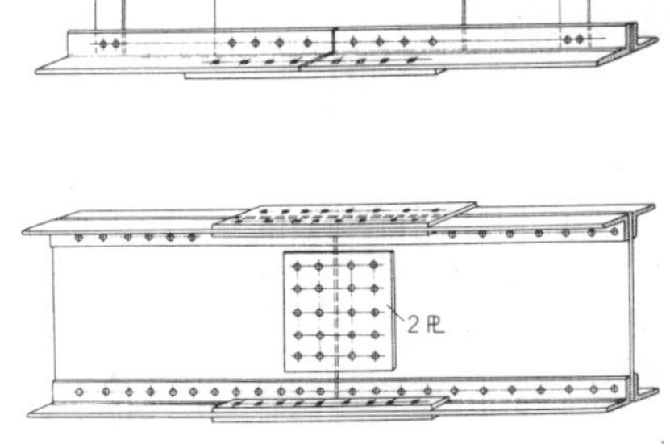

2PL

정도 표준

정밀도 표준 및 외관 검사의 허용차는 아래에 따른다. 또 형강의 형상 및 치수의 허용차는 JIS G 3129에 따른다.

공작 및 조립

명 칭	그 림	관 리 허 용 차	한 계 허 용 차
(1) T 이 음 틈 (모살용접) (e)	e	e ≦ 2 mm	e ≦ 3 mm 단, e가 2mm를 넘는 경우는 사이즈를 e만큼 증가한다.
(2) 겹이음의 틈 (e)	e	e ≦ 2 mm	e ≦ 3 mm 단, e가 2mm를 넘는 경우는 사이즈를 e만큼 증가한다.

(3) 맞댐이음의 어긋남 (e)	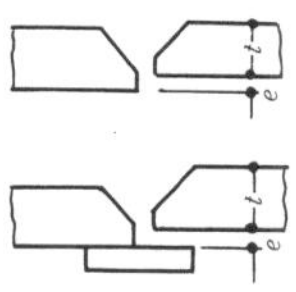	$t \leqq$ 15mm $e \leqq$ 1 mm $t >$ 15mm $e \leqq t/15$ 내지 $e \leqq$ 2 mm	$t \leqq$ 15mm $e \leqq$ 1.5mm $t >$ 15mm $e \leqq t/10$ 내지 $e \leqq$ 3 mm
(4) 루트 간격(속깎기) (e)	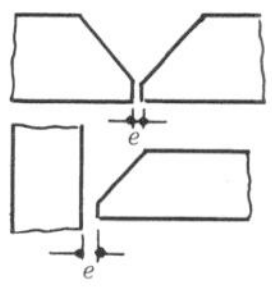	아크 손용접 $0 < e \leqq 2.5$mm 서브머지 아크 자동 용접 $0 < e \leqq 1$ mm 가스 실드 아크 반자동 용접 $0 < e \leqq 2$ mm 셀프 실드 아크 반자동 용접 $0 < e \leqq 2$ mm	아크 손용접 $0 < e \leqq 4$ mm 서브머지 아크 자동 용접 $0 < e \leqq 2$ mm 가스 실드 아크 반자동 용접 $0 < e \leqq 3$ mm 셀프 실드 아크 반자동 용접 $0 < e \leqq 3$ mm
(5) 루트 간격(속고정 철부착) (Δa)	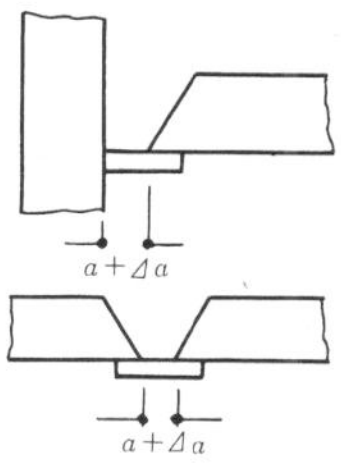	아크 손용접, 가스 실드 아크 반자동 용접, 셀프 실드 아크 반자동 용접 $\Delta a \geqq -2$ mm 서브머지 아크 자동 용접 -2 mm $\leqq \Delta a \leqq +2$ mm	아크 손용접, 가스 실드 아크 반자동 용접, 셀프 실드 아크 반자동 용접 $\Delta a \geqq -3$ mm 서브머지 아크 자동 용접 -3 mm $\leqq \Delta a \leqq +3$ mm
(6) 루트면 (Δa)	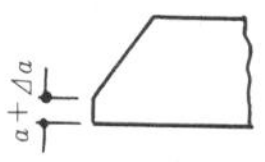	아크 손용접, 가스 실드 아크 반자동 용접, 셀프 실 드 아크 반자동 용접 뒷댐쇠 없음 $\Delta a \leqq 2$ mm 뒷댐쇠 있음 $\Delta a \leqq 1$ mm 서브머지 아크 자동 용접 $\Delta a \leqq 1$ mm	아크 손용접, 가스 실드 아크 반자동 용접, 自 셀프 실 드 아크 반자동 용접 自動溶 뒷댐쇠 없음 $\Delta a \leqq 3$ mm 뒷댐쇠 있음 $\Delta a \leqq 2$ mm 서브머지 아크 자동 용접 $\Delta a \leqq 2$ mm
(7) 베벨각도 (Δa)	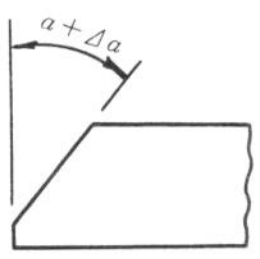	$\Delta a \geqq -2.5°$	$\Delta a \geqq -5°$
(8) 개선각도 (Δa)	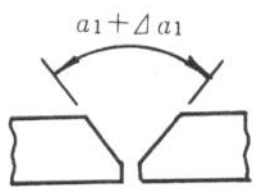	$\Delta a_1 \geqq -5°$	$\Delta a_1 \geqq -10°$
	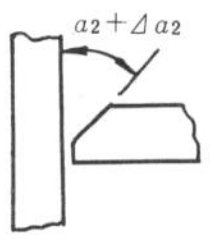	$\Delta a_2 \geqq -2.5°$	$\Delta a_2 \geqq -5°$
(9) 가스절단면 거침	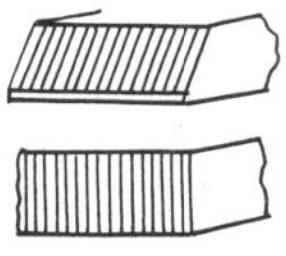	개 선 내 200S 자유끝단 100S	개 선 내 200S 자유끝단 100S
(10) 가스절단면의 노치 깊이 (d)	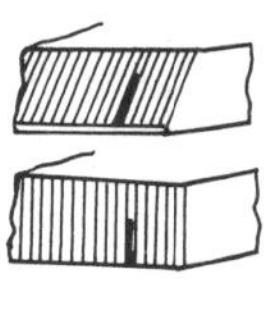	개 선 내 $d \leqq 1$ mm 자유끝단 $d \leqq 0.5$mm	개 선 내 $d \leqq 2$ mm 자유끝단 $d \leqq 1$ mm

(11) 가스절단에 의한 절단테의 직각도 (e)	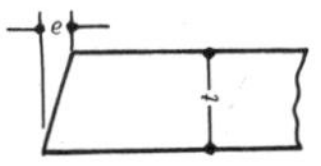	$t \leqq 20$mm $e \leqq 1$ mm $t > 20$mm $e < t/20$	$t \leqq 20$mm $e \leqq 2$ mm $t > 20$mm $e < t/10$
(12) 맞춤의 엇갈림 (다이어그램과 플랜지 어긋남) (e)	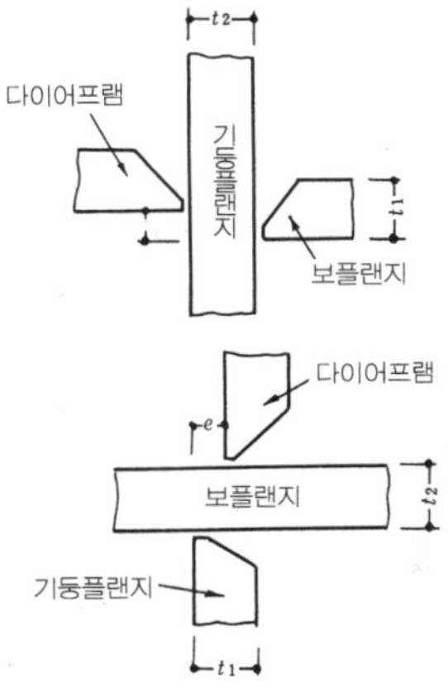 다이어프램, 기둥플랜지, 보플랜지, 다이어프램, 보플랜지, 기둥플랜지	$t_1 \geqq t_2$ $e \leqq 2\ t_1/15$ 내지 $e \leqq 3$ mm $t_1 < t_2$ $e \leqq t_1/6$ 내지 $e \leqq 4$ mm	$t_1 \geqq t_2$ $e \leqq t_1/5$ 내지 $e \leqq 4$ mm $t_1 < t_2$ $e \leqq t_1/4$ 내지 $e \leqq 5$ mm
(13) 용접조립재 단부의 흩어짐 (e)	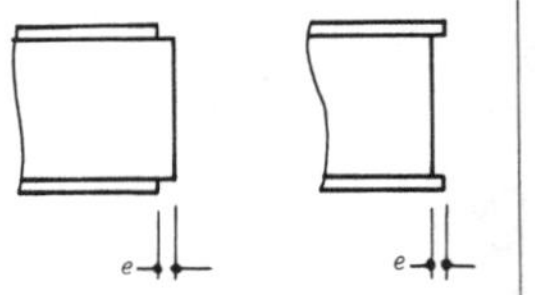	$e \leqq 2$ mm	$e \leqq 3$ mm

명 칭	그 림	관 리 허 용 차	한 계 허 용 차
(1) 구멍중심 어긋남 (ΔL)	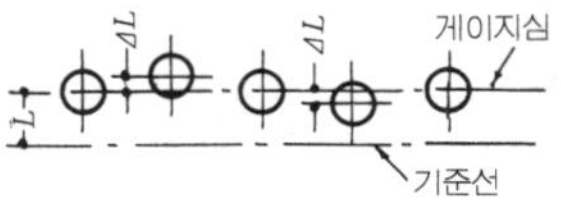 게이지심, 기준선	-1 mm $\leqq \Delta L \leqq +1$ mm	-1.5mm $\leqq \Delta L \leqq +1.5$mm
(2) 구멍 간격 어긋남 (ΔP)	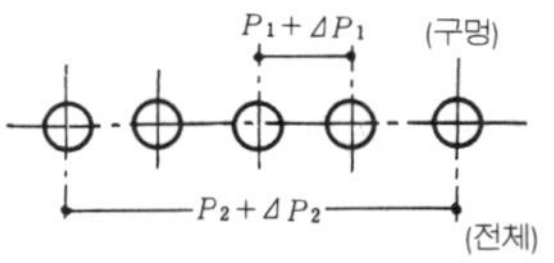 $P_1 + \Delta P_1$ (구멍), $P_2 + \Delta P_2$ (전체)	-1 mm $\leqq \Delta P_1 \leqq +1$ mm -2 mm $\leqq \Delta P_2 \leqq +2$ mm	-1.5mm $\leqq \Delta P_1 \leqq +1.5$mm -3 mm $\leqq \Delta P_2 \leqq +3$ mm
(3) 구멍의 어긋남 (e)	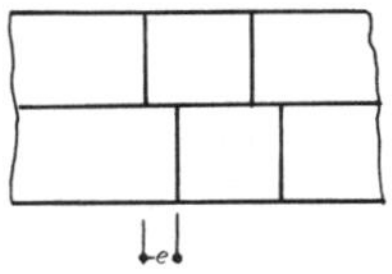	$e \leqq 1$ mm	$e \leqq 1.5$mm
(4) 고력볼트 접합부의 틈 (e)	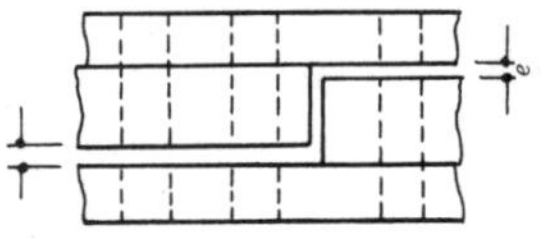	$e \leqq 1$ mm	$e \leqq 1$ mm

(5) 구멍의 끝남기 · 갓남기 (Δa)	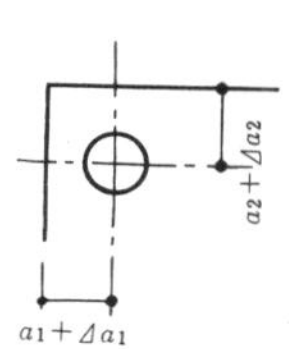	$\Delta a_1 \geqq -2$ mm $\Delta a_2 \geqq -2$ mm 또한 「고력볼트접합 설계시공지침」의 끝남기 · 갓남기 의 최소치를 만족할 것.	$\Delta a_1 \geqq -3$ mm $\Delta a_2 \geqq -3$ mm 또한 「고력볼트접합 설계시공지침」의 끝남기 · 갓남기 의 최소치를 만족할 것.

溶　接

명　칭	그　림	관 리 허 용 차	한 계 허 용 차
(1) 모살용접의 사이즈 (ΔS)		$0 \leqq \Delta S \leqq 0.5S$ 내지 $\Delta S \leqq 5$ mm	$0 \leqq \Delta S \leqq 0.8S$ 내지 $\Delta S \leqq 8$ mm
(2) 모살용접의 여성높이 (Δa)		$0 \leqq \Delta a \leqq 0.4S$ 내지 $\Delta a \leqq 4$ mm	$0 \leqq \Delta a \leqq 0.6S$ 내지 $\Delta a \leqq 6$ mm
(3) 맞댐 용접의 여성 높이 (h)		$B<15$mm 0.5mm $\leqq h \leqq 3$ mm 15mm $\leqq B<25$mm 0.5mm $\leqq h \leqq 4$ mm 25mm $\leqq B$ 0.5mm $\leqq h \leqq (4/25)B$mm	$B<15$mm 0.5mm $\leqq h \leqq 5$ mm 15mm $\leqq B<25$mm 0.5mm $\leqq h \leqq 6$ mm 25mm $\leqq B$ 0.5mm $\leqq h \leqq (6/25)B$mm
(4) 완전 용입 용접 T이음의 보강모살용접의 사이즈 (ΔS)		$0 \leqq \Delta S \leqq 7$ mm	$0 \leqq \Delta S \leqq 10$mm
(5) 언더 컷 (e)		맞대기용접　$e \leqq 0.3$mm 앞면모살용접　$e \leqq 0.3$mm 측면모살용접　$e \leqq 0.5$mm	맞대기용접　$e \leqq 0.5$mm 앞면모살용접　$e \leqq 0.5$mm 측면모살용접　$e \leqq 0.8$mm
(6) 맞댐이음의 어긋남 (e)		$t \leqq 15$mm $e \leqq 1$ mm $t>15$mm $e \leqq t/15$mm 내지 $e \leqq 2$ mm	$t \leqq 15$mm $e \leqq 1.5$mm $t>15$mm $e \leqq t/10$mm 내지 $e \leqq 3$ mm

(7) 맞춤의 어긋남 [다이어그램과 플랜지의 어긋남] (e)	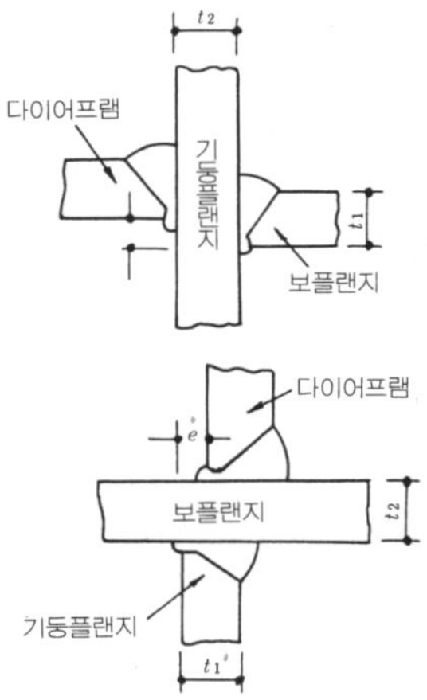	$t_1 \geqq t_2$ $e \leqq 2t_1/15$ 내지 $e \leqq 3$ mm $t_1 < t_2$ $e \leqq t_1/6$ 내지 $e \leqq 4$ mm	$t_1 \geqq t_2$ $e \leqq t_1/5$ 내지 $e \leqq 4$ mm $t_1 < t_2$ $e \leqq t_1/4$ 내지 $e \leqq 5$ mm
(8) 비드표면의 부정 (e)	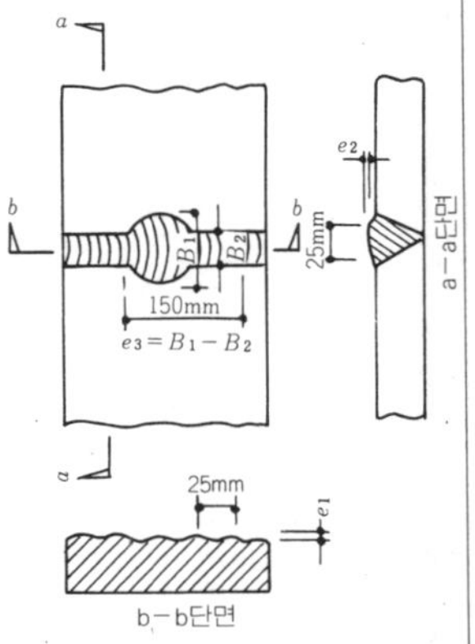	비드 표면의 요철의 고저차 e_1, e_2는 용접의 길이 또는 비드 너비 25mm의 범위에서 2.5 mm 이하 비드 너비의 부정형 e_3는 용접의 길이 150mm의 범위에서 5mm이하	비드 표면의 요철의 고저차 e_1, e_2는 용접의 길이 또는 비드 너비 25mm의 범위에서 4.0mm이하. 비드 너비의 부정형 e_3는 용접의 길이 150mm 범위에서 7mm이하.
(9) 피트	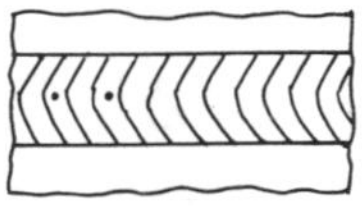	1m이하의 이음은 2개까지. 단, 1m를 초과하는 이음은 가장 치밀한 1m에 대해 2개까지도 한다.	1m이하의 이음은 3개까지. 단, 1m를 초과하는 이음은 가장 치밀한 1m에 대해 3개까지로 한다.
(10) 스터드 용접후 마감에서 높이와 경사 (ΔL, θ)	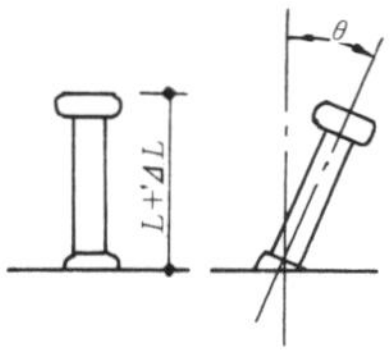	$-1.5\text{mm} \leqq \Delta L \leqq +1.5\text{mm}$ $\theta \leqq 3°$	$-2\text{mm} \leqq \Delta L \leqq +2\text{mm}$ $\theta \leqq 5°$

製　品

名　　称	図	管理許容差	限界許容差
(1) 보의 길이 (ΔL)	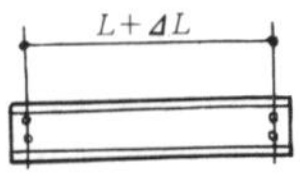 $L+\Delta L$	$-3\text{mm} \leqq \Delta L \leqq +3\text{mm}$	$-5\text{mm} \leqq \Delta L \leqq +5\text{mm}$

(2) 기둥의 길이 (ΔL)	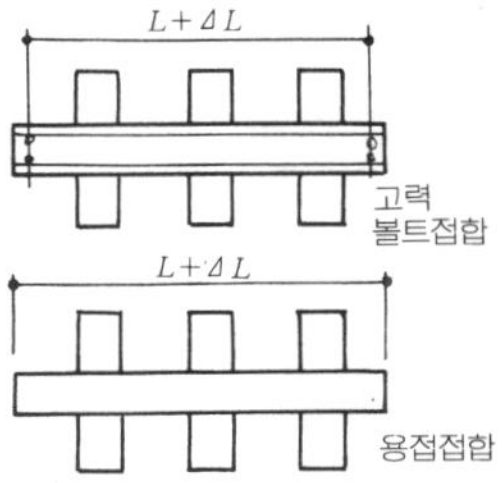L+ΔL 고력 볼트접합 L+ΔL 용접접합	$L<10$m $-3\text{ mm}\leqq\Delta L\leqq+3\text{ mm}$ $L\geqq 10$m $-4\text{ mm}\leqq\Delta L\leqq+4\text{ mm}$	$L<10$m $-5\text{ mm}\leqq\Delta L\leqq+5\text{ mm}$ $L\geqq 10$m $-6\text{ mm}\leqq\Delta L\leqq+6\text{ mm}$
(3) 층 고 (ΔL)	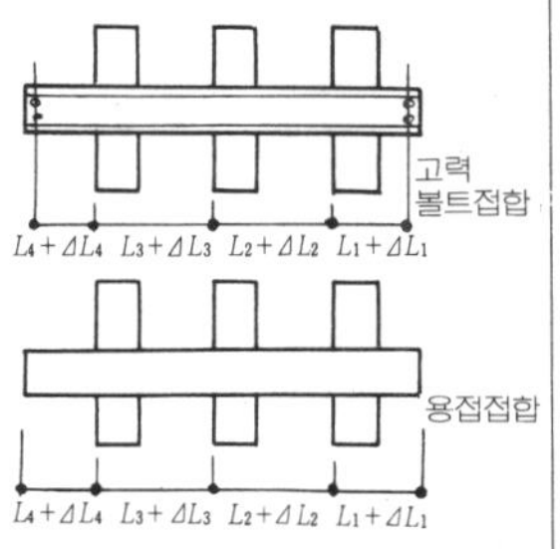고력 볼트접합 L4+ΔL4 L3+ΔL3 L2+ΔL2 L1+ΔL1 용접접합 L4+ΔL4 L3+ΔL3 L2+ΔL2 L1+ΔL1	$-3\text{ mm}\leqq\Delta L\leqq+3\text{ mm}$	$-5\text{ mm}\leqq\Delta L\leqq+5\text{ mm}$
(4) 보의 휨 (e)	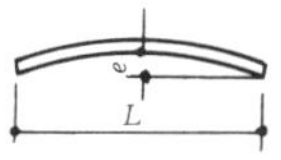e L	$e\leqq\frac{L}{1000}$ 내지 $e\leqq 10$mm	$e\leqq\frac{1.5L}{1000}$ 내지 $e\leqq 15$mm
(5) 기둥의 휨 (e)	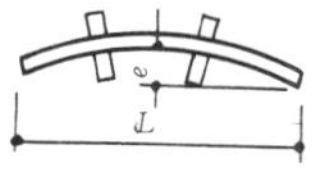e L	$e\leqq\frac{L}{1500}$ 내지 $e\leqq 5$ mm	$e\leqq\frac{L}{1000}$ 내지 $e\leqq 8$ mm
(6) 춤 (ΔH)	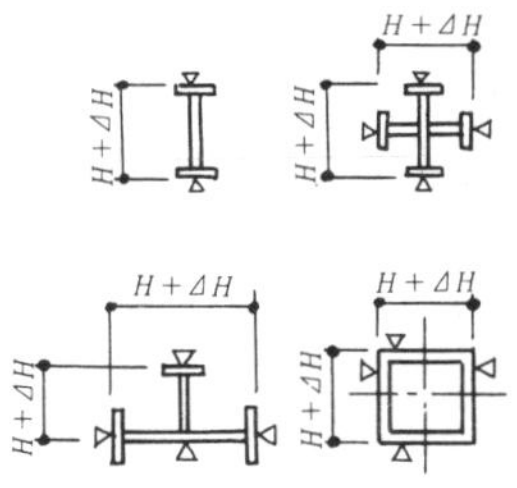H+ΔH H+ΔH H+ΔH H+ΔH H+ΔH H+ΔH H+ΔH	$H<800$mm $-2\text{ mm}\leqq\Delta H\leqq+2\text{ mm}$ $H\geqq 800$mm $-3\text{ mm}\leqq\Delta H\leqq+3\text{ mm}$	$H<800$mm $-3\text{ mm}\leqq\Delta H\leqq+3\text{ mm}$ $H\geqq 800$mm $-4\text{ mm}\leqq\Delta H\leqq+4\text{ mm}$
(7) 폭 (ΔB)	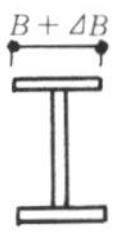B+ΔB	$-2\text{ mm}\leqq\Delta B\leqq+2\text{ mm}$	$-3\text{ mm}\leqq\Delta B\leqq+3\text{ mm}$
(8) 상자형 단면의 직각도 (e)	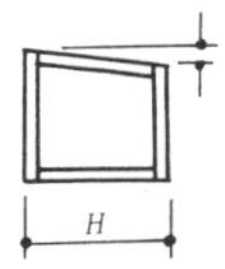H	접합부의 $e\leqq\frac{H}{100}$ 내지 $e\leqq 3$ mm 일반부 $e\leqq\frac{2H}{100}$ 내지 $e\leqq 4$ mm	접합부의 $e\leqq\frac{3H}{200}$ 내지 $e\leqq 5$ mm 일반부 $e\leqq\frac{3H}{100}$ 내지 $e\leqq 6$ mm
(9) H형 단면의 직각도 (e)	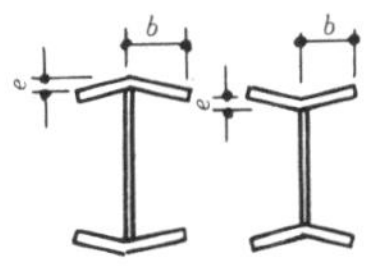b e b e	접합부의 $e\leqq\frac{b}{100}$ 내지 $e\leqq 1.5$mm 일반부 $e\leqq\frac{2b}{100}$ 내지 $e\leqq 2$ mm	접합부의 $e\leqq\frac{3b}{200}$ 내지 $e\leqq 2.5$mm 일반부 $e\leqq\frac{3b}{100}$ 내지 $e\leqq 3$ mm

(10) 웨브 중심 어긋남 (e)	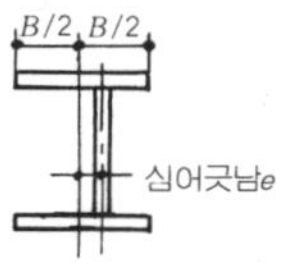 B/2, B/2, 심어긋남e	$e \leqq 2$ mm	$e \leqq 3$ mm
(11) 웨브의 휨 (e)	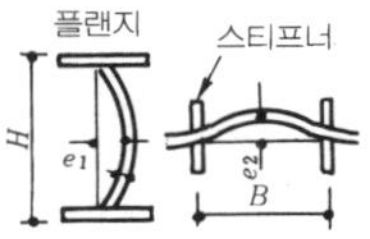 플랜지, 스티프너, H, e1, e2, B	$e_1 \leqq \frac{H}{150}$ 내지 $e_1 \leqq 4$ mm $e_2 \leqq \frac{B}{150}$ 내지 $e_2 \leqq 4$ mm 단, t≧=6에는 적용하지 않는다.	$e_1 \leqq \frac{H}{100}$ 내지 $e_1 \leqq 6$ mm $e_2 \leqq \frac{B}{100}$ 내지 $e_2 \leqq 6$ mm 단, t≧=6에는 적용하지 않는다.
(12) 맞춤부의 각도 (e)	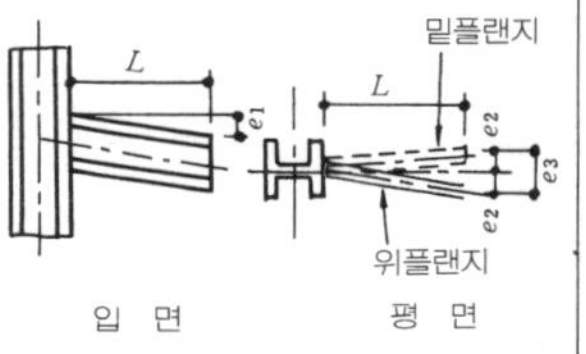 밑플랜지, 위플랜지, L, e1, e2, e3, 입 면, 평 면	e_1, $e_2 \leqq \frac{L}{300}$ 또한 e_1, $e_2 \leqq 3$ mm $e_3 \leqq 4$ mm	e_1, $e_2 \leqq \frac{L}{200}$ 내지 e_1, $e_2 \leqq 5$ mm $e_3 \leqq 6$ mm
(13) 맞춤부의 길이 (ΔL)	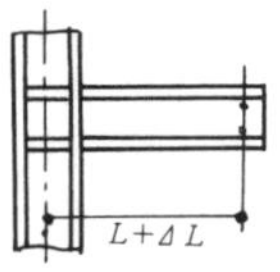 L+ΔL	-3 mm$\leqq \Delta L \leqq +3$ mm	-5 mm$\leqq \Delta L \leqq +5$ mm
(14) 기둥의 비틀림 (δ)	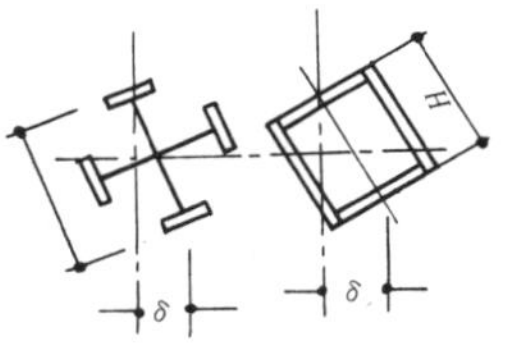 H, δ	$\delta \leqq \frac{6H}{1000}$ 또한 $\delta \leqq 5$ mm	$\delta \leqq \frac{9H}{1000}$ 또한 $\delta \leqq 8$ mm
(15) 메탈터치 (e)	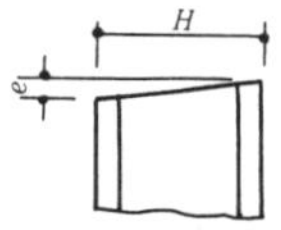 H, e	$e \leqq \frac{1.5H}{1000}$	$e \leqq \frac{2.5H}{1000}$
(16) 베이스플레이트의 구부러짐 및 요철 (e)	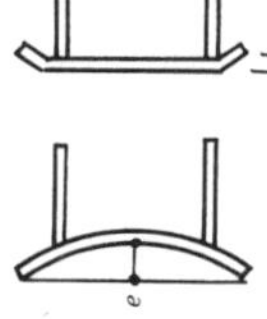 e	$e \leqq 2$ mm	$e \leqq 3$ mm

※허용차는 한계 허용차나 관리 허용차로 구별해서 정한다. 한계 허용차는 이것을 초과하는 오차는 원칙으로 허용되지 않은 최종적인 각각 제품의 합격 판정을 위한 기준치이다. 한편 관리 허용차는 95% 이상의 제품을 만족하는 제작 또는 시공상의 기준으로서 정한 목표치이다.

기둥 · 보

ㄱ형강(앵글) 형태—리베트에 의함

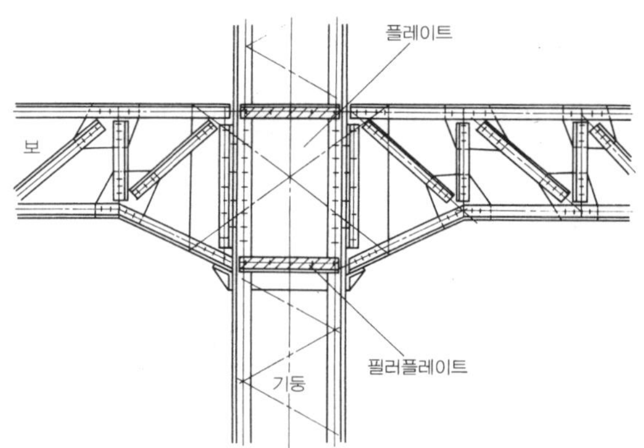

H형강—스플릿 T사용 고력볼트에 의함

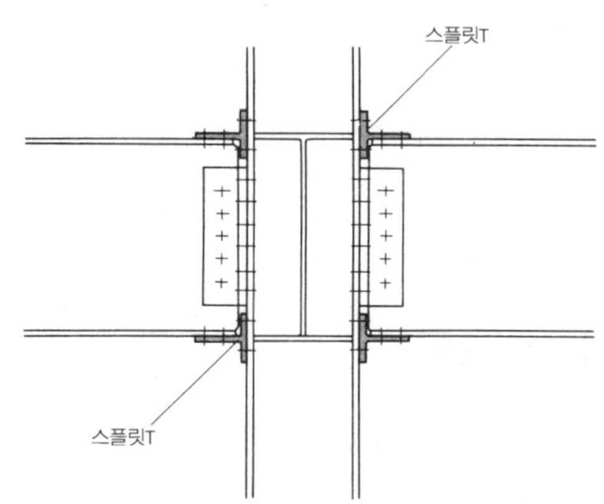

조립기둥+보(기둥중심)

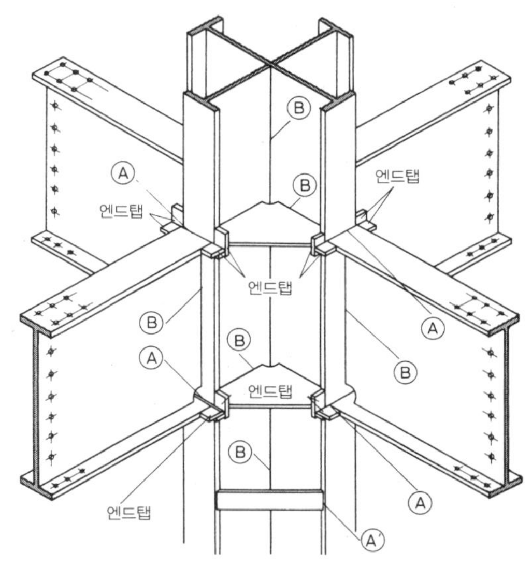

H형강기둥+보(보중심)

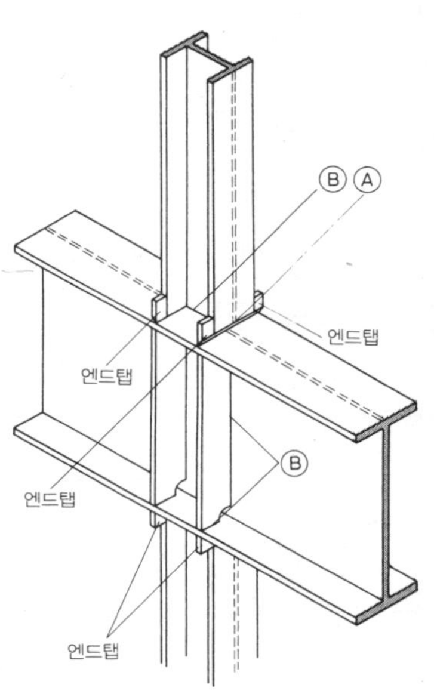

Ⓐ L형맞댐용접

Ⓑ모상용접

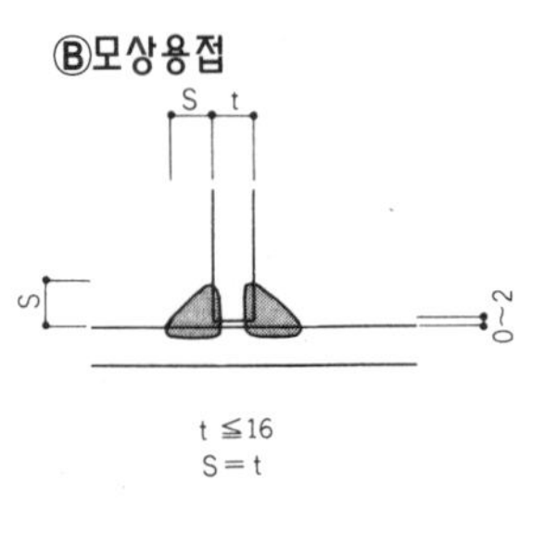

엔드탭/맞댐용접개소에 필히 설치할 것

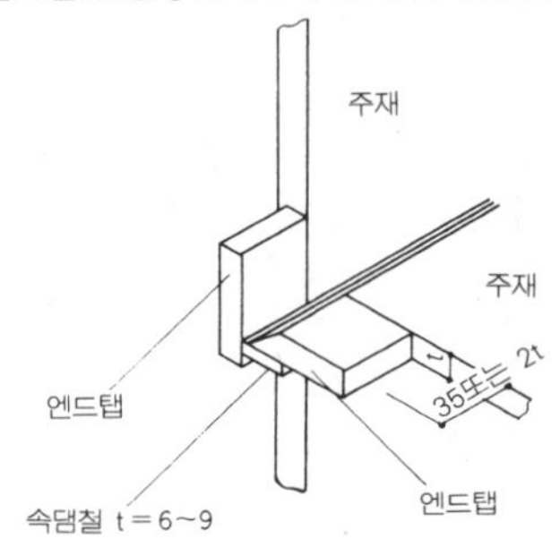

Ⓐ' 맞댐 용접/자연 개선에 의함

엔드탭은 용접후 절단하고, 그레인더로 마감한다.

바닥조

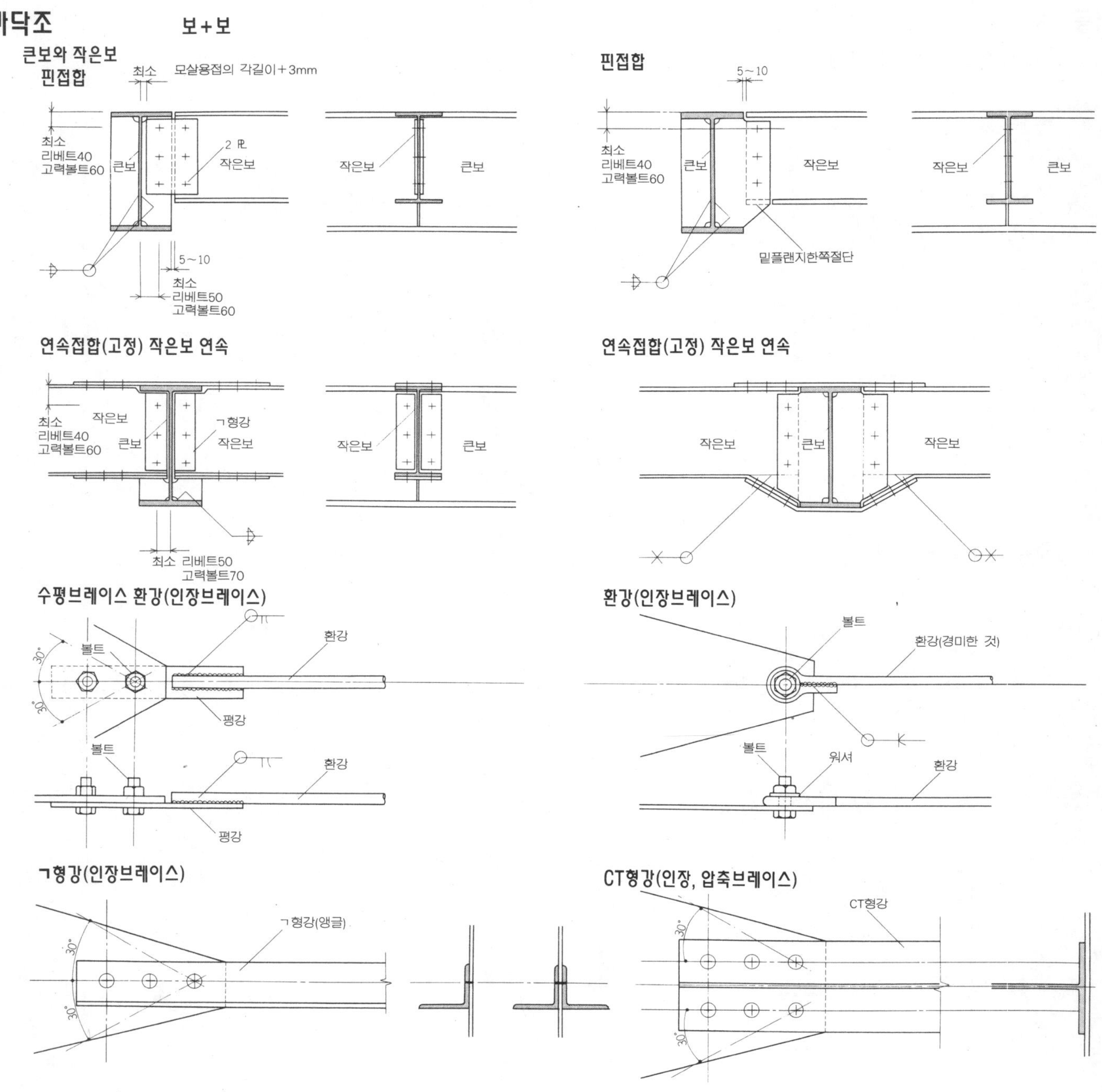

철골 구조의 바닥면 구조는 바닥면에 실린 직접 하중을 지탱하는 것 외에 건물 전체를 통합하여 일체로 하는 중요한 역할을 가졌다. 그것은 건물전체에 작용하는 지진이나 바람의 수평력을 각 골조에 전달하는 것이다. 이 수평력을 골조에 분담시키자면 바닥면의 강성이 큰 것이 조건이 된다. 즉 수평력의 작용에 대해서 변형이 적다는 점이다. 강성도가 작은 바닥면 구조는 수평력이 항상 전달되지 않으며, 각 골조는 각각 흐트러져 변형하며, 예기치 않는 힘이 작용하여 이에 저항할 수 없을 때에 골조는 파괴현상을 일으킨다. 따라서 골조가 설계상 예상대로의 힘을 받아 이에 저항하고, 안정하기 위해서는 바닥면의 강성이나 강도가 중요하게 된다.

철골조의 바닥면 구조중 강성이 크고 변형이 적은 것은 철근콘크리트조이나, 건물 전체의 경량성을 도모하는 데는 문제가 된다. 장선 형식 PC판, ACL판 및 단순한 덱플레이트로 한 경우에는 바닥면에 브레이스(가새) 등을 설치하여 변형을 막아 강성을 크게 할 필요가 있다.

바닥을 철근 콘크리트조 및 덱플레이트 위에 콘크리트를 타설한 구조로 한 경우 다시 브레이스 등을 설치하지 않아도 좋으나 바닥 슬래브와 보와의 접합은 충분히 하여 바닥의 전단력(수평력)에 저항하도록 시어코넥터로 하여 스터드 등을 사용해서 긴결한다.

벽축조

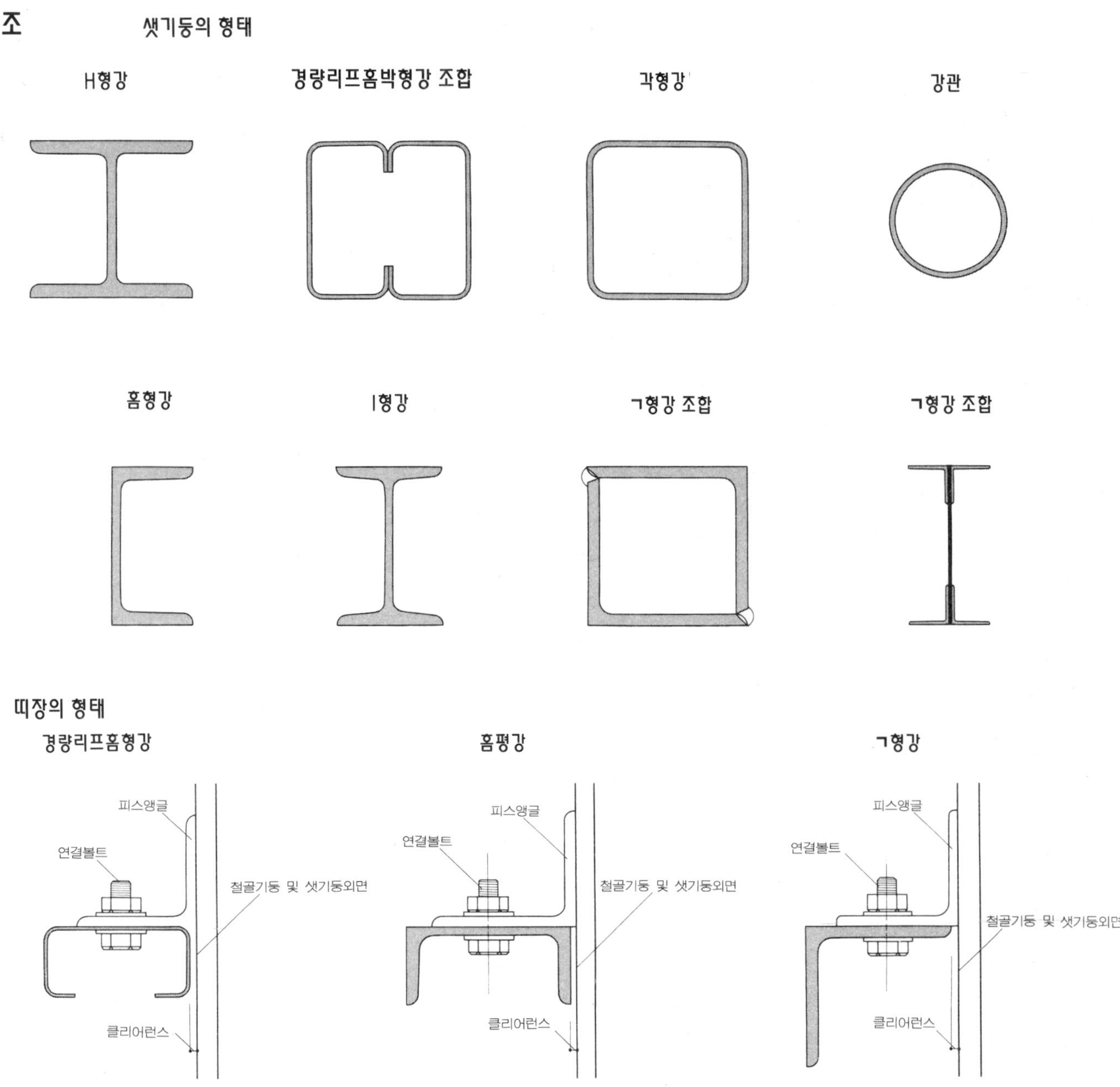

벽면을 구성하는 구조재는 벽의 마감재 종별에 따라 띠장, 샛기둥이 정해진다. 마감재가 PC판, ACL판과 같이 띠장, 샛기둥이 필요치 않은 것은 기둥, 큰보 브레이스재만이 축조 구성의 주체 구조재가 된다.

띠장은 마감재 등의 수직하중과 외벽에 있어서는 풍압력의 횡력을 받아 이에 대처한다. 띠장은 기둥 사이에 설치하는 것으로 기둥 간격이 큰 경우, 이것을 중간에 바치는 샛기둥이 받는다. 띠장의 치수에도 의하나 기둥스팬 4m이상이 되면 보통 샛기둥이 필요하며, 또 개구부 보강, 장치바탕으로서 쓰이는 수도 있다. 띠장은 마무리재의 장치바탕이므로, 그 외면은 수직으로 맞추는 것이 조건이지만 철골기둥은 대단히 높은 것으로서 다소의 「왜곡」「휨」「변형성」은 피할 수 없으며, 다층간에서는 「층간변위」도 예상된다. 따라서 기둥이나 샛기둥에 직접 띠장을 장치하면 이들의 영향을 받으므로 반드시 클리어런스(또는 도피라고도 한다)를 취하여 띠장재 자체의 형상조정도 포함하여 이 클리어런스에서 처리하며 건물외면 또는 내면의 수직을 확보한다. 이 클리어런스는 보통 10~30mm 정도이나 처마높이가 높을 수록, 고층건축일 수록 큰 수치가 된다.

반대로 클리어런스를 크게하면 철골조 가구는 구부러지던가 왜곡되어도 좋다는 것은 아니다. 이것은 자연적으로 한도가 있다. 우선 철골 재료, 제품 자체의 한도 한국공업규격에서 규정된 강재의 치수허용차, 이 재료를 조합한 철골기둥, 보 등의 각 부위별 치수 허용차, 이것을 가구한 건물전체로서의 치수허용차 한계가 정해져 있다. 철골조는 유구조라고 한다. 이것은 철근콘크리트조 등의 강구조와의 비교이지만, 철골조의 진동이나 요동은 경험하는 바이다. 철골조 디테일에는 이런 특징의 인식이 중요하다.

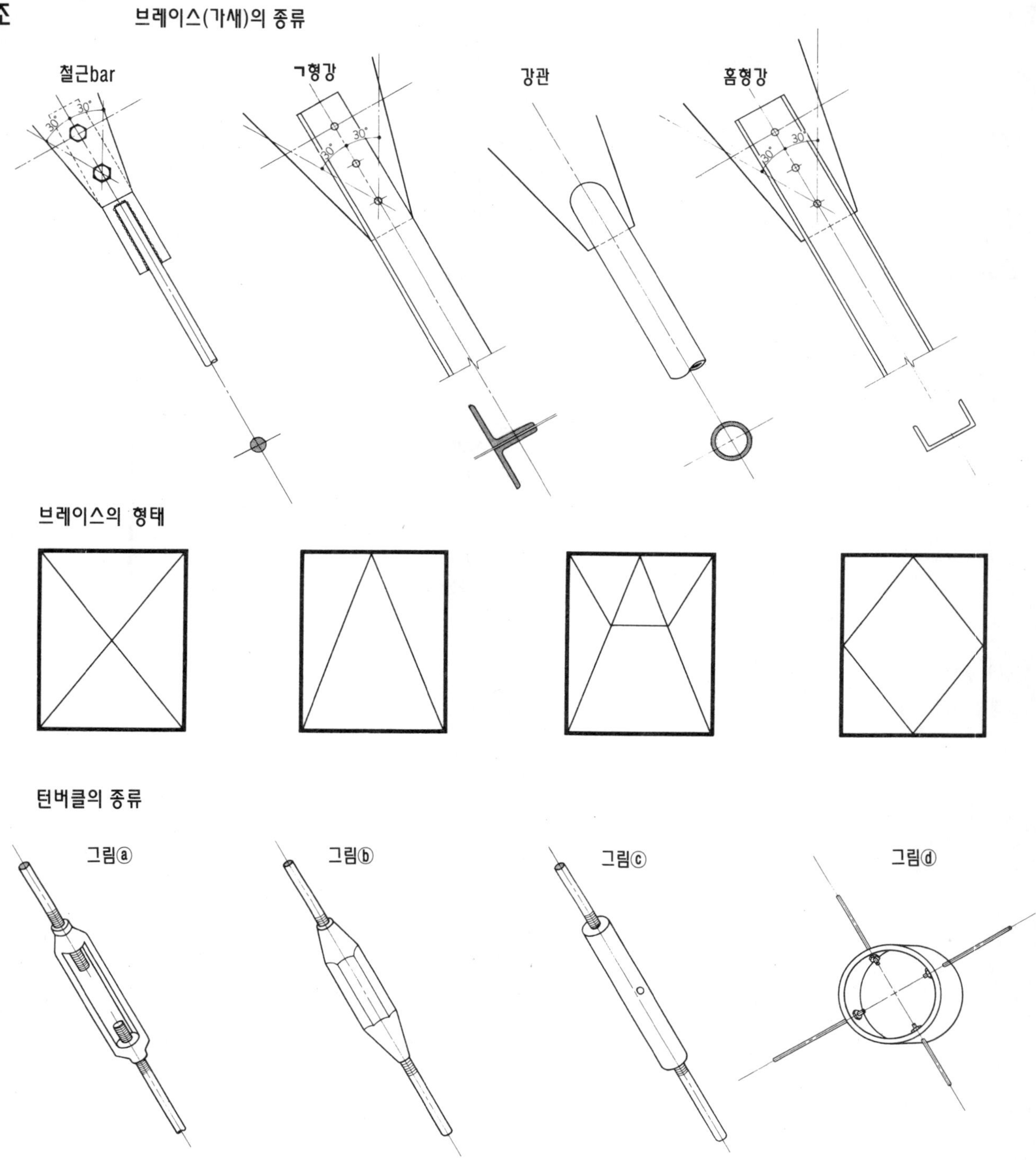

축조를 구성하는 가구체에는 기둥, 보벽, 그 밖에 브레이스(가새)가 있다. 벽면 브레이스의 역할은 중요하며, 풍압력, 지진력 등의 수평력을 인장력 또는 압축력의 축력으로 바꾸어 경제적으로 剛強한 건물을 만들 수가 있다. 벽면 브레이스는 철근콘크리트조의 내진벽에 상당하는 것으로 철골조에 밸런스가 좋고, 적소에 배치하면 「변형」이나 「비틀림」 등에 대처할 수가 있다.

브레이스는 설계 응력 그 밖에 단부의 유동, 브레이스재의 신장, 재축과의 편심에 의한 영향을 고려하여 결정한다.

브레이스는 인장재 또는 압축재가 되지만 철근bar에 대표되도록 보통 인장재로서 사용하는 편이 유리하다.

브레이스 단부의 「유동」「신장」 때문에 가구체에 다소의 변형이 생기지 않으면 브레이스의 효력이 발휘될 수 없다. 이와 같은 변형이 생기지 않도록 철근바의 브레이스에는 사전에 턴버클로 긴장력을 준다. 이 힘을 사전 응력 또는 이니셜 스트레스라 한다.

이 응력이 예상보다 크면 외력을 가했을 때 이에 저항하는 여유가 대단히 줄게 된다. 이것들을 고려하여, 충분한 굵은재료를 사용해야 한다.

턴버클은 그림 ⓐⓑⓒⓓ 중 그림 ⓓ는 링의 변형이 크고 주의를 요하므로 그다지 사용치 않는다.

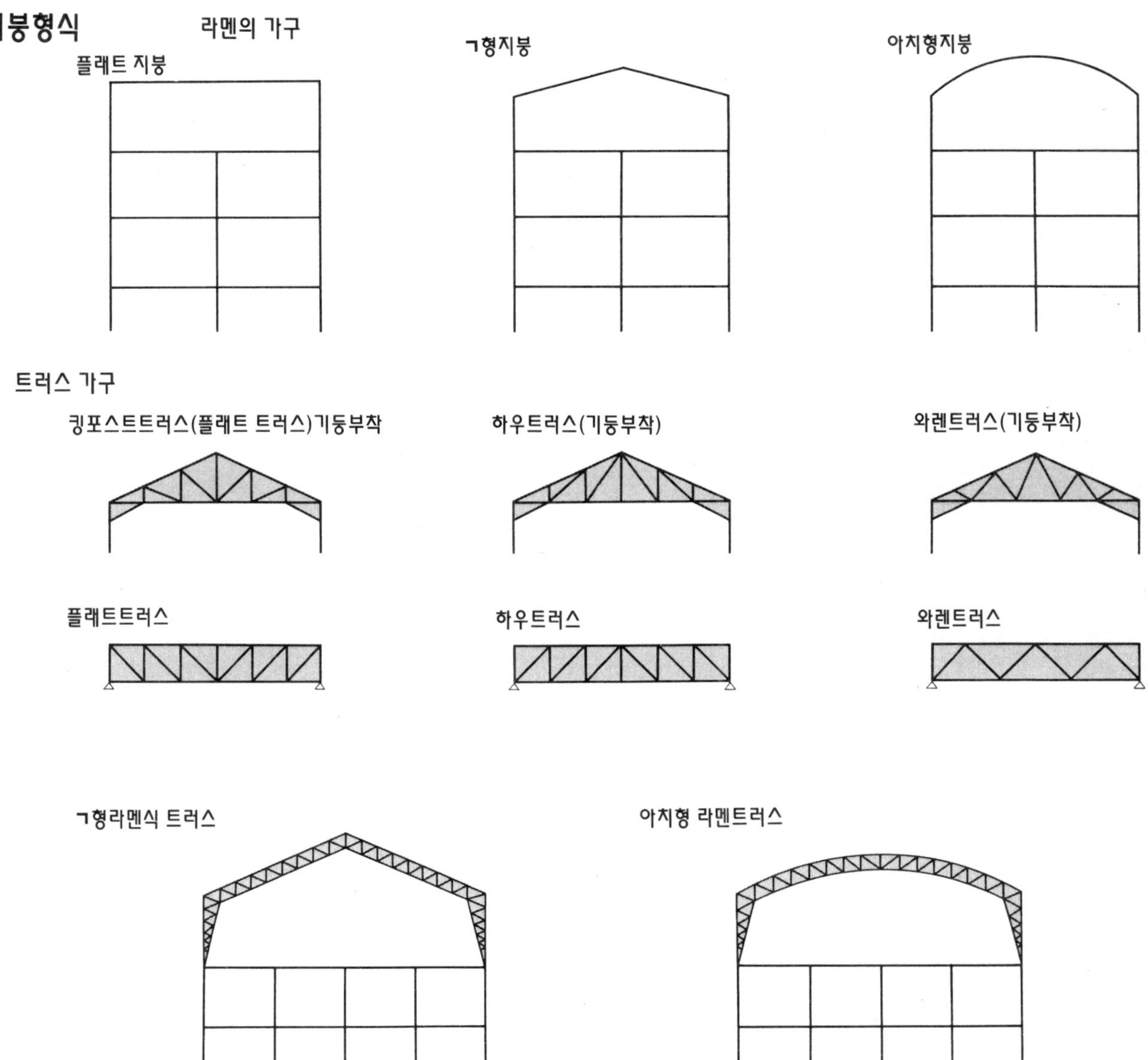

지붕은 최상층의 옥상형식으로 하면 플래트 라멘, 한쪽흐름라멘, ㄱ형라멘, 아치라멘, 또 각종 트러스 형식 등이 있다.

이것은 최상층을 1층으로 한 단층 건물인 경우도 마찬가지이다. 최상층은 상부 지붕 하중을 받을 뿐이며 하층에 비교하여 하중이 가볍고 대스팬 가구가 가능하다.

따라서 최상층이 대식당, 대회의장, 홀, 오디토리엄, 체육시설, 기타 용도상 대스팬을 필요로 하는 공간을 사용하는 것은 그러한 구조적 이유때문인 수가 많다.

철골 구조는 다른 재료에 의한 구조체와 비교하여, 대스팬 가구에 가장 적합한 구조 형식이다.

대스팬이 되면 그 가구는 아치, 트러스, 또 각각의 아치식 라멘, 트러스식 라멘 등이 있고 입체 구조 형식으로서, HP셸, 원통셸, 입체 트러스, 달구조에 따른 지붕 형태 공기막에 의한 지붕 형태 등이 있다.

플래트인 라멘은 대스팬이 되면 보의 「휨모멘트」「처짐」이 크고, 비경제가 되므로, 형으로서는 ㄱ형이나 아치형에 보를 경사시켜서 그러한 영향을 적게 하는데 따라 철골조 자체의 자중이 비교적 가볍고 강도 성능이 높다는 특성이 대스팬가구를 가능하게 한다.

철골조는 그 경량성에 따라 수평력은 지진시에서 풍하중에 따라 산정되는 경우가 많고, 지붕의 형상에도 의하지만 부력에도 주의를 요한다.

다설 지역의 지붕은 자중에 비교하여 적설 하중이 큰 수치를 나타내므로 지붕 물매를 급히 하는 등 조치를 요한다.

입체구조지붕

HP셸

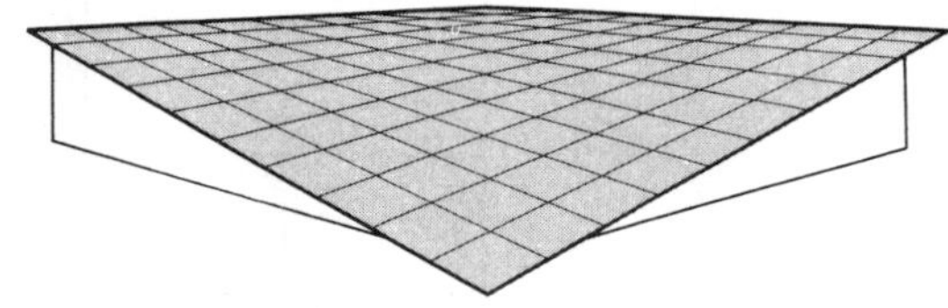

원통셸

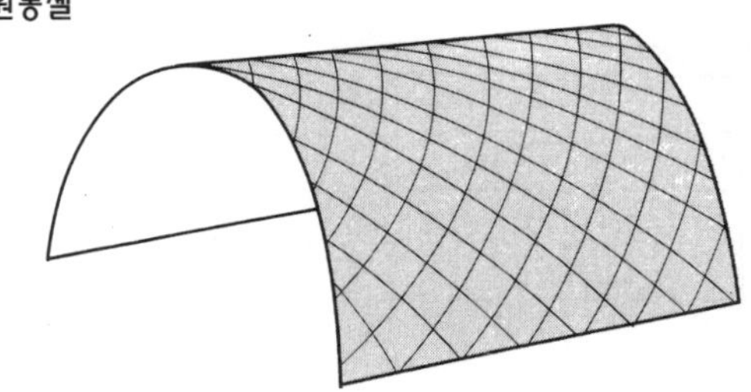

돔(측지선 dome)

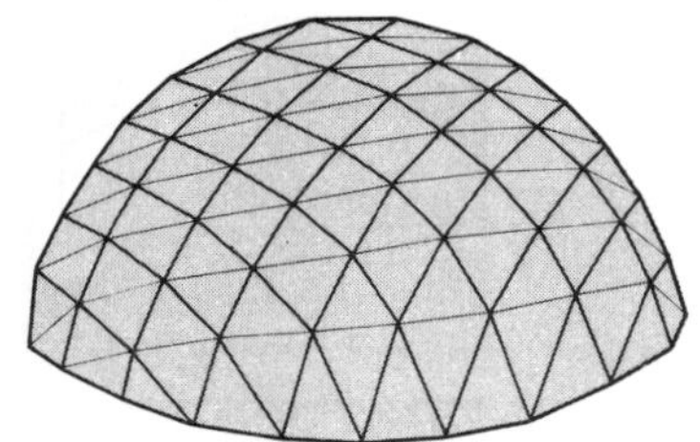

입체트러스

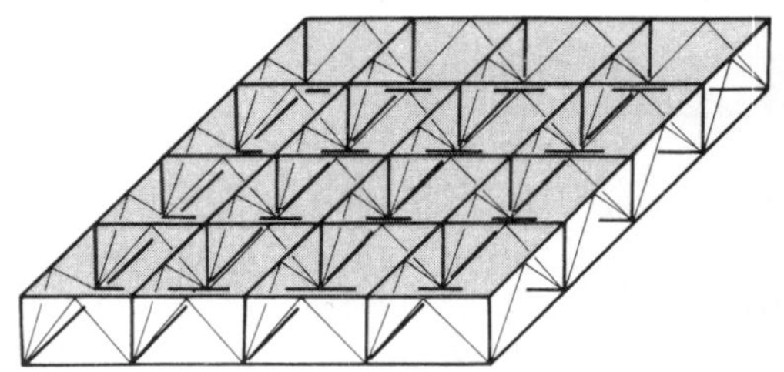

중도리의 형태

ㄱ형강

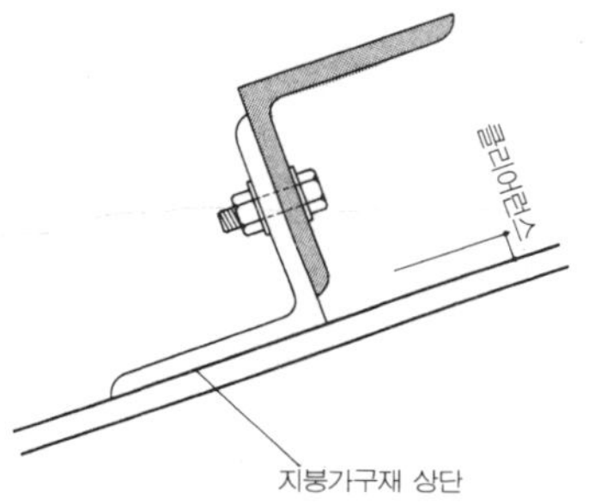

홈형강

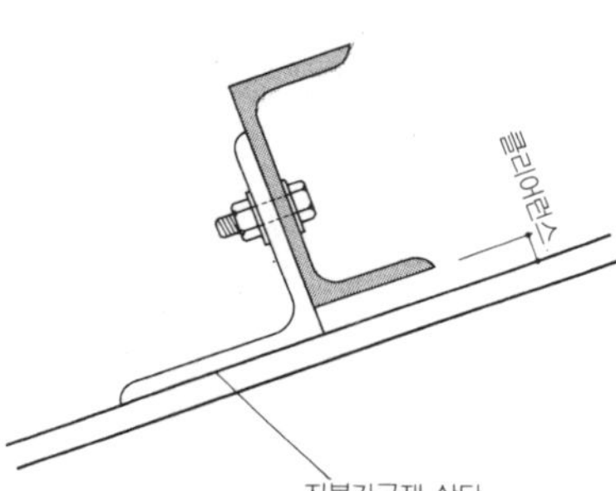

경량리프홈형강

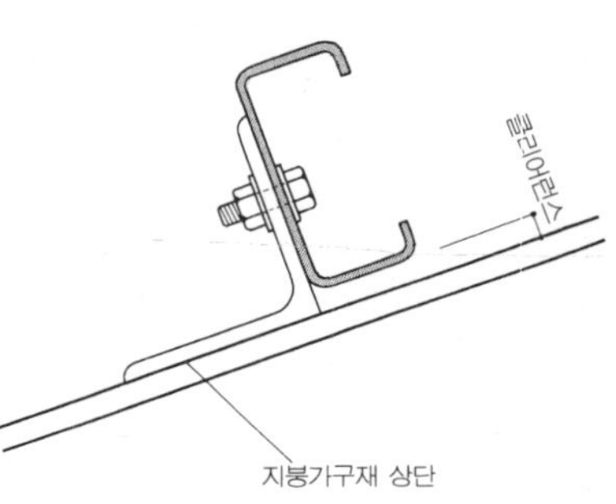

플래트 옥상은 빌딩 타입의 상층 바닥과 구조적으로는 큰 차가 없고, 바닥판, 작은보, 큰보, 기둥에는 힘이 흐르며 결국은 기초를 통하여 지반에 전달된다.

지붕에 물매가 잡히면 마무리재와의 관련으로 중도리재와 작은보가 정해지며 작은보에서 큰보, 기둥의 가구체에 힘이 전달된다. 지붕마루잡이재, 마루대 가새, 지붕 브레이스의 각 부재가 가구의 일체성을 높인다. 지붕의 마무리재는 물매에 따라 평행되지 않으면 안 된다.

이 마무리재를 연결하는 중도리는 띠장연결의 경우와 같이 가구체에서 클리어런스를 취하고, 시공을 용이하게 하는 정도를 높인다. 중도리재로서 보통 ㄱ형강, 홈형강, 경량리브홈형강이 많이 채용된다.

보통 사무소건축 등의 옥상에는 계단실, 엘리베이터 기계실 등 펜트하우스가 배치된다. 펜트하우스의 옥상에는 고가수조 큐비클, 클링타워 기타가 적재되어 있으나, 이들은 엘리베이터 기계 하중과 함께 철골조에 있어서 구조상 중요한 요소가 된다.

그밖에 옥상에 설치되는 것으로 특히 건물에 역학적 영향을 주는 것은 광고탑이다. 물론 광고탑의 규모와 건물의 규모와의 밸런스가 문제이지만 높은 곳에 설치되었기 때문에 상당한 풍압력을 받아 하부 건물도 자중이 가벼운, 중소 규모의 철골조로 하면 같은 풍압력의 영향을 받는데서 이 수평력이 가산된다. 광고탑은 설계 단계에서는 설치의 유무나 구체적인 조건이 미정인 경우도 많으므로, 사전에 그 확인을 취하여 미리 건물의 구조계획에 짜두어야 한다.

접 합

철골 구조는 기둥이나 보 등의 각 부재를 공장 또는 현장에서 접합하는데 따라 성립된다.

규격 부품은 공장에 있어서 접합하던지 조립하여 양산된 부재를 다시 현장에서 전체로서 성립하도록 조립하는 것을「프리패브」라 칭하며, 철골조는 프리패브 건축을 대표하는 것이라 할 수 있다. 그 기본이 되는 것이 접합이다. 접합법은 기계적 힘에 의해 접합하는 리베트 고력볼트 및 볼트 등에 의한 공법과 치금학적인 용접 공법으로 구별된다.

기둥과 기둥, 보와 보 끼리의 접합을 이음이라 칭하고 기둥과 보, 큰보와 작은보와의 맞댐을 맞춤이라 하여 구별한다.

리베트 접합

리베트의 축단면의 전단력 및 인장력에 의해 접합하는 방법이며, 접합하는 부재가 엷다던가, 리베트 구멍에서 단재까지의 거리 부족에 따라 부재가 파괴되는 경우가 있다.

2장 이상의 재료에 구멍을 뚫어 약 800℃로 가열한 리베트를 끼고 뉴매틱해머(리베팅해머라고도 한다)에 의해 압축시켜 머리를 형성하며, 조여서 부재를 접합한다. 최근에는 숙련공의 부족과 소음·화재등 여러 가지 문제점과 고장력강의 접합에 내력부족이 생길 우려가 있는 등, 이 접합법은 취급에 신중을 요한다.

고력볼트 접합

고장력강으로 만든 볼트로 접합부재를 조여서 재간에 작용하는 마찰력에서 축력을 전달하여 접합하는 방법이다.

볼트는 조임시에 인장력에 의해 저응력 범위에서 늘어나지 않도록 탄소강을 열처리하여 고장력강으로 한다.

인장강도에 따라서 F8T(80~100kg/mm²), F10T(100-120kg/mm²) 및 F11T(110~130kg/mm²)의 3종류가 있다.

리베트나 볼트 접합과의 차이, 축단면의 전단력이나 접합재의 축압력에 기대치 않기 때문에 마찰이 분리되어 미끄러질 때까지는, 강접합이다. 그 때문에 접합재간의 마찰면이나 볼트에 도입되는 축력이 문제이며, 품질, 시공, 노무 등의 감리가 중요하다.

접합부재에 뜬녹, 기름, 도장, 볼트 구멍, 흑피 등이 있는 경우 마찰면은 불량하다.

볼트에 도입된 축력이지만, 실제는 조임토크에 의한다. 즉, 축력을 1개 1개 확인하는데 주의할 필요가 있다.

볼트 접합

건축법시행령에는 일반적으로 볼트접합을 인정하지 않으나, 그 단서에 소규모의 건물에 있어서, 볼트가 헐겁지 않도록 콘크리트로 메우던가, 너트 부분을 용접하던가, 이중너트를 사용하는 등의 조건을 붙여서 이것을 확인한다. 보통 볼트에는 흑볼트(보통볼트), 중볼트, 마무리볼트 등이 있으나 볼트는 중볼트이상을 확인해야 한다.

볼트 접합의 약점은 볼트 구멍과 축과의 조임이 문제이며 부재의 하중에 의한 이상이 가산되어 설계에서 예상된 변형량에 개개의 이상이 가산되어서 훨씬 큰 수치가 된다. 이것이 건물 전체의 내력에 큰 영향을 미치므로 주의해야 한다. 힘의 전달방법은 리베트와 큰 차는 없다.

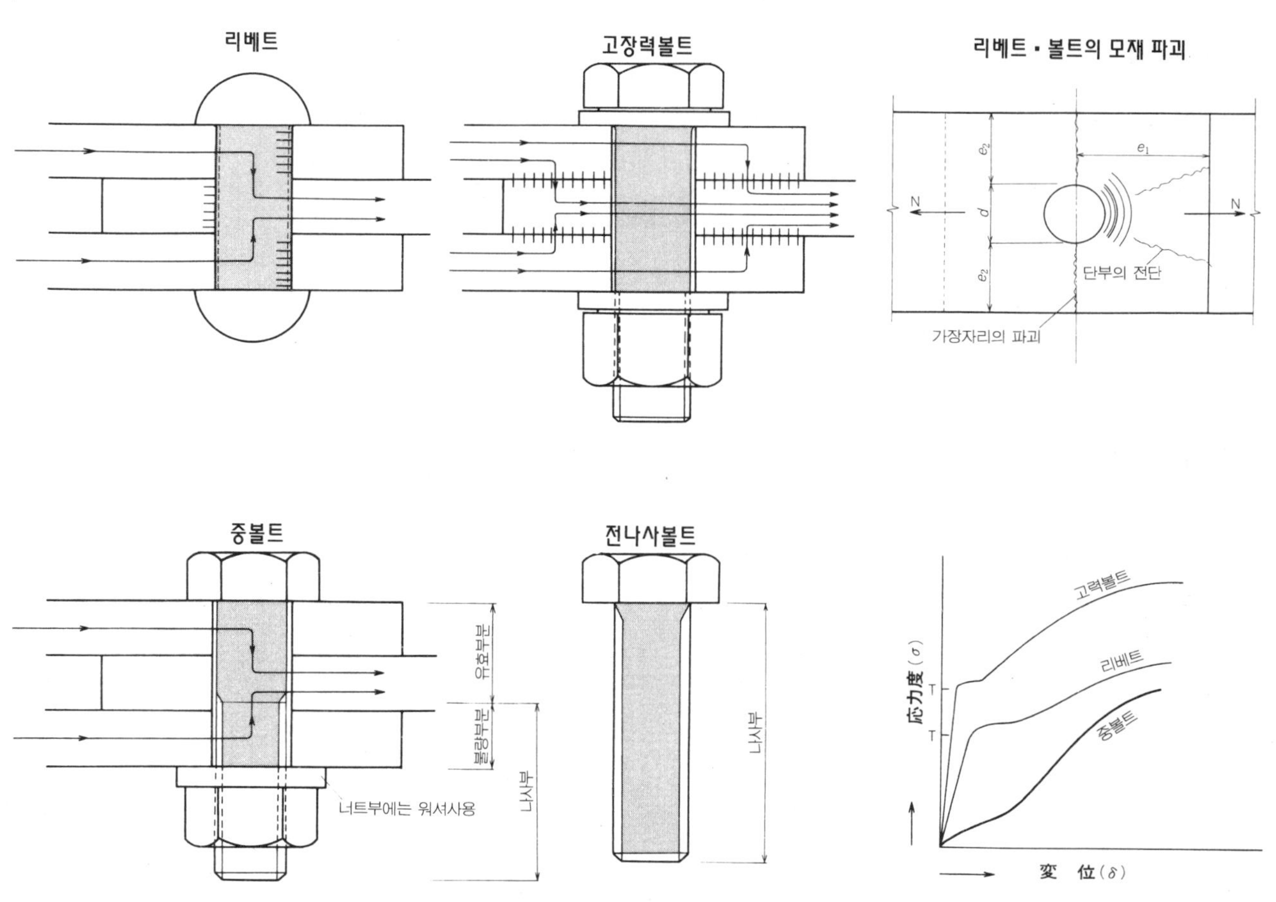

볼트는 나사부의 불량부분을 제거하여 사용할 것.

전나사 볼트는 사용해서는 안된다.

T : 고력볼트·리베트의 각기 단기응력도

접 합

형강의 게이지

피치

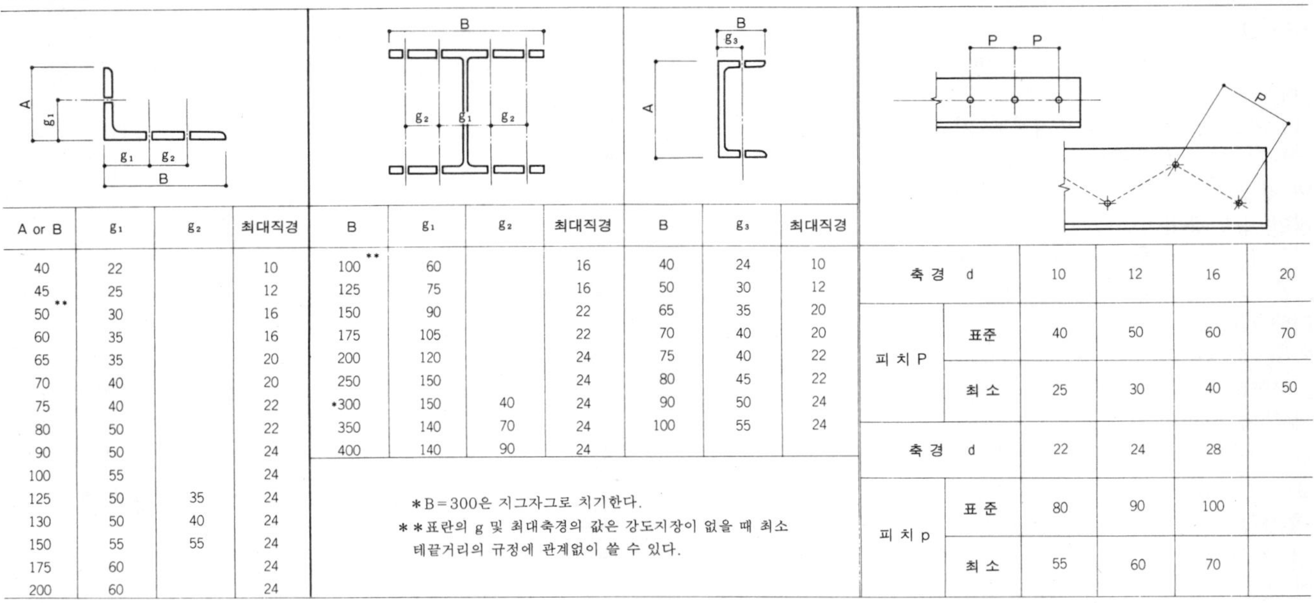

A or B	g_1	g_2	최대직경
40	22		10
45	25		12
50**	30		16
60	35		16
65	35		20
70	40		20
75	40		22
80	50		22
90	50		24
100	55		24
125	50	35	24
130	50	40	24
150	55	55	24
175	60		24
200	60		24

B	g_1	g_2	최대직경
100**	60		16
125	75		16
150	90		22
175	105		22
200	120		24
250	150		24
*300	150	40	24
350	140	70	24
400	140	90	24

B	g_3	최대직경
40	24	10
50	30	12
65	35	20
70	40	20
75	40	22
80	45	22
90	50	24
100	55	24

*B=300은 지그자그로 치기한다.
**표란의 g 및 최대축경의 값은 강도지장이 없을 때 최소 테끝거리의 규정에 관계없이 쓸 수 있다.

축 경 d		10	12	16	20
피 치 P	표준	40	50	60	70
	최 소	25	30	40	50
축 경 d		22	24	28	
피 치 p	표 준	80	90	100	
	최 소	55	60	70	

용 접

아-크 용접

모재와 용접봉의 간격을 적당히 유지하며 그 중간에 전기에 의한 방전현상, 아크를 발생시키며, 그때의 고열 약 5,000℃에 의해 모재와 용접봉을 같이 녹여, 용융금속이 직접 공기에 닿지 않도록 보호하면서, 일체가 된 접합부를 반드는 방법이다.

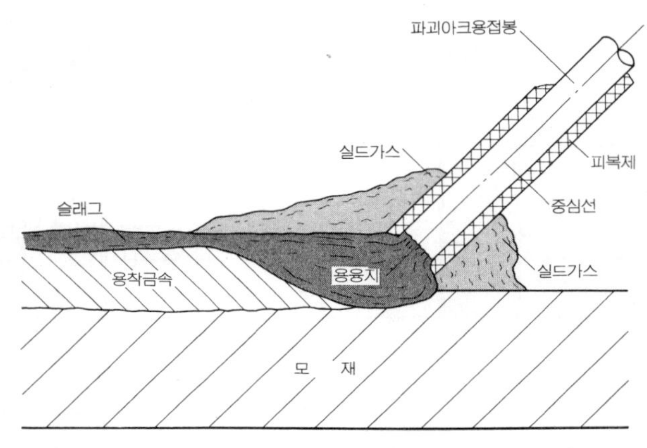

용접관련용어

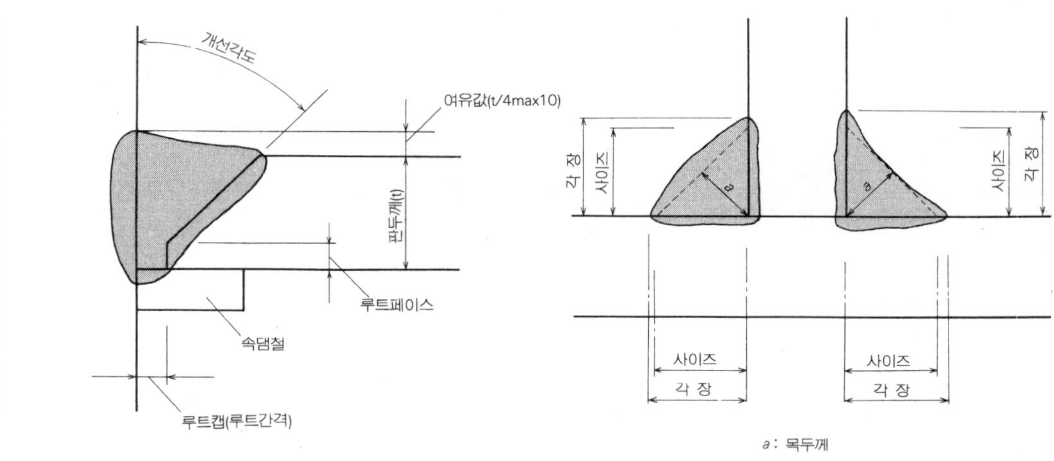

용접 접합

강재의 접합에 있어서 접합 부분이 상호 녹아서 일체가 되며, 하나의 부재가 되면 가장 이상적이다. 현재의 용접은 이 이상에 가까운 것이나 급격한 고온에 의해 치금 반응이 수반하므로 여러 가지 결점도 생기기 쉽다. 고열을 발생시키기 위해 산소나 아세틸렌 가스를 사용하는 것이 「산소용접」「가스용접」이다. 이에 반해 전기를 사용하는 것이 「전기용접」이며, 보통 사용하는 것이 「아크(전호)용접」이며, 또 이것도 여러 가지 공법이 있다.

아크 용접의 아크온도는 약 5000℃의 고온으로 용접봉과 모재를 용융하여 접합하는 것이 녹은 철이 공기중의 산소나 질소와 화합되지 않도록 보호되어 있으며 그 방법과 용접봉의 상태 등으로 용접 공법이 구분된다.

용접봉은 보통 「심선(와이어)」과 그 주위에 「피복재(프랙스)」를 붙인 것으로 되어 있으며, 심선은 용융하여 모재간에 들어가며 급격한 고온 치금반응에 대응되는 화학 성분으로 되어 있다. 피복재는 이 용융 반응에 결함이 생기지 않도록 「실드가스」를 발생하던지, 「아크」를 안정시키는 한편, 중요한 역할을 부담한다. 용접이음중에 결함이 있으면, 날카롭게 따내어 그 부분에서 용이하게 「균열」이 진행되어 결국은 구조물 전체의 붕괴와 관련되는 경우도 예상되므로, 용접 취급에는 완전한 배려와 세심한 주의를 요한다. 따라서 용접 작업의 요소에는 담당자의 입회하에 충분한 검사를 해야 한다.

용접 공법

① 손아크 용접(피복 금속아크 용접)
② 자동아크 용접(서브머지드아크 용접)
③ 반자동아크 용접(탄산가스아크 용접, 무피포 아크 용접)
④ 일렉트로슬래그 용접(소모 노즐식 일렉트로슬래그 용접)
등의 공법이 있다.

① 손아크 용접

용접봉을 손으로 잡고 실시한다. 「손아크 용접」은 가장 기본적인 용접 공법으로 용접봉의 피복재가 연소시에 가스를 발생하여 아크를 보호하여, 외기의 아크에의 접촉을 막고, 용착 금속중의 불순물을 제거하던가 피복재 중에 탈산 탈류제 등의 치금 반응 원소를 함유시킨 용접

② 자동 아크 용접

용접봉의 심선만을 자동적으로 공급하는 동시에 아크는 모재위에 먼저 녹분말상의 프렉스 속에 담가서 용접하기 때문에 잠호(潜弧) 용접이라고도 한다. 용접기 자체 레일상을 주행하며 와이어를 풀어, 대차의 스피드, 프렉스량, 용입량을 조절할 수 있는 완전 자동 용접, 유니온 멜트라고도 한다.

③ 반자동 아크 용접

용접봉의 조출이 자동적이며, 운봉은 손으로 하는 용접 주로 탄산 가스아크 용접, 무피포 아크 용접이나, 능률은 손용접에 비교하면 2~3배이다.

탄소가스 아크 용접

탄산가스 아크 용접은 아크와 대기의 접촉을 차단하는 실드가스에 탄산 또는 알곤을 분출하여 실시하는 용접 방법이며, 심선이 자동적으로 보내지므로, 능률적이나 바람에 약한 결점이 있다.

무피포아크 용접

탄산 가스 아크 용접이 바람에 약한 것을 개량한 것으로 프렉스가 심선 속에 봉해지므로 고온연소가 고압으로 분출하여 아크를 실드하고, 고전류 용접이 가능하여, 능률적이다. 논가스 오픈용접이라고도 한다.

④ 일렉트로 슬래그 용접(소모 노즐식 일렉트로 슬래그 용접)

일렉트로 슬래그 용접은 주로 용융 슬래그의 저항열에 의해 용접봉과 모재를 용융하여 실시하는 상진 용접으로 두꺼운 판을 세워서 맞대는 용접에 사용된다.

용접후의 왜곡이 작고, 대전류 용접에서 능률적인 점이 특징이지만, 용착금속의 인성이 약간 뒤진다.

용접이음새의 형식

① 맞댐 용접
② 모살 용접
③ 부분 용입 용접
이상 3가지의 형식이 있다.

① 맞댐 용접

용접작업표준으로는 「용접부의 강도가 모재와 동등 이상이 되도록 이음새의 전단면에 걸쳐 완전한 용입과 융합을 가진 용접을 한다」로 되어 있다. 용접은 급격한 고온에 의한 치금 반응으로 용착되는 것이지만, 모재는 그 표면이 1~3mm정도만 높고, 용접봉 속의 금속이 녹아서 그 모재 사이를 채워서 용접이 된다. 따라서 맞댐 용접의 형식을 보면 알 수 있는 것처럼 용착 금속이 모재간에 충분히 밀착하도록 되어 있다. 이 형은 모재를 깎아서 만들며 깎아진 형상을 「개선」 또는 「그루브」이라 한다. 따라서 맞댐용접은 그루브 용접이라고도 한다.

② 모살 용접

용접부의 형상을 보면 알 수 있는 바와 같이 모재와 같은 정도로 가까운 용착 금속이 비교적 많이 모재간에 존재한다. 이음으로서는, 전단력과 작은 축력을 전달한다.

③ 부분 용입 용접

모재간에 존재하는 용착 금속이 가장 적은 용접으로 그림과 같은 형상을 나타낸다. 그러나 건축 주체 구조에는 사용해서는 안된다.

용접의 결점

① 급격한 고온에 따라 생기는 치금 반응이기 때문에 「모재의 변조」 및 「열왜곡」이 발생하여 접합부의 「원형이질」「원응력」의 원인이 된다.

② 용접 개시 직후는 아크가 안정치 않기 때문에 결합용접이 되기 쉽다. 또 용접의 종단은 아크 때문에 크레이터가 되며, 여기에 불순물이 남기쉽고, 냉각중에 균열이 발생하기 쉽다.

③ 접합부의 내력은 용접공의 기량에 의존하는 경우가 많으나 그것이 각기 달라서 균열성이 없고, 자격에도 종류가 있는 것처럼 복잡하다.

④ 접합된 판 두께와 용접봉의 지름, 용접기의 전류량 및 용접봉의 운행속도 등의 조합이 적절하지 않으면 안된다. 또 용접봉의 관리, 모재에 의한 그 종류의 사용 분류, 기온에 따라 모재를 더웁게 하는 작업 등 취급이 복잡하다.

이상은 용접 결점의 대강이다.

용접은 강재 접합 방법 중에서 가장 큰 웨이트를 차지하며, 그 기술은 철골조 건축의 발전과 향상에 직접 영향되는 것이기 때문에 금후의 개발에 기대되는 점이 크다.

용접을 하기전에 강재 용접봉 용접기 등의 종류, 용접의 순서, 자세 왜곡의 방지에 대해서 시공 계획을 다듬어 만전을 기해야 한다.

표의 (a)는 철골 공장에 있어서 회전치 지그, 포지셔너 등을 사용하여 하향, 입항의 용접자세로 용이하게 작업이 이루어지는 공장용접의 경우이다.

표 (b)는 현장 용접이라던가 공장에 상기의 설비가 없이 용접자세가 자유스럽지 못하고 작용이 어려운 경우이다.

용 접

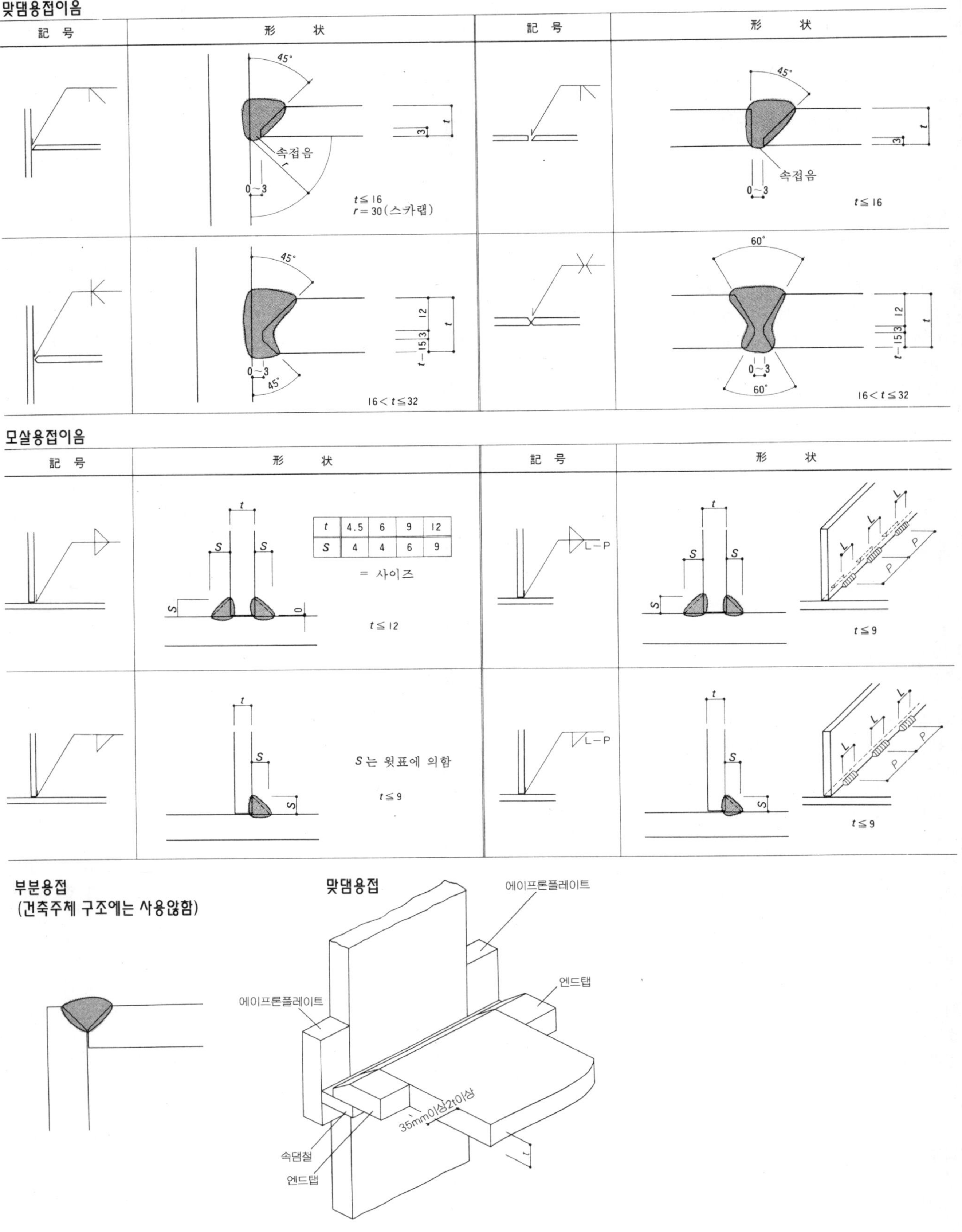

맞댐용접의 속댐철, 엔드탭을 사용한 예

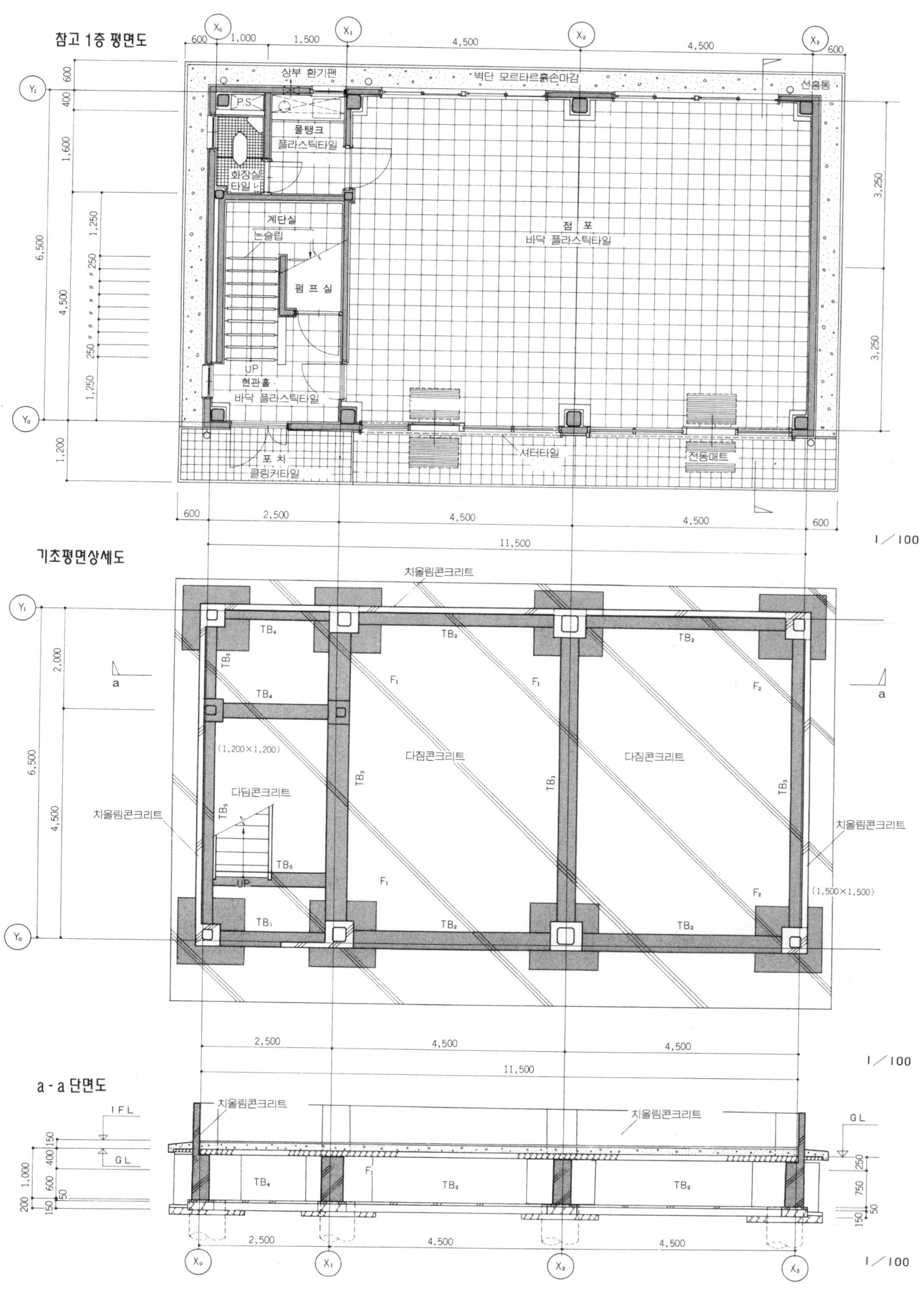
참고 1층 평면도
상부 환기팬
벽단 모르타르흙손마감
선홈통
물탱크
플라스틱타일
화장실
타일
계단실
논슬립
점 포
바닥 플라스틱타일
펌 프 실
UP
현관홀
바닥 플라스틱타일
포 치
클링커타일
셔터타일
전동매트
1/100
기초평면상세도
치올림콘크리트
다짐콘크리트
(1,200×1,200)
다딤콘크리트
(1,500×1,500)
1/100
a-a 단면도
치올림콘크리트
IFL
GL
1/100

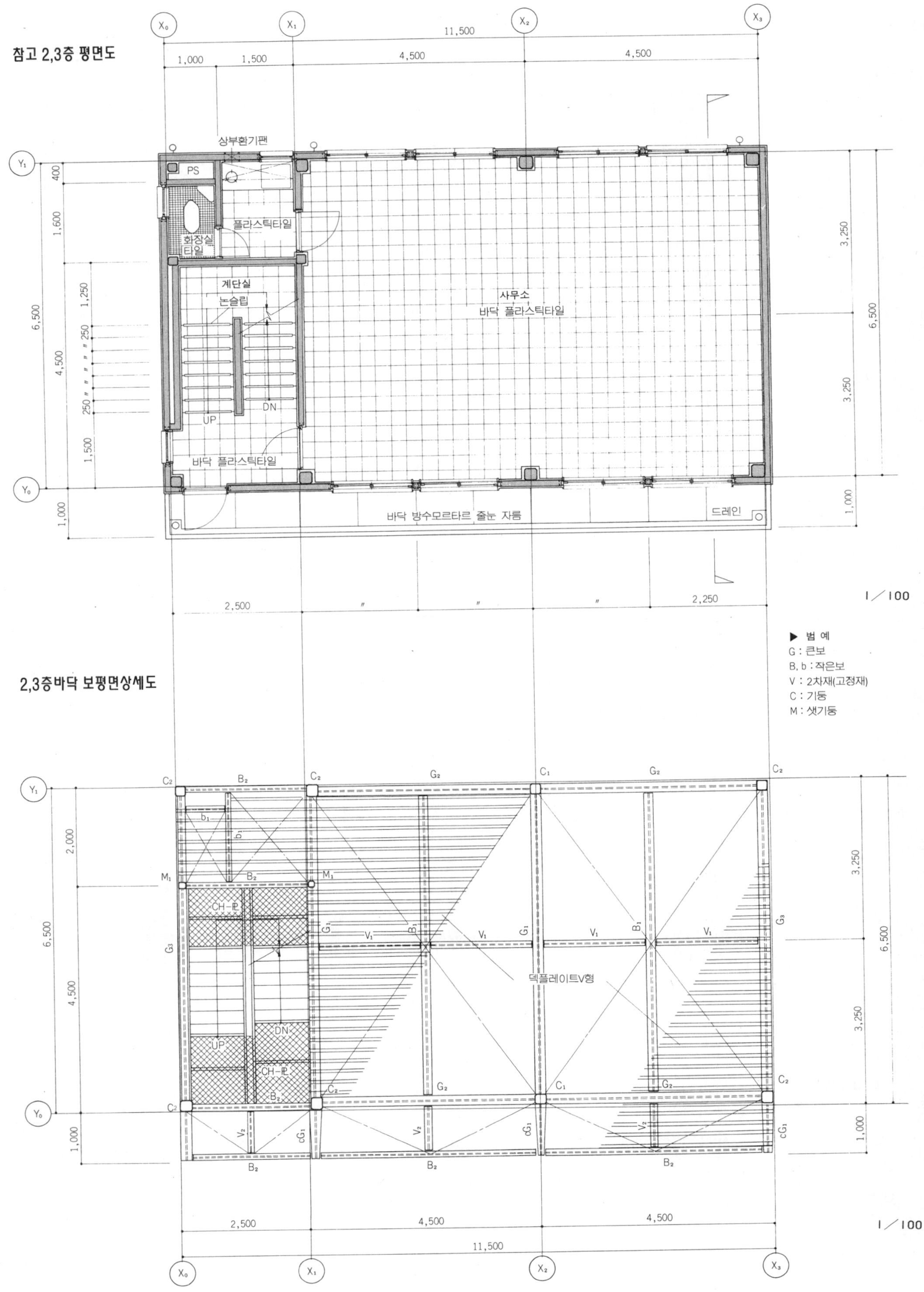

참고 2,3층 평면도
X₀
X₁
X₂
X₃
11,500
1,000
1,500
4,500
4,500
상부환기팬
PS
플라스틱타일
화장실 타일
계단실
논슬립
UP
DN
바닥 플라스틱타일
사무소
바닥 플라스틱타일
바닥 방수모르타르 줄눈 자름
드레인
Y₁
Y₀
400
1,600
6,500
1,250
250
4,500
1,500
1,000
3,250
3,250
6,500
2,500
2,250
1／100
▶ 범 례
G : 큰보
B, b : 작은보
V : 2차재(고정재)
C : 기둥
M : 샛기둥
2,3층바닥 보평면상세도
C₂
B₂
C₁
G₂
b₁
M₁
CH-PL
G₁
V₁
B₁
G₃
덱플레이트V형
DN
UP
V₂
cG₁
2,000
2,500
4,500
11,500
1／100

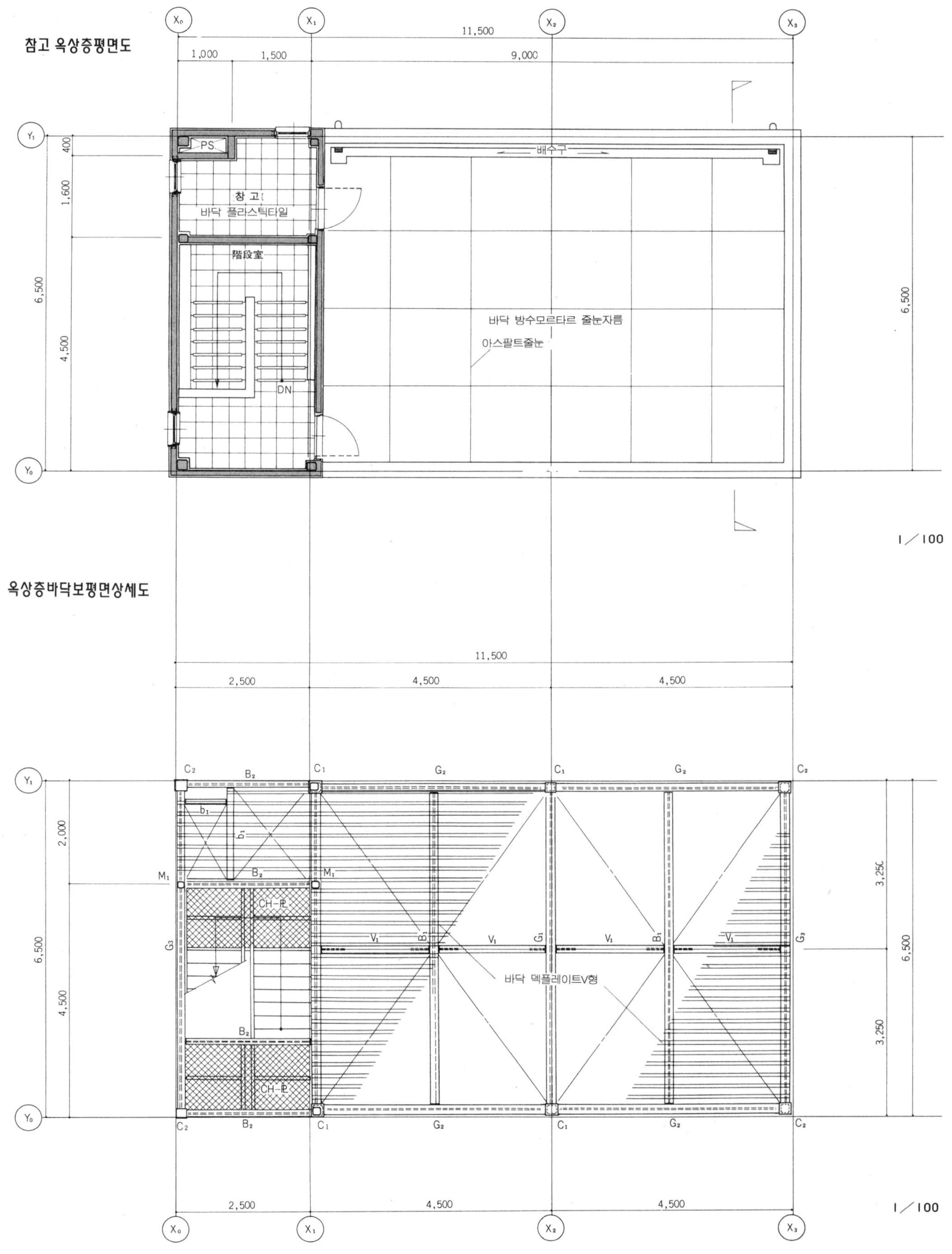
참고 옥상층평면도
11,500
1,000
1,500
9,000
PS
창 고
바닥 플라스틱타일
階段室
DN
배수구
바닥 방수모르타르 줄눈자름
아스팔트줄눈
6,500
400
1,600
4,500
1/100
옥상층바닥보평면상세도
11,500
2,500
4,500
4,500
C2
B2
C1
G2
b1
M1
CH-PL
G3
V1
B1
G1
바닥 덱플레이트V형
3,250
6,500
2,000
1/100

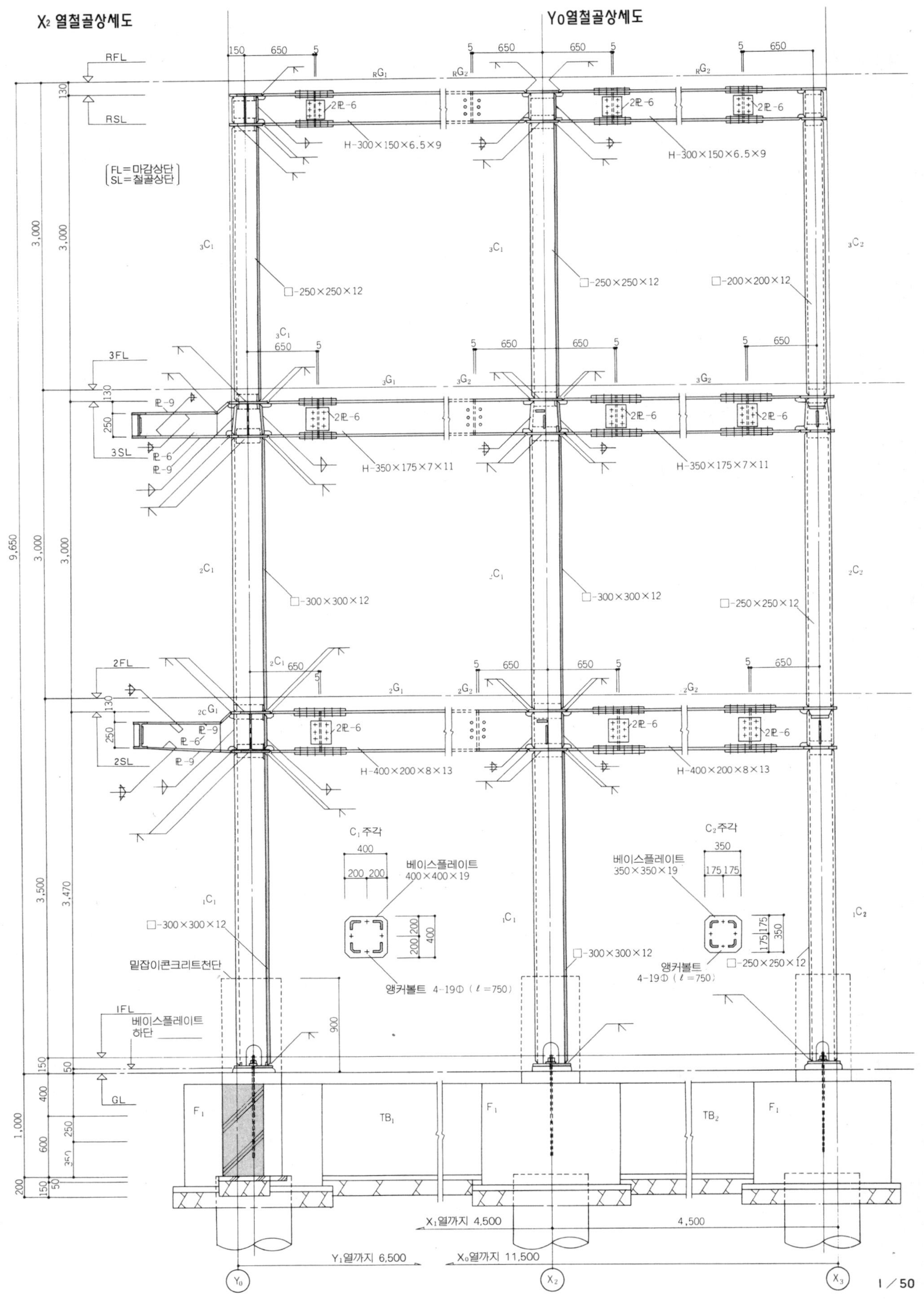

X₂ 열철골상세도
Y₀열철골상세도
RFL
RSL
FL=마감상단
SL=철골상단
3FL
3SL
2FL
2SL
IFL
GL
H-300×150×6.5×9
H-350×175×7×11
H-400×200×8×13
□-250×250×12
□-200×200×12
□-300×300×12
□-250×250×12
C₁주각
C₂주각
베이스플레이트 400×400×19
베이스플레이트 350×350×19
앵커볼트 4-19Φ (ℓ=750)
밑잡이콘크리트천단
베이스플레이트 하단
F₁
TB₁
TB₂
X₁열까지 4,500
4,500
Y₁열까지 6,500
X₀열까지 11,500
9,650
I／50

단면상세도

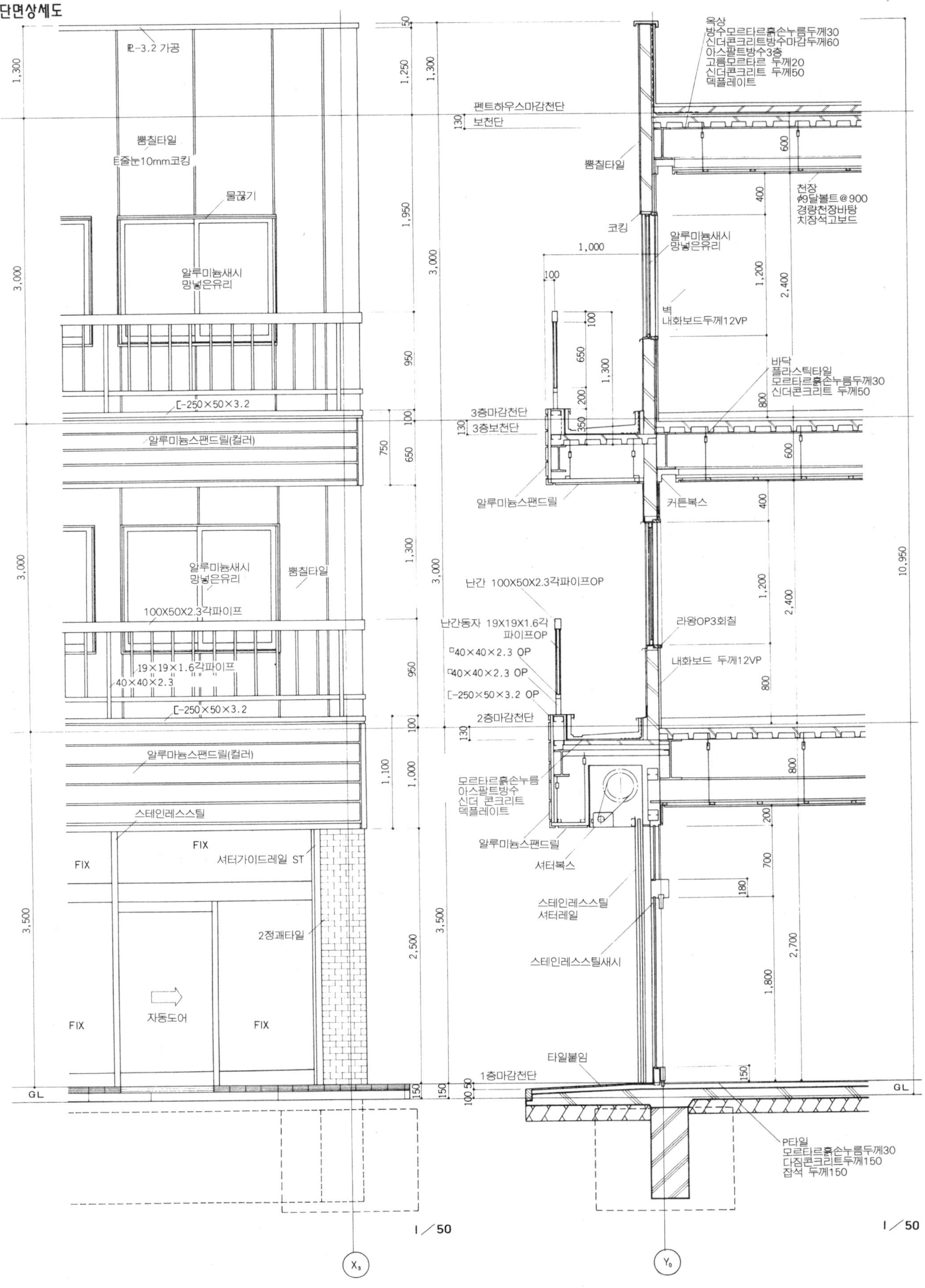
PL-3.2 가공
뿜칠타일
E줄눈10mm코킹
물끊기
알루미늄새시
망넣은유리
[-250×50×3.2
알루미늄스팬드릴(컬러)
알루미늄새시
망넣은유리
뿜칠타일
100X50X2.3각파이프
19×19×1.6각파이프
40×40×2.3
[-250×50×3.2
알루미늄스팬드릴(컬러)
스테인레스스틸
FIX
FIX
셔터가이드레일 ST
2정괘타일
자동도어
FIX
FIX
GL
1/50
옥상
방수모르타르흙손누름두께30
신더콘크리트방수마감두께60
아스팔트방수3층
고름모르타르 두께20
신더콘크리트 두께50
덱플레이트
펜트하우스마감천단
보천단
뿜칠타일
천장
ϕ9달볼트@900
경량천장바탕
치장석고보드
코킹
알루미늄새시
망넣은유리
벽
내화보드두께12VP
바닥
플라스틱타일
모르타르흙손누름두께30
신더콘크리트 두께50
3층마감천단
3층보천단
알루미늄스팬드릴
커튼박스
난간 100X50X2.3각파이프OP
난간동자 19X19X1.6각파이프OP
□40×40×2.3 OP
□40×40×2.3 OP
[-250×50×3.2 OP
2층마감천단
라왕OP3회칠
내화보드 두께12VP
모르타르흙손누름
아스팔트방수
신더 콘크리트
덱플레이트
알루미늄스팬드릴
셔터박스
스테인레스스틸
셔터레일
스테인레스스틸새시
타일붙임
1층마감천단
GL
P타일
모르타르흙손누름두께30
다짐콘크리트두께150
잡석 두께150
1/50
X3
Y0

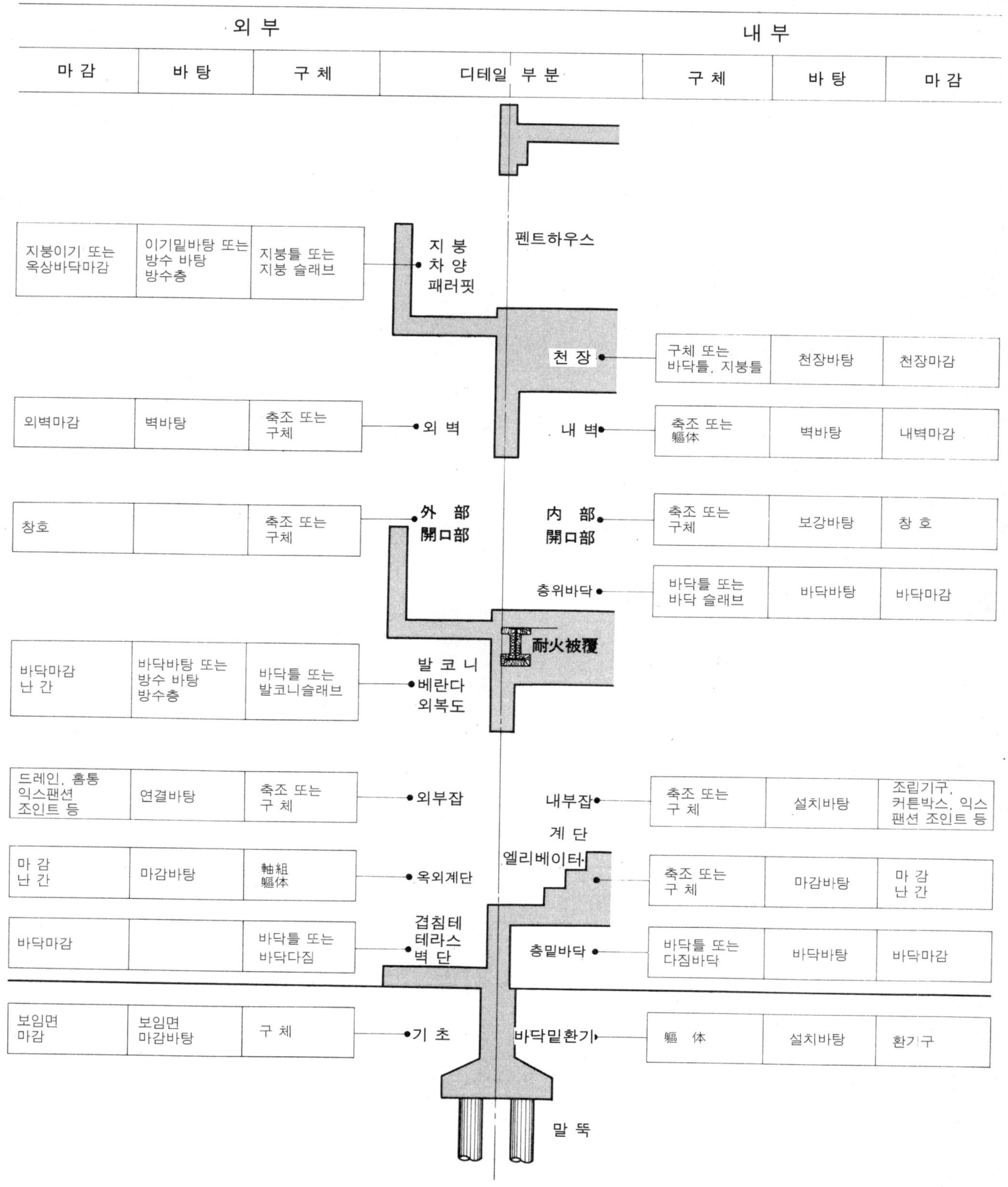

처리로 하여, 철골조 설계에 빼놓을 수 없는 문제이므로, 1항목을 추가하였다. 철골조는 철근콘크리트조와 달리, 방화·방재상 많은 법적 규정을 받기 때문에 그 설계에 있어서는 특히 이 점에 세심한 검토가 필요하다.

잡공사 상세로서 들 수 있는 것을 범위가 넓으므로 엘리베이터 주위 익스팬션조인트 루프드레인 주위를 중점적으로 기재하기로 하였다.

바닥은 층밑바닥과 층위바닥으로 구분되며 그 마무리의 디테

철골조 디테일을 해설하는데 있어서 정리상, 부위별로 「바닥」「벽」「개구부」「천장」「지붕」「계단」의 6항목, 그에 「내화피복」「잡공사 상세」의 그 항목을 더하여 8항목으로 분류하였다. 각 부위의 디테일에 대해서는 다른 구조의 디테일과 중복을 피해야 하며, 철골조의 구성, 특성 표현에 중점을 좁혀서 「구체」「바탕」「마무리」의 표준적인 장치나 아무림 방법을 비교적 철골조에 플라이머리클래스의 사람들을 대상으로 실용에 쓸모 있도록 배려하였다. 내화피복은 구조체의 특성을 가장 단적으로 나타내는

일은 같지만, 바닥틀의 구성이 아주 다르다. 층밑바닥틀은 바닥하중의 태반을 아래 지반에 지지시키는 바닥틀이며, 층위바닥은 바닥하중을 구체에 전달시키는 바닥틀로 구체구조의 1요소를 이룬다.

층밑바닥

층밑바닥의 바닥틀은 밑창 콘크리트 바닥 굴름바닥틀에는 동바리, 바닥틀 등이 보통 위에 통상 채용되어 있지만, 지반이 연약한 경우는 구조 바닥으로 하는 경우도 있다.

층밑바닥에서 주의해야 할 점은 지반에 접하는 위치적 조건에서 방습·단열의 대책, 지지지반침하에 의한 영향이다.

방습·단열의 대책

철골조 건물의 층밑바닥은 밑창콘크리트의 경우가 많고, 바닥면에 침수된 습기는 주각부분이나 벽밑바탕강재의 부식원인에 관련되는 수가 많다. 그러므로 밑창콘크리트 상부에 아스팔트 방수층, 폴리에틸렌 필름 시트(방습층) 발포폴리에틸렌(단열재) 등을 깔아 타입해서 습기를 방지하므로 단열효과를 꾀하는 조치가 필요하다.

또 동바리 바닥틀도 바닥밑에 환기공을 설치하여 습기를 충분히 피해야 한다.

지지 지반침하에 의한 영향

층밑바닥은 그 구성상 지반의 영향을 직접 받는다. 특히 철골조나 철근 콘크리트조의 경우 기초, 지중보의 터파기·되메우기 부분의 지반은 아무래도 연약하기 때문에 그에 해당한 바닥 동바리 부동침하를 완전히 피하기는 어려운 일이다. 지반지지가 아닌 층위바닥의 바닥틀로 하면 해결되지만 통상 지하 바닥틀에서는 바닥 밑부분의 지반을 충분히 다져서 밑창콘크리트 바닥과 벽기초의 접합부에 보강 철근을 넣는 등 부동침하를 고려한 설계로 시공하는 것이 좋다.

층위바닥의 바닥틀

라멘가구의 일반적 작용으로서 층위바닥의 하중은 보에서 기둥을 통하여 기초에 전달된다. 보는 거기에 생긴 전단력 휨응력을 기둥에 전하는 역할을 한다. 층위바닥의 바닥틀은 지하바닥과 아주 달라 구조적인 취급이 되므로 기본 계획의 단계에서 기둥의 배치 보의 배열을 입체적으로 검토하고 무리한 아무림 방법, 내려진 바닥형상을 피하여 합리적이며, 경제적인 구조 설계가 이루어지도록 정리해 두어야 한다. 복잡한 가구나 디테일은 철골조가 갖는 면을 감수하는 결과가 된다. 철골조의 보는「단일보」「조립보」로 구별된다. 단일보로서 I형강, H형강(중폭 세폭), 홈형강이 보통 사용되며, 조립보로서는, 플레이트보, 박스보, 트러스보, 래티스보, 사다리보, 허니컴빔—H형강의 웨브를 절단가공하여, 보춤을 크게 한 오픈웨브보로 자중을 일정하게 하여 휨내력을 증가시킨 것이며, 보통 6각형의 개구부가 연속된 형—등이 있다. 단일보, 플레이트보 등 웨브에 극간이 없이 완전히 강판으로 구성된 보를 충복보, 웨브에 개구부가 연속하여 배치된 보를 오픈웨브보라 칭한다. 단일보는 단면이 일률적이며, 부분적으로 응력에 따른 단면 조정이 안되므로 큰 스팬에는 비경제이고 적당치 않다. 오픈웨브보는 1개의 보 부분에서 응력의 변화에 준한 단면, 춤, 현재의 변화가 조정되므로, 대span에 적당하다.

층위바닥의 바닥틀은 큰보, 작은보 수평브레이스로 구성되어 기둥의 연결 스팬의 간격, 하중 보가 받는 여러 가지 응력, 바닥판의 종류와 형상 간막이벽과의 관련 등에 따라 보의 형태, 배열, 고저차가 결정된다. 수평브레이스는 벽브레이스와 함께 바람이나 지진의 수평력에 의한 구조체의 변형이나, 왜곡 등의 형태를 막는 보강재로서 보통 형강이나 강봉이 쓰이며 가구체에 일체성을 유지시키는 중요한 역할을 한다.

층위바닥의 바닥판

철골조의 층위바닥으로서 바닥틀에 지지되는 바닥판에는 다음 형태가 있다.

장선형식

목조 멍에 또는 앵글이나 홈형강의 멍에를 보사이에 끼워서, 목조 장선을 건다. 극히 작은 규모인 철골조에 사용되지만 일반적으로 적당하지는 않다.

바닥강판(스틸덱)

바닥강판이란, 광폭띠장을 냉간롤 성형법에 의해 강도상 합리적인 골형으로 성형된 골형강판이며「덱플레이트」「키스톤플레이트」라 칭하며 살두께, 홈의 깊이, 피치의 장소, 홈의 형상 등은 모두 풍부하다. 사용 방법으로서 바닥 강판 자체를 구조상으로 하는 방법 콘크리트와의 합성상판으로 하는 방법, 콘크리트의 밑창 거푸집으로서 사용하는 방법 등이 있다.

시공은 규격판 길이에 할당된 받이재에 바닥 강판을 깔고 형상에 맞추어 따내기 개구부 보강을 하여 겹침치수, 고저차를 수정조정한 다음 모살용접, 전용접, 점용접, 볼트접합 나사고정, 기타 방법으로 받이재에 부착한다.

바닥 강판은 경량으로 단면 성능이 높고 특히 서포트의 불필요는 현장 스페이스의 확보 현장 작업성의 안전성과 능률화를 도모하므로, ALC판과 함께 철골조 바닥으로서 가장 일반적이다. 다만, 강판의 체질로서, 비내화성에서 법규상, 밑창거푸집으로서 사용하는 이외에는 내화피복의 규정을 받는 경우가 많다.

각종 패널

각종 패널을 바닥판으로 사용하는 것이며, ALC판, PC판(프리캐스트 콘크리트판) 등이 있다. ALC판은 오트크레이브를 모양하여 제조된 경량 기포 콘크리트제의 패널로 강도, 정량성, 단열성, 차음성, 내화성, 시공성 면에서 합리적인 구조재로서 지붕, 바닥, 외벽, 간막이벽에 사용된다. 바닥 패널로서 사용상의 요점은 패널 두께는 스팬의 1/25이상 또 7.5cm이상, 양단의 걸침은 스팬의 1/75이상 또한 4cm이상으로 한다. 패널은 양단 지지의 단순보로서 사용하며, 수평전단력은 부담시키지 않는다. 과대한 집중하중 또는 충격을 받는 장소에 대해서 사용하던가, 미리 구조 주체에 지지시키는 설계로 해둔다. 패널의 흡수는 강도나 단연성의 저하를 가져오므로 물이나 습기가 많은 장소에는 세심한 방수 처리를 요한다. 쉬운 마무리의 경우는 고름모르타르를 발라 패널의 손모나 충격을 보호한다. 이 경우 보등 균열이 생기기 쉬운 부분에는 용접철망으로 보강하는 것이 필요하다. 축부와의 장치에는 받이보 상면의 돌기물이나 단차 등의 바탕 조정을 하여 장치 전용 철물을 사용하여 접합한다. 현장에서의 절단이나 따내기는 내력상의 지장이 있으므로 패널의 배당 계획을 사전에 검토해 둔다. PC판은 특수한 모양에 의해 공장에서 생산된 패널로 보통 콘크리트판과 기포 콘크리트판으로 대별한다. 보통 콘크리트판은 보통 PC판으로 하고, 벽식 프리캐스트 철근 콘크리트구조의 내력재, 커튼월용, 공동프레스트레스트 콘크리트판 등이 있다. 기포 콘크리트판중 오토크레이브를 보양하여 제조된 것은 낮은 비중에 의하여 강도가 높고, 단열성도 ALC판의 다음이며, 차음성도 비교적 양호하다.

층밑바닥

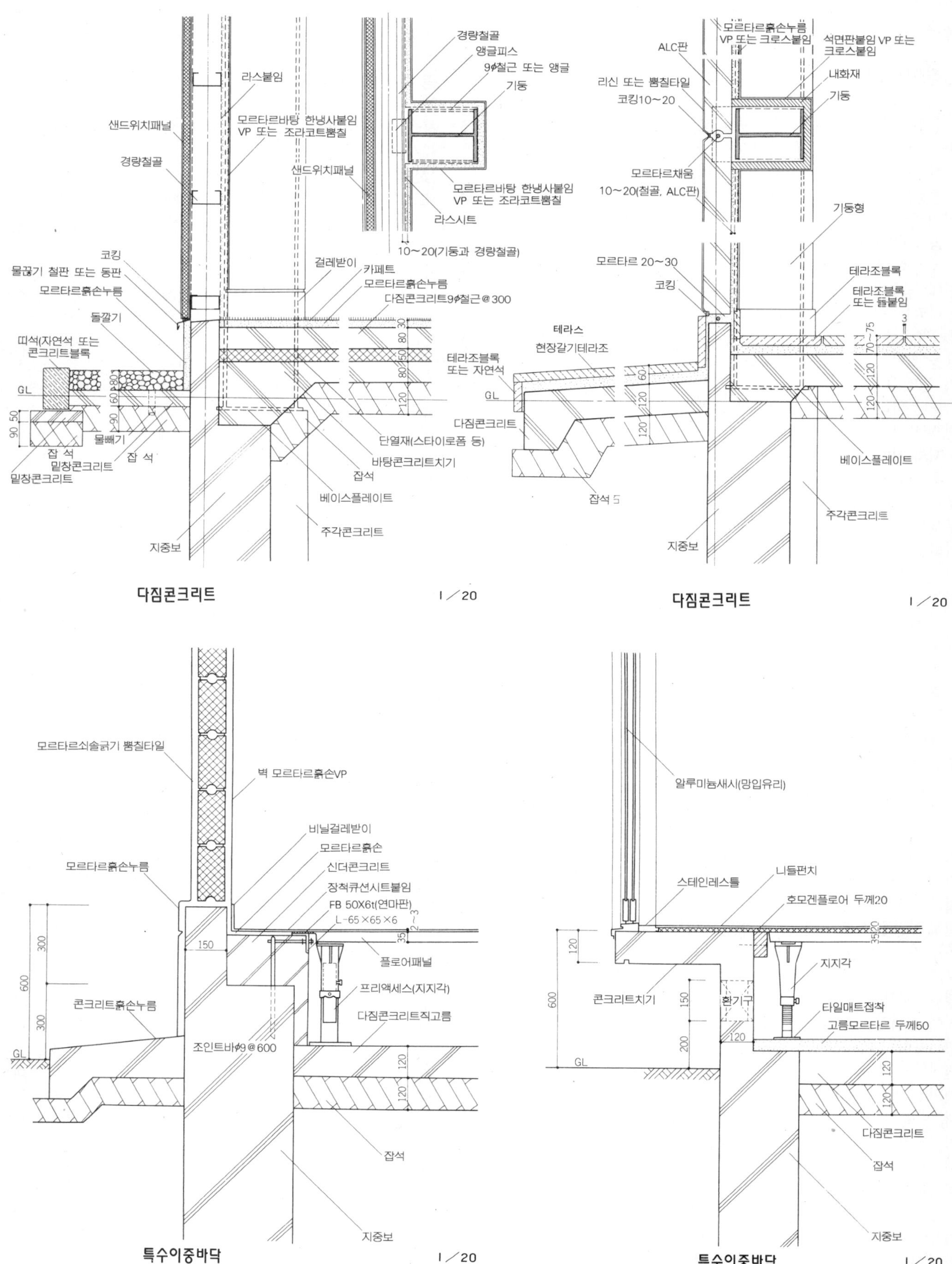
라스붙임
샌드위치패널
모르타르바탕 한냉사붙임
VP 또는 조라코트뿜칠
경량철골
샌드위치패널
경량철골
앵글피스
9φ철근 또는 앵글
기둥
모르타르바탕 한냉사붙임
VP 또는 조라코트뿜칠
라스시트
10~20(기둥과 경량철골)
코킹
물끊기 철판 또는 동판
모르타르흙손누름
돌갈기
띠석(자연석 또는
콘크리트블록
GL
물빼기
잡 석
밑창콘크리트
잡 석
밑창콘크리트
걸레받이
카페트
모르타르흙손누름
다짐콘크리트9φ철근@300
테라조블록
또는 자연석
단열재(스타이로폼 등)
바탕콘크리트치기
잡석
베이스플레이트
주각콘크리트
지중보
다짐콘크리트
1／20
모르타르흙손누름
VP 또는 크로스붙임
석면판붙임 VP 또는
크로스붙임
ALC판
리신 또는 뿜칠타일
코킹10~20
내화재
기둥
모르타르채움
10~20(철골, ALC판)
기둥형
모르타르 20~30
코킹
테라조블록
테라조블록
또는 돌붙임
테라스
현장갈기테라조
GL
다짐콘크리트
잡석 5
베이스플레이트
주각콘크리트
지중보
다짐콘크리트
1／20
모르타르쇠솔긁기 뿜칠타일
벽 모르타르흙손VP
비닐걸레받이
모르타르흙손
신더콘크리트
장척큐션시트붙임
FB 50X6t(연마판)
L-65×65×6
모르타르흙손누름
플로어패널
프리액세스(지지각)
다짐콘크리트직고름
콘크리트흙손누름
조인트바φ9@600
GL
잡석
지중보
특수이중바닥
1／20
알루미늄새시(망입유리)
스테인레스틀
니들펀치
호모겐플로어 두께20
지지각
콘크리트치기
환기구
타일매트접착
고름모르타르 두께50
GL
다짐콘크리트
잡석
지중보
특수이중바닥
1／20

층밑바닥

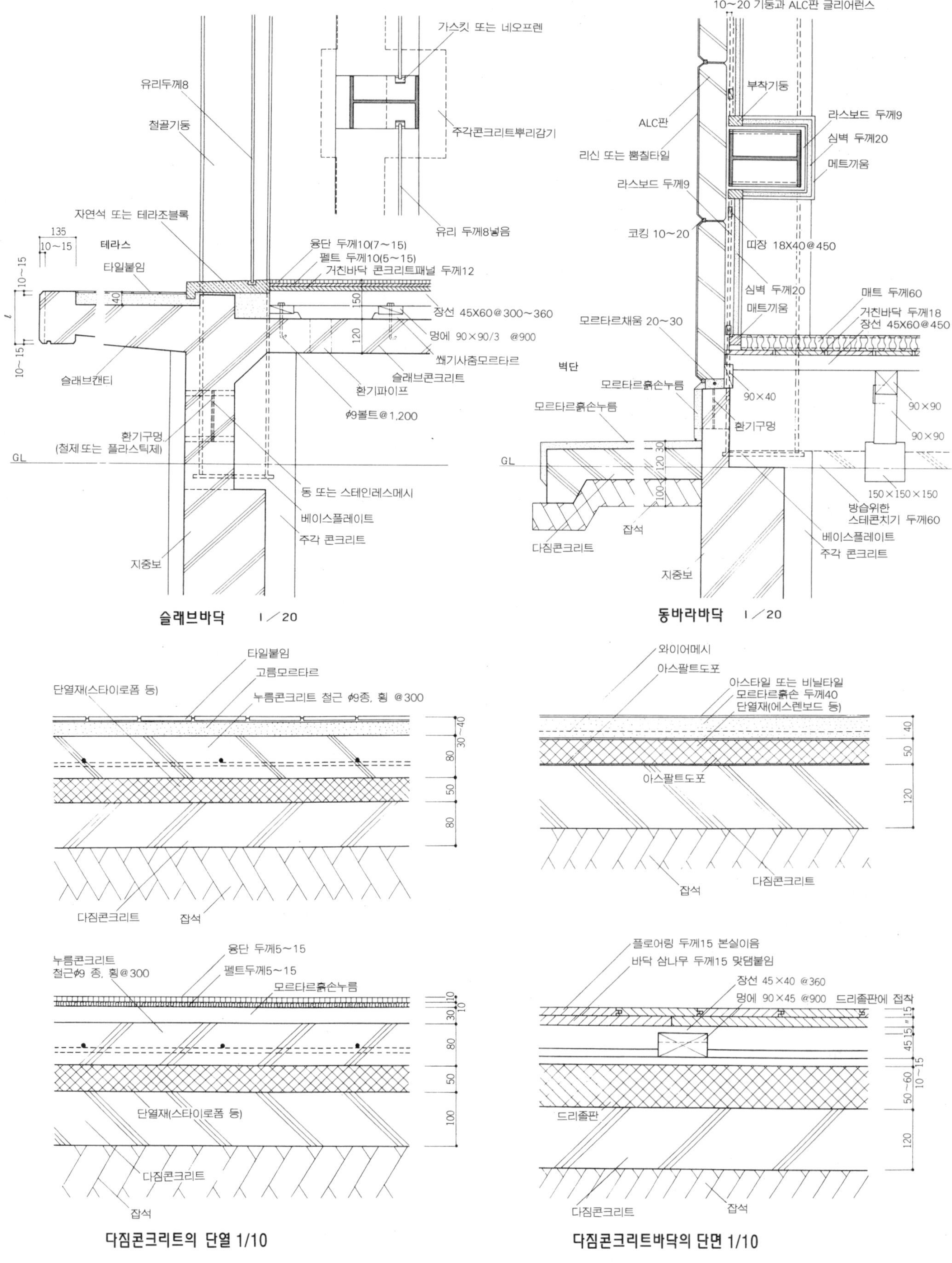

가스킷 또는 네오프렌
유리두께8
철골기둥
주각콘크리트뿌리감기
자연석 또는 테라조블록
유리 두께8넣음
135
10~15
테라스
타일붙임
용단 두께10(7~15)
펠트 두께10(5~15)
거친바닥 콘크리트패널 두께12
장선 45X60@300~360
멍에 90×90/3 @900
쐐기사춤모르타르
슬래브캔티
슬래브콘크리트
환기파이프
ϕ9볼트@1,200
환기구멍
(철제 또는 플라스틱제)
GL
동 또는 스테인레스메시
베이스플레이트
주각 콘크리트
지중보
슬래브바닥 1/20
10~20 기둥과 ALC판 글리어런스
부착기둥
ALC판
라스보드 두께9
심벽 두께20
메트끼움
리신 또는 뿜칠타일
라스보드 두께9
코킹 10~20
띠장 18X40@450
심벽 두께20
매트끼움
매트 두께60
거친바닥 두께18
장선 45X60@450
모르타르채움 20~30
벽단
모르타르흙손누름
모르타르흙손누름
90×40
90×90
환기구멍
90×90
150×150×150
방습위한
스테콘치기 두께60
베이스플레이트
주각 콘크리트
잡석
다짐콘크리트
지중보
동바라바닥 1/20
타일붙임
고름모르타르
단열재(스타이로폼 등)
누름콘크리트 철근 ϕ9종, 횡 @300
30~40
80
50
80
다짐콘크리트
잡석
와이어메시
아스팔트도포
아스타일 또는 비닐타일
모르타르흙손 두께40
단열재(에스렌보드 등)
40
50
120
아스팔트도포
다짐콘크리트
잡석
누름콘크리트
철근ϕ9 종, 횡@300
용단 두께5~15
펠트두께5~15
모르타르흙손누름
10
10
30
80
50
100
단열재(스타이로폼 등)
다짐콘크리트
잡석
다짐콘크리트의 단열 1/10
플로어링 두께15 본실이음
바닥 삼나무 두께15 맞댐붙임
장선 45×40 @360
멍에 90×45 @900 드리졸판에 접착
드리졸판
다짐콘크리트
잡석
120
다짐콘크리트바닥의 단면 1/10

층위바닥

텍플레이트 바탕

덱플레이트 보강・절단(1)

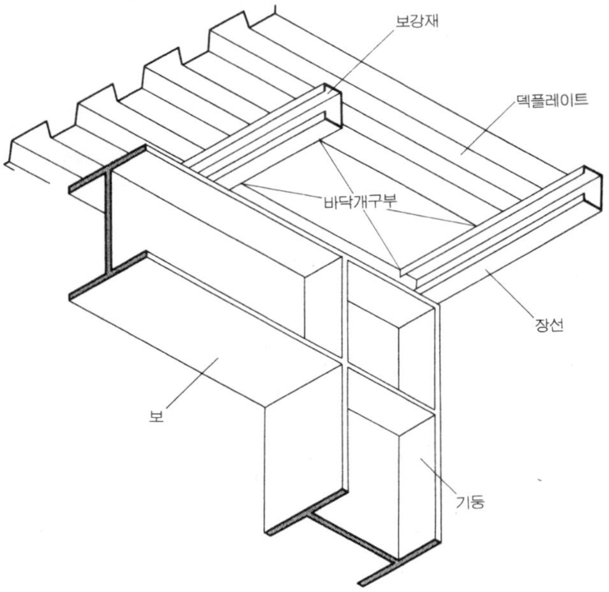

덱플레이트 보강・절단(2)

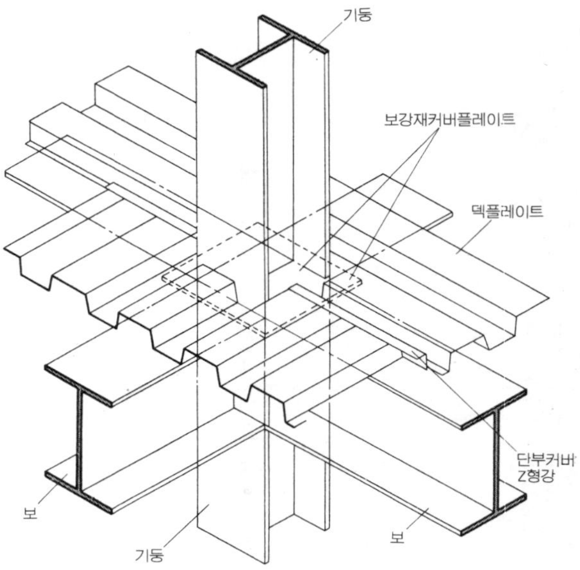

종방향이음

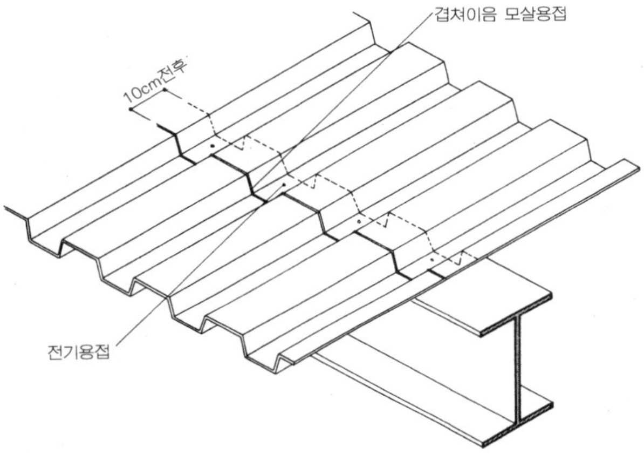

횡방향이음

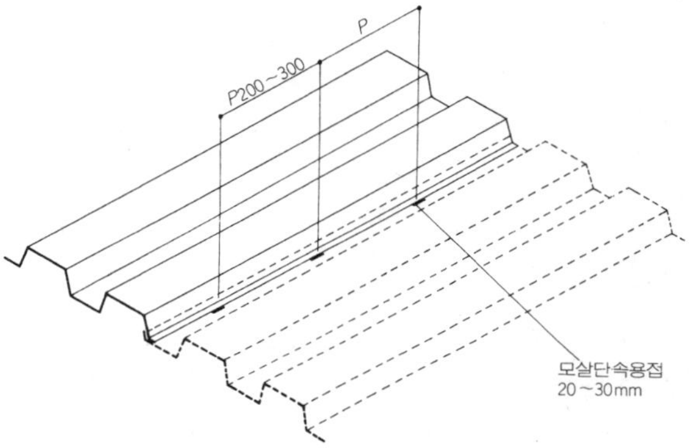

단부의 막는법

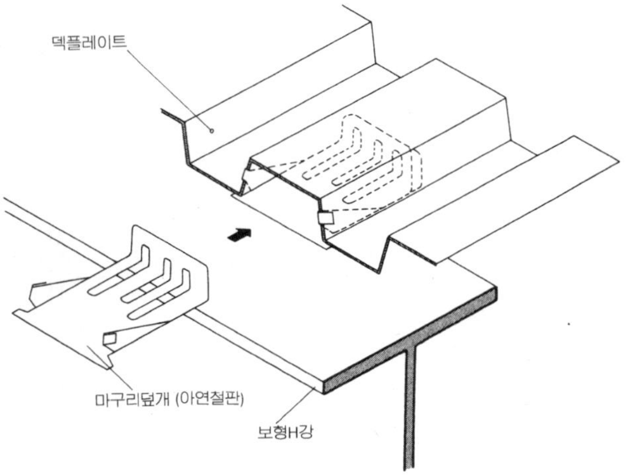

덱플레이트 설치방법

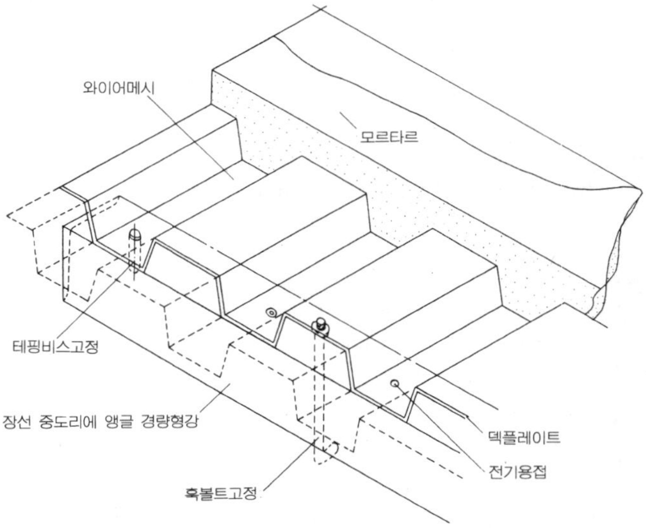

층위바닥

그림ⓐ 철골멍에와 목제바닥조

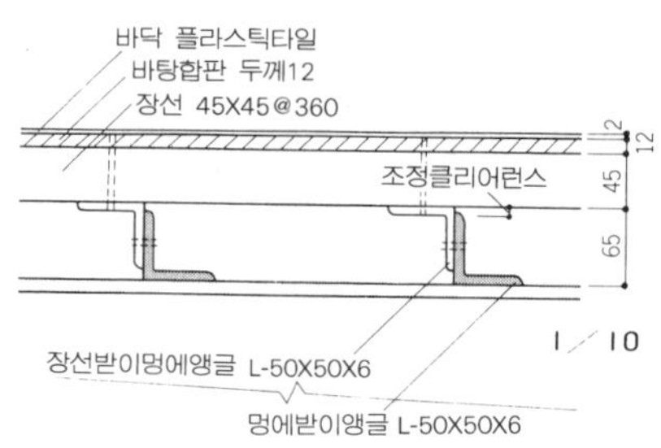

그림ⓑ 철골멍에와 목조바닥조

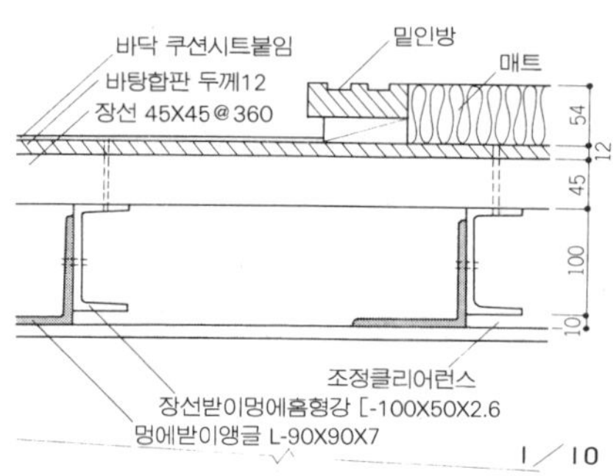

그림ⓒ 전목조 바닥조

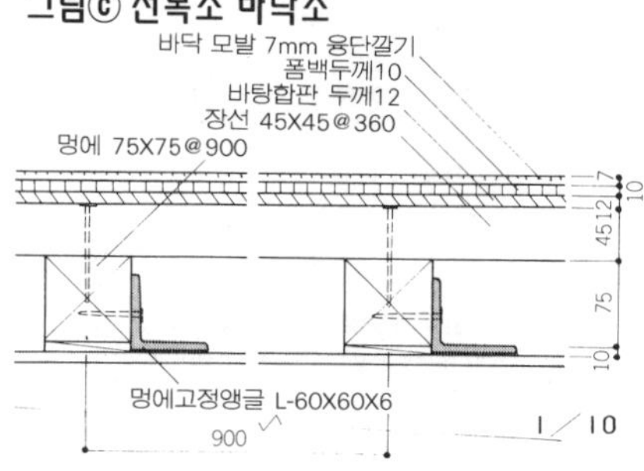

그림ⓓ 키스톤플레이트바닥

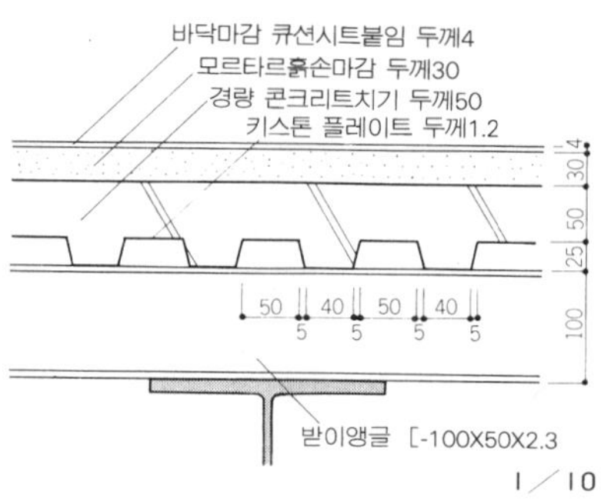

그림ⓔ V형덱플레이트와 목조바닥조

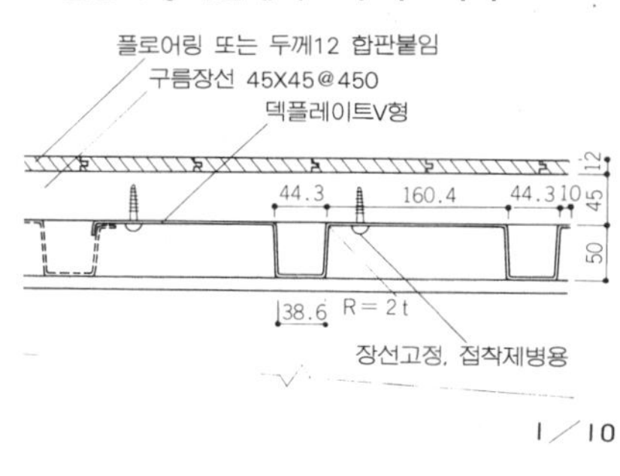

그림ⓕ V형덱플레이트와 재래공법에 의한 배근 슬래브

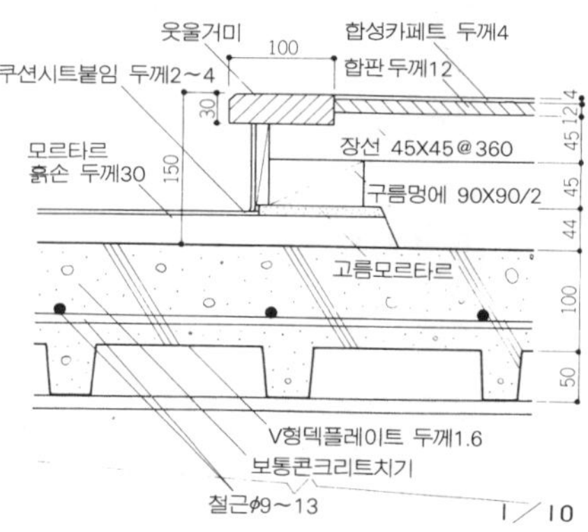

	폭	두께
키스톤플레이트 1형	650	0.8, 1.2
키스톤플레이트 2형	830	1.2
키스톤플레이트 3형	1032	0.8, 1.2, 1.4

(mm)

	폭	두께
덱 플레이트 2형	600	1.6, 2.3
덱 플레이트 V형	614	1.2, 1.6
덱 플레이트 U형	600	1.2, 1.6, 2.3

(mm)

그림ⓖ V형덱플레이트에 의한 사틀공법의 슬래브

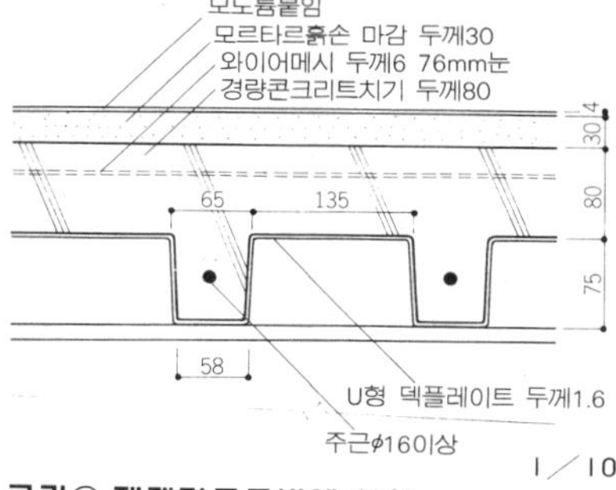

그림ⓗ U형 덱플레이트에 의한 셀러플로어

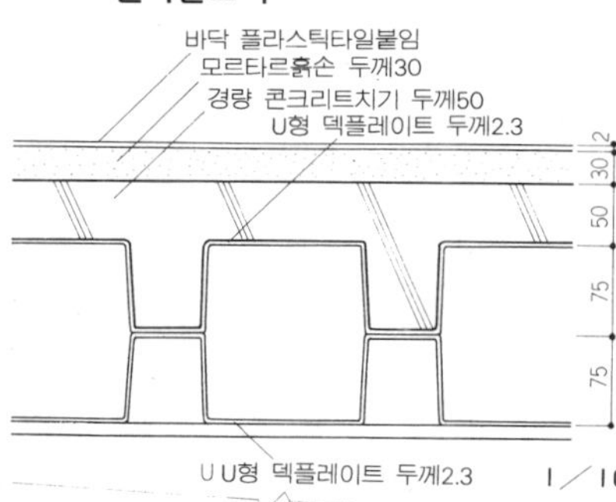

그림ⓘ 재래가틀공법에 의한 슬래브와 목조바닥

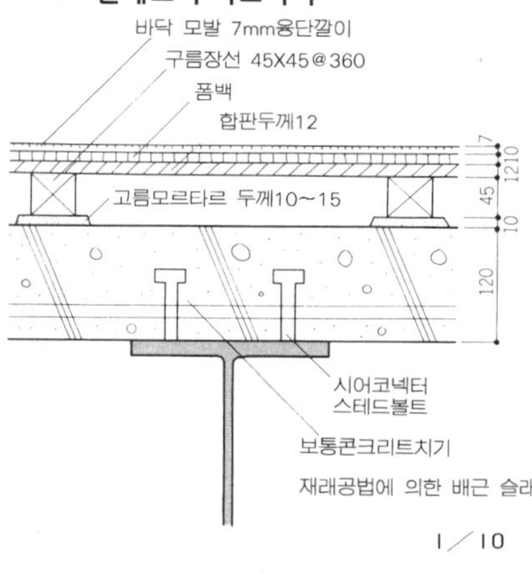

그림ⓙ ALC판 슬래브와 뼈대바닥조

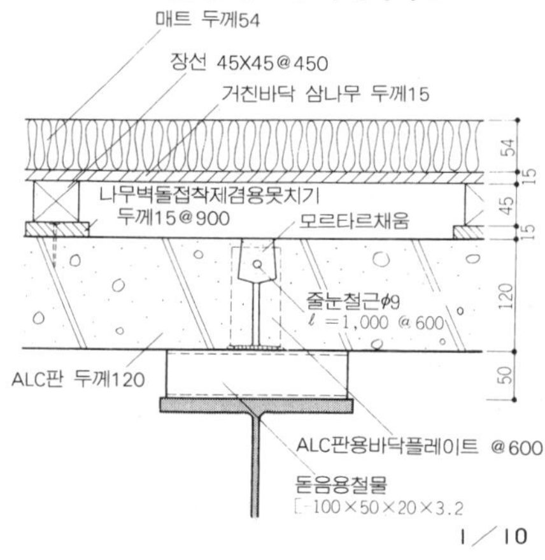

그림 ⓐ, ⓑ, ⓒ는 극히 소규모인 철골조 바닥틀의 부구조재로서, 큰보나 작은보에 멍에 또는 장선으로서 홈형강 앵글강을 사용했을 때의 바닥틀 예이다.

그림 ⓓ~ⓗ까지는 스틸플레이트(키스톤플레이트, 덱플레이트 등)을 사용한 바닥판 예와 바닥틀이지만 중규모 철골조에 사용되는 스틸플레이트에 관한 고찰하여 사용하는 방법으로서 단순히 거푸집 대신 장선·멍에 대신 사용하는 경우와 스틸플레이트 자체의 강도, 성질 등을 이용하여 구조바닥으로 하는 경우의 2가지로 그림 ⓓ, ⓔ, ⓕ는 전자에 있어서, 그림 ⓖ, ⓗ는 역자를 표시한다. 그림 ⓖ의 공법은 덱플레이트, 밑창 거푸집 공법이라 하며, 재래공법의 콘크리트 바닥판 시공의 결점인 거푸집 서포트의 사용 등 디메리트를 개량한 것이다.

그림 ⓗ는 스틸플레이트의 구조성을 이용하여 2장을 합하여 셀러상으로 하여, 강도의 증가를 도모한 바닥판이며 셀러플로어 공법이라 한다.

그림 ⓘ는 순수한 재래공법에 의한 바닥판과 바닥틀, 그림 ⓙ는 ALC판 바닥판과 매트바닥틀 예이다.

층위바닥

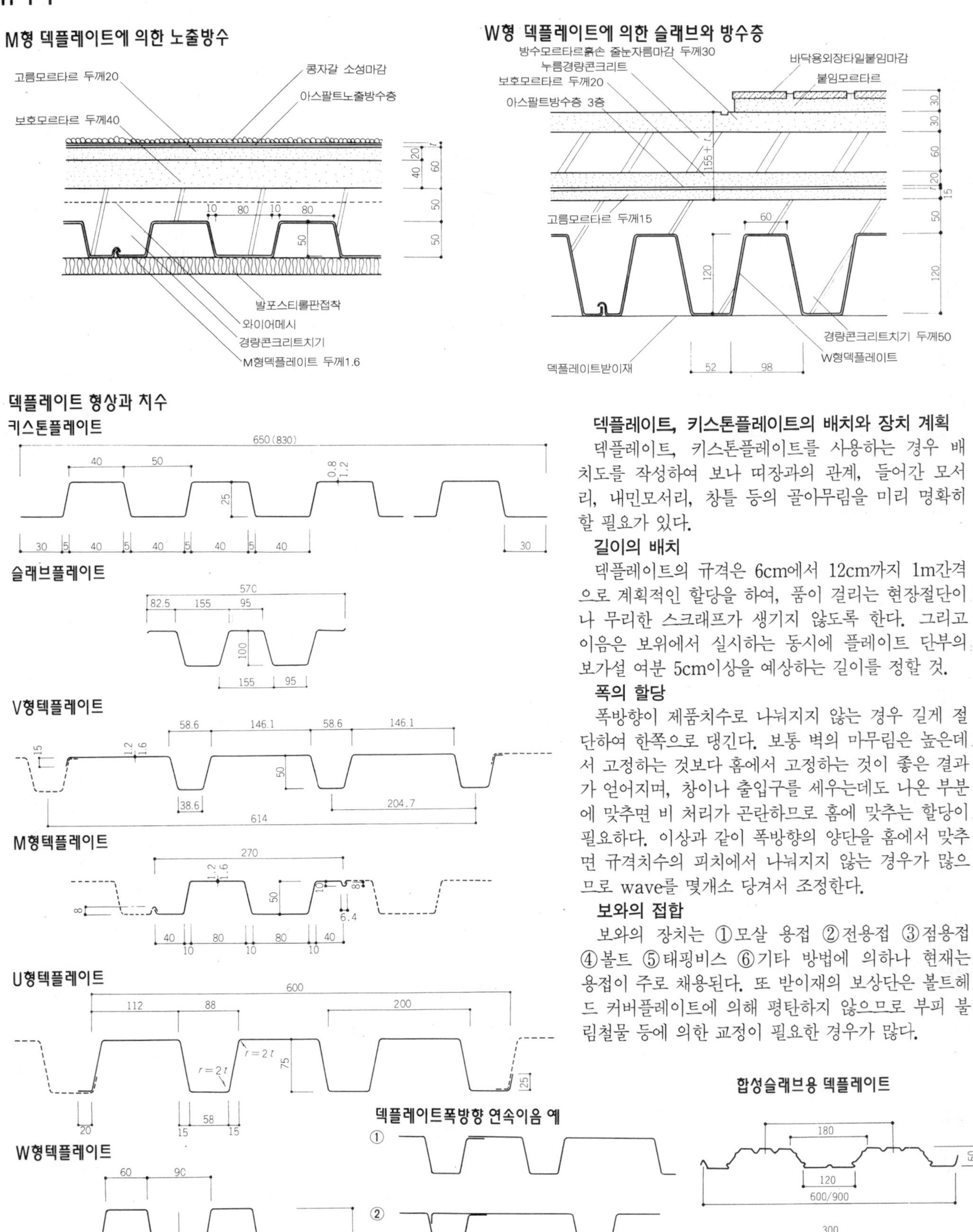

덱플레이트, 키스톤플레이트의 배치와 장치 계획

덱플레이트, 키스톤플레이트를 사용하는 경우 배치도를 작성하여 보나 띠장과의 관계, 들어간 모서리, 내민모서리, 창틀 등의 골아무림을 미리 명확히 할 필요가 있다.

길이의 배치

덱플레이트의 규격은 6cm에서 12cm까지 1m간격으로 계획적인 할당을 하여, 품이 걸리는 현장절단이나 무리한 스크래프가 생기지 않도록 한다. 그리고 이음은 보위에서 실시하는 동시에 플레이트 단부의 보가설 여분 5cm이상을 예상하는 길이를 정할 것.

폭의 할당

폭방향이 제품치수로 나눠지지 않는 경우 길게 절단하여 한쪽으로 댕긴다. 보통 벽의 마무림은 높은데서 고정하는 것보다 홈에서 고정하는 것이 좋은 결과가 얻어지며, 창이나 출입구를 세우는데도 나온 부분에 맞추면 비 처리가 곤란하므로 홈에 맞추는 할당이 필요하다. 이상과 같이 폭방향의 양단을 홈에서 맞추면 규격치수의 피치에서 나눠지지 않는 경우가 많으므로 wave를 몇개소 당겨서 조정한다.

보와의 접합

보와의 장치는 ①모살 용접 ②전용접 ③점용접 ④볼트 ⑤태핑비스 ⑥기타 방법에 의하나 현재는 용접이 주로 채용된다. 또 받이재의 보상단은 볼트헤드 커버플레이트에 의해 평탄하지 않으므로 부피 불림철물 등에 의한 교정이 필요한 경우가 많다.

합성 슬래브텍바탕

덱플레이트의 깔아넣음(1)

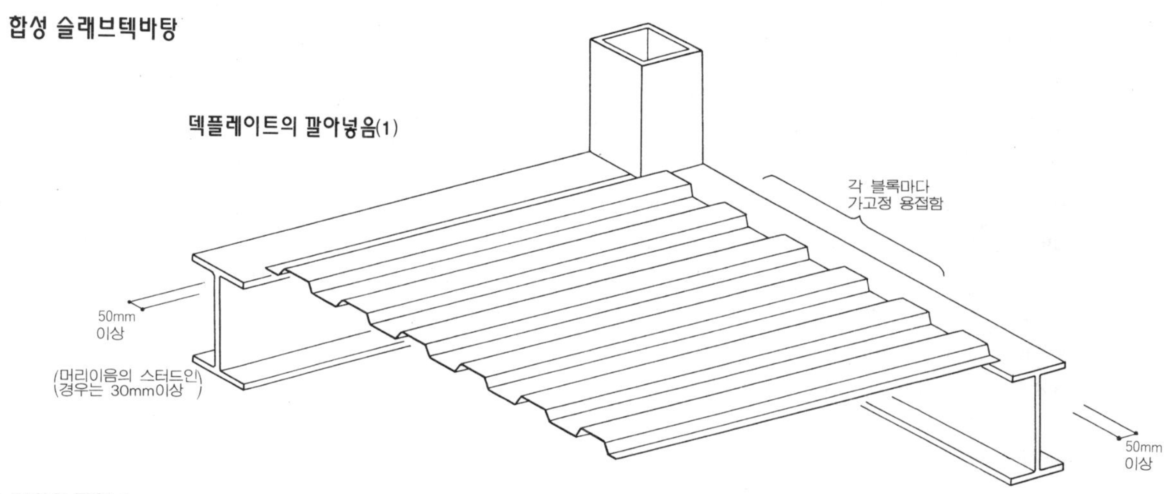

덱플레이트와 보와의 접합(2)

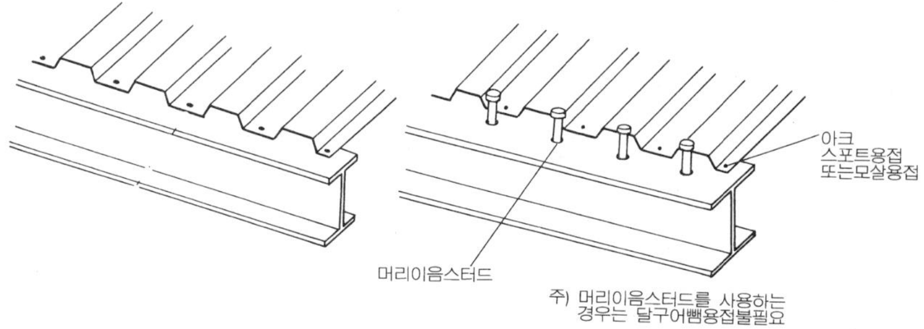

용접철망의 부설(5)

ⓐ 연속지 지합성 슬래브의 경우

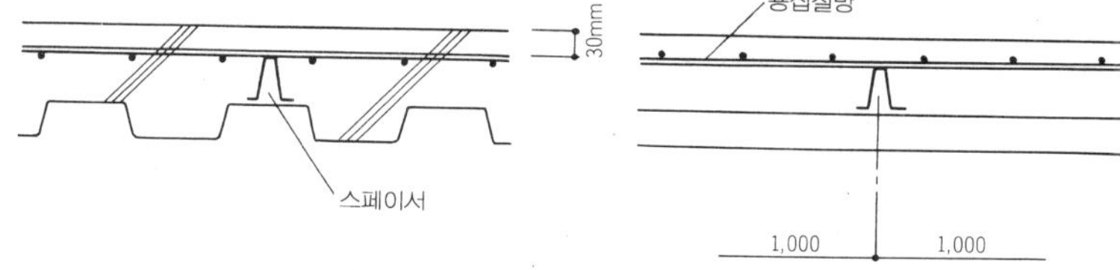

ⓑ 단순지지합성 슬래브의 경우

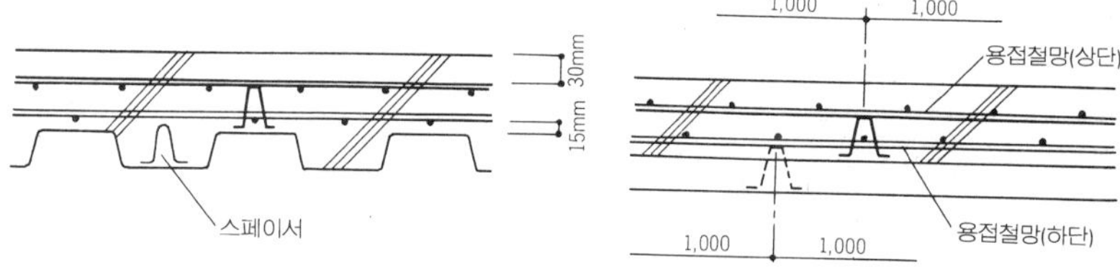

ⓒ 용접철망의 겹침부

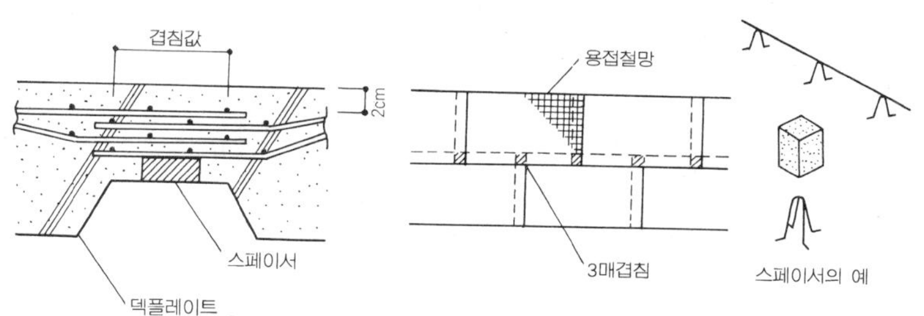

덱플레이트의 깔기(1)

지지보의 먹치기 선에 맞춰 1매째의 덱플레이트를 가고정 용접한 후 차례로 적당한 매수 간격(5~10매)마다 가고정 용접한다.

덱플레이트와 보의 접합(2)

합성 슬래브와 보는 소둔 용접 또는 머리있는 스터드로 결합한다. 덱플레이트와 보는 소둔 용접으로 접합하거나 또는 머리있는 스터드를 사용하는 경우는 머리있는 스터드를 시공하기 전에 모살 용접, 아크 스폿 용접 등으로 접합한다.

덱플레이트끼리의 접합(3)

덱플레이트끼리의 접합은 용접 · 비스 · 코킹 등에 의해 구조상 · 내화상 유효하게 한다.

덱플레이트의 방청(4)

아연도금이 되지 않은 덱플레이트의 경우는 방청 처치를 한다.

용접 철망의 부설(5)

ⓐ 연속 지지 합성 슬래브의 경우

덱플레이트 위에 스페이서를 1.0m 이하의 피치로 넣고 용접 철망을 슬래브 윗면에서 30mm의 피복 두께를 확보하여 바닥 전체면에 깐다.

ⓑ 단순 지지 합성 슬래브의 경우

덱플레이트 위에 스페이서를 1.0m 이하의 피치로 넣고 상단의 용접 철망을 슬래브 윗면에서 30mm, 하단의 용접 철망을 덱플레이트 꼭대기에서 15mm의 피복 두께를 확보하여 2단으로 배근하고 바닥 전체면에 깐다.

ⓒ 용접 철망의 겹침부

겹침 부분 치수는 1메시와 50mm 이상으로 한다. 3매 겹침 또는 4매 겹침의 부분은 용접 철망의 첫번째 위의 콘크리트 피복 두께가 2cm 이상으로 되도록 키가 낮은 스페이서를 사용하여 용접 철망을 변형시켜 마무리한다. 또 콘크리트가 얇은 경우 4매 겹침보다 3매 겹침이 시공이 쉬우므로 대부분 3매 겹침으로 한다.

각종 덱플레이트의 중량 및 성능

종별 및 치수		호 칭 명	단위중량	단 위 중 량		단면계수	폭 1m 당 단면계수	폭 1m당 허용휨 모멘트	단면 2차 모멘트	폭 1m당 단면 2차 모멘트
			kg/m	kg/m²	kg/坪	Zcm³	Z'cm³/m	Mkgm/m	Jcm⁴	J'cm⁴/m
키스톤플레이트	0.8×650×25	AKD 08	5.72	8.80	29.10	5.55	9.80	111	7.05	12.20
키스톤플레이트	1.2×650×25	AKD 12	8.46	13.00	43.00	8.91	14.00	192	11.40	17.50
슬래브플레이트	1.6×570×100	APA 16	10.50	21.00	69.40		76.50			382.00
슬래브플레이트	2.3×570×100	APA 23	15.00	30.00	99.20		108.00			539.00
V형텍플레이트	1.2×614×50	ALB 12	8.21	13.40	44.30	9.53	17.60	217	27.30	60.50
V형텍플레이트	1.6×614×50	ALB 16	10.90	17.80	58.90	12.90	22.90	297	39.30	78.50
M형덱플레이트	1.2×270×50	AQA 12	3.84	14.20	46.90	7.08	30.10	367	17.70	75.30
M형텍플레이트	1.6×270×50	AQA 16	5.06	18.70	61.80	10.60	39.20	550	26.50	98.00
U형덱플레이트	1.6×600×75	ALK 16	12.40	20.70	68.40	29.10	50.70	680	119.00	222.00
W형덱플레이트	2.3×300×120	AQB 23	13.50	45.00	148.70	50.80	163.00	2,370	320.00	1020.00

합성슬래브용 덱플레이트

종류 치수	판 두 께	기제품폭	단면적	제 품 중 량			m² 당 중 량			전단면유효		유효폭고려
				kg／m			kg／m²			중립축	단 면 2 차 모 멘 트	단면계수
	t mm	mm	A cm²	아연 도금 없음	아연 도금 7.12	아연 도금 7.27	아연 도금 없음	아연 도금 7.12	아연 도금 7.27	Y cm	Ixcm⁴/m	Z cm³/m
50－12	1.2	600	9.784	7.68	7.78	7.99	12.8	13.0	13.3	2.52	66.3	26.3
		※900	14.42	11.3	11.5	11.8	12.6	12.8	13.1	2.52	66.3	26.3
50－16	1.6	600	13.02	10.2	10.3	10.5	17.0	17.2	17.5	2.53	87.1	34.4
		※900	19.22	15.1	15.3	15.5	16.8	17.0	17.2	2.53	87.1	34.4
75－12	1.2	600	10.65	8.36	8.46	8.69	13.9	14.1	14.5	3.81	163	36.3
		※900	15.64	12.3	12.5	12.8	13.7	13.9	14.2	3.81	163	36.3
75－16	1.6	600	14.19	11.1	11.2	11.5	18.5	18.7	19.2	3.84	216	54.6
		※900	20.86	16.1	16.6	16.9	18.2	18.4	18.8	3.84	216	54.6

층위바닥

화장실 • 욕실

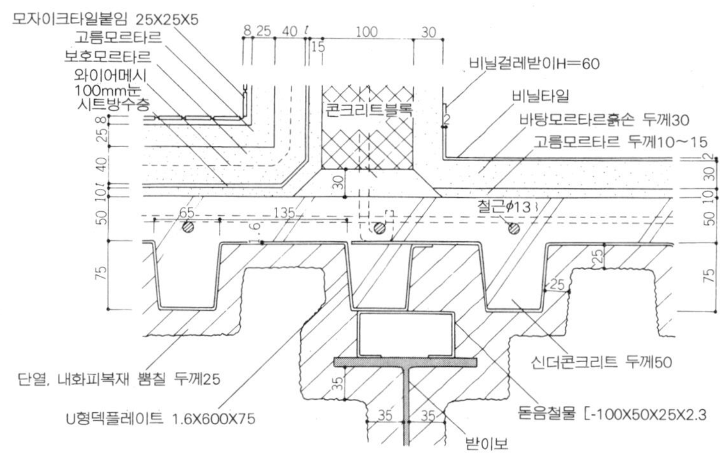

화장실

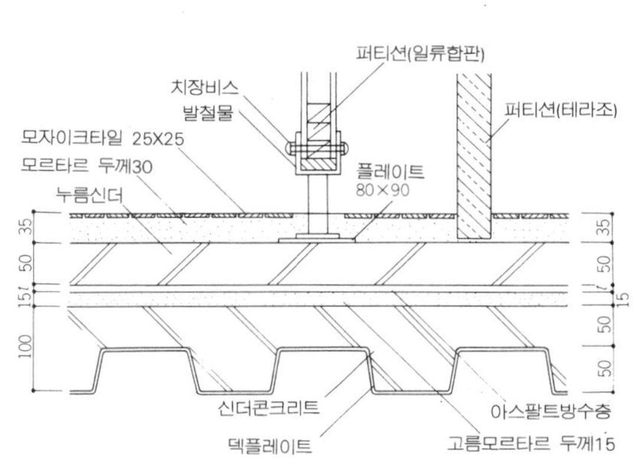

욕 실

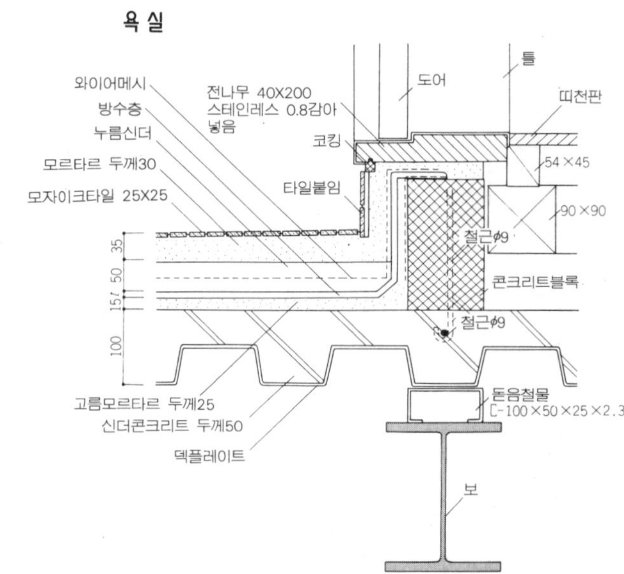

옥내수영장

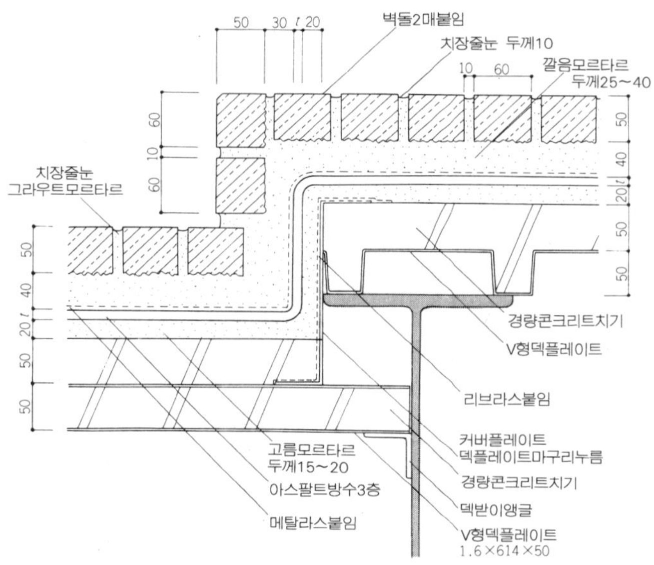

층위바닥 ALC 외벽판 연결 상세

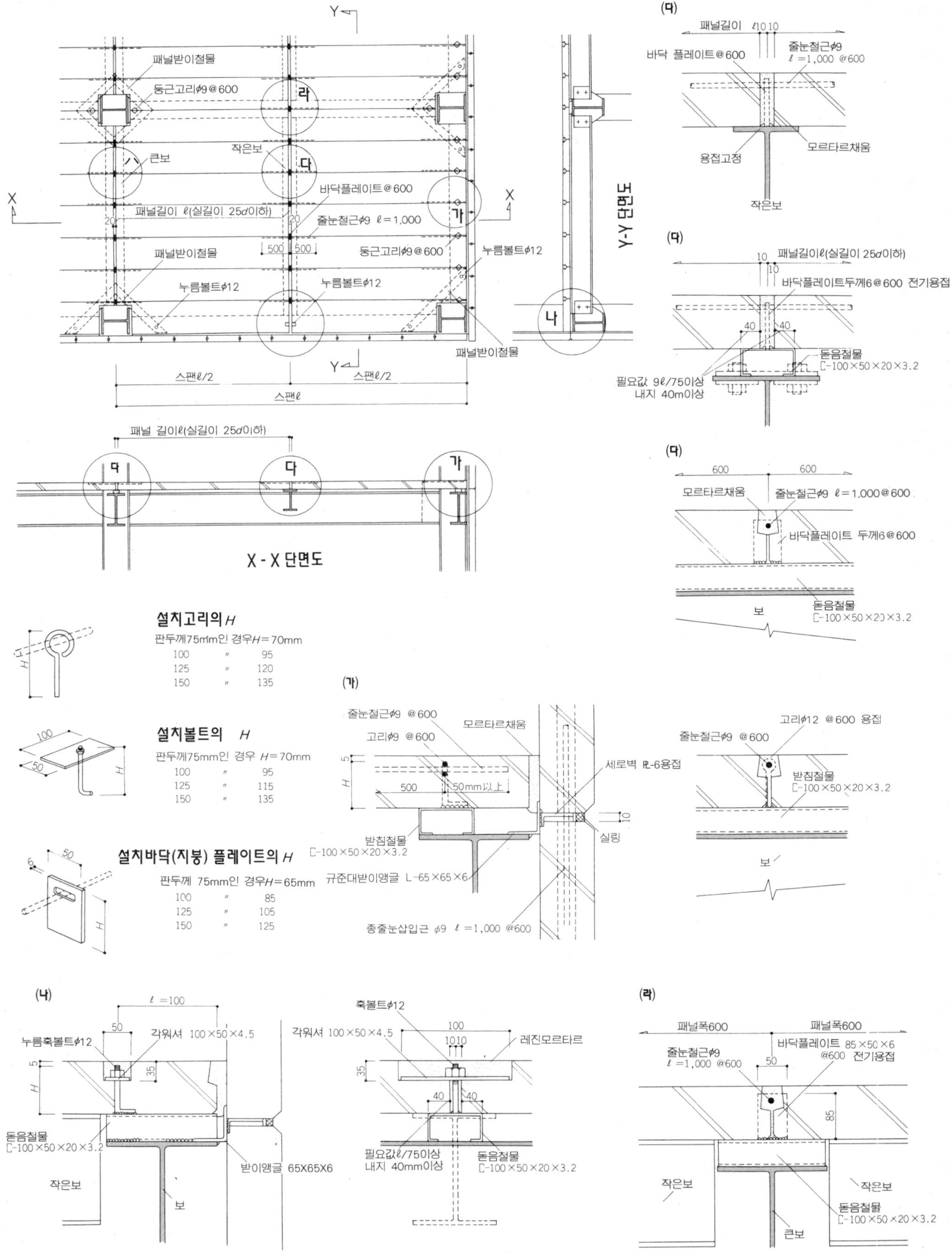

층위바닥

ALC바닥판의 각종 마감

플라스틱타일

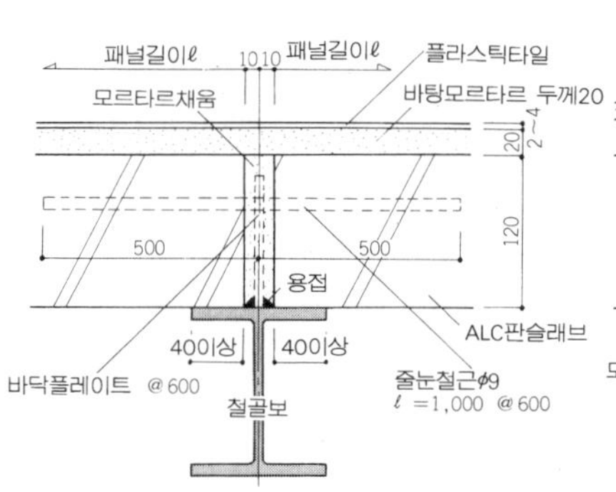

타일

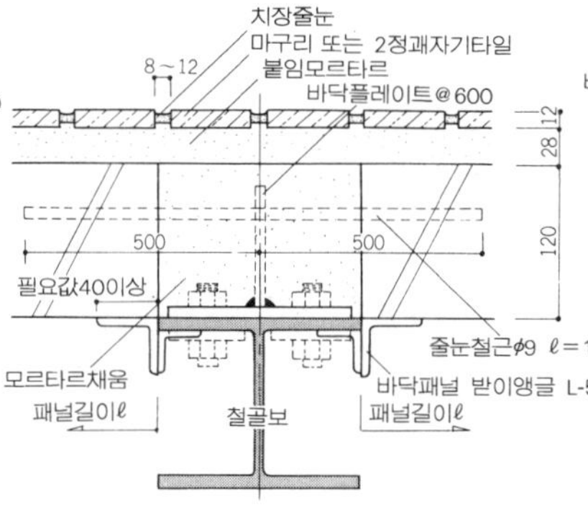

카페트

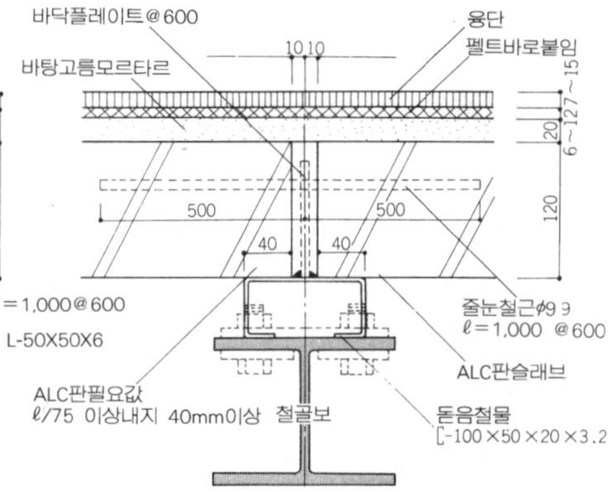

플로어링(장선바닥)

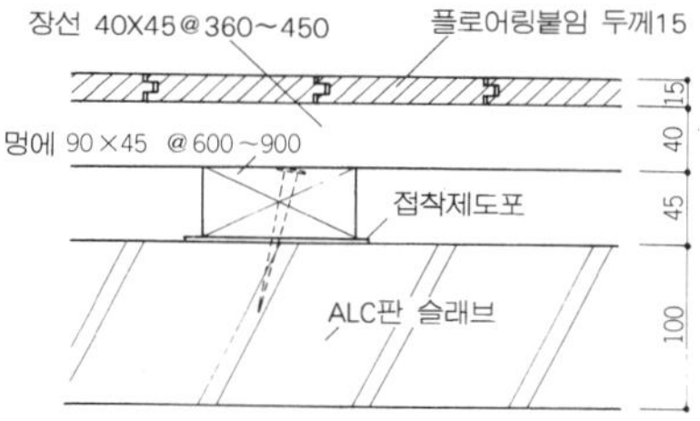

카페트(장선바닥)

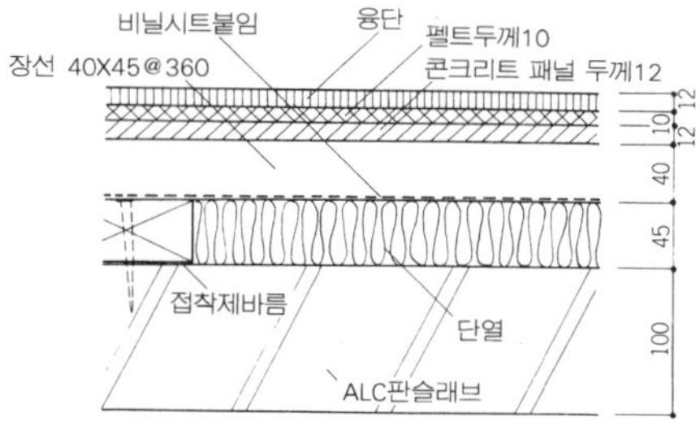

쿠션시트(장선바닥)

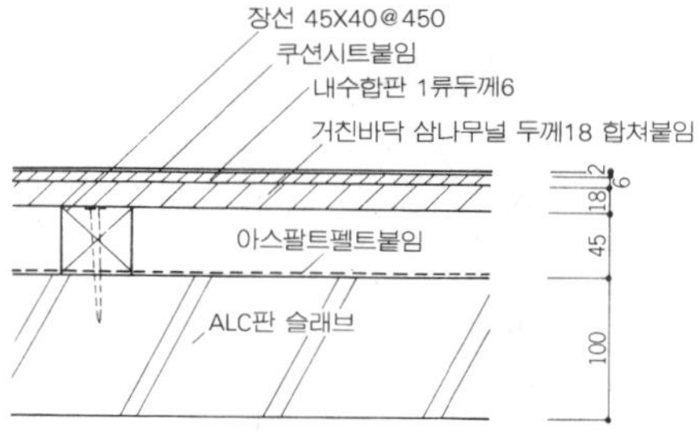

매트

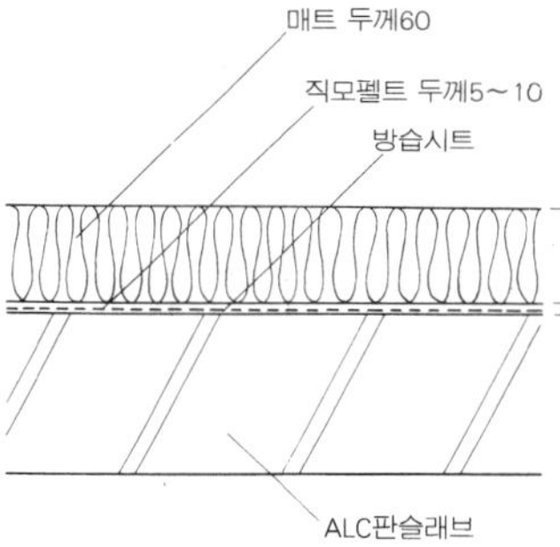

매트

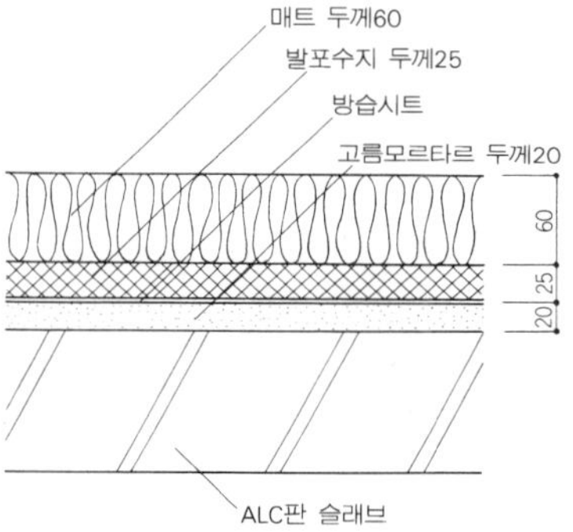

매트(장선바닥)

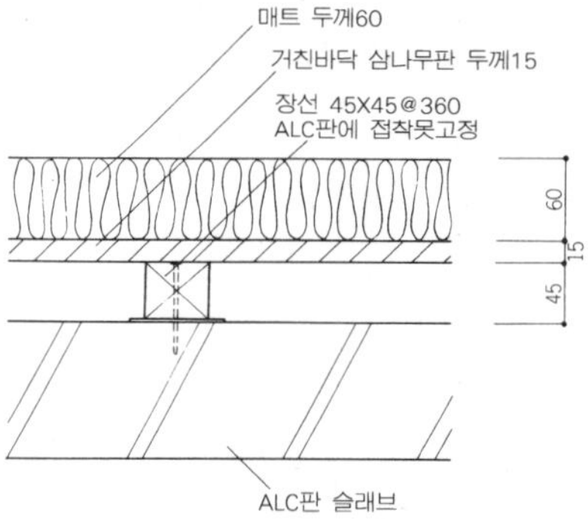

모자이크타일

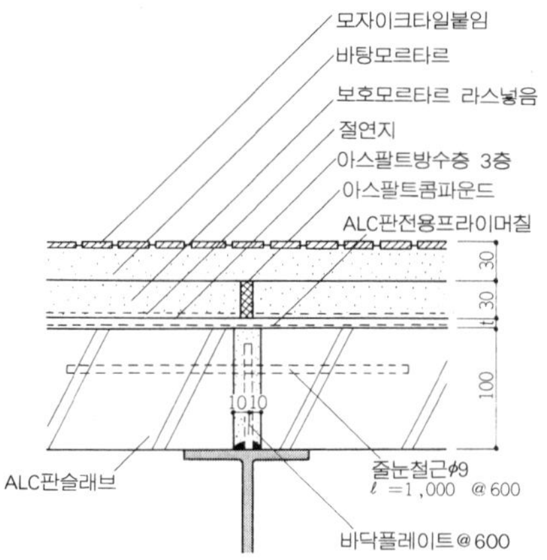

클링커타일

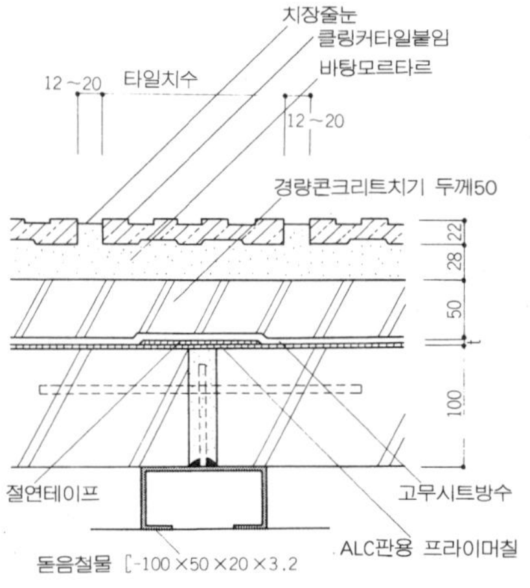

ALC판 모르타르마무리의 원칙

① 엷게 바르기의 원칙/패널의 면 정도를 활용하여 마무리재의 건조수축에 의한 영향을 피하기 위해 바닥바르기 두께 15~20mm, 벽바름두께 10~15mm의 바르기를 원칙으로 한다.

② 혼화제의 사용/패널의 흡수성이 비교적 크므로 시공중의 드라이아우트나 접착 불량을 일으키지 않도록 고분자 수지계의 바탕처리와 혼화제의 병용이 필요하다.

③ 빈배합/바탕에 주는 나쁜 영향을 피하기 위해 재벌바름, 정벌바름은 저가 수빈배합(1 : 3~1 : 4)으로 한다.

④ 보양/시공후는 충분히 보양하여 급격한 건조를 피한다.

⑤ 바닥모르타르마무리의 줄눈/바닥모르타르마무리면에는 마구리방향을 반드시 실시하고 긴방향은 적당히 줄눈을 넣는다.

층위바닥

철골조에 있어서 W식 바닥판 예와 마감

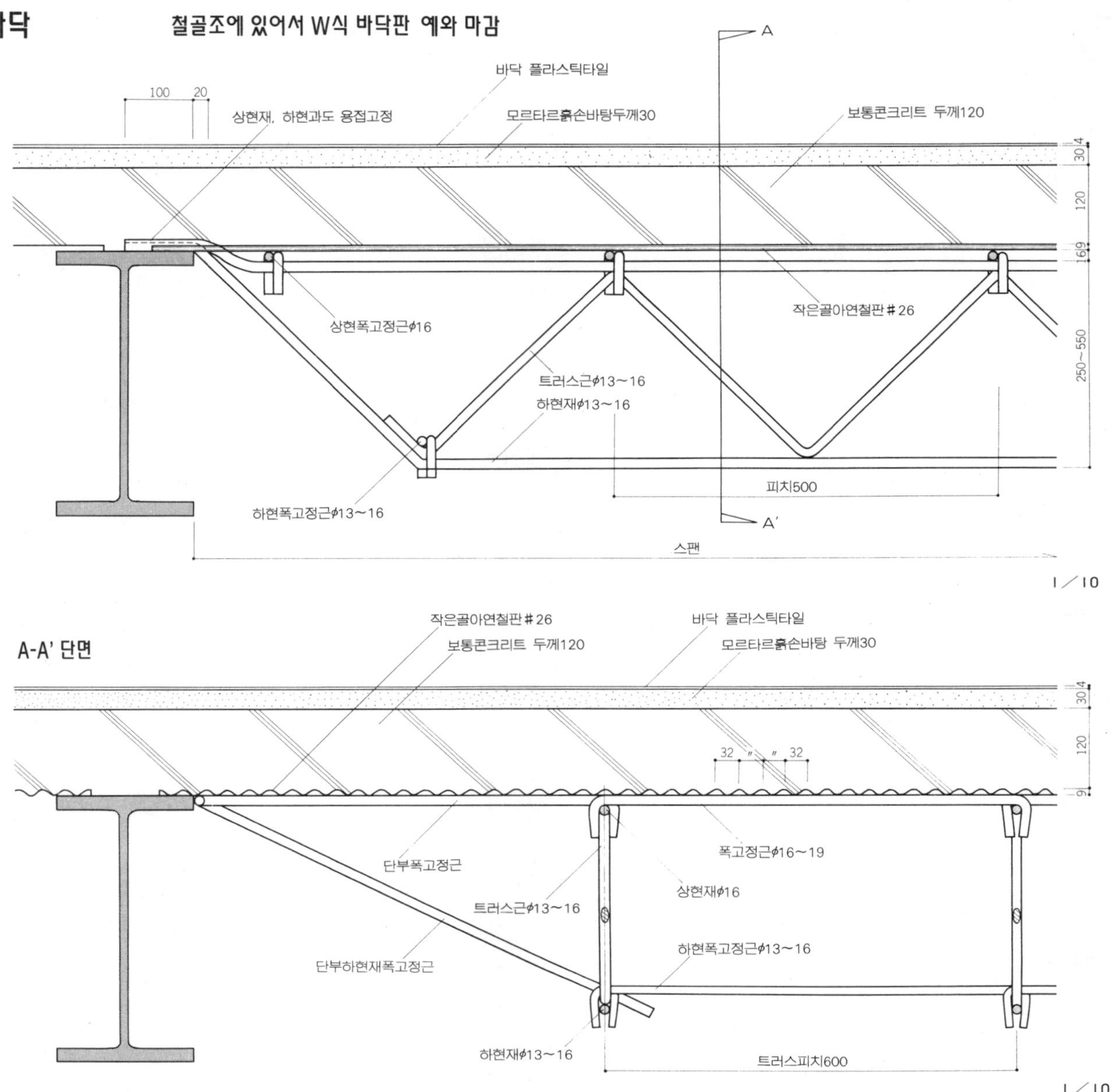

W식 바닥판 공법

재래공법과는 아주 다른 것이며 대스팬의 바닥판 시공에 있어서는 작은보를 설치하지 않고 서포트, 거푸집도 불필요하며 각층 동시에 시공을 가능케 하는 공법이다. 일반적으로 덱플레이트 등을 사용하는 경우 스팬은 2~3m전후를 한도로 하나 이 공법에서는 7~8m정도까지 시공이 가능하다. 시공 방법은 특수트러스를 60cm피치로 큰 보간에 건내고, 상부(상현재)에 작은골 함석 #26을 깔아서 콘크리트를 친다.

이 트러스는 수회 전용이 되며, 설비, 배관, 천장달기, 나무발판 등에 이용된다.

대형 바닥판 공법

바닥판을 어느 크기의 블록으로 조립하여, 철골 세우기와 함께 바닥판을 까는 방법으로 안전한 작업 바닥을 빨리 확보하여, 양중회수의 감소 등을 가능케 한다. 최근 이 공법은 초고층 건축의 바닥공법으로서 채용되어 왔다. 이유는 신구조방식(튜브스트럭처방식)의 출현에 따라 많은 이점을 보기 위한 것이다. 튜브 스트럭처방식에 대해서는 고도인 구조 전문 분야의 지식을 필요로 하므로 여기서는 생략한다. 최근의 채용예를 들면, 고층빌딩으로 지상 52층 높이 200m의 공사에서 보는 플로어패널 공법이 그것이다. 이 패널의 대강은 춤 400의 철골프레임의 밑면에 엷은철판 3.2mm 상면에 키스톤플레이트 25mm를 붙인 3m／×11.2m의 유니트패널을 공장에서 제작 가공하여 현장에 반입한다. 현장의 주변 가구를 세우는 것과 함께 이 유니트(플로어패널)를 달아서 가구와의 합친 접합을 하며, 동시와 유니트와 유니트의 접합을 실시하는 것이다. 이 공법은 여러 가지 재래 공법과 비교 검토하면 초고층 건축에 대한 안정성, 기동성, 경제성이 우수한 이점을 많이 가졌다.

층위바닥

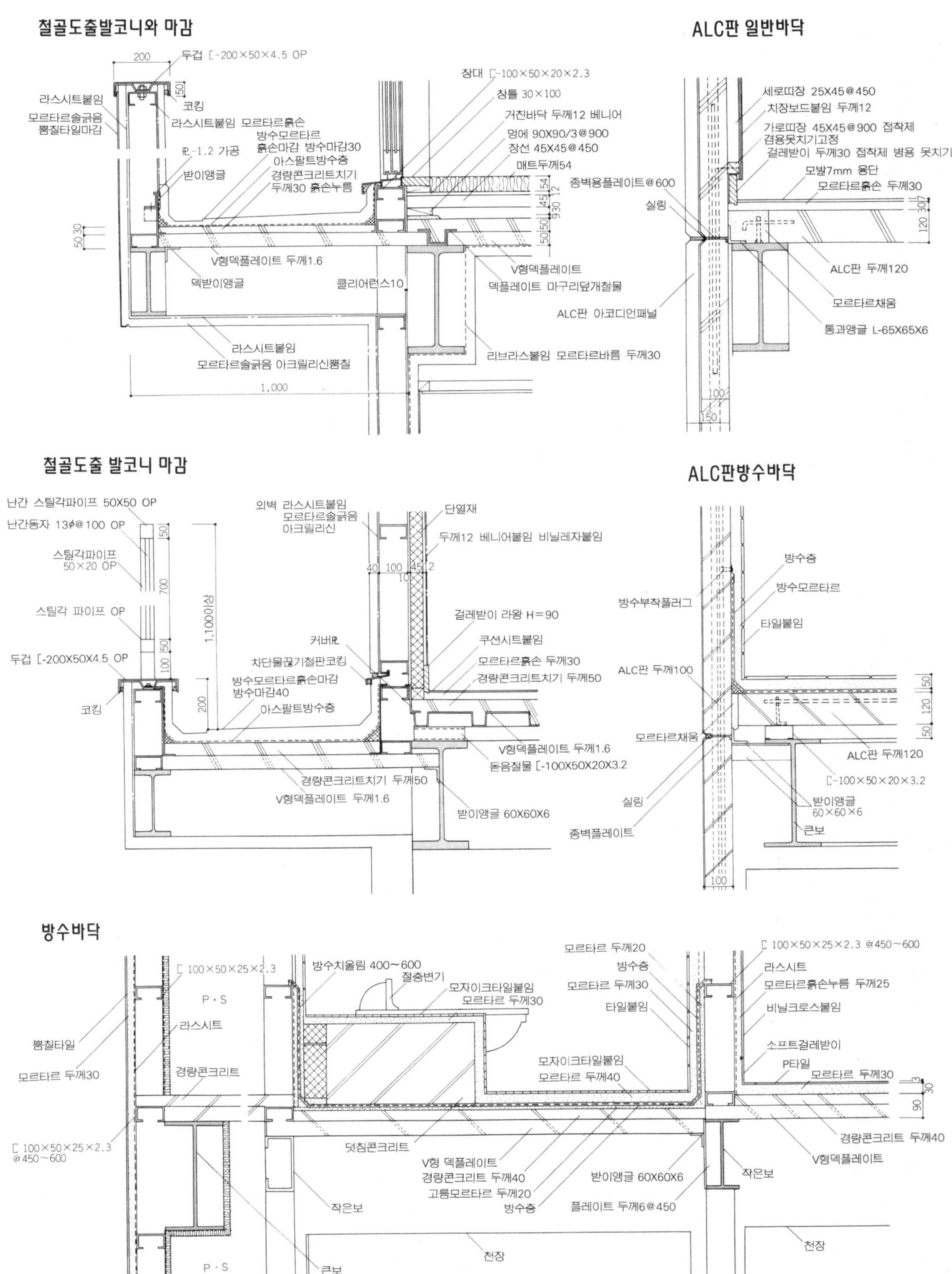
철골도출발코니와 마감
ALC판 일반바닥
철골도출 발코니 마감
ALC판방수바닥
방수바닥
두겁 [-200×50×4.5 OP
라스시트붙임
모르타르솔긁음 뿜칠타일마감
코킹
라스시트붙임 모르타르흙손
방수모르타르 흙손마감 방수마감30
아스팔트방수층
경량콘크리트치기 두께30 흙손누름
받이앵글
장대 [-100×50×20×2.3
창틀 30×100
거친바닥 두께12 베니어
멍에 90X90/3@900
장선 45X45@450
매트두께54
종벽용플레이트@600
실링
V형덱플레이트 두께1.6
덱받이앵글
클리어런스10
V형덱플레이트
덱플레이트 마구리덮개철물
ALC판 아코디언패널
리브라스붙임 모르타르바름 두께30
라스시트붙임
모르타르솔긁음 아크릴리신뿜칠
세로띠장 25X45@450
치장보드붙임 두께12
가로띠장 45X45@900 접착제 겸용못치기고정
걸레받이 두께30 접착제 병용 못치기
모발7mm 용단
모르타르흙손 두께30
ALC판 두께120
모르타르채움
통과앵글 L-65X65X6
난간 스틸각파이프 50X50 OP
난간동자 13φ@100 OP
스틸각파이프 50×20 OP
스틸각 파이프 OP
두겁 [-200X50X4.5 OP
코킹
외벽 라스시트붙임 모르타르솔긁음 아크릴리신
단열재
두께12 베니어붙임 비닐레자붙임
걸레받이 라왕 H=90
쿠션시트붙임
모르타르흙손 두께30
경량콘크리트치기 두께50
커버
차단물끊기철판코킹
방수모르타르흙손마감 방수마감40
아스팔트방수층
V형덱플레이트 두께1.6
돋음철물 [-100X50X20X3.2
경량콘크리트치기 두께50
V형덱플레이트 두께1.6
받이앵글 60X60X6
방수층
방수모르타르
방수부착플러그
타일붙임
ALC판 두께100
모르타르채움
ALC판 두께120
[-100×50×20×3.2
받이앵글 60×60×6
큰보
실링
종벽플레이트
[100×50×25×2.3
방수치올림 400~600
절충변기
모자이크타일붙임 모르타르 두께30
P・S
라스시트
뿜칠타일
모르타르 두께30
경량콘크리트
[100×50×25×2.3 @450~600
모르타르 두께20
방수층
모르타르 두께30
타일붙임
모자이크타일붙임 모르타르 두께40
[100×50×25×2.3 @450~600
라스시트
모르타르흙손누름 두께25
비닐크로스붙임
소프트걸레받이
P타일
모르타르 두께30
경량콘크리트 두께40
V형덱플레이트
작은보
덧침콘크리트
V형 덱플레이트
경량콘크리트 두께40
고름모르타르 두께20
방수층
받이앵글 60X60X6
플레이트 두께6@450
작은보
천장
천장
큰보

벽은 외벽(외주벽), 내벽(간막이벽)으로 구별된다.

외 벽

외벽은 설계상 큰 포인트를 차지하므로 감각적·시각적 디자인에 맞춰 추진하지만, 자연현상, 화재, 소음 등 여러 가지 외적 조건에 대응되는 기능이 중요하다.

즉 내화, 방수, 단열, 차음, 내구성, 방로 등을 들 수 있으나 철골조의 경우 다시 경량성, 프리패브성, 시공성이 중요시 된다.

외벽 디테일은「의장상의 표현」과「기능상의 마무림」의 밸런스로 이루어진다.

벽축조

철골조의 벽축조는 프레임간이 있어서 샛기둥, 띠장, 브레이스, 개구부 바탕으로 구성되지만 ALC판, PC판과 같이 벽체의 종별에 따라 샛기둥이나 띠장을 필요로 하지 않는 것도 있다. 샛기둥과 띠장의 형상이나 배치 간격은 기둥 배치, 층높이, 벽체의 종별 등으로 구조적인 계산에 의해 설계되지만, 강재의 합리적인 사용 방법이 건물의 경제성에 중요한 영향은 끼치므로 긴밀한 검토가 요구된다.

여기서 철골조의 보통 사용되는 기둥에 대해서 기술한다. 기둥은 보와 같이「단일주」「조립기둥」으로 구별된다.「단일기둥」은 단일 소재만으로 만들어진 기둥이며 형강기둥으로서「I형강」「H형강」「각형강관」「원형강관」등이 일반적이다. H형강은 단일기둥으로서 가장 많이 쓰이지만, 단면방향에 따라 내력이 크게 다르므로, 1방향에 대해서는 보강을 요하는 경우도 있고 그 방향에 따라서 충분히 주의하기 바란다.「조립기둥」은 2개 이상의 단일재를 조합한 기둥으로 형강만으로는 성능이 부족할 때 이것은 볼트·리베트조임 또는 강판을 용접하여 조립한다. 래티스기둥—웨브가 래티스에 의해 구성된 기둥, 박스기둥—상형단면에 구성된 기둥 플레이트 기둥 웨브재에 강판을 사용한 충복기둥, 사다리기둥—웨브가 띠판부재로 구성된 기둥 H형강조립기둥 및 홈형강 조립 기둥 등이 있다.

기둥의 각부와 기초와의 접합부를 주각이라 칭하며 구조적으로 특히 중요한 부분을 차지하여 역학상에서 핀구조, 반고정구조, 고정구조로 분류된다. 주각은 철근 콘크리트조 기초에 묻은 앵커볼트를 주각부베이스 플레이트에 볼트조임을 하여 결합시킨다. 다른 장소에서 만들어지며 이중구조의 철근 콘크리트 구조와 기초 및 주철과의 접합은 시공정도, 마무림상의 도피 등이 항상 문제가 된다. 강재는 현장 조정이 어렵기 때문에 사전에 정밀한 치수체크를 해야 한다.

샛기둥은 기둥 사이에 있어서 띠장을 지지하는 것으로「H형강」「홈형강」「I형강」또는「경량리프홈형강」의 조립기둥「ㄱ형강」의 조립기둥 등이 사용되며 띠장으로서는「경량리프홈형강」「ㄱ형강」이 일반적이다.

축조에 배치된 벽브레이스는 축조에 대각선상으로 넣은 보강재이며 수평 브레이스와 함께 지지진이나 풍압 등의 수평력에 저항하여 축조의 변형을 막는 중요한 구조요소이다. 부재로서는 ㄱ형강, 홈형강, 강관 등의 형강이나 봉강이 사용된다. 브레이스에는 인장재「tensive member」압축재「compressive member」가 있으며, 각 응력이 생기는 부분에 사용된다. 가새넣기벽은 철근 콘크리트조의 내진벽에 상당한 것으로 구조적으로서 역학적으로 일반벽과 구별되며, 그 적절한 벽량과 배치가 구체강성과 경제성에 많은 영향을 준다. 평면 스케치의 단계에서 사전의 구조벽의 배치와 개구부의 관계를 고려해 둬야 한다.

벽 체

철골조의 외벽을 구성하는 벽체는 크게 나누어 습식 공법벽과 건식공법벽으로 구분된다.

습식 공법에 의한 벽체

습식 공법이란 콘크리트 공사나 미장 공사와 같이 공사의 완성에 재료의 건조경화를 필요로 한 것이며 습식 공법의 철골조 외벽은 주로 미장 공사에 의한 벽체 구성을 가리킨다. 보통 띠장에 역골철근(9ϕ)을 용접 리브라스 모르타르바름한 것을 벽체로 하여 표면에 각종 마무리를 한다. 미장공사의 (+)면과 (−)면을 열거하면

(+)면

① 내화성·내연성이 있다.

② 비교적 low-cost로 보편적인 시공성이 유리하다.

③ 이음이 없는 일체성 공법은 외벽에 적합한 면이 많다.

④ 표면 마무리가 다양성과 자유도가 풍부하다.

(−)면

① 철골조의 특성으로 하는 프리패브성에 부적합하다.

② 발판을 필요로 하므로 경계선에 접한 외벽은 불가능하다.

③ 각 조건에 따라 균열이나 박리가 생기기 쉽다.

④ 미장기량에 따라 마무리의 양부차가 크다.

균열 발생의 원인은 복잡하며, 간단하게 분류하기는 어렵지만 대강 다음 3가지이다. ⓐ구조적 원인 ⓑ미장벽의 주변부재 등의 구속에 의한다. ⓒ미장기술의 부족 때문이다.

철골조는 철근 콘크리트조에 비교하여, 유구조이므로 부동침하나 지진에 의한 변위나 변형에 미묘하게 작용한다. 따라서 미장재료에 주는 영향도 적지 않으므로 세심한 공사가 요망된다. 미장 공사가 웨이트를 차지하는 웨브구성은 소규모 건물에는 보였으나 현재 요구되는 건축 생산 방식과의 큰 차이에 따라 패널구성에 의한 건식공법으로 바뀌어가는 것이 현실이다.

건식 공법에 의한 벽체

건식 공법이란 공장에서 생산된 건축 구성 재료 또는 유니트를 현장에서 조립하는 공법이므로 현장 작업의 간략화, 능률화, 공기의 단축 등을 목적으로 하는 것이다. 건식 공법에 의한 외벽구성이란 ALC판, PC판, 석면슬레이트판, 섬유판, 금속패널, 목편시멘트판 등의 기제판을 부착한 것으로 철골조의 외벽에 가장 많이 채용되는 방법이다.

건식 외벽의 checkpoint를 다음에 열거한다.

① 법규조사/부착 패널의 구조 설계 기준이나 법정 내화 성능 등의 기본적 조사를 가리킨다.

② 패널의 할당 계획/패널 외벽에는 당연히 할당 계획이 뒤따르게 마련이나 ALC판과 같은 구조벽은 패널의 무계획적인 절단이 벽체의 강도에 큰 영향을 주므로 개구부의 형상이나 위치는 패널 할당기준에 맞출 것.

③ 모서리·구석의 아무림 방법

④ 골조와 패널의 클리어런스 조사/철골의 구체에는 약간의 왜곡이나 휨은 피할 수가 없으며 벽체를 수직으로 유지하자면 띠장이나 장치 철물에 의한 구체만의 클리어런스 조정이 필요하므로 이 점을 패널장치 디테일에 고려해 둔다.

⑤ 패널 장치 바탕의 검토/장치 바탕은 패널 재료에 쓴 바탕을 조립하고 정확한 장치를 하는 것이 기본이다. 바탕 부재의 형태, 크기, 간격도 프레임 상황이나 마무리재에 의해 다르지만, 지점간 거리나 마무리재의 size로 결정된다. 외벽의 경우는 벽면에 작용하는 (+)(−)에 따라 풍압력에 의한 영향이 크므로

구조적 검토를 요한다. 장치 방법으로서는 비스훅볼트, 치장나사, 걸쇠철물 등이 쓰인다.

⑥ 차음/철골조는 본질적으로 철근 콘크리트조와 같은 일체구조와는 달리 구조와 각 엘리멘트의 각 조합으로 된다. 소리가 전파되기 쉬운 구성이다. 가설공법의 외벽은 비교적 경량의 패널이 쓰이지만 차음 효과는 재질이 치밀성으로 단위 체적당의 중량이 클수록 높다하며 또 패널을 장치하는 작업자체가 극간이 생기기 쉬운 공법이므로 외벽주위의 디테일에는 이 점을 해결한 연구가 필요하다.

⑦ 패널의 신축/특히 금속 패널의 경우 3/1,000정도의 신축은 계산해 두지 않으면 안 된다. 신축에 의한 조이너의 헐거움은 극간의 원인이 되므로 조인트 디테일의 치수상의 도피와 실링재의 필요여부를 검토한다.

⑧ 패널조인트의 디테일/패널사이의 조인트 방법은 맞대기, 치장 줄눈, 겹치기, 붙박이, 조이너 또는 커버플레이트 사용 등으로 간극을 코킹재나 실링재로 채운다. 보통 외벽에 사용되는 조이너는 함석재 #28~30, 스테인레스재 0.2mm이상, 알루미늄재 0.3mm이상으로 형은 여러 가지가 있다.

불완전한 조인트는 우수 침입, 음의 투과 단열의 로스, 기타 해를 끼쳐 패널재 자체의 성능도 저하시키는 경우가 있다.

기초와 외벽 각부

외벽 각부는 철근 콘크리트조 기초보에 접속하는 것이 일반적인 철골조 설계이다.

이종재질의 접합부로서 비처리 마무리 등 연구를 요하는 부분이며 외관디자인 면에서도 하나의 pattern이 된다. 기초보에서의 수직은 벽체를 비나 눈의 튕겨오름으로부터 보호하기 위해 지반에서 적어도 30cm이상 필요하며 다설 지역에서는 그 이상으로 한다.

내 벽

철골조의 내장이나 조작은 목조나 철근 콘크리트조와 같이 취급하는 케이스도 많으며, 간막이벽의 구조로서 목조바탕, 금속바탕, 블록쌓기, ALC판, 각종 패널보드, 가동간막이 등을 든다. 철골조는 현장에서의 후가공을 가급적 피하도록 계획적으로 장치 요소에 소정의 장치 바탕을 설정해 두어야 한다. 건축법규에서는 간막이벽의 내화 성능이나 방화상의 내장제한 등을 건물의 구조, 용도, 층수, 기타 조건에 따라 규정되었으므로 사전에 관계법령을 충분히 조사하는 것이 필요하다. 또 마무리재는 바탕재료와 조합하여 그 성능을 강화하므로 바탕재의 선택도 중요하다.

보통 간막이벽에는 ⓐ천장마무리면에서 그친 것, ⓑ상층슬래브하단까지 신장된 것 등이 있다. 보통 사용에는 ⓐ로 지장이 없으나 병원, 학교, 공동 주택 등과 같이 인접하여 방이 늘어서 있고 상호의 방화성·차음성이 특히 문제가 되는 경우는 ⓑ가 채택된다. 이 경우 천장내는 단층 지붕틀이나 바닥틀 재료가 교차하여 벽과의 아무림에 틈이 생기기 쉬우므로 미리 그 배치를 구조설계 속에 짜넣어야 한다.

벽의 재질에 의한 차음도는 외벽항에서 기술한 바와 같이 중량이 클수록 높으므로 경량의 것인 흡음재를 병용하여, 이 점을 보충해야 한다.

ALC판 간막이 패널의 부착요점

① 간막이 패널은 원칙으로 세로쌓기로 한다.

② 슬래브가 ALC판인 경우 간막이 패널은 가급적 받이보를 마련하여 지지하도록 구조계획해 둔다. 슬래브만으로 지지하는 경우는 집중하중이 되므로 슬래브의 강도 체크가 필요하다.

③ 철골조는 비교적 상태가 큰 구조체라는 것이 미리 예상하고 장치해 두어야 한다. 간막이 패널과 기둥이나 보가 닿는 부분이나 패널상호의 교차부근에는 클리어런스를 마련하여 록울로 간극을 채우는 등의 처리를 염두에 둘 것.

철골조에서는 층간변위에 대처하는 detail을 항상 고려하는 것이 필요하다.

금속간막이 바탕벽의 장치 방법

금속간막이 바탕은 마무리에 습식과 건식이 있으며, 특성으로서, 경량, 불연, 시공성, 공기의 단축, 층간변위에의 대응성이 있다는 점을 든다.

조립 방법은 상하슬래브에 천장런너나 바닥런너를 고정용 핀이나 콘크리트침으로 고정하여 스터드슈를 매개로 하여 스터드(샛기둥)를 상하런너간에 약 450mm간격으로 세우고 마무리에 따른 장치바탕을 만든다.

① PC판의 설치

② 금속커튼월

③ PC 커튼월

외 벽 외부각부

골형슬레이트와 모르타르 긁음 마감

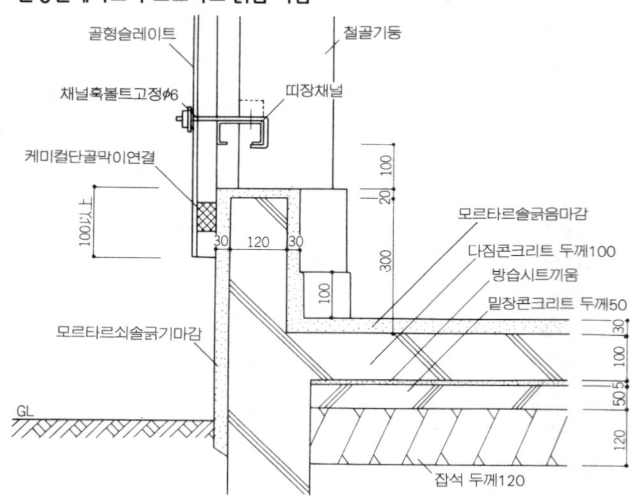

소골슬레이트 모르타르 흙손마감

단열재 두께50
외벽 작은골슬레이트
세로띠장 30X40
보드두께
45×45
채널볼트φ6
치올림블록100
철골기둥
케미컬단골막이연결
패킹
100 이상
모르타르흙손
바닥플라스틱타일
모르타르흙손
다짐콘크리트 두께100
90
30
100
잡석 두께120

인슈라이트패널과 모르타르마감

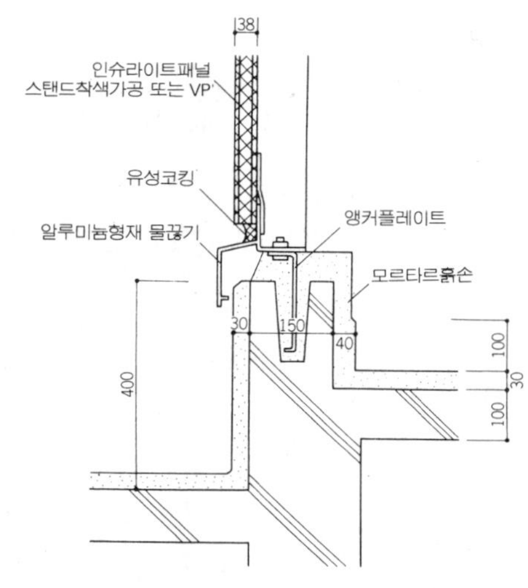

라스모르타르 외벽과 모르타르 기초마감

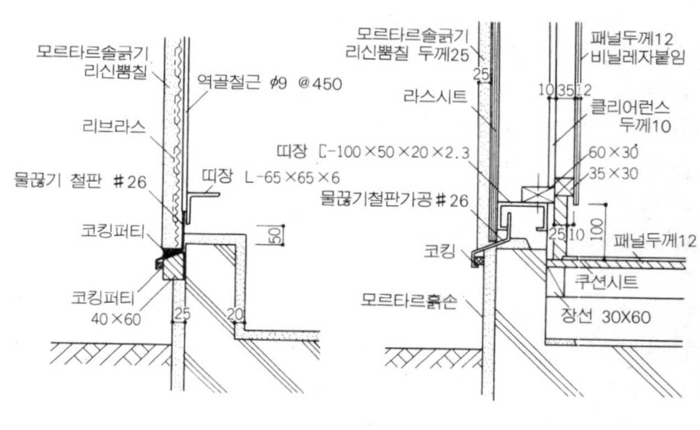

ALC판 외벽과 모르타르마감

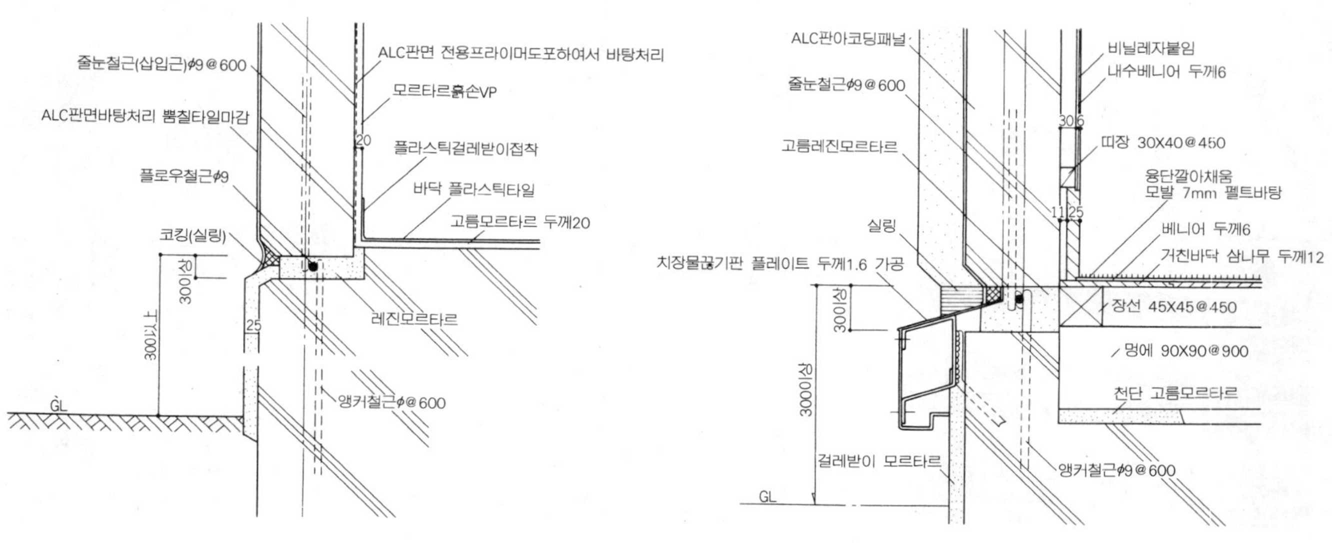

외 벽

외벽각종 마감

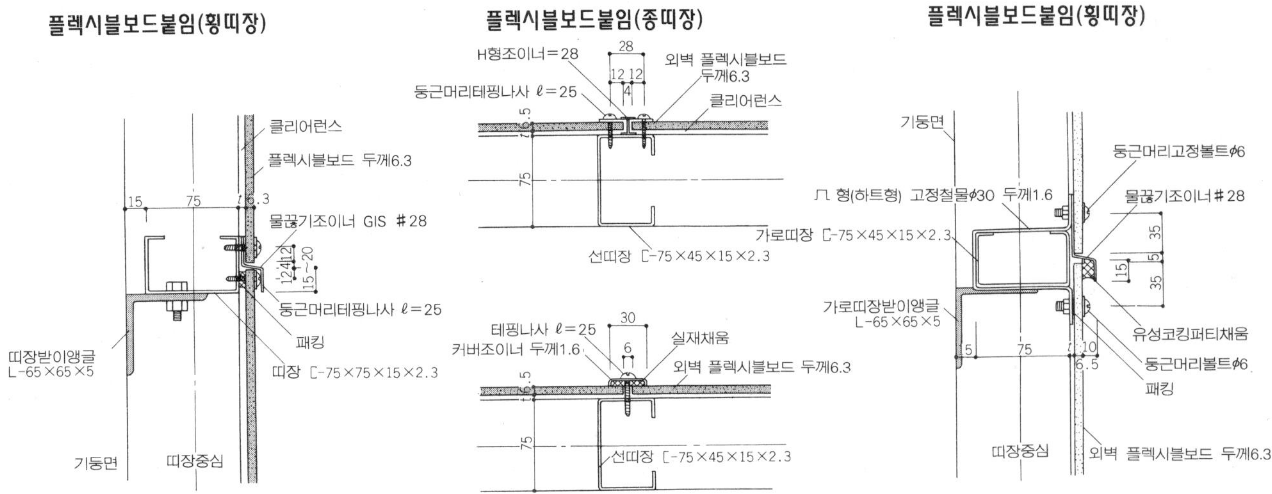
플렉시블보드붙임(횡띠장)
클리어런스
플렉시블보드 두께6.3
물끊기조이너 GIS #28
둥근머리테핑나사 ℓ=25
패킹
띠장 ⊏-75×75×15×2.3
띠장받이앵글 L-65×65×5
기동면
띠장중심
플렉시블보드붙임(종띠장)
H형조이너=28
외벽 플렉시블보드 두께6.3
둥근머리테핑나사 ℓ=25
클리어런스
선띠장 ⊏-75×45×15×2.3
테핑나사 ℓ=25
커버조이너 두께1.6
실재채움
외벽 플렉시블보드 두께6.3
선띠장 ⊏-75×45×15×2.3
플렉시블보드붙임(횡띠장)
기동면
둥근머리고정볼트φ6
⊓ 형(하트형) 고정철물φ30 두께1.6
물끊기조이너#28
가로띠장 ⊏-75×45×15×2.3
가로띠장받이앵글 L-65×65×5
유성코킹퍼티채움
둥근머리볼트φ6
패킹
띠장중심
외벽 플렉시블보드 두께6.3

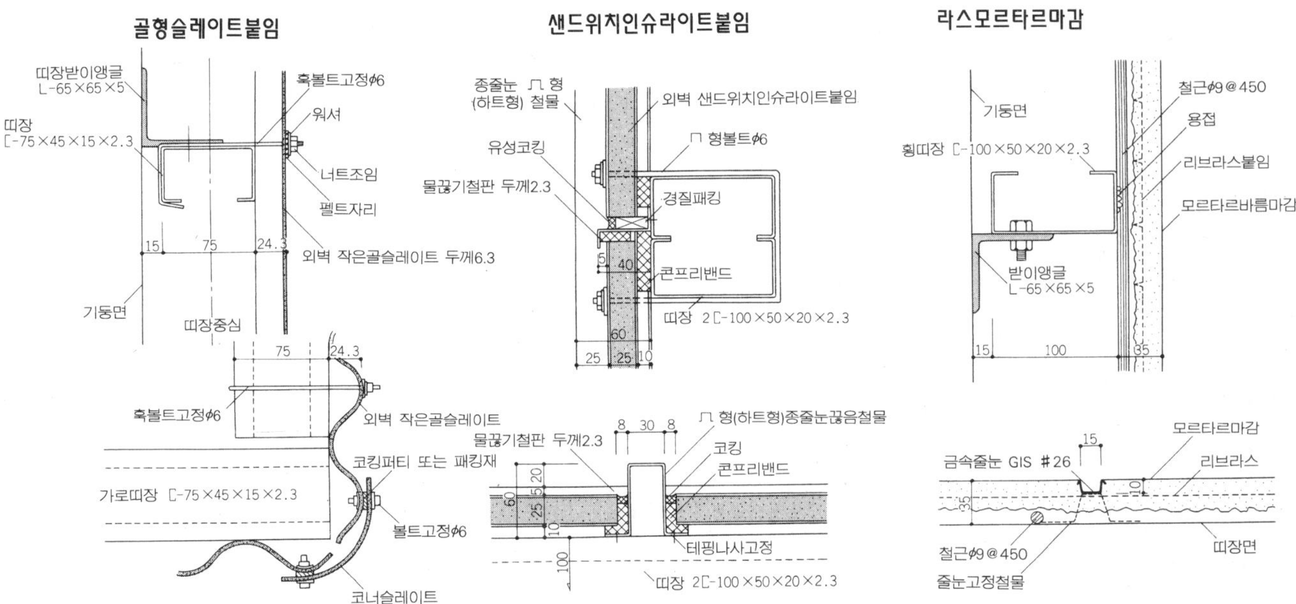
골형슬레이트붙임
띠장받이앵글 L-65×65×5
띠장 ⊏-75×45×15×2.3
훅볼트고정φ6
워셔
너트조임
펠트자리
외벽 작은골슬레이트 두께6.3
기동면
띠장중심
훅볼트고정φ6
외벽 작은골슬레이트
코킹퍼티 또는 패킹재
가로띠장 ⊏-75×45×15×2.3
볼트고정φ6
코너슬레이트
샌드위치인슈라이트붙임
종줄눈 ⊓ 형 (하트형) 철물
외벽 샌드위치인슈라이트붙임
⊓ 형볼트φ6
유성코킹
물끊기철판 두께2.3
경질패킹
콘프리밴드
띠장 2⊏-100×50×20×2.3
물끊기철판 두께2.3
⊓ 형(하트형)종줄눈끊음철물
코킹
콘프리밴드
테핑나사고정
띠장 2⊏-100×50×20×2.3
라스모르타르마감
기동면
철근φ9@450
용접
횡띠장 ⊏-100×50×20×2.3
리브라스붙임
모르타르바름마감
받이앵글 L-65×65×5
모르타르마감
금속줄눈 GIS #26
리브라스
철근φ9@450
줄눈고정철물
띠장면

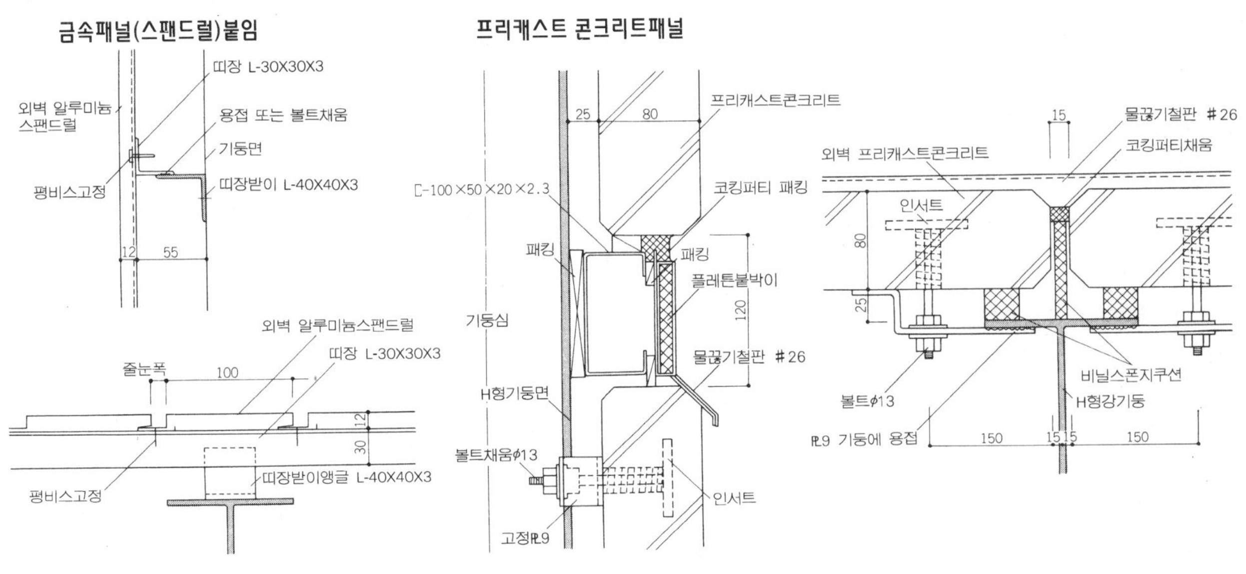
금속패널(스팬드럴)붙임
띠장 L-30X30X3
외벽 알루미늄 스팬드럴
용접 또는 볼트채움
기둥면
평비스고정
띠장받이 L-40X40X3
외벽 알루미늄스팬드럴
띠장 L-30X30X3
줄눈폭
평비스고정
띠장받이앵글 L-40X40X3
프리캐스트 콘크리트패널
프리캐스트콘크리트
⊏-100×50×20×2.3
코킹퍼티 패킹
패킹
패킹
플레튼붙박이
기둥심
물끊기철판 #26
H형기둥면
볼트채움φ13
인서트
고정PL.9
물끊기철판 #26
코킹퍼티채움
외벽 프리캐스트콘크리트
인서트
비닐스폰지쿠션
볼트φ13
H형강기둥
PL.9 기둥에 용접

외 벽　　　ALC외벽판

외벽(선벽) 패널 표준설치도

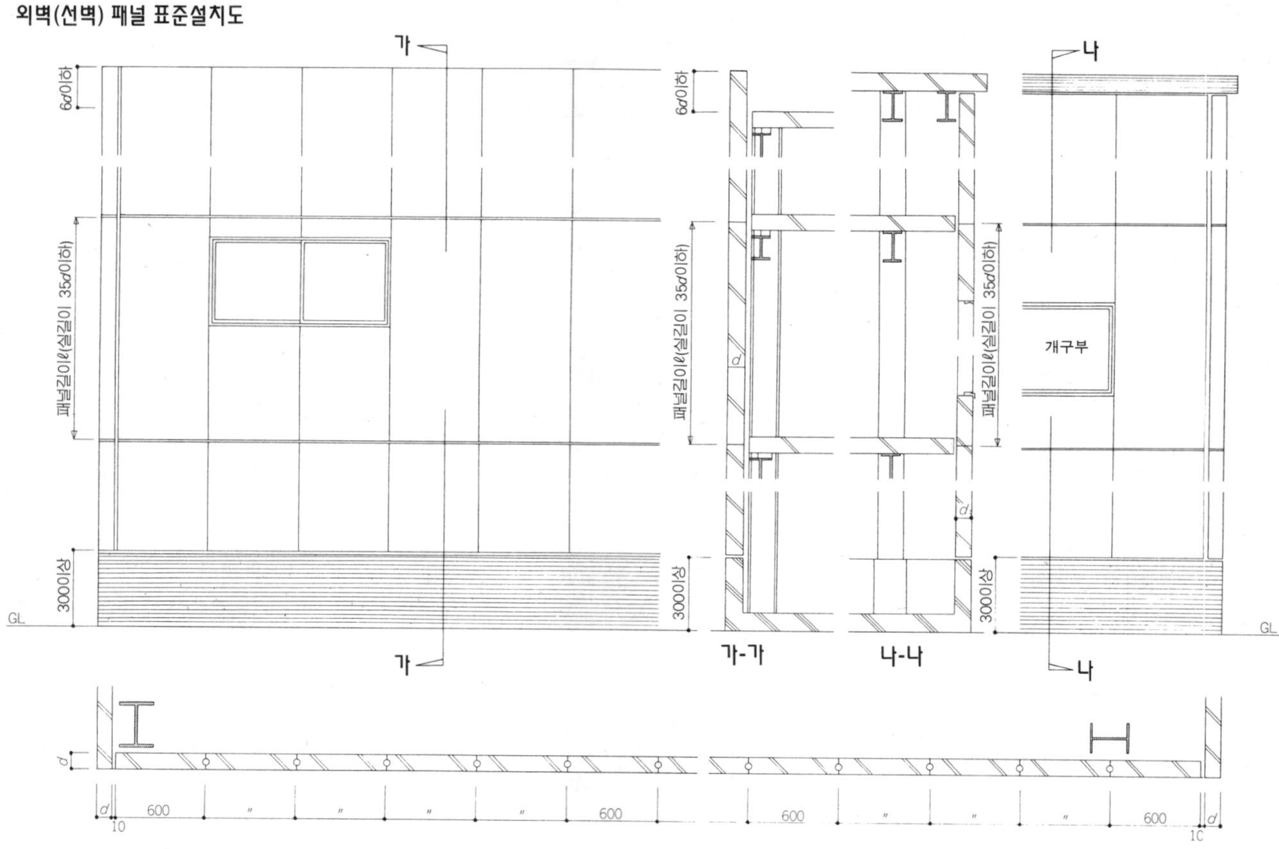

외벽(횡벽)패널표준설치도

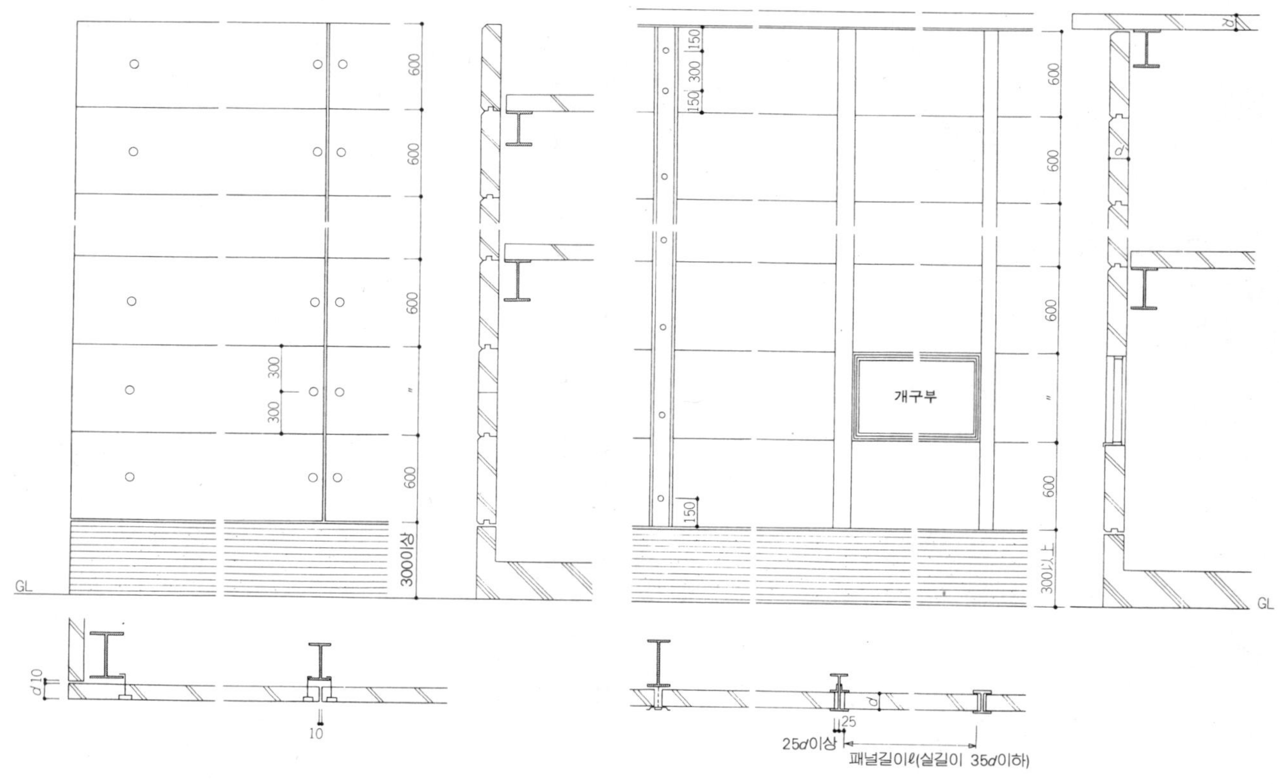

외 벽 ALC외벽판 연결 상세

선 벽

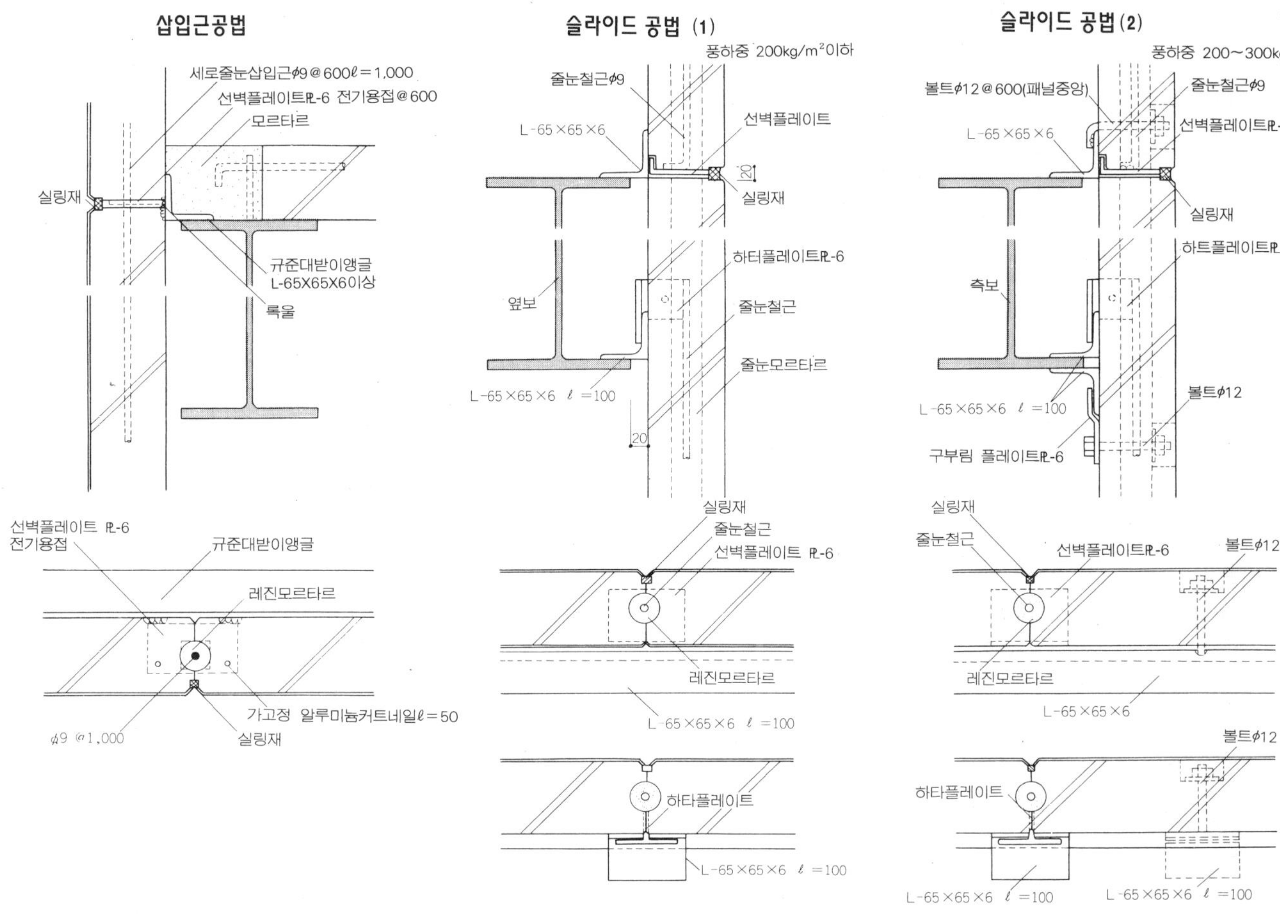

횡 벽

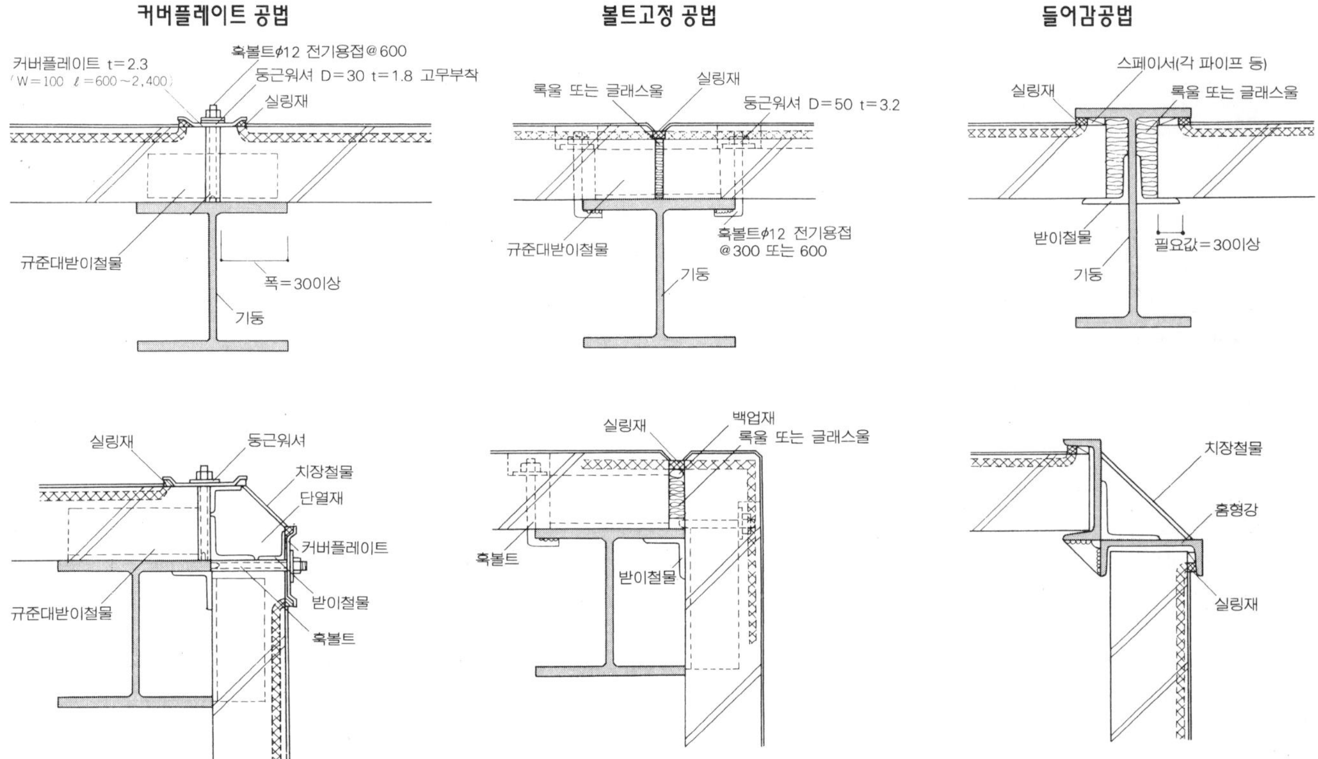

외 벽

ALC외벽판

외벽세움사용패널 ① (간막이 벽에도 사용)

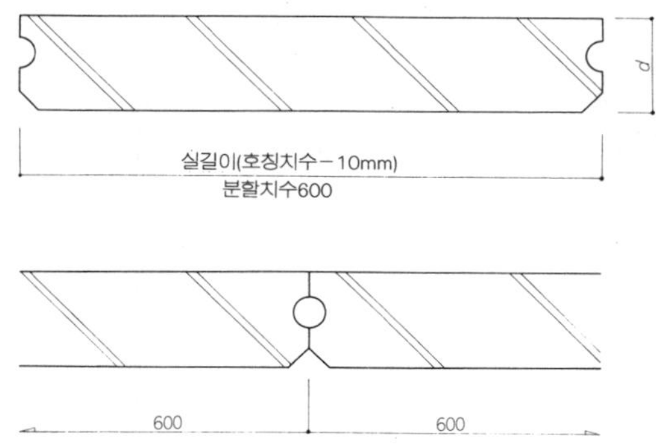

외벽세움사용패널 ② (간막이 벽에도 사용)

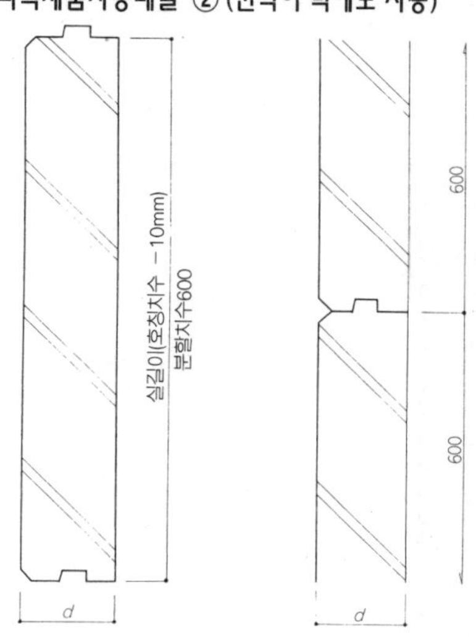

외벽세움사용패널 ③ (간막이 벽에도 사용)

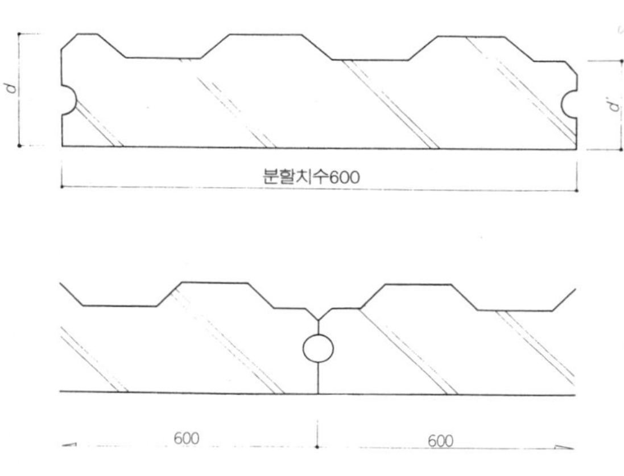

외벽횡사용패널 ① (간막이 벽에도 사용)

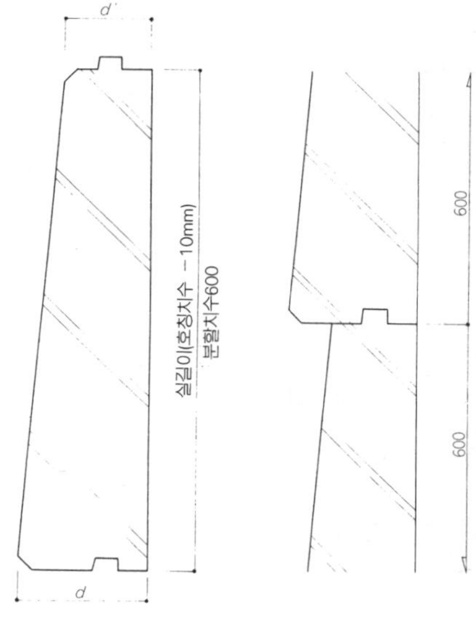

외벽횡사용패널 ② (간막이 벽에도 사용)

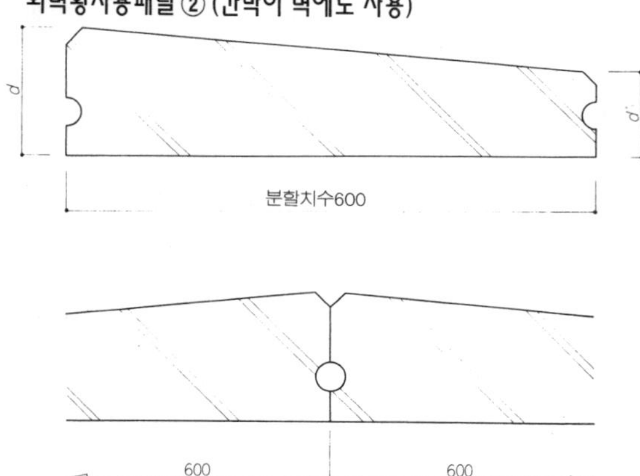

간막이용 패널(외벽용에도 사용)

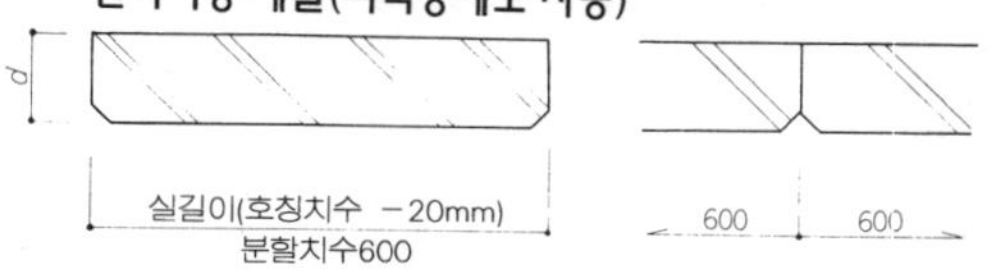

지붕, 바닥용패널

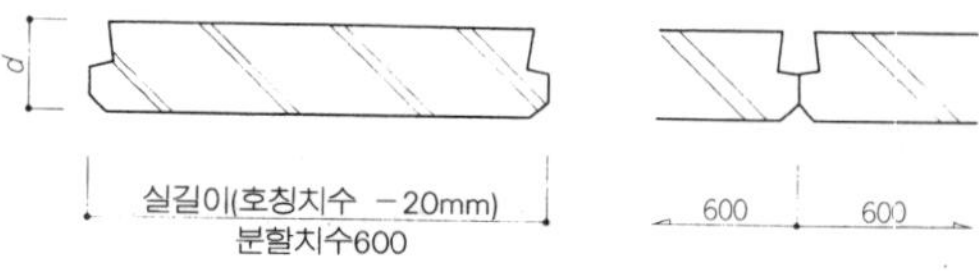

외 벽　　ALC외벽판 마감 디테일

리신뿜칠(합성수지계)　　뿜칠타일(무기질계)　　천연석 아크릴 흙손

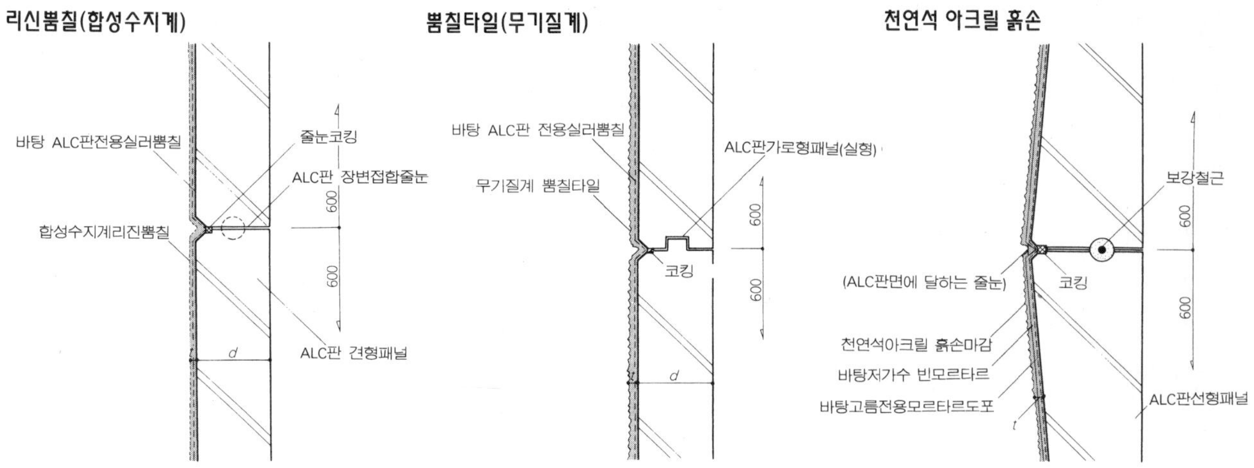

리신뿜칠(합성수지계)

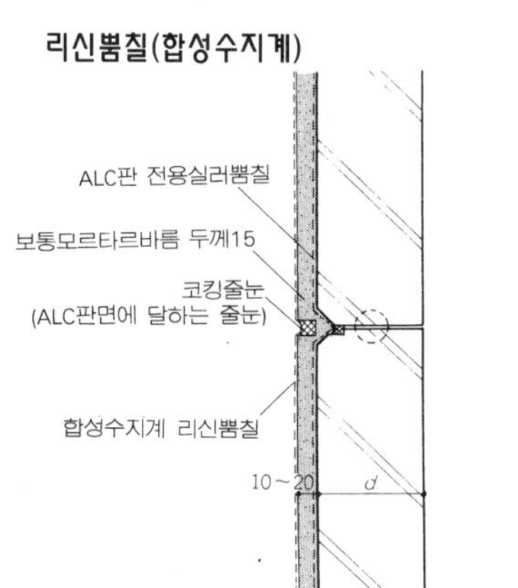

압착붙임타일

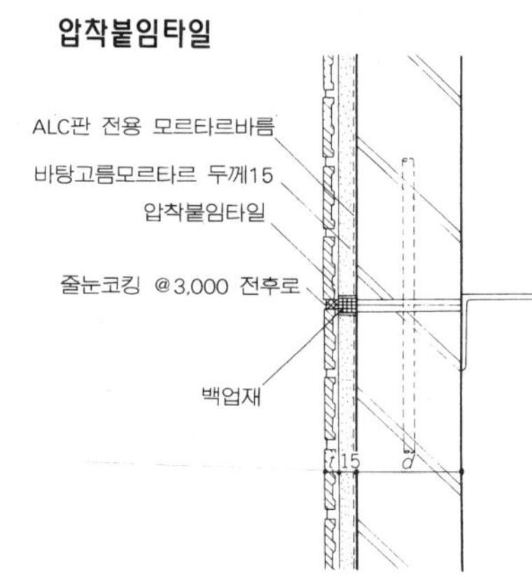

알루미늄치장패널 부품붙임

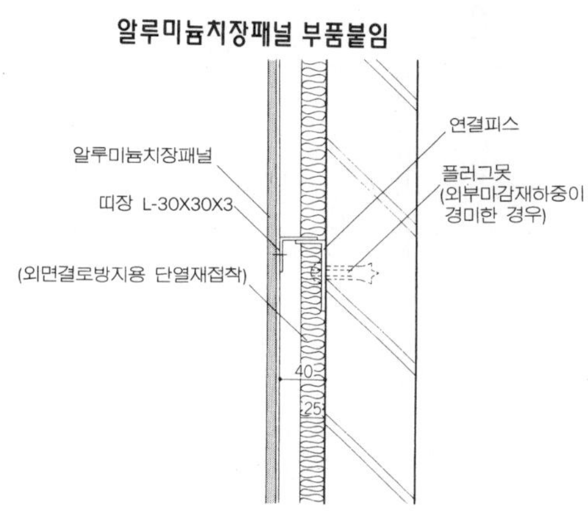

압착붙임타일(띠장바탕)

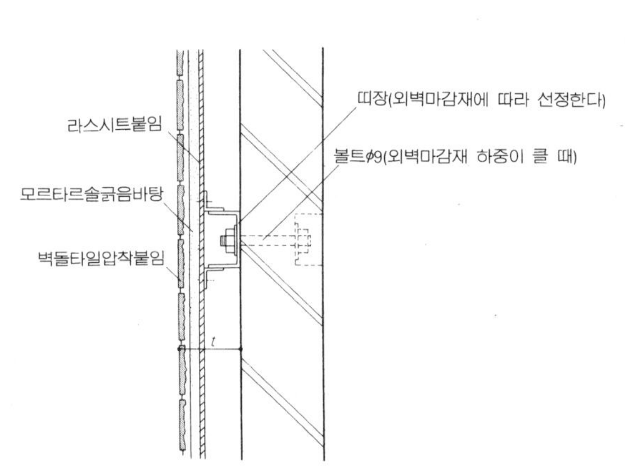

ALC외벽판 치수표

종류별	설계하중 (kg/m²)	내화인정	판두께 실치수 (mm)	판길이 호칭치수 (mm) (실치수를 하기에서 - 10~20㎜)		판폭호칭 치수 (mm) (실치수는 하기에서 - 10㎜)
외벽판	(短期風圧力) 120	2時間	100	1,500~3,500	50間隔	600 호칭치수 분할치수
		2時間	120	1,500~4,000	〃	
		2時間	150	1,500~5,000	〃	
	200	2時間	100	1,500~3,500	〃	
		2時間	120	1,500~4,000	〃	
		2時間	150	1,500~5,000	〃	
	300	2時間	100	1,500~3,000 〃	〃	
		2時間	120	1,500~3,500 〃	〃	
		2時間	150	1,500~4,500	50間隔	

내 벽

띠장바탕

크로스마감 · 보드마감

클리어런스
내화보드붙임바탕
치장보드붙임
비닐크로스붙임
12 100 10 35 7
세로띠장 35X30@450
고정볼트φ6
@600~900
35×30
철골띠장
[-100×50×20×2.3
목제걸레받이
25 10
바닥 장척비닐시트
바탕 모르타르흙손
60
30
100
30
5 15
20 5

플라스터마감 · 비닐레자마감

목모시멘트판 두께18
내화보드 두께12
플라스터칠 VP
비닐레자
18 75 12
15
단열재
스테인레스 차단
철골띠장@600
[-75×45×15×2.3
접시머리 테핑나사고정
접시머리 테핑나사고정
비닐걸레받이 두께2
용단바로붙임
바닥비닐타일 두께2
바탕모르타르
20
50
신더콘크리트
50
V형 덱플레이트
샛기둥받이플레이트 두께0.8
덱플레이트에 용접

플라스터마감 · 슬레이트 대평판 VP마감

라스시트붙임
철골띠장 L-45X45
플라스터칠 VP
슬레이트대평판 두께9
VP마감
(또는 플렉시블보드 두께6)
20 9 45 9
걸레받이 모르타르흙손
철근띠장
[-75×45×15 @900
바닥 모르타르흙손
줄눈긁음
걸레받이 플라스틱걸레받이
플라스틱타일
25
60
2
30

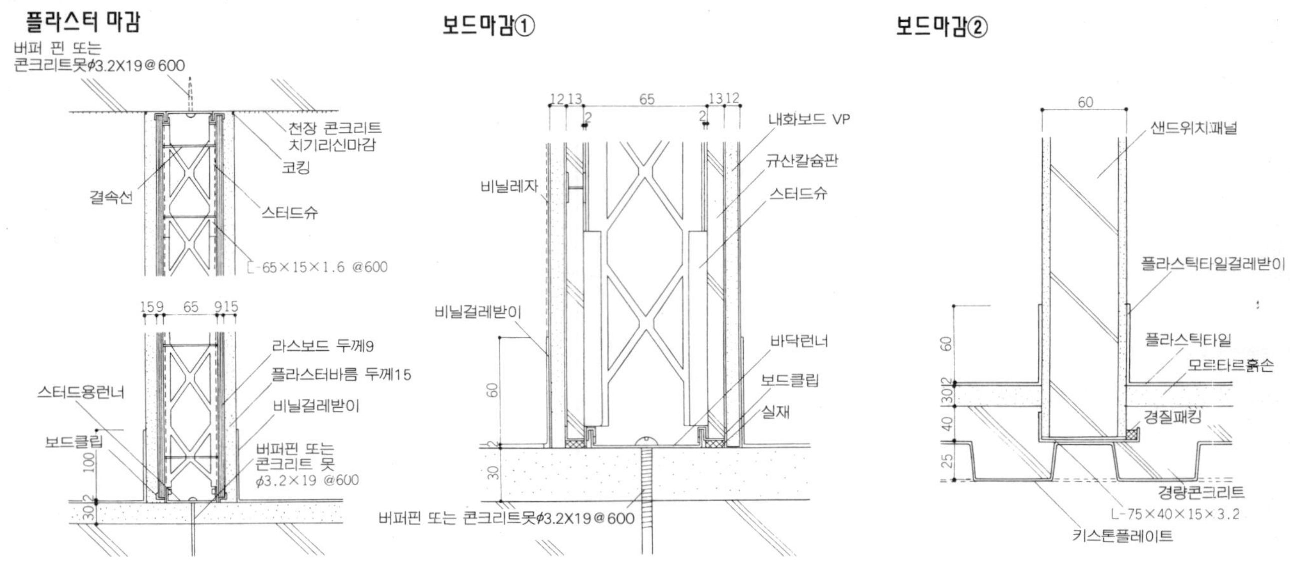

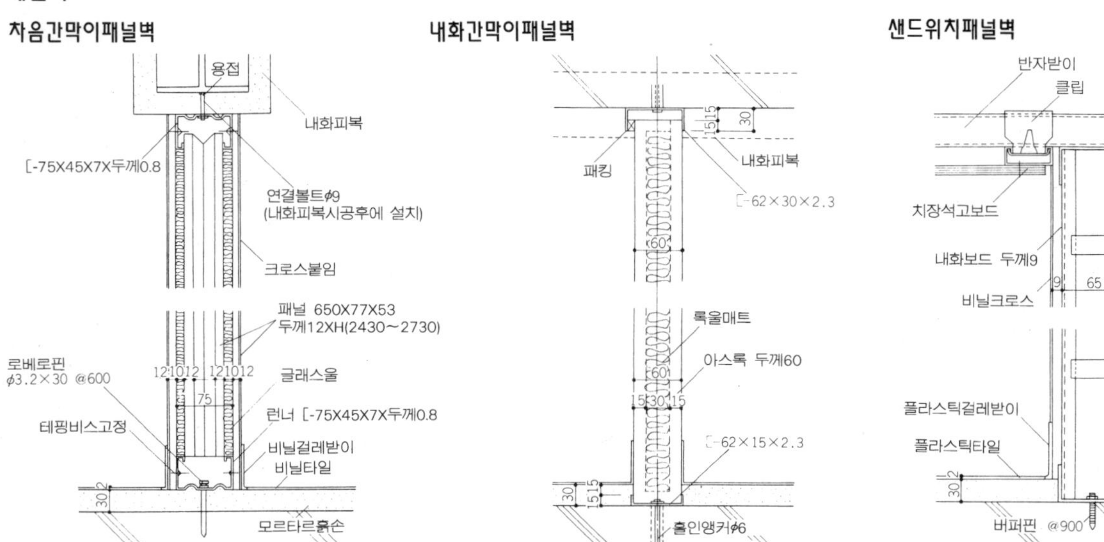

내 벽　ALC판 간막이 패널 표준 설치도

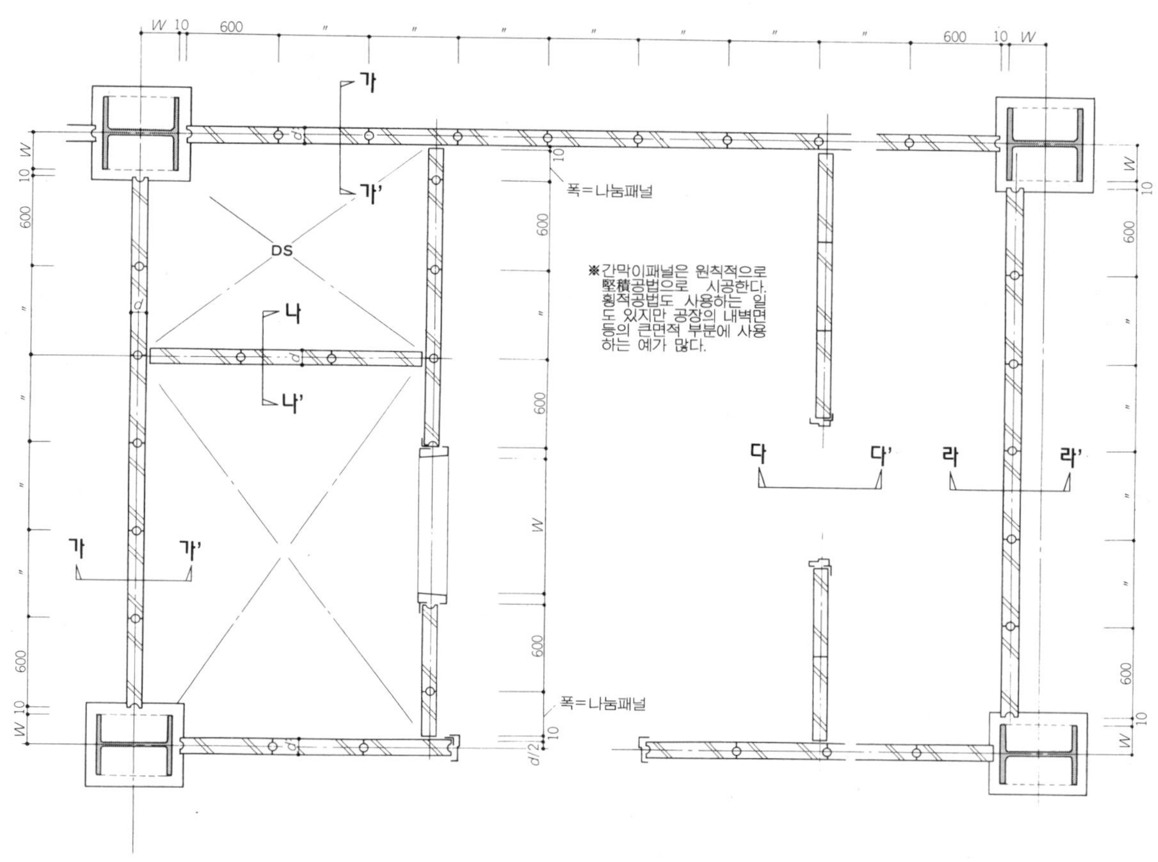

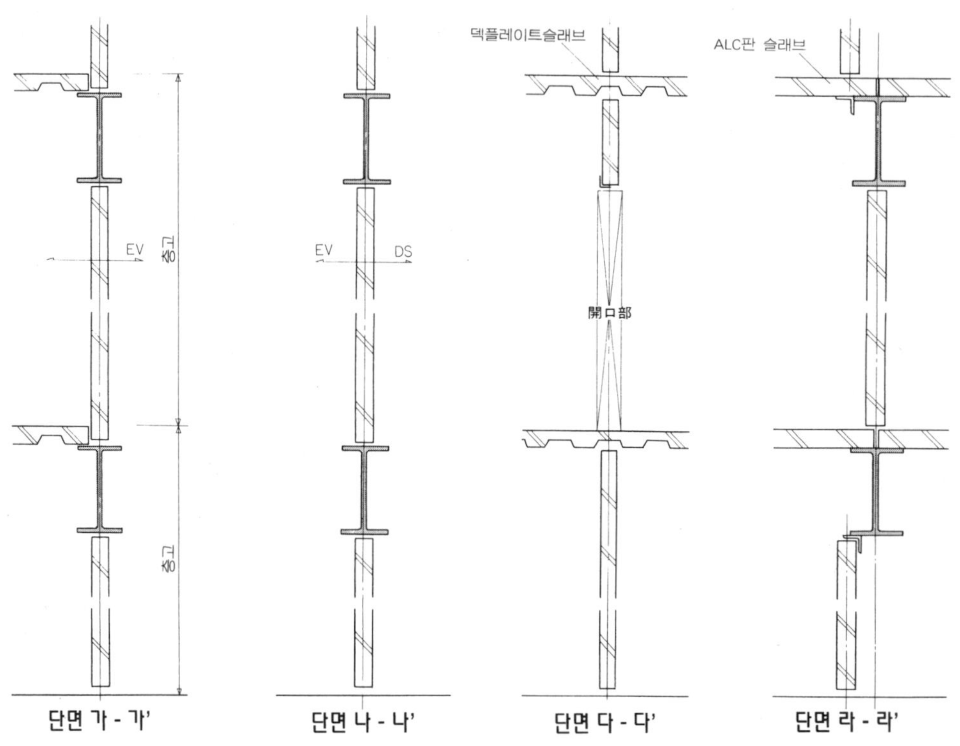

ALC간막이 벽의 지지 방법

ALC간막이벽 패널의 배치는 종쌓기와 횡쌓기가 있으나 종쌓기를 원칙으로 한다. 횡쌓기는 비교적 천장이 높은 경우에 채용되지만, 최상단의 장치에 난점이 있다. 또 층간변위를 고려한 장치처리가 필요하다.

일반적인 간막이 패널의 지지방법으로서, 하단지지는 보통 ϕ9철근을 슬래브에 앵커하고 모르타르 채우기를 하는 내면 고정 방법이 채택되며, 상단 지지는 줄눈 철근 앵커 고정 방법 채널 철물 또는 앵글의 삽입에 의한 내면 고정 방법에 의한다. ALC패널 슬래브의 경우 간막이 패널은 가급적 보받이 위에 위치하도록 계획하고 바닥패널 만으로의 지지는 강도 체크 및 보강방법을 check할 것.

내 벽

각 부위와 ALC 간막이 패널의 연결

간막이 벽+간막이벽 ⓐ

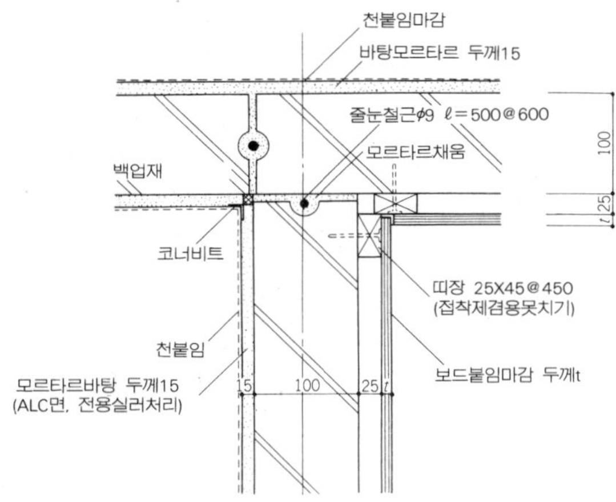

간막이벽+간막이벽 ⓑ

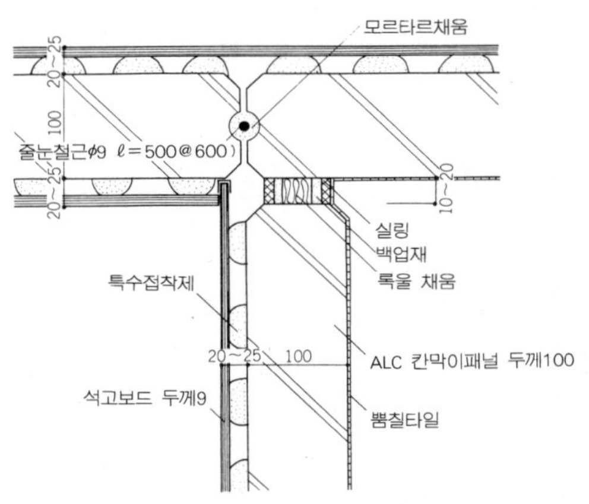

기둥+간막이벽

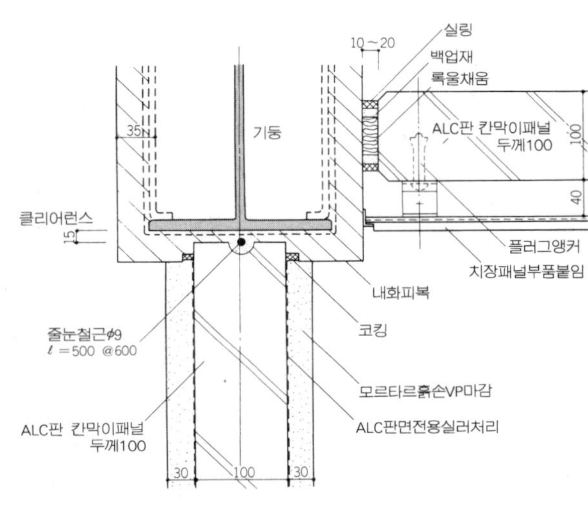

보+간막이벽

슬래브+간막이벽ⓐ

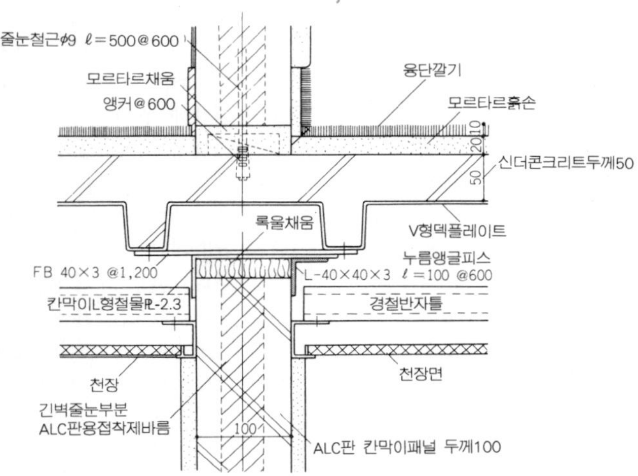

슬래브+간막이벽ⓑ

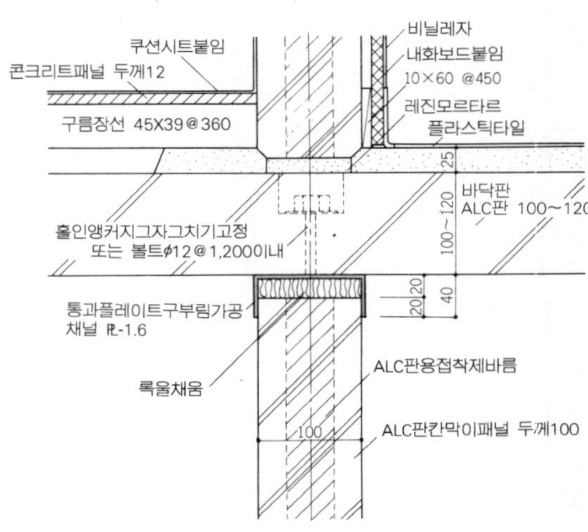

개구부란 통행, 채광, 일조, 투시, 조망, 통풍, 환기 등의 목적으로 외벽, 내벽, 지붕, 바닥에 개구된 부분이며, 그 위치에 따라서「외부 개구부」와「내부 개구부」에 그 사용 목적에 따라「출입구」와「창」으로 구분되며 개방과 차단의 기능은 건축 공간을 구성하는 많은 요소 중에서도 중요한 역할을 다하며 그 취급은 의장상의 주역적 골격을 이룬다.

외부 개구부

외부 개구부는 건축 공간을 둘러싸는 자연 현상이나 인위 현상의 영향을 직접 받으므로, 각각에 대응하는 많은 성능이 요구된다. 즉 풍우, 기온, 습도, 일사, 오염외기, 해충, 화재, 소음, 불법침입 등이 외적조건에 대한 차단, 개방 또는 콘트롤로서「기밀성」「수밀성」「방풍성과 통풍성」「방화성」「차음성」「단열성」「투과성과 차광성」「안전성」「내진성」「내구성」「강도」「내풍압강도」「조작상의 강도」「내외력강도」나「조임」등의 성능이 요구된다(이런것 중에는 상반되는 조건을 만족시키지 않으면 안되는 모순이 포함되어 있으나). 이러한 성능은 개구부를 구성하는 새시의 품질에 의하나 구조 구체와 울거미와 창호, 창호와 유리 등의 맞춤 정도, 합리적인 디테일 설계, 제작도에 의한 충분한 검토, 세심한 시공하(下)에서만 해결된다. 새시는 건물의 구조, 용도, 종별, 높이, 디자인, 예산, 기타 여러 가지 요소에 따라 선정되지만, 중소규모의 철골조에 있어서 특히 주의해야 할 점은 높이에 따른 내풍압 성능의 check이다. 또한 높이 31m를 초과하는 건물에는 유리의 종류와 그 표면 면적의 산정에 대해서 건설부에서 정한 규정이 있다. 또 외부 개구부에는 그 유효성, 방화성, 피난성 기타 세부에 이르는 규정이 정해져 있다. ⓐ법규상 유효한 채광과 자연 환기의 규정 ⓑ법정 방화성능의 규정 ⓒ배연 규정 ⓓ비상용 진입구의 규정 ⓔ피난상의 규정 등을 말한다.

개구부 보강

개구부 보강이란, 개구부를 설치하는데, 따라 생기는 강도상 필요한 보강이다.

보통 새시가 받는 풍압은 새시앵커를 통하여, 벽판, 바탕재, 개구부 보강재가 부담하므로 보강이 완전하지 않으면, 새시에「변형」「오차」등의 변형이 생기기 쉬우며, 비가 새는 사고의 원인도 생긴다.

개구부 보강은 그 벽체 구성에 따라 보강 방법이 다르다.

띠장을 요하는 벽체의 개구부의 보강

띠장내에 들어가는 소 개구부는 별도로 하고, 보통 개구부는「세로」또는「가로」의 띠장을 절단하여 장치하므로 띠장의 보강이 필요하다. 그 보강 방법과 보강 부재는 개구부의 형상, 벽재의 종별 띠장의 간격 개구부가 받는 풍압력 등을 통하여 역학적으로 산정한다.

PC판 커튼 wall

패널자체 속에 보강이 짜여지는 것이 보통이다.

ALC판

패널속에 개구부 보강을 짜넣지 않기 위해 극히 소규모인 개구부 이외는 개구부 치수의 크기나 풍압력의 영향도에 따라 철근, 플래트바, 앵글, 채널 등의 보강 철물을 사용하여 개구부의 주위보강을 한다. 이 주위보강은 새시앵커의 장치도 겸하기 때문에 철근의 경우는 최저 $\phi 9$이상을 필요로 한다. 연창·단창의 개구부는 많은 풍압이 예상되므로 패널의 외력 부담을 덜고, 보강, 수직재, 보강띠장, 샛기둥 등의 대책이 필요하지만 그 시방은 실내측의 벽마무리에도 관련하는 점을 포함하여 생각하지 않으면 안된다. 스틸도어와 같이 중량으로 개폐시의 충격이 큰 것은 특히 보강에 주의를 한다. 또, 셔터레일 등의 진동을 받는 것은 직접 벽패널에 부착하던가, 묻어버리지 않고 보강 수직재 등에 부착한다. 셔터케이스는 중량이므로 구조 구체에 하중을 부담시키도록 샛기둥, 브래킷에 의한 지지설비로 한다. 불완전하고 또는 부적절한 보강은 패널의 마구리파손 개구부 울거미의 오차와 왜곡에 의한 비새기 등 지장을 초래한다. 또 개구부는 패널 할당 내에 넣도록 계획하고 불안정한 절단은 강도를 손실하지 않도록 해야 한다. 또한 ALC판 개구부 보강 기준표를 기재하였으므로 참조하기 바란다.

설 치

띠장을 요하는 벽체의 새시는 세로띠장, 가로띠장, 또는 보강재에 새시앵커플레이트를 또는 전기용접에 의해 시설하나 외부, 내부의 마무리재나 디자인에 의해 물끊기, 선판, 문선 등의 아무림방법이 정해진다.

ALC판의 경우는 패널의 개구부 보강재나 비스철물에 새시앵커를 부착한다. 일반용 알루미늄새시를 사용할 때는 새시울거미와 패널사이를 실링만으로 처리하는 공법은 어려운 점이 있으며 패널 비처리부분에 알루미늄 앵글이 문선을 부착하여 실링처리를 한다. ALC용 알루미늄새시는 울거미와 패널이 직접 실링처리가 가능한 형상으로 되었으며, 새시앵커가 내측에서 용접되며 또 규격 치수가 패널의 60cm모듈에 맞출수 있는 이점이 있다.

개구부와 외벽 기능의 일체화로서 개구부 유니트를 포함하는 커튼월의 보급은 현저하고, 특히 철골조의 프리패브성에 맞춰서 제품의 개량개발 기본타입에 규격화가 그것을 뒷받침한다. 커튼월은 그것을 구성하는 재질에서 금속재와 PC재로 대별되며 그 형상이나 표면의 텍스처는 여러 가지이다. 중량적으로 메탈계커튼월은 30~60kg/m^{2}로 거의 문제가 되지 않으나 PC계 커튼월은 250kg/m^{2}안팎으로 구체에 상당한 하중부담이 되므로 구조계획의 단계에서 검토해야 한다.

시설이나 보강의 방법은 개개의 설계에 따라 다르나 일반적으로 철골조의 경우는 철골보를 수재로서 금속제 스탠다드커튼월도 새시수직재 또는 수직브래킷과 PC판 커튼월은 판에 매입된 지지철물을 연결시킨다. 또 법규상의 주의로서 커튼월의 내화성능 새시부분의 배연개구부 등을 든다.

개구부는 바닥, 벽, 천장과 접합하는 부분도 많고 셔터 격자, 커튼 박스 등의 맞춤도 있으므로 디자인 면에서나 디테일 면에서도 균형잡힌 설계가 중요하다.

내부 개구부

철골조의 간막이벽 구조는 여러 가지가 있으나 그에 개구되는 내부 개구부에는 벽체별로 관계없이 공통된 성능이 요구된다. 여기서 ALC간막이 패널과 철골간막이 벽을 선정하여 내부 개구부로서 가장 일반적인 목재 울거미와의 맞춤을 기설한다.

ALC간막이 패널의 경우

패널의 나무벽돌을 접착제 병용으로 못박기를 하여, 목재패킹으로 세워서 조정한 다음 숨은 못으로 울거미를 고정하는 것이 일반적 시방이지만 개구부의 크기, 도어의 종류에 따라서 볼트, 꺾쇠, 띠플레이트 등의 철물을 사용한다. 사용철물은 벽마무리면과 관련되므로 주의할 것.

철골 샛기둥벽의 경우

철골 샛기둥에 울거미 부착용 플레이트를 나사고정하여 끼움

개구부

가새(브레이스)와 개구부

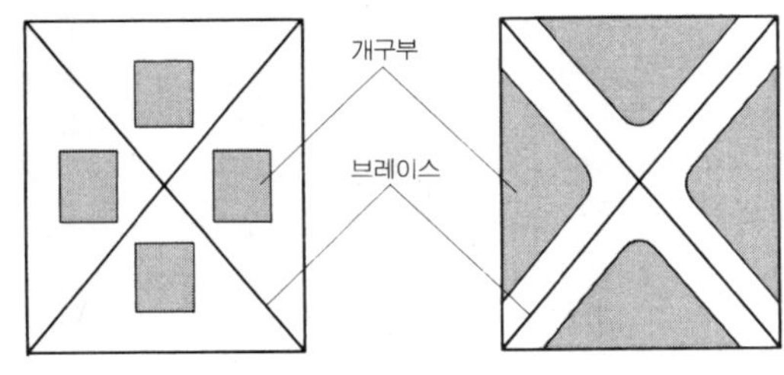

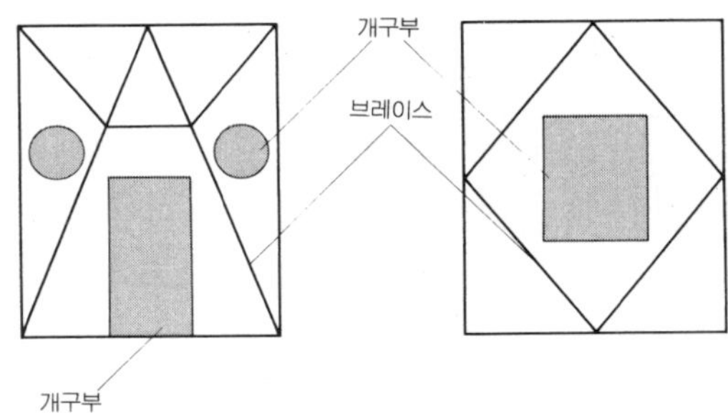

띠장의 개구부 보강

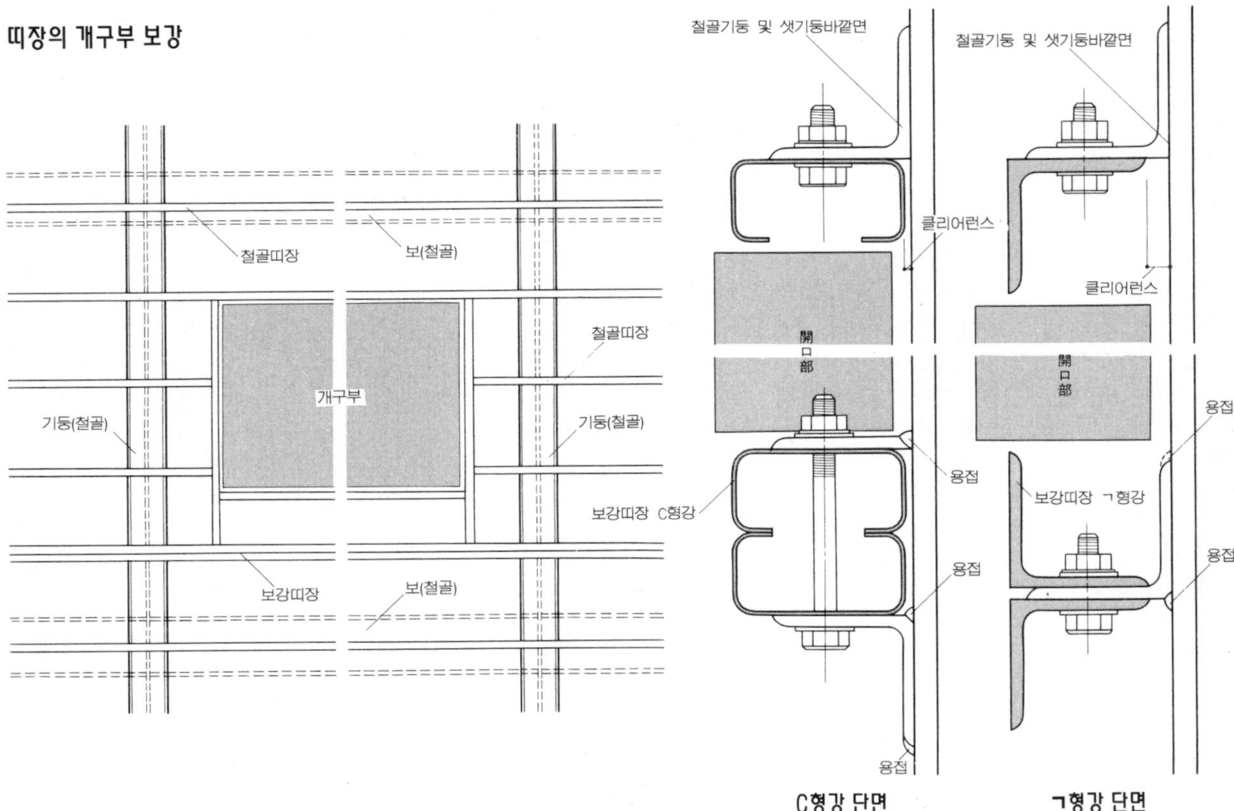

목으로 조정한 다음, 플레이트에 나무울거미를 부착하던가 철골 샛기둥에 나무울거미 또는 밑창울거미를 조임으로 한다.

철골조의 벽면에 마련하는 개구부는 축조와 밀접한 관계이다. 라멘을 구성하는 축조에는 비교적 용이하게 개구부를 마련할 수가 있으나 개구부 개소가 축조의 브레이스와 중복되어, 문제가 되는 수도 있다. 그런 방면, 브레이스와 개구부를 적극적으로 조합시킨 축조에 의한 디자인도 창작되어 독특한 효과를 올린 예가 윗 그림이다.

브레이스는 건물 전체의 견지에서 종합적으로 검토하고 균형있게 배치한다.

또 대형자동차 출입구 등의 큰개구부에서 그 부분의 축조중 2층 보가 험해지지 않는 경우에는 전체의 구조 계획에 영향되므로 당초부터 구조적 해결을 고려해야 한다. 일반적으로 벽면 개구부는 그 부분에 벽이 없는 것으로 생각하여, 해당 개소를 보강할 필요가 있다. 띠장 사용의 벽면구성에 있어서는 마무리재에 따라 띠장의 종별, 형상 치수가 결정되며 샛기둥도 개구부와 마무리재에 따라 선정된다. 띠장내에 들어가는 소개구부는 문제가 없으나 띠장을 절단하지 않으면 들어가지 않는 것이 보통 개구부 치수이기 때문에 띠장의 보강은 개구부에 추종하는 조치이다.

공장제작에 의한 PC판, 커튼월 등의 개구부 보강을 판 그 자체속에 짜여져서 제품화되는 것이 보통이지만, ALC판에서는 개구부 보강이 짜여져 있지 않으므로 소정의 보강을 필요로 한다. 외벽에 있어서는 벽의 수직하중 그밖에 풍압력 등 횡력의 작용도 받으므로 보강재와 보강 방법도 이점을 가미하여 개구부 형상에 맞춰서 선정한다. 그외 풍압력은 높이에 비례하여 커지므로 주의를 요한다. ALC 외벽판에 개구부가 있는 경우는 극히

개구부

ALC판 개구부 보강

판폭방향 개구치수 (mm)	工法(補強方法)		風圧(kg/m²)		
	종쌓기삽입근공법 종·횡줄눈 레진모르타르 충전	횡쌓기 철물누름공법 횡줄눈접착	120	200	300
600	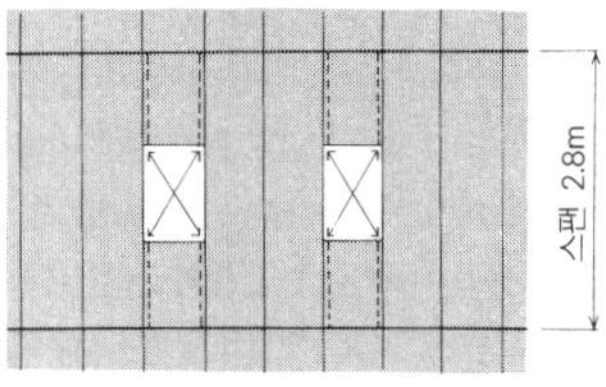 스팬 2.8m	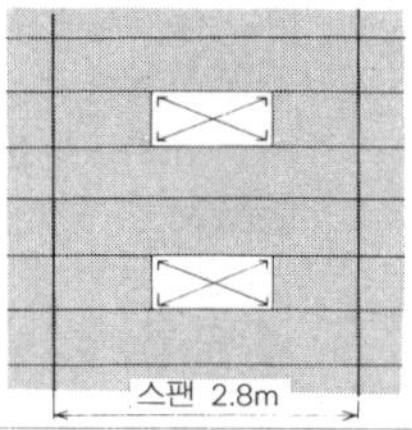 스팬 2.8m	모서리철물 ℞-50×3.0	모서리철물 ℞-50×3.0	모서리철물 FB-50×4.5
1,200	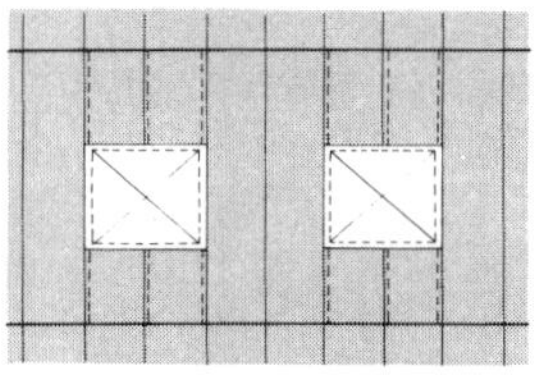	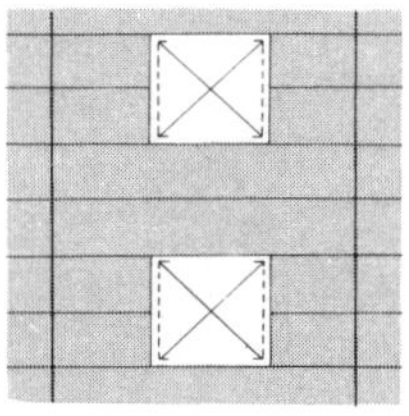	보강철물 I:2.4 Z:0.9 FB-38×6	보강철물 I:4.0 Z:1.4 FB-50×6	보강철물 I:6.0 Z:2.1 FB-50×6
1,800	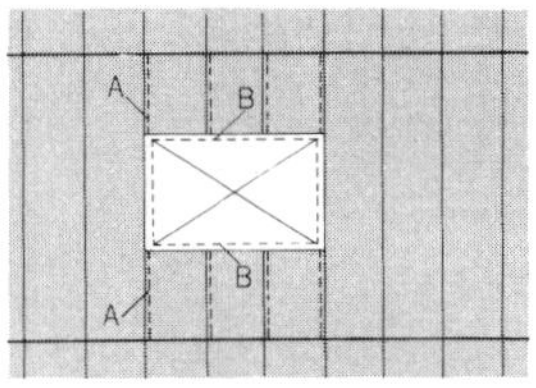	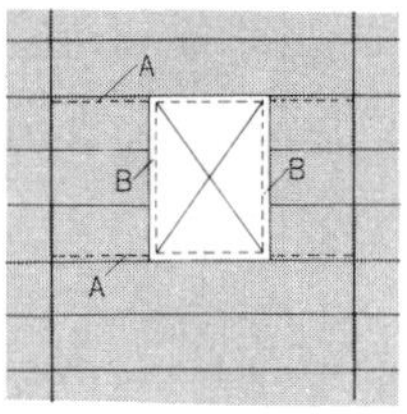	A 材 I:26.8 Z: 3.9 L-65×65×6	A 材 I:44.6 Z 6.5 L-75×75×6	A 材 I:66.9 Z: 9.8 L-90×90×7
			B 材 I:8.2 Z:1.9 L-50×50×6	B 材 I:13.6 Z: 3.2 L-65×65×6	B 材 I:20.5 Z: 4.7 L-65×65×6
2,400	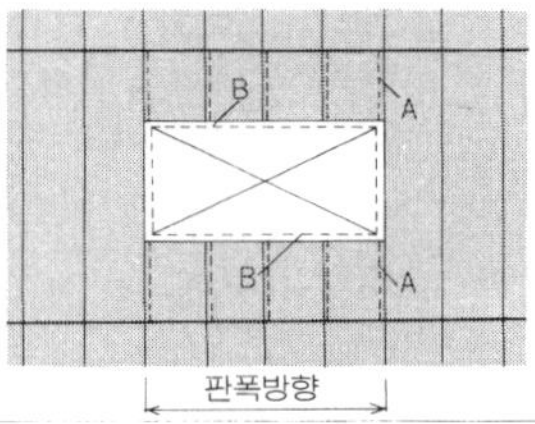 판폭방향	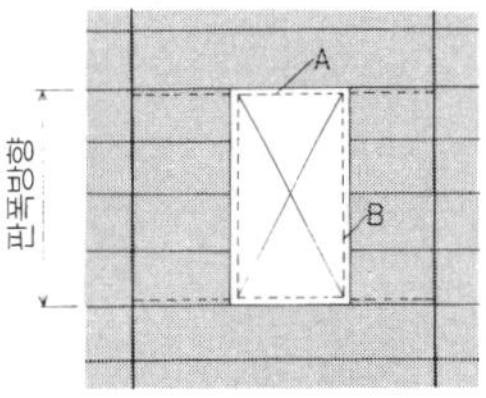 판폭방향	A 材 I:35.6 Z: 5.2 L-75×75×6	A 材 I:59.4 Z: 8.7 L-75×75×9	A 材 I:89.1 Z:13.1 L-90×90×7
			B 材 I:19.2 Z: 3.4 L-65×65×6	B 材 I:32.1 Z: 5.6 L-75×75×6	B 材 I:48.1 Z: 8.4 L-75×75×9
3,000	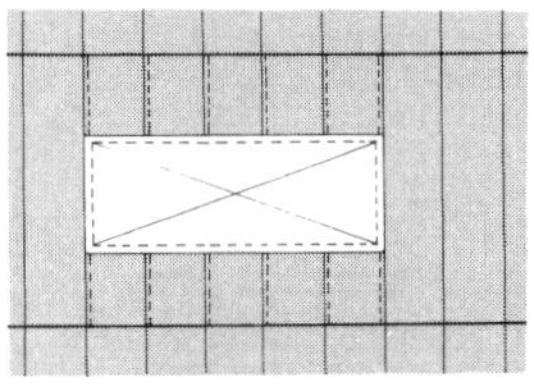	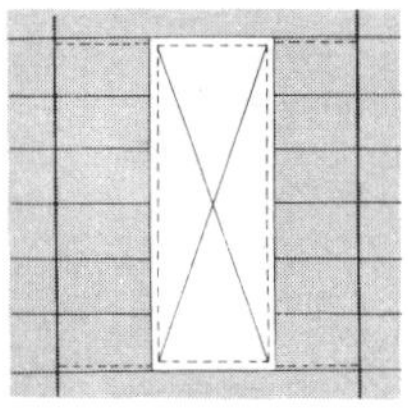	A材 I:44.6 Z: 6.5 L-75×75×9	A 材 I:74.4 Z:10.9 L-90×90×7	A材 I:111.6 Z: 16.4 L-90×90×10
			B 材 I:37.6 Z: 5.3 L-75×75×6	B 材 I:62.6 Z: 8.8 L-75×75×9	B 材 I:93.9 Z:13.1 L-90×90×10

I : 단면2차모멘트(cm²) Z : 단면치수(cm²) 설계하중시휨 : ℓ/200

소규모인 개구부를 제외하고 적당한 보강철물을 사용하여 이에 사용할 필요가 있다는 것을 이미 기술하였다.

위의 표는 개구부 보강의 한 방법을 표시한 것이다.

특수한 경우는 실험에 의한 이면 데이터를 취하는 것이 필요하지만 일반적인 보강 방법으로서 위 표가 이용된다. 보통 개구부 및 풍압력이 클수록 보강재는 크게 된다.

풍압력은 높이에 비례하여 크게 되기 때문에 개구부의 위치가 지면보다 높을 수록 보강부재도 큰 것을 사용하게 된다.

위 표는 필요한 단면 2차모멘트(I)와 단면계수(Z) 및 일반적인 부재단면을 표시하였으나 이 수치를 만족하는 다른 단면부재를 사용해도 지장이 없다. 상표의 치수는 건축법에 준하여 오른쪽의 가정으로 산정한 것이다.

지상보다 높다고 하더라도 절벽위라던가 해안에서 특히 강풍이 많이 생기는 곳, 바람의 호흡, 풍압력의 독특한 하중이 가해지는 것을 고려해야 할 장소에서는 당연히 이 가정 자체에 되돌아가 검토를 해야 한다.

계산가정

1) 지점간 거리　2.8m

2) 풍압력　$p=k \cdot c \cdot q$

k : 地域係数　1.0

c : 風力係数　0.9

q : 速度圧

철골조 개구부의 설치공법 - 주로 새시 등

공법의 차이에 따라 시공공정이 변화하고 아무림법, 물끊기나 마무리재의 설치 방법, 보양 등의 방법이 다르다. 창호설치 공법은 선설치 공법과 후설치 공법으로 분류된다. 그 밖에 커튼wall 공법, 교체 공법 등이 있다. 후설치 공법은 가장 일반적 공법으로 마무림에 따라 여러가지 공법이 있다. 선설치공법 및 커튼wall 공법은 해마다 급증하는 편이며, 장래 이 공법이 후설치 공법을 능가하여 일반적 공법이 될 것으로 예상된다. 선설치 공법에는 두 종류가 있다.

① 수평선설치 공법/프리캐스트 콘크리트 성형을 공장 생산할 때에 같은 수평거푸집 헤드를 이용하여 미리 새시를 헤드면에 set해 두고 그후 콘크리트를 동시 타설하여 일체로 해버리는 방법이며 프리패브 공법 등에 이용된다.

② 종타설공법/공사현장에 있어서 콘크리트 거푸집 설치때에 동시에 새시를 거푸집에 샌드위치 해두고 새시를 수직상태로 고정하여, 콘크리트와 동시에 타설하여 일체로 하는 방법이다.

후설치 공법에는 3종류가 있다.

① 철골 공법/경량철골 등을 개구부 구성재로 하여 마무리는 새시이며, 철골에 용접하는 방법과 나사로 부착하는 방법이 있다.

② 철근 콘크리트 공법/콘크리트 개구부에 인서트나 삽입근을 배치하여 새시장치, 먹줄을 기준으로 쐐기조정 세우기를 하며, 새시앵커플레이트와 인서트를 원강을 연결근으로 하여, 용접고정한다.

③ ALC공법/공법으로서는 철근 콘크리트 공법과 같지만 ALC판을 개구부 구성재로서 아무리는 새시이며, ALC판의 insert 등에 용접고정하는 방법이다. 커튼월 공법의 대강은 새시의 구조 방식이나 분해점, 분해수에 의해 수직 방법과 패널 방식으로 대별되지만, 일반적으로는 슬래브에 선 매입 철물에 패스너를 장치하여 먹줄에 맞추고, 용접 고정하여, 그것을 기준면으로 슬래브까지의 새시구성재를 하층에서 상층에 볼트조임과 용접 및 나사에 의해 조립고정해 가는 방법이다.

새시설치 시공 예

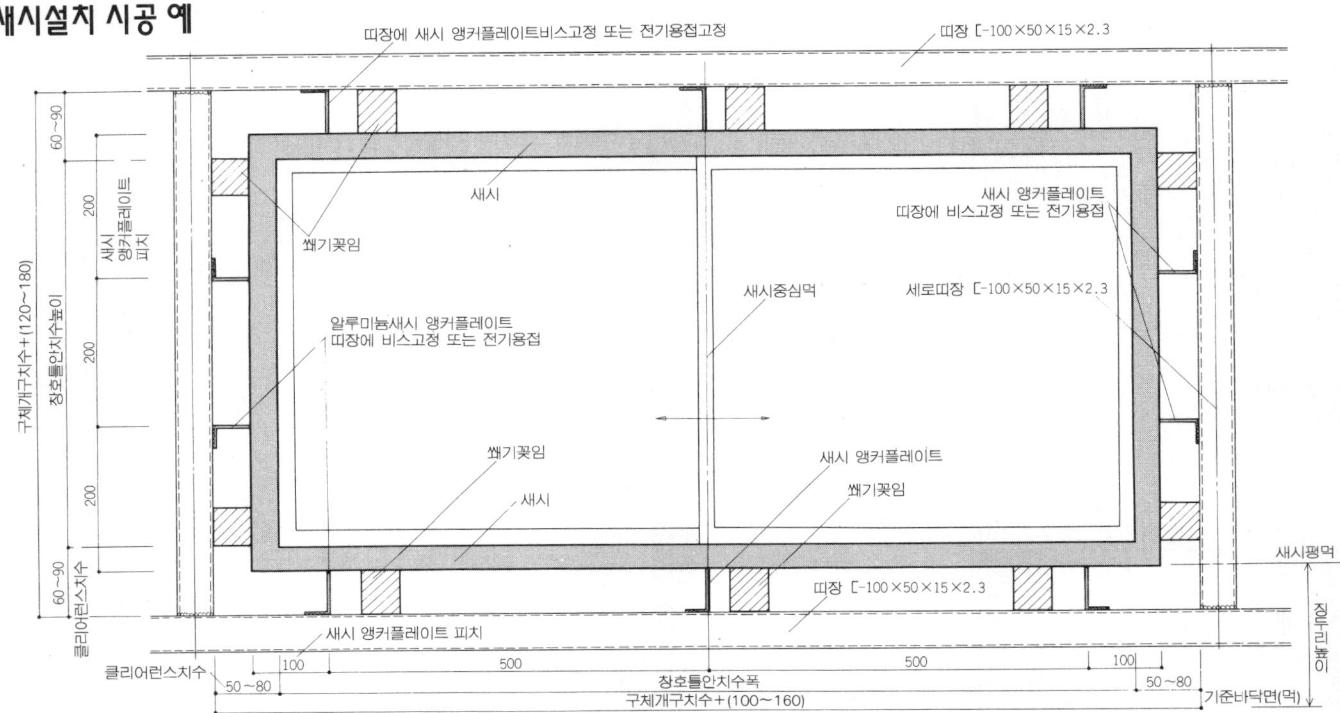

새시앵커플레이트의 위치는 일반적으로 개구부의 크기(폭과 높이)에 따라 아래표에 나타내는 치수가 쓰여진다.

새시폭 치 수	창호앵커플레이트의 위치			앵커플레이트수
	단부위치	중간위치	단부위치	
800	100 ⊥	300 ⊥ 300	⊥ 100	3
900	100 ⊥	350 ⊥ 350	⊥ 100	3
1,200	100 ⊥	500 ⊥ 500	⊥ 100	3
1,400	100 ⊥	600 ⊥ 600	⊥ 100	3
1,500	100 ⊥	450 ⊥ 400 ⊥ 450	⊥ 100	4
1,600	100 ⊥	450 ⊥ 500 ⊥ 450	⊥ 100	4
1,700	100 ⊥	500 ⊥ 500 ⊥ 500	⊥ 100	4
1,800	100 ⊥	550 ⊥ 500 ⊥ 550	⊥ 100	4
2,000	100 ⊥	450 ⊥ 450 ⊥ 450 ⊥ 450	⊥ 100	5

새시폭 치 수	창호 앵커플레이트의 위치			앵커플레이트수
	단부위치	중간위치	단부위치	
350	175	⊥	175	1
600	200 ⊥	200 ⊥	200	2
900	200 ⊥	500 ⊥	200	2
1,100	200 ⊥	350 ⊥ 350 ⊥	200	3
1,200	200 ⊥	400 ⊥ 400 ⊥	200	3
1,300	200 ⊥	450 ⊥ 450 ⊥	200	3
1,500	200 ⊥	550 ⊥ 550 ⊥	200	3
1,750	200 ⊥	450 ⊥ 450 ⊥ 450 ⊥	200	4
1,900	200 ⊥	500 ⊥ 500 ⊥ 500 ⊥	200	4
2,000	200 ⊥	550 ⊥ 500 ⊥ 500 ⊥	200	4

창주위 개구부

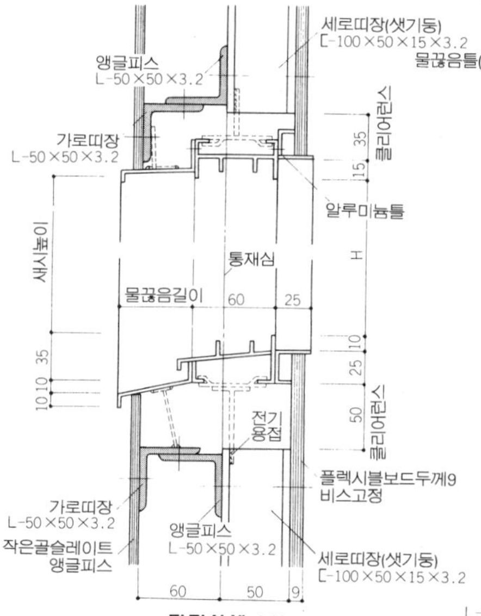

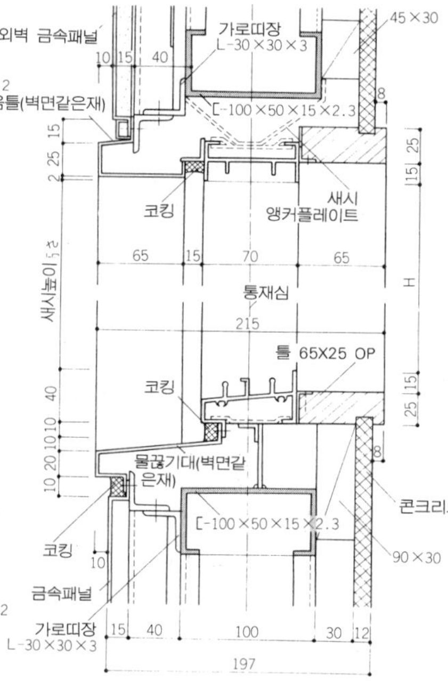

단면상세 1/6

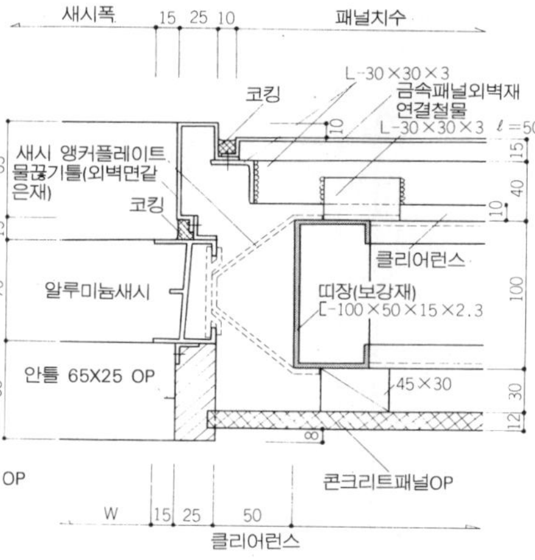

평면상세 1/6

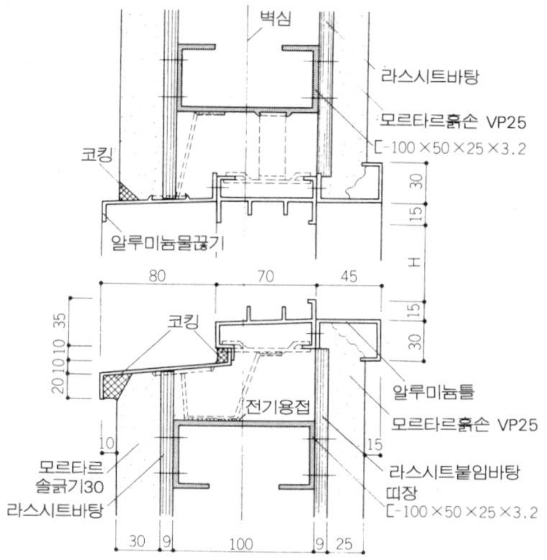

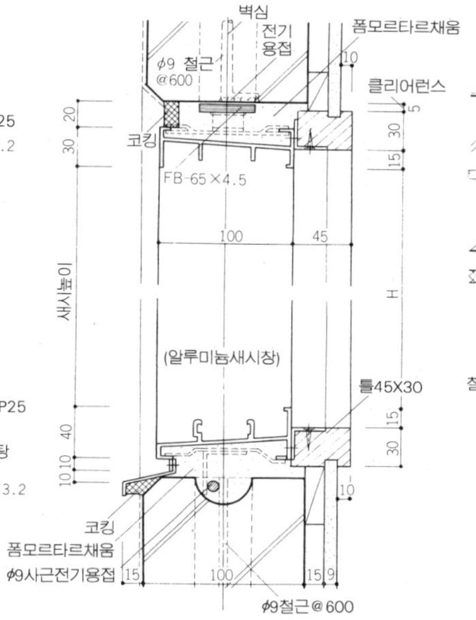

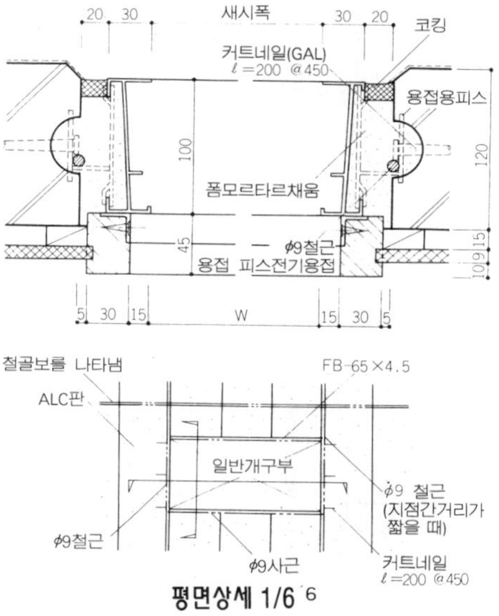

평면상세 1/6

철골조에 대한 새시장치는 종·횡 띠장 보강재 기둥보 등에 앵커플레이트를 비스 고정 또는 용접에 의해 장치하는 것이 일반적이다. 세우기는 부착위치에 맞춰 쐐기 또는 라이너 등에 대해서 수평수직을 조정하며 울거미의 휨 비틀림 등이 없는가를 확인하고 고정한다. 새시울거미와 부착주재와의 클리어런스는 H방향에 있어서는 60~90mm를 이상으로 하고, W 방향은 50~80mm를 이상으로 한다. 철골조에 대한 개구부는 비처리에 있어서 요주의 부분이며 구조상 공동, 공극 부분이 되기 쉽고, 누수의 원인이 되기 쉽다. 외벽 마무리재에 따라 여러 가지의 아무림 방법이 고려되고 있으나 보통 물끊기, 선판 문선틀 코킹재 등을 사용하여 비처리를 한다.

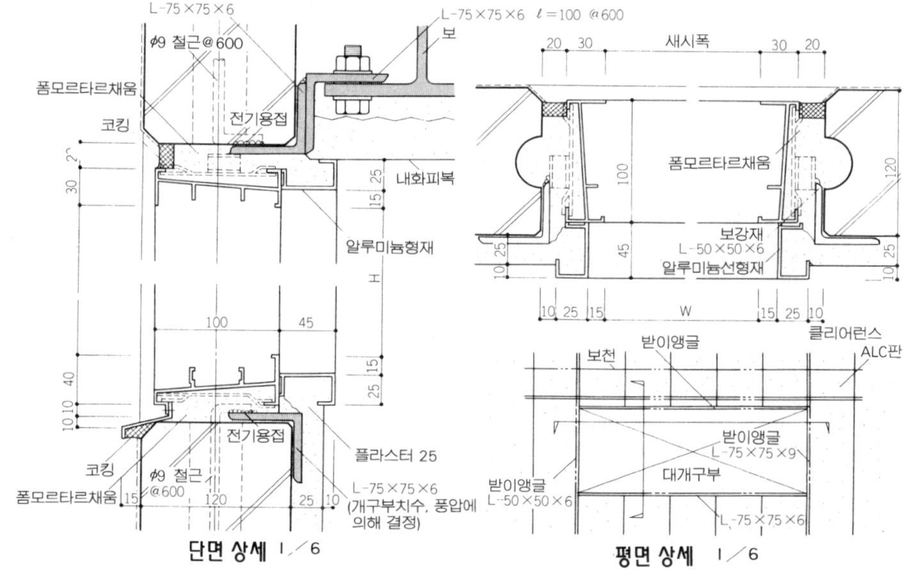

단면 상세 1/6

평면 상세 1/6

출입구 주위 개구부

스틸도어

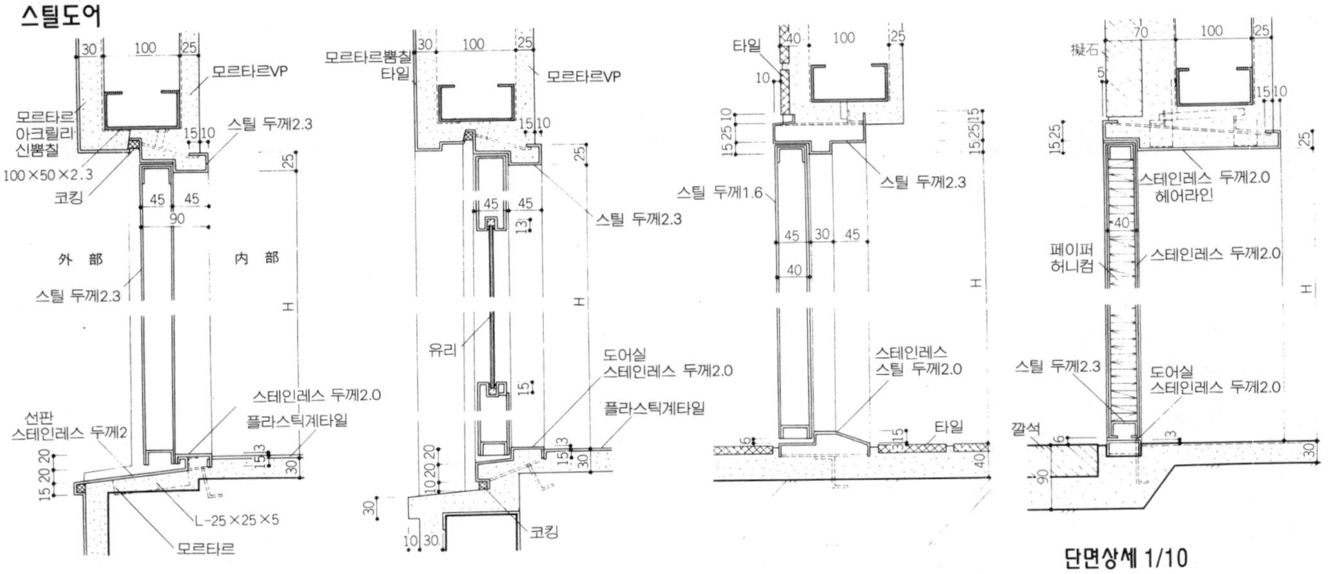

단면상세 1/10

알루미늄도어

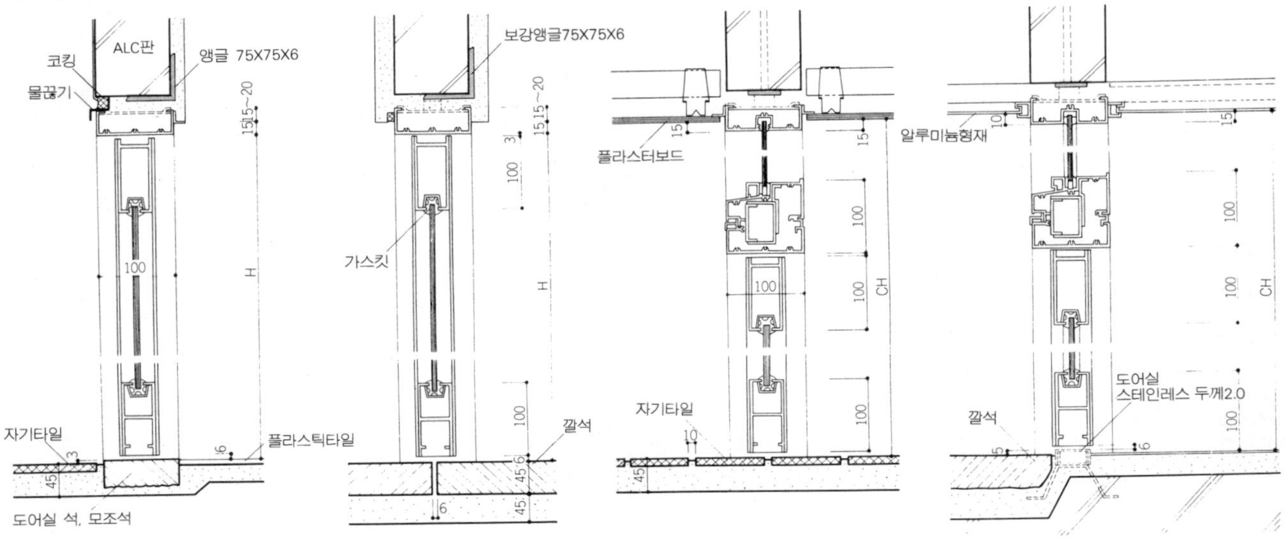

단면상세 1/10

오토 도어

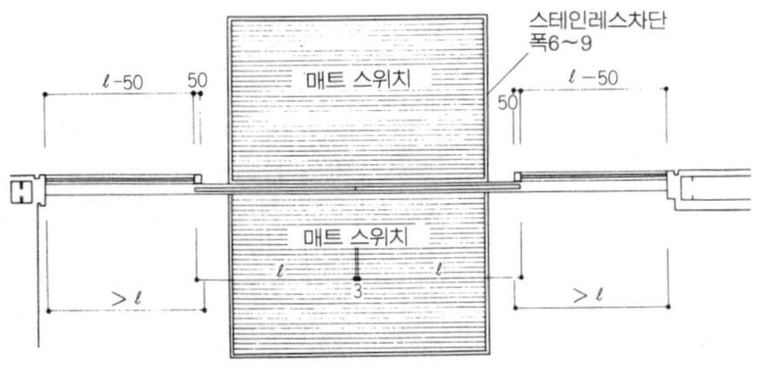

평면 1/60

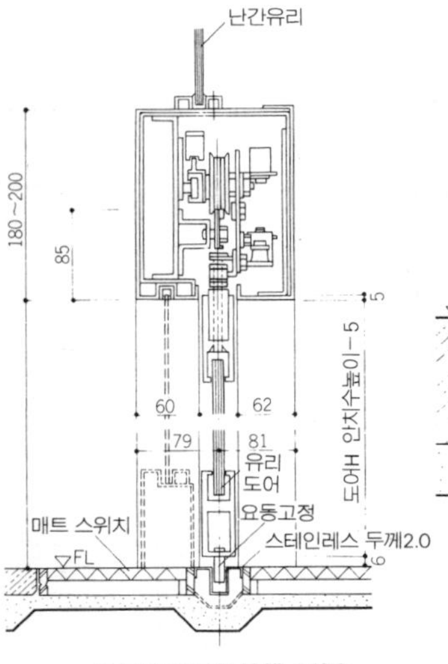

오토도어단면상세 1/10

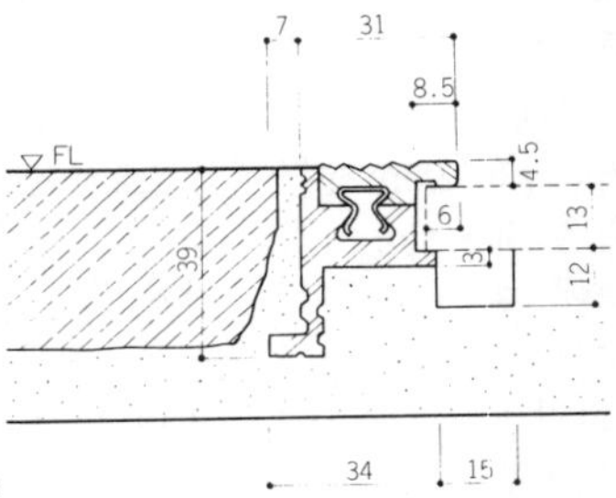

매트스위치 주위 단면상세 1/4

개구부

방화문 셔터

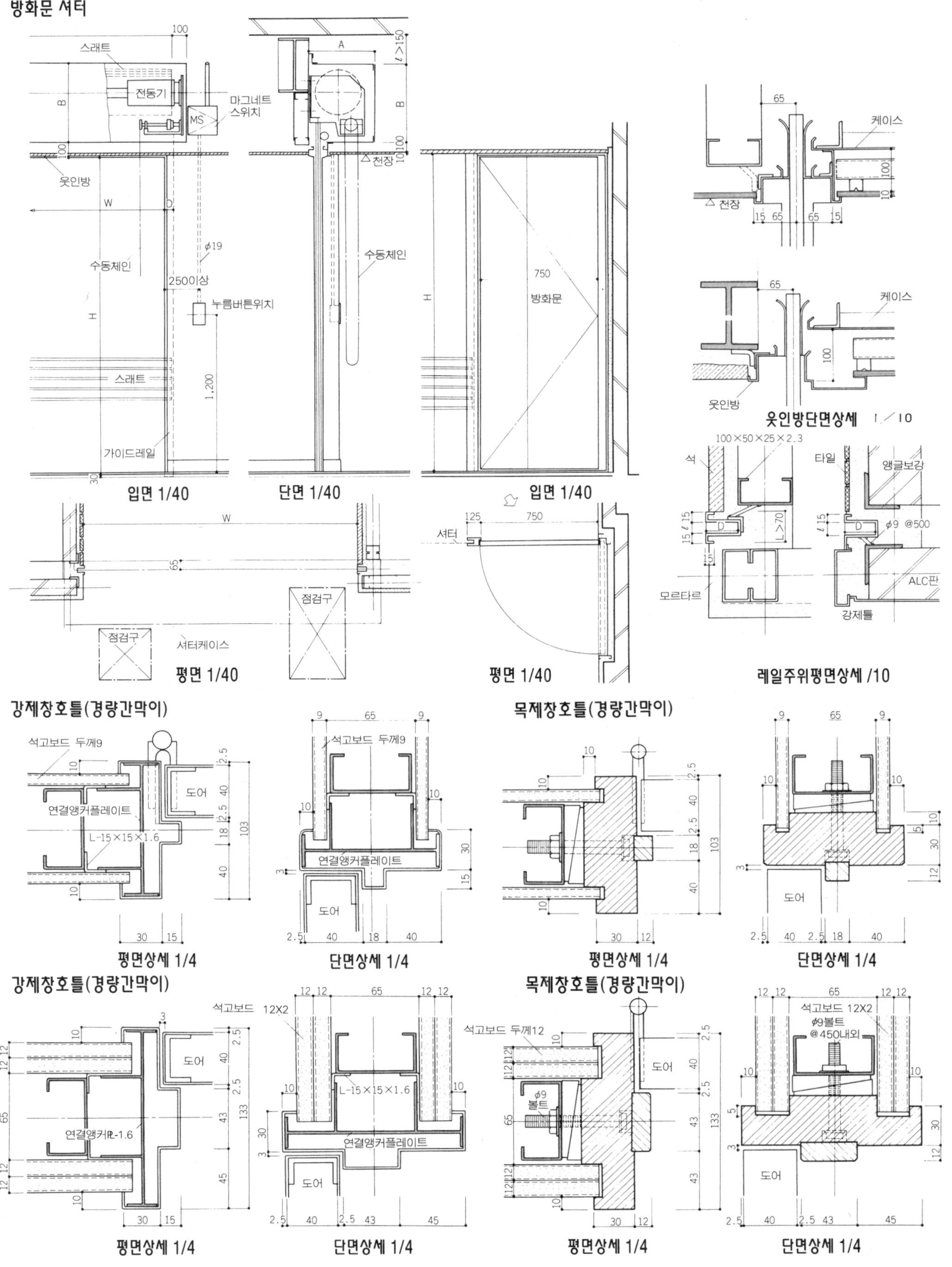

스래트
전동기
마그네트 스위치
MS
웃인방
천장
수동체인
250이상
누름버튼위치
가이드레일
방화문
케이스
웃인방단면상세 1/10
100×50×25×2.3
타일
앵글보강
모르타르
ALC판
강제틀
점검구
셔터케이스
셔터
레일주위평면상세 /10
입면 1/40
단면 1/40
평면 1/40
강제창호틀(경량간막이)
목제창호틀(경량간막이)
석고보드 두께9
연결앵커플레이트
L-15×15×1.6
도어
석고보드 12X2
석고보드 두께12
연결앵커L-1.6
ϕ9 볼트
ϕ9볼트 @450내외
평면상세 1/4
단면상세 1/4

개구부 금속성 커튼월

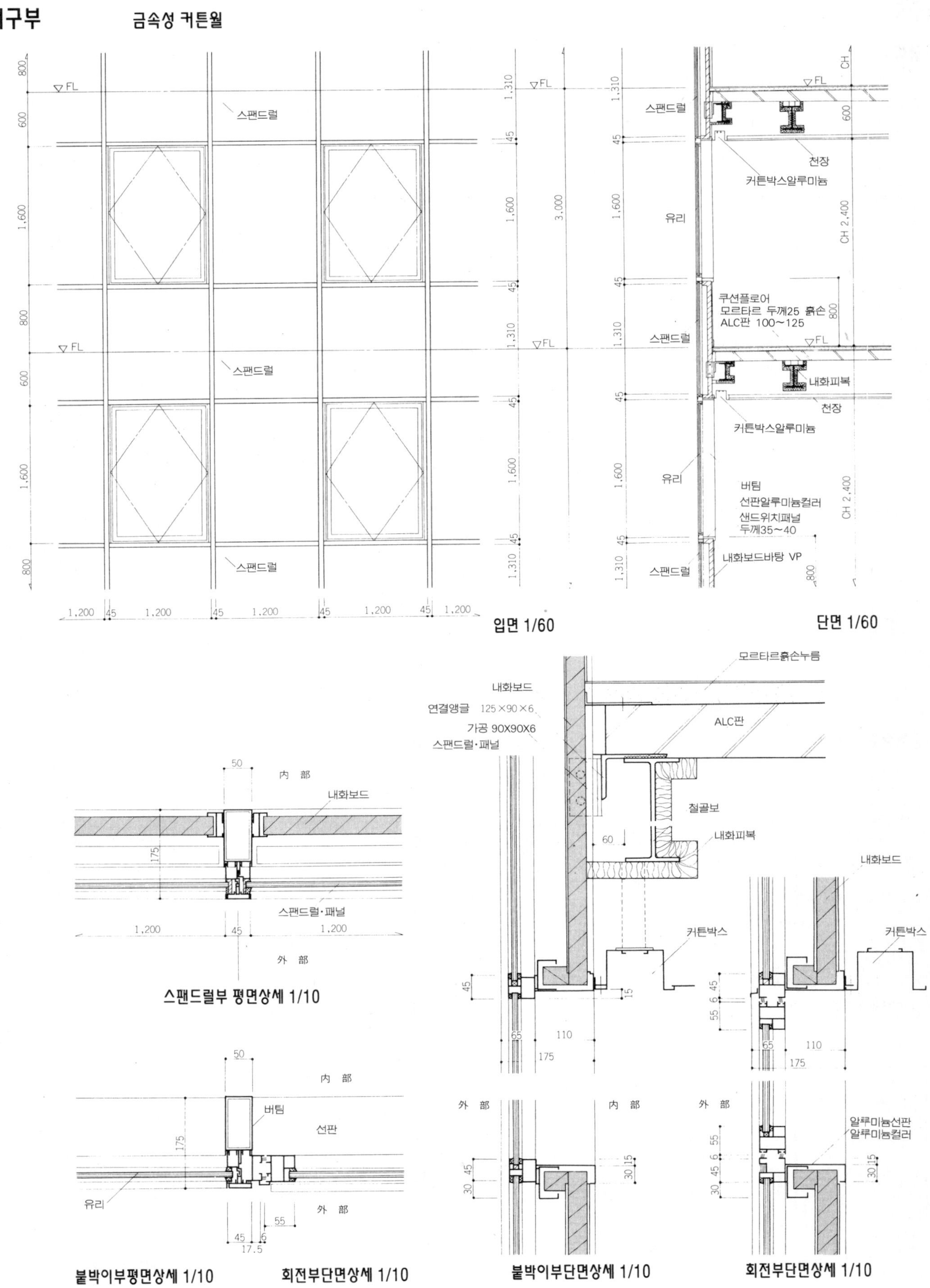

스팬드럴
유리
천장
커튼박스알루미늄
쿠션플로어
모르타르 두께25 흙손
ALC판 100~125
내화피복
버팀
선판알루미늄컬러
샌드위치패널
두께35~40
내화보드바탕 VP
입면 1/60
단면 1/60
모르타르흙손누름
내화보드
연결앵글 125×90×6
가공 90X90X6
스팬드럴·패널
ALC판
철골보
커튼박스
內 部
外 部
스팬드럴부 평면상세 1/10
선판
알루미늄선판
알루미늄컬러
붙박이부평면상세 1/10
회전부단면상세 1/10
붙박이부단면상세 1/10
회전부단면상세 1/10

천장은 실내 공간의 상부를 구성하는 면이며, 그 기본적인 형태는 직접천장과 달천장으로 된다. 직접천장은 상층슬래브의 하단면을 노출시킨채 직접 마무리하는 상태이지만, 철골조의 바닥밑은 바닥틀, 브레이스 등의 가구상의 부재가 교차하고 다시 내화피복 처리나 설비 배관을 끝내서 극히 곤란한 시공성과 기능상에서는 단열, 방로 차음에 부족한 점으로 그다지 실용적은 아니다. 달천장은 이중천장이라고도 하며, 달대에 의해 천장면을 상층 슬래브에서 기능상 필요한 만큼 떼어서 지지시키는 방법이며, 가장 일반적인 천장 형태이다.

전술한 바와같이 천장은 대단히 다종다양하며, 한마디로 하기 어려우나 양식으로서 정착한 것도 있으므로 형태나 마무리구법에서 구분하면 형태로서는 평천장, 올림천장, 내림천장, 접어올림천장, 방형천장, 배밑천장(곡면천장), 돔 기타로 되었으며 마무리재 구법으로서는 살대테두리 천장, 격천장, 깔눈천장, 내민천장 등이 대표적이며 일반종류로서 쳐올림천장, 바름천장, 붙임천장을 들 수 있다. 또 방음천장, 단열천장으로서 특히 성능상의 처리에 중점을 둔 천장 다시 고층화하는 사무소 때문에 공조, 조명, 방화 등의 설비면을 짜 넣는다. 「시스템천장」이 고안되어 천장에 대한 건축과 설비의 일체화를 도모하고 있다.

현대 도시에 있어서 건축의 과밀화, 고층화, 다양화와 함께 각종 방재 규정이 설정되었으며 그 방재기기의 태반이 천장면에 배치된다. 예를 들면 화재경보화 springclecr, 배연설비, 방연벽, 방화셔터, 비상용조명, 비상용 스피커 등이 있다.

따라서 천장면에 대한 일반 건축 설비 기구와 방재 기구와의 배치 계획은 설비 계획과의 밀접한 타협이나 천장밑의 구조 체크에 의해 합리적으로 정리되었으며, 디자인적으로도 smart하게 해결되는 것이 요망된다.

천장 바탕

달천장 바탕은 원칙으로, 달대받이, 달대반자틀받이, 반자틀 등의 부재로 구성되었으며, 재질별로 목제바탕과 금속바탕이 있다. 철골조의 경우는 지지재와의 맞춤, 불연성, 내구성, 견고성 등의 점에서 금속바탕이 많이 채용된다. 목제바탕—목제바탕은 건물의 구조별과 관계없이 사용되나, 방화성이나 내구도에 난점이 있다. 달래받이는 단층 지붕틀이나 보에 걸치는 경우는 삼목지름 70~90 혹은 소나무각재, 상층 슬래브, 하단면에 부착하는 경우는 각재 90~75각으로 90cm 내외의 간격으로 배치하여 달대의 받이재로 한다. 달대는 치수 30×36의 삼목이나 그 나무로 하여, 반자틀받이를 지지한다. 반자틀받이는 치수 40×45로 달대나 반자틀과 같은 재료를 사용하여 간격 90cm내외에 달대와 반자틀에 「작은꺾쇠」나 「못박기」로 장치된다.

반자틀은 반자틀받이와 동재동치수가 많고, 간격 36×45cm 내외에 반자를 받이에 접합되며 천장마무리재 또는 마무리바탕을 장치하는 부재가 된다. 또 기재한 부재치수는 표준예를 표시하는 것으로 설계에 있어서는 지지재의 간격이나 천장 마무리재의 중량밑 배당에 따라 결정된다.

금속 바탕—금속 바탕은 강제나 경금속제의 규격제품을 사용하므로, 불연성, 내구성, 견고성, 시공정도 등의 점에서 목재바탕보다 좋다. 화재시, 천장면의 불연성은 방화상 특히 중요하며, 그 효과는 마무리재의 성능뿐 아니라 바탕재의 성능과 병용에 따라 완전하다. 또 냉난방이나 외력에 의한 천장면의 변형과 바름천장의 균열등에 대해서도 금속 바탕의 견고성이 유리하다. 금속바탕의 부재구성은 목제바탕과 원칙적으로 같으며 달대받이(insert), 달대(달volt), 조정철물, 반자틀받이(반자틀받이 채널재), 반자틀(각종형강)로 되었다.

인서트는 상부바닥판에 따라 여러 가지 형식이 있으나 달볼트의 받이재로서 바닥판에 부착해 두는 것으로, 보통 매설간격 90~100cm로 지그재그로 배치한다. 철근 콘크리트조 바닥판에 매설하는 경우는 거푸집에 못고정하여 배치하고, 거푸집 제거에 따라 바닥판 하면에 insert하단이 노출되도록 한다. 달volt는 강volt 지름 9~12mm 그밖에 플레이트 앵글 등도 사용되며, 상부는 insert에 접합되고 하단도 조정행거로 반자틀받이를 고정시킨다.

반자틀받이는 채널이 많이 사용되며 간격, 90~120cm에 걸치게 된다. 반자틀은 간격 30cm, 40cm, 60cm이내로 반자틀받이와 직교하도록 클립고정하고 또는 특수철물 등으로 장치되며 그 형태는 각종 천장재와의 맞춤에 알맞도록 성형된 경량형강이 제작된다. 각종반자를 런너와 천장마무리의 마무림 방법은 크게 나누면, 다음 방식이 있다. 콘시일방식—천장재의 맞댐줄눈 마무리로 반자틀런너를 감추는 방식, exposed방법 천장재를 런너에 올려넣는 방법으로 런너하단이 줄눈으로서 나타내는 스크류업 방식—나사 고정 방식이 쳐올림마무리 put in방식—받이철물에 매입된 철물을 삽입하여 붙이는 방식.

각종바닥판과 천장을 다는 방법

ALC판

직접천장

공장, 창고, 기계실 등은 패널에 직접 도료를 뿜는 직접천장, 그 이외의 건물은 달천장이 일반적이다. ALC판의 경우, 무처리의 직접천장은 패널의 홈이나 보수부분이 노출되어 약간의 분락현상을 수반하므로, 바탕마무리는 피해야 한다. 직접 마무리 방법은 줄눈을 볼트면 따기마무기를 한후 바탕실러처리를 하여 합성수지계도료, 각종 리신상도료, 펄라이트 등을 뿜칠하는 것이 보통이다. 붙임마무리의 경우 보드류 등의 패널을 직접 붙임이 안되므로, 반자틀받이로서 간격 90cm내외로 목벽을 접착제병용하여 못박기 또는 각재 60×60정도를 볼트조임으로 패널에 부착하고, 반자틀 45×45, 널반자틀 15×75를 못박기 접합한 다음 마무리재를 붙인다.

달천장

패널 슬래브의 경우 덕트 등 달하중이 큰것은 패널에 직접 부착하지 않고, 철골조에 부담시켜, 바닥브레이스와 바탕재와 마무리재는 분리시킨다. 바탕에는 목제, 금속제, ALC판 전용의 천장달대 철물이 있다. 목제바탕은 달대받이 75×75를, 금속바탕은 턴버클을 각각 90cm간격으로 패널에 volt고정을 한다. 이 경우 상층슬래브의 마무리에 따라서는 nut부분을 좌굴할 필요가 있다. 전용달대 철물은 패널에 배치 줄눈을 이용하여 부착하기 때문에 패널을 깐후 줄눈 모르타르 채우기 전에 소정위치에 삽입해 둔다.

바닥강판 · 절판지붕

상부바닥판 또는 지붕이 강재의 경우는 천장이 내화피복처리와 관련하여 취급되는 예도 있으므로 관계규정을 조사할 것.

덱플레이트 바닥판의 직접천장은 일반적으로 라스받이재로서 역골철골 6~9를 간격 30~45cm에 덱플레이트를 용접하고 메탈라스를 바른위에 각종 미장 마무리를 실시한다. 달천장은 insert를 간격 90cm로 덱플레이트에 볼트고정하며, 달대나 달volt를 연결하던가 달철물 철사 등을 덱플레이트에 용접하며 부착한다. 절판지붕의 달천장은 겹치는 부분의 긴결volt를 이용하여 insert를 간격 90cm내외로 고정하고, 달대 달volt를 긴결고정한다. 지붕의 경우는 단열재와의 맞춤도 연구를 요한다.

천장 매달음법

ALC판과 천장매달음법

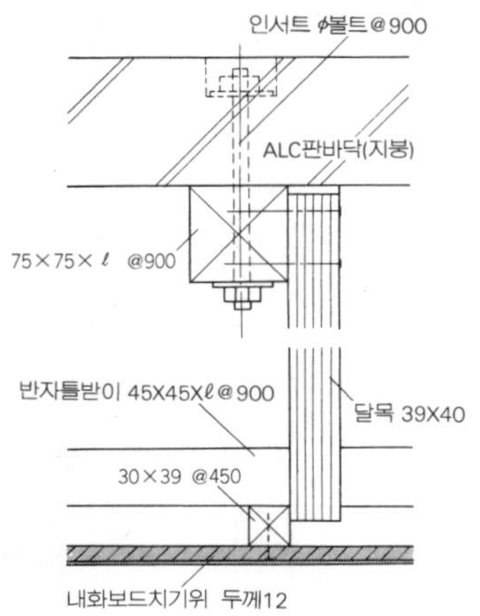

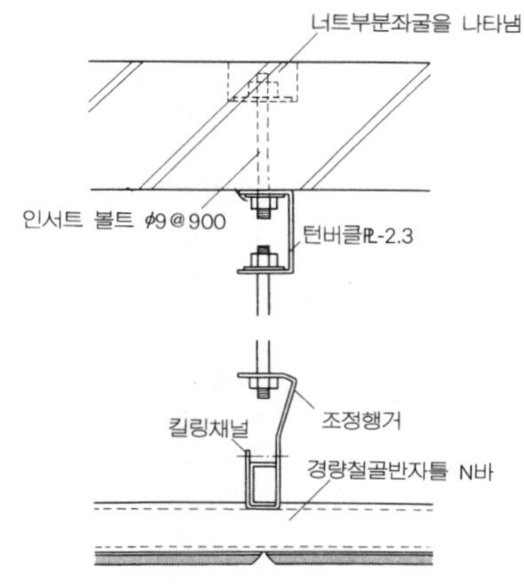

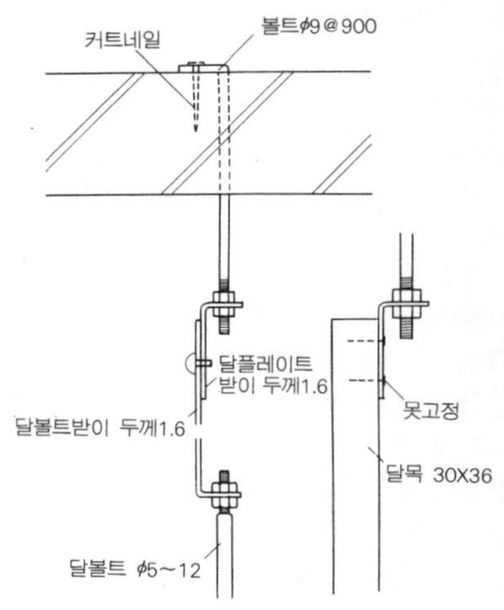

단변이음
(판두께75~100, 125~150)
10
25~30
100~150
ALC판바닥
140~160
(판두께75~100, 125~150)
15
인서트 두께1.4~1.6
60
달볼트받이 두께1.6
35
달볼트φ9
30
60
35
달볼트받이철물

단변방향@600
장변방향@900

단변이음
10
25~30
140~165
15
인서트두께1.4
달목받이플레이트 두께1.4
120
못4개고정

덱플레이트와 천장의 매달음법

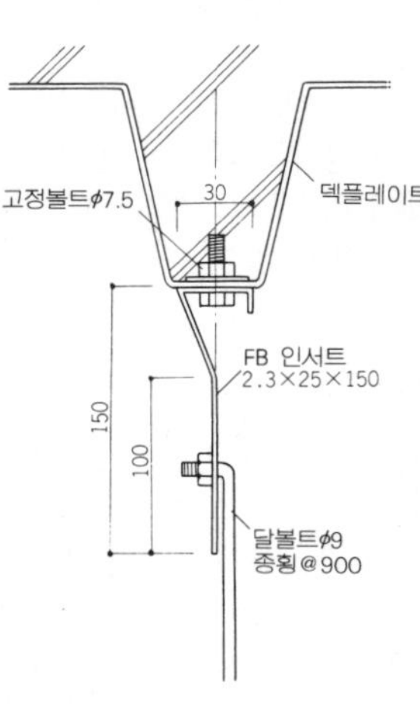

덱플레이트밑 석면뿜칠

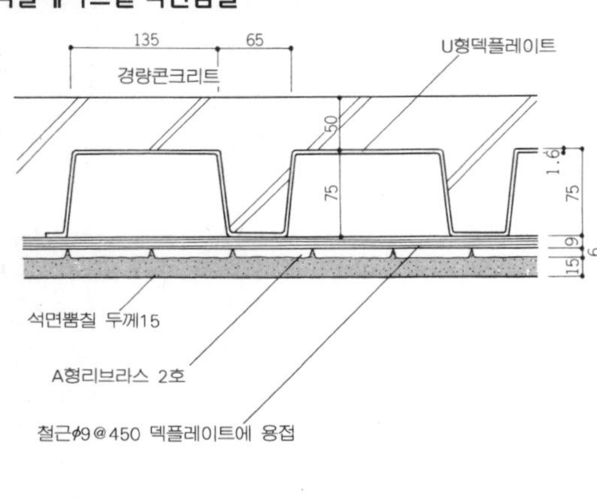

절판지붕과 천장매달음법

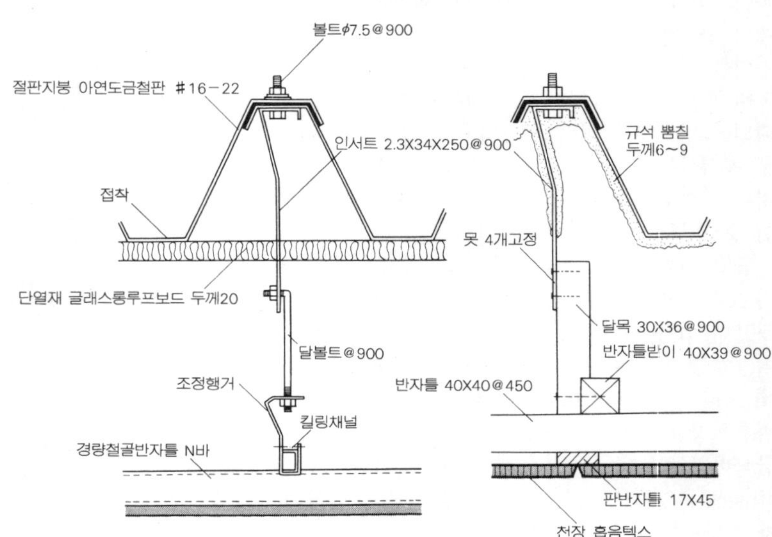

천장바탕

ALC판 바닥과 달천장

목조바탕천장

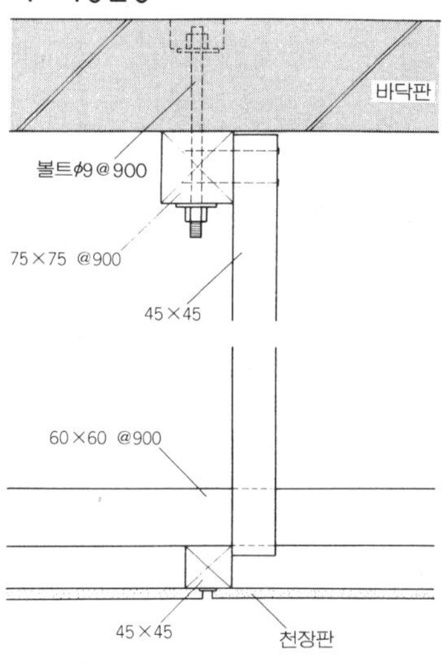

경량철골바탕천장

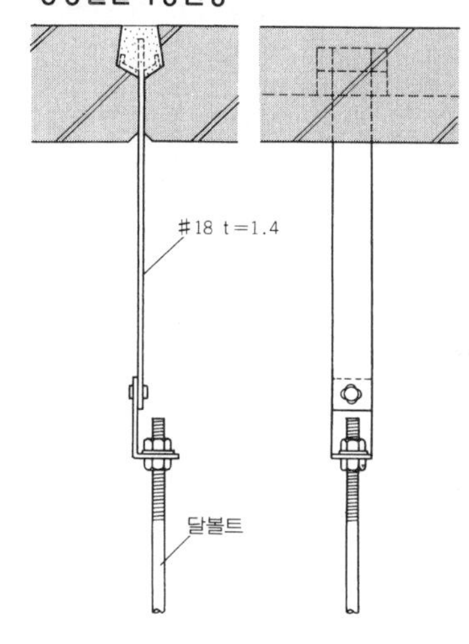

목조바탕천장

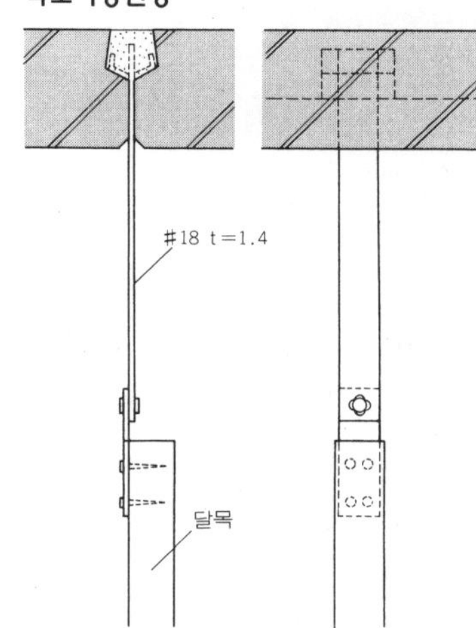

덱플레이트 바닥과 달천장

목조바탕천장

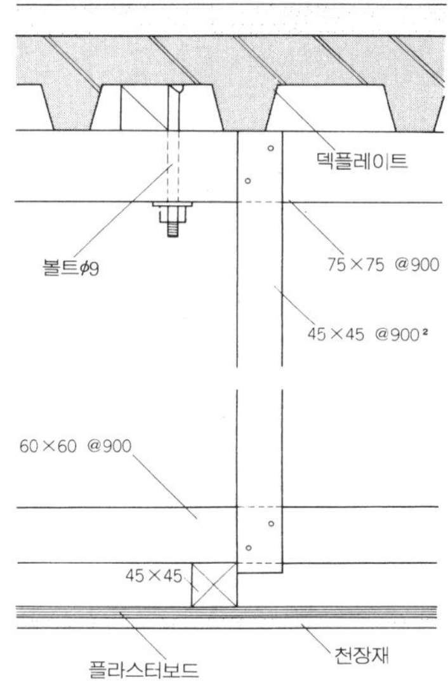

금속바탕천장

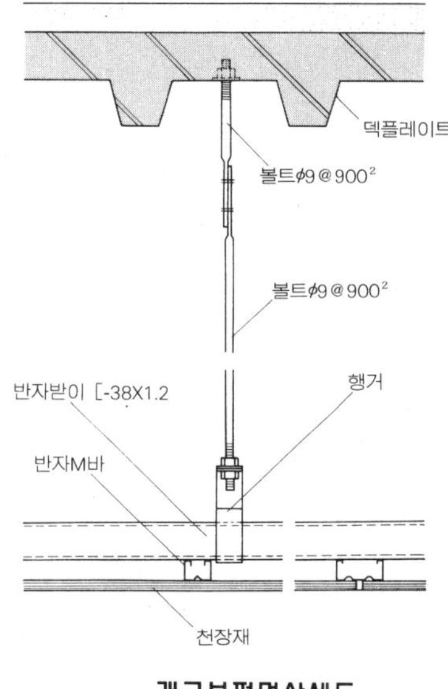

목조바탕천장

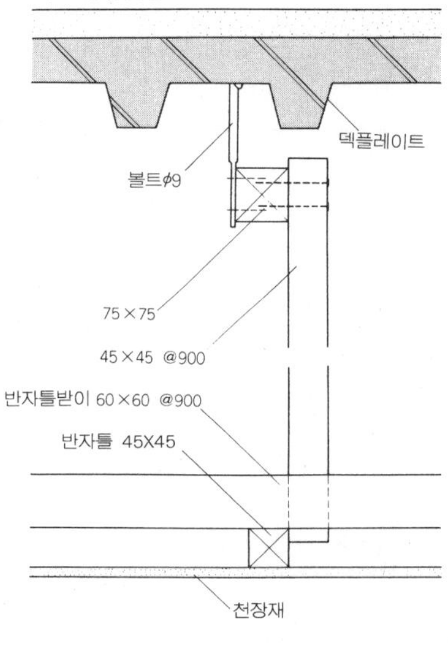

경량철 천장 바탕 및 개구부

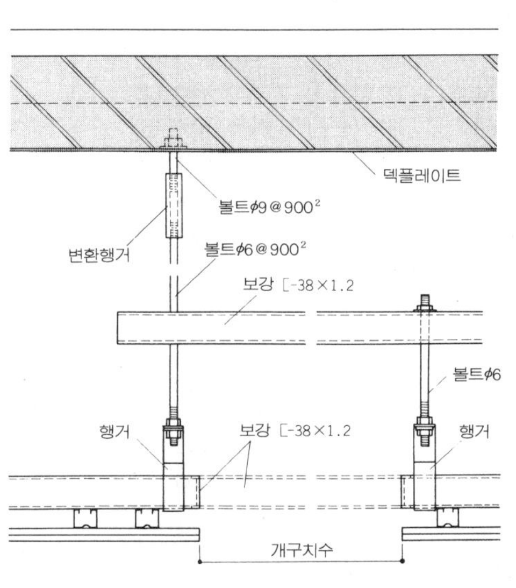

개구부평면상세도

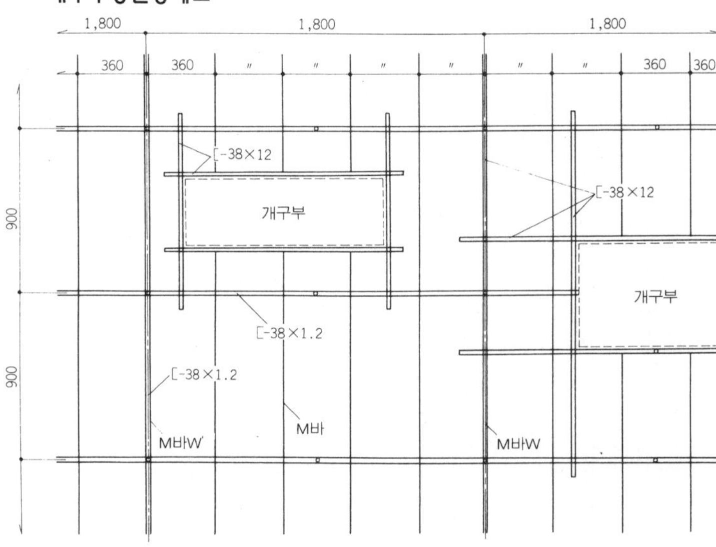

형강반자틀

경량형강반자틀과 천장 시공방식

콘실방식(은폐) conealed 천장판재의 맞댐 줄눈마감, 반자틀이 보이지 않는 방식

● H.런너 방식(H&T방식)

nt 와이어클립
반자틀받이 [-38×12×1.4 @900
반자틀 H런너 @300
T런너
천장재 두께12
맞댐줄눈
맞댐줄눈
38
25
12
300
300
300
300

● 시프, 러프트에지방식

● Z런너방식

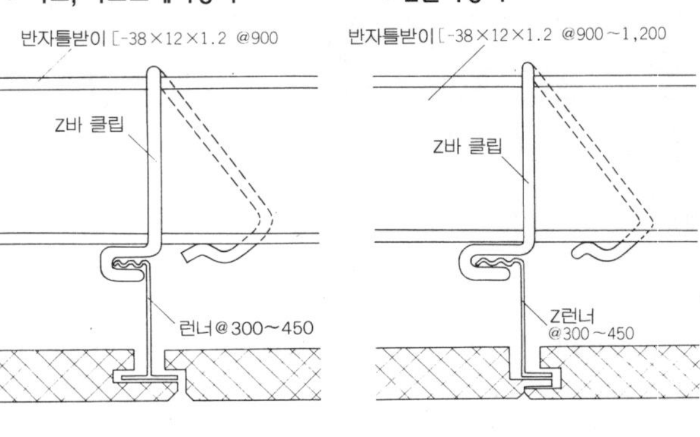

익스포즈드 방식(exposed) 반자틀의 하단을 노출시켜, 천장판은 반자틀 위로 오르게 하는 방식

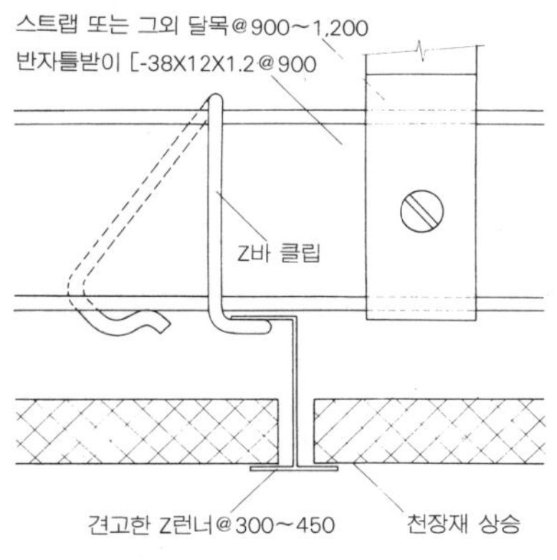

스크류업방식(치올림) 받이판에 나사 고정하는 방식 피트인방식

반자틀받이 [-38×12×1.2 @900
U클립
반자틀U런너@300~450
비스고정

피트인 방식(조인트바)

받이철물(반자틀)과 철구를 끼워넣어 지지시키는 방식

미국계 메탈펀칭방식(끼울고정)

반자틀받이
클립
T런너
메탈 타일

천장의 구조는 크게 나무면, 직접천장공법과 달천장공법의 형식이 있다. 천장이라는 의미에서의 본래의 모습을 말하면 후자의 형식의 것으로 생각하는 것이 좋을 것이다. 철골조에 있어서 직접천장은 그 구조성 때문에 부적당할 것이다. 일반적인 달천장공법의 바탕구조와 마무림을 기술한다.

목제바탕

상부 구조가 목조, 철골조, 철근 콘크리트조 등의 지붕틀, 이층보, 콘크리트 슬래브 등으로 달대받이를 건다든가 장치받이목에 달대를 접속시켜 그 끝에 반자틀받이 또는 반자틀을 부착하여 천장바탕을 구성하는 것을 원칙으로 한다. 반자틀에 각 천장 마무리재를 부착하여 시공하는데 따라 천장이 만들어진다. 천장재의 반자틀 장치 방법에는 각종 방법이 있으며, 이에 따라 천장의 종류나 명칭이 구별되는 수가 많다.

① 달대받이／보등 받이재 간격이 2,700mm이하일 때 달대지름은 말구 70의 통나무나 동등 각재 등을 사용한다. 단, 바름천장마무리 때는 달대지름 80 통나무, 동등 각재 등을 사용한다. 보통 받이재 간격이 3600mm이하일 때는 달대지름, 말구 80의 통나무나 동등 각재 등을 사용하며 바름천장마무리의 경우는 말구 90 통나무 동등 각재 등을 사용한다.

달대받이 간격은 900mm내외로 하며, 꺾쇠, 가새철물, 못박기 등으로 고정한다.

② 달대／일반 천장의 경우는 30×36 각재를 사용한다. 단, 살대천장은 24×30 각재도 좋다. 간격은 900mm내외로 지그재그로 배치하여 못 2개박기로 달래받이를 고정하며 반자틀받이에는 반턱쪽매로 접합한다.

③ 반자틀받이／일반천장인 경우는 39×45 각재를 살대천장의 경우는 30×36, 39×39 각재를 사용하며 간격은 900mm내외로 막이음으로 하며, 꺾쇠, 못박기 고정으로 한다.

④ 반자틀／천장마무리재를 부착하는 최종 바탕재이지만 보통 각재반자틀은 39~45정도의 것을 사용한다(반자틀받이와 동재로 하는 경우가 많다). 15×100의 널반자틀이나 15×50등을 사용하는 경우도 있다. 이러한 붙임방법에 따라 여러 가지의 붙임명칭이 붙는다. 간격은 360~450mm내외로 하지만 마무리재의 치수에 적시에 맞춰 실시한다. 이음은 막이음, 꺾쇠이음, 못박기, 하단수평의 반턱이음, 격자틀 등으로 하는 수도 있다.

벽 · 천장

커튼월 벽과 강제 커튼 박스와 천장　　　　**강제 창호간막이와 천장**

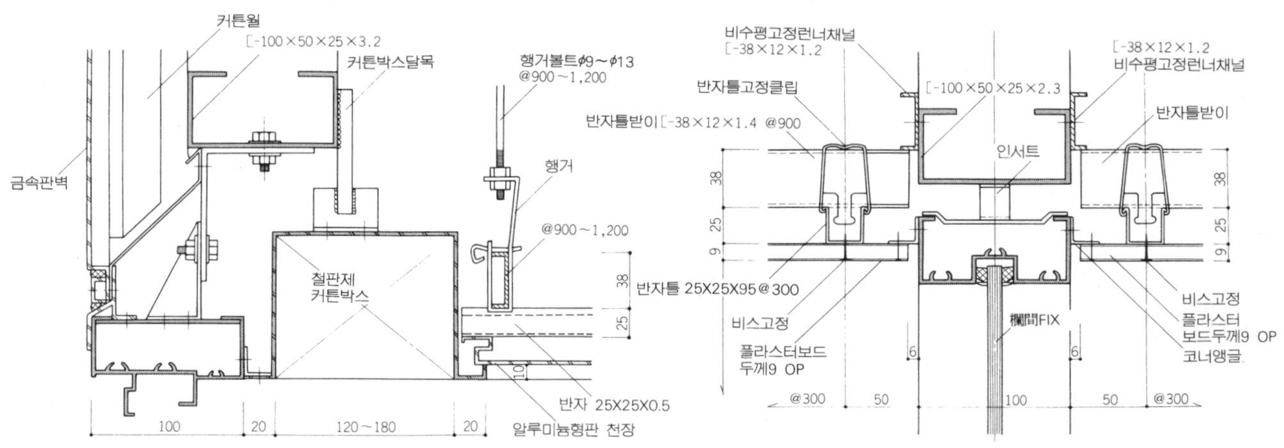

ALC판 간막이와 천장　　　　**방진천장바탕**

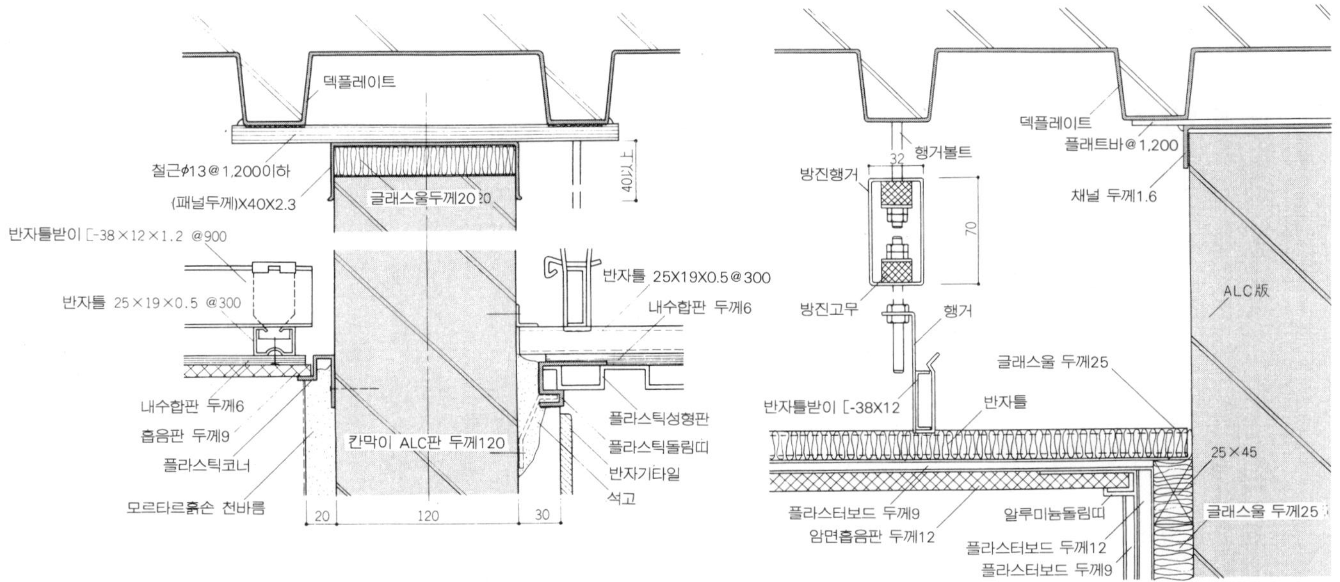

금속제바탕(강제, 경금속제)

방화상 기타의 이유로 천장바탕을 불연성의 강제 경금속제로 하는 경우가 많게 되었다. 방식은 목제와 같이 달대받이(insert), 달대(달volt), 반자틀받이, 반자틀(경금속제형강)로 구성되었다.

달volt, 앵글 채널라이너 등을 특수 가공 부재로서 시판되고 있으나 형식은 국내 국외 모두 수십종이다.

① insert(달대받이)／바닥판에 달볼트 등을 장치하는 것처럼, 바닥판하단 또는 바닥판내에 미리 접합용의 받이재를 부착해 두는 것으로 목벽돌, 철사, 철근 각 메이커 시판 철물 등 수가 많다. insert의 장치, 매설간격은 보통 900~1000mm로 하여 지그재그로 배치한다. 콘크리트 바닥판 등에 붙는 경우가 거푸집 판상에 기정치수 간격으로 insert를 배치하여 못박기를 하며, 콘크리트타설후 거푸집을 제거할 때 하단이 노출하도록 부착한다. 인서트 내부에는 콘크리트가 달라붙지 않도록 공동부에 천조각 등을 채우는 것이 좋다.

② 달volt／달volt(평판 앵글도 있다)의 굵기는 천장 하중에 따라 정해지지만 보통 9~13mm정도의 강볼트를 사용한다. 부착은 볼트 상부의 볼트나사로 insert에 나사를 끼며 하단은 조정이 가능한 철물로 반자틀받이를 고정한다. 메이커에 따라 볼트너트식, 조임철물식, 클립고정식 등 각종이 있다.

③ 반자틀받이／보통 40mm(예 : 〔−38×12×1.4〕)내외의 경량형강(채널 또는 특수형)을 간격 900~1200mm에 걸치게 한다.

④ 반자틀／보통 20mm내외의 형강(예 : S−19×25, W−19×50)을 사용하며, 간격은 300~450~600mm내외에 반자틀받이와 직교하도록 걸쳐서 와이어 클립, 평클립, 특수형조임철물 등으로 접합한다. 반자틀의 형 종류는 천장마무리재의 장치 방법에 따라 각종 특별한 연구를 더한 경량, 형강의 것이 사용된다.

⑤ 천장 마무리재／천장마무리재로서 쓰이는 재료는 판붙이기마무리, 인공보드텍스붙임마무리, 금속판마무리, 합성수지판 마무리, 천·종이붙임마무리 등이 사용된다. 벽보다 경량인 것이 요구되며, 균열, 박리가 되지 않도록 고려하여 하나의 대면적의 것을 피하여 소면적 단위의 것을 조합하며, 널쪽매로 하는 것이 좋다고 한다. 기타 방음, 방서, 방한, 방습, 빛, 공기 등의 반사나 흡수의 발생 등 요구도에 따라 재료와 공법을 고려한다.

벽 · 천장

숨은돌림띠

고정볼트 φ6 @600
채널볼트
60×35
세로띠장 35X35@450
반자틀받이 30X60
반자틀 40X35@450
외벽 슬레이트이기
40
10~15
12
24×45
모르타르솔긁음리신
치장석고보드치기위
콘크리트패널바탕
레자붙임
100
10
35
12

목제돌림띠

세로띠장 35×35 @450
비수평고정채널
경량철골반자틀받이
앵글 45X45
경량철골반자틀
비스고정
내화보드치기위
치장삼나뭇결베니어합판
돌림띠 36X45
신심벽
라스시트
라스보드붙임
30
9
100
10
35
12
20

숨은돌림띠

경량철골반자틀받이
라스시트비스고정
비스고정
9
20
12×60
15
21
천장플라스터
뿜칠타일
안댐차단테
9
플라스터VP
ALC판면처리재도포
100
30

플라스틱돌림띠

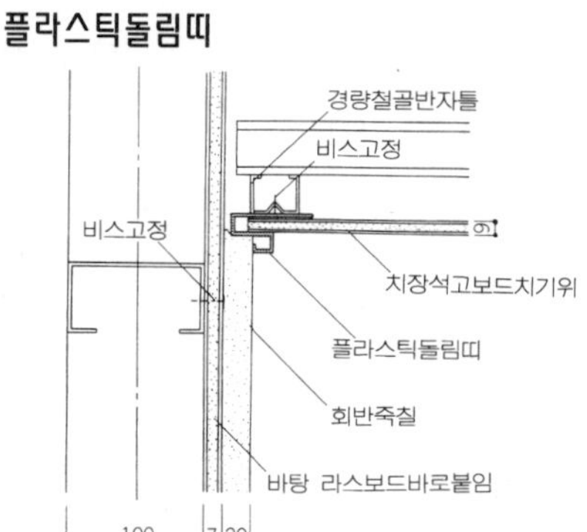

알루미늄돌림띠

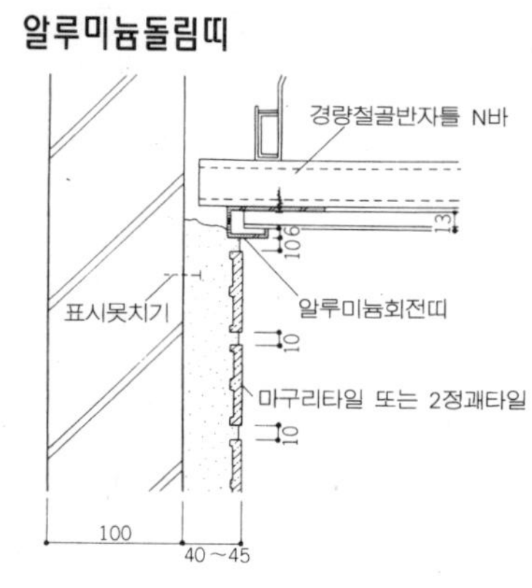

알루미늄돌림띠

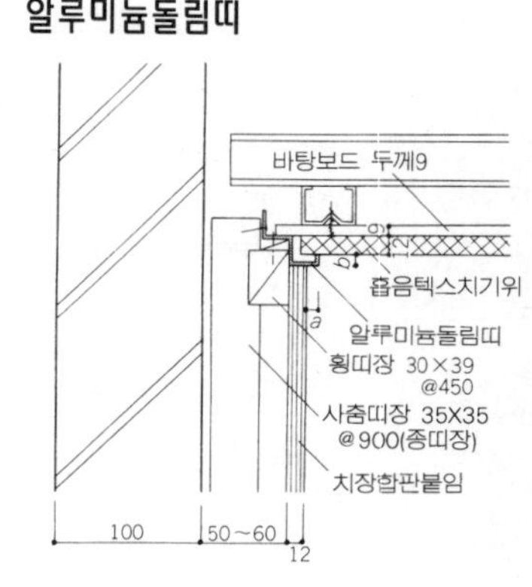

숨은돌림띠

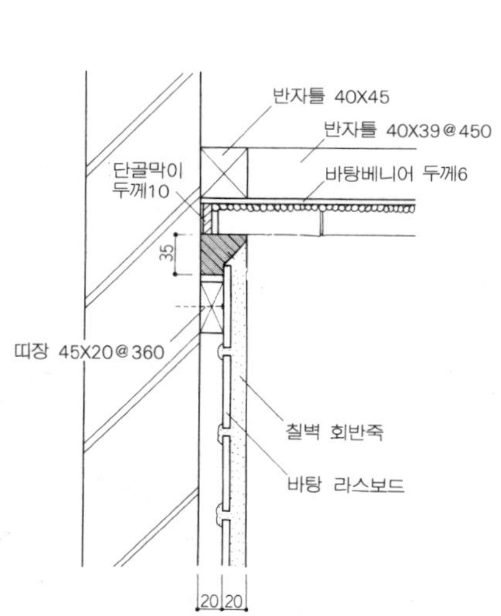

알루미늄돌림띠

알루미늄돌림띠

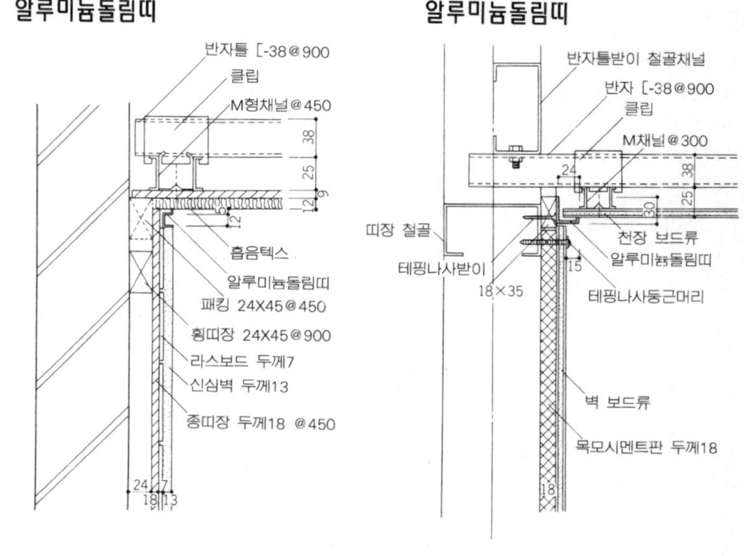

벽 · 천장

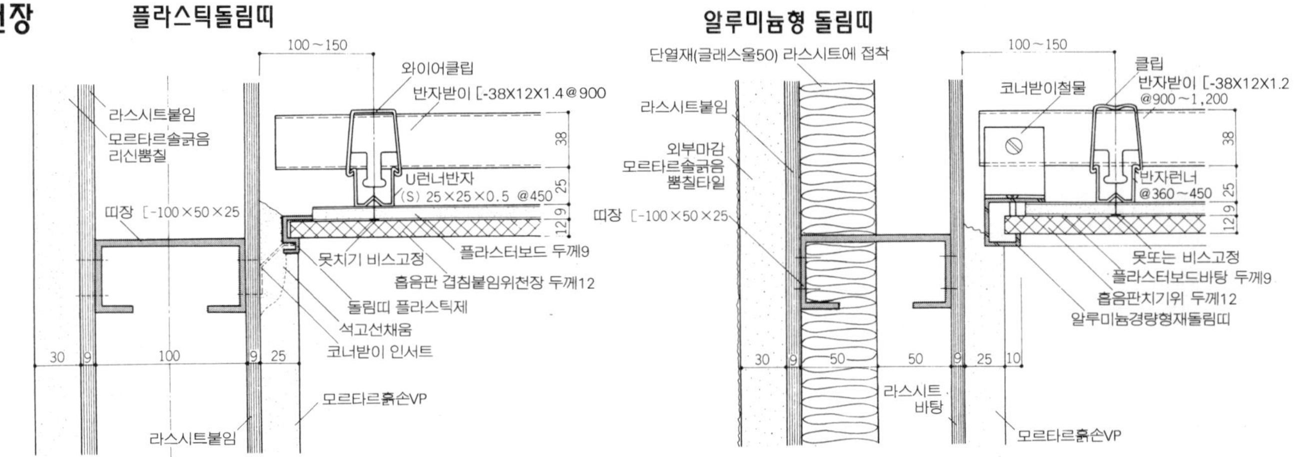

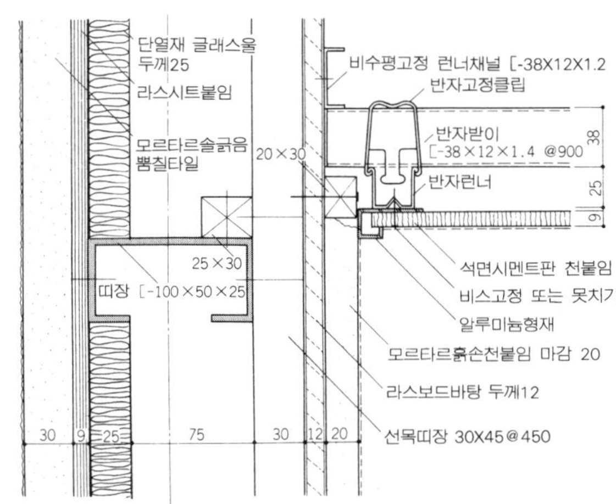

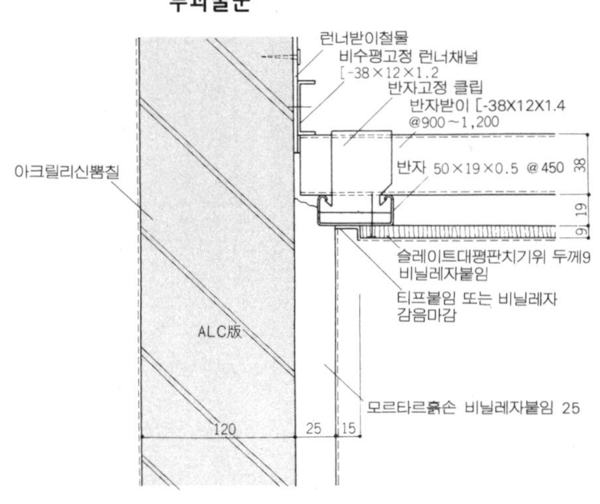

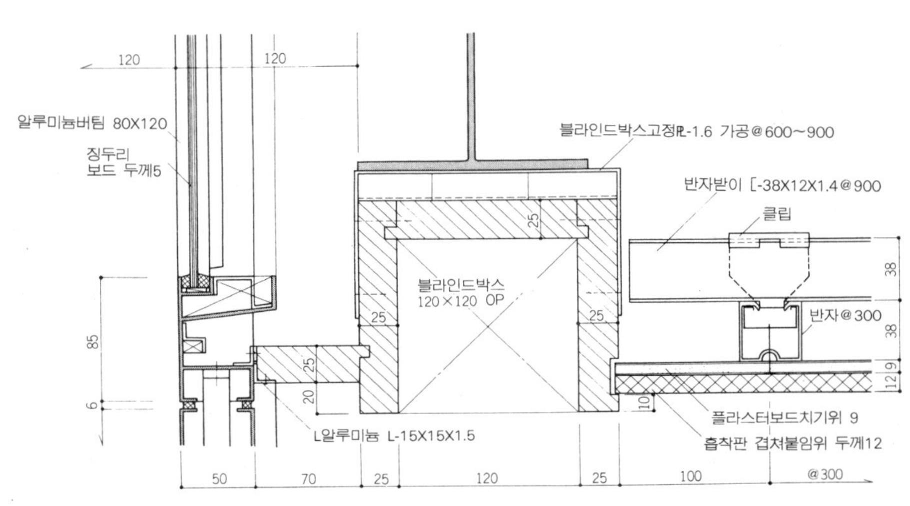

내벽 마무리와 천장마무리 시공의 주의

ⓐ 테두리가 없는 경우, 밑줄눈의 페인트 등은 먼저 발라 두어야 한다. ⓑ 테두리를 노출시키는 데는 보양테이프를 바른다. ⓒ 플라스터 보드 바탕에 테두리가 없을 때는 벽을 먼저 발라야 한다. ⓓ 합판류 천장에서 테두리가 없는 경우 천장지·천붙임은 피하는 것이 좋다. ⓔ 겹침합판, 널붙임합판 종이·천붙임의 경우, 간막이 바탕과 천장바탕의 교점을 긴결해야 한다. 또 벽의 줄을 잘 check할 필요가 있다. ⓕ 흡음판의 끝은 무공으로 한다. ⓖ 천장재 및 천장 바탕은 온도 변화에 따라 팽창, 수축하므로 천장의 모습에 따라 벽마무리가 손상되지 않도록 배려한다. ⓗ 플라스틱 천장 등의 경우는 특히 긴 방향의 신축에 주의하여 고정을 한다. ⓘ 금속테두리의 시공순서는 천장바탕→테두리→미장·돌공사→금속천장으로 한다. ⓙ 금속 테두리를 천장바탕(반자틀)에 고정하는 경우 반자틀이 고르도록 벽에 런너채널 등의 균형을 고르게 하는 준비가 필요하다. ⓚ 타일붙임·돌붙임 등의 경우, 천장높이는 타일나누기에 맞춰서 결정한다.

벽 · 천장　　내림벽과 천장

ⓐ 내밈 · 들어간모서리(알루미늄돌림띠 · 알루미늄차단띠)

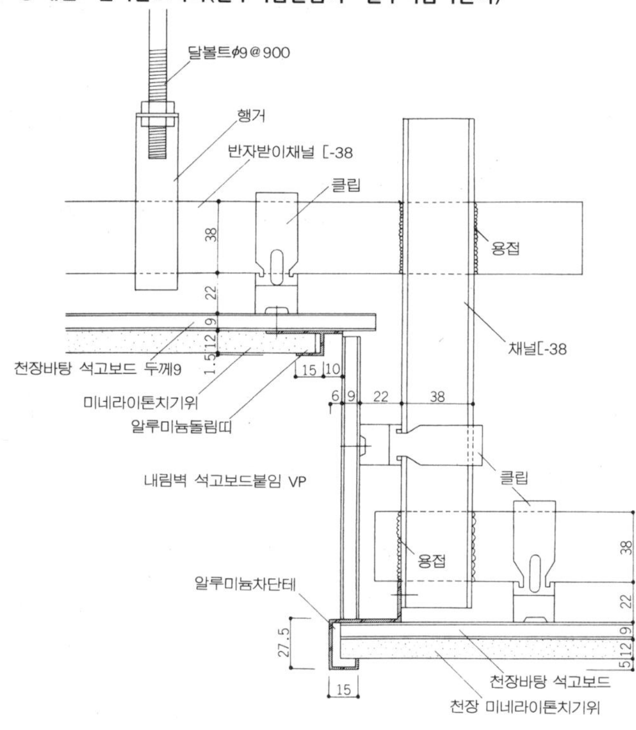

ⓑ 내밈(알루미늄돌림띠)

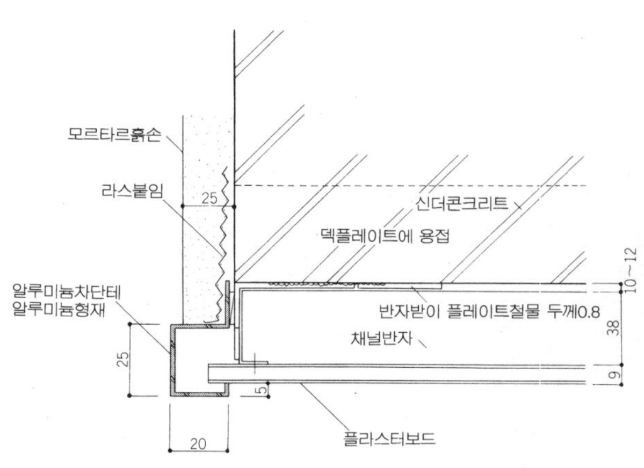

ⓒ 내밈 · 들어감모서리(알루미늄돌림띠 · 알루미늄차단띠)

ⓓ 내밈(목제차단띠)

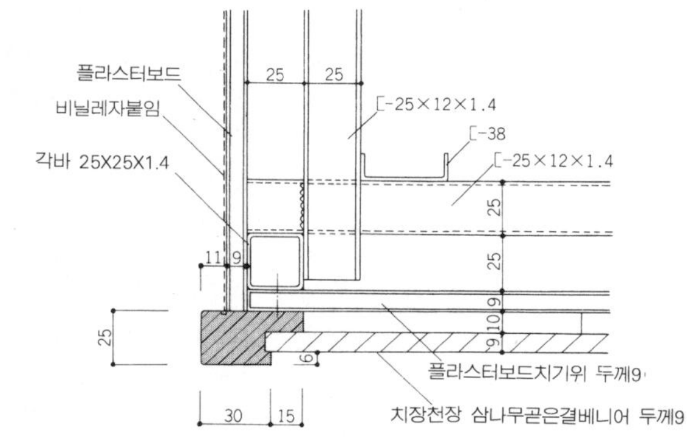

알루미늄돌림띠 규격품

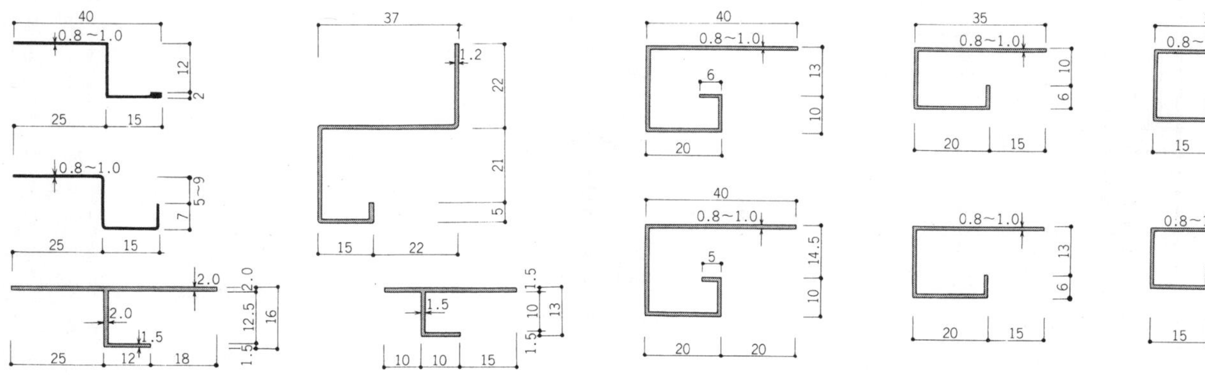

지붕은 디자인적으로는 건물을 상징하는 주요한 point로서 외관을 형성하며, 기능적으로는 비·눈·일사·기온 등의 자연현상으로부터 건물을 보호하는 기본적인 역할을 다하고 있다. 지붕의 형태는 다종다양하며, 건물의 용도, 기후나 풍토, 의장 구성 기타의 조건을 종합하여 설계되지만 부적당한 지붕은 건물에 치명적인 결과를 가져오므로, 안정한 형태를 채택해야 한다.

지붕이라는 말은 대단히 광범위한 의미로 사용되고 있으나, 경사된 면을 가진 것만을 가리키는 것이 보통이며, 수평면의 경우는 평지붕이라 하고, 동시에 비보행성을 원칙으로 한다. 수평면에서 평소 거기에 나오지 않도록 하는 것을 옥상이라고 한다.

지붕의 형식은 외쪽지붕, 박공지붕, 모임지붕, 네모지붕, 합각지붕, 맨사드 꺾임지붕, 톱날지붕, 솟을지붕, 평지붕, 부섭지붕, 아치지붕 sheell 등의 종류가 있다.

지붕틀

철골조의 지붕은 목조와 달리 반드시 지붕틀을 필요로 하지 않는 것 등이 있다. 지붕의 형상을 만드는 골조에는 다음의 4종류가 있다.

라멘골조의 보는 작은보로서 형상할 것

ㄱ형, 한쪽흐름 라멘이나 평지붕의 보에 의한 물매 경사 등이 해당된다.

트러스 지붕틀에 의한 것

트러스 가구(평면 트러스)는 부재가 삼각구면을 단위로 형성되며 각 부재간의 절점은 모두 핀접한 구성으로 외력에 대해서 각부재에는 축방향만이 전달된다. 따라서 휨모멘트를 받는 부재에 비교하여 변형이 적고, 철골의 소재에 적합한 가구이다. 특히 긴스팬의 지붕구성이 되면 구조적으로나 경제적으로도 트러스 지붕편이 유리하지만, 방화처리면에서는 문제가 있다. 트러스는 형에 따라 물매 트러스, 평트러스, 아치 트러스로 구별되며, 삼각형구성 방법에 따라 킹포스트 트러스(왕대공 지붕틀), 퀸포스트 트러스(동바라지붕틀), 하우트러스, 윙트러스, 플래트 트러스, 맨사드트러스, 와렌트러스의 각종으로 분류된다.

건축물 전체 입체 구조로서 형성되는 것

건축물은 모두 입체 구조이지만, 특히 역학적 구성 시스템이 입체적이 아니면 성립되지 않는 구조로 입체 트러스, 돔, 셸, 서스팬션, 절판구조 등이 있다.

지붕틀만 목조로 된 것

극히 소규모로, 법규규정에 저촉되지 않는 것.

지붕이기

철골조는 이기지붕, 옥상의 양 형태가 가능하며 보통 공장, 창고, 체육관, 슈퍼마킷 등에 이기지붕이 많고 사무소타입의 건물에는 옥상형식이 많이 채택된다.

이기지붕은 가급적 단순한 지붕 상태로서, 「물술」「물빠짐」이 원할을 도모하는 것이 기본이다. 지붕이기 재료는 지붕의 형상, 외기 환경, 디자인 등으로 결정되지만, 철골조의 특징을 살려 경량이고, 방수성, 방화성, 내구성, 견고성에 우수한 재료라는 점이 조건이다. 어떠한 이음이기재료라 하더라도 바탕과의 맞춤, 물매, 이음재의 겹침과 이음, 방수, 각 정부 단부의 마무림 방법에 대해서 정확한 사용과 정밀한 비처리의 디테일이 요구된다. 지붕물매는 지붕이음재 흐름의 길이, 기후조건에 따라 산출되지만 여유가 없는 경사는 피한다.

강풍에 대한 급물매의 지붕은 바람방향과 반대측의 지붕면에 불어올리는 힘이 작용하므로 구조적 검토와 지붕재의 긴결에는 세심한 검토를 요한다. 풍해가 많은 경량지붕 이기의 처마끝 박공의 detail에는 내풍성을 잊지 말것. 이기지붕의 공장 체육관 등은 금속이나 석면 슬레이트 지붕이 보통 사용되며 또 보통천장을 붙이지 않으므로, 지붕면의 단열성이 문제가 되지만 내화성·흡음성을 포함하여 목모시멘트판(두께 18이상), 목편시멘트판(드리졸, 센츄리보드), insulation-board, 피티컬보드가 지붕널을 겸하여 사용되는 예가 많다.

철골조에 가장 실용적인 지붕재는 골형, 석면슬레이트와 금속판이다.

골형 석면 슬레이트 이기

흐름 단면적이 큰 대골판이 사용되며 모서리 끊기 이음이 원칙이다. 물매는 3/10이상으로 하고, 가로겹침, 세로 겹치는 치수는 약 15cm로 중도리 위에서 잇는다. 흐름이 긴 경우에는 실링재와의 병용을 고려한다. 고정철물은 중도리의 단면형상에 맞춰 지름 6mm의 훅볼트채널보드가 사용되며, 볼트밑에 유니크롬도금철과 펠트자리를 병용한다. 지붕마루처마, 도리밖부분에는 각종 전용 특수물을 사용하여 마무린다.

금속판이기

긴함석, color함석, 염화비닐강판, 알루미늄판, 스테인레스강판, 동판을 이는 재료로서 공법으로서 평이기, 기와갈아이기, 꺾임지붕 등이 있다. 5/100내외의 느슨한 물매의 가능성을 특색으로 하지만 지붕면의 단열처리를 필요로 한다. 꺾임지붕은 그 형상부터 중도리재를 필요로 하지 않고, 직접보에 가구되는 구조지붕이다. 장치는 꺾임의 겹치는 부분에서 tite frame을 철골보에 용접 또는 볼트조임으로 고정해 두고, 그에 꺾임판을 긴결몰트(지름 0.5) 고정으로 한다. 이 경우, 너트밑에 울패킹워셔를 사용하여 누수를 막는다. 꺾임판 상호의 긴결은 꼭대기부분 겹침에 있어서 간격 60cm내외에 긴결volt(지름 7.5)에 의해 연결한다.

옥 상

철골조의 평지붕과 옥상의 바닥판은 상층바닥과 같으며, 보통, ⓐ ALC판 ⓑ 콘크리트충전 덱플레이판이 많이 사용된다. 어느 경우이나 수조와 광고탑 등의 과대한 집중하중은 바닥판에 부담을 주지 않고 반드시 구조 골조에서 앵커하도록 사전에 계획해 두는 것이 원칙이다. ⓐ사용의 완물매의 경우, 옥상면에 물고임을 막는 의미에서 패널을 물매에 대해서 직각방향으로 구조계획을 하는 것이 이상적이다. ⓐ나 ⓑ도 물매는 신더물매를 피하여 지붕하중의 감소를 꾀하고 경량성을 보존하기 위해 구조골조에서 취하는 것이 원칙이다. 옥상 방수는 우수, 눈 등에 의한 물의 침입 또는 투과를 막는데 따라 아스팔트방수, 시트방수, 칠방수, 모르타르방수 등이 있다.

철골조의 구조 특성과, 바닥판이 방수에 영향되는 주의 point를 다음에 든다.

① ⓐ는 다기포 재질에 따라 ⓑ는 덱플레이트의 병용에서, 적절한 건조상태가 얻기 어려우므로 완성후 방수층에 「부풀음」과 「벗겨짐」이 생길 우려가 있기 때문에 아스팔트 방수로는 밀착공법이나 절연공법이 이상적이다.

② 유구조 특성에서 진동에 의한 지지재상 이음 줄눈의 균열이 생기기 쉬우므로 이 부분의 보충처리를 필요로 한다.

③ 모르타르방수나 바름두께가 얇은 칠방수는 구조변위에 대한 순응성이 부족하므로 사용을 피해야 한다.

④ 평지붕의 노출 방수는 보호누름이 없으므로 특히 내구성·내후성이 우수하며, 바탕의 변동에 강한 것을 선택해야 하며 단열재와의 병용도 고려해야 한다.

이기지붕 골형슬레이트이기

처마끝

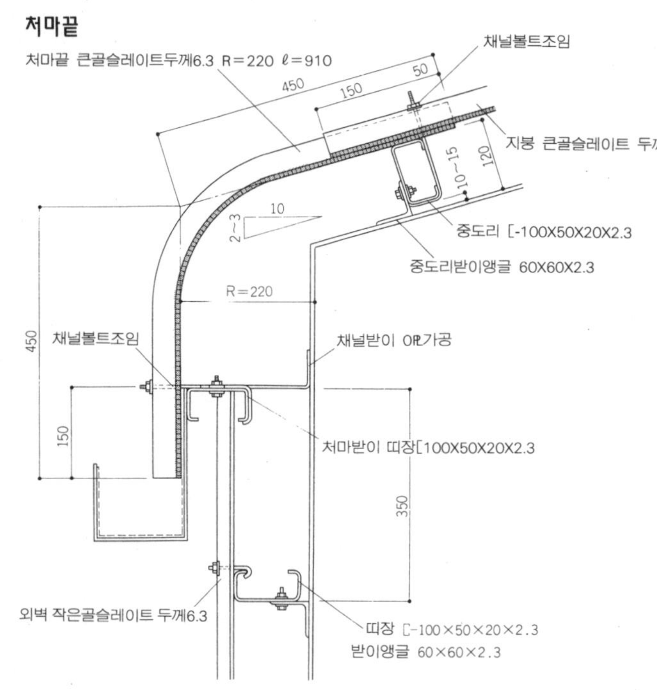

처마끝

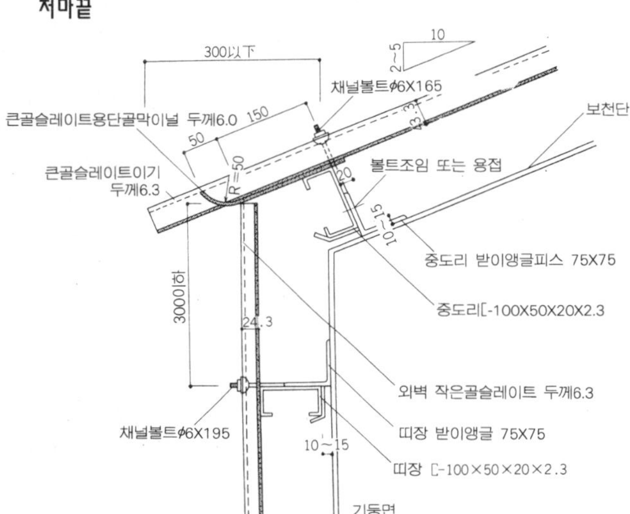

철골처마반자 큰 지붕조

박 공

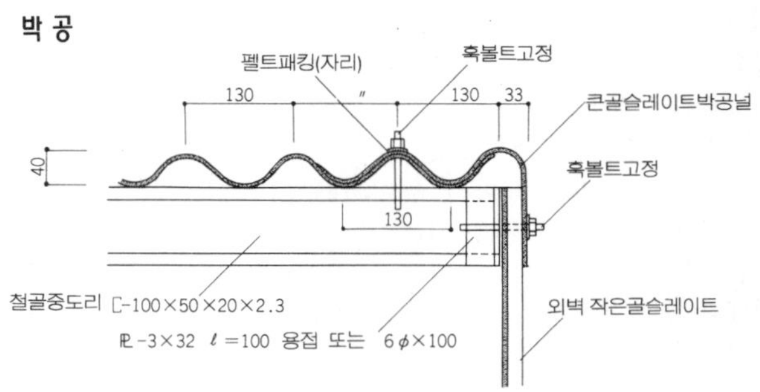

용마루

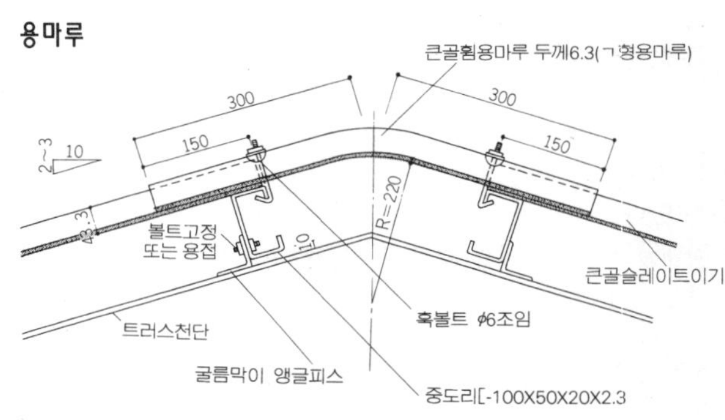

용마루

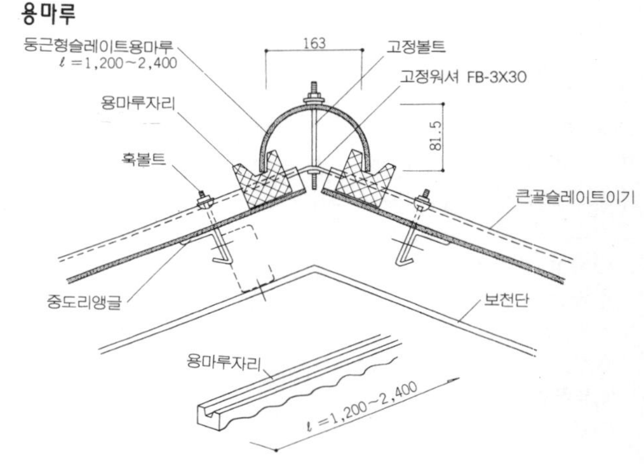

박 공

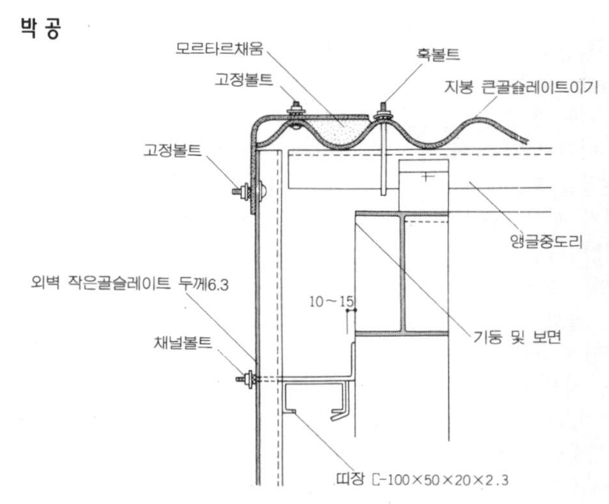

지 붕

장척컬러철판이음 • 싱글이기

처 마

박 공

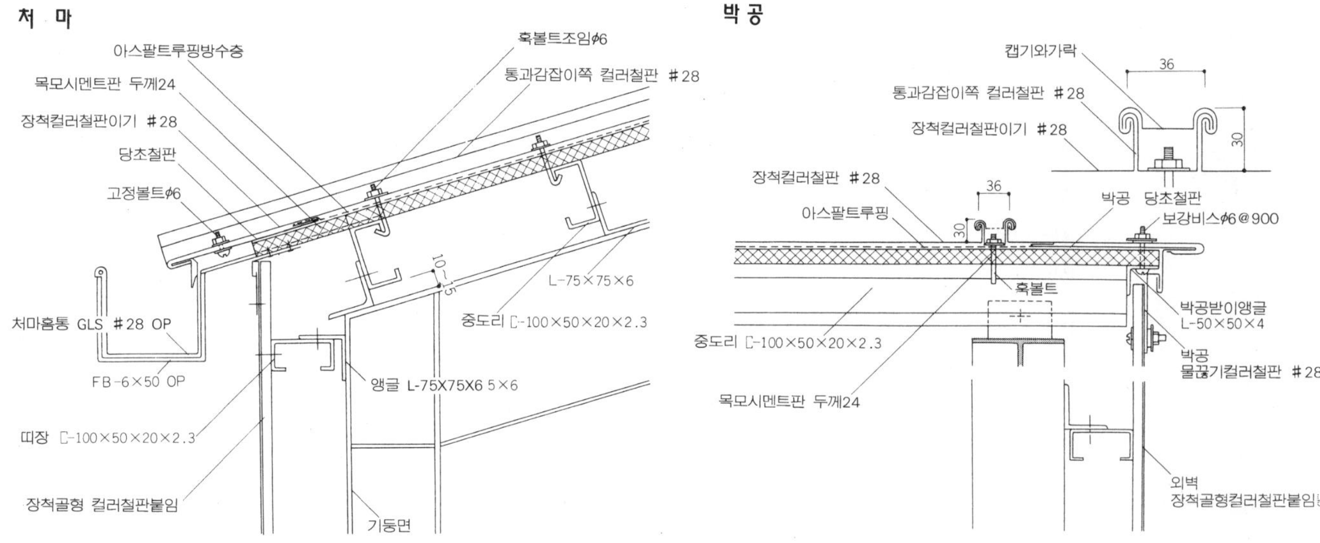

처 마

신축줄눈
스타이로폼 또는 틱스타이트 종, 횡 3,600~5,400
싱글이기(싱글시멘트붙임)
방수모르타르바름 두께 20~30
처마고정볼트φ6@600
스테인레스가공 싱글고정
알루미늄패널치기위
드리졸지붕널
20
@600 FB-6×50
훅볼트고정
코킹
라스시트붙임바탕
모르타르솔긁기 뿜칠타일마감

용마루

치올림
용마루누름 컬러철판 #28
장척컬러철판이기 #28
아스팔트루핑
목모시멘트판 두께24
루프볼트
용마루
루프볼트
ℓ<150
ℓ<150

박 공

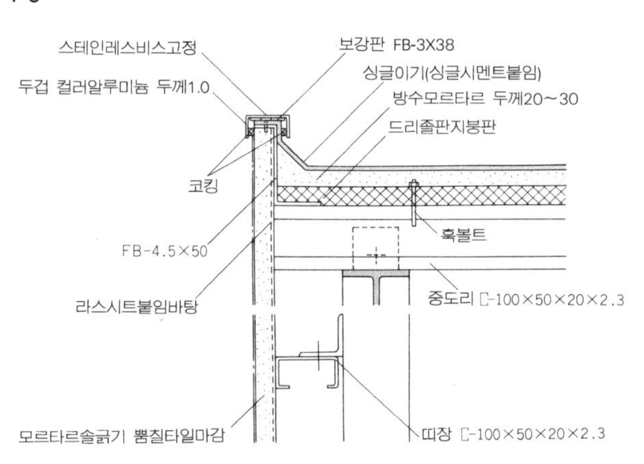

용마루

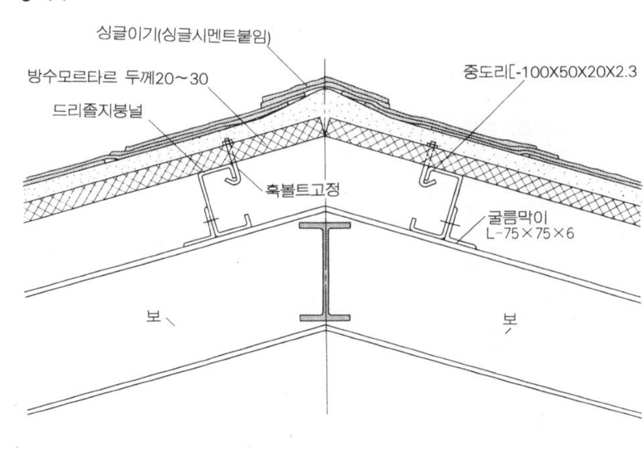

이기지붕

슬레이트지붕 / 이기지붕

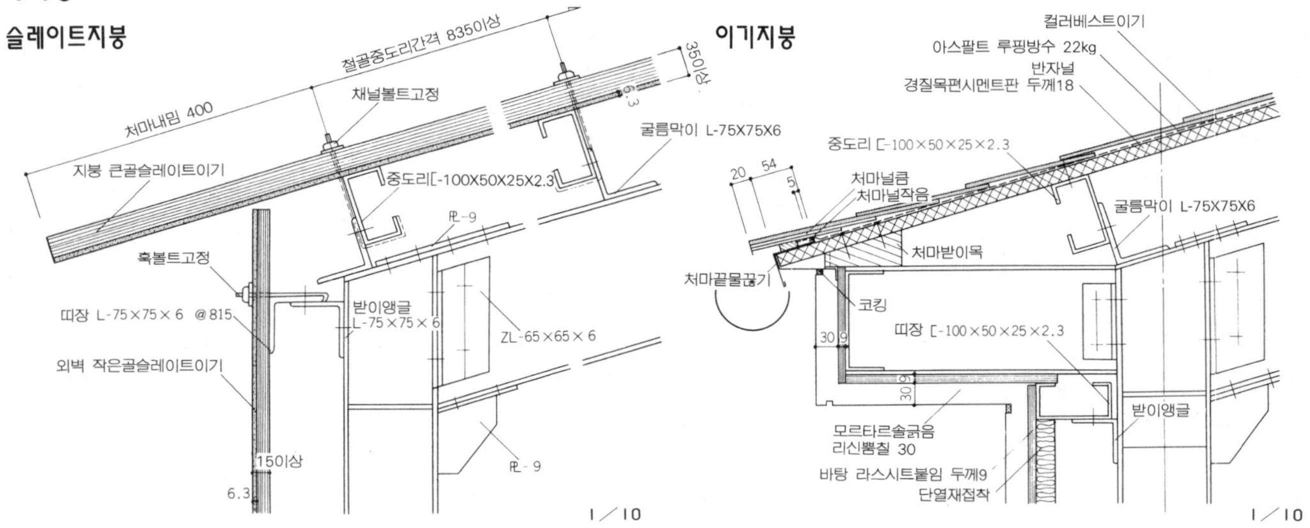

내후성강판지붕 / 절판지붕

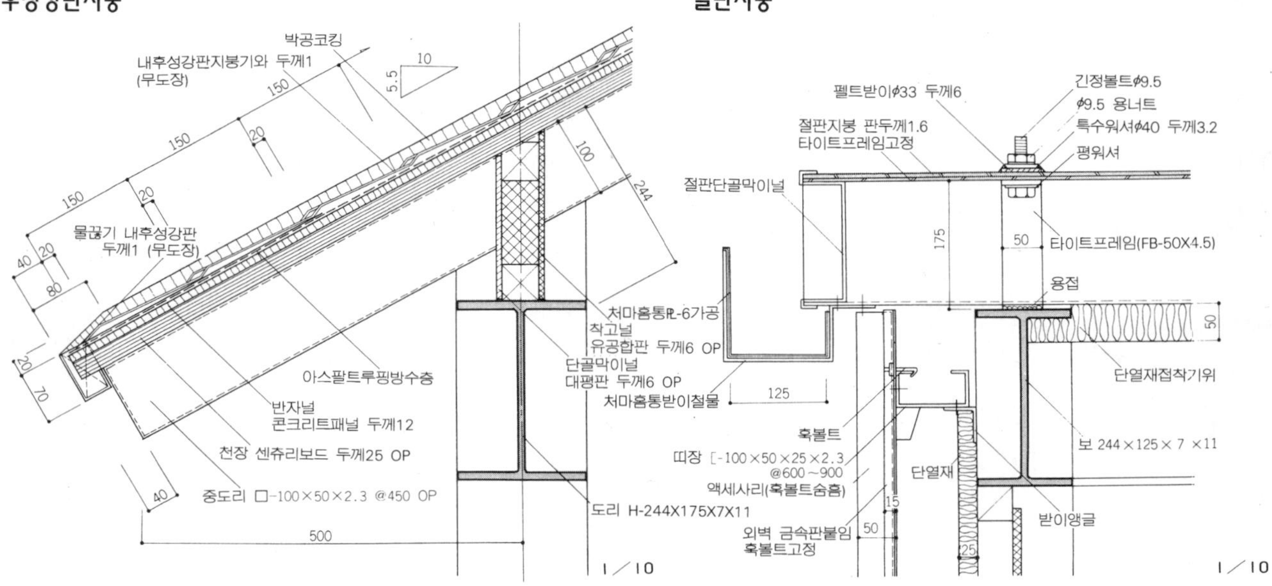

절판구조 S60단면성능표

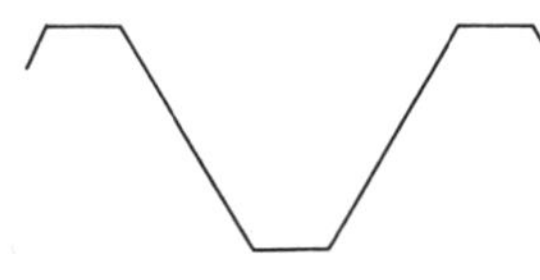

300mm 폭 1개

두 께 (mm)		단 위 m당 (kg)	중 량 m²당 (kg)	단면 2차모멘트 (I×cm⁴)	단 면 계 수 (Z×cm³)
#22	0.794	3.98	13.3	184.67	18.28
#20	0.953	4.74	15.9	221.45	21.92
#18	1.270	6.26	20.9	296.56	29.36
#16	1.590	7.79	26.1	370.38	36.67

절판구조 B60 합성보 단면성능표

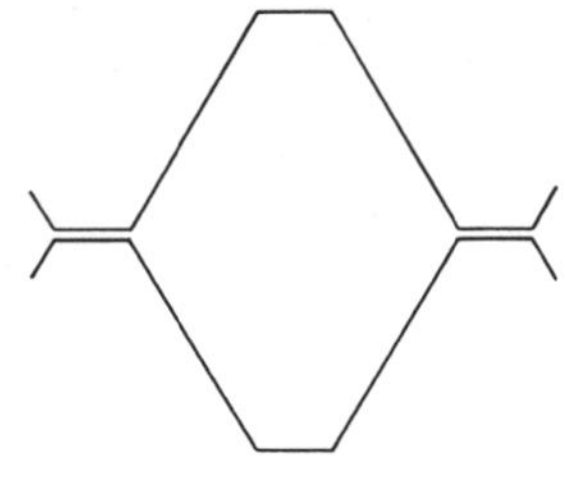

300mm 폭 1개

#22	0.794	7.96	26.6	869.80	50.28
#20	0.953	9.48	31.8	1,043.63	60.33
#18	1.270	12.52	41.8	1,393.74	80.56
#16	1.590	15.58	52.2	1,743.03	100.75

ALC지붕널

ALC지붕널 표준연결도

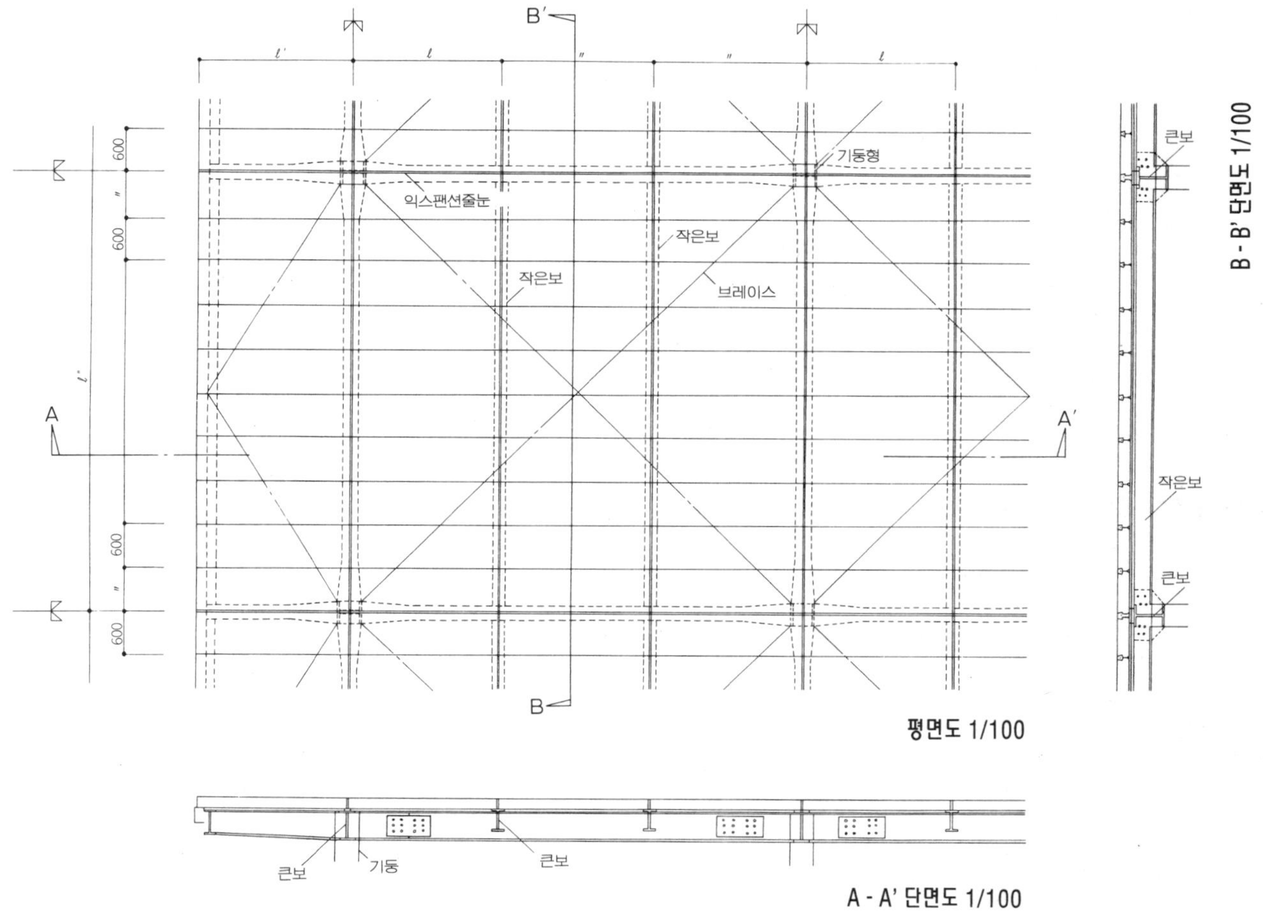

판받이면의 평활처리

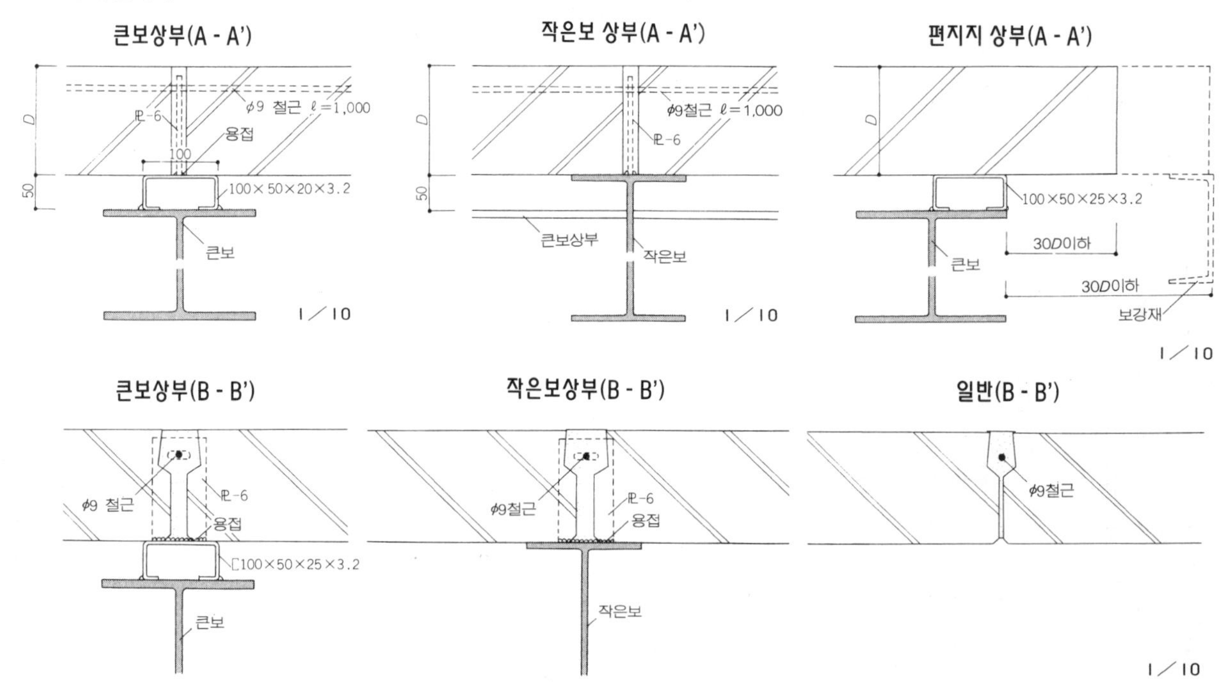

옥 상

패러핏아무림(ALC벽판+ALC바닥판)ⓐ

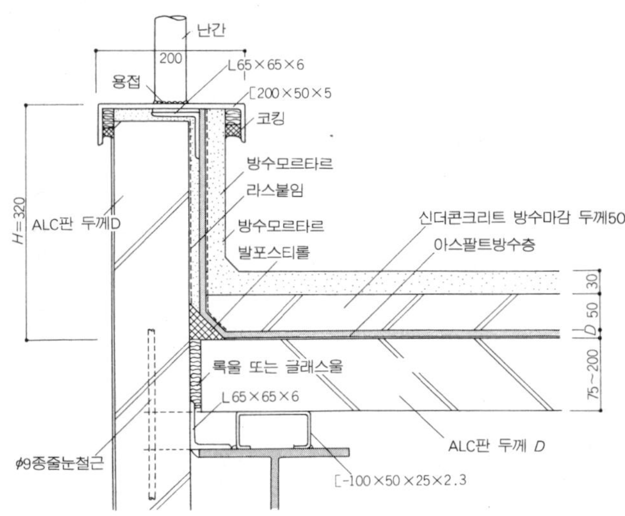

패러핏아무림(ALC벽판+ALC바닥판)ⓑ

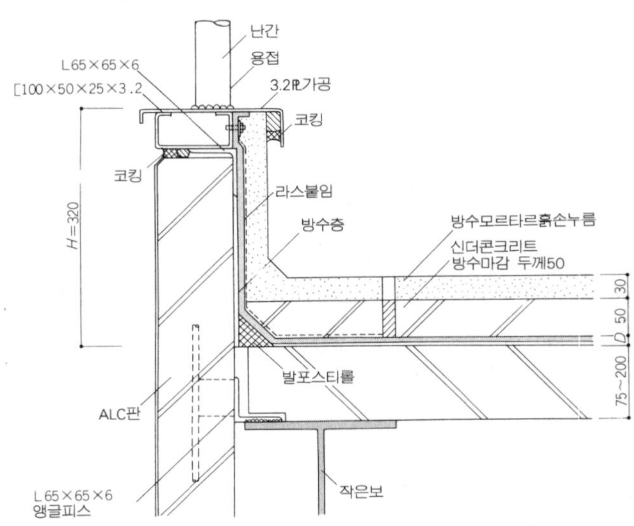

패러핏아우림(ALC벽판+ALC바닥판)ⓒ

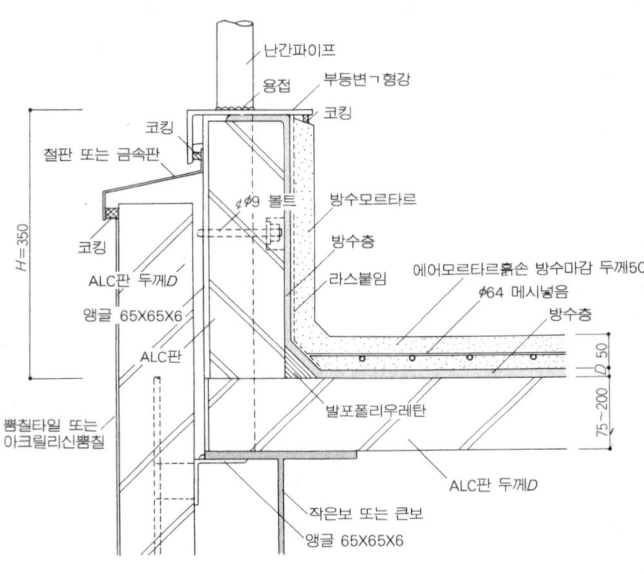

치올림벽아무림(ALC벽판+ALC바닥판)

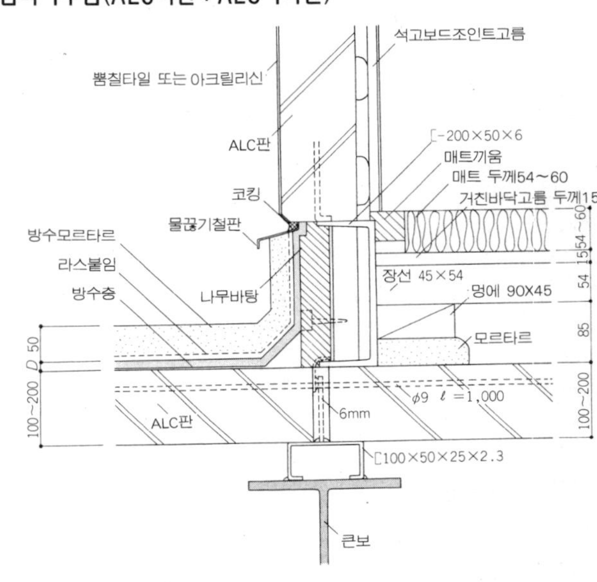

패러핏아무림(라스모르타르벽+덱플레이트바닥)ⓐ

패러핏아무림(라스모르타르벽+덱플레이트바닥) ⓑ

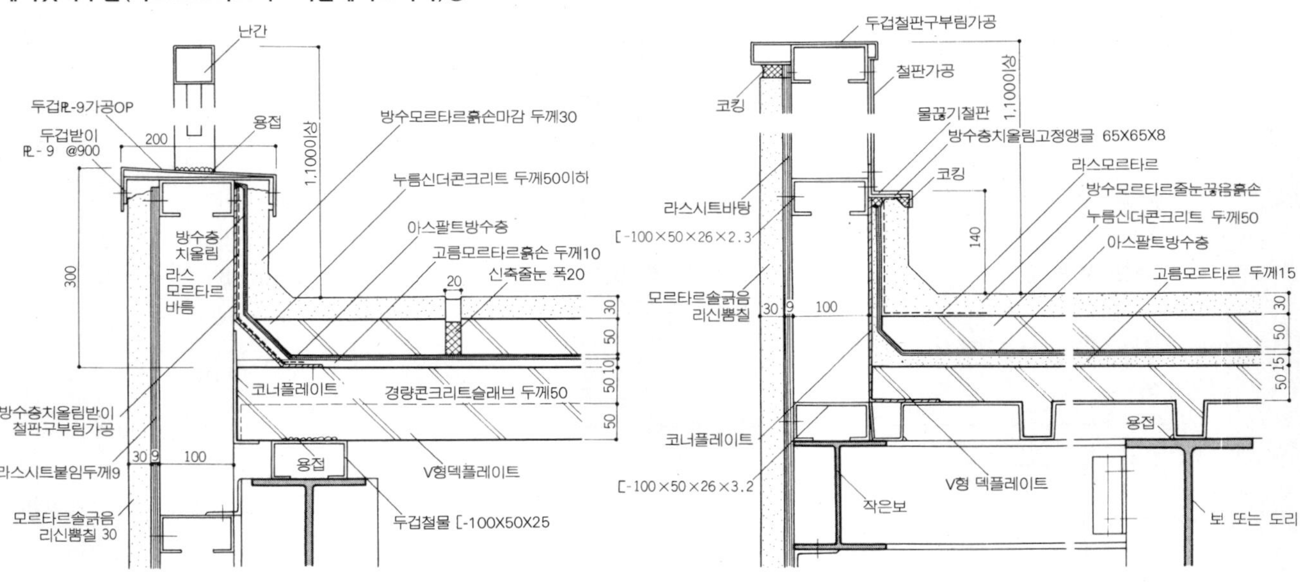

ALC판 바탕 각종 마감

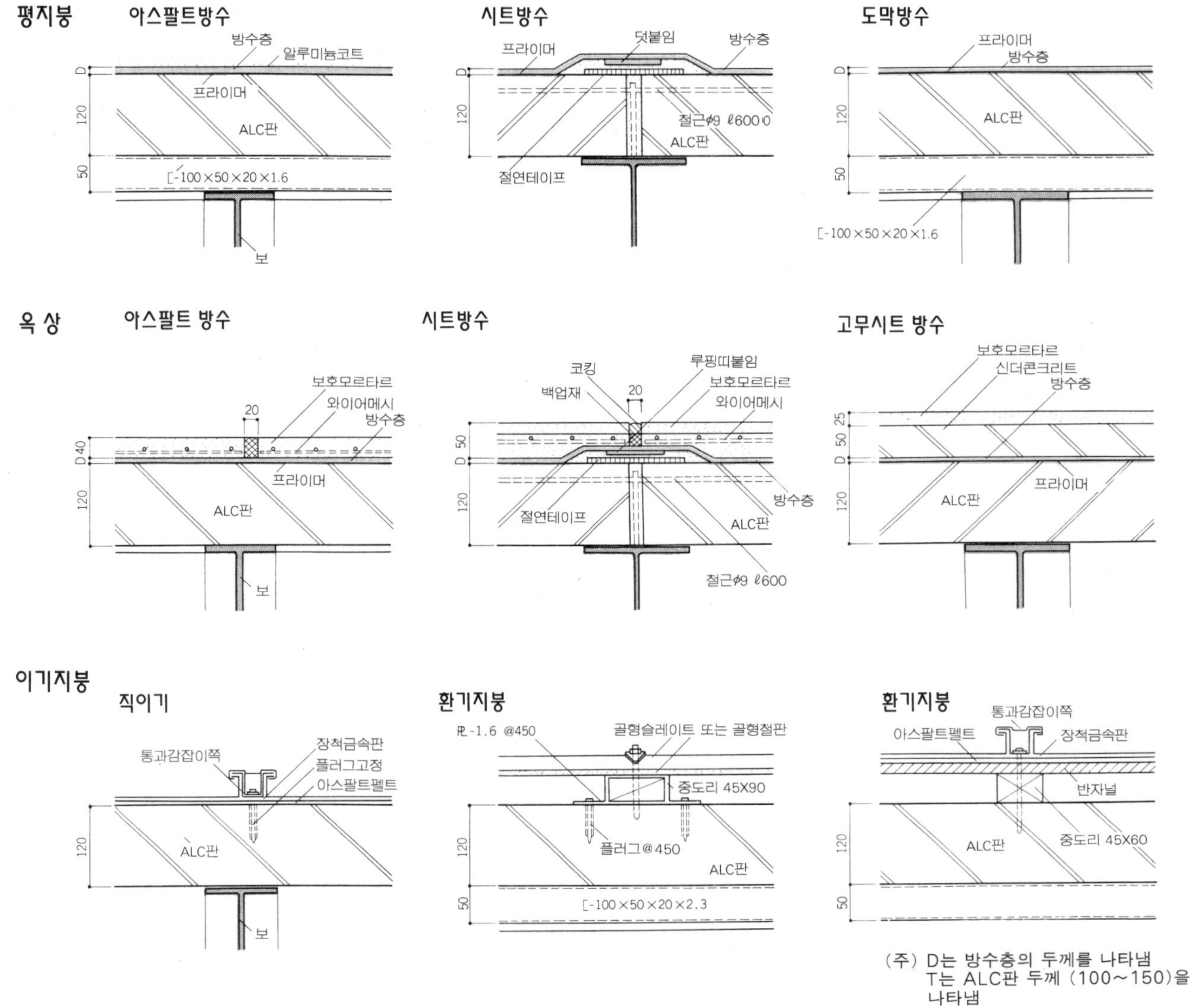

(주) D는 방수층의 두께를 나타냄
T는 ALC판 두께 (100~150)을 나타냄

ALC판을 사용하는 지붕면, 베란다, 채양 등에는 반드시 방수 처리가 필요하다. 방수 공법은 크게 나누어 아스팔트계, 시트계, 칠, 모르타르, 지붕이기 등이 있다. ALC판에 대한 방수 공법으로서는 모르타르계의 것을 제외한 그 밖에는 원칙적으로 모두 채용할 수가 있다. 또 방수 바탕으로서의 ALC판은 프리캐스트 패널이며 접합부가 있다. 또 표면 강도가 비교적 작고 호흡성이 있으며 다공질로 약간의 수분을 포함한다.

아스팔트계 방수, 시트계 방수를 채택한 경우 이런면이 기밀하게 되므로 지붕밑면의 마무리는 통기성이 있는 재료로 마무리하도록 주의한다. 또 ALC판은 면정도, 마무리 정도가 높고, 경량성을 살리는 의미도 있는 만큼 모르타르시공상 문제가 있으므로 지붕 물매는 구조 축부에서 바탕모르타르 등은 그다지 사용하지 않는 것이 원칙이다. ALC판의 경량성을 살리는 의미에서 노출 방수가 좋지만 특히 보호모르타르를 실시하는 경우는 가급적 보위에서 줄눈끊기 코킹 처리를 실시하도록 주의한다.

방수의 시공은 ALC판의 건조 상태시에 한다. 시공에 적합한 상태는 표면함수율 10%이하라고 한다. ALC판이 축축한 회색에서 건조된 백색으로 되었을 때가 일반적인 상태이다. 강우에 시달린 패널이 이러한 상태가 되자면 3~7일 안팎의 통풍이 필요하다. 따라서 패널장치 시공후 가급적 빨리 방수공사를 하는 것이 필요하다. 적어도 프라이머만이라도 장치후에 즉시 시공하는 것이 요망된다. 또 처마 주위, 드레인 주위 등 복잡한 마무리가 되는 부분은 특히 세심한 시공을 할 필요가 있다.

① 아스팔트계의 노출 방수 공법을 채택하는 경우는 원칙으로 냉공법에 의한 바탕 처리용의 특수 프라이머 사용을 잊지 말 것. 이것은 보통 아스팔트 열공법에 있어서 용융콤파운드를 직접 바탕면(ALC판)에 칠할 것. 패널표면 부근에 포함된 수분이나 공기가 팽창하여 아스팔트 층의 밀착을 방해하는 동시에 이후 방수층에 부풀음과 벗겨짐이 생길 우려가 있다.

② 시트계의 방수 공법을 채택하는 경우 바탕의 청소에 특히 주의할 필요가 있다. 잔자갈 등의 튀어나온 것이 남아 있으면 조기에 시트를 파단시킬 위험이 있다.

③ 칠방수 공법의 경우 줄눈부 방수층의 균열 방지에 대한 처리가 필요하다. 이 공법의 경우는 보통 칠두께가 얇으므로 패널의 긴방향에도 보강을 하여 완전하게 할 필요가 있다.

④ 이기 지붕계의 방수 공법을 사용하는 경우는 바탕 ALC판면의 줄눈과 패널 보강 철근을 고려하여, 살대, 중도리, 동자 등의 고정위치 방법을 결정하고, 볼트, 못 등은 가급적 ALC판 전용의 것을 사용한다.

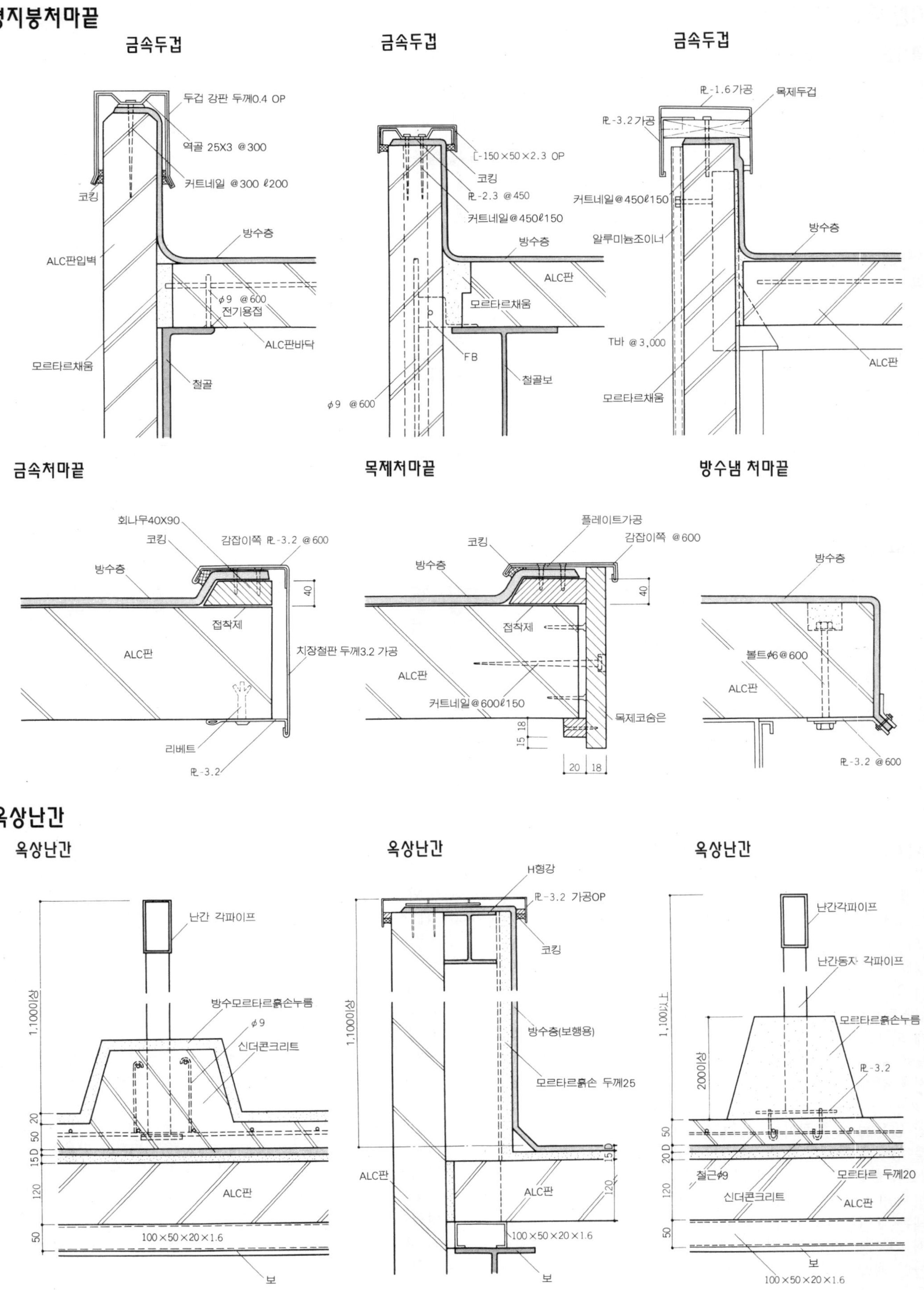
평지붕처마끝
금속두겁
두겁 강판 두께0.4 OP
역골 25X3 @300
커트네일 @300 ℓ200
코킹
방수층
ALC판입벽
ϕ9 @600
전기용접
ALC판바닥
모르타르채움
철골
금속두겁
[-150×50×2.3 OP
코킹
PL-2.3 @450
커트네일@450ℓ150
방수층
ALC판
모르타르채움
FB
철골보
ϕ9 @600
금속두겁
PL-1.6 가공
목제두겁
PL-3.2 가공
커트네일@450ℓ150
알루미늄조이너
방수층
T바 @3,000
ALC판
모르타르채움
금속처마끝
회나무40X90
코킹
감잡이쪽 PL-3.2 @600
방수층
40
접착제
ALC판
치장철판 두께3.2 가공
리베트
PL-3.2
목제처마끝
플레이트가공
코킹
감잡이쪽 @600
방수층
40
접착제
ALC판
커트네일@600ℓ150
목제코솜은
방수냄 처마끝
방수층
볼트ϕ6@600
ALC판
PL-3.2 @600
옥상난간
옥상난간
난간 각파이프
방수모르타르흙손누름
ϕ9
신더콘크리트
1,100이상
ALC판
100×50×20×1.6
보
옥상난간
H형강
PL-3.2 가공OP
코킹
1,100이상
방수층(보행용)
모르타르흙손 두께25
ALC판
ALC판
100×50×20×1.6
보
옥상난간
난간각파이프
난간동자 각파이프
모르타르흙손누름
PL-3.2
1,100이상
200이상
철근ϕ9
모르타르 두께20
신더콘크리트
ALC판
보
100×50×20×1.6

평지붕처마끝

인공경량콘크리트 패러핏

모르타르흙손누름
코킹
방수층
덧붙임
모르타르흙손누름
신더콘크리트
30
60
15D
고름모르타르
120
인공경량콘크리트

인공경량콘크리트 평지붕

보호모르타르
방수층
모르타르흙손누름
신더콘크리트
철근 ϕ6
25
50
D15
20
고름모르타르
120
코킹
인공경량콘크리트
철골보

인공경량콘크리트 평지붕

모르타르흙손누름
철근ϕ6
20
50~90
15D
50
50
고름모르타르
120
줄눈
인공경량콘크리트
철골보

처마홈통

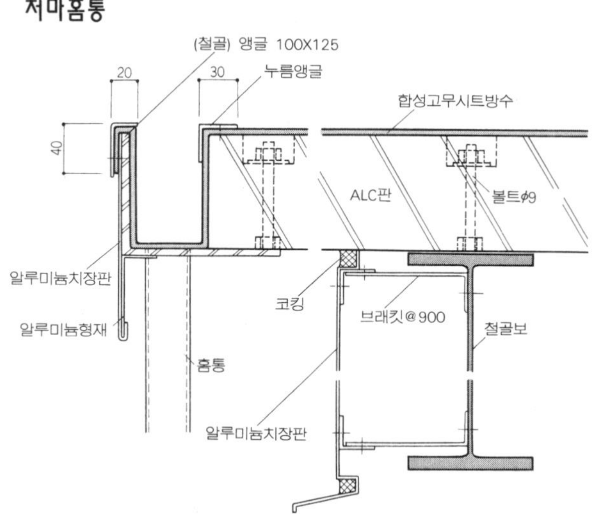

안홈통

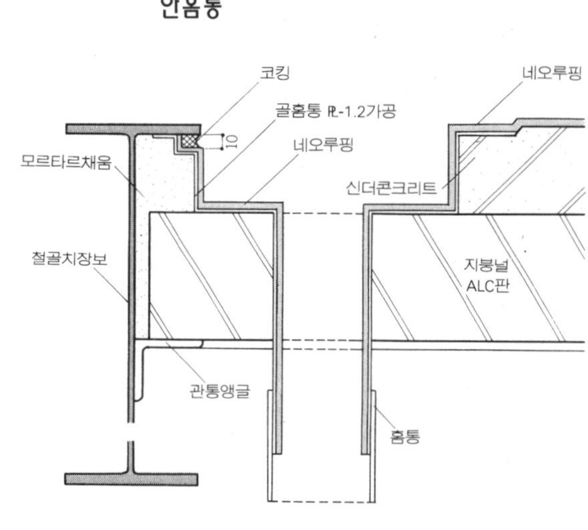

톱라이트

아크릴돔

아크릴돔이중

아크릴돔

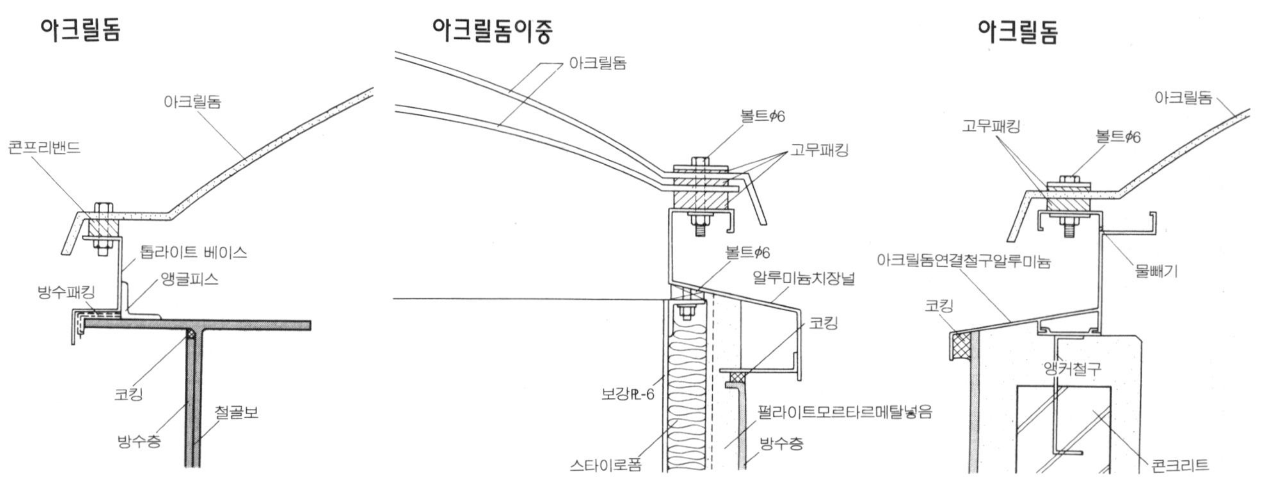

아스팔트방수층

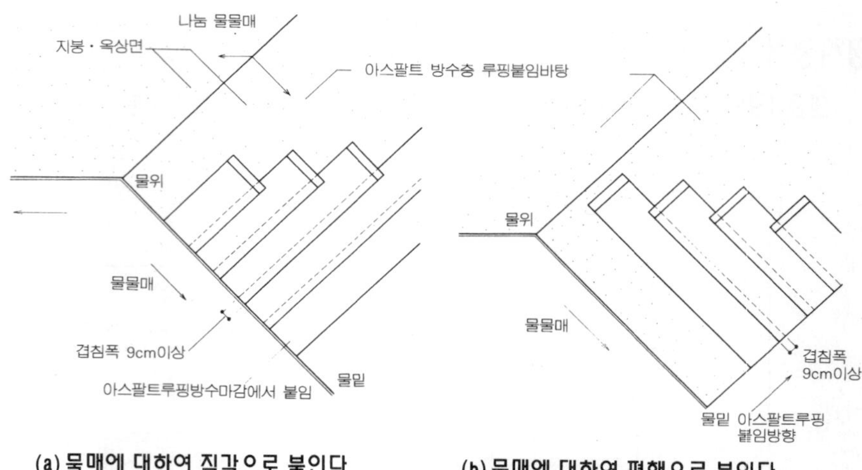

(a) 물매에 대하여 직각으로 붙인다 (b) 물매에 대하여 평행으로 붙인다

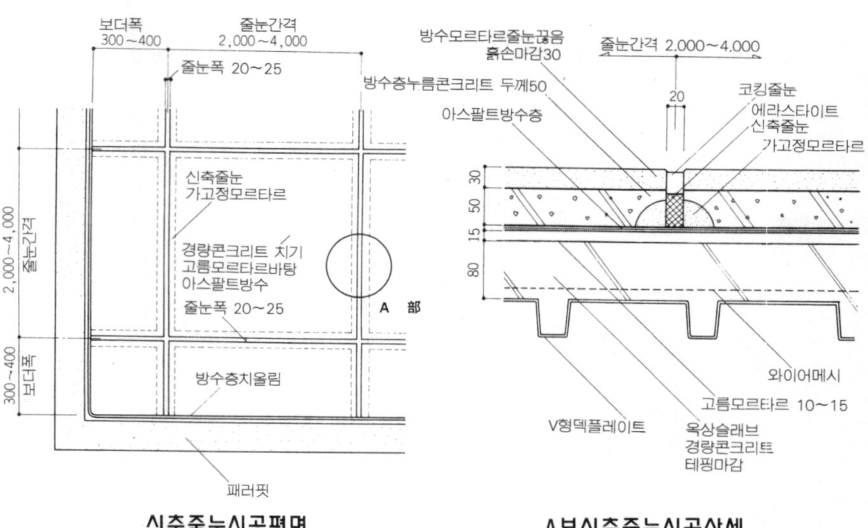

신축줄눈시공평면 A부신축줄눈시공상세

철골조의 옥상 detail로서 보행용, 비보행용에 대한 슬래브의 아무림은 층바닥의 디테일에 준하지만 옥상 슬래브를 주요구조재, 보조재 등으로 미리 물매(한쪽흐름물매, 두갈래물매, 1/30~1/50~1/80)를 잡아 옥상 슬래브를 시공하고 방수를 실시하는 것이 일반적이다.

방수에 대해서는 오늘날 여러 가지 방수 공법이 있으나 보통 주류인 아스팔트방수에 대해서 기술한다. 옥상 슬래브를 현장타설 콘크리트 슬래브, 경량콘크리트, 충전덱플레이트, 바닥판 등으로 하는 경우, 방수층을 시공하는 바닥판으로서 누수의 원인이 되는 틈이나 물고임이 되지 않기 위해 콘크리트를 타설한 다음 탬핑자로 대중해서 중간고르기를 하고 다시 나무흙손, 쇠흙손질을 하여, 상면을 평탄하게 마무리한다. 고름모르타르바르기에 따라 평탄하게 마무리하는 방법이 있다.

이상 바탕준비가 끝난 후 적절하게 건조시켜 아스팔트 방수층을 시공한다.

아스팔트 방수층에 대한 일반공법은 고름모르타르등 위에 아스팔트 프라이머를 솔로 바르고 그 위에 아스팔트 콤파운드(접착을 잘하기 위해)를 솔칠한 다음 아스팔트펠트를 깔고 다시 아스팔트 콤파운드를 바른 다음 아스팔트 루핑 깔기를 하여 6~8층의 방수피막을 만드는 공법이다. 방수층은 바탕에 균열이 생기면 방수층 자체의 균열을 초래할 우려가 있다. 그 때문에 구조crack, 신축crack 등의 영향을 받지 않도록 미리 구조 보강, 바탕 보강을 할 필요가 있다. 특히 코너나 패러핏, 차량부 등에는 crack가 생기기 쉬우므로 반드시 방수층을 위한 보강을 잊어서는 안 된다. 또 방수층의 파단, 균열 등은 바탕의 원인뿐 아니라 보호층(누름콘크리트 마무리재 등)의 신축 파손 등에 의해 생기는 수도 많으므로 신축줄눈을 필요 간격으로 만들어 방수층을 보호하도록 시공한다.

루핑을 까는 방법

물매에 대해서 직각 또는 평행으로 까는 방법이 있으며, 겹으로 까는 경우는, 교호로 까는 것이 상식이다.

직각방향으로 까는 경우는 겹치는 관계상 아래에서 위로 깔아간다. 평행으로 까는 경우는 좌우 어느쪽에서나 깔아도 된다. 루핑의 이음새는 반드시 위치를 물리게 하여 깐다. 겹치는 폭은 9cm이상으로 한다. 까는 방법의 종류로서는 비늘모양깔기, 크로스 깔기, 지그재그깔기 등이 있다.

신축줄눈 시공 예

신축줄눈(줄눈재로서는 보통 시공이 용이한 에라스타이트판이 많이 사용된다)은 방수층에서 마무리 바름 높이까지이며, 줄눈 간격의 중심에 맞춰서 모르타르 등으로 가고정하여 경량콘크리트 등을 타설하고, 다시 마무리 바름을 하며, 신축줄눈상부에 아스팔트 콤파운드 등으로 코킹을 시공한다.

줄눈의 할당은 종, 횡 모두 2~4m이내의 간격으로 줄눈나누기를 하며 패러핏, 팬트하우스 등의 추켜 올림벽의 주변에는 반드시 이음새 줄눈을 넣는다. 줄눈폭은 보통 20~25mm로 한다. 이음새 폭은 300~400mm로 한다.

계단은 고저차가 있는 바닥면을 보행으로 오르는 변형바닥이며, 건물의 입체 운행 기관의 원형이다.

계단은 디딤면, 챌면, 논슬립, 난간(가로대와 난간동자)으로 되었으며, 그 주요 구성을 이루는 형과 단판의 소재는 목제, 강재, 철근콘크리트제, 기제 콘크리트판이 보통 사용된다.

물매각도에서 구분하여 0°~15°정도까지가 슬로프 15°~60°까지가 계단 그 이상 90°까지가 사다리단이 된다. 건축법에서는 슬로프는 경사 1/8이하로 되었으며 계단에 대해서는 디딤면, 계단높이, 계단폭, 계단참의 위치 등 치수 관계가 건물용도별로 규정되어 주택의 단높이 22cm이하, 단나비 21cm이상의 계단이 법규상으로 허용된 한계이다. 계단으로서 통용되는 한계경사는 20°~50° 정도이며 쾌적한 경사는 30°~35° 정도로 되고 단순한 완경사가 오르는데 안전하며 쾌적하다고는 할 수 없으며 반대로 승강계단을 어긋나게 한다. 또 계단설계의 point는 항상 상부 공간과의 맞춤에 주의하여 머리위 장애가 없도록 인체확인이 기본이다. 특히 나선계단의 할당에서는 이 점이 key point이다.

계단을 구분하면 평면pattern에서는 직진계단, 꺾임계단, 굴절계단, 회전계단, 나선계단이 기본형이며, 가구 형태로서는 옆판계단, 역형계단, 일단고정계단, 달계단, 단판계단과 이상의 된 것이 있으며, 또 위치에 따라서 옥내 계단과 옥외 계단으로 나뉘며, 건축법규에는 직통계단, 피난계단, 특별피난계단 등이 규정되어 있다.

계단의 가구 형태

계단의 가구 형태란, 단판의 지지 방법을 나타내며 목조, 콘크리트조, 철골조의 각 계단으로 기본적으로 공통된 원리이다.

옆판계단

계단의 양측을 옆판으로 고정하는 방법이며, 목조와 철골조의 계단에는 가장 일반적인 가구이다. 옆판은 「벽부착」과 「드러냄」이 있으며, 전자는 벽마무리면과의 아무림 방법의 design과 detail에 연구를 요한다. 옆판재로서, 꺾임강판, 강판과 ㄱ형강의 조합, 홈형강 등이 가장 많이 사용된다. 단판은 꺾임가공강판을 바탕으로 하여 각종 마무리를 하는 것이 보통이며 강판만으로 된 단판은 승강시에 소리가 나므로 옥내 계단에는 피해야 한다. 측판 계단은 그 가구 형태상, 너무 폭넓은 계단에는 적당치 않으며 그 경우 단밑에 적당한 간격으로 보강재로서 중형을 넣어 지지시킨다.

역형계단

역형계단은 단판을 하측에서 오름형상으로 넣은 역형에 의해 지지하는 구성이며 목조, 철근 콘크리트조, 철골조의 계단에 공통되는 방법이다. 형재로서는 I형강, 홈형강, H형강, 평철판, ㄱ형강, 파이프, 트러스형 등을 들 수 있다.

단판의 시방은 많으며, 소재로서 목제, PC콘크리트판, 강판과 광범위에 걸쳐, 마무리도 디자인과 사용성에 따라 많은 수이다. 목제 또는 PC콘크리트판을 단판으로 할 때 사면상의 형에 수평면의 단판이 직접 부착되지 않으므로 받이재로서 벤트플레이트 등을 형에 용접하여 그것에 단판을 볼트조임으로 고정하는 방법이 보통 많이 채택된다. 이 경우, 볼트 머리의 너트 부분은 단판을 좌굴하여 매입하고, 장치후 PC콘크리트판은 모르타르충전, 목제는 묶음목에 의해 단나비를 평탄하게 한다. 또 난간이나 단판에 지지시키는 경우가 많으므로 단판은 이러한 시방에 견딜 수 있는 견고성이 필요하다. 역형계단은 옆판계단과 같이 단판의 양측이 고정되지 않으므로 단판설치 detail에는 그 안정성과 고정성을 연구하고, 한개의 형인 경우는 계단 전체의 유동에도 배려해야 한다.

역형계단의 특성으로서 형의 병렬에 따라 계단폭이 자유로 되는 점과, 디자인의 자재성, 다양성을 들 수 있으나, 비교적 「드러냄」 부분이 많으므로 절단이나 꺾임 등의 가공개소 용접이나 volt 조임 등의 설치장소에는 정확한 시공정밀도와 세심한 마무리가 요구된다.

편지지 계단

편지지 계단은 벽, 기둥 등에서 캔틸레버상으로 단판을 내밀게 한 구성으로 일단만 고정되며 타단에 지탱하지 않는 점에서 경쾌한 시각효과를 갖는다. 벽면에서의 편지지 계단은 단판을 장치하는 캔틸레버상의 성형강판과 벽체 내에 준비된 받이재를 용접이나 volt조임 등으로 고정시키는 것이 일반적이다. 단판과 벽마무리 상면과의 맞춤 detail이 연구를 요하는 부분이 된다. 전형적인 편지지 계단은 기둥을 중심으로 단판을 내밀게 하여 「나선」 상으로 승강하는 「나선계단」이다.

「나선계단」은 승강공간이 최소의 계단이며 원의 등분할당수(지름 1.8m에서 12~16등분 정도가 표준)에 따라 단높이 치수를 결정하고 단나비치수는 단나비가 좁은 쪽의 끝에서 30cm위치로 산출한다. 이 계단의 설계는 항상 입체계산과 평행하여 추진하는 것이 골자이다. 「나선계단」의 변형으로서 중심기둥에서 단판을 내밀지 않고 원통형을 이루는 계단외주벽서 중심부에 단판을 내밀게 한 형도 있다. 또 조립식 「나선계단」 unit제품이 각 메이커에서 제조된다.

단판 계단

단판 계단은 연속되는 단판만으로 구성된 단판이며 철근 콘크리트 계단에서는 일반적인 구조이지만, 철골조의 경우는 목조와 같이 단판자체의 독립성이 이 구조에서는 맞지 않으며, 주요 member를 도리로 요구하는 구성이 자연스럽다. 따라서 소규모의 것으로 한정되어 그 형식으로서 강판을 연속단상으로 구부러진 것, 형강부재로 연속단상에 프레임을 조립하여 단판을 부착한 것 등을 볼 수 있으나, 후자의 시방에서 단판으로서 유리 등을 끼우면 투명한 계단이 된다.

달계단

달계단은 단판이나 형을 철근 각종 파이프, 플래트바 등으로 다는 구성으로 일단 고정 계단이나 단판 계단과 병용하여 사용되기도 한다. 그밖에, 난간을 옆판대신 구조 요소로 이용한 것이며, 가로대를 구조체로 하여 단판을 다는 수법 등 계단 구성의 형태는 많으나, 시각 design에만 사로잡히지 말고, 흔들림고정 대책 등 계단 전체의 강성과 안정성이 우선된다.

단판 마무리재는 사용상의 각 조건이나 design면에서 사용분류되지만, 원칙으로서 미끄러지지 않고 적당한 유연성을 가지며 마모가 적고, 내구성이 풍부하며 보행시에 소음을 내지않는 등이 고려되나, 현실적으로 이러한 조건을 모두 만족할 수는 없으며, 어디에 중점을 두느냐에 따라 선정된다.

난간, 논슬립

난간은 전락방지, 승강시의 안전보행의 보조를 목적으로 하여 그 design 형태는 다종다양하지만 기본형으로서는 가로대와 난간 동자의 조합으로 이룬다. 난간 동자는 단판이나 형에 지지시키는 방법이 보통이나 충분히 고정시키지 않으면 난간전체가 흔들리는 우려가 있으므로 장치 detail에는 연구를 요한다. 난간은 그 기능상 단순한 감각에 의하지 않는 경우 소정높이 난간동자의 간격 등의 안전상이 제일조건이다.

논슬립은 미끄럼방지 단나비와 챌판 마무리테 역할을 하며 설치용 제품으로서는 각종 금속, 접착용 플라스틱제, 클링커나 자기타일제 및 그런 것의 조합도 있다. 또 장치뿐 아니라 단판단

계단의 형상

측도리계단 역도리계단(2개 도리) 역도리계단(1개 도리)

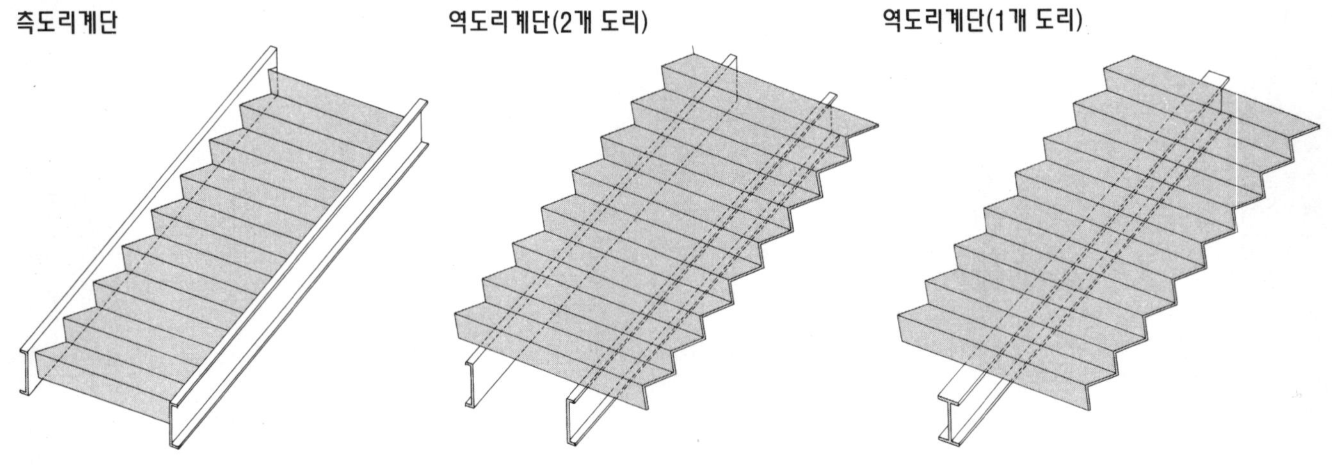

편지지 계단 달계단 단판계단

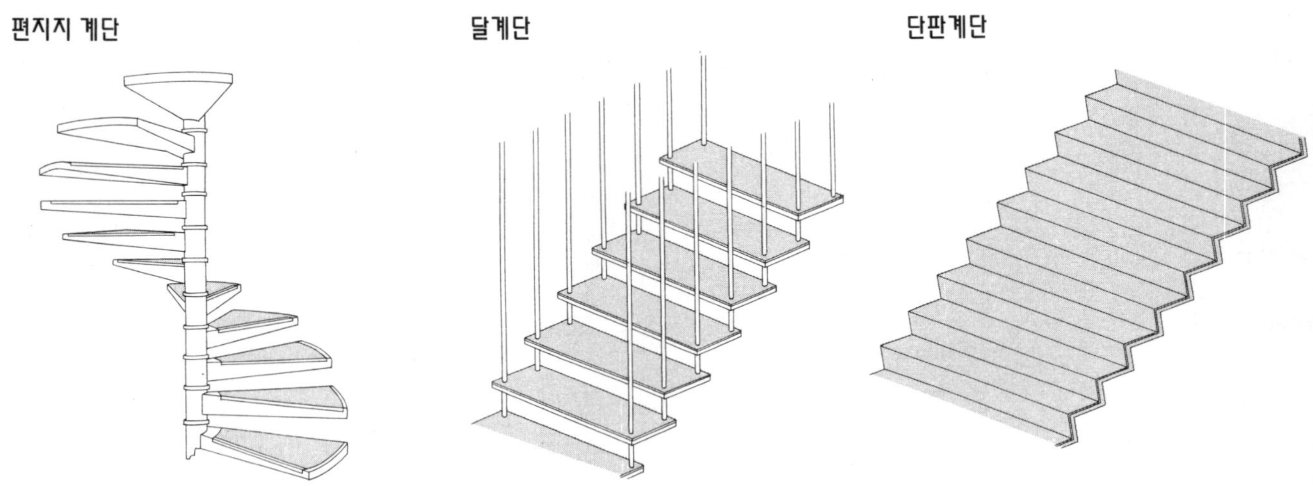

부를 마무리 가공하는 경우도 있다. 어느 경우에도, 승강시에 가장 힘이 드는 부분이므로 견고한 아무림방법과 세심한 방법이 요구된다.

철골 계단은 공장에서 제작되어, 현장에 반입하여 골조에 장치된다는 공정을 거치므로 현장수정이 없도록 사전에 도면검토를 세심하게 해야 한다.

계단의 구조적 부분은 ①측도리계단 ②역도리계단 ③편지지계단 ④달계단 ⑤단판계단이다.

① 측도리계단／단판을 양측의 옆판에서 고정하여 이것을 지지하는 큰보, 작은보에 부착하여 계단이 된다. 옆판의 재료와 형식은 보로서의 옆판과 변함이 없고 홈형강, H형강, 철판(플레이트)이 쓰인다.

② 역도리계단／옆판형식과 역학적으로는 같은 작용으로 단판 밑에 도리 있는 것을 일반적으로 역형이라 한다. 역형의 재료와 형식은 옆판보다는 자유로 홈형, H형강 기타 조립형식의 트러스, 파이프 구성의 것으로 여러 가지가 있다.

③ 편지지계단／철골조로 가장 일반적인 것을 중심기둥이 있는 나선계단이며 이 중심 기둥에서 일단 고정보를 단판형으로 내밀게 하여, 단판을 부착한다. 벽에서의 편지지형식은 철골조의 경우, 일단 고정보의 응력을 처리하는 받이재를 미리 벽속에 부착해 두는 것이 필요하다. 철근 콘크리트조의 경우는 벽속에 보강근을 삽입한다. 편지지형식의 재료와 형식은 아무림관계로 인해 홈형강, H형강, 파이프, 플레이트 등이다.

④ 달계단／직접단판을 다는 형식(위 그림)형(옆판형)을 다는 것. 편지지단계단의 단판고정의 보조로서 다는 경우의 각종이 있다. 달계단은 흔들림막이를 고려할 필요가 있으며 재료로서는 철근, 파이프, 기타 플래트바 등으로 인장재는 강재의 특성이 있다.

⑤ 단판계단／철골조의 경우, 특수한 부분에 들어가며 구성상 대충 소규모이다. 이것은 단판자체가 구조적으로 자립할 필요에서 당연히 보통형에 단판의 지지력을 갖게하는 방식이 취해진다.

계단실

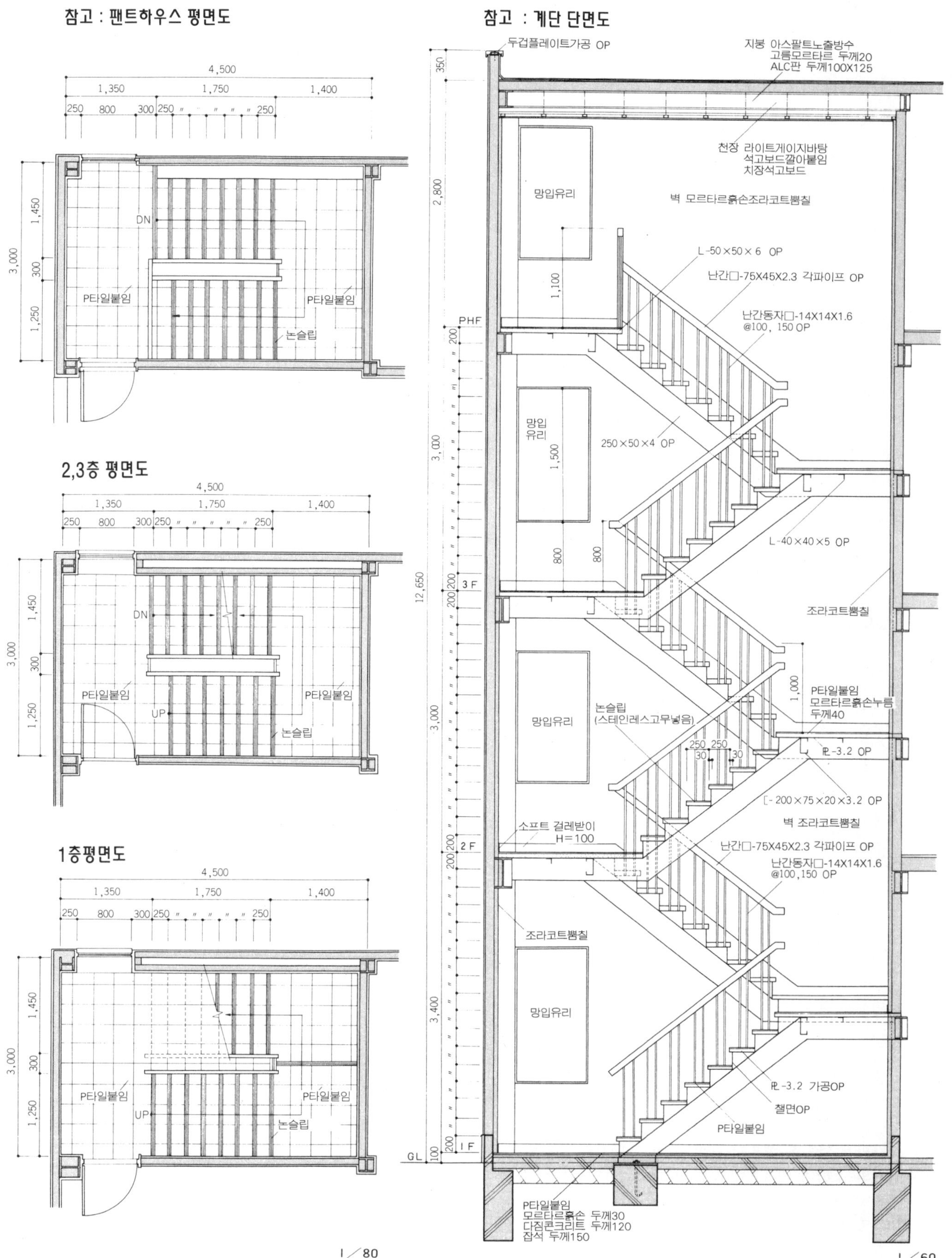
참고 : 팬트하우스 평면도
2,3층 평면도
1층평면도
참고 : 계단 단면도
두겁플레이트가공 OP
지붕 아스팔트노출방수
고름모르타르 두께20
ALC판 두께100X125
천장 라이트게이지바탕
석고보드깔아붙임
치장석고보드
벽 모르타르흙손조라코트뿜칠
망입유리
L-50×50×6 OP
난간□-75X45X2.3 각파이프 OP
난간동자□-14X14X1.6
@100, 150 OP
250×50×4 OP
L-40×40×5 OP
조라코트뿜칠
PE타일붙임
모르타르흙손누름
두께40
논슬립
(스테인레스고무넣음)
PL-3.2 OP
[-200×75×20×3.2 OP
벽 조라코트뿜칠
소프트 걸레받이
H=100
PL-3.2 가공OP
챌면OP
PE타일붙임
모르타르흙손 두께30
다짐콘크리트 두께120
잡석 두께150
PE타일붙임
논슬립
DN
UP
PHF
3 F
2 F
1 F
GL
4,500
1,350
1,750
1,400
3,000
1,450
1,250
12,650
1/80
1/60

계단상세

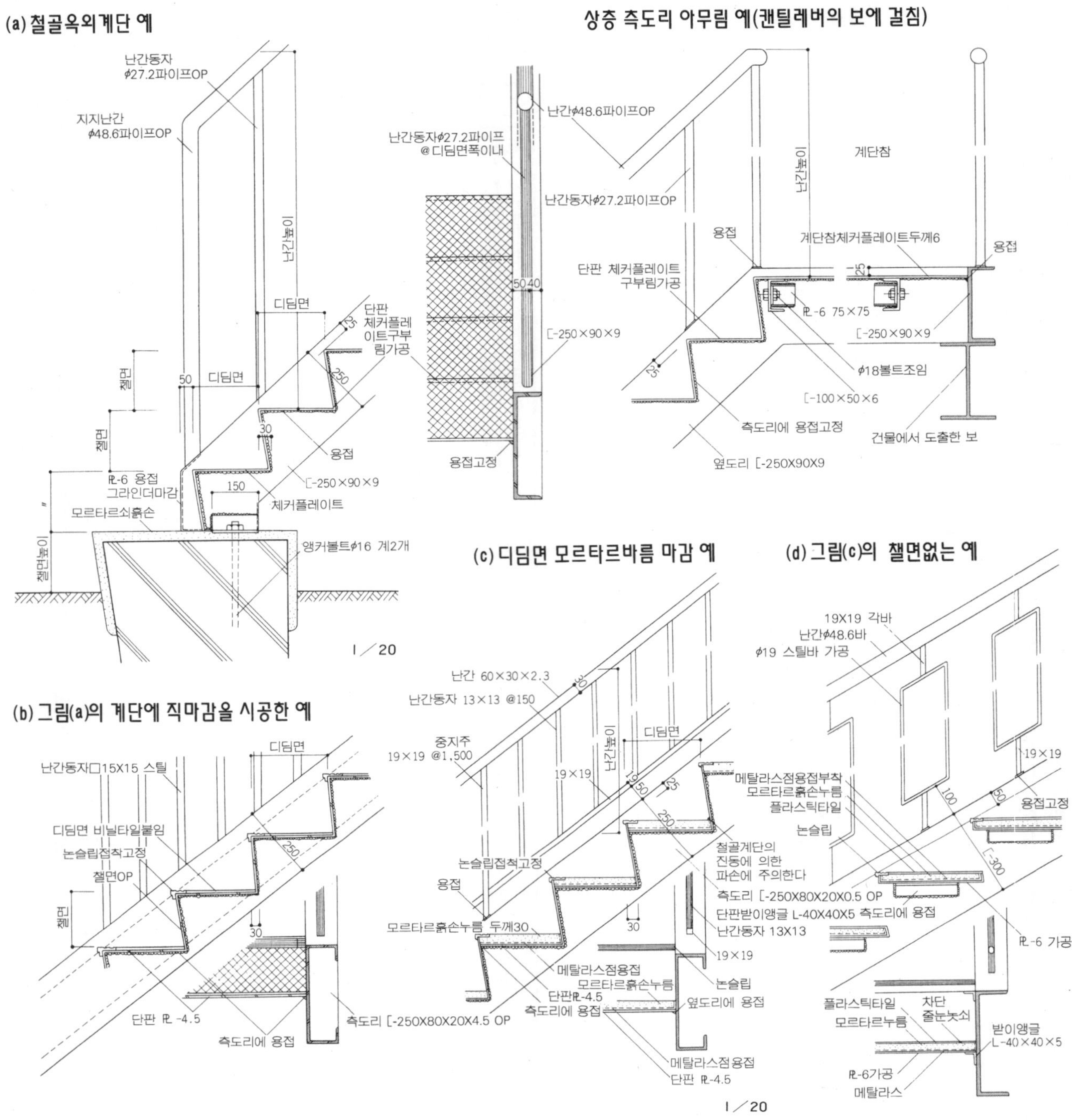

계단은 단나비, 챌판, 논슬립, 걸레받이, 난간 등의 요소로 되었으며, 그 마무리는 그러한 기능을 만족하며 계단전체의 디자인을 손실시키지 않도록 고려할 필요가 있으나 철골 계단의 경우는 승강시의 소리나 진동성에도 충분히 주의해야 한다. 최근은 철골조의 프리패브성을 살려서 공정의 단축, 현장작업의 감소를 꾀하도록 공장에서 제작, 가공하여 현장 반입하는 경우가 많으므로 휨 가공이나 용접가공의 정밀, 치수관계 등을 반입전에 점검해야 한다.

옥외, 옥내 계단을 불구하고 계단 난간의 두겁이나 난간동자의 강재, 황동, 청동, 스테인레스강, 알루미늄, 합금 등의 금속재료가 사용된다. 또 강봉이나 파이프류를 사용한 비교적 단순한 것부터, 특수한 형이나 디자인에 주조한 것, 고급재료나 고급도금처리를 실시한 것까지 그 재질을 폭넓게 되었다.

어느 경우라도, 두겁 상단의 마찰이 심하고, 두겁에 도금, 도장을 실시하는 것은 그 박리를 고려하여 마무리를 선택 결정해야 한다. 옥외 계단은 내식성, 방수성에 주의하고, 또 열팽창에 의한 트러블도 많으므로, 내구성, 보안성, 강도, 강성을 디자인이나 부착공법에 충분히 고려하여야 한다.

계단상세

(e) 철골옥내 계단 예

상층측도리 아무림 예

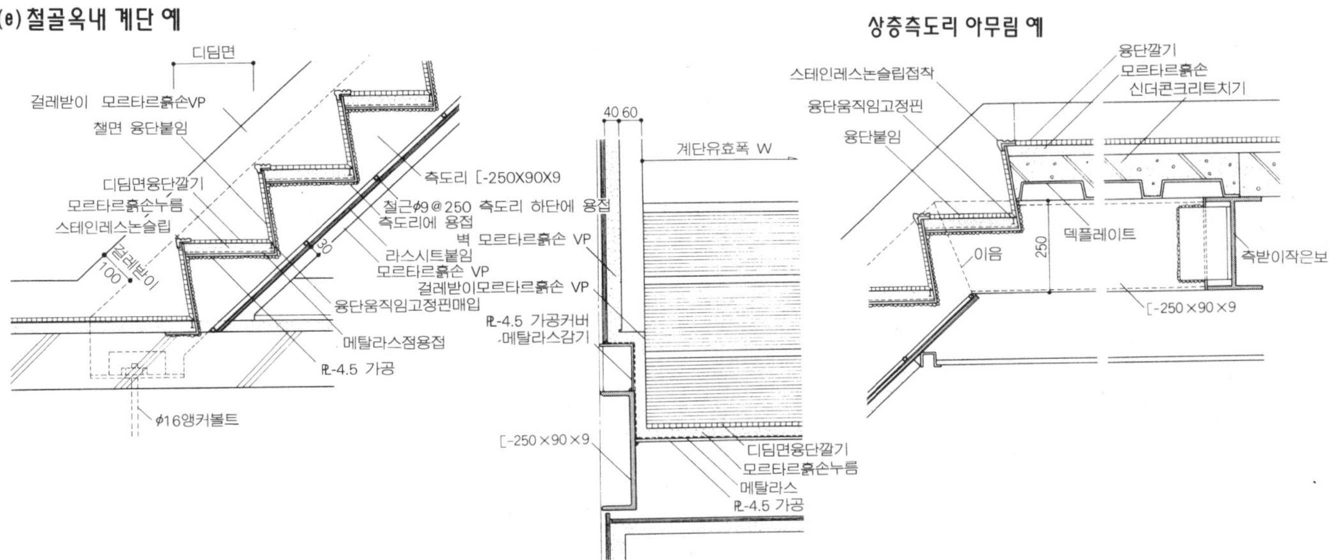

(f) 디딤면 : 프리캐스트판 연결 계단 예

(g) 디딤면 : 체커플레이트판 연결 계단 예

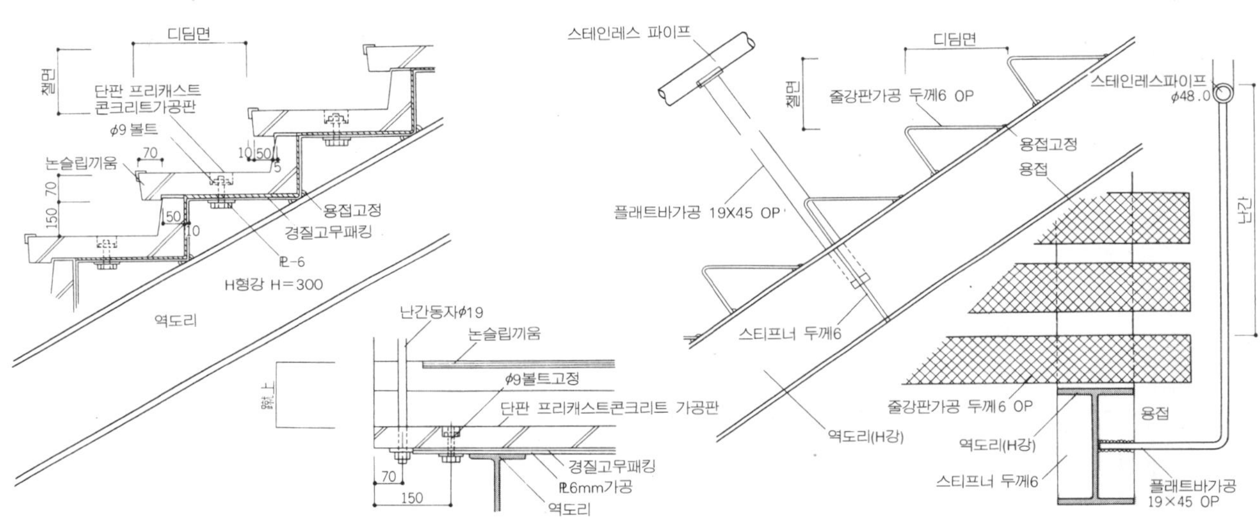

(h) 디딤면 : 모르타르채움 타일 마감판 연결 계단 예

(i) (g)의 디딤면 챌면연속

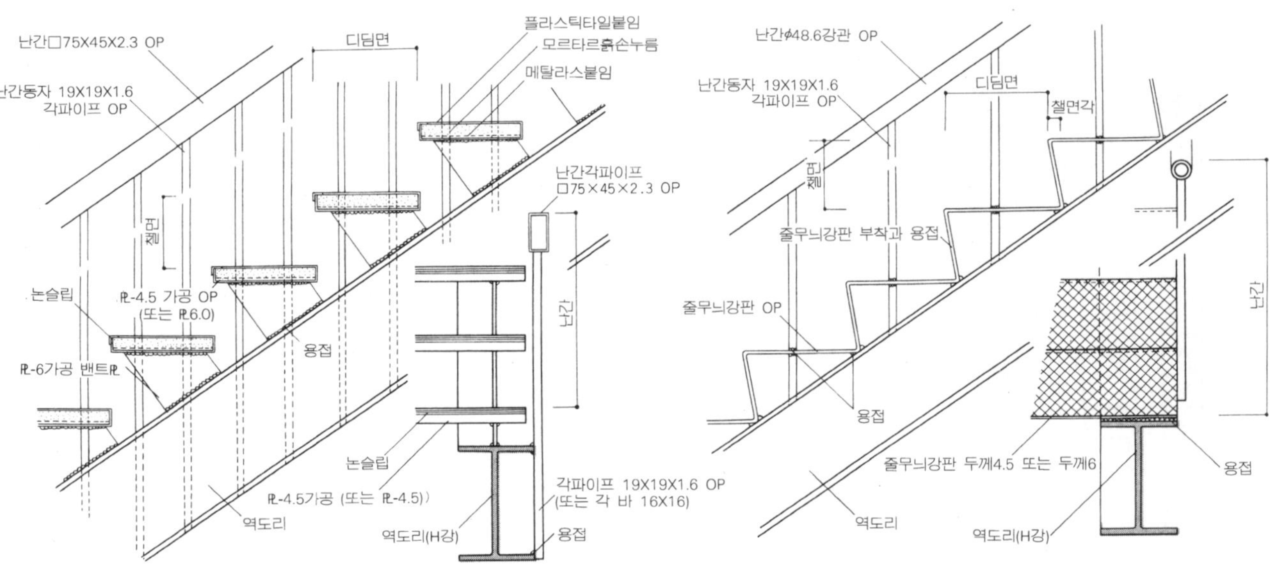

나선계단

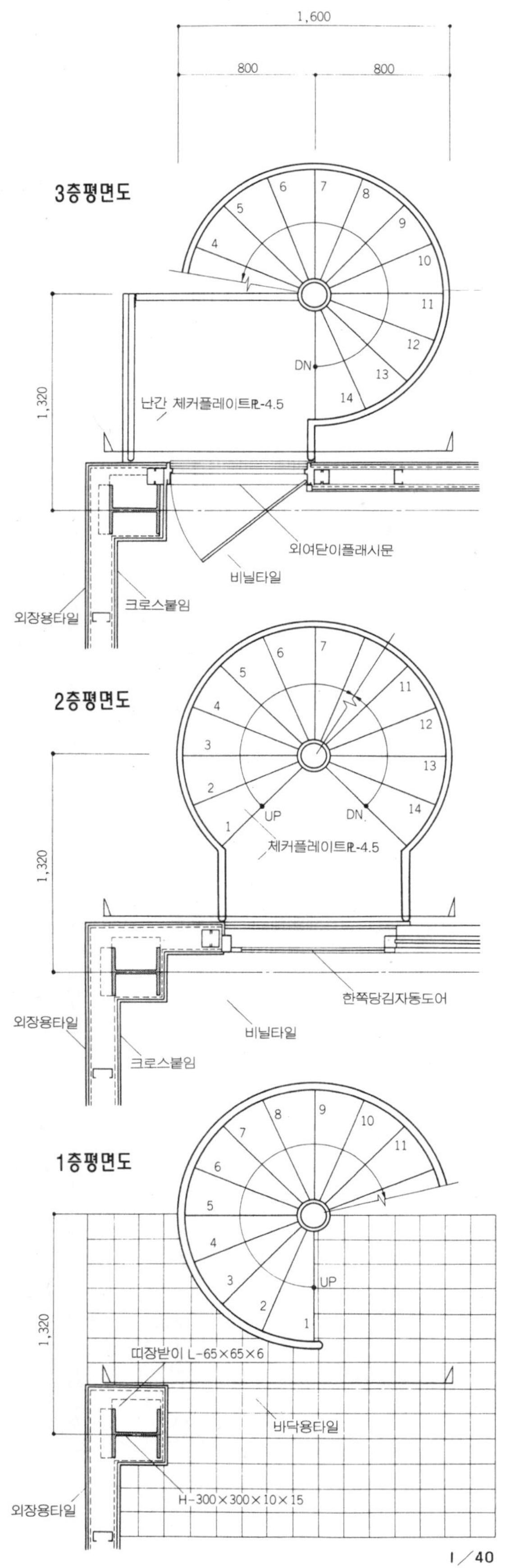
1,600
800
800
3층평면도
난간 체커플레이트PL-4.5
1,320
DN
외여닫이플래시문
비닐타일
크로스붙임
외장용타일
2층평면도
UP
DN
체커플레이트PL-4.5
1,320
한쪽당김자동도어
비닐타일
외장용타일
크로스붙임
1층평면도
UP
1,320
띠장받이 L-65×65×6
바닥용타일
H-300×300×10×15
외장용타일
1/40

참고도 단면

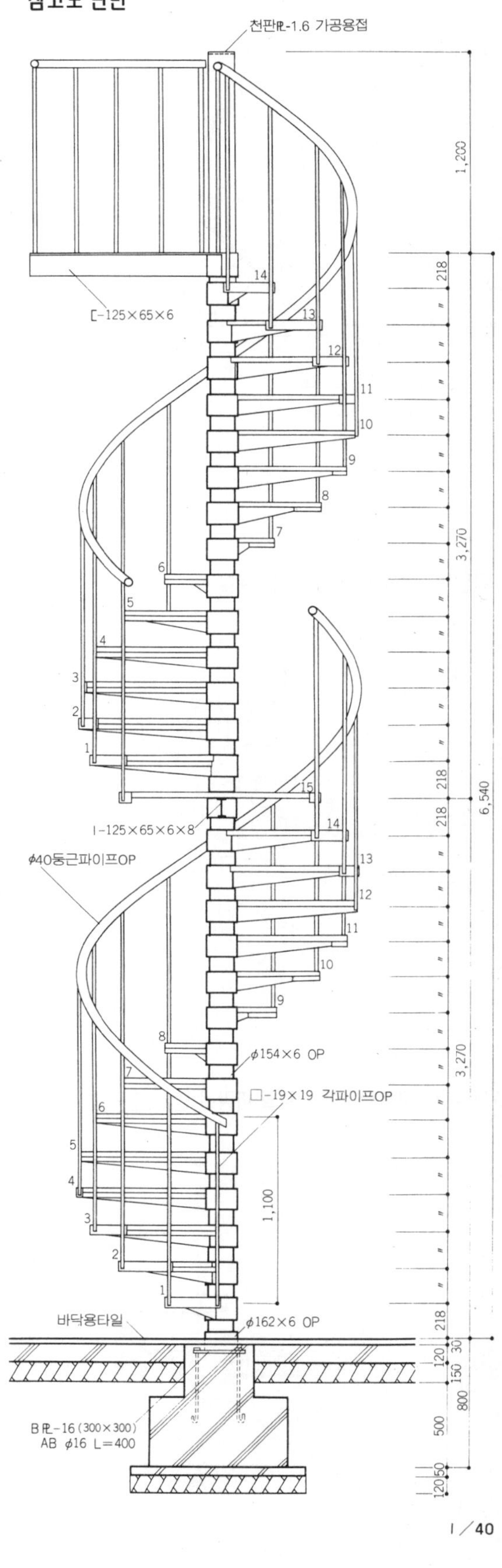
천판PL-1.6 가공용접
[-125×65×6
1,200
218
3,270
6,540
I-125×65×6×8
φ40둥근파이프OP
φ154×6 OP
□-19×19 각파이프OP
1,100
바닥용타일
φ162×6 OP
BPL-16 (300×300)
AB φ16 L=400
1/40

난간 · 논슬립

난간 : 일부 예

60
30
난간 각파이프
60×30×2.3
용접그라인더마감

비스고정 또는 선용접
강관 48.6X3.5t
각 바

각바 비닐제캡
비스고정
FB-38×9
FB-50×9
FB-75×9

지주 및 난간동자
각바 14X14~19X19
@100~150
용접그라인더마감
옆도리

50
90
알루미늄압출형재
t4.5~6

비닐제 캡
FB38×9
FB50×9
FB75×9
비스고정

45
75
각파이프
75×45×2.3
용접그라인더마감

50
타원파이프
용접그라인더마감

50
75
견목적층재
비스고정
플래트바 38X9

논슬립 아무림 예

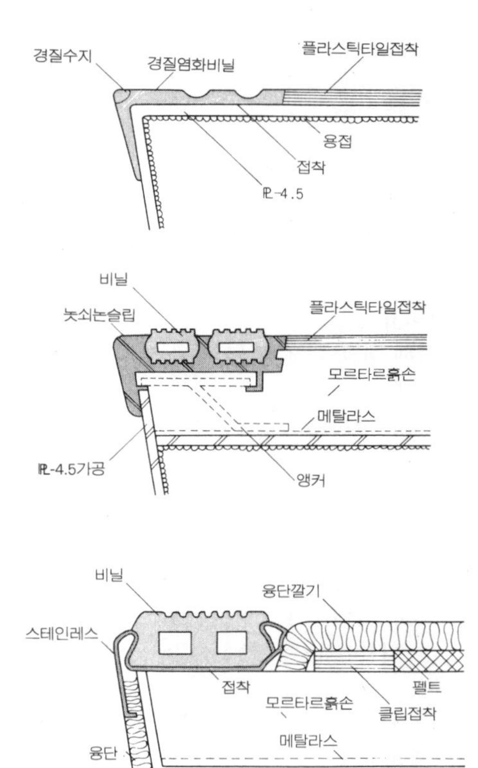

최근 도시의 과밀화 경향에 따라 건축물도 거대화, 고층화, 집합화, 다양화의 양상을 보이므로, 일단 화재가 발생하면, 그 피해 규모도 증대할 뿐이다. 화재의 대책은 도시방재계획을 기반으로 하여 밀집한 개개의 건물의 방화성을 시가지 건설에 눈에 띠는 중소규모 철골조의 방화성은 강재의 비내화성이라는 결점을 갖는 만큼 만전을 기해야 한다.

건축법 및 동 시행령에서는 도시와 건축의 방화규정을 다음과 같이 구분한다.

① 지역 또는 규모에 의한 방화 규정
② 특수건축물에 대한 방화 규정
③ 방화에 관한 구조 규정
④ 내화 구조의 구분
⑤ 방화재료에 관한 규정
⑥ 내장제한에 관한 규정

①은 방화상의 지역별과 건물규모(층수와 연면적)에 의한 구조종별 규정

②는 각종 특수 건축물별과 건물규모(용도에 해당되는 층과 바닥면적의 계)에 의한 구조종별 규정

③은 내화 건축물 간이 내화 건축물의 주요 구조물별의 구조 규정

④는 건축물의 층수별 각 부위별로 내화시간에 의한 구조구분

⑤는 재료를 법정방화성능별로 불연재료, 준불연재료, 난연재료로 규정한다.

⑥은 건축물의 용도별, 또는 구조별로 적용되는 조건을 붙여서 내장에 사용하더라도 좋은 허용 재료를 지정한다.

방화에 관한 구조규정

건물은 법규로 정해진 방화성능상 내화건축물, 간이 내화 건축물-Ⓐ외벽내수 건축구조물 Ⓑ불연구조건축물, 방화구조건축물 기타로 구분된다.

내화건축물

보통 화재에 대해서 충분히 견디는 구조의 것으로 도시방화면에서도 큰 의의를 갖는다. 따라서 전술한 방화규정 ①과 ②에 의해 내화구조로 하지 않으면 허가되지 않는 건축물이 규정되어 있다. 내화 건축물이란 주요 구조부를 내화 구조로 하고 연소의 우려가 있는 부분의 외부 개구부에 을종 방화문이나 방화설비를 설치한 것이다.

간이 내화 건축물

간이 내화 건축물의 구조 규정은 2종류가 있다.

Ⓐ 외벽 내화 구조 건축물

외벽을 내화 구조로 하며, 지붕은 연소할 우려가 있는 부분을 내화구조나 방화구조로 하고, 다른 부분을 불연재료로 만들던가 이은 것으로 외부 개구부중 연소할 우려가 있는 부분에 을종방화문을 설치한 것. 즉, 외벽이나 지붕 등의 외주만을 방화적으로 하고 옥내는 규정하지 않은 구조로 보통 목조 건축물의 간이 규정이라 부르는 것이다.

Ⓑ 불연 구조 건축물

주요구조부중 기둥·보를 불연재로로 다른 주요 구조부를 불연재료 혹은 준불연 구조로 만들며 연소의 우려가 있는 부분의 외벽을 방화구조, 3층 이상의 것은 바닥을 내화 구조나 방화 구조, 지붕은 불연구조로 이으며 써까래, 지붕널등을 불연재료나 준불연재료로 한 것으로 외부 개부는 Ⓐ에 준한다. 즉, 건축물 전체에 방화성을 갖게하는 점에서 Ⓐ와 다르다. 일례로서, 기둥과 보는 철골조로 다른 주요 구조부는 불연 재료로 만들며 연소의 우려가 있는 부분의 외벽은 법정방화성능을 가진 구조로 하고, 보통 철골조 건축물의 간이규정이라 부르는 것이다.

내화 구조

내화 구조는 일반적으로 철근 콘크리트조, 벽돌조 중의 구조이며, 건물의 부위별·층별로 법규상 규정된 내화성능을 가진 것이다. 이 성능은 계단을 제외하고 보통 화재시의 파열에 몇시간 견딜수 있느냐 하는 내화시간을 기준으로 하여 최상층부터 층수에 따라 부위별로 3시간에서 30분까지의 내화시간이 정해져 있다.

방화 구조

방화 구조는 내화 구조에 다음가는 방화 성능을 갖는 구조로 불연재료 등의 바탕별 규정이 이루어지고 있다. 철망모르타르바름, 회반죽바름 등이 일반적인 것으로 보통 화재시의 화열에 20분에서 30분까지 견딜수 있는 것을 방화 구조로 인정한다.

방화 구획

내화 건축물, 간이 내화 건축물에 대한 방화 구획의 규정이 있다.

내화 피복

보통 강재는 고온이 되면 탄성계수와 항복점이 급격히 저하하여 응력도가 약화한다. 화재시 건물의 가구강재가 부담하는 응력에 대하여 역학적으로 대응이 불가능할 때 가구체는 변형이나 좌굴의 현상을 일으킨다. 따라서 강재에 규정의 내화성능을 갖게 하자면, 내화 피복의 조치가 필요하다. 내화 피복은 내화 시간에 의해 구분되며 상세한 것은 건설부고시에 지정되어 있다. 피복재로서 일반적인 것으로 암면뿜칠, 석면록울, 내화피복판, 석면규산칼슘판, 질석석면시멘트판, 경량기포 콘크리트판, ALC판(두께 25, 50, 75) 등이 있으나 메이커 제품을 사용하는 경우, 지정 내화 구조의 인정품이라는 것을 확인해야 한다.

또 내화피복은 cost면의 큰 영향을 주고 규모가 작은 건물일수록 비싸게 되므로 건물 규모에 따라 구조별을 선택하여 cost의 합리화를 도모해야 한다.

방화에 관한 재료·규정

화재의 연소를 최소한으로 멈추게 하자면, 내장재와 불연성이 큰 요소가 된다. 화재직후의 연소는 발화물의 주변에서만 그치나 차츰 범위가 확대하여 발생한 가연성 가스는 천장면에 체류한다. 잠시 천장재의 인화와 함께 체류 가스는 큰 불꽃을 내어 실내 전체에 만연하여「플래시오버」현상이 생긴다. 착화에서 이 시점까지가 초기소화와 피난의 기회가 된다. 법정방화인정재료에는 다음 3종류로 나눌 수 있다.

불연 재료

보통 화재시의 온도(600℃이상)에 대해서 용융·과열은 되어도 연소치 않고 방화상 유해한 변형, 균열 기타의 손상을 일으키지 않고 실내에 사용할 때는 유해한 연기나 가스를 발생하지 않는 것을 말하며 콘크리트, 벽돌, 석면 슬레이트, 모르타르 등 일반적인 무기질의 재료이다.

준불연 재료

불연 재료에 준하는 방화성능을 가진 인정 준불연 재료로 보통 화재에 있어서 10분간 화열(600℃이상)에 대해서 유해한 연소를 일으키지 않는 것을 말하며 목모시멘트판(두께 12mm이상), 석고판(두께 6mm이상) 등이 있다.

난연 재료

난연처리로 가공한 인정 난연재료로 내장재로만 인정되며 보통 화재에 있어서 10분간 화열(약 500℃)에 대해서 크게 연소를 일으키지 않고 특히 발연하지 않는 것을 말한다.

내화피복

기둥 • 뿜칠석면(통칙 지정)

1 時間耐火 t=30mm
2 時間耐火 t=45mm
3 時間耐火 t=60mm

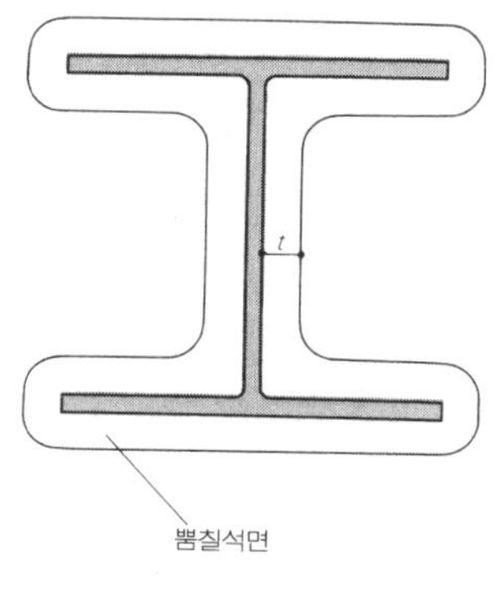

기둥 : 규산칼슘판(통칙지정)

1 時間耐火 t=25mm
2 時間耐火 t=40mm
3 時間耐火 t=55mm

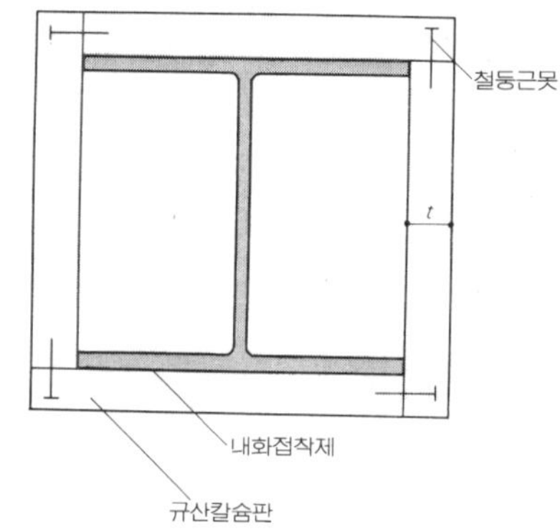

기둥 : 철망권석 모르타르((개별지정)

1 時間耐火 t=25mm
2 時間耐火 t=45mm
3 時間耐火 t=55mm

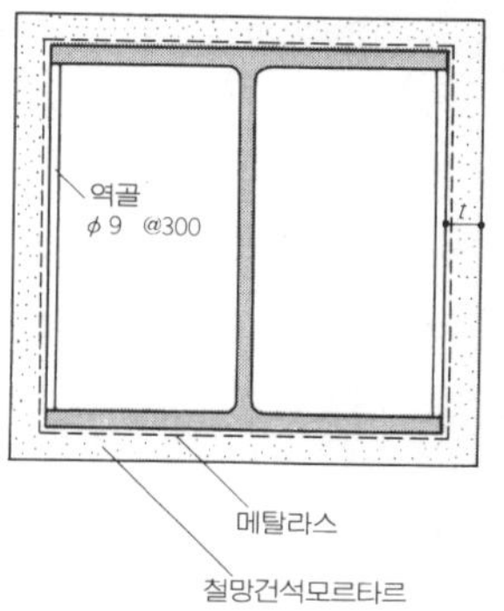

기둥 : ALC판(개별지정)

1 時間耐火 t=25mm
2 時間耐火 t=50mm
3 時間耐火 t=75mm

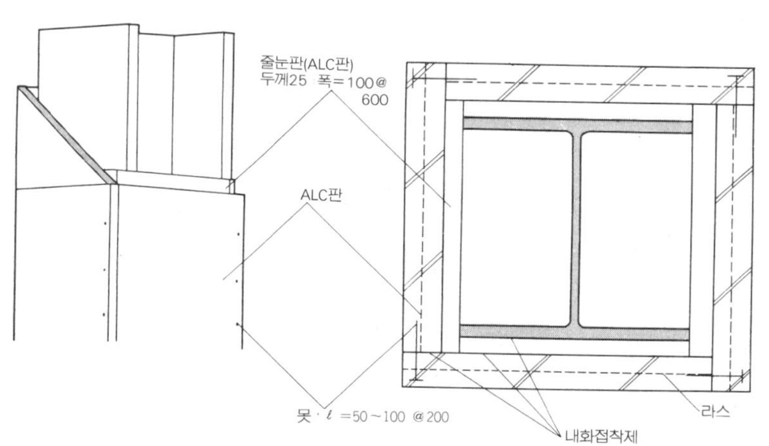

기둥 : 경량기포콘크리트판(개별지정)

1 時間耐火 t=50mm
2 時間耐火 t=60mm
3 時間耐火 t=80mm

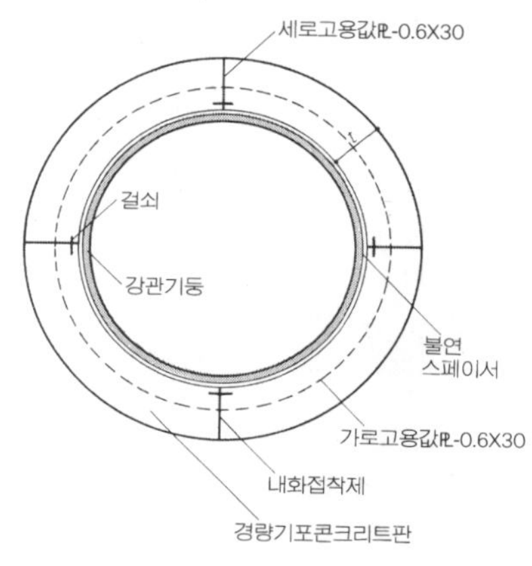

보 : 철망모르타르(일반지정)

1 時間耐火 t=40mm
2 時間耐火 t=60mm
3 時間耐火 t=80mm

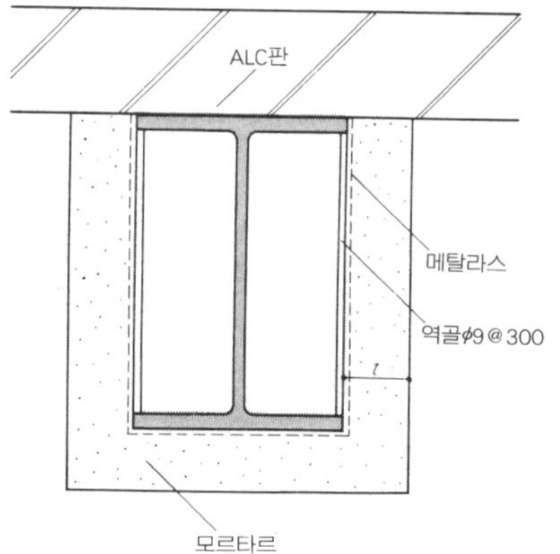

보 : 습식뿜칠록울(개별지정)

1 時間耐火 t=25mm
2 時間耐火 t=35mm
3 時間耐火 t=45mm

보 : 경량석고성형판(개별지정)

1 時間耐火 t=30mm
2 時間耐火 t=50mm
3 時間耐火 t=65mm

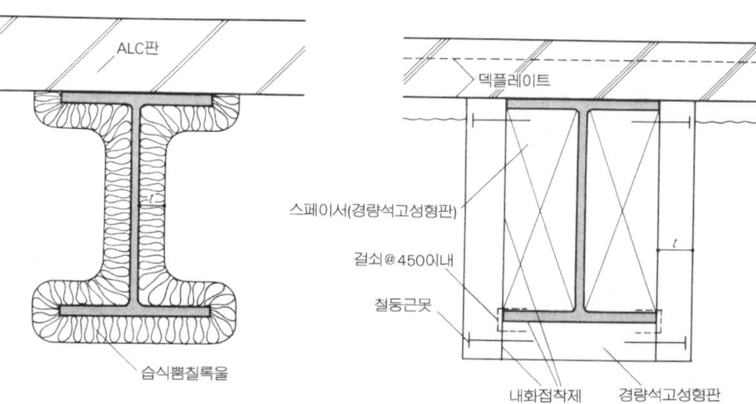

보 : 양면플렉시블보드붙임 기포콘크리트 패널(개별지정)

1時間耐火 $t=25$mm
2時間耐火 $t=35$mm
3時間耐火 $t=50$mm

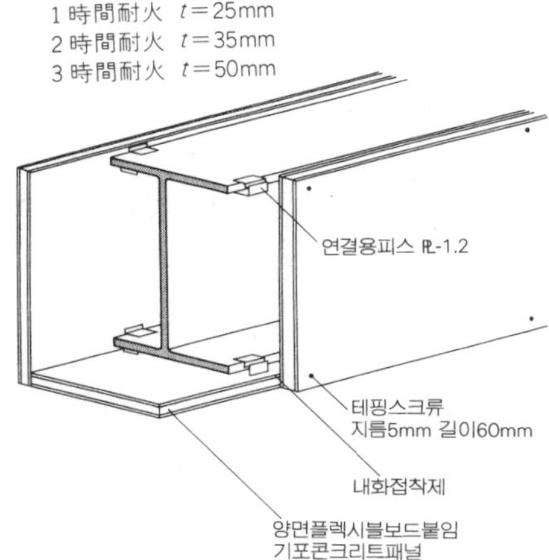

보 : ALC판(개별지정)

1時間耐火 $t=25$mm
2時間耐火 $t=50$mm
3時間耐火 $t=75$mm

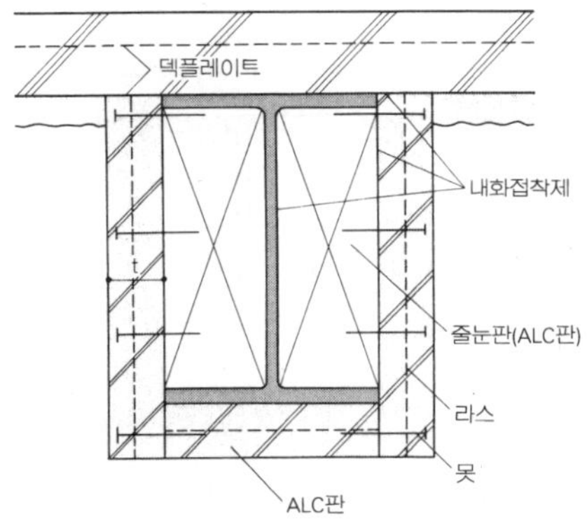

보 : 철망권석 플라스터(개별지정)

1時間耐火 $t=25$mm
2時間耐火 $t=35$mm
3時間耐火 $t=50$mm

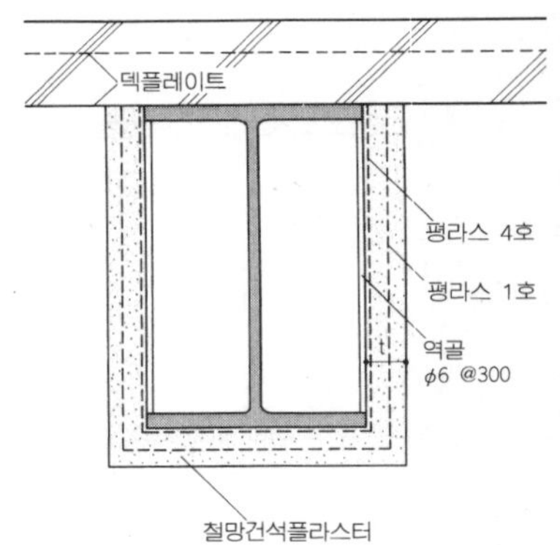

바닥 : 철망권석플라스터(개별지정)

1時間耐火 $t=20$mm
2 〃 $t=25$mm

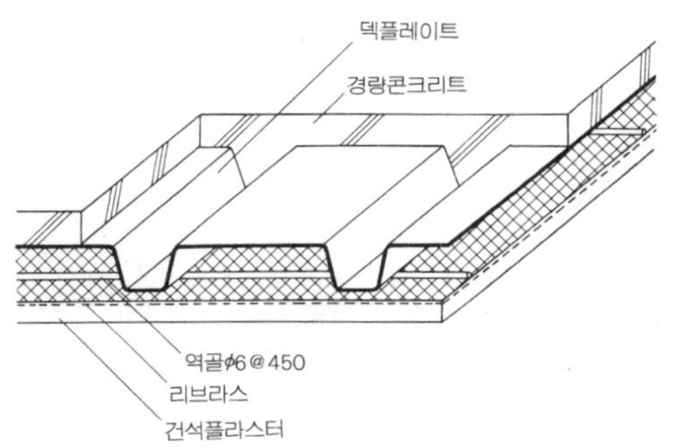

바닥 : 석면뿜칠(통칙지정)

1時間耐火 $t=15$mm
2 〃 $t=20$mm

바닥 : 철근입덱플레이트바닥(개별지정)

2時間耐火

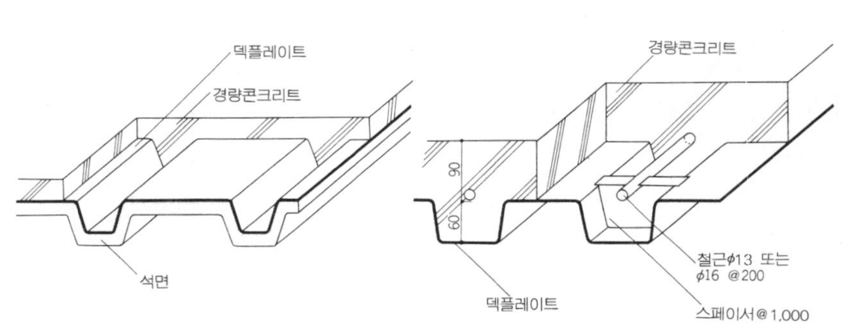

간막이 벽 : 철망모르타르(일반지정)

1時間耐火 $t=30$mm
2 〃 $t=40$mm

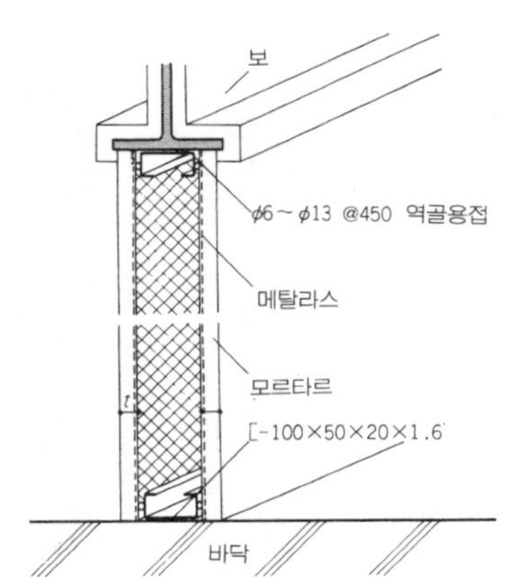

간막이 벽 : 석면슬레이패널 양면붙임(통칙지정)

1時間耐火 $t=25$mm
2 〃 $t=35$mm

외벽(비내화) : 양면석면슬레이트붙임 석고보드(통칙지정)

30分耐火 32mm
1時間耐火 44mm

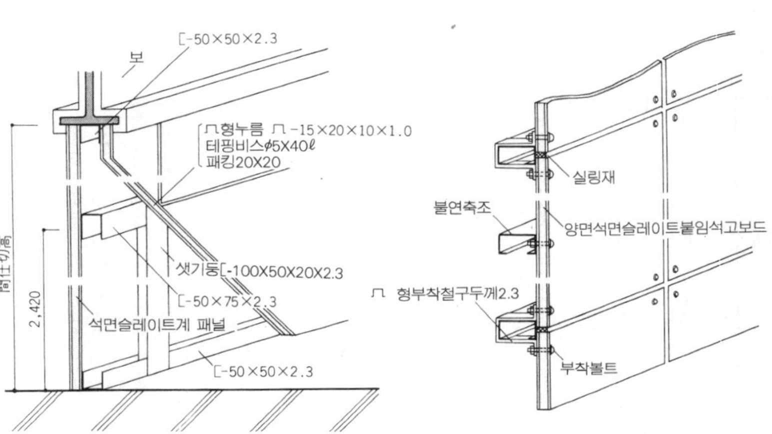

잡상세로서, 엘리베이터 주위, 익스팬션조인트, 드레인주의, 점검구, 피난구, 트랩 등에 대해서 기재한다.

엘리베이터 주위

건물의 고층화에 대해서 빌딩의 세로 root를 부담하는 교통기관으로서 엘리베이터는 건물의 동맥적 존재가 된다.

엘리베이터의 기본 계획은 건물의 용도, 층수, 수용인원, 이용시간, 이용집중률 등을 종합적으로 검토해서 배치, 대수, 케이지의 정원, 속도가 선정된다. 배치는 어느 출입구도 직결된 알기쉬운 위치에 집중하는 것이 포인트이며, 직선배치, 앨코브 배치, 대면배치 등 각 타입이 있다. 대수는 빌딩의 수용인원에 대한 엘리베이터의 수송 능력 비율을 기준으로 결정하지만, 개산하여 수용인원 200~300명에 1대다. 케이지의 정원은 만원시를 예상하여 대충 계획하고 케이지의 치수는 속깊이에 비례하여 개구가 넓은 것이 오르내리는데 편리하다. 속도는 보통 최단층의 사이를 직통으로 운전하는데 필요한 시간을 30초이내로 하는 규격속도를 선택한다. 엘리베이터는 동력별로 전력과 유압력으로 구분되며, 용도별로는 승용, 화물용, 인하공용, 침대용, 자동차용의 각종이 된다. 또 화물 배치 등의 상화 운반전용의 댐웨이터(리프트)가 있다.

엘리베이터는 로프식과 유압식에 의해 다르지만 상당한 하중부담을 건물에 의존하므로 구조적 check를 필요로 한다.

승강로가 철골 구조인 경우 주의 사항

① 철골 구조의 경우, 승강로 정면치수는 철근 콘크리트조보다 5~10cm가 크게 된다.

② 철골을 내화피복하기 위해 가이드 레일, 출입구 주위의 부품을 부착하기 때문에 패스너 두께 12가 필요하다.

③ 가이드레일 부착용 패스너의 피치는 2.8이하가 되도록 계획한다.

④ 승강로 치수가 특히 큰 경우는 중간빔이 필요하게 된다.

⑤ 엘리베이터 설치가 가능한 최소층 높이는 속도 45, 60m/분으로 2.5m, 90, 105m/분으로 2.6/이상으로 한다.

설계 계획에 대한 법규상의 주의 사항

승강로 관계

① 피트의 깊이, 정상부의 극간은 법규대로 확보한다.

② 직접엘리베이터의 운행에 관계없는 배관이나 배선의 금지

③ 승강로 정상부에 연기 감지기의 설치 의무

④ 승강로의 벽 또는 주위는 불연재료로 하던가, 피복하여 평활한 벽면으로 한다.

⑤ 피트에는 반드시 콘센트를 설치한다.

⑥ 피트에는 방수 공사를 실시한다.

기계실 관계

① 바닥 면적은 승강로의 수평 투영 면적의 2배이상으로 한다(유압식은 별도).

② 유효 천장 높이(또는 보하단)는 규격속도에 따라 규정치수이상으로 한다.

③ 엘리베이터의 기기발열량에 알맞는 강제 환기 설비와 채광용 창을 설치한다.

④ 연소할 우려가 있는 부분에 면하는 창은 을종방화문으로 한다.

⑤ 기계실 출입구 문은 시정장치 강제로 하고 W70cm×H 1.8m 이상으로 한다.

⑥ 엘리베이터에 관계없는 기기나 배관도 없도록 한다.

⑦ 엘리베이터 전용 기계실로서 통로 등을 병용하지 않는다.

⑧ 전원어스선, 연락용선의 인입을 한다.

⑨ 기계실에 통하는 계단의 챌판 23cm이하 단나비 15cm이상으로 하고 난간을 설치한다.

⑩ 기계실에 통하는 통로는 일반용의 계단에서 직접 통하게 하고 부득이 옥상 등을 경유하는 수평통로의 확보와 낙하방지의 난간을 계획한다.

높이 31m를 초과하는 건축물은 비상용 엘리베이터의 설치의무가 있다.

유압식 엘리베이터는 조작 방식에 의해 직접식(다이렉트식), 간접식(인다이렉트식)의 2종류가 있다. 그 특징을 들면,

ⓐ 유압식 엘리베이터는 유압관으로 power를 전달하므로 건물자체에 하중부담을 주지 않고 경량 철골조 빌딩에 적합하다.

ⓑ 로프식 엘리베이터와 달리 승강로 두부에 기계실을 필요로 하지 않기 때문에 높이제한 점에서 유리하며, 팬트하우스의 절약도 된다.

익스팬션조인트

익스팬션조인트는

① 길이가 긴 건물이 온도 변화에 따라 생기는 구조체의 팽창, 수축의 대책으로서,

② 중축이음을 예상치 않는 건물의 증축인 경우,

③ 다른 구조체의 건물을 접속시키는 경우,

지진이나 지반침하 등에 의한 유해한 영향을 상호에 미치지 않도록 하여 구조체를 완전해 분리된 부분이다.

철골조(유구조)와 철근 콘크리트조에서는 익스팬션조인트의 목적은 같으나 성질상으로 차이가 생긴다. 철골조는 철근 콘크리트조와 비교하여 수평하중시에 있어서 면위가 일반적으로 크고 수직하중시에 있어서도 미소한 신축이나 진동이 상호의 건물간에서는 진동되며 온도에 의한 영향도 고찰된다. 이상의 원인에 따라 철골조의 익스팬션조인트의 클리어런스는 구조역학적으로 산출된 변위량에 약간의 여유를 가산하여 결정해야 한다.

조인트의 디테일은 각 부위에 따라 여러 가지 아무림 방법이 있으나 특히 주의해야 할 개소는 누수의 원인이 되기 쉬운 지붕이나 외벽 등 외주의 조인트이다. 방수를 필요로 하는 디테일은 방수층의 덧바르기나 바르는 부분의 시방, 코킹재나 커버플레이트 등 사용 재료의 선택과 세부에 걸친 검토를 하여 후에 부식이나 파손에 의한 누수를 일으키지 않도록 완벽한 디테일의 설계가 중요하다. 건축용 실링재는 유성 코킹재, 탄성 실링재, 기타 등이 있으나 보통 코킹재라 부르는 것은 유성을 가리키며 새시 주위, 분열 보수 등에 사용한다. 유성 코킹은 탄성재에 비교하여 싸지만, 장기의 내구성에 결부되어 고온에 약하고 충격에 무르고, 조인트 movement가 큰 것으로는 부적당하다. 탄성실링재는 탄성실런트라고도 부르며 폴리살파이드계, 실리콘계, 폴리우레탄계, 아크릴계, 부틸계 등이 흔히 사용된다. 유성에 비교하여 고가이지만, 내구성이 좋다. 코킹재는 용도에 따라서 외부용과 내부용으로 구분되며 실링재는 용도에 따라 금속용, 콘크리트용, 유리용으로 내구성에 의해 일급, 이급으로 구분된다.

엘리베이터 주위

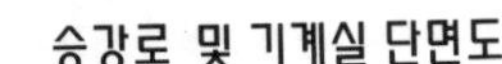

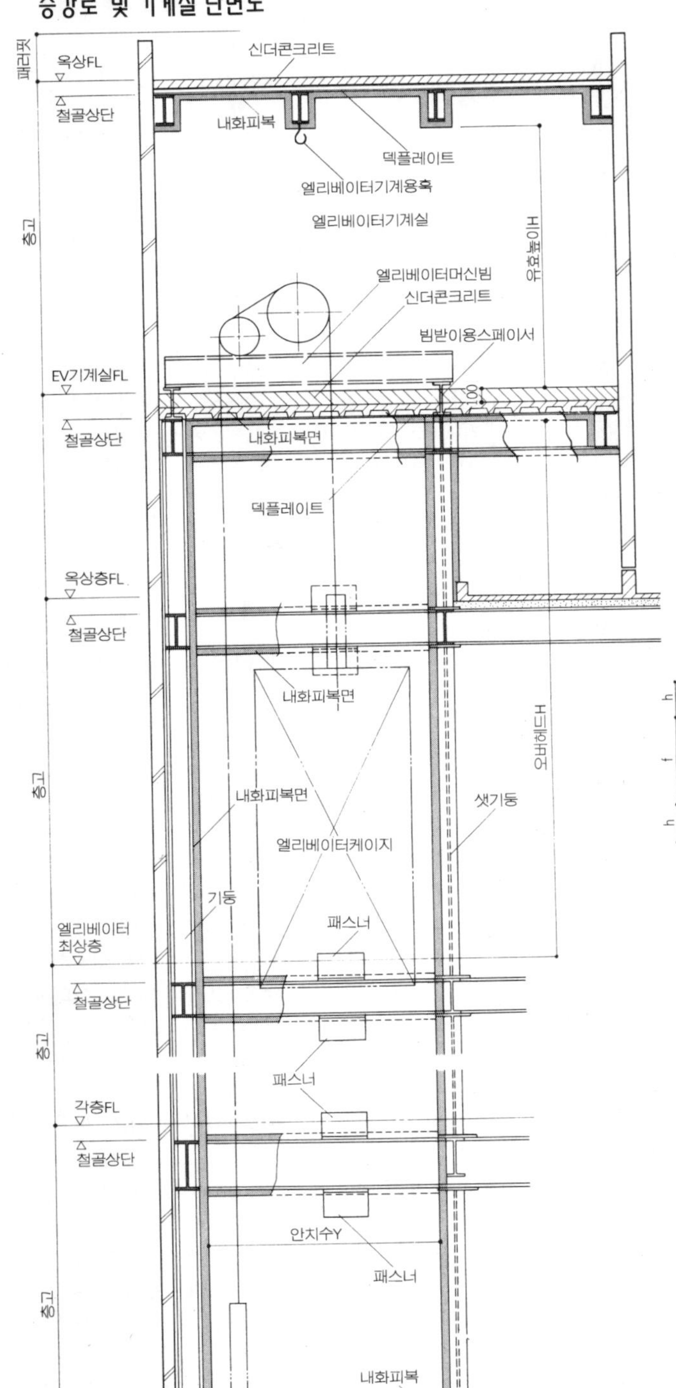

엘리베이터 기계실 평면상세도

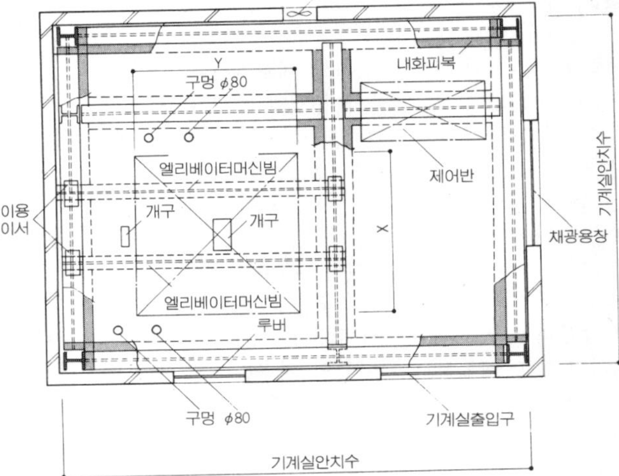

승강로 평면상세도

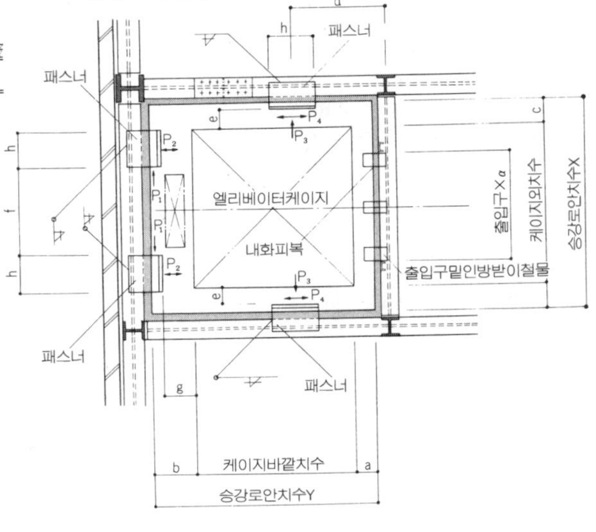

엘리베이터 기계실 및 승강로(샤프트)는 철골본기둥 및 샛기둥 등에 의해 그 전중량을 기초에 전달한다.

엘리베이터 기계실은 유압형의 경우를 제외하고 그 거의가 샤프트의 직상에 위치하여 기능상 계단실과 인접하여 팬트하우스를 구성하는 것이 일반적이다.

엘리베이터 기계실은 엘리베이터의 기종이나 그 용도에 따라서 그 규정에 의한 용적을 필요로 한다.

구조적으로 주의해야 할 점은 엘리베이터 기계하중, 제어반의 위치와 하중, 기계실 천장에 기계하중에 알맞는 달 hook의 검토 등이다. 승강로는 구조체에 내화피복을 한 나머지 부각의 방향에 하중을 받으므로 이에 견디는 강재를 부착한다.

윗그림 x, y, h(오버헤드, 피트) 및 $a \sim h$의 치수, 출입구삼방향틀의 받이재, 밑홈대의 받이재 등은 각각의 기종에 의해 타협한 다음 결정한다.

철골조 건물 전체로서는 엘리베이터 운전시의 진동이 영향을 미치지 않도록 충분히 주의하는 것이 중요하다.

엘리베이터 주위

2매문 중앙열림 엘리베이터 예(스테인레스 소틀, 석붙임 대틀 마감)

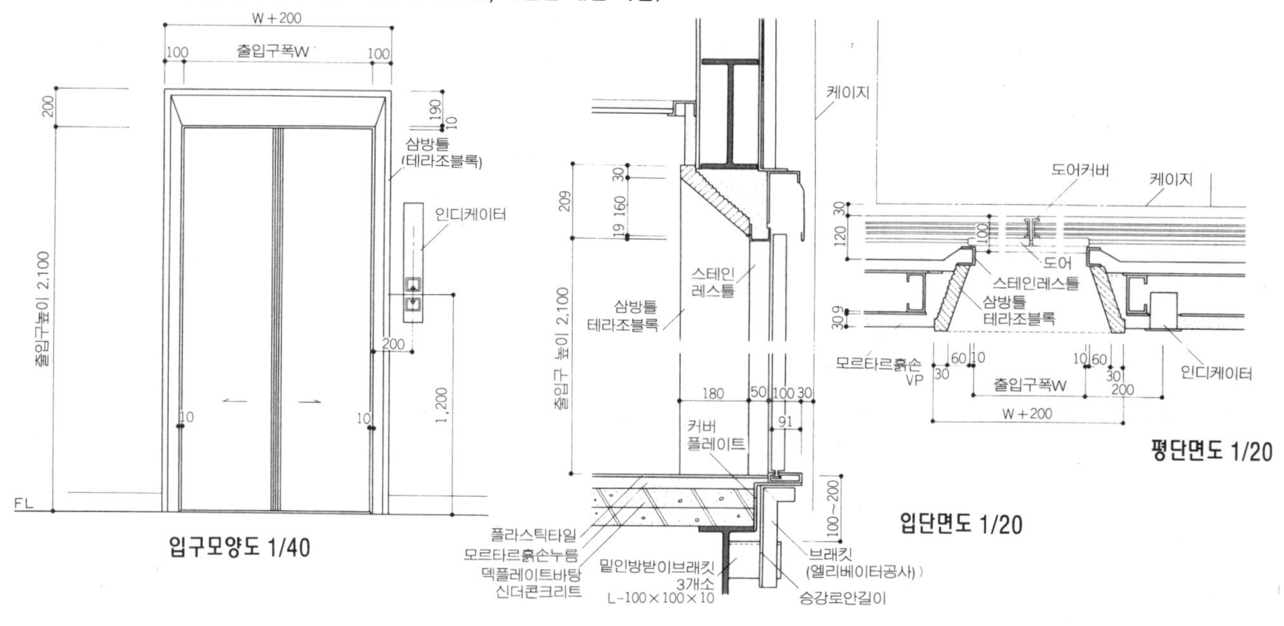

2매문 외열림 엘리베이터 예(스테인레스틀 마감)

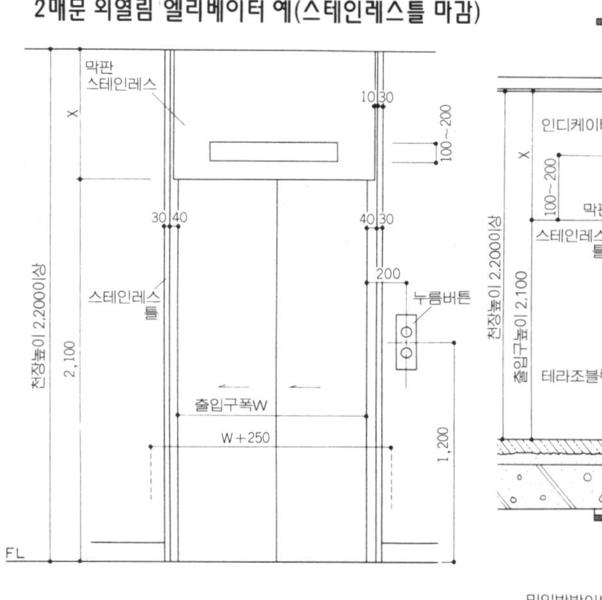

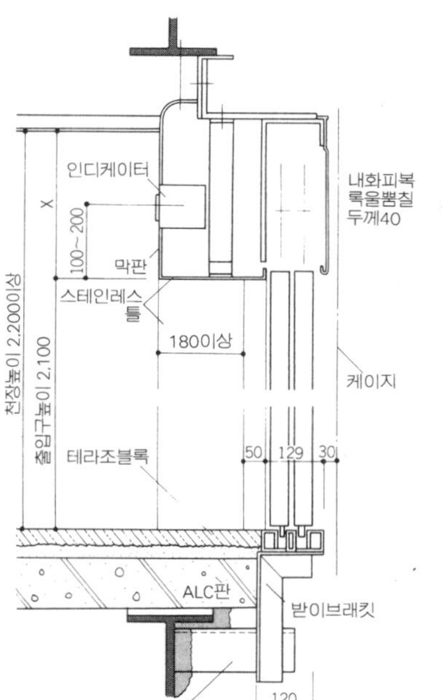

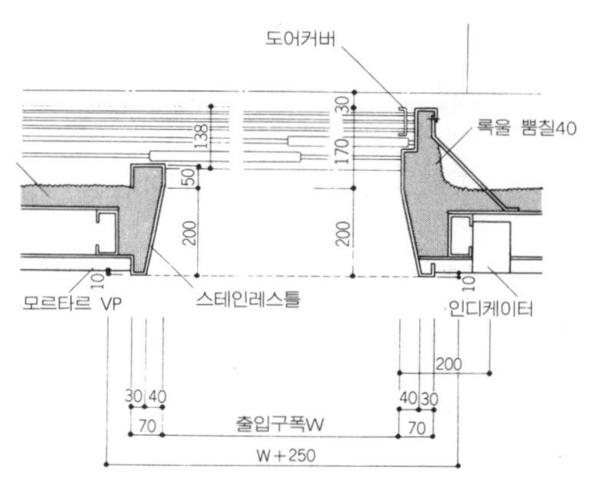

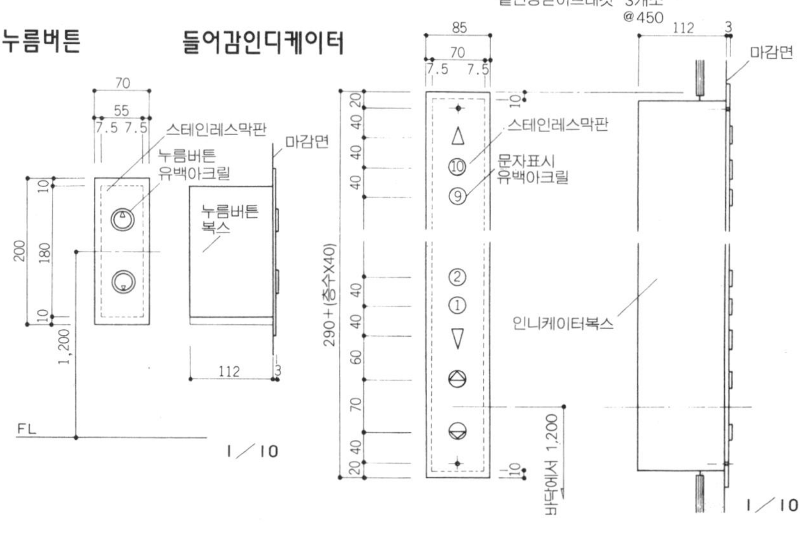

엘리베이터는 메이커에 의해 각부의 치수나 아무림이 다르므로 출입구틀의 마무림 방법도 엘리베이터의 제작도를 기본으로 시공 현치수도를 보고 결정한다. 출입구틀의 마무리는 엘리베이터 문짝과 같은 재료, 벽면과 동일한 마무리 대리석 테라조 블록의 석재사용 등 여러 가지가 있으나 빠놓기 쉬운 코너 부분의 처리는 특히 주의해야 한다. 승강로안 치수는 피트내 방수 마무리 후의 유효치수로 하고 피트내에 기초(핸치) 등이 나오는 경우는 유효깊이를 check한다. 또 피트내에는 점검용 콘센트를 설치한다. 기계실에 관해서는 실내온도가 40℃를 초과하지 않도록 환기설비를 하여 연소의 우려가 있는 곳은 방화댐퍼를 마련한다. 기계실 승강로내에는 승강기에 필요한 것 이외로 배관배선을 설치해야 하며 기계실에는 연기감지기를 마련할 것, 설비면에도 충분히 배려하여 설계해야 한다.

익스팬션조인트 옥상

노출방수

보행용방수

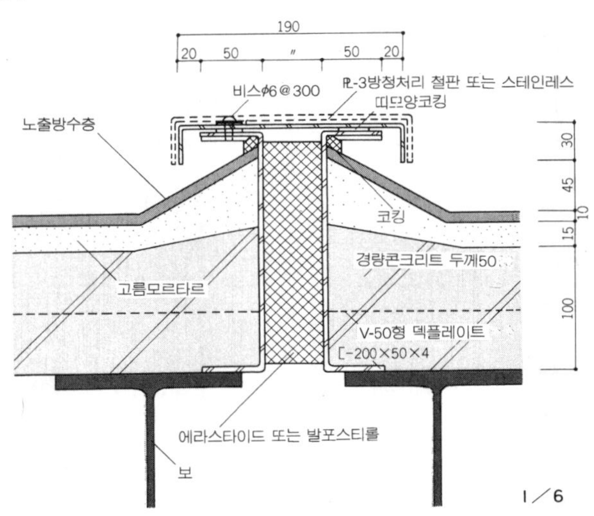

양생모르타르
누름콘크리트
보호모르타르
비스 φ6 @300
PL-3 방청처리 또는 스테인레스
띠모양 코킹
코킹
메탈라스
아스팔트방수층
경량콘크리트 두께50
고름모르타르
V-50형 덱플레이트
[-300×50×4.5
에라스타이트 또는 발포스티롤
1/6

외벽과 지붕 익스팬션

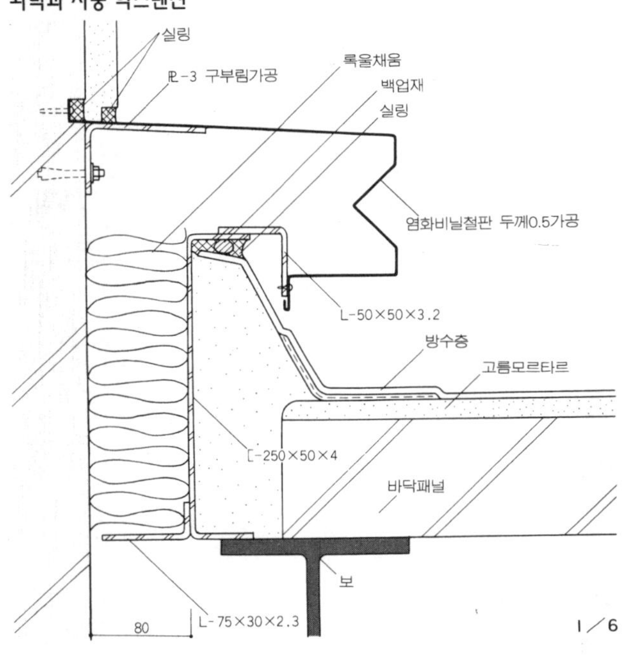

외벽과 외벽 익스팬션

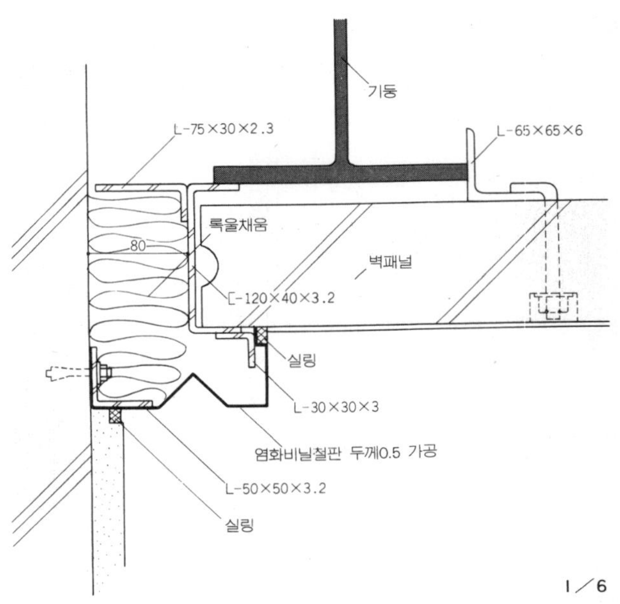

바름마감벽과 석고 보드 천장

석고보드천장

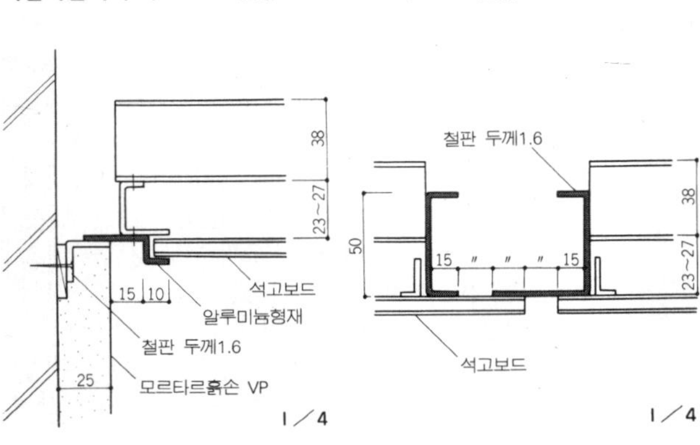

타일벽

바닥

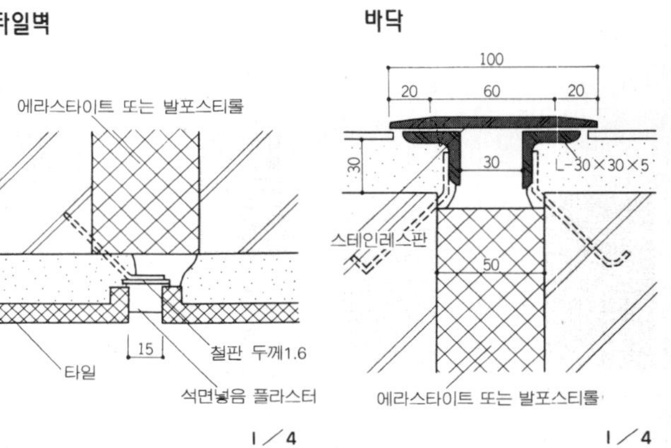

루프드레인

횡인형 루프드레인(a)

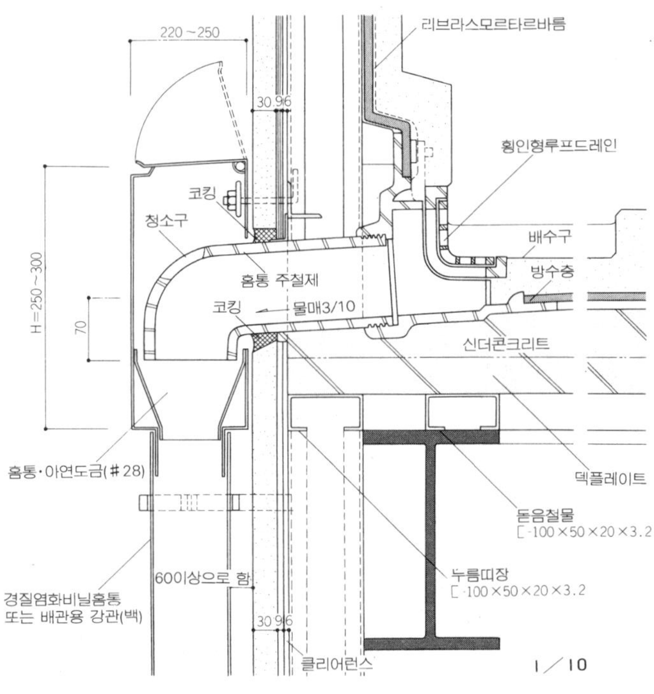

횡인형 루프드레인(b)

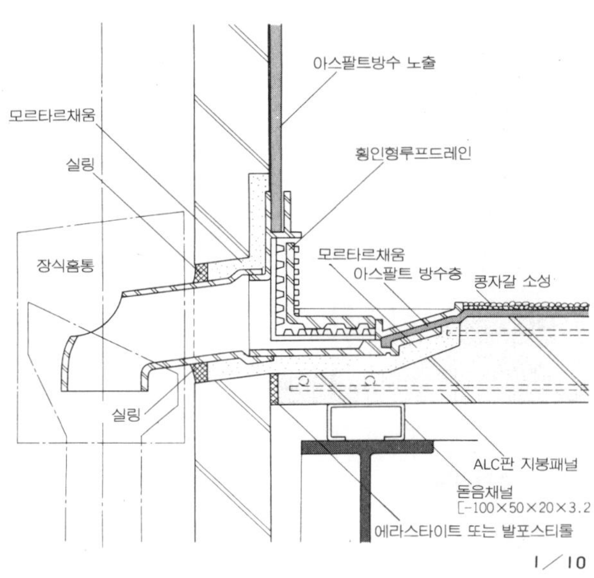

종형 루프드레인

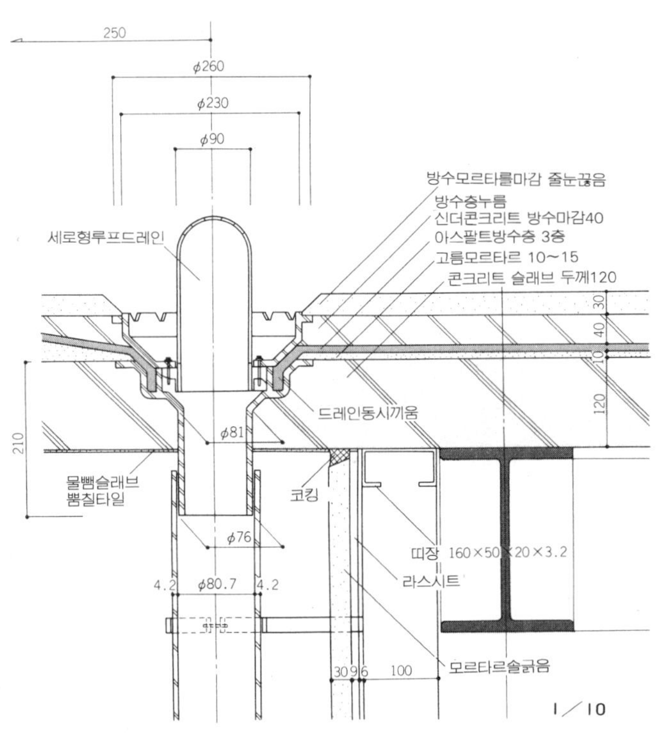

발코니 드레인

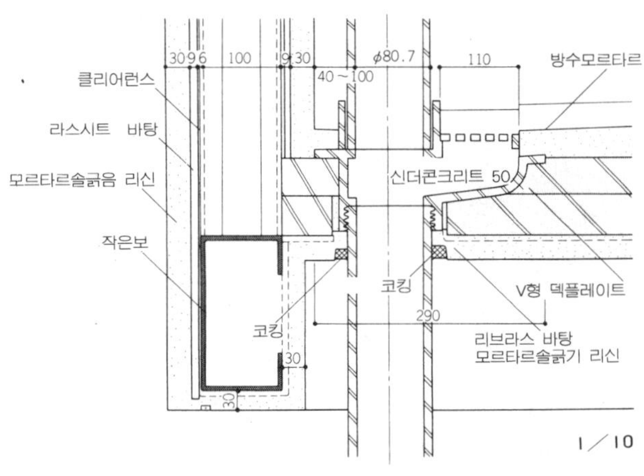

루프드레인에는 옥상용의 종형과 횡형 그밖에 채양, 발코니용으로서 플로어드레인, 중계드레인 등이 있으나 배수계통도 홈통의 위치와의 관계를 고려하여 선택한다. 부착 요령으로서는 모든 경우에 방수 공사전에 부착하며, 방수모르타르 등으로 고정하여, 바닥의 방수층을 드레인에 완벽하게 접속한다. 철골 구조에 있어서, 드레인, 깔대기홈통, 세로홈통에 대해서 시공상, 가급적, 구체관통의 형식을 피하는 편이 좋다. 콘크리트 슬래브 등의 드레인 부착에는 콘크리트 타설시에 동시에 타설해 둔다. 루프드레인의 하부 또는 배수관이 실내나 천장밑에 노출될 때는 결로하지 않도록 고려한다. 세로홈통의 위치는 기둥보다 벗어난 위치로 한다. 세로 홈통의 고정 철물의 피치는 1200~1500으로 장치해도 좋다.

잡상세

바닥 : 알루미늄 압출형재에 의한 홈 덮개

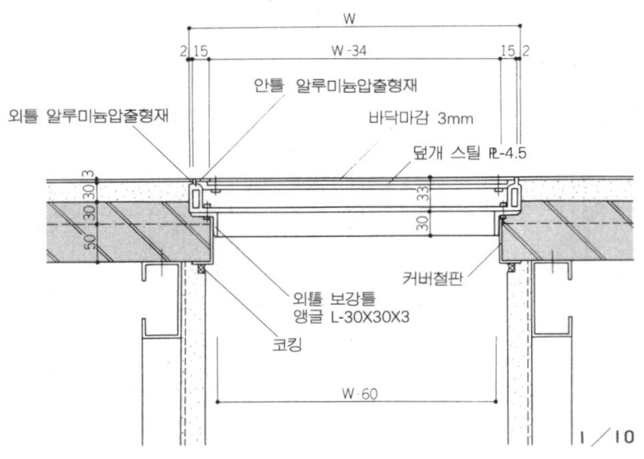

천장 : 알루미늄 압출형재에 의한 점검구

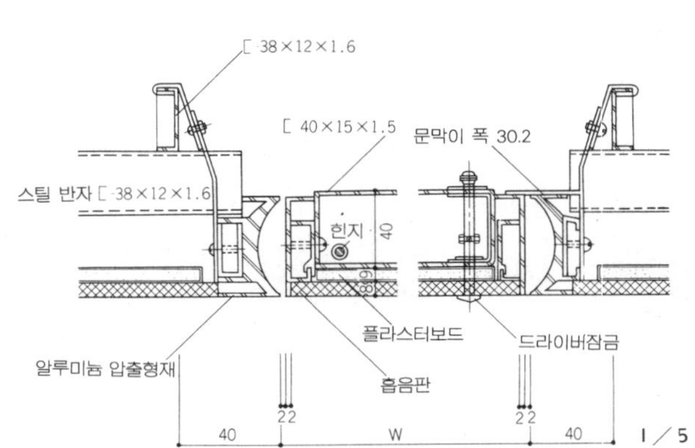

수직피난

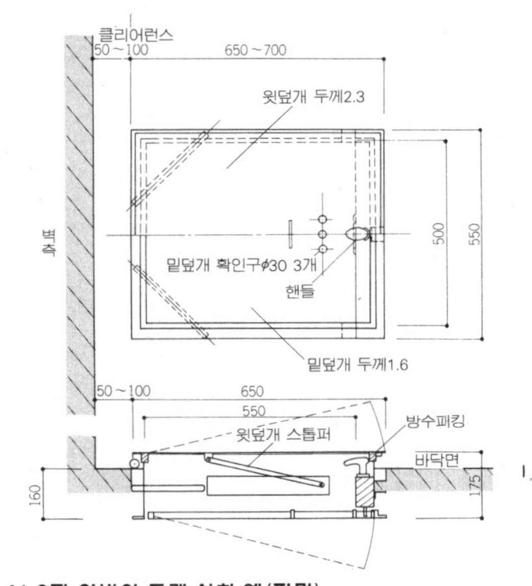

피난구 설치 예

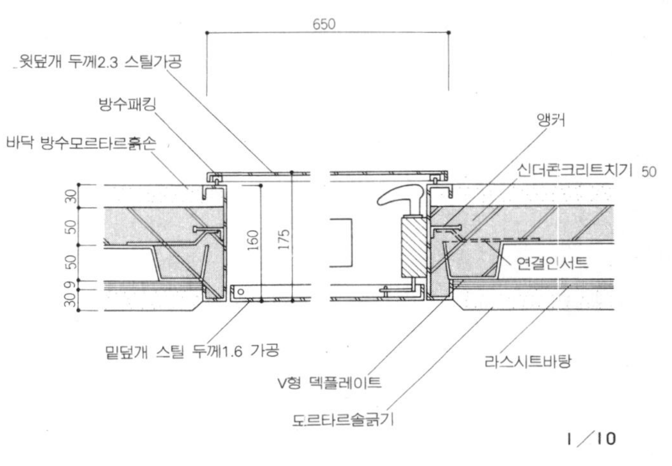

ALC판 외벽의 트랩 설치 예(평면)

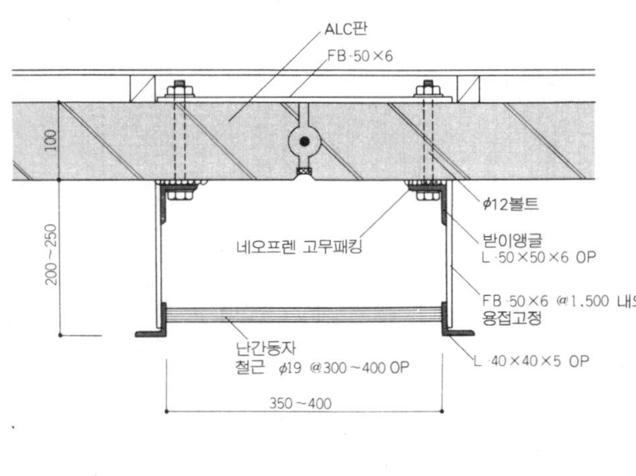

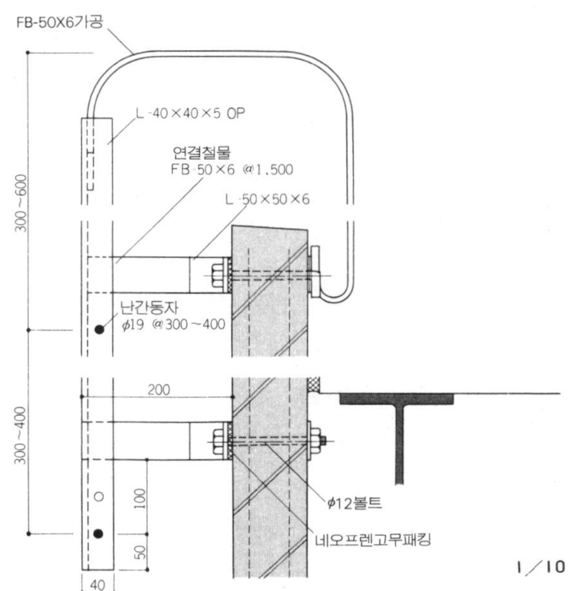

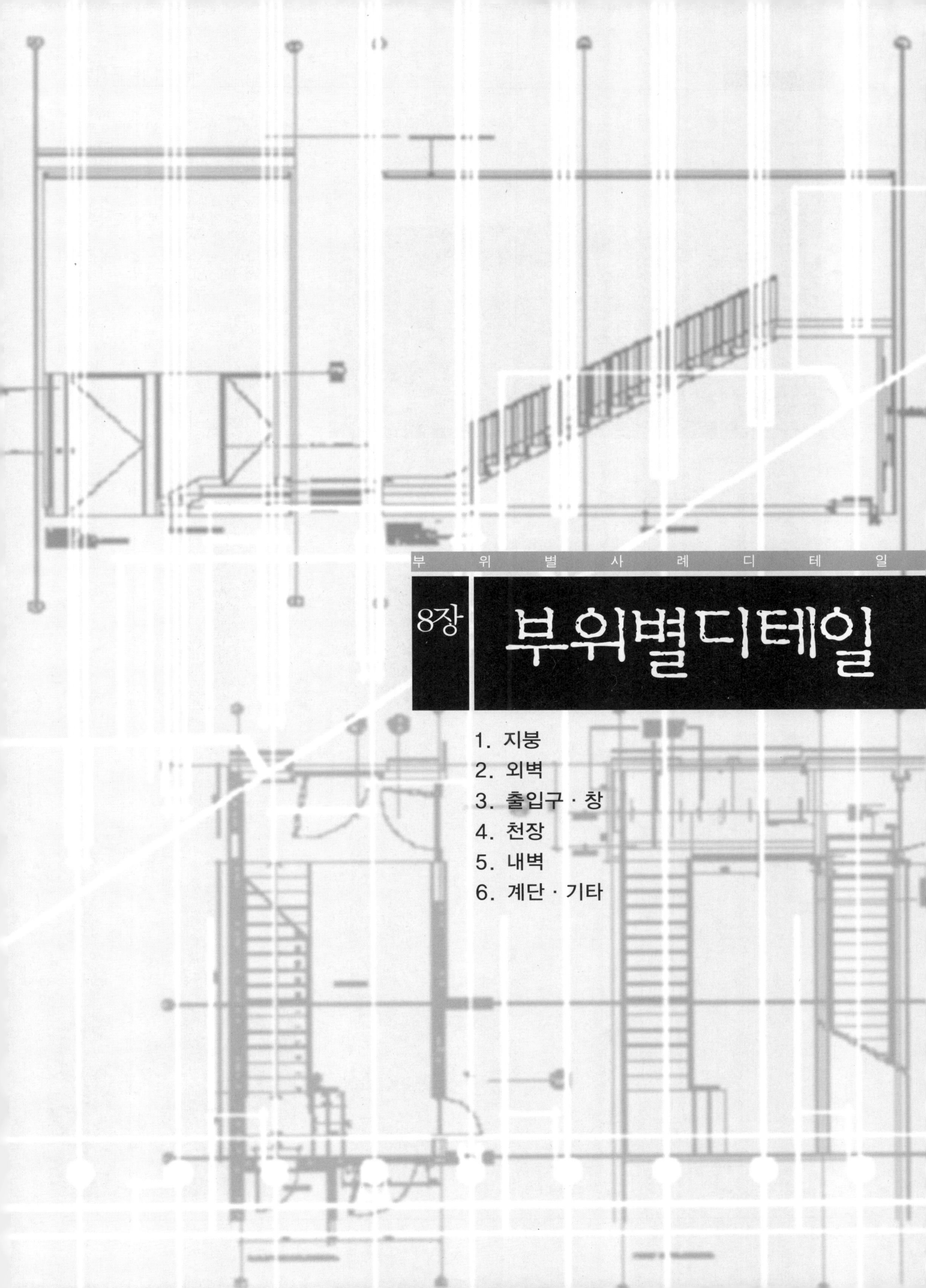

부 위 별 사 례 디 테 일

8장 부위별디테일

1. 지붕
2. 외벽
3. 출입구 · 창
4. 천장
5. 내벽
6. 계단 · 기타

지역의 너그러움과 소박함을 표현하기 위해 철골조에 의한 대형 지붕 가구 방식으로 하고 있다. 건축물 내부는 천장을 만들지 않고 철골 지붕을 드러내 대공간을 연출하고 있다. 주기둥에는 현지 생산의 경석을 거칠게 쌓아올리고 있다. 대형 지붕의 처마길이가 약 100 m로서 길고, 라인이 가지런히 정돈되어 처마 끝의 150mm 직전에서 기와가락을 멈추고, 일단 낙차를 두어서 그늘을 만들어 그것으로 끝을 평이기 해서 라인을 정돈하고 있다.

겨울은 지붕으로부터의 낙설에 의해 처마홈통이 파손되기 때문에 지지 부분의 2개의 볼트 중에서 1개를 떼어내고, 처마홈통을 회전시켜 겨울철 처마홈통의 설해에 의한 파손을 방지하고 있다.

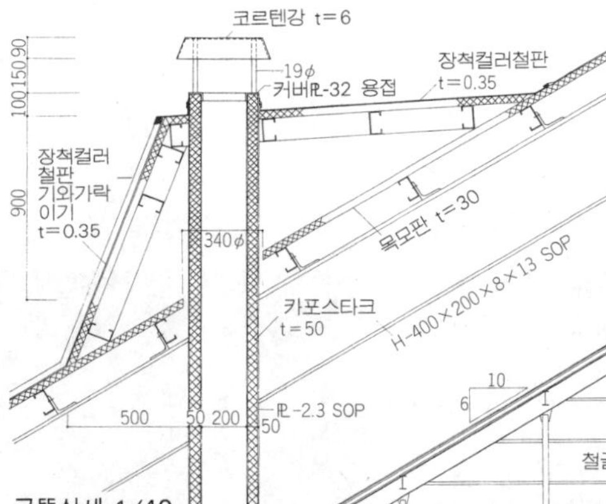

굴뚝상세 1/40

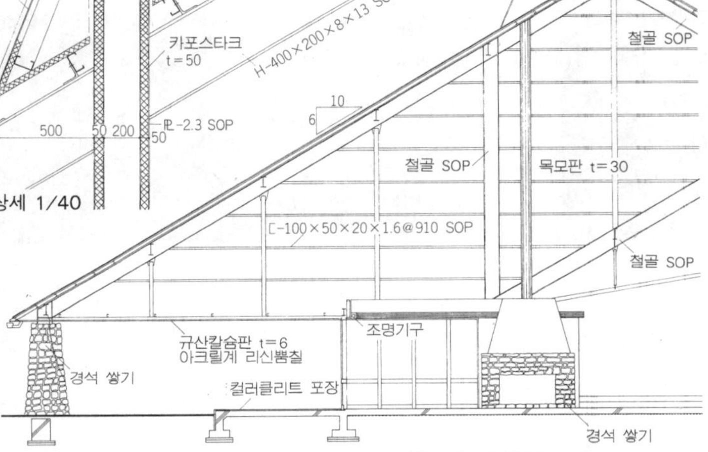

단 면 1/200

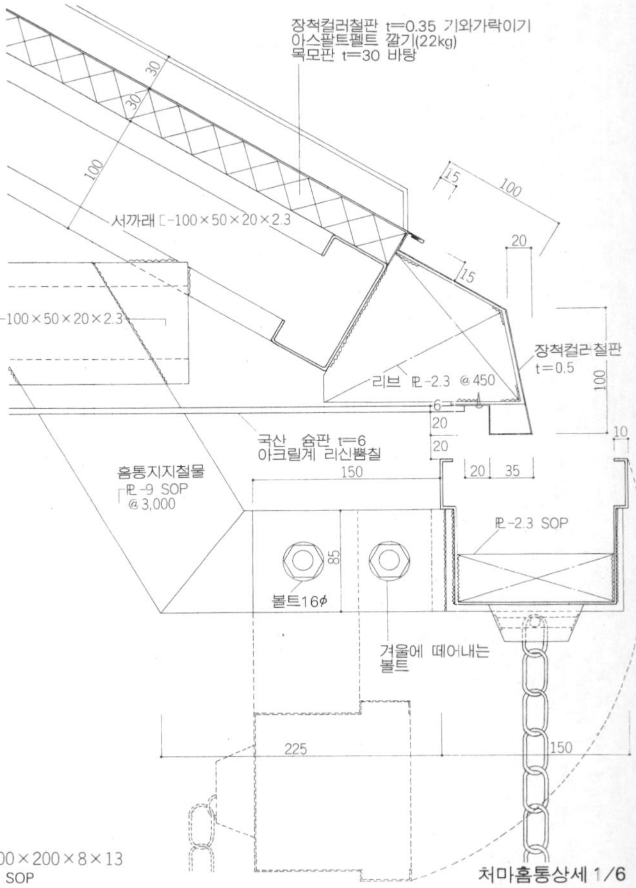

처마홈통상세 1/6

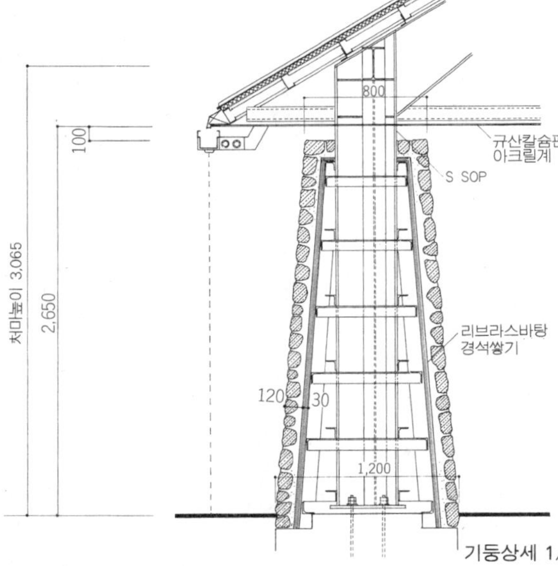

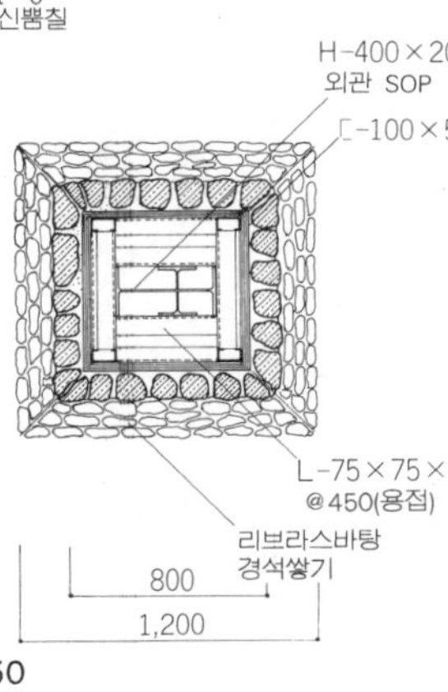

기둥상세 1/50

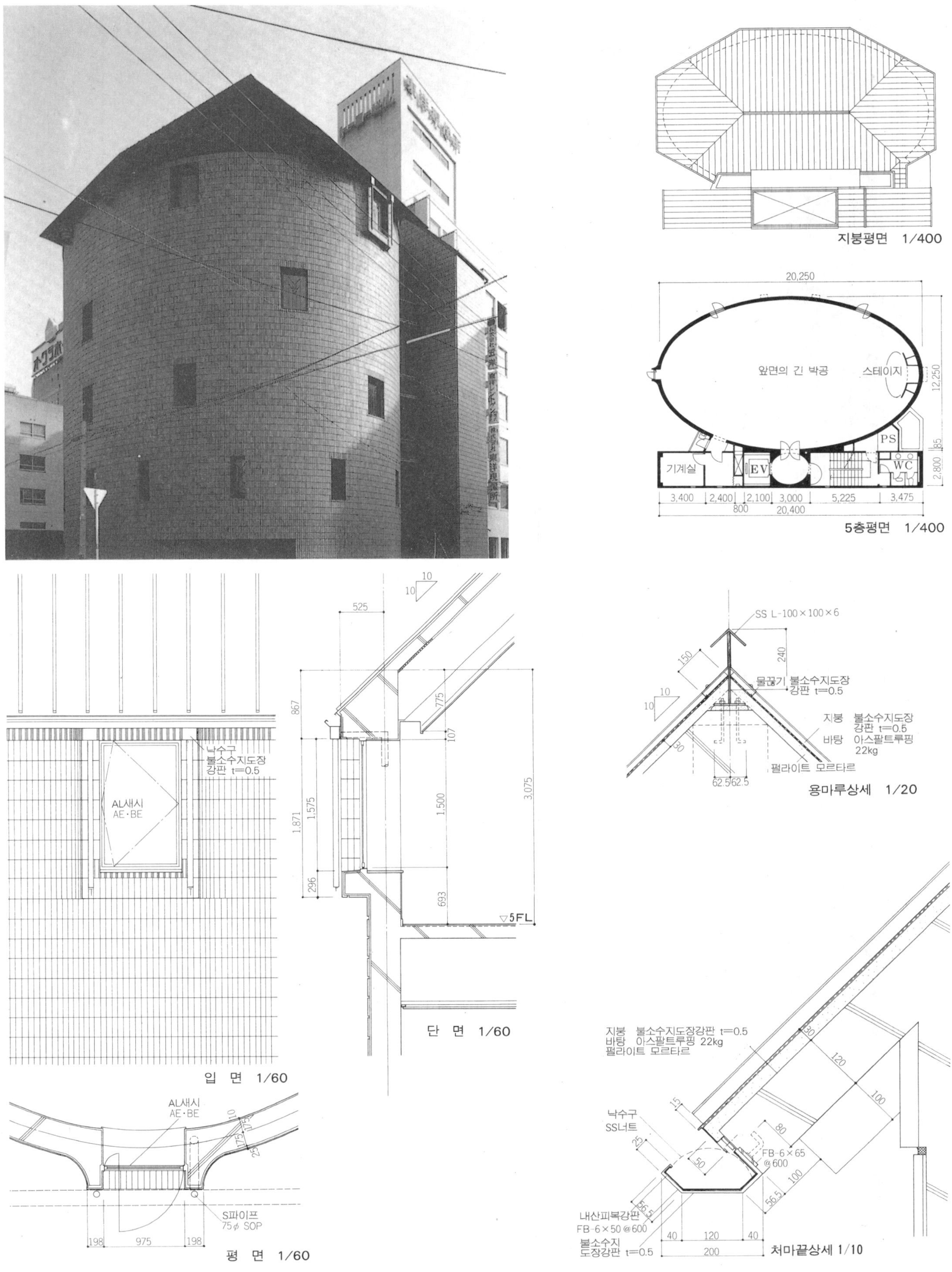
지붕평면 1/400
20,250
앞면의 긴 박공
스테이지
12,250
PS
기계실
EV
WC
2,800
3,400
2,400
2,100
3,000
5,225
3,475
800
20,400
5층평면 1/400
SS L-100×100×6
240
150
물끊기 불소수지도장 강판 t=0.5
지붕 불소수지도장 강판 t=0.5
바탕 아스팔트루핑 22kg
펄라이트 모르타르
62.5
용마루상세 1/20
525
867
775
107
1,871
1,575
1,500
3,075
296
693
5FL
단 면 1/60
낙수구 불소수지도장 강판 t=0.5
AL새시 AE·BE
입 면 1/60
S파이프 75φ SOP
198
975
평 면 1/60
지붕 불소수지도장강판 t=0.5
바탕 아스팔트루핑 22kg
펄라이트 모르타르
낙수구
SS너트
FB-6×65 @600
내산피복강판
FB-6×50 @600
불소수지 도장강판 t=0.5
40
120
200
처마끝상세 1/10

이 건축물은 문화 시설의 하나이며, 증·개축된 것이다. 한적한 산허리의 주택지에 있어서 꽃잎 모양의 평면에 곡면 동판이기의 지붕을 올린 우아하고 주변 환경에 잘 어울리는 건물이다. 내부의 디자인도 곡선을 모티브로 해서 전체를 마무리하고 있다.

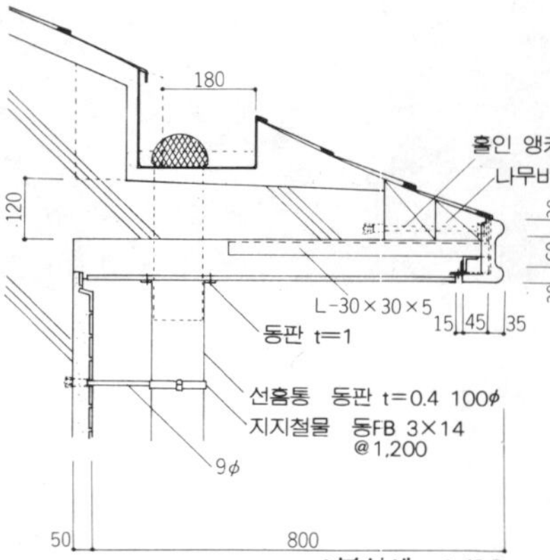

지붕 동판 t=0.3 한줄이기 녹청마감
아스팔트 루핑 22kg
펄라이트 모르타르 t=40
(스틸메시 2.6φ 200×200 넣기)
천장 치장콘크리트 바탕조정의 위에
뿜칠 록울 흙손누름 t=20
벽 펄라이트 모르타르 t=20의 위에
플라스터 t=10 비닐크로스 바름
걸레받이 소프트 걸레받이 H=60
바닥 카페트형태 500

가동루버
고정루버
r 20,000
r 300
처마홈통 동판 t=0.4 녹청마감
A부
B부
처마속 플렉시블 보드 t=6 VE
선홈통 동판 t=0.4 100φ
전시실
외벽 자기질 마구리 타일
C부
처마속 플렉시블 보드 t=6 VE
열람실

단 면 1/80

루프 드레인 100φ
톱라이트

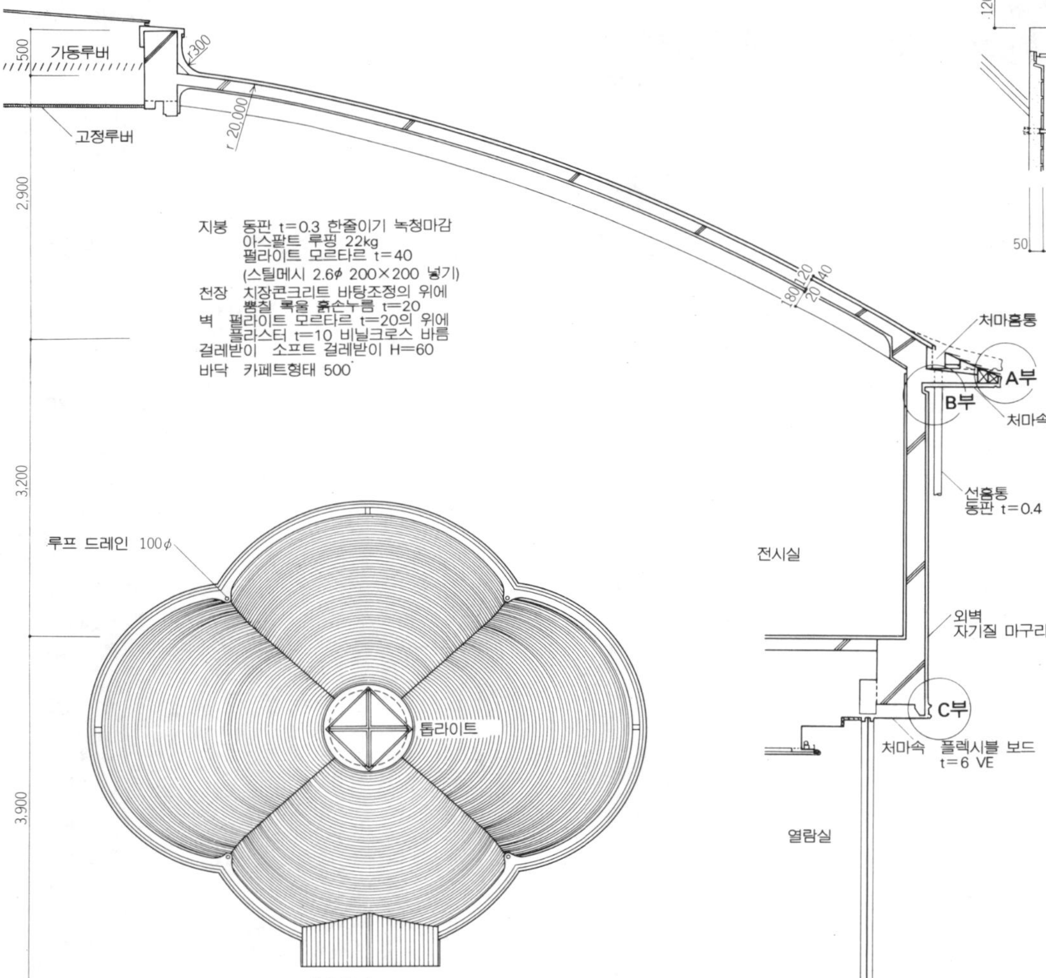

지붕평면 1/300

홀인 앵커
나무바탕
L-30×30×5
동판 t=1
선홈통 동판 t=0.4 100φ
지지철물 동FB 3×14 @1,200
9φ

A부상세 1/20

2FL +2,700

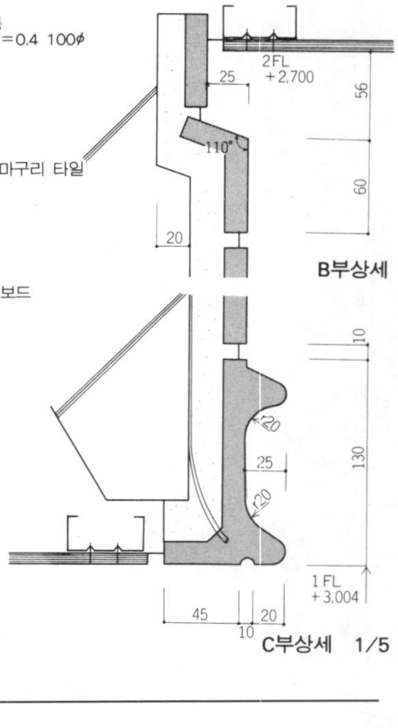

B부상세

1FL +3,004

C부상세 1/5

대규모 공기막 구조에 의한 50,000명을 수용할 수 있는 다목적 스타디움이다.

주용도인 야구장은 양사이드 100m, 센터 122m, 필드면에서 지붕면까지는 61.69m의 높이를 확보하고 있다.

지붕은 수평 투영 면적이 28,592m^{2}인 초타원형으로 2방향으로 배치된 보강 케이블 사이에 테프론을 코팅한 글라스 섬유포로 된 225매의 2중막 패널로 구성되어 있다. 이 막재로는 투광성이 우수하여 낮에는 인공 조명 없이도 충분한 밝기가 확보된다. 거대한 공간을 지지하는 송풍기는 최상층에 설치하여 내부 기압을 외기압보다 0.3% 정도 높여서 그 압력차로 지붕의 형상을 유지하고 있다.

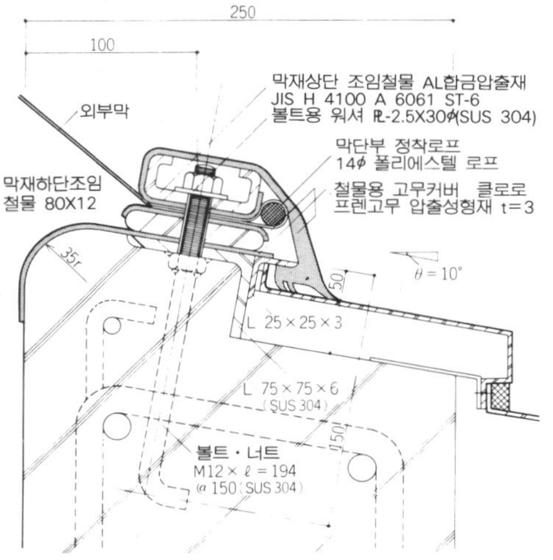

외부막
막재하단조임철물 80X12
막재상단 조임철물 AL합금압출재 JIS H 4100 A 6061 ST-6 볼트용 워셔 PL-2.5X30Ø(SUS 304)
막단부 정착로프 14Ø 폴리에스텔 로프
철물용 고무커버 클로로프렌고무 압출성형재 t=3
L 25×25×3
L 75×75×6 (SUS 304)
볼트·너트 M12×ℓ=194 @150 (SUS 304)

콤프레션링부 막단부 상세 1/5

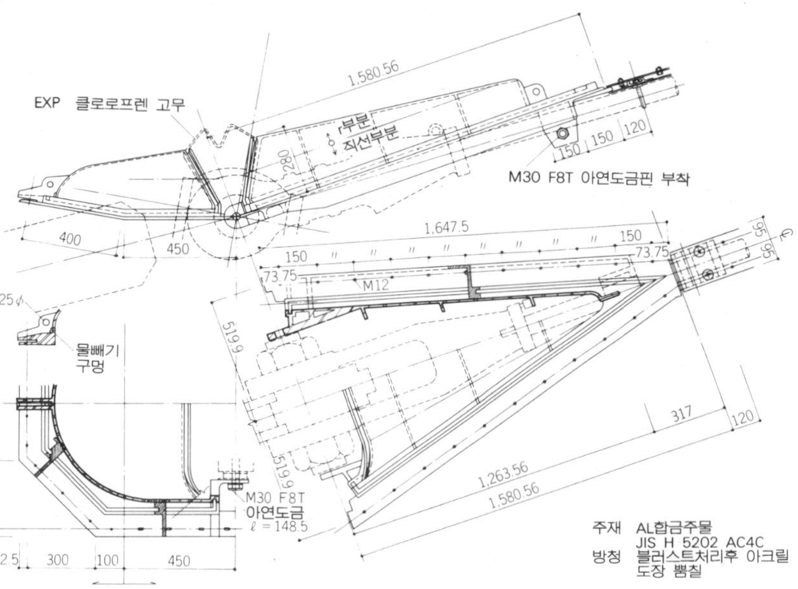

EXP 클로로프렌 고무
직선부분
M30 F8T 아연도금핀 부착
물빼기 구멍
M30 F8T 아연도금 ℓ=148.5
주재 AL합금주물 JIS H 5202 AC4C
방청 블러스트처리후 아크릴 도장 뿜칠

(케이블 단부)
엘리미네이터 상세 1/30

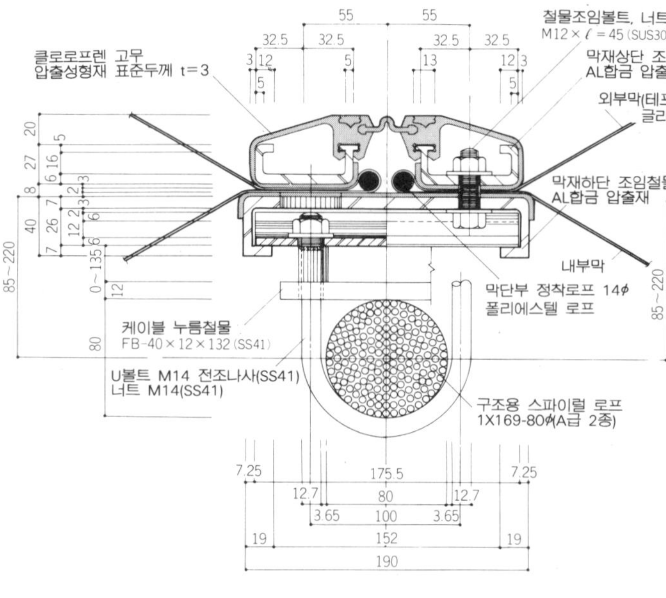

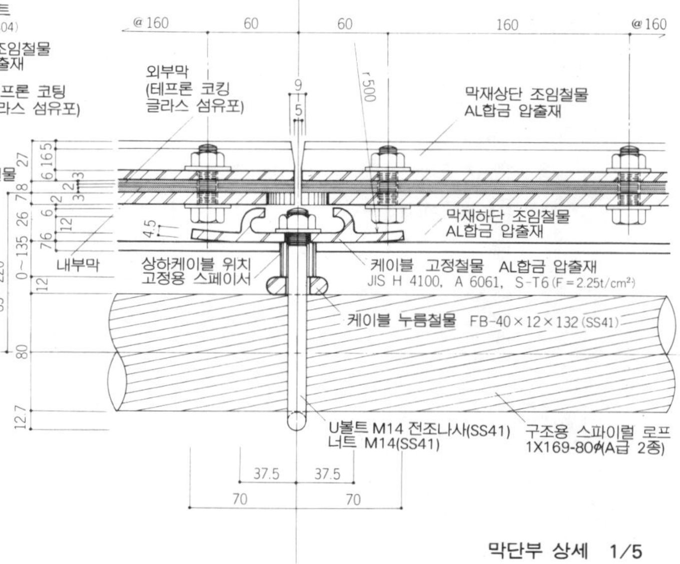

철물조임볼트, 너트 M12×ℓ=45 (SUS304)
클로로프렌 고무 압출성형재 표준두께 t=3
막재상단 조임철물 AL합금 압출재
외부막(테프론 코팅 글라스 섬유포)
막재하단 조임철물 AL합금 압출재
내부막
막단부 정착로프 14Ø 폴리에스텔 로프
케이블 누름철물 FB-40×12×132 (SS41)
U볼트 M14 전조나사(SS41) 너트 M14(SS41)
구조용 스파이럴 로프 1X169-80Ø(A급 2종)

외부막 (테프론 코킹 글라스 섬유포)
막재상단 조임철물 AL합금 압출재
막재하단 조임철물 AL합금 압출재
내부막
상하케이블 위치 고정용 스페이서
케이블 고정철물 AL합금 압출재 JIS H 4100, A 6061, S-T6 (F=2.25t/cm²)
케이블 누름철물 FB-40×12×132 (SS41)
U볼트 M14 전조나사(SS41) 너트 M14(SS41)
구조용 스파이럴 로프 1X169-80Ø(A급 2종)

막단부 상세 1/5

건축물의 외관에 텐트 메이커인 기업 이미지를 나타내기 위해서 하이테크한 샤프함과 경쾌함을 기술적·시각적으로 표현하였다. 지붕의 완만한 곡면은 강한 계절풍에 의해 눈이 날려 버린다는 효과를 겨냥한 것이다. 지붕면의 결로 대책은 겨울의 건조 공기를 지붕의 테프론 글라스 섬유포와 천장의 염화 비닐 코팅 글라스 섬유포에 의한 2중 천장 안에 밀폐하는 것으로서 해결하였다. 막재 단부가 되는 처마 끝과 꼭대기에 대한 디테일은 심플한 디자인으로 시공성이 좋고, 막재로의 텐션 재도입이 쉬운 것으로서 또한 낮은 가격인 것을 실현하였다.

동쪽외관

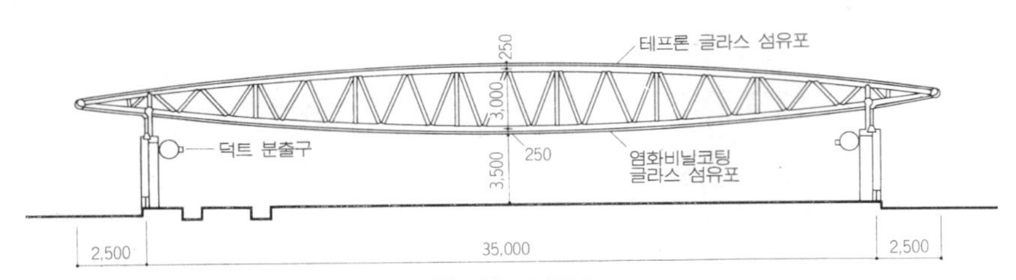

단 면 1/420

처마정상부 내부

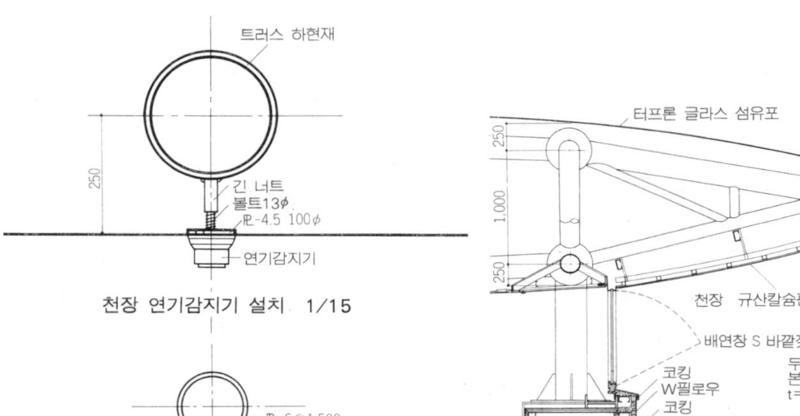

천장 연기감지기 설치 1/15

천장막재단부 1/15

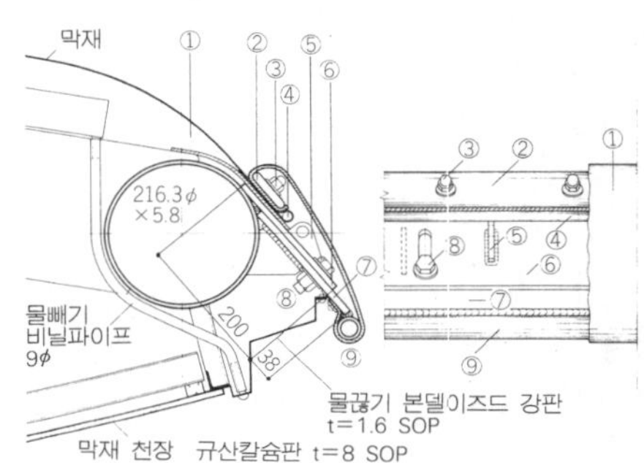

①클로로프렌 고무 t=3 ②AL PL 12W60 ③스터드 볼트 M12@180 ④단말로프14φ ⑤지그 PL-9 ⑥가동 PL-9 ⑦PL-9 ⑧M16@600 ⑨SGP 34φX3.2

처마끝상세 1/15

내부

끝부분단면 1/65

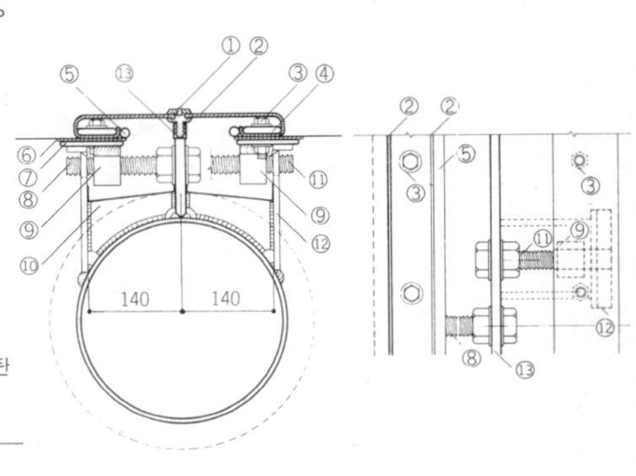

①클로로프렌 고무 성형품 ②커버 클로로프렌 고무 t=3 ③M12@200SS ④AL PL-12 W=60 ⑤단말로프14φ PL-1.6 ⑥클로로프렌 고무 t=3 ⑦가동PL-9 W=95 용융아연도금 ⑧M24 용융아연도금 ⑨너트 ⑩홈통 갈바륨강판 t=0.5 ⑪M24 ⑫PL-9X148 ⑬PL-16

지붕정상부 상세 1/15

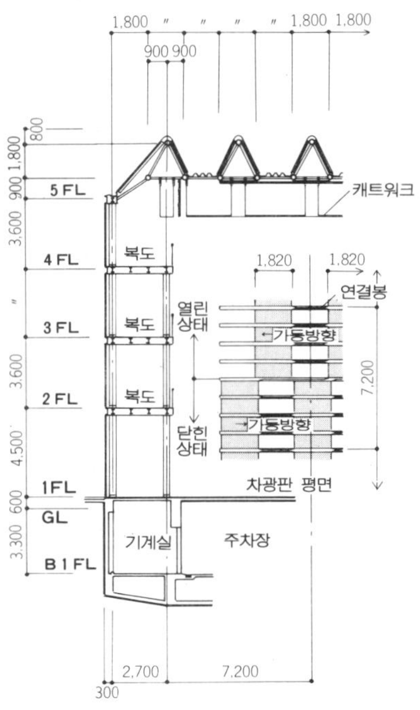
아트리움 단면 1/400

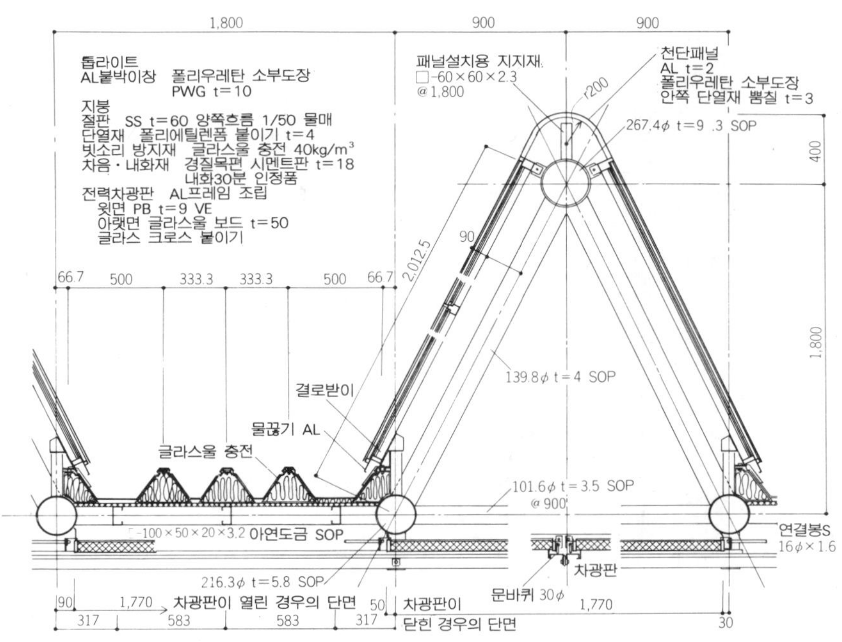
개폐식 톱라이트 상세 1/40

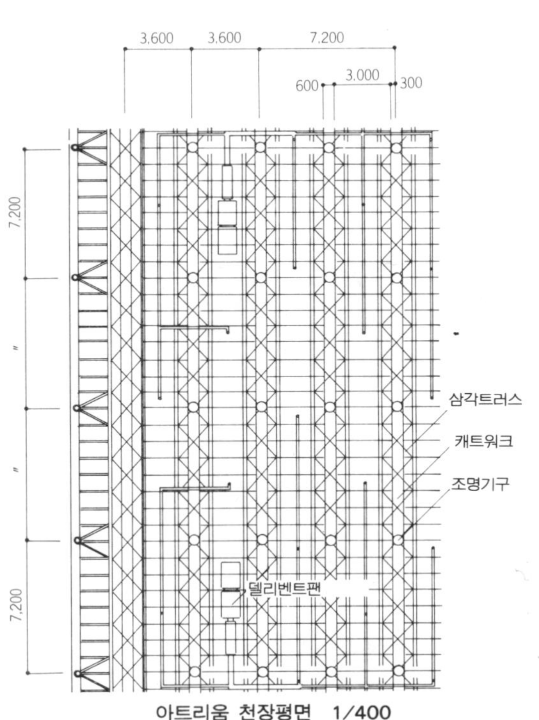
아트리움 천장평면 1/400

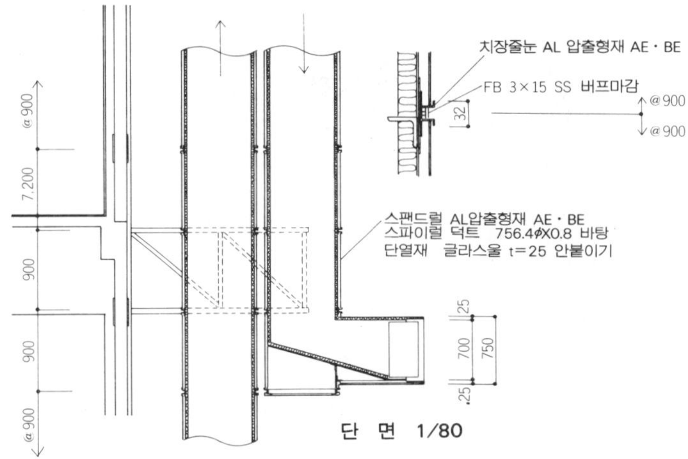
단 면 1/80

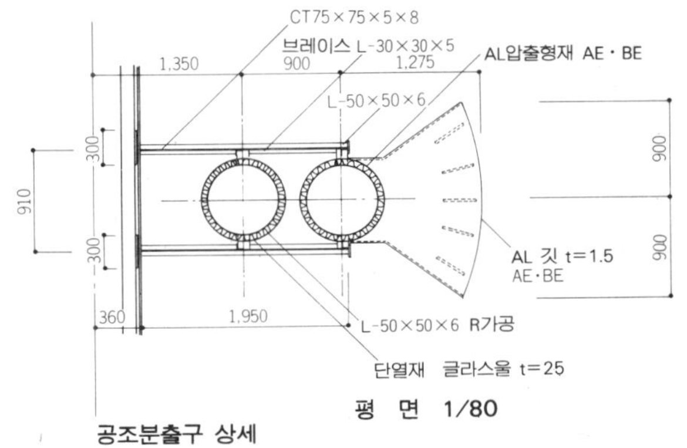
평 면 1/80

공조분출구 상세

3개의 사무소동에 둘러싸인 「아트리움」이다.

리드미컬하게 늘어선 스카이라이트. 관람하는 것에서 연출하는 것으로의 장면을 전환하는 장치로서 가동식 차광판을 갖고 있다. 공조 분출구는 소리를 모티브(스피커 모양)로 해서 전체를 구성하고 있는 기하학적 요소를 눈에 띄게 한 형태이다. 이것들이 단조로운 색조에서 아름다운 빛과 바람이 도는 공간을 만들어 내고 있다.

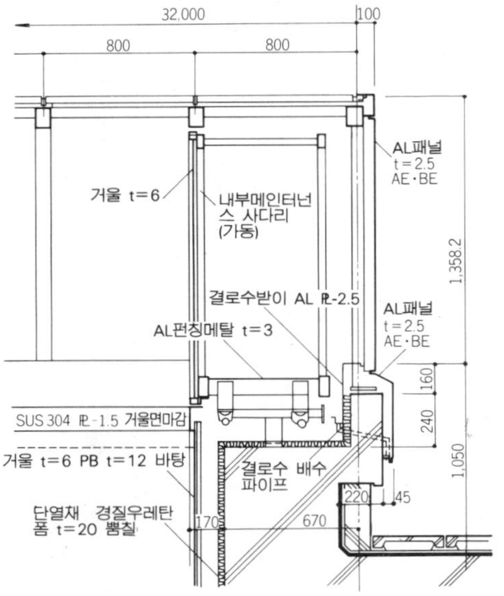

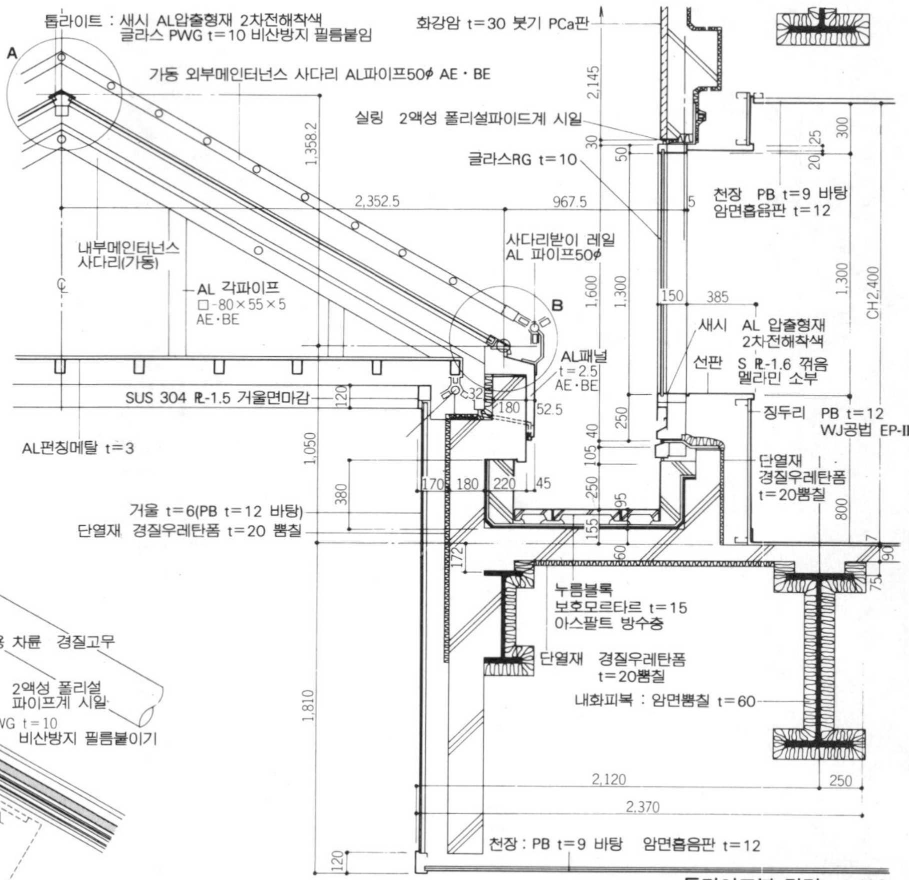

A부상세 1/8

톱라이트부 단면 1/40

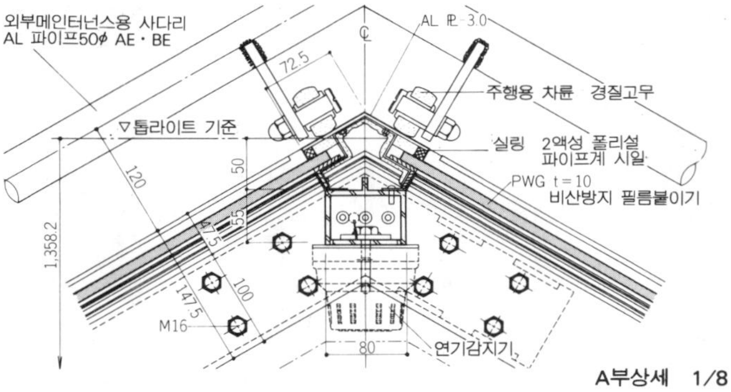

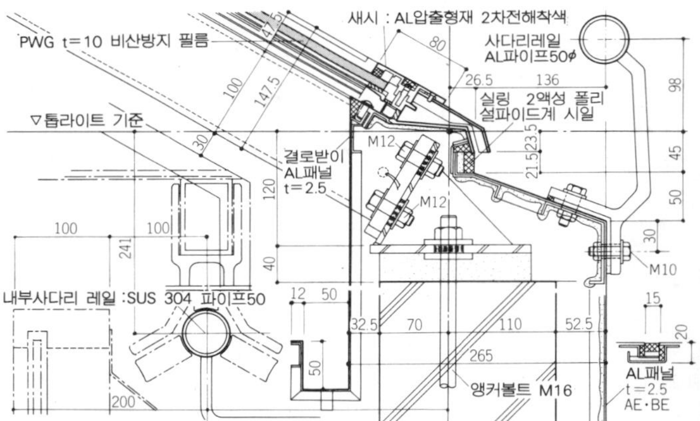

B부상세 1/8

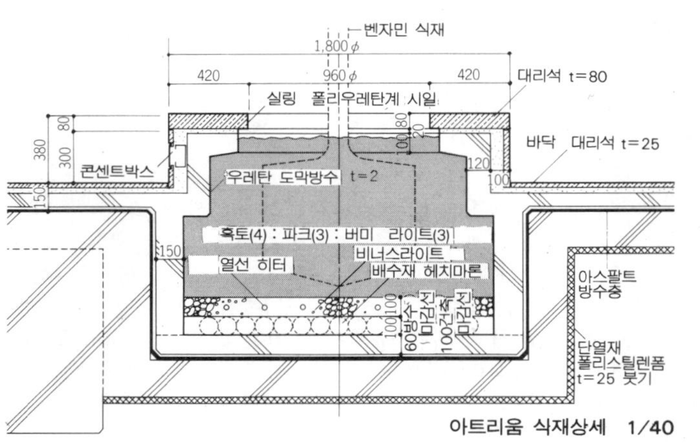

아트리움 식재상세 1/40

고층동과 별관 사이에 1~2층 보이드의 아트리움 로비를 설치하고, 녹색과 자연광을 받아들여 쾌적하고 윤택한 퍼블릭 스페이스를 제공하고 있다. 이 로비는 외부 공간(공개 공지)와 직결되며, 엘리베이터 홀 및 엔트런스 홀과 일체로 되어 있다. 또 레스토랑 등이 있는 2층은 이 보이드를 중심으로 한 회유 동선을 갖고, 내부 공간의 핵으로서 활기차고 즐거운 공간으로 구성하였다. 톱라이트의 측면에는 거울을 사용하여 공간의 확장을 연출하고 있다. 또 동북 지방의 혹심하고 긴 「추위」에 대응한 공간에 「따뜻함」을 표현하기 위해서 남국계의 식물인 벤자민을 식수해서 겨울에도 녹음이 있는 생명감과 윤택함이 있는 오픈 아트리움 만들기를 목적으로 하였다.

공중에 떠 있는 우산 모양의 톱라이트는 태양의 움직임을 붙잡아 그림자가 종일 원통 속을 돌고 있다. 낮에는 밝고 밤에는 어두움을 연출하는 이 샤프트에는 거리의 관계를 잃어 버린 구름이나 별이 천공의 추상으로서 떠오르고, 생활의 축은 자연에 포섭된 우주적 중심으로서 그려진다. 그러나 이 건축에서는 그러한 시적인 것보다는 돌연히 지나가는 점보 제트기의 그림자쪽이 훨씬 어울리는 것일지도 모른다. 왜냐하면 도시를 피해서 드리워진 축수에 닿는 이 아이러니야 말로 건축의 상황을 상징적으로 나타낸 것이기 때문이다.

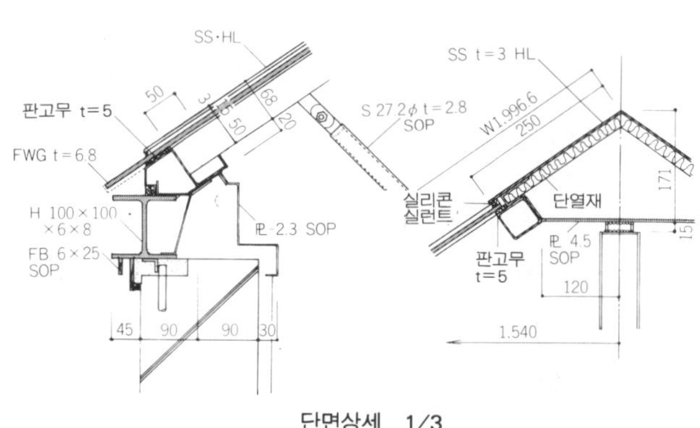

단면상세 1/3

이 특별 교육동은 미션스쿨의 중심적 시설이며, 건축물 중앙의 첨탑 디자인의 3층 보이드 슬릿 부분에는 성녀상이 놓여 있어 신성한 영역을 나타내고 있다.

이 공간에 걸린 톱라이트는 구조 가구의 H형강을 약축방향에 사용하고, 플랜지의 에지를 살려서 새시받이의 치장프레임으로서 심플하고 샤프한 마무리를 목표로 하고 있다. 또 웨브 부분의 홈을 이용한 2차 물끊기 대책도 고려하였다.

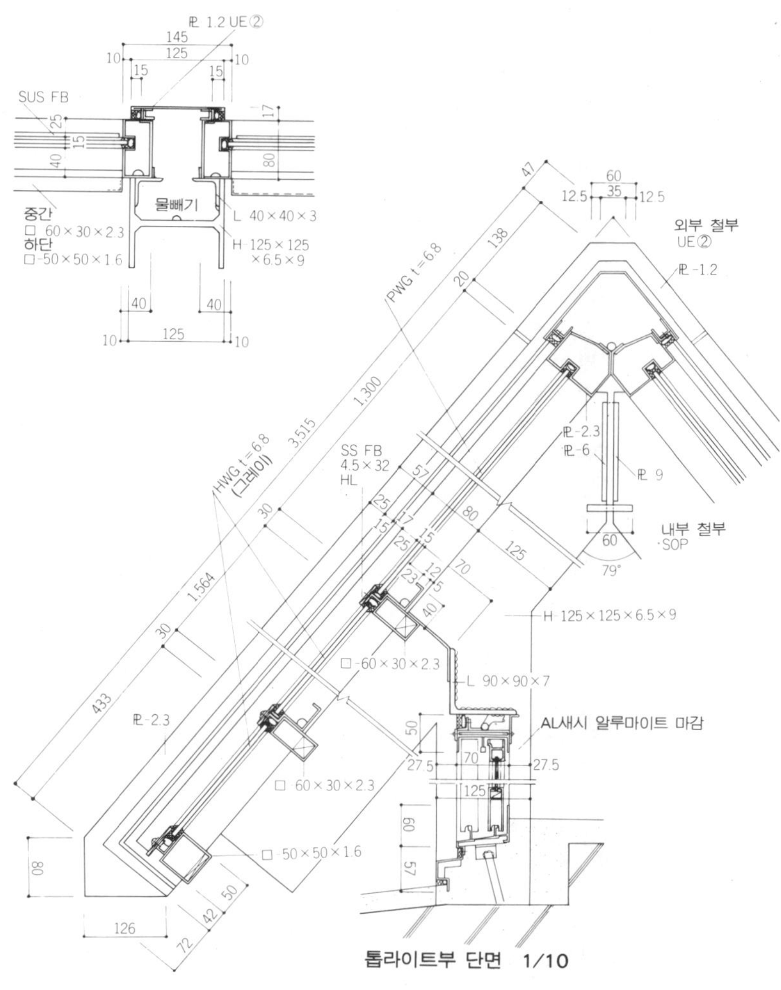

톱라이트부 단면 1/10

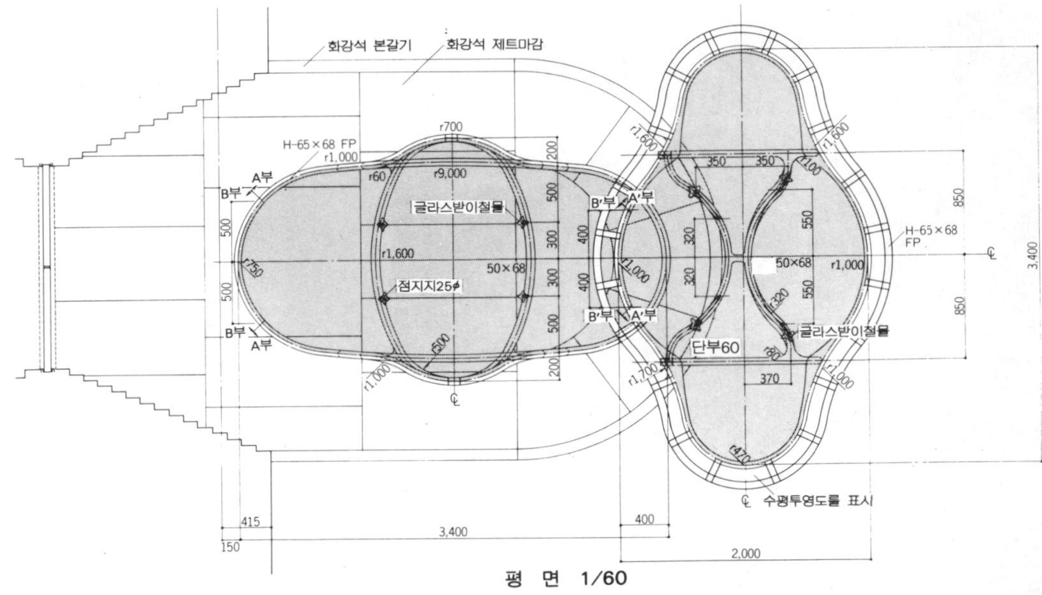

평 면 1/60

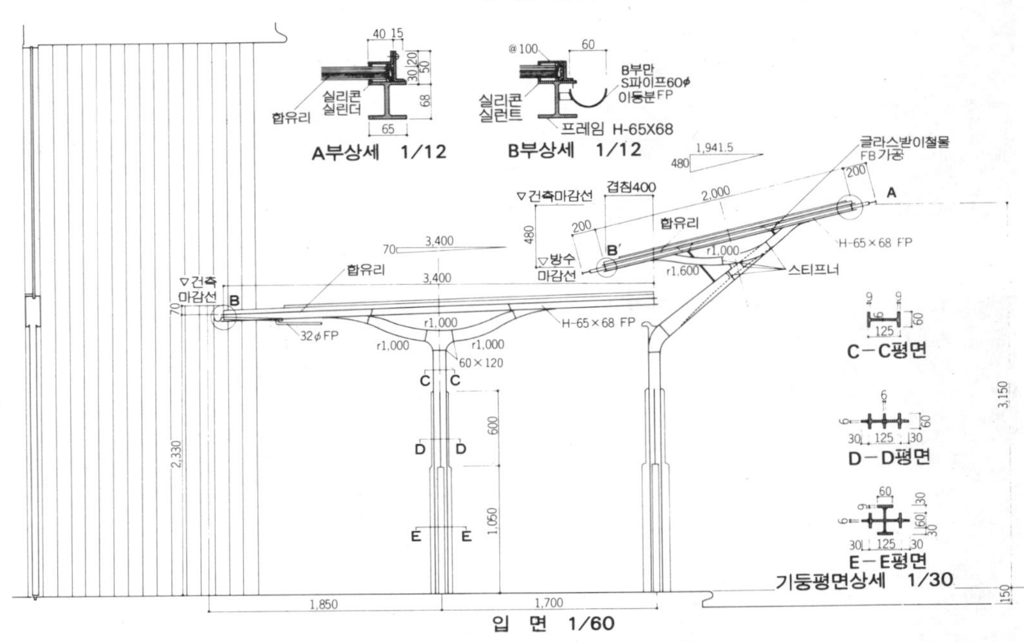

입 면 1/60

현관의 차양은 기능적으로 비오는 날에는 우산을 받치는 장소에 해당하며, 차를 대기 위한 정차장에 해당한다. 동시에 그 건축물을 방문하는 사람과 건축물이 처음으로 만난다는 점에서, 그 건축물의 용도나 성격을 나타내므로 마음에 들게 해야 한다. 그래서 방문객을 따뜻하게 맞이한다는 느낌이 들도록 한다.

이 건축물은 두 개의 동과 그것을 연결하는 두 개의 코어가 중정을 둘러싼 □자형의 평면으로 되어 있으므로, 안쪽에 대해서는 개방적이고 외부에 대해서는 약간 폐쇄적인 형태로 되어 있다. 따라서 어프로치에서의 엘리베이션은 엔트런스의 개구 외에는 비율이 큰 벽면이 정면에 서서 막힌 듯한 격자로 되어 방문하는 사람이 안으로 들어오는 것을 거절하는 것처럼 보인다. 이러한 엘리베이션에 빼끔히 입을 벌린 듯한 입구 앞에는 아무래도 "이 건축물은 당신을 거부하는 것이 아닙니다. 어서 들어오십시요"라는 의미를 담은 창이 필요하게 되었다.

아이언워크의 골조에 합유리를 붙박이한 단순한 디테일로서 특별히 설명하는 내용도 없으나, 건축주의 이해를 구해 지금 막 사용되는 것처럼 설계자로서도 즐겁게 생각되고 있다.

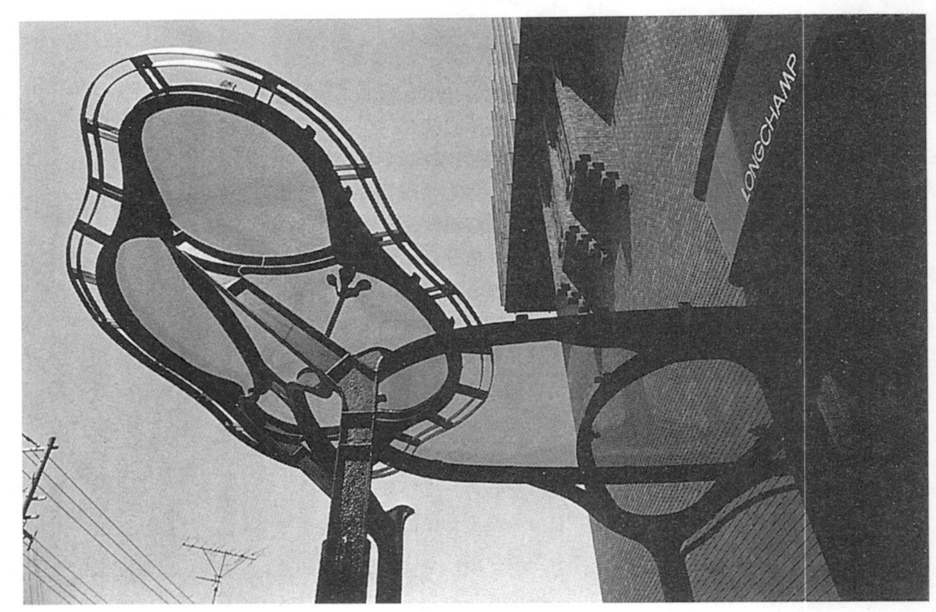

이 호텔의 컨셉트는 젊은 사람이 모이는 음식 레저 거리나 도심형의 피트네스 클럽과 복합한 도시 생활의 밤을 즐기는 공간 연출에 있으므로, 외관의 디자인은 곡면을 반복해서 사용하여 유희감을 표현하고 있다. 캐노피는 몇 개의 꽃잎을 겹친 반원추로 정상부에 빛을 넣은 벽면을 비춰서 구성하고 있다. 차양이라는 건축의 부위에 조명 기구의 역할을 빌린 시도이다.

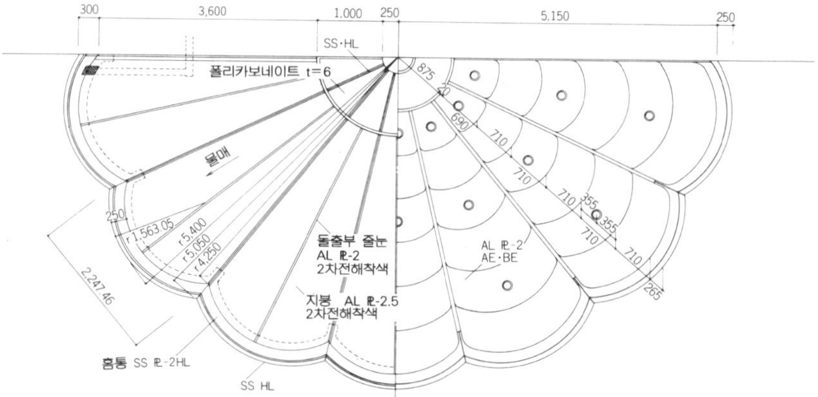

평 면 1/120

천장평면

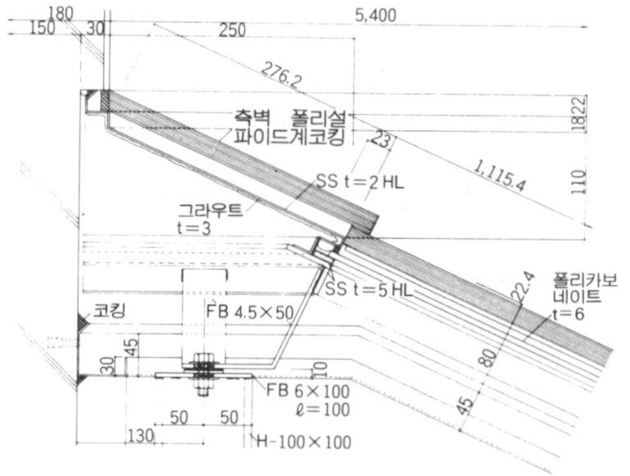

A부 정상부상세 1/10

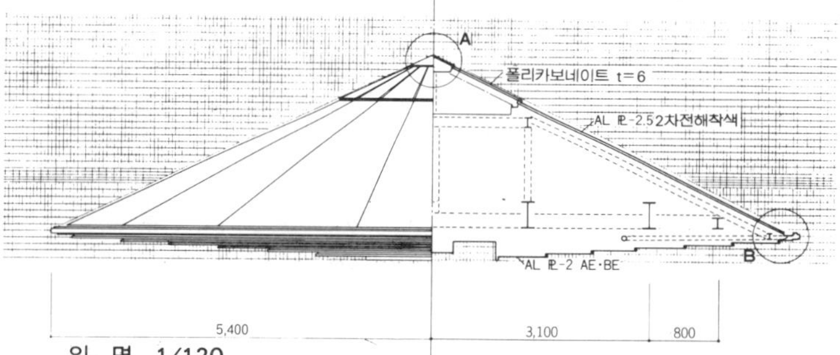

입 면 1/120

단 면

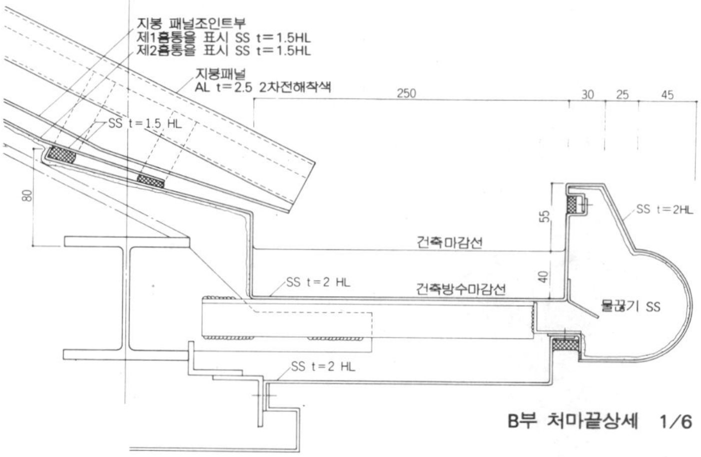

B부 처마끝상세 1/6

이 건축물은 용도상 사회성, 공공성이 높은 건물로서 선진성이 있는 신문사의 이미지와 장래의 번화가를 고려해서 기획하였다.

외관은 실버메탈릭 타일에 연속창 같은면 새시를 배치하여 심플하게 마감하였다. 매우 간단한 파사드에 어프로치의 타원형 차양을 붙여서 형태 대비의 아름다움을 표현하고, 차가우면서도 친근함을 느끼도록 배려하고 있다.

차양은 선단에 몇 개의 좁은 너비를 넣어서 우아함과 동시에 타원형 선의 아름다움을 비교적 강하게 표현하고 있다.

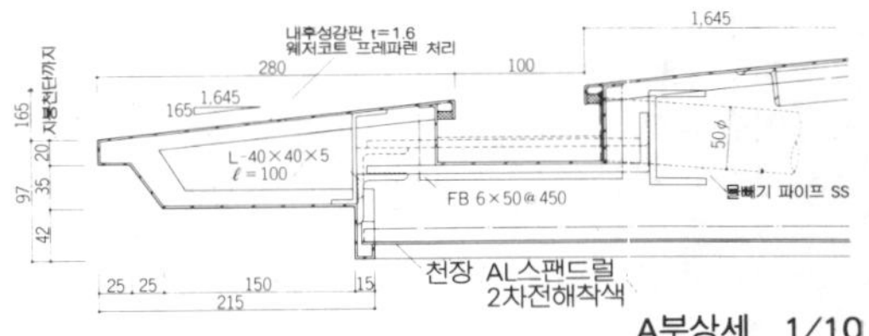

A부상세 1/10

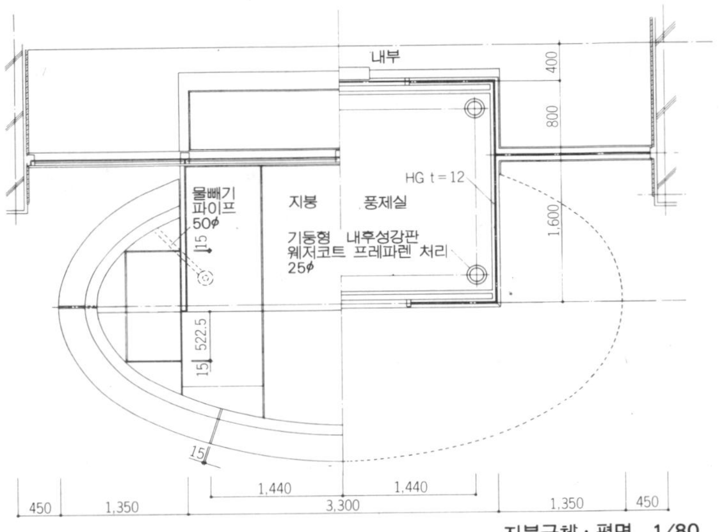

지붕구체·평면 1/80

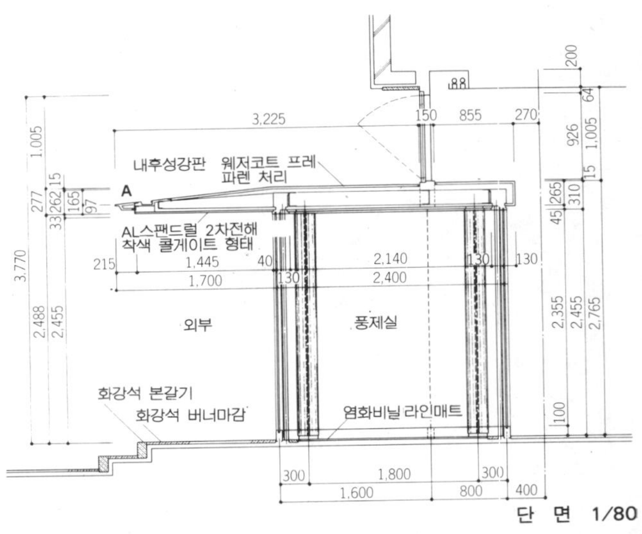

단 면 1/80

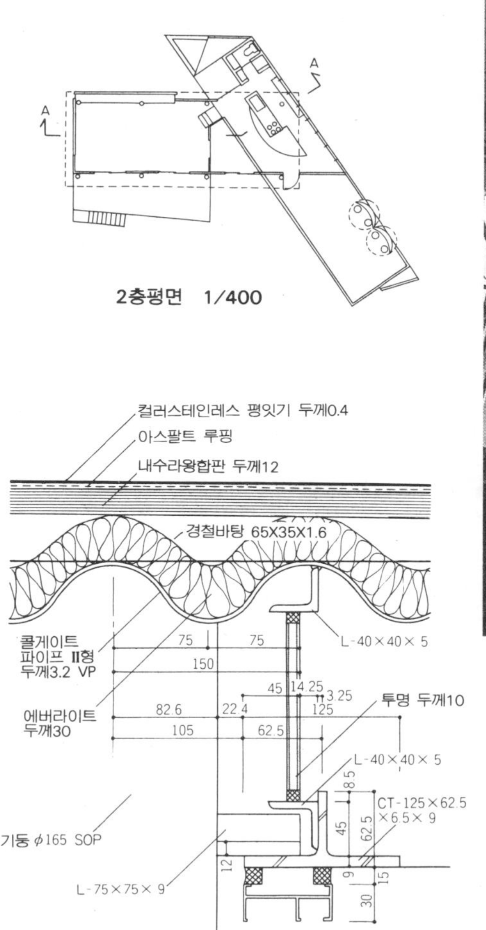

2층평면 1/400

지붕아무림 B－B 단면 1/6

금속은 무겁고 딱딱한 것에서 가볍고 부드러운 것으로 그 이미지가 변화하고 있다. 이 건축물에서는 잘못된 철골조가 지닌 중후함은 찾아볼 수 없다. 두께 3.2mm의 콜게이트판을 완만하게 물결치고, 8개의 가는 강관에서 달아내린 지붕은 가볍고, 얇고, 떠 있다는 현대 금속 소재의 사용 경향을 잘 나타내고 있다. 콜게이트판의 면강성을 이용해서 그 직교 방향에만 65×35×1.6mm의 경철을 흘린 구조는 벽과 접하는 부분의 글라스의 대담한 아무림과 서로 어울려 지붕을 가볍게 보이도록 하고 있다.

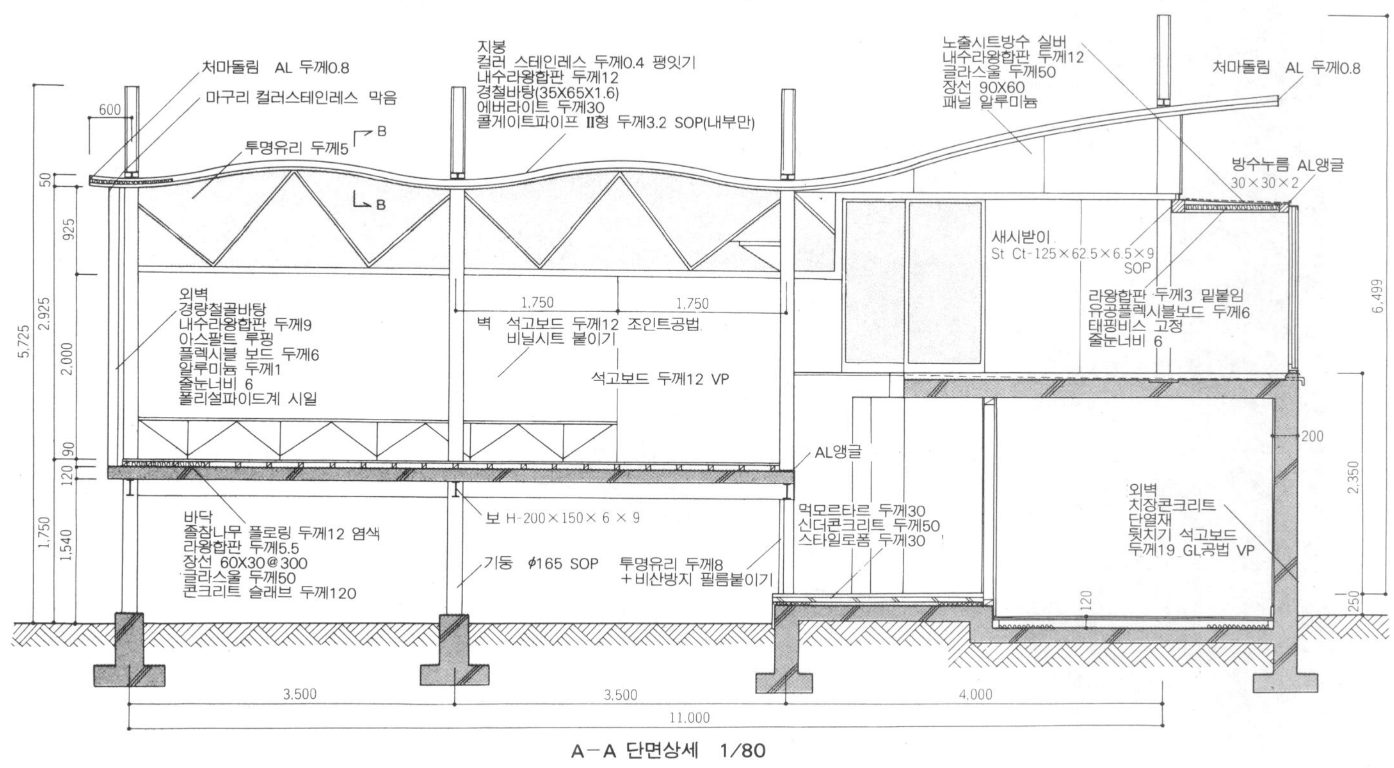

A－A 단면상세 1/80

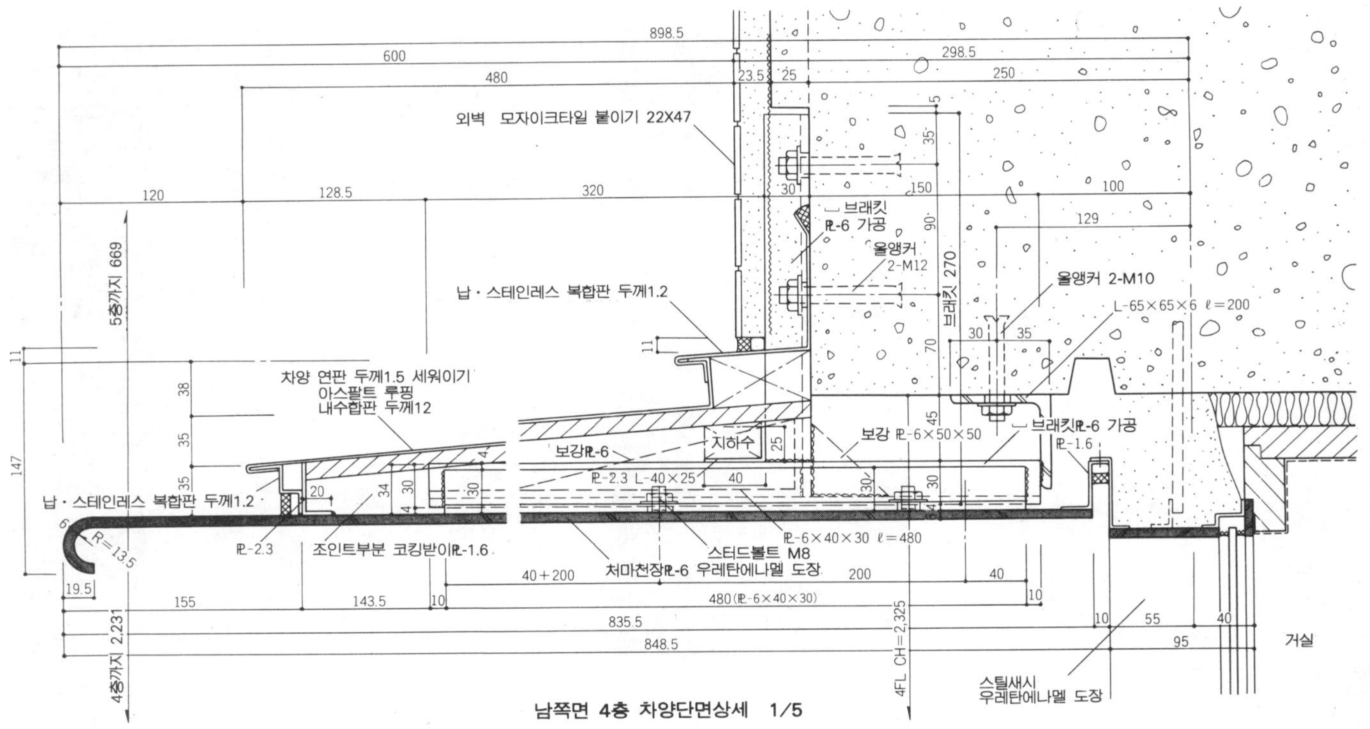

남쪽면 4층 차양단면상세 1/5

공용 부분을 좁게 배치한 임대 주호와 그것에 덮여 있는 전용 주택으로 구성되는 외관에 남쪽면 저체를 차양을 설치하여 한 건축물로서 통합하여 스케일감을 억누르고 있다. 차양의 선단은 안쪽으로 꺾어서 6mm의 철판 단면을 나오게 하여 내수합판 바탕의 연판으로 이고 있다.

또 한편의 도로에 면한 북쪽면은 테라조 블록을 사용해서 임대 주호 2층에 이르는 개구부를 만들어 스케일감을 보조하고 있다. 그레이팅의 발코니는 이 개구부 속에 가볍게 정지하고 있다. 3층의 1주호나 4, 5층의 전용 주택 부분은 그 곳에서 생활을 하는 방 배치와 일영 규제가 즉흥적으로 포름의 결정과, 그것에 팽창계수가 높은 연판으로 덮는 것도 포함해서 형태가 완결되는 것을 피하고 있다. 1.5mm 두께의 연판을 피복 면적과 지붕 물매의 검토하에 채용하고, 접합 부분은 납·스테인레스 복합판을 사용하고 있다.

건축물은 약간 높은 구릉지 위에 계단 형태로 세트백해서 배치되었다. 이 차양은 그 형태의 리듬감의 종결점으로서 비행기의 날개처럼 경쾌하게 정차장으로 나와 있어서 방문하는 사람을 엔트런스 홀로 유도하고 있다. 2개의 H형강의 돌출보 사이에 루버 조명을 매입하여 되도록 얇고 경쾌하게 마감하였다. 또 강풍시 차양의 플러터 대책으로서 차양의 천장·지붕 마감재는 건축물 본체 마감과 테두리를 끊어서 그 움직임이 직접 전해지지 않도록 배려하고 있다.

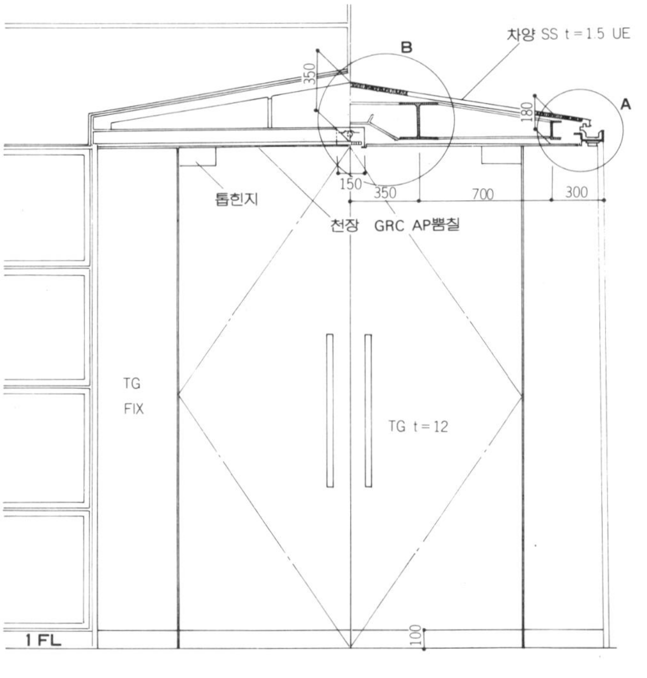

차양 SS t=1.5 UE
B
A
350
180
150
350
700
300
톱힌지
천장 GRC AP뿜칠
TG
FIX
TG t=12
100
1 FL

입단면도 1/40

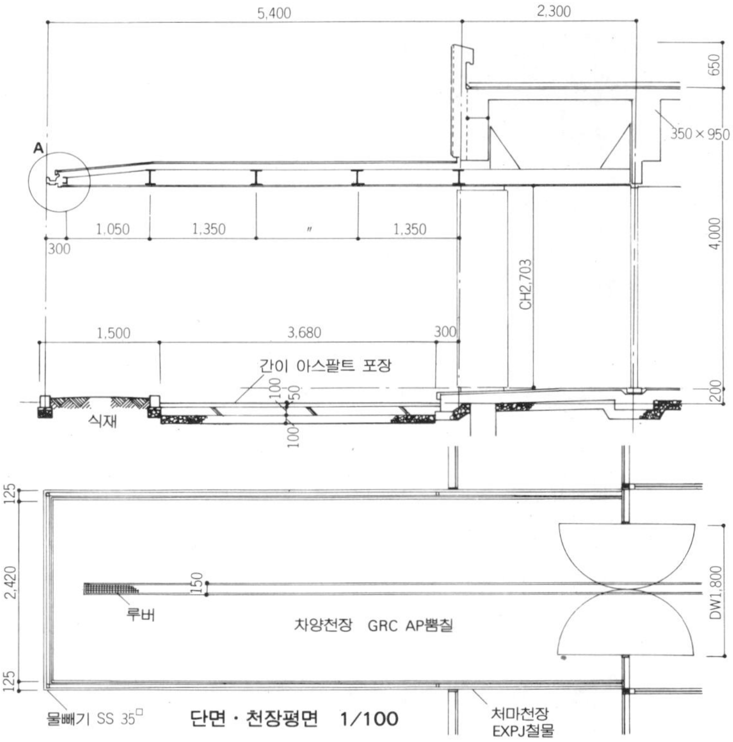

5,400
2,300
650
350×950
A
1,050
1,350
〃
1,350
300
4,000
CH2,703
1,500
3,680
300
간이 아스팔트 포장
100
50
100
200
식재
125
2,420
125
150
루버
차양천장 GRC AP뿜칠
DW1,800
물빼기 SS 35□
처마천장
EXPJ철물

단면·천장평면 1/100

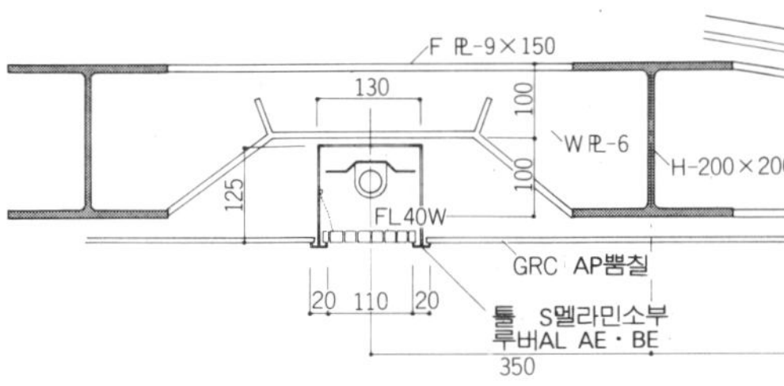

F PL-9×150
130
100
W PL-6
H-200×200×8×12
125
100
FL40W
GRC AP뿜칠
20 110 20
틀 S멜라민소부
루버AL AE·BE
350
700
SS t=1.5 UE ②
록울뿜칠
t=20
95
50
180
100
30
[-100×50×5×7.5
홈통 SS t=1.5 UE ②
40
16
60
75
146
15
15
15 65 30
FB SS 4×50@400
160
110
15
15
300
물빼기구멍 SS t=1.5 35□

B부상세 1/15

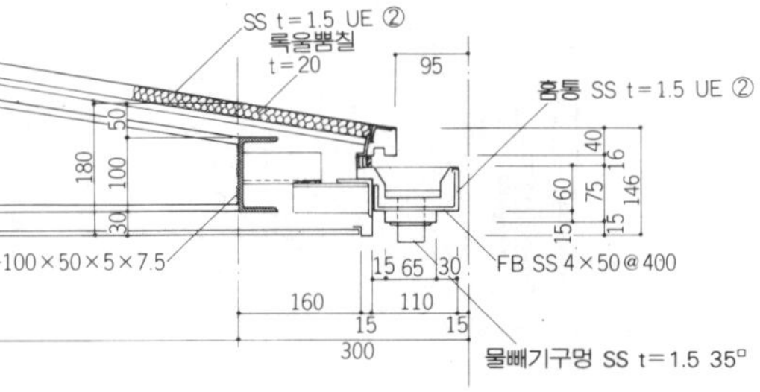

A부상세 1/15

외장은 캐나다산 광낸 화강암과 환기용 창을 짜넣은 새시·투명 유리로 구성되어 심플하게 평활한 거울면을 구성하고 있다.

외장 프리캐스트 설치 패스너는 신개발의 미세 조정 기구 부착의 달아올림 원터치식으로 이것에 의해 설치 정밀도의 향상, 설치 작업 시간의 단축, 외장 프리캐스트의 철골과 동시 시공이 실현되었다.

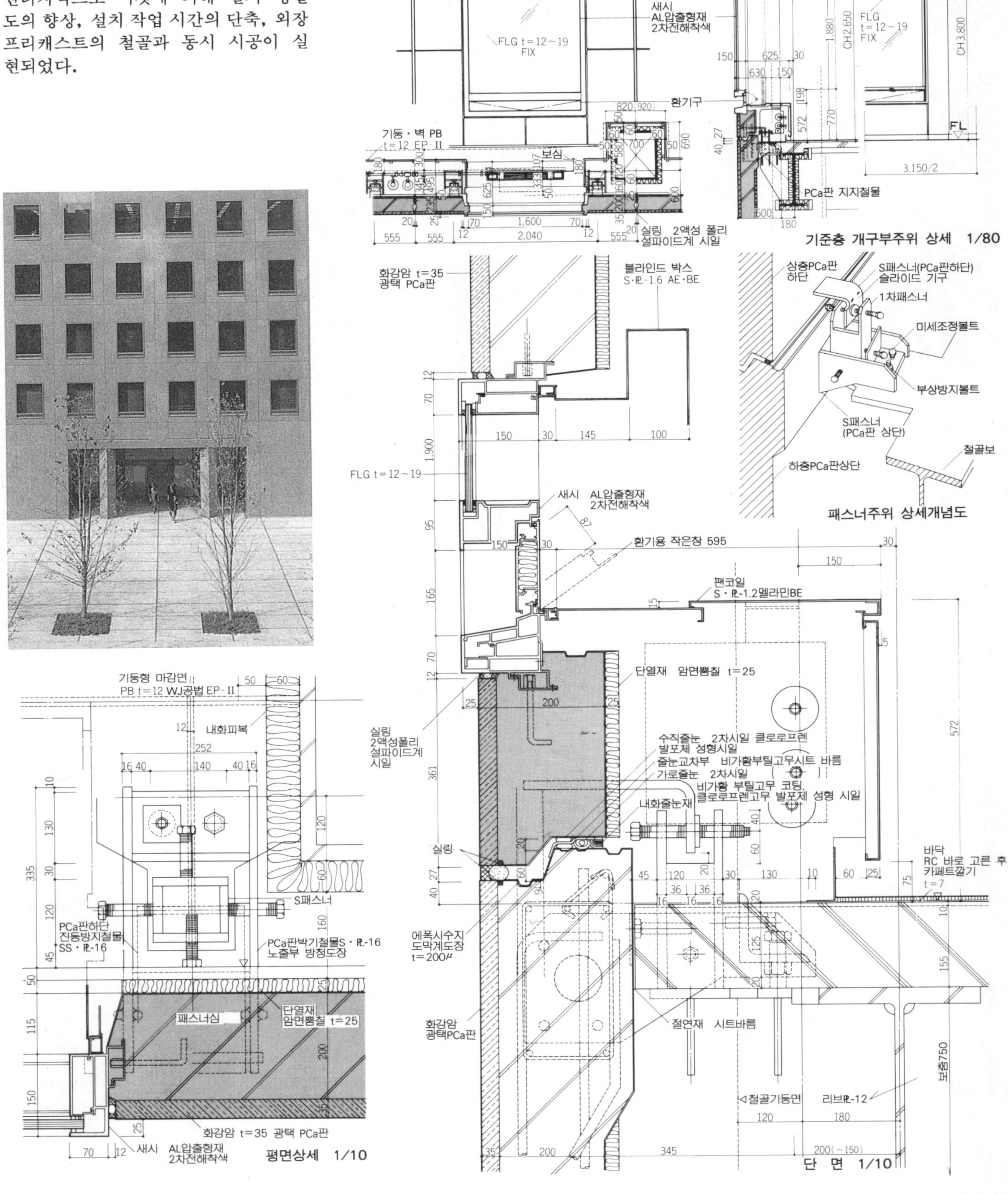

├형 GPC판에 의한 월스루 넓은 가로 연속창 커튼월

기준모양도 · 단면 1/120

외장은 캐나다산 화강석 버너 마감을 한 프리캐스트 패널과 하프밀러 글라스로 구성된 심플한 형태의 안정된 색조의 가로 연속창 커튼월이다.

이 건축물은 일본 동북 지방 제일의 규모를 과시하며, 고층 빌딩으로서는 처음으로 가로 연속창을 채용하였다. 이것은 아오바산의 녹음, 원경의 자오노산, 동쪽에 열려 있는 센다이만이라는 멋진 경관을 폭넓게 즐길 수 있도록 하고 있다. 덧붙여 월스루 히트 펌프(TWING)의 열교환용 외기 취입구의 슬릿(50mm)을 새시의 아래틀에 짜넣어 설비 기구를 포함한 새로운 외장 디자인을 시도하고 있다.

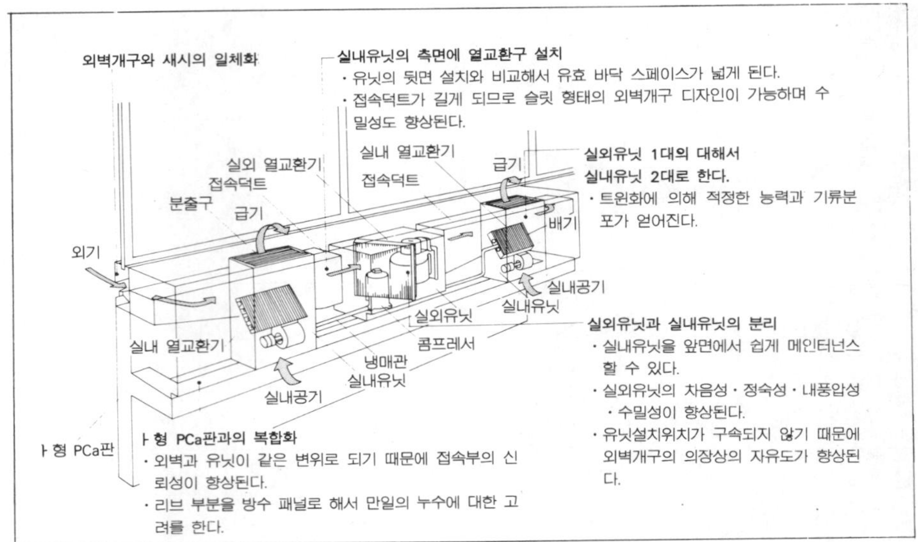

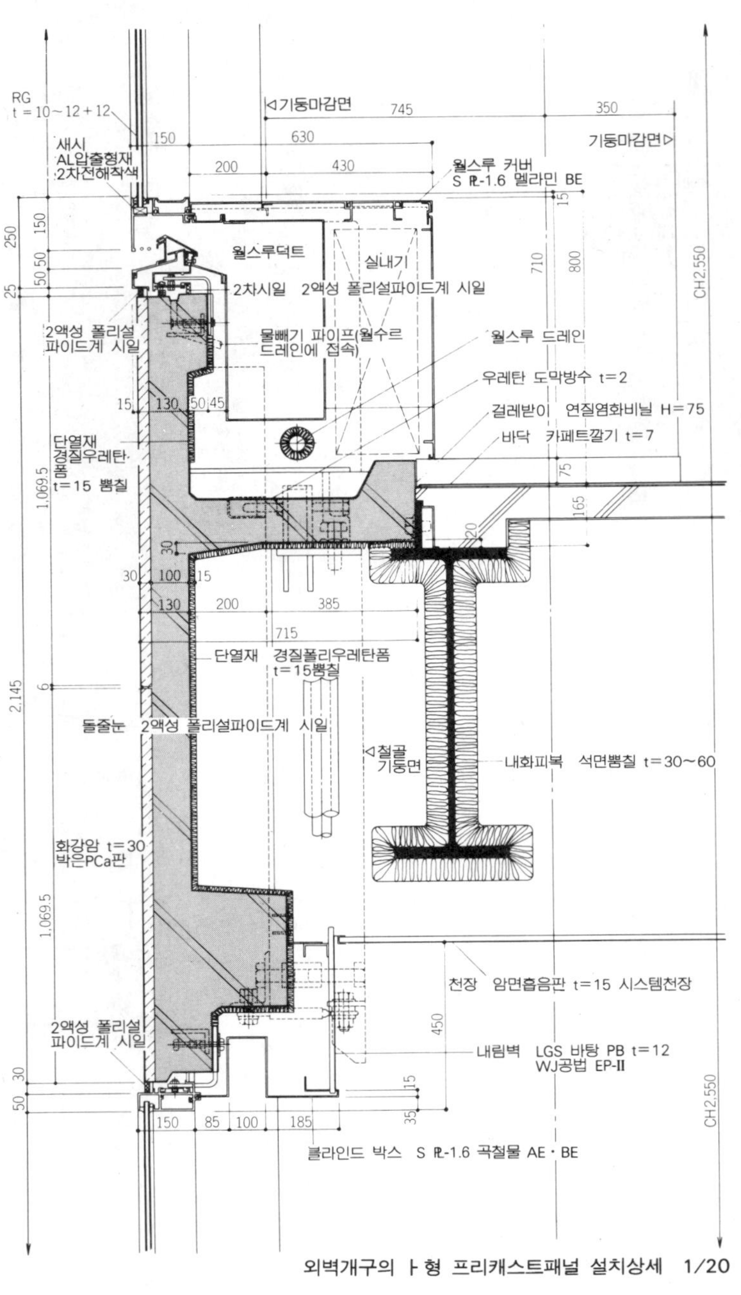

외벽개구의 ㅏ형 프리캐스트패널 설치상세 1/20

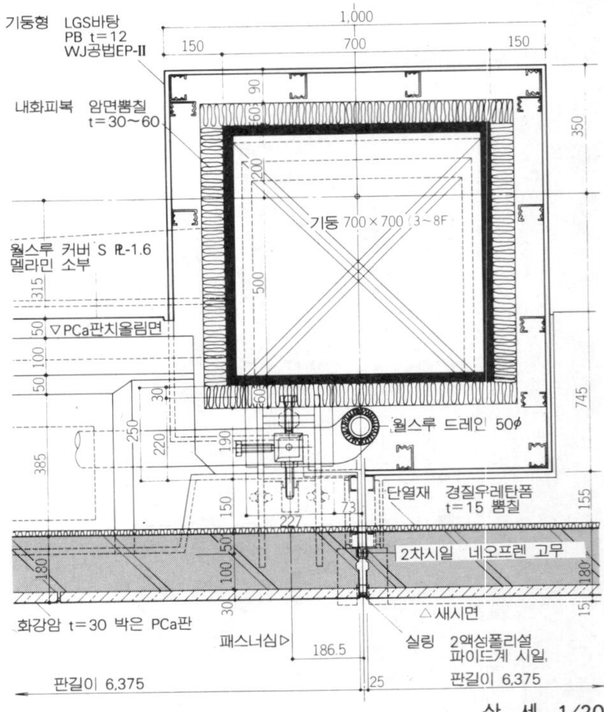

상 세 1/20

건축주가 은행인 일련의 점포 외관으로서 채용된 양식적 디자인을 나타내기 위해 T형의 프리캐스트 콘크리트 패널을 조합하여 조적조를 연상시키는 외장 표현으로 하였다. 표면은 옅은 그레이의 모조석 박기의 잔다듬 마감으로 하고, 개구부 주위에 있는 세로로 긴 단정한 프로포션을 강조하기 위해 버너마감의 화강석 박기로서 에징을 실시하고 있다. 이 4매의 프리캐스트 콘크리트 패널에 둘러싸인 개구부에 패스너에 의해 설치된 새시는 블라인드 내장의 수직축 회전식으로 배연, 환기, 채광, 진입구의 기능에 더해, 하부에 페러미터존 공조용의 월스루 에어컨디셔너를 넣고 장식적인 면격자를 배합하여서 전체를 클래시컬한 표현으로 마무리하고 있다.

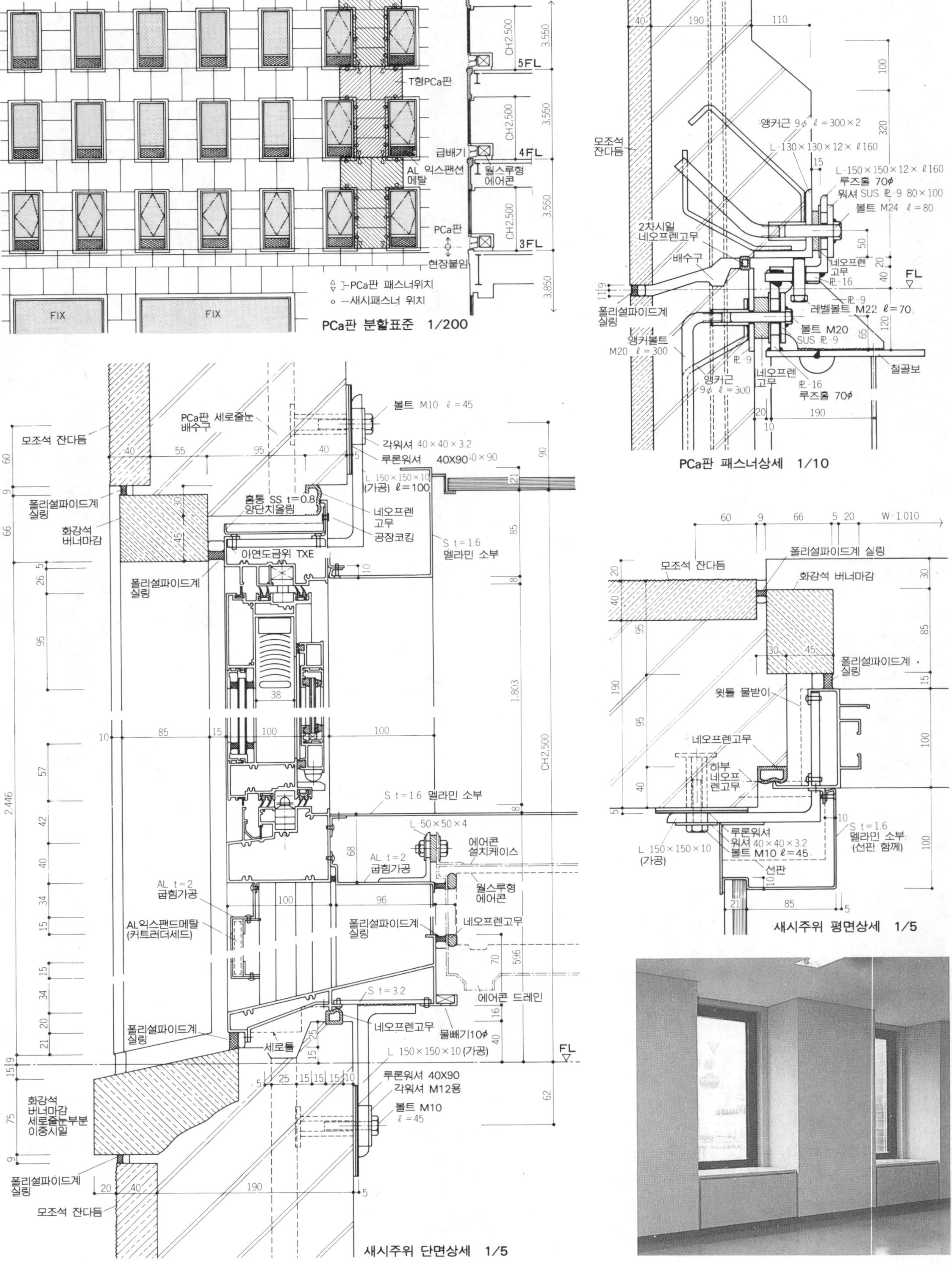

PCa판 분할표준 1/200

PCa판 패스너상세 1/10

새시주위 단면상세 1/5

새시주위 평면상세 1/5

정면 너비 약 14m, 건축물과 일체화하여 설치한 광고탑을 포함한 높이 45m의 패션성이 높은 상업 빌딩이다. 세로로 긴 슬림형의 외벽은 열선 반사 유리와 상아색의 결정화 유리(에오파리에)를 사용해서 모두 곡면으로 구성하여 질감과 함께 「빛나는」 것을 표현하고 있다.

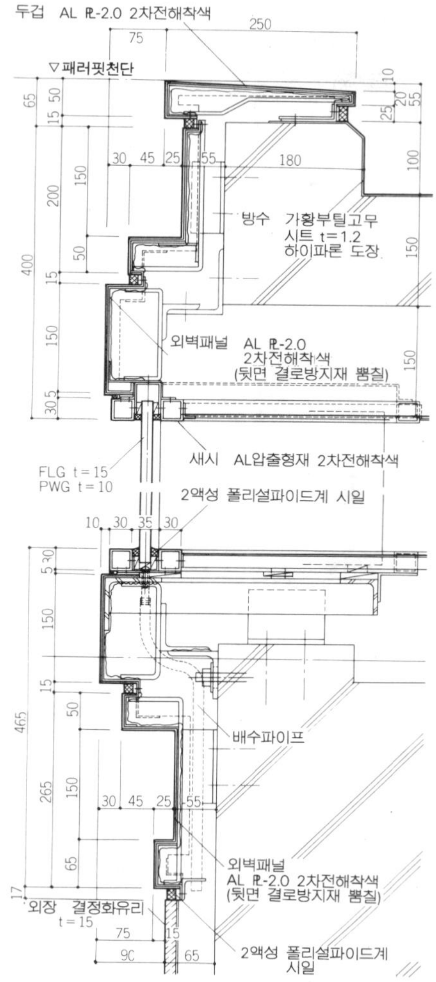

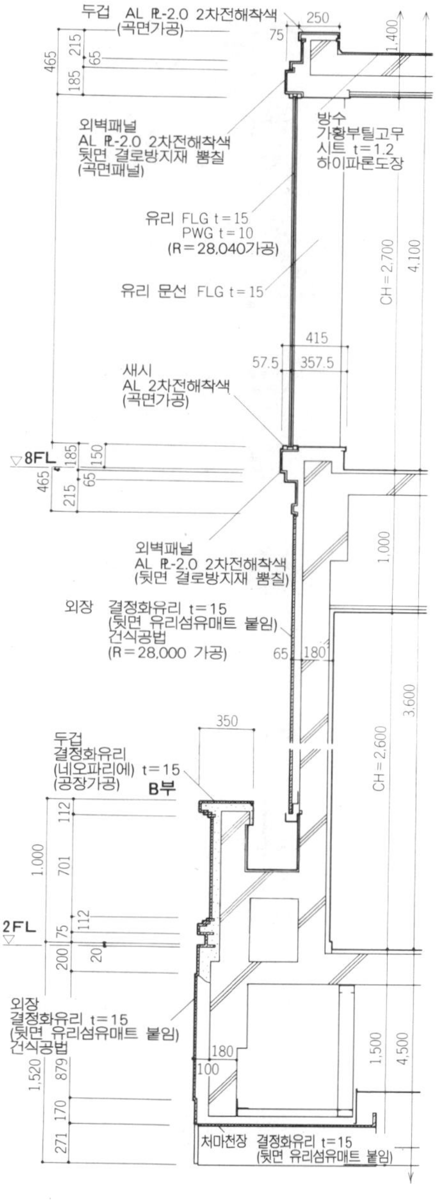

두겁 AL ℝ-2.0 2차전해착색

▽패러핏천단

방수 가황부틸고무 시트 t=1.2 하이파론 도장

외벽패널 AL ℝ-2.0 2차전해착색 (뒷면 결로방지재 뿜칠)

FLG t=15 PWG t=10

새시 AL압출형재 2차전해착색

2액성 폴리설파이드계 시일

배수파이프

외벽패널 AL ℝ-2.0 2차전해착색 (뒷면 결로방지재 뿜칠)

외장 결정화유리 t=15

2액성 폴리설파이드계 시일

두겁 AL ℝ-2.0 2차전해착색 (곡면가공)

외벽패널 AL ℝ-2.0 2차전해착색 뒷면 결로방지재 뿜칠 (곡면패널)

방수 가황부틸고무 시트 t=1.2 하이파론도장

유리 FLG t=15 PWG t=10 (R=28,040가공)

유리 문선 FLG t=15

새시 AL 2차전해착색 (곡면가공)

8FL

외벽패널 AL ℝ-2.0 2차전해착색 (뒷면 결로방지재 뿜칠)

외장 결정화유리 t=15 (뒷면 유리섬유매트 붙임) 건식공법 (R=28,000 가공)

두겁 결정화유리 (네오파리에) t=15 (공장가공) B부

2FL

외장 결정화유리 t=15 (뒷면 유리섬유매트 붙임) 건식공법

처마천장 결정화유리 t=15 (뒷면 유리섬유매트 붙임)

단 면 1/50

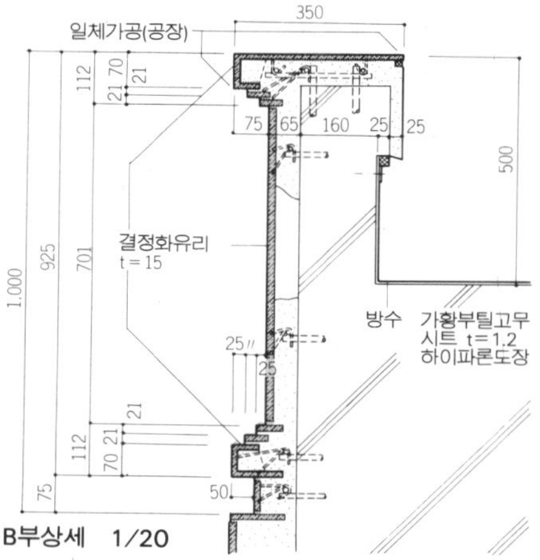

일체가공(공장)

결정화유리 t=15

방수 가황부틸고무 시트 t=1.2 하이파론도장

B부상세 1/20

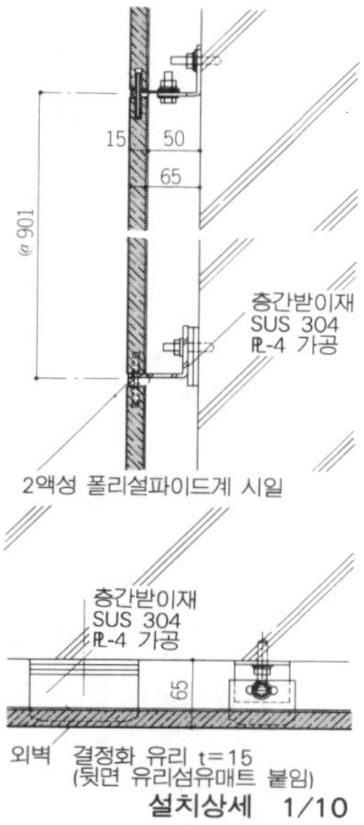

층간받이재 SUS 304 ℝ-4 가공

2액성 폴리설파이드계 시일

층간받이재 SUS 304 ℝ-4 가공

외벽 결정화 유리 t=15 (뒷면 유리섬유매트 붙임)

설치상세 1/10

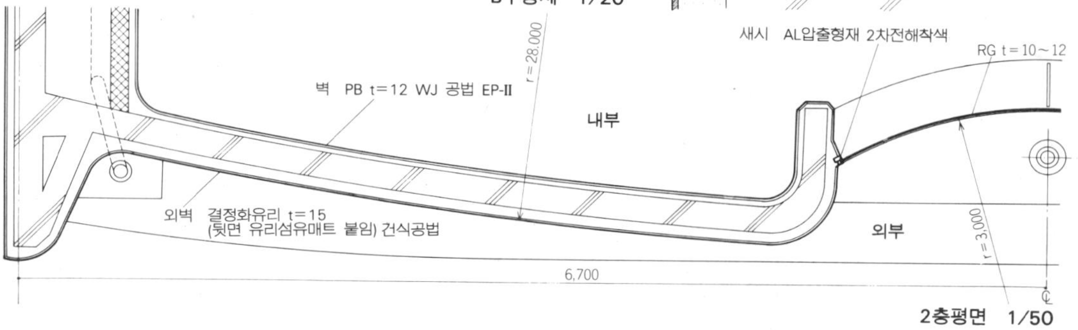

새시 AL압출형재 2차전해착색

벽 PB t=12 WJ 공법 EP-II

RG t=10~12

내부

외벽 결정화유리 t=15 (뒷면 유리섬유매트 붙임) 건식공법

외부

r=28,000

r=3,000

6,700

2층평면 1/50

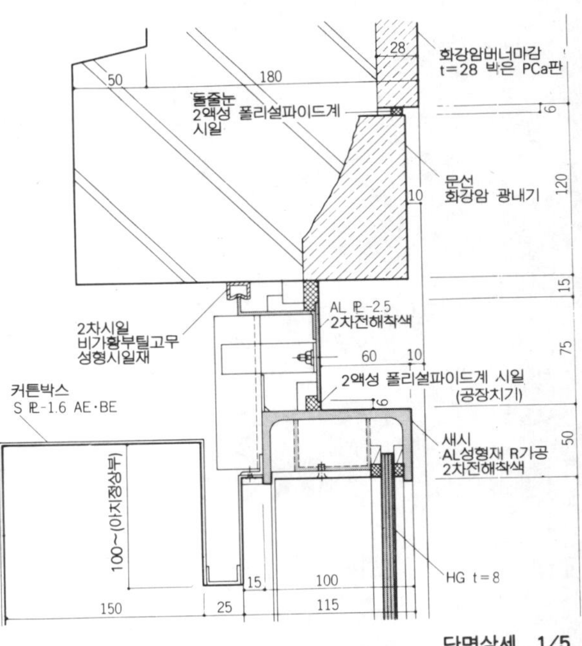

단면상세 1/5

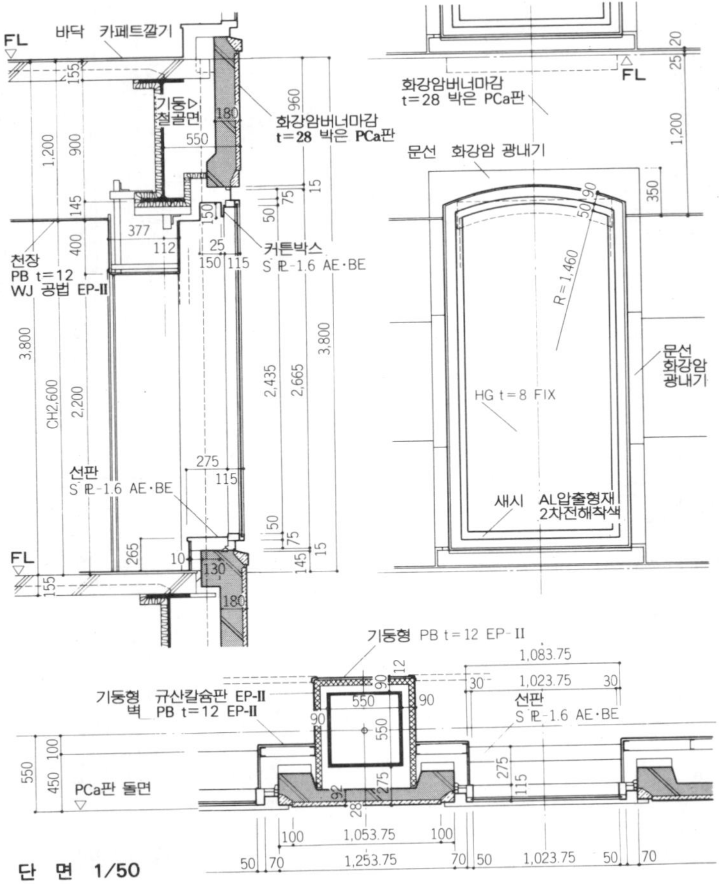

단 면 1/50

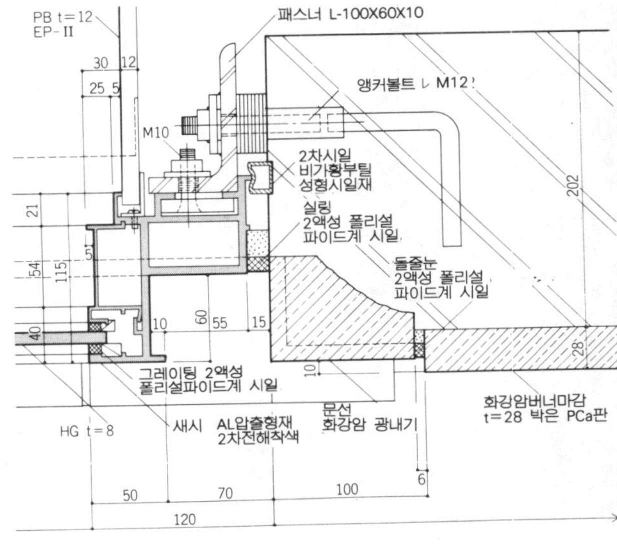

평면상세 1/5

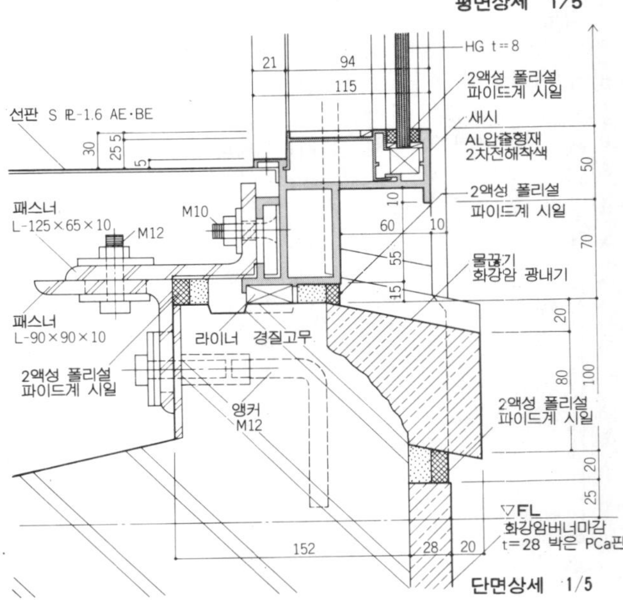

단면상세 1/5

전통의 석조를 스페인산 화강석 박은 PCa판에 의해 표현하고 있다. 완만한 아치의 독립창은 소프트한 버너마감의 석면(PCa판)에 꼭 맞게 새겨져 있다. 외벽과 대비시켜서 광택 연마된 화강석의 2중 문선은 그 마감의 콘트러스트와 델리케이트한 프로포션으로 창과 외벽을 융합시켜 격조와 로망을 표현하고 있다.

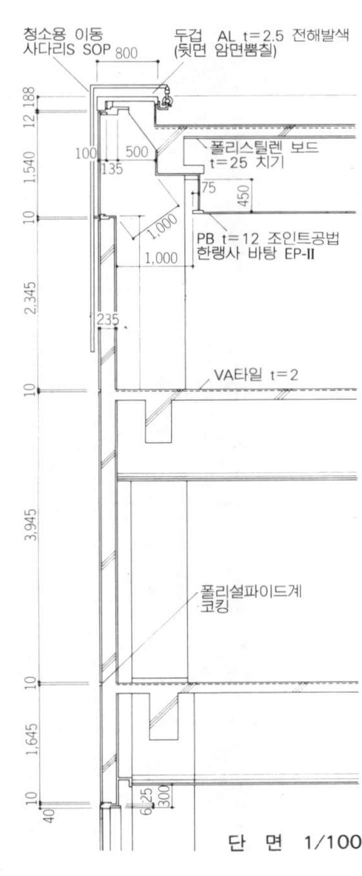

단 면 1/100

이 건축물은 반지름 9.4m의 한쪽이 잘려진 실린더와 5m×16.2m의 직방체로 구성되어 있다. 타일과 글라스로 구성된 높이 12m의 곡면 외벽은 평평하며, 좁은 부정형 부지를 가로질러서 교통량이 많은 두 개의 거리가 시각적으로 연속해서 표면적인 거리에 안길이를 초래하는 것으로 되었다. 실린더와 직방체가 결합하는 부분에 설치된 녹지대는 좁은 도로에 여유를 주고 외벽 타일의 흰색과 어울려 적극적으로 거리를 연출하는 시도를 하고 있다.

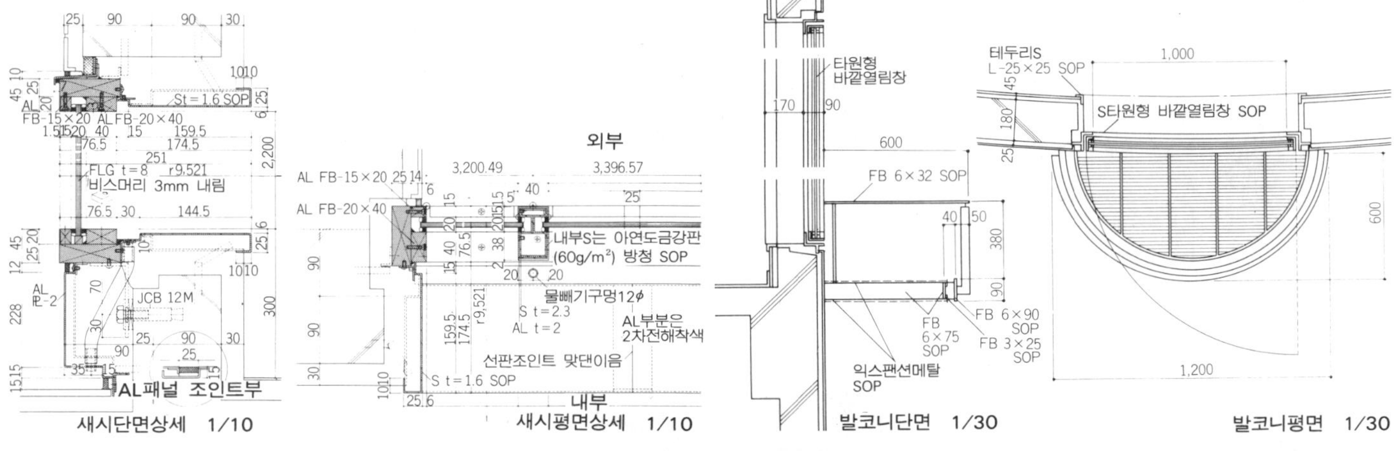

새시단면상세 1/10　새시평면상세 1/10　발코니단면 1/30　발코니평면 1/30

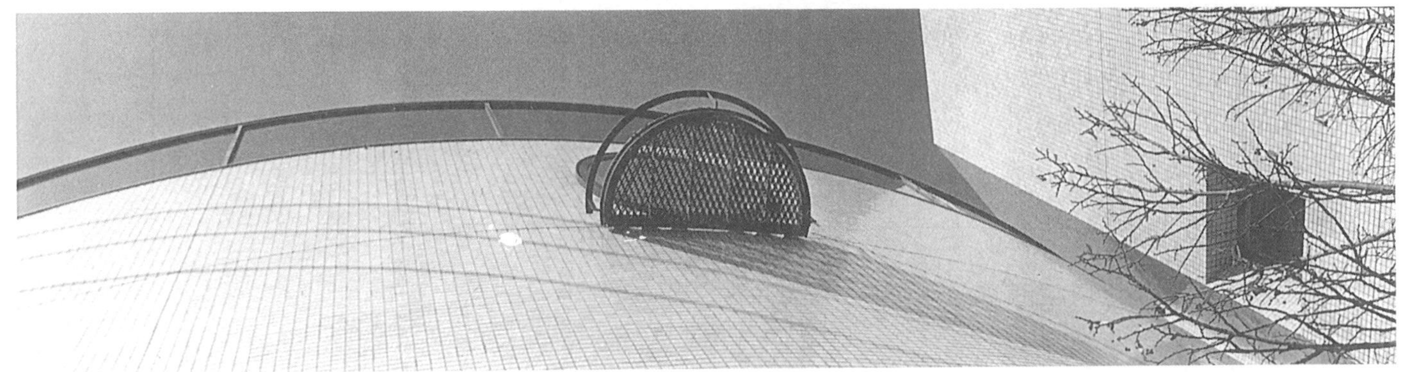

메인스트리트로서는 약간 폭이 좁고, 녹지도 비교적 적은 남쪽 거리에 위치한 이 건축물은 본사 빌딩을 포함한 임대 빌딩으로서 계획되었다. 좁은 부지면에서도 종합 설계 제도를 채용하여, 건축물 주변에 공개 공지(포켓파크)를 설치하여 시민에게 푸르름과 휴식의 장소를 제공하고 있다. 월스루 형태의 개별 공조기와 단열 새시의 일체화를 도모한 외관적 특색을 나타내며, 본사 빌딩으로서의 단정하고 격조높은 디자인과 작은 테넌트에 대한 대응 및 에너지 절약 향상을 도모하였다.

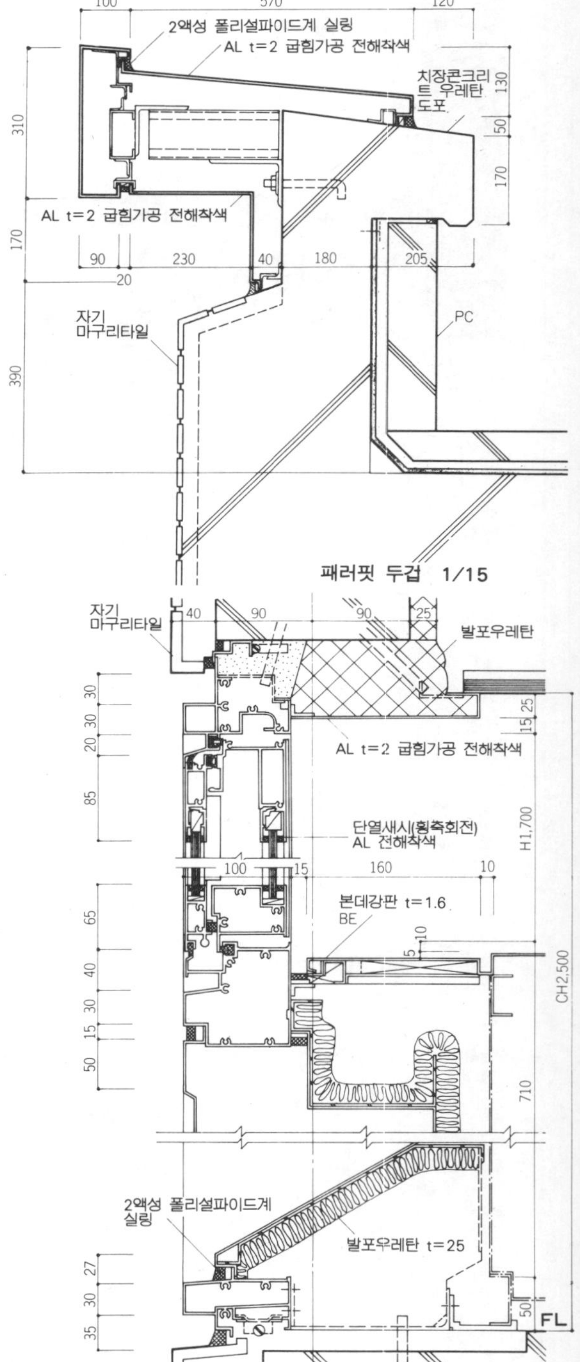

패러핏 두겁 1/15

개별공조기 넣은 새시 1/7

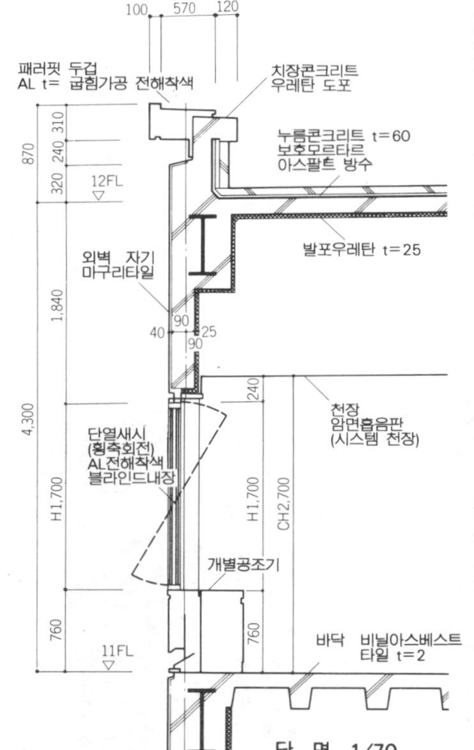

단 면 1/70

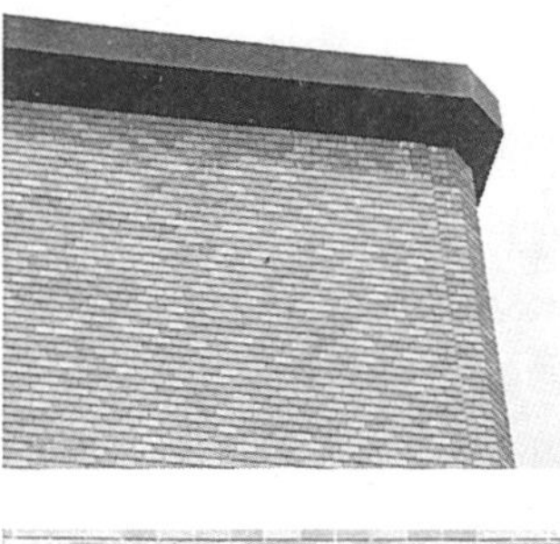

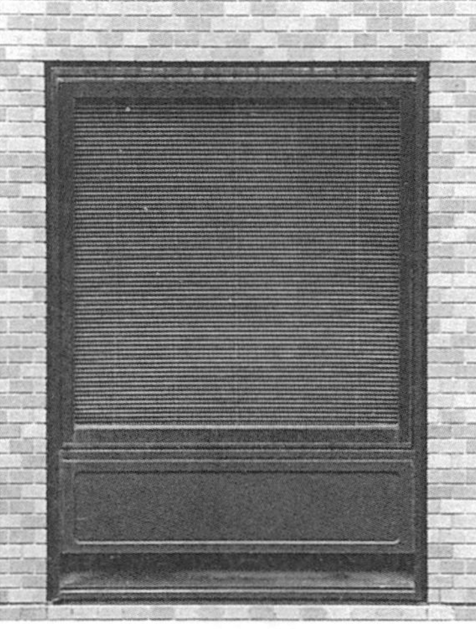

단조로운 주변 거리의 표정과 조화를 도모함과 동시에 건물 용도에 어울리는 패션 감각을 구하고 있다. 나비오는 포르투칼어에서「배」를 의미하며, 건축물 전체를 호화 여객선으로 간주해서 디자인했다. 무거운 은회색으로 빛나는 외장은 ALC판에 알루미늄 스팬드렐을 붙인 것으로 매우 간단한 구성이나 그리스 시대의 플루팅 방법을 모방한 홈을 만들어 외장에 음영을 주어서 표정을 부드럽게 하고 있다.

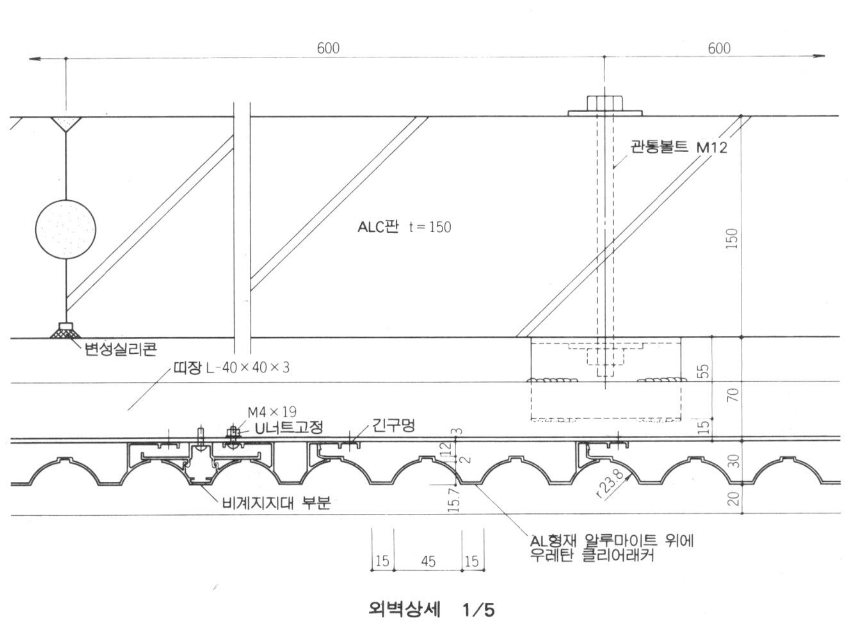

외벽상세 1/5

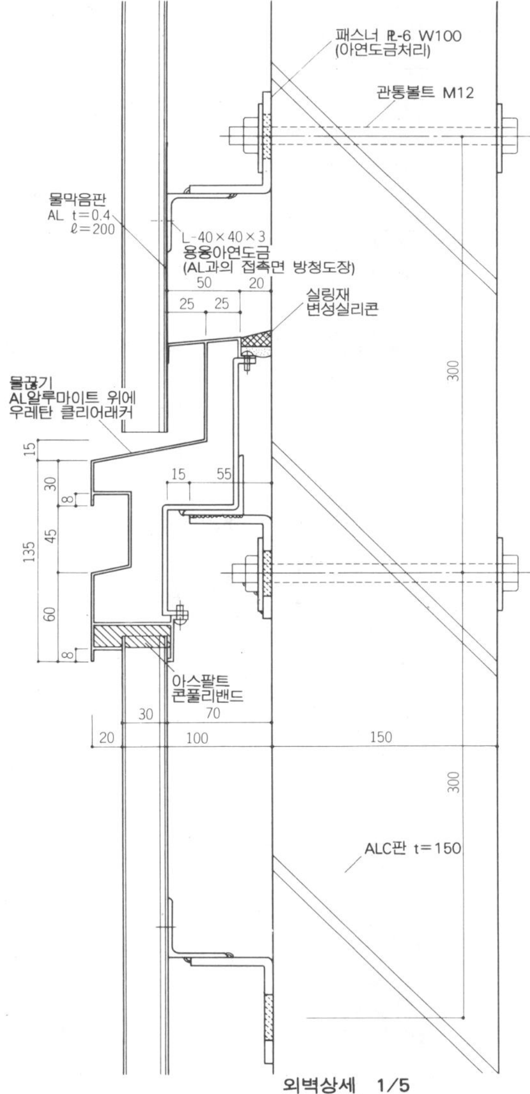

외벽상세 1/5

본관의 앞뜰에 인접해서 세운 임대 빌딩이며, 본관과 같이 「롱라이트의 건축물」을 목적으로 하고 있다. 외장 커튼월은 알루미늄 패널(두께 5)과 글라스의 두 개의 소재로 구성되며, 프레시서페이스화, 롱라이트화를 테마로 하고 있다. 구체적으로는 「조인트를 적게 하기 위해 알루미늄 패널, 글라스 모두 가능하면 대형으로 해서 새시레스로 한다」, 「굽힘 가공을 하지 않는 알루미늄 후판을 사용해서 글라스와 가능한 같은 면으로 한다」, 「내구성이 우수한 불소수지도장을 채용한다」, 「응압 공법을 채용하여 물막음을 실링재에 의지하지 않는다」, 「월스루 유니트를 넣어 설비 기능과 커튼월의 일체화를 도모한다」 라는 점이 주요한 설계 요소이다.

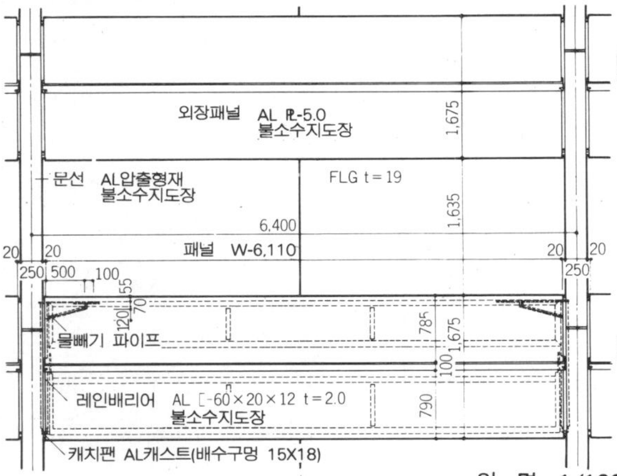

입 면 1/100

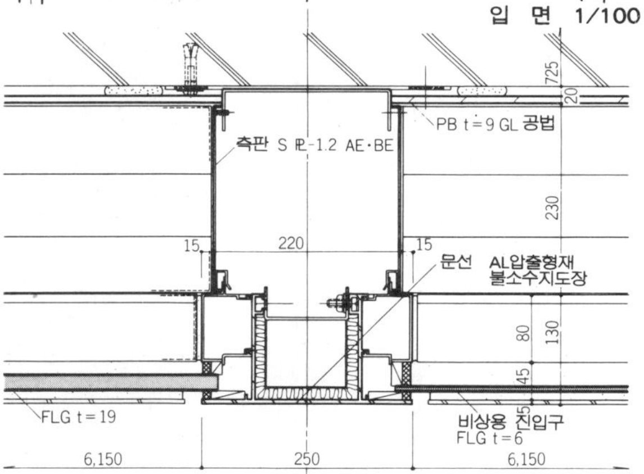

개구부 평면상세 1/10

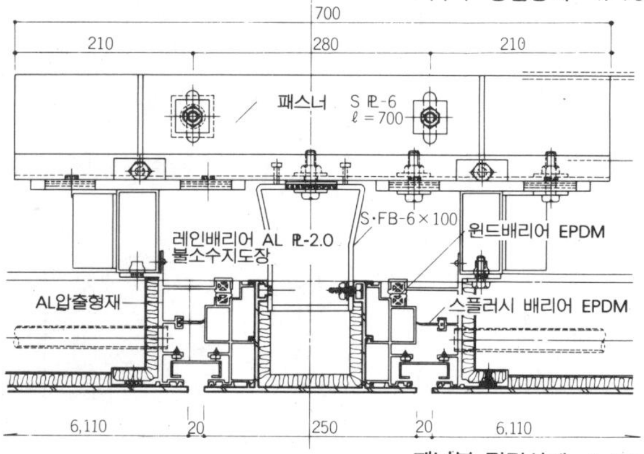

패널부 평면상세 1/10

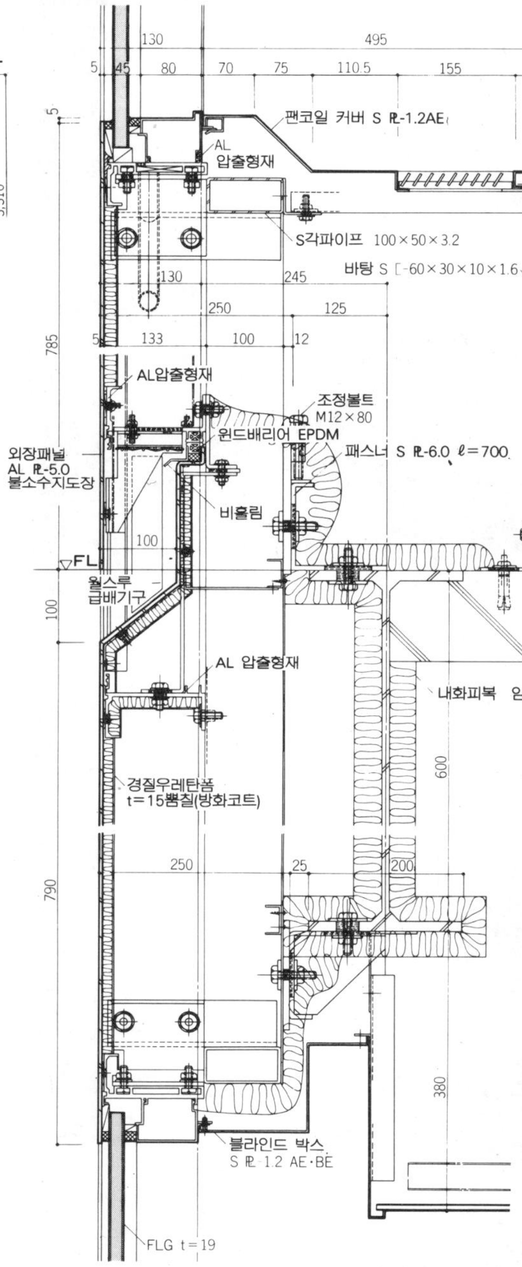

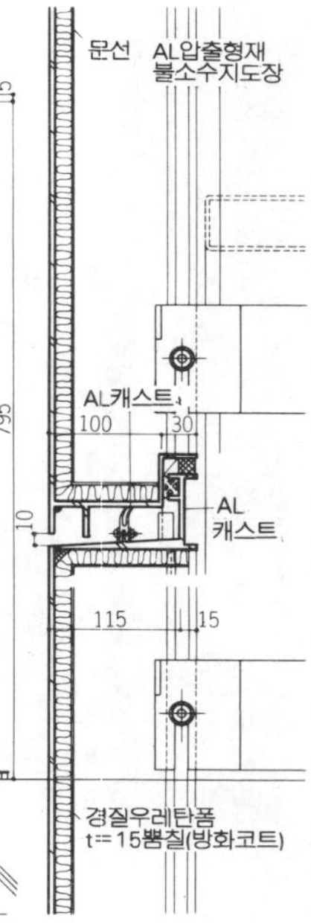

문선부 단면상세 1/10

단면상세 1/10

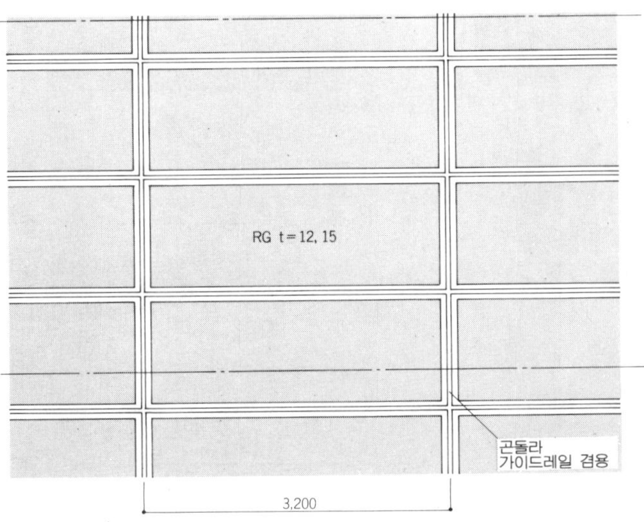

입 면 1/80

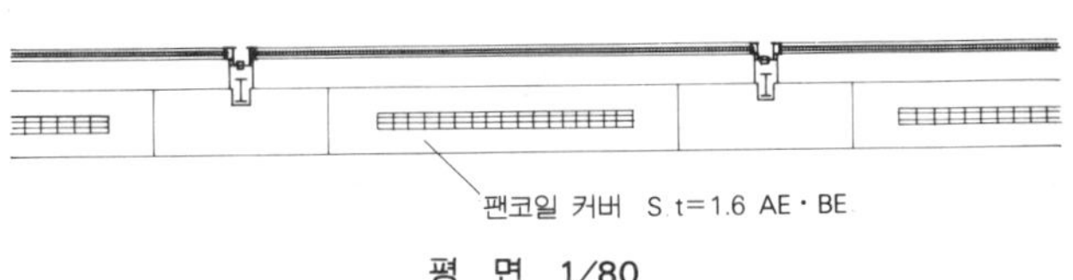

평 면 1/80

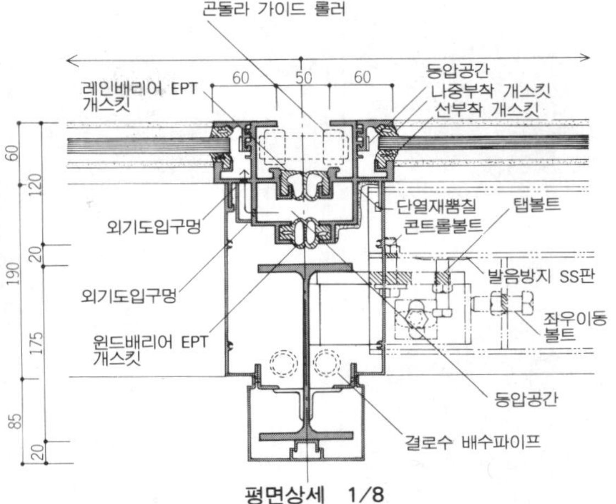

평면상세 1/8

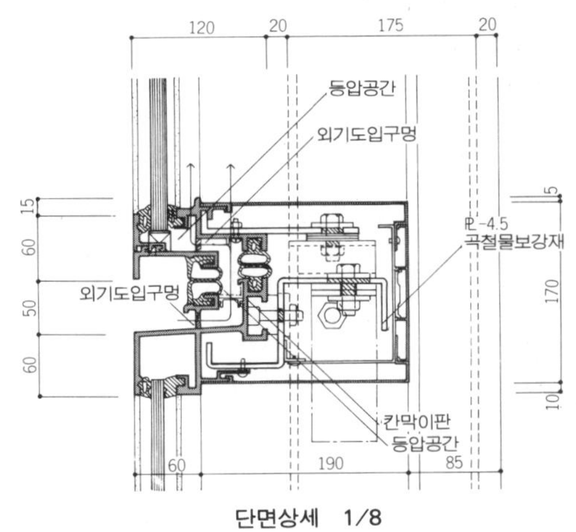

단면상세 1/8

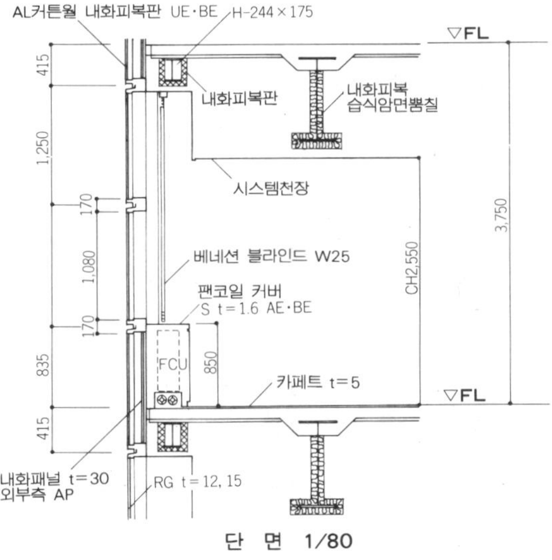

단 면 1/80

유니트형 커튼월이다. 유니트 사이 및 글라스 주위는 모두 EPT 및 네오프렌에 의한 개스킷을 사용하여 습식 실링재의 시공상의 불균일이 적도록 하였다. 열선 반사 유리의 영상 조정은 코너 용접된 정밀도가 높은 틀에 미리 유리를 개스킷으로 고정한 것을 보강틀에 부착하고, 유니트의 4구석에 설치한 탭볼트로 미세 조정을 하였다.

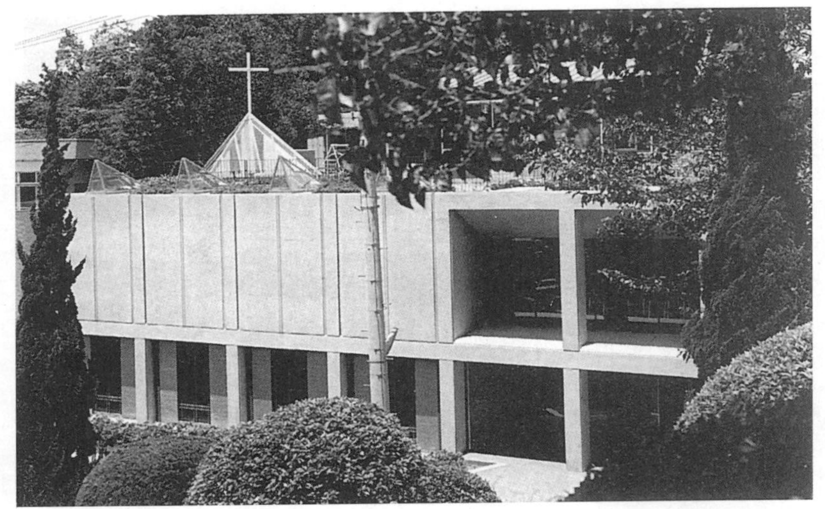

소재, 구조체를 직선적으로 표현하여 교회에 어울리는 힘찬 건축 공간 본연의 모습을 추구하였다.

글라스의 톱라이트와 치장 콘크리트의 외벽은 단순히 소재, 조형의 대비적 효과 뿐만 아니라, 입체의 형태나 그 외벽에 깊게 패인 줄눈, 돌출한 줄눈을 덧붙이는 것으로 건축물에 상승성을 강조한 표정을 주어, 하늘과 땅을 잇는 것을 중요시하는 크리스트교 정신의 원점을 건축적으로 추구한 결과를 나타낸다.

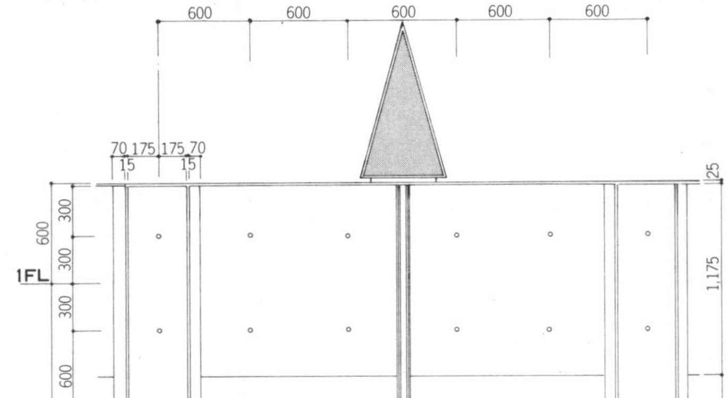

입 면 1/50

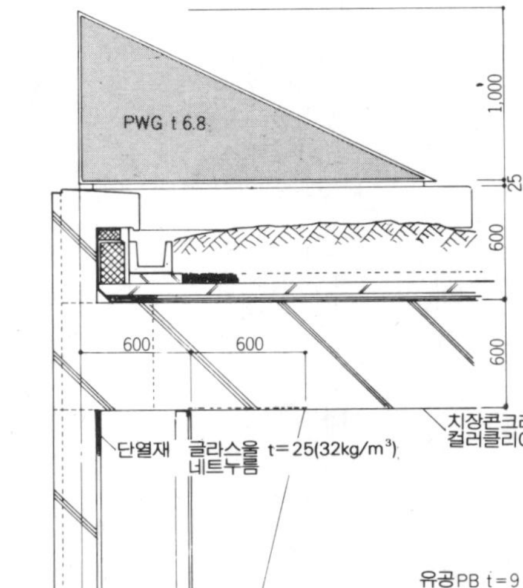

평 면 1/50

단 면 1/50

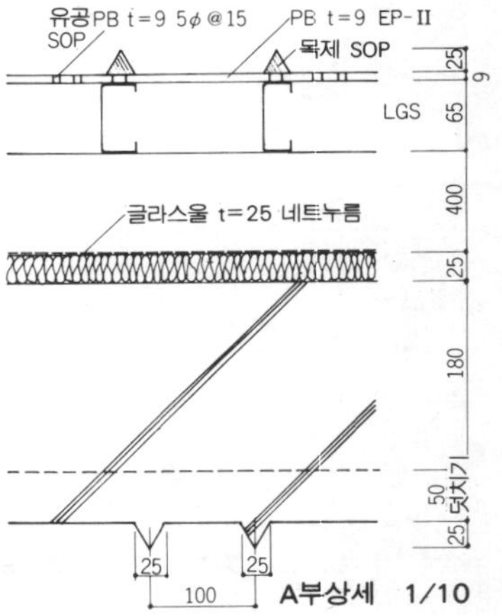

A부상세 1/10

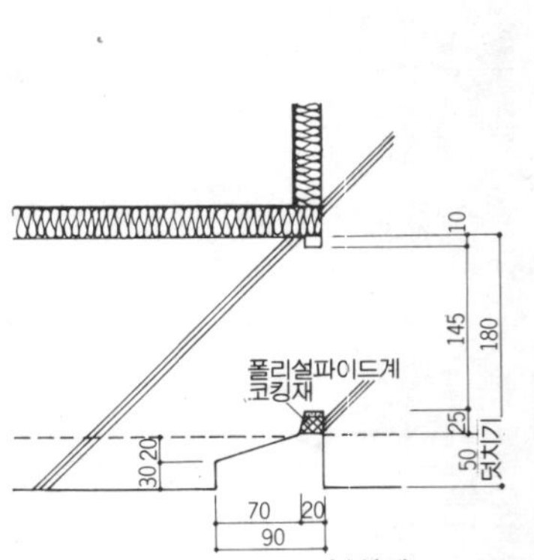

B부상세 1/10

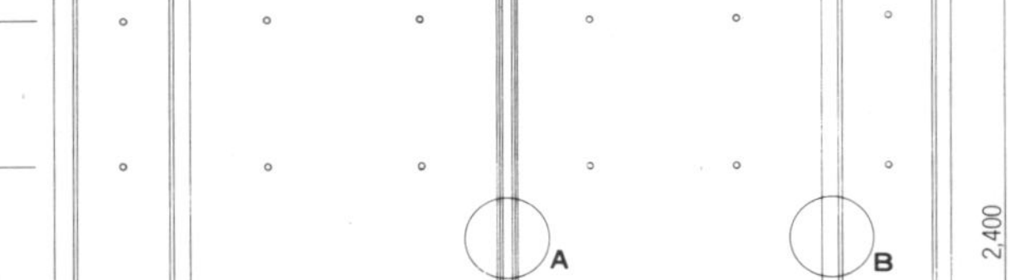

치장 PCa판과 현장 치기 콘크리트의 조합에 의한 발코니이다. 발코니 슬래브 끝부분에 박은 PCa판과 치장 기둥의 PCa판의 맞춤 줄눈이나 현장 치기 콘크리트의 맞춤 줄눈을 건축물 전체의 주요 구성 요소인 十자형과 PCa판이 구성하는 十자형 줄눈의 디자인에 집어넣어 「표현」과 「생산」의 일체화를 도모하고 있다.

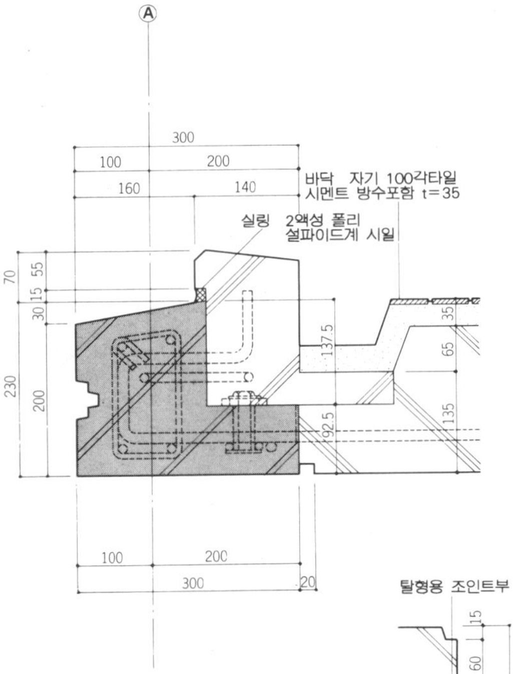

바닥 자기 100각타일 시멘트 방수포함 t=35

실링 2액성 폴리설파이드계 시일

탈형용 조인트부

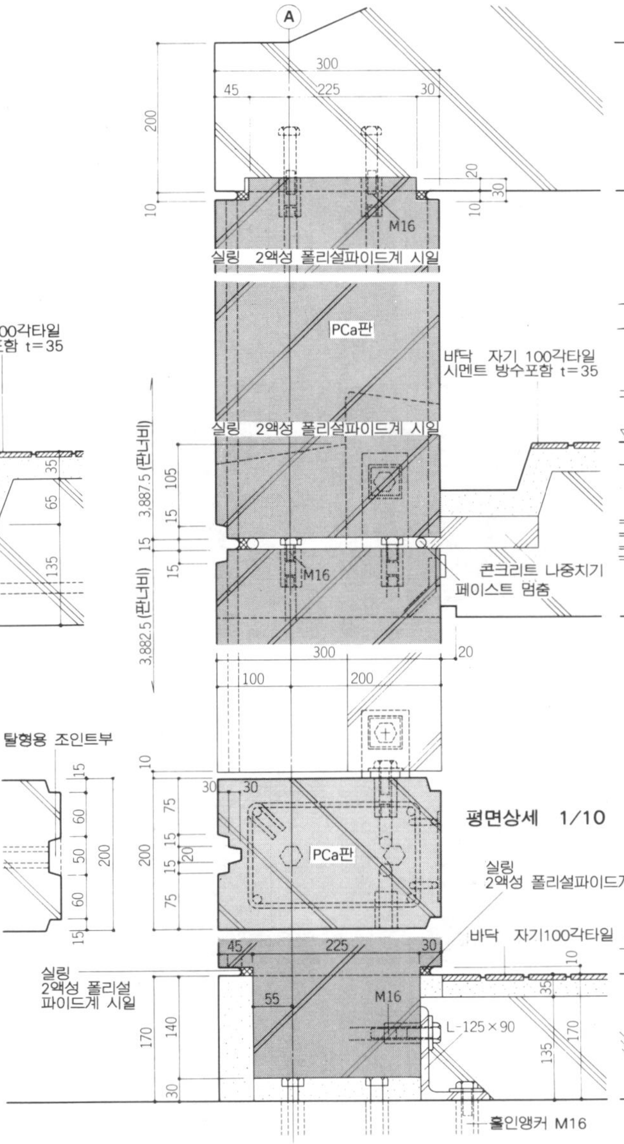

실링 2액성 폴리설파이드계 시일

PCa판

콘크리트 나중치기 페이스트 멈춤

M16

평면상세 1/10

바닥 자기100각타일

L-125×90

홀인앵커 M16

단면상세 1/10

3,280(판길이) 10 200 10 3,280(판길이)

▽2FL

▽1FL

▽GL

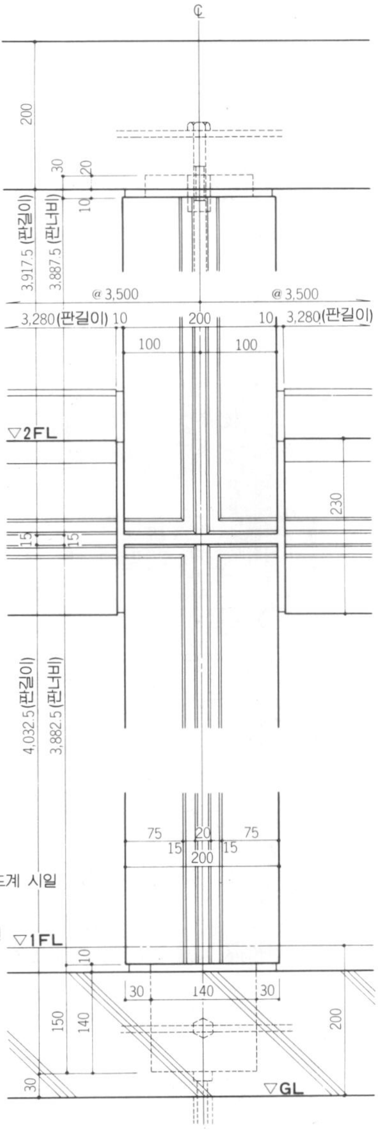

입 면 1/10

「젊은 사람이 모이는 밤의 거리」를 만드는 것이 이 건축물의 테마였다. 외벽을 테 붙임한 대담한 네온의 불빛과 거리에 개방된 아트리움이 디자인의 방법으로서 시도되고 있다. 아트리움을 덮은 큰 처마와 그것을 지지하는 거대한 스테인레스의 쌍둥이 기둥, 그 기둥을 중심으로 한 네온의 샹들리에, 미러글라스에 그려진 네온의 일러스트 등 밤을 연출하는 조명 계획이 건축의 공간 구성에 빛의 디테일을 첨가하고 있다.

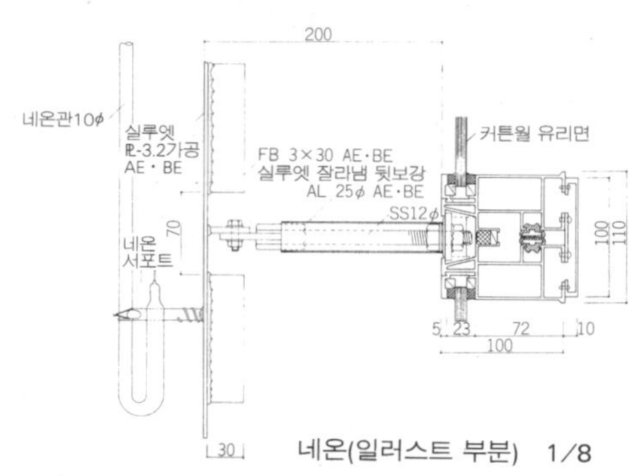

네온(일러스트 부분) 1/8

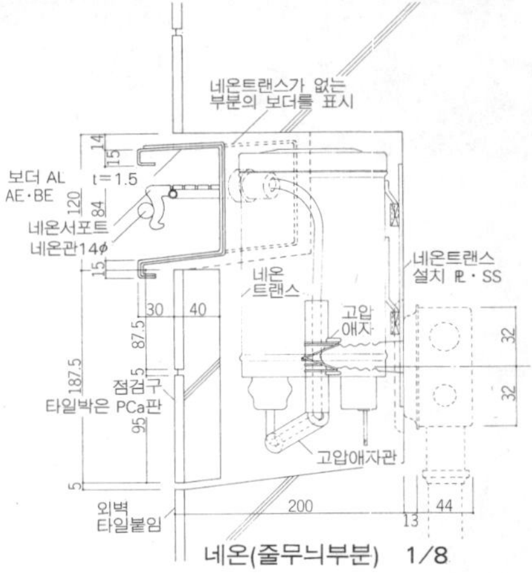

네온(줄무늬부분) 1/8

외벽을 알루미늄캐스트에 의한 홈이 있는 가로 줄무늬로 구성하고 있다. 이 알루미늄캐스트 프레임의 외부에서 보이지 않는 부분에 설치한 글라스 개구는 실내 백룸으로의 데이라이트가 있는 것과 동시에 야간에는 색 구분을 한 알루미늄캐스트 내부 반사판으로서 내장한 조명의 간접광에 의해 7색의 가로 줄무늬가 되는 야경을 만들고 있다.

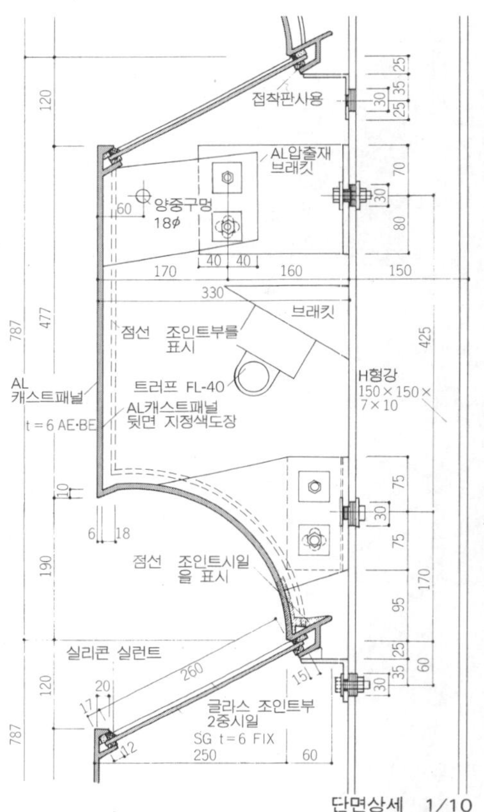

단면상세 1/10

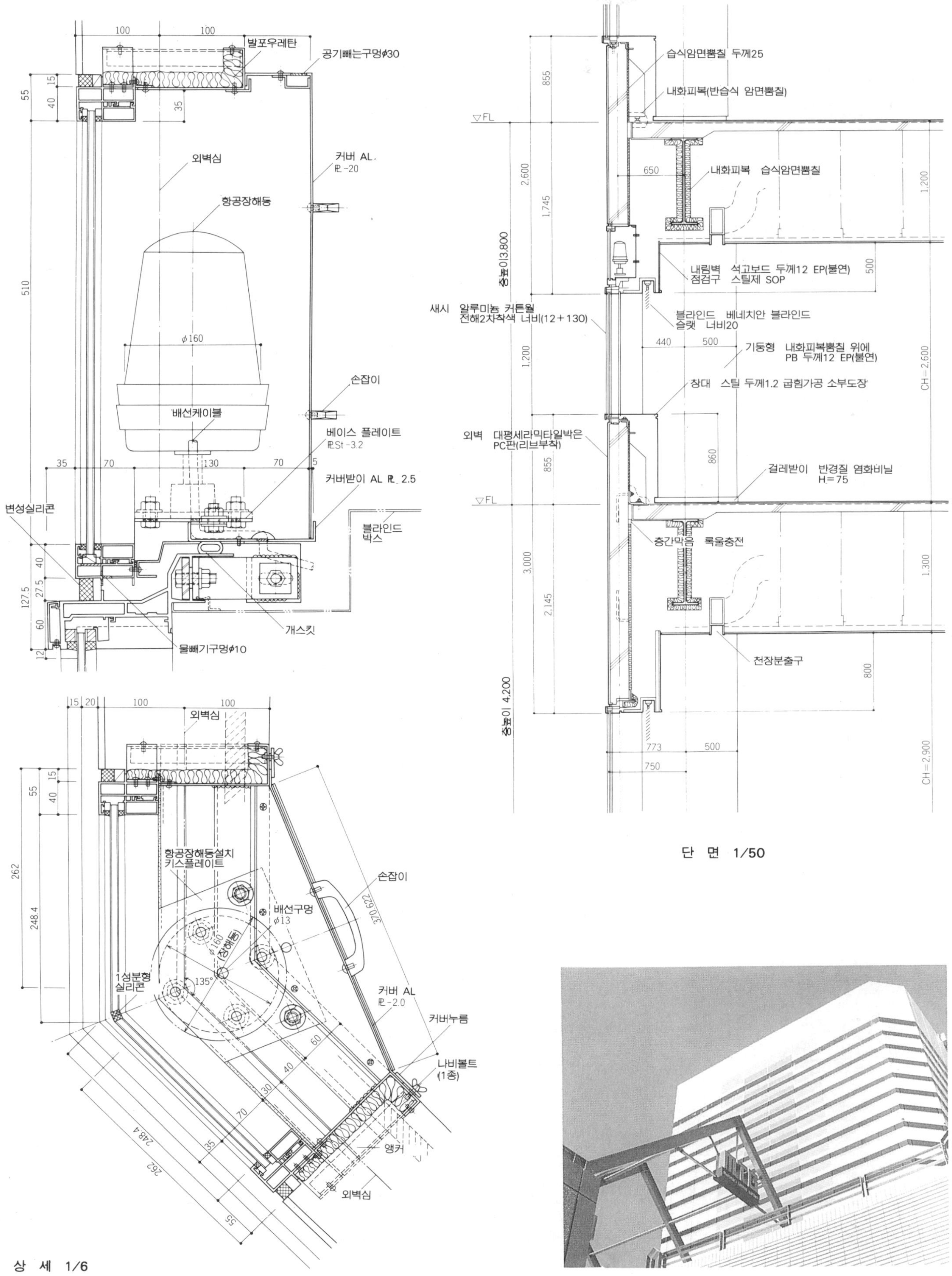
발포우레탄
공기빼는구멍φ30
외벽심
커버 AL. ℞-20
항공장해등
φ160
손잡이
배선케이블
베이스 플레이트 ℞St-3.2
커버받이 AL ℞ 2.5
변성실리콘
블라인드 박스
개스킷
물빼기구멍φ10
항공장해등설치 키스플레이트
배선구멍 φ13
1성분형 실리콘
커버 AL ℞-2.0
커버누름
나비볼트 (1종)
앵커
습식암면뿜칠 두께25
내화피복(반습식 암면뿜칠)
내화피복 습식암면뿜칠
내림벽 석고보드 두께12 EP(불연)
점검구 스틸제 SOP
새시 알루미늄 커튼월 전해2차착색 너비(12+130)
블라인드 베네치안 블라인드 슬랫 너비20
기둥형 내화피복뿜칠 위에 PB 두께12 EP(불연)
창대 스틸 두께1.2 굽힘가공 소부도장
외벽 대평세라믹타일박은 PC판(리브부착)
걸레받이 반경질 염화비닐 H=75
층간막음 록울충전
천장분출구
층높이3,800
층높이 4,200

단 면 1/50

상 세 1/6

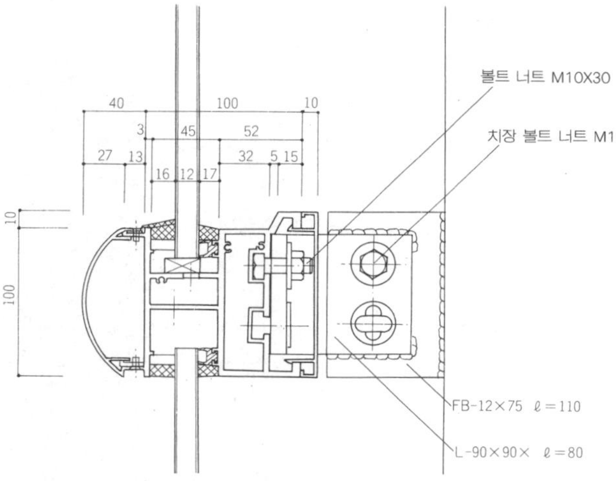

부재간 단부 1/5

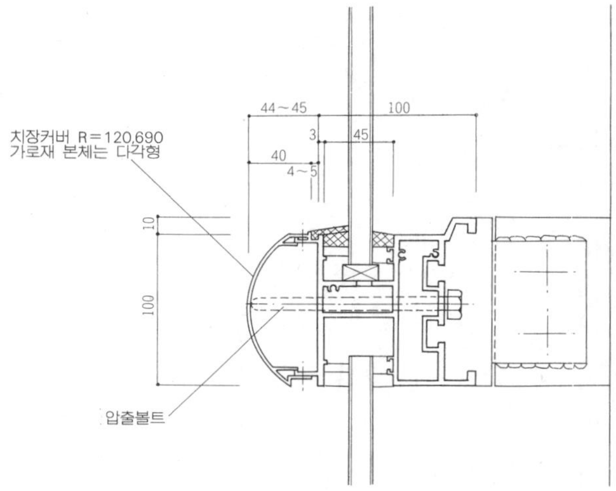

부재간 중앙부 1/5

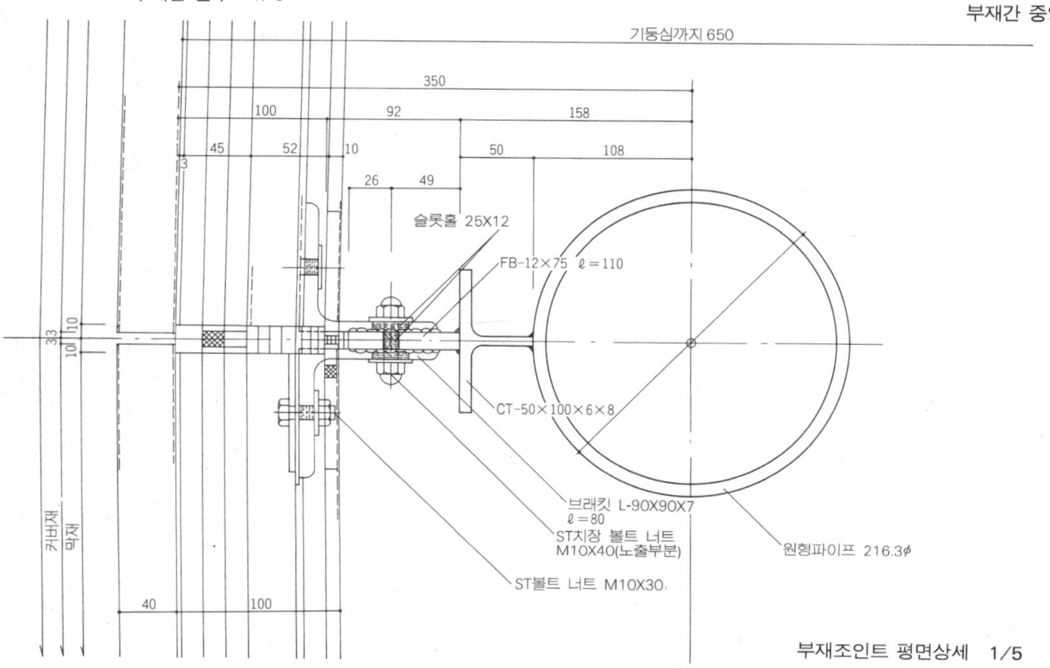

부재조인트 평면상세 1/5

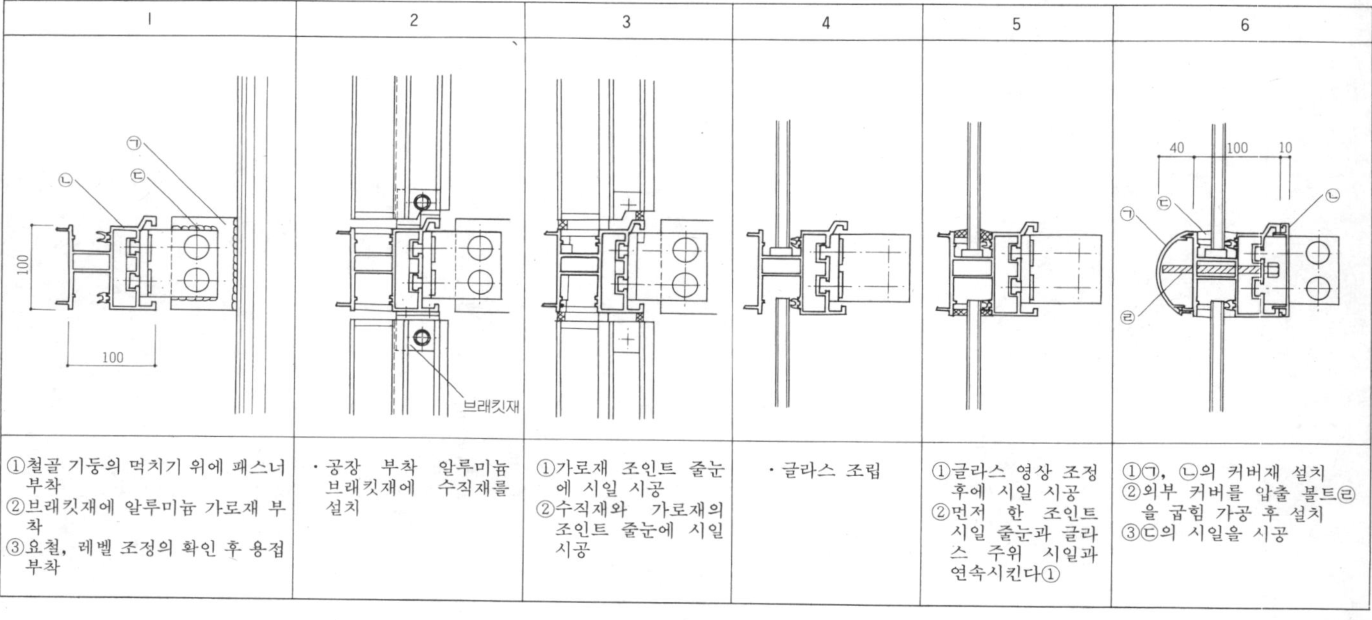

1	2	3	4	5	6
①철골 기둥의 먹치기 위에 패스너 부착 ②브래킷재에 알루미늄 가로재 부착 ③요철, 레벨 조정의 확인 후 용접 부착	· 공장 부착 알루미늄 브래킷재에 수직재를 설치	①가로재 조인트 줄눈에 시일 시공 ②수직재와 가로재의 조인트 줄눈에 시일 시공	· 글라스 조립	①글라스 영상 조정 후에 시일 시공 ②먼저 한 조인트 시일 줄눈과 글라스 주위 시일과 연속시킨다①	①㉠, ㉡의 커버재 설치 ②외부 커버를 압출 볼트㉣을 굽힘 가공 후 설치 ③㉢의 시일을 시공

건축의 스케일을 지우는 존재로서 포름 그 자체로 할 것. 그 가운데 동물적인 따뜻한 선이 들어 있다. 더욱 정적인 이미지가 더해지고 있다. 타이틀은 「잠든 바위」였다. 슬릿창의 눈을 가볍게 닫도록 하는 유연한 곡선이나 샤프한 모양, 다시 메탈릭으로 정적인 색. 전체의 볼륨에 비해서 적은 조인트의 줄눈은 스케일을 속이는 것으로 보인다. 그래서 층높이와 같은 길이의 스틸 패널을 사용하였다. 세로줄눈을 층높이마다 가로줄눈 너비의 절반 이하로 해서 전체와 어울리도록 하고 있다. 부드러운 눈의 곡선은 안쪽 플라스터의 곡선도 있으므로 현치수 모형에서 검토하였다.

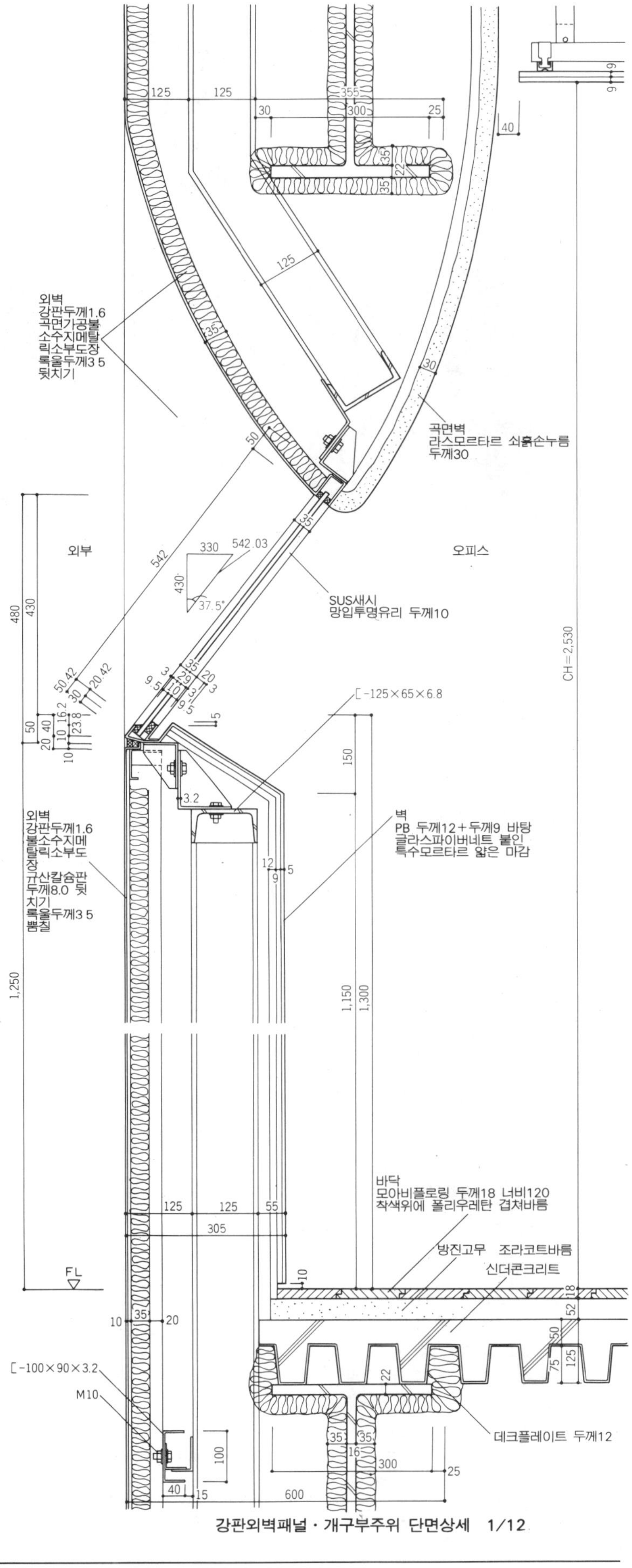

외벽
강판두께1.6
곡면가공불
소수지메탈
릭소부도장
록울두께3 5
뒷치기

곡면벽
라스모르타르 쇠흙손누름
두께30

외부

오피스

SUS새시
망입투명유리 두께10

[-125×65×6.8

외벽
강판두께1.6
불소수지메
탈릭소부도
장
규산칼슘판
두께8.0 뒷
치기
록울두께3 5
뿜칠

벽
PB 두께12+두께9 바탕
글라스파이버네트 붙인
특수모르타르 얇은 마감

CH=2,530

바닥
모아비플로링 두께18 너비120
착색위에 폴리우레탄 겹쳐바름

방진고무 조라코트바름
신더콘크리트

FL

[-100×90×3.2
M10

데크플레이트 두께12

강판외벽패널 · 개구부주위 단면상세 1/12

타이틀처럼 동물적 포름과 불룩함, 그리고 그 피부 감각을 표현하는 것이다. 도면으로 그리기 어려운 이 비틀어진 포름은 1/20 석고 모형을 법적 기준과 대조하면서 스타르크 자신이 손으로 제작하고 그것을 직접 이행하는 방법을 취하였다. 즉, 평행으로 계획된 기술에 포름이라는 정보로 전체를 구성하는 시도를 한 것이다. 피부 호흡을 하는 듯한 외피는 그 형태 때문에 소재의 가공성을 더욱 검토하여, 녹청의 동판을 채용하였다. 그 선리브의 세로 라인은 외피와 함께 불룩하게 계획하였다. 그것은 마치 괴수의 튀어나온 혈관이며, 또 흘러내리는 옥청은 그 간을 생각하는 것이다.

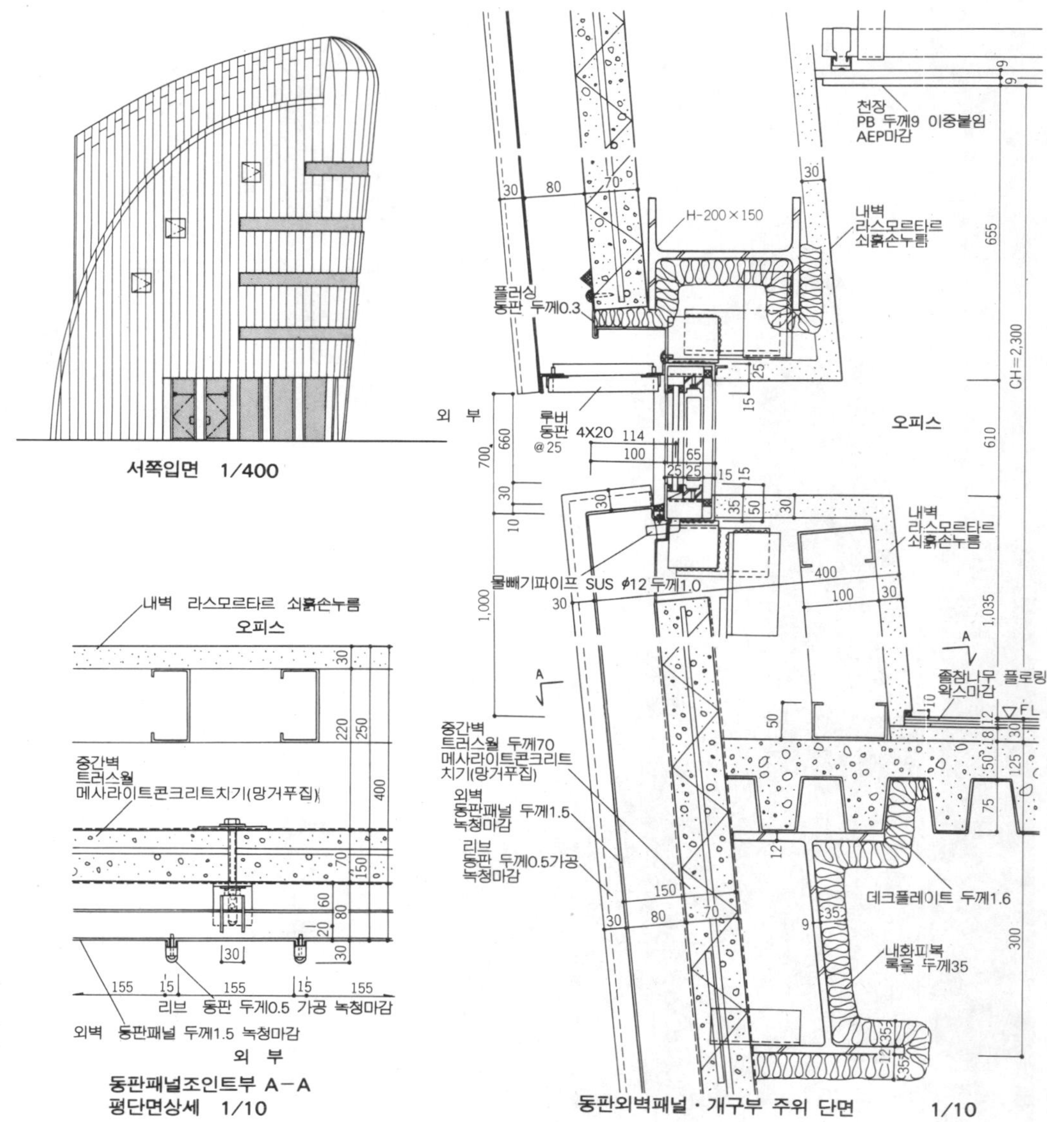

서쪽입면 1/400

동판패널조인트부 A-A
평단면상세 1/10

동판외벽패널 · 개구부 주위 단면 1/10

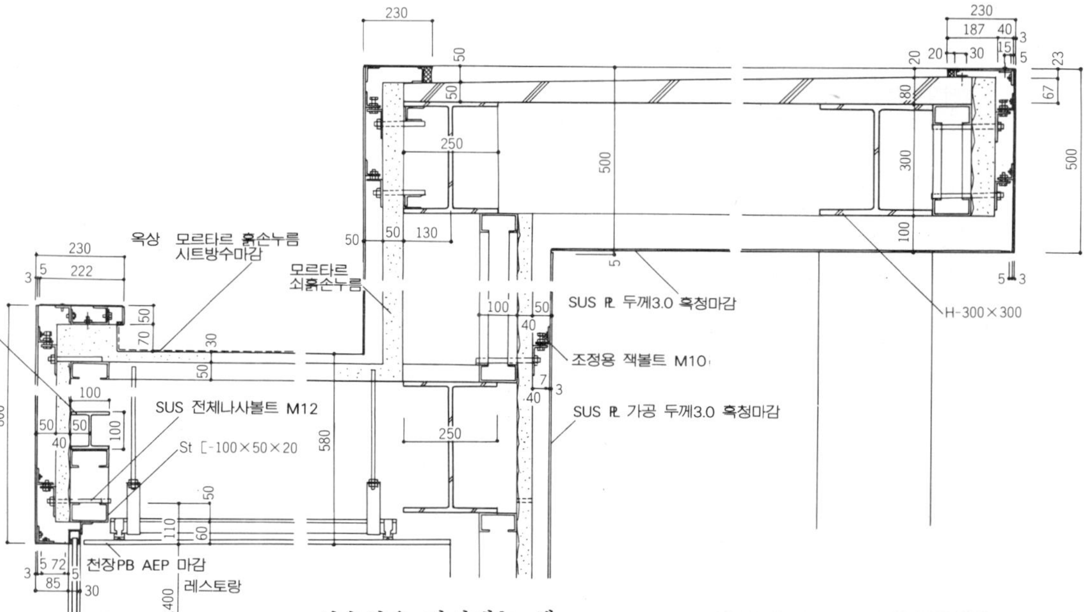

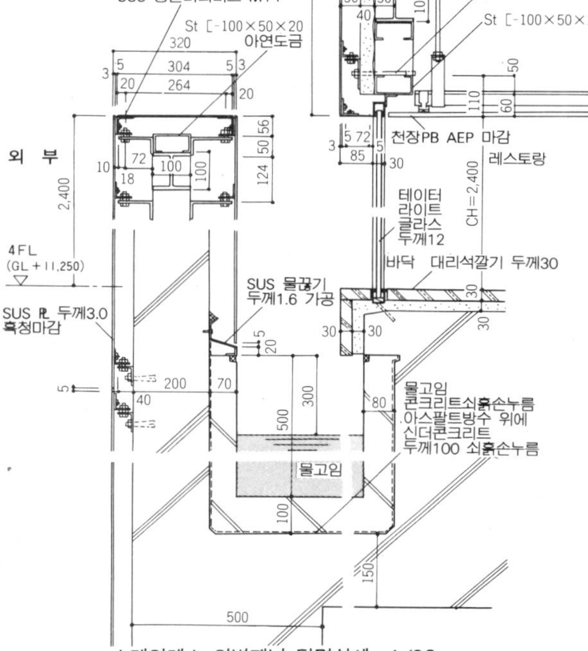

스테인레스 외벽패널 단면상세 1/20

엄숙함을 자아내는 옛 도시의 기와지붕, 그 구운 기와의 이미지를 흑청 스테인레스의 큰 패널로 바꾸었다. 스테인레스 기와의 조인트는 내부에 물을 끌어들임과 동시에 소재의 두터움을 느끼는 빈줄눈의 디테일을 채용하였다. 또 패널에 따라서 면 속에서도 미묘한 색조가 나타나 약간씩 다르게 보이는 흑청의 특성이 구운 기와의 이미지를 느끼게 하고 있다.

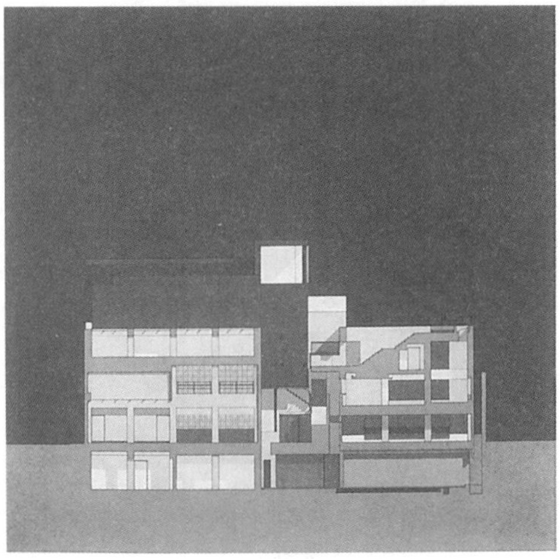

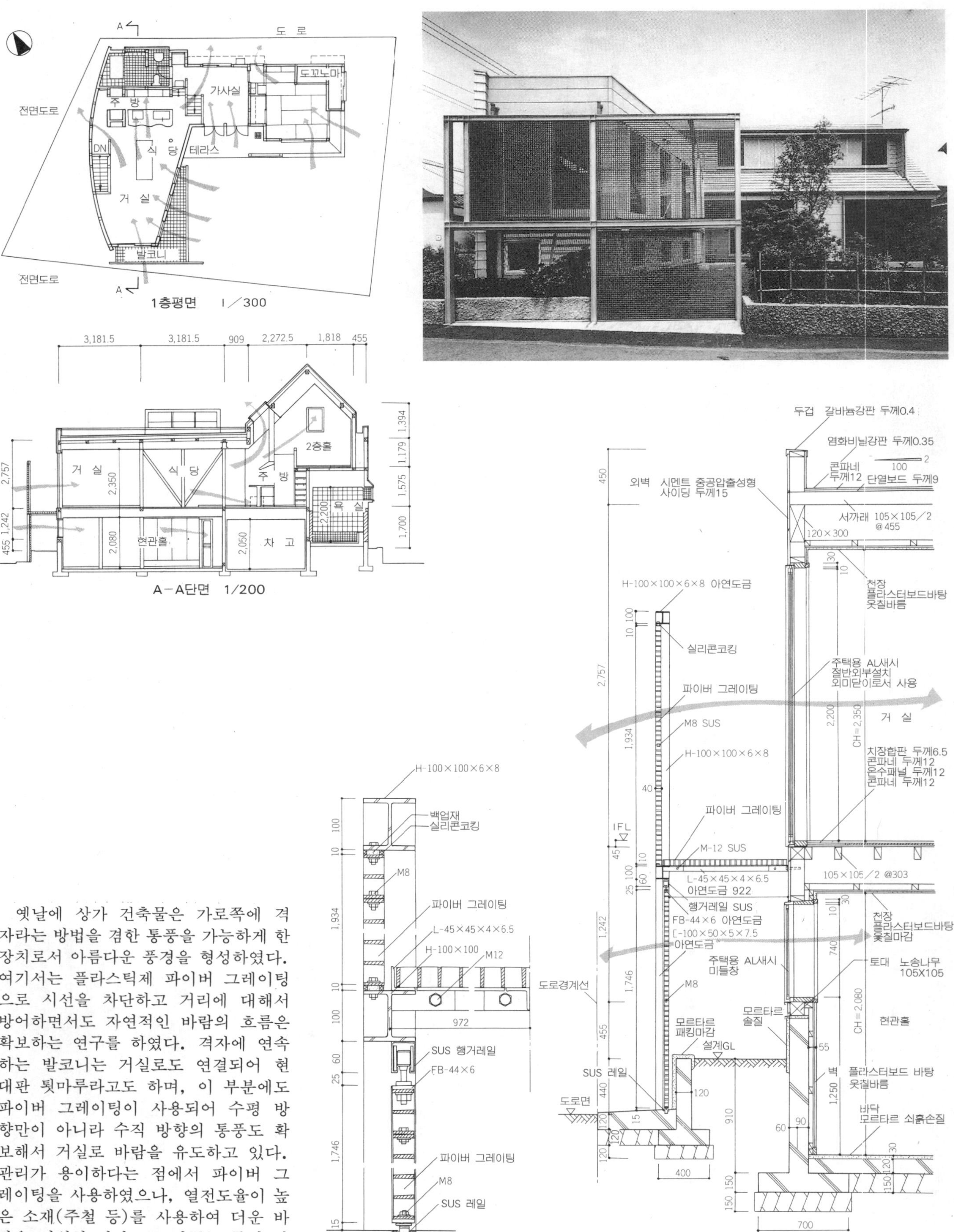

옛날에 상가 건축물은 가로쪽에 격자라는 방법을 겸한 통풍을 가능하게 한 장치로서 아름다운 풍경을 형성하였다. 여기서는 플라스틱제 파이버 그레이팅으로 시선을 차단하고 거리에 대해서 방어하면서도 자연적인 바람의 흐름은 확보하는 연구를 하였다. 격자에 연속하는 발코니는 거실로도 연결되어 현대판 툇마루라고도 하며, 이 부분에도 파이버 그레이팅이 사용되어 수평 방향만이 아니라 수직 방향의 통풍도 확보해서 거실로 바람을 유도하고 있다. 관리가 용이하다는 점에서 파이버 그레이팅을 사용하였으나, 열전도율이 높은 소재(주철 등)를 사용하여 더운 바람을 시원한 바람으로 바꾸는 등의 가능성을 간직한 디테일이다.

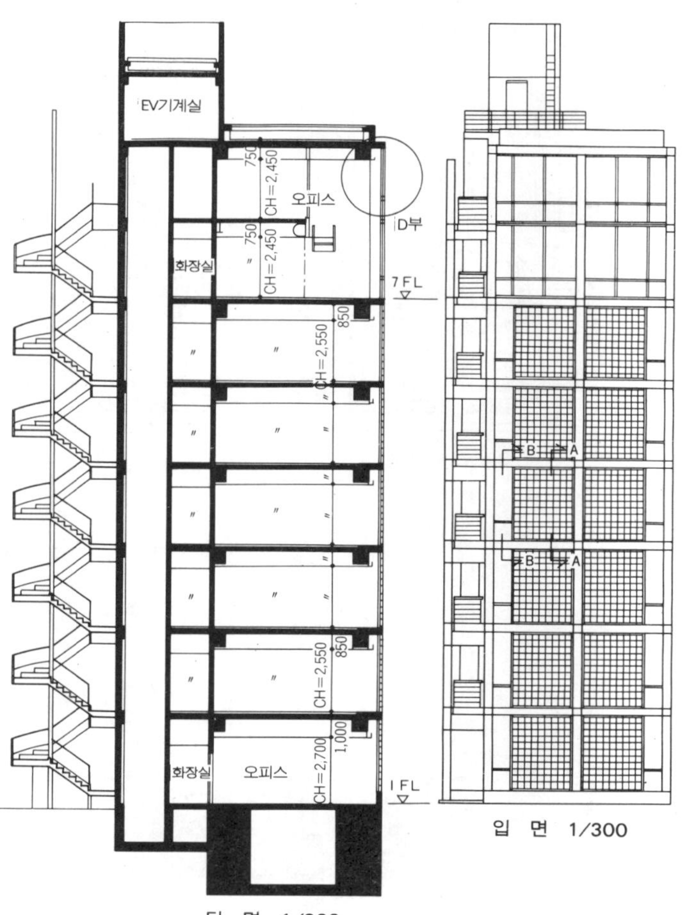

단 면 1/300

입 면 1/300

참으로 단정한 파사드이다. 사진으로 봐서는 이것을 정확하게 알기는 힘드나, 건평 22.5평의 빌딩이라고는 도무지 느껴지지 않는다. 부지의 2면을 도로에 접하고, 남은 2면이 인접한 큰 빌딩의 주차장이라는 4면 파사드의 탑상 건축물이다. 윗층만 메조네트 형식이며, 기준층은 원플로어 임대의 테넌트 빌딩이다. 고속도로에 가깝기 때문에 남북면의 큰 개구부의 새시에는 붙박이 글라스 블록으로 하여 차음에 크게 공헌하고 있다. 이 개구부의 취급이 실제의 포인트이며, 전체를 을종 방화 새시로 해서 틀에 마감하였기 때문에 각 층의 내화 구획을 깨끗하게 하여 전면 개구의 개방적인 실공간이 연출되고 있다.

자세히 보면 좌우 반대인 새시의 연속창으로 이러한 아름다운 파사드를 창출하고 있다. 새시면이 외벽면에서 나와 있는 등 다케나카풍의 빈틈없는 디테일이 도처에 보이며, 노력을 한 작품으로 마무리되어 있다.

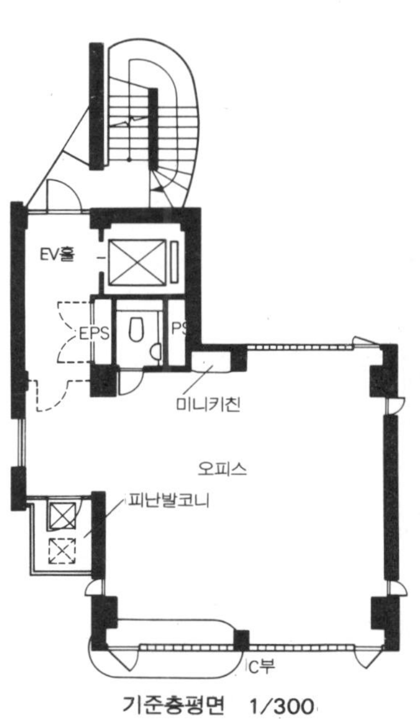

기준층평면 1/300

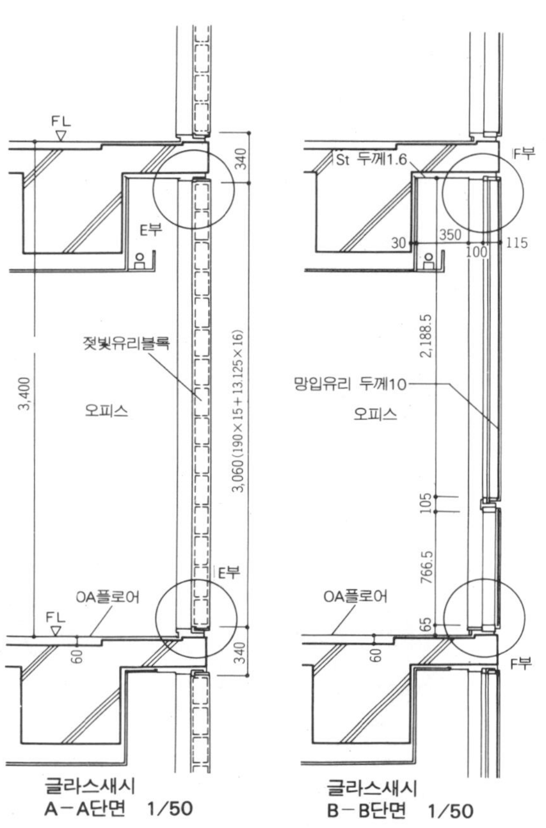

글라스새시 A－A단면 1/50

글라스새시 B－B단면 1/50

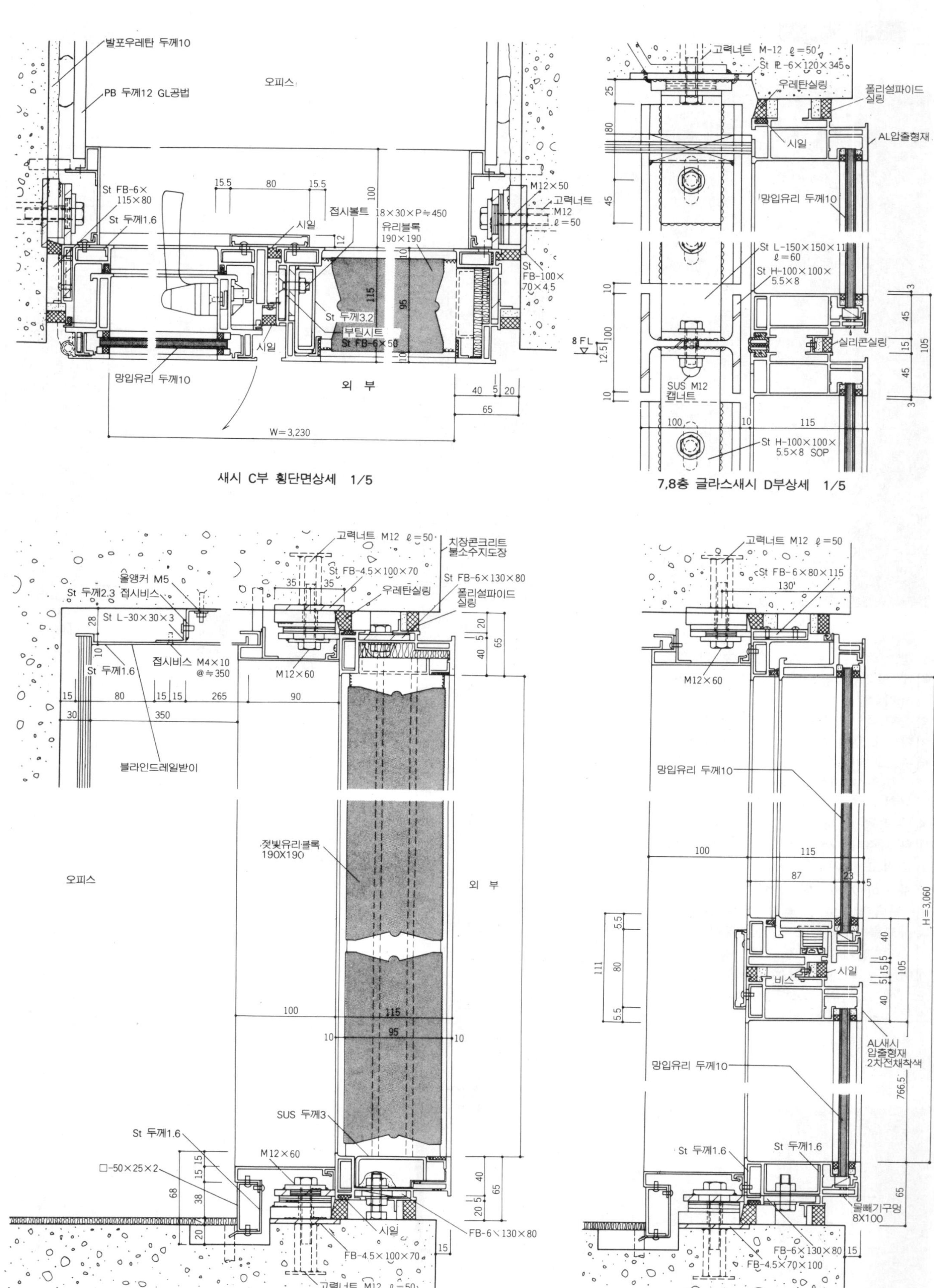

새시 C부 횡단면상세 1/5

7,8층 글라스새시 D부상세 1/5

글라스블록새시 E부 단면상세 1/5

글라스새시 F부 단면상세 1/5

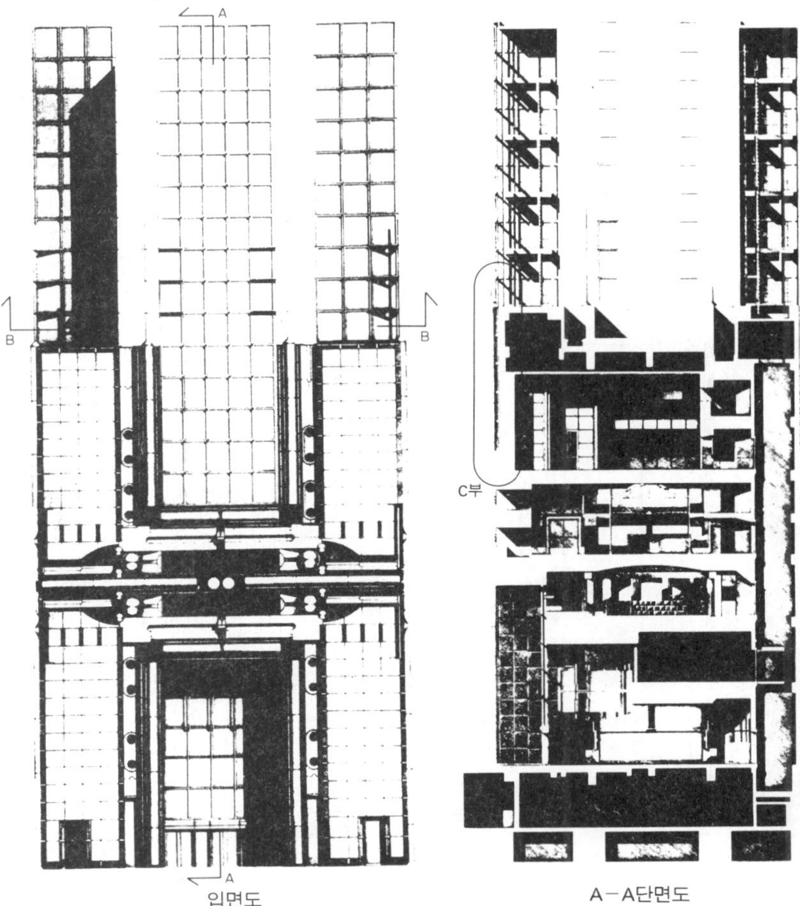

입면도

A-A단면도

하천에 경쟁하듯이 밝게 빛나는 광고물을 내려다 보며 6층 건축물의 돌기단 위에 높이 20m의 옥상 대형등이 우뚝 솟았다. 주위의 시각적인 소란스러움에 대해 정숙감이 느껴지는 거대한 장지문살이 수면에 비쳐서 충분히 보는 사람에게 건축물의 아이덴티티를 느낄 수 있는 메시지를 보내고 있다. 4기인 빛의 탑은 1기당 2,000개의 형광등을 넣고 컴퓨터 제어를 하고 있다. 통상 전체 점등시의 60% 정도의 밝기가 타이머로 자동 점등하여 점멸에 의한 여러 종류의 패턴을 갖는다. 마감에는 틀과의 방수 수밀성을 배려해서 팽창 계수가 작은 유리를 채용하고 있다. 그 유리도 한지를 끼운 강화유리로 젖빛 아크릴판과는 또 다른 맛을 보이고 있다. 조명 기구나 유리의 청소 관리를 위해 곤돌라는 4개의 광탑 사이에 오묘하게 은폐되어 있다. 광고물로 혼란스러운 거리에 반대의 방법으로 정숙한 존재감을 나타낸 좋은 예라 하겠다.

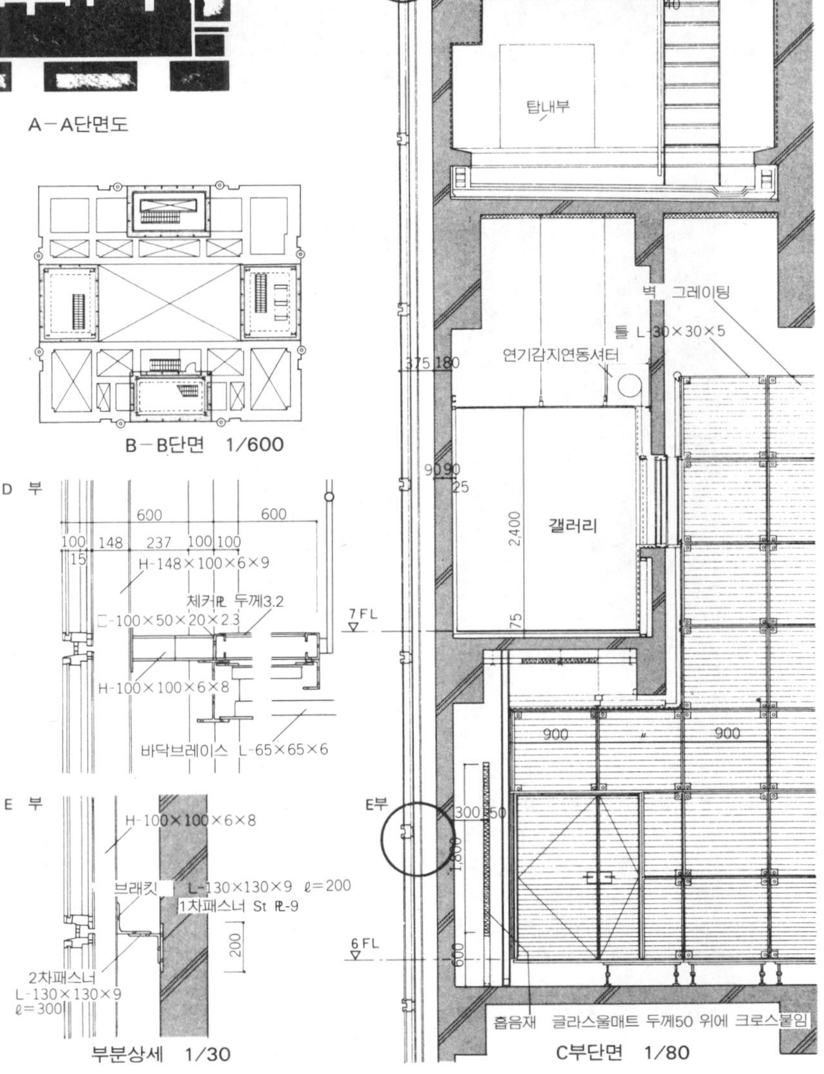

B-B단면 1/600

부분상세 1/30

C부단면 1/80

주택 · 도시 정비 공단의 주거 공간에 대한 선전을 목적으로 한 건축물이다. 건축물의 성격상 사람의 마음을 우아하게 감싸는 나뭇결의 따뜻함을 나타내는 목조 건축을 의도하였으나 건축법규상 부득이 간이 내화 건축물로서 철골조를 채용하였다. 그러나 목조에 대한 생각을 버리기 어렵고, 대규모 간판이라는 해석 아래 자연 소재가 갖는 따뜻함, 유연함을 나타내는 목제 격자를 ALC판, 글라스, 철골의 바깥쪽에 설치하도록 하였다. 마치 궁궐의 격자를 보듯이 외부 공간과 내부 공간의 중간 영역으로서 효과적인 스페이스가 이루어지고 있다.

회랑에 둘러싸인 중정에 내부의 조명으로 격자가 떠올라 별채로서의 경쾌함을 느낄 수 있다.

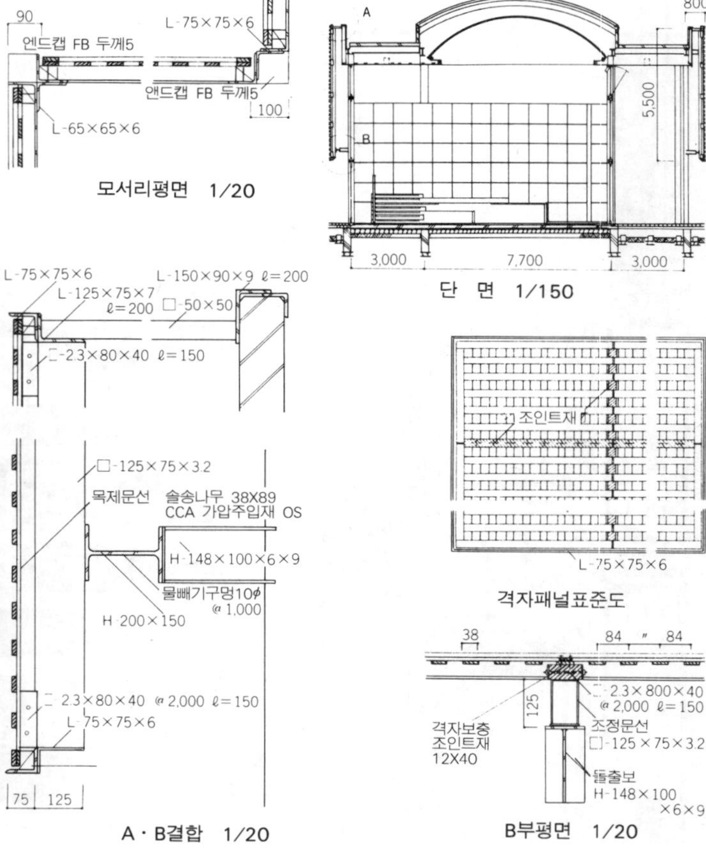

사다리꼴 부지에 반원형의 RC조를 세우고, 그 틈에 광정의 효과를 갖는 외부 공간을 설치하고 있다. 외부 정원이나 중정이라고도 할 수 없는 도시 속의 새로운 정원의 해결 방법의 하나라고 하겠다.

공도에서 현관에 도달할 때 문울타리가 있다는 뜻은 아니다. 공도와 부지의 경계에 2층 부분을 은폐하도록 설치된 가로 격자는 스테인레스 거울면 마감 파이프로 만들어져 건축물에 볼륨을 줌과 동시에 부지 경계를 표시하는 역할을 하고 있다. 말하자면 이 결과에서 「바깥 부지」에 들어가는 효과를 느끼도록 하여 방문하는 사람의 기분이 온화하게 되도록 한다. 이 스테인레스 가로 격자와 반원형의 외벽에 붙인 실버의 모자이크 타일의 빛남이 봄볕에 비친다. 밤에는 다시 실내의 밝기가 루버를 실루엣으로 부상시켜 빛의 변화에 따라서 자유 자재로 아름다움을 보이는 것이 궁궐의 표현이라는 작품이다.

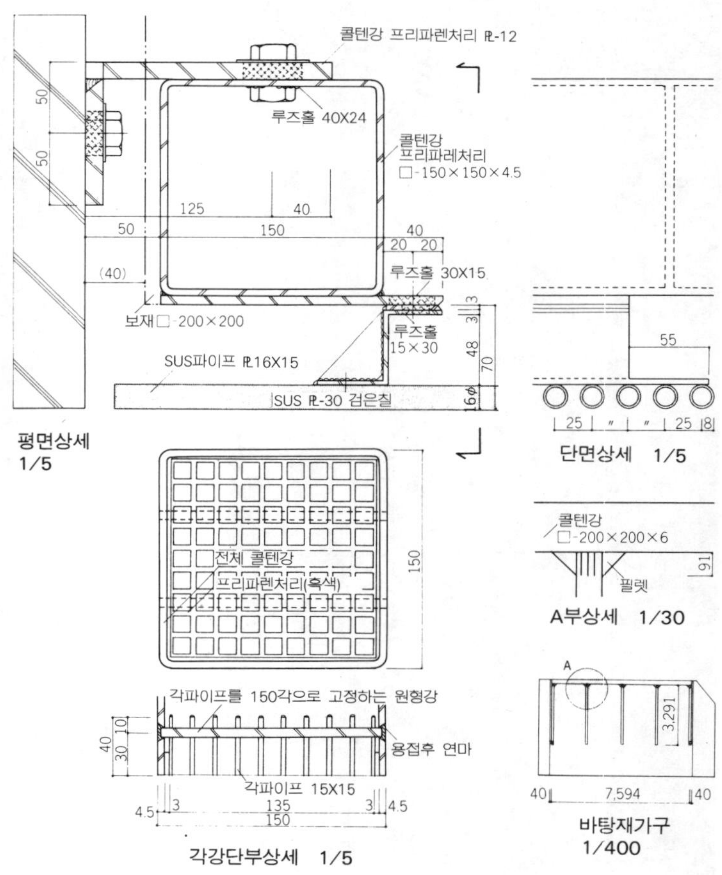

정방형의 판재로서는 최대한 크게 나눈 두께 5mm의 알루미늄판이다. 줄눈의 부분에는 등압 방식의 비흘림과 판의 보강을 겸한 형재가 2.5mm씩 모습을 비쳐, 마치 두꺼운 판재의 끝을 베어낸 것 같은 표정을 주고 있다. 개구부 주위에도 플랫바 모양의 외관을 갖는 지지형재가 준비되어 등압의 아무림을 완결함과 동시에 샤프한 인상을 주는 역할을 하고 있다. 언뜻 대량 생산된 부재로 구성된 것처럼 보이는 이 건축물의 세부에는 손마감이라고 할 수 있는 세심한 주의와 노력을 기울여, 이러한 아무림이 되어서 처음으로 금속의 경쾌함과 모순된 관계에 있는 「천하다」라는 것의 일소와 성능을 손상하지 않는 금속 소재의 「안전」한 사용이 가능하게 되었다.

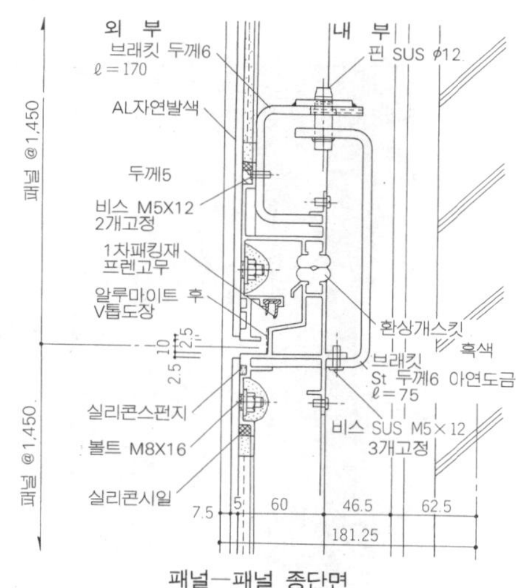

패널—패널 종단면

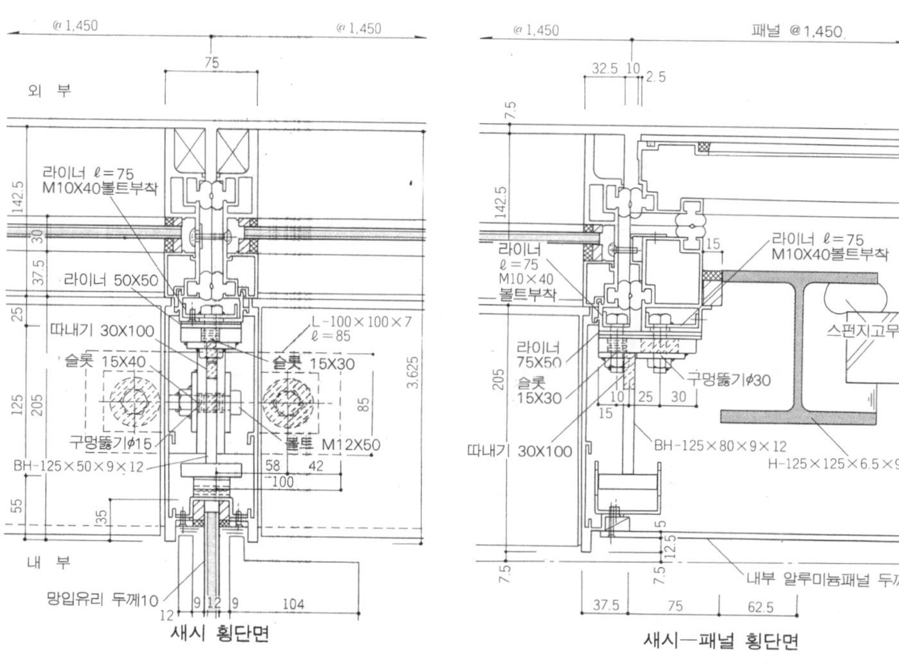

새시 횡단면

새시—패널 횡단면

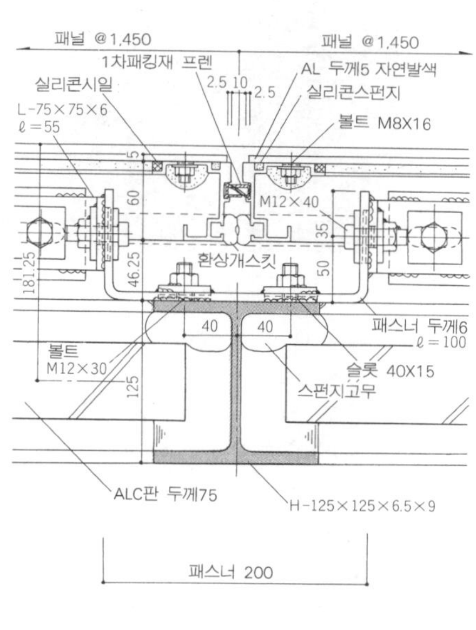

패널—패널 횡단면 1/6

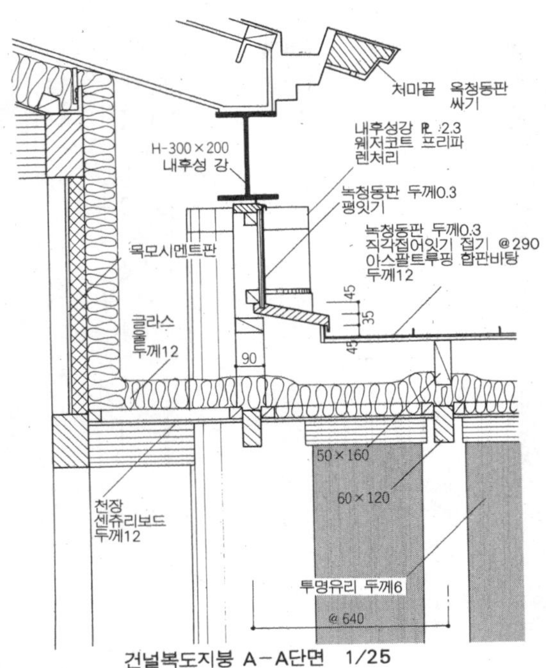

건널복도지붕 A－A단면 1/25

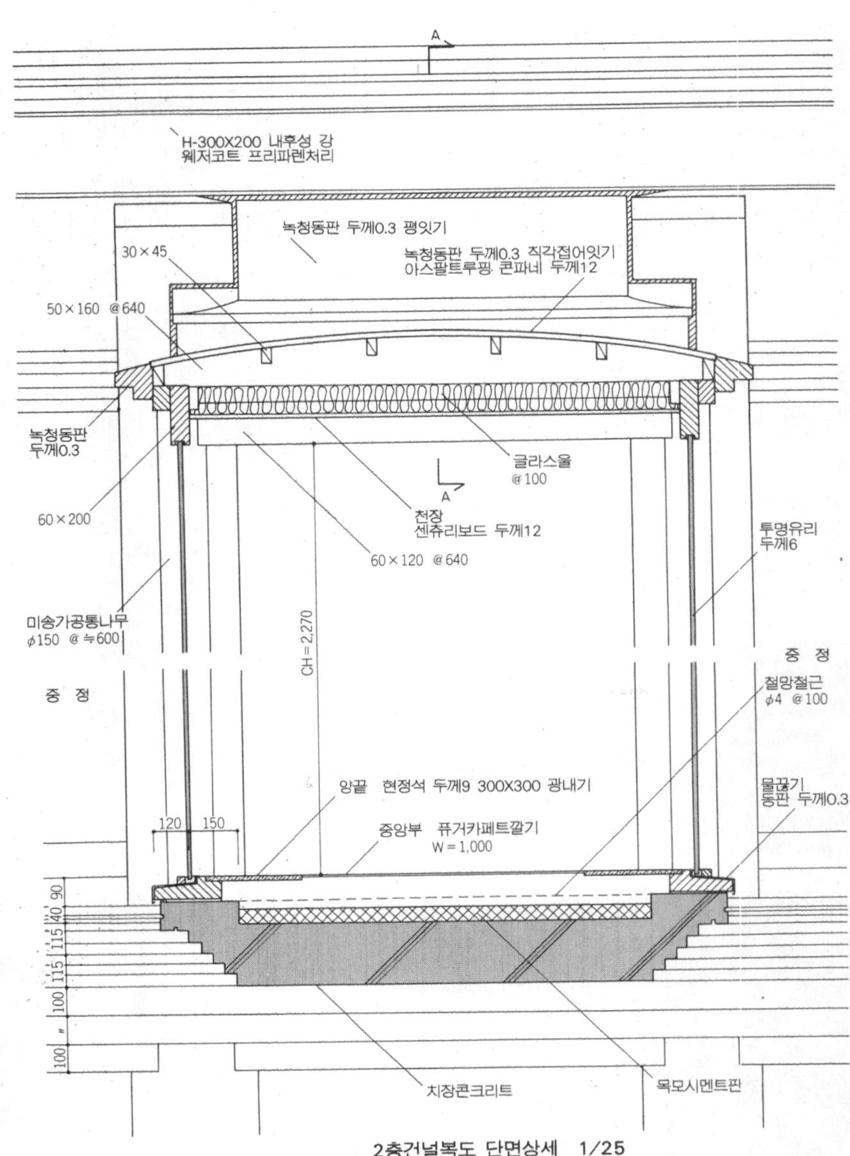

2층건널복도 단면상세 1/25

하부 도로에서 돌계단을 오르면 주열의 회랑으로 들어간다. 석벽을 따라서 현관에 들어서면 내부도 열주복도이며, 직진하면 가사 에어리어, 오른쪽으로 돌면 계단홀이며, 어린이방이 있는 윗층이나 아랫층으로 통하고 있다. 이 현관홀의 중간 정도에서 왼쪽으로 돌아서 거실로 들어가는 복도는 대나무 중정 속을 건너는 다리가 되므로 격자에 의해 리빙룸으로의 방향성을 강조하고 있다. 바닥은 철근 콘크리트조이나, 상부는 목조로 원주의 격자는 지붕을 지지하는 기둥에도 있다.

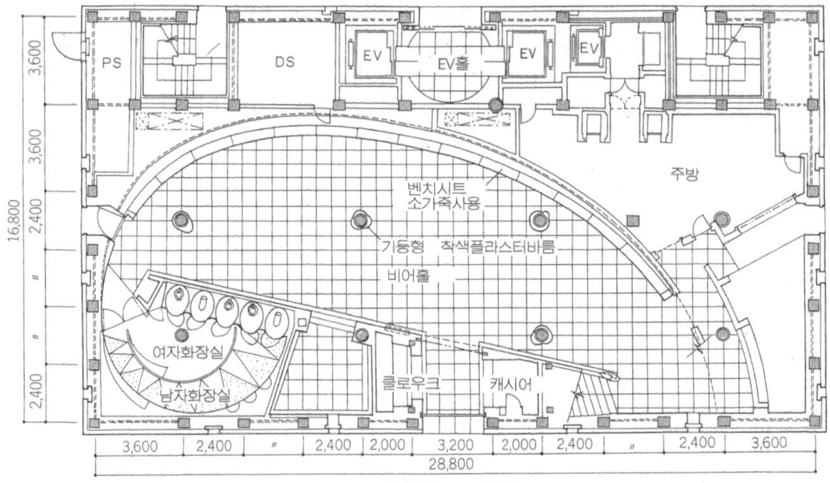

1층평면 1/300

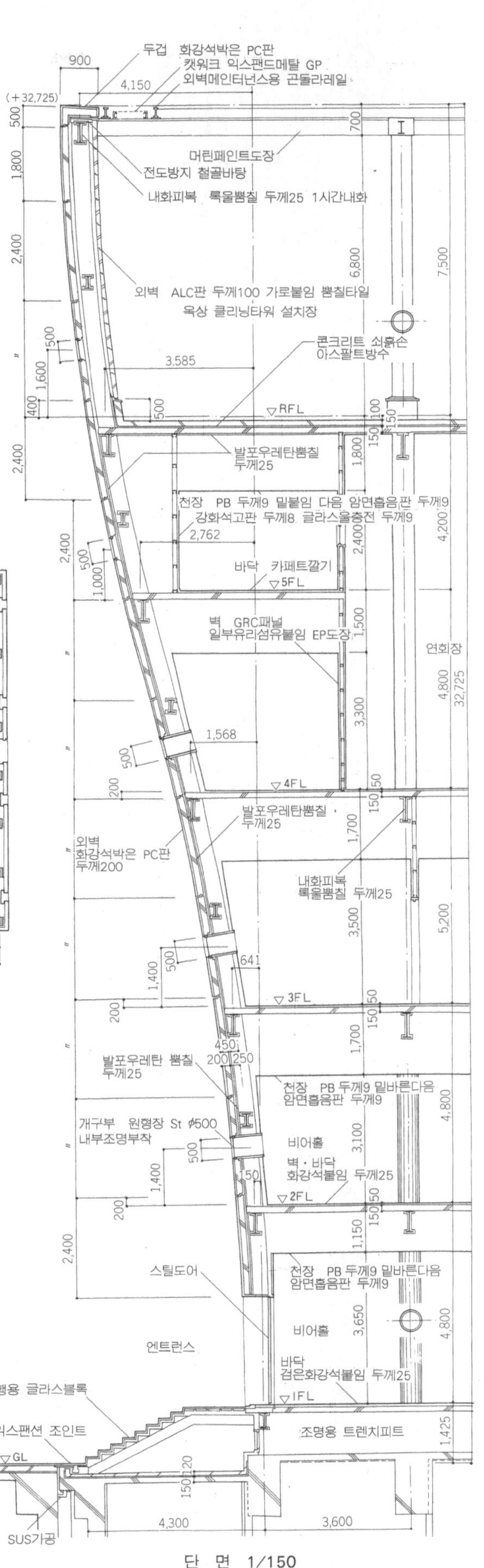

단 면 1/150

다이아몬드를 생각나게 하는 글라스의 계단, 그리고 화강석, 골드의 불꽃이라는 3종류의 소재를 사용해서 보석상자와 같은 빌딩을 생각하였다. 1, 2층은 초현실적인 세계이고, 기둥은 둥글며 물 속에 서 있는 모양이다. 색의 톤은 전체적으로 유연하며 안정된 공간으로 되어 있다. 3층은 개실과 바가 있고, 4층은 이벤트홀로 되어 있다.

건축물에 들어가기 위한 프로세스는 언제나 중요하므로 이 박력있는 건축물의 엔트런스 계단은 다이아몬드를 생각나게 하여 밤이 되면 밝게 빛나서 아래쪽 빌딩 전체를 떠올리는 역할을 하고 있다.

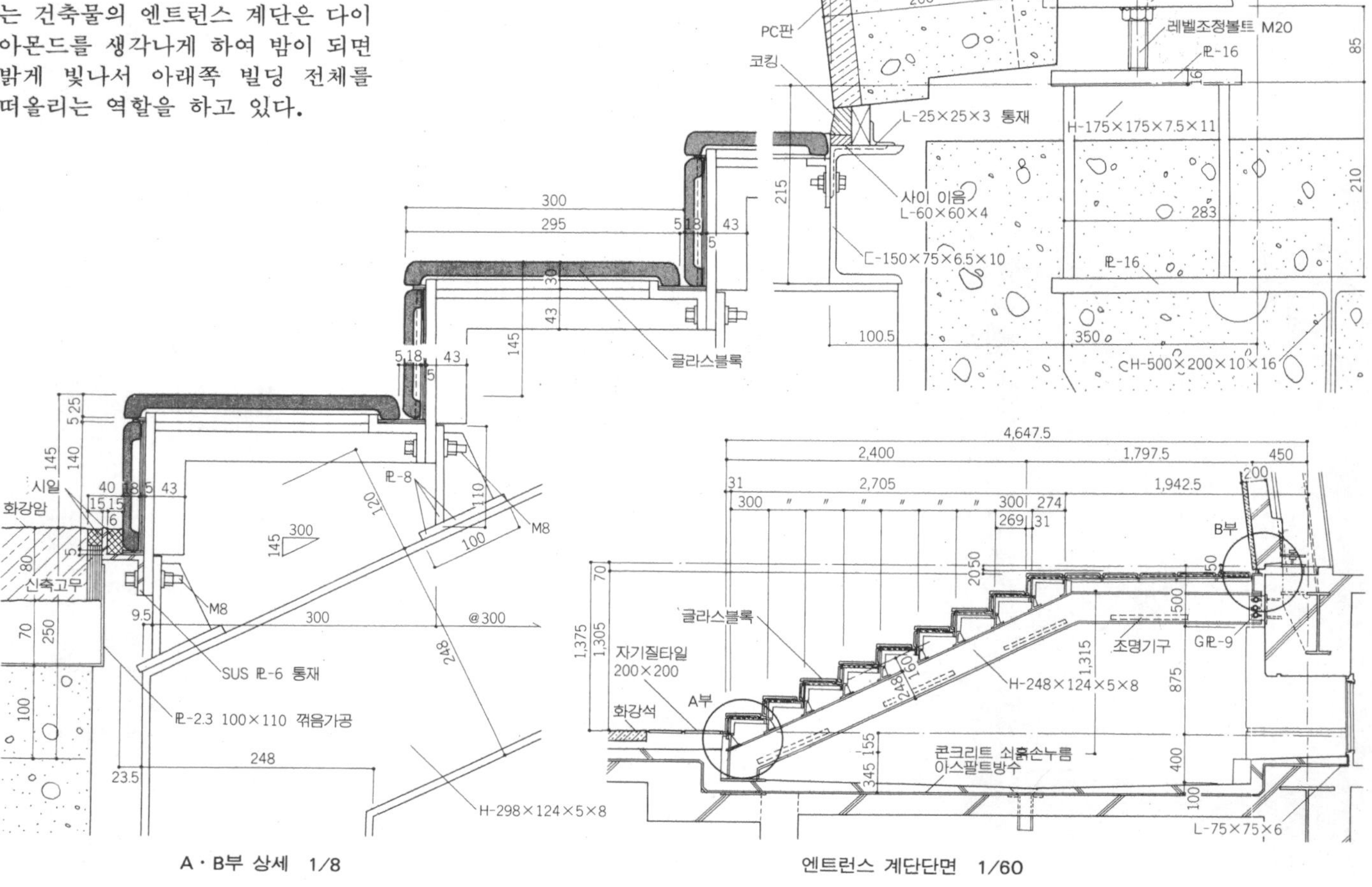

A·B부 상세 1/8

엔트런스 계단단면 1/60

고급 주택지, 전원 지구에 세워진 콤플렉스이다. 앞 정원을 크게 한 대칭의 기본 플랜에 복수의 대비적인 포름과 텍스처를 부가해서 구성한 공간은 방문하는 사람과 시간의 변화에 감응해서 가지각색의 장면을 나타내고 있다.

이 바람막이 박스는 하늘로 열린 타원형의 보이드 공간에 설치한 빛의 요지경 상자이다. 5매의 유리와 3매의 패널은 중심축에서 벗어난 어프로치로부터의 시선 변화와 계절을 알리는 바람의 소리를 비쳐서 또는 투시하면서 하루의 시간의 추이와 함께 서서히 스스로를 반전시킨다.

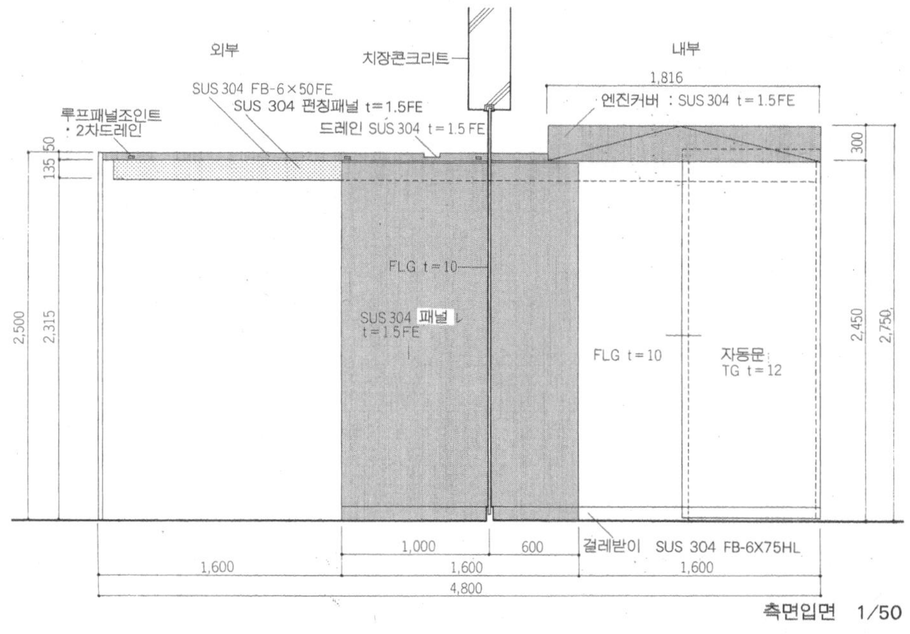

측면입면 1/50

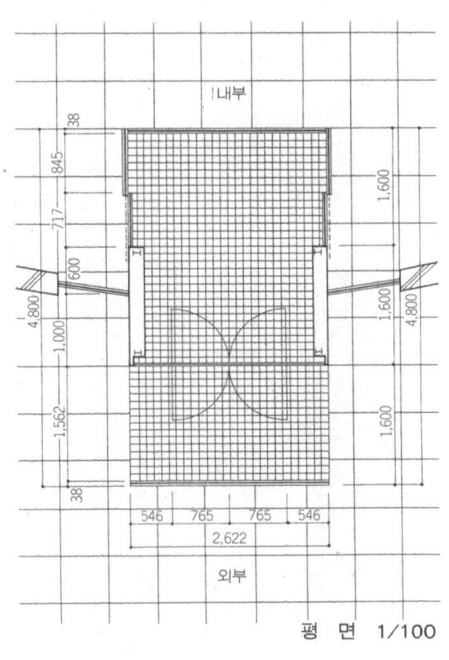

평 면 1/100

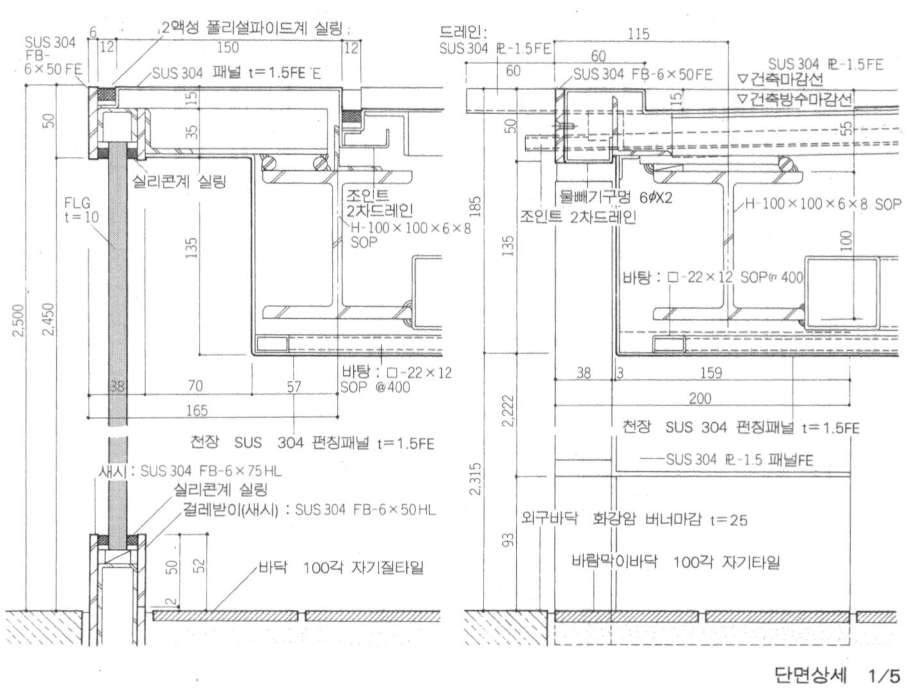

단면상세 1/5

알루미늄의 깔끔한 광택을 슬릿 줄눈으로 끊어서 샤프하게 보이도록 고려한 엔트런스홀이다. 외장의 주사선 시유타일과는 모서리 끝마감으로 명확하게 안과 밖을 나누고, 외부의 요소가 내부에 들어가지 않도록 하고 있다.

알루미늄판은 스터드 용접으로 바탕틀과 일체화되어 상부의 패널에서부터 순서대로 바탕 부재에 눌러대고, 마지막으로 걸레받이의 볼트로 고정하도록 되어 있다. 다시 마감재의 설치 정밀도를 높이기 위해 알루미늄 압출형재를 바탕에 채용하였다. 또 슬릿에서 들어오는 우수를 밖으로 보내기 위해 알루미늄 패널의 안쪽에 물끊기가 숨겨져 있다.

방풍실의 스크린은 템퍼라이트 도어의 부재를 그대로 이용해서 외관을 얇은 걸레받이로 하고 있다.

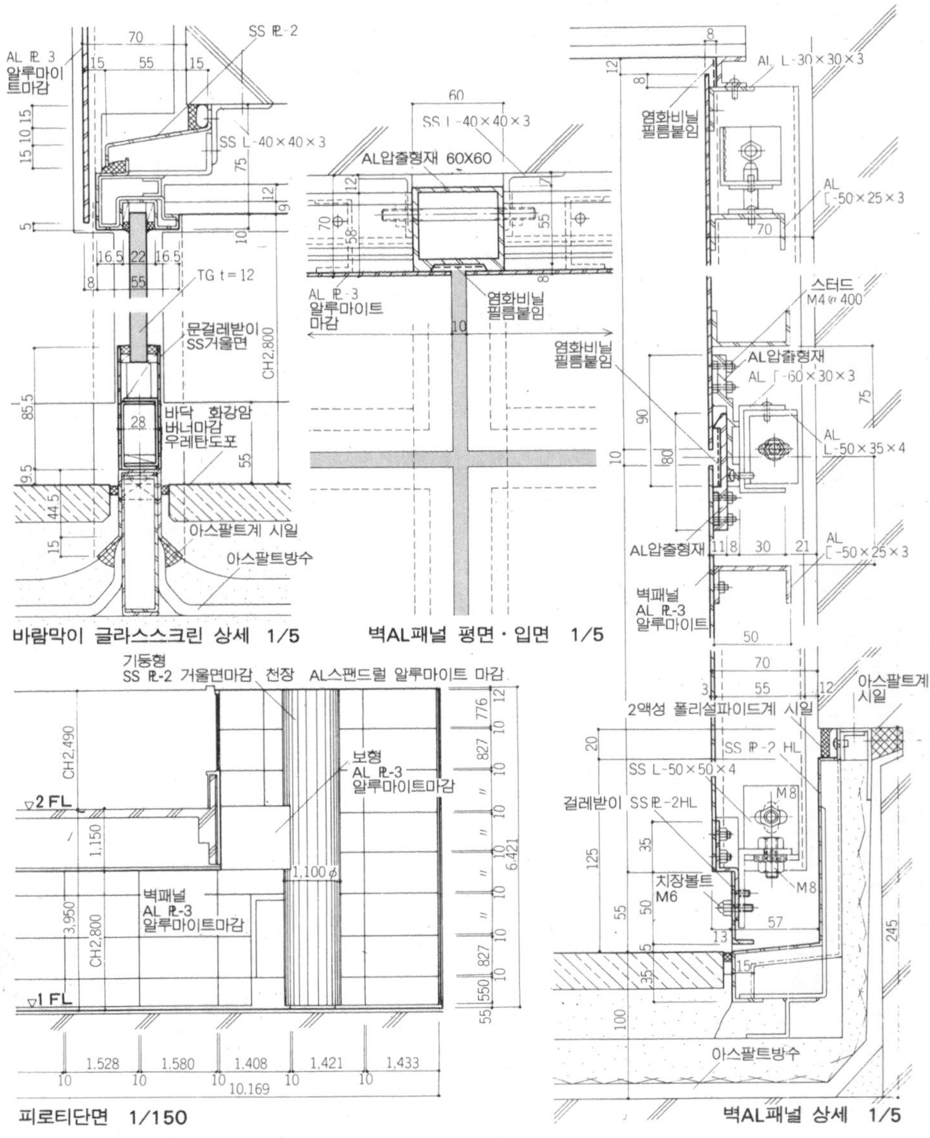

치장 콘크리트의 외벽에 만들어진 개구는 벽을 서서히 없애서 정면 입구에서 기둥과 보만이 구성하는 긴장감있는 십자가의 도상이 표출하도록 계획하였다.

십자가의 배후에 서 있는 스크린은 전경을 왜곡하지 않고 사실대로 나타나도록 문 부분, Fix부 모두 유리면이 같게 되도록 형강의 스크린으로 하고, 상승성을 강조하기 위해 형강의 자른 단면을 정면에 노출시켰다.

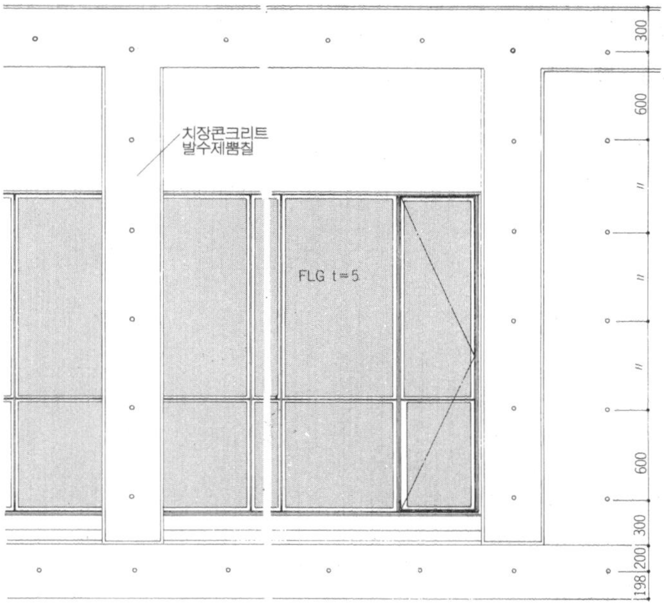

치장콘크리트
발수제뿜칠
FLG t=5

입 면 1/50

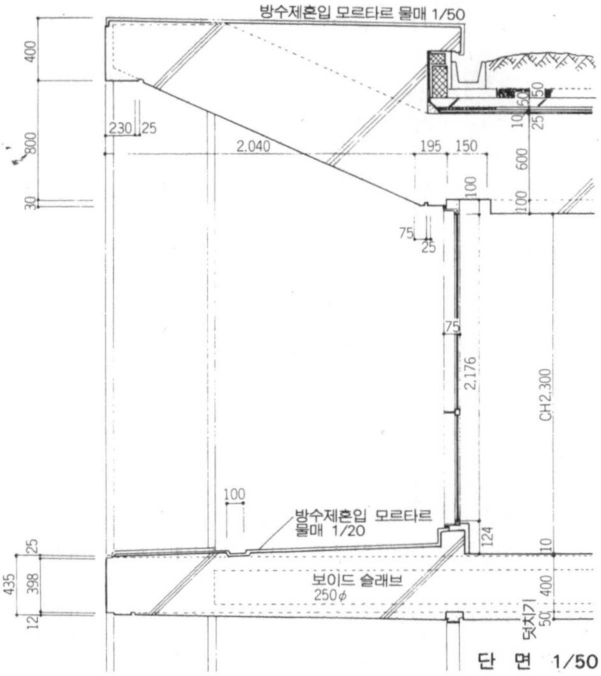

방수제혼입 모르타르 물매 1/50
방수제혼입 모르타르
물매 1/20
보이드 슬래브
250φ
CH2,300
덧치기

단 면 1/50

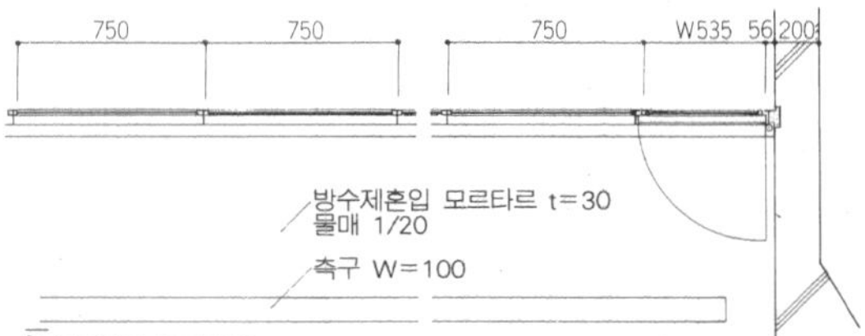

방수제혼입 모르타르 t=30
물매 1/20
측구 W=100

평 면 1/50

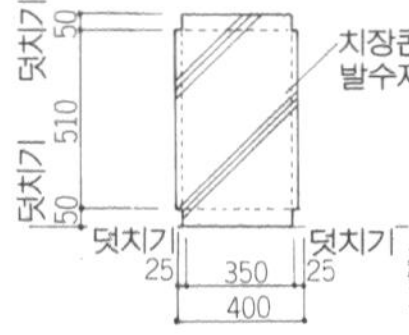

치장콘크리트
발수제 뿜칠
덧치기

기둥형 상세 1/50

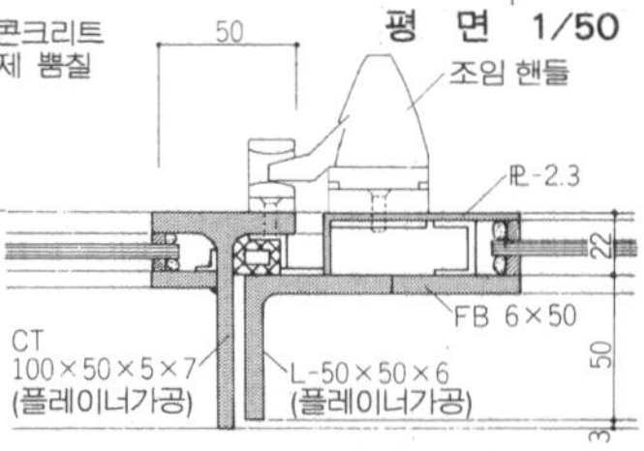

조임 핸들
PL-2.3
FB 6×50
CT
100×50×5×7
(플레이너가공)
L-50×50×6
(플레이너가공)

패널부 상세 1/5

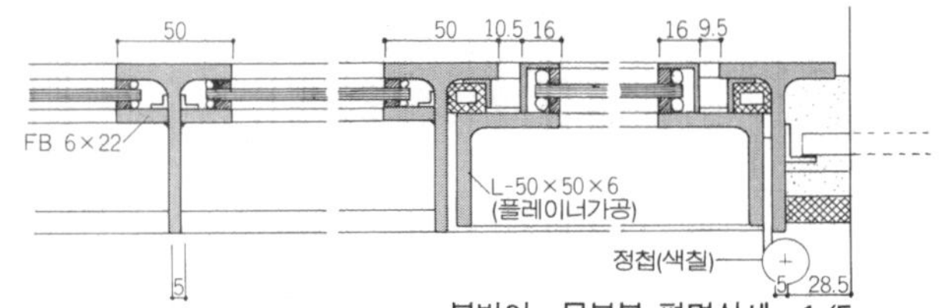

FB 6×22
L-50×50×6
(플레이너가공)
정첩(색칠)

붙박이 · 문부분 평면상세 1/5

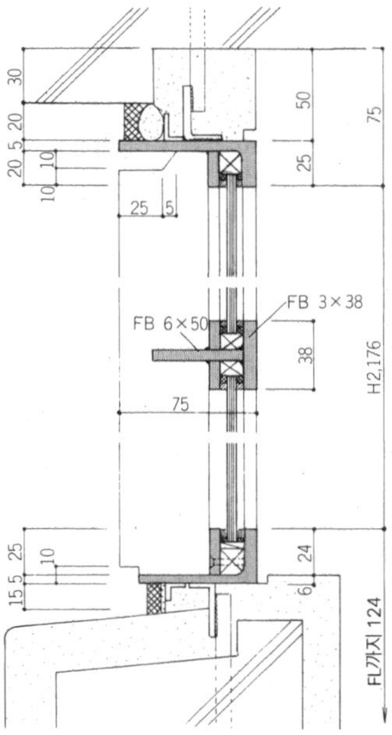

FB 6×50
FB 3×38
H2,176
FL까지 124

붙박이 단면상세 1/5

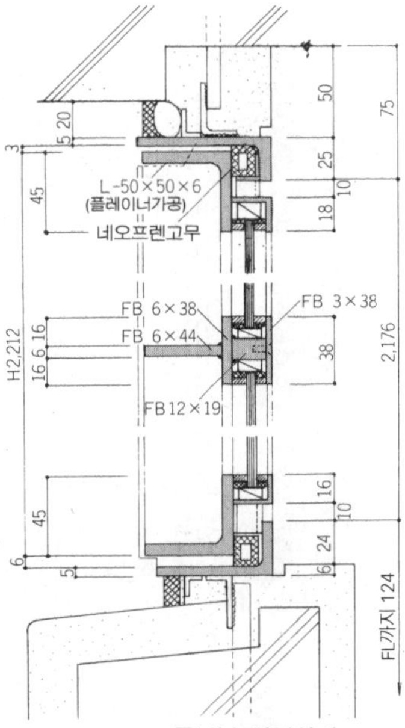

L-50×50×6
(플레이너가공)
네오프렌고무
FB 6×38
FB 6×44
FB 3×38
FB12×19
H2,212
FL까지 124

문부분 단면상세 1/5

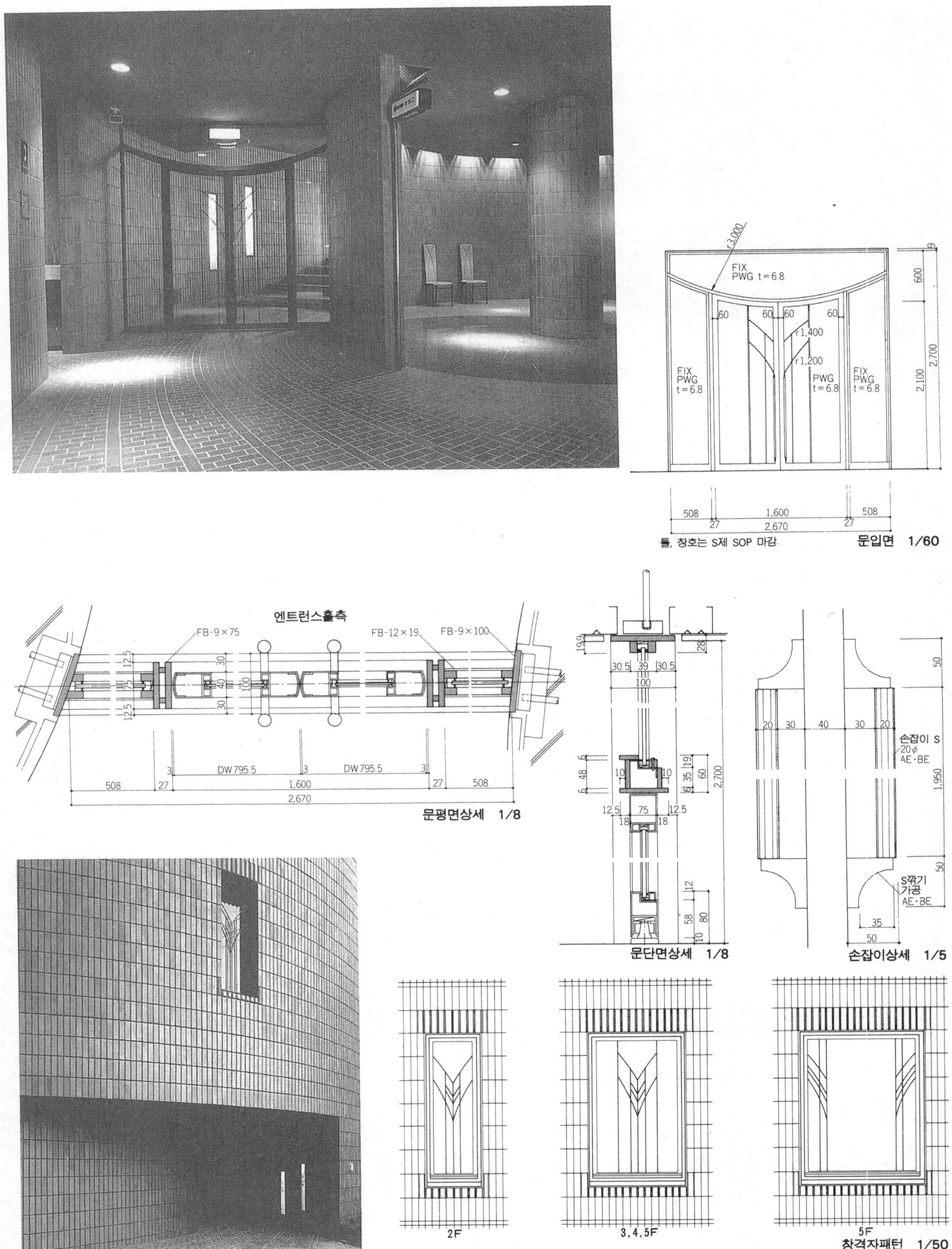
r3,000
FIX
PWG t=6.8
FIX
PWG
t=6.8
r1,400
r1,200
PWG
t=6.8
FIX
PWG
t=6.8
600
2,100
2,700
508
27
1,600
2,670
27
508
틀, 창호는 S제 SOP 마감
문입면 1/60
엔트런스홀측
FB-9×75
FB-12×19
FB-9×100
DW795.5
DW795.5
508
27
1,600
27
508
2,670
문평면상세 1/8
문단면상세 1/8
손잡이 S
20φ
AE·BE
1,950
S꺾기
가공
AE·BE
35
50
손잡이상세 1/5
2F
3,4,5F
5F
창격자패턴 1/50

전기 통신의 통신 서비스를 시작하기 위한 거점으로서 계획되어 설계할 때 새로운 기업의 「첨단 통신 시설」의 이미지를 표현하는 것을 테마로 하였다. 네트워크의 핵이 되는 타워와 통신 시설을 구조상 독립시키면서 일체로 보이도록 녹음이 완만한 능선과 대치하는 직선의 변화로 구성된 예리한 에지, 금속(알루미늄)과 새로운 열선 반사 유리, 흰 벽면이 경쾌한 포름을 이루고, 미래로 향해서 발진을 시작한 기업의 표정을 표현하였다. 개구부의 디테일은 유리면과 외벽면을 같은 면으로 하고, 경계의 새시는 에지의 샤프함을 강조하도록 알루미늄 신형 압출형재를 채용하며, 수직재는 문선은 백멀리언 타입으로 하였다.

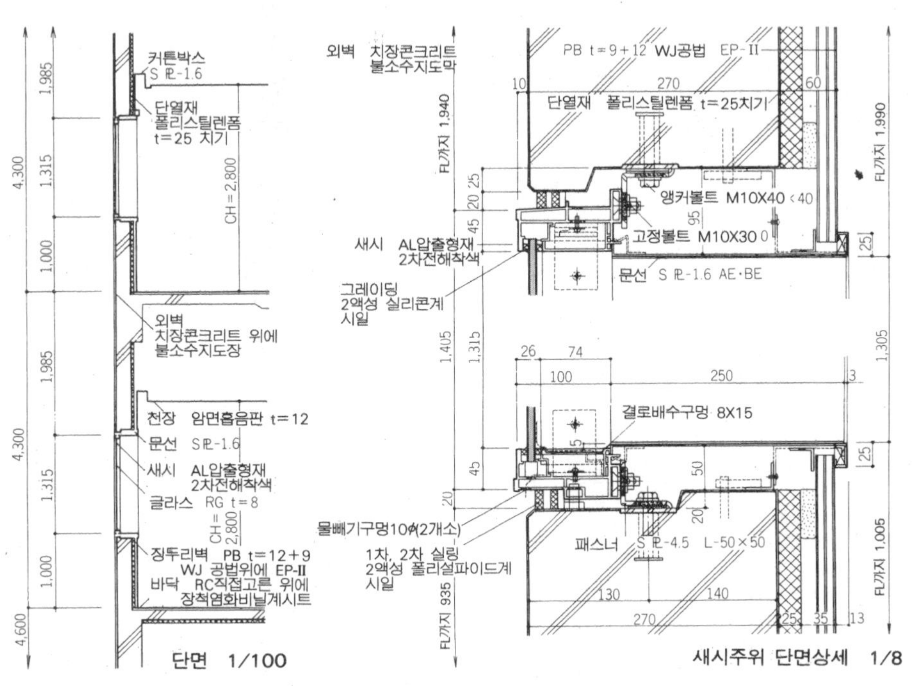

단면 1/100

새시주위 단면상세 1/8

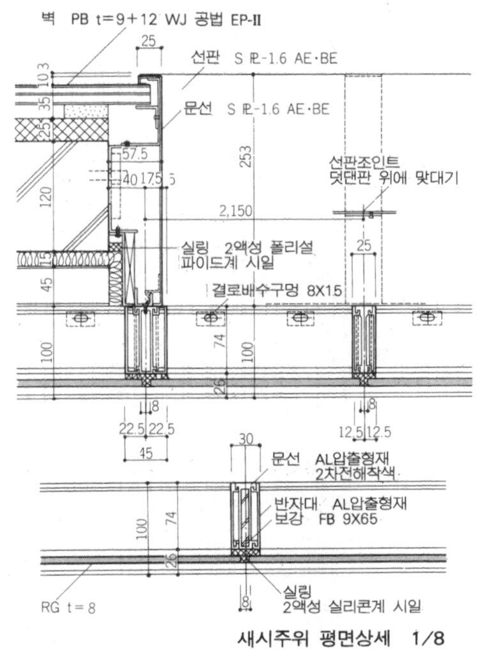

새시주위 평면상세 1/8

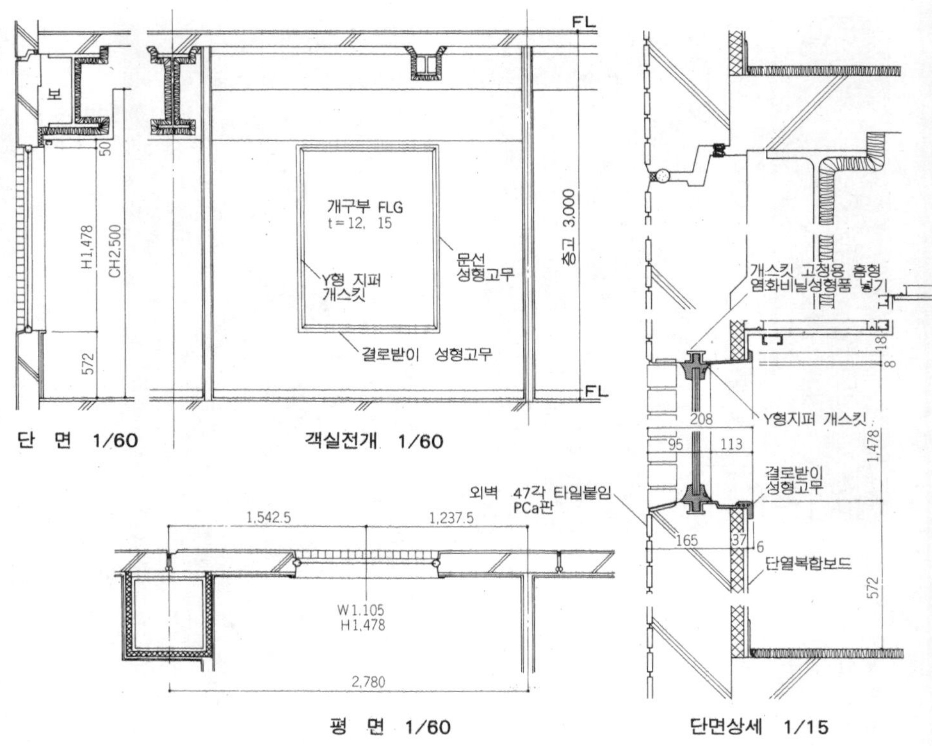

일체 성형한 대형 개스킷틀

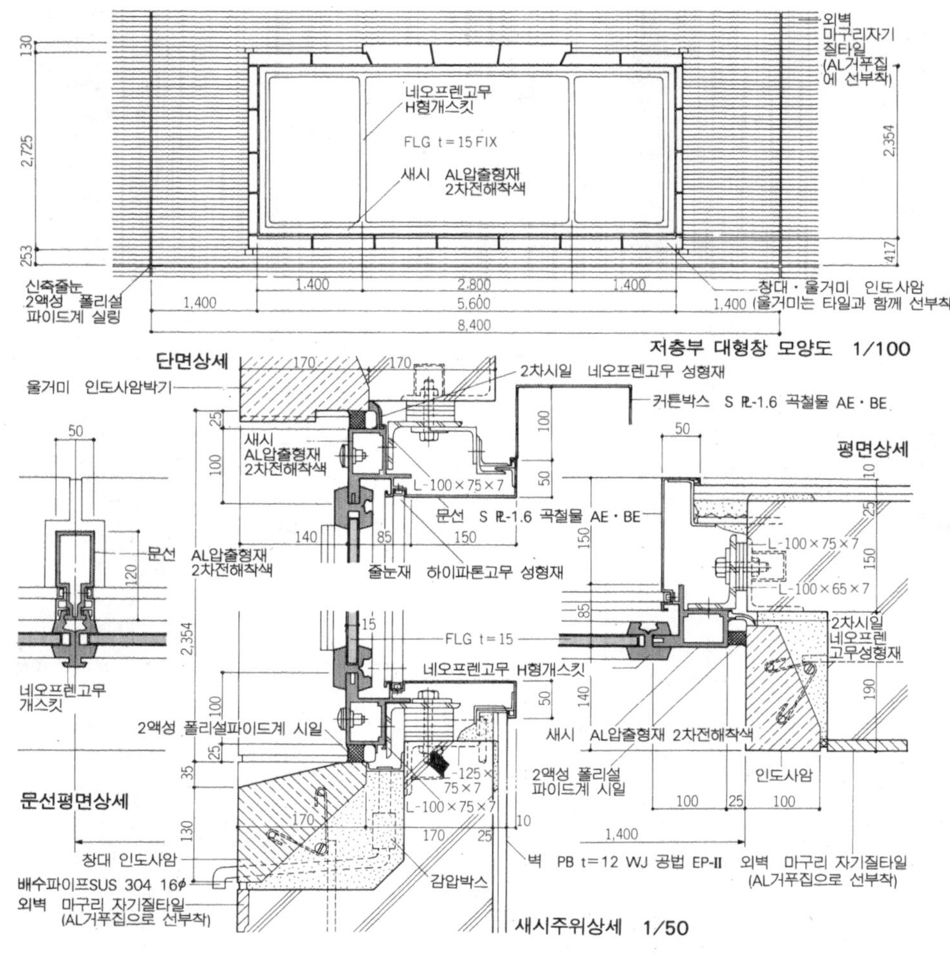

이 호텔의 창은 우수한 내구성이 있는 네오프렌 고무 개스킷의 글레이징을 채용하고 있다. 여기에 나타낸 것은 저층부의 대형창이며, 전해 착색의 알루미늄 압출형재를 틀로 해서 H형 개스킷을 일체 가공하여 크고 작은 3매의 개스킷을 지지하는 심플한 표현을 채택하였다. 틀 주위의 시일은 이중으로 하고 침입수는 감압실을 통해서 배수된다.

파골라의 그림자와 곡면이 짜는 비단이 병원을 방문하는 사람, 길을 왕래하는 사람들에게 리듬감을 주어 나무들과의 대응에 의한 4계절의 변화가 거리에 경쾌함과 윤택함을 주고 있다.

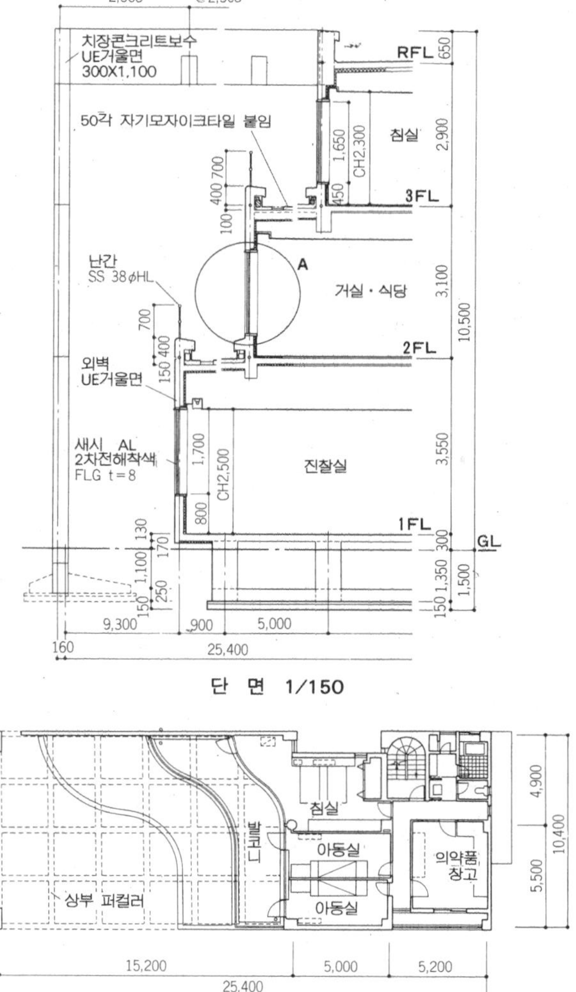

단 면 1/150

평 면 1/400

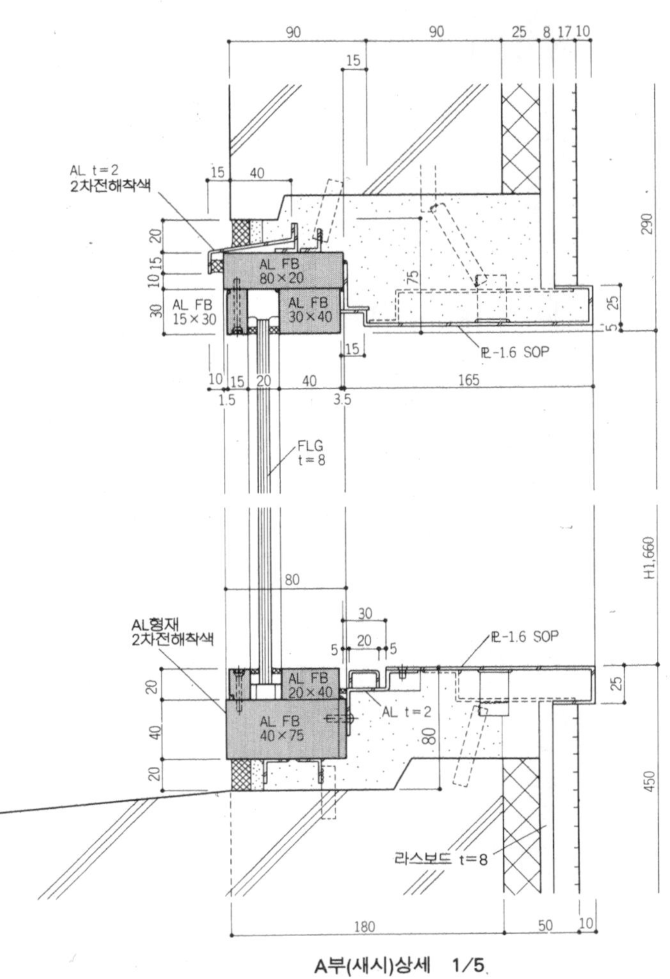

A부(새시)상세 1/5

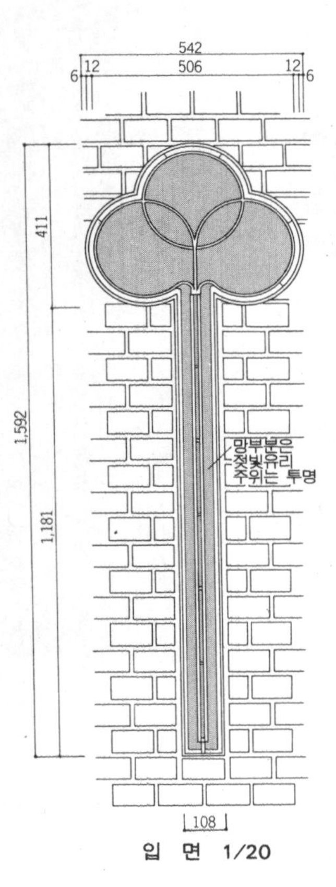

입 면 1/20

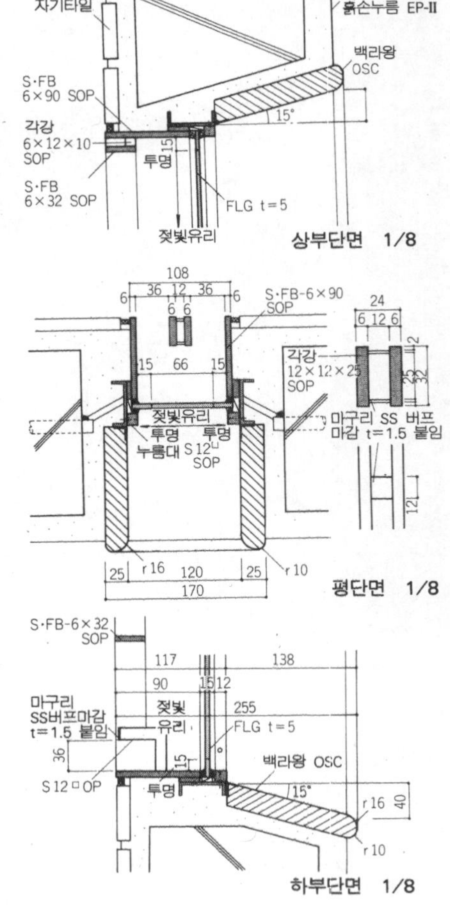

상부단면 1/8

평단면 1/8

하부단면 1/8

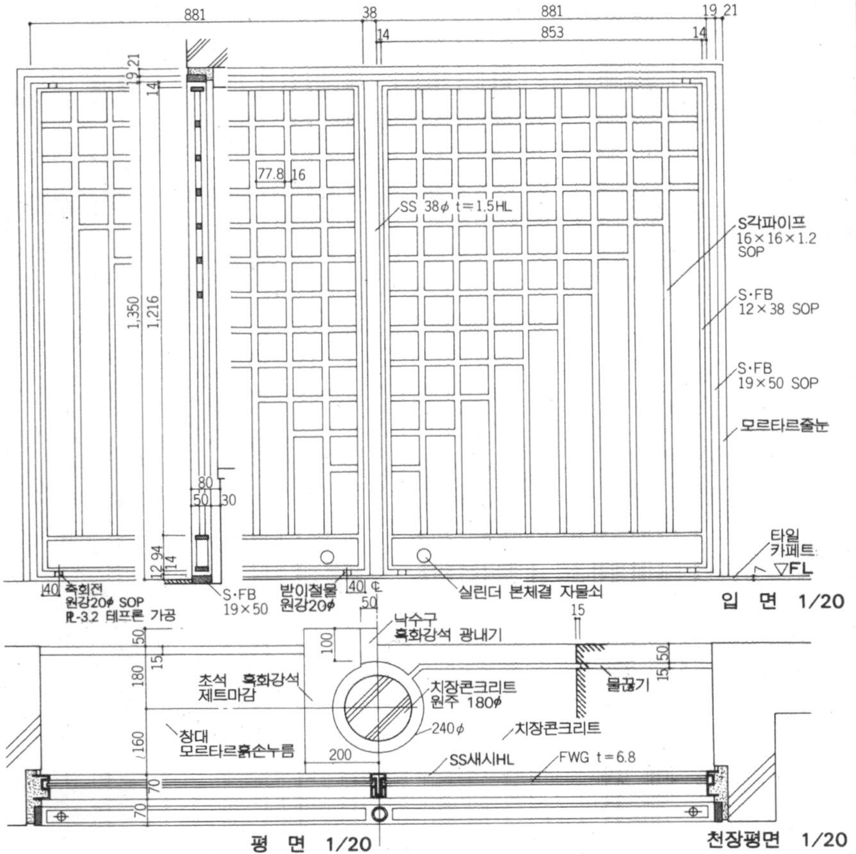

입 면 1/20

평 면 1/20

천장평면 1/20

학교 정문의 대문이다. 하나의 크기가 너비 3.5m, 높이 2.5m이며, 모두 스틸의 각재를 사용하므로 대단한 중량으로 되었다. 텐션재에 피아노선 4개를 사용하여 늘어짐을 방지하고, 상부에도 힌지를 설치하여 부드럽게 개폐되도록 고려하고 있다.

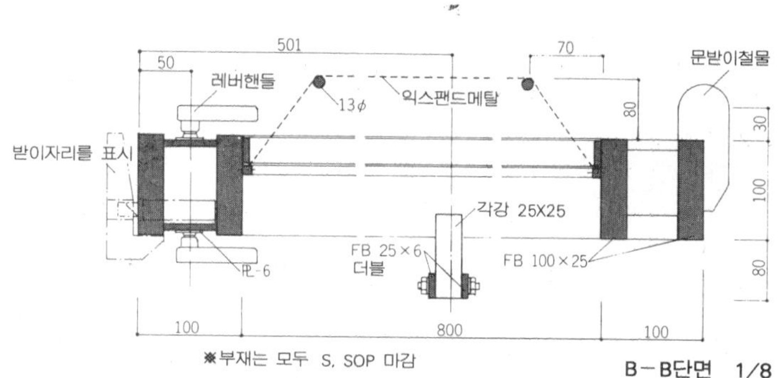

B−B단면 1/8

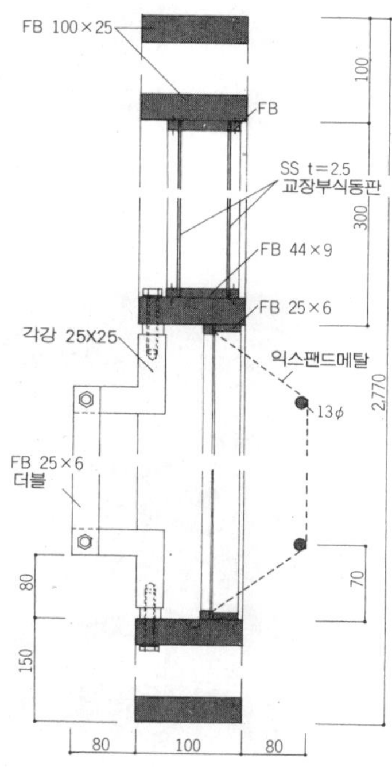

C=C단면 1/8

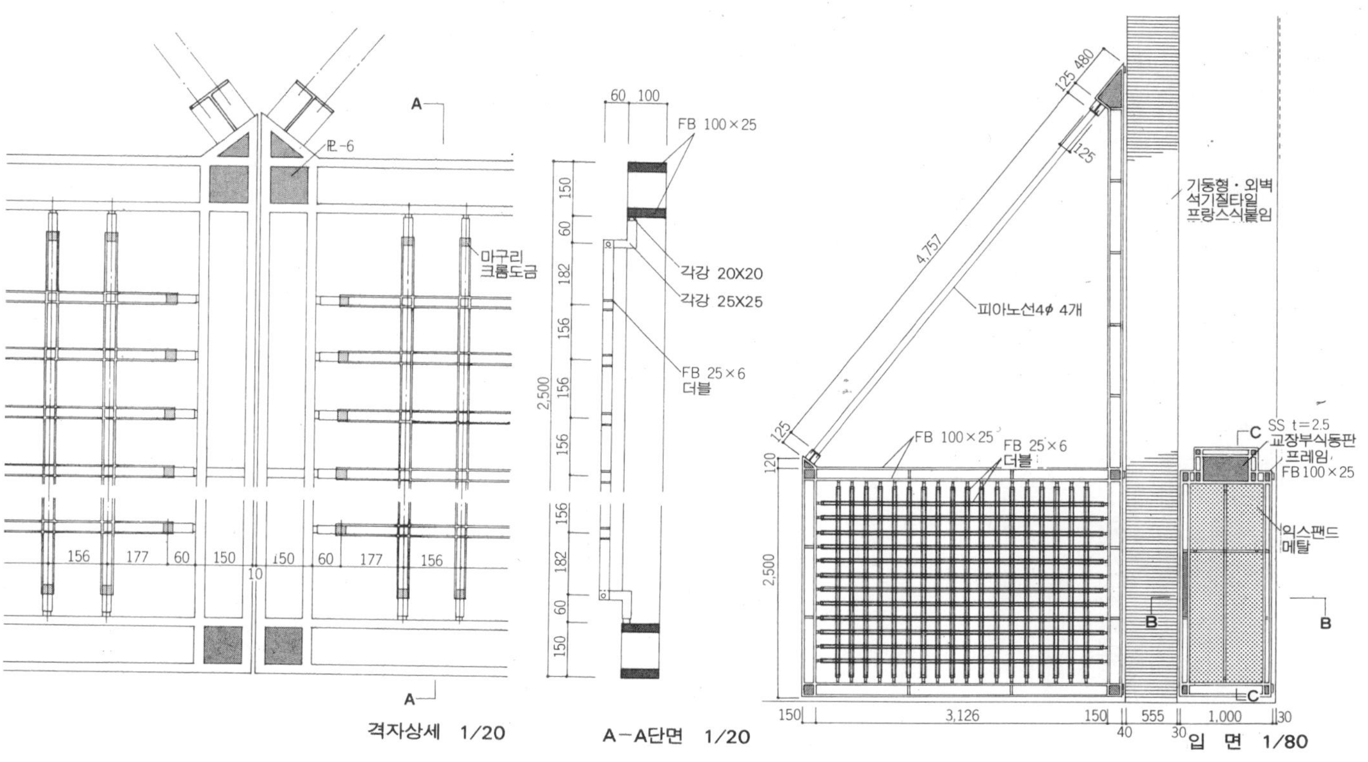

격자상세 1/20

A−A단면 1/20

입 면 1/80

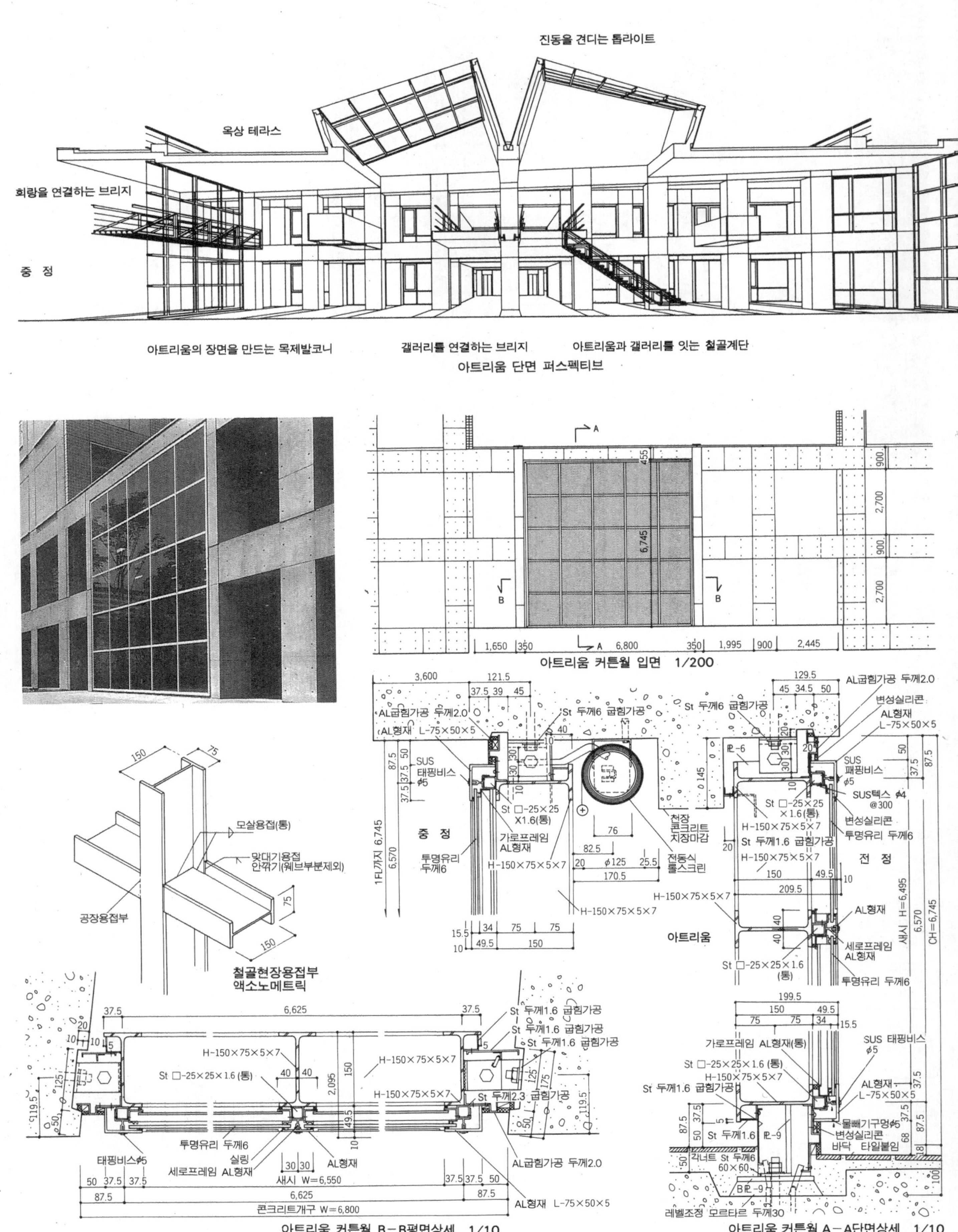
진동을 견디는 톱라이트
옥상 테라스
회랑을 연결하는 브리지
중 정
아트리움의 장면을 만드는 목제발코니
갤러리를 연결하는 브리지
아트리움과 갤러리를 잇는 철골계단
아트리움 단면 퍼스펙티브
철골현장용접부 액소노메트릭
모살용접(통)
맞대기용접 안깎기(웨브부분제외)
공장용접부
아트리움 커튼월 입면 1/200
아트리움 커튼월 B-B평면상세 1/10
아트리움 커튼월 A-A단면상세 1/10
AL굽힘가공 두께2.0
AL형재 L-75×50×5
St 두께6 굽힘가공
SUS 태핑비스 φ5
St □-25×25 X1.6(통)
가로프레임 AL형재
H-150×75×5×7
투명유리 두께6
천장 콘크리트 지장마감
전동식 롤스크린
변성실리콘
SUS텍스 φ4 @300
St 두께1.6 굽힘가공
세로프레임 AL형재
아트리움
전 정
실링
태핑비스φ5
새시 W=6,550
콘크리트개구 W=6,800
St 두께2.3 굽힘가공
물빼기구멍φ5
바닥 타일붙임
각너트 St 두께6 60×60
레벨조정 모르타르 두께30

아트리움 공간에 대해서는 건축물 본래의 축에 더해서 1 : 10의 진동을 갖는 축이 존재한다. 이들 축선의 교차에 의해 이것을 구성하는 벽과 벽의 에지가 표현된다. 그 선과 면의 구성 원리는 바닥 타일의 분할이나 커튼월과의 결합부에까지 철저하다. 그 결과 생기는 콘크리트의 에지는 잘라낸 면성을 표시하는 강한 선으로 되며, 또 몇 개의 수직선이 되어서 축선상에 겹쳐진다. 커튼월과 콘크리트의 결합부에 대해서도 넓은 줄눈을 침하시켜 이 에지를 명확하게 하고 있다. 톱라이트의 철골은 같은 단면의 H형강을 용접해서 평활한 마감면으로 하고, 부재의 균일성으로 긴장감있는 격자면을 연출하였다.

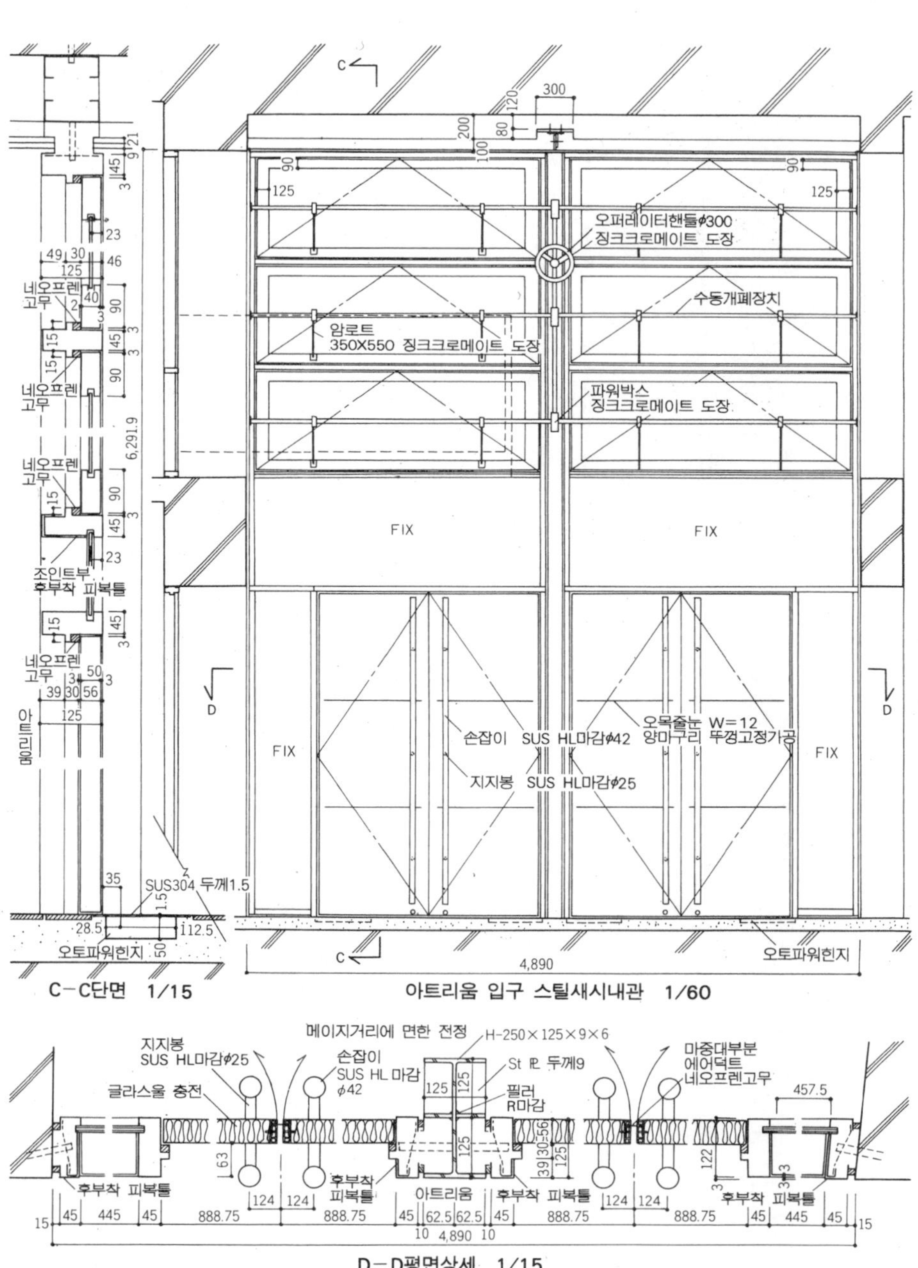

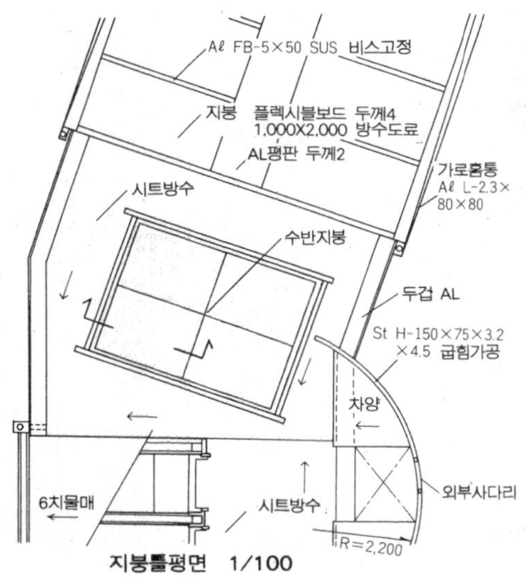

지붕틀평면 1/100

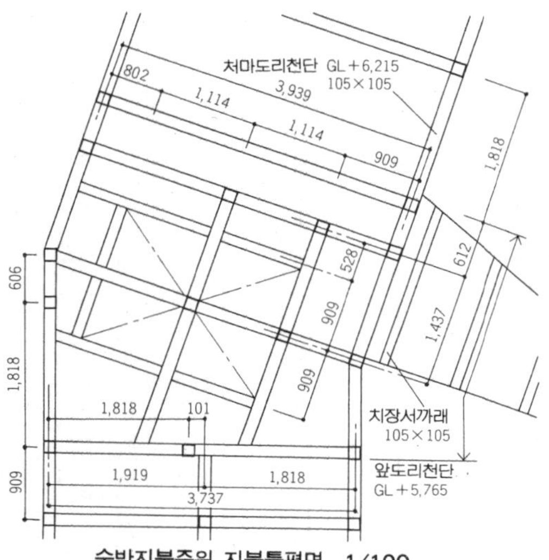

수반지붕주위 지붕틀평면 1/100

수면을 투과한 빛은 바람에 의해 흔들리는 불가사의한 모양을 연출한다. 맑은 날, 흐린 날, 눈오는 날 등 계절에 따라 다양한 광경을 예상할 수 있다. 종래의 스카이라이트의 영역에서 약간 불룩하게 천장에 붙인 「창」으로 해석하는 편이 좋겠다. 페어글라스의 윗면에 2cm 정도의 물을 고이게 하는 방식의 이 「창」은 청소나 다른 관리에 노력이 필요하다는 생각을 갖고 즐거운 마음으로 돌보는 사람이라면 언제나 아름다운 창이 될 것이다.

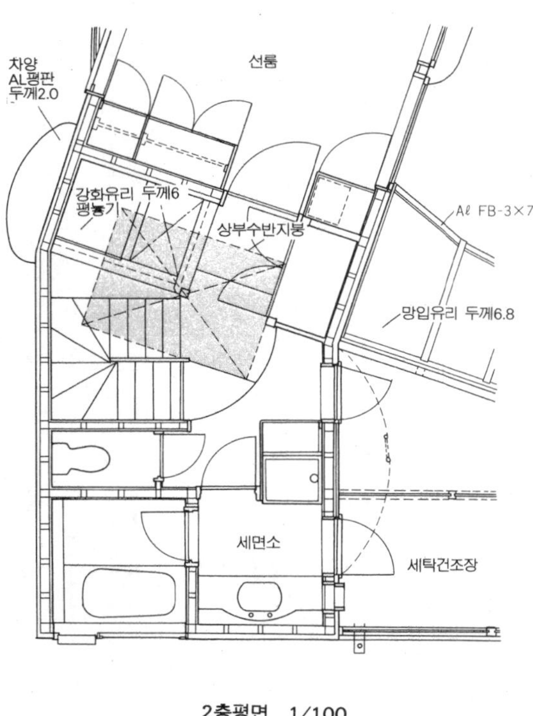

2층평면 1/100

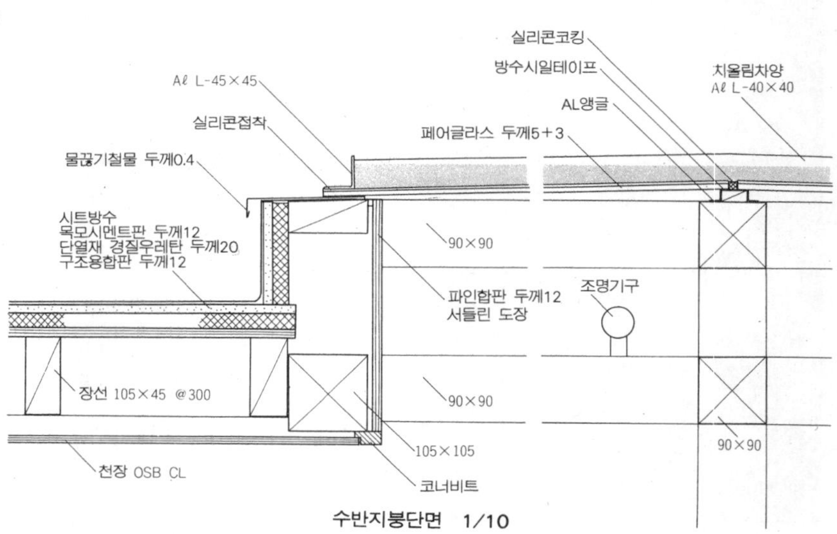

수반지붕단면 1/10

기업의 여자 기숙사이다. 입사한 여자 사원은 처음 1년간을 이 곳에서 지내게 되며, 연수를 겸해서 사용하기 때문에 침실은 4인실로 하고, 80명이 사용하는 리빙스페이스를 되도록 크게 한다는 것이 전제 조건이었다. 리빙스페이스는 넉넉하게 잡은 보이드로 빛이 넘쳐 뉴트럴하게 투명감이 있는 공간이다. 박공의 입면은 실의 내용에 따라 도로에 대한 투과성의 강약을 조절하기 위해서 거실 · 게스트룸은 석면판 도장, 욕실 · 기계실은 알루미늄 패널, 리빙룸은 펀칭 알루미늄으로 한 상태로 패널의 종류를 나누고, 패널끼리의 차이는 텍스처의 그레이데이션으로 표현하여 기능의 실루엣을 입면에 연출하고 있다.

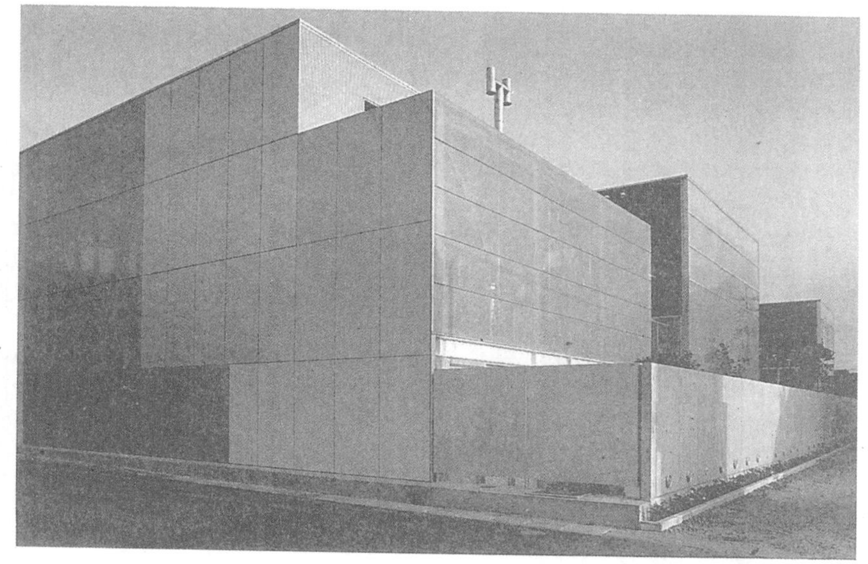

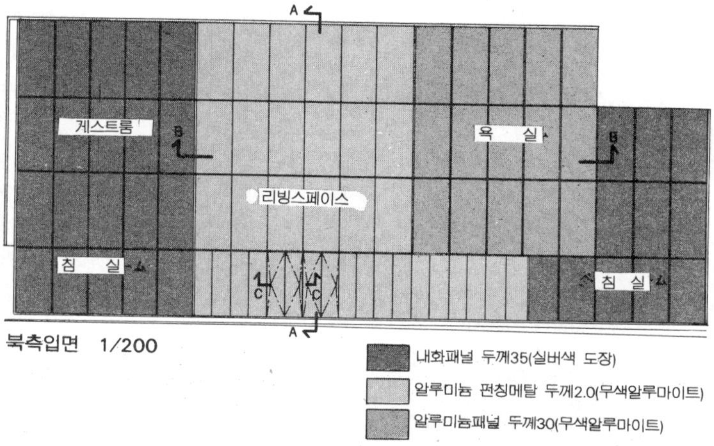

게스트룸
욕실
리빙스페이스
침실
침실
내화패널 두께35(실버색 도장)
알루미늄 펀칭메탈 두께2.0(무색알루마이트)
알루미늄패널 두께30(무색알루마이트)
북측입면 1/200

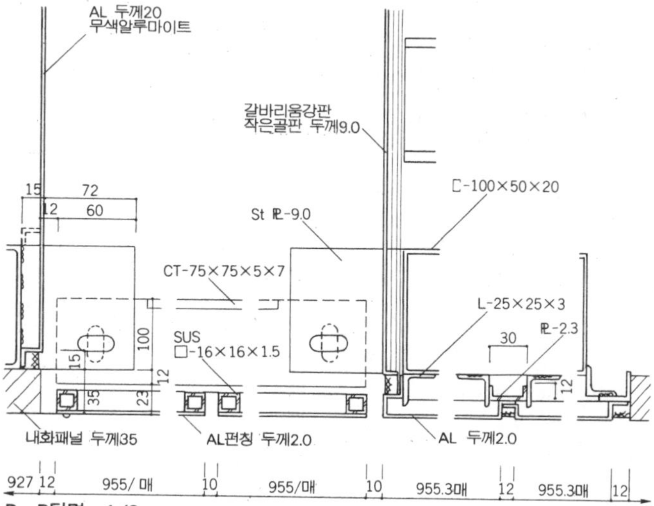

AL 두께20
무색알루마이트
갈바리움강판
작은골판 두께9.0
C-100×50×20
St PL-9.0
CT-75×75×5×7
SUS □-16×16×1.5
L-25×25×3
PL-2.3
내화패널 두께35
AL펀칭 두께2.0
AL 두께2.0
927 12 955/매 10 955/매 10 955.3매 12 955.3매 12
959.5/매
B-B단면 1/6

10 465.8 10 465.8 10
SUS □-32×16×1.5
catch철물XSUS
AL 두께2.0
펀칭
12.6 19.4 750 19.4 12.6
C-C단면 1/6

두겁 AL 두께2.0
C-150×75×6.5
보 H-350×175×7×11
내화패널
두께35
AL 펀칭
두께2.0
CT 75×75×5×7
SUS □-16×16×1.5
브래킷 St PL-90
기둥 H-250×250×9×14
CT-80×60×6×8
(C-100×50×20×40에 용접)
커트앵글 75X63X6
AL 두께2.0 펀칭(무색 알루마이트)
비상시 피난통로
SUS □-30×16×1.5
SUS 두께2.0 HL마감
SUS PL-2.3
DH=1,878
A-A단면 1/6

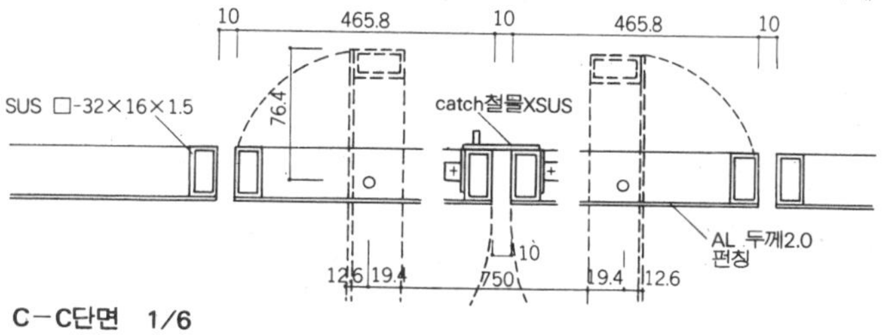

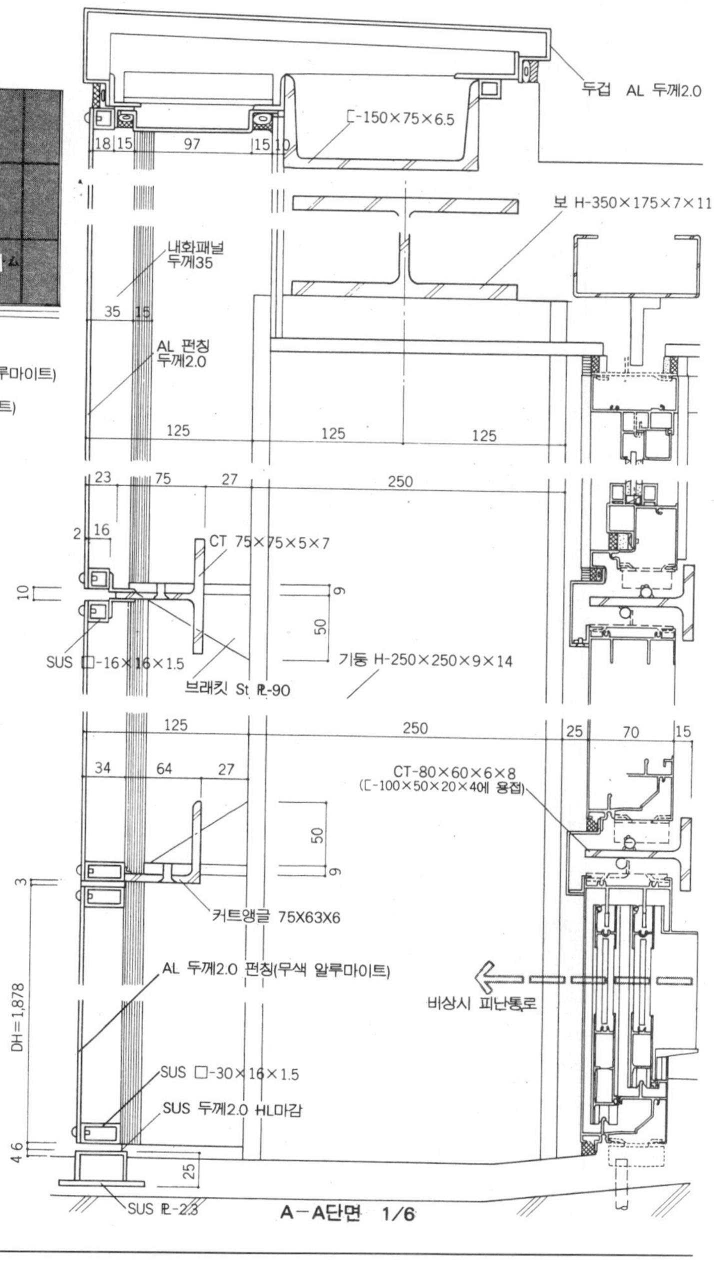

전체면 글라스의 파사드는 그리드 모양으로 구성한 입면의 하나이다. 균질한 표현을 구하려고 등간격 그리드가 도입되며, 정방형의 글라스는 합리적이다. 그러나 전체면 글라스라 하더라도 층간의 방화 요구 때문에 스팬드럴 부분에는 내화재를 뒷채우는 것이 많다. 반사 유리에서는 균질하게 보여도 유리 본래의 투명한 면을 균질한 그리드 모양으로 표현한 실례는 적다. 서신주큐 오피스빌딩은 그것에 도전해서 구체 슬래브 선단의 패스너로 투명한 그리드 모양의 글라스를 지지하고 있다.

알루미늄의 수직 샛기둥과 가로 민홈대의 보임면 너비가 같고, 글라스의 마감 방법이 같다면 그리드의 인상은 매우 균질하게 된다. 이 건축에서는 루프 모양의 실리콘 개스킷을 사용하여 유리를 고정하여 그리드 모양의 표현에 어울린다. 그렇다고는 하나 이 개스킷은 바둑무늬 모양에 2색으로 되어 있어서 단지 균질한 것만 아닌 미묘한 인상을 주고 있다.

YH빌딩은 수도 고속에 면한 파사드가 큰 그리드 모양의 200mm의 H형강으로 구성되며, 그 속에 글라스 블록이 쌓여 있다. 수평의 H형강은 슬래브의 선단에 가로 방향으로 설치되며, 글라스 블록의 단부 철물이 그 플랜지 속에서 변위를 흡수할 수 있도록 아무림되어 있다.

이 아무림에서는 H형강의 프레임 사이는 모두 빛이 투과하도록 되어 밤에는 등불에 의해 가든 프레임이 떠오른다.

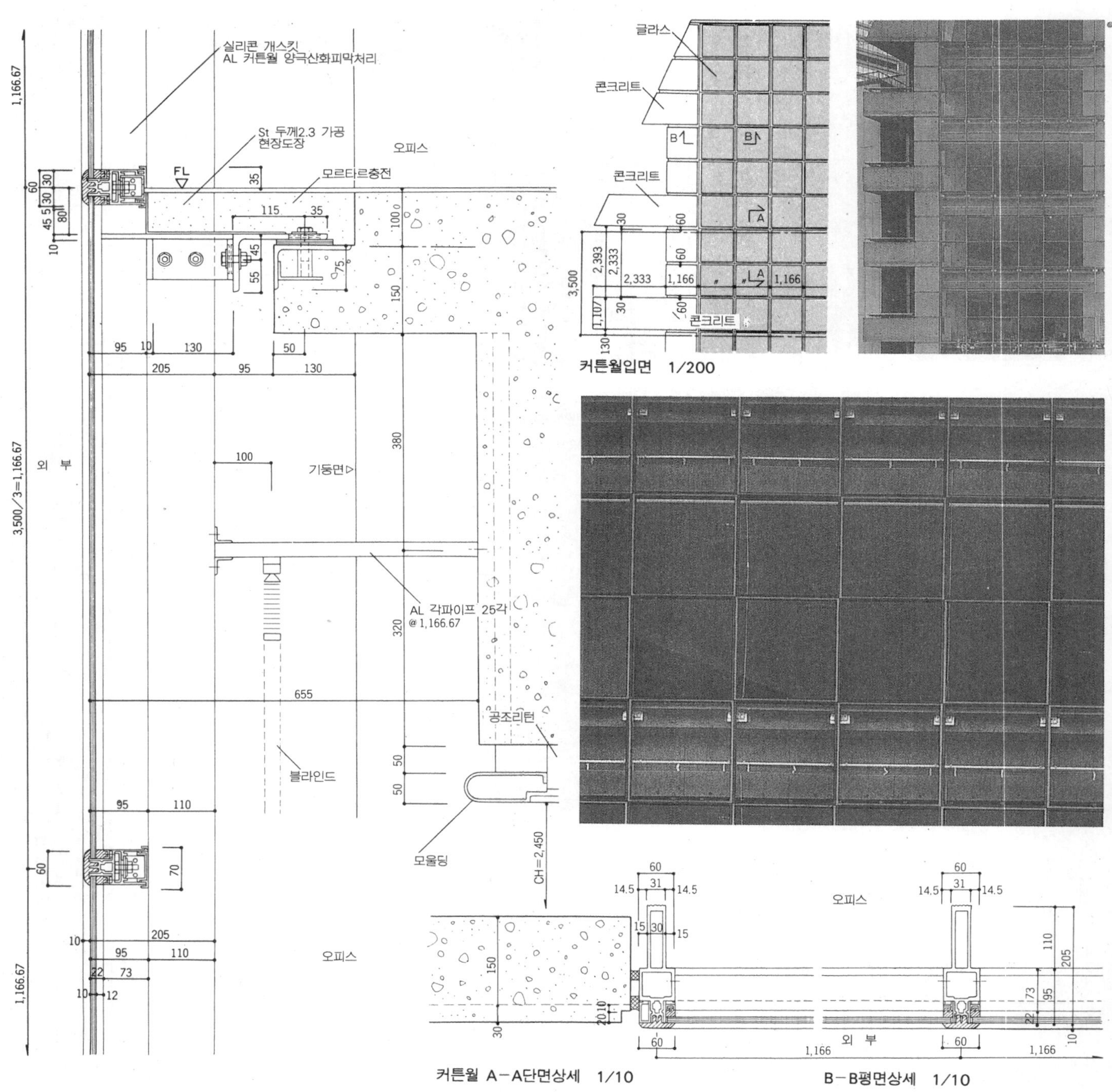

커튼월입면 1/200

커튼월 A－A단면상세 1/10

B－B평면상세 1/10

이 예는 190mm의 글라스 블록과 200mm의 H형강이 3,800mm의 층높이와 스팬 사이에 아무림되며, 분할은 간단한 듯하나 경사재의 H형강이므로 실제의 치수는 미묘하다. 경사재의 위와 아래에서는 글라스 블록의 줄눈이 만든 그리드라인이 통하지 않는다. 가는 그리드를 가로질러 45°로 걸친 브레이스는 정방형의 그리드라는 것을 잘 강조하고 있다.

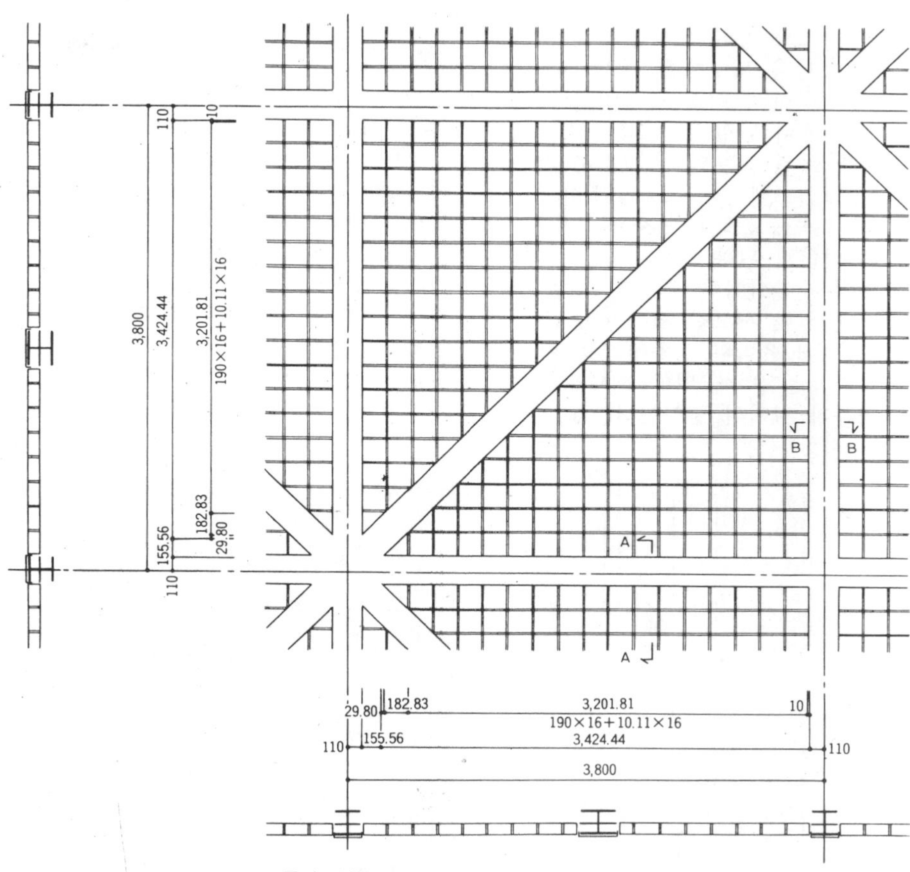

글라스블록 입면상세 1/60

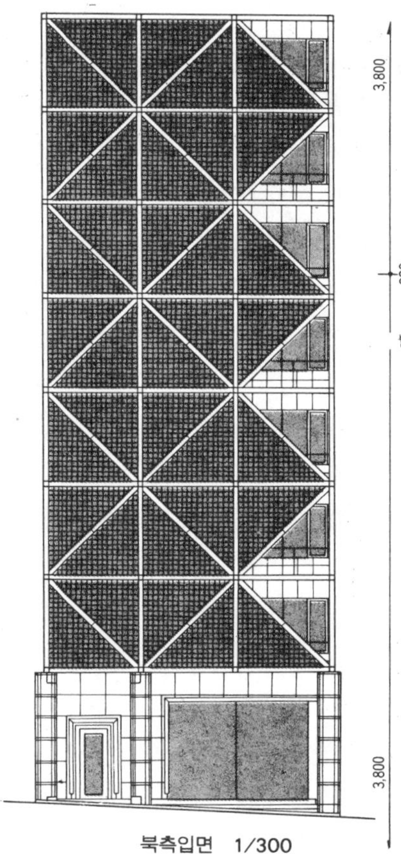

북측입면 1/300

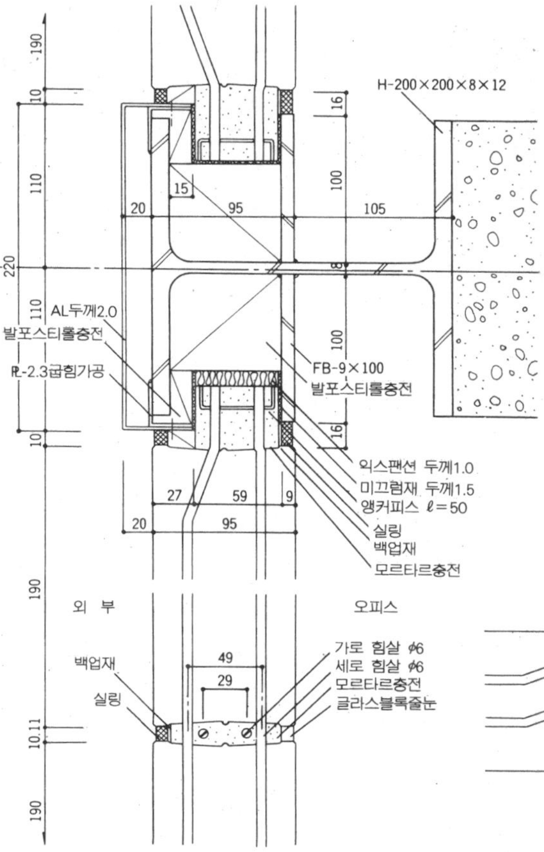

H-200×200×8×12
AL두께2.0
발포스티롤충전
PL-2.3굽힘가공
FB-9×100
발포스티롤충전
익스팬션 두께1.0
미끄럼재 두께1.5
앵커피스 ℓ=50
실링
백업재
모르타르충전
외 부
오피스
백업재
실링
가로 힘살 ϕ6
세로 힘살 ϕ6
모르타르충전
글라스블록줄눈

글라스블록 결합부A－A 단면상세 1/5

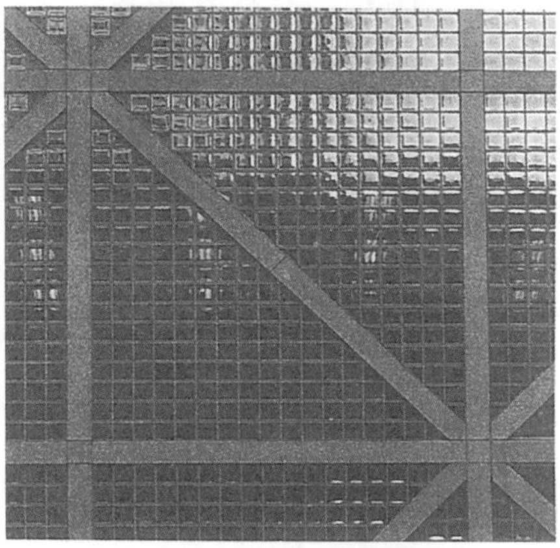

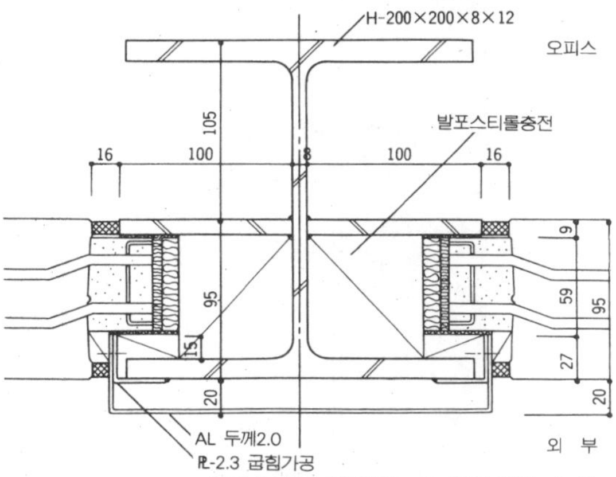

H-200×200×8×12
오피스
발포스티롤충전
AL 두께2.0
PL-2.3 굽힘가공
외 부

글라스블록 결합부B－B 평면상세 1/5

큰 그리드 모양의 프레임 속에 작은 그리드 모양의 개구부를 붙박이한 입면은 전형적인 그리드의 겹침이다. 2층분의 층높이로 한 큰 프레임의 예나 층을 단위로 한 예는 많다. 그러나 1층분 높이의 그리드에서는 프레임의 비율이 굵게 되어 속에 붙박이한 작은 그리드의 효과가 약하게 된다.

프레임에 붙박이한 十자의 그리드는 플랫바에 의한 샤프한 새시의 중간 띠장이며, 1매 유리의 양쪽에 설치된 치장재이다. 플랫바에 의한 새시와 치장 프레임과의 사이의 클리어런스를 최소한으로 하기 위한 정밀도가 높은 시공이 요구된다. 힘들여 마감한 것처럼도 보이며, 새시의 하부에는 물끊기가 첨가되어 실내와 실외의 외관이 상당히 다르게 되어 있다. 기본적인 아무림의 처리는 결함없이 의도하는 표현을 나타낸 빠듯한 디테일이다.

아틀리에 요시에 이나바를 장인의 세계라고 하면 오스트리아 대사관은 공업제품의 세계로서 프레임 속의 그리드를 연출하고 있다. 대사관 주거 부분의 고층부는 프레임 속에 유니트 타입의 새시를 3×3의 그리드 모양으로 붙박이한 구성이다. 프레임은 철골을 메탈로 커버한 것이며, 층높이의 프레임으로서는 비교적 가늘어 경쾌하다고는 할 수 없다. 그 속에 마무리한 작은 그리드는 유니트 모양의 새시에 의한 더블프레임으로 해서 큰 그리드에 대한 적절한 굵기의 구성으로 되어 있다.

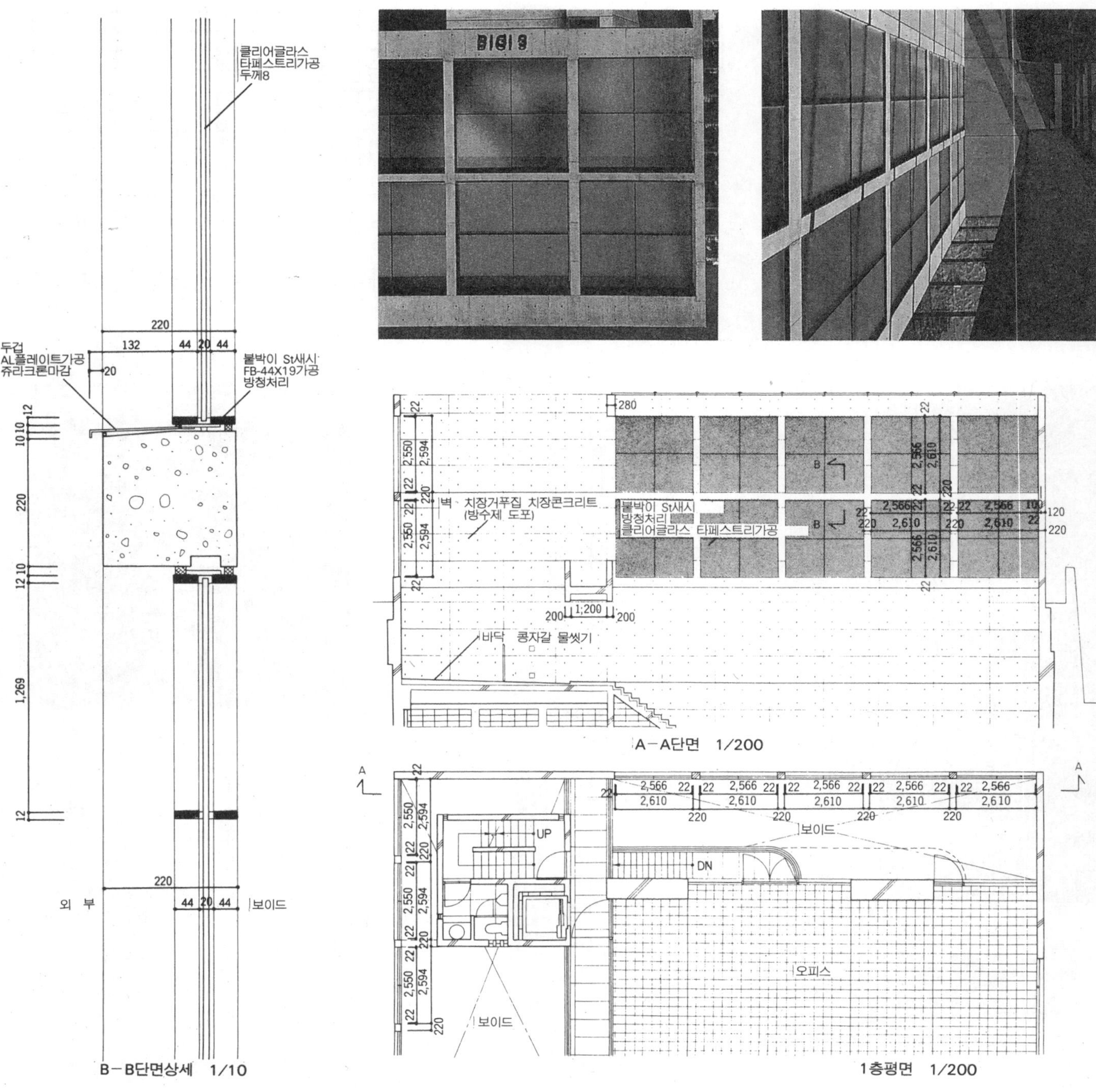

다양한 주거의 플랜을 규칙적인 프레임 속에 분할한 것으로 모든 것이 붙박이의 유리면이라고는 할 수 없다. 여기서는 FIX부와 같이 외관의 돌출창 등이 사용되고 있다. 또 벽으로 되는 외주부에도 마찬가지로 FIX의 새시가 사용되면, 새시 내부에 패널이 붙박이되어 있다. 외관을 중시한 사치스런 처리이나 도시의 구성 요소로서의 집합 주택에 다양한 플랜을 짤 때 하나의 담이라고 하겠다. 또 발코니에 접하는 하부의 새시는 높이가 낮고, 정방형은 아니다.

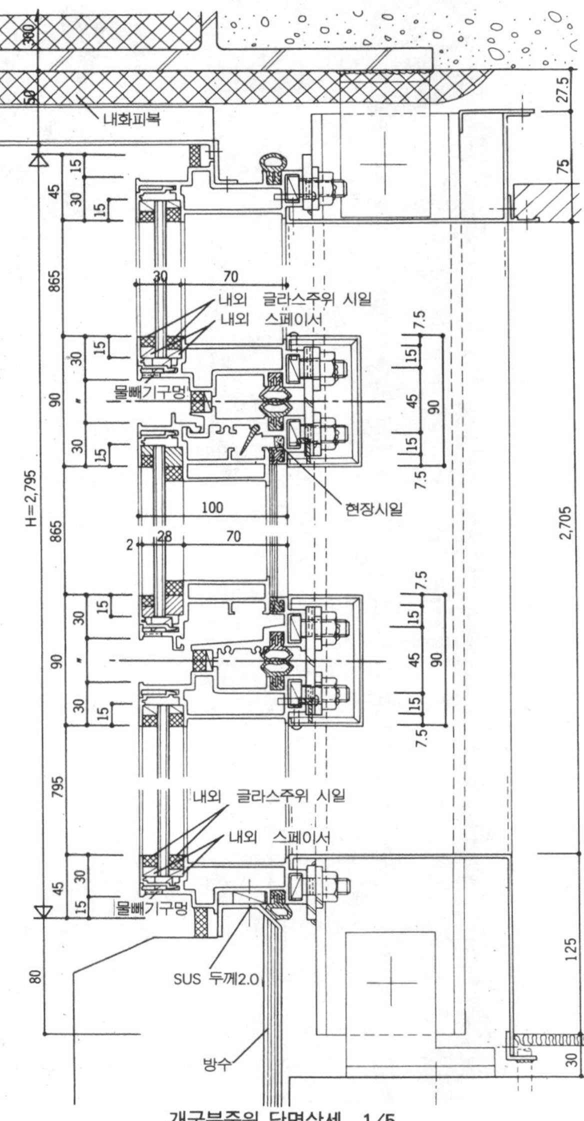

개구부주위 단면상세 1/5

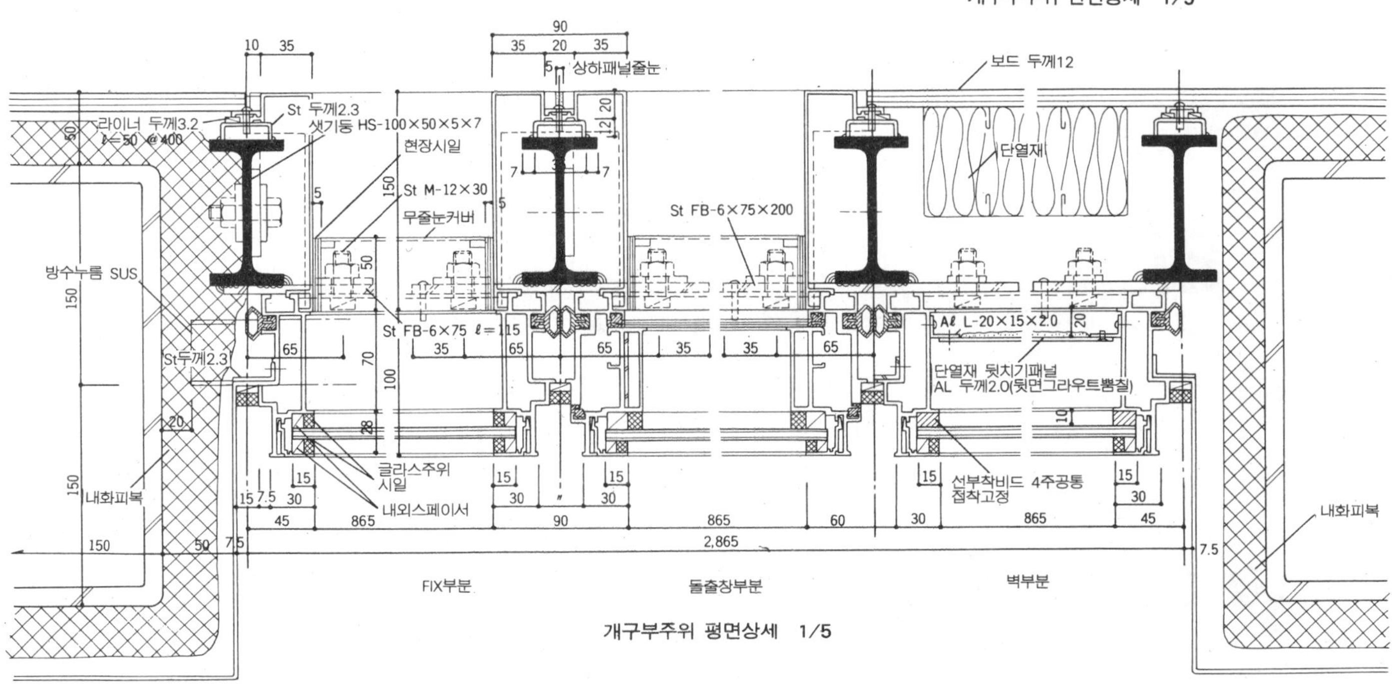

개구부주위 평면상세 1/5

자동문은 일반적으로 구동부의 상부는 사이드에 지지하고, 틀이나 천장에 은폐한다. 설계자는 항상 이 수장부의 디자인 처리에 고심하고 있다. 그러나 이 예에서는 바닥 아래에 격납해서 디자인의 해결을 단숨에 해결하고 있다. 방풍실을 구성하는 글라스 박스는 안전상 합유리가 사용되며, 프레임레스의 볼트 고정 구법으로 해서 보다 높은 투명감을 실현하고 있다. 또 금속류에 의한 센서의 오동작을 방지하기 위해 초고분자 폴리에틸렌의 가이드슈가 직접 돌에 설치되고, 동시에 슬릿 너비를 더욱 좁게 보이도록 하는 효과도 겨냥하고 있다. 걱정이 되는 물의 대책은 슬릿과 레일의 위치를 평면상 겹치지 않도록 함과 동시에 레일에 커버를 설치하여 직접 침입에 대한 해결을 도모하고 있다. 필로티 안에도 청소시의 대응도 포함해서 피트내 배수가 설치되어 있다. 상부의 투명 유리의 관리가 걱정이 되나 초기의 컨셉트를 승화한 예라고 할 수 있다.

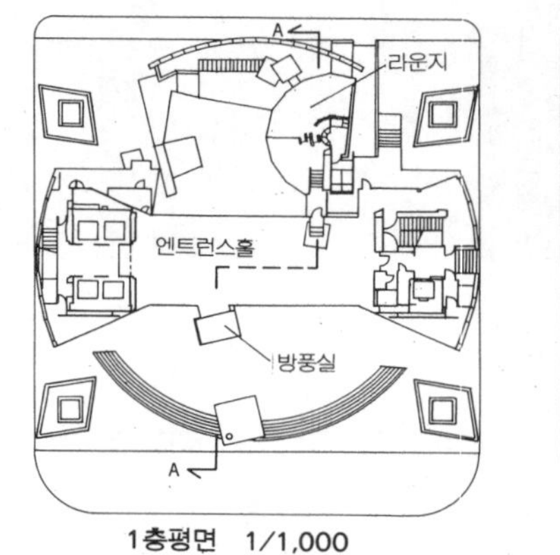

1층평면 1/1,000

내화피복 두께50
용접철망매시 25X50 φ4.5
방청처리판 다음 SOP
천장안 메인터넌스 스페이스
기계실
설비분출구
캐트워크
익스팬드메탈 SUS
2FL
비흘림 AL패널 두께2
처마끝 AL패널 두께3
처마끝 PC판
조명기구
조명박스 St SOP
2,500 1,975 7,055
천장 PB 두께12 한랭사
퍼티먹인 다음 EP
St φ12
투명유리 두께6
CH=8,000
계단 화강석
바닥 화강석 무늬깔기
콘크리트 쇠흙손마감 위에
아스팔트 방수
방풍실
엔트런스홀
바닥 화강석 무늬깔기
라운지
2,450 2,200 2,800
650 3,050 3,700 1,450 4,010 2,460 100
그릴셔터
1FL
100 875 175
지하주차장

엔트런스홀 A－A 단면 1/250

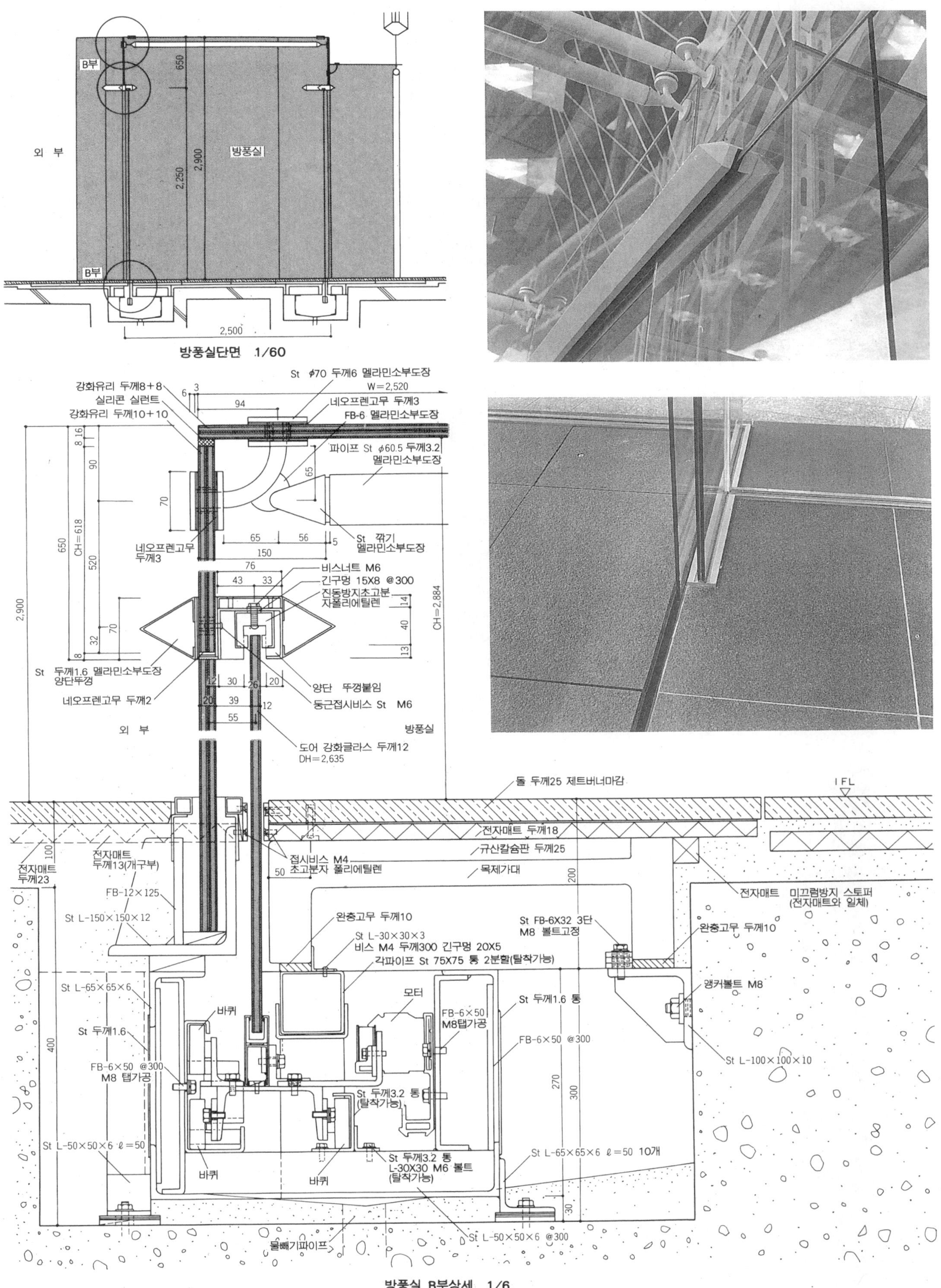
B부
650
외 부
2,250
2,900
방풍실
B부
2,500
방풍실단면 1/60
St ϕ70 두께6 멜라민소부도장
W=2,520
강화유리 두께8+8
실리콘 실런트
강화유리 두께10+10
네오프렌고무 두께3
FB-6 멜라민소부도장
파이프 St ϕ60.5 두께3.2
멜라민소부도장
St 깎기
멜라민소부도장
네오프렌고무
두께3
CH=618
2,900
650
비스너트 M6
긴구멍 15X8 @300
진동방지초고분
자폴리에틸렌
CH=2,884
St 두께1.6 멜라민소부도장
양단뚜껑
네오프렌고무 두께2
양단 뚜껑붙임
둥근접시비스 St M6
외 부
방풍실
도어 강화글라스 두께12
DH=2,635
돌 두께25 제트버너마감
FL
전자매트 두께18
규산칼슘판 두께25
접시비스 M4
초고분자 폴리에틸렌
목제가대
전자매트
두께13(개구부)
전자매트
두께23
FB-12×125
St L-150×150×12
전자매트 미끄럼방지 스토퍼
(전자매트와 일체)
완충고무 두께10
St L-30×30×3
비스 M4 두께300 긴구멍 20X5
각파이프 St 75X75 통 2분할(탈착가능)
St FB-6X32 3단
M8 볼트고정
완충고무 두께10
앵커볼트 M8
St L-65×65×6
바퀴
모터
FB-6×50
M8탭가공
St 두께1.6 통
St 두께1.6
FB-6×50 @300
FB-6×50 @300
M8 탭가공
St L-100×100×10
St 두께3.2 통
(탈착가능)
St L-50×50×6 ℓ=50
St 두께3.2 통
L-30X30 M6 볼트
(탈착가능)
St L-65×65×6 ℓ=50 10개
바퀴
바퀴
물빼기파이프
St L-50×50×6 @300

방풍실 B부상세 1/6

쾌적성과 에너지 절약성의 향상이 점점 중시되며, 창 주위의 디테일에 외부에서의 열 부하 대책을 실시하지 않은 빌딩은 드물게 되었다. 유리를 이중으로 하고 그 사이에 축적된 열을 공기로 제거하는 이른바 에어플로우 윈도우가 여러 방식으로 개발되었으나, 약간 코스트가 높은 것과 안쪽의 유리 청소 등의 유지 관리도 필요로 하게 된다. 이 디테일은 창 아래에 서플라이 덕트를 돌려서 블라인드 하단의 양쪽 슬릿에서 블라인드를 따라서 공기를 불어올려 상부의 블라인드 박스에서 흡입하는 에어커튼에 의해서 블라인드의 표면 온도를 내려 복사열을 제거하도록 한 것으로 외관상 보통의 창 주위나 다름이 없다. 블라인드를 내리지 않으면 효과가 떨어진다고 생각되고 경제 효율은 양호하다.

에어커튼창 시스템의 개요

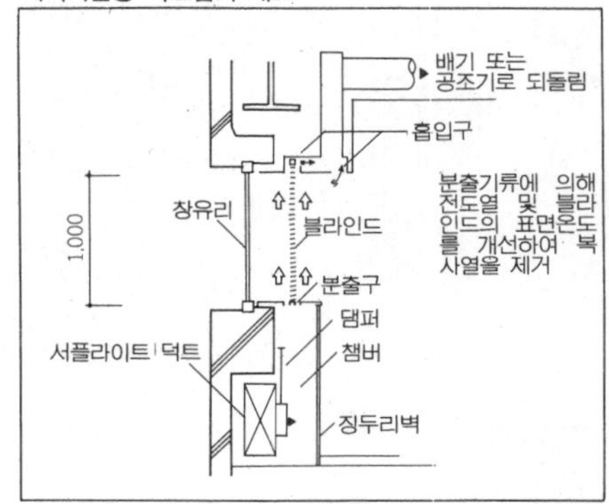

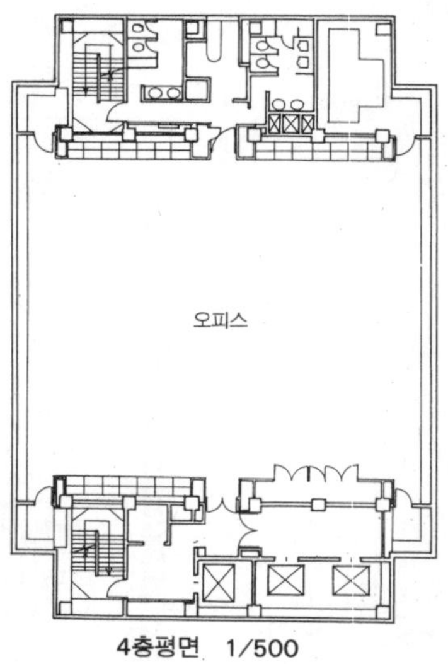

4층평면 1/500

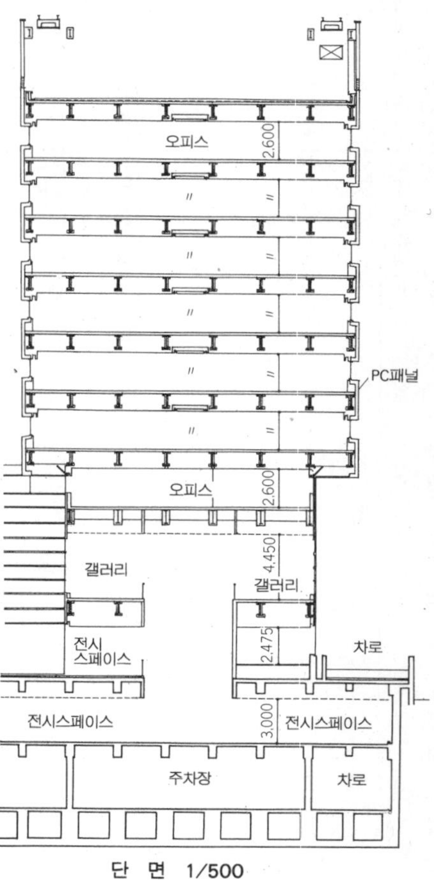

단 면 1/500

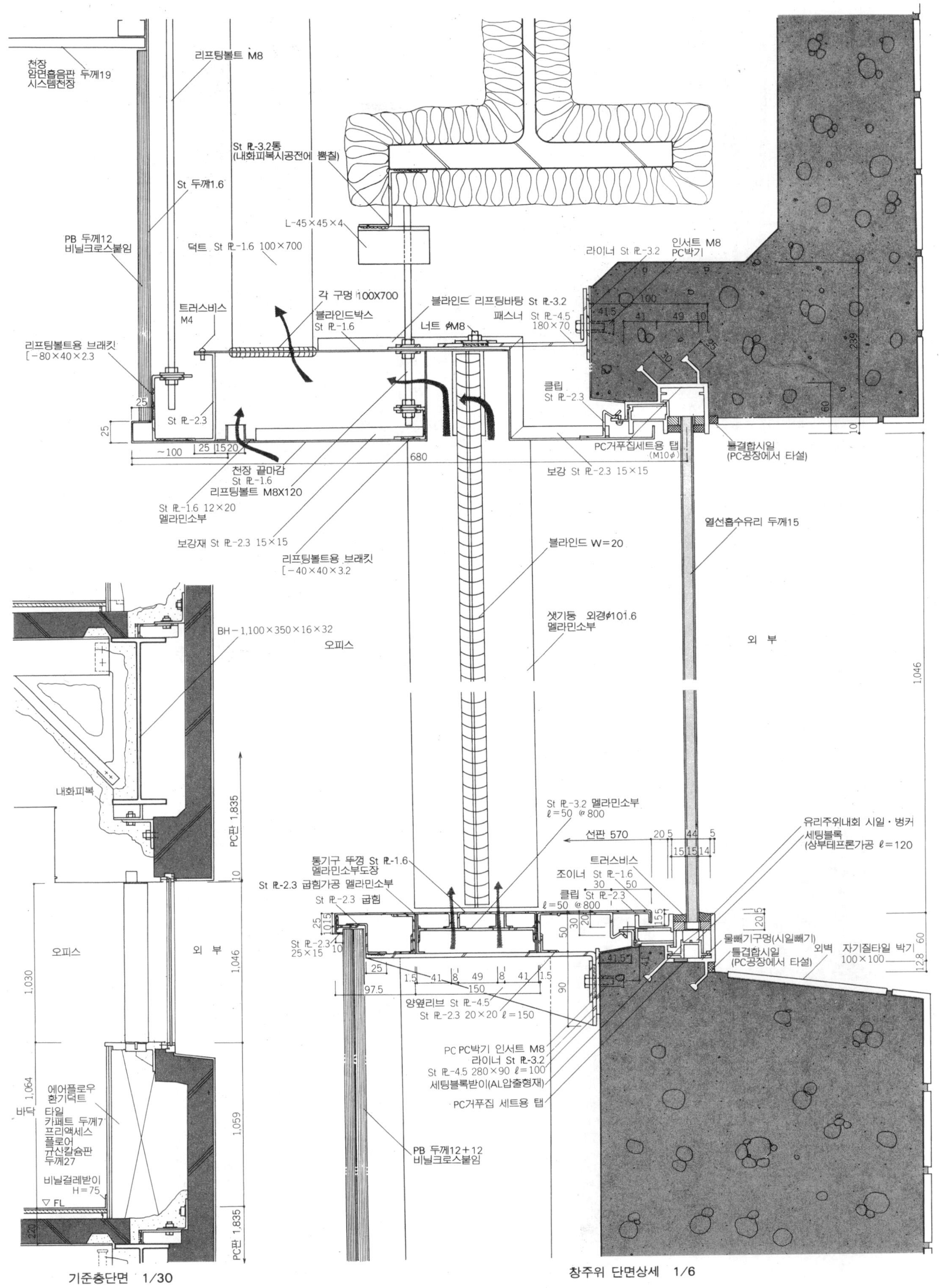

기준층단면 1/30

창주위 단면상세 1/6

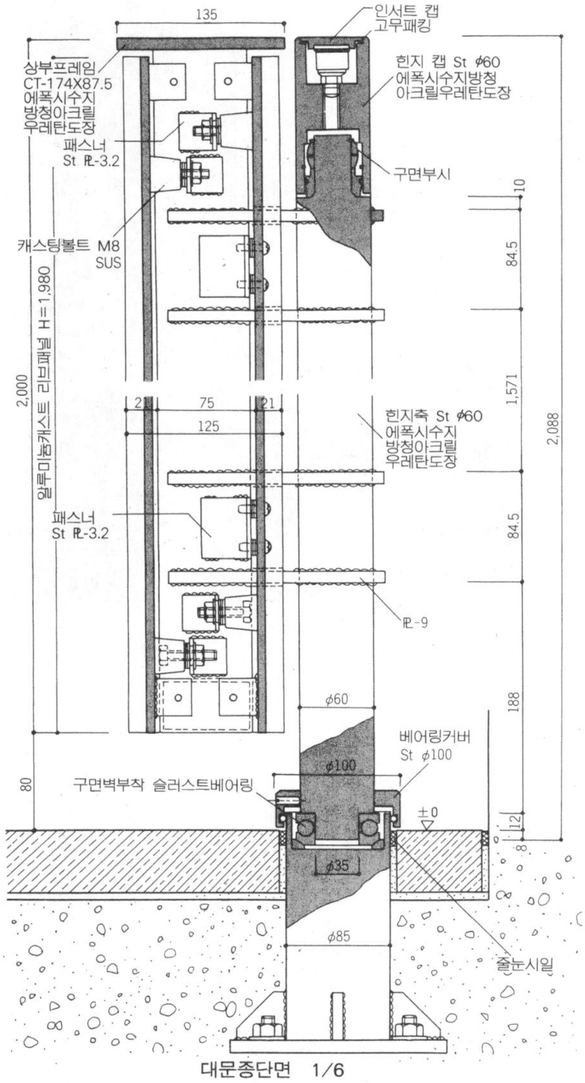

대문종단면 1/6

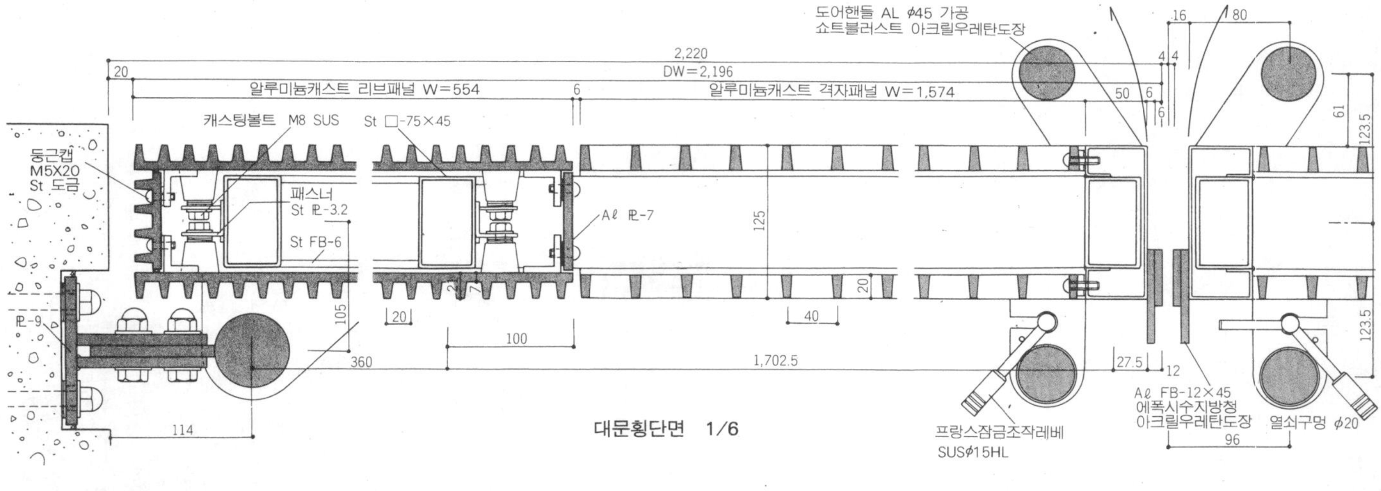

대문횡단면 1/6

▼알루미늄캐스트 진공주조법의 공정

①목형/흡인 박스와 일체화한 V프로세스용 목형(요철형)

②모래형/목형으로부터 벗어난 상태, 진공팩 상태의 모래형(오목형)

③붓기/자동붓기로 사형에 알루미늄 지금을 부어넣는다

④제품/냉각 후 꺼낸 제품. 이 후 다듬질 공정으로

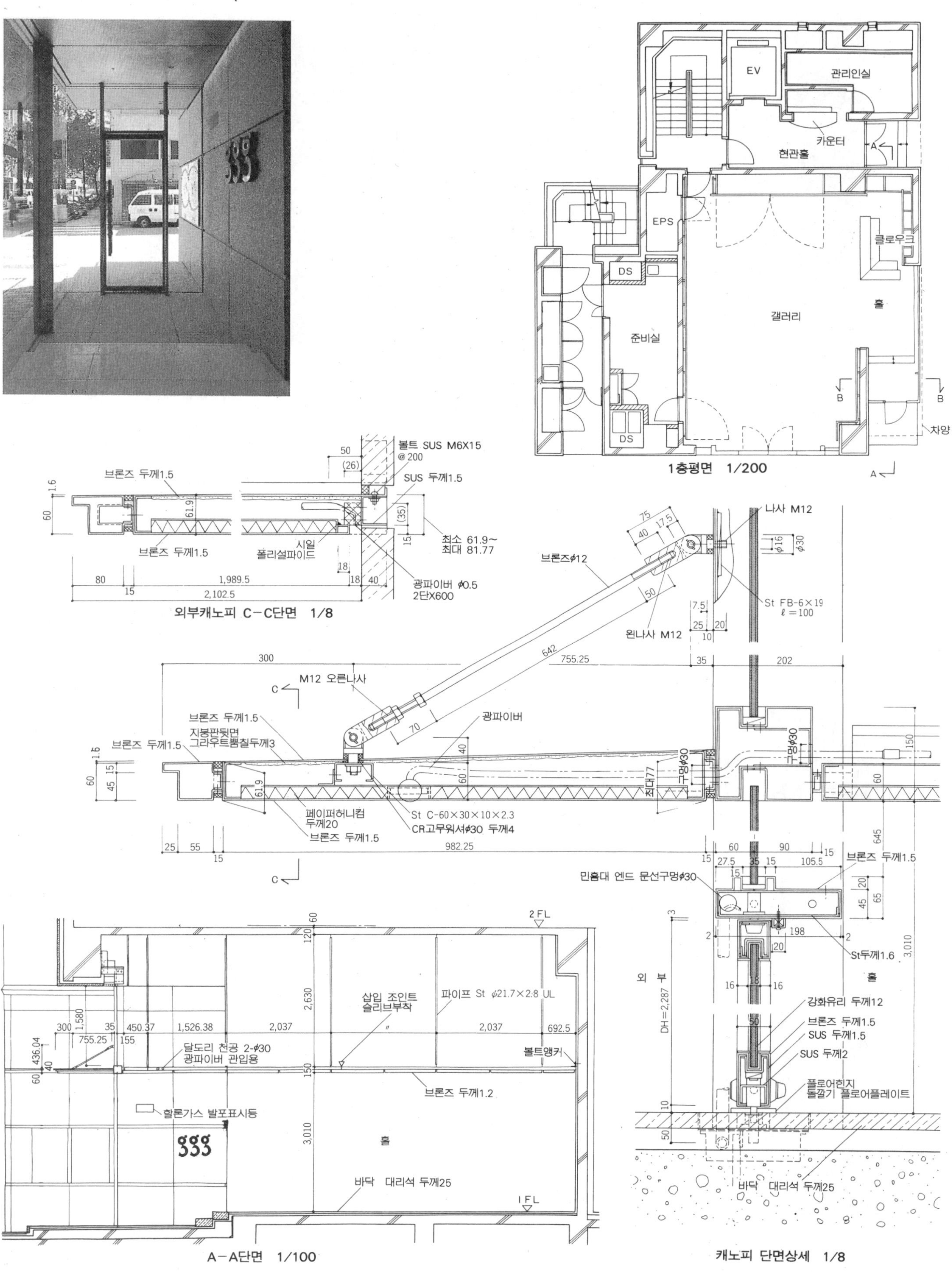

1층평면 1/200

외부캐노피 C—C단면 1/8

A—A단면 1/100

캐노피 단면상세 1/8

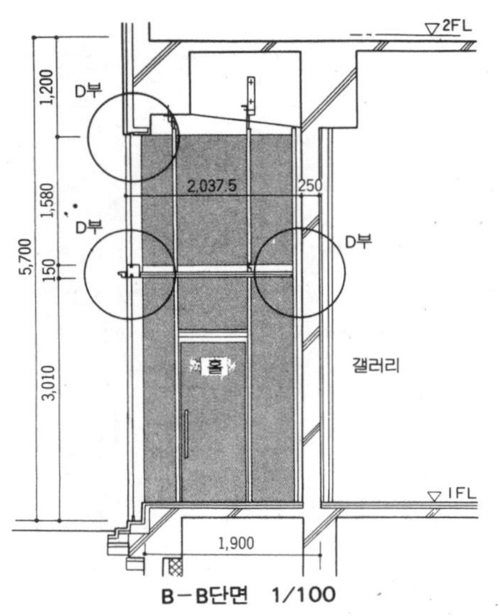

B-B단면 1/100

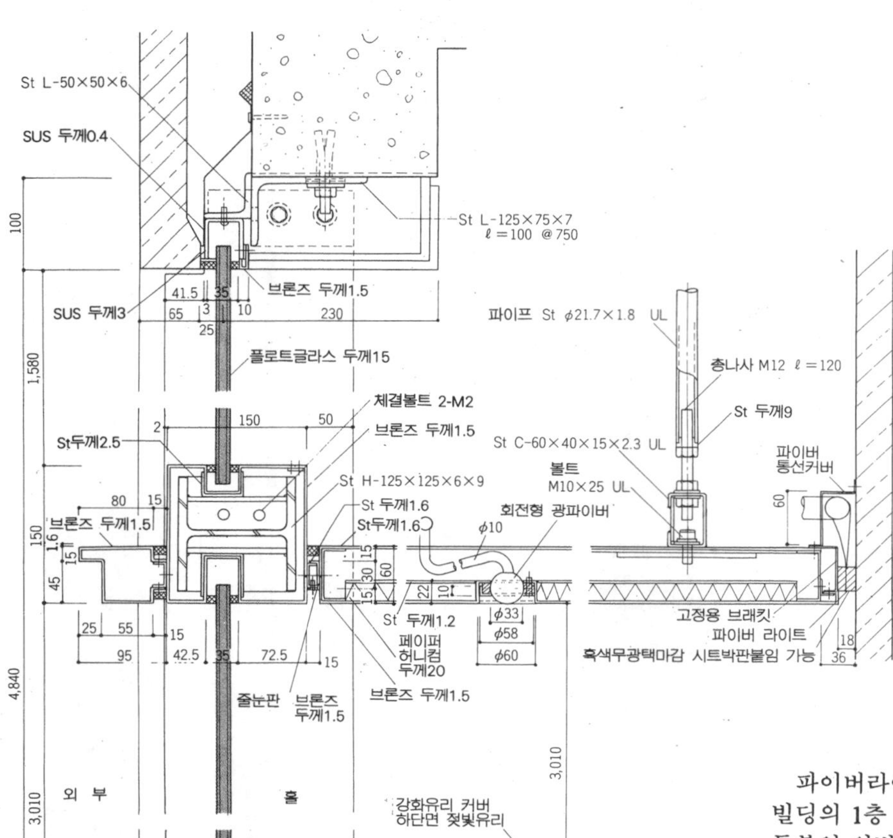

D부상세 1/8

파이버라이트라는 광파이버를 사용한 조명 기구는 이 빌딩의 1층 갤러리 엔트런스부에 사용되고 있다. 중후한 돌붙임 외벽을 잘라낸 듯한 코너에 붙박이한 유리 상자의 엔트런스에 브론즈제의 얇은 차양이 공중에 떠 있는 느낌으로 관통하고 있다. 이 두께 60mm라는 차양에 작게 점재하는 다운라이트, 그리고 상대하는 바닥에도 같은 모양으로 점의 라인이 늘어서 있다. 차양이 돌의 벽에 닿는 곳은 슬릿·라이트에 의해 차양의 부유감을 강조하고 있다. 이들은 모두 별도 설치한 광원 유니트에서 비싼 광파이버로 조명되어 상세를 보면 알 수 있듯이 하이테크 소재로써 처음으로 아무림이 가능한 것이다. 바닥 매입이라 해도 전구가 끊어지는 등의 메인터넌스가 필요없으므로 단순한 의장적 사용 방법만이 아니라 방수, 내화, 방폭 등의 특성을 살린 이용도 앞으로의 광파이버 조명에는 고려하여야 하겠다.

나는 설계를 할 때에는 건축 내부에 있는 사람들이 「어떻게 보는가, 무엇이 보이는가」에 대해 주의를 기울이게 된다. 즉, 건축이 완성되고, 그 건축이 유효하게 기능하는 경우 건축의 사용자는 내부에서 보내는 시간이 압도적이다. 그렇기 때문에 안에서의 시점을 어디에 정하는가, 어디에 제일 좋은 시점이 있는가를 찾아내는 것이 중요하다.

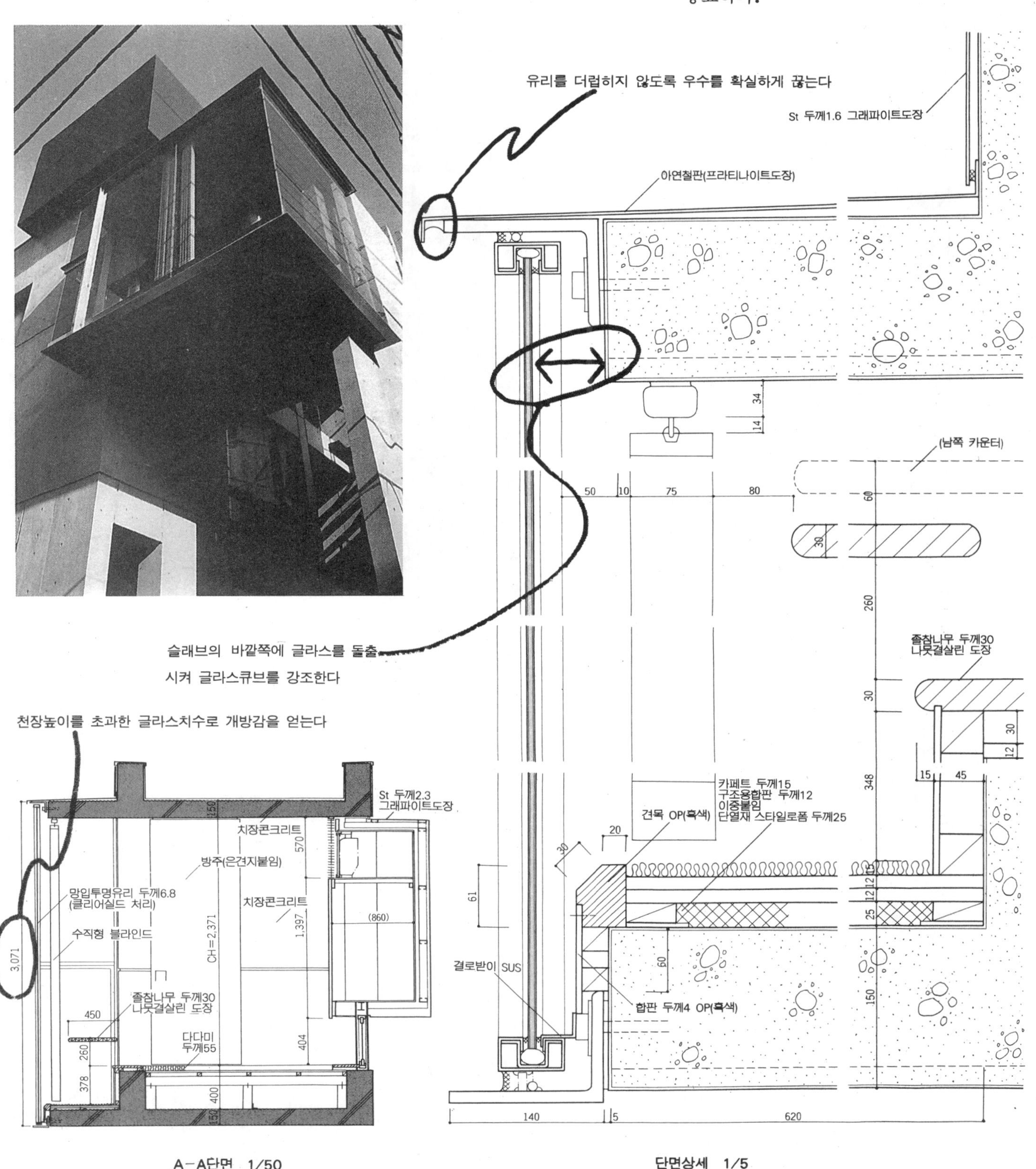

A-A단면 1/50

단면상세 1/5

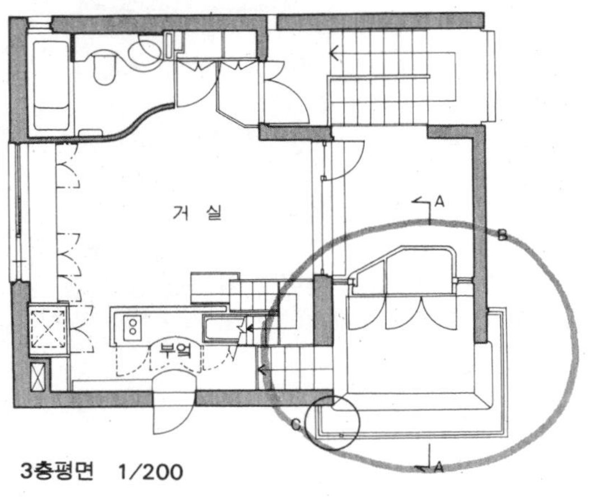

3층평면 1/200

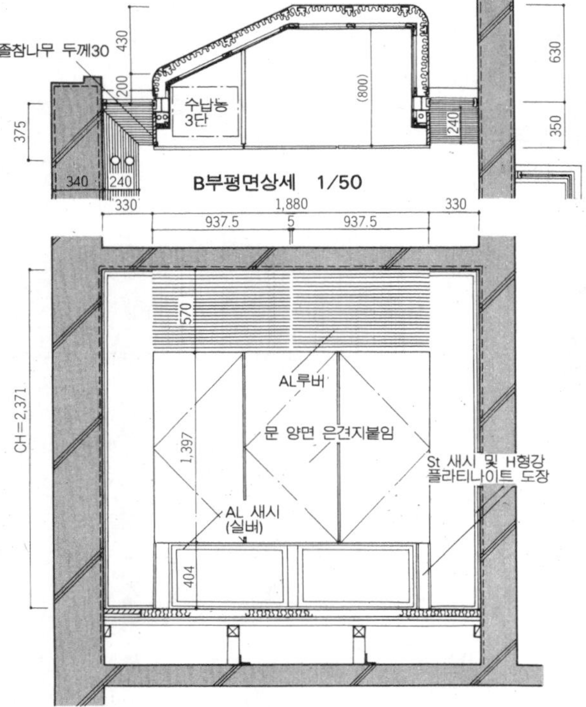

B부평면상세 1/50

B부단면상세 1/50

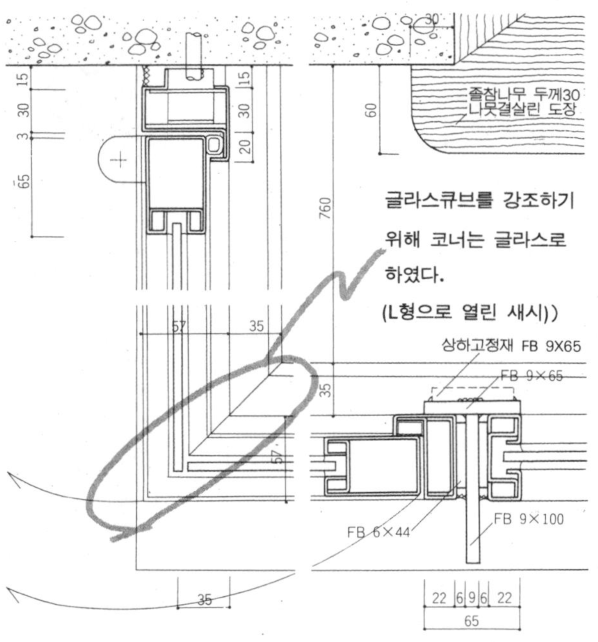

C부평면상세 1/5

대사관의 공무실과 대사공저를 연결하는 건널복도는 유리를 사용해서 공통의 방풍실로 되어 있다.

이 유리 상자처럼 보이는 것은 기둥도 없고, 문선도 없고 더욱 글라스 꼭대기의 누름대가 불과 5cm라는 스테인레스의 틀로서 아무림되어 있다.

입구의 제한된 스크린의 투명감과 대비해서 좋은 투명감을 나타내기 위해서는 보도 나타내지 않는 것이 필요하였다. 글라스 박스에서 보이는 정원은 잔디면이 대리석면과 같게 마무리되어 있다.

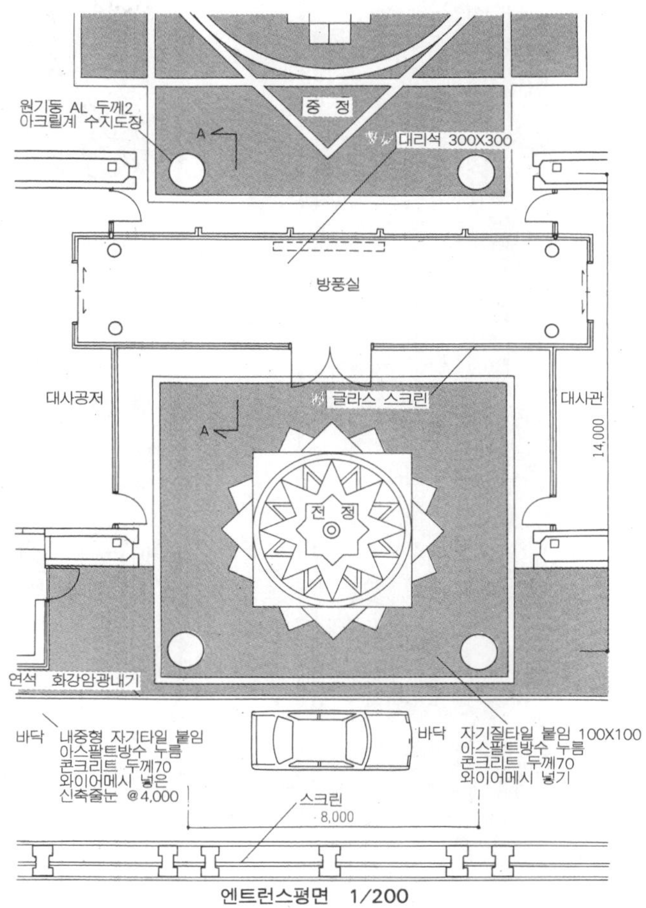

엔트런스평면 1/200

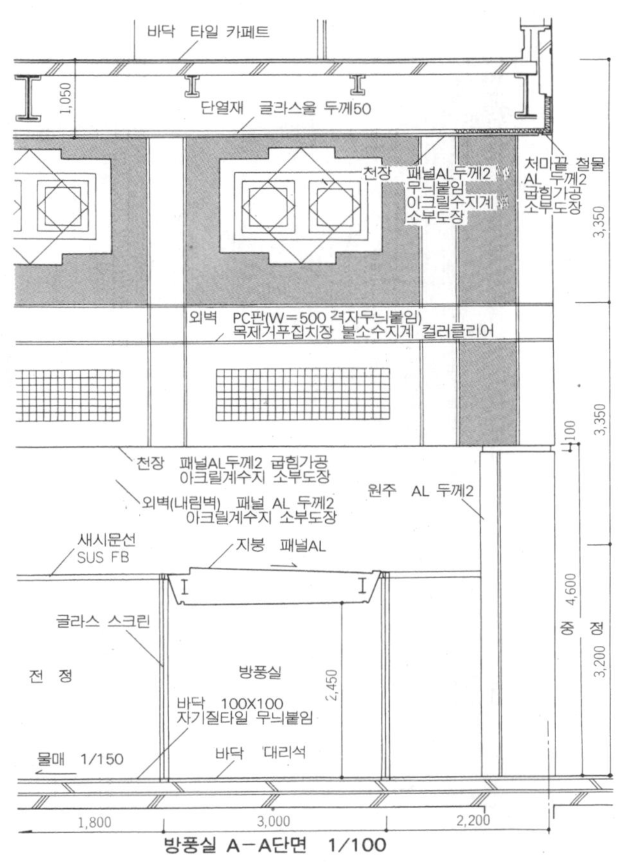

방풍실 A-A단면 1/100

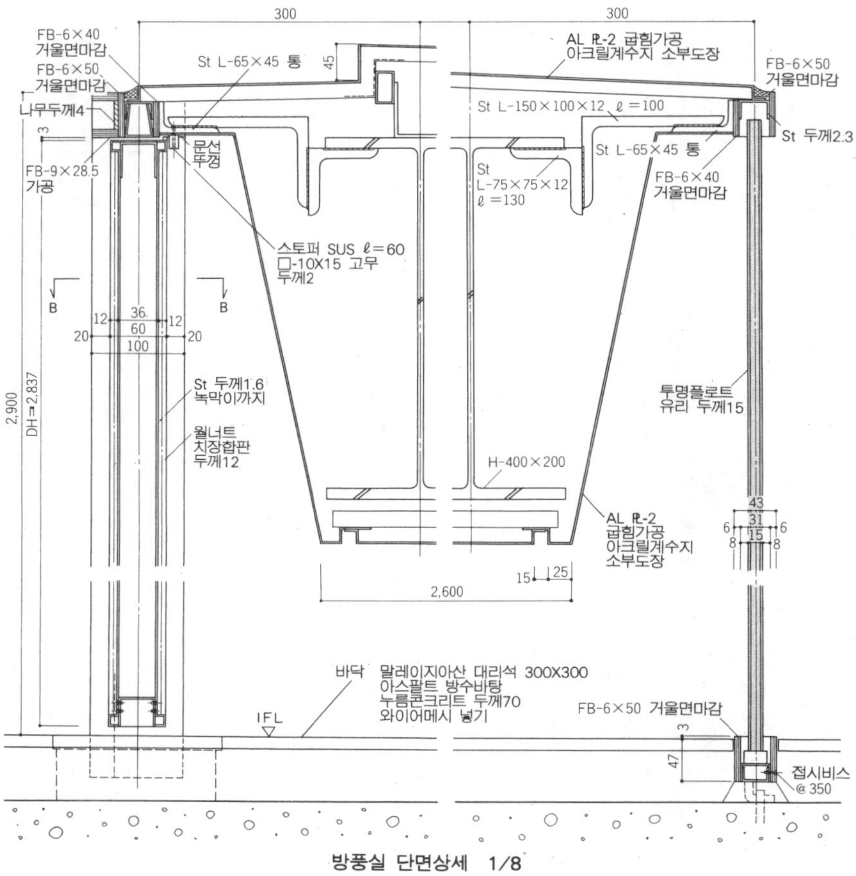

방풍실 단면상세 1/8

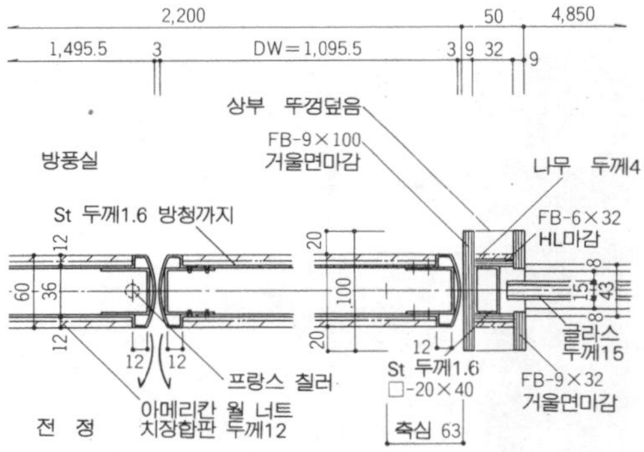

B－B단면상세 1/8

아이덴티티는 「결여」에 의해 성립하였다. 다국적이란 무국적과 같고, 다목적은 무목적의 시스템이라 할 수 있다. 또 「결여」는 「부족」이란 뜻과는 다른 것이다. 치장 콘크리트의 소박한 면과 심플한 구성의 알루미늄 새시, 내외의 바닥이 만나는 이 건축의 개구부는 의도된 아무림의 결여로 강한 건축 표현의 목적성을 전하고 있다. 새시의 3방향은 내외 모두 치장 콘크리트의 벽, 천장의 연속면에 틈없이 설치되며, 다음에 모르타르로 채운 15mm의 줄눈으로 구체에 용접시킨다. 어디까지나 플레인한 치장 콘크리트의 면과 평평한 바닥, 새시 등 최소한의 건축 요소의 한계성을 분명하게 하기 위해 중간의 마무리를 배제하고, 대신에 콘크리트의 시공 정밀도, 각 부재의 양생, 충전, 실링 등의 기본적인 시공에 높은 정밀도의 작업이 요구된다. 그리고 결여가 부족으로 되지 않도록 하기 위한 가장 엄격한 작업은 아마도 설계라 하겠다.

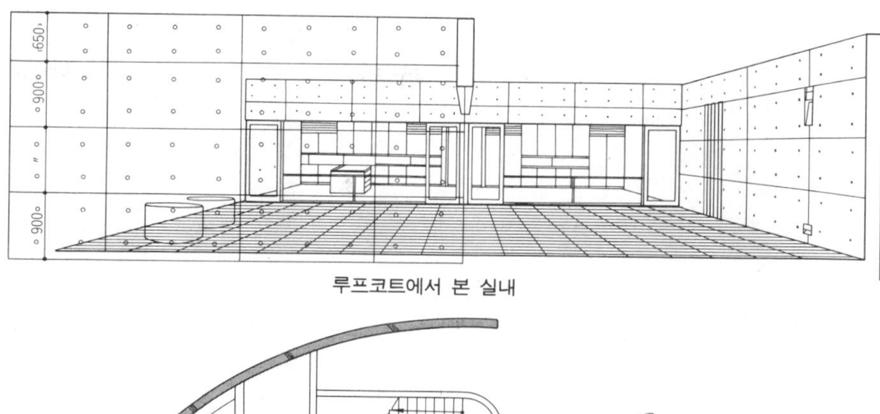

루프코트에서 본 실내

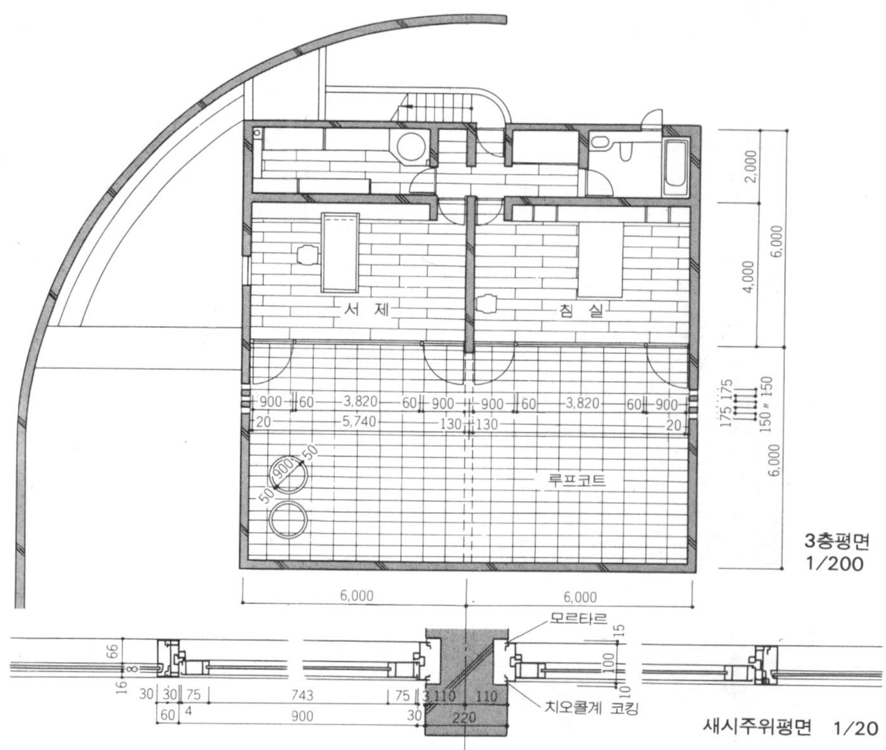

3층평면 1/200

새시주위평면 1/20

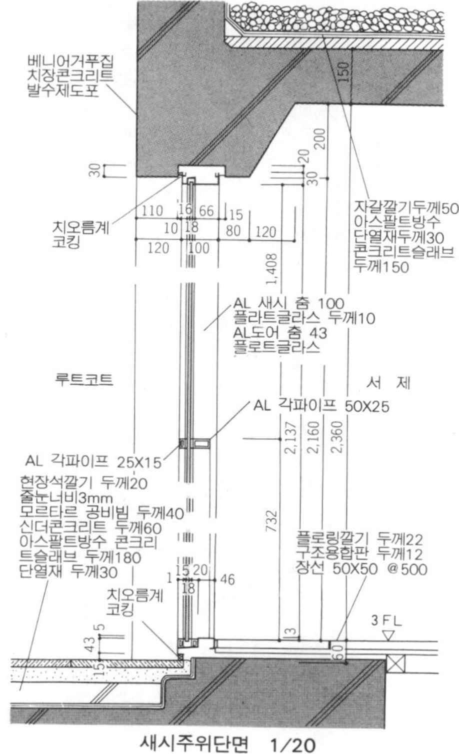

새시주위단면 1/20

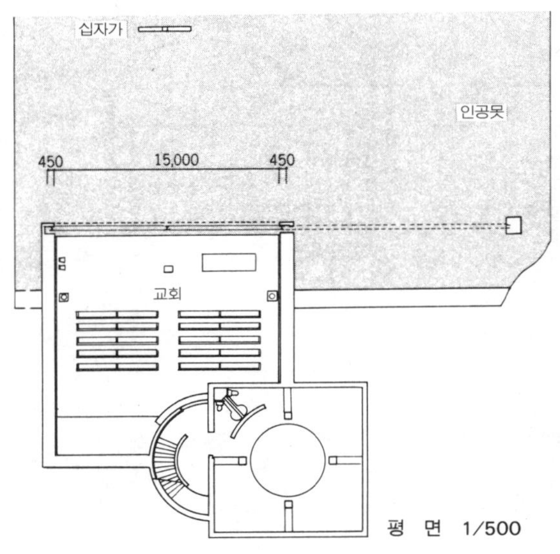

평 면 1/500

기독교 교회의 드라마틱한 대개구이다. 약간 어두운 계단을 내려와서 교회에 들어가면 눈 앞에 넓은 인공 호수가 있고, 수면에 십자가가 상징적으로 서 있다. 예배자는 호수 건너편까지 기도의 세계로 승화한다. 본래의 이미지는 완전한 개방상태였으나 기상 조건을 고려하여 초대형 새시를 은폐한 울거미로서 해결하고 있다. 새시는 유리면을 4분할하여 안의 십자가로 이중 형태가 된다. 교회의 바닥은 수면과의 차이가 적도록 새시의 굵기를 최대한으로 설정하며, 또 새시의 진동방지나 바람의 흡입 방지까지 세심한 배려를 하면서 아루렇지도 않게 마무리하는 디테일의 솜씨도 놓칠 수 없다.

「고봉암」을 원점으로 개방적인 별당의 정신을 현대에 소생시킨 작품이라고 할 수 있다.

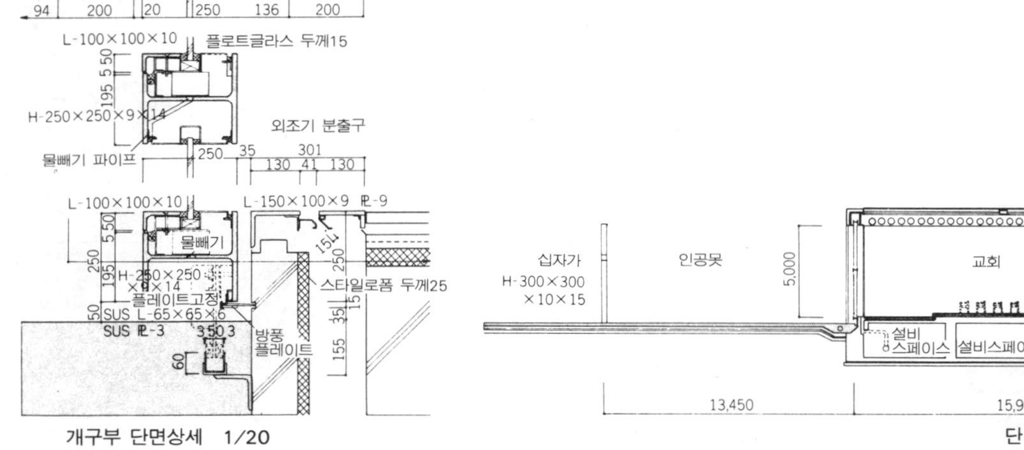

개구부 단면상세 1/20

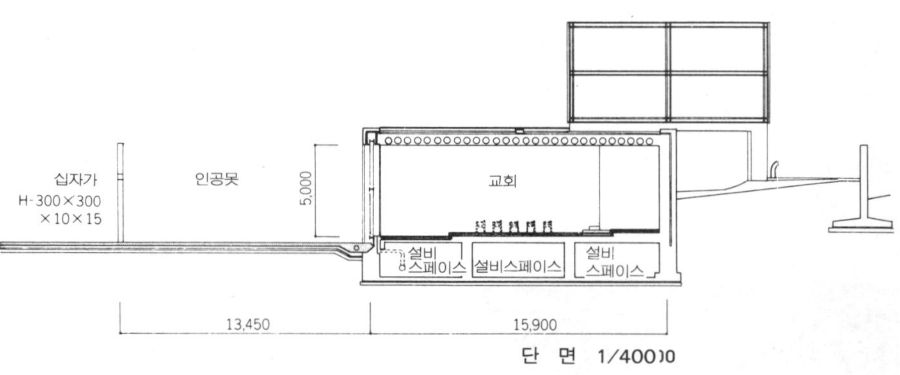

단 면 1/400

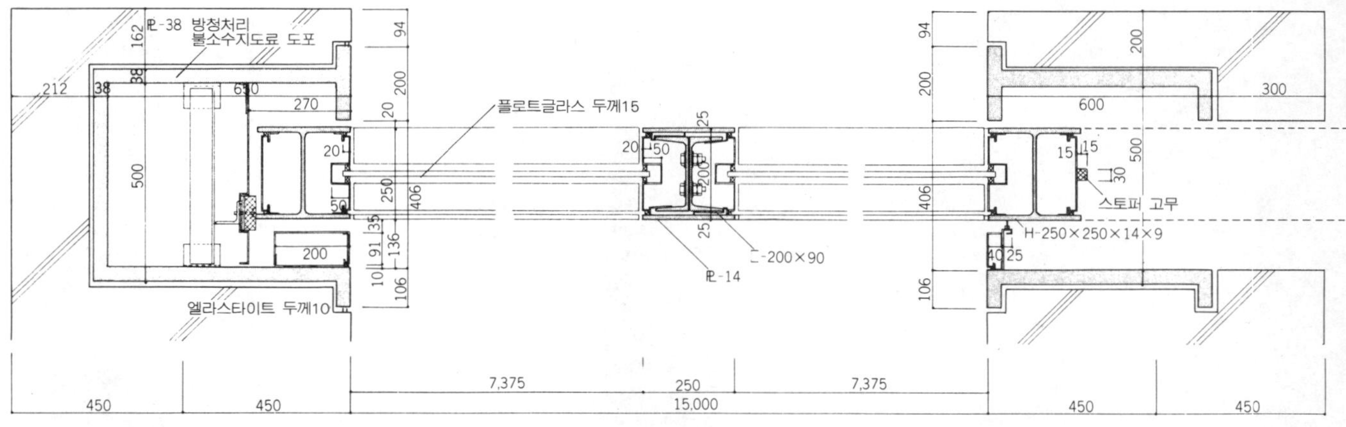

개구부 평면상세 1/20

기준층평면 1/400

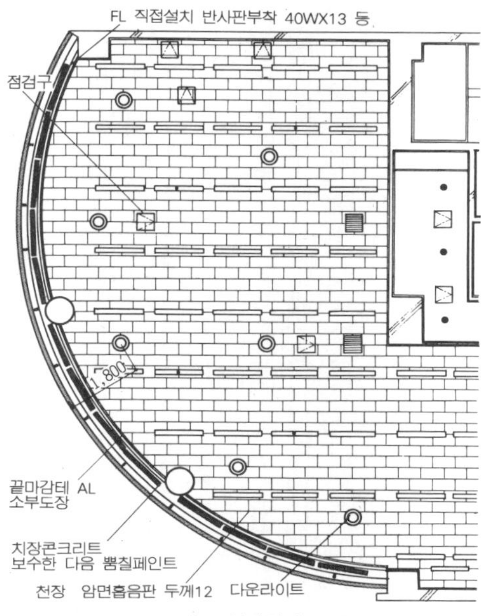

오피스 천장평면 1/200

신문사가 들어 있는 이 빌딩은 24시간 정보를 계속해서 발신하고 있다.

주간만이 아니라 야간의 외장을 강하게 의도한 디자인으로 되어 있다. 야간에는 자동 점등되는 조명으로 글라스 블록의 윗면을 비추는 연구가 실시되어 아름다운 R 모양의 빛의 띠가 떠오른다.

글라스 블록은 공장에서 유니트화(평균적인 크기는 가로 1.6m×세로 1.2m)되며, 하중을 지지하는 형강에서 매단 알루미늄 새시에 세팅하는 공법이 채용되고 있다. 이 유니트의 글라스 블록은 시공 정밀도가 높고 아무림도 견고하며, 또 노동력 부족에 대한 고려도 하고 있다.

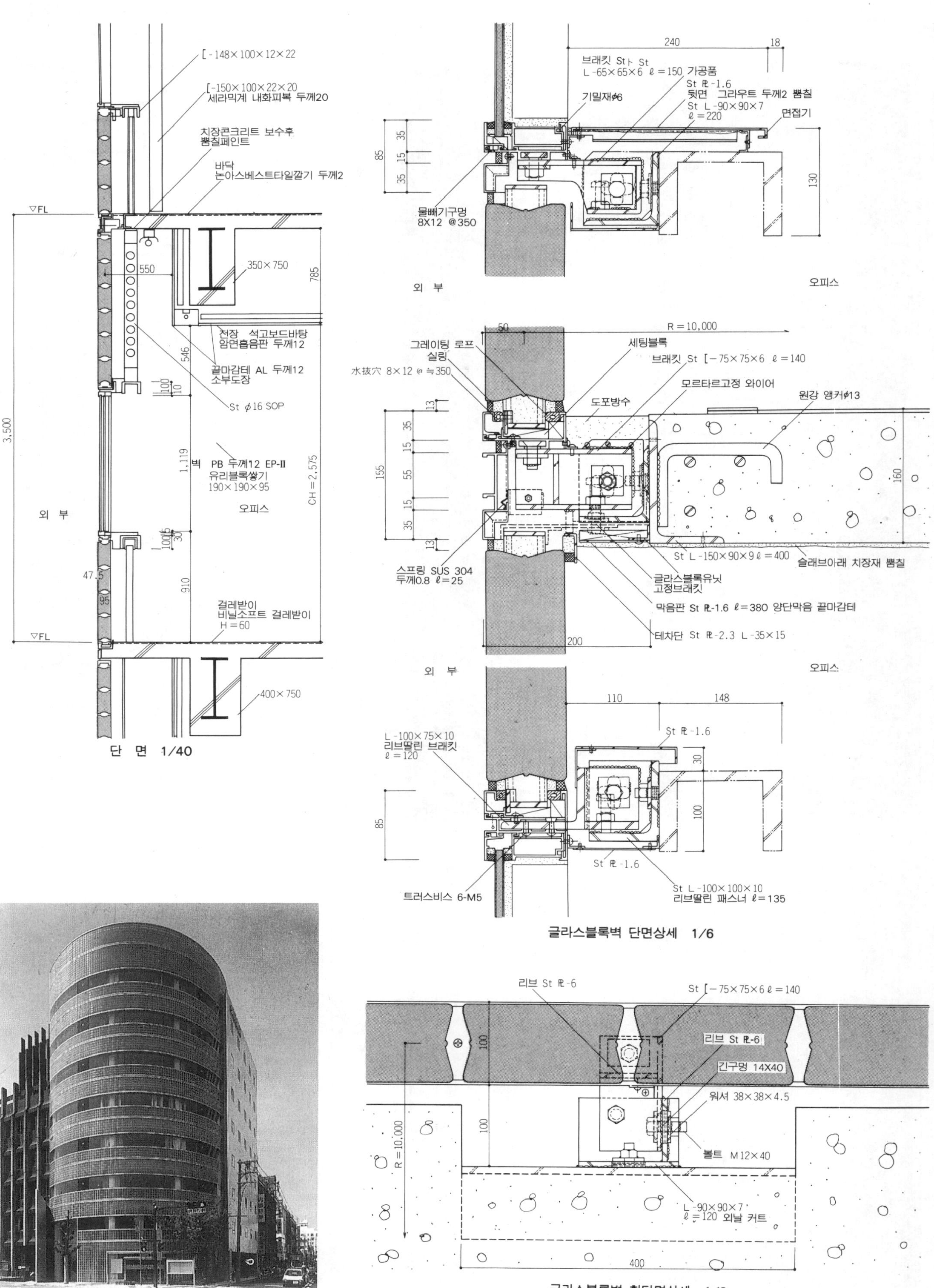

[-148×100×12×22
[-150×100×22×20
세라믹계 내화피복 두께20
치장콘크리트 보수후
뿜칠페인트
바닥
논아스베스트타일깔기 두께2
▽FL
550
350×750
785
전장 석고보드바탕
암면흡음판 두께12
546
끝마감테 AL 두께12
소부도장
St φ16 SOP
3,500
1,119
벽 PB 두께12 EP-II
유리블록쌓기
190×190×95
CH=2,575
오피스
외 부
910
걸레받이
비닐소프트 걸레받이
H=60
▽FL
400×750
단 면 1/40
240
18
브래킷 St ⊦ St
L-65×65×6 ℓ=150 가공품
St PL-1.6
기밀재φ6
뒷면 그라우트 두께2 뿜칠
St L-90×90×7
ℓ=220
면접기
85
130
물빼기구멍
8X12 @350
외 부
오피스
50
R=10,000
그레이팅 로프
실링
세팅블록
水抜穴 8×12 @≒350
브래킷 St [-75×75×6 ℓ=140
모르타르고정 와이어
원강 앵커φ13
도포방수
155
160
St L-150×90×9 ℓ=400
슬래브아래 치장재 뿜칠
스프링 SUS 304
두께0.8 ℓ=25
글라스블록유닛
고정브래킷
막음판 St PL-1.6 ℓ=380 양단막음 끝마감테
200
테차단 St PL-2.3 L-35×15
외 부
오피스
110
148
L-100×75×10
리브딸린 브래킷
ℓ=120
St PL-1.6
85
St PL-1.6
St L-100×100×10
리브딸린 패스너 ℓ=135
트러스비스 6-M5
글라스블록벽 단면상세 1/6
리브 St PL-6
St [-75×75×6 ℓ=140
리브 St PL-6
긴구멍 14X40
워셔 38×38×4.5
볼트 M12×40
R=10,000
L-90×90×7
ℓ=120 외날 커트
400
글라스블록벽 횡단면상세 1/6

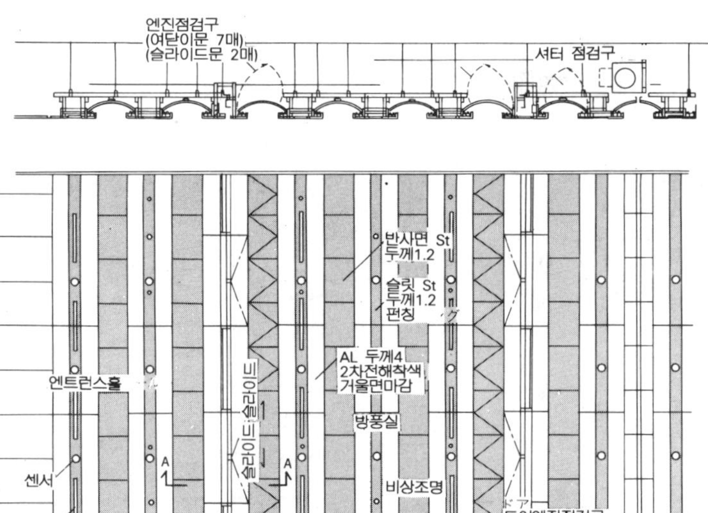

엔트런스방풍실천장상세 1/150

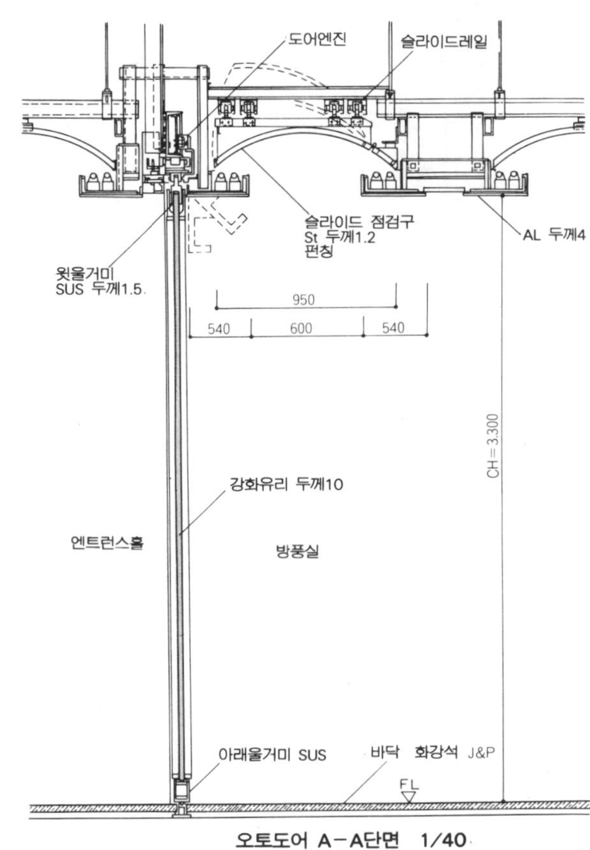

오토도어 A-A단면 1/40

문으로 접근하는 사람의 속도나 사람 수에 맞춰서 문의 개폐 속도나 개방폭을 조절하는 자동문이 등장하였다. 자동문이 열리기를 기다려 서 있다거나 찬바람이 사람의 출입과 동시에 들어오는 일은 대폭 개선되었다. 천장에 매입한 21개의 센서에 의해 사람의 움직임을 캐치하여 마치 도어맨처럼 자유자재로 대응할 수 있다. 종래의 자동문에서는 이러한 빠르고 정확한 동작은 어렵고, 현관문에는 처음으로 리어모터를 사용하였다. 또 스피드가 빨라지면 안전에 대한 고려도 중요하므로 종래의 터치식 스토퍼에 더해서 적외선, 초음파에 의한 안전 기구가 실시되어 있다.

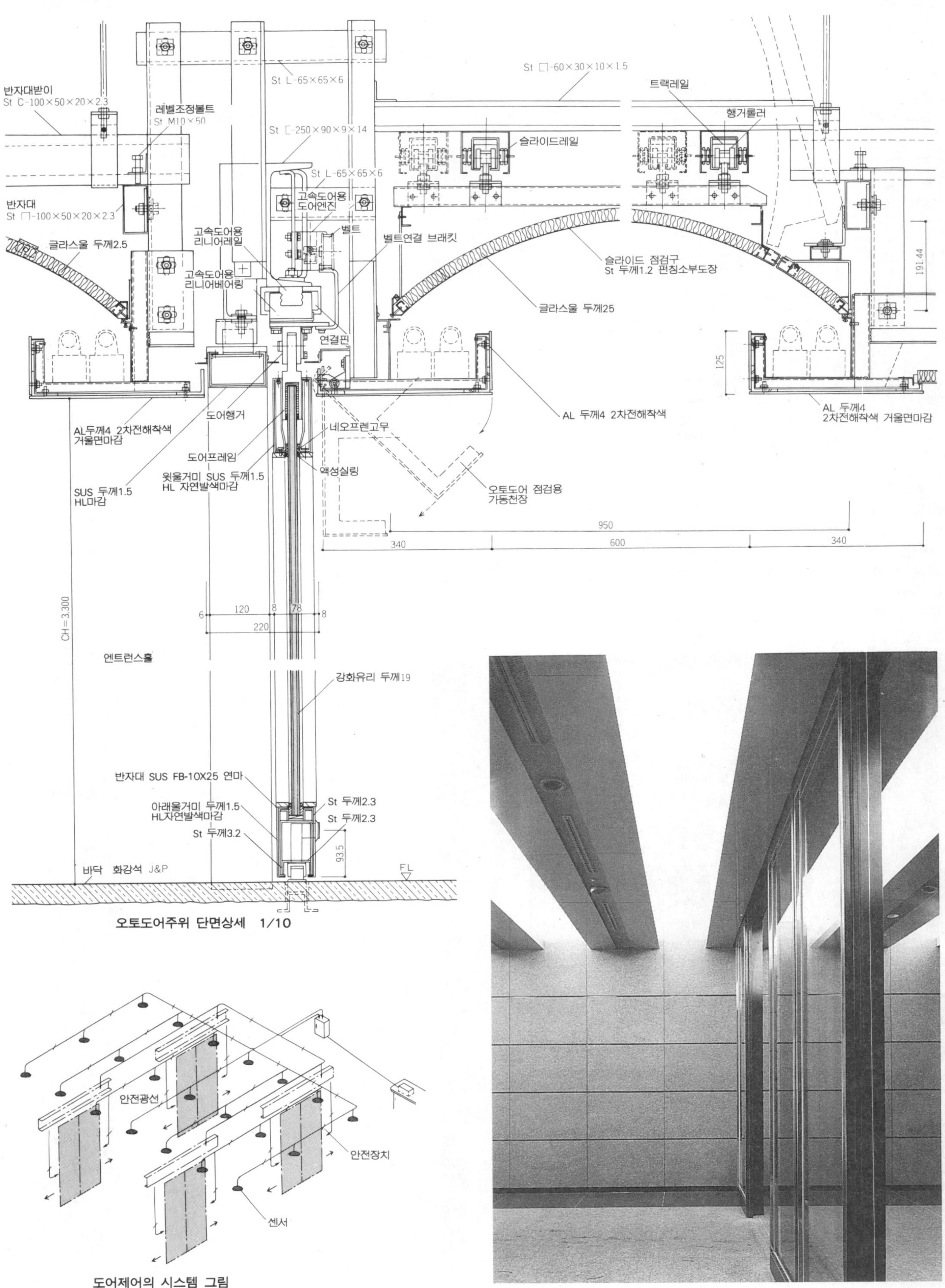

오토도어주위 단면상세 1/10

도어제어의 시스템 그림

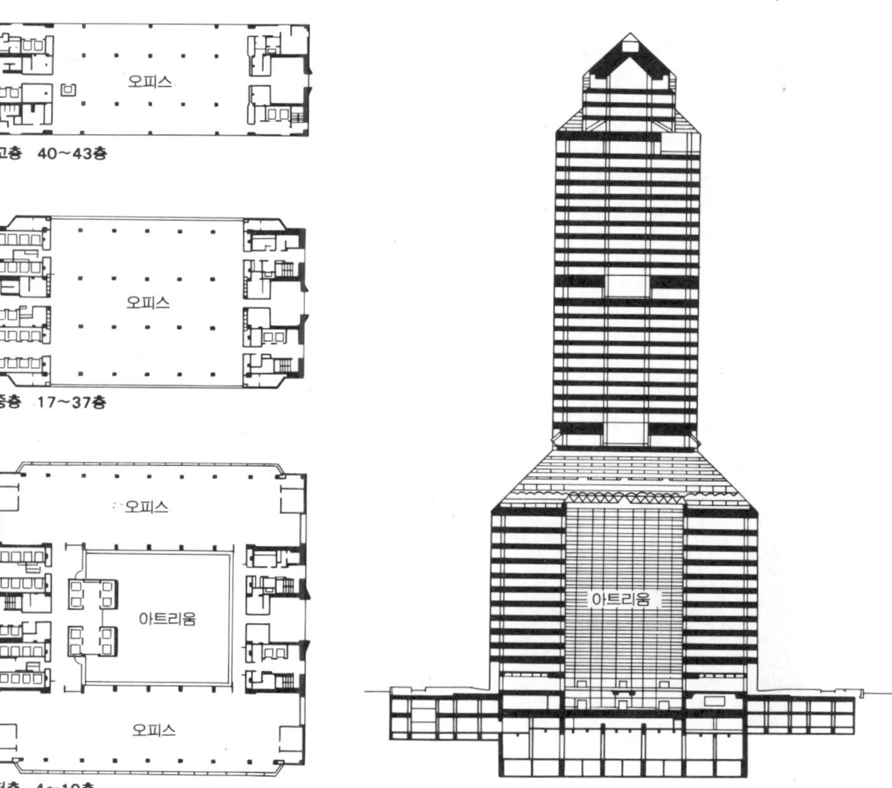

기준층평면 1/800

단 면 1/1,200

인텔리젠트 빌딩에서는 통상의 빌딩과 비교해서 OA 기기 등에서 발생하는 내부 열부하가 현저하게 크고, 외부로부터의 열 침입은 최소한으로 하였다. 이 빌딩에서는 외벽의 창유리를 이중으로 하고, 그 사이에 실내로부터의 리턴에어를 순환시켜 일사 등에 의해 외부에서 열이 실내로 들어오기 전에 제거한다는 일종의 에어플로어 방식이 채용되고 있다. 또 이 창 아래의 징두리 부분에 새로 개발된 오픈 덕트라고 하는 전력과 통신 간선용의 3웨이의 배선용 덕트가 수납되어 있다. 종래의 바닥 매입형에 비해 수배의 배선 용량과 앞판을 떼어서 배선할 수 있으므로 작업성이 좋다. 오픈 덕트 안의 간선에서 각 단말로의 배선은 언더 카펫 케이블이나 플로어 덕트에서 분기하는 것으로 된다.

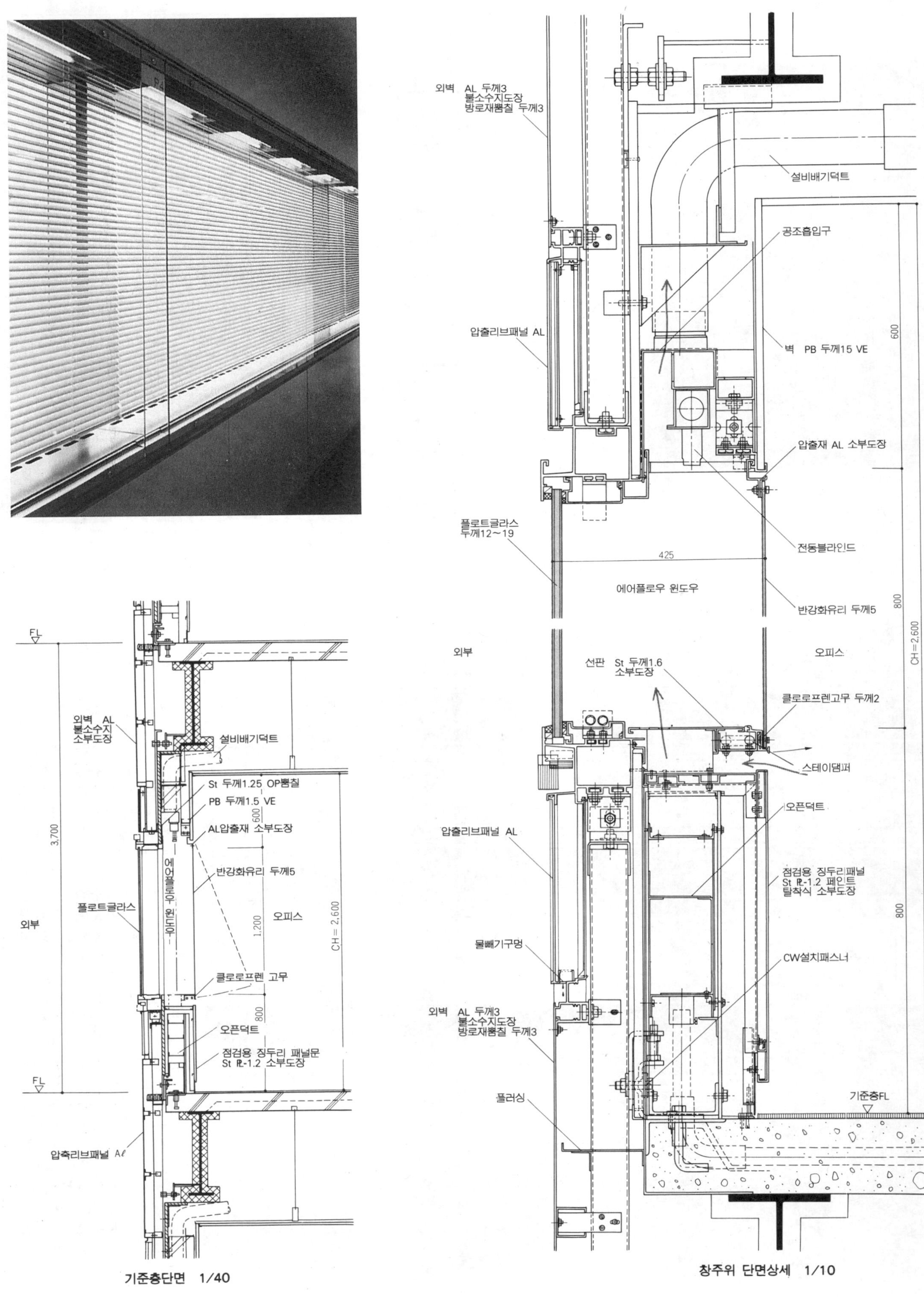

기준층단면 1/40

창주위 단면상세 1/10

주엔트런스층의 엘리베이터홀의 천장 의장이다. 백색 대리석의 청초한 아름다움을 눈에 띄게 하기 위해 입구틀과 일체화된 깊은 루버(스틸·펄도장)를 통해서 두께 2mm의 백색 글라스울을 샌드위치한 글라스로 부드러운 빛을 보내고 있다. 연기감지기, 스프링클러, 분출구 등은 중앙부, 벽 근처에 눈에 띄지 않도록 처리하고 있다.

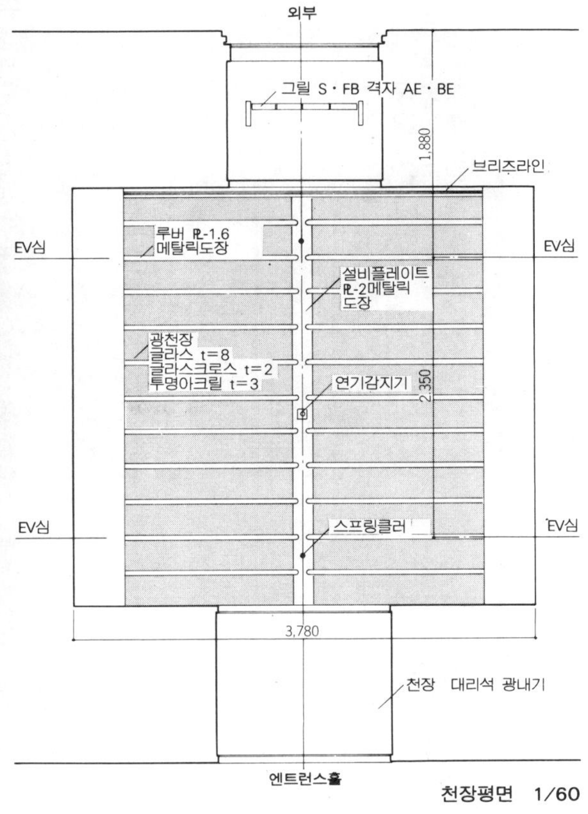

천장평면 1/60

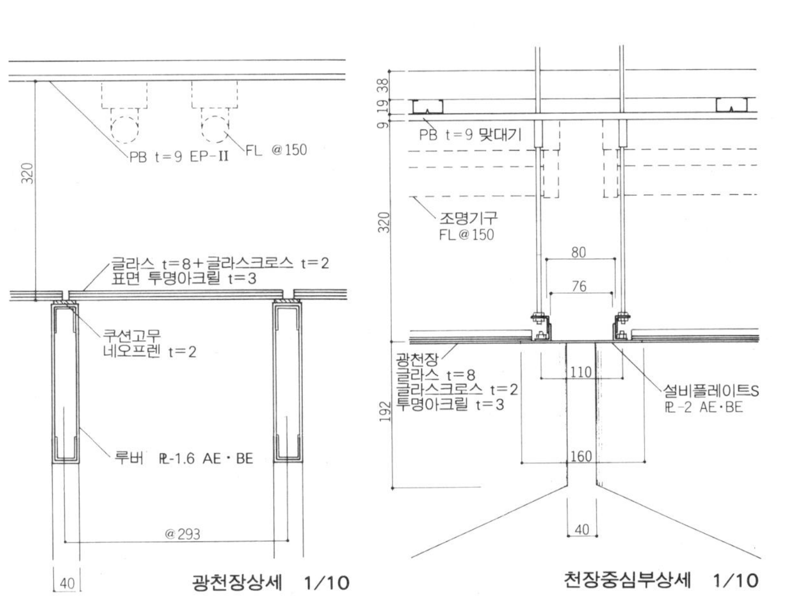

광천장상세 1/10

천장중심부상세 1/10

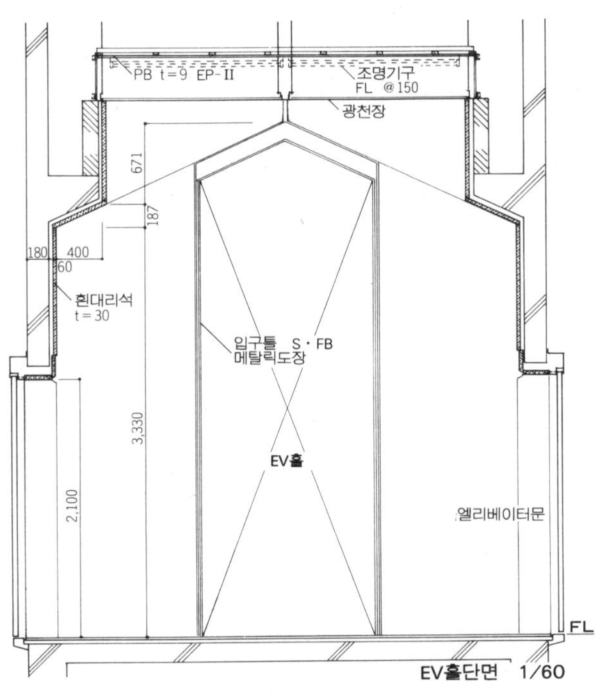

EV홀단면 1/60

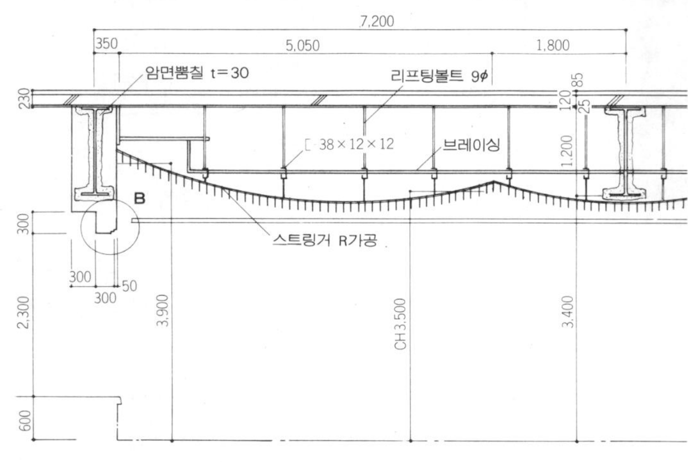

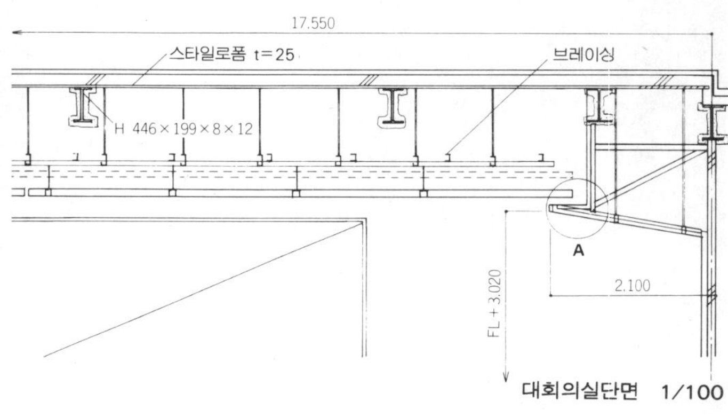

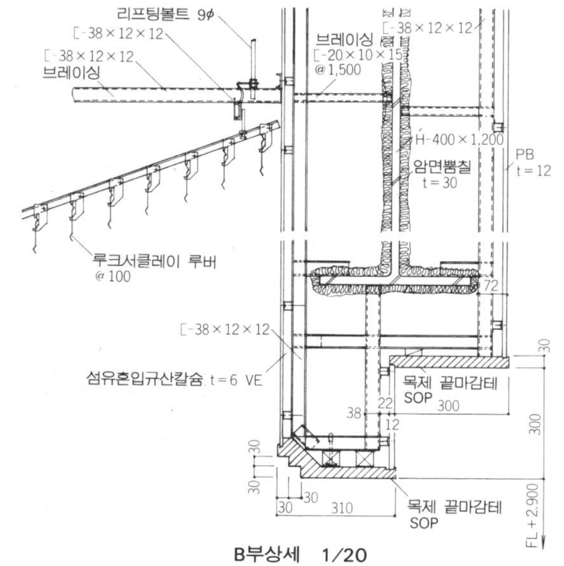

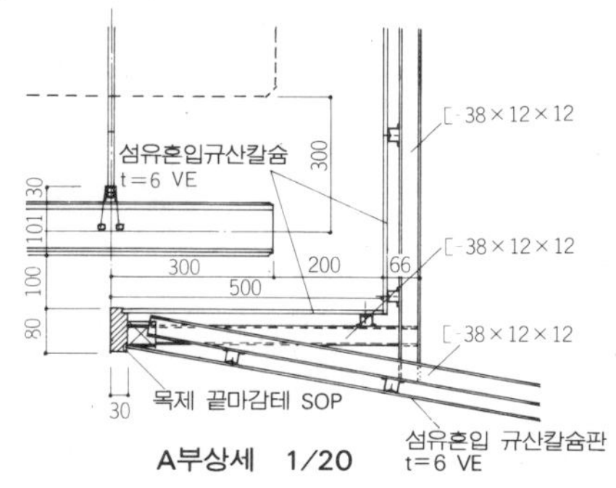

금융회사의 회의실이다. 외부에도 공개되어 다양한 목적으로 사용되고 있다.

천장은 스틸제의 루버이며, 현수 곡선을 반복하여 장방형의 플랜에서 생기는 딱딱함을 부드럽게 하고 있다. 루버의 상부에는 여러 종류의 설비 기구를 수납하며, 특히 조광에는 빛이 잘게 퍼지도록 배려하고 있다.

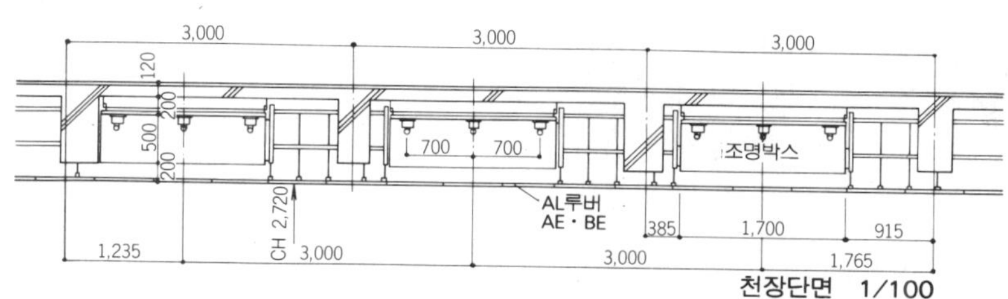

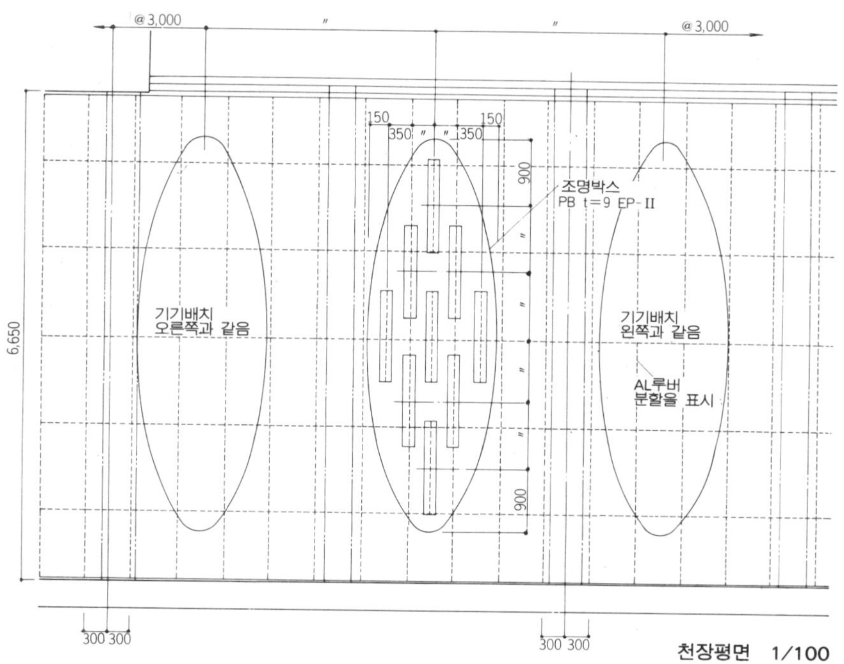

「광원이 없는 조명이 있다면 어떻게 할까」, 조명 계획을 고려할 때 없는 것으로 마감한다는 것은 설계자의 독선이라고 할 것인가.

인간의 욕망이라는 것은 끝이 없으므로 편리함이나 쾌적함, 안전성을 추구하는 결과, 천장에는 조명 기구 외에 공조에 분출구나 흡입구, 스피커, 감지기, 스프링클러, 그리고 이들의 배관을 메인터넌스하기 위한 점검구가 좁은 공간에 들어 있다. 이러한 복잡한 것들을 일일이 보이지 않도록 하여도 최후에는 결국 사람의 눈에 닿는 것이 조명이다. 그것에 대해 앞에서 이야기한 것은 부질없는 것이라 하겠다.

이 건축물에서는 전체면 알루미늄바 천장으로서 설비 관계의 기구를 천장 안에 은폐하고, 조명은 성운과 같은 부드러운 빛이 되도록 고려하였다.

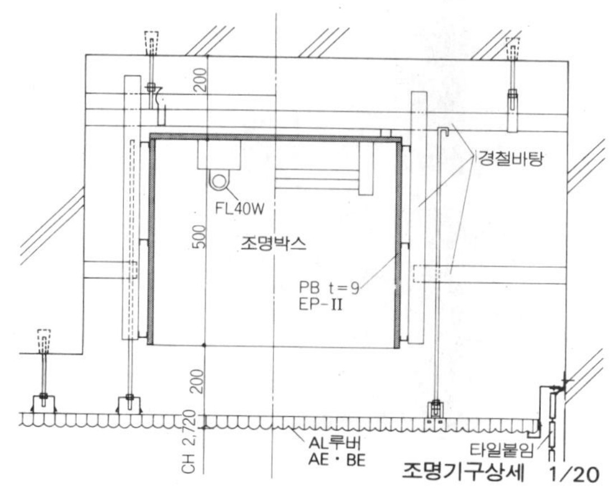

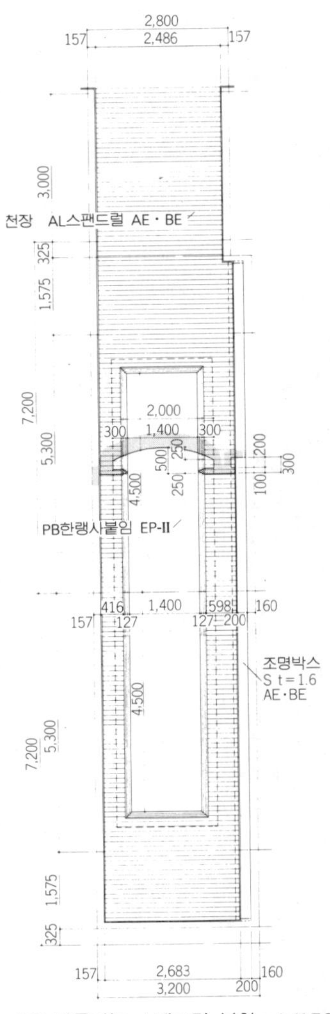

1층 알루미늄 스팬드럴 분할 1/150

이 오피스 빌딩은 격조와 밝음을 설계의 테마로 하였다. 중후한 흑색 화강암과 백색 대리석으로 구성된 엔트런스홀은 간접 조명으로 조명된 백색 돔 천장에 의해 밝게 연출되고 있다. 천장의 디테일은 알루미늄형재의 에지를 살린 심플하게 샤프한 것으로 하였다.

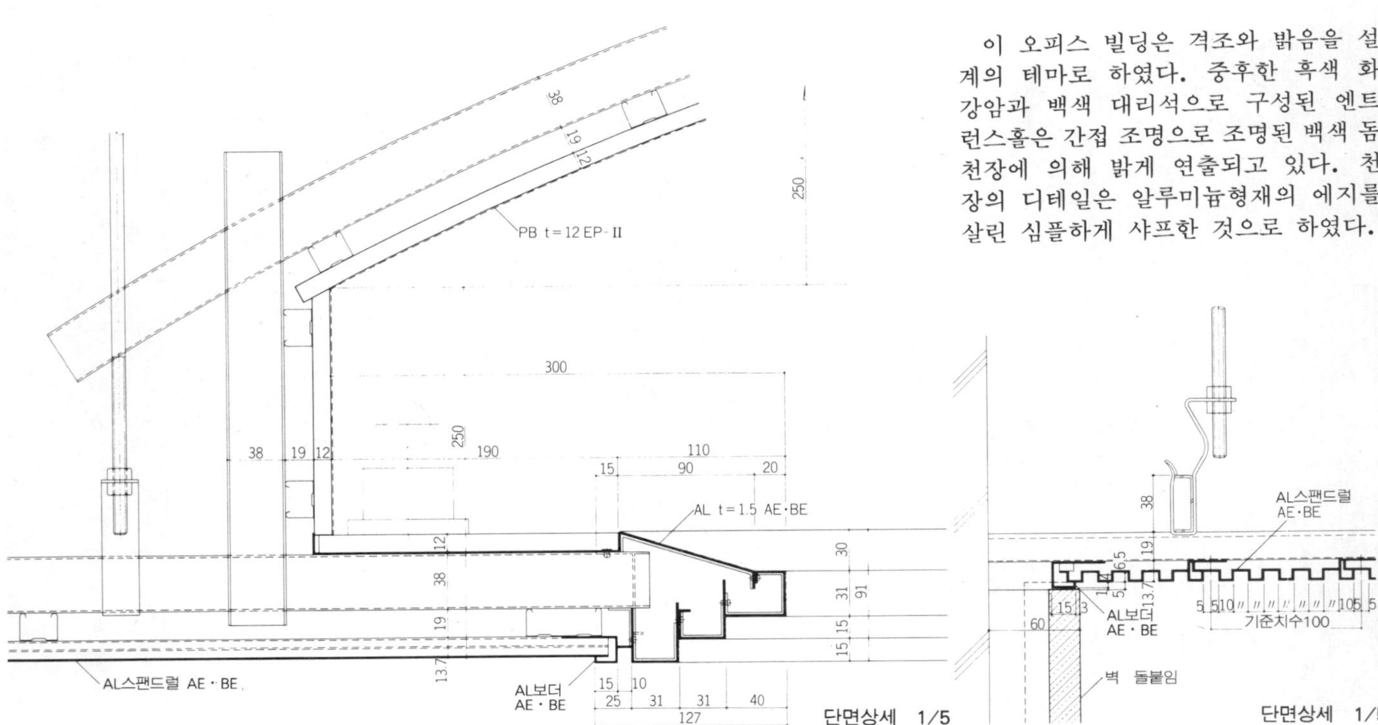

단면상세 1/5

단면상세 1/5

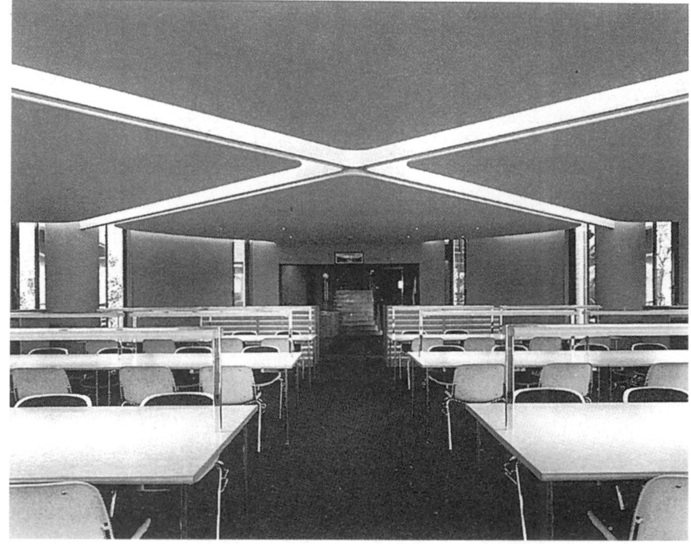

꽃잎을 모티브로 한 플랜에 맞춰 4개 꽃잎의 천장을 디자인하였다. 꽃잎 사이에 간접 조명과 분출구를 일체로 한 박스를 넣고, 부드러운 빛의 띠를 만들어 안정성 있는 분위기를 만들고 있다. 데스크에는 개인용의 데스크라이트를 설치하여 독서에 필요한 광원을 확보하였다.

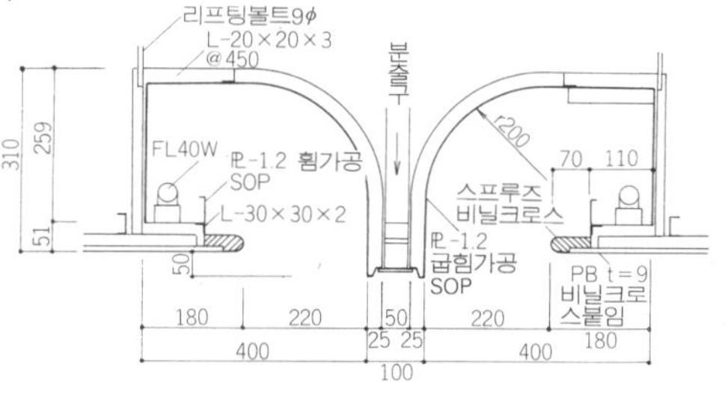

조명박스 1/20

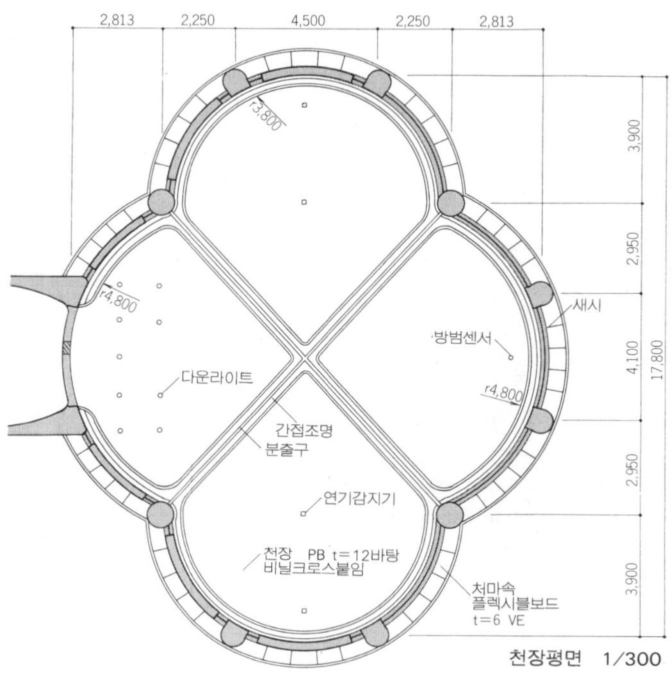

천장평면 1/300

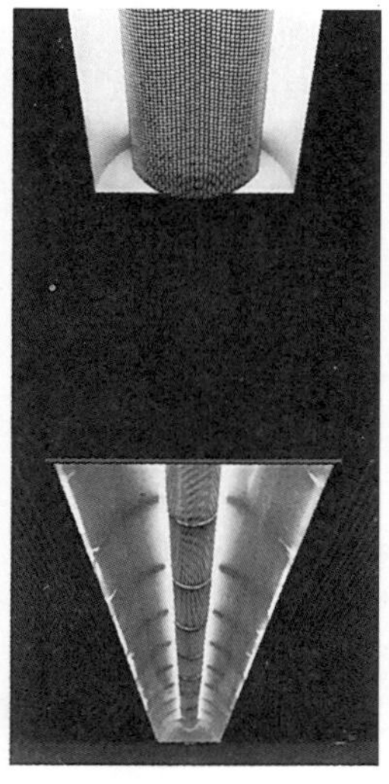

학교 건축에 있어서는 특히 에너지 절약과 메인터넌스가 영원한 테마이다. 아치를 모티브로 한 본 건축물 식당의 조명으로서 조도를 확보하면서 공간 효과를 높이기 위해 고연색 형광등을 뒷면에 핑크색의 소부 도장을 한 펀칭 플레이트에 넣어 광원을 부드럽게 하고, 또 반사광이 볼트를 엷게 물들이도록 계획하였다. 창쪽의 기구는 펀칭 플레이트를 천장면에 나타내어 억양을 두었다. 메인터넌스를 쉽게 하기 위해 스테인레스 와이어와 가이드 걸림 철구를 연구하고 있다.

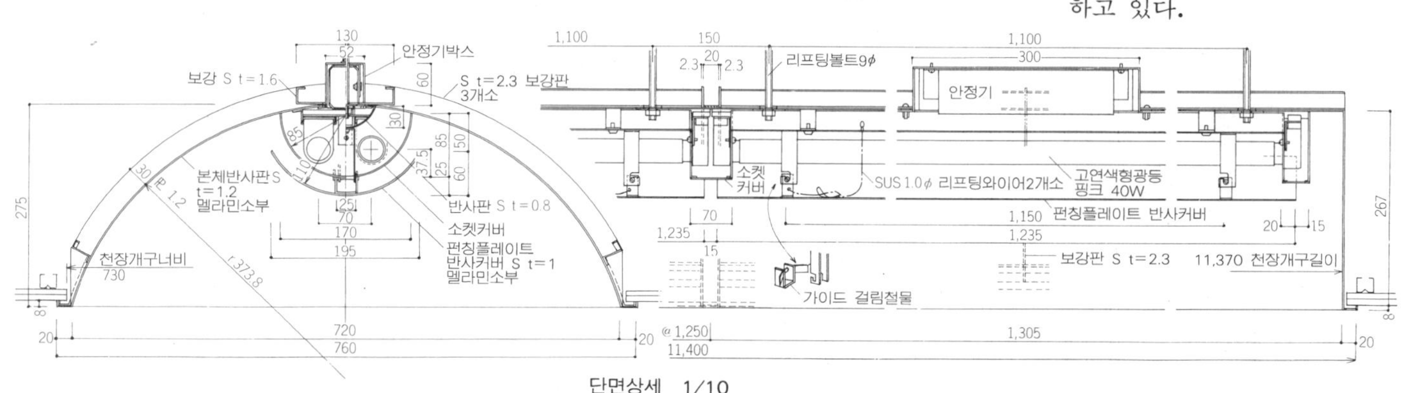

단면상세 1/10

바름 천장을 기피하고, 구조체를 바로 표현한 것으로 발전한 크리스트교 건축의 예전부터의 전통을 존중해서 보이드 슬래브의 치장 콘크리트 마감의 천장을 시도하였다.

보이드 배관은 공조용 덕트, 음향용의 흡음 구멍으로서도 이용하고 있다. 또 플러터에코를 방해하기 위한 접은 면 구성의 천장면에는 교의의 암호인「고기」의 모양을 추상화한 실루엣으로서 새겨넣어 예배실로서의 장소를 강조하였다.

십자가와 고기는 크리스트교 공통의 상징이다……고기는 두려움의 문자 등에서 유래한다. 그리스어의 Iesous Christos Theou Uios Soter(예수 그리스도, 신의 사자, 구세주)의 각 머리글자를 합하면 ICHTHUS(그리스어의「고기」)가 된다. 이것은 크리스트 신앙의 중심을 요약해서, 그것을 설명하는 역할에 간단한 보조를 하는 비밀스런 것이었다.

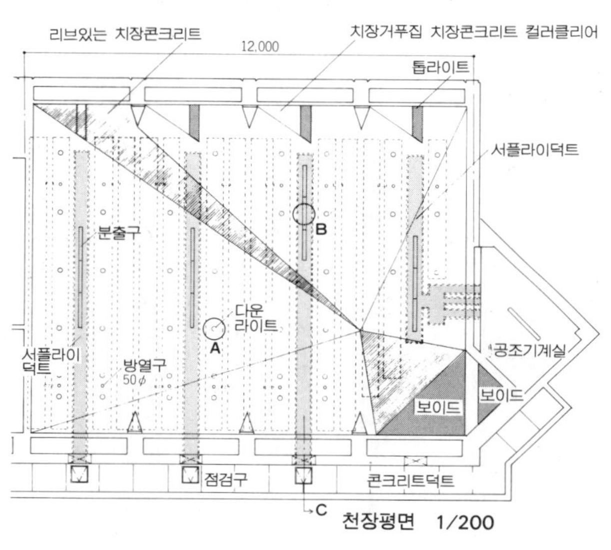

천장평면 1/200

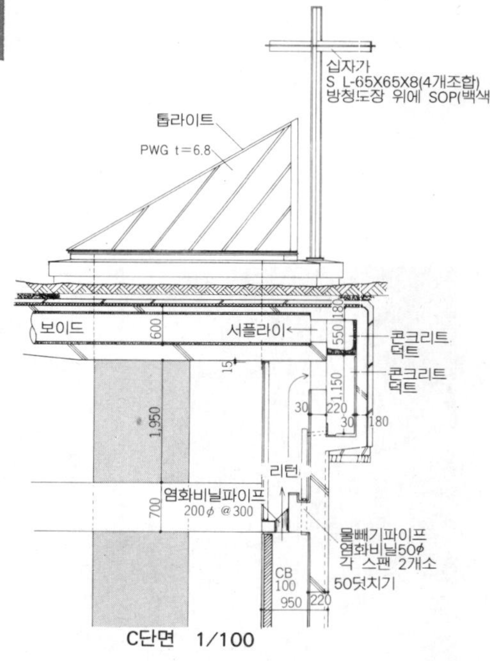

C단면 1/100

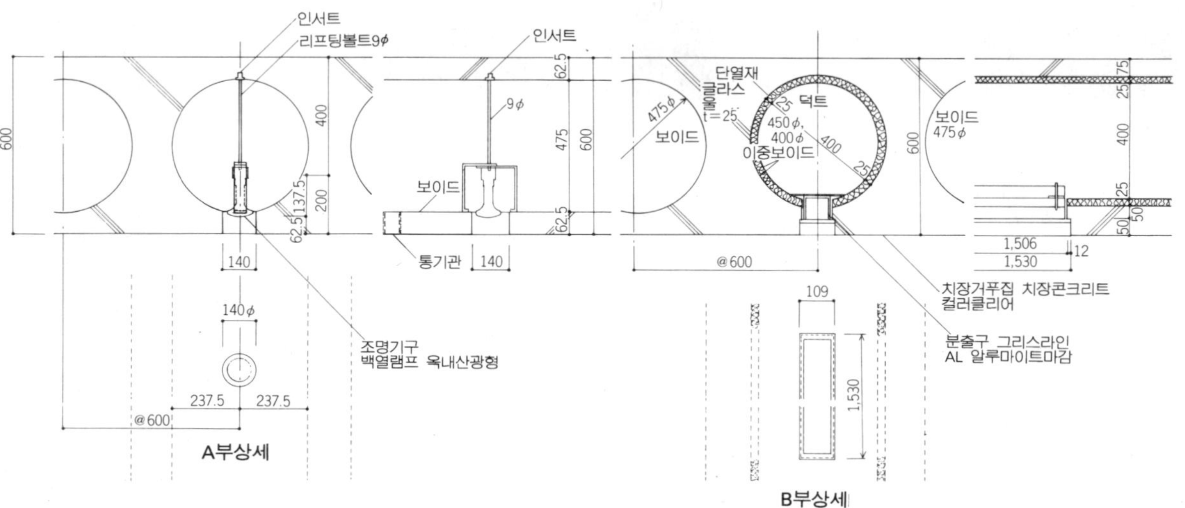

A부상세

B부상세

이 건축물은 대학의 창시자의 위업을 기려 탄생 100년을 기념해서 건설된 500석의 다목적 홀, 라운지 및 창시자의 기념실이 있는 기념관이다. 메모리얼한 성격을 강조하기 위해 전체의 형태가 대칭적으로 구성되어 있으며, 그 대칭축 위에 정면 필로티, 방풍실, 로비, 배후의 잡목림을 향한 개구가 있는 홀이 배치되며, 정면에서 잡목림에 대한 시각적 확보를 달성하고 있다. 축위의 각 스페이스를 연결한 볼트 천장도 이 시각적 확보를 연출하는 장치로서 디자인되어 있다. 또 이 볼트 천장의 중심에 실내외를 가로질러 조명기구가 건축적으로 들어 있어 시각적인 직선성을 조장하고 있다. 더욱 볼트 천장의 정면부는 두께 9mm의 강판을 구조재로 해서 시각적인 경쾌함을 연출하고 있다. 기념성과 투명감이 있는 청초한 분위기의 양면성을 도모한 기교적인 디테일이다.

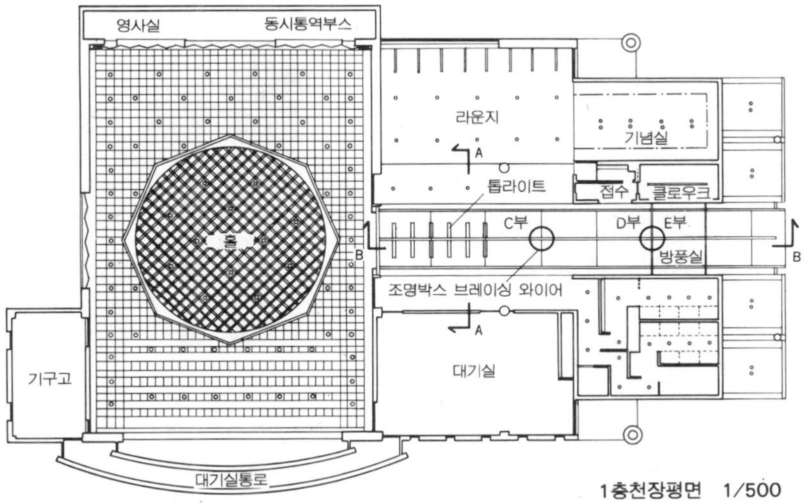

1층천장평면 1/500

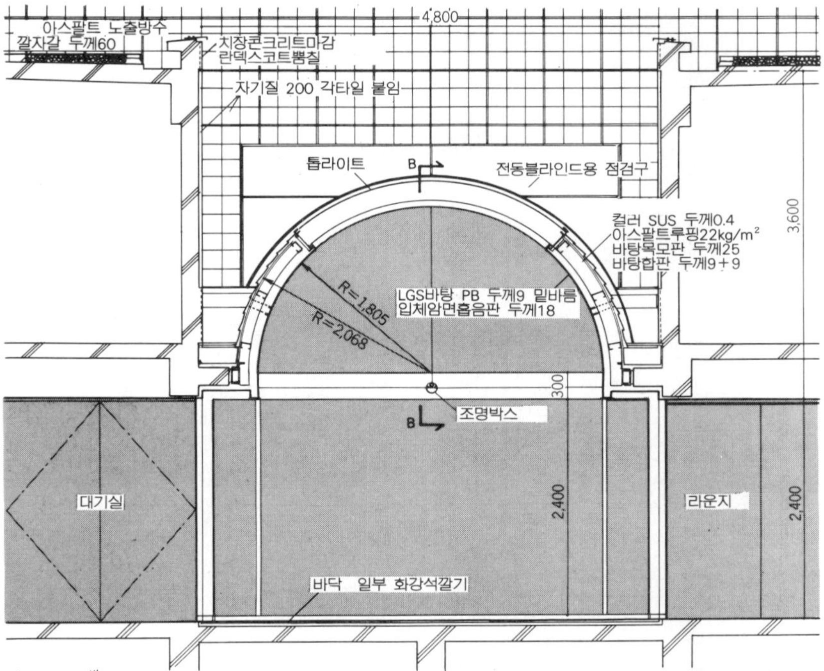

A－A단면 1/80

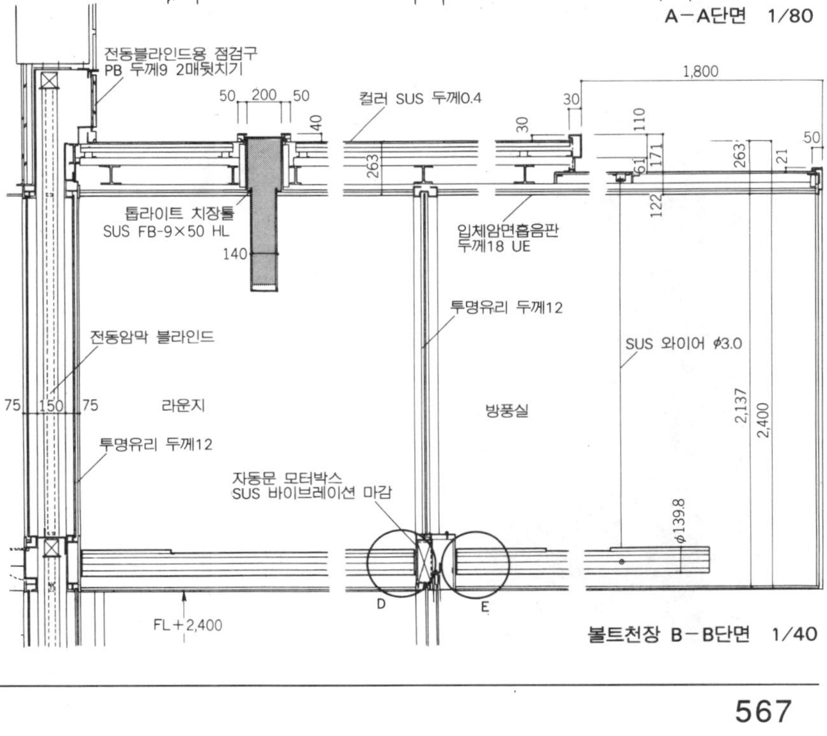

볼트천장 B－B단면 1/40

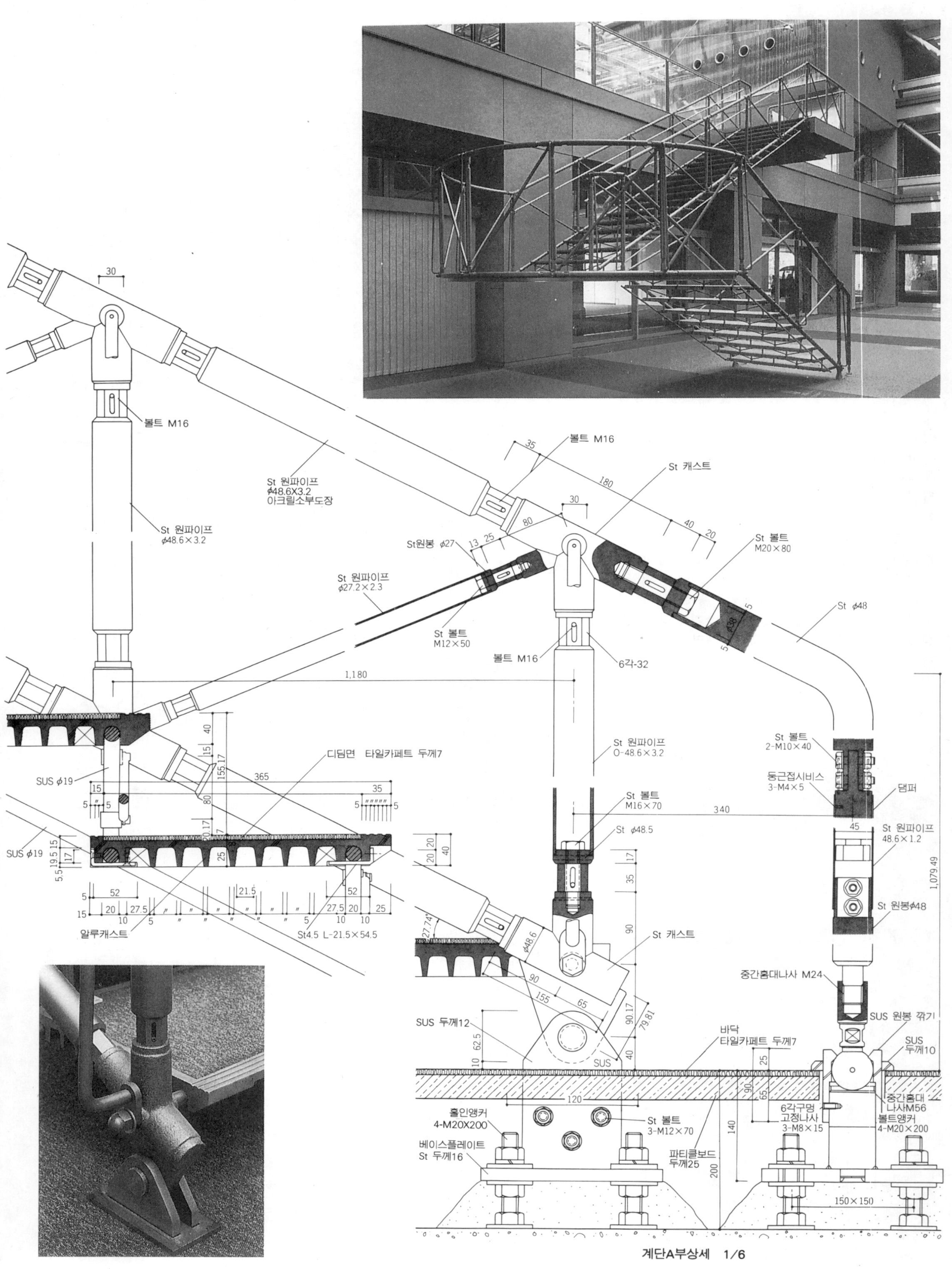

볼트 M16
St 원파이프
ϕ48.6X3.2
아크릴소부도장
St 원파이프
ϕ48.6×3.2
볼트 M16
St 캐스트
St원봉 ϕ27
St 원파이프
ϕ27.2×2.3
St 볼트
M12×50
St 볼트
M20×80
St ϕ48
볼트 M16
6각-32
디딤면 타일카페트 두께7
SUS ϕ19
St 원파이프
O-48.6×3.2
St 볼트
2-M10×40
둥근접시비스
3-M4×5
댐퍼
St 볼트
M16×70
St ϕ48.5
St 원파이프
48.6×1.2
St 원봉ϕ48
알루캐스트
St4.5 L-21.5×54.5
St 캐스트
중간홈대나사 M24
SUS 두께12
SUS 원봉 깍기
바닥
타일카페트 두께7
SUS
두께10
홀인앵커
4-M20X200
St 볼트
3-M12×70
6각구멍
고정나사
3-M8×15
중간홈대
나사M56
볼트앵커
4-M20×200
베이스플레이트
St 두께16
파티클보드
두께25
150×150

계단A부상세 1/6

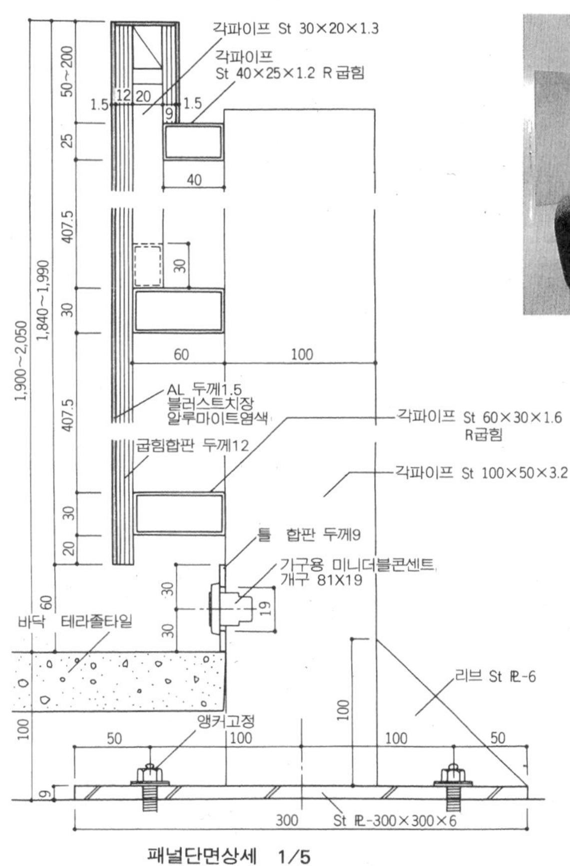

패널단면상세 1/5

현대의 인테리어는 소재감의 표현을 중심에 두고 형태 조작을 극단적으로 줄여나가는 방향이 있다. 이 작품의 소재 표현은 항상 언비규어스한 측면을 가졌다. 여기서도 뜨거운 색을 지니면서 그 밑에는 찬 금속 광택을 감춘 벽면이 준비되어 있다. 부드러운 듯하면서도 가볍고 샤프하면서 둔한 면, 알루미늄이라는 순수한 소재를 압출한 것으로 그것에 실린 색채에 의해 새로운 소재감이 연출되고 있다. 그럴 듯하면서도 그렇지 않은 것, 그들을 생각하면 소재는 그러한 것일지도 모른다.

이중 표정을 가진 황동패널

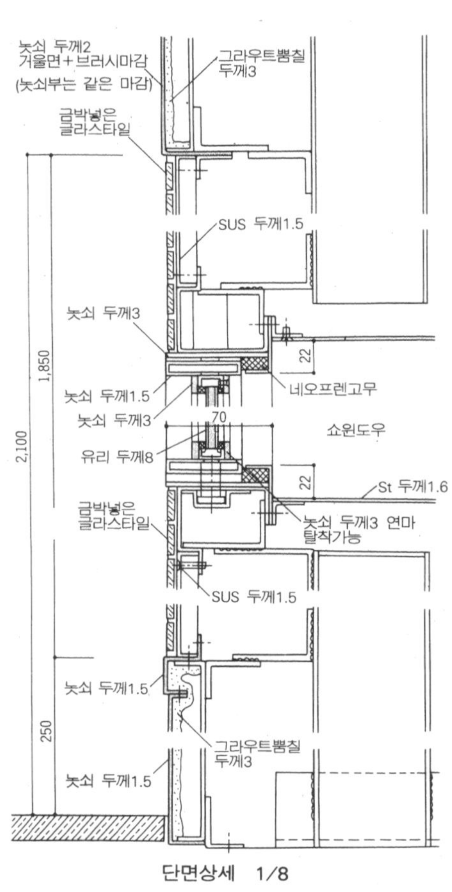

단면상세 1/8

금속판의 표정은 표면 가공의 방법에 따라서 크게 변화한다. 같은 소재라도 연마의 정도에 따라 받는 인상은 전혀 다르다. 귀금속을 취급하는 점포의 입구 주위에 어울리게 놋쇠가 소재로서 선택되고 있다. 놋쇠는 거울면 마감으로 사용하면 금의 색상과 어울려 화려한 인상을 나타내나, 여기서는 일단 거울면으로 마감한 다음 다시 퍼머넌트 마감이라고 하는 브러시로 가는 손상을 주는 기법에 의해 안정성이 있는 빛을 연출하고 있다. 표면의 미소한 손작업의 흔적과 무기질인 빛남은 불가사의한 이중성을 표층에 주어 보는 사람의 시선을 덤덤하게 한다.

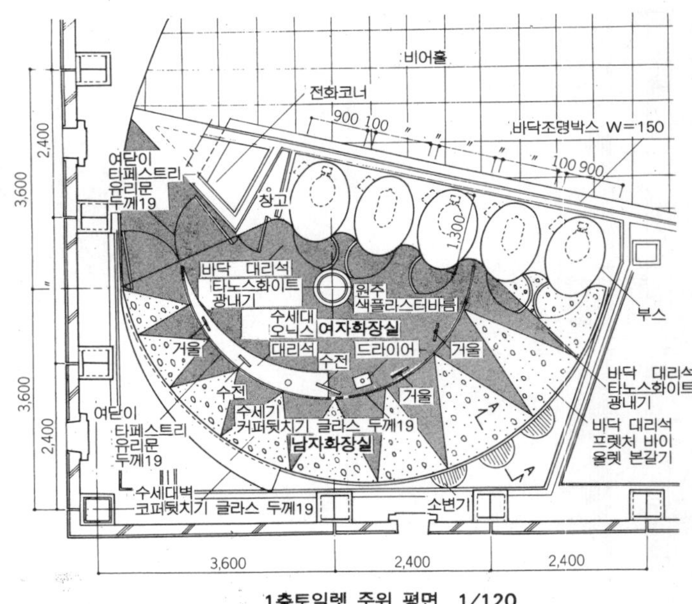

1층토일렛 주위 평면 1/120

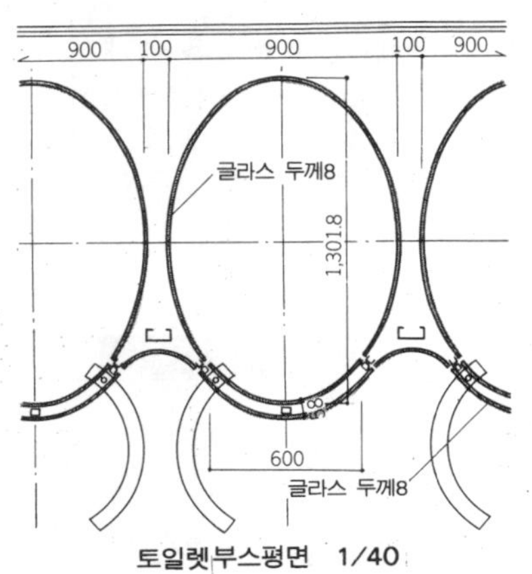

토일렛부스평면 1/40

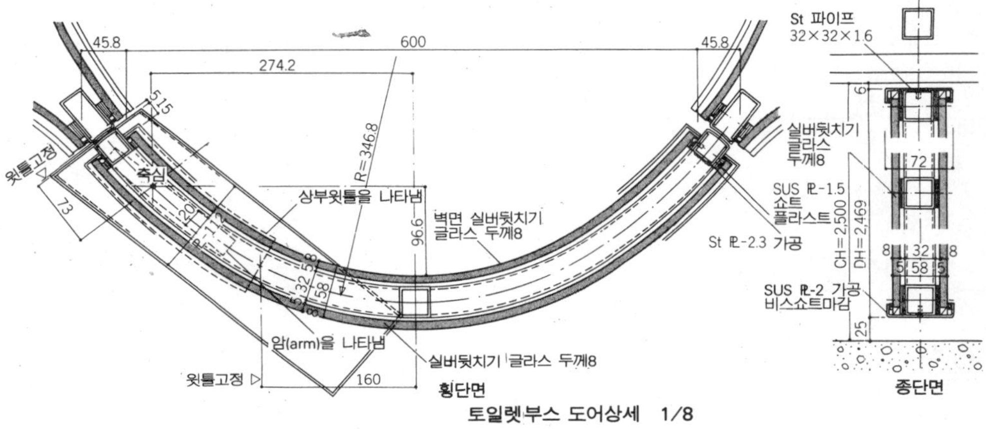

토일렛부스 도어상세 1/8

모뉴먼트인 계단의 아래에 있는 화장실은 스파이럴 모양으로 되어 있다. 여자용과 남자용 사이는 유리로 칸막이되어 있으며, 부스 속도 모두 유리이며, 변기는 조각한 것이다. 남자 화장실은 벽 속에 슬릿이 있으며, 그 슬릿에서 마술적으로 물이 나오는 구조로 되어 있다. 여자의 세면대는 돌로 되어 있으며 유리 부분에 붙어 있는 것처럼 되어 있다.

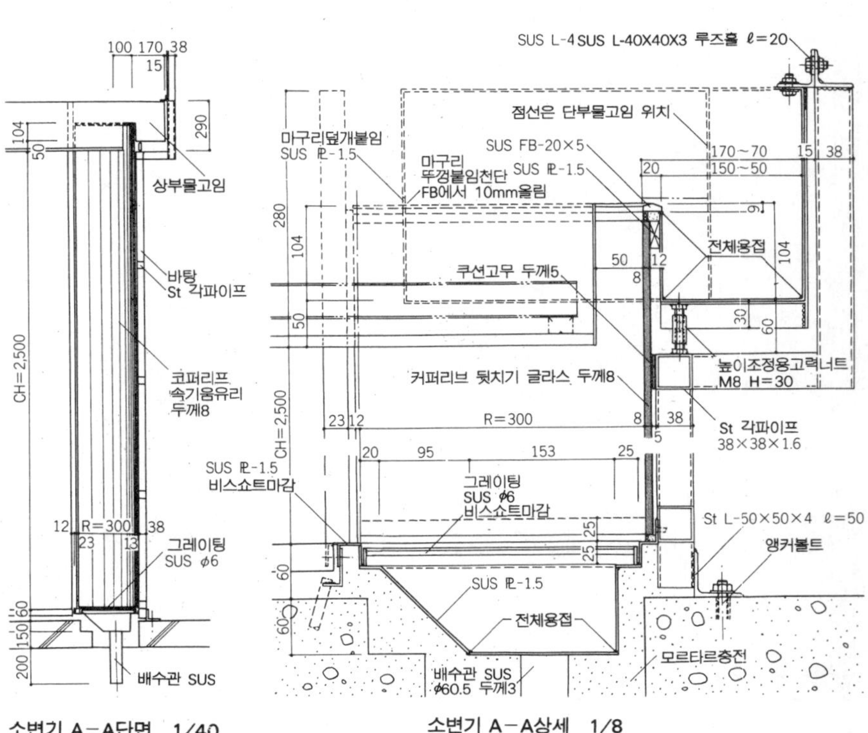

소변기 A－A단면 1/40

소변기 A－A상세 1/8

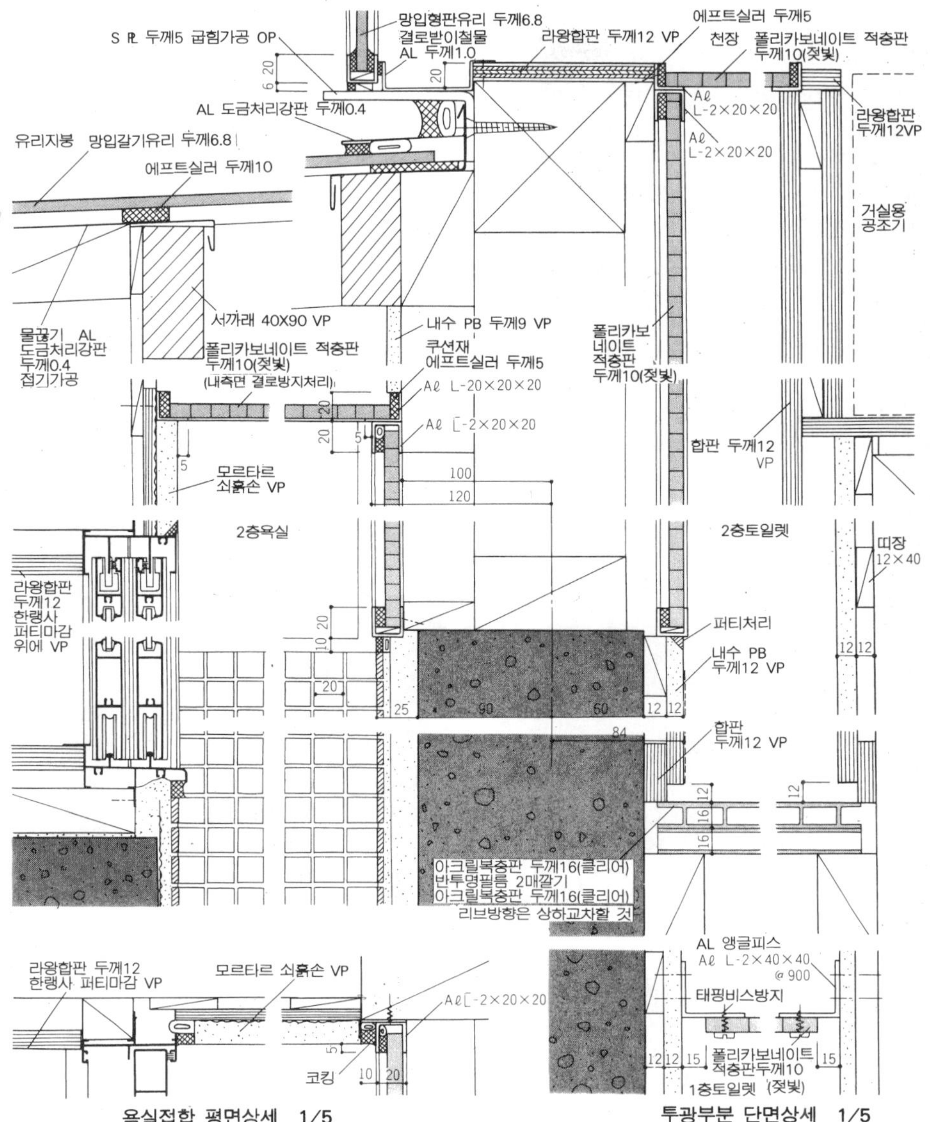

욕실접합 평면상세 1/5

투광부분 단면상세 1/5

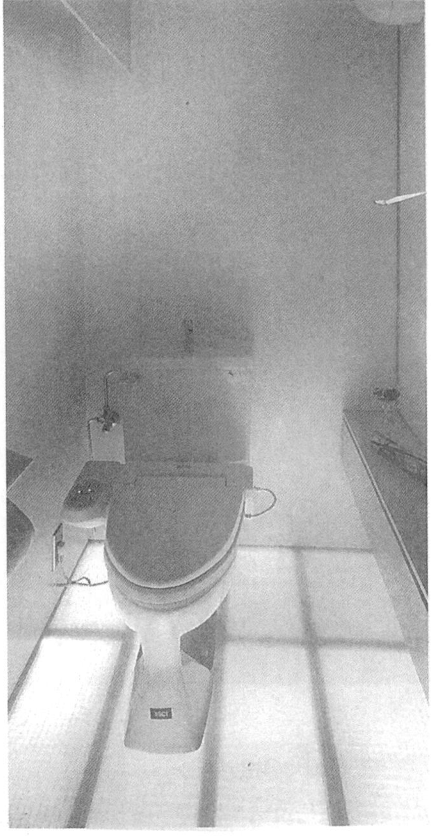

이중으로 적층된 센터 코어의 물 주위의 양쪽에 천공광의 도입을 도모한 2세대 주택이다. 2층 욕실 톱라이트로부터의 빛은 이중으로 마감된 중공 플라스틱판의 「광벽」을 통과해서 변소로 들어간다. 다시 이 확산광은 같은 중공플라스틱판의 2매 사이에 젖빛 필름을 끼우고 리브를 직교시켜서 만든 「투광불투시」의 변기가 놓인 바닥을 통해 온화하게 되면서 투광판의 천장을 내려가 아래층 화장실까지 도달한다. 천장 속에 마감된 조명 기구는 동시에 위층 화장실의 희게 빛나는 「광바닥」의 광원으로도 되고 있다.

내구성이 있는 온실용으로 개발되었다고 생각되는 투광소재를 채택하여 주택 전체의 투명성을 얻고, 어두운 코어의 물 주위를 밝고 즐겁게 한 것이다.

나무는 보는 사람의 마음을 온화하게 하고, 공간에 부드러움을 주는 재료이며, 그래서 연주하는 음악에 대해서도 부드러운 반향을 갖는다. 이 여자 대학의 음악홀에서는 백라왕의 슬라이스드 베니어를 붙인 규산칼슘판을 벽·천장에 사용하여 여자 학생이 소탈하게 이용하기 쉽도록 표현하고 있다. 소리를 확산시키기 위한 벽·천장의 경사, 굴절이 공간에 변화를 주고, 잔향 시간을 조정하기 위한 벽의 흡음 슬릿이 공간을 시각적으로 긴장시키고 있다.

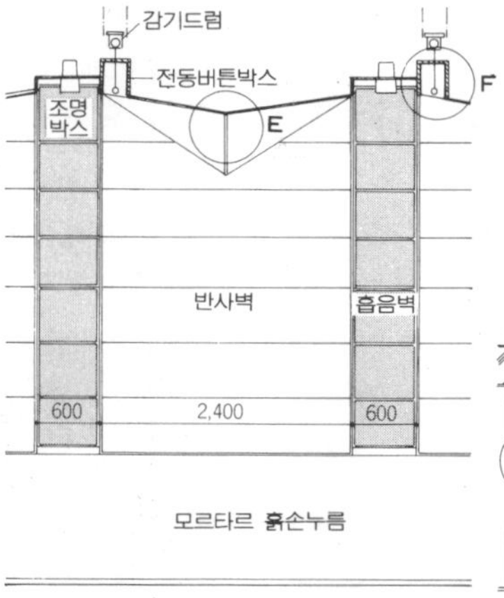

감기드럼
전동버튼박스
조명박스
반사벽
흡음벽
600 2,400 600
모르타르 흙손누름

전 개 1/100

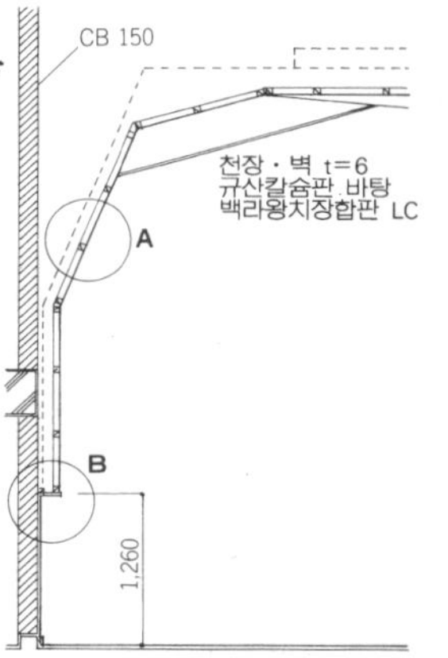

CB 150
천장·벽 t=6
규산칼슘판 바탕
백라왕치장합판 LC
1,260

반사벽단면 1/100

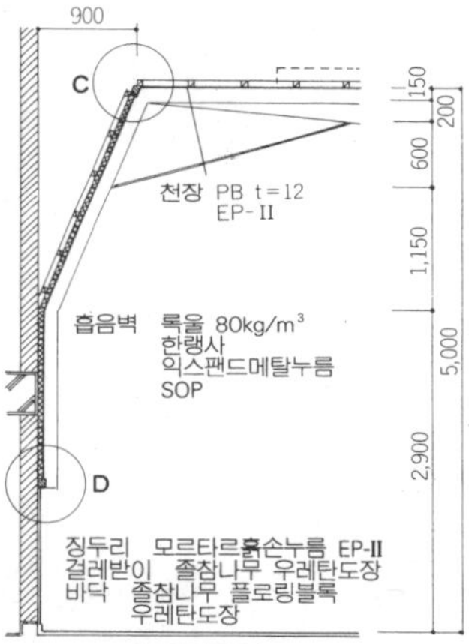

900
천장 PB t=12 EP-II
흡음벽 록울 80kg/m³
한랭사
익스팬드메탈누름
SOP
징두리 모르타르흙손누름 EP-II
걸레받이 졸참나무 우레탄도장
바닥 졸참나무 플로링블록
우레탄도장
150 200 600 1,150 5,000 2,900

흡음벽단면 1/100

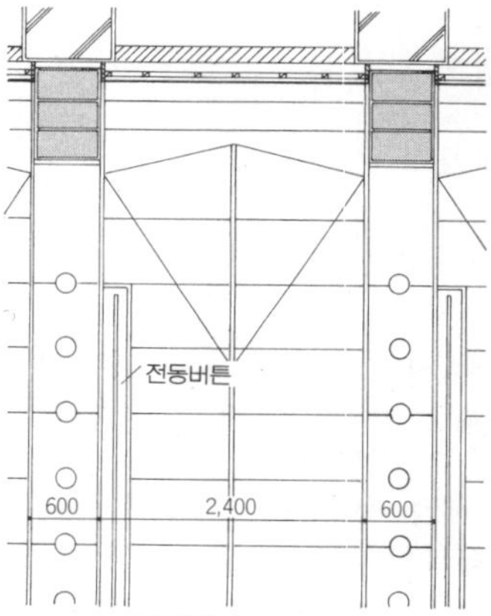

전동버튼
600 2,400 600

천장평면 1/100

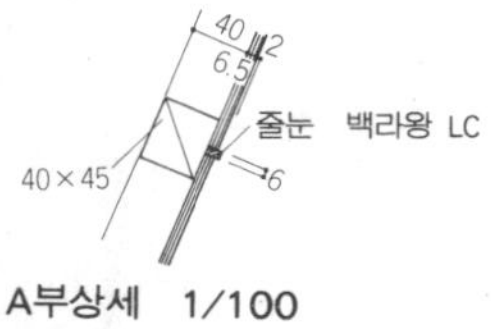

40 2 6.5
줄눈 백라왕 LC
40×45
6

A부상세 1/100

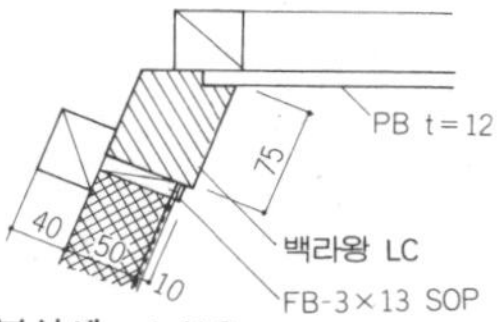

PB t=12 EP-II
75
백라왕 LC
40 50 10
FB-3×13 SOP

C부상세 1/10

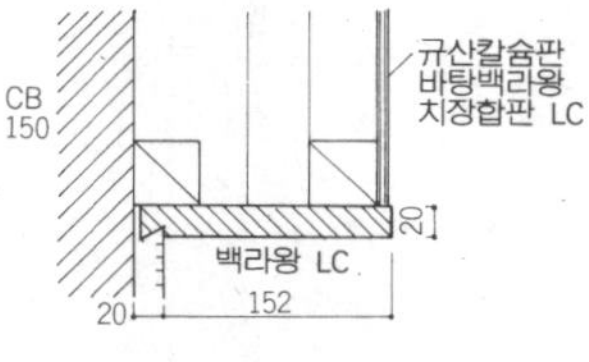

CB 150
규산칼슘판
바탕백라왕
치장합판 LC
백라왕 LC
20 152 20

B부상세 1/10

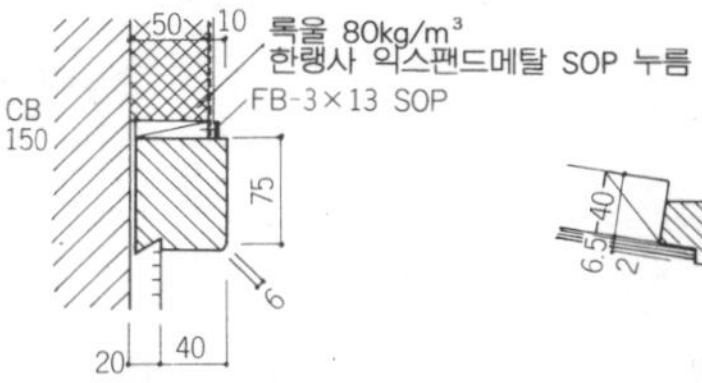

CB 150
50×10 록울 80kg/m³
한랭사 익스팬드메탈 SOP 누름
FB-3×13 SOP
75
6
20 40

D부상세 1/10

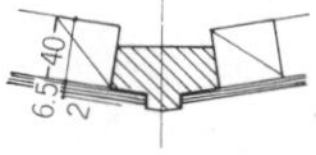

6.5 40 2

E부상세 1/10

달목 40×40 @900
반자받이 45×45@900
반자대 40×45@450
PB t=12 EP-II
10
백라왕 LC
조명박스
와이어 2ϕ
300
밴드 38ϕ
전동버튼박스
1,200 20 600 20 300 20

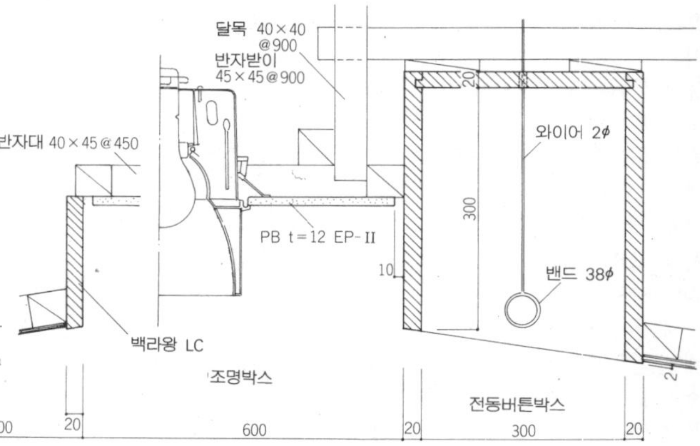

F부상세 1/10

별당의 전통적인 재료인 나무, 흙, 돌을 구태여 사용하지 않고 무기질인 금속을 대담하게 채용하여 화풍의 정서적인 공간을 표출한 의욕적인 작품이다. 여기서 사용되는 재료는 체커플레이트, 라스, 철판, 알루미늄 등으로 이들 하드한 공업제품을 교묘하게 조합하여, 조인트 부분에는 문설주나 호치키스의 침, 루즈리브의 링이나 구두끈 등, 통상 장식으로서 사용되지 않는 형태가 멋진 장식으로서 나타난 것에는 감탄한다.

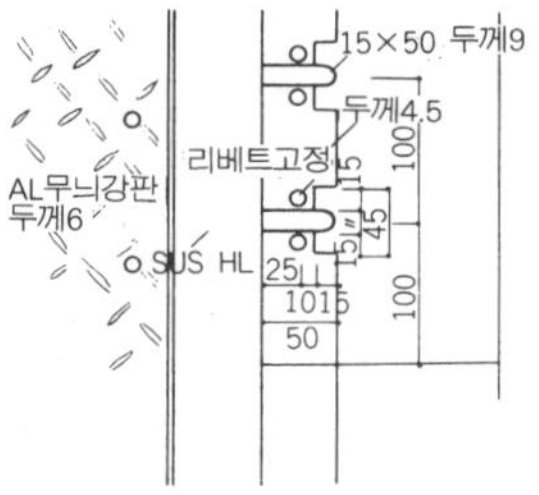

평 면 1/200

A부상세 1/10

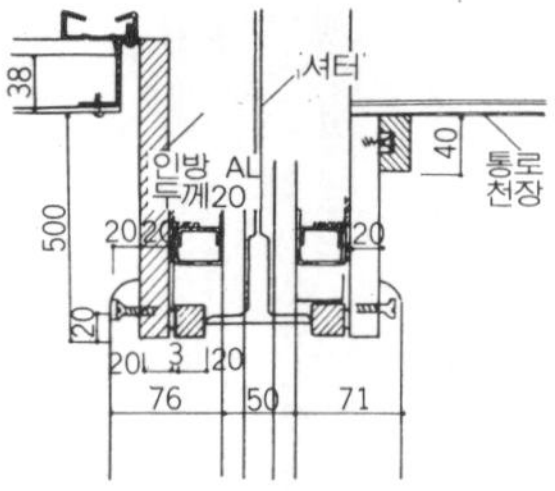

B－B단면 1/10

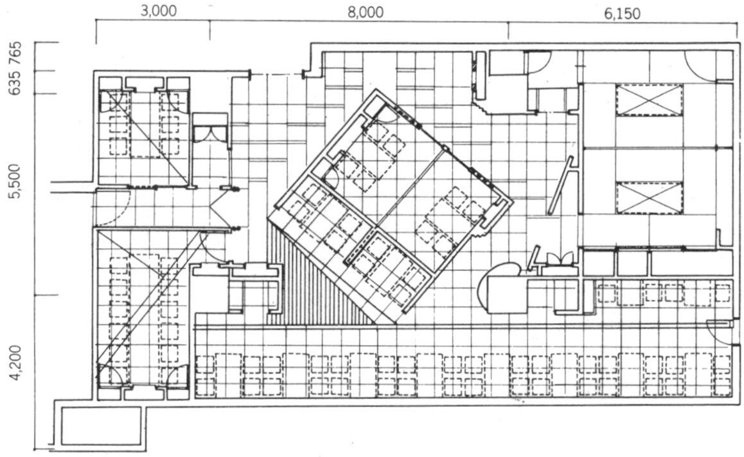

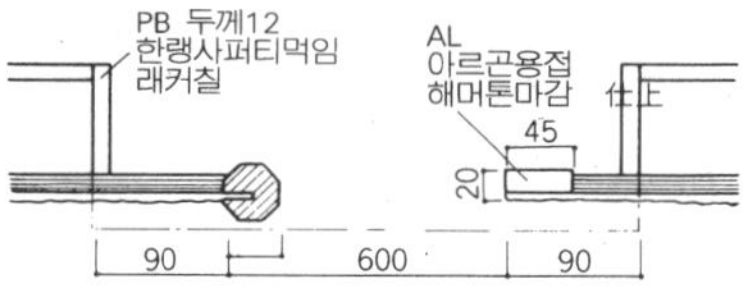

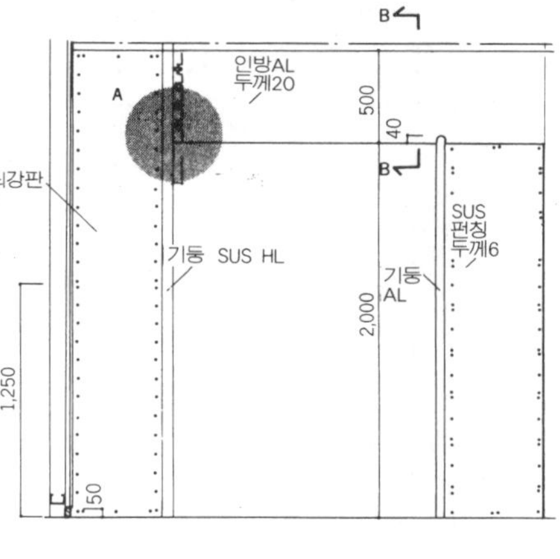

현관전개 1/50

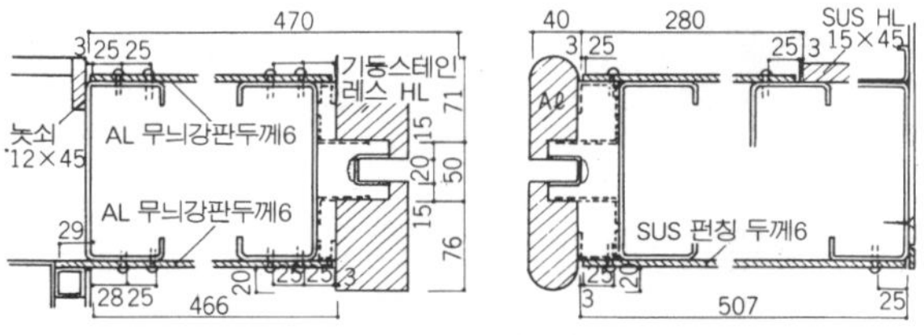

C－C단면 1/10

D－D단면 1/10

입구틀주위상세 1/10

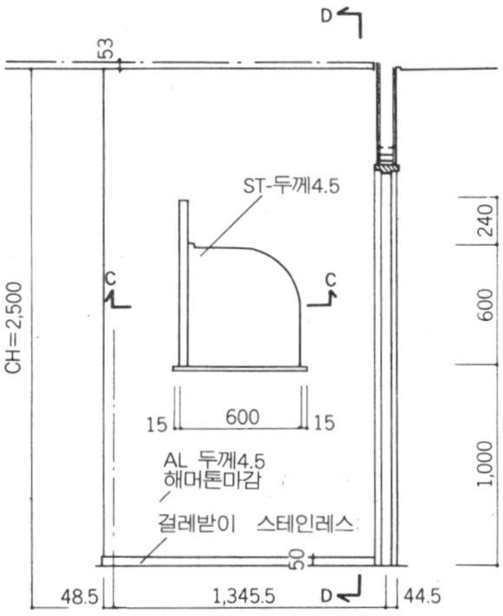

장식선반전개 1/50

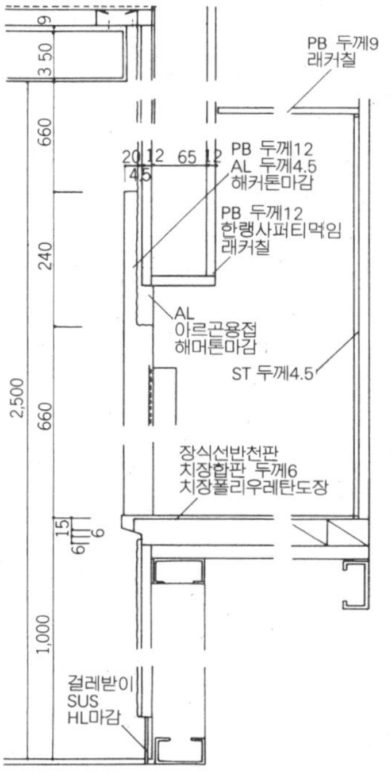

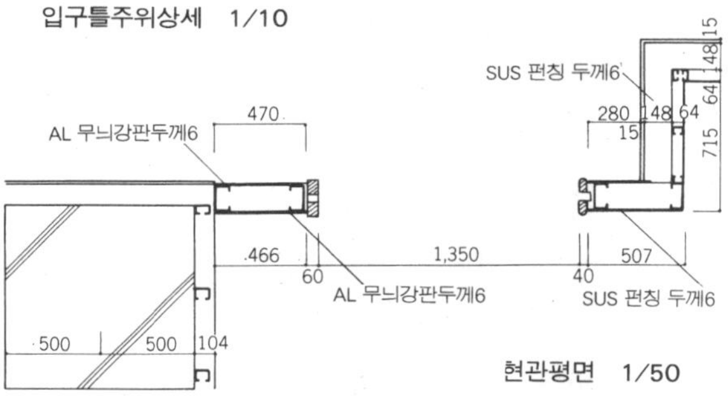

현관평면 1/50

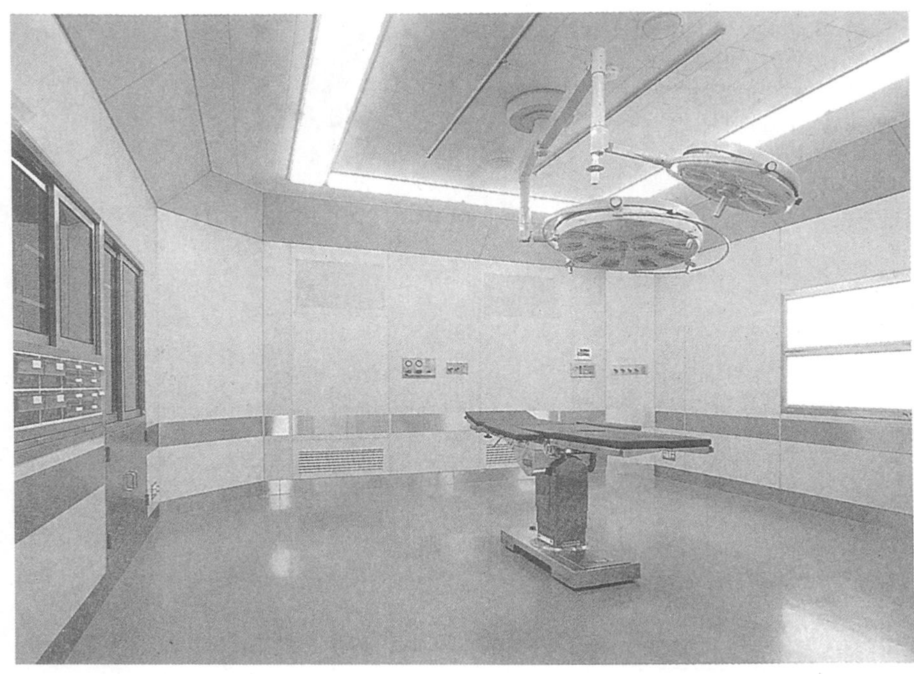

수술실은 항상 청정한 공기가 필요하며, 보수의 시간도 한정된다. 여기서 나타낸 예는 보수가 쉽도록 배려한 수술실을 예로 들었다.

패널식 수술실은 기재 선반·샤카스텐·공기정화장치·정보 기기 등을 넣은 유니트 패널을 조합한 것으로 균질한 청정 공간을 만들 수 있다.

375 5,100 575
778
클린컴퍼넌트
스윙도어
샤카스텐
575
수술실
오토도어
무영등
기재선반
2,000
4,200
수술대
클린컴펀넌트
집진기
클린컴퍼넌트
기재선반
525
500
클린컴퍼넌트 제어반
스윙도어
778
375 5,100 575
250 5,800

수술실평면 1/80

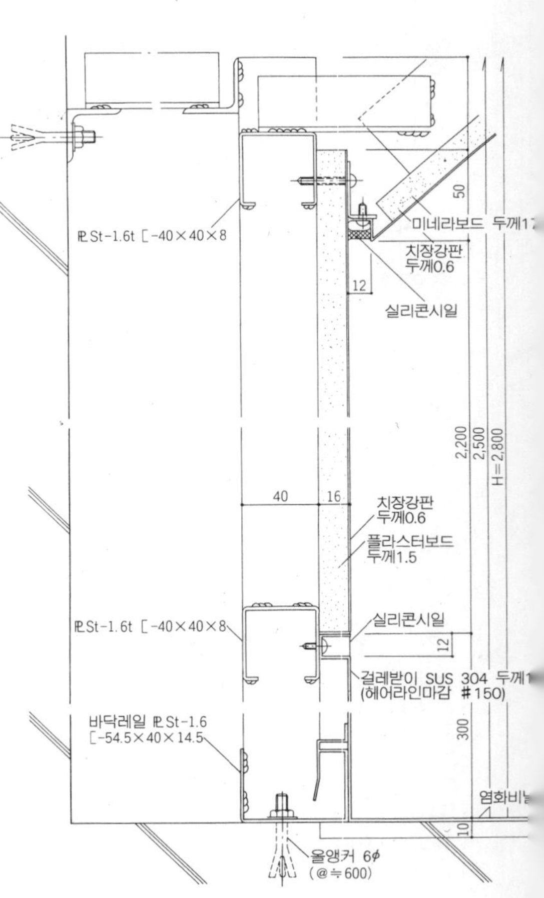

벽패널 표준상세 1/40

수술실의 내장은 먼지가 모이지 않는 것이 포인트이며, 표면의 요철은 되도록 적은 것이 원칙으로 최대 5mm 이하로 하고 있다.

각 패널의 접속부는 탈착이 가능하여 장래의 기능 변화에 대응할 수 있도록 한다. 줄눈은 실리콘계 시일을 충전하고 있다.

공기정화장치는 매월 수회의 프리필터를 청소하기 때문에 롤러 체결을 사용하고, 해퍼필터를 교환할 때는 마그네트캐치를 사용하고 있다. 또 장치 주변은 장치 전체의 리뉴얼에 대응할 수 있도록 패널 줄눈을 이용하고 있다. 장치와 벽장 패널의 접촉은 고무를 끼워서 직접 진동이 전해지지 않도록 하고 있다.

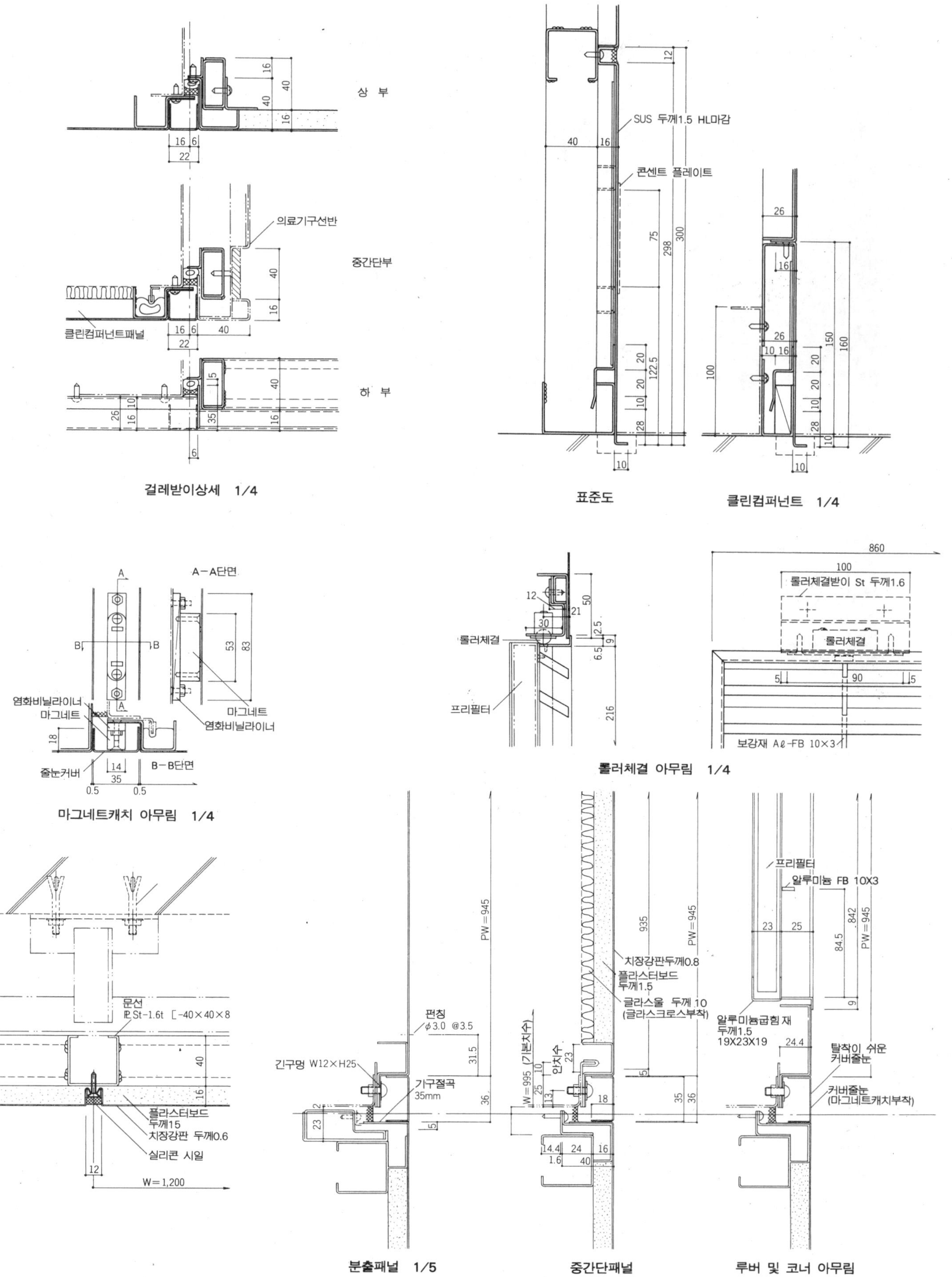
상 부
중간단부
하 부
의료기구선반
클린컴퍼넌트패널
걸레받이상세 1/4
SUS 두께1.5 HL마감
콘센트 플레이트
표준도
클린컴퍼넌트 1/4
A-A단면
염화비닐라이너
마그네트
줄눈커버
B-B단면
마그네트캐치 아무림 1/4
롤러체결받이 St 두께1.6
롤러체결
프리필터
보강재 Aℓ-FB 10×3
롤러체결 아무림 1/4
문선
St-1.6t [-40×40×8
플라스터보드 두께15
치장강판 두께0.6
실리콘 시일
W=1,200
펀칭 φ3.0 @3.5
긴구멍 W12×H25
기구절곡 35mm
PW=945
분출패널 1/5
치장강판두께0.8
플라스터보드 두께1.5
글라스울 두께 10 (글라스크로스부착)
W=995 (기본치수)
안치수
중간단패널
프리필터
알루미늄 FB 10X3
알루미늄굽힘 재 두께1.5 19X23X19
탈착이 쉬운 커버줄눈
커버줄눈 (마그네트캐치부착)
루버 및 코너 아무림

이 기숙사는 중정을 중심으로 엔트런스홀, 애슬레틱룸, 미팅룸, 갤러리, 식당, 개실군 등을 ㅁ자형으로 배치한 2층 건축물이다. 엔트런스에 들어섬과 동시에 열리는 중정의 시계 중에 부드러운 시선을 받는 것으로서 이 계단이 존재한다. 계단을 단순히 상하로 이동하기 위한 것만이 아니라, 그 과정을 즐기는 것을 고려하여 시선의 변화, 낮은 챌면과 깊은 디딤면에 의한 느긋한 걸음 등을 유의한 디자인이다. 완만하게 물결치듯 상승하는 2개의 따낸 옆판을 계단참 부분에서 H형강이 당기고, 2개의 파이프가 경사지게 지지하고 있다. 난간은 계단의 형태를 아름답게 보이도록 돌출 플레이트를 개입시켜 도리에 설치하고, 디딤판은 강화 합유리, 챌면은 강화유리로 구성되어 있다.

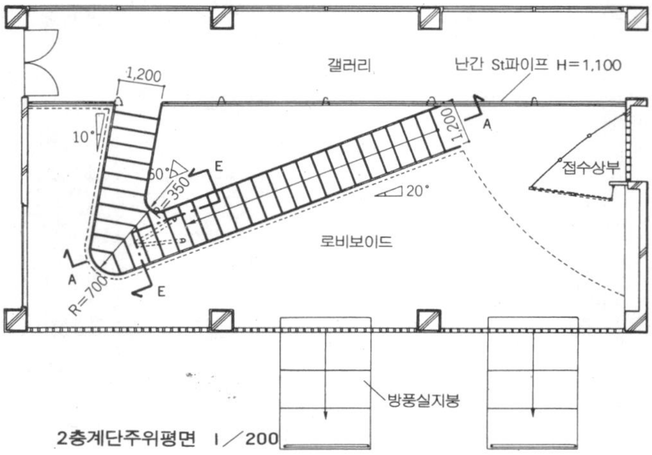

갤러리 난간 St파이프 H=1,100 1,200 10° 1,200 A 50° 350 E 접수상부 20° 로비보이드 A R=700 E 방풍실지붕

2층계단주위평면 1/200

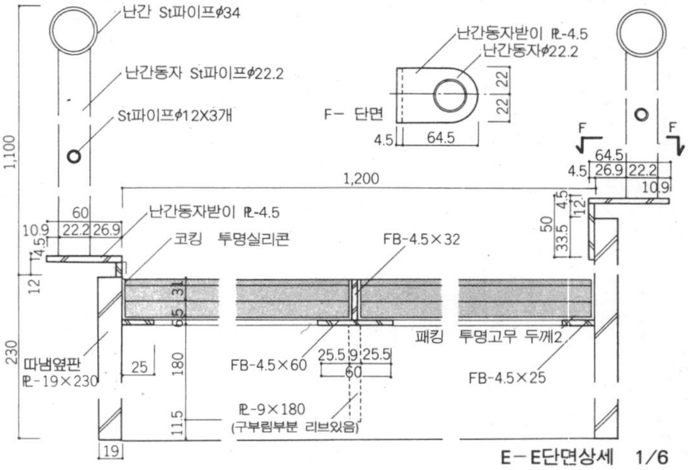

난간 St파이프ϕ34 난간동자 St파이프ϕ22.2 St파이프ϕ12X3개 1,100 1,200 60 10.9 22.2 26.9 4.5 난간동자받이 PL-4.5 코킹 투명실리콘 FB-4.5×32 12 230 65 31 180 11.5 따냄옆판 PL-19×230 25 FB-4.5×60 25.5 9 25.5 60 PL-9×180 (구부림부분 리브있음) 19 패킹 투명고무 두께2 FB-4.5×25 F- 단면 난간동자받이 PL-4.5 난간동자ϕ22.2 4.5 64.5 22 22 F F 64.5 4.5 26.9 22.2 10.9 50 4.5 12 33.5

E－E단면상세 1/6

3.5 3.5 9 4 유리치수ℓ=418 2 19 강화유리(미스트페인) 두께4 강화유리(미스트페인) 두께4 FB-19×50 (기성품)홈가공 FB-9×38 강화유리 두께12(2매합) ℓ=411 C 부 D 부 31 FB-6×22 17 2 31 1 FB-11×18 9 11 30 50 L-40×40×5가공 FB-6×17 누름대 St파이프 11X1 47 강화유리(미스트페인) 두께4

부분상세 1/6

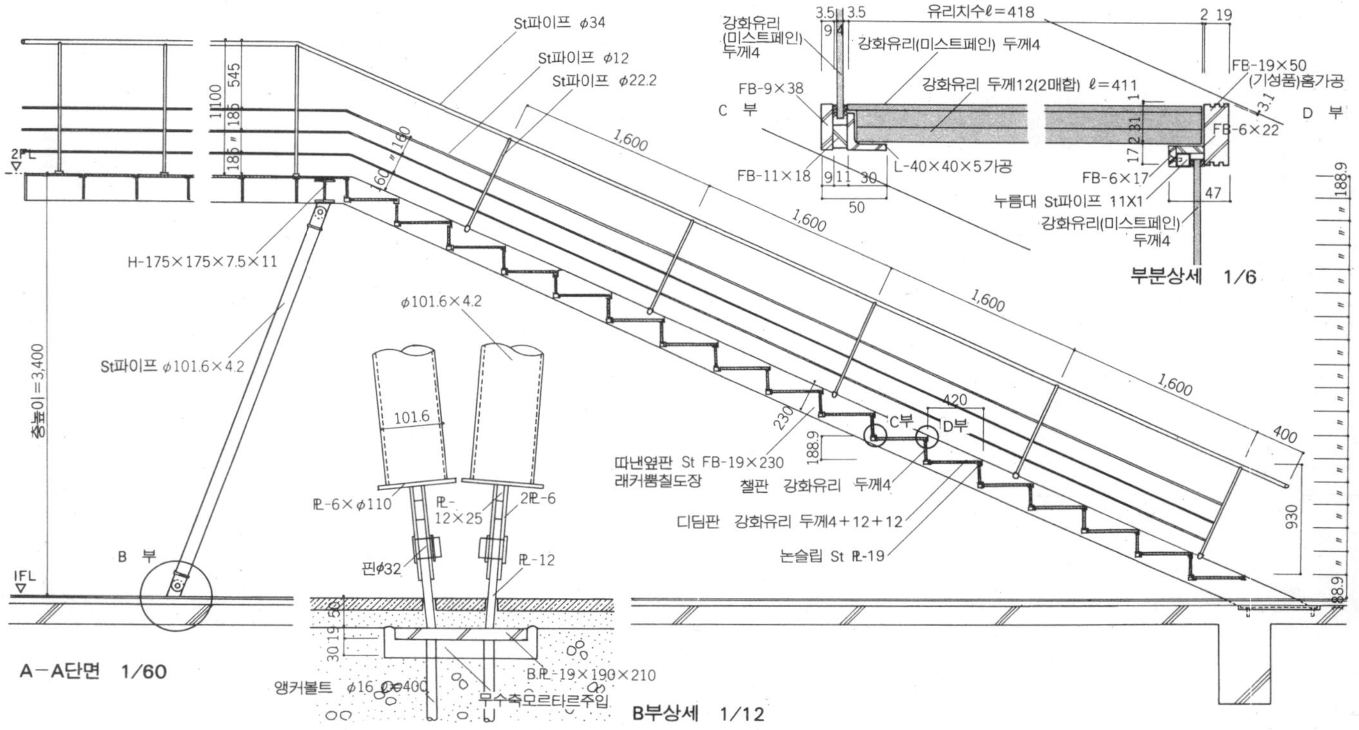

St파이프 ϕ34 St파이프 ϕ12 St파이프 ϕ22.2 1,100 545 185 185 2FL 160 160 1,600 1,600 1,600 1,600 400 H-175×175×7.5×11 St파이프 ϕ101.6×4.2 층높이=3,400 ϕ101.6×4.2 101.6 230 420 C부 D부 188.9 따낸옆판 St FB-19×230 래커뿜칠도장 챌판 강화유리 두께4 디딤판 강화유리 두께4+12+12 논슬립 St PL-19 930 188.9 PL-6×ϕ110 PL-12×25 2PL-6 핀ϕ32 PL-12 B 부 IFL 30 19 50 앵커볼트 ϕ16 ℓ=400 B.PL-19×190×210 무수축모르타르주입

A－A단면 1/60

B부상세 1/12

구애받지 않고 설치한 계단이다. 그러나 장식을 배제한 드라이한 홀 공간의 아이포인트로서 중요한 역할을 하고 있다. 3.2m의 캔디 구조는 컴퓨터 해석에 의해 결정한 것이다. 상세는 모두 웨트한 공법으로 생각과는 다른 공법이다. ϕ13 mm의 철근을 보(플레이트 22×230)에서 방사상으로 매달고, 이것과 직각으로 ϕ9mm의 철근을 용접(@100mm)하고, 이 위에 리브 라스+파이버 모르타르를 1회 바르고 건조 크랙을 충분히 발생시킨 후에 2회 바름을 실시한다. 마감은 한랭사+퍼티 위에 글라스 크로스+VP 도장으로 하고 있다. 따낸 옆판 단부의 플레이트를 약간 아래로 돌출시켜 에지를 샤프하게 마감하고 있다.

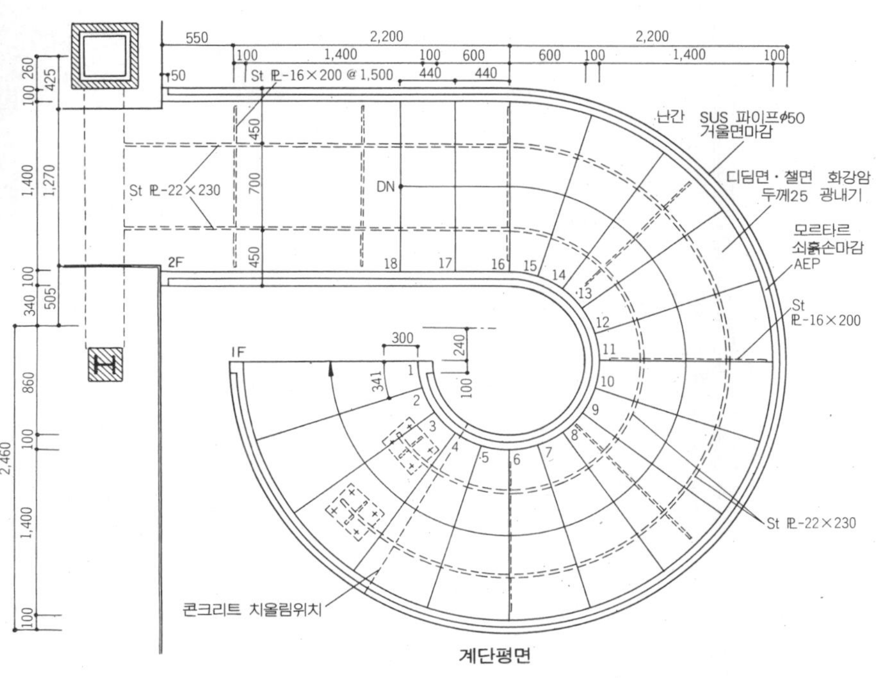

계단평면

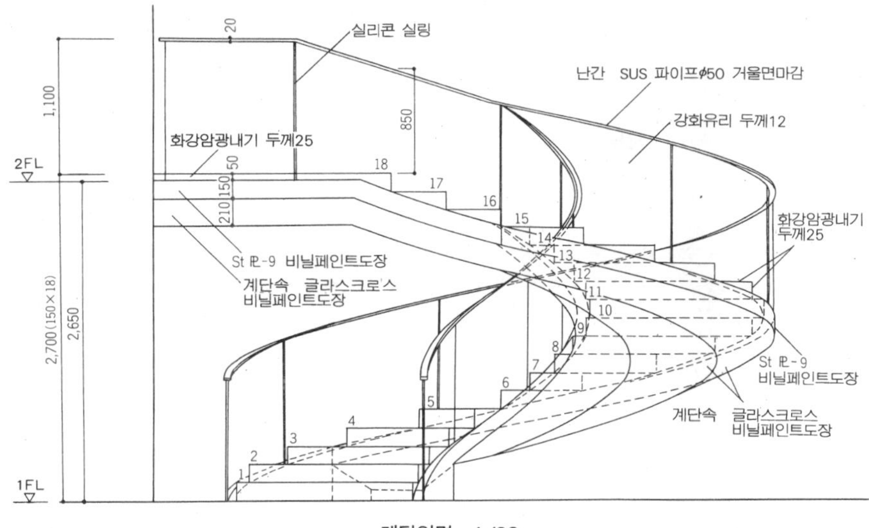

계단입면 1/60

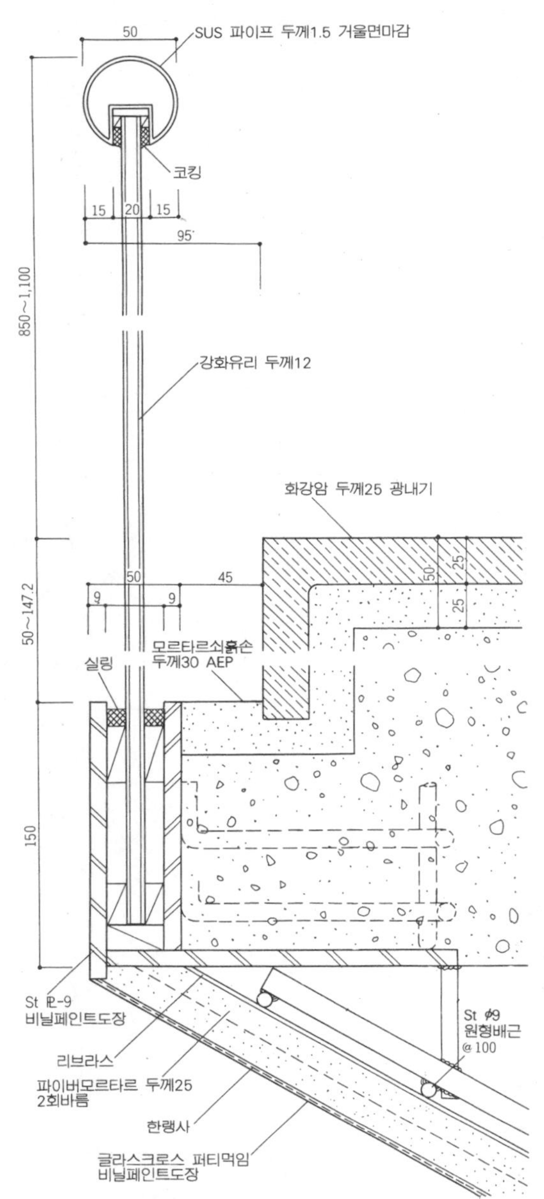

계단단부 난간단면상세 1/4

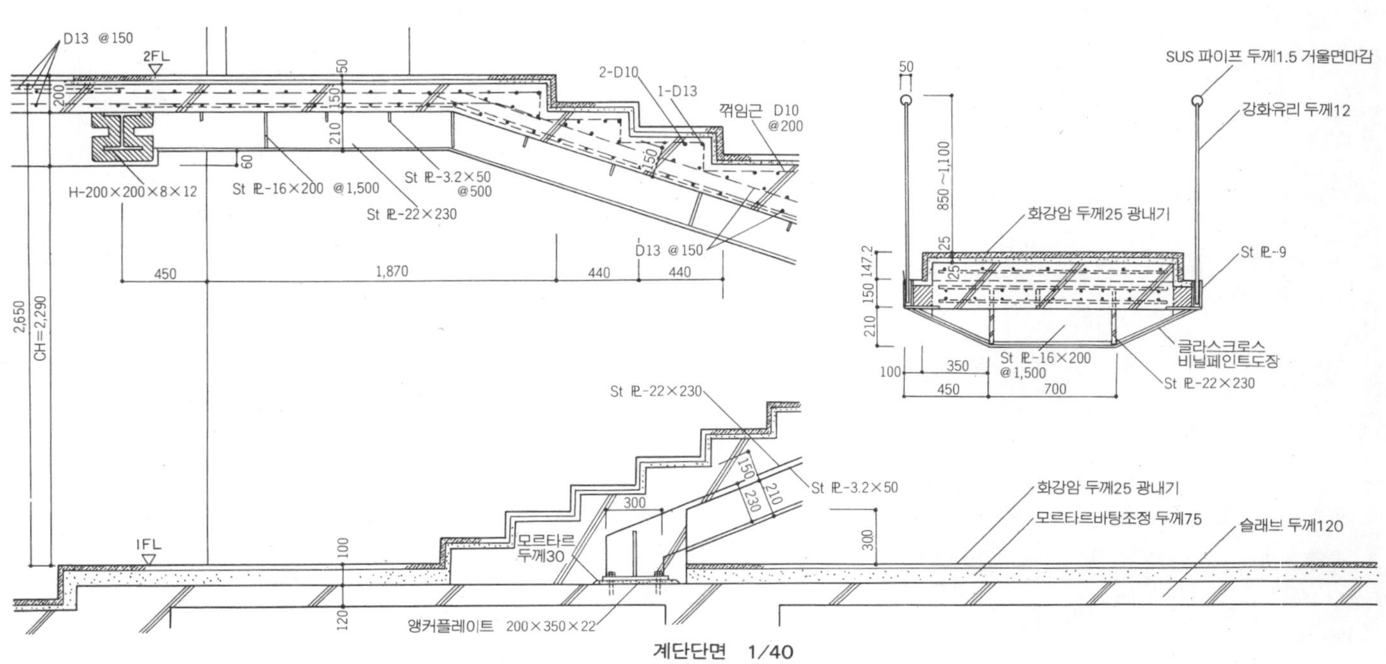

계단단면 1/40

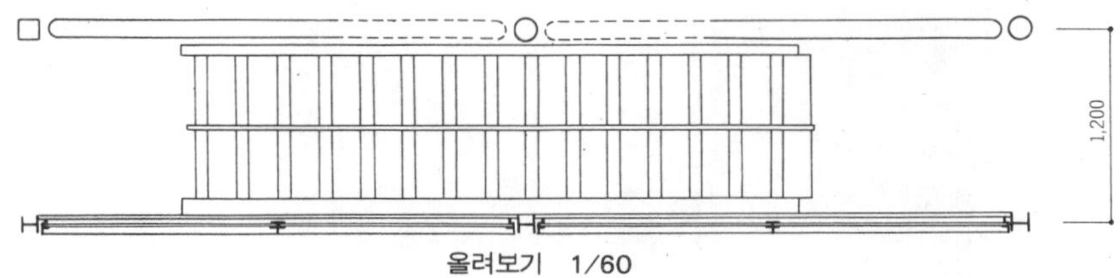

올려보기 1/60

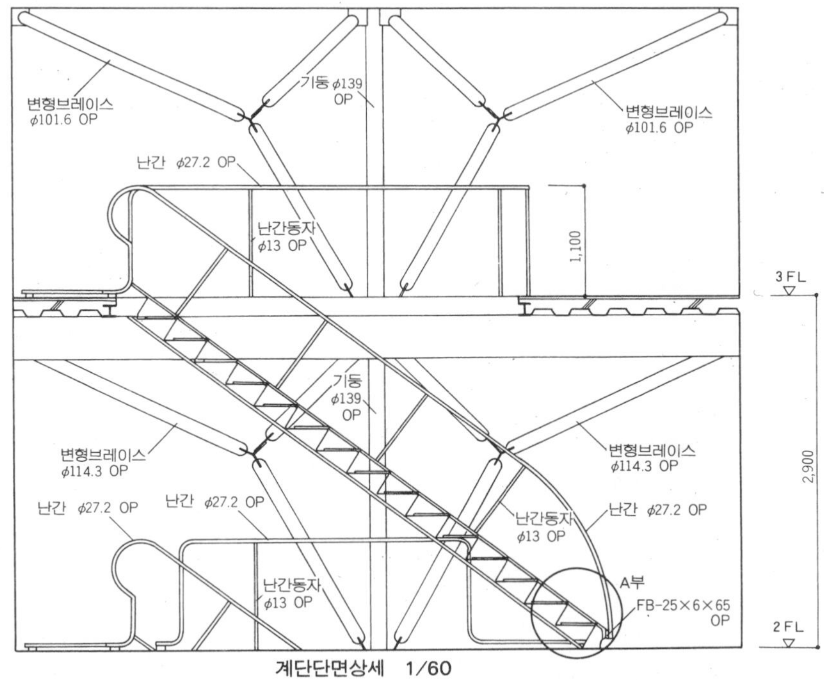

계단단면상세 1/60

이것은 「less 계단」의 계보에 속한다. 즉, 구조적으로 여분인 부분을 모두 제거해서 이것이 한계라고 생각되는 형태를 목적으로 디자인한 것이다.

원래는 2개의 상현재와 1개의 하현재를 사용한 입체 트러스의 구성에 의한 계단을 말하나, 여기서는 입체 트러스의 구성에 대신하여 디딤면·챌면을 Z형으로 가공한 철판을 사용하여 같은 역학적 효과를 얻도록 하고 있다. 부재 구성적으로 보면 1세트의 디딤면·챌면을 Z형으로 해서 차례로 연속해서 겹치고, 디딤판은 별개로 그 위에 올려 놓는다. 조립 순서가 시각화된 디자인이지만 이러한 계단은 대개 공장에서 1개로 조립되어서 출하되므로 보다 더 산뜻하게 된다. 그러나 계단 구성을 의식한 철골 브레이스의 디자인은 효과가 있다.

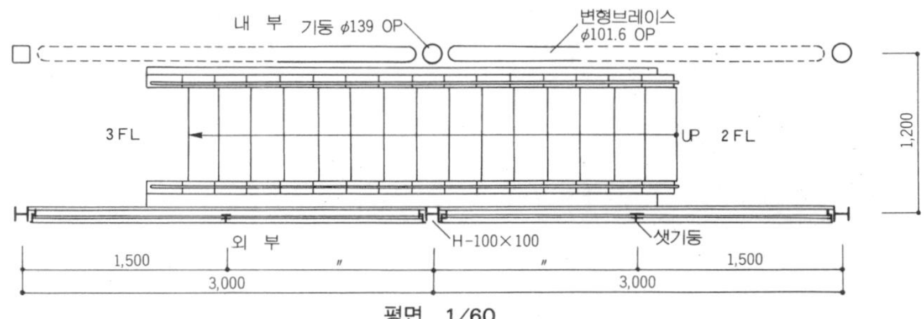

평면 1/60

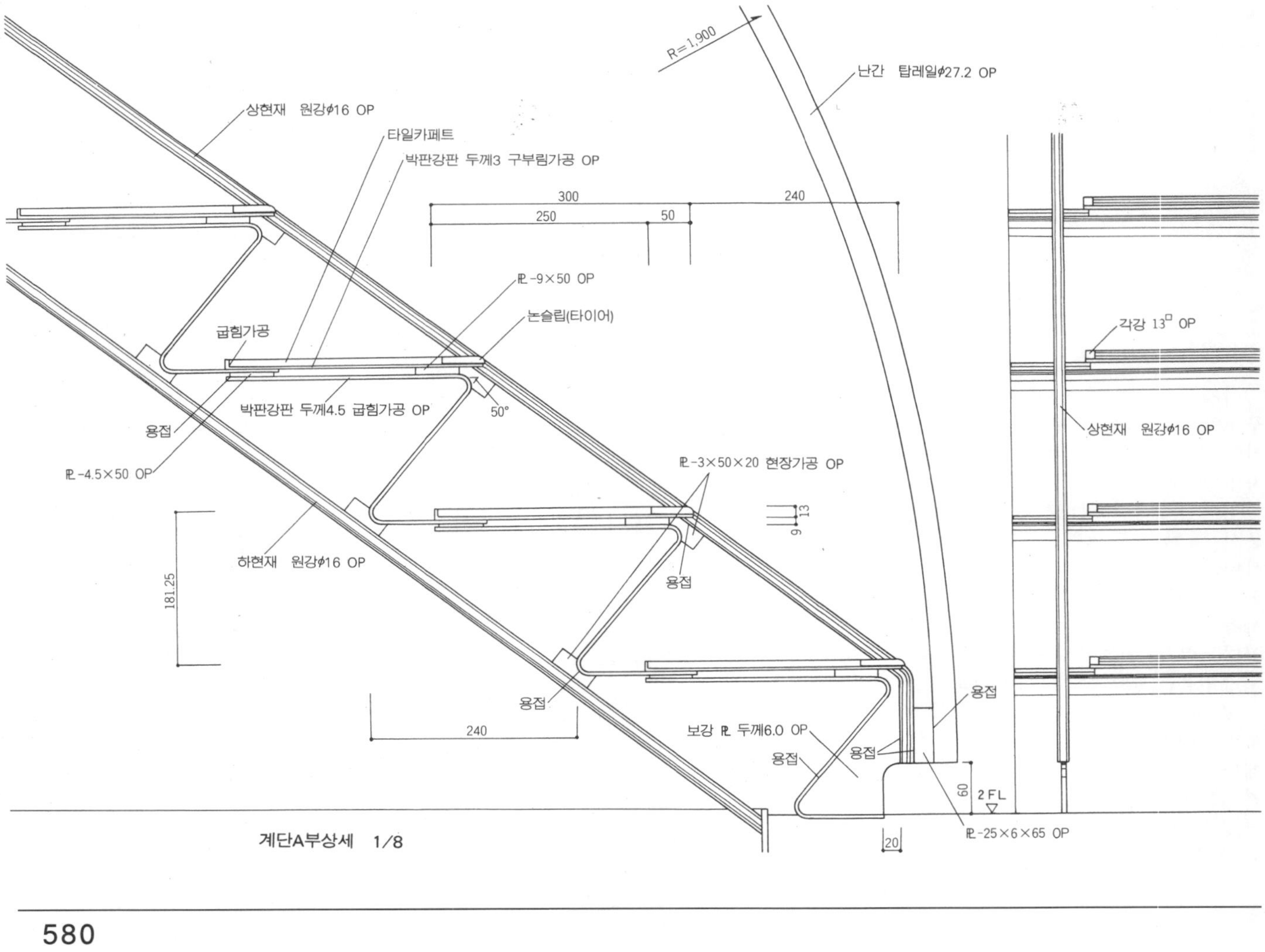

R=1,900

난간 탑레일ϕ27.2 OP

상현재 원강ϕ16 OP

타일카페트

박판강판 두께3 구부림가공 OP

300 240

250 50

PL-9×50 OP

논슬립(타이어)

굽힘가공

각강 13□ OP

50°

박판강판 두께4.5 굽힘가공 OP

용접

상현재 원강ϕ16 OP

PL-4.5×50 OP

PL-3×50×20 현장가공 OP

9 13

181.25

하현재 원강ϕ16 OP

용접

용접

용접

240

보강 PL 두께6.0 OP

용접

용접

60

2FL

20

PL-25×6×65 OP

계단A부상세 1/8

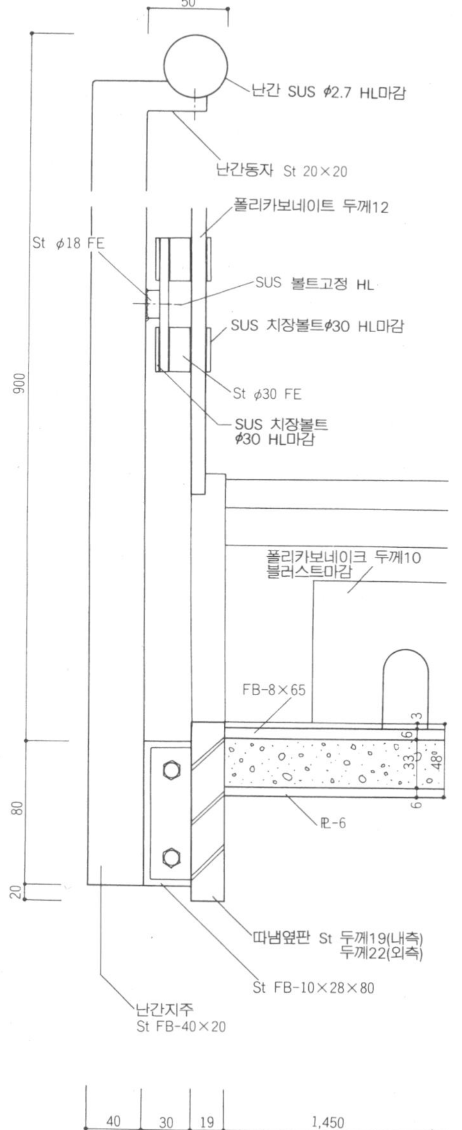

50
난간 SUS φ2.7 HL마감
난간동자 St 20×20
폴리카보네이트 두께12
St φ18 FE
SUS 볼트고정 HL
SUS 치장볼트φ30 HL마감
St φ30 FE
SUS 치장볼트 φ30 HL마감
900
폴리카보네이크 두께10 블러스트마감
FB-8×65
PL-6
80
20
따냄옆판 St 두께19(내측) 두께22(외측)
St FB-10×28×80
난간지주 St FB-40×20
40
30
19
1,450

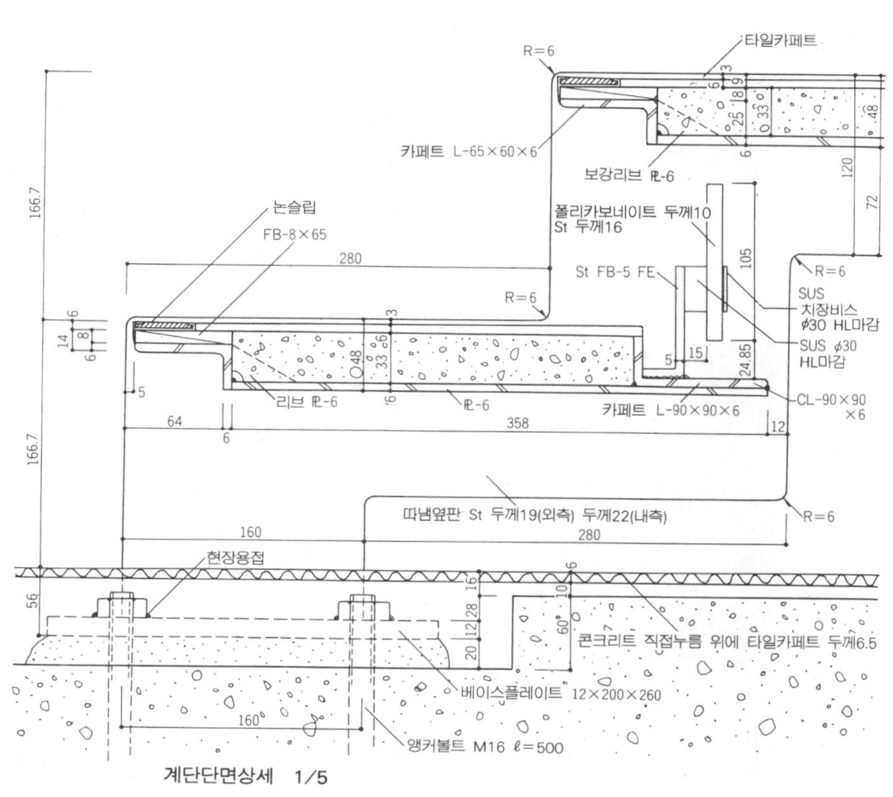

타일카페트
R=6
카페트 L-65×60×6
보강리브 PL-6
120
72
166.7
논슬립
FB-8×65
280
폴리카보네이트 두께10 St 두께16
St FB-5 FE
SUS 치장비스 φ30 HL마감
SUS φ30 HL마감
105
24.85
리브 PL-6
PL-6
카페트 L-90×90×6
CL-90×90 ×6
64
358
12
따냄옆판 St 두께19(외측) 두께22(내측)
160
280
현장용접
콘크리트 직접누름 위에 타일카페트 두께6.5
베이스플레이트 12×200×260
앵커볼트 M16 ℓ=500
56

계단단면상세 1/5

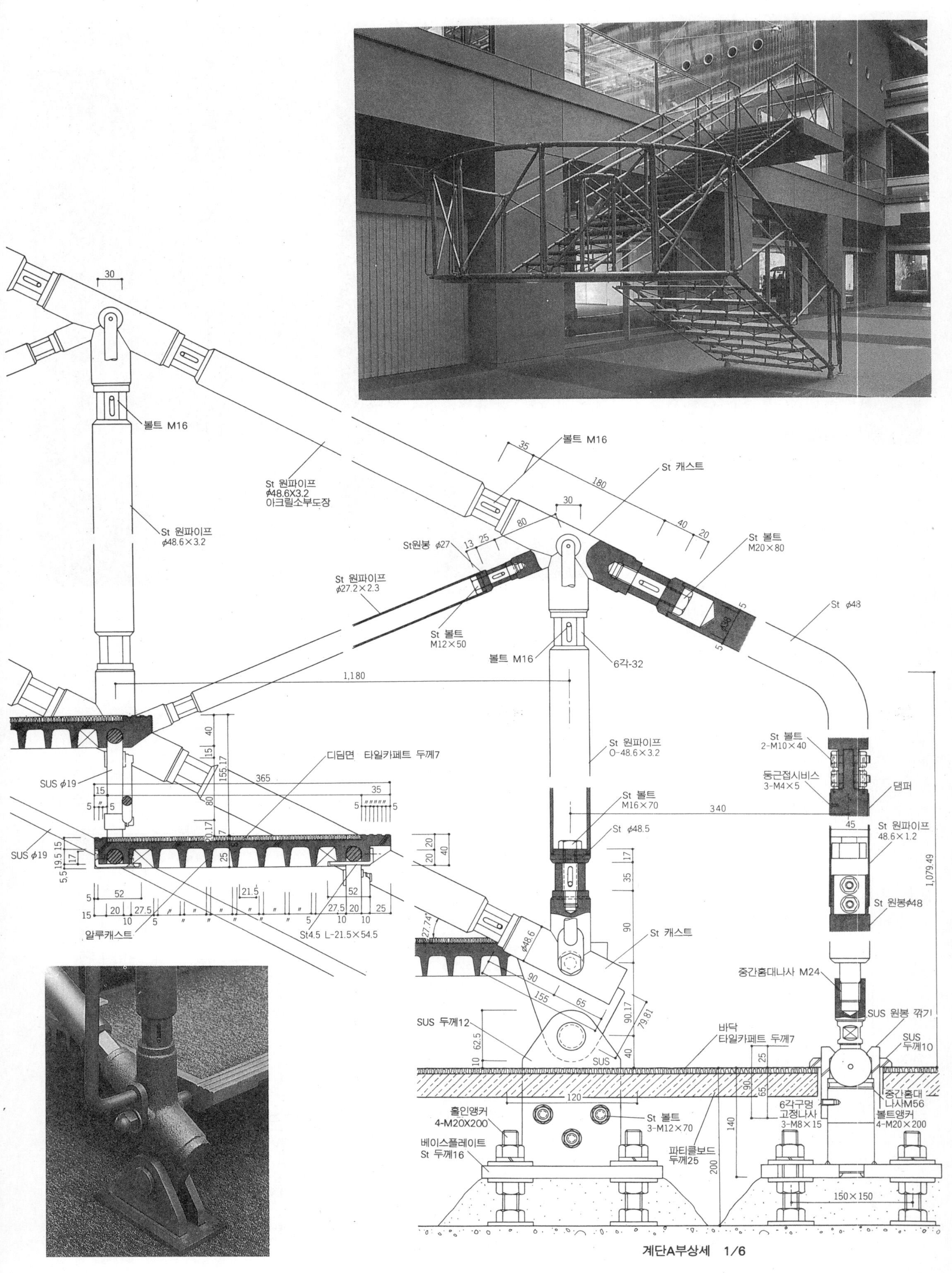
볼트 M16
St 원파이프
ϕ48.6X3.2
아크릴소부도장
St 원파이프
ϕ48.6×3.2
St 캐스트
St원봉 ϕ27
St 원파이프
ϕ27.2×2.3
St 볼트
M20×80
St 볼트
M12×50
St ϕ48
6각-32
디딤면 타일카페트 두께7
SUS ϕ19
St 원파이프
O-48.6×3.2
St 볼트
2-M10×40
둥근접시비스
3-M4×5
댐퍼
St 볼트
M16×70
St ϕ48.5
St 원파이프
48.6×1.2
St 원봉ϕ48
알루캐스트
St4.5 L-21.5×54.5
St 캐스트
중간홈대나사 M24
SUS 두께12
바닥
타일카페트 두께7
SUS 원봉 깎기
SUS
두께10
홀인앵커
4-M20X200
St 볼트
3-M12×70
6각구멍
고정나사
3-M8×15
중간홈대
나사M56
볼트앵커
4-M20×200
베이스플레이트
St 두께16
파티클보드
두께25

계단A부상세 1/6

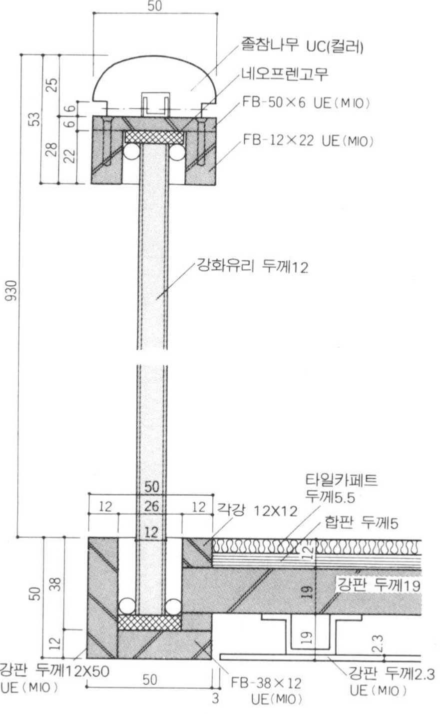

난간B－B단면상세 1/3

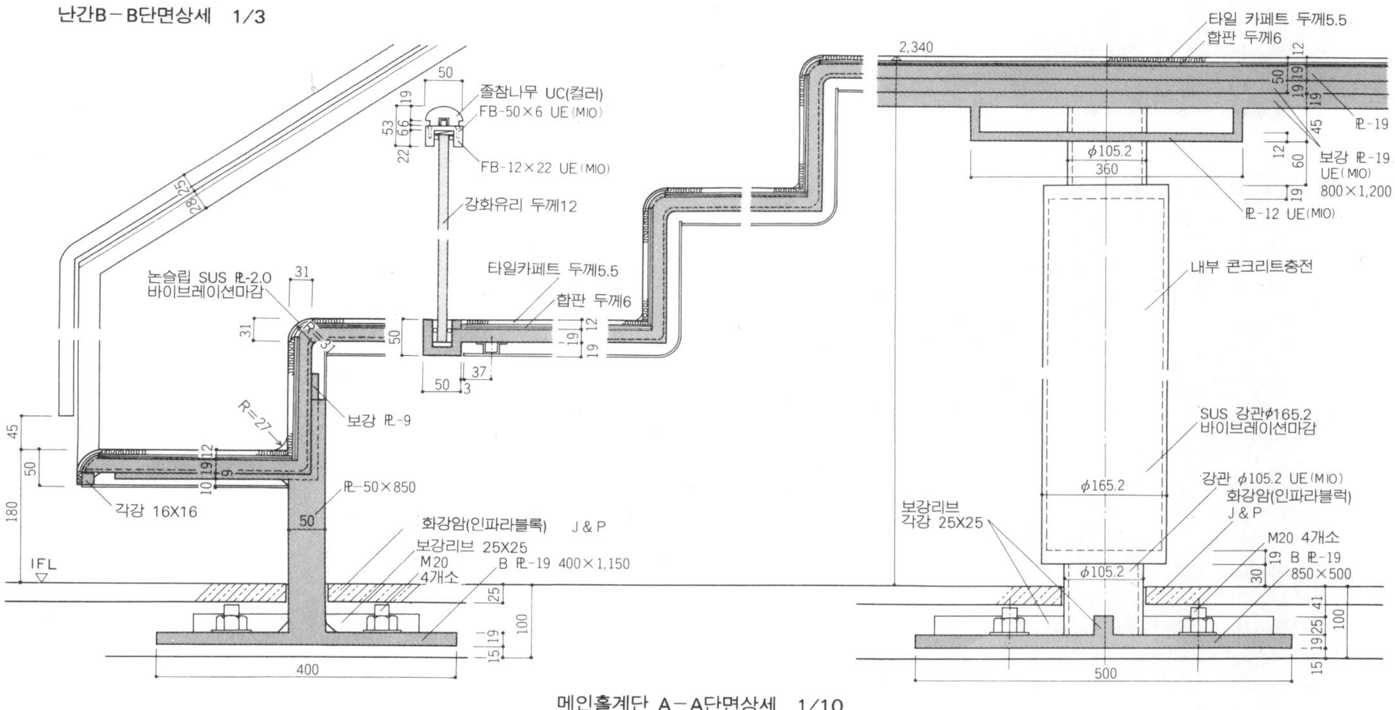

메인홀계단 A－A단면상세 1/10

현관에서 고객을 2층의 공간으로 안내하는 이 계단 난간은 현관홀의 벽인 대리석이 벽난간으로 되어 2층까지 연속하고 있다. 이 벽난간에는 주홍색으로 마감된 옻칠의 난간을 올린 것으로 일본적인 구성을 현대 감각으로 표현하고 있다. 여기서 사용한 옻칠은 새로운 소재로 경도가 높은 세라믹옻이며, 공장에서 마감한 것을 현장에서 설치하기 때문에 조인트 등에 치수 조정을 할 수 있는 디테일로 하고 있다.

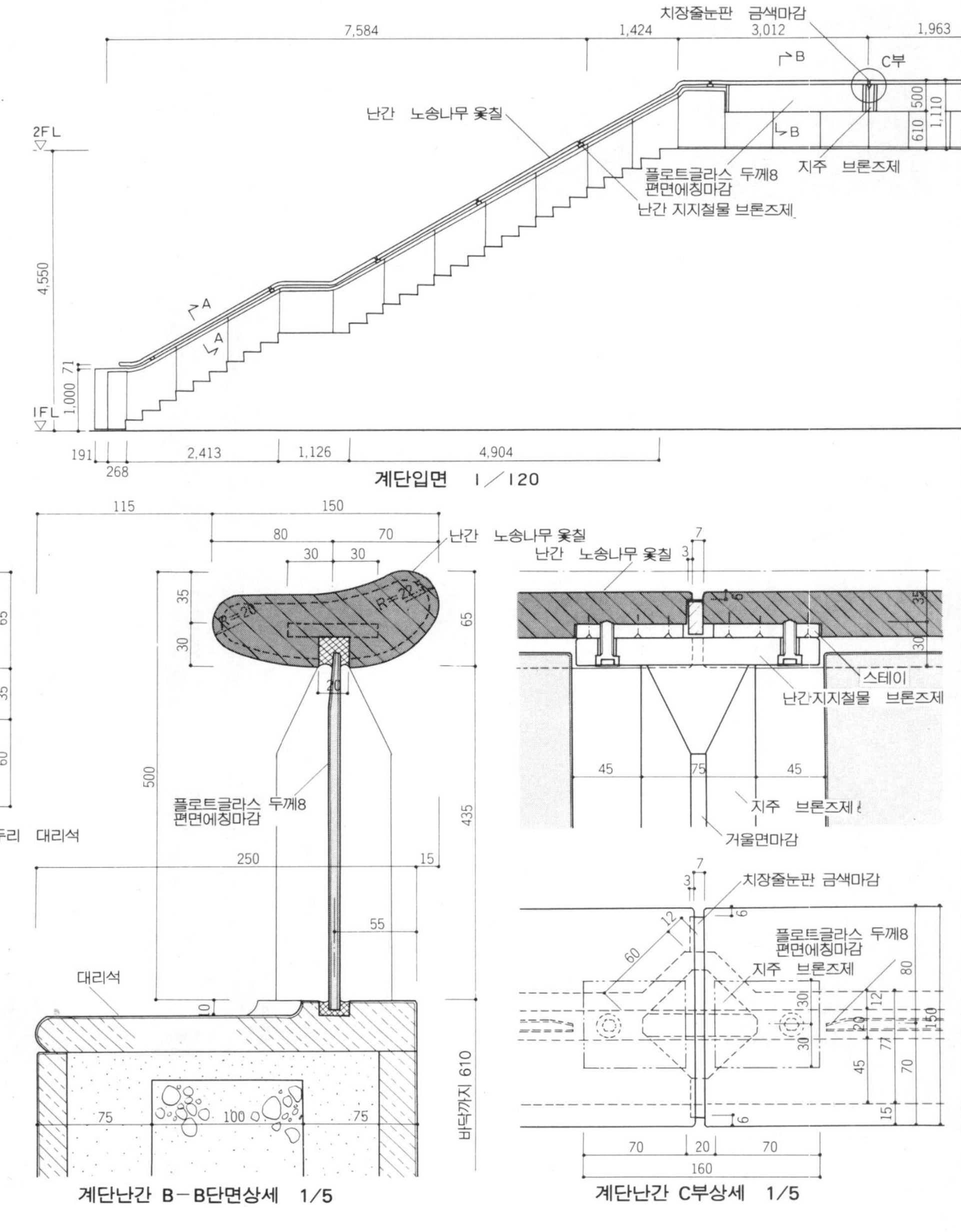

계단입면 1/120

계단난간 A－A단면상세 1/5

계단난간 B－B단면상세 1/5

계단난간 C부상세 1/5

보기에는 메커니컬한 계단이지만 걸어본 느낌은 참으로 부드러운 기분을 느끼며 올라간다. 탄력성은 거의 느낄 수 없을 정도로 강성이지만 누르면 들어갈 듯한 분위기가 느껴진다. 음식은 시각에 의해 먼저 맛이 나고, 의류는 만지는 기분과 동시에 모양도 기분을 좌우한다. 건축도 형태나 사용의 편리함만이 아니라 운치를 문제로 삼는 시대가 되고 있다. 철물은 대부분 특제품이나 선박용 부품 등과 같이 기성품으로 좋은 것을 구입할 수 있는 것이 바람직하다.

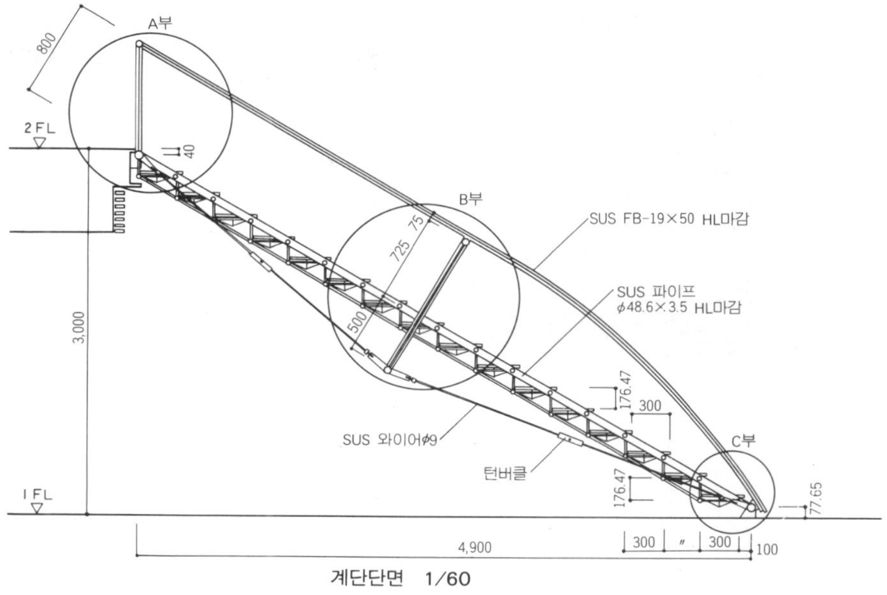

계단단면 1/60

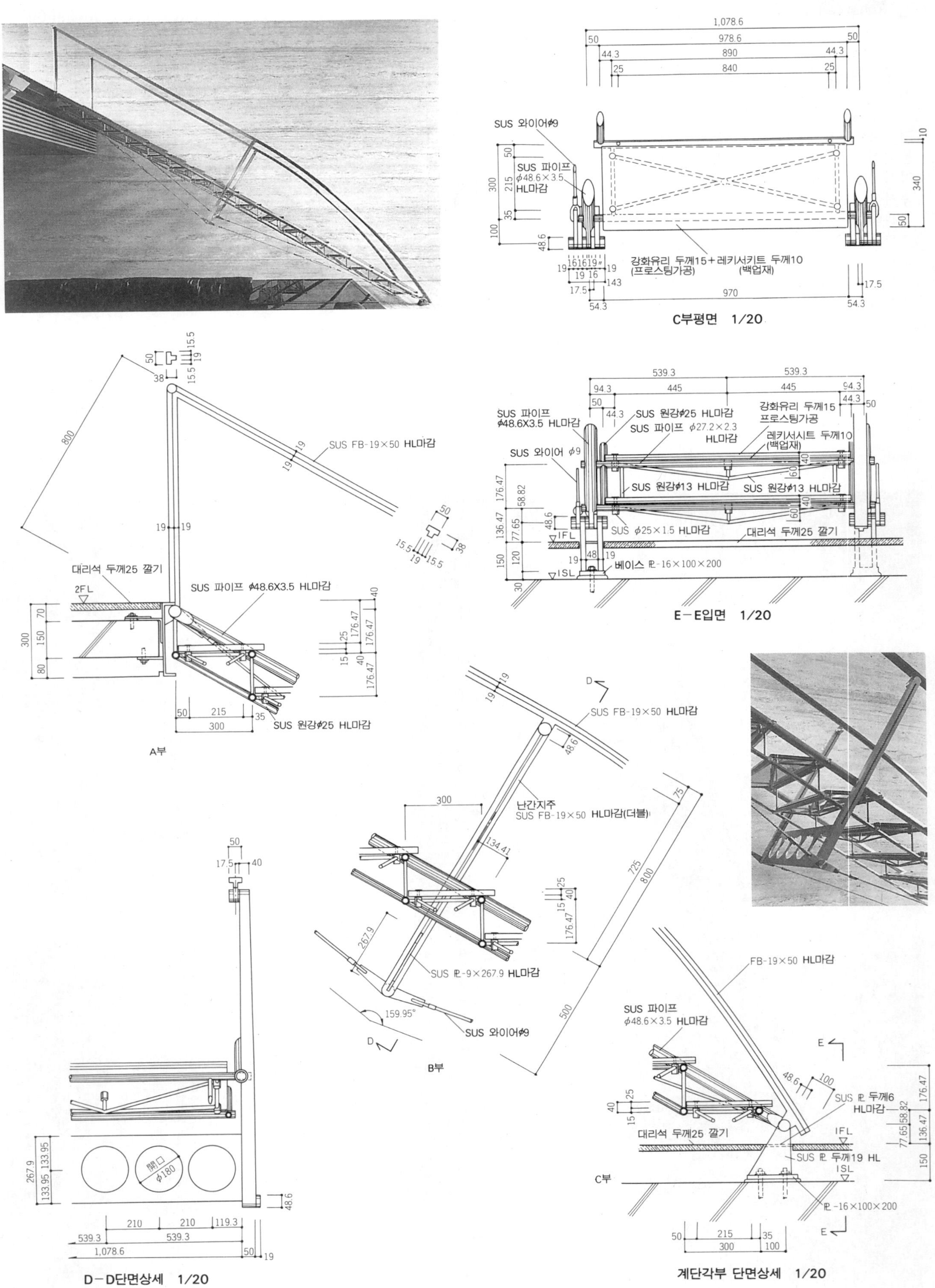

C부평면 1/20
SUS 와이어ϕ9
SUS 파이프
ϕ48.6×3.5
HL마감
강화유리 두께15＋레키서키트 두께10
(프로스팅가공)
(백업재)
A부
SUS FB-19×50 HL마감
대리석 두께25 깔기
2FL
SUS 파이프 ϕ48.6X3.5 HL마감
SUS 원강ϕ25 HL마감
E－E입면 1/20
SUS 파이프
ϕ48.6X3.5 HL마감
SUS 원강ϕ25 HL마감
SUS 파이프 ϕ27.2×2.3
HL마감
강화유리 두께15
프로스팅가공
레키서시트 두께10
(백업재)
SUS 와이어 ϕ9
SUS 원강ϕ13 HL마감
SUS ϕ25×1.5 HL마감
대리석 두께25 깔기
베이스 PL-16×100×200
IFL
ISL
B부
난간지주
SUS FB-19×50 HL마감(더블)
SUS PL-9×267.9 HL마감
SUS 와이어ϕ9
D－D단면상세 1/20
開口
ϕ180
계단각부 단면상세 1/20
FB-19×50 HL마감
SUS 파이프
ϕ48.6×3.5 HL마감
SUS PL 두께6
HL마감
대리석 두께25 깔기
SUS PL 두께19 HL
PL-16×100×200
C부

국제 교류회관은 숙박 부분과 교류 부분으로 구성되어 있다. 숙박 부분은 모든 실이 남쪽을 향하고 있으며, 지하1층에서 지상4층의 동서로 길고, 교류 부분은 그 남쪽에 아랫층으로 배치되어 있다. 따라서 숙북 부분은 교류 부분의 게이트로서의 역할을 담당하며, 그 복도 부분이 이 건축의 파사드를 구성하게 되었다. 그래서 내부의 생활을 보이지 않도록 하는 배려와 긴 벽면을 부드럽게 보이기 위해 300×300의 대형 글라스 블록을 박은 PC판으로 덮는 것을 생각하였다. 가는 격자상의 콘크리트에 붙박이된 투명한 글라스 블록의 내외면에는 교차한 삼각형의 샌드블러스트 마감을 실시하여 부드러움을 강조하고 있다.

이 벽면에서 돌출하여 수직으로 세운 계단은 엘리베이터를 속에 넣은 원형 계단으로 글라스 스티프너에 의해 자립하는 투명 유리로 덮여서 샤프함과 크리스탈한 표현으로 벽면의 부드러움과 대비되고 있다.

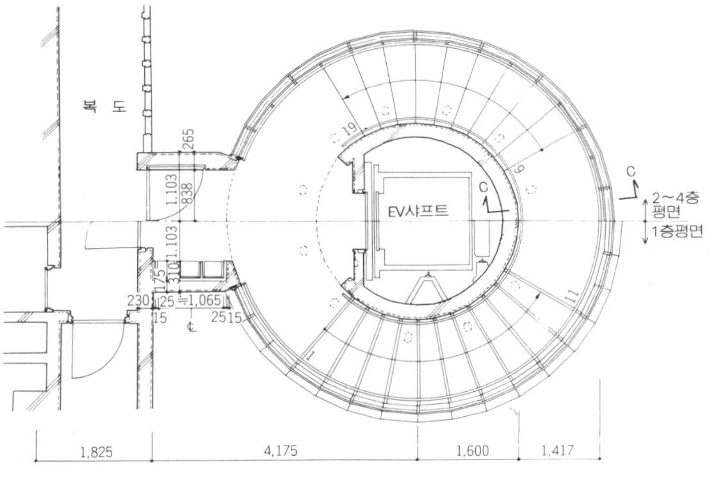

「크리스탈계단」 평면 1/120

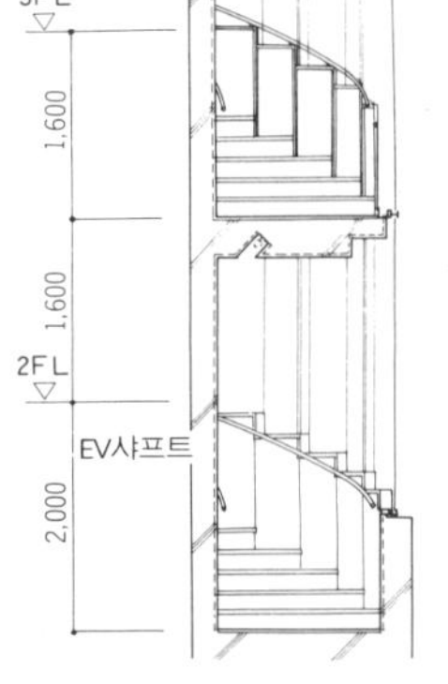

C－C단면 1/120

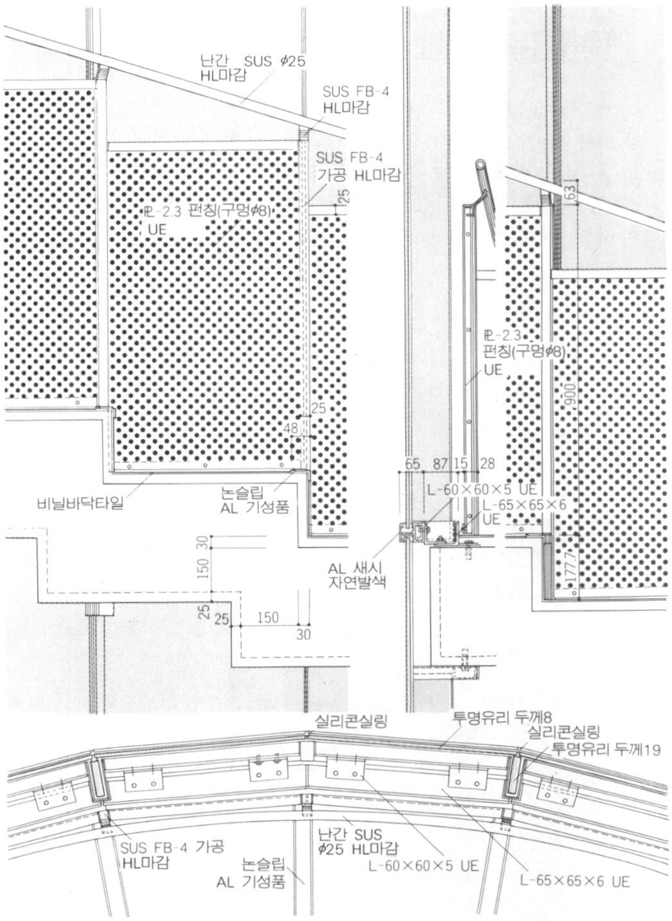

「크리스탈계단」 상세 1/20

통나무 난간에 끼운 안전격자

산골짜기에 세워진 학생을 위한 교외 교육 연수 시설이다. 산장의 정취를 갖는 외장은 내부까지 이어지며, 이 보이드 주변의 난간도 소재를 살린 통나무로 표현되고 있다. 거칠게 짠 통나무 속에 스루한 스틸 격자를 끼워넣어 비래 낙하의 방지와 심리적인 안전을 도모하고 있다.

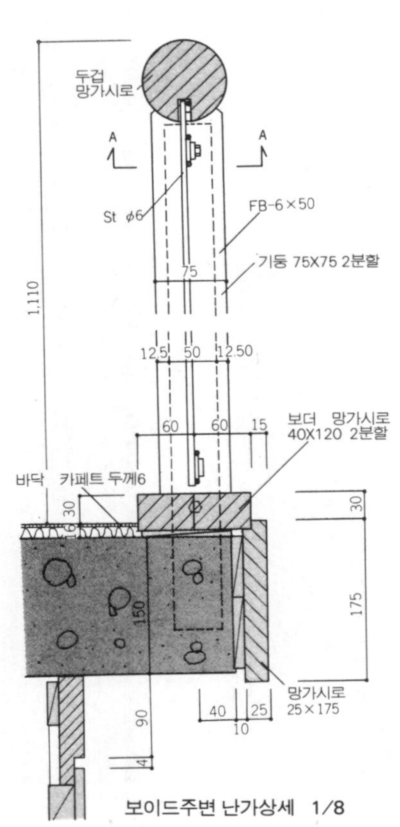

보이드주변 난가상세 1/8

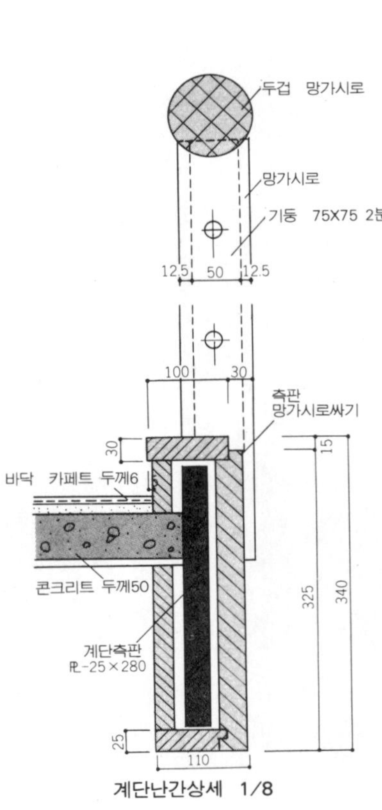

계단난간상세 1/8

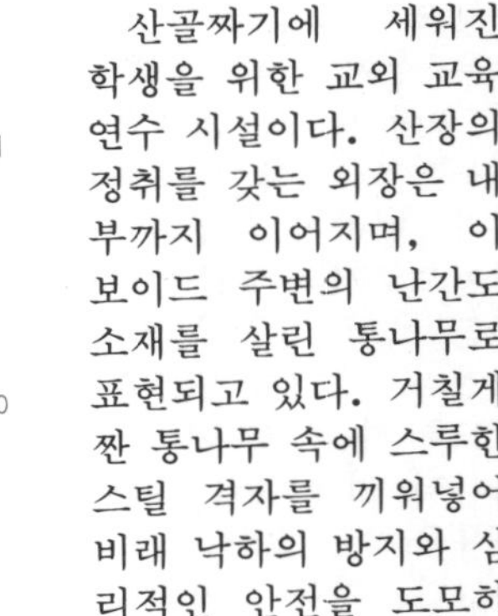

A－A단면 1/8

나무의 디딤면을 가진 투명한 계단

지주가 없는 내밈 계단이다. 주위의 바닥, 벽에서 분리해서 계단이 떠 있다. 심플한 디테일이므로 제진용 보강재로 진동이 적도록 하는 연구가 되어 있다. 공정에 연결되는 공간과 유리넘어 펼쳐진 개방적인 풍경에 서로 어울리도록 의도되어 있다.

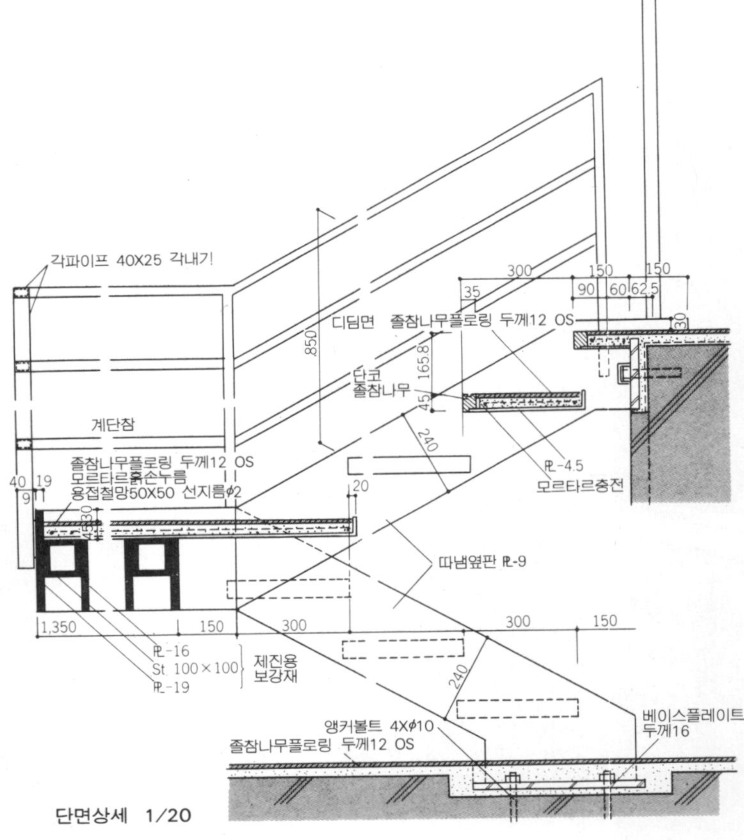

단면상세 1/20

스틸바를 나무표현한 난간

이 호텔 내부는 일본 전통의 별당 구조를 기초로 한 구성이다. 때문에 보이드 주위에 돌려진 난간도 나무로 장식되며 인테리어도 같은 양식을 도모하고 있다. 난간 기능으로서의 안전성은 내부에 숨겨진 스틸로서 강성을 확보하고 있다.

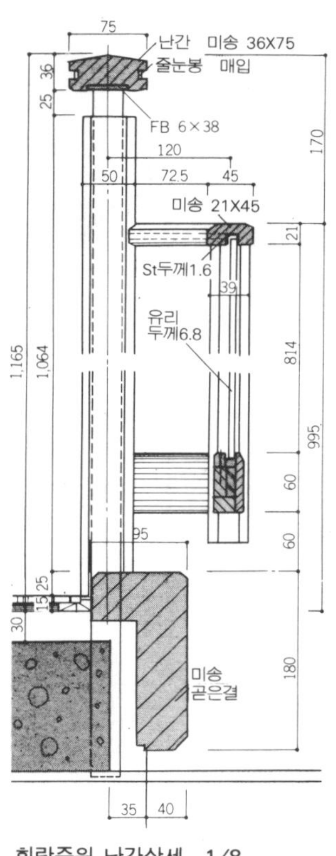

회랑주위 난간상세 1/8

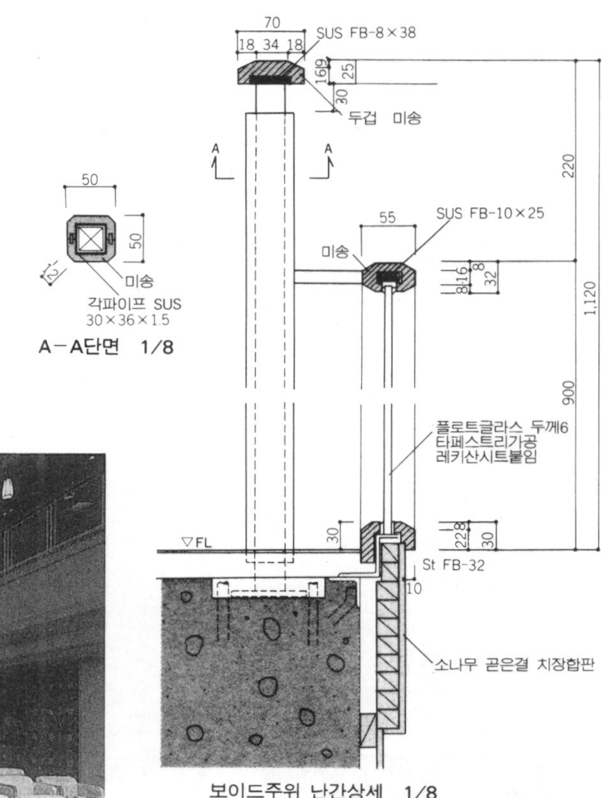

A-A단면 1/8

보이드주위 난간상세 1/8

선목의 난관과 따낸옆판 구성의 계단

도서관으로 어프로치하는 엔트런스홀의 보이드에 위치한 계단이다. 견목의 난간을 강화유리로서 따낸 옆판에 의해 허공으로 떠올려 시각적으로 넓어지도록 하고 있다. 견목의 사용은 나무가 지닌 따뜻함을 의식하고 있다.

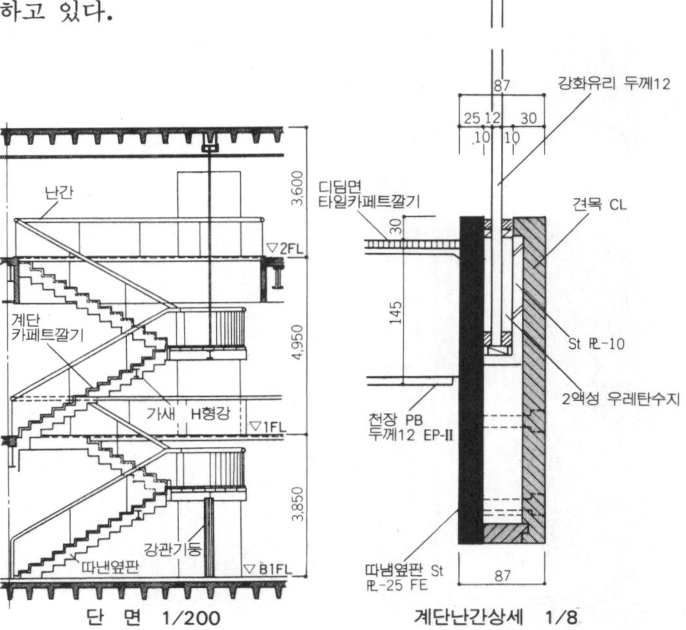

단 면 1/200

계단난간상세 1/8

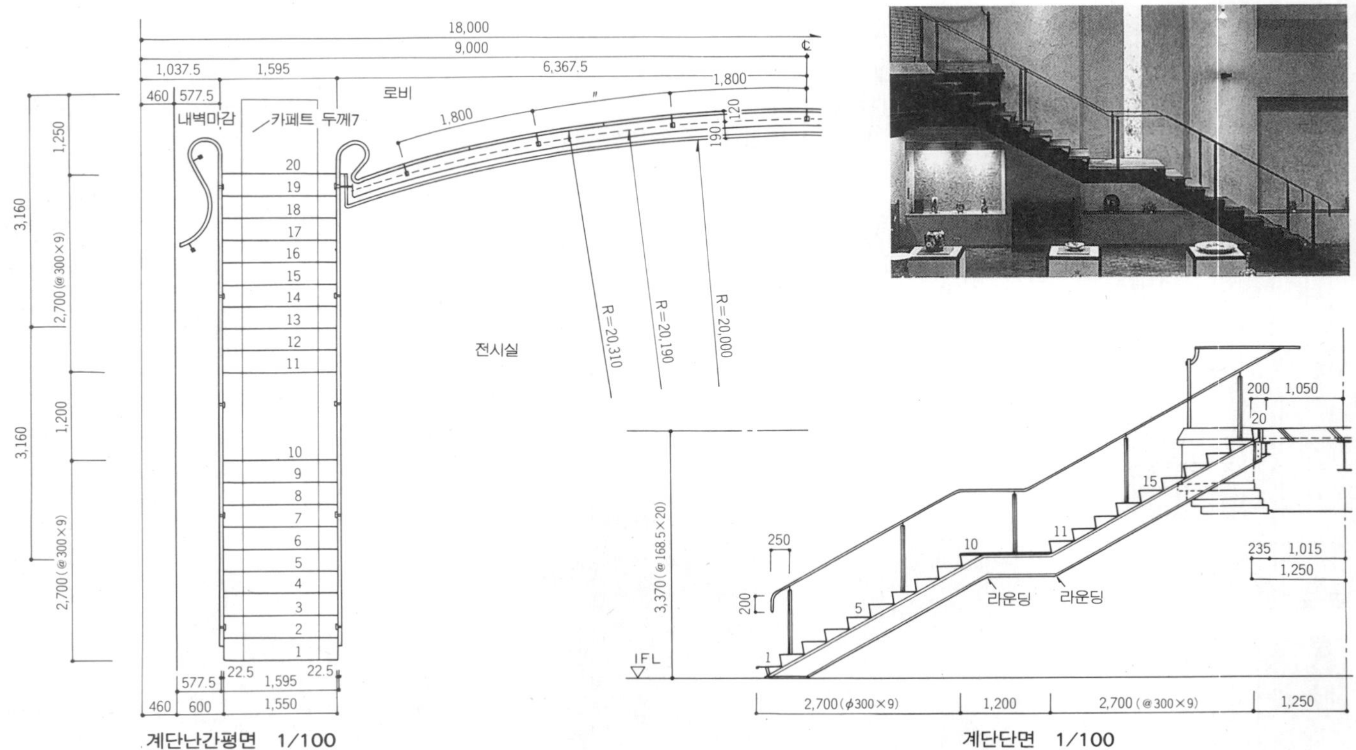

계단난간평면 1/100

계단단면 1/100

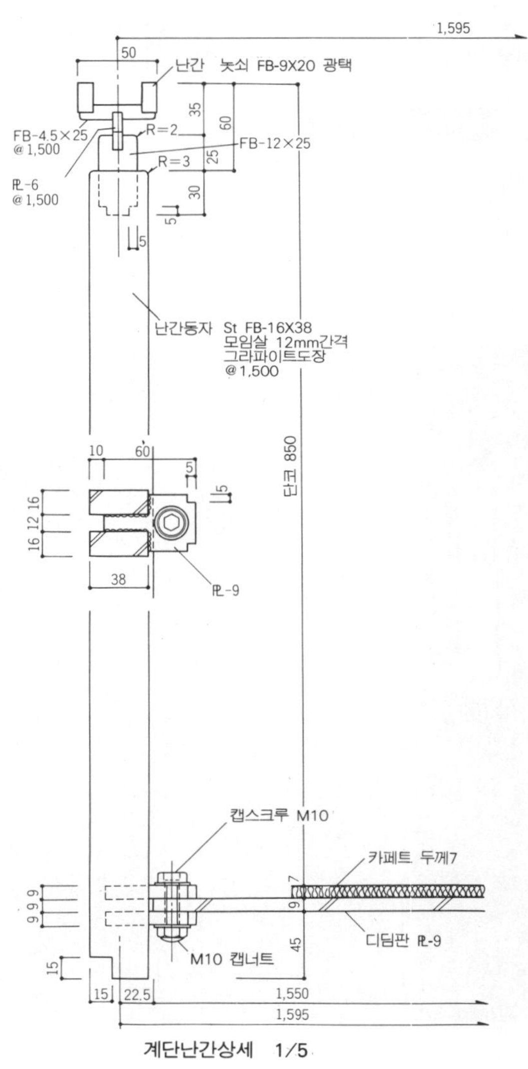

계단난간상세 1/5

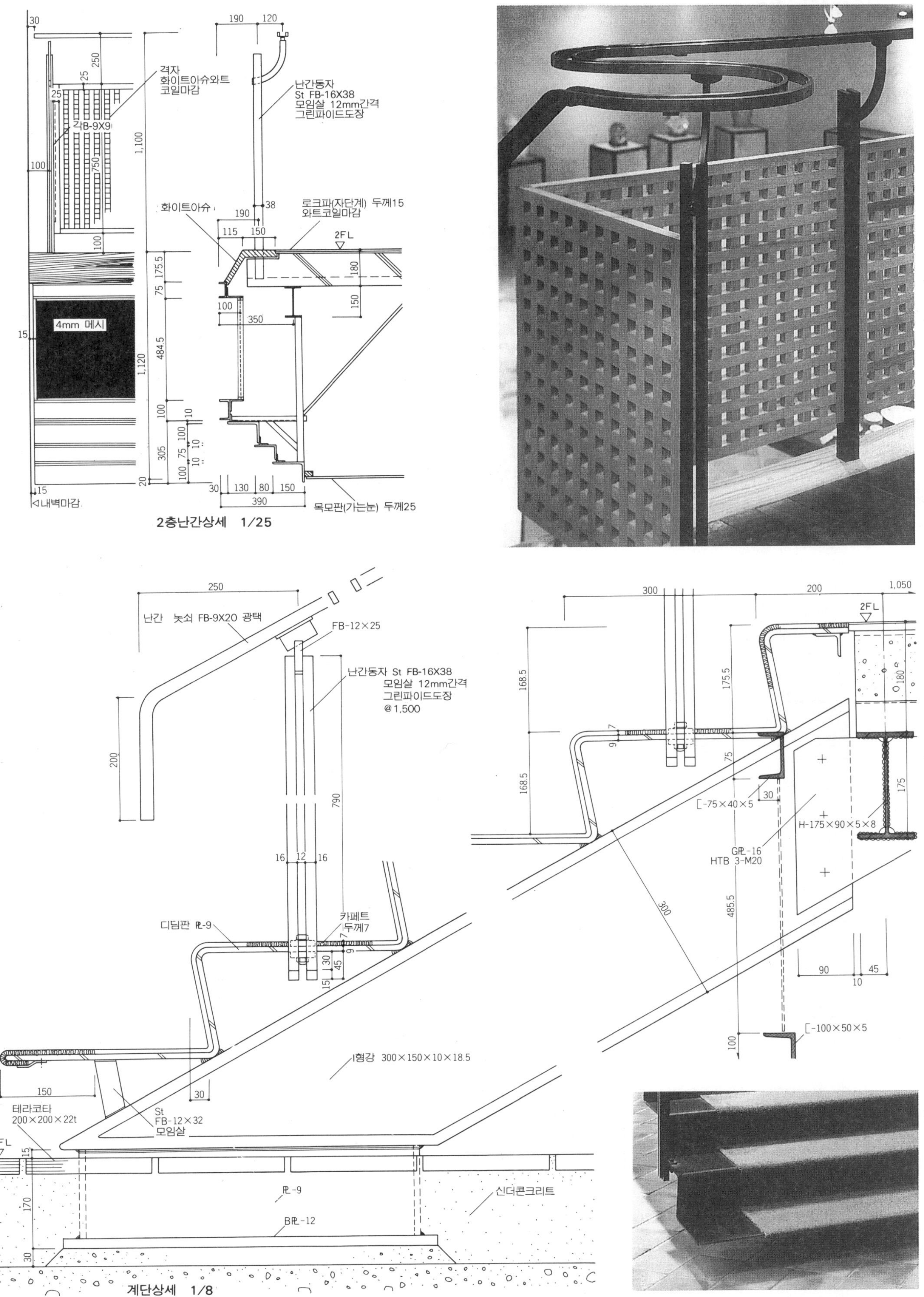
격자
화이트아슈와트
코일마감
각B-9X9
난간동자
St FB-16X38
모임살 12mm간격
그린파이드도장
화이트아슈
로크파(자단계) 두께15
와트코일마감
2FL
4mm 메시
◁내벽마감
목모판(가는눈) 두께25
2층난간상세 1/25
난간 놋쇠 FB-9X20 광택
FB-12×25
난간동자 St FB-16X38
모임살 12mm간격
그린파이드도장
@1,500
디딤판 PL-9
카페트
두께7
ㄷ-75×40×5
H-175×90×5×8
GPL-16
HTB 3-M20
ㄷ-100×50×5
형강 300×150×10×18.5
테라코타
200×200×22t
St
FB-12×32
모임살
IFL
PL-9
BPL-12
신더콘크리트
계단상세 1/8

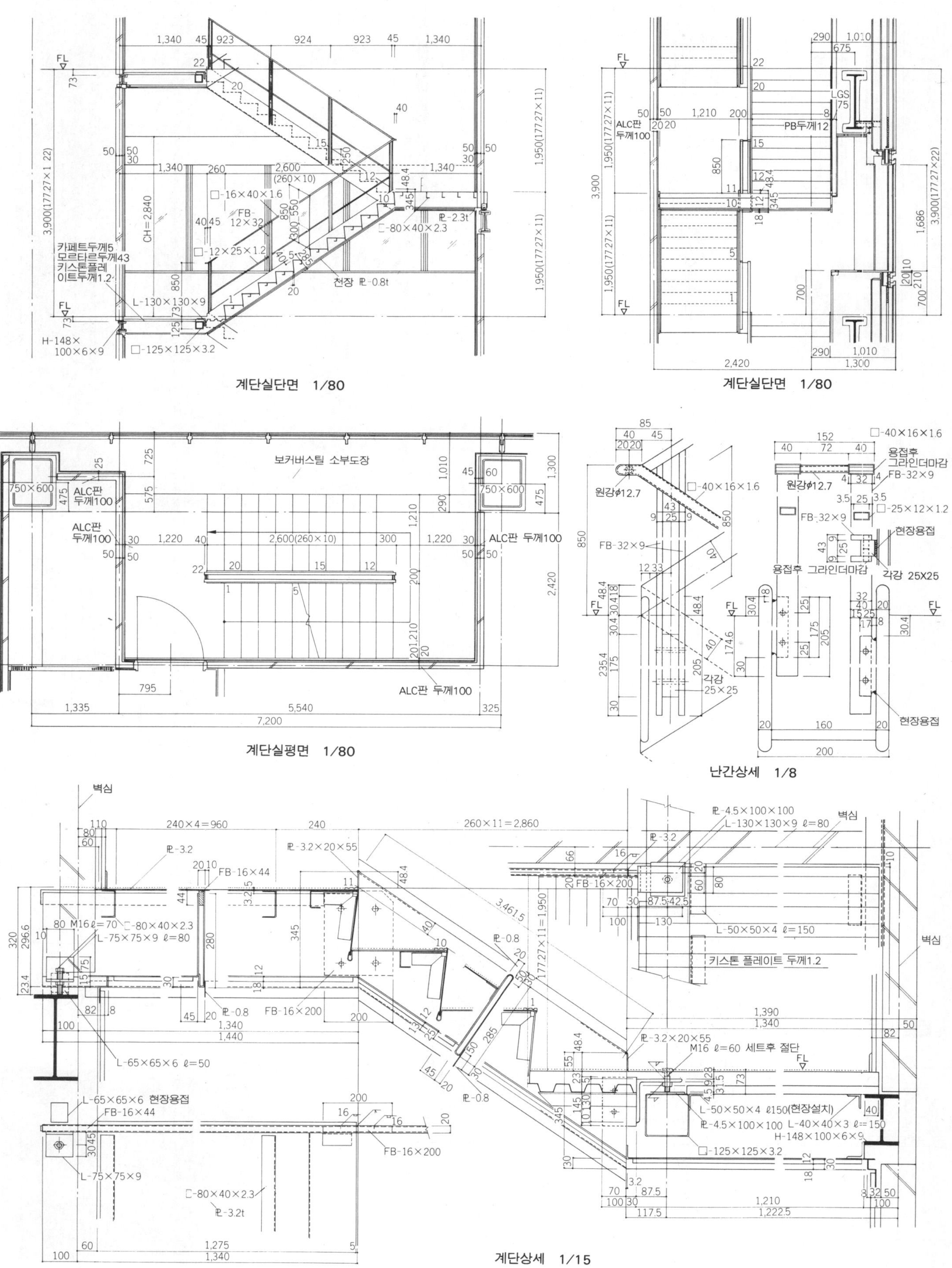
계단실단면 1/80
계단실단면 1/80
계단실평면 1/80
난간상세 1/8
계단상세 1/15
보커버스틸 소부도장
ALC판 두께100
카페트두께5
모르타르두께43
키스톤플레이트두께1.2
천장 PL-0.8t
키스톤 플레이트 두께1.2
M16 ℓ=60 세트후 절단
L-50×50×4 ℓ150(현장설치)
H-148×100×6×9
□-125×125×3.2
현장용접
용접후 그라인더마감
각강 25×25
원강φ12.7
벽심

고층 빌딩의 철골 계단은 디테일이나 공사에 있어서 의외로 귀찮아지는 경우가 많다. 때문에 통상의 철골업자는 계단의 개량에는 그다지 적극적이 아니고, 철골 계단의 전문 메이커도 그다지 많지 않다. 그래서 이 예는 박판 강판을 사용해서 경량이며 보행성이 우수한 계단의 개발을 도모한 것이다. 따낸 옆판, 계단 모두 두께 3.2mm의 박판을 구부린 것으로 구성되며, 중량은 종래의 철골 계단의 60%밖에 되지 않는다. 경량화를 실시하기 위해 부재의 수를 줄여서 대부분이 층높이에 대응할 수 있도록 한다거나, 바닥의 강성과 소음 효과를 도모하면서 단코의 아무림을 좋게 하기 위해 발판 부분만을 이중 겹침으로 하도록 연구하였다. 완성 후의 보행 테스트에서는 걷기가 쉽고 피로가 덜하다는 것이 실증되었다.

또 이번에는 앵글 비스를 용접 고정으로 하였으나 리벳 사용의 개량형이 그 후의 건축물에 거의 사용되게 되었다.

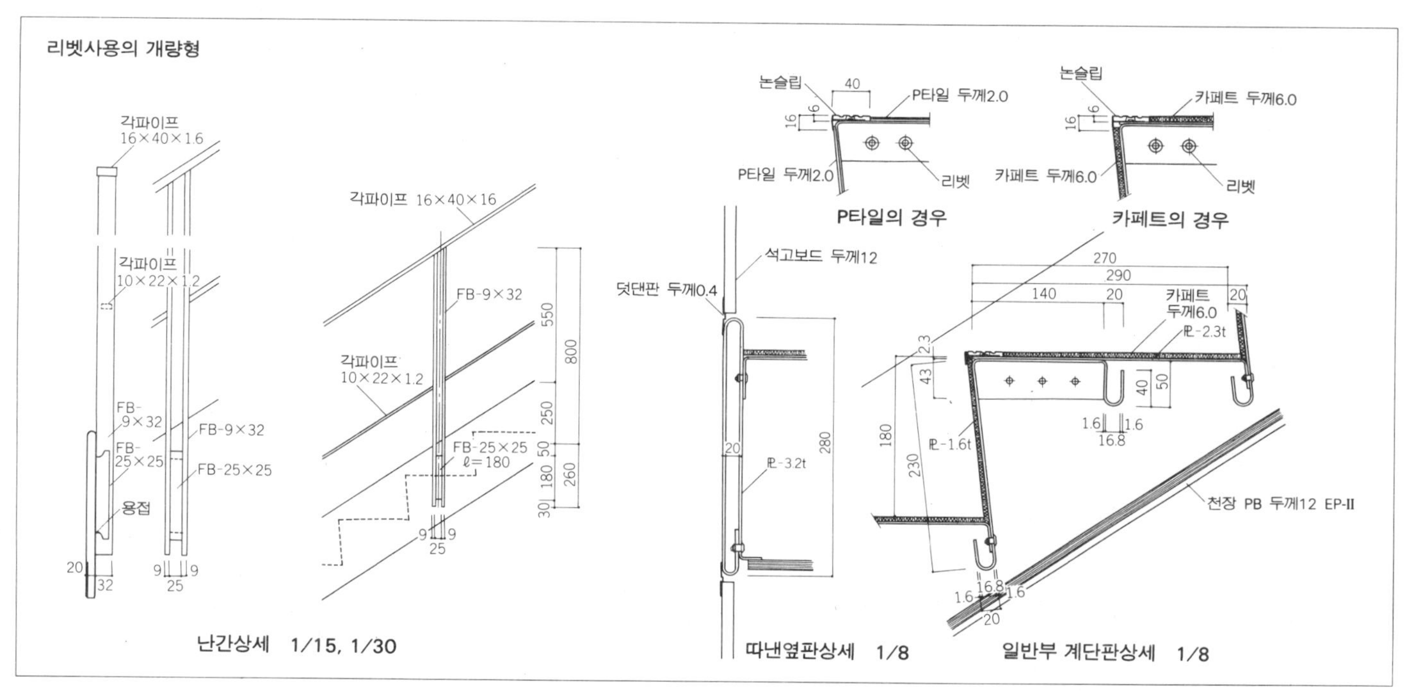

아트리움의 eye point로서 배치된 철골 계단이다. 설계자는 부유감, 비상감의 표현으로서 얇고 가벼운 형태에 도전한 것이다.

기둥이 없으며 또한 따낸 옆판을 없애고, 중앙부에서 두께 60mm, 단부에서 두께 19mm의 철판만으로 구성된 바닥판 계단으로 되어 있다. 계단참은 공중에 뜬 형상이며, 전체의 밸런스가 아름다워 설계 의도인 경쾌한 느낌으로 마무리되어 있다. 당연히 롱스팬의 철골 계단에서는 진동이 발생한다고 생각된다. 그러나 이 계단의 우수한 점은 제진 장치가 들어 있어 진동의 발생을 적극 억제한다는 것이다. 진동을 상세하게 해석한데 따른 당연한 결과이며, 최신 기술과 디자인이 아름답게 일체화된 좋은 예이다.

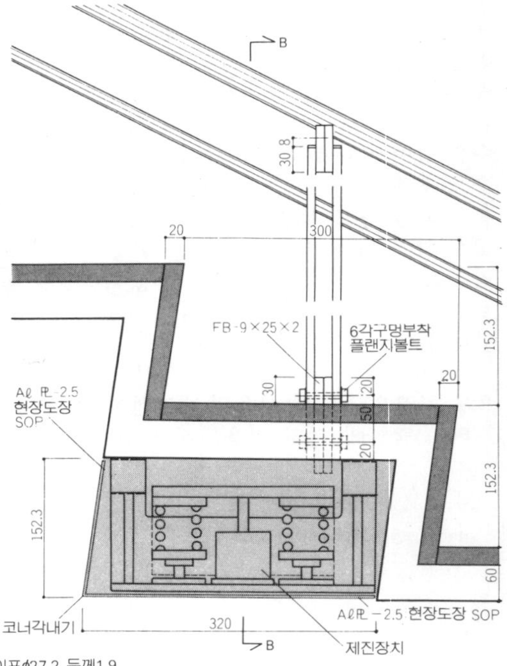

난간동자
제진장치
제진장치
1,500 300×5
3,050
1,550
650 650
1,000 150
150
19
1,000
5,700 (300×19)
3,000
8,700

계단평면

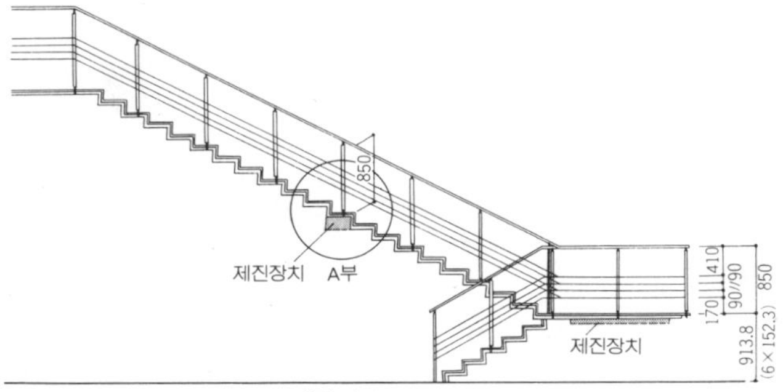

FB-9×25×2
6각구멍부착 플랜지볼트
Aℓ PL-2.5 현장도장 SOP
코너각내기
Aℓ PL-2.5 현장도장 SOP
제진장치
30.8
20
300
152.3
20
30
20
50
20
152.3
60
152.3
320

A부단면상세 1/8

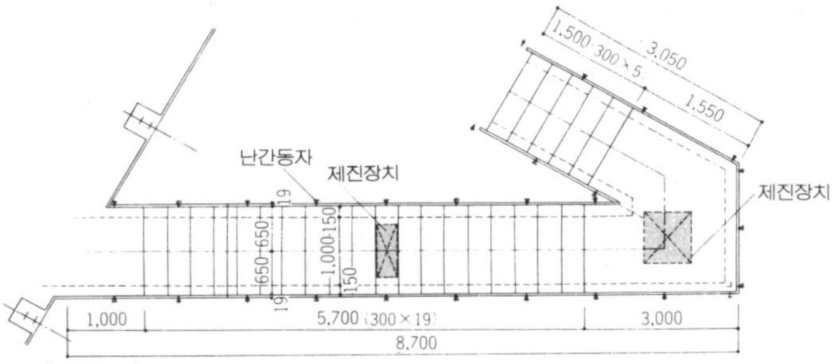

850
제진장치 A부
제진장치
410
90/90
170
850
913.8 (6×152.3)

계단입면 1/120

원파이프φ27.2 두께1.9
FB-9×25×2
FB-9×38
원파이프φ16 두께1.2
W=1,300
850
38
FB-9×25×2
25 6.5
5
150
500 까지
카페트 두께5(끝물림 10mm)
19
60
50
육각구멍부착 플랜지볼트
36.5 100
치장접시비스고정
L-25×25
Aℓ PL 2.5 현장도장 SOP
제진장치
36.5 100 67.5 35 895

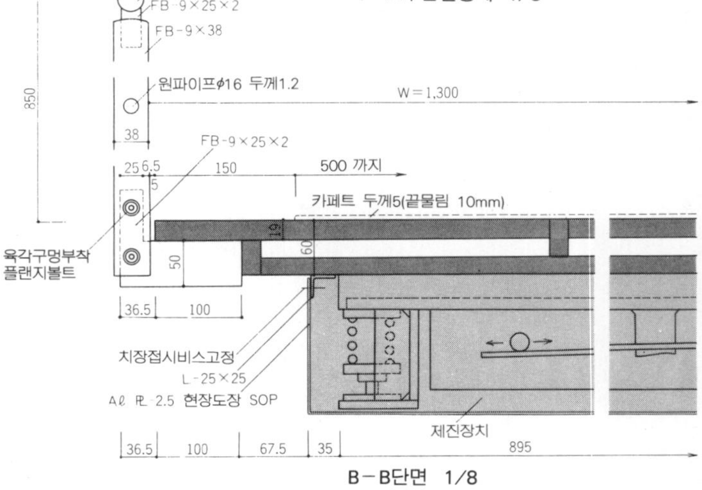

B-B단면 1/8

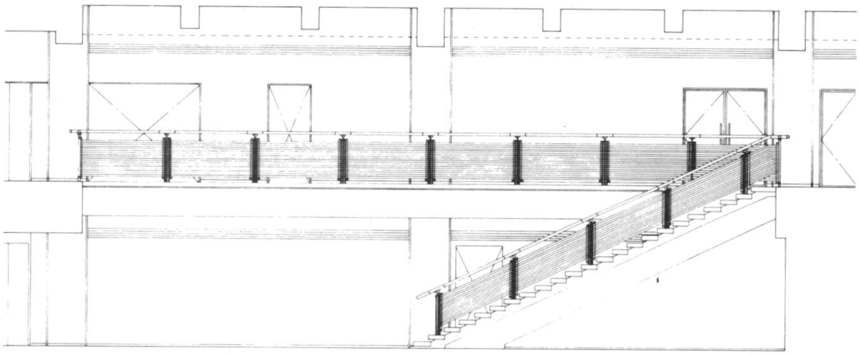

전 개 1/150

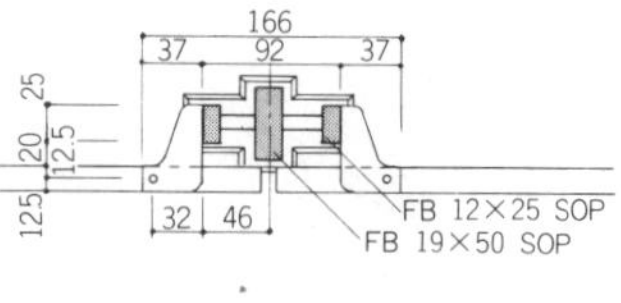

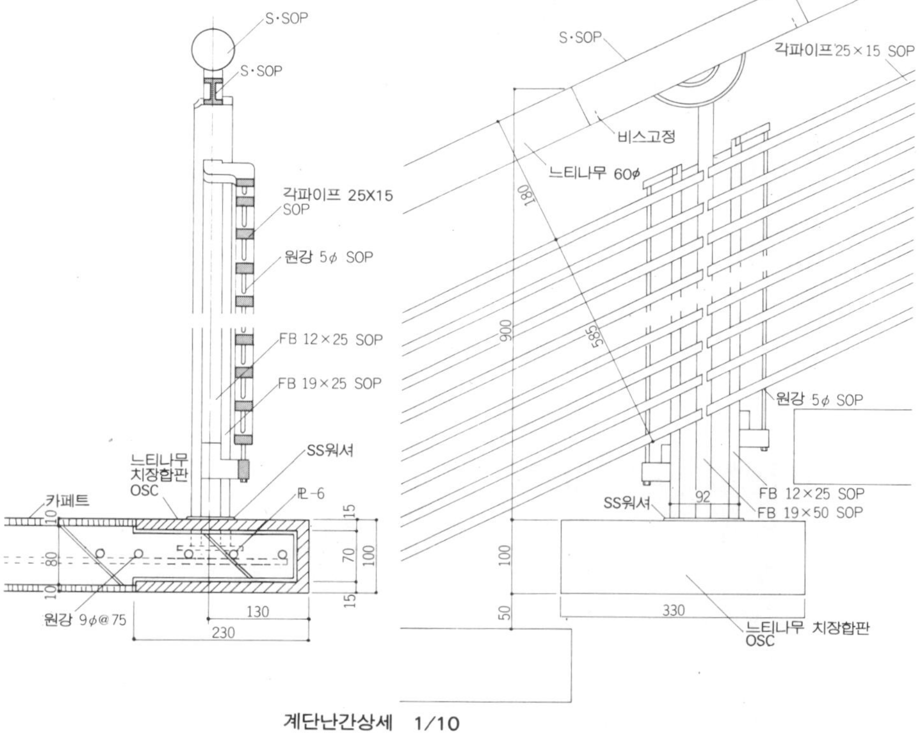

계단난간상세 1/10

계단에 의한 드라마틱한 공간 연출은 특히 바로크 건축 특유의 것으로 단순히 상하층을 연결하는 장치로서의 계단이 아니라 연출 장치로서 계단을 설치하고, 나아가 절충식 디자인으로까지 도전한 것이다. 스텝을 1단씩 띄워 발모양의 난간동자를 가볍게 다룬 가운데 직선적인 일본식 요소를 집어넣어 회랑을 에워싼 보이드 공간 속에 비대칭의 위치에 계단을 배치하고, 표구, 샹들리에와 삼위일체의 밸런스를 도모하였다.

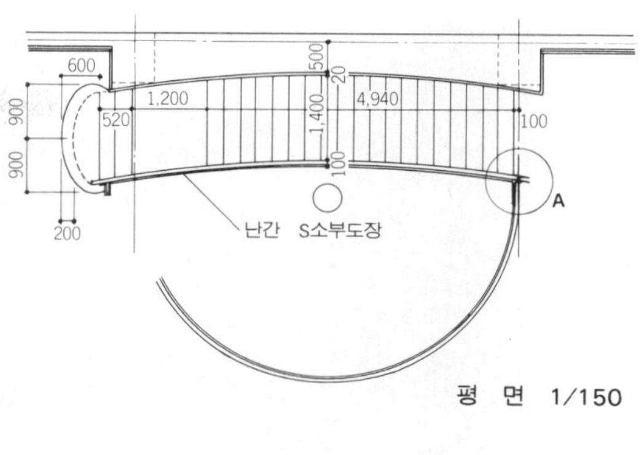

평 면 1/150

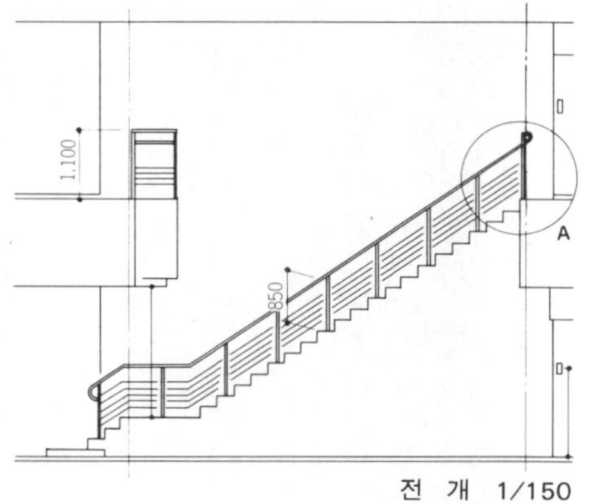

전 개 1/150

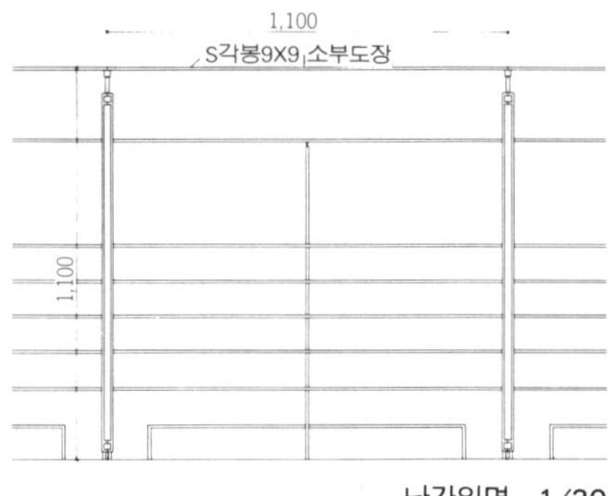

난간입면 1/30

S각봉9X9 소부도장

45
9
S·FB 4×12
굽힘가공
소부도장
70
32
S각봉 9X9
소부도장
6 20 6
32
32
1,100
1,100
S·FB
6×32
소부도장
6,6,6
32
25

난간상세 1/4

이 건축물의 상징적인 공간이라 할 수 있는 상하층을 연결하는 보이드 공간은 중심에서 있는 독립 기둥의 머리부에서 떨어지는 부드러운 빛으로 둘러싸여 그 상징성이 보다 강조되고 있다. 이 곳은 사람이나 상품, 여러 가지 물건이 이 빛 속에서 밀접하게 관련을 갖는 장소이며, 계단, 난간, 걸레받이 등 각각의 부위는 그들의 관련을 소외되지 않도록 주의깊게 검토를 하였다. 특히 스틸의 평강을 조합하여 구성한 난간은 이 보이드 공간에 섬세한 이미지를 가져와 안정된 공간을 연출하는데 일조를 하고 있다. 계단의 단을 모따기 한 평강도 매우 가늘게 하여 방문하는 사람에게 적당한 긴장감을 주어 공간 전체를 긴장시키는 것으로 하였다.

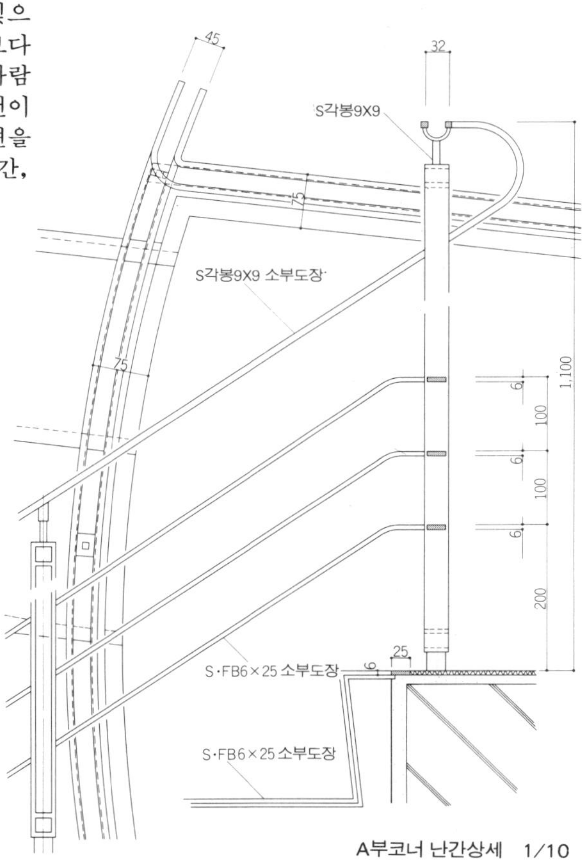

A부코너 난간상세 1/10

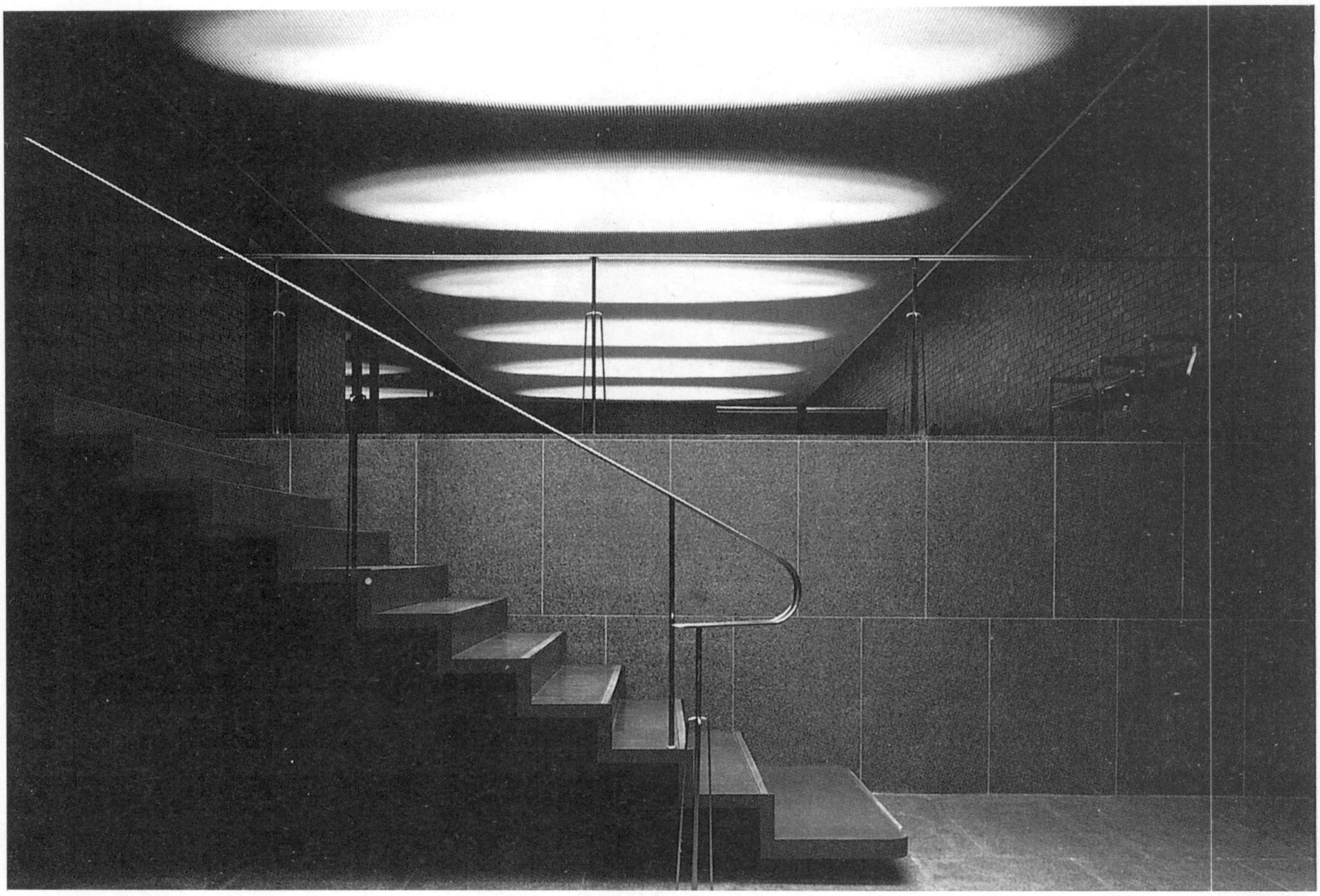

그 곳은 검은 돌을 깐 바닥과 벽돌풍의 자기타일로 구성된 정숙한 공간이다. 엔트런스홀에서 로비로 연결되는 이 공간에 천사의 진홍색 비단옷이 춤추며 내려오고, 그것은 마치 아주 옛날부터 있었던 것처럼 그대로 머물고 있다는 생각이 들게 하는 계단이다.

평 면 1/100

A부상세 1/10

B부상세 1/10

C부상세 1/4

계단모양도 1/100

단 면 1/20

D부상세 1/4

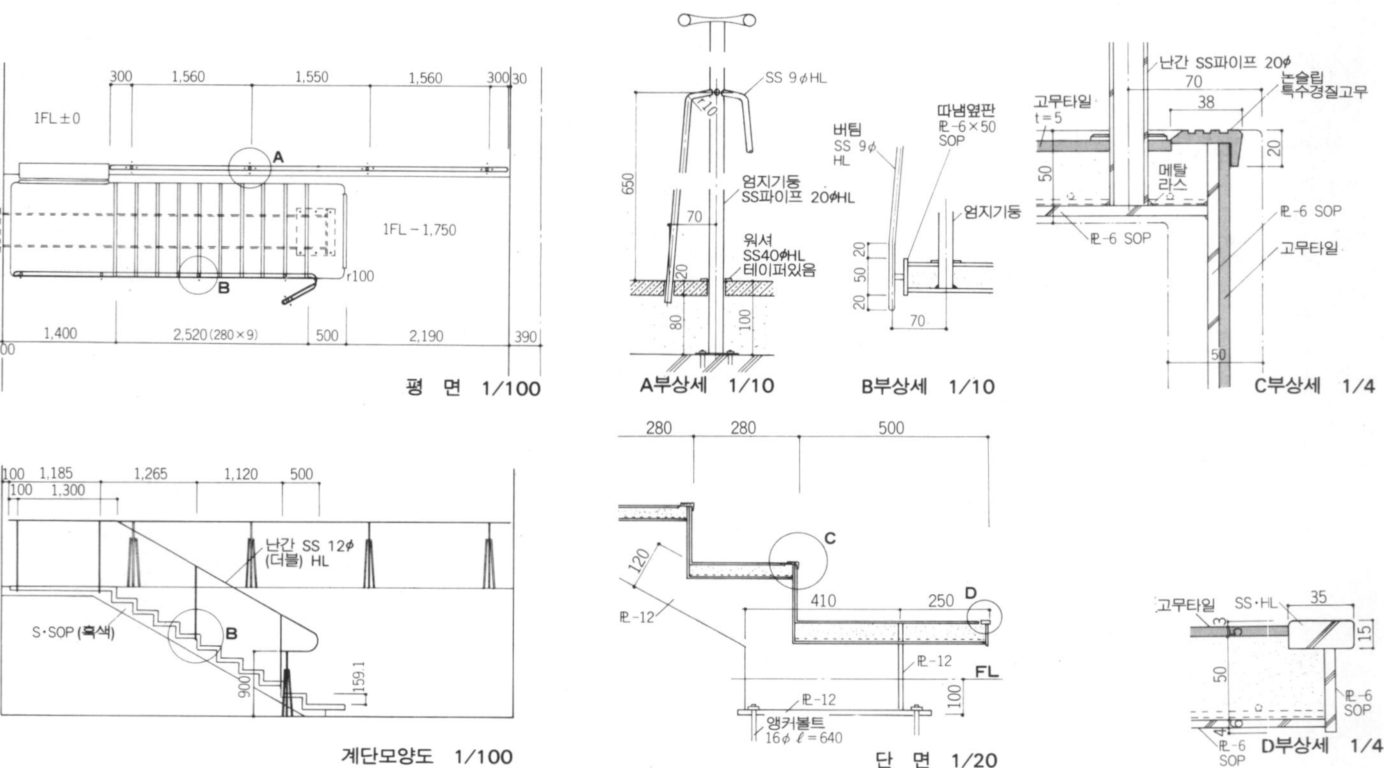

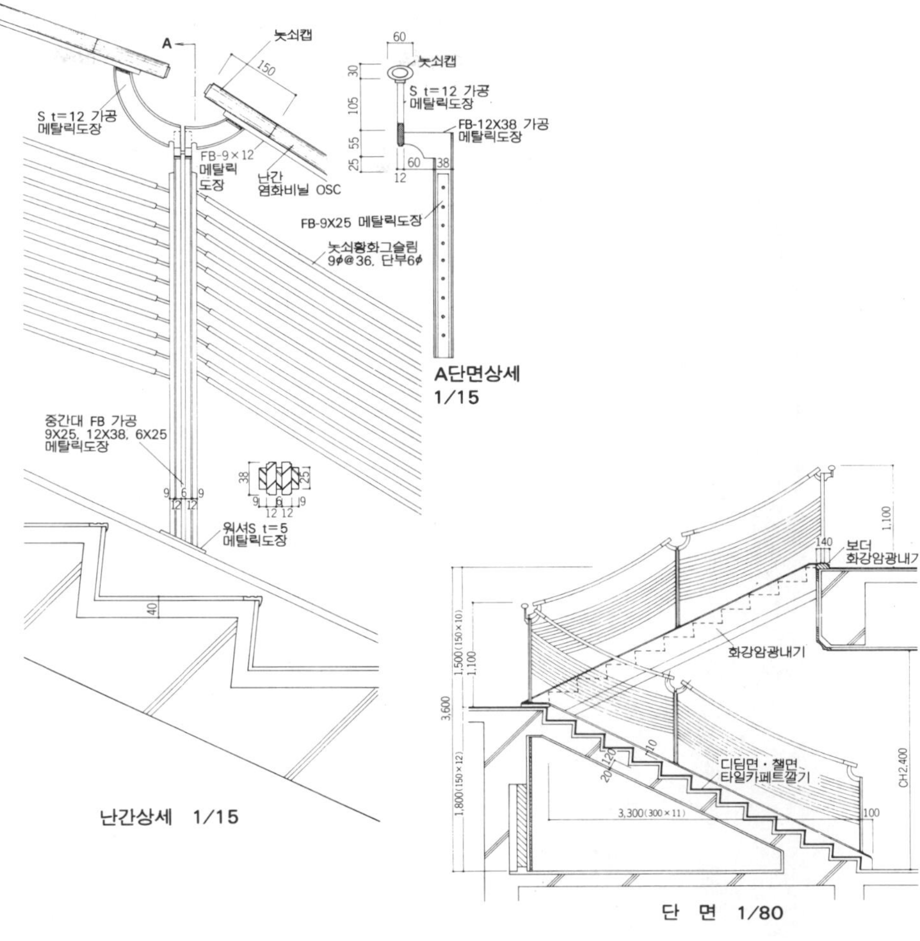

계단의 정경

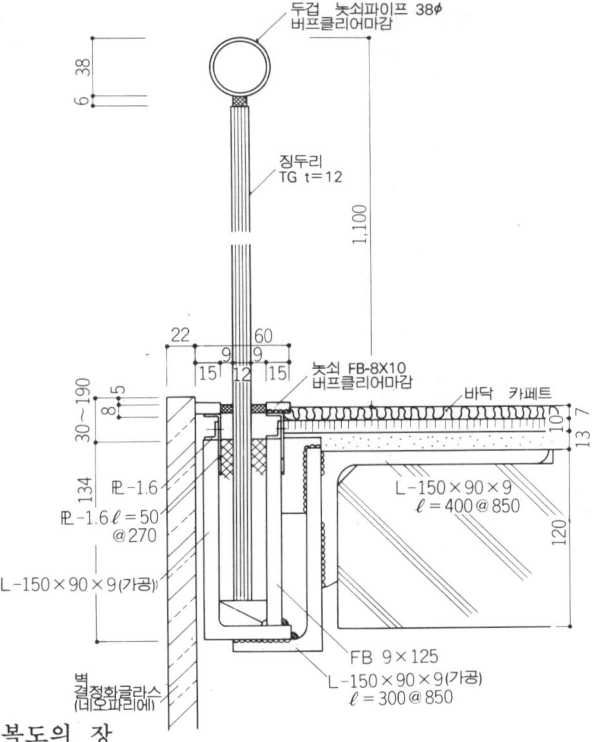

난간단면상세 1/6

깨끗한 환경에 어울리는 하이터치 감각의 홀을 목표로 한 것이다. 이 포인트인 계단의 난간은 가는 놋쇠파이프와 강화유리로 구성하여 벽면과 조화시켜 분위기를 시도하였다. 2층 복도의 장식면 격자는 난간과 방연 내림벽을 겸한 것으로 보여주는 연구소의 이미지업을 겨냥하였다.

이 대학 도서관은 학부도서관, 이공도서관, 연구 도서관의 3개로 구성되어 있다. 비교적 이용 빈도가 높은 학부도서관과 이공도서관을 아랫층부에 모으고, 각각의 계단에 의해 어프로치하도록 설계하였다. 1층의 엔트런스홀에서 각각의 공간이 연속적인 일체로 연결되도록 보이드 공간을 두고, 그 속에 계단을 배치하고 있다. 이들의 계단은 이 보이드 공간을 보다 효과적으로 연출하는 것을 의도해서 1개의 견목의 난간을 강화유리에 의해 따낸 옆판으로 공중에 띄워서 설치하여, 시각적인 공간의 넓이를 갖도록 하였다. 또「놓는다」,「지지한다」,「매단다」라는 3개의 구조적 방법을 병용해서 시각적인 변화와 분위기 연출을 도모하고 있다.

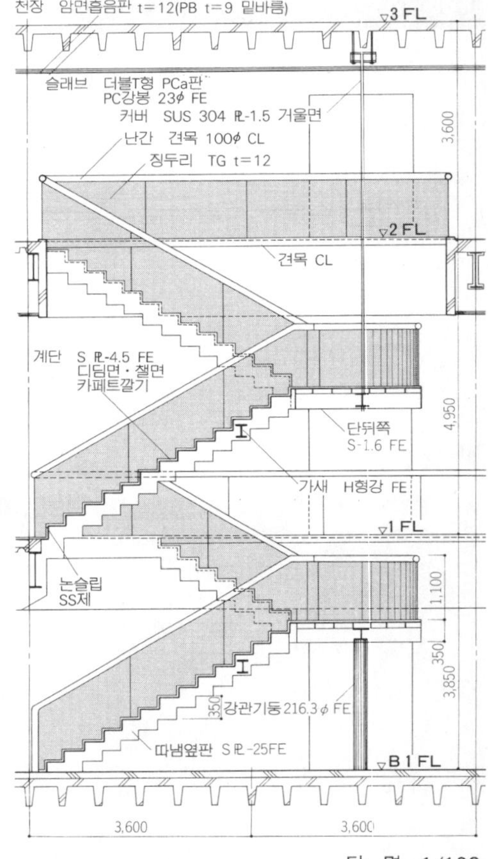

단 면 1/120

난간 견목 100φ CL
징두리 TG t=12
300
TG 최상부
글라스조인트
실리콘계 시일
120 180
그레이딩
실리콘계 시일
▽TG 최하부
틀 S PL-10
65
180
견목 CL
350
175
175
난간 견목 100φCL
100φ
10
40
실링
실리콘계 시일
12
6 6
디딤면 타일카페트깔기
TG t=12
87
30 12 25
10 10
견목 CL
30
145
S PL 10
2액성
우레탄
수지
천장 PB t=12
EP II
87
따냄옆판
S PL 25 FE

계단상세 1/10

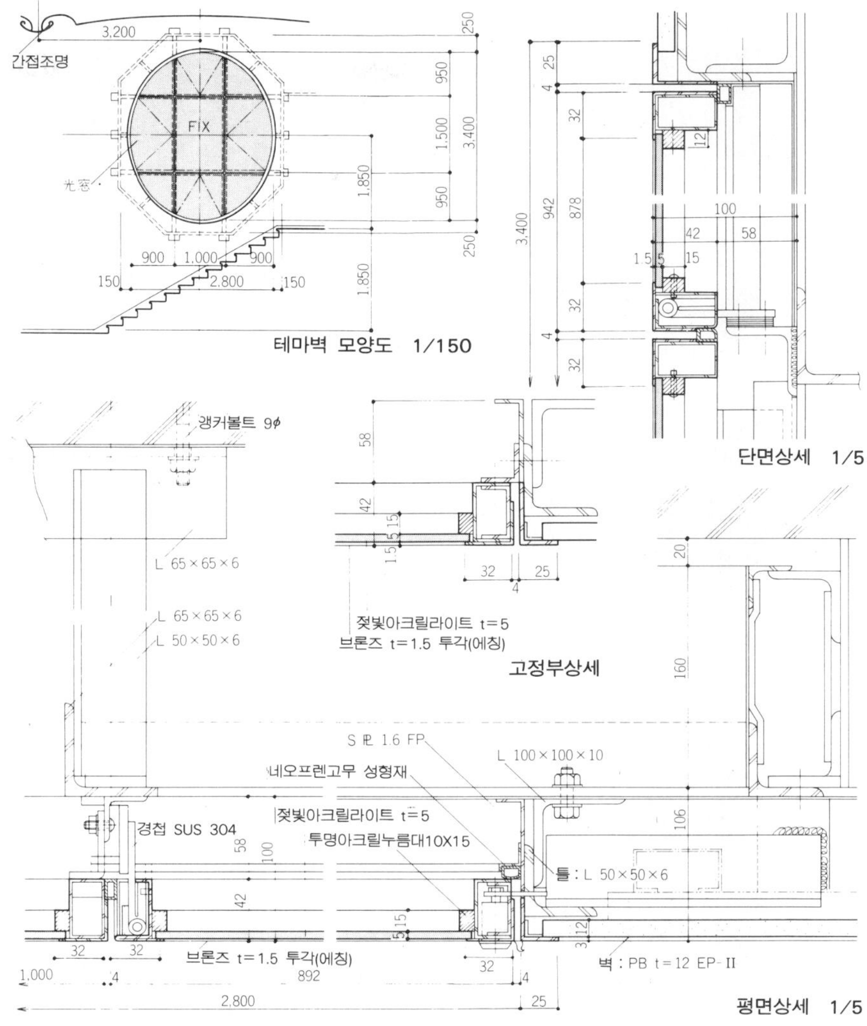

테마벽 모양도 1/150

단면상세 1/5

고정부상세

평면상세 1/5

이 건축물은 패션 갤러리로서 기획·완성된 것이다. 준공시의 빌딩 이름 「시그너스」란 고대 그리스 신화에서 전해지는 백조좌를 의미하며, 테마는 이 백조좌를 모티브로 짠 레이스를 표현한 것이다.

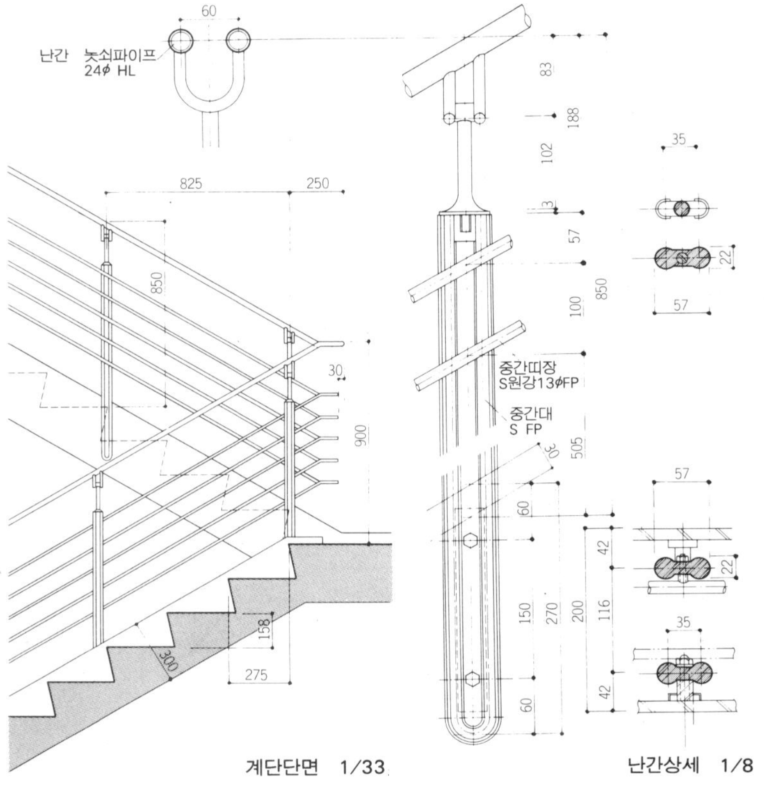

계단단면 1/33

난간상세 1/8

도시 변두리의 조용한 장소에 이 이탈리안 레스토랑이 있다. 파리의 카페코스타의 클라이언트인 기분이 들도록 스타르크에 이 일을 의뢰하였다. 지하로 아랫홍예다리를 건너면 리셉션이 있고, 다시 바로크적인 큰 계단을 내려가면 레스토랑 플로어에 도달한다. 2층의 보이드는 붉은 벨벳과 마호가니로 내장된 매우 기분이 좋은 공간이다. 남녀의 화장실은 자색의 스모크 글라스로 칸막이되어서 건너편에 있는 사람의 인기척이 감지된다. 원형의 대리석에서 돌출한 카운터도 이 스크린으로 2등분되며, 보울은 존재하지 않고 수하 부분의 배수구멍과 마주보는 수전이 있을 뿐이며, 수전에서 나오는 물은 직접 배수구멍으로 떨어지도록 된 이 카운터의 매끄러운 디자인이다.

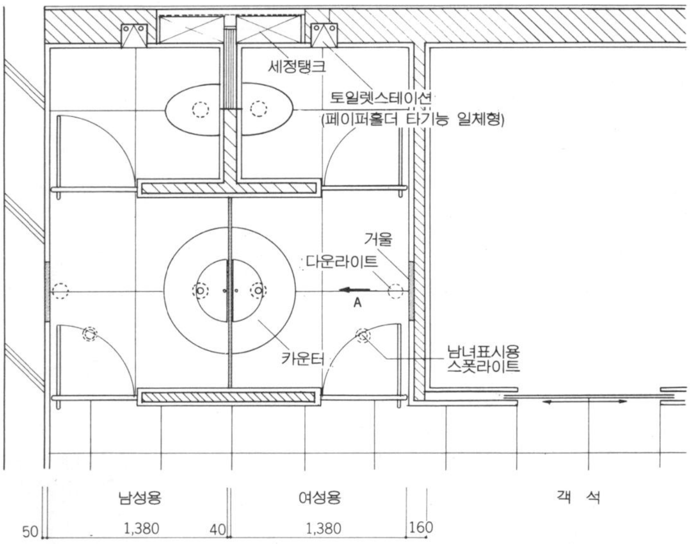

세정탱크
토일렛스테이션
(페이퍼홀더 타기능 일체형)
거울
다운라이트
A
카운터
남녀표시용
스폿라이트
남성용
여성용
객 석
50 1,380 40 1,380 160

토일렛주위평면 1/60

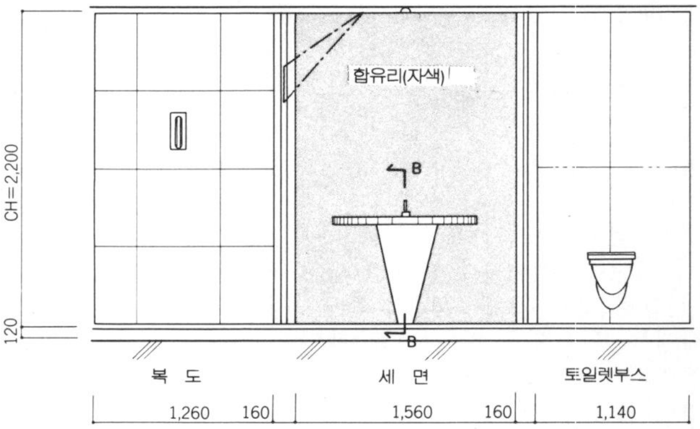

CH=2,200
120
합유리(자색)
B
B
복 도
세 면
토일렛부스
1,260 160 1,560 160 1,140

A방향전개 1/60

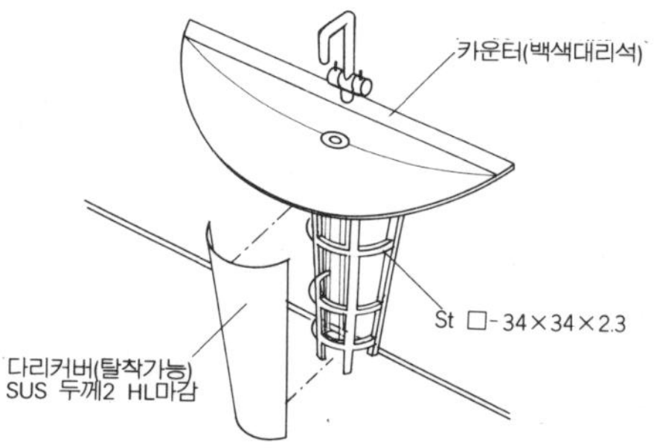

카운터(백색대리석)
St □-34×34×2.3
다리커버(탈착가능)
SUS 두께2 HL마감

500
250
40
730
SUS 두께2 HL마감
흑색화강석 물갈기
80

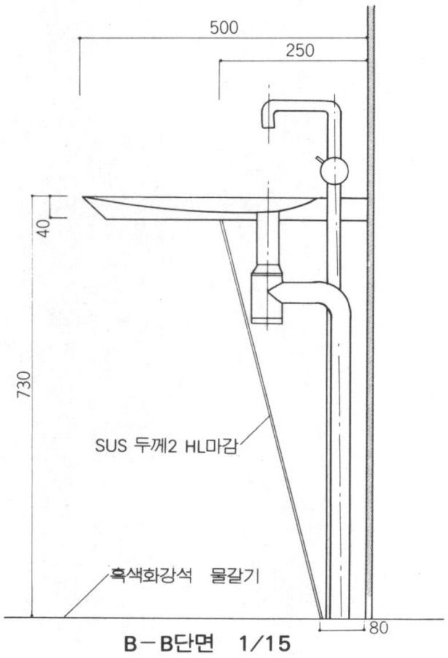

B－B단면 1/15

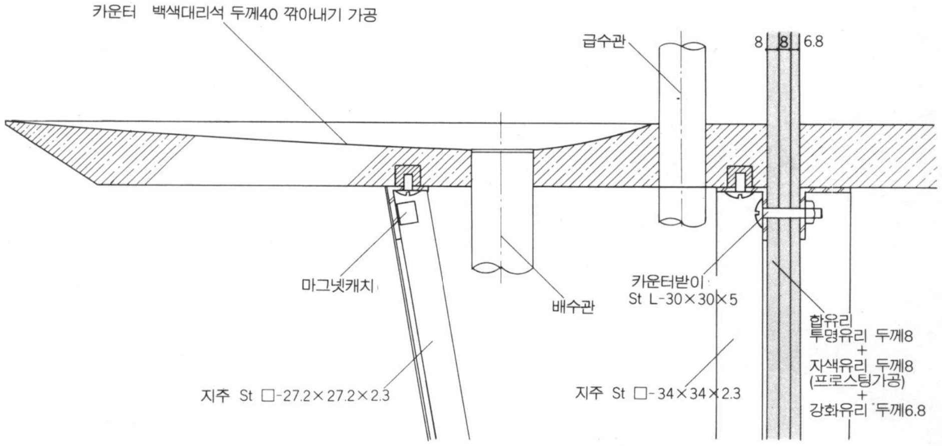

카운터 백색대리석 두께40 깎아내기 가공
급수관
8 8 6.8
마그넷캐치
배수관
카운터받이
St L-30×30×5
지주 St □-27.2×27.2×2.3
지주 St □-34×34×2.3
합유리
투명유리 두께8
+
자색유리 두께8
(프로스팅가공)
+
강화유리 두께6.8

카운터단면상세 1/15

이 오피스는 쇼룸이나 게스트룸이라는 성격이 강해 토일렛을 오피스 외부로 나오게 하여 엘리베이터홀 안에 배치한 것으로 토일렛 부스라고 느껴지지 않는 환상적인 디자인이다. 부스는 패션으로서의 효과를 겨냥해서 상당히 어두운 상태이다. 화장실에서 손을 씻는다고 생각하면 세면카운터의 보울을 반드시 필요로 하지는 않지만 그 특유의 텍스추어가 이 어두움 속에서 광택을 갖고 현저하게 눈에 띄도록 하고 있으며, 테라조 카운터 위에는 수량조절 다이얼과 물이 튀는 것을 방지하는 소재감있는 필터용 알루미늄 발포재를 사용한 배수구멍만을 설치하였다. 어두운 공간에서는 그 존재가 지워진 환상적 부스에 어울리게 추상적 디자인의 카운터로 되어 있다.

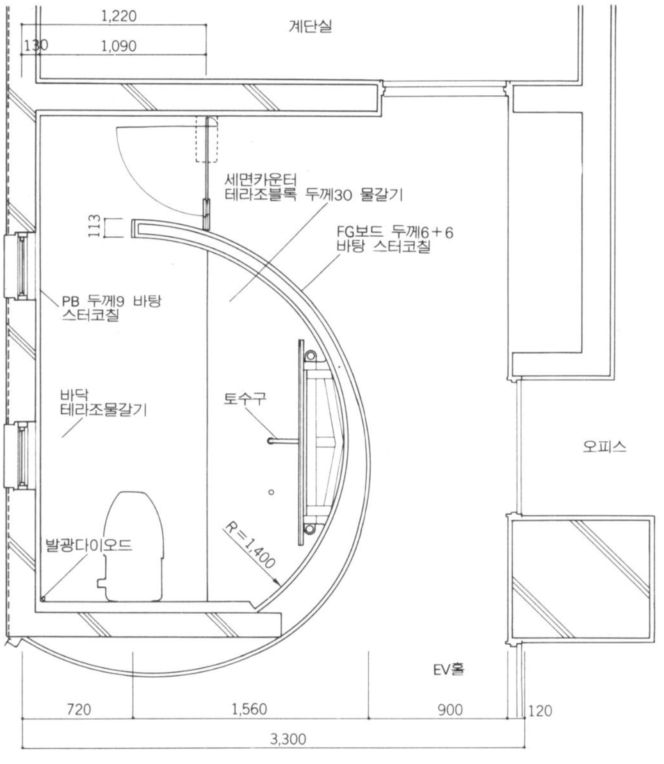

1,220
130 1,090
계단실
세면카운터
테라조블록 두께30 물갈기
113
FG보드 두께6+6
바탕 스터코칠
PB 두께9 바탕
스터코칠
바닥
테라조물갈기
토수구
오피스
R=1,400
발광다이오드
EV홀
720 1,560 900 120
3,300

토일렛주위평면 1/50

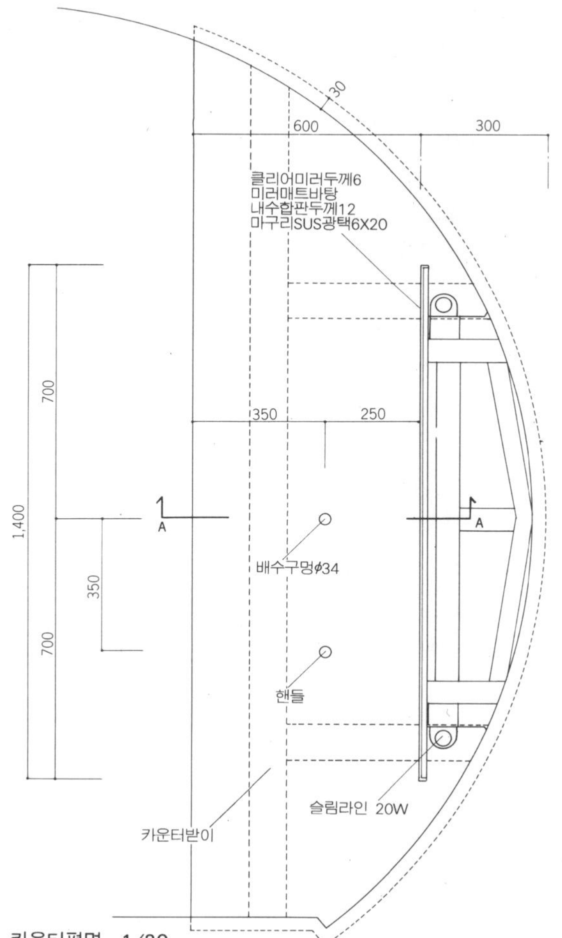

30
600 300
클리어미러두께6
미러매트바탕
내수합판두께12
마구리SUS광택6X20
700
1,400
350
700
350 250
A A
배수구멍ϕ34
핸들
슬림라인 20W
카운터받이

카운터평면 1/20

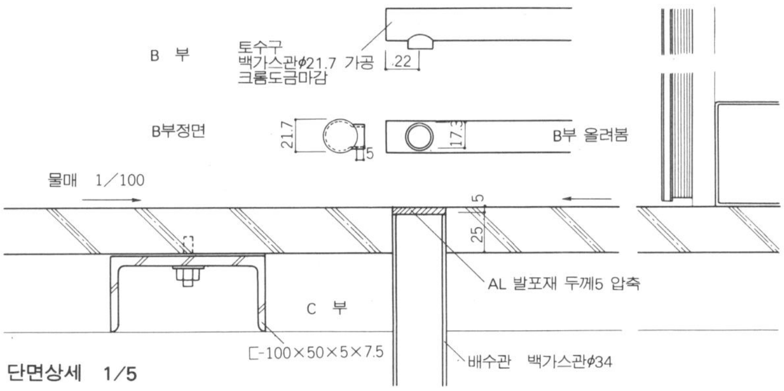

B 부
토수구
백가스관ϕ21.7 가공
크롬도금마감
22
B부정면
21.7
5
17.3
B부 올려봄
물매 1/100
5
25
AL 발포재 두께5 압축
C 부
⊏-100×50×5×7.5
배수관 백가스관ϕ34

단면상세 1/5

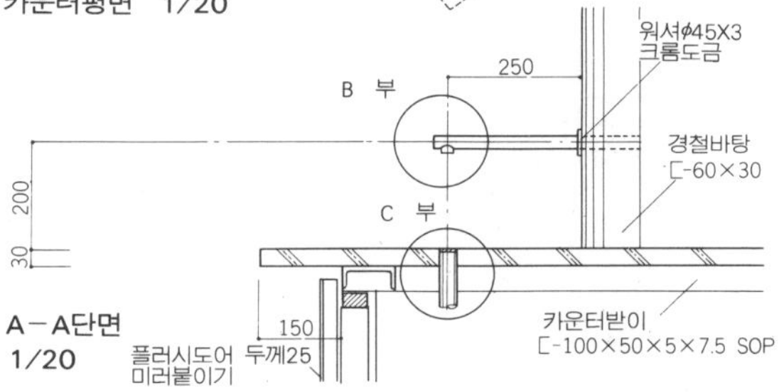

B 부
250
워셔ϕ45X3
크롬도금
경철바탕
⊏-60×30
200
30
C 부
150
플러시도어 두께25
미러붙이기
카운터받이
⊏-100×50×5×7.5 SOP

A-A단면
1/20

젊은 음악가의 생활의 장소이며 스튜디오에서도 있는 유니트를 기본으로 하여 퍼블릭 스페이스를 넓혀서 외부에 대한 연주회 등이 가능한 공간이 되도록 프로그램이 작성되었다. 연립주택의 우물가와 같은 오픈 스페이스의 중심으로서 우물의 역할을 하는 수돗가를 코트의 중심에 만들었다. 일상적으로 사용한다는 것에서 수돗가의 개념을 구현화한 것으로 보울이나 수도꼭지를 제외한 모든 것을 투명한 소재로 하고 있다. 투명한 천판과 수전, 스테인레스 커버의 설치, 배수관과 커버의 설치 등 매우 심플한 아무림이다. 트랩 화장실로서의 글라스 박스는 결로 방지를 위해 진공으로 한 것을 콘크리트 위에 세트하여 높은 정밀도로 아름다운 디테일을 실현하고 있다.

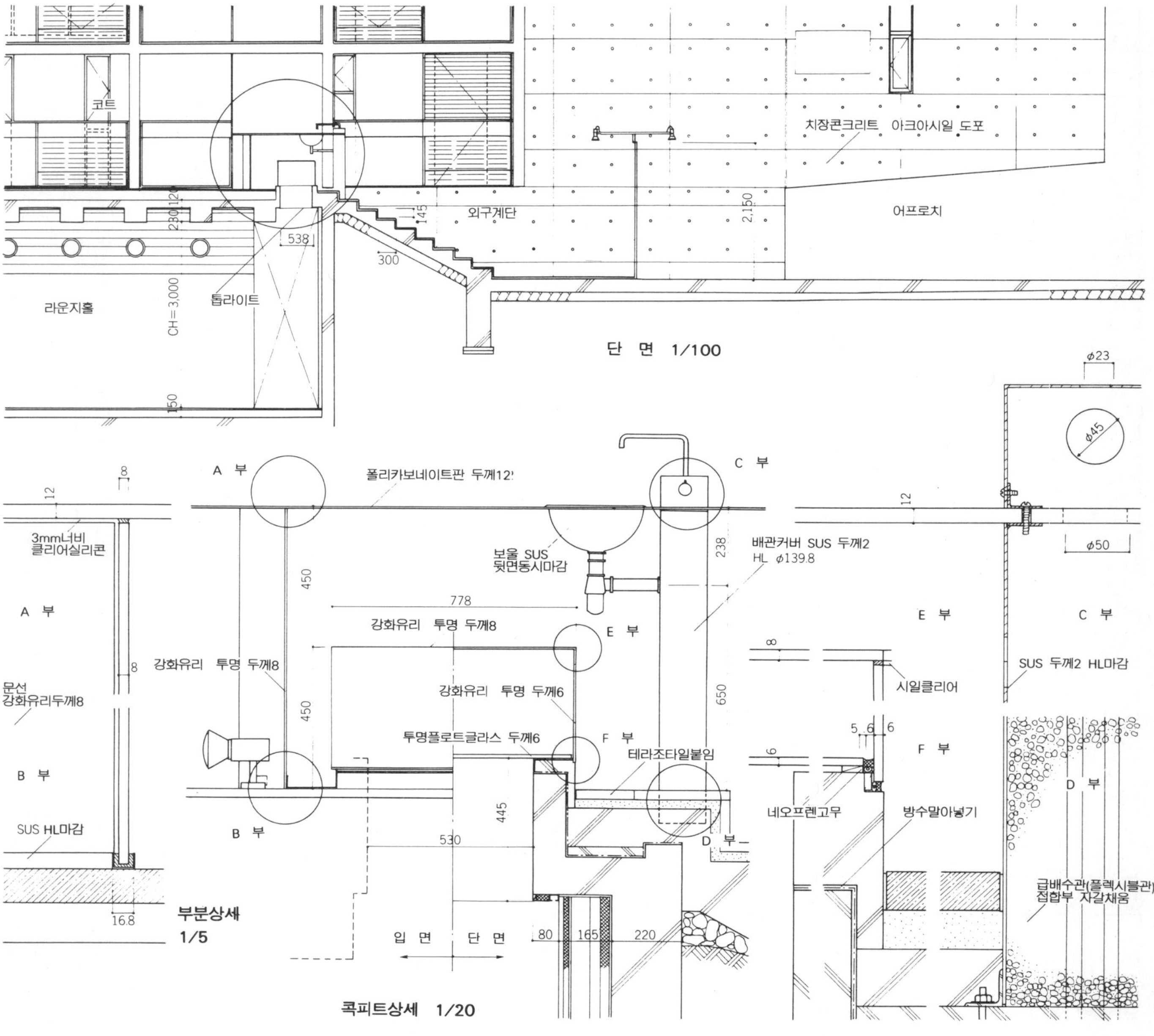

코트
치장콘크리트 아크아시일 도포
외구계단
어프로치
라운지홀
톱라이트
538
300
145
2,150
CH=3,000
150

단 면 1/100

A 부
B 부
3mm너비 클리어실리콘
문선 강화유리두께8
강화유리 투명 두께8
SUS HL마감
16.8
8
12

부분상세 1/5

폴리카보네이트판 두께12
C 부
보울 SUS 뒷면동시마감
배관커버 SUS 두께2 HL ϕ139.8
778
강화유리 투명 두께8
E 부
강화유리 투명 두께6
투명플로트글라스 두께6
F 부
테라조타일붙임
D 부
238
450
650
445
530
80
165
220
입 면 단 면

ϕ23
ϕ45
ϕ50
E 부
C 부
SUS 두께2 HL마감
시일클리어
5 6 6
F 부
D 부
네오프렌고무
방수말아넣기
급배수관(플렉시블관) 접합부 자갈채움

콕피트상세 1/20

30m×30m의 만곡한 콘크리트의 슬릿이 끊긴 벽이 부지에 꽉 차게 세워진 건축물이며, 공적인 장소로서의 1층 갤러리와 8층의 바, 사적인 장소로서의 지하1층 프론트와 2층부터 7층까지의 객실이 대비적으로 이 벽의 배후에 들어 있다. 객실의 인테리어는 치장 콘크리트, 녹 마감 스틸, 알루미늄, 스테인레스, 글라스, 돌 등의 소재가 날카로운 에지를 보이는 디테일로 통일되어 있다. 이 세면 카운터는 거울의 모노리스로부터 캔틸레버의 스테인레스 보울과, 수평선을 강조한 글라스와 스테인레스의 플레이트로 구성된 객실의 같은 모양 에지의 효과가 있는 아무림의 디자인이다.

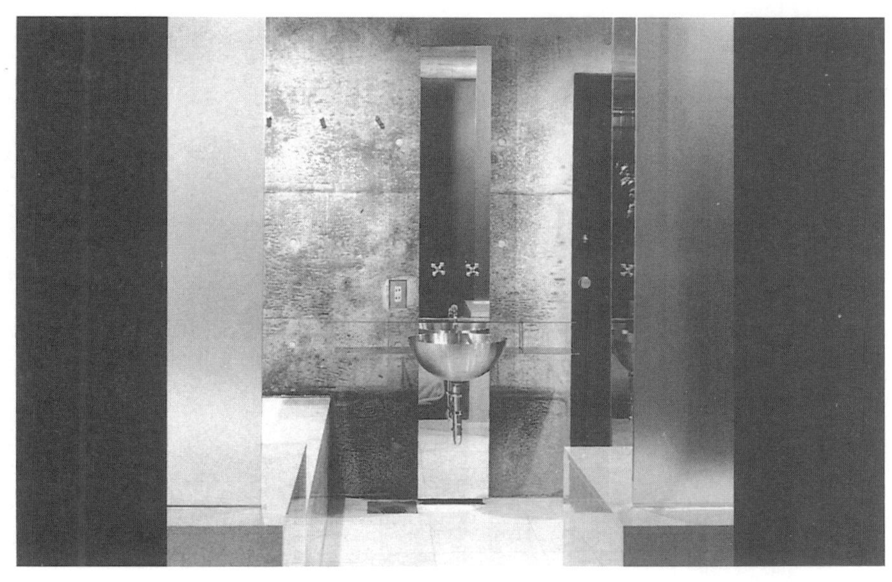

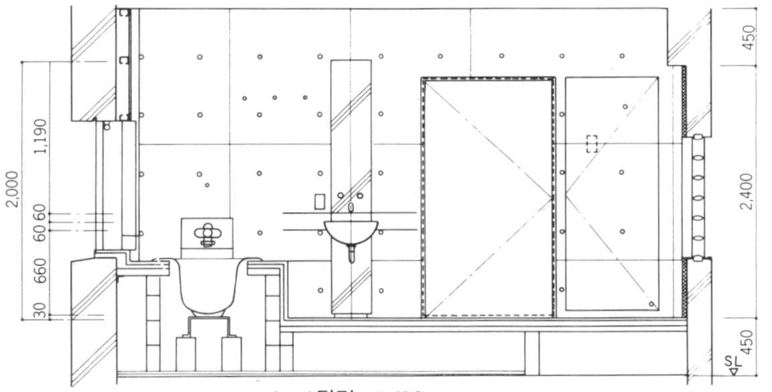

1,190
2,000
60
60
660
30
450
2,400
450
SL
A－A단면　1/60

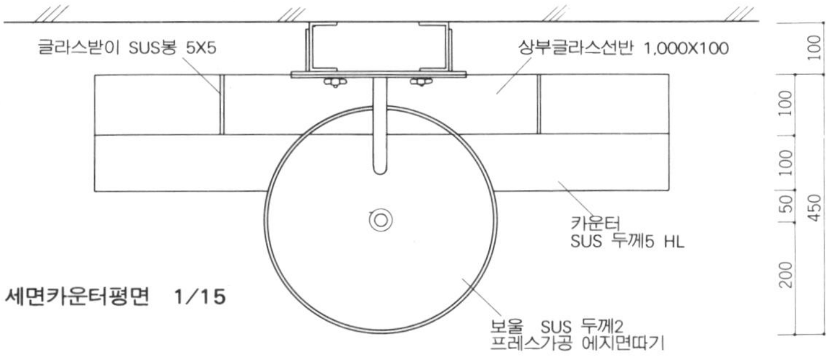

글라스받이 SUS봉 5X5
상부글라스선반 1,000X100
카운터
SUS 두께5 HL
보울　SUS 두께2
프레스가공 에지면따기
100
100
100
50
450
200
세면카운터평면　1/15

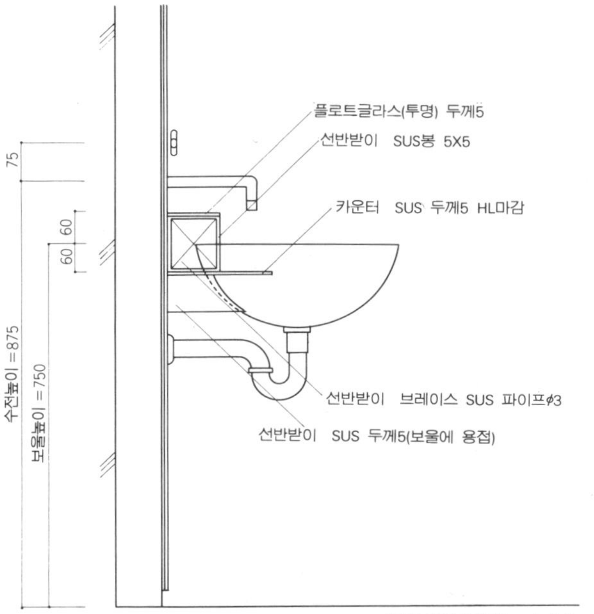

플로트글라스(투명) 두께5
선반받이　SUS봉 5X5
카운터　SUS 두께5 HL마감
선반받이　브레이스 SUS 파이프φ3
선반받이　SUS 두께5(보울에 용접)
75
60
60
수전높이＝875
보울높이＝750
세면카운터측면　1/15

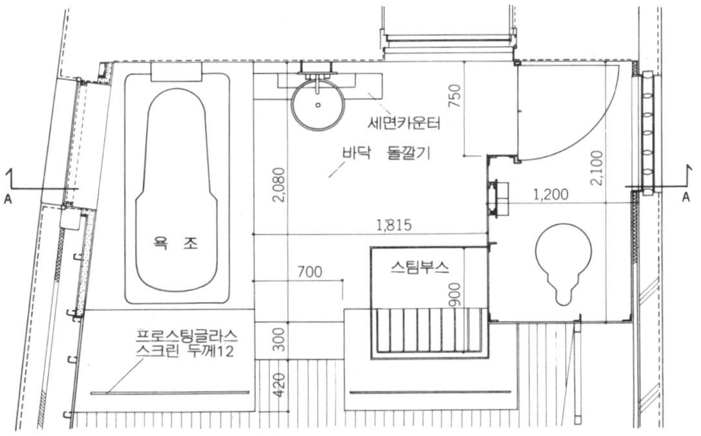

750
세면카운터
바닥　돌깔기
2,080
2,100
1,200
1,815
욕 조
700
스팀부스
900
프로스팅글라스
스크린 두께12
300
420
A
A
객실 물주변 평면　1/60

100
200
세면보울＋카운터
결합 전체용접
하이미러　방습처리
25
300
25
150
φ400
1,000
300
300
선반받이　SUS 두께5
거울설치바탕
St PL-3.2 OP (흑색)
바탕
St PL-3.2
홈형가공
세면카운터뒷면
1/15

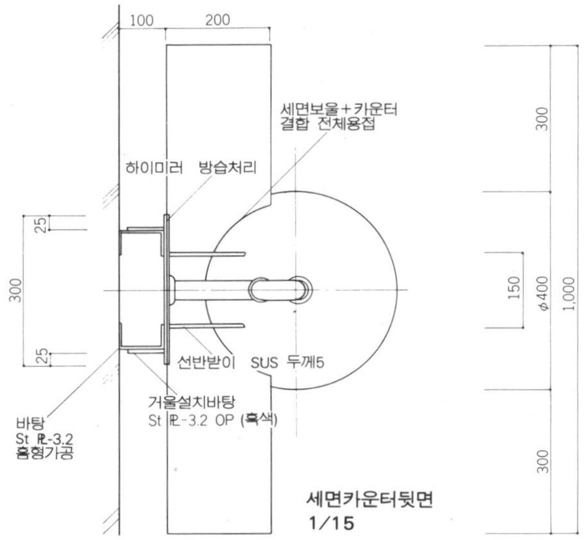

어패럴메이커의 건축물이나, 특별한 용도를 한정하지 않은 프로그램으로 되어 있다. 거리를 끼고 공원에 면한 교차점의 녹음이 풍부한 환경 조건의 부지에 세워진 이 건축물은 6.3m 그리드의 L형 평면의 5층 입방 격자와 반달형 평면의 입체가 조합된 형태로 되어 있다. 한 무리의 토일렛은 사용하는 사람의 1인 무대이므로 굳이 상대역으로 되어서 방문객을 환영하며 악수를 교환한다는 것으로 간주하여, 흰색을 기조로 한 공간의 중심에 사문암의 수세기가 놓여 있다. 손을 내밀면 조명이라고 생각된 통에서 물이 나오기 시작한다. 수세기는 위로부터의 빛으로 조명된 환상적인 것으로 추상적인 공간에 어울리는 디자인이다.

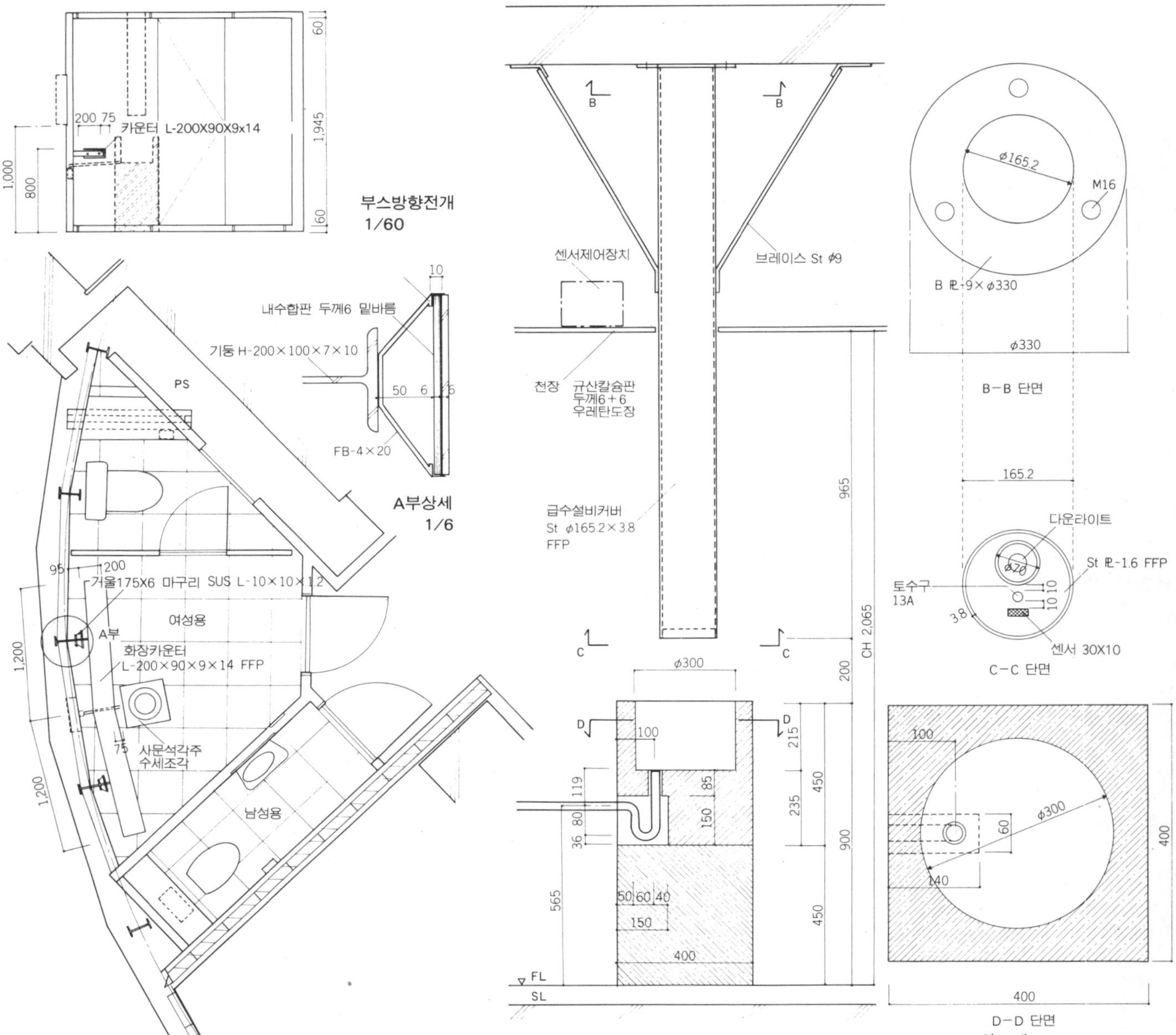

부스방향전개 1/60

카운터 L-200X90X9x14

A부상세 1/6

내수합판 두께6 밑바름

기둥 H-200×100×7×10

FB-4×20

화장카운터 L-200×90×9×14 FFP

거울175X6 마구리 SUS L-10×10×1.2

사문석각주 수세조각

여성용

남성용

토일렛주위평면 1/60

센서제어장치

브레이스 St ϕ9

천장 규산칼슘판 두께6+6 우레탄도장

급수설비커버 St ϕ165.2×3.8 FFP

세면대단면 1/20

B PL-9×ϕ330

B-B 단면

다운라이트

St PL-1.6 FFP

토수구 13A

센서 30X10

C-C 단면

D-D 단면

상 세 1/10

최근에는 기성품의 기구, 철물의 종류가 증가하여 선택의 자유도가 넓어졌으나 그래도 특수한 이미지를 갖는 기성품은 만족할 수 없는 단계이다. 특히 변기류는 상당히 복잡하며 또한 대형이기 때문에 오더메이드라고는 할 수 없으나, 수세기 등은 연구를 하여 여러 가지가 고려되며, 여기서 그 예를 나타낸다.

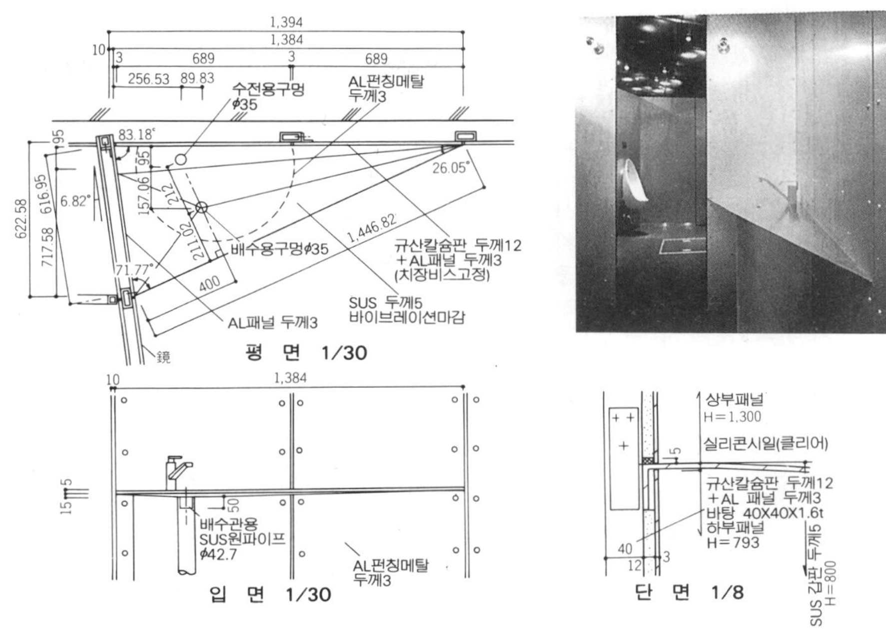

소규모인 자가용 빌딩 토일렛의 수세기이다. 1매의 판을 코너의 구석에 설치하고, 거기서 손을 씻도록 한 것으로 매우 심플한 디자인이다. 튀어오른 물이 바닥에 떨어진다거나 물줄기가 가늘기는 하지만 다소의 참을성만 있으면 이것이 바로 즐거움이다.

스테인레스후판을 갑판으로 사용하여 스테인레스 거울면 마감의 보울을 언더 카운터식으로 고정한 것이다. 공공 건축에서는 좀처럼 보울에 물을 받아서 사용하지 않는다는 점에서 여기서는「꼭지」로 처리해서 수세기로 한 것이다.

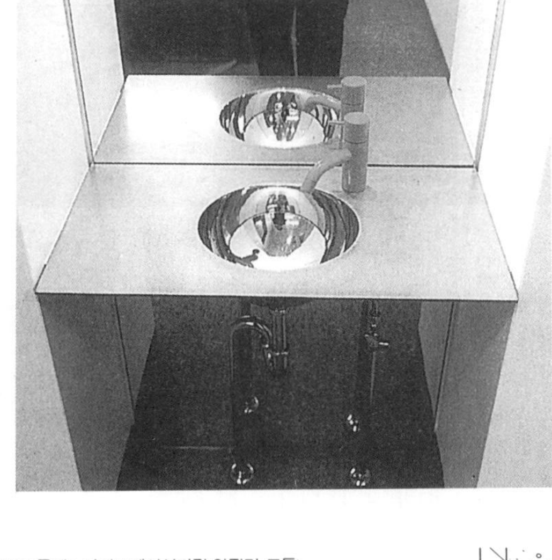

조명
거울
2,100
650
640
200
ϕ240
200
M8 홀인앵커고정(4개소)
철판 SUS 두께5 박리제 바이브레이션마감 (앞뒷면 모두)
급수관
설치철물 L-40X40X3 SUS 앵글 HL마감
750
거울
세면기 SUS 두께1.2 거울면마감 바깥쪽 바이브레이션마감
배수관

단 면 1/20

거울
꼭지용 천공ϕ28
천공ϕ240
ϕ40
ϕ56
284
350

평 면 1/20

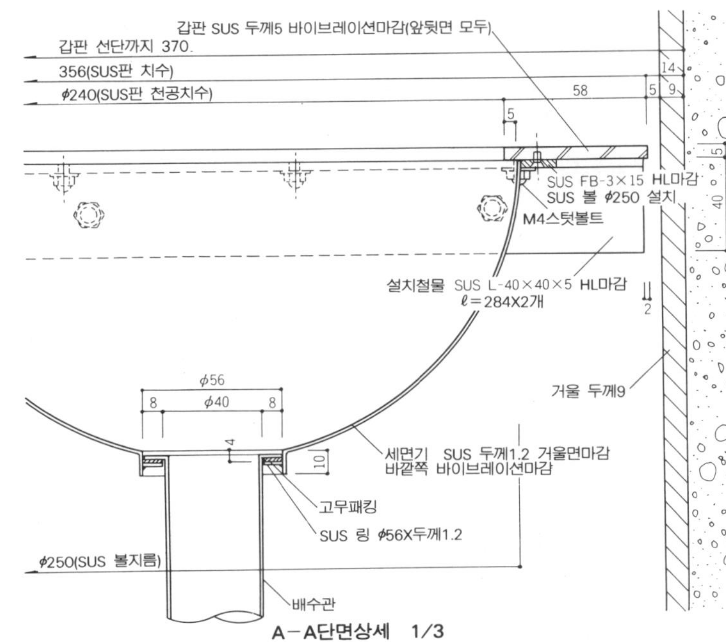

이것은 오더메이드의 극치라고 말할 수 있다. 수세기에 요구되는 기능을 새삼스럽게 정리한 것이다. 아름답게 유지하는 관리는 대단할지도 모르나, 디자인으로서도 거울이 4각이 아니고 수전의 레버를 대신해서 패달로 한 것이 평면으로 볼 때 각 물건에 각각의 의미있는 분위기가 각도에 따라 나타나는 등 작자의 의도를 느낄 수 있다.

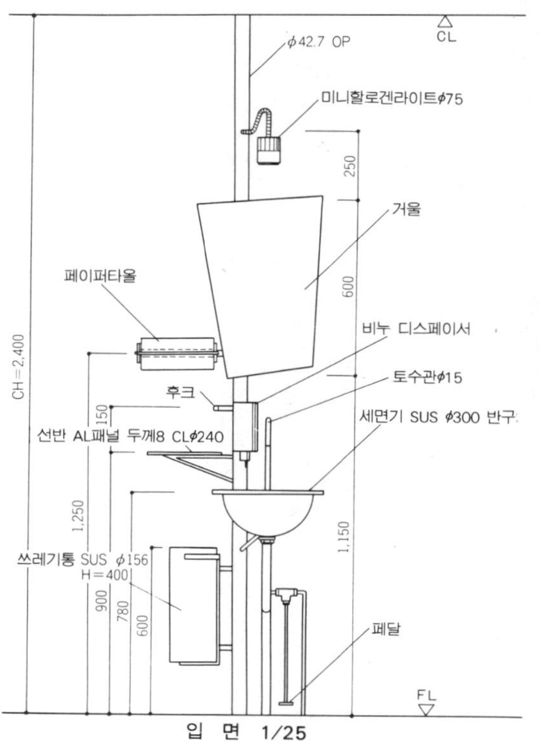

입 면 1/25

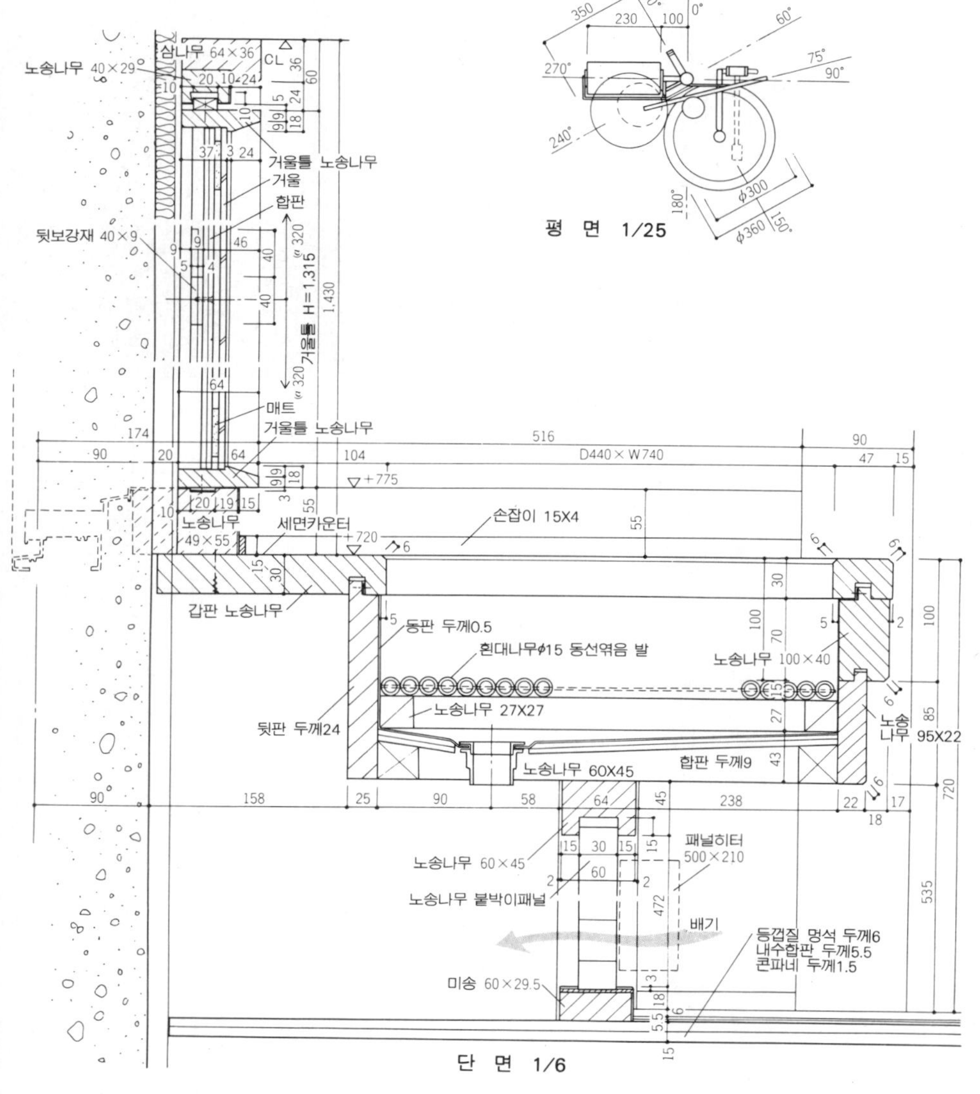

단 면 1/6

고급 일본식 호텔의 객실용 토일렛이다. 벽 설치 드라이어를 위시하여 하이그레이드한 장비를 갖추고, 그들이 일본식의 디자인 속에 자연스럽게 정리되어 있다. 이러한「흐름」스타일의 세면기를 고려할 때 물을 받아두는 장치에 노력을 하나, 여기서는 별도로「소독제의 보울」을 상비한다는 가장 청결한 방법으로 해결하고 있다.

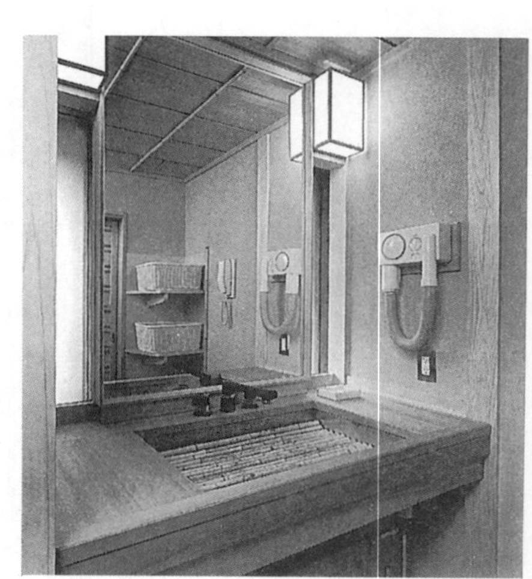

오피스빌딩의 토일렛도 다소 개선되었다고 할 수 있으나 아직도 쾌적한 곳은 적다. 마감재는 고급으로 하였으나 토일렛 속의 악취나 소리가 나는 흔하지 않은 예가 의외로 많이 있다. 오피스빌딩에서의 토일렛은 되도록 집약된 배치로 하는 것이 유효비에서 보더라도 바람직하다. 1인당의 바닥 면적을 9~10m^2 정도로 해서 바닥 면적에서 사람 수를 산출하고, 그 수와 남녀 비율로부터 소요 위생 기구 개수를 산정하는 것이 일반적이다. 오피스의 토일렛에도 이 사례와 같이 소요 설비를 부스 각각에 완비한 자기 완결형, 개실형 부스이며 단순 명쾌, 청결감이 있는 토일렛을 목표로 한 것이다. 이 경우 수세, 소변기 등의 존을 별도로 설치하여 결과적으로 공간 절약이라는 이점도 들 수 있다.

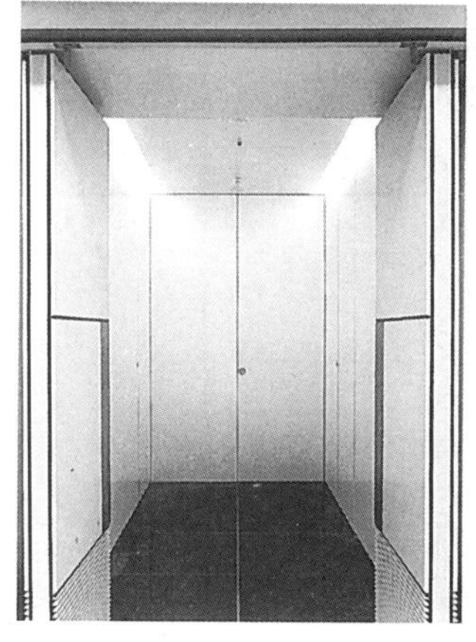

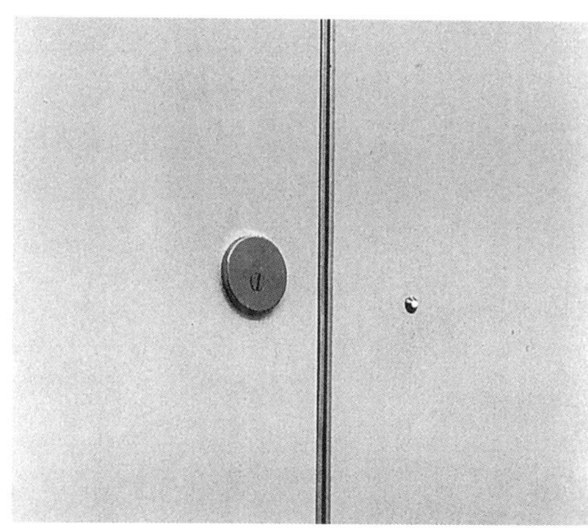

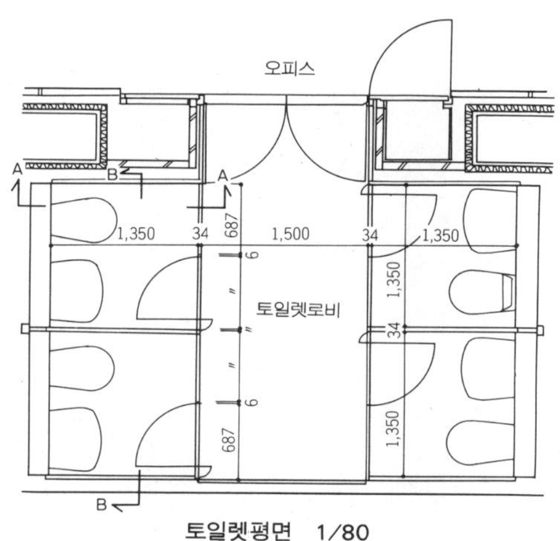

토일렛평면 1/80

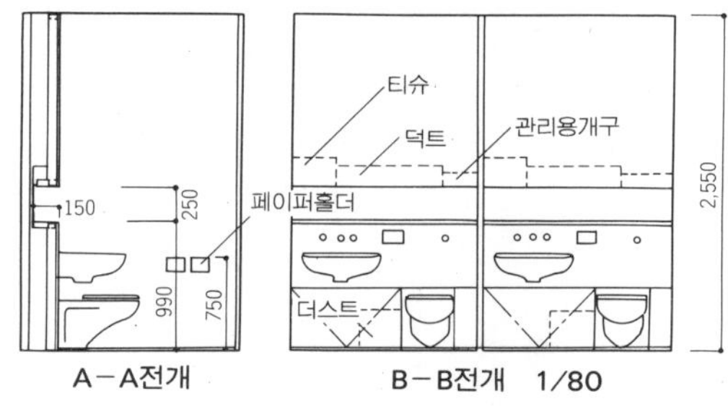

A－A전개　　B－B전개 1/80

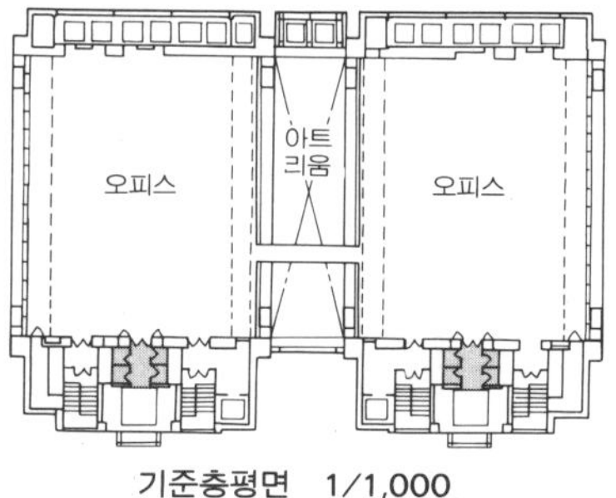

기준층평면 1/1,000

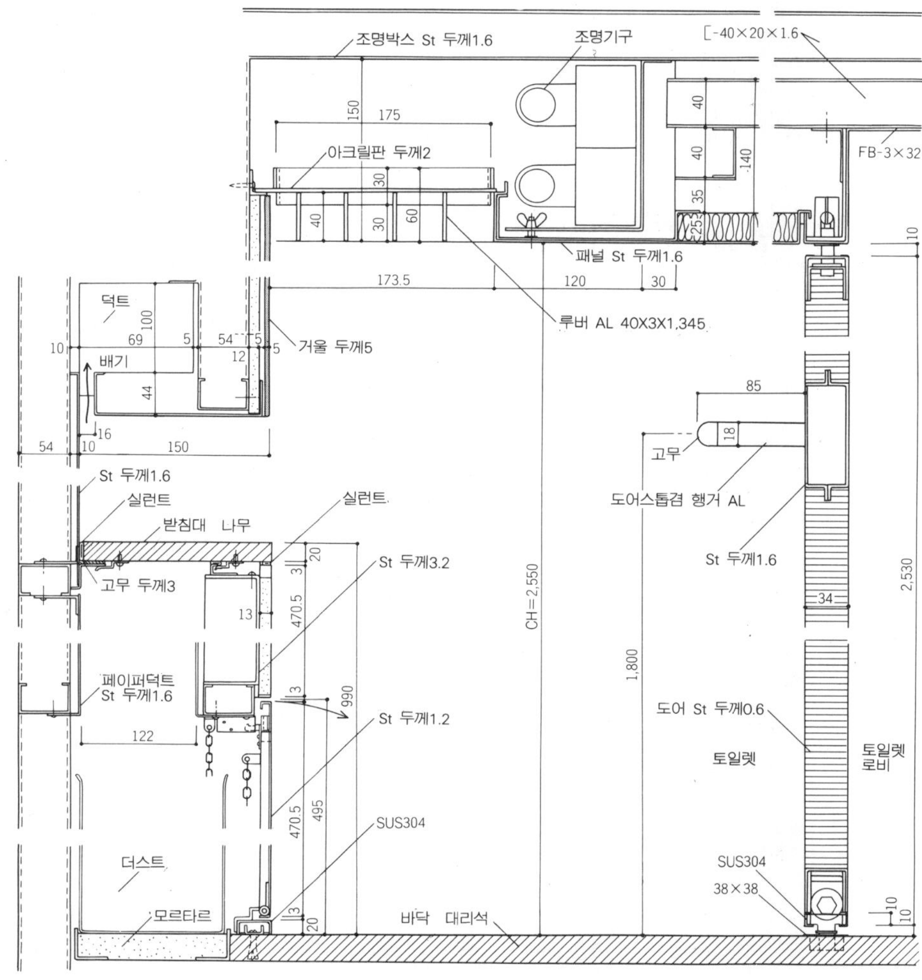

토일릿부스 A－A단면상세 1/6

전신욕 욕조단면 1/50

온천의 충분한 탕 속에 느긋하게 잠긴다. 탕이 솟아오르는 모습이 한층 분위기와 효과를 높이고 있다.

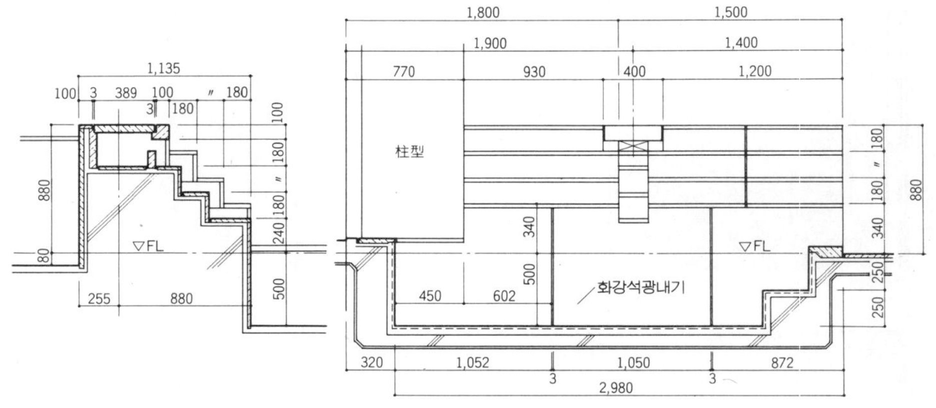

욕조단면 1/50

탕의 토수구를 리조트성이 있는 분위기를 갖는 전체의 디자인에 조화시킨다.

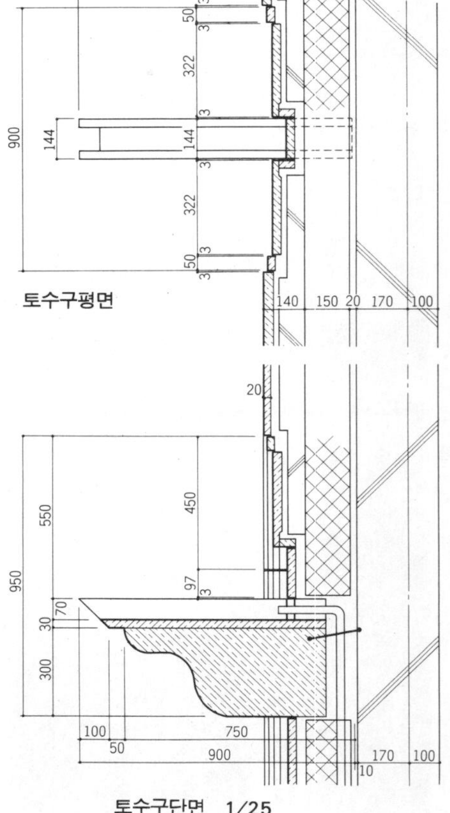

토수구평면

토수구단면 1/25

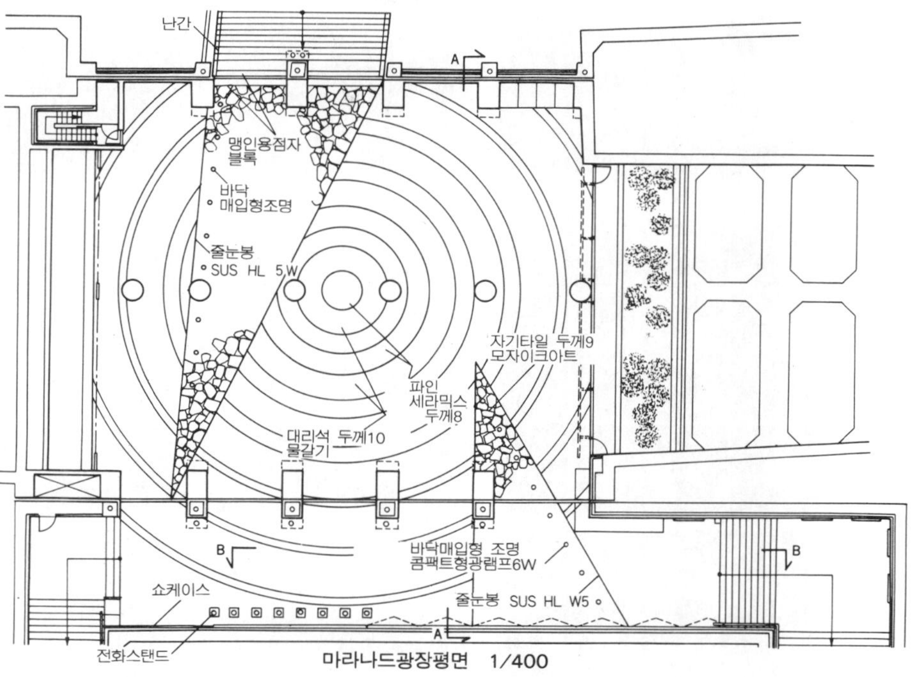

마라나드광장평면 1/400

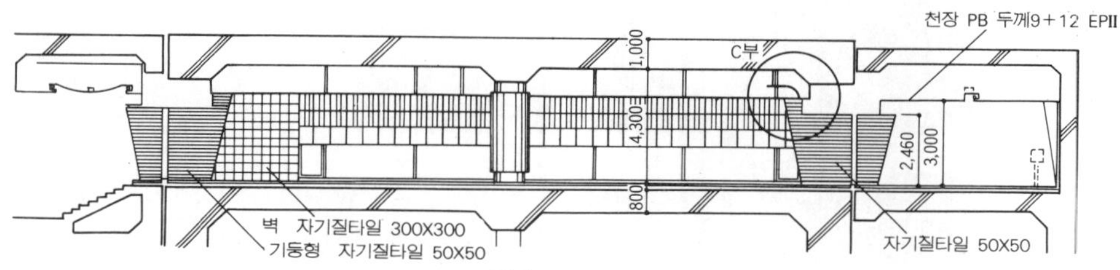

A-A단면 1/300

벽면의 일부는 프로스팅 가공을 한 미러그라스면에 메탈릭실버 도장의 본데라이즈드 강판이 떠올라 있으며, 천장으로부터의 월워셔의 반사광이 폐쇄된 지하 공간에 투명감을 부여하고 있다. 바닥면에 매입된 모자이크 형태의 자기타일은 각각의 반사광이 다르기 때문에 잔물결 효과를 일으켜 설계자가 의도한 「떠 있는 천장」과 함께 중앙 광장에 대한 구심적 효과를 강하게 하고 있다.

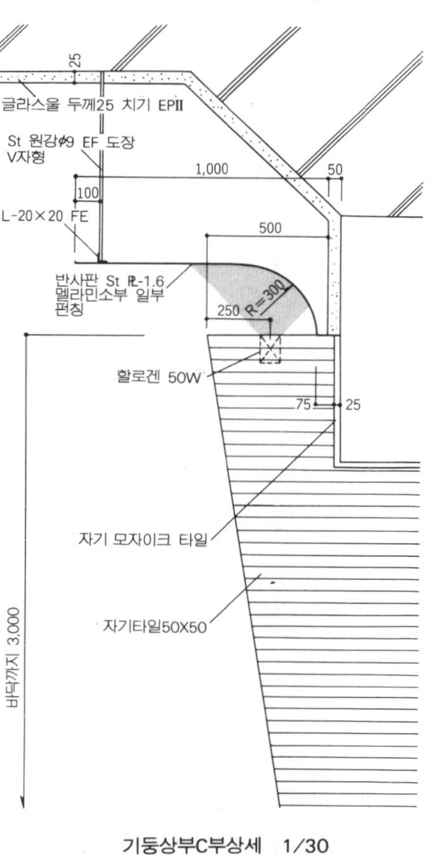

기둥상부C부상세 1/30

방문객을 따뜻하게 맞이하기 위해 바닥면 조도를 목적으로 하는 다운라이트와 천장면을 시각적으로 가볍게 치켜세우기 위한 간접 조명이 각각의 역할을 하고 있다.

여기서 사용되는 간접 조명은 3종류이나, 가장 시각적 인상을 강하게 어필하는 것이 2층 통로의 프로스팅 글라스를 비추는 간접광이다.

높이 1,700mm의 프로스팅 글라스벽의 하부에 매입된 형광등은 벽면 전체를 비출 뿐만 아니라 동시에 천장면에 오려낸 빛의 곡선을 그리고 있다. 통로에 대한 시각 조도를 취하면서 엔트런스부에서 쳐다볼 때 아름다운 풍경을 창조하기 위한 것이다. 또 바닥 매입의 조명 위에 발이 걸리지 않도록 누름틀이 경사지게 되어 있으며, 코스트다운을 위해 강화유리가 아니라 보통 유리를 사용한 2변 지지로 하고 있다.

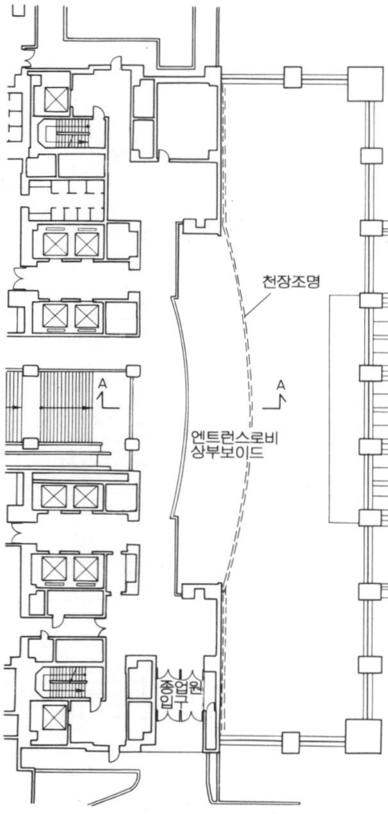

천장조명
캐노피
엔트런스로비 상부보이드
종업원 입구

엔트런스로비주위 2층평면 1/600

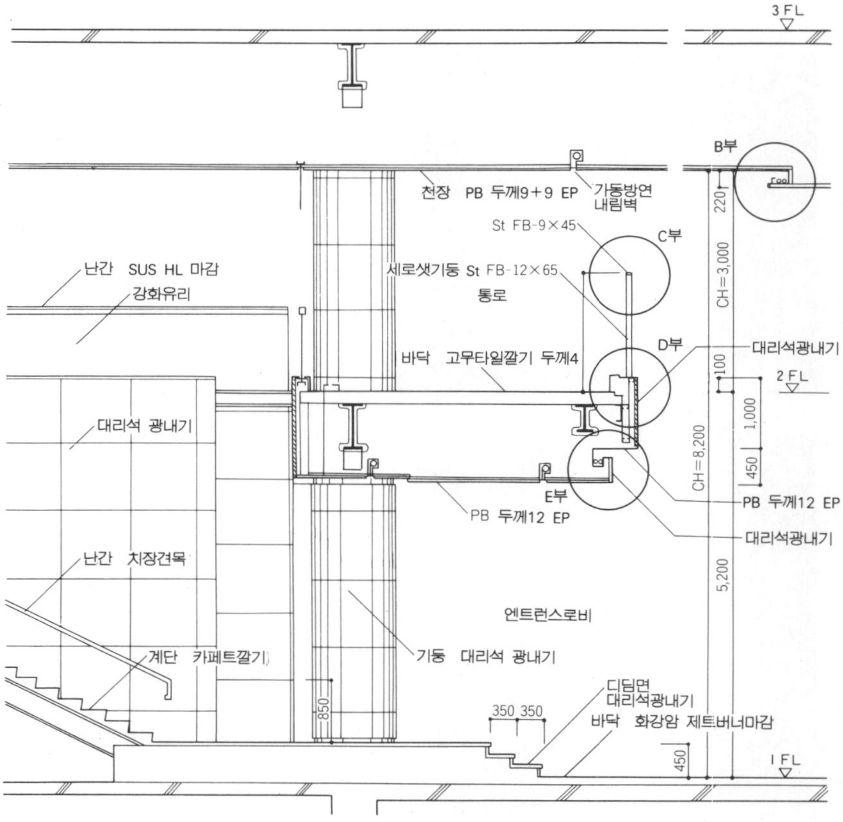

3FL
B부
천장 PB 두께9+9 EP
가동방연 내림벽
St FB-9×45
C부
난간 SUS HL 마감
강화유리
세로샛기둥 St FB-12×65
통로
CH=3,000
220
D부
대리석광내기
바닥 고무타일깔기 두께4
2FL
100
1,000
450
대리석 광내기
E부
PB 두께12 EP
CH=8,200
PB 두께12 EP
대리석광내기
난간 치장견목
5,200
엔트런스로비
계단 카페트깔기
기둥 대리석 광내기
디딤면 대리석광내기
350 350
바닥 화강암 제트버너마감
850
450
1FL

통로A－A단면 1/100

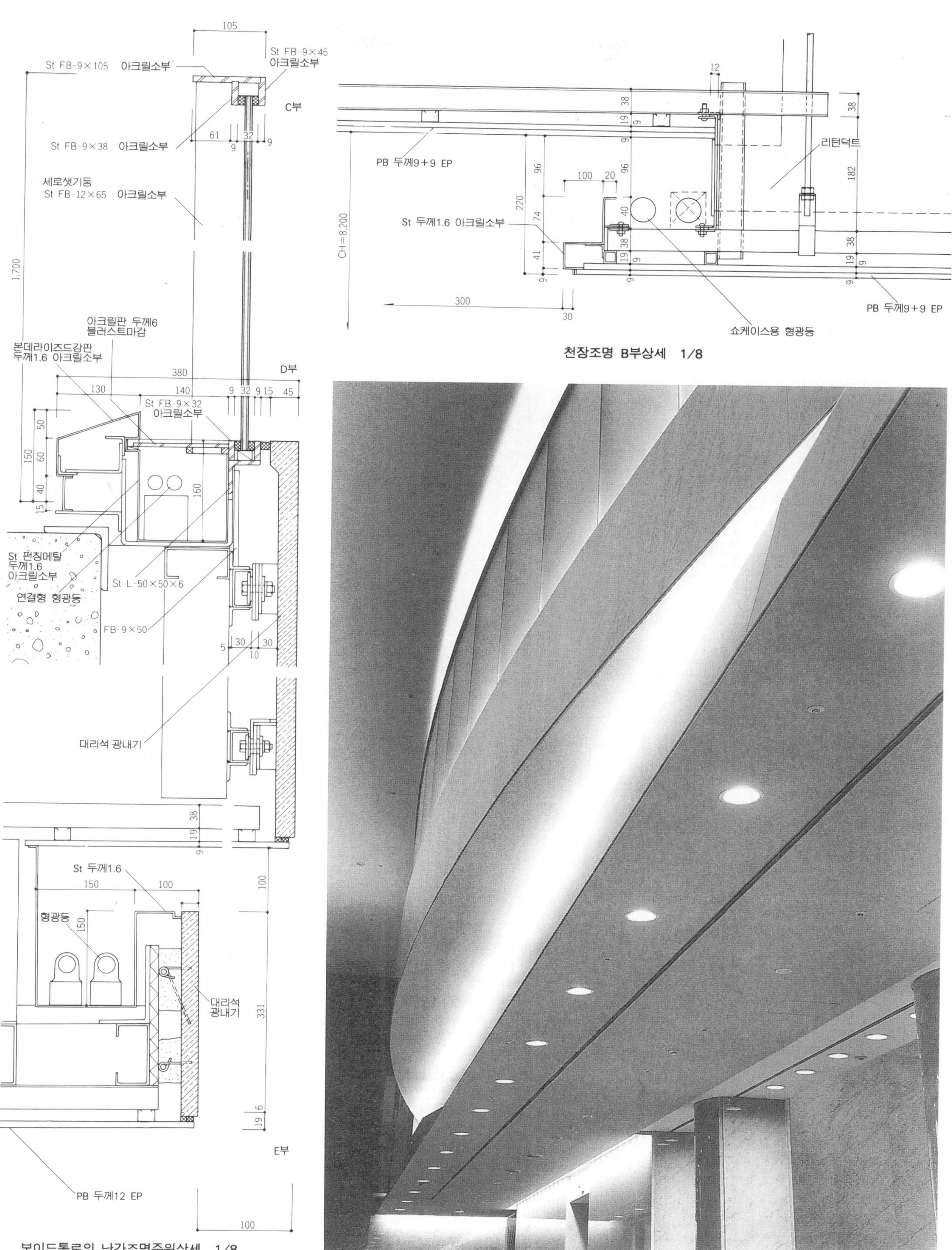

보이드통로의 난간조명주위상세 1/8

천장조명 B부상세 1/8

부정형 부지에 계획된 건축의 조명 디자인이다. 설계자 베리니는 「침묵」을 주의를 끄는 유효한 방법으로서 제안하여 실현하고 있다. 디자인상 이 「침묵」의 중요한 팩트로서 위치를 부여받은 것은 비스듬히 횡단하는 상징적인 5층 보이드의 갤러리의 벽에 설치된 빛의 개구부이다. 반외부로 열려진 창이라는 것에 의해 빛으로써 4각으로 오려낸 구멍에 의한 정숙함이 강한 인상을 주어 상징적인 갤러리의 공간을 빛으로 연주하는 조명 디자인으로 되어 있다. 건축의 디자인 개념과 조명 연출의 양쪽이 서로 어울리는 좋은 예이다.

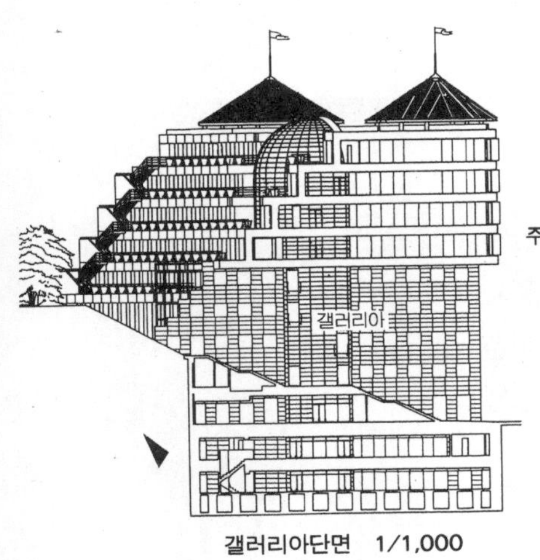

갤러리아단면 1/1,000

주요 광원의 종류/
- A_1 : 다운라이트(클리프톤 100W)
- A_2 : 어저스터블 다운라이트 (광각형 할로겐 150W)
- A_3 : 어저스터블 다운라이트 (협각형 할로겐 150W)
- N : 옥외형 스포트라이트 (빔 150W)

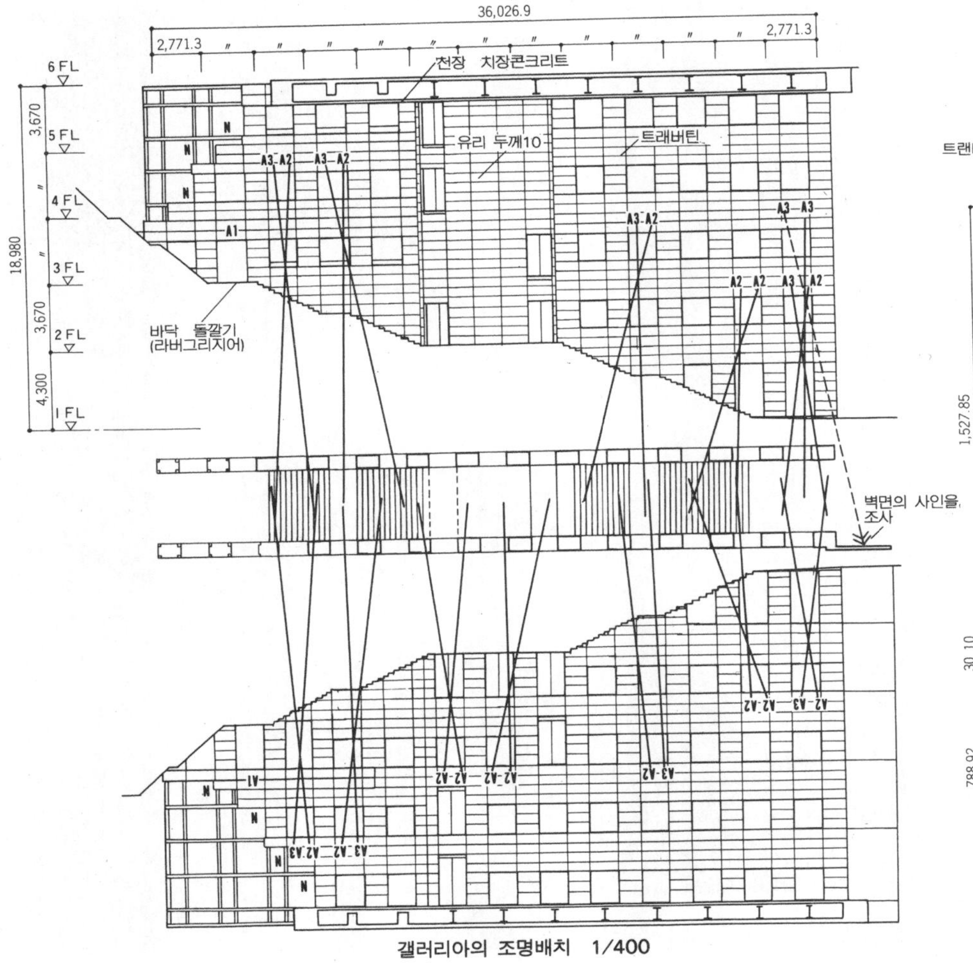

갤러리아의 조명배치 1/400

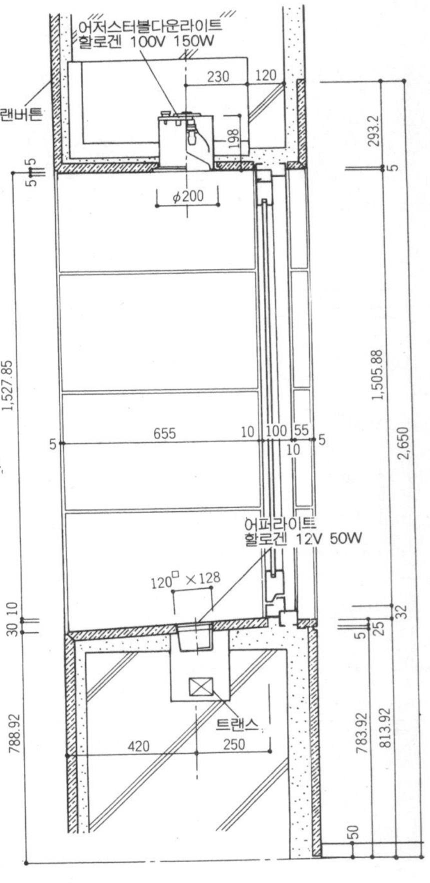

니치단면 1/25

상업용 건축의 비상용 계단실은 폐쇄적이며 늘 이용하는 것을 전제로 한 것이 아니므로 오픈한 형식을 취하는 것도 법적 기준만을 만족하여서 일반적으로 쾌적한 공간이라고는 할 수 없는 경우가 많다. 여기서는 폐쇄 공간의 「어두움」을 예상과는 달리 대담한 색채와 최소한의 조명 효과를 도입해서 계단실을 「어둡고 오묘한 빛의 오브제」로 변신시키고 있다. 다크그레이의 계단참에 흰 정방형의 면을 벽, 천장에 꺾이게 그려 컬러 형광등으로 비추고 있다. 형광 도료로 그려진 정방형을 블랙라이트로 비춘다. 어느 것이나 매우 심플한 수법이며 평면과 입체, 색채가 교차한 미스테리어스한 효과를 발휘하고 있다. 항상 「빛」을 주제로서 취급한 작자의 기교를 나타낸 것이다.

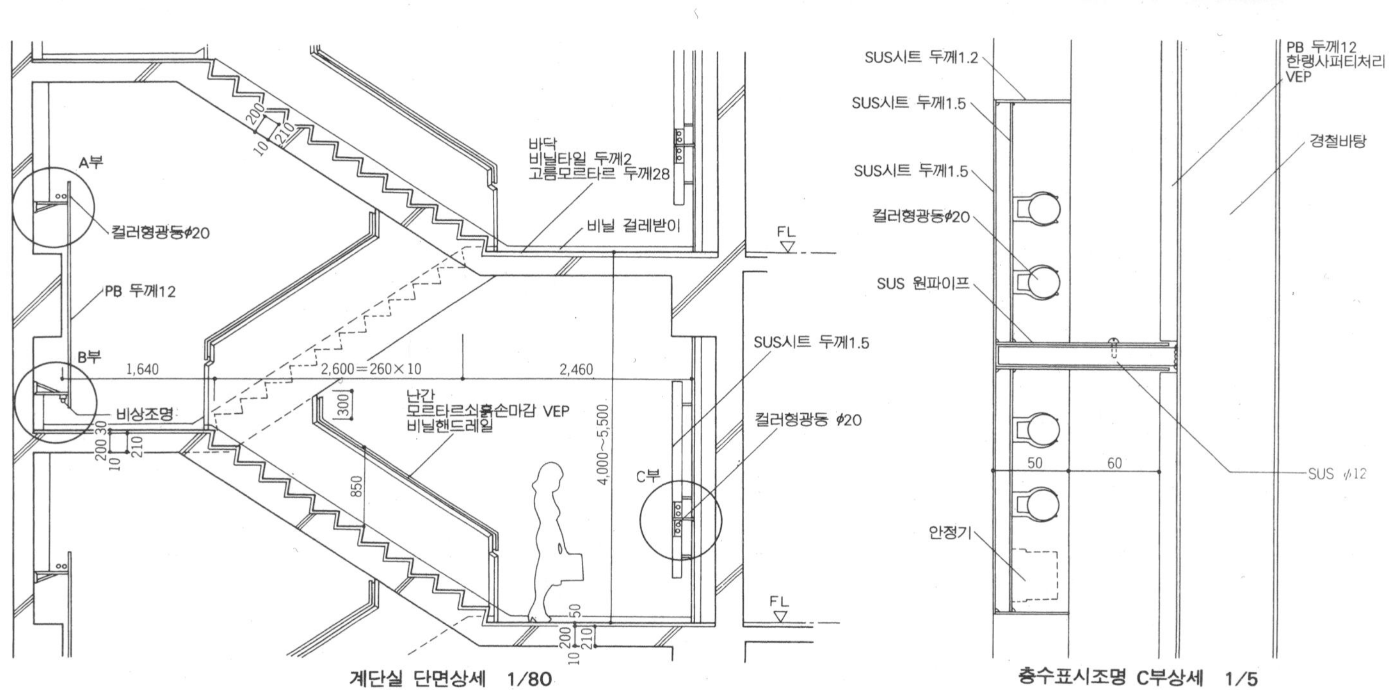

계단실 단면상세 1/80

층수표시조명 C부상세 1/5

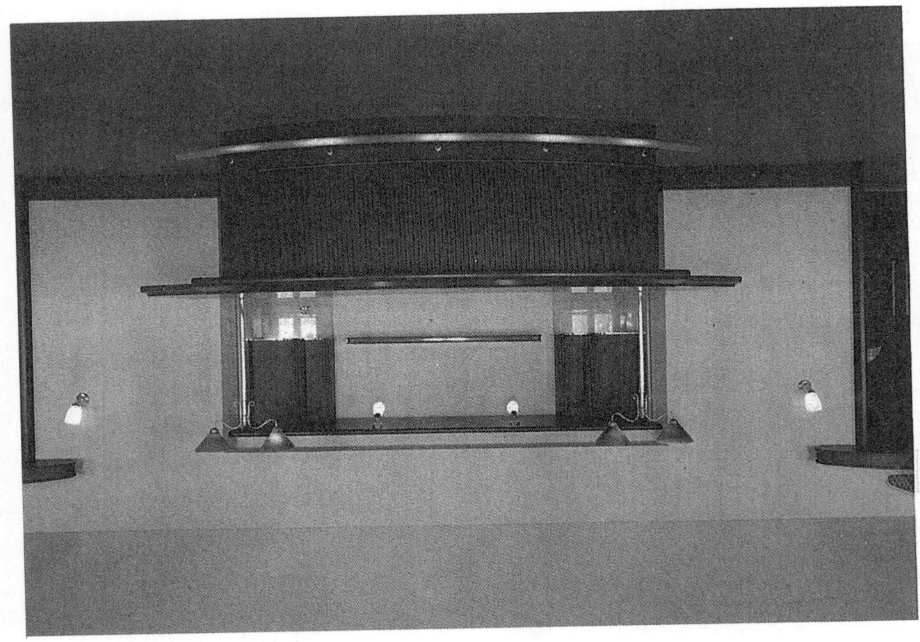

유럽 패션의 수입 판매를 영업하는 어패럴메이커의 본사 빌딩으로서 여성다운 우아함과 상냥함이 설계의 테마로 되어 있다. 월2회 패션쇼가 개최되며 패션쇼의 파티용으로서 이 라운지가 이용된다. 허물없는 바의 무드는 외국으로부터의 오너나 디자이너도 호평을 한다. 스탠드식의 카운터에는 발걸이를 설치하고, 카운터 코끝에는 넉넉하게 나무를 사용하여 리치한 느낌을 나타냄과 동시에 양단을 커트해서 전체를 끌어당기고 있다. 졸참나무의 우레탄도장과 놋쇠에 의한 단순한 구성, 양옆의 흘 조명을 기성품의 코드펜던트를 역사용하여 그린의 액센트를 배려한 것이다.

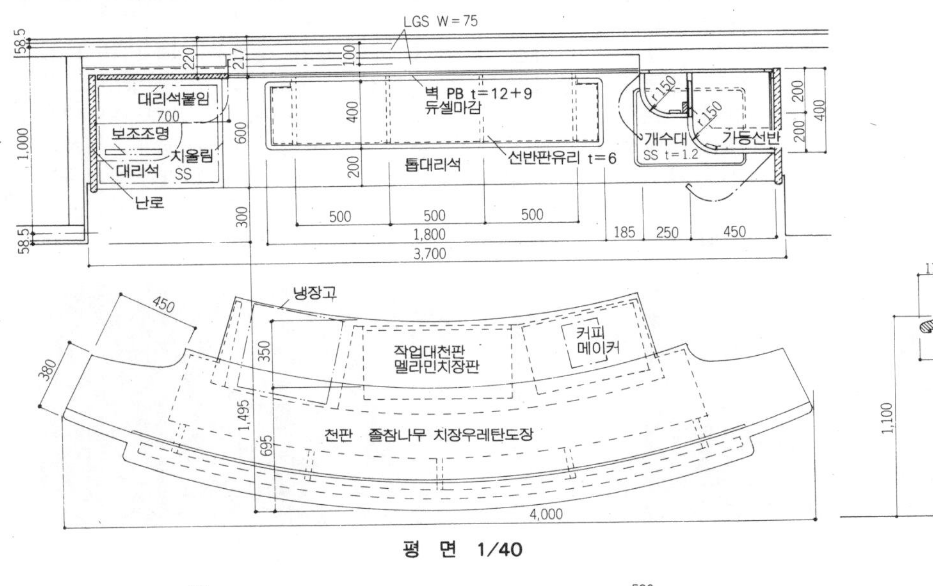

평 면 1/40

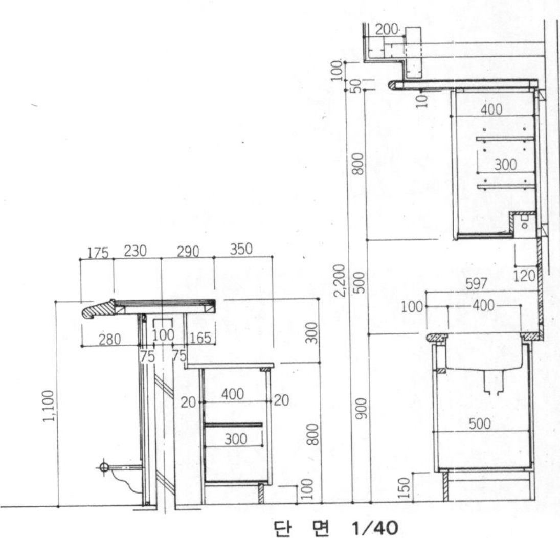
단 면 1/40

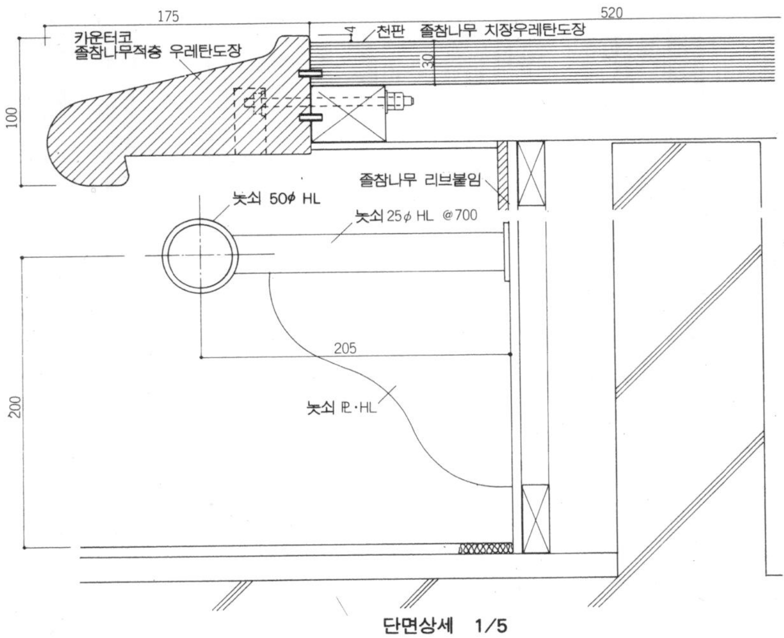

단면상세 1/5

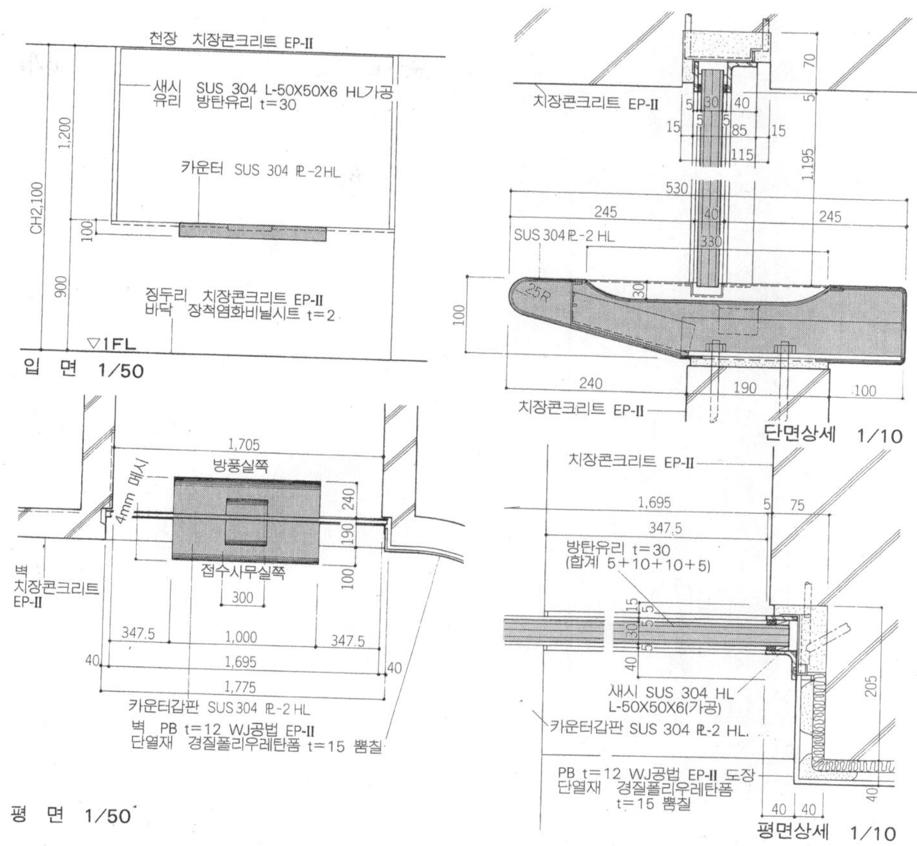

스테인레스형강의 새시에 붙박이된 합유리에 의한 방탄유리의 스크린과 그 하부의 오목부가 있는 스테인레스제의 카운터로 구성되어 있다. 이 오목부의 클리어런스를 이용해서 서류를 넣는다거나 대화를 할 수 있도록 되어 있다. 또 시큐리티를 우선 하더라도 그것 때문에 방문객의 심정을 자극하지 않도록 크고 작은 곡면으로 상냥함을 표현한 디테일로 하였다.

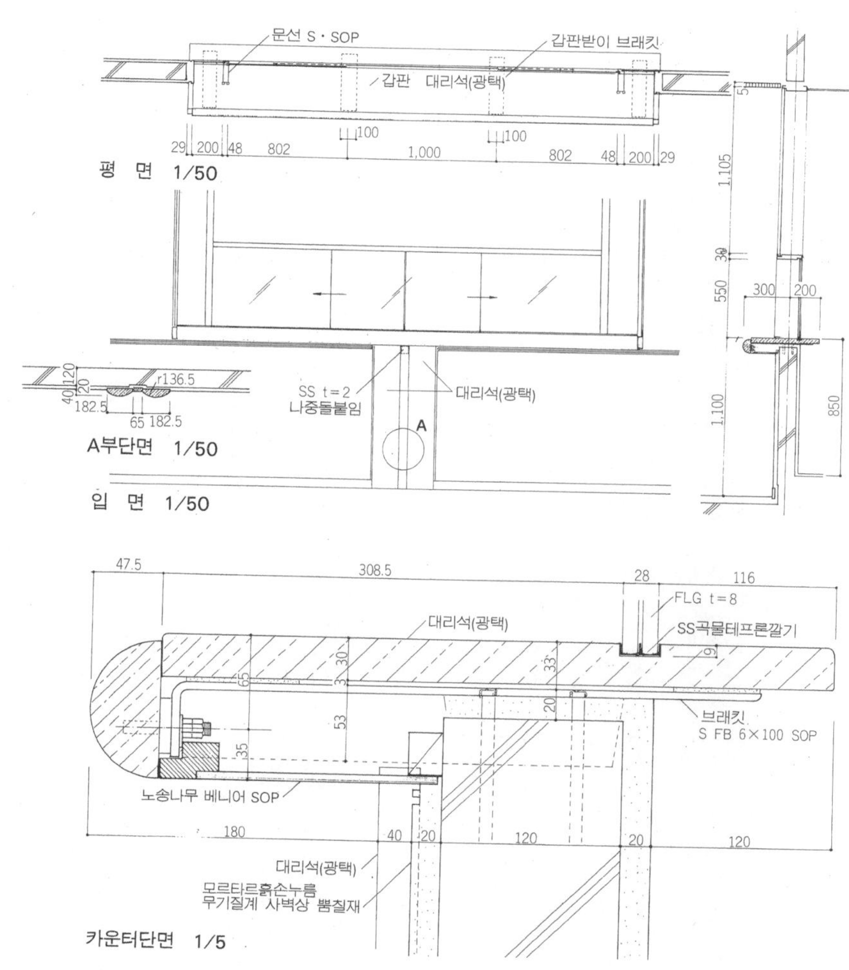

벽과 작은 창구를 매개로 한 딱딱한 접촉의 장이 되는 접수 창구에 다소 유모러스로서 의인화한 형상의 따뜻함이 있는 표정을 한 카운터대와 글라스 스크린을 고려하였다. 휴머니즘 건축으로의 첫걸음이 되기를 기원하고 있다.

조감적인 패턴을 살린 미끈한 카운터

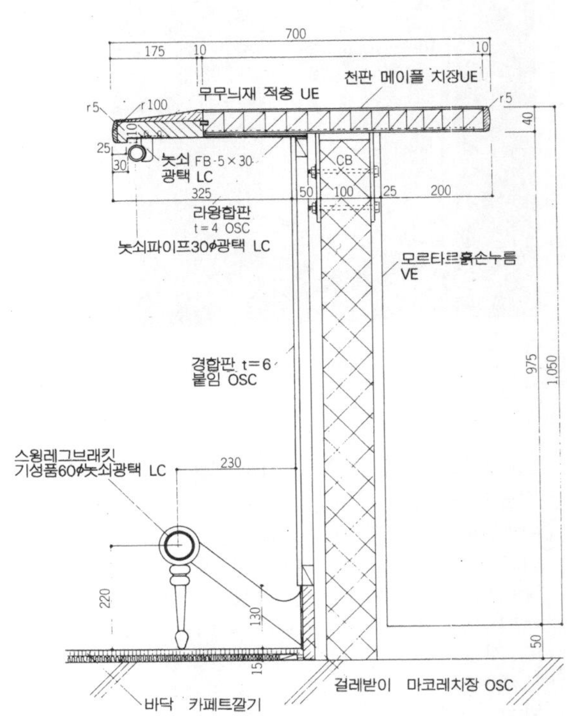

단면상세 1/15

레스토랑의 어페리티프바 카운터

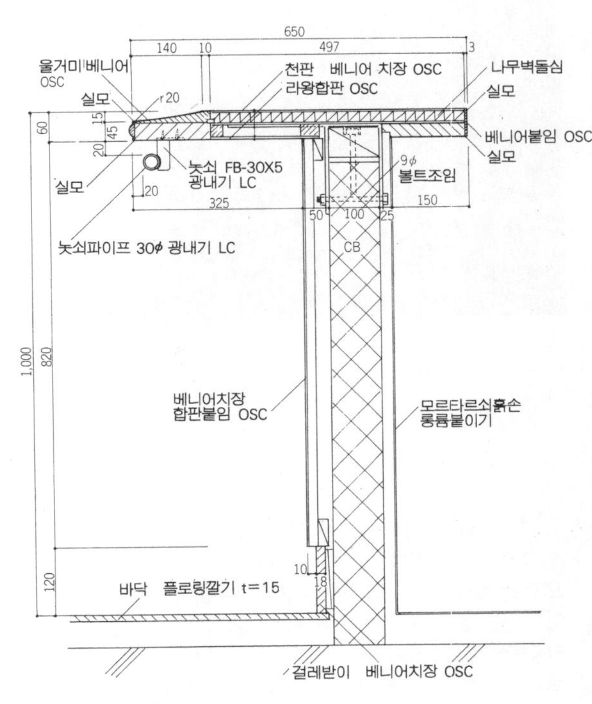

단면상세 1/15

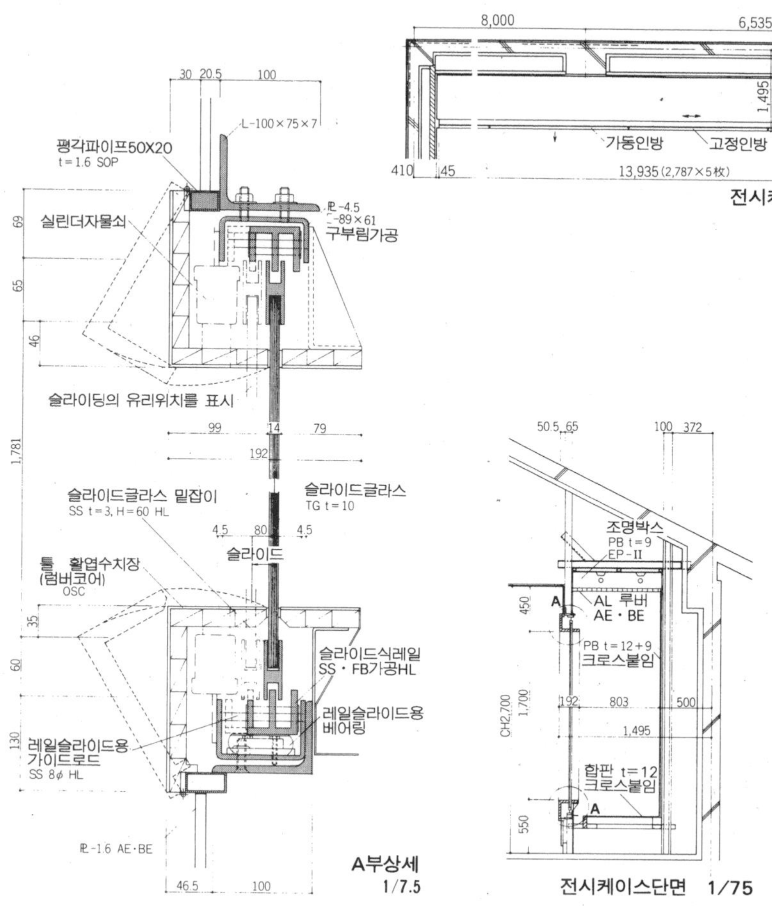

전시케이스평면 1/150

A부상세 1/7.5

전시케이스단면 1/75

귀중한 미술품을 전시할 때 안전하고 쉽게 작업할 수 있도록 고안한 붙박이의 유리 케이스이다. 통상의 것은 앞면 유리를 고정하고 전시 작업은 케이스 안에 들어가서 실시하는 경우가 많으나, 이 방법에서는 전시가 끝난 다른 전시품을 잘못해서 파손할 위험이 있으며, 작업 능률도 오르지 않는다. 그래서 앞면의 위치에서도 글라스를 열어 케이스 안에 들어가지 않고 작업할 수 있도록 하였다. 1매분의 글라스를 특수한 베어링을 사용해서 앞면으로 끌어내고, 남은 글라스를 1개의 레일 위에서 자유롭게 움직일 수 있도록 구성되어 있다. 언뜻 1매의 유리로 보이며, 스마트하여 인입용 등의 스페이스도 일절 필요없게 되어 있다.

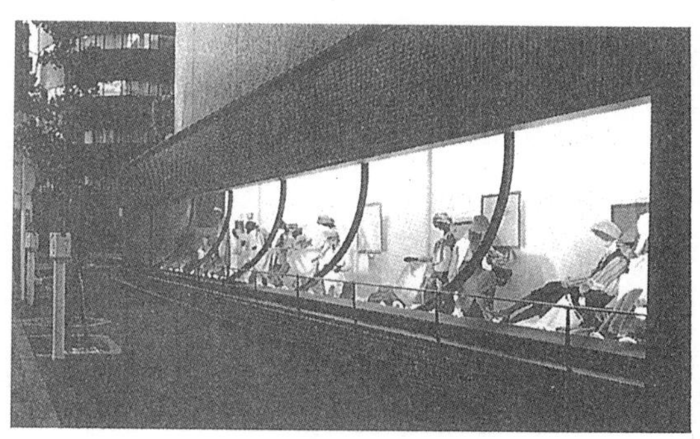

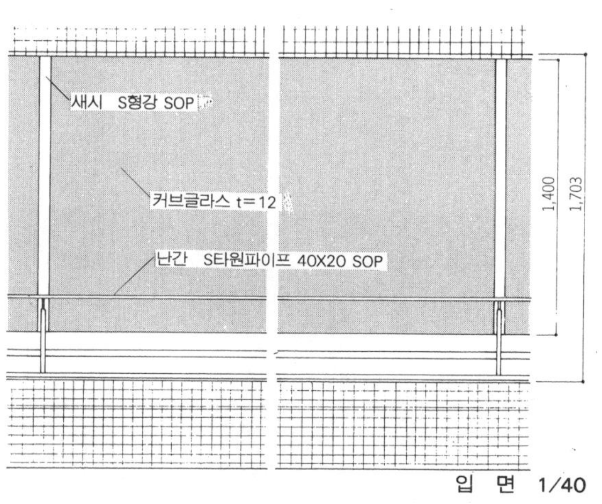

입 면 1/40

쇼윈도우에 들어가는 빛의 모든 반사광은 보행자의 시선보다 위로 가도록 되어 있다.

내후성강판 t=4.5 웨저코트 프리파렌처리
바탕 S 100X50X2.5
도막방수층
45각
자기타일붙임
폴리스틸렌폼
t=25치기
PB t=12
EP-II
케이스안 조명
1,675
처마
PL-1.6
SOP
그릴셔터
SS, HL
커브글라스
t=12
모르타르흙손누름
크로스붙임
새시 S형재 SOP
크로스붙임
내수합판 t=12
장선 45X60@650

단 면 1/40

도심의 좁은 부지에 세워진 캠퍼스로 유일한 실내의 휴게 장소인 식당이 지하에 설치되어 있다. 밝고 즐거운 기분으로 식사할 수 있도록 연구한 지하 식당의 조명 기구이다.

간접광으로서 빛나는 아크릴의 날개형 반사갓이 높은 창으로부터 들어오는 빛에서 구름처럼 또 나비처럼 떠도는 모양을 의도화하였다.

곤충의 눈처럼 보이는 붉은 볼의 치장 너트는 드라이버 등의 공구를 사용하지 않고 직접 손으로 기구를 해체하고 조립할 수 있는 중요한 구성 부품이다.

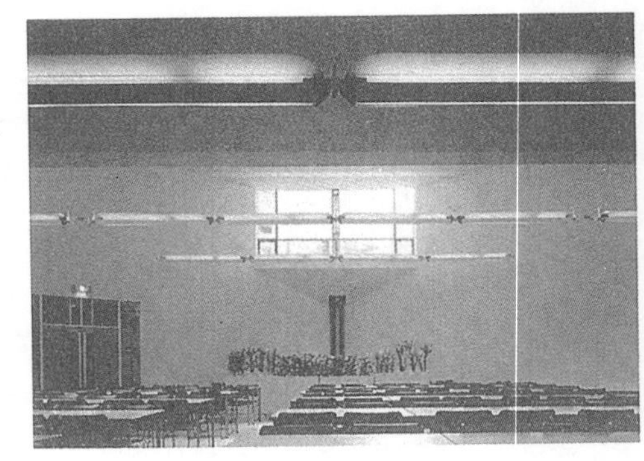

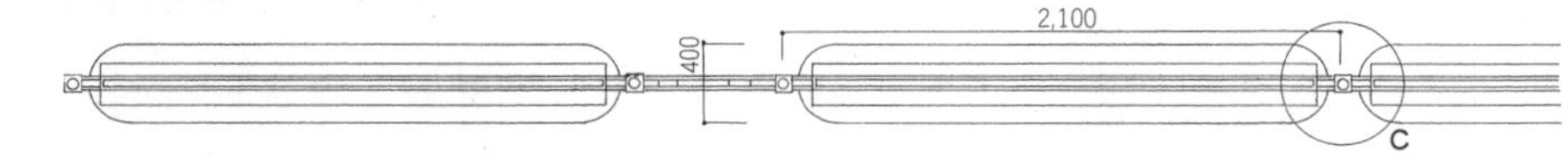

2,100
400
C
올려봄 1/50

D
B
200
측 면 1/50

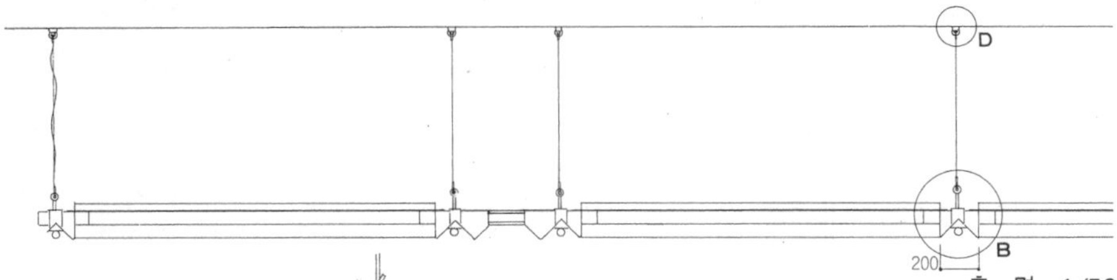

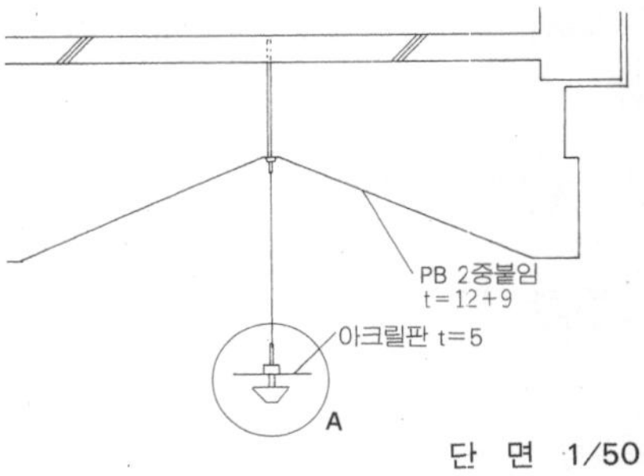

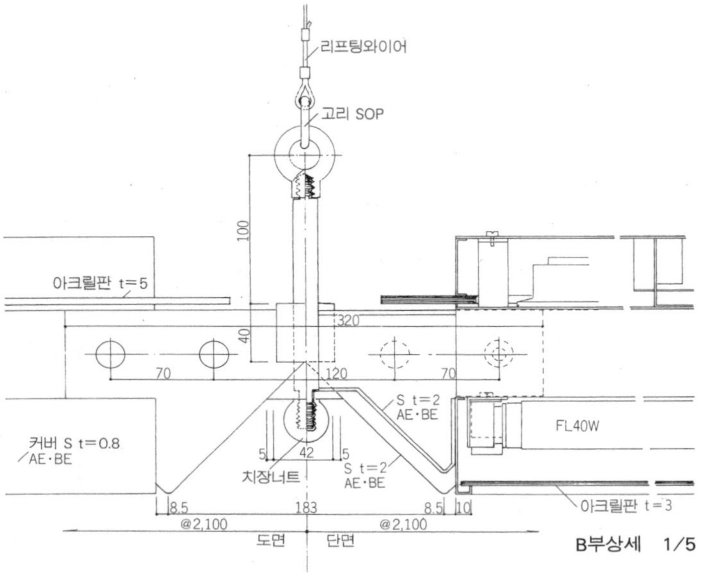

PB 2중붙임
t=12+9
아크릴판 t=5
A
단 면 1/50

리프팅와이어
고리 SOP
100
아크릴판 t=5
320
40
70
120
70
S t=2
AE·BE
FL40W
커버 S t=0.8
AE·BE
5
42
5
치장너트
S t=2
AE·BE
아크릴판 t=3
8.5
183
8.5
10
@2,100
@2,100
도면
단면
B부상세 1/5

100
100
75
75
35
35
6
6
나무 SOP
고리
SOP
85
D부상세 1/5

리프팅와이어
고리 SOP
40
40
43
5
아크릴판 t=5
65
치장너트
65
FL
40W
FL
40W
S t=0.8
AE·BE
치장너트
65
9
20
9
65
도면
단면
A부상세 1/5

70
120
70
r200
52
S t=0.5
AE·BE
조명기구
아크릴판 t=3
65
47
9
20
9
168
치장장식너트
치장장식너트
30
65
아크릴판 t=5
183
8.5
8.5
200
C부상세 1/5

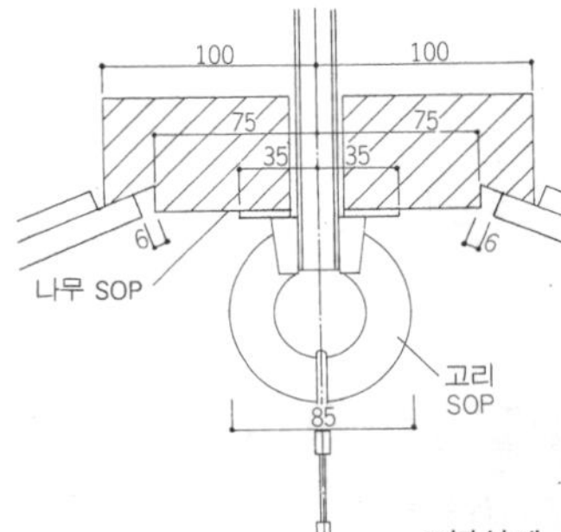

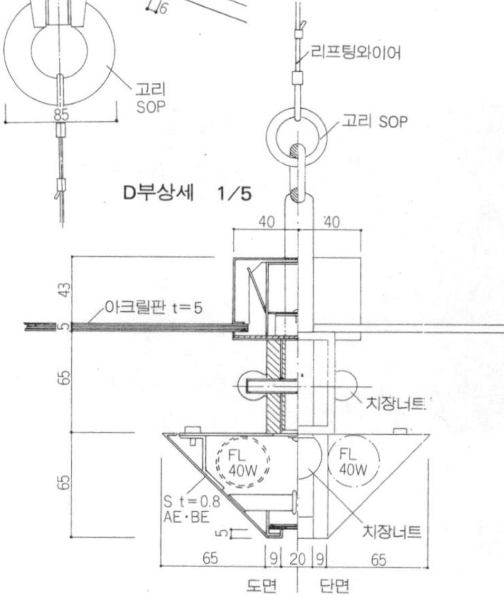

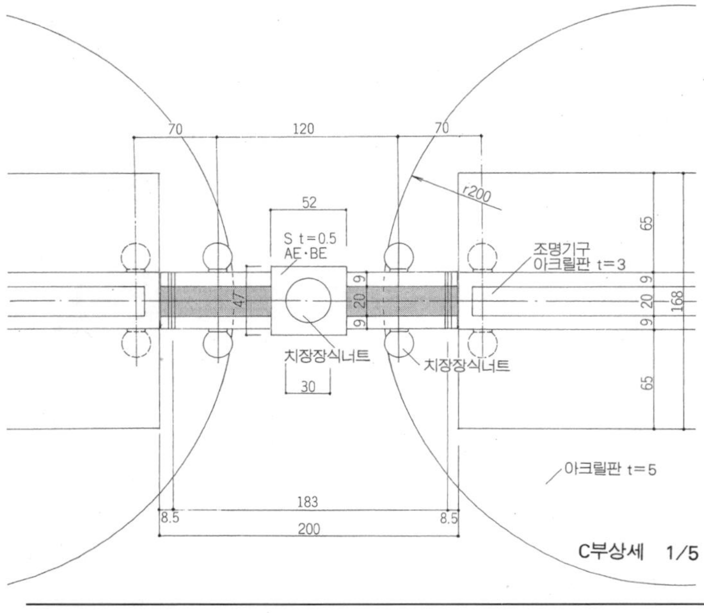

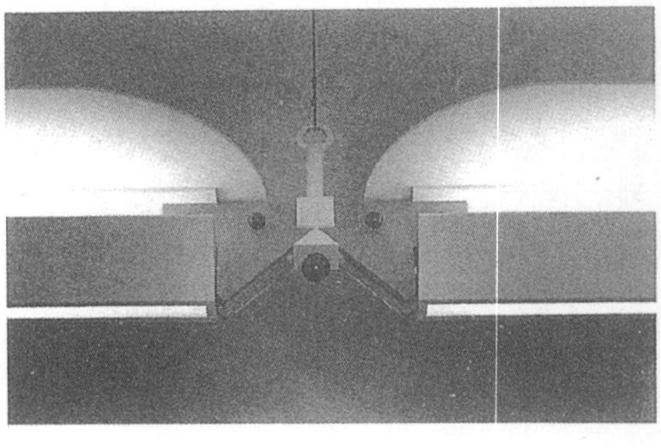

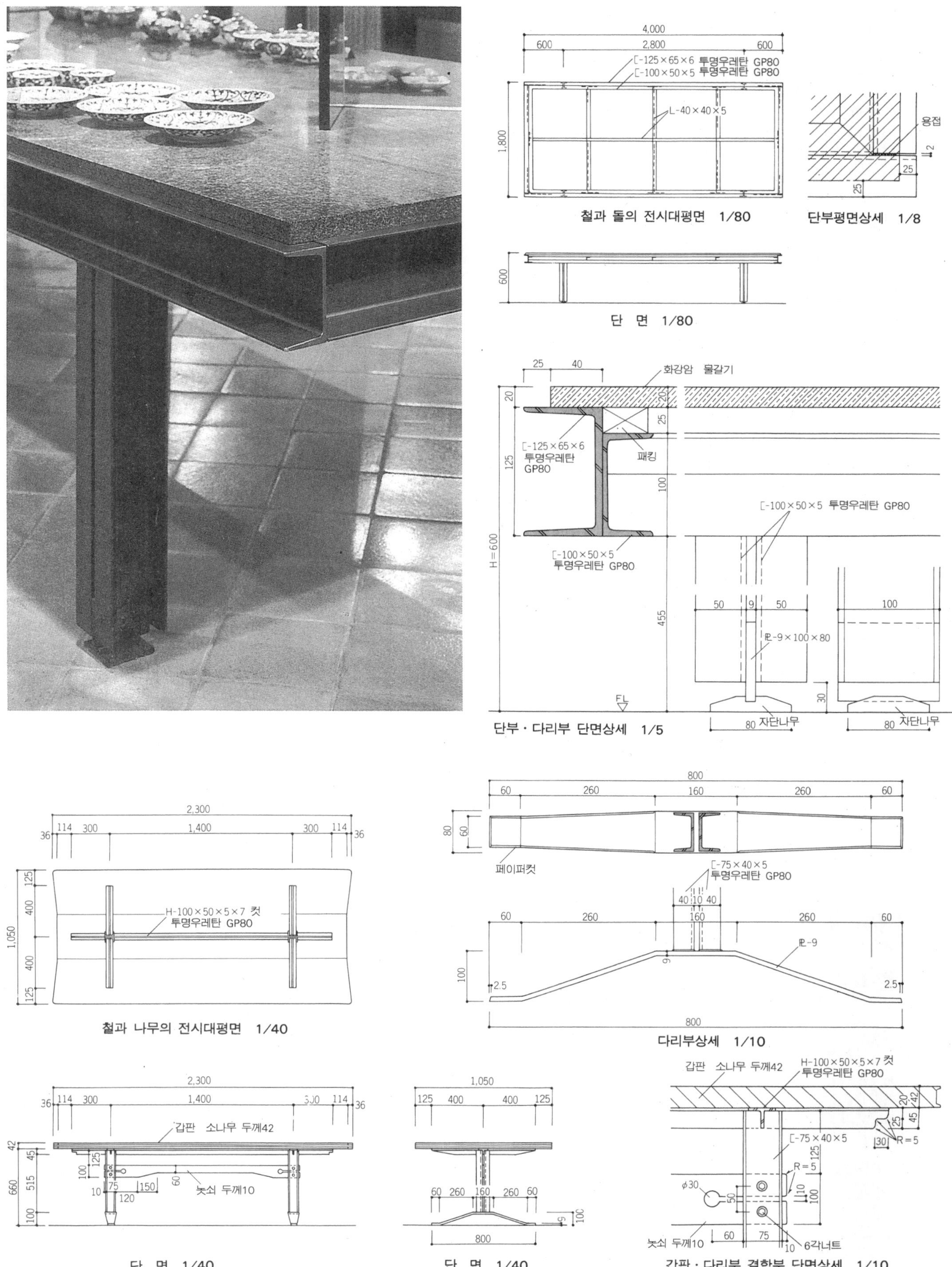
4,000
600
2,800
600
[-125×65×6 투명우레탄 GP80
[-100×50×5 투명우레탄 GP80
L-40×40×5
1,800
철과 돌의 전시대평면 1/80
용접
단부평면상세 1/8
600
단 면 1/80
화강암 물갈기
[-125×65×6 투명우레탄 GP80
패킹
[-100×50×5 투명우레탄 GP80
H=600
455
Ⓟ-9×100×80
FL
자단나무
단부·다리부 단면상세 1/5
800
페이퍼컷
[-75×40×5 투명우레탄 GP80
Ⓟ-9
다리부상세 1/10
2,300
1,400
H-100×50×5×7 컷 투명우레탄 GP80
1,050
철과 나무의 전시대평면 1/40
갑판 소나무 두께42
놋쇠 두께10
단 면 1/40
단 면 1/40
갑판 소나무 두께42
H-100×50×5×7 컷 투명우레탄 GP80
[-75×40×5
R=5
φ30
놋쇠 두께10
6각너트
갑판·다리부 결합부 단면상세 1/10

부지를 따른 삼각형의 콘크리트에 모양이 다른 두 개의 철을 끼워넣은 館名 사인과 안내도가 금속 부식으로 제작되며, 사인이 그대로 벽면의 마감으로서 존재하는 종합 안내 사인이다.

어느 것이나 입체 표현이며 건축 본체에 들어가 건축의 일부로서 표현되어 있다. 건축 본체의 시공 공정에 들어 있기 때문에 조기에 계획하여 제작에 이르는 치밀함과 무리없는 디테일로 되어 실현하고 있다.

콘크리트와 스틸이라는 기본적인 소재를 사요한 질감은 적당한 환경에 서로 어울리고 있다.

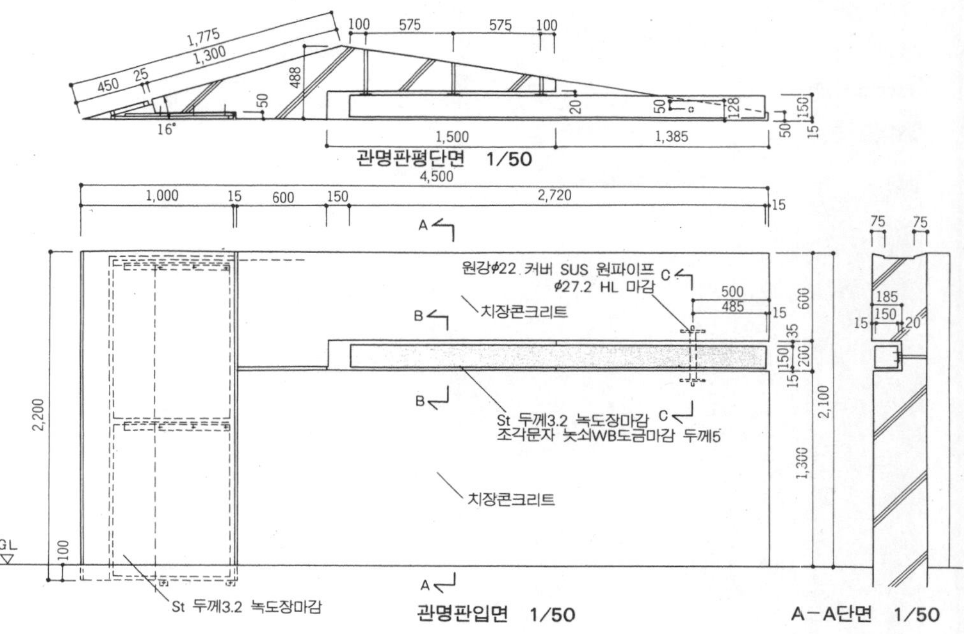

관명판평단면 1/50

관명판입면 1/50

A－A단면 1/50

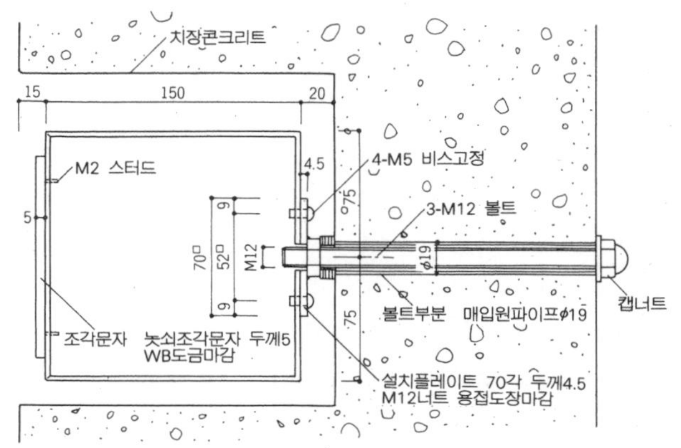

관명판부착부 B－B단면상세 1/5

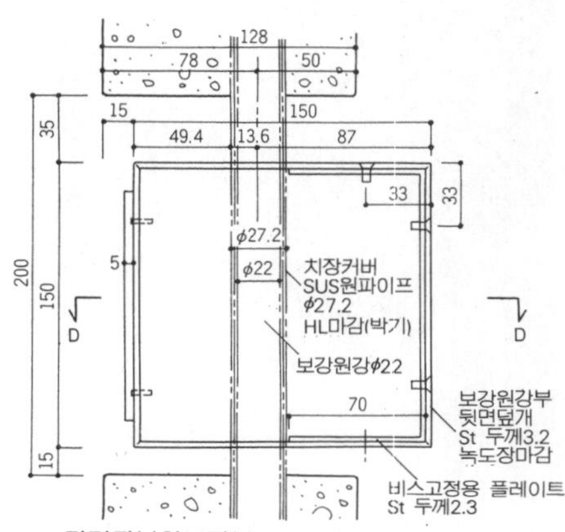

관명판부착보강부 C－C단면상세 1/5

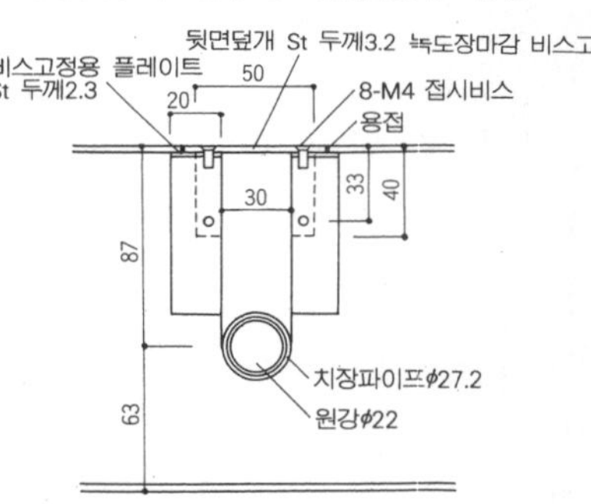

관명판부착보강부 D－D상세 1/5

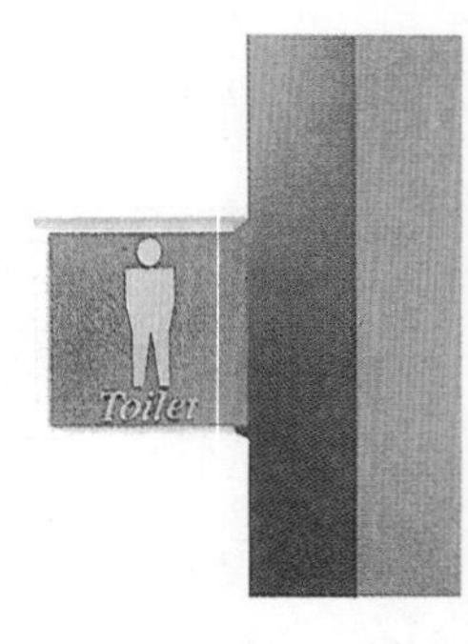

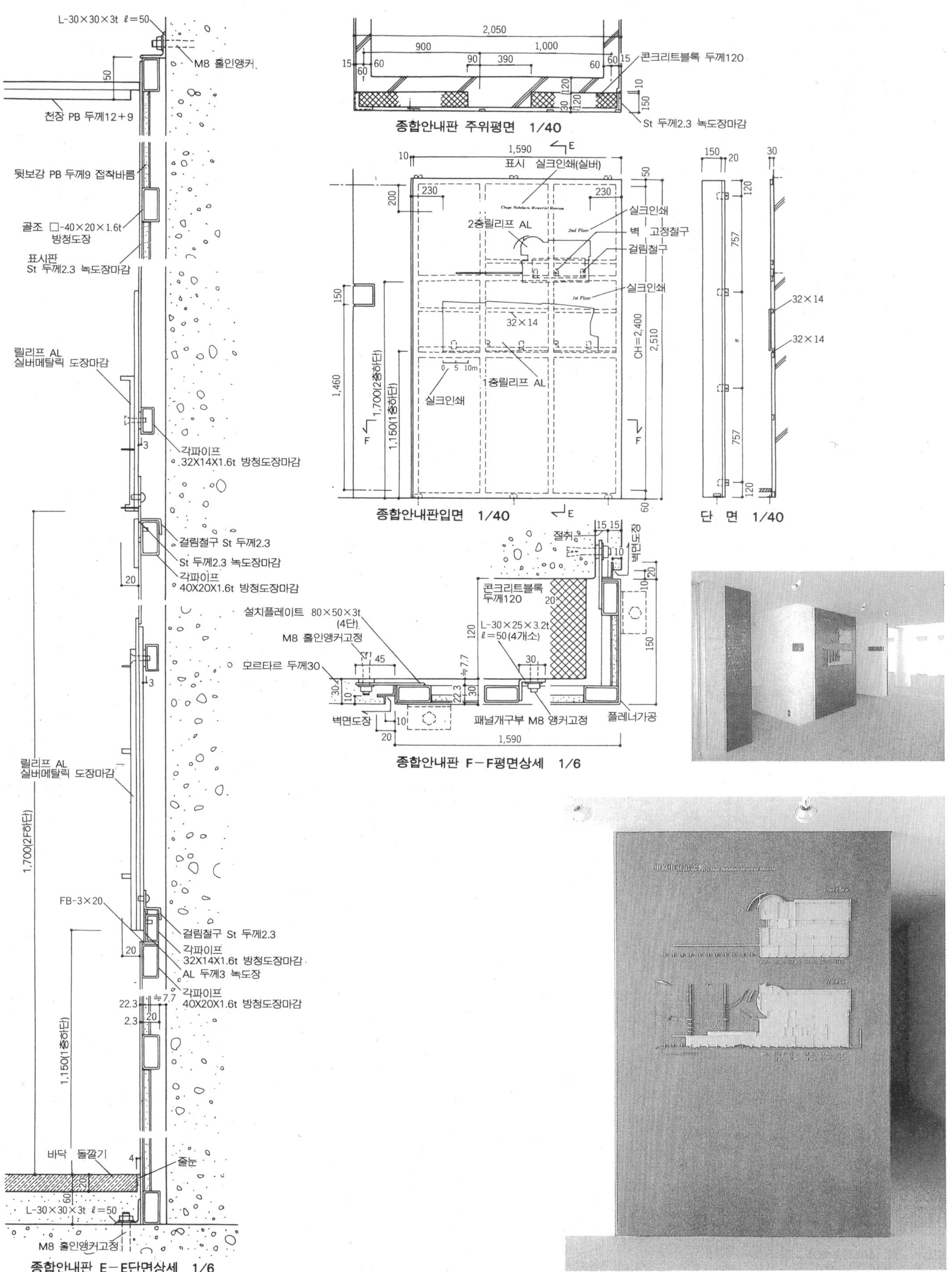

종합안내판 E－E단면상세 1/6

종합안내판 주위평면 1/40

종합안내판입면 1/40

단 면 1/40

종합안내판 F－F평면상세 1/6

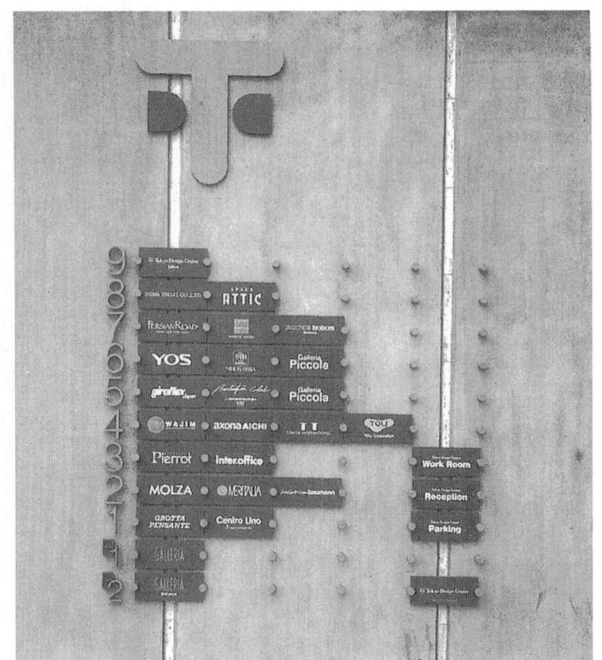

입구 외벽면에 직접 스테인레스 소성 도장 마감의 고정 리베트를 같은 간격으로 미리 설치하여 테넌트의 입주 상황에 따라 각 층 평면 형태의 배열을 반영하도록 알루미늄 도장 마감의 테넌트판을 고정할 수 있도록 하고 있다. 종합 안내판에 흔히 있는 베이스보드가 없는 디자인으로 세련된 마무리이며, 이 모양을 소형으로 해서 반복하는 엘리베이터홀의 사인에서는 스테인레스제의 베이스보드가 설치되어 있다.

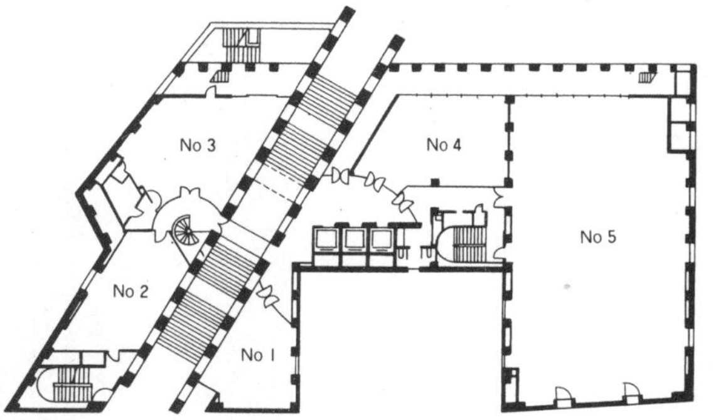

임대실 존평면

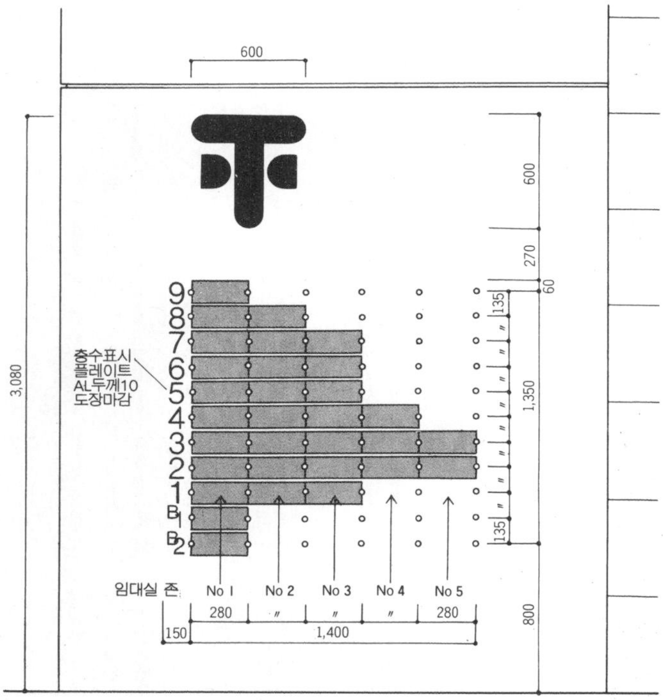

입 면 1/40

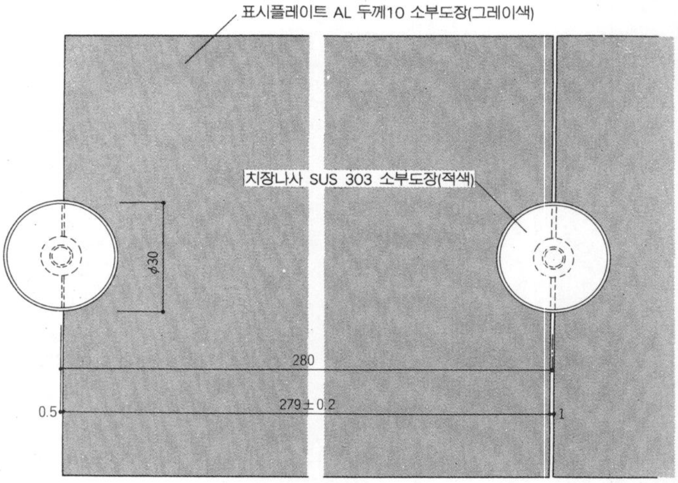

플레이트외관 1/2

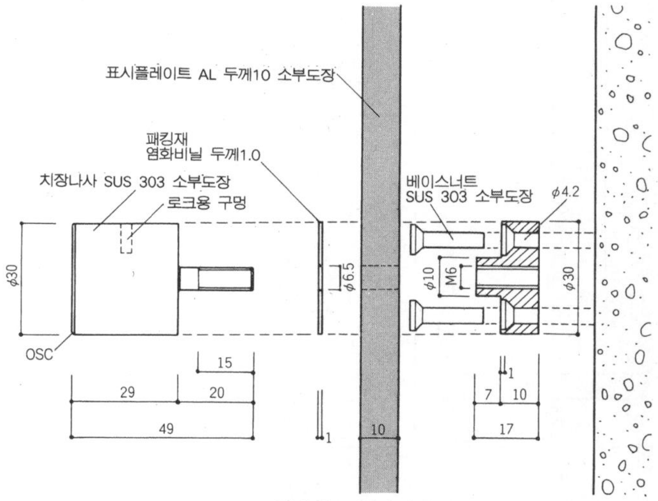

플레이트 설치단면 1/2

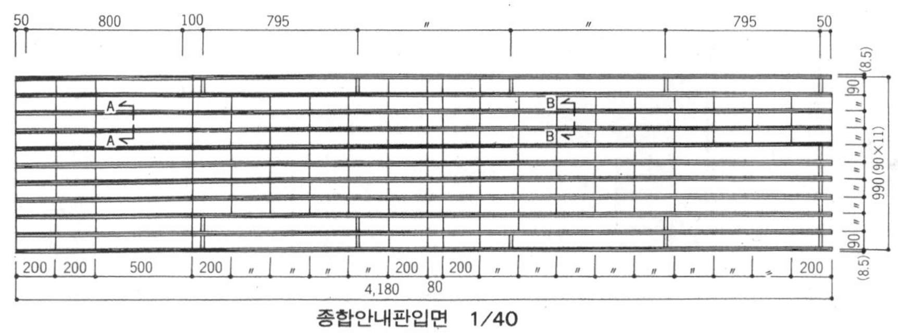
종합안내판입면 1/40

각 부서를 표시한 청사의 전관 종합 안내판은 자칫하면 거대해져 그것만으로 로비나 아트리움의 벽면을 대부분 덮어 버리는 수가 있으나, 여기서는 스테인레스 각봉을 짠 심플한 베이스를 채용하여서 아크릴제의 각 안내 플레이트부 이외의 벽면을 되도록 나타내도록 한 것으로 경쾌하며, 모던한 인상을 주고 있다.

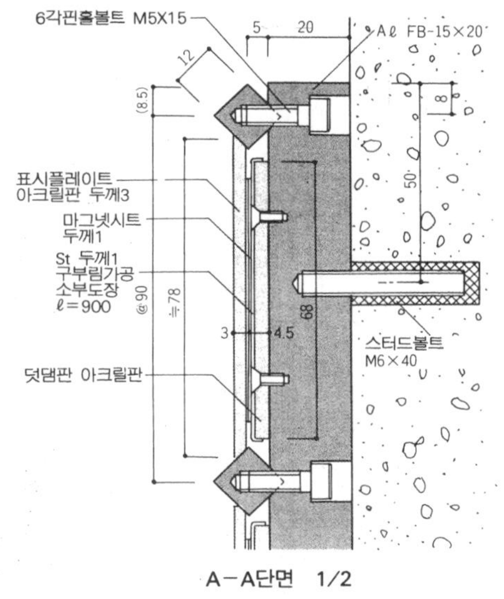

A-A단면 1/2

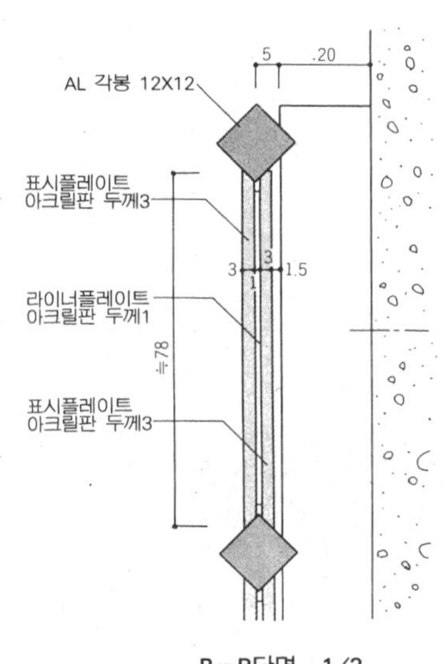

B-B단면 1/2

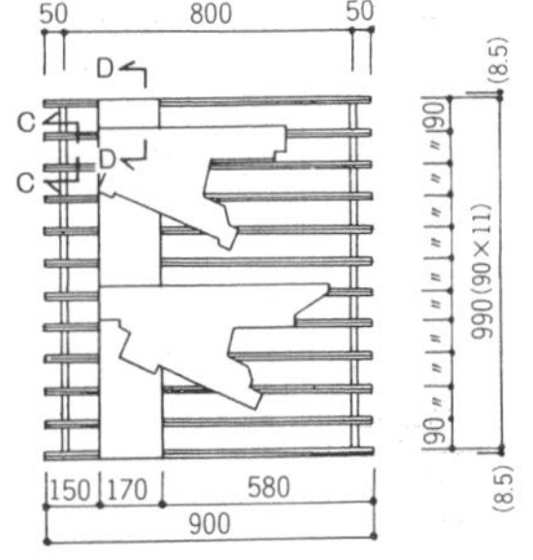
평면안내판 1/40

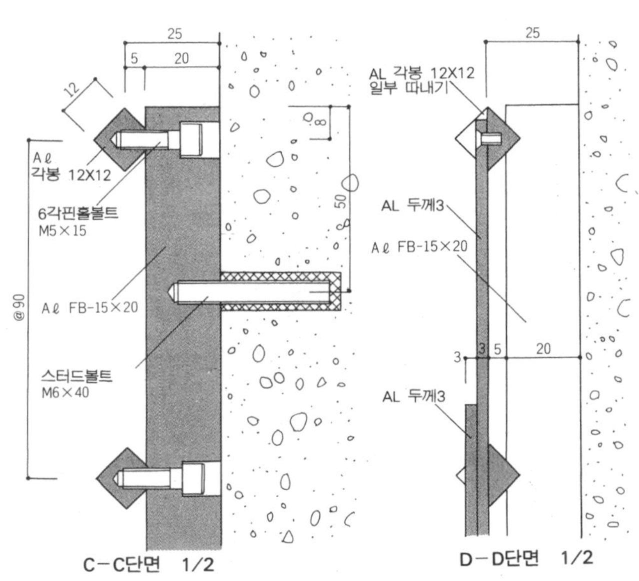

C-C단면 1/2　　D-D단면 1/2

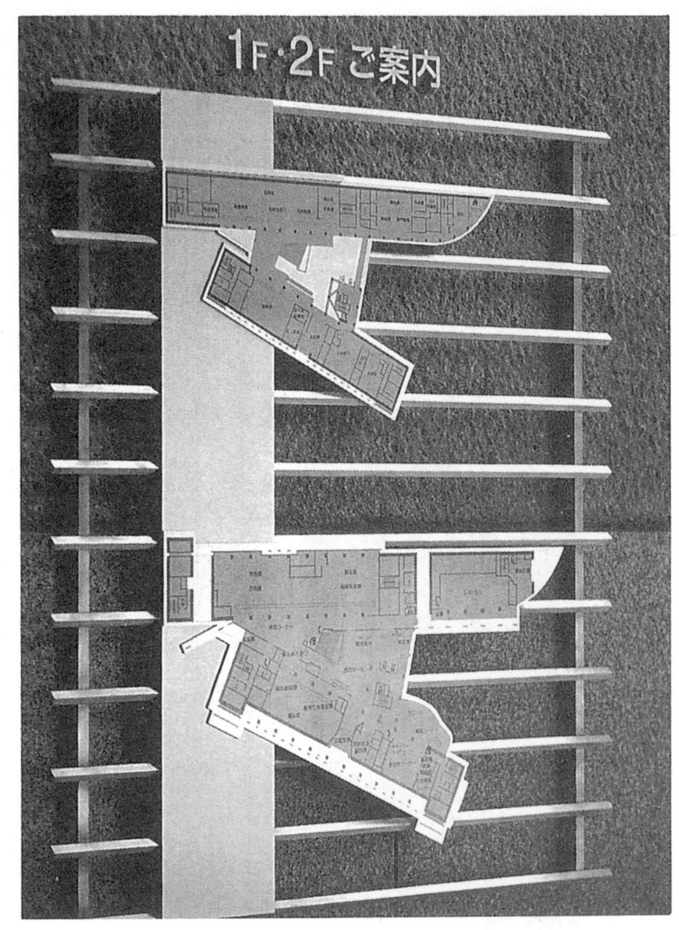

잡다한 주변 환경 속에 빛과 바람을 끌어들여 풍부한 환경을 3매의 벽(화강암 버너 마감과 치장 콘크리트)과 선큰가든에 의해 창출한 아이덴티티가 높은 도시형 저층 오피스 빌딩이다.

그 1매의 상징적인 치장 콘크리트 벽에 알루미늄 다이캐스트 제품의 로고 마크가 매입되어 있다. 각각의 소재의 조절과 소재가 지닌 아름다움이 표현되어 있다. 또 야간에도 무기질로 된 콘크리트벽에 난색계의 빔라이트를 비쳐서 따뜻함을 나타내고 있다.

사인 형틀은 스테인레스판 가공 박기에 의해 높은 콘크리트의 정밀도를 실현하여 깨끗한 디자인으로 되어 있다. 또 메인터넌스에 대해서도 건축물의 내·외에서 가능하도록 하고, 가동 방식에 의한 램프의 교환은 단순하며 기능적이다.

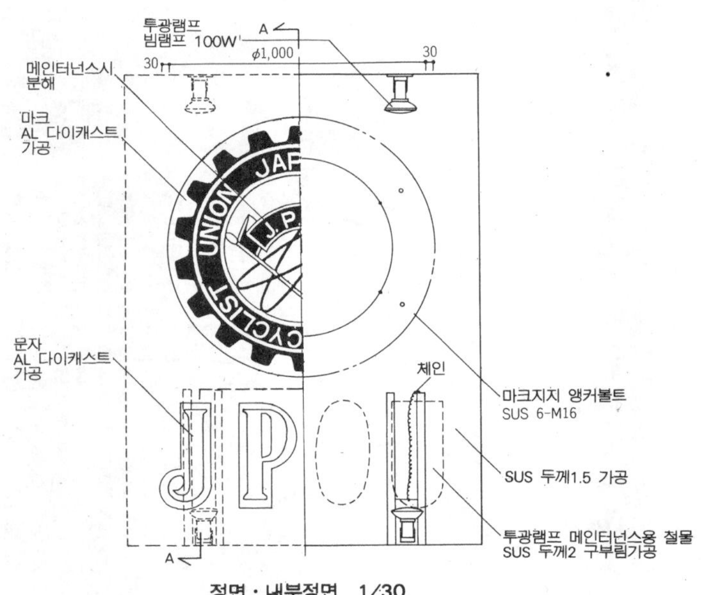

정면 · 내부정면 1/30

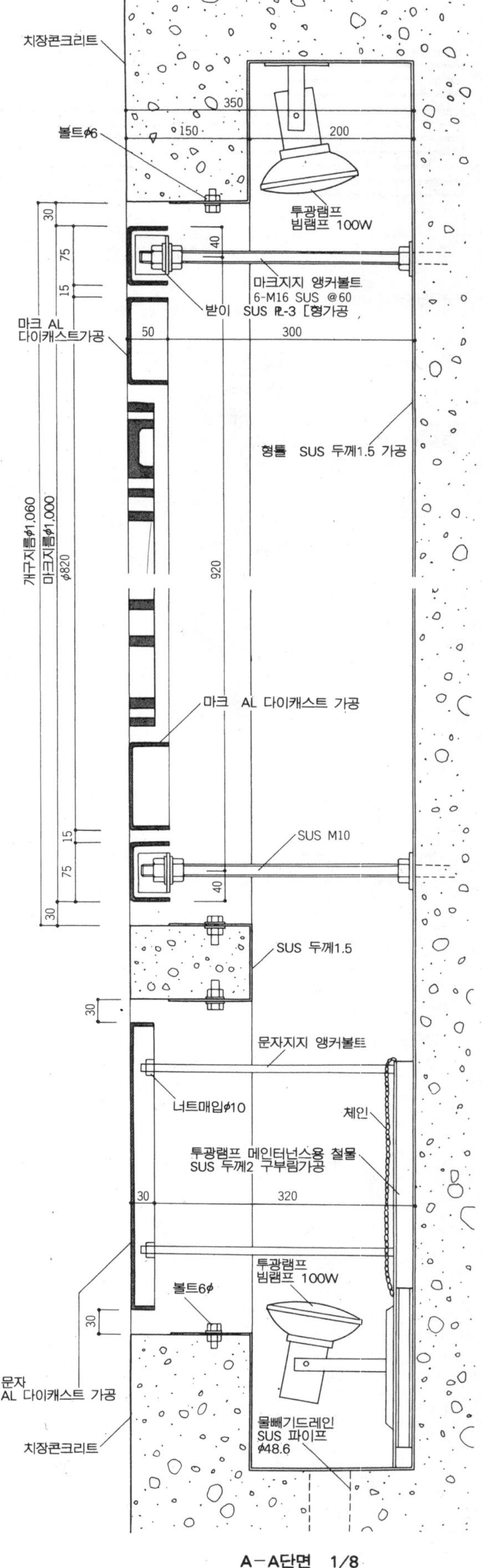

A－A단면 1/8

풍족한 입지 조건이 이 건축물의 아이덴티티를 여하튼 높이고 있다. 사인은 돌출 간판이다. 단순히 기능을 표시하는 스페이스가 아니라 조형으로서 거리에 어울려 건축물 전체의 이미지를 표현하는 심벌릭한 것으로 되어 있다. 형태는 파사드의 스테인레스가 그대로 커브를 그리며 솟아오른 듯한 인상을 주고 있다. 유선형의 마구리는 내조식에 의한 빛이 새어나와 붉은 라인이 강렬하게 상승하는 의도를 갖고 있다. 또 메인테넌스도 외벽과 돌출 간판의 간격에서 할 수 있도록 되어 있다. 엄숙함 속에 품격성을 겸비한 디자인이다.

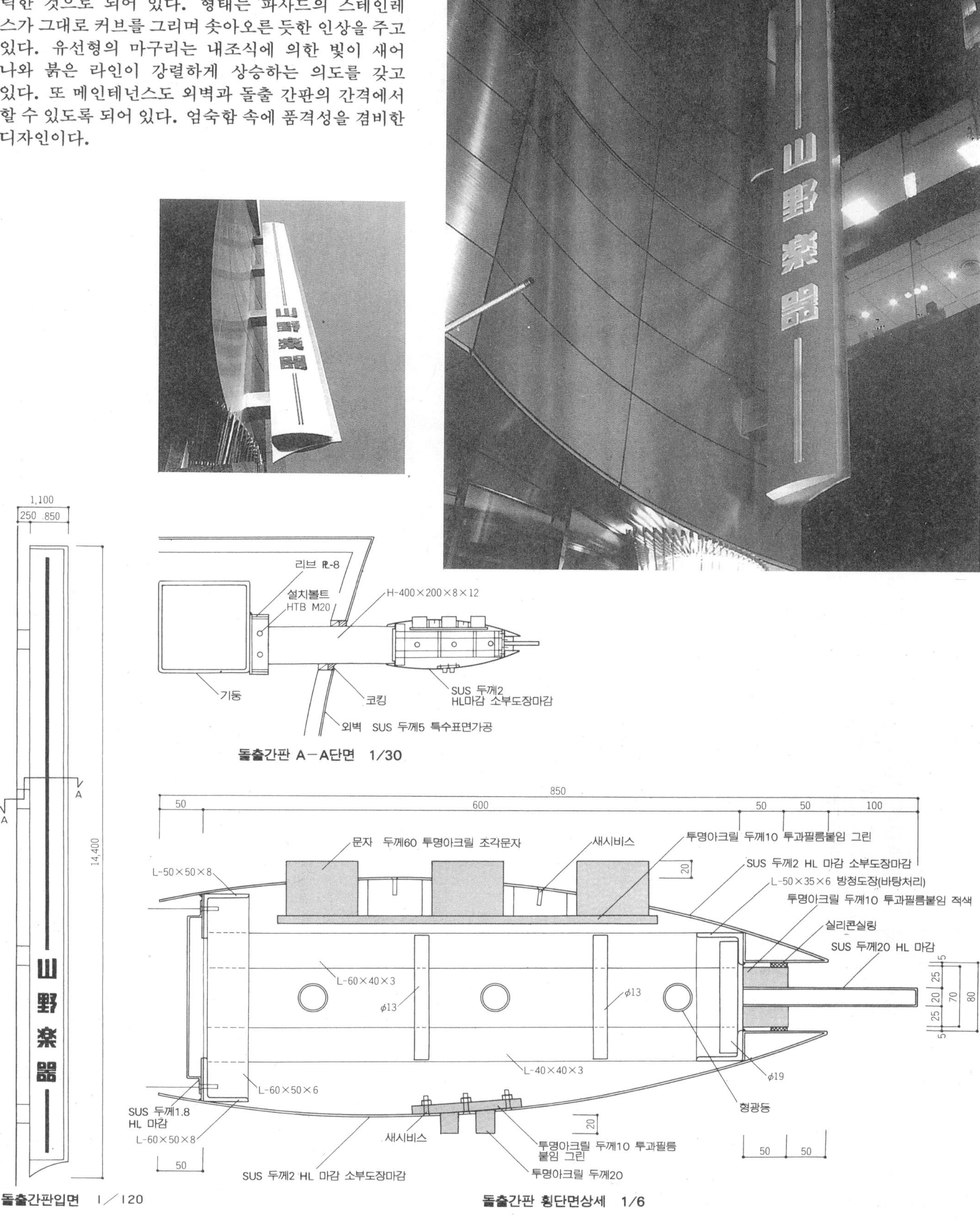

돌출간판 A－A단면 1/30

돌출간판입면 1/120

돌출간판 횡단면상세 1/6

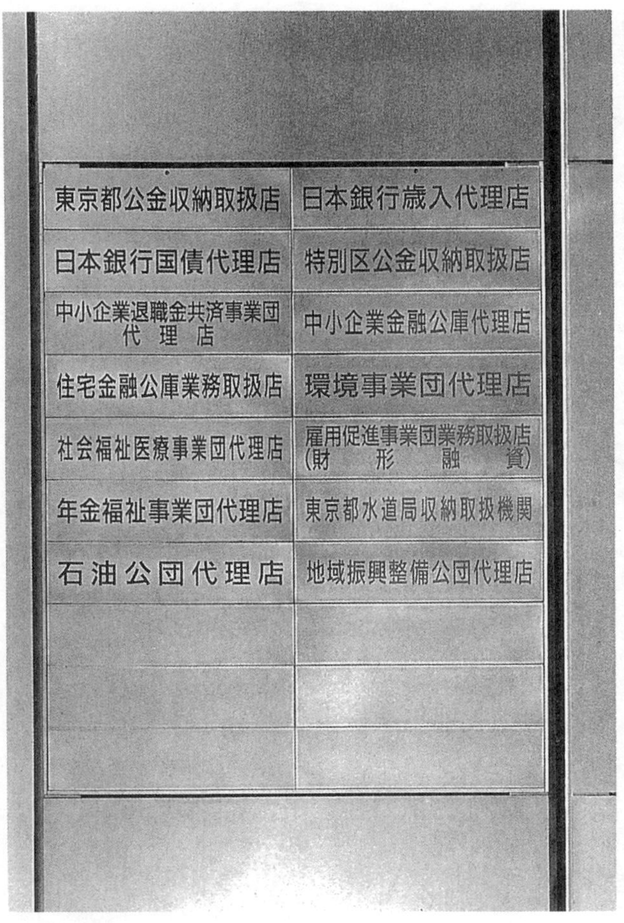

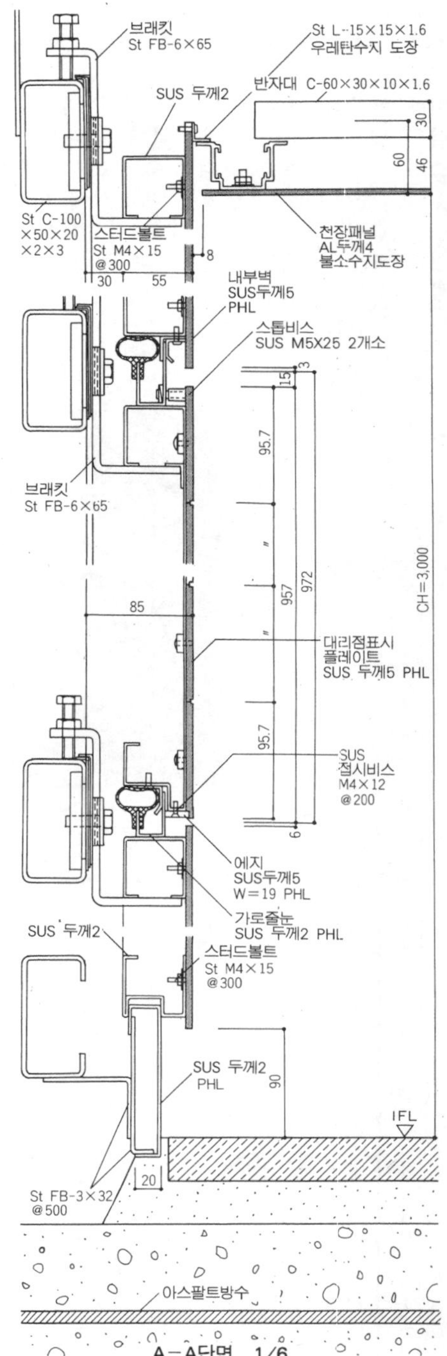

A-A단면 1/6

금융기관에서는 취급 업무의 내용을 현관 주위의 외부에 표시할 필요가 있다. 표시된 내용은 고정된 것이 아니고 긴 시간이 지나면 변경되어 간다. 그래서 표시면의 교체가 가능하며 또 현관앞의 격조를 갖는 디자인의 수법이 요구되었다.

이 예에서는 현관의 스테인레스판 마감의 방풍실 벽면에 완전한 같은 평면에 사인면을 마감하고 있다. 또 숨겨진 비스에 의해 플레이트를 떼어내고 교체할 수 있도록 되어 있다. 사인 플레이트도 벽과 마찬가지로 스테인레스로 하여서 현관 주위의 금속판에 의한 샤프한 디자인을 흐트러뜨리지 않고 필요한 내용을 나타내고 있다.

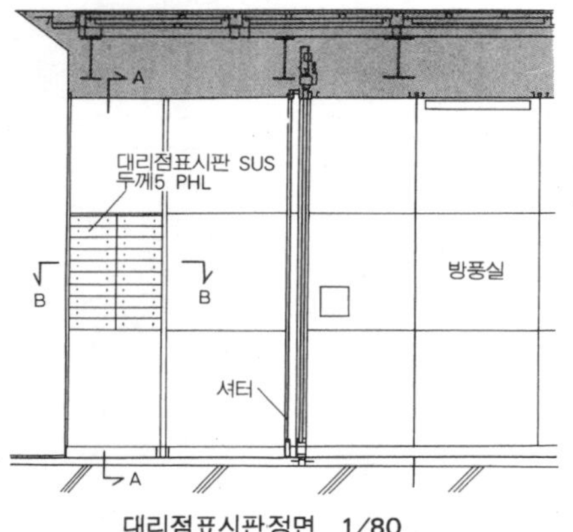

대리점표시판정면 1/80

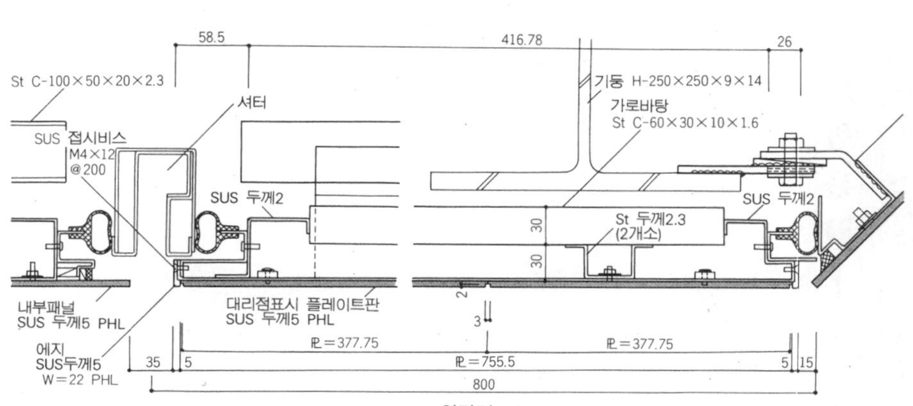

B-B횡단면 1/6

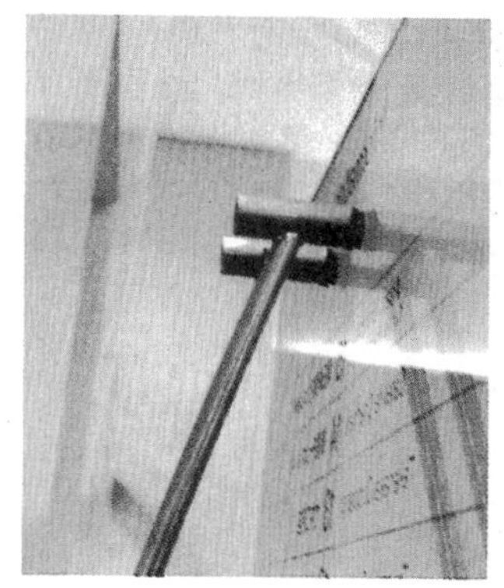

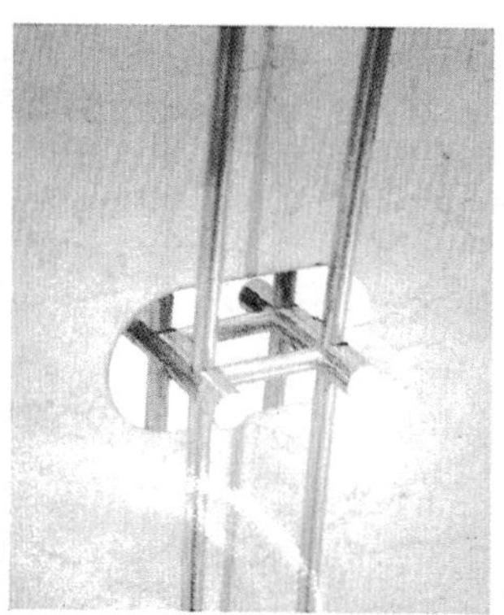

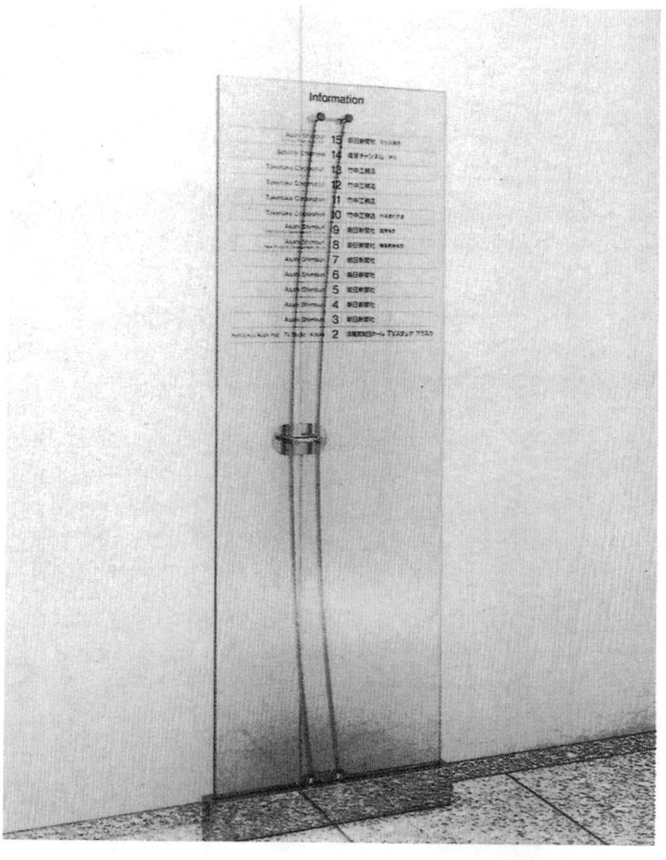

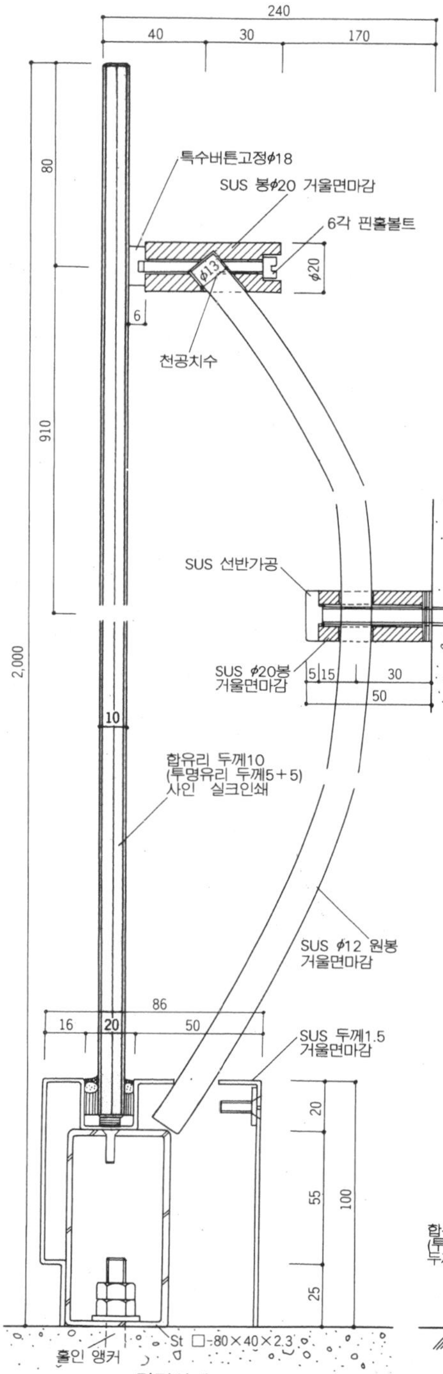

콘서트홀이 있는 오피스 빌딩의 전관 안내 사인은 현악기의 「현과 궁」, 음색의 투명감 이미지를 조형으로 하고 있다. 벽면의 대리석을 투시해서 사인 본체의 주장을 떠받친 아름다운 인상으로 되어 있다.

투명합유리와 거울면 스테인레스를 특수 패턴으로 접합한 자립형이며 벽면에 브레이스를 설치하고 하중은 바닥면에서 받고 있다. 애처로운 듯한 글라스의 디자인을 섬세한 조형과 심플한 디테일로 해소하고 있다. 걸음에 따라 공간이 창출되는 리듬에 기분좋게 어울리고 있다.

240
40 30 170
특수버튼고정φ18
SUS 봉φ20 거울면마감
6각 핀홀볼트
φ20
φ13
6
천공치수
80
910
2,000
SUS 선반가공
M8
홀인 앵커
SUS φ20봉
거울면마감
5 15 30
50
10
합유리 두께10
(투명유리 두께5+5)
사인 실크인쇄
SUS φ12 원봉
거울면마감
86
16 20 50
SUS 두께1.5
거울면마감
20
55
100
25
St □-80×40×2.3
홀인 앵커

단면상세 1/3

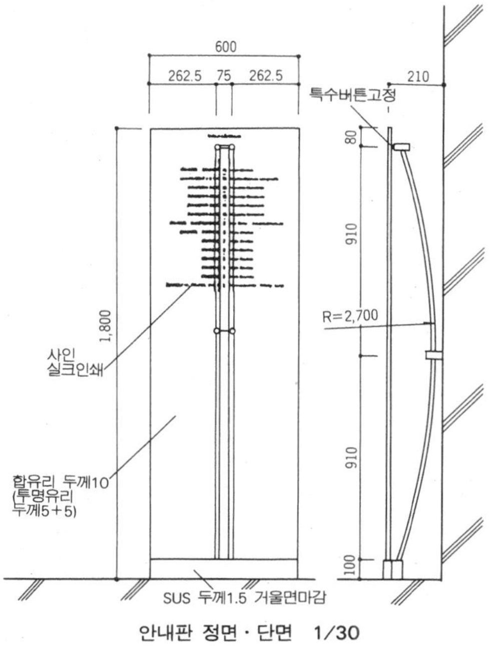

600
262.5 75 262.5
210
특수버튼고정
80
910
R=2,700
910
100
1,800
사인
실크인쇄
합유리 두께10
(투명유리
두께5+5)
SUS 두께1.5 거울면마감

안내판 정면 · 단면 1/30

블루그린으로 빛나는 에지라이트를 유선형의 양단에 설치한 내조식의 사인이다. 꼭대기에도 조명을 넣어 야간의 풍경을 강하게 의식하고 있으나 테넌트 표시만큼은 비추지 않는다. 파킹 표시와 만차 표시도 보기좋게 들어 있다. 모양은 항구 도시의 입지도 있으므로 배의 부분에서 이미지를 취하고 있다.

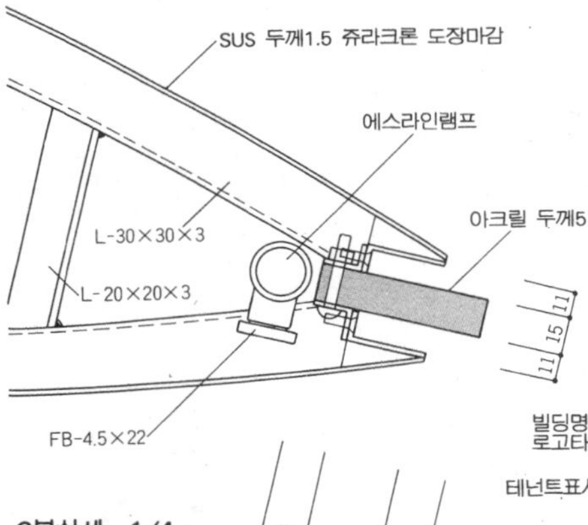

SUS 두께1.5 쥬라크론 도장마감
에스라인램프
L-30×30×3
아크릴 두께5
L-20×20×3
FB-4.5×22
11
15
11
18
30
20

C부상세 1/4

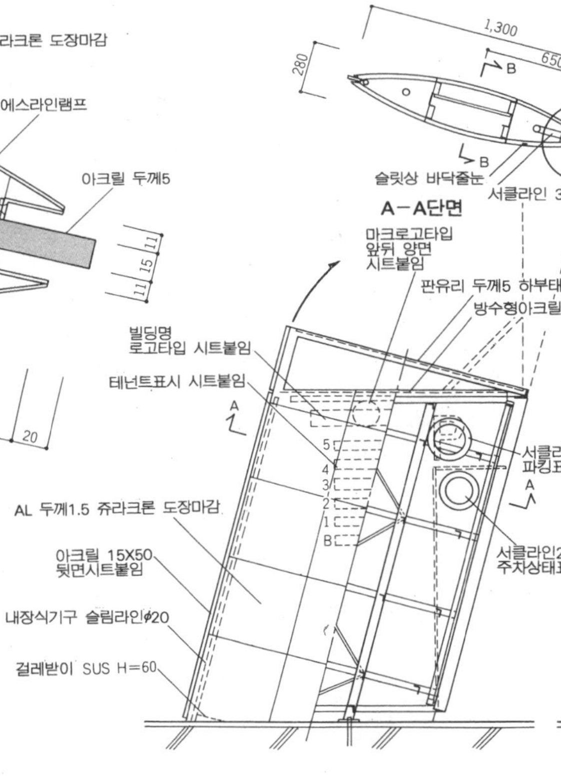

1,300
650
280
B
B
에스라인램프
C부
슬릿상 바닥줄눈
서클라인 30W

A−A단면

마크로고타입 앞뒤 양면 시트붙임
판유리 두께5 하부태피스트리
방수형아크릴커버
빌딩명 로고타입 시트붙임
테넌트표시 시트붙임
A
5
4
3
2
1
B
서클라인30W 파킹표시
A
AL 두께1.5 쥬라크론 도장마감
아크릴 15X50 뒷면시트붙임
서클라인20W 주차상태표시
내장식기구 슬림라인φ20
걸레받이 SUS H=60

독립사인 입면 · 단면 1/40

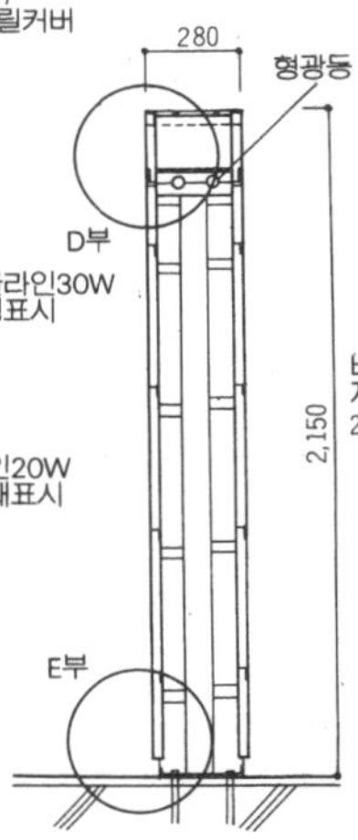

280
형광등 20W
D부
2,150
E부

B−B단면

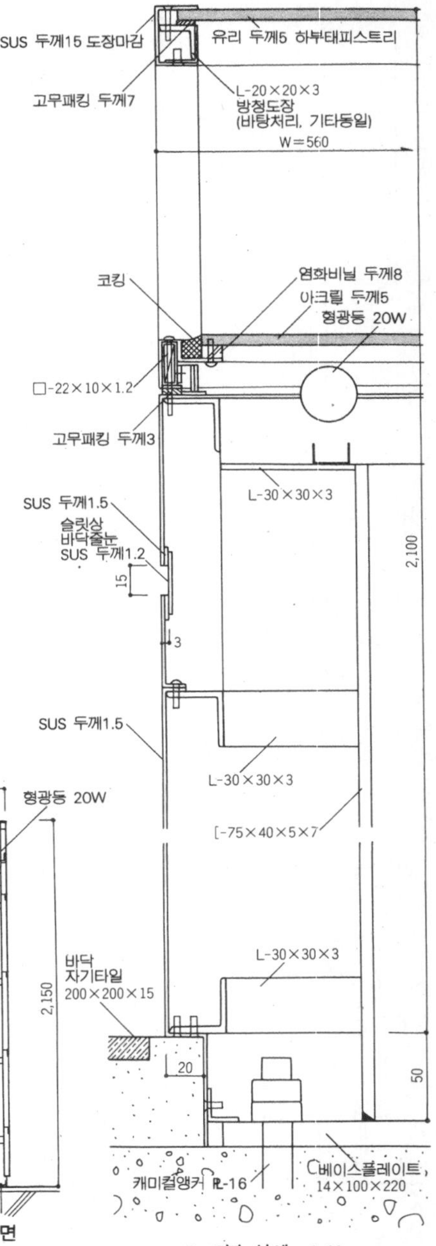

SUS 두께15 도장마감
유리 두께5 하부태피스트리
고무패킹 두께7
L-20×20×3 방청도장 (바탕처리, 기타동일)
W=560
코킹
염화비닐 두께8
아크릴 두께5
형광등 20W
□-22×10×1.2
고무패킹 두께3
L-30×30×3
SUS 두께1.5
슬릿상 바닥줄눈 SUS 두께1.2
15
3
2,100
SUS 두께1.5
L-30×30×3
[-75×40×5×7
L-30×30×3
바닥 자기타일 200×200×15
20
50
캐미컬앵커 R-16
베이스플레이트 14×100×220

D, E부 상세 1/4

미술관에 대한 사인 계획의 특질을 잘 고려한 디자인으로 되어 있다. 여기서 다룬 것은 내조식과 외조식의 2종류의 모임 등의 안내판이다. 다설 지역에서의 외부 디자인이기 때문에 설해 대책으로서 6mm의 스테인레스판을 사용하고 만곡형상으로 만들어서 강성을 높이고 있다. 또 문의 물막음을 네오프렌 고무를 사용하여 신뢰할 수 있는 디테일을 실현하고, 유리면의 성애 대책으로서 열빼기 루버나 물 빼기를 고려하고 있다.

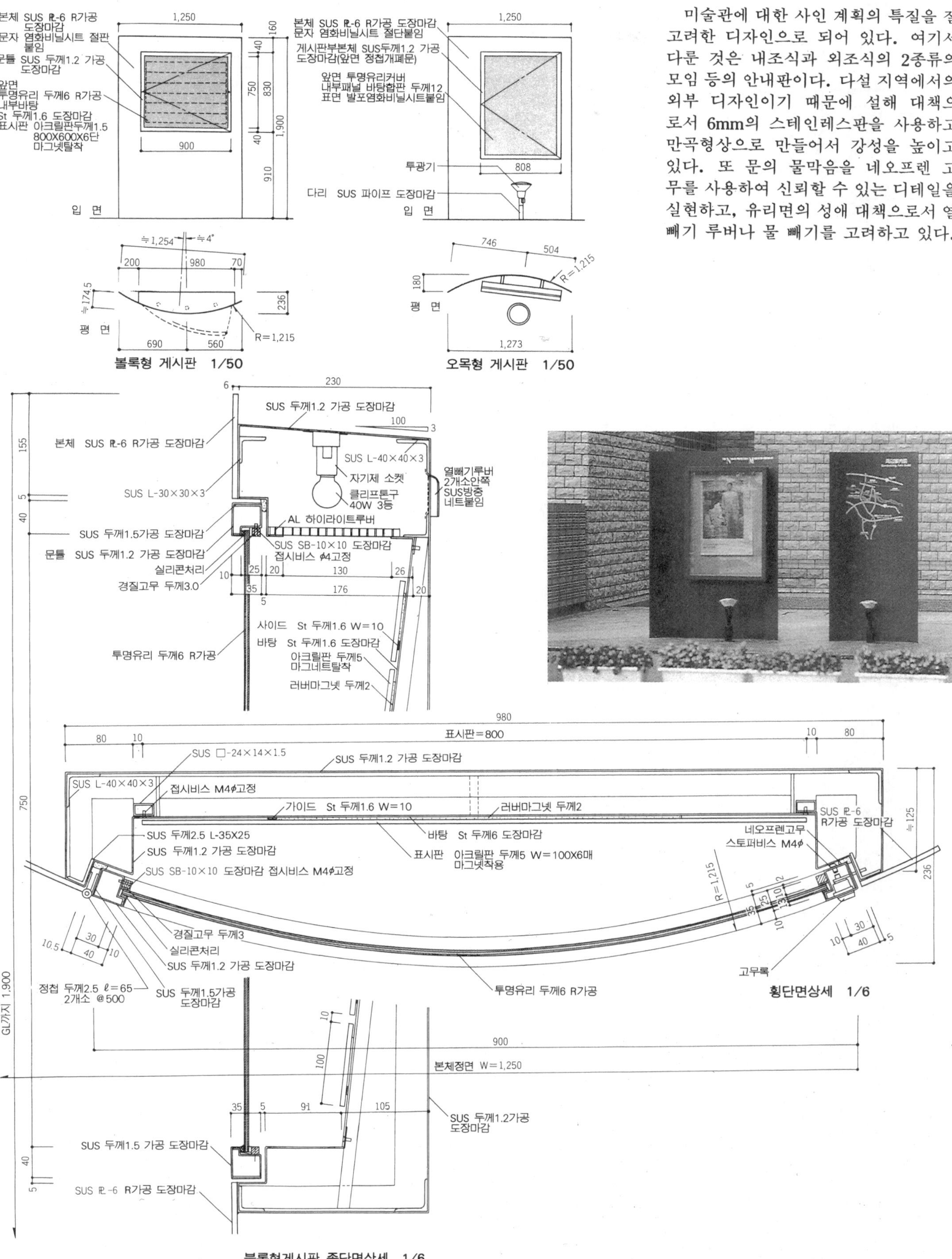

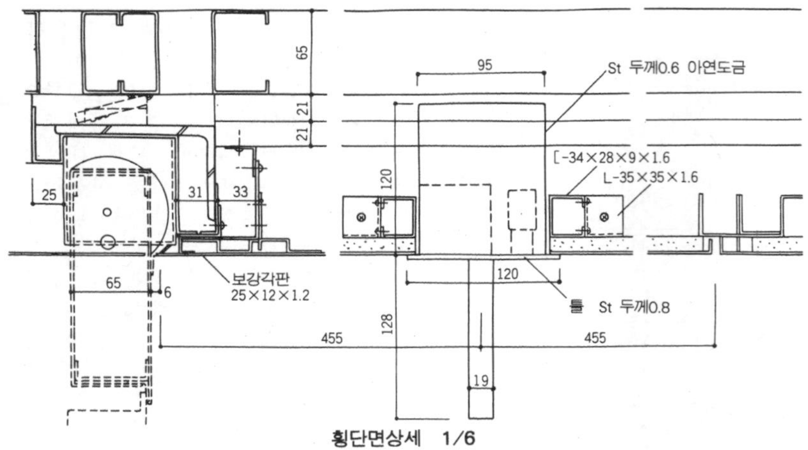

횡단면상세 1/6

유도등은 소방법에 그 설치 기준이 정해져 있다. 그러나 건축물의 특수한 형상, 구성 등에 대한 허용폭이 없는 것이 실정이며, 또 법령화하기도 어렵다. 이 사례는 어쩌면 유도등으로서의 기능, 성능이 현행의 것에 대해서 떨어지는 점이 없다는 것을 밝혀서 설치가 인정된 것이다. 가로를 세로로 한다는 단순한 발상이나, 이 공간에 매치시킨 설계자의 노력이 엿보인다. 설치의 목적을 파악하여 건축 공간에 맞도록 설치 기준을 변경한 사례로서 행정 쪽에도 이해한 것으로 평가된다.

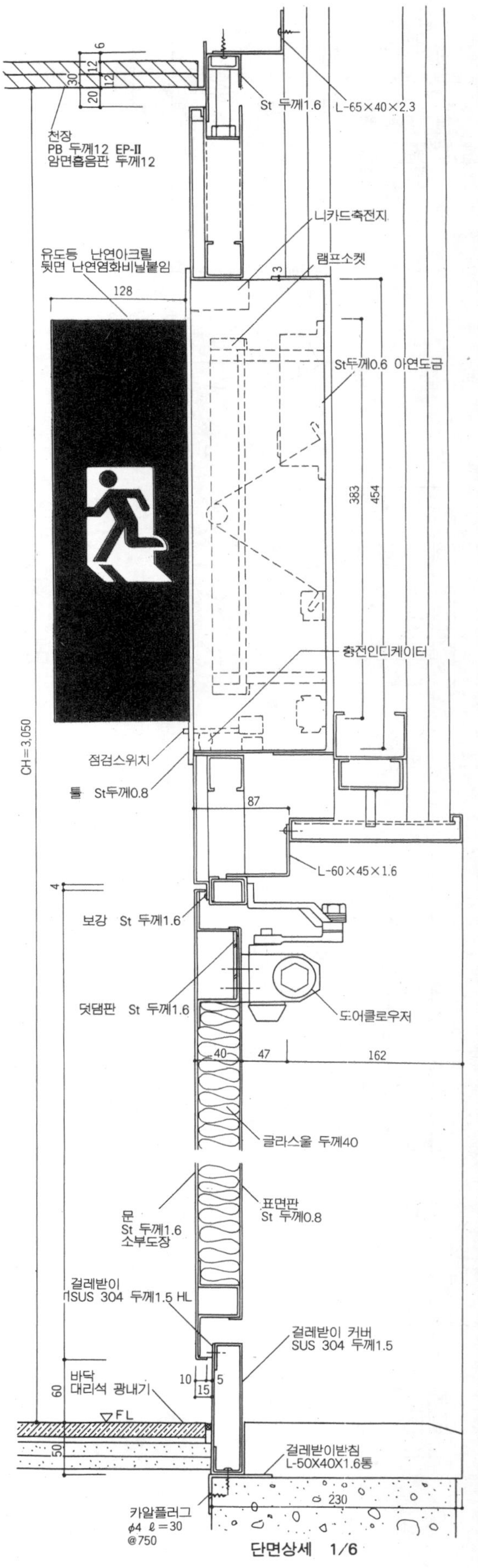

단면상세 1/6

큰 병원은 안에 들어가면 알기 어렵다는 것이 일반 이용자의 감상이다. 여기서는 어린이나 노인도 알기 쉽도록 디자인이 계획되어 있다. 번호 표시를 주로 하고「내과」,「외과」등의 언어에 의한 사인을 보조로 하고 있다. 숫자로 되어 있으면 순번에 따르면 좋으나, 언어로는 각 과의 전체적 레이아웃이 아니면 알기 어렵다는 것이 대부분이다. 너스스테이션을 지나지 않는 문병객을 막기 위해 병실에 입원자 이름을 기입하지 않고 있다. 이것은 입원자의 프라이버시의 보호도 된다. 단지 번호 표시만으로는 입원자가 자기 실로 되돌아갈 때 잃어버릴 우려가 있으므로 실번호 표시와 일체로 핀너프보드를 붙이고 있다. 사인은 눈이 부신 내조식은 사용하지 않고, 색채는 파스텔 컬러로 하는 등 환자에게 다정하게 되도록 배려되어 있다.

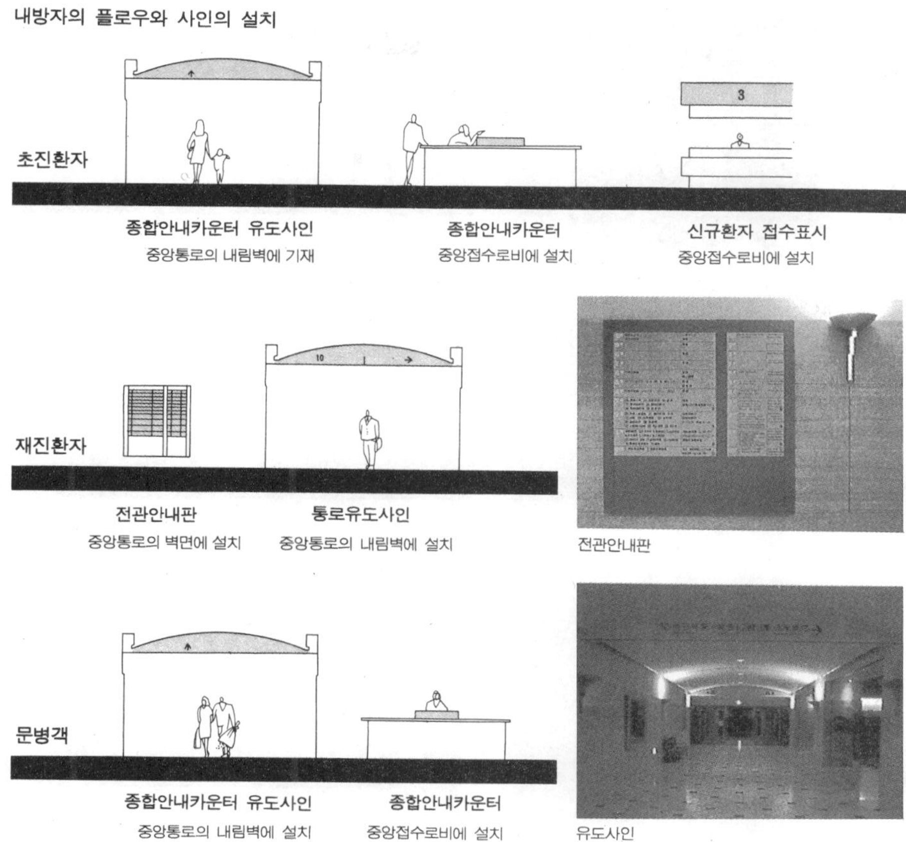

전관안내판
유도사인

이 연회장 내부 공간은 회화나 장식등이 다채롭고 고밀도여서 눈을 사로잡는 것이다. 연회장이 주체의 시설이므로 인적 서비스가 주로 되며, 사인은 유도 표시는 적고 연회석명 등의 식별표지가 주로 되어 있다. 표시 기구의 디자인은 금색 바탕으로 이 공간에 순응하는 수법을 취하고 있다. 기구, 문자모두 사이즈는 일반적인 호텔 등의 것보다 좀더 크게하고, 내조식으로 하는 등 알기 쉽도록 하고 있다. 동시에 이 연회장이 지닌 비일상적인 분위기를 다시 연출하도록 화려함을 나타내는 방향으로 디자인되어 있다.

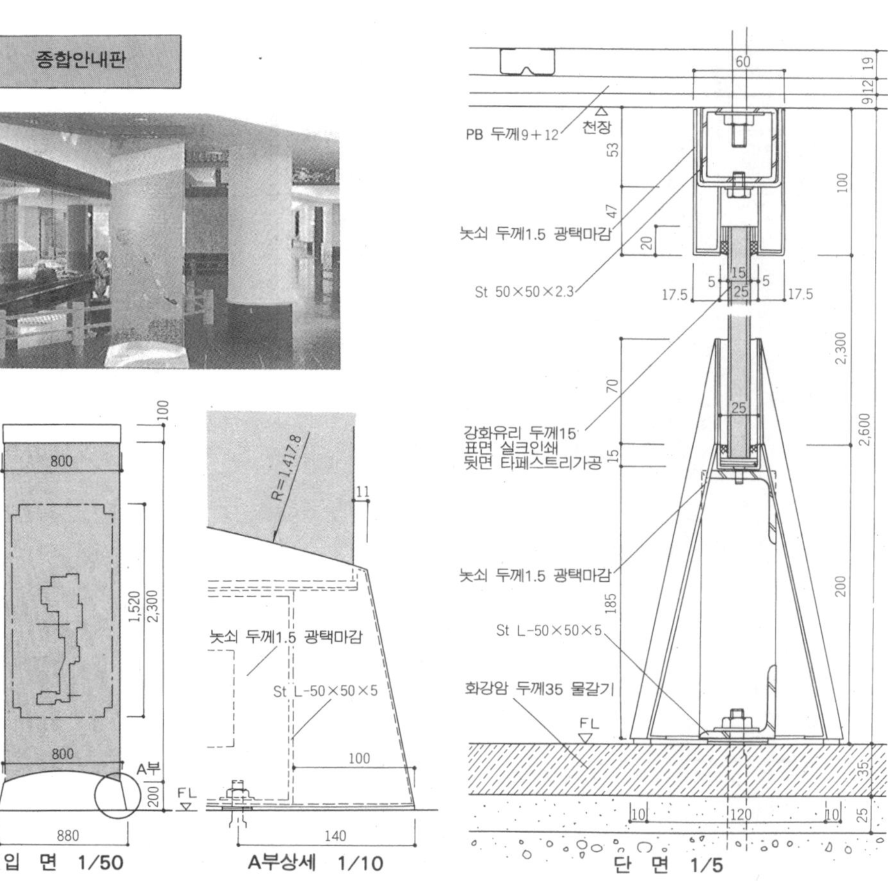

입 면 1/50
A부상세 1/10
단 면 1/5

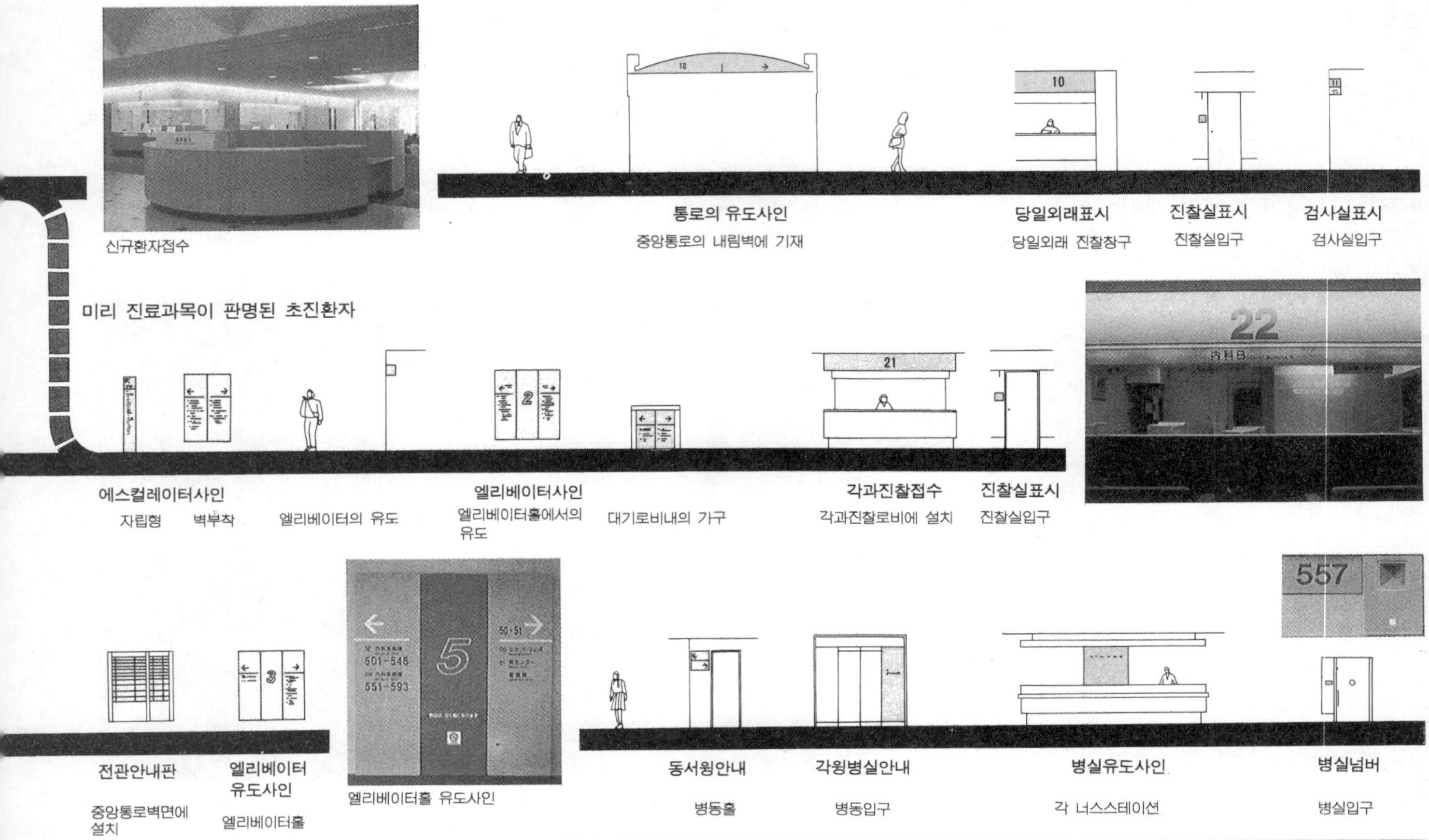

신규환자접수

통로의 유도사인
중앙통로의 내림벽에 기재

당일외래표시
당일외래 진찰창구

진찰실표시
진찰실입구

검사실표시
검사실입구

미리 진료과목이 판명된 초진환자

에스컬레이터사인
자립형 벽부착

엘리베이터의 유도

엘리베이터사인
엘리베이터홀에서의 유도

대기로비내의 가구

각과진찰접수
각과진찰로비에 설치

진찰실표시
진찰실입구

전관안내판
중앙통로벽면에 설치

엘리베이터 유도사인
엘리베이터홀

엘리베이터홀 유도사인

동서윙안내
병동홀

각윙병실안내
병동입구

병실유도사인
각 너스스테이션

병실넘버
병실입구

연회명 표시판

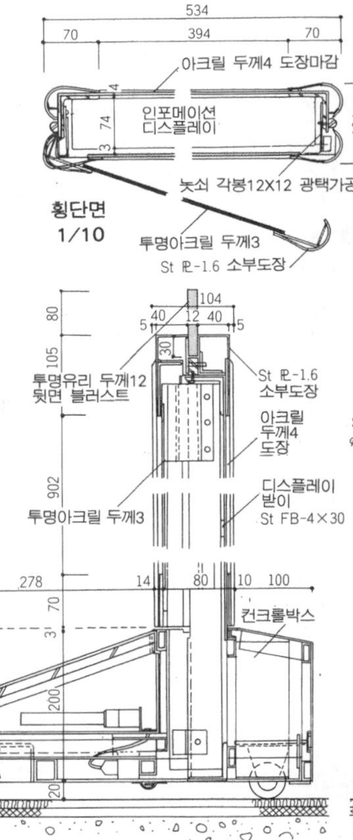

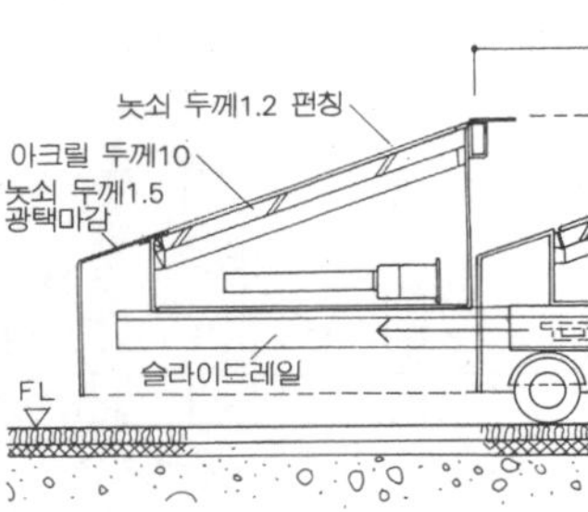

화장실사인

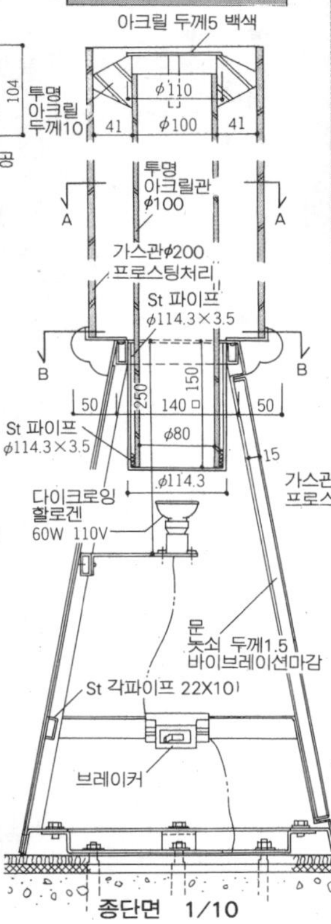

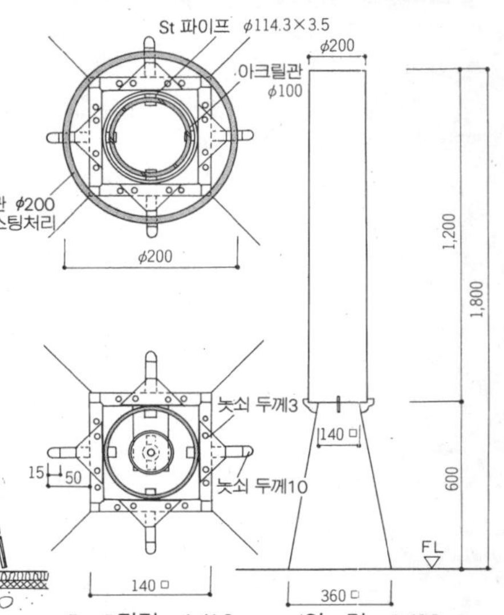

아트워크로서 디자인한 방재패널 ①

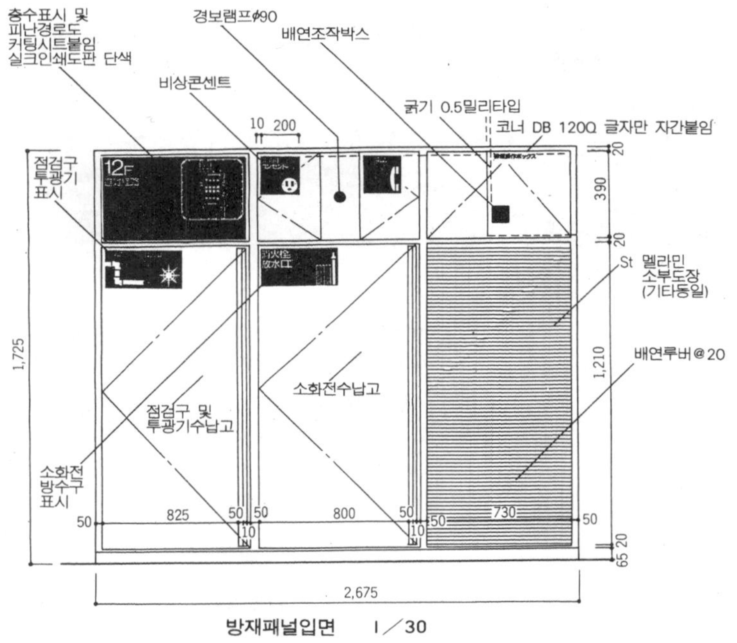

방재패널입면 1/30

건축물의 공유 공간에서 빈번하게 보게 되는 소화전을 벽면에 같은 색의 마감으로 하고, 일체화한 다음에 방재에 관한 정보(사인)를 그래피컬하게 레이아웃하고 있다. 소화전으로는 벽면과 동화하면서도 기능의 현저화와 실내 공간의 조화를 도모하고 있다. 다른 사인과도 통일된 디자인으로 되며, 공사 구분에서 커팅 시트에 실크 인쇄를 한 것을 각각 붙이는 공법을 취한 것이다.

아트워크로서 디자인한 방재패널 ②

이 사례도 위의 사례와 같은 방재 패널이나 건축물의 용도상 공공성이 적기 때문에 한정된 사람들에 대한 정보 기능으로서 들어 있는 내용(소화전, 소화기, 비상전화, 배연 조작 박스, 전동 블라인더 콘트롤러) 중에서 필요 최소한의 정보만을 다이렉트로 표시하고, 나머지는 들어 있는 패널마다의 색 구분에 의해 표현되고 있다. 사인으로서는 소극적이나 긴 복도라는 단조로운 공간의 액센트로서 디자인되어 있다.

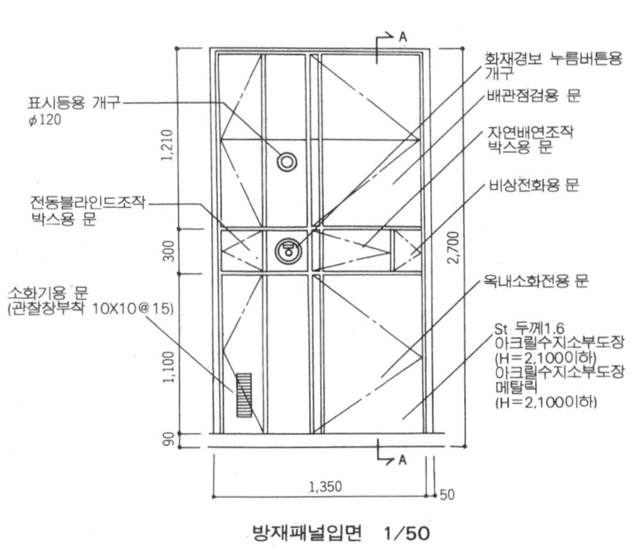

방재패널입면 1/50

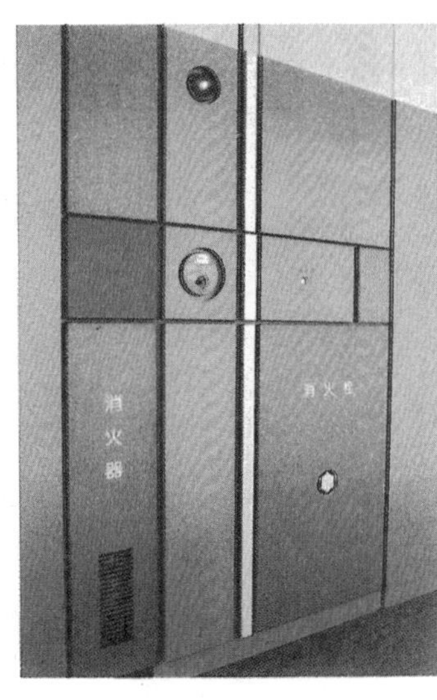

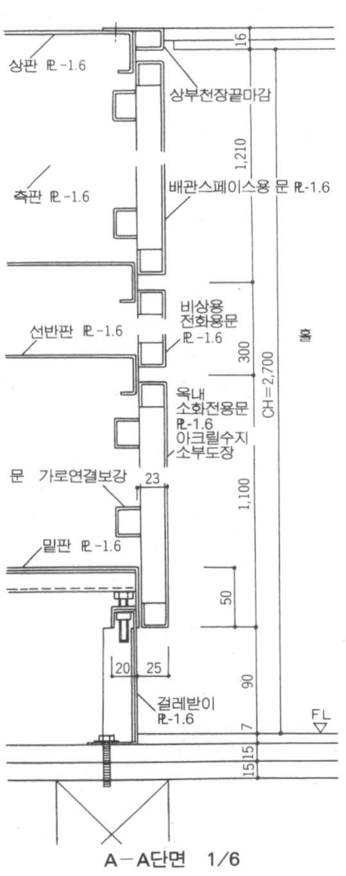

A-A단면 1/6

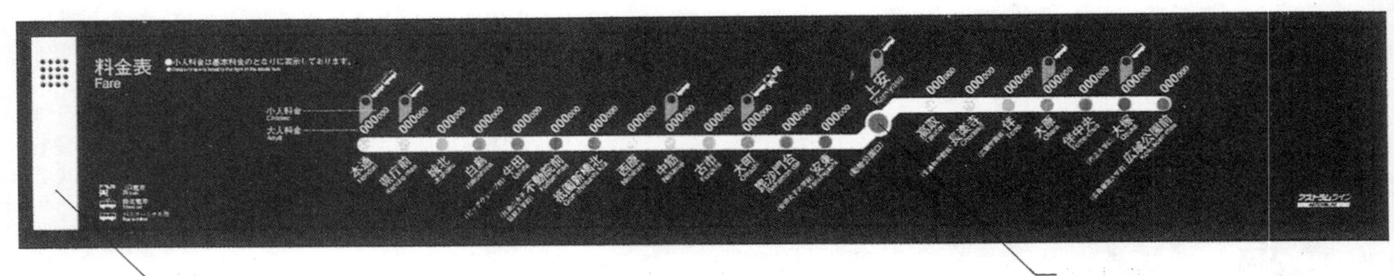

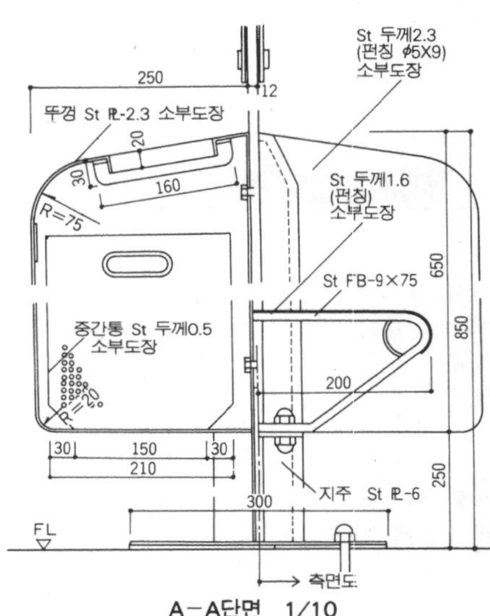

A-A단면 1/10

아이소메트릭(상층/플랫폼 하층/콩코스)

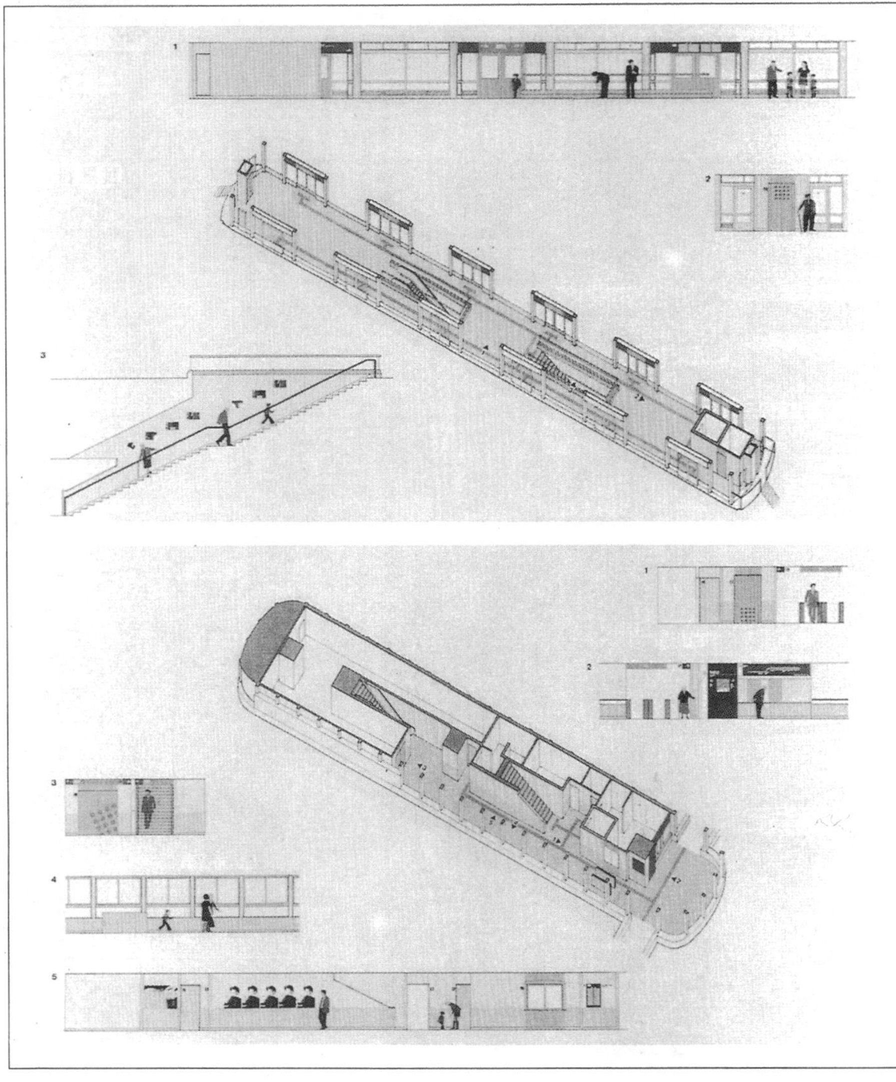

신교통 시스템「아스트럼라인」의 공공 사인이며, 기존의 시설에서는 좀처럼 만들기 어려운 토탈한 디자인 계획을 신설이라는 장점을 살려서 만든 것이다. 역사, 차량을 위시해서 퍼니처, 기타 바닥의 패턴까지 빈틈없이 공통의 콘셉트에 근거하여 실시하고 있다. 형태는 오소덕스한 산뜻함으로 완성되어 있으며, 특색은 색채 계획과 일정한 기준에 따라서 등장시키는 일관성을 지닌 배치 계획이 좋은 밸런스로 되어 있다.

신교통 시스템에 어울리는 경쾌한 이미지를 나타내고 있다.

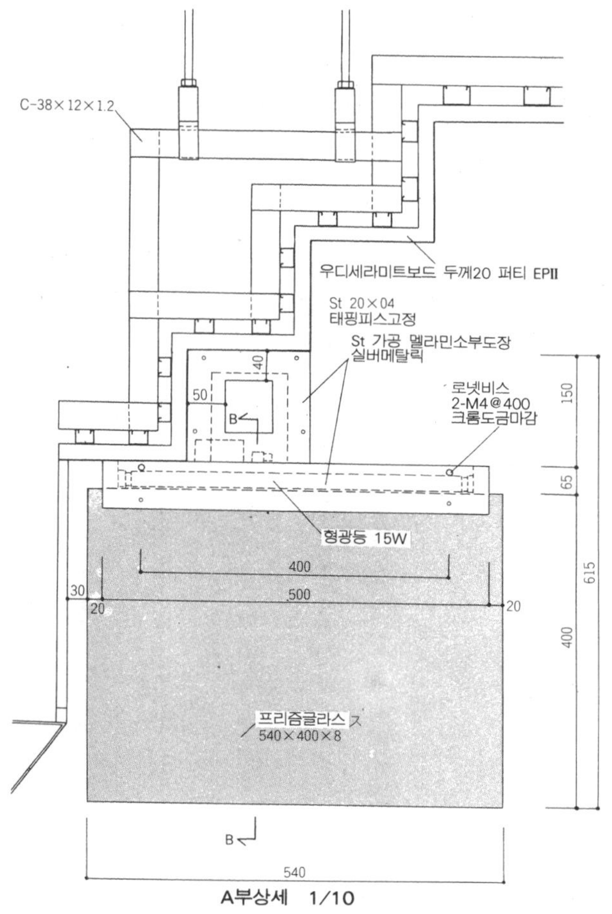

A부상세 1/10

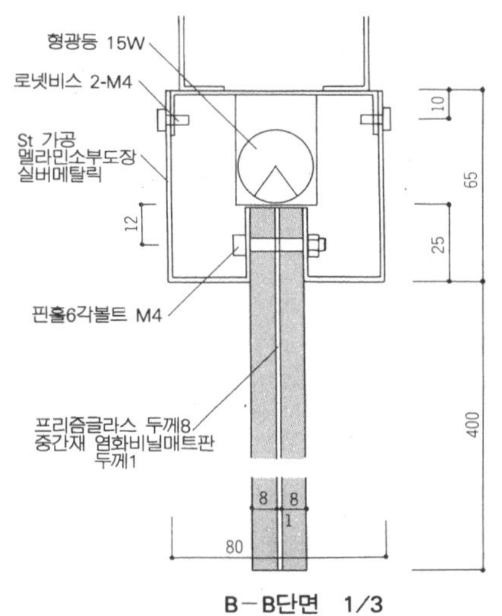

B－B단면 1/3

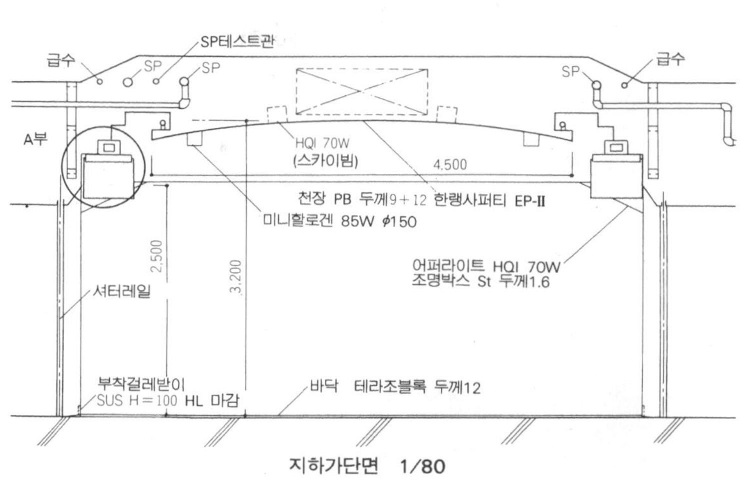

지하가단면 1/80

리뉴얼 전의 사인은 천장 매달림형 및 벽 돌출형으로 점포마다 자유로운 형태였으므로 다양한 자기 주장의 범람의 인상을 갖고 질서감이 결여되었다. 이에 대해서 사인의 형태는 내조식 신라이트 사인으로 통일하고, 틀 안의 범위에서 점포의 개성화를 구체화한 것이다. 소재적으로는 2매의 아크릴, 스틸 소성도장, 15W 형광등을 사용한다. 아크릴의 마주본 면에 각각 실크 인쇄를 해서 양쪽에서 볼 수 있는 디테일로 되어 있다. 에지라이트 사인의 효과는 점포에 손님이 다가왔을 때 그 콤팩트한 아름다움이 인상적이다. 가로 공간 전체에서 보면 통일감과 질서감이 인상적이며, 공간의 디자인 콘셉트가 전달된다.

연속된 스페이스에 넣은 내조직 간판 사인

지하의 연속식 점포에 있어서 상점가로서의 통일감을 만들기 위해 샵프런트의 난간 부분에 조명을 연속시켜서 밝은 느낌을 나타냄과 동시에 고객 유도의 역할을 하고 있다. 난간 부분의 조명 라인은 간접조명으로 하고, 조명 박스를 다시 점포명 표시에도 활용하고 있다. 점포명을 젖빛 아크릴판으로 하는 것으로 점포 입구의 난간에 내조식의 점포명 표시가 가능하며, 변경도 간단하게 할 수 있도록 배려되어 있다.

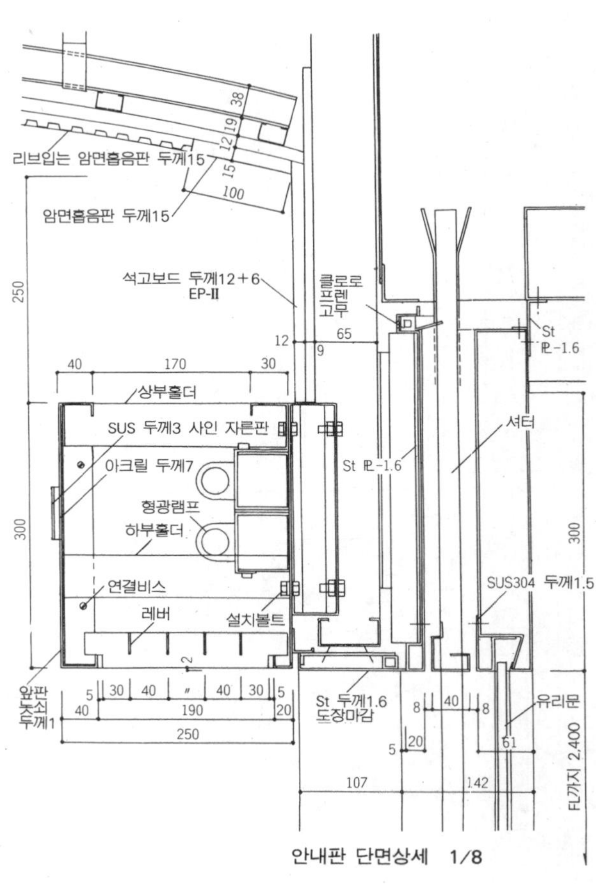

안내판 단면상세 1/8

돌기둥의 대한 안내 사인

이 대학 캠퍼스의 외부 공간에서는 늘어서 있는 석주에 의해 오더가 부여되어 있다. 그 석주는 외부 조명 등에 이용되나 사인 소재로서도 이용되고 있다. 석주의 돌붙임 면과 같은 면으로 마감된 스테인레스면에 오려낸 문자의 내조식의 안내 사인이 설치되며, 석주 이외에는 새로운 안내판을 설치하지 않고 캠퍼스의 안내 유도를 하고 있다.

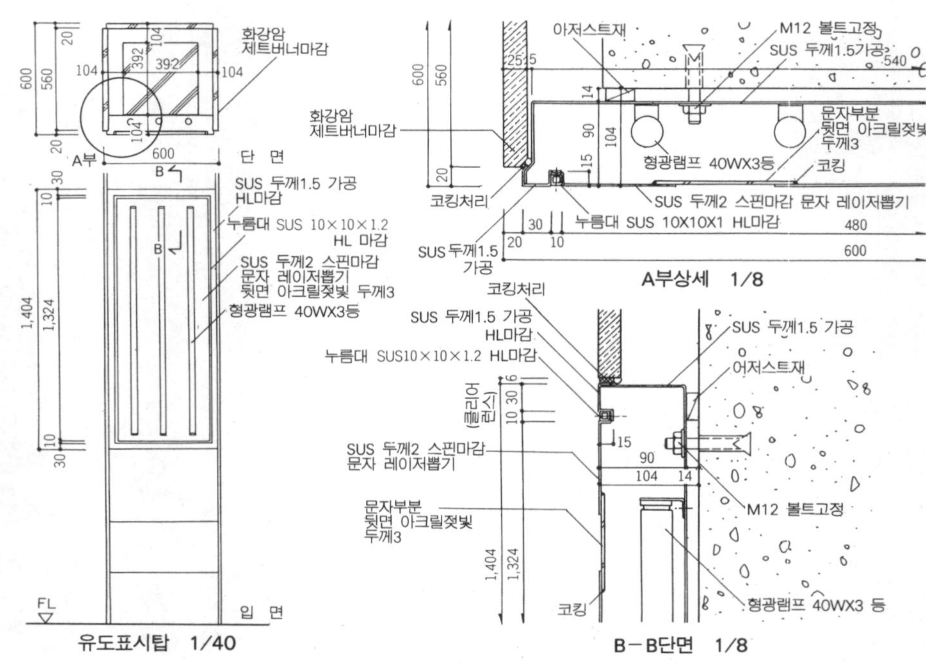

유도표시탑 1/40 A부상세 1/8 B－B단면 1/8

이 거리는 MA(마스터 아키텍트) 방식이라는 새로운 거리 방식에 의해 만들어진 거리이다. 사인 계획도 마찬가지로 일정한 코드를 기준으로 각 블록의 아키텍트가 건축물의 배치나 구성에 의해 전개하고 있다. 특징은 그래픽 디자이너에 의한 주거 지구 고유의 리프 디자인이 주거 지구 표시 및 주거동 표시로서 사용되고 있는 것이다. 이 리프 디자인은 각 주거 지구마다의 식재 계획으로서도 전개되어 심벌로서 동료 의식의 고양을 목표로 하고 있다.

자립형 주거 지구 사인과 주거동 외벽에 설치된 주거동 사인은 모두 보행자의 아이레벨을 의식하고 있다. 이들의 사인은 마치 거리에 있어서 단독 주택의 표찰과 같이 거의 눈에 거슬리지 않고 방문자에 따라서 다소 작다는 경향을 있으나, 획일적으로 되기 쉬운 집합주택의 사인 계획의 하나의 시도라고 생각된다.

전체배치

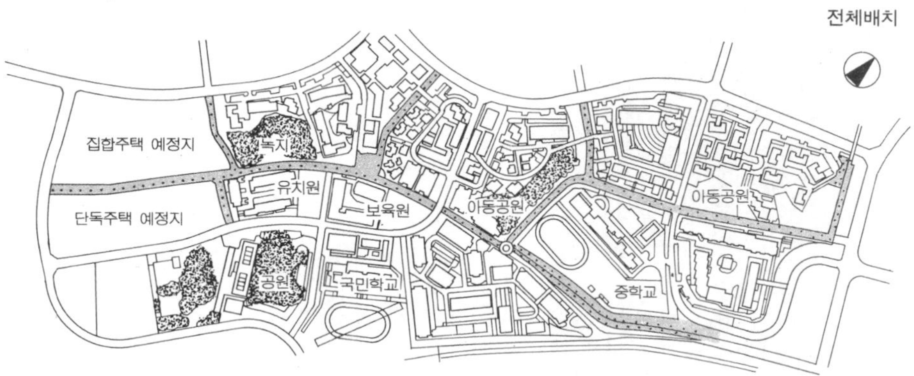

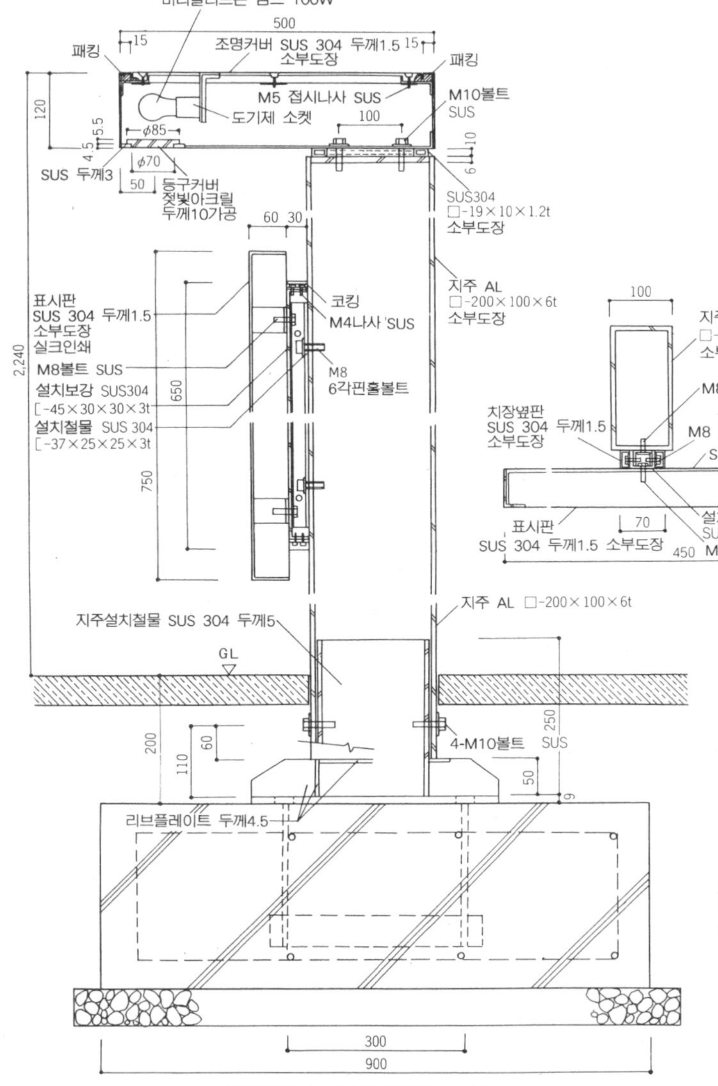

주거동표시 사인단면상세 1/12

기둥이 늘어서 있는 벽이 적은 공간이기 때문에 독립형과 벽 부착, 둥근기둥에 붙인 사인에 의해 구성되어 있다. 독립형 사인은 입체 트러스를 모티브로 하여 모든 베이스 플레이트형 다리에 의해 바닥에 고정되며, 거점 변경에 따른 배치의 이동과 정보 내용의 변경에 따른 반면 교체가 가능한 플렉시블 사인이다. 또 벽 부착, 기둥 사인은 설치 위치를 우선하여 포말소화를 위시한 다양한 설비 조작 레버, 배관 등을 시설하고 있다. 보차 공존 공간에 대한 안전성과 운전자라는 움직이는 것으로부터의 시인성을 고려하여 설치 높이와 콘트러스트의 강한 색채를 전개하고 있다.

■벽부착형, 기둥부착형, 독립형 사인의 주요 타입

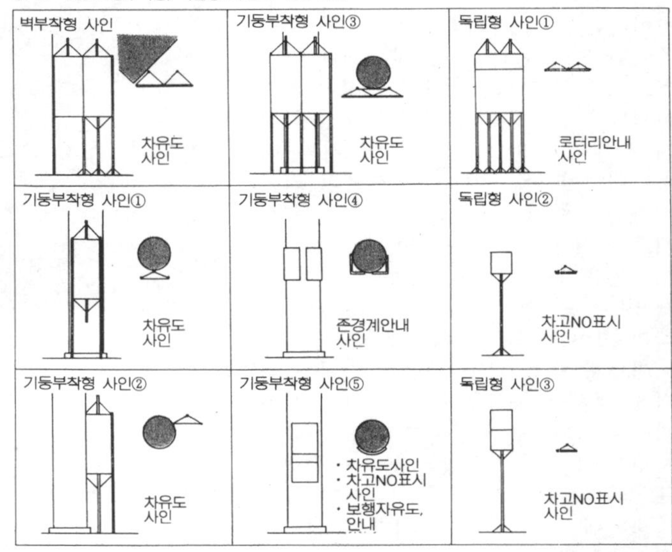

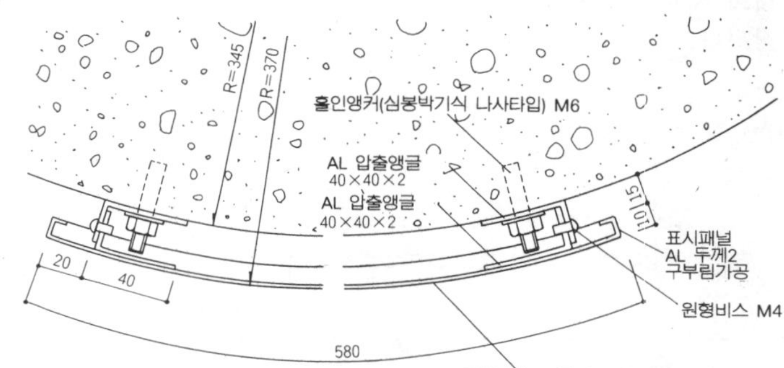

A부상세 1/4

AL 패널 두께2 쥬라크론도장 실크인쇄

St 파이프φ21.7 두께2 아연도금 멜라민소부도장

St 원봉φ9 아연도금 멜라민 소부도장

300

B부상세 1/4

150　300

AL 패널 두께2 쥬라크론도장 실크인쇄

St파이프φ21.7 두께2 아연도금 멜라민 소부도장

B부

St파이프 φ340 두께2.3 아연도금 멜라민 소부도장 파이프도장색 전체 흑색

베이스 플레이트 두께6

1,200

독립형 사인① 1/40

850　690

A부　A부

200　90°　200　45°　45°

580

표시패널 AL 두께2 커팅시트 전면붙임 단부감아넣기 실크인쇄

치장콘크리트

1,200　2,400　1,200

기둥부착형 사인⑤ 1/40

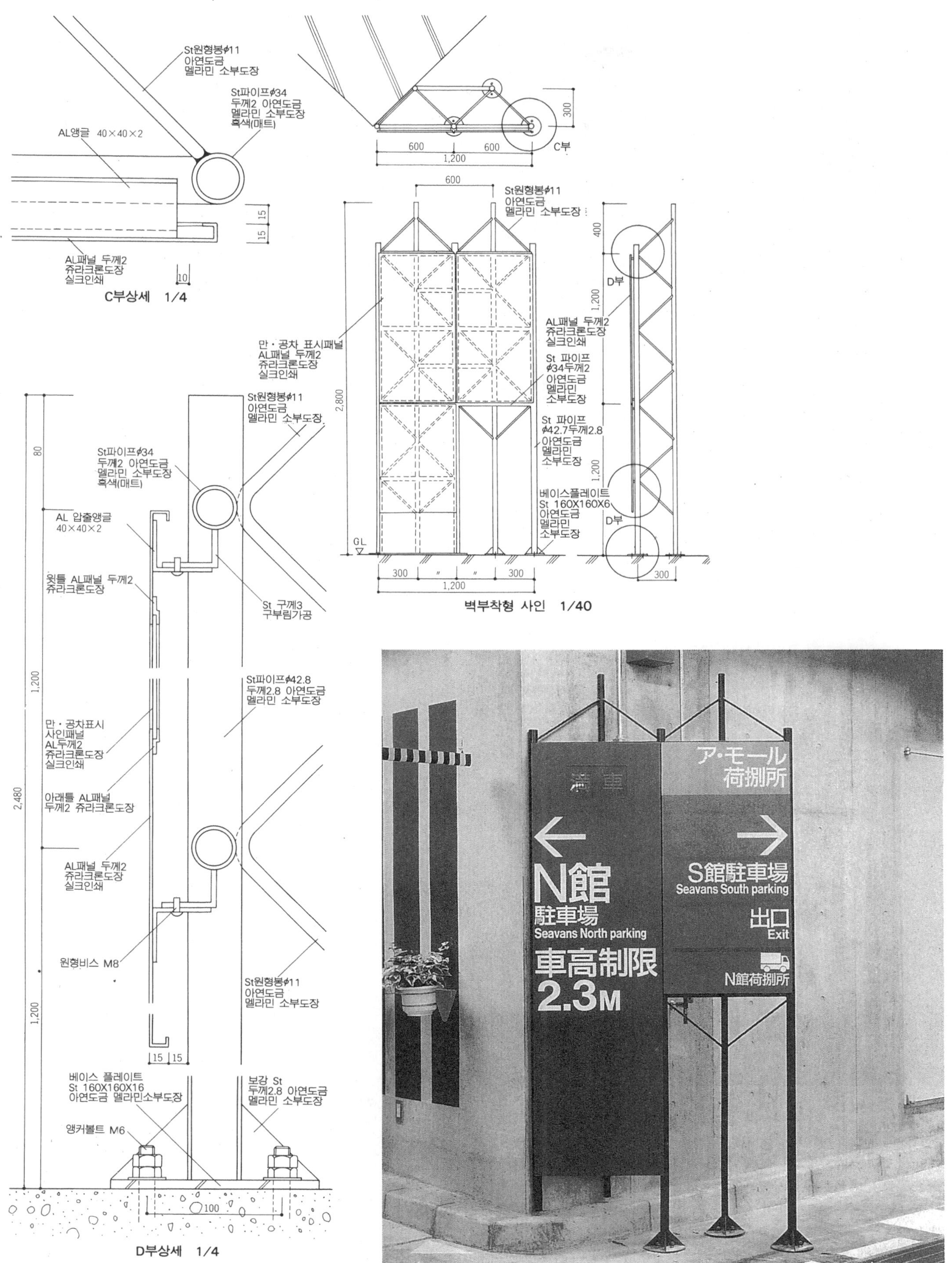
St원형봉φ11
아연도금
멜라민 소부도장
St파이프φ34
두께2 아연도금
멜라민 소부도장
흑색(매트)
AL앵글 40×40×2
AL패널 두께2
쥬라크론도장
실크인쇄
C부상세 1/4
600
600
1,200
300
C부
만・공차 표시패널
AL패널 두께2
쥬라크론도장
실크인쇄
St 파이프
φ34두께2
아연도금
멜라민
소부도장
St 파이프
φ42.7두께2.8
아연도금
멜라민
소부도장
베이스플레이트
St 160X160X6
아연도금
멜라민
소부도장
D부
2,800
GL
300
300
1,200
벽부착형 사인 1/40
AL 압출앵글
40×40×2
윗틀 AL패널 두께2
쥬라크론도장
St 구께3
구부림가공
St파이프φ42.8
두께2.8 아연도금
멜라민 소부도장
만・공차표시
사인패널
AL두께2
쥬라크론도장
실크인쇄
아래틀 AL패널
두께2 쥬라크론도장
원형비스 M8
2,480
80
1,200
베이스 플레이트
St 160X160X16
아연도금 멜라민소부도장
보강 St
두께2.8 아연도금
멜라민 소부도장
앵커볼트 M6
100
D부상세 1/4
N館
駐車場
Seavans North parking
車高制限
2.3M
ア・モール
荷捌所
S館駐車場
Seavans South parking
出口
Exit
N館荷捌所

LA CLASS

LA CLASS

2,500
R=2,000
1,500

A-A단면 1/30

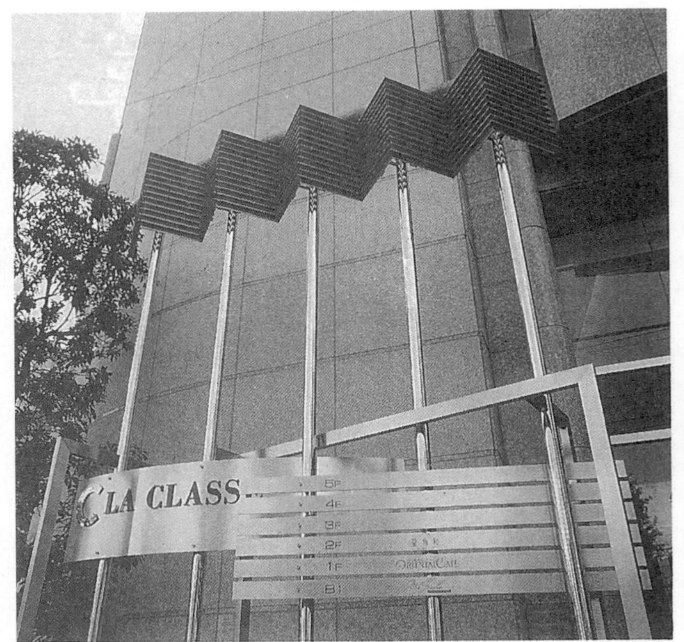

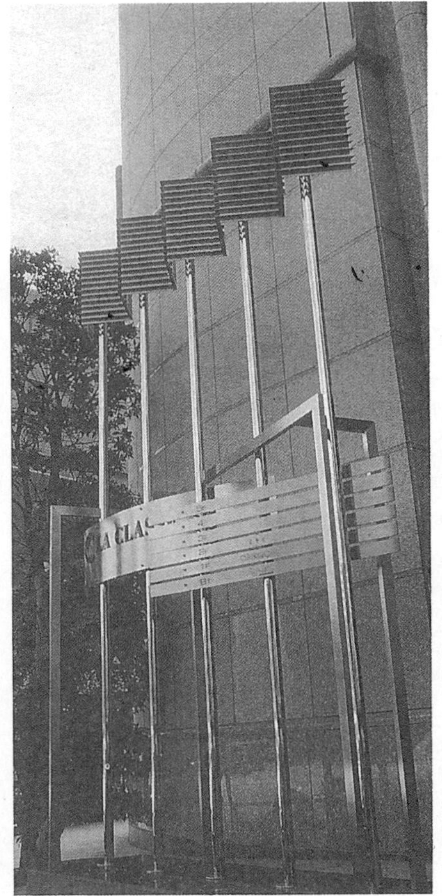

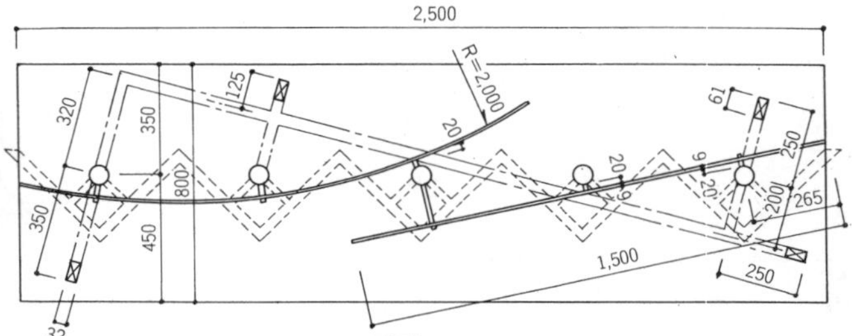

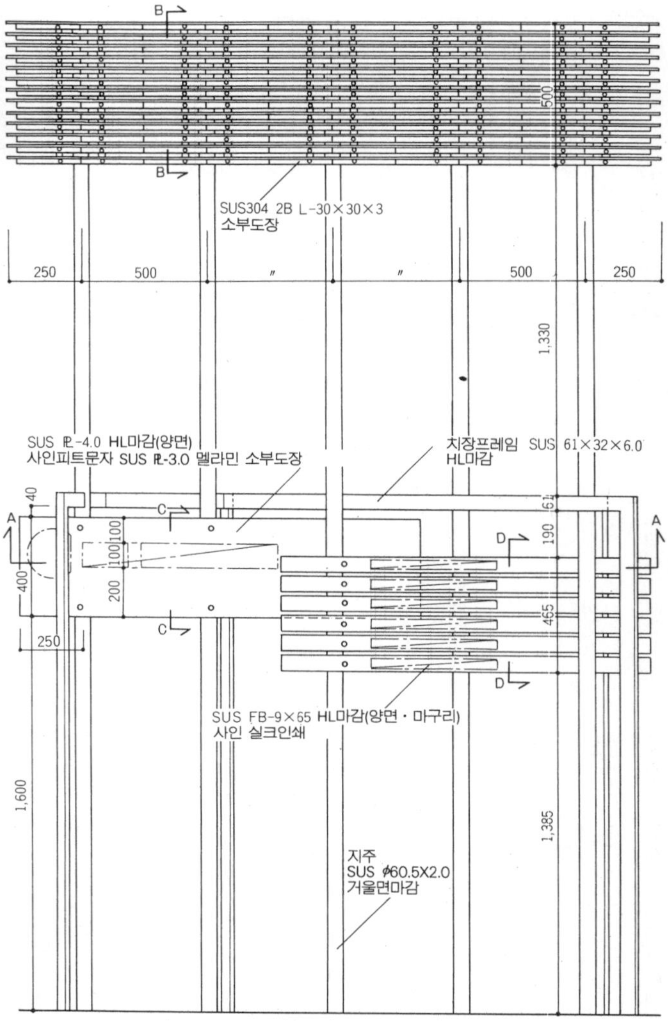

SUS304 2B L-30×30×3
소부도장
SUS ℝ-4.0 HL마감(양면)
사인피트문자 SUS ℝ-3.0 멜라민 소부도장
치장프레임 SUS 61×32×6.0
HL마감
SUS FB-9×65 HL마감(양면 · 마구리)
사인 실크인쇄
지주
SUS ϕ60.5X2.0
거울면마감

입 면 1/30

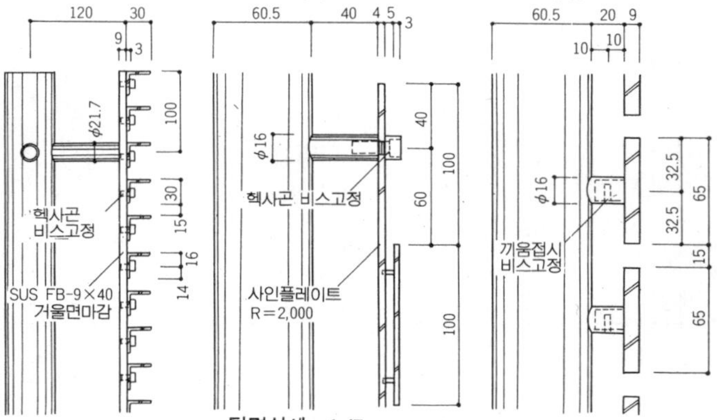

B-B
C-C
D-D
헥사곤
비스고정
SUS FB-9×40
거울면마감
헥사곤 비스고정
사인플레이트
R=2,000
끼움접시
비스고정

단면상세 1/5

높이 4m인 5개의 스테인레스 폴의 꼭대기에 설치된 골드 도장의 스테인레스제 앵글이 사람의 눈길을 끈다. 빌딩명은 블록면판, 테넌트명은 평면판을 사용하는 등 다양한 조형이 얽힌 사인을 하나의 가각의 오브제로 하는 것으로 건축물의 단단한 표정을 온화하게 되도록 의도하고 있다. 야간에는 밑부분에 매입된 4기의 풋라이트를 상향으로 비치고 있다.

바람의 자유로운 움직임을 표현하는 꼭대기의 활 모양의 형이 집합한 부분은 스테인레스, 스틸터치 마감이며 우레탄 클리어 도장으로 되어 있다. 사인부는 스테인레스 헤어라인 마감, 타원형의 벤치부는 듀랄루민 주물이다. 바닥과 머리부에 들어 있는 조명이 야간의 모습을 특히 인상적인 것으로 하고 있다.

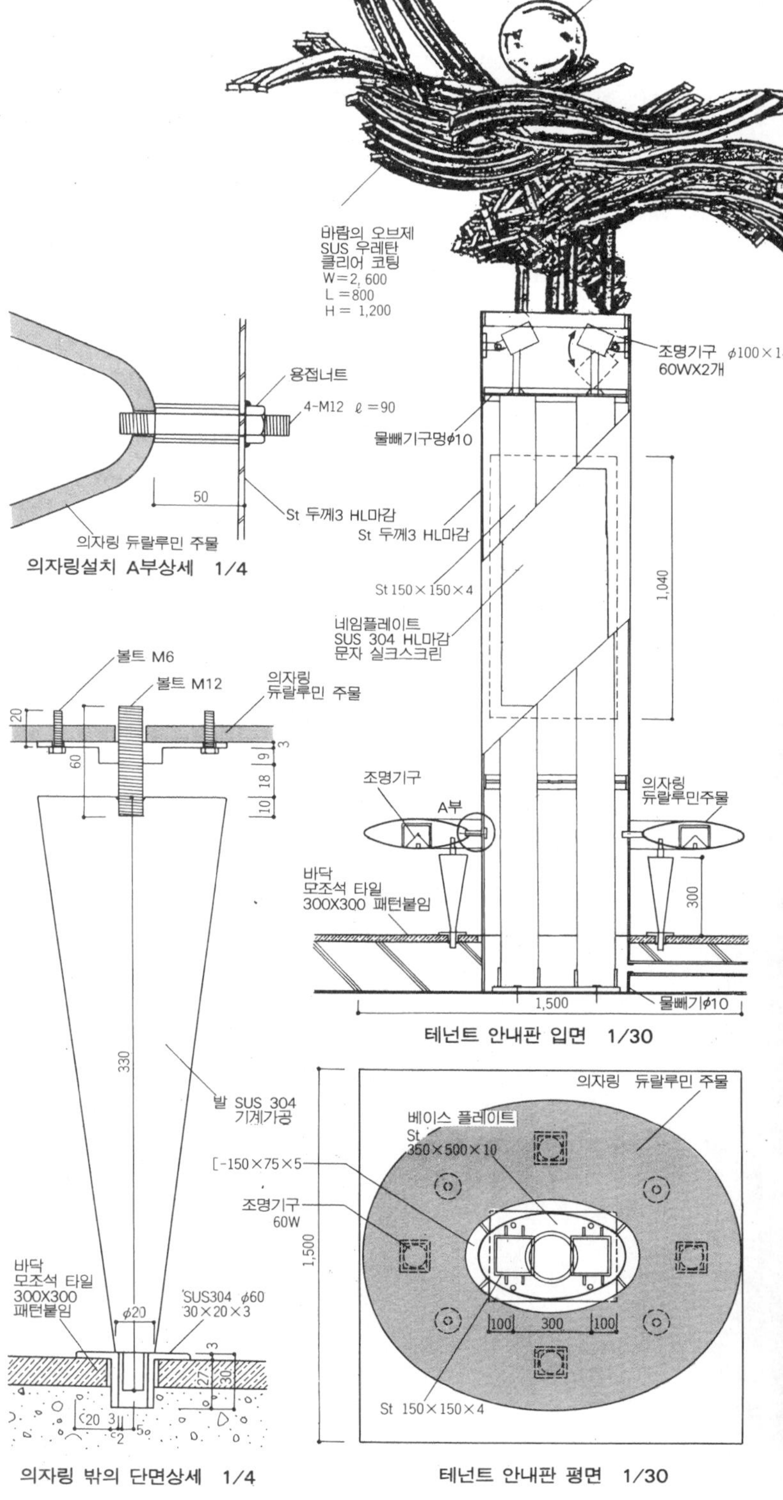

중심가를 흐르는 하천은 시의 공원「낙수원」안의 용출수로부터 거리의 중심을 흐르는 약 1.5km의 농업용수로이다. 이 수로를 시민이 물과 친숙한「하천의 산책로」로서 정비를 하였다. 화강석을 수평으로 설치한 안내판이 하천의 최상류의 생활과의 관계를 설명하고 있다. 지역의 소재인 용암 자갈의 인조석 물씻기 마감으로 포장된 놀이보도, 발바닥을 자극하는 촉감적 디자인에 어울리는 안내판의 마감은 화강석을 특수 필름을 사용한 쇼트블러스트 마감에 의한 3단 파기로 하고 있다. 이러한 입체적인 표현을 함으로써 돌의 안내판이라고는 생각되지 않는 촉감적인 표시면을 실현하고 있다.

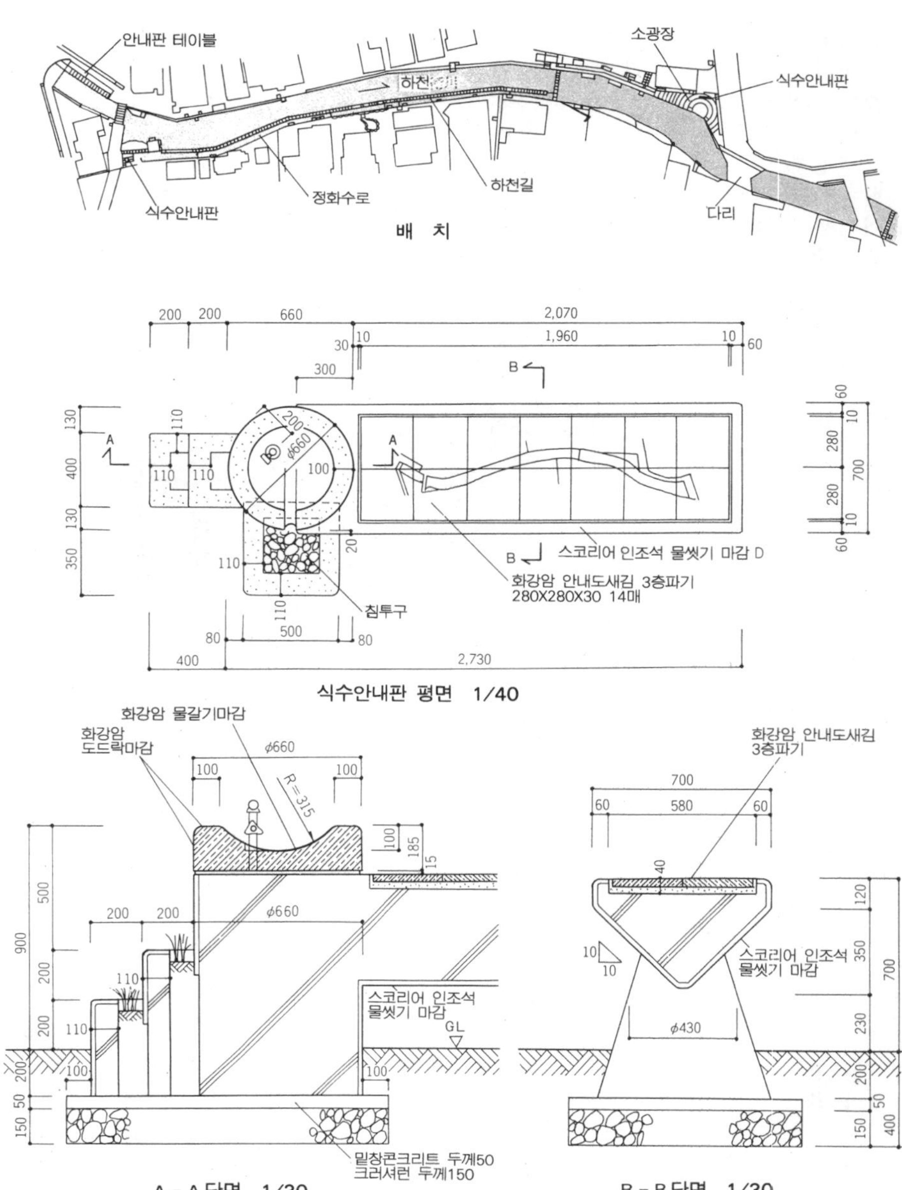

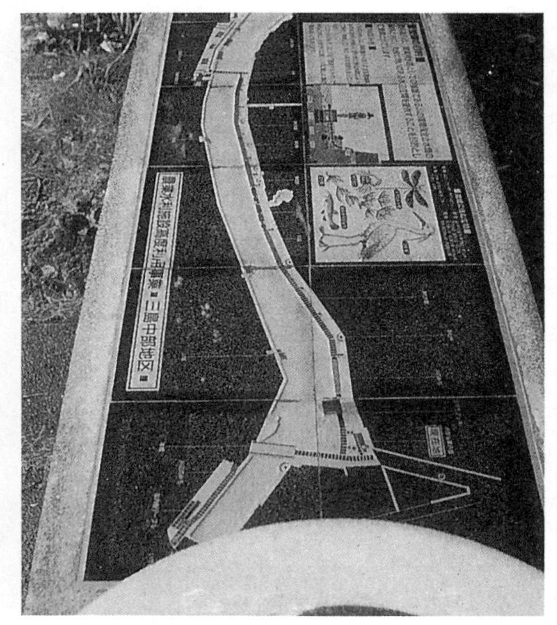

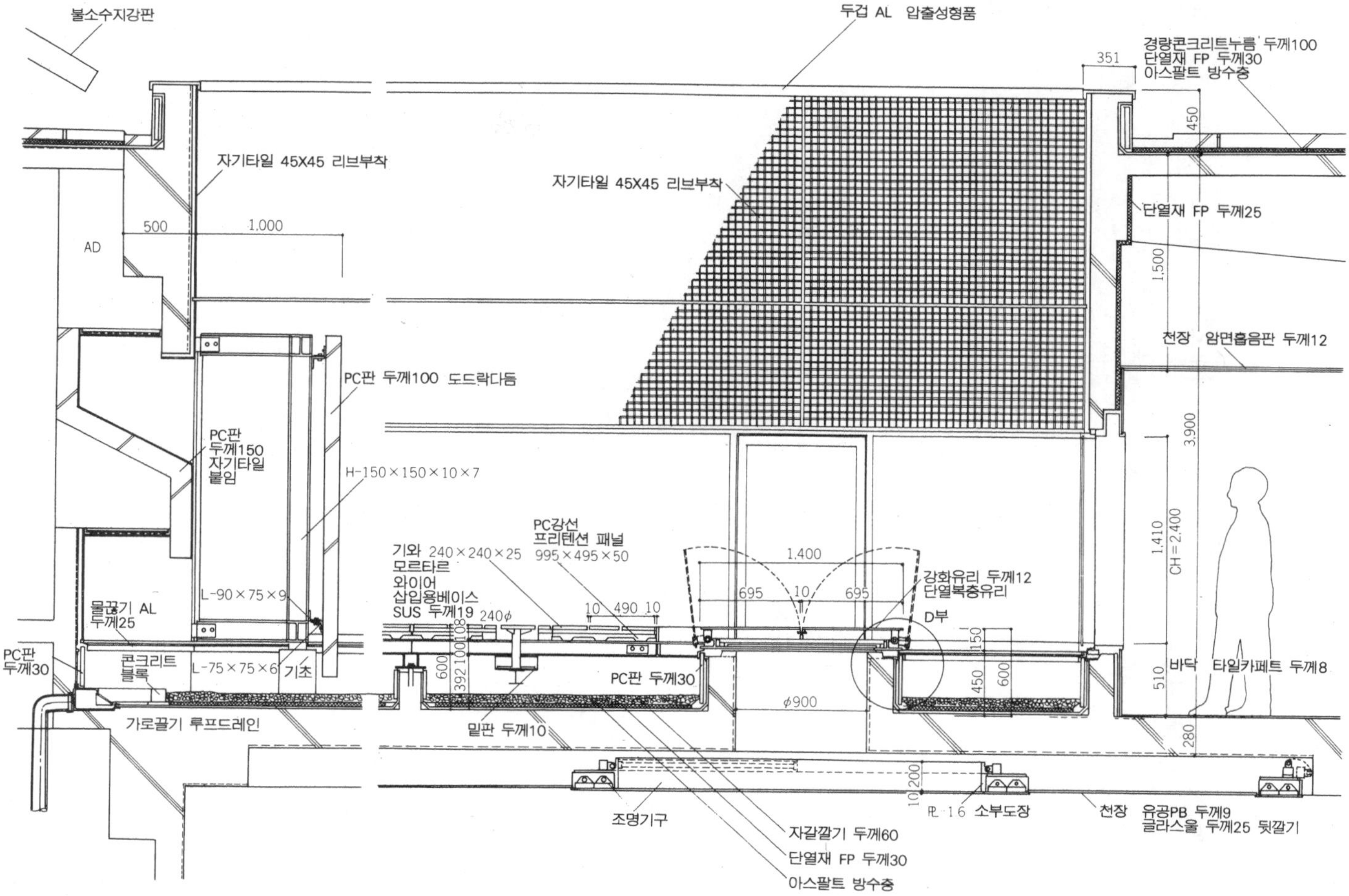

중정 B, C부 상세 1/50

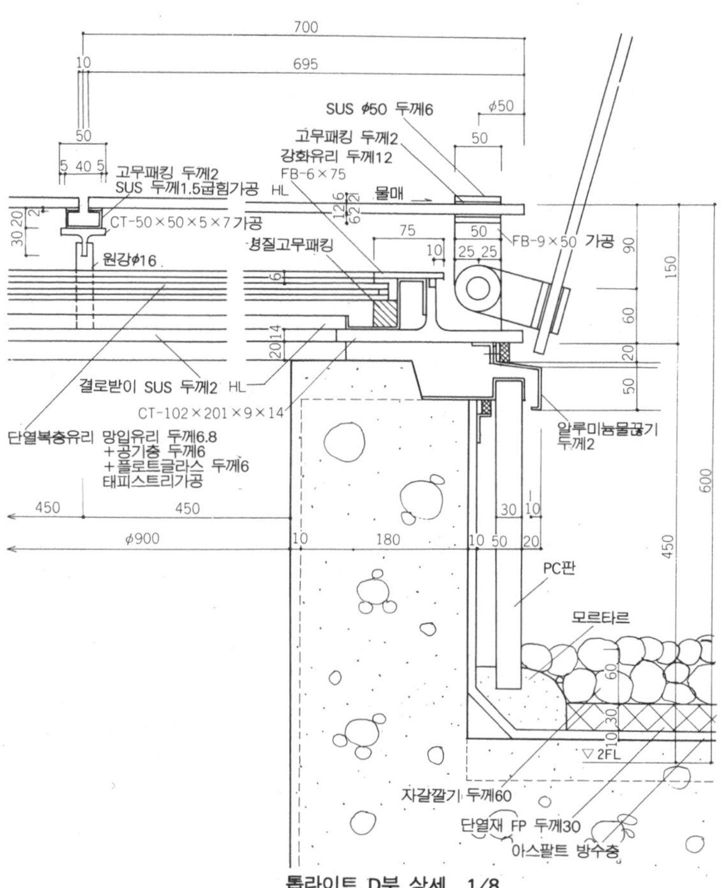

톱라이트 D부 상세 1/8

종합연구센터 2층에 위치하는 아트워크를 전제로 한 둘러싼 중정 바닥 부분의 상세이다. 유사한 것으로 파리의 쟝 누벨의 아랍 세계 연구소의 레스토랑 앞의 옥상 바닥이 있으며, 이 중정의 사례는 회의실, 라운지 등으로 둘러싸여 의식적으로 벽으로 잘라내고 있다. 바닥은 「보는 바닥」으로서 240×240, 두께 25의 기와를 깐 995×495, 두께 50의 PC판을 방수층 위에 띄워서 표면을 다른 기능=1층의 채광용 톱라이트 등과 같은 면으로 마감하고 있다. 주역인 아트워크의 보조로서 소극적인 마감이 의도되어 스테인레스 와이어로 구성된 조각 무대로서의 장치를 나타내고 있다.

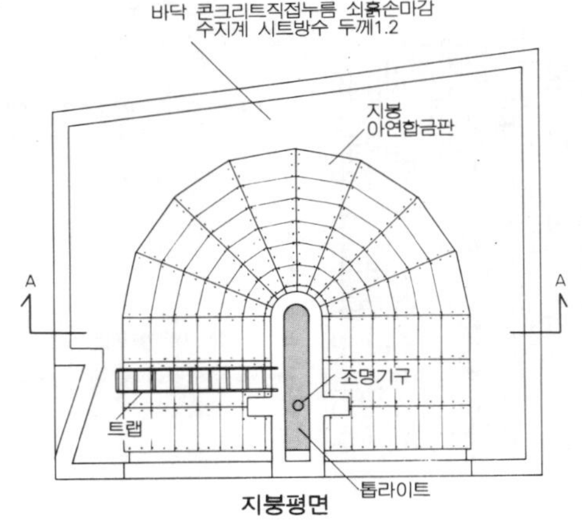

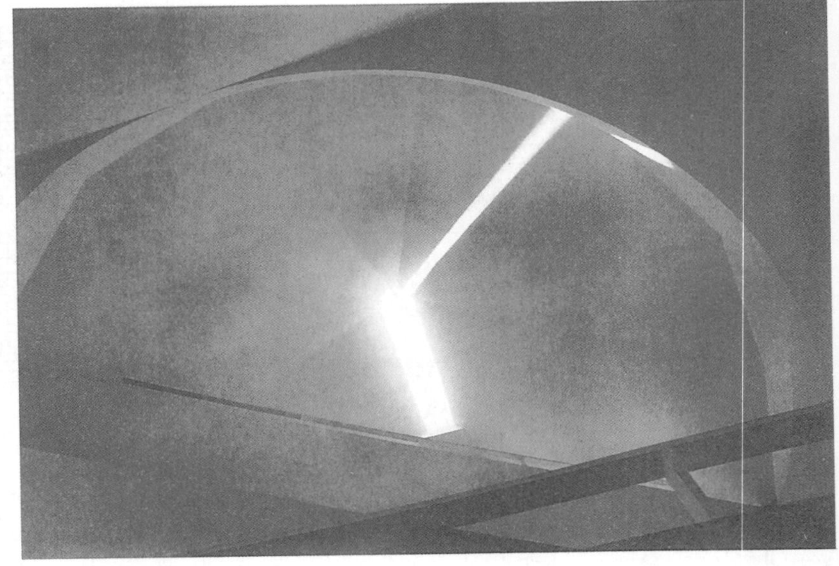

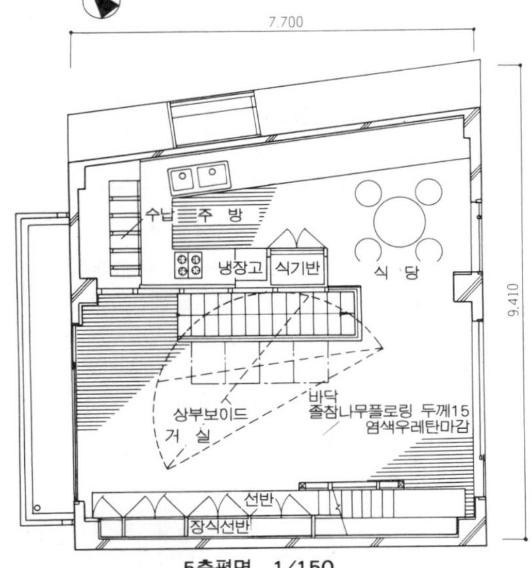

따뜻함과 밝음을 만드는 일반적인 주택에서의 빛을 받아들이는 방법이 아닌 태양빛을 하나의 오브제로 취급한 특이한 예이다.

설계자는 슬리트에서 들어오는 태양광이 움직일 때의 감각을 보고 빛의 특색을 현저화시켜서 생활 속에 잠긴 자연의 감각을 불러일으킨다는 의도를 갖고 있다. 이 톱라이트에서 들어와 이동하는 빛은 다면체의 내벽을 비치고 다시 계단의 보이드를 통해서 아래층의 공간에도 미치므로 주거 전체에 시간의 이동과 동시에 명암의 변화를 느끼게 한다.

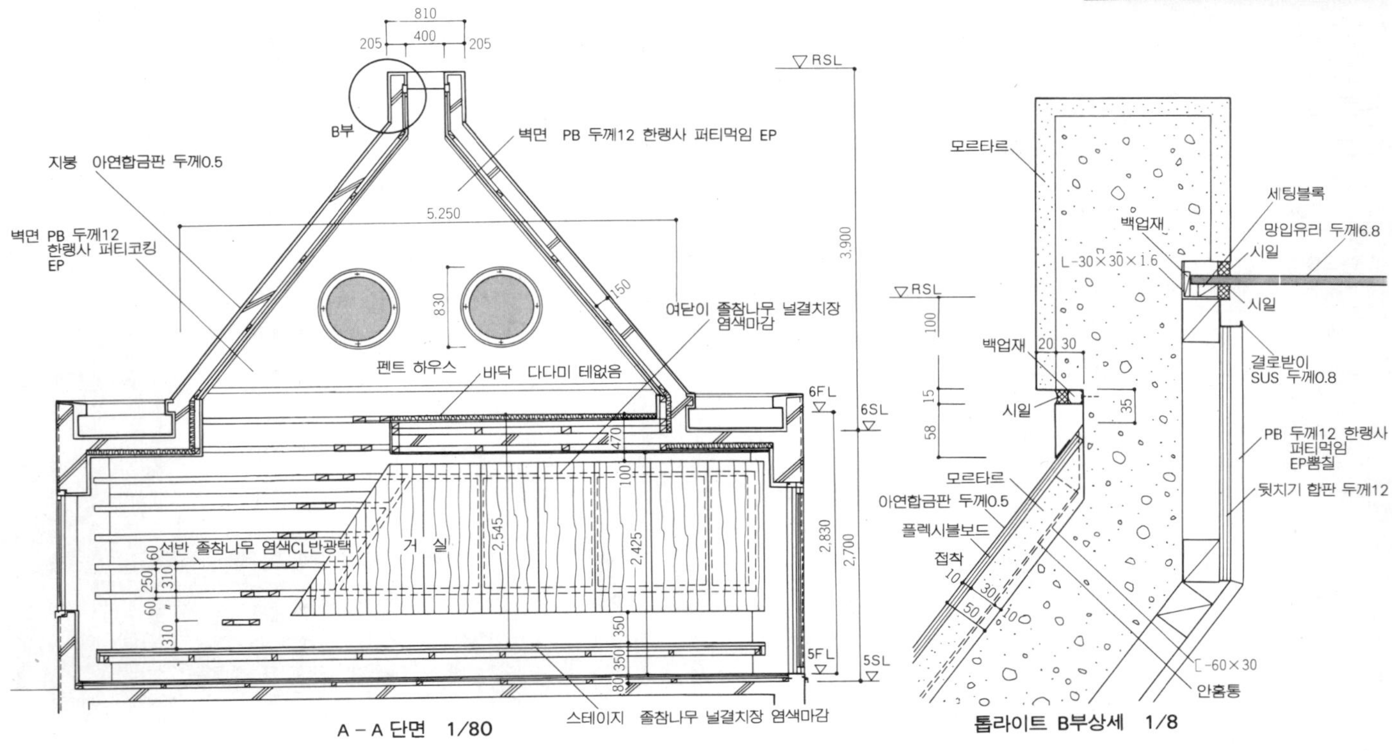

태양광을 전동 롤블라인드로 개폐하는 것이다. 가장 메인테넌스가 필요한 구동 부분 바로 밑에 캐트워크를 설치하고, 톱라이트 전체의 프레임과 조화하면서 조명 기구나 글라스 크리닝, 메인테넌스의 기능을 가지면서 심플하고 단정한 디자인으로 되어 있다. 경사진 글라스 부분이 약 30°의 물매가 있으므로 결로수가 하부로 낙하하는 것에 대해서 단부에서 실내로 직접 낙하하지 않도록 되어 있다.

결로수에 의한 롤블라인드의 오염이 예상되나 캐트워크에 의해 메인테넌스를 비교적 쉽게 할 수 있다.

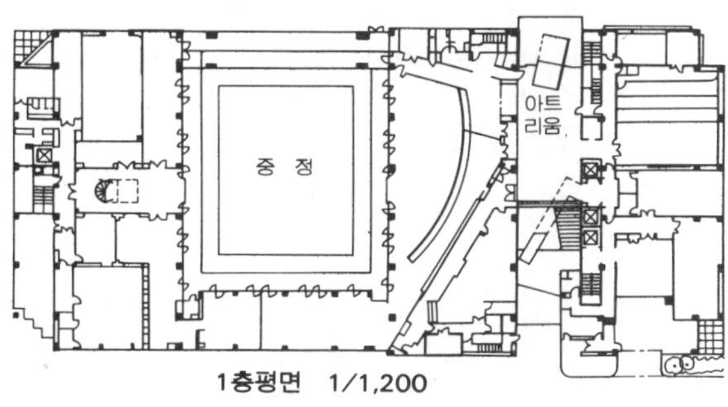

1층평면 1/1,200

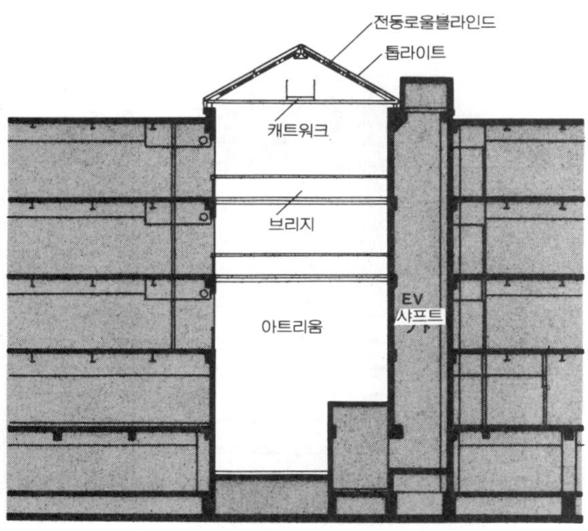

아트리움단면 1/400

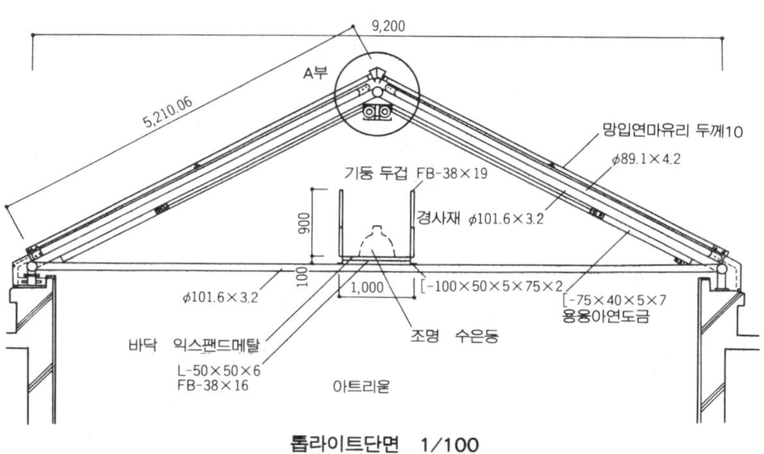

톱라이트단면 1/100

물끊기 AL 두께2
미크라이트뿜칠 두께6
St PL-2.3
글라스라이너 두께3
브래킷 SUS 두께3
물끊기 조인트부
결로배수파이프
AL ϕ8
망입연마유리 두께10
227.9
ϕ139.8×4
ϕ89.1×4.2
ϕ-106 6×3.2
360
2×[-75×
40×5×7
용융아연
도금
웨이드 ϕ50
가이드롤러
2-ϕ60
150
350
베어링
치장판

톱라이트 A부상세 1/10

남국의 강한 햇살은 호텔 로비와 같이 쾌적성을 지향하는 아트리움에서는 급격한 실내 온도의 상승, 특히 상층의 객실 복도의 온도 상승을 초래한다. 호텔 로비층에서 전동 조작으로 일제히 차광막을 지붕 프레임 바로 밑에서 가로질러 전개하여 로비 아트리움의 모든 톱라이트를 덮고 있다. 아트리움의 열 환경 보전을 보다 쉽게 하고 있다. 야간이나 흐린 날에는 차광막을 전면 개구하여 아트리움의 명도 확보나 별을 볼 수 있도록 되어 있다. 차광막의 구동 부분의 장치는 지붕 패러핏에 설치되며, 메인테넌스를 쉽게 할 수 있도록 막 전체는 가이드 파이프를 가이드 로프로서 가로로 당겨서 캔버스막을 펼친다거나 닫고 있다. 1유니트의 막이 4~5m의 너비이며 길이 약 14m(최대)를 9유니트의 파이프로 지지하고 있다.

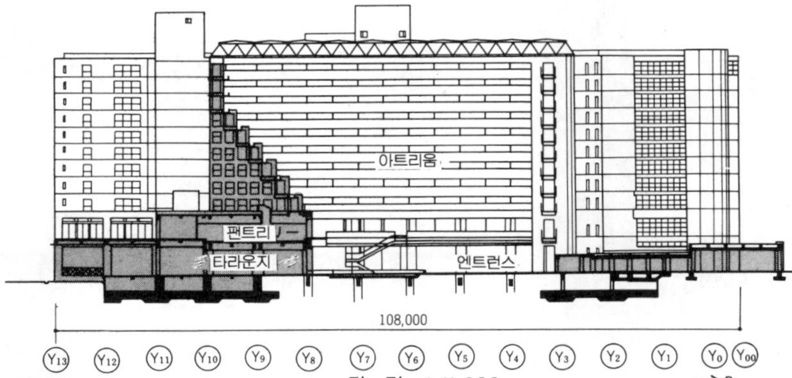

단 면 1/1,200

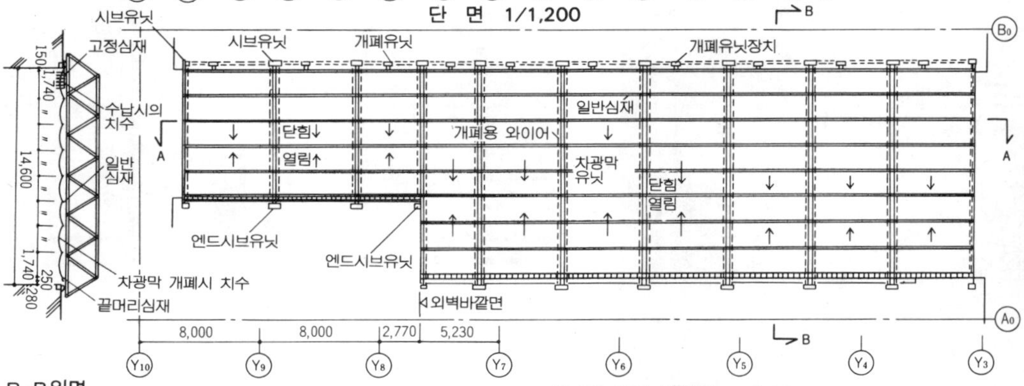

B-B입면

차광막 유닛 분할도 1/500

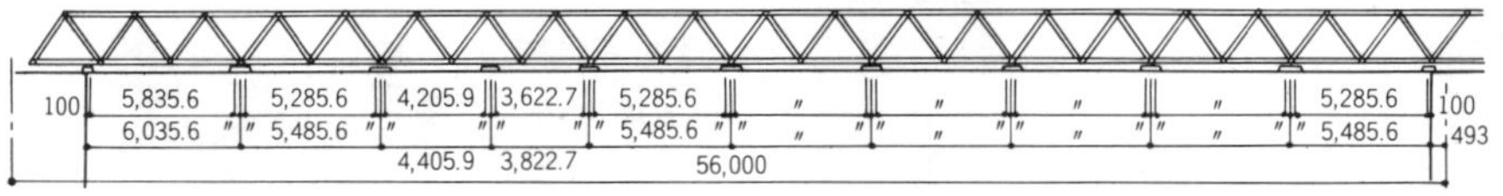

A-A 입면

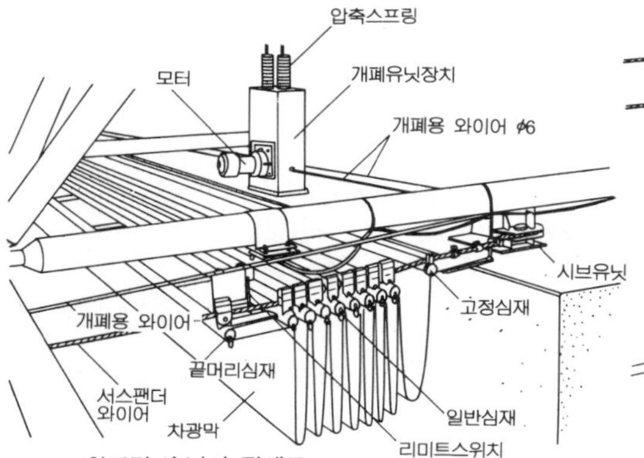

차광막 수납시 전체도

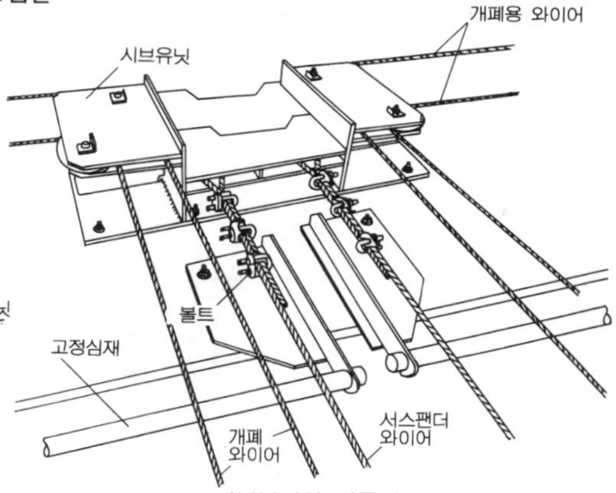

벽부분결합 아무림

▼차광막 개폐상황

①차광막 수납시

②차광막 닫는 도중

③차광막 닫힘 완료

④차광막 닫힘 완료 직전

⑤차광막 벽부결합 올려봄

싱가포르의 강한 햇살의 아트리움에서 햇살의 밝기를 유지하면서 냉방 부하나 눈부심을 조정하기 위해 설치한 알루미늄 펀칭 메탈의 차양이다. 작은 삼각형의 구멍을 통과한 빛이 나뭇잎 사이로 비치는 햇볕을 연출하며, 다시 대리석 마감의 내벽이나 벽에서 흘러내리는 폭포에 반사해서 산란하여 시원한 공간을 만들어 내고 있고, 유리 지붕을 지지하는 스페이스 프레임의 형체를 살리도록 차양은 4각추의 형태로 설치되어 있다.

스페이스 프레임 속에는 배연기나 캐트워크, 호이스트 크레인이 들어가 있으며, 그것들을 이 차양은 교묘하게 은폐하는 역할도 하고 있다.

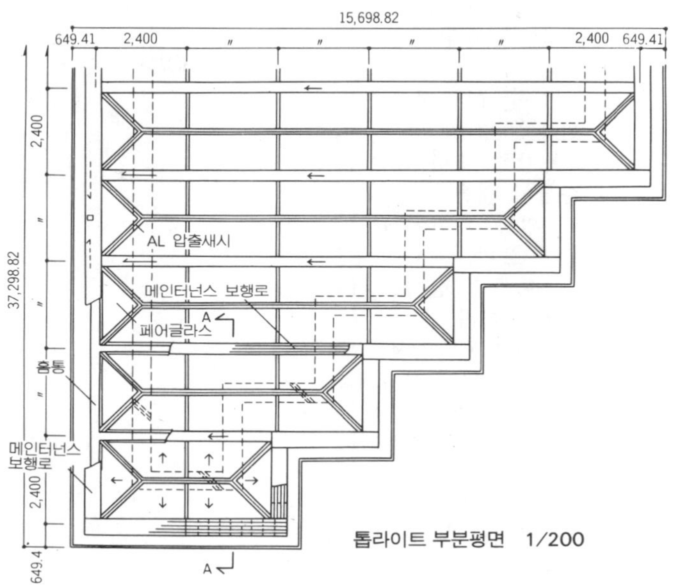

톱라이트 부분평면 1/200

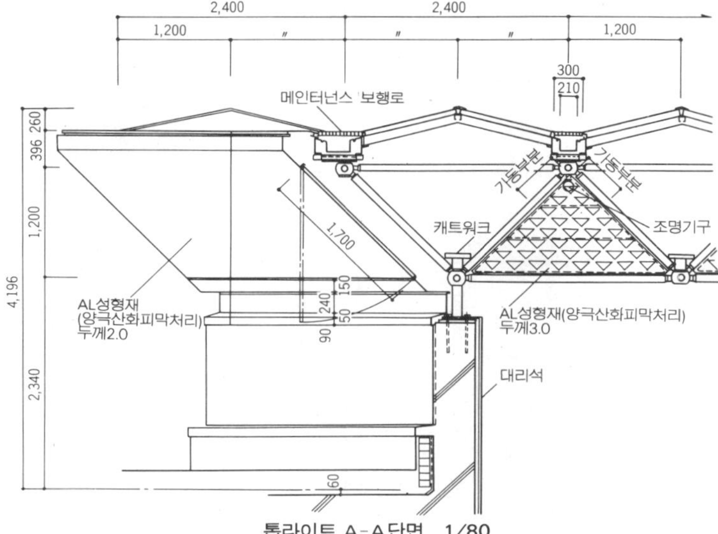

톱라이트 A-A단면 1/80

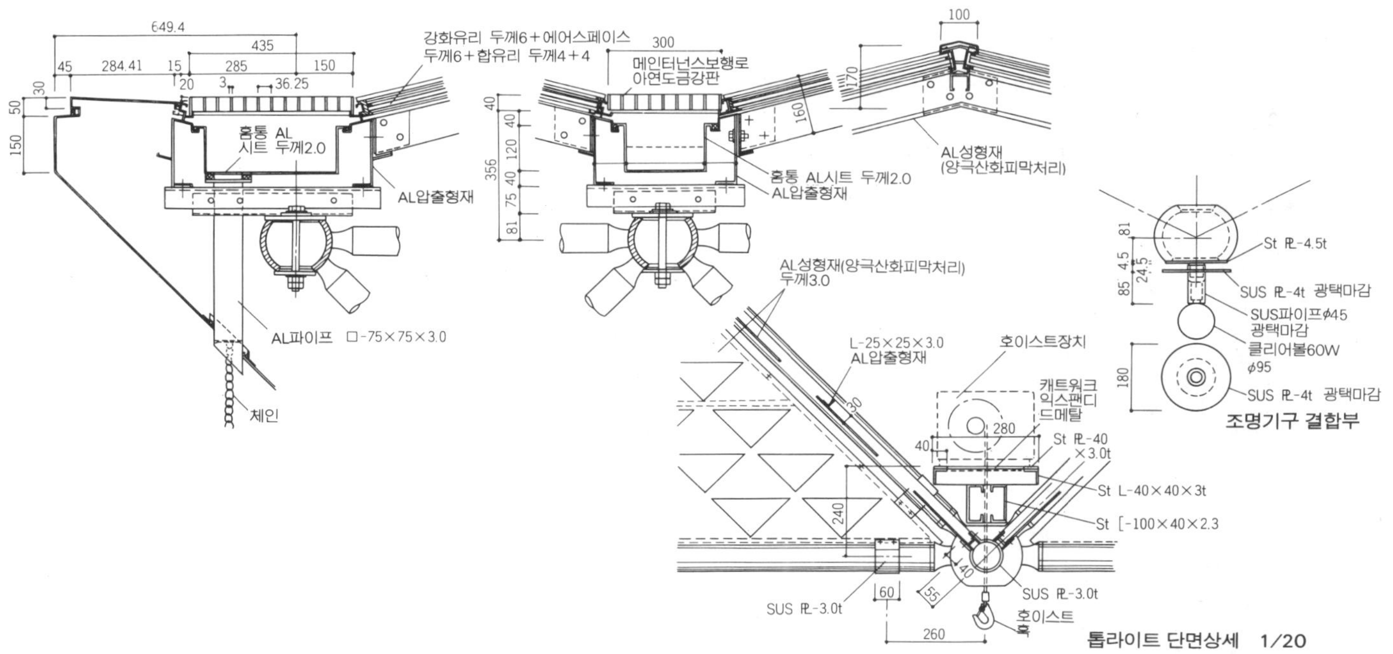

톱라이트 단면상세 1/20

태양열 이용과 에너지 절약의 추구, 그리고 쾌적한 환경의 창조를 테마로 한 실내 풀이다.

옥내 온수 풀에의 태양열 이용은 대용량의 저온수 집열·축열·방열을 할 수 있는 복합형 솔라 시스템으로서는 에너지 손실이 적은 장점이 있는 이용 분야이다. 건축 계획에서는 대가구가 필요한 실내 풀과, 로비·라운지 등의 단층 부분으로 구조 방식을 나눠 공간의 특징을 구조 계획과 맞도록 하고 있다. 그 위에 내구성·단열성·메인테넌스성에 우수한 구조용 집성재를 전면적으로 채용하고, 이들을 의장상 순수하게 표현해서, 기능과 디자인의 일체화, 환경과의 조화를 도모한 점이 특징적이다. 세부적으로 특히 유의한 것은 20m 스팬의 2힌지 아치의 조인트부, 통직재로 구성된 각부의 아무림, 에너지 절약 건축으로서의 마감재의 맞춤, 방화 구획 등이며, 이들의 여러 점을 설계에서부터 검토하여 독특한 디테일을 고안하고 실현하였다.

A부상세 1/30

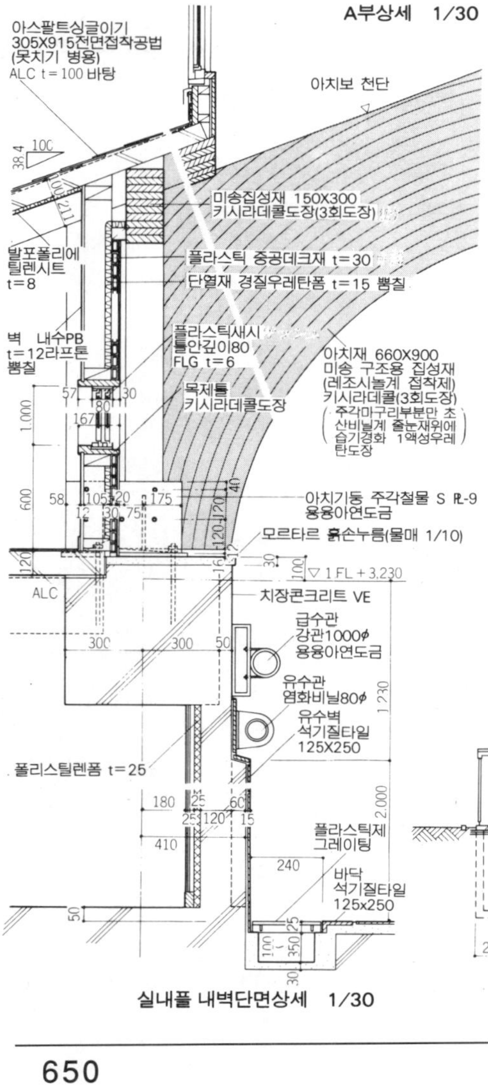

아스팔트싱글이기 305X915전면접착공법 (못치기 병용) ALC t=100 바탕

아치보 천단

미송집성재 150X300 키시라데콜도장(3회도장)

발포폴리에틸렌시트 t=8

플라스틱 중공데크재 t=30

단열재 경질우레탄폼 t=15 뿜칠

벽 내수PB t=12라프톤 뿜칠

플라스틱새시 틀안깊이80 FLG t=6

아치재 660X900 미송 구조용 집성재 (레조시놀계 접착제) 키시라데콜(3회도장) (주각마구리부분만 초산비닐계 출눈재위에 습기경화 1액성우레탄도장)

목제틀 키시라데콜도장

아치기둥 주각철물 S PL-9 용융아연도금

모르타르 흙손누름(물매 1/10)

▽ 1 FL + 3,230

치장콘크리트 VE

급수관 강관100φ 용융아연도금

유수관 염화비닐80φ

유수벽 석기질타일 125X250

폴리스틸렌폼 t=25

플라스틱제 그레이팅

바닥 석기질타일 125x250

실내풀 내벽단면상세 1/30

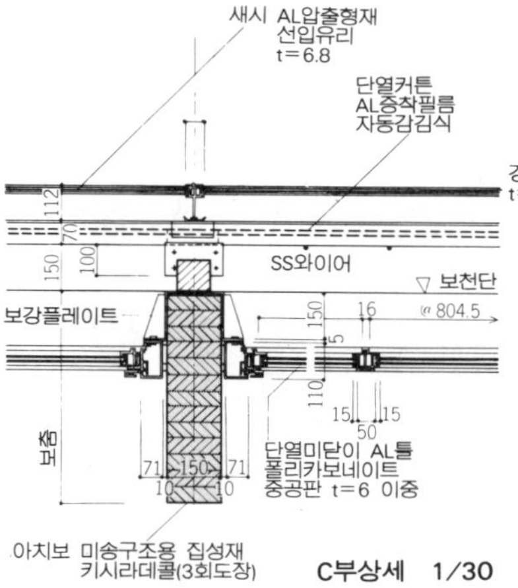

새시 AL압출형재 선입유리 t=6.8

단열커튼 AL증착필름 자동감김식

경질우레탄폼 t=10 뿜칠

SS와이어

▽ 보천단

보강플레이트

단열미닫이 AL틀 폴리카보네이트 중공판 t=6 이중

아치보 미송구조용 집성재 키시라데콜(3회도장)

C부상세 1/30

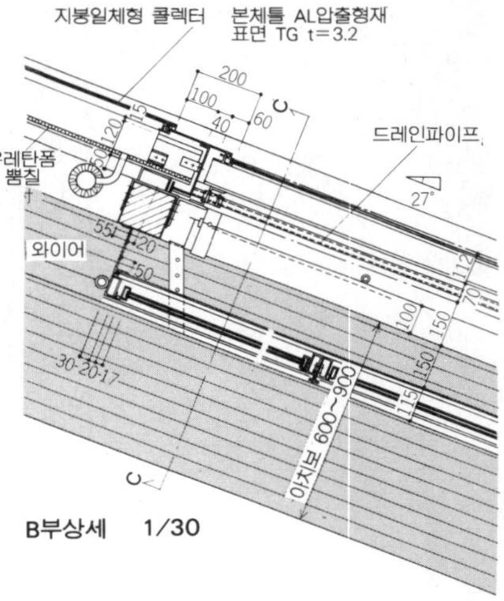

지붕일체형 콜렉터 본체틀 AL압출형재 표면 TG t=3.2

드레인파이프

와이어

아치보 600~900

B부상세 1/30

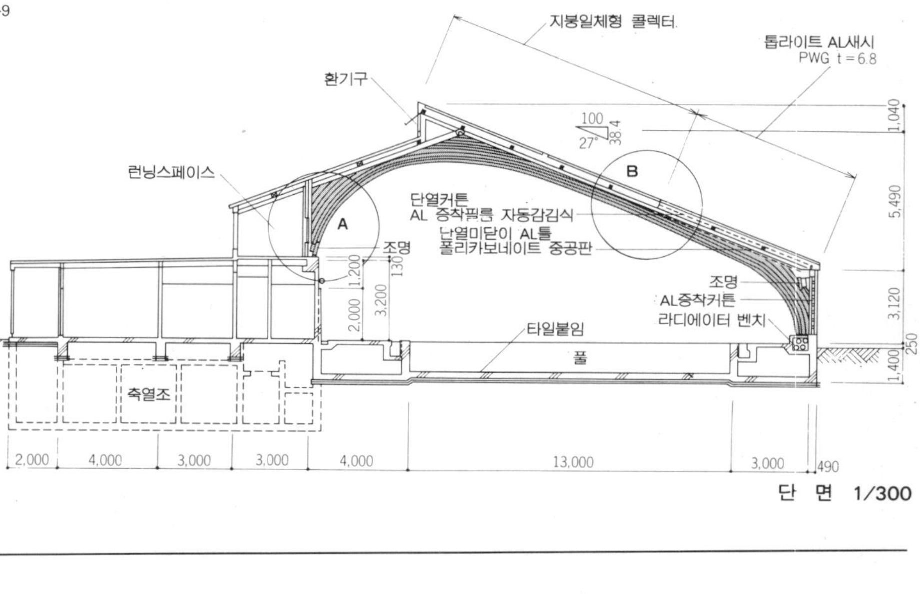

지붕일체형 콜렉터

톱라이트 AL새시 PWG t=6.8

환기구

런닝스페이스

단열커튼 AL 증착필름 자동감김식

단열미닫이 AL틀 폴리카보네이트 중공판

조명

AL증착커튼

라디에이터 벤치

타일붙임

풀

축열조

단 면 1/300

이 건축물은 공장의 신축에 따라 계획된 약 10ha 넓이의 정원 안에 건설된 것이다. 건축물의 대부분은 지중에 묻혀서 주위의 지형과 일체로 되며, 엔트런스 캐노피 환기탑, 펀칭의 스크린 등의 엘리먼트만이 외부에 나타나 있다. 엔트런스 캐노피는 젖빛의 폴리카보네이트판으로 되어 있으며, 내부에는 조명 기구가 들어 있다. 알루미늄 펀칭의 스크린은 삼각형의 단위를 미소한 각도로 연속시킨 것으로 스틸 파이프로서 지지되고 있다.

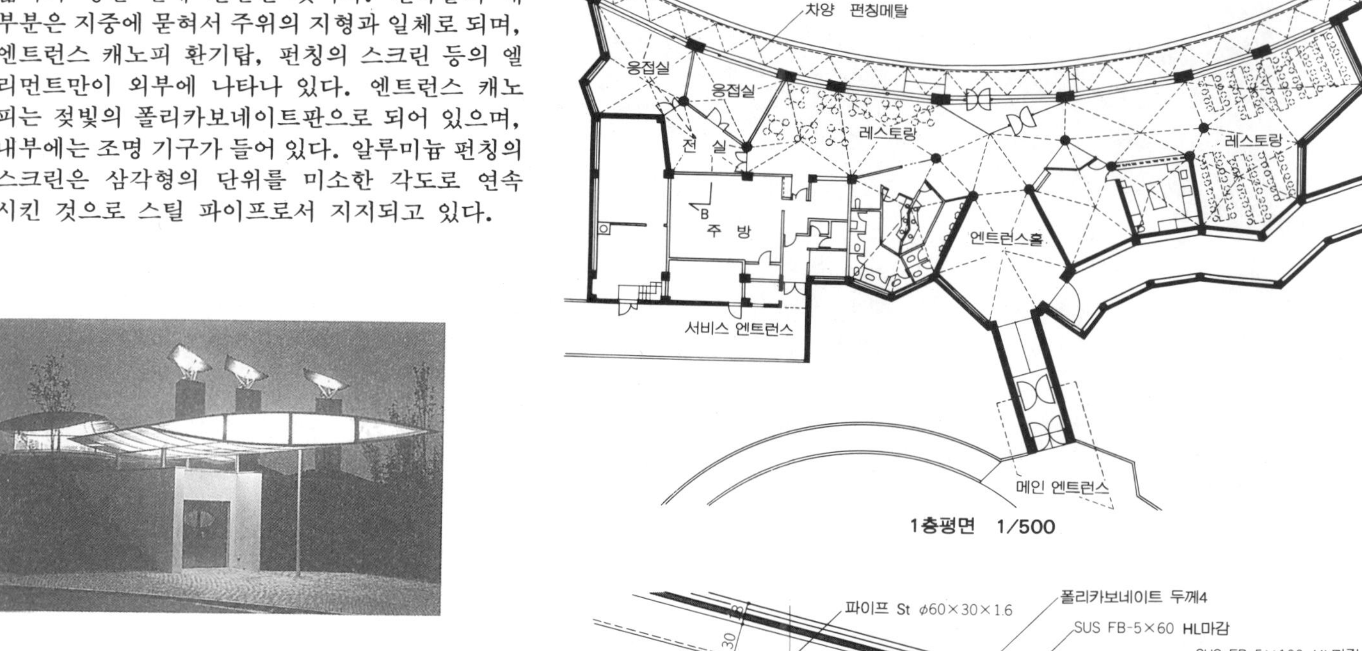

1층평면 1/500

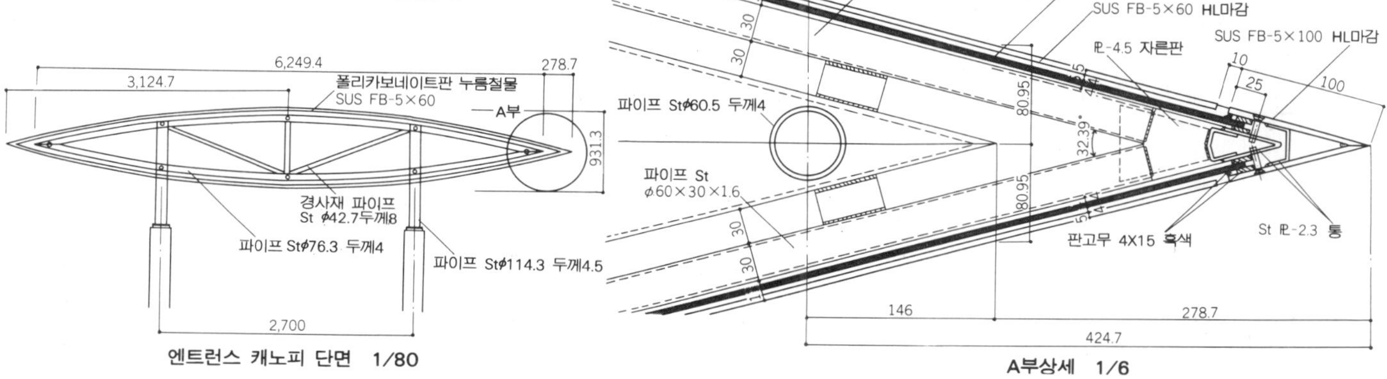

엔트런스 캐노피 단면 1/80

A부상세 1/6

영국의 랜드스케이프 가든과 같은 완만한 기복의 아름다운 잔디 언덕 위에 떠 있는 캐노피와 그것에 연결되는 지붕이다. 평면 구성과는 다른 자유로운 지붕 가구를 전제로 기둥 사이 치수를 정하고, 이 치수에 의해 완만한 지붕의 곡률이 결정되고 있다. 트러스 유니트의 제작 시공상의 치수 제약에서 피스 수가 결정되며, 조립된 프레임 유니트가 기둥에 고정되어 있다. 지붕 선단을 아름답게 보이도록 처마돌림은 트러스 현재에 맞게 플레이트 형태 뽑기로 하고, 돌출 부분은 리브 보강으로 더욱 가늘게 보이도록 하였다. 대형 글라스 스크린과 지붕과의 아무림은 강풍시 지붕의 움직임으로 유리가 갈라질 것처럼 보이나, 지붕과 트러스가 슬라이드로서 움직임에 추종할 수 있도록 한 디자인이다.

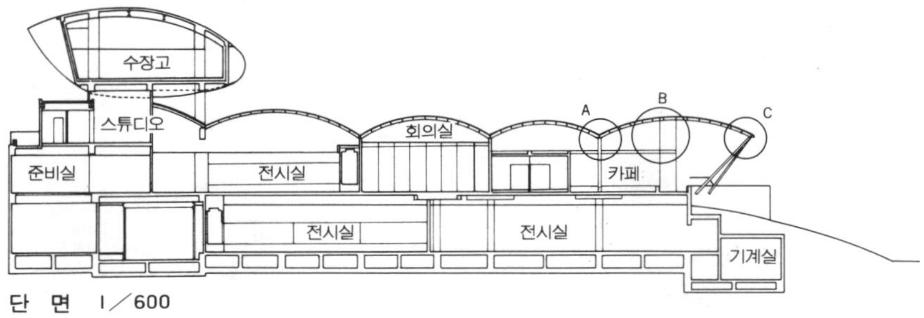

수장고
스튜디오
회의실
A
B
C
준비실
전시실
카페
전시실
전시실
기계실

단 면 1/600

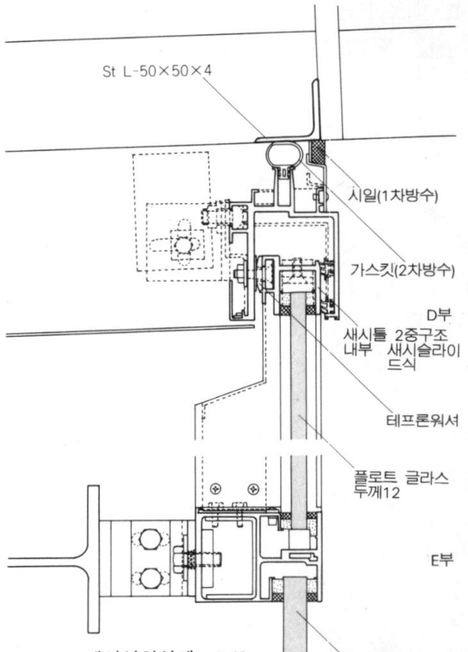

St L-50×50×4
시일(1차방수)
가스킷(2차방수)
D부
새시틀 2중구조
내부 새시슬라이드식
테프론워셔
플로트 글라스 두께12
E부
플로트 글라스 두께19

새시설치상세 1/6

부분상세 1/30

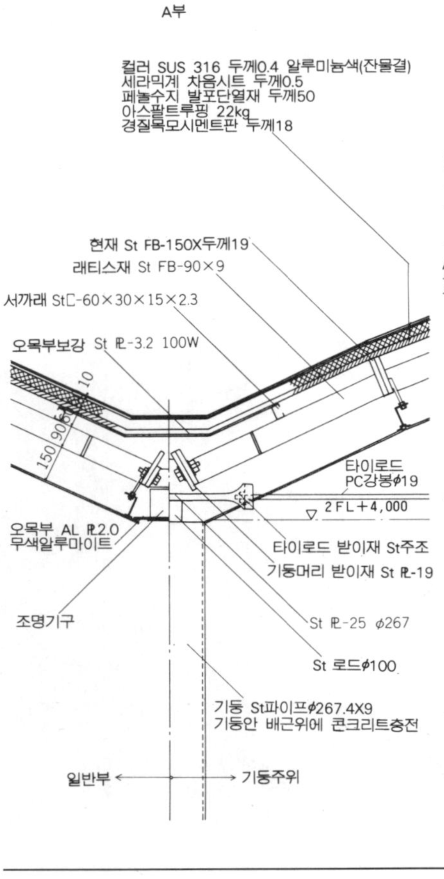

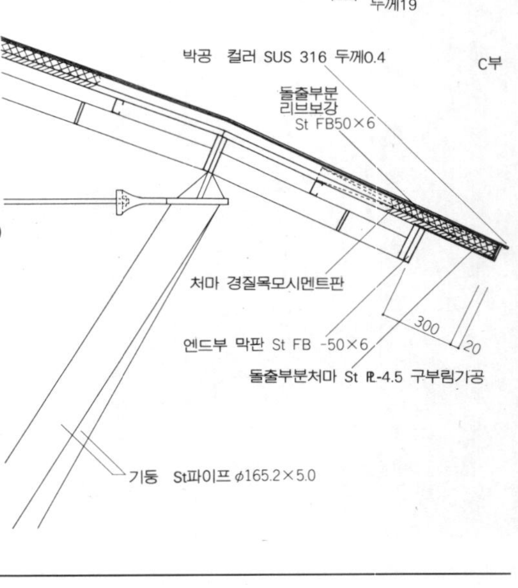

A부

컬러 SUS 316 두께0.4 알루미늄색(잔물결)
세라믹계 차음시트 두께0.5
페놀수지 발포단열재 두께50
아스팔트루핑 22kg
경질목모시멘트판 두께18
현재 St FB-150X두께19
래티스재 St FB-90×9
서까래 St□-60×30×15×2.3
오목부보강 St PL-3.2 100W
150
90
10
타이로드 PC강봉ϕ19
2FL+4,000
오목부 AL PL2.0 무색알루마이트
타이로드 받이재 St주조
기둥머리 받이재 St PL-19
조명기구
St PL-25 ϕ267
St 로드ϕ100
기둥 St파이프ϕ267.4X9
기둥안 배근위에 콘크리트충전
일반부 ← → 기둥주위

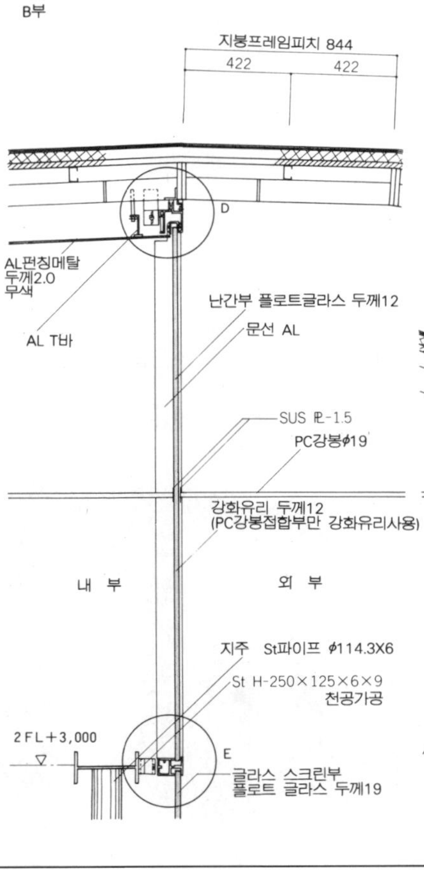

B부

지붕프레임피치 844
422 422
D
AL편칭메탈 두께2.0 무색
AL T바
난간부 플로트글라스 두께12
문선 AL
SUS PL-1.5
PC강봉ϕ19
강화유리 두께12
(PC강봉접합부만 강화유리사용)
내 부
외 부
지주 St파이프 ϕ114.3X6
St H-250×125×6×9 천공가공
2FL+3,000
E
글라스 스크린부
플로트 글라스 두께19

C부

박공 컬러 SUS 316 두께0.4
돌출부분 리브보강 St FB50×6
처마 경질목모시멘트판
300
20
엔드부 막판 St FB -50×6
돌출부분처마 St PL-4.5 구부림가공
기둥 St파이프 ϕ165.2×5.0

미술박물관의 건축물은 원형의 보이드와 큰 원호를 그린 볼륨에 기하학적 형상이 부가된 구성으로 되어 있다. 캐노피도 그 요소의 하나로서 입구의 위치를 나타내고 사람들을 유도하도록 표현되고 있다. 입구의 위에 가볍게 천으로 덮여 있다는 이미지를 금속으로 어떻게 표현하느냐가 여기서의 주요한 테마로 되었다. 누름대에서 누름대로 스테인레스의 박판이 가로질러서 자중에 의해 처짐과 완만한 곡선을 그렸다는 것에서 시작하여 실제로는 스테인레스를 패널화해서 앵글의 바탕재에 설치하고 있다. 패널화에 의한 이음이 나타나는 것이 처음의 이미지가 잘 표현되고 있다. 우수에 대해서는 패널 하단 양사이드의 낙수구로 배수하고 있다.

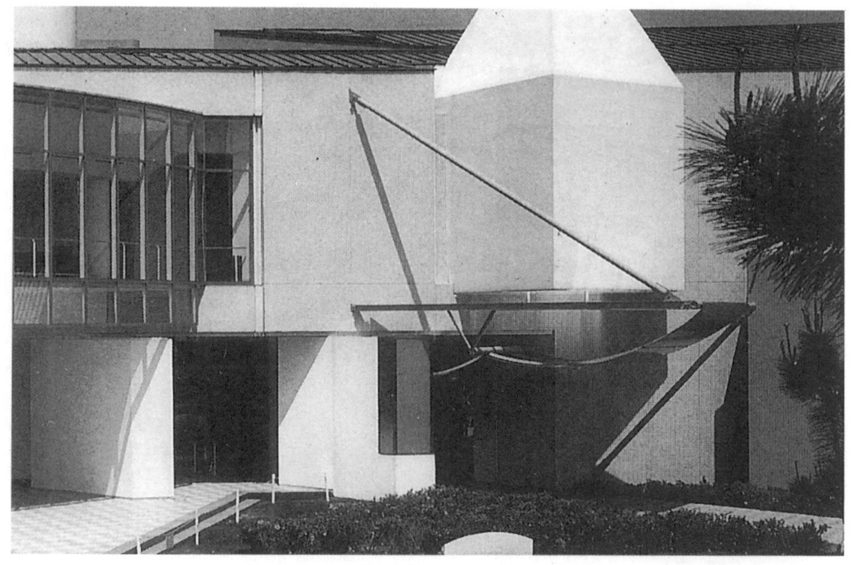

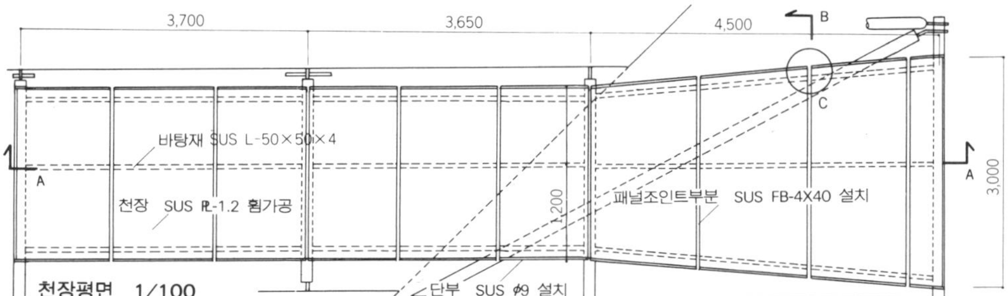

3,700
3,650
4,500
B
C
A
바탕재 SUS L-50×50×4
천장 SUS PL-1.2 휨가공
1,200
패널조인트부분 SUS FB-4X40 설치
3,000
단부 SUS φ9 설치

천장평면 1/100

SUS원강 φ9
20
10
50
100
50
50
물끊기
누름 SUS FB-4×19
바탕재 SUS FB-4×40
SUS L-50×50×4

B단면 1/5

C부상세 1/5

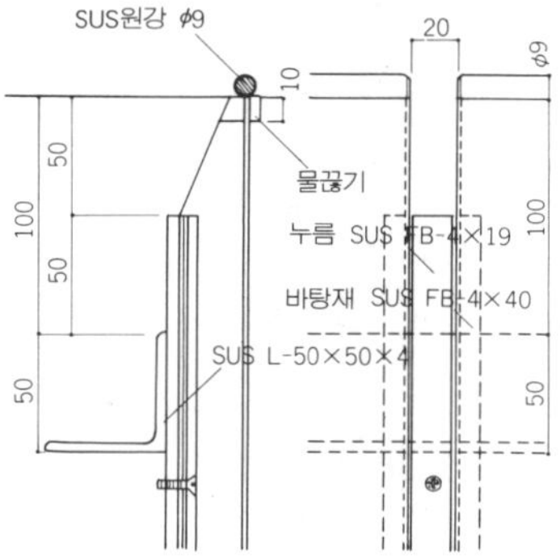

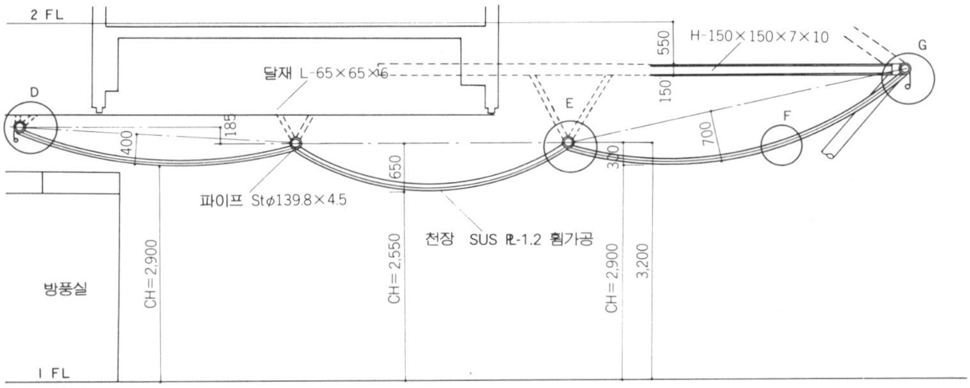

2 FL
H-150×150×7×10
달재 L-65×65×6
D
E
F
G
550
150
185
400
700
300
650
파이프 Stφ139.8×4.5
천장 SUS PL-1.2 휨가공
방풍실
CH=2,900
CH=2,550
CH=2,900
3,200
1 FL

A-A 단면 1/100

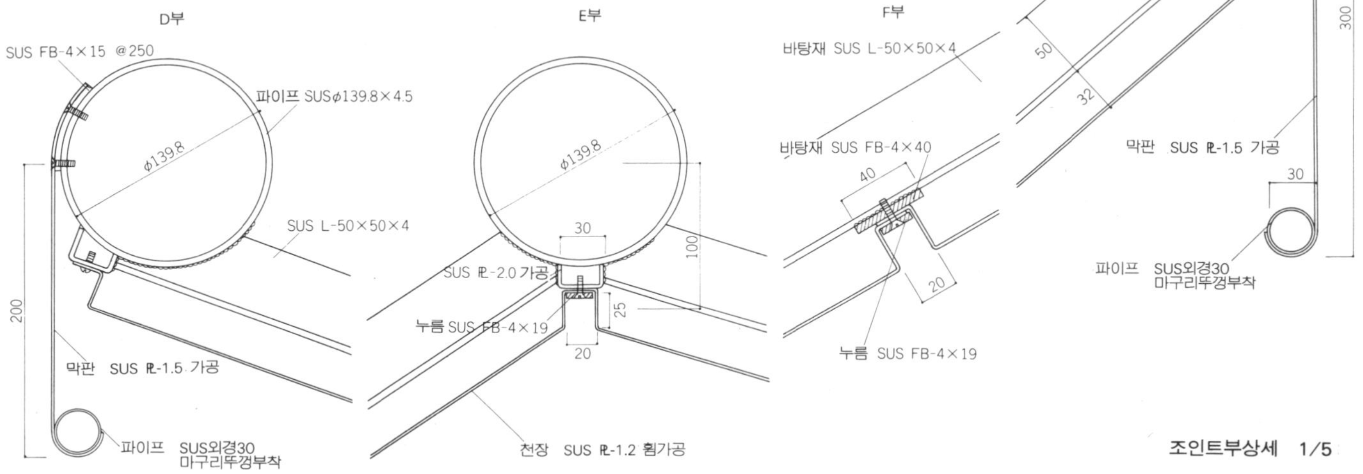

D부
SUS FB-4×15 @250
φ139.8
30
SUS L-50×50×4
25
SUS PL-2.0가공
300
50
32
막판 SUS PL-1.5 가공
30
파이프 SUS외경30 마구리뚜껑부착
D부
SUS FB-4×15 @250
파이프 SUSφ139.8×4.5
φ139.8
SUS L-50×50×4
200
막판 SUS PL-1.5 가공
파이프 SUS외경30 마구리뚜껑부착
E부
φ139.8
30
SUS PL-2.0 가공
100
누름 SUS FB-4×19
25
20
천장 SUS PL-1.2 휨가공
F부
바탕재 SUS L-50×50×4
바탕재 SUS FB-4×40
40
20
누름 SUS FB-4×19

조인트부상세 1/5

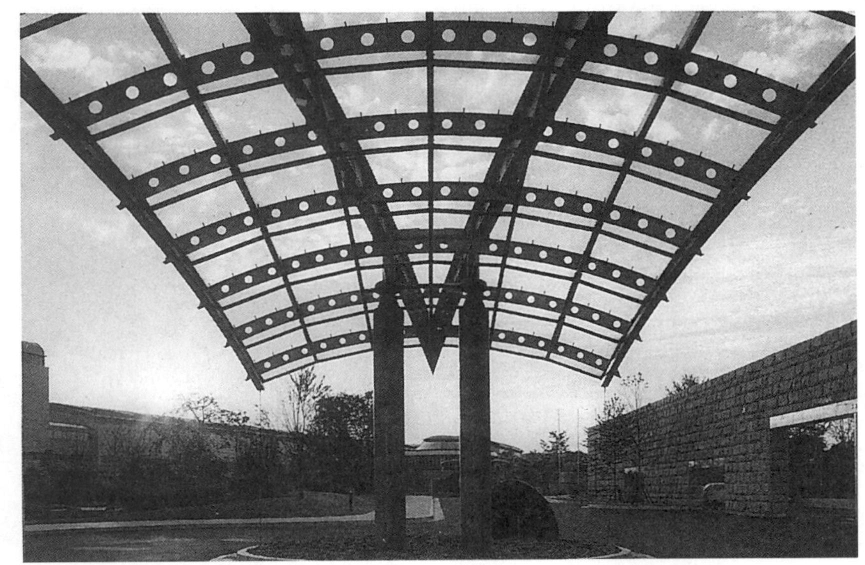

청석을 쌓아올린 장대하며 심벌릭한 조각의 깊은 벽과 오리엔테이션 홀 사이에 풍경을 비추는 것으로 자체의 존재감을 지워 버린 하프미러 글라스 스크린을 개재시켜, 중앙에 방문객을 환영하는 모양으로 이 글라스 캐노피가 존재하고 있다. 새의 부리를 이미지로 한 철골의 메인프레임에서 웨브에 천공을 한 H형강의 서브프레임을 매달고, 다시 알루미늄 프레임으로 지지한 합유리를 매달고 있다. 캐노피의 양단에는 홈형강의 홈통을 만들고, 4구석에서 스테인레스 와이어를 끌어서 선홈통으로 하고 있으며, 아주 많은 비가 내리지 않으면 이것으로도 좋을 것이다.

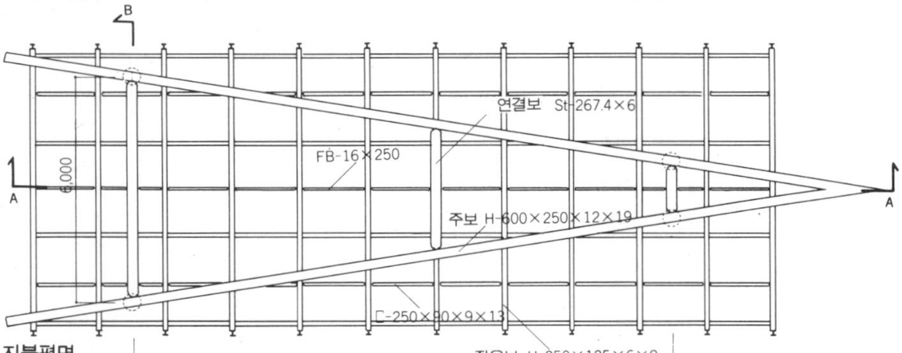

연결보 St-267.4×6
FB-16×250
6,000
주보 H-600×250×12×19
[-250×90×9×13
작은보 H-250×125×6×9
14,200
A
B

지붕평면 1/200

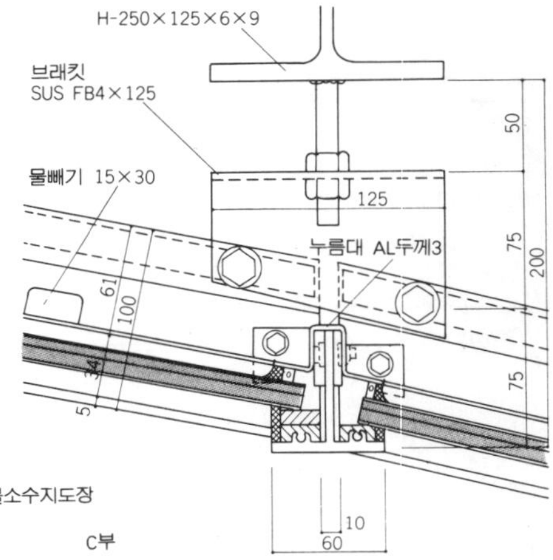

H-250×125×6×9
브래킷
SUS FB4×125
물빼기 15×30
125
누름대 AL두께3
50
75
200
75
61
100
34
5
10
60

C부

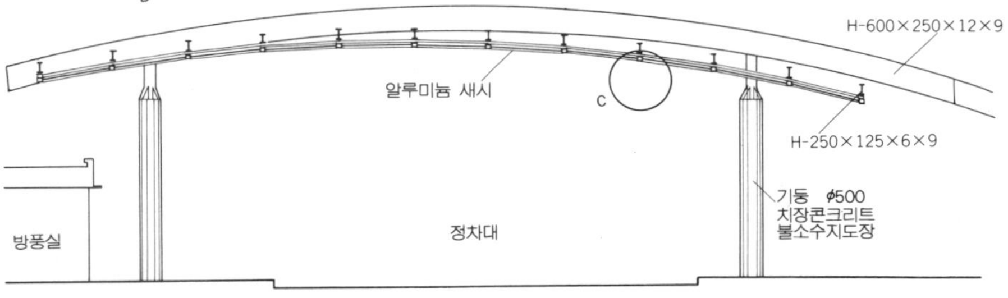

H-600×250×12×9 불소수지도장
알루미늄 새시
C
H-250×125×6×9
기둥 φ500
치장콘크리트
불소수지도장
방풍실
정차대

A-A 단면 1/200

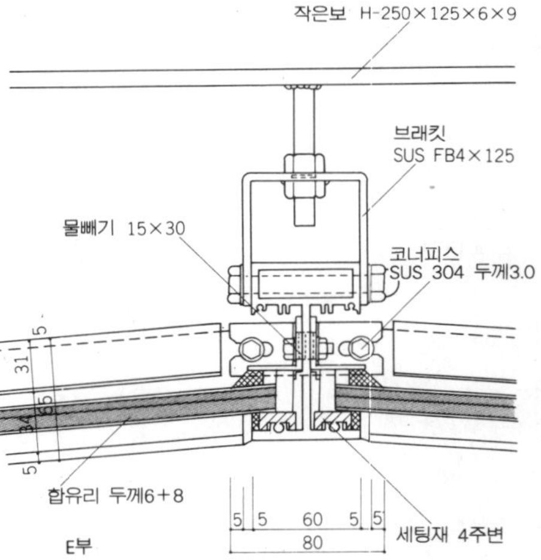

작은보 H-250×125×6×9
브래킷
SUS FB4×125
물빼기 15×30
코너피스
SUS 304 두께3.0
5
31
65
34
5
합유리 두께6+8
5 5 60 5 5
80
세팅재 4주변

E부

작은보 H-250×125×6×9
브래킷
SUB FB4×125
코너피스 SUS 304 두께3.0
Aℓ 3.0
50
(50)
200
100
50
물빼기 15×30
Aℓ-L-30×30×3
현장시공시일
St ℓ6.0
D부

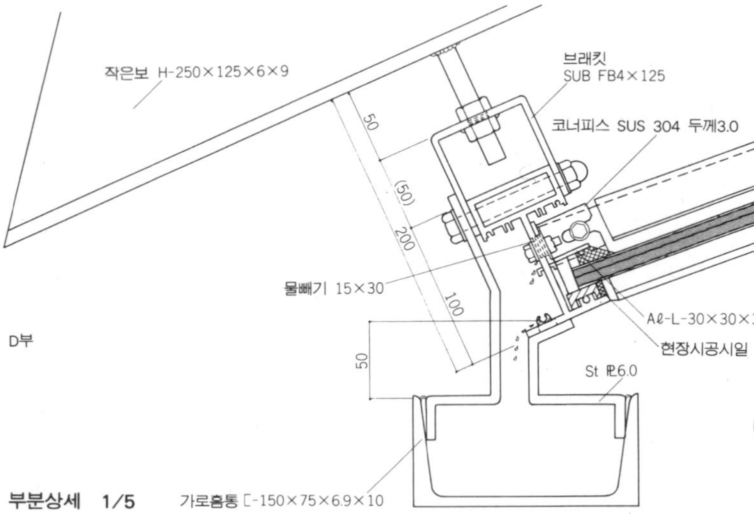

부분상세 1/5 가로홈통 [-150×75×6.9×10

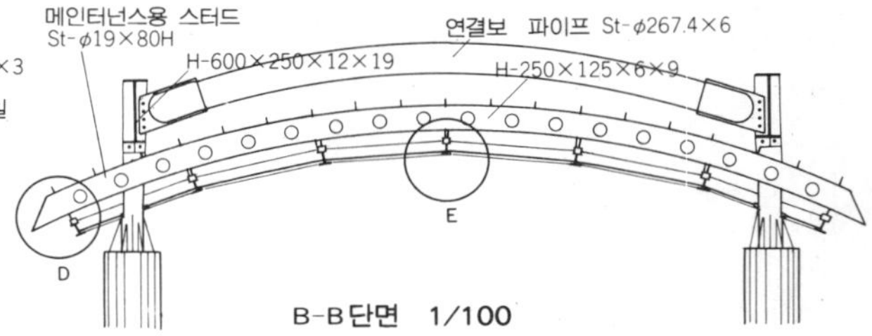

메인터넌스용 스터드
St-φ19×80H
연결보 파이프 St-φ267.4×6
H-600×250×12×19
H-250×125×6×9
D
E

B-B단면 1/100

공장으로 들어가기 위한 도로 중앙에 배치된 수위실이다. 수위 2명이 근무할 정도의 작은 건축물로 도로폭의 넓이에 부담이 가지 않는 볼륨을 지닌 것으로 날개를 펼친 것이 뜬 구름처럼 보이는 캐노피를 매달고 있다. 하부 콘크리트 부분이 매시브로 단단한 표정인데 대해서 캐노피는 경쾌한 이미지를 갖고 있다. 높이 9m의 포스트가 와이어와 파이프로 지지되며, 그곳에서 4개의 와이어로 캐노피를 매달고 있다. 강풍으로 날리지 않도록 아래쪽도 와이어로 당기고 있다. 홈통은 중앙부에 있으며, 선단에는 파이프를 대서 산뜻하게 보인다. 대문도 포스트 선단에서 와이어로 매달아 디자인 테마를 보다 강조한 것으로 되어 있다.

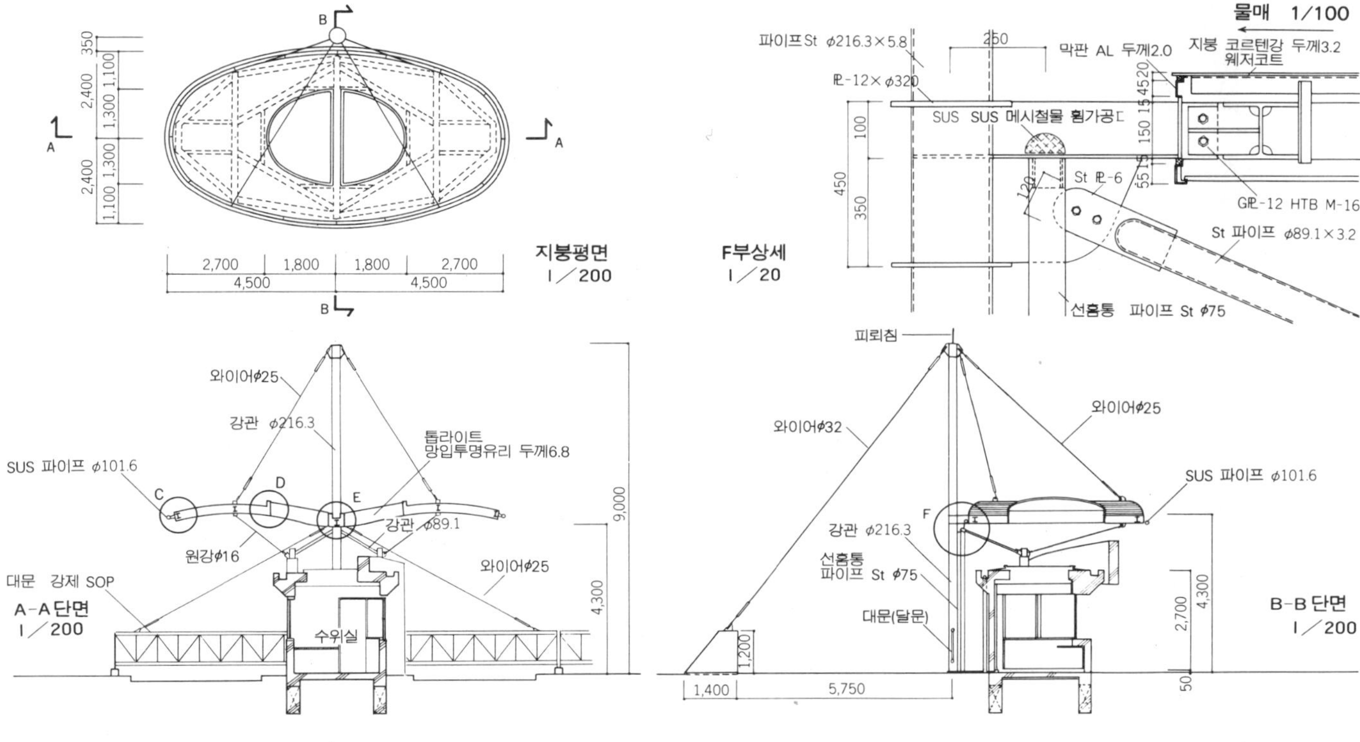

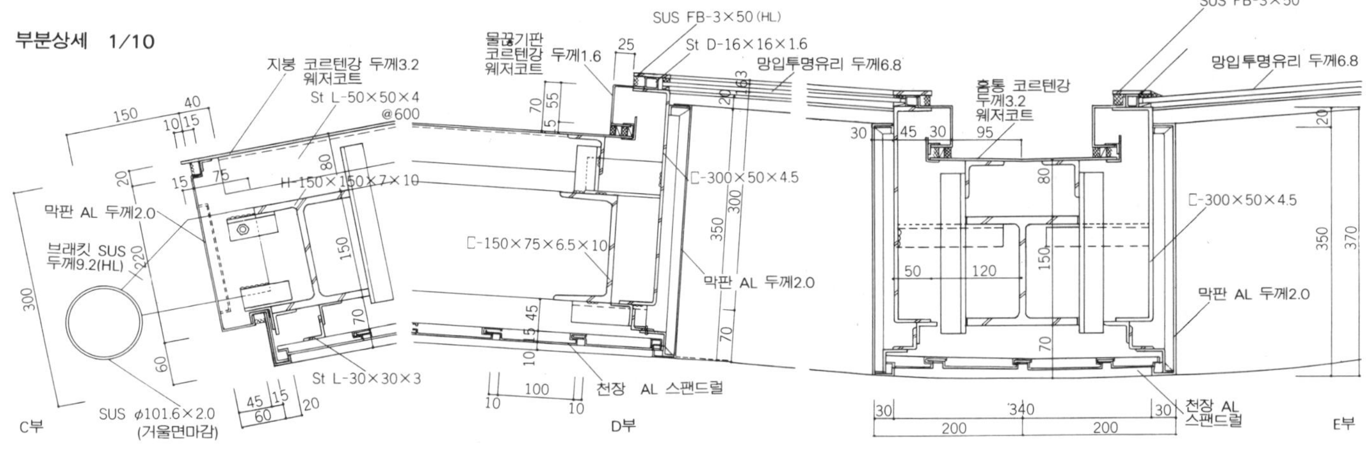

투명한 글라스만을 사용한 것이 되지 않도록 한다는 것에서 ϕ19근의 캔티재와 경사재, ϕ16근의 가로 연결재로 구성된 프레임에 의해 글라스를 지지하는 방법을 취하고 있다. 구멍을 뚫은 강화유리를 필킨톤 시스템으로 지지하고 있기 때문에 글라스의 리리시즘이 충분하게 표현된 디테일로 되어 있다.

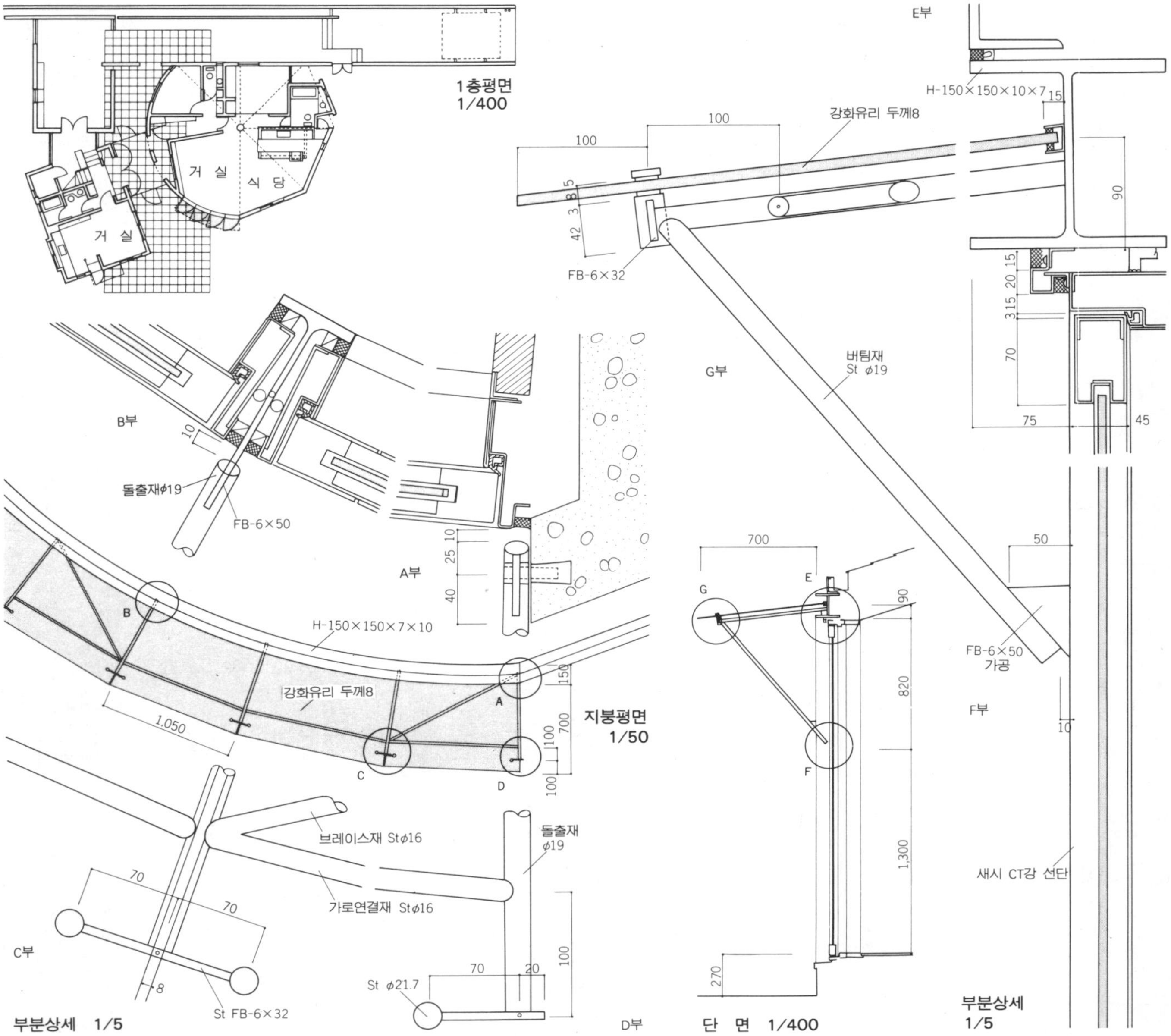

1층평면
1/400

거 실
식 당
거 실

지붕평면
1/50

B부
돌출재ϕ19
FB-6×50
A부
H-150×150×7×10
강화유리 두께8
1,050
브레이스재 Stϕ16
돌출재 ϕ19
가로연결재 Stϕ16
C부
St FB-6×32
St ϕ21.7
D부
부분상세 1/5

E부
H-150×150×10×7
강화유리 두께8
FB-6×32
G부
버팀재 St ϕ19
FB-6×50 가공
F부
새시 CT강 선단
부분상세 1/5

단 면 1/400

시청사의 건축물을 사다리형의 아트리움을 가운데 두고서 8층 건축물의 집무 공간이 마주보는 형태로 구성되어 있다. 거대한 삼각지붕을 관통하고 서 있는 전망탑의 아트리움에 면한 부분에 전망 엘리베이터가 배치되어 있다. 건축법의 범위에서 전망 엘리베이터를 고려하면 샤프트는 방화 구획, 케이지 개구부는 망입유리로 되며, 승강할 때 보나 중간 흠대가 상하에서 귀찮은 존재라고 생각된다.

샤프트의 방화 구획 및 샤프트 자체를 취소하고 케이지 개구부의 글라스를 내화글라스로 변경하는 것이 관계 당국 인정으로 가능하게 되어 투명감이 있는 아트리움에 어울리는 엘리베이터가 실현되었다. 케이지 내부는 스테인레스 바이브레이션 마감, 외부는 알루미늄 후판으로 마감하여 경쾌감을 나타내고 있다.

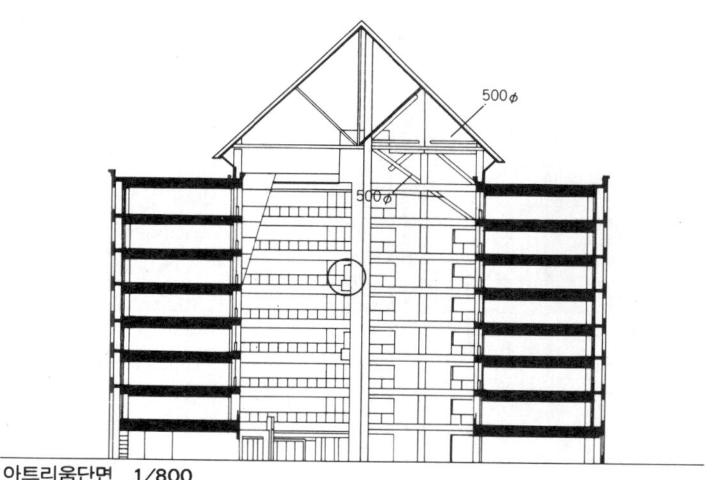

아트리움단면 1/800

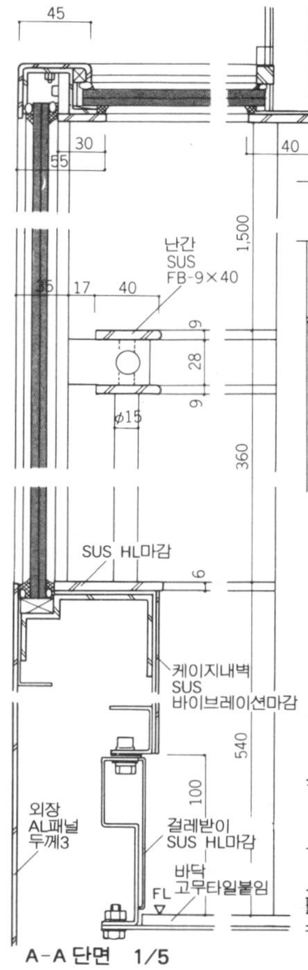

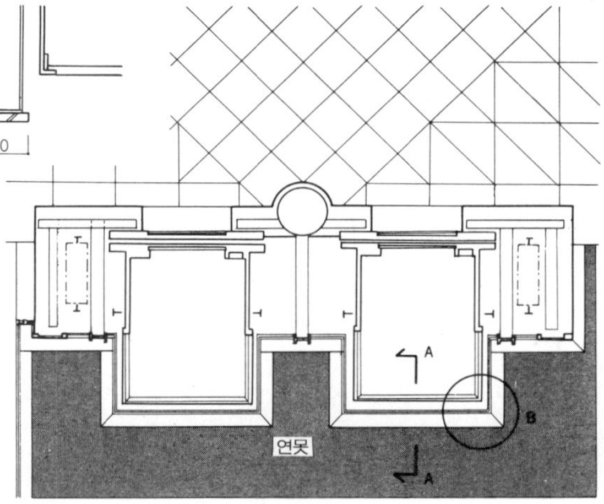

1층평면 1/100

A-A 단면 1/5

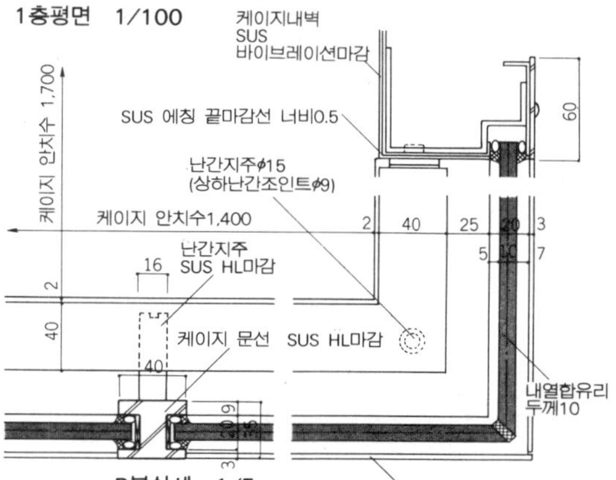

B부상세 1/5

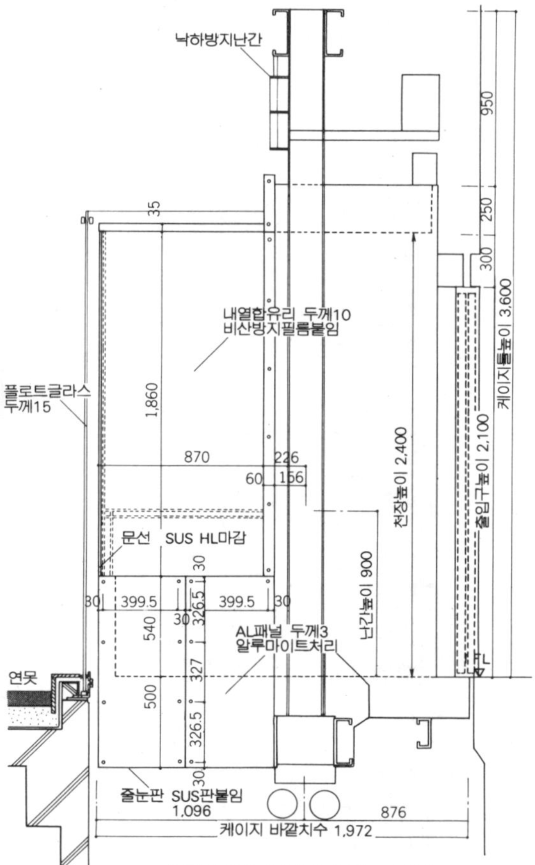

엘리베이터 케이지 측면 1/40

이 예술문화센터는 대형 홀, 콘서트 홀, 그리고 미술관이 포럼을 중심으로 입체적으로 복합된 시설이다. 포럼은 1/4의 원평면으로 공간을 여러 겹으로 에스컬레이터가 겹치고 있으며 전망 엘리베이터가 수직성을 강조하고 있다. 관중은 이들을 이용해서 각 시설로 들어갈 수 있다.

아트리움에는 글라스의 샤프트가 없고 케이지가 노출되어 있다. 아트리움과 엘리베이터 홀의 경계벽을 글라스 스크린으로 하여서 아트리움의 빛을 도입하고, 케이지나 카운터 웨이트의 운동이 공간에 다이나미즘을 부여하고 있다. 패러라인 글라스를 넣은 케이지는 전체가 백색도장이며, 밑부분에는 조명이 들어 있어 뉴트럴한 분위기로 마감되어 있다.

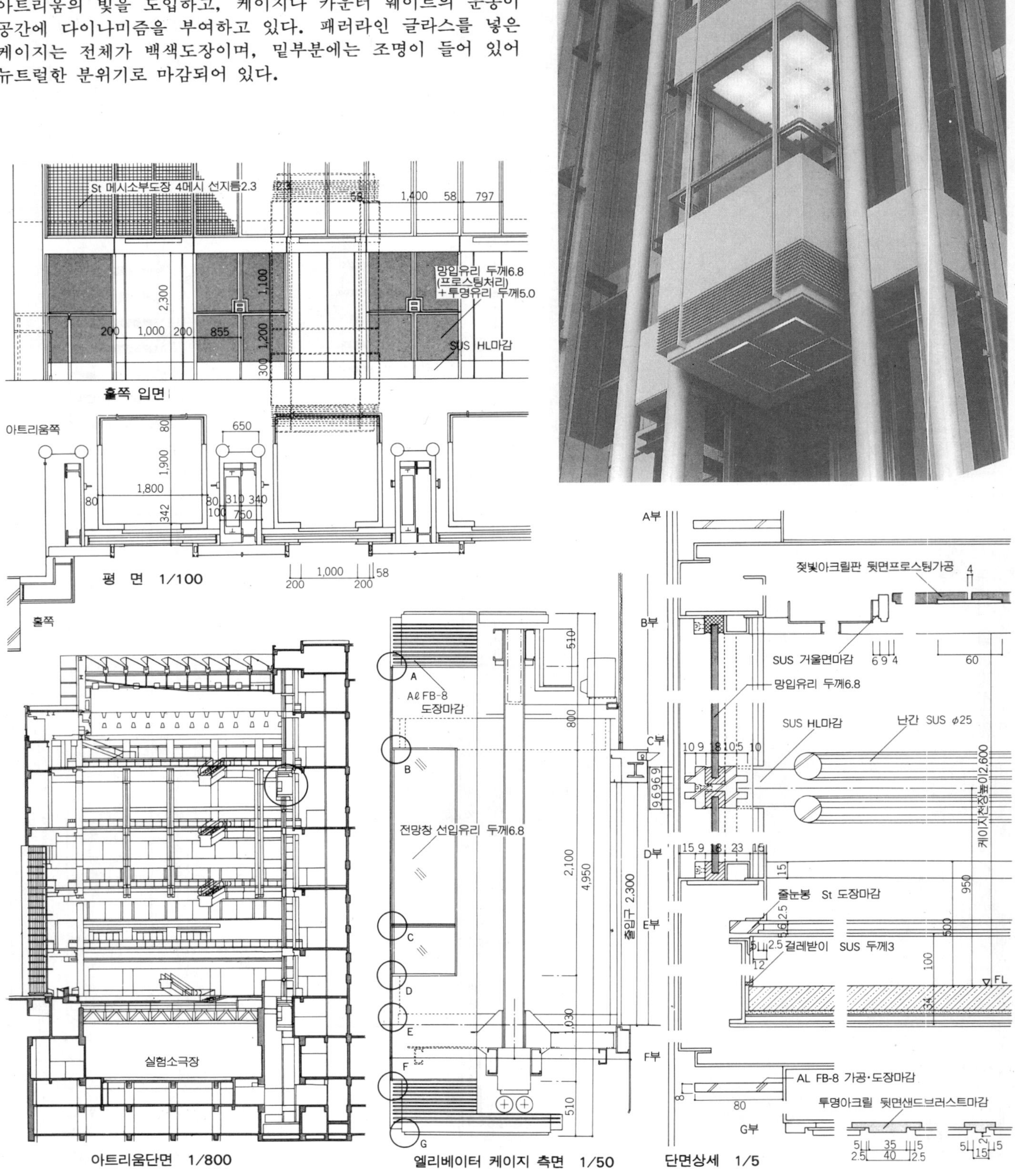

이 박물관은 완만한 기복의 잔디 언덕에 풍경 정원의 정자와 같이 존재하고 있다. 아름다운 곡선을 그리며 뜬 지붕으로 덮여 있는 엔트런스와 그 밑에 있는 전시실을 엘리베이터가 연결하고 있다. 제일기계시대적인 유압 엘리베이터와 쇼케이스가 같은 글라스 샤프트의 조합이 박물관의 메타포처럼 보이게 한다. 케이지에는 ϕ500mm의 창이 있어서 비쳐보이도록 되어 있으며, 샤프트 안을 녹색의 기계가 승강하는 모습이 매우 인상적이다.

샤프트는 스틸파이프의 프레임과 패러라인과 강화유리의 합유리로 구성되어 있다. 글라스는 프레임에서 돌출한 철물과 글라스에 뚫린 구멍을 매개로 스테인레스 패치로 고정된 매우 심플한 디테일이다.

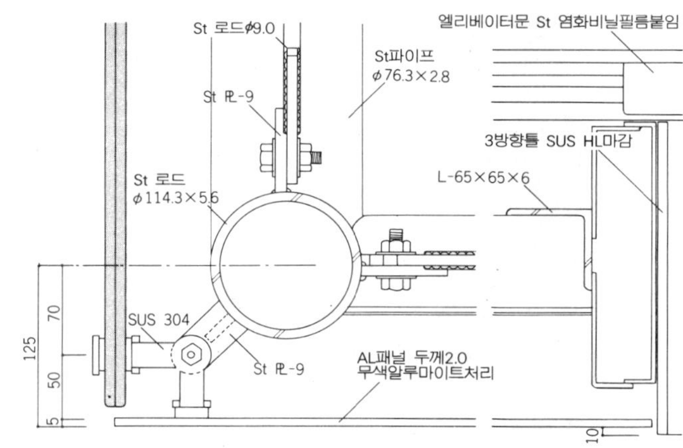

엘리베이터 샤프트 평면상세 1/6

망입유리
비산방지필름붙임(자외선방지)
새시받이
St파이프φ114X6.0
강화유리 두께8
+선입유리 두께6.8
4점천공 SUS 철물고정
비산방지필름붙임
엘리베이터
샤프트
계 단
걸레받이
SUS
두께2.0
HL마감
AL 두께2.0
무색알루마
이트처리
경철바탕
□-75X75X2.3
PB 두께12+12
스터코안티코마감
피 트
오버플로우
파이프φ100
방수모르타르 두께30
내압판 두께300
밑창콘크리트 두께50
폴리에틸렌시트 두께0.4
깬돌 두께150

단 면 1/150

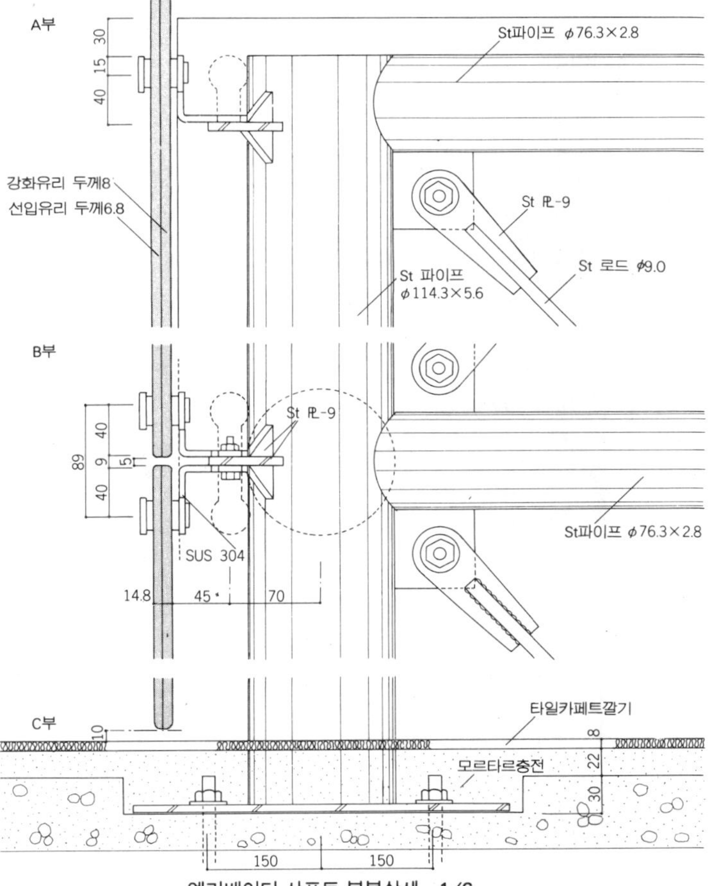

엘리베이터 샤프트 부분상세 1/6

상징적으로 우뚝솟은 거대한 데포르메된 이오니아식 오더의 기둥이 있는 사옥이다. 이 기둥의 중심에 전망 엘리베이터가 설치되어 있다. 외관의 고전적인 디자인에 대비해서 내부 공간에서는 고속도로에서 사용되고 있는 알루미늄의 차음 패널이나 스테인레스 와이어가 사용되며, 자동차를 다루는 장소에 어울리는 네오모던에서 테크노로지컬한 이미지가 떠돌고 있다. 이미지를 보다 강조하기 위해 샤프트 전체를 철골과 유리로 구성하고, 투명한 유리 넘어로 내부를 오르내리는 케이지, 카운터 웨이트 등을 조망할 수 있다. 기계실을 아트리움에서 비켜서 설치하여 와이어를 가로끌기 하여서 상부의 톱라이트가 가능하게 되어 있다. 아트리움에 외광이 넘쳐 흘러 샤프트의 투명감을 보다 높이고 있다.

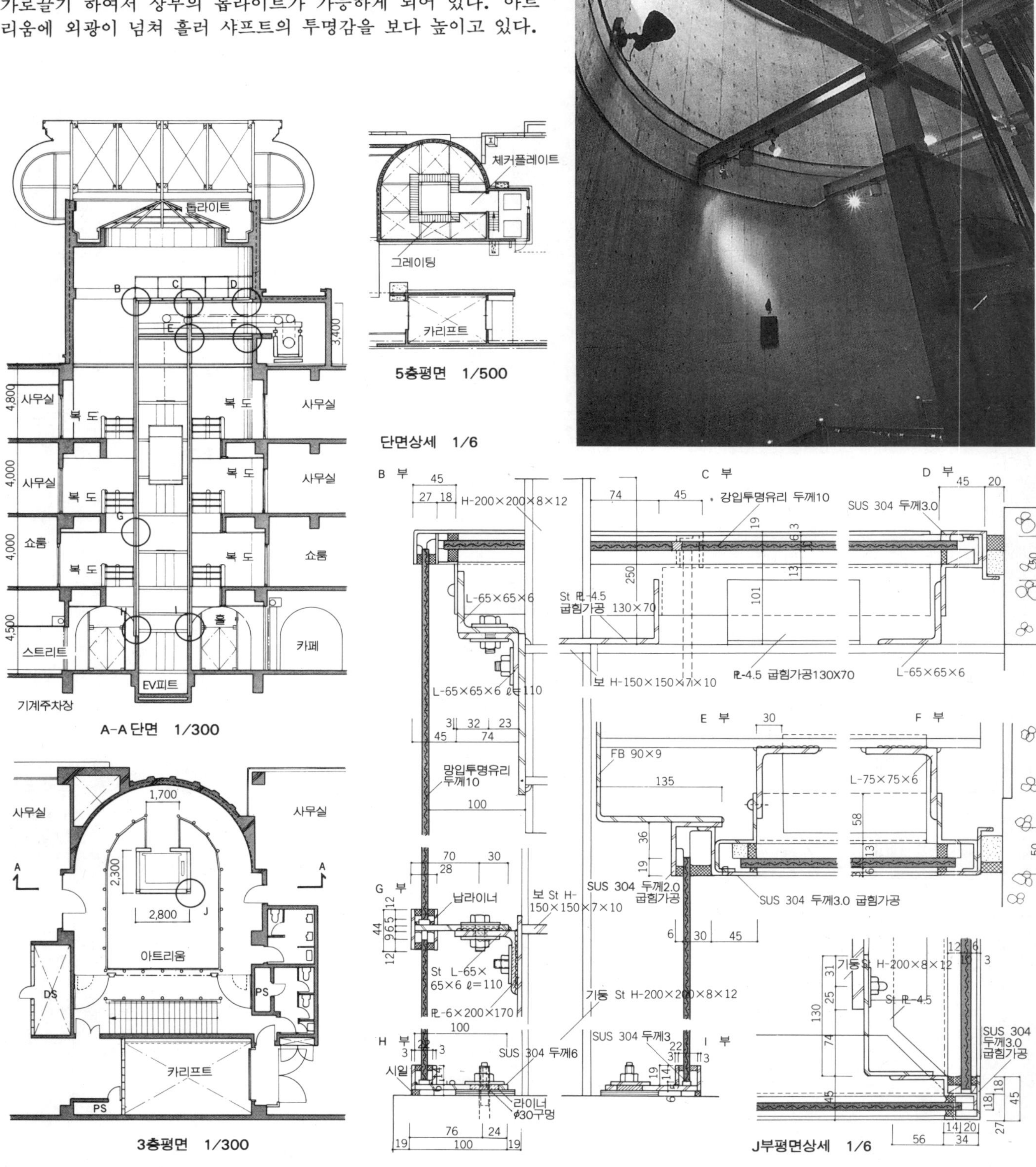

5층평면 1/500

단면상세 1/6

A-A 단면 1/300

3층평면 1/300

J부평면상세 1/6

적층 바닥

트레이닝룸, 체조실의 바닥에 서독의 HAMBERGER사의 적층 바닥 구법을 채용하였다. 이 구법의 특징은 어떤 기능이 있는 재를 콘크리트 슬래브 위에 쌓아올리는 적층 방식으로 최하층의 아스팔트 펄라이트가 마치 선로침목 아래의 자갈과 같이 하중을 분산시키면서 상부를 지지한다는 구조적인 합리성을 지니고 있다. 따라서 종래의 강제 바닥틀의 약점이었던 탄력성, 경도의 편차[지지부=(스터드·멍에·장선)과 중간부에서 탄력성이 다르다]가 전혀 없고, 균질한 성능의 바닥을 얻을 수 있다 또 차음성도 좋고, 90mm 정도의 마감두께로 시공되기 때문에 다층의 스포츠 시설, 집합주택의 바닥 등에도 적용할 수 있다. 이 바닥 구법에는 걸레받이, 익스팬션 조인트 철물, 시공을 하기 위한 지그, 레벨 측정기와 모든 것이 갖추어져 있어 서독의 완전주의가 만든 구법이라 할 수 있다.

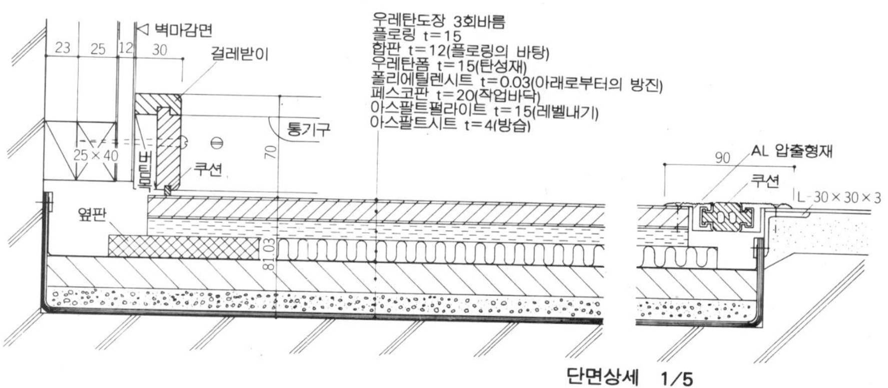

단면상세 1/5

완층 바닥 - 충격을 흡수하는 다이내믹한 바닥구조

유도의 업어치기 등에서 넘어졌을 때의 충격 에너지를 큰 변위량의 스프링으로 흡수해서 신체의 데미지를 아주 작게 하는 것을 목적으로 한 바닥 구조이다.

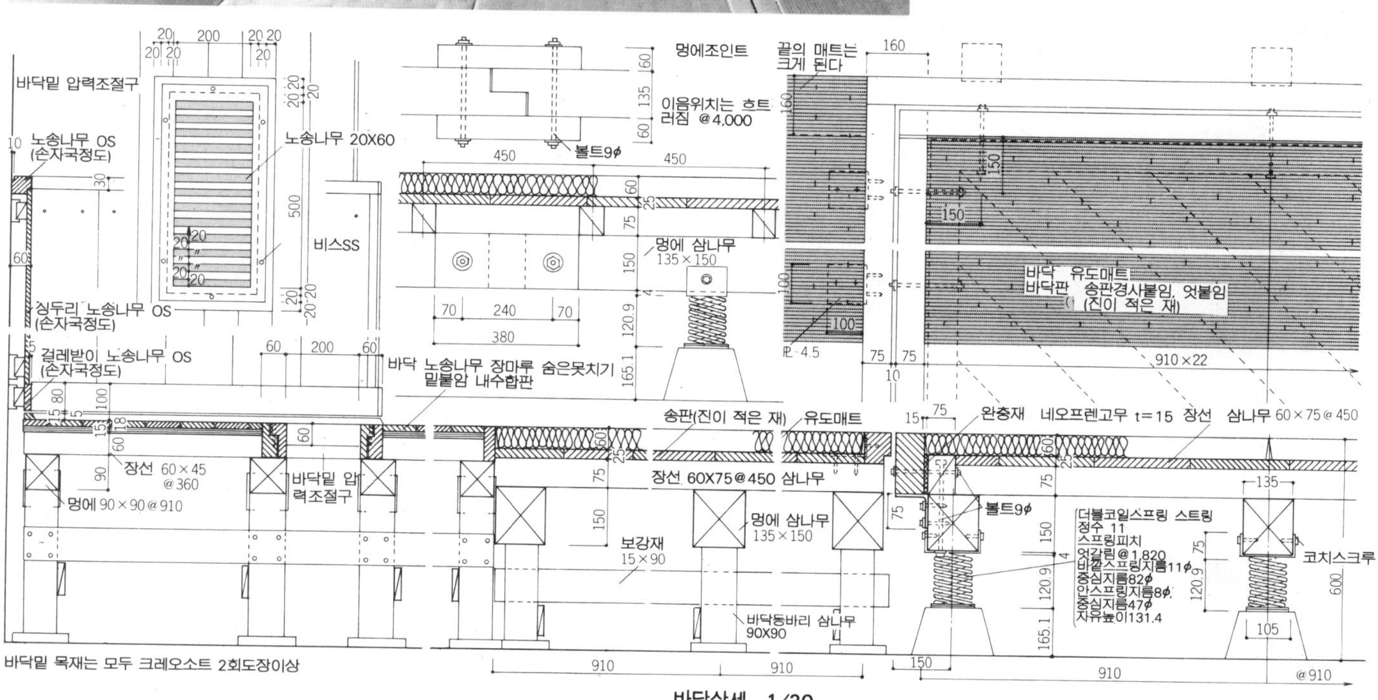

바닥상세 1/20

유명한 리조트 클럽 인포메이션의 바닥이다. 글라스 바닥의 예는 국내에서는 적으나, 오르세 미술관에 있는 파리시의 모형이 전개하는 글라스의 바닥이나 글라스 블록으로 구성된 건널복도 등 외국에서는 다수 보이고 있다. 글라스와 산호초의 모래와 조개껍질이 아래에 깔려 있는 리조트 감각을 연출한 이 예에서는 두께 10mm×2매의 합유리가 사용되고 있다.

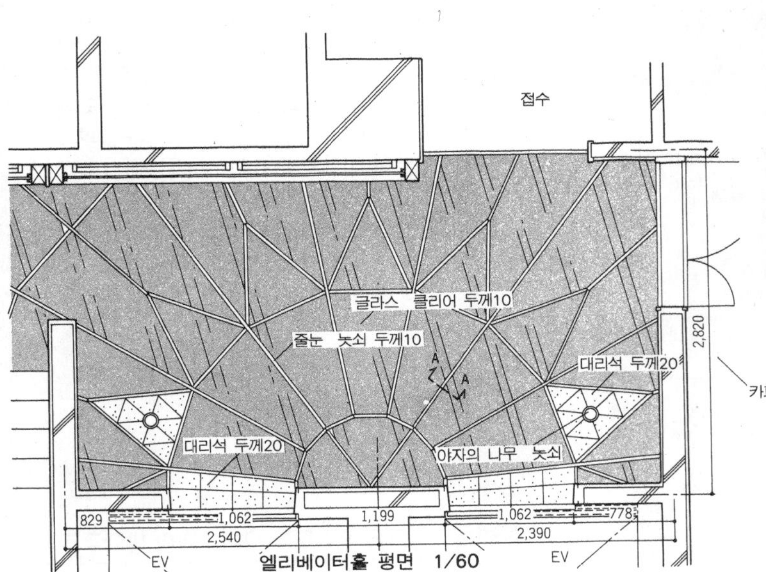

엘리베이터홀 평면 1/60

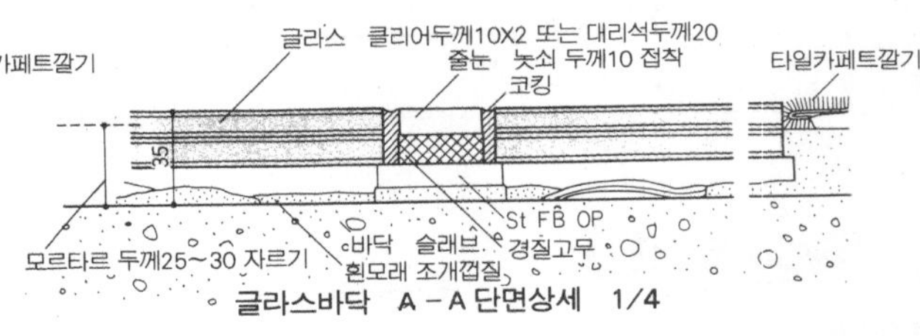

글라스바닥 A－A 단면상세 1/4

고정철물에 의한 하이테크한 표현

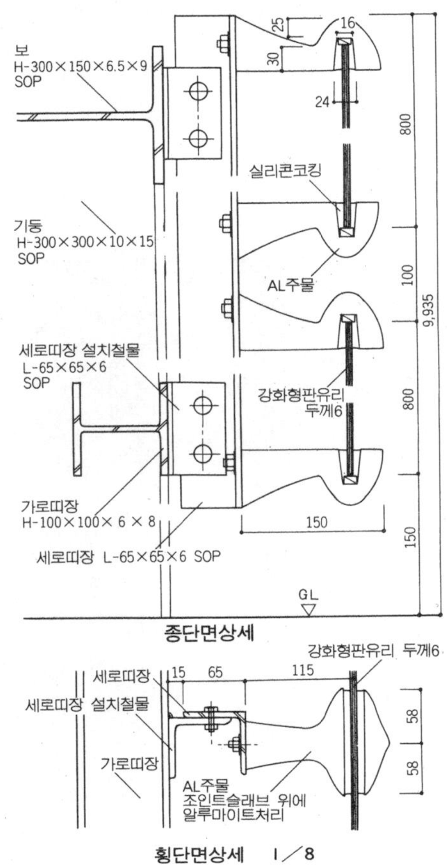

종단면상세

횡단면상세 1/8

중정에 면한 글라스 스크린의 예이다. 통풍을 확보하기 위해 100 mm의 간극을 유리 사이에 설치하고, 또 반투명한 유리를 사용하여 외부의 길에 대해 부드러운 표정을 의도한 것이다. 글라스의 고정 철물의 지지점은 글라스의 휨모멘트가 거의 "0"이 되는 위치에 설정하여 두께 6mm의 강화형판유리가 사용되고 있다. 고정 철물과 종·횡의 금속의 띠장이 아름다운 아무림을 구성하고 있다.

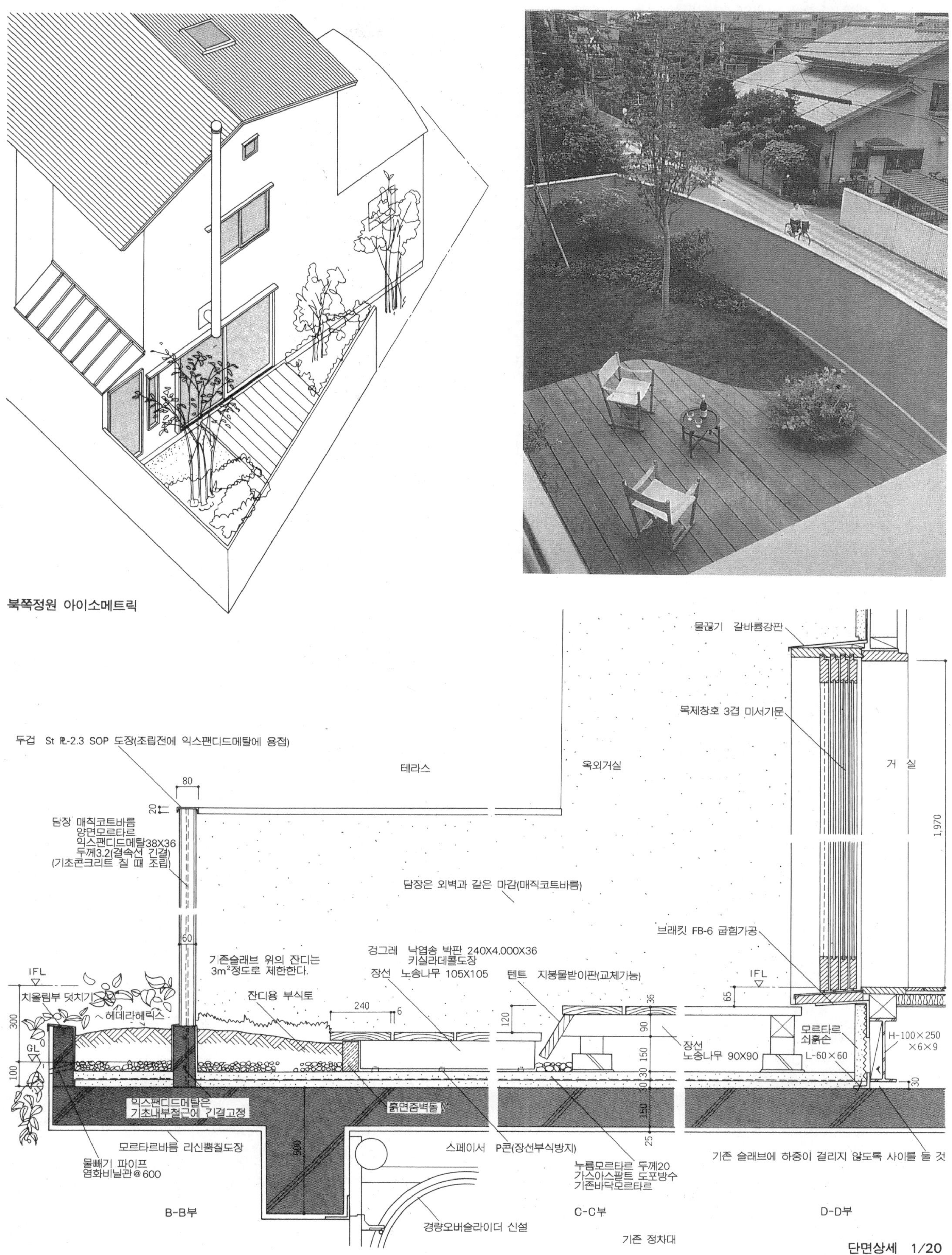

북쪽정원 아이소메트릭

단면상세 1/20

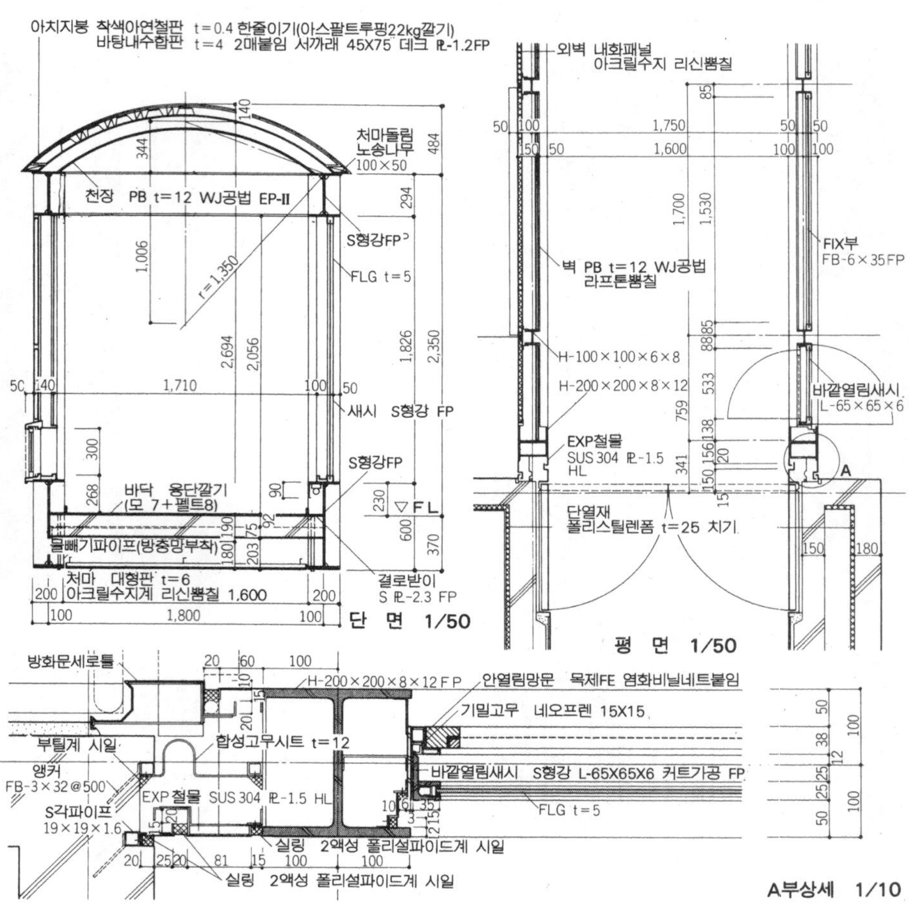

산골짜기 부지의 계곡 부분에 가설된 매시브한 퍼블릭동과 숙박동을 연결하는 철골의 다리이다. 이 건널복도는 둥근형의 지붕과 천장을 지지하고, 벽과 함께 붉은색의 도장을 실시하여 숙박객에게 별세계를 제공하도록 고려하였다.

네온을 넣은 GRC의 패러핏 일체패널

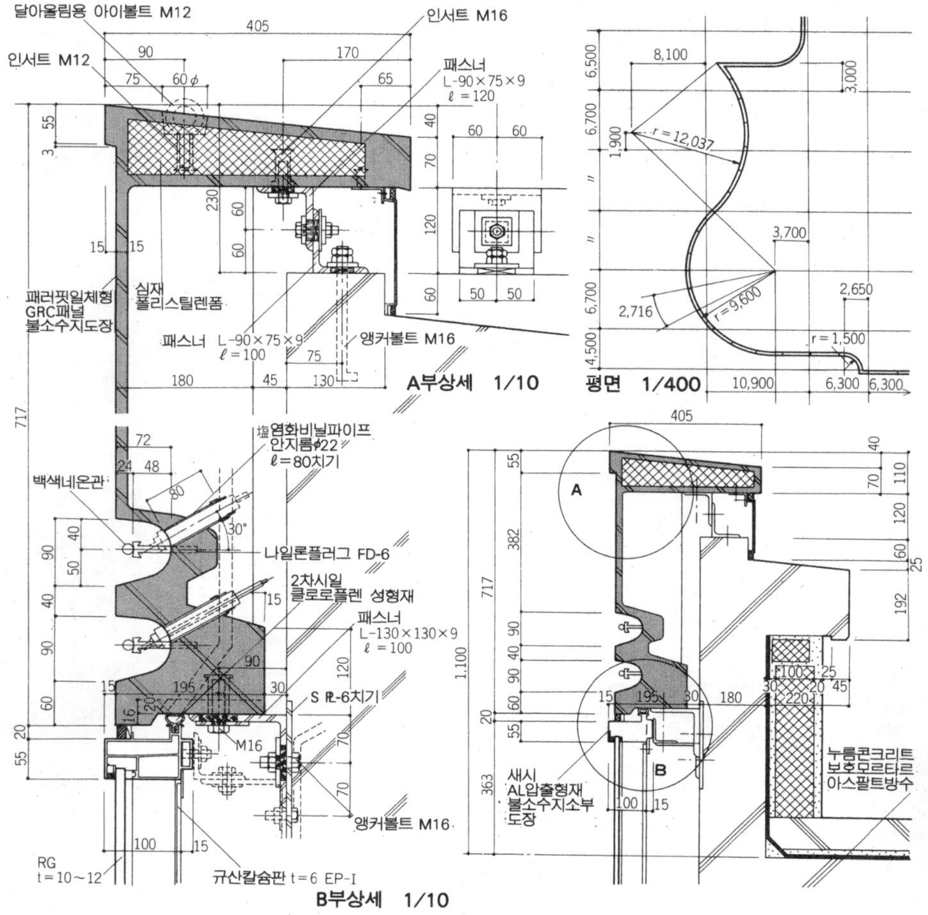

이 대형 복합 빌딩의 외관은 고층 오피스부와 상업 시설을 중심으로 한 저층부가 각각 개성적인 곡면을 그리고 있다. 저층부의 벽면은 미러글라스와 프리캐스트 패널 보더로 구성되며, 포켓파크를 둘러싼 3개의 블록으로 연속해서 전개하고 있다. 그리고 패러핏 하부에 들어 있는 2열의 백색네온은 그 부드러운 곡선의 실루엣을 밤하늘에 아름답게 그려내고 있다.

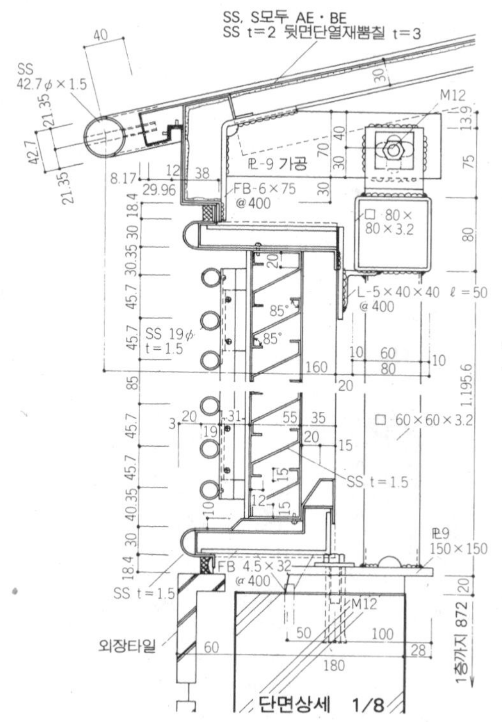

단면상세 1/8

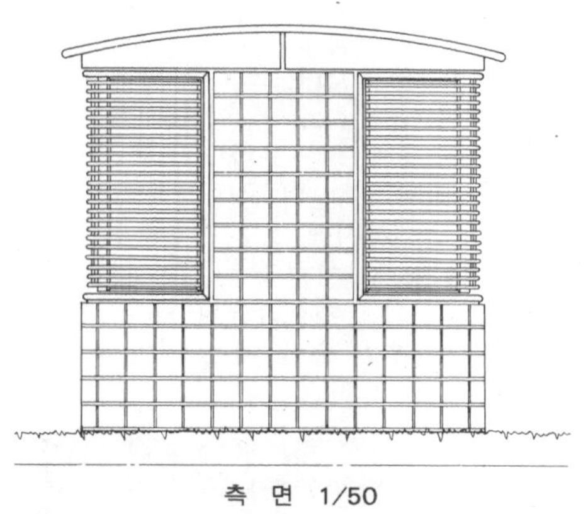

측 면 1/50

정 면 1/50

이 배기탑은 건축물과 같은 설계 모티브로 디테일을 마무리하고 있다. 섬세한 파이프 루버와 곡선의 지붕이 경쾌한 느낌을 주고 있다.

빛을 순화시키는 스테인레스 울타리

이 오피스 빌딩의 1층은 스트리트에 면한 부분을 필로티로서 개방하여 근린 상점가와의 협조를 도모하고 있다. 그 일부에 드라이에어리어가 있으며, 낙하 방지와 빛의 투과성을 고려한 난간을 설치하였다. 안전성을 고려해 손이 미치는 부분은 스테인레스 플랫바로 간격을 적게 하고, 꼭대기는 지하 거실에 충분한 빛을 유도하기 위해 힘살의 각파이프만으로 구성하였다.

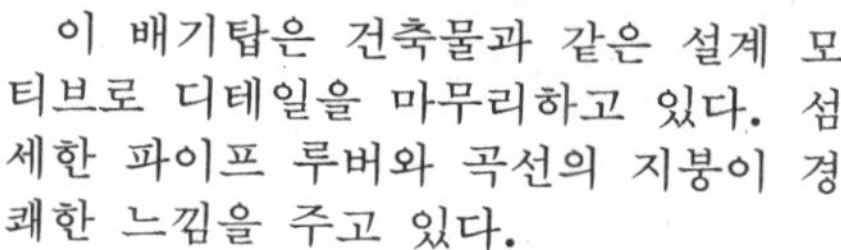

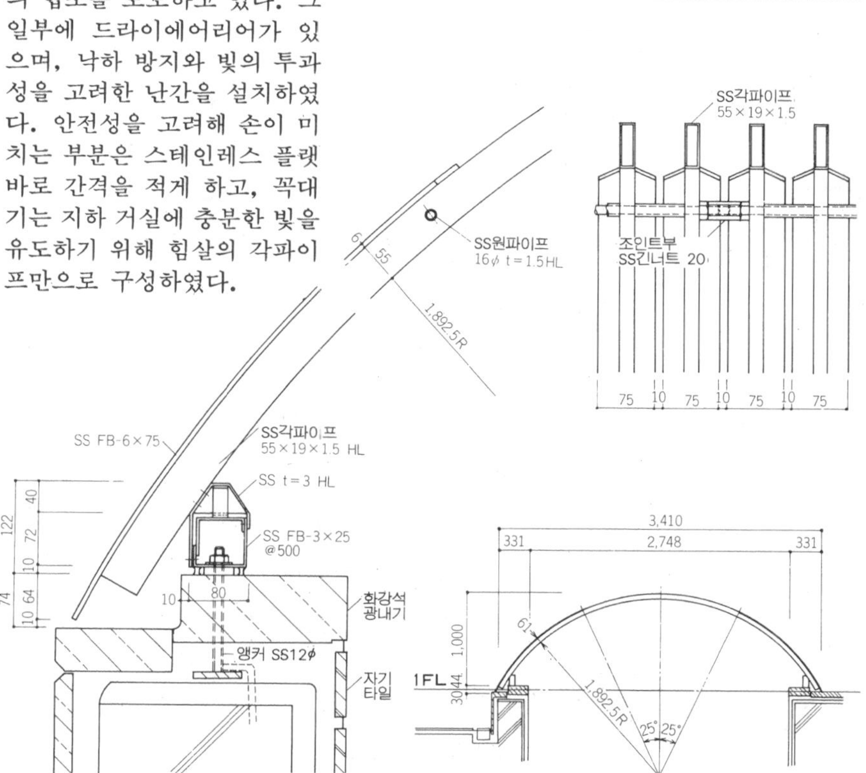

단면상세 1/10

단 면 1/80

높이가 180m인 초고층 빌딩의 지상 50m의 위치에 너비 42m, 높이 15m의 개구부가 열려 있다. 이 개구부는 바람이 빠져나가는 역할을 하여 빌딩 주변의 풍환경의 악화를 방지하고 있다. 또 동시에 빌딩 저층부의 중앙에 설치된 아트리움에 자연광을 유도하는 고창으로도 되고 있다. 아트리움의 유리 지붕은 개폐식으로 기후가 좋을 때는 개방되며, 여름의 야간에 개방해서 야간 방열에 의한 냉각 효과도 기대하고 있다. 이 유리 지붕은 떼어 놓은 상태이며, 저층부 옥상에서 메인테넌스 할 수 있으므로 메인테넌스의 작업성이 향상된다. 아트리움에 면한 창의 셔터는 아트리움쪽에 내밀어서 설치되며, 셔터 케이스, 슬랫, 가이드레일 등이 아트리움 벽면의 디자인 요소로서 활용되고 있다.

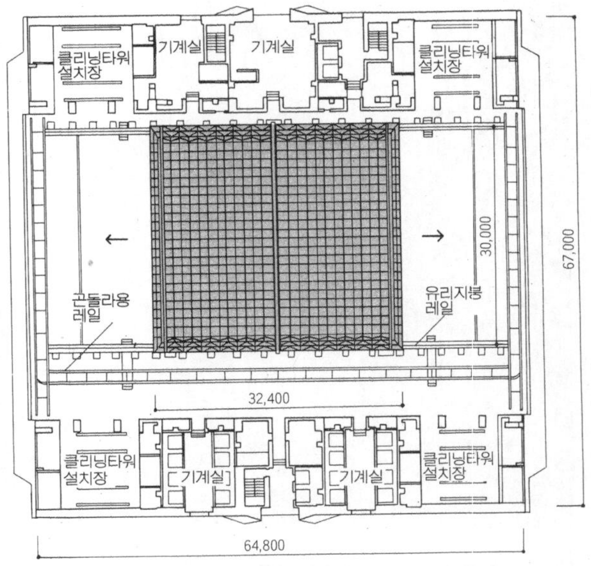

아트리움 지붕평면 1/1,000

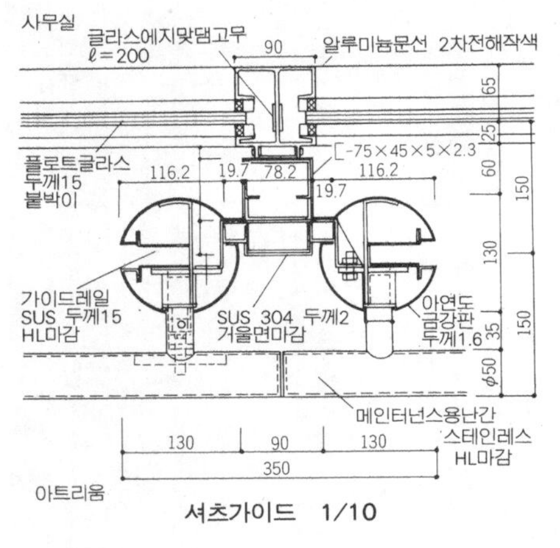

셔츠가이드 1/10

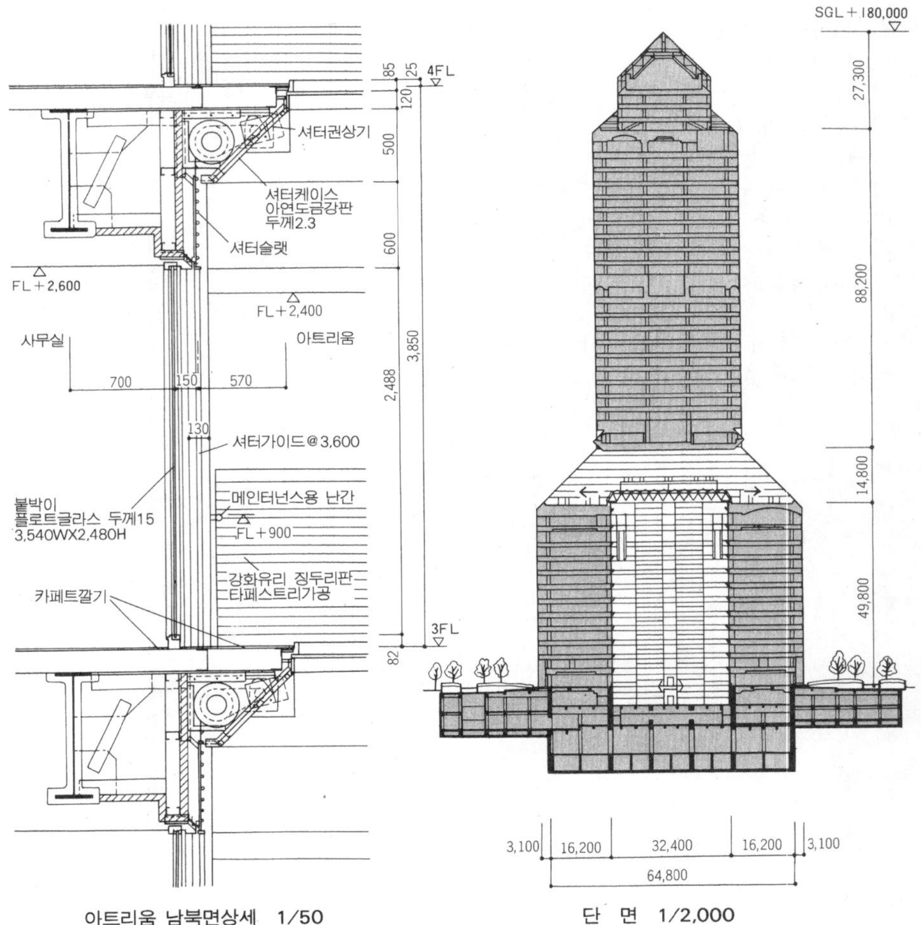

아트리움 남북면상세 1/50

단 면 1/2,000

480t인 옥상의 긴급용 헬리포트 바닥판을 액티브 제진 장치로 한 예이다. 고가수조를 이용한 구조는 세계에서 몇 개가 있으나, 이러한 사례는 세계에도 유례가 없는 구상이라 하겠다. 헬리포트의 바닥판을 다단적층 고무로 지지하고, 수평 방향의 움직임을 유압 액추에이터로 컨트롤하여 최대 50m의 강풍이나 진도 3 정도의 지진 등에서는 건축물 안에서 거의 요동을 느끼지 못한다. 옥상 헬리포트에도 몇 가지의 기술적인 연구가 보이며, 헬리포트면의 상부에 돌출하지 않은 초편평형의 곤돌라도 그 하나이다. 의장적으로는 아이덴티티를 중시한 스카이라인으로 마감하여 야간의 톱라이트와 아울러 초기의 콘셉트가 잘 표현되어 있다.

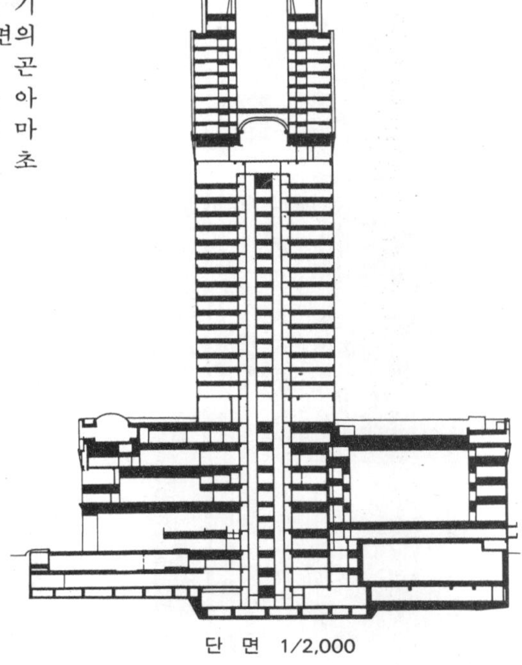

단 면 1/2,000

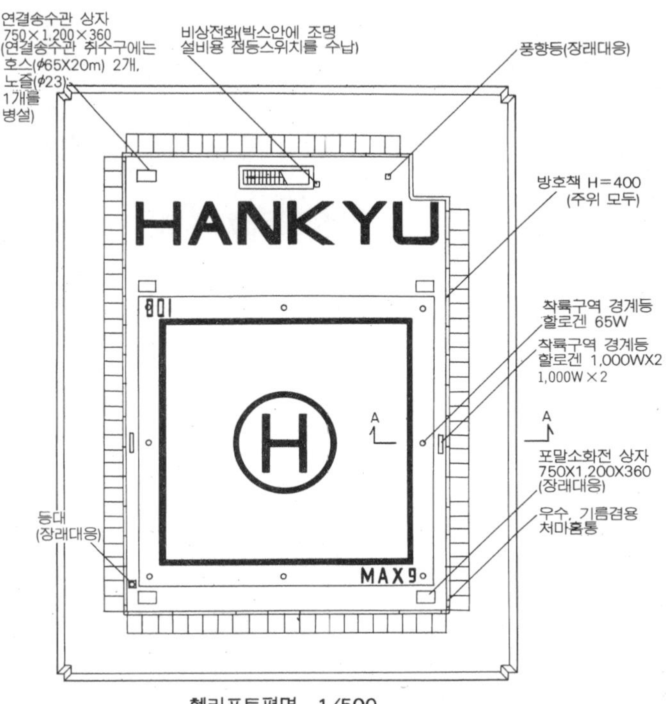

헬리포트평면 1/500

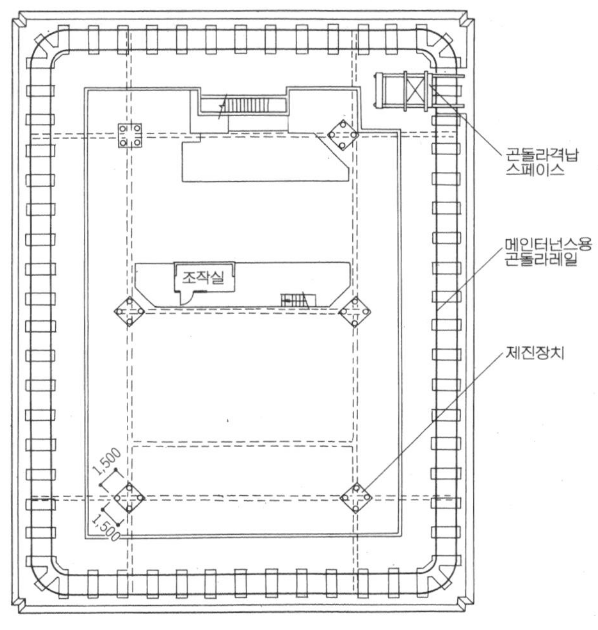

PRF평면 1/1,500

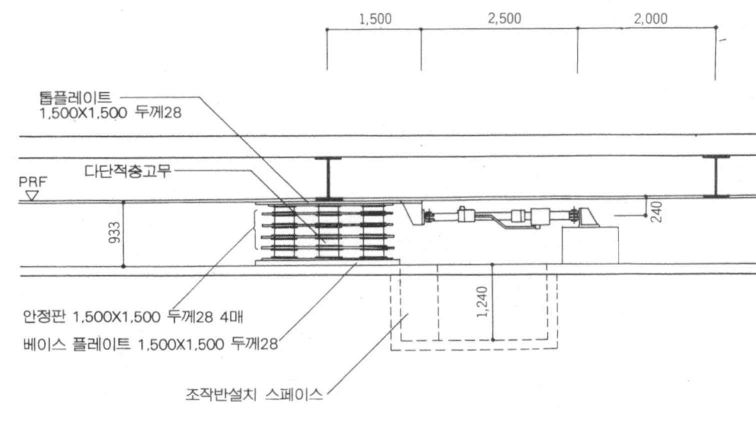

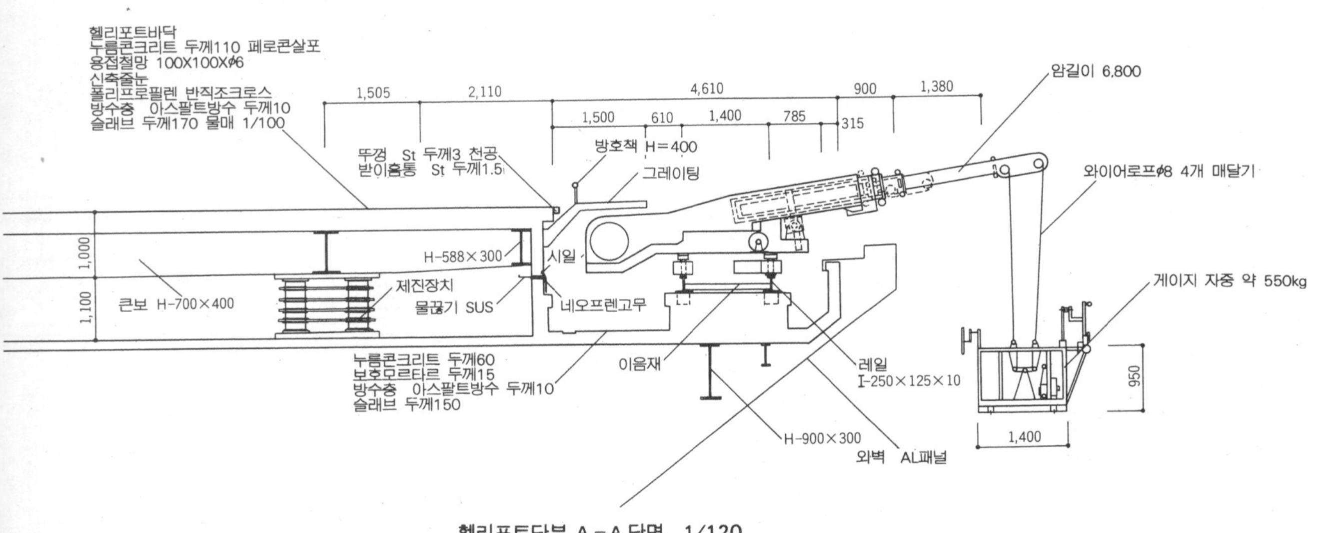

헬리포트단부 A－A 단면 1/120

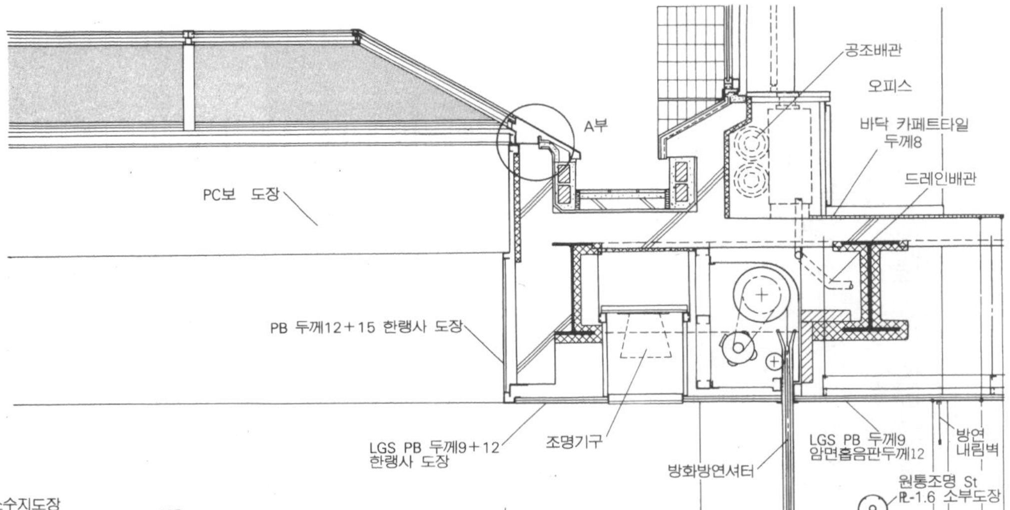

A부
PC보 도장
PB 두께12+15 한랭사 도장
LGS PB 두께9+12
한랭사 도장
조명기구
방화방연셔터
LGS PB 두께9
암면흡음판두께12
방연
내림벽
공조배관
오피스
바닥 카페트타일
두께8
드레인배관
원통조명 St
PL-1.6 소부도장
오피스
아트리움
140
1,040
460
440
400
2,305
CH=2,680
3,700
난간 St파이프
50X25X소부도장
St파이프
75×45
공조분출구
팬코일커버 St
PL-1.6 꺾음가공
소부도장
걸레받이
비닐
375
[-200×70×7×10
160
H-438×300×
11×18
알루미늄리브 스팬드럴
천공가공 소부도장
흡음재 록울 두께50
(150kg/m³)
뒷치기재 St PL-1.6
860

새시프레임 SUS 304 열가압재 불소수지도장
복층유리 두께6+6+6.8
물빼기구멍 ϕ5 @≒500
변성실리콘
295
라이너 100X1000
SUS 304 두께1.5 버트마감
테프론시트 두께2
SUS 304 두께1.5 버트마감
St PL-4.5
방청도장
PC단부주위 시트방수
뒷면 그라우트뿜칠 두께3
SUS 304 두께2 불소수지도장
FB-3×32
물빼기파이프 SUS 304
ϕ10 두께1
불소수지도장
398.37
볼트 20×8M
142.656
SUS 304 두께1.5
불소수지도장
80
60
SUS304 두께1.5
ℓ=100 @600
St FB-3×32
L-60×50 @600
PC판 보라인
100
180
55
120
27
50
20
물빼기구멍 6X15
아스팔트방수

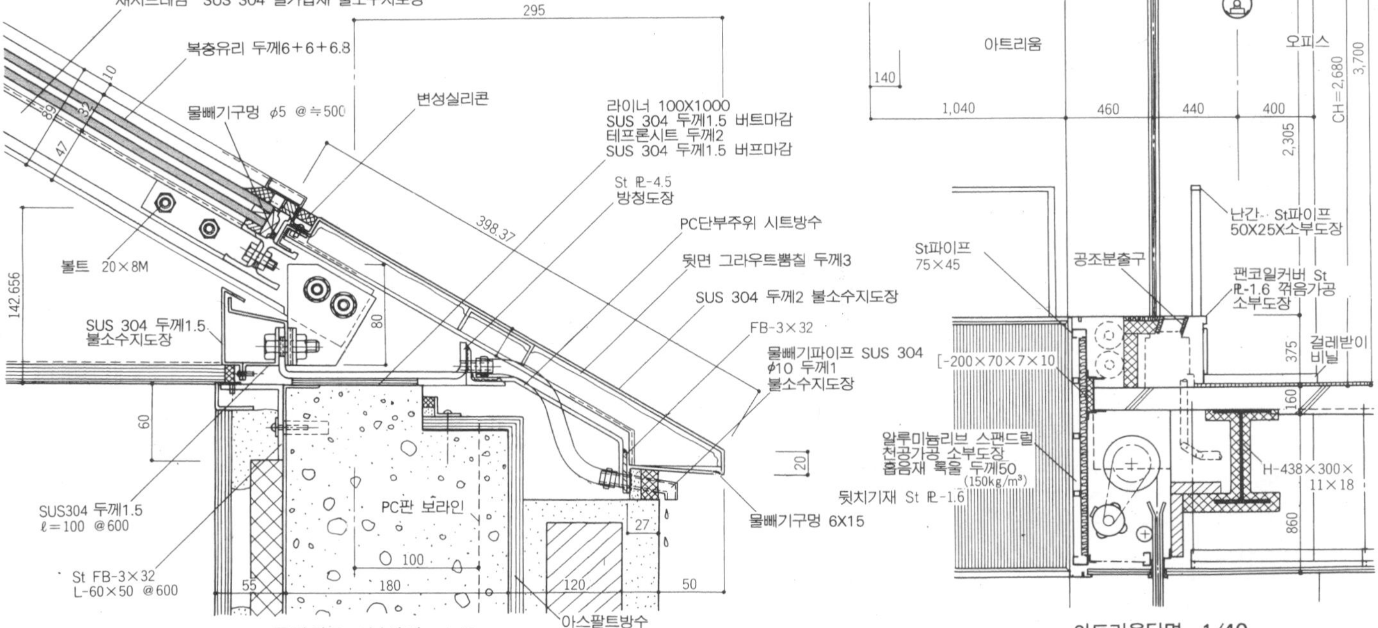

톱라이트 A부상세 1/6

아트리움단면 1/40

2가구 주거의 공통 어프로치를 따라서 설치된 물의 흐름이다. 상수를 순환 이용한 것으로 낙차 850mm, 길이 약 8m, 가운데 작은 폭포를 만들어서 톱니형의 완만한 경사면을 흘러내리는 카스케이드는 흰빛이 나는 잔물결로 되어서 반짝이는 문을 넣은 장소인 연못에 흘러 떨어진다. 1층의 주택 현관 홀의 옆에 있는 오버플로우의 물고임에는 브론즈의 조각이 놓여 있으며, 그 대좌는 흑색 화강석, 톱니형의 경사면은 검은회를 넣은 모르타르로 만드는 등의 흐름을 따라서 식재한 것에 의해 물의 풍경을 충분히 읽은 설계이다. 물의 흐름은 맑음을 유지하기 위해 유지 관리에 상당한 노력이 필요하나, 부득이 이 정도의 규모가 아니면 효과를 나타내기 어렵다.

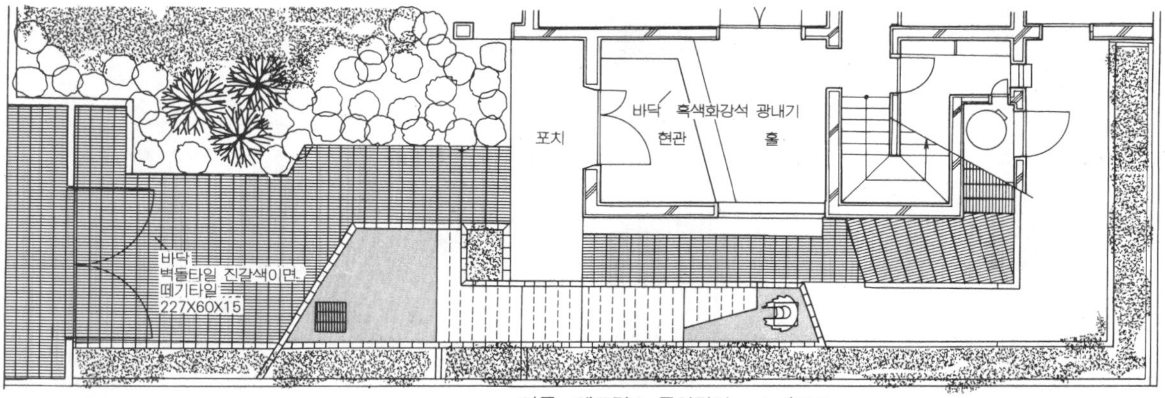

바닥 흑색화강석 광내기
포치
현관
홀
바닥
벽돌타일 진갈색이면
떼기타일 크기
227X60X15

연못 · 엔트런스 주위평면 1／150

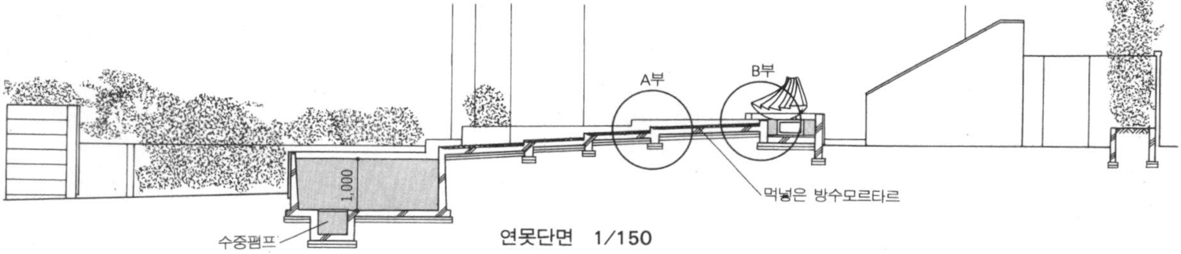

A부
B부
1,000
먹넣은 방수모르타르
수중펌프

연못단면 1/150

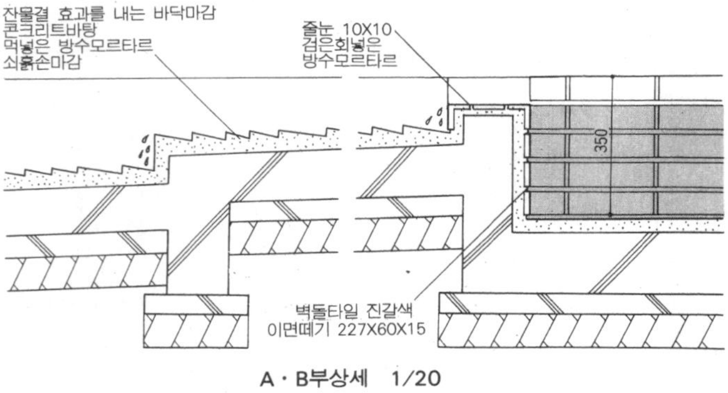

잔물결 효과를 내는 바닥마감
콘크리트바탕
먹넣은 방수모르타르
쇠흙손마감
줄눈 10X10
검은회넣은
방수모르타르
350
벽돌타일 진갈색
이면떼기 227X60X15

A · B부상세 1/20

물의 순환시스템
오버플로우
파이프
급수구
(순환수)
급수구(상수)
펌프
여과기
배수펌프
공설구
3방향밸브X2

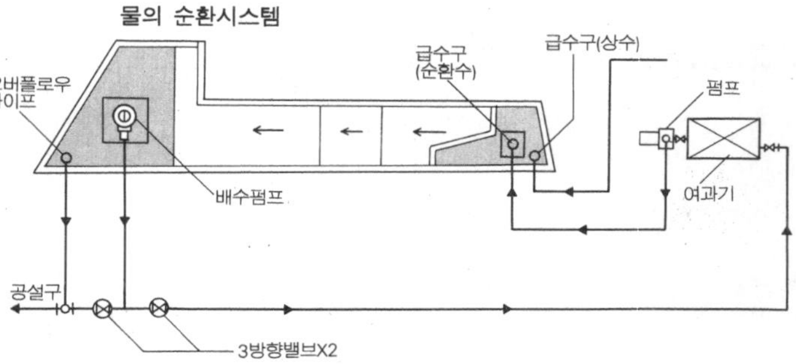

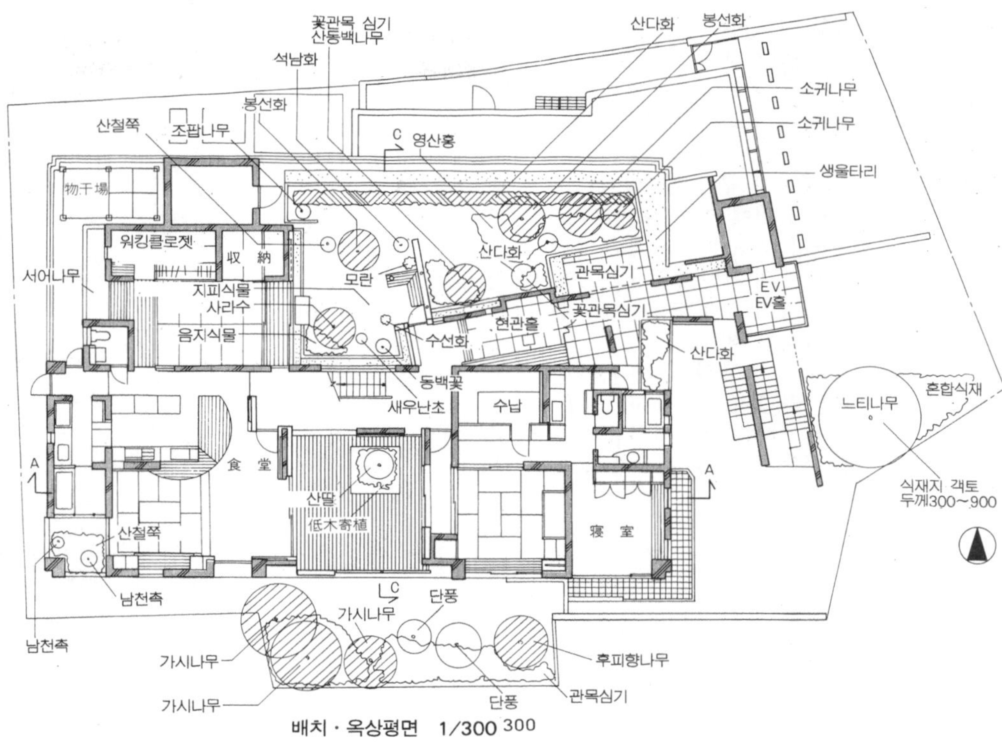

배치 · 옥상평면 1/300

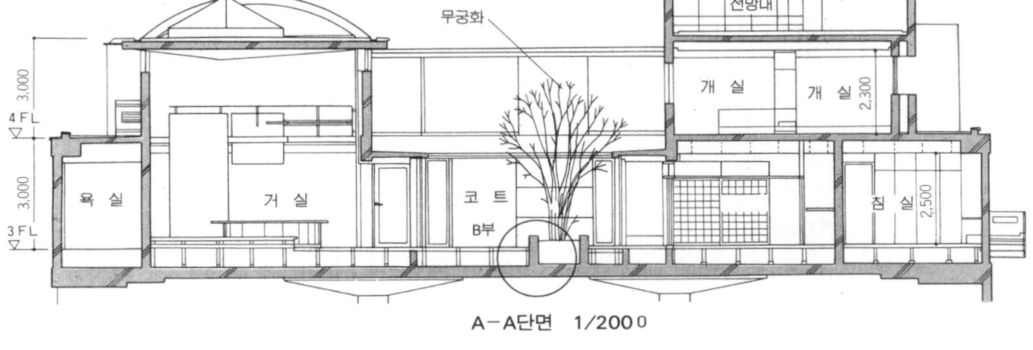

A—A단면 1/200

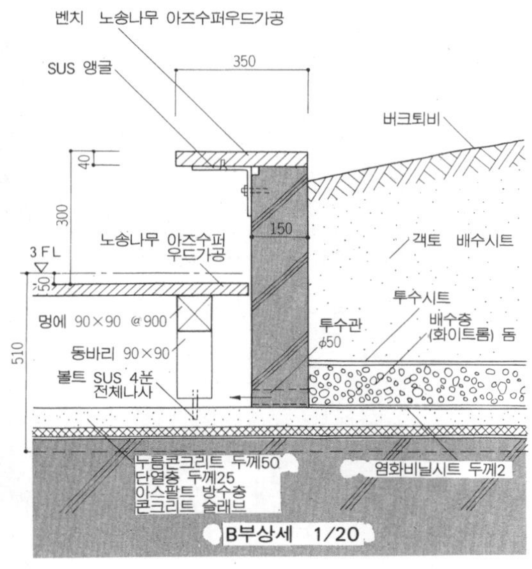

B부상세 1/20

고밀도한 시가지에 1, 2층을 오피스 공간, 그 위의 3, 4층을 주거로 한 제안성이 높은 계획이다. 업무 공간과 주거 공간의 적층이라는 구성 그 자체는 특별히 새로운 것은 아니나, 이 계획에서는 오피스와 주거라는 두 개의 다른 공간적 요구를 구체의 구조 방식을 대담하게 바꿔서 각각의 기능에 대한 골격을 명쾌하게 구성하였다.

오피스부의 위에 인공 대지로서 얻게 된 토지는 그 자체가 구석구석까지 모두가 주거에 관계되는 공간이다. 그런 자세를 주거 공간 구성의 기반에 두고, 내외의 공간에 관계되는 녹음을 빈틈없이 짜넣어 고밀도인 도시 환경에 있어서 주거의 토털리티를 교묘하게 얻고 있다.

내부 공간에 소요의 접점에 대한 풀오픈 새시의 사용, 주거부의 바닥을 슬래브에서 500mm 정도 높여서 정원 공간과의 연속성을 강조하는 등, 계절을 호흡하는 주거의 자연 감각을 중요하게 하는 배려가 곳곳에 보이고 있다.

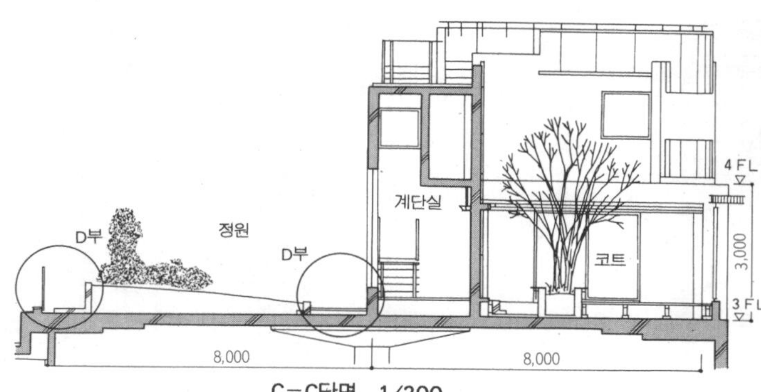

C－C단면　1/200

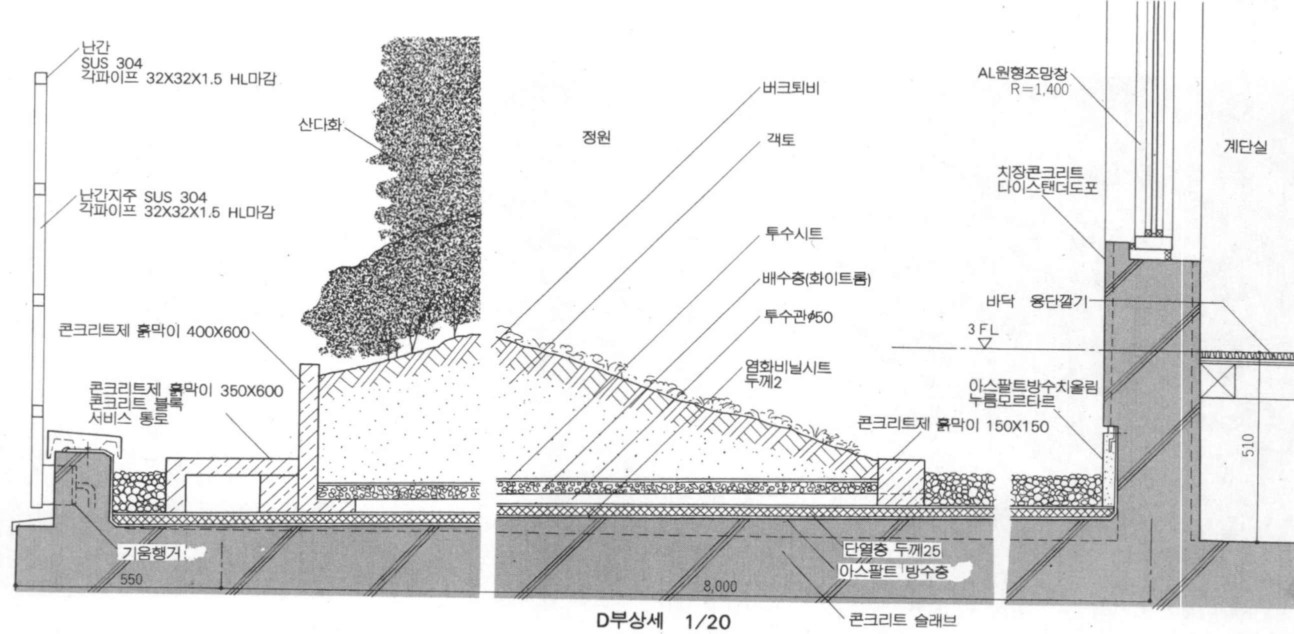

D부상세　1/20

정면 너비 24자×안길이 108자의 긴 부지에 계획된 자전거점과 오더주거, 독신자 아파트의 4층 복합주택의 정원에 이 「물마시는 곳」이 있다. 긴 부지에는 안길이가 긴 것을 매력의 하나로 하여 주택가의 뒷길에서 상점가의 버스가 다니는 길까지 주거인과 근처의 사람들이 다닐 수 있는 「반공적 사공간」이라고도 하는 「골목」이 설치되어 있다. 그 골목을 따라 조용하게 가까워질 수 있는 중정의 공간이 계획되어서 4계절에 걸쳐 풍성함을 연출하는 기능을 이 작은 「수반」이 지니고 있다. 빛을 비추고 바람을 보게 되는 수면의 표정은 그 골목을 지나가는 사람들에게 한순간의 청량감으로 마음을 윤택하게 하고 있다. 물을 끌어들인 간단한 외부 공간 연출의 좋은 예이다.

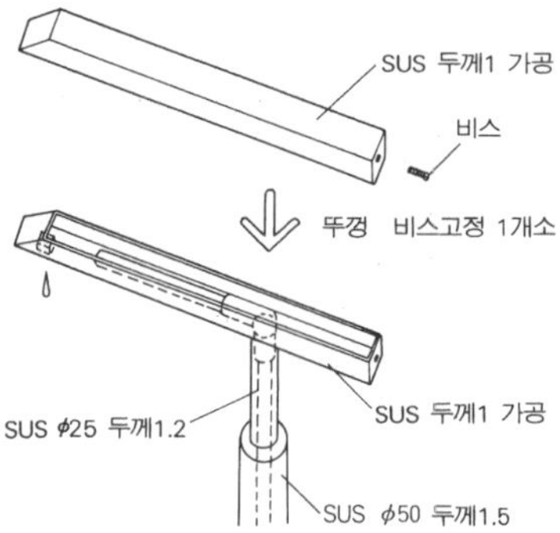

SUS 두께1 가공
비스
뚜껑 비스고정 1개소
SUS φ25 두께1.2
SUS 두께1 가공
SUS φ50 두께1.5

음수대의 마감

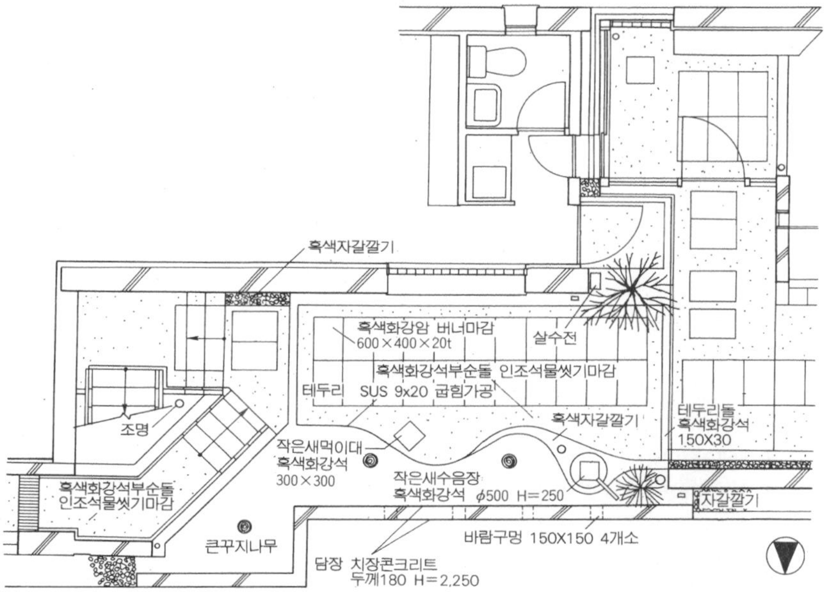

흑색자갈깔기
흑색화강암 버너마감 600×400×20t
살수전
흑색화강석부순돌 인조석물씻기마감
테두리 SUS 9x20 굽힘가공
흑색자갈깔기
테두리돌 흑색화강석 150X30
조명
작은새먹이대 흑색화강석 300×300
작은새수음장 흑색화강석 φ500 H=250
흑색화강석부순돌 인조석물씻기마감
자갈깔기
큰꾸지나무
바람구멍 150X150 4개소
담장 치장콘크리트 두께180 H=2,250

코트평면 1/100

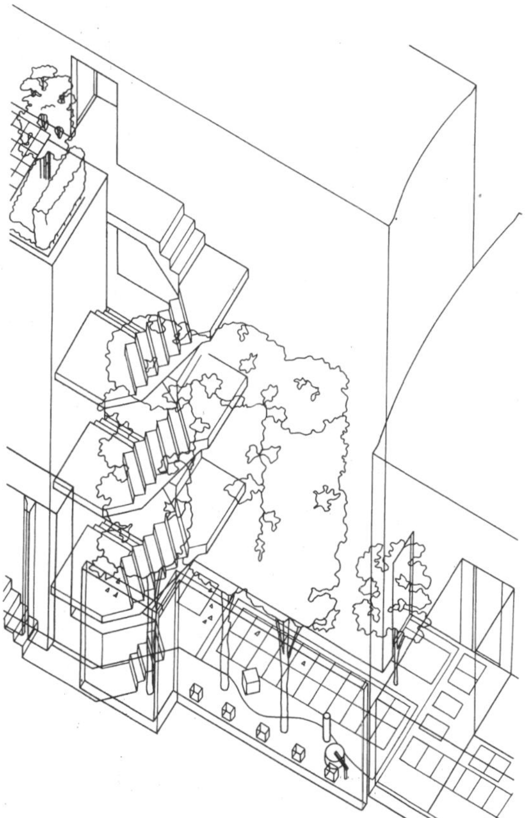

액소노메트릭

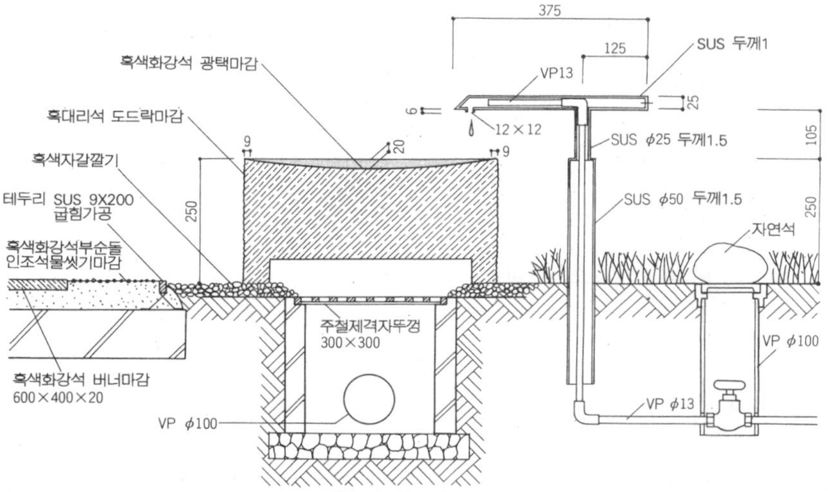

375
125
SUS 두께1
흑색화강석 광택마감
VP13
흑대리석 도드락마감
12×12
SUS φ25 두께1.5
흑색자갈깔기
테두리 SUS 9X200 굽힘가공
SUS φ50 두께1.5
자연석
흑색화강석부순돌 인조석물씻기마감
주철제격자뚜껑 300×300
VP φ100
흑색화강석 버너마감 600×400×20
VP φ13
VP φ100

음수장 단면상세 1/15

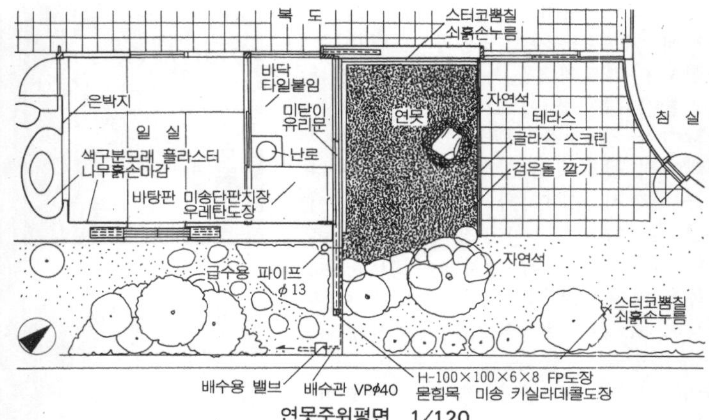

연못주위평면 1/120

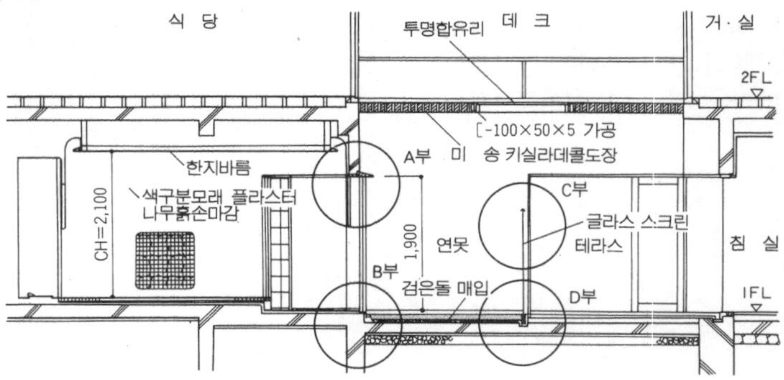

연못주위단면 1/120

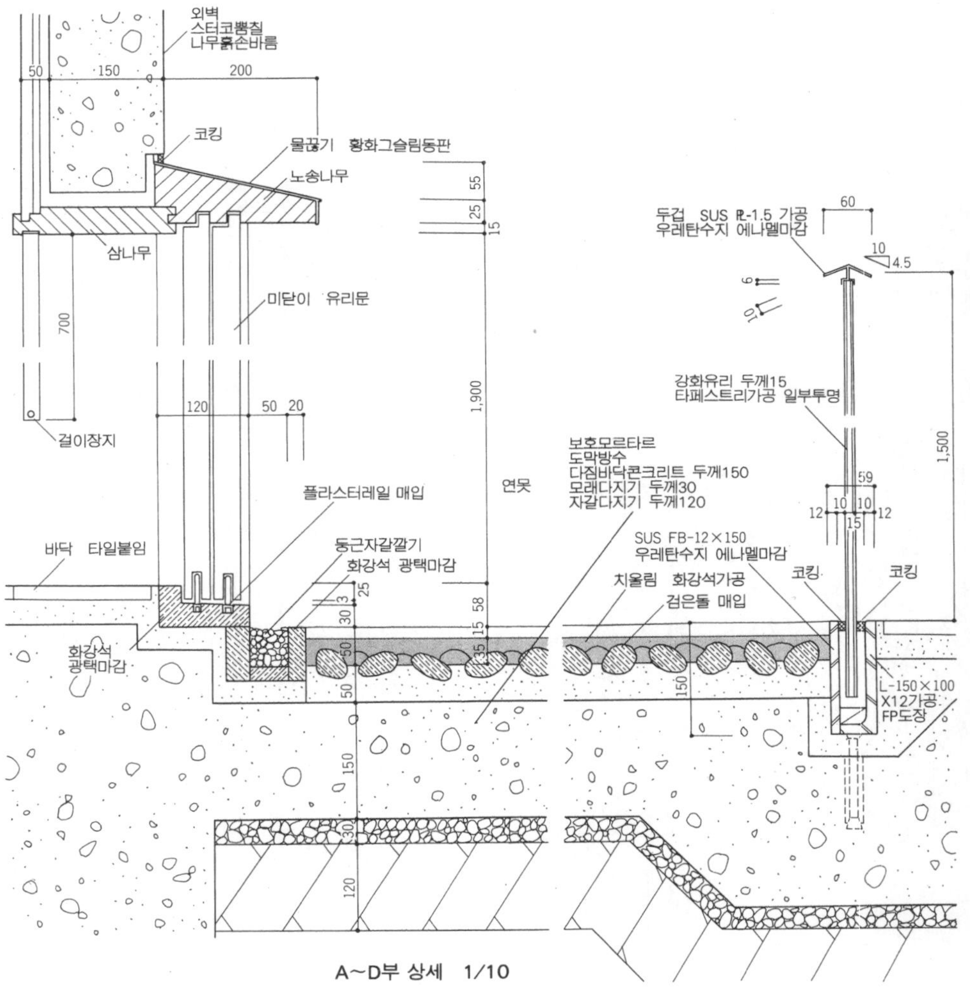

A~D부 상세 1/10

툇마루에서 약간의 레벨 차이로 나란히 연속되는 물의 면이다. 물의 깊이도 밑면에 깔은 검은 돌을 들여다 볼 수 있는 50mm 정도로 억제하여 그것이 빛의 상태를 비쳐내는 수면에 독특한 표정을 주고 있다.

예전의 우리들의 장소에 관계되는 생활의 문화가 대개 안과 밖의 매듭으로서의 테두리 공간에서 생긴다는 것은 새삼스럽게 이야기할 필요가 없으나, 그 곳에 관련된 설계자의 풍성한 감수성이 형식에 구애받지 않는 신선한 장의 해석이나 소재의 선택을 통해서 편안하고 아름다운 장소로 나타내었다.

계절이나 시간의 빛을 받는 유리벽, 이것을 비추는 수면. 물은 또 바람의 흔들림이나 포카리와 뚫린 테라스의 둥근 구멍을 통해서 보이는 하늘을 하나의 형태로서 보여주고 있다.

detailbank 건축디테일입문

ISBN 978-89-5592-081-9

2023년 4월 5일 8쇄 발행

건축정보센터 편
펴낸이 / 김기현

발행처 / 도서출판 시공문화사
등 록 / 1993년 3월 12일
주 소 / 서울시 서대문구 독립문공원길 13 극동프라자 5층
전 화 / 02)3147-1212 · 2323
팩 스 / 02)3147-2626

인 쇄 / 예림인쇄
제 본 / 보경문화사
제 판 / 예림인쇄

정가 35,000원